Jacobs|Renner – Biologie und Ökologie der Insekten

AF400368

Äußere Anatomie eines geflügelten Insekts

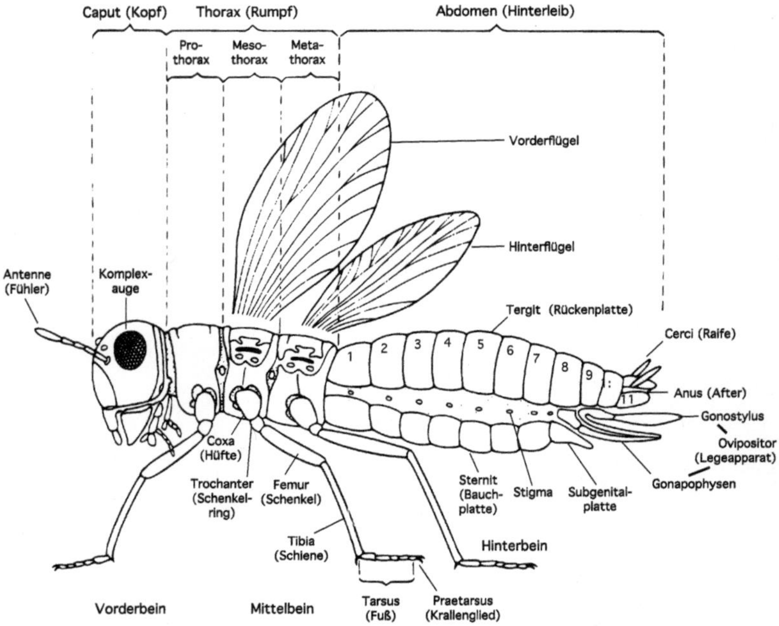

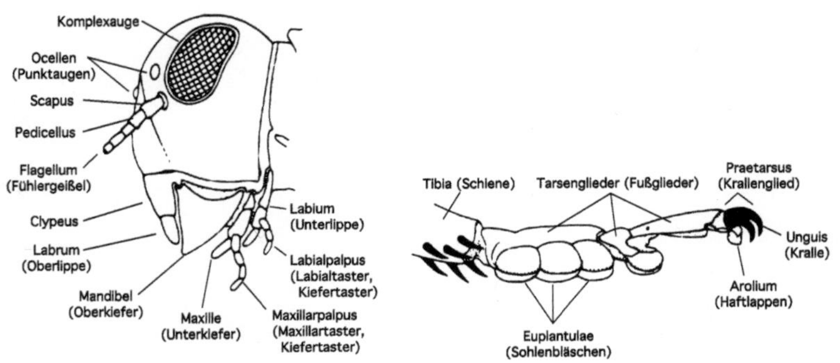

Erich Weber   Heiko Bellmann

Jacobs|Renner – Biologie und Ökologie der Insekten

Ein Taschenlexikon

5. Auflage

Begründet von Werner Jacobs und Maximilian Renner
Mit einem Geleitwort von Karl von Frisch

Erich Weber
Vergleichende Zoologie
Universität Tübingen
Tübingen, Deutschland

Heiko Bellmann
Lonsee, Deutschland

ISBN 978-3-662-71152-1
https://doi.org/10.1007/978-3-662-71153-8

ISBN 978-3-662-71153-8 (eBook)

Die Deutsche Nationalbibliothek verzeichnet diese Publikation in der Deutschen Nationalbibliografie; detaillierte bibliografische Daten sind im Internet über https://dnb.d-nb.de abrufbar.

1.–3. Auflage: 1974, 1988, 1998 © Gustav Fischer Verlag, Stuttgart
4. Auflage: 2007 © Elsevier GmbH, München

© Springer-Verlag GmbH Deutschland, ein Teil von Springer Nature 2007, 2026

Das Werk einschließlich aller seiner Teile ist urheberrechtlich geschützt. Jede Verwertung, die nicht ausdrücklich vom Urheberrechtsgesetz zugelassen ist, bedarf der vorherigen Zustimmung des Verlags. Das gilt insbesondere für Vervielfältigungen, Bearbeitungen, Übersetzungen, Mikroverfilmungen und die Einspeicherung und Verarbeitung in elektronischen Systemen.
Die Wiedergabe von allgemein beschreibenden Bezeichnungen, Marken, Unternehmensnamen etc. in diesem Werk bedeutet nicht, dass diese frei durch jede Person benutzt werden dürfen. Die Berechtigung zur Benutzung unterliegt, auch ohne gesonderten Hinweis hierzu, den Regeln des Markenrechts. Die Rechte des/der jeweiligen Zeicheninhaber*in sind zu beachten.
Der Verlag, die Autor*innen und die Herausgeber*innen gehen davon aus, dass die Angaben und Informationen in diesem Werk zum Zeitpunkt der Veröffentlichung vollständig und korrekt sind. Weder der Verlag noch die Autor*innen oder die Herausgeber*innen übernehmen, ausdrücklich oder implizit, Gewähr für den Inhalt des Werkes, etwaige Fehler oder Äußerungen. Der Verlag bleibt im Hinblick auf geografische Zuordnungen und Gebietsbezeichnungen in veröffentlichten Karten und Institutionsadressen neutral.

Einbandabbildung: © constantincornel / stock.adobe.com

Planung/Lektorat: Sarah Koch

Springer Spektrum ist ein Imprint der eingetragenen Gesellschaft Springer-Verlag GmbH, DE und ist ein Teil von Springer Nature.
Die Anschrift der Gesellschaft ist: Heidelberger Platz 3, 14197 Berlin, Germany

Wenn Sie dieses Produkt entsorgen, geben Sie das Papier bitte zum Recycling.

Interessenskonflikt
Die Autor*innen haben keine für den Inhalt dieses Manuskripts relevanten Interessenskonflikte.

Geleitwort

Wie glücklich wäre ich gewesen, wenn es in meiner Studienzeit ein solches Buch gegeben hätte! Wie froh können die Biologen heute sein, dass Ihnen Werner Jacobs dieses Vermächtnis hinterlassen hat! Nicht nur den Studenten wird es gelegen kommen, auch den Herangereiften, den Lehrern, den Professoren, den Liebhabern, denn sie können sich einer wahren Fundgrube biologischen Wissens bedienen.

Werner Jacobs hat durch viele Jahrzehnte seines Lebens zoologische Lehrausflüge geleitet. Dass die Insekten dabei eine besondere Rolle spielten, ist bei ihrer Formenfülle und bei ihren vielseitigen Anpassungen verständlich. Sie geben am besten Gelegenheit zu eindrucksvollem Anschauungsunterricht im Gelände. Und Jacobs verstand es, die Möglichkeiten zu nutzen, den Neulingen die Augen zu öffnen, sie zum Beobachten anzuregen und wohl in manchem von ihnen die Liebe zur Natur erst zu wecken. Aber was einem auf Exkursionen begegnet, sind immer nur Bruchstücke aus dem Reichtum des Vorhandenen. Wer Insekten sammelt oder sich in anderer Weise mit ihnen befasst, will oft mehr über ihr Leben wissen, bald bei dieser, bald bei jener Art. Die Bestimmungsbücher geben da wenig Aufschluss. So wird durch dieses neue und neuartige Buch eine klaffende Lücke geschlossen.

Die alphabetische Anordnung nach den Tiernamen mag auf den ersten Blick etwas trocken anmuten, aber es soll ja kein Lesebuch sein, sondern ist als Hilfe beim Suchen nach Belehrung gedacht und hierfür auf's Beste angelegt. Ob man unter der Familie, der Gattung oder Art, unter dem lateinischen oder deutschen Namen nachschlägt, man wird durch sorgfältige Hinweise schnell auf die richtige Spur gebracht. Was man findet ist keine trockene Gelehrsamkeit, es sind gut geschriebene, bei aller Knappheit klare, oft fesselnde Schilderungen biologischer Kenntnisse. Dass diese so reichhaltig zusammengetragen wurden, ist eine bewundernswerte Arbeitsleistung. Dass aber die Darstellung zu voller Geltung kommen und zum richtigen Verständnis führen kann, dafür werden die ungemein zahlreichen, gut gewählten, vorzüglichen Abbildungen Sorge tragen.

Es war Jacobs nicht vergönnt, die Drucklegung des Taschenbuches zu erleben. Kein anderer wäre so geeignet gewesen wie Max Renner, das im Wesentlichen abgeschlossene Manuskript seines Lehrmeisters noch zu ergänzen, wo es nötig war, und die Herausgabe zu überwachen. Er hat es mit Gewissenhaftigkeit und Hingabe getan und sich dadurch den Dank aller künftigen Benützer verdient. Ein beängstigend großer Teil der heutigen Jugend ist der Natur entfremdet und steht ihr gleichgültig gegenüber. Da ist ein Buch wie dieses doppelt dankbar zu begrüßen. Man möchte ihm die weiteste Verbreitung wünschen.

München, 31. März 1974   K. v. Frisch

Vorwort zur 5. Auflage

Mir war das vom Verhaltenskundler und Nobelpreisträger Karl von Frisch in seinem Geleitwort genannte Glück beschieden.

Wie manch anderem hat mir dieses einzigartige Nachschlagewerk den Zugang zur Lebensweise und Vielfalt der mit Abstand artenreichsten Tiergruppe geebnet. Es wurde mir ein zuverlässiger Begleiter auf zahlreichen Exkursionen. Viele haben aus dieser Quelle geschöpft, Wikipedia spiegelt dies wider. Zunächst zögernd, bewogen mich letztlich diese Erfahrungen, eine vom Kollegen Oliver Betz angeregte Neubearbeitung des zwischenzeitlich vergriffenen Buches zu übernehmen. Zwar finden sich viele Angaben auch im Internet, doch fällt es oft nur Kennern leicht, das dort vorhandene „Wissensgold" in der Unmenge des Halbwahren und Falschen zu erkennen. Ein Fachbuch dürfte den Einstieg in ein Wissensgebiet immer noch beträchtlich erleichtern.

Insekten sind mit Abstand die artenreichste Tiergruppe. Ihre Bedeutung für das Leben auf unserer Erde kann kaum überschätzt werden. Als unentbehrlicher Bestandteil terrestrischer und limnischer Nahrungsketten ermöglichen sie die Existenz (nicht nur) zahlloser Wirbeltierarten und als Bestäuber und Samenverbreiter das Überleben der meisten Blütenpflanzen. Als Parasiten verhindern sie die Übernutzung von Ökosystemen durch ihre Wirte, als Vertilger von Dung und Holz beschleunigen Sie deren Abbau. Umso beunruhigender ist der für Kenner auffällige, in seinen Folgen noch nicht abschätzbare drastische Insektenschwund in unserer Kulturlandschaft, der zunehmend mehr Arten erfasst. Für die spärliche Untersuchung dieser Veränderungen ist nicht zuletzt der steigende Mangel an Entomologen mitverantwortlich. Dieses Buch möge mehr Neueinsteiger für die Beschäftigung mit Insekten faszinieren.

Die Literatur zur Biologie und Faunistik selbst mitteleuropäischer Insekten war schon zur Zeit der ersten Auflage unübersehbar. Die Neubearbeitung ließ sich daher nur dank eng gesetzter Schwerpunkte bewältigen: Beibehalten der bisherigen Inhalte, jedoch Aktualisierung der Systematik, Behandlung aller heimischer Insektenfamilien und möglichst Verbesserung falscher oder inzwischen überholter Angaben.

Eine möglichst früh erscheinende Neuauflage war mir wichtiger als eine sich ewig hinziehende perfekte Bearbeitung. Dennoch hat die Bearbeitung deutlich mehr Zeit beansprucht als anfangs erwartet. Für all die Geduld, das Verständnis und die vielfältige Unterstützung, die mir entgegengebracht wurde, danke ich herzlich meiner Familie und ganz besonders meiner Frau Eva.

Ebenso dankbar bin ich allen, die mit Rat und Tat und nicht zuletzt ihrer Zeit zum Gelingen des Werkes beigetragen haben: Insbesondere den Fachkollegen Oliver Betz (Tübingen), Rolf Beutel (Jena), Konrad Dettner (Bayreuth), Wolfgang Hoffmann (Tübingen), Petr Janšta (Prag), Lars Krogmann (Stuttgart), Josef Müller (Freiburg), Klaus Peschke (Freiburg), Michael Schülke (Berlin), meiner Tochter Veronika, Meike Barth, Sarah Koch und Carola Lerch vom Springer-Verlag, der Projektmanagerin Larissa Dürrschmidt und ihren Mitarbeitern und nicht zuletzt Andreas Held, der den gesamten Text akribisch durchgesehen und wesentlich verbessert hat. Zu besonderem Dank fühle ich mich Arnold Staniczek (Stuttgart), Manfred Verhaagh (Karlsruhe) und Paul Westrich (Karlsruhe) verpflichtet, die mit außerordentlichem Aufwand jeweils die Abschnitte zu aquatischen Insekten, Ameisen bzw. Bienen bearbeitet haben. Schließlich gebührt meine Dankbarkeit Gerhard Mickoleit, der das Erscheinen dieser Auflage leider nicht mehr erleben durfte, ohne den mir aber sowohl die nötigen Kenntnisse als auch der nötige Ansporn für die Bearbeitung gefehlt hätten.

Tübingen, Juli 2025   Erich Weber

Auszüge aus den Vorworten zur 1. und 2. Auflage

Von den insgesamt 1,2 Millionen Tierarten, die bisher beschrieben und klassifiziert wurden, sind 900 000 Insekten. Das ist, so schätzt man, höchstens ein Fünftel, vielleicht sogar nur ein Zehntel der oft außerordentlich individuenreichen Insektenarten. Der Mannigfaltigkeit der Formen entspricht die Vielfalt ihrer Lebens- und Fortpflanzungsweisen. Kaum ein Biotop, der nicht von ihnen besiedelt, kaum ein Nahrungsstoff, der nicht genutzt wird. Viele spielen für den Menschen eine Rolle als Nützlinge, Schädlinge, Krankheitsüberträger oder Parasiten. Der negative Aspekt scheint zu überwiegen, tatsächlich aber ist die Zahl unmittelbar (Honigbienen und Seidenspinner z. B.) oder mittelbar (Blütenbestäuber, Räuber und Parasiten von Schädlingen, Vertilger von Aas und Exkrementen z. B.) nützlicher Arten weit größer und von nicht leicht zu überschätzender Bedeutung. Vermehrtes Auftreten von Schädlingen und Parasiten einerseits und ein Schwund der Artenvielfalt und Individuenzahl bei den Nichtschädlingen andererseits, haben ihre Ursache häufig in Maßnahmen, die auf mangelnder Kenntnis biologischer Zusammenhänge beruhen. Derartige Kenntnisse zu vermitteln ist ein Anliegen dieses Buches.

Doch auch unabhängig von Nützlichkeitsstandpunkten gilt den Insekten unsere Aufmerksamkeit und Neigung. Die phantastische, jedes Vorstellungsvermögen übertreffende Vielfalt von Form und Lebensweise muss jeden aufgeschlossenen Menschen faszinieren. Viele Insekten sind schön, andere bizarr. Den technisch Bewanderten fesseln die genialen Konstruktionen ihrer Mundwerkzeuge und Fortbewegungsorgane, den Physiologen die Chemie und Wirksamkeit der Boten- und Abwehrstoffe. Nicht nur den Biologen jedoch, sondern allen interessierten Zeitgenossen modernes Wissen leicht und rasch zugänglich zu machen, Lehrenden und Studierenden Informationshilfe zu leisten und – nicht zuletzt – Unkundige zu motivieren, sich dem bestrickenden Zauberreich der Insekten zu öffnen, ist ein weiteres Anliegen dieses Werkes.

Den Insekten mit ihrer unerschöpflichen Formenmannigfaltigkeit und mit ihrer alle Vorstellungen sprengenden und jegliche Phantasie übertreffenden Vielfalt an Lebens- und Fortpflanzungsweisen galt das besondere Interesse und die besondere Zuneigung von Professor Werner Jacobs. Die beträchtliche Fülle der Fakten, die ihm zur Verfügung stand, hinderte ihn nicht daran, immer wieder aufs Neue zu staunen, sich zu wundern und zu begeistern. In einer meisterhaften, in ihrer knappen und anschaulichen Form beispielgebenden Vorlesung über Insektenbiologie, die er viele Jahre lang im Rahmen der „Bestimmungsübungen" gelesen hat, gab er Wissen und Begeisterung weiter an Generationen von Studenten. Diese Vorlesung bildete die Basis für das Lexikon der Insektenbiologie. Jacobs hat über ein Jahrzehnt daran gearbeitet, immer wieder Wissenswertes, Neues und Aktuelles dem Manuskript eingefügt und viele, viele nächtliche Stunden an den Abbildungen gezeichnet, die – bis auf vereinzelte Ausnahmen – alle von seiner Hand nach den verschiedensten Vorlagen, auch nach Fotografien, neu entstanden. So hat er ein Werk geschaffen, das der überquellenden Mannigfaltigkeit und der Besonderheit des Insektendaseins in erstaunlichem Maße gerecht wird, das eine außergewöhnliche, unerwartete Fülle von oft sogar den Zoologen überraschenden und frappierenden biologischen Daten enthält, die – das Literaturverzeichnis zeugt davon – in nahezu 900, oft schwer zugänglichen wissenschaftlichen Originalarbeiten, Monographien und Büchern verstreut sind.

München 1974/1987   M. Renner

Hinweise zur Benutzung des Buches

1) **Kategorien:** Auf Carl von Linné geht das heute allgemein verwendete hierarchische System der Lebewesen zurück (das heutzutage auch die phylogenetischen Beziehungen widerspiegelt). Die Gruppen dieses Systems sind Hierarchie-Ebenen (Kategorien) zugeordnet. Die niedrigsten Kategorien (Art, Gattung, Familie) sind Bestandteil der „Internationalen Regeln für die zoologische Nomenklatur", haben also Einfluss auf die Bildung der jeweiligen wissenschaftlichen Gruppennamen. So haben alle Familien die Endung „-idae" (Unterfamilien: „-inae", Überfamilien: „-oidea"), i. d. R. am Wortstamm des Genitivs ihrer „Typus"-Gattung. Die Artbezeichnungen bestehen aus einem groß geschriebenen Gattungsnamen und einem nachgestellten, klein geschriebenen Artnamen. Oft angefügt sind der oder die Namen der Erstbeschreiber, um mehrfach vergebene Artnamen auseinander zu halten. Es ist üblich, diese Personennamen in Klammern zu setzen, falls der Gattungsbestandteil der Artbezeichnung von demjenigen in der Erstbeschreibung abweicht. Dieser Konvention wird in diesem Werk jedoch nicht gefolgt.
Die relative (hierarchische) Stellung der Kategorien zueinander ist zwar festgelegt, ihre Zuordnung zu den Gruppen (Taxa) ist jedoch bisher – außer bei der Kategorie „Art" – in keinerlei Weise definiert, sondern willkürlich oder auf Tradition beruhend.
Dem Vorschlag von Willi Hennig, die bislang undefinierten Kategorien an das Entstehungsalter der Gruppen zu koppeln und somit vergleichbar zu machen, ist bisher kaum jemand gefolgt. So werden z. B. in der Kreidezeit entstandene Teilgruppen der Kurzflügelkäfer (Staphylinidae) als Unterfamilien geführt, wesentlich jüngere, erst im Alttertiär (Paläogen) entstandene Teilgruppen der schizophoren Fliegen hingegen als Familien.
Es gab und gibt daher zwangsläufig unterschiedliche und auch wechselnde Auffassungen zur Zuordnung von Kategorien. So werden z. B. Bienen oder Ameisen teils als eine Familie, teils als Überfamilie (mit mehreren Familien) aufgefasst. Mit einem Kategorienwechsel ist dann zwangsläufig ein Namenswechsel verbunden („Familien" Apidae, Formicidae vs. „Überfamilien" Apoidea, Formicoidea), ohne dass damit irgendeine Änderung des Gruppeninhalts verbunden wäre. Für den Einsteiger noch verwirrender ist, dass bei einem Kategorienwechsel ein Name auf eine andere Gruppe angewendet wird (z. B. Apidae für alle Bienen oder nur für eine Teilgruppe der Bienen).
Dennoch bilden die Familien auch in dieser Auflage – mangels besserer Alternativen – das Rückgrat des Nachschlagewerkes. Eine Änderung der Kategorie gegenüber den vorherigen Auflagen wurde nur in wenigen Fällen vorgenommen, um einhellige Änderungen in der Fachliteratur widerzuspiegeln.

2) **Taxa:** Alle heimischen **Insektenfamilien** werden in eigenen Artikeln behandelt oder zumindest im Anhang zu anderen erwähnt (letzteres in Fällen von erst jüngst erfolgten oder umstrittenen Abspaltungen).
Zu allen, auch außereuropäischen **Insektenordnungen** gibt es eigene Artikel. In diesen sind neben den heimischen Familien auch alle übrigen europäischen Familien aufgelistet. Zu letzteren gibt es mit wenigen Ausnahmen aber keine Artikel und somit auch keine Querverweise.
Aussagen zu den Familien und anderen Insektengruppen treffen auf heimische und oft auch auf (mittel)europäische, aber in vielen Fällen nicht auf außereuropäische Arten der behandelten Gruppen zu. Verhaltensweisen außereuropäischer Arten werden – bis auf wenige sehr bekannte und spektakuläre Fälle wie die Blattschneiderameisen – nicht behandelt.
Fast alle verwendeten Taxa sind (nach gegenwärtigem Kenntnisstand) monophyletische Gruppen. Auf die Paraphylie der wenigen Ausnahmen, darunter einer Familie, wird im Text hingewiesen. Von einer allfälligen Aufteilung der Cicadellidae in monophyletische Familien habe ich abgesehen, da ein Lehrbuch der falsche Platz für systematische Neuerungen ist.

3) **Geographie:** Sowohl für „Europa" wie für „Mitteleuropa" gibt es unterschiedliche Definitionen. Für das Buch kam nur eine Definition in Frage, die sich – bezüglich des Festlands – auf Staatsgrenzen stützt (sonst wäre die Artenzählung zu aufwändig), und die biogeographisch möglichst sinnvoll ist. Letzteres bedeutet für „Europa" den Einschluss möglichst aller europäischen Endemiten *bei* Ausschluss möglichst vieler nur randlich einstrahlender ostpaläarktischer und zentralasiatischer Arten, für „Mitteleuropa" den Einschluss möglichst vieler nemoraler Arten sowie möglichst weniger borealer, mediterraner und pontischer Arten. Aus diesen Kriterien ergibt sich die Einschränkung „Europas" auf das Festland und vorgelagerte Inseln bis zu den Ostgrenzen von Finnland, Belarus, der Ukraine und des Baltikums (in-

begriffen Ägäis und Krim, nicht inbegriffen Makaronesien und Zypern), während unter „Mitteleuropa" hier Benelux, Deutschland, Schweiz, Österreich, Polen, Tschechien und die Slowakei verstanden werden.

4) Verbreitungs- und Häufigkeitsangaben: Die jetzige Zeit ist recht ungünstig für eine Darstellung der heimischen Insektenfauna, ist sie doch gerade einem auffälligen Wandel unterworfen: drastischer Insektenschwund vor allem in der Kulturlandschaft, zunehmende Einschleppung gebietsfremder Arten (Neozoen) als Folge der Globalisierung, sowie Verschiebung von Verbreitungsgebieten durch den Klimawandel (samt Aussterben verinselter Arten und Populationen). Zahlreiche früher als Schädlinge oder Lästlinge wahrgenommene Insekten sind inzwischen zu selten, um in dieser Hinsicht noch aufzufallen. Entsprechende Angaben zur Häufigkeit und Schädlichkeit wurden jedoch nur abgeändert, wenn mir entsprechende Erkenntnisse/Befunde vorlagen. Der Aufwand für die Darstellung einer aktuellen, jedoch bald wieder überholten Momentaufnahme war mir zu groß. Notgedrungen dokumentiert das Buch daher zum Teil einen Zustand, der so nur noch in immer kleineren Teilen Mitteleuropas anzutreffen ist.

5) Artenzahlen sind für eine erste Einschätzung der Bedeutung einer Gruppe hilfreich. Alle Angaben beruhen auf eigenen Zählungen. Eine schlichte Übernahme aus der Literatur war leider wegen abweichender geographischer Definition, mangelnder Aktualität oder auch schlicht mangels Zahlen oft nicht möglich.
Die Artenzahlen enthalten auch bei uns eingebürgerte oder ausgestorbene Arten, soweit nicht anders angegeben. Sie sind aber mit einer gewissen Vorsicht zu verwenden, denn Artenzahlen lassen sich oft nicht exakt angeben wegen grundsätzlicher ontologischer (Artkonzept) wie epistemologischer (Arterfassung) Probleme. Die Artspaltung ist ein kontinuierlich ablaufender Prozess. Unterschiedliche Artkonzepte spiegeln dies wider, und führen zwangsläufig zu unterschiedlichen Zahlen. Hinzu kommt die Unvollständigkeit des Erkenntnisprozesses: selbst in Deutschland mit seiner langen Forschungstradition ist eine erhebliche Anzahl von Arten (v. a. der Diptera und parasitoiden Hymenoptera) noch unbeschrieben, für Teile Südeuropas gilt dies umso mehr. Andererseits erweisen sich ungenügend beschriebene Taxa bei Neubearbeitungen oft als Synonyme, bei wenigen Gruppen fehlt gar eine aktuelle systematische Revision. Einwandernde und eingeschleppte Arten erschweren zusätzlich genaue Bestandsangaben: Ab wann gelten Arten als eingebürgert, inwieweit sind tropische, nur in beheizten Räumen überlebensfähige Arten dazuzuzählen? Letztere finden sich insbesondere unter Ameisen und an Pflanzen saugenden Insekten, und sie wurden nicht mitgezählt (Ausnahmen sind im Text erwähnt). Gerade bei Insektengruppen mit wenig Bearbeitern und Beobachtern hinkt die Erkenntnis den Änderungen weit hinterher. Entsprechendes gilt für jüngst ausgestorbene Arten. Bei großen Unsicherheiten ist der Artenzahl ein ± vorangestellt.

6) Literaturzitate: Verwendete Originalarbeiten sind (mit Ausnahme der Abbildungsquellen) in der Regel nicht zitiert, wenn sie in der zitierten Sekundärliteratur (wie Hand- und Bestimmungsbüchern, Reviews) behandelt und zitiert werden. Dies wurde bereits in vorherigen Auflagen so gehandhabt, wo zahlreiche Literaturzitate der ersten Auflagen nicht mehr aufgeführt sind. Dieses Vorgehen kürzt das ohnehin lange Literaturverzeichnis beträchtlich und erscheint bei einem Lehrbuch und Nachschlagewerk insofern vertretbar, als die wenigsten Nutzer in Originalarbeiten recherchieren, alle Quellen aber nötigenfalls über die Sekundärliteratur zu ermitteln sind.

7) Verweise: Ein → vor einem Wort weist auf einen eigenen Artikel zu diesem Begriff hin. Die Schreibweise „→X'idae, 4" steht verkürzt für „→X'idae, →X'idae 4".

8) Die Betonung der wissenschaftlichen Namen folgt den nicht einfachen Betonungsregeln der lateinischen Sprache, obwohl nur ein Teil der Namen aus dem Lateinischen stammt. Alle mehrsilbigen Wörter werden entweder auf der vorletzten (a–c) oder der drittletzten Silbe (d) betont:
a) Zweisilbige Wörter werden auf der ersten Silbe betont (z. B. *Ápis, Músca*).
b) Mehrsilbige Wörter mit einem lang gesprochenen Vokal in der vorletzten Silbe werden auf dieser Silbe betont (z. B. *lanatus*).
c) Gleiches gilt, wenn auf einen kurz gesprochenen Vokal der vorletzten Silbe zwei oder mehr Konsonanten folgen (wie bei *Philanthus, Lasioglossus*).

Zu beachten ist jedoch die Behandlung von x und z als Doppelkonsonanten (Aussprache: ks bzw. tz), von ch, ph, th als einfache Konsonanten, von auf einen Konsonanten folgendem r oder l als (Halb-) Vokal (daher *Bryaxis*; *Peromitra*).

d) In allen übrigen Fällen (kurzer Vokal, nur ein folgender Konsonant) wird die drittletzte Silbe betont (wie bei *Furcula*).

Die Vokallänge muss mit dem jeweiligen Wort erlernt oder in einem entsprechenden Wörterbuch nachgeschlagen werden. Nur bei aufeinanderfolgenden Vokalen gibt es einfache Regeln: Umlaute (ae, oe, ue) und Diphthonge (z. B. ei, au, ui) werden wie lange Vokale behandelt, der erste von zwei aufeinander folgenden, aber getrennt ausgesprochenen Vokalen ist dagegen immer kurz (daher *europaea*, *caesareus*).

Abkürzungen

☿	Arbeiterin
♂	Männchen
♀	Weibchen
±	etwa[bei Artenzahlen]
>	über[bei Artenzahlen]
Adj.	Adjektiv, Eigenschaftswort
ca.	circa, etwa
cm	Zentimeter
Dt	Deutschland
einschl.	einschließlich
Eur	Europa
Fam.	Familie(n)
Flspw.	Flügelspannweite
Gttg., Gttgn.	Gattung, Gattungen
h	Stunde
i. d. R.	in der Regel
i.e. S.	im engeren Sinne
i. w. S.	im weiteren Sinne
Jh.	Jahrhundert
m	Meter
M-Dt	Mitteldeutschland
M-Eur	Mitteleuropa
min	Minute
mm	Millimeter
ms	Millisekunde
N-Dt	Norddeutschland
N-Eur	Nordeuropa
nördl.	nördliches (-en)
O-Eur	Osteuropa
Ordg., Ordgn.	Ordnung, Ordnungen
östl.	östliches (-en)
Pl.	Plural, Mehrzahl
s	Sekunden
S-Dt	Süddeutschland
S-Eur	Südeuropa
s.	siehe
s. o.	siehe oben
s. u.	siehe unten
SO-Eur	Südosteuropa
sog.	sogenannte (-r, -n)
spec.	(unbestimmte) Species, Art
südl.	südliches (-en)
südöstl.	südöstliches (-en)
südwestl.	südwestliches (-en)
SW-Dt	Südwestdeutschland
SW-Eur	Südwesteuropa
U-Fam.	Unterfamilie(n)
u. a.	unter anderem
u. Ä.	und Ähnlichem (-s)
u. dgl.	und dergleichen
u. U.	unter Umständen
usw.	und so weiter
v. a.	vor allem
vgl.	vergleiche
W-Dt	Westdeutschland
W-Eur	Westeuropa
westl.	westliches (-en)
z. B.	zum Beispiel
z. T.	zum Teil

A

Aaskäfer →Staphylinidae K.

Abax →Carabidae M1.

Abendpfauenauge, *Smerinthus ocellata* L. →Sphingidae 3.

Abia →Cimbicidae 1.

Ablattaria →Staphylinidae K6.

Ablerus →Azotidae.

Abortfliegen →Psychodidae.

Abraxas →Geometridae C1.

Absteigender Rosentriebbohrer, *Ardis pallipes* Aud.-Serv. →Tenthredinidae 7.

Acaenitinae →Ichneumonidae C.

Acalles →Curculionidae M.

Acanaloniidae →Auchenorrhyncha.

Acanthaclisis →Myrmeleontidae.

Acanthochermes →Phylloxeridae 1.

Acanthocinus →Cerambycidae E4.

Acanthococcidae →Eriococcidae.

Acantholyda →Pamphiliidae B3, B4

Acanthoscelides →Chrysomelidae C6.

Acanthosoma →Acanthosomatidae 1; →Heteroptera.

Acanthosomatidae, Stachelwanzen, Bauchkielwanzen; Fam. der Wanzen (Heteroptera, Pentatomomorpha) mit in Eur 8, M-Eur & Dt 7 Arten; mittelgroß bis groß; lebhaft gefärbte, oftmals bunte Arten; Mittelbrust mit einem Bauchkiel, auf die ein vom 3. Hinterleibssterniten vorragender Stachel anliegt; Schildchen (vorn zwischen den Vorderflügeln) recht groß, erreicht etwa die halbe Länge des Hinterleibs; ähnlich vielen Baumwanzen (→Pentatomidae), aber mit 2 Fußgliedern (Pentatomidae mit 3); saugen an Gehölzen; ♀ mit speziellem Symbiontenübertragungsorgan in einer Tasche der 2. Gonocoxa (Teil der →Gonopoden), Füllung dieser Taschen mit **Symbionten** noch nicht geklärt; ebenfalls bei ♀♀: paarige, mit Borsten bestandene Gruben in den 6. und 7. Abdominalsegmenten (Drüsenfelder ♂ bei der Eiablage streichen die ♀♀ mehrmals mit den Hintertarsen über die Gruben und anschließend über das Gelege). Häufig an beerentragenden Sträuchern; phytophag; Symbiontenübertragung während der **Eiablage** auf die Eihüllen; die Larven saugen nach dem Schlüpfen an ihnen. Bei allen daraufhin untersuchten Arten liegt echte **Brutpflege** vor: die ♀♀ bewachen die Gelege und die Larven bis zum 2. oder 3. Stadium, danach sterben sie ab und der Aggrega-tionstrieb der Larven erlischt; 1 Generation im Jahr; **Überwinterung** als Imago.

1. *Acanthosoma haemorrhoidale* L., Wipfelwanze, Stachelwanze (14–17 mm); grün und rot, mit schwarzen Punkten und blutroten, namengebenden Hinterecken; auf Laubgehölzen an Waldrändern; saugt gern, aber nicht ausschließlich an den roten Früchten des Weißdorns, auch an Vogelbeere und Wildkirsche, v. a. im Frühjahr auch auf anderen Gehölzen; ist gelegentlich durch Saugen an Birnenfrüchten schädlich geworden; Symbionten in 2 nur locker an den Darm angehängten Mycetomen (→Mycetocyten).

2. *Elasmucha grisea* L., Fleckige Brutwanze (7–9 mm); saugt, oft massenhaft auftretend, auf Birken und Erlen an Blättern und (zur Eireifung erforderlich) an den reifenden Fruchtzäpfchen; das ♀ erkennt seine Eier am Geruch; bedeckt und schützt sie und die Larven mindestens bis zum Ende des 1. Stadiums, indem es die gepanzerte Oberseite des Körpers zum Angreifer hin neigt; bei höherer Erregung Körperzucken und Flügelschwirren und schließlich, in höchster Bedrängnis, Abgabe von Wehrsekret; Zusammenhalt der jungen Larven (bis zum Ende des 3. Stadiums) gewährleistet durch einen auf die Unterlage abgegebenen Spurenstoff, dem Larven und Mutterwanze folgen können; bei Bedrohung freigesetztes Wehrsekret veranlasst die Mutterwanze zum Angriff mit Flügelschwirren, die Jungwanzen zur geordneten Flucht; Verteidigung v. a. wirksam gegen Eiparasitoide, weniger gegen Fressfeinde; Larven und Imagines häufig befallen von →Tachinidae (wegen der Ortstreue der brutpflegenden ♀♀?). Mit ähnlicher Brutpflege ***E. fieberi*** Jakovl. (Imagines und Larven bevorzugen reife Birken- und Erlenkätzchen) und ***E. ferrugata*** F., Heidelbeerwanze (mit ausgeprägten dunklen Dornfortsätzen der Halsschildseiten; an Heidel- und auch Preiselbeeren, saugt besonders an den Früchten).

3. *Cyphostethus tristriatus* F., Buntrock (9–10 mm); ausgesprochen bunt gefärbt; auf Wacholder, 2-reihige Gelege entlang der Nadeln; die Art besiedelt bei uns allenthalben in Gärten angepflanzte Thuja.

Lit. →Heteroptera.

Acartophthalmidae; Fam. der Zweiflügler (Diptera, Brachycera, Cyclorrhapha) mit in Eur 3, M-Eur & Dt 2 Arten der Gttg. *Acartophthalmus*; winzige Fliegen (±2 mm); dunkel braungrau;

© Springer-Verlag GmbH Deutschland, ein Teil von Springer Nature 2026
E. Weber, H. Bellmann, *Jacobs|Renner – Biologie und Ökologie der Insekten*,
https://doi.org/10.1007/978-3-662-71153-8_1

Hinterleib spitz ausgezogen. Lebensweise kaum bekannt; v. a. in Wäldern; ♂♂ anscheinend territorial, sitzen auf verrottenden Pilzkörpern, Aas, Kot u. Ä., reagieren auf Konkurrenten durch Zitterbewegungen ihrer schillernden Flügel; Eiablage in Aas beobachtet.
Lit. →Diptera; Papp & Ozerov 1998.
Acartophthalmus →Acartophthalmidae.
Acentria →Pyralidae 23.
Acentropini; Gattungsgruppe der Crambidae, s. →Pyralidae 19–23.
Acentropus →Pyralidae 23.
Acercaria; Gruppe aus →Psocodea und →Condylognatha, deren Monophylie fraglich ist.
Acerentomidae, *Acerentomon* →Protura B.
Acericerus →Cicadellidae G.
Achateule, *Phlogophora meticulosa* L. →Noctuidae 36.
Achatspinner, *Habrosyne pyritoides* Hufn. →Thyatiridae.
Acherontia →Sphingidae 4.
Acheta →Gryllidae 2.
Achilidae, Rindenzikaden; Fam. der Zikaden (Auchenorrhyncha, Fulgoromorpha) mit in Eur 9, M-Eur 4 Arten, in Dt 3 seltene, bedrohte Arten der Gttg. *Cixidia* (6–9 mm); rindenfarben mit hellen Sprenkeln; Flügel in Ruhe fast flach getragen, auffällig ist die Überlappung der Vorderflügelenden; Imagines V–IX, an Bäumen; die Larven saugen an Pilzfäden in rotfaulem Totholz, Imagines außerdem an Baumsäften; 1 Generation im Jahr; Überwinterung als Larve.
Lit. →Auchenorrhyncha.
Achroia →Pyralidae 2.
Achtzähniger Borkenkäfer, *Ips typographus* L. →Curculionidae P15.
Achtzähniger Lärchenborkenkäfer, *Ips cembrae* Heer →Curculionidae P19.
Acilius →Dytiscidae 3.
Ackerthrips, *Thrips angusticeps* Uz. →Thripidae 7.
Ackerwanderzirpe, *Macrosteles laevis* Rib. →Cicadellidae A.
Aclypea →Staphylinidae K8.
Acrida →Acrididae C.
Acrididae, Feldheuschrecken; Fam. der Kurzfühlerschrecken (Caelifera) mit in Eur ± 275, M-Eur 80, Dt 37 Arten; z. T. mit sehr bestimmten, aber unterschiedlichen Anforderungen an den Biotop: manche nur auf sehr feuchtem, andere nur auf trockenem Gelände (wichtiger Faktor: Luftfeuchtigkeit). **Gesang:** bei den meisten Arten v. a. die ♂♂ fähig zu Lautäußerungen; Lieder artspezifisch; die ♀♀ erkennen den arteigenen Gesang angeborenermaßen; ausschlaggebend ist die rhythmische Gliederung des ♂-Gesangs; bei vielen Arten antwortet das ♀ auf den ♂-Gesang (Erleichterung der Partnerfindung); Lauterzeugung, manchmal auch bei der gleichen Art, auf sehr verschiedene Weise: 1) **Streichen** der Hinterschenkel über eine Ader des Vorderflügels: ein Kamm aus massiven Zäpfchen ist an der Innenseite der Hinterschenkel (→B) oder spiegelbildlich an einer Flügelader ausgebildet (→A); ♂♂ und ♀♀ sind zu Lautäußerungen fähig; der Gesang der ♂♂ ist meist eine wesentliche Voraussetzung für die Paarung (stumme ♂♂ und ♂♂ mit nur einem Hinterbein kommen weniger oft und später zur Kopulation) und mit dem Alter korreliert: junge und sehr alte ♂♂ können die Hinterbeine nicht fest genug an die Deckflügel (→Tegmina) drücken und erzeugen so einen unvollständigen Gesang, der zu vermindertem Kopulationserfolg führt (junge ♂♂ bilden auch weniger Spermien). 2) **Flugschnarren**: lautes, schnarrendes Geräusch beim Flug, z. B. bei *Psophus,* Schnarrschrecke; entsteht durch fächerartiges Spreizen der spezifisch geäderten und gestalteten Hinterflügel. 3) **Schienenschleudern**: die heftig nach hinten geschleuderten Hinterschienen streifen mit den Dornen über das Geäder der Vorderflügel („Zick"), z. B. bei der Sumpfschrecke *Stethophyma grossus* L. 4) **Mandibellaute**: durch Aneinanderreiben der Mandibeln („Zähneknirschen"), insbesondere bei den Knarrschrecken (→D–F). 5) **Auftrommeln** der Hintertarsen auf die Unterlage: kommt recht regelmäßig bei einigen Arten vor, wird vielleicht über den Erschütterungssinn wahrgenommen. 6) **Rascheln** durch Aufeinanderschlagen der an einigen äußeren Gliedern lappenartig verbreiterten Antennen. – Das ♂ verfügt häufig über mehrere situations- und stimmungsgebundene Liedformen, z. B.: a) gewöhnlichen Gesang, **Lockgesang**: ein kopulationswilliges ♂ singt allein; b) **Rivalengesang**: ♂♂ der gleichen Art reagieren mit spezifischen Gesangsformen aufeinander; c) **Werbegesang**: das ♂ singt oft lange Zeit vor dem ♀, nicht selten in einer vom Lockgesang stark abweichenden Form (Beispiel: bei dem sehr komplexen Werbegesang von *Gomphocerippus rufus* L. sind im Gegensatz zum Lockgesang außer den Hinterbeinen auch Antennen, Taster und Kopf mit langsamen und schnellen Bewegungen und sogar der ganze Körper mit Hochreißen und Verbeugungen beteiligt; das ♂ nimmt eine bestimmte Position relativ zum ♀ ein). – Wichtige Zentren für den Gesang sind die Pilzkörper und der Zentralkörper im Vorderhirn: kein Singen nach ihrer Ausschaltung; **Hörorgane** seitlich im 1. Hinterleibssegment. **Überwinterung** der heimischen Arten als Ei; häufig 5 Larvenstadien

(außer der aus dem Ei schlüpfenden, von einer dünnen, ungegliederten Hülle umgebenen und sich sofort häutenden vermiformen Larve), ihre Zahl jedoch oft sogar bei der gleichen Art verschieden (z. B. beim ♀ 5, beim ♂ 4 Häutungen).

A. Oedipodinae (Locustinae); 18 Arten in M-Eur, 8 in Dt; manche Gttgn. (*Acrotylus*) in allen Stadien und beiden Geschlechtern mit ausstülpbarer Hautdrüse hinter dem Pronotum (exkretorisch?); Stridulationsapparat aus einer Reihe massiver Zäpfchen auf der Vena intercalata im Mittelfeld der Vorderflügel, die mit einer scharfen Kante an der Innenseite der Hinterschenkel angestrichen werden; Artspezifität des Lockgesangs der ♂♂ nicht sehr ausgeprägt. Bei A1–A3 können die ♂♂ vor dem ♀ auch zwitschernde Laute durch Anstreichen der Hinterschenkel an den Vorderflügeln hervorbringen.

A1. *Oedipoda,* Ödlandschrecken; mit den beiden zuweilen nebeneinander vorkommenden Arten *Oe. caerulescens* L. (Hinterflügel blau mit schwarzer Binde) und *Oe. germanica* Latr. (Hinterflügel rot mit schwarzer Binde); die Farbe der Hinterflügel leuchtet nur beim Fliegen überraschend auf, ihre Bedeutung für die gegenseitige Isolierung der beiden Arten ist unklar; sitzende Tiere bestens getarnt, kaum Unterschiede im Verhalten; beide Arten vom Aussterben bedroht; ♂ 15–21 mm, ♀ 22–28 mm. Imagines VII–X; wärme- und trockenheitsliebend; Nahrung sind meist Gräser, zusätzlich auch Moose und Algen. Bezeichnend als Ausdrucksbewegung das oft wiederholte, stumme Auf- und Ab der Hinterschenkel im Sitzen und Gehen; die ♂♂ folgen oft den ♀♀ der anderen Art, Fehlpaarungen werden jedoch anscheinend vermieden (Grund?); Lautäußerungen spielen bei der Balz kaum eine Rolle (unmittelbar vor der Kopulation erzeugt das ♂ kurze, leise Töne).

A2. *Psophus stridulus* L., Rotflügelige Schnarrschrecke; ♂ 23–25 mm, ♀ 26–40 mm. Imagines VII–X, in trockenen, steinigen Gebieten, auf Trockenrasen. Das fast schwarze ♂ fliegt mit lautem **Schnarrton,** der mit den auffallenden roten Hinterflügeln erzeugt wird; gelegentlich auch geräuschloser Flug; das plumpe ♀ anscheinend nicht flugfähig, kann aber im Sitzen schnarren (wie übrigens auch das ♂); Bedeutung des Schnarrens unklar (Flugschnarren auch bei anderen Arten, z. B. bei *Bryodema tuberculata* F.).

A3. *Stethophyma grossum* L., Sumpfschrecke; ♂ 12–25 mm, ♀ 26–39 mm. Imagines VII–X; kommt nur in sehr nassen Wiesen und Sümpfen vor, meidet aber Torfmoosbereiche von Hochmooren; beide Geschlechter sind gute Flieger; **Gesang** des ♂ ein unregelmäßig wiederholtes

„zick" durch Schienenschleudern: die nach hinten ausschlagende Schiene eines Hinterbeines streift mit den Enddornen an den Flügeladern vorbei (auch als Abwehrlaut von beiden Geschlechtern erzeugt).

A4. *Locusta migratoria* L., Europäische Wanderheuschrecke; sehr stattliche Art (bis 60 mm); in Asien und Teilen Afrikas verbreitet; tritt dort in einer harmlosen solitären, sesshaften Phase und einer für den Pflanzenwuchs verheerenden, zur Bildung riesiger Schwärme neigenden gregären Phase auf, die im Verlauf von mindestens 2 Generationen aus der sesshaften Phase entsteht, wenn eine bestimmte Populationsdichte überschritten wird; während der Wanderung schwarm- und nicht zielorientiert; Flugrichtung oft gegen den Wind; Geschwindigkeit ca. 18 km/h, Flughöhe bis 1000 m (Stirnhaare der Antennen dienen als Luftströmungssinnesorgane der Regelung der Fluggeschwindigkeit, die Antennen außerdem als Beschleunigungssinnesorgane); in S- und SO-Eur häufig, im südl. M-Eur nurmehr an wenigen Stellen, hier wie dort ausschließlich die sesshafte Phase; bei der nach Größe und Aussehen ähnlichen afrikanischen Wüstenschrecke, **Schistocerca gregaria** Forsk. (Cyrtacanthacridinae E) wurden Sprungleistungen gemessen; Gewicht und max. Sprungweite: ♂ 1,5–2 g, 0,95 m; ♀ 2,5–3,5 g, 0,7 m; Anfangsgeschwindigkeit beim Sprung und max. Beschleunigung: ♂ 3,2 m/s, 180 m/s^2.

B. Gomphocerinae, Grashüpfer; 42 Arten in M-Eur, 25 in Dt; im Sommer und Herbst auf Wiesen oft sehr häufig; Lautapparat aus einer Reihe von Zäpfchen (umgewandelte Haare) an der Innenseite der Hinterschenkel, auf Polstern aus →Resilin gelenkig eingesetzt, angestrichen an der vorstehenden Radialader der Vorderflügel; beide Hinterbeine meist gleichzeitig und gleichsinnig, bei manchen Liedern nur 1 Schenkel bewegt; selten beide Hinterbeine gleichzeitig, aber verschiedenartig betätigt (*Chorthippus mollis* Charp., gewöhnlicher Gesang); bei den ♀♀ ist der gleiche Apparat vorhanden, aber meist mit kleineren Zäpfchen; ausgeprägt artspezifischer Lockgesang der ♂♂, auf den das passende, begattungswillige ♀ antwortet, dadurch schnelles Sichfinden der Partner; unter den heimischen Arten einige Zwillings- bzw. Drillingsarten: morphologisch einander sehr ähnliche Arten, Vermischung aber durch verschiedenste **Isoliermechanismen** vermieden; Beispiele: a) *Chorthippus montanus* Charp. und *Ch. parallelus* Zett. (= *Ch. longicornis* Latr.); Erstere nur auf sehr feuchten, Letztere auf mehr trockenen Wiesen, also im Lebensraum weitgehend getrennt; Gesänge der ♂♂ ähnlich, für die ♀♀ immerhin unterscheidbar; b) *Omocestus viridulus* L. und *O. ventralis* Zett.; auch hier Erstere auf mehr feuchtem, Letztere auf mehr trockenem Gelände; Gesänge der ♂♂ nicht sehr verschieden; c) *Chorthippus brunneus* Thunb., *Ch. biguttulus* L., *Ch. mollis* Charp.; alle 3 Arten nicht selten nebeneinander; Gesänge der ♂♂ unverwechselbar verschieden; fruchtbare Hybridisierung z. B. zwischen *Ch. brunneus* und *Ch. biguttulus* zwar noch möglich, im Freien jedoch weitgehend vermieden, weil die ♀♀ nur auf den Gesang des passenden ♂ reagieren.

B1. *Chrysochraon dispar* Germ., Große Goldschrecke (♂ 16–19 mm, ♀ 22–30 mm); ♂ metallisch glänzend hellgrün, ♀ bräunlich mit leichtem Metallglanz; bei beiden Geschlechtern Hinterflügel stark verkürzt, beim ♀ auch die Vorderflügel; Imagines von Ende VI bis X; Eiablage in das Mark von abgebrochenen, verholzten Pflanzenstängeln; die Eier werden in ein erhärtendes, schaumiges Sekret eingebettet.

B2. *Euthystira brachyptera* Ocsk., Kleine Goldschrecke (ähnlich voriger); in S-Dt eine der häufigsten Heuschrecken; Imagines VI–IX; zur Eiablage werden Blätter (meist von Gräsern) mit den Hinterbeinen zusammengefaltet; Eier zu 5–6 in einem erhärtenden, schaumigen Sekret in der Knickstelle.

B3. *Omocestus viridulus* L., Bunter Grashüpfer (♂ 13–17 mm, ♀ 20–24 mm); eine der dominierenden Heuschrecken auf mäßig feuchten Wiesen, vom Flachland bis zu den Alpen (bis 2600 m); Imagines von VI–IX; mindestens 9 verschiedene Lautäußerungen bei ♂♂; z. B.: Rivalengesang (2–3 s; damit versuchen sich ♂♂ gegenseitig zu verdrängen); Lockgesang (ca. 20 s, nach kurzen Pausen wiederholt; bei der Suche nach ♀♀, von verschiedenen Singwarten aus vorgetragen); Werbegesang (30–60 s, wiederholt; bei der Balz; häufig eingeleitet mit leisen, hochfrequenten Tönen durch Ausschleudern der Hinterschienen); gegen Ende der Balz Schenkelschütteln (alternierende große und kleine Bewegungen der Hinterbeine) und schließlich Anspringlaute (durch gleichzeitige, große Bewegungen der Hinterbeine); kopulationsbereite ♀♀ antworten auf den Werbegesang mit dem Antwortgesang (leiser und unregelmäßiger als der Gesang der ♂♂; einziger Gesangtyp der ♀♀); danach Kopulation mit kurzen Gesängen und Anspringlauten der ♂♂.

B4. *Chorthippus biguttulus* L., Nachtigall-Grashüpfer (♂ 13–15 mm, ♀ 17–22 mm); eine der häufigsten Heuschrecken; an mäßig trockenen Stellen (Wiesen, Wegränder); Imagines VII–XI;

Gesang beginnt mit deutlich getrennten Lauten, die immer dichter und lauter werden, bricht nach 2–3 s plötzlich ab; bei dem nah verwandten *Ch. brunneus* besteht der Gesang aus kurzen (0,2 s) Lauten im Abstand von etwa 2 s; sowie sobald ein ♂ beginnt, fällt ein anderes in die Pausen ein, sodass ein regelmäßiger Wechselgesang zwischen 2 Tieren entsteht.

B5. *Gomphocerippus rufus* L., Rote Keulenschrecke (♂ 14–16 mm, ♀ 17–24 mm); Antennenenden verbreitert, mit weißen Spitzen; Imagines VII–XI; häufig an mäßig trockenen Waldrändern, hier auch auf niederem Gebüsch; Werbegesang des ♂ vor dem ♀ mit Antennenschlägen, Kopfschütteln und Verbeugen verbunden, hoch differenziert, oft wiederholt.

B6. *Gomphocerus sibiricus* L. (= *Aeropus s.*), Sibirische Keulenschrecke (♂ 17–20 mm, ♀ 20–25 mm); ♂ mit keulig erweiterten, drüsenhaltigen Vorderschienen (wichtig als optische Signalgeber bei der Balz; weitere Bedeutung unbekannt); Imagines VII–IX; bei uns nur in den Alpen, von etwa 1000 m bis 2600 m, an grasigen, sonnenexponierten Hängen; in der Russland auch in der Ebene; ♂ mit verschiedenen Gesängen: Rivalengesang aus Einzellauten (wird oft alternierend von 2 ♂♂ vorgetragen), gewöhnlicher Gesang aus schnell gereihten Lauten (5 pro Sekunde; oft synchron oder im Wechselgesang (!) mit anderen ♂♂ vorgetragen), verschiedene andere Laute bei der Balz vor dem ♀, verbunden mit Bewegungen des Körpers.

B7. *Dociostaurus maroccanus* Thunb., Marokkanische Wanderheuschrecke (♂ 17–30 mm, ♀ 20–33 mm, selten größer); Mittelmeergebiet bis Südostasien; zuweilen Massenauftreten, zumal in Nordafrika; fliegt bisweilen nach M-Eur ein.

C. Acridinae; Kopf auffallend kegelförmig verlängert; mit vorstehender Radialader der Vorderflügel, aber ohne Zäpfchen am Hinterschenkel oder Flügel; keine Lautäußerungen bekannt; von den 4 südeuropäischen Arten nur 1 bis ins südl. M-Eur verbreitet: ***Acrida ungarica*** Herbst, Turmschrecke, Nasenschrecke (♂ 30–40 mm, ♀ 50–55 mm; [**A-1**]); auf kleinwüchsigen Pflanzen trockenwarmer Standorte.

Die folgenden 3 U-Fam. wurden als Fam. **Catantopidae**, Knarrschrecken, zusammengefasst (→Monophylie dieser Gruppe fraglich); Vorderbrust unten mit zapfenartigem Höcker; Flügel teils voll ausgebildet, teils mehr oder weniger stark verkümmert; Lauterzeugung durch Aneinanderreiben der Mandibeln („Zähneknirschen"), zuweilen begleitet von zuckenden Bewegungen der Hinterschenkel.

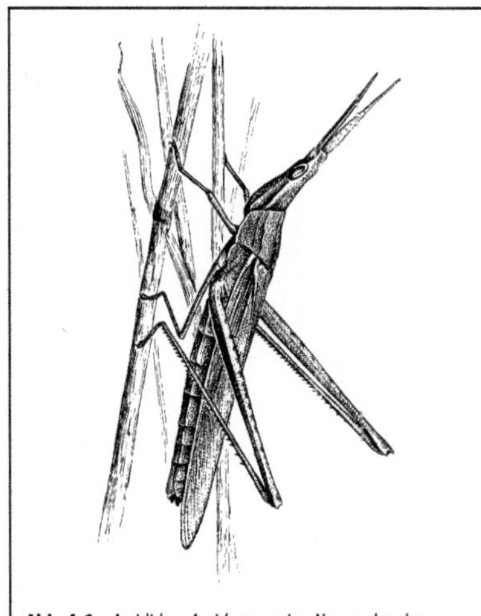

Abb. A-1: Acrididae: *Acrida ungarica*, Nasenschrecke; ca. 50 mm

D. Melanoplinae; mit in Eur 56, M-Eur 13 Arten; Dt erreichen nur die beiden folgenden Arten:

D1. *Podisma pedestris* L., Gewöhnliche Gebirgsschrecke (♂ 17–19 mm, ♀ 24–30 mm); Flügel stark reduziert; Imagines ab VI, leben bis X; bei uns selten und lokal, mehr in Mittelgebirgen und den Alpen; ehemalige Vorkommen im Norden Deutschlands erloschen; die ♂♂ zeigen bei der Balz Schaukelbewegungen des Körpers, schleichen sich langsam an das ♀ an.

D2. *Miramella alpina* Koll., Alpine Gebirgsschrecke (♂ 16–23 mm, ♀ 22–31 mm); glänzend grün mit schwarzer Zeichnung, sehr variabel; Stummelflügel; Imagines ab VII, leben bis IX; ausgesprochene Gebirgsheuschrecke, bei uns in Alpen, Alpenvorland und Schwarzwald, meist über 1000 m (bis 2800 m); an feuchten Orten (oft auf Pestwurzblättern); das ♂ lässt sich nach der Paarung oft noch lange vom ♀ umhertragen.

E. Calliptaminae; ♂♂ mit sehr auffälligem Kopulationsapparat mit langen, kräftigen und gebogenen Cerci; 9. und 10. Hinterleibstergit vergrößert, wie aufgeblasen; in Dt nur *Calliptamus italicus* L., Italienische Schönschrecke (15–34 mm); Flügel gut entwickelt, bei Massenauftreten etwas verlängert (wie bei Wanderheuschrecken vielleicht als „Wanderphase" zu deuten); Hinterflügel hellrot. Imagines ab VII/ VIII, leben bis X; bei uns nur an einigen besonders warmen und trockenen Stellen, in S-Eur

jedoch eine der häufigsten Heuschrecken; **Gesang:** Mandibellaute je nach Situation und Stimmung verschieden, etwa 50 cm weit hörbar; zur Paarung nähert sich das ♂ ruckweise mit leiser werdenden Mandibellauten dem ♀ und ergreift es schließlich in schnellem Sprung mit den langen Cerci am Abdomenende.

F. Cyrtacanthacridinae; in M-Eur nur *Anacridium aegyptium* L., Ägyptische Heuschrecke; sehr stattliche (♂ bis 56 mm, ♀ bis 70 mm), im Mittelmeergebiet verbreitete Art, gelangt mit Obsttransporten nach M-Eur; guter Flieger; lebt meist auf Büschen und Bäumen; die Altlarven überwintern; Mandibellaute bei Larven und Imagines.
Lit. →Caelifera; Kriegbaum 1991; Schmidt et al. 1987.

Acridinae →Acrididae B.

Acrobasis →Pyralidae 4.

Acrocera →Acroceridae.

Acroceridae (Cyrtidae), Kugelfliegen, Spinnenfliegen; Fam. der Zweiflügler (Diptera, Brachycera) mit in Eur 32, M-Eur 13, Dt 7 Arten; Imagines 2,5–20 mm, sehr gedrungen, fast kugelig, der kleine Kopf fast vollständig von den Augen eingenommen; mit großen, die Schwingkölbchen bedeckenden Thorakalschüppchen [A-2], oft fein-pelzig behaart; Blütenbesucher, der bei manchen Arten recht lange Saugrüssel in Ruhe unter dem Bauch, beim Nektarsaugen (manchmal im fast geräuschlosen Rüttelflug vor der Blüte) vorgestreckt; bei sehr kurzrüsseligen Arten (z. B. *Acrocera sanguinea*) vermutlich keine Nahrungsaufnahme. Paarung im Flug; Ablage der **Eier** (einzeln oder mehrere zu einem Gelege vereinigt) oft an der Spitze dürrer Zweige oder an Rinde; Eiproduktion groß, meist fast 1000 (im Einzelfall bis 5000) pro ♀ (→parasitoide Lebensweise der Larven). Die **Larven**stadien [A-3] von verschiedener Gestalt (→Polymetabolie); Junglarve winzig, schlank, hinten mit Haftapparat, der ihr aufrechte Haltung gestattet; bei Störung egel- oder spannerraupenartige Bewegung; muss aktiv ihren Wirt (Spinnen oder Spinnengelege) aufsuchen: springt eine sich nähernde Spinne an und dringt durch eine Gelenkhaut ein; nach der ersten Häutung gedrungen; die Hinterstigmen (auf einem Wulst) stehen mit den Fächerlungen des Wirtes in Verbindung; die lebenswichtigen Organe des Wirtes werden zunächst geschont, der Wirt gegen Ende des Larvenlebens aber gänzlich ausgefressen. **Überwinterung** in der leeren Wirtshaut; **Verpuppung** im Boden; Puppen [A-4] stark gekrümmt, bei manchen Arten mit dorsalem Dornenbesatz („Hahnenkamm") am Thorax. Lit. →Diptera.

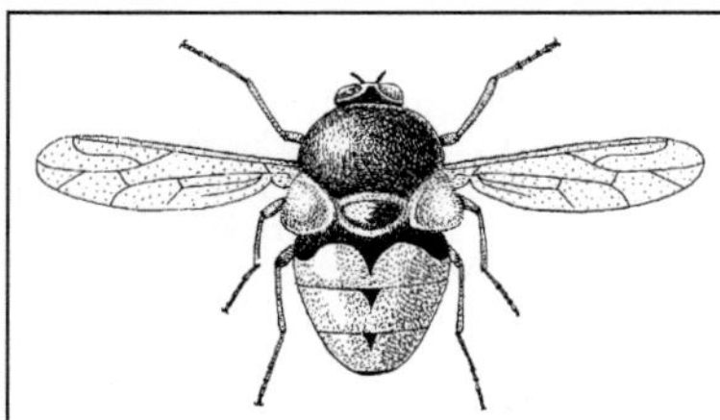

Abb. A-2: Acroceridae: *Acrocera sanguinea.* ♂, 3–6 mm; Hinterleib gelbrot. (Séguy 1951a)

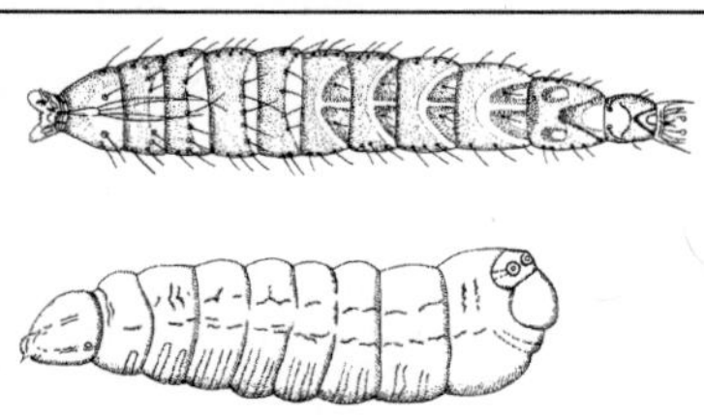

Abb. A-3: Acroceridae: Polymetabolie bei den Larven von *Ogcodes* spec. Oben: Junglarve, ca. 0,4 mm; unten: erwachsene Larve, ca. 5 mm, schräg von oben gesehen. Stigmen vorn und hinten; mit beborsteten Kriechwülsten. (Brauns 1954a)

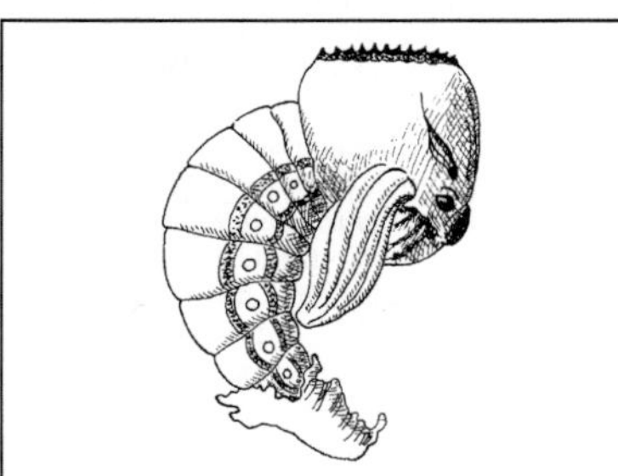

Abb. A-4: Acroceridae: Puppe von *Astomella hispaniae.* (Lindner 1923 ff)

Acrolepiidae; als U-Fam. **Acrolepiinae** der →Glyphipterigidae (B) geführt.

Acrolepiopsis →Glyphipterigidae B.

Acronicta →Noctuidae 5.

Acrophylax →Trichoptera.

Acrosanthe →Therevidae.

Acrotylus →Acrididae A.

Actenoptera →Neottiophilidae.

Actia →Tachinidae.

Aculeata, Stechimmen; Bezeichnung für diejenigen Hautflügler (→Hymenoptera) mit Wes-

pentaille, bei deren ♀♀ der Legebohrer zu einem Giftstachel umgebildet ist (die Eier treten seitlich an der Basis des Stachels aus, ohne diesen zu passieren, und werden von der Spitze des Hinterleibs positioniert); mit den Gruppen →Chrysidoidea, →Dryinoidea, Vespiformes (→Apoidea, →Formicidae, →Pompiloidea, →Scoliidae, →Thynnidae, →Tiphiidae, →Vespidae).

Acyclostomata →Braconidae A.

Acyrthosiphon →Aphididae 20, →Aphidina.

Adalia →Coccinellidae 3.

Adela →Adelidae.

Adelges →Adelgidae 1.

Adelgidae, Fichtengallenläuse, Tannenläuse; Fam. der Blattläuse (Aphidina) mit in Eur 25, M-Eur 21, Dt 18 Arten, mehrere wichtig als Forstschädlinge; wegen der Fachbegriffe zu den Morphen und zum Generationswechsel →Aphidina; klein, ohne Rückenröhren, Ungeflügelte mit dreilinsigen Seitenaugen (Triommatidium); Wachsdrüsen-Poren an Kopf, Thorax und Abdomen (Anordnung und Zahl zwischen den Arten, Morphen und Entwicklungsstadien unterschiedlich); mit der z. T. reichlich abgegebenen Wachswolle sind v. a. Gelege und überwinternde Larven bedeckt. →Parenchymsauger; geben →Honigtau ab, aber ohne trophobiotische Beziehungen zu Ameisen. Alle ♀♀-Formen Eier legend; meist holozyklisch, mit obligatem Wirtswechsel zwischen Primär- und Sekundärwirt, 2-jährig; Primärwirt stets Fichte (*Picea*), Sekundärwirt ein anderer Nadelbaum; Überwinterung am Primärwirt nicht als Ei, sondern als 1. oder 2. Fundatrix-Larvenstadium; durch den Saugreiz der Fundatrix entstehen zu schuppenartigen Gebilden verbreiterte Nadelbasen, das ganze Gebilde oft einer winzigen Ananasfrucht ähnlich (Ananasgallen, als Triebgallen mehr an der Basis von Jungtrieben oder als Knospengallen); unter jedem Schüppchen eine Kammer, in die die Nachkommen der Fundatrix (Migrantes, Gallicolae) einwandern; Gallenschuppen zunächst fest aneinanderliegend oder verwachsen; Streckungswachstum der Nadelbasen gibt eine Öffnung der Gallenkammern frei; die ausschlüpfenden Nymphen der Migrans-Generation häuten sich zu Imagines und fliegen auf den Sekundärwirt; hier ohne Gallbildung Überwintern ihrer Nachkommen (→Hiemosistentes) als Junglarven; im nächsten Jahr Bildung u. a. von geflügelten Sexuparae (Gynoparae und Androparae), die auf den Primärwirt zurückfliegen und dort die Sexuales erzeugen; das Sexualis-♀ legt nur 1 Ei, aus dem die überwinternde Fundatrix-Larve schlüpft; bei manchen Arten Fortfall der 2-geschlechtlichen Fortpflanzung und

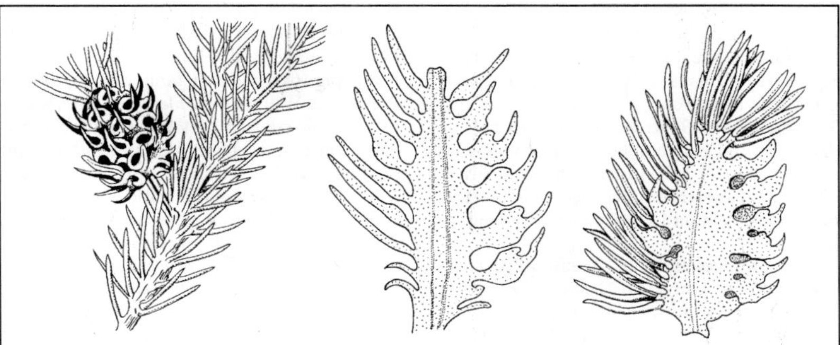

Abb. A-5: Adelgidae: *Sacchiphantes abietis*, Gelbe Fichtengallenlaus. Links: offene, vertrocknete Galle; Mitte: Längsschnitt durch junge Galle; rechts: Längsschnitt durch ältere Galle. (Schneider-Orelli 1947; Eidmann 1941)

anholozyklisch rein parthenogenetische Generationenfolge.

1. *Adelges laricis* Vall., Rote Fichtengallenlaus, Frühe F.; 2-jähriger Holozyklus am Primärwirt *Picea abies* (oder anderen Fichten) und Sekundärwirt *Larix decidua*; Fundatrix überwintert als Junglarve auf Fichte an Triebknospe der Sprossspitzen; ihre Nachkommen (Migrans-Generation) wandern als Junglarven in die sich bildende Galle (blassgrün, höchstens haselnussgroß) ein; Überfliegen der Migrantes auf Lärche, dort Ablage von jeweils 20–50 Eiern auf Nadeln, aus denen Junglarven schlüpfen, die an Jungtrieben überwintern (Hiemosistentes); ihre Nachkommen: teils geflügelte, zum Primärwirt zurückwandernde Sexuparae, teils ungeflügelte Tiere ohne oder mit Entwicklungspause (→Progredientes bzw. →Sistentes einschl. Hiemosistentes); aus den Eiern der ungeflügelten Progredientes gehen im gleichen Sommer weitere überwinternde Hiemosistentes und eine 2. ungeflügelte Progrediens-Generation hervor; unter günstigen Bedingungen auch noch eine 3. ungeflügelte Progrediens-Generation, die nur Junglarven hervorbringt; die zur Fichte gewanderten Sexuparae (Gynoparae und Androparae) bringen Sexualis-♀♀ und -♂♂ hervor; aus dem (einzigen) Ei eines ♀ schlüpft die Fundatrix.

2. *Sacchiphantes viridis* Ratz., Grüne Fichtengallenlaus; ebenfalls holozyklisch-diözische Art mit Wirtswechsel zwischen Fichte und Lärche; familientypische Generationenfolge (Fundatrix, Migrans, Hiemosistens, Andropara und Gynopara, Sexualis-♀♀ und -♂♂); Galle an der Basis der Fichten-Jungtriebe, Haselnuss- bis Walnussgröße, Farbe tiefgrün, nur die Öffnungsränder der Gallenkammern sind rötlich. Mit in Form und Farbe ähnlichen Gallen [**A-5**], die sich jedoch 2–3 Wochen später öffnen: ***S. abietis*** L., Gelbe Fichtengallenlaus; anholozyklisch-monözisch am Primärwirt Fichte; ausschließlich parthenogenetisch, Generationswechsel zwischen →Pseudofundatrix (Überwinterungsform) und Alata (kein Wechsel zu einem Sekundärwirt über, sondern Eiablage am Primärwirt).

3. *Pineus cembrae* Chol., Zirbelkieferwolllaus; in Eur größte Art der Gttg.; außer im natürlichen Verbreitungsgebiet der Zirbelkiefer (Alpen, Karpaten) auch in Parkanlagen, Schäden durch Nadelverluste an älteren Zweigen oft erheblich; holozyklisch-diözische Art mit Wirtswechsel zwischen Fichte (Primärwirt) und Zirbelkiefer (Sekundärwirt); Generationenfolge wie unter 2; Fichtengallen langgestreckt-walzenförmig (4–5 cm), mit freien Kammerschuppen.

4. *Pineus pini* L., Europäische Kiefernwolllaus; anholozyklisch-parthenogenetisch am Sekundärwirt *Pinus silvestris* L. (andere Kiefernarten nur vorübergehend befallen), verursacht erhebliche Schäden an jungen Bäumen, an Trieben und Rinde (Spitzendürre); auf die überwinternde Generation (→Hiemosistens) folgen mehrere Generationen weiterer ungeflügelter Läuse, die große Mengen Wachswolle ausscheiden; unter deren Nachkommen sind auch Geflügelte (Alatae exsulantes), die der Ausbreitung auf weitere Kiefern dienen; im Frühling außerdem auftretende geflügelte Gynoparae wechseln zu Fichten und legen dort Eier ab, aus denen nur Sexualis-♀♀ hervorgehen, deren unbefruchtete Eier absterben (daher keine Wintereier, keine Fundatrix, keine Gallen); die Gynoparae und Sexuales sind wohl ein „nutzloses" Relikt der Herkunft von holozyklisch-diözischen Vorfahren. Mit ähnlicher Generationenfolge die nordamerikanische, mit der Weymouthskiefer (*Pinus strobus*) zu uns verschleppte **P. strobi** Htg., Stroben-Rindenlaus: anholozyklisch-parthenogenetische Folge von 1 Hiemosistens- und nur 2 Progredientes-Generationen auf den Sekundärwirt, blind endende Folge von Gynoparae und Sexualis-♀♀ auf Fichten; erhebliche Schäden durch Zuwachsminderungen und Absterben von Nadeln und Zweigen an Weymouthskiefern.

5. *Pineus pineoides* Chol., Weißwollige Fichtenstammlaus; sehr klein (Hiemosistens 280–350 µm); anholozyklisch-parthenogenetisch ausschließlich am Primärwirt Fichte (*Picea abies*), an Rinde unter reichlich Wachswolle, lässt sich nicht auf *Pinus*-Arten übertragen; keine Geflügelten, keine Gallen; Generationenfolge: Hiemosistens und Progrediens.

6. *Gilletteella cooleyi* Gill., Douglasienwolllaus, Sitkafichten-Gallenlaus; ursprünglich holozyklisch-diözische Art mit Wirtswechsel zwischen Sitkafichte (*Picea sitchensis*; Primärwirt) bzw. auch anderen Fichten-Arten, und Douglasie (*Pseudotsuga menziesii*; Sekundärwirt); mit der Douglasie aus Nordamerika eingeschleppt, bei uns meist anholozyklisch-monözisch auf dem Sekundärwirt: eine im Hochsommer ruhende und dann an jungen Nadeln überwinternde Generation (→Sistens) legt im Frühjahr Eier ab, daraus schlüpft entweder direkt die nächste Sistens-Generation oder eine eingeschobene Generation ohne Ruhephase (Progrediens); heute in Europa mit holozyklischer Generationenfolge überall dort, wo beide Wirtspflanzen eingeführt sind: die aus Eiern der überwinternden Generation ebenfalls schlüpfenden Androparae und Gynoparae können dann zur Sitkafichte herüberfliegen; an Triebknospen der Sitkafichte die lang gestreckten, oft hakenförmig gekrümmten, hellgrünen bis roten Gallen (2,5–7,5 cm); Gallenschuppen verwachsen, mit langen Nadelresten.

7. *Dreyfusia nordmannianae* Eckst., Weißtannen- bzw. Nordmanntannen-Trieblaus [**A-6**]; mit Nordmanntanne nach Europa eingeschleppt; im natürlichen Verbreitungsgebiet (Kaukasus, Ge-

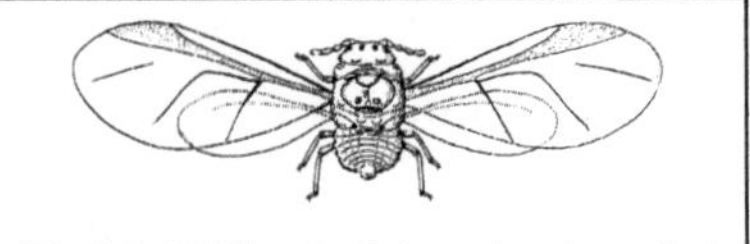

Abb. A-6: Adelgidae: *Dreyfusia nordmannianae*, Nordmanntannen-Trieblaus. Sexupara; Flspw. ca. 3 mm. (Brauns 1991)

birge des östl. Pontus und Krim) 2-jähriger Holozyklus mit Wirtswechsel zwischen Primärwirt *Picea orientalis* und Sekundärwirt *Abies nordmanniana* (und anderen Tannenarten); ging in Europa auf Weißtanne (*Abies alba*) über, wo sie rein anholozyklisch-parthenogenetisch (ähnlich voriger Art) lebt: ungeflügelte Sistens (mit Sommer- und Winterruhe; legt im Frühjahr 100–500 Eier an Rinde ab, aus denen alle Morphen entstehen), ungeflügelte Progrediens (ohne Ruhepause; 10–30 Eier an Nadeln, daraus neue Sistentes) und – als Relikt – geflügelte Sexuparae, die wegen des Fehlens der Orientfichte in mitteleuropäischen Weißtannenwäldern zugrunde geht; erhebliche Schäden an Jungtannen: durch Saugen der kurzrüsseligen Progredientes an Nadeln und der langrüsseligen Sistentes an Rinde der Jungtriebe Absterben der Gipfeltriebe; Befall auch an Ästen und Stammrinde; Ausbreitung hauptsächlich durch Verschleppen mit Pflanzenmaterial.

8. *Dreyfusia piceae* Ratz., Tannenstammlaus; anholozyklisch-parthenogenetische Art an Stamm und Ästen älterer Weißtannen; Generationenfolge: Sistens (2–3 Generationen), ungeflügelte und geflügelte Progredientes (Letztere migrieren nicht zum Primärwirt, sondern dienen der Ausbreitung auf der Tanne, Alatae exsulantes); am Stamm älterer Tannen kommt es bei starkem Lausbefall zur pathologischen Veränderung der Zellen (Kollabieren); die Tannen erholen sich jedoch: nach längerer Saugtätigkeit bilden sich Schichten von Wundperiderm, das die nekrotischen Stichfelder nach außen drängt und allmählich abstößt; dagegen Totalschäden bei nicht an *Dreyfusia* angepassten nordamerikanischen Tannenarten.

Lit. →Aphidina; Steffan 1961.

Adelidae, Langhornmotten; Fam. der Schmetterlinge (Lepidoptera, Glossata, Incurvarioidea) mit in Eur 52, M-Eur 35, Dt 30 Arten; Falter kaum mittelgroß; mit gut entwickeltem Saugrüssel; Vorderflügel metallisch grün oder messingfarben oder doch mit metallisch glänzenden Flecken, in Ruhe steil dachförmig angelegt; Antennen besonders beim ♂ sehr lang [**A-7**]; fliegen im Sommer gern stundenlang im Sonnenschein tanzend auf und -ab, oft vor Pflanzengruppen, auch Bäumen und Büschen (wohl Balzflug); Augen der schwärmenden Arten bei ♂♂ oft dorsal mit vergrößerten Ommatidien; Arten mit reduzierten Augen schwärmen kaum oder nicht. **Raupen** mit rückgebildeten Afterfüßen; Jungraupen minieren zuerst in lebenden Blättern, fressen dann in flachem Säckchen aus zusammengesponnenen Blattstückchen [**A-7**] am

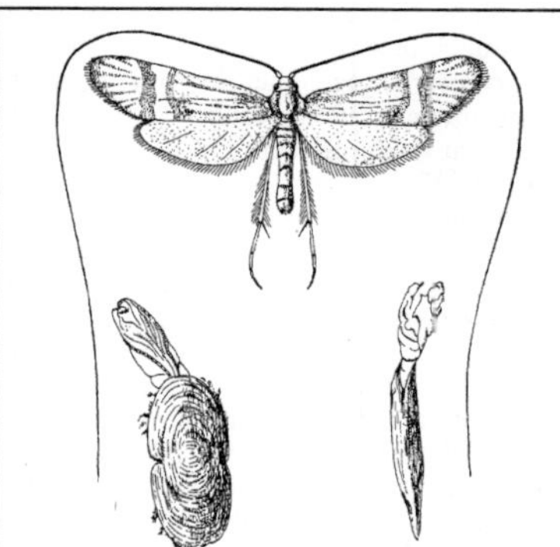

Abb. A-7: Adelidae: Oben: ♂ von *Nemophora degeerella*, Flspw. ca. 22 mm; unten: Raupensack mit vorgeschobener Puppenhaut von *Nemophora prodigellus*, ♀, ca. 12 mm. (Bourgogne 1951)

Boden an abgefallenen Blättern; Überwinterung und Verpuppung im Sack. Beispiele: *Adela reaumurella* L. (Vorderflügel metallisch-grün), an Eichen und Buchen; *Nemophora degeerella* L., an Anemonen; *Nemophora prodigellus* Zell., an Betonie; *Nemophora metallica* Poda (Vorderflügel bronzefarben), häufig an Wiesen und Ackerrändern, Raupe erst in Skabiosenblüten, dann im Boden.
Lit. →Lepidoptera.
Adelognathinae, *Adelognathus* →Ichneumonidae D5.
Adephaga; Gruppe der Käfer (→Coleoptera).
Aderhafte →Heptageniidae.
Aderidae, Mulmkäfer; Fam. der Käfer (Coleoptera, Polyphaga, Cucujiformia) mit in Eur 22, M-Eur 13, Dt 10 winzigen Arten (1,5–3 mm); erinnern an →Anthicidae, denen sie früher zugerechnet wurden. Imagines und Larven unter trockener Laubstreu und Heu, unter loser Rinde, in Mulm hohler Bäume, die Käfer auch auf Blättern und Blüten; Ernährung der Larven vermutlich saprophag.
Lit. →Coleoptera.
Adlerfarneule, *Callopistria juventina* Cr. →Noctuidae 17.
Adlerfarnspanner, *Petrophora chlorosata* Scop. →Geometridae.
Admiral, *Vanessa atalanta* L. →Nymphalidae C1.
Adonislibelle, *Pyrrhosoma nymphula* Sulz. →Coenagrionidae 3.
Adscita →Zygaenidae B.
Aedes →Culicidae.
Aegeriidae; Synonym zu →Sesiidae.

Aegialiidae; als U-Fam. **Aegialiinae** zu den →Scarabaeidae (A) gestellt.
Aegosoma →Cerambycidae.
Aelia →Pentatomidae; vgl. auch →Tachinidae.
Aenigmatias →Phoridae 8.
Aeolothripidae; Fam. der Fransenflügler (Thysanoptera, Terebrantia) mit in Eur 57, M-Eur 25, Dt 19 Arten; Vorderflügel breit und apikal gerundet, mit einigen Queradern; Ovipositor nach oben gebogen. Mit 2 U-Fam., die gelegentlich auch als eigene Fam. Betrachtet betrachtet werden:
  A. Aeolothripinae; 3–5 verkleinerte Endglieder der Antenne bildet einen zugespitzten Griffel; ernähren sich jagend (von Blattläusen, Schildläusen, Milben, auch anderen Fransenflüglern), zumindest gelegentlich oder in bestimmten Entwicklungsstadien. Meiste Arten zu *Aeolothrips* (mit taxonomisch wichtiger Färbung auf der Flügelfläche); *A. intermedius* Bagn. Wohl häufigste Art der Gttg. in M-Eur; findet sich auf verschiedensten Pflanzen (Gräsern, Kräutern, Sträuchern, Bäumen); lebt vom Aussaugen anderer Kleininsekten, besonders von Blattläusen und anderen Thripsen. Äußerst ähnlich *A. fasciatus* L. (1–1,5 mm), oft auf gelb blühenden Kräutern. *A. albicinctus* Hal. i. d. R. flügellos (♀) bzw. kurzflügelig (♂), erinnert in Aussehen und Verhalten an Ameisen, an bodennahen Bereichen großer Gräser (bevorzugt *Calamagrostis*).
  B. Melanthripinae, mit 6 heimischen Arten v. a. der Gttg. *Melanthrips*; Antennenglieder gleichartig; mit langen Borsten an Kopf und Halsschild; saugen ausschließlich an Blütenpflanzen.
Lit. →Thysanoptera.
Aeolothrips →Aeolothripidae A; →Thysanoptera.
Aepophilidae, *Aepophilus* →Saldidae.
Aepopsis →Carabidae J.
Aeropus →Acrididae B6.
Aesalus →Lucanidae 6.
Aeshna →Aeshnidae 1, 2; →Odonata.
Aeshnidae, Edellibellen; Fam. der Libellen (Odonata, Anisoptera) mit in Eur 19, M-Eur 14, Dt 13 Arten; einige Arten gehen bis über den Polarkreis nach Norden; hierher die stattlichsten und buntesten heimischen Libellen; Abdomen oft hell und dunkel gescheckt; hervorragende Flieger, fast pausenlos in der Luft; insbesondere die größeren Arten (→1, 3) sind geschickte Segler mit nur unmerklichem, gelegentlichem Flügelschlag. Die ♂♂ verteidigen (manchmal nur kurzzeitig, →2) Reviere an den Entwicklungsgewässern der Larven; die ♀♀ erscheinen dort nur kurz, fliegen sonst weit abseits; **Paarung** meist im Flug begonnen, im Sitzen beendet; das ♂ entfernt dabei mit seinen Begattungsorganen

das Sperma des Vorgängers aus dem weiblichen Genitaltrakt; Tandems (→Odonata) werden von anderen ♂♂ häufig angegriffen, was zu Beschädigungskämpfen und zur Übernahme des ♀ durch den Angreifer führen kann; **Eiablage** in lebende oder tote Pflanzen [**0-8**] (*Aeshna viridis* Eversm., Grüne Mosaikjungfer, fast ausschließlich in Krebsschere, *Stratiotes*), i. d. R. ohne Begleitung des ♂ (bei *Anax parthenope* Selys, Kleine Königslibelle, jedoch oft im Tandem). **Larven** (für Großlibellen) schlank, mit langer, flacher Fangmaske und übergroßen Komplexaugen; in stehenden oder träge fließenden Gewässern; aktive Jäger, häufig umherlaufend, kletternd und gelegentlich durch Ausstoßen von Atemwasser aus dem After vorwärtsschwimmend (insbesondere →2, 3); **überwintern** als Larve (*Anax, Aeshna isoceles* Müll., Keilflecklibelle), Ei (*Aeshna affinis* v. d. Lind., Südliche Mosaikjungfer), oder erst als Ei, das 2. Mal als Larve (meiste *Aeshna*-Arten).

1. *Aeshna grandis* L., Braune Mosaikjungfer (65–75 mm, Flspw. bis 10,5 cm); braun mit wenigen gelben (♀) bzw. blauen (♂) seitlichen Flecken; Flügel goldbraun; spät fliegende (VII–VIII), im Norden und in Gebirgen häufigere Art; an größeren Weihern, Altarmen und ähnlichen Gewässern in waldreicher Gegend, oft auch entfernt vom Wasser in Waldschneisen oder auf Waldwiesen auf Jagd; verzehren verzehrt regelmäßig schwärmende kleinere Insekten, greifen greift Beute auch vom Untergrund. **Paarung** beginnt in der Luft, wird am Boden beendet; danach trennen sich die Partner; Eiablage in morsches Holz, auch andere abgestorbene Pflanzenteile (z. B. Seerosenstängel). Die **Larven** schlüpfen erst im folgenden Frühjahr; jagen im Pflanzenwuchs langsam fließender und stehender Gewässer (gerne in Rosetten der Krebsschere, *Stratiotes*), Entwicklungsdauer 2, seltener 3 Jahre.

2. *Aeshna cyanea* Müll., Blaugrüne Mosaikjungfer; bei uns die häufigste Art der Gttg.; nur wenig kleiner als *A. grandis*; Körper des ♂ blau, grün und schwarz, des ♀ braun und grün; fliegt VI–X (XI). Anspruchslos, bevorzugt kleine (0,5–1 Ar große, 0,5–1 m tiefe), bewachsene, nicht austrocknende Weiher, Jagdflug der Imagines jedoch oft weit ab vom Wasser, an Waldrändern, Hecken und in Gärten. Paarungsbereite ♂♂ mehrmals täglich kurzzeitig auf Patrouillenflug entlang der Ufer; überlassen dazwischen anderen Individuen das Terrain; zur **Paarung** wird das ♀ vom ♂ im Flug von oben hinten ergriffen, die Paarung selbst erfolgt sitzend (Dauer 1 bis 2½ h); Eiablage VII–IX an versteckter Stelle in feuchter Erde oberhalb der Wasserlinie. **Larven** schlüpfen im Frühjahr; vornehmlich in kleinen und kleinsten stehenden Gewässern, gegenüber der Gewässergüte überaus tolerant; 10 Häutungen bis zur Reife im VII; Entwicklungsdauer meist 2 Jahre (seltener 1 Jahr).

3. *Anax imperator* Leach, Große Königslibelle; überall verbreitet; größte heimische Libelle (Flspw. bis 11 cm); Thorax grün, Abdomen blau und schwarz. Fliegt VI–VIII (IX), nach der Reifezeit v. a. an kleineren, nährstoffreichen, stehenden Gewässern; zumal das ♂ im Sonnenschein ausdauernd in der Luft ist, vertreibt andere Großlibellen meist aus seinem Revier; das ♀ wird im Flug vom ♂ ergriffen, die (wiederholte) **Paarung** beginnt sofort, wird im Sitzen beendet; Trennung der Partner nach etwa 10 min; **Eiablage** an frei sichtbaren Stellen, i. d. R. in lebende Schwimmpflanzen, Eier in Zeile eingeschoben [**0-7**]. **Larven** sehr lebhaft, schwimmen bei Störung teils mit den Beinen, teils durch Rückstoß; erreichen eine Länge von etwa 55 mm; Entwicklungsdauer 1 Jahr.

Lit. →Odonata; Hadrys 1991; Kaiser 1974b; Lehmann 1985; Peters 1987.

Aestivales; die bei manchen Blattläusen auf dem Sommerwirt im rein parthenogenetischen Nebenzyklus auftretenden Formen.

Afrikanischer Monarch, *Danaus chrysippus* L. →Nymphalidae G.

Afrikanisierte Biene →„Mörderbienen".

Afterfüße; auch als Bauch- oder Abdominalfüße bezeichnete ungegliederte, paarige Extremitäten am Hinterleib mancher holometaboler Larven, die der Fortbewegung dienen; Larven mit Afterfüßen werden als Raupen bezeichnet (→Lepidoptera, →Hymenoptera, →Mecoptera).

Afterraupen; die raupenartigen Larven von Blattwespen i. w. S.; →Tenthredinidae.

Afterwolle →Lasiocampidae; →Erebidae J.

Agabus →Dytiscidae 6.

Agallia*, *Agalliinae →Cicadellidae J; vgl. auch →Strepsiptera B3.

Agaonidae, Feigenwespen; Fam. der Hautflügler (Hymenoptera, Apocrita, Chalcidoidea) mit mehreren hundert Hundert Arten, davon nur 1 in S-Eur heimisch (→2; 1 weitere Art aus Südasien eingeschleppt); kleine Erzwespen, deren phytophage Larven sich in den Blütenständen von Feigen (*Ficus*) entwickeln und deren ♀♀ bei der Eiablage die Blüten bestäuben; die symbiotische Abhängigkeit von Feigen- und zugehöriger Bestäuberart ist meist vollständig: die ♀♀ werden nur von dem – artspezifischen – Duftstoff angelockt, der „ihrer" *Ficus*-Art entströmt.

1. *Ceratosolen arabicus* Mayr (1–2 mm); bei *Ficus sycomorus*, der Sykomore oder Eselsfeige (in Ostafrika und Jemen heimisch, seit Jahrtausenden auch in Ägypten und Palästina angebaut); die sehr kleinen männlichen und weiblichen Blüten aller Feigenarten sitzen der (bei reifen Früchten fleischigen) Wand der krugförmigen und hohlen Blütenstände innen auf; der Hohlraum ist bis auf eine winzige, von ineinandergreifenden Schuppenblättern umstellte Öffnung (Ostiole) verschlossen; Blütenstände der Sykomore monözisch (einhäusig); männliche Blüten nur in der Nähe der Ostiole, reifen 2–3 Wochen nach den weiblichen; weibliche Blüten in 2 Sorten (langgriffelig und kurzgriffelig) auf der übrigen Wandfläche in gemischter Anordnung, die Narben beider Typen auf gleichem Niveau (da die Fruchtknoten der langgriffeligen Blüten tiefer im Blütenboden sitzen); nur in den kurzgriffeligen entwickeln sich die Larven der Wespen („Gallenblüten", bilden keinen Samen); sie ernähren sich vom Endosperm, das unter der Wirkung von Stoffen wuchert, die bei der Eiablage injiziert wurden; die Entwicklung ist nach 2–3 Wochen abgeschlossen; ♂♂ flügel- und darmlos, kleinäugig, aber mit kräftigen Mandibeln ausgestattet; schlüpfen zuerst, nagen sich durch die harte Wand der eigenen Galle und beißen unmittelbar danach (chemisch angelockt) Löcher in die Gallen mit den ♀♀, begatten diese durch das Loch hindurch; nagen dann im Bereich der männlichen Blüten (neben dem Ostium) meist in gemeinsamer Arbeit einige Öffnungen in die Feigenwand; sterben dann im Inneren des Blütenstandes; ♀♀ mit wohlentwickelten Flügeln, gut ausgebildeten Komplexaugen, mit je einem Kamm aus ca. 20 steifen Borsten an den Vordercoxen und 2 verschließbaren Taschen ventrolateral am Mesothorax; befreien sich nach Erweiterung der Kopulationsöffnung aus den Gallen, wandern nach oben und verlassen den Blütenstand durch die von den ♂♂ geschaffenen Öffnungen; beim Passieren der jetzt reifen männlichen Blüten füllen sie mithilfe der Tarsen und Kämme der Vorderbeine die beiden thorakalen Taschen prall mit 2000–3000 Pollenkörnern; fliegen, durch die spezifischen Lockstoffe geleitet, junge Blütenstände (mit reifen weiblichen Blüten) an, dringen in sie ein, verlieren beim mühsamen Zwängen durch die engen Spalten des Ostienverschlusses die Flügel und meist auch die Antennengeißeln (die basalen Antennenglieder sind in Vertiefungen des Vorderkopfes geborgen) und versuchen schließlich, die Fruchtknoten mit je 1 Ei zu belegen [**A-8**]; dies gelingt wegen der Griffellänge nur bei den kurzgriffeligen (Gallen-) Blüten; kurz vor dem Herausziehen des Legestachels entnehmen sie mit den Vordertarsen (wenige) Pollenkörner aus den thorakalen Taschen und verteilen sie auf den benachbarten Narben beider Blütentypen. In Ägypten, Israel und in anderen Gebieten der Levante kommt diese Feigenwespe nicht vor; die dort angebauten Sykomoren werden daher nicht bestäubt und bilden keine Samen aus; eine Vermehrung der Pflanze ist nur über Stecklinge möglich.

2. *Blastophaga psenes* L. (ca. 1 mm); bestäubt *Ficus carica*, die im Mittelmeerraum als Kulturpflanze von alters her angebaute (und häufig verwilderte) Essfeige; Bäume von *Ficus carica* in 2 Formen: 1) jene, von denen man die großen und süßen Früchte erntet, haben nur weibliche Blütenstände mit ausschließlich langgriffeligen Blüten; 2) die Bocks- oder Ziegenfeigen entwickeln Blütenstände, die neben kurzgriffeligen weiblichen auch männliche Blüten aufweisen; die Bestäubung erfolgt in beiden Fällen durch Pollen, der von den *Bl.*-♀♀ mitgebracht wird; zur Eiablage und zur Entwicklung von Larven kommt es nur in den Bocksfeigen, da für die langgriffeligen Blüten der Essfeigen der Legestachel der Wespen zu kurz ist; Pollentransport passiv: die (wie bei 1) nach dem Abstreifen der Puppenhülle begatteten ♀♀ haben nach dem Verlassen der Galle einen durch Wasseraufnahme prall gefüllten und ge-

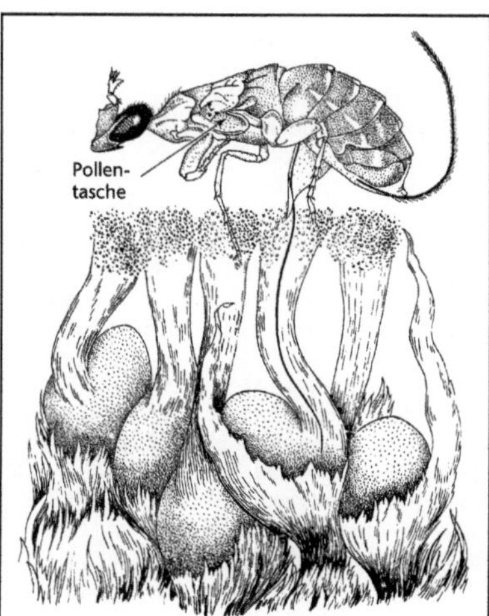

Abb. A-8: Agaonidae: *Ceratosolen arabicus*, Feigenwespe. ♀ bei der Eiablage in eine kurzgriffelige Blüte. (Galil 1977, verändert)

dehnten Hinterleib; beim Weg nach außen wühlt sich die Wespe durch die reifen Staubblätter und bepudert sich mit Blütenstaub, gleichzeitig schrumpft das Abdomen durch Wasserverlust; dabei falten sich die Intersegmentalhäute zwischen den Segmenten ein und bilden dabei dorsal und lateral Taschen, die mit Blütenstaub angefüllt sind; der außen am Körper haftende Pollen wird nach dem Verlassen des Blütenstandes durch die (hier) leicht passierbare Ostiole mit den Beinen sorgfältig entfernt; das Eindringen in die jungen Bocks- bzw. Essfeigen geschieht wie bei →1 (Antennengeißel und Flügel gehen verloren); in dem mit Wasserdampf gesättigten Binnenraum der jungen Blütenstände schwillt der Hinterleib erneut an, sodass die wiederum glatt gespannten Intersegmentalhäute den Pollen auswerfen; sowohl bei den erfolgreichen (in den Bocksfeigen) als auch bei den vergeblichen (in den Essfeigen) Versuchen der Eiablage werden die weiblichen Blüten dabei bestäubt; zur Sicherung der Bestäubung wurden früher Bocksfeigen zwischen die Essfeigen gepflanzt oder Bocksfeigenäste zu den Blütezeiten in die Kronen der Essfeigen gehängt (Kaprifikation; heute nur noch bei den Smyrna-Feigen erforderlich, alle anderen kultivierten Varietäten der Essfeige entwickeln sich ohne Befruchtung). Parasitoid: *Philotrypesis caricae* (→Pteromalidae 5).

3. *Blastophaga quadraticeps* Mayr; fungiert in Israel als Pollenüberträger bei dem in Indien heimischen Pipalbaum, *Ficus religiosa*; Aktivitätsbeginn der ♂♂ vor den ♀♀ bedingt durch hohen CO_2-Gehalt (ca. 10 %) im Inneren der Blütenstände; sinkt nach der Perforation der Feigenwand durch die ♂♂ auf den der Außenluft, was die ♂♂ erlahmen, die ♀♀ aber nun aktiv werden lässt; Transport des Pollens in verschließbaren thorakalen Taschen. Bei anderen Feigenwespen-Arten wird der Blütenstaubes in offenen Taschen des Thorax oder in mit Borstenkämmen ausgestatteten „Körbchen" der Vorderbeine befördert.

Lit. →Hymenoptera; Wiebes 1979.

Agapanthia →Cerambycidae E6.

Agapetus →Glossosomatidae; →Trichoptera.

Agathidium →Leiodidae 2.

Agathomyia →Platypezidae.

Agdistis →Pterophoridae.

Agelastica →Chrysomelidae K4.

Ageniaspis →Encyrtidae.

Agenioideus →Pompilidae.

Aglais →Nymphalidae C2.

Aglaoapis →Megachilidae 7.

Aglaope →Zygaenidae C.

Aglia →Saturniidae 3.

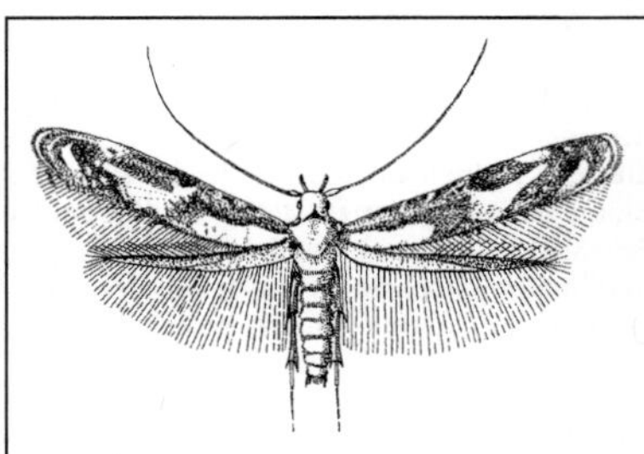

Abb. A-9: Agonoxenidae: *Blastodacna atra*, Apfeltriebmotte. Flspw. 10 mm. (Sorauer 1949–57)

Aglossa →Pyralidae 11.

Agnathus →Pyrochroidae.

Agonoxenidae (Blastodacnidae); Fam. der Schmetterlinge (Lepidoptera, Glossata, Gelechioidea); häufig zu den →Elachistidae; mit in Eur 22, M-Eur 14, Dt 12 Arten; Falter schlank (Flspw. 10–13 mm); Flügel in Ruhe dachförmig; Vorderflügel meist mit 2 (bis 3) Schuppenhöckern ähnlich den →Momphidae, denen sie häufig auch in ihrer lebhaften Flügelzeichnung gleichen (→Mimikry?); Aderung im Vorderflügel leicht, im Hinterflügel stark reduziert; Maxillarpalpen reduziert, meist 1-gliedrig;. Die **Raupen** minieren in Blättern, Stängeln und Früchten von Gehölzen; in späteren Stadien mitunter blattrollend; z. B. ***Blastodacna atra*** Haw., Apfeltriebmotte, Apfelmarkschabe [**A-9**]; das ♀ legt im Sommer Eier einzeln an Blätter und Triebe von Apfel (auch Birne), die Jungraupe dringt in Knospen ein (Knospen sterben ab, Rinde an der Knospenbasis krebsig), überwintert hier, macht im Frühling einen Bohrgang im Mark der Jungtriebe oder Blütenquirle; Verpuppung im Frühsommer im Bohrgang oder zwischen Blättern; manchmal schädlich, besonders in Baumschulen.

Lit. →Lepidoptera.

Agonum →Carabidae.

Agraylea →Hydroptilidae.

Agria →Sarcophagidae B.

Agriades →Lycaenidae C.

Agrilinae*, *Agrilus →Buprestidae, 5–7.

Agriopis →Geometridae C14.

Agriotes →Elateridae 4.

Agriotypidae, Agriotypinae, *Agriotypus* →Ichneumonidae G; vgl. auch →Goeridae, →Odontoceridae.

Agrius →Sphingidae 5.

Agrochola →Noctuidae.

Agromyza →Agromyzidae B1.

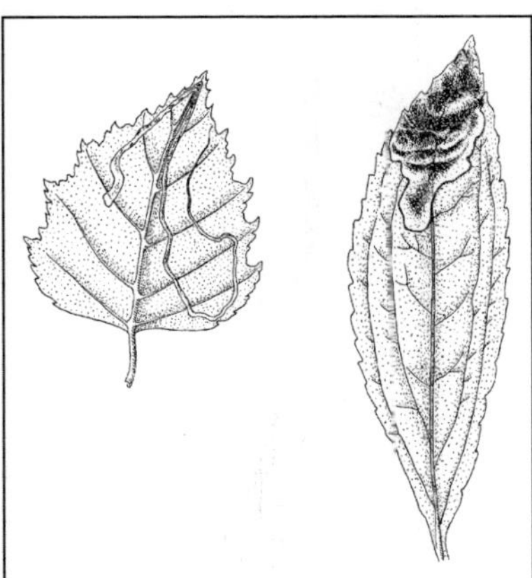

Abb. A-10: Minen von Agromyzidae. Links: *Agromyza alnibetulae*. Oberseitige Gangmine in Birkenblatt. Rechts: *Nemorimyza posticata*. Platzmine in Goldrute. (Brauns 1991)

Abb. A-11: Minen von Agromyzidae in Eisenhut-Blatt. Links: *Phytomyza aconitella*. Rechts: *Ph. aconitophila*. Larven 2–3 mm; Puppe überwintert im Boden. (Bollow 1960)

Agromyzidae, Minierfliegen; Fam. der Zweiflügler (Diptera, Brachycera, Cyclorrhapha) mit in Eur > 900, M-Eur ± 710, Dt 564 Arten; winzige bis kleine Fliegen (1–6 mm); gelb bis schwarz- oder grün glänzend; ♀ mit Legeröhre, die zahlreiche Raspelzähnchen aufweist, geeignet zum Anstechen der Futterpflanzen der Larven bei der Eiablage, aber auch zum Herstellen von Löchern ausschließlich zum Nahrungsgewinn; die ♀♀ vieler Arten benötigen zur Eireifung **Nahrung**sbrei der Wirtspflanzen („*host feeding*"); ihr Hinterleib oft prall mit dem Darm voller grünem Zellsaft gefüllt; zusätzlich wird →Honigtau gerne aufgenommen (auch von den ♂♂). ♂ und ♀ von *Agromyza* und ♂ von *Liriomyza* mit **Stridulationsorgane**n; Schrillkante am Hinterfemur innen, Schrillleiste am Seitenrand der verschmolzenen Abdominaltergite 1 und 2 (*A.*) bzw. ventral davon in der Pleuralmembran (*L.*); Bedeutung unbekannt. **Eiablage** bei Blattminierern häufig auf der Blattunterseite: mit der Legeröhre wird ein kreisrundes Loch in Epidermis und Blattparenchym geraspelt (dabei austretender Saft wird aufgeleckt). **Larven** →amphipneustisch; minieren in den verschiedensten Pflanzen und Pflanzenteilen, besonders häufig in den Blättern; stellen hier als Parenchymfresser (im Palisaden- und/oder Schwammparenchym), aber auch als Zellsaftfresser (in der Epidermis) Minen unterschiedlicher, artspezifischer Form her (Gang-, Spiral-, Platz- und Blasenminen [**A-10, A-11, A-12**]); nahe verwandte Arten u. U. in der gleichen Pflanze, aber mit unterschiedlicher

Minenform [**A-11**]; manche Arten wechseln während der Entwicklung ihren Fraßort, z. B. vom Blatt über den Blattstiel in den Stängel; Fressweise: die Larve liegt auf der Seite, führt mit dem Vorderende und den kräftigen, stets asymmetrischen Mundhaken rhythmische Bögen ventralwärts aus, schabt dabei das Pflanzengewebe ab und saugt es in den Mund; bezeichnend das entstehende bogige Schabmuster; beim Herstellen einer Platzmine kann sich die Larve dann auf die andere Seite legen, den gleichen Weg zurück fressen und so eine weitere Gewebeschicht erfassen; der Kot liegt (im Unterschied zu anderen minierenden Insekten) meist nahe dem Rand der Mine. Die Larven mancher Arten fressen in später verholzenden Pflanzenteilen (Stängel, Wurzel, Rinde), auch im Kambium von Bäumen (*Phytobia*); einige minieren in den Blütenböden von Asteraceae (ähnlich →Tephritidae), andere (vornehmlich tropische Arten) in Früchten, meist direkt unter der Schale, oder in den Samen (*Phytomyza krygeri* Her. in *Aquilegia*-Samen, *Gymnophytomyza heteroneura* Hend. in Samen von Klettenlabkraut); Gallbildung kommt vor, z. B. Rindengallen an Pappel und Weide durch *Hexomyza schineri* Gir., Wurzelgallen an Beifuß durch *Napomyza annulipes* Meig.; ausnahmsweise werden Gallen anderer Insekten besiedelt, z. B. die von *Gymnetron* (Curculionidae) an *Linaria*-Stängeln durch *Napomyza inquilina* Koch; die meisten Arten sind Nahrungsspezialisten, nur wenige Arten ausgesprochen →polyphag, so *Chromatomyia horticola* Gour.,

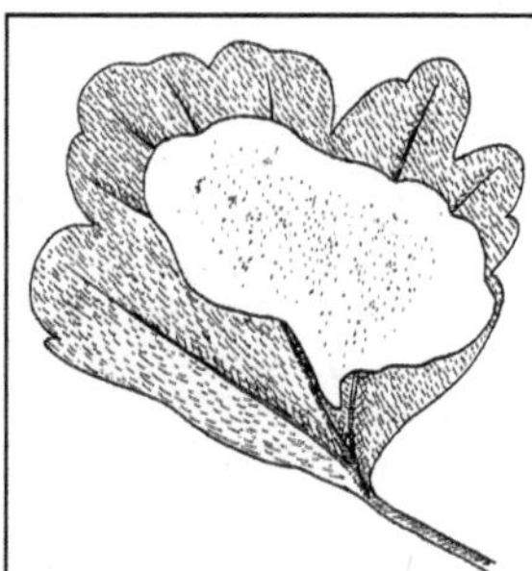

Abb. A-12: Agromyzidae: Mine von *Phytomyza aquilegiae*. Platzmine im Blatt der Akelei, oft mit mehreren Larven; an Blattoberseite. Puppe im Boden. Larve und Fliege ca. 2 mm. (Hering 1953)

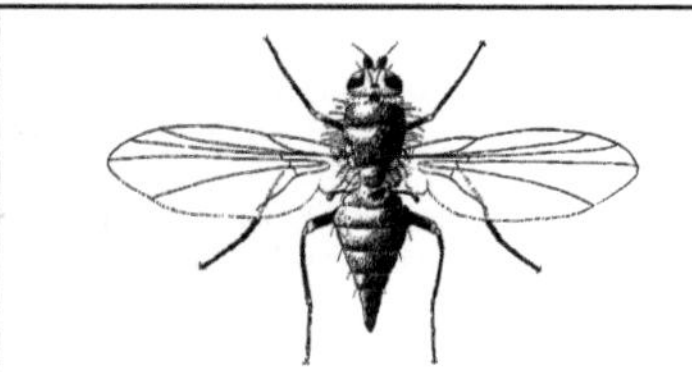

Abb. A-13: Agromyzidae: *Chromatomyia horticola*, Erbsenminierfliege. 2 mm. (Séguy 1951a)

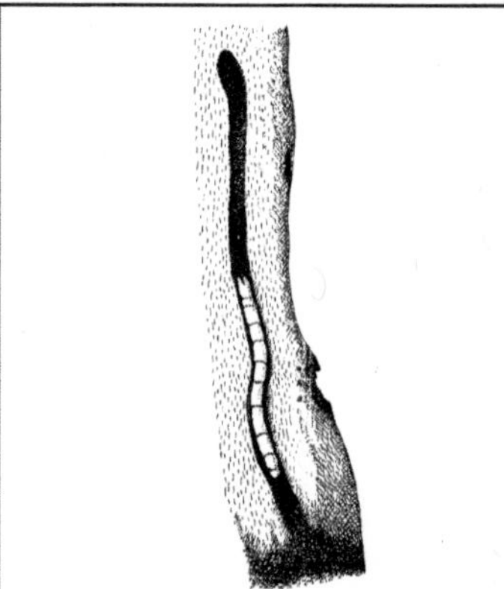

Abb. A-14: Agromyzidae: *Phytobia cambii*. Larvengang mit Larve (ca. 25 mm) am geschälten Weidenstock. (Escherich 1914–42)

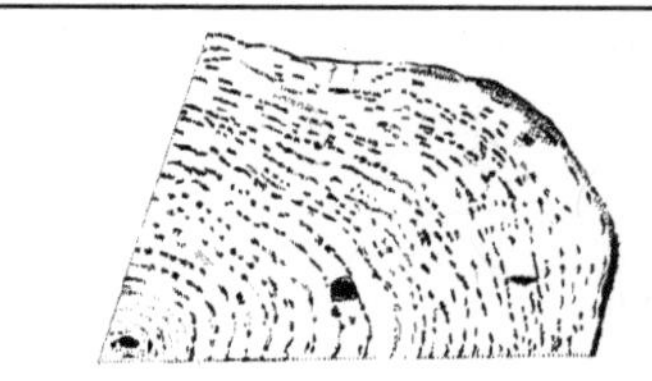

Abb. A-15: Befall durch Agromyzidae: Querschnitt durch Birkenstamm; braunfleckig durch Larvengänge von *Phytobia*. (Escherich 1914–42)

Erbsenminierfliege, an Zier- und Gemüsepflanzen (besonders Erbsen und Bohnen), aber auch vielen Wildkräutern [**A-13**]; larvale Entwicklung oft in wenigen Tagen beendet. **Verpuppung** teils im Boden (*Liriomyza*), teils in der Mine (*Chromatomyia*, selten *Phytomyza*); Erstere verlassen die Mine durch einen dafür hergestellten Schlitz (bei hoher Populationsdichte und daher schlechterer Ernährung fehlt oft die Kraft, den Boden aufzusuchen: Verpuppung dann auf dem Blatt, aber außerhalb der Mine); bei Letzteren verschiedene Lage des Pupariums in der Mine: frei, oder mit Sekrettröpfchen bzw. Seidenfäden befestigt, oder durch die vorspringenden und nach außen durchgestoßenen Stigmen an der Minenwand befestigt (wobei entweder die Dorsal- oder die Ventralseite der Minenwand anliegt; abzusprengende Puppariumkalotte entsprechend dorsal bzw. ventral gelegen). Häufig 2, auch mehr Generationen im Jahr, besonders bei Arten, die an Gewächshauspflanzen auftreten; **Überwinterung** i. d. R. als Puppe, in immergrünen Pflanzen auch als Larve. – Bei Massenauftreten Schäden an Kultur- oder Zierpflanzen durch Minieren der Larven und Anbohren durch ♀♀. 2 U-Fam.:

A. Phytomyzinae, mit 18 Gttgn. in Europa, artenreich, mit vielen bedeutenden Schädlingen für den Pflanzenbau (*Amauromyza, Liriomyza, Phytomyza, Chromatomyia*).

A1. *Phytobia*; ausschließlich Kambiumminierer; Eiablage in die Rinde verschiedener Hölzer, z. B. *P. cambii* Hend. in Korbweide, Pappel, Birke, Erle; die Larve frisst abwärts [**A-14**] frisch gebildete Xylemzellen, verlässt schließlich die Mine, verpuppt sich im Boden; der durch Oxidation braun gefärbte Minengang wird dann vom Kambium überwachsen (ergibt bei wiederholtem Belegen des gleichen Stammes die qualitätsmindernde Braunfleckigkeit des Holzes [**A-15**]).

A2. *Phytomyza* mit 186 heimischen Arten [**A-11, A-12**]; z. B. *Ph. flavicornis* Fall. im Stängel der Brennnessel (*Urtica dioica*), *Ph. clematidis* Kalt.

in Blättern von Waldrebe und Hahnenfuß, *Ph. orobanchia* Kalt. in den Samen und im Stängel der Sommerwurz, *Ph. flavofemorata* Strobl. in sich entwickelnden Samen des Wachtelweizens; bei *Ph. ilicis* Curt. Eiablage im VI in die Mittelrippe junger Stechpalmen-Blätter; Mine zunächst in der Mittelrippe, ab XII–I blasig aufgetrieben in der Blattfläche; die Larve überwintert; Verpuppung im folgenden Frühling in der Mine.

A3. *Chromatomyia*; mehrere Arten minieren in Blättern von Gräsern, z. B. *Ch. nigra* Meig., *Ch. fuscula* Zett., zuweilen an Getreide schädlich; andere in den Blättern von *Lonicera*-Arten (z. B. *Ch. aprilina* Gour.) oder in Kräutern (wie die →polyphage *C. horticola*, s. o.) *C. scolopendri* Rob.-Desv. in Farnwedeln.

A4. *Liriomyza* mit 76 heimischen Arten; meist →oligo- oder monophag, z. B. *L. urophorina* Mik. in Blütenknospen vom Türkenbund (*Lilium martagon*), *L. virgo* Zett. in der Stängelrinde von Schachtelhalmen; die →polyphage *L. bryoniae* Kalt. im Freiland und in Gewächshäusern, besonders schädlich an Tomate, Cucurbitaceae, Salat, Kartoffel; 2 aus Nord- und Südamerika eingeschleppte Arten, *L. trifolii* Burg. und *L. huidobrensis* Blanch., brachten Resistenzen gegen zahlreiche Pflanzenschutzmittel mit; beide extrem polyphag; gefährliche Schädlinge im Gemüseanbau, besonders in Gewächshäusern (im Sommer auch im Freiland); beide Arten werden inzwischen erfolgreich mit eigens gezüchteten Parasitoiden bekämpft, z. B. mit *Dacnusa* (Braconidae; endoparasitoid) und *Diglyphus* (Eulophidae; ektoparasitoid).

B. Agromyzinae, mit 5 Gttgn. in Europa, wirtschaftlich in gemäßigten Breiten nicht sehr bedeutend, in den Tropen (*Melanagromyza*- und *Ophiomyia*-Arten) sehr schädlich, z. B. an Soja und Bohnen.

B1. *Agromyza* mit 58 heimischen Arten; meist →oligo- oder monophag, z. B. *A. alnibetulae* Hend. in Birkenblättern [**A-10**]; mehrere Arten minieren in Blättern von Gräsern, z. B. *A. ambigua* Fall., *A. nigrella* Rond.; zuweilen an Getreide schädlich (z. B. *A. megalopsis* Her. Insbesondere an Gerste).

B2. *Hexomyza simplex* Loew (= *Ophiomyia s.*), Kleine Spargelfliege; ober- und unterirdisch im Stängelparenchym von Spargel.

B3. *Melanagromyza cuscutae* Her., zerstört die Samen der Seide (*Cuscuta*).

Lit. →Diptera; Baufeld & Motte 1992; Spencer 1973, 1990.

Agrotis →Noctuidae 3, 19, 25, 35.

Agrypnia →Trichoptera.

Agrypnus →Elateridae 1.

Ägyptische Heuschrecke, *Anacridium aegyptium* L. →Acrididae F.

Agyrtes →Agyrtidae 2.

Agyrtidae; Fam. der Käfer (Coleoptera, Polyphaga, Staphyliniformia) mit in Eur 6, M-Eur & Dt 4 Arten; früher zu den Aaskäfern (→Staphylinidae K); enthält kleine (4–8 mm), in Gestalt und Lebensweise recht unterschiedliche Arten; in Wäldern, tagsüber versteckt.

1. *Necrophilus subterraneus* Dahl (6–8 mm); ähnlich einer kleinen *Silpha* (→Staphylinidae K2); auf Gehäuseschnecken spezialisierter Aasfresser (und Jäger?).

2. *Agyrtes bicolor* Cast. (4–5 mm); schmaler als 1; unter Rinde, Moos oder unter faulenden Pflanzen; ernährt sich wohl von Baumschwämmen; wurde im Winter mehrfach in *Formica*-Nestern gefunden (→Formicidae C).

3. *Pteroloma forsstromi* Gyll. (5–7 mm); mit der Gestalt eines Laufkäfers; entlang von Gebirgsbächen jagend.

Lit. →Coleoptera.

Ahasverus →Silvanidae C.

Ahornblattroller, *Chonostropheus tristis* F. →Rhynchitidae 10.

Ahornborstenläuse, *Periphyllus* →Drepanosiphidae D3.

Ahorneule, *Acronicta aceris* L. →Noctuidae 5.

Ahornminiermotte, *Etainia sericopeza* Zell. →Nepticulidae 1.

Ahornmotte, *Caloptilia rufipennella* Hbn. →Gracillariidae 1.

Ahornschmierlaus, *Phenacoccus aceris* Sign. →Pseudococcidae 1.

Ahornzierläuse, Drepanosiphinae, *Drepanosiphum* →Drepanosiphidae C.

Ährenwickler, *Cnephasia longana* →Tortricidae 35.

Airaphilus →Silvanidae C.

Alaobia →Staphylinidae D.

Alaptus →Mymaridae.

Alarmstoffe →Allomone; →Pheromone.

Alatae; die geflügelten Formen im Generationszyklus der Blattläuse (→Aphidina).

Aleochara →Staphylinidae D1.

Aleocharinae →Staphylinidae D.

Aleurochiton →Aleyrodina 4.

Alexiidae (Sphaerosomatidae), Kugelmoderkäfer; Fam. der Käfer (Coleoptera, Polyphaga, Cucujiformia) mit in Eur 29, M-Eur 8, Dt 4 Arten der Gttg. *Sphaerosoma*; früher zu den Endomychidae gestellt; Imagines winzig (ca. 1,5 mm), beinahe halbkugelig; in Waldstreu, unter Moos oder Laub, fressen Pilzfäden.

Lit. →Coleoptera.

Aleyrodes →Aleyrodina 3.

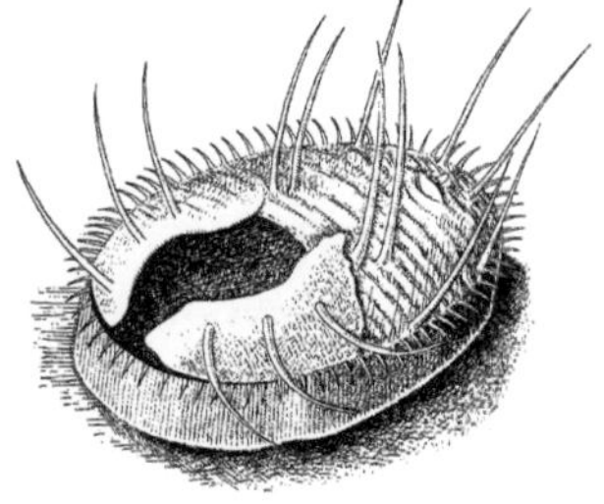

Abb. A-16: Aleyrodina: *Trialeurodes vaporariorum*. Zwei Imagines (Körper 1,5 mm), 2 Pseudopuparien, kranzförmiges Eigelege und (unten, stärker vergrößert) leeres Puparium

Aleyrodina, Mottenläuse, Mottenschildläuse, Schmetterlingsläuse, Schildmotten, Weiße Fliegen [**A-16**]; Gruppe der Pflanzenläuse (→Sternorrhyncha); nur 1 Fam. **Aleyrodidae** mit in Eur ± 55, M-Eur 21, Dt 16 Arten; Imago sehr klein (1–2 mm); ♂ und ♀ geflügelt; Flügel in Ruhe dachförmig, keine Bindevorrichtung zwischen Hinter- und Vorderflügel; fliegen, soweit untersucht, tagsüber nicht selten; springen bei Störung weg (Hinterbeine als Sprungbeine, mit starken Sprungmuskeln aus dem Brustinneren zum Schenkelring); stets fein mit Wachsstaub überpudert, auch die Flügel („Weiße Fliegen"); flächenhafte Wachsdrüsen vorn-unten am Hinterleib; Verteilung des Wachses auf dem Körper durch die Beine. **Pflanzensaftsauger** an der Blattunterseite der Wirtspflanzen, v. a. die Larven i. d. R. auf wenige Wirtspflanzen beschränkt, zapfen wohl ausschließlich Siebröhren (→Phloemsauger) an; Darm mit →Filterkammer; der zuckerhaltige, klebrige Kot wird **weggespritzt.**

Ein Paar orangefarbener **Mycetome** (→Mycetocyten) mit symbiotischen Bakterien bei Larven und Imagines; sie legen sich beim erwachsenen ♀ an den Ovarien; mehrere symbiontenhaltige Zellen dringen durch das Follikelepithel der Eiröhren in die Eizelle ein, die Symbionten werden während der Embryonalentwicklung von Zellen der neu gebildeten Mycetome übernommen; beim ♂ legen sich die Mycetome an den Hoden (Bedeutung unklar). Partnerfindung vermutlich über den Geruchssinn; vor der **Begattung** oft ein lang dauerndes Liebesspiel; das ♂ steht dicht neben dem ♀, bestreicht mit der einen Antenne den Brustrücken des ♀, trommelt mit der anderen auf die ♀-Antenne, macht mit Flügelschlagen zuweilen Kopulationsversuche; Kopulation in Stellung nebeneinander. Zur **Eiablage** sticht das ♀ mit dem kurzen Legebohrer die Blattunterseite an und schiebt in diese Wunde den kurzen Eistiel, so mehrere Eier nebeneinander [**A-16**]; der Eistiel dient zugleich der Wasseraufnahme aus der Pflanze. →Parthenogenese kommt wahrscheinlich bei vielen Arten gelegentlich vor, wobei bei manchen Arten aus den unbesamten Eiern nur ♂♂ (Arrhenotokie), bei anderen nur ♀♀ (Thelytokie) entstehen (Sonderfall: *Trialeurodes vaporariorum* Westw.: „amerikanische" Form mit Arrhenotokie, „englische" Form mit Thelytokie). Postembryonale **Entwicklung** allometabol (→Neometabolie): 4 Larvenstadien; 1. Stadium mit gut ausgebildeten Beinen, wandert zunächst (meist auf dem Geburtsblatt) umher, bleibt schließlich an passender Stelle nach Einstechen der Stechborsten für immer sitzen, Unterseite geschützt durch Kranz von Wachsfäden; am gleichen Platz meist die nächsten Häutungen; Beine des 2.–4. Stadiums zu Stummeln reduziert, Augen völlig rückgebildet; im Laufe des 4. Stadiums besonders starke, artspezifisch verschiedene Wachsausscheidung; es entsteht ein dosenförmiges **Pseudopuparium** (Gestalt wichtig für die Artbestimmung), manchmal auch bei verschiedenen Generationen der gleichen Art in Größe, kutikularen und anatomischen Strukturen unterschiedlich; dieser →Saisondimorphismus (betrifft auch die aus diesen Puparien schlüpfenden Imagines) vorrangig von der Fotoperiode induziert: Langtag führt zur Entstehung von Sommerpseudopuparien, Kurztag zu Winterpseudopuparien [**A-17**]; in der Haut des 4. Stadiums bildet sich die geflügelte Imago aus, die schließlich aus einem dorsalen, T-förmigen Spalt des Pseudopupariums schlüpft [**A-16**]. Oft mehrere Generationen im Jahr; **Überwinterung** meist als Pseudopuparium. Manche Arten bei Massenvermehrung schädlich: hauptsächlich,

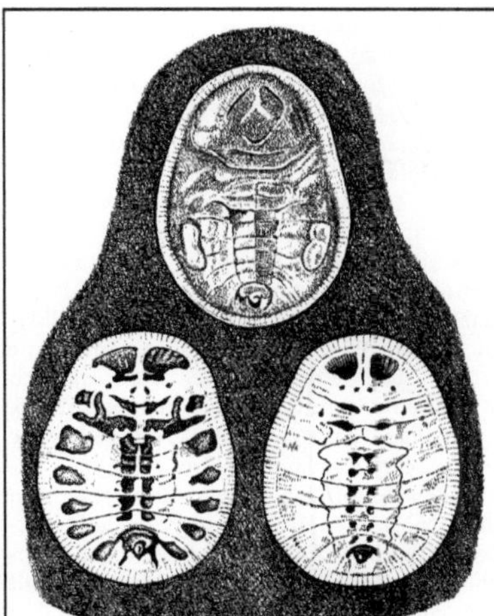

Abb. A-17: Aleyrodina: *Aleurochiton aceris*. Pseudopuparien, ca. 2 mm; oben: Sommerpseudopuparium; unten: Winterpseudopuparien. Auf Spitzahorn, *Acer platanoides*. (Rietschel 1969)

weil die klebrigen Ausscheidungen (→Honigtau) die Blätter der Wirtspflanzen überziehen, z. T. als Überträger von pflanzlichen Viruskrankheiten. Auswahl:

1. *Trialeurodes vaporariorum* Westw. [A-16]; ursprüngliche Heimat wohl Mittelamerika, jetzt v. a. in Gewächshäusern weltweit verbreitet; an den verschiedensten Pflanzen.

2. *Dialeurodes chittendeni* Laing; u. a. an Rhododendron; nur 1 Generation im Jahr.

3. *Aleyrodes proletella* L.; in mehreren Generationen im Jahr u. a. an verschiedenen Kohlsorten, auch an Tomaten.

4. *Aleurochiton aceris* Mod.; an Spitzahorn; oft viele Puparien an der Unterseite der Blätter; 2 Generationen im Jahr; Sommerpseudopuparien grün; Winterpseudopuparien dick mit weißem Wachs bedeckt, überdauern auf abgefallenen Blättern den Winter.

5. *Siphoninus phillyriae* Hal.; →polyphag auf Rosaceae, im Wald an Esche und Weißdorn. Lit. →Sternorrhyncha; Buchner 1953; Zahradnik 1972.

Aleyrodoidea; Synonym zu →Aleyrodina.

Alienicola (Pl.: Alienicolae) →Exsulis, →Aphidina.

Allacma →Sminthuridae; →Collembola.

Allantus →Tenthredinidae 7.

Allecula, **Alleculidae, Alleculinae** →Tenebrionidae 11.

Alloclemensia →Incurvariidae 2.

Allometabolie →Neometabolie; →Aleyrodina.

Allomone; Sammelbezeichnung für alle von Lebewesen ausgehenden flüchtigen oder wasserlöslichen Substanzen, die auf Nicht-Artgenossen wirken und dabei dem Sender Vorteile bringen (vgl. →Kairomone); A. können antagonistisch (mit Nachteilen für die Empfänger) oder mutualistisch (mit Vorteilen auch für die Empfänger) wirken; antagonistische A. sind z. B. alle Warn-, Wehr- und Abwehrsekrete und die der Verteidigung oder dem Angriff dienenden Gifte; mutualistische A. sind z. B. Blütendüfte, Nektar und alle Duftstoffe, die Symbiosepartner zueinander führen.

Allophyes →Geometridae.

Allygus →Cicadellidae A.

Alpenapollo, *Parnassius sacerdos* Stichel →Papilionidae 4.

Alpenblattkäfer, *Oreina* →Chrysomelidae J3.

Alpenbock, *Rosalia alpina* L. →Cerambycidae D5.

Alphitobius →Tenebrionidae 9.

Alpine Gebirgsschrecke, *Miramella alpina* Koll. →Acrididae D2.

Altica →Chrysomelidae L6, L7.

Alticinae →Chrysomelidae L.

Alucita →Alucitidae 1, 2.

Alucitidae, Geistchen, Federmotten; Fam. der Schmetterlinge (Lepidoptera, Glossata) mit in Eur 22, M-Eur 8, Dt 5 Arten; kleine Falter (Flspw. 10–18 mm) mit tief aufgeschlitzten Vorder- und Hinterflügeln (Vorderflügel mit 6, Hinterflügel mit 6–7 schmalen, lang behaarten Zipfeln); Rüssel gut ausgebildet. Die **Raupen** minieren in Blüten, auch Knospen, Samen, Blättern; nicht selten gallbildend in Stängeln; der Hakenkranz an den Afterfüßen fehlt den jüngeren Stadien; Puppe in einem Gespinst am oder im Boden oder in Gallen.

1. *Alucita grammodactyla* L. (Flspw. 12–14 mm); fliegt nachts in 2 Generationen (V–VI und VIII–IX); auf trockenen Standorten; die Raupen in erdnahen Knospen (1. Generation) und im anschwellenden Stängel (2. Generation) von Skabiosen; der Falter überwintert.

2. *Alucita hexadactyla* L.; Geißblattfedermotte (Flspw. 14–16 mm); Raupen im Frühsommer in häufig zusammengesponnenen *Lonicera*-Blüten, die sie ausfressen; zumindest zeitweilig in Blättern minierend; der Falter überwintert.

3. *Pterotopteryx dodecadactyla* Hbn. (Flspw. 12–14 mm); fliegt nachts, von VIII an, nach Überwinterung wieder bis V; die Raupe in den Trieben der Roten Heckenkirsche; lokal, selten. Lit. →Lepidoptera.

Alydidae, Krummfühlerwanzen; Fam. der Wanzen (Heteroptera, Pentatomomorpha) mit in Eur 8, M-Eur 5 Arten; in Dt nur noch *Alydus calcaratus* L.; 10–12 mm; lang gestreckt, dunkelbraun; Hinterschenkel kräftig bedornt; Augen stark vorquellend; die Imagines ähneln Wegwespen (→Pompilidae) in ihren raschen, ruckartigen Bewegungen, den unruhigen Fühlern und den bei aufgestellten Flügeln entblößten orangeroten Hinterleibstergiten; Larven im in Aussehen und Bewegung dagegen erstaunlich ameisenähnlich (Beziehungen zu Ameisen jedoch unbekannt); alle Stadien saugen an am Boden liegenden Samen von Fabaceae, v. a. Ginstersamen.
Lit. →Heteroptera; Moulet 1995.

Alydus →Alydidae.

Alyssinae →Braconidae B.

Alysson →Sphecidae.

Amata →Erebidae K5; vgl. auch →Zygaenidae A4.

Amauromyza →Agromyzidae.

Amazonenameise, *Polyergus rufescens* Latr. →Formicidae C7.

Amblycera, Haftfußläuse; Gruppe der Läuse (Psocodea, Phthiraptera); oft mit den →Ischnocera und →Trichodectera zur paraphyletischen Gruppe der „Mallophaga" zusammengefasst; in Eur ± 200, M-Eur > 150, Dt > 115 Arten, die meisten auf Vögeln, sonst fast ausschließlich auf Beuteltieren und südamerikanischen Nagetieren. Mundgliedmaßen beißend, im Gegensatz zu anderen Tierläusen nach vorne gerichtet (prognath) und mit 4-gliedrigen Maxillartastern; Antennen kurz, in Gruben einschlagbar; Beine eher zum Laufen auf glatten Flächen als zum Klettern eingerichtet (Ausnahme: *Gyropus*), manche mit Haftballen an den Klauen (leben mehr auf der Hautoberfläche). Fressen v. a. an der Haut, auch Aufnahme von Blut aus erzeugten kleinen Wunden; bemerkenswert *Piagetiella titan* Piag. bei Pelikanen: Eiablage am Kopfgefieder, Einwandern der Larven in den Kehlsack und den Schlund, ernähren sich vom Blut. In Eur folgende Fam.:
1. Gyropidae (i. w. S.), mit 3 Arten auf Meerschweinchen und einer weiteren auf Nutria, mit diesen aus Südamerika eingeschleppt; meist auf 3 Fam. verteilt: **Trimenoponidae** (paarige Krallen ähnlich den Federlingen) mit *Trimenopon hispidum* Ni. (1,7 mm); **Gyropidae** (Kletterbeine mit einer langen Kralle) mit *Gyropus ovalis* Ni. (1,1 mm); **Gliricolidae** (unpaare Kralle winzig) mit *Gliricola porcelli* Schrk. und *Pitrufquenia coypus* Mar., Letztere auf Nutria.

2. Menoponidae, mit in Eur > 180, M-Eur > 135, Dt > 100 Arten auf Vögeln; z. B. *Menopon gallinae* L. (2 mm) auf Haushuhn, *Trinoton anserinum* F. (5–6 mm) auf Grau- und Hausgans, *Colpocephalum zebra* Ni. auf dem Weißstorch.
3. Ricinidae, Panzerfederlinge, mit in Eur & M-Eur 7, Dt 5 Arten der Gttg. *Ricinus*; relativ groß und schlank (5–6 mm); Rückenplatten des beiden hinteren Rumpfsegmente und des 1. Hinterleibssegments zu einem Schild verwachsen; mit seitlich ausstülpbaren Haftblasen vor den Fühlern; regelmäßige Aufnahme von Blut aus kleinen Wunden; ausschließlich auf kleinen und mittelgroßen Singvögeln, z. B. *R. fringillae* Deg. auf Buchfink, der gelbgrüne *R. dolichocephalus* Sop. auf Pirol.
4. Laemobothriidae, Riesenfederlinge, mit in Eur & Dt 5 großen Arten (bis 10 mm) auf Greifvögeln (*Laemobothrion*) und Rallen (*Eulaemobothrion*), z. B. *L. tinnunculi* L. (ca. 8 mm) auf Turmfalken, *E. atrum* Ni. auf Bläßhühnern.
Lit. →Phthiraptera; Eichler 2003.

Ambrosia; Bezeichnung für den Pilzrasen, der von manchen Insekten gezüchtet wird: von im Holz lebenden Käfern auf der Wohnröhrenwand, von Termiten und Blattschneiderameisen in Pilzgärten; dient zur Ernährung der Larven (→Lymexylidae 2, →Curculionidae C: Platypodinae) oder der Larven und Imagines („Ambrosiakäfer", →Curculionidae P: Scolytinae); Ambrosiapilze sind Ascomycetes (v. a. Ophiostomataceae, Ceratocystidaceae), die von den Käfern im Hefestadium gezielt verbreitet werden.

Ambrosiakäfer →Curculionidae P.

Ameisen →Formicidae.

Ameisenbläuling, *Phengaris* →Lycaenidae C6, C7.

Ameisenbrot →Formicidae.

Ameisenbuntkäfer, *Thanasimus formicarius* L. →Cleridae 1.

Ameiseneier →Formicidae.

Ameisenfischchen, *Atelura formicaria* Heyd. →Zygentoma B; vgl. auch →Formicidae.

Ameisengrillen →Myrmecophilidae.

Ameisenjungfern →Myrmeleontidae.

Ameisenkäfer, Scydmaeninae →Staphylinidae B; auch Sammelbezeichnung für Käfer, die sich als Imagines oder Larven zeitweilig oder ständig in Ameisennestern aufhalten; →Chrysomelidae H1, →Staphylinidae D2–5, H.

Ameisenlöwen →Myrmeleontidae.

Ameisen-Sackkäfer, *Clytra quadripunctata* L. →Chrysomelidae H1.

Ameisenstutzkäfer, *Hetaerius ferrugineus* Oliv. →Histeridae.

Ameisenwanze, *Myrmecoris gracilis* Sahlb. →Miridae 10.

Ameisenwespen →Bethylidae, →Mutillidae.

Ameletidae; Fam. der Eintagsfliegen (Ephemeroptera) mit in Eur & Dt 2 seltenen Arten: *Ameletus inopinatus* Eaton und *Metreletus balcanicus* Ulmer; mittelgroß (8–12 mm); nur 2 Schwanzborsten bei der Imago, Mittelborste sehr klein. **Larven** erinnern an →Baetidae, jedoch mit kurzen Fühlern; teils in Bergbächen auf steinigem Grund (*Ameletus*), teils in sommertrockenen Bächen im Flachland mit sandigem oder schlammigem Boden (*Metreletus*); schaben Algen von Steinen mit Rechen, die aus den verbreiterten Maxillenenden mit kammförmigen Borsten bestehen; 1 Generation im Jahr; **Überwinterung** als Ei (*Metreletus*) oder (i. d. R.) als Larve (*Ameletus*).
Lit. →Ephemeroptera; Arens 1989.

Amerikanische (Groß-)Schabe, *Periplaneta americana* L. →Blattidae 2.

Amerikanischer Webebär, *Hyphantria cunea* Dru. →Erebidae K11.

Ametropodidae; Fam. der Eintagsfliegen (Ephemeroptera); in Eur & Dt nur 1 äußerst seltene Art: *Ametropus fragilis* Alb. (ca. 14 mm), an großen Flüssen; Imagines V–IX. **Larven** (VIII–V) meist (bis auf Augen und Fühler) im Sand verborgen, die gegen die Strömung hochgestreckten Vorderbeine bewirken unmittelbar vor dem Tier einen Wasserstrudel, aus dem feinste Nahrungsteilchen mit den behaarten Mundwerkzeugen und Vorderbeinen (einschl. plattenartiger Fortsätze an der Vorderhüfte) herausgefiltert werden [**A-18**]; Mittel- und Hinterbeine mit sehr langen Krallen; mit 7 Paaren steifer, plattenförmiger Tracheenkiemen, durch vertikales Schlängeln des Hinterleibs bewegt; Dauer des Larvenlebens 1 Jahr; **Überwinterung** als Larve.
Lit. →Ephemeroptera; Soluk & Craig 1988.

Amitus →Platygastridae.

Ammophila →Sphecidae C1.

Ammophilinae →Sphecidae C.

Ammoplanidae; Fam. der Hautflügler (Hymenoptera, Apocrita, Apoidea); früher zu den →Sphecidae gestellt, jedoch nächste Verwandte der Bienen; in Eur 19, M-Eur 6, Dt 3 Arten der Gttg. *Ammoplanus*; winzige (2–3 mm), schwarze Grabwespen mit großem Flügelmal (Pterostigma); Lebensweise kaum untersucht; Brutzellen in Lehm- und Lösswänden, in die sie Thripse (→Thysanoptera) als Larvennahrung eintragen. Lit. →Hymenoptera; Bitsch et al. 2020; Blösch 2000, 2012; Bohart & Menke 1976; Sann et al. 2018.

Ammoplanus →Ammoplanidae.

Ampedus →Elateridae.

Ampfer-Grünwidderchen, *Adscita statices* L. →Zygaenidae B.

Ampferwurzelbohrer, *Triodia sylvina* L. →Hepialidae 3.

Amphichroum →Staphylinidae.

Amphiesmenoptera; Schwestergruppe der →Antliophora, umfasst die Schwestergruppen →Trichoptera und →Lepidoptera; übergeordnete Gruppe: →Mecopteroidea.

Amphimallon →Scarabaeidae C3; vgl. auch →Nemestrinidae, →Tiphiidae 1.

Amphipneustisch; Bezeichnung für Insekten, bei denen nur das vorderste und hinterste Stigmenpaar (oder wenige hintere Paare) offen sind, alle anderen dagegen durch eine Stigmennarbe verschlossen (z. B. manche Larven der →Diptera).

Amphipogon →Piophilidae.

Amphipsocidae →Stenopsocidae.

Amphisbatidae → Lypusidae.

Amphitokie; sehr seltene Form parthenogenetischer Vermehrung (→Parthenogenese), bei der

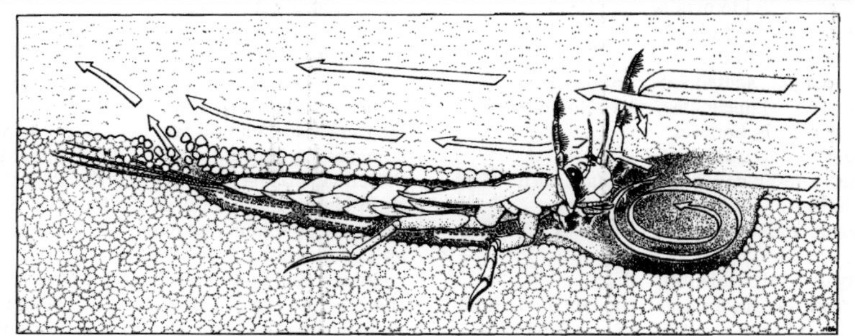

Abb. A-18: Ametropodidae: *Ametropus neavei*. Filtrieren der eingegrabenen Larve. Die Wasserströmung durch Pfeile angezeigt, einschließlich des durch die erhobenen Vorderbeine bewirkten Wasserstrudels vor den Mundwerkzeugen. (Soluk & Craig 1988)

aus unbefruchteten Eiern sowohl ♀♀ als auch ♂♂ entstehen.

Amphotis →Nitidulidae D.

Ampulex →Ampulicidae.

Ampulicidae, Schabenwespen; Fam. der Hautflügler (Hymenoptera, Apocrita, Apoidea); früher zu den →Sphecidae gestellt; in Eur 5, M-Eur & Dt 3 Arten der Gttgn. *Ampulex* und *Dolichurus*; kleine (5,5–8 mm), in Aussehen und Verhalten an →Pompilidae erinnernde Wespen; Laufen wie diese rastlos umher und fliegen dazwischen kurze Strecken; das ♀ sucht an Baumstämmen oder am Boden nach Waldschaben (→Ectobiidae); kein Nestbau: die leicht betäubte Beute wird als Larvennahrung mit den Mandibeln rückwärts in einen Hohlraum unter Rinde, im Holz oder im Boden gezogen; nach der Eiblage (zwischen Vorder- und Mittelhüften) wird der Eingang mit Holzstückchen, Erdbrocken u. Ä. verstopft; die Imagines ernähren sich (zumindest *Dolichurus corniculus* Spin.) von →Honigtau. Lit. →Hymenoptera; Bitsch et al. 2020; Blösch 2000, 2012.

Anabolia →Limnephilidae; →Trichoptera.

Anaceratagallia →Cicadellidae J.

Anacharitinae →Figitidae.

Anacridium →Acrididae F.

Anagrus →Mymaridae.

Anamorphidae; Fam. der Käfer (Coleoptera, Polyphaga, Cucujiformia), früher zu den →Endomychidae gestellt; in Eur 6, M-Eur 5 Arten, davon in Dt 3 Arten der Gttg. *Symbiotes*; kleine (1,5–2,4 mm), ovale, abstehend behaarte Käfer; im Mulm hohler Bäume, an schimmeligem Holz (Pilzsporenfresser?).

Ananasgallen; Zapfengallen; winzigen Tannenzapfen oder Ananasfrüchten ähnliche Gallen an den Trieben von Nadelbäumen; für die Tannenläuse bezeichnend (→Adelgidae).

Anarete →Cecidomyiidae A.

Anarsia →Gelechiidae 7.

Anarta →Noctuidae 27.

Anaspidinae, *Anaspis* →Scraptiidae 2.

Anastatus →Eupelmidae; vgl. →Notodontidae B.

Anaticola →Ischnocera.

Anatis →Coccinellidae 1.

Anax →Aeshnidae, 3; →Odonata; s. auch →Corduliidae 1.

Ancistrocerus →Vespidae B; vgl. →Chrysididae B3.

Ancylis →Tortricidae 30.

Andrena →Andrenidae 1; vgl. auch →Anthophila; →Apoidea; →Apidae B1; →Bembicidae 2; →Bombyliidae; →Meloidae A1; →Philanthidae 1; →Strepsiptera, B4.

Andrenidae; Fam. der Hautflügler (Hymenoptera, Apocrita, Apoidea) mit in Eur 438, M-Eur 191, Dt 136 Arten; Bodennester bauende **Bienen** (→Anthophila), die solitär oder in kommunalen Verbänden leben; Zunge verhältnismäßig kurz; tragen Pollen hauptsächlich mit den behaarten Hinterbeinen (→1) bzw. Hinterschiene (→2, 3) ein [**A-39**], bei *Andrena* auch in Haarlocken am →Propodeum.

1. ***Andrena,*** Sandbienen; bei uns 128 Arten; 6–20 mm; bezeichnend für ♀♀ ist die starke Behaarung der ganzen Hinterbeine, Haarlocken auch auf Hüfte und Schenkelring; die ♂♂ zuweilen mit lebhafter gefärbter Gesamtbehaarung als die ♀♀. Die meisten Arten fliegen IV–VI; meist in offenen Landschaften auf Magerrasen oder. Brachland, manche Arten synanthrop in Parks und Gärten (*A. bicolor* F., *A. fulva* Müll.). Einige Arten auf bestimmte Blüten spezialisiert (z. B. *A. lathyri* Alfk. auf *Vicia* und *Lathyrus*, *A. agilissima* Scop. auf Brassicaceae, *A. nasuta* Gir. auf *Anchusa*), viele →polylektisch; viele Arten von großer wirtschaftlicher Bedeutung, da sie sehr effiziente Bestäuber von Nutzpflanzen (Obstbäume, Erdbeeren, Stachelbeeren, Johannisbeeren, Brombeeren, Himbeeren, Heidelbeeren) sind. Die ♂♂ erscheinen wenige Tage vor den ♀♀, patrouillieren oft entlang bestimmter Flugbahnen, meist unmittelbar in Bodennähe, aber auch an Bäumen oder Büschen; spezifische Stellen werden mit Sekreten der Mandibeldrüsen markiert, deren Düfte (Komponenten: Citral und Geranial) sowohl ♀♀ wie als auch andere ♂♂ anlocken (auch für uns merkbar); **Paarung** oft im Fluggebiet der ♂♂; bei einigen Arten werden die ♀♀ an den Stellen, an denen sie sich aus dem Boden graben, von den – vermutlich olfaktorisch geleiteten – ♂♂ erwartet; die Mandibeldrüsen der ♀♀ sind mindestens 2-mal so groß wie die der ♂♂ (Anlockung der ♂♂?); von Ragwurzblüten (besonders von *Ophrys fusca* und *O. lutea*) sezernierte, den weiblichen Sexualpheromonen ähnliche Lockstoffe lösen Anflug und, zusammen mit visuellen und taktilen Reizen, Kopulationsbewegungen der ♂♂ an den Lippen der Blüten aus; dabei Übertragung der Pollinien (kein Nektarangebot durch die Blüten!). **Nisten** meist solitär, einige Arten mit kommunaler Lebensweise (*A. ferox* Smith; mehrere ♀♀ benutzen gemeinsam ein Nest, jedes versorgt aber nur die eigenen Brutzellen; Strategie zur Reduzierung des Erfolgs von Brutparasiten?); Nest [**A-19**] in sandiger oder lehmhaltiger Erde, meist auf ebenen, schütter bewachsenen Flächen in z. T. sehr großen Aggregationen, meist in nicht verfestigtem Boden (Ausnahme: *A. florea* F.); meist 2–10 Brutzellen pro Nest, 5–60 cm tief; jede Zelle mit einem Häutchen (Sekret der →Dufour-Drüse) ausgekleidet, die Gangwand durch ein wasserabstoßendes Sekret verfestigt (enthält außerdem einen wohl der Nestmarkierung dienenden Duftstoff); Nesteingang bleibt während der Sammelflüge meist offen; ♀♀ führen in den ersten Tagen des Nestbaus Orientierungsflüge aus; geraten auch in fremde Nester, dann Kämpfe mit der Inhaberin; Nest nachts und bei Abwesenheit verschlossen; ♀ nachts und bei Kälte im Nest, ♂ nachts in Erdlöchern im Nestbereich. Meist 1 Generation im Jahr; die zeitig fliegenden Arten **überwintern** als Imagines, die anderen wohl als Ruhelarven; die **Puppen** in einem dünnwandigen Gespinstkokon. Nicht selten parasitiert durch Fächerflügler (→Strepsiptera), was sich als Verringerung der äußeren Geschlechtsunterschiede auswirken kann. **Kuckucksbienen:** *Nomada* (→Apidae B1), daneben *Sphecodes* (→Halictidae 6).

2. Panurgus, Zottelbienen, Trugbienen; 3 heimische Arten; ♀♀ mit langen, zottigen Haarbürsten an den Hinterbeinen; typische Hochsommerformen; →oligolektisch; in den frühen Morgenstunden auf Korbblütlern (*Hieracium, Leontodon, Cichorium*); ♀♀ schieben sich, auf der Seite liegend, durch die Blüte und bepudern sich dabei mit Pollen; ♂♂ schlafen in den Blütenköpfen. **Paarung** an den Nahrungspflanzen (dunkler Fleck auf gelbem Grund ist für paarungssuchende ♂♂ besonders attraktiv). **Nest** in der Erde an kahlen, sandigen Stellen, oft in größeren Aggregationen (mehr als 100 Nester); Nester werden morgens geöffnet und mittags, nach der Sammeltätigkeit, wieder verschlossen; *P. calcaratus* Scop. u. a. mit kommunaler Verhaltensweise: mehrere ♀♀ (oft aus aufeinanderfolgenden Generationen) benutzen gemeinsam ein Nest, versorgen jedoch nur ihre eigenen Brutzellen; die Nester werden nicht verteidigt, der Eingang nicht bewacht. 1 Generation im Jahr; **Überwinterung** als Ruhelarve. – Kuckucksbiene: *Nomada* (→Apidae B1); Parasitoid: *Bombylius posticus* F. (→Bombyliidae).

3. Melitturga, Schwebebienen; bei uns nur *M. clavicornis* Latr.; ♂♂ können ähnlich wie Schwebfliegen (→Syrphidae) in der Luft zu „stehen" und sehr rasant – meist in Richtung auf ein ♀ – beschleunigen; bis 15 mm; mit kurzen, keulenförmigen Antennen, ♂ mit großen Augen ähnlich den Drohnen von *Apis* (→Apidae E3); Sommerformen. ♀♀ sammeln Pollen von Fabaceae, besonders von *Medicago*; Pollen wird mit Nektar angefeuchtet und, ringförmig um

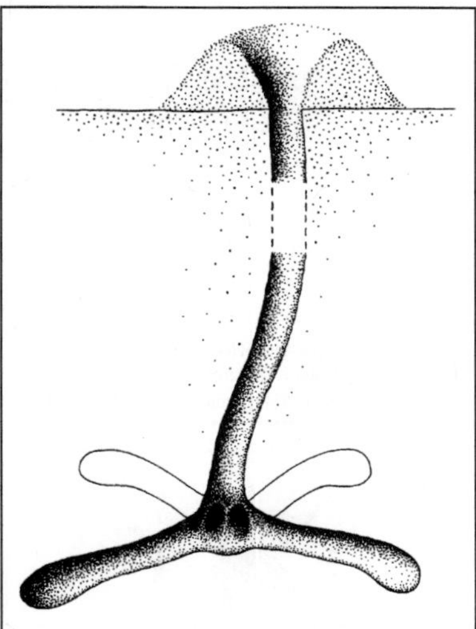

Abb. A-19: Andrenidae: *Andrena vaga*, Nestanlage. (Malyshev 1935)

die Hinterschiene befestigt, transportiert; solitär. **Nest** in sandiger Erde, Hauptgang bis 13 cm tief; Brutzellen in 20–30 cm Tiefe, mit einer mehrere Millimeter dicken, wasserdichten Wandung, nach Fertigstellung mit Erde verschlossen. 1 Generation im Jahr; **überwintern** als Ruhelarve, ohne einen Kokon zu spinnen.
Lit. →Anthophila; Amiet et al. 2010; Klinksik & Schönitzer 1988; Westrich 2019.

Andricus →Cynipida 6, 7, 8.

Androconien →Duftschuppen.

Andropara (Pl.: Androparae); bei manchen Blattläusen (→Aphidina) parthenogenetisch entstandene Morphe, die ebenfalls parthenogenetisch ausschließlich ♂♂ erzeugt.

Anechura →Dermaptera C2.

Anergates →Formicidae, D6.

Angerona →Geometridae C2.

Anholozyklie; Entwicklungszyklus bei Blattläusen (→Aphidina), bei dem ausschließlich parthenogenetisch sich fortpflanzende Generationen einander folgen (aposexuelle Generationenfolge); eine 2-geschlechtlich sich fortpflanzende Generation fehlt.

Anisandrus →Curculionidae P8, P.

Anisarthron →Cerambycidae B.

Anisolabididae →Dermaptera.

Anisomorpha →Phasmida.

Anisoplia →Scarabaeidae C6.

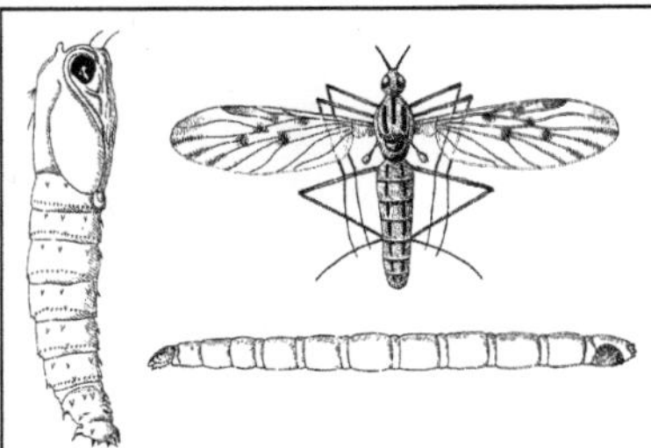

Abb. A-20: Anisopodidae: *Sylvicola*; Imago (♂, 6–8 mm) und Puppe (7 mm) von *S. fenestralis* und Larve von *S. punctata* (10 mm). (Brauns 1954b; Lindner 1923 ff; Séguy 1951a)

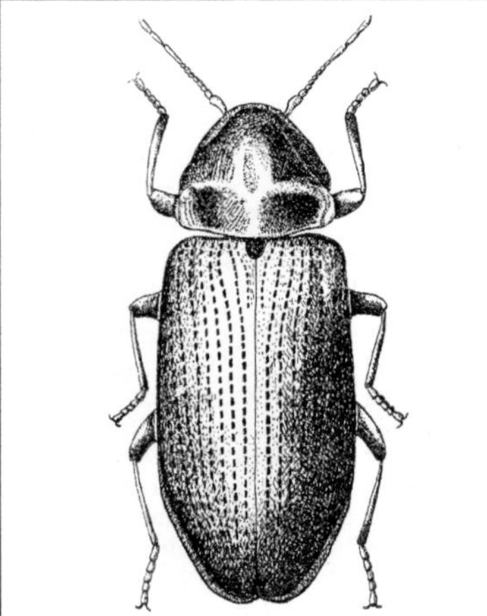

Abb. A-21: Anobiidae: *Hadrobregmus pertinax*, Trotzkopf; ca. 5 mm. (Bechyně 1954)

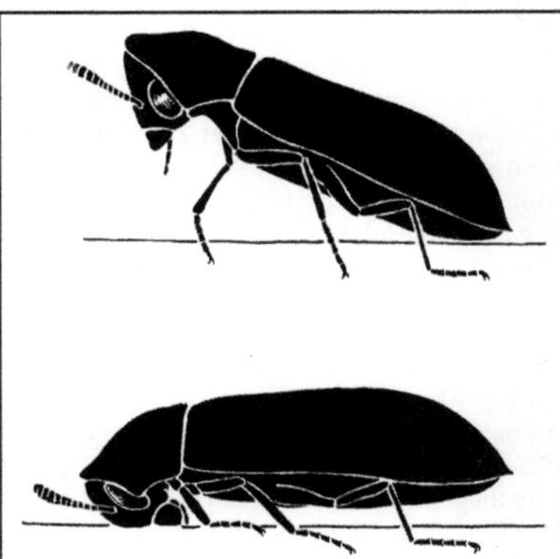

Abb. A-22: Anobiidae: *Xestobium rufovillosum*. ♀, ca. 5 mm; Aufstoßen des Kopfes, 7- bis 8-mal pro Sekunde. (Dumortier 1963)

Anisopodidae (Phryneidae, Rhyphidae), Fenstermücken, Pfriemenmücken; Fam. der Zweiflügler (Diptera, Bibionomorpha) mit in Eur 9, M-Eur 8, Dt 5 Arten der Gttg. *Sylvicola* [**A-20**]; schlanke, mittelgroße (4–12 mm), gelbliche bis bräunliche Mücken mit gefleckten, in Ruhe flach aufeinandergelegten Flügeln; die ♂♂ bilden an schattigen Stellen kleine Schwärme, in die die ♀♀ zur Begattung einfliegen, stechen nicht; die Larven [**A-20**] ausgezeichnet durch einen Afterschild mit offenem vordersten und hintersten Stigmenpaar; an den verschiedensten zerfallenden pflanzlichen Substraten: z. B. auf Rieselfeldern, auch an Baumsäften, gelegentlich sogar in Bienenstöcken; die kräftig bedornten Puppen

[**A-20**] mit kurzen Atemhörnchen, davor 2 lange Borsten; Dornen hilfreich beim Herausarbeiten aus dem Substrat; wohl mehrere Generationen im Jahr. Verbreitet: *S. fenestralis* Scop. (ca. 5 mm); häufig an Fenstern (Familienname!), da sich die bis 14 mm langen weißlichen Larven oft in Wohnungen in faulenden Kartoffeln oder Rüben entwickeln („weißer Drahtwurm"). Die teils hierher gestellten, teils als eigene Fam. aufgefassten **Mycetobiinae** mit weiteren in Eur 4, M-Eur & Dt 3 Arten (z. B. *Mycetobia pallipes* Meig.) enthalten kleine, dunkle Mücken mit ungeflecken Flügeln; in feuchten Lebensräumen; Larven zu mehreren an verfaulenden oder gärenden Stoffen, v. a. in Baumausflüssen, in mit Wasser gefüllten Astlöchern, auch in Borkenkäfergängen. Lit. →Diptera.

Anisops →Notonectidae.

Anisoptera, Großlibellen, Drachenfliegen, Teufelsnadeln →Odonata 2.

Annulipalpia →Trichoptera.

Anobiidae, Pochkäfer, Nagekäfer, Bohrkäfer, Klopfkäfer; Fam. der Käfer (Coleoptera, Polyphaga, Bostrichiformia), oft zu den Ptinidae gestellt; in Eur 216, M-Eur 108, Dt 84 Arten (darunter einige nur eingeschleppt); Imagines [**A-21**, **A-22**] klein (höchstens etwa 6 mm), düster, walzenförmig, oberseits behaart; Kopf herabgezogen, Halsschild meist kapuzenartig vorgezogen; einige oval, mit eng anlegbaren Beinen (Kugelvermögen; z. B. Dorcatominae, *Lasioderma* →5). **Lauterzeugung** (Klopfen) bei manchen durch Aufschlagen des vorderen, unteren Kopfteils gegen die Unterlage bei

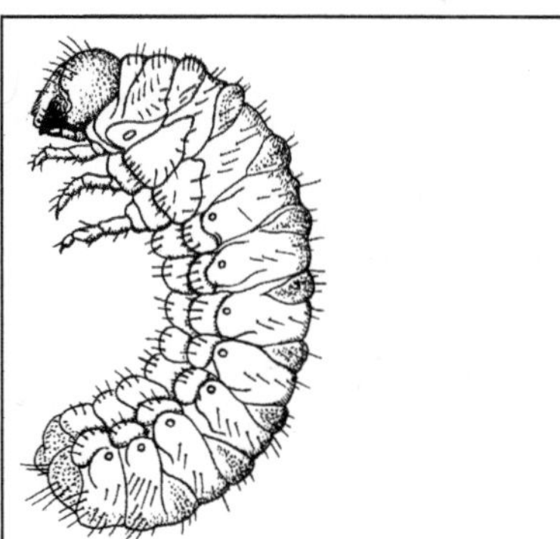

Abb. A-23: Anobiidae: *Microbregma emarginatum*. Larve, 5 mm. (Schimitschek 1955)

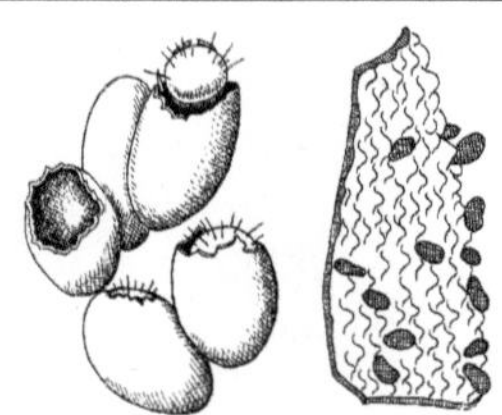

Abb. A-24: Anobiidae: *Stegobium paniceum*, Brotkäfer. Links: Ausschlüpfen der Larven; rechts: Eischale, außen behaftet mit Symbionten. (Buchner aus Eidmann 1941)

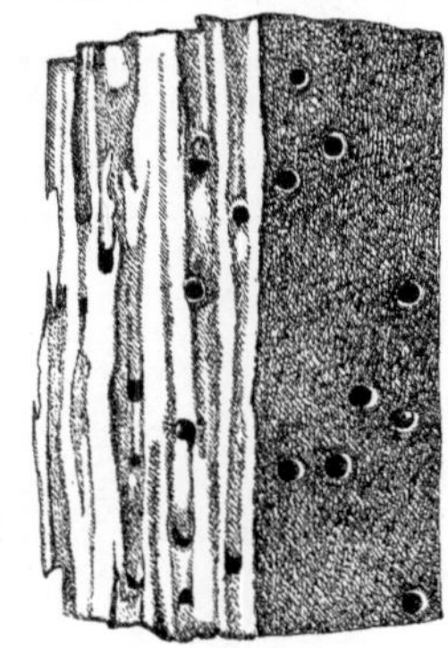

Abb. A-25: Anobiidae: *Hadrobregmus pertinax*, Trotzkopf. Larvengänge und Ausfluglöcher. (Amann 1960)

gleichzeitigem Vorstoßen des ganzen Körpers [**A-22**], besonders zur Fortpflanzungszeit im Frühling (gehört also wohl zum Balzgehabe). Käfer und **Larven** („Holzwürmer", ähnlich kleinen Engerlingen, mit kurzen Beinen [**A-23**]) in Bohrgängen in trockenem Totholz, auch Bauholz, Möbeln, Holzskulpturen, aber auch in Rinde oder Nadelholzzapfen (*Ernobius* →4), die Dorcatominae in Baumschwämmen und verpilztem Holz; manche *Xyletinus*-Arten als Allesfresser auch an trockenem Mist, andere an bestimmte Pflanzen gebunden; wenige Arten durch die Bohrtätigkeit oder durch Befressen von Vorräten schädlich (→5, 6). Bei zahlreichen Arten (Larven und Imagines) hefeartige Mikroorganismen als **Symbionten** (Zelluloseabbau, Vitamin B) in Zellen (→Mycetocyten) von Ausstülpungen des vorderen Mitteldarms (Mycetomen); Übertragung auf die Nachkommen: ♀ mit Taschen und langen Schläuchen (Einstülpungen von Intersegmentalhäuten) dicht am Legeapparat, die schon beim Schlüpfen der Imago mit Symbionten gefüllt werden; die bei der Eiablage mit Symbionten beschmierte Eischale wird von den Junglarven gefressen [**A-24**]. **Verpuppung** meist in dem Material, in dem die Larve frisst.

1. *Anobium punctatum* Deg., Gemeiner Holzwurm (3–4 mm); im Freiland an trockenem Laub- und Nadelholz, auch Efeu; einer der bedeutendsten Schädlinge in verarbeitetem Holz jeder Art (Bauholz, Möbel).

2. *Hadrobregmus pertinax* L., Totenuhr, Trotzkopf (4,4–5 mm; [**A-21**]); v. a. in Kiefernholz [**A-25**]; im Freien gebietsweise häufig, in verbautem Holz seltener.

3. *Xestobium rufovillosum* Deg., Bunter Klopfkäfer (5–6 mm); gern in Eichen- und Weidenholz, im Frühjahr auf Blüten; einer der häufigsten Pochkäfer im Freiland; gelegentlich sehr schädlich an verbautem Holz.

4. *Ernobius abietis* F., Fichtenzapfenklopfkäfer (3–4 mm); in der Basis und der Spindel von Fichtenzapfen, aus denen die Samen bereits herausgefallen sind (also kein Samenschädling; [**A-26**]); Eiablage, v. a. im Frühling und Herbst, an bereits samenlosen Zapfen.

5. *Lasioderma serricorne* F., Tabakkäfer (2–4 mm); tropisch-subtropisch; bei uns immer wieder eingeschleppt, in Tabakballen in warmen Lagerhäusern.

6. *Stegobium paniceum* L., Brotkäfer, Brotbohrer (2–3 mm); an verschiedenen Lebensmitteln; Puppe in einem aus Nahrungsteilchen und Kot zusammengesponnenen Kokon.

Lit. →Coleoptera; Brauns 1991; Buchner 1953.

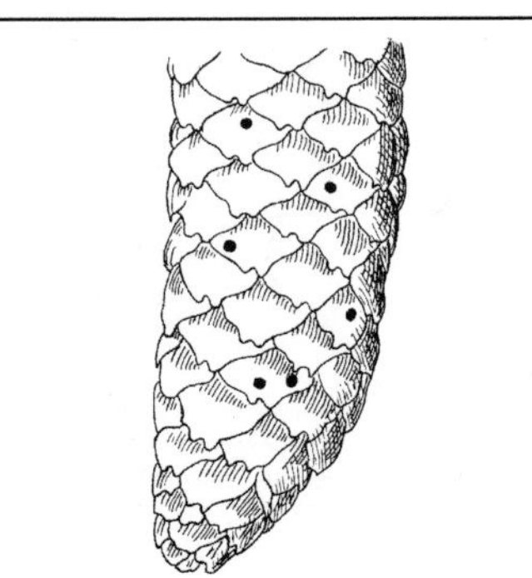

Abb. A-26: Anobiidae: *Ernobius abietis*, Fichtenzapfen-klopfkäfer. Fichtenzapfen mit Schlupflöchern des Käfers. (Brauns 1991)

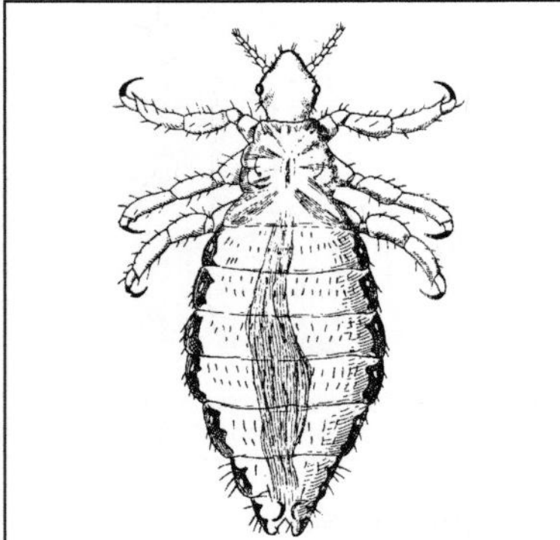

Abb. A-27: Anoplura: *Pediculus humanus*, Kleiderlaus. ♀; 2,5–4 mm. (Kemper 1950)

Anobium →Anobiidae 1; vgl. auch →Braconidae B2.

Anoecia →Anoeciidae.

Anoeciidae; Fam. der Blattläuse (Aphidina) mit in Eur 11, M-Eur 9, Dt 8 Arten; wegen der Fachbegriffe zu den Morphen und zum Generationswechsel →Aphidina; 1,4–2,8 mm; braun bis schwarz; Siphonen poren- oder knopfförmig; Kopfkapsel und Pronotum getrennt; monözisch an Poaceae oder Cyperaceae, oder diözisch an *Cornus* (Primärwirt) und Poaceae (Sekundärwirt); z. B. **Anoecia corni** F., Grüne Graswurzellaus, Hartriegel-Maskenlaus; häufig; Primärwirt Hartriegel (*Cornus sanguinea*), Sekundärwirt Wurzeln verschiedener Gräser

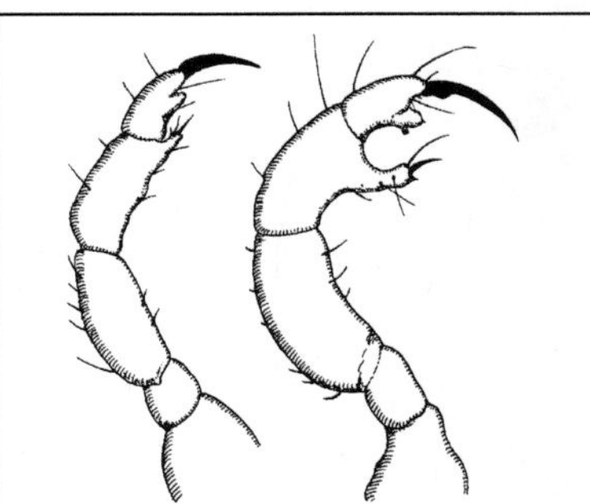

Abb. A-28: Anoplura: *Pediculus humanus*, Kleiderlaus. 1. Beinpaar; links: ♀; rechts: ♂. (Hase in Schulze 1922 ff.)

(nicht an Getreide); zuweilen ohne Wirtswechsel ausschließlich an Graswurzeln; holozyklisch; geflügelte Sexuparae (mit dunklem Fleck auf dem Hinterleib, mit ringförmigen Rückenröhren) fliegen zurück auf den Primärwirt; Sexuales sehr klein auf der Blattunterseite; die schwarze Fundatrix im Frühling in den Doldenblüten.

Lit. →Aphidina; Steffan 1972.

Anomala →Scarabaeidae C7.

Anomaloninae →Ichneumonidae.

Anommatus →Teredidae.

Anopheles →Culicidae.

Anoplius →Pompilidae.

Anoplotrupes →Geotrupidae A.

Anoplura, Echte Läuse; Gruppe der Tierläuse (Psocodea, Phthiraptera) mit in Eur 51, M-Eur 37, Dt 29 Arten; Verwandlung unvollkommen; Lebensweise von Larven und Imagines gleich; kleine (unter 6 mm), flügellose [**A-27**], blutsaugende Ektoparasiten, ausschließlich bei Säugetieren; Klammerbeine [**A-28**] mit 1 Klaue zum Festhalten im Haarkleid oder auch am Partner (Begattung); beim Zugriff wird die Klaue gegen einen Fortsatz der Schiene eingeklappt; die sehr zähe Kutikula ist reich beborstet; Komplexaugen ganz oder wechselnd stark rückgebildet, keine Ocellen; Mundgliedmaßen stechend-saugend, eigenartig gebaut: Mundvorraum durch Verwachsungen von Labrum, Mandibeln, Maxillen und Labium ringsum geschlossen; Saugstachel aus 2 übereinander liegenden Stiletten (aus Teilen des Hypopharynx und des Labiums), in Ruhe vollständig in eine Tasche zurückgezogen; beim Stich Abdichtung der Wunde durch die entfaltete Labrumspitze und Einfahren des Stachels; Blutfluss in einer Rinne des oberen Stiletts, in Mundnähe mit

Abb. A-29: Anoplura: *Pediculus humanus*, Kleiderlaus. Paarungsstellung, ♂ schwarz; Beginn oben. (Hase in Schulze 1922 ff.)

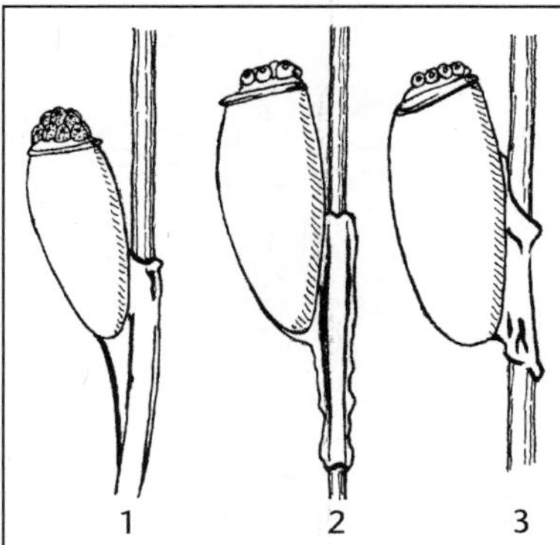

Abb. A-30: Eier von Anoplura: 1) Schamlaus, 2) Kopflaus, 3) Kleiderlaus. Unterschiede im Deckel und in der Art der Ankittung. (Sikora aus Martini 1952)

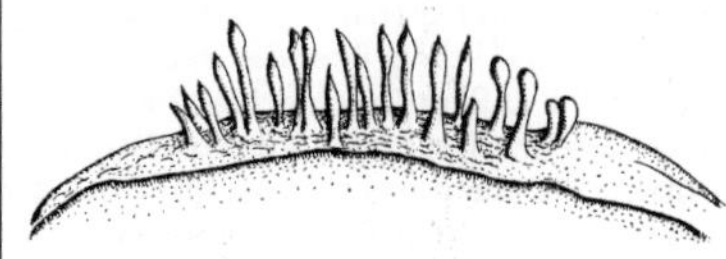

Abb. A-31: Anoplura: *Haematopinus* spec. Eizähnchen auf der Haut des Embryos. (Hase 1952)

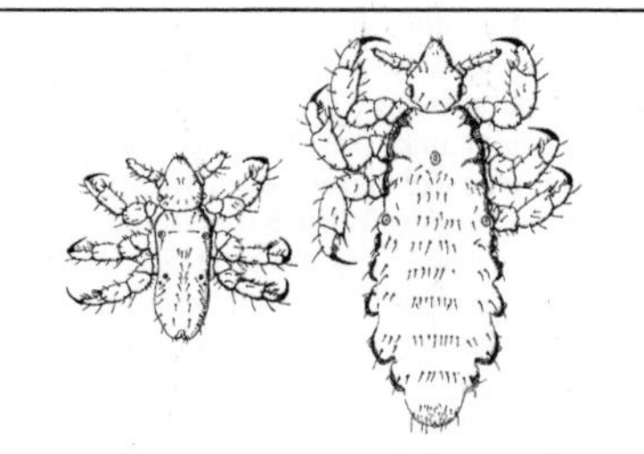

Abb. A-32: Anoplura: *Pediculus capitis*, Kopflaus. Links: erste 1. Larve, ca. 0,5 mm; rechts: Larve 3, ca. 1,1 mm. (Hase in Schulze 1922 ff.)

komplizierter Überleitung in 2 Halbröhren aus Mandibelteilen; keine Taster; die Mundteile entweder nur zum Saugen (Saugdauer 8–15 min) oder auch für längere Zeit eingestochen (z. B. Filzlaus; saugt aber mit Unterbrechungen); die Blutnahrung wird im dehnbaren vorderen Teil des Mitteldarms gespeichert; Hunger wird auch bei niederer Temperatur nur wenige Tage ertragen. Bei *Pediculus* besteigt das ♀ zur **Paarung** das meist kleinere ♂, dieses umklammert mit den Vorderbeinen die Hinterbeine des ♀, beide nehmen schließlich eine senkrechte Stellung ein [**A-29**]; Dauer über 1 h. Gesamte Entwicklung am Wirt; die großen **Eier** (Nissen) werden meist mit Kitt am Haar (auch am Kleiderstoff) befestigt [**A-30**]; Eideckel und Anheftung artspezifisch verschieden gestaltet; Dauer der Embryonalentwicklung bei Menschenläusen ca. 6 Tage; Öffnen des Eies mit einem Eizähnchen vorn am Kopf [**A-31**] und Wegsprengen des Eideckels durch Druck von innen; 3 **Larven**stadien [**A-32**], werden bei den Menschenläusen in ca. 8 Tagen durchlaufen. Intrazelluläre bakterienähnliche **Symbionten**, Lieferanten lebenswichtiger Wirkstoffe, sind verbreitet vorhanden, teils in Zellen des Mit-

teldarms (→Mycetocyten; z. B. bei *Haematopinus*), teils in besonderen Organen (Mycetomen, →Mycetocyten; bei *Pediculus* z. B. als „Magenscheibe" ventral zwischen Darm und Haut); Übertragung auf die Nachkommen: die Symbionten wandern bei der alten ♀-Larve, unmittelbar vor der Häutung zum geschlechtsreifen Tier, in die Eileiter und von hier in die Eizellen

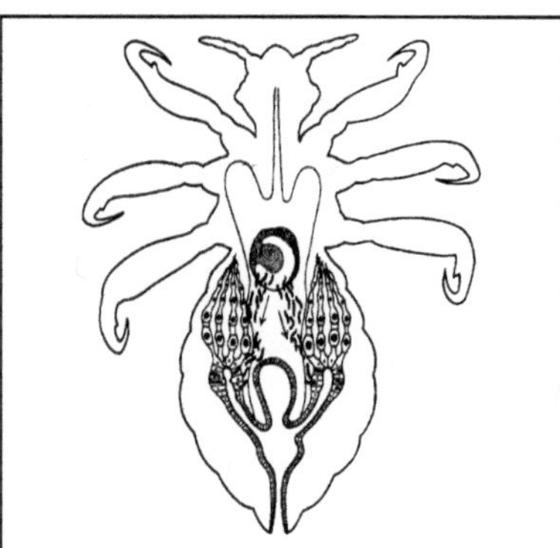

Abb. A-33: Anoplura: *Pediculus humanus*, Kleiderlaus. Weg der Symbionten aus dem Mycetom in die Oviducte. (Ries 1931)

(bei *Pediculus* z. B. auf direktem Weg durch den Hämolymphraum [**A-33**], bei *Haematopinus* aus einem embryonal angelegten, dorsalen Depot auf dem Umweg über die Häutungsflüssigkeit in die äußere Geschlechtsöffnung); die Wanderung wird ausgelöst durch Häutungshormone, die allerdings nur am Mycetom der ♀- und nicht auch an dem der ♂-Larve wirksam werden. Wirtsspezifität meist sehr ausgeprägt; häufigste **Wirte**: Huf- und Nagetiere; keine blutsaugenden Läuse z. B. bei Kloaken- und Beuteltieren, bei Fledermäusen, Walen, Seekühen, Elefanten, Bären, Mardern, Katzen, Igeln; für die Wirtsfindung ist vermutlich v. a. der Temperatursinn (Wärmeabstrahlung vom Warmblüter) und (im Abstand von einigen Zentimetern) der Geruchssinn wichtig; Übertragung auf andere Wirte hauptsächlich durch körperliche Berührung (im Nest, bei der Begattung, bei sozialen Kontakten, beim Menschen über die Kleidung), selten durch →Phoresie. Mehrere Fam.: →Echinophthiriidae auf Robben; →Haematopinidae und →Linognathidae auf Huftieren (1 Art auf Hunden); →Pediculidae auf Menschen und Affen. Weitere Arten auf Kleinsäugern (Hasen- und Nagetieren, Spitzmäusen), deren Aufteilung auf 3 Fam. spiegelt jedoch nicht die Verwandtschaft wider: „Polyplacidae" mit z. B. der Hasenlaus (*Haemodipsus lyriocephalus* Burm.), Kaninchenlaus (*Haem. ventricosus* Den.), *Polyplax spinulosa* Burm. auf Ratten, *Pol. serrata* Burm. auf Langschwanzmäusen (z. B. Waldmaus) und *Pol. reclinata* Ni. auf Spitzmäusen; Hoplopleuridae auf Mäusen und Bilchen (z. B. *Hoplopleura acanthopus* Burm. auf verschiedenen Wühlmäusen); En-

derleiniellidae, in Dt nur *Enderleiniellus nitzschi* Fahr. auf Eichhörnchen.
Lit. →Phthiraptera; Buchner 1953; Ferris 1951; Hirsch 1986; Piotrowski 1992; Tröster 1990.
Anoscopus →Cicadellidae E.
Anoxia →Scarabaeidae C1.
Antarctoperlaria →Plecoptera.
Antecerococcus →Cerococcidae.
Antennophorus; Gttg. der Milben, von denen mehrere Arten mit Ameisen zusammenleben; →Formicidae.
Anthaxia →Buprestidae 4.
Antheraea →Saturniidae.
Antherophagus →Cryptophagidae.
Anthicidae, Blumenkäfer; Fam. der Käfer (Coleoptera, Polyphaga, Cucujiformia) mit in Eur ± 260, M-Eur 48, Dt 29 Arten; winzig (1,5–5 mm); erinnern an Ameisen. Die Imagines mancher, aber keineswegs aller Arten auf Blüten, die meisten im Genist am Ufer von Gewässern, unter trockener Laubstreu und verfaulenden Pflanzen, auch auf oder unter Baumrinde; manche Arten (*Cyclodinus humilis* Germ., *C. constrictus* Curt.) salzliebend im Küstensand (manchmal in den Bauten von *Bledius*, →Staphylinidae H1) und an Salzstellen des Binnenlandes. Die **Ernährung** der Imagines jagend, fressen mit Vorliebe die Leichen cantharidinhaltiger Käfer (z. B. von Ölkäfern, →Meloidae), speichern das →Cantharidin als Fraßschutz; Nahrung der wenig bekannten Larven anscheinend ähnlich. *Notoxus*-♂♂ bohren mit dem vorne hornartig bis vor den Kopf verlängerten Halsschild das Abdomen von Ölkäfern an, das aufgenommene Cantharidin wird als „Hochzeitsgeschenk" mit dem Sperma in das ♀ übertragen; *Omonadus floralis* L. [**A-34**] überall häufig; *Stricticomus tobias* Mars. gelegentlich in größeren Mengen an Müllplätzen, Komposthaufen.
Lit. →Coleoptera.
Anthidiellum →Megachilidae 5.
Anthidium →Megachilidae 5; vgl. auch →Anthophila; →Leucospidae; →Megachilidae 6, 9.
Anthobium →Staphylinidae.
Anthocharis →Pieridae 4.
Anthocoridae, Blumenwanzen; Fam. der Wanzen (Heteroptera, Cimicomorpha) mit in Eur 74, M-Eur 52, Dt 44 Arten; 1,5–5 mm; oval, meist unscheinbar braun bis schwarz; bei manchen Arten Flügelverkürzung; die ♀♀ teils mit, teils ohne Legebohrer. Halten sich weniger auf Blüten als an Bäumen auf: an Blättern, auf oder unter der Rinde. **Jagen** vorwiegend kleine Insekten (v. a. →Sternorrhyncha, →Thysanoptera, →Collembola) und Milben; einige (z. B. *Orius, Antho-*

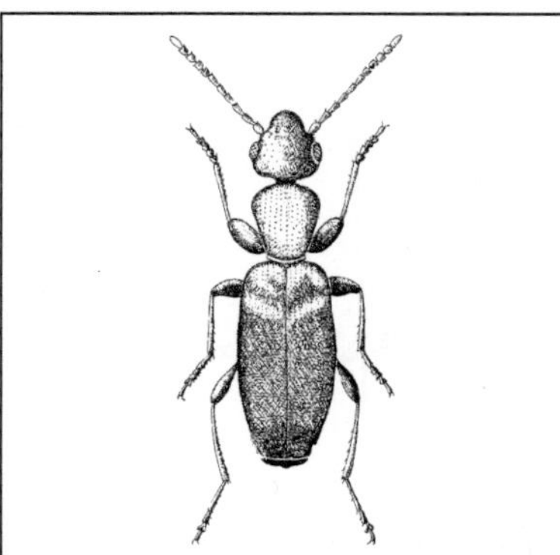

Abb. A-34: Anthicidae: *Omonadus floralis*, 3 mm. (Bechyně 1954)

coris) saugen zusätzlich Pflanzensäfte (v. a. aus Pollenkörnern), vereinzelt auch Blut am Menschen (*Anthocoris nemorum* L.); manche Arten sind sehr →polyphag, andere auf bestimmte Insekten an bestimmten Bäumen spezialisiert. Begattung meist schon vor der Überwinterung, als traumatische Insemination ähnlich den →Cimicidae und →Lyctocoridae: nach Durchstoßen der Körperwand mit dem linken Paramer wird das Sperma durch Öffnung direkt in die Leibeshöhle injiziert; **Eiablage** teils in, teils an Pflanzen. **Überwinterung** i. d. R. als Imago; die häufige, polyphage *Anthocoris nemorum* L. (4 mm; [**A-35**]) mit 2, bei günstiger Witterung wohl sogar mit 3 Generationen im Jahr. Nahrungsspezialisten sind z. B.: *Anthocoris gallarumulmi* Deg. (4 mm), saugt häufig (aber nicht ausschließlich) die die Einrollung an Ulmenblättern bewirkenden Blattläuse (*Eriosoma ulmi* L.) aus; die ♀♀ legen ihre Eier vor der Gallenbildung neben saugende Ulmenblattläuse ab, sodass sie in die sich bildende Blattrandgalle mit eingeschlossen werden. *Anthocoris visci* Dgl. (3 mm), macht Jagd auf kleine, an Misteln lebende Insekten, v. a. den Blattfloh *Cacopsylla visci* Curt. (→Psyllina). *Scoloposcelis pulchella* Zett., lebt in den Gängen von Borkenkäfern und stellt deren Larven nach; vielerorts in großen Mengen in Pheromonfallen zum Fang von Borkenkäfern. *Xylocoris formicetorum* Boh. (1,7 mm) in Ameisennestern, jagt vermutlich im Nestmaterial lebende Milben und kleine Insekten.
Lit. →Heteroptera; Péricart 1972.
Anthocoris →Anthocoridae.
Anthomyia →Anthomyiidae.

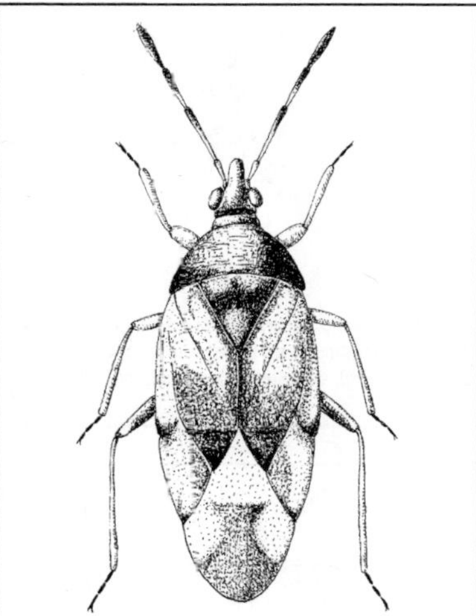

Abb. A-35: Anthocoridae: *Anthocoris nemorum*, 4 mm. (Hedicke 1935)

Anthomyiidae, Blumenfliegen; Fam. der Zweiflügler (Diptera, Brachycera, Cyclorrhapha) mit in Eur > 490, M-Eur > 340, Dt 234 Arten; der deutsche Gruppenname nicht günstig, da sich auch andere Fliegen gern auf Blüten herumtreiben; klein bis mittelgroß (4–12 mm); oft kräftig beborstet [**A-36, A-37**]; meist unscheinbar gefärbt, einige aber auffällig grau-schwarz gezeichnet oder mit gelben Beinen und gelbem Abdomen; häufig auf Blüten. Aufnahme von Nektar und Pollen; Flüssigkeitsaufnahme aber auch oft an Jauche, an Schweiß, an aus Wunden fließendem Blut; **Nahrung** vor dem Mund mit Speichel vermischt (Vorverdauung?), nicht selten mehrmals als Tropfen wieder vorgewürgt und eingesogen ([**A-36**]; das Gleiche sieht man auch bei Vertretern anderer Fam.). Die häufige *Anthomyia pluvialis* L. lässt sich insbesondere in den Vormittagsstunden schon durch Spuren von →Cantharidin anlocken (Speicherung als Fraßschutz?). **Eiablage** meist an die Wirtspflanzen der Larven (Ausnahme: *Delia* an oder in den Boden). Viele **Larven** fressen in Pflanzen, zumindest für einige dieser Pflanzenbewohner (z. B. *Delia antiqua* Meig. →6) sind aber Bakterien wesentliche Nahrung; Larven anderer Arten finden sich u. a. in Dung, Vogelnestern und gelten als saprophag; im angespülten Tang der Küsten oft in Massen Larven der Tangfliegen (*Fucellia*); in Nestern von Wespen und solitären

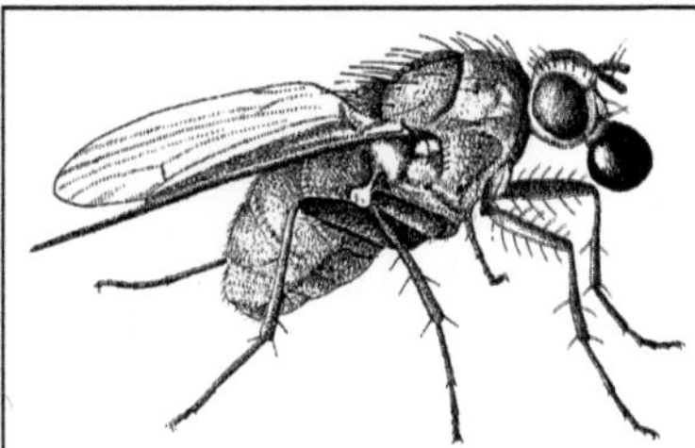

Abb. A-36: Anthomyiidae: *Delia coarctata*, Brachfliege. ♀, 5 mm; Nahrungstropfen am Rüssel wird, vermischt mit Speichel (Verdauung), des Öfteren eingesaugt und vorgewürgt. (Sol 1968)

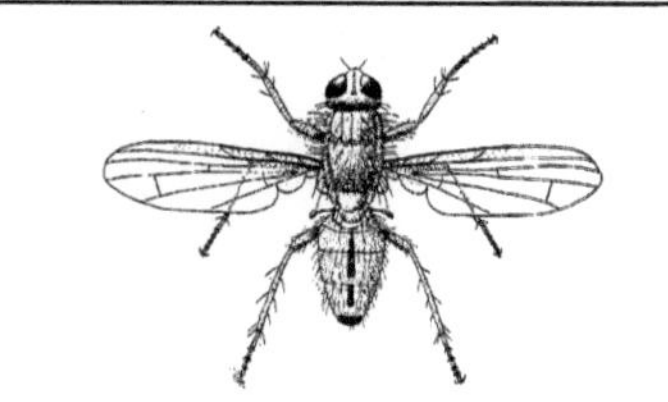

Abb. A-37: Anthomyiidae: *Pegomya hyoscyami*, Rübenfliege. ♂, 5–6 mm; Hinterleib gelblich, Thorax grau. (Séguy 1951a)

Abb. A-38: Anthomyiidae: *Pegomya hyoscyami*, Rübenfliege. Minen im Rübenblatt. (Brandt 1957)

Bienen die Larven mehrerer Arten der Gttg. *Leucophora*, verzehren dort v. a. die von den Nestbesitzern eingetragenen Vorräte oder den Abfall, einige sind Parasitoide, z. B. in Eigelegen von Heuschrecken und in Larven verschiedener Insekten, verschiedene *Pegomya*-Arten (z. B. *P. geniculata* Bche.) sind Pilzfresser. **Überwinterung** i. d. R. als Puppe im Boden. – Durch ihre Lebensweise bemerkenswerte oder wirtschaftlich bedeutende Arten:

1. *Botanophila phrenione* Ség.; Pilzmycelfresser; das ♀ legt, vermutlich geruchlich angelockt, 1 Ei auf das kolbenförmige Fruchtlager eines Pilzes (*Epichloe*) an der obersten Blattscheide von Gräsern; die Larve frisst das Mycel im Innern des Lagers, dann auch in der Blattscheide; auch die Imago frisst am Pilz, fördert vermutlich dessen Verbreitung.

2. *Botanophila gnava* Meig., Lattichfliege, Salatfliege; Eiablage einzeln VII bis Mitte IX an Salatblüten; die Larve frisst die Samen aus; die Puppe überwintert im Boden; 1 Generation.

3. *Pegomya hyoscyami* Pz., Rübenfliege, Runkelfliege [**A-37**]; vielleicht 2 Formen: eine an Solanaceae und eine (die hier gemeinte) an Chenopodiaceae; nach Überwinterung der Puppe im Boden und Eiablage an der Blattunterseite von Melde, Rübe, Spinat, Mangold minieren die Larven (bis 9 mm) in den Blättern [**A-38**], wobei eine Larve mehrere Blätter oder Pflanzen befallen kann, so in 3–4 Generationen.

4. *Strobilomyia melania* Ackl. (= *Lasiomma m.*) und Verwandte, Lärchensamenfliege, Lärchenzapfenfliege; das aus der überwinterten Puppe schlüpfende ♀ legt im V die Eier entweder an Nadeln in Zapfennähe ab (*S. laricicola* Karl), oder schiebt sie unter die Schuppen junger Lärchenzapfen (*S. melania* Ackl. Eher eher im Mittelabschnitt, *S. infrequens* Ackl. an der Zapfenspitze), in denen dann die Larven die Samenanlagen und bei *S. laricicola* auch die Zapfenspindel befressen; Schaden bisweilen beträchtlich; nur 1 Generation.

5. *Delia coarctata* Fall., Brachfliege [**A-36**]; Ablegen von ca. 40 Eiern VII–IX besonders in leichten lockeren Boden; die Larven schlüpfen II–III; dringen in die Jungpflanzen von Gräsern ein, auch von Getreide (Winterweizen!); vernichten das Herzblatt und wandern über in neue Pflanzen; Verpuppung Mitte V im Boden; zuweilen vorher Anlage eines Ganges bis zur Oberfläche zum Ausschlüpfen; die Eier überwintern.

6. *Delia antiqua Meig.*, Zwiebelfliege; 6–7 mm; die Imago schlüpft im Frühling aus der im Boden überwinternden Puppe; besucht zunächst Blüten, legt dann Eier in die Blätter von Jungzwiebeln; die Larven fressen in den Stängeln und Zwiebeln, wandern auch auf neue Pflanzen über; die Larven der 2. (evtl. auch 3.) Generation fressen in den ausgewachsenen Zwiebeln.

7. *Delia radicum* L. (= *D. brassicae* Hoffm.), Kleine Kohlfliege; ca. 6 mm; wichtiger Schädling an Kohlgewächsen; Eiablage (ca. 100 Eier pro ♀) ab Ende IV; das ♀ findet die Nahrungspflanze optisch und olfaktorisch (Anlockung z. B. durch Kohlrüben-Presssaft oder Sinigrin, ein Senföl-glykosid), läuft zuerst auf den Blättern umher (vermutlich wichtig für die Chemorezeption durch die Tarsen), dann stängelabwärts bis auf den Boden; Eiablage am Stängelgrund, Boden-teilchen werden herangescharrt; die Larven (bis 9 mm) in 2–3 Generationen an verschiedenen, Senföl und Senfölglykoside enthaltenden Kreuz-blütlern; fressen an oder in den Wurzeln, auch auf höheren Pflanzenteilen; ab und an beträcht-licher Schaden; Überwinterung als Puppe (auch als Imago?) im Boden oder in Kohlstrünken.

8. *Delia floralis* Fall., Große Kohlfliege; beson-ders an Radieschen und Rettich; Lebensweise ähnlich wie bei der vorigen Art, jedoch nur 1 Generation im Jahr.
Lit. →Diptera; Friend et al. 1959; Hennig 1966; Roques et al. 1984.
Anthomyza →Anthomyzidae.
Anthomyzidae; Fam. der Zweiflügler (Diptera, Brachycera, Cyclorrhapha) mit in Eur 27, M-Eur 21, Dt 17 Arten; winzige (1,3–4,5 mm), schlanke Fliegen; gelb bis schwarz, z. T. mit dunkler Zeichnung; Flügel länglich (*Stiphro-soma sabulosum* Hal. kurzflügelig, gelegent-lich langflügelige Imagines). V. a. in feuchten Lebensräumen wie Sümpfen, Feuchtwiesen, unterwuchsreichen, nassen Stellen im Laub-wald; einzelne Arten wie die häufige *Antho-myza gracilis* Fall. und *Stiphrosoma sabulosum* Hal. auch in trockenen Wiesen; bei Arten mit 1 Generation im Jahr treten Imagines erst im Sommer auf, bei Arten mit 2 und mehr Gene-rationen (z. B. *A. gracilis*, *S. sabulosum*) bereits ab III. **Larven** der meisten Arten in abgestor-benen oder von anderen phytophagen Insekten geschädigten Pflanzenteilen (zumeist Halmen und Blattscheiden von Gräsern und Binsen, sel-tener in Kräutern), *Anthomyza collini* And. auch in *Lipara*-Gallen (→Chloropidae); *Fungomyza albimana* Meig. an (verrottenden?) Pilzfrucht-körpern; 3 Larvenstadien; **Überwinterung** wohl meist als Larve, seltener als Puparium oder Ei.
Lit. →Diptera; Roháček 2006, 2009.
Anthonomus →Curculionidae H1.
Anthophila →Choreutidae.
Anthophila (Apiformes, Apidae s. l.), Bienen, Blumenwespen; Fam.-Gruppe der Hautflügler (→Hymenoptera) mit in Eur ± 1885, M-Eur ± 850, Dt 585 Arten; klein bis stattlich, meist nach Art der Honigbiene stark behaart und mehrheitlich unscheinbar gefärbt, seltener bunt (Hummeln, →Apidae E1; manche der meist

schwach behaarten →Kuckucksbienen, →Api-dae B, s. auch unten); mit gefiederten Haaren zumindest auf dem →Propodeum (Mittelseg-ment); 1. Fußglied (Fersenglied, Basitarsus) der Hinterbeine verlängert und abgeflacht, innen oft dicht behaart [**A-40**]. **Hauptnahrung** für Imagi-nes und Larven: Pollen und Nektar (selten Pollen und Öl bei *Macropis*, →Melittidae 3), für Larven sozialer Arten außerdem Speicheldrüsensekrete; Nahrung für Larven (bei sozialen Arten auch für Imagines) ausschließlich von den ♀♀ beige-bracht; Bienenblumen oft mit angenehmem, blumigem Terpengeruch, dorsoventral gegliedert mit einem vertikal orientierten Schauapparat, lebhaft bunt gefärbt (wenn weiß, dann UV-ab-sorbierend – „bienenblaugrün") mit leuchten-den, farbgesättigten Staubgefäßen und Blüten-malen; Gewinnung von **Nektar** mit den leckend-saugenden Mundteilen (Saugrüssel); tief verborgener Nektar nur den langrüsseligen Ar-ten zugänglich; Transport in dem im Hinterleib liegenden Kropf (Honigmagen, „sozialer Magen" der Honigbiene); Stapeln des Nektars (und auch des Pollens, s. u.) in den Zellen der von den ♀♀ hergestellten Nestern. Sammeln und Transport des **Pollens** sehr verschieden, oft mit entspre-chender Spezialbehaarung (beim ♀) gekoppelt; der Pollen wird abgestreift, bei manchen Arten auch durch Summen (Vibration) gelöst; **Pollen-ernte** mit: **a)** Beinen, v. a. den Vorderbeinen (beim ♀ von *Colletes nasutus* Smith, →Colleti-dae 1, verlängert, mit Hakenborsten an den Fuß-gliedern), seltener auch mit Mittel- und Hinter-beinen; **b)** Mandibeln (z. B. *Hylaeus-*, *Andrena-* und *Lasioglossum-*Arten); i. d. R. unterbleibt dabei eine Bestäubung der Pollen-pflanze („Pollendiebe"); **c)** Rüsselborsten; in eng-röhrigen Blüten wie Lungenkraut (*Osmia pilicor-nis* Smith, →Megachilidae 1) und Ochsenzunge (*Andrena nasuta* Gir., →Andrenidae 1; *Colletes nasutus* Smith, →Colletidae 1); **d)** Rücken, in entsprechend gebauten Blüten (wie Salbei); der-artige Blüten werden bei anderen Arten mit dem **e)** Kopf abgeerntet: verschiedene →Megachilidae (z. B. *Anthidium manicatum* L., *Osmia caerule-scens* L. und *O. aurulenta* Pz.) reiben die Stirn an den Staubblättern, *Anthophora furcata* Pz. (→Apidae A) löst den Pollen durch Summen (Vibration) und *Rophites* (→Halictidae 1) be-nutzt beide Verfahren zugleich; **f)** Bauchbürste am Hinterleib (→Megachilidae) oder **g)** der ge-samten Oberfläche durch Wälzen in Blüten (bzw. Blütenständen) mit zahlreichen Staubblättern (wie Rosen oder Korbblütlern) und starker Be-puderung des behaarten Körpers; anschließend (an Putzbewegungen erinnerndes) Übertragen

Abb. A-39: Pollen-Sammelapparate bei Anthophila. Bauch-sammler (*Megachile* spec., oben) und Beinsammler (*Dasypoda* spec.)

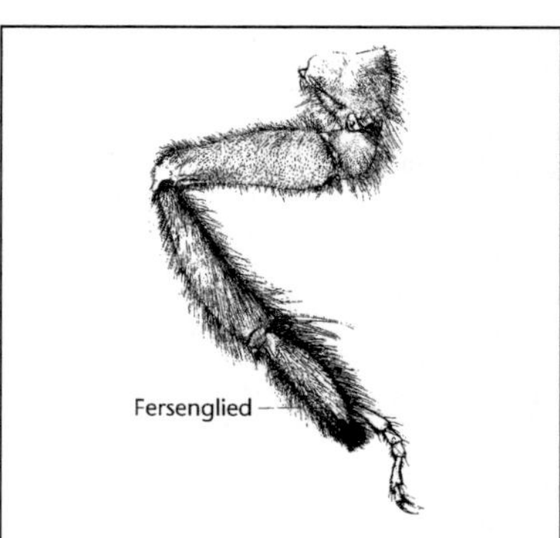

Abb. A-40: Anthophila: Hinterbein von *Anthophora fulvitarsis*. ♀; Beinsammler. (Bischoff 1922)

des Pollens auf die Transportspeicher (fehlen den ♂♂, den brutschmarotzenden Kuckucksbienen, der Königin der Honigbiene), falls diese nicht bereits der Pollenernte dienen (wie bei →Megachilidae); **Pollentransport** bei der Mehrheit der Arten bevorzugt mit den Hinterbeinen („Beinsammler" [**A-39**, **A-40**, **A-53**]), deren Transportspeicher als Bürste (Scopa) oder Körbchen (Corbicula: von Haaren umstandene Fläche) ausgestaltet (oft nur an bestimmten Beingliedern: Schenkel- und Schienensammler dann unterscheidbar); bei den →Megachilidae Transport in dichter Bauchbürste aus schräg nach hinten gerichteten Haaren an der Unterseite des Hinterleibs („Bauchsammler" [**A-39**]), bei *Systropha* mit ganzem Hinterleib (→Halictidae 3); bei *Hylaeus* (→Colletidae 2) wird der verschluckte Pollen wie der Nektar ausschließlich, bei den Xylocopinae (→Apidae D) regelmäßig im Kropf befördert und im Nest ausgewürgt („Kropfsammler"); dies wird als Anpassung an das Nisten in (engen) Stängeln und der damit einhergehenden Rückbildung der Beinbürsten gedeutet. Wie bei anderen →Hymenoptera i. d. R. arrhenotoke →Parthenogenese (haploide

♂♂ aus unbesamten Eiern); **Begattung** i. d. R. im neuen Jahr vor Beginn der Brutsaison, zuweilen jedoch bereits im Spätsommer oder Herbst des Geburtsjahres (Hummeln, →Apidae E1; s. auch Honigbiene, →Apidae E3); Finden der Geschlechtspartner in der Nähe der Nektarquellen (Nahrungspflanzen), im Nistgebiet oder an besonderen, nestfernen Drohnensammelplätzen (*Apis mellifera*); Erkennen der ♀♀ durch die ♂♂ oft zunächst visuell (bei *Apis*-♂♂ in speziellem, hochauflösendem Areal im dorsolateralen Bereich der Komplexaugen), darauf durch Pheromonsignale; ♂♂ kopulieren oft nur mit jungfräulichen jungen Königinnen und bevorzugen Partner aus fremden Nestern (unterschiedliche Muster von Duftkomponenten?). Alle Bienen betreiben intensive Brutfürsorge oder sogar Brutpflege: sie legen i. d. R. mehrere Brutzellen in einem – von den ♀♀ meist selbst gegrabenen – **Nest** an und sammeln Larvenfutter (Nektar und Pollen), das sie zusammen mit je 1 Ei in die Brutzellen einbringen; Wand der Brutzellen oft mit Drüsensekreten (aus der →Dufour-Drüse) verfestigt, nicht selten mit fungi- und bakteriziden Beimischungen aus der Mandibeldrüse; Wiederfinden des Nestes während des Baus und der Verprovintierung durch optische Marken, weit verbreitet auch durch Duftmarkierungen (möglicherweise wichtige Voraussetzung für die Evolution zu sozialen Verbänden, bei denen die Geschwister geruchlich identifiziert werden; vgl. etwa das Fehlen von Geruchsmarkierungen am Nest bei nicht sozialen →Apoidea); die meisten Arten **solitär:** 1 einziges ♀ sorgt für Nestbau und Verprovintierung der Brutzellen, danach Verschluss der Zellen; meist 1, selten 2 oder 3 Generationen im Jahr; an günstigen Stellen oft Häu-

fung von Nestern (kein Ausdruck sozialen Verhaltens); 3 Formen von **parasozialen** Verbänden (alle adulten Bienen gehören einer Generation an): a) in kommunalen Kolonien bringen mehrere ♀♀ ihre Zellen in einem gemeinsamen Nistplatz unter (→Andrenidae, →Megachilidae); b) in quasisozialen Verbänden (immer individuenarm) bauen und verproviantieren einige ♀♀ die Zellen gemeinsam (→Apidae D2, →Halictidae); c) semi-soziale Kolonien mit Kastenbildung und Arbeitsteilung (→Apidae D1, →Halictidae): nur einige ♀♀ sind begattet und haben vollständig entwickelte Eierstöcke, bei den übrigen (meist den unverpaarten) ♀♀ keine Eientwicklung; am Bau der einzelnen, nacheinander entstehenden Zellen und an ihrer Verproviantierung sind immer mehrere ♀♀ beteiligt, nie wird gleichzeitig an mehreren Zellen gearbeitet; mehrere Arten **eusozial:** die Nestgründerin lebt zeitweilig oder ständig mit ihren Nachkommen zusammen, sodass 2 Generationen adulter Tiere im Verband vorhanden sind; mehrmals unabhängig voneinander entstanden, innerhalb den →Halictidae und →Apidae; bei sozialen Arten werden die ♂♂ Drohnen genannt; die ♀♀ sind unterschieden in Eier legende Königin und Arbeiterinnen (♀♀), die zwar funktionsfähige Reproduktionsorgane besitzen, aber aufgrund von Primer-Effekten der Königin-Pheromone zu infertilen Helfern werden (Erweiterung des Wirkungsbereichs des weiblichen Sexualpheromons!); Ausbildung der Kastenunterschiede bei hoch eusozialen Arten bereits im Verlauf der präimaginalen Entwicklung; Geschlechtstiere treten häufig erst gegen Ende der Brutperiode auf. **Parasitische Bienen: 1) Brutparasiten ("Kuckucksbienen");** unabhängig voneinander in mehreren Fam. Entstanden entstanden (→Apidae B, →Halictidae, →Megachilidae); immer ohne Sammelapparat; schmuggeln ihre Eier in die Nester anderer, häufig mit ihnen verwandter Bienen ein; ihre Larven vernichten die Wirtseier oder töten die Wirtslarven und entwickeln sich am Futtervorrat der Wirtsbiene; **2) Sozialparasiten;** ♀♀ bauen keine eigenen Nester und sammeln keine Nahrung (kein Sammelapparat), sondern lassen ihre Brut von anderen sozialen Bienen großziehen (*Psithyrus*, →Apidae E2). **Überwinterung** in verschiedenen Stadien möglich: bei den früh im Frühjahr erscheinenden Arten durchweg als Imago, sonst wohl meist als Larve. Wichtigste Bestäuber unserer Kulturpflanzen (ca. 70 %). – In mehrere Fam. aufgeteilt, davon 6 in Eur: **A) Kurzzungige Bienen:** →Andrenidae; →Colletidae; →Halictidae; Nest häufig im Boden (Ausnahme: *Hylaeus*), die Brutzellen i. d. R. wasserdicht ausgekleidet mit Sekret aus der vergrößerten, den Hinterleib ± ausfüllenden Dufour-Drüse. **B) Langzungige Bienen** (mit verlängerten, abgeplatteten Labialtastern, die die verlängerte Zunge umhüllen): →Apidae; →Megachilidae. Merkmale beider Gruppen bei den →Melittidae (zugespitzte kürzere Zunge mit gewöhnlichen Labialtastern; Dufour-Drüse meist kleiner).
Lit. →Hymenoptera; Amiet & Krebs 2019; Engels 1988; Free 1993; Kaiser 1990; Lunau 1993; Michener 2007; Sann et al. 2018; Scheuchl & Willner 2016; Westrich 2019; Wcislo 1993; Westrich 2019.

***Anthophora*, Anthophoridae, Anthophorinae** →Apidae A; vgl. auch →Anthophila; →Apidae B5; →Meloidae A1, B1; Vespidae B2.

Anthrax →Bombyliidae.

Anthrenus →Dermestidae 4.

Anthribidae, Breitrüssler [**A-41**]; Fam. der Käfer (Coleoptera, Polyphaga, Cucujiformia) mit in Eur 43, M-Eur 24, Dt 21 meist kleinen, aber auch einigen mittelgroßen Arten (2–15 mm); außereuropäische Arten von erstaunlicher Formenmannigfaltigkeit, unsere Arten mit gedrungenem, walzenförmigem Körper; Kopf vor den Augen breit nach vorn verlängert; oft mit hellen Haar- oder Schuppenflecken, sodass die Färbung täuschend der verpilzten Umgebung entspricht; Imagines meist vom zeitigen Frühjahr bis in den Sommer, oft auf oder unter verpilzter Rinde, manchmal auch auf Blüten. Die meisten **fressen** verpilzte Rindenpartien von Laub- und Nadelhölzern, wobei sie hinsichtlich der Baumarten wenig wählerisch sind; die Pilze stellen wohl die Nahrung dar (Nahrungsspezifität wenig bekannt). Die **Larven** der meisten

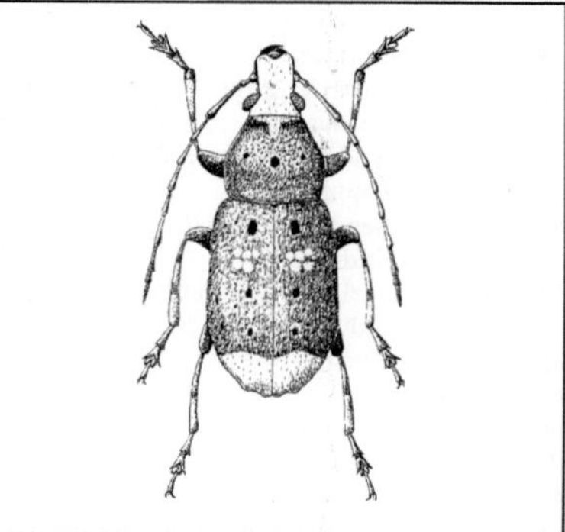

Abb. A-41: Anthribidae: *Platystomos albinus*, 4–10 mm. (Bechyně 1954)

Arten (Ausnahmen: 3, 4) fressen unregelmäßige Gänge in Baumstümpfen und abgestorbenen Ästen; sie leben wie die Imagines v. a. von Pilzfäden holzzersetzender Schlauchpilze (Ascomycetes). **Verpuppung** bei den meisten Arten im Holz; Entwicklung i. d. R. 1-jährig (s. aber →1).

  1. *Platyrhinus resinosus* Scop., Schwammbreitrüssler (9–12 mm); Larve zunächst – oft gesellig – in Fruchtkörpern von Kugelpilzen (*Daldinia*) und anderen holzzersetzenden Ascomyceten, später in Fraßgalerien im darunterliegenden Laubholz; die Larven überwintern im Holz, wo sie sich auch verpuppen; Entwicklung 2-jährig.

  2. *Platystomos albinus* L. (7–9 mm; [A-41]); in Wäldern; Larven im verpilztem, morschen Laubholz, hier auch Verpuppung und Überwinterung als Imago.

  3. *Araecerus fasciculatus* de Geer (= *A. coffeae* F.), Kaffeebohnenkäfer; bei uns aus Südasien und Südamerika eingeschleppt; die Käfer (3–5 mm) und die fußlosen Larven (5–6 mm) zerfressen Kaffeebohnen, ferner Cassiafrüchte, Ingwer, Muskatnüsse u. a., in denen auch die Verpuppung stattfindet; zuweilen sehr schädlich.

  4. *Anthribus* (= *Brachytarsus*), Schildlausrüssler (2–4 mm), häufig *A. nebulosus* Forst.; Imagines gedrungen, ernähren sich von Schildläusen (→Coccidae, meist *Physokermes*); Eiablage unter die Hülle der Schildlaus-♀♀, wo die geschlüpften Larven von der den Eiern und frisch geschlüpften Larven der Schildläuse leben, dort auch Verpuppung; die Imagines überwintern (einzeln oder gemeinschaftlich) unter loser Rinde.

Lit. →Coleoptera; Rheinheimer & Hassler 2010.

Anthribus →Anthribidae 4; der Name wurde früher für die jetzt *Platystomos* genannte Gttg. verwendet; vgl. auch →Coccidae.

Anticheta →Sciomyzidae.

Antliophora; Schwestergruppe der →Amphiesmenoptera, umfasst die Schwestergruppen →Mecoptera und →Diptera; übergeordnete Gruppe: →Mecopteroidea.

Antoninella →Pseudococcidae.

Anuraphis →Aphididae 4.

Anurida →Neanuridae, →Collembola.

Aonidia →Diaspididae 5.

Apalus →Meloidae B2.

Apamea →Noctuidae 22, 23.

Apanteles →Braconidae A1; vgl. auch →Eulophidae 6, →Megaspilidae.

Apatania →Apataniidae.

Apataniidae; Fam. der Köcherfliegen (Trichoptera) mit in Eur 29, M-Eur 8, Dt 5 Arten; in M-Eur nur die Gttg. *Apatania*; früher zu den Limnephilidae gestellt; kleine, schwärzliche Imagines mit dunkler Flügeladerung und großem dunklen Flügelmal; **Larven** →eruciform, in Quellbächen oder kühlen Seen, v. a. im Gebirge; schaben mit spatelförmigen Mandibeln den Algenbelag auf Steinen ab; mit kurzen, konischen Köchern aus großen Sandkörnern und Steinchen.

Lit. →Trichoptera.

***Apatura*, Apaturinae** →Nymphalidae A.

Apechthis →Ichneumonidae, B.

Apertochrysa →Chrysopidae.

Apethymus →Tenthredinidae 15.

Apfelbaumglasflügler, *Synanthedon myopaeformis* Bkh. →Sesiidae 4.

Apfelbaumzünsler, *Phycita roborella* Den. & Schiff. →Pyralidae 5.

Apfelblattmotte, *Choreutis pariana* Cl. →Choreutidae 2.

Apfelblattsauger, *Cacopsylla mali* Schmidb. →Psyllina A1.

Apfelblütenstecher, *Anthonomus pomorum* L. →Curculionidae H1.

Apfelfloh, *Cacopsylla mali* Schmidb. →Psyllina A1.

Apfelgespinstmotte, Apfelbaumgespinstmotte, *Yponomeuta malinellus* Zell. →Yponomeutidae 1b.

Apfelmarkschabe, *Blastodacna atra* Haw. →Agonoxenidae.

Apfelmotte, *Argyresthia conjugella* Zell. →Argyresthiidae 1.

Apfelsägewespe, *Hoplocampa testudinea* Klg. →Tenthredinidae 10.

Apfelsauger, *Cacopsylla mali* Schmidb. →Psyllina A1.

Apfeltriebmotte, *Blastodacna atra* Haw. →Agonoxenidae.

Apfelwickler, *Cydia pomonella* L. →Tortricidae 20.

Aphaenogaster →Formicidae.

***Aphalara*, Aphalaridae** →Psyllina D.

Aphaniptera →Siphonaptera.

Aphanisticus →Buprestidae.

Aphanogmus →Ceraphronidae.

Aphelinidae; Fam. der Hautflügler (Hymenoptera, Apocrita, Chalcidoidea) mit in Eur ± 170, M-Eur 81, Dt 47 Arten; winzige (um 1 mm), gelb und schwarz gefärbte Erzwespen ohne Wespentaille, deren Larven Parasitoide meist bei Pflanzenläusen (→Sternorrhyncha) verschiedener Gruppen sind (Motten-, Blatt-, Schildläuse, Blattflöhe); mit großer Bedeutung bei der biologischen Schädlingsbekämpfung (→2); endo- oder (seltener) ektoparasitoid; einige Arten Eiparasitoide bei Heuschrecken, Schmetterlingen und Wanzen; oft (sehr ungewöhnlich!) mit unterschiedlicher Entwicklung von ♂♂ und ♀♀:

am gleichen Wirt mit unterschiedlicher Fressweise, an unterschiedlichen Wirten oder ♂♂ als Hyperparasitoide in Aphelinidae, →Eulophidae oder →Encyrtidae, die ihrerseits →Coccina befallen (während die ♀♀ Primärparasitoide sind; →3). Imagines nehmen Nektar, →Honigtau und andere Süßstoffe; die ♀♀ lecken auch Körpersäfte des mit dem Legeapparat angestochenen Wirtes. Die **Begattung** hat, wie auch bei anderen kleinen Erzwespen, zuweilen fast den Charakter einer Vergewaltigung des gleichgültigen oder sogar abwehrenden ♀ durch das mit den Antennen trillernde und flügelschlagende ♂; Fruchtbarkeit durch hohe Eizahl und schnelle Generationenfolge (6–12 pro Jahr) oft beträchtlich. **Verpuppung** im lebenden Wirt in einer Luftkammer (Luft wohl aus dem Tracheensystem des Wirtes); **Überwinterung** meist als erwachsene Larve oder als Puppe.

1. _Aphelinus mali_ Hald.; Parasitoid bei der aus Nordamerika eingeschleppten Blutlaus (_Eriosoma lanigerum_; →Eriosomatidae 1); wurde zur Bekämpfung ebenfalls eingeführt.

2. _Encarsia formosa_ Gah.; Parasitoid bei der Weißen Fliege der Gewächshäuser (_Trialeurodes vaporariorum_; →Aleyrodina 1).

3. _Coccophagus_; bei manchen Arten entwickeln sich die ♀♀-Larven als primäre Parasitoide (v. a. in Schildläusen), die ♂♂-Larven als Hyperparasitoide an den eigenen(!) weiblichen (manchmal auch als Tertiärparasitoide an den eigenen männlichen) Larven im gleichen Wirt; in diesem Zusammenhang unterschiedliches Verhalten bei der Eiablage: unbegattete, ♂♂-liefernde ♀♀ werden von bereits parasitierten Wirten angelockt und legen an die in der Laus schmarotzende Larve; begattete, ♀♀-liefernde ♀♀ werden durch nicht parasitierte Wirte angelockt, Eiablage in die Hämolymphe der Laus.
Lit. →Hymenoptera; Clausen 1940; Rosen & DeBach 1979; Vidal et al. 2022.

Aphelinus →Aphelinidae 1.

Aphelocheiridae, Grundwanzen; Fam. der Wanzen (Heteroptera, Nepomorpha) von den 3 europäischen Arten in M-Eur & Dt nur _Aphelocheirus aestivalis_ F.; häufig und weit verbreitet, wegen der submersen Lebensweise aber nicht oft gefangen; 8–11 mm; dunkelbraun, gelb gezeichnet; sehr flach; Komplexaugen gut entwickelt; Vorderbeine keine Fangbeine, Hinterbeine mäßig ausgebildete Schwimmbeine, einseitig mit Haaren besetzt; Mundvorraum mit kräftiger Cibarialpumpe und Reusenhaaren sowie kutikularen Strukturen zum Zermahlen von Nahrungspartikeln; i. d. R. kurzflügelig, selten die Flügel voll ausgebildet; starke Rückbildung

der indirekten Flugmuskulatur bei den kurzflügeligen Individuen; ventral am 2. Abdominalsegment ein Paar Organe, die Wahrnehmungen von Lageänderungen ermöglichen (Schweresinnesorgane; →Nepidae); alle Stadien im Epithel der Körperdecke mit Chloridzellen (→Chloridepithel), die dem Ionenaustausch dienen. Larven und Imagines leben ständig **untergetaucht** am Grunde fließender Gewässer (bis ca. 6 m Tiefe); bewegen sich langsam, mehr laufend als schwimmend; halten sich vorwiegend auf kiesigem Untergrund auf, zwischen Wasserpflanzen, auch gern unter Steinen; führen von der Wassertemperatur abhängige jahreszeitliche Wanderungen durch: Imagines und Altlarven im Frühjahr zur Kopulation und Eiablage stromaufwärts in rasch fließende Bereiche der Wasserläufe, in IX und X in der umgekehrten Richtung. **Saugen** mit dem langen, dünnen Rüssel kleine Muscheln durch den Spalt der Schalenklappen hindurch aus, saugen aber auch an Süßwasserschnecken und -arthropoden passender Größe. Bei der **Begattung** (das ♂ sitzt schief auf dem ♀ [**A-42**]) wird eine Spermatophore in den Geschlechtskanal des ♀ geschoben; die **Eier** (mit zu einem Plastron spezialisiertem Chorion) werden an Holz oder an Muscheln geklebt; **Atmung:** Eischale mit Wülsten, hinter denen sich in einem Unterdruckbereich Luftblasen sammeln, die über Poren in weitverzweigte Lufträume der Eischale gelangen und so den Embryo mit O_2 versorgen; bei den Larven Hautatmung: Kutikula besonders an den Körperflanken reich

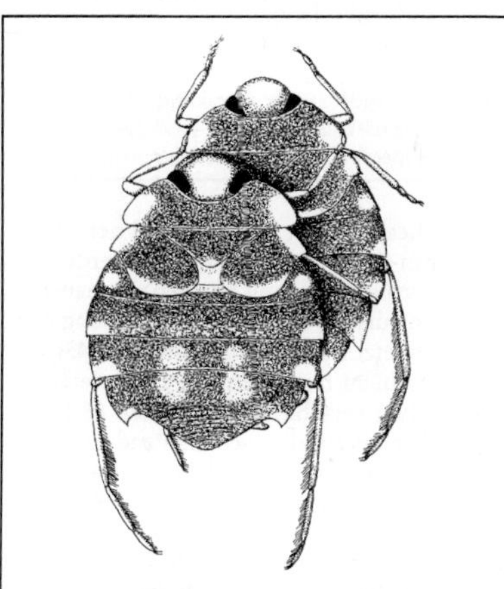

Abb. A-42: Aphelocheiridae: _Aphelocheirus aestivalis_. Kopula; ♂ auf ♀. (Wesenberg-Lund 1943)

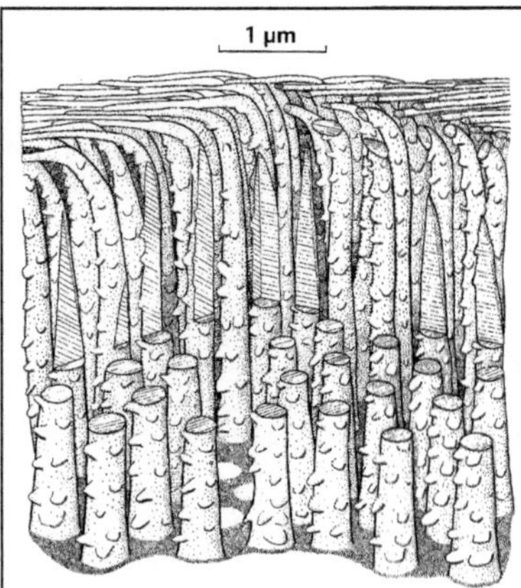

Abb. A-43: Aphelocheiridae: *Aphelocheirus aestivalis*. Plastronhaare; 4 Millionen pro Quadratmillimeter. (Hinton 1976a)

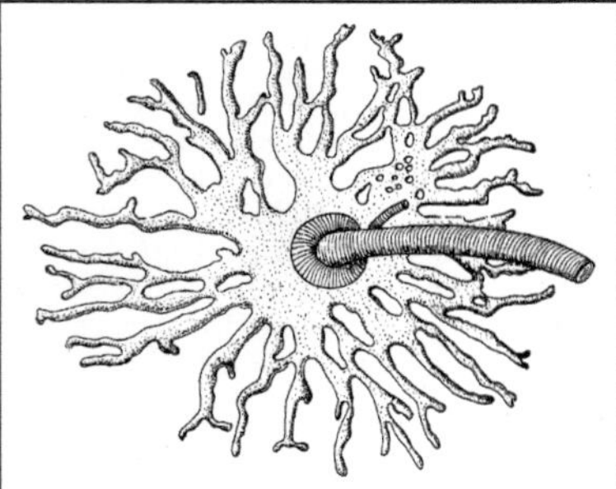

Abb. A-44: Aphelocheiridae: *Aphelocheirus aestivalis*. Rosette aus Kutikulakanälchen um das verschlossene Stigma; 2. Hinterleibssegment, von innen. (Wesenberg-Lund 1943)

mit Tracheengeflecht unterlegt; bei der Imago →Plastron-Atmung: insbesondere ventral ist die Körperoberfläche mit feinsten, in manchen Bereichen distal hakenförmig abgebogenen Haaren besetzt (ca. 4 000 000/mm^2) [**A-43**], die eine Luftschicht festhalten; die Hinterleibstracheen haben verschlossene Stigmen (6 Paar), stehen aber über radiär ausstrahlende, die Kutikula durchsetzende Kanälchen („Rosetten") mit der Luftschicht in Verbindung [**A-44**]; zum Auffrischen des Luftvorrats werden vermutlich laufend Luftbläschen an besonderen Strukturen wie Rosettenrinnen und haarfreien Stellen der Körperoberfläche gebildet bzw. eingefangen (vgl. →Ichneumonidae G; →Simuliidae); neben den

abdominalen Stigmennarben sind Sinneshaare zwischen die Plastronhaare eingestreut, die in Abhängigkeit vom Wasserdruck gebeugt werden und so vermutlich Lageveränderungen des Tieres und außerdem (vermutlich) auch den Gasdruck registrieren. 5 Larvenstadien; Imagines und Larven **überwintern** in steinigen Buchten mit geringer Fließgeschwindigkeit.
Lit. →Heteroptera; Günther 1992; Wesenberg-Lund 1943; Wichard et al. 2013.
Aphelocheirus →Aphelocheiridae.
Aphelopus →Dryinidae.
Aphididae, Röhrenläuse; Fam. der Blattläuse (Aphidina); in dem hier gewählten engeren Sinn mit in Eur ± 950, M-Eur ± 705, Dt 492 Arten; oft jedoch viel weiter gefasst (→Aphidina); wegen der Fachbegriffe zu den Morphen und zum Generationswechsel →Aphidina; Rückenröhren stets vorhanden, mäßig bis sehr lang. Pflanzensaftsauger; monözisch oder diözisch; Wirtsspezifität mehr oder weniger ausgeprägt; zahlreiche Arten durch Saftsaugen an Kulturpflanzen, mehr noch als Vektoren (Überträger pflanzlicher Viruskrankheiten) schädlich; nur die Sexuales-♀♀ Eier legend, alle anderen ♀♀-Formen lebend gebärend; holozyklisch oder anholozyklisch.

A. An Bäumen (als Primärwirt oder einzigem Wirt):

1. *Elatobium abietinum* Walk., Fichtenröhrenlaus, Sitkalaus; bis 2 mm; grün; monözisch an Fichten; an der Nadelbasis; kann auf der aus Nordamerika eingeführten Sitka- und der Blaufichte sehr schädlich werden; meist holozyklisch.

2. *Aphis pomi* Deg., Grüne Apfellaus; grün, Rückenröhren dunkel; ohne Wachs; monözisch an Apfelbaum, gelegentlich auch an anderem Kernobst; Ameisen-, zuweilen auch Bienenbesuch; holozyklisch; Wintereier an Jungtrieben; Virgines-Kolonien an Jungtrieben und Blattunterseite (Blätter meist an der Spitze eingerollt); Sexuales im Herbst.

3. *Dysaphis radicola* Mordv.; diözisch; Primärwirt Apfel, Sekundärwirt Ampfer; Fundatrix und Virgines in rot gefärbten Blattrollen; Ameisenbesuch; holozyklisch.

4. *Anuraphis farfarae* Koch, Taschengallen-Birnenlaus; Fundatrix und Virgines rötlich braun (Larven gelbgrün); diözisch; Primärwirt Birne, Sekundärwirt Huflattich, Pestwurz (am Wurzelstock); an Birne in gelblichen Taschengallen unten neben der Blattmittelrippe; holozyklisch.

5. *Myzus cerasi* F., Schwarze Kirschenlaus, Sauerkirschenlaus; diözisch; Primärwirt Kirsche, Sekundärwirt Labkraut (*Galium*) und Ehrenpreis (*Veronica*); Fundatrix und Virgines (glänzend schwarz) an Triebspitzen und an der

Unterseite schwach abwärts gebogener Blätter; Winterei unter Rindenschuppen; holozyklisch.

6. *Brachycaudus cardui* L., Große Pflaumenlaus; Fundatrix grün, Virgines mit großem dunklen Rückenfleck, in grünen Blattrollen; diözisch; Primärwirt Pflaume, Sekundärwirt krautige Pflanzen (v. a. Asteraceae und Boraginaceae; saugen meist oberirdisch); holozyklisch.

7. *Hyalopterus pruni* Geoffr., Mehlige Pflaumen(blatt)laus; Fundatrix grün, Virgines blaugrün, grauweiß bewachst, Rückenröhren sehr kurz; diözisch; Primärwirt Pflaume (auf der Blattunterseite, das Blatt schwach gewölbt), Sekundärwirt meist Schilfrohr (*Phragmites*, auf den Blättern); kein Ameisenbesuch; holozyklisch; Virgines während des ganzen Sommers auf der Pflaume, bringen Eier legende ♀♀, jedoch keine ♂♂ hervor; Gynoparae und ♂♂ müssen von *Phragmites* kommen.

8. *Myzus persicae* Sulz., Grüne Pfirsichlaus; diözisch; Primärwirt Pfirsich, Sekundärwirt verschiedenste (über 400) krautige Pflanzen; außerordentlich schädliche Art, besonders als Überträger zahlreicher (über 85) pflanzlicher Viruskrankheiten, u. a. Blattrollkrankheit der Kartoffel, Vergilbungskrankheit der Rübe; holozyklisch; Winterei im Spalt zwischen Knospe und Stamm junger Winterzweige; Fundatrix an Knospen, Blättern, Blüten; Virgines an der Blattunterseite, die Blätter mehr oder weniger längs gerollt; schon in der ersten 1. Virgo-Generation viele Alatae, mehr noch in den späteren; Abwandern an die Sommerwirte v. a. im Mai; hier zahlreiche Generationen, zunächst ungeflügelte, später auch geflügelte Tiere, die auf andere Sommerwirtspflanzen übergehen; Hauptmassenentwicklung bis Ende VII, dann Abnehmen des Befalls; Wiederzunahme gegen Herbst; Entstehung von geflügelten ♂♂ und Gynoparae, fliegen über auf Pfirsich; hier ungeflügelte Sexuales-♀♀; nach der Begattung 6–8 Wintereier pro ♀; Überwinterung von Sommerformen in milden Wintern v. a. an Kohlgewächsen.

B. An Sträuchern (als Primärwirt oder einzigem Wirt):

9. *Aphis sambuci* L., Schwarze Holunder(blatt)laus; diözisch; Primärwirt Holunder, Sekundärwirt krautige Pflanzen (*Rumex*, Nelkengewächse; an Wurzeln und Wurzelhals); Virgines-Kolonien v. a. an jungen Holunderzweigen; dunkel blaugrün mit schwarzen Beinen und Rückenröhren, Geflügelte fast schwarz; holozyklisch; anholozyklische Überwinterung an den Wurzeln sowohl des Sommerwirtes wie als auch des Holunders möglich.

10. *Liosomaphis berberidis* Kalt., Gelbe Berberitzenlaus; monözisch an Berberitze; Läuse gelblich oder rötlich, an Triebspitzen und Unterseiten der Blätter; holozyklisch.

11. *Corylobium avellanae* Schrk., Haselnusslaus; monözisch an Haselnuss; Läuse hell gelbgrün, lang behaart, v. a. an Blattstielen und Zweigenden; holozyklisch.

12. *Aphis schneideri* CB., Kleine Johannisbeerlaus; monözisch an Johannisbeere; dunkelgrün mit schwacher Wachsbepuderung, an Triebspitzen und Blattstielen, Blätter nestartig zusammengekrümmt; holozyklisch.

13. *Cryptomyzus ribis* L., Johannisbeerblasenlaus; diözisch; Primärwirt Rote Johannisbeere, Sekundärwirt *Stachys*-Arten (Blattunterseite, Triebspitzen); Virgines-Kolonien auf der Blattunterseite, Bildung buckeliger, offenbleibender, gelblicher bis rötlicher Blasen auf den Blättern; Honigtau zuweilen von Bienen gesammelt, kein Ameisenbesuch; holozyklisch; Rückwanderung auf den Primärwirt durch geflügelte Gynoparae und ♂♂; Winterei an Rindenschuppen.

14. *Aphis idaei* v. d. G., Kleine Himbeerlaus; kleine, hellgrüne Läuse; monözisch an Himbeere; Frühlingskolonien an Triebspitzen, Blüten, eingerollten Blättern, Blätter oft nestartig zusammengebogen; Ameisenbesuch; holozyklisch.

15. *Macrosiphum rosae* L., Große Rosen(blatt)laus; Läuse groß (bis fast 4 mm); grünlich oder fleischfarben, Rückenröhren lang, dünn, schwarz; diözisch; Primärwirt Rosen, Sekundärwirt Skabiosen, Karden; unter günstigen Bedingungen monözisch an Rosen; holozyklisch; Sexuales im Herbst (♂♂ geflügelt oder ungeflügelt).

C. An krautigen Pflanzen (als Primärwirt oder einzigem Wirt; vgl. die Sommerwirte bereits genannter wirtswechselnder Arten):

16. *Brevicoryne brassicae* L., Mehlige Kohlblattlaus; bis 2,5 mm; blaugrün, Körper mit Wachspuder bedeckt; monözisch; v. a. an Kohl, auch an anderen Kreuzblütlern; nicht selten schädlich; holozyklisch; saugen im Frühling zunächst auf der Blattunterseite (Blattränder meist nach unten gerollt), dann überall; Sexuparae im IX; Wintereier (ca. 4 pro ♀) v. a. an Blattstielen, Blattunterseiten, Blattachseln; Entwicklung in warmen Gebieten zuweilen anholozyklisch ohne Wintereier.

17. *Rhopalosiphoninus latysiphon* Dav., Kellerlaus, Breitröhrige Kartoffelknollenlaus; stammt wohl aus Nordamerika, seit 1930 in Europa; Rückenröhren blasig aufgetrieben; Ungeflügelte und Geflügelte v. a. an eingelagerten Kartoffeln, auch an verschiedenen anderen im Keller gelagerten Pflanzen; keine Sexuales bekannt, Entwicklung bei uns anholozyklisch.

18. *Phorodon humuli* Schrk., Hopfenlaus; diözisch; Primärwirt *Prunus*-Arten (v. a. Schlehe), Sekundärwirt Hopfen; bei Massenvermehrung schädlich; holozyklisch. Abwanderung der Virgines auf den Hopfen schon im V; hier v. a. auf der Blattunterseite.

19. *Semiaphis dauci* F., Mehlige Möhrenlaus; 1,5–2 mm; hellgrün, brauner Kopf, weißer Wachspuder; monözisch; an Blättern der Möhre (gekräuselt, herabhängend), bei Massenvermehrung auch an Trieben und Blüten; holozyklisch.

20. *Acyrthosiphon pisum* Harr., Grüne Erbsenlaus; bis 5 mm; grün, im Sommer z. T. auch rötlich; ♂ ungeflügelt; monözisch an Erbsen und anderen Fabaceae (Klee, Luzerne, Esparsette); nicht selten schädlich; holozyklisch.

21. *Aphis fabae* Scop., Schwarze Bohnenlaus, Rübenlaus; diözisch; Primärwirt Sträucher (*Euonymus*, *Philadelphus*, *Viburnum* u. a.), Sekundärwirt Ackerbohne (*Vicia faba*), Rübe (*Beta*) und andere Krautpflanzen; Hauptschaden durch Massenvermehrung und Übertragung von Viruskrankheiten an den krautigen Sommerwirten; Schaden wird durch besuchende Ameisen vermehrt: die Ameisen wehren Blattlausfeinde ab; holozyklisch; im Herbst Rückflug der Gynoparae und ♂♂ zum Primärwirt; zeitweilige Koloniebildung der von den Winterwirten abwandernden Geflügelten auch auf noch grünen Trieben verschiedener Holzgewächse möglich. Lit. →Aphidina.

Aphidiidae, Aphidiinae, *Aphidius* →Braconidae C; vgl. auch →Ceraphronidae.

Aphidina, Blattläuse; Gruppe der Pflanzenläuse (→Sternorrhyncha); bilden mit ihrer Schwestergruppe →Coccina die übergeordnete Gruppe →Aphidomorpha; mit in Eur ± 1385, M-Eur ± 1010, Dt ± 735 Arten; meist nur 2–4 mm (0,5– 7,5 mm); Mundgliedmaßen stechend-saugend, im Bau ähnlich →Heteroptera; Rüssel zuweilen auch bei verschiedenen Formen der gleichen Art verschieden lang; Labium 1- bis 6-gliedrig; Stechborstenbündel manchmal viel länger als Labium, dann in einer besonderen Tasche im Kopfinneren (→Crumena) geborgen; Stichkanal oft gewunden, mit erhärtendem Speichel ausgekleidet; Komplexaugen stets vorhanden, bei den Ungeflügelten nicht selten kleiner als bei den Geflügelten; Ocellen fehlen den Ungeflügelten; auch bei der gleichen Art i. d. R. geflügelte und ungeflügelte Formen; Flügel zarthäutig; die stets kleineren Hinterflügel beim Flug mit den Vorderflügeln durch Gleitkoppelmechanismus verbunden: Vorderflügel nach unten umgebogen, umgreifen 2–4

Häkchen der Oberseite der Hinterflügel; in Ruhe meist dachförmig (Tannenläuse, →Adelgidae) oder flach (Zwergläuse, →Phylloxeridae) auf dem Abdomen; Körper der ungeflügelten Formen plumper als der der geflügelten; Beine häufig lang und dünn (verhältnismäßig kurz bei →Adelgidae und →Phylloxeridae); Wachsdrüsen in artspezifisch wechselnder Zahl weit verbreitet; zuweilen der ganze Körper von fädigen Wachsflocken bedeckt (z. B. Blutlaus); meist mit einem Paar verschließbarer Spalten auf dem 5. oder 6. Abdominalsegment, häufig an der Spitze von 2 röhrenförmigen Gebilden (Rückenröhren, Siphonen, Siphunculi); hier bei Beunruhigung Auspressen von Hämolymphe; Exsudat ist reich an Fettkörperzellen (durch deren Zerfall wird eine schnell erhärtende wachsartige Substanz frei, die Angreifern Mundteile und Sinnesorgane verklebt; vorwiegend aus Triglyceriden und aliphatischen Sesquiterpenen) und enthält vielfach Alarmpheromone (bewirken Abwandern oder Sichfallenlassen von Sauggenossen und veranlassen die die Läuse betreuenden Ameisen, die Blattlausfeinde anzugreifen; wirksame Substanz *trans*-β-Farnesen; bei anderen Arten werden Schreckstoffe erst nach Verletzung frei); Darm bei manchen Arten mit, bei anderen ohne →Filterkammer; Zwergläuse ohne After; Malpighi-Gefäße fehlen; bei einigen ostasiatischen Arten Auftreten einer Soldatenkaste: sterile ♀♀ bzw. ♀♀-Larven, die Feinde (z. B. Schwebfliegenlarven) mit dem Rüssel bzw. mit 2 Dornen des Kopfes totstechen; die Soldatinnen von *Astegopteryx* können auch dem Menschen stark juckende Wunden beibringen. Als **Nahrung** dient Pflanzensaft, meist aus Siebröhren (→Phloemsauger), seltener aus einzelnen Parenchymzellen der Wirtspflanze (→Parenchymsauger); die ökonomische Bedeutung vieler Blattlausarten ist beträchtlich, teils durch unmittelbare Schädigung der Pflanzen (Saftentzug bei starkem Läusebefall), teils mittelbar als Überträger (Vektoren) pflanzlicher Viruskrankheiten (→Honigtau); **Wirtsspezifität** sehr verschieden ausgeprägt, besonders auffallend bei Arten mit obligatem Wirtswechsel; wahrscheinlich nur selten streng →monophag; **Wirtsfindung** durch die Wanderformen sicherlich nur unter großen Verlusten, tragbar durch die starke parthenogenetische Vermehrung; zwischen aktivem Start und aktiver Landung weitgehend passiver Transport durch Luftströmungen; manche Arten im Flug angelockt v. a. durch Gelb und Gelbgrün (Ultraviolettbeimischung kann wichtig sein), andere (Getreideblattläuse: *Metopolophium*, *Rhopalosiphum*, *Sitobion*) v. a. durch Grün; Hauptprüfung vermutlich über den chemischen Sinn bei Probestichen am Landeplatz; positive Reizfaktoren können sein: das Spektrum bestimmter Aminosäuren und der pH-Wert, für die Kohllaus *Brevicoryne brassicae* L. z. B. das Senfölglykosid Sinigrin, für *Acyrthosiphon spartii* das Alkaloid Spartein des Besenginsters; wohl wegen hohen Eiweißbedarfs wird viel Pflanzensaft aufgenommen; der Zuckerüberschuss wird (v. a. bei →Phloemsaugern) zusammen mit einem geringen Gehalt an Aminosäuren aus dem After als **Honigtau** abgegeben; dieser wird von zahlreichen Insektenarten, insbesondere von Bienen (Waldhonig oder Tannenhonig: der von Honigbienen eingetragene Honigtau der Baumläuse, →Lachnidae) und von vielen Ameisenarten (→Formicidae) aufgenommen; die Gegenwart von Ameisen kann die Honigtauabgabe anregen; Abgabe z. B. auch bei Betrillern mit den Antennen der Ameisen; das einem Ameisenkopf ähnliche Hinterende typischer Honigtauspender (Hinterbeine nach Art von Antennen angehoben!) ist vielleicht der optische Auslöser für das Futterbetteln der Ameisen; Überschuss von Honigtau wird von den Läusen weggespritzt; nicht alle Honigtauspender werden von Ameisen besucht; nicht selten deutlich ausgeprägtes Beschützen der Blattläuse durch die Ameisen (so bei manchen weitgehend auf Honigtaunahrung angewiesenen *Lasius*-Arten, die häufig unterirdisch an Wurzeln saugende Blattläuse besuchen und durch ihren Schutz den von den Blattläusen angerichteten Schaden verstärken können); *Lasius* nimmt manche Läuse zum Überwintern mit ins Nest; sehr eng ist die Bindung zwischen der Blasenlaus *Paracletus cimiciformis* v. Heyd. und der Rasenameise *Tetramorium caespitum* L. (die Laus wird vermutlich zeitweise von der Ameise gefüttert); eine Selbstbeschmutzung wird bei vielen, besonders bei in Gallen lebenden Blattläusen, dadurch verhindert, dass die klebrigen Ausscheidungen mit Wachspuder umhüllt sind. **Mycetome** (Organe mit symbiontenhaltigen Zellen, →Mycetocyten) weit verbreitet (nicht bei der Reblaus und ihren Verwandten); häufig 2, zuweilen 3 verschiedene Symbionten; Übertragung auf die Wintereier durch Eindringen der Symbionten in die Eizellen im Ovar; bei parthenogenetischer Entwicklung Infektion bereits mehr oder weniger weit entwickelter Embryonen. **Generationswechsel:** sehr bezeichnend für Blattläuse ist die Aufeinanderfolge mehrerer Generationen im Jahr; dabei findet häufig ein obligater Wechsel zwischen parthenogenetischer (→Parthenogenese) und (meist vor der kalten Jahreszeit) 2-geschlechtlicher Fortpflanzung statt (**Heterogonie**), entweder auf dem gleichen Wirt (**monözisch**)

oder – nicht selten – verbunden mit Wirtswechsel (**diözisch**); die Parthenogenese ermöglicht schnelle und starke Vermehrung, besonders während des reichen Nahrungsangebots im Sommer; hinzu kommt ein mehr oder weniger ausgeprägter Wechsel der Körperform in der Generationenfolge (**Polymorphismus**), besonders deutlich im Vorhandensein oder Fehlen von Flügeln; die Hauptformen (Morphen) und ihre Bezeichnungen: 1) **Fundatrix,** Stammmutter; schlüpft meist im Frühling aus einem befruchteten, überwinterten Ei der bisexuellen Generation (Winterei; selten Ausschlüpfen schon im Herbst und Überwintern als Larve; z. B. →Adelgidae); meist ungeflügelt; Fortpflanzung parthenogenetisch, Eier legend oder lebend gebärend [**A-45**]; 2) **Virgo** (= Virginopara), Jungfrau; parthenogenetisch (virginogen) erzeugtes und sich parthenogenetisch (virginopar) fortpflanzendes ♀, mit Ausnahme der Generation, die die bisexuellen Individuen hervorbringt (vgl. 3); geflügelt (**Alata**) oder ungeflügelt (**Aptera**), ovipar oder vivipar; bei wirtswechselnden Arten in 3 Morphen unterteilt: **2a) Fundatrigenia;** auf die Fundatrix folgende Morphe wirtswechselnder Arten am Primärwirt; **2b) Migrans;** Wanderform der Virgo; geflügelte Nachkomme der Fundatrix; dient entweder nur der Ausbreitung auf der gleichen Wirtspflanze oder (bei diözischen Arten) dem Überwechseln vom Primär- zum Sekundärwirt; **2c) Exsulis** (Alienicola, Virginogenia); alle Morphen am Sekundärwirt (geflügelte und ungeflügelte ♀♀, die am Sekundärwirt entstehen und sich dort parthenogenetisch vermehren); 3) **Sexupara;** parthenogenetisch entstandenes ♀, das parthenogenetisch die bisexuelle Generation erzeugt; bei wirtswechselnden Arten fast stets geflügelt, wechselt auf den Primärwirt zurück (Alata remigrans); bei manchen Arten Trennung in ♂♂-Mutter (**Andropara**) und ♀♀-Mutter

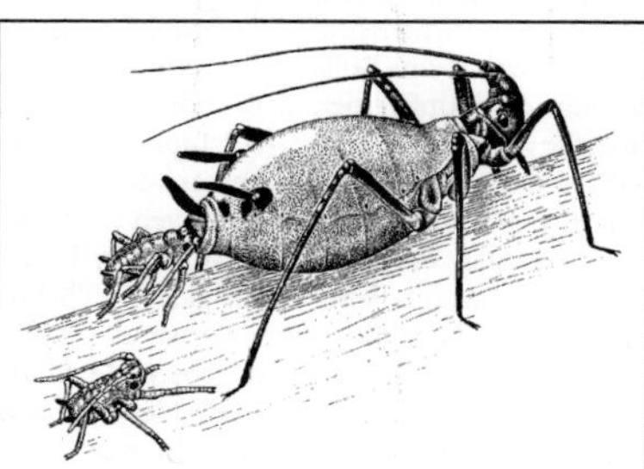

Abb. A-45: Aphidina: Gebärende Fundatrix einer Röhrenlaus. (Nach nach Foto eines unbekannten Autors)

(Gynopara). **4) Sexualis;** virginogen entstandene Morphe, die sich bisexuell fortpflanzt; ♂♂ geflügelt oder ungeflügelt, ♀♀ selten geflügelt; oft ohne Rüssel; ♀♀ vieler Arten bilden Sexualpheromone in verdickten Hinterbein-Tibien; winken zu artspezifisch unterschiedlichen Tageszeiten mit den Hinterbeinen und zeigen so Paarungsbereitschaft an (Arterkennung durch spezifische Bewegungen?); artspezifisch verschieden die Beziehungen zwischen Virgines und Sexuales: a) die gleiche Virgo erzeugt Gynoparae und ♂♂; b) die gleiche Virgo erzeugt Virgines und Sexuparae; c) die gleiche Virgo erzeugt Virgines und Sexuales. Zahl der **Generationen** in einem Entwicklungszyklus bei verschiedenen Arten (z. T. auch bei der gleichen Art) sehr verschieden, teils für die Art bezeichnend, teils durch Außenfaktoren bedingt: Langtag fördert das Auftreten von Virgines, Kurztag das von Sexuales; bei Wurzelsaugern entstehen Sexuales bei Eintritt der Wirtspflanze in die Ruhephase; Alatae entstehen nach häufigem Körperkontakt mit Artgenossen oder (selten, z. B. bei der auf der Traubenkirsche lebenden *Rhopalosiphum padi*) nach Abschluss des Triebwachstums der Wirtspflanze; hinsichtlich der Generationenfolge 2 Typen: **1) holozyklisch:** eine Serie parthenogenetisch sich fortpflanzender Generationen wird gegen Saisonende beendet durch das Auftreten der Sexuales, das begattete ♀ legt besamte, i. d. R. überwinternde Eier; mit oder ohne Wirtswechsel; **2) anholozyklisch** (aposexuell): Fortfall der bisexuellen Generation und damit der Sexupara, Sexuales und Fundatrix; Anholozyklie kann sowohl auf dem Primär- als auch auf dem Sekundärwirt entstehen; zuweilen tritt bei der gleichen Art Holozyklie oder (z. B. bei Fehlen des Primärwirtes) Anholozyklie auf. Bei Parenchymsaugern leben insbesondere die Fundatrix und ihre Nachkommen häufig in artspezifisch geformten →**Gallen,** für deren Entstehung der im Speichel gallbildender Blattläuse nachgewiesene Pflanzenwuchsstoff IES (Indolyl-3-Essigsäure) offenbar eine Rolle spielt. **Feinde** sind verschiedene Schlupfwespen (z. B. →Braconidae C), manche Grabwespen (→Pemphredonidae, →Psenidae), Larven und Imagines von Marienkäfern (→Coccinellidae), die Larven mancher Schwebfliegen (→Syrphidae) und Florfliegen (→Chrysopidae). – Fam.: →Adelgidae; →Phylloxeridae; der Rest bildet eine Verwandtschaftsgruppe (Aphidoidea; lebend gebärende Blattläuse, nur Sexuales-♀ legen noch Eier), je nach Auffassung mit nur 1 oder mehreren Fam.: →Anoeciidae; →Aphididae; →Drepanosiphidae; →Eriosomatidae; →Hormaphididae; →Lachnidae; →Mindaridae; →Thelaxidae.

Lit. →Sternorrhyncha; Blackman o. J.; Blackman & Eastop 1994, 2006; Brauns 1991; Buchner 1953; Dixon 1976; Lampel 1968; Minks & Harrewijn 1987; Raman et al. 2005; Reichwald 1989; Rotheray 1989; Steffan 1990; Thieme 2024.

Aphidoidea; entweder Synonym zu →Aphidina oder Bezeichnung für eine Teilgruppe der →Aphidina.

Aphidoletes →Cecidomyiidae.

Aphidomorpha; →monophyletische Gruppe der Pflanzenläuse (→Sternorrhyncha), zu der die Blatt- (→Aphidina) und Schildläuse (→Coccina) gehören.

Aphis →Aphididae 2, 9, 12, 14, 21.

Aphodiidae, Aphodiinae, *Aphodius* →Scarabaeidae A.

Aphomia →Pyralidae 3; vgl. auch →Apidae E1, →Vespidae D.

***Aphrodes*,* **Aphrodinae** →Cicadellidae E.

Aphrophora →Aphrophoridae 1.

Aphrophoridae, Schaumzikaden; Fam. der Zikaden (Auchenorrhyncha, Cicadomorpha) mit in Eur 26, M-Eur 17, Dt 13 Arten; mittelgroße (4–11 mm), unscheinbar gefärbte Zikaden; →Xylemsauger; die weißlichen Larven leben (z. T. in Gruppen) bis zur letzten Häutung oberirdisch an Blattstängeln in einer schaumigen Flüssigkeit („Kuckucksspeichel"), teils an Gehölzen (*Aphrophora*), teils an Kräutern und Gräsern (übrige Gttgn.). Die Stigmen münden bei den Larven (ähnlich den →Cercopidae) in eine ventrale, aus Seitenfalten der Abdominalsegmente gebildete Atemhöhle [**A-46**], die sich hinten öffnet und mit Wachsen ausgekleidet ist; Verseifung dieser Wachse durch Mucopolysaccharide, die mit aus dem After austretenden austretendem überschüssigen Pflanzensaft in die Atemhöhle gelangen; Schaumbildung durch Einpumpen von Luftbläschen aus der Atemhöhle in dieses Gemisch; die Schaumbläschen werden ausgestoßen und zu einem Schaumnest zusammengesetzt; im Schaumnest Schutz gegen Austrocknen und Feinde; Atmung durch Luftschöpfen mit der Hinterleibsspitze an der Schaumoberfläche. 1 Generation im Jahr; überwintern als Ei.

1. *Aphrophora alni* Goeze, Weidenschaumzikade; (9–11 mm); VI–X; Larven (gleich den Imagines) an Weiden (*Salix*), zuweilen in Massen mit viel Schaum, von dem Flüssigkeit tropft („tränende Weiden"). Ähnlich, jedoch mit weißem Flügelfeld: *A. alni* Fall., Erlenschaumzikade, häufig, Imagines polyphag auf Gehölzen (auch Weiden), Larven in der Krautschicht.

2. *Philaenus spumarius* L., Wiesenschaumzikade (5–7 mm); weltweit verbreitet; sehr häufig (außer im Wirtschaftsgrünland); farbvariabel;

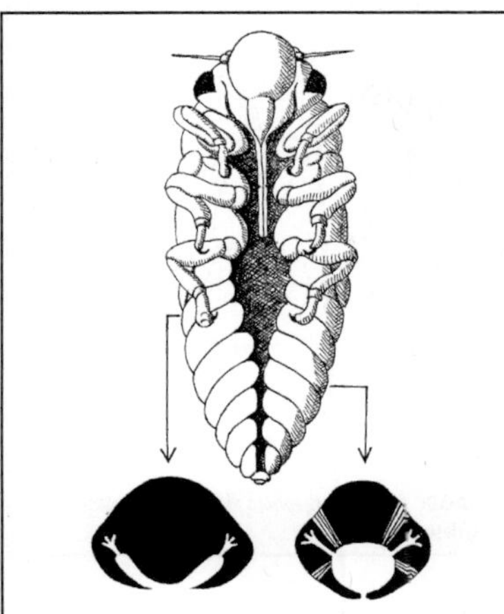

Abb. A-46: Aphrophoridae: *Aphrophora salicina*, Weidenschaumzikade. Larve von ventral; unten: schematische Querschnitte auf angegebenem Niveau. (Rietschel 1969)

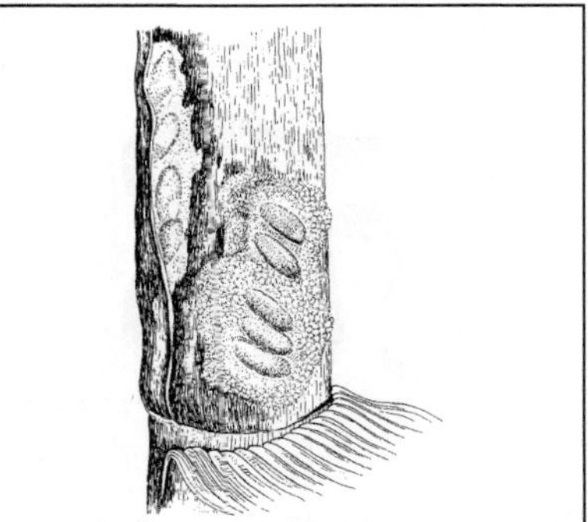

Abb. A-47: Aphrophoridae: *Philaenus spumarius*, Wiesenschaumzikade. Gelege an Grastrieb. (Müller 1955)

Ende V–X; extrem →polyphag an Kräutern und Gräsern, zuweilen durch Saugen an Kulturpflanzen schädlich; Eier in Rissen und Spalten von Pflanzen [**A-47**].

3. Neophilaenus; 6 heimische Arten; 4–7 mm; an Gräsern.

Lit. →Auchenorrhyncha.

Aphthona →Chrysomelidae L3.

Apidae; Fam. der Hautflügler (Hymenoptera, Apocrita, Apoidea); hierher wurden früher alle Bienen (→Anthophila) gestellt; in dem hier gewählten engeren Sinn umfassen sie außer der Honigbiene auch alle anderen →Beinsammler mit langer Zunge; in Eur ± 540, M-Eur ± 240, Dt 151 Arten; artenreiche Gruppe von unterschiedlicher Gestalt und Lebensweise; solitär bis eusozial, nicht wenige Arten sind Brutparasiten (→B) bei anderen, z. T. verwandten Bienenarten (→E2); **Pollentransport** ursprünglich in Haarbürsten der Hinterbeine (an Tibia und angrenzendem Tarsenglied, dem Basitarsus); 1-jährig (außer *Apis* →E3). Bei uns mit 5 →monophyletischen Teilgruppen (von der bisherigen Gliederung in U-Fam. Nicht nicht gespiegelt):

A. Anthophorinae, *Anthophora,* Pelzbienen; gelegentlich als eigene Fam. **Anthophoridae** aufgefasst; bei uns 13 Arten; stattlich (8–18 mm); stattlich, stark behaart (erinnern an Hummeln); mit sehr langem Rüssel (bis 22 mm). Fliegen vom ersten Frühling (*A. plumipes* Pall.) bis zum Hochsommer (*A. bimaculata* Pz.); ausgeprägt proterandrisch (♂♂ erscheinen 2–3 Wochen vor den ♀♀); Lebensräume sehr unterschiedlich: an Waldrändern (*A. furcata* Pz.), in Sandgebieten (*A. bimaculata* – auffallend durch hohen Flugton), an Lösswänden (*A. plagiata* Ill., *A. fulvitarsis* Brullé), an lehmigen Stellen auch im Siedlungsbereich (*A. plumipes*); ♂♂ und ♀♀ übernachten in den Bruthöhlen; ♂♂ von *A. plumipes* fliegen in rasantem Flug feste, mit Duftstoffen markierte Bahnen im Gebiet der Nahrungspflanzen ab; meist →polylektisch (Lamiaceae, Fabaceae, Boraginaceae); **Pollentransport** in den Haarbürsten von Tibia und Basitarsus der Hinterbeine; **Nest** solitär oder in Kolonien (bis zu 300 Nester bei *A. plumipes*), selbst gegraben oder genagt; im Boden (Lehm, Löss, Sand, bei *A. plumipes* mitunter sogar in weichem Sandstein), oft von einer senkrechten Wand aus eingegraben [**A-48**], bei *A. furcata* in morschem Holz [**A-49**]; bei manchen Arten mit kaminartigem Vorbau (schnellere Erwärmung des Inneren♂ [**A-50**]); Erkennen des eigenen Nestes am Geruch; Zellwand zunächst mit Aushubmaterial aufgebaut, darauf innen mit einer weißen, wachsartigen Auskleidung versehen (Sekret der →Dufour-Drüse: Gemisch von flüssigen Triglyceriden); Sekret mit dem Abdomen auf der Wand verstrichen, vermutlich aber auch dem Futterbrei beigemengt; Futtervorrat zweischichtig2-schichtig: zuunterst locker gelagerter Pollen, darüber Nektar; nach Ablage des Eies werden die Zellen verschlossen. **Überwinterung** als Larve (*A. fulvitarsis*), Puppe (*A. bimaculata, A. plagiata*) oder Imago (*A. plumipes*) im Nest. **Kuckucksbienen:** u. a. *Melecta* (→B5), *Coelioxys* (→Megachilidae 8).

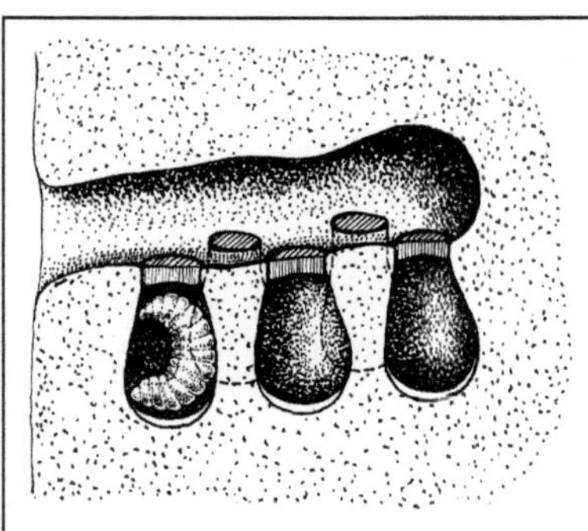

Abb. A-48: Apidae: *Anthophora fulvitarsis*, Nest

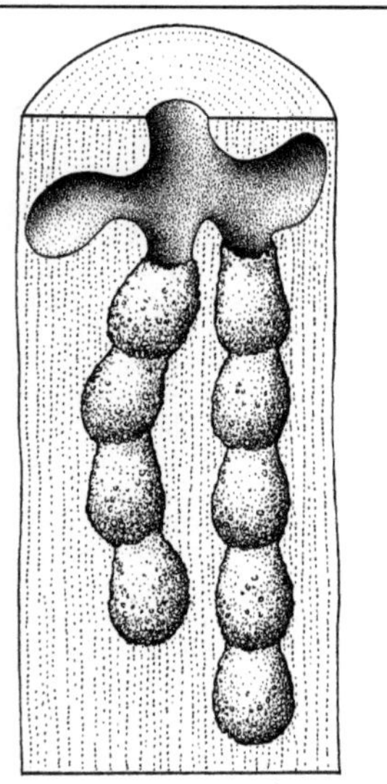

Abb. A-49: Apidae: *Anthophora furcata*, Nestanlage in Holzpflock. (Friese 1923)

B. Neu erkannte Verwandtschaftsgruppe von **Brutparasiten** bei anderen Bienen (Kuckucksbienen), umfasst die U-Fam. **Nomadinae** (→B1–4) und weitere bisher zur U-Fam. Apinae gestellte Gttgn. (ältester Name für Gesamtgruppe: **Melectinae**); bei uns 81 Arten; mit Ausnahme von *Melecta* und *Thyreus* (→B5) klein und wenig behaart, mit auffallendem, wespenartig schwarz-gelb oder bunt (v. a. gelb, rot und schwarz) gefärbtem, glänzendem Hinterleib;

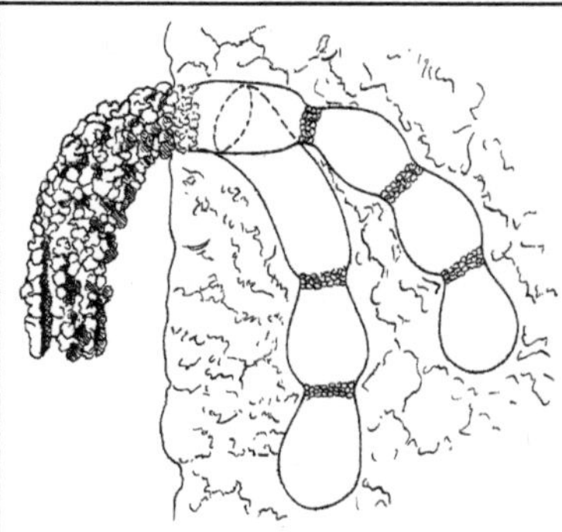

Abb. A-50: Apidae: *Anthophora plagiata*. Nestanlage, Schema. (Friese 1923)

Besuch verschiedenster Blüten zur eigenen Ernährung.

B1. *Nomada*, Wespenbienen; in Dt 69 Arten; 4–14 mm; nur wenig behaart, mit auffallend bunt (v. a. gelb, rot und schwarz) gefärbtem, glänzendem Hinterleib. Flugzeit im Frühling; Besuch verschiedenster Blüten zur eigenen Ernährung; Übernachtung mit Mandibeln festgebissen an exponierten Pflanzenteilen (Voraussetzung zum Erreichen einer sehr tiefen Ruhe; nächtliche Energieeinsparung?), Beine dabei ohne Kontakt zum Substrat. Brutparasiten, die meisten bei *Andrena*-Arten (→Andrenidae 1); Eindringen ins Wirtsnest meist bei Abwesenheit des Wirtes, Ablage von Eiern nur in frisch verproviantierte Zellen; die *N.*-Larve tötet Wirtsei oder -larve und verzehrt dann den Futtervorrat; *Andrena*-♀♀ zeigen beim Zusammentreffen mit *N.* keinerlei Reaktion (Folge eines Kopfdrüsensekrets von *N.*-♂♂, das mit dem Sekret der →Dufour-Drüse von *A.*-♀♀ übereinstimmt und bei der Kopulation auf die *N.*-♀♀ übertragen wird). Überwinterung als Imago.

B2. *Epeolus*, Filzbienen; bei uns 4 Arten; 5,5–11 mm; fliegen im Hochsommer; Übernachtung wie bei *Nomada*; Brutparasiten, besonders bei *Colletes* (→Colletidae 1).

B3. *Epeoloides*, Schmuckbienen; bei uns nur *E. coecutiens* F.; selten; 9–10 mm; ♂ kurzlebig, mit leuchtend türkisblauen Augen; fliegen VII–VIII; bei *Macropis europaea* Warncke (→Melittidae 3).

B4. *Biastes*, Kraftbienen; bei uns 3 Arten; sehr selten; 5–7 mm; fliegen VII–VIII; in den Nestern von →Halictidae.

B5. *Melecta*, Trauerbienen; bei uns 2 Arten; große, auffällige Tiere mit meist schwarzer Be-

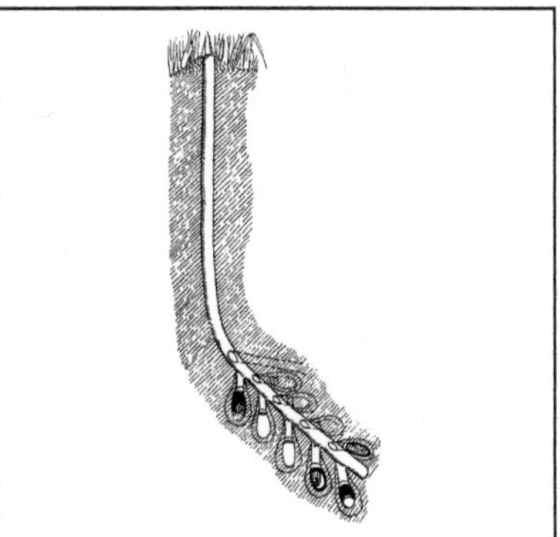

Abb. A-51: Apidae: *Eucera longicornis*. Nest in tonhaltigem Boden, ca. 30 cm tief. (Friese 1923)

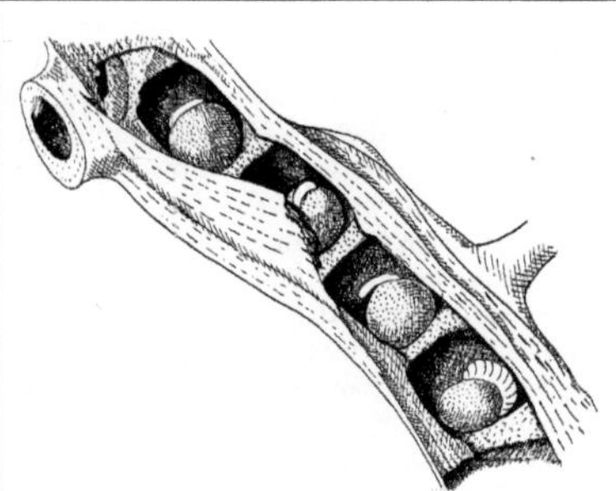

Abb. A-52: Apidae: *Xylocopa violacea*, Holzbiene. Abgestorbener Ast mit Nest; 4 Zellen mit 3 Eiern und 1 Larve; links oben Eingang; Zellen durch Nagselwände voneinander getrennt. (v. Frisch 1955)

haarung mit weißen Flecken; Brutparasiten bei *Anthophora* (→A); fliegen im Frühling an den Nistplätzen der Wirte (die ähnlichen, ebenfalls bei *Anthophora* parasitierenden Fleckenbienen, **Thyreus**, sind im Sommer aktiv); Eiablage unmittelbar nach Verdeckeln der Wirtszelle, Ei wird mit einem Pol an die Innenseite des Deckels geheftet; Überwinterung als Imago im Wirtsnest.

C. Eucera, Langhornbienen; meist den Apinae (→E) angeschlossen, aber mit keiner der U-Fam. näher verwandt; bei uns 8 Arten; 8–15 mm; Antennen der ♂♂ sehr lang, erreichen Körperlänge; fliegen im Spätfrühling und Sommer; →oligolektisch, auf Fabaceae spezialisiert; Pollen für den besseren Transport an den behaarten Hinterschienen mit Nektar angefeuchtet (wie bei den Apinae →E); proterandrisch: ♂♂ halten sich in der Nähe der Nistplätze auf und begatten die schlüpfenden ♀♀ noch am Boden (*E. longicornis* L.; manchmal Massenhochzeit) oder halten festgelegte Flugbahnen entlang ihrer Nektarquellen ein, wo sie die ♀♀ erwarten (*E. nigrescens* Pérez); vor dem Erscheinen der ♀♀ **Kopulationsversuche** mit bienenähnlich aussehenden und nach dem Sexuallockstoff der ♀♀ duftenden Blüten (*Ophrys*; →Andrenidae), dabei Übertragung der Pollinien; **Nest [A-51]** selbst gegraben in der Erde an kahlen oder schütter bewachsenen Stellen, zuweilen in größeren Ansammlungen; Hauptgang bis 18 cm tief, an abzweigenden Gängen Brutzellen, mit – zumindest bei *E. macroglossa* Ill. – einem lackartigen Sekret ausgekleidet und mit einem Deckel aus Erde verschlossen; Larvenfutter aus mit Nektar durchtränktem Pollen; die Larve spinnt vor dem Verpuppen einen eirunden Kokon aus

mehreren dünnen Schichten. **Überwinterung** im Kokon als Ruhelarve (*E. macroglossa*) oder Imago (*E. longicornis*); **Kuckucksbienen:** *Epeolus* (→B2), *Nomada* (→B1).

D. Xylocopinae; heimisch 6 Arten; kleine bis sehr stattliche, schütter behaarte, dunkle, metallisch glänzende Bienen; mit parasozialen und (außereuropäisch) primitiv eusozialen Arten (→soziale Insekten); Pollentransport im Kropf und mit den Hinterbeinen (rückgebildete Bürsten an Tibia und Basitarsus); Nest in abgestorbenen Pflanzenteilen; Verpuppung ohne Kokonbau.

D1. Xylocopa, Holzbienen; bei uns 2 Arten in wärmeren Gebieten; hummelartig (14–30 mm) mit schwarzblauem Körper und Flügeln; Rüssel durch starke Sklerotisierung und Verfalzung der Galeae zu einem Stechorgan entwickelt, geeignet zum Anstechen von Blüten, deren Nektar sonst nicht zugänglich wäre (→Nektarraub). In Streuobstwiesen und Gärten (auch im Siedlungsbereich); →polylektisch; die 1. Tarsalglieder aller, besonders aber die der Hinterbeine, auffällig behaart; ventral am Körper haftender Pollen wird auf die Tarsen der Hinterbeine gestreift, dorsal haftender Pollen dagegen mit Mittel- und Vorderbeinen abgekehrt, mit dem speziell dafür an den Stipites der Maxillen vorhandenen Pollenabnehmerkamm abgestreift, verschluckt und im Kropf heimgebracht; Paarung III–IV. **Nest** mit den kräftigen Mandibeln in gut besonntes, trockenes oder moderndes Holz (*X. violacea* L. **[A-52]**) oder in trockene Pflanzenstängel (*X. iris* Christ) genagt; Zellen je nach verfügbarem Platz in einer oder mehreren Reihen hintereinander, getrennt durch Wände aus mit Speichel vermischten Holzspänen; **Entwicklungsdauer** bis zum Schlupf der Imago 8–9 Wochen; Jungtiere kehren anfangs mehrfach zum Nest zurück; das Muttertier ist zu dieser Zeit noch am Leben; soziale Verhaltensweisen bei heimischen Arten bisher unbekannt; bei afrikanischen Arten Füttern der nächsten Generation durch die Mutter; bei *X. sulcatipes* (Vorderasien) übernimmt eine Tochter Wächterdienste während der Verproviantierung der nächsten Eier; hier Nestgründung auch gemeinsam durch nicht verwandte ♀♀, dann Festlegen der Rangordnung durch Kämpfe; das dominante ♀ wird zur Eilegerin und Futtersammlerin, das unterlegene zur Wächterin; ♂♂ und ♀♀ **überwintern** gemeinsam in Höhlungen (Baumstämme, Lösswände).

D2. *Ceratina*, Keulhornbienen; in Dt 4 Arten; schlank (6–9 mm), mit kurzen, am Ende schwach verdickten Fühlern; Stachel schwach ausgebildet, wird nicht benutzt. An Waldrändern, Hecken, älteren Brachen, auch im Siedlungsbereich (*C. cyanea* Kirby); →polylektisch. **Nisten** (V–VII) solitär in markhaltigen Stängeln mit abgebrochenen Enden, sodass das Mark zugänglich ist; mehrere Zellen hintereinander, getrennt durch abgenagte Markteile. Entwicklung bis zur Imago in 6–8 Wochen; Imagines schlüpfen VIII–IX und verlassen das Nest; **Überwinterung** oft zu mehreren in hohlen Stängeln oder Zweigen; Paarung erst im nächsten Frühling.

E. Apinae; in der gewählten →monophyletischen Fassung nur die Gttgn. *Bombus* und *Apis* in Eur; leben in eusozialen Gemeinschaften (→Anthophila), die 1-jährig (*Bombus*) oder mehrjährig (*Apis*) sind; ♂♂ werden Drohnen genannt, ♀♀ treten (außer bei Kuckuckshummeln →E2) in den Kasten Königinnen (fertil) und Arbeiterinnen (♀♀; steril) auf. **Sammeln** Nektar und Pollen; Pollentransport in hoch spezialisierten Schienenkörbchen [**A-53**] (mit Ausnahme

der *Psithyrus*-Arten und der Königinnen von *Apis*): die Außenseite der Hinterschienen breit und flach, von langen seitlichen Haaren umstellt; der mit Pollen bepuderte Körper wird zunächst mit den Mittel- und Hinterbeinen abgeputzt, wobei sich der Pollen in einer aus regelmäßigen Haarreihen bestehenden Bürste an der Innenseite des 1. Fußgliedes sammelt; beim Höseln (im Flug über der Blüte) kratzt der Pollenkamm an der Innenseite des distalen Endes der Hinterschiene den Pollen aus der Fersenbürste des anderen Beines; schließlich wird der – inzwischen mit Honigblaseninhalt (Honig oder Nektar) befeuchtete – Pollen mit einem Fortsatz am proximalen Ende des Fersengliedes an der Außenseite der Schiene von unten her in das Körbchen hineingedrückt und mit den Mittelbeinen festgeklopft (der Pollen der linken Fersenbürste also an der rechten Schiene und umgekehrt, zuerst gesammelter Pollen am weitesten proximal).

E1. *Bombus*, Hummeln; zuweilen in mehrere Gttgn. aufgeteilt; Verbreitung bis Lappland, Grönland; hier zuweilen Ausfall der ♀♀-Kaste, also Rückfall in die solitäre Lebensweise; einschl. der sozialparasitischen Kuckuckshummeln (→E2) in Dt 40 stattliche, meist pelzig und oft bunt behaarte Arten; oft starke Variabilität der Färbung bei der gleichen Art, auch Farbunterschiede zwischen ♂♂ und ♀♀. Fliegen vom zeitigen Frühjahr bis in den Herbst; einige (*B. terrestris* L., *B. hortorum* L.) in verschiedensten Lebensräumen, auch im Siedlungsbereich; andere vorwiegend im Wald, an Waldrändern, in Parks (*B. hypnorum* L.), auf Trockenhängen (*B. confusus* Schenck), in Feuchtgebieten (*B. muscorum* L.), an der Küste (*B. cullumanus* Kirby); →polylektisch an Pflanzen aus verschiedensten Familien; über Tage und sogar Wochen wird dieselbe Pflanzenart aufgesucht, sofern genügend Blütenstände vorhanden sind („blütenstet"; auch bei ♂♂, die für den Eigenbedarf sammeln); z. T. mit deutlicher Arbeitsteilung in Pollen- und Nektarsammlerinnen; gelegentlich auch Einsammeln von →Honigtau; Nektar- und Pollenvorräte werden getrennt angelegt; langrüsselige Arten sammeln v. a. an Fabaceae, Lamiaceae, Boraginaceae, *Aconitum*; manche kurzrüsseligen Arten (*B. terrestris*) neigen (besonders in reichen Beständen der Nahrungspflanzen) zu →Nektarraub; fliegen Blüten mit Farben hoher Farbsättigung an, unabhängig von Helligkeit und Farbton; Blütenmale, insbesondere deren Duft und Aussehen, erst bei der Nahorientierung von Bedeutung; reizwirksam für die Landung ist außerdem die Form und Größe, nicht aber die Farbe der Staubbeutel; bei günstiger Witterung

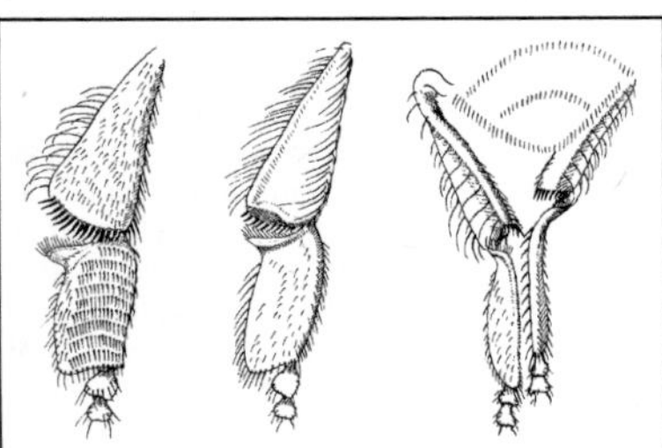

Abb. A-53: Apidae: *Apis mellifera*, Honigbiene, Arbeiterin. Hinterbein mit Sammelapparat; links: von innen; Mitte: von außen; rechts: Hinterbeine beim Höseln von hinten.

Nahrungsflüge auch nachts; unter spät blühenden Linden (*Tilia tomentosa*, Silberlinde; *T. euchlora*, Krimlinde) bisweilen viele flugunfähige und tote Hummeln („Hummelsterben"), seltener Bienen; Ursache ist vermutlich nicht eine Vergiftung durch die im Nektar dieser Bäume enthaltene Mannose (wie zunächst angenommen), sondern schlicht die Tatsache, dass sich hier vermehrt alte Tiere an wenigen noch vorhandenen Nahrungsquellen versammeln. Zur **Geschlechterfindung** 3 Strategien: a) die ♂♂ einiger Arten fliegen – oft in großer Zahl – in der Nähe von Nestern umher; b) bei *B. confusus* Schenck und *B. mendax* Gerst. Besetzen die ♂♂ (mit besonders großen Komplexaugen) ein wenige Quadratmeter großes Territorium, sitzen auf erhöhtem Ort und führen regelmäßig Schleifenflüge aus; c) bei vielen Arten fliegen die ♂♂ (u. U. wochenlang) bestimmte Flugbahnen ab, mehrere Rastplätze werden (auch für den Menschen bemerkbar) geruchlich markiert („Geruchsbahnen"); Geruchssekret von den Labialdrüsen abgesondert, mit artspezifischer Zusammensetzung; die Duftpunkte sind die Treffpunkte mit den artgleichen ♀♀; tägliche Flugleistung bis 60 km (bei manchen Arten jedoch alles in Nestnähe, *B. humilis* Ill., *B. ruderarius* Müll.; Begattung von Geschwistern?); ♂♂ kopulieren i. d. R. mehrmals, Königinnen nur einmal. **Staat:** bei uns 1-jährige Völker (primitiv eusozial) mit 30–600 Individuen (in den Tropen durchaus auch mehrjährig); unterirdisch nistende Arten i. d. R. individuenreicher; ♀♀ leben 6–12 Wochen; bis zu 15 % übernachten außerhalb des Nestes; Nestgründung im Frühjahr (III–IV) von einzelnen ♀♀ (Königinnen), die im vergangenen Herbst begattet worden sind und in Verstecken überwintert haben: Anlage eines fingerhutförmigen Honigtopfs und einer Brutzelle mit Pollenvorrat und mehreren (8–16) Eiern; nach der Eiablage Überdecken der Brutzelle mit einer luftdurchlässigen Wachsschicht und „Bebrüten" durch die Königin (Setzen auf die Brutkammer); die Larven verzehren zunächst den Pollenvorrat in der Kammer und werden dann von der Königin neu versorgt, dabei allmähliche Erweiterung der Brutkammer zu einem blasigen Gebilde; in dieser Zeit nur wenige Sammelflüge, die eigene Ernährung erfolgt aus dem Honigtopf; Verpuppung der Larven jeweils in einem eigenen Kokon, danach Entfernen der gemeinsamen Wachshülle durch die Königin; erst jetzt Bau der nächsten Brutkammern; die Tiere der ersten Brut (♀♀, i. d. R. sehr klein) schlüpfen 3 Wochen nach Nestgründung; danach keine Ausflüge der Königin mehr (Ausnahme *B. pascuorum* Scop.), die ♀♀ übernehmen Sammeltätigkeit, Bau von Honigtöpfen und Versorgung der nächsten Brut; dabei Arbeitsteilung: z. B. Wächterdienst über mehrere Tage (Nestgenossen werden am Geruch erkannt), Wechsel zwischen Innen- und Außendienst; im Laufe des Sommers (jetzt unter Mithilfe der bereits geschlüpften ♀♀) weitere Bruten von ♀♀, im Herbst von Geschlechtstieren; die Drohnen verlassen das Nest nach einigen Tagen; ihre Hauptflugzeit VII–VIII; Zahl der erzeugten Königinnen erstaunlich hoch: bei *B. terrestris* z. B. bis 120; nur die begatteten jungen Königinnen überwintern, die alte Königin, die ♀♀ und Drohnen sterben im Herbst ab; Lebenserwartung der Königinnen 12–15 Monate; gelegentlich Staaten mit mehreren Königinnen (→Polygynie); bei Ausfall der Königin Entwicklung der Ovarien bei ♀♀ und Ablage von (unbesamten) Eiern; Rangordnung: die ♀ mit dem bestentwickelten Ovar dominiert über die anderen; die Königinnen mancher sozialer Arten neigen dazu, sich im Frühling der Nester der gleichen Art oder sogar anderer Arten zu bemächtigen und dieses Nest nach Vertreiben der Gründerin zu übernehmen (eine Stufe hin zum Brutparasitismus →*Psithyrus* E2); im Nest viele akustische Signale (Bedeutung?); bestimmte Flügelgeräusche dienen der Abschreckung von Wirbeltieren. **Kastendetermination** zur ♀ bzw. zur Königin in den ersten 3–4 Lebenstagen der Larven auf unterschiedliche Weise: a) junge Königinnen geben dem Larvenfutter einen Stoff zu, der die Entwicklung fertiler ♀♀ hemmt; die entstehenden ♀♀ immer deutlich kleiner als die Königin; bei älteren Königinnen fehlt der Determinator; die Larvenentwicklung dauert dann länger und führt zu (großen) Königinnen (*Bombus terrestris*); b) das Larvenfutter enthält einen Stoff, der zur Entstehung von Königinnen führt; wenig Futter in den ersten 4 Lebenstagen der Larve führt wegen des Mangels an Determinator zu ♀♀; die endgültige Größe von Königinnen und ♀♀ hängt von der Güte der weiteren Futterversorgung ab und ist also nicht immer ein Unterscheidungsmerkmal für die beiden Kasten (*Bombus hypnorum*). **Temperaturregulation:** Aufwärmen des Nestes auf ca. 30 °C möglich durch Wärmeerzeugung mithilfe der Flugmuskulatur („Muskelzittern": Kontraktionen ohne Flügelbewegung); die dadurch erwärmte Hämolymphe verteilt sich im Körper, sodass Thorax und Abdomen gleichermaßen Wärme abstrahlen; für Flug bei kühlem Wetter wird die Temperatur im Abdomen – und damit der Wärmeverlust – niedrig gehalten durch einen Gegenstrom-Wärmeaustausch im Thorax:

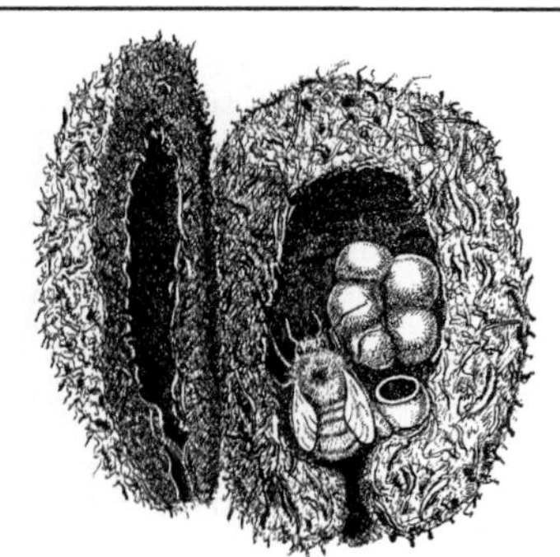

Abb. A-54: Apidae: *Bombus agrorum*, Feldhummel. Junges Nest, aufgeschnitten; nur Königin vorhanden; ein offener Honigtopf und 5 geschlossene Zellen mit sich entwickelnden Arbeiterinnen. (v. Frisch 1969)

die ins Abdomen fließende, erwärmte Hämolymphe gibt noch im Thorax seine Wärme an die vom Abdomen kommende Hämolymphe in der Aorta ab; dadurch Aktivität noch bei 2 °C. **Nest**anlage in vorgefundenen Hohlräumen: oberirdisch (in hohlen Bäumen, *B. hypnorum*; in der Krautschicht, *B. humilis*) oder unterirdisch (i. d. R. nicht tiefer als 1 m, in Maulwurfs- und Mäusenestern, *B. terrestris*); manche auch in Dachböden (*B. hypnorum*); gelegentlich werden Vögel aus ihren Bruthöhlen vertrieben; alte Hummelnester werden i. d. R. nicht wieder benutzt; Nest [**A-54**] mit einer isolierenden Hülle aus trockenem Pflanzenmaterial, etwa auch den Resten des Mäusenestes, umgeben; v. a. bei unterirdisch nistenden Arten zusätzlich eine Wachshülle über der Wabe; die Brut- und Vorratszellen stehen, zu unregelmäßigen Klumpen geballt, auf dem Nestboden; Wachs wird von allen ♀♀ während der ganzen Brutsaison erzeugt (Wachsdrüsen dorsal und ventral an allen Hinterleibssegmenten außer dem ersten), oft mit Baumharz und Pollen vermischt verbaut; 2 Arten der Pollenspeicherung: a) in eigenen Wachstöpfen oder in den verlassenen, gereinigten und mit einer Wachswand verlängerten Kokons geschlüpfter Tiere („*pollen-storer*", v. a. bei kurzrüsseligen Arten: *B. terrestris*, *B. pratorum* L.); die Brutzellen müssen von den immer wieder geöffnet und mit Pollen versorgt werden; b) in taschenartigen Erweiterungen der Brutzellen („*pocket-maker*", v. a. bei langrüsseligen Arten: *B. hortorum* L., *B. pascuorum* Scop.). Sozial**parasiten** sind *B. (Psithyrus)*-Arten (→E2); ♀♀ und

Drohnen werden von Larven der →Conopidae parasitiert (16 % bzw. 12 %; junge Königinnen dagegen, vermutlich wegen der kurzen Flugzeit vor der Winterruhe, kaum befallen); Larvalzeit des Parasitoiden 10 Tage, Befall führt zum vorzeitigen Tod des Wirtes; Hauptbefallszeit VI–VIII; die Raupen der Wachsmotte *Aphomia sociella* (→Pyralidae 3) fressen (um der Verfolgung zu entgehen) von selbst gesponnenen Gespinströhren aus die wächsernen Brut- und Vorratszellen; *Mutilla*-Arten (→Mutillidae) legen ihre Eier in Hummelkokons, die viviparen →Tachinidae legen ihre jungen Larven in Brutzellen mit Eiern oder Larven; in beiden Fällen werden die betreffenden *B.*-Entwicklungsstadien gefressen.

E2. *Bombus (Psithyrus)*, Kuckuckshummeln; Untergattung von *Bombus*; **Sozialparasiten** bei den übrigen *Bombus*-Arten, teils nur bei bestimmten Wirtsarten (denen sie auch äußerlich ähneln können), teils mit breiterem Wirtsspektrum; bei uns 9 Arten; ♂ und ♀ stattlich; den Hummeln sehr ähnlich, ♀ jedoch ohne Sammelapparat; sehr dicke Kutikula; Mandibeln und Stachel kräftiger als beim Wirt; eine ♀♀-Kaste fehlt. Die begatteten ♀♀ erscheinen später als andere Hummeln; verbringen zunächst viel Zeit auf Blüten (z. B. *Taraxacum*), bevor sie die Wirtsnester aufsuchen; ♂♂ patrouillieren – ähnlich wie viele andere Hummeln – auf geruchsmarkierten Flugbahnen; Flug deutlich langsamer als bei sozialen Hummeln, beginnt später am Morgen. Völlig abhängig von ihren Wirten: die ♀♀ können weder Pollen transportieren noch Wachs produzieren; Auffinden der Wirtsnester durch Inspizieren von Höhlungen aller Art und Erkennen des Wirtsgeruchs; die besten Chancen für das Eindringen in Hummelstaaten wahrscheinlich kurz nach dem Schlupf der ersten ♀♀-Generation (starke Völker setzen heftigen Widerstand entgegen; ist die Wirtskönigin noch allein, gibt sie das Nest auf); Eindringen verursacht große Aufregung: Wirts-♀♀ greifen nicht nur die Kuckuckshummel an, sondern töten sich u. U. auch gegenseitig; schließlich aber Beruhigung; der Eindringling tötet manchmal die Wirtskönigin (die Hemmung der Eibildung bei den Wirts-♀♀ durch das *Ps.*-♀ dann gegenüber vorher verringert, daher ca. 3 Wochen nach der Okkupation Eiablage durch Wirts-♀♀); meist leben *Ps.*-♀ und Wirtskönigin jedoch friedlich zusammen; das *Ps.*-♀ stellt selbst Brutzellen aus vorhandenem Wachs her und legt Eier in großer Zahl; die Brutzellen des Wirtes werden geöffnet und die enthaltenen Larven verzehrt. Entwicklungszeiten der *Ps.*-Larven kürzer als die des Wirtes, die Geschlechtstiere erscheinen viel früher; die begatteten ♀♀ überwintern.

E3. *Apis*; in Europa nur *A. mellifera* L., **Honigbiene**; bekanntester und bestuntersuchter Vertreter sozialer Insekten; seit 7000 Jahren vom Menschen als Honig- und Wachslieferant gehalten; weitere *Apis*-Arten, teils domestiziert, teils wild, in Süd- und Ostasien; die ursprünglich heimische, später im Jahr sammelnde Unterart, *A. m. mellifera*, Dunkle Biene, ist durch Zucht und Einkreuzung der südöstl. *A. m. carnica*, Kärntner Biene, sowie *A. m. ligustica*, Italiener Biene, in M-Eur weitgehend verdrängt (Folge des Rückgangs blütenreicher Sommerwiesen). **Staat:** hoch eusozialen, dauernden Gemeinschaften mit bis über 50 000 Individuen: jedes Volk mit nur einer Königin (**Weisel**); diese größer als ♀♀, ohne Schienenkörbchen (→E), kann weder Waben bauen noch die Larven füttern, ist völlig von der Versorgung durch ♀♀ abhängig, legt bis 2000 Eier pro Tag, Lebensdauer 4–5 Jahre. Pheromone der Königin: die Königinsubstanz (*Queen substance*, besonders 9-Oxodecensäure) aus den Mandibeldrüsen (wirkt anlockend auf die Pflegebienen, unterdrückt die Entwicklung der Keimdrüsen der ♀♀ und den Bau von Weiselzellen), ferner ein Sekret aus abdominalen Hautdrüsen (den Tergittaschendrüsen; stabilisiert die Wirkung der Königinsubstanz im Stock); außerhalb des Stockes wirken beide Pheromone als Sexuallockstoffe und sind (auch das Pheromon der Taschendrüsen?) für den Zusammenhalt des Schwarmes von Bedeutung. Die Larven werden bei dauernd geöffnetem Zelldeckel von ♀♀ im Überfluss gefüttert (5 Tage bei Königin- und ♀♀-Larven, 7 Tage bei Drohnen-Larven), danach Zellverschluss durch die ♀♀ und Verpuppung in einem von der Larve gesponnenen Kokon; Entwicklungszeit bis zum Vollinsekt 16 Tage bei Königinnen, 21 Tage bei ♀♀, 24 Tage bei Drohnen; Drohnen (aus unbefruchteten Eiern) im V–VII herangezogen, später nicht mehr (noch vorhandene werden an der Nahrungssuche gehindert und schließlich getötet; „Drohnenschlacht"); Drohnen reagieren auf weit schnellere Bewegungen als ♀♀ (Zusammenhang mit starkem Fressfeinddruck?, bestimmte Vögel, z. B. Schwalben, jagen Drohnen am Flugloch). ♀♀ leben 4–6 Wochen, im Herbst Geschlüpfte wegen der Winterruhe mehrere Monate; reinigen in den ersten 2–3 Tagen Zellen, füttern danach als Ammenbienen die jungen Larven mit Bienenmilch, fressen hierfür nach dem Schlüpfen zunächst viel Pollen (vgl. Kastendetermination, weiter unten); ab dem 13. Tag vielseitige Aufgaben: Reinigen und Ausbessern des Stockes (Wachsproduktion!), Verstauen des Pollens, Eindicken des Nektars und →Honig-

taus; das Wachs tritt als Schüppchen in je 1 Paar „Wachsspiegel" (mit unterlagernden Wachsdrüsen) auf den 4 hinteren Hinterleibssterniten durch die Kutikula; besteht aus ca. 200 Verbindungen (gesättigten und ungesättigten Kohlenwasserstoffen, Estern, freien Säuren und freien Alkoholen); nur 4 dieser Verbindungen sind zu mehr als 5 % im Wachs enthalten; ab dem 18.–20. Tag Wächterdienste (am Nesteingang und im Stock; Inspektion anderer Bienen besonders an Kopf und Thorax mit Antennen und Mundgliedmaßen; inspizierte Tiere erhöhen die Thoraxtemperatur: verbesserte Abgabe von Duftstoffen?), Belüftung des Stockes durch Fächeln; Zeitablauf je nach Bedarf variierbar (Bedarf festgestellt bei Kontrollgängen durch den Stock); Arbeitstag oft durch lange Ruhepausen unterbrochen; zuletzt (bis zu 2 Wochen) Sammeln von Nektar und Honigtau bzw. Pollen (1 Pollensammlerin auf etwa 100 Nektarsammlerinnen; eine ♀ bevorzugt die Blüten einer Pflanzenart); während des Sammelns mit deutlich erhöhter Körpertemperatur; sehr hohe Sammelleistung führt zu einer geringeren Lebenserwartung; ♀♀ kleiner Völker besuchen pro Sammelflug weniger Blüten als die großer Völker (geringere Wahrscheinlichkeit, auf Blüten gefangen zu werden!). **Anlocken** anderer ♀♀ (z. B. an der Nektarquelle oder am Stockeingang) durch Sekrete der Nasonov-Drüse (Ansammlung einzelner Drüsenzellen am Vorderende des letzten Hinterleibstergits), freigegeben beim „Sterzeln" mit angehobenem Hinterleib bei gleichzeitigem Flügelschwirren; Sekret duftet fruchtig, enthält u. a. Geraniol, wirkt weder stock- noch unterartspezifisch. Mitteilung über Futterquellen mittels **Tanzsprache;** im dunklen Bienenstock spielen dabei akustische Signale (möglicherweise auch die Körpertemperatur) der Tänzerin eine wesentliche Rolle: sie vibriert auf einem Teilstück der Tanzstrecke („Schwänzelstrecke") mit dem Abdomen und erzeugt gleichzeitig durch Flügelschwirren einen luftgetragenen Tanzlaut (280 Hz); Tanzlaute nicht erst beim Übergang zum Höhlenbrüten entwickelt, kommen auch bei der im Freien nistenden *A. dorsata* F. vor. **Rundtanz [A-55]** für Sammelstellen unter 100 m Entfernung (*A. m. carnica*): enge Kreise (dabei Änderung der Richtung durch plötzliche Kehrtwendungen) mit eingeschobenen Schwänzelstrecken, die möglicherweise wie beim Schwänzeltanz eine Richtungs- und Entfernungsangabe bezüglich der Futterquelle enthalten; **Schwänzeltanz [A-56]** bei weiter entfernter Nahrungsquelle: in Form einer liegenden Acht; Schwänzelstrecke im geraden mittleren Teil der

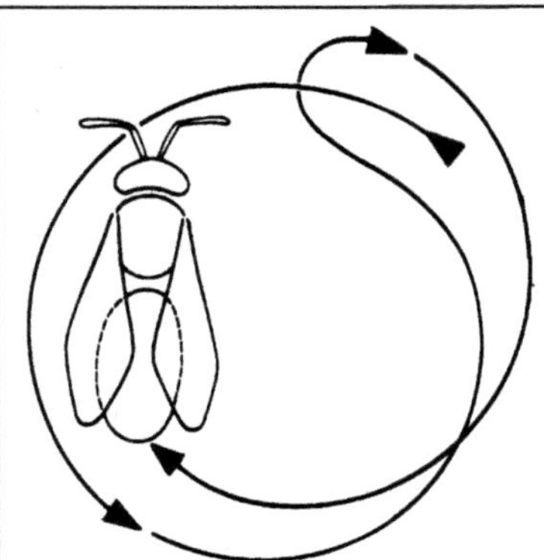

Abb. A-55: Apidae: *Apis mellifera*, Honigbiene, Arbeiterin. Beim Rundtanz durchläuft die alarmierende Biene enge Kreise links- und rechtsherum. Weitergabe von Information über die Richtung und Entfernung der Futterquelle möglicherweise ähnlich wie beim Schwänzeltanz durch eingeschobene Schwänzelstrecken (nicht gezeichnet)

Tanzstrecke; Übermittlung der Richtung zur Nahrungsquelle: auf waagerechter waagrechter Tanzfläche (z. B. auf dem Anflugbrett des Stockes) weist die Schwänzelstrecke direkt in Richtung des Futterplatzes, auf der senkrecht hängenden Wabe im Stockinnern hat die Schwänzelstrecke denselben Winkel zur Senkrechten wie die Futterquelle zum Azimut der Sonne (Transponieren auf die Schwerkraft); Angabe über die Entfernung des Futterplatzes vom Stock: durch die Zahl der Schwänzelläufe pro Zeiteinheit (Tanztempo umso geringer, je weiter entfernt die Nahrungsquelle) und – genauer – durch die Dauer des auf der Schwänzelstrecke abgegebenen Tanzlautes (Dauer nimmt linear mit der Entfernung zu); die Art des Nektarspenders wird durch den im Nektar mitgebrachten Blütenduft mitgeteilt: Lokalisierung der Sonne bei klarem Himmel direkt, bei teilweise bedecktem Himmel nach einem Stückchen Himmelsblau über das Polarisationsmuster des blauen Himmelslichtes; die Sonnenbewegung wird für die Richtung des Schwänzellaufes ständig mitverrechnet (Bienen können auch auf eine bestimmte Futterzeit dressiert werden). Vermehrung der Kolonien durch **Schwarmbildung** (wie bei allen *Apis*-Arten) im Frühling: die alte Königin verlässt (nachdem eine Reihe von Weiselzellen verdeckelt worden ist) mit einer großen Zahl ♀♀ den Stock; Schwarm ohne Stechlust, setzt sich in der Nähe fest und wartet, bis Spur-

bienen ihn zu einem geeigneten Hohlraum führen (Informationsübermittlung durch Tänze auf der Schwarmtraube, ähnlich wie bei der Nahrungssuche; wird durch den Imker durch vorzeitiges Einfangen des Schwarmes i. d. R. verhindert); von den im alten Stock schlüpfenden Königinnen bleibt 1 nach Kämpfen am Leben und wird nach dem Hochzeitsflug zur Stockmutter. **Fortpflanzung** als arrhenotoke →Parthenogenese (♀♀-Larven, die ausnahmsweise aus besamten Eiern entstehen können, werden alsbald von ♀♀ erkannt und vernichtet): Paarfindung V–VII an weit vom Stock entfernten Drohnensammelplätzen, die über Jahre beibehalten werden; Drohnen fliegen weiter als Königinnen (bis 10 km), dadurch Vermischung der Populationen; Paarung während des Hochzeitsfluges (in 10–20 m Höhe) und am Drohnensammelplatz, nie im Stock; Königin polyandrisch: oft (auch im Verlauf mehrerer Hochzeitsflüge an aufeinanderfolgenden Tagen) 10- bis 20-mal begattet; die Drohnen sterben nach der Kopulation. Ausschlaggebend für eine **Determination zur Königin** ist v. a. die Zusammensetzung des Futters: die in den großen Weiselzellen zu Königinnen aufgezogenen Larven (und auch die adulte und Eier legende Königin) erhalten ständig und im Überfluss ein Futtersaftgemisch (Bienenmilch, „Gelée royale") aus den Mandibeldrüsen und v. a. aus den beiden im Kopf liegenden, dicht hinter dem Mund ausmündenden Schlunddrüsen (Futtersaftdrüsen; nur bei jungen ♀♀ voll entwickelt); das Futter der ♀♀-Larven (und Drohnen-Larven) enthält von Beginn an weniger Drüsensekrete und weniger Zucker (12 % gegenüber 34 %); die Unterschiede im Futter bewirken u. a. eine differenzielle Entwicklung des Hormonsystems (besonders wichtig ist offenbar eine höhere Produktionsrate an Juvenilhormon bei den Königinnen-Larven; ♀♀-Larven zeigen nach Behandlung mit Juvenilhormon die Entwicklung von Königinnen-Merkmalen); der höhere Zuckergehalt des Königinnen-Futters ist u. a. vermutlich ein Stimulans zur Aufnahme großer Futtermengen. **Nest** der Wildform von *A. mellifera* (sowie gelegentlich verwilderte Völker) in Höhlen von Bäumen, Felsen oder Gebäuden; Waben zu mehreren senkrecht nebeneinander angeordnet; die nächst verwandte *A. cerana* F. (Östliche Honigbiene; in Süd- und Ostasien) baut ebenfalls in Hohlräumen, ebenfalls ebenso mit mehreren vertikalen, parallelen Waben; wohl ursprünglichere Nester haben *A. florea* F. (Zwerghonigbiene; 7–8 mm) und *A. dorsata* F. (Riesenhonigbiene; 16–18 mm; beide in Südasien): bauen im Freien unter Felsen

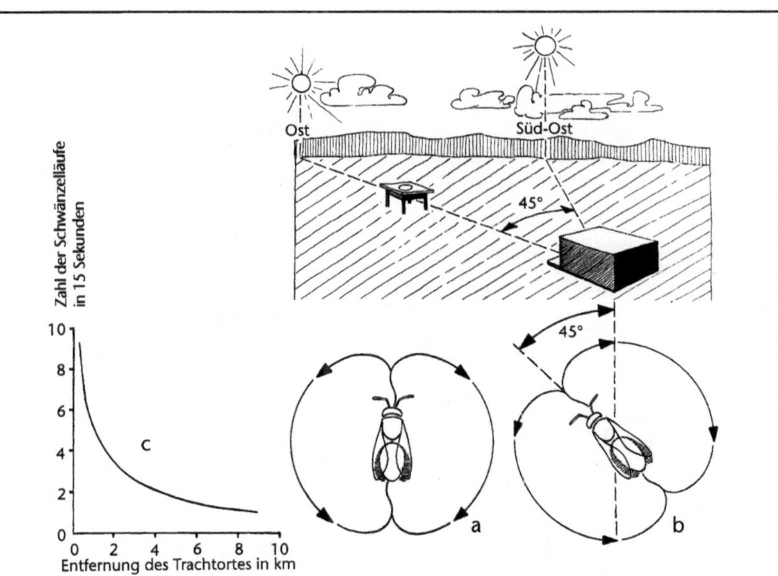

Abb. A-56: Apidae: *Apis mellifera*, Honigbiene, Arbeiterin. Beim Schwänzeltanz werden im dunklen Stock auf der senkrechten Wabe abwechselnd rechts- und linksherum halbkreisförmige Bögen durcheilt. Sie sind von geradlinigen Läufen unterbrochen, bei denen der Hinterleib rasch hin und her bewegt und durch Flügelschwirren ein schnarrendes Geräusch hervorgebracht wird („Schwänzelstrecke"). Der Winkel der Schwänzelstrecke zur Senkrechten gibt den Winkel an, in dem sich draußen die Nahrungsquelle – bezogen auf den Sonnenstand – befindet: Liegt die Nahrung östlich vom Stock, so weist der Schwänzellauf um 6 Uhr früh (um diese Zeit steht die Sonne im Osten) senkrecht nach oben (a). Etwa 3 h später steht die Sonne im Südosten, d. h. die Nahrungsquelle befindet sich nun 45° links von der Richtung zur Sonne. Dementsprechend ist der Schwänzellauf um 45° nach links aus der Senkrechten herausgedreht (b). Die Anzahl der in der Zeiteinheit durchlaufenen Tanzfiguren – Schwänzellauf plus Halbkreis – ist ein Maß für die Entfernung des Sammelplatzes (♀)

oder Ästen hängende Nester mit nur einer Wabe (bei *A. dorsata* bis 2 m lang). **Temperaturregulation** im Stock sehr vollkommen; an kühlen Tagen Wärmeerzeugung durch Muskelzittern mit der Flugmuskulatur (vgl. Hummeln →E1); bei Überhitzung (über 34 °C Außentemperatur) Ventilation durch Flügelfächeln und Ausnutzen von Verdunstungskälte: Verteilen von verdünntem Honigmageninhalt auf den Zellen, Bewegen des mit Flüssigkeit überzogenen Rüssels und Sammeln von Wasser. Regulation der **Körpertemperatur** erlaubt den Bienen, sowohl bei niedriger (bis 10 °C) als auch bei hoher (bis 46 °C) Umgebungstemperatur zu fliegen (±36 °C Körpertemperatur hierfür nötig); Überhitzung wird verhindert durch Verdampfen von Wasser des Honigmageninhalts, der tropfenweise hochgewürgt und mit der Zunge gehalten (Kühlung des Kopfes) oder zur Kühlung der Flugmuskulatur über den Thorax verschmiert wird; Erhö-

hung der Körpertemperatur durch Muskelzittern der Flugmuskulatur. Der Stachel der Bienen-☿ bleibt wegen der Widerhaken an der Spitze der Stechborsten beim **Stich** in die faserige Säugetierhaut hängen; der gesamte Stachelapparat einschließlich Giftblase und letztem Hinterleibsganglion ist nur schwach im Abdomen befestigt (nicht so bei Bienenkönigin, Wespen und Hummeln) und wird herausgerissen; tödlich für die Biene, der Stechvorgang (Bewegung der Stechborsten, Entleeren der Giftblase) läuft jedoch weiter, da die nervöse Versorgung durch das Ganglion gewährleistet ist; nach Stich in eine Insektenkutikula wird der Stachel wieder herausgezogen, die entleerte Giftblase wird in 1–2 Tagen wieder gefüllt; Beginn der Giftsekretion bereits kurz vor dem Schlüpfen, Höhepunkt am 10.–16. Lebenstag; die Biene injiziert beim Stich ca. 0,3 µl Gift (ca. 0,1 mg Trockensubstanz); sein Hauptbestandteil (50 % des Trockengewichts) ist das hämolytische und neben Histamin (1–3 %) für die Schmerzwirkung verantwortliche Melittin; Histamin wird außerdem freigesetzt durch die Wirkung des sog. Mastzellen-degranulierenden Peptids (MCD-Peptid, 3 %); die Enzyme Phospholipase A und Hyaluronidase (3 %) haben als Antigene zumindest Anteil an der Resistenz von Imkern gegen Teile des Bienengiftes (gegen die Schmerzhaftigkeit des Stiches wird keine Immunität aufgebaut); ein weiteres Peptid, das Apamin (2–3 %), ist ein Nervengift; gefährlich ist das Bienengift – wie andere Hautflüglergifte (vgl. auch →Vespidae D) – nur für allergisch reagierende Menschen, für Gesunde sind vermutlich erst mehrere (viele?) hundert Hundert Stiche tödlich; Apamin und das MCD-Peptid sind entzündungshemmend und darum von pharmakologischem Interesse; der schlechte Geschmack des Giftes bietet Schutz gegenüber manchen Kleinvögeln, nicht jedoch z. B. gegenüber Kohlmeisen und Bienenfressern.

Lit. →Anthophila; Amiet 1996; Amiet et al. 2007; Crailsheim & Stolberg 1988; Danforth et al. 2013; Edrich 1991; Engels 1990; Fischer & Külzer 1993; Kirchner & Lindauer 1988; Koeniger & Koeniger 1990; Korall & Martin 1988; Lunau 1993; Moritz & Southwick 1992; Prys-Jones & Corbet 1987; Stark 1989; Westrich 2019; Winston 1991; Wolf 1990.

Apiformes →Anthophila.

Apinae →Apidae E.

Apiomerus →Reduviidae.

Apion →Apionidae.

Apionidae, Spitzmäuschen; Fam. der Käfer (Coleoptera, Polyphaga, Cucujiformia); häufig zusammen mit den →Nanophyidae zu den in Europa nur im Mittelmeergebiet vorkommenden **Brentidae** gestellt; in Eur 297, M-Eur 165, Dt 129 Arten; klein (1,2–4,5 mm); ähnlich Curculionidae mit rüsselartig vorgezogenem Kopf (Rüssel schlank); wie diese stark sklerotisiert, Antennen jedoch nicht gekniet; Körper birnenförmig: in der hinteren Hälfte am breitesten, nach vorn ziemlich gleichmäßig und stark verschmälert; Augen groß, beim ♂ oft größer als beim ♀; schwarz oder metallisch gefärbt, manchmal rot, selten braun; meist geflügelt und flugfähig. Durchweg Pflanzenfresser, überwiegend an Kräutern (v. a. Asteraceae, Fabaceae, Malvaceae), manche ausgesprochen →monophag; nur 3 heimische Arten an Bäumen (Weide, Birke, Hainbuche); manche sind Schädlinge im Klee- und Luzerne-Anbau; symbiotische Mikroorganismen in 2 der 6 Malpighi-Gefäße bei einer Reihe von Arten bekannt; Übertragung über die Nähr- in die Eizellen. **Eiablage** je nach Art in die Blüten, in den Stängel oder die Wurzel der Fraßpflanzen. **Larvenentwicklung** fast immer während des Sommers (Ausnahme z. B. *Holotrichapion pisi*); verursachen nicht selten gallenartige Anschwellungen der befressenen Pflanzenteile; **Verpuppung** am Fraßort der Larve; die Imagines schlüpfen je nach Art zwischen V und IX (v. a. VII–VIII) und **überwintern**; Eiablage im nächsten Frühjahr in die Wirtspflanzen; überwinterte ♀♀ manchmal gleichzeitig mit der nächsten Generation zu finden (Eireifungszeit in den ♀♀ sehr lang); die ♂♂ mancher Arten kurzlebig.

1. ***Protapion apricans*** Hbst. (2,2–2,7 mm); überall häufig; schwarz mit rötlichen Schenkeln; fast nur an Rotklee (*Trifolium pratense*); Larvenentwicklung in den Blüten an den unreifen Samenanlagen; Puppe im Blütengrund in einem Kokon aus Blütenteilen; bei uns wohl 2 Generationen pro Jahr; kann die Samenvermehrung schädigen.

2. ***Protapion fulvipes*** Geoffr. (1,8–2,2 mm); überall häufig; ähnlich voriger, aber auch Schienen rötlich; Imago →oligophag an verschiedenen *Trifolium*-Arten, Entwicklung der Larven jedoch nur an *T. repens*, *T. hybridum*, *T. aureum* und *T. spadiceum* (in den Blütenköpfen bzw. Hülsen) möglich; Verpuppung am Blütenboden; der geschlüpfte Käfer sucht zum Überwintern i. d. R. die Laubstreu in Gebüschen und Wäldern auf.

3. ***Holotrichapion pisi*** F., Luzerne-Knospenrüssler (2,2–2,9 mm); schwarzblau; →oligophag an *Medicago*; der Käfer frisst im Frühjahr, nach der Paarung Einstellen der Nahrungsaufnahme im Sommer; Larve ab Herbst in den Sprossknospen; Überwinterung als Larve in der vertrockneten Knospe; Verpuppung im zeitigen Frühjahr; bei starkem Auftreten an Luzerne schädlich.

4. ***Ischnopterapion virens*** Hbst., Grünes Kleespitzmäuschen (1,8–2,6 mm); überall sehr häufig; dunkelgrün; →oligophag an *Trifolium*; der Käfer frisst im Sommer, dann nach einer Diapause im Herbst, schließlich nach Überwintern im Frühling an den Blättern; Larven (IV–VII) in Stängeln von Rot- und Weißklee, fressen meist zuerst abwärts, dann aufwärts; Verpuppung am Wurzelansatz; schädlich durch Blattfraß.

5. ***Oxystoma pomonae*** F. (2,5–3,6 mm); blau; →oligophag an *Lathyrus* und *Vicia*; Larven leben von den Samen in den Hülsen.

6. ***Aspidapion aeneum*** F. (2,9–3,6 mm); überall, aber nicht häufig; erzgrün; Larve in den Wurzeln und unteren Stängelteilen von Malven, während die verwandte *A. radiolus* Marsh. Die mittleren und oberen Stängelabschnitte bevorzugt.

7. *Protopirapion atratulum* Germ.; selten; besonders an *Sarothamnus* (Besenginster), auch an anderen Ginstern (*Genista, Ulex, Cytisus*); die Larven entwickeln sich im Schiffchen der Blüte; verwandeln die Blütenhüllen in kugelige Gallen, die sie nach dem Abfallen durch schnellende Bewegungen nach Art von →Springbohnen an günstige Bodenstellen bringen.

8. *Melanapion minimum* Hbst. (1,7–2,2 mm); schwarz; Lebensweise auffällig: Larven an Weiden (*Salix*) in Blattgallen, die von Blattwespen (→Tenthredinidae 13) erzeugt werden.

Lit. →Coleoptera; Rheinheimer & Hassler 2010.

Apis →Apidae E3, →Anthophila, →Gefahrenalarm.

Aplocnemus →Melyridae C.

Aplota →Oecophoridae A.

apneustisch nennt man Insekten, bei denen Tracheen und Stigmen fehlen; Atmung über die Haut.

Apocheima →Geometridae C14.

Apocrita; Teilgruppe der Hautflügler (→Hymenoptera); mit Einschnürung zwischen 1. und 2. abdominalem Segment; Larvennahrung sind meist tierische Körpersäfte aus einer von der Mutter bereitgestellten Beute oder (in der Mehrzahl) von einem Wirt; mehrfach sekundär zu pflanzlicher Larvennahrung übergegangen (Pollen, Gewebe von Gallen).

Apoda →Limacodidae 1.

Apoderus →Attelabidae 1.

Apoidea (Spheciformes); Fam.-Gruppe der Hautflügler (Apocrita, Hymenoptera); überwiegend Nester anlegende Formen, die gelähmte Insekten und Spinnen („**Grabwespen**") oder Pollen und Nektar (**Bienen**; →Anthophila) als Larvennahrung in die Nester eintragen; eine Vorstufe zum Nestbau zeigen die →Ampulicidae; kein Nestbau bei Brutparasiten (→Bembicidae 3; →Apidae B, E2; →Halictidae 6; →Megachilidae 7–9) und →Parasitoiden (heimisch nur *Larra anathema* Rossi, →Crabronidae B). Für den **Eigenbedarf** besuchen die Imagines verschiedenste Blüten und saugen dort Nektar, nehmen außerdem →Honigtau (z. B. →Crabronidae, →Pemphredonidae) und durch Kneten herausgepresste Körpersäfte von Beutetieren (♀♀ mancher Grabwespen wie *Mellinus, Philanthus*). Die ♀♀ bauen **Nester**, deren Anlage nach besiedeltem Substrat und Anordnung der Zellen artspezifisch verschieden ist; häufig im Boden (Vorderbeine der bodennistenden Grabwespen mit Grabkamm am ersten Fußglied), aber auch in morschem Holz (→Crabronidae C) oder Pflanzenstängeln (dann liegen zuweilen mehrere durch Wände voneinander getrennte Zellen hintereinander); nicht selten werden schon vorhandene Gänge oder Hohlräume benutzt; bei den Grabwespen wird meist schon vor dem ersten **Beutefang** die erste Zelle angelegt, erhält meist jede Zelle mehrere Beutetiere, wird in einem Zuge voll verproviantiert und nach der Eiablage endgültig verschlossen; wenige Grabwespenarten (*Bembix, Ammophila pubescens* Curt.) verproviantieren über längere Zeit nach Bedarf; Wiederfinden des Nestes optisch nach Geländemarken, Naherkennung des eigenen Nestes (zumindest bei Bienen) anhand von Duftmarken; die einzelnen Arten der Grabwespen oft streng spezifisch an eine Gruppe von Beutetierarten gebunden (diese müssen nicht verwandt sein: *Lindenius albilabris* F. fängt Wanzen und kleine Fliegen); seltener ist Bindung an eine einzige Beutetierart (*Philanthus triangulum* F. trägt in M-Eur nur Honigbienen ein: →Philanthidae 1) oder an ein bestimmtes Beutetierstadium (→Crabronidae A: *Dinetus*); zuweilen ganz verschiedene Beute bei nahe verwandten Arten (bei *Cerceris rybyensis* L. solitäre Bienen der Gttgn. *Halictus, Andrena* und *Panurgus,* bei *C. arenaria* L. Rüsselkäfer; bei *Ammophila pubescens* Curt. nackte oder schwach behaarte Schmetterlingsraupen, bei *A. campestris* Latr. Blattwespenlarven); Erkennen der richtigen Beute vgl. *Philanthus*; das Beutetier wird i. d. R. sehr schnell durch einen oder mehrere Stiche mit dem Giftstachel paralysiert; der Stich wird i. d. R. an der Bauchseite des Opfers angebracht, mehr oder weniger gezielt in die Nähe eines Ganglions bzw. der Extremitätenmuskulatur; nach dem Stich erfolgt nicht selten Kneten der Beute mit den Mandibeln (**Malaxieren**); Bedeutung: zuweilen zum Gewinnen von Körpersäften (Hämolymphe?, Darminhalt?), vermutlich auch zum wirksamen Verteilen des Giftes; bei manchen Blattlausjägern wird die Beute anscheinend nicht durch Stich paralysiert, sondern durch Bearbeiten mit den Kiefern immobilisiert; **Transport der Beute** zum Nest meistens im Flug, bisweilen auch bei relativ großen Beutetieren (z. B. *Philanthus*); je nach Schwere der Beute auch (teils oder ganz) zu Fuß, teils im Vorwärtsgang, teils rückwärts; Halten der Beute in einer für die Art bezeichnenden Weise, oft mit den Beinen, aber auch mit den Mandibeln; manche Arten entfernen die sperrigen Flügel und Beine der Beute. **Eiablage** selten in das noch leere Nest (*Bembecinus tridens,* manche *Bembix*-Arten), bei Grabwespen meist an ein Beutetier: an das erste (*Ammophila*) oder an eines der letzten bzw. das letzte (*Philanthus*); Anheften des Eies zuweilen an einer ganz bestimmten Stelle des

Beutetierkörpers. **Verpuppung** in einem Gespinstkokon in der Zelle; meist 1, seltener 2 Generationen im Jahr; **Überwinterung** bei Grabwespen meist als verpuppungsreife Dauerlarve; Ausschlüpfen der Imagines im Frühling oder Frühsommer, häufig die ♂♂ vor den ♀♀. Zahlreiche Arten sind **Parasitoide** von Grabwespen, z. B. Schlupfwespen (→Ichneumonidae), Spinnenameisen (→Mutillidae), parasitoide Fliegen; Goldwespen (→Chrysididae B) kommen als **Brutparasiten** bei *Nysson* (→Bembicidae 1) vor. Lit. →Hymenoptera; →Anthophila; Bitsch et al. 2020, 2021; Bohart & Menke 1976; Brothers 1975; Evans & Oneill 1991; Gauld & Bolton 1996; Gnatzy 2014; Sann et al. 2018; Strohm & Linsenmair 1991.

Apollo, *Parnassius apollo* L. →Papilionidae 4.

Aporia →Pieridae 1.

aposexuell →Anholozyklie.

Aprileule, *Griposia aprilina* L. →Noctuidae 6.

Aprostocetus →Eulophidae 3.

Apterae; die ungeflügelten Formen im Generationszyklus der Blattläuse (→Aphidina).

Apterona →Psychidae 1.

Apteropeda →Chrysomelidae L.

Apterygida →Dermaptera C4.

Apterygota, Urinsekten; Bezeichnung für die →paraphyletische Gruppe der primär ungeflügelten Insekten, welche die →Protura, →Collembola, →Diplura, →Archaeognatha und →Zygentoma umfasst, also alle nicht zu den →Pterygota gestellten Insekten. Lit. Hennig 1981.

Aptilotus →Sphaeroceridae.

Aptinothrips →Thripidae 3.

Aptus →Nabidae B.

Aquarius →Gerridae.

Aradidae, Rindenwanzen; Fam. der Wanzen (Heteroptera, Pentatomomorpha) mit in Eur 51, M-Eur 31, Dt 24 Arten v. a. der Gttg. *Aradus* (4–10 mm), häufig *A. depressus* F.; außerordentlich flach, durch die meist schwarz und braun gemusterte, skulpturierte Oberfläche auf Holz gut getarnt; manche neotropischen (auch einheimischen?) Arten mit benetzbarer Körperoberfläche, wird bei Befeuchtung wie nasse Rinde dunkler, sodass die Tarnung durch Farbanpassung aufrechterhalten wird; Kurzflügeligkeit kommt vor, sonst aber zu weiten **Suchflügen** fähig; gesellig, v. a. unter Rinde, in Rindenspalten, zwischen den Lamellen von Baumschwämmen, einzelne Arten am Boden zwischen Zweigen und Laub (z. B. *A. distinctus* Fieber). **Stechborstenbündel** außerordentlich lang (bis zum 6-Fachen der Körperlänge), in Ruhe wie ein zusammengelegtes Schiffstau in

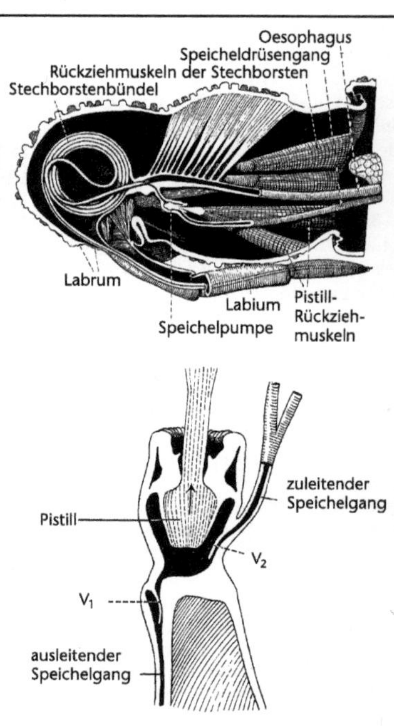

Abb. A-57: Strukturen zur Nahrungsaufnahme bei Wanzen. Oben: Vorderkörper einer Rindenwanze, *Aradus* spec. (Aradidae), längs geschnitten. Stechborstenbündel eingezogen und aufgerollt. Unten: Speichelpumpe von *Palomena* spec. (Pentatomidae), stärker vergrößert; V1 und V2: Ventile. (Weber 1933, verändert)

einer Höhle des Vorderkopfes aufgerollt [A-57]; ermöglicht Anstechen und Aussaugen von Pilzfäden, auch tief im Holz wachsenden (gelegentlich auch von kleinen Insekten?); Speichel durch eine komplizierte Speichelpumpe befördert (→Heteroptera). Bei manchen Arten **Saftsaugen** an höheren Pflanzen, darunter *A. cinnamomeus* Pz., Kiefernrindenwanze (3,5–4 mm; [A-58]): ein wichtiger, weltweit verbreiteter Primärschädling v. a. an Kiefernkulturen; bewirkt Rindenrissigkeit durch Saugen unter den Rindenschuppen, bei stärkerem Befall sogar Abfallen von Rinde und Nadeln; Entwicklung 2-jährig; Imagines und ältere Larven überwintern in der Bodenstreu; Paarungen III–V; Eiablage Ende IV bis VI. Lit. →Heteroptera; Heiss & Péricart 2007.

Aradus →Aradidae.

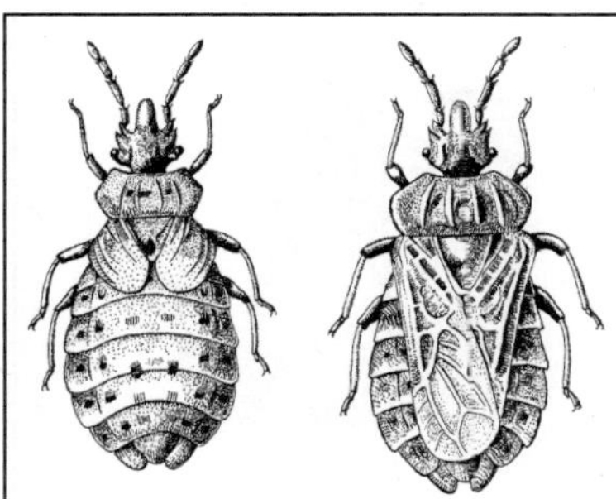

Abb. A-58: Aradidae: *Aradus cinnamomeus*, Kiefernrindenwanze. Links: kurzflügeliges ♀; rechts: langflügeliges ♀. (Brauns 1991)

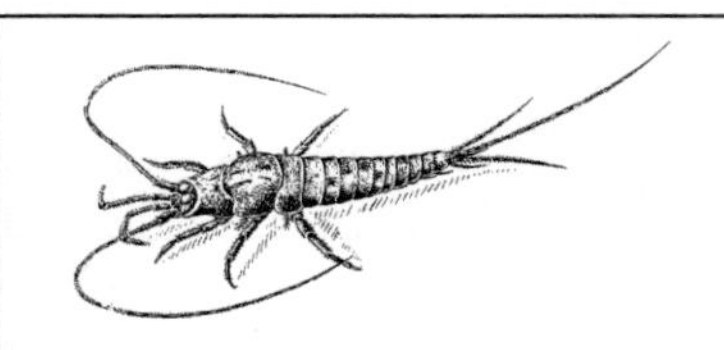

Abb. A-59: Archaeognatha: *Machilis* spec., Felsenspringer. Körper ca. 12 mm. (Schaller 1969)

Araecerus →Anthribidae 3.
Araschnia →Nymphalidae C6.
Archaeognatha, Felsenspringer; Ordg. primär flügelloser Insekten; früher mit den ähnlichen Fischchen (→Zygentoma) zur →paraphyletischen Gruppe der „Thysanura" (Borstenschwänze) vereinigt, jedoch Schwestergruppe der →Dicondylia, mit der sie die übergeordnete Gruppe der →Ectognatha bilden; in Eur 206, M-Eur 56, Dt 13 Arten der Fam. **Meinertellidae** (16 Arten) und **Machilidae [A-59]**; nur Letztere in M-Eur, z. B. *Machilis germanica* Jan., *Petrobius brevistylis* Carp. (Küstenspringer; an den Meeresküsten); mittelgroße (ca. 15 mm), primär flügellose Insekten mit zylindrischem bis seitlich zusammengedrücktem Körper und 3 Schwanzfäden; Körper mit verschieden gefärbten, oft ein artspezifisches buntes Muster bildenden Schuppen bedeckt; im Vergleich zu den in mancher Hinsicht ähnlichen →Zygentoma ausgezeichnet durch nur einen Gelenkkopf an den Mandibeln und durch verhältnismäßig große, oben auf dem Kopf oft sich berührende Komplexaugen sowie lange, fast extremitätenartige Maxillartaster; mit Hüftgriffeln (Styli) an Mittel- und Hinterbrust und an allen Hinterleibssegmenten; ferner an

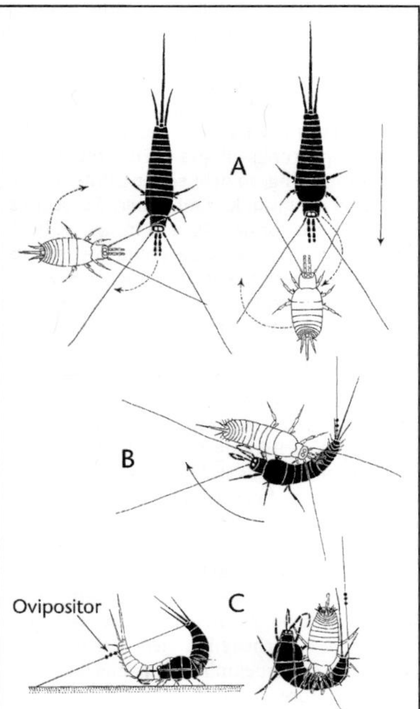

Abb. A-60: Archaeognatha: Paarung bei *Machilis germanica*. ♂ schwarz. A: Stellung beim Anheften des Fadens durch das ♂, in Richtung des ausgezogenen Pfeiles; anschließend Bewegungen der Partner im Sinne der gestrichelten Pfeile; B: das ♂ drückt das ♀ durch Wendung im Sinne des Pfeiles in die abgebildete Paarungsstellung; C: rechts Paarungsstellung von oben, links von der Seite. (Sturm 1955, Schaller 1962)

den meisten Segmenten paarige, durch Hämolymphdruck ausstülpbare Coxalbläschen (vgl. →Diplura, →Protura, →Zygentoma). Halten sich, durch ihre Färbung gut getarnt, auf mehr oder weniger feuchtem Gestein (der Küstenspringer z. B. in der Spritzwasserzone), auch auf Baumrinde oder zwischen Moos auf. **Nahrung:** benagen mit den recht kräftigen Kiefern v. a. Algen und Flechten. Sehr bezeichnend das schnelle **Wegspringen** bei starker Störung; wahrscheinlicher Ablauf der Bewegung: unter Buckelbildung Abstoßen des Körpers mit den beiden vorderen Beinpaaren und dem Hinterende, wobei die 3 auffallenden hinteren Anhänge (2 Cerci und ein langer Endfaden) keine große Rolle spielen (Springen auch nach deren Amputation fast normal); Landung i. d. R. Bauch nach unten. 2-geschlechtliche **Fortpflanzung** mit indirekter

Samenübertragung (auch bei anderen Urinsekten nachgewiesen; →Collembola, →Diplura); ausgeprägtes Paarungsvorspiel [**A-60**]: das paarungswillige ♂ trommelt mit den langen Maxillartastern auf den Boden oder auf den Körper eines angetroffenen ♀ (♀♀ trommeln fast nie); ein nicht paarungswilliges ♀ entfernt sich; ist es paarungswillig, so hebt es den Hinterleib an, wendet sich zum ♂, kommt näher; das sehr erregte ♂ tänzelt vor dem ♀, betrommelt es, beide gehen oft mehrere Male pendelnd vor und zurück; Samenübertragung: ursprünglicher Modus ist wohl das Ausspannen eines Sekretfadens mit hüllenlosen Spermatropfen durch das ♂ mithilfe des (nicht als Begattungsorgan benutzten) Penis und Abstreifen der Samentropfen durch den Eilegeapparat des ♀ (*Dilta*), abgeleitete Modi sind die direkte Übertragung des hüllenlosen Spermas ohne Bildung eines Sekretfadens auf die Ovipositoren des ♀ (*Petrobius*) oder das Absetzen gestielter Spermatophoren, über die das ♀ geschoben wird (*Machiloides*); Paarungsdauer etwa 6 min; am Erkennen der Partner vermutlich Gesichts-, Geruchs- und Tastsinn (Trommeln) beteiligt; die Eier werden einzeln an das Substrat geklebt. Zahlreiche Häutungen auch noch der geschlechtsreifen Tiere, dabei ist auch Regeneration Körperanhänge möglich; **Lebensdauer** 2–3 Jahre.

Lit. Eisenbeis & Wichard 1985; Paclt 1956; Palissa 1964; Schaller 1962; Sturm 1987.

Archaeopsylla →Siphonaptera A.

Archanara →Noctuidae.

Archarius →Curculionidae H3.

Archiearinae, *Archiearis* →Geometridae A.

Archimetabolie →Heterometabolie.

Archips →Tortricidae 9, 10.

Arctia →Erebidae K12.

Arctiidae, Arctiinae →Erebidae K.

Arctiini →Erebidae Kc.

Arctoperlaria →Plecoptera.

Arctorthezia →Ortheziidae.

Ardis →Tenthredinidae 7.

Aredolpona →Cerambycidae, C3.

Arge →Argidae 1, 2.

Argidae, Bürsthornblattwespen [**A-61**]; Fam. der Hautflügler (Hymenoptera, „Symphyta", Tenthredinoidea) mit in Eur 64, M-Eur 45, Dt 36 Arten; klein bis mittelgroß, massig; ausgezeichnet durch Antennen mit nur 3 Gliedern (1. und 2. Glied kurz, 3. sehr lang, beim ♂ auf der Unterseite bürstenartig mit kurzen Haaren besetzt; 3. Antennenglied bei den ♂♂ der Sterictiphorinae stimmgabelförmig gespalten). Bewegen sich langsam; oft auf Blüten von Apiaceae. **Larven** (Afterraupen [**A-61**, **A-62**]) zu-

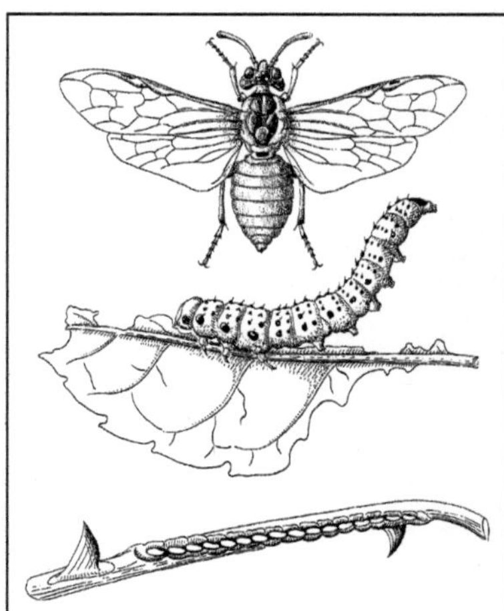

Abb. A-61: Argidae: *Arge ochropus*, Gelbe Rosenbürstenhornwespe. Oben: ♀, ca. 9 mm; Mitte: Larve, 20 mm; unten: Gelege. (Bollow 1960)

weilen recht bunt, mit 6–8 Paar Afterfüßen am Hinterleib; fressen einzeln oder gesellig auf den Nahrungspflanzen; Nahrungsspezifität sehr ausgeprägt (z. B. *Arge enodis* L. an Weiden, *A. berberidis* Schrk. an Berberitzen, *A. rustica* L. an Eiche); einige Arten gelegentlich durch Larvenfraß schädlich. **Verpuppung** an Zweigen oder im Boden in einem dünnmaschigen Kokon.

1. *Arge ochropus* Gmel., Gelbe Rosenbürstenhornwespe (7–10 mm; [**A-61**]); Eiablage [**A-61**] in einer Längszeile (15–30 Stück) kurz vor der Spitze an Jungtriebe von Rosen, mit dem Legebohrer eingeschoben („Nähfliege"); die Triebe verkümmern daraufhin; Larven mit 6 Paar Afterfüßen; fressen an den Blättern; Verpuppung in einem Kokon in den oberen Bodenschichten; hier auch Überwinterung der Larve; meist 2 Generationen im Jahr; ähnliche Lebensweise an der Rose bei einigen anderen *Arge*-Arten.

2. *Arge pullata* Zadd., Blauschwarze Birkenblattwespe (10–12 mm); die Eier werden mit dem Legebohrer in Taschen am Blattrand eingeschoben, je 1 Ei in einen Blattzahn; Larven [**A-62**] mit 8 Afterfußpaaren; fressen an den Blättern; zuweilen Kahlfraß ganzer Bäume; der zähwandige Kokon ist an den Zweigen befestigt. Lit. →Hymenoptera; Lacourt 2020; Pschorn-Walcher 1982; Quinlan & Gauld 1981; Schedl 1991.

Argentinische Ameise, *Linepithema humilis* Mayr; →Formicidae B5.

Argogorytes →Bembicidae 2, 3.

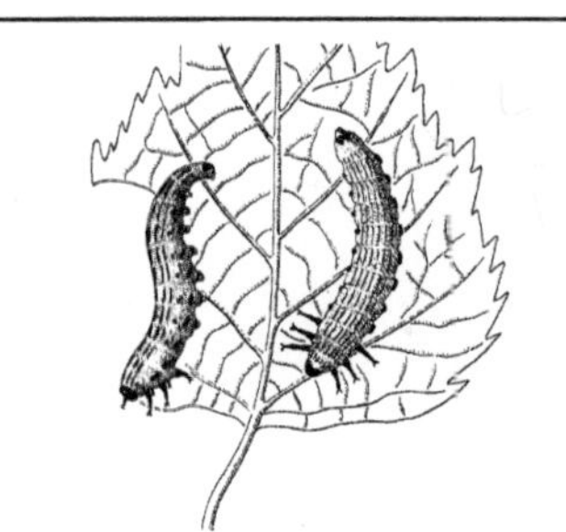

Abb. A-62: Argidae: *Arge pullata*, Blauschwarze Birkenblattwespe. Larven auf Birkenblatt; gelb, Zeichnung stahlblau. (Escherich 1914–42)

Argynninae →Nymphalidae E.
Argynnis →Nymphalidae E2–4.
Argyresthia →Argyresthiidae.
Argyresthiidae, Knospenmotten; Fam. der Schmetterlinge (Lepidoptera, Glossata, Yponomeutoidea); früher zu →Yponomeutidae; mit in Eur 48, M-Eur 37, Dt 32 Arten der Gttg. *Argyresthia*; Falter klein (6–15 mm Flspw.), oft bunt gemustert; Flügelfransen länger als die Breite der Hinterflügel; in Ruhe ist der Körper mit den steil dachförmigen Flügeln nach oben gerichtet; bei diesem Kopfstand steht der Falter nur auf Vorder- und Mittelbeinen, das kräftigere hintere Beinpaar ist unter den Flügeln an den Hinterleib angelegt; die Raupen minieren in Knospen und Trieben, aber auch in und unter Borke (z. B. *A. glaucinella* Zell. an Eiche und Rosskastanie), in Früchten (vgl. 1) oder Koniferen-Nadeln (vgl. 3, 4); bei 4 heimischen Arten kommt es dabei zu Anschwellungen der Zweige (z. B. *A. semifusca* Haw. an *Prunus*) bzw. der Erlenkätzchen (z. B. *A. goedartella* L.); Puppe in einem Gespinstkokon.

1. *Argyresthia conjugella* Zell., Apfelmotte, Ebereschenmotte; das ♀ legt im Sommer an Ebereschenbeeren, zunehmend häufiger auch an junge Äpfel (auch Kirschen) etwa 1 Dutzend Eier, beim Apfel v. a. in die Kelchgrube; die Räupchen minieren zuerst dicht unter der Schale (hier später bräunliche, durchlöcherte, weiß eingefasste Flecken), später tiefer im Fruchtfleisch; meist mehrere Raupen (rot, schwarz gepunktet, 7 mm) in einem Apfel; die Äpfel werden ungenießbar bitter; erwachsene Raupen spinnen sich zum Boden ab, verpuppen sich hier (seltener auch schon im Apfelkerngеhäuse) in einem Gespinst im Herbst oder nach Überwinterung im Frühling.

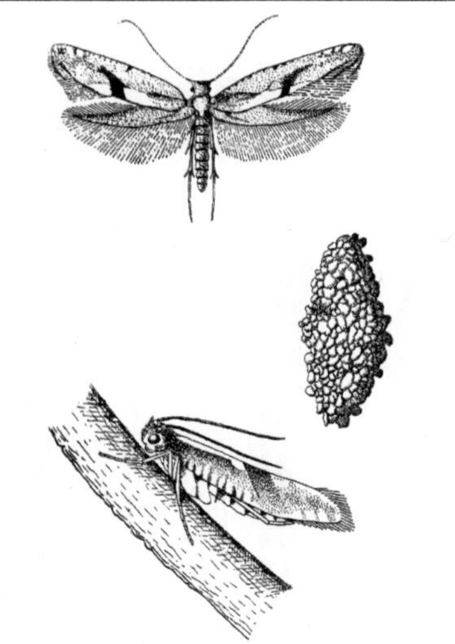

Abb. A-63: Argyresthiidae: *Argyresthia pruniella*, Kirschblütenmotte. Falter; Flspw. 10 mm, Länge 4 mm; Kokon ca. 6 mm. (v. Lengerken 1932; Sorauer 1949–57)

2. *Argyresthia pruniella* Clerck, Kirschblütenmotte [**A-63**]; an Kirsche und anderen Steinfrüchten, auch an Apfel, Birne u. a.; die Eier werden im Spätsommer meist an Zweige, einzeln oder in kleinen Gruppen, abgelegt, überwintern; die Räupchen dringen im Frühling v. a. in Blütenknospen ein und fressen sie (mehrere nacheinander) aus; im Inneren Gespinst mit Kot; gehen im V, am Spinnfaden sich abseilend, zum Boden; Verpuppung meist im Boden (seltener an Rinde) in einem mit Erdkrümeln besetzten Kokon; Schaden zuweilen beträchtlich.

3. *Argyresthia fundella* F. R., Tannennadelmotte [**A-64**]; v. a. an Weißtanne (*Abies alba*); das ♀ legt V–VI 1 Ei auf die Nadeloberseite; das Räupchen miniert in der Nadel, stößt einen Teil des Kotes durch das später zugesponnene Einbohrloch aus; verlässt die ausgefressene Nadel (fällt später ab) durch ein neues Loch, dringt in eine neue Nadel ein; Überwinterung in der Mine in weißem Kokon [**A-64**], meist unterseits an einer nicht befressenen Nadel.

4. *Argyresthia laevigatella* Herr.-Schäff., Lärchentriebmotte; Eiablage im V–VI einzeln an junge Längstriebe, meist in die Achsel einer Nadel; die Raupe miniert zuerst in der Rinde in Richtung Triebspitze, dann im Holz; Über-

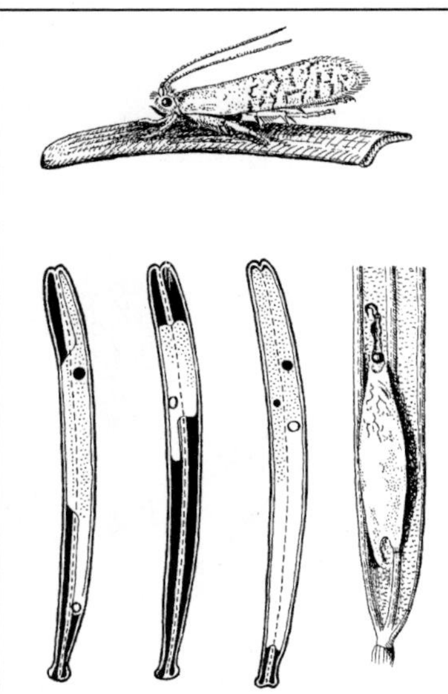

Abb. A-64: Argyresthiidae: *Argyresthia fundella*, Tannennadelmotte. Oben: Ruhehaltung; unten: Fraßbilder in 3 Nadeln von *Abies nordmanniana*, schematisch; Mine hell, Einbohrloch schwarz; ganz rechts: leerer Puppenkokon an Tannennadel mit Resten der letzten Raupenhaut. (Brauns 1991)

Abb. A-65: Argyresthiidae: *Argyresthia laevigatella*, Lärchentriebmotte. Lärchentrieb durch Raupenfraß abgestorben. (Escherich 1914–42)

winterung hier in einem dünnen Gespinst; frisst im Frühling weiter, dreht sich um, nagt weiter unten ein Schlupfloch für den Falter, spinnt es zu; verpuppt sich dahinter (Kopf nach oben); die befressene Triebspitze stirbt ab [**A-65**].
Lit. →Lepidoptera; Brauner 1991; Brauns 1991; Brauner 1991.
Arhopalus →Cerambycidae B2.
Arista; borstenförmiger Anhang am großen 3. Glied (1. Geißelglied) der Antenne bei cyclorrhaphen Fliegen; entspricht der Antennengeißel jenseits ihres Grundglieds; →Diptera; vgl. [**D-20**].
Aromia →Cerambycidae D4.
Arrhenotokie; diejenige Form parthenogenetischer Vermehrung (→Parthenogenese), bei der aus unbefruchteten Eiern ♂♂, aus befruchteten Eiern ♀♀ entstehen.
Arrhopalites →Arrhopalitidae.
Arrhopalitidae; Fam. der Springschwänze (Collembola, Symphypleona) mit in Eur 56, M-Eur 26, Dt 21 Arten; kleine Kugelspringer (unter 2 mm), mit nur einem Einzelauge an jeder Kopfseite; Fühler gekniet; z. B. ***Arrhopalites***

caecus Tullb., häufig unter Blumentöpfen. Ähnlich, jedoch mit Komplexaugen, die **Katiannidae**; mit in Eur 23, M-Eur 17, Dt 13 oft bunt gemusterten Arten.
Lit. →Collembola; Bretfeld 1999.
Art (Species); Rangstufe („Kategorie") der biologischen Systematik, die im Unterschied zu anderen Kategorien (durch die Fortpflanzungsgemeinschaft) definiert ist. Die wissenschaftliche Artbezeichnung besteht stets aus 2. Worten (die nicht unbedingt der lateinischen Sprache entstammen müssen), von denen das 1. Wort dem Namen der jeweils übergeordneten Gttg. entspricht.
Artheneidae; Fam. der Wanzen (Heteroptera, Pentatomomorpha) mit in Eur 8, M-Eur & Dt 2 Arten; früher zu den →Lygaeidae; klein (3–5 mm), flugfreudig; leben und entwickeln sich in den Blütenständen von Rohrkolben (z. B. *Chilacis typhae* Per.) und Schilf. **Saugen** an reifenden Samen der Wirtspflanzen. 1-jährig, mit 1–2 Generationen pro Jahr, **überwintern** i. d. R. als Imago, selten als Larve.
Lit. →Heteroptera.
Arthrocnodax →Cecidomyiidae.
***Arthroplea*,** **Arthropleidae** →Heptageniidae.

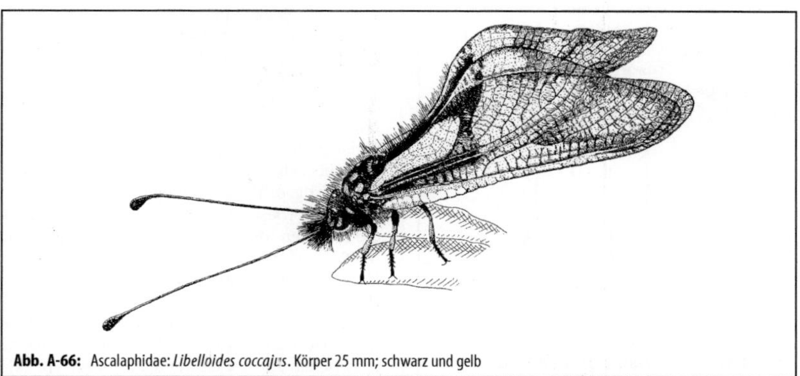

Abb. A-66: Ascalaphidae: *Libelloides coccajus*. Körper 25 mm; schwarz und gelb

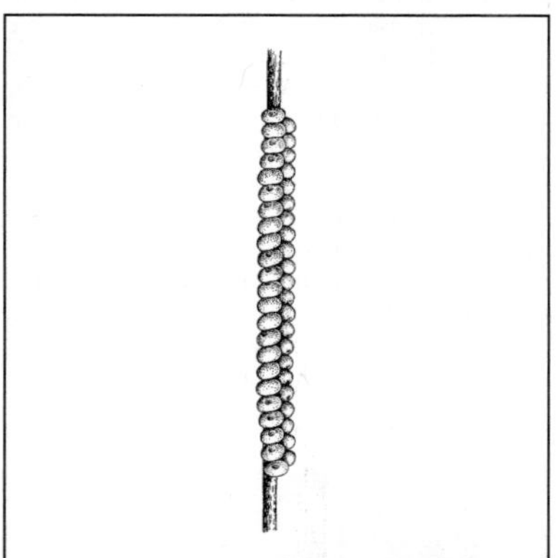

Abb. A-67: Ascalaphidae: *Libelloides* spec. Gelege an Grashalm

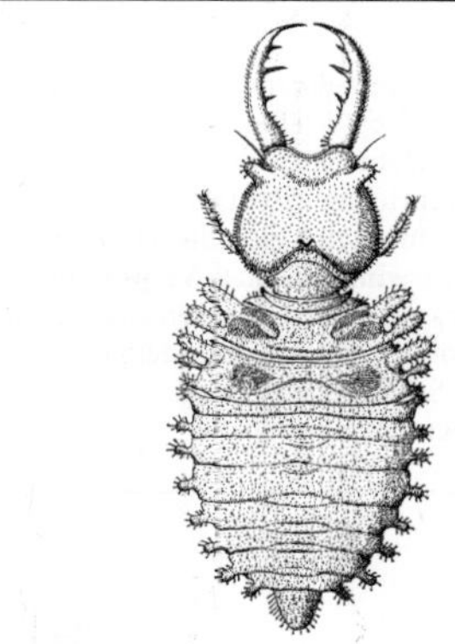

Abb. A-68: Ascalaphidae: *Libelloides* spec. Larve, 3. Stadium; ca. 15 mm. (Aspöck & Aspöck 1964)

Arthropleona →Collembola 1.

Asaphes →Pteromalidae.

Ascalaphidae, Schmetterlingshafte; Fam. der Netzflügler (Planipennia) mit in Eur 20, M-Eur 3, Dt 2 Arten, z. B. *Libelloides coccajus* Schiff. (Körper etwa 25 mm, Flspw. bis knapp über 50 mm; [**A-66**]); deutscher Name nach der lebhaften, freilich nicht an Schuppen gebundenen gelb-schwarzen Färbung der Flügel der artenreichsten (in M-Eur einzigen) Gttg. *Libelloides*; Körper der Imago weitgehend schwarz, pelzig behaart; Fühler am Ende keulig verdickt wie bei Tagfaltern und den nächstverwandten →Myrmeleontidae; gute und wendige Flieger mit kräftigen Mandibeln, machen im Flug bei Sonnenschein Jagd auf Insekten; Vorder- und Hinterflügel im Flug nicht verkoppelt, beide schlagen mit verschobener Amplitude; Flügel in Ruhe dachförmig zurückgelegt oder – nach dem Fliegen – nach Art der Tagfalter ausgebreitet; Komplexauge durch eine Furche in einen oberen und einen unteren Abschnitt geteilt, der Erstere besonders empfindlich für kurzwelliges (auch für ultraviolettes), der Letztere mehr für langwelliges Licht; für den Beutefang ist v. a. der obere Teil wichtig. Zur **Begattung** packt das ♂ im Flug mit 2 kräftigen Zangen am Körperende das Hinterleibsende des ♀; beide setzen sich an Pflanzenstängeln, Kopulationsstellung mit in entgegengesetzte Richtung weisenden Köpfen; **Eier** (bis zu 50) ohne Stiel in Doppelreihe an Pflanzen, v. a. an dünne Stängel angeklebt [**A-67**]. Die erdfarbene **Larve** [**A-68**] ähnlich einem Ameisenlöwen (→Myrmeleontidae), besetzt mit Borsten ver-

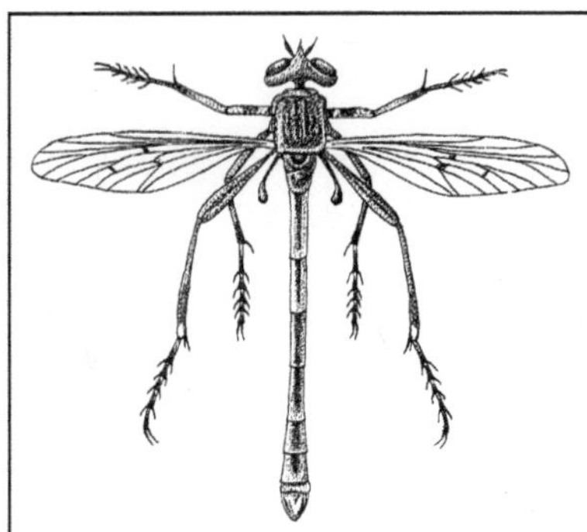

Abb. A-69: Asilidae: *Leptogaster cylindrica.* ♂, 9–11 mm (Séguy 1951a)

schiedener Gestalt, Segmente mit Seitenwülsten, Beine kurz, am Kopf kräftige lange Saugzangen mit 3 großen Zähnen an der Innenseite; lauern, ohne Sandtrichter zu bauen, am Boden auf Beute; Körper meist mit Fremdteilchen getarnt; die Larven **überwintern** 2-mal; **Verpuppung** im Frühsommer in einem an Pflanzen angehefteten Gespinstkokon (Sekret aus den Malpighi-Gefäßen); alsbald Schlüpfen der Imago.
Lit. →Planipennia; Jones 2019.

Aschiza →Cyclorrhapha.
Ascodipteron →Streblidae.
Asemum →Cerambycidae B2.
Asilidae, Raubfliegen, Jagdfliegen; Fam. der Zweiflügler (Diptera, Brachycera, Asiliformia) mit in Eur ± 480, M-Eur 160, Dt 85 Arten, die meisten in offenen, sonnigen Lebensräumen; klein bis sehr stattlich (4–28 mm), manche libellenartig schlank (*Leptogaster* [**A-69**]); sehr auffallend (besonders auf alten Kahlschlägen) die robusten Mordfliegen (*Laphria*, 12–26 mm; [**A-70**]), auf sandigen Lichtungen die stattliche Hornissenraubfliege (*Asilus crabroniformis* L. [**A-71**]) mit schwarz-gelbem Hinterleib und brauner Brust; bezeichnend für Raubfliegen ist die Stirnfurche zwischen den Komplexaugen, dazwischen ein Höcker mit den 3 Ocellen [**A-72**]; größere Arten mit „Knebelbart" im Gesicht; Stech-Saugrüssel etwa kopflang. **Ansitzjäger**, die auf vorbeifliegende Insekten lauern (*Leptogaster* führt auch Suchflüge zum Ergreifen sitzender Beute durch); die Beute wird an sonnigen Tagen i. d. R. im Stoßflug mit den bedornten Vorderbeinen ergriffen; Abflug von einer Warte (z. B. Baumstubben), von der aus die Beute offenbar optisch wahrgenommen und mit Kopfbewegungen fixiert wird; mit den harten Stechborsten (Hypopharynx und Galeae [**A-72**]) vermag z. B. *Laphria* auch den Panzer von Pracht- und Rüsselkäfern zu durchbohren; der Speichel ent-

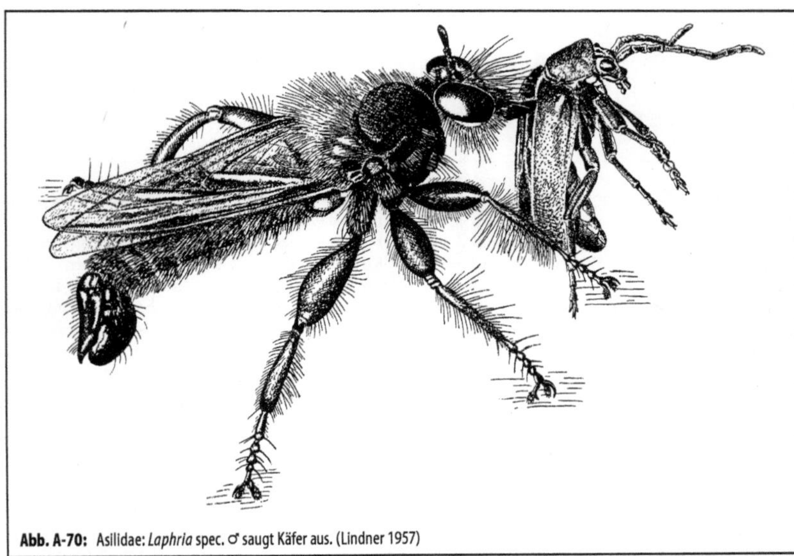

Abb. A-70: Asilidae: *Laphria* spec. ♂ saugt Käfer aus. (Lindner 1957)

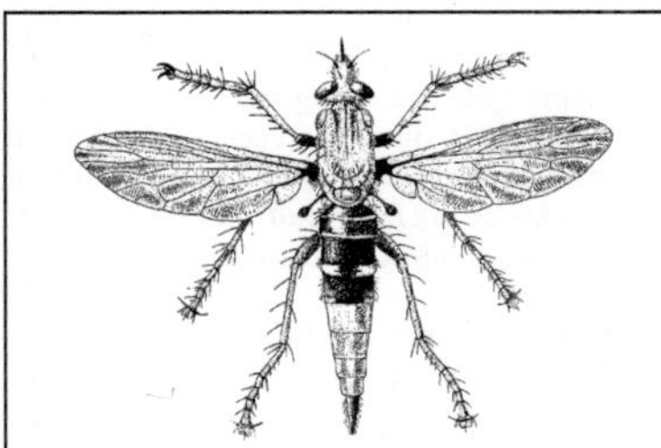

Abb. A-71: Asilidae: *Asilus crabroniformis.* ♀, 16–30 mm. (Séguy 1951a)

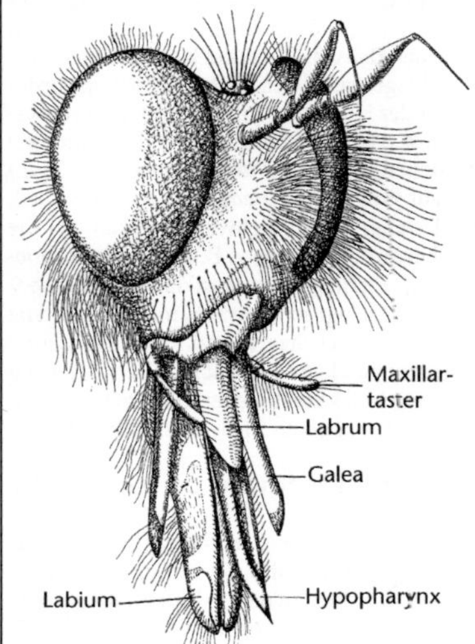

Abb. A-72: Asilidae: *Pamponerus germanicus.* Kopf mit der typischen Stirneindellung und dichtem Haarbüschel im Vordergesicht. (Séguy 1951b)

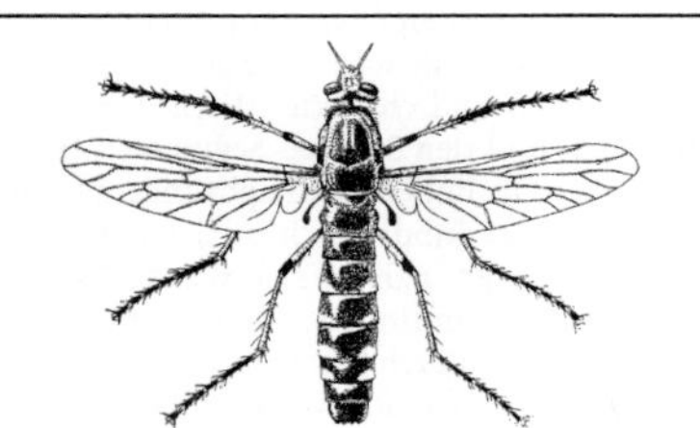

Abb. A-73: Asilidae: *Dasypogon teutonus.* ♂, 13–16 mm. (Séguy 1951a)

Abb. A-74: Asilidae: *Dasypogon* spec. Larve, ca. 15 mm. (Brauns 1991)

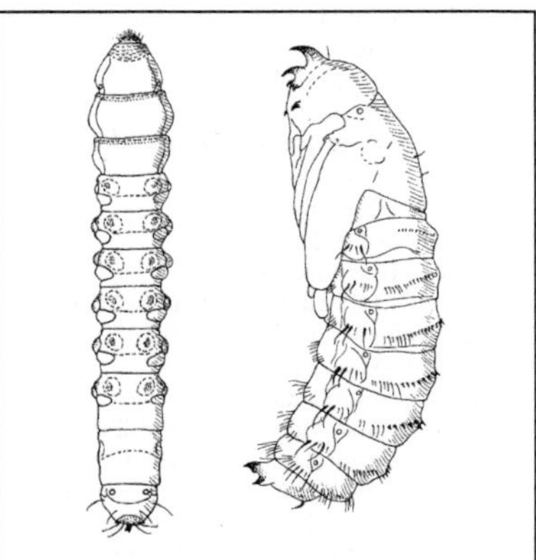

Abb. A-75: Asilidae: *Laphria gilva.* Larve, ca. 25 mm, und Puppe, ca. 17 mm

hält ein tötendes Nervengift; auf der Sitzwarte äußere Verdauung durch Magensäfte; meiste Arten ohne eindeutiges Beute-Spezialistentum; Wolfsfliegen (*Dasypogon* [**A-73**], *Molobratia*) bevorzugen große Stechimmen (→Aculeata), nicht selten Honigbienen; der Kleine Sandwicht (*Stichopogon elegantulus* Wied., 4–5 mm) erbeutet Springschwänze. **Begattung** in der Luft (oder dort beginnend) oder auf einer Sitzwarte; vorher evtl. Verfolgungsjagden der Partner, bei einigen Arten Balz des ♂ vor dem sitzenden ♀: entweder als Flugbalz (z. B. artspezifischer Pendelflug bei

Dioctria-Arten, Wedeln mit den weiß behaarten Tarsen bei der mediterranen *Pycnopogon fasciculatus* Loew.) oder als Balz auf einer Sitzwarte (z. B. *Holopogon nigripennis* Meig.; *Cyrtopogon maculipennis* Macq., *Leptarthrus brevirostris* Meig.); balzende Arten meist geschlechtsdimorph. **Eiablage** (10 bis wenige Hundert 100 Eier) sehr unterschiedlich: Fallenlassen im Flug (*Leptogaster, Dioctria*), in Holz- und Rindenritzen (Laphriinae: z. B. *Laphria, Choerades*), Eingraben in Sand mit der behaarten Legeröhrenspitze (*Philonicus*), in Zweigspitzen (*Neoitamus*), an bodennahe Pflanzenteile (z. B. *Asilus, Tolmerus*), an die Ähren (*Dysmachus*) oder hin-

ter die Blattscheiden (*Eutolmus*) von Gräsern. **Larven** teils schlank, teils mehr gedrungen, mit Kriechwarzen und charakteristischen Borsten am letzten und den 3 ersten Segmenten [**A-74**, **A-75**]; leben im Boden, die Laphriinae im Totholz und unter Rinde, auch in Larvengängen anderer Insekten; nähren sich v. a. von anderen Insektenlarven (insbesondere phytophagen Käferlarven – dadurch hervorragende Helfer in der Landwirtschaft); aktiv von Frühling bis Ende Herbst; Unterbrechung von Nahrungsaufnahme und Wachstum im Winter; die Entwicklung der Larven kann mehrere Jahre dauern; die **Puppen** [**A-75**] beweglich, können sich mithilfe von Haken und Dornenkränzen aus dem Substrat an die Oberfläche vorarbeiten.
Lit. →Diptera; Beling 1982; Drukewitz et al. 2018; Musso 1983; Oldroyd 1969; Weinberg & Bächli 1995; Wolff et al. 2018.

Asiliformia; Gruppe der Brachycera (→Diptera); mit den Fam. →Hilarimorphidae, →Bombyliidae, →Scenopinidae, →Therevidae, →Asilidae.

Asilus →Asilidae.

Asiorestia →Chrysomelidae L2.

Asopinae →Pentatomidae.

Aspenblattkäfer, *Chrysomela tremula* F. →Chrysomelidae J4.

Aspicerinae →Figitidae.

Aspidapion →Apionidae 6.

Aspidiotus →Diaspididae 1.

Aspidiphorus, **Aspidiphoridae** →Sphindidae.

Asproparthenis →Curculionidae J1.

Asselfliegen →Rhinophoridae.

Asselspinner →Limacodidae.

Astata →Astatidae; vgl. auch →Mutillidae.

Astatidae; Fam. der Hautflügler (Hymenoptera, Apocrita, Apoidea); früher zu den →Sphecidae gestellt; in Eur 30, M-Eur 13, Dt 7 Arten der Gttg. *Astata* und *Dryudella*; 6–13 mm, ♂ meist etwas kleiner als ♀; schwarz mit rotbrauner Hinterleibsbasis; häufiges Flügelzucken beim Laufen; blitzschnelle Ansitzflüge der mit vergrößerten Augen ausgestatteten ♂♂ zur Verteidigung eines Reviers in Nestnähe; ♀ gräbt im Boden einen 6–10 cm langen Gang mit einer Brutzelle am Ende; in diese werden mehrere Wanzen (Pentatomoidea oder Lygaeoidea) eingetragen, von denen sich die Larven ernähren. **Brutparasitismus** durch Goldwespen der Gttg. *Holopyga* (→Chrysididae B6).
Lit. →Hymenoptera; Bitsch et al. 2020; Blösch 2000, 2012; Bohart & Menke 1976.

Astegopteryx →Aphidina.

Asteia →Asteiidae.

Asteiidae; Fam. der Zweiflügler (Diptera, Brachycera, Cyclorrhapha) mit in Eur 21, M-Eur 8, Dt 7 Arten; winzige (1–3 mm), zarte Fliegen; gelb-schwarz oder dunkel gefärbt. Lebensweise kaum bekannt; Imagines v. a. im Wald, hier an Blüten, in niedriger Vegetation oder an Baumausflüssen; Larven in M-Eur entweder in Pilzfruchtkörpern (*Leiomyza*) oder an lichten Stellen, insbesondere in Blütenständen (*Asteia*). Lit. →Diptera.

Asterodiaspis →Asterolecaniidae.

Asterolecaniidae, Pockenläuse; Fam. der Schildläuse (Coccina) mit in Eur 16, M-Eur 5, Dt 3 Arten (2 weitere in Gewächshäusern u. Ä.); ♀ am Körperrand mit „Haarkranz" aus Drüsensekreten; Beine weitgehend oder ganz, Antennen sehr stark rückgebildet; ♂ geflügelt, bei vielen Arten nicht bekannt; die ♀♀ (in schwächerem Ausmaß auch die Larven) unter einem durchscheinenden Schild aus Drüsensekret und Kot; darunter auch die Eiablage, wobei der Körper der ♀♀ im vorderen Teil der Hülle schrumpft; ♀ mit 2 Larvenstadien; sitzen an Blattstielen des von Efeu und verschiedenen Kräutern (*Planchonia arabidis* Sign.) bzw. auf jüngeren Eichenästen (*Asterodiaspis*), wobei wallartige Rindenwucherungen um die Laus herum entstehen; z. B. **Asterodiaspis variolosa** Ratz., Eichenpockenlaus; das erwachsene ♀ (ca. 2 mm) gelbgrün bis braun, mit einem Kranz von weißen Wachshaaren; ♂♂ unbekannt, Fortpflanzung parthenogenetisch; Überwinterung als Imago; in M-Eur 1 Generation im Jahr; wird bisweilen an jüngeren Eichen schädlich.
Lit. →Coccina.

Astspanner, **Biston betularia** L. →Geometridae C9.

Atelestidae; Fam. der Zweiflügler (Diptera, Brachycera, Empidiformia) mit in Eur 6, M-Eur & Dt 3 Arten; früher zu den →Empididae gerechnet; winzige (1,5–3,5 mm), schwarze Fliegen mit großen Komplexaugen; Lebensweise kaum bekannt; auf Wiesen und Lichtungen, oft in Gewässernähe; Larven unbekannt.

Atelura, **Ateluridae** →Zygentoma B; vgl. auch →Formicidae.

Atemeles →Staphylinidae D5.

Athalia →Tenthredinidae 2; vgl. auch →Perilampidae 1.

Athericidae, Ibisfliegen; Fam. der Zweiflügler (Diptera, Brachycera, Tabanomorpha); früher zu den →Rhagionidae gezählt, jedoch näher verwandt mit den →Tabanidae; in Eur 9, M-Eur & Dt 5 Arten; häufig *Atherix ibis* F. [**A-76**]; 7–11 mm; langbeinig, schlank; mit ziemlich trägem Flug. Imagines **ernähren** sich meist von kleinen Insekten; manche sollen ausschließlich an Fröschen saugen; die ♀♀ sammeln sich (olfaktorisch angelockt?) in großen Massen an

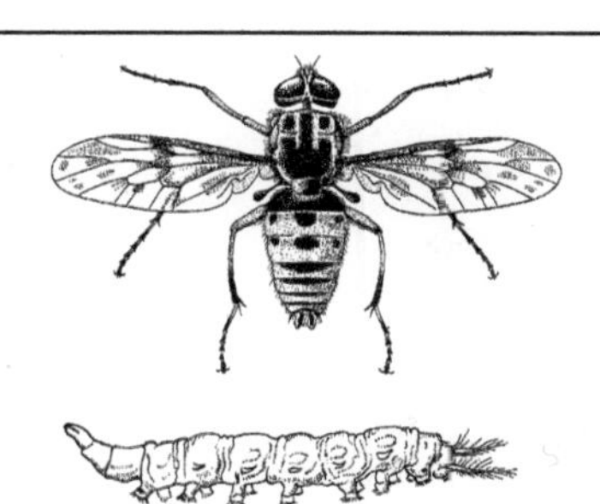

Abb. A-76: Athericidae: *Atherix ibis*, Ibisfliege. ♂, Körperlänge 9–11 mm; unten: Larve. (Séguy 1951a; Escherich 1914–42)

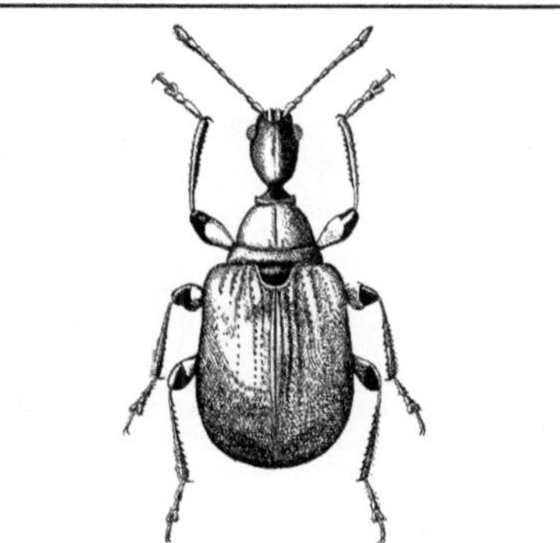

Abb. A-77: Attelabidae: *Apoderus coryli*, Haselblattroller; 6–8 mm. (Bechyně 1954)

Vegetation (auch Brückenpfeilern u. Ä.) über fließendem Wasser; die **Eier** werden in dem sich bildenden, etwa die Größe eines kleinen Bienenschwarms erreichenden klebrigen Klumpen aus ♀♀-Körpern abgelegt; die ♀♀ sterben danach, die schlüpfenden **Larven** lassen sich ins Wasser fallen. Larven [**A-76**] grünlich, mit kurzen seitlichen und 2 gefiederten hinteren Körperanhängen (Vergrößerung der Oberfläche für Hautatmung?; Stigmen geschlossen); mit 8 Paar, am Ende mit 2 Häkchengruppen bewehrten Stummelfüßchen, die rasche Bewegung und Festklammern ermöglichen; Nahrung: kleine Insektenlarven und Würmer, die mit Gift getötet werden; der Körperinhalt wird durch das Sekret der großen Speicheldrüsen extraintestinal verdaut und dann eingesaugt; letztes Larvenstadium verlässt das Wasser und verpuppt sich im Uferboden.
Lit. →Diptera; Dziock et al. 2001; Oldroyd 1969; Stuckenberg 1973.
Atherigona →Muscidae.
Atherix →Athericidae.
Atheta →Staphylinidae D.
Athous →Elateridae.
Athripsodes →Leptoceridae.
Atlas, *Leucoma salicis* L. →Erebidae J3
Atolmis →Erebidae K3.
Atomaria →Cryptophagidae.
Atrichopogon →Ceratopogonidae; vgl. auch →Meloidae.
Atta →Formicidae, D14; vgl. auch →Milichiidae.
Attacus →Saturniidae.
Attagenus →Dermestidae 5.
Attelabidae, Blattroller; Fam. der Käfer (Coleoptera, Polyphaga, Cucujiformia) mit in Eur 6, M-Eur & Dt 3 (früher zu den →Curculionidae gerechneten) Arten; 4–8 mm; ähnlich den Curculionidae, Kopf zu kurzem Rüssel ausgezogen;

Antennen nicht gekniet; Körper hoch gewölbt (*Attelabus*), besonders bei *Apoderus* mit stark ausgeprägten Schultern; mit Brutfürsorge: die ♀♀ stellen an der Nahrungspflanze (ähnlich einigen →Rhynchitidae) eine Blattquerrolle her, in der sich die Larven entwickeln; Überwinterung als Larve (*Attelabus*) bzw. Imago (*Apoderus*).

1. ***Apoderus coryli*** L., Haselblattroller (6–8 mm; [**A-77**]); schwarz, Flügeldecken und z. T. auch Halsschild rot. Käfer V–IX; an verschiedenen Laubbäumen, oft an *Corylus*, seltener an *Alnus*, *Betula*; **Eiablage** in seitenständige, querliegende **Blattrolle:** Schnitt mit dem Rüssel vom Seitenrand des Blattes bis etwas über die Mittelrippe hinaus (bei dickeren Blättern Doppelschnitt vom Blattrand bis zur Mittelrippe und jenseits der Mittelrippe weiter bis zum anderen Blattrand, dann Einkerben der Mittelrippe am Berührungspunkt der beiden Schnitte); anschließend Einkerben der Mittel- und Seitenrippen auf der Unterseite im distalen Teil des Blattes, Umklappen der einen Hälfte um die Mittelrippe auf die andere (Oberseite gegen Oberseite) und Einrollen dieser Doppellage von der Blattspitze her; der Käfer dabei bald innen, bald außen; dabei Ablage von 1–2 Eiern lose zwischen die Schichten; Verschluss unten durch Einschlagen von Blattzipfeln, Verschluss oben (Blattstielnähe) durch mit Rüsselstichen befestigte Blattfalten; die fertige Doppelrolle wird später vom ♀ abgeschnitten, fällt zu Boden; die Einfachschnittrolle bleibt hängen. **Larvenfraß** und **Verpuppung** im Innern des Wickels; der Jungkäfer erscheint noch im gleichen Sommer, frisst bis Herbst an den Blättern, bevor er überwintert.

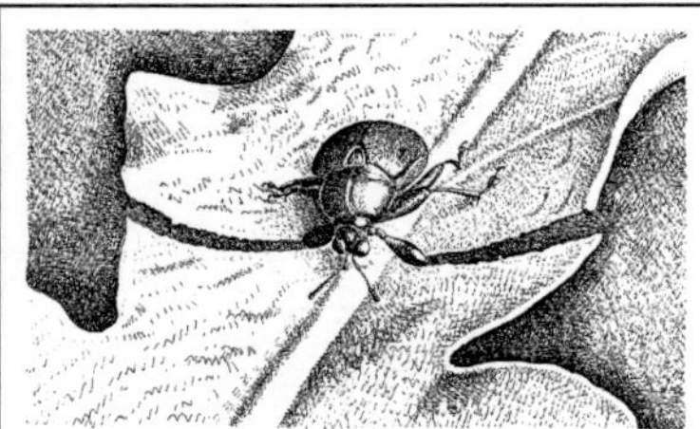

Abb. A-78: Attelabidae: *Attelabus nitens*, Eichenblattroller; 4,5–6 mm; ♀ auf Eichenblatt; schneidet, nach Herstellen der Halbschnitte durch die Blattfläche, die Mittelrippe an. (Blume 1957)

2. *Attelabus nitens* Scop., Eichenkugelrüssler, Eichenblattroller (4–6,5 mm); oben rotbraun; meist an Eichen, auch an Kastanie; **Querrolle** mittelständig, im Frühling angelegt: 6–7 cm von der Blattspitze entfernt (unabhängig von der Blattlänge) Schnitt [**A-78**], zunächst vom einen Rand, dann vom gegenüberliegenden Rand aus bis zur Mittelrippe; Annagen der Mittelrippe dicht über dem Treffpunkt beider Schnitte und der großen Rippen im distalen Teil des Blattes, Anritzen der Blattfläche oben und unten; nach Pause (Blatt erschlafft) Klappen der einen Blatthälfte über die Mittelrippe auf die andere, Oberseite auf Oberseite; Einrollen der Doppellage von der Spitze her und Einklappen der Seitenlappen, dabei fortlaufend Befestigung durch Rüsselstiche (Nähen); zwischendurch Ablage von 1–3 Eiern lose zwischen die Blattschichten; die fertige Rolle oft vom ♀ abgeschnitten, damit sie am Boden feucht bleibt; die **Larven** fressen nur an der Innenseite einer angefeuchteten Blattrolle, auch längere Trockenzeiten werden ohne Nahrungsaufnahme überstanden; Überwinterung im abgefallenen Wickel; **Verpuppung** in der Erde, die Jungkäfer schlüpfen alsbald.
Lit. →Coleoptera; Brauns 1991; Rheinheimer & Hassler 2010.
Attelabus →Attelabidae 2; vgl. auch →Rhynchitidae 12.
Auchenorrhyncha (Cicadina), Zikaden, Zirpen; Ordg. der Insekten mit unvollkommener Verwandlung (→Hemimetabolie), gehört zusammen mit →Heteroptera, →Coleorrhyncha und →Sternorrhyncha zu den →Hemiptera; in Eur ± 1800, M-Eur 804, Dt 636 Arten; meist klein bis mittelgroß, manche außereuropäischen Singzikaden (Cicadidae) sehr groß (Kaiserzikade, *Pomponia imperatoria* Westw., ca. 6,5 cm, 18 cm

Flspw.; Südasien); Mundteile stechend-saugend, Bau und Funktion des Saugrüssels ähnlich wie bei den übrigen →Hemiptera; Antennen kurz, borstenförmig; Flügel meist gut ausgebildet, in Ruhe stets dachförmig auf dem Rücken, Vorderflügel meist größer als Hinterflügel; beide im Flug durch Gleitkoppelmechanismus verbunden: ein Gleitfalz am Vorderflügel umgreift einen Gleitriegel am Hinterflügel (keine Häkchenbildung); Flügel meist dünnhäutig, Vorderflügel zuweilen nach Art von Flügeldecken stärker sklerotisiert; Flügel nicht selten in verschiedenem Ausmaß rückgebildet, besonders bei Kleinzikaden; Tarsen meist 3-gliedrig, bei manchen Larven 2-gliedrig; Larven und Imagines springen meist gut mit den Hinterbeinen (Springmuskeln in der Hinterbrust, greifen am Schenkelring an); Wachsdrüsen sind nicht selten vorhanden, besonders verbreitet unter den →Dictyopharidae; Darm bei den meisten Cicadomorpha mit →Filterkammer; beim ♀ ist (fast stets) ein Legebohrer vorhanden. **Saugen** an verschiedensten Pflanzen, v. a. an Stauden und mehrjährigen Gräsern, etwa 1/4 der Arten auf Bäumen (v. a. →Cicadellidae); etwa 30 heimische Arten saugen (und überwintern) als Larve unterirdisch und wechseln erst als Imago auf oberirdische Pflanzenteile (→Cercopidae, →Cicadidae, →Cixiidae), weitere 20 Arten wandern von der Krautschicht in die Strauch- oder Baumschicht, meist mit Wechsel der Wirtspflanze (verschiedene →Cicadellidae, →Aphrophoridae 1, →Membracidae 1); angezapft werden mehrheitlich (ca. 70 % der Arten) Siebröhren (→Phloemsauger), aber auch Parenchymzellen (25 %; →Cicadellidae H) oder Wasserleitungsbahnen (→Xylemsauger: 5 %); Verwandtschaftsgruppe aus →Aphrophoridae, →Cercopidae und →Cicadidae, außerdem →Cicadellidae C); wenige (→Achilidae, Derbidae) auch an Pilzhyphen; bei einigen Arten →Trophobiose mit Ameisen (z. B. →Membracidae 2); Wirtsspezifität (Saugen an bestimmten Pflanzen) je nach Art verschieden ausgeprägt, zuweilen bei Larven stärker als bei der Imago; Stichkanal im Pflanzengewebe meist gerade, bei manchen Arten auch gewunden; einige Arten (besonders in wärmeren Ländern) bei Massenvermehrung schädlich durch Saftsaugen an Kulturpflanzen, durch die Einstiche für das Eigelege oder durch Übertragen von Mykoplasmosen und pflanzlichen Viruskrankheiten. **Gesang:** die Imagines (mit Ausnahme der Cicadidae-♀♀) erzeugen Vibrationen mithilfe der →Trommelorgane (Tymbalorgane): durch Rippen versteifte, nach außen gewölbte Kutikulaplatten jederseits oben seitlich am ersten Abdominalsegment, an die von innen die Sehne eines kräftigen Singmuskels ansetzt (Trommelorgan zuweilen durch einen vom 2. Abdominalsegment gebildeten Deckel geschützt); Knacken durch Eindellen (Muskelzug) und Zurückspringen (Eigenelastizität) der Platte, dass das bei Kleinzikaden als Vibration über die Pflanze ausgestrahlt wird; nur die Singzikaden (→Cicadidae), und zwar ausschließlich die ♂♂, erzeugen dank der riesigen, schallverstärkenden Tracheenblasen im Hinterleib einen lautstarken Gesang; ca. 50–480 Kontraktionen des Singmuskels pro Sekunde versetzen die Platte in Schwingungen zwischen 1,5 und 8 kHz; ein Nervenimpuls löst bei manchen Arten mehrere (10–12) Kontraktionen der Singmuskeln aus; linker und rechter Singmuskel kontrahieren gleichzeitig oder (meist) alternierend; Veränderung von Gesangsfrequenz und Lautstärke durch Verstellen der Spannung der Singplatte und der Stellung des Hinterleibs beim Singen durch besondere Muskeln; Gesang meist auf arteigene Weise rhythmisch gegliedert; manche Arten (auch viele Kleinzikaden) verfügen über verschiedene Gesänge (Normal- oder Lockgesang, Werbegesang vor dem ♀, Wechselgesang zwischen ♂♂ und ♀♀ bei der Partnerfindung, Protestgesang bei taktiler Störung); am Aufbau des Gesanges meist mehrere Frequenzen beteiligt, selten (Normalgesang von *Magicicada septendecim* L.) nur ein reiner, leicht amplitudenmodulierter Ton. Bei ♂♂ und ♀♀ der Singzikaden (→Cicadidae) liegen **Hörorgane** (→Tympanalorgane) jederseits seitlich ventral am 1. Hinterleibssegment (also dicht neben den Trommelorganen); das ♂ wird beim Singen „schwerhörig": Entspannen des Trommelfells durch einen besonderen Muskel (nachgewiesen an einer großen Singzikade aus Sri Lanka); kein Unterscheiden von Frequenzen, wohl aber von Rhythmen; bei Kleinzikaden Becherhaare als Schallschnellerezeptoren dorsal am Hinterrand des 10. Abdominalsegments; Signale der Artgenossen werden jedoch (ausschließlich?) als Substratvibrationen wahrgenommen; bei der **Partnerfindung** sind die ♂♂ meist aktiver und laufen rufend umher, die ♀♀ bleiben stationär und senden Suchrufe aus (bei Singzikaden umgekehrt, ♀♀ hier stumm); bei der **Kopula** sitzt das ♂ schief neben dem ♀, die Köpfe weisen etwa in gleicher Richtung. Die **Eier** werden meist mit dem Legebohrer in Pflanzengewebe eingeschoben [**C-89**] oder in den Erdboden abgelegt [**C-153**]; Brutfürsorge bei einer Reihe von Arten mit reduziertem Legebohrer und daher oberflächlicher Eiablage (Überpudern der Eiablagefläche

mit Wachs oder lackartigem Sekret, →Delphacidae); 5 Larvenstadien; die **Larven** der Singzikaden (→Cicadidae), aber auch mancher Kleinzikaden (z. B. →Cercopidae) leben unterirdisch, saugen an Pflanzenwurzeln; Dauer des Larvenlebens sehr verschieden; **Überwinterung** meist als Ei, bei manchen Arten als Imago oder Larve; bei manchen Arten mehrere Generationen im Jahr, bei den großen Singzikaden mehrjährige Entwicklungsdauer (17 bzw. 13 Jahre bei verschiedenen *Magicicada*-Arten aus Nordamerika). **Saisondimorphismus** selten, z. B. bei *Euscelis incisus* Kirschb. (→Cicadellidae A): 2 Generationen im Jahr, kleinere dunklere Frühlings- und größere hellere Sommergeneration; unter Kurztagsbedingungen während der postembryonalen Entwicklung entsteht die Frühlingsform, unter Langtagsbedingungen die Sommerform. Intrazelluläre Mikroorganismen als **Symbionten** sind fast stets vorhanden: in Zellen des Fettkörpers (z. B. Ohrzikade, →Cicadellidae D), häufiger in besonderen Mycetomen (→Mycetocyten); oft 2 oder mehr (bis 6) Symbiontenformen in jeweils bestimmten Teilen der Mycetome; Übertragung auf die Nachkommen i. d. R. durch Einwandern in den hinteren Pol der Eizelle bereits im Ovar, durch die Follikelzellen hindurch. **Parasitoide:** alle →Dryinidae und fast alle →Pipunculidae entwickeln sich als Larven in Zikaden; → Mymaridae und →Trichogrammatidae befallen die Eier. – In Eur mehrere Fam. in 2 Gruppen: a) **Fulgoromorpha** (Spitzkopfzikaden): →Achilidae; Acanaloniidae; →Caliscelidae; →Cixiidae; →Delphacidae; Derbidae; →Dictyopharidae; Flatidae; →Issidae; Meenoplidae; Ricaniidae; →Tettigometridae; Tropiduchidae; b) **Cicadomorpha** (Rundkopfzikaden): →Cicadidae; →Aphrophoridae; →Cercopidae; →Cicadellidae; →Cicadidae; →Membracidae. Lit. Beier 1938; Biedermann & Niedringhaus 2004; Dolling 1991; Duffels & van der Laan 1985; Heintz 1988; Hildebrandt 1990; Holzinger et al. 2003; Kunz et al. 2011; Mühlethaler et al. 2019; Müller 1956; Müller 1972; Nault & Rodriguez 1985; Nickel 2003; Pesson 1951a; Remane 1987; Remane & Reimer 1989; Remane & Wachmann 1993; Stöckmann et al. 2012; Strümpel 1983, 2010.

Auen-Jungfernkind, *Boudinotiana notha* Hbn. →Geometridae A.

Aufsteigender Rosentriebbohrer, *Cladardis elongatula* Klg. →Tenthredinidae 7.

Augasma →Coleophoridae 17.

Augenfalter, Satyrinae →Nymphalidae F.

Augenfleckbock, *Mesosa curculionoides* L. →Cerambycidae E7.

Augenfliege, *Musca autumnalis* Deg. →Muscidae 2.

Augenfliegen →Pipunculidae.

Augenspinner →Saturniidae.

Augustmücke →Oligoneuriidae.

Augyles →Heteroceridae 4.

Aulacaspis →Diaspididae 8.

Aulacidae; Fam. der Hautflügler (Hymenoptera, Apocrita, Evanioidea) mit in Eur 10, M-Eur 7, Dt 6 Arten; seltene, mittelgroße Wespen (6–15 mm) mit langen Fühlern, Hinterleibsstiel setzt –wie bei anderen Evanioidea – oben an der Brust (genauer: vorne am →Propodeum) an; Vorderbrust ähnlich den nächstverwandten →Gasteruptiidae halsartig verlängert; ♀ mit lang vorragendem Legebohrer; Larven als Parasitoide in holzbohrenden Käferlarven (*Pristaulacus*) und Larven von Holzwespen der Fam. →Xiphydriidae (*Aulacus*).
Lit. →Hymenoptera.

Aulacidea →Cynipidae.

Aulacigaster →Aulacigastridae.

Aulacigastridae; Fam. der Zweiflügler (Diptera, Brachycera, Cyclorrhapha) mit in Eur 4, M-Eur & Dt 3 Arten der Gttg. *Aulacigaster*; kleine (2–5 mm), dunkle Fliegen mit roten Augen und hellen Tarsen; im Wald an Harz und anderen gärenden Substanzen; **Larven** →amphipneustisch, mit Atemrohr am Hinterende, leben in austretenden Baumsäften von Kleinstorganismen.
Lit. →Diptera.

Aulacus →Aulacidae.

Aulonogyrus →Gyrinidae.

Aulops →Panorpidae.

Aupoplus →Pompilidae.

Aurorafalter, *Anthocharis cardamines* L. →Pieridae 4.

Ausrufezeichen, *Agrotis exclamationis* L. →Noctuidae 19.

Außenparasit, Ektoparasit; ein →Parasit, der außen am Wirt lebt.

Austernförmige Schildlaus, *Diaspidiotus ostreaeformis* Curt. →Diaspididae 3.

Austernschildläuse →Diaspididae 3.

Australische (Groß-)Schabe, *Periplaneta australasiae* F. →Blattidae 2.

Australische Wollschildlaus, *Icerya purchasi* Mask. →Monophlebidae.

Autographa →Noctuidae 34.

Autoparasitoid →Parasitoid 6.

Autostichidae, Modermotten; Fam. der Schmetterlinge (Lepidoptera, Glossata, Gelechioidea); früher zu →Oecophoridae oder →Gelechiidae; in Eur 118, M-Eur 18, in Dt 6 Arten der Gttgn. *Oegoconia* und *Symmoca*; Falter klein (Flspw. 11–16 mm); Flügel schmal, lang befranst, in Ruhe flach getragen, bei *Oegoconia* mit hellen Querbändern; Querreihen von Stachelborsten auf den Hinterleibstergiten; fliegen in der Dämmerung; Raupen an totem Pflanzengewebe.
Lit. →Lepidoptera.

Axinotarsus →Melyridae A3.

Axymyiidae, Axymyiomorpha →Diptera.

Aylax →Cynipidae.

Azaleenmotte, *Caloptilia azaleella* Brants. →Gracillariidae 3.

Azotidae; Fam. der Hautflügler (Hymenoptera, Apocrita, Chalcidoidea) mit in Eur 11, M-Eur 5, Dt 3 Arten der Gttg. *Ablerus*; bisher zu den →Aphelinidae gestellt; winzige, dunkle Erzwespen mit beim ♀ i. d. R. abwechselnd weiß und dunkel gefärbten Antennengliedern; ähnlich den Aphelinidae ohne Wespentaille; Hyperparasitoide von Hymenopterenlarven (u. a. Chalcidoidea), die Motten- und Schildläuse oder Insekteneiern befallen.
Lit. →Hymenoptera; Heraty et al. 2013; Wang et al. 2016.

Azurjungfern, *Coenagrion* →Coenagrionidae 1.

B

Bachhafte →Osmylidae.
Bachkäfer →Psephenidae.
Bachläufer →Veliidae.
Bacillus →Phasmida.
Bäckerschabe, *Blatta orientalis* L. →Blattidae 1.
Bactrocera →Diptera, →Tephritidae 6.
Baetidae, Glashafte; Fam. der Eintagsfliegen
(Ephemeroptera) mit in Eur 81, M-Eur 42, Dt
28 Arten; Flügeladerung reduziert, Hinterflügel
rückgebildet (fehlen bei *Cloeon* und *Procloeon*
völlig); Komplexaugen der ♂♂ 2-teilig: oberer
Teil zylinderförmig (Turbanaugen [**E-23**]). **Lar-**
ven drehrund, recht schlank [**B-1**]; mit 6–7 Paaren blattförmiger Tracheenkiemen am Hinterleib, die 6 vorderen Paare bei *Cloeon* verdoppelt;
in fließenden und stehenden Gewässern; fressen
Detritus und Fadenalgen (Ausnahme: *Rapto-*
baetopus tenellus Alb., jagt Zuckmückenlarven,
→Chironomidae, und Oligochaeten); 1 bis mehrere Generationen im Jahr; **überwintern** als Ei
oder Larve. – Mit 2 heimischen U-Fam.:

A. Cloeoninae; 19 Arten im M-Eur; Larven mit
langen, schwach gebogenen Krallen; vornehmlich in ruhigeren Gewässern; i. d. R. mit beweglichen Kiemen; können durch schlängelndes
Auf und -Ab des Körpers schwimmen. Häufig:
Cloeon dipterum L., Fliegenhaft; Körper ca. 9 mm,
Schwanzborsten beim ♂ ca. 17 mm; an stehenden oder langsam fließenden Gewässern, die ♂♂
manchmal in riesigen Schwärmen; ovovivipar:
das ♀ wirft erst 10–14 Tage nach der Begattung
mehrere Hundert Eier ins Wasser ab, aus denen
innerhalb 1 min die Larven schlüpfen; **Larven** bevorzugt zwischen Wasserpflanzen; i. d. R. 2 Generationen im Jahr; **Überwinterung** als Larve.

B. Baetinae; in Dt 19 Arten der Gttg. *Baetis*;
♀♀ der meisten Arten gehen zur Eiablage ins
Wasser und kleben die Eier auf einem Substrat
fest; **Larven** mit gedrungenen, hakenförmigen
Krallen; in Fließgewässern, gelegentlich auch bei
wellenumspülten Seeufern; zumeist auf einem
Untergrund sitzend, den kiemenbesetzten Hin-
terleib hin und her schwenkend.
Lit. →Ephemeroptera.
Baetis →Baetidae B, →Ephemeroptera.
Bagoinae, *Bagous* →Curculionidae D; vgl.
→Curculionidae N5.
Balcanocerus →Cicadellidae G.

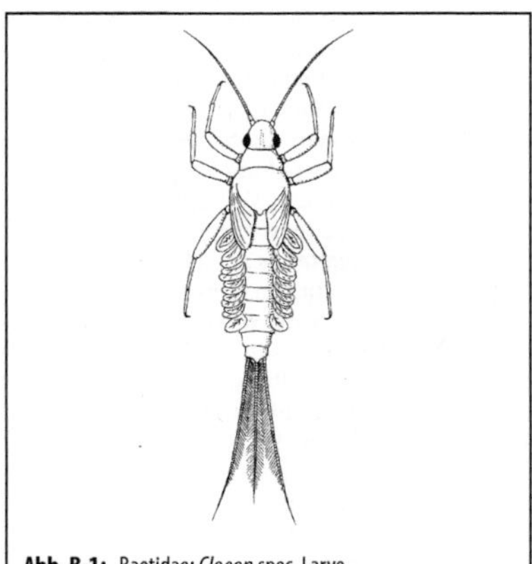

Abb. B-1: Baetidae: *Cloeon* spec. Larve.

Balclutha →Cicadellidae, A.
Balkenbock, *Hylotrupes bajulus* L. →Cerambyci-
dae D7.
Balkenbohrer, *Calopus serraticornis* L. →Oede-
meridae.
Balkenschröter, *Dorcus parallelipipedus* L. →Luca-
nidae 2.
Bambusbohrer, *Dinoderus minutus* F. →Bostrichi-
dae 3.
Banchus →Ichneumonidae D1; vgl. auch →Bom-
byliidae, →Noctuidae 1.
Barbitistes, **Barbitistini** →Phaneropteridae, 4.
Bärenspinner, Arctiinae →Erebidae K.
Baridinae →Curculionidae G.
Baryconus →Scelionidae.
Bastardbienen, *Trachusa* →Megachilidae 6.
Batozonellus →Pompilidae.
Batrachedra →Batrachedridae.
Batrachedridae, Schmalflügelmotten; Fam. der
Schmetterlinge (Lepidoptera, Glossata, Ge-
lechioidea); früher zu →Coleophoridae oder
→Momphidae; in Eur 5, M-Eur & Dt 2 Arten
der Gttg. *Batrachedra*; schlanke, bräunliche
Falter mit schmalen, lang befransten Flügeln
(8–16 mm Flspw.), die in Ruhe den Körper
einhüllen; Flügelrandborsten viel länger als die
Breite der schmalen, bandförmigen Hinterflügel; Raupen meist phytophag, die südeuropäische *Batrachedra parvulipunctella* Chrét. Jedoch
an Ausscheidungen von Schildläusen; manche

© Springer-Verlag GmbH Deutschland, ein Teil von Springer Nature 2026
E. Weber, H. Bellmann, *Jacobs|Renner – Biologie und Ökologie der Insekten*,
https://doi.org/10.1007/978-3-662-71153-8_2

außereuropäischen *Batrachedra*-Arten fressen tote oder auch lebende Insekten.

1. *Batrachedra praeangusta* Haw.; die Raupen fressen (IV–VI) an Samenkätzchen von Pappeln und Weiden, spinnen die Samenwolle zusammen; letztes Raupenstadium auch in einem Gespinst zwischen Blättern; Verpuppung außerhalb des Gespinsts in Rindenspalten der Wirtspflanze.

2. *Batrachedra pinicolella* Zell.; Raupe an Fichte, Tanne und Kiefer; Junglarve miniert in den Nadeln, ältere Raupe dringt von einem kothaltigen Gespinst am Zweig aus in die Basis der Nadel ein und höhlt sie aus; Überwinterung als Raupe; Verpuppung in einer mit Rindenteilchen getarnten Gespinströhre meist nahe am Fressplatz; 2 Generationen, zuweilen schädlich. Lit. →Lepidoptera; Koster & Sinev 2003.

Batrisodes →Staphylinidae I.

Battus →Papilionidae.

Bauchkielwanzen →Acanthosomatidae.

Bauchsammler; Bezeichnung für diejenigen Bienen, bei denen das ♀ den Pollen in der bürstenartigen Behaarung der Hinterleibsunterseite zum Nest bringt; →Anthophila [A-39]; →Megachilidae.

Baumläuse →Lachnidae.

Baumschröter, *Sinodendron cylindricum* L. →Lucanidae 5.

Baumschwammkäfer →Mycetophagidae.

Baumspanner →Geometridae C.

Baumwanzen →Pentatomidae.

Baumweißling, *Aporia crataegi* L. →Pieridae 1.

Baumzirpe →Cicadellidae A.

Becherjungfer, *Erythromma najas* Hans. →Coenagrionidae 1.

Bedeguar; Galle der Rosengallwespe; →Cynipidae 1.

Bedellia →Bedelliidae.

Bedelliidae; Fam. der Schmetterlinge (Lepidoptera, Glossata, Yponomeutoidea); früher zu den →Lyonetiidae; 2 Arten in Eur, in M-Eur & Dt nur *Bedellia somnulentella* Zell., Windenmotte; Falter klein und schlank (10 mm); Antennen fast so lang wie die Vorderflügel; Ruhestellung ähnlich vielen →Gracillariidae mit stark angehobenem Vorderkörper; in 2 Generationen im VIII August bzw. Herbst bis Frühjahr; Eiablage auf Blättern der Zaunwinde und anderen Convolvulaceae; Raupen (VII–IX) in breiten und flachen Minen, die mehrmals gewechselt werden; Puppen auf einem zwischen Blättern gesponnenem, lockeren Fadennetz; ein Kokon fehlt; Überwinterung als Falter. Lit. →Lepidoptera.

Beerenkrautspanner, *Ectropis crepuscularia* Goeze →Geometridae C10.

Beerenwanze, *Dolycoris baccarum* L. →Pentatomidae.

Beinsammler; Bezeichnung für diejenigen Bienen, bei denen das ♀ den Pollen hauptsächlich mithilfe einer Spezialbehaarung v. a. der Hinterbeine zum Nest bringt; →Anthophila [A-39]; →Andrenidae; →Apidae; →Halictidae; →Melittidae.

Beintastler →Protura.

Beißschrecken →Tettigoniidae 4, 5.

Bekreuzter Traubenwickler, *Lobesia botrana* Den. & Schiff. →Tortricidae 28.

Bellardia →Calliphoridae.

Bembidion →Carabidae J.

Bembicidae; Fam. der Hautflügler (Hymenoptera, Apocrita, Apoidea); früher zu den →Sphecidae gestellt; in Eur 146, M-Eur 65, Dt 40 Arten; 4,5–14 mm (*Bembix* bis 24 mm), ♂ meist etwas kleiner als ♀; Nester werden in sandige Böden gegraben (mit Ausnahme der Brutparasiten, →3) und bei den meisten Arten mit Zikaden bestückt (Ausnahmen: *Bembix* erbeutet große Fliegen, *Stizus* Heuschrecken und in S-Eur auch →Mantodea).

1. *Bembix rostrata* L., Kreiselwespe; 17–24 mm; stattlicher schwarz-gelber Fliegenjäger, Labrum schnabelartig vorgezogen; fliegt im Hochsommer. Nest von geringer Tiefe (15 cm) im Sandboden; durch Scharren mit den Vorderbeinen gegraben (kräftiger Grabkamm am Vorderfuß; Kiefer sehr klein), wobei der Sand im Bogen weggeschleudert wird; nisten häufig in Gemeinschaften, die ihre Nistplätze i. d. R. über Jahre behalten. Beute mittelgroße Fliegen, die auf Blüten gejagt werden (v. a. →Tabanidae, →Syrphidae); die Larve wird fortlaufend mit Futter versorgt, das Nest nach jedem Besuch verschlossen; die Fliege wird beim Nestöffnen nicht abgelegt. Die zuerst schlüpfenden ♂♂ patrouillieren patrouillieren im Nestbereich und erwarten die ♀♀; manchmal graben sie sogar im Boden nach sich herausarbeitenden ♀♀ und versuchen sofort zu kopulieren; Kopulationsversuche immer wieder auch mit schon nestgrabenden ♀♀, junge und jungfräuliche ♀♀ werden jedoch bevorzugt (Lockwirkung geht vom Abdomen des ♀ aus); die ♀♀ verpaaren sich wahrscheinlich nur einmal.

2. *Argogorytes*; Beutetiere sind Schaumzikaden (→Aphrophoridae); Eiablage an das 1. Beutetier in der Nähe der Hintercoxa; Nest im Boden, 9 cm tief; mit 6–9 Zellen, jede mit über 20 Beutetieren bestückt; die früher als die ♀♀ erscheinenden ♂♂ mancher Arten befliegen die nektarlosen Blüten der Orchidee →*Ophrys insectifera*, deren Duft den Sexuallockstoff des A.-♀ kopiert; die Behaarung der *Ophrys*-Unterlippe ähnelt der Behaarung des *A.*-♀ und bewirkt bestäubungsgerechte Orientierung des ♂ an der Blüte; das ♂ drückt sich flach an die Unterlippe, Kopf zum Blüteninnern (macht u. U. Begattungsbewegungen, gibt jedoch keinen Samen ab) und nimmt dabei Pollinien auf bzw. bestäubt die Blüte („Fetischwespen"); andere *Ophrys*-Arten werden von den ♂♂ solitärer Bienen der Gttgn. *Eucera* (→Apidae C) und *Andrena* (→Andrenidae 1) besucht, der lockende Duft (Carbonsäurederivate) ist bei verschiedenen *Ophrys*-Arten unterschiedlich.

3. Nysson, Kuckucksgrabwespen; mehrere Arten, parasitisch bei anderen Bembiciden-Arten (z. B. *Argogorytes, Gorytes, Harpactus*); das *N.*-♀ dringt in das Wirtsnest ein und legt sein Ei an die Wirtsbeute (eine Zikade), oft unter den Flügel; die *Nysson*-Larve zerstört das Wirtsei (oder die bereits geschlüpfte Wirtslarve?).

Lit. →Hymenoptera; Bitsch et al. 2020; Blösch 2000, 2012; Bohart & Menke 1976; Bohman et al. 2020; Sann et al. 2018.

Bembidion →Carabidae J.

Bembix →Bembicidae 1.

Beraea →Beraeidae.

Beraeidae; Fam. der Köcherfliegen (Trichoptera) mit in Eur 34, M-Eur 8, Dt 5 kleinen, schwärzlichen Arten, z. B. aus den Gttgn. *Beraea, Ernodes*; häufig die ganz schwarze *Beraeodes minutus* L. (Flspw. ca. 10 mm); Larven →eruciform; Köcher aus feinem Sand, gebogen; v. a. in kleinen Bächen, auf überrieselten Felsen.

Lit. →Trichoptera.

Beraeodes →Beraeidae.

Berberitzenspanner: Großer B., *Hydria cervinalis* Scop.; **Kleiner B., *Pareulype berberata*** Den. & Schiff.; →Geometridae E6.

Berghexe, *Chazara briseis* L. →Nymphalidae F6.

Berg-Sandlaufkäfer, *Cicindela sylvicola* Dej. →Cicindelidae 4.

Bergweißling, *Pieris bryoniae* Hbn. →Pieridae 2.

Bergzikade, *Cicadetta montana* Scop. →Cicadidae 4.

Berosus →Hydrophilidae 3.

Bertkauia →Psocidae.

Berytidae, Stelzenwanzen, Keulenwanzen; Fam. der Wanzen (Heteroptera, Pentatomomorpha) mit in Eur 30, M-Eur 14, Dt 11 Arten; auffallend schlanke, mittelgroße, träge Arten mit langen dünnen Beinen, mückenähnlich; Schenkel sowie erstes 1. und letztes Antennenglied am Ende oft leicht verdickt; Ernährung aller Arten überwiegend phytophag, *Neides* und *Berytinus* auch an Blattläusen beobachtet; einige nicht heimische Arten schädlich an Zuckerrohr; 1-jährig, überwintern als Imago in Streu, Moos oder Grashorsten.

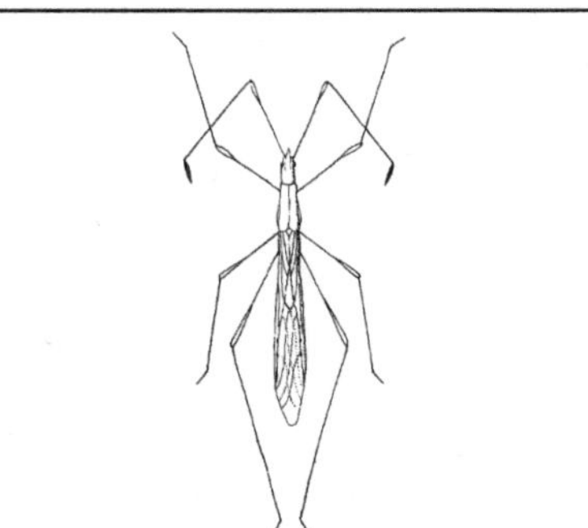

Abb. B-2: Berytidae: *Neides tipularius*; Körperlänge ca. 10 mm. (Hedicke 1935)

1. *Neides tipularius* L., Schnakerich [**B-2**]; 9–11 mm; bräunlich -grau, Larven grün; ähnelt den →Tipulidae; Hinterflügel oft verkürzt, trockenwarmes Wetter soll die Bildung langer Flügel begünstigen; häufig; an trockenen, sonnigen Stellen in niederer Vegetation wie auch am Boden; saugt an vorzugsweise drüsigen Pflanzen, daneben auch an Blattläusen; mit Totstellverhalten, bei dem die Beine angelegt werden.

2. *Gampsochoris punctipes* Germ.; 3,5–5 mm; mit extrem langen Beinen; in trockenen Biotopen; saugt den Saft der Drüsenhaare von Hauhechel (*Ononis*).

Lit. →Heteroptera; Péricart 1984.

Berytinus →Berytidae.

Bethylidae, Plattwespen, Ameisenwespen; Fam. der Hautflügler (Hymenoptera, Apocrita, Chrysidoidea) mit in Eur ± 220, M-Eur ± 70, Dt ± 36 Arten; kleine Arten (1,5–5 mm) mit länglichem, nach vorne gerichtetem (prognathem) Kopf; nicht wenige ♀♀ flügellos oder mit verkürzten Flügeln [**B-3**] und dann Ameisen nicht unähnlich; die seltenen ♂♂ ohne Nahrungsaufnahme, kurzlebig (wenige Tage), nur ausnahmsweise mit Flügelrückbildung. Die **Larven** fressen als Parasitoide außen an Larven von Käfern und Schmetterlingen, teils einzeln (z. B. *Epyris*), oft gesellig zu mehreren (z. B. *Bethylus, Cephalonomia, Laelius*); fast stets wird die Wirtslarve durch Stiche des ♀ mit dem Giftstachel in die Nähe der Brustganglien paralysiert (vgl. →Sphecidae), bei manchen Arten auch mit den Kiefern massiert; oft ernährt sich das ♀ von der Körperflüssigkeit des Opfers (anscheinend oft zur Reifung der Eier notwendig), teils ausschließlich (z. B. *Sclerodermus*), teils zusätzlich zu zuckerhaltiger **Nahrung** (z. B. *Epyris*);

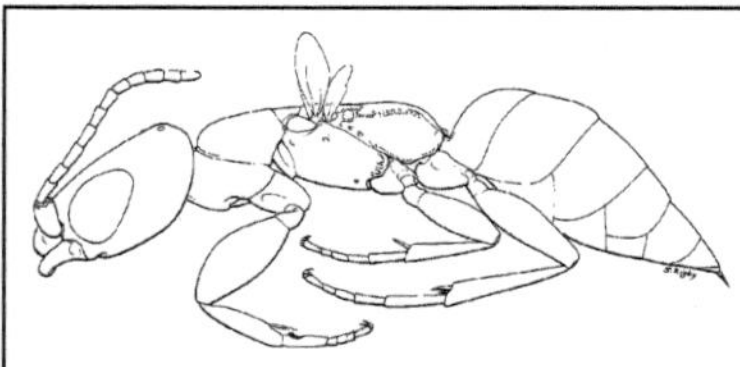

Abb. B-3: Bethylidae: *Bethylus* spec., Plattwespe. ♀ mit Stummelflügeln, ca. 3–5 mm. (Goulet & Huber 1993)

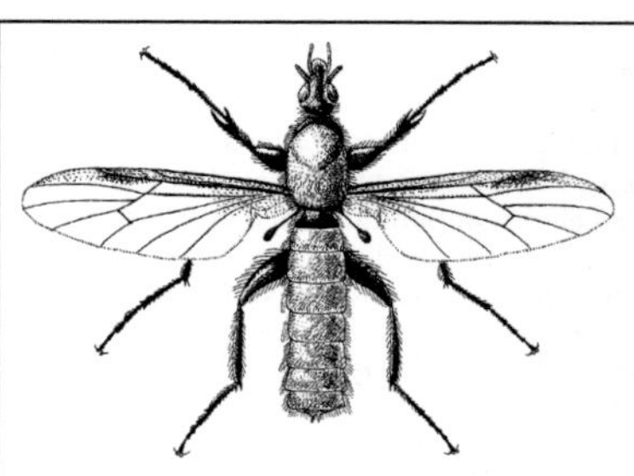

Abb. B-4: Bibionidae: *Bibio hortulanus*, Gartenhaarmücke. ♀, 9–11 mm; gelb und schwarz. (Séguy 1951a)

Transport der paralysierten Beutetiere, soweit sie offen leben, in geeignete Unterschlupfe (wiederum ähnlich den Sphecidae): *Bethylus fuscicornis* Jur. z. B. stapelt kleine Räupchen in hohlen Stängeln; **Eier** je nach Art einzeln oder zu mehreren außen an die **Beute** abgelegt; höchst merkwürdig: *Cephalonomia tarsalis* Ashm., Parasitoid bei Käferlarven der Gttg. *Oryzaephilus* (→Silvanidae): legt 2 Eier am Wirt ab, eines auf der Vorderbrust (liefert ♀-Larve), eines auf der Mittelbrust (liefert ♂-Larve); noch unbefruchtete ♀♀ mancher Arten sollen sich, nachdem sie den Schlupf der ♂♂ aus von ihnen gelegten unbefruchteten Eiern abgewartet haben, mit diesen paaren; bei gesellig fressenden Arten Inzucht dadurch, dass die zuerst schlüpfenden ♂♂ in die Kokons der Schwestern eindringen und diese begatten (Inzucht jedoch eingeschränkt durch spätere Paarung auch mit nicht verwandten ♂♂); die Entwicklung der Larven ist in wenigen Tagen (2–10) beendet; bei manchen Arten (z. B. von *Sclerodermus*) bleibt das ♀ lange Zeit bei seiner Brut (leckt sie ab?). **Verpuppung** fast stets in einem selbst gesponnenen Kokon, Geschwisterkokons i. d. R. beieinander; **Überwinterung** als Altlarve oder Puppe im Kokon oder als Imago in Verstecken. Einige Arten nutzen Schädlinge als **Wirte**, z. B. *Laelius*-Arten bei →Dermestidae, *Cephalonomia gallicola* Ashm. Beim beim Brotkäfer (*Stegobium paniceum*, →Anobiidae 6); *Cephalonomia waterstoni* Gah. ist Parasitoid bei verschiedenen *Cryptolestes*-Arten (→Laemophloeidae), wobei bestimmte Wirtsarten bevorzugt, also von anderen unterschieden werden; *Bethylus* und *Goniozus* befallen Schmetterlingsraupen (der Fam. →Tortricidae und →Pyralidae).
Lit. →Hymenoptera.
Bethylus →Bethylidae.
Bettwanze, *Cimex lectularius* L. →Cimicidae.
Beutelgallen →Gallen; →Eriosomatidae 7.
Bezzia →Ceratopogonidae.
Biastes →Apidae B4; vgl. auch →Halictidae 1, 2, 3.

Biberkäfer, Biberlaus; *Platypsyllus castoris* Rits. →Leiodidae C2.
Bibio →Bibionidae.
Bibionidae, Haarmücken; Fam. der Mücken (Diptera, Bibionomorpha) mit in Eur 44, M-Eur 32, Dt 19 Arten der Gttgn. *Bibio, Dilophus* sowie der oft (mit einer →paraphyletischen Fam. Pleciidae) abgetrennten *Penthetria*; stechen nicht; Imagines oft von Bedeutung für die Bestäubung der Obstbäume. Recht robuste (2–15 mm), fliegenähnliche, oft stark behaarte und düster gefärbte Mücken [**B-4**, **B-6**], als solche an der gleichmäßigen Gliederung der Antennen kenntlich (→Diptera); zuweilen auffallender Geschlechtsunterschied: ♂ mit sehr großen, behaarten, 2-teiligen (oben grob, unten fein facettierten) Augen, die auf der Stirn zusammenstoßen; können mit ihrer Hilfe horizontale Flugbahnen sehr exakt einhalten; Augen bei den ♀♀ kleiner, einteilig 1-teilig und unbehaart; ♀ von *Bibio* mit Grabdorn, *Dilophus*-♀ mit Reihen kräftiger Stacheln an den Vorderschienen; bei manchen Arten unterschiedliche Färbung: ♂ schwarz, ♀ ausgedehnt rot- oder gelbbraun (z. B. *Bibio hortulanus* L., Gartenhaarmücke [**B-4**]); Flügelverkürzung und damit Flugunfähigkeit bei den Flormücken der Gttg. *Penthetria* [**B-5**].
Nahrung: Nektar und →Honigtau; wichtige Bestäuber von Nutzpflanzen, insbesondere *Dilophus febrilis* L., Strahlenmücke, als Bestäuber von Obstbäumen. Träge Flieger und meist auch langsam zu Fuß; ♂♂ oft in Schwärmen, im Frühling auffallend die oft massenhaft auftretende, etwa stubenfliegengroße schwarze *Bibio marci* L., Markusfliege [**B-6**] (fälschlich oft als Märzfliege bezeichnet): die ♀♀ sitzen meist auf Gebüsch; die ♂♂ fliegen mit herabhängenden langen Hinterbeinen im Frühjahr und im Herbst in lockeren Schwärmen über Grasland

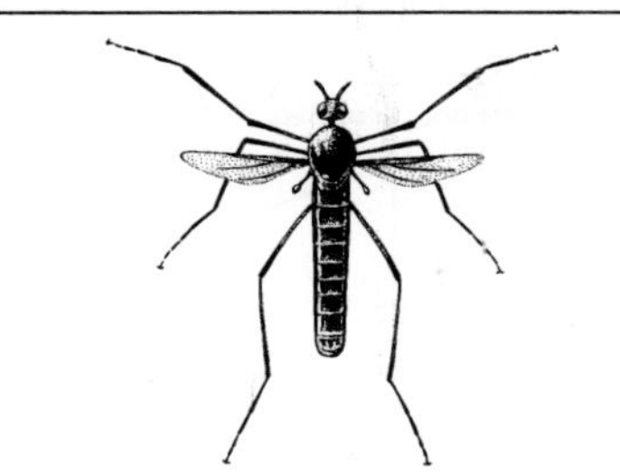

Abb. B-5: Bibionidae: *Penthetria funebris.* ♂, 6–8 mm; Flügel beim ♂ oft mehr oder weniger zurückgebildet. (Séguy 1951a)

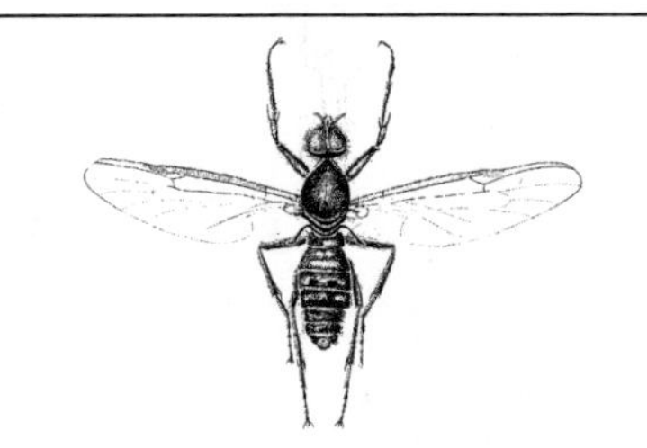

Abb. B-6: Bibionidae: *Bibio marci*, Markusfliege. ♂, ca. 11 mm. (Lindner 1923 ff)

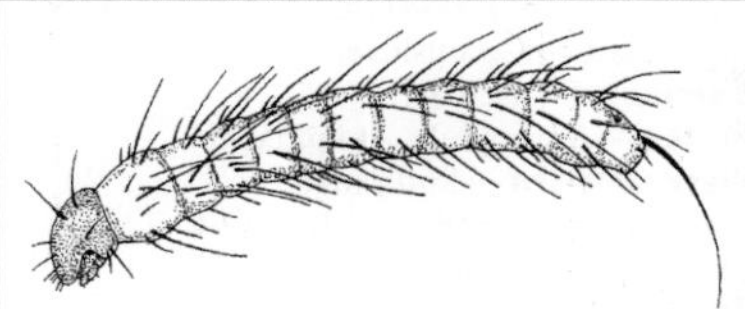

Abb. B-7: Bibionidae: *Bibio marci*, Markusfliege. Junglarve, ca. 1,6 mm. (Brauns 1954a)

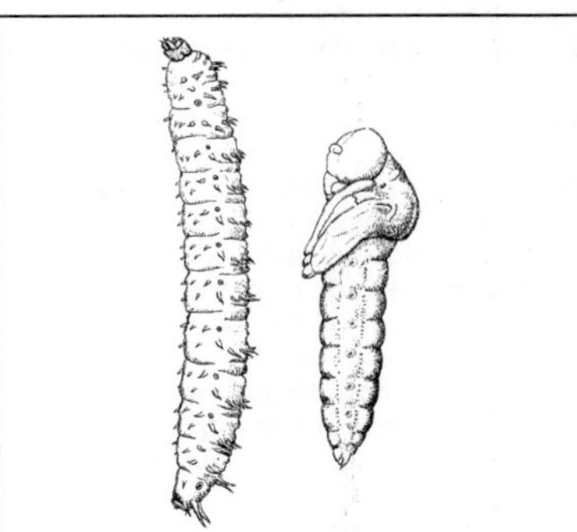

Abb. B-8: Bibionidae: *Bibio* spec. Larve, ca. 20 mm, von links; Puppe, ca. 14 mm. (Brauns 1954a)

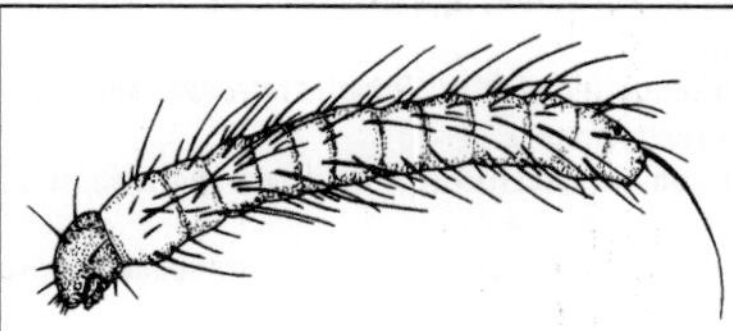

Abb. B-9: Bibionidae: *Penthetria funebris.* Larve, ca. 11 mm. (Brauns 1954a)

und Büschen; fliegende Objekte, die im dorsalen Augenteil abgebildet werden, werden angeflogen und attackiert oder (falls ♀) zur Paarung ergriffen. Die **Kopula** kann im Flug beginnen, endet am Boden; Übertragung des Spermas als Spermatophore (→Diptera); **Eiablage** in oder auf gut gedüngtem humosem Boden (Duftanlockung?), einzeln oder in Gelegen; das ♀ kann sich dabei in den Boden graben (*Bibio*) und das Gelege in wenigen Zentimetern Tiefe in einer Höhle absetzen; pro ♀ bis zu 3000 Eier. Die **Larven** sind raupenförmig, die Junglarven ± stark behaart [**B-7**], die späteren Stadien mit kürzeren oder längeren stacheligen Fortsätzen [**B-8**], mit 10 Stigmenpaaren; oft gesellig, bisweilen in gewaltigen Massen (bis zu 37 000 Larven pro Quadratmeter) in der oberen Bodenschichten, im Wald auch unter Falllaub oder in der Nähe von Stubben (z. B. *Penthetria funebris* Meig. insbesondere in Erlenbeständen [**B-9**]); Verzehrer faulender Pflanzenteile, wichtig als Humusbildner; greifen bei Massenauftreten (und Trockenheit?) auch die Wurzeln lebender Pflanzen an, werden dadurch bisweilen nach der Überwinterung schädlich; wenig kälteempfindlich. **Überwinterung** als Larve (*Bibio johannis* L., Johannishaarmücke, als Stadium 2) auf oder wenige Millimeter tief im Boden; andere Arten wenig tiefer, weichen vor Kälte nicht in größere Tiefen aus. **Puppe** mit ganz kurzen Atemhörnern [**B-8**], im Boden. Meist 1 **Generation** im Jahr, bei *Dilophus febrilis* L. 2 Generationen.

Lit. →Diptera; Freeman & Lane 1985; Hennig 1953; Schwenke 1982; Seifert et al. 1988.

Bibionomorpha; Gruppe der „Nematocera" (→Diptera), welche die Mehrheit der Mücken mit landlebenden Larven enthält; u. a. mit den

Fam. →Bibionidae, →Cecidomyiidae, →Mycetophilidae, →Scatopsidae, →Sciaridae.

Bidessus →Dytiscidae.

Bienen →Anthophila, →Apidae.

Bienenameisen →Mutillidae.

Bienenkäfer, *Trichodes* →Cleridae 4.

Bienenläuse →Braulidae.

Bienenwolf, *Galleria mellonella* L. →Pyralidae 1; ***Philanthus triangulum*** F. →Philanthidae 1; ***Trichodes*** →Cleridae 4.

Biesfliegen →Oestridae.

Binsenjungfern, *Lestes* →Lestidae.

Binsenschmuckzikade, *Cicadella viridis* L. →Cicadellidae C.

Biorhiza →Cynipidae 2; vgl. auch →Curculionidae H2.

Biphyllidae, Pilzplattkäfer; Fam. der Käfer (Coleoptera, Polyphaga, Cucujiformia); früher zu den →Erotylidae gestellt, jedoch Schwestergruppe der→Byturidae; mit in Eur & M-Eur 3 Arten, davon 2 seltene Arten in Dt: *Diplocoelus fagi* Chevr. und *Biphyllus lunatus* F.; kleiner (ca. 3 mm), längsovaler, abgeflachter Körper mit kurzer Behaarung. Imagines und Larven unter Laubbaumrinde oder in holzbewohnenden Ascomycetes (z. B. *Daldinia, Xylaria*), fressen an den Hyphen und Sporen dieser Pilze.

Lit. →Coleoptera.

Biphyllus →Biphyllidae.

Birkenblattroller, *Deporaus betulae* L. →Rhynchitidae 11.

Birkengallenwickler, *Epinotia tetraquetrana* Haw. →Tortricidae 4.

Birken-Jungfernkind, *Archiearis parthenias* L. →Geometridae A.

Birkenminiermotte, *Eriocrania sparrmannella* Bosc →Eriocraniidae.

Birkenspanner, *Biston betularia* L. →Geometridae C9.

Birkenspinner, *Endromis versicolora* L. →Endromidae.

Birkenwanze, *Kleidocerys resedae* Pz. →Lygaeidae 2.

Birkenwollafter, *Eriogaster lanestris* L. →Lasiocampidae 5.

Birkenzierlaus, Gemeine, *Euceraphis punctipennis* Zett. →Drepanosiphidae B2.

Birnbaumprachtkäfer, *Agrilus sinuatus* Oliv. →Buprestidae 5.

Birnblattsauger, *Cacopsylla pyri* L. →Psyllina A2.

Birnblattwanze, *Stephanitis pyri* F. →Tingidae 3.

Birnenblutlaus, *Eriosoma lanuginosum* Htg. →Eriosomatidae 7.

Birnengallmücke, *Contarinia pyrivora* Ril. →Cecidomyiidae C6.

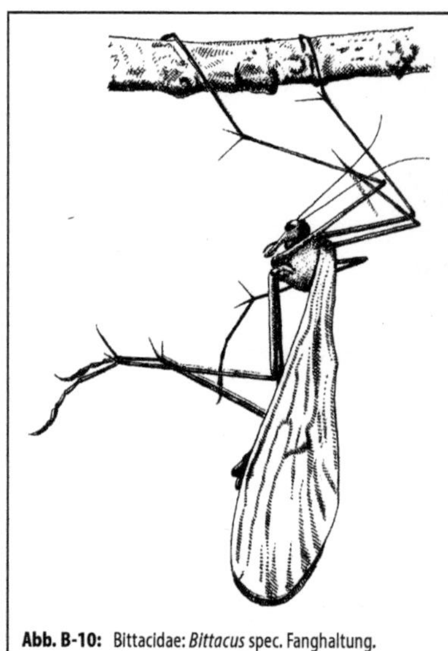

Abb. B-10: Bittacidae: *Bittacus* spec. Fanghaltung.

Birnenknospenstecher, *Anthonomus piri* Koll. →Curculionidae H1.

Birnensägewespe, *Hoplocampa brevis* Klg. →Tenthredinidae 11.

Birnentriebwespe, *Janus compressus* F. →Cephidae 2.

Biston →Geometridae C9.

Bitoma →Colydiidae.

Bittacidae, Mückenhafte; Fam. der Schnabelfliegen (Mecoptera); in Eur & Dt 2 seltene Arten: *Bittacus italicus* Müll. (etwa 13 mm) und *B. hageni* Brau.; schnakenähnlich; Körper schlank, mit langen dünnen Beinen, aber mit 4 schmalen, durchscheinenden Flügeln; die den Vertretern der Mecoptera eigene schnabelartige Verlängerung des Vorderkopfes deutlich ausgeprägt. Die Imagines an schattigen Plätzen; **ernähren** sich jagend; fangen die Beute (kleine lebende Insekten, auch Spinnen) v. a. mit den Hinterbeinen, teils im Flug, teils an den Vorderbeinen aufgehängt [**B-10**]; das letzte (5.), nur 1 Kralle tragende Fußglied ist zum Festhalten der Beute klappmesserartig gegen das vorletzte Glied einschlagbar [**B-11**]; die Beute wird mit den stilettartig verlängerten Mandibeln angebohrt, die Körperflüssigkeit aufgesaugt. Zur **Begattung** [**B-12**] lockt das ♂ durch Ausstülpen abdominaler Lockstoffdrüsen (dorsal zwischen 6. und 7. bzw. 7. und 8. Hinterleibssegment) ♀♀ aus bis zu 15 m Entfernung an; beide hängen schließlich an den Vorderbeinen, die Bauchseiten ein-

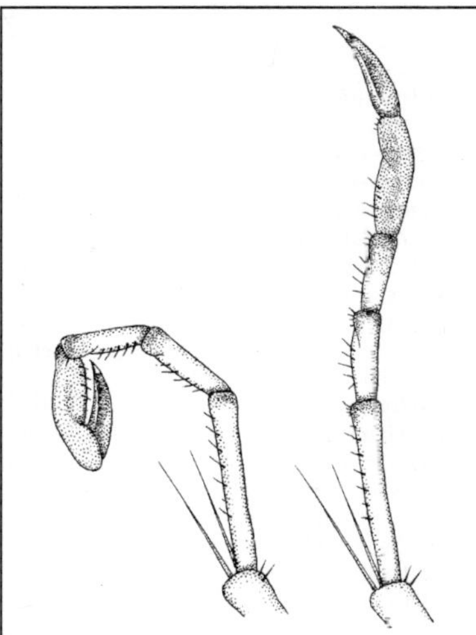

Abb. B-11: Bittacidae: *Hylobittacus apicalis*. Greiffuß; das letzte Fußglied kann gegen das vorletzte eingeschlagen werden. (Thornhill 1980)

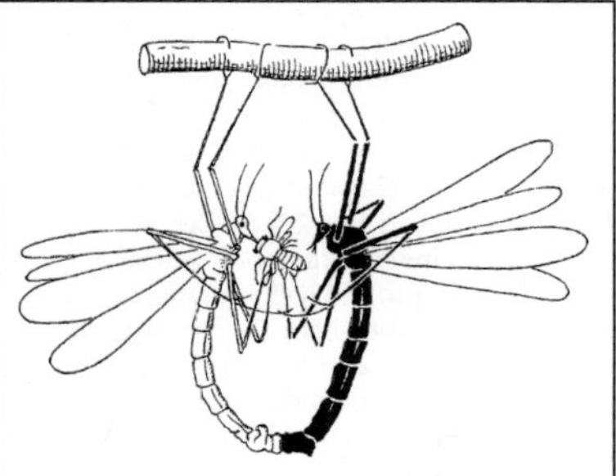

Abb. B-12: Bittacidae: *Bittacus tipularius*. Kopula; ♂ schwarz. (Eidmann 1941)

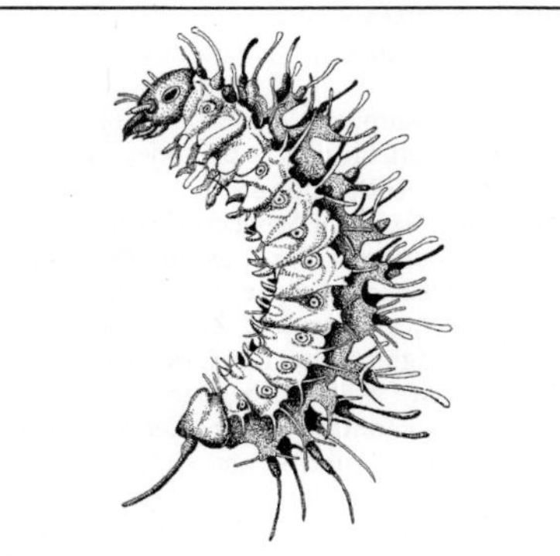

Abb. B-13: Bittacidae: *Bittacus* spec. Larve, 1. Stadium; stark vergrößert. (Grassé 1951)

ander zugewandt, an einem Stängel und saugen gemeinsam an einer – vom ♂ mitgebrachten – Beute; das ♂ hat dabei sein Abdomen in der Längsachse um 180° verdreht (ähnlich manchen →Diptera); die Begattungsdauer (normalerweise etwa 30 min) hängt von der Größe und Güte des Brautgeschenks ab; ist es zu klein oder von einer anderen Partnerin vorher schon weitgehend ausgesaugt, beendet das ♀ die Verbindung frühzeitig, u. U. bevor das →Receptaculum seminis ausreichend mit Sperma gefüllt ist; die ♂♂ des nordamerikanischen *Hylobittacus apicalis* rauben das Beutetier nicht selten einem Hochzeitspaar, oder sie erschleichen die Beute, indem sie sich dem Besitzer gegenüber durch ihr Verhalten als ♀ ausgeben. Das ♀ lässt die **Eier** zu Boden fallen oder legt sie am Boden ab; die Eier **überwintern**. Die **Larven** [**B-13**] ähnlich denen der Skorpionsfliegen (→Panorpidae) raupenförmig, düster braun, mit zahlreichen lang beborsteten Warzen; können sich, wie die *Panorpa*-Larven, mit aus dem After ausstülpbaren Haftlappen festheften (besonders beim Rückwärtskriechen); auf der Bodenoberfläche, die Körperoberfläche kann mit angeklebten Erdteilchen bedeckt sein, wohl v. a. jagend; **Verpuppung** in einer Erdhöhle, entstanden durch windende Bewegungen der Larve; nach etwa 14 Tagen schlüpft im Sommer die Imago. Lit. →Mecoptera; Mickoleit & Mickoleit 1978.

Bittacus →Bittacidae.
Blacus →Braconidae.
Blaesoxipha →Sarcophagidae A.
Blaps →Tenebrionidae 1.
Blasenfüße →Thysanoptera.
Blasenkäfer →Meloidae.
Blasenläuse →Eriosomatidae.
Blastesthia →Tortricidae 7.
Blasticotoma →Blasticotomidae.
Blasticotomidae; Fam. der Hautflügler (Hymenoptera, „Symphyta", Tenthredinoidea); in Eur & Dt nur die seltene *Blasticotoma filiceti* Klug. (6–9 mm); Antennen 4-gliedrig, mit sehr langem 3. Glied; nur ♀♀ bekannt (V, im Gebirge bis Anfang VII); die afterfußlosen **Larven** (VII–IX) minieren in den Blattstielen von Farnen, v. a. im Wald-Frauenfarn (*Athyrium filix-femina*), wo sie sich von den austretenden Pflanzensäften ernähren; Befall auffallend

durch Schaumballen am Fraßloch; →Trophobiose mit Ameisen.

Lit. →Hymenoptera; Liston 2007; Quinlan & Gauld 1981; Schedl 1991.

Blastobasidae, Großaugenmotten; Fam. der Schmetterlinge (Lepidoptera, Glossata, Gelechioidea) mit in Eur 28, M-Eur 9, Dt 5 Arten; eher kleine unscheinbar gefärbte Falter (13–22 mm Flspw.); Flügel schlank, mit langen Randborsten und trübem Fleck (Pterostigma), umhüllen in Ruhe den Körper; Raupen an abgefallenen oder verrottenden Pflanzenteilen (wie Eicheln, Kiefernnadeln) oder Tierresten;.

Lit. →Lepidoptera.

Blastodacna, Blastodacnidae →Agonoxenidae.

Blastophaga →Agaonidae 2, 3.

Blastophagus →Curculionidae P10–11.

Blatttütenmotten →Gracillariidae.

Blatta →Blattidae 1, →Blattodea; vgl. auch →Evaniidae.

Blattaria →Blattodea.

Blattella →Blattellidae 1, →Blattodea; vgl. auch →Evaniidae, →Ripiphoridae 3.

Blattellidae; Fam. der Schaben (Blattodea) mit 9 Arten in Eur; in M-Eur & Dt nur ***Blattella germanica*** L., Deutsche Schabe [**B-16**], früher auch als „Russen", „Franzosen" bezeichnet (Herkunftsdeutung?; Lästiges gleich fremdartig oder gar feindlich); wärmeliebender Kosmopolit, Heimat unbekannt; 9–13 mm; Cerci 11-gliedrig; Flügel bei ♂♂ und ♀♀ gut entwickelt, aber wohl nur zur Unterstützung des Laufsprunges benutzt. Bei uns fast ausschließlich in Häusern; oft lang dauernde **Balz** als Begattungsvorspiel: das ♂ verfolgt das ♀, betrillert es mit den Antennen, hebt die Flügel, legt so die Rückendrüse frei, dreht sich um, drängt rückwärts; das ♀ ertastet die Rückengrube, beginnt zu lecken; das ♂ schiebt sich, weiter rückwärts gehend, unter das ♀, dann Kopulation; das ♀ bildet 9–13 Tagen nach der Begattung den Eikokon in knapp 24 h, trägt ihn etwa 24 Tage am Hinterleibsende (Oothek dabei um 90° gekippt, sodass die Dorsalseite zur Seite zeigt) bis kurz vor dem Schlüpfen der Larven; 5–7 Larvenstadien. – Bei Massenauftreten lästig; verschleppt außerdem Infektionskrankheiten und Eier parasitischer Würmer.

Wenig größer, aber gedrungener ist ***Supella longipalpa*** F., Braunbandschabe (10–14,5 mm; [**B-17**]); Kosmopolit, ursprünglich in Afrika; in Dt erst seit Mitte des vorigen Jahrhunderts, nun verbreitet, jedoch selten, ausschließlich in Gebäuden; Cerci 13-gliedrig; die ca. 5 mm langen, dorsal leicht konvexen Ootheken werden senkrecht in der Genitalkammer getragen (keine Kippung), schließlich in Ritzen von Brettern und Möbeln eingeklebt. Mit voriger Art nicht nah verwandt, sondern zurzeit, als einziger in Eur vorkommener Vertreter der Fam. **Pseudophyllodromiidae** angesehen.

Lit. →Blattodea.

Blattflöhe →Psyllina.

Blatthähnchen →Chrysomelidae B.

Blatthonig →Honigtau.

Blatthornkäfer →Lamellicornia.

Blattidae, Hausschaben („Schwaben"); Fam. der Schaben (Blattodea) mit in Eur & M-Eur 4, Dt 3 eingeschleppten Arten; unsere Arten ursprünglich in warmen bis tropischen Gebieten heimisch, heute weltweit verbreitet.

1. ***Blatta orientalis*** L., Orientalische Schabe, Küchenschabe, Bäckerschabe, Kakerlak (bis ca. 25 mm); vermutlich schon vor langer Zeit aus dem Schwarzmeergebiet eingeschleppt; dunkelbraun; ♂ mit fast körperlangen Flügeln, ♀ mit kurzen Flügelstummeln. Wärmeliebend, bei uns wohl ausschließlich in Häusern; dämmerungsaktiv; Balz ähnlich wie bei *Blattella* (→Blattellidae 1); nicht selten langsames Anschleichen des ♂ an das ♀; ♀ trägt den Eikokon meist etwa einen 1 Tag, manchmal wohl auch länger mit sich herum, lässt ihn dann einfach fallen oder bringt ihn (häufiger) in einem Versteck unter; Versteck u. U. mit den Beinen ausgegrabenen, nach der Ablage wieder zugedeckt und mit einer aus dem Mund austretenden erhärtenden Flüssigkeit getränkt; 9–10 Larvenstadien.

2. ***Periplaneta americana*** L., Amerikanische (Groß-)Schabe (bis 30 mm); im 17. Jahrhundert vermutlich aus Kuba mit Zuckerrohr eingeschleppt; Aussehen und Lebensweise ähnlich 1, jedoch beide Geschlechter mit über körperlangen Flügeln. Ähnlich ***P. australasiae*** F., Australische (Groß-)Schabe, Südliche (Groß-)Schabe; entgegen dem Namen vermutlich aus Afrika stammend.

Lit. →Blattodea.

Blattkäfer →Chrysomelidae.

Blattläuse →Aphidina.

Blattlausfliegen →Chamaemyiidae.

Blattlauslöwen →Chrysopidae, →Hemerobiidae.

Blattlauswespen →Braconidae C.

Blattlaus-Grabwespen →Pemphredonidae.

Blattminen, Hyponomien →Minen.

Blattodea, Schaben (einschl. Termiten); Ordg. der Insekten mit unvollkommener Verwandlung (→Hemimetabolie); bilden mit den →Mantodea die übergeordnete Gruppe →Dictyoptera; besonders in den warmen Ländern verbreitet, in Eur 144, M-Eur 29, Dt 15 Arten, einige von ihnen eingeschleppt und inzwischen weltweit verbreitet; bei uns nur die →Ectobiidae nicht an Menschen gebunden im Freiland; die eusozialen Termiten (→Isoptera) mit stark abgewandeltem Körperbau und Lebensweise, das Folgende trifft auf sie zumeist nicht zu. Antennen lang, peitschenförmig; Mundteile kauend; die Vorderflügel derb, fast nach Art von Flügeldecken, die Hinterflügel zarter, beide in Ruhe flach auf dem Rücken; Flügel häufig verkürzt, besonders bei den ♀♀; auch flugfähige Arten sind jedoch meist wenig zum Fliegen geneigt; nicht selten bei beiden Geschlechtern der Abwehr dienende Stinkdrüsen (z. B. bei *Blatta orientalis* L. und *Periplaneta americana* L. ventral zwischen 6. und 7. Abdominalsegment sowie als 2 ausstülpbare Säckchen dorsal zwischen dem 5. und 6. Segment). Sehr flinke **Läufer**; reagieren sehr empfindlich auf Erschütterungen; Wahrnehmung über lange **Hörhaare** auf den antennenartig gegliederten Cerci, die auf Luftbewegung bei Schall (Schallschnelle) ansprechen; verbreitet Autotomie der Beine: Abwerfen bei Reizung, zuweilen erst Tage nach dem Reiz; bevorzugte Bruchstellen zwischen Schenkelring und Schenkel sowie zwischen Schiene und erstem 1. Fußglied; das verlorene Bein wird bei Larven bei der nächsten Häutung fast vollständig neu gebildet; Regeneration z. B. auch an den Mundteilen und Cerci möglich. Bei *Periplaneta americana* (auch anderen Arten) sehr ausgeprägter **Aktivitätsrhythmus** im Tagesablauf; Bildung von **Aggregationen** in allen Stadien, am stärksten im 1. Larvenstadium, primär aufgrund taktiler Reize von Umgebung und Artgenossen (Ansammlungen in Spalträumen), unterstützt durch ein im Enddarm gebildetes und mit dem Kot abgegebenes Aggregationspheromon (Wahrnehmung über die Antennen); die Labialdrüse sondert andererseits ein die Zerstreuung der Individuen förderndes Protein ab (*Blattella*; besonders bei Oothek-tragenden ♀♀ in dichten Populationen). Die meisten Arten sind Allesfresser, zuweilen wird pflanzliche **Nahrung** bevorzugt; allgemein verbreitet Zellen mit symbiotischen Bakterien (→Mycetocyten) im Fettkörper; Übertragung der **Symbionten** auf die Nachkommen durch Anlegen der Mycetocyten an die Eiröhren und Einwandern der Symbionten in die Eizellen. Jungfräuliche ♀♀ von *Periplaneta americana* L. (und von anderen Arten) sondern einen Sexuallockstoff ab, der schon in sehr geringer Konzentration die ♂♂ anlockt und zur **Balz** anregt (Wahrnehmung über die Antennen); die Lockstoffbildung steht unter dem Einfluss der Corpora allata, nimmt nach der Begattung stark ab; Hauptbildungsort ist

Abb. B-14: Blattodea: *Periplaneta americana*, Amerikanische Küchenschabe. Eikapsel; links: von vorn; rechts: von der Seite; Länge ca. 8,5 mm. (Rietschel 1969)

anscheinend die Haut im Kopfbereich; weit verbreitet sind bei den ♂♂ taschenartige abdominale Rückendrüsen (*Ectobius*: 7. Segment; *Blattella*: 7. und 8. Segment), die dem ♀ vor der Paarung dargeboten und von paarungswilligen ♀♀ abgeleckt werden; das ♂ schiebt sich dazu mit angehobenen Flügeln rückwärts unter das ♀; Beginn der Kopulation nach wenigen Minuten in dieser Stellung (♀ biegt das Abdomen nach vorn), Fortführung für 1–2 h mit voneinander abgewandten Köpfen. **Eier** in einem artspezifisch verschieden geformten Eikokon (Oothek [**B-14**]) untergebracht, in 2 gegeneinander verschobenen Zeilen (→Dictyoptera); die Oothek entsteht in der Genitalkammer (Vestibulum) im Laufe eines Tages aus erhärtetem Drüsensekret, ist zunächst weiß, wird dann braun, Ablage entweder wenige Stunden nach Fertigstellung (*Blatta orientalis*) oder erst kurz vor dem Schlüpfen der Larven (*Blattella germanica*), nachdem sie längere Zeit mit dem einen Ende in der Geschlechtsöffnung hängend herumgetragen wurde; bei manchen Arten wird die Oothek sorgfältig versteckt (*Periplaneta americana*). Vor dem Schlüpfen der **Larven** springt der Eikokon entlang einer dorsalen Längsnaht auf; die Zahl der Larvenstadien wechselt von Art zu Art, aber auch bei der gleichen Art (9–13 bei *P. americana*); meist häutet sich das ♀ einmal 1-mal mehr als das ♂; bei der Häutung wird die alte Kutikula durch Luftaufnahme in den Kropf gedehnt und gesprengt [**B-15**]; Gesamtentwicklungsdauer (Ei-Imago) beträchtlich, bei der Küchenschabe bis über 1 Jahr (bei 22 °C); Herdenbildung bewirkt Entwicklungsbeschleunigung (besonders deutlich bei der zur Bildung von Verbänden neigenden *Blattella germanica*). – In M-Eur 3 Verwandtschaftsgruppen (die ersten beiden oft zu einer →paraphyletischen Gruppe „Blattariae" zusammengefasst): 1) Blattellomorpha (kleine Schaben) mit den Fam. →Blattellidae, Pseudophyllodromiidae und →Ectobiidae; 2) Blattomorpha (große Schaben) mit der Fam. →Blattidae; 3) →Isoptera (Termiten).

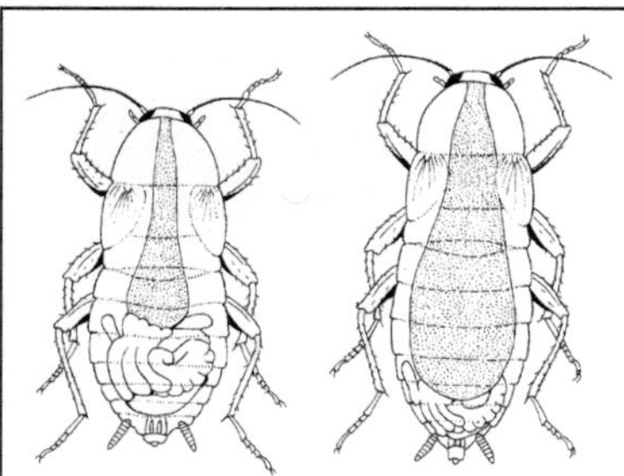

Abb. B-15: Blattodea: *Blatta orientalis*, Küchenschabe. Kropf punktiert; links: normal; rechts: kurz nach der Häutung, zum Glätten der erhärtenden Kutikula stark mit Luft gefüllt. (Eidmann 1941)

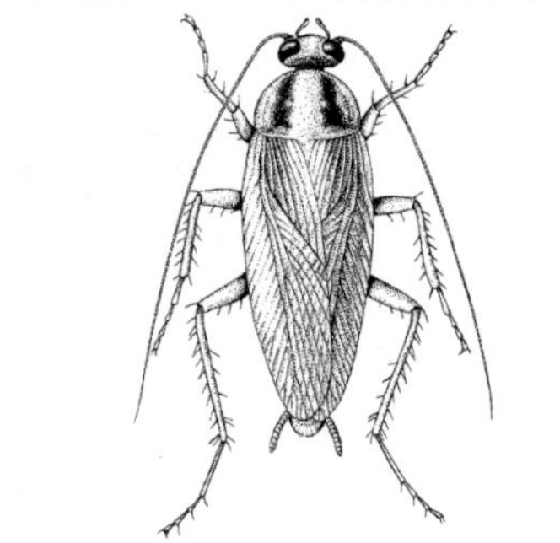

Abb. B-16: Blattellidae: *Blattella germanica*, Deutsche Schabe. ♂, ca. 11 mm.

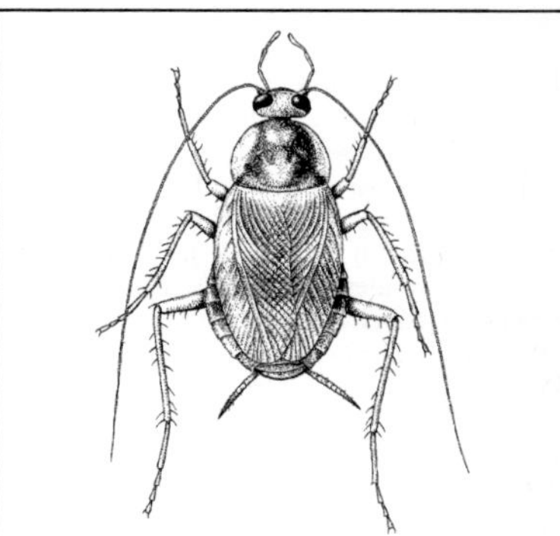

Abb. B-17: Blattellidae: *Supella longipalpa*. ♀, 10–12 mm. (M. R.)

Lit. Beier 1967, 1974; Brauns 1991; Eisenbeis & Wichard 1985; Harz 1960; Harz & Kaltenbach 1976; Klass & Meier 2005; Kočárek P, Holuša J, Vidlička Ľ 2005.

Blattopteriformia; Bezeichnung für eine nicht →monophyletische Gruppe aus →Notoptera, →Dermaptera und →Dictyoptera.

Blattrippenstecher, *Neocoenorhinidius pauxillus* Germ. →Rhynchitidae 3.

Blattschaber, *Cionus* →Curculionidae H4.

Blattschneiderameisen, *Atta* →Formicidae, D14.

Blattschneiderbienen, *Megachile* →Megachilidae 2.

Blattwespen i.e. S. →Tenthredinidae.

Blattwespen i. w. S. →Tenthredinoidea.

Blau trüber Medien; eine (meist) mattblaue Strukturfarbe, bedingt durch diffuse Zerstreuung der auffallenden kurzwelligen Strahlen an einem oft von dunklem Pigment unterlagerten Trübkörper; unter den Insekten nur bei Libellen (→Odonata) nachgewiesen.

Blauäugiger Waldportier, *Minois dryas* Scop. →Nymphalidae F7.

Blaubock, *Gaurotes virginea* L. →Cerambycidae C2.

Blaue Fleischfliegen, *Calliphora;* →Calliphoridae 1.

Blauer Eichenzipfelfalter, *Quercusia quercus* L. (= *Favonius quercus, Neozephyrus quercus*) →Lycaenidae A2.

Blauer Erlenblattkäfer, *Agelastica alni* L. →Chrysomelidae K4.

Blauer Fellkäfer, *Korynetes caeruleus* Deg. →Cleridae 5.

Blauer Scheibenbock, *Callidium violaceum* L. →Cerambycidae D6.

Blauer Weidenblattkäfer, *Plagiodera versicolora* Laich. →Chrysomelidae J5.

Blaues Ordensband, *Catocala fraxini* L. →Erebidae I2.

Blaugrüne Mosaikjungfer, *Aeshna cyanea* Müll. →Aeshnidae 2.

Blaukernauge, *Minois dryas* Scop. →Nymphalidae F7.

Blaukopf, *Diloba caeruleocephala* L. →Noctuidae 9.

Bläulinge, Polyommatinae →Lycaenidae C.

Blaupfeile, *Orthetrum* →Libellulidae 2.

Blauschwarze Birkenblattwespe, *Arge pullata* Zadd. →Argidae 2.

Blauschwarzer Eisvogel, *Limenitis reducta* Staud. →Nymphalidae B.

Blausieb, *Zeuzera pyrina* L. →Cossidae 2.

Bledius →Staphylinidae H1; vgl. auch →Anthicidae, →Carabidae H.

Blennocampa →Tenthredinidae 7.

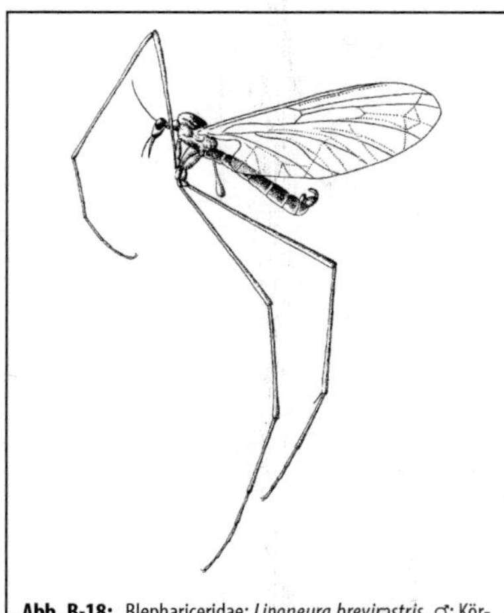

Abb. B-18: Blephariceridae: *Liponeura brevirostris*. ♂; Körper ca. 7 mm; Flügelfalten punktiert. (Séguy 1951b)

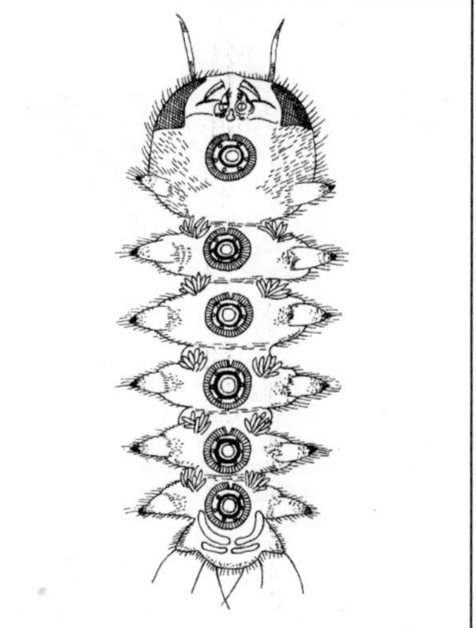

Abb. B-19: Blephariceridae: *Blepharicera fasciata*. Larve von ventral. (Lindner 1923 ff)

Blephariceridae, Lidmücken, Netzmücken; Fam. der Zweiflügler (Diptera, Psychodomorpha) mit in Eur 28, M-Eur & Dt 7 Arten v. a. der Gttg. *Liponeura*; die Imagines etwa stechmückengroß; langbeinig, fast unbehaart [**B-18**]; Augen oft durch eine Brücke in einen oberen, großfacettigen und einen unteren, kleinfacettigen Abschnitt geteilt; Stechsaugrüssel gut ausgebildet, ♀♀ oft auch mit Mandibeln; Flügel neben dem Geäder mit einem netzartigen System von Fältchen. Die ♂♂ stets, die ♀♀ bisweilen Nektarsauger; die ♀♀ saugen meist im Flug gefangene weichhäutige, kleine Insekten aus. Schwarmbildung der ♂♂ kommt vor; Kopula und **Eiablage** im Sommer; die Eier werden in stark strömenden kalten Bächen in der Nähe der Wasseroberfläche an Steine geklebt. Die **Larven [B-19]** extrem an das Leben in sehr starker Strömung angepasst; 7 Körperabschnitte: Kopf, Brust und 1. Abdominalsegment als vorderster Abschnitt, dann 5 getrennte Segmente und ein Hinterabschnitt aus 7.–9. Abdominalsegment; flach, dorsal schwach gewölbt; ventral mit 6 Saugnäpfen hintereinander, reine Bildungen der Kutikula, jedoch von sehr kompliziertem Bau; wirken ohne Mithilfe eines Klebesekrets ausschließlich nach dem Vakuumprinzip: der fein gezähnelte Saum wird an die steinerne Unterlage gepresst, wobei das Wasser zunächst durch einen vorderen Randschlitz austritt; dann wird ein medianer Kolben durch einen Dorsoventralmuskel gehoben; das Haften wird unterstützt durch feinste Härchen

an der Saugnapffläche; Bewegung vom Ort weg entweder ganz langsam durch Lösen und Haften der Saugnäpfe nacheinander oder schneller durch abwechselndes Lösen und Festheften aller vorderen, dann aller hinteren Näpfe; Verdriften der Larve bei der Häutung wird dadurch verhindert, dass die neuen Saugnäpfe sofort arbeitsfähig sind und bei der Häutung durch einen mit Drüsensekret vollgepumpten ringförmigen Hohlraum zum gebrauchsfähigen Zustand entfaltet werden [**B-20**]; Atmung durch ventrale Tracheenkiemen, in Stadium 4 jederseits meist 7, in den früheren Stadien weniger; im 1. Stadium reine Hautatmung; letztes Abdominalsegment mit 4 osmoregulatorischen Analpapillen; weiden mit den Kiefern den Steinaufwuchs ab, v. a. Kieselalgen, deren Abschwemmen durch starke Behaarung im Mundbereich verhindert wird. 4 Larvenstadien. **Puppe [B-21]** ebenfalls an Steinen im Wasser angeheftet, Vorderende gegen die Strömung; mit 2 lamellösen Spirakulumkiemen; eine feine Luftschicht auf den Lamellen (→Plastron) ermöglicht Gasaustausch sowohl im Wasser als auch bei Trockenfallen in der Luft (Stigma am Hörnchengrund); Haften am Substrat vermutlich durch Sekretabgabe an den 3 vorletzten Segmenten; ♂♂-Puppen sind kleiner als ♀♀-Puppen; die Imago schlüpft unter Wasser; erreicht, umgeben von einem Luftmantel, die Oberfläche

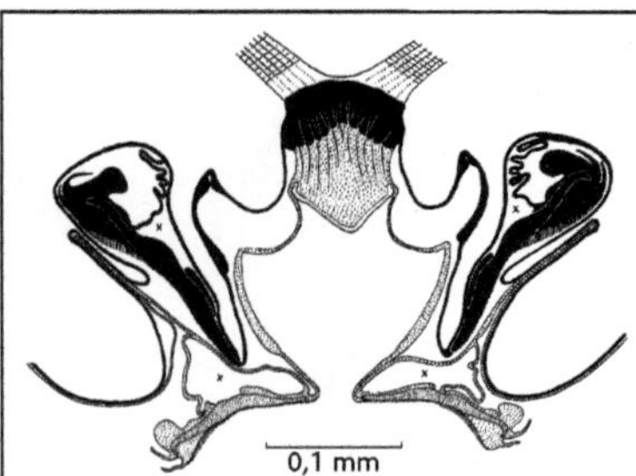

Abb. B-20: Blephariceridae: *Liponeura cinerascens*. 3. Larvenstadium vor der Häutung. Schnitt durch einen Bauchsaugnapf; außer dem Kolbenmuskel (oben) nur die kutikularen Saugnapfteile gezeichnet, die der Larve 3 punktiert, die bereits fertig angelegten der Larve 4 schwarz; x = Schwellkörperraum; bringt durch Füllung mit Sekret die neue Haftscheibe zum Ausbreiten. (Rietschel 1961)

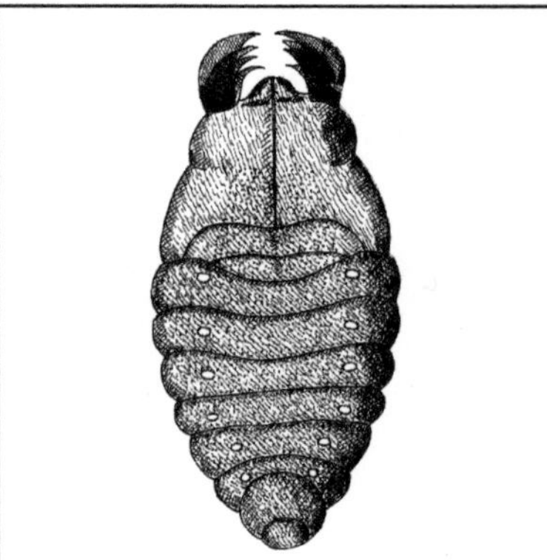

Abb. B-21: Blephariceridae: *Liponeura cinerascens*. Puppe, 7 mm. (Lindner 1923 ff)

des stets flachen Wassers mit den Vorderbeinen, breitet die Flügel, zieht die Hinterbeine aus den Scheiden und fliegt ab; **Überwinterung** als Larve; 1 Generation im Jahr.
Lit. →Diptera; Arens 1993; Wichard et al. 2013.
Blepharipa →Tachinidae; vgl. auch →Erebidae J4.
Blindbremse, Blinde Fliege, Blindfliege →Tabanidae.
Blindspringer →Onychiuridae.
Blindwanzen →Miridae.
Blissidae, Schmalwanzen; Fam. der Wanzen (Heteroptera, Pentatomomorpha) mit in Eur 10, M-Eur 3, Dt 2 Arten; früher zu den →Lygaeidae; klein (3–6 mm) und schlank; Imagines zumeist kurzflügelig, langflügelige Individuen selten. Die Tiere sitzen an Süßgräsern (Poaceae) im Spalt zwischen Halm und Blattscheide, an denen sie saugen; einige fremdländische Arten an Kulturpflanzen schädlich (*Blissus leucopterus* Say. in Amerika an Mais, Reis, Zuckerrohr, Hafer, Weizen). **Eiablage** mit Legebohrer in das Gewebe der Halme. 2-jährig, **überwintern** erst als Larve und dann als Imago.
Lit. →Heteroptera.
Blissus →Blissidae.
Blitophaga →Staphylinidae K8.
Blitzwurm →Buprestidae 5.
Blondelia →Tachinidae 4.
Blumeneule, *Melanchra persicariae* L. →Noctuidae 32.
Blumenfliegen →Anthomyiidae.
Blumenkäfer →Anthicidae.
Blumenwanzen →Anthocoridae.
Blumenwespen →Anthophila.

Blutbär, *Tyria jacobaeae* L. →Erebidae K13.
Blutbienen, *Sphecodes* →Halictidae 6.
Blutbock, *Purpuricenus kaehleri* L. →Cerambycidae D9.
Blütenböcke →Cerambycidae.
Blütengrillen →Oecanthidae.
Blütenspanner, *Eupithecia* →Geometridae.
Blütenstecher, *Anthonomus* →Curculionidae H1.
Blutlaus, *Eriosoma lanigerum* Hausm. →Eriosomatidae 1.
Blutrote Heidelibelle, *Sympetrum sanguineum* L. →Libellulidae 4.
Blutrote Raubameise, *Formica sanguinea* Latr. →Formicidae C8.
Blutrote Zikade, *Tibicina haematodes* Scop. →Cicadidae 3.
Blutströpfchen →Zygaenidae A.
Blutzikade, *Cercopis vulnerata* Ill. →Cercopidae.
Bockkäfer →Cerambycidae.
Bodenläuse →Zoraptera.
Bodensackmotten →Lypusidae.
Bodenwanzen →Rhyparochromidae.
Bohnenkäfer, *Bruchus rufimanus* Boh. →Chrysomelidae C5.
Bohrfliegen →Tephritidae.
Bohrkäfer →Anobiidae; →Bostrichidae; *Hylecoetus dermestoides* L. →Lymexylidae 2.
Bohrmotten →Ypsolophidae.
Bolbelasmus →Geotrupidae C.
Bolboceratidae, Bolboceratinae →Geotrupidae C.
Boletina →Mycetophilidae.
Boletobiinae →Erebidae H.
Bolitophagus →Tenebrionidae 5.
Bolitophila →Bolitophilidae.

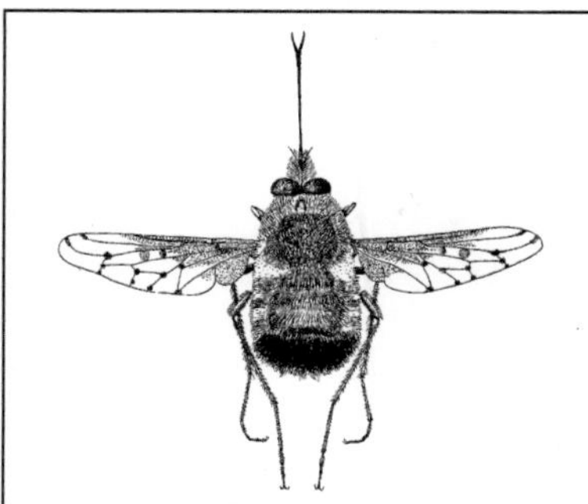

Abb. B-22: Bombyliidae: *Bombylius discolor*. ♂; Länge (ohne Rüssel) ca. 14 mm. (Lindner 1923 ff)

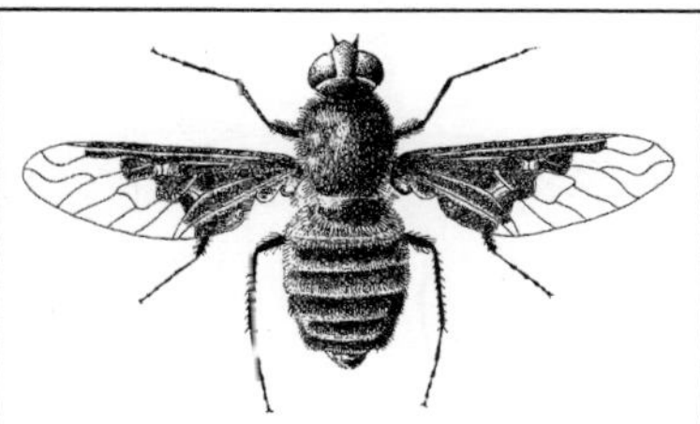

Abb. B-23: Bombyliidae: *Hemipenthes morio*. ♂; 4–12 mm; die Larve parasitoid bei Hymenopteren und Dipteren. (Séguy 1951a)

Bolitophilidae; Fam. der Zweiflügler (Diptera, Bibionomorpha) mit in Eur 35, M-Eur 28, Dt 22 Arten der Gttg. *Bolitophila*; zarte (4–7 mm), graubraune Mücken, die den →Mycetophilidae ähneln (und früher zu diesen gestellt wurden); stechen nicht. An feuchten Waldstellen und Ufern, wo sich die Larven [**M-51**] gesellig in Hutpilzen entwickeln. Puppe frei, ohne Kokon. Lit. →Diptera.

Boloria →Nymphalidae E.

Bombardierkäfer, Brachinus →Carabidae L.

Bombus →Apidae E1.

Bombycidae, Seidenspinner; Fam. der Schmetterlinge (Lepidoptera, Glossata, Bombycoidea); 1 Art in Eur eingeführt: *Bombyx mori* L. (Seidenspinner, Maulbeerseidenspinner), wichtigster Lieferant der Naturseide; nur als Haustier bekannt, von *Bombyx mandarina* Moore aus Ostasien abstammend; Beginn der **Domestizierung** in China vor über 5000 Jahren; Folgen der langen Domestizierung sind u. a.: Zuchtformen (Unterschiede in Raupenfärbung, Hämolymphfarbe, Nahrungsbedarf, Entwicklungsgeschwindigkeit, 1 oder mehrere Generationen im Jahr, Kokonfarbe, -form, -gewicht) und Flugunfähigkeit (nur noch Flügelschwirren möglich; Wild-♂♂ sind gute Flieger); junge Raupen können die Futterblätter nicht selbst anschneiden; die Naturseide wird gewonnen durch Abhaspeln des Kokonfadens (→Lepidoptera), dessen Länge je nach Zuchtform stark variiert (bei Zuchtformen mit nur 1 Generation im Jahr über 1000 m, davon ca. 700 m verwertbar; bei Zuchtformen mit mehreren Generationen bedeutend weniger; bei *B. mandarina* 150–200 m); der Faden besteht innen aus Fibroin, außen aus Sericin als Kitt für die Fibroinfäden. Rüssel reduziert; ♀ mit 2 ausstülpbaren Duftdrüsen am Hinterleibsende,

die den (auch synthetisch hergestellten) Sexuallockstoff Bombycol absondern, ein 10-*trans*-12-*cis*-Hexadecadienol (manche künstlichen Isomere sind stärker wirksam als der Naturstoff); der Duftstoffgehalt der Drüsen ist beim Schlüpfen am größten, nimmt dann – besonders rasch nach der Kopulation – ab; der Duftstoff bewirkt Aktivierung und Annäherung des ♂ an das ♀ und (dicht am ♀) einen von Flügelschlagen begleiteten „Schwirrtanz" als Teil der **Balz**; erstaunliche Geruchsempfindlichkeit des ♂: etwa 25 000 für Bombycol empfindliche Sinneszellen pro Antenne, jede kann durch ein einzelnes Bombycol-Molekül erregt werden; um eine Reaktion des ♂ auszulösen, genügt die Erregung von etwa 1 % der Sinneszellen; die Riechorgane des ♀ sprechen nicht auf den Duftstoff an. Die **Raupen** fressen die Blätter des Maulbeerbaums (Auslöser sind verschiedene Inhaltsstoffe wie Citral, Hexanol, Linalylacetat). Lit. →Lepidoptera; Ebert 1994; Freina & Witt 1987; Rougeot & Viette 1983.

Bombycol →Bombycidae.

Bombyliidae, Wollschweber, Hummelfliegen; Fam. der Zweiflügler (Diptera, Brachycera, Asiliformia) mit in Eur ± 310, M-Eur 75, Dt 43 Arten; meist mittelgroße (1–20 mm), parasitoide Fliegen; manche hummelartig behaart [**B-22**], andere düster gefärbt und mit stark verdunkelten Flügeln [**B-23**]; geschickte und schnelle Flieger; Hinterbeine im Flug nach hinten -oben gestreckt, Vorder- und Mittelbeine nach vorne; Rüssel bei einigen Arten verkümmert bzw. kurz [**B-24**], bei anderen lang, geeignet zum **Nektarsaugen** (bei *Bombylius medius* L. z. B. fast körperlang), wobei sie entweder nach Schwärmerart rüttelnd vor der Blüte schweben, sich oft mit den Vorderbeinen aufstützen oder auch auf der Blüte Platz nehmen; ♀ nehmen auch Pollen; Arten mit kurzlebigen Imagines ohne Nahrungsaufnahme kommen vor; manche Arten sind schon

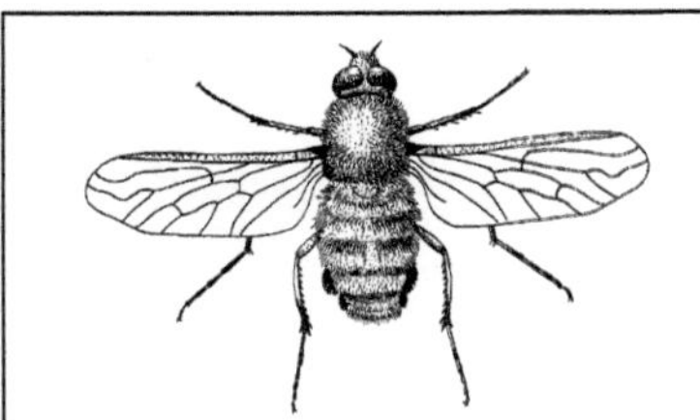

Abb. B-24: Bombyliidae: *Villa hottentotta.* ♂; 15 mm. (Séguy 1951a)

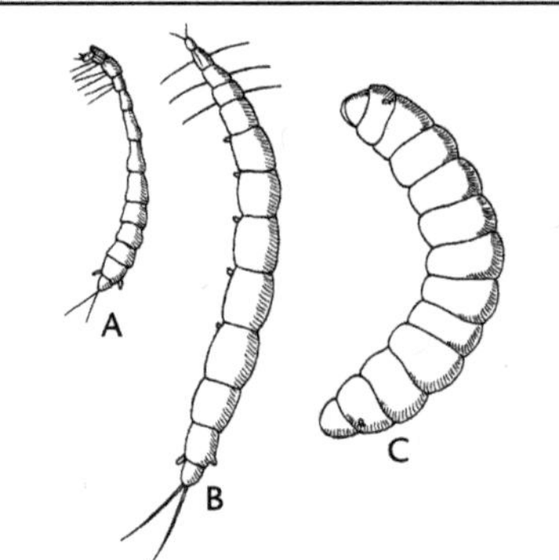

Abb. B-25: Bombyliidae: *Bombylius minor.* A und B: metapneustische Junglarven; A: ca. 1,5 mm; B: ca. 2,5 mm, nach Verzehren des Pollenvorrates von *Colletes daviesanus*; C: letztes Stadium; amphipneustisch, Vorder- und Hinterstigmen eingezeichnet. (Lindner 1923 ff)

im Frühling, z. B. beim Besuch von Traubenhyazinthen, leicht zu beobachten; andere, z. B. die Trauerschweber der Gttg. *Anthrax*, sonnen sich im Sommer gern auf sandigem Boden. Finden der Geschlechter auf sehr verschiedene Weise: an bestimmten Versammlungsplätzen, an bestimmten Blüten, nach Verfolgungsflug (♂ verfolgt ♀) oder am Eiablageort des ♀. **Eiablage** teils direkt oder nahe am Larvenwirt (z. B. *Systoechus* an Eigelege von Heuschrecken), teils durch gezieltes Abschießen der bis zu 3000 Eier aus dem Rüttelflug in oder neben die Nesteingänge der Wirte (häufig solitäre Wespen und Bienen); im letzteren Fall nimmt (zumindest bei einigen Arten) das ♀ vor der Eiablage mit dem Hinterleibsende in einem Härchenkranz etwas Sand auf, der an der klebrigen Oberfläche des herausgleitenden Eies hängen bleibt (Tarnung?, Schutz gegen Sonne?); das so präparierte Ei wird bei ***Spogostylum tripunctatum*** Wied. Aus 2–3 cm Abstand auf das bereits verschlossene Nest einer Mörtelbiene (*Megachile parietina*, →Megachilidae 2) geschossen; die schlüpfende Larve dringt durch feine Haarrisse im Mauerbau der Mörtelbiene in eine Zelle ein; *Bombylius posticus* F. schießt seine Eier auf die Nesteingänge der solitären Biene *Panurgus calcaratus* (→Andrenidae 2), *Bombylius major* L. weniger genau gezielt auf das Nest der Sandbienen (*Andrena*, →Andrenidae 1) und Seidenbienen (*Colletes*, →Colletidae 1); das Wirtsspektrum ist keineswegs immer eng: z. B. parasitiert *Anthrax anthrax* Schr. bei verschiedenen solitären Bienen (auch Kuckucksbienen), andere *Anthrax*-Arten bei Heuschrecken und bei Raupen von Eulenfaltern; *Villa hottentotta* L. [**B-24**] bei Eulenraupen und anderen Schmetterlingslarven, andere *Villa*-Arten bei Käferlarven.; bemerkenswert die hyperparasitoiden *Hemipenthes*-Arten (z. B. *H. morio* L. [**B-23**]): die Larven fressen die Puppen von Raupenparasitoiden aus, z. B. von *Banchus* und *Ophion* (→Ichneumonidae D) und von *Panzeria*

(→Tachinidae); das Abklingen von Forleulen- oder Nonnenkalamitäten kann durch starkes Auftreten von *Hemipenthes* verzögert werden. Entwicklung der **Larven** →polymetabol [**B-25**]; die Erstlarve (aktive Suche nach dem Wirt!) sehr beweglich, mit 5 Stummelfußpaaren; spätere Stadien madenartig; fressen, falls der Wirt eine solitäre Biene ist, zuerst den Pollen-Honig-Vorrat für die Wirtslarve auf, saugen dann diese selbst von außen aus. **Überwinterung** als Larve; vor dem Puppenstadium manchmal ein bewegliches Pronymphenstadium; **Puppe** [**B-26**] beweglich, mit Dornen am Vorderende und Borsten am Hinterleib, erleichtern das Sprengen des Wirtsnestes oder das Herausarbeiten aus Bodennestern; bei *Spogostylum tripunctatum* arbeitet sich die Puppe erst dann nach außen, wenn in benachbarten Zellen groß gewordene Mörtelbienen Gänge freigenagt haben; Imaginalhäutung erst im Freien.
Lit. →Diptera; Westrich 2019.
Bombylius →Bombyliidae; →Andrenidae 2.
Bombyx →Bombycidae.
Bootanomyia →Megastigmidae.
Borboropsidae, *Borboropsis* →Heteromyzidae.
Boreidae, Winterhafte; Fam. der Schnabelfliegen (Mecoptera) mit in Eur 5, M-Eur 3, Dt 4 Arten der Gttg. *Boreus*: am häufigsten *B. hyemalis* L., Gletschergast, Schnabelgrille, Schneefloh (etwa 3,5 mm), ähnlich *B. westwoodi* Hag. [**B-27**]; braun-bronzefarben, einer kleinen Grillen- oder Heuschreckenlarve nicht unähnlich; wie bei den übrigen Mecoptera

Abb. B-26: Bombyliidae: *Bombylius* spec. Puppe; ca. 12 mm. (Lindner 1923 ff)

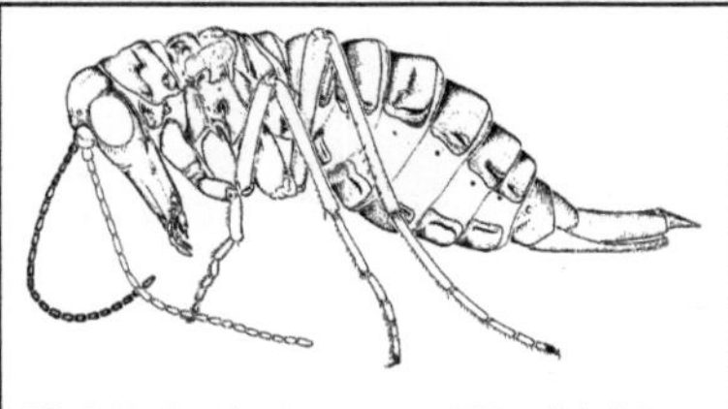

Abb. B-27: Boreidae: *Boreus westwoodi,* Winterhaft. ♀; 5 mm. (Original Bürgis 1986)

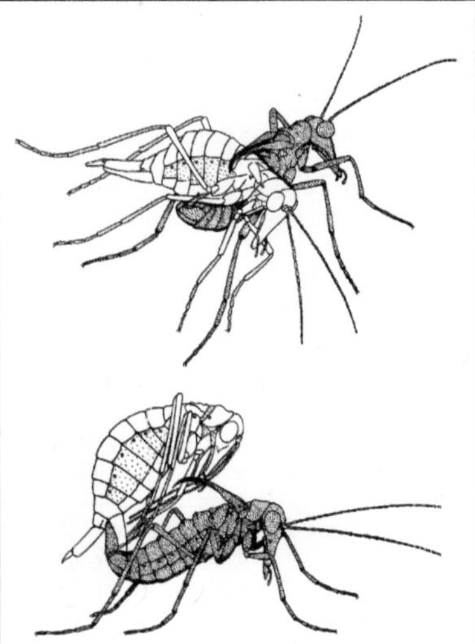

Abb. B-28: Boreidae: *Boreus westwoodi,* Winterhaft. 2 Phasen der Kopulation. Oben: Das ♂ hat mit der Flügel-Abdominalzange das ♀ ergriffen. Unten: Kopulationsstellung; das ♂, dunkel, hält mit den Flügelrudimenten die Vorderschenkel des ♀ fest. (G. & E. Mickoleit 1976)

Vorderkopf schnabelartig verlängert; Mundteile, außer den Mandibeln, zart; die verhältnismäßig langen Hinterbeine ermöglichen auch Fortbewegung durch Springen; Flügel stark rückgebildet, beim ♂ zu 4 pfriemenartigen, am Ende gebogenen Gebilden, beim ♀ zu kurzen Schüppchen; Hinterleib der ♀♀ zu einem legebohrerartigen Gebilde verlängert, v. a. durch 2 lange, z. T. miteinander verschmolzene Stücke am Bauchteil des 9. Segments; ♂ am Genitalsegment mit 2 nach dorsal zangenartig einschlagbaren Genitalhaken. Imagines ab Herbst bis in den Frühling an windgeschützten, sonnenbeschienenen Waldlichtungen und Waldrändern zu finden; bei Tauwetter auch auf Schnee; wenig kälteempfindlich. **Nahrung** überwiegend pflanzlich (Moos), bei Nahrungsmangel werden auch tote →Collembola und wohl auch noch andere zerfallende tierische Substanzen verzehrt; Verdauung (zumindest größtenteils) vor dem Mund. **Begattung [B-28]** im Herbst und Winter: das ♂ sucht nach dem ♀, nähert sich ihm zunächst nur mit den Antennen (das ♀ springt leicht weg), packt es dann mit den Genitalzangen an einem Bein, zerrt es näher an sich heran (♂ unter ♀) und klemmt es zwischen den sichelförmigen Flügelstummeln und dem Abdomen ein, wobei 2 dorsale Fortsätze (Tergalapophysen) der Hinterleibssegmente 2 und 3 ein Herausgleiten des ♀ verhindern; nun wird der Zangengriff um das Bein gelöst, dann Vereinigung der Geschlechtsteile und Freigabe der Flügelfessel; schließlich hält das ♂ sein Abdomenende mit dem angekoppelten ♀ so, dass das ♀ sich längs über seinem Rücken befindet; die Flügelhaken des ♂ können dabei hinter ein ♀-Bein greifen; die Vereinigung ist sehr fest, dauert u. U. tagelang (das ♂ läuft mit dem ♀ auf dem Rücken herum). **Eiablage** einzeln in die oberste Bodenschicht. **Larven** raupenähnlich, mit Brustfüßen, aber ohne Afterfüße am Hinterleib, erwachsen etwa 7 mm; Hauptnahrung: Moos und Mooswürzelchen. **Entwicklung** 2-jährig, 1. Überwinterung als Ei, 2. als Larve; **Verpuppung** VII–IX in einer Erdkammer dicht unter der Oberfläche; die Kammer ist mit einer dünnen Spinnfadenschicht ausgekleidet; die

Abb. B-29: Bostrichidae: *Bostrichus capucinus*, Kapuziner-käfer. 8–14 mm.

Spinnseide stammt vermutlich aus Spinndrüsen, die auf der Unterlippe münden.
Lit. →Mecoptera; Eisenbeis & Wichard 1985; Mickoleit & Mickoleit 1976; Sauer 1966; Strübing 1958.
Boreus →Boreidae.
Borkenkäfer →Curculionidae P.
Borkenkäferfresser, ***Thanasimus formicarius*** L. →Cleridae 1.
Borophaga →Phoridae 6.
Borstenläuse, Chaitophorinae →Drepanosiphidae D.
Borstenschwänze →Thysanura.
Bostrichidae, Holzbohrkäfer, Bohrkäfer; Fam. der Käfer (Coleoptera, Polyphaga, Bostrichiformia) mit in Eur 23, M-Eur 9, Dt 4 Arten; Importe von Holz, Getreide und öl- und stärkereichen Pflanzenprodukten führen immer wieder zur Einschleppung außereuropäischer Arten (Gefahr dauernder Einbürgerung in Gebieten mit milden Wintern); klein bis mittelgroß; gestreckt-zylindrischer Körper (ähnlich Borkenkäfer, →Curculionidae P), Kopf von oben kaum sichtbar, unter dem Halsschild verborgen. Käfer und Larven (diese ähnlich kleinen Engerlingen mit kurzen Beinen) bohren meist in trockenem Holz (→Anobiidae, →Lyctidae), seltener (dann v. a. die Jungkäfer) in frischem, ernähren sich aber von Stärke; einzelne Arten an Kulturpflanzen schädlich, auch an Getreide, Früchten; Larven und Imagines mit symbiotischen Mikroorganismen in 2 Mycetomen (→Mycetocyten) jederseits vom Darm, Übertragung durch Einwandern in die Eizellen noch im Ovar (ähnlich →Lyctidae). **Eiablage** einzeln in den Fraßgängen oder außen am Holz; 4–5 Larvenstadien, die beiden ersten relativ schlank; **Verpuppung** im befressenen Material.
1. ***Bostrichus capucinus*** L., Kapuzinerkäfer [**B-29**]; bei uns die häufigste Art der Fam.; 8–14 mm; in Hartholz, v. a. in Eichenholz; auch in trockenen Wurzeln, vertrockneten Weinstöcken; an gelagertem Eichenholz zuweilen schädlich; das ♂ steht bei der Balz dicht hinter dem ♀, betrommelt dessen Flügeldecken hinten

mit den Vorderfüßen; manchmal Kämpfe der ♂♂ miteinander.
2. ***Rhizopertha dominica*** F., Getreidekapuziner; Heimat warme Länder, heute weltweit verbreitet; häufiger importiert mit eiweiß-, öl- und stärkereichen Pflanzenprodukten, Getreidearten; 2,5–3 mm; schädlich an Getreide, Reis und anderen Vorräten; Entwicklungszeit bis zum Schlupf der Imago 33 Tage.
3. ***Dinoderus;*** mehrere Arten erreichen M-Eur immer wieder mit importiertem Bambus; z. B. *D. minutus* F. (Bambusbohrer, 3 mm); bohrt oft auch in Material, das für seine Entwicklung ungeeignet ist.
Lit. →Coleoptera; Cymorek 1974; Hashem 1989.
Bostrichiformia; Gruppe der Käfer (→Coleoptera).
Bostrichus →Bostrichidae 1.
Bostrychidae →Bostrichidae.
Botanophila →Anthomyiidae 1, 2.
Botenstoffe, Signalstoffe (engl. *Semiochemicals*, von griech. *Semaion*, Signal, Zeichen); zusammenfassende Bezeichnung für die interspezifischen →Allomone und →Kairomone und für die intraspezifischen →Pheromone.
Bothrideres →Bothrideridae.
Bothrideridae; Fam. der Käfer (Coleoptera, Polyphaga, Cucujiformia); früher zu den nicht näher verwandten →Colydiidae gestellt; in Eur 3 Arten, in M-Eur & Dt nur *Bothrideres bipunctatus* Gmel.; kleiner (3–5 mm), länglicher, abgeflachter Käfer; dunkel rostrot mit schwärzlichem Nahtstreifen; unter Rinde, v. a. in Gängen der Poch- und Borkenkäfer (→Anobiidae, →Curculionidae P: Scolytinae); seltenes Urwaldrelikt; **Larven** verschiedenen: Erstlarve beweglich (ähnlich →Triungulinus-Larve), nachfolgende Stadien Parasitoide an holzbewohnenden Käferlarven, nehmen dabei im Laufe der Häutungen die Form eines Sackes mit rückgebildeten Gliedmaßen an.
Lit. →Coleoptera; Klausnitzer 2005.
Bothriomyrmex →Formicidae B4.
Bothriothorax →Encyrtidae.
Boudinotiana →Geometridae A.
Bourletiella, **Bourletiellidae** →Sminthuridae.
Bovicola, **Bovicolidae** →Trichodectera 2, Phthiraptera.
Brachfliege, ***Delia coarctata*** Fall. →Anthomyiidae 5.
Brachicoma (*Brachycoma*) →Sarcophagidae B.
Brachinidae, Brachininae, ***Brachinus*** →Carabidae L.
Brachistinae →Braconidae A.
Brachkäfer, ***Rhizotrogus aestivus*** Oliv. →Scarabaeidae C3.
Brachycaudus →Aphididae 6.

Brachycentridae; Fam. der Köcherfliegen (Trichoptera) mit in Eur 17, M-Eur & Dt 7 Arten; mittelgroß (Flspw. 16–26 mm); die Larven →eruciform; in Fließgewässern, greifen mit den abgespreizten Beinen vorbeidriftende Nahrungsteilchen (*Brachycentrus*) oder fressen Detritus und Algen (*Micrasema*); bauen Köcher aus Pflanzenteilchen mit rundem oder viereckigem 4-eckigem Querschnitt (*Brachycentrus*) oder runde Sandköcher (*Micrasema*). Lit. →Trichoptera.

Brachycentrus →Brachycentridae, →Trichoptera.

Brachycera, Fliegen; →Diptera.

Brachyderes →Curculionidae F3.

Brachygaster →Evaniidae.

Brachymeria →Chalcididae 2.

Brachyopa →Syrphidae, →Syrphidae E.

Brachyptera →Taeniopterygidae.

Brachypterolus →Kateretidae.

Brachypterus →Kateretidae.

Brachysomus →Curculionidae F.

Brachystomella, Brachystomellidae →Neanuridae.

Brachyta →Cerambycidae C.

Brachytarsina →Streblidae.

Brachytarsus →Anthribidae 4; inzwischen wird für diese Gttg. *Anthribus* verwendet, während vorher die jetzt *Platystomos* genannte Gttg. So so bezeichnet wurde.

Brackwespen →Braconidae.

Bracon →Braconidae B1; vgl. auch →Sesiidae.

Braconidae, Brackwespen; Fam. der Hautflügler (Hymenoptera, Apocrita, Ichneumonoidea) mit in Eur ± 3500, M-Eur ± 2350, Dt ± 1550 Arten, einige davon sehr häufig; z. T. wichtige Helfer beim Kurzhalten von Schadinsekten; meist kleine, höchstens mittelgroße, recht träge Schlupfwespen, die in Vielem ihrer Schwestergruppe, den →Ichneumonidae, ähneln; ♂♂ tanzen oft im Schwarm, ähnlich einem Mückenschwarm (z. B. *Blacus ruficornis* Nees). **Larven** stets als primäre Parasitoide bei verschiedenen Insekten, endo- oder (seltener) ektoparasitoid, meist in Larven oder Puppen (nur Euphorinae →A und Aphidiinae →C in Imagines); die Mehrzahl der Arten ist koinobiont, paralysiert also ihre Wirte nicht (Ausnahmen s. →B); oft gehören die **Wirte** ganzer U-Fam. zu derselben Ordg.; Wirte häufig Schmetterlinge (wahrscheinlich alle heimischen Fam.) und Käfer (z. B. →Anobiidae, →Chrysomelidae, →Curculionidae), auch Fliegen (→B), Wanzen (→A), Blattläuse (→C) und Hymenopteren; nicht selten viele Larven in oder an einem Wirt (insbesondere U-Fam. Microgastrinae); bei Arten mit mehreren Generationen im Jahr zuweilen verschiedene Generationen in verschiedenen

Wirten; **Eier** bei vielen endoparasitoiden Arten fast ohne Dotter, wachsen unter Aufnahme von Körperflüssigkeit des Wirtes enorm an (vgl. →Ichneumonidae); **Verpuppung** häufig in einem Gespinst (aus den Labialdrüsen) auf oder neben dem Wirtstier. In Dt zahlreiche U-Fam., die sich 3 Verwandtschaftsgruppen zuordnen lassen:

A. ‚Acyclostomata‘; Labrum vom Clypeus und den Mandibeln mehr oder weniger verdeckt; ausschließlich koinobionte Endoparasitoide (keine Lähmung des Wirtes); mehr als 2/3 der heimischen Arten entwickeln sich in Schmetterlingsraupen (u. a. Microgastrinae), der Rest in Käferlarven (v. a. U-Fam. Brachistinae, Helconinae) und Blattwespen (Ichneutinae), die Euphorinae in Imagines v. a. von Käfern, auch von Hymenopteren (Hummeln und Schlupfwespen; *Myiocephalus boops* Wesm. und 3 heimische Arten der Neoneurini bei Ameisen-♀ der Gttg. *Formica*, →Formicidae C11), sowie in Imagines und Nymphen von Wanzen.

A1. Zur Schädlingsbekämpfung herangezogene Arten: ***Meteorus versicolor*** Wesm., u. a. in Raupen von Kiefernspinner und Nonne. ***Cotesia glomerata*** L. (= *Apanteles glomeratus*), Kohlweißlingsraupenwespe; v. a. in Raupen des Kohlweißlings, aber auch von etwa 50 anderen Schmetterlingsarten; schon 1883 mit Erfolg zur Bekämpfung des Kohlweißlings in die USA eingeführt; jedes ♀ legt insgesamt bis 2000 Eier, an jeden Wirt 15–20 (durch Belegung auch von anderen ♀♀ bis 50 Larven pro Wirt); befallene Raupen gelb (normal: grün), mit verringerter Bewegung; können sich häuten, aber nicht mehr verpuppen; die erwachsenen Larven verlassen den Wirt, verpuppen sich i. d. R. in gelblichen Kokons auf der Raupe („Raupeneier"); werden selbst von einer Reihe Erzwespen parasitiert (→Chalcididae).

A2. *Syntretus splendidus* Marsch.; Larven zu mehreren im Abdomen adulter Hummeln; wie bei anderen parasitoiden Hymenopteren überleben die Zellen der Eihülle nach dem Schlüpfen der Erstlarve in der Leibeshöhle des Wirtes; sie speichern der Hämolymphe entnommenes Fett und dienen ihrerseits den Parasitoidenlarven als Hauptnahrung.

B. ‚Cyclostomata‘; Labrum meist in einem Ausschnitt des Clypeus oberhalb der Mandibeln sichtbar; Mehrzahl der Arten besteht ebenfalls aus koinobionten Endoparasitoiden, deren Larven sich jedoch in Fliegenmaden entwickeln (U-Fam. Alyssinae und Opiinae, z. B. *Opius*), nur bei einigen Arten in Schmetterlingsraupen (v. a. U-Fam. Rogadinae); das restliche knappe

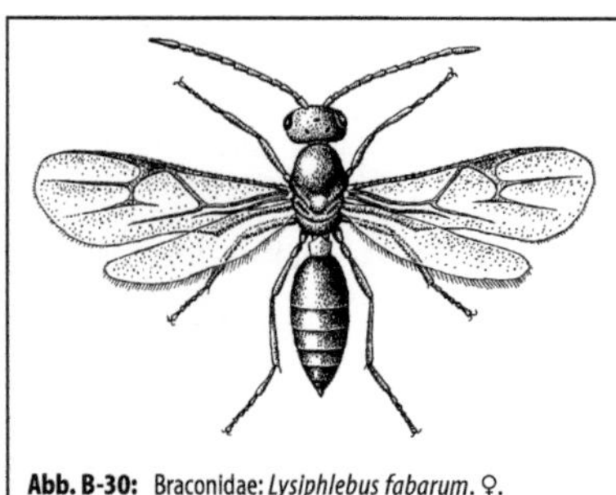

Abb. B-30: Braconidae: *Lysiphlebus fabarum*. ♀.

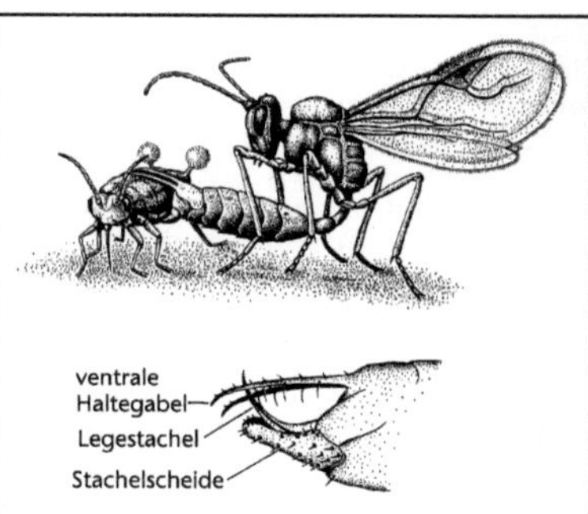

Abb. B-31: Braconidae: *Trioxys angelicae*. ♀; oben: bei der Eiablage in eine Grüne Apfellaus, *Aphis pomi*; Wespe ca. 2 mm; unten: Abdomenende; wie bei der Eiablage um 180° gedreht. (Eidmann 1924)

Drittel an Arten (u. a. die artenreichen U-Fam. Braconinae und Doryctinae) sind idiobionte Ektoparasitoide, d. h. sie paralysieren ihren Wirt, i. d. R. verborgene Puppen minierender oder bohrender holometaboler Insekten (überwiegend →Lepidoptera). Beispiele:

B1. *Bracon hebetor* Say; Ektoparasitoid an Raupen von Mehl- und Wachsmotten; Geschlechtspartner und Wirt werden geruchlich gefunden; das ♂ steigt, trifft es auf ein ♀, sofort zur Begattung auf, betrommelt dabei unter gleichzeitigem Flügelzucken die Flanken des ♀ mit den Antennen; das ♀ belegt v. a. ältere Wirtsraupen, durchbeißt vorher die Wirtsgespinste, u. U. sogar der den Verpuppungskokon (sofern die Raupe darin sich noch nicht verpuppt hat), lähmt den Wirt durch mehrere Stiche, leckt austretende Körpersäfte auf, legt das Ei jedoch stets außen am Wirt ab, auch dann, wenn bereits ein anderes Parasitoiden-♀ am Werk war; Einnehmen der Stechstellung bereits in Gegenwart von Raupenduft oder vor einer mit Raupen-Hämolymphe bestrichenen Attrappe, aber niemals Eiablage an eine solche Attrappe, da die Entscheidung dazu offenbar über Sinnesorgane am Legestachel gesteuert wird.

B2. *Spathius exarator* L.; gehört mit 5–9 mm zu den größten Arten; Legeapparat des ♀ körperlang; Ektoparasitoid von Pochkäfern (→Anobiidae), besonders des Gemeinen Holzwurms (*Anobium punctatum*); mit großer Sicherheit an Möbeln zu finden, die von Pochkäfern befallen sind; zur Eiablage wird der Legeapparat ins Holz gebohrt (z. B. auch in hartes Buchenholz); Eier groß (1,5 mm); Verpuppung am Ende des Pochkäferlarven-Ganges in einem Kokon; Schlupflöcher der Brackwespe erkennbar, da viel kleiner als die des Holzwurms.

C. Aphidiinae, Blattlauswespen; früher als Fam. **Aphidiidae** geführt; heimisch 113 Arten (u. a. der Gttgn. *Aphidius* und *Praon*); kleine, meist 2–3 mm lange Schlupfwespen [**B-30**],

deren Larven ausschließlich →koinobionte Parasitoide von Blattläusen (→Aphidina) sind, v. a. der ungeflügelten Stadien; die Imagines lecken →Honigtau. ♂♂ erkennen ♀♀ am Duft; →Parthenogenese nicht selten, aber keine Polyembryonie; bezeichnend ist die Haltung des ♀ beim Anstechen des Wirtes [**B-31**]: der Hinterleib wird unter Brust und Kopf hindurch weit nach vorn umgeklappt und dann der Leib der Laus mit dem nach ventral gekrümmten Legestachel und 2 nach dorsal gebogenen, chitinigen Fortsätzen des letzten Abdominalsegments umfasst; die Krümmung des Stachels ermöglicht ein senkrecht zur Wirtsoberfläche geführtes Einstechen, das immer median zwischen den Basen der Beine erfolgt; Wirtsspezifität ist zuweilen recht ausgeprägt; so bevorzugt *Diaeretiella rapae* McIntosh als Wirt die Mehlige Kohllaus (*Brevicoryne brassicae* L., →Aphididae 16). Die 1. **Larve** schlüpft in der Leibeshöhle des Wirtes, indem sie die Embryonalhüllen mit den Mandibeln aufreißt; beim Schlupf gelangen zahlreiche, unterschiedlich große Stücke der zerfallenden Serosa in die Leibeshöhle, runden sich dort ab und wachsen, mit nährstoffreichen Substanzen gefüllt, rasch heran; sie dienen – neben der Hämolymphe und dem Gewebe des Wirtes – der Parasitoidenlarve als Nahrung; das 3. Larvenstadium (ohne Mandibeln) ernährt sich nur von Körperflüssigkeit, das 4. Stadium (wieder mit Mandibeln) frisst die Blattlaus innen völlig aus; wohl stets nur 1 Larve in einem Wirt; bei Mehrfachbelegung des Wirtes bleibt nach Kämpfen nur eine Parasitoidenlarve übrig; eine im 2. Stadium befallene Blattlaus erreicht die Reife i. d. R. nicht, eine im 4. Stadium befallene

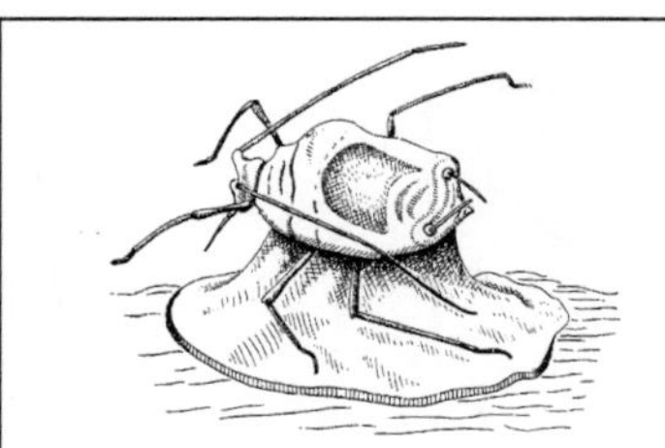

Abb. B-32: Braconidae. *Praon* spec. Kokon unter der Leiche des Wirtes. (Bachmaier 1969)

Abb. B-33: Brahmaeidae: *Lemonia dumi*, Habichtskraut-spinner. ♂ (Flspw. 45 mm). (Forster & Wohlfahrt 1954–81)

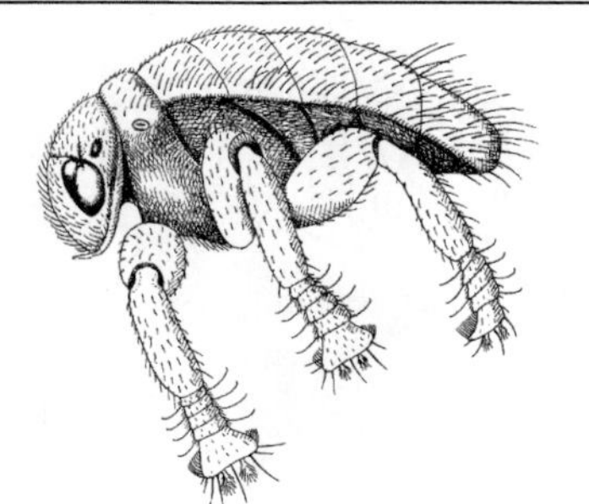

Abb. B-34: Braulidae: *Braula coeca*, Bienenlaus; 1–1,5 mm. (Hendel & Beier 1936–38)

kann u. U. noch einige Junge zur Welt bringen; der Parasitoid wird beim Übergang der Blattlaus vom Primär- zum Sekundärwirt oft mitgenommen. **Verpuppung** i. d. R. in einem Kokon im mumifizierten, wie prall aufgeblasen aussehenden Wirt, bei *Praon*-Arten außerhalb des Wirtes (meist unter der Wirtsleiche [**B-32**]). Die Larven werden nicht selten durch Hyperparasitoide heimgesucht (z. B. →Figitidae, →Pteromalidae). Lit. →Hymenoptera; Quicke 2015; Völkl 1990.

Braconinae →Braconidae B.

Bradycellus →Carabidae M6.

Bradyporidae →Tettigoniidae.

Bradysia →Sciaridae.

Brahmaeidae, Brahma- und Herbstspinner; Fam. der Schmetterlinge (Lepidoptera, Glossata, Bombycoidea) mit in Eur 4–8, M-Eur 3, Dt 2 Arten der Gttg. *Lemonia* (Herbstspinner, Wiesenspinner): *L. taraxaci* Esp. (Löwenzahnspinner) und *L. dumi* L. (Habichtskrautspinner [**B-33**]); mittelgroß (45–65 mm); spinnerartig; Saugrüssel verkümmert; fliegen VIII–X (*L. taraxaci*) bzw. IX–XI (*L. dumi*); in warmen, grasreichen Gebieten, *L. dumi* auch auf Mooren; nachtaktiv; das ♂ von *L. dumi* fliegt auch bei Tage; Raupen mit behaarten Warzen besetzt; fressen an Korbblütlern, v. a. an Löwenzahn und Habichtskraut; Verpuppung ohne Gespinst an oder in der Erde; Überwinterung als Ei. Lit. →Lepidoptera; Ebert 1994; Freina & Witt 1987.

branchiopneustisch nennt man ein Insekt, bei dem Tracheenkiemen ausgebildet und im Zusammenhang damit alle Stigmen durch eine Stigmennarbe verschlossen sind (z. B. bei den wasserlebenden Larven von →Ephemeroptera, →Odonata, →Plecoptera).

Brassicogethes →Nitidulidae E.

Braula →Braulidae.

Braulidae, Bienenläuse; Fam. der Zweiflügler (Diptera, Brachycera, Cyclorrhapha) mit in Eur 3 Arten, in M-Eur & Dt nur *Braula coeca* Nietzsch [**B-34**]; winzig, 1–1,5 mm; extrem dem Aufenthalt im Haarkleid von Honigbienen angepasst; der behaarte Körper flach, geschlossen (ohne Hals und Taille), keine Flügel, keine Halteren; Kopf ohne Ocellen, mit rudimentären Komplexaugen; Mundteile [**B-35**] kurz, nicht stechend, nur zum Aufnehmen der von den Bienen ausgewürgten flüssigen Nahrung geeignet; Beine kräftig, Fußglieder [**B-36**] kurz und breit, das letzte stark verbreitert, mit Borstenkamm statt der Krallen und mit 2 behaarten Pulvillen. Halten sich v. a. (oft zu mehreren) auf der Königin und mehr auf jungen als auf alten ♀♀ auf, **fressen** mit beim Futteraustausch und wenn die Königin von den ♀♀ gefüttert wird; betteln auch selbstständig die ♀♀ an [**B-37**]. Hauptfortpflanzungszeit V–IX; **Eier** oft an die Innenseite der (dann noch nicht ganz geschlossenen?) Deckel der Honigzellen gelegt. Die **Larven** →metapneustisch; erwachsen gut 2 mm lang [**B-38**]; fressen minenartige Gänge in den Zelldeckeln und -wänden;

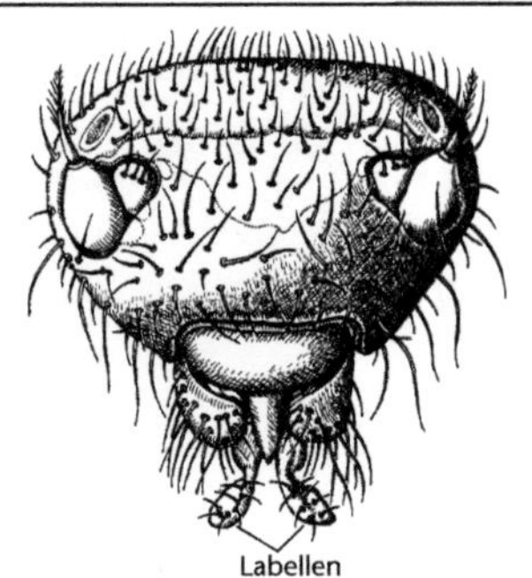

Abb. B-35: Braulidae: *Braula coeca*, Bienenlaus. Kopf von vorn; jederseits vom kegelförmigen Labrum die sich verbreiternden Maxillartaster. (Lindner 1923 ff)

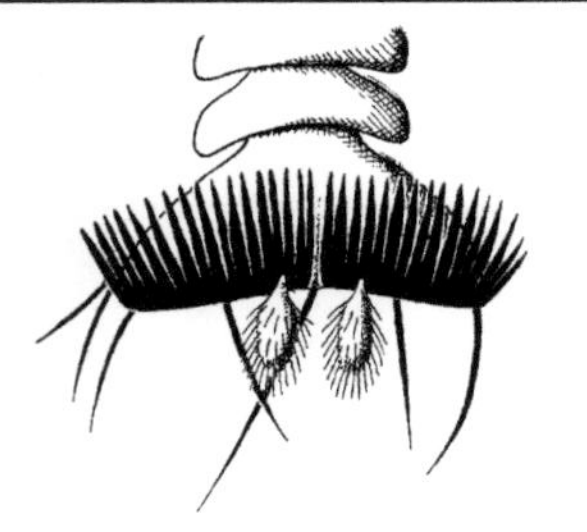

Abb. B-36: Braulidae: *Braula coeca*, Bienenlaus. Distale Tarsenglieder; Borstenkämme schwarz; die 2 Pulvillen behaart. (Lindner 1923 ff)

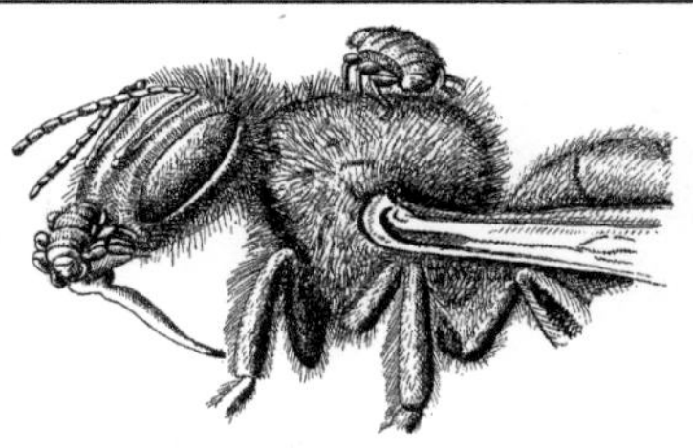

Abb. B-37: Braulidae: *Braula coeca*, Bienenlaus. 2 Tiere auf einer Bienenarbeiterin; das eine bettelt um Futter. (v. Frisch 1969)

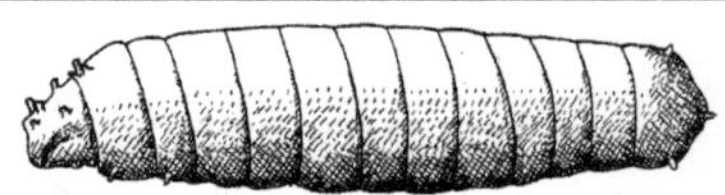

Abb. B-38: Braulidae: *Braula coeca*, Bienenlaus. Larve; bis 2,3 mm; die Zapfen sind Sinnesorganträger; metapneustisch, Stigmen nicht zu sehen. (Hendel & Beier 1936–38)

Hauptnahrung wahrscheinlich der dem Wachs beigemischte oder an den Wänden haftende Pollen und Honig; Fähigkeit, Wachs zu verdauen, fraglich; vielleicht Symbionten in den Zellen des vorderen Darmteiles; **Verpuppung** im Stock. Bei starkem Befall Legeleistung der Bienenkönigin beeinträchtigt; in M-Eur infolge der Bekämpfung der Varroamilbe (*Varroa destructor*) weitgehend ausgestorben.
Lit. →Diptera.
Braunafter, *Euproctis chrysorrhoea* L. →Erebidae J6.
Braunauge, *Lasiommata maera* L. →Nymphalidae F8.
Braunbandschabe, *Supella longipalpa* F. →Blattelidae 2, →Dictyoptera.
Braune Mosaikjungfer, *Aeshna grandis* L. →Aeshnidae 1.
Brauner Bär, *Arctia caja* L. →Erebidae K12.

Braune Mönche →Noctuidae 41.
Brauner Splintholzkäfer, *Lyctus brunneus* Steph. →Lyctidae.
Braunes Ordensband, *Minucia lunaris* Den. & Schiff.; →Erebidae I1.
Braunwidderchen, *Dysauxes ancilla* L. →Erebidae K6.
Breitböcke, **Prioninae** →Cerambycidae A.
Breitmundfliegen →Platystomatidae.
Breitrand(käfer), *Dytiscus latissimus* L. →Dytiscidae 1.
Breiröhrige Kartoffelknollenlaus, *Rhopalosiphoninus latysiphon* →Aphididae 17.
Breitrüssler →Anthribidae.
Bremsen →Tabanidae.
Bremsenglasflügler, *Paranthrene tabaniformis* Rott. →Sesiidae 2.
Brenner, *Anthonomus pomorum* L. →Curculionidae H1.
Brennnesselröhrenschildlaus, *Orthezia urticae* L. →Ortheziidae 1.
Brennnesselwanze, *Heterogaster urticae* F. →Heterogastridae.
Brenthis →Nymphalidae E.
Brentidae →Apionidae, →Nanophyidae.
Brephidae →Geometridae A.
Brevicoryne →Aphididae 16; vgl. auch →Braconidae C.
Brintesia →Nymphalidae F5.
Brombeerblattgallmücke, *Dasineura plicatrix* Loew →Cecidomyiidae C2.

Brombeereule, *Thyatira batis* L. →Thyatiridae.
Brombeersaummücke, *Lasioptera rubi* Heeg. →Cecidomyiidae C1.
Brombeerspinner, *Macrothylacia rubi* L. →Lasiocampidae 7.
Brombeerzipfelfalter, *Callophrys rubi* L. →Lycaenidae A5.
Bromius →Chrysomelidae F.
Brontinae →Silvanidae A.
Broscinae, *Broscus* →Carabidae K.
Brotbohrer, *Stegobium paniceum* L. →Anobiidae 6.
Brotkäfer, *Stegobium paniceum* L. →Anobiidae 6.
Bruchela →Urodontidae.
Bruchidae →Chrysomelidae C.
Bruchidius →Chrysomelidae C1.
Bruchinae →Chrysomelidae C.
Bruchophagus →Eurytomidae 2.
Bruchus →Chrysomelidae C2–5.
Bruchweidenkarmin, *Catocala pacta* L. →Erebidae I2.
Brummer, *Calliphora* →Calliphoridae 1.
Brutfürsorge; Bezeichnung für Handlungen (i. d. R. der ♀♀), die mit der Eiablage abgeschlossen sind und die weitere Entwicklung der Nachkommen weitgehend sichern (z. B. Schutz des Geleges durch Drüsensekrete, Eiablage am oder dicht beim Nährsubstrat der Larven, Vorbereiten oder Einsammeln der Larvennahrung).
Brutparasit, Brutschmarotzer; nutzt die →Brutfürsorge oder →Brutpflege einer anderen Art für die Entwicklung der eigenen Nachkommen, z. B. Kuckucksbienen (→Anthophila), Kuckuckswespen (→Vespidae D, →Pompilidae), Kuckucksrüssler (→Rhynchitidae 12).
Brutpflege; Bezeichnung für Handlungen (i. d. R. der ♀♀), die im Anschluss an die Eiablage ausgeführt werden und die weitere Entwicklung der Nachkommen weitgehend sichern (z. B. Pflege und Verteidigung der Eier, oft auch der Larven); besonders ausgeprägt bei sozialen Insekten; Abgrenzung gegen →Brutfürsorge bisweilen schwierig.
Bryaxis →Staphylinidae I.
Brychius →Haliplidae.
Bryodema →Acrididae A2.
Bryophaenocladius →Chironomidae.
Bryophila, Bryophilinae →Noctuidae 16.
Bucculatricidae, Zwergwickler; Fam. der Schmetterlinge (Lepidoptera, Glossata, Gracillarioidea) mit in Eur 56, M-Eur 25, Dt 19 Arten der Gttg. *Bucculatrix*; kleine Falter (Flspw. 6–10 mm) mit schlanken, lang befransten Flügeln; in Ruhe Vorderkörper erhoben und Flügel dachförmig angelegt; Rüssel kurz, übrige Mundwerkzeuge rückgebildet; Eier werden an Blätter der Nah-

rungspflanzen (Laubbäume, Asteraceae) angeheftet; Junglarven (1. und 2. Stadium) abgeflacht und beinlos, minieren in Blättern, dagegen →Fenster- oder Lochfraß durch die 3 älteren Stadien mit typischer Raupengestalt (mit Rumpf- und Afterfüßen sowie rundlichem Querschnitt); diese Altlarven häuten sich in einem eigens dafür gefertigten und auf der Blattunterseite befestigten Gespinst (Häutungskokon); Verpuppung in einem charakteristischen längs gerippten Kokon; Puppe mit freien Beinen und beweglichen Hinterleibssegmenten, schiebt sich beim Ausschlüpfen des Falters aus ihrem Kokon.
Lit. →Lepidoptera.
Buchdrucker, *Ips typographus* L. →Curculionidae P15; s. auch →Pteromalidae.
Buchenblattbaumlaus, *Phyllaphis fagi* L. →Drepanosiphidae A.
Buchen(blatt)gallmücke, *Mikiola fagi* Htg. →Cecidomyiidae C9.
Buchenblattbaumlaus, *Phyllaphis fagi* L. →Drepanosiphidae A.
Buchenborkenkäfer, *Taphrorychus bicolor* Hrbst. →Curculionidae P4.
Buchenfrostspanner, *Operophtera fagata* Scharf. →Geometridae E1.
Buchenkahneule, *Pseudoips prasinanus* L. →Nolidae 1.
Buchenlaus, Wollige, *Phyllaphis fagi* L. →Drepanosiphidae A.
Buchenmotte, *Diurnea fagella* Den. & Schiff. →Chimabachidae.
Buchennutzholzborkenkäfer, *Trypodendron domesticum* L. →Curculionidae P3.
Buchenprachtkäfer, *Agrilus viridis* L. →Buprestidae 6.
Buchenschildlaus, *Cryptococcus fagisuga* Lind. →Cryptococcidae.
Buchensichelspinner, *Watsonalla cultraria* F. →Drepanidae 2.
Buchenspießbock, *Cerambyx scopolii* Füssl. →Cerambycidae, D1.
Buchenspinner, *Stauropus fagi* L. →Notodontidae A4.
Buchenspringrüssler, *Rhynchaenus fagi* L. →Curculionidae H5.
Buchenwickler, *Cydia fagiglandana* Zell. →Tortricidae 3.
Buchenwolllaus, *Cryptococcus fagisuga* Lind. →Cryptococcidae.
Buchenzierlaus, *Phyllaphis fagi* L. →Drepanosiphidae A.
Bücherläuse →Liposcelidae.
Buckelfliegen →Phoridae.
Buckelkäfer, *Gibbium psylloides* Czenp. →Ptinidae 1.

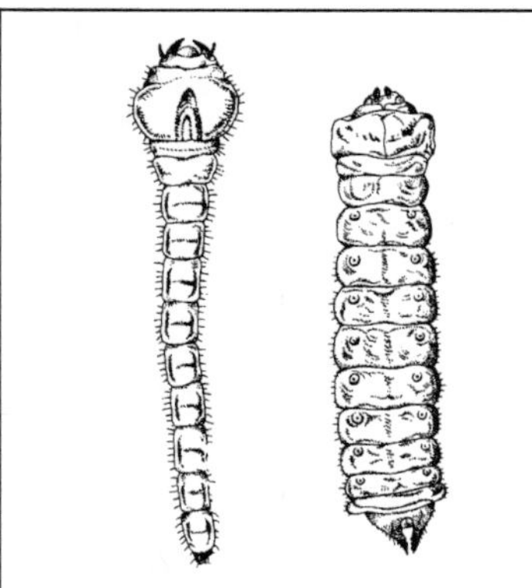

Abb. B-39: Larven von Buprestidae: Links *Buprestis novemmaculatus*; rechts *Agrilus auricollis*; beide ca. 30 mm. (Escherich 1914–42)

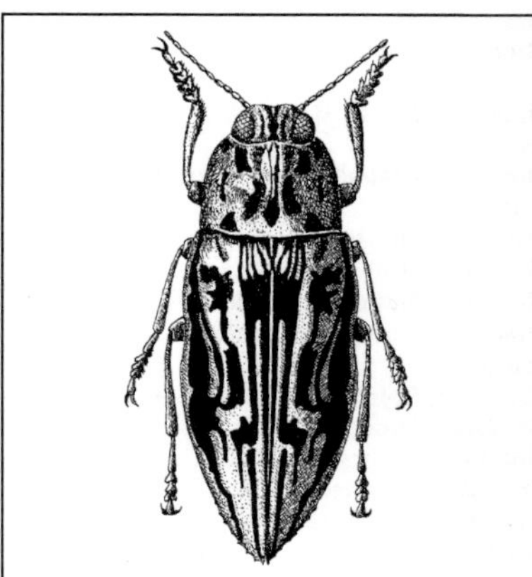

Abb. B-40: Buprestidae: *Chalcophora mariana*, Kiefernprachtkäfer; 24–30 mm. (Bechyně 1954)

Buckelschrecken →Rhaphidophoridae.
Buckeltanzfliegen →Hybotidae.
Buckelzirpen →Membracidae.
Buenoa →Notonectidae.
Büffelzikade, Büffelzirpe, *Stictocephala bisonia* Kopp & Yonke; →Membracidae 3.
Bunte Bandeule, *Noctua fimbriata* Schreb. →Noctuidae 14.
Bunter Grashüpfer, *Omocestus viridulus* L. →Acrididae B3.
Bunter Klopfkäfer, *Xestobium rufovillosum* Deg. →Anobiidae 3.
Bunter Traubenwickler, *Lobesia botrana* Den. & Schiff. →Tortricidae 28.
Bunter Triebstecher, *Stenorhynchites coeruleocephalus* Schall. →Rhynchitidae 13.
Buntkäfer →Cleridae.
Buntrock, *Cyphostethus tristriatus* F. →Acanthosomatidae 3.
Bupalus →Geometridae C11.
Cylindromorphus →Buprestidae.
Habroloma →Buprestidae 8.
Buprestidae, Prachtkäfer; Fam. der Käfer (Coleoptera, Polyphaga, Elateriformia) mit in Eur 415, M-Eur 148, Dt 102 Arten; klein bis stattlich, viele prachtvoll metallisch gefärbt; die Imagines an Baumstämmen, an Holz und z. T. auf Blüten; wärmeliebend, fliegen gern im Sonnenschein; fressen hauptsächlich an Blättern, einige auch Pollen (→4). **Eiablage** meist einzeln im Frühling und Sommer, bei den meisten Arten in Rindenritzen, meist an geschädigten Stämmen; diese können wegen ihrer stärkeren Erwärmung (fehlende Kühlung durch geringeren Wasser-

fluss) mit Infrarotrezeptoren am Abdomen (an den Vorderrändern der abdominalen Sternite) erkannt werden; *Melanophila* (heimisch *M. acuminata* de Geer) fliegt gezielt aus bis 20 km Entfernung Waldbrandareale an und belegt ausschließlich frisch angekohlte Bäume, die die Larven zur Entwicklung benötigen (mit paarigem Infrarotsinnesorgan auf dem Mesothorax hinter der Mittelhüfte); Eizahl pro ♀ sehr unterschiedlich: um 10 (*Agrilus populneus* Schaef.) bis weit über 1000 (*Capnodis tenebrionis* L.). Die **Larven** [**B-39**] nackt, weißlich, ohne Augen und Beine; Kopf weitgehend in die Brust eingezogen, mit kräftigen, nach vorn gerichteten Kiefern; mehr oder weniger flach; bei der Hälfte der heimischen Arten (*Buprestis* und andere, →1–4) sehr flach, schlank mit stark verbreitertem Brustabschnitt; bei den meisten Agrilinae (→5–7) rundlich im Querschnitt, vorn nicht verbreitert, Hinterende mit 2 zangenartigen Gebilden zum Erfassen und Wegschaffen von Kotballen; die meisten Larven in und unter der Rinde oder im Holz von schon nicht mehr ganz gesunden Holzgewächsen (Schwächeparasiten); Nahrungsspezialistentum zuweilen sehr ausgeprägt; Larvenfraßgänge [**B-42**] meist flach, geschlängelt, breiter werdend, das Bohrmehl zu wolligen Figuren zusammengepresst; vereinzelt Anschwellen der Zweige (*Lamprodila decipiens* Gebl., *Agrilus*-Arten); seltener in krautigen Pflanzen (z. B. *Aphanisticus* in Seggen und Binsen, *Cylindromorphus* in Stängeln von Gräsern; Blattminierer →8), hier auch **Verpuppung**; bei den übrigen Arten Puppenwiege im Holz: entweder (*Buprestis*-Typ) dreht sich die

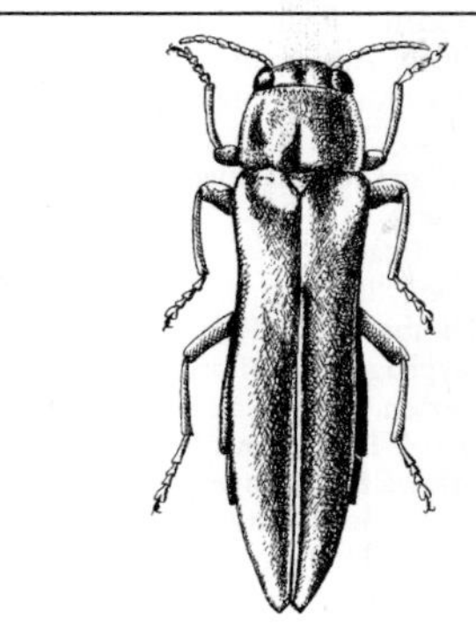

Abb. B-41: Buprestidae: *Agrilus viridis*, Grüner Prachtkäfer; 6–9 mm. (Brauns 1991)

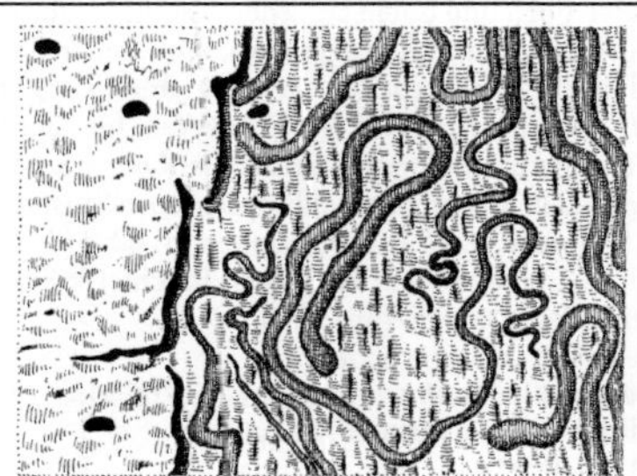

Abb. B-42: Buprestidae: *Agrilus viridis*, Grüner Prachtkäfer. Larvenfraßgänge unter der Rinde. Links: Rinde erhalten, mit Schlupflöchern der Käfer. (Brauns 1991)

Larve vor der Verpuppung mit dem Kopf zum Eingangsloch, das dann zugleich Ausschlüpfloch für den Käfer ist, oder (*Agrilus*-Typ) die Larve legt in Fraßrichtung ein 2. Ausschlüpfloch an, aus dem sich dann der Käfer herausarbeitet. **Überwinterung** oft als alte Larve; Verpuppung dann im Frühling, Schlüpfen der Imago bald darauf; eine Reihe von Arten überwintert als Imagines in der Fraßpflanze (*Anthaxia, Dicerca*) oder frei im Boden oder Moos (*Aphanisticus, Trachys* →8); Entwicklungsdauer ein- (→6–7) oder mehrjährig (→1–5; bei *Eurythyrea quercus* bis 7 Jahre), bei Blattminierern dagegen sehr kurz (→8). Die Larven von 6 der heimischen Arten mehr oder weniger schädlich an Wald- und Obstbäumen (darunter →5–6); viele der anderen Arten sind gefährdet.

1. *Chalcophora mariana* L., Marienprachtkäfer, Kiefernprachtkäfer (24–30 mm; [**B-40**]); größte heimische Art; düster kupferglänzend; Larve v. a. in Kiefernstöcken, die sie bis zum Zerfall aufarbeiten; Entwicklungsdauer bei uns meist 3 Jahre.

2. *Dicerca*, mit 5 heimischen Arten (12–24 mm); dunkel bronzefarben mit hellerer, lebhaft gefärbter Unterseite; Imagines V–IX; die Larven von *D. berolinensis* z. B. in anbrüchigen Buchen, von *D. alni* in Erlen; Entwicklungsdauer 2–3 Jahre.

3. *Lamprodila rutilans* F., Lindenprachtkäfer (12–15 mm); sehr schön smaragdgrün und kupferrot; Larven v. a. in Linden; bewirken Abfallen der Rinde, Astdürre; Entwicklungsdauer im Mittelmeerraum 1 Jahr, nach Norden zu 2–3 Jahre.

4. *Anthaxia*; mit 21 heimischen Arten; kleine (3,5–11 mm), abgeflachte Prachtkäfer, mit we-

nigen Ausnahmen gern auf v. a. gelben Blüten; Larven bohren in Rinde, die der schwärzlichen Arten im Nadelholz, die der übrigen (darunter auffallend bunten) Arten im Laubholz (*A. hypomelaena* Ill. im Stängelmark vom Mannstreu, *Eryngium*). Häufig **Anthaxia quadripunctata** L., Vierpunktprachtkäfer (5–7 mm); dunkel metallisch, Halsschild mit 4 Grübchen; Larve an Nadelholz, hauptsächlich Fichte; im Gegensatz zu anderen Arten der Gttg. (oft?) nur 1-jährig.

5. *Agrilus sinuatus* Oliv., Birnbaumprachtkäfer (10–11 mm); schlank, kupferrot; Eiablage in Rindenrisse; Larve an Birnbäumen, aber auch (sogar in Stadtzentren) in *Crataegus*; Zickzackgänge von oben nach unten unter der Rinde („Zickzackwurm", „Blitzwurm" in der Pfalz); bewirkt Platzen der Rinde über den Larvengängen, Saftfluss; Schäden zuweilen beträchtlich; Larve überwintert 2-mal; Verpuppung im III des 3. Jahres;.

6. *Agrilus viridis* L., Buchenprachtkäfer, Grüner Prachtkäfer (6–9 mm; [**B-41**]); schlank, metallisch grün; Larven an verschiedenen Laubhölzern, mit 3 auf Buchen, Weiden bzw. Betulaceen spezialisierten Formen (sympatrische Artbildung?); davon eine auf Rotbuche, wird hier zuweilen schädlich; Larvenfraßgänge: [**B-42**]; die Larve überwintert 1-einmal.

7. *Agrilus integerrimus* Ratz., Seidelbastprachtkäfer (7 mm); bronzefarben; die Larven anscheinend ausschließlich an Seidelbast (*Daphne mezereum*), v. a. in den unteren saftigen Teilen, bewirken Absterben.

8. Abweichend in Aussehen und Lebensweise: *Trachys* und *Habroloma* mit zusammen 9 Arten; kleine ovale Prachtkäfer (um 2–3 mm); Larven nach hinten verjüngt, mit seitlich vorgewölbten Rückenplatten und einem Paar ausstülpbarer Papillen oben und unten auf jedem Segment (außer Vorderbrust und Analsegment); minieren in den Blättern verschiedener Gehölze und Kräuter (*T. fragariae* Bris. z. B. bei Erdbeeren, hier auch Verpuppung); Überwinterung als Käfer im Boden oder Moos; Entwicklungsdauer höchstens 1,5 Monate, u. U. 2 Generationen im Jahr. Lit. →Coleoptera; Brauns 1991; Brechtel & Kostenbader 2002; Niehuis 2004.

Buprestis →Buprestidae.

Bürstenbinder, *Orgyia antiqua* L. →Erebidae J2.

Bürsthornblattwespen →Argidae.

Büschelhafte →Oligoneuriidae.

Büschelkäfer, *Lomechusoides strumosa* F. →Staphylinidae D4.

Büschelmücken →Chaoboridae.

Buschhornblattwespen →Diprionidae.

Byctiscus →Rhynchitidae 8, 9.

Byrrhidae, Pillenkäfer; Fam. der Käfer (Coleoptera, Polyphaga, Elateriformia) mit in Eur 105, M-Eur 41, Dt 25 Arten; sehr kleine bis mittelgroße, gedrungene Käfer, leben am Boden, unter Steinen oder auf Moospolstern; stellen sich bei Störung tot; die Beine werden dabei in genau passende Vertiefungen an der Bauchseite gelegt, sodass der Käfer wie eine unscheinbare Kotpille ohne jeden Vorsprung aussieht; die Imagines sind Moosfresser, die kleinen, Engerlingen ähnlichen, im Boden lebenden **Larven** fressen an Moos-Rhizoiden (Ausnahme: *Cytilus* mit oberflächlich lebenden, asselförmigen Larven); häufig *Byrrhus pilula* L. (7–10 mm); unscheinbar dunkelbraun, hochgewölbt, fast kugelig. Lit. →Coleoptera.

Byrrhus →Byrrhidae.

Bythinus →Staphylinidae I.

Byturidae, Himbeerkäfer; Fam. der Käfer (Coleoptera, Polyphaga, Cucujiformia) mit in Eur & M-Eur 3 Arten, davon 2 in Dt: *Byturus ochraceus* Scriba (4–5 mm) und *B. tomentosus* F. (3,8–4,3 mm); walzenförmiger Körper mit anliegender weicher Behaarung. Käfer im Frühling und Sommer an Blüten, fressen Pollen, *B. ochraceus* oft an Apfel, Himbeere und Brombeere, *B. tomentosus* an Löwenzahn und Nelkenwurz. Eier an jungen Früchten von Himbeeren und Brombeeren (*B. ochraceus*) bzw. Nelkenwurz (*B. tomentosus*); **Larven** (bis 6 mm; Himbeermade, Himbeerwurm) im Fruchtboden und in den Teilfrüchten. **Verpuppung** mit Gespinst in Rinden- oder Holzritzen, auch an der Erde; **Überwinterung** anscheinend als Larve, Puppe oder Imago möglich. Schaden zuweilen beträchtlich. Lit. →Coleoptera.

Byturus →Byturidae.

C

C-Falter, C-Fuchs, *Polygonia c-album* L. →Nymphalidae C5.

Cacopsylla →Psyllina A1, A2, A4; vgl. →Anthophoridae.

Cacoxenus →Drosophilidae.

Caeciliidae; Name wegen gleich lautender, aber älterer Bezeichnung einer Amphibienfamilie zu →Caeciliusidae abgeändert.

Caecilius →Caeciliusidae.

Caeciliusidae; Fam. der Läuse (Psocodea, Psocomorpha) mit in Eur 13, M-Eur & Dt 8 Arten; um 3 mm; geflügelt, manche ♀♀ mit verkürzten Flügeln; an Zweigen oder Blättern von Laubgehölzen (z. B. *Caecilius fuscopterus* Latr.), einige Arten an Nadelbäumen (*Valenzuela corsicus* Kolbe auch an *Calluna*); *Valenzuela atricornis* McLach. in feuchten Biotopen, sogar an Schwimmpflanzen; Ernährung von Pilzmycelien; Eiablage in Gruppen, oft an Blätter; Gelege mit Gespinst überzogen (→Psocodea); Fortpflanzung bei *Valenzuela flavidus* Steph. Parthenogenetisch parthenogenetisch (♂♂ bisher nicht gefunden). Bislang hierher gestellt die ähnlichen, jedoch nicht nächstverwandten **Paracaeciliidae:** in Eur und Dt nur *Enderleinella obsoleta* Steph. (um 2,5 mm), Imagines VI–X, an grünen Zweigen von Nadelhölzern.

Lit. →Psocodea.

Caelifera, Kurzfühlerschrecken, Feldheuschrecken; Ordg. der Insekten mit unvollkommener Verwandlung (→Hemimetabolie); bilden zusammen mit den →Ensifera die übergeordnete Gruppe der →Saltatoria; hierher die im Spätsommer und Herbst oft so zahlreichen mittelgroßen Heuhüpfer; in Eur 340, M-Eur 91, Dt 43 Arten. Antennen unter Körperlänge, gegen Ende nicht oder kaum verjüngt, manchmal keulenförmig verdickt; Flügel oft gut ausgebildet (Hinterflügel bei manchen Arten lebhaft rot oder blau gefärbt), manchmal mehr oder weniger stark verkürzt; bei manchen Arten neben normal kurzflügeligen auch langflügelige Exemplare; aus hochalpinen Lebensräumen eher gedrungener, kurzbeiniger und kurzflügeliger als solche aus Tallagen (gilt auch für die Exemplare einer Art, wenn diese flugunfähig ist und eine weite Höhenverteilung aufweist); Färbung auch bei der gleichen Art (insbesondere bei den ♀♀) oft sehr variabel, zuweilen der Umgebung vorzüglich angepasst (Farbwechsel nach den Häutungen, bevorzugter Aufenthalt auf dem zum Farbkleid passenden Untergrund); die Körpergröße der Imagines wird u. a. durch die Populationsdichte beeinflusst; ♀ ohne lang gestreckten **Legebohrer**, mit einem oberen und einem unteren Paar Legeklappen (s. →Saltatoria). **Gesang** nur bei →Acrididae und →Pamphagidae (auf unterschiedliche Weise erzeugt), ebenso **Hörorgane** (→Tympanalorgane) nur bei diesen Fam. vorhanden, jederseits am 1. Hinterleibssegment. Durchweg wärmeliebend; Ansprüche an Feuchtigkeit jedoch unterschiedlich, daher Besiedlung auffallend verschiedener **Biotope**: ausgesprochen trockene Böden (z. B. *Chorthippus brunneus* Thunb., *Oedipoda caerulescens* L.), sehr feuchtes Gelände (z. B. *Stethophyma grossum* L., *Chorthippus montanus* Charp.), dazwischen alle Übergänge; wichtig für das Leben im jeweils bevorzugten Biotop ist die Fähigkeit, über den Öffnungsgrad der Stigmen die Transpiration zu regeln. **Ernährung** vegetarisch (sehr selten Kannibalismus) von Gräsern und Kräutern, wobei manche Arten bestimmte Nahrungspflanzen (Prüfung mit den Maxillarpalpen) bevorzugen; Dornschrecken (→Tetrigidae) und Ödlandschrecken (→Acrididae A1) fressen zusätzlich Moose, Flechten oder Algen; die Nahrung deckt weitgehend auch den Wasserbedarf; auf den Antennen (*Locusta migratoria* L.) Sinnesorgane, deren Zellen auf bestimmte in Gräsern vorhandene Duftstoffe (z. B. Hexanal) ansprechen; in M-Eur können Feldheuschreckenpopulationen 1–2 % der pflanzlichen Primärproduktion verbrauchen und weitere 5–10 % beim Abfressen zerstören; bekannt sind die Verheerungen durch die Schwärme der →Wanderheuschrecken, die in diese Ordg. gehören. Die Bereitschaft zur **Paarung** hängt beim ♀ mancher Arten von dem jeweiligen Entwicklungszustand der Ovarien ab: Ablehnung des ♂ durch das ♀ ab einer bestimmten Entwicklungsphase vor der Eiablage (z. B. *Euthystira brachyptera* Ocsk.) oder nach der Kopula (z. B. *Gomphocerippus rufus* L.); die Kopulation kann bei zufälligem oder optisch gesteuertem Sichtreffen auch ohne Singen zustande kommen (so natürlich bei stummen Arten), das Zusammenfinden der richtigen Partner wird aber durch den artspezifischen Gesang wesentlich gefördert; er ist zudem für nahe verwandte sympatrische Arten die wich-

© Springer-Verlag GmbH Deutschland, ein Teil von Springer Nature 2026
E. Weber, H. Bellmann, *Jacobs|Renner – Biologie und Ökologie der Insekten*,
https://doi.org/10.1007/978-3-662-71153-8_3

tigste Schranke, die Fehlkopulationen verhindert; vermutlich sucht das ♀ seinen Paarungspartner nach bestimmten Gesangsparametern aus; bei der Kopulation sitzt das ♂ schief links oder rechts auf dem ♀, schiebt sein Hinterleibsende unter das ♀, und überträgt nach Kopplung der Geschlechtsteile eine Spermatophore; mehrmalige Kopulation beider Geschlechter. **Eiablage** tief in das Substrat (meist Boden, zuweilen Pflanzengewebe) durch schnappende Bewegungen der kräftigen Legeklappen unter starker Streckung des Hinterleibs; nicht selten wird danach das Bohrloch durch Kratzen mit den Hinterbeinen verschlossen; selten wird das von erstarrtem schaumigem Sekret umschlossene Eipaket zwischen Grasblätter geklebt (z. B. *Euthystira brachyptera* Ocsk.); die Eier werden zu mehreren als Eipaket abgelegt, zusammengehalten durch ein erhärtendes, durch Bewegungen der Legeklappen zu Schaum geschlagenes Sekret von Anhangsdrüsen des Geschlechtsapparates (des Eileiterepithels?); mehrmalige Eiablage, wobei nicht selten jedesmal ein der Zahl der Eischläuche entsprechender Satz von Eiern entsteht; größere ♀♀ legen mehr Eier pro Gelege oder größere Eier. **Überwinterung** der heimischen Arten teils als Ei (→Acrididae), teils als Spätlarve oder Imago (→Tetrigidae). – In Eur 5 Fam. (davon nur die ersten beiden in Dt): →Acrididae; →Tetrigidae; →Pamphagidae; Pyrgomorphidae; →Tridactylidae. Lit. →Saltatoria; Bellmann 1993; Harz 1975.

Caenidae, Wimperhafte; Fam. der Eintagsfliegen (Ephemeroptera) mit in Eur 18, M-Eur 11, Dt 10 Arten zumeist der Gttg. *Caenis;* sehr klein (Körper 3–5 mm, Schwanzborsten 10–18 mm); Vorderflügel hinten bewimpert, Hinterflügel fehlen; Ocellen von halber Augengröße. Häutung zur Subimago an der Wasseroberfläche, zur Imago unmittelbar nach Erreichen eines festen Untergrunds, meist in der Dämmerung; *Caenis*-♂♂ und -♀♀ bilden große Schwärme am oder über dem Wasser; Eiablage ins Wasser. Die **Larven** in stehenden und fließenden Gewässern; Körper flach, Hinterrand der Abdominalsegmente beidseits spitz ausgezogen; von den 6 Tracheenkiemenpaaren am Hinterleib das 1. stiftförmig, das 2. sehr groß, als Kiemendeckel die hinteren membranösen Kiemen bedeckend [**C-1**]; heimische Arten mit 1 Generation im Jahr und **Überwinterung** als Ei. Lit. →Ephemeroptera.

Caenis →Caenidae.
Caenorhinus →Rhynchitidae 1, 2, 3.
Calaphidinae →Drepanosiphidae B.
Caliroa →Tenthredinidae 8, 16, 25.

Caliscelidae, Walzenzikaden; Fam. der Zikaden (Auchenorrhyncha, Fulgoromorpha) mit in Eur 18, M-Eur 4 Arten, in Dt nur die gefährdete *Ommatidiotus dissimilis* Fall.; früher zu den Issidae gestellt aber näher mit Tettigometridae verwandt; gedrungen mit auffällig orangenen Längsstreifen, ♂ mit schwarzem Vorderrand der Vorderflügel; dimorph: klein (2,7–4,7 mm) mit hinterleibslangen Flügeln, seltener größer (4,8–5,6 mm) und langflügelig; Imagines VII–X, in Zwischen- und Hochmooren an Wollgras; 1 Generation im Jahr; Überwinterung als Ei. Lit. →Auchenorrhyncha.

Calitys →Trogossitidae D.
Callidiini, *Callidium* →Cerambycidae D6.
Callimorpha →Erebidae K12.
Calliopum →Lauxaniidae 1.
Calliphora →Calliphoridae 1, →Diptera; vgl. auch →Staphylinidae 6.

Calliphoridae, Schmeißfliegen; Fam. der Zweiflügler (Diptera, Brachycera, Cyclorrhapha) mit in Eur 74, M-Eur 55, Dt 47 Arten; oft weiter gefasst (→Rhinophoridae, →Polleniidae); meist stämmige Fliegen verschiedener Größe (*Cynomya mortuorum*, Totenfliege, bis 18 mm) und Färbung, häufig goldgrün bis blau metallisch glänzend; Mundteile leckend; Augen, Flügel und Flugvermögen gut ausgebildet; Stirn zwischen den Augen bei ♂♂ schmäler als bei ♀♀. Die Imagines in den verschiedensten Biotopen, häufig auf Blüten (besonders Dolden). **Nahrung:** nehmen Nektar und Pollen, auch →Honigtau (Schmeckorgane an den Tarsen); suchen zur Saftaufnahme aber auch zerfallende organische Substrate verschiedenster Herkunft auf; häufig auf nach Aas duftenden Blüten oder Pilzen, z. B. auf Stinkmorchel (*Phallus impudicus*; nachah-

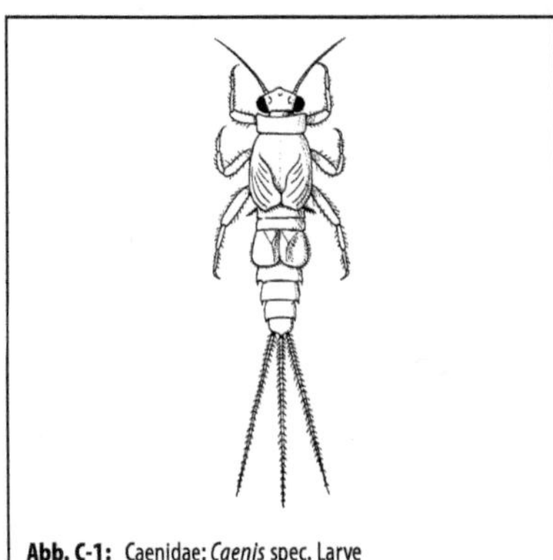

Abb. C-1: Caenidae: *Caenis* spec. Larve

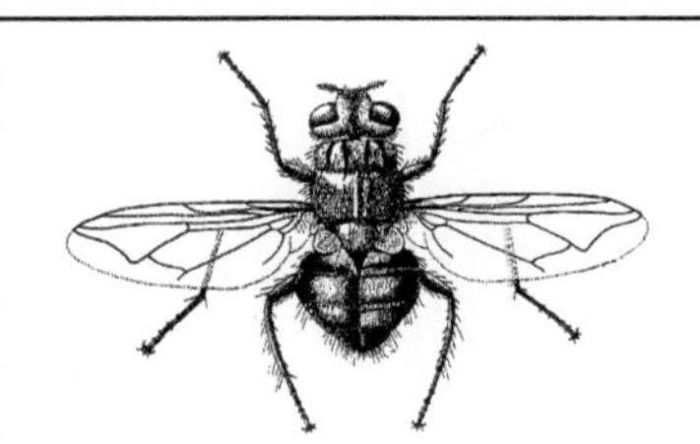

Abb. C-2: Calliphoridae: *Calliphora vicina*, Blaue Fleischfliege. ♀, 8–12 mm. (Séguy 1951a)

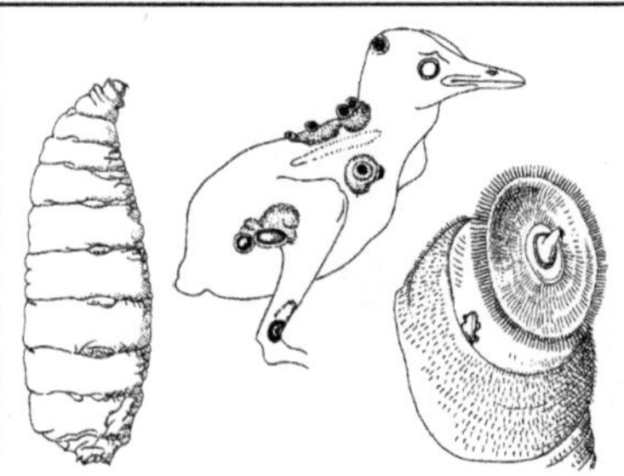

Abb. C-3: Calliphoridae: *Protocalliphora falcozi*, Vogelblutfliege. Links: erwachsene Larve; ca. 13 mm; rechts: Vorderende der Larve; ca. 1,1 mm; Mitte: junger Wiesenpieper mit durch die Larve hervorgerufenen Wunden. (Séguy 1951a)

mender Hauptduftstoff Phenylacetaldehyd, der beim Zersetzen von Fleisch nicht auftritt); fressen hier den sporenhaltigen Schleim und sorgen durch Abgeben der unverdauten Sporen für deren Verbreitung. Das ♂ kann (nachgewiesen bei *Protophormia terraenovae* R.-D.) durch Betasten mit den Beinen (durch Schmeckorgane an den Tarsen?) das Geschlecht des **Partners** erkennen; nicht kopulationsbereite ♀♀ wehren durch Flügelvibrieren ab. Während die meisten Arten Eier legend sind, gebären einige Parasitoide (*Bellardia*, *Eggisops*, *Eurychaeta*) Larven; **Eiablage** in die Mantelhöhle von Landschnecken (Melanomyinae →5), in Vogelnestern (*Protocalliphora*, *Trypocalliphora* →3), zumeist aber auf zerfallenden organischen Stoffen; hier Anlockung durch die bei der bakteriellen Zersetzung von Eiweiß auftretenden Duftstoffe (z. B. Ethylmerkaptan, Indol, Skatol, verschiedene Amine, Ammoniumcarbonat); für verschiedene Fleisch- und Blumendüfte spezifische Geruchssinnesorgane auf den Antennen; verschiedene Arten können verschiedenen Duft bevorzugen (Ethylmerkaptan wirkt stark auf *Lucilia*-Arten, schwach auf *Calliphora*), wobei u. U. ein Mischduft stärker anlockt als ein Einzelduft; der gleiche Duftstoff kann je nach Konzentration anlockend oder abweisend sein, sodass ♀♀ je nach Art unterschiedliche Verwesungszustände bevorzugen (dadurch Eingrenzung des Todeszeitpunktes in der entomologischen Forensik möglich); wechselnd ist auch das Verhalten bei Vertretern der gleichen Art je nach Alter, Geschlecht und gerade vorherrschender Trieblage (Ernährung bzw. Eiablage); Eihülle (Chorion) von einem System feinster Luftrährchen (Plastron) durchzogen, wichtig für die Atmung. **Larven** vom 3. Stadium an amphipneustisch, madenartig; an den verschiedensten zerfallenden organischen Stoffen pflanzlicher oder tierischer Herkunft (Saprophagie), an Leichen (Nekrophagie), auch an Exkrementen (Koprophagie); bei manchen

vermutlich extraintestinale Verdauung (vor dem Mund); einige nekrophage Arten (aus den Gttgn. *Calliphora*, *Cynomya*, *Lucilia*, *Phormia*, *Protophormia*) auch in Wunden oder unter der Haut (Myiasis); die Larven von *Lucilia sericata* Meig. wurden zeitweilig bei der Wundheilung benutzt (Wegfressen nekrotischen Gewebes); andere obligate Ekto- oder Endoparasiten an Vögeln (z. B. *Protocalliphora*) [**C-3**], Parasitoide in Amphibien (*Lucilia bufonivora* Mon. →4), Landschnecken (Melanomyinae →5) oder Regenwürmern (*Bellardia*); Puparien i. d. R. am oder im Boden, in den Nestern der Wirtstiere, bei Endoparasiten auch im abgestorbenen Wirt; auf der Suche nach einem Winterquartier kann *Protophormia terraenovae* R.-D. in beträchtlicher Anzahl in Häusern auftreten.

1. *Calliphora*, Blaue Fleischfliegen, Brummer; bei uns 9 Arten, z. B. *C. vomitoria* L. und *C. vicina* R.-D. [**C-2**]; 11–14 mm; Eiablage und Larven an den verschiedensten Substraten, häufig an Kadavern, gelegentlich auch an Wunden bei Tier und Mensch, aber auch an zerfallenden Pflanzenteilen.

2. *Phormia regina* Meig. (7–8 mm); tanzen zu Fuß in Spiraltouren, wobei sie häufig den Rüssel ausstrecken, wenn sie nach einer zuckerfreien Diät mit ihren tarsalen Geschmackssinnesorganen Zucker, Wasser oder rohe Eiweißstoffe wahrnehmen.

3. *Protocalliphora*, *Trypocalliphora*, Vogelblutfliegen; bei uns 5 Arten, z. B. *P. falcozi* Ség.; Larven [**C-3**] in Vogelnestern; zapfen (meist von außen) besonders den Jungvögeln Blut ab; die Larven mancher Arten leben sogar als Endoparasiten unter der Haut der Wirtstiere, für die der Befall bisweilen tödlich ist.

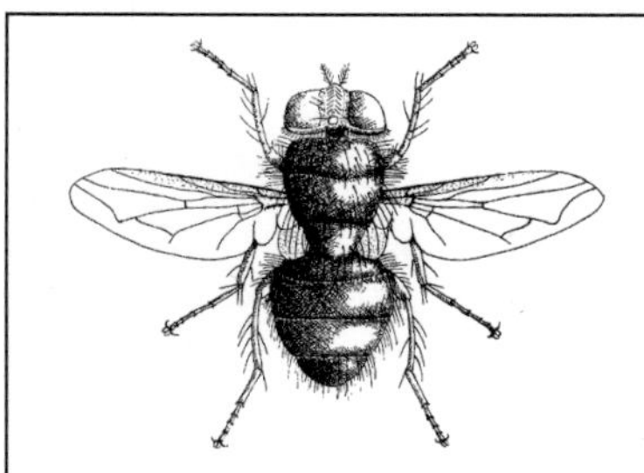

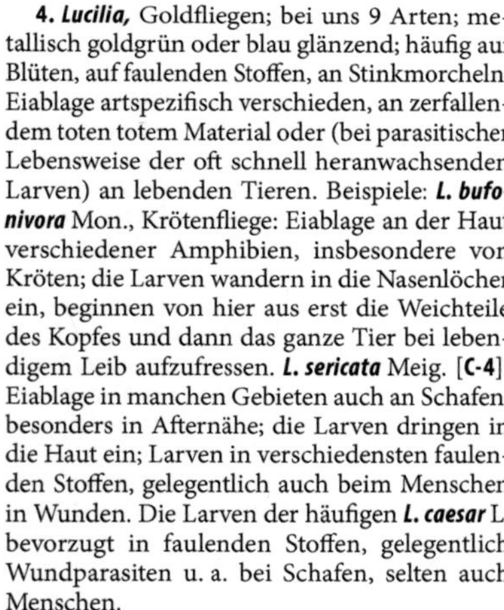

Abb. C-4: Calliphoridae: *Lucilia sericata.* ♀, 7–10 mm. (Séguy 1951a)

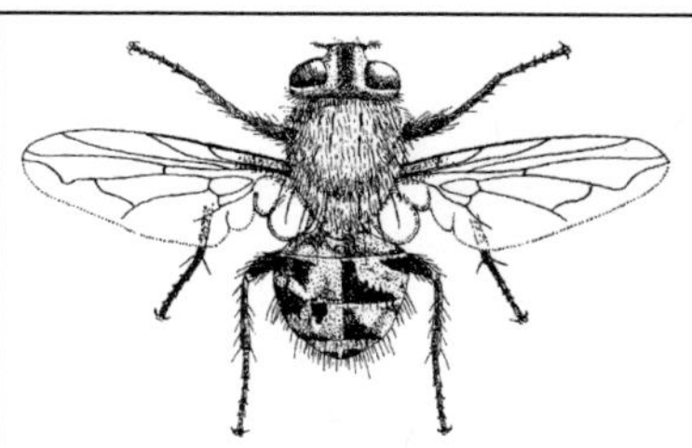

Abb. C-5: Calliphoridae: *Stomorhina lunata.* ♂; 5–7 mm; besonders im südl. M-Eur häufig; ♀ gräbt Erde auf und legt Eier an Heuschreckengelegen ab. (Séguy 1951a)

4. *Lucilia,* Goldfliegen; bei uns 9 Arten; metallisch goldgrün oder blau glänzend; häufig auf Blüten, auf faulenden Stoffen, an Stinkmorcheln; Eiablage artspezifisch verschieden, an zerfallendem toten totem Material oder (bei parasitischer Lebensweise der oft schnell heranwachsenden Larven) an lebenden Tieren. Beispiele: ***L. bufonivora*** Mon., Krötenfliege: Eiablage an der Haut verschiedener Amphibien, insbesondere von Kröten; die Larven wandern in die Nasenlöcher ein, beginnen von hier aus erst die Weichteile des Kopfes und dann das ganze Tier bei lebendigem Leib aufzufressen. ***L. sericata*** Meig. [**C-4**]: Eiablage in manchen Gebieten auch an Schafen, besonders in Afternähe; die Larven dringen in die Haut ein; Larven in verschiedensten faulenden Stoffen, gelegentlich auch beim Menschen in Wunden. Die Larven der häufigen ***L. caesar*** L. bevorzugt in faulenden Stoffen, gelegentlich Wundparasiten u. a. bei Schafen, selten auch Menschen.

5. U-Fam. **Melanomyinae,** in E & Dt 7 Arten; parasitoid in Landschnecken, z. B. *Melinda caerulea* Meig.; Ablage von 1–3 Eiern in die Mantelhöhle verschiedener Schnecken; letztlich wächst stets nur 1 Larve heran, der Wirt stirbt kurz vor ihrer Verpuppung; *Eggisops pecchiolii* Rond. Ist lebensgebärend.

6. U-Fam. **Rhiniinae**; oft als eigene Fam. aufgefasst; in Eur 11 Arten, in M-Eur & Dt nur ***Stomorhina lunata*** F. [**C-5**]; das ♀ belegt die Eipakete von Heuschrecken mit seinen Eiern; gräbt dazu, den Heuschrecken folgend, die Erde auf; Larvenentwicklung in den Wirtseiern.

7. *Eurychaeta*, Falsche Fleischfliegen, mit 2 Arten in E & Dt; 7–10 mm; ähneln verblüffend einer *Sarcophaga* (→Sarcophagidae A); Imagines besuchen Blüten; lebend gebärend: Larven werden an toten oder sterbenden Lungenschnecken abgelegt; nach Verzehr der Schnecke Ver-

puppung im Schneckengehäuse oder nahebei im Boden.

Lit. →Diptera; van Emden 1968.

Calliptaminae, *Calliptamus* →Acrididae E.

Calliteara →Erebidae J1.

***Callomyia,* Callomyiinae** →Platypezidae.

Callophrys →Lycaenidae A5.

Callopistria →Noctuidae 17.

Callosobruchus →Chrysomelidae C7.

Calobatinae →Micropezidae C.

Calocoris →Miridae 6, 7.

Calophasia →Noctuidae.

Calophyidae →Psyllina.

Calopterygidae, Prachtlibellen; Fam. der Libellen (Odonata, Zygoptera) mit in Eur 4, M-Eur & Dt 2 Arten der Gttg. *Calopteryx,* fliegen nicht selten am gleichen Platz nebeneinander; größte europäische Kleinlibellen (Länge 50 mm, Flspw. 60–70 mm); Körper der beiden heimischen Arten metallisch blaugrün; Flügel bei *C. virgo* L. ganz blau (♂) oder hellbräunlich (♀), bei *C. splendens* Harr. mit breiter blauer Binde (♂) oder blassgrün (♀); die dunklen Flügel erleichtern das aufheizen Aufheizen bei kühler Witterung (Sonnenkollektoren). Im Sommer an baumbestandenen Fließgewässern (Windschutz insbesondere für *C. virgo* wichtig) mit mäßiger Strömung (3–30 cm/s; dort auch Entwicklung der Larven); Ruheplätze nachts und bei schlechtem Wetter dicht neben dem Ufer, bei Regen unter Blättern; wenig flugaktiv, bleiben i. d. R. in der Nähe des Schlüpfortes. Nach einer Reifezeit von 2–10 Tagen besetzt das ♂ bei schönem Wetter am Ufer ein größeres (*C. splendens*: ca. 2,5 × 1 m) oder kleineres (*C. virgo*: ca. 2 × 0,7 m) **Revier** für mehrere Tage; Markierung und Verteidigung gegen artgleiche ♂♂ durch Patrouillenflüge mit Flügelspreizen, Abdomenheben, Anfliegen von Eindringlingen (Erkennen artgleicher ♂♂ vermutlich an der Flügelfarbe);

zuweilen Kommentkämpfe ohne Verletzungen. **Balz:** paarungswillige ♀♀ fliegen einzeln die Ufer entlang; Erkennen der artgleichen ♀♀ durch die ♂♂ wohl an der Bewegungsweise sowie an Größe, Farbe und Durchsichtigkeit der Flügel; sobald ein ♀ in sein Revier einfliegt, reagiert das ♂ mit Flügelspreizen, fliegt dem ♀ entgegen und geleitet es in langsamem Flatterflug mit weit nach vorn oben erhobenem Abdomenende (wobei die auffälligen, bei *C. splendens* weißen, bei *C. virgo* rosafarbenen Unterseiten der 3 letzten Abdominalsegmente als Signale wirken) zu dem von ihm erwählten Eiablageplatz; Erkennen der artgleichen ♂♂ durch das ♀ an der artspezifischen Flügelfärbung; das ♀ setzt sich auf eine schwimmende Pflanze, das ♂ rutscht, mit dem erhobenen Abdomenende winkend, vor dem ♀ mehrere Sekunden auf dem Wasser hin und her; darauf Werbeflug (das ♂ pendelt mit zum ♀ gewandtem Kopf im Schwirrflug halbkreisförmig vor der Partnerin hin und her, wobei die weit gespreizten Hinterflügel – im Gegensatz zu den schnell schwirrenden Vorderflügeln – fast unbewegt nach hinten herunterhängen) und Annäherung an das ♀. **Kopula:** bleibt das ♀ ruhig mit zusammengelegten Flügeln sitzen, landet das ♂ auf dessen Flügelspitzen, läuft entlang der Flügelvorderkanten zum Thorax, krümmt seinen Hinterleib nach vorn und verankert die Hinterleibszangen in den Vorderbrustgrübchen des ♀; gleich darauf sekundenlanger Tandemflug im Revier und erneute Landung; nur das ♂ sitzt, krümmt sein Abdomen weit nach vorn, stößt den Kopf des ♀ einige Male an sein Kopulationsorgan (im 2. Abdominalsegment) und füllt Letzteres schließlich aus der Geschlechtsöffnung (im 9. Abdominalsegment) mit Sperma (Dauer ca. 10 s); danach Strecken des Abdomens; ziehende Bewegungen des ♂ veranlassen das ♀, sein Abdomen zur Bildung des Kopulationsrades herumzuschlagen (→Odonata); Kopulationsdauer ca. 90 s; danach Lösen des Zangengriffs; **Eiablage** kurz danach (manchmal untergetaucht) in flutende Wasserpflanzen im Revier des ♂ an die vorher gezeigten Ablageplätze; das ♂ sitzt während der Ablage in Nähe des ♀ und bewacht es. Die **Larven** nur im Pflanzen- und Wurzelgestrüpp kühler Fließgewässer (13°–18 °C bei *C. virgo*, 18–24 °C bei *C. splendens*), *C. virgo* noch empfindlicher gegen Sauerstoffmangel, Gewässerverschmutzung und -verbauung als *C. splendens*; ähnlich anderen Kleinlibellenlarven mit 3 blattförmigen Tracheenkiemen am Abdomenende (bei ungünstigen Atembedingungen für den Gasaustausch wichtig); Antennen mit kräftigem, verlängertem Grundglied;

vorbeidriftende Beute (v. a. Insektenlarven und Flohkrebse) wird nach Berührung der Antennen durch Vorschnellen der Fangmaske ergriffen, optische Reize spielen zumindest bei jüngeren Stadien kaum eine Rolle; Putzen der Fangmaske nach dem Verzehren der Beute mit den Vorderschienen; **Überwinterung** als Larve. Imaginalhäutung an Pflanzen 10–40 cm über dem Wasser, in den Morgenstunden; 12 Larvenstadien, **Entwicklungsdauer** je nach Wassertemperatur 1- bis 2-jährig; Lebensdauer der Larven mindestens. 10 Monate, der Imagines ca. 30 Tage.
Lit. →Odonata; Buchholz 1951; Heymer 1973.
Calopteryx →Calopterygidae; →Odonata.
Caloptilia →Gracillariidae 1, 3.
Calopus →Oedemeridae.
Calosoma →Carabidae A2, A3.
Calpinae →Erebidae E.
Calvia →Coccinellidae.
Calyptomerus →Clambidae.
Calyptra →Erebidae E.
Calyptratae; Gruppe cyclorrhapher Fliegen (Brachycera, →Diptera); Flügelschüppchen (Calypter) recht groß; in viele Fam. unterteilt, u. a. →Anthomyiidae, →Hippoboscidae, →Muscidae, →Sarcophagidae, →Tachinidae.
Camarotoscena →Psyllina C.
Camilla →Camillidae.
Camillidae; Fam. der Zweiflügler (Diptera, Brachycera, Cyclorrhapha) mit in Eur 9, M-Eur 5, Dt 4 Arten der Gttg. *Camilla*; sehr kleine (2–3,5 mm), dunkle Fliegen mit asymmetrisch gefiederter Arista; Lebensweise kaum bekannt; Larven aus Kaninchenbauen und Mäusenestern bekannt, leben vermutlich von Detritus oder Dung.
Lit. →Diptera.
Campaea →Geometridae.
Campichoetidae; Fam. der Zweiflügler (Diptera, Brachycera, Cyclorrhapha) mit in Eur 5, M-Eur 4, Dt 3 Arten; auch als U-Fam. Campichoetinae zu den ähnlichen →Diastatidae gestellt; kleine (2,5–4 mm), dunkle Fliegen mit gelblichen Beinen und einem länglichen 3. Antennenglied; in der Strauchschicht von Waldgebieten; Lebensweise der Larven unbekannt (saprophag im Faulholz?).
Lit. →Diptera.
Campodea →Diplura.
Campodeid; Bezeichnung für die meist nicht köchertragenden Larven der Köcherfliegen, bei denen die Mundteile nach vorn zeigen (→Trichoptera).
Campodeidae, →Diplura.
Camponotus →Formicidae, C2.
Campopleginae →Ichneumonidae D.

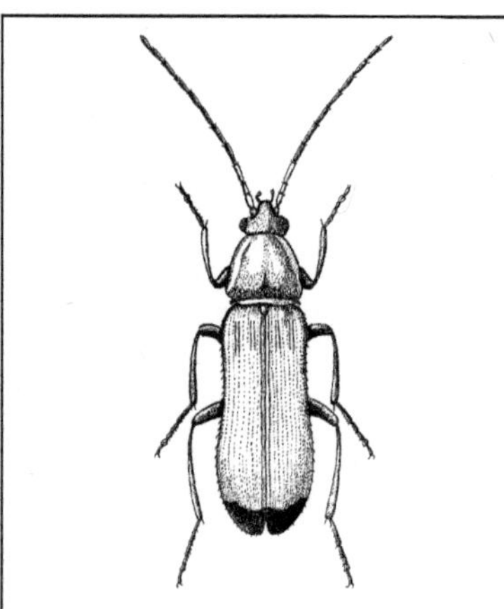

Abb. C-6: Cantharidae: *Rhagonycha fulva.* 7–10 mm. (Bechyně 1954)

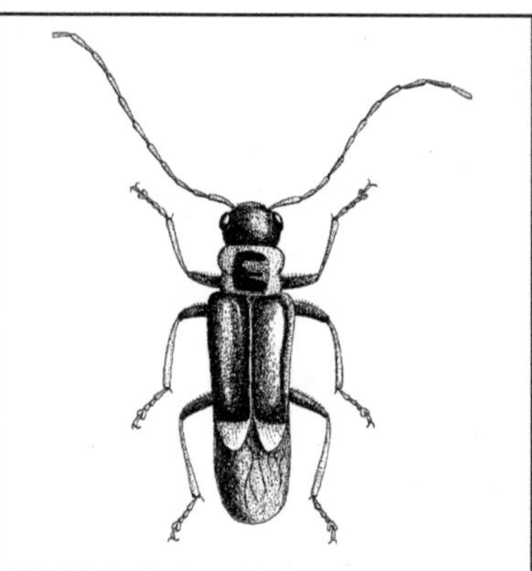

Abb. C-7: Cantharidae: *Malthodes minimus.* 4 mm. (Reitter 1908–16)

Camptocladius →Chironomidae.
Camptozygum →Miridae.
Campyloneura →Miridae.
Canacidae; Fam. der Zweiflügler (Diptera, Brachycera, Cyclorrhapha) mit in Eur 33, M-Eur 13, Dt 12 Arten einschl. der oft als eigene Fam. geführten **Tethinidae**; kleine (1,5–5 mm), gedrungene Fliegen; an Küsten (z. B. am Algenaufwuchs, Aas) zu finden, wenige Arten der U-Fam. Pelomyiinae auch im Binnenland, v. a. in salzhaltigen Biotopen; Lebensweise und Larven der meisten Arten unbekannt; z. B. ***Xanthocanace ranula*** Loew; ca. 2,5 mm; Bewohner des Meeresstrandes, wo die Larven den Algenaufwuchs abweiden; die Imago bewegt sich im Flug wie tanzend schnell dicht über der Oberfläche von Salzwasserlachen, nimmt hier mit einem Strudelapparat am Rüssel Kleinstlebewesen von der Wasseroberfläche auf.
Lit. →Diptera.
Cantharidae, Weichkäfer; Fam. der Käfer (Coleoptera, Polyphaga, Elateriformia) mit in Eur ± 470, M-Eur 128, Dt 89 Arten; meist mittelgroß (1,5–18 mm); Kutikula, insbesondere der Flügeldecken, schwach sklerotisiert, Ausgleich durch Abgabe von Abwehrstoffen aus seitlichen Drüsenporen (ähnlich bei den Larven); Farbmuster, besonders am Halsschild, artspezifisch verschieden („Soldatenkäfer"). Die Imagines leben nur wenige Wochen; **ernähren** sich meist jagend (*Cantharis* v. a. von Blattläusen); häufig wegen Pollen und Nektar auf Blüten; manche Arten zuweilen auch durch Fressen an Jung-

trieben (z. B. von Eichen) oder auch an Obstbaumblüten schädlich. Die lang gestreckten **Larven** am oder im Boden; oft düster, sehr fein samtartig behaart; Mandibeln mit Längsrinne, saugen damit Insekten und ihre Larven und Eier, kleine Schnecken und Regenwürmer aus; kälteresistent; an warmen Winter- oder Vorfrühlingstagen wohl durch Nässe bisweilen an die Oberfläche getrieben und dann auf Schnee sehr auffallend („Schneewürmer"). 1 Generation im Jahr, **Überwinterung** als Larve; Puppenlager im Frühling in der oberen Bodenschicht.
1. ***Cantharis fusca*** L.; häufig; 10–14 mm; Halsschild rötlich, Flügeldecken schwärzlich; im Frühsommer häufig auf Büschen und Blüten; 6 Larvenstadien.
2. ***Cantharis obscura*** L., Eichenweichkäfer; die Imago befrisst nicht selten Eichentriebe.
3. ***Rhagonycha fulva*** Scop. [**C-6**]; einer der häufigsten einheimischen Käfer; 7–10 mm; gelbrot, Flügeldeckenspitzen dunkel; ab Ende VI besonders auf Dolden zu finden; mit langer Kopulationsdauer, daher oft verpaarte Tiere zu sehen; 7 Larvenstadien.
4. ***Malthodes*** [**C-7**]; die Flügeldecken lassen einen Teil der Hinterflügel frei (bei manchen Arten in beiden Geschlechtern, bei anderen nur beim ♀); oft in der Dämmerung aktiv; Begattung (im Gegensatz zu anderen Weichkäfern) mit abgewandten Köpfen.
Lit. →Coleoptera.
Cantharidin; auf viele Tiere (auch den Menschen) giftig wirkende Substanz in der Hämolymphe verschiedener Insekten; selbst synthetisiert bei →Meloidae, →Oedemeridae; wirkt

abschreckend auf jagende Insekten; daneben Lockwirkung auf Vertreter verschiedener Ordgn. (Hemiptera, Coleoptera, Hymenoptera, Diptera; mögliche Bedeutungen: Finden von C.-haltiger Nahrung bzw. von möglichst C.-reichen Geschlechtspartnern, beides, um die Eier zum Schutz vor Fressfeinden mit C. anreichern zu können; Weitergabe von C. vom ♂ auf das ♀ während der Kopulation und Einbau in die Eier nachgewiesen bei →Meloidae, →Pyrochroidae); vgl. auch → Anthomyiidae, →Anthicidae, →Ceratopogonidae.

Cantharis →Cantharidae 1, 2.

Canthyloscelidae; Fam. der Zweiflügler (Diptera, Bibionomorpha) mit in Eur & M-Eur 3 Arten, in Dt nur *Hyperoscelis eximia* Boh.; kleine bis mittelgroße (2,5–9 mm), ähnlich den verwandten →Scatopsidae kräftig gebaute, dunkle Mücken mit kurz behaartem Körper und auf der Stirn sich berührenden Augen; Schiene um den keulenförmig verdickten Hinterschenkel gebogen; selten, in alten Wäldern, Larve in feuchten Baumstubben und verrottenden Stämmen gefunden; Biologie sonst unbekannt.
Lit. →Diptera.

Capnia →Capniidae.

Capniidae; Fam. der Steinfliegen (Plecoptera) mit in Eur 24, M-Eur 11, Dt 9 Arten; klein (3–8 mm), düster gefärbt; z. B. *Zwicknia bifrons* Newm. (5–9 mm; ♂ kurz-, ♀ langflügelig), an kleineren Fließgewässern; bei einigen Arten neigen nicht nur die ♂♂, sondern auch die ♀♀ (wenigstens regional) zum Verkürzen der Flügel; andere in beiden Geschlechtern langflügelig, z. B. *Capnia nigra* Pict. (5,5–8 mm) mit Larven in Still- und Fließgewässern. Die Larven ernähren sich von Detritus, Algen, Pilzen, Moosen und Pollen.
Lit. →Plecoptera.

Capnodis →Buprestidae.

Capsus →Miridae.

Carabidae, Laufkäfer; Fam. der Käfer (Coleoptera, Adephaga) mit in Eur ± 3525, M-Eur ± 835, Dt ± 570 Arten; sehr verschieden groß, 0,2 mm bis mehrere Zentimeter (größte heimische Art: *Carabus coriaceus*, Lederlaufkäfer, ca. 4 cm); meist schlanke, gute Läufer mit kräftigen, langen Laufbeinen [**C-9**]; einige sind gute Gräber, ihre Vorderbeine als Grabbeine verbreitert (Scaritinae →H); viele ohne Flugvermögen, Flugflügel (Hinterflügel) und Flugmuskeln in diesem Zusammenhang häufig stark rückgebildet, ab und an auch bei der gleichen Art in verschiedenem Ausmaß; Flügeldecken an der Berührungsnaht dann u. U. verwachsen oder wegen fehlender Muskeln nicht zu öffnen;

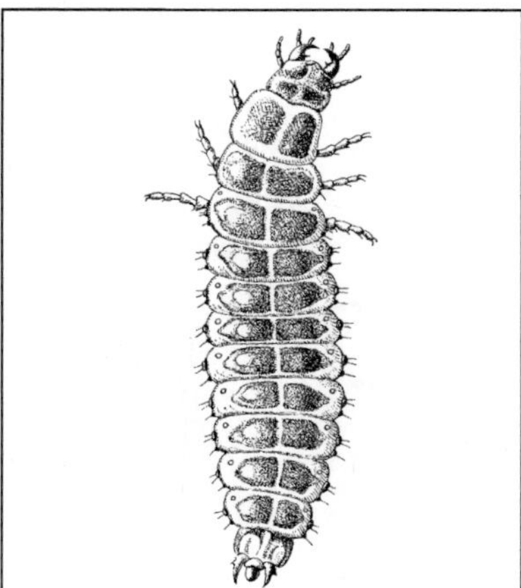

Abb. C-8: Carabidae: *Calosoma sycophanta*, Puppenräuber. Larve; 38 mm. (Reitter 1908–16)

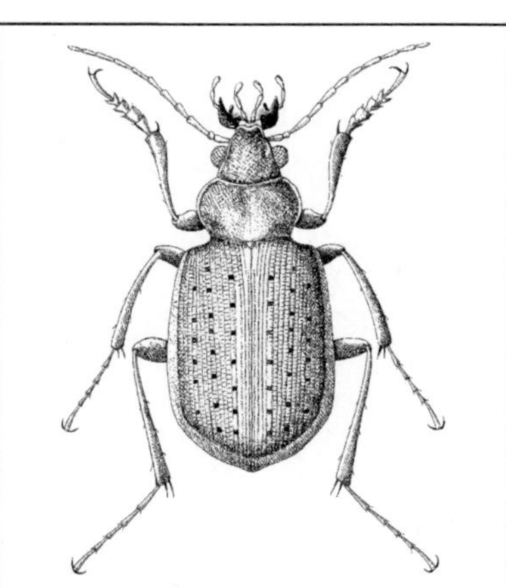

Abb. C-9: Carabidae: *Calosoma inquisitor*, Kleiner Kletterlaufkäfer. 16–20 mm. (Bechyně 1954)

fliegende Arten halten die →Elytren als bewegungslose Tragflächen; fast stets sind beim ♂ die Fußglieder der Vorderbeine verbreitert und tragen unten Hafthaare (freies Ende scheibenförmig); die meisten Arten am oder im Boden, hier teils grabend, teils in Bodenspalten; im südl. Europa zahlreiche augenlose Höhlenbewohner (v. a. unter den Scaritinae →H, Trechinae →J); Körperform oft erkennbar abhängig vom Lebensraum: dorsoventral abgeflachte Arten mit

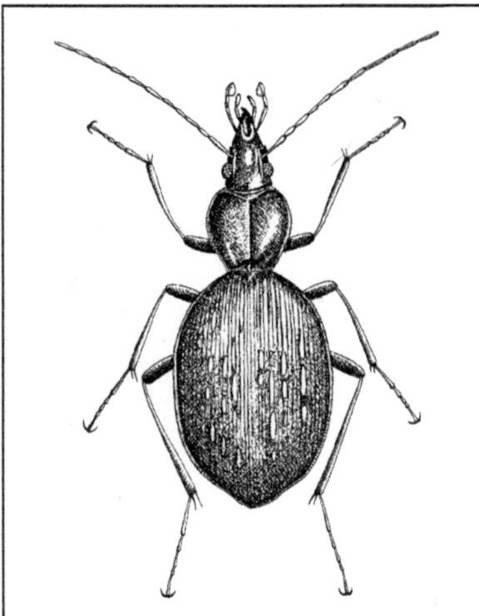

Abb. C-10: Carabidae: *Cychrus attenuatus*. 13–16 mm. (Bechyně 1954)

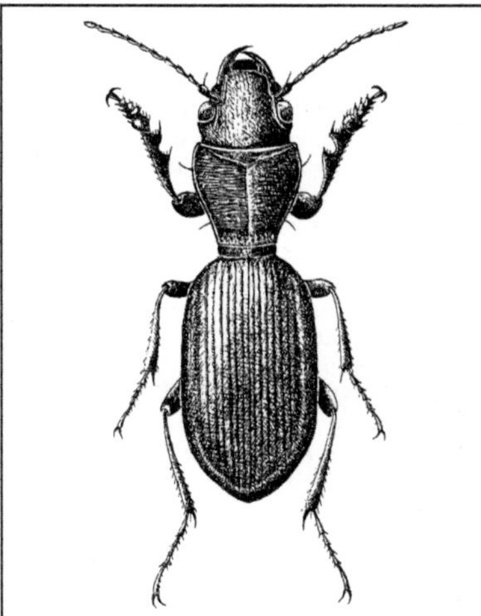

Abb. C-12: Carabidae: *Broscus cephalotes*, Kopfkäfer. 20 mm. (Bechyně 1954)

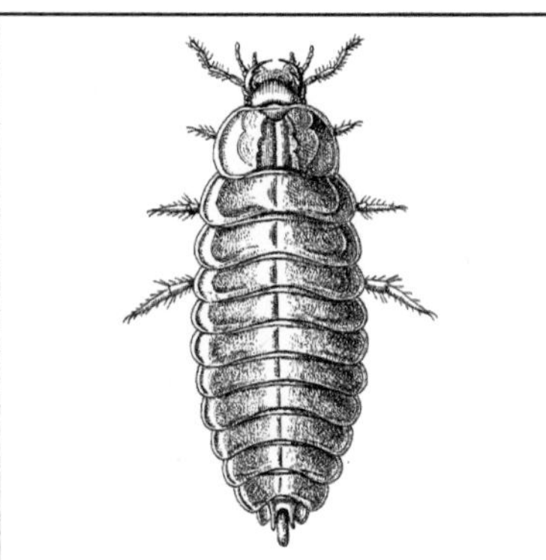

Abb. C-11: Carabidae: *Cychrus caraboides*. Larve, 16 mm. (Reitter 1908–16)

parallelseitigen Elytren (Trechinae) bewohnen – auch zum Jagen – das Lückensystem zwischen Steinen, Arten mit rundlichem Körper leben in der Vegetation, der Bodenstreu oder in Erdhöhlen; **Drüsen:** in Afternähe mündende Pygidialdrüsen (Wehrdrüsen, Stinkdrüsen) sind stets vorhanden; ihr Sekret kann bei manchen Arten gezielt auf einen Störenfried gespritzt werden; das Sekret ist art- bzw. gruppenspezifisch zusammengesetzt, enthält z. B. bei *Omophron* Isovalerian- und Isobuttersäure, bei *Carabus*-Arten

Metacryl- und Tiglinsäure, bei *Calosoma* zudem noch Salicylaldehyd; bei *Clivina*-Arten *m*-Kresol, bei *Chlaenius*-Arten Chinone, bei *Agonum sexpunctatum* L. Ameisensäure und Alkane, bei *Bembidion quadrimaculatum* L. Salicylaldehyd, bei *Lebia chlorocephala* Hoffm. Ameisensäure; hoch spezialisiert ist der Pygidialdrüsenapparat der Bombardierkäfer (→L) [**C-13**, **C-14**]; bei einer hochnordischen *Pterostichus*-Art wurde als Kälteschutz in der Hämolymphe Glycerin festgestellt. Die **Ernährung** der Imagines und Larven ist großenteils jagend, obwohl viele Imagines (zumindest gelegentlich) omnivor und manche Arten der Harpalinae (→M) in erster Linie Vegetarier sind; Laufkäfer stellen in ihrer Größenklasse einen wesentlichen Teil der bodenbewohnenden Jäger; insbesondere die größeren Arten sind wesentliche Helfer bei der Bekämpfung von Schädlingen (z. B. des Kartoffelkäfers), verzehren bis zum Dreifachen des eigenen Körpergewichts pro Tag; fressen aber auch Schnecken und Regenwürmer; durch Ausspucken von Verdauungssaft wird vor dem Mund (teil-) verdaut (extraintestinale Verdauung); der Verdauungssaft wird auch bei Störung abgegeben, kann z. B. vom Lederlaufkäfer bis 1 m weit gespritzt werden; zuweilen Nahrungsspezialistentum (→A4, H, M5–M6). Oft mit ausgeprägtem 24-stündigem **Aktivitätsrhythmus**; viele Arten sind feuchtigkeitsliebende Dämmerungstiere,

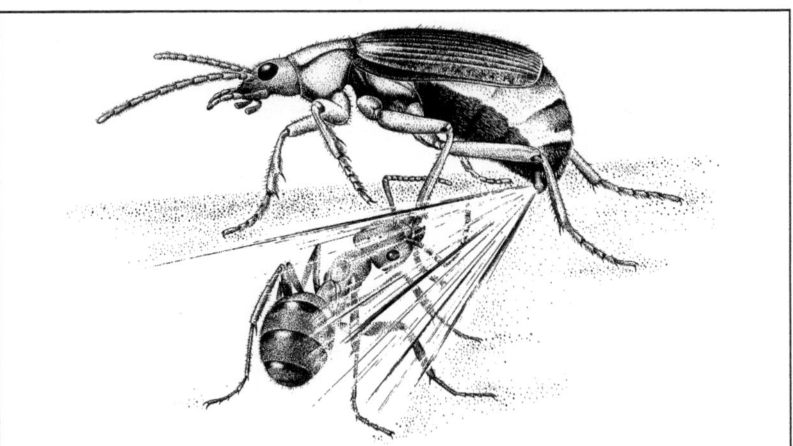

Abb. C-13: Carabidae: *Brachinus* spec., Bombardierkäfer. Feuert auf angreifende Ameise. (Gezeichnet unter Verwendung eines Fotos von T. Eisner)

bei Tage verborgen; manche auch zeitweilig oder ständig tagsüber aktiv. Zuweilen ist der Einfluss der Tageslänge auf die Ovarentwicklung deutlich (*Pterostichus nigrita* Payk.: Beginn der Ovarentwicklung bei Kurztag; volle, hormonal gesteuerte Reifung erst bei Langtag). **Eiablage** einzeln oder zu mehreren in kleine Höhlen in der Erde oder im morschem Holz, auch unter Rinde, bei *Chlaenius* in herbeigetragene, ausgehöhlte und nach der Eiablage wieder verschlossene verschlossene Lehmklümpchen; Anheften der Eier an Oberflächenstrukturen nachgewiesen (z. B. *Bembidion*-Arten); je ♀ 5–6 (*Brachinus crepitans* L.) bis knapp 1000 Eier (bei *Blethisa multipunctata* L.); Eientwicklung wenige Tage bis mehrere Wochen. Die schlanken, sehr beweglichen **Larven** [C-8] der meisten Arten im und auf dem Boden, wenige unter Baumrinde; Ernährung wegen der extraintestinalen Verdauung schwer zu überprüfen, wohl meist jagend (*Pterostichus*: Diptera, Oligochaeta, Acari), seltener omnivor oder gar rein phytophag (→M); manche auf Schnecken (*Cychrus* →A4, *Licinus* →M7) oder Springschwänze (*Loricera* G, Nebriinae C) spezialisiert, andere leben bei Ameisen (Paussinae E); ältere Larvenstadien von *Lebia* und der Brachininae sind Parasitoide an ruhenden Insektenstadien (Eiern, Puppen); meist nachtaktiv, dunkel gefärbte Larven (Carabinae →A, Nebriinae →C) wahrscheinlich an der Oberfläche, helle Larven (Trechinae →J) im Substrat; i. d. R. 3 Larvenstadien, 2 bei eini-

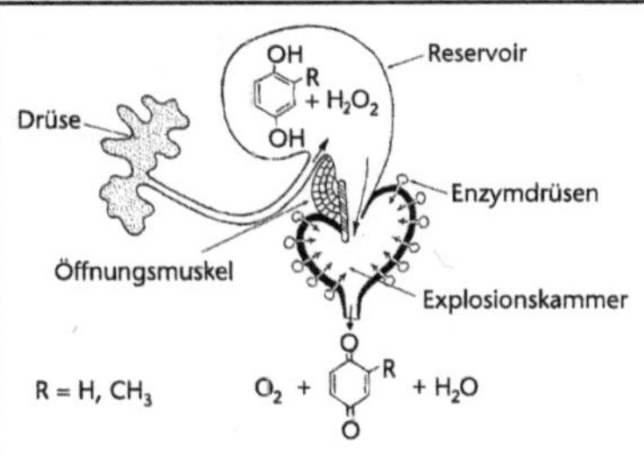

Abb. C-14: Carabidae: *Brachinus* spec., Bombardierkäfer. System der Pygidialdrüsen funktion. (Schildknecht 1970)

gen trockenheitsliebenden Harpalinae (→M), 4 bzw. 5 bei den ektoparasitoiden *Lebia* (→M8) und Brachininae (→L); zur **Verpuppung** legt die Larve, bevorzugt in feuchter Erde, eine Erdhöhle in bis 20 cm Tiefe an; die Imago schlüpft nach 1–4 Wochen; allgemein sind 2 Zyklustypen unterscheidbar: bei Herbsttieren Fortpflanzung im Spätsommer bis Herbst, **Überwinterung** als Larve (im Boden, unter Laub oder Moos, in morschen Baumstümpfen), bei Frühlingstieren Fortpflanzung im Frühling, Überwinterung als Imago (als Jungkäfer gleich in der Puppenhöhle oder nach einer Fressphase an der Oberfläche); bei manchen Arten sind Larven (z. B. *Nebria brevicollis* F.) oder Imagines (z. B. *Trechus quadristriatus* Schr.) auch im Winter aktiv. Larvenentwicklung innerhalb von 2 Wochen (*Bembidion*) bis zu 1 Jahr (*Pterostichus*), **Lebensdauer** der Imago bei manchen Arten mehrjährig (bei *Carabus auronitens* F. bis zu 5 Jahre). **Parasitoide**: mehrere Arten von Fliegenlarven (→Tachinidae) und Wespenlarven (→Proctotrupidae, →Braconidae); verschiedene acariforme Milben sind Ektoparasiten, Käfermilben (Parasitidae) lassen sich von Laufkäfern verfrachten. – Etwa 1 Dutzend heimische U-Fam., einzelne gelegentlich als Fam. aufgefasst; weitere artenarme U-Fam. (Apotominae, Promecognathinae, Psydrinae, Siagoninae) in S-Eur.

A. Carabinae; in Eur 142, M-Eur 55, Dt 36 Arten; große (13–40 mm), z. T. metallisch gefärbte Käfer, Flügeldecken oft mit auffälliger Skulptur; die Mehrzahl der Arten flugunfähig.

A1. *Carabus*; in M-Eur 44 Arten, gelegentlich auf mehrere Gttgn. aufgeteilt; z. B. *C. auratus* L., Goldlaufkäfer, Goldschmied (oben sehr schön goldgrün, Flügeldecken mit abgerundeten Längsleisten); *C. cancellatus* Ill., Körnerwarze (oben kupferfarben, Flügeldecken mit scharfen Längsleisten, dazwischen Reihen von Körnerwarzen, 1. Antennenglied rotbraun); meist 2–3 cm lang; groß, kräftig; meist ohne Flugflügel (Ausnahme z. B. *C. granulatus* L.); Erscheinungszeit der Imagines entweder ab IV (dann vorherige Überwinterung als Imago, Fortpflanzung im Frühjahr; *C. cancellatus* Ill.) oder ab VI/VII (dann Fortpflanzung im Herbst, Überwinterung als Larve; *C. glabratus* Payk.); Ernährung der Larven und Imagines jagend (bei *C. variolosus* F. auch im Wasser), nehmen aber auch Früchte; beide Stadien vorwiegend nachtaktiv; *C. irregularis* F. striduliert, indem die rauen Tergite des 5. und 6. Abdominalsegments von unten an der mit Borsten besetzten Unterseite der →Elytren gerieben werden; Lebensdauer der Imagines manchmal mehrere Jahre. Bei manchen Arten – nach Überwinterung als Imago – mehrmalige **Begattung** im Frühling und Frühsommer, ohne ausgeprägte Balz; das ♂ sitzt dabei schief auf dem ♀, hält sich mit den Hafthaaren der Vorderfüße an dessen Halsschild fest; Dauer 30–45 min, das ♀ frisst dabei u. U. ruhig weiter; im Laufe mehrerer Wochen Ablage von 20–60 Eiern (meist) einzeln in kleine Erdhöhlen, wobei das Hinterleibsende fernrohrartig ausgezogen ist; die Höhlenöffnung danach bei manchen Arten zugescharrt.

A2. *Calosoma sycophanta* L., Puppenräuber, Großer Kletterlaufkäfer; bis 3 cm; Flügeldecken mit parallelen Seitenkanten, metallisch grün, kupferig glänzend; *Calosoma*-Arten sind flugfähig; Larve: [**C-8**]; jagt als Larve und Käfer, auch

tagsüber, gern auf Büschen und Bäumen; eifriger Vertilger von Insekten, insbesondere auch von Forstschädlingen (v. a. zur Schwammspinnerbekämpfung nach Nordamerika eingeführt und dort heute eingebürgert); Futterbedarf: Larve etwa 40 Raupen, Käfer pro Jahr bis 400 Raupen; der Käfer frisst, im Gegensatz zu *Carabus*-Arten, keine Regenwürmer; sehr guter, ausdauernder Flieger; Entwicklung ähnlich wie bei *Carabus*; Dauer des Larvenlebens 2–3 Wochen; Lebensdauer des Käfers 2–3, ausnahmsweise auch 4 Jahre; Eiablage in jedem Sommer; Überwinterung als Imago.

A3. *Calosoma inquisitor* L., Kleiner Kletterlaufkäfer [**C-9**]; 13–20 mm; oben kupferfarben; in Eichenwäldern; bemerkenswert als Vertilger u. a. von Frostspannerraupen; Lebensweise ähnlich wie bei 2; guter Flieger; überwintert in der Puppenwiege.

A4. *Cychrus*, Schaufelläufer; 3 Arten in Dt, z. B. *C. attenuatus* F. [**C-10**] und *C. caraboides* L.; 11–23 mm; Käfer mit auffallend schmalem, gut beweglichen Kopf und schlanker Vorderbrust; Flügeldecken gut ausgebildet, hochgewölbt, Hinterflügel jedoch rückgebildet; spezialisierte Fresser von Gehäuseschnecken, in die sie mit dem schmalen Vorderkörper weit eindringen können; Verschmälerung des Vorderkörpers (Cychrisierung) kommt auch bei einigen anderen Schneckenfressern vor (→Staphylinidae K5–6); die Seitenränder der Flügeldecken greifen auf die Unterseite des Hinterleibs über, dadurch Schutz der Stigmen vor Verschmutzung mit Schneckenschleim; Luftvorrat unter den gewölbten Flügeldecken; eine angegriffene Schnecke stirbt alsbald (wohl durch Giftwirkung); zirpen in Stresssituationen (auch sonst?), indem sie die Seitenkanten des letzten Abdominalsegments an den Spitzen der Flügeldecken reiben; auch die Larven [**C-11**] fressen v. a. Schnecken.

B. Omophroninae; in Eur 2 Arten, in M-Eur & Dt nur *Omophron limbatum* F., Grüngestreifter Grundkäfer (4–7 mm; [**C-16**]); in der Körperform eher an einen Schwimmkäfer erinnernd; oval, recht hoch gewölbt; gelbbraun mit grüner Zeichnung (fast ähnlich einem Marienkäfer); Imagines tagsüber eingegraben im Sand in der Nähe von Gewässern; überstehen kurzzeitige Überflutung; sehr schnelle Läufer, die nachts jagen; meist gesellig; Larven mit keilförmigem Kopf, graben im Sand.

C. Nebriinae; in Eur 144, M-Eur 53, Dt 30 Arten; meist mittelgroße (6–12 mm), langbeinige, flinke Käfer mit gerieften Flügeldecken (Ausnahme: *Notiophilus*); viele Arten bevorzugen bevorzugt an feuchten Orten; Imagines erbeu-

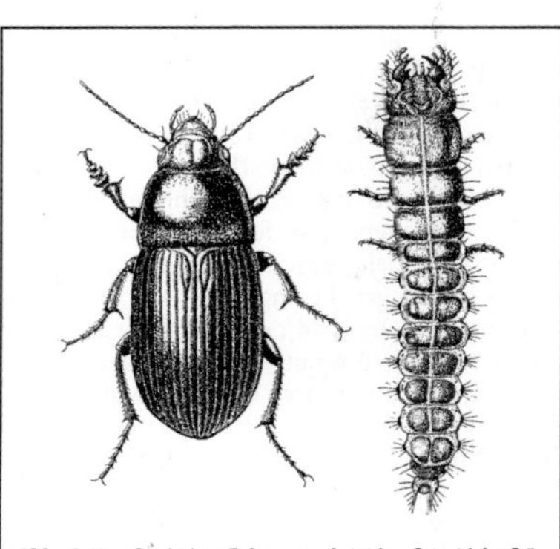

Abb. C-15: Carabidae: *Zabrus tenebrioides*, Getreidelaufkäfer. Käfer 15 mm, Larve 20 mm

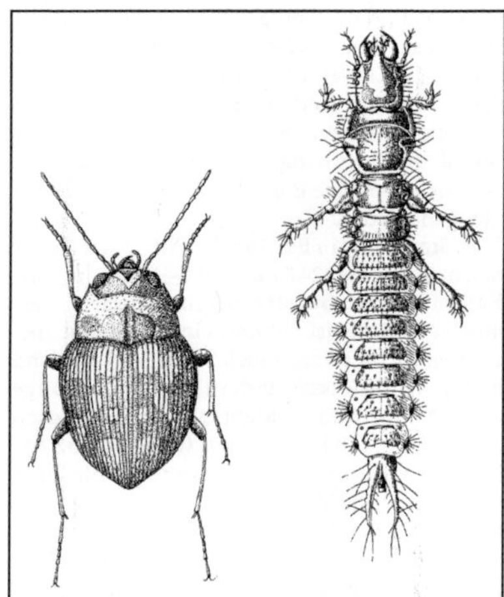

Abb. C-16: Carabidae: *Omophron limbatum*. Käfer 5 mm, Larve ca. 8 mm. (Reitter 1908–16, Bechyně 1954)

ten oft, die Larven überwiegend Springschwänze (→Collembola).

C1. *Leistus*; mit 11 Arten in M-Eur; mittelgroß, mit verbreiteten Mandibeln und vorstehenden Augen; ernähren sich hauptsächlich von Springschwänzen; nachtaktiv; mit hoch entwickeltem Fangapparat in Anpassung an die Sprungreaktion der Beutetiere: auf der Kopfunterseite sind kreisförmig (an der Basis des Labiums und auf dem ventralen Rand der Maxillen) starke Haare angeordnet; beim Absenken des Kopfes auf die Beute können die Haare zur Mitte abgelenkt werden und schließen die Beute ein; Fortpflanzung im Herbst; überwintern als Larve.

C2. *Notiophilus*; mit 9 Arten in M-Eur; kleine (3,5–5,5 mm), metallisch glänzende Käfer mit großen Augen und verhältnismäßig kurzen Antennen; Punktstreifen auf den Flügeldecken, die ein glattes Spiegelfeld auslassen; im Sonnenschein aktiv, jagen Milben, Springschwänze und andere kleine Arthropoden; meiste Arten mit langflügeligen und (flugunfähigen) kurzflügeligen Tieren, im Gebirge überwiegend kurzflügelige Käfer; überwintern als Imago.

D. Rhysodinae; früher als eigene Fam. angesehen; in Eur 3, M-Eur 2 Arten, in Dt nur *Rhysodes sulcatus*; Imagines unter Borke an morschem Holz, Larve in kurzen Gängen im morschen Holz; beide fressen Schleimpilze und Pilze.

E. Paussinae, Fühlerkäfer; früher als eigene Fam. angesehen; in Eur 2 mediterrane Arten der Gttg. *Paussus* (darunter *P. favieri* Fairm.); selten über 1 cm groß; dunkelbraune, häufig klobig gebaute Käfer; Antennenglieder zu 2 sehr großen Abschnitten verschmolzen, von denen das der distale kahn- oder ohrförmig gebaut sein kann;

im Innern der Antennen, aber auch an anderen Körperstellen, Drüsen, die ein aromatisches Sekret absondern; alle Arten mit pygidialen Wehrdrüsen; nicht wenige mit Bombardierapparat (ähnlich *Brachinus*, →Carabidae L), mit Strukturen, die unter Ausnutzung eines physikalischen Effekts (Coanda-Effekt) ein sehr genaues Zielen ermöglichen. Larven und Imagines leben in Nestern von Ameisen (meist der Gttg. *Pheidole*, →Formicidae D13), von deren Brut sie sich ernähren; die Ameisen lecken gierig die Drüsensekrete der Käfer.

F. Elaphrinae; in Eur 15, M-Eur & Dt 6 Arten v. a. der Gttg. *Elaphrus*, Raschkäfer (bei uns 5 Arten, häufig: *E. riparius* L.); mittelgroße (6,5–9 mm), metallisch glänzende Käfer mit schmalem Vorderkörper; →Elytren mit relativ großen grubenförmigen Vertiefungen; visuell geleitete, tagaktive Jäger (vorstehende Augen) auf kahlen oder spärlich bewachsenen Flächen in Gewässernähe; zirpen zur Abwehr, indem sie dorsale Zahnreihen auf dem Abdomen gegen Rippenfelder der Elytrenunterseite bewegen, zugleich Abwehrsekretion aus Analdrüsen.

G. Loricerinae; in Eur & Dt nur *Loricera pilicornis* F. (6–8 mm); auf feuchten, schattigen Böden; Ernährung (auch der Larven) hauptsächlich durch →Collembola; spüren die Beute bis zur Sichtung chemosensorisch auf; Imagines fangen die leicht flüchtige flüchtende Beute, indem sie die Antennen blitzschnell zusammenschlagen und die Beute zwischen vergrößerten Haaren auf den basalen Antennengliedern festhalten; die Larven mit vergrößerten Galeae, an deren distalem Ende eine Klebdrüse mündet; Beutetiere bleiben an dem auf der Oberfläche verteilten Sekret hängen; Putzen der Galeae, indem sie durch eine Putzscharte an der Mandibel gezogen werden.

H. Scaritinae; in Eur 192, M-Eur 38, Dt 26 Arten; meist kleine (2–7 mm), in S-Eur auch große Käfer (*Scarites*: bis 40 mm) mit stielartig verjüngter Mittelbrust; Vorderbeine zu Grabbeinen verbreitert; im Boden (auch Sand), im Flachland häufig an Gewässerrändern, im Hochgebirge auch Streubewohner; Mehrzahl der heimischen Arten in der Gttg. *Dyschirius* (in M-Eur 32 Arten), die vorwiegend den Larven und Imagines von →Staphylinidae und →Heteroceridae nach stellen; z. B. sind einige auf bestimmte *Bledius*-Arten spezialisiert, die Röhren im Sand bauen; *D. globosus* Herbst bevorzugt als Nahrung Enchytraeiden (Oligochaeta).

I. Patrobinae; in Eur 22, M-Eur 7 Arten, in Dt 3 Arten der Gttg. *Patrobus*, Grubenhalskäfer (6–11 mm); Kopf hinten halsartig eingeschnürt; jagen an feuchten, beschatteten Orten wie Quellen, See- und Bachufern.

J. Trechinae; in Eur 1480, M-Eur 221, Dt 142 Arten; winzige bis kleine (0,2–8 mm), meist tagaktive Jäger kleiner Bodentiere im Lückensystem unter Steinen und im Boden; oft bräunlich oder bunt gefärbt; meiste heimische Arten in Gewässernähe, salzvertragende Arten besiedeln die Küste (z. B. *Pogonus*), *Aepopsis robini* Lab. im atlantischen Felswatt, wo er die Flut in Luftblasen unter Steinen übersteht; einige Arten abseits von Gewässern, dabei auch ins Kulturland (wie *Bembidion lampros* Herbst) und selbst in städtische Grünflächen (*Trechus quadristriatus* Schr.) vordringend; Lebensweise der Larven wenig bekannt.

K. Broscinae; in Eur 10, M-Eur & Dt 2 Arten, verbreitet nur *Broscus cephalotes* L., Kopfkäfer (17–22 mm; [**C-12**]); schwarz, mit dickem Kopf; geflügelt; Imagines und Larven graben mit den Mundteilen tiefe Röhren in den Sand; Imagines jagen nachts auf der Oberfläche; zur Eiablage (im Herbst) gräbt das ♀ einen Stollen und mehrere Seitengänge mit jeweils 1 Eikammer; danach Auffüllen der Gänge mit Sand; Fortpflanzung im Herbst; Überwinterung als Larve.

L. Brachininae, Bombardierkäfer; früher gelegentlich als eigene Fam. **Brachinidae** behandelt; in Eur 49, M-Eur 9, Dt 4 Arten, z. B. *Brachinus crepitans* L. (7–10 mm), *B. explodens* Dft. (5 mm); bunt: schwarz und rotbraun, Flügelde-

cken blau bis grün. Meist gesellig unter Steinen an Hecken, in lichten Wäldern; im hinteren Bereich des Abdomens befinden sich ein Paar kompliziert gebauter drüsiger Hohlorgane (**„Knalldrüsen“**), die an der Hinterleibsspitze münden; bei Störung wird daraus mit leichtem Knall eine stechend riechende, als feiner Dunst sichtbare Gaswolke gezielt (durch Abbiegen des Abdomens) auf Angreifer abgeschossen [**C-13**]; das Organ ist 3-teilig [**C-14**]; es besteht: a) aus einer Drüse mit Ausführgang, b) einem verschließbaren Reservoir und c) der sich nach außen öffnenden, von Drüsenepithel umkleideten Brennkammer; im Reservoir befindet sich ein Gemisch aus Hydrochinon, Methylhydrochinon und Wasserstoffperoxid, in der Brennkammer eine Mischung aus den Enzymen Katalase und Peroxidase; zur Auslösung einer Entladung wird etwas Reservoirflüssigkeit in die Brennkammer gespritzt, was dort zu einer explosionsartig ablaufenden chemischen Reaktion führt: die Katalase setzt aus dem Wasserstoffperoxid Sauerstoff frei, der – durch die Peroxidase beschleunigt – mit den Hydrochinonen reagiert; die entstehenden gelb gefärbten Chinone werden unter dem Druck des Sauerstoffs und ca. 100 °C heiß ausgetrieben; sie sind äußerst wirksame chemische Abwehrwaffen; mehr als 20 Entladungen hintereinander sind möglich; jede Entladung (Dauer ca. 15 ms) besteht aus 10–20 Einzelexplosionen, zu denen es – vermutlich – durch passive Oszillationen des Verschlussmechanismus zwischen Reservoir und Brennkammer kommt; deutliche Abwehrwirkung auf kleine Feinde (Ameisen, Laufkäfer u. a.); Wirkung auf getestete amerikanische Kröten unterschiedlich: *Bufo americanus* spuckt die Käfer wieder aus, *Bufo marinus* nicht. **Larven** (soweit bekannt) ektoparasitoid an *Amara*-Puppen, die sie in 1–2 Wochen beinahe restlos verzehren.

M. Harpalinae; in Eur 1449, M-Eur 441, Dt 322 Arten; kleine bis mittelgroße Arten mit großer Vielfalt an Lebensweisen; bei einzelnen Arten der Gttgn. *Abax, Molops* und *Pterostichus* Brutpflege (→M1); neben jagenden viele omnivore Arten und einige mit vorwiegend vegetarischer Ernährung (→M3–M6); hierher auch alle auf krautigen Pflanzen (*Demetrias, Odacantha*) oder Bäumen (*Dromias*) jagenden Laufkäfer.

M1. *Abax parallelus* Dftsch. (13–17 mm); Brutpflege: das ♀ baut einige Tage vor der Eiablage im Boden eine Brutkammer (ca. 2 cm Durchmesser) mit geglätteten Wänden, legt hier etwa 16 Eier ab, bewacht sie, bis die Larven schlüpfen; ähnlich *A. ovalis* Dftsch. (bis 15 mm, in Gebirgswäldern).

M2. *Pterostichus melanarius* Ill. (13–17 mm); frisst Raupen, wird gelegentlich an Erdbeeren und Getreide schädlich; Fortpflanzung vorzugsweise im Herbst; Überwinterung als Imago und als Larve möglich; die meisten anderen *Pterostichus*-Arten überwintern als Imago und pflanzen sich im Frühjahr fort.

M3. *Zabrus tenebrioides* Goeze, Getreidelaufkäfer (12–15 mm; [**C-15**]); schwarzbraun, Antennen und Enden der Beine rotbraun; Käfer und Larve fast ausschließlich Pflanzenfresser, früher bisweilen an Getreide schädlich; der Käfer frisst im Frühsommer die unreifen Getreidekörner, nach der Sommerruhe im Boden die jungen Getreidepflanzen; Eiablage im Herbst in den Boden; die Larven [**C-15**] in bis zu 40 cm tiefen, senkrechten Erdröhren, in die sie die jungen Getreidepflanzen ziehen; Überwinterung als Larve, nicht selten auch als Imago, manchmal als Ei.

M4. *Harpalus rufipes* Deg. (11–16 mm); frisst die Samen von Erdbeeren; nimmt jedoch auch andere pflanzliche und tierische Nahrung; wahrscheinlich sind alle *Harpalus*-Arten gemischt jagend und phytophag; bevorzugt werden ölhaltige Samen; die meisten *Harpalus*-Arten überwintern als Imagines; bei manchen Arten getrennte Populationen mit Imago-Überwinterung und Fortpflanzung im Frühjahr sowie Larven-Überwinterung und Fortpflanzung im Herbst; Lebensdauer der Imagines bei manchen Arten 2 Jahre.

M5. *Ophonus puncticeps* Steph. (6,5–10 mm); wie alle Arten der Gttg. als Imago und Larve vegetarisch, bevorzugen Samen der Möhre (*Daucus*); Käfer tag- und nachtaktiv; Larven lagern Samen in selbst gegrabenen Erdröhren, hier auch Häutung.

M6. *Bradycellus*; 7 Arten in Dt (4–6 mm); ernähren sich in beträchtlichem Ausmaß von Heidekraut-Samen (*Calluna*), wie eine Reihe weiterer darauf untersuchter Arten von Heidegebieten.

M7. *Licinus*; 5 zunehmend seltenere Arten in M-Eur; große (9–18 mm), schwarze Käfer; flugunfähig; spezialisierte Vertilger von Gehäuseschnecken, beißen mit massigen, stumpfen, asymmetrischen Mandibeln auch größere Schneckenhäuser entlang der Windungen auf; auch die Larven fressen Schnecken.

M8. *Lebia scapularis* Fourc. (ca. 5 mm); schwarz; Vorderbrust, Antennen und Beine gelbrot, ein Fleck vorn-außen auf den Flügeldecken gelbrot; die überwinterte Imago frisst Eier und Larven des Ulmenblattkäfers (*Xanthogaleruca luteola* Muell., →Chrysomelidae); Eiablage im VI; bemerkenswert durch die Vielgestaltigkeit der

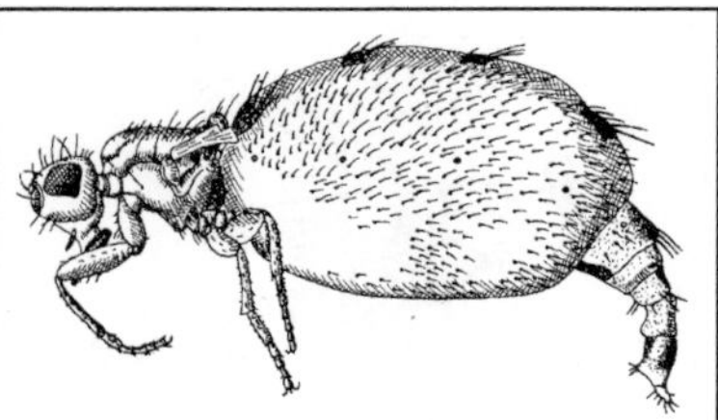

Abb. C-17: Carnidae: *Carnus hemapterus*, Falkenlausfliege. ♀, ca. 2 mm. (Lindner 1923 ff)

Larve (→Polymetabolie): Junglarve zunächst sehr beweglich, schlank; sucht am Fuß und unter der Rinde der Ulme nach der Puppe des Blattkäfers; wird durch deren Verzehr plump und träge, spinnt sich in einem Kokon aus dem Sekret der Malpighi-Gefäße ein; häutet sich zu einer anders geformten Larve (Beine, Antennen und Mundteile verkürzt; Hinterleib angeschwollen), die nicht frisst, sondern sich im Kokon verpuppt; daraus schlüpft nach 2–3 Wochen der Jungkäfer; Überwinterung als Imago; in S-Eur mehrere Generationen im Jahr. Andere *Lebia*-Arten mit ähnlicher Lebensweise bei weiteren Chrysomelidae.

Lit. →Coleoptera; Andersen 1985; Bauer 1985; Bauer & Kredler 1988; Forsythe 1988; Hintzpeter & Bauer 1986; Melber 1983; Schelvis & Siepel 1988; Scherney 1959; Trautner 2017; Trautner & Geigenmüller 1987; Wachmann et al. 1995.

Carabinae →Carabidae A.

Carabus →Carabidae A1.

Caraphractus →Mymaridae.

Carausius →Phasmida.

Carcelia →Tachinidae; vgl. auch →Notodontidae B.

Carcharodus →Hesperiidae A.

Carcina →Peleopodidae.

Cardiophorinae →Elateridae B4.

Carilia →Cerambycidae C2.

Carnidae, Gefiederfliegen; Fam. der Zweiflügler (Diptera, Brachycera, Cyclorrhapha) mit in Eur 48, M-Eur 28, Dt 12 Arten v. a. der Gttg. ***Meoneura***; winzige (1–2 mm), schillernd schwarze Fliegen; auf Blüten oder verwesenden Stoffen; die Larven in organischen Abfällen tierischer Herkunft wie Kot und Aas, seltener in verrottenden Pilzen und Pflanzen; auch in Vogelnestern (*M. lamellata* Coll.). Bemerkenswert: ***Carnus hemapterus*** Nietzsch, Falkenlausfliege [**C-17**]; ca. 2 mm; blutsaugender Ektoparasit auf den Nestlingen von (meist höhlenbrütenden) Vögeln; die Imago schlüpft geflügelt aus der

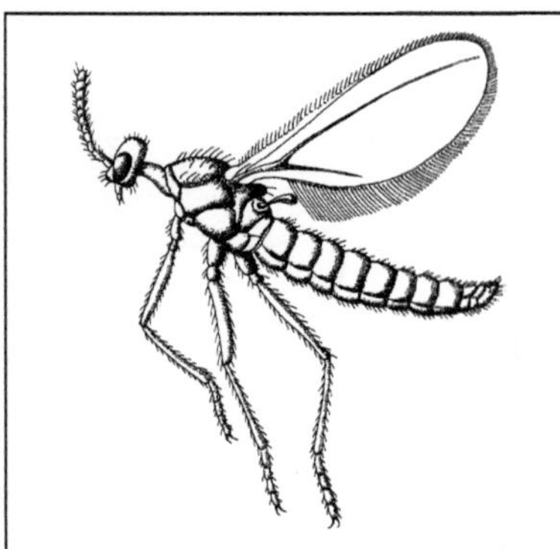

Abb. C-18: Cecidomyiidae: *Miastor metraloas*. ♂, 2–3 mm. (Séguy 1951b)

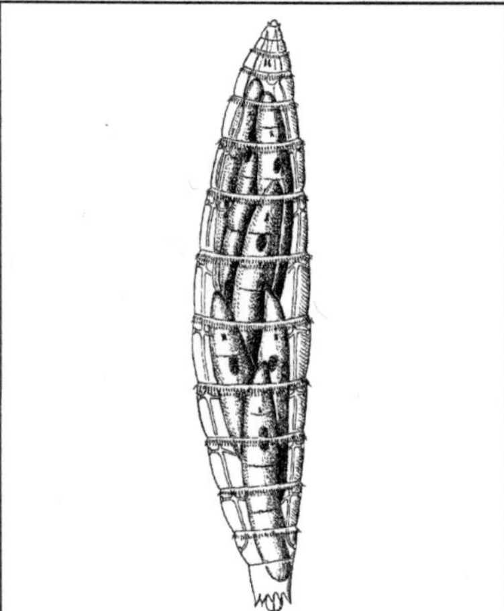

Abb. C-19: Cecidomyiidae: *Miastor metraloas*. Larve (6 mm) mit Tochterlarven. (Séguy 1951b)

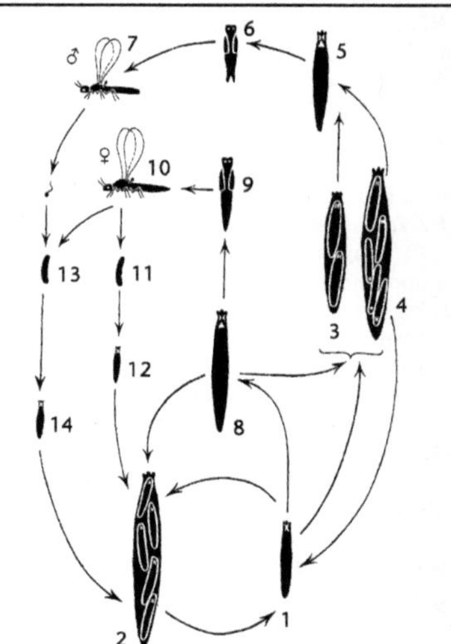

Abb. C-20: Cecidomyiidae: *Heteropeza pygmaea*. Schema des Generationswechsels. 1: pädogam entstandene Tochterlarve (1,3 mm); keine Brustgräte, Augen dicht nebeneinander, zusammen x-förmig; 2: ♀♀-Mutter (gebiert nur weibliche Larven); 3: ♂♂-Mutter (erzeugt nur männliche Larven); 4: ♂♂-♀♀-Mutter (erzeugt männliche und weibliche Larven); 5: männliche Imago-Larven, ca. 1,8 mm (Augen getrennt, Brustgräte); 6: ♂-Puppe; 7: männliche Imago (0,8 mm); 8: weibliche Imago-Larve, ca. 2 mm (Augen getrennt, Brustgräte; kann noch eine Zeit lang zu 2 umkehren); 9: weibliche Puppe; 10: weibliche Imago (ca. 1 mm); ♀ kann (wenigstens bei bestimmten Stämmen) Eier legen, die sich parthenogenetisch entwickeln (11) und Larven (12) ergeben, die zu ♀♀-Müttern werden; oder es kommt zur Kopula, die Eier werden besamt (13) und ergeben ebenfalls (14) Larven, die ♀♀-Mütter werden. (Ulrich 1962)

Carphacis →Staphylinidae E.
Carpocoris →Pentatomidae.
Carpophilus, **Carpophilinae** →Nitidulidae B.
Carposina →Carposinidae.
Carposinidae, Fruchtwickler; Fam. der Schmetterlinge (Lepidoptera, Glossata) mit in Eur & M-Eur 2 Arten der Gattung *Carposina*, in Dt nur alte Funde (19 Jh.) von *Carposina berberidella* Herr.-Schäff. Aus Bayern; klein (Flspw. 15–16 mm); Flügel mit kurzen Randborsten; Labialpalpen lang, vorgestreckt, mit kurzem verstecktem Endglied; fliegen nachts (VI–VII); Raupen in reifen Beeren der Berberitze (VIII–IX); Überwinterung in einem runden Kokon im Falllaub oder den Beeren; Verpuppung im Frühjahr in einem länglichen Kokon.

Puppe, sucht verschiedenste Vögel auf, wirft dann an vorgebildeten Bruchstellen nahe der Basis die Flügel ab; hält sich am Wirt (besonders unter den Flügeln) oder in seiner Nähe auf; der Hinterleib schwillt beim ♀ während der Eientwicklung stark an; Eiablage in der Neststreu; die Larven leben vom organischen Material in der Streu; Überwinterung als Puparium.
Lit. →Diptera.
Carnus →Carnidae.

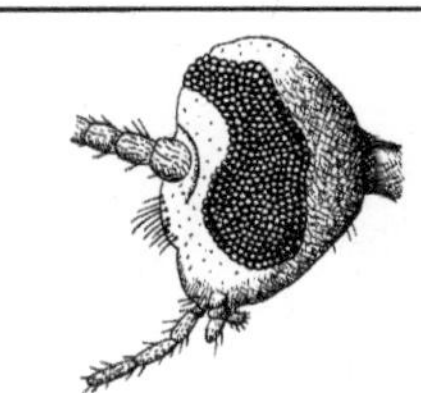

Abb. C-21: Cecidomyiidae: *Dasineura napi*, Kohlschotengallmücke. Kopf von links; nur 3 Antennenglieder gezeichnet. (Fröhlich 1960)

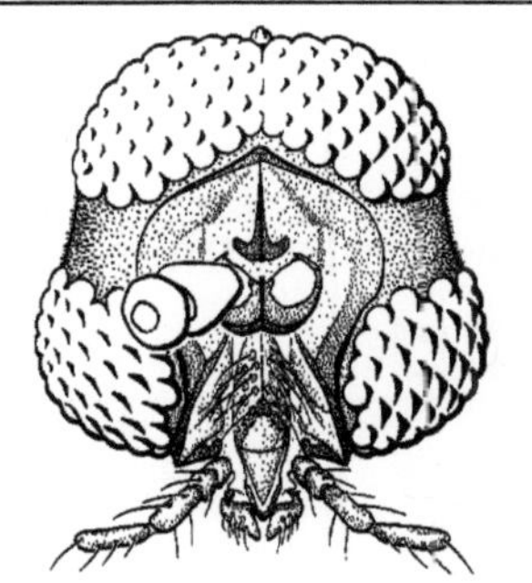

Abb. C-22: Cecidomyiidae: *Trisopsis spec.* Kopf von vorne mit den unterteilten Komplexaugen; Fühler bis 2 rechte Grundglieder weggelassen. (McAlpine et al. 1981)

Lit. →Lepidoptera; Schütze (1931).
Carsia →Geometridae.
Carterocephalus →Hesperiidae B.
Carulaspis →Diaspididae 7.
Cassida →Chrysomelidae E.
Cassidinae →Chrysomelidae D, E.
Cassidini; Gattungsgruppe der →Chrysomelidae E.
Cataclysta →Pyralidae 21.
Catagapetus →Glossosomatidae.
Catantopidae →Acrididae.
Cataplectica →Epermeniidae.
Catocala →Erebidae I2.
Catopidae, Catopinae, *Catops* →Leiodidae C.
Caudallamellen →Odonata.
Cecidien →Gallen.
Cecidomyia →Cecidomyiidae D5.
Cecidomyiidae, Gallmücken; artenreichste Fam. der Zweiflügler (Diptera, Bibionomorpha) mit in Eur ± 1770, M-Eur ± 1110, Dt ± 900 Arten, darunter zahlreiche Schädlinge in Feld und Wald; Imagines [**C-18, C-20, C-41, C-51**] zart, klein, z. T.

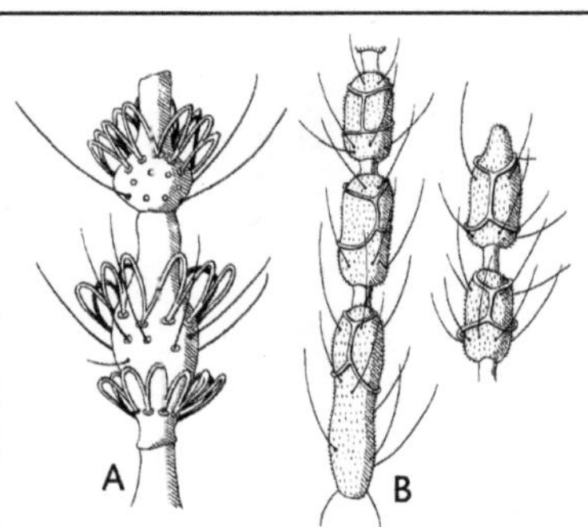

Abb. C-23: Antennen von Cecidomyiidae. A: *Antichira caricis*. Stück aus der Antennengeißel. B: *Contarinia floricola*. ♀; die 3 ersten und die 2 letzten Glieder der Antennengeißel. (Fröhlich 1960)

sehr klein (0,5–3 mm, selten bis 8 mm), kurzlebig (oft nur wenige Stunden, höchstens 5 Tage); Komplexaugen häufig durch Stirnbrücke miteinander verbunden [**C-21**], einige jagende Arten (Gttg. *Trisopsis*) „3-äugig": Komplexaugen geteilt in paarige ventrale und miteinander über Stirnbrücke verbundene dorsale Hälften [**C-22**]; Ocellen fehlen zumeist; Mundteile kurz, nicht stechend, Kiefer- und Lippentaster gut entwickelt, Auflecken von offenen Säften kommt zumindest bei manchen Arten vor; Antennen [**C-23**] (4–32 Glieder) meist wirtelig behaart; die einzelnen Glieder erweitern sich von einem dünnen Stiel aus kolbenförmig, bei der U-Fam. Cecidomyiinae besetzt mit (bei ♂ und ♀ unterschiedlichen) bogen- oder ösenförmigen Gebilden (Bedeutung unklar); Flügel zart, gestatten nur wenig ausgiebigen Flug; Flügelrückbildung kommt vor, besonders bei ♀♀; ♀ mit artspezifisch gestalteter, teleskopartig ausfahrbarer Legeröhre (9. Hinterleibssegment [**C-24**]); ermöglich das Ablegen der länglichen **Eier** einzeln oder in Gruppen an bzw. in Pflanzengewebe; eine Reihe von Arten mit Heterogonie (Wechsel von parthenogenetischer und 2-geschlechtlicher Fortpflanzung), wobei die Parthenogenese als →Pädogenese auftritt (→A [**C-20**]). **Larven** [**C-25**] gestaltlich recht verschieden; Kopfkapsel winzig (Larven trotzdem eucephal), Mundteile teilweise rückgebildet, Aufnahme flüssiger Nahrung (extraintestinale Verdauung); Mandibeln i. d. R. vorhanden, aber klein, hochgradig an die Ernährungsweise angepasst (z. B. als hohle Saugmandibeln mit eingebautem Reusenapparat), bei jagenden Arten groß; kurze – bei jagenden Arten längere –

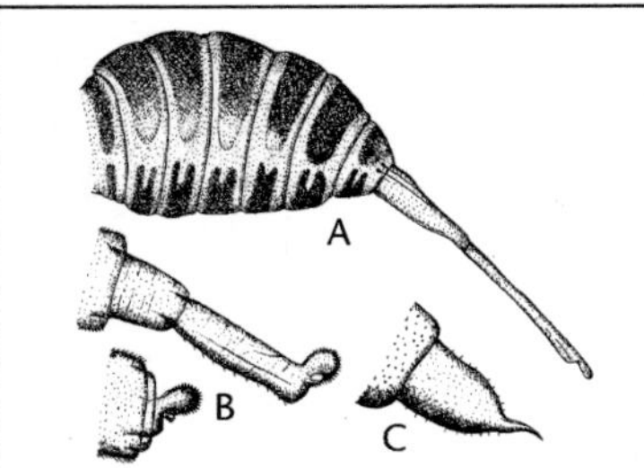

Abb. C-24: Legeröhre von Cecidomyiidae. A: *Dasineura napi*, B: *Mayetiola destructor*. Oben: ausgefahren; unten: eingezogen; C: *Cystiphora taraxaci*. (Fröhlich 1960)

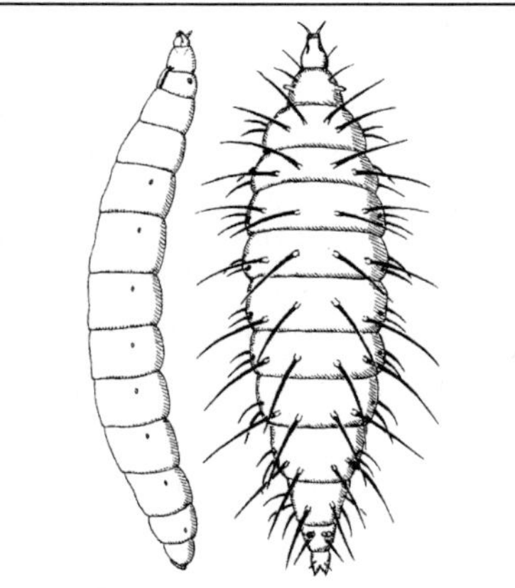

Abb. C-25: Cecidomyiidae: 2 Larventypen; links: von lateral, Brustgräte eingezeichnet; rechts: von dorsal; ca. 2 mm. (Brauns 1991)

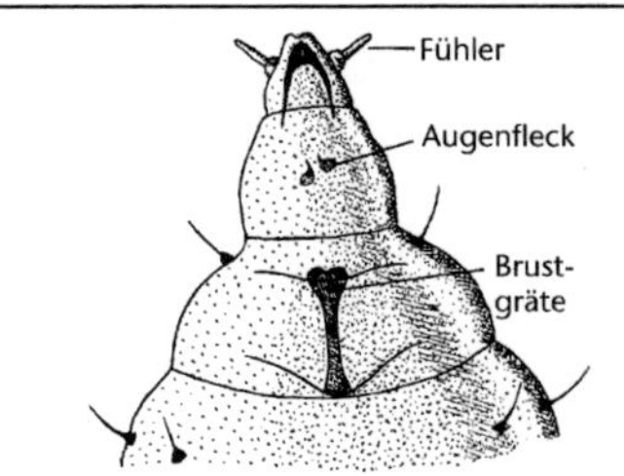

Abb. C-26: Cecidomyiidae: *Dasineura napi*, Kohlschotengallmücke. Vorderende der Larve von ventral; 2 mm; Augenflecke schimmern vorn dorsal durch. (Fröhlich 1960)

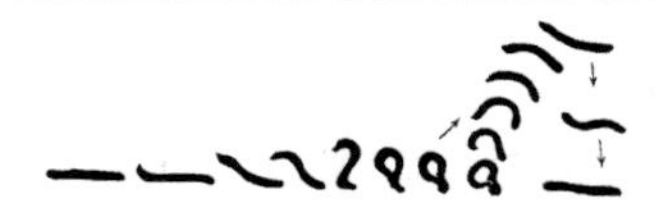

Abb. C-27: Cecidomyiidae: Mehrere Phasen des Springens einer Larve. (Séguy 1951a)

Antennen aus 1 Glied; 2 Pigmentkörper im Halsabschnitt werden als Lichtsinnesorgane gedeutet [**C-26**]; Körper mit winzigen Dörnchen, Papillen oder Haaren besetzt; Färbung oft gelblich bis rot, bedingt durch den durchscheinenden Fettkörper; Atmung durch 8–10 offene Stigmenpaare; letztes (oder vorletztes) Stadium der meisten Arten mit artspezifisch gestalteter Brustgräte [**C-26**] (Verdickung der Kutikula an der Ventralseite des 1. Thoraxsegments); Bedeutung unklar, soll zum Anschneiden von Pflanzengewebe dienen und hilft bei dem für manche Arten bezeichnenden Springen [**C-27**]: Körper dabei ringförmig gebogen, Hinterende gegen die Brustgräte gestemmt, Wegschnellen bei plötzlichem Strecken (Springen wichtig für das schnelle Aufsuchen des Verpuppungsplatzes nach Verlassen der Galle); Ernährung wohl v. a. durch Aufnahme flüssiger Nahrung, durchaus nicht nur von pflanzlichem Substrat; extraintestinale Verdauung (vor dem Mund; Speicheldrüsen gut entwickelt) könnte eine Rolle spielen. Nach Vorkommen und Ernährung 3 Gruppen von Larven: a) über 1/4 der heimischen Arten **in moderndem Pflanzenteilen**, unter Rinde, fressen wohl hauptsächlich Pilzhyphen, einige auch in Pilzfruchtkörpern; *Cecidomyia* (→D5) am Harz von Nadelbäumen; hierher einige Cecidomyiinae sowie alle Arten der übrigen U-Fam., darunter die mittelgroße, an Gnitzen (→Ceratopogonidae) erinnernde Gttg. *Anarete* (U-Fam. Lestremiinae); b) **Jäger** und **Parasitoide** in und an Tieren (knapp 50 Arten in Dt); v. a. an Blattläusen und Milben (*Aphidoletes aphidimyza* Rond. saugt von außen Blattläuse aus, die – vermutlich durch ein Toxin – schnell absterben; *Endaphis* und *Endopsylla* endoparasitoid in Blattläusen und Blattflöhen; *Arthrocnodax* und *Feltiella* an Milben; *Lestodiplosis* verzehrt als Einmieter in Gallen anderer Arten den Gallerzeuger); die Larven einiger Arten wurden in Fraßgängen von Borkenkäfern (→Curculionidae P) gefunden; c) **an oder in frischem Pflanzengewebe,** häufig gallbildend, seltener als Minierer in Stängeln, in Blütenköpfen oder als Einmieter (→Inquiline) in Gallen (vgl. →Cynipidae 5), meist wirtsspezifisch (*Clinodiplosis ci-*

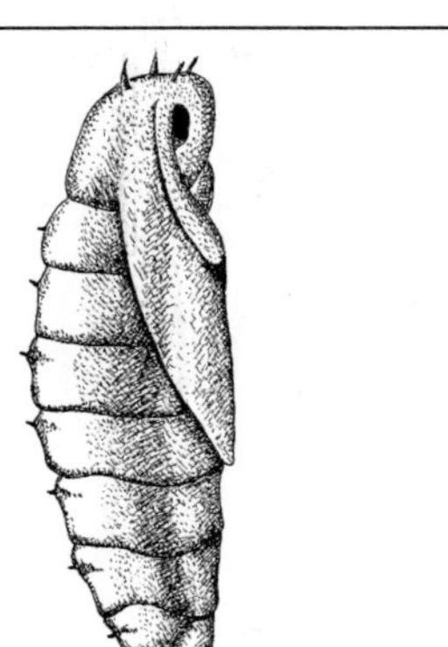

Abb. C-28: Cecidomyiidae: *Contarinia medicaginis*. Puppe, 2 mm, mit Prothorakalstigmen (Stigmenhörner, 2 Dornen rechts am Kopf) und Scheitelborsten. (Fröhlich 1960)

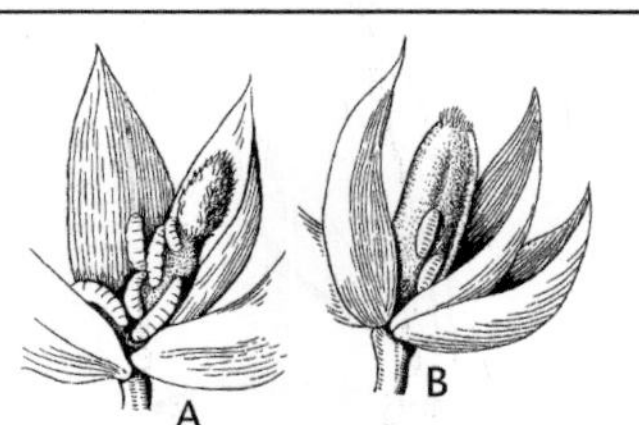

Abb. C-29: Cecidomyiidae: Weizenähren, befallen A: von *Contarinia tritici*, Gelbe Weizengallmücke; B: von *Sitodiplosis mosellana*, Rote W. (Fröhlich 1960)

licrus Kiefer →polyphag an verrotter den Gallen u. Ä.); Feststellen der Art oft leichter möglich nach der Wirtspflanze und Gallenform als nach Merkmalen des Körperbaus (z. B. →B11); artspezifisch ist i. d. R. auch der Standort der Galle am Wirt, ferner, ob die Larven einzeln oder gesellig leben; oft Beteiligung mehrerer Pflanzenorgane an der Gallbildung; in manchen Fällen Symbiose mit Pilzen, deren Hyphen die Gallenwand auskleiden und verzehrt werden (*Lasioptera carophila* Loew, Galle als Anschwellung im Zentrum der Dolde von *Pimpinella saxifraga* u. a. Pflanzen). Meist 3 (selten 4) Larvenstadien; **Puppe** (Pupa obtecta, →Pupa 2b [**C-28**]) mit Prothorakalhörnern als Atmungsorganen; häufig auch mit 2 Stacheln am Scheitel, erleichtern das Herausarbeiten der Puppe aus einer Umhüllung; Verpuppung teils an der Wirtspflanze (z. B. in der Galle), teils im Boden und dann häufig in einem Kokon aus Spinnsekret der Labialdrüsen; zuweilen (z. B. *Mayetiola*) Bildung einer verpuppungsreifen, widerstandsfähigen →Scheinpuppe (Praepupa) in der abgehobenen, erhärteten und nachgedunkelten vorletzten Larvenhaut, geeignet zum **Überwintern** oder →Überliegen; häufig auch Überwinterung als Larve, vielfach im Boden in einem Kokon; bei manchen Arten, abhängig von den Außenbedingungen, mehrere Generationen im Jahr.

A. An Pilzmycelien: u. a. die früher als eigene Fam. angesehenen **Heteropezinae** mit 3 heimischen Arten, z. B. *Miastor metraloas* Mein. [**C-19**]; unter Rinde, in vermulmtem Holz, unter

Moos u. dgl.; entnehmen dem Pilz als Energiequelle v. a. Glykogen; Wirtsspezifität hinsichtlich der Pilzarten höchstens schwach ausgeprägt; ausgezeichnet durch einen mit →Pädogenese ausgezeichneten Generationswechsel, d. h., die Larve bringt parthenogenetisch Larven hervor, die auf Kosten des mütterlichen Gewebes heranwachsen; Wechsel von parthenogenetischer und 2-geschlechtlicher Fortpflanzung (Heterogonie); am besten untersucht bei *Heteropeza pygmaea* Winn. [**C-20**]: der Wechsel der Fortpflanzungsform ist umweltbedingt, in erster Linie abhängig vom Futter; unter günstigen Nahrungsbedingungen ist ständige pädogenetische Vermehrung ohne Auftreten von Imagines möglich; unter anderen Nahrungsbedingungen können sich in einer ♀-Larve pädogenetisch kleine, diploide ♀-Eier und große, haploide ♂-Eier entwickeln; in die Steuerung der Eibildung sind Hormone eingeschaltet: Faktor 1 (Juvenilhormon?) bewirkt Entwicklung von Larveneiern, Faktor 2 (Ecdyson?) die von Imago-Eiern. Ebenfalls mit pädogenetischer Fortpflanzung **Mycophila** (3 heimische Arten; gelegentlich schädlich in Pilzzuchten) und **Tekomyia populi** Möhn (mykophag an Pappel) aus der U-Fam. **Micromyiinae**.

B. An Gräsern und krautigen Pflanzen:

B1. *Contarinia tritici* Kirby, Gelbe Weizengallmücke; die Imagines (1,5–2 mm; gelb) schlüpfen VI–VII, meist nachts; das ♀ fliegt nach Kopulation bei Windstille tags und abends Weizenähren an, auch Gerste; schiebt die lange, dünne Legeröhre zwischen die Spelzen in der Blüte, klebt mehrere (4–8) der mit einem Stielchen versehenen Eier an die Innenseite der Spelzen; die orangenen Larven saugen an Staubgefäßen und Fruchtknoten [**C-29**], vernichten sie ganz oder weitgehend ohne Bildung einer Galle (Ersatzkornbildung möglich); verlassen erwachsen (bis 2,5 mm) die Ähre, können springen (Sprünge bis ca. 10 cm), graben sich bis ca. 10 cm in den

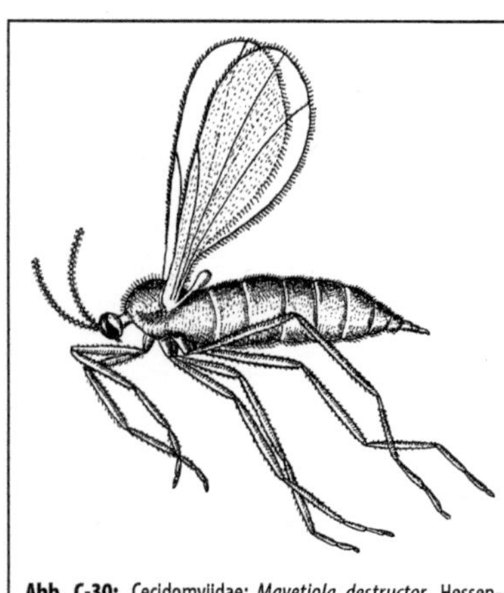

Abb. C-30: Cecidomyiidae: *Mayetiola destructor*, Hessenmücke. ♀, 3 mm. (Fröhlich 1960)

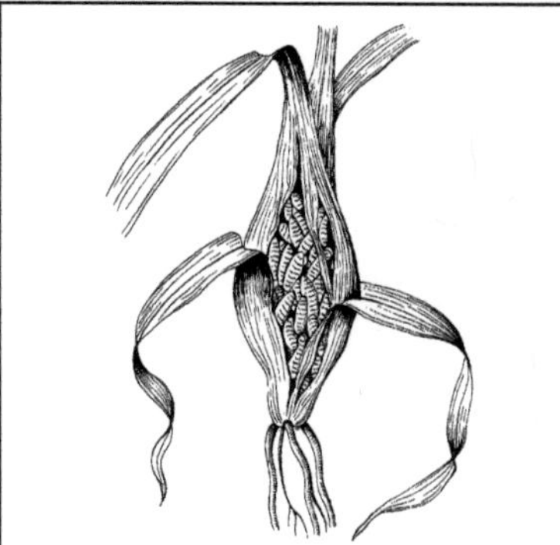

Abb. C-31: Cecidomyiidae: *Mayetiola destructor*, Hessenmücke. Larven (erwachsen 3 mm) in Roggenstängel. (Fröhlich 1960)

Boden, überwintern hier im Kokon; mehrjähriges Überliegen möglich; verlassen im Frühling den Kokon, gehen bis dicht unter die Oberfläche (evtl. erneut Kokonbildung); gelegentlich bereits im Herbst Verpuppung und Schlüpfen der Imagines.

B2. *Sitodiplosis mosellana* Geh., Rote (Orangerote) Weizengallmücke; Lebensweise ähnlich wie bei der vorigen Art; Unterschiede: die Imagines (bis 2,5 mm; Hinterleib rot) erscheinen einige Tage später; Legeröhre kurz, daher Eiablage nur in offenen oder abgeblühten Blüten, 1–3 Eier; die Larven (orange) saugen an dem wachsenden Korn [**C-29**], dadurch geringerer Mehl- und Klebergehalt; keine Ersatzkornbildung; die nach 3 Wochen erwachsenen Larven (können nicht springen) gehen bei feuchtem Wetter in den Boden, bilden bei trockenem Wetter eine Scheinpuppe in der Ähre, die bei Feuchtigkeit u. U. wieder verlassen wird; außer an Weizen auch an Roggen, Gerste, Hafer.

B3. *Mayetiola destructor* Say., Hessenmücke, Hessenfliege [**C-30**]; heute weltweit verbreitet; deutscher Name nach der fälschlichen Annahme, die Art sei um 1779 durch hessische Soldaten nach Amerika eingeschleppt worden; stammt zwar aus Europa, war aber schon früher dort; Imagines der 1. Generation IV–V, aus überwinterten Scheinpuppen; Hauptaktivität in der Dämmerung; Hauptwirt der Larven: Weizen, daneben Gerste, Roggen und einige Wildgräser (z. B. Quecke); Kopula kurz, ♂ anscheinend durch Lockstoff zum ♀ geführt; Eier

einzeln oder in Reihe auf die Blattoberseite gelegt, auch von mehreren ♀♀ auf das gleiche Blatt; die Larven schlüpfen nach 5–10 Tagen, kriechen abwärts, bleiben meist über dem untersten Halmknoten [**C-31**]; der Halm knickt hier leicht ab; Blattscheide u. U. aufgetrieben, jedoch keine Gallbildung; erwachsene Larve ca. 3 mm; 2 (oder mehr) Generationen; Scheinpuppe nach ca. 30 Tagen Larvenzeit im Halm, Verpuppung ca. 12 Tage vor dem Schlüpfen der 2. Generation, deren Flugzeit v. a. VIII–X; Eiablage an ausgewachsenes Getreide, Quecke, Wintersaat; Scheinpuppe überwintert; Generationsdauer stark umweltbedingt; Schaden v. a. in Nordamerika groß.

B4. *Mayetiola graminis* Fourcr. (= *poae* Bosc.); bemerkenswert unter den 7 an Rispengras vorkommenden heimischen Arten durch die aus zunächst weißen, dann bräunlichen Adventivwurzeln bestehende Stängelgalle [**C-32**] an *Poa nemoralis*, dem Hainrispengras, die Würzelchen wie gescheitelt um den Stängel gebogen (am gleichen Gras die ganz ähnliche, aber nicht gescheitelte Galle von *M. radifica* Rübs.); Imagines (4–5 mm) Anfang V; Eiablage in Reihe auf das Blatt; die Larven wandern nach dem Schlüpfen abwärts unter die Blattscheide, heften sich an dem noch wachsenden Stängel an der Seite fest, regen hier Gewebswucherung und Wurzelbildung an; wandern dann in die auf der Gegenseite zwischen Stängel und Blattscheide gebildete Larvenkammer ein; bilden hier ab Mitte VII eine Scheinpuppe, die in der Galle überwintert und in der im Frühling die Verpuppung stattfindet; Puppenruhe ca. 14 Tage; 1 Generation im Jahr.

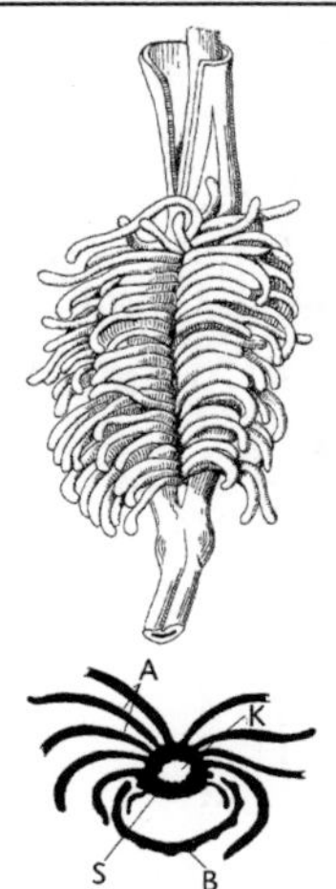

Abb. C-32: Cecidomyiidae: *Mayetiola graminis*. Oben: Galle am Stängel von Hainrispengras, *Poa nemoralis*; unten: Querschnitt; A: Adventivwurzeln, B: Blattscheide, K: Gallenkammer für die Larven, S: Stängel. (Séguy 1951b, Franz 1961)

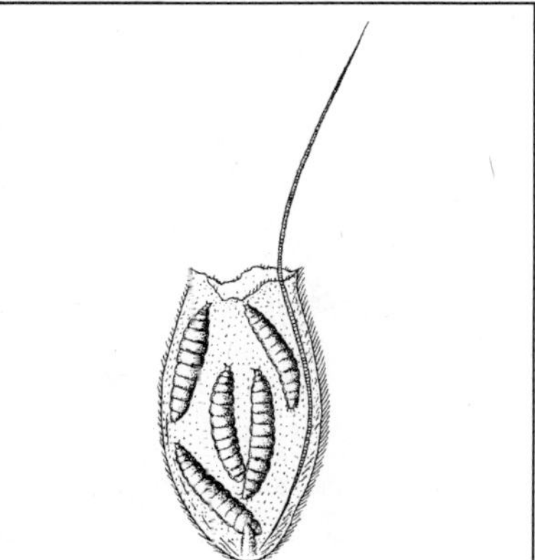

Abb. C-33: Cecidomyiidae: *Contarinia merceri*, Gelbe Fuchsschwanzgallmücke. Larven in der Blüte des Wiesenfuchsschwanzes. (Fröhlich 1960)

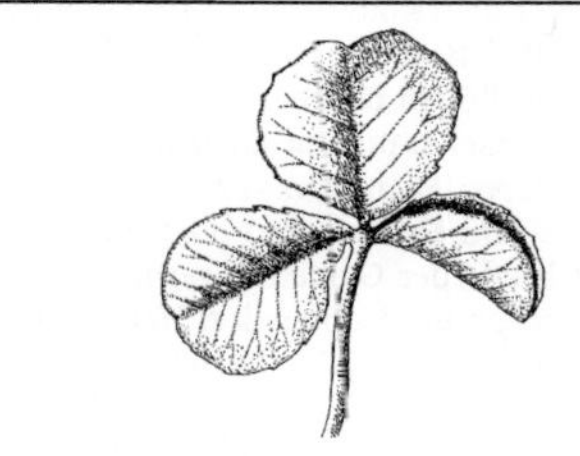

Abb. C-34: Cecidomyiidae: *Dasineura trifolii*, Kleeblattgallmücke. Befall an Weißklee. (Skuhravá, Skuhravý 1963)

B5. ***Contarinia merceri*** Barn., Gelbe Fuchsschwanzgallmücke, mit goldgelben Larven und ***Dasineura alopecuri*** Reut., Rote Fuchsschwanzgallmücke, mit rötlichen Larven; beide in den Blüten vom Fuchsschwanz (v. a. *Alopecurus pratensis*), jedoch mit unterschiedlichem Verhalten: die aus den überwinterten Larven im Frühling schlüpfenden Imagines erscheinen bei *D. alopecuri* etwa 14 Tage früher als bei *C. merceri*; die ♀♀ von *C. merceri* legen gegen Morgen und gegen Abend mehrere Eier stets nur an offene, die von *D. alopecuri* nachmittags 1 Ei (höchstens 2 Eier) stets nur an geschlossene Blüten; die Larven saugen einzeln an reifenden Samen (*D. alopecuri*) oder gesellig (bis zu 15 [**C-33**]) v. a. am Fruchtknoten, wodurch die Samenbildung verhindert wird (*C. merceri*); die Larven von *C. merceri* wandern in den Boden, überwintern hier im Kokon, die von *D. alopecuri* in der (oft abfallenden) Blüte, Überliegen kommt bei beiden vor; i. d. R. 1 Generation im Jahr.

B6. ***Haplodiplosis marginata*** Roser (= *equestris* Wagn.), Sattelmücke; die Imagines schlüpfen V–VI; außer an Weizen auch an Gerste und anderen Gräsern; Eiablage an die Blätter; die blutroten Larven (bis 5 mm) zu mehreren (bisweilen über 300) in Anschwellungen (Doppelwulst mit sattelförmigem Längseindruck) unter den Blattscheiden, beim Weizen meist über dem letzten Knoten; überwintern als Altlarve im Boden in einer Höhle, deren Wand durch Schleim verstärkt ist; Verpuppung im Frühling nach der Bodenoberfläche; 1 Generation im Jahr.

B7. ***Dasineura trifolii*** Loew, Kleeblattgallmücke; Imagines leben oft nur einige Stunden; mehrere Larven zwischen den nach oben zusammengeklappten, stellenweise verdickten und rötlich verfärbten Blättchenhälften verschiedener *Trifolium*-Arten (besonders Weißklee [**C-34**]); hier auch meist Verpuppung in einem weißen Kokon; mehrere Generationen im Jahr, die Larven der letzten Generation überwintern im Boden.

B8. ***Dasineura medicaginis*** Bremi (= *ignorata* Wachtl), Rote Luzernensprossgallmücke; die Imagines der Frühlingsgeneration ab Ende V; das ♀ legt einige Eier in die Achselknospen oder Endblätter der Luzerne (oder anderer *Medicago*-

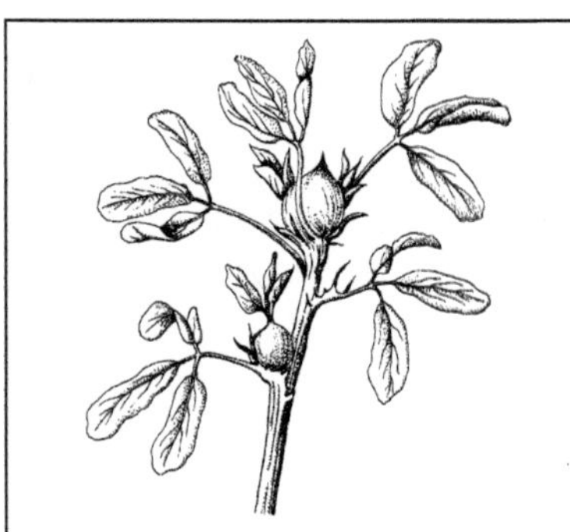

Abb. C-35: Cecidomyiidae: *Dasineura medicaginis*, Rote Luzernengallmücke. Luzerne mit 2 Sprossgallen. (Fröhlich 1960)

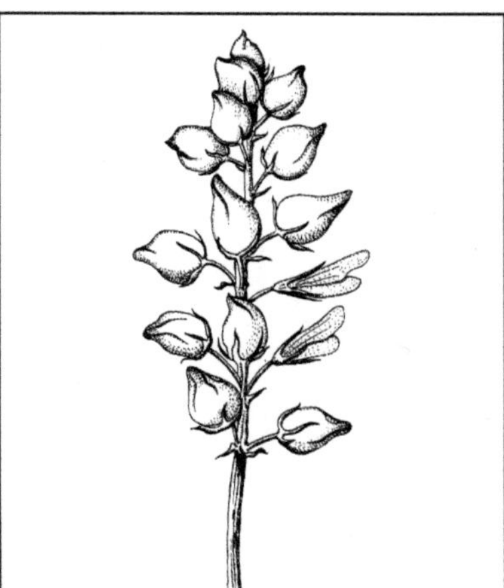

Abb. C-36: Cecidomyiidae: *Contarinia medicaginis*, Luzernenblütenstand mit 2 normalen und 13 vergallten Blüten. (Fröhlich 1960)

Arten); die rötlichen Larven zu mehreren in den zu zwiebelartigen, weichen und glatten Gallen (ca. 9 × 5 mm) umgebildeten Trieben [**C-35**], gehen nach 14 Tagen in den Boden, bilden einen Kokon; ein Teil überwintert so, ein Teil verpuppt sich; Ende VII–VIII die Sommergeneration, deren Larven im Boden überwintern; in warmen Ländern bis 7 Generationen im Jahr; Schaden durch geringeres Wachstum von Blättern und Samen. Sehr sind ähnlich sind die Gallen von **D. lupulinae** Kieff., der Gelben Luzernensprossgallmücke; bevorzugt Hopfenklee; Hauptunterschiede: Larven gelb; Gallen härter und mehr oder weniger behaart, öffnen sich durch seitlichen Schlitz (statt mit endständiger Öffnung).

B9. Contarinia medicaginis Kieff., Luzernenblütengallmücke; die ersten Imagines (1,8 mm; zuerst mehr ♂♂, dann mehr ♀♀) kommen meist vormittags Ende V bis Anfang VI aus dem Boden; wie vorige an verschiedenen *Medicago*-Arten; das ♀ schiebt an ausgesuchten, 3–5 mm langen Blütenknospen meist 3–5 Eier zwischen die Kelchzipfel bis in die Blüte; Gallbildung durch Saugen der Larven an Fruchtknoten und Staubblättern: bei unverändertem Kelch Verdickung und Verwachsen der Blüten- und Staubblätter [**C-36**]; nach Ablegen mehrerer ♀♀ an der gleichen Knospe bis zu 20 Larven in einer grünlich weißen Galle; die erwachsenen Larven (ca. 2 mm nach 2–3 Wochen) verlassen die später vertrocknende und abfallende Galle, können springen, gehen 3–5 cm tief in den Boden, bilden Kokon, darin Verpuppung; nach 10 Tagen Puppenruhe arbeitet sich die Puppe bis dicht unter die Oberfläche vor; Schlüpfen der besonders schädlichen 2. Generation Anfang bis Mitte VII, der 3. Generation Mitte bis Ende VIII; deren Nachkommen überwintern als Scheinpuppe im Boden; durch mehr oder weniger langes Überliegen im Boden Verschiebungen und Überschneidungen der Flugzeiten.

B10. Contarinia pisi Loew, Erbsengallmücke; die weißen, springenden Larven befallen mehrere Organe der Erbse (Blüten, Hülsen und Endtriebe), die gallenartig verändert werden, die Hülsen durch Wandverdickung; meist 30–40 Larven beisammen, in den Hülsen bis zu 300; Verpuppung und Überwinterung im Boden; 2–3 Generationen im Jahr.

B11. Dasineura affinis Kieff., Veilchenblattrollgallmücke; am Waldveilchen (*Viola reichenbachiana*); oft ganze Gruppen v. a. junger Blätter mit nach oben eingerollten, verdickten und behaarten Rändern [**C-37**], darunter mehrere Larven, die sich in der Galle in einem weißlichen Gespinst verpuppen; Blütenbildung mehr oder weniger unterdrückt; Puppenruhe 10–12 Tage; die Puppe arbeitet sich zum Schlüpfen aus dem Kokon bis an den Rand der Galle; 3–4 Generationen im Jahr; Überwinterung der Larve im Kokon in der Galle. Äußerlich von dieser Art nicht unterscheidbar und mit ähnlicher Lebensweise: **D. odoratae** Stelter am Märzveilchen; **D. violae** Loew bevorzugt als Wirt wilde Stiefmütterchen, verursacht hier mehr Triebstauchungen und verschiedene Blattverbildungen.

B12. Dasineura napi Loew (= *brassicae* Winn.), Kohlschotengallmücke; die ersten Imagines

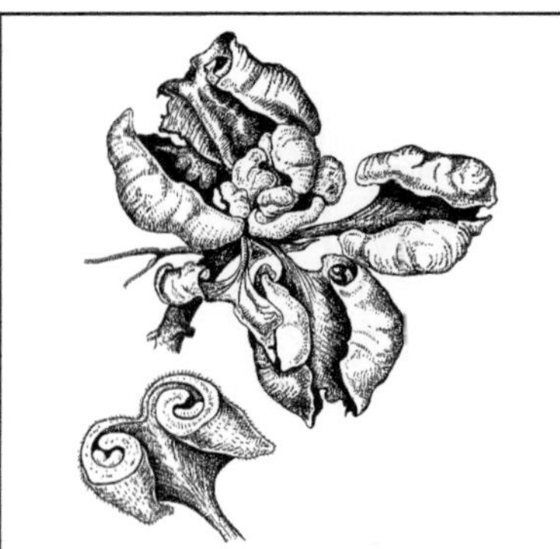

Abb. C-37: Cecidomyiidae: *Dasineura affinis,* Veilchenblatt-rollgallmücke. Oben: vergalltes Veilchen; unten: Blattquerschnitt. (Fröhlich 1960)

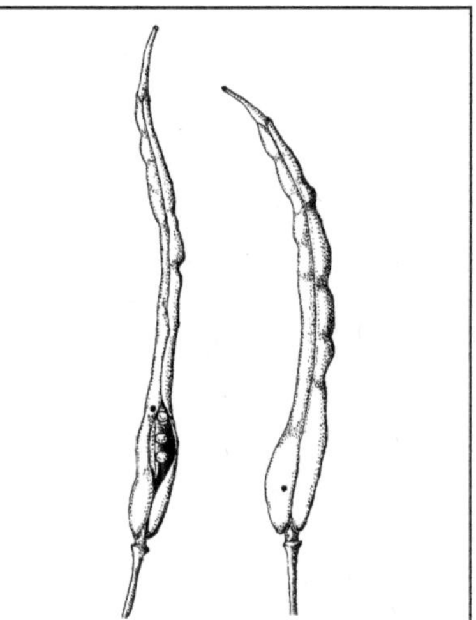

Abb. C-38: Cecidomyiidae: *Dasineura napi,* Kohlschoten-gallmücke. Befallene Rapsschoten. (Fröhlich 1960)

Anfang V; außer an Winter- und Sommerraps an verschiedenen samentragenden Kohlsorten und wilden Kreuzblütlern; Kopula während der Rapsblüte in Bodennähe; das Rapsfeld wird vom ♀ aus bis zu 40 m Entfernung gegen schwachen Wind (Duft?) gerichtet angeflogen; kein Flug bei stärkerem Wind, Windverfrachtung ist jedoch möglich; Eiablage (pro Ablage 15–25 Stück) in die Schote, wohl immer durch von anderen Insekten (v. a. *Ceutorhynchus obstrictus* Marsh., →Curculionidae N3) erzeugte Löcher; manchmal über 100 Larven (von mehreren ♀♀) in einer Schote; die weißlichen Larven saugen an Schotenwänden und Samen, bewirken Auftreiben der Schotenwand [**C-38**], Verkümmern der Samen, vorzeitiges Platzen der Schote; erwachsene Larven wandern in den Boden, Kokonbildung und Verpuppung in einer Tiefe bis 5 cm [**C-39**]; Schlüpftermin der Imagines stark temperaturabhängig; bei günstigen Entwicklungsbedingungen bis zu 6 Generationen im Jahr; Überwinterung als Larven, Überliegen über mehrere Jahre möglich.

B13. *Contarinia nasturtii* Kieff., Kohldrehherzgallmücke; Imagines der 1. Generation ab Anfang VI; das ♀ legt Eihäufchen (bis 40, meist weniger Eier) zwischen die Stiele an Herzblätter von Kohl und anderen, auch wilden Kreuzblütlern (u. a. auch an Brunnenkresse); die Larven saugen v. a. am Stielgrund (u. U. auch auf der Herzblattfläche, die sich dann kräuselt); bewirken eine Verdrehung der Stiele, verhindern bei Kohl die Kopfbildung (Drehherzigkeit); Larvenzeit etwa 1 Woche; danach Abwandern der zum Springen fähigen Larven in den Boden, Kokon-

bildung und Verpuppung in wenigen Zentimetern Tiefe; die Puppe verlässt den Kokon, wandert bis dicht unter die Oberfläche, danach Schlüpfen der nächsten Generation; 2–4 (5) Generationen; die für die Sommergeneration abwandernden Larven beginnen bereits 3–5 Tage nach Wanderbeginn mit dem Kokonbau, die zum Überwintern (oder Überliegen) abwandernden erst nach 3–4 Wochen.

B14. *Rhopalomyia chrysanthemi* Ahlb. (= *Diarthronomyia ch.*), Chrysanthemengallmücke; aus Amerika; an Chrysanthemenkulturen bisweilen schädlich; Imagines leben meist höchstens 24 h; i. d. R. Schlüpfen, Begattung und Eiablage in der gleichen Nacht; Eiablage an den Haarbesatz v. a. junger Blätter; durch die in das Blattgewebe eindringende Larve entsteht auf der Blattoberseite (bei starkem Befall auch an anderen oberirdischen Teilen) eine ca. 2 mm lange, behaarte, kegelförmige Galle [**C-40**]; Verpuppung in der Galle; die Puppenhaut bleibt nach dem Schlüpfen der Imago mit dem letzten Drittel in der Galle stecken; v. a. in Gewächshäusern 5 oder mehr sich überschneidende Generationen.

C. An Laubholz und Laubsträuchern:

C1. *Lasioptera rubi* Heeg., Brombeersaummücke, Himbeergallmücke [**C-41**]; Imagines V–VII; die ♀♀ legen mehrere Eier an den Grund von Knospen und Seitentrieben; bis zu 50 rote Larven bei Brombeere und Himbeere an Stängel und Trie-

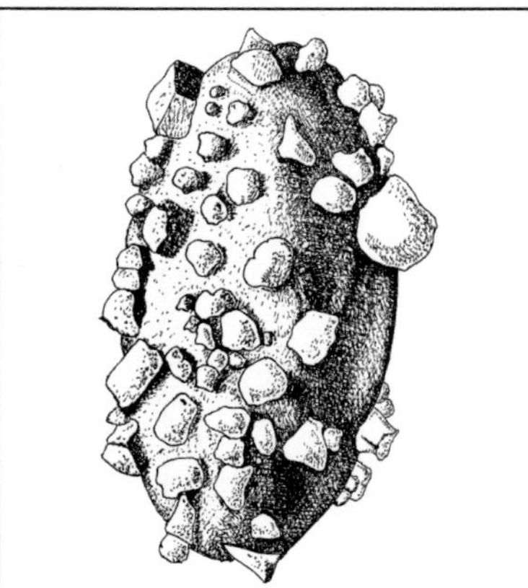

Abb. C-39: Cecidomyiidae: *Dasineura napi*, Kohlschoten-gallmücke. Puppenkokon; 2,5 mm. (Fröhlich 1960)

Abb. C-40: Cecidomyiidae: *Rhopalomyia chrysanthemi*. Gallen auf einem Chrysanthemenblatt. (Fröhlich 1960)

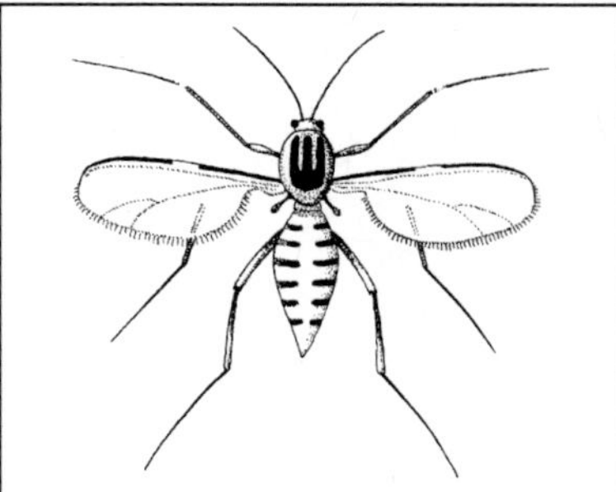

Abb. C-41: Cecidomyiidae: *Lasioptera rubi*, Brombeersaum-mücke. ♀, 1,5–3 mm Körperlänge. (Séguy 1951a)

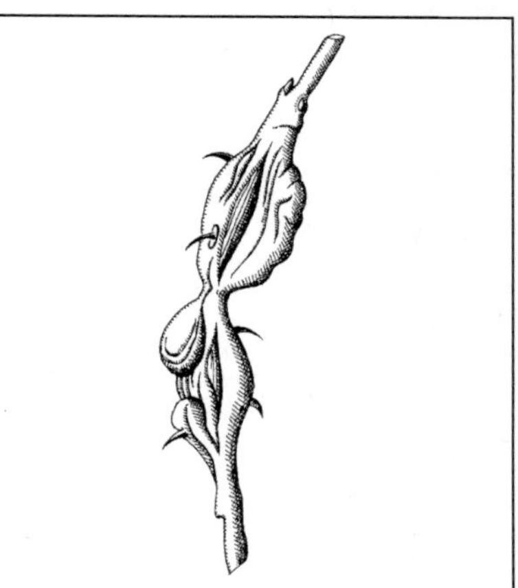

Abb. C-42: Cecidomyiidae: *Lasioptera rubi*, Brombeersaum-mücke. Galle an Brombeere. (Séguy 1951a)

ben in raurindigen, fast walnussgroßen Gallen [**C-42**], in denen sie auch überwintern und sich im Frühjahr verpuppen; 1 Generation im Jahr.

C2. *Dasineura plicatrix* Loew, Brombeerblatt-gallmücke; das ♀ legt bei verschiedenen *Rubus*-Arten Eier an die noch nicht entfalteten Blät-ter, die sich unter dem Einfluss der geselligen Larven kräuseln [**C-43**] und schwärzen; mehrere Generationen pro Jahr; Verpuppung im Boden; Dezimierung der Larven durch die Larve der Gallmücke *Lestodiplosis plicatricis* Barn.

C3. *Resseliella theobaldi* Barn. (= *Thomasiniana th.*), Himbeerrutengallmücke; Larven nicht

gallbildend, fressen unter der sich dunkel ver-färbenden Rinde verschiedener *Rubus*-Arten, sofern diese von bestimmten Pilzen befallen sind (Bedeutung des Pilzes für die Mückenlar-ven?); gehen zum Überwintern in den Boden; 2–4 Generationen im Jahr; von Schlupfwespen befallene Larven bleiben im Wirt, d. h., Entfer-nen befallener Ruten ohne Kenntnis des Ent-wicklungszustandes der Mückenlarven ist als Bekämpfungsmaßnahme unsinnig.

C4. *Resseliella oculiperda* Rübs. (= *Thomasi-niana o.*), Okuliermade; an Rosen und verschie-denen Obstbäumen, an denen Veredeln durch Okulieren üblich ist (Einsetzen eines Edelreises in einen Rindenschnitt des als Unterlage dienen-den Wildlings); Eiablage durch das ♀ genau an

Abb. C-43: Cecidomyiidae: *Dasineura plicatrix*. 2 durch Befall verkrümmte Brombeerblätter. (Brauns 1991)

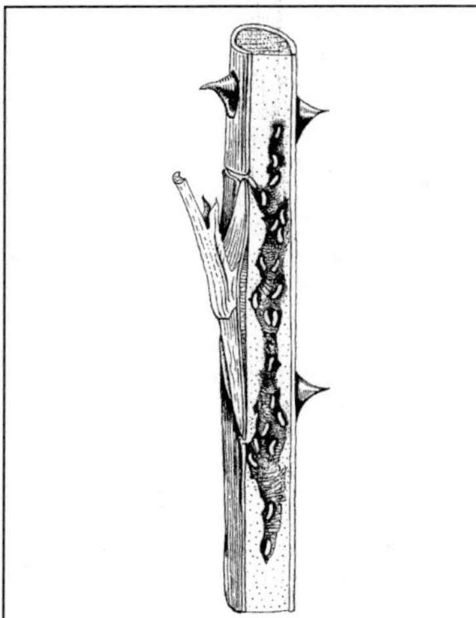

Abb. C-44: Cecidomyiidae: *Resseliella oculiperda*, Okuliermade. Larven in Rosenstängel. (Fröhlich 1960)

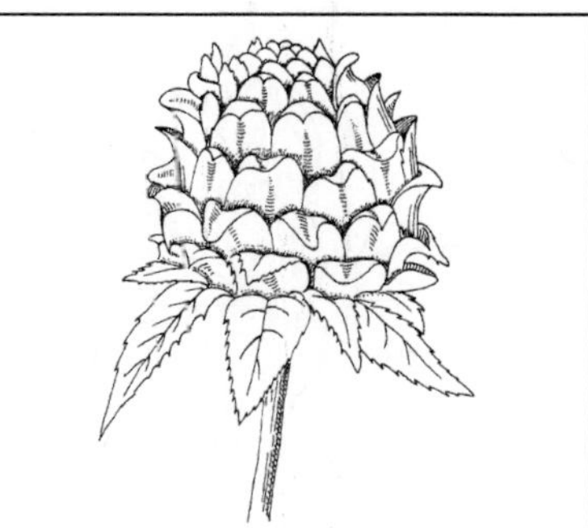

Abb. C-45: Cecidomyiidae: *Rabdophaga rosaria*, Weidenrosengallmücke, an *Salix purpurea*. (Séguy 1951b)

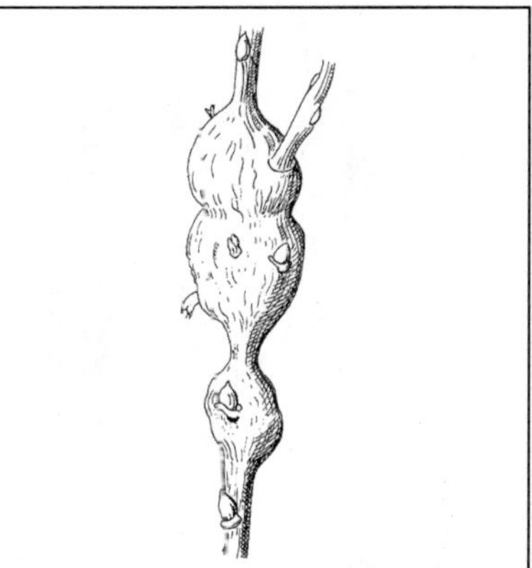

Abb. C-46: Cecidomyiidae: *Rabdophaga salicis*, Weidenrutengallmücke. Gallen an Weidentrieb. (Schimitschek 1955)

der Berührungsstelle von Wildling und Edelreis; die Larven (erwachsen zinnoberrot) dringen ein, fressen in dem Frischgewebe zwischen Wildling und Edelreis, aber auch im Innern des Wildlings [**C-44**]; Edelreis und Okulierstelle trocknen ein; 2–3 Generationen im Jahr; Überwinterung und Verpuppung im Boden.

C5. *Rabdophaga*; mit 38 Arten in Dt, alle an Weiden (6 heimische Arten aus anderen Gttgn.

Ebenfalls an *Salix*); darunter *R. rosaria* Loew, Weidenrosengallmücke; Larven rufen an der Sprossspitze verschiedener Weiden ein entfernt Lärchenzapfen-ähnliches Gebilde hervor („Weidenrose" [**C-45**]), entstanden durch Stauchung der Sprossachse; die blassrote Larve im Innern (erwachsen 4–5 mm); 1 Generation im Jahr, Überwinterung in der Galle; als Mitbewohner in der Galle gelegentlich Larven von *R. terminalis*, die sonst eigene Sprossspitzengallen induzieren. *R. salicis* Schrk., Weidenrutengallmücke; ab V Ablage der Eier an Jungtriebe, Sprossspitzen, Knospen von Salweiden und verwandten Arten; die Larven dringen ein, dadurch Anschwellungen [**C-46**], im Innern ge-

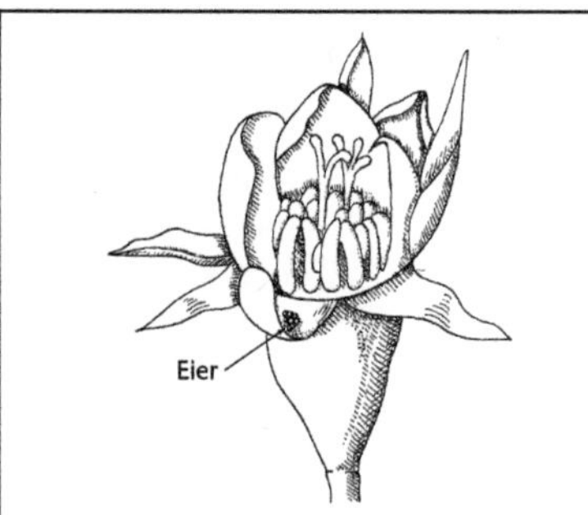

Abb. C-47: Cecidomyiidae: *Contarinia pyrivora*, Birnengallmücke. Gelege an noch ungeöffneter Birnenblüte. (Séguy 1951b)

Abb. C-48: Cecidomyiidae: *Contarinia pyrivora*, Birnengallmücke. Blüten vom Birnbaum, die mittlere befallen; rechts: junge Birne aufgeschnitten, mit zahlreichen Larven. (Séguy 1951a)

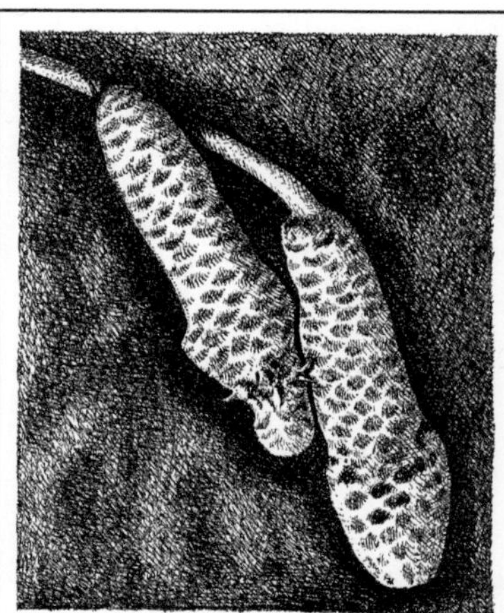

Abb. C-49: Cecidomyiidae: *Contarinia coryli*. Vergallte Haselkätzchen. (Skuhravá, Skuhravý 1963)

kammert; in jeder Kammer 1 Larve, die in der Galle dicht unter der Oberfläche überwintert; Verpuppung im Frühling, nach dem Schlüpfen der Imago Puppenhaut häufig noch im Schlupfloch. *R. saliciperda* Duf., Weidenholzgallmücke; an Bruch- und Silberweide (und ihrer Hybride); Larven einzeln in längs gerichteten Kammern an dünnen Stämmen und älteren Zweigen, rufen schwache großräumige Schwellungen hervor, Rinde geplatzt oder (wohl durch Tätigkeit von Vögeln) abgefallen; zahlreiche Löcher von ca. 1 mm Durchmesser (die Ausschlüpflöcher für die Imagines) werden schon von den unter der Rinde lebenden Larven mithilfe der Brustgräte

vorbereitet; in unversehrten Schlüpflöchern nicht selten noch die leere Puppenhaut.

C6. *Contarinia pyrivora* Ril., Birnengallmücke; Imagines ab IV; nur an Birne (bestimmte Sorten bevorzugt, z. B. Zwerg- und Spalierobst); das ♀ legt mit der langen Legeröhre Eigruppen in noch geschlossene Blütenknospen, an oder in die Nähe von Staubgefäßen und Stängel [**C-47**]; die gelbweißen Larven wandern noch vor dem Aufblühen in den Fruchtknoten, zerstören die Samenanlagen; die Frucht schwillt vorzeitig an [**C-48**], wird innen schwarz, fällt früh ab; Larven nach 4–6 Wochen erwachsen, wandern in den Boden ab (ca. 5 cm tief), überwintern hier in einem Kokon; Verpuppung im Kokon im Frühling; Überliegen der Larven kommt vor; Schaden u. U. beträchtlich.

C7. *Contarinia coryli* Kalt.; Eiablage im V an männliche Kätzchen des Haselstrauchs; die Larven drängen sich zwischen die (dann anschwellenden) Kätzchenschuppen [**C-49**]; gehen im Herbst in den Boden, überwintern hier und verpuppen sich dann.

C8. *Dasineura acrophila* Winn.; Imagines ab Ende IV bis Anfang V; an Esche nicht selten; Larven rufen schotenartig nach oben zusammengeklappte Blättchen [**C-50**] hervor, Blattfläche und Blattgrund mehr oder weniger angeschwollen; darin bis 30 Larven; wandern bereits V–VI in den Boden, hier Überwinterung und dann Verpuppung.

C9. *Mikiola fagi* Htg., Buchen(blatt)gallmücke [**C-51**]; Imagines bereits IV; Ablegen der roten

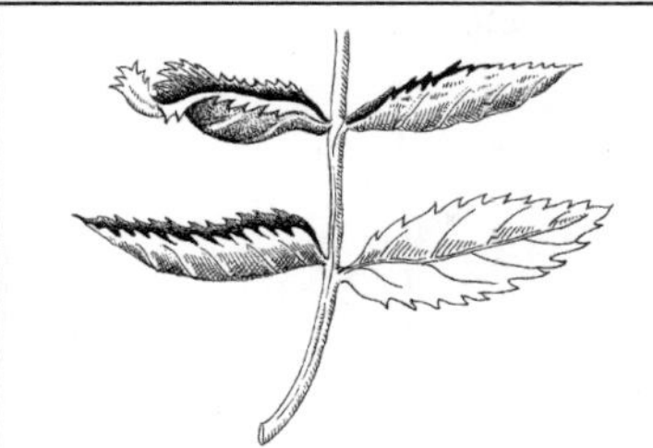

Abb. C-50: Cecidomyiidae: *Dasineura acrophila*. An Esche; 3 befallene Blätter. (Brauns 1991)

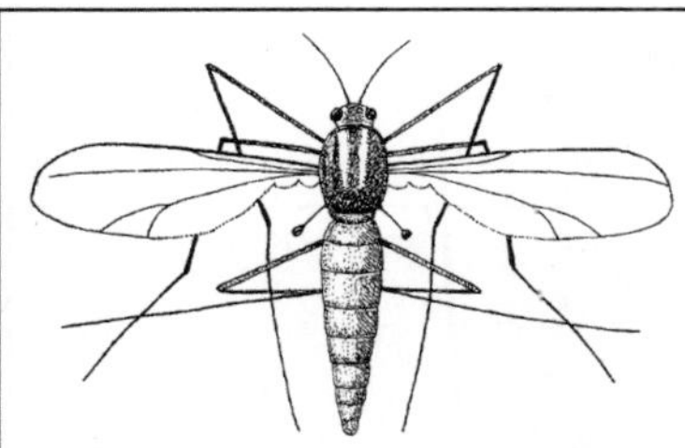

Abb. C-51: Cecidomyiidae: *Mikiola fagi*, Buchenblattgallmücke. ♀, 1,5–2 mm. (Séguy 1951a)

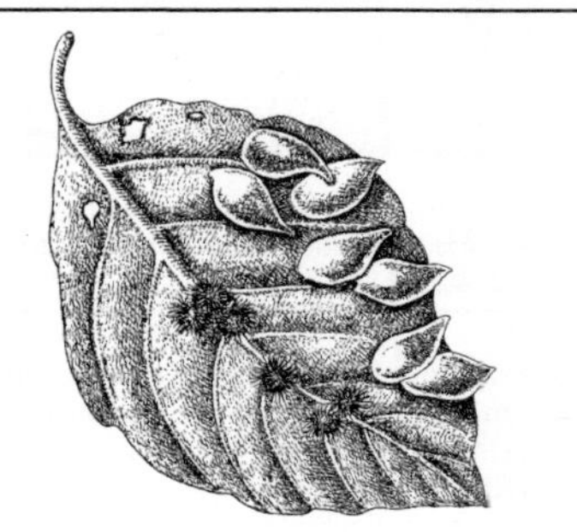

Abb. C-52: Cecidomyiidae: Buchenblattoberseite mit 7 Gallen von *Mikiola fagi*, Buchenblattgallmücke, und, entlang der Mittelrippe, 6 behaarten Gallen von *Hartigiola annulipes*. (Amann 1960)

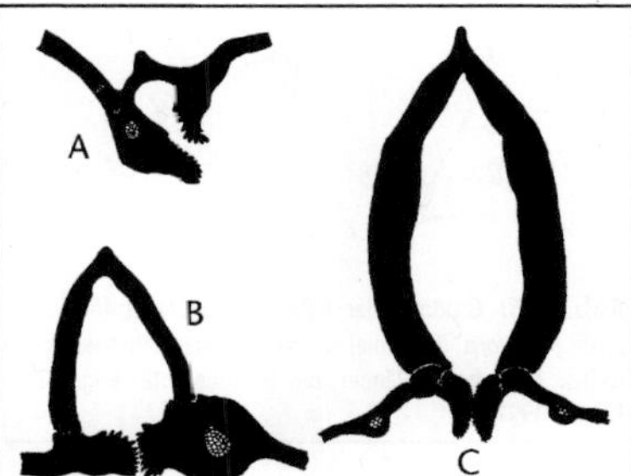

Abb. C-53: Cecidomyiidae: *Mikiola fagi*, Buchenblattgallmücke. A und B: Entwicklungsstadien der Galle im Längsschnitt; C: Längsschnitt durch erwachsene Galle. (Escherich 1914–42; Ross, Hedicke 1927)

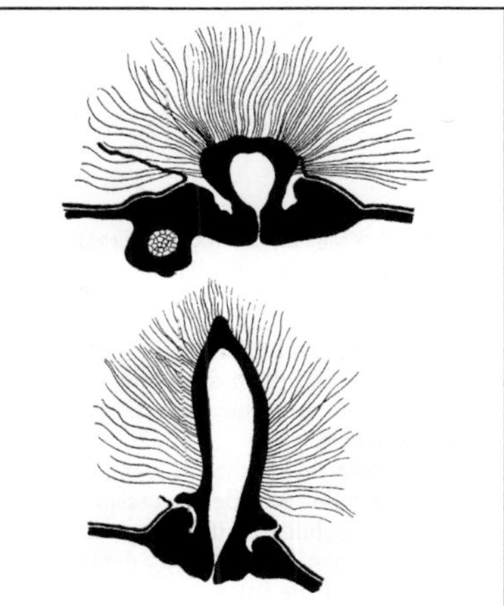

Abb. C-54: Cecidomyiidae: *Hartigiola annulipes*. Schnitte durch eine junge (oben) und eine alte Galle (unten). (Ross, Hedicke 1927)

Eier (0,3 mm) einzeln oder zu mehreren in die Buchenknospen, in die die Larven eindringen; die Larven saugen in der Nähe der Rippen an den jungen Blättchen; dadurch Entwicklung der rötlich verfärbten, bis 10 mm langen Gallen [**C-52**] auf der Oberseite entfalteter Blätter; Öffnung auf der Blattunterseite [**C-53**]; oft ungemein häufig; in jeder Galle nur 1 Larve; die Galle fällt im Herbst i. d. R. entlang einer Trennschicht ab; Gallenöffnung von der Larve mit Gespinst verschlossen; Verpuppung in der Galle bereits im Herbst oder erst im Frühling; bei Massenbefall Wachstumsschäden an Jungbuchen.

C10. *Hartigiola annulipes* Htg.; ebenfalls an Buche; Lebensweise ähnlich der vorigen Art; Galle [**C-52, C-54**] meist nahe der Mittelrippe, mit bräunlichen Haaren besetzt, auf der Blattoberseite.

C11. *Macrodiplosis pustularis* Bremi und ***M. roboris*** Hardy; jeweils unterschiedliche Galle am

Abb. C-55: Cecidomyiidae: Gallen an Eiche. Links: *Macrodiplosis pustularis*, Blattzipfel auf die Blattunterseite geklappt; rechts: *M. roboris*, Ränder zur Blattoberseite eingerollt. (Brauns 1991)

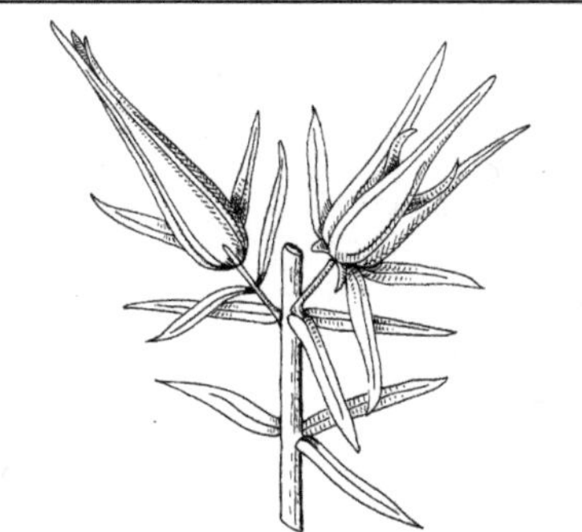

Abb. C-57: Cecidomyiidae: *Oligotrophus panteli*. Gallen, sog. Kickbeeren, an *Juniperus communis*, Wacholder. (Séguy 1951b)

Abb. C-56: Cecidomyiidae: *Taxomyia taxi*, Eibengallmücke. 2 Gallen an der Sprossspitze. (Brauns 1991)

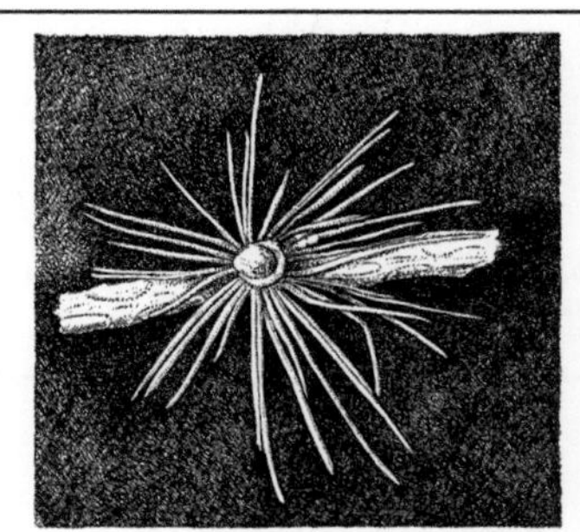

Abb. C-58: Cecidomyiidae: *Dasineura kellneri*, Lärchenknospengallmücke. Befallener Kurztrieb mit Harzklümpchen. (Skuhravá, Skuhravý 1963)

Rand der Blätter von Stiel- und Traubeneiche [**C-55**]; mehrere Larven in der Galle; gehen bereits im Sommer zum Überwintern in die Erde.

D. An Nadelholz:

D1. *Taxomyia taxi* Inchb., Eibengallmücke; an Eibe; Gallbildung: die Sprossspitze wird schopfartig umgebildet, mit schuppenartig sich deckenden kleinen Nadeln [**C-56**]; die Galle beherbergt eine rötliche Larve.

D2. *Oligotrophus*; mehrere Arten (z. B. *O. juniperinus* L. und *O. panteli* Kieff.); am Wacholder gallbildend; im Frühling Ablage eines Eies an die Knospe einer Sprossspitze; die Larve bewirkt die sog. „Kickbeere" [**C-57**]: die an der Basis mehr oder weniger verdickten äußeren Nadeln umschließen den inneren Nadelschopf mit der Gallenkammer; Verpuppung im Frühling in der Galle.

D3. *Dasineura kellneri* Hensch. (= *laricis* Loew), Lärchenknospengallmücke; Imagines IV–V; das Ei wird mit der langen Legeröhre an der Basis von Blattknospen der Kurztriebe oder auch zwischen die schon etwas vortretenden Nadeln, auch an Blütenknospen abgelegt; die (erwachsen orangerote) Larve dringt in die Knospe ein, die dann anschwillt und Harz absondert,

sodass die umgebenden Nadeln strahlenförmig abstehen [**C-58**]; im Innern die Gallenkammer [**C-59**]; Überwinterung der Larve in der Galle in einem Kokon, ca. 2,5 mm lang; Verpuppung im Frühling; beim Schlüpfen der Imago wird am Kokon ein Deckel abgehoben, am Zweig bleibt die schwarzbraune, oben geöffnete Galle zurück; nicht selten beträchtlicher Schaden.

D4. *Kaltenbachiola strobi* Winn., Fichtenzapfenschuppengallmücke; die Larve lebt in den Samenschuppen der Fichte, verursacht Schwellungen am Schuppengrund [**C-60**]; verpuppt sich hier in einem weißen Kokon, aus dem im V (aus dem abgefallenen Zapfen) die Imago schlüpft, wobei im Schlupfloch die Puppenhaut zurückbleiben kann (in den Samen selbst frisst, meist 3 Jahre lang, die Larve von ***Plemeliella abietina***

Abb. C-59: Cecidomyiidae: *Dasineura kellneri*, Lärchenknospengallmücke. Rechts: 5 Knospengallen; links: Knospengalle aufgeschnitten. (Brauns 1991; Escherich 1914–42)

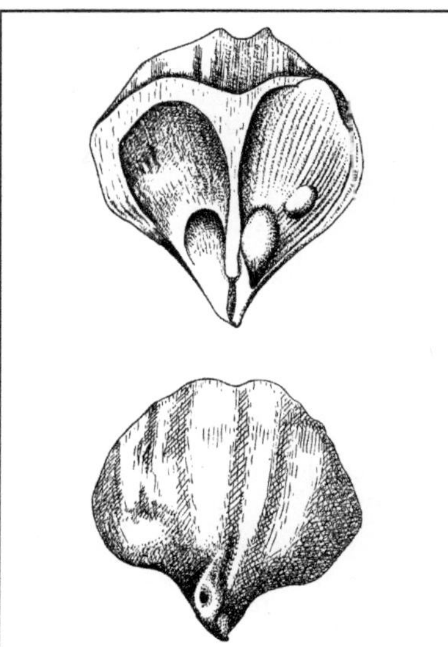

Abb. C-60: Cecidomyiidae: *Kaltenbachiola strobi*, Fichtenzapfenschuppengallmücke. Oben: Schuppe eines Fichtenzapfens; rechts: mit Samenflügel und Kokon von ventral; unten: Dorsalansicht der Schuppe mit Schlupfloch der Imago. (Escherich 1914–42)

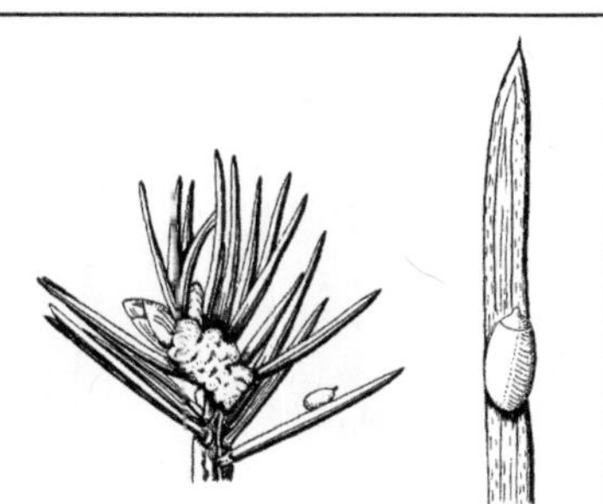

Abb. C-61: Cecidomyiidae: *Cecidomyia pini*, Kiefernharzgallmücke. Fichtentrieb mit Harzklümpchen als Folge des Saugens der Larven; rechts unten und rechts (stärker vergrößert): Harzkokon (ca. 3 mm), in dem die Larve überwintert. (Escherich 1914–42; Erauns 1991)

Seitn., Fichtensamengallmücke; der Samen wird deformiert und verkümmert; Puppe meist im Samen, seltener im Boden).

D5. *Cecidomyia pini* Deg., Kiefernharzgallmücke; Eiablage unterseits an frische Maitriebe der Kiefer; die Larve verursacht hier Harzfluss durch Saugen [**C-61**]; keine Gallbildung; auffallend der frei an der Kiefernnadel befestigte Überwinterungskokon der Larve; 2-schichtig: äußere Schicht aus einer harzartigen Substanz, innere Schicht feinfaserig (Gespinst?; Kokonbildung unklar); Verpuppung im Frühling im Kokon; die Imago schlüpft, indem sie den Kokondeckel abstößt, im V (Puppenhaut bleibt in der Kokonöffnung); stellenweise anscheinend 2 Generationen im Jahr.

D6. *Contarinia baeri* Prell, Nadelnknickende Kieferngallmücke; Imagines schlüpfen wohl Mitte bis Ende V; die Larve (mit Brustgräte; Gegensatz zu D7) saugt innerhalb der Nadelscheide meist an der Flanke eines ausgewachsenen Nadelpaares, auch zwischen den Nadeln; bildet hier zuweilen eine hoch liegende Gallenkammer [**C-62**]; bis zu 5 Larven an einem Nadelpaar; durch verminderten Turgor an der Basis senkt sich das Nadelpaar abwärts („Krückstockkrankheit"); die Nadeln werden braun, fallen ab; vermutlich Überwinterung der Larve am oder im Boden und Verpuppung im Frühling.

D7. *Thecodiplosis brachyntera* Schwaegr., Kiefernnadelscheidengallmücke, Nadelkürzende Kieferngallmücke; 2,5–3 mm; Imagines Anfang bis Mitte V; Eier (einzeln oder mehrere) mit der langen Legeröhre zwischen gerade austreibende Nadeln oder in die Nähe abgelegt; die Larve

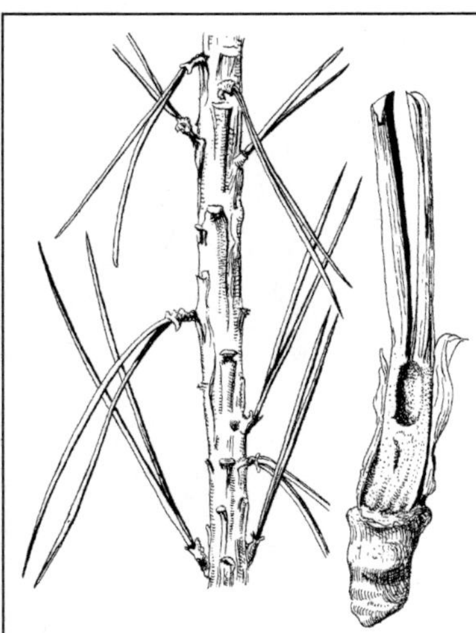

Abb. C-62: Cecidomyiidae: *Contarinia baeri*, Nadelknickende Kieferngallmücke. Links: Kiefernzweig; gesunde Nadeln aufrecht und grün, befallene Nadeln abwärts geneigt und braun; rechts: Nadelbasis aufgeschnitten, mit Gallenkammer. (Brauns 1991)

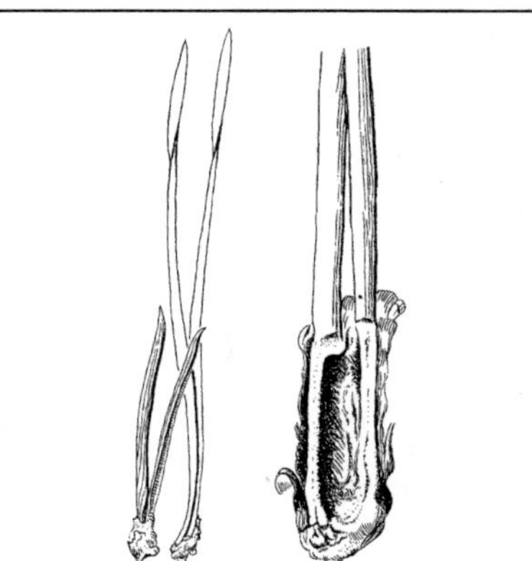

Abb. C-63: Cecidomyiidae: *Thecodiplosis brachyntera*, Kiefernnadelscheidengallmücke. Links: normales, langes Kiefernnadelpaar und durch Befall verkürztes, vergilbtes Paar; rechts: Basis eines Kiefernnadelpaares aufgeschnitten, mit Gallenkammer. (Brauns 1991)

(ohne Brustgräte; vgl. D6) dringt in die Nadelscheide ein, bringt die Basis der Nadeln zum Verwachsen; macht hier (meist allein, selten zu mehreren) die Gallenkammer [**C-63**]; die Nadeln bleiben i. d. R. kurz, werden gegen Herbst braun, fallen spätestens im Frühling ab; die Larve überwintert i. d. R. außerhalb der Gallenkammer in einem Kokon, oft an der Rinde oder am Boden; hier im Frühling auch Verpuppung; bisweilen beträchtlicher Schaden an der gemeinen Kiefer, an Schwarz- und Bergkiefer.

Lit. →Diptera; Bellmann 2017; Brauns 1991; Ellis o. J.; Gagné 1989; Gagné & Jaschhof 2017; Hennig 1953; Heynen 1989; Postner 1982; Skuhravá & Skuhravý 2021; Yukawa & Tokuda 2021.

Ceidae →Pteromalidae.

Cellares; bei Fichtengallenläusen diejenigen Formen, die in den Kämmerchen der Ananasgallen leben (→Adelgidae).

Celonites →Vespidae A.

Centrotus →Membracidae 1.

Cephalcia →Pamphiliidae B1, B2.

Cephalciinae →Pamphiliidae B.

Cephalonomia →Bethylidae.

Cephalops →Pipunculidae.

Cephennium →Staphylinidae B.

Cephenomyia, Cephenomyiinae →Oestridae B.

Cephidae, Halmwespen; Fam. der Hautflügler (Hymenoptera, „Symphyta", Cephoidea) mit in Eur 36, M-Eur 22, Dt 19 Arten; die mittelgroßen (4–18 mm), an Schlupfwespen erinnernden Imagines schlank, mit seitlich zusammengedrücktem Hinterleib; Legebohrer des ♀ nur schwach vorragend; **Larven** mit sehr kleinen Brustbeinen, ohne Afterfüße an den Abdominalsegmenten; im Innern von Grashalmen, in Stängeln von Odermennig und Mädesüß, oder im Mark von Brombeer- und Rosenranken und junger Laubbaumtriebe (Rosaceae, Eiche, Weide, Pappel); einige gelegentlich durch Larvenfraß an Kulturpflanzen schädlich:

1. *Cephus pygmaeus* L., Getreidehalmwespe (6–10 mm; [**C-64**]); schwarz mit gelben Ringeln; Eiablage im Frühsommer einzeln in den oberen Halmteil v. a. von Weizen und Roggen, auch Gerste; die Larve frisst im Halm abwärts einen mit Bohrmehl gefüllten Gang [**C-65**] und überwintert in einem zarten Kokon im unteren Gangteil (beim Getreide also in den Stoppeln), nachdem sie dicht darüber eine Ringfurche in die Halmwand nagte (wodurch der Halm leicht abbricht); Verpuppung im kommenden Frühling; keine oder kümmerliche Kornbildung in der Ähre des befallenen Halmes.

2. *Janus compressus* F., Birnentriebwespe (6–8 mm); Hinterleib überwiegend rötlich; Eiablage im Frühling und Frühsommer meist einzeln in das Mark der Jungtriebe (v. a. von Mostbirnen); vorher wird der Trieb unterhalb der Ablagestelle durch mehrere spiralig angeordnete Einstiche geringelt; die Larve frisst im Mark des dann verdorrenden Triebes bis etwa 15 cm abwärts, nagt im Herbst am Unterende des Fraßganges das spätere Schlupfloch aus; Überwinterung in einer Gespinsthülle, Verpuppung im Frühling; Schlüpfen der Imago ab Mitte V.

3. *Phylloecus niger* Harr. (= *Hartigia nigra*) (11–15 mm); Larve im Innern von Brombeerranken. Lit. →Hymenoptera; Lacourt 2020; Quinlan & Gauld 1981; Schedl 1991.

Cephoidea; Gruppe der Pflanzenwespen („Symphyta", →Hymenoptera); mit nur einer Fam. →Cephidae.

Cephus →Cephidae 1.

Ceraclea →Leptoceridae.

Cerambycidae, Bockkäfer; Fam. der Käfer (Coleoptera, Polyphaga, Cucujiformia) mit in Eur ± 665, M-Eur 268, Dt 190 Arten; hierher auch der wohl größte bekannte Käfer: *Titanus giganteus* (Tropen Südamerikas, 16 cm); die heimischen Arten sind meist mittelgroß bis stattlich, mit beträchtlichen individuellen Größenunterschieden innerhalb der Arten; Farbkleider variabel; nicht selten bunt oder prächtig erzschillernd; Kennzeichen für viele sind die häufig über körperlangen, ziegenhornartig gebogenen, nach vorn oder nach der Seite getragenen Antennen [**C-68, C-78**]; manche benutzen sie als Hebel beim Umdrehen aus der Rückenlage. **Ernährung** der Imagines, sofern sie überhaupt fressen, meist rein pflanzlich; manche Arten nagen an Laub- oder Blütenblättern oder an Baumrinde (→E) oder lecken an Rindensaftflüssen (z. B. →D1, D4); viele „Blütenböcke" sind Pollenfresser auf Blüten (v. a. →C3, C2, D3); andere nehmen als Imago keine Nahrung auf (z. B. →A, B, D7). Weit verbreitet ist bei beiden Geschlechtern die Fähigkeit zur **Lauterzeugung** (insbesondere bei Störung), am häufigsten durch nickende Bewegung der Vorder- gegen die Mittelbrust; eine scharfe Kante am Hinterende des Halsschildes gleitet dabei über ein quer gerieftes Feld vorn oben auf der Mittelbrust; bei *Cerambyx cerdo* ist das Stridulieren mit der täglichen Aktivitätsperiodik gekoppelt (Hauptaktivität nachts); merkwürdig ist die Art der Lauterzeugung bei der seltenen Art *Notorhina muricata* Dalm. (7–12 mm; →B): klemmt sich an Kiefern in eine Rindenritze von geeigneter Breite und führt rüttelnde Bewegungen mit dem ganzen Körper aus, der dabei mit einem schnurrenden Geräusch gegen die Rinde schlägt; alternierendes Stridulieren zweier Käfer kommt vor. **Balz** wenig ausgeprägt; bei den Lepturinae (→C) treffen sich die Partner offenbar meist zufällig; das ♂ steigt nach Betasten mit den Antenen sofort auf, packt in manchen Fällen (z. B. *Rutpela maculata* Poda) die Antennenbasis des ♀ mit den Kiefern; Belecken des ♀-Rückens vor und während der Begattung scheint das ♀ zu beruhigen; am Ende der Kopula wird das ♂ i. d. R. vom ♀ mit den Beinen abgeworfen; bei *Tetropium* (→B3) und zumindest einigen Cerambycinae und Lamiinae Anlocken der ♀♀ oder beider Geschlechter durch Pheromone aus prothorakalen Drüsen; Paarung der „Blütenböcke" meist auf den Blüten, sonst oft in

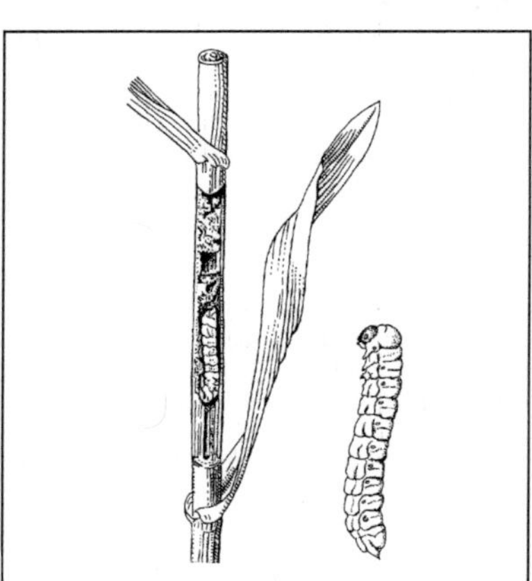

Abb. C-64: Cephidae: *Cephus pygmaeus*, Getreidehalmwespe; 4 mm. (Braun, Riehm 1957)

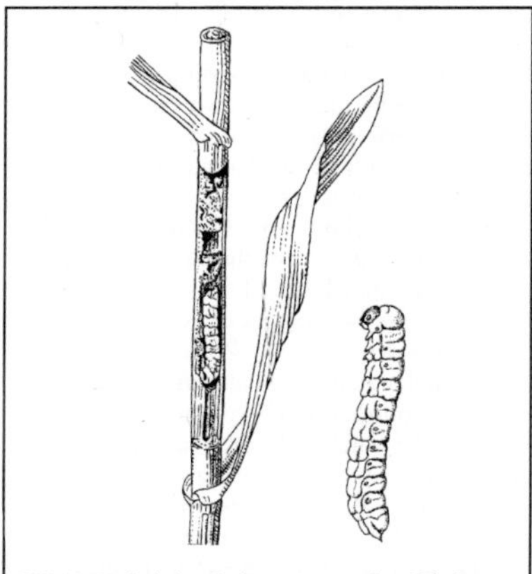

Abb. C-65: Cephidae: *Cephus pygmaeus*, Getreidehalmwespe. Larve, etwa 8 mm, links im Halm. (Brandt 1957)

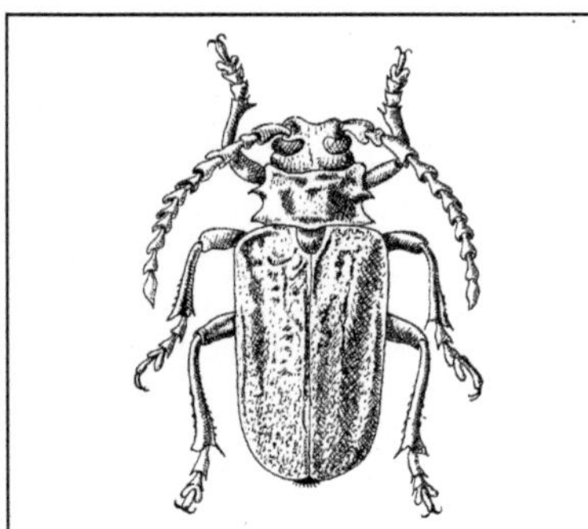

Abb. C-66: Cerambycidae: *Prionus coriarius*, Sägebock. 24–42 mm. (Brauns 1991)

der Nähe oder auf der Nahrungspflanze der Larven, in oder an diese auch die **Eiablage** (oft unter Rinde oder in Rindenritzen). Die madenartigen **Larven** sind flach (bei Aufenthalt unter Rinde) oder mehr zylindrisch (bei Holzbohrern), mit kräftigen Mundteilen [**C-81**]; Brustbeine sehr kurz, können auch ganz fehlen, Stemmwülste ausgeprägt; stets Pflanzenfresser: meist unter Rinde, auch in frischem, getrocknetem oder bereits verrottetem Holz, seltener im Innern krautiger Pflanzen, manche Arten im Boden (dann werden u. a. Wurzeln von außen angefressen); die Larvengänge sind mit Bohrmehl gefüllt; vom stickstoffarmen Totholz lebende Bockkäferlarven (insbesondere Lamiinae) verzehren zusätzlich andere holzbewohnende Insektenlarven (auch Artgenossen), können daher Bestände von Borkenkäfern beeinflussen; Dauer des Larvenlebens artspezifisch verschieden; unter der Rinde lebende Larven werden eifrig von Spechten verfolgt; wegen des Fehlens von geeignetem Altholz für die Larven sind v. a. große Bockkäfer inzwischen selten (u. a. Heldbock →D1, Moschusbock →D4, Mulmbock →A2, Alpenbock →D5, Purpurbock →D9) oder gar vom Aussterben bedroht, wie *Aegosoma scabricorne* Scop. (= *Megopis s.*), Körnerbock, und *Tragosoma depsarium* L., Zottenbock. Bei den Larven vieler Arten sind als **Symbionten** hefeartige Mikroorganismen vorhanden, und zwar in den Zellen von kryptenartigen Ausstülpungen am Vorderende des Mitteldarms (Mycetome, →Mycetocyten), so in *Oxymirus cursor* L., *Aredolpona rubra* L., *Rhagium*-Arten, *Spondylis buprestoides* L. (fehlen jedoch bei den Lamiinae →E); kurz vor der Verpuppung werden die Darmausstülpungen rückgebildet, die Symbionten in den Darm ausgestoßen; verschwinden beim ♂ ganz, werden beim ♀ in schlauchartige Taschen am Legeapparat aufgenommen; bei der Eiablage wird die Eischale außen mit Symbionten beschmiert; die ausschlüpfende Larve frisst einen Teil der Eischale und nimmt so die Symbionten auf. **Verpuppung** in Puppenwiegen („Nest" aus Nagespänen), meist unter der Rinde oder in besonderen Verpuppungsgängen im Holz (die Jungkäfer nagen das Ausschlüpfloch), seltener außerhalb der Fraßpflanze im Boden (z. B. →A1, C2). **Überwinterung** i. d. R. als Larve, seltener als Imago. Mehrere Arten werden durch den Fraß der Larven, seltener durch den der Imagines schädlich. In Eur 5 U-Fam.:

A. Prioninae, Breitböcke; in Dt 5 Arten; die stattlichen, dämmerungs- und nachtaktiven Käfer sind kurzlebig, ohne Nahrungsaufnahme; Larven im Totholz, oft in abgestorbenen Teilen lebender Bäume; verbreitet nur:

A1. *Prionus coriarius* L., Sägebock, Gerberbock [**C-66**]; Eiablage im Sommer in Rindenritzen morscher Laub- (auch Obst-) und Nadelbäume; Junglarve unter der Rinde, steigt später zu den Wurzeln ab; frisst in den Wurzeln oder von außen an den Wurzeln, wandert durch die Erde zu anderen Wurzeln; etwa 14 Larvenstadien; Verpuppung im Frühsommer in einer Erdhöhle oder in den Wurzeln in einem Kokon aus Erd- und Holzstückchen; Entwicklungsdauer mindestens 3 Jahre.

A2. *Ergates faber* L., Mulmbock (25–60 mm); Larven v. a. in vermodernden Nadelholzstümpfen, aber auch in Pfosten und Leitungsmasten; fressen im Holz selbst; hier auch Verpuppung dicht unter der Holzoberfläche; Generationsdauer 3–4 Jahre.

B. Spondylidinae; 10 heimische Arten; die oft düster gefärbten Käfer (v. a. am Vorderkörper) am Brutholz, überwiegend dämmerungs- und nachtaktiv (außer dem seltenen, gelegentlich auf Blüten anzutreffenden *Anisarthron barbipes* Schr., Rothaarbock); kurzlebig, ohne Nahrungsaufnahme; die Larven fressen unter der Rinde (→B3, Junglarven von →B1, B2) oder im Totholz, meist in Nadelbäumen, seltener in Laubbäumen (*Anisarthron*, *Saphanus*), *Notorhina* ausschließlich in der Rinde lebender Kiefern. Beispiele:

B1. *Spondylis buprestoides* L., Waldbock, Rollenschröter (12–24 mm); Fühler auffallend kurz; Eiablage tief an Wurzeln vermulmter Nadelholzstubben, das ♀ gräbt sich hierzu ein; Larve zunächst unter der Rinde, später im Holz, frisst sich allmählich zur Stammbasis hoch, hier auch Verpuppung; Generationsdauer mindestens 2 Jahre.

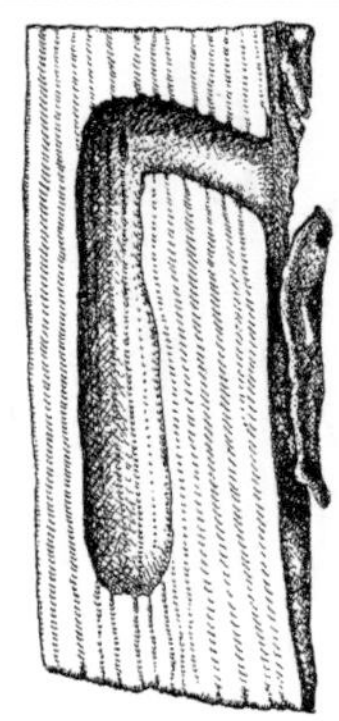

Abb. C-67: Cerambycidae: *Tetropium castaneum*, Fichtenbock. Hakengang zur Verpuppung in Fichte. (Amann 1960)

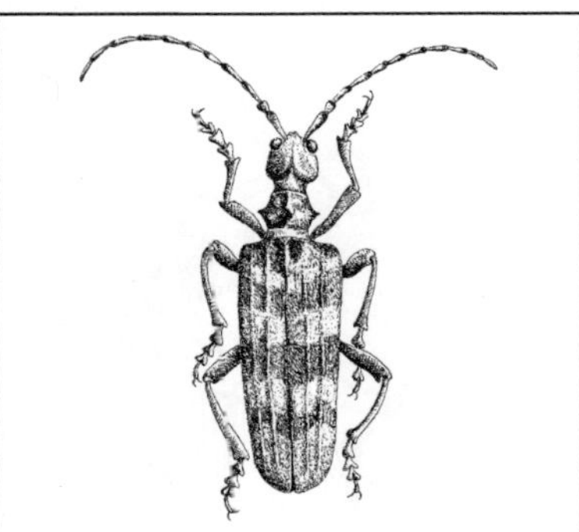

Abb. C-68: Cerambycidae: *Rhagium sycophanta*; etwa 18 mm (Amann 1960)

Abb. C-69: Cerambycidae: *Rhagium inquisitor.* Puppe in Puppenwiege. (Amann 1960)

B2. *Asemum striatum* L., Düsterbock (10–18 mm) und ***Arhopalus rusticus*** L., Grubenhalsbock, Halsgrubenbock, Feldbock (13–25 mm); beider Larven zunächst unter Rinde, dann in frischen Kiefernstubben oder in frischen Stämmen (seltener in anderem Nadelholz); auch in bereits verbautem Bauholz, aus dem sich dann u. U. noch 2 Jahre nach Baubeginn die Käfer herausnagen.

B3. *Tetropium*, Fichtenböcke bzw. Lärchenbock, mit den Arten *T. castaneum* L., *T. fuscum* F. und *T. gabrieli* Weise (8–19 mm); die Larve v. a. in Fichten (*T. gabrieli* in Lärchen); in Stubben, aber auch in gesunden Stämmen, unter Rinde; frisst im Herbst einen hakenförmigen Gang als Puppengang nach unten ins Holz [**C-67**], überwintert hier; Verpuppung im Frühling; Generation meist 1-jährig; durch Larvenfraß in Stämmen recht schädlich.

C. Lepturinae, Schmalböcke; 55 heimische Arten; oft schlanke Bockkäfer, mit halsartig verschmälertem Hinterkopf; Augen ± rundlich (deutlich ausgerandet wie bei den meisten anderen Bockkäfern bei *Necydalis*, →C4); Larven i. d. R. im Holz (Ausnahmen: *Brachyta* in Kräutern, *Cortodera* und *Pseudovadonia livida* F. im Boden, Erstere an herabgefallenen Zweigen, Zapfen u. Ä., Letztere an Mycelien des Nelkenschwindlings, *Marasmius oreades*, gebunden). Auswahl:

C1. *Rhagium*, Zangenböcke; 4 mittelgroße Arten (10–26 mm); mit (für Bockkäfer) recht kurzen Fühlern [**C-68**], am Brutholz, selten auf Blüten; Larven unter der oft schon etwas gelockerten Rinde anbrüchiger Stämme, *R. bifasciatum* F. in Stubben und morschem Holz, wobei manche Arten (*R. bifasciatum* F., *R. inquisitor* L.) Nadelhölzer, andere (*R. mordax* Deg., *R. sycophanta* Schr.) Laubhölzer bevorzugen; unter der Rinde (bzw. im Holz bei *R. bifasciatum*) auch die ovale, von Nagespänen umgebene Puppe [**C-69**], überwintert hier, liegt mit dem Rücken nach außen; Entwicklung meist 2- bis 3-jährig.

C2. *Carilia virginea* L. (= *Gaurotes v.*), Blaubock (9–12 mm); oben metallisch blau; mehr in Gebirgsgegenden, auf Blüten; Larven unter der losen Rinden von Fichten; Überwinterung der Larven im Boden, hier auch Verpuppung im Frühjahr.

C3. *Leptura*, *Strangalia* und verwandte Gttgn. (Lepturini), Halsböcke; zahlreiche mittelgroße

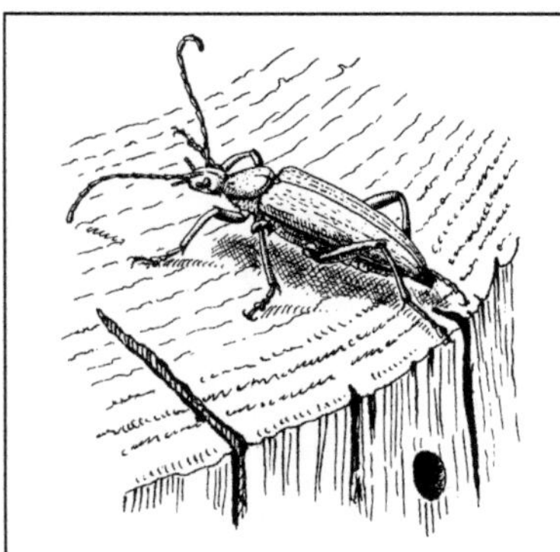

Abb. C-70: Cerambycidae: *Aredolpona rubra*; 12–18 mm. (Brauns 1991)

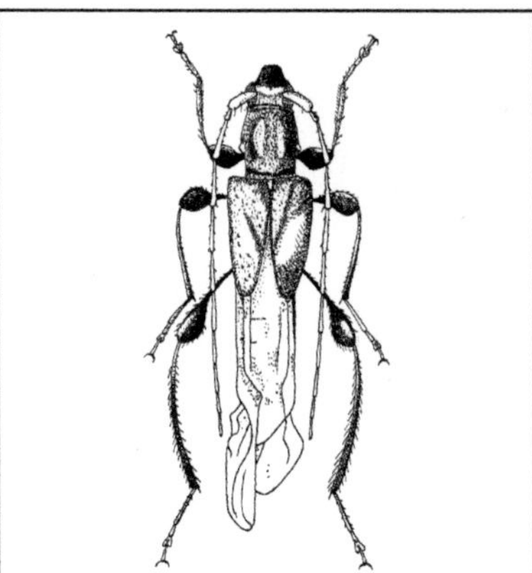

Abb. C-71: Cerambycidae: *Molorchus minor*, Kurzdeckenbock. 6–13 mm. (Bechyně 1954)

Arten, die Käfer mit meist gelblichen bis rötlichen Flügeldecken, manche mit schwarzer Zeichnung, häufig auf Blüten, v. a. Dolden; Larven in totem, meist morschem morschem Holz. Z. B. *Aredolpona rubra* L. (= *Stictoleptura r.*, *Corymbia r.*) [**C-70**], geschlechtsdimorph (♂: Halsschild schwarz, Flügeldecken gelbbraun, ♀: Halsschild und Flügeldecken rötlich); die Larven unter der Rinde von verrottenden Nadelholzstubben. *Rutpela maculata* Poda; Halsschild schwarz, Flügeldecken gelblich mit schwarzen Flecken; Larven im weißfaulen, bodennahen Laubholz.

C4. *Necydalis*; mit 2 ungewöhnlichen, selten gewordenen Arten in Eur & Dt, darunter *N. major* L., Großer Wespenbock; schlanke (19–32 mm), wespenartig gemusterte Käfer, auffällig durch die kurzen Flügeldecken, welche die langen Flugflügel weitgehend unbedeckt lassen (→Mimikry); die wärmeliebenden Imagines im Sommer mittags und nachmittag an den Brutbäumen (selten an Blüten); Larven im toten Holz älterer kränkelnder oder bereits abgestorbener Laubbäume, die an Schillerporlinge (*Inonotus*) gebundene Larve von *N. ulmi* Chevr. auch in noch lebendem Holz.

D. Cerambycinae, mit 57 heimischen Arten; Larven mit vorne abgerundeten, auf der Innenseite ausgehöhlten Mandibeln zum Ausschaben der Gänge im festen Holz. Auswahl:

D1. *Cerambyx cerdo* L., Großer Eichenbock, Heldbock, Riesenbock, Spießbock; sehr stattlich (30–50 mm), mit typischem Bockkäferhabitus. **Nahrung** der Imagines hauptsächlich Saft von Eichen, der an verletzten Stellen ausfließt, aber auch (zumindest in Gefangenschaft) Obst und süße Säfte. V. a. in der Dämmerung und nachts mobil. Finden und Erkennen des ♀ vermutlich olfaktorisch (durch Sexualpheromon des ♀?); vorher oft Rivalenkämpfe der ♂♂ mit Gezirpe, aber ohne Verletzung des Gegners; bei der **Kopulation** sitzt das ♂ rittlings auf dem ♀; Dauer: 45–60 s; mehrere Kopulationen hintereinander ohne zwischenzeitliches Absteigen des ♂ wohl die Regel. **Eiablage** im Sommer in Rindenritzen alter Laubbäume, in M-Eur hauptsächlich an alte, besonnte, häufig etwas kränkelnde Stieleichen; die **Larve** bohrt Gänge zuerst im Splint, dann im Kernholz; erwachsen (nach 3–5 Jahren) ca. 9 cm; früher beachtlicher Eichenschädling. **Verpuppung** im Herbst; Schlüpfen des Jungkäfers wohl schon im Winter, verlässt im Frühling die Puppenwiege; Käfer bleiben meist auf dem Geburtsbaum. Früher häufig und ein beachtlicher Eichenschädling, nun in weiten Teilen Deutschlands ausgestorben. Ähnlich, aber kleiner (17–28 mm) und schwarz ***Cerambyx scopolii*** Füssl., Buchenspießbock, Runzelbock; Larve in verschiedenen Laubbäumen, v. a. in Buchen und Obstbäumen; Entwicklung 2-jährig.

D2. *Gracilia minuta* F., Weidenböckchen, Kleinbock (4,5–6 mm); Käfer schlank, braun; Eiablage an bereits abgestorbene Zweige verschiedener Laubbäume und Sträucher, oft an Weiden; Larven besonders in dünnen, trockenen Zweigen; Entwicklung 1- bis 2-jährig; bisweilen großer Schaden an Geflechten aus ungeschälten Weidenruten.

D3. *Molorchus minor* L., Kleiner Wespenbock, Kurzdeckenbock (6–16 mm); auf den kurzen

Abb. C-72: Cerambycidae: *Molorchus minor*, Kurzdeckenbock. Fraßbild in Nadelholzstangen. Gesamtbreite des Ausschnitts: 30 mm. (Brauns 1991)

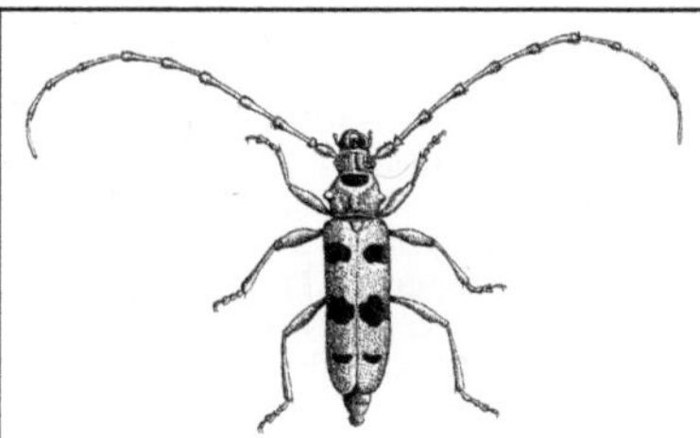

Abb. C-73: Cerambycidae: *Rosalia alpina*, Alpenbock. 15–38 mm. (Reitter 1908–16)

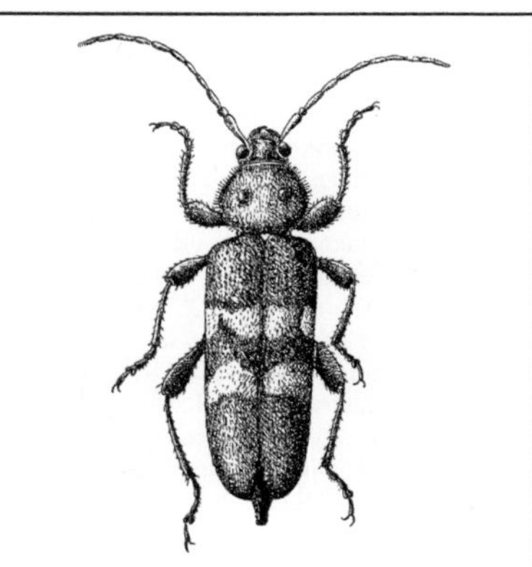

Abb. C-74: Cerambycidae: *Hylotrupes bajulus*, Hausbock. 8–20 mm. (Amann 1960)

braunen Flügeldecken eine weißliche Schrägmakel [**C-71**]; alle Oberschenkel in Knienähe keulig verdickt; Käfer (V–VII) nicht selten auf Blüten (Dolden); Larven zunächst unter der Rinde, dann im Splintholz abgestorbener Äste, besonders von Fichte und Kiefer [**C-72**], schlüpfen auch aus gelagertem Brennholz; Verpuppung in einem bogenförmig ins Holz führenden Gang; der frisch geschlüpfte Käfer überwintert in der Puppenwiege.

D4. *Aromia moschata* L., Moschusbock (13–35 mm); metallisch grün, mit Moschusgeruch (Sekret aus Drüsen ventral an der Hinterbrust, enthält 4 Monoterpenoide aus der Nahrungspflanze); Imagines fliegen VI–VIII; Käfer an Baumfluss (z. B. Ahorn, Birke), ferner am Brutholz; Larven im kränkelnden Holz von Weiden, besonders alten Kopfweiden (seltener in Pappeln und Erlen), auch in dünneren Zweigen, mit Bohrgängen bis ins Zentrum; Entwicklung mindestens 3-jährig; früher überall vorkommend, inzwischen selten.

D5. *Rosalia alpina* L., Alpenbock (15–38 mm); einer unserer schönsten Bockkäfer, oben bläulich mit schwarzer Zeichnung [**C-73**]; v. a. im Alpen- und Voralpengebiet; Imagines im Sommer (VI–IX) am Brutholz (auch an geschlagenem Buchenholz); Larven unter der Rinde von Buchenstubben und kränkelnden Stämmen; hier auch Verpuppung im Frühjahr oder Frühsommer; Entwicklung mehrjährig; in Dt als erster Käfer unter Naturschutz gestellt.

D6. *Callidium*, *Phymatodes* und verwandte Gttgn. (Gattungsgruppe Callidiini), Scheibenböcke, mit zusammen 17 meist seltenen heimischen Arten; Körper flach, Larven in und unter der Rinde von absterbendem und totem Laub- oder Nadelholz. Häufiger ***C. violaceum*** L., Blauer Scheibenbock (8–16 mm); metallisch blau; Larven bevorzugen Nadelholzrinde, gelegentlich auch im (berindeten) Bauholz; Verpuppung im Frühjahr im Holz; Entwicklung 2-jährig, manchmal länger.

D7. *Hylotrupes bajulus* L., Hausbock, Balkenbock [**C-74**]; düster, hellgrau behaart, ziemlich flach; Imagines (V–VI) kurzlebig (etwa 4 Wochen), ohne Nahrungsaufnahme; in M-Eur fast vollständig auf synanthrope Lebensweise im Balkenwerk von Häusern übergegangen, nur vereinzelte Nachweise an trockenem Totholz in Waldgebieten. **Eiablage** mit langer Legeröhre in Holzspalten geeigneter Breite (0,3–0,6 mm), im Ganzen etwa 200 Eier; das ♀ wird angelockt durch den Duft von in Nadelholz vorhandenen ätherischen Ölen (Terpentinöl, wirksam insbesondere das darin enthaltene Pinen). **Larven** in totem, schon recht trockenem Nadelholz, v. a. auch in bereits verbautem (Balken, Leitungsmasten); Dauer des Larvenlebens in Abhängigkeit vom Alter des Holzes 2 bis über 10, meist 4–5 Jahre; **Verpuppung** im Frühjahr dicht unter der Holzoberfläche; der Käfer frisst sich mit einem ovalen Ausflugloch durch. Schaden durch Larvenfraß außerordentlich groß, Befallshäufigkeit inzwischen aber drastisch zurückgegangen; natürliche Fressfeinde der Hausbocklarven: Hausbuntkäfer, *Opilo domesticus* Sturm (→Cleridae 3), Staubwanze, *Reduvius personatus* L. (→Reduviidae A).

D8. *Clytus, Xylotrechus, Plagionotus, Chlorophorus* und verwandte Gttgn. (Clytini), Widderböcke, Wespenböcke; bei uns insgesamt 19 zumeist seltene Arten; dunkle Käfer mit gelben oder weißen Querstreifen (bei manchen Arten Zeichnung entfernt wespenähnlich: →Mimikry?); auf dem Brutholz, manche auch auf Blüten; Larven unter der Rinde oder im Holz von Laubbäumen (Ausnahmen: die montane *Cl. lama* Muls. in Nadelbäumen, *Echinocerus floralis* Pall. in Kräutern). Häufiger nur **Cl. arietis** L., Widderbock (7–14 mm) und **Pl. arcuatus** L., Eichenwidderbock, Parkettkäfer (6–20 mm); beide gelb gestreift [**C-75**]; Imagines V–VII am Brutholz (*Cl. arietis* auch auf Blüten); Eiablage in Rindenritzen, entweder wenig wählerisch an Laubbäumen (auch Obstbäumen) mit viel dürrem Holz (*Cl. arietis*) oder bevorzugt an sonnenexponierten Stellen kränkelnder oder frisch geschlagener Eichen (*Pl. arcuatus*); die Larven zunächst unter der Rinde, später im Holz [**C-76**]; im Frühjahr (bei *Cl. arietis*

auch im Herbst) Verpuppung bis 7 cm tief im Holz; Generation 2-jährig; Schadenwirkung, u. U. auch an bereits verbautem Holz, manchmal beträchtlich.

D9. *Purpuricenus kaehleri* L., Purpurbock, Blutbock; mehr im Süden zu Hause, in Dt nur in wärmeren Gegenden in Südwesten; sehr schöner Käfer (14–20 mm, Flügeldecken rot, in der Mitte schwarz); Imagines V–VIII an den Brutbäumen, auch an Blüten; Larve in abgestorbenen Zweigen verschiedener Laubbäumen, auch von Obstbäumen, v. a. Pfirsich und Aprikose.

E. Lamiinae, mit 63 heimischen Arten; mit vorn steil abfallendem Kopf, Mundteile nach unten gerichtet; Imagines fressen an Blättern oder Rinde (z. T. wohl auch darauf wachsende Pilzfäden); das ♀ nagt mit den Mandibeln einen Schlitz für die Legeröhre in die Rinde (bzw. in Graswurzeln), um jeweils ein oder wenige relativ große Eier abzulegen; der Zimmermannsbock nutzt hierzu auch Borkenkäfergänge (→E4); beim manchen gar Brutfürsorge des ♀ (→E10, E11); Larven unter der Rinde oder im Holz von (i. d. R. lebenden) Bäumen, nur Larven aus wenigen Gttgn. in Kräutern (→E6, E12) oder an Graswurzeln (→E3); ohne symbiotische Hefen in Mycetomen. Auswahl:

E1. *Lamia textor* L., Weberbock (15–30 mm); Imagines V–VIII an den Wurzeln und Ästen der Brutbäume, fressen an Blättern und Rinde, werden abends aktiv; Larven zunächst unter

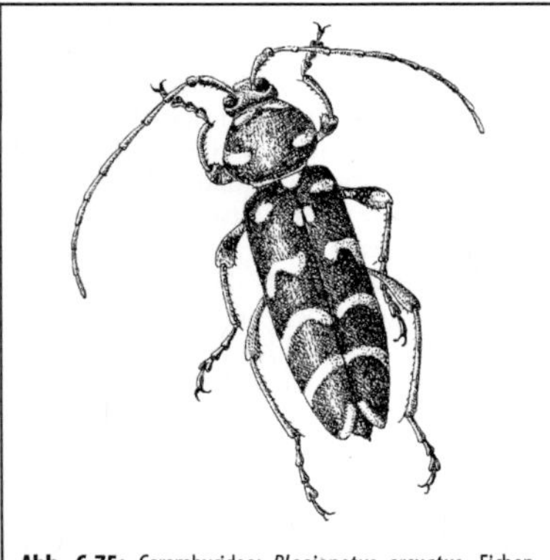

Abb. C-75: Cerambycidae: *Plagionotus arcuatus*, Eichenwidderbock. 9–20 mm. (Amann 1960)

Abb. C-76: Cerambycidae: *Plagionotus arcuatus*, Eichenwidderbock. Fraßbild auf einem 15 cm langen Holzstück; Eingang zur Puppenwiege. (Brauns 1991)

Abb. C-77: Cerambycidae: *Monochamus sartor*, Schneiderbock, und *M. sutor*, Schusterbock. Pflanzenfraß von Larven; Eindringen durch die schwarzen, ovalen Löcher. Gesamtbreite des Ausschnitts: 40 mm. (Brauns 1991)

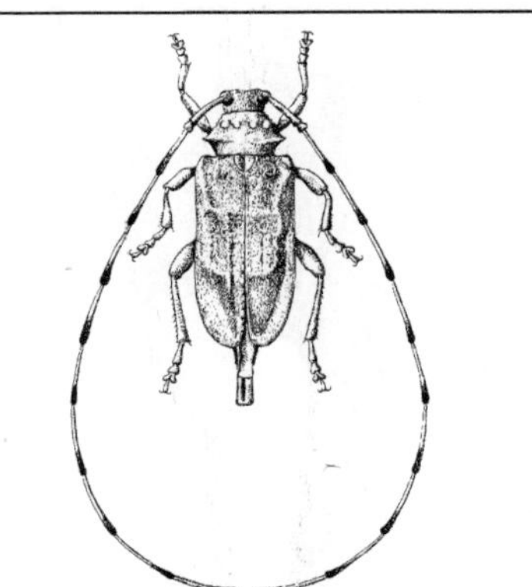

Abb. C-78: Cerambycidae: *Acanthocinus aedilis*, Zimmermannsbock. ♀, 12–20 mm. (Brauns 1991)

Rinde, später im Holz besonders der Wurzeln, aber auch im Stammholz lebender Weiden, auch Pappeln; Verpuppung im Frühjahr im Holz; Generation 3-jährig.

E2. *Monochamus*, Langhornböcke; in Dt 4 Arten, stattlich, mit recht langen Antennen; früher bei uns nicht selten *M. sartor* F., Schneiderbock (21–35 mm), und *M. sutor* L., Schusterbock (15–24 mm); Imagines VI– IX, beide Arten an Nadelbäumen (v. a. Fichte), fressen an Nadeln und Zweigen; Eiablage im Sommer; das ♀ nagt Trichter in die Stammoberfläche, in die es meist je 1 Ei ablegt; die Larve frisst zunächst unter der Rinde, dann im Holz [**C-77**] kranker und frisch abgestorbener Bäume; Überwinterung als Larve (selten 2-mal); Verpuppung im Frühling im Holz in Oberflächennähe; der Käfer nagt sich bald darauf nach außen durch; Ausflugloch kreisrund; die Larve wird von Schlupfwespen der Gttgn. *Rhyssa* und *Ephialtes* (→Ichneumonidae A, B) angestochen.

E3. *Dorcadion*, Grasböcke, Erdböcke; in Eur ± 160 Arten mit oft kleinem Verbreitungsgebiet, inzwischen in mehrere in SO-Eur und eine in SW-Eur verbreitete Gttg. (*Iberodorcadion*) unterteilt; Dt erreicht nur *I. fuliginator* L., Grauer Erdbock (10–15 mm); Flügeldecken grauweiß behaart, gebietsweise auch gestreift; die flugunfähigen Käfer (Flugflügel weitgehend rückgebildet) auf Trockenrasen, laufen im Frühling (IV–V) träge auf dem Boden zwischen Gras; bemerkenswert (für Cerambycidae) die Lebensweise der Larven frei im Boden; Larven und Imagines fressen an Wurzeln von Gräsern (früher an Getreide ab und an schädlich).

E4. *Acanthocinus aedilis* L., Zimmermannsbock [**C-78**]; Antennen des ♂ 4- bis 5-mal, die

des ♀ etwa 2-mal so lang wie der Körper (mit 12–20 mm); Imagines fliegen ab III; Eiablage im zeitigen Frühling unter die Rinde v. a. von Kiefernstubben, absterbenden Kiefern und Klafterholz, bevorzugt durch die Bohrlöcher von Borkenkäfern (♀ mit langer vorstreckbarer Legeröhre); die Larve unter der Rinde oder in der obersten Holzschicht; ebendort Verpuppung in einer mit Nagespänen ausgelegten Puppenwiege; Antennenscheide der ♂-Puppe in bezeichnender Weise um den Körper geschlungen; Imagines schlüpfen im Herbst, überwintern in der Puppenwiege.

E5. *Pogonocherus fasciculatus* Deg., Kiefernzweigbock, Wimperbock (5–6,5 mm); bräunlich mit heller Querbinde über den Flügeldecken, Antennen mit langen Wimperhaaren; die Larve hauptsächlich in den äußeren Holzschichten von mäßig dicken (bis etwa 6 cm), absterbenden oder toten Ästen von Kiefern und anderen Nadelbäumen [**C-79**], aber auch zuweilen in Edelkastanien; Schadwirkung zuweilen beachtlich; Verpuppung in einem hakenförmigen Gang im Holz; die Entwicklung 1-, selten 2-jährig.

E6. *Agapanthia*, Scheckhornböcke; in M-Eur 9 Arten, nicht selten z. B. *A. villosoviridescens* Deg. (10–23 mm); Antennen dunkel geringelt; Käfer oft auf Blüten, z. B. auf Disteln; die Larven in krautigen Pflanzen, manche Arten dadurch in wärmeren Ländern an Kulturpflanzen (z. B. Sonnenblumen, Artischocken) schädlich.

E7. *Mesosa curculionoides* L., Augenfleckbock; der gedrungene Käfer (10–17 mm) auffallend durch rundliche schwarze, gelb gesäumte Fle-

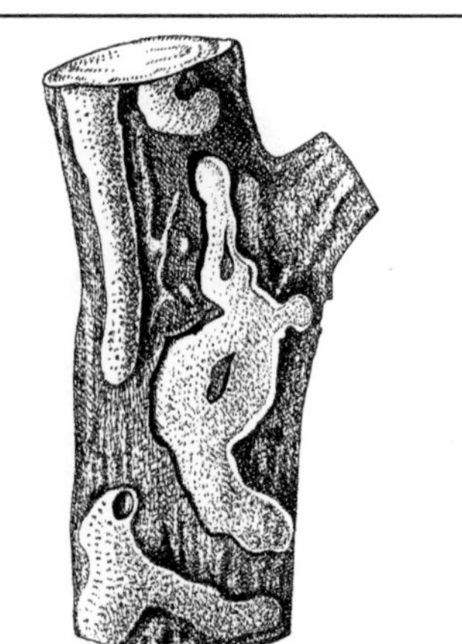

Abb. C-79: Cerambycidae: *Pogonocherus fasciculatus*, Kiefernzweigbock. Fraßgänge der Larve in Kiefer. (Amann 1960)

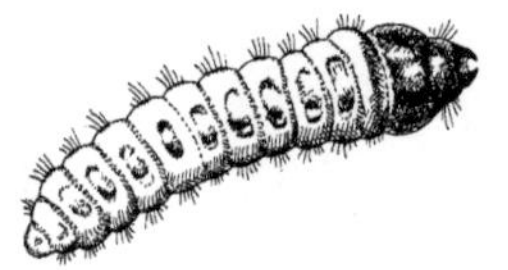

Abb. C-81: Cerambycidae: *Saperda carcharias*, Großer Pappelbock. Larve. (Amann 1960)

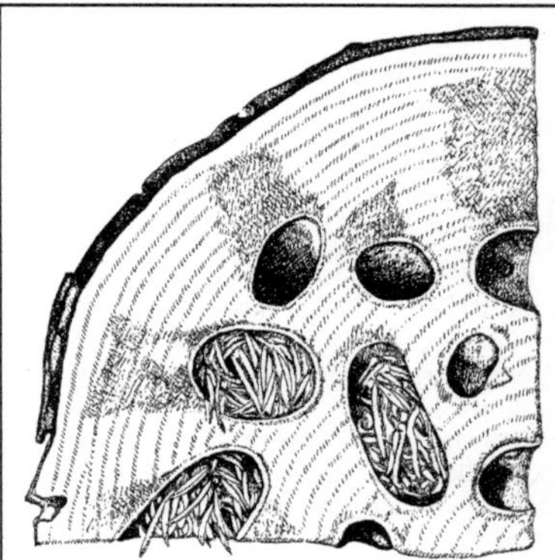

Abb. C-82: Cerambycidae: *Saperda carcharias*, Großer Pappelbock. Larvengänge in Pappelholz. (Amann 1960)

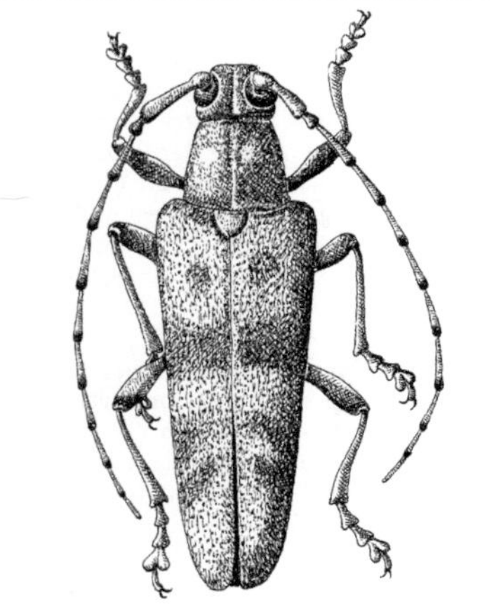

Abb. C-80: Cerambycidae: *Saperda carcharias*, Großer Pappelbock. 20–30 mm. (Amann 1960)

cken auf Halsschild und Flügeldecken; Imagines V–IX, dämmerungs- und nachtaktiv; die Larven in trockenen Zweigen anbrüchiger Laubbäume (Eiche, Linde, Ulme, Nussbaum und andere); Verpuppung in Frühjahr, meist in dicker Rinde; Entwicklung 2- bis 3-jährig.

E8. *Tetrops praeusta* L., Pflaumenbock (3,5–4,5 mm); das ♀ nagt zum Einschieben eines Eies eine Querrille in die Rinde; die Larven in ab-

sterbenden Zweigen verschiedener Laubbäume, nicht nur der Pflaumenbäume; Verpuppung im Frühjahr in einem in das Splintholz genagten hakenförmigen Gang; Entwicklung 1- bis 2-jährig.

E9. *Saperda carcharias* L., Großer Pappelbock, Walzenbock [**C-80**]; der Käfer frisst im Sommer große Löcher in die Blätter v. a. von Pappeln, auch von Weiden, verrät dadurch oft seine Anwesenheit; Eiablage an Stämmen mit nicht zu dicker Rinde dicht über dem Boden, in mit den Kiefern genagte Löcher; die Larve [**C-81**] frisst zunächst unter der Rinde, dann im Holz, Gangquerschnitt oval, schiebt Nagespäne aus dem Einbohrloch [**C-82**]; insbesondere an jüngeren Bäumen schädlich; Verpuppung kopfunter in einer Puppenwiege im Larvengang [**C-83**]; die Eier überwintern (überall im Verbreitungsgebiet?); Entwicklung 2-jährig, zuweilen 3-jährig.

E10. *Saperda populnea* L., Kleiner Pappelbock, Kleiner Espenbock (9–14 mm); Eiablage [**C-84**] an jungen, höchstens etwa 2 cm dicken Zweigen von Pappeln und Weiden, besonders von Zitterpappeln: zuerst werden (bei Tageslicht kopfabwärts) einige Querfurchen in die Rinde genagt, dann dicht darunter ein tieferes Eiloch, von dort oberflächlich ein Bogen zuerst nach der einen, dann nach der anderen Seite, sodass ein hufeisenförmiger Rindenschnitt (mit Öffnung nach oben) entsteht; bei Nagen im Dunkeln oder bei anderem Lichteinfall ist die Hufeisenöffnung anders orientiert; nach Ablage des Eies Verschluss des Eilochs durch eine gallertige Substanz, die Absterben des Pflanzengewebes um das Ei herum bewirkt; Dauer des ganzen Vorgangs 15 bis knapp 30 min; insgesamt u. U. über 25 Hufeisen entlang 50 cm; durch die Nagetätigkeit des ♀ Bildung von Kallusgewebe, das (wenn es nicht bei ungünstigem Wetter den Embryo überwuchert) von der Larve zuerst gefressen wird; die Larve frisst sich dann ins Holz; bewirkt durch den Fraß meist ein gallenartiges Anschwellen des Zweiges; Schadwirkung zuweilen beträchtlich; die Altlarve überwintert im Holz; im Frühling Verpuppung kopfüber; der Käfer beißt sich mit einem kreisrunden Loch nach außen; Entwicklung also 2-jährig.

E11. *Oberea*, Linienböcke; sehr schlanke, mittelgroße Käfer; in M-Eur 7 Arten, darunter 2 etwas häufigere: ***O. linearis*** L., Haselbock (11–14 mm); Eiablage: das ♀ ringelt grüne Jungtriebe verschiedener Laubhölzer (oft von Haseln) durch eine Ring- oder Spiralfurche (Nagen mit Kopf nach oben), nagt darunter kurze Querfurchen und dicht darunter ein Eiloch, in das mit der Legeröhre 1 Ei eingeschoben wird; vermutliche Bedeutung der Ringelung: der Zweig

bricht bei Windeinwirkung an der Ringelungsstelle, also oberhalb des Fraßganges der Larve, die somit geschützt bleibt; Futtersubstrat durch das Abbrechen der Spitze offenbar auch günstig verändert; die Larve frisst sich ins Stängelmark hinein; Entwicklung meist 2-jährig. Dagegen ringelt das ♀ von ***O. oculata*** L., Rothalsiger Weidenbock (15–21 mm), vor der Eiablage nicht, nagt aber kurze Querfurchen (bewirkt dadurch die Bildung des für die Ernährung wichtigen Kallusgewebes), dicht darunter das Eiloch; Larve häufig, aber nicht ausschließlich in Weiden; Entwicklung 1- bis 2-jährig, Verpuppung im Frühling nach der Überwinterung im Mittelgang; beide Arten zuweilen schädlich.

E12. *Phytoecia*, Walzenhalsböcke; in Dt ehemals 11 Arten; die Larven fressen im Innern krautiger Pflanzen, in die das ♀ für das Ablegen je eines Eies einen Spalt nagt; am ehesten zu finden: *P. nigricornis* F. (6–12 mm) an verschiedenen Korbblütler; *P. cylindrica* L. (6–14 mm) v. a. an Doldengewächsen, manchmal an Möhren schädlich.

Lit. →Coleoptera; Bense 1991; Brauns 1991; Buchner 1953; Klausnitzer et al. 2018; Neumann 1985; Roer 1988; Villiers 1978.

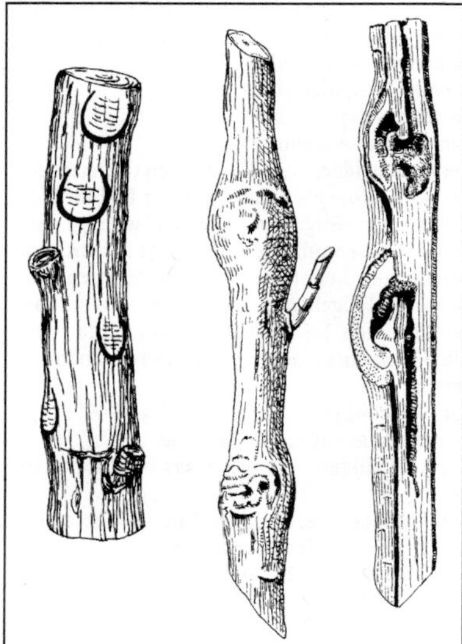

Abb. C-84: Cerambycidae: *Scperda populnea*, Kleiner Pappelbock. An Zitterpappel; links: 2 Eiablagen, Mitte: 2 Gallen; rechts: Zweig aufgeschnitten; Länge des mittleren Zweigstücks 9 cm. (Brauns 1991, Hellrigl 1974)

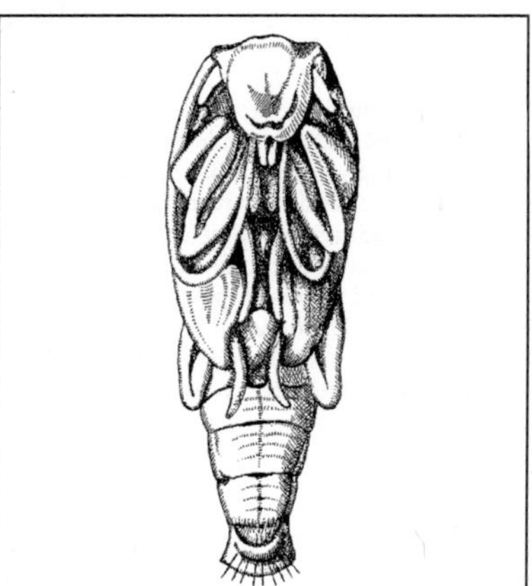

Abb. C-83: Cerambycidae: *Saperda carcharias*, Großer Pappelbock. Puppe. (Amann 1960)

Cerambycinae, *Cerambyx* →Cerambycidae, D, D1.
Ceramica →Noctuidae 31.
Ceranisus →Eulophidae 7; s. auch Thysanoptera.
Ceraphron →Ceraphronidae.
Ceraphronidae; Fam. der Hautflügler (Hymenoptera, Apocrita, Ceraphronoidea) mit in Eur ± 100, M-Eur ± 40, Dt 14 Arten (weitere zu erwarten); z. B. mit den Gttgn. *Ceraphron*, *Aphanogmus*; ähnlich den verwandten →Megaspilidae kleine (0,7–4 mm) Wespen mit geknieten Fühlern, kurzem Legebohrer beim ♀ (in Ruhestellung kaum sichtbar) und einem großen 2. Abdominalsegment (viel größer als der restliche Hinterleib), jedoch im Gegensatz zu den →Megaspilidae ohne Hinterleibsstiel; voll geflügelt oder kurzflügelig (mit nur 1 Ader und unauffälligen Pterostigma im Vorderflügel), manche ungeflügelt (dann häufig im Boden); Drüsenfeld (Waterstons Organ; Funktion?) auf der hintersten sichtbaren Rückenplatte des Hinterleibs (7. abdominaler Tergit). Larven häufig als Endoparasitoide in Larven von insbesondere jagenden →Cecidomyiidae, aber auch Wirte aus anderen Ordgn. bekannt (z. B. Planipennia); manche hyperparasitoid, u. a. bei →Dryinidae. Lit. →Hymenoptera; Ulmer et al. 2021.
Ceraphronoidea; Gruppe parasitoider Taillenwespen (Apocrita, →Hymenoptera); mit den Fam. →Ceraphronidae, →Megaspilidae.
Cerapteryx →Noctuidae 20.
Ceratina →Apidae D2.
Ceratitis →Tephritidae 1.
Ceratobaeus →Scelionidae.
Ceratocombidae; Fam. der Wanzen (Heteroptera, Dipsocoromorpha) mit in Eur & M-Eur 3, Dt 2 Arten der Gttg. *Ceratocombus;* winzige, austrocknungsempfindliche Jäger (1–2 mm) mit versteckter Lebensweise in Bodenstreu und Moosen; Flügellänge polymorph: von schuppenförmigen bis langen Flügeln finden sich alle Übergänge, langflügelige Tiere jedoch nur selten. Lit. →Heteroptera; Heiss & Péricart 2007.
Ceratocombus →Ceratocombidae.
Ceratophyllidae, *Ceratophyllus* →Siphonaptera, G, B.
Ceratopogonidae, Gnitzen; Fam. der Zweiflügler (Diptera, Culicomorpha) mit in Eur ± 550, M-Eur ± 360, Dt 265 Arten; kleine, oft dunkle, selten über 2 mm lange Mücken [**C-85**]; Brust dorsal gewölbt; Flügel bisweilen behaart. Mundteile gut ausgebildet, stechend-saugend, dienen bei den ♂♂ und auch bei den ♀♀ einiger Arten (z. B. *Dasyhelea*) zum Aufnehmen von Pflanzensäften und →Honigtau; die ♀♀ der meisten Arten benötigen jedoch eine proteinreiche Mahlzeit

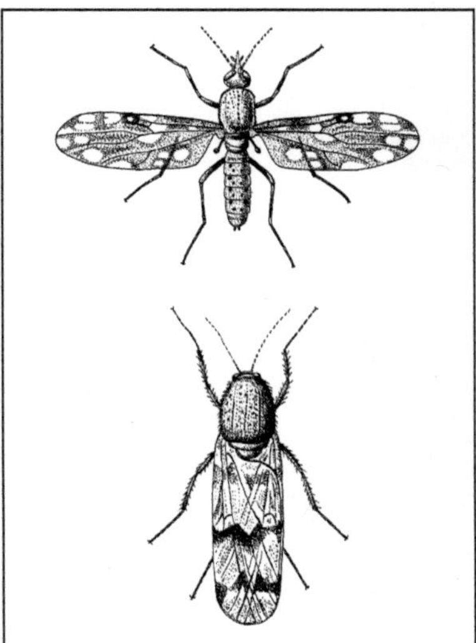

Abb. C-85: Ceratopogonidae: *Culicoides pulicaris*, Gnitzen. ♂, 2 mm; unten: Ruhehaltung. (Martini 1952; Séguy 1951a)

für die Eireifung, erbeuten hierzu meist kleine Mücken oder Eintagsfliegen; einige Forcipomyiinae saugen Hämolymphe an größeren Insekten: *Atrichopogon* an Ölkäfern (→Meloidae), *Forcipomyia eques* an *Chrysopa* (→Planipennia), fremdländische Arten an Flügeladern von Libellen (mit kompliziert gebauten Haftvorrichtungen an den Tarsen zum Festhalten); **Blutsauger** an Vögeln, Säugern und am Menschen sind in M-Eur die Gttg. *Culicoides* und 2 *Forcipomyia*-Arten, in S-Eur kommt die Gttg. *Leptoconops* hinzu; können durch schmerzhafte quaddelbildende Stiche ungemein lästig werden (z. B. *Culicoides pulicaris* L. [**C-85**]), wobei sie den Kopf tief in die Haut senken; im mediterranen Bereich und in Afrika Überträger von Tierkrankheiten; stechlustig v. a. abends und nachts (*Leptoconops* tagaktiv), bevorzugen die Hautteile an den Rändern von Kleidungsstücken (*Culicoides* sticht beim Rind an Bauch und Rücken); Wirtsfindung offenbar mithilfe des Geruchssinns (*Culicoides*-♀♀ z. B. oft in Massen in Aronstabblüten, die nach Harn riechen; Duftstoff mit Aminen), aber auch optisch (*Culicoides* bevorzugt dunkle und große Wirtstiere); die an Insekten saugende *Atrichopogon oedemerarum* Stora wird durch →Cantharidin-Duft angelockt (die ♀♀ fliegen Insekten mit Cantharidin in der Hämolymphe an, werden auch durch Cantharidin-Duft zur

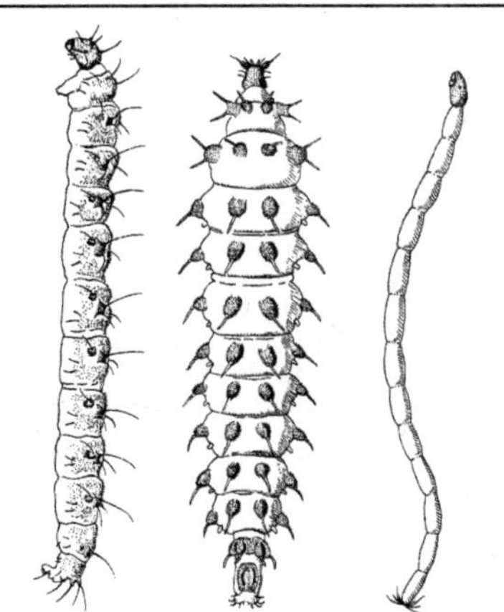

Abb. C-86: Larven von Ceratopogonidae. Links: *Forcipomyia* spec., 4 mm, von lateral; unter Rinde; Mitte: *Atrichopogon* spec., 3,5 mm, von dorsal; im Schlamm, auch unter feuchtem, moderndem Laub; rechts: *Bezzia* spec., 7 mm, von lateral. (Brauns 1954a)

Bildung von Schwärmen als Treffpunkt mit den ♂♂ angeregt); gelegentlich Kannibalismus: das ♀ von *Bezzia annulipes* Meig. und auch das von *Serromyia femorata* Meig. Saugt nach der Begattung das ♂ aus; bisweilen nützlich durch Abtöten von Pflanzenschädlingen; manchmal Aufnahme von Säugerblut aus anderen blutsaugenden Insekten. Sexualpheromone, v. a. jungfräulicher ♀♀, wirken auf ♂♂ anlockend und paarungsauslösend; die Paarungsbereitschaft der ♀♀ erhöht sich mit der Zeit, die seit der letzten Kopulation vergangen ist, während die Empfindlichkeit der ♂♂ für die Abwehrbewegungen des ♀ während der **Paarung** ansteigt, gleich danach am größten ist und dann allmählich wieder abflaut; Paarung i. d. R. im Flug, das ♀ wird am Flugton erkannt, die buschig gefiederte Antenne des ♂ dient als Hörorgan, ihr 2. Glied (Pedicellus) mit dem Johnston-Organ stark vergrößert (vgl. →Culicidae); Übertragung des Spermas als Spermatophore (→Diptera). **Eier** teils an Land, teils am Ufer oder im Wasser abgelegt, einzeln (*Culicoides*) oder als in Gallerte gehüllte Rosetten, Haufen oder Bänder; zuweilen liegen auf Algenrasen viele Gelege beisammen; oder die Laichschnur wird im Flug über dem Wasser abgegeben (*Probezzia*), manchmal mit den Beinen abgestreift; bei manchen Arten Eiablage unter Wasser. Die **Larven** teils auf dem Lande, teils im Wasser: die

der Forcipomyiinae (*Atrichopogon, Forcipomyia*) landlebend (in humosem Boden, im Laub, Torfmoos, in Stubben, unter Rinde, auch in Kuhfladen oder Ameisenhaufen), mit vorderem, oft gespaltenem Fußstummel und mit Häkchen besetztem Nachschieber [**C-86**], verzehren zerfallende pflanzliche Stoffe und Kleinstorganismen (Algen, Pilze); ebensolche Nahrung bei den schlanken, fußlosen Larven von *Dasyhelea*, die jedoch kleine Wasserpfützen (auch wassergefüllte Astlöcher, Saftflüsse von Bäumen u. Ä.) bewohnen; den Letzteren gleichen die im Wasser (seltener im feuchten Boden) lebenden Larven der Ceratopogoninae [**C-86**], jedoch ohne Häkchen am Hinterende und zu mäßig fördernden schlängelnden Schwimmbewegungen fähig, erbeuten Insektenlarven oder leben als Ektoparasiten auf Insektenlarven und anderen Wirbellosen; die ebenfalls wurmartigen Larven von *Leptoconops* graben im sandigen Boden (z. B. Dünen); die Puppen [**C-87**] im Boden, am Fressort der Larven; bei den Wasserformen im Schlamm oder Ufergenist, auch an der Wasseroberfläche treibend; mit kurzen offenen Atemhörnchen. **Überwinterung** wohl meist (immer?) als Larve; bei manchen Arten 2 Generationen im Jahr. Lit. →Diptera; Olbrich & Liebisch 1988; Wesenberg-Lund 1943; Wirth & Grogan 1988.
Ceratosolen →Agaonidae 1.
Ceratothrips →Thysanoptera.
Cerceris →Philanthidae 2.
Cerci, Raife; die umgewandelten Extremitäten des 11. Hinterleibssegments; kommen verbreitet bei manchen Insekten vor; lang, fadenförmig und oft vielgliedrig, mit vielen Sinneshaaren besetzt (→Diplura A, →Archaeognatha, →Zygentoma, →Ephemeroptera, →Plecoptera, →Blattodea, →Ensifera) oder kurz und kräftig, zu Greifwerkzeugen umgebildet (♂♂ der →Odonata, →Dermaptera, →Diplura B).
Cercopidae, Blutzikaden; Fam. der Zikaden (Auchenorrhyncha, Cicadomorpha) mit in Eur 7, M-Eur & Dt 4 Arten; mittelgroße (6,5–11 mm) Zikaden, schwarz mit roten Flecken; Imagines V–VII, an Gräsern und Kräutern, →Xylemsauger; die **Larven** leben bis zur letzten Häutung unterirdisch an Wurzeln (v. a. von Gräsern) in einem Schaumnest (Bildung wie bei →Aphrophoridae). Reflexbluten: die an Beingelenken austretende Hämolymphe riecht unangenehm und ist für manche Fressfeinde giftig (Warnfärbung). 1 Generation im Jahr; Überwinterung als Larve. Häufigste Art *Cercopis vulnerata* Ill., Blutzikade (9–11 mm); meidet Mähwiesen.
Lit. →Auchenorrhyncha; Hoch 2009.
Cercopis →Cercopidae.

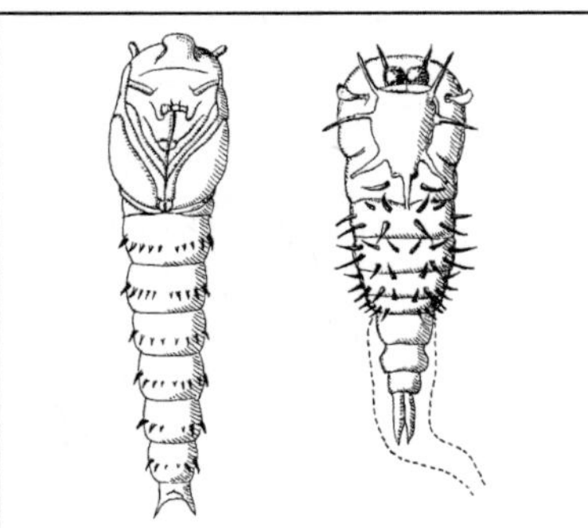

Abb. C-87: Ceratopogonidae. Links: Puppe aus dem Wasser; 2,7 mm; rechts: Puppe einer Landform; 2 mm. (Martini 1952)

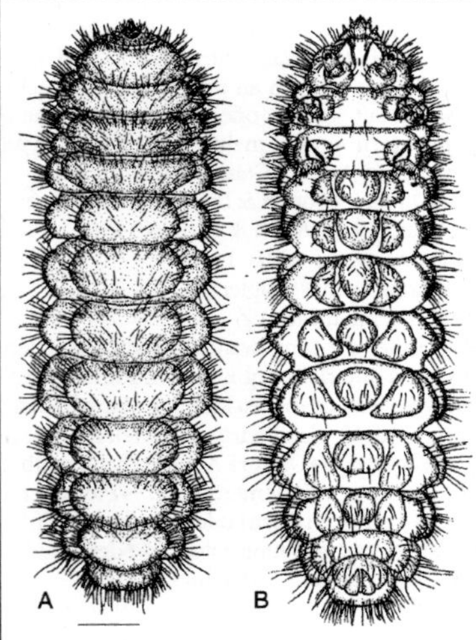

Abb. C-88: Cerophytidae: *Cerophytum elateroides*. Larve von oben (A) und unten (B). (Costa et al. 2003)

Cercyon →Hydrophilidae.
Ceriana →Syrphidae E.
Cerobasis →Psocodea; →Trogiidae 2.
Cerocephalidae →Pteromalidae.
Cerococcidae, Schmuckschildläuse; Fam. der Schildläuse (Coccina), in Eur 6 Arten, in M-Eur & Dt nur *Antecerococcus intermedius* Balach.; ♀ in rundlicher bis ovaler, filzartiger, mit einigen langen Fortsätzen versehenen Hülle; Hinterende

mit spitzen Anallappen; ♀ mit 2 Larvenstadien; an Thymian und anderen Lippenblütlern. Lit. →Coccina.
Cerocoma →Meloidae A3.
Ceropales →Pompilidae.
Ceropalidae; als U-Fam. **Ceropalinae** der →Pompilidae geführt.
Cerophytum →Ceropyhtidae.
Cerophytidae; Fam. der Käfer (Coleoptera, Polyphaga, Elateriformia) mit in Eur & Dt 1 Art: *Cerophytum elateroides* Latr.; seltener, schwarzbrauner Käfer (6–8 mm) mit gekämmten (♂) oder gesägten (♀) Fühlern; mit Schnellmechanismus ähnlich den verwandten Schnellkäfern (→Elateridae); Imagines im Herbst an Stämmen und im in morschem Laubholz und Mulm alter Laubbäume; Larve [**C-88**] gedrungen, behaart, mit Beinen, in rotfaulem Holz gefunden. Lit. →Coleoptera; Costa et al. 2003.
Ceroplatus; Synonym zu *Keroplatus*, →Keroplatidae.
Ceroptera →Sphaeroceridae.
Cerostoma →Ypsolophidae A.
Ceruchus →Lucanidae 4.
Cerura →Notodontidae A1, A2.
Cervicola →Trichodectera 2.
Cerylonidae; Fam. der Käfer (Coleoptera, Polyphaga, Cucujiformia) mit in Eur 9, M-Eur 7, Dt 5 Arten; früher zu den nicht näher verwandten →Colydiidae gestellt; klein (1,8–2,6 mm), gedrungen; Imagines und Larven unter loser Rinde und in schimmeligem Holz, wohl Pilzfresser. – Häufig hierher gestellt werden die **Murmidiidae** mit dem gelegentlich in Europa eingeschleppten *Murmidius ovalis* Beck; breit-ovale Form (1,2–1,4 mm); Kosmopolit; in Häusern als Vorratsschädling an Getreide, Reis u. dgl.; mit allen Stadien zu jeder Jahreszeit. Lit. →Coleoptera.
Cetonia →Scarabaeidae E.
Cetoniidae, Cetoniinae →Scarabaeidae E1.
Ceutorhynchinae, *Ceutorhynchus* →Curculionidae N.
Chaetocladius →Chironomidae.
Chaetocnema →Chrysomelidae L2.
Chaetococcus →Pseudococcidae.
Chaetopsylla →Siphonaptera, D.
Chaetopteroplia →Scarabaeidae C6.
Chagas-Krankheit →Reduviidae.
Chaitophoridae; als U-Fam. **Chaitophorinae** der →Drepanosiphidae D geführt.
Chaitophorus →Drepanosiphidae D1, D2.
Chalcidae; Fam. der Hautflügler (Hymenoptera, Apocrita, Chalcidoidea) mit in Eur 83, M-Eur 44, Dt 23 Arten; kleine bis mittelgroße (2–9 mm), kräftig gebaute Erzwespen, meist

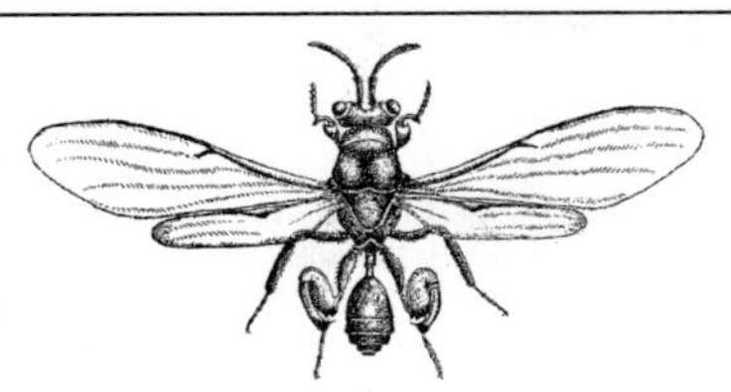

Abb. C-89: Chalcididae: *Chalcis* spec. ♀; Schenkelwespe; etwa 8 mm. (Bachmaier 1969)

schwarz-gelb oder schwarz-rot gefärbt; Hinterschenkel verdickt und gezähnt [**C-89**]; Endoparasitoide, deren Larven bei den meisten Arten in Schmetterlingspuppen oder ausgewachsenen Fliegenlarven leben; einige Arten befallen Käfer oder →Planipennia; manche sind Hyperparasitoide bei Schlupfwespen oder Raupenfliegen (→Tachinidae); der Wirt wird i. d. R. gelähmt (Ausnahme: *Chalcis* →1); Verpuppung in der Wirtspuppe; ♀♀ überwintern meist als Imago, ♂♂ als erwachsene Larven im Wirt. Beispiele:

1. *Chalcis*; 6–8 mm; manche Arten parasitoid bei *Stratiomys*-Larven (→Stratiomyidae); die ♀♀ belegen die Eier der Wirte, erst nach Erreichen des Puppenstadiums des Wirtes vollendet die *Ch.*-Larve ihre eigene Entwicklung.

2. *Brachymeria parvula* Walk.; Hyperparasitoid: das ♀ legt sein Ei in die bei Wanderheuschrecken (*Locusta migratoria*) parasitierenden Fliegenlarven (*Sarcophaga*).

3. *Lasiochalcidia pubescens* Klug; gleich anderen Arten der Gttg. Parasitoid bei Ameisenlöwen (→Myrmeleontidae); das *L.*-♀ provoziert den Ameisenlöwen, aus dem Trichter hervorzukommen, und lässt sich an den Hinterbeinen packen; in dieser Stellung platziert es seine Eier mit dem Legebohrer dorsal in die Gelenkhaut zwischen Kopf und Prothorax [**C-90**]; die fertig entwickelten Imagines verlassen die Wirtslarve, nachdem diese den Kokon gebaut hat. Gleichfalls ein Parasitoid von Ameisenlöwen ist *Hybothorax graffi* Ratz.; das ♀ lässt sich zusammengerollt in der den Trichter rollen, um den Stich des Legebohrers anzubringen; legt seine Eier bevorzugt in den ventralen Bereich des Metathorax.

4. *Neohybothorax hetera* Walk.; Parasitoid bei der Larve von *Libelloides coccajus* (Schmetterlingshafte, →Ascalaphidae); die Imagines verlassen den Wirt, nachdem er den Kokon gebaut hat.

Lit. →Hymenoptera; Bouček 1951; Clausen 1940; Graham 1991; Sellenschlo & Tröger 1993; Vidal et al. 2022.

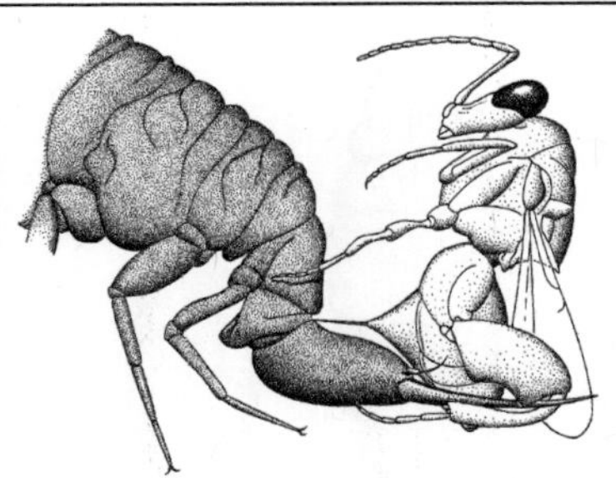

Abb. C-90: Chalcididae: *Lasiochalcidia igiliensis*. ♀ (hell) positioniert ein Ei in den Halsschild eines Ameisenlöwen. (Aus Askew 1971, nach Steffan 1961)

Chalcidoidea, Erzwespen; Gruppe der Taillenwespen (Apocrita, →Hymenoptera); klein bis sehr klein; viele mit metallischer Färbung; Antennen gekniet (ähnlich Ameisen); manche mit Sprungvermögen, als Sprungbeine dienen die Mittelbeine; die meisten Arten sind Parasitoide, manche phytophag (v. a. in Gallen); mit den Fam. →Agaonidae, →Aphelinidae, →Azotidae, →Chalcididae, →Encyrtidae, →Eucharitidae, →Eulophidae, →Eupelmidae, →Eurytomidae, →Leucospidae, →Mymaridae, →Mymarommatidae, →Ormyridae, →Perilampidae, →Pteromalidae, →Signiphoridae, →Tetracampidae, →Torymidae, →Trichogrammatidae.

Chalcis →Chalcididae 1.

Chalcolestes →Lestidae.

Chalcophora →Buprestidae 1.

Chalcosiinae →Zygaenidae C.

Chalcosyrphus →Syrphidae E.

Chamaemyiidae, Blattlausfliegen; Fam. der Zweiflügler (Diptera, Brachycera, Cyclorrhapha) mit in Eur ± 110, M-Eur ± 60, Dt ± 30 Arten; die von manchen hierher gestellten *Cryptochetum*-Arten sind nicht verwandt (→Cryptochetidae); kleine (1–5 mm), graue, silbrig bestäubte Fliegen; die Imagines mancher Arten erbetteln →Honigtau durch Betrillern von Blattläusen; Larven gedrungen [**C-91**], nach Art von Blutegeln oder Spannerraupen sehr beweglich; jagen →Sternorrhyncha (v. a. Blattläuse, seltener Schildläuse oder Blattflöhe), ähnlich wie die Larven mancher Schwebfliegen (→Syrphidae F). Beispiel: *Neoleucopis obscura* Hal., bisweilen zahlreich in den Kolonien der Tannenstammlaus (*Dreyfusia piceae* Ratz., →Adelgidae 8); Puparien [**C-91**] durch dunkles Sekret aus dem After der Larve an der Unterlage

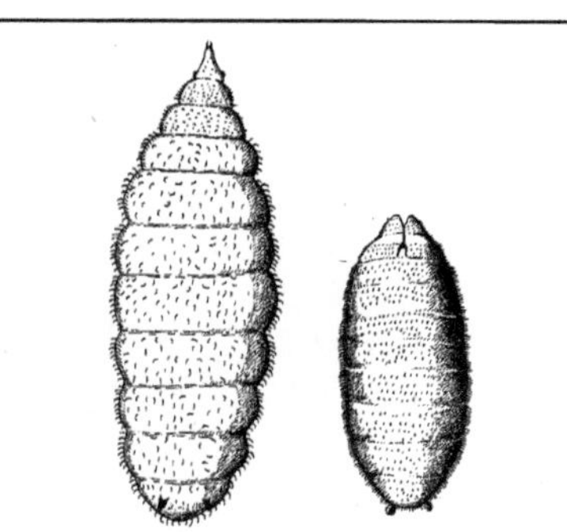

Abb. C-91: Chamaemyiidae: *Neoleucopis obscura*. Links: Puparium, 3,5 mm; rechts: Larve. (Escherich 1914–42)

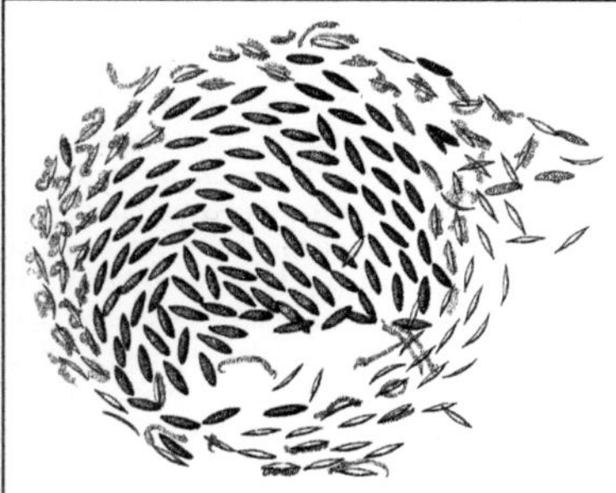

Abb. C-92: Chaoboridae: *Chaoborus flavicans*, Gelege; Ei ca. 0,4 mm; im Randteil des Geleges Larven z. T. geschlüpft. (Berg 1937)

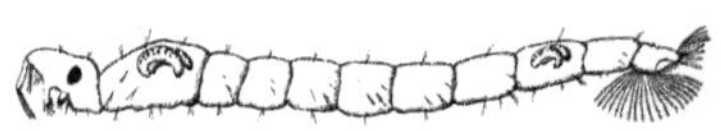

Abb. C-93: Chaoboridae: *Chaoborus* spec. Larve, ca. 13 mm, mit den beiden Paaren von Tracheenblasen

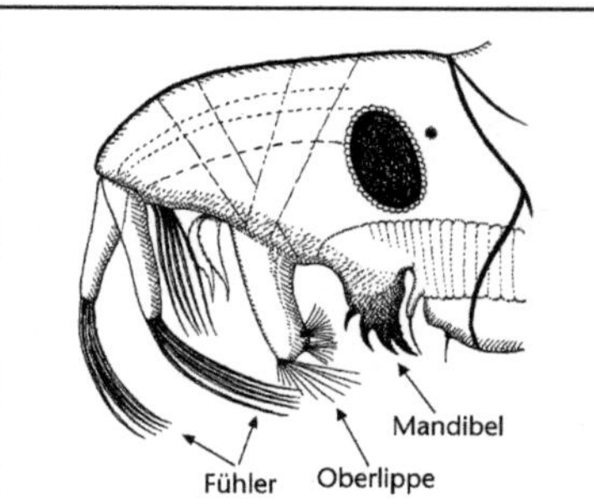

Abb. C-94: Chaoboridae: *Chaoborus plumicornis*. Larve, Kopf. (Wesenberg-Lund 1943)

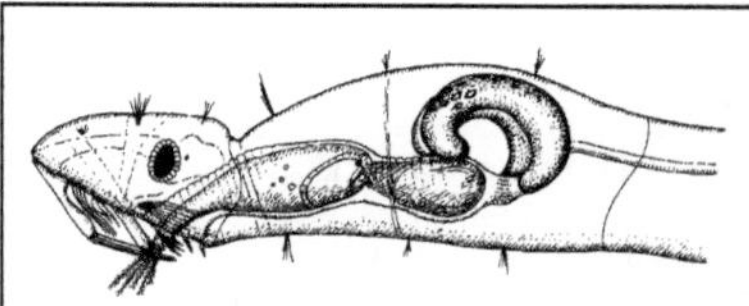

Abb. C-95: Chaoboridae: *Chaoborus* spec. Larve, Vorderende; hat 2 *Cyclops* verschlungen. (Berg 1937)

befestigt. ***Leucopomyia silesiaca*** Egger, vertilgt Eigelege verschiedener Schildläuse, besonders von *Pulvinaria vitis* L. (→Coccidae 3) und *Eriopeltis festucae*; Eiablage auf oder neben dem Eisack der Schildlaus; nach dem Schlupf Eindringen der Larve in den Eisack, saugt an der Unterseite der Schildlaus, falls noch keine Eier vorhanden sind. Die Gttg. *Cremifania* mit in Eur & M-Eur 2 Arten kaum bekannter Lebensweise (in Dt nur *C. nigrocellulata* Czerny; 1–2,5 mm; dunkel gefärbt) wird oft als eigene Fam. **Cremifaniidae** angesehen. Lit. →Diptera.

Chamaepsila →Psilidae.

Chamäleonfliege, *Stratiomys chamaeleon* L.; →Stratiomyidae.

Chaoboridae, Büschelmücken; Fam. der Zweiflügler (Diptera, Culicomorpha) mit in Eur 9 Arten, in M-Eur & Dt 7 Arten der Gttgn. *Mochlonyx* und *Chaoborus*; zarte (2–10 mm), gelbliche, braune oder graue Mücken, ähnlich den →Culicidae; ♂ wie dort mit buschig gefiederten Antennen; Flügel erreichen (ähnlich den →Chironomidae) nicht das Hinterleibsende, schlanke Schuppen bedecken die Flügeladern (vgl. →Culicidae); Rüssel kurz (stechen nicht). ♂♂ und ♀♀ sind Blütenbesucher. **Eiablage** als Gelege in Form von Schiffchen, in Gallerte eingehüllt [C-92]. **Larven** glasklar durchsichtig, in stehenden Gewässern, auch Pfützen [C-93]; Lauerjäger (Komplexaugen gut ausgebildet), die sich von Culiciden-Larven, Planktonkrebsen und anderen Kleintieren ernähren; sprechen auf die Vibrationen (von ca. 1200 Hz) an, die von Beutetieren erzeugt werden; Hauptgreiforgan sind die Antennen, an die sich haar- und sichelförmige Gebilde, ein fingerförmiges, bewegliches Labrum und kräftige Kaumandibeln anschließen [C-94]; Verdauung der Beute bereits im Schlund

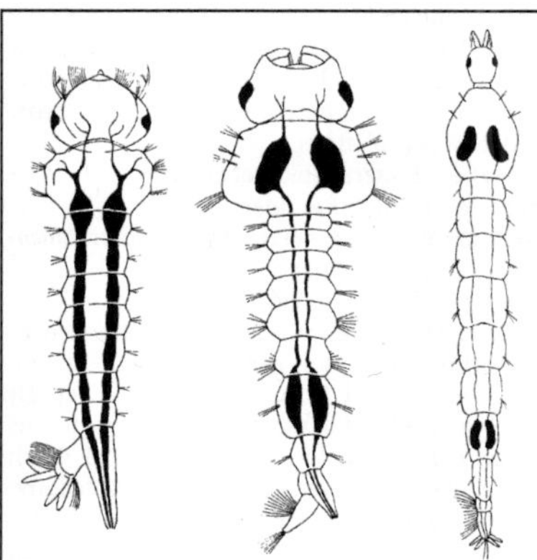

Abb. C-96: Chaoboridae und Culicidae: Haupttracheenäste (von links nach rechts) der Larven von *Culex* (Culicidae), *Mochlonyx* und *Chaoborus* (Chaoboridae); verschiedene Ausbildung der Tracheenblasen

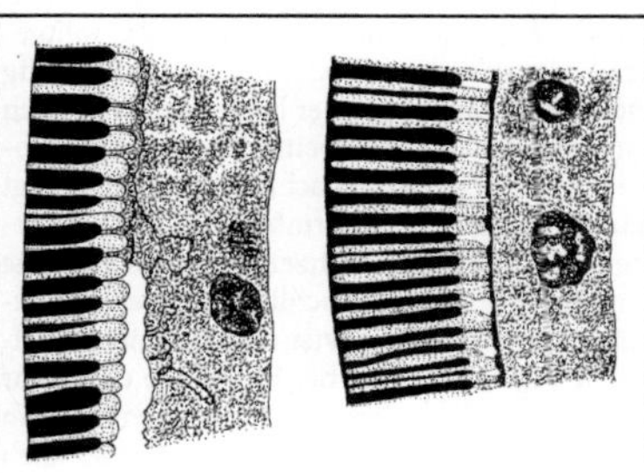

Abb. C-97: Chaoboridae: *Chaoborus plumicornis*. Schnitte durch die Wand der Tracheenblase; links: Teichform; rechts: Seeform. (Wesenberg-Lund 1943)

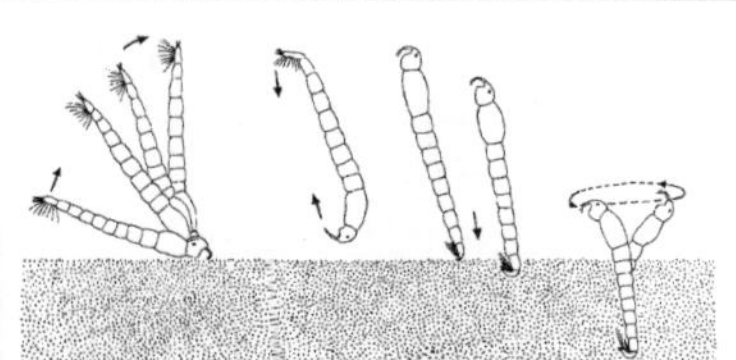

Abb. C-98: Chaoboridae: *Chaoborus crystallinus*. Larve bohrt sich, Hinterleibsende voran, in den Schlamm. (Duhr 1955)

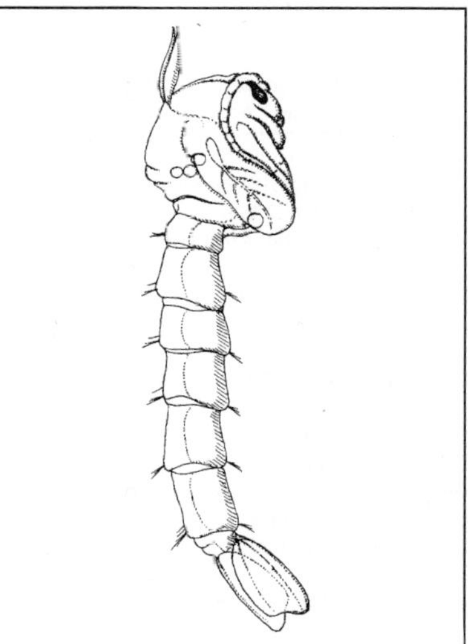

Abb. C-99: Chaoboridae: *Chaoborus plumicornis*. Puppe, 12 mm. (Wesenberg-Lund 1943)

[**C-95**], Unverdauliches wird ausgespuckt; mit **Hautatmung**; die beiden Haupttracheenstämme sind im Vorder- und Hinterkörper zu je einem Paar hydrostatisch wirkender Tracheenblasen erweitert [**C-96**], die ein freies **Schweben** auch in tieferen Wasserschichten gestatten; die Larven steigen stets ganz langsam auf und ab, kehren durch blitzschnelle Sprungbewegungen in das frühere Wasserniveau zurück; die Wand der Tracheenblasen bei Larven aus Tiefenwasser bedeutend dicker als bei denen aus Flachwasser [**C-97**]; Änderung des Tracheenblasenvolumens als Anpassung an wechselnden Wasserdruck, auch an wechselndes Körpergewicht ist möglich (vielleicht über einen Quellmechanismus

der Blasenwand); die Bevorzugung bestimmter Wassertiefen wechselt tagesperiodisch; die Larven ziehen sich, deutlich negativ fototaktisch, zeitweilig in den Bodenschlamm zurück, in den sie, das Hinterende voran, eindringen [**C-98**]; Bedeckung der Tracheenblasen mit dunklen Pigmentzellen wechselt unter hormonaler Kontrolle (Anpassung an Aufenthalt über hellem bzw. dunklem Untergrund?); Erstfüllung der Blasen mit Luft am Wasserspiegel gleich nach dem Schlüpfen (das Tracheensystem ist dann hinten noch offen); bei den Häutungen wird die alte Blasenkutikula offenbar ganz aufgelöst; auch die Puppe [**C-99**] vermag mit gestrecktem Hinterleib frei im Wasser zu schweben und ohne

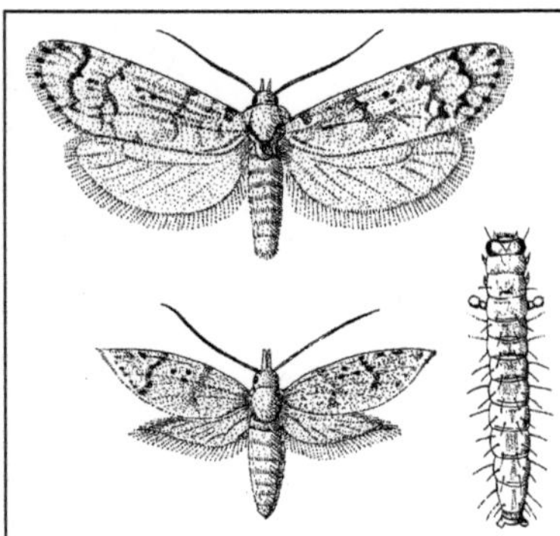

Abb. C-100: Chimabachidae: *Diurnea fagella.* ♂, Flspw. 16 mm (oben); ♀, Flspw. 11 mm, und Raupe. (Brauns 1991)

äußerlich sichtbare Bewegung auf- und abzusteigen (wechselnder Druck auf den Luftvorrat im Brustbereich?). **Überwinterung** bei *Mochlonyx* und manchen *Chaoborus*-Arten als Ei, bei anderen *Chaoborus*-Arten als Larve.

Lit. →Diptera.

Chaoborus →Chaoboridae.

Charipidae, Charipinae →Figitidae.

Charissa →Geometridae C.

Chazara →Nymphalidae F6.

Cheilosia →Syrphidae E.

Chelidurella →Dermaptera C3.

Chelifera →Empididae.

Chelostoma →Megachilidae 4; vgl. auch →Sapygidae.

Chetostoma →Tephritidae.

Chiasmia →Geometridae C8.

Chilacis →Artheneidae.

Chilocorus →Coccinellidae 4.

Chimabachidae; Fam. der Schmetterlinge (Lepidoptera, Glossata, Gelechioidea); früher zu →Oecophoridae; in Eur & Dt 3 Arten; mittelgroße Falter; Flügel in Ruhe dachförmig (Flspw. 18–28 mm bei ♂♂); ♀♀ flugunfähig, mit verkürzten Flügeln [**C-100**]; bei *Dasystoma salicella* Hbn. Kommen daneben auch stummelflügelige ♀♀ vor; bei Raupen ist das 3. Brustbeinpaar keulenförmig verdickt; sie leben zwischen zusammengesponnen Blättern oder umgebogenen Blatträndern von Laubhölzern; z. B. ***Diurnea fagella*** Den. & Schiff., Buchenmotte, Sängerin; Raupe zwischen 2 schief übereinander liegenden zusammengesponnenen Buchenblättern (auch an Eiche, Hainbuche, Birke u. a.), welche sie zunächst von innen abschabt, später befrisst sie von hier aus nachts die Ränder benachbarter

Blätter; eine gestörte Raupe kratzt mit der Kralle dieses Beinpaares in schnellen Bewegungen mit zirpendem Geräusch über das Blatt („Sängerin", Bedeutung unbekannt); Verpuppung im Herbst zwischen den Blättern.

Lit. →Lepidoptera; Tokár et al. 2005.

Chimarra →Philopotamidae.

Chinesischer Bohnenkäfer, *Callosobruchus chinensis* L. →Chrysomelidae C7.

Chionaspis →Diaspididae 9.

Chironomidae, Zuckmücken, Tanzmücken, Schwarmmücken; Fam. der Zweiflügler (Diptera, Culicomorpha) mit in Eur > 1200, M-Eur 866, Dt 747 Arten; die kurzlebigen Imagines (höchstens einige Tage) klein bis mittelgroß (2–14 mm); zartleibig mit weicher Kutikula; Mundteile kurz, z. T. rückgebildet (Mandibeln fehlen), zum Stechen und Blutsaugen ungeeignet, Aufnahme von →Honigtau und Nektar gilt jedoch als weit verbreitet; Antennen der ♂♂ [**C-101**] lang wirtelig behaart, offenbar (ähnlich →Culicidae) zur Aufnahme von Schwingungen (→Johnston-Organ); Brust hochgewölbt; Flügel i. d. R. gut ausgebildet, bei manchen Arten jedoch in einem oder in beiden Geschlechtern mehr oder weniger weitgehend rückgebildet (*Clunio*, s. u.); meist ständig zuckende Bewegungen der beim Sitzen frei nach vorn gehaltenen Vorderbeine (Bedeutung?), wobei die Flügel schwach dachförmig zurückgelegt sind. Neigung zur **Schwarmbildung**, das Schwärmen durchweg als Hochzeitsflug gedeutet; die Schwärme bestehen ausschließlich oder vorwiegend aus ♂♂; treten zu artspezifisch unterschiedlichen Tageszeiten auf, bei Windstille oder sehr schwachem Wind (dann alle Individuen mit dem Kopf gegen den Wind); die Einzeltiere oder auch der Schwarm als Ganzes können längere Zeit am Platz bleiben oder sich schwankend bewegen; Individuenzahlen in den Schwärmen je nach Art, oft aber auch bei der gleichen Art verschieden (je nach Entwicklungsbedingungen der Larven); bei günstigen Entwicklungsbedingungen für die Larven gelegentlich Auftreten von Riesenschwärmen, die aus der Ferne an aufsteigende Rauchschwaden erinnern (durch solche Schwärme ausgelöstes Ausrücken der Feuerwehr ist mehrfach belegt); gleichzeitiges Schwärmen mehrerer Arten kommt vor, dann aber jede Art für sich, z. B. in verschiedener Höhe über dem Boden (unten meist kleinere, darüber größere Arten); fraglich, wieweit das Sichfinden zum Schwarm optisch, akustisch oder durch Umweltfaktoren bedingt ist; zumindest mindesten bei manchen Arten wirkt aus Sümpfen aufsteigendes Methangas anlockend auf die Schwärme; Erkennen einer Wasseroberfläche an der Polarisation des reflek-

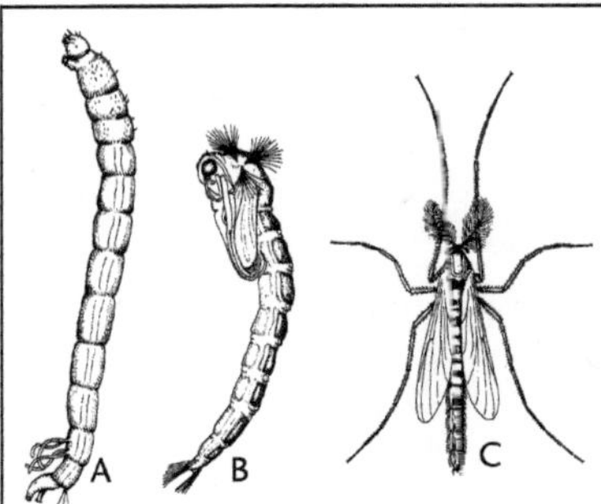

Abb. C-101: Chironomidae: *Chironomus* spec. A: Larve, ca. 20 mm; B: Puppe 11 mm, C: Imago; ♂, 7 mm. (Engelhardt 1982)

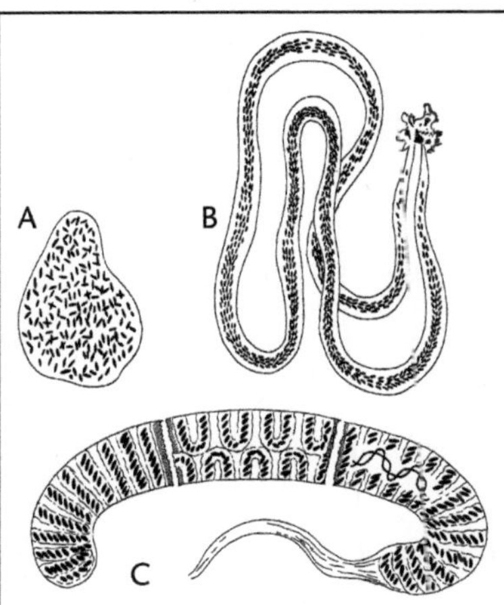

Abb. C-102: Chironomidae: Gelegeformen von Vertretern verschiedener Gruppen. Eier schwarz, in Gallerte. A: ca. 4 mm; B: ca. 12 mm; C: ca. 8 mm, mit Fäden in der Gelegegallerte. (Wesenberg-Lund 1943)

tierten Lichts. Isolierung der Arten gegeneinander z. B. durch jahreszeitlich verschiedenes Auftreten der Imagines; am Plöner See: Vorfrühlingsarten (II/III: *Chaetocladius*; III/IV: *Hydrobaenus pilipes* K.), Frühlingsarten (IV/V: *Stictochironomus crassiforceps* K., *Microtendipes pedellus* Deg.), Sommerarten (VI/VIII: *Psectrocladius sordidellus* Zett. und viele andere; Hauptschlüpfzeit), Herbstarten (IX/X: *Chironomus plumosus* L.). Zur **Paarung** fliegt das ♀ einen ♂♂-Schwarm an; darauf starke Erregung der ♂♂,

ein ♂ packt das ♀ von oben mit den Vorderbeinen; Beginn der Kopula noch in der Luft, Ende meist auf dem Boden (mit voneinander abgewandten Köpfen); artspezifische Verschiedenheiten kommen vor, z. B. ganze Kopula im Flug oder auf Substrat; Anflug der ♀♀ auf einen Schwarm bisweilen wahllos; artrichtige Kopulation dadurch gesichert, dass nur die Genitalien der Artgenossen nach dem Schlüssel-Schloss-Prinzip zueinander passen; Übertragung des Spermas als Spermatophore (→Diptera). Beginn der **Eiablage** sofort nach der Kopulation, i. d. R. in der Dämmerung oder nachts, auf sehr verschiedene Weise; bei *Chironomus plumosus* L. und *Chironomus anthracinus* Zett. (Larven in tiefem Wasser) durch Abstreifen oder Abwerfen eines Eiballens auf der freien Wasserfläche; bei anderen durch Anheften an irgendwelche Gegenstände am Wasserspiegel, am Ufer von stehenden oder fließenden Gewässern, auch auf feuchtem Substrat außerhalb des Wassers, entsprechend dem Lebensraum der Larven; das starke Aufquellen der Gallerthülle der Eier im Wasser führt zur Bildung bezeichnender Gelege [**C-102**], die zuweilen in Massen beisammen liegen; bei einigen Arten ist (fakultative oder obligate) thelytoke →Parthenogenese nachgewiesen (d. h. die Nachkommen sind stets ♀♀). **Larven** trotz verschiedener Lebensweise im Habitus recht gleichförmig [**C-101**]: schlank wurmförmig, eucephal, mit artspezifisch unterschiedlichen Mundteilen (besonders Labium), Mandibeln kräftig; 1–3, häufig 2 Augenfleckpaare; 3 Brust- und 9 Hinterleibssegmente, das vorderste Brustsegment ventral mit einem Paar Stummelfüßen; diese am Ende mit Borsten oder Häkchen, bei manchen Arten rückziehbar, bei einigen terrestrischen Larven zu einem unpaaren Wulst rückgebildet; am letzten Segment ein Paar ebenfalls mit Häkchen besetzte Nachschieber (bei manchen in der Spritzzone von Gebirgsbächen lebenden Larven mit einem medianen Saugnapf ausgestattet (z. B. *Boreoheptagyia legeri* [**C-103**]); Füßchen und Nachschieber ermöglichen eine mäßig schnelle, manchmal spannerartige Fortbewegung; Reduktion der Nachschieber kommt vor. **Atmung** durch die Haut, oft unterstützt durch periodische, schlängelnde Körperbewegungen zur Erzeugung eines Wasserstromes; Dauer der Schlängelphasen vom O_2-Druck, ihre Häufigkeit von der Temperatur abhängig; bei einigen in O_2-armem Medium (Schlamm) lebenden Larven ist die O_2-Speicherung unterstützt durch in der Hämolymphe gelöstes Hämoglobin („rote Larven" der Aquarianer); das stets geschlossene Tracheensystem ist umso besser ausgebildet, je weniger Hämoglobin

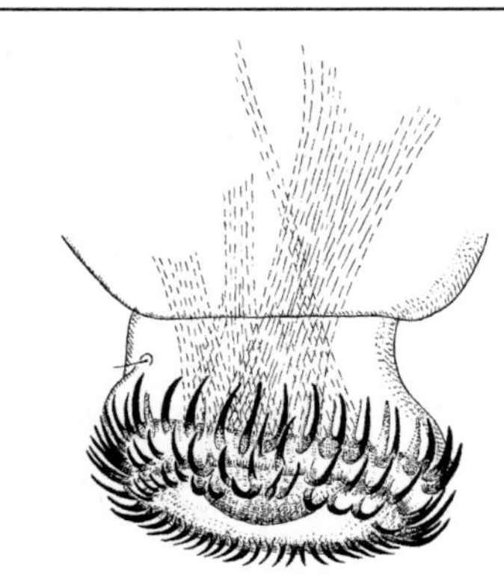

Abb. C-103: Chironomidae: *Boreoheptagyia legeri*. Nachschieber der Larve, mit Saugnapf; Muskeln gestrichelt angedeutet. (Thienemann 1954)

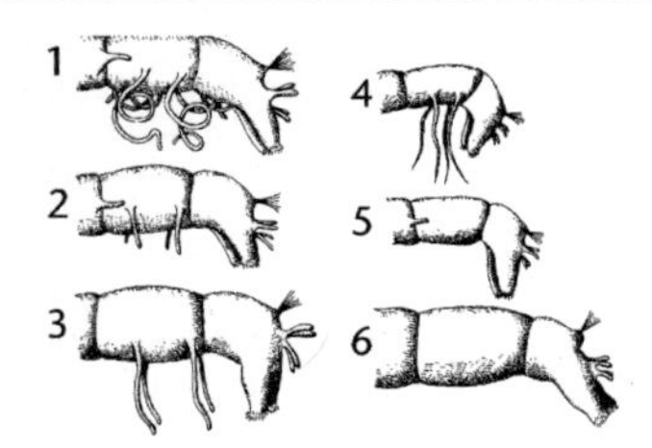

Abb. C-104: Chironomidae: Verschiedene Ausbildung der Tubuli bei Larven. Alle Formen mit 4 Analschläuchen. 1, 2, 5: *Chironomus plumosus*; 3, 4: *Ch. riparius*; 6: *Ch. salinarius*. (Thienemann 1954)

Abb. C-105: Chironomidae: *Lundstroemia roseiventris*. Baumstumpfartige Röhrenbündel (von ca. 8 mm Höhe) aus Gespinstseide und Schlamm der Larven am Grunde eines sehr flachen, schlammigen Waldtümpels. (Thienemann 1954)

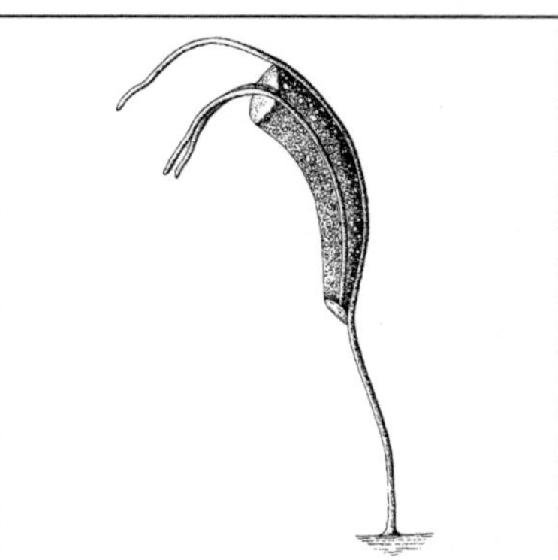

Abb. C-106: Chironomidae: *Rheotanytarsus* spec. Gestieltes Gehäuse mit 3 Endfäden. (Thienemann 1954)

vorhanden ist; zuweilen 1–2 Paare von Tubuli (Atmungsorgane) oder Analpapillen (osmoregulatorische Organe) von sehr unterschiedlicher Länge rund um den After am (10. und) 11. Segment [**C-104**]; manche Larven (z. B. *Chironomus riparius* Meig.) sind zu zeitweiliger Anaerobiose fähig. Sehr verschiedenartige Lebensweise [der Larven]. Nach dem Lebensraum der Larven lassen sich unterscheiden: **A) Wasserbewohner** (die meisten Arten), in einer erstaunlichen Vielfalt von Lebensräumen: in Süß- und Salzwasser (bis 37 ‰ Salzgehalt), in der Seentiefe und am Ufersaum, in Gletscherseen und in Thermen (bis 51 °C), in Mineralquellen ebenso wie in winzigen Regenwasseransammlungen an Blattachseln von Pflanzen; manche Larven ertragen längeres Eintrocknen oder Einfrieren (Einlagerung von Glycerin in die Hämolymphe); spielen wegen ihres zuweilen massenhaften Auftretens eine bedeutende Rolle als Fischnahrung; halten sich stets auf einem Substrat (Boden, Pflanzen) auf, höchstens sehr kurzfristig durch Schnell- oder Schlängelbewegung im Wasserraum; einige Arten bewegen sich frei auf oder im Substrat (z. B. Schlamm); die meisten jedoch in **Gespinströhren** (aus dem Sekret der gut ausgebildeten Speicheldrüsen) von verschiedenster Gestalt und Anordnung, oft (ähnlich →Trichoptera) mit Fremdkörpern besetzt [**C-105**] oder mit fadenartigen Strukturen versteift [**C-106**]; die Larven von *Lithotanytarsus emarginatus* Goetgh. Oft massenhaft in kalkreichen Gebirgsbächen in Röhren, die durch die

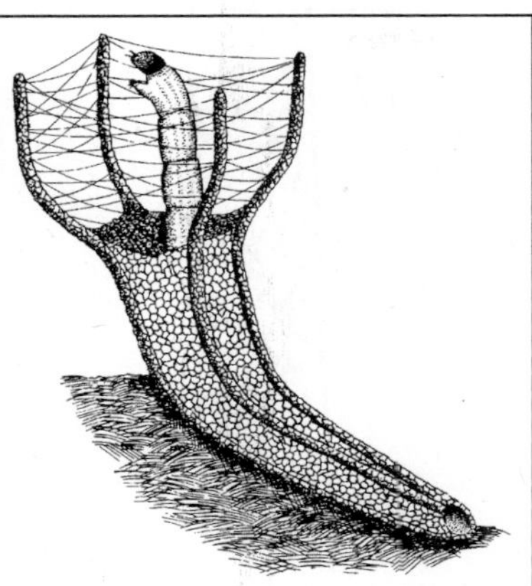

Abb. C-107: Chironomidae: *Rheotanytarsus* spec. Gehäuse aus Sandteilen; 4 Fangfäden; zwischen den Fäden schleimiges Gespinst, das von Zeit zu Zeit mit den hängen gebliebenen Nahrungsteilchen gefressen und dann erneuert wird. (Merritt, Wallace 1981, verändert)

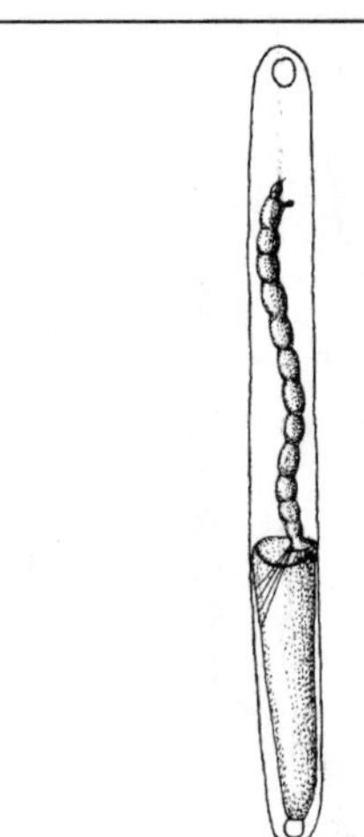

Abb. C-108: Chironomidae: *Pentapedilum* spec. Larve mit Fangnetz in der Mine, in Pumpstellung beim Netzfüllen; Mine ca. 2 mm. (Thienemann 1954)

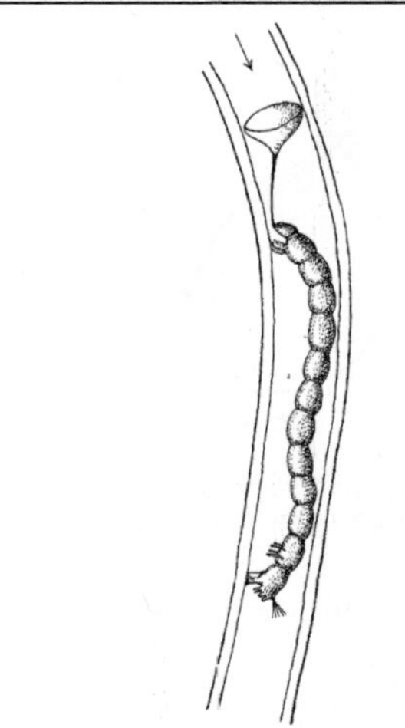

Abb. C-109: Chironomidae: *Chironomus plumosus*. Larve in ihrer Schlammröhre mit Fangnetz; Trichter wird alle 1½ min gefressen und neu gebildet. (Thienemann 1954)

Tätigkeit von Kalk absondernden Algen mit Kalk inkrustiert sind („Chironomiden-Tuff"); **Nahrungserwerb** oft durch Aufnahme von Detritus und Algen, oft unter Verwendung eines Fangnetzes [**C-107**], an dem sich Geschwebe verfängt [**C-108, C-109**]; das ganze Netz wird in periodischen Abständen (bei *Chironomus plumosus* etwa alle 2 min) verzehrt und alsbald neu hergestellt; manche Arten weiden den Algen-, v. a. Diatomeenbewuchs ihrer Wohnröhre ab; einige *Psectrocladius*-Arten fressen Fadenalgen (*Spirogyra*), zwischen denen sie in ihrem Gehäuse leben; Aufnahme frischen Pflanzengewebes durch die zuweilen in Massen in den Schwimmblättern von Laichkraut (*Potamogeton*) minierenden kleinen Larven von *Cricotopus brevipalpis* Kieff. (Minengänge mit Luft gefüllt); die Larve von *Ch. trifasciatus* Meig. dagegen frisst als Halbminierer Rinnen in die Oberfläche der Schwimmblätter verschiedener Wasserpflanzen; abgestorbene *Chironomus*-Puppen werden von den Larven von *Parachironomus tenuicaudatus* Mall. verwertet verwertet [**C-110**]; eine Reihe von Arten jagend und parasitisch: Larven von *Tanypus* und Verwandten machen ohne Gehäuse oder Wohnräume Jagd auf andere Insektenlarven; vom Gewebe von Süßwasserschwämmen nähren sich z. B. die Larven von *Xenochironomus xenolabis* K. und einigen weiteren Arten; auf dem Haus der Blasenschnecke *Physa fontinalis* legt die Larve von *Parachironomus varus* Goetgh. Ihre ihre

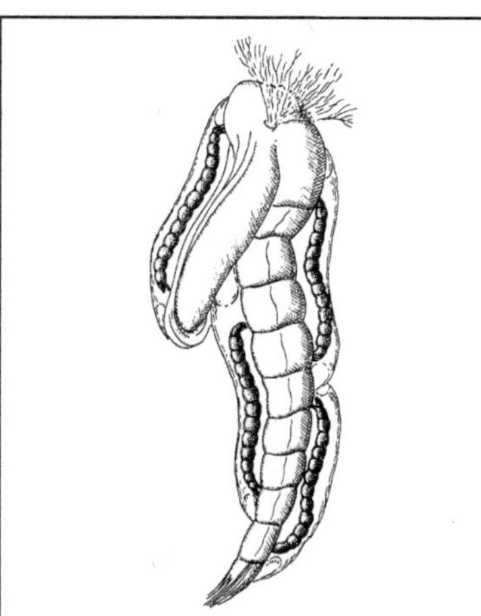

Abb. C-110: Chironomidae: 4 Larven von *Parachironomus tenuicaudatus* mit ihren Gallertröhren an einer toten Puppe von *Chironomus plumosus*. (Thienemann 1954)

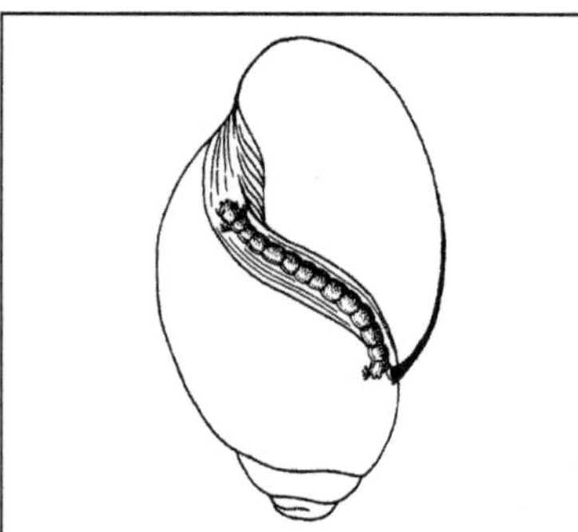

Abb. C-111: Chironomidae: Larve von *Parachironomus varus* auf einem Gehäuse von *Physa*. (Thienemann 1954)

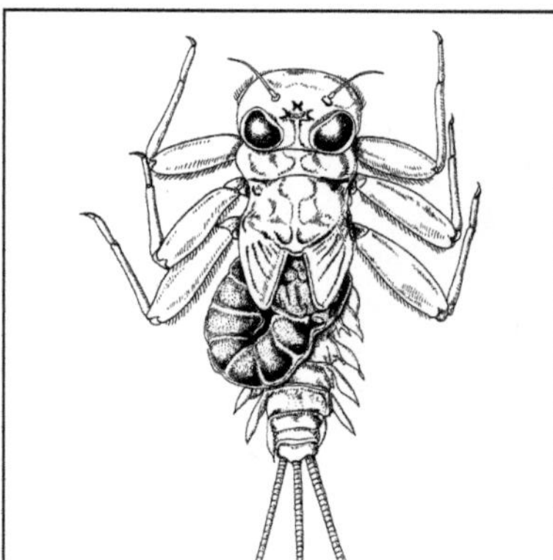

Abb. C-112: Chironomidae: Larve von *Symbiocladius rhitrogenae* unter den Flügelscheiden der Eintagsfliegenlarve *Heptagenia lateralis*; hier auch Verpuppung. (Thienemann 1954)

Wohnröhre an [**C-111**], befrisst das Schneckengewebe, kann durch Zuspinnen der Schalenöffnung die Schnecke zum Absterben bringen; parasitisch lebt *Symbiocladius rhitrogenae* Zavr., sucht als Larve eine Eintagsfliegenlarve auf, setzt sich unter deren Flügelscheiden fest [**C-112**] und ernährt sich von der Hämolymphe, Verpuppung sich am gleichen Platz. **B) Terrestrische Larven;** ausschließlich der U-Fam. **Orthocladiinae** angehörende Arten; bezeichnend für mehrere Arten ist die Verkürzung der Antennen, ferner die teilweise Rückbildung der vorderen Stummelfüß-

chen zu einem unpaaren, bedornten Wulst, ebenso der Nachschieber, Tubuli und Analschläuche; Feuchtigkeitsansprüche recht verschieden: in feuchten, gelegentlich sogar überschwemmten Moospolstern (z. B. *Hydrosmittia virgo* Str.; *Bryophaenocladius subvernalis* Edw.), Spülsäumen, Uferwiesen (z. B. *Paraphaenocladius impensus* Walk.), trockenen Moospolstern (etwa Dächer, Ritzen im Straßenpflaster, z. B. *Bryophaenocladius muscicola* K.), humusreichem Wiesen- und Waldboden (z. B. *Pseudosmittia* und *Parasmittia*), auch in Dung (z. B. *Camptocladius stercorarius* Deg.); **Nahrung** aus organischen Teilchen verschiedenster Art, untermischt mit Sandkörnchen; der Übergang zum Landleben ist sicherlich mehrfach erfolgt, sekundäre Rückkehr ins Wasser vermutlich bei *Hydrosmittia ruttneri* Str. **Puppe** [**C-101**] mit sehr verschieden gestalteten Prothorakalhörnern als Atemorgane; fehlen bei einigen Arten ganz, z. B. bei manchen Bewohnern O$_2$-reichen Wassers, auch bei in Meerwasser lebenden Arten (z. B. *Clunio*) sowie bei vielen terrestrischen Puppen. 2 Gruppen: A1) frei bewegliche Puppen (v. a. bei Vertretern der U-Fam. **Tanypodinae**): Atemhörner mit offener Verbindung zum Stigma, hängen sich zum Atmen an die Wasseroberfläche, gehen bei Störung purzelnd in die Tiefe, Haarfächer am letzten Hinterleibssegment dienen dem Schwimmen. 2B) Puppen in Gehäusen: Atemhörnchen einfach oder wie Tracheenkiemen zerschlissen, stets geschlossen; Verpuppung in der mehr oder weniger umgewandelten Wohnröhre der Larve; diese dabei oft verkürzt und etwas erweitert, bei manchen Arten mit siebartigem Deckel versehen, der das Atemwasser durchlässt; Wasserzufuhr durch rhythmische dorsoventrale Schwingungen des Abdomens, das sich dabei mit einem Borstenfeld dorsal am 2. Segment am Gehäuse abstützt; die Puppe verlässt vor dem Schlüpfen der Imago das Gehäuse, unterstützt durch die Borstenbewegung des Hinterleibsendes; wird in Fließwasser ans Ufer getragen, gelangt in stehendem Wasser durch Schwimmbewegung (nicht der Beine, sondern des Schwimmfächers) an die Oberfläche; bei Fehlen eines Schwimmfächers passives Aufsteigen durch Luftansammlung zwischen Puppenhaut und Imago; die Imago schlüpft in wenigen Sekunden und fliegt davon. Schlüpfen aus terrestrischen Puppen ohne besondere Schwierigkeiten; das Schlüpfen aus der Puppe nach der Tageszeit artspezifisch verschieden (Tagesschlüpfer: *Chironomus riparius* Meig.; Abendschlüpfer: *Chironomus plumosus* L.). Die Larven mit wohl durchweg 4 Stadien; bei den meisten Arten 1 Generation im Jahr, wobei nur wenige Tage auf das Puppen- und Imago-Stadium fallen; **Überwinterung** als Larve; bei manchen Arten mehrere Generationen im Jahr.

– In verschiedener Hinsicht bemerkenswert ist das Verhalten bei den sich zumeist im Meerwasser entwickelnden Vertretern der Gtg. **Clunio**: an unseren Küsten (westl. Ostsee, Nordsee) u. a. *C. marinus* Hal. (2,5–3 mm; Larve maximal 5,7 mm); Wohnröhren der Larven auf Fels- oder Sandboden der unteren Gezeitenzone; Imagines können sich dank behaarter Fußglieder auf dem Wasser bewegen; ♂ geflügelt, ♀ ungeflügelt (bei anderen *C.*-Arten auch die Flügel des ♂ mehr oder weniger rückgebildet); ♂ mit großen Genitalzangen, mit denen es das ♀ bei der Begattung packt und umherzerrt; das ♀ kann, wenn auch mühsam, allein schlüpfen (vgl. *C. aquilonius*!); Fortpflanzung nur während einer Zeitspanne von etwa 2 h gesichert: schnelles Sichtreffen der Imagines gewährleistet durch Schlüpfen nur an den Tagen unmittelbar nach Voll- bzw. Neumond zur Zeit des abendlichen Niedrigwassers (die ♂♂ etwas vor den ♀♀); bei *C. aquilonius* Tokun. (Japan) sucht das ♂ auf der Wasseroberfläche gleitend eine ♀-Puppe auf, die sich nur mithilfe des ♂ zur Imago häuten kann: das ♂ berührt die ♀-Puppe mit den Vorderfüßen, die Puppenhaut platzt vorn-oben und wird nun in wenigen Sekunden vom ♂ mit den Hinterfüßen und Genitalzangen nach hinten gestreift, wobei das ♀ passiv bleibt [**C-113**]; sofort anschließend Begattung [**C-114**] und Eiablage; das ♀ stirbt auf dem Gelege.

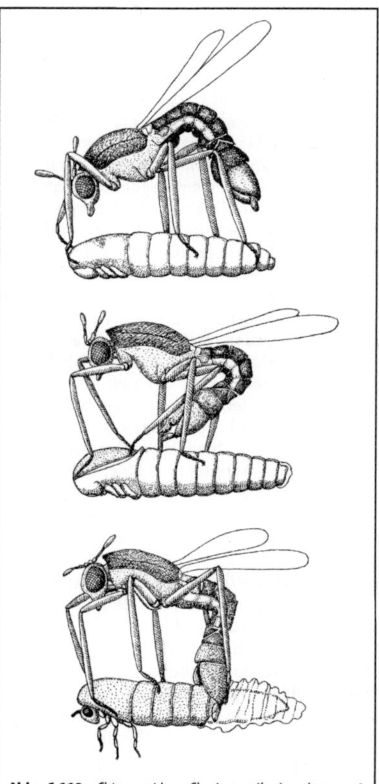

Abb. C-113: Chironomidae: *Clunio aquilonius*. Japan; ♂ (geflügelt) befreit ♀ aus der Puppenhaut. (Hashimoto 1957)

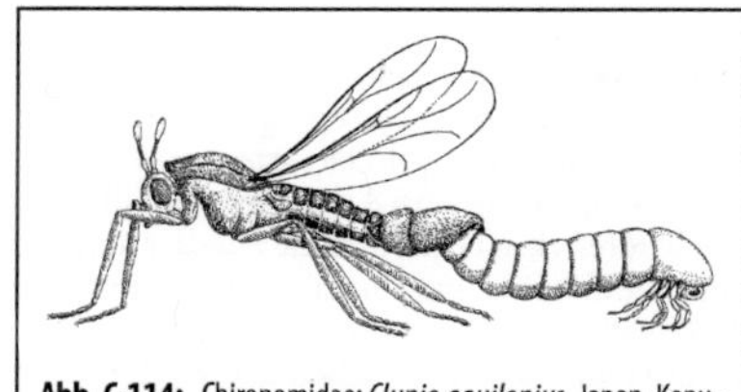

Abb. C-114: Chironomidae: *Clunio aquilonius*. Japan, Kopula; ♂ geflügelt. (Hashimoto 1957)

Lit. →Diptera; Komnick & Wichard 1975b; Leuchs & Neumann 1985; Oliver 1971; Pinder 1986; Schwind 1992; Wesenberg-Lund 1943; Wichard et al. 2013.

Chironomus →Chironomidae.

Chiropteromyzidae →Heteromyzidae.
Chlaenius →Carabidae.
Chloephorinae →Nolidae.
Chloridepithel, Chloridzellen; Zellen bzw. Epithelien, die bei im Süßwasser lebenden Insekten Ionen (v. a. Na^+ und Cl^-) aus dem umgebenden Wasser in die Hämolymphe pumpen („Transportzellen"), um den Ionenverlust auszugleichen, der bei der Osmoregulation entsteht; einzelne Chloridzellen oder Zellkomplexe auf den Tracheenkiemen und der Körperoberfläche von Larven der →Ephemeroptera und →Plecoptera und bei Wasserwanzen; einschichtige Chloridepithelien bei Larven der →Trichoptera (→Limnephilidae) als ovale Felder auf den Abdominalsegmenten, bei einigen Brachycera-Larven (Athericidae, Stratiomyidae, Tabanidae) außen im Analbereich, bei den Larven der →Odonata in der rektalen Kiemenkammer; Chloridzellen und -epithelien sind funktionsgleich mit den Analpapillen vieler aquatischer Larven der →Diptera (→Blephariceridae, →Chironomidae, →Culicidae, →Tipulidae, →Ptychopteridae, →Simuliidae, →Syrphidae, →Tipulidae), der Coleoptera (→Scirtidae) und der →Trichoptera.
Lit. Komnick & Wichard 1975 a, b; Wichard & Komnick 1973; Wichard et al. 1972, 2013.
Chloriona →Delphacidae 1.
Chlorocytus →Tephritidae 7.
Chloroperla →Chloroperlidae.
Chloroperlidae; Fam. der Steinfliegen (Plecoptera) mit in Eur 18, M-Eur 10, Dt 9 Arten; klein bis mittelgroß (7–10 mm); gelbgrün, langflügelig; z. T. alpine Arten. Die Larven ernähren sich von Detritus und Einzellern, größere Larven jagen gelegentlich. Häufig: *Chloroperla tripunctata* Scop., fliegt IV–IX v. a. im Bergland, wo die Larven in den Bächen und Flüssen leben.
Lit. →Plecoptera.
Chloropidae, Halmfliegen; Fam. der Zweiflügler (Diptera, Brachycera, Cyclorrhapha) mit in Eur ± 380, M-Eur ± 270, Dt 208 Arten; meist klein (ca. 2 mm), höchstens 8 mm; mit auffälligem Ocellendreieck auf der Stirn; die Flügel, mitunter sogar die Halteren, manchmal stark verkümmert [**C-115**]; selten deutlicher Geschlechtsunterschied: ♂ mit verkürztem 1. Fußglied der Vorderbeine oder langer Behaarung der Vorder- und Mittelschienen (vermutlich von Bedeutung bei der Begattung). V. a. auf Wiesen; manche Arten treten besonders im Herbst in Massen auf, wandern umher, werden dann gelegentlich auch im Innern von Häusern lästig, z. B. *Thaumatomyia notata* Meig. (schwarz-gelb gezeichnet; 2 mm); gerne an süßen Säften (Nektar, →Honigtau); manche

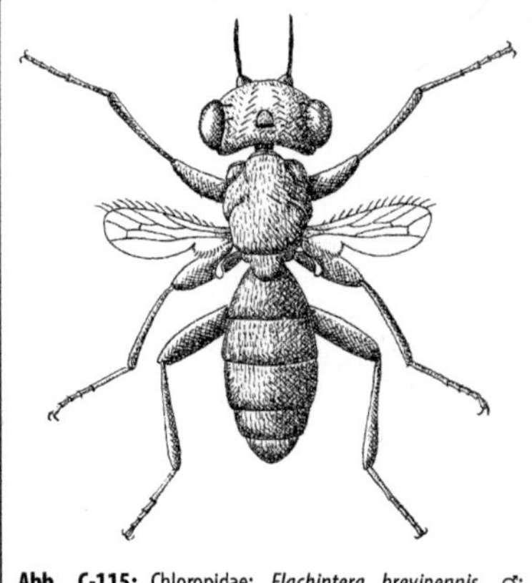

Abb. C-115: Chloropidae: *Elachiptera brevipennis*. ♂; 2,5 mm. (Séguy 1951a)

Abb. C-116: Chloropidae: *Chlorops strigulus*. Galle an dem Gras *Brachypodium sylvaticum*; Galle 18 mm. (Séguy 1951a)

Arten (z. B. der Gttgn. *Lasiambia, Polyodaspis, Thaumatomyia*) mit Duftdrüsen zur **Balz** oder Markierung von Überwinterungsplätzen. **Larven** meist im Innern von lebenden Pflanzen, v. a. in Gräsern, auch an Blüten oder Früchten und Pilzen; bilden bisweilen Gallen [**C-116**]; andere an zerfallenden organischen Stoffen (z. B. an bereits von anderen Arten befallenen Gräsern oder in deren Gallen, an Insektenfraß, Aas, in Vogelnestern) oder sogar jagend; die Larven aller *Thaumatomyia*-Arten fressen ausschließlich Wurzelläuse;

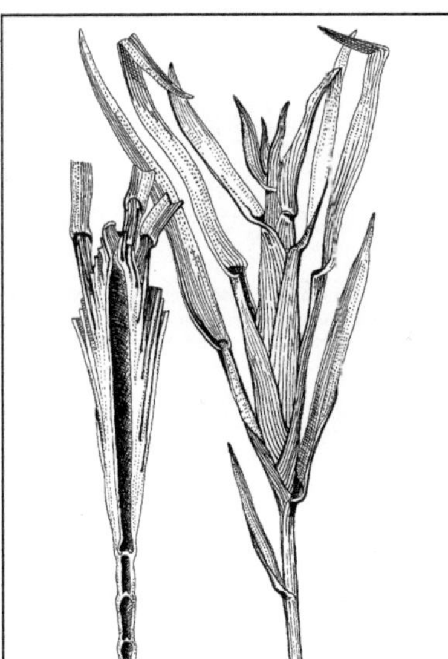

Abb. C-117: Chloropidae: Gallen von *Lipara lucens*, Zigarrenfliege. (Buhr 1964–65)

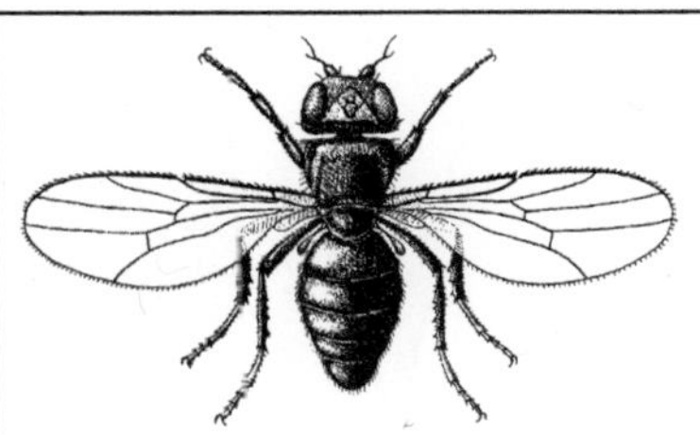

Abb. C-118: Chloropidae: *Oscinella frit*, Fritfliege. 2–3 mm. (Brandt 1957)

Blattscheiden; die 15 mm dicke und bis 25 cm lange Galle ist einer Zigarre nicht unähnlich [**C-117**]; in den Gallen oft Larven anderer Chloropiden-Arten als Einmieter; in den verlassenen Gallen oft Grabwespen der Art *Pemphredon lethifer* Shuck. (→Pemphredonidae), deren ♀♀ hier Blattläuse als Larvenfutter eintragen, oder Bienen, die hier ihre Brut unterbringen. Die erwachsene Fliegenlarve (10 mm) **überwintert** in der Galle, dort auch **Verpuppung** im Frühling.

2. *Oscinella frit* L., Fritfliege [**C-118**]; schwarz, Füße gelblich, Stirndreieck glänzend; bei uns meist 3 **Generationen**; Frühlingstiere auf Blüten (Löwenzahn, Winterraps). Zur **Eiablage** fliegt das ♀, v. a. optisch geleitet (im Versuch wird z. B. ein grünes senkrechtes Streifenmuster bevorzugt), in der Nähe auch olfaktorisch geleitet, sprießende Gräser an (besonders Hafer, Gerste, Mais); durch Herumlaufen auf der Pflanze und Betupfen genaues Prüfen auf Eignung; Ablage mehrerer Eier, häufig entlang der Blattscheiden; die Larven schlüpfen nach einigen Tagen, dringen in das Herz ein, das Herzblatt welkt [**C-119**]. Die erwachsene Larve [**C-120**] **verpuppt** sich am Fressplatz; ab Ende VI fliegt die 2. Generation; befliegen v. a. Hafer; **Eiablage** meist lose an die Rispen; der Fraß der Larven bewirkt teilweise oder vollständige Weißährigkeit (bleiche Spelzen) und Verkümmern der Körner; Fliegen der 3. Generation VIII–IX, belegen v. a. Wildgräser (polyphag; etwa 60 Wirtsgräser bekannt); **Überwinterung** meist als Larve.

3. *Chlorops pumilionis* Bjerk., Gelbe (Weizen-) Halmfliege [**C-121**]; an verschiedenen Gräsern, besonders Weizen und Gerste; 2 Generationen; die im V geschlüpften Fliegen belegen die oberen Pflanzenteile; die Larven fressen abwärts zur Ähre, benagen sie, fressen weiter nach unten bis zum Halmknoten [**C-122**], hier Verpuppung; die 2. Generation fliegt VIII–X, belegt die Wintersaat von Getreide oder andere Gräser (häufig die

andere in Gelegen von Spinnen (*Siphonella*) oder Heuschrecken (*Lasiambia*); Larven weniger Arten in Pilzen, verrottendem Holz oder unter Rinde; z. T. ausgesprochen →polyphag, auch an Wildgräsern (wichtig als Populationsreserve); →monophag z. B. *Lipara* (am Schilfrohr); mehrere Arten an Getreide u. U. außerordentlich schädlich. Generationszahl je nach Art wechselnd, ebenso das **Überwinterungs**stadium (Larve, Puppe oder Imago).

1. *Lipara lucens* Meig., Zigarrenfliege, Schilfgallenfliege (ca. 7 mm); Imagines V–VI. Finden der Partner durch substratübertragene Vibrationen; jungfräuliche ♀♀ (nur solche) erzeugen (wie ♂) auf Blatt oder Halm sitzend in 10 min 1- bis 2-mal etwa 8 s dauernde Vibrationsstöße; auf derselben Pflanze landendes ♂ reagiert darauf mit ähnlichen Signalen, auf die das ♀ sofort und jedes Mal antwortet; das ♂ sucht, immer wieder „rufend", zu Fuß das ♀; ♀♀-„Rufe" verschiedener Arten einander ähnlich, die der ♂♂ sehr verschieden. **Larve** in der Sprossspitze des Schilfrohrs (*Phragmites*), zerstört Vegetationskegel und induziert Gallenbildung: das Längenwachstum des Sprosses hört auf, es kommt zur Stauchung, Verdickung und Verholzung von 10–15 Internodien mit starker Entwicklung der

Abb. C-119: Chloropidae: *Oscinella frit*, Fritfliege. Von Larven befallene junge Getreidepflanze; Herzblatt gelbrot verfärbt, abgestorben. (Brandt 1957)

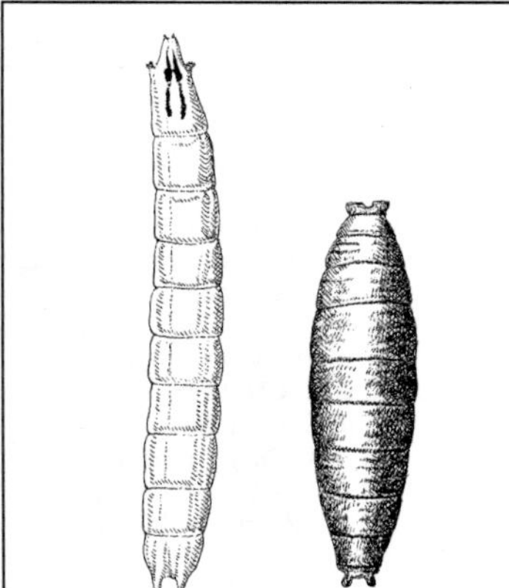

Abb. C-120: Chloropidae: *Oscinella frit*, Fritfliege. Larve 3–4 mm, Tönnchen 2,5 mm. (Brandt 1957)

Quecke); hier Überwinterung der Larve nahe dem Wurzelhals.

4. *Meromyza saltatrix* L., Grüne Schenkelfliege [**C-123**]; bemerkenswert die verdickten Hinterschenkel, deren Muskulatur ein Hüpfen ermöglicht; ähnliche Lebensweise und ähnlicher Wirtskreis wie die vorige Art.

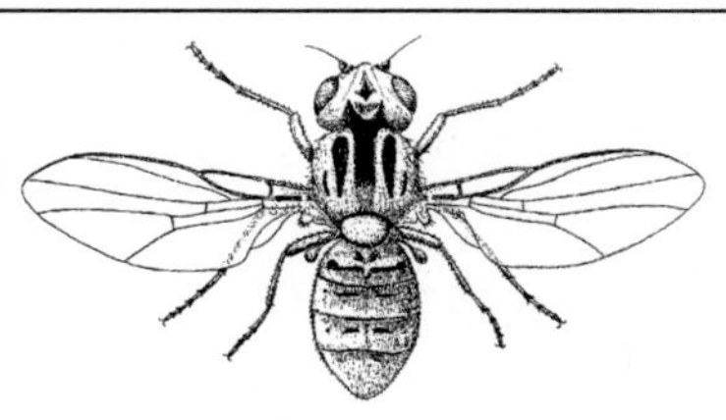

Abb. C-121: Chloropidae: *Chlorops pumilionis*, Gelbe Weizenhalmfliege. 3–4 mm. (Braun, Riehm 1957)

Abb. C-122: Chloropidae: *Chlorops pumilionis*, Gelbe Weizenhalmfliege. Befallene Getreidepflanze; Larve (6–8 mm) in der Ähre. (Brandt 1957)

5. *Dicraeus*; alle Arten zerstören junge Grassamen.

Lit. →Diptera; Hennig 1953; Hoffmann & Schmutterer 1983.

Chlorophorus →Cerambycidae D8.

Chlorops →Chloropidae 3.

Choerades →Asilidae.

Choleva, **Cholevidae**, **Cholevinae** →Leiodidae C.

Chonostropheus →Rhynchitidae 10.

Chorion; die vom Follikelepithel abgeschiedene Eischale; bietet Schutz gegen Verletzungen und Wasserverlust, gestattet aber Atmung; nicht selten mit →Plastron.

Choristoneura →Tortricidae 17.

Choreutidae, Spreizflügelfalter; Fam. der Schmetterlinge (Lepidoptera, Glossata) mit in Eur 16, M-Eur 12, Dt 9 Arten; Falter klein (Flspw. 5–20 mm), tagaktiv, sitzen gern auf Blüten; nicht selten mit metallisch glänzenden Mustern auf den in Ruhe leicht abgespreizten Flügeln, die

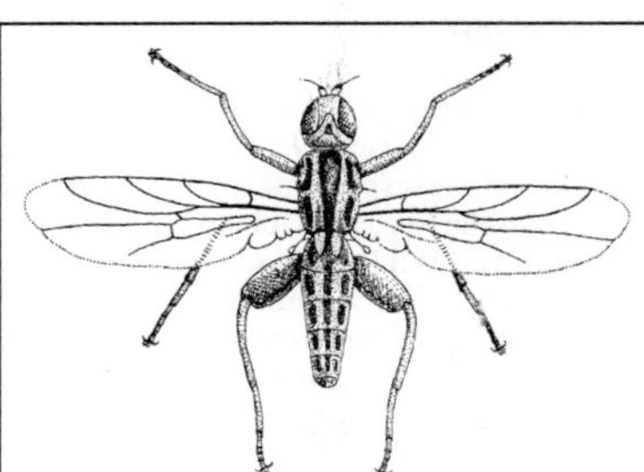

Abb. C-123: Chloropidae: *Meromyza saltatrix.* Grüne Schenkelfliege. ♂, 3–6 mm; Larven im Stängel von Poaceae; bewirken Missbildung der Ähren. (Séguy 1951a)

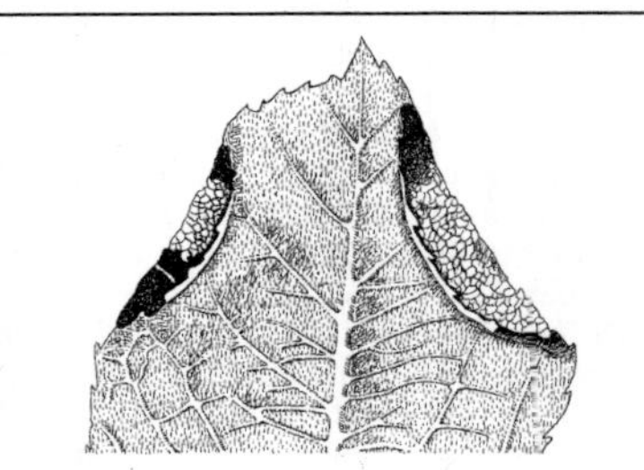

Abb. C-124: Choreutidae: *Choreutis pariana,* Apfelblattmotte. Fraßbild an Apfelblatt. (Sorauer 1949–57)

meist flach, seltener (*Tebenna*) dachförmig gehalten werden; **Raupen** an besponnenen bzw. zusammengesponnenen Blättern, die skelettiert werden; **Verpuppung** in einem Seidenkokon, der an Blättern oder Blattstielen befestigt wird; vor dem Schlupf schiebt sich die Puppe mithilfe von Hinterleibsdornen aus dem Kokon.

1. *Anthophila fabriciana* L. (10–15 mm Flspw.); fliegt V–X, 2 (selten 3) Generationen; Raupe einzeln unter Gespinst auf Brennnesselblättern, auch an Glaskraut (*Parietaria*); überwintert teils als Raupe in Gespinsten an Brennnesselblüten, teils als Imago.

2. *Choreutis pariana* Cl., Apfelblattmotte (11–15 mm Flspw.), **Eiablage** einzeln an der Blattunterseite von Apfelbäumen, seltener an anderen Laubbäumen (z. B. Kirsche, Weißdorn, Pfirsich, Birne). **Raupe** zunächst unter Gespinst auf der Blattunterseite, frisst meist vom umgebogenen Blattrand aus [**C-124**]; ältere Raupen machen oft zu mehreren →Skelettierfraß auf der Blattoberseite; oft werden mehrere Blätter versponnen, auch zu Tüten eingerollt; Puppe auf

der Blattoberseite (auch am Boden) in weißem Kokon. 2 Generationen (V und VIII); Raupen der 2. Generation im Spätsommer zuweilen schädlich; die relativ breitflügeligen Falter der 2. Generation **überwintern**. Lit. →Lepidoptera.

Choreutis →Choreutidae.

Chorion; die vom Follikelepithel abgeschiedene Eischale; bietet Schutz gegen Verletzungen und Wasserverlust, gestattet aber Atmung; nicht selten mit →Plastron.

Choristoneura →Tortricidae 17.

Chorosoma →Rhopalidae.

Chorthippus →Acrididae B, B4; →Caelifera.

Chromaphis →Drepanosiphidae 10.

Chromatomyia →Agromyzidae A3.

Chrysalis; wenig gebräuchliche Bezeichnung für die Puppe der holometabolen Insekten; →Pupa.

Chrysanthemengallmücke, *Rhopalomyia chrysanthemi* Ahlb. →Cecidomyiidae B14.

Chrysididae, Goldwespen; Fam. der Hautflügler (Hymenoptera, Apocrita, Chrysidoidea) mit in Eur ± 440, M-Eur ± 170, Dt 104 Arten; klein bis mittelgroß (2–19 mm); die wenig behaarte Kutikula glänzt in den herrlichsten Metallfarben (Interferenzfarben); nur die vorderen 3(–5) Hinterleibssegmente sichtbar, die verschmälerten und weicheren hinteren Hinterleibssegmente als Legeröhre (♀) bzw. Begattungsorgan (♂) teleskopartig vorstülpbar; die Imagines lecken gern freiliegenden Nektar (z. B. auf Doldenblütlern), auch →Honigtau; teils Brutparasiten bei solitären, nestbauenden Wespen, teils Ektoparasitoide an Larven von Bienen, Falten- und Blattwespen (eine südeuropäische Art gar an der Raupe der Großen Schildmotte, →Limacodidae 1), wobei jeweils Wirtsgattungen oder Artengruppen mit ähnlichem Verhalten befallen werden; einige Arten nur bei einer Wirtsart nachgewiesen; z. T. erheblicher Einfluss auf die Wirtspopulationen (Befall von bis zu 30 %); gelegentlich mehr als 1 Generation im Jahr. Erzwespen (→Eulophidae, →Eurytomidae, →Torymidae) und Schlupfwespen (→Ichneumonidae) sind **Parasitoide** bzw. Hyperparasitoide bei Goldwespen. 2 in Bau und Lebensweise abweichende U-Fam.:

A. Cleptinae, Diebswespen; in Eur 26, bei uns 6 Arten der Gttg. *Cleptes* (z. B. *C. semiauratus* L.); 5–8 mm; ♀ mit Giftstachel; noch mit 5 (♂) bzw. 4 (♀) sichtbaren Hinterleibssegmenten; an feuchten, schattigen Waldrändern und Gebüschsäumen; die Imagines ernähren sich vom von Honigtau; die Larven der heimischen Arten leben parasitoid bei Ruhelarven verschiedener Blattwespen (z. B. von *Pristiphora-* und *Pteronidea*-Arten; →Tenthredinidae); die ♀♀

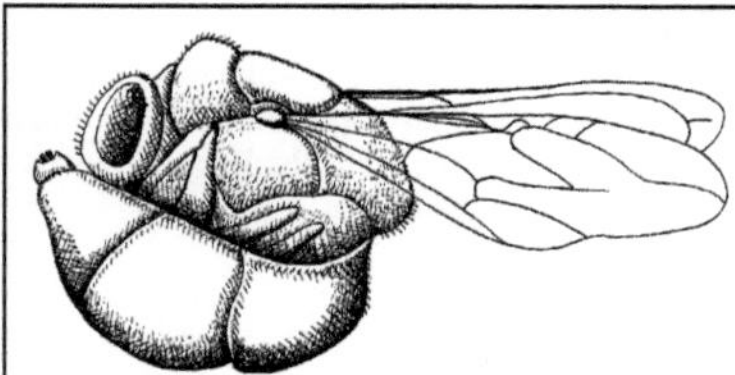

Abb. C-125: Chrysididae: *Chrysis* spec. Einrollen bei Störung als Schutz. (Rathmayer 1969)

folgen den Altlarven, wenn sie einen Verpuppungsplatz am Boden suchen, beißen deren Kokon auf (die Öffnung wird dann mit Speichel wieder verschlossen) und legen 1 Ei an den Larvenkörper. Entwicklung kurz (unter 2 Monaten), mehr als 1 Generationen möglich.

B. Chrysidinae, Echte Goldwespen; in M-Eur 161 Arten; nur 3 Hinterleibssegmente sichtbar (bei *Parnopes*-♂ 4); Giftstachel der ♀ rückgebildet; statt dessen passiver Schutz gegen die Hinterleib oben konvex, unten konkav, wird bei Beunruhigung unter die Brust eingeschlagen [**C-125**], sodass der Körper abkugelt und (auch wegen der verstärkten Kutikula) kaum angreifbar ist (wichtig bei der Eiablage in bewohnte Nester). Die Imagines zeigen sich nur im warmen Sonnenschein an offenen Standorten, fliegen schnell und geschickt, können auch längere Strecken zurücklegen, obwohl sie äußerst standorttreu sind; nach rascher, selten zu beobachtender Paarung suchen die ♀♀ nach Nesteingängen solitärer Faltenwespen (→Vespidae A–C), Bienen (→Megachilidae) bzw. Grabwespen (→Apoidea), in die sie zur **Eiablage** eindringen (Ausnahme: →B6, B2); Eiablage bei stängelbewohnenden Wirtsarten während der Abwesenheit des Wirts-♀; meist warten die Goldwespen-♀♀ mit dem Eindringen, bis das Nest fertig verproviantiert, aber noch nicht verschlossen ist; konkurrierende Goldwespen-♀♀ werden durch eine Art Ringkampf vertrieben; bei bodenbewohnenden Wirtsarten können in einigen Fällen Wirtsnester selbstständig aufgescharrt und auch wieder verschlossen werden (z. B. →5); Entdeckung und Aggresion seitens des Wirts-♀ wird durch den jeweils ähnlichen „Duft" (Kohlenwasserstoffprofil der Kutikula) der Goldwespe vermieden (chemische →Mimese; nachgewiesen z. B. bei →B2, B5, fehlt bei den Parasitoiden). Die **Larve** vernichtet entweder zuerst das Wirtsei oder die Wirtslarve und verzehrt dann den Futtervorrat (→Kleptoparasit, →B3–4; gelegentliche Entwicklung der

Wirtslarve bei ausreichendem Futtervorrat), oder sie wartet, bis die Wirtslarve eine bestimmte Größe erreicht hat, um sie dann auszusaugen (z. B. *Chrysis viridula* L., parasitoid an *Odynerus*, →Vespidae B2; bohrt das bereits abgeschlossene Nest an); Goldwespenlarven in Brutzellen von Wildbienen und Honigwespen (→Vespidae A) können mit den Nektar- und Pollenvorräten nichts anfangen, ernähren sich daher erst von der herangewachsenen Wirtslarve (z. B. →B1); 4 Larvenstadien: 1. Stadium mit großem Kopf, dolchartigen Kiefern und Haarbüschel für eine schnellere Bewegung der beinlosen Larve; 2. Stadium eine gewöhnliche bewegliche Made, spinnt schließlich einen Kokon aus Sekreten der Speicheldrüse, zuweilen (bei Parasitoiden) in dem des Wirts; 3. Stadium unbeweglich (aber noch Kot abscheidend), 4. Stadium die i. d. R. überwinternde Ruhelarve (Praepupa); gelegentlich **Überwinterung** von Imagines (bei *Chrysis, Chrysura*); im Frühjahr **Verpuppung** im Kokon. In M-Eur meist nur 1 Generation im Jahr (Ausnahme z. B. →B4). Beispiele für die unterschiedlichen Fortpflanzungsstrategien:

B1. *Chrysura dichroa* Dahlb.; Kopf und Beine blau bis grün, Brust und Hinterleib rot; Flugzeit IV–VIII; das ♀ legt 1 Ei in die noch nicht geschlossene, aber bereits verproviantierte Brutzelle einer in leeren Schneckenhäusern nistenden Mauerbiene (*Osmia*, →Megachilidae 1); beide Larven schlüpfen zugleich; die *Osmia*-Larve verzehrt zunächst den Futterbrei; die *Chrysura*-Larve wartet, bis die Wirtslarve größer ist, und frisst sie dann.

B2. *Hedychrum rutilans* Dahlb., Rötliche Goldwespe; Flugzeit V–IX; Brutparasit beim Bienenwolf (→Philanthidae 1); heftet die Eier meist blitzschnell an vom Bienenwolf gelähmte Bienen, bevor diese ins Nest verbracht werden, kann aber auch in das Nest eindringen.

B3. *Chrysis ignita* L.-Komplex, Feuergoldwespen; 4 schwer zu unterscheidende Arten, zusammen häufig; variabel in der Größe (5–10 mm); Kopf und Brust blau bis grün, Hinterleib rot; Imagines von Frühjahr bis Herbst (V–X), häufig auf Apiaceae; schmarotzt bei verschiedenen solitären Faltenwespen (insbesondere *Ancistrocerus*, →Vespidae B); die Larven fressen zunächst die Wirtslarve, dann gelegentlich auch die vom Wirt als Larvennahrung eingetragenen paralysierten Insekten; die in Lebensweise und Färbung ähnliche **Pseudochrysis neglecta** Shuck. (= *Pseudospinolia n.*) lebt bei dem in Löss- und Lehmsteilwänden nistenden *Odynerus spinipes* L. (→Vespidae B2).

B4. *Trichrysis cyanea* L.; häufig; Imagines grünblau bis blau, ohne Rot; Brutparasit (ähnlich B3) mit einem breiten Wirtsspektrum an Grabwespen, die Spinnen (selten Blattläuse) eintragen; auch bei →Pompilidae (Ausnahme für Goldwespen), wohl wegen der Spinnen; lange Flugzeit (IV–X; wegen Wirtsspektrum?), mehr als 1 Generation im Jahr.

B5. *Parnopes grandior* Pall.; Flugzeit V–VIII; Parasitoid bei den in Sandböden nistenden Kreiselwespen (*Bembix*, →Bembicidae 1); das ♀ kann mit den Borstenkämmen der Vorderbeine Sand nach hinten schleudern und so Wirtsnester auf- und zuscharren; oft schlüpft es auch hinter einer Kreiselwespe zur Eiablage in ein bereits geöffnetes Nest.

B6. *Omalus biaccinctus* Buyss.; Flugzeit VI–IX; Brutparasit bei den auf Blattwespen spezialisierten Grabwespen der Gttg. *Passaloecus* (→Pemphredonidae); *Omalus*-♀♀ suchen von *Passaloecus*-♀♀ heimgesuchte Blattlauskolonien auf und legen jeweils 1 Ei in die Bauchseite ausgesuchter, weiter saugender Blattläuse; das Ei entwickelt sich nur in Blattläusen, die durch einen nachfolgenden Stich der Grabwespe gelähmt (und letztlich in die Brutzelle eingetragen) werden. Ähnlicher Brutparasitismus ohne Aufsuchen der Wirtsnester durch das ♀ wohl auch bei allen Verwandten (z. B. *Elampus* und *Pseudomalus* bei Blattläuse jagenden →Pemphredonidae und →Psenidae; *Holopyga* bei Wanzen jagenden →Astatidae).
Lit. →Hymenoptera; Haupt 1956; Kunz 1989; Wiesbauer et al. 2020.

Chrysidoidea; Gruppe parasitoider Stechimmen (Aculeata, →Hymenoptera); mit den Fam. →Bethylidae, →Chrysididae.

Chrysis →Chrysididae B, B3.

Chrysocharis →Eulophidae 5.

Chrysochloa →Chrysomelidae J3.

Chrysochraon →Acrididae B1.

Chrysogaster →Syrphidae E.

Chrysolampidae, Chrysolampinae, *Chrysolampus* →Perilampidae.

Chrysolina →Chrysomelidae J2.

Chrysomela →Chrysomelidae J4; vgl. auch →Chrysomelidae J2; →Syrphidae F.

Chrysomelidae, Blattkäfer, Laubkäfer; Fam. der Käfer (Coleoptera, Polyphaga, Cucujiformia) mit in Eur ± 1575, M-Eur ± 730, Dt 557 Arten; viele Arten durch Fraß von Larven und Käfern an Kulturpflanzen schädlich; höchstens mittelgroß (meist 2–10 mm); oft mit metallischen Farben (Interferenzfarben, →Färbung), flach bis hochgewölbt; Flugflügel bei wenigen Arten (z. B. *Timarcha* →I, *Pilemostoma* →E, *Chrysolina*-Ar-

ten →J2, einige Alticinae →L) rückgebildet, die meisten sind gute Flieger; Zirpvorrichtungen in einigen Gruppen (→B, D, H1); einige mit Wehrdrüsen, die in Gruben des Halsschildes und der →Elytren münden (Chrysomelinae →J, Criocerinae →B). Imagines und Larven (fast) ausschließlich **Pflanzenfresser**; meist auf bestimmte Pflanzengruppen eingestellt, seltener monophag an einer einzigen Pflanzenart, nur etwa 1 Zehntel der heimischen Arten polyphag (v. a. Cryptocephalinae →H); am häufigsten an Asteraceae, Salicaceae, Fabaceae, Lamiaceae, Brassicaceae und Gräsern; verbreitet Fraß an Blättern, teils vom Rande her, teils auf der Fläche als →Lochfraß oder Fensterfraß (von einer Blattseite aus so, dass ein dünnes Häutchen auf der anderen Seite stehen bleibt); symbiotische Mikroorganismen bisher nur in wenigen Fällen bekannt (Donaciinae →A, Cassidini →E, *Bromius obscurus* L. →F); Symbionten bei Larven und Imagines untergebracht in Anhängen des Mitteldarms, bisweilen außerdem in allen (*Bromius* →F) oder in bestimmten (Imagines der Donaciinae →A) Malpighi-Gefäßen; Übertragung auf die Nachkommen durch Fressen der mit Symbionten besetzten Eihüllen durch die Larve. **Eiablage** oft ohne besondere Fürsorge in die Erde oder an die Nahrungspflanze (manchmal in selbst genagte Löcher); die Eier oft gegen Fressfeinde geschützt durch toxische Inhaltsstoffe, die entweder vom ♀ aus der Fraßpflanze gewonnen (z. B. Salicin aus der Weide bei Weidenblattkäfern) oder neu synthetisiert werden (z. B. Herzglykoside bei *Chrysolina*, aus Cholesterol); Eier bei manchen Arten mit Sekret von Anhangsdrüsen des Geschlechtsapparates (→B1, E, K1) oder mit Kot bedeckt (→G, H, I); bei den Chrysomelinae (→J) wenige Arten (*Oreina*) oder Populationen (*Chrysolina varians* Schall., *Gonioctena viminalis* L.) kühlerer Regionen →ovovivipar; selten mit →Parthenogenese (*Bromius obscurus* L. →F). Die **Larven** teils außen an Blättern, teils in der Nahrungspflanze minierend (manche Alticinae →L, Hispini →D) oder außen an den Wurzeln (meiste Alticinae), manche leben unter Wasser an den Wurzeln oder Stängeln verschiedener Wasserpflanzen (Donaciinae→A) oder in Samen (Bruchinae →C); Larven mancher Cryptocephalinae (z. B. *Clytra* →H1) in Ameisennestern, leben von Tierresten; Larven der Chrysomelinae →J, Clytrini (d. h. *Clytra* und verwandte Gttgn. →H, H1) und einiger Galerucinae →K und Alticinae →L mit Wehrdrüsen; Sekrete gegen →Prädatoren und Parasiten, aber auch gegen Nahrungskonkurrenten und artgleiche ♀♀ zur Verhinde-

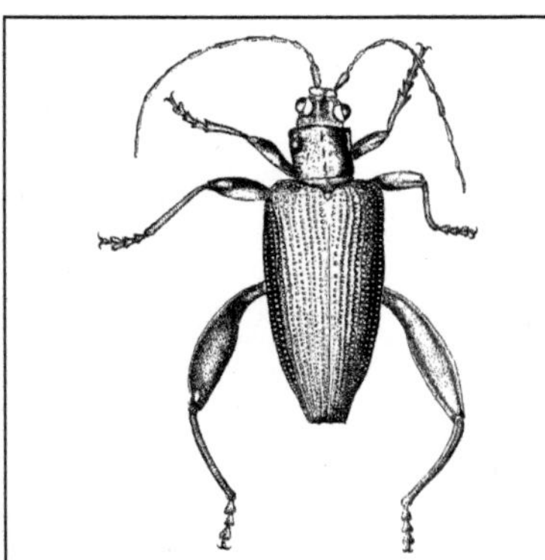

Abb. C-126: Chrysomelidae: *Donacia* spec., Schilfkäfer; 10 mm. (Hieke 1969)

rung der Eiablage gerichtet. Meist freie **Puppe** (Pupa libra), selten Pupa obtecta (→Pupa); bleibt oft mit dem Hinterende in der letzten Larvenhaut; Verpuppung meist im Boden, selbst bei Baumbewohnern (Ausnahmen: →A, B3, E, G, H, K3). **Überwinterung** häufig als Imago, manchmal auch als (dann wurzelfressende) Larve oder Puppe, selten als Ei. Zahlreiche Parasitoide: Wespen (→Braconidae, →Ichneumonidae, →Chalcidoidea), Fliegen (→Tachinidae) und sogar Laufkäfer (*Lebia*, →Carabidae M8).

A. Donaciinae, Schilfkäfer, Rohrkäfer; in Eur 40, M-Eur 31, Dt 30 Arten der Gttgn. *Donacia* [**C-126**], *Plateumaris*, und *Macroplea*; 5–13 mm; metallisch glänzend; nach Habitus (schlank, flach, einem kleinen Bockkäfer ähnlich) und Lebensweise (an bzw. im Wasser) von den übrigen Blattkäfern abweichend; gute Flieger (außer *Macroplea*). Die **Imagines** von *Donacia* und *Plateumaris* fressen an den über das Wasser ragenden Pflanzenteilen (Blätter und z. T. auch Pollen); →mono- oder oligophag: z. B. *D. crassipes* F. auf Seerosen, *D. versicolorea* Brahm. auf schwimmendem Laichkraut, *D. dentata* Hoppe an Pfeilkraut und Froschlöffel, 4 der *Plateumaris*-Arten v. a. an Seggen, *P. braccata* Scop. an Schilfrohr; *Donacia* kann schwimmen und sich wie ein Wasserläufer auf dem Wasser fortbewegen. Die Imagines von *Macroplea* bleiben ständig untergetaucht, Atmung über ein →Plastron aus schräg stehenden Haaren; zuweilen werden Assimilationsblasen an den Pflanzen mit den Antennen dem Gasmantel eingefügt; fressen v. a. an *Myriophyllum* und *Potamogeton* (*M. appendiculata* Pz.) bzw. im

Brackwasser von Nord- und Ostsee an *Ruppia* und *Zostera* (*M. mutica* F.). Lang dauernde **Paarung** mit besonderem Balzverhalten (Reiben verschiedener Körperteile, Trommeln auf die Flügeldecken); Kämpfe der ♂ vor der Paarung (Stoßen mit Hinterleib und Hinterbeinen bei *D. crassipes*). **Eiablage** an die Fraßpflanzen, teils über (*Plateumaris*), teils unter dem Wasserspiegel (*Donacia, Macroplea*); das ♀ von *D. crassipes* bohrt ein Loch durch ein Seerosenblatt, um seine Eier auf der Blattunterseite abzulegen. Die **Larven** an den untergetauchten Teilen der Fraßpflanzen; Atmung über 2 hohle, hakenartige Gebilde am Hinterleibsende, mit denen sie das Luftkanalsystem der Pflanze anbohren; Luftaufnahme mit dem hinteren Stigmenpaar; Aufnahme von Pflanzensaft über ein weiteres aufgebissenes Loch, in dem der Kopf steckt. **Verpuppung** unter Wasser in einem wasserdichten, an der Pflanze befestigten und mit Luft aus der Pflanze gefüllten Kokon (vgl. →Noteridae); Entstehung des wasserdichten Kokons einzigartig: zunächst Bildung einer vorläufigen Hülle aus erhärtetem, wachsartigen Sekret von Hautdrüsen, dann Überziehen seiner Innenseite mit einer zweiten durchscheinenden (Dauer-) Schicht aus einem Sekret, das von symbiotischen Bakterien in 4 Blindsäcken des Vorderdarms hergestellt und mit dem Mund (und After?) aufgetragen wird; Übertragung der Symbionten aus den Malpighi-Gefäßen des ♀ auf die Larven über die gelatinöse Schutzhülle der Eigelege. Schlupf der Jungkäfer bei den meisten Arten im Herbst, dann **Überwinterung** im Kokon (Atmung über Plastron und angenagte Luftkanäle der Pflanze); in Einzelfällen verlässt der Käfer den Kokon vorzeitig und überwintert über Wasser in Schilfhalmen oder an Land; bei einigen Arten (z. B. *D. versicolorea*) überwintert stattdessen das letzte Larvenstadium. Meist 5 Larvenstadien; 2- bis 3-jähriger Lebenszyklus.

B. Criocerinae, Hähnchen, Blatthähnchen, Zirpkäfer; in Eur 24, M-Eur & Dt 16 Arten; kleinere Blattkäfer mit verschmälertem Vorderkörper und Punktreihen auf den Flügeldecken; Imagines mit Wehrdrüsen; die oft auffällige Färbung wird als Warntracht gedeutet. Käfer und Larven →mono- oder oligophag auf den Blättern (seltener an den Blüten) von Monocotyledonen (Ausnahme: *Lema cyanella* L., Distelhähnchen); oft mit charakteristischer Fraßspur (→B3); auffallend die bei Störung vorgebrachten **Zirplaute**; bei ♂ und ♀ 2 quer geriefte Felder oben auf dem letzten Abdominalsegment, angestrichen gegen die Flügeldeckenkante; über Hörvermögen und Bedeutung des Zirpens nichts Sicheres bekannt. **Larve** mit nach dorsal verschobenem After, dadurch Bildung eines die Larve alsbald weitgehend bedeckenden Kotmantels, vermischt mit klebrigem Sekret; der Kotmantel enthält von den Fraßpflanzen aufgenommenen und umgewandelte, die Larve schützende Stoffwechselprodukte (z. B. Phytol und Stearinsäure, die bei Ameisen das Entfernen toter Artgenossen aus dem Nest auslösen); bei Belästigung würgt die Larve Nahrungstropfen aus; Entwicklungszeit der Larve ist mit 10–20 Tagen kurz im Vergleich zur etwa gleich langen Puppenruhe und der Lebensdauer des Käfers. **Verpuppung** (nach Abstreifen der Kothülle) in einem Kokon, entweder in einer Erdhöhle oder an die Nahrungspflanze angeheftet; **Überwinterung** i. d. R. als Imago; 4 Larvenstadien; 1–2 Generationen im Jahr.

B1. *Lilioceris*, Lilienhähnchen; 4 Arten in Dt; 6–8 mm; Flügeldecken stets einfarbig rot (Warnfärbung: Wehrdrüsen an Pronotum und →Elytren mit Phenylalaninderivaten). Häufig *L. lilii* Scop.: auf Lilien, mäßig schädlich, Käfer fressen kleine Löcher in die Blätter, die Larven die ganzen Blätter; **Eier** rot, dunkeln mit der Zeit nach; 200–300 je ♀; Eiablage zu 2–15 in Reihen auf der Blattunterseite, bedeckt von einer sekretartigen Masse; **Larven** schlüpfen nach 4–10 Tagen, entwickeln sich etwa 2 Wochen; **Verpuppung** in der Erde (nach Abstreifen der Kothülle) in einem lückigen Seidenkokon, Schlupf des langlebigen Käfers nach 10–20 Tagen; **Überwinterung** als Imago (manchmal auch 2-mal), seltener als Puppe; bei uns 1 Generation im Jahr.

B2. *Crioceris*, Spargelhähnchen, Spargelkäfer; 4 Arten in Dt, häufig *C. duodecimpunctata* L. [**C-127**] und *C. asparagi* L. (5–6 mm); Flügeldecken mehrfarbig, sehr variabel gemustert, teils mit Punktzeichnungen, teils mit Streifen; an Spargel, durch Befressen der oberirdischen Teile (dadurch Schwächung der Wurzel) ab und zu beträchtlicher Schaden; Lebensweise ähnlich wie bei Lilienhähnchen; **Eier** bräunlich und einzeln an die Blatttriebe und -stängel geheftet (z. B. *C. duodecimpunctata*) bzw. schwarzgrün und oft in Gruppen mit einem erhärtenden Sekret an die Pflanzenspitze geklebt (*C. asparagi*); in M-Eur 2 Generationen im Jahr; die Larven der 2. Generation fressen ähnlich der 1. Generation Blätter (*C. asparagi*) oder abweichend von ihr die Spargelbeeren, in die sie sich einbohren (*C. duodecimpunctata*).

B3. *Oulema*, Getreidehähnchen; 7 Arten in Dt, sehr häufig *O. obscura* Steph. (= *gallaeciana* Heyd., *lichenis* Voet.) und *O. melanopus* L.; 3–4 mm; Käfer und Larven fressen an Gräsern,

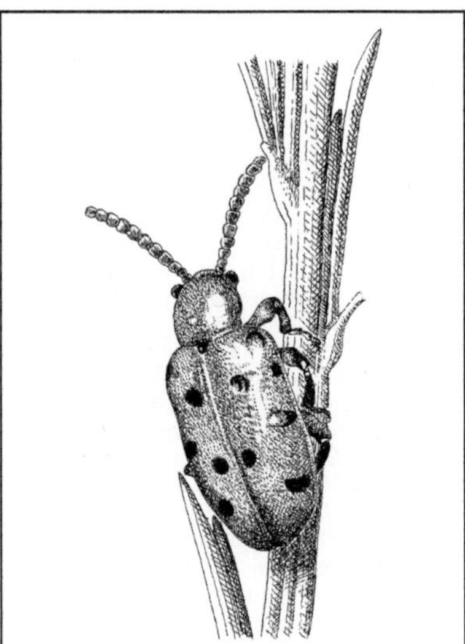

Abb. C-127: Chrysomelidae: *Crioceris duodecimpunctata*, Spargelhähnchen. Etwa 6 mm; gelbrot mit schwarzen Flecken. (Hieke 1969)

zuweilen v. a. an Sommergetreide schädlich; Eiablage in Gruppen an den Blättern; Fraßspur streifenförmig; Verpuppung entweder auf der Blattoberfläche in einem aus schaumigem, erhärtetem Sekret gebildeten Kokon (z. B. *O. obscura*) oder in einer Erdhöhle, die mit einem klebrigen Sekret aus der Mundhöhle kokonartig versteift wird (z. B. *O. melanopus*); bei uns nur 1 Generation im Jahr.

C. Bruchinae, Samenkäfer; früher als eigene Fam. **Bruchidae** angesehen, jetzt wegen näherer Verwandtschaft mit den Donaciinae und Criocerinae als U-Fam. zu den Chrysomelidae gestellt; mit in Eur ± 110, M-Eur 54, Dt 36 Arten; weitere Arten gelegentlich nach M-Eur eingeschleppt; klein (höchstens etwa 5 mm); meist graubraun, oft mit weißen Flecken; Färbung innerhalb der Arten recht variabel; gedrungen; Antennen beim ♂ i. d. R. viel stärker gesägt oder gezähnt. Imagines einheimischer Arten fliegen gern, **fressen** Pollen und Blüten; eingeschleppte Speicherschädlinge benötigen keinen Reifungsfraß. **Entwicklung** i d. R. in Samen von Hülsenfrüchten (Ausnahme: *Bruchidius cinerascens* Gyll. im Stängelmark von Mannstreu, *Eryngium*; *Spermophagus* →C8), oft →mono- oder oligophag; größere Samen werden tendenziell stärker befallen; die einheimischen Arten sind Vegetationsschädlinge: **Eiablage** an die jungen Hülsen oder Fruchtknoten von Leguminosen auf Feld und Wiese; eingeschleppte Arten sind Speicherschädlinge: Eiablage in reife, auch in bereits geerntete Samen; Schaden bisweilen nicht unbeträchtlich; Anzahl der Eier je ♀ niedrig (oft deutlich unter 100). Die **Larven** dringen in die Hülse ein, wandern zum Samen und entwickeln sich in ihm; Larven größerer Arten fressen mehrere Samen in einer Hülse; in Vorratsspeicher werden Larven mit den Samen eingetragen; schlüpfende Erwachsene können andere, bereits geerntete Samen jedoch meist nicht erneut befallen; Larvenstadien von verschiedener Gestalt (→Polymetabolie): das 1. Larvenstadium – mit wenigen Ausnahmen – mit Beinen, einer Chrysomelidenlarve ähnlich, 2.–4. Stadium beinlos oder höchstens mit Beinstummeln, darauf folgen noch 2 Vorpuppenstadien; die Larvenentwicklung dauert insgesamt 30–35 Tage. **Verpuppung** in einer Puppenwiege im Samen, Wand mit erhärtendem Sekret der Malpighi-Gefäße ausgekleidet; Samenwand oft vor der Verpuppung als Schlüpfvorbereitung von innen angenagt, Deckel dann von der schlüpfenden Imago abgesprengt; Überwinterung als Imago, z. T. in den Hülsen, mit denen sie dann leicht verschleppt werden; bei heimischen Arten meist 1 Generation im Jahr, bei Speicherschädlingen oft mehrere Generationen. Beispiele:

C1. *Bruchidius villosus* F., Ginstersamenkäfer (2–3 mm), an Ginster und Goldregen; die Käfer nehmen als Abwehrstoffe hochgiftige Chinolizidin-Alkaloide vom Goldregen auf; Eiablage außen an junge Hülsen; ♀♀ vermeiden bereits mit fremden Eiern belegte Hülsen; die Larve benötigt einen Samen für ihre Entwicklung; Schlupfdeckel in der Hülse.

C2. *Bruchus atomarius* L., Wickensamenkäfer (2–3 mm), an Wicken (*Vicia*) und Platterbsen (*Lathyrus*); überwintern als Imago außerhalb der im Herbst aufspringenden Hülsen.

C3. *Bruchus lentis* Fröl., Linsenkäfer; (ca. 3 mm); mit Linsen nach M-Eur importiert; Eiablage einzeln in die geöffneten Blüten; Larve schlüpft nach 8–10 Tagen; wegen der geringen Größe der Linsenhülsen benötigt die Larve die Samen aus mehreren Hülsen; die Fortbewegung der beinlosen Larvenstadien zwischen den Hülsen erfolgt mittels der Mundwerkzeuge; die Imago überwintert in einer Hülse.

C4. *Bruchus pisorum* L., Erbsenkäfer (ca. 4 mm; [**C-128**]); in M-Eur meist nur mit Erbsenhülsen importiert; Eiablage (bis zu 400 Eier je ♀) an die jungen Hülsen, pro Samen entwickelt sich nur eine Larve, die 4–8 Wochen zur Entwicklung benötigt (gesamte Entwicklungszeit: etwa 10 Wochen); Verpuppung und meist auch Überwinterung im Samen; Schlupfdeckel in der Hülse.

C5. *Bruchus rufimanus* Boh., Bohnenkäfer, Saubohnenkäfer (4–5 mm); an Wicken (einschl. Saubohnen); ähnlich der vorigen Art, aber meist 2–3 Larven in einer Bohne; Überwinterung des

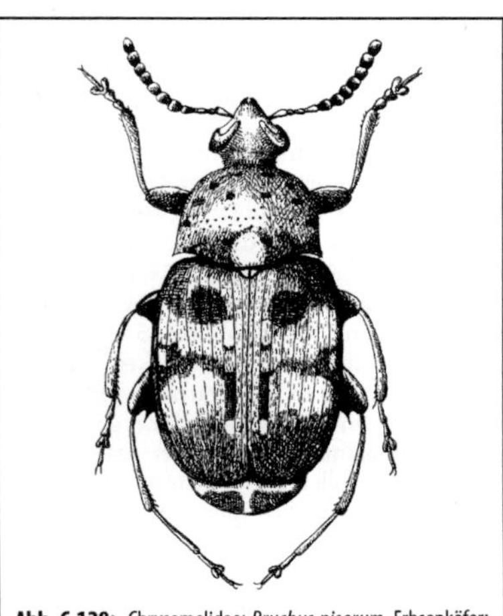

Abb. C-128: Chrysomelidae: *Bruchus pisorum*, Erbsenkäfer; 4 mm. (Bechyně 1954)

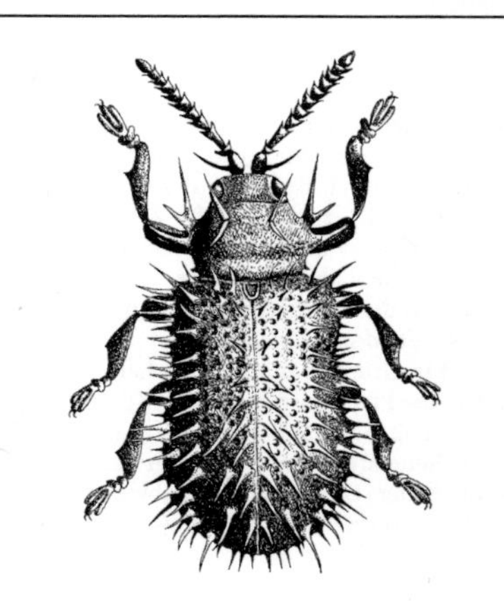

Abb. C-129: Chrysomelidae: *Hispa atra*, Igelkäfer; 3–4 mm. (Bechyně 1954)

Käfers meist außerhalb der Bohne (unter Rinde); das Fehlen blühender Fraßpflanzen verzögert die Entwicklung der Eier.

C6. *Acanthoscelides obtectus* Say, Speisebohnenkäfer (3–4 mm); weltweit verbreitet, Urheimat vermutlich Südamerika; v. a. in gestapelten Bohnensamen, entwickelt sich aber auch an Bohnen im Freiland; zur Eiablage beißt das ♀ ein Loch in reife Schoten und ertastet durch das Loch hindurch die Samen mit der Legeröhre; es werden alle Eier auf einmal abgelegt; die langbeinigen Erstlarven dringen immer zu mehreren in einen Samen ein; Schaden unbeträchtlich; Verpuppung im Samen; im Freiland 2–5, in Speichern dauernd aufeinander folgende Generationen.

C7. *Callosobruchus chinensis* L., Kundekäfer, Chinesischer Bohnenkäfer (2–3 mm); Heimat Ostasien, jetzt mit Hülsenfrüchten (Bohnen, Trockenerbsen, Linsen) weltweit verschleppt; häufiger Vorratsschädling; ♀♀ geben zusammen mit dem Ei ein Pheromon ab, das andere ♀♀ von der Eiablage an derselben Frucht abhält.

C8. *Spermophagus* (1,5–3 mm), an Winden (Convolvulaceae): *S. sericeus* Geoffr. bevorzugt die Ackerwinde, *S. calystegiae* Lukj. & Ter-M. die Zaunwinde; Eiablage (VI) außen an die Samenkapseln; die geschlüpften Larven bohren sich durch die Kapselwand in die unreifen Samen; Verpuppung in der Kapsel.

D. Cassidinae (Gattungsgruppe Hispini), Stachelkäfer, Igelkäfer; oft mit den nächstverwandten Schildkäfern als Cassidinae zusammengefasst; in Eur 3, M-Eur 2 Arten, in Dt nur *Hispa atra* L. [**C-129**]; 3–4 mm; matt schwarz; mit bizarr bedorntem Körper; wackelt bei Störung heftig hin und her; Zirpvorrichtung aus Querstriemen auf dem Kopfscheitel, angestrichen durch den Vorderrand des Halsschildes (auch bei den verwandten Schildkäfern, zumindest der Art *Cassida viridis* L., vorhanden); der Käfer findet sich v. a. im Frühjahr an wärmebegünstigten Wiesen und Magerrasen; Eiablage in kleine Einschnitte in den Blattspitzen oder im oberen Stängel von Gräsern, mit einem aushärtenden Sekret bedeckt; die stark abgeflachte **Larve** miniert zunächst in den Blättern und arbeitet sich dann allmählich in den Stängel vor; Verpuppung in der Mine oder außen an der Stängelbasis; die Imago überwintert; 1 Generation im Jahr.

E. Cassidinae (Gattungsgruppe **Cassidini**), Schildkäfer; in Eur 57, M-Eur 36, Dt 30 Arten v. a. der Gttg. *Cassida*; 3,5–11 mm; Flügeldecken und Halsschild sehr flach, verbreitert; Kopf von oben nicht sichtbar; rötlich bis grünlich bis bräunlich; zum Festheften Füße verbreitert und Krallen vergrößert; fliegen ungern

(*Pilemostoma fastuosum* Schall. flugunfähig); Käfer und Imago →oligophag auf Blättern. **Eiablage** im Frühling zu 4–8(–20) auf die Blattunterseite; jedes Ei zunächst einzeln, dann das ganze Gelege von einem sich bräunenden Drüsensekret (außen z. T. auch Kot) bedeckt, das symbiotische Bakterien enthält; beim Schlupf der Larve deren Aufnahme in den Darm; **Larven** (5 Stadien) flach, mit stacheligen Fortsätzen; am letzten Abdominalsegment 2 längere, über den Hinterleib gebogene Fortsätze; auf ihnen die Larvenhäute, nacheinander aufgereiht und aus dem rüsselartig weit vorstülpbaren und überraschend beweglichen Enddarm dick mit Kot beschmiert (Kotmaske; offenbar wirksamer Schutz gegen kleine Feinde, z. B. Ameisen, denen die Maske unter Bewegungen des Hinterleibs entgegengehalten wird); **Verpuppung** oft auf dem Blatt (meist mit letzter Larvenhaut als Puppenhülle), teils auch unter Laub oder Steinen; Puppenruhe kurz (4–10 Tage). Die Imago **überwintert** in der Bodenstreu; 1 Generation im Jahr, wegen der Langlebigkeit der Imagines Überlappung der Generationen. **Beispiele**: *C. nebulosa* L., Nebliger Schildkäfer (5–7,5 mm); graubraun, mit verwaschener Fleckung; hauptsächlich an Gänsefuß (besonders *Chenopodium album*), Käfer mit Buchtenfraß, Larven mit →Fensterfraß an den Blättern; bei Nahrungsmangel Abwandern der grünen Larven auf andere Pflanzen, auch Kulturpflanzen (z. B. Rüben) und dort recht schädlich (Eiablage jedoch niemals an Rübe). Verpuppung meist an der Unterseite der Blätter, Puppe grün, hinten festgeheftet. Mit ähnlicher Lebensweise *C. viridis* L., Grüner Schildkäfer (7–10 mm; grasgrün; auf Lamiaceae, z. B. Minze [**C-130**]) und *C. vibex* L. (5,5–7 mm; Oberseite goldbraun bis grün; häufig an Kohldistel, aber auch an Distel- und Kletten-Arten).

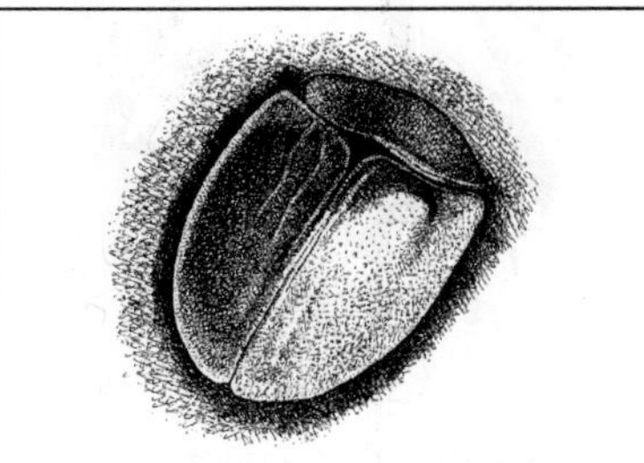

Abb. C-130: Chrysomelidae: *Cassida viridis*, Grüner Schildkäfer; 5–9 mm. (Hieke 1969)

Abb. C-131: Chrysomelidae: *Clytra quadripunctata*. Eihülle, ca. 2 mm. (Erber 1968)

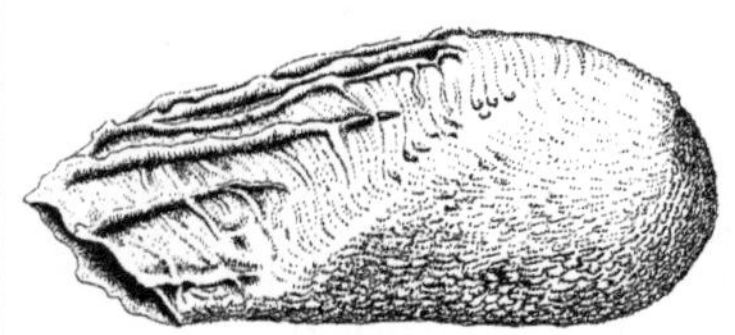

Abb. C-132: Chrysomelidae: *Clytra quadripunctata*. Kothülle (ca. 13 mm) der erwachsenen Larve, von links. (Erber 1968)

Abb. C-133: Chrysomelidae: *Cryptocephalus aureolus*. Eihülle mit Eilarve; oben: deren Kopfplatte punktiert; ca. 1,2 mm. (Erber 1968)

F. Eumolpinae; in Eur 29, M-Eur 6, Dt 4 Arten der in den Tropen artenreichen U-Fam.; gedrungene Käfer mit schmalerem Vorderkörper; die augenlosen Larven fressen im Boden an Wurzeln (oft →polyphag); Verpuppung ebenfalls im Boden. Häufig nur *Bromius obscurus* L. (5–6 mm); in Europa parthenogenetisch; Zirpen durch Reiben der Hinterflügelspitzen an den →Elytren (jeweils mit aufgerauten Stellen); Käfer (oberirdisch) und Larven (unterirdisch) v. a. an Weidenröschen. Bemerkenswert die Unterart *villosulus* Schr., Rebenfallkäfer, Schreiber: in warmen Gegenden spezialisiert auf die Rebe als Nahrungspflanze und bisweilen schädlich; Eier an Rinde oder Blätter; Fraß des Käfers, ähnlich Schriftzeichen, an Blättern, Stielen und Beeren; seit Einführung amerikanischer Reben-Unterlagen selten geworden, da die Larven die Wurzeln dieser Weinstöcke nicht annagen.

G. Lamprosomatinae; in Eur & Dt nur *Oomorphus concolor* Sturm, Efeublattkäfer; ♀ legt nur 30 Eier (eines am Tag), hüllt jedes in einen Kotmantel (wie die verwandten Cryptocephalinae H) und heftet es mit einem klebrigen Sekretfaden an eine Blattunterseite (Dauer 1 h, 1 Ei pro Tag); nur 30 Eier je ♀; Larve schlüpft erst nach 3–4 Wochen, erweitert den Eisack zum Larvensack (vgl. →H), verbirgt sich am Tage am Boden, frisst nachts an Efeustängeln und abgefallenen, angewelkten Blättern; die Imago (ausnahmsweise die Larve) überwintert in der Blattstreu.

H. Cryptocephalinae, Sackkäfer; in Eur 344, M-Eur 121, Dt 87 Arten (einschl. der zunehmend als U-Fam. abgetrennten Clytrini →H1); Käfer meist →polyphag, fressen oft Pollen und Blüten, auch an frischen Blättern; ähnlich den Lamprosomatinae mit einer bei verschiedenen Arten etwas verschieden gestalteten Eihülle (Schutz vor Fressfeinden, Parasitoiden, Austrocknen): das ♀ klebt mehrere Kotplättchen mit dem Sekret einer besonderen Drüse an jedes Ei, sodass die **Eier** jeweils von einer schuppigen Kothülle umgeben sind (Skatoconche [**C-131, C-134**]); die Plättchen sind flach (Clytrini) bzw. dachförmig (übrige Gruppen) und werden im Enddarm des ♀ von einer besonderen Vorrichtung (Kotpresse) geformt; die Kotpresse besteht aus Chitinpolstern mit eingelagerten Skleriten, über welche die beim ♀ besonders kräftige Ringmuskulatur des Enddarms Druck auf die Polster ausübt; die ausgeschiedenen Kotplättchen werden in einer Delle im 5. sichtbaren Sternit unter Drehung des Eies mit den Hinterbeinen in 20–30 min zur Hülle zusammengefügt; darin bleibt die **Larve** aber auch nach dem Schlupf zeitlebens, die Eihülle wird zu einem Kotsack erweitert und

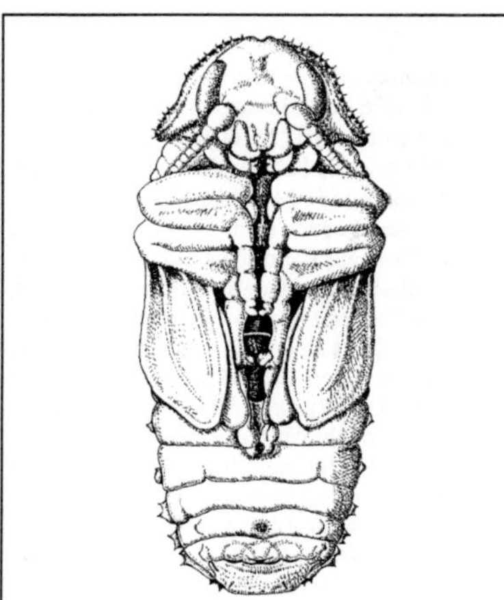

Abb. C-134: Chrysomelidae: *Clytra quadripunctata*. Puppe, ventral; 10 mm. (Erber 1968)

mitgeschleppt [**C-132**]; im Gegensatz zu anderen Blattkäferlarven meist saprophag, verzehrt welkes Laub (außer *Clytra* →H1); **Verpuppung** im Sack, vorher versiegelt die Larve den Eingang und wendet sich um; der geschlüpfte Käfer nagt eine Öffnung in das Hinterende des Sackes; **überwintert** meist als Imago oder Larve.

H1. *Clytra quadripunctata* L., Ameisen-Sackkäfer (7–11 mm), mit roten, schwarz gepunkteten Flügeldecken (Nachahmung der giftigen →Meloidae der Gttg. *Mylabris*). Der Käfer (IV–VII) auf Gebüsch, v. a. in der Nähe von Nestern der Roten Waldameise (→Formicidae C11). Ablage der Eier in der tannenzapfenartigen Kothülle [**C-131**] direkt auf den Ameisenhaufen oder auf Gebüsch darüber, von wo sie auf das Nest fallen; werden von den Ameisen (als Baumaterial?) ins Nest getragen (eine außerhalb des Nestes geschlüpfte Larve kann aber auch selbst hineinkriechen); die **Larve** lebt in dem Ameisennest, frisst Reste von toten Tieren, gelegentlich auch Ameiseneier, kann Wochen ohne Nahrung überdauern; von Ameisen gesichtet werden die Larven angegriffen, die sich jedoch blitzschnell in den Sack zurückziehen und die Öffnung mit ihrer dicken Kopfplatte verschließen; ohne Kotsack ist die Larve verloren. **Überwinterung** als Larve in dem mit Sand verschlossenen Kotsack, manchmal mehrmals (Entwicklungszeit: 2–4 Jahre); **Verpuppung** [**C-134**] ebenfalls im Kotsack, der hierzu an eine Unterlage (meist im Ameisennest) angeheftet wird; nach den Schlupf wird der Käfer

von Ameisen angegriffen: Schutzvorkehrungen wie Verpuppung nah der Nestoberfläche, Totstellen mit gelegentlicher ruckartiger Vorwärtsbewegung, glatte Panzeroberflächen, Absondern eines Sekrets („Reflexbluten") und sofortiges Losfliegen nach Erreichen der Nestoberfläche ermöglichen ein Entkommen.

H2. *Cryptocephalus*, Fallkäfer; in M-Eur 84 meist 4–6 mm große Arten; Kopf von oben kaum sichtbar, unter dem Halsschild verborgen. Imagines fressen an verschiedensten Pflanzen, die meisten Arten an Laubbäumen und Sträuchern; *C. pini* L. (Gelber Kiefernfallkäfer) v. a. auf Kiefern, zuweilen durch Fraß des Käfers an den Nadeln und Triebspitzen schädlich. **Eier** werden nach dem Einhüllen (→H) auf den Boden unter der Nahrungspflanze fallen gelassen. 4–6 Larvenstadien; **Larve** am Boden in vorne eingeengtem Sack aus Kot und Pflanzenresten, der allmählich mithilfe eines Sekrets der Afterdrüsen vergrößert wird; Hinterende der Larve im Sack nach vorne gekrümmt, sodass der Kot mit den Mandibeln gegriffen wird; verzehrt verwelkte Blätter, auch abgefallene Hasel- und Birkenkätzchen. Zur **Verpuppung** (meist im Sommer) heftet die Larve ihren Kotsack an einen Pflanzenstängel (*C. pini* verkriecht sich im Boden); **Überwinterung** als Larve (bei *C. pini* als Ei); Entwicklung meist 1-, seltener 2-jährig.

I. Timarchinae; früher zu den Chrysomelinae gestellt; in Eur 69, M-Eur 4, Dt 3 Arten der Gttg. *Timarcha*, Tatzenkäfer, Labkrautblattkäfer, darunter die für einen Blattkäfer stattliche Art *T. tenebricosa* F. (bis 20 mm); nicht flugfähig, Flügeldecken meist verwachsen; Tarsenglieder auffallend breit; die Larven und bei *T. metallica* Laich. auch die Imago nachts aktiv; Larven und Käfer fressen an Labkraut (*Galium*) und verwandten Rubiaceae, Imagines von *T. metallica* auch an Heidelbeere; alle Stadien enthalten von den Fraßpflanzen stammende, giftige Anthrachinone und sondern bei Störung ein rot gefärbtes, anthrachinonhaltiges Sekret an Mundwerkzeugen und Beingelenken ab („Reflexbluten"); Eiablage und Verpuppung im Boden, Eier werden in einen Hülle aus zurechtgenagten Holzstückchen oder anderen Pflanzenresten, Sekret und Kot eingepackt; Überwinterung wohl als Ei, bei der 2-jährigen *T. tenebricosa* erst als Ei, dann als Imago.

J. Chrysomelinae; in Eur 240, M-Eur 114, Dt 88 Arten; meist mittelgroß; Vorder- und Mittelfüße der ♂♂ mit verbreiterten Hafthaaren an den Sohlenpolstern; manche Arten mit ausdauernder Paarung, Paarungskämpfen (→J4) oder Brutbewachung (→J6); einige (ovo-)

Abb. C-135: Chrysomelidae: *Leptinotarsa decemlineata*, Kartoffelkäfer. Gelege auf Unterseite von Kartoffelblatt. (Eidmann 1941)

vivipar (→J3, J6), bei den übrigen Eiablage an die Fraßpflanzen; Käfer und Larven fressen auf den Blättern zweikeimblättriger Blütenpflanzen, i. d. R. →oligo- oder monophag; Imago mit Wehrdrüsen, die in Gruben auf den Rücken münden; Larve mit segmentalen, ausstülpbaren Wehrdrüsen in Thorax und Abdomen (9 große Paare bei →J4–J5, ein großes Paar bei →J6, kleine Drüsen bei →J1–2); mit einer Vielfalt selbst synthetisierter Abwehrstoffe (Glykoside, Terpene, Ethanolamin); an Weiden fressende Larven stellen aus dem (giftigen) Pflanzenglykosid Salicin einen eigenen Abwehrstoff (Salicylaldehyd) her (je mehr Giftstoff die Pflanze – gegen Pflanzenfresser – produziert, umso größer sind die Blattschäden durch Chr.-Larven), an Asteraceae lebende *Oreina*-Arten speichern Pyrrolizidin-Alkaloide; 3 oder 4 Larvenstadien; Puppe im Boden oder als →Stürzpuppe (*Chrysomela*-Arten, *Plagiodera*) auf der Fraßpflanze, Hinterende der Puppe festgeheftet in der mit dem Hinterende am Substrat befestigten letzten Larvenhaut.

J1. *Leptinotarsa decemlineata* Say, Kartoffelkäfer, Coloradokäfer; stammt aus dem südwestl. Nordamerika; 1874 zum ersten 1. Mal in Europa, 1877 in Dt; in stärkerem Ausmaß erst im 20. Jahrhundert, v. a. ab 1936; ca. 10 mm. Frisst an verschiedenen Solanaceae, insbesondere an Kartoffeln; die Kartoffelpflanze wird zunächst optisch, aus der Nähe geruchlich gefunden; Acetaldehyd und seine Derivate in der Pflanze wirken als Fressstoff, damit versetzte Gelatine wird gefressen; ein toxisches Glutamyl-Dipeptid aus Drüsen des Prothorax und der →Elytren schützt vor Ameisen; das Protein Leptinotarsin ist auch für Wirbeltiere giftig. Reife ♂♂ erkennen die ♀♀ olfaktorisch am Sexualpheromon; aufsteigen Aufsteigen zur **Paarung** aber erst nach eingehendem Betasten der Elytren des ♀ mit den Antennen und Palpen (♀♀ ohne Elytren, obwohl

gleichermaßen attraktiv, werden nicht begattet); bis zu 4 Verpaarungen der gleichen Partner hintereinander; das ♀ beginnt sofort nach der Begattung mit der **Eiablage**, die orangeroten Eier meist in Haufen (20–60) an die Unterseite der Blätter geklebt [**C-135**]; das ♀ kann 2 Jahre alt werden, kann bis 2400 Eier legen. Schlüpfen der ziegelroten **Larven** nach 5–12 Tagen; fressen zuerst die Eischale, dann schabend auf der Blattfläche, schließlich auf dem Blattrand reitend; bestimmte *Solanum*-Arten werden verschmäht wegen des Gehalts an bestimmten, abschreckend wirkenden, mit den Tarsen wahrgenommenen Alkaloiden. 3 Häutungen; **Verpuppung** im Boden nach (je nach Wetter) 10–30 Tagen; nach etwa 24 Tagen Schlüpfen der Imago, dann Reifungsfraß; Geschlechtsreife im Langtag nach 7, im Kurztag nach 10–14 Tagen; **Überwinterung** als Imago im Boden (bis 1 m Tiefe); Diapause ausgelöst durch Kurztagbedingungen; befällt im Frühling die austreibenden Kartoffelpflanzen; dann meist Begattung (nicht selten auch schon im Herbst vorher); eine 2. Generation nur in warmen Sommern, selten Ansatz zu einer 3.; Feinde: viele Vögel, Raubinsekten, Parasitoide (→Eulophidae, →Mymaridae, →Pteromalidae, →Braconidae, →Ichneumonidae, →Tachinidae) und Parasiten (Nematoda, Microsporidia).

J2. *Chrysolina* (früher *Chrysomela*); 48 Arten in M-Eur; Flügeldecken meist metallisch glänzend, auffallend blau, blaugrün, blauviolett, bisweilen auch kupferfarben; viele Arten flugunwillig oder flugunfähig, manche nachtaktiv; Larven und Imagines mehr oder weniger ausgeprägt auf bestimmte Gruppen von Nahrungspflanzen (besonders häufig Lamiaceae und Asteraceae) eingestellt; einige Arten, z. B. *Chr. hyperici* Forst., an trockenen Standorten an *Hypericum perforatum*, mit Erfolg nach Australien und Kalifornien eingeführt zum Vernichten der dorthin verschleppten und als Unkraut lästig gewordenen Nahrungspflanze; Verpuppung im Boden.

J3. *Oreina* (früher *Chrysochloa*); Alpenblattkäfer; 17 Arten in M-Eur; meist ca. 10 mm; ausgezeichnet durch prächtige, metallisch glänzende Färbung (durch Reflektion Schutz vor UV-Strahlung und Überhitzung); nur in Höhenlagen über etwa 800 m; Käfer und Larven oft nachtaktiv, fressen an beschatteten, oft großblättrigen Asteraceae oder Apiaceae; meiste Arten →ovovivipar (Larven schlüpfen kurze Zeit nach der Eiablage) oder vivipar (kurze Sommer); ein ♀ setzt nur 20–50 Larven bzw. Eier in etwa 10 Tagen ab, verteilt auf verschiedene Nahrungspflanzen; 4 Larvenstadien; Verpuppung im Boden; Überwinterung als Imago, Larve oder Ei möglich.

J4. *Chrysomela populi* L. (früher *Melasoma p.*); Pappelblattkäfer (10–12 mm); die roten Flügeldecken hinten an der Naht mit schwarzer Spitze. ♂♂ kämpfen um ♀♀. **Eiablage** im Frühling in dichten Gruppen (15–60) an die Blattunterseite von Pappeln, selten auf Weiden. Larvenfraß bis auf die Rippen; die **Larven** jederseits auf den Abdominalsegmenten mit einer Drüse, aus der bei Störung ein intensiv riechender Sekrettropfen austritt (Salicylaldehyd aus der Nahrungspflanze) und nach Beruhigung wieder in den Vorratsraum der Drüse zurückgesogen wird; Schutzwirkung (wie immer in solchen Fällen) nur begrenzt. **Verpuppung** an der Pflanze als →Stürzpuppe; im gleichen Jahr eine 2. Generation (VII–IX), deren Imagines unter Laub im Boden überwintern. Sehr ähnlich: *Chr. tremula* F., Aspenblattkäfer (6–9 mm), v. a. an jungen Schösslingen der Zitterpappel, und *Chr. saliceti* Weise, Roter Weidenblattkäfer (6–9 mm), v. a. an schmalblättrigen Weiden.

J5. *Plagiodera versicolora* Laich., Blauer Weidenblattkäfer (3–4,5 mm); oben blaugrün; Käfer und Larven an Weiden (selten an Pappeln), Eier und Larven in Gruppen an der Blattunterseite; bedrohte Larven bilden einen Verteidigungsring mit nach außen gerichteten Köpfen; zuweilen schädlich an Weiden, deren Blätter von den Larven skelettiert werden; Puppe, hinten befestigt, ebenfalls an den Blättern; 3 Larvenstadien; 2–3 Generationen im Jahr; die Imago überwintert hinter Rinde oder zwischen Blättern am Boden. *Phratora vitellinae* L., Kleiner Weidenblattkäfer (4–5 mm) in Gestalt und Lebensweise sehr ähnlich.

J6. *Gonioctena viminalis* L., Korbweiden-Blattkäfer (5,5–7 mm); rot mit schwarzen Flecken (Nachahmung der giftigen Marienkäfer, →Coccinellidae); Käfer und Larven an Weiden; in kühlen Lagen lebend gebärend, in niedrigeren Lagen Eiablage (ab IV) an die Blattunterseite; Larven (ab V) in Gruppen auf den Blättern, bilden bei Gefahr einen Verteidigungsring, werden vom ♀ bewacht; 4 Larvenstadien; Verpuppung im Boden; die Entwicklung benötigt nur etwa 1 Monat; die geschlüpften Imagines gehen erst in eine Sommerruhe, überwintern danach, ohne dazwischen zu fressen.

K. Galerucinae; in Eur 111, M-Eur 40, Dt 32 Arten. Ovale bis lang-ovale Käfer mit schmalerem Vorderkörper; erinnern an Erdflöhe, aber ohne Sprungvermögen (außer *Luperomorpha*); oft unauffällig bräunlich oder schwarz gefärbt, einige mit kontrastierendem rotbraunem Halsschild und dunklem Körper (*Luperus*-Arten, *Luperomorpha*); meist →oligophag, Käfer fressen an Blättern und Blüten, Larven teils außen an Blättern meist zweikeimblättriger Pflanzen (K1–K5), teils an Wurzel (K6–K8); Eier, Larven und Puppen enthalten oft selbst synthetisierte Anthrachinone als Fraßschutz (K1–K5; daher die orangerote Färbung); 3 Larvenstadien; Verpuppung meist im Boden.

K1. *Galeruca tanaceti* L., Rainfarnblattkäfer (6–12 mm); schwarz; die Larven im Frühling, die Käfer im Sommer bis Herbst; polyphag: gewöhnlich harmlos an Rainfarn, Schafgarbe, Flockenblume und anderen Pflanzen; hin und wieder Massenvermehrung und dann schädlich an verschiedensten Kulturpflanzen (Kartoffeln, Rüben, Kohl, Klee, Hafer, Jungkiefern u. a.). Die Eiballen (mit je 20–30 Eiern) im Herbst an oberirdischen Pflanzenteilen abgelegt und mit schaumigem Sekret aus den Eileitern bedeckt; die Eier überwintern in der mit DOPA-Oxidase gehärteten Sekrethülle, die ebenfalls Anthrachinone enthält; durch Ansammeln der großen Eier im dehnbaren Eileiter enormes Anschwellen des Hinterleibs und Flugunfähigkeit beim ♀; Larven (IV–VI) gesellig an den Blättern; Verpuppung in einem grobmaschigen Kokon in der Laubstreu oder im Boden (3 Wochen Puppenruhe).

K2. *Pyrrhalta viburni* Payk., Schneeballblattkäfer (4,5–6,5 mm); länglich, hellgelb. Der Käfer frisst im Sommer und Herbst an Blättern und Blüten von *Viburnum* (als einziger Blattkäfer). **Eiablage** Spätsommer bis Herbst: das ♀ nagt in dünne Zweige (oft diesjährige Triebe) ein längsovales Loch (ca. 1,8 × 0,8 mm), dabei Auffasern des Holzes der Seitenwände, legt in die Höhle 4–12 Eier, bedeckt sie mit einem Deckel aus Kot, Drüsensekret und abgenagten Holzfäserchen, (Zwischenlagerung der mit Sekret vermischten Fasern in einem besonderen Darmsack); Herstellen des so geschützten Geleges in etwa 2–4 h; so im Durchschnitt etwa 50 Gelege, oft in Reihe dicht beisammen. **Larven** (5–6 mm) im Frühling auf der Blattunterseite, erst →Fensterfraß, dann Lochfraß. **Verpuppung** in Erdhöhle, deren Wand mit Sekret verfestigt sind (10–30 Tage Puppenruhe); die Eier überwintern (Kältereiz zum Schlüpfen notwendig).

K3. *Galerucella* mit 6–8 Arten in Eur und Dt (3–6 mm), darunter ein Komplex dreier im Entstehen begriffener Arten: Käfer untereinander noch fortpflanzungsfähig, unterbunden durch Bevorzugung verschiedener Fraßpflanzen (*G. nympheae* L. auf Seerosen, *G. aquatica* Geofr. an Polygonaceae, *G. sagittariae* Gyll. an Blutauge, *Comarum*); länglich, gelbbraun; gewöhnlich an Stauden und Bäumen in feuchten Lebensräumen; Eiablage ohne besondere Vorkehrungen auf ein Blatt, hier auch die Larven; Verpuppung im Boden (Ausnahme: *G. nympheae* L., alle Stadien auf der Oberseite von Seerosenblättern, Käfer und Larven im Gegensatz zu ihren Verwandten schwimmfähig dank Luftfilm um den Körper); auf Rosaceen Rosaceae lebende Arten (z. B. *G. tenella* L.) zuweilen auf Erdbeere schädlich („Erdbeerkäfer").

K4. *Agelastica alni* L., Blauer Erlenblattkäfer (6–7 mm); an Erle (u. U. Kahlfraß), weicht bei Mangel auf Weiden oder Birken aus; in Ausnahmefällen (Massenvorkommen mit Nahrungsmangel) an Obstbäumen durch Blatt- und Blütenfraß schädlich; im Frühling Ablage der dottergelben Eier (200–250 je ♀) in Haufen an Erlenblätter; hier Fraß der tiefschwarzen Larven (3 Stadien; 25–30 Tage); zumindest die Junglarven gesellig, bilden Verteidigungsringe; Verpuppung in der Erde in einem mit Sekret verklebten Kokon (3 Wochen Puppenruhe); die Imago überwintert in der Moos- und Laubschicht (Anpassung an Hochwasser?); →Prädatoren: z. B. *Hister helluo* (→Histeridae).

K5. *Lochmaea suturalis* Thoms., Heideblattkäfer (4–6 mm); gelbbraun; an *Calluna vulgaris*, sehr selten an *Erica*; kann ganze Heideflächen vernichten, dadurch z. B. geringerer Honigertrag; Eiablage an Stängel und Blätter; Larvenfraß im Sommer; Verpuppung oberflächlich am Boden; der Käfer überwintert im Wurzelwerk, frisst im Frühling, bei hohen Bestandsdichten flugfreudig, später bilden die ♀ ihre Flugmuskeln zurück.

K6. *Luperus* mit 6 heimischen Arten (4–5,5 mm); Käfer (V–VI) fressen an Blättern von Laubbäumen; Eiablage unter Grasbüschel; Larven fressen an Graswurzeln, überwintern in der Erde.

K7. *Diabrotica virgifera* LeConte, Maiswurzelbohrer (5–8 mm); aus Mittelamerika stammender Schädling in Maiskulturen, 1992 zum 1. Mal in Europa eingeschleppt, bürgert sich gerade in Dt ein; nach dem Schlupf im Hochsommer fressen die Käfer v. a. an Pollen und Blüten; Eiablage in den Boden, die Eier überwintern (manche auch 2-mal); Larven (ab V) erst außen an den Wurzeln, dann innen bohrend.

K8. *Luperomorpha xanthodera* Fairm. (ca. 4 mm); der aus Ostasien eingeschleppte, sich ausbreitende Käfer wie die Erdflöhe mit verdickten Hinterschenkeln und Sprungvermögen, und wurde früher zu den Alticinae gestellt; →polyphag in Gärtnereien, Larven an Wurzeln.

L. Alticinae, Erdflöhe; oft zu den Galerucinae gestellt; in Eur 540, M-Eur 307, Dt 229 Arten; klein; mit Sprungvermögen ausgestattet (bis

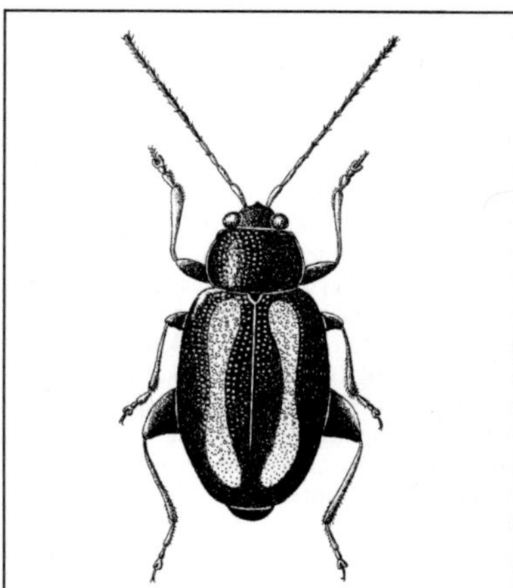

Abb. C-136: Chrysomelidae: *Phyllotreta undulata*, Kohlerdfloh; ca. 2 mm. (Bechyně 1954)

zu 40 cm, also der 300-fachen Körperlänge); Hinterschenkel verdickt, im Bereich der Schieneneingelenkung mit komplexer endoskeletaler Bildung (Schenkelfeder, Maulik'sches Organ); einige Arten flugunfähig (z. B. *Apteropeda, Mniophila*). Nicht wenige Arten gefürchtete Schädlinge an Kulturpflanzen; Fraß der Käfer hauptsächlich an Blättern (hinterlassen oft ein schrotschussähnliches Muster kleiner Löcher), seltener an Knospen, Blüten, Stängeln; Käfer einiger *Longitarsus*-Arten speichern giftige Inhaltsstoffe ihrer Fraßpflanzen (Pyrrolizidin-Alkaloide aus Asteraceae und Boraginaceae, Iridoidglykoside aus Scrophulariaceae); **Larven** fressen bei der Mehrzahl der Arten an Wurzeln, bei zahlreichen weiteren im Innern der ober- und unterirdischen Teile der Pflanzen, oft in Blättern minierend; selten außen auf Blättern (z. B. *Altica, Longitarsus pratensis* Pz.) oder in Moospolstern (*Mniophila, Minota*); meist Nahrungsspezialistentum, je nach Art von sehr verschiedenen Graden; Schadwirkung durch Fraß der Larven und der Käfer; Verpuppung i. d. R. im Boden; Überwinterung meist als Imago, manchmal als Larve und selten als Ei.

L1. *Phyllotreta*, Kohlerdflöhe; 32 z. T. sehr häufige Arten in M-Eur; 1,4–3,5 mm; teils einfarbig dunkel, teils mit gelblicher Zeichnung auf den Flügeldecken; die meisten an Kreuzblütlern, z. T. auch an *Reseda* und *Tropaeolum*, die Senföle in diesen Pflanzen wirken anlockend; die Käfer befressen Keimpflanzen (in Gärtnereien) und größere Blätter; Eiablage (Frühling und Sommer) bei Arten, deren Larven frei an den Wurzeln fressen, im Boden (z. B. *P. atra* F., Schwarzer Kohlerdfloh; *P. nigripes* F., blaugrün; *P. undulata* Kutsch., Flügeldecken mit gelben Streifen [**C-136**]); bei *P. nemorum* L. (ähnlich *P. undulata* gefärbt) Ablage an oberirdischen Pflanzenteilen, meist an der Blattunterseite, Larven in Blattminen; 3 Larvenstadien; Verpuppung stets im Boden; Jungkäfer im Sommer, gehen nach einer Fressphase zur Überwinterung unter Laub, in Erd- und Mauerspalten, unter Rinde; 1 Generation im Jahr. Als Ausnahme in der Gttg. bevorzugt der **Getreideerdfloh**, *Phyllotreta vittula* Redt. (1,5–1,8 mm; Flügeldecken mit gelbem Streifen), Gräser, wird aber dennoch von Senfölen der Kreuzblütler angelockt.

L2. Weitere Arten an Getreide: ***Neocrepidodera ferruginea*** Scop. (= *Asiorestia f.*), Rotbrauner Getreideerdfloh (3–4 mm; rotbraun); →polyphag (bevorzugt Disteln), und ***Chaetocnema aridula*** Gyll., Halmerdfloh (ca. 2 mm; schwarz), oligophag an Gräsern; die Larven beider Arten in der Stängelbasis; Überwinterung bei *N. f.* als Larve (wohl im 2. Stadium), bei *Ch. a.* als Imago; Verpuppung V–VI.

L3. An Flachs bisweilen schädlich die Flachserdflöhe ***Aphthona euphorbiae*** Schrk. (1,5–2 mm) und ***Longitarsus parvulus*** Payk. (1,3–1,6 mm; beide Arten einfarbig dunkel); Eiablage an den Wurzelhals; die Larven fressen an den Wurzeln, die Käfer an Blättern (Altkäfer) und Stängeln (Jungkäfer).

L4. ***Psylliodes affinis*** Payk., Kartoffelerdfloh (2–2,8 mm); oben gelbrot; an verschiedenen Solanaceae; Eiablage im Frühling im Boden; die Larven fressen zuerst im Innern der Wurzeln, dann außen; Überwinterung als Imago im Boden.

L5. ***Psylliodes chrysocephala*** L., Rapserdfloh (3–4,5 mm); metallisch blaugrün, Kopf vorne gelbrot; an Kreuzblütlern, an Raps mitunter schädlich; Eiablage im Herbst und u. U. wieder im Frühling in den Boden; die Larve dringt (ab Ende IX) in die Basis der Blattstiele verschiedener Kreuzblütler ein, angelockt durch von den Pflanzen ausgehende Duftstoffe, miniert in den Blattstielen bis in die Blattrippen, im letzten (3.) Stadium abwärts in den Schaft; die Pflanzen reagieren mit Wucherungen und sterben teilweise ab. Überwinterung wohl meist als Larve, aber in verschiedenen Stadien, auch als Ei möglich; Verpuppung in der Erde im Frühling; Jungkäfer im Frühsommer, fressen, dann 50–60 Tage Sommerruhe, schließlich kurzer Reifungsfraß und Beginn der Eiablage im Herbst.

L6. ***Altica quercetorum*** Foud., Eichenerdfloh (4–5 mm); blaugrün; Eiablage im Frühling an die Blattunterseite von Eichen; die Larven in Gruppen, skelettieren die Blätter; Verpuppung im Sommer im Boden, auch in Rindenritzen; die Jungkäfer fressen an den Blättern bis zur Überwinterung am Boden oder in Rindenritzen.

L7. ***Altica oleracea*** L., Falscher Kohlerdfloh (3–4 mm); blaugrün; frisst an Weidenröschen und anderen Oenotheraceae, aber nicht an Kreuzblütlern, ist also kein Kohlschädling.

Lit. →Coleoptera; Brauns 1991; Buchner 1953; Erber 1968; Hilker 1991; Hilker & Weitzel 1991; Hoffmann & Schmutterer 1983; Jacques 1988; Jolivet et al. 1991; Maisner 1974; Rheinheimer & Hassler 2018; Sorauer 1949–57; Wesenberg-Lund 1943.

Chrysomelinae →Chrysomelidae J.

Chrysomeloidea; artenreiche Gruppe phytophager Käfer (→Coleoptera); bei uns mit den Fam. →Cerambycidae, →Chrysomelidae (einschl. Bruchinae), →Megalopodidae, →Orsodacnidae.

Chrysopa →Chrysopidae; vgl. auch →Ceratopogonidae.

Chrysopidae, Florfliegen, Goldaugen, Stinkfliegen, Blattlauslöwen; Fam. der Netzflügler (Planipennia) mit in Eur 67, M-Eur 39, Dt 28 Arten, häufig *Chrysopa perla* L., *Chrysoperla carnea* Steph. (Körper 10 mm, Flspw. 30 mm); Flügel groß (7–25 mm), in Ruhe dachförmig auf dem Rücken; goldäugig, oft gelblich oder grünlich; das reiche Flügelgeäder oft ebenfalls grünlich, die Flügelmembran bisweilen irisierend; in der Dämmerung und nachts aktiv, fliegen abends gern ans Licht; manche Arten an der Basis der Vorderflügel in der Radialader mit einem auf Ultraschall ansprechenden →**Tympanalorgan**; reagieren auf Ortungslaute der Fledermäuse (15–140 kHz) mit Sturzflug. Jederseits an der Vorderbrust bei ♂ und ♀ vieler Arten Ausmündung einer **Wehrsekret** absondernden Drüse (Hauptkomponente Skatol, daneben Tridecen). **Nahrung** der Imagines teils aus Pollen, Nektar und →Honigtau, teils (*Chrysopa*) aus kleinen Insekten, v. a. Blattläusen in beträchtlichen Mengen (Mandibeln kräftig). Beim **Paarungsverhalten** spielen Ultraschall-Laute eine wichtige Rolle; sie werden erzeugt durch Vibrationen und Zuckungen des Abdomens, wobei (vermutlich) Borstenfelder an der Basis der Vorderflügel gegen ein erhabenes Borstenfeld am Metathoraxrücken reiben; nicht die visuell auffälligen Auf-und-ab-Bewegungen des Abdomens, sondern die Ultraschall-Laute sind für die Kommunikation der Geschlechter von Bedeutung; die ♂♂ vibrieren

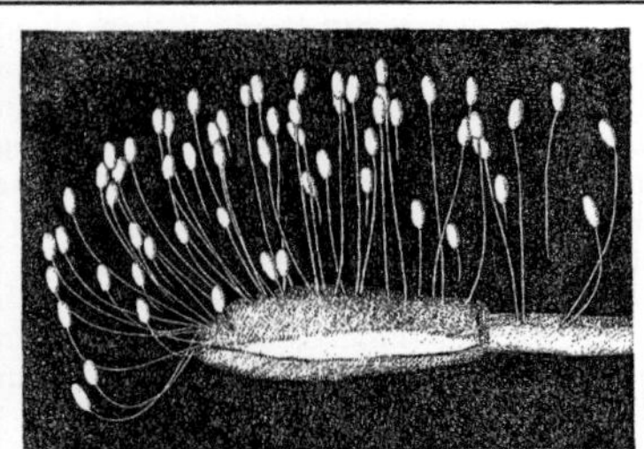

Abb. C-137: Chrysopidae: Gelege; beachte die verschiedene Länge der (nicht überall durchgezeichneten) Eistiele. (Klots & Klots 1959)

Abb. C-138: Chrysopidae: Larve (15 mm) saugt eine Blattlaus aus. (Wundt 1969)

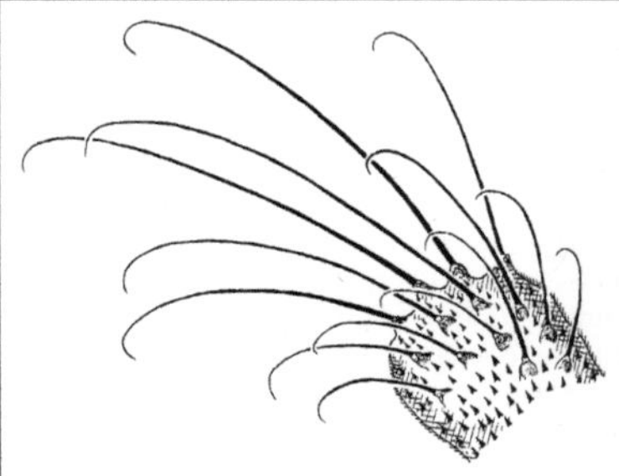

Abb. C-139: Chrysopidae: *Apertochrysa prasina*. Larve; Borstenhöcker mit Angelhaaren zum Festhalten der Tarngegenstände. (Stitz 1931)

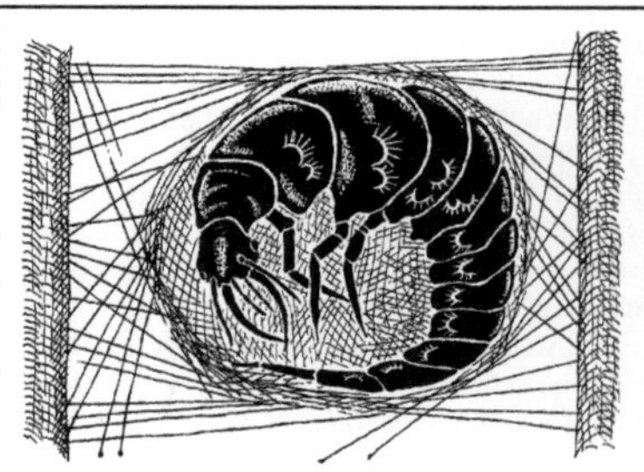

Abb. C-140: Chrysopidae: Puppe in zwischen Pflanzenteilen aufgehängtem Kokon. (Wundt 1969)

häufiger als die ♀♀; vor der Paarung Kontakt der Antennen und Mundteile; das ♂ stellt sich schließlich neben das ♀, Köpfe gleich gerichtet, dann Vereinigung (bis etwa 30 min); das ♂ setzt bei der Begattung eine Spermatophore an der Geschlechtsöffnung des ♀ ab. **Eiablage** meist in Gruppen an Blättern, nicht selten (immer?) in Nähe von Blattlauskolonien; Eier an der Spitze eines langen Fadens (erstarrtes Sekret von Anhangsdrüsen des Geschlechtsapparates) befestigt [**C-137**]: das ♀ setzt die Geschlechtsöffnung auf das Substrat, zieht durch Heben des Hinterleibs den schnell erstarrenden Sekretfaden aus, dann Austreten des Eies. Die **Larven** (Blattlauslöwen) befreien sich mit einem Eizahn aus der Eihaut, sind lang gestreckt; je nach Art mit zahlreichen kürzeren oder längeren, zuweilen am Ende hakig gekrümmten Borsten besetzt; mit schlanken, langen Saugzangen am Mund (→Planipennia); können sich durch Ausstülpen des Enddarmes mit dem Hinterleibsende festheften; eifrige Vertilger von Blattläusen [**C-138**] (neben den Larven von →Coccinellidae und →Syrphidae F) und anderen kleinen Insekten (gelegentlich Kannibalismus); manche Arten jagen auf Laubgehöl-

zen (z. B. *Chrysopa pallens* Ramb.), andere auf Nadelbäumen (z. B. *Chrysopa dorsalis* Burm. an Kiefern), andere auf beiden (z. B. *Chrysopa perla* Ramb.); die mit Hakenborsten [**C-139**] versehenen Larven mancher Gttgn. (*Apertochrysa, Chrysotropia, Cunctochrysa, Nothochrysa*) tarnen sich mit leeren Blattlaushäuten, Rindenstückchen u. dgl., die mit den Saugzangen auf den Rücken gebracht werden; nach Entfernen ihrer Tarnung (im Experiment) von den die Blattläuse hütenden Ameisen als Jäger erkannt und aus den Kolonien getragen; die Larven einiger Arten ernähren sich ausschließlich von Schmierläusen (→Pseudococcidae) und verwenden zur Tarnung die von diesen ausgeschiedene Wachswolle. **Verpuppung** [**C-140**] in einem geeigneten Versteck (in Rindenritzen, zwischen Pflanzenteilen) in einem Gespinstkokon (Sekret aus den Malpighi-Gefäßen); die Puppe (Pupa dectica) verlässt mithilfe ihrer beißfähigen Mandibeln aktiv den Kokon, häutet sich dann zur Imago. Entwicklung bei den meisten Arten 1-jährig;

Überwinterung artspezifisch verschieden als Larve, als verpuppungsreife Larve oder als Imago; *Chrysoperla carnea* Steph. Mit 2 Generationen im Jahr, überwintert als Imago (Flügel im Herbst grünlich, nach Überwintern gelblich). Lit. →Planipennia; Canard et al. 1984.

Chrysops →Tabanidae 2.

Chrysotropia →Chrysopidae.

Chrysura →Chrysididae B1.

Chyliza →Psilidae.

Chyromya →Chyromyidae.

Chyromyidae; Fam. der Zweiflügler (Diptera, Brachycera, Cyclorrhapha) mit in Eur ± 50, M-Eur 14, Dt 8 Arten; wenig bekannte, winzige bis mittelgroße (0,5–8 mm), meist gelbliche, behaarte, *Drosophila*-ähnliche Fliegen; auf Blüten, Büschen und Gräsern; *Chyromya* bevorzugt offene Waldungen, die übrigen Gttgn. Eher in trockenen Lebensräumen und Salzwiesen; auch in Höhlen und an Fenstern in Gebäuden gefunden; Larven unbekannt. Lit. →Diptera.

Cicada →Cicadidae 2.

Cicadella →Cicadellidae C.

Cicadellidae (Jassidae), Zwergzikaden; artenreichste Fam. der Zikaden (Auchenorrhyncha, Cicadomorpha) mit in Eur 1069, M-Eur 577, Dt 467 Arten; meist recht klein (2–6 mm, wenige größer); mit langen, vierkantigen Hintertibien, eine Dornenreihe an jeder Kante; Geschlechtsdimorphismus nicht selten (z. B. Kurzflügeligkeit der ♀♀, Färbungsunterschiede); überwiegend →Phloemsauger (Ausnahmen: →C, H); 5 Larvenstadien; je nach Art 1 oder mehrere Generationen im Jahr; Überwinterung als Ei oder Imago, bei wenigen Arten als Larve; mehrere Arten schädlich an Kulturpflanzen, auch als Virusüberträger. Nicht monophyletisch, im Gegensatz zu ihren U-Fam., von denen folgende in Eur vorkommen:

A. Deltocephalinae, Zirpen; etwa 3/4 der 204 heimischen Arten an Gräsern und Binsengewächsen, der Rest an zweikeimblättrigen Gehölzen und Kräutern (*Erotettix cyane* Bch., Seerosenzirpe, auf Seerosenblättern); viele Arten mit (beim ♀ oft stärker) verkürzten Flügeln (→A2), außer z. B. bei Pionierarten (→A1) oder Arten, die nach der Häutung zur Imago von der Kraut- in die Baumschicht aufsteigen (z. B. *Allygus mixtus* F., Gemeine Baumzirpe; *Balclutha*, Winterzirpen →A3); Saisondimorphismus bei *Euscelis incisus* Kirschb. (Wiesenkleezirpe, →Auchenorrhyncha). Überwinterung meist als Ei, bei manchen Arten als Larve (z. B. *Thamnotettix*) oder Imago (z. B. *Balclutha* →A3).

A1. *Macrosteles laevis* Rib., Ackerwanderzirpe; gelblich, auf dem Kopf (meist) 6 dunkle Flecken; an Gräsern, oft auch an Getreide schädlich durch Saftsaugen und als Überträger von Pflanzenkrankheiten; geht auch an Rüben, Kartoffeln und andere Pflanzen; wie einige Arten der Gttg. Mit bemerkenswerten Ausbreitungsflügen (schnelle Besiedler neu entstandener Biotope); je nach Wetter 2–3 Generationen; Überwinterung als Ei unter der Blattoberhaut von Gräsern; Parasitoide: →Dryinidae [**D-55**].

A2. *Deltocephalus pulicarius* Fall., Wiesenflohzirpe; dunkel, mit hellen Flügeladern; ♂ kleiner und mit längeren Flügeln als ♀; auf Gräsern stickstoffhaltiger Böden (insbesondere *Agrostis*); als Bewohner extensiv bewirtschafteter Wiesen, Schaf- und Viehweiden ist auch diese ehemals sehr häufige Art seltener geworden.

A3. *Balclutha punctata* F., Gemeine Winterzirpe; die getüpfelte Imago zunächst rotbräunlich, nach der Überwinterung grün gefärbt; an Gräsern, im Winter jedoch an Koniferen zwischen den Nadeln.

A4. Hierher auch die ungewöhnliche *Eupelix cuspidata* F., Löffelzikade; recht groß (♀ 6,5–8 mm, ♂ nur 5–6,5 mm), mit ± spatelförmig ausgezogenem Kopf; v. a. an Gräsern extensiver Magerrasen (bevorzugt Schafschwingel, *Festuca ovina*); überwintert wohl 2-mal.

B. Iassinae, Lederzikaden; heimisch 4 Arten, eine weitere mit ihrer Wirtsbaumart eingeschleppt; häufig nur *Iassus lanio* L., Eichenlederzikade (6,5–8,5 mm); bei Larven und Imagines sowohl grüne als auch braune Farbvarianten; Imagines VII–IX; saugt saugen an Eichen, ohne wesentliche Schäden zu verursachen (braune Flecken an der Trieboberfläche, Blattwellungen); Eiablage an der Basis der Knospen unverholzter Triebe; Schlupf der Larven gleichzeitig mit dem Austreiben der Knospen; Larvenentwicklung 2 Monate; nur die jungen Larven überwiegend an unverholzten Trieben, ältere Larven und Imagines können auch verholztes Gewebe anstechen; 1 Generation im Jahr; Überwinterung als Ei.

C. Cicadellinae, Schmuckzikaden; in Dt 6 Arten; →Xylemsauger, daher relativ groß (5–10 mm) und mit vorgewölbter Stirn (höhere Saugkraft, kräftigere Muskulatur); häufig die längliche *Cicadella viridis* L., Binsenschmuckzikade (6–9 mm); Grundfarbe grün, Vorderflügel der ♂♂ dunkelblau; in Feuchtwiesen, an feuchten Waldrändern; v. a. die Imagines saugen an Sumpfpflanzen (*Juncus, Scirpus*), aber auch an sehr vielen anderen Pflanzen; gelegentlich schädlich an Obstbäumen durch Einstiche für Eiablage, im Süden zuweilen Schäden an Luzer-

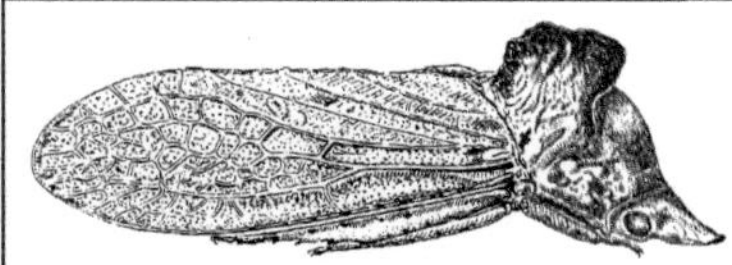

Abb. C-141: Cicadellidae: *Ledra aurita*, Ohrzikade; 13–17 mm. (Haupt 1935)

nekulturen; 1–2 Generationen im Jahr, die Eier überwintern.

D. Ledrinae, mit einer einzigen mitteleuropäischen Art: ***Ledra aurita*** L., Ohrzikade [**C-141**]; größte Art der Fam. (♂ 13 mm, ♀ 15–18 mm), durch die ohrförmigen Erweiterungen des Halsschildes nicht zu verwechseln; die rindenfarbigen Imagines kurzlebig (ab VII/VIII); auf Laubhölzern (oft Eichen und anderen Laubbäumen mit rissiger Borke), meist in den Baumkronen; bei uns die einzige Zikadenart, die an das Leben auf Baumrinde angepasst ist; mehrjährige Larvenentwicklung: 1. Überwinterung als junge, 2. als alte Larve.

E. Aphrodinae, Erdzikaden; 16 heimische Arten abgeflachter, gedrungener Zikaden; meiste Arten auffällig geschlechtsdimorph gefärbt, mit quer gebänderten oder längs gestreiften ♂♂ und unauffällig bräunlichen ♀♀; i. d. R. bodennah oder in der Streuschicht, saugen mehrheitlich an Gräsern wie die häufige *Anoscopus serratulae* F., Rasenerdzikade (♂ hell mit 2 schwarzen Querbändern); an Kräutern *Aphrodes* (auf Fettwiesen häufig *A. makarovi* Zachv., Wiesenerdzikade, ♂ mit hellen Querbinden auf Kopf und Halsschild und hellen Streifen entlang der Längsadern), an Heidekraut *Planaphrodes trifasciata* Geoffr. (wie andere Arten der Gttg. mit 3 hellen Querbändern); überwintern meist als Ei (Ausnahme: die vermutlich 2-jährige *Stroggylocephalus livens* Zett., Moorerdzikade, als Larve und Imago).

F. Macropsinae, Maskenzikaden mit 34 heimischen Arten; Halsschild nach vorn über den Kopf ragend; Gesicht mit (teils arteigenem) dunklen Fleckenmuster; an Laubgehölzen (v. a. Betulaceae: *Oncopsis*, Salicaceae: meiste *Macropsis*-Arten), einzelne Arten an Stauden (Beifuß, Brennnessel); stets 1-jährig, mit Überwinterung als Ei.

G. Idiocerinae, Winkerzikaden; bei uns 25 eher größere Arten (4–7,5 mm), die meisten an Salicaceae (z. B. *Idiocerus*), seltener an Ahorn (*Acericerus*) oder Schlehe (*Balcanocerus*); häufig ***Populicerus populi*** L., Espenwinkerzikade (5–6 mm); Gesicht beim ♀ grün, beim ♂ gelb bis orange; saugt an Zitterpappel; Eiablage in

Seitenäste; Larven saugen an Knospen, Blättern und Stamm; 1 Generation, die Eier überwintern; zuweilen schädlich.

H. Typhlocybinae, Blattzikaden; 163 heimische Arten kleiner (unter 5 mm), meist schlanker, flugfreudiger Zikaden, die im Gegensatz zu anderen Zikaden Blattzellen aussaugen (die Blätter erscheinen dann oft weiß getüpfelt); 2/3 unserer Arten saugen an Laubgehölzen (an Nadelbäumen, und zwar Kiefern, nur *Wagneripteryx germari* Zett.), die Übrigen an Kräutern, seltener Gräsern oder Zwergsträuchern, *Eupteryx filicum* Newm. Am Tüpfelfarn (*Polypodium*); Überwinterung teils als Ei, teils als Imago. Beispiele:

H1. ***Edwardsiana rosae*** L., Rosenzikade, Rosenlaubzikade; blass-gelb oder grün, Vorderflügel gelbweiß; v. a. auf der Blattunterseite von Rosen (Blätter dann gelb gescheckt), aber auch an Obstbäumen; alle 31 heimischen Arten der Gttg. an Laubhölzern (1 auch an Mädesüß); meist 2 Generationen, Überwinterung als Ei unter der Rinde junger Zweige.

H2. ***Typhlocyba quercus*** L.; Vorderflügel unverwechselbar mit orangerotem bis braunem Fleckenmuster; →polyphag an Eichen, Kirschen, Pflaumen und anderen Gehölzen; 1 Generation im Jahr, überwintert als Ei.

J. Megophthalminae, Kappenzikaden, mit 2 heimischen Arten der Gttg. *Megophthalmus*, durch in der Kopfspitze aufeinander treffende Scheitel- und Gesichtskiele gekennzeichnet; ♂ schwärzlich, ♀ braun; verbreitet nur *M. scanicus* Fall.: im Sommer auf mageren Wiesen und Weiden, Niedermooren, Heiden u. Ä., saugt an Schmetterlingsblütlern (Fabaceae). Gelegentlich dazugerechnet werden die **Agalliinae,** Dickkopfzikaden, mit 8 heimischen Arten (lokal häufig: *Anaceratagallia venosa* Geoffr.): helle Flügel mit auffallend dunkler Aderung, Kopf und Halsschild ebenfalls hell-dunkel gemustert; saugen bodennah an Kräutern; abweichend *Agallia brachyptera* Boh., kurzflügelig, an Korbblütlern nicht zu trockener Standorte; Überwinterung bei der einen Hälfte der Arten als Ei, bei der anderen als Imago.

K. Ulopinae, Narbenzikaden; vereinzelt als Fam. **Ulopidae** geführt, da näher mit den →Membracidae als den meisten übrigen Cicadellidae verwandt; in M-Eur 3 kleine, dunkel und hell gemusterte Arten; Oberfläche mit Punktgruben überzogen, auch die hierdurch steifen Vorderflügel; Hinterflügel nur bei wenigen Individuen ausgebildet; mit schwachem Sprungvermögen; z. B. ***Ulopa reticulata*** F., Heidekrautzikade, in Mooren und Heiden an *Calluna*; 2-jährig, überwintert erst als Larve, beim 2. Mal als Imago.

Lit. →Auchenorrhyncha; Dietrich et al. 2017; Gotsmy & Schopf 1992; Oman et al. 1990; Szwedo 2002; Thum 1988.

Cicadetta →Cicadidae 4.

Cicadidae, Singzikaden; Fam. der Zikaden (Auchenorrhyncha, Cicadomorpha) mit in Eur 73, M-Eur 13, Dt 5 Arten; hierher gehören v. a. die in warmen Gebieten recht artenreich vertretenen mittelgroßen bis sehr großen Zikaden, deren ♂♂ tagsüber durch den zuweilen außerordentlich lauten artspezifischen Gesang imponieren; riesige abdominale Tracheenblasen verstärken und modifizieren den vom →Trommelorgan erzeugten Schall (s. →Auchenorrhyncha); in Gegensatz zu anderen Zikaden mit →Tympanalorganen; die großen häutigen Flügel werden in Ruhe dachförmig gehalten, sie ermöglichen einen raschen Flug; →Xylemsauger; Eiablage in Pflanzenteile; die **Larven** fallen nach dem Schlüpfen zu Boden, graben sich mit den zu kräftigen Grabinstrumenten umgewandelten Vorderbeinen in den Boden, saugen an Pflanzenwurzeln; hier überwintern sie auch; letzte Häutung über dem Boden, meist an Pflanzenstängeln, an denen die Exuvie hängen bleibt [**C-142**]; Dauer des Larvenlebens bei europäischen Arten einige Jahre (bei nordamerikanischen *Magicicada*-Arten 17 Jahre); 5 Larvenstadien.

1. In S-Eur häufig: *Tibicen plebejus* Scop. (= *Lyristes p.*), Gemeine Singzikade (Körperlänge 40–60 mm); singt tagsüber, Gesang laut, Strophen dauern meist 11 s, selten bis 33 s; beginnen stürmisch, schwellen von der 5. Sekunde an ab und enden mit einem an eine auslaufende Maschine erinnernden, tiefer und leiser werdenden Schwirren; die ♀♀ lassen sich, vom Gesang der ♂♂ angelockt, in deren Nähe nieder und verharren dort; kopulationsbereite ♂♂ marschieren mit Unterbrechungen, jedoch stets singend, am Ast oder Stamm umher, bis sie auf ein ♀ treffen; erkennen das ♀ erst aus einer Entfernung von 5–10 cm und steuern es dann gerichtet an.
– Alle folgenden Arten heimisch:

2. *Cicada orni* L., Mannazikade, Eschenzikade (22–31 mm); in S-Eur häufig, bei uns selten im Südwesten; schwer zu beobachten, weil sehr flüchtig; singt meist hoch oben im Geäst, oft stundenlang ohne Unterbrechung; Gesang quäkend, erinnert an Laubfrösche; die einzelnen Laute werden in der Minute bis zu 200-mal wiederholt.

3. *Tibicina haematodes* Scop., Lauer, Weinzwirner, Blutrote Zikade (26–38 mm); vereinzelt noch in der Gegend von Würzburg, im Neckar- und in Teilen des Rheingebietes; rötliche Zeich-

Abb. C-142: Cicadidae: *Tibicen plebejus*, Gemeine Singzikade. Exuvie des letzten Larvenstadiums an Pflanzenstängel; 30 mm. (M. R.)

nung an Brust und Flügeln; singt zur Zeit der Weinblüte; Gesang eine Folge von scherenschleiferartig scharfen Versen von ca. 15 s Dauer, die stotternd einsetzen; saugt auch an Rebtrieben; Eiablage in Schlehenrinde.

4. *Cicadetta montana* Scop., Bergzikade (15–23 mm); bei uns stellenweise im Süden; leiser, hoher, summender Gesang; 4 weitere äußerst ähnliche, früher unerkannte Arten mit abweichenden Gesängen im M-Eur, bei uns *C. petryi* Schum. (mit kurzen Unterbrechungen im summenden Gesang) und *C. cantilatrix* Sueur & Puiss. (kurze, schleifende Einzellaute im Sekundentakt); Zikaden dieser Gruppe in O-Eur bisweilen an Linden und anderen Laubbäumen schädlich. Lit. →Auchenorrhyncha; Gogala 2007–09; Schremmer 1957.

Cicadina →Auchenorrhyncha.

Cicadomorpha →Auchenorrhyncha.

Cicindela →Cicindelidae 1, 2, 3, 4; vgl. auch →Thynnidae.

Cicindelidae, Sandlaufkäfer, Tigerlaufkäfer [**C-143**]; Fam. der Käfer (Coleoptera, Adephaga); auch als U-Fam. **Cicindelinae** der →Carabidae betrachtet; in Eur 43, M-Eur 13, Dt 9 Arten; mittelgroß (10–15 mm); metallisch grün bis kupferfarben, Flügeldecken von bezaubernder, farbiger Feinstruktur mit wenigen rahmweißen Flecken; die gezähnten, sichelförmigen Mandibeln weit vorspringend. Auf sandigem oder sandig-lehmigem, an Küsten auch auf felsigem Gelände; bei Sonnenschein flinke **Läufer** (*Cicindela hybrida* L. bis 580 mm/s), fliegen abrupt hoch; Flügeldecken beim Flug abgespreizt und durch ein seitlich ausgestrecktes Beinpaar festgehalten; leben jagend, überfallen die optisch wahrgenommene **Beute** blitzschnell; **Stridulationslaute** durch Reiben der mit Zähnchen besetzten Adern der Hinterflügel an Rillen auf der

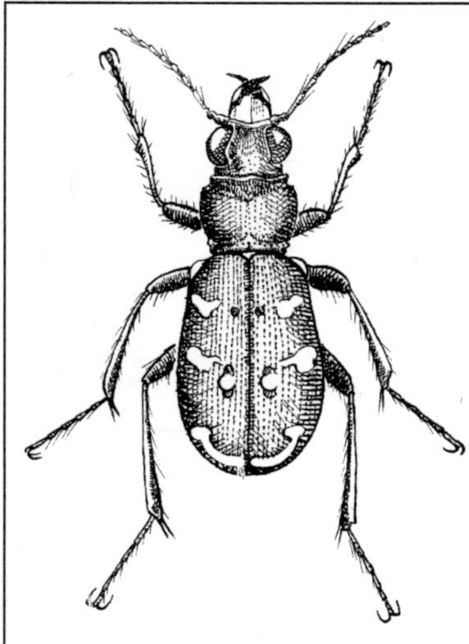

Abb. C-143: Cicindelidae: *Cicindela campestris*, Feld-Sandlaufkäfer; etwa 15 mm. (Bechyně 1954)

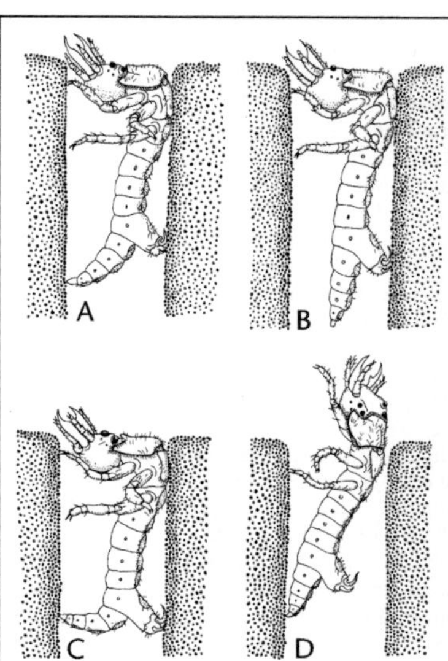

Abb. C-144: Cicindelidae: *Cicindela*-Larve. 4 Stadien des
Beuteerwerbes. A: Lauerstellung; B: Beute optisch ausgemacht, Streckstellung; C: Stemmstellung; D: Sprung auf Beute,
anschließend Rückzug in tieferen Gangteil. (Faasch 1968)

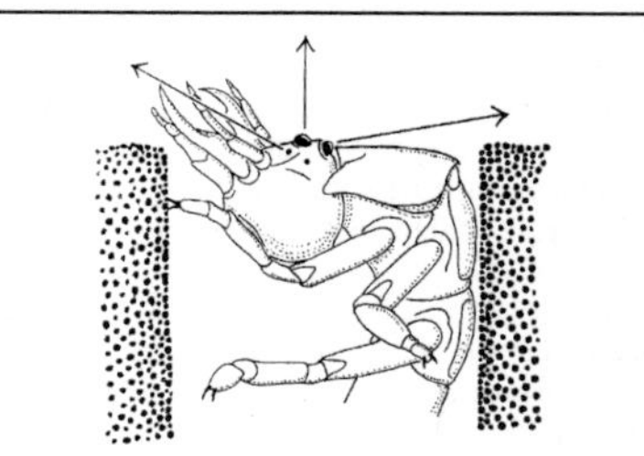

Abb. C-145: Cicindelidae: *Cicindela*-Larve. Vorderkörper,
in Lauerstellung; Sehachsen der Einzelaugen eingezeichnet.
(Faasch 1968)

Unterseite der Deckflügel (Bedeutung unklar);
→Tympanalorgane im 1. Abdominalsegment
nachgewiesen bei der amerikanischen *Ellipsop-
tera marutha* Dow. Die **Larven** leben in selbst
gegrabenen, meist senkrechten Erdröhren (bis
40 cm tief); der beim Graben der Erdröhre ge-
lockerte Sand wird durch Kopfbewegung weggeschleudert, ebenso kleine Gegenstände rund
um die kreisrunde Röhrenöffnung, sodass die
Sicht vollkommen frei ist; die Larven lauern am
Eingang auf Beute [**C-144**], den runden Eingang
mit Kopfoberseite und Halsschild verschlie-
ßend, Fühler und weit gespreizte Kiefer nach
oben gerichtet; häkchenbewehrte Zapfen auf
dem Rücken des 5. Hinterleibssegments dienen dem Feststemmen in der Röhre; die Beute
wird optisch wahrgenommen (tags und nachts
aktiv), die Stellung der 6 Punktaugen sichert
ein weites Gesichtsfeld [**C-145**]; der Ansprung
gelingt am besten, wenn die Beute von hinten
oder von der Seite kommt [**C-144**]; diese wird
in der Tiefe der Röhre verzehrt und vor dem
Mund verdaut, Nahrungsreste und Kot werden
entfernt; Feind der Larven: das ♀ von *Methocha
articulata* Latr. (→Thynnidae). 3 Larvenstadien;
1. **Überwinterung** meist im 2. Larvenstadium in
der verschlossenen Wohnröhre (zuweilen 2- bis
3-malige Überwinterung); zur **Verpuppung** (oft
im VII) wird die Röhre ebenfalls verschlossen

und ein schräg aufwärts führender Verpuppungsgang gegraben; Puppenzeit knapp 3 Wochen; Jungkäfer schlüpfen im Spätsommer und
überwintern.

1. *Cicindela campestris* L., Feld-Sandlaufkäfer [**C-143**]; Imago IV–IX; häufigste Art, v. a.
auf Wald- und Wiesenwegen; das ♂ springt
das ♀ ohne besondere Balz an, sofort Kopula
(7–10 min), wird manchmal von den gleichen
Partnern wiederholt; zur sofort anschließenden

Eiablage (im V) bohrt das ♀ den Hinterleib ca.
5 mm in den Boden, das Eigrübchen wird dann
durch wischende Bewegungen mit dem Hinterleib verschlossen.

2. _Cicindela maritima_ Dej., Küster.-Sandlaufkä-
fer; v. a. an den Küsten von Nord- und Ostsee;
durch Flughemmung bei starkem Wind wird ein
Verschlagen auf das Meer vermieden.

3. _Cicindela gallica_ Brul.; in den Alpen über der
Waldgrenze, im Allgäu; leuchtend grün, selten
dunkler.

4. _Cicindela sylvicola_ Dej., Berg-Sandlaufkäfer;
montan; grün mit Kupferglanz; die Larven bewohnen schräge bis steile Lehmböschungen; das
mündungsnahe Anfangsstück der Wohnröhre
nur leicht abwärts geneigt, also meist nicht senkrecht zur Substratoberfläche; um der Öffnung
dennoch – dem Verschlussapparat aus Kopf und
Brustschild entsprechend – eine runde Form zu
geben, wird von einer „Baugrube" unmittelbar
unter der Röhre mit Lehm entnommen und
um und über dem den Eingang und darüber als
„Überbau" aufgetragen; nur oberhalb befindliche Beutetiere werden gesehen und im blitzschnellen Vorstoß gefangen.
Lit. →Coleoptera; Trautner & Geigenmüller
1987.

Ciidae (Cisidae), Schwammkäfer; Fam. der
Käfer (Coleoptera, Polyphaga, Cucujiformia)
mit in Eur 71, M-Eur 53, Dt 43 Arten (häufig
u. a. _Cis boleti_ Scop.); kleine (meist um 2 mm)
düsterbraune walzenförmige Käfer mit sehr
langem Klauenglied, die samt ihren Larven in
harten Baumschwämmen leben, manchmal in
beträchtlichen Mengen; seltener in von Pilzmycelien durchsetztem Holz oder Mulm, auch in
den Gängen von Borkenkäfern (→Curculioni-
dae P); **Ernährung** wohl immer von Pilzmycelien, manche sind anscheinend auf Schwämme
an bestimmten Baumarten angewiesen (z. E. _Cis_
punctulatus Gyll. oft an Kiefernholz, bevorzugt
den Baumschwamm _Trichaptum fuscoviola-
ceum_).
Lit. →Coleoptera.

Cilix →Drepanidae 3.

Cimberididae, Kiefernblütenrüssler; Fam. der
Käfer (Coleoptera, Polyphaga, Cucujiformia);
bisher zu den →Nemonychidae gestellt, jedoch
Schwestergruppe aller übrigen Rüsselkäfer (Curculionoidea); in Eur & Dt 2 Arten: _Cimberis ar-
telaboides_ F. und _Doydirhynchus austriacus_ Oliv.;
3–5 mm; ähnlich den Curculionidae, Antennen
jedoch nicht gekniet; Körper dicht behaart; Imagines legen Eier in männliche Blütenstände von
Kiefern (ab IV); Larven leben vom Pollen und
wachsen rasch heran; an Ende der Blütezeit fal-

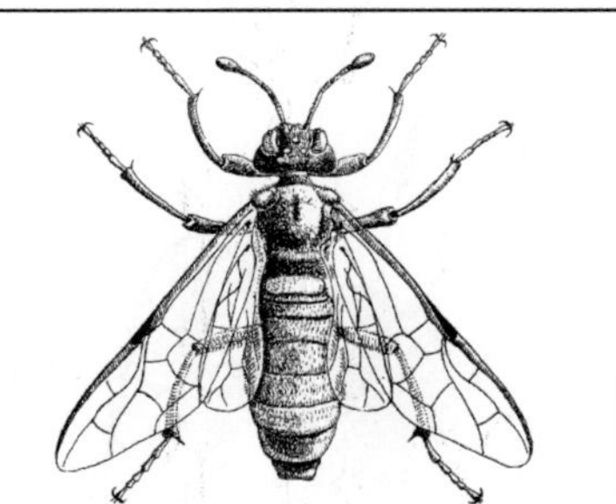

Abb. C-146: Cimbicidae: _Cimbex femorata_, Große Birkenblattwespe; ca. 25 mm. (Brauns 1991)

len die ausgewachsenen Larven zu Boden, wo sie
sich wohl auch verpuppen (wann?).
Lit. →Coleoptera; Rheinheimer & Hassler 2010.

Cimberis →Cimberididae.

Cimbex →Cimbicidae 2.

Cimbicidae, Knopfhornblattwespen, Keulenhornblattwespen [**C-146**]; Fam. der Hautflügler
(Hymenoptera, „Symphyta", Tenthredinoidea)
mit in Eur 51, M-Eur 27, Dt 23 Arten; die z. T.
sehr stattlichen, plumpen Imagines sind ausgezeichnet durch die am Ende keulig verdickten,
mittellangen Antennen; fliegen rasch, mit lautem
Flugton; ♂♂ bei manchen Arten mit vergrößerten Hinterbeinen und Mandibeln (Waffen bei
Rivalenkämpfen). **Eiablage** im Spätfrühling und
Sommer einzeln (z. B. _Cimbex_) oder zu mehreren (z. B. _Pseudoclavellaria_) in eine mit dem
Legebohrer auf der Blattober- oder -unterseite
eingeschnittene Tasche. **Larven** raupenähnlich,
häufig grün, oft mit weißlichem Wachspuder
bedeckt; mit 3 Brustbein- und 8 Afterfußpaaren (Afterraupen [**C-147**]); meist auf bestimmte
Fraßpflanzen angewiesen; fressen v. a. abends
und nachts frei an den Blättern der Nährpflanze
(Laubgewächse) bis zur Mittelrippe; reiten
dabei auf dem Blattrand; in Ruhe zusammengerollt auf den Blättern; lassen bei Störung Blut
durch Poren dicht über den Stigmen austreten
(spritzen auch aktiv aus); die erwachsene Larve
bei den großen Arten bis 4–5 cm. **Überwinterung** als Larve in einem dichten Gespinstkokon
[**C-148**] im Boden oder an der Fraßpflanze; **Verpuppung** meist im nächsten Frühling (gelegentlich 2-jährige Generation). Eigenartig ist das
Nagen von Ring- oder Spiralfurchen an Trieben
durch die Imagines der großen Arten (vielleicht,
um Saft zu lecken [**C-149**]); kein großer Schaden
durch Ringeln oder Larvenfraß.

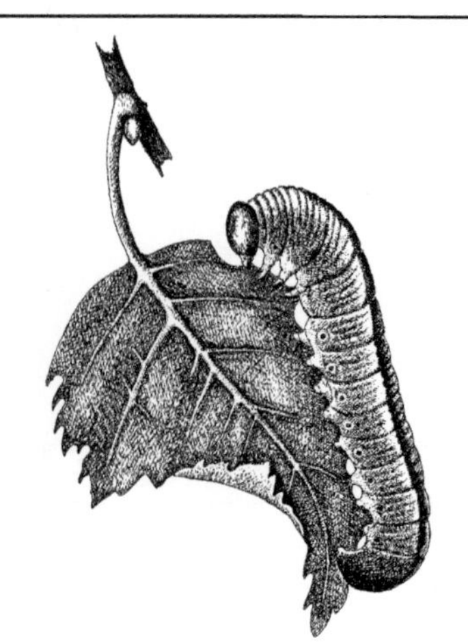

Abb. C-147: Cimbicidae: *Cimbex femorata*, Große Birkenblattwespe. Larve (bis 45 mm) an Birkenblatt. (Amann 1960)

Abb. C-148: Cimbicidae: *Trichiosoma lucorum*, Große Pelzblattwespe. Kokon nach dem Schlüpfen; 30 mm. (Escherich 1914–42)

Abb. C-149: Cimbicidae: Durch die Imago von *Cimbex femorata* hervorgerufene, überwallte Schälwunde an einem Birkenzweig. (Amann 1960)

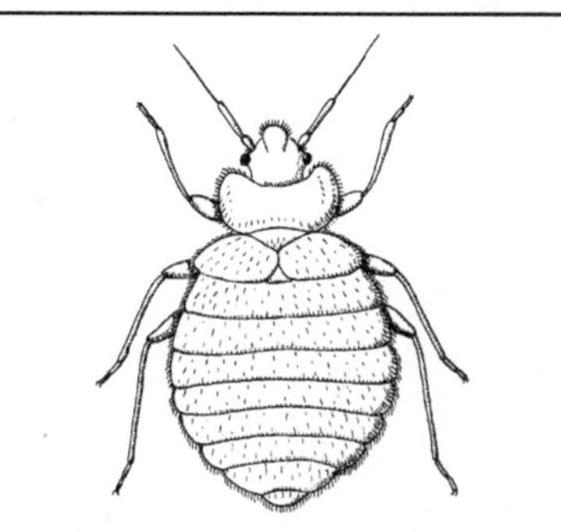

Abb. C-150: Cimicidae: *Cimex lectularius*, Bettwanze; 5–8 mm. (Hedicke 1935)

1. *Abia*; 8 heimische Arten; Imagines mittelgroß (etwa 10 mm); Körper häufig metallisch blau oder grün glänzend; die Larven auf Geißbatt (*Lonicera*) und krautigen Dipsacaceae.

2. *Cimbex*; mit 5 stattlichen Arten (15–28 mm); Larven stark wirtsspezifisch, *C. fagi* Zadd. (Buchenblattwespe) an Buche, *C. femoratus* L. (Große Birkenblattwespe) an Birke, *C. connatus* Schr. an Erle, *C. luteus* L. an Weide und Pappel, *C. quadrimaculatus* Müll. an Birne, Aprikosen, Pfirsich und Weißdorn.

3. *Pseudoclavellaria amerinae* L. (16–21 mm); Larve an Weide und Pappel; Wand des Puppenkokons gitterförmig.

4. *Trichiosoma*; 5 heimische, stark behaarte Arten, z. B. *T. lucorum*, Große Pelzblattwespe (16–22 mm), Larve v. a. an Birke; *T. sorbi* (14–18 mm), Larve an Vogelbeere; die Larven anderer Arten an Pappel, Weide, Weißdorn, Erle und Birke.

5. *Corynis*; in Dt 3, in Eur 15 Arten (4–10 mm); die einheimische *C. crassicornis* Rossi als Blütenbesucher an Hahnenfuß (*Ranunculus*), ihre Larven an Fetthenne (*Sedum*).

Lit. →Hymenoptera; Lacourt 2020; Quinlan & Gauld 1981; Schedl 1991.

Cimex →Cimicidae.

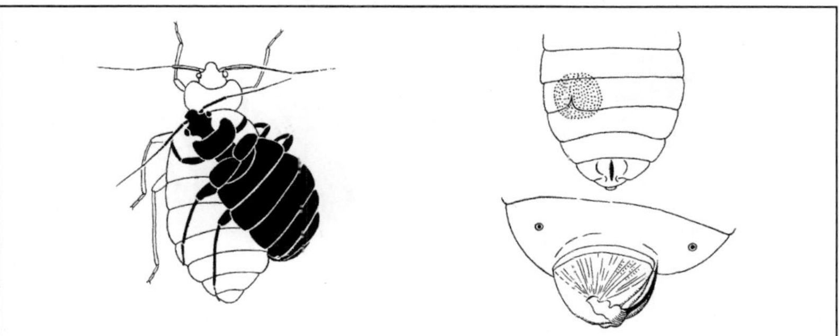

Abb. C-151: Cimicidae: *Cimex lectularius*, Bettwanze. Links: Kopulationsstellung; ♂ schwarz; rechts oben: ♀-Hinterleibsende von unten, punktiert die Spermalege; rechts unten: ♂-Hinterleibsende, Penis am 8. Abdominalsegment. (Weber 1930, 1933)

Cimicidae, Plattwanzen [**C-150**]; Fam. der Wanzen (Heteroptera, Cimicomorpha) mit in Eur 7, M-Eur & Dt 4 Arten; Larven und Imagines **Blutsauger** an Säugetieren und Vögeln; kaum mittelgroß (3–6 mm), oval, stark abgeplattet; Hinterflügel völlig, Vorderflügel zu kleinen Schüppchen rückgebildet; ♂ mit säbelförmigem linkem Paramer (das rechte fehlt), das dem Aedeagus als Führungsrinne dient. Kein ständiger Aufenthalt am Blutspender; Hinterleib kann sich zur Blutaufnahme stark ausdehnen; intrazelluläre **Symbionten** liegen bei ♂ und ♀ in paarigen Mycetomen (→Mycetocyten) im Hinterleib; Übertragung auf die Nachkommen: schon bei jungen ♀-Larven wandern die Symbionten in die Nährzellen im Endfach der (telotrophen) Ovariolen, von hier durch die Nährstränge (Verbindung zwischen Nährzellen und Eizellen) in die Eizellen. Bemerkenswert die Art der Samenübertragung: das ♂ sitzt während der **Begattung** [**C-151**] schief rechts auf dem ♀, das (linke) Paramer wird in eine Tasche (Spermalege, Ribaga-Organ, Berlese-Organ) rechts-hinten am 5. (dem 4. sichtbaren) Abdominalsegment eingeführt, wobei deren Wand durchstoßen wird (traumatische Insemination wie bei →Anthocoridae, →Lyctocoridae); der Aedeagus wird dann durch eine Führungsrinne des Paramers bis in dessen Spitze geleitet und entlässt die Spermien in die Leibeshöhle; darauf Wanderung der Samen in etwa 2–4 h durch die Leibeshöhle zum Samenbehälter des ♀ (bei manchen Arten wohl auch direkt in die Ovariolen); ein Überschuss des Samens wird teils von amöboiden Zellen aufgenommen und verdaut, teils aus der Spermalege ausgestoßen (bei der neuweltlichen Schwestergruppe der übrigen Plattwanzen fehlt

eine Spermalege, das Sperma wird durch die Haut hindurch direkt in die Leibeshöhle injiziert). Früher eine Plage: *Cimex lectularius* L., Bettwanze [**C-150**]; außer am Menschen auch an verschiedensten anderen Säugetieren und Vögeln, weltweit verschleppt; Individuen können etwa 6 Monate hungern; für die Wirtsfindung sind Geruchs- und Temperatursinn wichtig; Stiche wenig schmerzhaft, jedoch Quaddelbildung; Blutbedarf der ♀♀ etwa 5-mal größer als der der ♂♂; v. a. nachts aktiv, tagsüber oft gesellig in Verstecken; ein von beiden Geschlechtern abgesonderter Lockstoff fördert die Entstehung der Ruhegemeinschaften; ein Alarm-Wehrsekret (Hexenal und Octenal), von Imagines und Larven bei Störung abgesondert, irritiert oder vertreibt Feinde (z. B. Ameisen) und bewirkt bei Artgenossen, je nach ausgestoßener Menge, eine Erhöhung der Alarmbereitschaft bis zur Flucht und Zerstreuung von in Schlupfwinkeln aggregierten Individuen; die Eier werden an die verschiedensten Gegenstände geklebt; die Embryonalentwicklung ist bei der Ablage schon mehr oder weniger weit fortgeschritten; Lebensdauer der Imagines u. U. über ein Jahr; 5 Larvenstadien; mindestens eine Blutnahrung ist zwischen den Häutungen notwendig; Entwicklungsdauer temperatur- und nahrungsabhängig, Larvenzeit bei Zimmertemperatur und guter Ernährung 6–8 Wochen. Die Bettwanze ist mit der an Tauben und Hühnern saugenden Taubenwanze, *C. columbarius* Jen., kreuzbar, ihre Wirte sind austauschbar; auch *C. hirundinis* Jen. (= *Oeciacus h.*), Schwalbenwanze, gewöhnlich an Schwalben, Mauerseglern und einigen anderen Kleinvögeln, und *Cimex pipistrelli* Jen., Fledermauswanze, sind gelegentlich für den Menschen lästig.

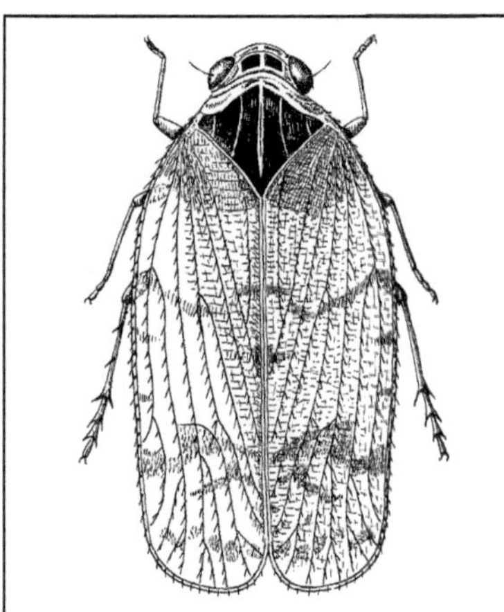

Abb. C-152: Cixiidae: *Tachycixius pilosus*; 5–6 mm. (Haupt 1935)

Abb. C-153: Cixiidae: *Cixius nervosus*. Eier im Boden mit Wachsfäden überzogen, die oben einen Schopf bilden. (Müller 1955)

Lit. →Heteroptera; Péricart 1972; Usinger 1966.
Cimicomorpha →Heteroptera.
Cinara →Lachnidae 1, 2, 3; →Honigtau.
Cionus →Curculionidae H4.
Cirrhia →Noctuidae.
Cis →Ciidae 1, 2.
Cisidae →Ciidae.
Cistogaster →Tachinidae.
Cixidia →Achilidae.
Cixiidae, Glasflügelzikaden; Fam. der Zikaden (Auchenorrhyncha, Fulgoromorpha) mit in Eur 104, M-Eur 32, Dt 21 Arten; 4–11 mm; Flügel glasig, in Ruhe fast flach ausgebreitet, mit reichem Geäder und häufig dunkler fleckiger Zeichnung [**C-152**]; Imagines →polyphag, meist an Laubgehölzen (z. B. *Cixius nervosus* L., 6–8 mm, häufigste Art; *Tachycixius pilosus* Ol. [**C-152**], 5–6 mm), seltener an Kräutern oder im Erdboden an Wurzeln von Sträuchern (*Trigonocranus emmeae* Fieb., 4 mm, mit kurzflügeligen unterirdischen Imagines und der Ausbreitung dienenden langflügeligen ♀♀); *Pentastiridius leporinus* L. (5–7 mm) in Feuchtwiesen an Schilf.; die weißlichen **Larven** aller Arten saugen im Boden an Wurzeln; ♀♀ und Larven mit Wachsdrüsen am Hinterleibsende über dem After, sondern das Wachs als mittellange Fäden ab; auch Eier mit Wachsfäden [**C-153**], werden in Bodenspalten abgelegt; 1-jährig, **Überwinterung** als Larve; der an Ruderalpflanzen (z. B. Brennnessel) lebende *Hyalesthes obsoletus* Sign. (3–6 mm) kann im Weinbau als Überträger der

bakteriellen Schwarzholzkrankheit schädlich werden.
Lit. →Auchenorrhyncha.
Cixius →Cixiidae.
Cladardis →Tenthredinidae 7.
Cladius →Tenthredinidae 7.
Clambidae, Punktkäfer; Fam. der Käfer (Coleoptera, Polyphaga) mit in Eur 23, M-Eur 16, Dt 14 Arten; sehr klein (0,5–1,5 mm), hochgewölbt; bemerkenswert durch die Fähigkeit, sich durch Einklappen von Kopf und Halsschild und Anziehen der Beine zu einer winzigen, schwer auffindbaren Kugel einzurollen; Hinterbeine vollständig unter die plattenförmigen Hinterhüften (Schenkeldecken) einziehbar. Larven und Imagines in zerfallenden Pflanzenteilen, nassem Laub (*Clambus*), auch unter Rinde von Nadelhölzern (*Calyptomerus alpestris* Redt.) und Laubhölzern (*Cal. dubius* Marsh.); fressen offenbar v. a. Pilzmycel.
Lit. →Coleoptera.
Clambus →Clambidae.
Claviger, **Clavigeridae;** Keulenkäfer →Staphylinidae I; vgl. auch →Formicidae.
Cleigastra →Scathophagidae.
Cleonis →Curculionidae.
Cleonymidae →Pteromalidae.
Cleorodes →Geometridae.
Cleptes →Chrysididae A.
Cleptidae; als U-Fam. **Cleptinae** der →Chrysididae (A) geführt.
Cleridae, Buntkäfer; Fam. der Käfer (Coleoptera, Polyphaga, Cucujiformia) mit in Eur 63, M-Eur 25, Dt 21 Arten, weitere regelmäßig eingeschleppt; Imagines klein bis mittelgroß, meist bunt gezeichnet oder metallisch glänzend, oft abstehend behaart; flinke Läufer und gute Flieger, mit kräftigen Mandibeln; mehrheitlich auf und unter Baumrinden, nicht selten auf Blüten; Imagines und Larven ernähren sich von ande-

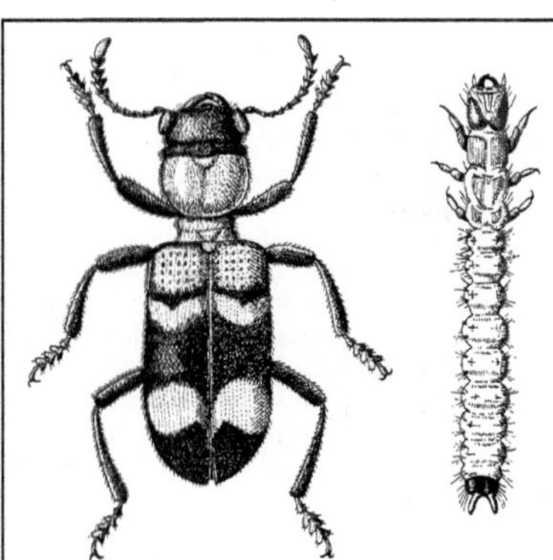

Abb. C-154: Cleridae: *Thanasimus formicarius*, Ameisenbuntkäfer. Imago 7–10 mm; Larve von dorsal, 13 mm. (Reitter 1908–16, Brauns 1991)

ren Insekten und ihren Larven; Vertreter der U-Fam. Korynetinae (→5, 6) auch an Aas, Fellen und Knochen.

1. *Thanasimus formicarius* L., Ameisenbuntkäfer, Borkenkäferfresser [**C-154**]; nach Zeichnung und Gestalt entfernt ameisenähnlich (7–10 mm; Färbung schwarz und rotbraun, 2 helle Querbinden auf den Flügeldecken); zylindrischer Körper. Stellt insbesondere in Nadelwäldern unter der Rinde Borkenkäfern nach, u. a. an Kiefern dem Waldgärtner (*Tomicus*, →Curculionidae P10–11); reagiert auf deren Aggregationspheromon ebenso empfindlich wie die Borkenkäfer selbst. Eiablage IV–VI unter Rindenschuppen; die stark behaarten Junglarven zunächst Detritusfresser, später Vertilger v. a. von Borkenkäferlarven; erwachsene Larven [**C-154**] rosenrot. Verpuppung meist im Herbst unter Rinde, jedoch Überwinterung außer als Puppe auch als alte Larve oder Imago möglich.

2. *Clerus mutillarius* F., Eichenbuntkäfer (9–15 mm); erinnern an Spinnenameisen der Gttg. *Mutilla* (→Mutillidae); Imagines V–VIII v. a. an gefällten Eichen, jagen Kapuziner- und Bockkäfer (→Bostrichidae 1, →Cerambycidae); lokal und selten.

3. *Opilo* mit 3 bräunlichen, gelb gezeichneten heimischen, nachtaktiven Arten; verbreitet ***O. domesticus*** Sturm, Hausbuntkäfer (7–12 mm): in trockenem Holz, bei uns vorzugsweise in altem, verbautem Nadelholz, stellt u. a. den Larven von Pochkäfern (→Anobiidae) und des Hausbocks (→Cerambycidae D7) nach, dadurch sehr nützlich; in S-Eur dagegen im Freiland in

dürrem Laubholz; bei uns macht in diesem Lebensraum ***O. mollis*** L. Jagd auf holzbewohnende Käferlarven.

4. *Trichodes apiarius* L., Bienenkäfer, Bienenwolf, Immenkäfer (9–16 mm), sehr ähnlich ***T. alvearius*** F.; Imagines metallisch blau mit roter Zeichnung; auf Blüten, v. a. Dolden, fressen Pollen, lauern auch auf Blütenbesucher; das ♀ legt etwa 200 Eier in kleinen Gelegen in der Nähe der Nester v. a. solitärer Wildbienen, bevorzugt oberirdisch nistender →Megachilidae (*Osmia*, *Megachile*); nach dem Eindringen fressen die Larven des Bienenwolfs in mehreren (4–10) Brutzellen Maden, Puppen und Pollen; selten in Honigbienenstöcken (*T. apiarius*), wo sich die Käferlarven in Ritzen verstecken, um gelegentlich am Boden liegende tote Bienen, Puppen und Maden zu verzehren; Larven können lange Hungerzeiten (über 1 Jahr) überstehen; Verpuppung in einem rosaroten Seidenkokon im Wirtsnest; Entwicklungsdauer mindestens 1 (*T. apiarius*) bzw. 2 Jahre (*T. alvearius*), kann durch Überliegen der Puppe bis zu 5 Jahre dauern.

5. *Korynetes caeruleus* Deg., Blauer Fellkäfer (3–7 mm); metallisch blau; im Norden sehr häufig, gegen Süden seltener; bevorzugt an Nadelholz (sowohl an alten Bäumen im Freiland als auch an verbautem Holz in Gebäuden), wo er Jagd auf →Anobiidae macht; aber auch in Futtermehl, Aas, an Knochen.

6. *Necrobia violacea* L., Schinkenkäfer (4–5 mm); frisst an trockenem Aas, an Knochen und Fellen (gelegentlich an Schinken schädlich), verzehrt ebenso darin lebende Insektenlarven.

7. *Thaneroclerus buqueti* L.; einziger europäische Vertreter einer inzwischen oft als eigene Fam. **Thaneroclerididae** aufgefassten Gruppe; kleiner rotbrauner Käfer (5–6 mm), weltweit verschleppt (vermutlich aus Südostasien); jagen jagt in Lagerhäusern und Drogerien Vorratsschädlinge u. a. an Tabak, Gewürzen, Tee, Reis. Lit. →Coleoptera; Gerstmeier 1987, 1998; Niehuis 2013; Westrich 2019.

Clerus →Cleridae 2.

Clinoceratinae →Empididae.

Clinodiplosis →Cecidomyiidae; vgl. →Cynipidae 2.

Clitellaria →Stratiomyidae.

Clivina →Carabidae.

Cloeon →Baetidae A; →Ephemeroptera.

Clostera →Notodontidae A9.

Closterotomus →Miridae 6, 7.

Clunio →Chironomidae; →Diptera.

Clusia →Clusiidae.

Clusiidae; Fam. der Zweiflügler (Diptera, Brachycera, Cyclorrhapha) mit in Eur 13, M-Eur 12,

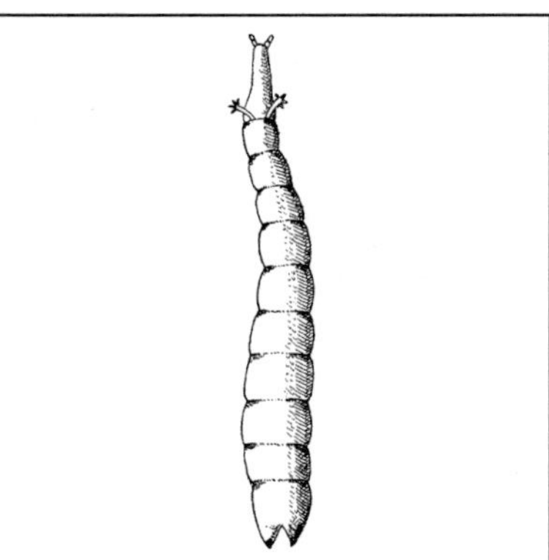

Abb. C-155: Clusiidae: *Clusiodes albimanus*. Larve; 5–6 mm; vorne 2-gliedrige Fühler, Vorderstigmen 4-lappig, Hinterstigmen unter den dunklen Zapfen am Hinterleibsende. (Lindner 1923 ff)

Dt 8 Arten; kleine bis mittelgroße (2–8 mm), schlanke Fliegen; gelb, braun oder schwarz gefärbt; Flügel verdunkelt, z. T. gemustert; v. a. in Wäldern auf Gebüsch, Stubben, Pilzen, auch an Aas; nehmen Nektar, →Honigtau und andere Flüssigkeiten zu sich; die **Larven** in zerfallenden Stubben zwischen weißfaulem SplitSplint- und Kernholz (z. B. *Clusia flava* Meig.), auch in Bohrgängen von Käfern (z. B. *Clusiodes albimanus* Meig. [**C-155**]); ihr Körperbau legt eine Ernährung durch punktuelles Saugen des Flüssigkeitsfilms nahe, der sich um feuchtes weißfaules Holz bildet; bemerkenswert das Springvermögen der Larven mancher Arten; Wegschnellen aus einer gekrümmten und dadurch gespannten Körperhaltung, ähnlich den Larven mancher →Piophilidae; **Schlupf** (z. B. von *Clusia flava*) im V–VI. Lit. →Diptera; Rotheray & Horsfield 2013.
Clusiodes →Clusiidae.
Clythiidae; Synonym zu →Platypezidae.
Clytini; Gattungsgruppe der U-Fam. Cerambycinae, →Cerambycidae D8.
Clytostethus →Coccinellidae.
Clytra →Chrysomelidae H1; vgl. auch →Formicidae, →Mutillidae.
Clytrinae, Clytrini →Chrysomelidae, H.
Clytus →Cerambycidae D8.
Cnemidophorus →Pterophoridae 4.
Cnephasia →Tortricidae 35.
Coccidae (Lecaniidae), Napfschildläuse; Fam. der Schildläuse (Coccina) mit in Eur ± 130, M-Eur 58, Dt 39 Arten, weitere in Gewächshäusern und an Zimmerpflanzen, nicht wenige davon

schädlich; die ♀♀ nicht selten hochgewölbt, mit glasigem Sekret bedeckt; Beine meist vorhanden; die ♂♂ geflügelt, entwickeln sich unter einem durchscheinenden Schild (vom 2. Larvenstadium gefertigt); →Parthenogenese selten (z. B. *Parthenolecanium rufulum* Cock. an Eiche und anderen Laubgehölzen); besonders an Gräsern (z. B. *Eriopeltis*, *Luzulaspis*) und Laubhölzern; Eier entweder vom eintrocknenden ♀-Körper bedeckt [**C-160**] oder zusammen mit dem ♀ unter einer lackartigen Hülle, bei *Pulvinaria* (→3) in einem von Wachs umhüllten Eisack; ♀ meist mit 2, selten 3 (z. B. →3), beim ♂ 4 Larvenstadien; v. a. an Gehölzen und Gräsern; Hauptfeinde einheimischer Arten: manche Marienkäfer (→Coccinellidae) sowie die Larven von Breitrüsslern (→Anthribidae; insbesondere *Anthribus nebulosus*), die die Eier unter dem ♀ fressen.

1. ***Parthenolecanium corni*** Bche., Gemeine Napfschildlaus, Zwetschgennapfschildlaus [**C-156**]; ♀ ca. 3–6 mm; bräunlich, hochgewölbt; an verschiedensten Laubbäumen und Sträuchern (z. B. Zwetschge, Wein, Stachel- und Johannisbeere, Aprikose), nicht selten sehr schädlich durch Saftsaugen; Fortpflanzung 2-geschlechtlich und parthenogenetisch; bis 3000 Eier unter dem Schild (erhärtete Rückenhaut); 2. Larvenstadium überwintert.

2. ***Eulecanium tiliae*** L., Haselnussschildlaus, Große kugelige Napfschildlaus [**C-157**]; ♀ 3,5–6,5 mm; fast kugelig, bräunlich, junge ♀ bunt gezeichnet; ähnlich wie vorige Art an verschiedenen Laubbäumen und Sträuchern, keineswegs nur an Haselnuss oder Linde; v. a. an jungen Zweigen; keine Parthenogenese.

3. ***Pulvinaria vitis*** L., Wollige Napfschildlaus, Wollige Rebenschildlaus; ♀ 4–7 mm, bräunlich; überwintert; im Frühling mit schneeweißem wolligem Eisack; an verschiedensten Laubbäumen und Sträuchern, nicht nur an der Rebe; Fortpflanzung 2-geschlechtlich und parthenogenetisch; bis über 5000 Eier je ♀.

4. ***Coccus hesperidum*** L.; tropisch-subtropische Art, bei uns häufig in Gewächshäusern an verschiedensten Pflanzen; ♀ 2–5 mm; ziemlich flach, oval, bräunlich bis gelbgrün; ♂♂ selten, hauptsächlich parthenogenetische Fortpflanzung; Larven schlüpfen kurz nach der Eiablage.

5. ***Physokermes piceae*** Schrk., Große Fichtenquirlschildlaus, Fichtennapfschildlaus [**C-158**], und ***P. hemicryphus*** Dalm., Kleine Fichtenquirlschildlaus; v. a. an Fichten, seltener an Tannen; ♀♀ glänzend braun, fast kugelig, entwickeln sich unter den Knospenschuppen v. a. vorjähriger Zweigquirle, erwachsen bis ca. 5 mm; die ♂♂ entwickeln sich auf der Unterseite der Nadeln,

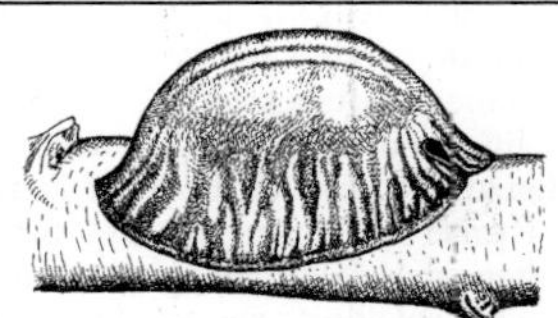

Abb. C-156: Coccidae: *Parthenolecanium corni*, Gemeine Napfschildlaus; 4 mm. (Krause 1950)

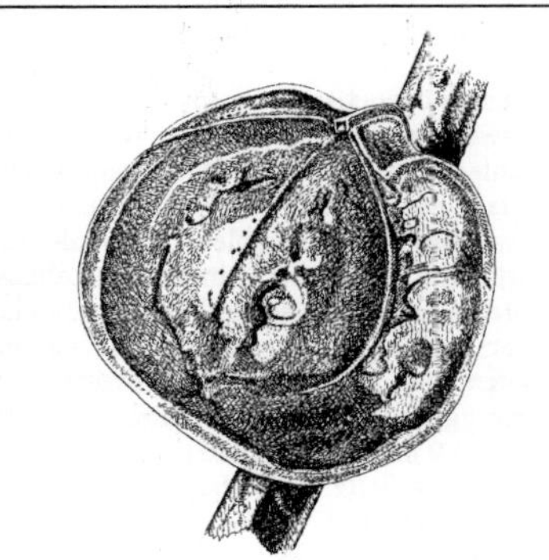

Abb. C-157: Coccidae: *Eulecanium tiliae*, Haselnussschildlaus; 6 mm, gelbbraun. (Rietschel 1969)

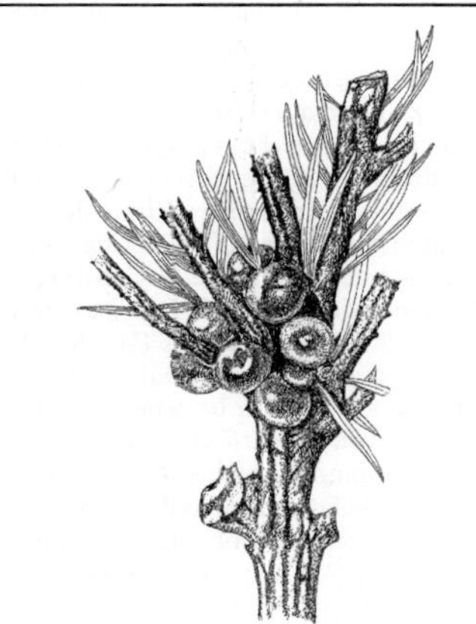

Abb. C-158: Coccidae: *Physokermes piceae*, Große Fichtenquirlschildlaus. Mehrere ♀♀ auf Fichtenquirl; bis erbsengroß. (Amann 1960)

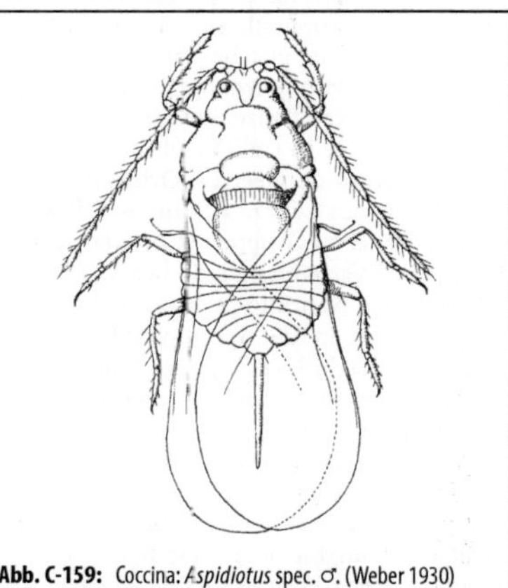

Abb. C-159: Coccina: *Aspidiotus* spec. ♂. (Weber 1930)

geflügelt (ca. 1 mm); besonders bei *P. hemicryphus* sehr starke Honigtauabscheidung (von Bienen eingetragen, Waldhonig), dadurch auch starke Entwicklung von Rußtaupilzen; Fortpflanzung bei *P. piceae* 2-geschlechtlich, bei *P. hemicryphus* hauptsächlich parthenogenetisch; Eier in dem Luftraum unter dem ♀; Überwinterung im 2. Larvenstadium; 1 eine Generation im Jahr. Wichtigster Fressfeind: *Anthribus nebulosus* Forst. (Anthribidae 4).
Lit. →Coccina; Brauns 1991; Hodgson 1994.
Coccidiphila →Cosmopterigidae.
Coccina, Schildläuse [**C-159**]; Gruppe der Pflanzenläuse (→Sternorrhyncha); bilder. mit ihrer Schwestergruppe →Aphidina die übergeordnete Gruppe →Aphidomorpha; in Eur ± 820, M-Eur ± 255, Dt ± 160 Arten, dazu zahlreiche weitere an Gewächshaus- und Zimmerpflanzen; meist klein (1–3 mm), höchstens mittelgroß (bis 8 mm); mit extremen **Geschlechtsunterschied;** ♂ meist geflügelt, Vorderflügel groß, Hinterflügel nur kurze schwingkölbchenartige Stummel oder ganz fehlend; Mundgliedmaßen und Darm weitgehend oder ganz rückgebildet, keine Nahrungsaufnahme, kurzlebig; zuweilen noch Komplexaugen vorhanden (z. B. →Margarodidae, →Matsucoccidae, →Ortheziidae); ♀ stets ungeflügelt, Antennen und Beine oft stummelförmig oder ganz fehlend (Asterolecaniidae, Cerococcidae, Diaspididae, Xylococcidae, *Chaetococcus, Cryptococcus*), andere noch beweglich, mit ausgebildeten Beinen und Antennen; keine Komplexaugen, Einzelaugen bisweilen vorhanden; Stechborsten i. d. R. gut ausgebildet (rückgebildet bei →Margarodidae, →Matsucoccidae, →Steingeliidae, →Coccidae: *Lecanopsis fomica-*

rum Newst.), oft sehr lang und dann zurückgezogen in einer besonderen Tasche (→Crumena) untergebracht; Stichkanal meist gewunden, meist quer durch die Zellen, mit einer Scheide aus Speichel, endigt in Zellen oder im Gefäßbündel; Körpergliederung zuweilen nur noch schwach erkennbar; Körper der ♀♀ oft von **Schutzhüllen** bedeckt (→Coccidae, →Diaspididae, →Asterolecaniidae, →Cerococcidae, →Pseudococcidae), je nach Gruppe aus verschiedenen Stoffen: aus Wachs (Wachsdrüsen meist schon bei Larven vorhanden), aus lackartigen, v. a. aus Harzen bestehenden Stoffen (abgesondert von Lackdrüsen) oder aus Stoffen ähnlich einer Spinnseide (abgesondert von Drüsen am Hinterleibsende), jeweils vermischt mit den abgeworfenen Larvenhäuten und mit Kot, oft schildförmig (→Diaspididae). **Pflanzensaftsauger**, zapfen teils Zellen an (→Diaspididae, →Asterolecaniidae, →Cryptococcidae), teils Leitbündel an, besonders Phloem (z. B. →Coccidae, →Eriococcidae, →Pseudococcidae); die meisten Arten →polyphag an verschiedenen Wirtspflanzen, andere auf wenige Wirtspflanzen eingestellt (oligophag); selten →monophag; nicht selten ist die gleiche Art am einen Platz mono-, am andern polyphag; Sitz beim Saugen meist frei an der Pflanze, seltener in die Rinde eingebohrt oder in Gallen; abweichend *Newsteadia floccosa* de Geer (→Ortheziidae), die Pilzfäden besaugt; Darm z. T. mit →**Filterkammer**; in manchen Gruppen (Coccidae, Diaspididae) keine Verbindung zwischen Vorder- und Enddarm, die Nahrung gelangt durch die Vorderdarmwand in die Hämolymphe, Exkrete über die Malpighi-Gefäße in den Enddarm. Kot häufig zuckerhaltig, wird bei vielen Arten weggespritzt oder zuweilen durch eine längere Wachsröhre (Tauröhre; Wachsdrüsen rings um den After) abgeleitet; der Kot mancher Arten gern von Ameisen (→**Trophobiose**), manchmal auch von Honigbienen (→Honigtau) und gelegentlich Menschen (→Manna; →Pseudococcidae 4) genommen; zuweilen Schutz durch die Ameisen: Vertreiben parasitoider Hymenopteren, oder Überbauen von Schildlauskolonien am Fuß der Wirtspflanze mit Erdgalerien; manche Schildläuse sind Gäste in unterirdischen Ameisennestern, saugen hier an Pflanzenwurzeln. **Symbiotische Mikroorganismen** wohl stets vorhanden, zuweilen frei im Blut, oft in besonderen, in den Fettkörper eingebetteten Zellen (→Mycetocyten), bei den Pseudococcidae in einem unpaaren Organ (Mycetom, →Mycetocyten) ventral vom Darm; Übertragung auf die Nachkommen stets durch Infek-

tion der Eizellen, teils am oberen, teils am unteren Eipol; die Symbionten von *Pseudococcus* sind imstande, Luftstickstoff für den Aufbau von Eiweiß zu binden. Meist 2-geschlechtliche **Fortpflanzung** (das ♂ führt bei der Begattung den Penis unter den Hinterrand des ♀-Schildes); nicht selten auch →Parthenogenese, zuweilen arrhenotok (haploide ♂♂ aus unbesamten Eiern, so bei *Icerya*-Arten), meist thelytok (♀♀ aus unbesamten Eiern); ♂♂ bei manchen Arten nicht bekannt, dann ausschließlich thelytoke →Parthenogenese; bei der Kommaschildlaus *Lepidosaphes ulmi* L. (→Diaspididae 6) 2 Formen (Arten?), eine mit 2-geschlechtlicher, eine mit rein parthenogenetischer Fortpflanzung; Generationswechsel, d. h. regelmäßiger Wechsel von 2-geschlechtlicher und parthenogenetischer Fortpflanzung, fehlt bei Schildläusen; *Icerya purchasi* Mask. (→Monophlebidae) ist als einzige bekannte Insektenart zwittrig; meist Ablage von **Eiern** (Oviparie), selten lebend gebärend (vivipar; →Diaspididae 4), oder die Larven schlüpfen kurz nach der Eiablage (ovovivipar); Unterbringung der Eier verschieden [**C-160**]: hinter dem ♀ mit Wachsplatten (→Ortheziidae) oder Wachswolle (z. B. →Margarodidae, viele →Eriococcidae und →Pseudococcidae) bedeckt, in einer Bruttasche nahe der Geschlechtsöffnung (außereuropäische Arten), geschützt unter dem hinteren Teil des Schildes (→Diaspididae) oder unter dem hochgewölbten Körper des lebenden oder toten ♀ (→Coccidae); ein ♀ legt zwischen 50 (manche →Diaspididae) und > 5000 Eier (→Coccidae 3) ab. Verwandlung unvollkommen, bei ♂ und ♀ etwas verschieden; ♂ parametabol (→Neometabolie): 4 **Larvenstadien**; Stadium 1 beweglich, Stadium 2 beweglich oder unbeweglich (dann zuweilen Beine rückgebildet); dann Pronymphe, mit äußeren Flügel- und Beinanlagen, beweglich oder unbeweglich; dann Nymphe, mit größeren Flügel- und Beinanlagen, beweglich oder unbeweglich; schließlich kurzlebige Imago; Pronymphe und Nymphe wie bei der ♂-Imago mit rückgebildeten Mundwerkzeugen und ohne Nahrungsaufnahme; ♀ (Paurometabolie): 2 oder 3 Larvenstadien, niemals ein Pronymphen- oder Nymphenstadium; 1. Stadium stets beweglich (Wanderlarve), zuweilen auch noch das 2. und (falls vorhanden) das 3. (dieses jedoch bei manchen Arten beinlos und unbeweglich); die (larvenähnliche) ♀-Imago kann als geschlechtsreif gewordene Larve aufgefasst werden (Neotenie); meist 1 Generation im Jahr, manchmal auch 2 oder mehr (Wettereinfluss). **Überwinterung** je nach Art verschieden, z. T. auch bei der glei-

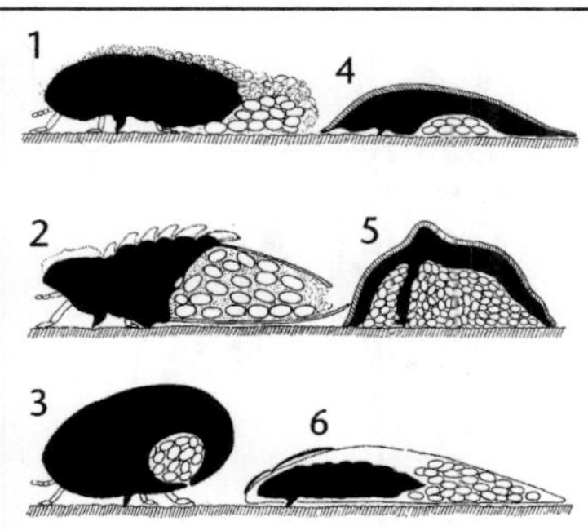

Abb. C-160: Coccina: Art der Eiablage bei verschiedenen ♀♀: Körper schwarz; schematisch. 1: *Pseudococcus* (Pseudococcidae). ♀ mit Wachsflocken bedeckt. 2: *Orthezia* (Ortheziidae). ♀ und Eier unter Wachsplatten. 3: *Pseudospidoproctus* (Monophlebidae). ♀ mit Bruttasche (Marsupium). 4: *Coccus hesperidum* und 5: *Saissetia oleae* (Coccidae). Beide mit Brutraum, von einer Sekretschicht bedeckt. 6: *Lepidosaphes* (Diaspididae). ♀ unter dem Rückenschild, dieses vorne mit Exuvien. (Nach Weber 1929–1935, verändert)

chen Art als Ei, als Larve oder als Imago. Wichtigste **Fressfeinde** sind Marienkäfer (→Coccinellidae), Breitrüssler (→Anthribidae 4), Fliegen (→Chamaemyiidae, Phoridae), Blumenwanzen (→Anthocoridae 1), *Hemisarcoptes malus* (aus der Verwandtschaft der Krätzmilbe) und Vögel; **Parasitoide** sind zahlreiche Erzwespen (v. a. →Encyrtidae, →Aphelinidae) und wenige →Platygastridae sowie die →Cryptochetidae. Einige Arten früher (z. T. noch heute) als wichtige Lieferanten wertvoller Stoffe von wirtschaftlicher **Bedeutung**: *Dactylopius coccus* Costa, Echte Cochenilleschildlaus (Fam. Dactylopiidae [**C-161**]); Herkunft aus Südamerika, in präkolumbischer Zeit nach Mexiko, später auch nach S-Eur gebracht; saugt an Feigenkakteen (*Opuntia*); Hämolymphe enthält den roten Farbstoff Karmin (= Cochenille); Bedeutung seit Entdeckung der Anilinfarben zurückgegangen, jetzt vornehmlich als Lebensmittelfarbe und für Kosmetik verwendet. *Kermes vermilio* Planch., Kermeslaus (→Kermesidae); Mittelmeerländer; saugt an Eichen (besonders an der Kermes-Eiche); viele Jahrhunderte lang ebenfalls für roten Farbstoff (Kermes, Grana) und für Drogen verwertet; Rohprodukt beider Farbstoffe sind getrocknete Läuse. *Kerria lacca* Kerr. (Fam. Kerriidae) aus Süd- und Ostasien; Hautsekret für Schellackgewinnung genutzt. *Ericerus pela* Chav. (Coccidae); China; Wachsgewinnung v. a. von den ♂-Larven. Zahlreiche Arten schädlich an Kultur-

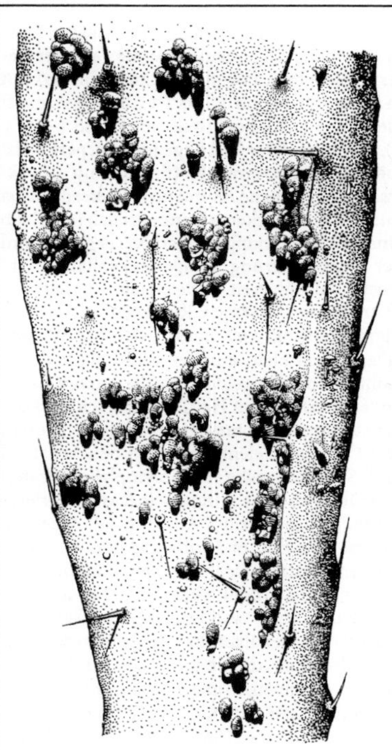

Abb. C-161: Coccina: *Dactylopius coccus*, Echte Cochenilleschildlaus, an Opuntie

pflanzen, durch Saftentzug, durch Giftwirkung des Speichels, durch Bildung von Rußtaupilzen auf den zuckerhaltigen Exkrementen, durch Übertragen von pflanzlichen Viruskrankheiten. – Heimische Fam.: →Margarodidae; →Matsucoccidae; →Monophlebidae; →Ortheziidae; →Steingeliidae; →Xylococcidae; die nachfolgenden Fam. (als Coccoidea zusammengefasst) ausgezeichnet durch fehlende Hinterleibsstigmen, Punktaugen statt Komplexaugen (bei ♂♂) und Weitergabe nur des mütterlichen Genoms durch das ♂ (Letzteres mit wenigen Ausnahmen, darunter die Putoidae): →Asterolecaniidae; →Cerococcidae; →Coccidae; →Cryptococcidae; →Diaspididae; →Eriococcidae (& Acanthococcidae), →Kermesidae; →Pseudococcidae (& Rhizoecidae); →Putoidae.

Lit. Brauns 1991; Buchner 1953; Normark 2003; Raman et al. 2005; Schimitschek 1968; Schmutterer 1972, 2008; Strümpel 1983; Zahradnik 1968.

Coccinella →Coccinellidae 2.

Coccinellidae, Marienkäfer, Glückskäfer, Sonnenkälbchen; allgemein bekannte Fam. der Käfer (Coleoptera, Polyphaga, Cucujiformia) mit in Eur ± 190, M-Eur ± 100, Dt ± 80 Arten; meist klein (1–6 mm), höchstens mittelgroß (→1, 2, 7), hochgewölbter halbkugeliger Körper; meist mit gutem Flugvermögen (flugunfähig z. B. *Tetrabrachys,* manche *Rhyzobius*); Oberseite meist mit lebhafter Fleckenzeichnung, auch innerhalb einer Art Zeichnung oft stark variierend; Grad der Pigmentierung temperaturabhängig (in feuchteren, kühleren Gebieten herrscht stärkere, in trockenen, warmen Regionen schwächere Pigmentierung vor). Lassen sich bei Störung fallen; Umdrehen aus der Rückenlage durch Anheben der Flügeldecken (die kurzen Beine finden meist keinen Halt); stellen sich bei starker Störung oft tot und lassen aus feinen Poren, meist an der Gelenkhaut zwischen Schenkel und Schiene, gelbe Hämolymphe austreten (enthält zahlreiche giftige, selbst synthetisierte Alkaloide: Coccinellin, Adalin u. a.); Ameisen, die mit dem Blut in Berührung kommen, fliehen und putzen sich intensiv; Raubinsekten und manche Vögel verzehren Marienkäfer trotzdem. Larven und Imagines mit ähnlicher **Ernährung,** vertilgen bei den meisten Arten kleine Insekten, die sie meist erst bei direktem Kontakt erkennen, in erster Linie Blattläuse (2/3 der heimischen Arten, z. T. auf einzelne Fam. spezialisiert; →1–3) und Schildläuse (1/5 der heimischen Arten; →4); dadurch in Wald und Garten sehr nützlich, jedoch sind nicht alle Arten als Nahrung gleich gut geeignet (→2); vereinzelt Bevorzugung von Blattflöhen (*Calvia quatuordecimguttata* L.), Mottenschildläusen (*Clitostethus arcuatus* Rossi) oder Blattkäferlarven (z. B. *Calvia quindecimguttata* F., *Coccinella hieroglyphica* L.), bei weiteren Arten sind Blatt- und Marienkäferlarven, aber auch Raupen und andere Insekten nur Zusatznahrung; Kannibalismus kommt vor; manche Imagines nehmen, v. a. im Frühjahr, zusätzlich Pollen und Nektar auf; bei einigen Gruppen abweichende Nahrung: die Arten der Stethorini (mit nur 1 Art in Dt: →8) bevorzugen Spinnmilben; Epilachnini (3 Arten in Dt: →6, 7) mit vegetarischer Ernährung, werden v. a. in wärmeren Ländern zuweilen an Kulturpflanzen schädlich; die Halyziini (→5) sind Mehltaufresser, während *Tytthaspis sedecimpunctata* L. (Sechzehnpunkt) und *Rhyzobius* außer Blattläusen auch Graspollen und Pilzsporen verzehren; die Form der Mandibeln ist jeweils deutlich der Art der Nahrung angepasst. **Eiablage** im Frühling, meist an

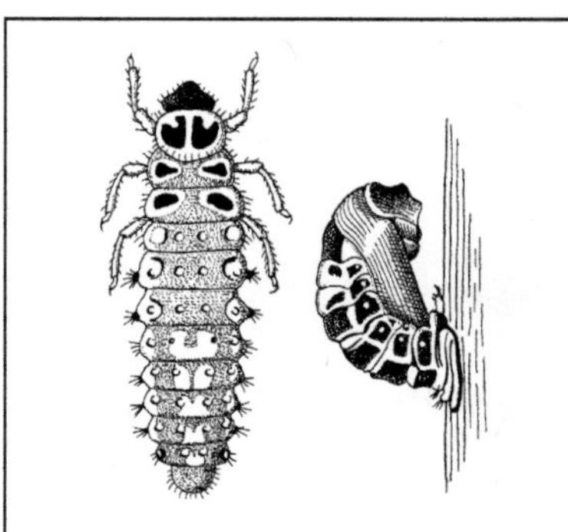

Abb. C-162: Coccinellidae: *Coccinella* spec. Larve und Puppe

der Unter-, seltener an der Oberseite der Blätter oder in Rindenritzen und ähnlichen Verstecken, bei jagenden Arten meist zu mehreren (20–40) in der Nähe von Blattlauskolonien oder einzeln direkt an Schildläuse bzw. zwischen die Spinnmilben, wodurch das Finden der Nahrung erleichtert wird; gegebenenfalls sucht die Larve eine Pflanze systematisch ab, wobei sich negativ und positiv geotaktische Orientierung sinnvoll abwechseln. **Larven** [**C-162**] weichhäutig, länglich (nur die von *Platynaspis luteorubra* Goeze breit-oval), sehr beweglich, nicht selten mit dornigen Fortsätzen; oft bunt gezeichnet: gelbe bis rote Flecken auf dunkelgrauem Grund oder dunkle Flecken auf gelbem bis orangefarbenem Grund; manche (z. B. *Scymnus*) von feinen Wachsfäden bedeckt (werden nach Abreiben neu gebildet; Schutz vor Prädatoren?), meist 4 Larvenstadien, selten 5. **Verpuppung** als →Stürzpuppe: die letzte Larve befestigt ihr Hinterende mit einem in Afternähe austretenden Sekret auf dem Substrat und häutet sich zu der oft bunt gefärbten Mumienpuppe [**C-162**], die in der am Rücken lediglich aufgeplatzten oder auch bis zum Hinterende zurückgeschobenen Larvenhaut hängen bleibt; Gesamtentwicklungsdauer 30–60 Tage (abhängig vom von Wetter und Nahrung). **Überwinterung** als Imago, zuweilen (besonders in Höhenlagen) viele, bisweilen Hunderttausende Individuen beieinander (v. a. *Hippodamia undecimnotata* Schneid.), oft im Bereich auffallender Geländemarken (Bäume, Felsen, kahle Gipfel); von wenigen Arten ist eine 2. Überwinterung bekannt (z. B. →1, 3, 8); i. d. R. mit 1 Generation im Jahr, bei wenigen Arten (z. B. *Adalia bipunctata* L. und *Hippodamia variegata* Goeze) bisweilen eine 2. Generation. In Eur mehrere Arten für die

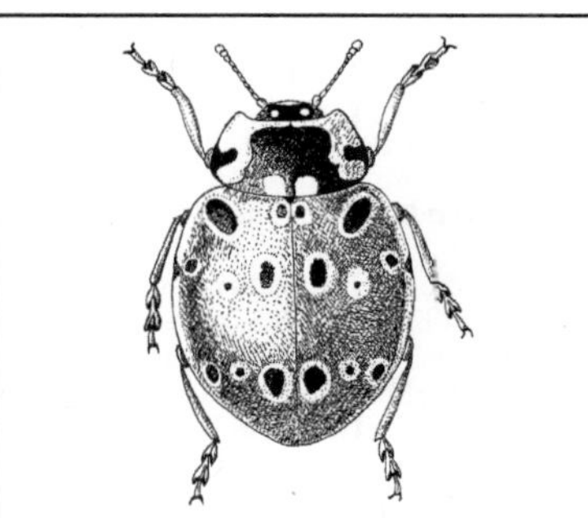

Abb. C-163: Coccinellidae: *Anatis ocellata*. 8–12 mm. (Bechyně 1954)

biologische Schädlingsbekämpfung (v. a. in Gewächshäusern) ausgesetzt, darunter *Harmonia axyridis* Pall. Aus Ostasien: mittlerweile auch im Freiland – z. T. in Massen – verbreitet, mit unspezialisierter Beutewahl, hohen Eizahlen (3800 je ♀) und (bei uns) 2 Generationen im Jahr (bei sehr kurzer Mindest-Entwicklungszeit: Ei 3, Larve 11, Puppe 5 Tage); berühmtes Beispiel für biologische Schädlingsbekämpfung: die aus Australien stammende Orangenschildlaus *Icerya purchasi* Mask. (→Monophlebidae) wurde erfolgreich bekämpft mit dem dann ebenfalls aus Australien eingeführten Marienkäfer *Rodolia cardinalis* Muls. Auswahl heimischer Arten:

1. *Anatis ocellata* L. [**C-163**]; größte heimische Art (8–9 mm); die schwarzen Flecken auf den rötlich gelben Flügeldecken hell umsäumt; auf Nadelholz, auch Pappeln und Obstbäumen, frisst Blattläuse; erkennt ihre Beute aus 2–3 cm Entfernung visuell.

2. *Coccinella septempunctata* L., Siebenpunkt (5–8 mm); häufigste und bekannteste Art; jagend, eine Larve verzehrt insgesamt über 600 Blattläuse; ungeeignet als Nahrung ist z. B. die Schwarze Holunderlaus (*Aphis sambuci* L., →Aphididae 9); sie wird zwar gefressen, jedoch hat das den vorzeitigen Tod des Jägers zur Folge, wohl durch das von der Blattlaus aus der aufgenommene Glykosid Sambunigrin, dass das im Körper eines Marienkäfers beim Abbau Cyanwasserstoff freisetzt, der wiederum die Zellatmung blockiert (*Adalia bipunctata* verträgt das gleiche Beutetier besser und frisst es regelmäßig); nagt bei massenhaftem Auftreten gelegentlich auch an Pflanzenteilen; manchmal Kannibalismus: die zuerst aus einem Gelege geschlüpfte Larve verzehrt benachbarte Eier; ein ♀ legt bis 800 Eier ab.

3. *Adalia bipunctata* L., Zweipunkt (4–6 mm); früher sehr häufig, inzwischen starker Rückgang (wegen *Harmonia axyridis*?); bemerkenswert durch die starke Variation der Färbung: Flügeldecken gelbrot mit je 1 schwarzen Punkt bis ganz schwarz, dazwischen alle Übergänge mit wechselnder Ausdehnung des Schwarz; Ernährung jagend (v. a. Blattläuse, oft auf Laubgehölzen), nagt ausnahmsweise auch an Pflanzen.

4. *Chilocorus bipustulatus* L. (3–4 mm); verzehrt bevorzugt Schildläuse auf Nadelbäumen; Larven mit bedornten Fortsätzen; die Puppe ruht in der dorsal aufgeplatzten letzten Larvenhaut.

5. *Halyzia sedecimguttata* L. (5–7 mm) und ***Psyllobora vigintiduopunctata*** L. (3–4,5 mm); fressen als Larve und Imago Sporen und Pilzfäden der Mehltaue (Erysiphales).

6. *Subcoccinella vigintiquatuorpunctata* L., Luzernenmarienkäfer (3–4 mm); Eier aufrechtstehend in Gruppen auf Stängel und Blätter der Nahrungspflanzen (v. a. Fabaceae, Caryophyllaceae, Asteraceae, Chenopodiaceae) abgelegt; Larve (mit Dornborsten) und Imago als Pflanzenfresser u. U. schädlich an verschiedenen Kulturpflanzen, insbesondere an Luzerne und Klee; Blattoberfläche in Streifen an-, nicht durchgenagt; Puppe auf der Blattunterseite.

7. *Henosepilachna argus* Geoffr. (6–8 mm); Pflanzenfresser, in M-Eur an Zaunrübe (*Bryonia*), in S-Eur an Melonen; Larve mit Dornborsten.

8. *Stethorus pusillum* Herbst (1,2–1,5 mm); stellenweise häufig; stellt auf der Unterseite von Blättern (bevorzugt der Linde) neben kleineren Blattläusen v. a. Spinnmilben (Tetranychidae) nach.

Lit. →Coleoptera; Hodek 1973; Klausnitzer et al. 2022; Triltsch et al. 1996.

Coccoidea; entweder Synonym zu →Coccina oder Bezeichnung für eine Teilgruppe der →Coccina.

Coccophagus →Aphelinidae 3.

Coccura →Pseudococcidae.

Coccus →Coccidae 4.

Coccygorhynchites →Rhynchitidae 12.

Cochlidiidae; Synonym zu →Limacodidae.

Coelioxys →Megachilidae 8; vgl. auch →Apidae A.

Coelopa →Coelopidae.

Coelopidae, Tangfliegen; Fam. der Zweiflügler (Diptera, Brachycera, Cyclorrhapha) mit in Eur & Dt 3 Arten; ausschließlich an Meeresküsten; z. B. ***Coelopa pilipes*** Hal.; an Nord- und Ostsee; 4–6 mm; Imagines düster gefärbt, an den Beinen stark behaart; nach Körperbau und Verhalten gut an den stark durchwehten Lebensraum angepasst: Körper flach, Flügel bei Winddruck nicht hochgestellt, Klauen kräftig; drücken sich bei Wind an das Substrat oder graben sich ein; Entwicklung der Larven in den Tangauswürfen nahe der Flutgrenze. Lit. →Diptera.

Coenagrion →Coenagrionidae 1; →Odonata.

Coenagrionidae, Schlanklibellen; Fam. der Libellen (Odonata, Zygoptera) mit in Eur 26, M-Eur & Dt 18 Arten; hierher die Mehrzahl heimischer Kleinlibellen; ♂ (mit Ausnahme der Adonislibellen, →3) mit hellblauen Farben; meist an stehenden oder langsam fließenden Gewässern. **Eiablage** oft paarweise in Tandemhaltung ([**0-6**]; Ausnahmen: →4, 5); das ♀ sitzt dabei waagrecht auf dem Ablagesubstrat, das ♂ ragt steil (*Coenagrion* →1) oder schräg (*Erythromma* →2) nach oben, nur mit den Cerci am Hals des ♀ verankert („Wachtturmstellung"); Eier mit dem Legebohrer in Wasserpflanzen eingestochen. **Larven** in stehenden, z. T. auch in fließenden Gewässern; **Überwinterung** als Larve (Ausnahme →5); Gesamtentwicklungszeit fast immer 1 Jahr (Ausnahme →3).

1. *Coenagrion*, Azurjungfern; bei uns 9 Arten; besonders die ♂♂ schwarz mit leuchtend blauen Flecken; die ♀♀ meist blasser, manchmal mit gelblichen oder grünlichen Flecken, bei einzelnen Arten (z. B. *C. ornatum* Selys, Vogel-Azurjungfer) ähnlich den ♂♂ blau und schwarz gefärbt, bei *C. puella* L. und *C. pulchellum* v. d. Lind. ♀- und ♂-farbige ♀♀ (→5); fliegen V–VIII, an Teichen und Seen, *C. mercuriale* Charp., Helm-Azurjungfer, an kleinen Fließgewässern (Wiesenbächlein, Rinnsale in Mooren und Flussauen), in deren Nähe meist auch während der Reifezeit; Eiablage unterhalb der Wasseroberfläche in die verschiedensten Wasserpflanzen, das ♀ kann dabei ganz untertauchen (nur ausnahmsweise bei *C. puella* L.); die Larven schlüpfen nach 2–5 Wochen, halten sich meist auf Pflanzen auf, verteidigen ihr Jagdrevier; nicht gefährdet nur *C. pulchellum* v. d. Lind., Fledermaus-Azurjungfer, und die häufige *C. puella* L., Hufeisen-Azurjungfer, die im Vergleich zur vorigen Art eher stärker besonnte, jedoch weniger dicht mit Schwimmpflanzen bewachsene Gewässern vorzieht. Die ähnliche ***Enallagma cyathigerum*** Charp., Becherjungfer, bevorzugt größere, offene Stillgewässer mit Freiwasserbereichen.

2. *Erythromma najas* Hans., Großes Granatauge; kräftige Kleinlibelle (30–36 mm) mit rubinroten Augen, Körper teils blau, teils kupferig glänzend; an nährstoffarmen Teichen und Altarmen mit ausgedehnter Schwimmblattzone;

schneller, ruckartiger Flug; ♂♂ streiten um Ansitzplätze an der Wasseroberfläche; vor der Paarung kurzer Flugtanz des ♂ vor sitzendem ♀; Eiablage in Stängel von Schwimmpflanzen, bei See- und Teichrosen im Zickzackmuster von oben nach unten, wobei das Paar allmählich (bis zu 80 cm) untertaucht, dank der zwischen den Körperborsten haftenden Luftumhüllung (→Plastron) bis zu 70 min; schließlich lassen sie sich wie ein Korken hochtreiben, um von der Wasseroberfläche loszufliegen; Larven zwischen Pflanzenresten am Gewässergrund; Schlupf der Imago auch aus einer waagrecht auf einem Blatt ruhenden Exuvie möglich. Ähnlich das die seltenere Art **E. *viridulum*** Charp., Kleines Granatauge (26–32 mm), an Gewässern mit reicher Tauchblattvegetation, in welche die Eiablage, ohne Untertauchen, erfolgt.

3. *Pyrrhosoma nymphula* Sulz., (Frühe) Adonislibelle; eine der frühesten Libellen (IV–VI); Hinterleib, z. T. auch Brust (insbesondere beim ♂) leuchtend rot; hinsichtlich des Gewässers nicht wählerisch, benötigt in seiner Nähe jedoch strukturreiche Vegetation für den Aufenthalt während der Reifezeit, meidet offene Wasserflächen; während der Paarungszeit besetzen die ♂♂ Sitzwarten, aus deren Nähe sie Konkurrenten vertreiben; Haltung bei der Eiablage sehr variabel; das ♀ bohrt die Eier in Schlangenlinien in Pflanzenstängel, das Paar kann hierbei bis etwa ½ h ganz unter Wasser tauchen; die Larven als territoriale Ansitzjäger an und zwischen Pflanzen; 12 Larvenstadien, Entwicklung 1–3 Jahre.

4. *Nehalennia speciosa* Charp., Zwerglibelle; kleinste, wenig flugfreudige Libelle in Eur (Länge ca. 20 mm, Flspw. ca. 25 mm); fliegt VI–VII (VIII); Larven in besonnten, flachen (um 7–30 cm tiefen), nicht zu sauren, (bevorzugt mit Seggen oder Schachtelhalmen) zugewachsenen Moortümpeln (wenige Konkurrenten und Fressfeinde), hier auch während der Reifezeit; begegnende ♂♂ führen einen aus Auf-und-ab-Bewegungen bestehenden Flugtanz auf; Eiablage in Seggen, meist ohne Begleitung des ♂; durch Entwässerung gefährdet, größere Bestände nur noch im Alpenvorland.

5. *Ischnura elegans* Vand., Große Pechlibelle; eine der häufigsten Libellen; Hinterleib oben pechschwarz, jedoch das 8. Abdominalsegment auffallend hellblau (neben der Körpergröße das Hauptsignal, an dem das ♂ den Artgenossen erkennt); 2 ♀-Formen nach der Färbung unterscheidbar: eine homoiochrome (♂-ähnliche; vor Nachstellungen der ♂♂ besser geschützt?) und eine heterochrome Form (in der Färbung vom ♂ etwas abweichende; vor Fressfeinden besser

getarnt?); beide werden gleich gut vom ♂ als Partner angenommen; an Seen, Teichen, Tümpeln, Fließgewässern; suchen im Flug Pflanzen nach Insekten ab, ergreifen ebenso fliegende Beute (sogar Kleinlibellen); Revierbildung vorzugsweise durch junge, reife ♂♂; mehrere Stunden andauernde Kopulation, oft nur einmalige Paarung; Eiablage meist erst gegen Abend in Wasserpflanzen (bevorzugt Tausendblatt, *Myriophyllum*) oder Pflanzenreste (auch morsches Holz) an oder unter der Wasserlinie, stets ohne begleitendes ♂, dabei aggressiv gegenüber anderen ♀♀; tauchen manchmal auch vollständig unter; die sehr gefräßigen Larven meist an Pflanzen; Nahrung vorwiegend Chironomidenlarven; 1–2 Generationen im Jahr; Überwinterung der im Herbst abgelegten Eier, sonst als Larve. Ähnlich die seltene *Ischnura pumilio* Charp., Kleine Pechlibelle; die untereinander aggressiven Larven in sonnenbeschienenen, kurzlebigen, an Konkurrenten und Fressfeinden armen Tümpeln; die gegeneinander ebenfalls sehr aggressiven ♂♂ sitzen um Tümpel, um sich auf die erst zur Eiablage erscheinenden grünlichen (seltener ♂-farbenen) ♀♀ zu stürzen; noch nicht geschlechtsreife ♀♀ auffällig orange gefärbt.
Lit. →Odonata; Hinnekint & Dumont 1989.
Coenomyia →Coenomyiidae.
Coenomyiidae, Stinkfliegen; Fam. der Zweiflügler (Diptera, Brachycera, Xylophagomorpha); in Eur & Dt nur *Coenomyia ferruginea* Scop.; große (14–20 mm), gedrungene, rot- bis schwarzbraune Fliege [**C-164**]; duftet etwa wie Kräuterkäse; in Waldgebieten, sitzt meist träge in Bachnähe auf Blättern; ernährt sich von Nektar und →Honigtau; die Larven weniger in anbrüchigem Holz als im Boden, verzehren Insektenlarven.
Lit. →Diptera.
Coenonympha →Nymphalidae F11.
Coenotephria →Geometridae.
Coleophora →Coleophoridae 1–16.
Coleophoridae, Sackmotten, Sackträgermotten, Futteralmotten; Fam. der Schmetterlinge (Lepidoptera, Glossata, Gelechioidea) mit in Eur ± 510, M-Eur ± 250, Dt 192 meist zur Gttg. *Coleophora* gehörenden Arten, unterschieden in erster Linie nach der Form des Sackes und nach der Fraßpflanze; einige bei Massenauftreten schädlich; Falter klein (Flspw. meist 9–14, selten bis etwa 20 mm); Saugrüssel vorhanden; Flügel spitz, mit langen Fransen [**C-165**], häufig einfarbig und mit Metallglanz; in Ruhe dachförmig. Flugzeit häufig etwa V–VII; **Eiablage** meist einzeln an die Unterseite der Blätter der Nahrungspflanze. Die **Raupen** der meisten

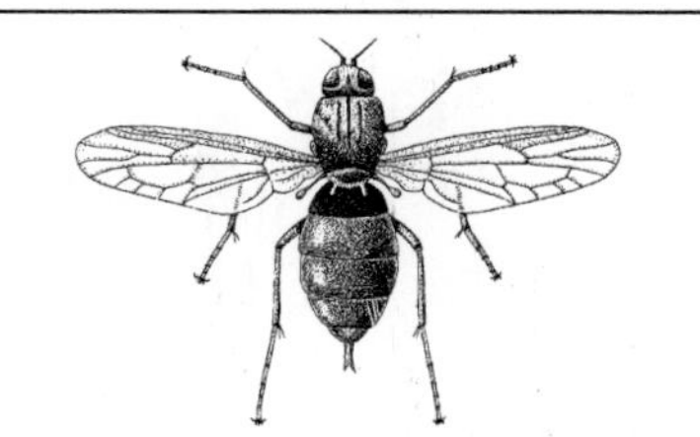

Abb. C-164: Coenomyiidae: *Coenomyia ferruginea*, Stinkfliege, Käsefliege. ♀; 20 mm. (Séguy 1951a)

Arten minieren zunächst in den Blättern bzw. Nadeln, auch in Samenkapseln, leben dann in einem Sack von artspezifisch verschiedenem Baumaterial und verschiedener Form (fehlt nur bei wenigen Arten); der Sack wird beim Fressen selten ganz verlassen; i. d. R. befestigt die Larve den Sack mit der vorderen Öffnung an der Fraßstelle und miniert von dort aus [**C-166**]; die Mine ist flächig (kein schmaler Gang), der Kot wird am Hinterende des Sackes ausgestoßen; bei manchen Arten kein Minierfraß, sondern →Lochfraß; Frühlingsfraß häufig zunächst an den Knospen, weiterhin meist an den Blättern von der Unterseite her, manchmal auch an Blüten oder Früchten bzw. Samen; Afterfüße (5 bzw. 4 Paare; das letzte Paar kann fehlen) offenbar in Zusammenhang mit dem Leben im Sack rückgebildet; der **Sack** [**C-167**] häufig aus zerkleinertem Material der Nahrungspflanze (z. B. Stücke von Blättern, von Samenkapseln), zusammengehalten durch Gespinst, das auch das Innere des Sackes auskleidet (a); Sandkörnchen werden seltener verwendet (d); manchmal aus reinem Gespinst, mit einer Art von Sekret durchtränkt (vgl. →4, →18, →19); Sackform artspezifisch verschieden, bisweilen (je nach Altersstufe) auch bei der gleichen Art; Haltung des Sackes senkrecht (a, f, g), schräg (c, h–p) oder parallel (b) zur Substratoberfläche, entsprechend der Lage der Sackmündung; hintere Sacköffnung mit 2 oder 3 klappenartigen Lappen, dient zum Ausstoßen des Kotes, später zum Schlüpfen des Falters; Sack im Querschnitt drehrund oder seitlich zusammengedrückt und dann u. U. dorsal und ventral gekielt; einige für bestimmte Sackformen übliche Bezeichnungen: Röhrensäcke (pergamentartig, gerade, zylindrisch, hinten 3-klappig), Pistolensäcke (hinten 2-klappig, pergamentartig, hinten stark abwärts gebogen, im Querschnitt rund), Scheidensäcke (pergamentartig, stark seitlich zusammengedrückt, hinten verschmälert), Blattsäcke (aus

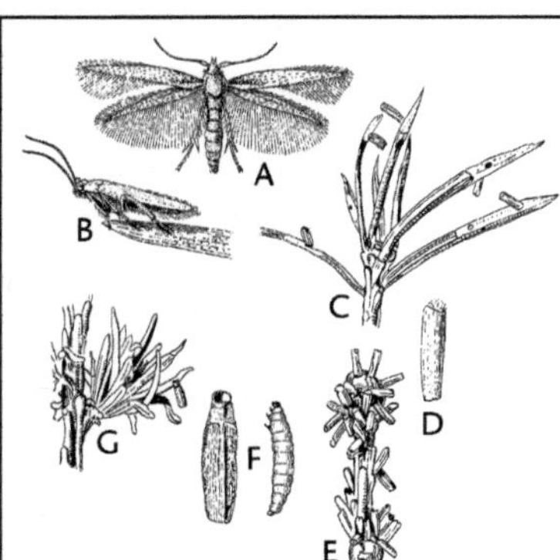

Abb. C-165: Coleophoridae: *Coleophora laricella*, Lärchenminiermotte. A: Falter, Flspw. 9 mm; B: typische Haltung an der Nadelspitze; C: Fraßbild im Sommer; D: erster Raupensack; E: überwinternde Raupen im Säckchen. F: zweites Raupensäckchen und Raupe im Frühling; G: Fraßbild im Frühling. (Brauns 1991)

Abb. C-166: Coleophoridae: *Coleophora serratella*. Larve hat den ersten Sack ans Blatt geheftet, miniert und schneidet dann neuen Sack aus der Mine aus. (Escherich 1914–42)

länglichen, parallel zur Sacklängsachse geordneten Blattstücken), Lappensäcke (Blattstücke quer oder schräg zur Sacklängsachse gestellt); mit dem Wachsen der Raupen Vergrößerung des Sackes durch Anbauen weiteren Materials oder auch durch Umziehen in einen ganz neu hergestellten Sack. **Überwinterung** der halb oder ganz erwachsenen Raupe im festgesponnenen Sack; **Verpuppung** im Frühling bzw. Frühsommer im dann meist an Zweigen festgesponnenen Sack; die Raupe dreht sich vor der Puppenhäutung um, der Falter verlässt den Sack durch die hintere Öffnung.

1. *Coleophora laricella* Hbn., Lärchenminiermotte [**C-165**]; Flspw. 9 mm; Falter fliegt tags V–VI; an Lärche; Eiablage einzeln an die Nadeln; die Raupe (Larvenstadium 1 und 2) miniert zunächst in der Nadel, schneidet dann im IX (L. 3, selten schon L. 2) ein Stück der ausgehöhlten Nadel zum ersten sich braun verfärbenden Sack ab (D); Überwinterung im Sack v. a. an den Knospen der Kurztriebe, auch an der Rinde von Ästen und Stamm; im Frühling ab IV (nach der Häutung zu L. 4) vom Sack aus minierend, Fraß in (mehreren) jungen Nadeln, häufig auch an weiblichen Blüten und an jungen Zapfenschuppen; dann Vergrößern des Sackes: die ausgehöhlte Nadel wird quer abgeschnitten und der Länge nach mit dem alten Sack verbunden, Nadel des alten Sackes und neue Nadel an der Berührungsstelle aufgeschlitzt und fest aneinander gesponnen; Sackvergrößerung zunächst zuweilen auch nur mit Gespinst und kleinen Nadelteilchen; Verpuppung IV–V im Sack, der an einer Nadel festgesponnen ist. – Bei Massenauftreten beachtlicher Schaden.

2. *Coleophora serratella* L.; v. a. an Erle und Birke, bei Massenfraß schädlich; Überwinterung der Raupe in einem ersten, aus Blattteilchen zusammengesponnenen, schwach gekrümmten Sack; im Frühling Bildung eines neuen Sackes: alter Sack am Blatt (oft am Rand [**C-166**]) festgeheftet, die Raupe miniert einen Platz aus, spinnt die Ränder zusammen und schneidet das so schon sackförmige Stück aus dem Blatt heraus; geschah das am gezähnten Blattrand, ist der Sack am Rücken gezähnt; Verpuppung im Sack, der am Blatt, Zweig oder Stamm ist; die Raupe dreht sich zuvor um, Kopf zur hinteren Sacköffnung. – 3–16: Beispiele für verschiedenen Sackbau bei Arten der Gttg. *Coleophora* (vgl. jeweils [**C-167**]).

3. *Coleophora hemerobiella* Scop.; an verschienen Obstbäumen (Apfel, Birne) und Vogelbeere zuweilen schädlich; 2-malige Überwinterung der Raupe im hakenartig gekrümmten Sack, dann Umziehen in den hier abgebildeten geraden, hinten 3-klappigen, senkrecht vom Blatt abstehenden, rotbraunen bis schwarzen Röhrensack.

4. *Coleophora inulae* Wocke; v. a. an *Inula*, auch an *Eupatorium* und *Pulicaria*; vorn graubrauner, hinten gelbbrauner, aus Gespinst gefertigter Röhrensack (bis über 10 mm), Stellung parallel zur Blattfläche.

5. *Coleophora odorariella* Mühl. & Frey; an *Jurinea*, *Serratula*; bis 13 mm langer, mit einzelnen Sandkörnchen besetzter Röhrensack.

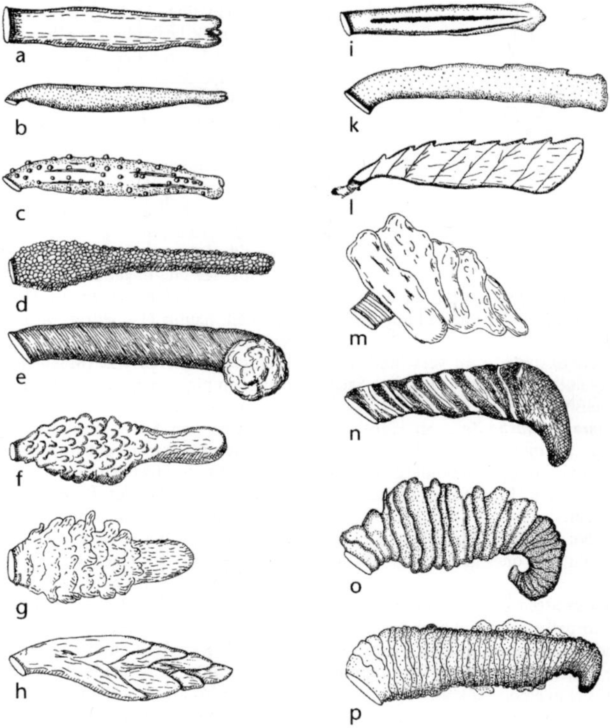

Abb. C-167: Coleophoridae: Säcke verschiedener *Coleophora*-Arten. A: *C. hemerobiella*; b: *C. inulae*; c: *C. odorariella*; d: *C. niveistrigella*; e: *C. vibicella*; f: *C. ochripennella*; g: *C. lineolea*; h: *C. genistae*; i: *C. saponariella*; k: *C. milvipennis*; l: *C. gryphipennella*; m: *C. colutella*; n: *C. discordella*; o: *C. cornutella*. (Hering 1926)

6. *Coleophora niveistrigella* Wocke; an *Gypsophila*; Sack dicht mit Sandkörnchen besetzt; Raupe überwintert im Boden.

7. *Coleophora vibicella* Hbn.; an *Genista*, selten an *Vicia*; Sack ca. 17 mm, ausschließlich aus Gespinst, vorn schwarz, hinten gelbbraun; ähnlich den reifen Hülsen des Ginsters.

8. *Coleophora ochripennella* Zell.; an *Lamium*, *Glechoma*, *Ballota*, *Stachys*; bräunlicher, vorn mit grünlichen Blattlappen besetzter Gespinstsack.

9. *Coleophora lineolea* Haw.; an den gleichen Pflanzen wie 8; auch Sack sehr ähnlich, jedoch reichen die Blattlappen bis über die Sackhälfte nach hinten.

10. *Coleophora genistae* St.; an *Genista* (auch *Vicia*); der aus schräg angeordneten Blattstücken hergestellte Sack ist hinten bräunlich, vorn gelblich-grün.

11. *Coleophora saponariella* Heeg.; an *Saponaria* (auch *Agrostemma*); der aus dem minierten Blatt herausgeschnittene weißliche Sack hat schwarze Längsstreifen.

12. *Coleophora milvipennis* Zell.; an Birke; der Sack besteht aus einer gleichförmigen Masse.

13. *Coleophora gryphipennella* Hbn., Rosenschabe; ca. 12 mm Flspw.; der Falter fliegt V–VI; an *Rosa*; Eiablage an die Blätter; bei Massenauftreten schädlich; bräunlicher, seitlich zusammengedrückter Sack, oben oft mit Zähnchen vom Rand des ausgeschnittenen Blattstückes; die Raupe miniert zunächst ohne Sack im Blatt (kleine gelbliche Flecken), stellt dann aus einem Blattausschnitt den Sack her; miniert von ihm

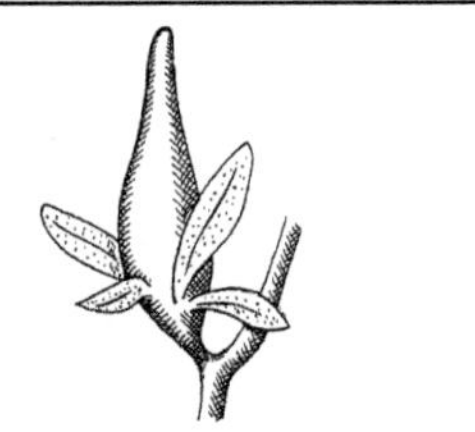

Abb. C-168: Coleophoridae: Galle von *Augasma aeratella* an *Polygonum aviculare*. (Buhr 1964–65)

aus im Spätsommer-Herbst und, nach Überwinterung im Sack, wieder im Frühling große Flecken im Blatt.

14. *Coleophora colutella* F.; an verschiedenen Schmetterlingsblütlern (v. a. an *Astragalus*); Sack mit großen weißlichen Blattstücken.

15. *Coleophora discordella* Zell.; an Hornklee und anderen Schmetterlingsblütlern; Sack dunkelbraun, aus schräg aneinandergesetzten Blattstücken; besonders hinten stark seitlich zusammengedrückt.

16. *Coleophora cornutella* Herr.-Schäff..; an Birke; Sack braun mit quer gestellten Blattstücken.

17. *Augasma aeratella* Zell.; Raupe bei Knöterich-Arten in gallenartigen Anschwellungen der Blüten oder der Haupt- und Seitensprosse [**C-168**]; Überwinterung als Raupe; Verpuppung im V in der Galle in einem Kokon.

Lit. →Lepidoptera; Brauns 1991; Eichhorn 1978; Hering 1953, 1957; Sattler & Tremewan 1978.

Coleoptera, Käfer; Ordg. der Insekten mit vollkommener Verwandlung (→Holometabolie); übergeordnete Gruppe: →Holometabola; mit in Eur > 28 000, in Dt ± 6800 Arten dritt artenreichste Insekten-Ordg.; winzig (kleinste →Ptiliidae 0,25 mm) bis stattlich (*Titanus giganteus* L., ein südamerikanischer Bockkäfer, bis etwa 16 cm); sehr mannigfaltig nach Form und Lebensweise (vgl. die einzelnen Fam.); kennzeichnend die zu stark sklerotisierten Flügeldecken (→Elytren) umgebildeten Vorderflügel; unter ihnen liegen die häutigen **Flugflügel**; sie sind meist länger als die Deckflügel und daher in Ruhe oft in kunstvoller Weise zusammengefaltet; ermöglicht wird das durch vorgebildete Falten, gelenkartige Unterbrechungen der Längsadern, Tätigkeit eines Rücklegemuskels (greift am 3. Axillare des Flügelgelenkes an); unterstützend wirken, bei verschiedenen Arten in verschiedener Weise, schiebende und haltende Bewegungen der Elytren, oft auch spezielle Be-

haarung der Hinterleibssegmente zum Festhalten der Flugflügel in der gefalteten Form; bei den winzigen Federflüglern (→Ptiliidae) sind die schmalen Hinterflügel mit langen Haaren besetzt; Flügeldecken im Flug i. d. R. abgespreizt, nur bei den Rosenkäfern (→Scarabaeidae E) auf dem Rücken (wie in der Ruhelage); die abgespreizten Elytren sind am Auftrieb beteiligt (bei →Cicindelidae z. B. mit ca. 16 %); in manchen Gruppen Verkürzung der Flügeldecken (z. B. →Staphylinidae: besonders komplizierte Faltung der langen Flugflügel unter den kurzen Deckflügeln) und, oft unabhängig davon, Rückbildung der Flugflügel bis zur Flugunfähigkeit (z. B. →Carabidae). **Antennen** sehr verschieden gestaltet, häufig 11-gliedrig. **Mundteile** i. d. R. kauend-beißend, besonders die Mandibeln oft kräftig, die unteren Teile (Maxillen, Unterlippe) bisweilen pinselartig zum Aufnehmen von Pollen (→Cerambycidae, →Melyridae A) oder zum Auflecken von Säften geeignet (→Meloidae). **Komplexaugen** meist gut ausgebildet, bei Höhlenbewohnern zuweilen bis zu vollkommenem Schwund rückgebildet. **Beine** i. d. R. als Laufbeine ausgebildet, manchmal spezialisiert (z. B. als Grabbeine bei →Geotrupidae, Schwimmbeine bei →Dytiscidae). **Lauterzeugung** vielfach verbreitet; 3 Verfahren: durch Klopfen eines Körperteils auf das Substrat (→Anobiidae, →Cerambycidae), durch Ausstoßen von Gas (→Carabidae L) und (am häufigsten, auch bei Larven) mit →Stridulationsorganen (z. B. →Cerambycidae, →Staphylinidae K1; eine scharfe Kante oder eine Borstenreihe wird über eine geriefte Fläche des Chitinpanzers gestrichen, an sehr verschiedenen Körperstellen, oft bei beiden Geschlechtern); Lauterzeugung häufig zur Abwehr (in Verbindung mit Wehrdrüsen für erfahrene Räuber Warnsignal), seltener als Teil des Sexualverhaltens. Keine →Tympanalorgane, aber Vibrationssinnesorgane zur Wahrnehmung von Substratschwingungen. Manche Gruppen mit Leuchtorganen (→Lampyridae); verbreitet sind **Hautdrüsen**, die (Sexual-)Lock- oder Abwehrstoffe liefern, häufig in Afternähe (Pygidialdrüsen). **Ernährung** sehr mannigfaltig; viele Arten jagen, dann zuweilen mit Verdauung vor dem Mund (extraintestinale Verdauung; z. B. manche →Carabidae); andere sind reine Pflanzenfresser; nicht selten Spezialistentum, z. B. Blatt- und Schildlausfresser (viele →Coccinellidae), Schneckenfresser (manche →Carabidae, →Staphylinidae K5–6, →Elateridae B5, →Lampyridae), Dungfresser (→Geotrupidae, →Scarabaeidae A, B; manche von ihnen bevorzugt an bestimmten Dungsorten); viele Pflanzenfresser →monophag auf bestimmten Nahrungspflanzen oder auf Teilen von Nahrungspflanzen (z. B. →Chrysomelidae); Pilzzucht bei manchen in Holz bohrenden Arten (→Curculionidae C, P: Platypodinae, Scolytinae; →Lymexylidae); viele Arten als Kommensalen, Symbionten oder Jäger in den Nestern Staaten bildender Hautflügler (besonders bei Ameisen) und bei Termiten (z. B. →Staphylinidae, →Meloidae); die Biberlaus (*Platypsyllus*, →Leiodidae C2) jagt Milben im Pelz des Bibers; bei Formen mit zellulosereicher Nahrung sind **symbiotische Mikroorganismen** vorhanden, teils in Erweiterungen des Darmlumens, teils im Innern von Darmzellen oder auch in besonderen Organen unabhängig vom Darm. **Fortpflanzung** fast stets 2-geschlechtlich: beim Finden der Geschlechter spielen häufig Sexuallockstoffe eine Rolle; Thelytokie (→Parthenogenese ohne ♂♂) bei einigen →Curculionidae, →Chrysomelidae und →Dermestidae; meist Ablegen von Eiern; Schlüpfen der Larven zuweilen kurz nach oder bei der Eiablage (Ovoviviparie; manche →Chrysomelidae); Gebären lebender Larven selten (bei einigen Termiten- und Ameisengästen unter den →Staphylinidae); in manchen Gruppen hoch entwickelte Brutfürsorge und Brutpflege (z. B. →Carabidae M, →Staphylinidae H1, K, →Spercheidae, →Scarabaeidae B, →Attelabidae, →Curculionidae). **Larven** häufig schlank, mit gut entwickelten Laufbeinen an den 3 Thoraxsegmenten, oder madenartig mit mehr oder weniger verkümmerten, selten ganz fehlenden

Brustbeinen; Mundteile meist beißend, seltener (z. B. →Dytiscidae) stechend-saugend; Lebensweise (Aufenthaltsort, Ernährung) nicht minder vielfältig als die der Imagines: jagend oder an bzw. in verschiedensten Pflanzenteilen, wobei bestimmte Inhaltsstoffe der Nährpflanzen für deren Wahl bestimmend sein können; an Wurzeln fressende Larven verschiedener Arten werden schon durch die von den Wurzeln abgegebenen geringen CO_2-Mengen angelockt; manche im Wasser lebende Larven (z. B. →Gyrinidae) mit Tracheenkiemen an den Abdominalsegmenten; häufig 3 Larvenstadien, in manchen Gruppen jedoch mehr; Larvenstadien zuweilen von verschiedener Gestalt (→Polymetabolie; →Hypermetabolie). **Puppe** meist frei (Pupa libera, →Pupa 2a), selten (z. B. →Coccinellidae) liegen die Körperanhänge der Körperoberfläche fest an (Pupa obtecta, →Pupa 2b); Verpuppung häufig in einer aus verschiedensten Stoffen (Nagsel, Erde, Kot, Drüsensekreten) bestehenden Puppenwiege. Zahlreiche Arten als Larven oder Imagines schädlich durch Fraß an Kulturpflanzen in Garten, Feld und Wald, werden aber u. U. selbst wieder dezimiert durch andere Käfer (z. B. Kartoffelkäferlarven durch Laufkäfer); gelegentlich sind Käfer Überträger von parasitischen Würmern auf Säugetiere, auch auf den Menschen (z. B. überträgt *Tenebrio molitor* L. den Bandwurm *Hymenolepis nana*). In Eur mit zahlreichen Fam. (diejenigen mit mehr als 100 Arten in Dt sind <u>unterstrichen</u>):

ADEPHAGA	→Lampyridae	**Cucujiformia**	→Mycetophagidae
„Hydradephaga"	→Elateridae	*Coccinelloidea*	→Tetratomidae
→Gyrinidae	**Staphyliniformia**	→Bothrideridae	→Melandryidae
→Haliplidae	*Hydrophilidea*	→Teredidae	→Ciidae
→Noteridae	→Georissidae	→Cerylonidae	→Colydiidae
→Hygrobiidae	→Helophoridae	& Murmidiidae	→Tenebrionidae
→Dytiscidae	→Hydrochidae	→Alexiidae	*Cucujoidea*
Geadephaga	→Spercheidae	→Latridiidae	→Erotylidae
Trachypachidae	→Hydrophilidae	→Anamorphidae	→Phloeostichidae
→Cicindelidae	→Sphaeritidae	→Corylophidae	→Cucujidae
→Carabidae	→Histeridae	→Endomychidae	→Silvanidae
MYXOPHAGA	*Lamellicornia*	→Mycetaeidae	→Cryptophagidae
→Sphaeriusidae	Glaresidae	→Coccinellidae	→Laemophloeidae
POLYPHAGA	→Trogidae	*Cleroidea*	→Phalacridae
→Scirtidae	→Lucanidae	→Biphyllidae	→Sphindidae
→Derodontidae	→Geotrupidae	→Byturidae	→Monotomidae
→Eucinetidae	Glaphyridae	→Trogossitidae	→Kateretidae
→Clambidae	Hybosoridae	→Cleridae	→Cybocephalidae
→Nosodendridae	→Scarabaeidae	& Thanerocleridae	→Nitidulidae
Elateriformia	*Staphylinidea*	→Melyridae	*Chrysomeloidea*
→Dascillidae	→Ptiliidae	*Tenebrionoidea*	→Megalopodidae
Dryopoidea	→Hydraenidae	→Lymexylidae	→Orsodacnidae
→Dryopidae	→Agyrtidae	→Ripiphoridae	Vesperidae
→Elmidae	→Leiodidae	→Mordellidae	→Cerambycidae
→Heteroceridae	→Staphylinidae	Stenotrachelidae	→Chrysomelidae
→Limnichidae	**Bostrichiformia**	→Scraptiidae	*Curculionoidea*
→Psephenidae	→Dermestidae	→Mycteridae	→Cimberididae
→Byrrhidae	→Endecatomidae	→Oedemeridae	→Nemonychidae
→Buprestidae	→Lyctidae	→Prostomidae	→Urodontidae
Elateroidea	Psoidae	→Pythidae	→Anthribidae
→Throscidae	→Bostrichidae	→Salpingidae	→Rhynchitidae
→Cerophytidae	→Ptinidae	Boridae	→Attelabidae
→Eucnemidae	→Anobiidae	→Pyrochroidae	→Nanophyidae
→Lycidae		→Aderidae	Brentidae
→Cantharidae		→Anthicidae	→Apionidae
→Lissomidae		→Meloidae	→Curculionidae

Lit. Beutel & Kraus 1997; Beutel & Leschen 2016; Cooter 1991; Crowson 1981; Eisenbeis & Wichard 1985; Evans 1975; Freude et al. 1965 ff; Hölldobler & Kwapich 2023; Klausnitzer 1991 ff, 2019; Lawrence 1982; Lengerken 1954; Leschen & Beutel 2014; Leschen et al. 2010; McKenna et al. 2015; Paulian 1988; Zhang et al. 2018.

Coleopteroidea; von manchen Autoren verwendete Bezeichnung für eine Gruppe aus →Coleoptera und →Strepsiptera.

Coleorrhyncha; Ordg. der Insekten mit unvollkommener Entwichlung (→Hemimetabolie); Schwestergruppe entweder der →Heteroptera oder der →Auchenorrhyncha; alle 3 Gruppen zusammen mit den →Sternorrhyncha zu den →Hemiptera zusammengefasst; mit 36 Arten in Neuseeland, Neukaledonien, Australien, Tasmanien und dem südl. Südamerika (alle in einer Fam. vereinigt: Peloridiidae, Mooswanzen); kleine (2–5 mm), unscheinbar bräunliche und träge Pflanzensauger mit einem flachen Körper; Saugrüssels ähnlich den übrigen →Hemiptera, wie bei Zikaden (→Auchenorrhyncha) nach unten gerichtet; Fühler klein, 3-gliedrig; ähnlich den Wanzen (→Heteroptera) mit dorsalen larvalen Stinkdrüsen, ventralen imaginalen Stinkdrüsen und flach getragenen Flügeln; i. d. R. kurzflügelig, nur bei einer südamerikanischen Art treten auch flugfähige Individuen auf; v. a. in Moosen und Streu in *Nothofagus*-Wäldern. Lit.: Burckhardt 2010; Yoshizawa et al. 2017.

Colias →Pieridae 6.

Collembola, Springschwänze; Ordg. primär flügelloser Insekten; bilden mit den →Protura die

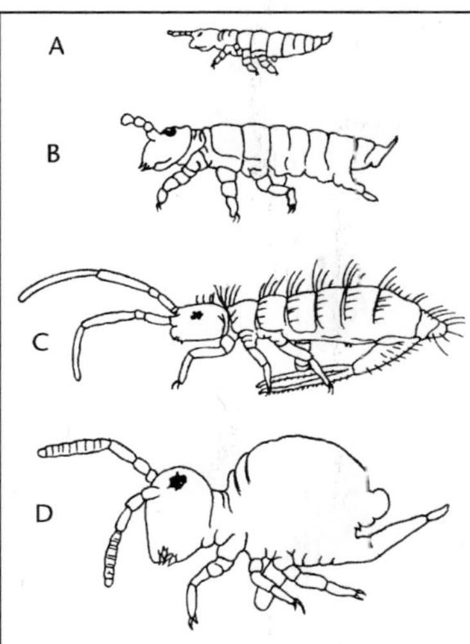

Abb. C-169: Collembola: A: *Tullbergia* spec. (Tullbergiidae), Tiefen-Tier; 0,7 mm; B: *Hypogastrura* spec. (Hypogastruridae); 1,5 mm; C: *Orchesella* spec. (Entomobryidae); 5–6 mm; D: *Sminthurides* spec. (Sminthurididae); 1 mm. (Schaller 1958)

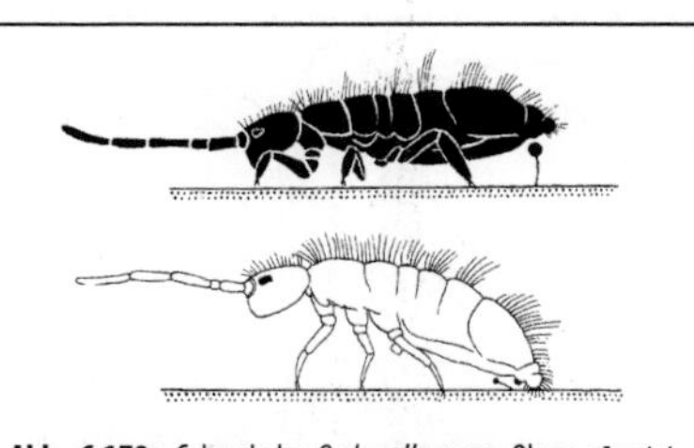

Abb. C-170: Collembola: *Orchesella* spec. Oben: ♂ setzt Spermatophore ab; unten: ♀ streift Sperma ab. (Schaller 1954)

übergeordnete Gruppe →Ellipura; mit in Eur ± 2075, M-Eur ± 840, Dt ± 440 Arten; primär flügellos; wohl die häufigsten Insekten, mit zuweilen außerordentlich hoher Individuenzahl: in 1 Liter humosen Waldbodens etwa 2000 Springschwänze, in lehmigen Böden weniger; 0,25–10 mm, meist 1–2 mm [**C-169**]; Bewohner von Oberflächen dunkel pigmentiert, oft recht bunt, reich behaart oder mit Schuppen (relevant bei der Feindabwehr, da sie sich beim Angriff ablösen) [**C-170**]; Bewohner tieferer Bodenschichten meist kleiner und pigmentfrei, oft fast wurmförmig. Körperdecke schwach sklerotisiert, meist mit zahlreichen, winzigen (0,3 µm) epikutikularen Auswüchsen (Mikrotuberkel), die die Oberfläche unbenetzbar machen; Mundteile kauend oder stechend-saugend; Antennen 4-gliedrig, bei Bodenbewohnern kurz; Augen aus max. 8 Ommatidien, bei Bodenbewohnern noch stärker vereinfacht oder ganz fehlend; mit Antennalorgan (oberflächlich liegende oder eingesenkte Gruppe von Geruchssensillen am 3. Antennenglied), Postantennalorgan (hoch spezialisierte Sensillen in einem Feld hinter den Antennen, wahrscheinlich Chemo-, Hygro- und Thermorezeptoren) und Pseudocellen (Wehrdrüsen, bei →Onychiuridae). Hinterleib mit nur 6 Seg-

menten, mit zu Extremitäten homologen Anhängen: ventral am 1. Segment der sehr dünnwandige, ausstülpbare Ventraltubus, ein Organ zur Wasser- und Ionenaufnahme, dient außerdem bisweilen als Haft- oder Atemorgan, auch als Putzapparat; hinten ventral am 4. Segment die **Sprunggabel** (fehlt insbesondere kleinen Bewohnern tieferer Bodenschichten), in Ruhe nach vorn unter den Bauch geklappt, durch den Gabelhalter (Retinaculum) im 3. Segment festgehalten, bei Beunruhigung durch plötzliche Muskelkontraktion (nicht durch hydraulischen Druck) nach hinten geschlagen (unterstützt durch einen Klickmechanismus, durch den die Sprunggabel ab einem bestimmten Winkel wegen hoher elastischer Kräfte in die Strecklage schnappt); Sprung manchmal mehrere Zentimeter weit, verbunden mit Saltos; bei auf dem Wasser lebenden Arten Gabelende verbreitert (dadurch flächige Verteilung der Aufschlagskraft auf der Wasseroberfläche); die Körperanhänge werden mit den Mundteilen geputzt, zuweilen (z. B. bei *Sminthurides*) mit einem aus dem Mund austretenden und schließlich auch wieder aufgenommenen Flüssigkeitstropfen geradezu gewaschen. Einfaches Tracheensystem bei Symphypleona, sonst nur Hautatmung (bei Bodenlückenbewohnern auch über ein →Plastron). Wegen ihres dünnhäutigen Körpers fast stets in Bereichen mit hoher Luftfeuchtigkeit; überall auf und im Boden, v. a. im Lückensystem der oberen 10-cm-Schicht (Springschwänze sind nicht fähig zu graben, mit Ausnahme einiger Arten der Tullbergiidae); aber auch in der Vegetation, sogar auf der Blattoberfläche von Bäumen (z. B. *Allacma fusca* L., →Sminthuridae); manche Arten auf der Oberfläche ruhiger Süßwassertümpel (*Sminthurides* [**C-171**, **C-172**], *Podura aquatica* L. [**C-173**]), andere auf Schnee oder Gletschereis (*Desoria saltans* Nic., Gletscherfloh; →Isotomidae); *Anurida maritima* Guér. (→Neanuridae) im Watt, bei Ebbe auf

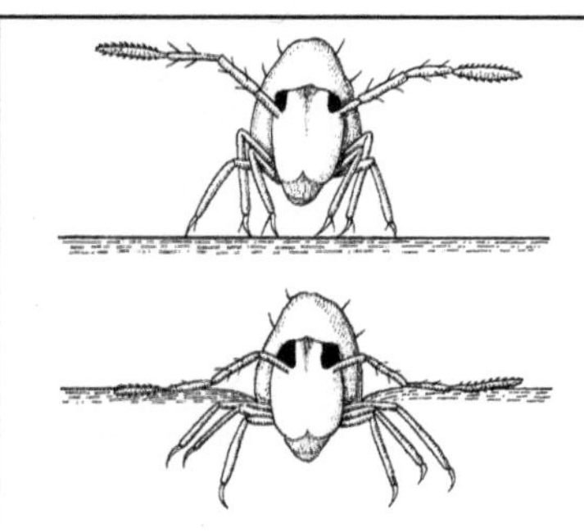

Abb. C-171: Collembola: *Sminthurides aquaticus*; ca. 1 mm; oben: normal auf dem Wasser; unten: altes Tier, einsinkend. (Falkenhan 1932)

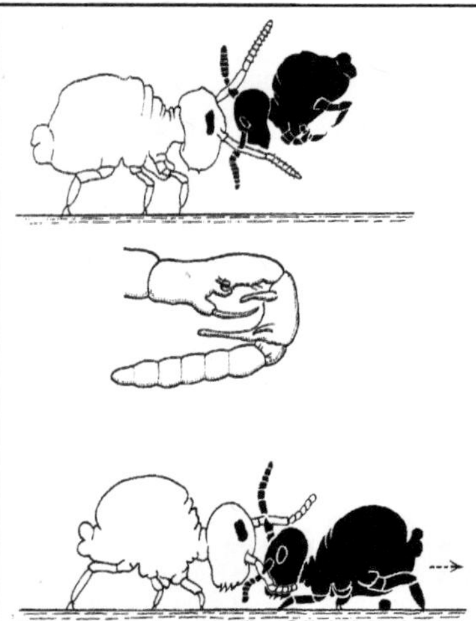

Abb. C-172: Collembola: *Sminthurides aquaticus*. Oben: ♀ (weiß, ca. 1 mm) trägt ♂ (schwarz); Mitte: ♂, Klammerantenne; unten: Pärchen, ♀ kurz vor Aufnahme des Spermatropfens. (Schaller 1958)

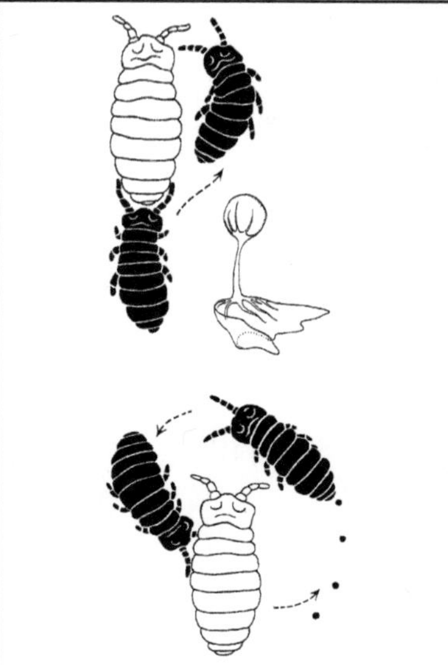

Abb. C-173: Collembola: *Podura aquatica*, Schwarzer Wasserspringer. Paarung; ♂ schwarz, ♀ hell; Mitte rechts: Spermatophore, stark vergrößert; unten: ♂ hat 4 Spermatophoren abgesetzt. (Schaller 1964)

Nahrungssuche; einige Arten regelmäßig als harmlose Mitbewohner in Ameisennestern. **Nahrung** bodenbewohnender Springschwänze sind meist Pilzfäden, Bakterien und einzellige Algen; neben omnivoren Arten oft Nahrungsspezialisten (z. B. saugt *Micranurida*, Neanuridae, an gärenden Flüssigkeitsfilmen voller Bakterien und Hefen, andere weiden bestimmte Schimmelpilzarten ab); manche ernähren sich von zerfallenden pflanzlichen und tierischen Stoffen (einschl. Kotbällchen), einige sind durch Zerkleinern von Falllaub wesentlich an der Humusbildung beteiligt; gerade im Boden lebende Arten werden durch CO_2 angelockt, das bei der bakteriellen Zersetzung organischer Stoffe entsteht; wenige (*Friesea*-Arten, Neanuridae) erbeuten kleine Tiere wie Fadenwürmer, Räder- und Bärtierchen, Ringelwürmer (Enchytraeidae) und sogar andere Springschwänzen; manche gehen an grüne Pflanzen (→Sminthuridae), andere an Pilzhyphen und Pilzsporen, einzelne sind Algenfresser (*Isotomurus*, Isotomidae) oder omnivor; insgesamt verbreiten Springschwänze Mikroorganismen, verbessern deren Lebensbedingungen durch Oberflächenvergrößerung des Bestandsabfalls und steuern durch selektiven Fraß deren Dominanzverhältnisse. **Fortpflanzung** bei vielen Arten fast während des ganzen Jahres; Vermehrungsrate unter günstigen Bedingungen bei manchen Arten hoch, kann lokal zu phantastischem fantastischem Massenauftreten führen; geschlechtsreife Tiere produzieren ein Aggregationspheromon; indirekte Samenübertragung; bei den Arthropleona setzt das ♂ zahlreiche Samentröpfchen auf je einem Stiel ab (Spermatophore; Höhe ca. 0,5 mm [**C-170**, **C-173**]), diese werden vom geschlechtsreifen ♀ durch Berühren mit der Geschlechtsöffnung abgestreift; bald darauf Eiablage; keine Paarbildung; Absetzen bzw. Abstreifen der Spermatophoren auch ohne Anwesenheit eines Geschlechtspartners; zu alte Spermatophoren (mehr als 8 h bei *Orchesella villosa* L.) werden vom ♂ gefressen und sofort durch neue ersetzt; bei Symphypleona oft Paarbildung, im Einzelnen sehr unterschiedliche Verhaltensweisen: das ♂ von *Dicyrtomina minuta* F. (in Wäldern, auf Laub und Bäumen) sucht optisch geleitet ein ♀ auf, begleitet es und umgibt es schließlich mit einem Zaun von Spermatophoren, von dem das ♀ das Sperma aufnimmt; das ♂ von *Sminthurides aquaticus* Bourl. (auf der Wasseroberfläche von Lachen, Teichen [**C-171**]) mit Klammerantennen, packt damit die Antennen des größeren ♀ [**C-172**], lässt sich von ihm tragen, setzt schließlich eine Spermatophore ab und zerrt das ♀ im Rückwärtsgang oder durch Drehen auf der Stelle zur Spermaaufnahme darüber (ähnlich auch andere →Sminthurididae); bei vielen Arten auch Parthenogenese; Fortpflanzung stets durch Ablegen von **Eiern**, meist wenige zum Ballen verklebt. Postembryonale **Entwicklung** ohne Metamorphose (Epimetabolie), zahlreiche (z. T. bis über 40) Häutungen, auch der geschlechtsreifen Tiere; Überwinterung in allen Stadien. – 2 möglicherweise nicht →monophyletische Teilgruppen von unterschiedlicher Gestalt:

1. Arthropleona; Körper gestreckt und deutlich segmentiert; hierher die a) **Poduromorpha;** häufig kleine, trägere Springschwänze mit kurzen Beinen und kleiner (oder fehlender) Sprunggabel; im Gegensatz zu den übrigen Springschwänzen mit gut entwickelten entwickeltem Prothorax; in Eur mit den Fam. →Onychiuridae und Tullbergiidae, →Hypogastruridae, →Poduridae, →Neanuridae und Odontellidae; b) **Entomobryomorpha;** oft schlanke, langbeinige Tiere mit kräftiger Sprunggabel und verkümmertem Pronotum; mit den Fam. →Entomobryidae, →Isotomidae; ähnlich die **Tomoceromorpha**, jedoch mit beschupptem Körper; mit den Fam. Oncopoduridae, →Tomoceridae.

2. Springschwänze mit gedrungenem, oft fast kugelförmigem Körper, Segmentgrenzen höchstens hinten noch deutlich, Sprunggabel kräftig ausgebildet; hierher die a) **Neelipleona,** Zwergspringer, winzig, mit kurzen Fühlern; nur 1 Fam.: →Neelidae; b) **Symphypleona**, Kugelspringer, mit über kopflangen Fühlern; heimisch die Fam. →Sminthurididae und Mackenzielli-

dae, →Arrhopalitidae und Katiannidae, →Dicyrtomidae, →Sminthuridae.
Lit. Agrell 1941; Bellinger et al. 1996–2024; Cucini et al. 2020; Eisenbeis & Wichard 1985; Gisin 1960; Hopkin 1997; Krool & Bauer 1987; Paclt 1956; Palissa 1964; Rusek 1998; Schaller 1962, 1970; Sun et al. 2020.

Colletes →Colletidae 1; vgl. auch →Apidae B2, →Bombyliidae, →Meloidae.

Colletidae, Masken- und Seidenbienen; Fam. der Hautflügler (Hymenoptera, Apocrita, Apoidea) mit in Eur 133, M-Eur 75, Dt 54 Arten aus 2 Gttgn. von unterschiedlicher Gestalt; solitäre, Nester bauende Bienen (→Anthophila) mit kurzem, breitem Saugrüssel, besuchen Blüten mit wenig verborgenem Nektar; kleiden die **Brutzellen** ihres Nestes mit einer durchscheinenden, seidig glänzenden, zellophanartigen und völlig wasserdichten Membran aus; das Material dazu wird von der (sehr großen) →Dufour-Drüse geliefert (Hauptkomponenten: Lactone, Mono- und Dicarbonylsäuren), in Form von Tropfen abgeschieden und dann mit der – im Gegensatz zu anderen Bienen breit endenden und mit einer Büste ausgestatteten – Zunge verschmiert; der Anstrich polymerisiert dabei (wohl unter Zugabe von Labialdrüsensekret) zu einem linearen Polyester; im Gegensatz zu *Colletes* besteht bei *Hylaeus* die Zellwandmenbran v. a. aus Seide, die aus dem beigemischtem Labialdrüsensekret entsteht; bei beiden Gttgn. liegt die Membran der Zellwand nur locker an; sie wird mit einem zähflüssigen Pollen-Nektar-Gemisch gefüllt, auf dem die Larve auf der Seite liegt. I. d. R. nur 1 Generation im Jahr; **Überwinterung** als Ruhelarve (*Colletes cunicularius* L. als Imago).

1. ***Colletes,*** Seidenbienen; bei uns 15 Arten; 8–16 mm; Abdomen der ♀♀ zugespitzt; Körperfarbe schwarz; mit gelblich grauer, oft dichter und filzig erscheinender Behaarung; Schienensammler. Fliegen VI–VIII (*C. cunicularius* L. III–V); in verschiedensten Biotopen: *C. cunicularius* L. häufig in sandigen Flussauen und Sandgruben, *C. succinctus* L. in Sandheiden, *C. halophilus* Verh. in Küstendünen und Salzwiesen, *C. daviesanus* Smith im Siedlungsbereich (häufigste Art; bisweilen Gebäudeschädling, da Nestbau in Sandstein und Mörtel). Oft eng auf bestimmte Pollenquellen spezialisiert: *C. succinctus* auf *Calluna*, *C. daviesanus* auf *Tanacetum* und *Achillea*, *C. nasutus* Smith auf *Anchusa*. Beide Geschlechter übernachten in selbst gegrabenen Erdhöhlen, ♀♀ während des Nestbaus im Nest. Artspezifischer, manchmal an Zitrone erinnernder Duft (Linalool als Hauptbestandteil) bei beiden Geschlechtern (Mandi-

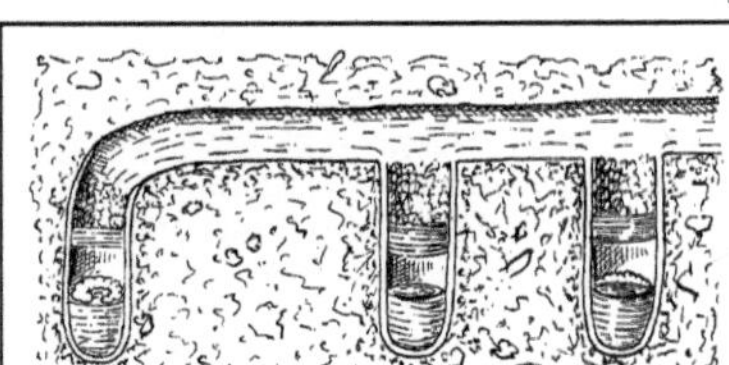

Abb. C-174: Colletidae: *Colletes succinctus*. Schnitt durch eine Nestanlage. (Berland & Bernard 1951)

beldrüse), der auf beide Geschlechter stark anziehend wirkt (Bildung von Aggregationen?); ♂♂ erscheinen einige Tage vor den ♀♀ und schwärmen oft massenhaft in niedriger Höhe über den vorjährigen Nistplätzen; **Paarung** meist unmittelbar nach dem Schlüpfen der ♀♀ auf dem Erdboden, manchmal (*C. cunicularius*) Ausgraben der ♀♀ durch die ♂♂. **Nest** mehrzellig, verzweigt, in Sand- oder Lehmboden [**C-174**], bei manchen Arten in regelmäßig überschwemmten Gebieten; ♀♀ graben Nester mit den Mandibeln, summen dabei deutlich. **Kuckucksbienen**: meist Arten der Gttg. *Epeolus* (Filzbienen; →Apidae B2).

2. Hylaeus, Maskenbienen; heimisch 39 Arten; glänzender, schwarzer Körper (4–10 mm) mit kleinen, hellen Zeichnungen an Kopf (Name!), Thorax und Beinen, bei den ♂♂ fast aller Arten zu einem ausgedehnten Gesichtsfleck erweitert (Name!); fast ohne Behaarung. Fliegen V–IX; von der Ebene bis in höhere Lagen der Mittel- und Hochgebirge; an Waldrändern, in Hecken, an Ruderalstellen, in Sand- und Lehmgruben, auch in Parks und Gärten. Meist →polylektisch (oft Doldenblütler, *Echium*), oligolektische Arten an Korbblütlern, *Allium* und *Reseda*; **Eintragen** des Pollens zusammen mit Nektar im Kropf (Sammelbürsten fehlen!). **Nisten** meist in altem Holz (z. B. Zaunpfosten) in vorgefundenen Hohlräumen (Käferfraßgänge), einige (*H. gracilicornis* Mor., *H. rinki* Gorski) in markhaltigen, dürren Stängeln, *H. hyalinatus* Smith in Löss- und Lehmwänden, *H. nigritus* F. in Mauerritzen, *H. pectoralis* Först. in verlassenen Gallen der Schilfgallenfliege, *Lipara lucens* (→Chloropidae 1), *H. variegatus* F. in verlassenen Nestern anderer Bienen (besonders von Furchenbienen, *Halictus, Lasioglossum*) in sandigem Lehmboden; Brutzellen zu mehreren (bis 20) hintereinander.

Lit. →Anthophila; Almeida 2008; Amiet et al. 2014; Westrich 2019.

Colobaea →Sciomyzidae.
Colobochyla →Erebidae F.

Colobopsis →Formicidae, C1.
Colobostema →Scatopsidae.
Colocasia →Noctuidae 4.
***Colon*, Coloninae, Colonidae** →Leiodidae B.
Coloradokäfer, *Leptinotarsa decemlineata* Say →Chrysomelidae J1.
Colpocephalum →Amblycera 2.
Colposis →Salpingidae.
Columbicola →Ischnocera.
Colydiidae, Rindenkäfer; Fam. der Käfer (Coleoptera, Polyphaga, Cucujiformia); auch zu den sonst nichteuropäischen **Zopheridae** gestellt; in Eur 75, M-Eur 23, Dt 19 Arten; meist klein (über 2 mm), nur wenige bis 7 mm Länge; unter Rinde, in faulendem Holz, in Fraßgängen anderer Holzbewohner (einschl. von Ameisen der Gttg. *Lasius*); *Langelandia* unterirdisch und dann augenlos. **Ernährung** recht verschiedenartig; viele Arten leben z. T. jagend, z. T. von Abfällen oder Pilzen in den Gängen anderer holzbewohnender Insekten und ihrer Larven. Beispiele: *Bitoma crenata* F., 3 mm, überall häufig; *Colydium filiforme*, Fadenkäfer; sehr lang gestreckt, 5–6 mm, an alten Eichen in den Gängen von →Anobiidae.
Lit. →Coleoptera.
Colydium →Colydiidae.
Colymbetes →Dytiscidae 4.
Combocerus →Erotylidae.
Compsilura →Tachinidae 3.
Comstockaspis →Diaspididae 4.
Condylognatha; →monophyletische Gruppe aus →Thysanoptera und →Hemiptera; enthalten mit Ausnahme der Tierläuse (→Anoplura) alle hemimetabolen Insekten mit Stechrüssel; oft mit den →Psocodea zu Gruppe der →Acercaria zusammengefasst.
Conicera →Phoridae 5.
Coniopterygidae, Staubhafte; Fam. der Netzflügler (Planipennia) mit in Eur 50, M-Eur 22, Dt 19 Arten; die kleinen (unter 10 mm), bräunlichen Imagines auf Gehölzen, mit recht großen, oft irisierenden, mäßig geäderten Flügeln; Körper und Flügel von feinstem Wachsstaub bedeckt (erinnern an →Aleyrodina); der Staub stammt aus paarigen Wachsdrüsen in den Hinterleibssegmenten, die später zerfallende Wachsfädchen absondern; der so entstehende Wachsstaub wird mit den Hinterbeinen auf dem Körper verteilt; fliegen wenig; Hinterflügel selten reduziert (z. B. *Conwentzia*), ♀♀ bei einzelnen *Helicoconis*-Arten flügellos; Ernährung (kauend-beißende Mundgliedmaßen) von kleinen, weichhäutigen Arthropoden (daneben Honigtau?). **Eier** einzeln, seltener in Gruppen an Blätter oder Rinde abgelegt; **Larven** [**C-175**] klein (bis 3,5 mm), meist bunt,

rötlich mit dunkler Zeichnung; machen auf Gehölzen lebhaft Jagd auf kleine Insekten (z. B. Blattläuse, Schildläuse), Milben, Insekten- und Spinneneier u. dgl., saugen sie mit den kurzen Saugzangen (→Planipennia) aus. **Verpuppung** an Blättern, Kiefernnadeln oder Baumrinde in einem Gespinstkokon (Spinnseide aus den Malpighi-Gefäßen), durch den sich die schlüpfende Imago mit den Kiefern durchbeißt; 1–3, meist aber 2 Generationen im Jahr; **Überwinterung** als verpuppungsreife Larve in Gespinst. Relativ häufig z. B. *Conwentzia psociformis* Curt. (Flspw. 5,2 mm), mit stark reduzierten Hinterflügeln; an Eichen und anderen Laubgehölzen, auch in Großstädten. Kleinste heimische Art *Coniopteryx pygmaea* End. (2 mm, Flspw. 5,2 mm), ausschließlich und oft massenhaft an Nadelbäumen. *Semidalis aleyrodiformis* Steph. (Flspw. ca. 6 mm) an Laubhölzern, bisweilen in großen Populationen.
Lit. →Planipennia.

Coniopteryx →Coniopterygidae.

Conistra →Noctuidae.

Conobathra →Pyralidae 4.

Conocephalidae, Schwertschrecken, Kegelköpfe; Fam. der Langfühlerschrecken (Ensifera, Tettigonioidea), auch als U-Fam. **Conocephalinae** der Tettigoniidae betrachtet; in Eur 9, M-Eur & Dt 3 Arten; Kopfprofil spitz, mit vorspringender Stirnpartie; die ♀♀ ausgezeichnet durch einen nur schwach gebogenen, fast körperlangen Legebohrer; Tympanalorgan versenkt, mit spalt-

förmiger Öffnung (wie bei den →Tettigoniidae); bevorzugen feuchtes Gelände; Nahrung: Insekten und Pflanzen; Gesänge der *Conocephalus*-Arten mit hohen Ultraschall-Anteilen, daher für uns recht leise, sirrend oder perlend.

1. ***Conocephalus fuscus*** F. (= *discolor* Thunb), Langflügelige Schwertschrecke (12–18 mm); früher nur im Süden, inzwischen in ganz Dt verbreitet; mit über körperlangen Flügeln; Imagines VII–X; Eiablage in die Blattscheiden von Sauergräsern, in die nicht selten vor dem Einschieben des Legebohrers ein Loch gebissen wird.

2. ***Conocephalus dorsalis*** Latr., Kurzflügelige Schwertschrecke (12–18 mm); im Norden unseres Gebietes häufiger als im Süden; gefährdet; Flügel stark verkürzt; Imagines VII–X; in Feuchtgebieten; Gesang aus 2 verschiedenen, regelmäßig wechselnden Teilen: ein gleichmäßiger Schwirrlaut alterniert mit einer tieferen, stotternden Lautreihe; Eiablage meist an krautigen Pflanzen, aber auch an morschem Holz.

3. ***Ruspolia nitidula*** Scop., Schiefkopfschrecke (20–33 mm); im SW, breitet sich aus; schlank, langflügelig, ausgesprochen flugfähig und wanderfreudig; Larven schlüpfen spät (Ende V bis Anfang VI), Imagines Ende VI–X; wechseln zwischen feuchten und trockenen Bereichen ihres Lebensraumes; nachtaktiv, meist recht lauter sirrender Gesang des ♂, über 50 m weit hörbar; Eiablage in den Boden oder in Blattscheiden.
Lit. →Ensifera; Chapman & Joern 1990; Heller 1988.

Conocephalus →Conocephalidae 1, 2.

Conomelas →Delphacidae.

Conopidae, Dickkopffliegen; Fam. der Zweiflügler (Diptera, Brachycera, Cyclorrhapha) mit in Eur 83, M-Eur 59, Dt 52 Arten; klein bis stattlich (bis fast 30 mm); nicht selten bunt oder wespenartig gezeichnet; Saugrüssel recht

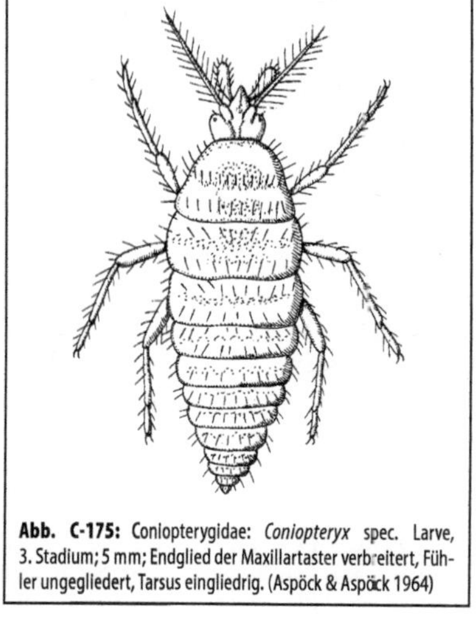

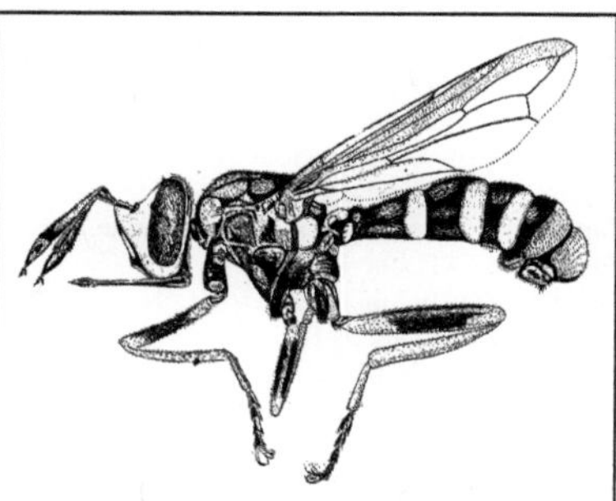

Abb. C-176: Conopidae: *Conops flavipes.* ♀; Länge 11 mm. (Lindner 1923 ff)

Abb. C-175: Coniopterygidae: *Coniopteryx* spec. Larve, 3. Stadium; 5 mm; Endglied der Maxillartaster verbreitert, Fühler ungegliedert, Tarsus eingliedrig. (Aspöck & Aspöck 1964)

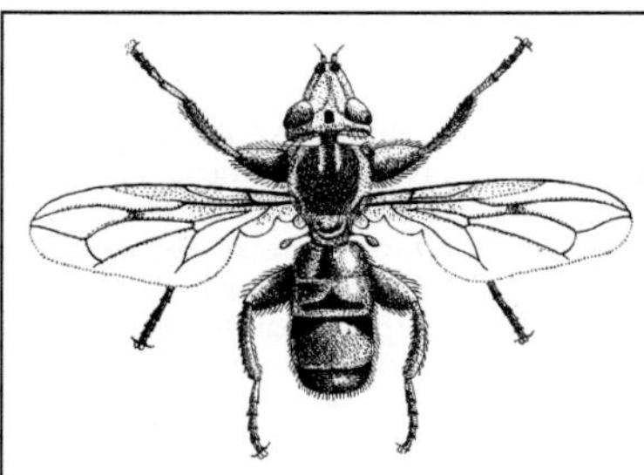

Abb. C-177: Conopidae: *Myopa testacea*. ♂; 6–10 mm; Larve parasitoid bei Hummeln und Wespen. (Séguy 1951a)

lang und starr, 1- bis 2-mal gefaltet [**C-176**]; Kopf groß und oft vorn oder seitlich etwas aufgeblasen [**C-177**], Antennen lang vorstehend. Eifrige **Blütenbesucher**, manche Arten anscheinend auf bestimmte Pflanzengruppen spezialisiert, z. B. auf Asteraceae. **Kopulation** auf Blüten; ♀ zur **Eiablage** oft in der Nähe der Nester solitärer und sozialer Wespen und Bienen, in denen die Larven als Parasitoide leben; Eiablage, indem sich die ♀♀ am Wirt festklammern (häufig im Flug) und jeweils 1 Ei zwischen 2 Abdominalsegmente schieben. **Larve** →amphipneustisch; gewinnt Anschluss an das Tracheensystem des Wirtes; frisst im Hinterleib des Wirtes; kann mit dem verjüngten Vorderende durch die Wespentaille der Biene oder Wespe deren Brustorgane erreichen und verzehren. **Überwinterung** als Puparium in der Resthaut des Wirtes.
Lit. →Diptera.

Conostigmus →Ceraphronidae.

Contacyphon →Scirtidae.

Contarinia →Cecidomyiidae B1, B5, B9, B10, B13, C6, C7.

Conwentzia →Coniopterygidae.

Coparasitoid; Multiparasitoid →Parasitoid.

***Copidosoma,* Copidosomatini** →Encyrtidae.

Copium →Tingidae 1.

Coprimorphus →Scarabaeidae A.

Copris →Scarabaeidae B2.

Coptosoma →Heteroptera, →Plataspidae.

Coptotriche →Tischeriidae.

Coquillettidia →Culicidae.

Coranus →Reduviidae, B.

Corbicula →Anthophila.

Cordulegaster →Cordulegastridae.

Cordulegastridae (Cordulegasteridae), Quelljungfern; Fam. der Libellen (Odonata, Anisoptera) mit in Eur 7, M-Eur 3, Dt 2 Arten der Gttg. *Cordulegaster*; in Dt nur die sehr seltene *C. bidentatus* Sél., Gestreifte Quelljungfer, in

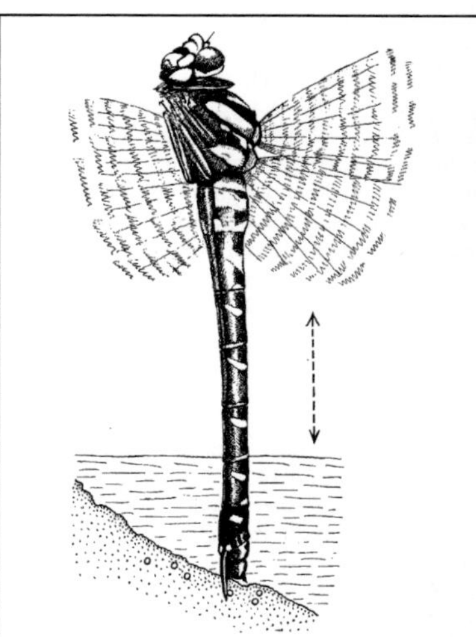

Abb. C-178: Cordulegastridae: *Cordulegaster boltoni*, Zweigestreifte Quelljungfer. Eiablage in schlammigen Boden des Gewässers; ♀ ca. 62 mm. (Robert 1959)

Quellgebieten der Gebirge, selbst an winzigsten Quellbächen, und die häufigere *C. boltoni* Don., Zweigestreifte Quelljungfer, die auch tiefer an sauberen, oligotrophen Bächen und kleinen Flüßchen Flüsschen bis ins Tiefland vorkommt. Beide sehr stattliche (Flspw. bis 10,5 cm), auffallend schwarz-gelb gezeichnete Libellen; Legebohrer des ♀ stilettförmig, überragt das Hinterleibsende; jagen im Sommer (VI–VIII) auf Lichtungen, Schneisen und Wiesen; (geräuschvolles) Eintauchen fliegender Quelljungfern ins Wasser kommt vor; das geschlechtsreife ♂ fliegt auf der Suche nach ♀♀ entlang der Bäche, besonders langsam und ruhig entlang geeigneter Eiablageplätze, greift bei Begegnungen andere ♂♂ an. Zur **Eiablage** fliegt das ♀ (ohne Begleitung durch ♂) tänzelnd in senkrechter Haltung dicht über flachem Wasser und stößt den Legebohrer im Sekundentakt vielfach in den Grund, um jeweils 1 Ei abzulegen [**C-178**]. **Larven** mit langem, biegsamen Hinterleib, kleinen Augen und schaufelförmiger Fangmaske mit stark gezähnter Zange; graben sich mit dem 2. und 3. Beinpaar unter schüttelnden Bewegungen im Sand ein, bis nur Kopf, Vorderbeine und Körperende herausschauen; lauern auf abwärts driftende Insektenlarven; können wochenlang hungern, aber auch größere Beutemengen verschlingen; erwachsen etwa 45 mm lang;

Überwinterung als Larve; Entwicklungsdauer 3–5 Jahre.

Lit. →Odonata; Buchwald 1988; Donath 1989.

Cordulia →Corduliidae 1; →Odonata.

Corduliidae, Falkenlibellen; Fam. der Libellen (Odonata, Anisoptera) mit in Eur 9, M-Eur 7, Dt 6 Arten; ausgezeichnet durch den schnellen „falkenähnlichen" Flug, die langen Beine und die teilweise metallisch-grüne Färbung (Smaragdlibellen der Gttgn. *Cordulia* und *Somatochlora*; Ausnahme: →2); Legeapparat reduziert; ähnlich den →Aeshnidae ausdauernde Flieger (insbesondere *Cordulia* →1); häufig an Teichen mit bewaldeten Ufern; das ♂ ergreift das ♀ im Flug, Ende der Begattung im Sitzen. **Eiablage** durch das unbegleitete ♀ zumeist im Flug durch Auftupfen des Hinterleibsendes auf die Wasseroberfläche (vgl. →2); **Larven [0-13]** träge Lauerjäger (außer →2), halten sich am Grunde stehender oder langsam fließender Gewässer im Gewirr von Wasserpflanzen auf, nicht selten im Schlamm verborgen; bei manchen Arten sind 12 oder mehr Larvenstadien bekannt; überwintern als Larve, bei Arten kühlerer Lebensräume (z. B. *Somatochlora arctica* Zett.) ein Teil auch als Ei; Entwicklungsdauer meist 2–3 Jahre. Als ungefährdet gelten:

1. Cordulia aenea L., Gemeine Smaragdlibelle (47–55 mm; Flspw. bis 7,5 cm); mit metallischgrünem Körper; fliegt V–VII, an kleineren Seen und Weihern, meidet die Große Königslibelle (→Aeshnidae 3); Eiablage an versteckten Stellen im Schilfgürtel; aus dem Rüttelflug lässt sich das ♀ wiederholt fallen und gibt einige Eier **[0-10]** durch eine wippende Bewegung des Hinterleibs ins Wasser ab, um sofort wieder hochzusteigen; Entwicklungsdauer 2–3 Jahre. In Größe und Färbung ähnlich **Somatochlora metallica** v. d. Lind., Glänzende Smaragdlibelle; fliegt etwas später (VI–VIII); Vorkommen oft im gleichen Biotop, aber auch an großen Seen und langsam strömenden Gewässern und Altarmen; zur Eiablage biegt das ♀ das 9. und 10. Abdominalsegment nach oben, sodass es mit dem nach unten gebogenen Legerohr eine Gerade bildet; Eiablage im Rüttelflug, unter wippendem Eintauchen des Körperendes meist ins ufernahe Wasser **[0-9]**, gelegentlich auch in den Uferschlamm.

2. Epitheca bimaculata Charp., Zweifleck (55–60 mm); abweichend in Verhalten und Färbung (bräunlich, kaum metallisch; Basis der Hinterflügel schwarz, ähnlich *Libellula*, →Libellulidae 1); bevorzugt an größeren, saubereren Seen, die auch im unbewaldeten Gelände liegen können; das ♀ lässt vor der Eiablage Gallerte aus der Geschlechtsöffnung austreten, fliegt dann zum Wasser und taucht das Körperende ein; dort quillt die Gallerte zu einer 20 cm langen Schnur, in die zahlreiche (1500–2000) Eier eingebettet werden; Gelege oft (vom ♀?) an Pflanzenteilen befestigt, auch frei flottierend **[C-179]**; die Larve **[0-13]** sucht nachts herumlaufend und -kletternd nach Beute (Fraßschutz durch kräftige Hinterleibsdornen und sperrig abstehende Beine).

3. Die seltene, den Westrand von Dt erreichende **Oxygastra curtisii** Dale, Flussfalke, wird nicht mehr zu den (sonst nicht monophyletischen) Corduliidae, sondern in eine sonst in den Tropen und v. a. in Australien verbreitete Fam. **Synthemistidae** gestellt; unverkennbar durch die metallisch dunkelgrüne Färbung mit länglichen gelben Flecken auf dem Hinterleib; jagt oft im Kronenbereich der Uferbäume; die gedrungene Larve lebt in Flüssen zwischen dem Wurzelgeflecht von Erlen.

Lit. →Odonata; Wildermuth 1986a.

Cordylobia →Calliphoridae.

Cordyluridae; Synonym zu →Scathophagidae.

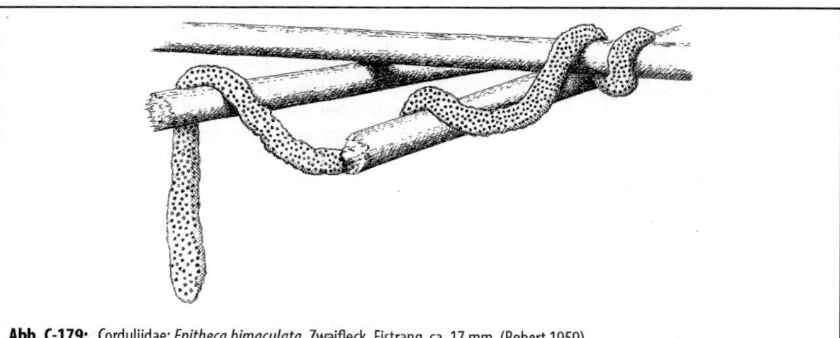

Abb. C-179: Corduliidae: *Epitheca bimaculata*, Zweifleck. Eistrang, ca. 17 mm. (Robert 1959)

Coreidae, Randwanzen, Lederwanzen; Fam. der Wanzen (Heteroptera, Pentatomomorpha) mit in Eur 48, M-Eur 30, Dt 19 Arten; meist mittelgroß (bis ca. 15 mm, *Leptoglossus* bis 20 mm); Färbung häufig braun, lederartig; die Seiten des Hinterleibs mehr oder weniger verbreitert zu einem vortretenden flachen Randsaum; keine Lautorgane bei heimischen Arten bekannt; Flügel meist gut entwickelt; kurzflügelige Formen kommen vor. **Nahrung** ausschließlich Pflanzensäfte (zumeist aus den Leitgefäßen, seltener aus Früchten); mehrere Arten in warmen Ländern an Kulturpflanzen schädlich. **Überwinterung** als Imago, seltener als Ei.

A. Coreinae, mit 9 heimischen Arten, davon 4 bevorzugt am Ampfer (*Rumex*); Hinterschenkel ohne Dornen (Ausnahme: *Leptoglossus*). Häufig **Coreus marginatus** L., Lederwanze, Saumwanze (11–15 mm); auf feuchteren Stellen an Wald- und Wiesenrändern, saugt am Ampfer, Altlarven und Imagines auch an *Chrysanthemum*, *Epilobium* und anderen. Verbreitet, im Süden häufig **Syromastes rhombeus** L., Rhombenwanze, Rautenwanze (9–11 mm; [**C-180**]), mit seitlich auffällig verbreitertem Hinterleib; an trockenen, sandigen Stellen, saugt an Caryophyllaceae. Aus Nordamerika eingeschleppt **Leptoglossus occidentalis** Heid. (16–20 mm), mit blattartig verbreiterten Hinterschienen; besaugt an Nadelbäumen v. a. die Früchte; dringt im Herbst auf der Suche nach Überwinterungsplätzen auch in Wohnungen ein.

B. Pseudophloeinae, mit 10 heimischen Arten; Hinterschenkel mit Dornen am Ende; mit Fabaceae als Wirtspflanzen, manche saugen gelegentlich an Wirbeltieraas.

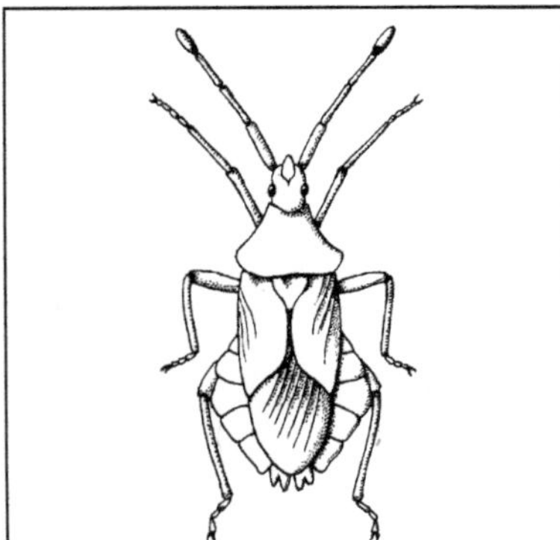

Abb. C-180: Coreidae: *Syromastes rhombeus*, Rautenwanze; 11 mm. (Chinery 1979)

Lit. →Heteroptera; Moulet 1995.

Corema (Plural: Coremata); nicht selten große bis sehr große, bisweilen leuchtend gefärbte, am Abdomen oder anderen Körperteilen mechanisch, pneumatisch oder hydraulisch ausstülpbare Duftorgane der ♂♂ mancher Schmetterlingsarten; Arctiinae (→Erebidae K); Danainae (→Nymphalidae G); →Pyralidae; →Zygaenidae; →Lepidoptera.

Coreus →Coreidae A.

Corimelaenidae; Fam. der Wanzen (Heteroptera, Pentatomomorpha) mit in Eur 4, M-Eur 2 Arten, in Dt nur *Thyreocoris scarabaeoides* L.; klein (3–4,5 mm), ähnelt den →Cydnidae (Scutellum bedeckt den gesamten Hinterleib); lebt am (Imago) oder im Boden (Larve) warm-trockener, bevorzugt sandige Gebiete; saugt (überwiegend?) an Veilchen; 1-jährig, überwintert als Imago in der Streu, im Moos oder unter Steinen. Lit. →Heteroptera.

Corioxenidae →Strepsiptera B1.

Corixa →Corixidae.

Corixidae, Ruderwanzen, Wasserzikaden; Fam. der Wanzen (Heteroptera, Nepomorpha) mit in Eur 66, M-Eur 39, Dt 36 Arten artenreichste Gruppe der Wasserwanzen; sehr klein (*Micronecta minutissima* L.: um 2 mm) bis mittelgroß (*Cymatia coleoptrata* F.: 3–4 mm; *Sigara striata* L.: 6 mm; *Corixa punctata* Ill.: 14 mm), häufig dunkel quer gestreift; Körper flach bootsförmig, mit relativ großem Kopf. Bewohnen i. d. R. stehende Gewässer, bevorzugt am Gewässergrund; v. a. in kleinen, fischfreien Teichen arten- und individuenreich; geschickte **Schwimmer** mithilfe der mit Haarsäumen besetzten, langen Hinterbeine, dabei Rücken meist nach oben (andere Luftverteilung als bei Rückenschwimmern; →Notonectidae); jüngere Larven mit Hautatmung, ab dem 3. Larvenstadium mit erneuerbarer Lufthülle am Körper (→**Plastron**); klammern sich dann unter Wasser mit den lang bekrallten Mittelbeinen fest, um nicht (wegen des Luftvorrates) nach oben getrieben zu werden; Plastronatmung reicht aus bei *Micronecta* (Zwergruderwanzen), bei anderen Gttgn. **Luftschöpfen** durch blitzschnelles Berühren des Wasserspiegels mit dem Vorderkörper, dabei durch Kopfnicken ventilieren Ventilieren des großen Luftraumes außen zwischen Kopf und Vorderbrust, von dem Luft in die Reservoire unter dem Halsschild und unter den Flügeln gelangt; Gasaustausch zwischen dem Luftmantel am Körper und dem Wasser gefördert durch streichende Bewegungen der Hinterbeine entlang den Körperflanken. Der **Osmoregulation** dienende Chloridzellen (→Chloridepithel) bei

Larven über den Körper verstreut, bei Imagines wegen des Luftmantels nur am Kopf (seitlich unter den Augen) und an den Beinen. Flügel gut ausgebildet (Ausnahmen: bei *Cymatia* und *Micronecta* sind voll geflügelte Individuen selten); fliegen gern, tagsüber und auch nachts, können blitzschnell, die Wasseroberfläche durchstoßend, zum **Flug** starten und beachtliche Entfernungen zurücklegen. Das Sekret der bei beiden Geschlechtern vorhandenen **Stinkdrüsen** mit bakterizider und fungizider Wirkung; manche Arten verlassen in Abständen das Wasser, um sich mit dem Sekret einzureiben (vgl. →Naucoridae, →Pleidae). Vorderbeine sehr kurz, mit einem meist schaufelförmigen Tarsenglied (Pala [**C-181**]), mit dem als **Hauptnahrung** Algen, aber auch pflanzlicher und tierischer Detritus herbeigeschaufelt und dann mit dem zu einem kurzen Schnabel umgewandelten Stechrüssel (ohne Speichel- und Nahrungsrohr) zerkleinert werden (Partikelfresser als Ausnahme unter den →Hemiptera); daneben (immer?) Ernährung auch von kleinen Insektenlarven, Würmern u. a.; *Cymatia coleoptrata* F. ernährt sich ausschließlich jagend von kleinen Wasserinsekten. Leben zuweilen in individuenreichen Scharen beisammen; beide Geschlechter oder zumindest die ♂♂ bei den meisten Arten fähig zu Lautäußerungen (unter Wasser!), v. a. zur Fortpflanzungszeit, oft gegen Abend; Imagines (nicht die Larven) bei beiden Geschlechtern mit **Hörorganen** (→Tympanalorganen) jederseits an der Mittelbrust, bedeckt von der Atemluftblase (Plastron, s. o.), sodass das Gehörorgan auch bei abgetauchten Tieren nicht mit dem Wasser in Kontakt kommt; *Cymatia* (U-Fam. Cymatiainae) ohne **Lauterzeugung;** bei *Micronecta* (Zwergruderwanzen) häufig gemeinsames Singen zahlreicher ♂♂, nur diese mit eigenartigem Schrillapparat dorsal am zweigeteilten 8. Abdominalsegment (gelegentlich als eigene Fam. **Micronectidae** abgetrennt); bei den übrigen Gttgn. (U-Fam. Corixinae) mit einem Schrillfeld (Pars stridens) am Schenkel der Vorderbeine [**C-181**], besetzt mit bis zu 20 Reihen von kurzen, an der Basis verdickten Borsten (bei ♀♀ schwächer entwickelt), wird über die seitliche Kopfkante gestrichen; dabei gerät der Kopf in Schwingungen, durch die die angrenzende Atemluftblase zu Volumenpulsationen in ihrer Eigenfrequenz angeregt wird und so als Schallabstrahler dient (die Resonanzfrequenz der Luftblase schwankt in Abhängigkeit von ihrer Größe, z. B. bei *Corixa punctata* Ill. zwischen 1,35 und 3,35 kHz); beim Singen Bewegen der Vorderbeine alternierend mit gleicher oder

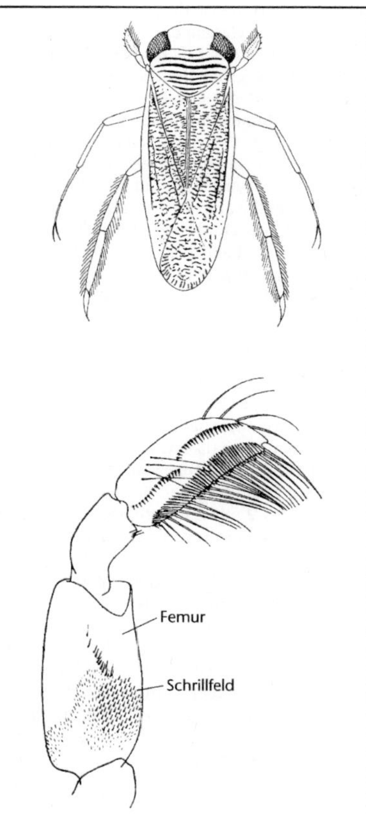

Abb. C-181: Corixidae: Oben *Sigara lateralis*, 6 mm; unten *Sigara striata*, ♂; Vorderbein mit Schrillfeld auf dem Femur zum Singen und abgewandeltem Endglied (Pala) zur Nahrungsbeschaffung. (Hedicke 1935, Mitis 1936)

unterschiedlicher Geschwindigkeit, manchmal auch gleichsinnig (dann wohl Anstreichen nur eines der beiden Borstenfelder zur Vermeidung von Interferenzen); die Gesänge sind art- und geschlechtsspezifisch (Spontan-, Werbe- und Rivalengesänge kommen vor, daneben Laute vor und während der Paarung); zur Unterscheidung wichtig nicht die Frequenzen, sondern die zeitliche Aufeinanderfolge und die Lautstärke der Signale; Rivalengesänge dienen zum Fernhalten von Nebenbuhlern, werden von art- und sogar gattungsverschiedenen ♂♂ beantwortet; der oft in vielstimmigem Chor vorgetragene Werbege-

sang erleichtert die Paarbildung (die ♀♀ reagieren nur auf den Gesang der arteigenen ♂♂); bei *Corixa punctata* nur 1 Gesangstyp, beim ♂ von *C. dentipes* dagegen 4 Gesangstypen; bei *Sigara striata* L. löst der ♂-Gesang bei den ♀♀ ruckartiges Schwimmen im Kreise aus; jungfräuliche, paarungswillige ♀♀ von *C. dentipes* antworten mit leisem Einwilligungsgesang auf das Stridulieren der ♂♂, werden darauf von den ♂♂ gerichtet angeschwommen (Orientierung dabei tags optisch, bei Dunkelheit durch sukzessiven Vergleich des Schalldrucks); es entwickelt sich ein Wechselgesang zwischen beiden Partnern, dann folgt die Kopulation; reguläre, bis zu 1 h dauernde Verpaarung mit Spermaübertragung ist nur nach vorausgegangenem Wechselsingen möglich; *Corixa punctata*-♂♂ stridulieren auch im Winter (noch bei 2 °C) unter einer geschlossenen Eisdecke. Bedingt durch die **Kopula** Hinterleibssegmente bei allen ♂♂ asymmetrisch; bei manchen Arten (*Corixa*) links-, bei anderen (*Sigara*) rechtsseitig abgewandelt: links (bzw. rechts) ein Spalt zwischen 5. und 6. Segment; das ♂ hält das ♀ mit den Vorderbeinen, schiebt seinen Hinterleib so von rechts (bzw. von links) an den des ♀, dass dessen rechte (bzw. linke) Kante in den Hinterleibsspalt des ♂ aufgenommen wird; dann liegt das 6. Segment des ♂ unterhalb, das 5. über dem Hinterleib des ♀; bei manchen Arten besondere Haltevorrichtung des ♂: eine raue ovale Platte (Striegel) links (bzw. rechts) am 6. Segment klemmt den Hinterleib des ♀ von unten, eine kleinere Gegenrauigkeit (Praestriegel) am 5. Segment von oben fest; Einführung des Begattungsorgans von unten. **Eier** an Wasserpflanzen geklebt [**C-182**]; 5 **Larvenstadien**; je nach Art und Temperaturverhältnissen 1 oder 2 Generationen im Jahr; **Überwinterung** in tieferen, am Grunde nicht zufrierenden Gewässern, bei den meisten Arten als Imago, nur bei *Micronecta* als Larve.
Lit. →Heteroptera; Jansson 1986; Jordan 1972; Kovacs & Maschwitz 1991; Mitis 1936; Theiss & Streng 1991; Wesenberg-Lund 1943; Wichard et al. 2013.
Corizus →Rhopalidae.
Corrodentia →Psocodea.
Corticaria →Latridiidae 2.
Corticeus →Tenebrionidae 10.
Cortodera →Cerambycidae C.
Corylobium →Aphididae 11.
Corymbia →Cerambycidae C3.
Corylophidae, Faulholzkäfer, Schimmelkäfer; Fam. der Käfer (Coleoptera, Polyphaga, Cucujiformia) mit in Eur 34, M-Eur 20, Dt 14 Arten; sehr klein (0,5 bis kaum 2 mm), bräunlich, oval-

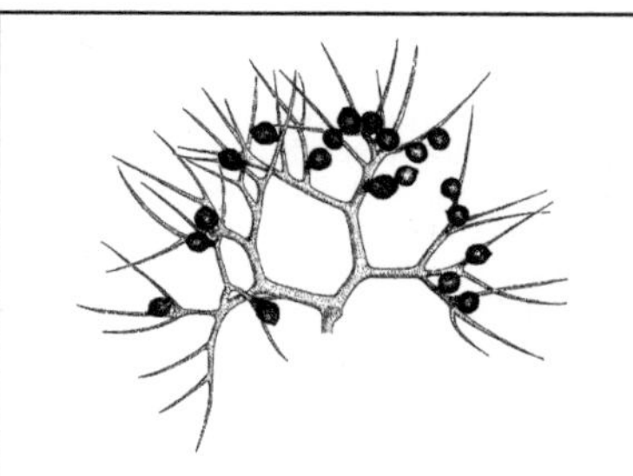

Abb. C-182: Corixidae: *Corixa punctata*. Eier an Blättern vom Wasserhahnenfuß. (Wesenberg-Lund 1943)

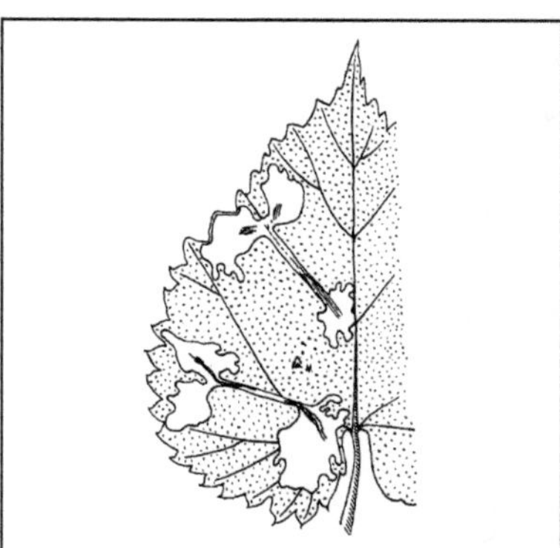

Abb. C-183: Cosmopterigidae: *Cosmopterix ziegleriella*, Hopfenminiermotte. Minen in Hopfenblatt. (Hering 1953)

elliptisch, Kopf unter dem Halsschild verborgen; Imagines und die etwa asselförmigen Larven unter Rinde, in morschem, verschimmeltem Holz; auch an faulenden Pflanzenstoffen, Detritus und schimmelndem Kot von Pflanzenfressern; Ernährung von Schimmelpilzen und Pilzsporen (z. B. der weltweit verbreitete *Sericoderus lateralis* Gyll. an *Penicillium* und *Mucor*).
Lit. →Coleoptera.
Corynis →Cimbicidae 5.
Corythucha →Tingidae 5.
Cosmia →Noctuidae 7.
Cosmopterigidae, Prachtmotten; Fam. der Schmetterlinge (Lepidoptera, Glossata, Gelechioidea) mit in Eur 74, M-Eur 26, Dt 19 Arten; Falter klein (9–20 mm Flspw.); Vorderflügel schmal, meist gemustert; Hinterflügel lanzettlich mit langen Randfransen; die Raupen der meisten Arten minieren in Blättern von Monocotyledonen; *Cosmopterix ziegleriella* Hbn.,

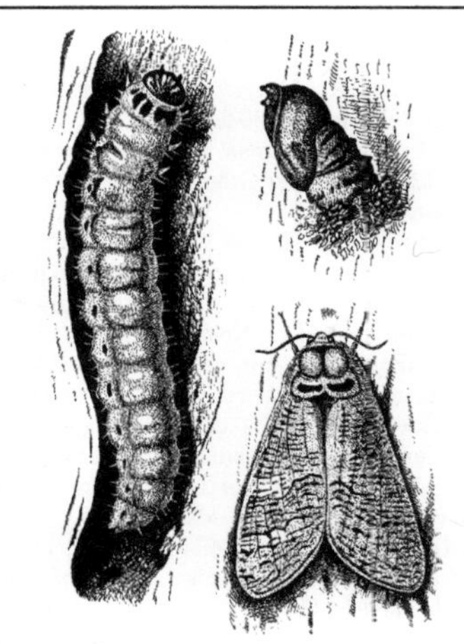

Abb. C-184: Cossidae: *Cossus cossus*, Weidenbohrer. Raupe in Weidenholz, bis 10 cm; Puppe, die sich vorgeschoben hat; Falter, Flspw. bis über 10 cm. (Brandt 1953)

Abb. C-185: Cossidae: *Zeuzera pyrina*, Blausieb; Flspw. 35–60 mm. (Escherich 1914–42)

Hopfenminiermotte: die junge Raupe frisst von der in einer Blattrippe liegenden Mine aus nach den Seiten in die Blattfläche hinein [**C-183**]; die Altraupe überwintert unter dem umgeschlagenen Blattrand; die Raupen der mediterranen *Coccidiphila ledereriella* Zell. fressen tote oder auch lebende Insekten, z. B. Schildläuse, Borkenkäferlarven.

Lit. →Lepidoptera.

Cosmopterix →Cosmopterigidae.

Cosmosciara →Sciaridae.

Cossidae, Holzbohrer; Fam. der Schmetterlinge (Lepidoptera, Glossata, Cossoidea) v. a. in wärmeren Bereichen, in Eur 25, M-Eur 7, Dt 5 Arten; zuweilen durch Larvenfraß in Nutzholz schädlich; Falter mittelgroß bis groß; Saugrüssel verkümmert. **Raupen** nackt, mit Kranzfüßen; fressen mit den sehr kräftigen, nach vorne stehenden Mandibeln im Innern von Holzgewächsen, aber auch in Wurzeln nichtholziger Pflanzen (heimisch: in Lauchzwiebeln *Dyspessa ulula* Borkh., Zwiebelbohrer; *Phragmataecia castaneae* Hbn., Schilfrohrbohrer, im Wurzelstock und unterem Stängel von *Phragmites*); Puppen recht beweglich, mit bedorntem Hinterleib (Pupa semilibera).

 1. *Cossus cossus* L., Weidenbohrer [**C-184**]; der große (Flspw. bis über 10 cm), dickleibige träge Falter in Ruhe mit dachförmig auf den Rücken gelegten Flügeln auf der Baumrinde, durch rindenähnliche Zeichnung optisch geschützt. **Eiablage** im Sommer (VI–VIII) in mehreren Häufchen in Rindenritzen verschiedenster Laubbäume, häufig an Weide und Pappel, auch an Obstbäumen. Die Jung**raupen** fressen gemeinsam unter Rinde, überwintern; im nächsten Jahr Einzelfraß meist aufwärts in gesundem Holz; Nagsel und Kot werden durch eine untere Öffnung des Ganges nach außen gestoßen; ein stark duftendes Sekret der Mandibeldrüsen wirkt z. B. auf Ameisen bei Berührung schädigend (Holzessiggeruch der Raupe und Exkremente); bei Nahrungsmangel Überwandern in neuen Stamm. Die fast erwachsene Raupe **überwintert** nochmals (vielleicht gelegentlich sogar noch 2-mal), frisst dann nur noch wenig; sehr stattlich, bis 10 cm lang, rotbraun; nagt zur **Verpuppung** einen Gang bis an die Rindenoberfläche, verstopft ihn mit Holzspänen, fertigt dahinter den Puppenkokon aus Gespinst und abgenagtem Holz; zuweilen Verpuppung im Boden; meist nach 3–4 Wochen schlüpfen Schlüpfen des Falters, nachdem sich die Puppe etwa zur Hälfte aus dem Kokon hervorgezwängt hat. – Raupenfraß gelegentlich schädlich, da meist viele Raupen in einem Stamm fressen.

 2. *Zeuzera pyrina* L., Blausieb, Rosskastanienbohrer [**C-185**]; Falter mit zahlreichen stahlblauen Flecken auf den weißen Flügeln; ♀ bedeutend größer als ♂, Flspw. 35–60 mm; Falter

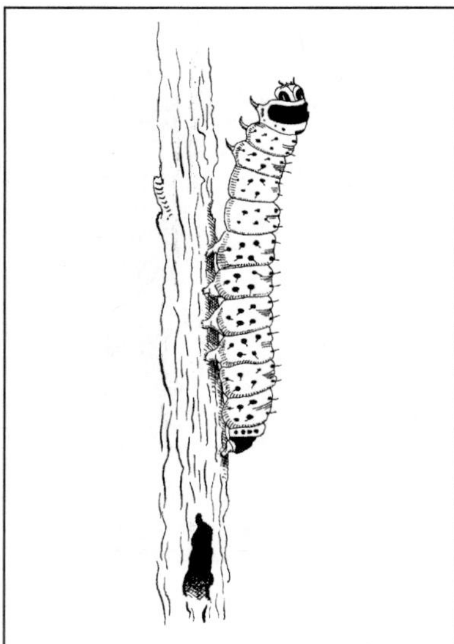

Abb. C-186: Cossidae: *Zeuzera pyrina*, Blausieb. Raupe. (Escherich 1914–42)

fliegen im VI–VIII; das ♀ legt meist nachts mit der langen Legeröhre **Eier** i. d. R. einzeln an die Blattstiele oder Knospen oder Blattwinkel der Nahrungspflanze (verschiedenste Laubbäume, keineswegs nur Rosskastanie). Die Jung**raupe** dringt in das Zweigmark ein, frisst weiterhin meist in dünneren Zweigen oder Ästen, teils unter der Rinde, teils mehr im Mark; meist wird ein größerer Platz ausgefressen, dadurch Unterbrechung der Leitgefäße und Absterben oberer Schösslingsteile; Kot und Nagespäne werden durch eine zeitweilig mit Gespinst verschlossene Öffnung im unteren Teil des Gangsystems ausgestoßen; Larve [**C-186**] **überwintert** 2-mal, meist im blinden Ende des Ganges, der durch zusammengesponnenes Nagsel abgesperrt wird; **Verpuppung** im 3. Jahr in der Nähe der (dann mit Nagsel verstopften) Kotausstoßöffnung; Puppe schlank (bis 4 cm), schiebt sich vor dem Schlüpfen des Falters ein Stück aus dem Rindenloch heraus. Schaden durch Raupenfraß v. a. an Jungholz (Obstbäumen) nicht selten groß.
Lit. →Lepidoptera; Freina & Witt 1990; Schoorl 1990; Sorauer 1949–57, Speidel 1994; Steiner et al. 2014.
Cossoninae, *Cossonus* →Curculionidae O.
Cossus →Cossidae 1.
Cotesia →Braconidae A1; vgl. auch →Pieridae 2.

Crabro →Crabronidae C1.
Crabronidae; Fam. der Hautflügler (Hymenoptera, Apocrita, Apoidea); früher zu den →Sphecidae gestellt; in Eur 304, M-Eur 155, Dt 121 Arten; 3–23 mm, ♂ meist etwas kleiner als ♀; artenreichste Fam. der Grabwespen mit breitem Beutespektrum.
A. Dinetinae; in Eur & Dt nur *Dinetus pictus* F.; kleine, bunte Art (♀ 6–9 mm, ♂ 5–6 mm); wärmeliebend, das in sonnendurchglühten Sandböden gegrabene Nest besteht aus einem 6–7 cm langen Gang mit mehreren Larvenkammern; beim Nestbau wird der Sand wiederholt im Rückwärtsflug 15–20 cm weit weggetragen und fallen gelassen, darauf blitzschnelle Rückkehr im Vorwärtsflug; jagt das letzte Larvenstadium von Sichelwanzen (→Nabidae).
B. Larrinae; in Eur 154, M-Eur 59, Dt 41 meist schwarze Arten, einige mit rotbrauner Hinterleibsbasis; Larven an Heuschrecken und Grillen (*Tachysphex, Tachytes, Larra*), Schaben (*Tachysphex obscuripennis* Schenck), Staubläusen (*Nitela*), Wanzen (*Solierella*) und Spinnen (*Trypoxylon, Miscophus*); Nest teils im Boden (*Tachysphex, Tachytes, Miscophus*), teils außerhalb in Stängeln, verlassenen Käferfraßgängen u. Ä. (*Trypoxylon, Nitela*); *Larra* ohne Nest, legt 1 Ei an eine nur kurz gelähmte, sich wieder eingrabende Maulwurfsgrille; häufigste Art ist *Trypoxylon figulus* L., Holzbohrwespe: schwarz mit lang gestrecktem Körper (♀ 9–12 mm, ♂ 7–10 mm); fliegt V–VIII; Beutetiere sind verschiedenste Spinnenarten; Nestanlage in vorgefundenen Höhlen (alte Nester von Wildbienen, Larvengänge von Käfern, Schilfhalme von Reetdächern, hohle Pflanzenstängel) oder selbst ausgehoben in markhaltigen Brombeer- und Holunderstängeln.
C. Crabroninae, Silbermundwespen; in Eur 149, M-Eur 95, Dt 79 meist wespenähnlich schwarzgelb gezeichnete Arten; Oberseite des breiten Labrums mit silbrig glänzenden Haaren besetzt; das Nest wird teils im Boden (z. B. *Crabro, Lindenius, Oxybelus*), teils in morschem Holz oder Pflanzenstängeln (z. B. *Ectemnius,* meiste *Crossocerus*) angelegt; als Larvennahrung werden bei den meisten Arten →Diptera eingetragen, einzelne *Lindenius-* und *Crossocerus*-Arten jagen daneben auch kleine parasitoide →Hymenoptera, kleine →Hemiptera oder Wickler (→Tortricidae), *Rhopalum* auch Rindenläuse (→Psocodea); wenige artenarme Gttgn. Sind auf andere Beute spezialisiert: *Lestica* auf Kleinschmetterlinge, *Entomognathus* auf Erdflöhe (→Chrysomelidae L) und *Tracheliodes* auf Ameisen der Gttg. *Liometopum* (Dolichoderinae).

1. *Crabro*; in M-Eur & Dt 8 Arten; 12–17 mm; Beutetiere sind verschiedenste Fliegen-Arten, die mit dem Bauch nach oben, mit den Mittelbeinen festgehalten, zum Nest transportiert werden; Nest meist in sandigem Boden; 6–45 cm tief; bis 15 Zellen an seitlichen Gängen; um den Eingang meist ein Sandhäufchen; Nesteingang während der Abwesenheit des ♀ nicht verschlossen; die Beutetiere werden zunächst am Nestboden angehäuft; eine neue Zelle wird erst angelegt, wenn genügend viele Fliegen zur vollständigen Versorgung vorhanden sind.

2. *Oxybelus*, Fliegenspießwespen; in Dt 13 Arten; 3–8 mm (♀♀ von *O. argentatus* Curt. bis 10,5 mm); stechen die Beutefliege meist am Hüftansatz und transportieren sie im Flug oder zu Fuß am Stachel hängend, der nicht aus der Wunde zurückgezogen wird.

Lit. →Hymenoptera; Bitsch et al. 2021; Blösch 2000, 2012; Bohart & Menke 1976; Gnatzy 2014; Sann et al. 2018.

Crabroninae →Crabronidae C.

Craesus →Tenthredinidae 22.

Crambidae →Pyralidae.

Crambus →Pyralidae 14.

Crataerina →Hippoboscidae 4.

Cratyna →Sciaridae.

Creatonotos →Erebidae K.

Cremaster, Kremaster; ein vermutlich aus der oberen Analklappe (Epiproct) der Raupe entstandenes, für die Puppen vieler Schmetterlinge bezeichnendes Organ am Hinterleibsende, besetzt mit Dornen oder Häkchen; kann zum Festhaken im Kokon oder in einem Gespinstpolster dienen; artspezifisch nach Gestalt und Anordnung der Borsten und Häkchen; (→Lepidoptera [**L-27**]; →Gürtelpuppe; →Stürzpuppe).

Crematogaster →Formicidae, D.

Cremifania, Cremifaniidae →Chamaemyiidae.

Cricotopus →Chironomidae.

Criocerinae →Chrysomelidae B.

Crioceris →Chrysomelidae B2.

Criorhina →Syrphidae.

Crocallis →Geometridae.

Crossocerus →Sphecidae.

Crumena; beutelförmige, bis in den Kopf oder Prothorax reichende Einstülpung an der Basis der Unterlippe bei manchen Schildläusen, vielen Blattläusen und manchen Wanzen; dient zur Aufnahme des sehr langen, in der Ruhe in Schlingen gelegten Stechborstenbündels; →Aradidae [**A-57**]; →Coccina; →Heteroptera.

Crumomyia →Sphaeroceridae.

Crunoecia →Lepidostomatidae.

Cryphalus →Curculionidae P18.

Cryptarchinae →Nitidulidae A.

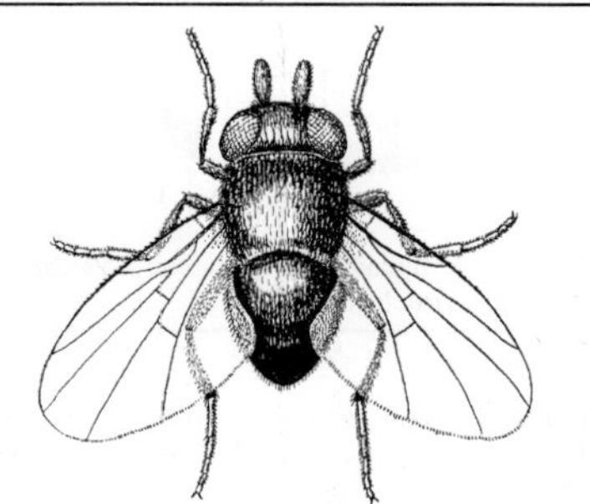

Abb. C-187: Cryptochetidae: *Cryptochetum grandicorne;* 2 mm. (Lindner 1923 ff)

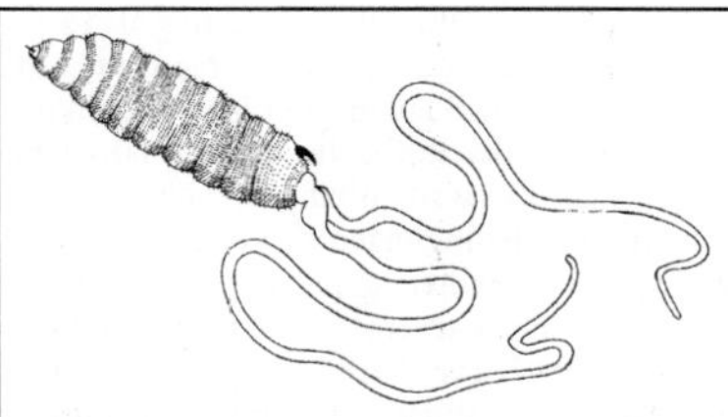

Abb. C-188: Cryptochetidae: *Cryptochetum grandicorne.* Letztes Larvenstadium, kurz nach der Häutung; Körper 1,6 mm. (Lindner 1923 ff)

Cryptinae →Ichneumonidae F.

Cryptocephalinae →Chrysomelidae H.

Cryptocephalus →Chrysomelidae H2.

Cryptocerata; Synonym zu Nepomorpha, Wasserwanzen (→Heteroptera).

Cryptocheilus →Pompilidae.

Cryptochetidae; Fam. der Zweiflügler (Diptera, Brachycera, Cyclorrhapha) mit in Eur 3 Arten der Gttg. *Cryptochetum;* in M-Eur & Dt nur *C. buccatum* Hend.; kleine (2–4 mm), gedrungene, glänzend dunkle Fliegen mit großem Kopf und recht kleinem Hinterleib [**C-187**]; 3. Fühlerglied auffällig vergrößert, eine Arista fehlt; bemerkenswert die Lebensweise der Larven als Endoparasitoide; das ♀ bohrt zur Eiablage mit der Legeröhre Schildläuse an. Die Larve [**C-188**] ist mit 2 hinteren Dornen an eine Haupttrachee des Wirtes angeschlossen; Bedeutung der zum Schluss schrumpfenden langen, schlauchartigen Anhänge unklar (Nahrungsaufnahme?); Puparium [**C-189**] im abgestorbenen Wirt.

Lit. →Diptera.

Cryptochetum →Cryptochetidae.

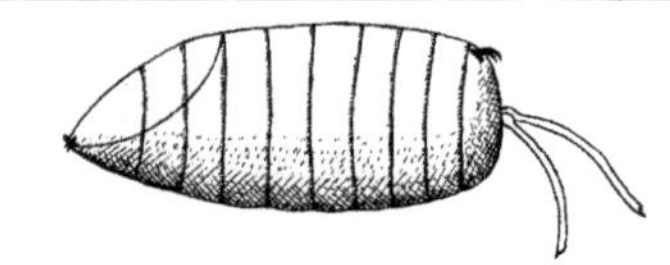

Abb. C-189: Cryptochetidae: *Cryptochetum grandicorne*. Puparium; 2,3 mm. (Lindner 1923 ff)

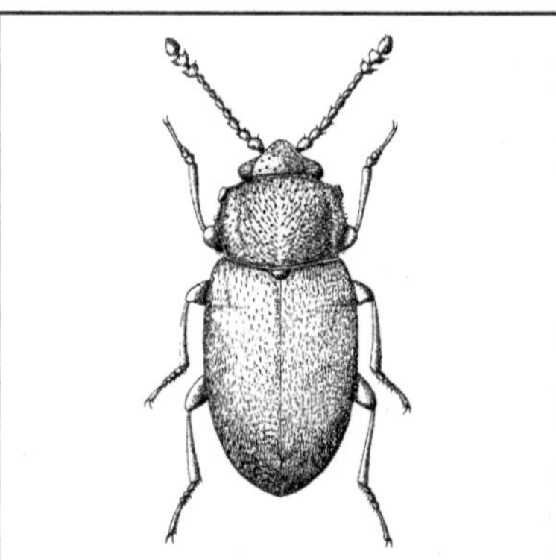

Abb. C-190: Cryptophagidae: *Cryptophagus scanicus*; 2 mm. (Bechyně 1954)

Cryptococcidae; Fam. der Schildläuse (Coccina), oft zu den →Pseudococcidae oder →Eriococcidae gestellt; in Eur & Dt 3 Arten; ♀ winzig (1–2 mm), breit-oval; *Cryptococcus* ohne Beine und mit stummelförmigen Antennen, bei *Pseudochermes* beide gut entwickelt; Larven und ♀♀ an Laubbäumen unter viel weißer Wachswolle; 1 Generation im Jahr; Überwinterung als Larve. Zuweilen in Massen: ***Cryptococcus fagisuga*** Lind., Buchenwolllaus, Buchenschildlaus; ♀ gelblich; auf der Rinde der Rotbuche, manchmal schädlich, v. a. in Zusammenhang mit ungünstigen klimatischen Bedingungen und Pilzkrankheiten; Vermehrung parthenogenetisch (♂♂ nicht bekannt); ♀ mit 2 Larvenstadien; Überwinterung als (Ei oder) Larve; Verbreitung durch Wind, Insekten, Vögel. Weitere Arten: **C. aceris** Borchs. an Bergahorn und ***Pseudochermes fraxini*** Kalt., Eschenwolllaus, an Stamm und Ästen von Esche. Lit. →Coccina; Kozár et al. 2013.

Cryptococcus →Cryptococcidae.

Cryptolestes →Laemophloeidae; vgl. auch →Bethylidae.

Cryptometabolie; besondere Form der vollkommenen Verwandlung (→Metamorphose): die Larvenentwicklung läuft fast vollständig im Ei ab (die aus dem großen Ei schlüpfende Larve verpuppt sich sofort); hierher lediglich die zu den Buckelfliegen (→Phoridae) gehörenden Termitoxeniinae (Gäste bei tropischen Termiten Asiens und Afrikas); die (zunächst flugfähigen) ♀♀ werfen beim Eindringen in den Termitenbau den Membranteil der Flügel ab und entwickeln sich unter Anschwellen des Abdomens zu physogastrischen Individuen; die Ansicht, es handle sich bei dieser Gruppe um Tiere mit protandrischem Zwittertum, ist falsch. Lit. Disney & Cumming 1992.

Cryptomyzus →Aphididae 13.

Cryptophagidae, Schimmelkäfer; Fam. der Käfer (Coleoptera, Polyphaga, Cucujiformia) mit in Eur 206, M-Eur 154, Dt 133 mehrheitlich in die Gttgn. *Cryptophagus* und *Atomaria* gestellten Arten; die durchweg kleinen (meist 1–3 mm), länglich- bis kurzovalen, i. d. R. fein behaarten Käfer [**C-190**] und ihre Larven sind meistens Schimmelpilzfresser (v. a. *Cryptophagus, Atomaria*), vertilgen aber auch zerfallende Pflanzenreste (*Atomaria, Micrambe*), daher finden sie sich an verschiedensten Faulstoffen (z. B. der überall häufige *Ephistemus globulus* Payk.), in hohlen Bäumen, Ufergenist (*Paramecosoma melanocephalum* Herbst.), Tiernestern u. Ä., auch synanthrop in Speichern, Scheunen und Ställen; einige in Häusern lästig an Vorräten (mehrere *Cryptophagus*-Arten, *Henoticus californicus* Mannh.); *Spavius glaber* Gyll. in Ameisennestern der Gttg. *Formica* (→Formicidae C); Imagines der 3 *Antherophagus*-Arten auf Blüten (besonders auf weißen Lamiaceae), lassen sich von Hummeln, an denen sie sich festklammern, in deren Nester tragen, wo sie von Kot und Abfällen leben; einzelne Arten an Baumschwämmen (*Pteryngium crenatum* Gyllh. im Gebirge; *Cryptophagus ruficornis* Steph. auf dem Ascomyceten *Daldinia concentrica*) oder im Fuß des Tintenpilzes, *Coprinus comatus* (*Atomaria fimetarius* F.); *Telmatophilus* (3 Arten) auf Rohr- und Igelkolben angewiesen (oft gesellig in den Blütenständen; die Larven entwickeln sich in den Samen; Überwinterung zwischen den Blattscheiden). *Atomaria linearis* Steph., Moosknopfkäfer (1–1,5 mm), durch Fraß der überwinterten Imagines an jungen Rübenpflanzen (ober- und unterirdisch) bisweilen schädlich. Lit. →Coleoptera.

Cryptophagus →Cryptophagidae.

Cryptophilidae, Cryptophilinae →Erotylidae.

Cryptorhynchinae, Cryptorhynchus →Curculionidae M.

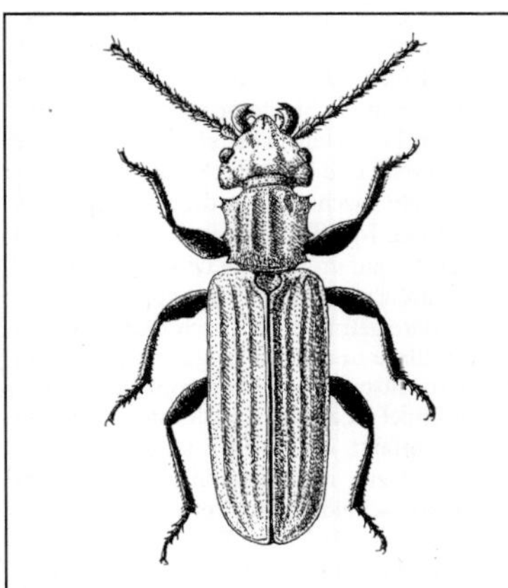

Abb. C-191: Cucujidae: *Cucujus cinnaberinus*, Scharlachkäfer. ♀, 11–15 mm. (Reitter 1908–16)

Cryptostemma →Dipsocoridae 2.
Cryptostemmatidae; Synonym zu →Dipsocoridae.
Cryptotermes →Isoptera.
Cryptothrix →Limnephilidae; →Trichoptera.
Ctenicera →Elateridae 2.
Cteniopus →Tenebrionidae 11.
Ctenocephalides →Siphonaptera, A.
Ctenopelmatinae →Ichneumonidae D.
Ctenophora →Tipulidae 4.
Ctenophthalmidae, *Ctenophthalmus* →Siphonaptera B.
Ctenuchidae →Erebidae Kb.
Cubocephalus →Ichneumonidae.
Cucujidae, Plattkäfer; Fam. der Käfer (Coleoptera, Polyphaga, Cucujiformia) mit in Eur 5, M-Eur 4, Dt 3 Arten aus 2 Gttgn.: *Cucujus*, Scharlachkäfer, auffällig, groß (11–17 mm), mit scharlachroten Flügeldecken [**C-191**], *Pediacus* unscheinbar, klein (um 4 mm) und braun; Körper aller Imagines wie der Larven flach, geeignet für ihren Aufenthalt unter der Rinde toter Bäume; Ernährung europäischer Arten nicht untersucht, bei nordamerikanischen *Cucujus*-Arten jagend.
Lit. →Coleoptera.
Cucujiformia; Gruppe der Käfer (→Coleoptera).
Cucujus →Cucujidae.
Cuculicola →Phthiraptera.
Cuculiphilus →Phthiraptera.
Cucullia →Noctuidae 28.
Cuculoecus →Phthiraptera.
Culex →Culicidae.

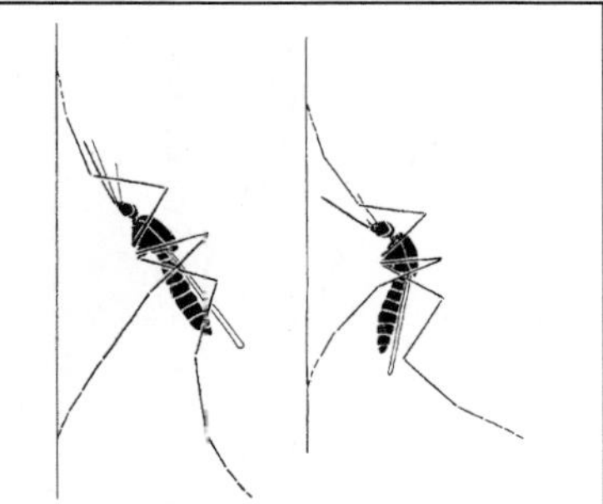

Abb. C-192: Culicicae, Ruhehaltung. Links: *Anopheles*; rechts: *Culex*. (Peus 1951)

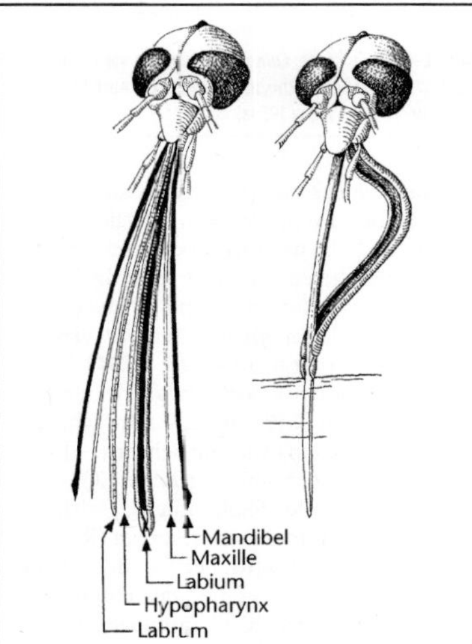

Abb. C-193: Culicidae: *Culex* spec. ♀, Mundteile auseinandergelegt (links), beim Einstechen (rechts); nur das Bündel der Stechborsten dringt ein, nicht das Labium. (Weber 1933)

Culicella →Culicidae.
Culicidae, Stechmücken; Fam. der Zweiflügler (Diptera, Culicomorpha) mit in Eur ± 100, M-Eur 61, Dt 52 Arten; die zarten (3–9 mm, selten größer) langbeinigen, höchstens mittelgroßen **Imagines** sind als blutsaugende Plagegeister für Mensch und Tier wohlbekannt, jedoch ist die Vorliebe für den Menschen als Blutspender artspezifisch unterschiedlich; Ruhehaltung nicht selten art- bzw. gruppenspezifisch verschieden [**C-192**]; Flügeladern, Körper und Beine mit

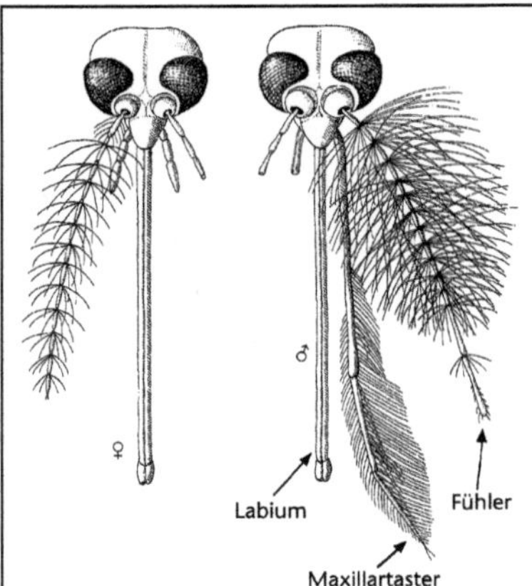

Abb. C-194: Culicidae: *Culex* spec. Kopf von vorne; links ♀, rechts ♂; starker Geschlechtsunterschied in der Ausbildung der Fühler und Taster. (Séguy 1951a)

Schuppen bedeckt; das Gesicht ist außer durch die stattlichen Komplexaugen (Ocellen fehlen) geprägt durch die nach Art und Geschlecht verschieden gestalteten Antennen und Maxillartaster; *Anopheles*: Taster bei ♂♂ und ♀♀ etwa so lang wie der Rüssel, Endglieder beim ♂ verdickt; *Culex, Aedes*: Taster beim ♀ kurz [**C-194**], beim ♂ etwa so lang wie der Rüssel, Endglieder stark behaart; **Antennen [C-194]** beim ♀ schwach, beim ♂ sehr stark und lang wirtelig behaart; →Johnston-Organ besonders gut ausgebildet (30 000 auf Zug ansprechende Skolopidien), wirkt als Schwere- und Strömungssinnesorgan (Regelung der Fluggeschwindigkeit), bei ♂♂ außerdem als Hörorgan zum Wahrnehmen des Flugtons der ♀♀; die ♂-Antennengeißel kann über die starke Behaarung durch Schallwellen in Schwingungen versetzt werden, die im Johnston-Organ wahrgenommen werden; Hauptempfindlichkeit des männlichen Organs, bedingt durch die Resonanzfrequenz der Antennengeißel, bei ca. 350 Hz, dem ♀C-Flugton (*Culex pipiens* L.; die Flugfrequenz der ♂♂ liegt über 500 Hz); bereits eine Antenne genügt zur Richtungswahrnehmung des Schalles; trotz ähnlich gebautem Johnston-Organ ist bei den ♀♀ bisher kein Hörvermögen nachgewiesen. **Rüssel** lang, das Bündel der Stechborsten (Labrum, Mandibeln, Maxillen und Hypopharynx) bei den ♀♀ (nur diese sind blutsaugend) lang, eingebettet in das beim Stechen zurückgeschobene und abgewinkelte, weichhäutige Labium [**C-193**]; Rüssel der ♂♂ mit

verkürzten Stechborsten, dient (wie auch bei ♀♀) zum Aufsaugen freiliegender Flüssigkeiten (z. B. von Nektar und Wasser), aber auch zum Anstechen von Früchten; **Stechvorgang:** die mit Sinnesorganen besetzten Labellen werden auf die Haut aufgesetzt und dann das Stechborstenbündel durch sehr rasche Auf-und-ab-Bewegungen der gezähnten Maxillen innerhalb von wenigen Sekunden bis auf etwa halbe Länge eingesenkt; Borstenbündel u. U. in der Haut abgebogen, bis eine Kapillare gefunden ist (auch Durchstechen einer Kapillare und dann langsameres Saugen aus dem so entstandenen Blutsumpf); das Stechborstenbündel ist an der Einstichstelle von den Labellen umfasst, im Übrigen jedoch aus dem rinnenförmigen, nun abgeknickten Labium (Stechborstenscheide) ausgetreten [**C-193**]; Saugdauer höchstens 2–3 min; Blut im Magen gespeichert (Zuckerlösung dagegen in kropfartigen Anhängen des Mitteldarmes); Blutfüllung (bis zum 2-Fachen des Eigengewichts) wird über abdominale Streckrezeptoren vom Bauchmark kontrolliert; wie bei den meisten (allen?) Blutsaugern wird während des Saugvorganges Speichel injiziert, der die Blutgerinnung hemmt und außerdem die Serumdurchlässigkeit der Kapillarwände erhöht; das Jucken (beginnt ca. 3 min nach dem Stich) vermutlich verursacht durch Histamin (aus dem Mückenspeichel und aus weißen Blutkörperchen); meist kein Stechen während der Eientwicklung; das von den Ovarien produzierte Hormon Ecdyson hemmt die Stechneigung, das von den Corpora allata gelieferte Juvenilhormon induziert sie; je nach Art werden verschiedene Tageszeiten zum Stechen bevorzugt: manche *Aedes*-Arten stechen v. a. in der Abenddämmerung, *Culex pipiens* L., *Anopheles maculipennis* Meig. und *Culiseta annulata* Schr. (Ringelschnake) v. a. nachts, *Coquillettidia richiardii* Fic. (= *Mansonia r.*) tags und nachts; **Blutlieferanten** meist Warmblütler, Vögel und Säugetiere; aber auch Amphibien und Reptilien (vermutlich für manche *Culiseta-*, *Culicella-* und *Culex*-Arten), nach neueren Beobachtungen auch Insektenlarven, z. B. Raupen; Wirtsspezifität wohl nicht sehr ausgeprägt; zuweilen jedoch Bevorzugung deutlich, z. B. Großvieh durch *Anopheles maculipennis* Meig., mancherorts Geflügel durch *Culex pipiens* L.; bei der **Wirtsfindung** sind verschiedenste Faktoren im Spiel: tagaktive Arten bevorzugen sich bewegende dunkle Objekte; auch im Dunkeln anlockend sind Wärme (Wahrnehmung sehr geringer Temperaturunterschiede erwiesen, vermittelt durch Konvektion, nicht durch Strahlung), feuchte Luft (trockene Luft wirkt abstoßend; *Aedes aegypti*

Meig. kann stark und schwach schwitzende Hand unterscheiden), CO$_2$, v. a. auch verschiedene Stoffe aus dem Schweiß und Harn, auch aus dem Blut des Wirtes wie bestimmte Aminosäuren (u. a. Tyrosin), Milchsäure (besonders linksdrehende), Octenol (zusammen mit CO$_2$ das in Fallen am häufigsten eingesetzte Attractans), weibliche Geschlechtshormone (Frauen werden i. d. R. häufiger gestochen als Männer), Hämoglobin; Einstechen und Saugen, auch Speichelabgabe werden ausgelöst durch unmittelbaren Kontakt von Sinnesorganen an der Rüsselspitze mit bestimmten Stoffen, z. B. Butter-, Essig-, Propion-, Brenztraubensäure (Stechen), Glucose (Saugen); die bei verschiedenen Wirtsarten, auch bei verschiedenen Individuen der gleichen Art wechselnden Faktorenkombinationen können zu ständiger oder zeitweiliger Bevorzugung bestimmter Wirtsgruppen führen (Gewöhnung über Generationen spielt wohl ebenfalls eine Rolle); Neigung zur **Schwarmbildung** ausgeprägt, mit artspezifischen Unterschieden; Schwärme bestehen meist nur aus ♂♂ (→Chironomidae); Schwarmbildung bei vielen Arten in der Dämmerung (v. a. abends, z. T. auch morgens), in Abhängigkeit wohl von der Helligkeit teils früh (*Aedes communis* Deg.), teils spät (*Aedes cyprius* Ludl.); Abstand des Schwarmes vom Boden und Jahreszeit artspezifisch verschieden; der Schwarmort bedingt durch den Lebensraum der Mücken oder ihrer Larven (Wald-, Wiesen-, Moor-, Salzwassermücken), am Platz dann v. a. durch optische Marken (oft an herausragenden Punkten, auch neben einem Menschen, über einem mit der Umgebung kontrastierenden hellen oder dunklen Fleck); kein Schwärmen bei starkem Wind; Schwärmstimmung wechselt stark (nicht alle ♂♂ einer Art sind bei gleichen Bedingungen zum Schwärmen bereit; Ursachen?); manchmal Schwärme verschiedener Arten in naher Nachbarschaft, meist streng nach Arten getrennt; bei manchen Arten wird das Sichfinden der Partner durch die Schwarmbildung gefördert. Die **Kopula** beginnt wohl bei den meisten Arten im Flug, bei anderen im Sitzen; das ♂ ergreift das ♀ mit den Beinen, Endstellung entweder Bauch gegen Bauch [**C-195**], oder das ♂ hängt frei am ♀; Dauer meist nur einige Sekunden (*Aedes aegypti* Meig.: im Mittel 16 s); Ende teils im Flug, teils am Boden; bei der Begattung Übertragen einer Spermatophore, die sich bald auflöst. **Eibildung** bei blutsaugenden Arten weitgehend von der Blutmahlzeit abhängig (Proteine und Eisen essenziell), bei manchen Stämmen von *Culex pipiens* L. entsteht das 1. Gelege auch ohne Blutsaugen; →Partheno-

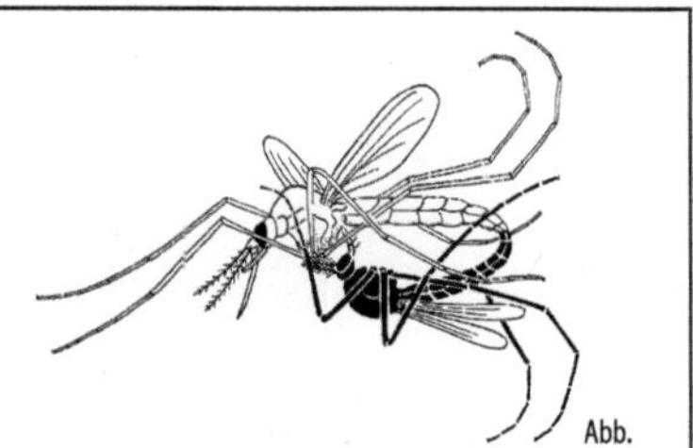

C-195: Culicidae: *Aedes aegypti.* ♂ schwarz; Kopula im Fliegen. (Eidmann 1941)

genese wurde bei *Culex pipiens* L. beobachtet (parthenogenetische Stämme ließen sich jedoch nicht entwickeln). **Eiablage** auf das Wasser oder in Wassernähe an später überflutete Stellen, bevorzugt auf flache stehende (auch sehr kleine) Gewässer; nach den Ansprüchen sind z. B. unterscheidbar: Waldmücken (z. B. *Aedes communis* Deg.), Wiesenmücken (z. B. *Ae. vexans* Meig., *Ae. caspius* Pall.), Auwaldmücken (z. B. *Ae. sticticus* Meig., *Ae. vexans* Meig.), Salzwassermücken (z. B. *Ae. dorsalis* Meig.), Baumhöhlenmücken (z. B. *Ae. geniculatus* Oliv., *Anopheles plumbeus* Steph.); Hausmücken suchen Wasseransammlungen verschiedenster Art, auch Jauchegruben, in Hausnähe auf (z. B. *Culex pipiens* L., *Culiseta annulata* Schr.); andere Arten in mit Spritzwasser versorgten Felsmulden (*Culex torrentium* Mart., *Culiseta glaphyroptera* Schin.); Finden der passenden Gewässer u. a. mit dem Geruchssinn, aber auch über das Erkennen des reflektierten polarisierten Lichtes; Ablage der Eier teils einzeln (*Aedes* am Rand der Brutgewässer oder auf feuchtem Boden nach vorausgegangener Überflutung; *Anopheles* auf der Wasseroberfläche), teils in Gelegen als auf der Oberfläche schwimmende Eischiffchen (*Coquillettidia*, *Culex* [**C-196**]); einzeln abgelegte Eier schließen sich bei *Anopheles* manchmal (zufallsbedingt) gelegeartig zusammen [**C-197**], ihre Schwimmfähigkeit meist bedingt durch einen luftgefüllten Schwimmsaum und durch Schwimmkammern [**C-198**], deren Form und Zahl je nach Art verschieden ist [**C-199**]; Eier zunächst farblos, werden innerhalb weniger Stunden dunkel, die Pigmentierung unterschiedlich, z. B. bei den sonst überaus ähnlichen Arten des *Anopheles-maculipennis*-Komplexes [**C-200**]. Sprengen der Eischale durch Druck von innen mit einem auf dem Kopf der Junglarve sitzenden Eizahn [**C-201**]. **Larven** ausschließlich Wasserbewohner: überwiegend in Kleinstgewässern,

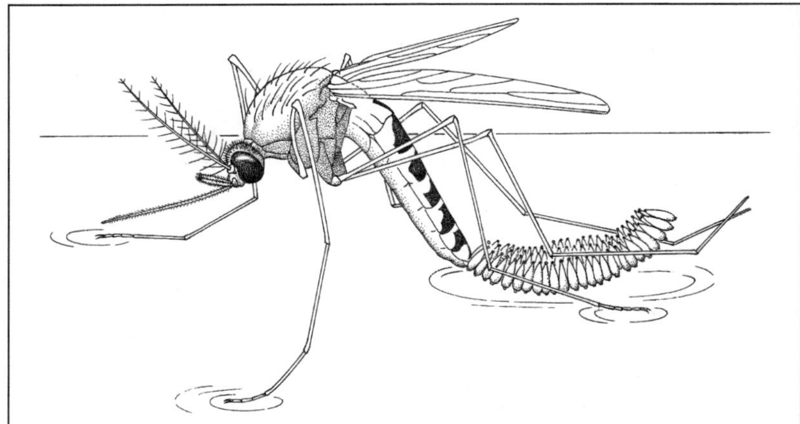

Abb. C-196: Culicidae: *Culex pipiens*. ♀ bei der Eiablage; die Eier werden zwischen den Hinterbeinen zu Eischiffchen mit bis zu 300 Eiern zusammengeklebt. (Clements 1992)

Abb. C-197: Culicidae: *Anopheles maculipennis*. Gruppe von einzeln abgelegten Eiern in zufälliger Anordnung. (Weyer 1942)

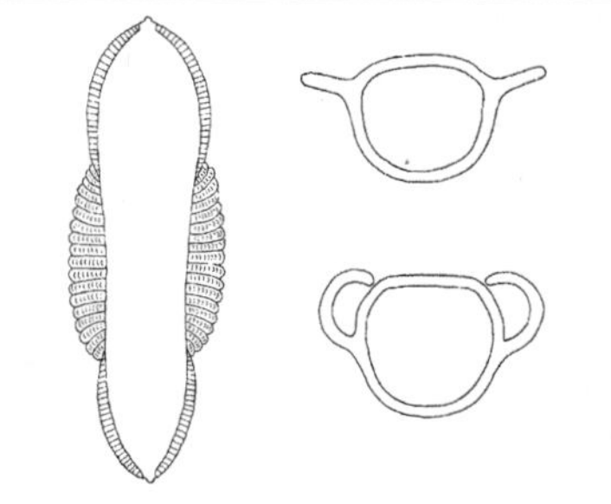

Abb. C-198: Culicidae: *Anopheles* spec. Ei, schematisch; links: Ansicht von oben; rechts: Querschnitt; oben Schwimmsaumbereich, unten Schwimmkammerbereich. (Aus Lindner 1923 ff)

mit sehr verschiedenen Ansprüchen an die Art des Gewässers (s. o.); i. d. R. mit langen, bisweilen gefiederten Haaren besetzt [**C-202**, **C-203**]; deren Anordnung ist ein wichtiges Bestimmungsmerkmal, ihre Bedeutung jedoch unklar (Gasaustausch, Abwehr von Fressfeinden, Wahrnehmen von Wasserströmungen?); schlängelnde Schwimmbewegungen bei Störung (Beschattung, Oberflächenwellen), gefördert durch einen ventralen Schwimmfächer (Haarreihe) am letzten Hinterleibssegment, bei *Aedes* und *Culex* geht stets das Hinterleibsende voran; **Atmung** überwiegend durch das allein offene hinterste Stigmenpaar, meist am Ende eines Atemrohrs gelegen [**C-203**, **C-96**], das Stigmenfeld unbenetzbar und durch Klappen verschließbar; kein Atemrohr bei *Anopheles* [**C-202**]; Luftschöpfen i. d. R. an der Wasseroberfläche, gelegentlich aus Gasblasen unter Wasser; mit unterschiedlicher Haltung z. B. der Larven von *Culex* und *Anopheles* [**C-204**]; horizontale Haltung bei *Anopheles* ermöglicht durch paarige dorsale Aufhängeorgane: ausstülpbare Klappen auf dem Prothorax und palmblattartige Haare auf den Abdominalsegmenten [**C-205**]; manche Larven bei der Luftaufnahme zeitweilig oder ganz unabhängig von der Wasseroberfläche: *Culiseta morsitans* Theob. Nimmt im Pflanzengewirr unter Wasser die von

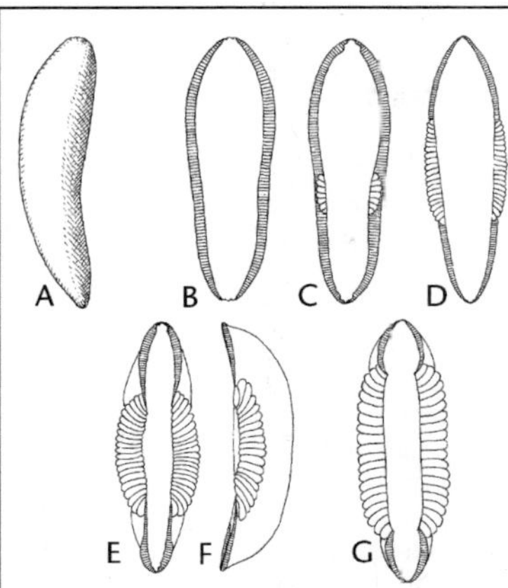

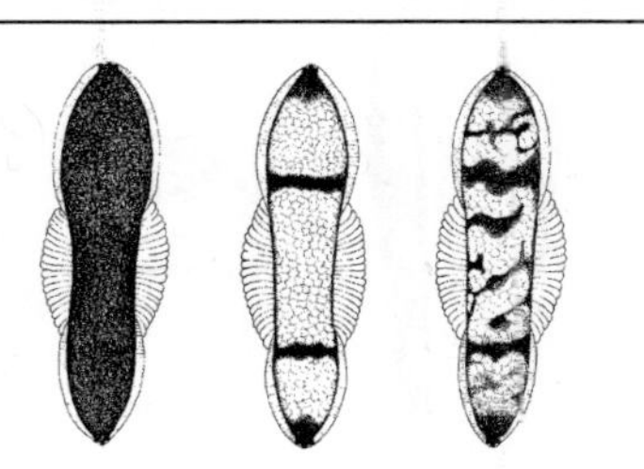

Abb. C-199: Culicidae; Eier verschiedener *Anopheles*-Arten: A: *A. cinereus* (= *italicus*), ohne Schwimmsaum und Schwimmkammern; B, C , D: *A. sacharovi* (= *elutus*), mit Schwimmsaum und verschiedener Ausbildung der Schwimmkammern; E und F: *A. claviger* (= *bifurcatus*), Ansicht von oben und von der Seite; G: *A. marteri*

Abb. C-200: Culicidae: *Anopheles maculipennis*-Komplex. Eier verschiedener anhand der Imago kaum unterscheidbarer Arten; links: *A. melanoon*, Mitte: *A. maculipennis*, rechts: *A. messeae*

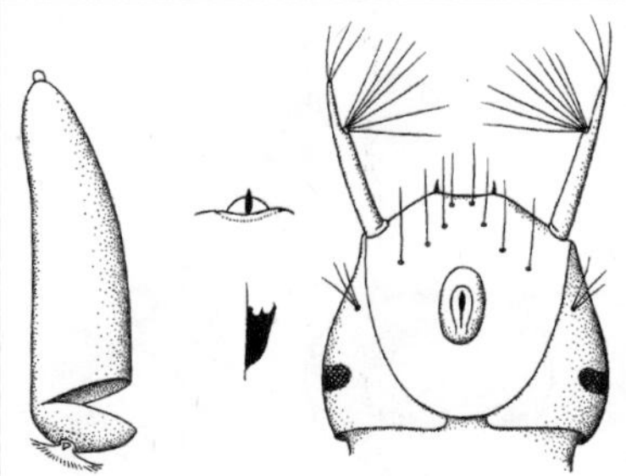

Abb. C-201: Culicidae: *Culex pipiens*. Links: Ei, nachdem die Larve nach unten ins Wasser geschlüpft ist; rechts: Kopf der eben geschlüpften Larve, dorsal mit Eizahn (schwarz); Mitte: Eizahn von vorn und von der Seite. (Nach Séguy 1951a, geändert)

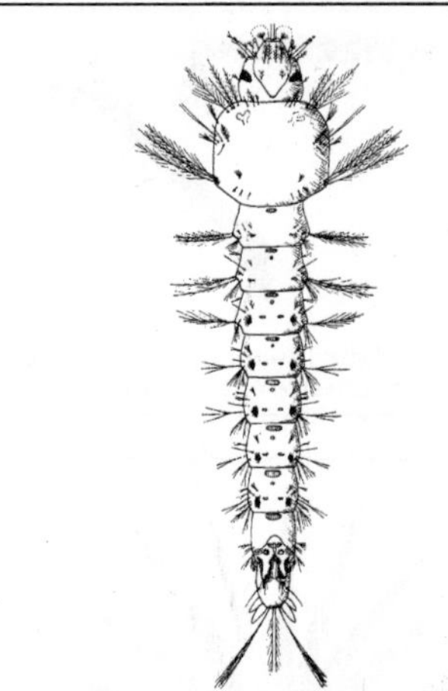

Abb. C-202: Culicidae: *Anopheles* spec. Larve dorsal, etwas schematisiert; vorne auf der Brust ausstülpbare Klappen

den Pflanzen abgeschiedenen Gasbläschen auf; *Coquillettidia* mit Zähnen am Ende des Atemrohrs [**C-206**], bohrt damit Pflanzengewebe an und entnimmt Luft aus den Interzellularräumen; für jüngste Larvenstadien ist vermutlich allgemein Hautatmung wichtig; im Afterbereich 4 Analpapillen [**C-206, C-96**], dienen v. a. der Osmoregulation; die **Nahrung** besteht in den meisten Fällen aus kleinen Partikeln (Detritus, Kleinplankton), werden während des Hängens am Wasserspiegel (*Culex, Aedes, Anopheles*: Kopf bei der Nahrungsaufnahme um 180° gedreht, sodass seine Ventralseite zum Wasserspiegel zeigt) oder an einer Wasserpflanze (*Culiseta*) durch rhythmischen Schlag der behaarten Pinselorgane an der Oberlippe wahllos in Richtung Mundöffnung gestrudelt, abfiltriert und (*Anopheles*) durch eine besondere Vorrichtung in den Schlund gestopft; können bei fehlendem Plankton abtauchen und Bodensubstrat abweiden (*Aedes*); 4 Larvenstadien. Die **Puppen** [**C-207**] durch einen luftgefüllten Raum unter den Scheiden der Flügel und Beine meist leichter als Wasser; treiben in Ruhe i. d. R. an der Oberfläche,

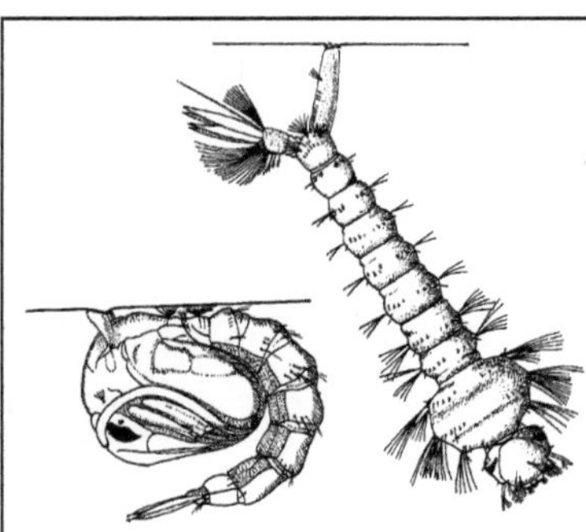

Abb. C-203: Culicidae: *Aedes vexans*. Larve und Puppe in natürlicher Haltung unter dem Oberflächenhäutchen des Wassers; die Larve hängt am Atemrohr. (Peus 1951)

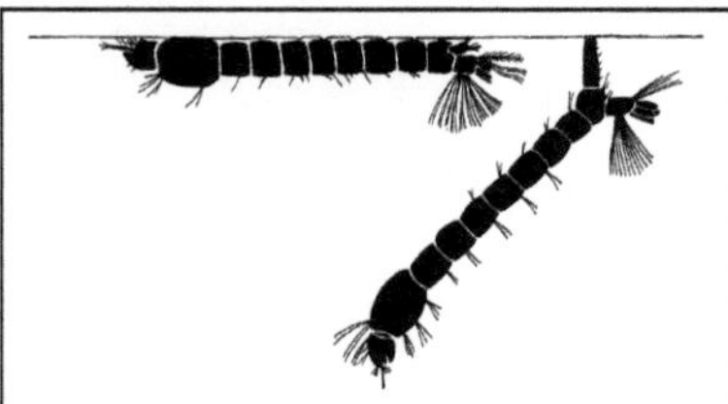

Abb. C-204: Culicidae: Larven von *Anopheles* (links) und *Culex* in natürlicher Lage an der Wasseroberfläche. (Peus 1951)

Abb. C-205: Culicidae: *Anopheles maculipennis*. Larve; eines der abdominalen Palmhaare. (Séguy 1951b)

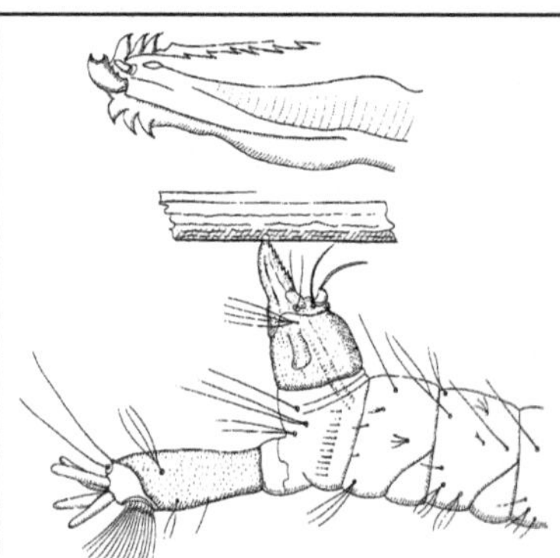

Abb. C-206: Culicidae: *Coquillettidia richiardii (= Mansonia r.)*. Unten: Hinterende der Larve (Larve 6 mm), Atemrohr in eine Pflanze eingebohrt (Haarfächer unterhalb der Kiemenschläuche verkürzt gezeichnet); oben: Ende des Atemrohres mit der Bewehrung zum Haften im Pflanzengewebe. (Séguy 1951a)

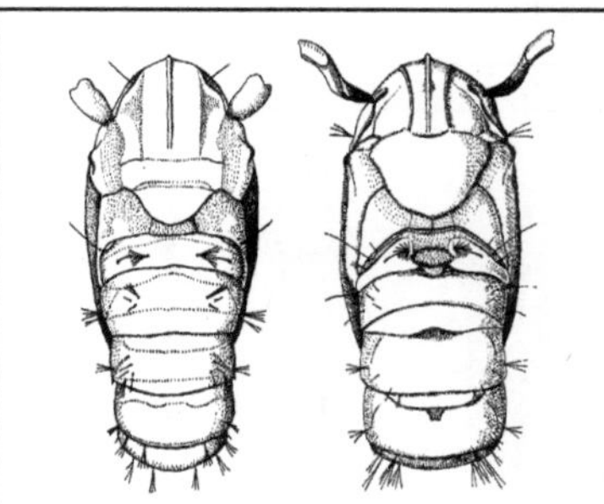

Abb. C-207: Culicidae: An der Wasseroberfläche hängende Puppen. Ansicht von oben; links: *Anopheles*; rechts: *Culex*. (Peus 1951)

berühren den Wasserspiegel mit den beiden prothorakalen Atemhörnchen und (*Culex, Aedes, Anopheles*) mit sternförmigen Haargebilden, wobei der Hinterleib meist ventral eingeschlagen ist; die am Ende mit Zähnchen besetzten Atemhörnchen von *Coquillettidia* sind, ähnlich wie das Atemrohr der Larve, in Pflanzengewebe eingebohrt [**C-208**] und beziehen von dort Sauerstoff; bei Störung, z. B. Beschattung der Wasseroberfläche (die durchschimmernden imaginalen Augen sind bereits lichtempfindlich), können Mückenpuppen blitzschnell und gezielt in die Tiefe schwimmen; Ruderblättchen am Hinterleibsende [**C-209**]. Puppenruhe stets nur wenige Tage; kurz vor dem Schlüpfen Strecken des Hinterleibs und Auftreten von Luft (unklarer Herkunft) zwischen der Haut von Puppe und Imago, bisweilen auch im Darm (durch Schlucken); Schlüpfen durch dorsalen Riß Riss in der Pup-

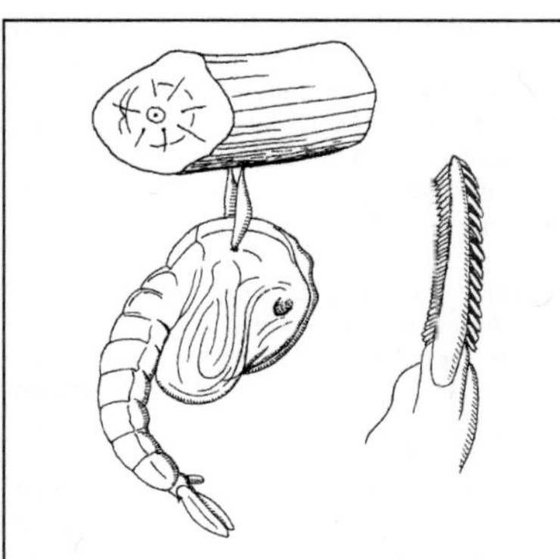

Abb. C-208: Culicidae: *Coquillettidia richiardii (= Mansonia r.).* Puppe, ca. 4 mm, mit den Atemröhren in Pflanzengewebe eingebohrt; rechts: Ende des Atemrohres. (Séguy 1951a)

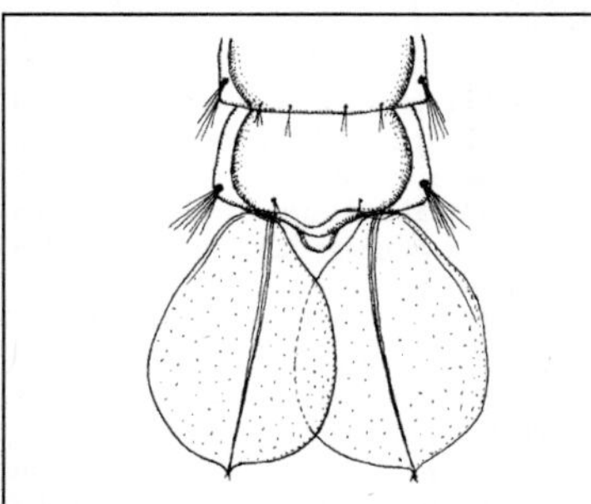

Abb. C-209: Culicidae: *Culex* spec. Hinterende der Puppe mit Ruderblättchen. (Nachtigall 1962)

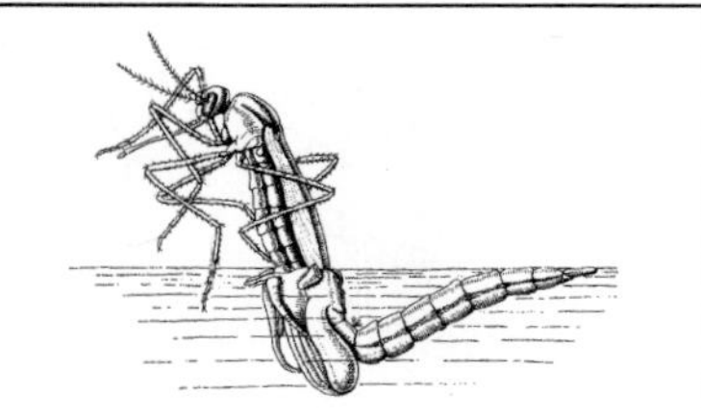

Abb. C-210: Culicidae: Imago schlüpft aus der Puppe. (Burnett, Eisner 1966)

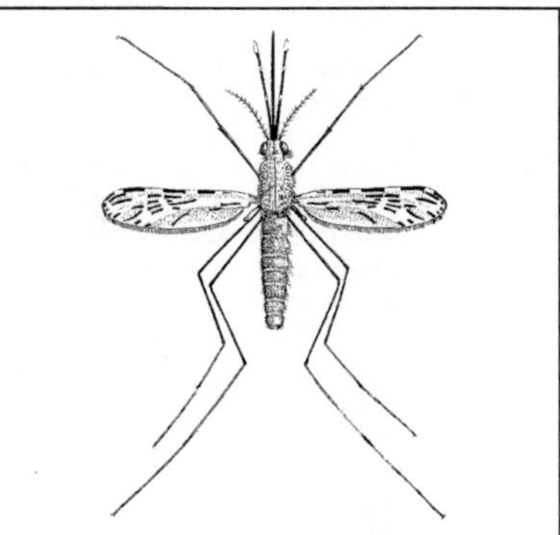

Abb. C-211: Culicidae: *Anopheles superpictus.* Körperlänge 6 mm; Malariaüberträger im Mittelmeerraum. (Weyer 1942)

penhaut in wenigen Minuten [**C-210**], Flugfähigkeit nach ca. 1 h; bei *Coquillettidia* brechen die in die Pflanze eingebohrten Enden der Atemhörnchen an vorgebildeter Stelle ab, die Puppe steigt zum Schlüpfen an den Wasserspiegel; die ♂♂ schlüpfen oft früher als die ♀♀, sind begattungsfähig erst in 1–2 Tagen (nach Drehung des Körperendsegments um 180°), obwohl die Samenzellen schon beim Schlüpfen reif sind; Zahl der Generationen pro Jahr artspezifisch verschieden, nur eine bei *Coquillettidia richiardii* Fic. und bei mehreren *Aedes*-Arten, bei anderen 2 oder mehr Generationen (je nach äußeren Bedingungen), bei Hausmücken (*Culex pipiens* L.) u. U. Generationenfolge das ganze Jahr hindurch. **Überwinterung** in unseren Breiten in allen Stadien möglich (außer in dem stets nur wenige Tage dauernden Puppenstadium), aber

i. d. R. für die Art bezeichnend: *Aedes* als Ei, *Coquillettidia* und *Anopheles claviger* Meig. als Larve, andere *Anopheles*-Arten, *Culex*, *Culiseta* als begattetes ♀ (♂♂ sterben im Herbst) an geschützten Stellen (*Culex* in Kellern und ähnlichen Räumen, *Anopheles* in Viehställen); Nahrungsaufnahme im Winter i. d. R. eingestellt. Eine Reihe von Arten, besonders in wärmeren Ländern, bekannt als **Krankheitsüberträger** auf Tier und Mensch; Elephantiasis (durch den Fadenwurm *Wuchereria bancrofti*): Überträger *Anopheles, Aedes, Culex*; Gelbfieber (Viruskrankheit): Überträger *Aedes aegypti* Meig. (Gelbfiebermücke); Vogelmalaria: Überträger *Culex*- und *Aedes*-Arten; Menschenmalaria (durch *Plasmodium*): Überträger verschiedene *Anopheles*-Arten (Fiebermücken, Gabelmücken; die langen Kiefertaster bilden mit dem Rüssel eine 3-zinkige Gabel [**C-192, C-211**]); die früher in einigen Gebieten Deutschlands heimischen Malariaherde sind durch Änderung der Entwicklungsbedingungen des Erregers heute erloschen, obwohl *Anopheles* auch heute in M-Eur weit

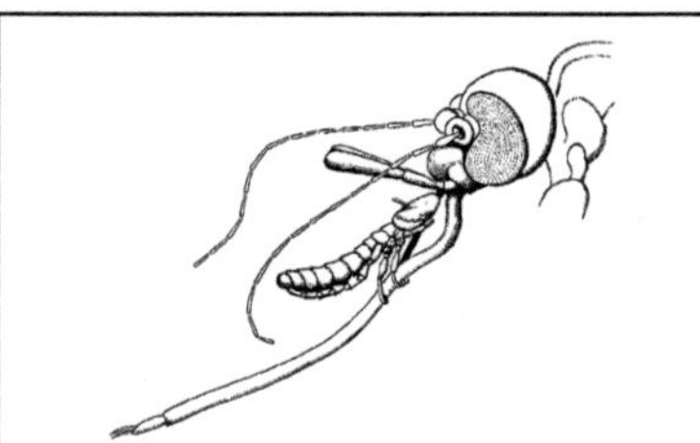

Abb. C-212: Culicidae: Eine Tierlaus (→Phthiraptera) hat sich bei einem *Aedes*-♀ am Stechborstenbündel festgebissen; kann so einen anderen Wirt erreichen. (Peus 1951)

verbreitet ist. **Lästlinge** des Menschen in M-Eur, v. a. nachts in den Wohnungen: *Culex pipiens* L. und die Ringelschnake *Culiseta annulata* Schr. (Fußglieder schwarz-weiß geringelt), in den letzten Jahrzehnten zunehmend auch *Culex torrentium* Mart., die sich (ursprünglich in Kaltwasserbiotopen von Gebirgszonen beheimatet und ornithophil) zu einem Kulturfolger zu entwickeln beginnt; in Wäldern: *Aedes communis* Deg., *Ae. maculatus* Meig., *Ae. annullipes* Meig., *Ae. punctor* Kirby; mehr in Auwäldern und Wiesen: *Ae. cinereus* Meig., *Ae. excrucians* Walk., *Ae. sticticus* Meig., *Ae. vexans* Meig. (die beiden Letzteren die sog. Rheinschnaken), *Coquillettidia richiardii* Fic.; die nicht selten außerordentliche Plage im hohen Norden ist bedingt durch Massenvermehrung einiger *Aedes*-Arten; Entwicklung der Larven in den auf Dauerfrostboden nicht abfließenden, im Sonnenschein schnell erwärmten Schmelzwassertümpeln, Blutspender v. a. Lemminge und Verwandte (auch Insektenlarven, z. B. Raupen?); gelegentlich werden andere Kleininsekten durch Mücken verschleppt, z. B. →Phthiraptera [**C-212**]; Mückenbekämpfung heute überwiegend durch Präparate mit *Bacillus thuringiensis israelensis*, die selektiv gegen Larven (aber auch gegen Larven anderer Insektenarten) wirken.

Lit. →Diptera; Clements 1992; Service 1976; Struppe & Iglisch 1988; Wesenberg-Lund 1943; Wichard et al. 2013.

Culicoides →Ceratopogonidae.

Culicomorpha; Gruppe der „Nematocera" (→Diptera), welche die Mehrheit der Mücken mit wasserlebenden Larven enthält; u. a. mit den Fam. →Ceratopogonidae, →Chironomidae, →Culicidae, →Simuliidae.

Culiseta →Culicidae.

Cunctochrysa →Chrysopidae.

Cupido →Lycaenidae C1.

Curculio →Curculionidae H2.

Curculionidae, Echte Rüsselkäfer [**C-215, C-217**]; Fam. der Käfer (Coleoptera, Polyphaga, Cucujiformia); in der hier gewählten Fassung mit in Eur ± 4730, M-Eur 1376, Dt 898 Arten; 1–20 mm, meist kleiner als 5 mm; Imagines ausgezeichnet durch den vorn mehr oder weniger stark rüsselartig vorgezogenen Kopf, am Rüsselende die kurzen kauenden Mundteile (Ausnahmen: Scolytinae →P, Platypodinae →C); Antennen gekniet, mit stark verlängertem 1. Glied (Schaft), daran gewinkelt angesetzt die mehrgliedrige Antennengeißel; Langrüssler: Rüssel oft lang, dünn und gebogen, im Querschnitt fast drehrund; Kurzrüssler: Rüssel kurz, dick und abgeflacht; Kutikula oft sehr hart; schwarze und dunkelbraune Färbung herrscht vor, manchmal mit Metallglanz; Flügeldecken und Körper oft mit farbigen, bisweilen metallisch glänzenden oder in allen Regenbogenfarben schillernden Schuppen bedeckt (→Färbung); meist flugunlustig; die Flügel manchmal bei der gleichen Art unterschiedlich ausgebildet; bei flügellosen Arten Flügeldecken nicht selten verwachsen. **Ernährung** bei den einheimischen Arten bei Larve und Imago ausschließlich vegetarisch; zahlreiche Arten werden durch Fraß der Larven und Käfer in Wald und Garten, auch an Vorräten schädlich; Nahrungsspezialistentum zuweilen sehr ausgeprägt; bei manchen Arten regionale Unterschiede in der Wahl der Nahrungspflanze; symbiotische Mikroorganismen bei einer Reihe von Arten bekannt, ihre Unterbringung sehr verschieden: a) in Zellen von Mitteldarmausstülpungen (*Cleonis*-Larven; verschwinden beim ♂ ganz; Übertragung durch Beschmieren der Eioberfläche, Beschmierorgane am Legeapparat des ♀); b) in Mycetomen (→Mycetocyten); z. B. ringförmiges Mycetom um das Vorderende des Mitteldarms bei *Hylobius*-Larven; bei der Imago einzelne Symbiontenzellen im Darmepithel, verschwinden mehr und mehr; Übertragung durch Einwandern der Symbionten zunächst in Nährzellen, von dort in junge Eizellen. **Eiablage** teils in den Boden, teils an oder in Pflanzengewebe, häufig in mit dem Rüssel hergestellte Löcher [**C-220**]; bei manchen Arten **Brutfürsorge** durch besondere Unterbringung der Eier oder Vorbehandlung der Larvennahrung (z. B. durch Unterbinden des Saftflusses, dadurch Welken des betreffenden. Pflanzenteils; vgl. auch die früher zu den C. gezählten →Attelabidae); Brutparasitismus z. B. bei *Curculio crux* F.: ♀♀ durchbohren mit dem Rüssel die um *Euura*-Eier (→Tenthredinidae 13) gebildeten Blattgallen an Weidenblättern und töten die Eier ab, bevor sie eigene Eier in die Galle legen. **Larven** madenförmig, Beine höchstens als Stummel angedeutet; in oder seltener (Hyperinae →E, *Cionus* →H4, *Eubrychius* und *Phytobius* →N5) an Pflanzengewebe, auch in Gallen oder minierend. **Verpuppung** in der Erde oder an bzw. in der Nahrungspflanze; **Überwinterung** je nach Art in verschiedenen Stadien; meist 1, bisweilen 2 Generationen im Jahr.

A. Erirhininae; auch als eigene Fam. **Erirhinidae** aufgefasst; 15 Arten in Dt; 1,4–8 mm; dicht behaart bis beschuppt; mit langem, kräftigem und gekrümmtem Rüssel; an Gewässern und in Feuchtgebieten: Nahrungspflanzen sind Süß- und Sauergräser (z. B. *Notaris, Thryogenes*), Rohr- und Igelkolben, Schachtelhalme (*Grypus*) und Schwimmpflanzen (z. B. *Azolla, Ricciocarpus*); der winzige (1,4–1,8 mm) Wasserlinsenrüssler (*Tanysphyrus lemnae* Payk.) frisst Löcher in seine Nahrungspflanzen; auf ihnen werden auch die Eier abgelegt; die Larven minieren nacheinander in mehreren Wasserlinsen, die sie schwimmend erreichen; Verpuppung und Überwinterung als Imago am Ufer.

B. Dryophthorinae; auch als eigene Fam. **Dryophthoridae** abgetrennt; 9 Arten in M-Eur; kleine (*Sitophilus, Dryophthorus*) bis mittelgroße Käfer (*Sphenophorus*); Halsschild fast so lang wie die →Elytren (außer *Dryophthorus*); Rüssel an der Basis verdickt, darunter sind die Fühler eingelenkt; mit neuartiger Fühlerkeule, zusammengesetzt aus dem behaarten, ungegliederten Keulenrest und einem stark vergrößerten ehemaligen Stielglied (das daher unbehaart ist); Imagines und Larven in rotfaulem Holz (*Dryophthorus*) oder an bzw. als Larve in Stängeln von Süß- und Sauergräsern an Ufern und Feuchtwiesen (*Sphenophorus*); hierher gehören wirtschaftlich bedeutende, weltweit verschleppte Vorratsschädlinge:

B1. *Sitophilus granarius* L., Kornkäfer, Schwarzer Kornwurm [**C-213**]; schon in der Jungsteinzeit mit dem Ackerbau nach M-Eur gelangt; flugunfähig; an großkörnigen Süßgräsern, v. a. Getreide; das ♀ bohrt mit dem Rüssel ein Getreidekorn an, legt 1 Ei hinein, verschließt das Loch mit Sekret; die Larve frisst im Innern des Kornes, hier auch die Verpuppung; Gesamtentwicklungsdauer 2–3 Monate, in geschlossenen Speichern fortlaufend Generationen; in unsauberen Speichern u. U. außerordentlich schädlich; die Imago kann lange hungern, was die Bekämpfung erschwert; Nachfolgeschädling an den vom Kornkäfer beschädigten Körnern ist *Oryzaephilus surinamensis* (→Silvanidae).

B2. *Sitophilus oryzae* L., Reiskäfer; weltweit verbreitet; 2,3–3,5 mm; von ähnlicher Lebensweise und Schädlichkeit (nicht nur an Reis) wie 27.

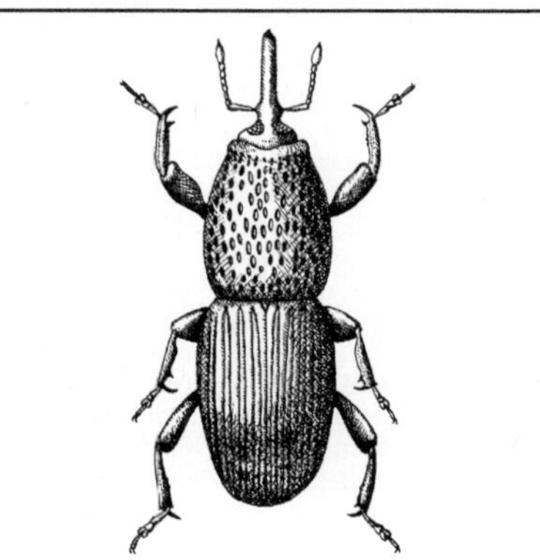

Abb. C-213: Curculionidae: *Sitophilus granarius*, Kornkäfer; 2,5–4,5 mm. (Bechyně 1954)

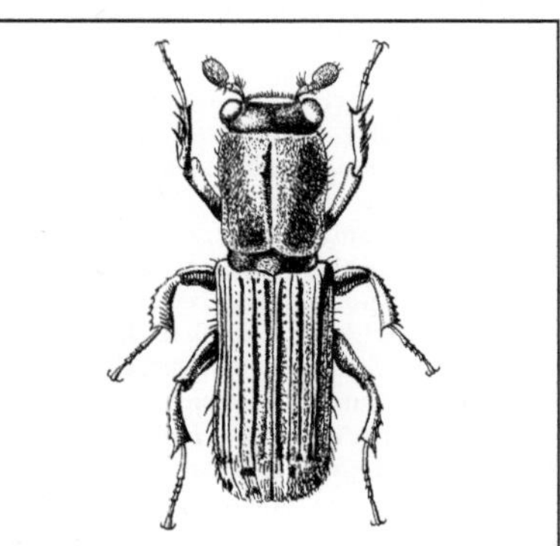

Abb. C-214: Curculionidae: *Platypus cylindrus*, Eichenkernkäfer. 5 mm. (Nach Brauns 1991, verändert)

B3. *Sitophilus zeamais* Motsch., Maiskäfer; vielfach importiert, möglicherweise eingebürgert; 3,3–4,5 mm; Lebensweise ähnlich wie 27; an Mais.

C. Platypodinae, Kernholzkäfer; ohne rüsselförmige Verlängerung des Kopfes (daher oft als eigene Fam. **Platypodidae** aufgefasst), jedoch nächste Verwandte der Dryophthorinae; in Eur: 3 Arten, in M-Eur und Dt nur ***Platypus cylindrus*** F., Eichenkernkäfer [**C-214**] verbreitet (dazu Einzelfunde des ansonsten südeuropäischen *Treptoplatypus oxyurus* Duf., an Tannen); zylindrischer, dunkelbrauner Käfer (5 mm); das ♂ kann durch Reiben des letzten Abdominalsegments gegen ein Höckerfeld an der Innenseite der Flügeldecken stridulieren (Bedeutung unklar). Fliegt im Sommer v. a. Eichen an (stehende und geschlagene Stämme oder Stubben), auch Buchen, Kastanien, Eschen; das ♂ nagt zuerst einen Gang von etwa 1 cm Tiefe, dann folgt die **Begattung**; die weitere Nagearbeit durch das ♀ (♀ -Mandibeln kräftiger als die des ♂, das ♂ schafft v. a. Bohrmehl hinaus): zuerst oberflächliche Seitengänge, dann Erweiterung des Gangsystems bis zur Mitte des Stammes mit weiteren Seitengängen (beachtlicher, aber seltener Holzschädling). **Eiablage** einzeln oder in Haufen, etwa über das ganze Jahr hin; in einem Bau außer dem Elternpaar daher verschiedene Larvenstadien nebeneinander (Brutgewohnheiten ähnlich *Trypodendron* →P3). Die **Larven** etwa walzenförmig, mit beborsteten Höckern; leben in den Muttergängen; Ernährung durch in der Gangwand gezüchtete Pilze (→Ambrosia); das Infektionsmaterial wird im Darm oder an der Körperoberfläche mitgebracht; die Altlarven nagen senkrecht stehende Puppenwiegen; **Entwicklung** etwa 1-jährig.

D. Bagoinae, Uferrüssler; in Dt 26 Arten v. a. der Gttg. *Bagous*; 2–9 mm; Körper schwarz, von einer wasserabweisenden braunen Wachsschicht überzogen, die wegen der Körperskulptur schuppig erscheint; Rüssel kräftig, nach unten gebogen, kürzer als Pronotum; →mono- oder oligophag an Wasserpflanzen, seltener an Landpflanzen in wechselfeuchten Bereichen (*B. diglyptus* Boh. an *Saxifraga granulata*, *B. tempestivus* Hbst. an *Ranunculus repens*); die Imagines leben teils überm Wasser, wie *Hydronomus alismatis* Marsh., Froschlöffelrüssler, der auf dem Wasser zu seinen Fraßpflanzen laufen kann und dessen Larven sich schwimmend zwischen ihnen bewegen; die meisten Arten leben im Sommerhalbjahr dauernd untergetaucht; Sauerstoffversorgung der Imagines gesichert durch Luftblasen, die an Kopf und Thorax an längeren, büschelförmig verzweigten Haaren haften, und durch ein →Plastron, das von dicht stehenden pilzförmigen Borsten auf der gesamten Oberseite des Körpers und der Unterseite des Hinterleibs festgehalten wird; beide stehen über Gasräume in Verbindung mit dem subelytralen Luftraum, in den sich die Stigmen öffnen; die Larven fressen im Innern der Fraßpflanzen am Aerenchym, das auch den Sauerstoffbedarf unter Wasser deckt, nur bei *B. glabrirostris* Hbst. sitzen die Larven unter Wasser außen an ihren Nahrungspflanzen (Krebsschere, Hornblatt); Verpuppung im Inneren der Fraßpflanze; Überwinterung als Imago am Ufer im Boden oder der Blattstreu.

E. Hyperinae, Gespinstrüssler, Kokonrüssler; 32 Arten in Dt; 2,7–8 mm; dicht behaart; mit mäßig langem, keulenförmigem Rüssel; die meisten Arten →oligophag bis polyphag an Kräutern in Wiesen, Staudenfluren u. Ä.; je nach Art Eiablage in oder an Stängel und Blattstiele; Larven fressen außen v. a. an Blättern und Blüten, vielfach nachts, während sie sich tagsüber verkriechen; zur Fortbewegung dienen warzenförmige Fortsätze an der Bauchseite; Verpuppung in einem meist an die Nahrungspflanze angehefteten Netzkokon, dessen Eiweißstränge von den Malpighi-Gefäßen erzeugt werden; Überwinterung i. d. R. als Imago (Ausnahme s. 2).

E1. *Hypera postica* Gyll. (4–5,3 mm); an krautigen Schmetterlingsblütlern, kann an Luzerne schädlich werden; Eiablage im Frühjahr in Bohrlöcher im Stängel, die danach verschlossen werden; Larve verbirgt sich tagsüber in der Blattrosette; Verpuppung ab Sommer am bodennahen Teil der Nahrungspflanze.

E2. *Brachypera zoilus* Scop. (6–9 mm); an Klee, Luzerne und Verwandten; Eiablage teils im Herbst, teils im Frühjahr in verwelkte Stängel der Nahrungspflanzen; die Larve tagsüber am Boden verborgen; Überwinterung als Larve oder Imago.

F. Entiminae (einschl. Cyclominae); 197 Arten in Dt; Rüssel eher kurz, meist nicht länger als breit, niemals im Querschnitt stielrund; Imagines an Blättern und Blüten (*Brachysomus hirtus* Boh. in der Laubstreu), viele befressen Blätter vom Rand her; meiste Arten →polyphag; Eiablage einzeln oder in Gruppen in Boden, Streu oder an Pflanzen, aber niemals in selbst genagten Eikammern; Fruchtbarkeit i. d. R. höher als bei anderen Rüsselkäfern; Larven im Boden, fressen außen an Wurzeln (*Brachysomus* an abgefallenem Laub); Verpuppung in mit Sekret ausgekleideter Zelle im Boden; Überwintern im Boden, bei den meisten Arten als Larve, seltener als Imago und nur bei einigen *Sitona*-Arten als Ei; →Parthenogenese bei manchen, dann nicht selten polyploiden Arten (v. a. bei *Otiorhynchus*).

F1. *Otiorhynchus*, Lappenrüssler, Dickmaulrüssler; in M-Eur 150, Dt 66 Arten; der kurze dicke Rüssel vorn beidseits lappenartig verbreitert; meist düster, hochgewölbt, Flügeldecken manchmal (z. B. bei *O. gemmatus* Scop., 8–10 mm) mit metallisch glänzenden Flecken (Gruppe von Schillerschuppen); Flügel bei manchen Arten rückgebildet; zuweilen Schäden durch Fraß der Larven und Imagines; Imagines v. a. nachts aktiv, am Tage verborgen; Eiablage am oder im Boden; manche Arten mit parthenogenetischer

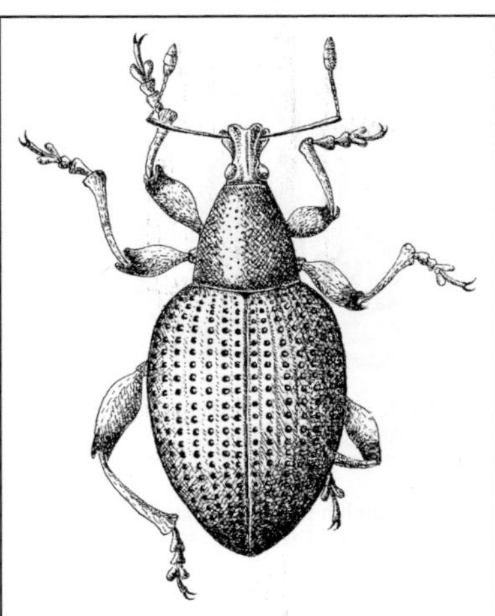

Abb. C-215: Curculionidae: *Otiorhynchus niger*; 7–12 mm. (Bechyně 1954)

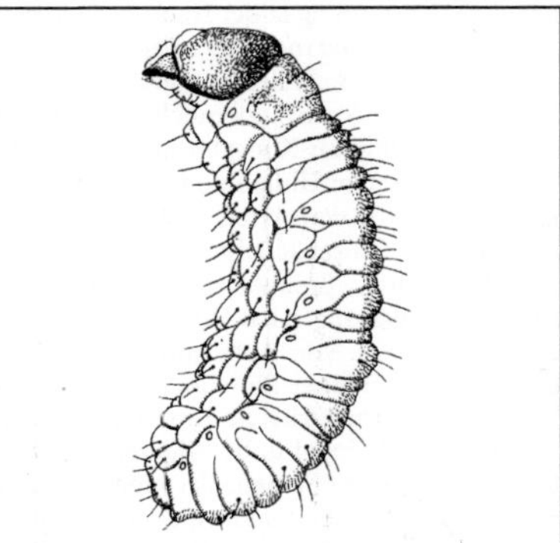

Abb. C-216: Curculionidae: *Otiorhynchus niger*. Larve, ca. 15 mm. (Schimitschek 1955)

Vermehrung, ♂♂ z. T. überhaupt nicht oder nur aus bestimmten Teilen des Verbreitungsgebietes bekannt; Überwinterung als Larve oder Jungkäfer; auch als Altkäfer, wenn die Imagines mehrere Jahre alt werden (z. B. *O. niger* F.); Beispiele: *O. niger* F. [**C-215**, **C-216**]; v. a. an Fichte, aber auch an Laubbäumen; *O. sulcatus* F., Gefurchter Lappenrüssler (9–10,5 mm); an verschiedensten Pflanzen; in Gewächshäusern, stellenweise an Reben, bisweilen auch an Topfpflanzen (die langsam kriechenden Käfer findet man dann in den Wohnungen) schädlich, durch Blattfraß der Käfer, durch Wurzelfraß der Larven (ähnlich: [**C-216**]); die Larven können die Wurzeln auf Distanz von mehreren Zentimetern gerichtet aufsuchen, angelockt anscheinend durch die von den Wurzeln abgegebene Kohlensäure; zuweilen 2-malige Überwinterung der Larve oder des Käfers; *O. ligustici* L., Kleeluzernerüssler; 9–12 mm; kann an verschiedensten Nutzpflanzen, z. B. Rotklee und Luzerne, schädlich werden.

F2. *Phyllobius*, Grünrüssler; 24 Arten in M-Eur; bei manchen häufigen Arten ist der Körper mit metallisch grün glänzenden Schillerschuppen bedeckt; befressen vom Rande her Blätter der verschiedensten Pflanzen, v. a. von Laubbäumen; Eiablage in den Boden.

F3. *Brachyderes incanus* L., Kiefernnadelrüsselkäfer, Grauer Tannenrüsselkäfer (7–11 mm); frisst an verschiedensten Bäumen, v. a. an den Nadeln junger Kiefern (Harzaustritt am Wund-

rand); Eiablage im Herbst und Frühjahr in den Boden; Larven an den Wurzeln v. a. von Kiefern, auch von Heidekraut; Hauptschaden durch den Fraß des Käfer; Überwinterung im ersten 1. Winter als Larve, im 2. als Imago im Boden, unter Streu, unter Rindenschuppen.

F4. *Sitona*, Blattrandrüssler; im weiteren Sinne 29 Arten in M-Eur; befressen vom Rande her Blätter von Schmetterlingsblütlern; im Gegensatz zu Verwandten →oligo- oder monophag; lassen die Eier zum Boden fallen.

– Alle nachfolgenden U-Fam. (sowie einige weitere, bei uns artenarme Gruppen) bilden eine Verwandtschaftsgruppe; ihre Einteilung in U-Fam. ist wegen ungeklärter phylogenetischer Beziehungen noch im Fluss; hierher gehört gehören (neben wenigen Kurzrüsslern) die Mehrheit der Langrüssler sowie die rüssellosen Scolytinae (→P).

G. Baridinae, Mauszahnrüssler; 15 Arten in Dt; kleine (2,5–5 mm), lang-ovale, meist schwarze oder dunkel metallisch glänzende Käfer mit langem, rundlichem, stark gebogenem Rüssel; meist →oligo- oder monophag an Kräutern (v. a. Brassicaceae); mehrere früher an Kohl und Verwandten schädliche Arten, heute selten; Eiablage in den wurzelnahen Stängelabschnitt, die Larven bohren sich dann nach unten und Verpuppen sich in der Wurzel (bei einzelnen Arten ist die Entwicklung auf Stängel oder Wurzel beschränkt); Überwintern als Imago im Boden.

H. Curculioninae; 142 Arten in Dt; →Monophylie dieser uneinheitlichen Gruppe fraglich; viele Arten mit recht langem dünnen dünnem Rüssel; Larven →oligo- oder monophag, bei einem Großteil der Arten in Blüten- und Fruchtständen; Verpuppung in der Nähe des Fraßplatzes; Überwinterung meist als Imago im Boden.

H1. *Anthonomus,* Blütenstecher; 20 Arten in Dt; kleine (2–4,5 mm), ziemlich langrüsselige Käfer; bevorzugt an Knospen und Blüten von Rosaceae, 1 Art an Ulmen und 2 an Nadelbäumen; eine Reihe von Arten an Kulturpflanzen bei Massenbefall schädlich: ***A. pomorum*** L., Apfelblütenstecher, Brenner (3,5–4,5 mm); im Frühling Begattung nach Reifungsfraß des ♀ an Knospen v. a. von Apfel und Birne; das ♀ bringt je 1 Ei in einer Blütenknospe unter; die Larve („Kaiwurm") frisst im Innern der Knospe Staubgefäße, Stempel und Teile der Kronblätter, die sich dann bräunen; Verpuppung in der nicht abfallenden Blütenknospe; der Jungkäfer schlüpft im Sommer (VI–VII), frisst etwas an den Blättern; nach Sommerruhe etwas Herbstfraß; dann Winterruhe, oft in Rindenritzen (nicht nur an Apfelbäumen), auch an anderen geschützten Stellen. ***A. piri*** Koll., Birnenknospenstecher (4 mm); Eiablage im Herbst (v. a. X), je 1 Ei in eine Knospe von Birnbäumen; Überwinterung i. d. R. als Ei (bisweilen als Larve); die Larve frisst im Frühling die Knospe aus, verpuppt sich dann in ihr; der Käfer schlüpft im Frühling aus der Puppe, macht Reifungsfraß v. a. an den Triebspitzen und Blattstielen der Birne, dann Sommerruhe; erneuter Fraß im Spätsommer und Herbst an Knospen. ***A. rubi*** Hbst., Erdbeerblütenstecher, Himbeerblütenstecher; (2–3 mm); Eiablage im Frühling, je 1 Ei in eine Blütenknospe von Himbeeren, Erdbeeren, auch Brombeeren und Rosen; dabei wird der Knospenstiel angenagt, die Knospe welkt und knickt um („Nackenstecher"); Verpuppung in der oft abfallenden Knospe; Jungkäfer im Frühsommer, frisst an Blättern, geht im Herbst in die Überwinterung. ***A. phyllocola*** Hbst., Kiefernblütenstecher (2,5–3 mm); Imagines fressen im Frühling an Kiefernnadeln; im V Eiablage in die männlichen Blütenkätzchen; die Larven fressen Blütenstaub; Verpuppung in den Kätzchen in einer mit Drüsensekret ausgestrichenen Höhle; Überwinterung als Käfer am Boden. ***A. rectirostris*** L. (= *Furcipes r.*), Kirschkernstecher (4–4,5 mm); der überwinterte Käfer frisst im Frühling an Blättern und Früchten v. a. von Kirschbäumen; Eiablage in junge, etwas zurückgebliebene Früchte; die Larve (eine pro Frucht) frisst im Kern.

H2. *Curculio,* Nussbohrer (2,8–9 mm); mit sehr langem, dünnem Rüssel; 9 heimische Arten, darunter: ***C. nucum*** L., Haselnussbohrer [**C-217**]; der Käfer schlüpft im Frühling aus der in der Erde ruhenden Puppe; frisst an verschiedensten Bäu-

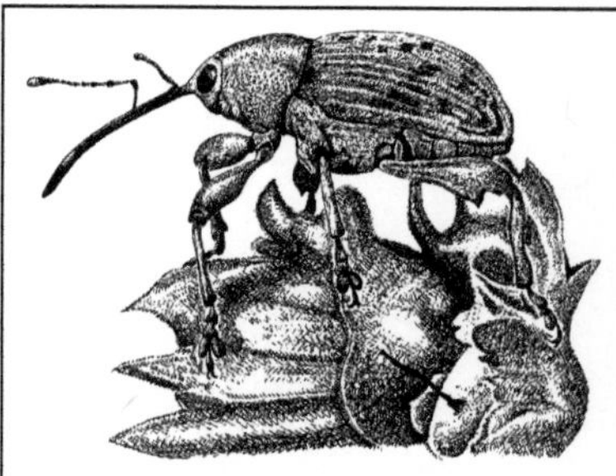

Abb. C-217: Curculionidae: *Curculio nucum*, Haselnussbohrer. 6–9 mm. (zur Strassen 1969)

men; erfolgreiche Fortpflanzung anscheinend nur an Hasel; das ♀ sticht V–VI mit dem Rüssel Jungnüsse an, schiebt ein Ei hinein; die Larve frisst im Innern der sich weiter entwickelnden, aber verfrüht abfallenden Nüsse; die Altlarve verlässt die Nuss, überwintert in einer Höhle im Boden (kann bis 3 Jahre überliegen, zusätzlich kann die Imago im Boden überwintern); hier im Frühling Verpuppung. Mit ähnlicher Lebensweise ***C. glandium*** Marsh., Eichelbohrer (4–7 mm), Larvenentwicklung jedoch in Eicheln (bisweilen in Haselnüssen); das ♀ stirbt im Frühling gleich nach der Eiablage. Fressplatz der Larven bei ***C. villosus*** F., Eichengallrüssler (4–5 mm): die durch die Gallwespe *Biorhiza pallida* Ol. (→Cynipidae 2) hervorgerufenen apfel- bis faustgroßen Knospengallen an Eichen; ab V lassen sich die Larven zu Boden fallen und fertigen im Boden ein Gehäuse, in dem sie überwintern und sich im Frühjahr verpuppen.

H3. *Archarius,* Gallenbohrer (1,7–2,8 mm); Larven von *A. pyrrhoceras* Marsh. in von der Gallwespe *Cynips quercusfolii* L. (→Cynipidae) verursachten Eichengallen, die Larven von 2 weiteren Arten an Weiden (*Salix*) in Gallen der Blattwespen-Gttg. *Euura* (→Tenthredinidae 13).

H4. *Cionus,* Blattschaber; heimisch 13 Arten; klein (3–5,7 mm), fast kugelig; mitten auf dem Rücken mit samtschwarzem Fleck; v. a. auf Braunwurz (*Scrophularia*), wenige Arten auf der verwandten Königskerze (*Verbascum*); Eiablage in die Fraßpflanze; die fußlosen Larven leben dann aber frei auf der Fraßpflanze; mit einer aus dem After ausgeschiedenen, wohl aus dem Mitteldarm stammenden Gallertmasse bedeckt, dadurch winzigen Nacktschnecken ähnlich; kriechen zur Verpuppung aufwärts in den Blüten- bzw. Fruchtstand; hier Verpuppung in an die Pflanze angeklebten Kokons aus erhärtender, bräunlich durchscheinender Gallertmasse (ebenfalls aus dem Mitteldarm); Eiablage-, Fraß- und Verpuppungsort (Blütenstände oder Blätter) je nach Art verschieden (so sind z. B. die bei *C. scrophulariae* L. an Blütenstängeln angehefteten Kokons den Samenkapseln der Braunwurz auffallend ähnlich); die Imago überwintert.

H5. *Orchestes* und verwandte Gattungen. (Gattungsgruppe Rhamphini), Springrüssler, mit 30 Arten in Dt; klein (1,5–4 mm) gedrungen, mit Sprungvermögen (Hinterschenkel verdickt); Larven minieren in Blättern von Laubgehölzen (*Pseudorchestes* in Flockenblumen)., z. B. **O. fagi** L. (= *Rhynchaenus f.*), Buchenspringrüssler (2–2,5 mm); Imagines III–IV; zunächst Fraß an früh austreibenden Pflanzen (*Crataegus*, Rosaceae) möglich; Anflug an Buchen gleich bei beginnendem Austreiben der Blätter (Finden der Buchen-Standorte wohl zunächst zufällig durch hohe Flugaktivität, im Nahbereich jedoch durch den Duft der austreibenden Blätter); frisst an verschiedenen Organen, v. a. an den Blättern [**C-218**]; bisweilen auch an anderen Laubbäumen); zur Eiablage (3–6 Tage nach dem Anflug; Larven aus später gelegten Eiern entwickeln sich wegen der höheren Sklerifizierung der Blätter wesentlich schlechter) nagt das ♀ die Mittelrippe auf der Blattunterseite an und schiebt 1 Ei hinein; die minierende Larve frisst zuerst in einem schmalen Gang, der sich dann zum Blattrand hin stark verbreitert [**C-219**]; Fresszeit etwa 3 Wochen; die Epidermis über der Mine wird braun; beachtlicher Schaden bei Massenauftreten; Verpuppung in einem Kokon in der Mine nahe dem Blattrand; Kokon aus einem Chitinfaden gesponnen, der in einem bei spinnenden Larven besonders differenzierten Mitteldarmabschnitt (Spinndarm) aus der peritrophischen Membran geformt wird; im folgenden Darmabschnitt Speicherung von bis zu 30 cm Faden; Puppenzeit etwa 14 Tage; Überwinterung als Imago im Waldboden oder unter Rinde. Mit ähnlicher Lebensweise **O. quercus** L. (= *Rhynchaenus qu.*), Eichenspringrüssler (2,5–3,5 mm), jedoch an bzw. in Eichenblättern.

I. Mecininae, Gallenrüssler und Verwandte; 33 Arten in Dt, oft zu den Curculioninae gestellt; kleine Käfer (1,6–5,5 mm) mit nur 5-gliedriger Antennengeißel (wie *Cionus* →H4); →monophag oder oligophag, v. a. in Plantaginaceae, aber auch in Glockenblumengewächsen (Campanulaceae), Königskerze (*Verbascum*) und Braunwurz (*Scrophularia*); Larven von vielen Arten in den Samenkapseln; einige im Stiel oder in der Wurzel (v. a. von Wegerich, Ehrenpreis, Leinkraut), hier z. T. gallenbildend; 2 Arten als

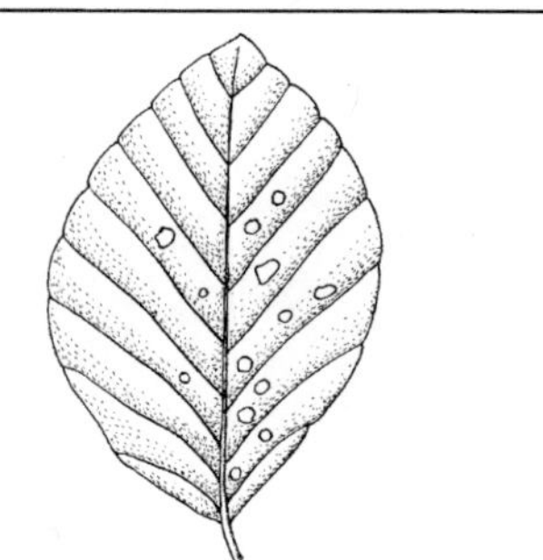

Abb. C-218: Curculionidae: *Orchestes fagi*, Buchenspringrüssler. Löcherfraß an Buchenblatt durch Imago. (Eidmann 1941)

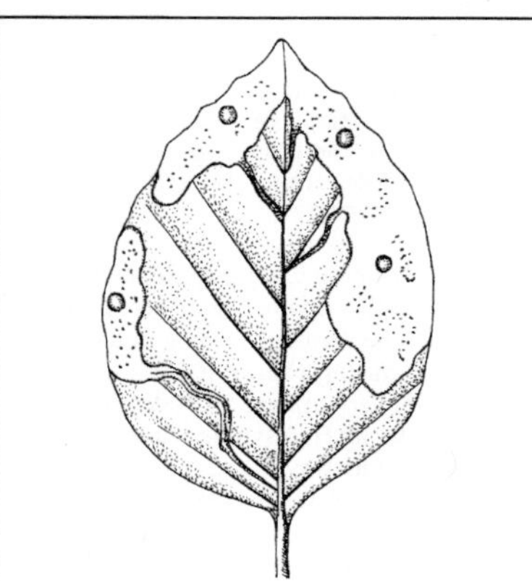

Abb. C-219: Curculionidae: *Orchestes fagi*, Buchenspringrüssler. 4 z. T. zusammenfließende Minen in Buchenblatt. (Hering 1957)

→Inquilinen in den Gallen verwandter Arten; Verpuppung am Fraßort; Überwinterung als Imago.

J. Lixinae; 57 Arten in Dt; 3–17 mm; schwarze Käfer mit hellerer, teils fleckiger Behaarung und schrägen Fühlerfurchen; i. d. R. →oligo- oder monophag; die Larven im Innern krautiger Pflanzen oder im Boden (manchmal gallenbildend) an Wurzeln; einige Arten an Kulturpflanzen schädlich; Verpuppung in der Fraßpflanze oder einer Erdhöhlung.

J1. *Asproparthenis punctiventris* Germ., Rübenderbrüssler (10–12 mm); grauweiß mit dunklen Abzeichen; der im Boden überwinternde Käfer

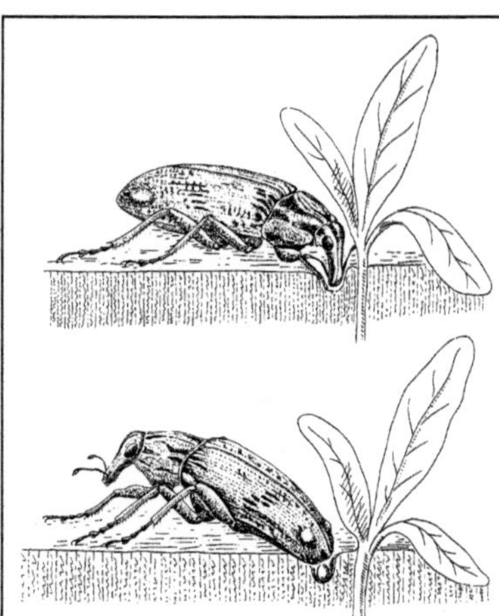

Abb. C-220: Curculionidae: *Asproparthenis punctiventris*, Rübenderbrüssler. 12 mm; ♀ bei Eiablage. Zuerst wird mit dem Rüssel nahe der Rübenpflanze ein Loch hergestellt, dann wird in dieses Loch ein Ei gelegt. (Eichler 1955)

befrisst im Frühling v. a. junge Rübenpflanzen, und zwar die Blätter vom Rande her; ab und zu sehr schädlich; Eiablage in den Boden, dicht neben die Nahrungspflanze [**C-220**]; Larven an den Wurzeln; Verpuppung im Boden (ca. 30 cm tief); Jungkäfer im Herbst, überwintern meist in der Puppenhöhle (bisweilen 2 Winter).

J2. *Larinus*, Distelrüssler; schwarz mit fleckiger gelber Behaarung, 10 heimischen Arten leben an Disteln und Flockenblumen; Larven entwickeln und verpuppen sich je nach Art im Blütenboden oder der Blütenkrone; Überwinterung als Imago in der Streu unterhalb der Fraßpflanze.

J3. *Lixus*, Stängelrüssler; in Dt 22 längliche Arten; →oligophag, v. a. an Dolden-, Kreuz- und Korbblütlern sowie Ampfer (*L. pulverulentus* Scop. →polyphag); die Larven leben im Stängel, bei einzelnen Arten in der Wurzel; Verpuppung im Fraßgang; Überwinterung als Imago in der Streu oder im Boden.

K. Mesoptilinae; in Dt 19 Arten der Gttg. *Magdalis*, Zweigrüssler; kleine (2,5–8 mm), meist schwarze, schlanke und unbehaarte Käfer; Larven →oligophag, unter Rinde und im Holz von dünnen Ästen (meiste Arten in absterbenden Zweigen); Überwinterung als Larve; Verpuppung im Frühjahr im Fraßgang.

L. Molytinae; 32 Arten in Dt; →Monophylie der Gruppe fraglich; Larven i. d. R. in oder an Wurzeln von Stauden und Laubgehölzen oder in Rinde und Kambium von Nadelbäumen.

L1. *Pissodes*; 8 Arten in M-Eur; →oligophag oder monophag, ausschließlich an Nadelbäumen; bemerkenswert die lange Lebensdauer der fast ständig fortpflanzungsfähigen Imagines; können 2- bis 3-mal überwintern; machen immer neue Bruten, sodass immer alle Stadien vorhanden sind; die Larven fressen unter der Rinde lebender Bäume, können dadurch sehr schädlich werden. Hauptsächlich an Kiefer *P. castaneus* Deg., Kiefernkulturrüssler (5–7 mm); befällt v. a. bis etwa 15 Jahre alte Bäume; Larvenfraßgänge unter der Rinde, hier auch die Puppenwiegen aus Nagespänen. Die Larven von *P. validirostris* Sahlb., Kiefernzapfenrüssler (5–6 mm), fressen in Kiefernzapfen, 1–3 Stück pro Zapfen. An kranken oder vorgeschädigten Fichten in naturnahen Beständen *P. harcyniae* Hrbst., Harzrüsselkäfer (nach einem früheren Massenauftreten im Harz); 5–6 mm; nach dem Überwintern bohrt der Käfer zum Fressen und zum Eierlegen tiefe Löcher in die Rinde v. a. des Gipfelbereichs, verursacht so Harzausfluss (sieht nach dem Eintrocknen weiß aus); gewundene Larvengänge in der Rinde, an ihrem Ende die Puppenwiege aus Nagespänen. *P. piceae* Ill., Weißtannenrüssler (7–10 mm); ausschließlich an etwas kränkelnden Weißtannen, bisweilen recht schädlich; Entwicklung wie bei den anderen Arten der Gttg.

L2. *Hylobius abietis* L., Großer brauner Rüsselkäfer (8–14 mm); die Käfer (meist überwinterte Jungkäfer) suchen im Frühling zu Fuß, seltener fliegend, Jungkulturen hauptsächlich von Kiefer, aber auch Fichte, auf; Lockstoffe sind in den Pflanzen vorhandene Stoffe (z. B. Linolensäure-Methylester, Monoterpenalkohole), auch Pheromone von Borkenkäfern; fressen bis in den Herbst trichterförmige, pockennarbenähnliche Löcher in die Rinde [**C-221**]; Begattung zuweilen auch unterirdisch; Eiablage im Frühling und Sommer v. a. an den horizontalen Wurzeln von Nadelholzstubben; meist mehrere Eier in einem Rüsselbohrloch, mit dem Rüssel wird nachgeschoben; Larvengänge unter der Rinde bis in die äußeren Splintschichten; Larvenfraß wirtschaftlich belanglos, Käferfraß u. U. sehr schädlich; i. d. R. 5 Larvenstadien; Überwinterung als Larve, Verpuppung im nächsten Sommer; in M-Eur meist 2-jährig, in nördlichen Bereichen bis zu 5-jährige Entwicklung.

L3. *Hylobius pinastri* Gyll., Kleiner brauner Rüsselkäfer (6–9 mm); mit ähnlicher Lebensweise wie 23, aber mit Fichte als primärer Nahrungspflanze.

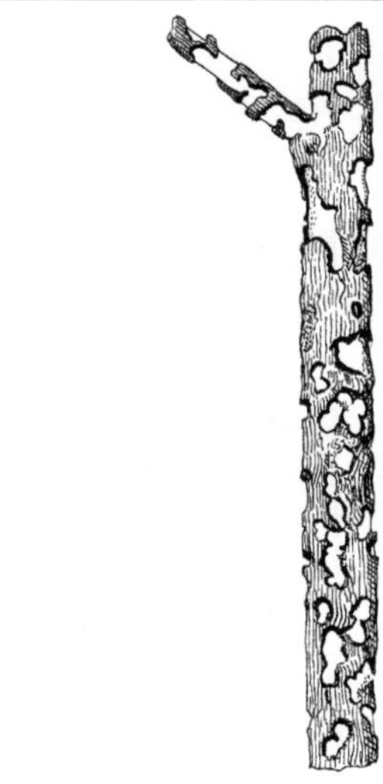

Abb. C-221: Curculionidae: *Hylobius abietis*, Großer brauner Rüsselkäfer. Fraß des Käfers an der Rinde eines Nadelholztriebes. (Schimitschek 1955)

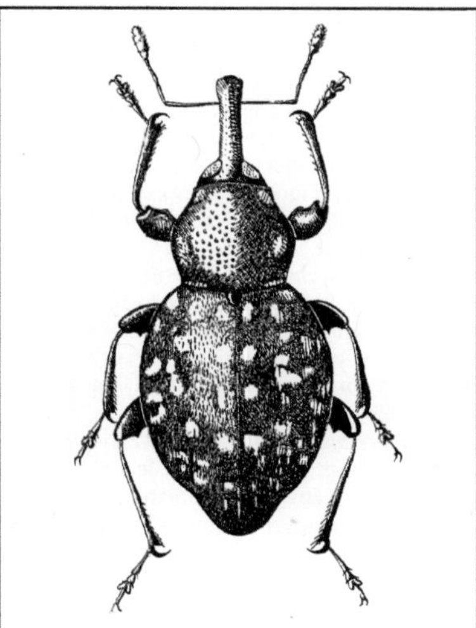

Abb. C-222: Curculionidae: *Liparus germanus*; 13–16 mm. (Bechyně 1954)

L4. *Liparus*, Dickrüssler; in Dt 4 Arten; mit den größten heimischen Rüsselkäfern; Larven in Wurzelstöcken: entweder in Doldenblütlern an sonnigen Säumen (*L. coronatus* Gze.; 9–13 mm) bzw. Trockenrasen (*L. dirus* Hbst.; 16–20 mm) oder in Pestwurz an kühleren Standorten in montanen Lagen wie *Liparus germanus* L. (12–16 mm; [**C-222**]); *Liparus glabrirostris* Küst. (14–19 mm) nicht selten an Bergbächen auf den großen Blättern z. B. von Huflattich und Pestwurz.

M. Cryptorhynchinae; 18 Arten in Dt; 1,5–10 mm; gedrungene, rundliche (vereinzelt ovale), beschuppte Rüssler mit oft höckerigen Flügeldecken; verbergen den Rüssel bei Störung in einer tiefen Rinne der Vorderbrust (ähnlich wie die Ceutorhynchinae, →⊆); meist →oligo- oder monophag; Larven der meisten heimischen Arten im Kambium abgestorbener Zweige (z. B. *Acalles*), *Cryptorhynchus lapathi* L. im Splint lebender Laubbäume (v. a. Salicaceae); Verpuppung am Fraßort; Überwintern als Imago.

N. Ceutorhynchinae; 168 Arten in Dt; kleine (1,5–6 mm), gedrungene Käfer; der bei vielen Arten (z. B. *Ceutorhynchus*) ziemlich lange Rüssel kann nach unten in eine Rinne der Vorderbrust eingeklappt werden, ist dann von oben nicht sichtbar; →oligo- oder monophag, bis auf wenige Arten an Kräutern (oft an Brassicaceae, Boraginaceae, Asteraceae); die Larven im Innern von Kräutern (Ausnahme s. P5), manchmal gallenbildend; manche Arten an Kulturpflanzen schädlich; Verpuppung bei den meisten Arten in der Erde.

N1. *Ceutorhynchus assimilis* Payk. (= *pleurostigma* Marsh.), Kohlgallenrüssler (2–3 mm); an Kohl, Raps und anderen Kreuzblütlern; Eiablage im Frühling einzeln an den Wurzelhals junger Pflanzen (Rüsselbohrloch, Ei mit Rüssel nachgeschoben); Entwicklung einer Galle von Erbsengröße, darin die Larve; mehrere Gallen an einer Pflanze; Verpuppung nach Auswandern der Larve in einem Kokon in der Erde; Überwinterung als Imago (aus England ist ein „kaltbrütender Stamm" bekannt: Eiablage im Herbst, die Larve überwintert).

N2. *Ceutorhynchus napi* Gyll., Großer Kohltriebrüssler, Großer Rapsstängelrüssler (2,3–2,8 mm); an den gleichen Pflanzen wie P1; Eiablage im Frühsommer, bei Kohl dicht unter dem Herz, bei Raps an den Triebspitzen; die Larven im Herzen des Kohles bzw. in den Rapsstängeln, verursachen Drehungen und Stauchungen, in denen sich eine Höhle bildet, in der die Larven meist zu mehreren leben; Verpuppung im Boden; die Imago überwintert, ohne vorher an der Wirtspflanze zu fressen.

N3. *Ceutorhynchus obstrictus* Marsh., Kohlschotenrüssler, Rapsschotenrüssler (2,2–3 mm); ähnliche Lebensweise wie die beiden vorigen Arten, jedoch Eiablage in die Schote (meist 1 Ei pro Schote); die Larven fressen die Samen; besonders an Raps schädlich, auch dadurch, dass die Kohlschotengallmücke (*Dasineura napi*, →Cecidomyiidae B12) die Einstichstelle des Käfers zur Eiablage benutzt.

N4. *Ceutorhynchus typhae* Hbst. (= *floralis* Payk.) (1,5–2,2 mm); Eier einzeln in die Schoten des Hirtentäschels (*Capsella bursa-pastoris*) abgelegt (seltener an anderen Kreuzblütlern), zusammen mit einem weitere Eiablage hemmenden Pheromon.

N5. *Eubrychius velutus* Beck (2,2–2,9 mm); dicht beschuppt; Imagines mit leben dauernd untergetaucht am Tausendblatt (*Myriophyllum*); ähnlich machen *Bagous*-Arten (→D) mit →Plastron; Eiablage in die Fraßpflanze; Larven fressen an Unterwasserblättchen; Verpuppung unter Wasser in einem an der Nahrungspflanze befestigten Kokon; Überwinterung als Imago in der Uferstreu; der verwandte ***Phytobius leucogaster*** Marsh. (= *Litodactylus l.*) nutzt hingegen als Imago und Larve eher die über das Wasser ragenden Teile des Tausendblatts; die Imago kann schwimmen und über das Wasser schreiten; nur die Verpuppung erfolgt unter Wasser in einem von der Larve in den Stängel genagten Loch, umgeben von einem zunächst luftgefüllten Kokon.

O. Cossoninae, Faulholzrüssler; 23 Arten in Dt; 2,5–6 mm; ähnlich den Borkenkäfern (→P) mit walzenförmigem Körper; teils mit kräftigem und vorne oft verbreitetem verbreitertem Rüssel (z. B. *Cossonus*), teils ähnlich den →Anthribidae nur mit einem vor den Augen verlängerten Kopf (z. B. *Rhyncolus*); Imagines und Larven in morschem Totholz, nicht selten →polyphag; einzelne Arten in Treibholz wie der weit an Meeresküsten verbreitete, flugunfähige *Pselactus spadix* Hbst.; Imagines vielfach das ganze Jahr auftretend.

P. Scolytinae, Borkenkäfer; früher als eigene Fam. **Scolytidae** (Ipidae) aufgefasst, weil ohne Rüssel; in Eur 236, M-Eur 147, Dt 116 Arten; meist klein (1–6, meist 3–4 mm; größte heimische Art: *Dendroctonus micans* Kug., 9 mm, →P14); Körper meist walzenförmig, seltener eirund oder halbkugelig [**C-223**]; mit gerade verlaufenden Flügeldecken, die zum Hinterende bogig abfallen oder (häufig) am Ende auffallend abgestutzt sind; Absturz oft muldenartig vertieft und bei den ♂♂ häufig gezähnt (dient im Rückwärtsgang als „Schaufelbagger" beim Heraus

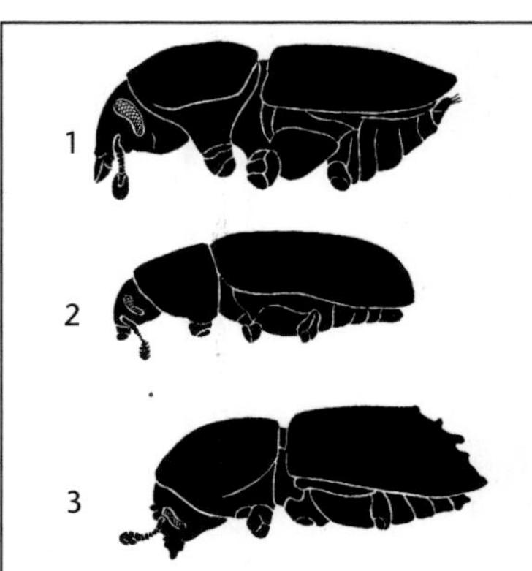

Abb. C-223: Curculionidae: Silhouetten von 1: *Scolytus scolytus*, 5 mm; 2: *Tomicus piniperda*, 3 mm; 3: *Ips typographus*, 4 mm. (Brauns 1991)

schaffen des Bohrmehls aus den Gängen [**C-224**]); blassgelb bis schwarz, oft nahezu unbehaart. Meist gute Flieger, die ♂♂ der Xyleborini flugunfähig (→P1, P8, P9); bei vielen Arten **Stridulation:** Kopfnicken bei manchen *Scolytus*-Arten (eine scharfe Kante streicht ventral an der Vorderbrust über Querriefen an der Kopfunterseite) und vielen *Ips*-Arten (eine dorsal an der Vorderbrust befindliche Kante streicht über Querriefen des Scheitels), Längspumpen des Hinterleibs bei einer Reihe anderer Arten (Rauigkeiten oder Dornen auf den letzten Rückenschildern gleiten über feine Querriefen auf der Unterseite der Flügeldecken, meist nur bei ♂♂ oder nur bei ♀♀); Zirplaute situationsbedingt unterschiedlich; geäußert in Stresssituationen (zur Abwehr, zur Auslösung der Abgabe von Ablenkpheromon beim Sozialpartner), bei der Balz, bei Rivalenkämpfen und zur Regulation der Besiedlungsdichte in der Wirtspflanze. Imagines und Larven mit ausschließlich vegetarischer **Ernährung**; manche Arten in krautigen Pflanzen (→P20), die meisten in Laub- und Nadelbäumen; nur wenige Arten streng →monophag, öfter →oligophag (befallen verschiedene Arten derselben Pflanzenfamilie); →polyphage Arten fressen entweder in verschiedensten Laub- oder in verschiedensten Nadelbaum-Arten; nur wenige extrem polyphage Arten können sowohl Laub- als auch Nadelholz nutzen; der bevorzugte physiologische Zustand (gesund, kränkelnd, tot) der Wirtspflanze sowie der befallene Bereich (Stammteile mit dicker oder dünner Rinde, Äste, Zweige, Wurzeln) oft artspezifisch verschieden; gewöhn

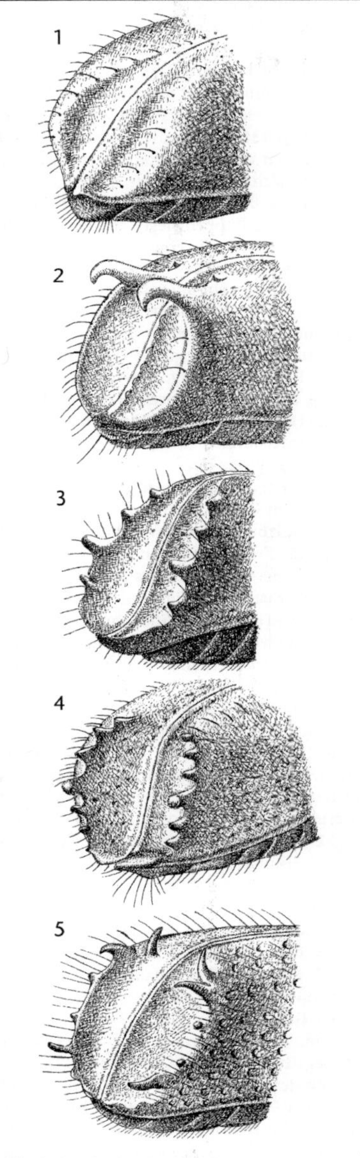

Abb. C-224: Curculionidae: Flügelabstürze. 1: *Pityophthorus exsculptus*; 2: *Pityogenes bidentatus*; 3: *Ips typographus*; 4: *Ips sexdentatus*; 5: *Pityokteines curvidens*. (Escherich 1914–42)

lich in kränkelnden Bäumen oder in totem Holz, nur bei wenigen Arten ausnahmsweise oder regelmäßig Befall von gesunden oder nur wenig geschwächten Bäumen (z. B. nach Massenvermehrung durch den Buchdrucker, *Ips typographus* L. →P15, regelmäßig z. B. durch den Kleinen Waldgärtner, *Tomicus minor* Htg. →P11); Fraßgänge im Inneren der Pflanzen fast ausschließlich vom ♀ und den Larven angelegt (♂♂ helfen beim Entfernen des Bohrmehls), Fraßbild artspezifisch verschieden. **Nahrung** der meisten Rindenbrüter phloeophag: Zellinhalte der Rindengewebe und des äußeren Splintholzes (verschiedene Zucker, Stärke, Hemizellulose; Lignin und Zellulose werden nicht verdaut), gelegentlich ergänzt um Pilzfäden (deren Steroide erhöhen den Fortpflanzungserfolg); einige Rinden- und alle Holzbrüter xylo-mykophag: fressen in der Gangwand rasenartig sprossende, mit ihren Hyphen in das Holz eindringende Schlauchpilze (aus den Fam. Ophiostomataceae, Ceratocystidaceae; →Ambrosia), die zudem für die Entwicklung wichtige Steroide liefern; Infektion des Holzes mit den weitgehend art- bzw. gattungsspezifischen Pilzen durch Mycel oder Sporen, die (meist nur bei den ♀♀) in →Mycetangien an verschiedensten Körperstellen transportiert werden (bei *Xyleborus monographus* F. z. B. in den Mandibeln, bei *Ips acuminatus* Gyll. im vorderen Teil der Mundhöhle, bei *Anisandrus dispar* F. als Einsenkung der Intersegmentalhaut dorsal zwischen Vorder- und Mittelbrust); Sekrete von Hautdrüsen schützen und konservieren die Keime, bis sie zur Infektion gebraucht werden; eine Reihe von Arten mit symbiotischen Mikroorganismen, teils in Mitteldarmzellen, teils in dem Darm aufliegenden Zellgruppen, ferner in den Endkammern der Eiröhren. Bei der **Besiedlung** geeigneter Wirtsbäume spielen optische Signale eine Rolle (die Stammsilhouetten wirken beim Anflug lockend); wichtiger jedoch sind chemische Signale: 1) baumeigene Lockstoffe; bei Koniferen v. a. im Harz enthaltene leichtflüchtige Bestandteile des Terpentinöls (z. B. α-Pinen, Camphen, Limonen u. a.), bei der Ulme Vanillin (lockt den Kleinen Ulmensplintkäfer, *Scolytus multistriatus* Marsh.), bei der Esche Fraxinidin (lockt den Bunten Eschenbastkäfer, *Hylesinus varius* F., →P6), bei der Buche Ethylalkohol (lockt den Buchennutzholzborkenkäfer, *Trypodendron domesticum* L., →P3); diese von den Bäumen ausgehende primäre Lockwirkung wird von den Käfern durch das Verletzen von Leitungsbahnen bzw. Harzgängen laufend erhöht; 2) Populationspheromone, die von den bereits im Wirtsbaum fressenden Käfern mit dem Kot dem Fraßmehl beigemischt werden; wirken auf ♂♂ und ♀♀ gleichermaßen attraktiv (funktionieren daher auch als Sexuallockstoffe; daneben gibt es spezielle Sexualpheromone, die beim Paarungsverhalten die Attraktivität des einen oder anderen Partners erhöhen); bei monogamen Arten (♀♀ bohren sich vor den ♂♂ in die Rinde ein) von den ♀♀ produziert, bei den polygamen Arten von den (zuerst anfliegenden und die Rammelkammer anlegenden) ♂♂; meist ein Bukett aus leicht flüchtigen, niedermolekularen Verbindungen (max. 10 C-Atome); bei Nadelholzbrütern gebildet durch Oxidation von Harzinhaltsstoffen (häufig bizyklische Ketale oder Alkohole und deren Ketone); vermutlich werden sie meist mit dem abgenagten Holz aufgenommen und nach dem Umbau (im Fettkörper?) über die Malpighi-Gefäße dem Darm zugeführt (beim Buchdrucker, *Ips typographus* L., gelangt α-Pinen mit den Harzdämpfen über das Tracheensystem in den Körper, wird zu *cis*-Verbenol oxidiert und über die Malpighi-Gefäße in den Darm geleitet); diese sekundäre Anlockung führt zu raschem, oft massenhaftem Befall geeigneter Brutbäume; pheromonale Lockstoffe einer Art wirken (als →Allomone) nicht selten anflughemmend auf konkurrierende Borkenkäferarten, auf spezifische →Prädatoren (als →Kairomone) jedoch attraktiv; **Hemmung des weiteren Anflugs** von Artgenossen nach optimaler Besiedlung eines Wirtsbaumes durch Einstellung der Abgabe der Populationspheromone, durch bestimmte akustische Signale oder durch Ausscheiden von Ablenkstoffen; Letztere nicht selten aus den Populationspheromonen entstanden durch Abänderung der Konzentration eines Bukett-Bestandteils (z. B. wirkt α-Pinen auf *Hylastes ater* Payk. in geringen Dosen anlockend, in hohen abstoßend), manchmal pflanzenbürtig (Ethanol hemmt den Buchdrucker-Anflug; entsteht in Fichtenstämmen, die nicht mehr für das Brüten geeignet sind). Nach der **Wohnstätte** in Holzgewächsen 2 Haupttypen: **I) Rindenbrüter:** Fraßgänge unter der Rinde im Bast oder Splint; die Imagines überwintern, im Frühling Anflug an den Fraßbaum; weiterer Verlauf verschieden: a) **Monogame Arten** (1 ♂ und 1 ♀ zusammen; →P2, P5–7, P10–11, P14, P18): Begattung meist schon auf der Rinde (je nach Art einmal- oder mehrere Male; bisweilen Kämpfe der ♂♂ um ein ♀); das ♀ nagt (fast stets schräg aufwärts, Nagsel fällt leicht heraus) einen Gang durch die Rinde, anschließend (ohne Beteiligung des ♂) den „Muttergang"; in diesem Eiablage, teils lose in Gruppen oder einzeln, teils in ausgenagten Einischen [**C-238**] für je 1 Ei, mit Bohrmehl oder einem Häutchen aus sekretartigem Stoff verschlossen. b) **Polygame Arten** (1 ♂ und mehrere ♀♀ zusammen; →P4, P12–13, P15–17, P19): das ♂ nagt einen kurzen Gang, anschließend die „Rammelkammer"; hier Begattung und von hier ausgehend so viele Muttergänge, wie ♀♀ vorhanden sind [**C-236**]; die Fraßgänge der fußlosen Larven gehen von den Muttergängen aus, überschneiden sich i. d. R. niemals, verbreitern sich allmählich (z. B. [**C-231**]); an ihrem Ende Verpuppung in einer Puppenwiege, aus der sich die Jungkäfer durch Nagen eines Ausflugloches entfernen; zuweilen (z. B. bei *Dendroctonus micans* Kug., →P14) gemeinsamer Larvenfraß in einer größeren Höhle; Fraßbilder (Muttergang bzw. -gänge und Larvengänge) artspezifisch verschieden; Haupttypen: Längsgänge (in Stammlängsachse), 1- oder 2-armig; Quergänge, 1- oder 2-armig; Sterngänge (mehrere Gänge mehr oder weniger radial von einer kleinen Höhle, z. B. von der Rammelkammer weg); Platzgänge (mehr oder weniger große Höhle) mit oder ohne davon ausgehende eigene Larvengänge; Imagines recht langlebig, ein ♀ kann mehrere Bruten durchführen. **II) Holzbrüter (Ambrosiakäfer; →P1, P3, P8, P9):** die Fraßgänge gehen bis in oberflächliche oder tiefere Schichten des Holzes; wenn die Larven überhaupt Fraßgänge anlegen, sind sie im Gegensatz zu denen der Rindenbrüter nur kurz; hierher nur verhältnismäßig wenige Arten; je nach Larvenfraßverhalten 2 Gruppen: a) kein eigener Gangfraß der Larven, Gangsystem bis ins Holz stammt ausschließlich vom ♀ (z. B. *Anisandrus dispar* F., →P8; *Xyleborus*-Arten [**C-225**]); b) die Larven fressen von den Einischen aus kurze leitersprossenartige Gänge, Verpuppung in ihnen mit Kopf zum Muttergang (*Trypodendron lineatum* Oliv. [**S-40**]); oder die Larven (und Jungkäfer) fressen gemeinsam einen größeren Platz aus (Familiengang; z. B. bei *Xyleborus saxeseni* Ratz., →P9); die ♀♀ stellen den Muttergang her und halten ihn sauber, pflegen außerdem den in die Gangwand ausgesäten, zur Ernährung der Larven dienenden Pilzrasen (Gangwand durch den Pilz oft geschwärzt, „Bläuepilze") und jäten nicht „nutzbare" Pilze aus; die Jungkäfer verlassen den Bau durch das primäre Einbohrloch; bei Arten mit flugunfähigen ♂♂ (z. B. *Xyleborus*-Arten) Begattung schon im Geburtsbau (unter den Geschwistern) oder in Nachbarbauten; die abfliegenden ♀♀ stellen allein einen Neubau her oder beteiligen sich an der Vergrößerung des Mutterbaus, wodurch große, mehrjährige Gangsysteme entstehen. Weitere Fraßspuren bei Borkenkäfern durch Reifungsfraß der Jungkäfer (zur Entwicklung der Keimdrüsen), durch Regenerationsfraß des Altkäfers (z. B. vor Anlegen eines weiteren Mutterganges) oder zuweilen durch Überwinterungsfraß der Jungkäfer nach Verlassen des Mutterbaues im Herbst; manche sehr kleine Arten beginnen ihren Brutbau von den Gängen größerer Arten aus. Manche Arten mit 1, andere mit 2 **Generationen** im Jahr; Generationenzahl manchmal bei der gleichen Art regional verschieden (in Hochlagen und im Norden immer nur 1, in wärmeren Gebieten mehrere Generationen); die Entwicklung der Generationen überschneidet sich zuweilen so, dass in großen Teilen der Brutzeit verschiedenste Stadien vorhanden sind. Einige Arten sind bei Massenvermehrung in Wald und Garten außerordentlich schädlich (insbesondere →P13–19); natürliche **Feinde** sind eine Reihe von →Prädatoren: außer Spechten viele Insekten, z. B. →Staphylinidae, →Histeridae, →Nitidulidae, →Raphidioptera, →Cleridae; →Dolichopodidae (*Medetera*); →Trogossitidae (*Nemosoma*); ferner Parasitoide: →Chalcididae, →Ichneumonidae (z. B. *Dolichomitus terebrans* Ratz., bei *Dendroctonus micans* Kug.). Ausgewählte Arten, nach ihren Fraßpflanzen gruppiert:

a) nur an Laubholz:

P1. *Xyleborus monographus* F., Eichenholzbohrer, Kleiner schwarzer Wurm (2–3 mm); v. a. an Eiche, daneben an Buche, Ulme, Kastanie u. a.; ♂ flugunfähig; pilzzüchtender Holzbrüter, v. a. an frisch geschlagenem Holz; ♀-Gang [**C-225**] unterschiedlich weit, manchmal bis tief ins Holz, spalierbaumartig verzweigt; Eiablage in Haufen in den Seitengängen; die Larven fressen dort ausschließlich den Pilzbelag; Übertragung des Pilzes in Mandibulartaschen des ♀; 2 Generationen pro Jahr; Flugzeiten III–IV und VI–VII.

P2. *Scolytus intricatus* Ratz., Eichensplintkäfer (3–3,5 mm); außer an Eiche an verschiedenen anderen Laubhölzern; monogamer Rindenbrüter; Muttergang 1-einarmiger Quergang, schneidet in Splint ein, bis 3 cm lang; Larvengänge bis 15 cm [**C-227**]; Reifungs- und Regenerationsfraß der Imagines an der Basis junger Triebe führt zum Abfallen der Zweige [**C-228**]; 1, manchmal auch 2 Generationen pro Jahr.

P3. *Trypodendron domesticum* L. (= *Xyloterus d.*), Buchennutzholzborkenkäfer, Laubnutzholzborkenkäfer (3–3,5 mm); außer an Buche an verschiedenen anderen Laubbäumen; monogamer pilzzüchtender Holzbrüter; Übertragung des Pilzes in prothorakalen Taschen („Öldrüsen") des ♀; Muttergang bis tief ins Holz, verzweigt [**C-226**]; das ♂ hilft beim Sauberhalten; Eier in Einischen abgelegt; die Larven fressen kurze Leitersprossen; in ihnen Verpuppung,

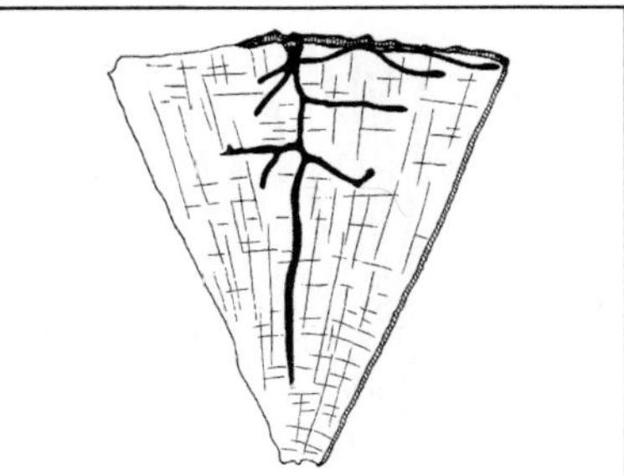

Abb. C-225: Curculionidae: *Xyleborus monographus*, Eichenholzbohrer. Fraßgang. (Schimitschek 1955)

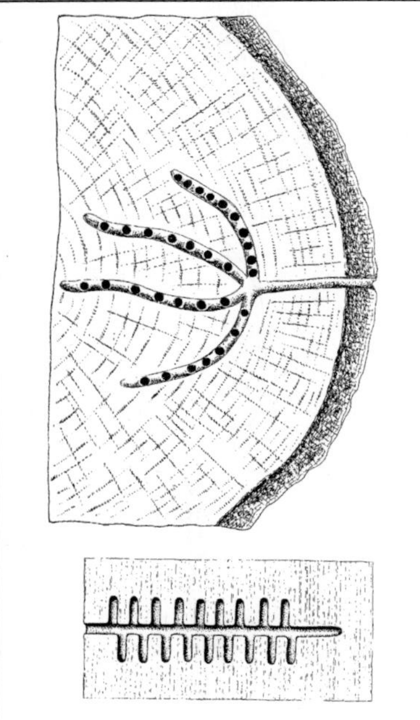

Abb. C-226: Curculionidae: *Trypodendron domesticum*, Buchennutzholzborkenkäfer. Fraßgang; schwarz: die Eingänge in die Leitersprossen der Larven; unten: Längsschnitt durch Fraßgang mit Leitersprossen. (Escherich 1914–42, verändert)

dabei Verschluss gegen den Muttergang durch Spänchen und Kot; 1 Generation; Flugzeit ab III.

P4. *Taphrorychus bicolor* Hrbst., Buchenborkenkäfer (1,6–2,5 mm); an Buche und Hainbuche, seltener an Birke u. a. Laubhölzern; polyga-

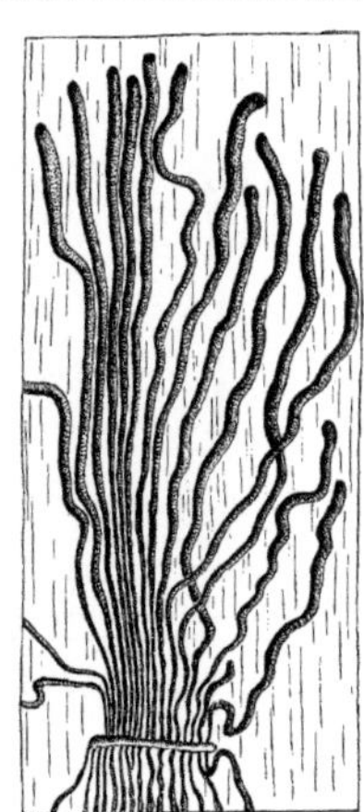

Abb. C-227: Curculionidae: *Scolytus intricatus*, Eichensplintkäfer. Teil des Brutfraßbildes an Eiche; Länge des Holzstückes 11,5 cm. (Brauns 1991)

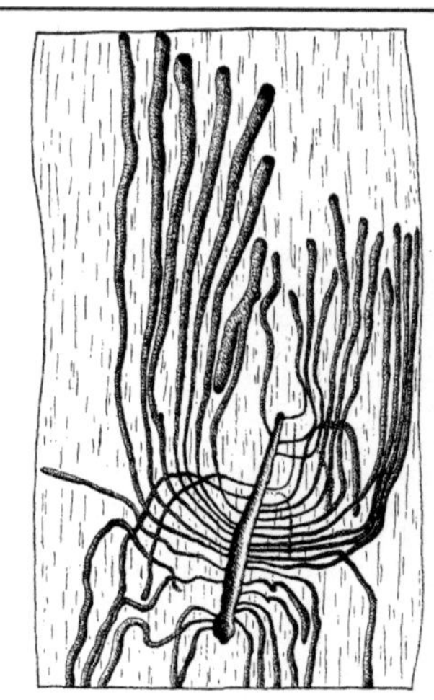

Abb. C-229: Curculionidae: *Scolytus mali*, Großer Obstbaumsplintkäfer. Brutfraß. (Escherich 1914–42)

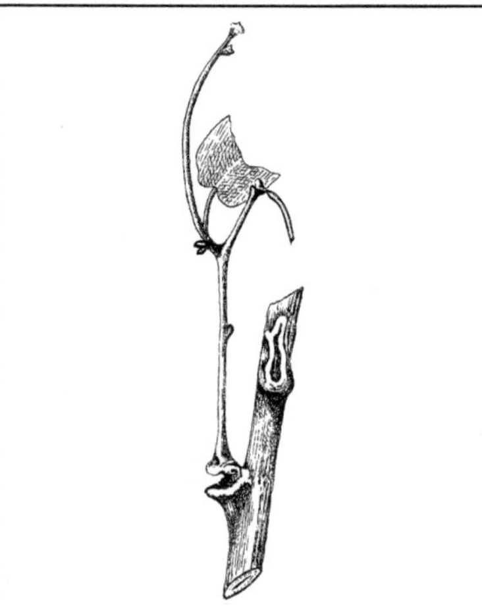

Abb. C-228: Curculionidae: *Scolytus intricatus*, Eichensplintkäfer. Reifungsfraß an Eichentrieb. (Escherich 1914–42)

mer Rindenbrüter; Fraßbild mit undeutlicher Rammelkammer, Muttergänge unregelmäßig sternförmig, oft geweihartig geschlängelt und verzweigt; Larvengänge netzartig; aufgrund der zunehmenden Schwächung der Buchen immer bedeutenderer Schädling.

P5. *Scolytus mali* Bechst., Großer Obstbaumsplintkäfer (3–4 mm); an Obst- und anderen Laubbäumen; monogamer Rindenbrüter; Muttergang einarmiger 1-armiger Längsgang (bis 12 cm; [**C-229**]), beginnt mit Erweiterung; Reifungsfraß der Käfer in den Achseln von Blättern und Zweigen; 2 Generationen.

P6. *Hylesinus varius* F. (= *Leperisinus fraxini* Pz.), Kleiner bunter Eschenbastkäfer (3 mm); oben scheckig beschuppt; monogamer Rindenbrüter an Stamm und Ästen von Esche und anderen Laubbäumen; Muttergang 2-armiger Quergang, oft bis ins Holz; Reifungs-, Regenerations- und Überwinterungsfraß der Käfer in minenartigen Gängen an grüner Rinde, die dann grindig wird [**C-230**] („Eschenrosen"); 1 Generation.

P7. *Scolytus scolytus* F., Großer Ulmensplintkäfer (4–6 mm); v. a. an Ulmen; monogamer Rindenbrüter; Muttergang 1-armiger, bis 3 cm langer Längsgang [**C-231**]; wichtig als Verbreiter des durch den Pilz *Ophiostoma ulmi* bedingten Ulmensterbens; Pilzsporen außen am Körper des Käfers und im Kot.

b) an Laub- und Nadelholz:

P8. *Anisandrus dispar* F. (= *Xyleborus d.*), Ungleicher Holzbohrer [**C-232**]; ♂ 2 mm, flach, flugunfähig; ♀ 3–3,5 mm; mehr an verschiedensten Laub- als an Nadelbäumen; pilzzüchtender Holzbohrer; Übertragung des Pilzes durch das

Abb. C-230: Curculionidae: *Hylesinus varius*, Kleiner bunter Eschenbastkäfer. „Eschenrose" durch Ernährungsfraß des Käfers; Holzstück ca. 6 cm lang. (Brauns 1991)

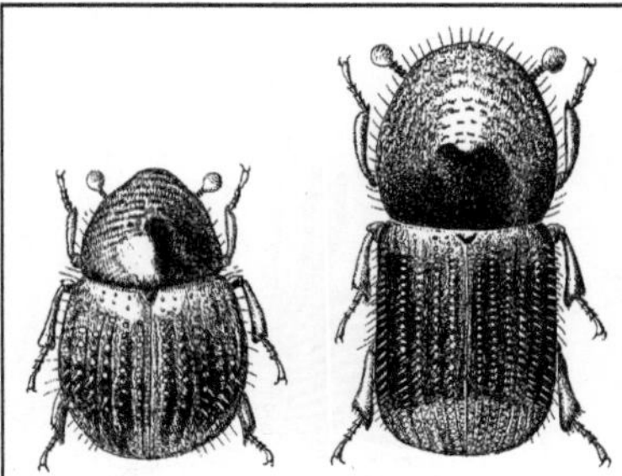

Abb. C-232: Curculionidae: *Anisandrus dispar*, Ungleicher Holzbohrer. Links ♂, ca. 2 mm; rechts ♀, ca. 3 mm. (Brauns 1991)

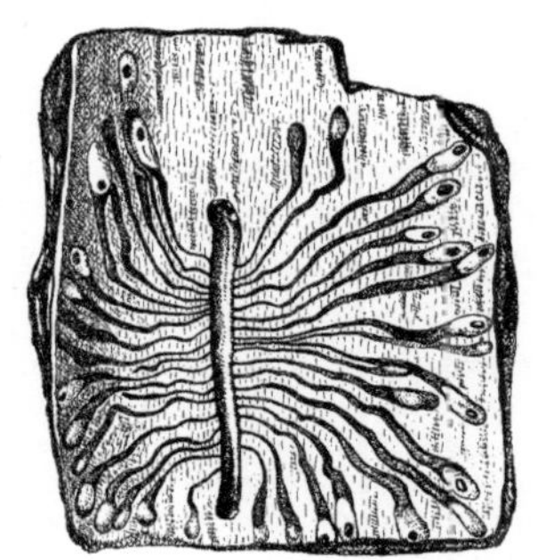

Abb. C-231: Curculionidae: *Scolytus scolytus*, Großer Ulmensplintkäfer. Fraßbild in Ulmenrinde, Innenseite. (Amann 1960)

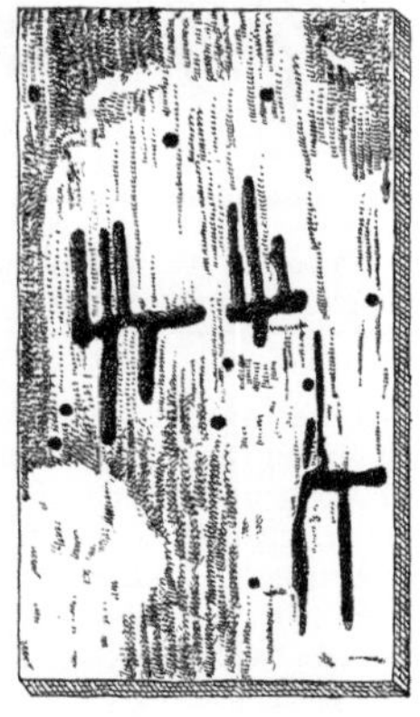

Abb. C-233: Curculionidae: *Anisandrus dispar*, Ungleicher Holzbohrer. Gabelgänge. (Schimitschek 1955)

♀ in intersegmentalen Taschen dorsal zwischen Pro- und Metathorax; ♀ bohrt bis 6 cm lange Eingangsröhre und von dieser ausgehend, ungefähr den Jahrringen folgend Brutröhren 1. Ordnung; von diesen zweigen in unregelmäßiger Anordnung parallel zur Stammachse nach oben und unten sekundäre Brutröhren ab [C-233]; Eiablage in Häufchen; Larven fressen keine eigenen Gänge; Begattung am Entwicklungsort; 1 Generation; in Obstgärten oft schädlich.

P9. *Xyleborus saxeseni* Ratz., Kleiner Holzbohrer, Saxesens Holzbohrer; ♂ 1,5–1,8 mm, flugunfähig; ♀ 2–2,4 mm; außerordentlich polyphag, über 80 Wirtspflanzen bekannt; pilzzüchtender Holzbrüter; Übertragung der Pilze durch das ♀ in einer von Drüsenhaaren umstellten und

Sekret enthaltenden Grube am Vorderrand der Flügeldecken; Muttergang bis ins Holz; wird von Larven und Jungkäfern zu flachen, in Holzfaserrichtung stehenden umfangreichen Plätzen erweitert; dort auch Begattung der ♀♀ durch die weit weniger zahlreichen ♂♂; Larven und v. a. Jungkäfer helfen beim Sauberhalten der Höhle; nicht selten Verschmelzen benachbarter Familienplätze zu sehr volkreichen Gemeinschaften (bis über 2300 Tiere); vermutlich nur 1 Generation im Jahr; in M-Eur bisweilen schädlich (nur) in Obstgärten, in SO-Eur auch in Laubwäldern.

c.) nur an Nadelholz:

P10. *Tomicus piniperda* L. (= *Blastophagus p.*), Großer (Gefurchter) Waldgärtner (3,5–4,8 mm); fast nur an Kiefern (am Stamm), selten an

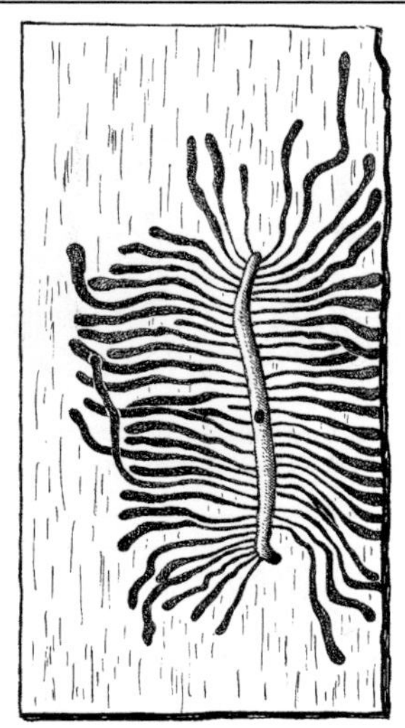

Abb. C-234: Curculionidae: *Tomicus piniperda*, Großer Waldgärtner. Kiefernrinde, Innenseite; Brutbild

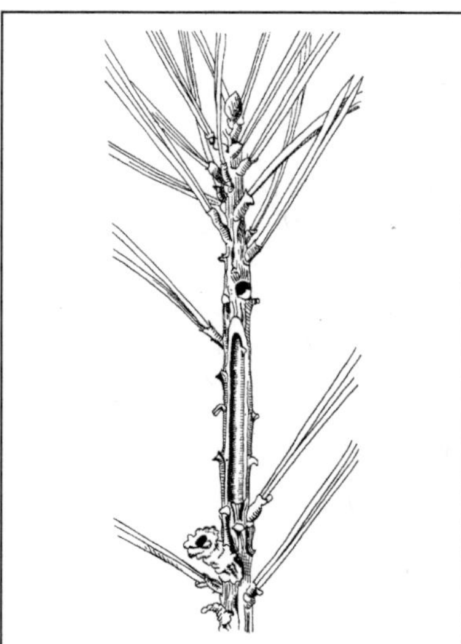

Abb. C-235: Curculionidae: *Tomicus piniperda*, Großer Waldgärtner. Käfer, Reifungsfraß in Kiefernmaitrieb. (Schimitschek 1955)

Fichte und Lärche; monogamer Rindenbrüter; Einbohrloch oft mit Harztrichter; Muttergang einarmiger 1-armiger Längsgang, mit 2–3 Luftlöchern, bis 16 cm [**C-234**]; bei Befall liegender Stämme oft Anfangsteil krückstockartig nach unten gebogen (leichterer Abfluss von Bohrmehl); bei starkem Befall entwickelt sich nur ein Teil der Brut (Nahrungsmangel?); Reifungsfraß der Jungkäfer im Inneren 1-jähriger Triebe, die dürr werden und im Herbst abfallen (Hauptschaden; deutscher Name! [**C-235**]); Überwinterung unten am Stamm in kurzen, dafür hergestellten Fraßgängen; 1 Generation.

P11. *Tomicus minor* Htg. (= *Blastophagus m.*), Kleiner (Rotbrauner) Waldgärtner (3,5–4 mm); Lebensweise ähnlich 10, jedoch Muttergang als 2-armiger Quergang höher am Stamm in Bereichen mit dünner Rinde; reiches Wachstum von holzverfärbenden Bläuepilzen im Brutsystem.

P12. *Ips sexdentatus* Boern., Großer (Zwölfzähniger) Kiefernborkenkäfer (5,5–8 mm); jederseits 6 Zähne am Flügelabsturz [**C-224**]; in Europa fast nur an Kiefer (am unteren Stammteil); polygamer Rindenbrüter; von der Rammelkammer aus je nach Zahl der ♀♀ 2–4 sehr lange Mutterlängsgänge, v. a. nach oben und unten [**C-236**], mit Luftlöchern; Larvengänge (bis 9 cm) zweigen rechtwinkelig von den Muttergängen

ab, am Ende mit napfförmiger Puppenwiege; Reifungsfraß der Jungkäfer von der Puppenwiege, Regenerationsfraß der Altkäfer von den Muttergängen aus; Überwinterung unter der Rinde, bisweilen als Larve; in M-Eur meist 2, im Mittelmeergebiet 4–5 Generationen.

P13. *Pityogenes bidentatus* Hbst., Hakenzähniger (Zweizähniger) Kiefernborkenkäfer (2–2,8 mm); Flügeldeckenabsturz oben mit 2 großen hakenförmigen Zähnen [**C-224**]; hauptsächlich an Kiefern (besonders an *Pinus silvestris*), seltener an anderen Nadelbäumen; in dünner Rinde von Ästen und Stämmen kränkelnder Bäume; polygamer Rindenbrüter; von der Rammelkammer aus 3–7 sternförmig abgehende Muttergänge, von ihnen bzw. von den Puppenwiegen aus Regenerations- bzw. Reifungsfraß der Käfer; meist 2 Generationen; Überwinterung als Larve, Puppe oder Imago möglich; u. U. sehr schädlich.

P14. *Dendroctonus micans* Kug., Riesenbastkäfer (5,5–9 mm); größter europäischer Borkenkäfer; auf Fichte am unteren Stammende (seltener auf Tanne oder Kiefer); monogamer Rindenbrüter; Muttergang unregelmäßig röhrenförmig oder flächig, ohne Bohrmehl, oft mit Luftlöchern; am Einbohrloch mit großem Harztrichter; Eiablage

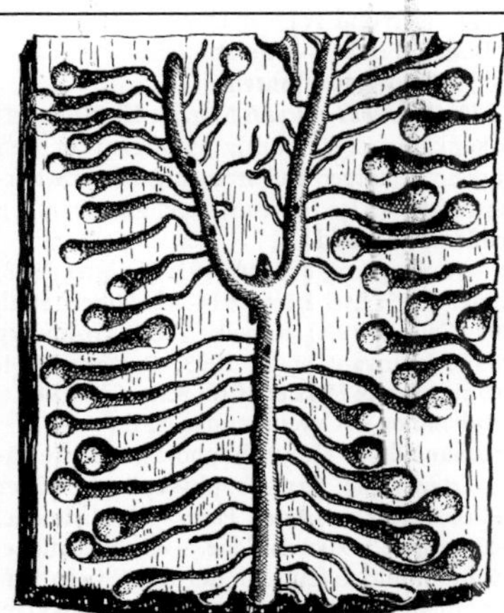

Abb. C-236: Curculionidae: *Ips sexdentatus*, Großer Kiefernborkenkäfer. Brutfraßbild: Hochzeitskammer (in der Mitte), Larvengänge und schüsselförmige Puppenlager. (Brauns 1991)

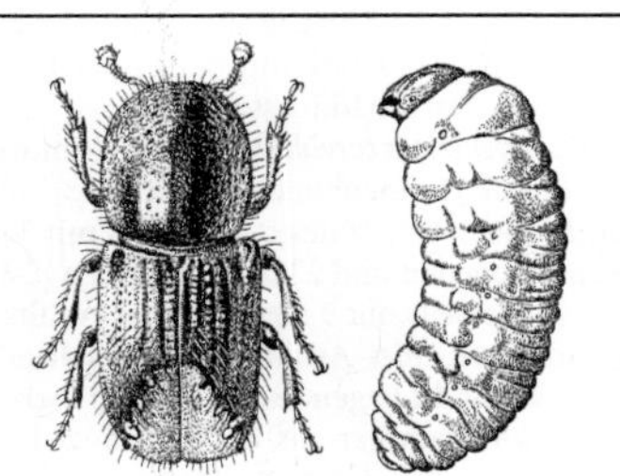

Abb. C-237: Curculionidae: *Ips typographus*, Buchdrucker. Links: Imago; rechts: Larve; beide ca. 4 mm. (Brauns 1991)

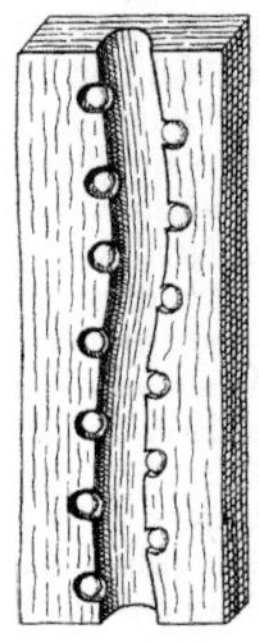

Abb. C-238: Curculionidae: *Pityogenes chalcographus*, Kupferstecher. Muttergang mit Einischen. (Eidmann 1941)

häufchenweise in Bohrmehl; die Larven fressen gemeinsam in Front nebeneinander unregelmäßig gestaltete Familienplatzgänge aus; manchmal verschmelzen die Gänge benachbarter, auch verschieden alter Familien; wegen langer Eierlegeperiode können alle Stadien nebeneinander vorkommen; Verpuppung einzeln im Bohrmehl; meist 1 Generation pro Jahr, Entwicklung in Höhenlagen 2-jährig; Überwinterung in verschiedenen Stadien möglich; sehr schädlich, greift auch gesunde Bäume an.

P15. *Ips typographus* L., Buchdrucker, Großer (Achtzähniger) Borkenkäfer [**C-237**]; einer der schädlichsten Borkenkäfer, bei Massenbefall mehrere Hundert Brutplätze pro Quadratmeter Rinde; geht v. a. an kränkelnde, bei starker Vermehrung auch an gesunde Bäume höheren Alters; vermag große Waldflächen zu zerstören; 4–5,5 mm; jederseits am Flügeldeckenabsturz 4 Zähnchen [**C-224**]. Hauptsächlich an Fichte (und anderen *Picea*-Arten), am Stamm. Polygamer Rindenbrüter, meist 1–3 ♀♀; jedes gräbt einen mit 2–4 Luftlöchern versehenen, oft bis 15 cm langen Muttergang; die große Rammelkammer in der Rinde; jedes ♀ legt 30–60 Eier in Einischen ab, dazu mehrmalige Begattung nötig; das ♂ hilft beim Herausschaffen des Bohrmehls mit dem Flügelabsturz; Regenerationsfraß des ♀ durch Verlängerung oder Erweiterung des Mutterganges, hier keine Eier. Larvengänge

5–7 cm lang. Reifungsfraß der Jungkäfer von der Puppenwiege aus, ihre Fraßgänge hirschgeweihförmig; Überwinterung als Jungkäfer (vielleicht gelegentlich auch als Puppen oder Larven) im Fraßbaum, in Stubben oder im Boden; Frühlingsanflug der Brutbäume nach Reifungsfraß Mitte IV–V und nochmals VI–VII; Entwicklungsdauer bis zum Jungkäfer 2 Monate und mehr; das gleiche ♀ kann eine 2. Brut beginnen; i. d. R. 2, selten 3 Generationen.

P16. *Pityogenes chalcographus* L., Kupferstecher, Sechszähniger Fichtenborkenkäfer (1,8–2 mm); Flügeldeckenabsturz jederseits mit 3 Zähnen; an Fichte, weniger häufig an Kiefern; v. a. im oberen Stammbereich und in Zweigen und Ästen; oft am gleichen Baum wie der Buchdrucker (→P15); polygamer Rindenbrüter; von der Rammelkammer aus 3–6 Muttergänge, mehr oder weniger sternförmig; Einischen [**C-238**] manchmal unregelmäßig in der Anordnung; Larvengänge kurz bis lang; Überwinterung als Jungkäfer, auch als Larven; meist 2 Generationen; nimmt an Bedeutung als Schädling immer mehr zu, gehört heute mit dem Buchdrucker (→P15) zu den schädlichsten Arten.

P17. *Pityokteines curvidens* Germ., Krummzähniger (Weiß-)Tannenborkenkäfer (2,7–3,3 mm); Flügeldeckenabsturz des ♂ jederseits mit 3 größeren gebogenen und 2 kleinen Zähnen [**C-224**]; beim ♀ jederseits nur 3 Kegel; v. a. an Weißtanne und anderen *Abies*-Arten; polygamer Rindenbrüter; Fraßbild liegendes H: 2 ♀♀ graben von der Rammelkammer aus nach oben und nach unten je einen T-förmig sich verzweigenden Muttergang; Reifungsfraß in der Umgebung der Puppenwiege oder an frischen Stämmen; überwinterte Käfer fliegen schon im III die Tannen an, v. a. die Gipfelregion; meist 2, bisweilen 3 Generationen; oft sehr schädlich.

P18. *Cryphalus piceae* Ratz., Kleiner Tannenborkenkäfer (1,1–1,8 mm); v. a. an Weiß- und Nordmanntannen; an dünnrindigen Teilen, Stangenholz; monogamer Rindenbrüter; Eier lose in der platzartigen Mutterkammer, Larvengänge von hier sternförmig abgehend [**C-239**]; überwintert in oberen Teilen älterer Bäume; meist 2 Generationen; sehr schädlich.

P19. *Ips cembrae* Heer, Großer (Achtzähniger) Lärchenborkenkäfer (5–6 mm); Flügeldeckenabsturz jederseits mit 4 Zähnen; v. a. an Lärche und Zirbelkiefer; polygamer Rindenbrüter; von der Rammelkammer aus 2–4 Muttergänge, hauptsächlich längs; Larvengänge bis 8 cm lang, sehr geradlinig; Reifungsfraß im Anschluss an das Puppenlager oder (sehr schädlich) an dün-

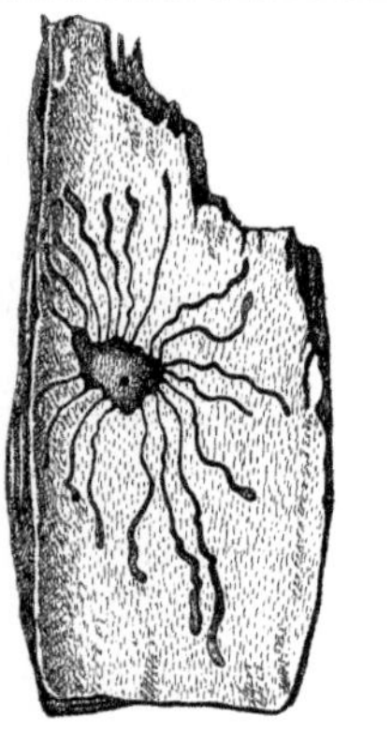

Abb. C-239: Curculionidae: *Cryphalus piceae*, Kleiner Tannenborkenkäfer. Fraßbild an der Innenseite von Tannenrinde. (Amann 1960)

nen Zweigen und Trieben; Überwinterung auch im Boden; 1 oder 2 Generationen.

d.) in krautigen Pflanzen:

P20. *Hylastinus obscurus* Marsh., Klee(wurzel)borkenkäfer (2–2,5 mm); monogam in den Wurzeln krautiger und strauchiger Schmetterlingsblütler (Klee, *Cytisus*, Stechginster u. a.); formloses Fraßbild.

Lit. →Coleoptera; Brauns 1991; Buchner 1953; Eichler 1955; Escherich 1914–42; Führer et al. 1992; Grimm 1990; Kopelke 1988; Kozlowsky 1989; Mantovani et al. 1993; Postner 1974; Rheinheimer & Hassler 2010; Schneider 1987.

Curculioninae →Curculionidae H, I.

Curculionoidea (Rhynchophora), Rüsselkäfer; artenreiche Gruppe phytophager Käfer (→Coleoptera); mit den Fam. →Anthribidae, →Apionidae, →Attelabidae, →Cimberididae, →Curculionidae (einschl. der rüssellosen Platypodinae und Scolytinae), →Nanophyidae, →Nemonychidae, →Rhynchitidae, →Urodontidae.

Cybister →Dytiscidae 2.

Cybocephalidae; Fam. der Käfer (Coleoptera, Polyphaga, Cucujiformia); auch zu den →Nitidulidae gestellt; in Eur 18, M-Eur 5, Dt 4 Arten der Gttg. *Cybocephalus*; winzige rundliche Käfer (1–1,6 mm) mit großen Augen; können sich einkugeln: der breite Kopf und der Halsschild werden gegen den Hinterleib geklappt; v. a. an Obstbäumen und anderen Laubbäumen; Imagines und die abgeflacht spindelförmigen Larven jagen Schildläuse (v. a. →Diaspididae).

Lit. →Coleoptera.

Cychramus →Nitidulidae D.

Cychrisierung; Verschmälerung des Vorderkörpers bei Käfern, die Gehäuseschnecken fressen; *Cychrus*, →Carabidae A4, →Staphylinidae K5–6.

Cychrus →Carabidae A4.

Cyclodinus →Anthicidae.

Cyclominae →Curculionidae F.

Cyclophora →Geometridae D.

cyclopoide Larve; bei manchen Schlupfwespen (z. B. →Proctotrupoidea) auftretendes 1. Larvenstadium, gekennzeichnet durch die *Cyclops*- oder kaulquappen-ähnliche Gestalt; Vorderkörper verdickt, Hinterkörper schmal, Segmentzahl noch unvollständig.

Cyclorrhapha, Deckelschlüpfer; Gruppe der Fliegen (Brachycera; →Diptera); verpuppen sich in einem Tönnchen (erhärtete letzte oder vorletzte Larvenhaut, Pupa coarctata, →Pupa 2); beim Schlüpfen wird ein Deckel entlang vorgebildeter Bruchstellen vom Tönnchen abgesprengt, bei den →Schizophora mit einer Stirnblase, die später in eine Spalte zurückgezogen wird (Einstülpungsstelle dann als Bogennaht über den Antennen erkennbar), bei den übrigen („Aschiza") durch Druck des unteren Gesichtsteils (entsprechend ist keine Bogennaht über den Antennen vorhanden); Hinterleibsende der ♂♂ (ab dem 6. Segment) um 360° gedreht (vgl. →Dolichopodidae).

Cyclostomata →Braconidae B.

Cydia →Tortricidae 2, 3, 12, 13, 18, 20, 25, 33.

Cydnidae, Erdwanzen; Fam. der Wanzen (Heteroptera, Pentatomomorpha) mit in Eur 53, M-Eur 23, Dt 15 Arten; klein bis mittelgroß; Imagines meist dunkelbraun oder schwarz gefärbt, Hinterleib der Larven hingegen oft rot oder hell mit dunkler Zeichnung. Leben im oder auf dem Boden (Beine kräftig bestachelt); gute Flieger. Alle bisher untersuchten Arten mit **Lautorganen**: Zähnchenreihe auf der Unterseite der vorderen Cubitalader der Hinterflügel, angestrichen an einer Kante oben auf dem 1. Hinterleibssegment; die Zäpfchen drücken sich durch das in Ruhelage eingeklappte Analfeld der Hinterflügel durch; ♂♂ und ♀♀ äußern nicht art-, aber geschlechtsspezifische Störungslaute; die ♂♂ lassen 2 Werbe- und einen Rivalengesang, die ♀♀ einen Einwilligungsgesang hören; alle Gesänge artspezifisch; alle Laute werden über Substratschwingungen wahrgenommen; aufnehmende Sinnesorgane (vermutlich) in den Beinen, jedoch nicht in den Tarsen; **Paarung** erst nach einem Wechselgesang der Geschlechtspartner; **überwintern** als Imago. Bei uns 2 sich in der Lebensweise unterscheidende U-Fam.:

A. Cydninae; leben ausschließlich (Larven) oder teilweise (Imagines) in den oberen Bodenschichten; Vorderbeine als Grabbeine ausgebildet [**C-240**]); saugen meist an Wurzeln; z. B. als größte heimische Erdwanze *Cydnus aterrimus* Forst. (8–13 mm); schwarz, äußerer Abschnitt der Vorderflügel milchweiß; saugt gern an Wolfsmilch; bei der Kopulation ♂ unter dem ♀, stehen nach der Vereinigung meist im spitzen Winkel zueinander; Eiablage in lockerem Sand, das ♀ bewacht die 30–65 Eier, erkennt sie visuell; Junglarven bleiben 8–9 Tage beim ♀ [**C-241**], bis etwa zur 2. Häutung; saugen aus deren dessen After austretende Tröpfchen auf und infizieren sich so mit symbiotischen Bakterien aus den Mitteldarmkrypten der Mutter; die Larven [**C-242**] bilden nach der Trennung von der Mutter noch bis gegen Ende des 4. Stadiums einen geselligen Verband; Überwinterung als Imago in Sand eingegraben.

B. Sehirinae; in der Streu- und Krautschicht, saugen an oberirdischen Pflanzenteilen; Brutpflege durch das ♀; auffällig *Tritomegas bicolor* L.,

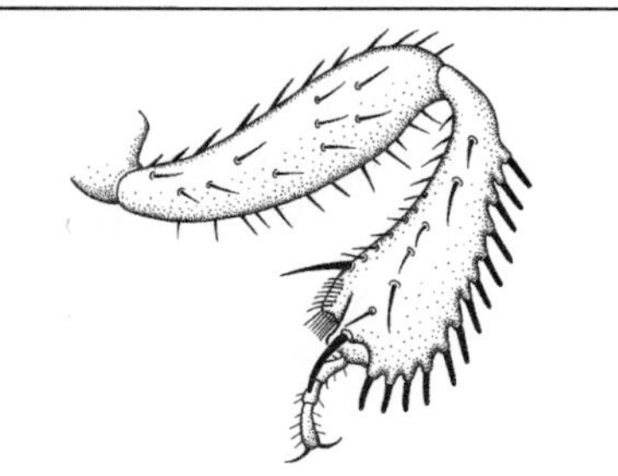

Abb. C-240: Cydnidae: *Cydnus aterrimus*. Vorderbein als Grabbein. (Schorr 1957)

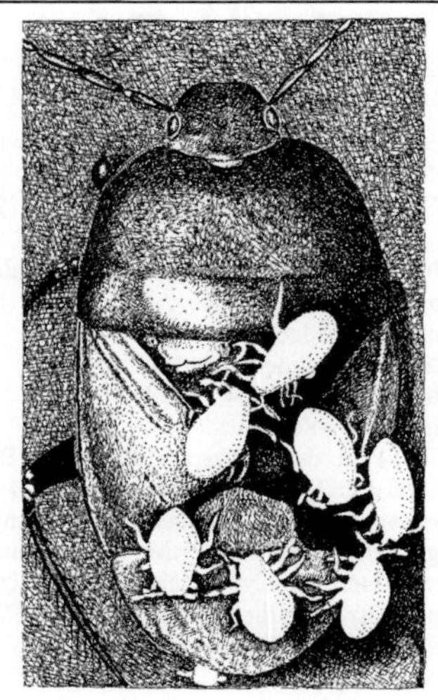

Abb. C-241: Cydnidae: *Cydnus aterrimus*; ca. 13 mm; ♀ mit Jungen. (Schorr 1957)

Schwarz-weiße Erdwanze (ca. 7 mm); bevorzugt Lippenblütler (v. a. *Lamium*), bisweilen schädlich an strauchigen und krautigen Gartenpflanzen; Eiablage in eine selbst gegrabene Erdhöhle; das ♀ bleibt beim Gelege, auch (immer?) bei den Junglarven; 5 Larvenstadien; Überwinterung als Imago am oder im Boden, bisweilen gesellig. Die schwarze *Sehirus luctuosus* Muls. & Rey an trockeneren Standorten, v. a. an Boraginaceae.

Lit. →Heteroptera; Buchner 1953; Eisenbeis & Wichard 1985; Jordan 1962, 1972.

Cydnus →Cydnidae A.

Cylindromorphus →Buprestidae.

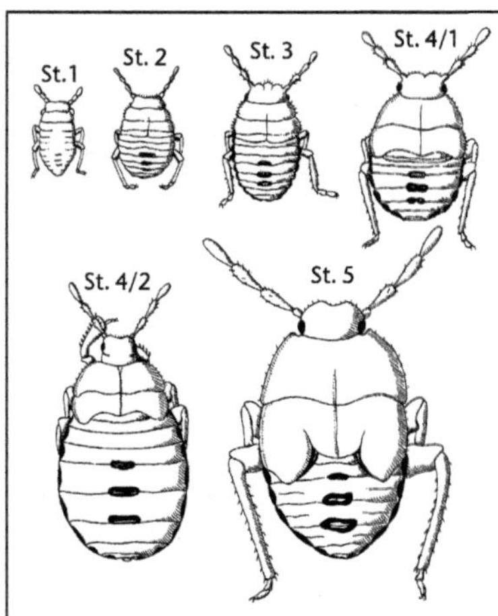

Abb. C-242: Cydnidae: *Cydnus aterrimus*. Die 5 Larvenstadien; St. 1: 1,5 mm; St. 5: 7 mm. (Schorr 1957)

***Cylindrotoma*, Cylindrotomidae, Cylindrotominae** →Tipulidae 3.

Cyllecoris →Miridae.

Cyllocerinae →Ichneumonidae C.

***Cymatia*, Cymatiainae** →Corixidae.

Cymatophorina →Thyatiridae.

Cymidae; Fam. der Wanzen (Heteroptera, Pentatomomorpha) mit in Eur 5, M-Eur & Dt 4 Arten; früher zu den →Lygaeidae; klein (3–5 mm), häufig *Cymus glandicolor* Hahn. Saugen an reifenden Samen von Cyperaceae und Juncaceae; Eiablage einzeln in die Blütenstände der Wirtspflanzen; 1-jährig, überwintern als Imago. Lit. →Heteroptera.

Cymus →Cymidae.

Cynipidae, Gallwespen; Fam. der Hautflügler (Hymenoptera, Apocrita, Cynipoidea) mit in Eur ± 345, M-Eur ± 200, Dt ± 110 Arten (die früher dazu gezählten Parasitoide der U-Fam. Charipinae hier zu den →Figitidae gestellt); kleine, gedrungene, bucklige Wespen (meist 1–3 mm) von einheitlicher Gestalt; die Larven leben in Gallen, ernähren sich von Gallengewebe, relativ geschützt gegen Umwelteinflüsse (nicht freilich gegen Parasitoide); Gallentwicklung erst, nachdem die Larve geschlüpft ist, als Reaktion der Pflanze auf Verdauungssäfte; Wirtspflanze und Gallenform artspezifisch verschieden; die Cynipini (mit ca. 60 % aller Arten) an Eiche (je nach Art an Wurzeln, Knospen, Triebspitzen, Sprossachsen, Blättern,

männlichen Blütenständen und Fruchtbechern), andere an Ahorn (*Pediaspis aceris* Gmel.), Rose (*Diplolepis*), Kratz- und Brombeere (*Diastrophus rubi* Bche.) und verschiedenen Kräutern, v. a. an Kreuzblütlern (z. B. *Aulacidea*) und Mohn (*Aylax*); *Synergus* und verwandte Gttgn. (mit zusammen 18 heimischen Arten) als Einmieter (→Inquilinen) in den Gallen anderer Gallwespen, wobei u. U. die Larve der Gallenerzeugerin zugrunde geht; die Gallen mehrerer, v. a. mediterraner Arten früher zum Gewinnen von Gerbstoff verwendet. **Fortpflanzung** teils rein 2-geschlechtlich, teils nur durch →Parthenogenese (♂♂ unbekannt), bei den Eichengallwespen (Cynipini, →2–8) und *Pediaspis* aber in Form eines Generationswechsels (Heterogonie; vgl. →Aphidina, →Cecidomyiidae): 2-geschlechtliche Generation im Frühjahr und Frühsommer; aus ihr entsteht die parthenogenetisch sich fortpflanzende Generation, deren Larven i. d. R. **überwintern** und wiederum die haploiden ♂♂ und diploiden ♀♀ der 2-geschlechtlichen Generation ergeben (abweichend: →7, 8); in der parthenogenetischen Generation oft 2 Typen von ♀♀ (Androparae, Gynoparae), die jeweils ausschließlich haploide bzw. diploide Eier legen; oft Unterschiede zwischen beiden Generationen nach Körpergröße (parthenogenetische ♀♀ größer, mit mehr Eiern), Körperform (Fehlen bzw. Vorhandensein der Flügel) und Größe, Gestalt und Entstehungsort der Gallen, jedoch i. d. R. kein Wirtswechsel (Ausnahme: →6). Von Gallwespen abhängig sind zahlreiche Arten, insbesondere phytophage **Einmieter** (andere Gallwespen wie *Synergus*: s. o.; →Cecidomyiidae: →2, 5; →Curculionidae H2, H3; →Tortricidae; →Noctuidae) und **Parasitoide** (einschl. Hyperparasitoide; →Chalcidoidea, →Braconidae, →Ichneumonidae); als Schutz vor diesen unterschiedliche Vorkehrungen: dicke und harte Gallenwände (z. B. →6), vielkammerige Gallen (innere Kammern besser geschützt; z. B. →1, 2), zusätzliche leere Gallenkammer (durch darin abgelegte Eier Erhöhung der Mortalität der Parasitoide; z. B. *Cynips disticha* Hartig), Veranlassen der Gallen zur Abgabe von Nektar (Schutz durch angelockte Ameisen; in Eur bei *Andricus sieboldi* Hartig nachgewiesen). Auswahl:

1. *Diplolepis rosae* L., Gemeine Rosengallwespe [**C-243**]; ohne Generationswechsel, mit 1 Generation im Jahr; ihre Gallen sind die bekannten, mit haarartigen Auswüchsen versehenen, an den Sprossenden sitzenden Schlafäpfel (Bedeguare; sollen, unter das Kopfkissen gelegt, den Schlaf fördern); bis 5 cm Durchmesser, mit mehreren Kammern für die Larven, eine Larve in jeder

Abb. C-243: Cynipidae: *Diplolepis rosae*, Gemeine Rosengallwespe. ♂ (oben), ca. 3 mm, und ♀, ca. 4 mm. (Bachmaier
1969)

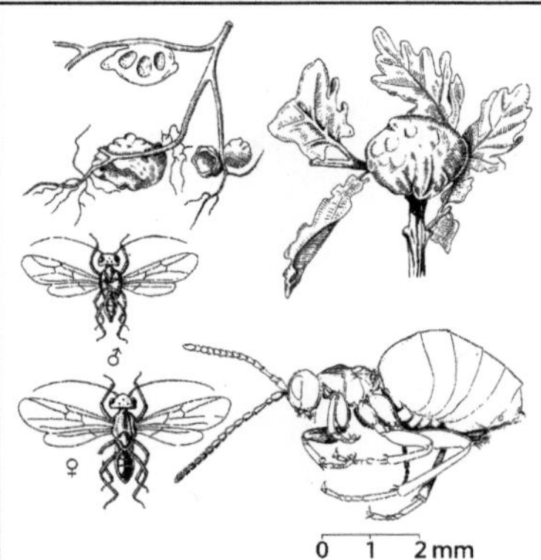

Abb. C-244: Cynipidae: Heterogonie von *Biorhiza pallida*.
An Eiche. Links: ♂ und ♀ mit den durch sie erzeugten Wurzelgallen; daraus (rechts) die agame Generation mit der von
ihr erzeugten Triebgalle. (Eidmann 1941; agames ♀ Original
Bürgis)

Kammer, hier auch Verpuppung; die Imagines
schlüpfen im nächsten Jahr; Fortpflanzung
weitgehend parthenogenetisch, ♂♂ in unserem
Bereich selten; häufiger Parasitoid: *Torymus bedeguaris* L. (→Torymidae 2).
– Alle folgenden Arten an Eichen, mit Generationswechsel und 2 Gallentypen:

2. *Biorhiza pallida* Ol., Schwammgallwespe;
durch Anstich einer Knospe im Spätwinter und
Eiablage entsteht eine bis 4 cm große Galle (Kartoffelgalle, Eichapfel); zunächst fleischig weich,
später schwammig, mit mehreren Larven in je
einer Kammer; Verpuppung in der Galle; im
Sommer schlüpfen geflügelte ♂♂ und kleine,
teils ungeflügelte, teils mit kürzeren oder längeren Flügeln versehene ♀♀; Eiablage dieser
Generation unterirdisch an Eichenwurzeln,
die schlüpfenden Larven entwickeln sich in oft
mehrkammerigen Wurzelgallen, überwintern
hier (Entwicklungszeit 16–18 Monate); die im
Winter darauf schlüpfenden Imagines sind ausschließlich relativ große, flügellose ♀♀; stechen
noch im Spätwinter oberirdisch Knospen an, aus
denen dann wieder die Kartoffelgalle entsteht
[**C-244**]; über 75 Arten von Parasitoiden und Einmietern (→Inquilinen) bekannt; bei Befall hohe
Verluste durch die Larve von *Curculio villosus* F.
(→Curculionidae H2), einem artspezifischen
Einmieter im Eichapfel, die unspezifische *Clinodiplosis cilicrus* Kieffer (→Cecidomyiidae) hingegen am verrotenden verrottenden Eichapfel.

3. *Cynips quercusfolii* L., Gemeine Eichengallwespe; die bekanntere Gallenform ist der kugelige Eichengallapfel (bis über 2 cm Durchmesser) auf der Blattunterseite; in ihm eine Kammer
mit einer Larve; Verpuppung im Herbst in der
Galle; die im Winter schlüpfende Generation
besteht nur aus relativ großen, geflügelten ♀♀,
die sich bei günstiger Witterung bis zur Gallen-
oberfläche durchfressen und ins Freie gelangen;

Eiablage einzeln an noch schlafende Knospen
auf den Vegetationspunkt; dort entstehen bei der
Larvenentwicklung unauffällige Knospengallen,
in denen sich bis V–VI (kleine) ♂♂ und ♀♀ entwickeln; nach Begattung Eiablage auf die Blattunterseite in die Blattnerven, wo sich wieder
Eichengalläpfel entwickeln; →Inquiline: Larve
von *Archarius pyrrhoceras* Marsh. (→Curculio-
nidae H3).

4. *Cynips longiventris* Htg.; mit auffallend gefärbter Galle auf der Unterseite von Eichenblättern: kugelig, gelblich, meist mit unregelmäßigen roten Streifen; daraus schlüpft im Dezember
das parthenogenetisch sich fortpflanzende ♀; ♂♂
und ♀♀ kommen V/VI aus Knospengallen.

5. *Neuroterus quercusbaccarum* L.; häufig zu
sehen die linsenförmigen hellen Gallen auf
der Unterseite von Eichenblättern; fallen im
Herbst mit den Blättern zu Boden; die Larven
überwintern darin und fressen dabei weiter, die
Galle zeigt winterliches Wachstum; Verpuppung
in der Galle; im März schlüpfen (nur) ♀♀; Eiablage in Eichenknospen; es bilden sich, meist
an den Blättern, auch an männlichen Blütenständen, schnell wachsende, kugelige, etwas
durchscheinende Gallen von Weinbeerengröße,
jede mit einer Larve; Verpuppung in der Galle;
im Sommer schlüpft die Geschlechtsgeneration.
Entwicklung ähnlich bei 3 weiteren Arten, deren Linsengallen (parthenogenetische Generation) zur Konkurrenzvermeidung nur auf spät

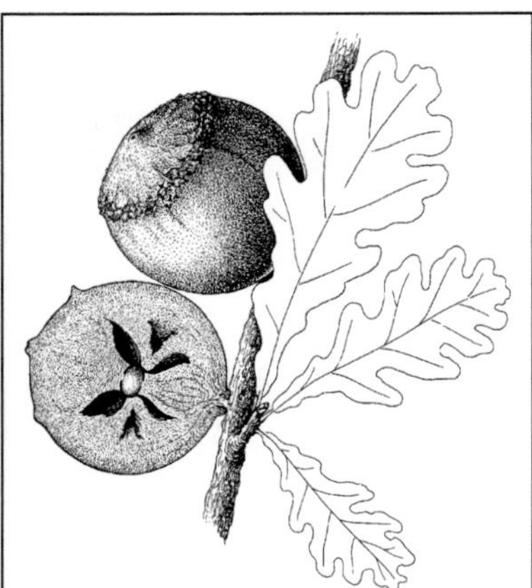

Abb. C-245: Cynipidae: Gallen von *Andricus quercustozae* an Eiche. Untere Galle aufgeschnitten; im Zentrum die eiförmige Innengalle, in der die Gallwespenlarve frisst. (M. R.)

austreibenden Blättern (**N. tricolor** Hartig; Galle behaart) oder bevorzugt an der Blattspitze (**N. numismalis** Fourcr.; Galle bräunlich-rot mit tiefem Nabel) bzw. der Blattbasis (**N. albipes** Schenck; Galle schüsselförmig, Rand ± lappig) sitzen, bedingt durch aufeinander folgende Eiablage an jeweils frisch gebildete Blattabschnitte (daher *numismalis* auch häufiger außen am Baum, *albipes* eher innen und tiefer, *quercusbaccarum* im Zwischenbereich). Gallmückenlarven (→Cecidomyiidae) leben als Einmieter (Inquilinen) in der Galle (*Parallelodiplosis galliperda* Löw) oder zwischen Blatt und Galle (*Xenodiplosis laeviusculi* Rübs.).

6. Andricus kollari Htg.; mit Wirtswechel: die auffälligere Galle 10–30 mm groß, hartschalig, kugelig, an Knospen junger Zweige von Flaum-, Stiel- und Traubeneiche; oft zu mehreren beieinander, mit Blättern dazwischen; in ihnen Entwicklung der ungeschlechtlich entstandenen ♀♀, Schlupf im VIII; Eiablage in Knospen der Zerreiche (*Quercus cerris*); die entstehenden Gallen 2–3 mm, in ihnen Entwicklung der (kleineren) Geschlechtsgeneration, Schlupf IV–V; ähnlich **A. quercustozae** Bosc. [**C-245**]; die jahrelang an den Eichen verbleibenden Gallen beider Arten werden von Nachmietern aus verschiedensten Arthropodengruppen (Asseln, Milben, Spinnen, Grabwespen, Bienen und Ameisen nebst ihren Parasitoiden) bewohnt.

7. Andricus paradoxus Radoszk.; nur 1 Generation im Jahr (Zyklus also 2-jährig); kugelige, lang behaarte Galle an den männlichen Blütenkätzchen für die 2-geschlechtliche und die eiförmige Galle an Zweigknospen für die parthenogenetische Generation oft nebeneinander.

8. Andricus quadrilineatus Hartig; sowohl die glatten Gallen der 2-geschlechtlichen als auch die größeren runzligen Gallen der parthenogenetischen Generation auf männlichen Blütenkätzchen; parthenogenetische ♀♀ können ♀♀ beider Generationen erzeugen.

Lit. →Hymenoptera; Bellmann 2017; Csóka et al. 2005; Ellis o. J.; Hellrigl 2010; Pierce 2019.

Cynipini; Gattungsgruppe der →Cynipidae.

Cynipoidea; Gruppe mit parasitoiden und gallenbildenden Taillenwespen (Apocrita, →Hymenoptera); mit den Fam. →Cynipidae, →Figitidae, →Ibaliidae.

Cynips →Cynipidae 3, 4; vgl. →Curculionidae H3.

Cynomya →Calliphoridae.

Cyphostethus →Acanthosomatidae 3.

Cypselidae; Synonym zu →Sphaeroceridae.

Cyrnus →Polycentropodidae.

Cyrtacanthacridinae →Acrididae F.

Cyrtidae →Acroceridae.

Cyrtopogon →Asilidae.

Cytilus →Byrrhidae.

Cyzenis →Tachinidae.

D

Dacnusa; vgl. →Agromyzidae 9.
Dactylopiidae, Dactylopius →Coccina.
Dahlbominus →Eulophidae 1.
Dahlica →Psychidae 3.
Daktulosphaira →Phylloxeridae 3.
Damenbrett, *Melanargia galathea* L. →Nymphalidae F2.
Danaidae →Nymphalidae G.
Danaidal, Danaidon; heterocyclische Dihydropyrrolizine; männliche Sexualpheromone mancher Schmetterlinge; können vom Falter nur dann synthetisiert werden, wenn Pyrrolizidin-Alkaloide als Vorstufen der Pheromone aus Pflanzen aufgenommen werden; Arctiinae (→Erebidae K); Danainae (→Nymphalidae G); →Pharmakophagie.
Danainae, Danaus →Nymphalidae G.
Daphnis →Sphingidae 12.
Dascillidae; Fam. der Käfer (Coleoptera, Polyphaga, Elateriformia) mit in Eur 2 Arten, in M-Eur & Dt nur *Dascillus cervinus* L. (Moorweichkäfer); im Norden selten, in montanen Gegenden häufiger (in den Alpen bis 2200 m); 9–11,5 mm; in der Gestalt ähnlich den →Carabidae; schwarz, Antennen und Beine gelblich; die nicht sehr harten Flügeldecken (daher die falsche Bezeichnung „Weichkäfer") dicht grau oder gelbbraun behaart; Imagines ab V auf Blüten und Gebüsch in feuchten Wiesen, Mooren (jagend?); die flachen breiten Larven im Boden nicht zu feuchter Moorwiesen dicht unter der Oberfläche, fressen an Pflanzenwurzeln, v. a. an Gräsern.
Lit. →Coleoptera.
Dascillus →Dascillidae.
Dasineura →Cecidomyiidae B7, B8, B11, B12, C2, C8, D3.
Dasiops →Lonchaeidae.
Dasselfliegen →Oestridae.
Dasyhelea →Ceratopogonidae.
Dasypoda →Melittidae 2.
Dasypogon →Asilidae.
Dasypsyllus →Siphonaptera G.
Dasystoma →Chimabachidae.
Dasysyrphus →Syrphidae F.
Dasytidae, Dasytinae →Melyridae B.
Dattelmotte, *Cadra cautella* Walk. →Pyralidae 9.
Deckelschildläuse →Diaspididae.
Decticus →Tettigoniidae, 2.

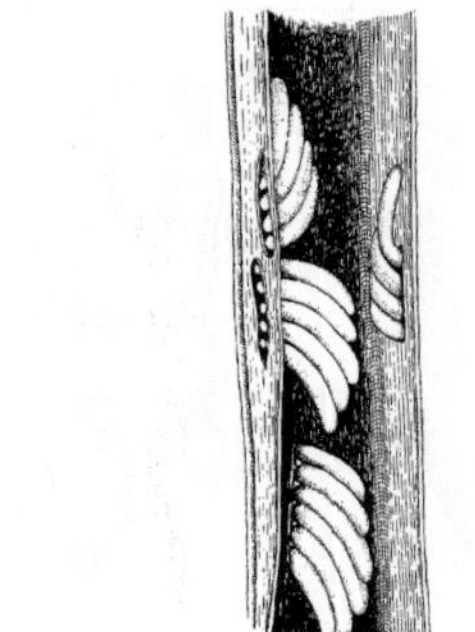

Abb. D-1: Delphacidae: *Megadelphax sordidula*. Gelege in Stängel von *Galium mollugo*. (Müller 1955)

Deilephila →Sphingidae 9.
Deleaster →Staphylinidae H2.
Delia →Anthomyiidae 5, 6, 7, 8; vgl. auch →Eucoilidae.
Delina →Scathophagidae 2.
Delphacidae, Spornzikaden; Fam. der Zikaden (Auchenorrhyncha, Fulgoromorpha) mit in Eur ± 240, M-Eur 127, Dt 110 Arten; meist klein (unter 5 mm); beweglicher Dorn innen am distalen Ende der Hinterschienen; gelblichbräunlich bis schwarz; Geschlechtsunterschiede hinsichtlich Flügellänge oder Färbung nicht selten; zuweilen bei der gleichen Art kurz- und langflügelige Formen auch unabhängig vom Geschlecht; dann überwiegen die flugunfähigen Kurzflügeligen, außer bei den als Pionierarten im Wirtschaftsgrünland auftretenden *Javesella pellucida* F. und *Laodelphax striatella* Fall.; →Phloemsauger an Gräsern (*Conomelas* an Binsen, *Ditropis pteridis* Spin. an Adlerfarn, *Javesella stali* Metc. am Ackerschachtelhalm). Eier mit dem Legebohrer entweder in Pflanzengewebe geschoben [**D-1**] und mit Wachs (aus Wachsdrüsen der schildförmig verbreiterten Legescheide) überdeckt (z. B. *Stenocranus*), oder Gelege mit lackartig erhärtendem Sekret (aus Anhangsdrüsen des Eileiters) überzogen (z. B. *Delphax*). 1 oder 2 Generationen im Jahr; Überwinterung bei der Mehrzahl der Arten als Larve, sonst als Ei oder Imago. Kleine Auswahl:
  1. *Delphax crassicornis* Pz. [**D-2**]; ca. 5 mm (kurzflügelige Form) bis 7 mm; VII–IX; auf Schilfrohr, am Stängelgrund; wie bei anderen

© Springer-Verlag GmbH Deutschland, ein Teil von Springer Nature 2026
E. Weber, H. Bellmann, *Jacobs|Renner – Biologie und Ökologie der Insekten*,
https://doi.org/10.1007/978-3-662-71153-8_4

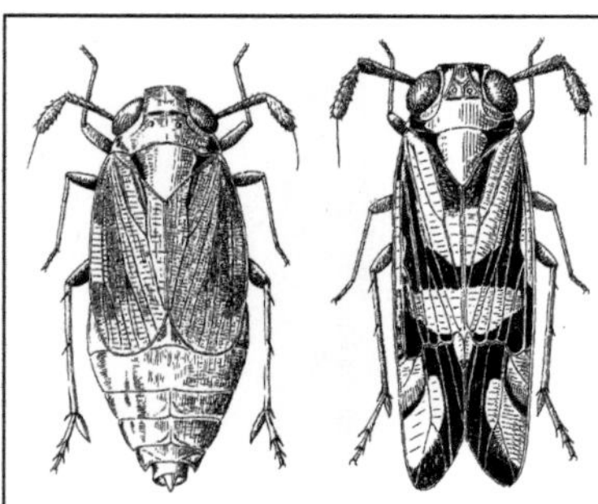

Abb. D-2: Delphacidae: *Delphax crassicornis*. Links: ♀; rechts: ♂; 6 mm. (Brohmer et al. 1935 ff)

Schilfbesiedlern (*Chloriona, Euides, Delphax*) ♂ meist mit langen, ♀ mit halblangen Flügeln; 1 Generation im Jahr; überwintert als Ei.

2. *Javesella pellucida* F., Wiesenspornzikade (3–5,5 mm); IV–X; häufigste Art, im Offenland an Gräsern, auch in Mähwiesen (s. o.); in Europa bisweilen an Hafer und anderen Getreidearten mäßig schädlich; 2 Generationen im Jahr; überwintert als Larve.

Lit. →Auchenorrhyncha; Asche 1985.

Delphax →Delphacidae, 1.

Deltocephalinae →Cicadellidae A.

Deltocephalus →Cicadellidae A2.

Demetrias →Carabidae.

Dendrocerus →Megaspilidae.

Dendroctonus →Curculionidae P14; vgl. auch →Monotomidae A.

Dendroleon →Myrmeleontidae.

Dendrolimus →Lasiocampidae 10.

Dendrophagus →Silvanidae A.

Dendroxena →Staphylinidae K3.

Deporaus →Rhynchitidae 11.

Depressaria →Depressariidae 1.

Depressariidae, Flachleibmotten; Fam. der Schmetterlinge (Lepidoptera, Glossata, Gelechioidea); früher zu →Elachistidae; in der hier gewählten engen Fassung (ohne Orophiinae) mit in Eur ± 180, M-Eur 102, Dt 80 Arten; klein bis mittelgroß (Flspw. 13–30 mm); Flügel breit, flach zusammengelegt (Name!); Labialpalpen teils aufgebogen (Depressariinae), teils weit vorstehend und buschig behaart, mit nach oben gerichtetem kleinem stiftartigem Endglied (Hypercalliinae); fressen an zusammengesponnenen oder eingerollten Blättern, an Samen und Blüten; seltener wird in Blättern miniert, oder in Stängeln gebohrt; Überwinterung bei den meisten Arten als Falter in Spalten und Hohlräumen.

1. *Depressaria nervosa* Haw., Kümmelmotte, Kümmelpfeifer, Möhrenschabe; der in geschützten Räumen überwinternde Falter fliegt im Frühling; Absetzen der Eigelege ab Ende III an Stängel und Blattstiele von Möhre, Kümmel, Petersilie, Pastinak und anderen Doldenblütlern; Raupenfraß zuerst an Stängeln, dann zu mehreren in den versponnenen Dolden; jede Raupe in einer Gespinströhre; vernichtet Blüten und Samen; bohrt sich zur Verpuppung in den Stängel (Löcherreihe wie bei einer Flöte); der Falter schlüpft nach 3–4 Wochen, geht dann ins Winterquartier; bisweilen sehr schädlich.

2. Orophiinae; diese bisher zu den Depressariidae gestellte U-Fam. gehört wohl nicht hierher (eigene Fam.?); in Eur 8, M-Eur 4 Arten, in Dt 3 Arten der Gttg. *Orophia*; kleine Falter (Flspw. 12–18 mm); Kopfbehaarung nach vorn gestrichen; aufgebogene, den Kopf deutlich überragende Labialpalpen mit dünnem, nach hinten gerichteten Endglied ähnlich manchen →Oecophoridae; fliegen in der Dämmerung (VI–VII); z. B. *O. ferugella* Den. & Schiff., Jungraupe miniert entlang der Blattrippe in den Grundblättern von Glockenblumen, die Altlarve frisst in nach oben gerollten Blättern an der Innenseite der Blattrolle; Verpuppung am Grunde zwischen den durch wenige Gespinstfäden etwas zusammengezogen Blattstängeln.

Lit. →Lepidoptera; Tokár et al. 2005; Wang & Li 2020.

Deraeocorinae, *Deraeocoris* →Miridae 1.

Derbidae →Auchenorrhyncha.

Derephysia →Tingidae 2.

Dermaptera, Ohrwürmer; Ordg. der Insekten mit unvollkommener Verwandlung; übergeordnete Gruppe: →Polyneoptera; Schwestergruppe vermutlich die →Zoraptera; die meisten in warmen Ländern, in Eur ± 60, M-Eur 15, Dt 7 Arten (z. T. kosmopolitisch); heimische Arten klein (*Labia minor* L. ca. 5 mm, jeweils ohne Zangen) bis mittelgroß (*Labidura riparia* Pall. ca. 25 mm); heller oder dunkler braun; Mundteile kauend. **Flügel** häufig vorhanden; Vorderflügel sehr kurz, stark sklerotisiert, bedecken als Flügeldecken (→Elytren) die zarthäutigen, reich geäderten, vorne sklerotisierten, mehr oder weniger hervorragenden hervorragenden Hinterflügel (Flugflügel); diese in Ruhe wie ein Fächer zusammengelegt [**D-3**], zugleich quer zur Längsachse im Mittelgelenk nach unten und in einer Ringfalte nach oben umgeklappt; Entfalten zum Flug nach Hochstellen der Elytren mithilfe der Hinterleibszangen, wobei das Wiedereinfalten durch Einrasten einer Sperre im Mittelgelenk und Durchdrücken einer Längsfalte an der

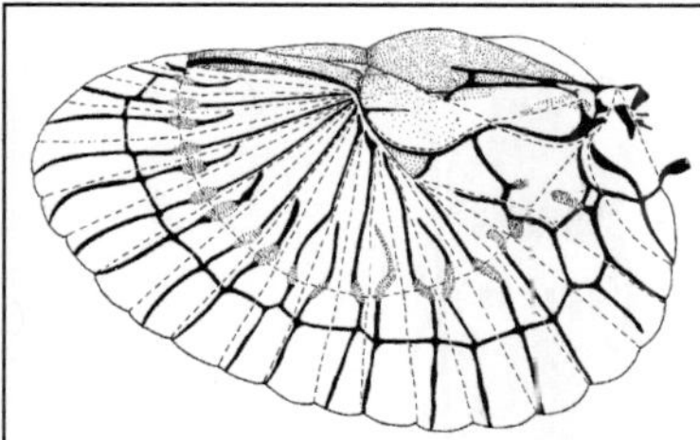

Abb. D-3: Dermaptera: *Forficula auricularia*, Gemeiner Ohrwurm. Linker Hinterflügel; stärker sklerotisierte Teile punktiert, Faltlinien gestrichelt; Flügellänge 10 mm. (Kleinow 1966)

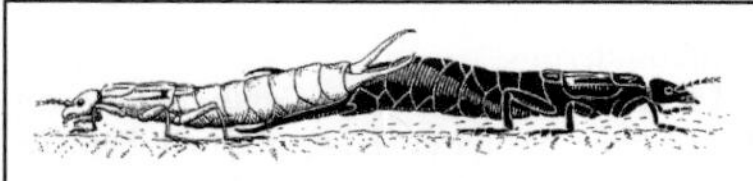

Abb. D-4: Dermaptera: *Labidura riparia*. Kopula, ♂ schwarz

Flügelbasis verhindert wird; Einfalten zur Ruhe ohne Zangenhilfe, vermutlich vom basalen Flügelgelenk her; **Flugfähigkeit** und Neigung zum Fliegen artspezifisch verschieden; ein guter Flieger ist *Labia minor* L. (→B); bei *Labidura riparia* Pall. (→A), *Anechura bipunctata* F. und *Forficula auricularia* L. (→C1, 2) sind zwar die äußeren Flugorgane gut ausgebildet, aber nur bei einzelnen Stücken der letzten Art wurde Fliegen beobachtet (Flugmuskulatur oft stark rückgebildet); *Apterygida media* Hgb. (→C4) mit nur winzigen Flugflügelstummeln unter den gut ausgebildeten Elytren; *Chelidurella acanthopygia* Gené (→C3) ganz ohne Flugflügel, mit Resten der Elytren. Bezeichnend für die Ohrwürmer sind die kräftigen Zangen am Hinterleibsende (umgebildete Cerci), beim ♂ meist stärker und kräftiger als beim ♀; Funktion sehr verschiedenartig: Schlagen und Greifer bei Angriff und Abwehr von Artgenossen und anderen Insekten, Ergreifen lebender Beute, bei guten Fliegern Hilfe beim Ausbreiten der gefalteten Flugflügel; dienen dem ♂ zum Hochwuchten des ♀-Abdomens vor der Kopulation (bei *Forficula auricularia* L. ist Kopulation nach Abschneiden der Zangen unmöglich). Weit verbreitet je ein Drüsenpaar im Rückenteil des 3. und 4. Hinterleibssegments; das Sekret enthält Benzochinone, kann (verbunden mit Hinwenden der Zangen) gezielt auf eine Störungsstelle versprüht werden. Hauptsächlich in der Dämmerung und nachts mobil; kriechen gern in dunkle Schlupfwinkel (ins Ohr?), bilden an geeigneten Plätzen bisweilen Massenansammlungen. **Nahrung** bei Larven und Imagines weitgehend gleich, pflanzlich und tierisch; manche werden gelegentlich an Jungpflanzen schädlich, andere bevorzugen tierische Nahrung. Ein nicht paarungswilliger Partner wird vom anderen durch Betasten oder auch

heftigen Angriff animiert; das ♂ schiebt schließlich das um 180° gedrehte Hinterleibsende unter das des ♀, wuchtet dies mit den Zangen hoch und führt den Penis ein; Endstellung mit abgewandten Köpfen [**D-4**], Dauer der **Kopulation** wenige Minuten bis einige Stunden; mehrere Begattungen sind möglich. Verbreitet **Brutfürsorge** und Brutpflege durch das ♀, so durch Herstellen einer Höhle für die Eier, deren Betreuung durch Umschichten und Belecken, Verteidigung gegen Feinde; das Gelege geht ohne diese Pflege zugrunde; ein ♀ kann hintereinander mehrere Gelege aufziehen; das ♀ von *Anechura bipunctata* F. stapelt bei den Eiern Nahrung (z. B. Blüten, Blättchen) für die Larven, betreut diese auch noch einige Zeit. Meist 5, bei manchen Arten 4 Larvenstadien; **Überwinterung** i. d. R. als Imago, aber auch als Ei oder Larve. – Mit 3 Fam. in Dt, 1 weitere (Anisolabididae) in S-Eur (gelegentlich nach Dt verschleppt):

A. Labiduridae, mit 2 Arten in Eur, in M-Eur und Dt nur *Labidura riparia* Pall., Sandohrwurm (bis 26 mm); hier und da in sandigen Bereichen; tierische Nahrung überwiegt; legt Wohnröhren im feuchten Sand an, hier auch Überwinterung in größerer Tiefe.

B. Spongiphoridae (= Labiidae), mit 5 Arten in Eur, 2 in M-Eur, heimisch nur *Labia minor* L., Kleiner Ohrwurm (ca. 5 mm); gerne an Komposthaufen, die wohl wegen der Wärmeentwicklung gute Überwinterungsmöglichkeiten bieten; verhältnismäßig flugfreudig, tagsüber ebenso wie abends und nachts.

C. Forficulidae, mit in Eur 45, M-Eur 12, Dt 6 Arten:
C1. *Forficula auricularia* L., Gemeiner Ohrwurm (bis 16 mm); Nahrung vorwiegend pflanzlich, dadurch bei Massenauftreten bisweilen in Feld und Garten schädlich; Gelege im Herbst und im Frühling, aus etwa 50 Eiern; Überwinterung in Verstecken oder auch in selbst gegrabenen Röhren im Boden.
C2. *Anechura bipunctata* F., Zweipunktohrwurm (bis 17 mm); tritt mehr lokal auf; mit gelblichem Fleck auf den →Elytren; Fürsorge des ♀ für die Larven durch Beibringen von Futter besonders ausgeprägt.
C3. *Chelidurella acanthopygia* Gené, Waldohrwurm (bis 15 mm); mit weitgehend reduziertem

Flugapparat; häufig in der Streu von Laub- und Mischwäldern.

C4. *Apterygida media* Hag., Gebüschohrwurm (bis 11 mm); →Elytren länger als breit, Flugflügel winzig; besonders auf Gebüsch.

Lit. Beier 1959; Brauns 1991; Eisenbeis & Wichard 1985; Günther & Herter 1974; Harz 1957, 1960; Harz & Kaltenbach 1976; Walker 1997.

Dermestes →Dermestidae 1.

Dermestidae, Speck- und Pelzkäfer; Fam. der Käfer (Coleoptera, Polyphaga, Bostrichiformia) mit in Eur ± 170, M-Eur ± 75, Dt ± 55 Arten (davon höchstens 33 ursprünglich und auch außerhalb von Gebäuden vorkommend), weitere Arten gelegentlich eingeschleppt; Imago klein bis höchstens mittelgroß (1,5–11 mm), lang-oval (→1, 2) oder kugelig (→3, 4), oberseits i. d. R. behaart. Kleinere Arten (z. B. *Anthrenus*) nicht selten auf Blüten, fressen Pollen und Nektar; *Dermestes* als Vertilger verschiedenster Stoffe tierischer (auch pflanzlicher) Herkunft bisweilen in Häusern lästig. **Larven** behaart, mit langen, leicht abbrechenden, an der Spitze verschiedenartig geformten, z. T. beweglichen und vermutlich giftigen Haaren; meist 5–7, bei ungünstigen Bedingungen zuweilen bedeutend mehr Häutungen; bei den meisten Arten (Ausnahme: →3) an vielerlei Stoffen tierischer Herkunft (Fleisch, Trockenfisch, Häuten, Fellen, Knochen, Horn, Seide, Federn, Insektensammlungen) lästig oder schädlich, andere in Vogelnestern (z. B. *Dermestes murinus* L., *D. lardarius* L.), an Aas oder in Gespinsten von Schmetterlingsraupen oder Spinnen als Verzehrer der Raupenhäute bzw. Insektenreste, manche auch in Bauten von Bienen und Wespen als Vertilger toter Insekten und gelegentlich von Pollen oder Honig, in S-Eur lebt *Thorictus* bei Ameisen; **Verpuppung** in der letzten Larvenhaut (außer *Dermestes* →1). Einige Arten mit tierischen Produkten verschleppt und heute weltweit verbreitet.

1. *Dermestes,* Speckkäfer; in M-Eur 21 Arten; Imago unterseits weiß behaart; geschlechtsreife ♂♂ mancher Arten sondern aus einer (oder 2) ventral am 4. (oder 4. und 5.) Hinterleibssegment gelegenen, steif behaarten Grube Pheromone (verschiedene Isopropylester) ab, die sowohl auf ♀♀ als auch auf ♂♂ anlockend wirken und zur Ansammlung an ergiebigen Nahrungsquellen und zum Treffen der Geschlechter führen; aggregierend auf alle Artgenossen wirken außerdem im Kot enthaltene Verbindungen (Linolsäure, Ölsäure); Larven und Käfer fressen an verschiedenen tierischen Produkten, Nahrung offenbar durch Geruchssinn gefun-

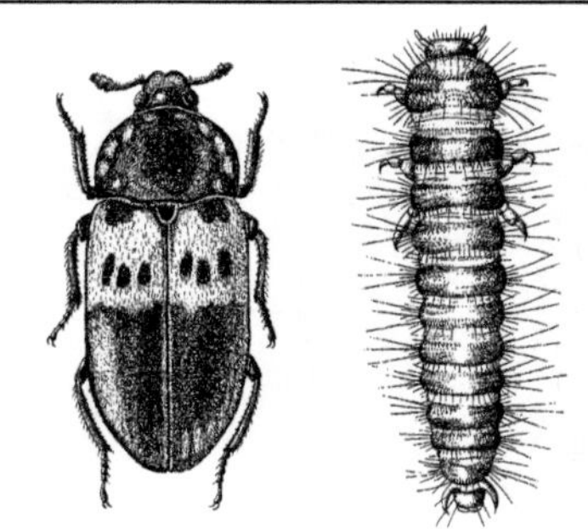

Abb. D-5: Dermestidae: *Dermestes lardarius*, Gemeiner Speckkäfer. Käfer 7–9 mm, Larve 11 mm. (Bollow 1958; zur Strassen 1969)

den; Überwinterung als Larve, Verpuppung in Verstecken in Holz, Kork u. dgl, verstopft die Öffnung mit der letzten Larvenhaut. Häufig in Gebäuden **D. lardarius** L., Gemeiner Speckkäfer (7–9 mm; [**D-5**]), mit grauer Haarbinde vorn quer über die Flügeldecken; überlebt im Gegensatz zu anderen Arten der Gttg. Auch mit pflanzlicher Kost; bisweilen schädlich (die Vorliebe der Larven und Imagines für relativ trockene fleischliche Kost macht sie geeignet zum sauberen und schonenden Skelettieren von Gerippen kleiner Vögel und Säuger). Mit ähnlicher Lebensweise **D. maculatus** Deg., Dornspeckkäfer (6–10 mm): Käfer düster, Flügeldecken nahe der Naht in kleine Spitze ausgezogen. Die Larve von **D. erichsoni** Ganglb. in den Nestern des Eichenprozessionsspinners (→Notodontidae B2).

2. *Attagenus pellio* L., Pelzkäfer, Gefleckter Pelzkäfer (4–5 mm); Käfer düster, auf jeder Flügeldecke ein weißer Fleck; Imagines auf Blüten als Pollen- und Nektarfresser; Eiablage v. a. in Häusern auf Stoffe tierischer Herkunft; Larven goldgelb, hinten mit langem Haarschopf, bis 12 mm; an Pelzen und Wollstoffen bisweilen sehr schädlich.

3. *Trogoderma granarium* Ev., Khaprakäfer (2–3 mm); aus Indien stammend, heute weltweit verbreitet; bei uns ausschließlich in Gebäuden, da die Larven Dauertemperaturen von mehr als 17 °C zur Entwicklung benötigen; Larve durch Fraß an Getreidekörnern schädlich; ♀♀ entlassen ein Sexualpheromon (14-Methyl-8-Hexadecenal), das ♂♂ anlockt; ein anderes Pheromon, das von den Larven in der Häutungsphase, bei Verletzung und mit dem Kot ausgeschieden wird, wirkt dagegen stark abstoßend auf Larven

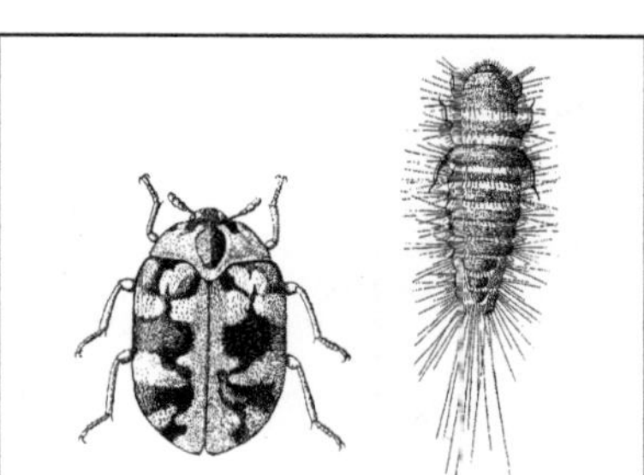

Abb. D-6: Dermestidae: *Anthrenus scrophulariae*, Teppich-käfer. Käfer 3–4,5 mm, Larve 6 mm. (Bollow 1958)

und Imagines und schützt so vor Kannibalismus (vielleicht auch Bedeutung als Alarmpheromon und als Regulans bei zu hohen Populationsdichten).

4. Anthrenus, Kabinettkäfer; klein (2–4 mm), bunt gefleckt, fast kugelig; Imagines im Sommer häufig auf Blüten als Pollen- und Nektarfresser; die behaarten Larven mit eigenartigen, oft in Gruppen beisammenstehenden Pfeilhaaren, mit pfeilförmiger, leicht abbrechender Spitze; Haarbüschel bei Störung gespreizt, bieten einen gewissen Schutz gegen kleine Feinde; Eiablage (v. a. in Nestern und Gebäuden) an Stoffe tierischer Herkunft, an denen die Larven Chitin und Keratin fressen; Überwinterung als Larve; Verpuppung in der oben aufgeplatzten letzten Larvenhaut; ursprünglicher Fortpflanzungsrhythmus bei Bewohnern menschlicher Behausungen weitgehend gestört, erstreckt sich gleichmäßig über das ganze Jahr. Erheblichen Schaden anrichten können A. *scrophulariae* L., Teppichkäfer [**D-6**], A. *verbasci* L., Wollkrautblütenkäfer (1,8–3,2 mm) und A. *museorum* L., Museumskäfer (2–3 mm), gefürchtet auch als Zerstörer von Insektensammlungen.
Lit. →Coleoptera.

Derodontidae; Fam. der Käfer (Coleoptera, Polyphaga, Bostrichiformia) mit in Eur 3, M-Eur & Dt 2 Arten kleiner Käfer mit 3-gliedriger FühlekeuleFühlerkeule, Imagines und Larven zusammen im gleichen Lebensraum:

1. Derodontus macularis Fuss. (2,5–3,1 mm); bräunlich mit dunkler Zeichnung auf den Flügeldecken; selten in Gebirgswäldern an Baumschwämmen und verpilztem Holz.

2. Laricobius erichsoni Ros., Lärchenkäfer (2–2,5 mm); schwarz, fettglänzend, Deckflügel braun; Imagines im zeitigen Frühjahr; heute in Nadelwäldern (wohl wegen des Anbaus ausländischer Baumarten) häufig; stellen auf Lär-

chen und anderen Nadelbäumen Tannenläusen (→Adelgidae) und ihren Eiern nach.
Lit. →Coleoptera.

Derodontus →Derodontidae 1.

Deronectes →Dytiscidae.

Desmometopa →Milichiidae.

Desoria →Collembola; →Isotomidae.

Deutsche Schabe, Blattella germanica L. →Blattellidae 1.

Dexia →Tachinidae.

Diabrotica →Chrysomelidae K7.

Diachrysia →Noctuidae 12.

Diacrisia →Erebidae K10.

Diadegma →Ichneumonidae D4; vgl. auch →Plutellidae 1.

Diadocidia →Diadocidiidae.

Diadocidiidae; Fam. der Zweiflügler (Diptera, Bibionomorpha), früher zu den →Mycetophilidae gestellt; in Eur 5, M-Eur 4, Dt 3 Arten der Gttg. *Diadocidia*; kleine (3–4,5 mm), zarte, gelbbraune Mücken mit braun bis grau getönten Flügeln; stechen nicht; manchmal in Schwärmen in hohlen Baumstämmen. **Larven** →propneustisch; eingekapselt in Schleimröhren im Faulholz und Pilzfruchtkörpern, fressen Pilzfäden; Puppe in einem lockeren Kokon.
Lit. →Diptera.

Diaeretiella →Braconidae C.

Dialeurodes →Aleyrodina 2.

Dianous →Staphylinidae A8.

Diapause →Dormanz 2.

Diapria →Diapriidae.

Diapriidae; Fam. der Hautflügler (Hymenoptera, Apocrita, Diaprioidea) mit in Eur ± 700, M-Eur ± 400, Dt ± 300 Arten; kleine (1,4–4 mm), meist schwarze, glänzende Wespen mit Fühlern, die auf einem Kopffortsatz entspringen [**D-7**]; Larven als Endoparasitoide in Puppen von Fliegen (davon manche als Hyperparasitoide in den Puparien von →Tachinidae), Mücken (→Mycetophilidae, →Sciaridae), aber auch von Käfern (→Staphylinidae), manchmal über 100 in einem Wirt; z. B. *Diapria conica* F. gesellig in Puppen von Mistbienen (*Eristalis*; →Syrphidae D); einige ahmen als Imagines Ameisen nach und leben (wahrscheinlich als Parasitoide von Kommensalen) in Ameisennestern (z. B. *Solenopsia imitatrix* Wasm. mit i. d. R. flügellosen ♀♀ bei der Ameise *Solenopsis fugax* Latr., →Formicidae D3). Die Gttg. **Ismarus** (mit 4 Arten in Dt) abweichend (und daher auch als eigene Fam. **Ismaridae** aufgefasst): ohne Kopffortsatz, entwickeln sich als Hyperparasitoide in Kokons der Zikadenwespen (→Dryinidae).
Lit. →Hymenoptera.

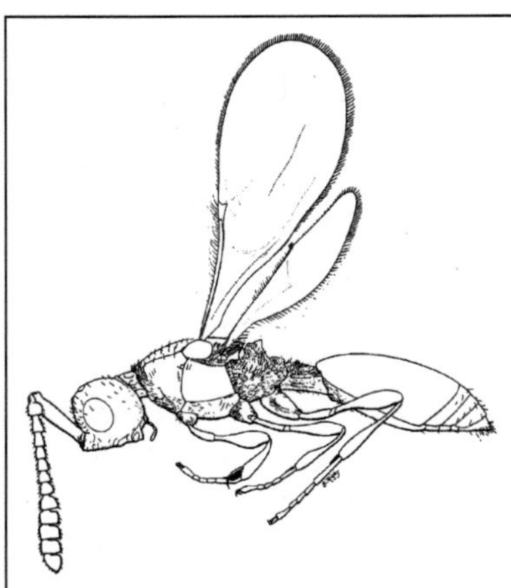

Abb. D-7: Diapriidae: *Spilomicrus* spec. ♀, Legebohrer eingezogen. (Goulet & Huber 1993)

Diaprioidea; Gruppe parasitoider Taillenwespen (Apocrita, →Hymenoptera); in Eur mit nur 1 Fam. →Diapriidae.

Diarthronomyia →Cecidomyiidae B14.

Diaspididae, Deckelschildläuse, Austernschildläuse; Fam. der Schildläuse (Coccina) mit in Eur ± 200, M-Eur ± 40, Dt 27 Arten, dazu zahlreiche weitere Arten an Gewächshaus- und Zimmerpflanzen; stark abgewandelt: die ♀♀ flach, klein (meist 1–1,5 mm), unter einem abhebbaren Schild aus Drüsensekreten, Kot und den dorsalen Teilen von meist 2 Larvenhäuten; Antennen, Beine und Augen weitgehend oder ganz rückgebildet; meist auch mit schwachem Bauchschild aus Drüsensekret, bisweilen mit eingebautem ventralem Teil der Larvenhaut; bei einigen Arten wird die kräftige Haut der 2. Larve nicht gesprengt, das ♀ bleibt in ihr liegen; die ♂♂ meist geflügelt; Darm mit →Filterkammer. Neben zweigeschlechtlicher 2-geschlechtlicher **Fortpflanzung** nicht selten →Parthenogenese; **Eier** unter dem Schild abgelegt [**C-160**], bei *Leucaspis* in die stark sklerotisierte Larvenhaut des 2. Stadiums, in die sie selbst eingeschlossen sind; Schlüpfen der Junglarven zuweilen sehr bald nach der Eiablage (Ovoviviparie); bei manchen Arten Gebären von Junglarven (→4). Nur das 1. **Lar**venstadium beweglich (Wanderlarve), sucht einen Einstichplatz, setzt sich fest, bildet dann den ersten Schild; bei der Häutung wird der Rückenteil der Larvenhaut dem Dorsalschild eingefügt; ♂- und ♀-Schild nicht selten ver-

schieden. Beim ♀ 2, beim ♂ 4 Larvenstadien; meist an Gehölzen.

1. *Aspidiotus nerii* Bche., Oleanderschildlaus; subtropische Art (Heimat Südafrika?); ♀ gelb, Schild gelblich-weiß, rundlich; bei uns in Gewächshäusern an verschiedensten Pflanzen, auch an Zimmerpflanzen; mit einer 2-geschlechtlich und einer rein parthenogenetisch sich fortpflanzenden Form.

2. *Dynaspidiotus abietis* Schrk.; Körper gelb, Schild schwarzgrau mit hellerem Rand; hauptsächlich an den Nadeln der Kiefer, aber auch an anderen Nadelhölzern; 2-geschlechtliche Fortpflanzung; überwintert im 2. Larvenstadium; 1 Generation im Jahr.

3. *Diaspidiotus ostreaeformis* Curt., Austernförmige Schildlaus, Zitronenfarbene Austernschildlaus; Schild dunkelgrau (2–3 mm), Tier meist gelbgrün; an verschiedensten Holzgewächsen; häufig (und dann manchmal schädlich) an allen oberirdischen Teilen von Obstbäumen; Fortpflanzung 2-geschlechtlich; überwintert im 2. Larvenstadium; 1 Generation im Jahr. Sehr ähnlich *D. pyri* Licht., Pirus-Austernschildlaus, Pseudo-San-José-Schildlaus, Nördliche gelbe Obstbaumschildlaus, ebenfalls an vielen Holzgewächsen; aber mehr orangegelb, überwintert im 2. Larvenstadium oder als begattetes ♀.

4. *Comstockaspis perniciosus* Comst., San-José-Schildlaus, Kalifornische Schildlaus [**D-8**]; Heimat wahrscheinlich Amur-Gebiet; von dort Verbreitung über Asien nach Kalifornien (bei San José) und schließlich weltweit; 1946 in Dt entdeckt, aber wohl schon früher vorhanden; Schild (erwachsen) grau, bei ♀♀ rund, bei ♂♂ oval, Tier gelblich; mehrere Hundert Wirtspflanzen bekannt, an manchen Obstbäumen außerordentlich schädlich; Fortpflanzung zweigeschlechtlich2-geschlechtlich; lebend gebärend, aber Übergänge zu Ovoviviparie (→ovovivipar); überwintert im 1. Larvenstadium; bei uns 2–3 Generationen im Jahr [**D-9**].

5. *Aonidia lauri* Bche., Lorbeerschildlaus; Heimat Mittelmeergebiet; bei uns häufig auf eingekübeltem Lorbeer (an Stamm, Zweigen und Blättern); ♀ in der glänzend braunen, gewölbten Haut des 2. Larvenstadiums (ca. 1 mm lang; 0,5 mm breit); 2–3 Generationen im Jahr.

6. *Lepidosaphes ulmi* L., Gemeine Kommaschildlaus, Obstbaumkommaschildlaus [**D-10**]; Schild miesmuschelförmig, meist schwarzbraun, bis ca. 4 mm lang; ♀ gelblich weiß, hinten goldgelb; an verschiedensten Pflanzen, an Obstbäumen bisweilen schädlich; kommt in einer rein parthenogenetischen Form auf holzigen Rosaceen Rosaceae und in einer 2-ge-

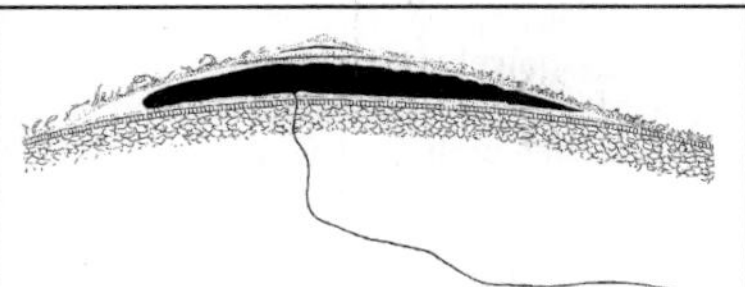

Abb. D-8: Diaspididae: *Comstockaspis perniciosus*, San-José-Schildlaus. ♀ (Stadium 3) unter dem Schild auf einem Apfel; schematischer Längsschnitt; Körper schwarz (ca. 0,9 mm), ein wenig unter die Korkzellenschicht des Apfels geschoben; im Schild schwarz die erste 1. und 2. Larvenhaut. (Krause 1950)

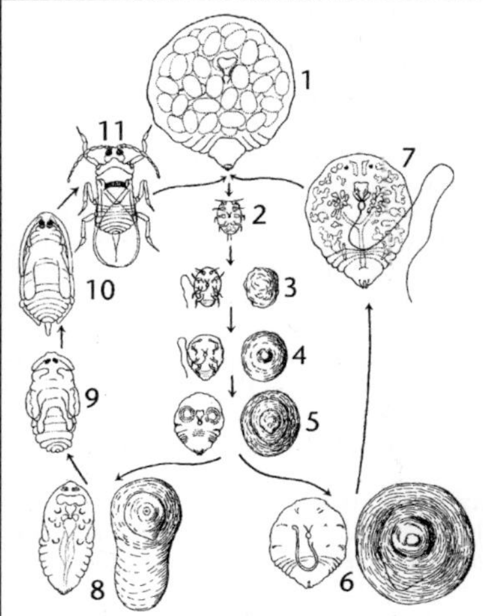

Abb. D-9: Diaspididae: *Comstockaspis perniciosus*, San-José-Schildlaus. Entwicklungsgang. Nach der Paarung des ♂ (11) mit dem ♀ (7: 3. Larvenstadium) entlässt die Mutterlaus (1) die Jungen (2), die zunächst wandern, sich dann festsetzen, einen Schild bilden (3, 4) und sich dann häuten zur Larve 2 (5); dann verschiedene Entwicklung für ♂♂ und ♀♀; ♀: Larve 2 wächst (6), häutet sich zum begattungsfähigen Stadium (7: Larve 3); ♂: Larve 2 wächst, baut einen Langschild (8), häutet sich alsbald zur Larve 3 (9: Vorpuppe), dann zur Puppe (10), aus der das geflügelte ♂ schlüpft (11). (Krause 1950)

schlechtlich sich vermehrenden Form auf Birke, Ericaceen, Eiche und anderen Gehölzen vor (2 Arten?; morphologisch nicht unterscheidbar); überwintert als Ei unter dem ♀-Schild; 1 Generation im Jahr.

7. *Carulaspis visci* Schrk. (= *Diaspis v.*); Schild weißlich, 1–2 mm; Tier gelblich bis bräunlich; hauptsächlich auf Wacholder und Lebensbaum;

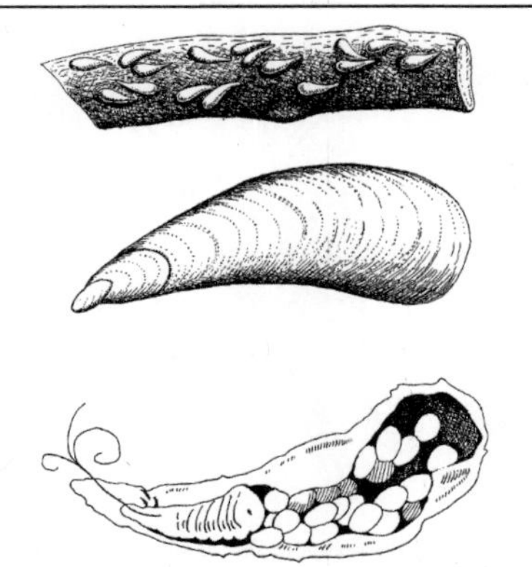

Abb. D-10: Diaspididae: *Lepidosaphes ulmi*, Gemeine Kommaschildlaus. ♀, bis 4 mm lang. Oben: Zweig mit Kommaschildläusen; Mitte: einzelne Schildlaus; unten: einzelne Schildlaus von unten, mit Eiern. (Krause 1950; Lengerken 1932)

das begattete ♀ überwintert; 1 eine Generation im Jahr.

8. *Aulacaspis rosae* Bche., Kleine Rosenschildlaus; ♀-Schild weißlich, rund, 2–3 mm; Tier rötlich; ♂-Schild länglich (ca. 1 mm); mehr in wärmeren Gebieten (auch in Gewächshäusern) an Rosen, Himbeeren, Brombeeren, hauptsächlich an den verholzten Teilen.

9. *Chionaspis salicis* L., Weidenschildlaus; ♀-Schild weißlich, 2,5–3 mm, Schinkenform; ♂ teils mit, teils ohne Flügel; an den verholzten Teilen von Weiden, Pappeln, Erlen und anderen Laubbäumen und Sträuchern; 1 Generation im Jahr; Überwinterung als Ei.
Lit. →Coccina.
Diaspis →Diaspididae 7.
Diaspidiotus →Diaspididae 3.
Diastatidae; Fam. der Zweiflügler (Diptera, Brachycera, Cyclorrhapha) mit in Eur 9, M-Eur & Dt 8 Arten; kleine (2,5–4 mm), gedrungene, dunkle Fliegen mit gelben Beinen und Fühlern (3. Fühlerglied kurz im Gegensatz zu den ähnlichen →Campichoetidae kurz). Imagines in Sümpfen, am Rande stehender Gewässer und in Waldgebieten, häufig in Bodennähe, manchmal in großer Anzahl. **Larven** unbekannt.
Lit. →Diptera.
Diaspidiotus →Diaspididae 3.
Diastrophus →Cynipidae.
Dibrachys →Pteromalidae 4; vgl. auch →Eulophidae 6.

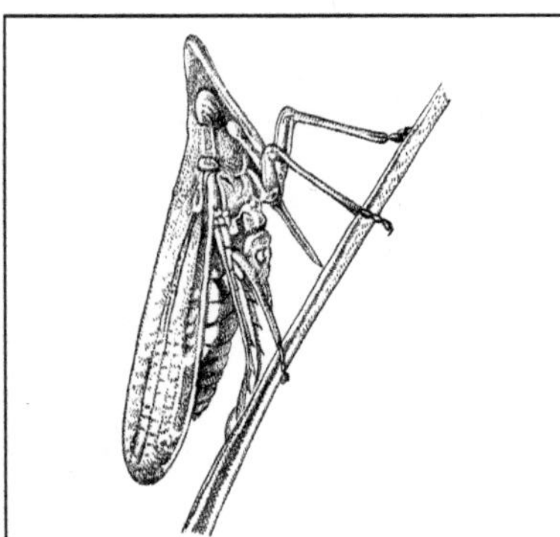

Abb. D-11: Dictyopharidae: *Dictyophara europaea*, Europäischer Laternenträger. 9–13 mm. (Günther 1969)

Dicerca →Buprestidae 2.

Dichelia →Tortricidae 11.

Dichrorampha →Tortricidae 34.

Dichrostigma →Raphidioptera B.

Dickköpfe, Dickkopffalter →Hesperiidae.

Dickkopffliegen →Conopidae.

Dickkopfzikaden, Agalliinae →Cicadellidae J; vgl. auch →Strepsiptera B3.

Dickmaulrüssler, *Otiorhynchus* →Curculionidae F1.

Dickrüssler, *Liparus* →Curculionidae L4.

Dicondylia; Schwestergruppe der →Archaeognatha, mit denen sie die übergeordnete Gruppe →Ectognatha bilden; umfasst die →Zygentoma und →Pterygota; Mandibeln – im Gegensatz zu anderen Arthropoden – durch 2 Gelenke (scharnierartig) mit der Kopfkapsel verbunden; bei zu Stechborsten umgewandelten umgewandelten Mandibeln sowie bei den Erzwespen fehlt das eine oder andere Mandibelgelenk sekundär.

Dicraeus →Chloropidae 5.

Dicranocephalus →Stenocephalidae.

Dicranomyia →Tipulidae.

Dicranota →Pediciidae.

Dictyophara →Dictyopharidae.

Dictyopharidae, Laternenträger, Leuchtzirpen; Fam. der Zikaden (Auchenorrhyncha, Fulgoromorpha) mit in Eur 50, M-Eur 3 Arten; weltweit verbreitet, besonders in den warmen Ländern; weltweit zahlreiche, z. T. sehr stattliche Arten; oft mit großen und auffallenden Verlängerungen des Stirnbereichs nach vorn, in die ein Blindsack des Mitteldarms zieht; heimisch nur ***Dictyophara europaea*** L., Europäischer Laternenträger (9–13 mm; [**D-11**]); grünlich, die Stirn kegelförmig nach vorn verlängert; Vorderflügel mit grünli-

chem Geäder; nur in wärmeren Gebieten; auf Stauden, →polyphag; Eiablage am Boden; die Eier werden vorher durch den Legebohrer mit Erdklümpchen umhüllt; 1 Generation im Jahr, Überwinterung als Ei; in der Ukraine bisweilen schädlich, z. B. an Wassermelonen. Lit. →Auchenorrhyncha.

Dictyoptera (Gttg.) →Lycidae.

Dictyoptera; →monophyletische Gruppe, umfasst die →Mantodea (Fangschrecken) und →Blattodea (Schaben und Termiten); übergeordnete Gruppe: →Polyneoptera; im Aussehen recht verschieden, jedoch mit ähnlichem Geschlechtsapparat (soweit nicht rückgebildet wie bei den meisten Termiten): beim ♀ letzte Hinterleibssegmente eingestülpt unter Bildung einer Genitalkammer; diese enthält einen verkleinerten, aus →Gonopoden bestehenden Legeapparat (Ovipositor); die 2-zeilig angeordneten Eier (jeweils aus 1 Ovar) umschlossen in einem Kokon (Oothek [**B-14, M-7**]) aus erhärtetem Drüsensekret, gebildet von Anhangsdrüsen des Geschlechtsapparates (ein Kokon fehlt jedoch bei den meisten Termiten und einigen fremdländischen, lebend gebärenden Schaben); ♂ mit asymmetrischen →Gonopoden (falls nicht wie bei Termiten stark rückgebildet): Kopulationszangen einseitig größer (i. d. R. links, bei *Supella* jedoch rechts). Lit. →Grimaldi & Engel 2005; Klass & Meier 2005.

Dicyphus →Miridae.

Dicyrtomidae, Spinnenspringer; Fam. der Springschwänze (Collembola, Symphypleona) mit in Eur 18, M-Eur 14, Dt 10 Arten; Körper kugelig, undeutlich segmentiert; Fühler gekniet, mit stiftartigem Spitzenglied; z. B. ***Dicyrtomina minuta*** F. (2,5 mm); verhältnismäßig langbeinig; lebt v. a. in Waldstreu, auf Stubben und Gräsern; Andeutung von Paarbildung (s. →Collembola). Lit. →Collembola; Bretfeld 1999.

Dicyrtomina →Collembola; →Dicyrtomidae.

Didineis →Sphecidae.

Diebsameise, *Solenopsis fugax* Latr. →Formicidae, D3; vgl. →Diapriidae.

Diebskäfer →Ptinidae.

Diebswespen, *Cleptes* →Chrysididae A.

Dienerella →Latridiidae 1.

***Diglyphus*;** vgl. →Agromyzidae 9.

Diloba →Noctuidae 9.

Dilophus →Bibionidae.

Dilta →Archaeognatha.

Dinaraea →Staphylinidae.

Dinarda →Staphylinidae D2; vgl. auch →Formicidae.

Dinetinae, *Dinetus* →Crabronidae A.

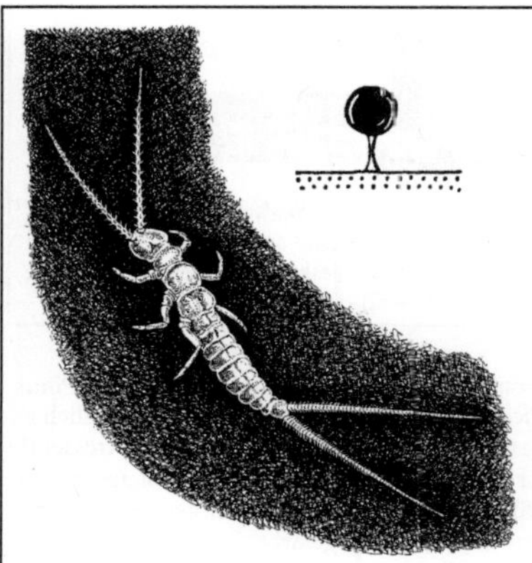

Abb. D-12: Diplura: *Campodea* spec. Körperlänge ca. 4 mm; oben rechts: Spermatröpfchen auf Stiel. (Schaller 1954, 1969, nach Kosakoff 1935)

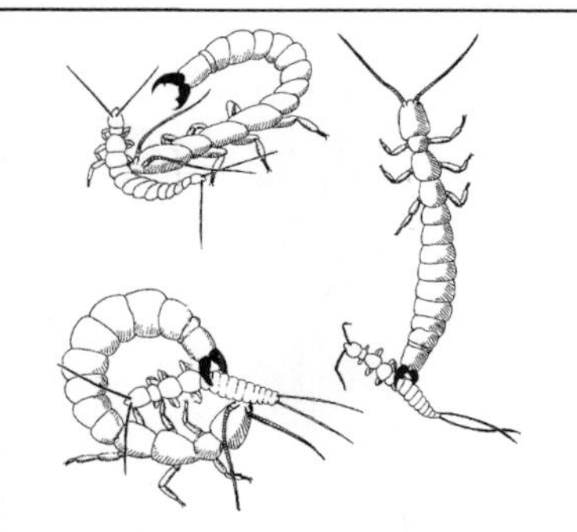

Abb. D-13: Diplura: *Japyx* spec., Zangenschwanz. Fängt und frisst *Campodea*. (Schaller 1969)

Dinocras →Perlidae.
Dinoderus →Bostrichidae 3.
Dinotiscus →Pteromalidae.
Dioctria →Asilidae.
Diodontus →Pemphredonidae.
Dioryctria →Pyralidae 6, 7.
Dioxys →Megachilidae 7.
***Diplazon*, Diplazontinae** →Ichneumonidae, C.
Dioplocoelus →Biphyllidae.
Dipljapyx →Diplura.
Diplolepis →Cynipidae, 1; vgl. auch →Torymidae.
Diplura, Doppelschwänze; Ordg. primär flügelloser Insekten; Schwestergruppe wohl die →Ectognatha; in Eur > 300, M-Eur 53, Dt 27 Arten; meist klein (außereuropäische Arten selten bis fast 6 cm) und zart, augenlos; mit zurückgezogenen, schabenden oder stechenden Mundteilen; 10 Hinterleibssegmente, mit zangen- oder fadenförmigen Cerci [**D-12**; **D-13**]; Extremitätenreste ventral am Hinterrand der meisten Abdominalsegmente (ähnlich →Archaeognatha), ausgebildet als seitliche Hüftgriffel (Styli) und paarige, ausstülpbare Coxalbläschen, die der Wasseraufnahme und dem Ionentransport dienen. Feuchtigkeitsliebende Bewohner von Bodenspalten, zwischen Moos, unter Rinde; drücken sich gern in Spalten; viele Arten der Gttg. *Plusiocampa* in Höhlen. **Ernährung** von organischen Teilchen, Pilzfäden, kleinen Tieren und Tierresten. Indirekte **Samenübertragung** bei *Campodea* ganz ähnlich wie bei den →Collembola: das ♂ setzt, angeregt durch die Gegen-

wart eines ♀, eine kurz gestielte Spermatophore (Höhe ca. 0,1 mm, Spermatropfen auf dem erstarrten Sekretfaden [**D-12**]) ab, in ♀-Nähe, oder wo gerade ein ♀ war; Sperma vom ♀ abgestreift. **Eiablage** (mehrere Male wiederholt) in der warmen Jahreszeit in kleinen Erdhöhlen, mehrere Eier zum Ballen vereinigt; Eiballen von *Campodea* an Faden aufgehängt; das *Japyx*-♀ bewacht Eiballen und Junge. Mehrjährig (*Campodea* mindestens 2-jährig, Japygidae bis über 6 Jahre); Zahl der **Häutungen** nicht genau bekannt (ca. 15 im Jahr bei *Campodea*, weniger bei Japygidae); bei den Häutungen nur geringe gestaltliche Veränderungen, Regeneration autotomierter Körperanhänge (auch z. B. der Cerci) möglich; die Exuvie ist wichtige Nahrung für die *Campodea*-Larve. – In M-Eur mit 2 sehr verschiedenen Fam.:

A. Campodeidae; in Eur > 220, M-Eur 44, Dt 22 Arten; z. B. *Campodea staphylinus* Westw. (ca. 3 mm); allgegenwärtige kleine Bodenbewohner (2–5 mm); Cerci fadenförmig, gegliedert [**D-12**]; omnivor, fressen organische Teilchen, Pilzfäden, auch Würmer, Insektenlarven und tierische Reste.

B. Japygidae, Zangenschwänze; in Eur > 80, M-Eur 9, Dt 5 Arten; bei uns selten gefunden, mehr im Süden; größer, Cerci zangenförmig [**D-13**], die hintersten 3 Segmente sklerotisiert, enthalten die kräftigen Zangenmuskeln; ausschließlich jagend, v. a. Springschwänze und Milben, die mit den Mundteilen oder auch den Hinterleibszangen ergriffen werden. Weitere Arten: *Metajapyx leruthi* Silv. (4–5,5 mm), lebt jagend in der Bodenstreu, unter Steinen; Beute mit den Antennen ertastet, mit den Cerci erfasst und durch Krümmen des Körpers zum Mund

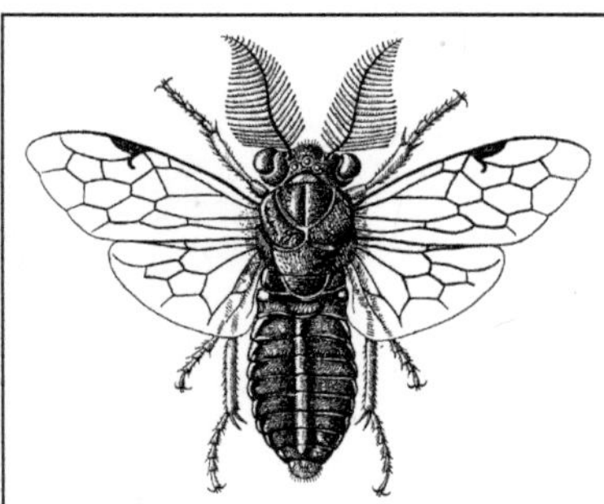

Abb. D-14: Diprionidae: *Diprion pini*, Gemeine Kiefern-buschhornblattwespe. ♂, ca. 6 mm. (Bachmaier 1969)

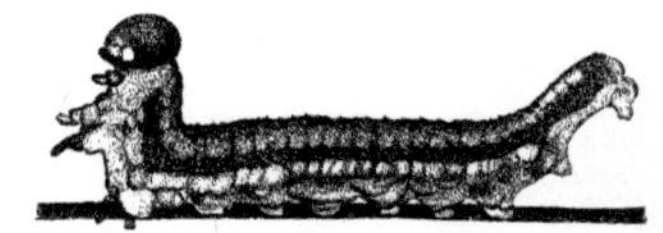

Abb. D-15: Diprionidae: *Neodiprion sertifer*, Rote Kiefern-buschhornblattwespe. Larve beim „Schnippen": Vorder- und Hinterende werden gleichzeitig hochgeschlagen; 25 mm. (Escherich 1914–42)

geführt [**D-13**]; bei *Dipljapyx humberti* Grassi (9–11 mm) bewohnt jedes Individuum ein durch Barrieren abgegrenztes, vielleicht duftmarkiertes Territorium, das Nest mit mehreren, durch Gänge verbundenen Kammern, deren eine immer zum Ruhen benutzt wird; auch die Eier werden in einer Kammer an einem Stielchen an der Wand befestigt und bewacht, die ausgeschlüpfte junge Brut gepflegt und betreut. Lit. Eisenbeis & Wichard 1985; Paclt 1956; Palissa 1964; Sendra et al. 2021.

Dipogon →Pompilidae.

Dipriocampe →Tetracampidae.

Diprion →Diprionidae A2.

Diprionidae, Buschhornblattwespen; Fam. der Hautflügler (Hymenoptera, „Symphyta", Tenthredinoidea) mit in Eur 21, M-Eur 17, Dt 16 Arten; Antennen beim ♀ sägezähnig, beim ♂ 1- oder 2-zeilig gekämmt (deutscher Name! [**D-14**]); ♀ größer als ♂, beide nicht selten in Färbung und Zeichnung verschieden. ♀ wenig flugfreudig; jungfräuliche ♀♀ geben einen stark wirksamen Sexuallockstoff (Acetate und Proprionate eines Alkohols, des 3,7-Dimethylpentadecan-2-ol) ab; lockt ♂♂ noch aus 200 m Entfernung an (nachgewiesen bei *Diprion similis* Htg.); **Begattung** in End-zu-Endstellung, Köpfe abgewandt; →Parthenogenese teils thelytok, teils arrhenotok; Eier mit dem kurzen Legebohrer in die Nadelkante eingeschoben: bei gesellig lebenden Arten mehrere Eier in Zeile dicht hintereinander [**D-17**], bei einzeln lebenden nur je 1 Ei pro Nadel; Gelege manchmal (*Diprion pini* L.) mit schaumigem Sekret bedeckt; Wahl des Einstichorts auf der Nadel artspezifisch verschieden. Die **Larven** raupenähnlich (Afterraupen), mit 3 Brustbeinpaaren und 8 Afterfußpaaren am Hinterleib [**D-15**] und 3-gliedrigen Antennen;

fressen frei an Nadelbäumen (in Eur an *Pinus, Picea, Juniperus*), und zwar fast ausschließlich an den Nadeln, seltener an Rinde; solitär fressende Arten gewöhnlich unscheinbar; solche, die (in frühen Stadien) zu mehreren gemeinsam fressen, oft auffallend gefärbt; Kopf der Larve beim Fressen stets zur Nadelspitze (*Neodiprion*: Polarisation des Himmelslichtes wichtig für Orientierung); die erwachsene Larve frisst pro Tag 6–12 Nadeln; i. A. träge Bewegungen; zahlreiche Abwehrmechanismen gegen Feinde: Erbrechen eines Tropfens Vorderdarm-Inhalt (Mischung aus von der Wirtspflanze stammenden Terpenoiden), Spinnen von Netzen, Errichten von Schaumpalisaden, simultanes Hochschlagen von Vorder- und Hinterende („Schnippen"); das Darmsekret wirkt (*Diprion pini* L.) auch abstoßend auf artgleiche ♀♀ und verhindert so eine weitere Eiablage. ♂ 4–5, ♀ 5–6 Häutungen; das letzte Larvenstadium (Einspinnstadium) frisst nicht mehr, spinnt (mit dem Sekret der auf dem Labium mündenden Spinndrüsen) ober- oder unterirdisch einen sehr zähwandigen Kokon; Wahl des Kokonortes u. a. temperaturabhängig (bei manchen Arten der Kokon der 1. Generation oberirdisch, der [überwinternde] Kokon der 2. Generation im Boden); ♂-Larve spinnt kleineren Kokon als ♀-Larve; **Überwinterung** fast stets als verpuppungsreife Larve im Kokon (als Ei bei *Neodiprion sertifer* Geoffr.); bis zu 4-jähriges Überliegen kommt bei manchen Arten vor; **Puppen**zeit selbst 1–2 Wochen [**D-16**]; die Imago verlässt den Kokon nach Abnagen des Deckels; bei manchen Arten je nach Außenbedingungen 1 oder 2 Generationen im Jahr.

A. Monocteninae mit 2 heimischen Arten (*Monoctenus juniperi* L., *M. obscuratus* Htg.); 5–6 mm; Antennen des ♂ nur einzeilig 1-zeilig gekämmt; Larven auf Wacholder; forstlich bedeutungslos.

B. Diprioninae mit 14 Arten in Dt; Larven ausschließlich an Fichte oder Kiefer; darunter einige zur Massenvermehrung neigend und dann bisweilen schädlich; wichtigste Helfer im Kampf

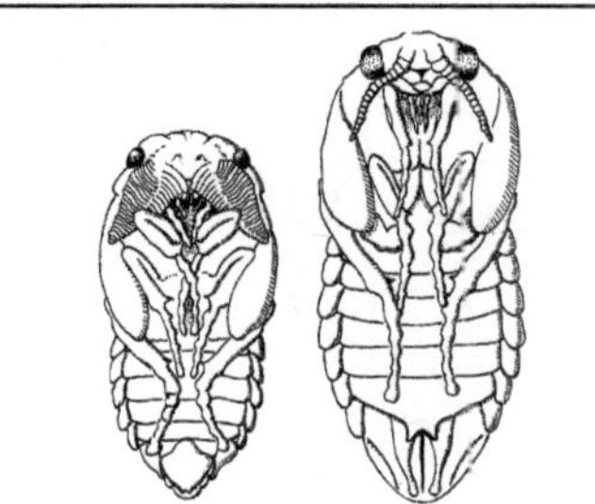

Abb. D-16: Diprionidae: *Diprion pini*, Gemeine Kiefern-buschhornblattwespe. Puppe; links: ♂ (8 mm); rechts: ♀. (Escherich 1914–42)

gegen die Schädlinge: Vögel, Bakterien und Viren, ferner als Parasitoide zahlreiche →Ichneumonidae (befallen teils Eier, teils Larven, teils Kokon) und mehrere →Tachinidae (befallen die Larven); bei Massenvermehrungen werden viele Kokons von Wildschweinen und Spitzmäusen gefressen.

B1. An **Fichte**: *Gilpinia polytoma* Htg. und *G. hercyniae* Htg; 6–8 mm; je 1 Ei in eine Nadel abgelegt; Larven grün mit 3 weißen Längsstreifen, fressen einzeln; Kokon oberirdisch in der Bodenstreu (*G. hercyniae*) oder Baumkrone (meiste *G. polytoma*); teils 1, teils 2 Generationen im Jahr, durch Überliegen auch mehrjährig (bis zu 5-jährig). Beide Arten nach Nordamerika verschleppt, wegen des Fehlens natürlicher Feinde dort außerordentlich schädlich (auch die in Europa unauffällige *G. hercyniae*); biologische Bekämpfung durch Nachliefern der Parasitoide aus Europa.

– Die Mehrzahl der Arten an **Kiefer**: am häufigsten und meist gefürchtet:

B2. *Diprion pini* L., Gemeine Kiefernbusch-hornblattwespe (♂: [**D-14**]; ♀ bis 10 mm); Eier in Reihe dicht hintereinander in die Nadelkante eingeschoben, mit schaumigem Sekret bedeckt [**D-17**]; Larven fressen gesellig; in kühlen Gebieten 1, sonst 2 Generationen im Jahr, auch mehrjährig durch Überliegen; Kokon meist an den Nadeln, bei einer 2. Generation in der Bodenstreu oder an den untersten Stammteilen; die Imago beißt vor dem Schlüpfen kreisrunden Deckel ab.

B3. *Neodiprion sertifer* Geoffr., Rote Kiefernbuschhornblattwespe (6–9 mm; ♂ am Bauch, ♀ fast ganz gelbbraun bis rötlich); Eier im Herbst in Reihe abgelegt, mit jeweils gut 1 mm Abstand; die Larven fressen gesellig; Überwinterung

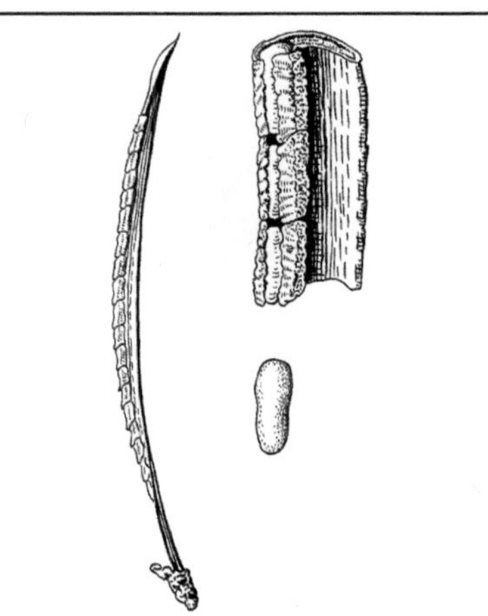

Abb. D-17: Diprionidae: *Diprion pini*, Gemeine Kiefern-buschhornblattwespe. Links: in die Nadelkante eingeschobene Eizeile (ca. 2,5 mm); rechts oben: Ausschnitt aus der Eizeile (ca. 2,5 mm); rechts unten: Ei. (Brauns 1991)

i. d. R. als Ei; Kokon (im Sommer) im Boden oder an Bodenpflanzen; Generation meist 1-jährig, durch Überliegen auch mehrjährig.

Lit. →Hymenoptera; CABI; Hilker & Weitzel 1991; Lacourt 2020; Pschorn-Walcher 1982; Quinlan & Gauld 1981; Schedl 1991.

Dipsocoridae; Fam. der Wanzen (Heteroptera, Dipsocoromorpha) mit in Eur 9, M-Eur 3, Dt 3 Arten; unter 3 mm; unscheinbar bräunlich; Antennen mit Wimperhaaren; die austrocknungsempfindlichen Tiere leben in feuchten Habitaten (Ufer, Moore, Feuchtwiesen) unter Steinen oder im in feuchtem Moos, unter Steinen; Ernährung wahrscheinlich jagend.

1. *Pachycoleus waltli* Fieb. (1–1,6 mm; [**D-18**]); lebt und überwintert im in nassen nassem Moos, verträgt Überflutungen; meist kurzflügelig, mit seltenen langflügeligen Exemplaren.

2. *Cryptostemma alienum* Herr.-Schäff. (2–3 mm); lebt unter nassen Steinen an kiesigen Bach- und Flussufern; übersteht Überflutungen in Luftblasen oder mittels →Plastron.

Lit. →Heteroptera; Heiss & Péricart 2007.

Dipsocoromorpha; Gruppe der Wanzen (→Heteroptera); mit den Fam. →Ceratocombidae, →Dipsocoridae.

Diptera, Mücken und Fliegen, Zweiflügler; Ordg. der Insekten mit vollkommener Verwandlung (→Holometabolie; wenige →polymetabol, z. B.

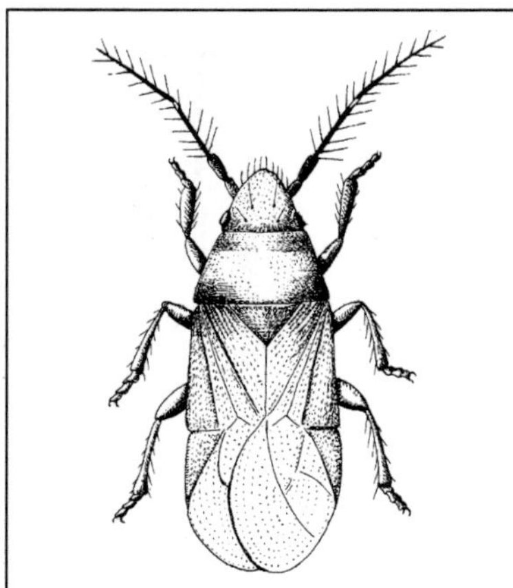

Abb. D-18: Dipsocoridae: *Pachycoleus waltli.* Langflügeliges ♂; 1,5 mm. (Jordan 1962)

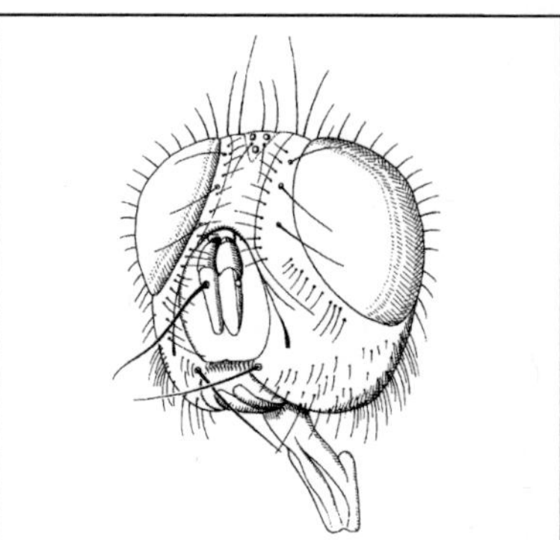

Abb. D-19: Diptera: Schema des Kopfes einer cyclorrhaphen Fliege (Calliphoridae). Bogennaht über der Fühlerbasis; nur ein Teil der Borsten und Haare eingezeichnet; linke Arista weggelassen. (Séguy 1951b)

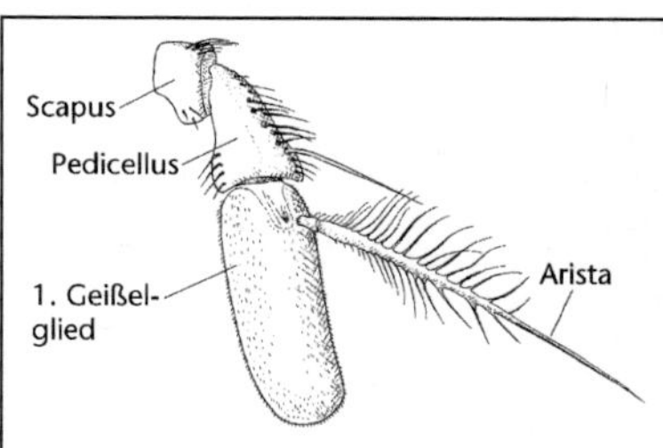

Abb. D-20: Diptera: Fühler von *Calliphora vicina,* Blaue Fleischfliege. Scapus = 1., Pedicellus = 2. und 1. Geißelglied = 3. Fühlerglied

Acroceridae); bilden mit den →Mecoptera und Siphonaptera die übergeordnete Gruppe →Antliophora; in Eur bisher ± 19 000 Arten bekannt, mit bisher ± 9500 Arten neben den →Hymenoptera artenreichste Insekten-Ordg. in Dt, wobei in manchen Gruppen (insbesondere →Cecidomyiidae, →Phoridae) bei Weitem noch nicht alle Arten erfasst sind; in den verschiedensten Biotopen mit ungemein großer Individuen- und Artendichte: z. B. auf Ackerboden 1400 Larven und 500 Imagines von 500 Arten pro Quadratmeter und Jahr, in Waldboden 1000–3000 (Spitzenwerte bei 20 000), in Dünen 750 Arten, in temporären Gewässern am Rhein 360, in der Krautschicht 540, in der Strauchschicht 340 Arten; in den meisten Biotop-Typen dominieren saprophage Arten; viele Diptera sind für den Menschen bemerkenswert, teils als Nützlinge (→Tachinidae: die Larven sind Parasitoide bei anderen an Kulturpflanzen schädlichen Insekten), teils als Schädlinge (z. B. durch Fraß der Larven an Kulturpflanzen, z. B. →Tephritidae), als lästige Blutsauger (z. B. →Simuliidae, →Culicidae), als Krankheitsüberträger (*Glossina,* Tsetsefliegen), als Krankheitserreger (durch Larven, die bei Säugetieren, gelegentlich auch beim Menschen parasitieren, z. B. →Oestridae). Hervorstechendes Merkmal der **Imagines:** nur die Vorderflügel gut ausgebildet; Hinterflügel umgewandelt zu den stark verkürzten Schwingkölbchen (Halteren, s. u.); variieren stark nach in Größe und Gestalt; zu den größten Arten gehören die tropischen und subtropischen Arten der

Gttg. *Mydas* (Mydidae), z. B. *M. heros* P. (Körperlänge fast 8 cm, Flügelspannweite 10 cm); heimische Arten etwa 1–25 mm lang; nach dem Bau der **Antennen** werden unterschieden: „Nematocera", Mücken: Antennen ± fadenförmig, nicht selten recht lang, mit 6 oder mehr gleich gestalteten Gliedern [**C-194, M-50**]; Brachycera, Fliegen: Antennen kurz, mit einer wechselnden Zahl von Gliedern verschiedener Gestalt [**C-187, D-19, D-20**]; bezeichnend für die Cyclorrhapha unter den Fliegen ist die 3-gliedrige Antenne: auf dem keulenförmigen 3. Antennenglied (entspricht dem 1. Geißelglied) sitzt die dünne, oft gefiederte Arista als Rest weiterer Glieder. Die oft stark verlängerten **Mundgliedmaßen** sind hoch spezialisiert; 3 Haupttypen: a) **primär stechend-saugend,** bei vielen Mücken und orthorrhaphen Fliegen (z. B. →Tabanidae); Ausstattung fast

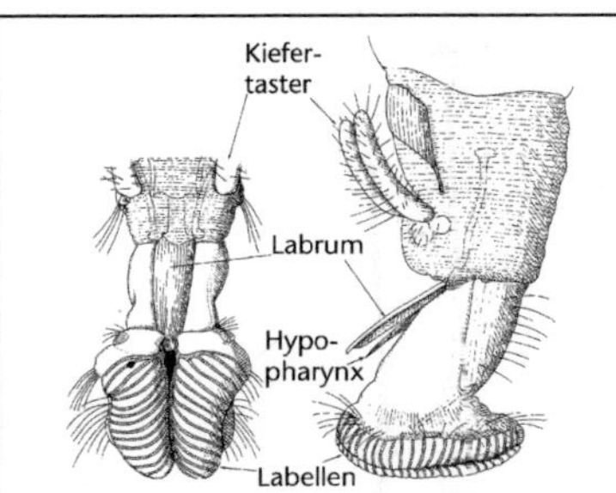

Abb. D-21: Diptera: *Musca domestica*, Stubenfliege. Rüssel; links: von vorn; rechts: von der linken Seite; Labrum und Hypopharynx abgehoben; Labellen mit Pseudotracheen. (Weber 1933)

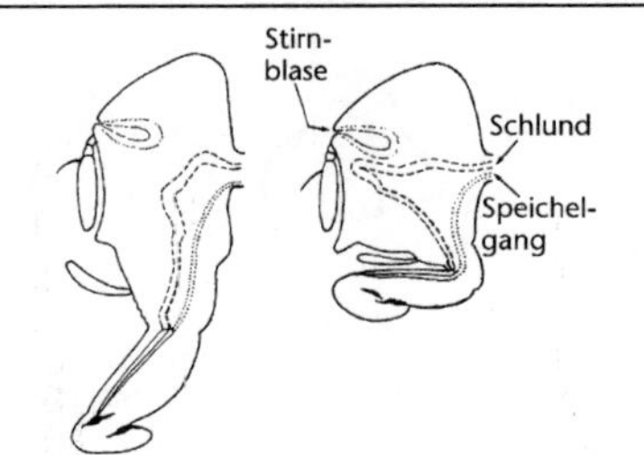

Abb. D-22: Diptera: *Musca domestica*, Stubenfliege. Schematisierter Längsschnitt durch den Kopf (mit eingezogener Stirnblase); links: Rüssel in Saugstellung; rechts: in Ruhe. (Weber 1933)

vollständig [**T-4**]; 1- bis 4-gliedrige Kiefertaster (Maxillarpalpen) stets vorhanden, bisweilen bei ♂ und ♀ verschieden ausgebildet; Lippentaster (Labialpalpen) an der Spitze des nicht selten stark sklerotisierten Labiums umgewandelt zu Labellen [**C-193**]; bei unterschiedlicher Ernährung der Geschlechter (z. B. nur ♀♀ blutsaugend) manchmal auch deutliche Unterschiede in den Mundteilen; in manchen Gruppen Fortfall bestimmter Teile, z. B. der Mandibeln bei den an erbeuteten Insekten saugenden →Asilidae [**A-72**]; extrem langer dünner Rüssel bei manchen Nektarsaugern (z. B. →Bombyliidae); b) **leckend-saugend,** bei Cyclorrhapha [**D-21**]; Mandibeln und Maxillen weitgehend oder ganz rückgebildet, nur die Maxillartaster erhalten; unterer Kopfteil zu einem Rostrum vorgezogen; trägt den einklappbaren verlängerten Saugrüssel [**D-22**], der hauptsächlich aus dem weichhäutigen Labium besteht; dieses vorn mit eingesenkter Rinne, zugedeckt durch das Labrum; unter diesem der verlängerte, vom Speichelkanal durchzogene Hypopharynx; am Ende des Labiums die polsterförmigen Labellen, an der Oberfläche mit einem System spantenartig versteifter Rinnen (Pseudotracheen), die die flüssige Nahrung kapillar ansaugen; Weitertransport durch die Schlundpumpe zur Labellenbasis und in das Nahrungsrohr zwischen Labrum und Hypopharynx; Zähnchen an den Pseudotracheen ermöglichen durch Raspelbewegung eine gewisse Zerkleinerung fester Substanzen und deren Aufnahme in den Speichel; ähnlicher Rüsselbau auch bei manchen Mücken (z. B. →Tipulidae [**T-68**]): stark verlängertes Rostrum, außer Mandibeln und Maxillen auch Labrum und Hypopharynx rückgebildet; von leckend-saugenden

Mundwerkzeugen abgeleitet die c) **sekundär stechend-saugenden** Mundteile mancher Calyptratae (Tsetsefliegen, *Glossina*, →Pupipara; Wadenstecher, *Stomoxys*, →Muscidae [**M-45**]): Labium lang, schmal, stark sklerotisiert; Raspelbewegung der kleinen Labellen ermöglicht (schmerzhaftes) Einstechen zum Erlangen von Blutnahrung; Rückbildung aller Mundteile bis zu vollständigem Schwund kommt in einigen Gruppen vor (z. B. →Oestridae); Maxillartaster jedoch fast stets vorhanden, fehlen bei einigen Gallmücken (→Cecidomyiidae). Die **Beine** meist gut entwickelt, bei manchen Mücken auffallend lang und dünn (z. B. →Tipulidae); trotzdem nur mäßige Neigung zum ausgedehnten Laufen (Ausnahme z. B. →Phoridae); meist 5 Tarsenglieder, selten 4, 3 oder 2 (z. B. einige →Cecidomyiidae); gute Ausstattung des letzten Tarsengliedes mit Haftapparaten (Krallen, Arolium, Pulvillen [**D-23**]); die Sohlen der Pulvillen vieler Brachycera jeweils mit einigen Tausend (5000 bei *Calliphora*) Hafthaaren besetzt (10–15 µm lang, 1 µm dick, am freien Ende winkelig abgebogen [**D-24**]); zusammen mit einem Lipid-Sekret, das von Drüsenzellen in den Pulvillen sezerniert wird, ermöglichen sie das Haften an und Laufen auf sehr glatten Flächen; Spezialisierung der Beine auf bestimmte Funktionen hin vergleichsweise selten: z. B. starke Fußklauen bei den am Feder- bzw. Haarkleid von Vögeln und Säugetieren lebenden Lausfliegen (→Hippoboscidae, →Streblidae, →Nycteribiidae); ein rechenartiger Borstenkamm statt Klauen bei den Bienenläusen (→Braulidae [**B-36**]), starke Bedornung bei den Insekten jagenden Raubfliegen (→Asilidae), Umbildung der Vorderbeine zu Fangbeinen bei *Ochthera mantis* Deg. (→Ephydridae [**E-24**]); manchmal Geschlechtsunter-

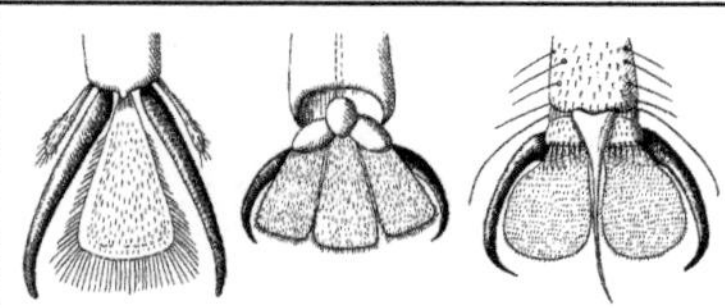

Abb. D-23: Diptera: Haftapparate an den Endgliedern der Füße. Links: *Contarinia* (Cecidomyiidae); Mitte: *Rhagio* (Rhagionidae); rechts: *Sarcophaga* (Sarcophagidae). Zwischen den Krallen ein unpaares Arolium bzw. borstenförmiges Empodium oder paarige Pulvilli. (Séguy 1951b)

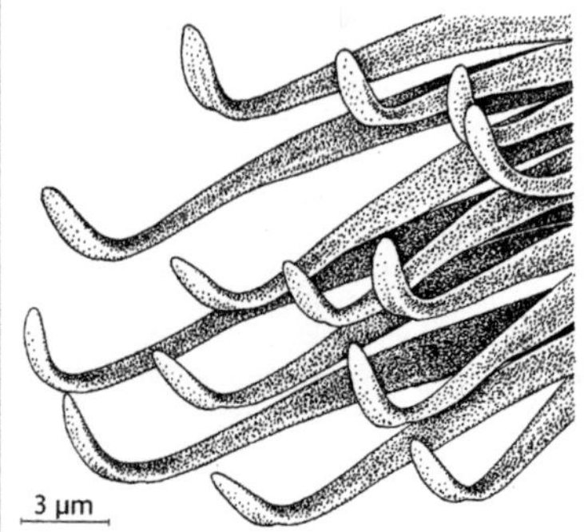

Abb. D-24: Diptera: Hafthaare an den Pulvillen von *Calliphora vicina*. (Bauchhenß, Renner 1977)

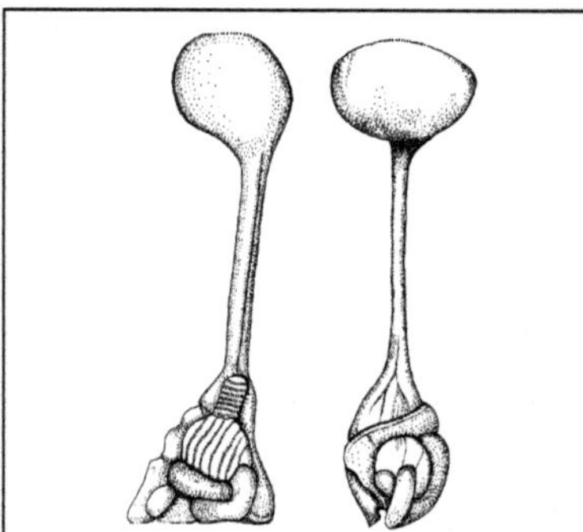

Abb. D-25: Diptera: *Calliphora vicina*, Blaue Fleischfliege. Linke Halteren; links: von oben, mit Feldern von Sinnesorganen; rechts: von hinten. (Schneider, 1953)

schiede in der Ausbildung der Beine: das 1. Vordertarsenglied bei den ♂♂ von *Hilara* ist verdickt, es enthält Spinndrüsen für das „Hochzeitsgeschenk" (→Empididae); tarsale Geschmacksorgane bei mehreren Arten nachgewiesen; typische Reaktion: Ausstrecken des Saugrüssels, wenn die Füße auf etwas Süßes treten. Das allein vorhandene vordere **Flügel**paar meist gut ausgebildet, es ermöglicht zumal den größeren Fliegen einen schnellen, vorzüglich ausgesteuerten Flug; an der Steuerung sind wesentlich beteiligt (außer den Antennen und vielleicht den Augenborsten) die für die Zweiflügler so bezeichnenden **Schwingkölbchen** (→Halteren), entstanden aus dem hinteren Flügelpaar (Mutation: Flügel statt Schwingkölbchen [**D-51**]); die Halteren schwingen i. d. R. im gleichen Rhythmus wie die Flügel (aber gegensinnig); sie wirken einerseits rein mechanisch stabilisierend als schwingendes System, andererseits als Organe der Rezeption von Winkelbeschleunigungen vergleichbar einem Gyroskop (während des Fluges auftretende Drehungen lenken die Halteren aus ihrer Hauptschlagebene aus und verursachen Veränderungen in der Beanspruchung der Kutikula, wahrgenommen durch Gruppen von campaniformen Sensillen an der Halterenbasis [**D-25**]); die meist zarten Mücken sind i. d. R. langsame Flieger, durch Wind leicht verfrachtbar; die Schlagfrequenz steigt mit Abnahme der Körpergröße (ca. 50 Hz bei großen →Tipulidae, 300–500 Hz bei →Culicidae); wahre Flugkünstler sind manche Vertreter der größeren Brachycera: schneller Wechsel der Flugrichtung und -geschwindigkeit, Flug am Ort, Landen in jeder Körperlage; sehr verschieden die mittleren Fluggeschwindigkeiten (Hausfliege 6,4 km/h, Rinderbremse 22,4 km/h, Hirschbremse 40 km/h); mehr oder weniger starke Rückbildung der Flugflügel (Vorderflügel) bei Vertretern verschiedenster Gruppen: bei manchen Strand- und Gebirgsformen im Zusammenhang mit den dort auftretenden starken Windböen (z. B. *Clunio*, →Chironomidae), oft auch in Zusammenhang mit parasitischer Lebensweise (vollkommener Schwund z. B. bei →Braulidae, →Nycteribiidae); in manchen Fällen werden die Flügel nach Erreichen des Wirtes abgeworfen (manche →Carnidae und →Hippoboscidae); bei Arten mit Flügelrückbildung können auch die Halteren fehlen; für die **Flugsteuerung** wird die Ablenkung der Antennen durch den Fahrtwind (zumal durch Druck auf die Arista) im Gelenk zwischen dem 2. und 3. Glied registriert, v. a. durch die Sinneszellen des im 2. Glied liegenden →Johnston-Organs (bei den ♂♂ der →Culicidae zu einem hoch differenzierten **Hörorgan** zum Wahrnehmen des Flugtons der ♀♀ umgebildet).

Ocellen fast stets vorhanden, meist 3, seltener 1 oder 2, fehlen bei manchen Mücken; **Komplexaugen** meist groß [**D-19**], zuweilen sehr farbenprächtig (metallisch grün oder sogar metallisch mehrfarbig, bei Vertretern aus vielen Fam., z. B. →Tabanidae), hervorgerufen durch Lamellierung der Cornea; dadurch Veränderung der spektralen Zusammensetzung des durchgelassenen Lichtes, möglicherweise, um die Hintergrundfarbe (z. B. grüne Laubfarbe) auszufiltern und dadurch Geschlechtspartner (dann häufig mit schwarz-weißen Signalen) besser erkennen zu können. Meiste Diptera takgaktiv (stark ausgeprägter Gesichtssinn!), nur wenige (z. B. viele Stechmücken, →Culicidae) in der Dämmerung oder nachts. Die Imagines nehmen, wenn überhaupt, ausschließlich flüssige oder durch Speichel verflüssigte **Nahrung** auf, teils frei gebotene (z. B. Nektar), teils durch Stich mit den Mundteilen gewonnene (Hämolymphe von erbeuteten anderen Insekten oder Blut von Wirbeltieren); Blutnahrung ist für die ♀♀ mancher Gruppen (Culicidae) notwendig für die Eibildung in den Ovarien; reger Blütenbesuch vieler Brachycera, wichtig für die Bestäubung; Farbtüchtigkeit (auch UV-Empfindlichkeit eines Teils der Ommatidien) und eine gewisse Blütenstetigkeit ist für eine Reihe von Arten nachgewiesen (z. B. bei →Bombyliidae, →Syrphidae, →Calliphoridae); häufig wird Gelb bevorzugt, zumal bei gleichzeitig gebotenem Blütenduft; manche Arten, deren Larven sich in Aas entwickeln, bevorzugen Braun und Purpur (häufig bei „Aasblumen"; →Ekelblumen) bei gleichzeitigem, als Lockmittel dominierendem Aasduft. Das eifrige **Putzen**, v. a. bei der Stubenfliege leicht zu beobachten, geschieht in ganz bestimmten, in verschiedener Weise kombinierten und koordinierten Bewegungsfolgen; es gibt beachtliche Unterschiede zwischen den Gruppen, sowohl in den Bewegungskoordinationen als auch in der Putzfreudigkeit (vgl. →Muscidae). **Symbiose** mit Bakterien bei Nahrungsspezialisten (→Mycetocyten): a) bei einigen Zellulosefressern: bei den Larven einiger →Anthomyiidae liegen Bakterien (*Erwinia atroseptica* Jenn.) frei im Darm; die Eioberfläche wird mit den Bakterien beschmiert, die zugleich die Schwarzbeinigkeit der Kartoffel verursachen; bei Larven und Imagines mancher →Tephritidae (*Bactrocera oleae* Gmel.) sind Bakterien in Darmaussackungen untergebracht; b) bei Arten, die lebenslang Blut saugen: Symbionten teils im Darm oder in Darmzellen (z. B. →Hippoboscidae), teils in vom Darm unabhängigen Mycetomen (einige →Nycteribiidae und →Ceratopogonidae); Infektion der Nachkom-

men wohl über das Sekret der „Milchdrüsen", die Nahrung für die im Uterus sich entwickelnden, verpuppungsreif abgesetzten Larven. I. d. R. 2-geschlechtliche **Vermehrung**, in mehreren Gruppen auch →Parthenogenese, bei manchen Gallmücken (→Cecidomyiidae) als →Pädogenese; der **Kopulationsapparat** des ♂ ist in manchen Gruppen durch Drehung des Hinterleibsendes um 180° oder mehr invers oder asymmetrisch (gar um 360° bei den Cyclorrhapha); häufig sind zangenförmige Cerci oder →Gonopoden zum Festhalten des ♀ vorhanden; ♂♂ mancher Fliegen (z. B. →Empididae) und v. a. Mücken (z. B. →Bibionidae, →Culicidae, →Chironomidae) mit Neigung zum Bilden von Flugschwärmen, aus denen heraus anfliegende ♀♀ zur Begattung ergriffen werden; als Vorbereitung zur Kopulation kommt es zu einer artspezifischen **Balz** der Partner, zumal des ♂ vor dem ♀ (→Drosophilidae), wobei in manchen Fällen dem ♀ vom ♂ Nahrung überreicht wird: ein ausgewürgter Nahrungstropfen oder ein (evtl. in Gespinst verpacktes) Beuteinsekt (→Empididae); Kopulation im Flug oder am Boden oder auch an der Wasseroberfläche, mit artspezifisch verschiedener Stellung der Partner zueinander [**C-113**, **C-195**, **D-46**]; Übertragung des Spermas nicht selten in Form einer Spermatophore, sowohl bei einigen Mücken (z. B. →Ceratopogonidae, →Simuliidae, →Chironomidae, →Bibionidae) als auch bei Fliegen (z. B. Diopsidae; *Glossina*; ursprünglicher Modus für Diptera?); bei manchen Arten und in bestimmten Phasen der Balz spielen offenbar Duftstoffe für das Sichfinden der Partner eine Rolle (z. B. →Tephritidae, →Drosophilidae). ♀ i. d. R. mit gut ausgebildetem **Eilegeapparat**, häufig in der Form, dass die stark verengten letzten Abdominalsegmente teleskopartig vorgestülpt und zurückgezogen werden können; Verhärtung und Bewehrung des Legeapparates mit zähnchenartigen Gebilden kommt vor und ermöglicht Eiablage in pflanzliches und tierisches Substrat; **Eiablage** einzeln oder in bezeichnend geformten Gelegen [**C-92**, **C-196**] im, am oder nahe dem Wohn- oder Nährsubstrat der Larven; Ablegeplatz für Eier bzw. Larven optisch oder geruchlich gefunden; zuweilen Massengelege zahlreicher ♀♀ (z. B. →Simuliidae; →Athericidae); Eier meist lang gestreckt, bisweilen mit fädigen, der Atmung dienenden Anhängen (z. B. →Drosophilidae); bei Ablage in Wasser oder feuchte Substrate mit einem Chorion, das zu einem komplexen →Plastron differenziert ist; bei Ablage auf Wasser mit Schwimmvorrichtungen (→Culicidae [**C-198**]); Schlüpfen der Larve oft unterstützt durch vor-

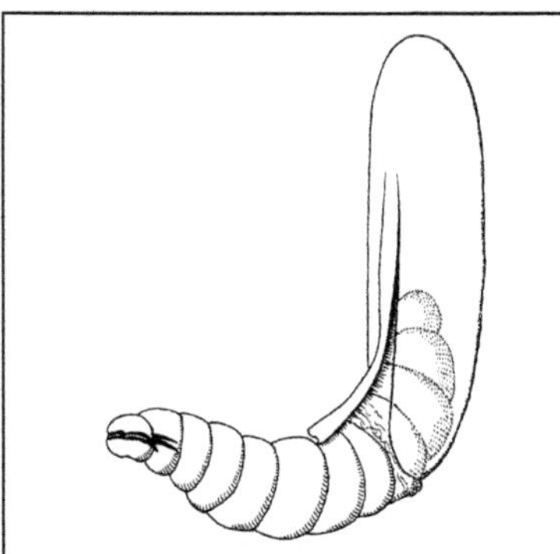

Abb. D-26: Diptera: *Lucilia sericata*. Larve schlüpft durch vorgebildete Bruchlinie im Chorion; zugleich wird die Dotterhaut gesprengt. (Weber 1933)

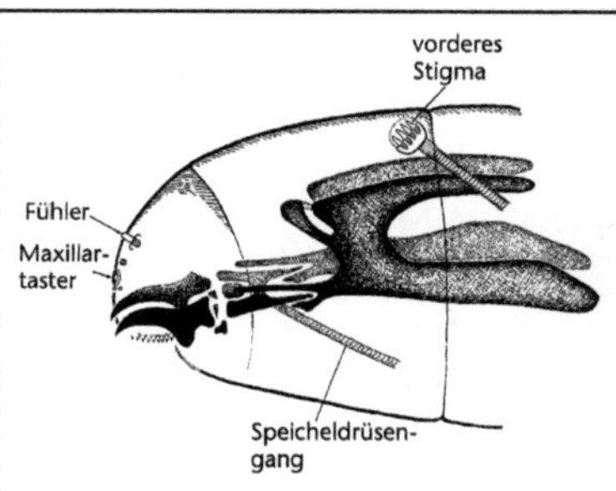

Abb. D-27: Diptera: Schema des Schlundgerüstes bei cyclorrhaphen Larven, vorn die beiden Schlundhaken. (Brauns 1954a)

gebildete Bruchlinien im Chorion [**D-26**], seltener durch einen larvalen Eizahn (→Culicidae [**C-201**]); meist ovipar, manche Arten (zumal bei den Calyptratae, s. u.) vivipar oder ovovivipar (die Larven schlüpfen unmittelbar nach der Eiablage); es kommt vor, dass eine Art im nördlichen Teil des Verbreitungsgebietes Eier legend, weiter südlich lebend gebärend ist; bei den →Pupipara und bei den Tsetsefliegen (*Glossina*) werden verpuppungsreife Larven abgesetzt. Zahl der Larvenstadien bei den Cyclorrhapha 3, bei den übrigen Fliegen bis zu 8, bei den Mücken meist 4; **Larven** mit sehr unterschiedlicher Körperform und Lebensweise; stets fehlen echte gegliederte Extremitäten, nicht selten jedoch sind stummel-, warzen- oder höckerartige, oft mit Borsten oder Häkchen besetzte Ersatzorgane vorhanden, gelegentlich (→Blephariceridae) auch saugscheibenartige Gebilde, die teils dem Haften am Substrat, teils der Fortbewegung dienen; die Labialdrüsen (Speicheldrüsen) sind i. d. R. gut ausgebildet, bei manchen Mückenlarven umgebildet zu Spinndrüsen; Kerne der Speicheldrüsenzellen wenigstens in manchen Gruppen (z. B. →Chironomidae, →Drosophilidae) mit den für die Vererbungsforschung so bedeutungsvoll gewordenen Riesenchromosomen; bei den „roten Larven" mancher →Chironomidae ist im Blut ein hämoglobinartiger, O_2-bindender Farbstoff gelöst. Nach der Ausbildung der Kopfregion kann man unterscheiden: a) **eucephale Larven:** Kopf gut ausgebildet, mit mehr oder weniger vollständigen, oft spezifisch auf an eine bestimmte Art des Nahrungserwerbs angepassten Mundteilen, mit Antennen ([**C-94**]; die meisten Mücken); b) **hemicephale Larven:** Kopfkapsel von hinten mehr oder weniger aufgelöst und in den Prothorax eingesenkt, Mundteile sehr verschiedenartig ausgebildet (manche Mücken, orthorrhaphe Fliegen); c) **acephale Larven** (Maden): Kopfkapsel verschwunden; Kopf ganz in den Thorax eingezogen; Mundteile teils stark rückgebildet; teils einbezogen in ein bezeichnendes, dunkel pigmentiertes Cephalopharynxskelett; vorn mit einem Paar meist kräftiger Mundhaken (Schlundhaken [**D-27**]), die ganz oder teilweise vom Maxillensegment gebildet werden; sie werden vorgestoßen und vermögen, nach vorn-unten hakelnd, die Nahrung zu zerkleinern und in den Schlund zu schaffen (Cyclorrhapha); Segmentierung mehr oder weniger deutlich; Segmentzahl ab und an durch zusätzliche Einschnürungen scheinbar vergrößert. **Nahrung** und Art des Nahrungserwerbs der Larven äußerst verschiedenartig; viele Arten sind Detritusfresser; Wasserbewohner haben z. T. die Fähigkeit, die Nahrungsteilchen mit Spezialapparaten herbeizustrudeln (→Simuliidae; →Culicidae); sehr häufig an zerfallendem pflanzlichen oder tierischen Material; andere an oder in lebenden Pflanzenteilen, z. T. minierend oder gallbildend; jagende Larven gibt es in den verschiedensten Gruppen, ebenso gelegentliche oder obligate (teils Außen-, teils Innen-)Parasiten (→Pupipara, →Braulidae, →Oestridae); als →Parasitoide sind besonders die Raupenfliegen (→Tachinidae), wie die Schlupfwespen, wichtig als Helfer beim Niederhalten von Schadinsekten; Larven (auch Imagines) von Vertretern verschiedener Gruppen leben regelmäßig in den Nestern von sozialen Insekten, von Vögeln und Säugetieren, teils als harmlose Mitbewohner, die vom Abfall leben, teils als Jäger und Parasiten. **At-**

mung bei im Wasser lebenden Larven entweder einfach durch die Haut (Tracheensystem dann mehr oder weniger rückgebildet [**C-96**]) oder mit Tracheenkiemen [**S-46**, **B-19**] oder durch offene Stigmen, dann meist an der Wasseroberfläche, seltener (z. B. *Mansonia*, →Culicidae) aus den Lufträumen angebohrter Wasserpflanzen; häufig →amphipneustisch oder →metapneustisch, das einzige Stigmenpaar dann nicht selten an der Spitze einer mehr oder weniger langen Atemröhre [**S-119**]; die Atmung endoparasitoider Larven ist vergleichbar mit der der Wasserbewohner; ist der Wirt ein Insekt, so findet das Parasitoid mit dem Hinterende häufig Anschluss an das Tracheensystem des Wirtes [**T-16**]; die in manchen Gruppen (→Chironomidae, →Culicidae) in Afternähe ausgebildeten schlauchförmigen, blutgefüllten Analpapillen [**C-103**] dienen als osmoregulatorische Organe der Ionenaufnahme aus dem Wasser; bei den terrestrisch lebenden Larven verschiedenste Formen des Atmungssystems, alle Übergänge von →holopneustisch (z. B. →Bibionidae) bis zu →apneustisch (z. B. →Macroceridae); Junglarven atmen bei manchen Arten anders als Altlarven (z. B. →Bibionidae: Erstlarven sind →metapneustisch). Die **Puppe** ist bei den Mücken und den meisten orthorrhaphen Fliegen eine Mumienpuppe (Pupa obtecta, →Pupa 2b [**C-203**, **D-31**]), zuweilen sehr beweglich, frei schwimmend (z. B. →Culicidae); die Cyclorrhapha bilden eine Tönnchenpuppe (Pupa coarctata, →Pupa 2a): das letzte Larvenstadium verpuppt sich zu einer freien Puppe in der zu einem harten, dunkel gefärbten Gebilde (Puparium, Tönnchen) umgebildeten Haut des vorletzten oder letzten Stadiums, in die bei manchen Arten Kalk eingelagert wird (bisweilen ist die Puppe auch bei einigen orthorrhaphen Fliegen von der letzten Larvenhaut ähnlich einem Puparium umhüllt); bei vielen terrestrischen Mumienpuppen sind 1 prothorakales und 7 abdominale Stigmenpaare vorhanden; viele, v. a. die im Wasser lebenden Mückenpuppen, haben lediglich prothorakale, sehr verschieden gestaltete Atemhörner (Spirakulumkiemen, Röhrenkiemen, z. B. →Simuliidae [**S-44**]); sie sind mit Luft gefüllt, in Verbindung mit den prothorakalen Stigmen, nach außen offen oder geschlossen; das Eindringen von Wasser in offene Hörner ist verhindert durch filzige Behaarung ihrer Innenwand; sie dienen entweder der direkten Luftaufnahme an der Wasseroberfläche oder dem Gasaustausch mit dem Wasser; bei den Tönnchenpuppen sind Reste der larvalen Stigmen am Tönnchen noch sichtbar; die Puppe selbst atmet durch modifizierte prothorakale Stigmen, die an

Abb. D-28: Diptera: Oben: Eine cyclorrhaphe Fliege sprengt mit der vorgestülpten Stirnblase das Puparium. Unten: Die Fliege ist gerade geschlüpft, Flügel noch nicht voll entfaltet, Hinterleib noch klein. (Schumann 1969)

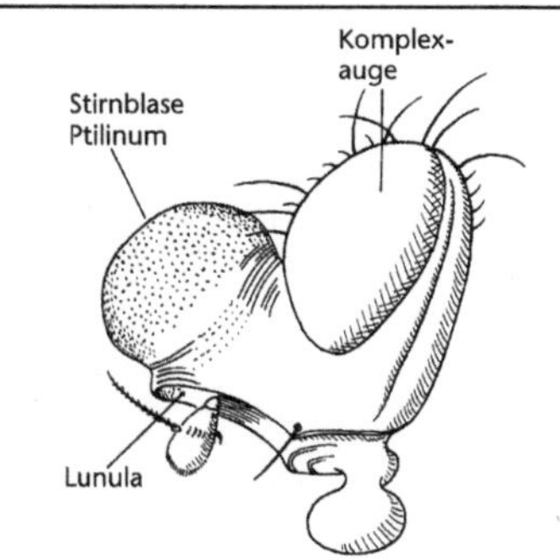

Abb. D-29: Diptera: Seitenansicht des Kopfes einer cyclorrhaphen Fliege (*Phytomyza angelicae*) im Augenblick des Schlüpfens; Stirnblase ausgestülpt, wird später eingezogen und schrumpft; späteres äußeres Zeichen: Bogennaht über den Fühlern. (Hendel & Beier 1936–38)

dem Puparium als verschiedenste, zuweilen hörnchenartige Gebilde in Erscheinung treten. **Schlüpfen der Imago** bei den Mumienpuppen aus einem vorgebildeten, T-förmigen Spalt vorndorsal; bei den Puparien durch Absprengen eines 2-teiligen Deckels entlang einer Ring- und einer Längsnaht; vielfach wird der zum Absprengen nötige Druck durch Ausstülpen einer Stirnblase [**D-28**, **D-29**] erzeugt, die anschließend in den Kopf zurückgezogen wird; zurück bleibt eine deutliche, etwa hufeisenförmige Bogennaht im Stirnbereich der Imago dicht über den Antennen [**D-19**] (bei den als Schizophora zusammengefassten Fam. der Cyclorrhapha, s. u.); bei anderen Fam. (→Phoridae, →Syrphidae) ist die Stirnblase schwach oder fehlt überhaupt; das Tönnchen wird hier durch Druck des unteren Gesichtsteils gesprengt; entsprechend fehlt die Bogennaht am Kopf der Imago; im Einzelnen herrscht große Mannigfaltigkeit in der Form der Sprengnähte am Puparium [**D-30**]. Große Unterschiede in der Zahl der Generationen im Jahr;

Überwinterungsstadium je nach Art oder Gruppe Ei, Larve, Puppe oder Imago. – Der Übersichtlichkeit halber oft noch gebraucht eine die Phylogenese nicht widerspiegelnde Gliederung in die →paraphyletischen „**Nematocera**", Mücken, und die → monophyletischen **Brachycera**, Fliegen (u. a. mit Unterschieden im Bau der Antennen, s. o.), Letztere mit 2 Gruppen: den paraphyletischen „**Orthorrhapha**" und den monophyletischen **Cyclorrhapha**; in Eur mit zahlreichen Fam. (diejenigen mit mehr als 100 Arten in Dt sind <u>unterstrichen</u>):

AXYMYIOMORPHA:	**BRACHYCERA**	Schizophora	*Tephritoidea*
Axymyiidae	***Xylophagomorpha***	→Acartophthalmidae	→Lonchaeidae
CULICOMORPHA	→Coenomyiidae	→<u>Agromyzidae</u>	→Pallopteridae
→Dixidae	→Xylophagidae	→Anthomyzidae	→Neottiophilidae
→Chaoboridae	***Stratiomyomorpha***	→Asteiidae	→Piophilidae
→Culicidae	→Xylomyidae	→Aulacigastridae	→Ulidiidae
→Thaumaleidae	→Stratiomyidae	→Canacidae	→Platystomatidae
→Simuliidae	***Tabanomorpha***	→Carnidae	Pyrgotidae
→<u>Ceratopogonidae</u>	→Vermileonidae	→<u>Chloropidae</u>	→<u>Tephritidae</u>
→<u>Chironomidae</u>	→Rhagionidae	→Chyromyidae	*Sciomyzoidea*
PTYCHOPTEROMORPHA	→Athericidae	→Clusiidae	→Chamaemyiidae
→Ptychopteridae	→Tabanidae	→Heteromyzidae	→Lauxaniidae
PSYCHODOMORPHA	***Muscomorpha***	→Megamerinidae	→Helcomyzidae
→Blephariceridae	→Acroceridae	→Milichiidae	→Coelopidae
→<u>Psychodidae</u>	→Nemestrinidae	→Odiniidae	→Heterocheilidae
TIPULOMORPHA	***Asiliformia***	→Opomyzidae	→Dryomyzidae
→Trichoceridae	→Hilarimorphidae	→Periscelididae	→Phaeomyiidae
→Pediciidae	Mythicomyiidae	→Psilidae	→Sciomyzidae
→<u>Tipulidae</u>	→Bombyliidae	→Sepsidae	→Conopidae
BIBIONOMORPHA	Mydidae	→<u>Sphaeroceridae</u>	*Calyptratae*
→Anisopodidae	→Scenopinidae	→Stenomicridae	→*Pupipara*
Pachyneuridae	→Therevidae	→Strongylophthal-	→Hippoboscidae
→Bibionidae	→Asilidae	myiidae	→Nycteribiidae
Scatopsoidea	***Empidiformia***	→Tanypezidae	→Streblidae
→Canthyloscelidae	→Atelestidae	*Nerioidea*	→Fanniidae
→Scatopsidae	→<u>Hybotidae</u>	→Pseudopomyzidae	→<u>Muscidae</u>
Sciaroidea	→<u>Empididae</u>	→Micropezidae	→Scathophagidae
→Ditomyiidae	→<u>Dolichopodidae</u>	*Ephydroidea*	→<u>Anthomyiidae</u>
→Macroceridae	→***Cyclorrhapha***	→<u>Ephydridae</u>	→Rhinophoridae
→Keroplatidae	→Lonchopteridae	→Campichoetidae	→Calliphoridae
→<u>Mycetophilidae</u>	→Opetiidae	→Diastatidae	→Oestridae
→Bolitophilidae	→<u>Phoridae</u>	→Camillidae	→<u>Sarcophagidae</u>
→Diadocidiidae	→<u>Pipunculidae</u>	→Braulidae	→Polleniidae
→<u>Sciaridae</u>	→Platypezidae	→Cryptochetidae	→<u>Tachinidae</u>
→<u>Cecidomyiidae</u>	→<u>Syrphidae</u>	→Drosophilidae	
	→**Schizophora**		

Lit. Barnard 2011; Bei-Bienko 1988, 1989; Brauns 1954a, b; Eisenbeis & Wichard 1985; Ferrar 1987; Griffiths 1972; Hennig 1948–52, 1953, 1973; Lindner 1923 ff; Matile 1995; McAlpine et al. 1981, 1987; Oldroyd 1964; Oosterbroek 2006; Papp & Darvas 1997–2000; Raman et al. 2005; Schumann 1992; Séguy 1950, 1951 a, b; Smith 1989; Soós & Papp 1984 ff; Stubbs & Chandler 1978; Sundermann & Lohse 2006; Wesenberg-Lund 1943; Westrich 2019; Wichard et al. 2013.

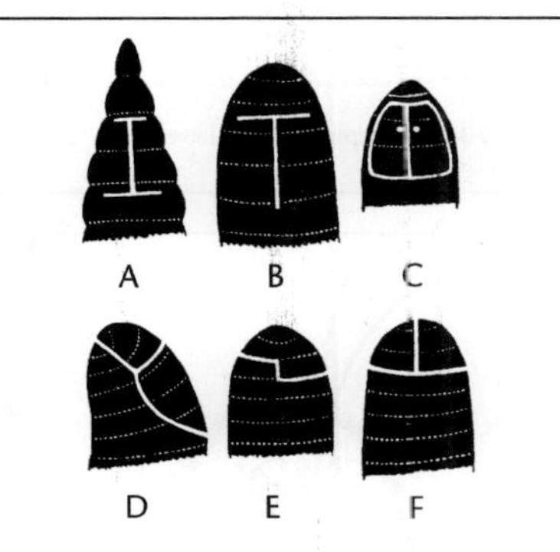

Abb. D-30: Diptera: Sprenglinien der Puppenhaut bzw. des Pupariums bei verschiedenen Fliegen. A: *Stratiomys* („Orthorrhapha", Stratiomyidae); B: *Lonchoptera* (Lonchopteridae); C: *Phora* (Phoridae); D: *Pipunculus* (Pipunculicae); E: *Platypeza* (Platypezidae). F: *Musca* (Muscidae). B–F: Cyclorrhapha. (Séguy 1951b)

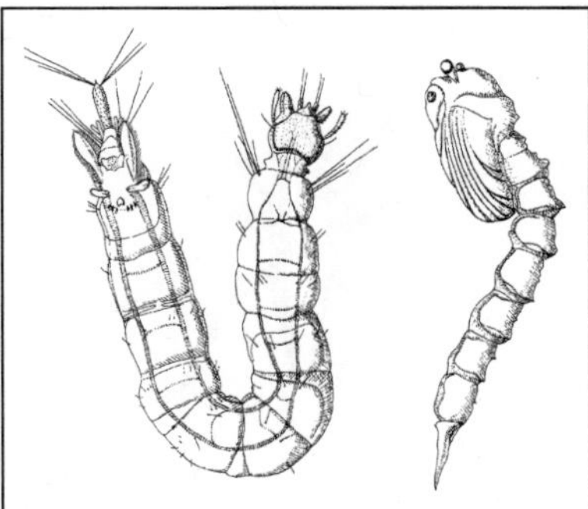

Abb. D-31: Dixidae: *Dixa* spec. Larve (8–10 mm) und Puppe. (Lindner 1923 ff)

Dipylidium →Ischnocera; →Siphonaptera.

Discoelius →Vespidae C.

Discomyza →Ephydridae 4.

Distelfalter, *Vanessa cardui* L. →Nymphalidae C1.

Distelhähnchen, *Lema cyanella* L. →Chrysomelidae B.

Distelrüssler, Larinus →Curculionidae J2.

Distoleon →Myrmeleontidae.

Ditomyiidae; Fam. der Zweiflügler (Diptera, Bibionomorpha), früher zu den →Mycetophilidae gestellt; in Eur & Dt 4 Arten; schlanke (6–8 mm), gelbbraune Mücken; stechen nicht. In Waldungen, dämmerungsaktiv. **Larven** in Baumschwämmen und abgestorbenen Teilen von Laubbäumen. Puppe frei, ohne Kokon. Lit. →Diptera.

Ditropis →Delphacidae.

Ditrysia; Gruppe der →Lepidoptera, hierher die meisten Fam.; ♀-Geschlechtsapparat mit 2 Öffnungen (Kopulationsöffnung, Eiaustrittsöffnung).

Diurnea →Chimabachidae.

Diversinervus →Parasitoid.

Dixa →Dixidae.

Dixella →Dixidae.

Dixidae, Tastermücken; Fam. der Zweiflügler (Diptera, Culicomorpha) mit in Eur 31, M-Eur 25, Dt 16 Arten der Gttg. *Dixa* und *Dixella*; die kleinen (3–5 mm), zarten, langbeinigen Imagines ähneln kleinen →Tipulidae; Rüssel kurz. An feuchten Stellen in der Nähe von Gewässern; Blütenbesucher, stechen nicht; führen gelegentlich Tanzflüge in der Dämmerung aus. **Eiablage** als Gelege in Form eines Schiffchens, mit Gallerte an Steine geklebt. **Larven** mit eigenartiger U-förmiger Ruhehaltung [**D-31**]: am Wassersaum, Kopf im Wasser, das unbenetzbare Stigmenfeld (hinten) am Oberflächenhäutchen, der meist von einem Wasserfilm überzogene gekrümmte mittlere Körperabschnitt außerhalb des Wassers; Fortbewegung mit der Biegung voran, durch abwechselndes Zusammenschieben der Segmente des Vorder- und Hinterkörpers; oft in Kontakt mit Holz-, Pflanzenteilen oder Steinen: erzeugen Wasserstrom mit Bürsten am Labrum, aus dem sie winzige Lebewesen und Detritus filtrieren; Puppe [**D-31**] oft in Seitenlage. **Überwinterung** als Larve. Lit. →Diptera; →Culicidae.

Dociostaurus →Acrididae B7.

Docosia →Mycetophilidae.

Dolchwespen →Scoliidae.

Dolichoderidae, Dolichoderinae →Formicidae B.

Dolichoderus →Formicidae B1.

Dolichomitus →Ichneumonidae, B; vgl. auch →Curculionidae P.

Dolichopodidae, Langbeinfliegen; Fam. der Zweiflügler (Diptera, Brachycera, Empidiformia) mit in Eur ± 720, M-Eur > 500, Dt ± 410 Arten; meist klein (1–9 mm), oft metallisch grün; viele mit ausgesprochen bunten, metallisch glänzenden Komplexaugen (Farbe hervorgerufen durch Interferenz in dünnen Schichten der Cornea, die Licht bestimmter Wellenlänge reflektieren: Filterwirkung; s. u.); Beine lang [**D-32**], werden relativ steil gestellt, sodass die Tiere sehr hochbeinig wirken; Ergreifen und Festhalten des Beutetiers mit den Labellen (!); **Geschlechtsunterschiede** oft sehr ausgeprägt

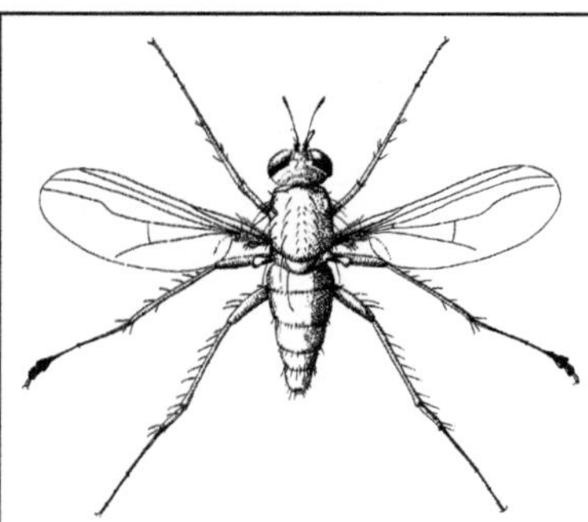

Abb. D-32: Dolichopodidae: *Dolichopus popularis*, Langbeinfliege. ♂, ca. 5 mm. (Hendel & Beier 1936–38)

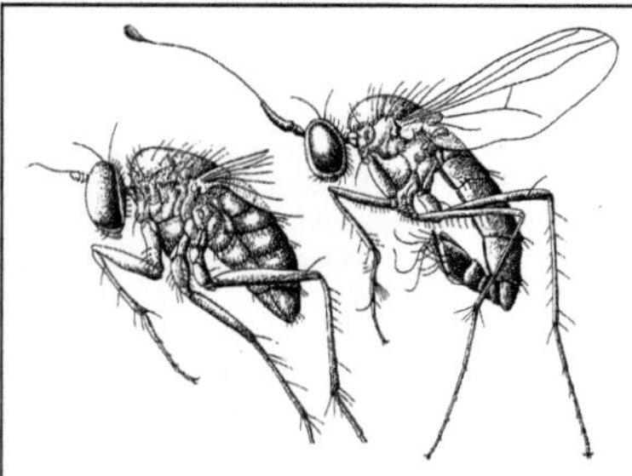

Abb. D-33: Dolichopodidae: *Ludovicius eucerus*. 5 mm; links: ♀; rechts: ♂; nur die Beine der linken Körperseite gezeichnet. (Séguy 1951a)

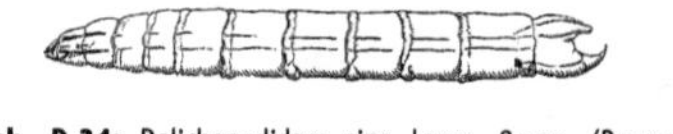

Abb. D-34: Dolichopodidae: eine Larve, 8 mm. (Brauns 1954a)

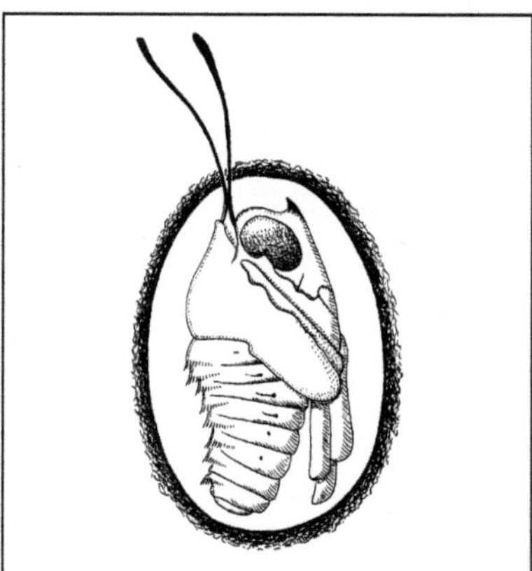

Abb. D-35: Dolichopodidae: *Paraphrosylus praedator*. Kokon; ca. 3,5 mm. (Saunders 1928)

[**D-33**]; ♂♂ mit auffallendem, oft bizarr behaartem Klammerapparat am Hinterleibsende, der um 90–180° rechtsherum verdreht ist; manchmal mit besonderer Antennenform und mit spezifischer Form oder Behaarung einzelner Beinpaare; oft mit apikal an Beinen, Antennen, Cerci oder Flügeln ausgebildeten schwarz-weißen Mustern, die dem ♀ bei der Balz demonstriert werden. Recht lebhaft, geschickte **Läufer** und sogar Springer; bleiben selten an einer Stelle stehen, fliegen dann meist eine kurze Strecke (z. B. zum nächsten Blatt); *Medetera*-Arten laufen an Baumstämmen (stets aufwärts), die Körperlängsachse dabei wie ein Hund oder eine Strandkrabbe schief zur Laufrichtung. Machen v. a. in Wassernähe (auch im Küstenbereich) auf der Vegetation oder auf der Wasseroberfläche wie gleitend **Jagd** auf kleine Insekten oder ziehen Insektenlarven und kleine Würmer aus dem Boden oder Wasser (*Dolichopus* bevorzugt

z. B. Stechmückenlarven); die Beute wird mit dolchartigen Fortsätzen auf der Unterseite der sehr beweglichen Oberlippe geöffnet und ausgesaugt; ♀♀ sind häufiger mit einem Beutetier zu beobachten als ♂♂ (wohl eine allgemeine Erscheinung bei jagenden Diptera wegen des erhöhten Proteinbedarfs für die Eiproduktion); beide Geschlechter nehmen oft auch →Honigtau von der Oberseite eines Blattes auf; wenige Arten sind **Blütenbesucher**, der Rüssel kann dann als Anpassung verlängert sein (*Ortochile*). **Balz** oft unter extremen Lichtbedingungen; die einzelnen Arten mit jeweils angepassten Filtern in der Cornea der Komplexaugen (metallische Farben!), sodass die Hintergrundfarbe der Umgebung abgeschwächt durchgelassen wird: bei Balz im Laubschatten (an Baumstämmen, am Ufer von Tümpeln) mit Grünfilter, bei Balz in sonnenexponierter Vegetation mit Filter im Grün und Rot (alternierend in vertikalen Reihen im Komplexauge angeordnet); dadurch vermutlich verbesserte Wahrnehmung der schwarz-weißen Balzsignale der Geschlechtspartner (s. o.); bei Balz auf der freien Wasserfläche meist ohne farbige Augen. Ablage der **Eier** gemäß dem Wohnort der Larven einzeln an die verschiedensten Substrate, bei einigen

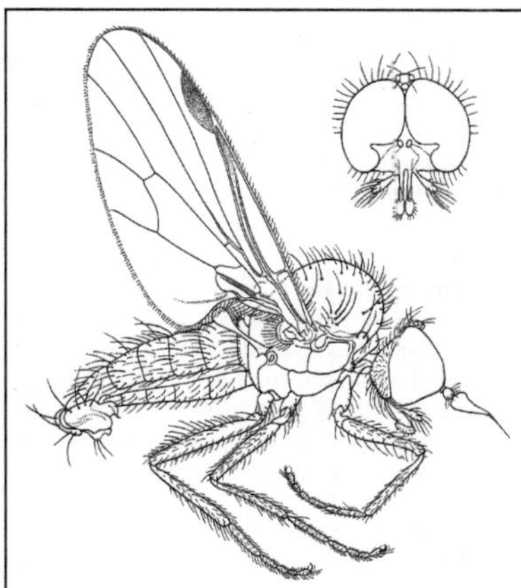

Abb. D-36: Dolichopodidae: *Microphor holosericeus.* ♂; oben: Kopf von vorn. (Collin 1961)

Arten auch ins Wasser; das mit einer legebohrerartigen Röhre ausgestattete ♀ vor *Thrypticus* schiebt die Eier in Schilfrohrgewebe, in dem die Larven fressen und in deren Wurzelstock sie auch überwintern; die **Larven** sind von denen der →Empididae kaum zu unterscheiden [**D-34**]; landlebend in verschiedensten Habitaten, auch an Gewässerrändern, Salzwiesen und Sandstränden (*Thinophilus*), oft in feuchten Böden; Ernährung meist jagend, i. d. R. wohl wenig spezialisiert; die Larven von *Medetera*-Arten stellen unter der Rinde den Larven und Puppen von Borkenkäfern nach; andere (z. B. *Systenus*) benötigen Saftflüsse und ausfaulende Baumhöhlen. **Verpuppung** (immer?) im oder nahe dem Lebensraum der Larve; die mit langen Atemröhren versehene Puppe bei manchen Arten in einem oft mit Substratteilchen inkrustierten Kokon aus Spinnseide [**D-35**]. – Hierher auch die häufig als eigene Fam. abgetrennten, →paraphyletischen **Microphoridae**; Imagines eher kurzbeinig [**D-36**]; sowohl jagend wie als auch blütenbesuchend; die ♀♀ von *Microphor* saugen an Beutetieren, die in Spinnweben gefangen sind; die Larven leben (soweit bekannt) im Boden.

Lit. →Diptera; Assis Fonseca 1978; Chvála 1983; Parent 1938; Pollet & Grootaert 1987; Wéber 1989.

Dolichopus →Dolichopodidae.
Dolichovespula →Vespidae D3.
Dolichurus →Ampulicidae.
Dolycoris →Pentatomidae.

***Donacia*, Donaciinae** →Chrysomelidae A.
Doppelschwänze →Diplura.
Doratopsyllinae, ***Doratopsyllus*** →Siphonaptera B.
Dorcadion →Cerambycidae E3.
Dorcatominae →Anobiidae.
Dorcus →Lucanidae 2.
Dormanz; Bezeichnung für alle Formen der Entwicklungshemmung, die teils lediglich durch Außenfaktoren bedingt, oft aber auch genetisch fixiert sein können; gewährleisten normalerweise ein Überleben bei periodisch sich ändernden Umweltbedingungen; Hauptkennzeichen ist stark herabgesetzter Stoffumsatz; kann alle Entwicklungsstadien betreffen; Dauer auch bei der gleichen Art u. U. sehr verschieden lang (z. B. Überliegen von Schmetterlingspuppen über eine wechselnde Zahl von Jahren); 2 Hauptformen: 1) konsekutive Dormanz, **Quieszenz:** die Entwicklungskurve folgt (manchmal mit Verzögerung) der Veränderung des ausschlaggebenden Außenfaktors (häufig der Temperatur), schließlich bis zum Entwicklungsstillstand; dieser kann in jedem Stadium auftreten, kann sich mit dem auslösenden Faktor wiederholen; 2) prospektive Dormanz, **Diapause:** genetisch festgelegte Entwicklungshemmung, die einsetzt, ehe eine (normalerweise auftretende) Änderung eines Außenfaktors in einen pessimalen Bereich erfolgt (z. B. die Abkühlung im Winter); Beginn in einem für die Art festliegenden Stadium; auslösender Faktor ist häufig die Fotoperiode (z. B. das Auftreten von Kurztagen).

Dornraupen →Nymphalidae.
Dornschrecken →Tetrigidae.
Dornspeckkäfer, *Dermestes maculatus* Deg. →Dermestidae 1.
Dornzikade, ***Centrotus cornutus*** L. →Membracidae 1.
Doronomyrmex →Formicidae D10.
Dörrobstmotte, *Plodia interpunctella* Hbn. →Pyralidae 10.
Doryctinae →Braconidae B.
Dorylaidae; Synonym zu →Pipunculidae.
Douglasienwolllaus, ***Gilletteella cooleyi*** Gill. →Adelgidae 6.
Douglasiidae, Wippflügelfalter; Fam. der Schmetterlinge (Lepidoptera, Glossata) mit in Eur 15, M-Eur 8, Dt 7 Arten; die sehr kleinen Falter (Flspw. 8–10 mm) sitzen mit erhobenem Vorderkörper (ähnlich →Gracillariidae), wippen beim Sitzen mit den lang befransten, dachförmig gehaltenen Flügeln; fliegen abends. Die Raupen mit rückgebildeten Afterfüßen, minieren teils in Blättern (z. B. *Tinagma perdicella* Zell., an Erd- und Brombeere, Fingerkraut), teils im Blütenstand (z. B. *Tinagma balteolella* F. R.,

an *Echium*, dessen Blüten sie zusammenspinnt), teils im Stängel (z. B. *Tinagma ocnerostomella* Stt., bei *Echium*); Verpuppung in einem Kokon am Fraßplatz.
Lit. →Lepidoptera; Agassiz 1985.
Doydirhynchus →Cimberididae.
Drachenfliegen →Odonata 2.
Drachenkäfer →Pythidae.
Drahtwurm →Elateridae; →Anisopodidae; →Therevidae.
Drehkrankheit, falsche →Oestridae A.
Drei-Tage-Fieber →Psychodidae.
Dreihornmistkäfer, *Typhaeus typhoeus* L. →Geotrupidae A.
Dreiklauer →Triungulinus.
Dreizack-Graseule, *Cerapteryx graminis* L. →Noctuidae 20.
Dreizehenschrecken →Tridactylidae.
Drepana →Drepanidae 1.
Drepanidae, Sichelflügler; Fam. der Schmetterlinge (Lepidoptera, Glossata, Drepanoidea) mit in Eur 11, M-Eur & Dt 7 Arten; Schwestergruppe der oft als U-Fam. aufgefassten →Thyatiridae; die mittelgroßen, im Habitus den Spannern (→Geometridae) ähnlichen Falter ausgezeichnet durch die mehr oder weniger stark sichelförmig vorgezogene Spitze der Vorderflügel [**D-37**], die Flügel gelblich-bräunlich, meist mit bindenartiger Zeichnung (Ausnahme: *Cilix* →3); Rüssel klein oder ganz fehlend; wie die Thyatiridae mit einem einzigartig komplexen, paarigen Tympanalorgan, bei dem ein inneres Trommelfell eine vom 2. Hinterleibssternit gebildete Gehörblase unterteilt, die mit einer vom 1. Hinterleibstergiten gebildeten gebildeten Kammer mit 2 zu-

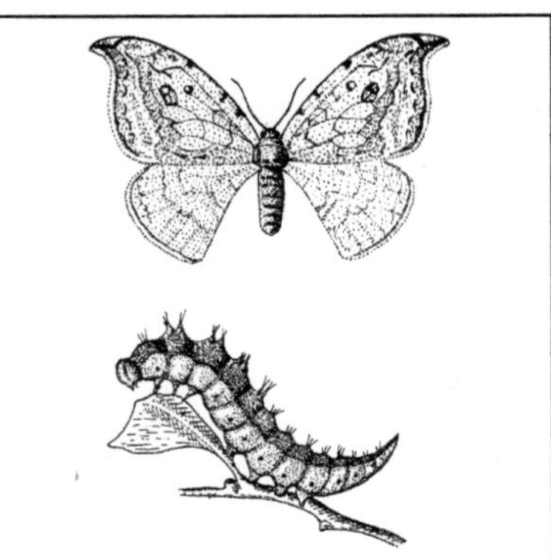

Abb. D-37: Drepanidae: *Drepana falcataria*, Sichelflügler. ♀ (Flspw. 30 mm) und Raupe (28 mm). (Forster & Wohlfahrt 1954–81)

sätzlichen, äußeren Trommelfellen verbunden ist. **Raupen** mit nur 4 Afterfußpaaren, ohne Nachschieber; Höcker auf dem Rücken, Hinterleib in eine Spitze auslaufend; fressen an den Blättern verschiedener Laubhölzer. **Verpuppung** in einem lockeren Gespinst am Blatt oder zwischen Blättern; **Überwinterung** als Puppe; bei uns in 2 Generationen (Flugzeit IV–VI, VII–IX). Häufige Arten:
1. *Drepana falcataria* L., Sichelspinner (Flspw. 27–35 mm); in Laubwäldern und buschigen Biotopen, auch Stadtparks; Eier in Reihe an die Unterseite von Birken- und Erlenblättern abgelegt; die beborstete Raupe zwischen zusammengesponnenen Blättern; Puppengespinst an der Blattunterseite, von den herabgebogenen Blatträndern bedeckt.
2. *Watsonalla binaria* Hfn., Eichensichelspinner; ♂ deutlich kleiner als ♀ (Flspw. 18–25 mm bzw. 24–33 mm); mit schwarzem Doppelfleck auf dem Vorderflügel; Ablage von Eipaketen an Eichenblätter; Raupe ohne auffällige Borsten, mit Tarnzeichnung auf dem Rücken. Ähnlich ***W. cultraria*** F., Buchensichelspinner (Flspw. 20–28 mm), aber ohne Flecken auf dem Vorderflügel und mit geringem Größenunterschied der Geschlechter; Eiablage einzeln auf Buchenblätter.
3. Von abweichender Gestalt: ***Cilix glaucata*** Scop., Silberspinnerchen (Flspw. 15–20 mm); die steil dachförmig angelegten, abgerundeten, braun gefleckten grau-weißen Vorderflügel verleihen dem ruhenden Falter das Aussehen von Vogeldreck; Raupe frei an Schlehe, seltener am Weißdorn.
Lit. →Lepidoptera; Freina & Witt 1987; Ratzel 1994; Steiner et al. 2014.
Drepanopteryx →Hemerobiidae.
Drepanosiphidae, Borstenläuse und Zierläuse; Fam. der Blattläuse (Aphidina) mit in Eur ± 190, M-Eur 136, Dt 109 Arten; wegen der Fachbegriffe zu den Morphen und zum Generationswechsel →Aphidina; klein bis mittelgroß; oft lang beborstet; Rückenröhren (Siphone) teils kaum ausgebildet, teils lang-röhrenförmig; bei manchen Arten alle Virgines geflügelt; einige Zierläuse mit starker Wachsabsonderung; manche Arten mit gutem Springvermögen. Pflanzensaftsauger; kein Wirtswechsel (monözisch), Wirtsspezifität z. T. sehr ausgeprägt; manche Arten auf Laubbäumen, andere an Gräsern oder Schmetterlingsblütlern. Heimisch 5 U-Fam.:
A. Phyllaphidinae; in Dt nur ***Phyllaphis fagi*** L., Wollige Buchenlaus, Buchenzierlaus, Buchenblattbaumlaus; mit dicker Wachswolle bedeckt

[**D-40**]; Rückenröhren knopfförmig; auf der Unterseite von Buchenblättern; der →Honigtau wird nicht von Ameisen, gelegentlich aber von Bienen gesammelt; die Wintereier überwintern an Knospenschuppen [**D-41**]; Fundatrix [**D-42**] vivipar; mehrere Virgines-Generationen, im Frühsommer viele geflügelte Ausbreitungsformen; im Sommer geringere Vermehrung; im Herbst erzeugen die Sexuparae ungeflügelte Geschlechts-♀♀ [**D-42**] und geflügelte ♂♂ [**D-43**]; hauptsächlich an Buchenkeimlingen schädlich.

B. Calaphidinae; heimisch 49 Arten; teils an Laubbäumen, teils an Schmetterlingsblütlern, die Gttg. *Takacallis* an angepflanztem Bambus. Hierher werden oft auch die **Saltusaphidinae** gestellt, mit 6 weiteren heimischen Arten, ausschließlich an Sauergräsern (v. a. *Carex*). Auswahl:

B1. *Symydobius oblongus* v. Heyd. (ca. 4 mm); braun, Rückenröhren kurz; Alatae sind häufig; in Kolonien an jungen Birkenzweigen.

B2. *Euceraphis punctipennis* Zett., Gemeine Birkenzierlaus; groß (3–5 mm), gelblich-grün, nur die Geschlechts-♀♀ ungeflügelt; ohne Koloniebildung auf der Unterseite von Birkenblättern; lassen sich bei Störung fallen.

B3. *Panaphis juglandis* Goeze, Gestreifte Walnusszierlaus, Große Walnusszierlaus (ca. 4 mm); gelblich mit dunkler Querzeichnung auf dem Rücken, geflügelt (außer Geschlechts-♀♀); auf der Oberseite der Walnussblätter, längs der Mittelrippe; selten bei Anwesenheit der ungestreiften **Chromaphis juglandicola** Kaltb., Kleine Walnusszierlaus (ca. 2 mm): verstreut auf der Unterseite von Walnussblättern, schädigt durch den abgegebenen Honigtau die vorige Art.

B4. *Eucallipterus tiliae* L., Lindenzierlaus (2–3 mm); gelb mit dunklen Längsstreifen und Flecken; lebhaft, fast alle Formen außer den Geschlechts-♀♀ geflügelt; an Linden, auf der Blattunterseite bei Massenbefall starke Honigtaubildung.

B5. *Therioaphis trifolii* Monell, Gefleckte Kleezierlaus (bis 2 mm); gelblich, mit dunklen Rückenflecken; Geflügelte sind häufig; springen bei Störung weg; an Klee und Luzerne zuweilen schädlich.

C. Drepanosiphinae, Ahornzierläuse; heimisch 6 Arten der Gttg. ***Drepanosiphum***, mittelgroß bis groß (2–4,3 mm), Fühler lang, Rückenröhren lang-röhrenförmig, alle Formen außer den Geschlechts-♀♀ geflügelt; auf der Unterseite von Ahornblättern; darunter die sehr häufige, große (ca. 4 mm) *D. platanoidis* Schrk. [**D-44**]; gelblich bis grünlich; an Bergahorn; starke Honigtaubildung, aber kein Ameisenbesuch.

Abb. D-38: Drepanosiphidae: *Periphyllus acericola*. Ruhende Sommerlarve; ca. 0,65 mm. (Rietschel 1969)

D. Chaitophorinae, Borstenläuse; mit 36 Arten in Dt; früher als eigene Fam. abgetrennt; Rückenröhren kurz, ohne Wachsabscheidung, ganzer Körper mit langen Borsten besetzt [**D-38**]; an Pappel und Weide (*Chaitophorus*), Ahorn (*Periphyllus*) und Gräsern (z. B. *Sipha*).

E1. Häufig an Pappeln: ***Chaitophorus populeti*** Pz. (ca. 2 mm); grün bis schwarz; insbesondere an Weiß- und Zitterpappel. Die bräunlich gemusterte ***Ch. nassonovi*** Mordv. Bevorzugt bevorzugt die Schwarzpappel; an noch grünen Zweigen, v. a. am Grunde der Blattstiele. Beide Arten von Ameisen besucht.

E2. *Chaitophorus vitellinae* Schrk. (ca. 2 mm); grün, Rücken dunkel mit hellem Mittelstreifen; häufig an Weiden (Blattunterseite, Zweigspitzen); von Ameisen besucht.

E3. *Periphyllus*, Ahornborstenläuse; heimisch 10 Arten, u. a. **P. testudinaceus** Fern. (ca. 2–3,5 mm) bevorzugt am Feldahorn; bemerkenswert durch zuweilen sehr starke Honigtauerzeugung; Fundatrix wandert umher, setzt an mehreren Knospen Larven ab; Virgines im Frühling in Kolonien an Jungtrieben, Blättern, Blüten; ab V auch Alatae; im Sommer keine Kolonien, sondern flache, am Rande mit verbreiterten Haaren besetzte Ruhelarven einzeln auf der Blattunterseite [**D-39**]; Ruhezeit 2–3 Monate; ergeben nach mehreren Häutungen ungeflügelte Sexuparae. **P. aceris** L. eher am Spitzahorn; gelblich mit wechselnd starker dunkler Rückenzeichnung.

Lit. →Aphidina.

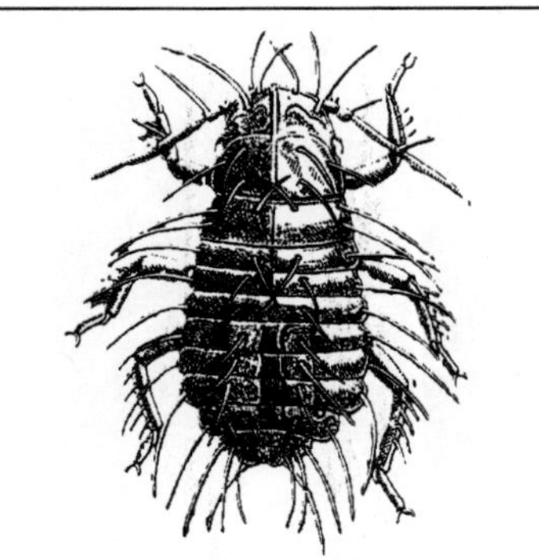

Abb. D-39: Drepanosiphidae: *Periphyllus testudinaceus*. Ruhende Sommerlarve; ca. 0,75 mm. (Rietschel 1969)

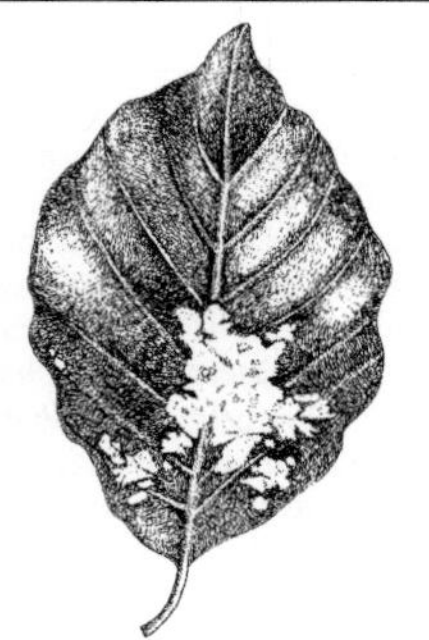

Abb. D-40: Drepanosiphidae: *Phyllaphis fagi*, Wollige Buchenlaus. Kolonie mit Wachswolle auf Buchenblatt. (Amann 1960)

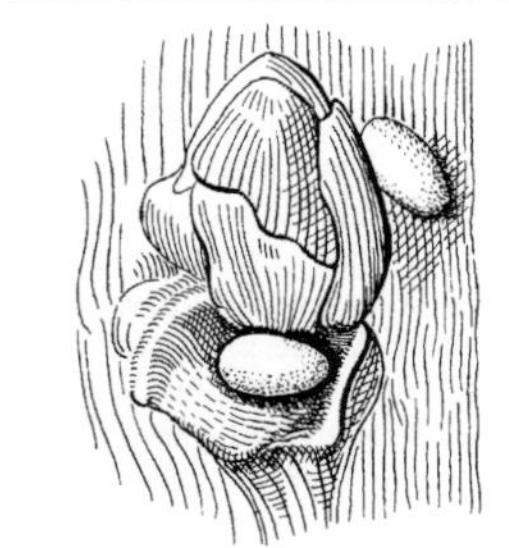

Abb. D-41: Drepanosiphidae: *Phyllaphis fagi*, Wollige Buchenlaus. 2 Wintereier an Knospe. (Brauns 1991)

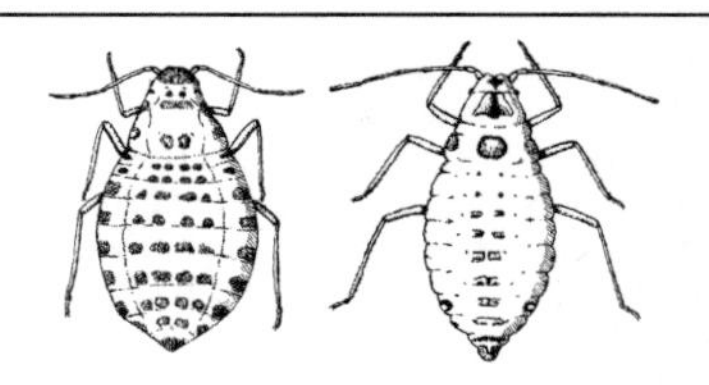

Abb. D-42: Drepanosiphidae: *Phyllaphis fagi*, Wollige Buchenlaus. Links: Fundatrix, ca. 2 mm; rechts: Geschlechts-♀C, ca. 2 mm

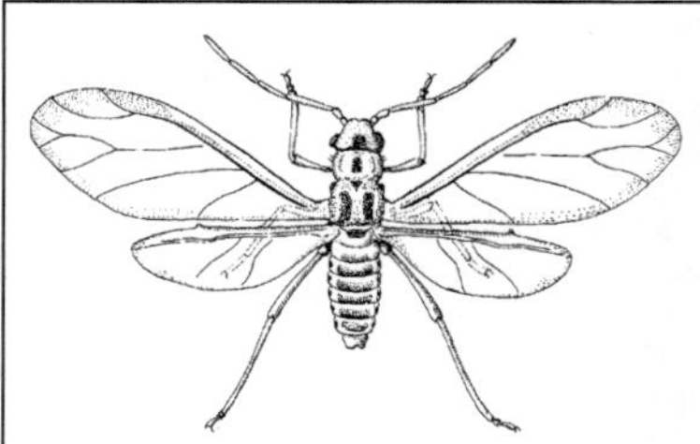

Abb. D-43: Drepanosiphidae: *Phyllaphis fagi*, Wollige Buchenlaus. ♂; Körperlänge ca. 1,7 mm. (Brauns 1991)

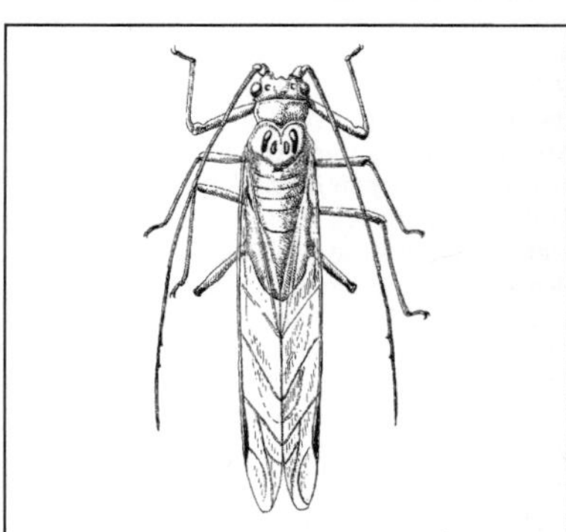

Abb. D-44: Drepanosiphidae: *Drepanosiphum platanoidis*, Ahornzierlaus. Körper 3 mm. (Rietschel 1969)

Drepanosiphum →Drepanosiphidae C.
Dreyfusia →Adelgidae 7, 8; vgl. auch →Chamaemyiidae, →Salpingidae.
Drilidae, Drilinae, *Drilus* →Elateridae B5, B.
Drohnenschlacht →Apidae E3.
Dromias →Carabidae.
Drosophila →Drosophilidae.
Drosophilidae, Obst-, Essig-, Taufliegen; Fam. der Zweiflügler (Diptera, Brachycera, Cyclorr-

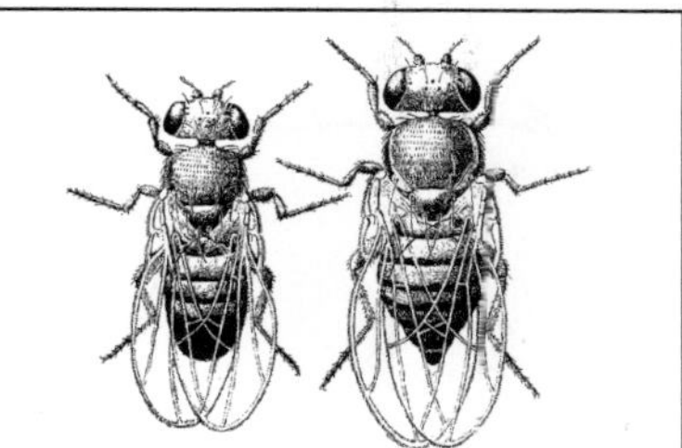

Abb. D-45: Drosophilidae: *Sophophora melanogaster*, Kleine Essigfliege; links: ♂; rechts: ♀; ca. 2,5 mm. (Strickberger 1962)

hapha) mit in Eur ± 110, M-Eur 92, Dt 80 Arten; kleine bis höchstens mittelgroße (1,5–6 mm), gelb bis schwärzlich gemusterte Fliegen mit meist roten Augen [**D-45**]. Viele Arten angelockt durch zerfallendes Obst, gärende Säfte;

die Imagines trinken auch an Tautropfen. **Balz** mit mehreren einander folgenden, u. U. ineinander geschobenen Phasen [**D-46**]: 1) das ♂ berührt das ♀ mit den Vorderfüßen, erkennt dabei vermutlich das richtige ♀ über den chemischen Sinn (wendet sich i. d. R. nach Berühren eines artfremden ♀ ab); 2) Orientierungsphase: das ♂ läuft, Kopf zum ♀, um dieses herum, auch hinter ihm her, offenbar optisch geleitet (bei *Sophophora melanogaster* Meig. Wohl wohl nicht wesentlich für den Erfolg, da Kopulation auch im Dunkeln möglich; bei verwandten Arten zwingend); 3) scherendes langsames Öffnen und Schließen der Flügel (diese Bewegung wird bei verschiedenen Arten verschieden unterschiedlich ausgeführt; bei *S. mel.* selten, bei anderen Arten häufiger; [**D-47**]); 4) das ♂ vibriert mit dem ♀-nahen, senkrecht abgespreizten Flügel, umkreist dabei weiter das ♀; wichtig für das Stimulieren des ♀ ist sind der dabei erzeugte Luftstrom und Vibrierlaut, wird vom ♀ in der Antenne

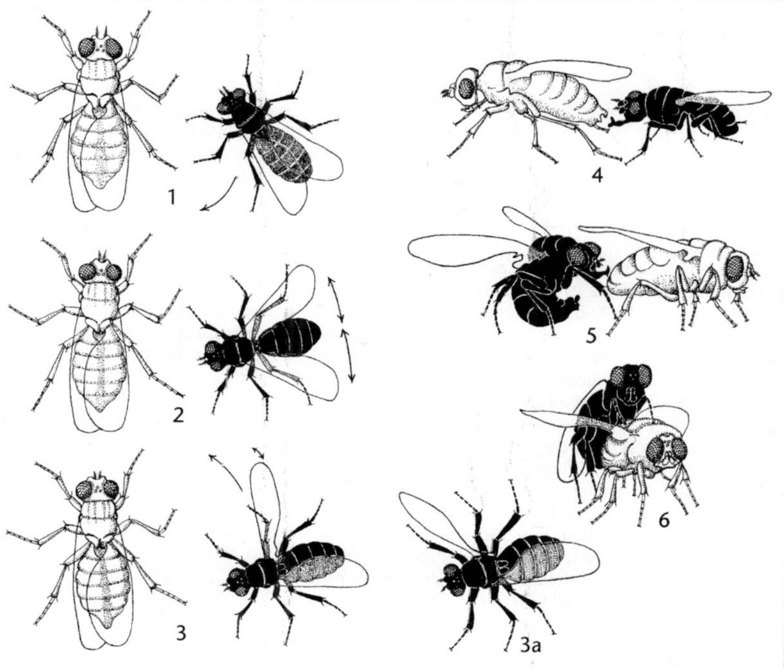

Abb. D-46: Drosophilidae: *Sophophora melanogaster*. Hauptelemente der Balz; ♂ dunkel. 1: Orientierung zum ♀, optisch; u. U. dem ♀ folgend; 2: scissoring: scherendes Flügelspreizen (bei *S. mel.* selten); 3: Vibrieren des seitwärts gestreckten Flügels in der Senkrechten; 3a: dasselbe bei *S. obscura*: Flügel weiter vorgezogen; 4: Lecken; 5: Kopulationsversuch; 6: Paar in Kopula. (Manning 1965)

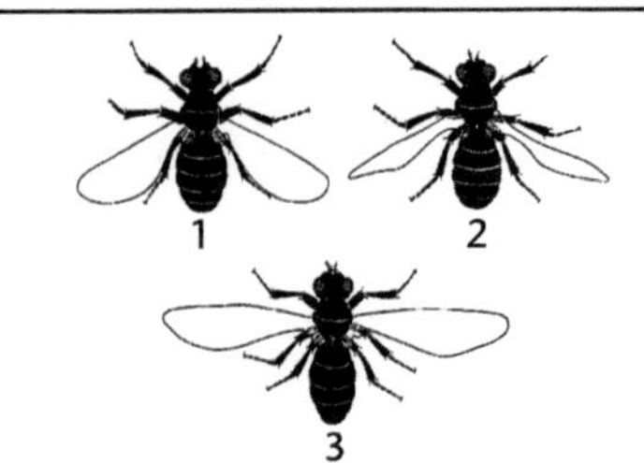

Abb. D-47: Drosophilidae: Balz, scissoring (scherendes Flügelspreizen); maximale Spreizstellung bei 3 Arten; 1: *Sophophora melanogaster*, ♂; 2: *S. simulans*, ♂; 3: *S. suzukii*, ♂; bei 1 und 3 Flügel flach, bei 2 geneigt, Hinterkante gesenkt. (Manning 1965)

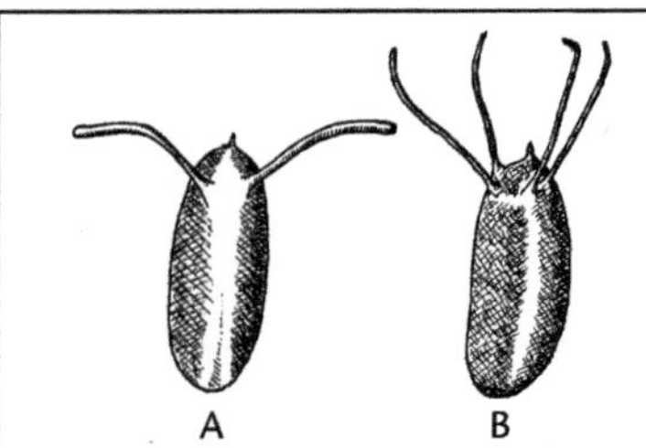

Abb. D-48: Drosophilidae: Eier mit Atemanhängen. A: von *Sophophora melanogaster*; 0,5 mm; B: von *D. funebris*; 0,6 mm

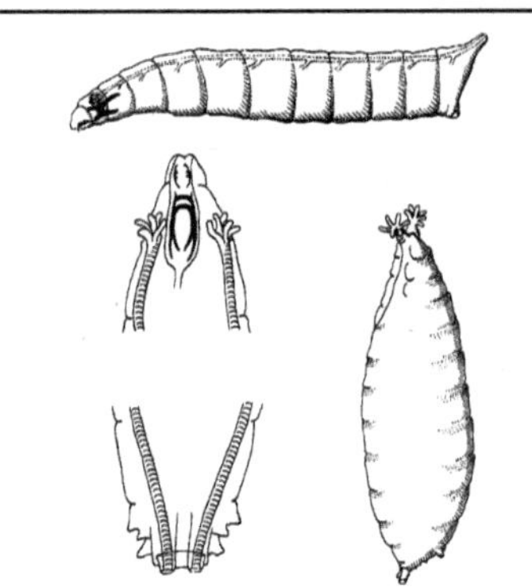

Abb. D-49: Drosophilidae: *Sophophora melanogaster*. Oben: erwachsene Larve von der Seite, 4–5 mm; ein Tracheenstamm eingezeichnet; links: Vorder- und Hinterende der Larve mit Vorder- und Hinterstigmen und 2 Haupttracheen; rechts: Puparium (Haut des 3. Stadiums; seitlich), mit den Tuben der Vorder- und Hinterstigmen; zuerst weiß, dann bräunlich; ca. 4 mm. (Mainx 1949)

(→Johnston-Organ) wahrgenommen (bei einigen Arten antworten die ♀♀ auf den ♂-Gesang und erleichtern so das Erkennen des arteigenen Partners); 5) das ♂ berührt ganz kurz mit dem Rüssel die Geschlechtsregion des ♀; 6) Kopulationsversuch: das ♂ versucht von hinten auf das ♀ zu steigen, wird zunächst oft abgewehrt (nicht begattungswillige ♀♀ fliehen; ♀♀ in Eierlegestimmung lehnen das ♂ ab); dann Wiederholung der Balz, bis es endlich zur Kopulation kommt; insbesondere jungfräuliche ♀♀ produzieren ein nur über sehr kurze Strecken wirksames, ♂-stimulierendes Sexualhormon; auch die ♀♀ können den richtigen Partner durch Berühren mit den Beinen (Chemorezeptoren; auch über Duftstoffe?) erkennen. Bis 400 **Eier** pro ♀; Eier mit komplex gebautem →Chorion und mit nach Form und Zahl artspezifischen Atmungsanhängen mit einem →Plastron [**D-48**]; Eiablage und Larvenentwicklung i. d. R. in gärenden Pflanzensäften (zerfallende Früchte, Baumflüsse), aber auch Kot, wobei Düfte (z. B. nach Alkohol

oder Essigsäure) anlockend wirken können; Gewöhnung möglich: Nachkommen von Larven, die in Substrat mit Pfefferminzduft heranwuchsen, bevorzugen diesen Duft; Hauptnahrung der mit feinen Dörnchen besetzten **Larven** sind die sich im Substrat entwickelnden Bakterien und Hefen (Verschleppen von Hefe möglich); Beispiele für diese Lebensweise: *Sophophora melanogaster* Meig. (= *Drosophila m.*), Kleine Essigfliege (2 mm) und *Drosophila funebris* F., Große Essigfliege (3–4 mm); die aus Südostasien eingeschleppte Kirschessigfliege, *Sophophora suzukii* Mats. (= *Drosophila s.*), verursacht durch den Befall reifender Früchte erheblichen Schaden; einige Arten bohren in Pilzen (*Drosophila transversa* Fall.) oder minieren (gelegentlich oder regelmäßig) in den Blättern grüner Pflanzen (*Scaptomyza*), so sodass sie dadurch an Kulturpflanzen lästig werden können (*S. flava* Fall. v. a. in Kreuzblütlern); die Larven von *Acletoxenus formosus* Loew jagen Mottenschildläuse (→Aleyrodina). 3 Larvenstadien; 1. Stadium →metapneustisch, 2. und 3. Stadium →amphipneustisch [**D-49**]; **Puparien** [**D-49**] mit Prothorakalhörnchen, je nach Art von wechselnder Länge; Generationsdauer unter günstigen Bedingungen ca. 14 Tage; oft mehrere Generationen im Jahr; **Überwinterung** i. d. R. wohl als Puppe. Davon abweichend der im Frühling als Imago auftretende *Cacoxenus indagator*

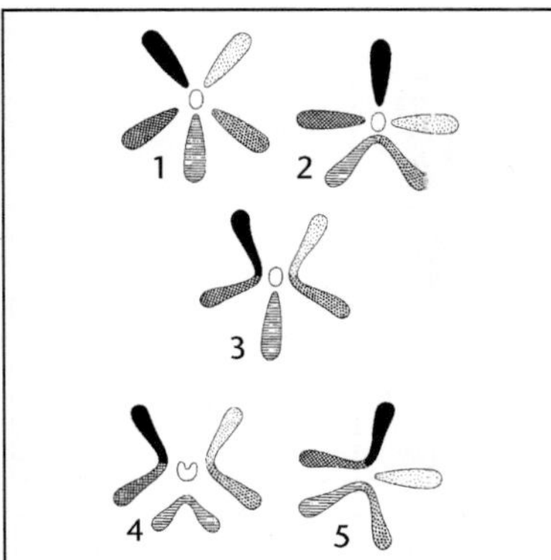

Abb. D-50: Drosophilidae: Haploide Chromosomensätze von *Sophophora*-Arten. Homologe Chromosomenarme gleichartig markiert. 1: *S. subobscura*, 2: *S. pseudoobscura*. 3: *S. melanogaster*, 4: *S. ananassae*, 5: *S. willistoni*. (nach Czihak et al. 1981)

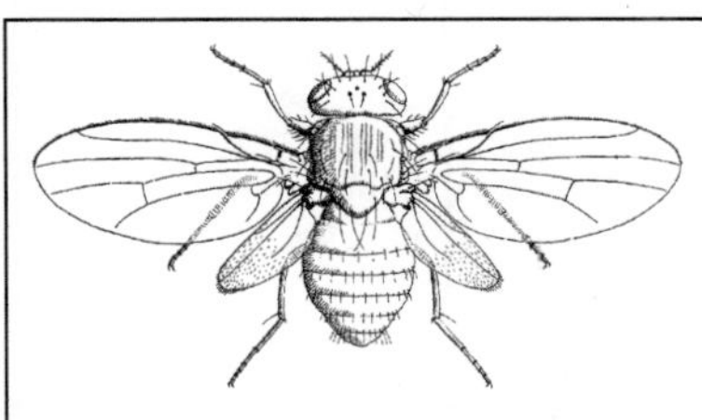

Abb. D-51: Drosophilidae: *Sophophora melanogaster*. Vierflügelige 4-flügelige Mutante. (Séguy 1951a)

Loew, dessen Larven den Nektar-Pollen-Vorrat (manchmal auch die Larve) solitärer Bienen (v. a. *Osmia*, →Megachilidae 1) fressen; die Fliegenmaden überwintern und verpuppen sich im Nest (III); beißen vor dem Verpuppen ein Loch in der Verschlussdeckel des Nestes durch das die geschlüpften Fliegen entkommen. – Einige Arten, besonders die weltweit verbreitete „Drosophila" *Sophophora melanogaster* Meig. [**D-45**], sind berühmt als Versuchstiere für Fragen der Genetik und Entwicklungsbiologie; hierfür verwendet aufgrund ihrer schnellen Vermehrung, der geringen Chromosomenzahl [**D-50**], der Riesenchromosomen in den Speicheldrüsenzellen sowie dem Auftreten zahlreicher Mutationen in den Zuchten (u. a. einer 4-flügeligen Form, bei der die Halteren wieder zu Flügeln [**D-51**] umgebildet sind).
Lit. →Diptera.

Drüsenameisen →Formicidae B.
Drusus →Trichoptera.
Dryadaula →Dryadaulidae.
Dryadaulidae; Fam. der Schmetterlinge (Lepidoptera, Glossata, Tineoidea); früher zu den →Tineidae gestellt; in Eur 7, M-Eur 4, Dt 2 Arten der Gttg. *Dryadaula*; in Dt nur *Dryadaula heindeli* Gaed. & Scholz mit natürlichem Vorkommen; klein (Flspw. 10 mm), braun gescheckt; Flügel befranst, in Ruhe dachförmig; ♂ mit Haarpinsel auf dem 2. Hinterleibssternit; Raupen in Porlingen in totholzreichen Laubwäldern; die 2. Art (*D. pactolia* Meyr.) eingeschleppt, mit älteren Nachweisen aus Weinkellern, wo sich die Raupe von Pilzen (und Bakterien?) ernährte.
Lit. →Lepidoptera.

Dryinidae, Zikadenwespen; Fam. der Hautflügler (Hymenoptera, Apocrita, Dryinoidea) mit in Eur 97, M-Eur 46, Dt 36 Arten; klein (1,5–4 mm); im weiblichen Geschlecht oft flügellos [**D-52**] und im Verhalten ameisenartig; Vorderbeine (besonders Coxa und Trochanter) lang gestreckt, bei den ♀♀ (Ausnahme: *Aphelopus*) auf einzigartige Weise zu einem Greifapparat zum Festhalten des Wirtstieres umgebildet [**D-53**]: eine der beiden Klauen ist enorm vergrößert und kann gegen das ebenfalls lang gestreckte, bedornte und am Ende löffelartig vertiefte fünfte Fußglied eingeschlagen werden; beim Laufen wird dieser Greifapparat gegen die Fußglieder 3 und 4 zurückgeschlagen (Einrastzapfen am 3. Fußglied); als Laufkralle dient die 2. Klaue. Adulte ♀♀ wurden bei der **Jagd** auf Zikaden beobachtet, die sie (auch ohne Eier abzulegen) fressen oder deren →Honigtau sie lecken. Bei einigen Arten →Parthenogenese und →Polyembryonie. Die **Larven** sind Parasitoide ausschließlich an adulten und larvalen Zikaden der Fam. →Cicadellidae, →Membracidae,

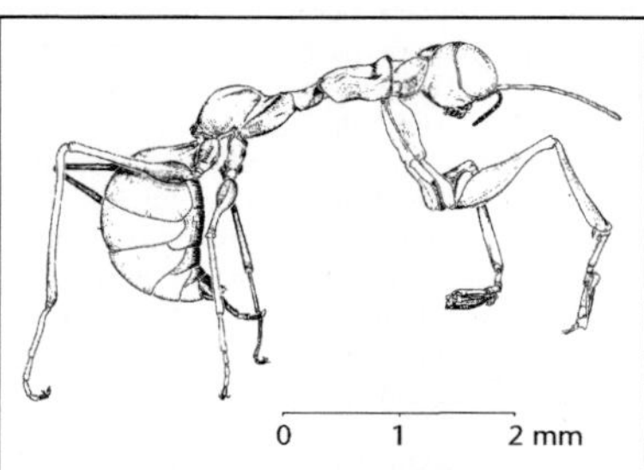

Abb. D-52: Dryinidae: *Gonatopus* spec., ♀. (Original Bürgis 1985)

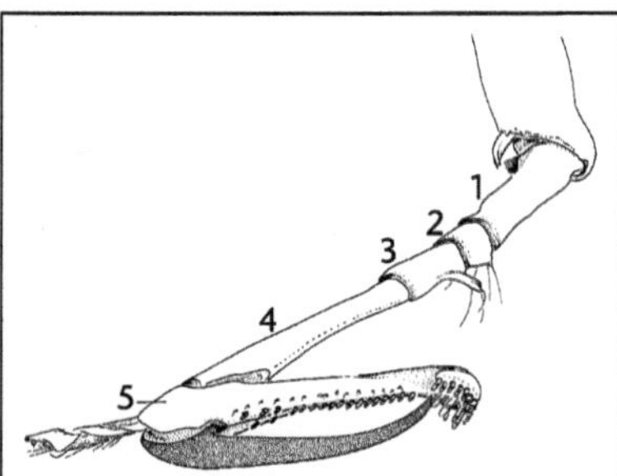

Abb. D-53: Dryinidae: *Gonatopus* spec., Zikadenwespe. ♀; linker Vordertarsus. Die eine, sehr große Klaue (dunkel) ist gegen das verlängerte 5. Fußglied einschlagbar. 1. bis 5. Fußglied. (Original Bürgis 1985)

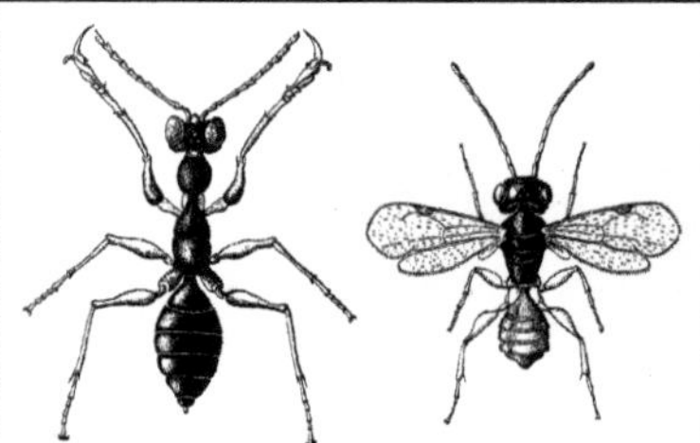

Abb. D-54: Dryinidae: *Neogonatopus ombrodes*, Zikadenwespe. Links: ♀ (3 mm); rechts: (wahrscheinlich) ♂ dieser Art (2,5 mm). (Strübing 1956)

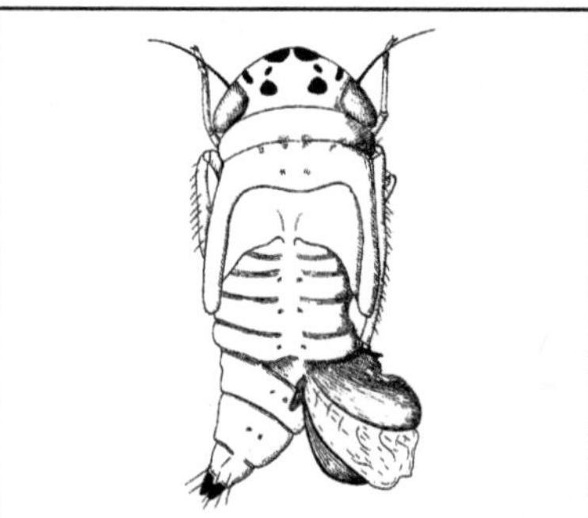

Abb. D-55: Dryinidae: *Macrosteles*-Larve (Zwergzikade) mit schlüpfreifem Dryinidenbeutel. (Strübing 1956)

→Delphacidae, →Dictyopharidae; i. d. R. 5 Larvenstadien; selten Entwicklung ganz als Endoparasitoid: spätere Larvenstadien in einer bruchsackartigen Vorwölbung des Wirts-Hinterleibs, oft farblich vom Wirt unterschieden; **Verpuppung** außerhalb des Wirtes in einem Kokon am Boden; **(Hyper-)Parasitoide**: v. a. Larven der →Encyrtidae und von *Ismarus* (→Diapriidae). Beispiel: ***Neogonatopus ombrodes*** Perk. [**D-54**]; Parasitoid bei der Zwergzikade *Macrosteles laevis* Rib. (→Cicadellidae A1); Legebohrer kurz; die Wirtslarve wird durch Stich (meist nur für kurze Zeit) schwach betäubt; währenddessen Eiablage i. d. R. an der Hinterleibsflanke oder unter dem Flügelgelenk; die Wespenlarve lebt zunächst als Endoparasitoid, tritt aber alsbald, bedeckt von alten Häuten, mit dem Hinterleib durch die Intersegmentalhaut nach außen vor [**D-55**]; gelegentlich 2 oder 3 Larven in einem Wirtstier; Überwinterung im Kokon als alte Larve, Vorpuppe oder Puppe; meist 2 Generationen im Jahr.

Lit. →Hymenoptera; Bürgis 1985.

Dryinoidea; Gruppe parasitoider Stechimmen (Aculeata, →Hymenoptera); mit den Fam. →Dryinidae, →Embolemidae.

Dryomyzidae; Fam. der Zweiflügler (Diptera, Brachycera, Cyclorrhapha) mit in Eur 5, M-Eur & Dt 3 Arten; mittelgroße bis große (5–18 mm), gelbe bis braune Fliegen; v. a. an schattigen, feuchten Orten; Imagines an, Larven in verrottenden Pilzen und anderen verfaulenden tierischen und pflanzlichen Stoffen.

Lit. →Diptera.

Dryophilocoris →Miridae.

Dryophthoridae, Dryophthorinae, *Dryophthorus* →Curculionidae B.

Dryopidae, Hakenkäfer, Klauenkäfer; Fam. der Käfer (Coleoptera, Polyphaga, Elateriformia) mit in Eur 21, M-Eur &Dt 14 Arten der Gttgn. *Pomatinus* (= *Helichus*) und *Dryops* [**D-56**]; Imagines klein (3–5 mm); Klauenglieder besonders groß, keulenförmig; eigenartiger Fühler mit ohrförmig vergrößerten 2. Glied, welches die aus den nachfolgenden Gliedern bestehende kurze, gesägte Keule trägt; am ganzen Körper mit verschieden langen, unbenetzbaren Haaren besetzt, die eine Luftschicht festhalten (→Plastron); Luftschicht in Verbindung mit dem Luftraum unter den Flügeldecken, in den sich die Stigmen öffnen. Als Imagines zeitweilig in fließenden und stehenden Gewässern, aber zumindest immer an feuchte Lebensräume (Uferbereich, Moore) gebunden; Schwimmen schwimmen nicht; kriechen träge an Wasserpflanzen, unter Steinen und ähnlichem Substrat; steigen, wenn sie sich loslassen, wegen der Luftschicht passiv an die Oberfläche, die sie dann durchstoßen;

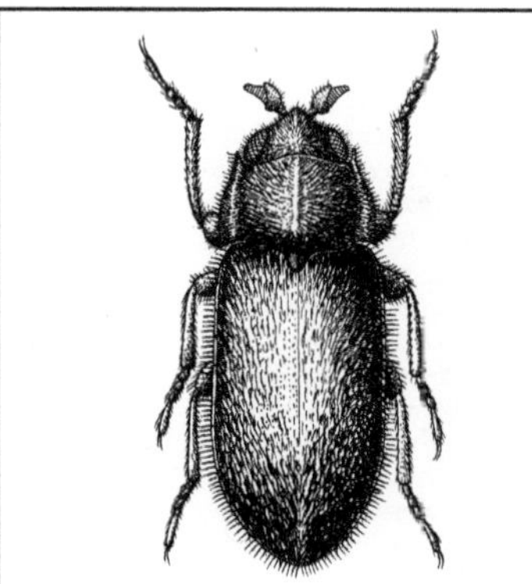

Abb. D-56: Dryopidae: *Dryops auriculatus*, Hakenkäfer. (Bechyně 1954)

Abb. D-57: Duftbeine: *Idaea aversata* (Geometridae). ♂; die stark vergrößerte und verdickte Schiene mit Haarbüschel. (Bourgogne 1951)

fliegen nachts gern umher; **Ernährung** vegetarisch (Algen, verrottendes Holz). **Begattung** im Wasser oder in der Luft; ♀ mit spießförmigem Legeapparat; **Eiablage** schlecht bekannt: im Wasser an oder in Wasserpflanzen oder an Steinen, auch an im Wasser liegende Holzstämme (*Pomatinus substriatus* Müll.) oder an Land an feuchten Stellen (*Dryops auriculatus* Geoffr.); **Larven** stark sklerotisiert, schlank (ähnlich winzigen Mehlwürmern); bei den Junglarven Atmung mit büscheligen Tracheenkiemen, die aus einem durch einen Deckel geschützten Hohlraum um den After herum ausgestülpt werden können; ältere Larven mit offenen Stigmen, Luftaufnahme an der Wasseroberfläche, auch an Land gefunden; Ernährung wie bei den Imagines; manche Arten graben Gänge in zerfallendem Holz. **Verpuppung** außerhalb des Wassers in Sand oder in Holz.
Lit. →Coleoptera; Wesenberg-Lund 1943.
Dryops →Dryopidae.
Dryudella →Astatidae.
Dufourea →Halictidae 2.
Dufour-Drüse, Dufour'sche Drüse; unpaare abdominale Drüse mit Ausmündung an der Basis des Wehrstachels von Stechimmen (→Hymenoptera: →Apocrita); ihre je nach Gruppe unterschiedlich zusammengesetzten Sekrete können als Pheromone, Abwehrstoffe oder Gifte, zur Markierung von Beute, Pfaden, Territorien oder Nestern, zur Erkennung von Nestgenossen oder dem wasserdichten Verkleiden der Brutzellenwand dienen; die ursprüngliche Funktion dürfte die Anheftung bzw. Umhüllung der Eier gewesen sein (→Formicidae; →Anthophila,

→Andrenidae, →Apidae, →Colletidae, →Halictidae, →Melittidae; →Vespidae).
Lit. Mitra 2013.
Dufourea →Halictidae 2.
Duftbeine; mit Duftorganen (Drüsenzellen, Haarbüschel zum Vergrößern der Verdunstungsoberfläche) besetzte Beine der ♂♂ mancher Schmetterlinge; auf einem oder mehreren Beingliedern; häufig an den verdickten Schienen der Hinterbeine (Fußglieder dann bisweilen ganz rückgebildet), auch an den Vorderbeinen (einige →Noctuidae); Duft wohl meist im Flug dargeboten; dient offenbar der Anlockung oder Erregung des ♀; konvergent bei Vertretern verschiedener Fam. Entstanden (z. B. →Hesperiidae, →Noctuidae, →Geometridae [**D-57**], →Hepialidae).
Duftschuppen, Androconien; v. a. bei Schmetterlingen (z. B. →Lycaenidae, →Pieridae) an den Flügeln und an anderen Körperstellen auftretende, besonders gestaltete Schuppen, bei denen aus Öffnungen der Oberfläche oder am aufgespleißten Ende das Sekret von Sexualpheromonen produzierenden Drüsen austritt.
Dukatenfalter, *Lycaena virgaureae* L. →Lycaenidae B1.
Dungfliegen →Scathophagidae; →Sphaeroceridae.
Dungkäfer, Aphodiinae →Scarabaeidae A.
Dungmücken →Scatopsidae.
Dunkelfliegen →Heteromyzidae.
Dunkelkäfer →Tenebrionidae.
Dunkelmücken →Thaumaleidae.
Dunkler Dickkopffalter, *Erynnis tages* L. →Hesperiidae A.

Düsterbienen, *Stelis* →Megachilidae 9; vgl. auch →Megachilidae, 2–5.

Düsterbock, *Asemum striatum* L. →Cerambycidae B2.

Düsterer Humusschnellkäfer, *Agriotes obscurus* L. →Elateridae 4.

Düsterkäfer →Melandryidae.

Dynaspidiotus →Diaspididae 2.

Dynastes, **Dynastidae, Dynastinae** →Scarabaeidae D.

Dysaphis →Aphididae 3.

Dysauxes →Erebidae K6.

Dyschirius →Carabidae H; vgl. auch →Staphylinidae 8.

Dysdercus →Pyrrhocoridae.

Dysmachus →Asilidae.

Dyspessa →Cossidae.

Dytiscidae, Schwimmkäfer; Fam. der Käfer (Coleoptera, Adephaga) mit in Eur ± 365, M-Eur 167, Dt 146 Arten; Größe sehr verschieden, von ca. 2 mm (z. B. *Bidessus*) bis fast 50 mm (*Dytiscus latissimus* L.). Gewandte Schwimmer, in (oft kleinsten) Gewässern verschiedener Art (v. a. in pflanzenreichen Uferzonen), mehrheitlich in stehenden Gewässern, seltener in Fließgewässern (z. B. *Deronectes* in Bächen); *Agabus conspersus* Marsh. halophil, in salzhaltigen Binnengewässern und in Küstennähe; viele können eine Trockenzeit im Boden austrocknender Gewässer überdauern („Sommerschlaf"); Körper abgeflacht, bietet dem Wasser durch geschlossenen Umriss wenig Widerstand (bei *Acilius*, einem fast ständig schwimmenden Suchjäger, z. B. noch ausgeprägter als bei *Dytiscus*, einem häufig ruhenden Lauerjäger). Mittel- und besonders die Hinterbeine als **Schwimmbeine** ausgebildet: abgeflacht, an der Schiene und an den 5 Fußgliedern mit beim Ruderschlag sich abspreizenden Haaren besetzt [**D-58**]; Beine beim Ruderschlag gestreckt und mit breiter Fläche gegen das Wasser, bei der Rückbewegung abgewinkelt und Kante voran; beim zügigen Rudern werden die

Beine eines Paares gleichzeitig bewegt, bei den großen Käfern bei schnellem **Schwimmen** nur die Hinterbeine, bei gemächlichem Schwimmen Mittel- und Hinterbeine, das eine Paar alternierend zum anderen; Hauptschub durch die Tarsenbehaarung der Hinterbeine; Schlagfrequenz bei kleinen Arten höher als bei großen, z. B. bei *Dytiscus* (35 mm) ca. 2, bei *Hydroporus* (2,7 mm) ca. 16 Schläge pro Sekunde; die ausdauerndsten Schwimmer sind die mittelgroßen und kleinen Arten (diese z. T. mit weniger schnittig gebautem Körper); Steuerung des Schwimmverhaltens (Geschwindigkeit, Beinschlagfrequenz) durch Sinnesorgane der Antennen. Bei kleineren Arten sind die Käfer durch die unter den →Elytren mitgenommene Luftmenge meist leichter als das Wasser; bei den Größeren hat der Körper durch die mitgenommene Luft annähernd das spezifische Gewicht des Wassers; Regelung des Auftriebs in Grenzen möglich durch Veränderung der Luftmenge am Körper, wesentlich auch durch das Ausmaß der Wasserfüllung eines Enddarmblindsacks (Rektalampulle); die Käfer gehen begeben sich zum **Luftschöpfen** mit dem Hinterleibsende an die Wasseroberfläche (erleichtert durch wasserabweisende Behaarung am Hinterleibsende), nehmen Luft wohl v. a. in die kurz zuvor entlüfteten Tracheenstämme, aber auch in den Raum unter den Flügeldecken auf, in den 8 abdominale und 2 thorakale Stigmenpaare münden [**D-59**]; unter Wasser wird hinten eine Luftblase ausgestülpt, die als →physikalische Kieme das Absinken des O_2-Gehalts der Luft unter den Flügeldecken während des Tauchens herauszögert; manche kleinen Arten (z. B. *Bidessus*) verwerten auch an Pflanzen haftende Gasbläschen; Hautatmung zumindest bei kleinen Käfer in sauerstoffreichen Gewässern bedeutend. Viele Arten sind ausdauernde, aber wenig wendige **Flieger**; mittlere Fluggeschwindigkeit von *Dytiscus marginalis* 3 m/s; beim Flug Mittelbeine unter die seitlich

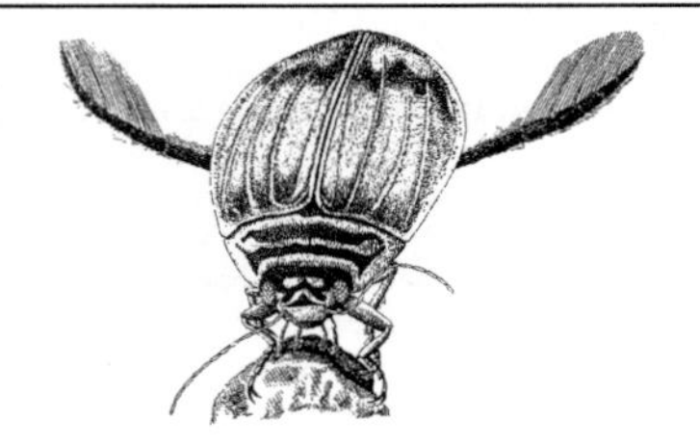

Abb. D-58: Dytiscidae: *Acilius sulcatus*, Furchenschwimmer. ♀, 16–18 mm

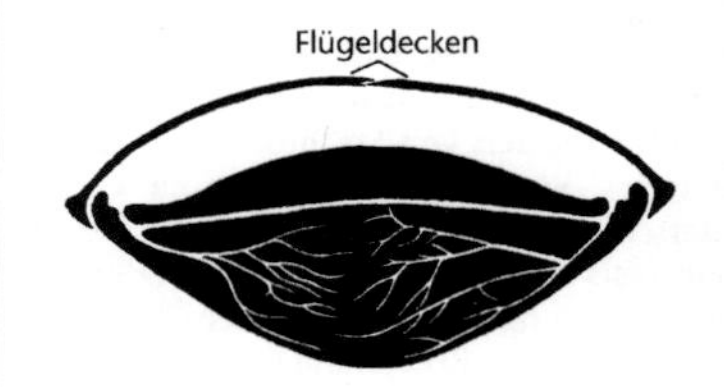

Abb. D-59: Dytiscidae: *Dytiscus marginalis*, Gelbrand. Schematischer Querschnitt durch den Hinterleib; nur Tracheen eingezeichnet. (Naumann 1955)

weggestreckten Flügeldecken angehoben; Erkennen einer Wasseroberfläche durch die Polarisation des reflektierten Lichtes. In der Vorderbrust vieler und im Hinterleib aller Dytisciden paarige, oft sehr große, komplexe **Drüsen**; die der Vorderbrust (Mündung seitlich hinter dem Vorderrand des Prothorax) produzieren wirksame Wehrstoffe (→Allomone), die toxisch und lähmend auch auf Wirbeltiere (Fische, Amphibien) wirken: neben Steroiden (u. a. Cortexon) und Sesquiterpenen auch ein Alkaloid und ein Nukleoprotein; die Sekrete der nahe dem Körperende mündenden Abdominaldrüsen (Pygidialdrüsen) meist weiß oder gelb, cremig; mit mindestens 12 Verbindungen, artspezifisch in unterschiedlicher Kombination: häufig Benzoesäure, p-Hydroxibenzoesäuremethylester, p-Hydroxibenzaldehyd, Hydrochinon, Phenylessigsäure, 3-Indolylessigsäure, daneben Proteine; das Sekret wird regelmäßig – außerhalb des Wassers – mit den Beinen sorgfältig auf der Körperoberfläche verteilt, bietet Schutz gegen Mikroorganismen (Bakterien, Algen, Flagellaten, Ciliaten und Pilze); die bei *Laccophilus* nachgewiesenen β-Hydroxicarbonsäuren sind stark fungizid; die feine Sekretschicht erhöht außerdem die Benetzbarkeit der Körperoberfläche und erleichtert so das Durchstoßen der Wasseroberfläche (wichtig v. a. für kleine Käfer). **Ernährung** jagend; die Beute wird in erster Linie durch den chemischen Sinn wahrgenommen, daneben sind Auge, Tast- und Erschütterungssinn beteiligt; die Nahrung wird mit den kauenden Mundteilen zerkleinert. **Begattung** wohl stets im Wasser; das ♂ haftet bei der Begattung mit den breiteren, unterseits mit Saugnapfhaaren besetzten 3 Grundgliedern der Vordertarsen [**D-60**] an den glatten Seiten der Mittelbrust des ♀ (wahrscheinlich Kombination von Ansaugen und Kleben durch Drüsensekret); ♀ der meisten Arten mit separater Kopulationsöffnung (räumliche Trennung von Begattung und Besamung), ♂ oft mit an den Köpfen verbundenen (konjugierten), in Gruppen zusammen schwimmenden Spermien, am extremsten bei den Hydroporinae (→8–9): Spermien z. T. zu großen Gruppen verbunden, Verbindungsgänge im Geschlechtsapparat des ♀ lang und verwickelt (Selektion der Spermien?); entgegengesetzte Verhältnisse bei den großen Schwimmkäfern (Dytiscinae →1–3): Spermien einfach, nur 1 Geschlechtsöffnung beim ♀, dafür beim ♂ Haftglieder der Vordertarsen zu einer querovalen (*Cybister*) oder rundlichen Saugscheibe erweitert [**D-60**], Flügeldecken beim ♂ glatt, beim ♀ mit Längsriefen (beim ♂ glatt), die das Festhalten

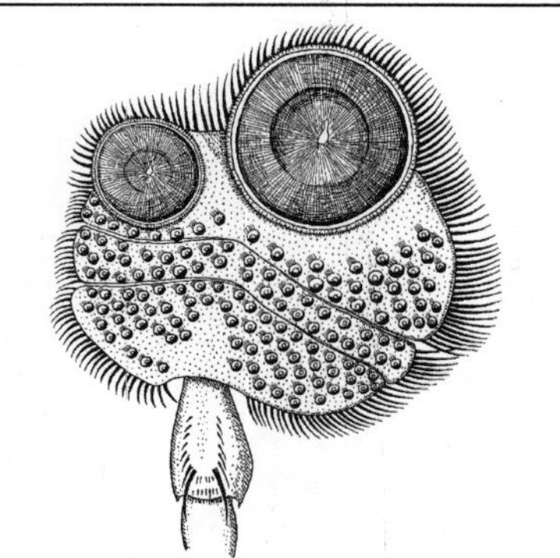

Abb. D-60: Dytiscidae: *Dytiscus marginalis*, Gelbrand.; ♂. Die 3 proximalen, mit Saugnapfhaaren besetzten Fußglieder des rechten Vorderbeines. (Wesenberg-Lund 1943)

Abb. D-61: Dytiscidae: Links: *Dytiscus marginalis*, Gelbrand; ♀ bei der Eiablage an Pflanzenstängel; rechts: Eier dieser Art in Wasserpflanze; Eilänge 7 mm. (Naumann 1955)

eines sich wehrenden ♀ erschweren; bisweilen (z. B. *Dytiscus*) 2 ♀♀-Formen (mit und ohne Längsriefen) bei der gleichen Art. 3 Verfahren bei der **Eiablage**: 1) oberflächliches Anbringen der Eier an pflanzliches Substrat unter Wasser, durch Ankleben (z. B. *Colymbetes*) oder leichtes Einschieben mit einem kurzen Legeapparat (z. B. *Agabus*); 2) tieferes Versenken der Eier in die Pflanze mit einem kräftigen Legebohrer (z. B. *Dytiscus* [**D-61**]); 3) Ablage von Eihäufchen außerhalb des Wassers in Ritzen und Spalten mit einem langen, dünnen Legeapparat (*Acilius*).

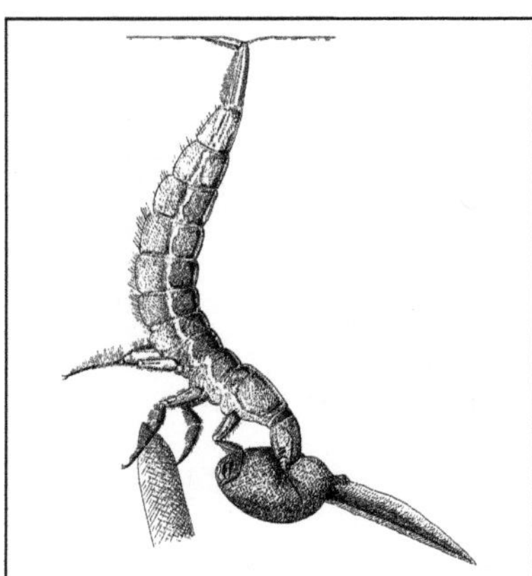

Abb. D-62: Dytiscidae: *Dytiscus marginalis*, Gelbrand. Larve verzehrt, an der Wasseroberfläche hängend, eine Kaulquappe

Die **Larven** [**D-62**] stets im Wasser, berühren zum Luftschöpfen mit dem Hinterende des verlängerten letzten Hinterleibssegments („Siphon") den Wasserspiegel, Luftaufnahme durch das offene hintere Stigmenpaar in die großen Tracheenlängsstämme; bei manchen (*Rhantus, Agabus*) wahrscheinlich auch ausgedehnte Hautatmung (steigen nur selten an die Oberfläche); Ionenverlust im hyposmotischen Süßwasser wird ausgeglichen durch aktive Ionenaufnahme aus Trinkwasser über einen Darmabschnitt (Ileum), der mit einem Transportepithel ausgekleidet ist; Schwimmbeine der besonders schwimmfähigen Larven der Dytiscinae (→1–3) außen und innen mit Haaren besetzt, ebenso die Flanken der beiden letzten Hinterleibssegmente, sodass ein Schwimmfächer gebildet ist; durch Auf-und-ab-Schlagen des Hinterleibs ist teils Bremsen, teils Vorschnellen möglich; bei anderen Larven höchstens die Beinaußenseite und die Schwanzanhänge (Urogomphi) mit Schwimmhaaren (z. B. *Rhantus*); beim Schwimmen der gleiche Bewegungsablauf der Beine wie beim Laufen; die Larven schwimmen weniger fördernd und weniger geschickt als die Imagines; Ernährung jagend, Mundteile z. T. hoch spezialisiert; Kopf flach, Mund vorn durch Verfalzung oder Aufeinanderpressen der Ränder weitgehend verschlossen; die seitlich ansetzenden Mandibeln meist lang, gebogen-dolchförmig, mit einer Längsrinne oder (*Dytiscus*) mit ganz geschlossenem Kanal durchsetzt; Beutefang artspezifisch verschieden, schwimmend (*Rhantus*), bewegungslos lauernd zwischen Was-

serpflanzen oder am Wasserspiegel hängend (*Cybister, Dytiscus*); ausgewachsene Larven großer Arten erbeuten auch Kaulquappen und kleine Fische (*Cybister, Dytiscus*); beim Fang werden die Mandibeln tief in die Beute geschlagen und ein lähmendes Gift und Verdauungssaft hineingespuckt, Verdautes wird aufgesogen (Schlundpumpe); 3 Larvenstadien. **Verpuppung** an Land, meist in selbst gegrabener Erdhöhle oder unter Laub; **Überwinterung** (bisweilen bei nahen Verwandten) artspezifisch verschieden: viele 1-jährige Arten überwintern als Imago (bei Eiablage im Frühjahr) oder als Ei (bei Fortpflanzung im Sommer), andere wahlweise als Larve oder Imago (*Ilybius, Agabus*-Arten), mehrjährige Arten erst als Ei oder Larve, dann als Imago, wohl meist unter Eis im Wasser, gerne in leeren Schneckenhäusern; **Lebensdauer** großer Schwimmkäfer mehrere, gelegentlich bis zu 5 Jahre. Wie bei anderen Wasserkäfern Befall durch (zur Eiablage tauchende) **Parasitoide** an Eiern (*Prestwichia*, →Trichogrammatidae 2) und Larven (→Eulophidae), sowie unter den Flügeldecken saugende Süßwassermilben (Larven der Gttg. *Eylais*).

1. Dytiscus; mit 7 heimischen Arten, häufig **D. marginalis** L., Gelbrand (27–35 mm); Halsschild ringsum und Seiten der Flügeldecken breit gelb gesäumt; langsamer Schwimmer; die **Wehrdrüsen** der Vorderbrust geben bei Störung ein milchiges Sekret ab; es enthält (neben anderen Stoffen) pro Gelbrand mehr Cortexon (11-Desoxicorticosteron) als 1000 Rindernebennieren; auch die Pygidialdrüsen gut entwickelt. Hauptbegattungszeit im Herbst, daneben im Frühling; ♂ oft 2–3 Tagen auf dem ♀, festgehalten durch Klammergriff der Vorderbeine um den Halsschild des ♀, Saugnäpfe angepresst an die Seiten (Episterna) der Mittelbrust (Paarung gelingt auch nach Amputation der Saugnäpfe); die **Begattung** selbst 15 min, dabei wird ein in Drüsensekret eingeschlossenes Samenpaket (Spermatophore) vom ♂ in den Begattungskanal des ♀ eingeschoben; die Spermien wandern in den Samenbehälter des ♀, die entleerte Spermatophore wird nach einigen Stunden ausgestoßen; **Eiablage:** Frühling bis Sommer; die ca. 7 mm langen Eier unter Wasser einzeln mit dem Legeapparat in Pflanzengewebe eingestochen [**D-61**], nachdem durch Probebiss festgestellt wurde, dass die Pflanze lebt (zur Sicherung der Sauerstoffversorgung der Eier). Schlüpfen der **Larven** im Frühsommer; 3 Häutungen in (je nach Wassertemperatur) 4–12 Wochen; Dehnen der neuen Haut durch Wasseraufnahme in den Darm; Larven hinten mit Cerci; letztes Larvenstadium 6–8 cm lang. Die Larven steigen zur **Verpuppung** an Land (Fortbewegung: Festbeißen der Mandibeln im Boden, Nachziehen des Körpers); Häutung zur Puppe in einer Erdhöhle, in der die Puppe nur mit dem Vorder- und Hinterende aufgestützt ruht; in 2–5 Wochen Schlüpfen der dann überwinternden Imago. Größte heimische Art: *Dytiscus latissimus* L., Breitrand (36–44 mm); auffallend breit durch den vorgezogenen Seitenrand der Flügeldecken; mehr in größeren Fischteichen.

2. *Cybister lateralimarginalis* Deg., Gaukler (30–37 mm); ähnlich den *Dytiscus*-Arten, aber mit besonders schnittiger Körperform; dunkel olivgrün; in stehenden Gewässern; Larve schlank (bis 8 cm), hinten ohne Cerci; hängt lauernd zwischen Wasserpflanzen.

3. *Acilius sulcatus* L., Furchenschwimmer (16–18 mm; [**D-58**]); ♀ mit 4 bräunlich behaarten Längsfurchen auf den Flügeldecken; Larve spindelförmig, vorn auffallend schmal; schwimmt lauernd, stoppt vor der erspähten Beute, krümmt den Hinterleib hoch, schnellt sich durch Abwärtsschlagen des Hinterleibs voran auf die Beute.

4. *Colymbetes*, Teichschwimmer; mit 3 Arten in Dt, recht häufig *C. fuscus* L. (16–17 mm): oben düster schwarzbraun; v. a. in kleinen, im Sommer sogar austrocknender Tümpeln; die dunklen Larven meist auf den Wasserpflanzen kriechend, selten schwimmend.

5. *Ilybius*, Schlammschwimmer; mit 16 heimischen Arten, sehr häufig *I. fenestratus* F. (ca. 11 mm): oben bronzefarben oder rotbraun; im Sekret der riesigen prothorakalen Wehrdrüsen das Sexualhormon Testosteron (sehr wirksam gegen Frösche und Kröten; verschluckte Käfer werden erbrochen, nach 2-maliger Erfahrung nicht mehr gefressen); auch in größeren Gewässern in *Potamogeton*-Beständen; Larven mit weißlichen Flecken auf dunklem Grund, schwimmen nicht selten.

6. *Agabus*, Schnellschwimmer; in Dt 20 Arten, sehr häufig *A. bipustulatus* L. (8–11 mm): schwarz; v. a. in Gewässern mit klarem, kaltem Wasser; Larve ohne Schwimmhaare an den Beinen, Kriecher; Verpuppung an Land in Erdkokon: die Larve bricht mit den Kiefern Erdbrocken los, baut zuerst einen umwallten Napf, darüber ein Erddach; das Ganze wird schließlich ausgebaut zu einer runden, hohlen, etwa kirschgroßen Kugel, die (fast) frei in einer Bodendelle liegt.

7. *Laccophilus*, Grundschwimmer; bei uns 3 sehr häufige Arten; gute Flieger, starten direkt aus dem Wasser; im Blut gelöst Carotinoide und Gallenfarbstoffe; darunter *L. hyalinus* Deg. (knapp 5 mm); gelbbraun mit dunkler, brauner Zeichnung; beachtliches Springvermögen der Käfer an Land.

8. *Hydroporus,* Zwergschwimmer; in M-Eur 35 Arten; klein (2,5–5 mm); häufig gelblich braun mit dunkler Zeichnung oder düster mit hellerer Zeichnung; teils in stehenden, teils in fließenden Gewässern; im Pygidialdrüsensekret das Pflanzenhormon 3-Indolessigsäure (biologische. Bedeutung unbekannt) und als Wehrstoff Phenylessigsäure; Larven am Boden oder auf Wasserpflanzen kriechend.

9. *Hyphydrus ovatus* L., Kugelschwimmer (5 mm); kurz-oval, rotbraun, sehr stark hoch gewölbt; in Kleingewässern; am Hinterende stets mit Luftblase wechselnder Größe; schwimmt recht gut; Larve (7–8 mm) düster; vorn, in der Mitte und hinten mit heller Querbinde.

Lit. →Coleoptera; Miller & Bergsten 2016; Schwind 1992; Wichard et al. 2013; Yee 2014.
Dytiscus →Dytiscidae 1.

E

Earias →Nolidae 2.

Earomyia →Lonchaeidae 1, 2.

Ebaeus →Melyridae A.

Ebereschenmotte, *Argyresthia conjugella* Zell. →Argyresthiidae 1.

Eblisia →Histeridae.

Ecdyonuridae →Heptageniidae.

Ecdyonurus →Ephemeroptera; →Heptageniidae.

Ecdyson →Metamorphose 2b.

Echidnophaga →Siphonaptera A.

Echidnophora →Phoridae.

Echinocerus →Cerambycidae D8.

Echinophthiriidae, Robbenläuse; Fam. der Läuse (Psocodea, Phthiraptera, Anoplura) mit in Eur 3 Arten; blutsaugende Ektoparasiten ausschließlich auf Meeressäugetieren; augenlos, zumindest ohne typische Linsen; Körper dicht mit schuppenartigen Haaren besetzt, halten während des Tauchens des Wirtes einen Luftmantel fest; oft in der Nasengegend der Wirte (wird häufig aus dem Wasser gestreckt!). Einzige Art der Fam. in M-Eur und Dt: **Echinophthirius horridus** Olf., Robbenlaus; auf Kegelrobbe, Seehund und Ringelrobbe, bevorzugt an Kopf und Schwanzflosse; ca. 3,3 mm; Zwischenwirt des Robben-Herzwurms (*Dipetalonema spirocauda*, Nematoda). Lit. →Anoplura.

Echinophthirius →Echinophthiriidae.

Echte Bienen →Apidae.

Echte Blattwespen →Tenthredinidae.

Echte Cochenilleschildlaus, *Dactylopius coccus* Costa →Coccina.

Echte Fliegen →Muscidae.

Echte Läuse →Anoplura.

Echte Motten →Tineidae.

Echte Schlupfwespen →Ichneumonidae.

Echte Wespen →Vespidae D.

Eckenfalter →Nymphalidae C.

Eckflügelspanner, Violettgrauer, *Macaria liturata* Cl. →Geometridae C.

Ecnomidae; Fam. der Köcherfliegen (Trichoptera) mit in Eur und Dt 2 Arten der Gttg. *Ecnomus*; Imagines klein, Vorderflügel gelblich mit brauner Flecken; die **Larven** →campodeid, kiemenlos, bevorzugen dennoch stehende und langsam fließende Gewässer; bauen Fangnetze, erbeuten kleine Krebse (Wasserflöhe, Flohkrebse) und Zuckmückenlarven. Lit. →Trichoptera; Stroot et al. 1988.

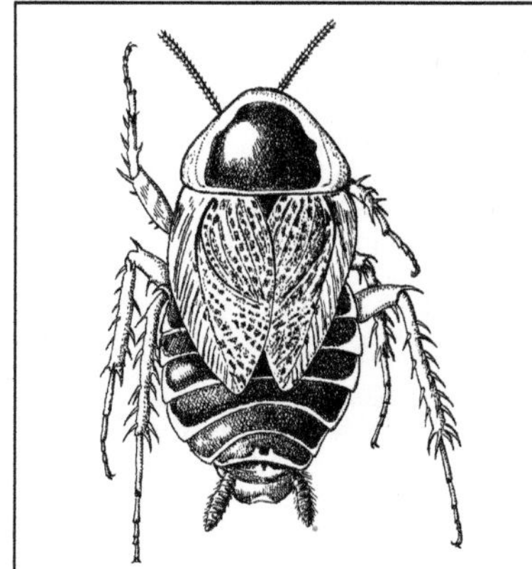

Abb. E-1: Ectobiidae: *Ectobius silvestris*, Podas Waldschabe. ♀, bis 14 mm lang; Fühler nur zum Teil gezeichnet. (Harz 1960)

Ecnomus →Ecnomidae.

Ectaetia →Scatopsidae.

Ectemnius →Sphecidae.

Ectobiidae, Waldschaben, Kleinschaben; Fam. der Schaben (Blattodea) mit in Eur 112, M-Eur 21, Dt 9 Arten; klein bis mittelgroß; die ♀♀ durchweg etwas kleiner als die ♂♂, Letztere mit Rückendrüse; freilebend; alle wohl mit etwa gleicher Lebensweise; Eikokon mit der Naht nach oben ausgebildet, dann um 90° zur Seite gedreht (gleich den →Blattellidae), bei manchen Arten vom ♀ vergraben; überwintern als Larve.

1. *Ectobius lapponicus* L., Gemeine Waldschabe, Lapplandschabe (bis 13 mm); überall in Eur, bis Lappland; die ♂♂ mit gut ausgebildeten Deck- und Flugflügeln, fliegen häufig; bei den ♀♀ die Deckflügel etwas verkürzt, aber den Hinterleib noch bedeckend, die Flugflügel stark verkümmert; in Wald- und Heidegebieten, die ♂♂ mehr auf der niederen Vegetation, die ♀♀ mehr am Boden; zur Begattung nähert sich das ♂ rückwärtsgehend mit angehobenen Flügeln dem ♀ von hinten (!). Mit ähnlicher Verbreitung und Lebensweise *E. silvestris* Poda, Podas Waldschabe [E-1], Deckflügel des ♀ jedoch nur halb so lang wie der Hinterleib.

2. *Ectobius panzeri* Steph., Küstenwaldschabe, Heideschabe (bis 8 mm); Flügel des ♂ vollständig ausgebildet, die des ♀ stark verkümmert;

© Springer-Verlag GmbH Deutschland, ein Teil von Springer Nature 2026
E. Weber, H. Bellmann, *Jacobs|Renner – Biologie und Ökologie der Insekten*,
https://doi.org/10.1007/978-3-662-71153-8_5

Vorkommen v. a. im Küstengebiet der Nordsee, im Dünengelände, seltener im Binnenland.

3. *Phyllodromica maculata* Schreber (ca. 6,5 mm); Flugflügel mehr oder weniger verkümmert oder fehlend, Deckflügel vorhanden, beim ♂ körperlang, beim ♀ verkürzt; Imagines nur V–VI; häufiger Bewohner sonniger Kalktrockenhänge in Ostbayern; vorwiegend abend- und nachtaktiv, bei niedriger Luftfeuchtigkeit; ohne Aggregationsverhalten; die Rückendrüse des ♂ sehr stark entwickelt, wird oft exponiert (Anlockung der ♀♀ aus größerer Entfernung? →Blattodea). Lit. →Blattodea.

Ectobius →Blattodea; →Ectobiidae 1, 2; vgl. auch →Evaniidae, →Ripiphoridae 3.

Ectoedemia →Nepticulidae.

Ectognatha (Ectotropha), Freikiefler; →monophyletische Insektengruppe, zu der die primär flugunfähigen →Archaeognatha und →Zygentoma sowie die Fluginsekten (→Pterygota) gehören; mit Geißelantenne (Muskeln nur im Grundglied); Bezeichnung der Gruppe nach deren Mundteilen, die wie bei den meisten anderen Arthropoden außen frei an der Kopfkapsel eingelenkt sind; Schwestergruppe entweder der übrigen Insekten (→Entognatha) oder – wahrscheinlicher – der →Diplura.

Ectopsocidae, *Ectopsocus* →Lachesillidae.

Ectotropha →Ectognatha.

Ectropis →Geometridae C10.

Edaphus →Staphylinidae.

Edelfalter →Nymphalidae.

Edellibellen →Aeshnidae.

Edwardsiana →Cicadellidae H1.

Efeublattkäfer, *Oomorphus concolor* Sturm →Chrysomelidae G.

Eggisops →Calliphoridae 5.

Eginia →Muscidae.

Ei-Larven-Parasitoid; Entwicklung des →Parasitoiden beginnt im Ei und wird in der Larve (manchmal erst in der Puppe) des Wirtes vollendet.

Eibengallmücke, *Taxomyia taxi* Inchb. →Cecidomyiidae D1.

Eichelbohrer, *Curculio glandium* Marsh. →Curculionidae H2.

Eichelwickler, *Cydia splendana* Hbn. →Tortricidae 2.

Eichenlederzikade, *Iassus lanio* L. →Cicadellidae B.

Eichenblattroller, *Attelabus nitens* Scop. →Attelabidae 2.

Eichenbuntkäfer, *Clerus mutillarius* F. →Cleridae 2.

Eichenerdfloh, *Altica quercetorum* Foud. →Chrysomelidae L6.

Eichengallrüssler, *Curculio villosus* F. →Curculionidae H2.

Eichengallwespen, Cynipini →Cynipidae.

Eichenholzbohrer, *Xyleborus monographus* F. →Curculionidae P1.

Eichenkernkäfer, *Platypus cylindrus* F. →Curculionidae C.

Eichenknospenstecher, *Schoenitemnus minutus* Hbst. →Rhynchitidae 1.

Eichenkugelrüssler, *Attelabus nitens* Scop. →Attelabidae 2.

Eichenlederzikade, *Iassus lanio* L. →Cicadellidae B.

Eichenmaskenlaus, *Thelaxes dryophila* Schrk. →Thelaxidae 2.

Eichenminiermotte, *Tischeria ekebladella* Bjerk. →Tischeriidae.

Eichenpockenlaus, *Asterodiaspis variolosa* Ratz. →Asterolecaniidae.

Eichenprozessionsspinner, *Thaumetopoea processionea* L. →Notodontidae B2.

Eichenrindenminiermotte, *Spulerina simploniella* F. R.; →Gracillariidae 5.

Eichenschildlaus, *Kermes quercus* L. →Kermesidae.

Eichenschrecken →Meconematidae.

Eichensichelspinner, *Watsonalla binaria* Hfn. →Drepanidae 2.

Eichenspinner, *Lasiocampa quercus* L. →Lasiocampidae 6.

Eichensplintkäfer, *Scolytus intricatus* Ratz. →Curculionidae P2.

Eichenspringrüssler, *Orchestes quercus* L. →Curculionidae H5.

Eichentriebmotte, *Stenolechia gemmella* L. →Gelechiidae 2.

Eichentriebzünsler, *Acrobasis*; →Pyralidae 4.

Eichenweichkäfer, *Cantharis obscura* L. →Cantharidae 2.

Eichenwickler, *Tortrix viridana* L. →Tortricidae 1; s. auch →Staphylinidae K3.

Eichenwidderbock, *Plagionotus arcuatus* L. →Cerambycidae D8.

Eichenzwerglaus, *Phylloxera coccinea* v. Heyd.; →Phylloxeridae 2.

Eilema →Erebidae K2.

Einbindiger Traubenwickler, *Eupoecilia ambiguella* Hbn. →Tortricidae 27.

Eintagsfliegen →Ephemeroptera.

Eiparasitoid; lebt und frisst im oder am Wirtsei; →Parasitoid 1.

Eisenmadigkeit →Psilidae 1.

Ekelblumen; Blüten, denen ein intensiver, unangenehmer, oft fauliger, harn-, kot- oder aasartiger Geruch entströmt; von ihnen werden Insekten angelockt, die von verwesenden Substraten oder von Kot leben oder dort ihre Eier ablegen (→Calliphoridae; →Mycetophilidae; →Sciaridae; →Staphylinidae einschl. Silphinae).

Ektadenien; Anhangsdrüsen am ektodermalen Anteil der Geschlechtswege.

Ektoparasit →Parasit.

Ektoparasitoid →Parasitoid.

Elachista →Elachistidae.

Elachistidae, Grasminiermotten; Fam. der Schmetterlinge (Lepidoptera, Glossata, Gelechioidea) mit in Eur ± 240, M-Eur 130, Dt 104 Arten (einschl. der Parametriotinae), darunter zahlreiche Arten der Gttg. *Elachista*; unscheinbare Falter (Flspw. 6–13 mm) mit meist weißlichen oder grauen Flügeln, in Ruhe dachförmig angelegt; Maxillarpalpen reduziert, meist eingliedrig1-gliedrig. **Raupen** spindelförmig mit starken Einschnitten, ihr Kopf abgeflacht, in den Rumpf angezogen; minieren in den Blättern von Gräsern oder Binsengewächsen, bisweilen bis in den Stängel hinein; oft Blattwechsel; bei vielen Arten überwintert die Raupe in der Mine und frisst im Frühling noch weiter; **Verpuppung** bei den meisten Arten außerhalb des Fraßgangs in einem Kokon oder frei mit dem →Cremaster an einer Gespinstunterlage befestigt, manchmal als →Gürtelpuppe; manche gelegentlich an Gräsern schädlich, z. B. die →polyphage Art *Elachista albifrontella* Hbn.

Lit. →Lepidoptera.

Elaiophor; den Nektarien analoge und nur selten mit ihnen zusammen auftretende Drüsen in Blüten von Pflanzen unterschiedlichster taxonomischer Zugehörigkeit; sondern ein fettes Öl (vorwiegend Gemische von Glycerolestern 3-(β) substituierter Hydroxifettsäuren) ab, das Bienen (→Melittidae), die diese Blüten bestäuben, sammeln und – mit Pollen vermischt – als Futter für zum Füttern ihrer Brut verwenden.

Lit: Vogel 1986.

Elaiosom →Formicidae; →Myrmekochorie.

Elampus →Chrysididae B6.

Elaphrinae, *Elaphrus* →Carabidae F.

Elasmidae →Eulophidae 8.

Elasmucha →Acanthosomatidae 2.

Elasmus →Eulophidae 8.

Elater →Elateridae.

Elateridae, Schnellkäfer, Schmiede; Fam. der Käfer (Coleoptera, Polyphaga, Elateriformia) mit in Eur ± 875, M-Eur 208, Dt 157 Arten; mittelgroß; verhältnismäßig kurzbeinig, oft schlank, etwas abgeflacht; mit hartem Panzer; bei manchen Arten die Fühler kammförmig [**E-2**]. Bemerkenswert ihre Fähigkeit, sich aus der Rückenlage durch ein plötzliches Abknicken der Vorderbrust hochzuschnellen; **Schnellapparat** [**E-3**]

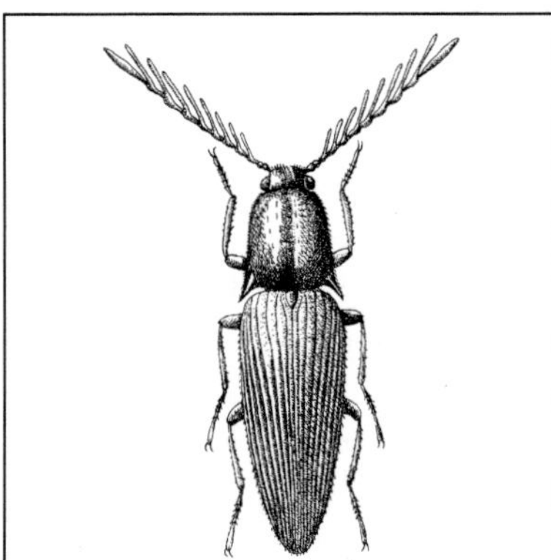

Abb. E-2: Elateridae: *Ctenicera pectinicornis*, Rindenschnellkäfer. 17 mm. (Bechyně 1954)

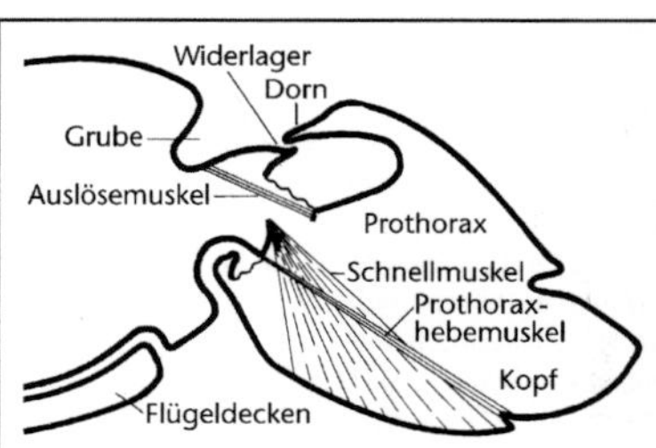

Abb. E-3: Elateridae: Schnellmechanismus eines Schnellkäfers. Längsschnitt durch Vorderbrust (rechts) und vorderen Teil der Mittelbrust; Rückenlage. Der Prothoraxhebemuskel verursacht „Hohlkreuz"; weitere Erklärungen siehe Text. (Nach verschiedenen Autoren)

zwischen Vorder- und Mittelbrust, beide gegeneinander auf und -ab beweglich in einem sehr verwickelt gebauten Gelenk mit Vorsprüngen am Hinterende der Vorderbrust („Schnapper", „Knipser") und entsprechenden Vertiefungen am Vorderende der Mittelbrust; als auffallendster Teil des Schnellapparates ragt ventral am Ende der Vorderbrust ein Dorn nach hinten bis über eine längliche Grube vorn-ventral auf der Mittelbrust; er wird durch die Hohlkreuzbildung (durch Kontraktion des Prothorax-Hebemuskels) in einem Widerlager vor der Grube arretiert; dann wird der mächtige Schnellmuskel vorgespannt (ohne dass es gleich zum Springen kommt) und erst danach die Arretierung des Dornes durch weitere Kontraktion des Prothorax-Hebemuskels entriegelt, sodass der Dorn

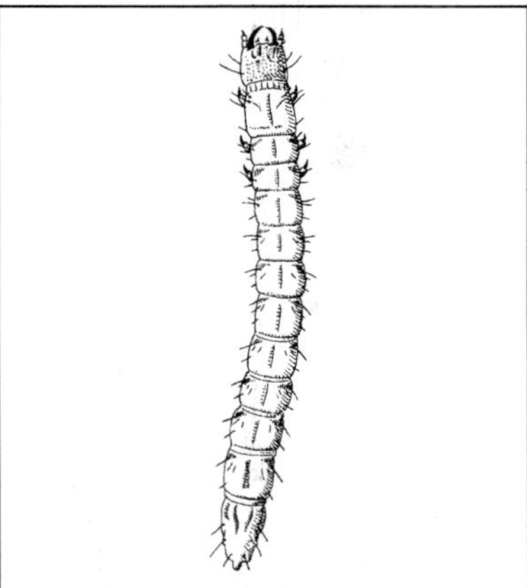

Abb. E-4: Elateridae: *Melanotus* spec. Schnellkäferlarve (Drahtwurm); 25 mm. (Schimitschek 1955)

in die Mittelbrustgrube einschnappen kann; dadurch klappt der hintere Teil der Vorderbrust fast explosionsartig schnell nach dorsal und das Hinterleibsende wird durch Verlagerung des Gesamtschwerpunktes gehoben, sodass der Käfer mit den dorsalen Skleriten im Bereich des Sprunggelenks auf den Boden schlägt und der Körper hochgeschleudert wird; die Käfer landen keineswegs immer auf den Beinen; Schnellen tritt auf bei zufälliger Rückenlage (meist nach Versuchen, sich mit Beinen oder abgespreizten Flügeln aufzurichten), beim Herausarbeiten aus dem Puppenlager oder in Zwangslagen (Festhalten); Sprungkraft und Neigung zum Schnellen artspezifisch verschieden; manche (*Agrypnus murinus* L.) schnellen fast nie, andere häufig und auch aus der Bauchlage heraus, v. a. nach dem in dieser Käfergruppe sehr ausgeprägten Sichtotstellen. Auf Gebüsch, auf Blüten, an Baumstämmen, am Boden; **fressen** wohl meist an Pflanzen (werden hier bisweilen schädlich), nehmen auch kleine Tiere. **Fortpflanzung** meist im Frühjahr (*Ampedus, Ischnodes, Lacon, Limoniscus, Megapenthes, Procraerus*) oder im Frühsommer (*Athous, Ctenicera, Elater, Selatosomus, Stenagostus*); Eiablage einzeln oder in Gruppen in den Boden oder in Holzmulm, bei manchen Arten auch in Mist. **Larven** mehr oder weniger lang gestreckt und dünn, mit kurzen Beinen an den Brustsegmenten [**E-4**]; jede Art mit besonderen Ansprüchen z. B. hinsichtlich Feuchtigkeit; Ernährung – soweit bekannt – teils von Humusstoffen oder zerfallenden Pflanzen; einige (dann

u. U. sehr schädliche Arten) an lebenden Pflanzen, finden Wurzeln wohl durch dort abgegebenes CO_2, absterbende Pflanzenteile durch Duftstoffe; Mulmbewohner i. d. R. jagend, ebenso einige Erdbewohner; einige Arten auch an Aas; (durchgehend?) mit Verdauung vor dem Mund, Aufnahme verflüssigter Nahrung. Dauer des Larvenlebens von Art zu Art, wahrscheinlich (je nach Ernährungsbedingungen) auch bei der gleichen Art recht verschieden, knapp 1 Jahr bis zu 5 oder 6 Jahren; vermutlich eine beträchtliche Zahl von Häutungen; **Verpuppung** ohne besondere Vorbereitungen am Fraßplatz der Larven, meist im Spätsommer, seltener im Frühsommer (*Elater, Stenagostus*) oder Frühling; **Überwinterung** als Jungkäfer in der Puppenwiege und (bei mehrjähriger Entwicklung) als Larve. – 2 Verwandtschaftsgruppen mit unterschiedlichen Larven:

A. Elaterinae; stehen möglicherweise den Leuchtkäfern (→Lampyridae) näher als den restlichen Schnellkäfern; Larven zylindrisch und steif, da wie die Imagines mit hartem Panzer (Drahtwürmer): bewegen sich durch Lücken im Holzmulm, in humosen Böden oder unter Rinde; hierher die zu den gefährlichsten Schädlingen von Kultur- und Zierpflanzen gehörende Gttg. **Agriotes,** Humusschnellkäfer, Saatschnellkäfer (6,5–10 mm): Imagines im Frühjahr und Sommer; die Larven an den verschiedensten Pflanzen, fressen bevorzugt an unterirdischen, manchmal jedoch auch (z. B. bei Erdbeeren und jungem Getreide) an bodennahen Pflanzenteilen; zuweilen auch Humusfresser und Jäger. Beispiele: *A. obscurus* L., Düsterer Humusschnellkäfer (7–9 mm), sehr häufig, v. a. auf leichteren Böden; *A. sputator* L., Gartenhumusschnellkäfer, Salatschnellkäfer (6,5–8,5 mm), Larven an vielen Pflanzen, nicht nur im Garten.

B. Die übrigen U-Fam. bilden eine Verwandtschaftsgruppe mit abgeflachtem abgeflachten Larven (gelegentlich ebenfalls als Drahtwürmer bezeichnet) von unterschiedlicher Sklerotisierung, deren hinterstes Rückenschild gegabelt ist; die Gabeläste (Urogomphi) dienen zum Stemmen durch enge Lücken in dichteren Böden oder Faulholz; abweichend die Larven der Cardiophorinae (→B4). Hierher auch die in Aussehen und Lebensweise der Imagines und Larven stark abweichenden Drilinae und Omalisinae, denen die starke Panzerung und der Schnellmechamismus der übrigen Elateridae fehlen (→B5, B6).

B1. *Agrypnus murinus* L., Mausgrauer Sandschnellkäfer (12–17 mm); sehr häufig; Käfer vom zeitigen Frühjahr an bis Sommer am Boden, unter Steinen, auf niederer Vegetation; bisweilen durch Fraß an Pflanzenteilen schädlich; stellt sich bei Beunruhigung hartnäckig tot; springt nicht, verlässt sich auf seine Wehrdrüsen (Geruch nach Aas und Moschus), die als 2 Schläuche zwischen dem vorletzten und letzten Abdominalsegment vorgestülpt werden; die Larven leben im Boden von Insektenlarven und Würmern; 1 Generation im Jahr.

B2. *Ctenicera,* Wiesenschnellkäfer (15–18 mm); Antennen bei den ♂♂ gekämmt (z. B. *C. pectinicornis* L. [**E-2**]); Käfer auf niederer Vegetation, besonders blühenden Gräsern und Gebüsch; ab spätem Frühjahr; die Larven im Boden oder in morschem Holz.

B3. *Selatosomus aeneus* L. (10–15 mm); Käfer mit Metallglanz; Käfer am Boden, unter Steinen; die Larven v. a. in nicht sehr feuchtem, sandigen sandigem Boden; ernähren sich vom Wurzelwerk der niederen Vegetation; bisweilen an verschiedenen Kulturpflanzen schädlich; Generation wahrscheinlich 2-jährig.

B4. Cardiophorinae; U-Fam. mit 14 heimischen, oft lokal verbreiteten Arten; Käfer (5–11 mm) mit hochgewölbter Oberseite und herzförmigem Scutellum; die (jagenden) Larven abweichend: wurmartig, nur schwach sklerotisiert, mit sekundärer Unterteilung der Abdominalsegmente, Körper bis auf das 3-Fache verlängerbar; graben aktiv (bevorzugt in Sandböden und Mulm), zerbröseln dabei mit den Mandibeln größere Klümpchen.

B5. Drilinae, Schneckenräuber; früher wegen der abweichenden Gestalt als eigene Fam. **Drilidae** angesehen; in M-Eur & Dt mit 2 Arten der Gttg. *Drilus* vertreten (*D. concolor* Ahr. und *D. flavescens* Oliv. [**E-5**]); mit starkem

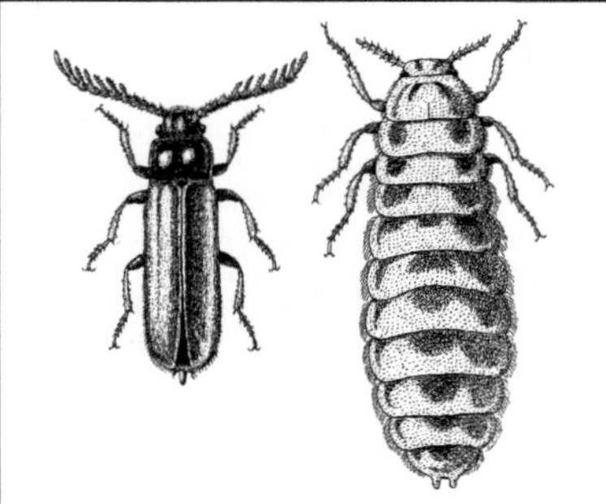

Abb. E-5: Elateridae: *Drilus flavescens*, Schneckenräuber. Links: ♂, 6 mm; rechts: ♀, 11 mm. (Amann 1960; Reitter 1908–16)

Geschlechtsunterschied: ♂ geflügelt und flugfähig, auf Blüten und Gebüsch; ♀ ungeflügelt, larvenähnlich, am Boden unter Steinen und in leeren Schneckenschalen; scheinen die ♂♂ mit einem Duftstoff anzulocken. Die **Larven** fressen Gehäuseschnecken; die stark behaarte Larve steigt auf das Schneckenhaus (Schnecke über deren Schleimspur gefunden?), hält sich mit einem nachschieberartigen Gebilde fest, tötet die Schnecke durch Giftbisse v. a. in die Fühler, schleppt sie mit dem Nachschieber in ein Versteck, räumt durch Wälzbewegungen den Schleim aus dem Schneckenhaus (Stigmen durch Behaarung vor Verschmutzen geschützt); beim Verzehr der Beute vermutlich Verdauung vor dem Mund. Verschiedene Gestalt der Larvenstadien (→Polymetabolie): 1. Stadium (schlüpft im Sommer) stark sklerotisiert, stark behaart, sehr beweglich mit gut ausgebildeten Beinen; sucht zunächst kleine Gehäuseschnecken (z. B. *Clausilia*-Arten); im Herbst Häutung zu einer kaum beweglichen, fast nackten Larve mit stark verkürzten Körperanhängen; **Überwinterung** in einem mit der abgestoßenen Haut verstopften Schneckenhaus; im nächsten Frühling wohl i. d. R. erneut Häutung zur beweglichen Larvenform und Überwinterung wie im Vorjahr; erst dann **Verpuppung** im leeren Schneckenhaus und Schlüpfen der Imago (vielleicht dauert die Entwicklung des ♀ noch 1 Jahr länger).

B6. Omalisinae; früher zu den ihnen ähnelnden →Lycidae gestellt oder als eigene Fam. Omalisidae aufgefasst; in M-Eur & Dt nur *Omalisus fontisbellaquaei* Geoffr. (5–7 mm, ♀ bis 10 mm); in Laubwäldern der Gebirge; ebenfalls mit starkem **Geschlechtsunterschied:** ♂ geflügelt und flugfähig, mit rotbraunen Flügeldecken, gewöhnlich reglos auf Blättern im unteren Baumbereich; ♀ mit Stummelflügeln und kurzen Fühlern (vgl. →Lampyridae), mit vesteckter Lebensweise in der obersten Bodenschicht; Larven erbeuten Kugelasseln (*Glomeris*).

Lit. →Coleoptera; Gurjeva 1969; Rudolf 1982; Sorauer 1949–57.

Elateriformia; Gruppe der Käfer (→Coleoptera).

Elatobium →Aphididae 1.

Elchrachenbremse, *Cephenomyia ulrichi* Br. →Oestridae B.

Eldana →Pyralidae.

Elefantenschrecken →Pamphagidae.

Elenchidae, *Elenchus* →Strepsiptera, B2.

Eleodes →Tenebrionidae.

Elipsocidae →Mesopsocidae.

Ellipura; zusammenfassende Bezeichnung für die beiden Schwestergruppen →Protura und

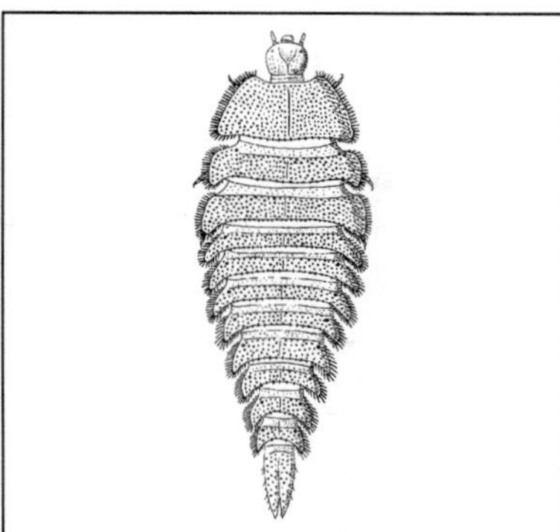

Abb. E-6: Elmidae: *Elmis maugetii*. Larve eines Hakenkäfers; 3 mm. (Wesenberg-Lund 1943)

→Collembola; Antennen reduziert, mit höchstens 4 Gliedern; Labium nur als kleines, 3-eckiges Teil mit Palpus erhalten; Tracheensystem reduziert, keine abdominalen Stigmen; Cerci und Malpighi-Gefäße fehlen; Protura schlüpfen mit 9 Hinterleibssegmenten, die volle Zahl von 12 wird erst später erreicht (Anamerie); Hinterleibssegmente bei Collembola auf 6 reduziert (Neotenie?); nur eine unpaare Kralle am Praetarsus; Schwestergruppe entweder der →Diplura oder aller übrigen Insekten.

Elmidae; Fam. der Käfer (Coleoptera, Polyphaga, Elateriformia) mit in Eur 44, M-Eur 28, Dt 25 Arten, z. B. aus den Gttgn. *Elmis, Limnius;* Klauenglieder ähnlich den →Dryopidae besonders groß, keulenförmig; nur an den Körperseiten oder an der Unterseite dicht behaart und von einer Luftschicht (→Plastron) bedeckt. In kleineren Fließgewässern, als Imagines (nach einem Ausbreitungsflug) fast ausschließlich unter Wasser; an Steinen, untergetauchten Moosen. **Nahrung** aus Algen, Moosteilchen, wohl auch Detritus. Schwimmen nicht; **bewegen** sich hangelnd an den Unterwasserpflanzen entlang, von denen sie frische Luftbläschen in das Plastron aufnehmen können. **Larven** flach und etwas verbreitert [**E-6**]; leben untergetaucht in denselben Lebensräumen wie die Imagines; Atmung →Dryopidae. **Verpuppung** am Wasserrand. Lit. →Coleoptera.

Elmis →Elmidae.

Elodes →Scirtidae.

Elophila →Pyralidae 19.

Elytren; stark sklerotisierte Vorderflügel ohne echte Flügeladern, bei Ohrwürmern (→Dermaptera) und Käfern (→Coleoptera); bedecken

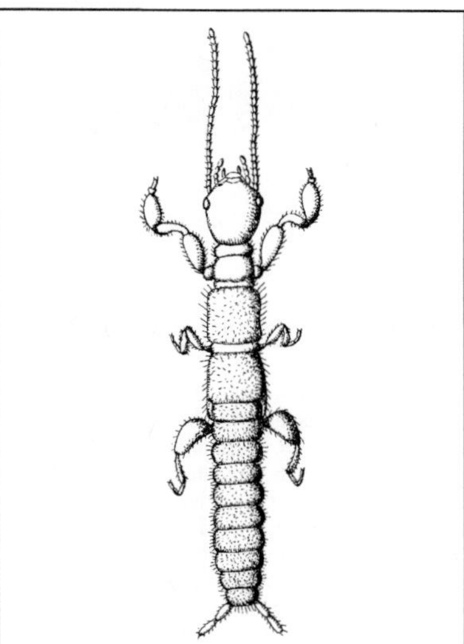

Abb. E-7: Embioptera: *Embia ramburi*. ♀, 13 mm; Mittelmeergebiet

in Ruhelage die in verschiedenem Ausmaß gefalteten hinteren Flugflügel; am aktiven Flug nicht oder fast nicht beteiligt.

Elytroleptus →Cerambycidae.

Embia →Embioptera.

Embidopsocus →Liposcelidae.

Embioptera (Embiodea), Fersenspinner, Fußspinner, Spinnfüßer; Ordg. der Insekten mit unvollkommener Verwandlung; bilden mit den →Phasmida die übergeordnete Gruppe →Eukinolabia; fehlen in M-Eur, kommen aber schon in S-Eur mit 11 Arten vor; gelegentlich mit Früchten oder Pflanzen eingeschleppt in Lagerhallen und Gewächshäusern; Leben verborgen (z. B. unter Rinde und Steinen) in röhren- oder flächenförmigen **Gespinsten**, die sie nur nachts zur Nahrungsaufnahme verlassen; Imagines schlank, bis ca. 20 mm lang; ♀♀ immer ungeflügelt, ♂♂ der meisten Arten geflügelt (z. B. bei *Embia amadorae* Ross, ungeflügelt bei *Haploembia solieri* Ramb. und *Embia ramburi* R.-K. [**E-7**]); Vorder- und Hinterflügel nicht miteinander gekoppelt; Flügel in Ruhe flach auf dem Rücken; die ♂♂ fliegen in der Dämmerung und nachts. Mit zahlreichen Spinndrüsen im 1. Tarsenglied der Vorderbeine, Ausmündung auf der Sohle des 1. und 2. Tarsengliedes an der Spitze hohler Härchen; die beiden ersten

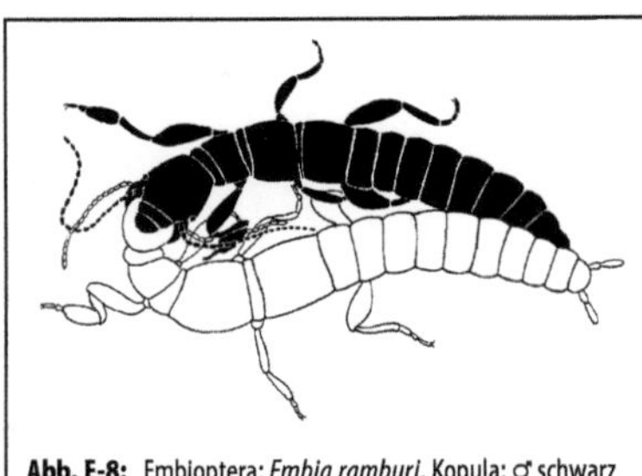

Abb. E-8: Embioptera: *Embia ramburi*. Kopula; ♂ schwarz

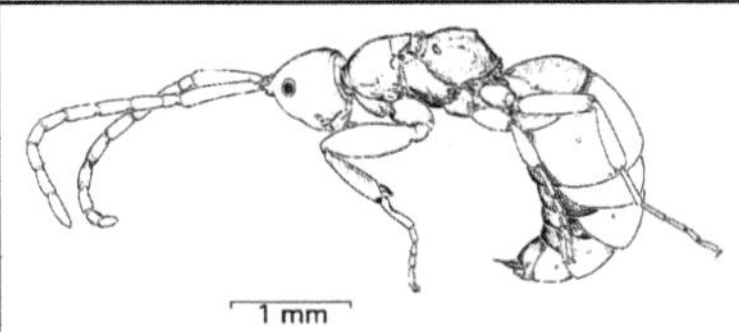

Abb. E-9: Embolemidae: *Embolemus antennalis*. ♀. (Original Bürgis 1985)

Tarsenglieder der Mittel- und Hinterbeine mit an glatter Unterlage haftenden Sohlenbläschen; Vorderbeine beim Herstellen der Wohngespinste schnell nach verschiedenen Richtungen bewegt, wobei die Spinnfäden durch Auftupfen am Substrat befestigt werden. **Ernährung** bei den ♀♀ (kurze Kaumandibeln) und Larven vegetarisch, bei den ♂♂ nicht sicher bekannt (ihre längeren, schlanken Mandibeln dienen vermutlich nur zum Festhalten des ♀ bei der Paarung), die von *E. ramburi* (möglicherweise auch die der anderen Arten) nehmen keine Nahrung auf. Das ♂ wirbt durch Antennentrillern vor dem ♀, sitzt bei der **Begattung** auf oder neben dem ♀, wobei es bei manchen Arten den Kopf des ♀ mit den Kiefern hält [**E-8**]. **Eiablage** (bis über 200 Eier) im Wohngespinst, teils einzeln, teils in Ballen; Eier bei manchen Arten vom ♀ durch Belecken und Bewachen gepflegt; manchmal wird in der Umgebung Nahrung zum Füttern der Larven gestapelt. Die **Larven** schlüpfen nach etwa 3 Wochen, bleiben bei manchen Arten im Nest und werden dann ebenfalls vom ♀ behütet; die ♂♂ tauchen in diesen Wohngemeinschaften nur zeitweilig auf; 4 Larvenhäutungen; Dauer der Larvenentwicklung von *E. ramburi* 10 Monate; das letzte Larvenstadium **überwintert**; Lebensdauer der ♀♀ nach der Eiablage 5–6 Monate, die ♂♂ werden nur 2–3 Wochen alt.
Lit. Beier 1959; Kaltenbach 1968.

Embolemidae; Fam. der Hautflügler (Hymenoptera, Apocrita, Dryinoidea) mit in Eur 3, M-Eur 2 sehr selten gefundene Arten der Gttg. *Embolemus* [**E-9**], in Dt bisher nur *E. ruddii* Westw.; klein (3–5 mm); im weiblichen Geschlecht flügellos; Kopf in Seitenansicht auffällig 3-eckig, mit fast körperlangen, 10-gliedrigen, relativ dicken Antennen; über die Biologie ist so gut wie nichts bekannt, Entwicklung wohl parasitoid (bei einer nordamerikanischen Art in Zikadenlarven).
Lit. →Hymenoptera.

Embolemus →Embolemidae.
Emesinae →Reduviidae E.
Emmelina →Pterophoridae 2.
Empicoris →Reduviidae E.
Empididae, Tanzfliegen; Fam. der Zweiflügler (Diptera, Brachycera, Empidiformia) mit in Eur ± 825, M-Eur ± 530, Dt ± 415 Arten; sehr klein bis mittelgroß (1–12 mm); sehr vielgestaltig; meist unscheinbar bräunlich; Kopf rundlich, besonders die ♂♂ mit großen Komplexaugen [**E-10**]; Rüssel von verschiedener Länge, zum Anstechen (langer und spitzer Hypopharynx) und Aussaugen von Beutetieren geeignet (gleich anderen Empidiformia); Beine verhältnismäßig lang; Vorderbeine bei den Hemerodromiinae zu Raubbeinen umgestaltet (z. B. *Chelifera* [**E-11**]). Primär **ernähren** sich sowohl Larven als auch Imagines jagend, meist von verschiedenen Insekten [**E-12**] (gelegentlich Kannibalismus); die Beute übersteigt zuweilen die eigene Körpergröße, wird mit den Beinen meist im Flug gegriffen; die Imagines der Empidinae (*Empis, Hilara, Rhamphomyia*) sind sekundär zum Blütenbesuch als Hauptnahrungsquelle übergegangen (daher mit langem Rüssel) und nehmen tierische Nahrung nur noch im Zusammenhang mit der **Paarung** auf (s. u.). Bei den Empidinae bilden sich als Vorspiel zur Kopula „Tanzgruppen", in denen auf engem Raum oft zahlreiche Individuen in Zickzack- oder Kurvenflügen sich mehr horizontal oder auf und -ab tummeln (starker Einfluss von Wind oder aufsteigender Luft); die Tanzgruppen können aus ♂♂ oder aus ♀♀ bestehen, werden dann vom jeweils anderen Geschlecht angeflogen (Anlockung optisch oder akustisch?); ♀♀-Tanzgruppen bilden sich bei mehreren *Empis-, Hilara-* und *Rhamphomyia*-Arten; in diesen Fällen sind die ♀♀ ausgezeichnet durch Fiederbehaarung [**E-13**] an allen oder einigen Beinen oder durch vergrößerte Flügel, was teils Signal-, teils aerodynamischen Wert haben mag; Annäherung des ♂ an das ♀ oft von unten; bei manchen Arten reiben sich die Partner bei der Balz gegenseitig die Tarsen; bei

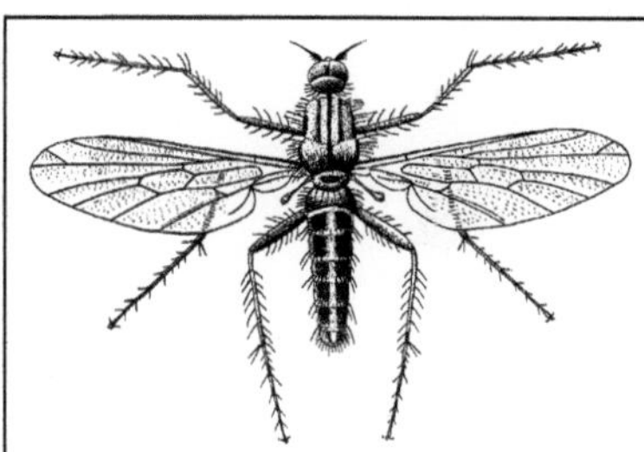

Abb. E-10: Empididae: *Empis tesselatc*, Tanzfliege. ♂, Körper 13 mm. (Séguy 1951a)

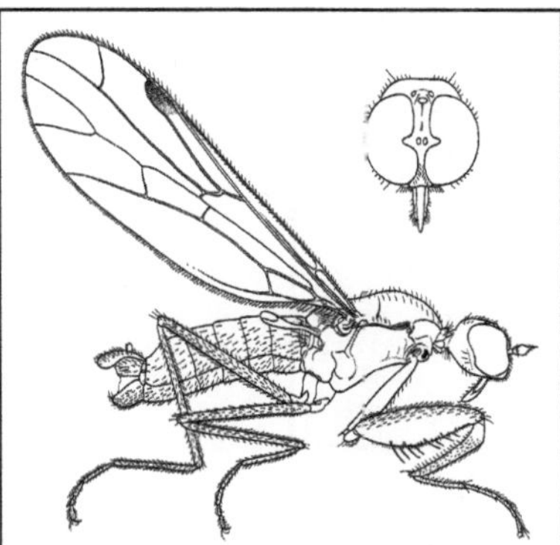

Abb. E-11: Empididae: *Chelifera precatoria*. ♂ und Kopf von vorn. (Collin 1961)

Abb. E-12: Empididae: *Empis* spec., Tanzfliege. ♂ mit Beutetier; Körper 7 mm. (Brauns 1991)

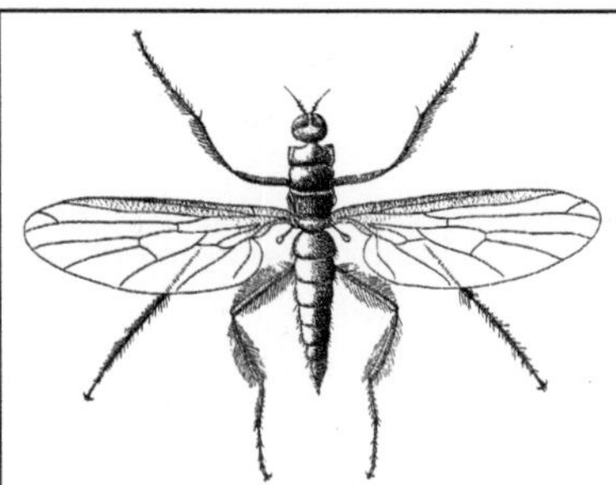

Abb. E-13: Empididae: *Empis pennipes*, Tanzfliege. ♀, Körperlänge 4 mm. (Séguy 1951a)

einer Reihe von Arten überreicht das ♂ dem ♀ ein **„Hochzeitsgeschenk"** [**E-14, E-15**]: ein Beutinsekt, das bei der Kopula vom ♀ ausgesaugt wird (vgl. →Bittacidae); Beginn der Kopula nach Geschenkübergabe i. d. R. hängend oder sitzend; manche *Hilara*-♂♂ überreichen ein in Spinnfäden eingehülltes Geschenk (sie besitzen einzellige Spinndrüsen im verbreiterten 1. Tarsenglied der Vorderbeine auf der Ventralseite, die in stachelartige Röhrchen ausmünden); manchmal nimmt das ♂ nach der Begattung sein „Geschenk" wieder mit für ein weiteres ♀ (*Empis opaca* Meig.); nicht selten hat das Geschenk nur symbolischen Charakter, wirkt aber vermutlich stimulierend: das Beutetier wird vom ♀ zwar angenommen, aber nicht ausgenutzt; oder es wird überhaupt nur ein leeres Gespinst oder irgend ein Pflanzenteilchen übergeben; das ♂ von *Hilara sartor* Beck. Hält beim Tanz ein während des Fliegens hergestelltes, in der Sonne glän-

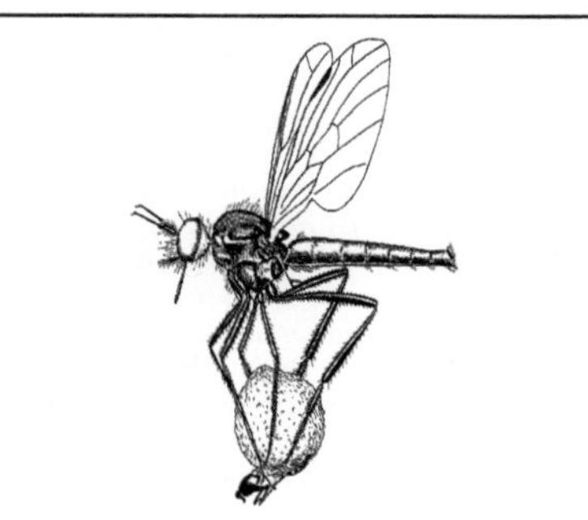

Abb. E-14: Empididae: *Empimorpha geneatis*, Tanzfliege. Nordamerika; ♂ mit Ballon und Geschenk für das ♀. (Lindner 1957)

Abb. E-15: Empididae: *Empis opaca*, Tanzfliegen. Kopula; ♂ schwarz; ♀ hell, saugt an einer vom ♂ überreichten Fliege. (Séguy 1951b)

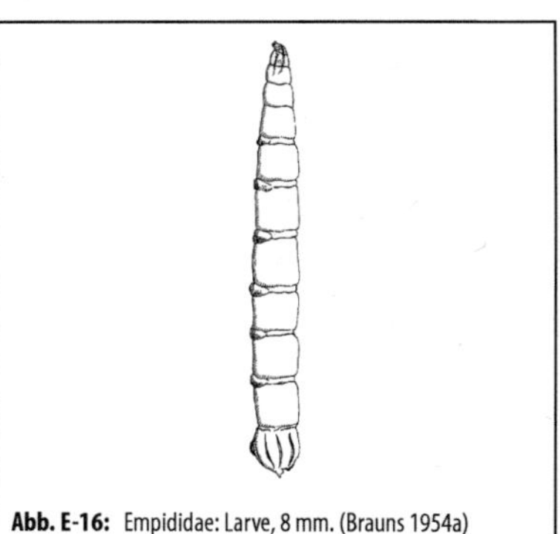

Abb. E-16: Empididae: Larve, 8 mm. (Brauns 1954a)

zendes leeres Schleierchen (maximal 3 × 5 mm) aus Seide mit den Beinen als offenbar optisches Signal; das anfliegende ♀ wird vom ♂ unterflogen, das ♀ lässt sich auf das ♂ fallen; Kopula im Flug; dabei Stellungswechsel des ♂ auf das mit den Beinen gehaltene ♀; das Schleierchen wird nicht übergeben und sinkt schließlich ab; bei den übrigen U-Fam. erfolgt die Paarung ohne Schwarmbildung und Brautgeschenk in der Vegetation oder auf dem Boden. Über die Eiablage kaum etwas bekannt, wenig auch über die vermutlich jagende Lebensweise der lang gestreckten **Larven** [**E-16**]: die meisten →amphipneustisch (gleich anderen Empidiformia), leben an Land in feuchtem Boden, Faulholz und anderen organischen Resten, einige (Clinoceratinae, Hemerodromiini) →apneustisch im Wasser oder in überrieseltem Boden; Puppen im Boden. – In jüngster Zeit werden 2 heimische Teilgruppen der Empididae aufgrund ihrer phylogenetischen Stellung als eigene Fam. abgetrennt: **Ragadidae** mit 7 seltenen heimischen Arten: Imagines teils Jäger, teils Blütenbesucher, Lebensweise sonst kaum bekannt; **Oreogetonidae**: in Eur nur *Oreogeton basalis* Loew mit aquatischen Larven, die Kriebelmückenlarven (→Simuliidae) jagen. Lit. →Diptera; Beling 1982; Chvála 1976, 1983; Collin 1961; Wahlberg 2019; Wéber 1975.

Empidiformia (Orthogenya, Empidoidea); Gruppe der Brachycera (→Diptera), wahrscheinlich die Schwestergruppe der Cyclorrhapha; meist dunkle Fliegen mit großen Komplexaugen und einem zum Anstechen und Aussaugen von Beutetieren geeigneten Rüssel; Larven meist →amphipneustisch; mit den Fam. →Empididae, →Hybotidae, →Dolichopodidae und →Atelestidae.

Empis →Empididae.

***Empusa*,** **Empusidae** →Mantodea.

Emus →Staphylinidae A3.

Enallagma →Coenagrionidae 1.

Enarmonia →Tortricidae 21.

Encarsia →Aphelinidae 2.

Encyrtidae; Fam. der Hautflügler (Hymenoptera, Apocrita, Chalcidoidea) mit in Eur ± 715, M-Eur ± 415, Dt 193 Arten; kleine (um 1–2 mm), meist gedrungene, oft sehr bunte oder metallisch glänzende Erzwespen ohne Taille; mit Sprungvermögen; manche mit absonderlich gestalteten Antennen (z. B. *Mira mucora* Schell.) oder verkürzten Flügeln. **Larven** mehrheitlich endoparasitoid (als Primär- oder auch Hyperparasitoide) v. a. bei Schildläusen, aber auch anderen →Sternorrhyncha; einige Arten in Blattlausjägern (z. B. *Bothriothorax* an Syrphiden-Larven, *Homalotylus* an Larven der →Coccinellidae), Zikadenlarven oder Schmetterlings- und Wanzeneiern (*Ooencyrtus*); *Ixodiphagus* befällt Zecken; Arten der Gattungsgruppe Copidosomatini an Schmetterlingsraupen, hier durch Polyembryonie (aus einem Ei entstehen mehrere, zuweilen einige tausend Tausend Individuen [**E-17**]) Massenentwicklung im schließlich u. U. stark aufgeblähten Wirtskörper (z. B. über 2000 Exemplare von *Copidosoma truncatellum* Dalm. in der Raupe der Gammaeule, →Noctuidae 34);

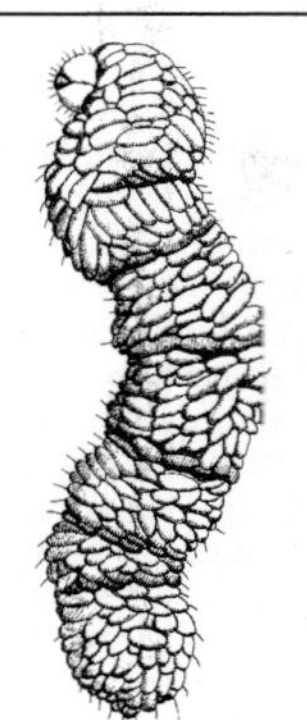

Abb. E-17: Encyrtidae: *Copidosoma truncatellum*. Puppen-kokons an der parasitierten Raupe der Gammaeule. Durch Polyembryonie können aus einem Ei bis zu 2000 Nachkommen entstehen. (Bachmaier 1969)

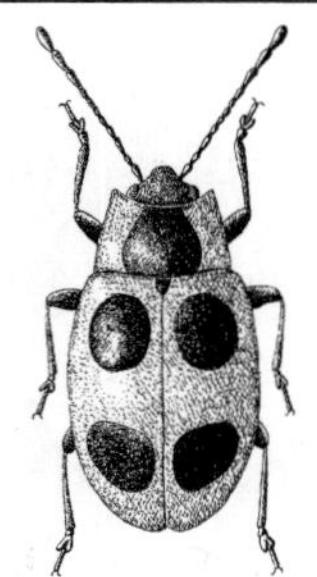

Abb. E-18: Endomychidae: *Endomychus coccineus*. Rot und schwarz; 4–6 mm. (Bechyně 1954)

einige Arten (z. B. *Ageniaspis testaceipes* Ratz.) zur biologischen Bekämpfung von minierenden Schmetterlingen eingesetzt. **Eier** bei einigen Schildlaus-Parasitoiden (z. B. *Encyrtus infelix* Embl.) mit einem hohlen Stiel, der als Atemrohr aus dem Wirt herausragt; wird auch von den ersten 3 (→metapneustischen) Larvenstadien genutzt, die ein Paar langer Endfortsätze mit den Stigmen in diesen Stiel stecken; das (→amphipneustische) 4. und 5. Larvenstadium hingegen in eine (von Tracheenzellen und Phagocyten des Wirtes gebildete) durchsichtige, mit Tracheen des Wirtes verbundene Membran gehüllt, wodurch Luftblasen zur Erzwespenlarve gelangen. **Verpuppung** gewöhnlich im Wirt; **Überwinterung** als erwachsene Larve oder als Puppe im Wirt.
Lit. →Hymenoptera; Clausen 1940; Thorpe 1936; Vidal et al. 2022.
Encyrtus →Encyrtidae.
Endaphis →Cecidomyiidae.
Endecatomidae; Fam. der Käfer (Coleoptera, Polyphaga, Bostrichiformia); bisher meist zu den Bostrichidae gestellt; in Eur nur *Endecatomus reticulatus* Herbst; der kleine (4–5 mm), an Kopf und Halsschild kraus behaarte Käfer erinnert in Aussehen und Lebensweise an →Ciidae; in Fruchtkörpern von holzabbauenden Porlingspilzen; Urwaldrelikt, in Dt anscheinend ausgestorben.
Lit. →Coleoptera.
Endecatomus →Endecatomidae.
Endelomyia →Tenthredinidae 7.

Enderleinella →Caeciliusidae.
Enderleiniellidae, ***Enderleiniellus*** →Anoplura.
Endomychidae, Stäublingskäfer; Fam. der Käfer (Coleoptera, Polyphaga, Cucujiformia) mit in Eur 58, M-Eur 18, Dt 7 Arten; die einheimischen Arten klein (1–4,5 mm), nur *Endomychus coccineus* L. bis 6 mm (diese Art oben rot mit 2 schwarzen Flecken auf jeder Flügeldecke, an lang-ovale Marienkäferchen erinnernd [**E-18**]); fressen als Larve und Imago an und in Baumschwämmen (z. B. *Endomychus*), in Bovisten (*Lycoperdina*), Schimmelpilzen (*Holoparamecus*), auch an Pilzfäden unter Baumrinde, *Pleganophorus* (2 Arten im südöstl. M-Eur) hier in Gesellschaft von Ameisen (*Lasius*); Larven, soweit bekannt, verhältnismäßig breit und flach, oft asselähnlich.
Lit. →Coleoptera.
Endomychus →Endomychidae.
Endoparasit →Parasit.
Endoparasitoid →Parasitoid.
Endopsylla →Cecidomyiidae.
Endopterygota →Holometabola.
Endromidae, Birkenspinner, Frühlingsspinner; Fam. der Schmetterlinge (Lepidoptera, Glossata, Bombycoidea) mit nur 1 Art in Eur & Dt: *Endromis versicolora* L., Birkenspinner (Flspw.: ♂ 5, ♀ 7 cm); in den Birkenwäldern Europas bis in die Berge; bräunlich-rötlich mit starker Musterung, auffallend die hellen 3-eckigen Flecken an der Vorderflügelspitze [**E-19**]; Fühler in bei beiden Geschlechtern gekämmt; Rüssel verkümmert, Falter ohne Nahrungsaufnahme; **Flugzeit** teilweise noch vor dem Austreiben der Birken (III–V); das größere und etwas hellere ♀ fliegt in der ersten Nachthälfte, das ♂ auch an sonnigen Vormittagen. **Eier** in Reihen v. a. an die Zweigspitzen von Birken abgelegt; **Raupen** [**E-19**] außer

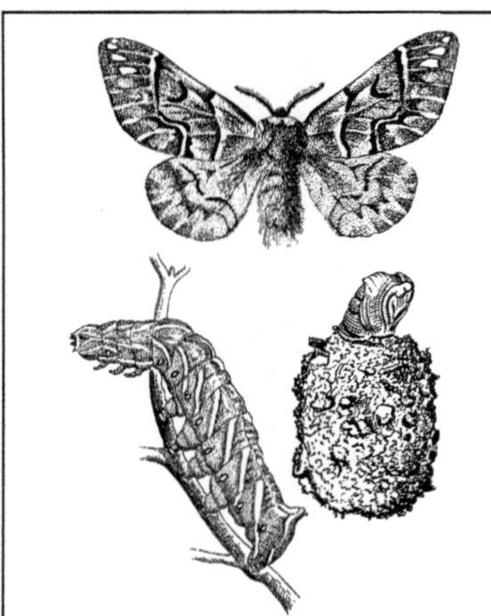

Abb. E-19: Endromidae: *Endromis versicolora*, Birkenspinner. ♂, Flspw. 51 mm; Raupe: Grundfarbe grün, Zeichnung weiß; rechts: Erdkokon. (Hofmann 1894; Bourgogne 1951)

an Birke manchmal auch an Erle, Hainbuche, Hasel; in der Jugend schwarz behaart, erwachsen grünlich mit hellen Schräg- und Längsstreifen, unbehaart; in Ruhehaltung mit nach oben gedrehtem Vorderkörper; **Verpuppung** am Boden in einem lockeren rötlichen Gespinst; die Puppe überliegt 1–3 Winter, schiebt sich vor dem Schlüpfen des Falters aus dem Gespinst [**E-19**]. Lit. →Lepidoptera; Ebert 1994; Freina & Witt 1987; Steiner et al. 2014.

Endromis →Endromidae.

Endrosis →Oecophoridae B2.

Engdeckenflügler →Oedemeridae.

Enneminae →Geometridae C.

Ennomos →Geometridae C7.

Enochrus →Hydrophilidae 4.

Enoicyla →Limnephilidae; →Trichoptera.

Ensifera, Langfühlerschrecken; Ordg. der Insekten mit unvollkommener Verwandlung (→Hemimetabolie); bilden zusammen mit den →Caelifera die übergeordnete Gruppe der →Saltatoria; in Eur ± 665, M-Eur 87, Dt 39 Arten. Antennen i. d. R. wenigstens körperlang, oft länger; ♀ mit oft recht langem **Legeapparat** aus →Gonopoden des 8. und 9. Hinterleibssegments (s. →Saltatoria), dient dem Versenken der Eier in ein Substrat. **Hörorgane** (→Tympanalorgane), falls vorhanden, im körpernahen Ende der Vorderschienen; meist mit 2 (offenen oder verdeckten) Trommelfellen, bisweilen mit nur

einem (*Nemobius*). **Lautapparate** i. d. R. vorhanden, meist nur beim ♂, selten bei beiden Geschlechtern (Phaneropteridae, *Gryllotalpa*, *Ephippiger*); Ausbildung auf beiden Vorderflügeln: auf der Unterseite liegt eine Schrillleiste mit vielen Querrippen, auf der Oberseite eine Schrillkante; beim Singen werden die übereinander gelegten Vorderflügel gegeneinander bewegt, wobei bei Laubheuschrecken die Schrillleiste des linken Vorderflügels, bei Grillen die des rechten Vorderflügels über die Schrillkante des jeweils anderen Flügels gezogen wird; die andere Singgarnitur wird nicht benutzt (Ausnahme: *Gryllotalpa*), ist bei Laubheuschrecken schwächer, bei Grillen gleich stark ausgebildet; der Ton wird durch große, membranöse Flächen im Flügel verstärkt; Sinnesorgane auf den Deckflügeln sind für deren Singstellung, jedoch nicht für den Rhythmus des Gesanges von Bedeutung; Verkürzung der Flügel in verschiedenem Ausmaß insbesondere bei den Laubheuschrecken nicht selten, beim dann oft nur noch der körpernahe Teil mit dem Schrillapparat vorhanden; die **Gesänge** sind im (ererbten) Rhythmus artspezifisch verschieden; oft regen sich die ♂♂ gegenseitig zum Singen an; manche Arten singen in metrisch genau fixiertem Wechselgesang miteinander (*Pholidoptera*, →Tettigoniidae 3); die Neigung zum Singen ist stark abhängig von Außenfaktoren (Temperatur, Licht), z. T. tageszeitlich gebunden; so singt der Warzenbeißer (*Decticus*) nur bei strahlender Sonne um die Mittagszeit, *Oecanthus* nur abends und nachts; Hauptbedeutung des ♂-Liedes: Anlocken des ♀, das in Kopulationsstimmung das ♂ gerichtet anläuft; das Erkennen des Artgesangs durch den Artgenossen ist angeboren. **Nahrung**: pflanzliche und tierische Stoffe; manche Laubheuschrecken ernähren sich (fast) ausschließlich von lebenden Insekten (→Meconematidae; →Sagidae). Sehr bezeichnend sind Balzspiele vor der **Kopulation** mit abgewandeltem Gesang; bei manchen Laubheuschrecken steigt das ♀ zur Kopulation (oft nur 2–5 min) auf den Rücken des ♂, bei Grillen schiebt sich das ♂ am Ende des Balzspiels rückwärts schreitend von vorn unter das ♀; schließlich befestigt das ♂ eine große, weißliche Spermatophore (aus einer gallertigen Substanz mit den Spermien im Innern; Gewicht bis über 30 % des Körpergewichts!) an der weiblichen Geschlechtsöffnung; sofort nach der Trennung beginnt das ♀, die Gallerte zu verzehren (Dauer oft mehrere Stunden); währenddessen dringen die Spermien in die Samenbehälter (→Receptaculum seminis) des ♀ ein. **Eiablage** artspezifisch verschieden, in den Boden [**T-39**]

oder in pflanzliches Substrat; häufig einzeln, seltener (*Gryllotalpa*) in Form eines Eihaufens. Meist 5–7 Häutungen, manchmal (*Gryllus*) mehr; **Überwinterung** bei Laubheuschrecken und dem Weinhähnchen (→Oecanthidae) als Ei, bei den übrigen freilebenden Grillen als Larve, bei 2-jährigen Grillen zusätzlich als Ei (→Trigonidiidae A) bzw. Imago (→Gryllotalpidae). – In Eur 3 Gruppen: 1) **Tettigonioidea,** Laubheuschrecken (Tarsus 4-gliedrig; Zirpen mit linker Schrillleiste): →Conocephalidae; →Meconematidae; →Phaneropteridae; →Sagidae; →Tettigoniidae; 2) **Grylloidea,** Grillen, Grabschrecken (Tarsus 3-gliedrig; Zirpen mit rechter Schrillleiste; Hinterflügel zusammengerollt, z. T. (*Acheta, Gryllotalpa*) die Deckflügel überragend): →Gryllidae; →Gryllotalpidae; →Myrmecophilidae; →Oecanthidae; →Trigonidiidae, weitere in S-Eur (Mogoplistidae, Phalangopsidae); 3) **Rhaphidophoroidea** (Tarsus 4-gliedrig; ohne Schrillapparat an Deckflügeln): →Rhaphidophoridae.
Lit. →Saltatoria; Bailey & Rentz 1990; Eisenbeis & Wichard 1985; Harz 1969; Heller 1988; Wedell 1993.
Entedonomphale →Eulophidae 7; s. auch →Thysanoptera.
Entiminae →Curculionidae F.
Entognatha; Sackkiefler; Insektengruppe, umfasst →Diplura und →Ellipura (mit den →Protura und →Collembola); mit →Gliederantenne ähnlich Krebsen und Tausendfüßern; Mandibeln und Maxillen verlängert, inserieren in einer Tasche, die ein Verwachsungsprodukt des Labiums mit den Wangen ist; Monophylie der Gruppe umstritten, Diplura möglicherweise Schwestergruppe der →Ectognatha.
Entomobrya →Entomobryidae.
Entomobryidae, Laufspringer; Fam. der Springschwänze (Collembola, Entomobryomorpha) mit in Eur ± 450, M-Eur ± 150, Dt 69 Arten einschl. der manchmal abgetrennten **Orchesellidae** und **Paronellidae**; meist langbeinig, schlank, durchgehend kräftig behaart [**C-169**]; i. d. R. mit vergrößertem 4. Hinterleibssegment (Ausnahme: *Orchesella*); hierher u. a. verhältnismäßig große, dunkel gemusterte Arten, oft mit bis zu körperlangen Antennen, die bei *Orchesella* durch sekundäre Unterteilung 5- bis 6-gliedrig sind; häufig in Wäldern: *Orchesella flavescens* Bourl. (2,5–5 mm; mit 4 dunklen Längsbinden und einem Querband auf dem 4. Abdominalsegment) und *Entomobrya muscorum* Nic. (2–3,5 mm); Letztere laufen und springen sehr lebhaft.
Lit. →Collembola; Jordana 2012.

Entomobryomorpha →Collembola 1.
Entomophthora muscaedomesticae, Fliegenschimmel; Jochpilz; tötet im Spätsommer und Herbst einen Großteil der Stubenfliegen.
Entspannungsschwimmen; beruht auf der Verschiebung von Massen beim Zusammentreffen zweier Flüssigkeiten mit unterschiedlicher Oberflächenspannung (Maragoni-Effekt): die Flüssigkeit mit höherer Oberflächenspannung (Wasser) strömt weg von einer Flüssigkeit mit niedrigerer Oberflächenspannung; bei dauernder Abgabe eines die Oberflächenspannung vermindernden und sich auf der Wasseroberfläche ausbreitenden Sekrets können Insekten auch ohne Beinbewegungen über das Wasser gleiten, so (v. a. bei Fluchtbewegungen) manche *Stenus*-Arten (Wehrsekret aus Analdrüsen; →Staphylinidae →A8) und →Veliidae (Speichelsaft), angeblich auch bei zufällig ins Wasser gefallenen Insekten beobachtet; bereits kleine Unterschiede in der Oberflächenspannung führen zu hohem hohen Strömungsgeschwindigkeiten (ca. 17 cm/s bei *Microvelia*, bis zu 75 cm/s bei *Stenus*).
Lit.: Linsenmair & Jander 1976; Bush & Hu 2006.
Enzian-Ameisenbläuling, *Phengaris alcon* Den. & Schiff. →Lycaenidae C7.
Eoholometabolie →Holometabolie.
Eosentomidae, *Eosentomon* →Protura, A.
Eoxenos →Strepsiptera A.
Epeoloides →Apidae B3; vgl. auch →Melittidae 3.
Epeolus →Apidae B2; vgl. auch →Apidae C2, →Colletidae 1.
Epermenia →Epermeniidae.
Epermeniidae, Zahnflügelfalter; Fam. der Schmetterlinge (Lepidoptera, Glossata) mit in Eur 24, M-Eur 19, Dt 13 Arten; Falter klein (Flspw. 7–16 mm); Flügel schmal, lang befranst, in Ruhe steil dachförmig angelegt; lange Borsten auf den Hinterschienen; Raupen v. a. an Doldengewächsen (Apiaceae), in Knospen, Früchten und Samen (z. B. Arten der Gttg. *Cataplectica*); manche an Blättern (dann anfangs minierend), oft in Gespinsten; z. B. *Epermenia chaerophyllella* Goeze; an verschiedenen Doldengewächsen; Raupen minieren zuerst in den Blättern, finden sich dann in größeren Gruppen beisammen an der Blattunterseite, zuletzt zwischen zusammengesponnenen Blättern oder Samen; zuweilen an Möhren schädlich; 2 Generationen, Falter überwintert.
Lit. →Lepidoptera.
Ephemera →Ephemeridae, →Ephemeroptera.
Ephemerella; →Ephemerellidae.
Ephemerellidae; Fam. der Eintagsfliegen (Ephemeroptera) mit in Eur 14, M-Eur 6, Dt 5 Arten, z. B. *Serratella ignita* Poda (= *Ephemerella i.*);

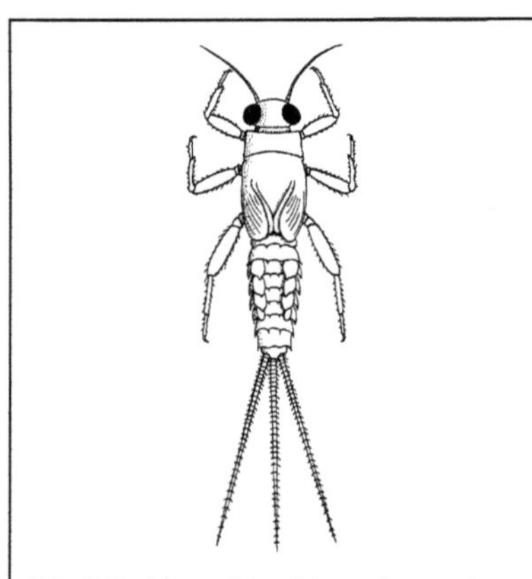

Abb. E-20: Ephemerellidae: *Ephemerella* spec. Larve, 11 mm. (Engelhardt 1982)

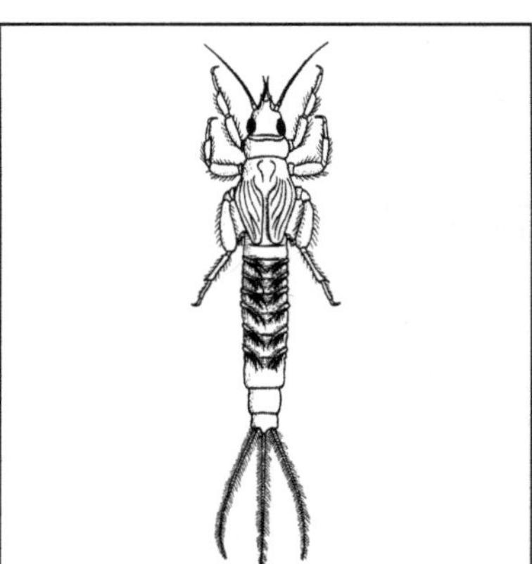

Abb. E-21: Ephemeridae: *Ephemera vulgata*, Gemeine Eintagsfliege. Larve, 22 mm. (Engelhardt 1982)

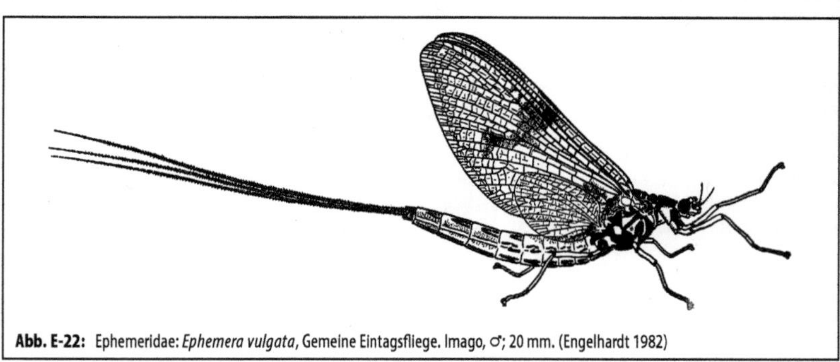

Abb. E-22: Ephemeridae: *Ephemera vulgata*, Gemeine Eintagsfliege. Imago, ♂; 20 mm. (Engelhardt 1982)

klein (Körper ca. 8 mm, Schwanzborsten ca. 10 mm); Imagines fliegen V–IX, v. a. an Fließgewässern; Eier legende ♀♀ oft im Schwarm, **Eiablage** durch Abwerfen eines Eipakets im Flug über Wasser. **Larven** in Fließgewässern, häufig; unsere Arten mit 5 Paaren von Tracheenkiemen (nur 4 Paar sichtbar) am Abdomen, meist mit Tuberkeln oder Dornenreihen auf dem Rücken des Hinterleibs [**E-20**]; kriechen am Boden und zwischen Wasserpflanzen; greifen wohl mit den Mandibeln Nahrungsteilchen; 1–2 Generationen im Jahr; **überwintert überwintern** als Ei oder Larve.

Lit. →Ephemeroptera.

Ephemeridae; Fam. der Eintagsfliegen (→Ephemeroptera) mit in Eur 7, M-Eur & Dt 4 Arten der Gttg. *Ephemera,* häufig: *E. danica* Müll., in Bächen, und *E. vulgata* L. [**E-22**], die Teiche und Seen bevorzugt. Körper ca. 20 mm, Schwanzborsten bei den ♂♂ bis 35 mm; Flügel dunkelbraun gefleckt. Imagines fliegen V–VIII, v. a. an langsam fließenden Gewässern; die ♂♂ oft im Schwarmflug: fliegen aktiv einige Meter hoch, lassen sich mit schräg nach oben gehaltenen Flügeln und Schwanzborsten passiv absinken, steigen wieder hoch usw.; die ♀♀ fliegen in den Schwarm ein, werden vom ♂ ergriffen und begattet; gleich darauf Eiablage durch häufiges Auftupfen des Hinterleibsendes auf das Wasser. Die **Larven** mit 7 Paaren gefiederter, auf den Rücken des Hinterleibs geschlagener Tracheenkiemen [**E-21**], das 1. Paar verkürzt; mit als Grabwerkzeuge dienenden, langen, zugespitzten Mandibelfortsätzen; in selbst gegrabenen U-förmigen Röhren im ufernahen Sand; fressen kleine organische Teilchen oder Kleinlebewesen, die sie aus dem mit den Kiemen herangefächerten Wasser filtrieren. Dauer des Larvenlebens 2 Jahre; die Subimago fliegt 24–30 h, die Imago 2–3 Tage. Lit. →Ephemeroptera.

Ephemeroptera, Eintagsfliegen; Ordg. der Insekten mit unvollkommener Verwandlung (→Hemimetabolie); bilden zusammen mit den →Odonata und →Neoptera die übergeordnete Gruppe →Pterygota; in Eur 336, M-Eur 159, Dt 116 Arten; stets geflügelt [**E-22**]; Hinterflügel kleiner als Vorderflügel, nicht selten (*Cloeon*) rückgebildet; Flügel in Ruhe über dem Rücken hochgeschlagen; meist mit 3, besonders bei den ♂♂ oft sehr langen Schwanzborsten, der Mittelfaden kann fehlen; Mundteile rückgebildet, keine Nahrungsaufnahme; Mitteldarm vom Vorder- und Enddarm abgeschnürt und prall mit Luft gefüllt: dieses Turgorskelett verschafft dem weichen Körper die für Flug und Paarung erforderliche elastische Festigkeit; Komplexaugen besonders der ♂♂ groß, zuweilen der obere Teil mit vergrößerten Facetten, kugelartig vergrößert (→Leptophlebiidae) oder als besonderer Augenteil zylinderartig abgegliedert (Turbanaugen der ♂♂ der →Baetidae [**E-23**]). Die ♂♂ bilden Flugschwärme (z. B. →Ephemeridae), die ♀♀ fliegen in den Schwarm ein; das ♀ wird mit der Hinterleibszange (→Gonopoden) und den verlängerten Vorderbeinen ergriffen, wohl meist von unten; **Kopulation** meist im Flug, bisweilen auch im Sitzen; Kopulationshaltung ♂-Rücken gegen ♀-Bauch; bei Arten ohne weitere Häutung der ♀♀ wird bereits die →Subimago begattet (→Palingeniidae, →Polymitarcyidae, →Prosopistomatidae); Begattungsdauer wenige Sekunden oder Minuten; anschließend Eiablage; die Eier werden häufig im Flug über Wasser abgeworfen oder einzeln oder in Klumpen beim Eintupfen des Hinterleibsendes ins Wasser abgegeben; bei manchen Arten (*Baetis*) kriecht das ♀ ins Wasser und klebt die Eier an das Substrat; Lebendgebären (Ovoviviparie) bei *Cloeon dipterum* L. (→Baetidae), bei Arten der →Caenidae und →Baetidae gelegentlich →Parthenogenese. Die **Larven** [**E-20**, **E-21**] der heimischen Arten in stehendem oder fließendem Süßwasser; am Hinterleibsende 2 oder (meist) 3 lange gegliederte und behaarte Schwanzborsten, seitlich die →Cerci, dazwischen ein Mittelfaden (Terminalfaden); der Mittelfaden fehlt dem 1. Larvenstadium, bei manchen Arten auch den älteren Stadien; **Atmung** ab dem 2. Larvenstadium durch Tracheenkiemen: paarige seitliche Anhänge an einer bei verschiedenen Gruppen wechselnden Zahl von Hinterleibssegmenten (meist an den vorderen 7 Segmenten), blattförmig, seltener

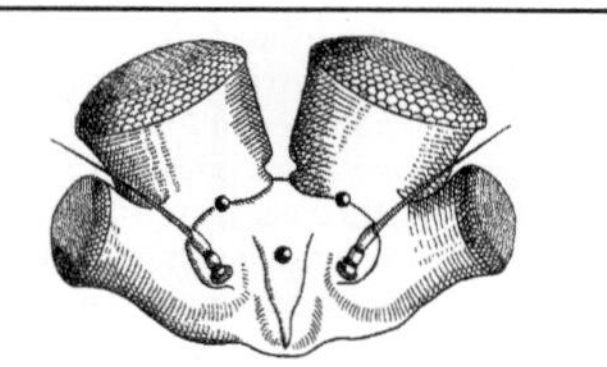

Abb. E-23: Ephemeroptera: *Cloeon dipterum*. ♂, Doppelaugen. (Eidmann 1941)

verästelt, einfach oder 2-teilig, wohl von Extremitäten ableitbar; werden häufig zum Erzeugen eines Atemwasserstromes rhythmisch bewegt; bei einigen Arten auch büschelige Tracheenkiemen an den Maxillen (→Oligoneuriidae, →Isonychiidae) und Vorderhüften (Isonychiidae); bei der Larve der seltenen *Prosopistoma* sind die Kiemen von einem nach hinten verlängerten Rückenschild verdeckt (→Prosopistomatidae); über den Körper verstreut, besonders dicht auf den Kiemen, osmoregulatorisch tätige, Ionen absorbierende Chloridzellen (→Chloridepithel); **Bewegung** als Kriechen am Boden oder zwischen Wasserpflanzen oder grabend im Boden oder in den Uferwänden (Vorderbeine dann zu verbreiterten, kräftigen Grabbeinen umgebildet: →Palingeniidae, →Polymitarcyidae, →Ephemeridae); Arten in stark strömenden Gewässern mit abgeflachtem Körper, festgeklammert und angedrückt auf oder unter Steinen und Holz (→Heptageniidae [**H-13**]), laufen geschickt, auch seitwärts; in stehendem, seltener in fließendem Wasser Schwimmen durch schlängelndes Auf und -Ab des Hinterleibs; Körper dann meist schlank und die Schwanzfäden lang behaart, bilden so einen Schwimmfächer (z. B. →Baetidae, →Isonychiidae, →Siphlonuridae); Schwimmen meist durch intermittierende Schlagfolge, bisweilen unterstützt durch Schlagen der Kiemenblätter oder (*Cloeon*) durch Ausstoßen von Wasser aus dem Enddarm; **Ernährung** (kauende Mundteile) meist von pflanzlichem oder tierischem Detritus oder durch Abweiden von Aufwuchs auf Steinen; die meist grabenden Larven der Ephemeroidea filtrieren Detritus und Kleinlebewesen v. a. mit den Mundwerkzeugen; seltener (Oligoneuroidea) kommt Herausfiltrieren von Kleinlebewesen aus fließendem Wasser mit den lang behaarten Vorderbeinen vor (Stellung gegen den Strom); nur 1 heimische Art (*Raptobaetopus tenellus* Alb., →Baetidae) ernährt sich jagend (z. B. von Zuckmückenlarven). Zahlreiche (ca. 12, z. T. über 20) Häutungen, ihre Zahl zuweilen auch bei der gleichen Art verschieden; **Lebensdauer** als Larve meist 1 Jahr, bei manchen kleinen Arten kürzer (bei einer *Baetis*-Art 3 Generationen in 2 Jahren beobachtet), bei *Ephemera*-Arten 2 Jahre, bei *Palingenia longicauda* Ol. 3 Jahre; aus dem letzten Larvenstadium schlüpft (häufig abends oder nachts, an der Wasseroberfläche oder nach dem Heraussteigen aus dem Wasser) in wenigen Sekunden oder Minuten zunächst eine flugfähige, aber noch nicht geschlechtsreife **Subimago**: Flügel etwas getrübt, ebenso wie der Körper behaart; Schwanzborsten noch recht kurz; erst dann, je nach Art nach Minuten oder 1 Tag oder später, Häutung zur Imago; die Häutung einer flugfähigen Form ist einzigartig unter den Insekten; Lebensdauer der Imagines je nach Art verschieden, kaum eine Stunde bis einige Tage. – In Eur vorkommende Fam.:

Siphlonuroidea	→Baetidae	*Pannota*	*Ephemeroidea*
Metretopodidae	*Oligoneuroidea*	→Prosopistomatidae	→Potamanthidae
→Ametropodidae	→Isonychiidae	Neoephemeridae	→Ephemeridae
→Ameletidae	→Oligoneuriidae	→Caenidae	→Palingeniidae
→Siphlonuridae	→Heptageniidae	→Ephemerellidae	Behningiidae
		→Leptophlebiidae	→Polymitarcyidae

Lit. Bauernfeind & Humpesch 2001; Bauernfeind & Soldán 2012; Elliott & Humpesch 2010; Engelhardt 1982; Illies 1968; Harker 1989; Kluge 2004; Macadam & Bennett 2010; Ogden et al. 2009; Wesenberg-Lund 1943; Wichard et al. 1972, 2013.

Ephestia →Pyralidae 9.

Ephialtes →Ichneumonidae B; vgl. auch →Cerambycidae 25.

***Ephippiger*, Ephippigeridae** →Tettigoniidae 6; →Ensifera.

Ephistemus →Cryptophagidae.

Ephoron →Polymitarcyidae.

Ephydra →Ephydridae 3.

Ephydridae, Sumpffliegen, Salzfliegen, Uferfliegen, Weitmaulfliegen; Fam. der Zweiflügler (Diptera, Brachycera, Cyclorrhapha) mit in Eur ± 320, M-Eur ± 225, Dt 181 Arten; meist kleine, z. T. winzige oder mittelgroße (1–11 mm), unscheinbar dunkel gefärbte Fliegen; viele Arten mehr oder weniger stark an das Wasser gebunden, da die Larven im Wasser (keineswegs nur im Salzwasser) oder in Wasserpflanzen leben; manche (z. B. *Ephydra*-Arten) bewegen sich träge am Wassersaum oder auf der Wasseroberfläche, nehmen hier mit dem Rüssel Detritus oder Kleinstlebewesen (Bakterien, Hefen, Algen) auf; bemerkenswert: ***Ochthera mantis*** Deg., Sumpffliege [**E-24**]: die Vorderbeine zu typischen Fangbeinen umgebildet; macht auf Wasserpflanzen in Ufernähe Jagd auf Kleintiere. **Eiablage** vieler Arten frei auf der Wasseroberfläche, an oder in Wasserpflanzen, auch unter Wasser; die **Larven** minieren in Land- oder Wasserpflanzen (z. B. *Hydrellia*) oder leben frei im Wasser; manche können mit den stachelig bewehrten abdominalen Atemröhren Wasserpflanzen zur Luftgewinnung anstechen; eine Reihe von Arten entwickeln sich in extremer Umgebung wie Salzwasser, heißen Quellen (*Ephydra, Scatella, Paracoenia*), Urin u. Ä. (→4).

1. ***Hydrellia griseola*** Fall., Graue Gerstenminierfliege; ca. 2,5 mm; das ♀ legt im Frühling (V–VI) Eier auf Blätter und Stängel von Gerste, auch an Weizen, Hafer und anderen Gräsern, seltener Kräutern; die Larve dringt ein, frisst eine sich verbreiternde Mine aus [**E-25**]; die erwachsene Larve erreicht ca. 5 mm; bis 40 Larven in einem Blatt, das dann verwelkt; Puparium im Blatt, selten im Boden; zum Verpuppen oft Auswandern in eine andere Pflanze (dann dort Herstellen

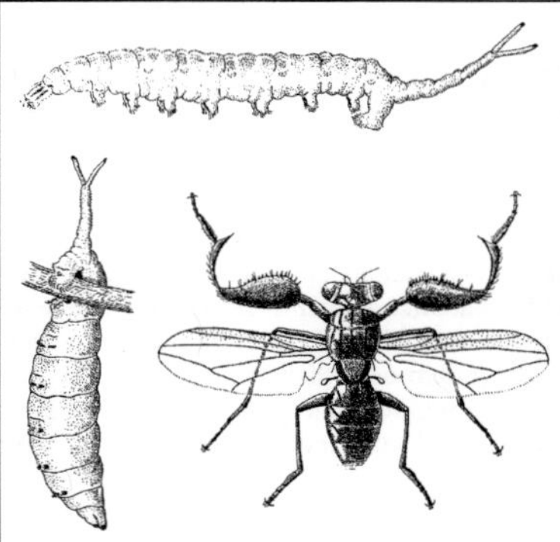

Abb. E-24: Ephydridae: *Ochthera mantis*, Sumpffliege. Rechts: Imago, jagend, auf Wasserpflanzen; 3,5–5 mm; kann mit den Vorderbeinen Wassertropfen aufnehmen; oben: *Ephydra* spec. Larve, 12–15 mm; links: Puparium, 8–10 mm. (Engelhardt 1982; Séguy 1951a)

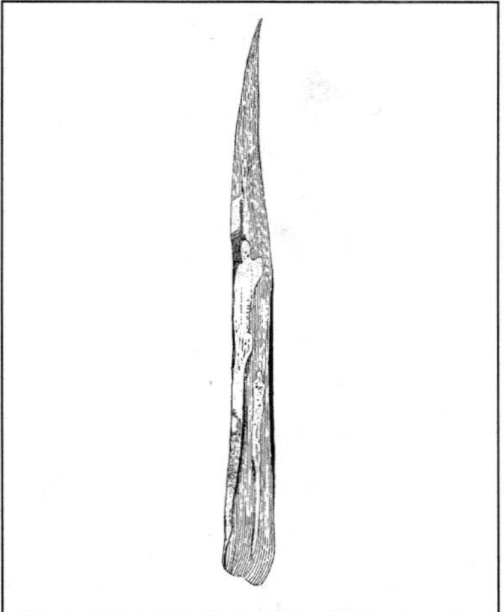

Abb. E-25: Ephydridae: *Hydrellia grisecla*, Graue Gerstenminierfliege. Minen im Gerstenblatt. (Branct 1957)

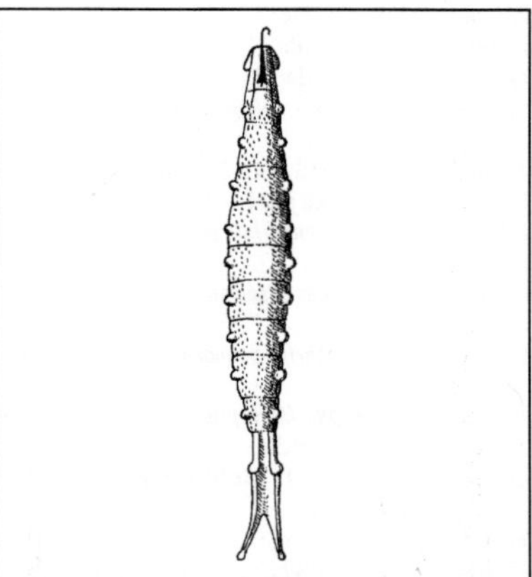

Abb. E-26: Ephydridae: *Scatella fusca*. Larve, 13 mm; grau; Hinterstigmen am Ende der Gabel. (Lindner 1923 ff)

einer Verpuppungsmine); die nächste Generation fliegt i. d. R. VIII–IX; Überwinterung meist als Larve, seltener als Puppe im Boden; Schaden manchmal beträchtlich.

2. Minierer in Sumpf- und Wasserpflanzen, wie *Hydrellia ranunculi* Hal. in Brunnenkresse, *H. albilabris* in Wasserlinsen oder *H. fusca* Stenh. in Blättern des schwimmendem schwimmenden Laichkrauts, hier auch Verpuppung (das mit Luft gefüllte Puparium treibt vor dem Schlüpfen der Imago an die Wasseroberfläche).

3. Larven frei im Wasser: z. B. *Ephydra*; die wenig fluglustigen Imagines halten sich zumeist auf der Wasseroberfläche auf, fressen Kleinstlebewesen; das ♀ legt die (alsbald absinkenden) Eier einzeln auf die Wasseroberfläche; Larven gestreckt [E-24], mit 8 bedornten Kriechwarzenpaaren; →amphipneustisch, das hintere Stigmenpaar auf einer gegabelten Atemröhre; schöpfen damit Luft, zuweilen auch an der Wasseroberfläche hängend, wobei sich 4 feine Verschlussmembranen um jedes Stigma ausbreiten; frei im Wasser, stets im Flachwasser der Uferzone, nicht selten in beträchtlichen Mengen; fressen träge kriechend den Algenbelag von Wasserpflanzen ab oder nehmen in Hängelage Kleinplankton auf; erstaunlich widerstandsfähig, vermögen noch in hoch konzentriertem Salzwasser (Salinen) und Thermalwasser von 40 °C zu leben; die mit den hintersten beiden Kriechwulstpaaren an Grashalmen u. dgl. fest-

gehefteten Puparien [E-24] außerhalb des Wassers; Überwinterung meist als Larve, seltener als Puppe.

4. Arten mit extremen Lebensbedingungen, z. B. *Scatella fusca* Macq.; die graubraunen Imagines (ca. 5 mm) oft in Massen in Häusern mit unsauberen Aborten; die Larven [E-26] in menschlichem Urin, gelangen gelegentlich in den Darmkanal des Menschen (harmlose Myiasis); die Larven von *Discomyza incurva* Fall. in verjauchten Kadavern von Weinbergschnecken, im Schneckenhaus; *Trimerina*-Larven schmarotzen in Eigelegen von Spinnen; wohl extremster Fall einer Larvalentwicklung: *Psilopa petrolei* Coq. (= *Diasemocera p.*, *Helaeomyia p.*), Petroleumfliege; Kalifornien; in Petroleumlachen; Luftaufnahme wie bei *Ephydra*; frisst tote Insekten; das Petroleum dringt weder von außen noch über den Darm in den Körper ein; ungeklärt, wie die mit Petroleum durchtränkte Nahrung verdaut wird.

Lit. →Diptera; Wesenberg-Lund 1943.

Epicauta →Meloidae A4.

Epicypta →Mycetophilidae 1.

Epidapus →Sciaridae.

Epilachnini; Gattungsgruppe der →Coccinellidae.

Epimetabolie →Hemimetabolie.

Epimyrma →Formicidae, D12.

Epinotia →Tortricidae 4, 14, 15, 16, 26.

Epipsocidae →Psocidae.

Epirhynchites →Rhynchitidae 6.

Epistrophe →Syrphidae.

Episyron →Pompilidae.
Episyrphus →Syrphidae.
Epitheca →Corduliidae 2.
Epuraea, Epuraeinae →Nitidulidae C.
Epyris →Bethylidae.
Erannis →Geometridae C13.
Erbseneule, *Ceramica pisi* L. →Noctuidae 31.
Erbsengallmücke, *Contarinia pisi* Loew →Cecidomyiidae B10.
Erbsenkäfer, *Bruchus pisorum* L. →Chrysomelidae C4.
Erbsenthrips, *Kakothrips pisivorus* Westw. →Thripidae 4.
Erdbeerblattwespe, *Monophadnoides geniculatus* Steph. →Tenthredinidae 3.
Erdbeerblütenstecher, *Anthonomus rubi* Hbst. →Curculionidae H1.
Erdbeerkäfer →Chrysomelidae K3.
Erdbeerstängelstecher, *Neocoenorrhinus germanicus* →Rhynchitidae 2.
Erdbeerwickler, *Ancylis comptana* Fröl. →Tortricidae 30.
Erdböcke, *Dorcadion* →Cerambycidae E3.
Erdeule, *Agrotis segetum* Den. & Schiff.; →Noctuidae 25.
Erdflöhe, *Alticinae* →Chrysomelidae L.
Erdholztermite, *Reticulitermes lucifugus* Rossi →Isoptera 2.
Erdwanzen →Cydnidae.
Erdzikaden, Aphrodinae →Cicadellidae E.
Erebia →Nymphalidae F1.
Erebidae; Fam. der Schmetterlinge (Lepidoptera, Glossata, Noctuoidea); molekulargenetisch begründete, verschiedengestaltige Verwandtschaftsgruppe, enthält außer den ehemaligen Fam. **Arctiidae** (→K) und **Lymantriidae** (→J) einige früher zu den →Noctuidae gestellte U-Fam. mit oft an Zünsler oder Spanner erinnernden Arten; in Eur ± 315, M-Eur ± 155, Dt 117 Arten; klein bis sehr stattlich, die meisten mittelgroß; in Bezug auf die Flspw. kleinste in M-Eur heimische Art: *Eublemma parva* Hbn. (9 mm), größte Art: *Catocala fraxini* L., Blaues Ordensband (fast 9 cm); die größte bekannte Flspw. bei Schmetterlingen hat *Thysania agrippina* Cr., eine südamerikanische Art (fast 30 cm); Saugrüssel zum Nektarsaugen geeignet, einige stechen Früchte an (→A), *Calyptra* (→E) kann durch Säugerhaut stechen und Blut saugen; Zeichnung der Vorderflügel fast durchweg lebhafter als die der Hinterflügel; auffallende Ausnahmen bilden die Ordensbänder (*Catocala* [**E-30**]) mit unscheinbar gemusterten Vorderflügeln und blau, rot oder gelb gezeichneten Hinterflügeln (vielleicht ein Warnmuster, das in Ruhe von den Vorderflügeln verdeckt und einem

Abb. E-27: Erebidae: *Scoliopteryx libatrix*, Zimteule. Flspw. bis 45 mm

Störenfried plötzlich vorgezeigt wird); Dämmerungs- und Nachtflieger, manche Arten aber auch regelmäßig oder ausschließlich tags unterwegs; ein mit Trommelfell versehenes Hörorgan (**Tympanalorgan**) liegt jederseits am Ende der Brust. **Raupen** teils nackt, teils spärlich (→B, C, H: *Eublemma*) oder stark (→J, K) behaart; bei manchen Arten sind die Afterfußpaare der Abdominalsegmente 3 bzw. 3 und 4 nicht ausgebildet; fressen teils →polyphag (→J, K), teils oligophag an Laubholz und krautigen Pflanzen, vereinzelt an Sauergräsern, Baumflechten oder absterbenden Pflanzenteilen.

A. Scoliopteryginae; in Eur & Dt nur *Scoliopteryx libatrix* L., Zimteule, Zackeneule [**E-27**]; Flspw. 40–45 mm; Grundfarbe der Vorderflügel etwa zimtfarben; Rüssel kräftig, saugen an weichen Früchten wie Brombeere und Schneeball; Imagines ab VI in 2 sich überschneidenden Generationen; die Falter der 2. Generation überwintern, nicht selten in Kellern; die grüne, gelblich gestreifte Raupe an Weiden und Pappeln; Puppe zwischen zusammengesponnenen Blättern.

B. Rivulinae; in Eur 3 Arten, in M-Eur & Dt nur *Rivula sericealis* Scop., Seideneulchen: kleiner gelblicher Falter mit dunklem Nierenfleck auf dem Vorderflügel; 2 Generationen im Jahr; die grünen, beborsteten Raupen (V–VII und VIII–X) fressen an Gräsern; Überwinterung als Ei.

– Labialpalpen bei den folgenden 4 U-Fam. (C–H) verlängert, schnauzenartig vorstehend:

C. Hypeninae, Schnabeleulen, Schnauzeneulen; in Eur 11, in Dt 4 Arten (sowie 2 weitere seltene Zuwanderer) aus der Gttg. *Hypena*; die verlängerten Lippentaster vorstehend, an Zünsler (→Pyralidae) erinnernd; vorderstes Afterfußpaar der Raupe rückgebildet; Beispiel: *H. rostralis* L., Hopfeneule; Falter ganzjährig auftretend (VIII–Überwinterung–VI); Raupe grün, mit dunklen Pünktchen und hellen Seitenstreifen; zuerst zwischen zusammengesponnenen Blättern, dann frei; außer an Hopfen auch an Brennnessel.

D. Hypenodinae, Motteneulen; in Eur 10, M-Eur & Dt 3 Arten; kleine, schmalflügelige Falter; Lebensweise wenig bekannt; überwintern als Raupe.

E. Calpinae; artenreiche tropische Gruppe, darunter auch blutsaugende Arten; in Eur nur *Calyptra thalictri* Borkh., die in Dt wohl nicht mehr vorkommt; die grünen Raupen mit gelblichem Kopf und einer schwarzen Punktreihe an der Körperseite fressen an der Wiesenraute (*Thalictrum*).

F. Herminiinae, Spannereulen, Zünslereulen; in Eur 19, M-Eur 15, Dt 13 kleine Arten mit vorstehenden Lippentastern wie Zünsler und einer Flügelform wie Spanner; Raupen fressen Blätter in der Laubstreu und bodennahe kränkelnde und absterbende Blätter von Gehölzen.

G. Toxocampinae; in Eur 23, M-Eur 9 Arten, in Dt nur 3 Arten der Gttg. *Lygephila*, Wickeneulen; kleine (Flspw. um 35 mm), braune Falter mit schwarzen Nierenflecken auf den Vorderflügeln; Raupen an krautigen Schmetterlingsblütlern; überwintern als Ei.

H. Boletobiinae; in Eur 48, M-Eur 17, Dt 9 Arten; Raupen sind Nahrungsspezialisten: heimische Arten an Weiden (*Colobochyla salicalis* Den. & Schiff.), Kreuzblümchen (*Phytometra viridaria* Clerck), Stängeln und Blüten von Asteraceae (*Eublemma*, Prachteulchen), Rindenflechten (*Laspeyria flexula* Den. & Schiff.), auch an abgefallenen Eichenblättern (*Trisateles emortualis* Den. & Schiff.) oder absterbenden Baumpilzen (*Parascotia fuliginaria* L., Pilzeule, Kokon hängemattenartig an Gespinstfäden); Raupen der mediterranen *Eublemma scitula* Ramb. fressen Schildläuse, tarnen sich mit einem von den abgewandelte Nachschiebern gehaltenen Schild, unter dem auch die Verpuppung erfolgt.

I. Erebinae; in Eur 46, M-Eur 23, Dt 15 Arten; meist große und mittelgroße, oft auffällig gezeichnete Falter, die überwiegend oder teilweise nachtaktiv sind; *Euclidia* fliegt ausschließlich am Tage. Beispiele:

I1. *Minucia lunaris* Den. & Schiff., Braunes Ordensband, Mondeule; steht etwas abseits von den echten Ordensbändern; Vorderflügel und Hinterflügel braun bis graubraun, die Ersteren mit hellen Querlinien, die Letzteren in der körperfernen Hälfte dunkler braun; Flspw. ca. 50 mm; der aus der überwinterten Puppe schlüpfende Falter fliegt Ende IV–VI; die in der Jugend grüne, später braune Raupe befrisst v. a.

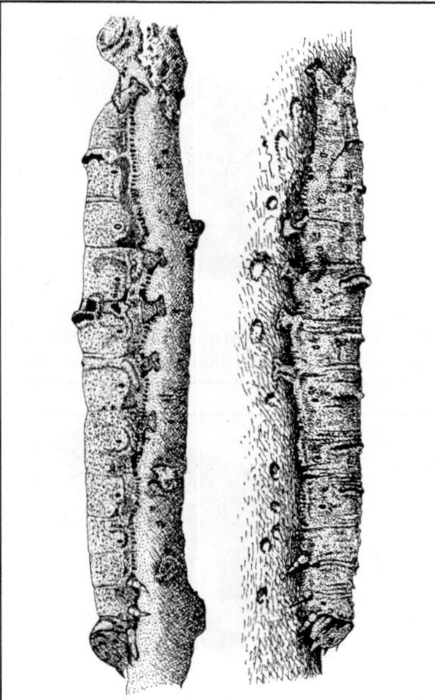

Abb. E-28: Erebidae: Raupen von *Catocala fraxini*, Blaues Ordensband. 80 mm (links) und *C. nupta*, 70 mm (rechts)

die jungen, weichen Eichenblätter; Puppen in einem Gespinst am Boden.

I2. *Catocala*, Ordensbänder; durchweg sehr stattliche Falter, ausgezeichnet durch die z. T. sehr lebhaft farbigen Hinterflügel, mit schwarzer Zeichnung, in Ruhe verdeckt durch die unscheinbar rindenähnlich gemusterten Vorderflügel; Hinterflügelmuster, bei Störung plötzlich freigelegt, wahrscheinlich als Warn- oder Schrecksignal zu deuten; bei den meisten Arten Grundfarbe der Hinterflügel rot (dunkle Mittelbinde der Hinterflügel artspezifisch verschieden gestaltet), bei einigen (z. B. *C. fulminea* Scop.) mehr gelblich, bei *C. fraxini* L. dunkel mit blauer Mittelbinde; die tagsüber dicht an den Zweig angedrückt ruhenden Raupen mit zweigähnlicher Zeichnung und z. T. an den Flanken mit Fransen [**E-28**], die den Übergang vom Raupenkörper zum Zweig verschleiern; Überwinterung als Ei; Flugzeit i. d. R. VII–IX; Puppe in einem leichten Gespinst an oder über dem Boden. Raupen heimischer Arten bevorzugt an: a) Eiche (z. T. auch Edelkastanie) bei *C. sponsa* L., Großer Eichenkarmin (Flspw. ca.

Abb. E-29: Erebidae: *Catocala sponsa*, Großer Eichenkarmin. Helle Teile der Hinterflügel rot (Flspw. 60 mm). (Amann 1960)

Abb. E-30: Erebidae: *Catocala fraxini*, Blaues Ordensband. Helle Binden der Hinterflügel blau (Flspw. bis 90 mm). (Amann 1960)

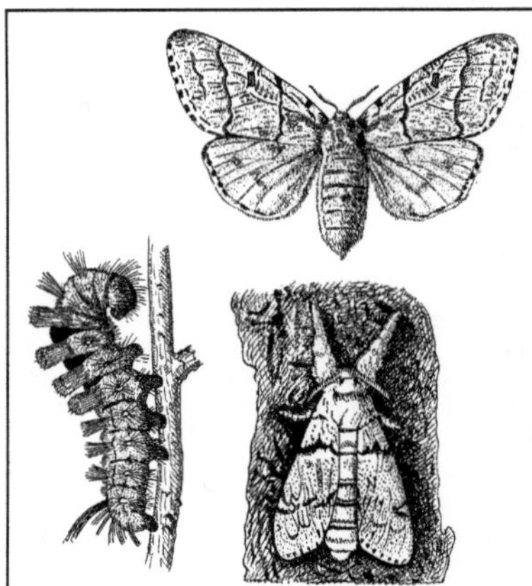

Abb. E-31: Erebidae: *Calliteara pudibunda*, Rotschwanz. ♀ (Flspw. 51 mm); unten: in Ruhehaltung; Raupe (45 mm). (Forster & Wohlfahrt 1954–81)

60 mm; [**E-29**]) und *C. promissa* Esp., Kleiner Eichenkarmin (Flspw. ca. 55 mm); b) Pappeln und/oder Weiden: *C. nupta* L., Rotes Ordensband (Flspw. ca. 70 mm), →polyphag, häufigste Art; *C. electa* Bkh., Weidenkarmin (Flspw. ca. 65 mm), in Au-, Bruch- und Moorwäldern, gefährdet; *C. pacta* L., Bruchweidenkarmin (Flspw. ca. 50 mm), aus Dt verschwunden; *C. elocata* Esp., Pappelkarmin (Flspw. ca. 70 mm), in Auen, nur noch lokal; *C. fraxini* L., Blaues Ordensband [**E-30**]; größte Art (Flspw. bis ca. 90 mm); Raupe bevorzugt an Pappeln; c) Schlehe, auch an Pflaume, Traubenkirsche, vielleicht Weißdorn: *C. fulminea* Scop., Gelbes Ordensband (Flspw. ca. 50 mm).

J. Lymantriinae, Trägspinner, Schadspinner, Wollspinner; früher eigene Fam. **Lymantriidae**; in Eur 28, M-Eur & Dt 17 Arten; keine der deutschen Bezeichnungen ist für die Vertreter ausschließlich dieser Gruppe bezeichnend; viele Arten durch Larvenfraß außerordentlich schädlich (insbesondere 4–6); Falter mittelgroß bis stattlich; stärkere dunkle Pigmentierung bei den ♂♂ mancher Arten; Imagines kurzlebig,

Saugrüssel weitgehend oder ganz rückgebildet; ♀ zuweilen bedeutend größer als ♂, enthalten bereits beim Schlupf voll entwickelte Eier; ♀♀ daher oft flugträge, ihre Flügel bei einigen Gttgn. (z. B. *Orgyia*) weitgehend rückgebildet; →Tympanalorgan jederseits am Metathorax; →Trommelorgane (Tymbalorgane) jederseits ventral am 3. Abdominalen abdominalen Segment bei ♂♂ weit verbreitet; Antenne beim ♂ stärker (doppelt) gekämmt und also mit mehr Riechhaaren ausgestattet (Anlockung der ♂♂ durch ein Bukett von Sexualpheromonen aus abdominalen Duftdrüsen der ♀♀); ♀ manchmal mit besonders starker Behaarung am Hinterleibsende (Afterwolle). **Eier** in mehr oder weniger geschlossenen Gelegen abgesetzt (bei wenigen Arten einzeln), oft mit Afterwolle bedeckt (Eispiegel), bei vielen Arten mit einem erstarrenden Sekret aus den Anhangsdrüsen der weiblichen Geschlechtsorgane; **Lauterzeugung** der ♂♂ vielleicht bei der Balz von Bedeutung. Die **Raupen** stets mit insgesamt 8 Fußpaaren; meist stark behaart (z. B. [**E-31, E-36**]); Haare teils sternförmig auf Warzen, teils in bürstenartigen, dichten Büscheln (Bürstenraupe) auf den mittleren Segmenten; bisweilen auch noch vorn und hinten pinselartige Büschel von geknöpften Spezialhaaren mit einem von Proteinen erfüllten Hohlraum; die Brennhaare der Raupen mehrerer Arten (z. B. Goldafter →J6, Schwammspinner →J4) erzeugen, auf die Haut gebracht, tagelange allergische Reaktionen, eingeatmet Hustenreiz und asthma-

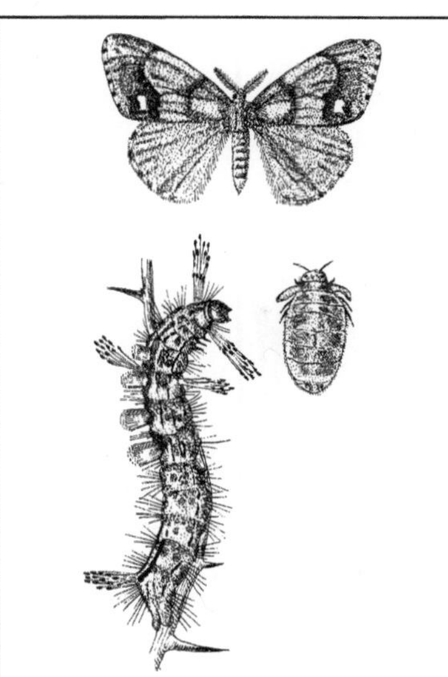

Abb. E-32: Erebidae: *Orgyia antiqua*, Schlehenspinner. ♂ (oben; Flspw. 30 mm), ♀ und Raupe (40 mm). (Amann 1960)

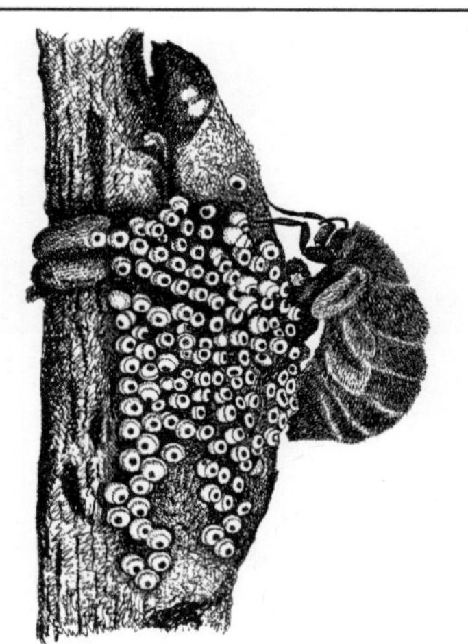

Abb. E-33: Erebidae: *Orgyia antiqua*, Schlehenspinner. ♀, ca. 14 mm, bei der Eiablage auf seinem Kokon. (Bourgogne 1951)

tische Anfälle (nachgewiesen wurden Histamin, Esterasen, Proteinasen und Histamin freisetzende Substanzen); bei Raupen mancher Arten (bei uns die des Goldafters →J6) dorsal auf dem 6. und 7. Abdominalsegment ein ausstülpbares drüsiges Organ, dessen Sekret mit dem Kopf (und Mund?) auf dem Körper verteilt wird und anscheinend dem Versteifen und Abspreizen der Haare dient; die Jungraupen können zunächst gesellig beisammen bleiben, zuweilen in einem gemeinsamen Gespinst; durchweg →polyphag, hauptsächlich an den Blättern von Bäumen. **Verpuppung** in einem mehr oder weniger dichten, oft mit Raupenhaaren durchsetzten Gespinst, an den Nahrungspflanzen oder am Boden; die Puppen nicht selten mit Haarbüscheln; **Überwinterung** je nach Art als Ei, Raupe oder Puppe.

J1. *Calliteara pudibunda* L., Streckfuß, Rotschwanz [**E-31**]; Flspw. 40–45 mm; Falter fliegen V–VI nachts; in Laubwäldern, Parks und Gärten; die stark behaarten Vorderbeine werden in Ruhehaltung in bezeichnender Weise (Name!) vorgestreckt; Gelege scheibenförmig, vorzugsweise an der Rinde von Buchen; die Raupen, gelblich bis bräunlich, hinten mit rötlichem Haarbusch, mit 4 gelben Haarbürsten, dazwischen tiefschwarz; Jungraupen sitzen nach dem Ausschlüpfen einige Tage als „Raupenspiegel“

beisammen, fressen dann sehr verschwenderisch an Buchen und anderen Laubbäumen; Puppenkokon im Herbst in Bodennähe; die Puppe überwintert.

J2. *Orgyia antiqua* L., Schlehenspinner, Bürstenbinder [**E-32**]; Flspw. 25–30 mm; Flugzeit V–VII und (2. Generation) VII–IX; in Laub- und Mischwäldern, auch offenem Gelände; ♂♂ flugtüchtig; suchen tagsüber nach den stummelflügeligen ♀♀, die häufig auf dem Puppenkokon sitzen und mit ausgestülpten abdominalen Duftdrüsen die Partner anlocken; Eiablage oft gleich auf dem Kokon [**E-33**]; die bunten und sehr beweglichen Bürstenraupen mit roten behaarten Warzen, vorn und hinten mit geknöpften Haarpinseln; Raupen mit bläulicher Grundfarbe; die 4 Bürsten bei ♂-Raupen gelb, bei ♀-Raupen bräunlich; sehr →polyphag, gelegentlich schädlich an Laub- oder Nadelbäumen (Name Schlehenspinner irreführend); der dichte Puppenkokon zwischen Blättern und Zweigen; 1–3, meist 2 Generationen; Überwinterungsstadium: die Eier der letzten Generation.

J3. *Leucoma salicis* L., Pappelspinner, Weidenspinner, Atlas, Ringelfuß [**E-34**]; Flspw. 37–50 mm; Falter glänzend weiß (Atlas!) mit schwarz-weiß geringelten Beinen; fliegen VI–VII; in den Wäldern der wärmeren Niederungen; ♂♂ fliegen v. a. in der Abenddämmerung;

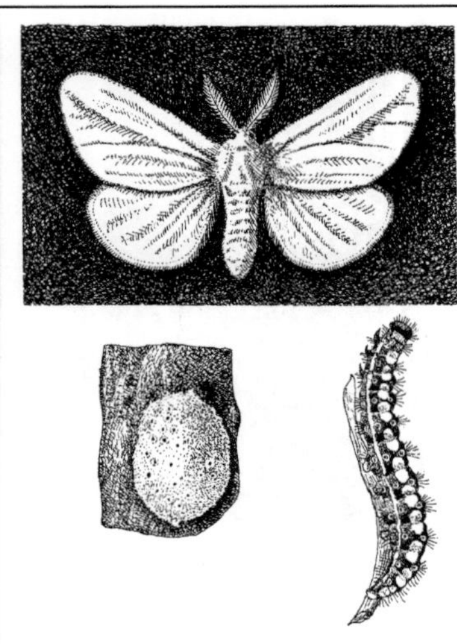

Abb. E-34: Erebidae: *Leucoma salicis*, Pappel- oder Weidenspinner. ♂ (Flspw. 42 mm), Raupe (37 mm) und Gelege („Eischaum"). (Forster & Wohlfahrt 1954–81; Amann 1960)

♀♀ sind Träger; Eispiegel durch schaumigen Sekretüberzug weißlich („weißer Schwamm"), an Rinde oder Blättern von Weide oder Pappel, an denen die Raupen fressen; Raupen behaart, aber ohne Bürsten oder Pinsel, mit roten Warzen und nackten gelblichen oder weißen Rückenflecken; bei Massenauftreten Kahlfraß, v. a. an Pappeln; Puppenkokon zwischen Blättern; Überwinterung als Ei oder Raupe, einzeln oder in Gruppen in Rindenritzen.

– Die beiden folgenden, nahe verwandten Arten berüchtigt als Wald- oder Gartenschädlinge:

J4. *Lymantria dispar* L., Schwammspinner [**E-35**]; Flspw. beim ♂ ca. 45 mm, beim ♀ bis 70 mm; ♂ dunkler graubraun, ♀ gelblich weiß; Flugzeit VI–IX; die ♂♂ schlüpfen einige Tage früher als die ♀♀; tagaktiv; ♂♂ fliegen schnell und zickzackförmig; im Pheromonbukett der ♀♀ enthalten: 2-Methyl-7,8-Epoxioctadecan aus abdominalen Duftdrüsen; das ♂ wird noch aus 3,8 km Entfernung angelockt; Lockwirkung von frisch geschlüpften ♀♀ nur schwach, nimmt (nach Bildung des Lockstoffes) im Laufe des 1. Tages außerordentlich zu und wird dann wieder schwächer (ist also bei jungfräulichen ♀♀ am größten); ♀ i. A. sehr flugträge; legen nur zur Eiablage kurze Strecken zurück (allerdings wurden auch ausgedehnte Ausbreitungsflüge beobachtet), orientieren sich dabei nach senkrechten

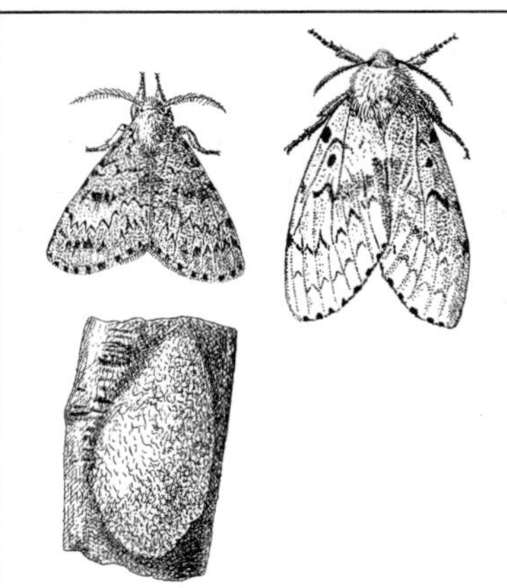

Abb. E-35: Erebidae: *Lymantria dispar*, Schwammspinner. Links: ♂; rechts: ♀ (Flspw. bis 55 mm), Ruhestellung; unten: Gelege. (Brauns 1991; Amann 1960)

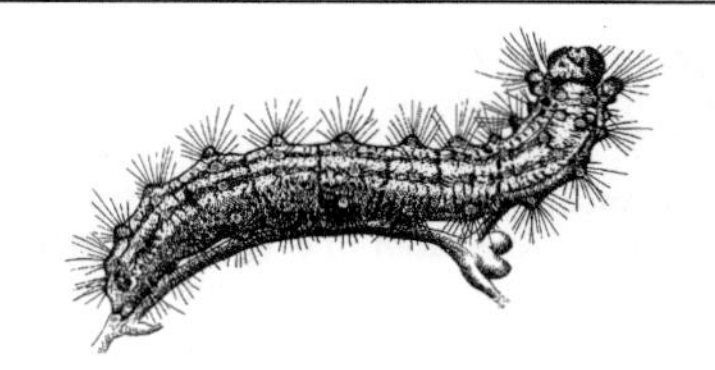

Abb. E-36: Erebidae: *Lymantria dispar*, Schwammspinner. Raupe, 54 mm. (Amann 1960)

Konturen; **Eiablage** (insgesamt einige hundert Eier) v. a. nachts an Rinde, Gelege bedeckt mit heller Afterwolle vom Hinterleibsende des ♀ (als helle Flecken gut sichtbar); das ♀ stirbt kurz danach; die im Frühling schlüpfenden behaarten **Raupen** ([**E-36**]; vorn mit blauen, hinten mit roten Warzen) bleiben zunächst gesellig; frisch geschlüpfte Eiräupchen mit für die Windverfrachtung nützlichen langen Haaren, Verfrachtung bis zu 21 km nachgewiesen (ähnlich bei der Nonne, J5); ältere Raupen fressen einzeln (nachts, ruhen tagsüber) an verschiedensten Laubbäumen (Eiche, Pappel u. a.), seltener an Nadelbäumen (Gerbstoffe in der Pflanze regen zum Fressen an); werden in letzter Zeit in zunehmendem Ausmaß schädlich; Baumstämme bei Massenvermehrungen mit den Gelegen übersät; Regulation v. a. durch die Parasitoide *Parasetigena silvestris* und *Blepharipa schineri* (→Tachinidae) und durch Viruskrankheiten

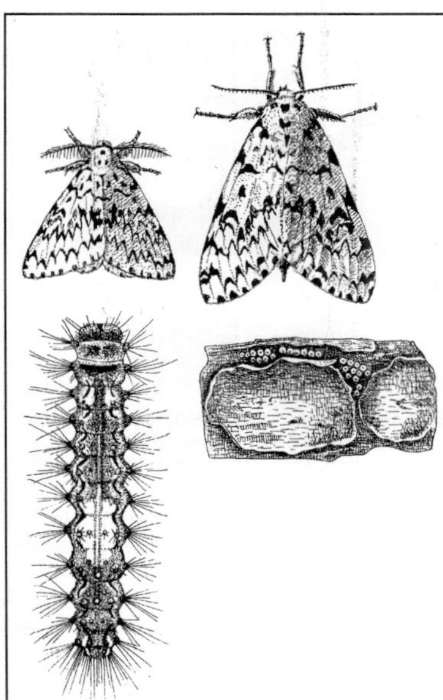

Abb. E-37: Erebidae: *Lymantria monacha*, Nonne. ♂ (links), ♀ (Flspw. bis 50 mm), erwachsene Raupe (50 mm) und Gelege in Rindenritze. (Brauns 1991; Amann 1960)

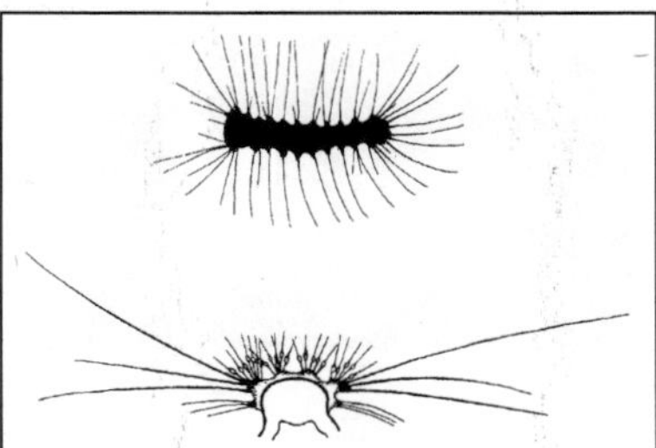

Abb. E-38: Erebidae: *Lymantria monacha*, Nonne. Oben: Eiräupchen; unten: Querschnitt durch ein Abdominalsegment; die kleinen Haare sind vielleicht Sinnesorgane zur Wahrnehmung der Windstärke. (Hundertmark 1938)

(Kernpolyedervirose); dünnes **Puppengespinst** v. a. in Rindenspalten, Puppe mit gelblichen Haarbüscheln; das Gelege („großer Schwamm") überwintert.

J5. *Lymantria monacha* L., Nonne [**E-37**]; deutscher Name wohl bedingt durch das Schwarz-weiß-Muster; Flspw. beim ♂ bis ca. 40 mm, beim ♀ ca. 50 mm; nach in Aussehen und z. T. auch Lebensweise dem Schwammspinner ähnlich, jedoch kleiner; die Färbung variiert beträchtlich, besonders bei den ♂♂ zuweilen starke Verdunklung; Falter fliegen VI–VIII in der Abenddämmerung und nachts; die ♂♂ schlüpfen 12 Tage früher als die ♀♀; die **Eier** werden mit einer Legeröhre in Gruppen (ohne Belag mit Afterwolle) tief in Rindenritzen abgelegt, überwintern mit den schon entwickelten Räupchen darin, sind erstaunlich widerstandsfähig gegen tiefe Temperaturen; Eizahl bis über 300 (nach Entwicklung an Eiche Gelege größer als nach Entwicklung an Tanne); die frisch geschlüpften **Eiräupchen** (IV–V) bleiben zunächst als „Raupenspiegel" beisammen (je nach Wetter einige Stunden bis einige Tage), dann Wanderung in die Baumkrone; junge Raupen besitzen lange Schwebehaare [**E-38**], neigen dazu, sich bei leichten Erschütterungen und nicht zu starkem Wind abzuspinnen oder fallen zu lassen (mittlere Sinkgeschwindigkeit ca. 70 cm/s); Verbreitung also schon durch mäßigen Aufwind möglich; vom Boden aus werden senkrechte dunkle Silhouetten vor hellem Grund angelaufen; spätere Stadien variieren stark in Färbung und Zeichnung; auffallend ein heller Rückenfleck (Sattelfleck [**E-37**]), auf den beiden Segmenten dahinter je eine rote ausstülpbare Dorsaldrüse; Raupen sehr →polyphag, **Hauptnahrungspflanze** ist Fichte; bei Massenvermehrung außerordentliche Schäden; durchschnittlicher Nahrungsbedarf einer Raupe: über 1000 Fichtennadeln; etwa ebenso groß der Nadelverlust durch einfaches Abbeißen; Zahl der **Häutungen** verschieden, häufig 5 Stadien bei ♂-, 6 Stadien bei ♀-Raupen (kann auch umgekehrt sein); **Verpuppung** meist im VII in Rindenritzen; die braunbronzefarbenen Puppen unter nur wenigen Gespinstfäden, mit Büscheln weißlicher oder gelblicher Haare, vorne mit 4 blauschwarzen Büscheln; Puppenruhe etwa 20 Tage. – Zusammenbruch einer Massenvermehrung (meist nach etwa 5 Jahren) v. a. bedingt durch Raubfeinde, parasitoide Insekten, Pilz- und Viruskrankheiten (Wipfelkrankheit: Virus-Polyeder in den Zellkernen; die Raupen neigen dazu, Zweigwipfel zu erklettern, sterben hier oft in Massen beisammen).

J6. *Euproctis chrysorrhoea* L., Goldafter, Braunafter [**E-39**]; Flspw. 28–38 mm; Flügel weiß, beim ♂ zuweilen mit schwarzen Pünktchen; in beiden Geschlechtern mit goldbrauner Behaarung am Hinterleib, beim ♀ als dicker Schopf (Afterwolle) ausgebildet; Flugzeit VI–VIII; in Laubwäldern, auch in Kulturlandschaften; auch entlang von

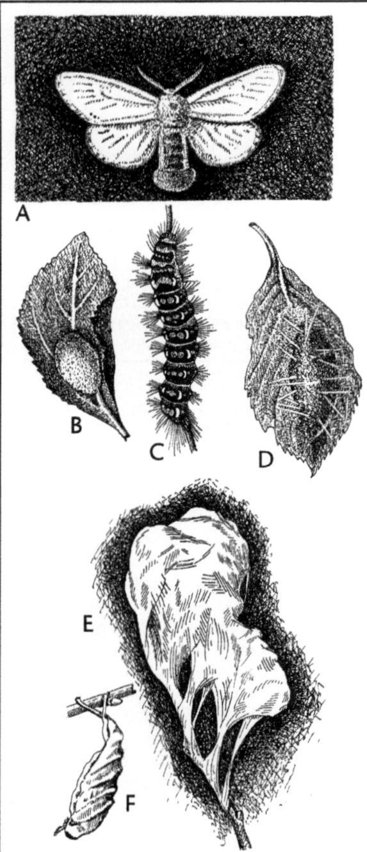

Abb. E-39: Erebidae: *Euproctis chrysorrhoea*, Goldafter.
A: ♀ (Flspw. 35 mm); B: Gelege, gelbbraun; C: Raupe (31 mm);
D: Puppenkokon; E: Großes Raupennest als Überwinterungs-
gespinst. F: Einzelblatt, zum Überwintern an den Rändern
zusammengesponnen und an Gespinstfaden aufgehängt.
(Eckstein 1913–33; Amann 1960)

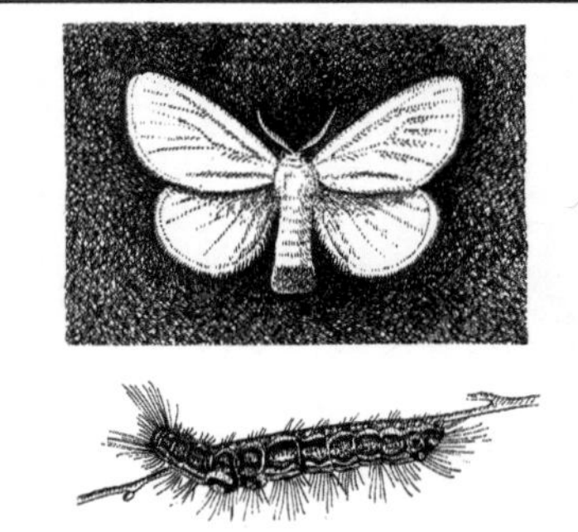

Abb. E-40: Erebidae: *Euproctis similis*, Schwan. ♀ (Flspw.
33 mm) und Raupe (31 mm). (Eckstein 1913–33)

im gemeinsamen Gespinst, überwintern in ihm
(manchmal auch in an Gespinstfäden aufgehängten eingerollten Blättern); bleiben auch im
Frühling im Gespinstnest, befressen von dort
aus Knospen, Blüten, Blätter, junge Früchte;
können an Obstbäumen, auch an Eichen beachtlichen Schaden anrichten; die Brennhaare
der Raupen bewirken beim Menschen Entzündungen der Haut; das Sekret aus ausstülpbaren
Drüsengruben auf dem 6. und 7. Abdominalsegment soll, auf den Haaren verteilt, diese versteifen; die mit hellen Haarbüscheln besetzten
Puppen einzeln im Kokon zwischen Blattresten;
wichtige Parasitoide als Regulatoren: ektoparasitoid *Trichomalopsis peregrinus* (→Chalcididae),
endoparasitoid *Meteorus versicolor* (→Braconi-
dae A1); ferner der Pilz *Entomophaga aulicae.*

J7. *Euproctis similis* Fuessly, Schwan [**E-40**];
Flspw. 28–35 mm; dem Goldafter sehr ähnlich,
jedoch nur das Hinterleibsende der Falter goldgelb behaart; Flügel in Ruhe steil dachförmig; an
feuchten Standorten im Wald; Raupen (stets einzeln lebend) mit Buckel auf dem 1. und 8. Abdominalsegment; gelegentlich an Obstbäumen
schädlich; überwintern einzeln an geschützten
Stellen unter einem schwachen Gespinst.

K. Arctiinae, Bärenspinner; früher als eigene
Fam. **Arctiidae** aufgefasst; in Eur 106, M-
Eur 59, Dt 50 Arten; deutscher Name nach den
stark und büschelig behaarten Raupen mancher
Arten (Bärenraupen [**E-42**]); Falter klein bis
mittelgroß (Flspw. 20–80 mm); Flügel in Ruhe
flach dachförmig (die zuweilen bunten Hinterflügel zugedeckt), bei einigen Flechtenbärchen
(→a) eng an den Körper gelegt (erinnern dann
an ein Halmstück). Die meisten Arten fliegen
nachts, ruhen tagsüber; können mithilfe von

Straßen (angelockt durch Licht, Wärme, Trockenheit und Stress der Pflanzen); Anlockung
der ♂♂ durch ♀-Lockstoffe noch aus 3 km
Distanz nachgewiesen; das mit Afterwolle bedeckte **Gelege** („kleiner Schwamm“) unterseits
auf den Blättern der Nahrungspflanzen (meist
Rosaceae); die bräunlich behaarten **Raupen** mit
orangefarbenen Fleckenpaaren auf dem Rücken,
flankiert von weißen Flecken; leben zunächst

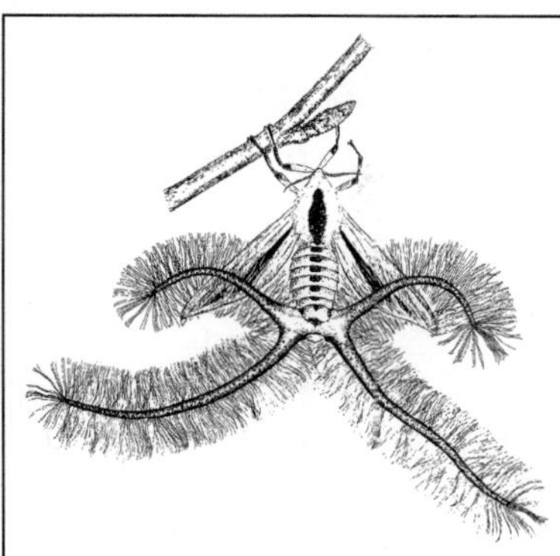

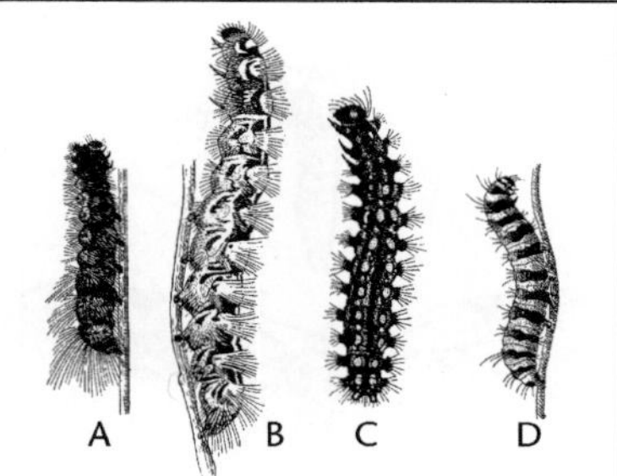

Abb. E-42: Erebidae: Raupen mit verschiedenen Haarkleidern. A: *Arctia plantaginis*, Wegerichbär; B: *Diacrisia purpurata*, Purpurbär, Stachelbeerbär; C: ♀ *Eilema complana*, Flechtenspinner; D: *Tyria jacobaeae*, Blutbär. (Eckstein 1913–33)

metathorakalen →Tympanalorganen die Ultraschall-Ortungslaute der Fledermäuse hören und abrupt unvorhersehbare Ausweichmanöver ausführen (Bedeutung der Tympanalorgane bei Tagfliegern?); viele Arten (→a, c) stoßen dabei Ultraschall-Laute aus, die mit metathorakalen Kutikularplatten erzeugt werden (Tymbalorgan, →Trommelorgan; ähnlich bei →Auchenorrhyncha) und teils das Ortungssystem der Fledermäuse irritieren können, teils vor Ekelgeschmack warnen. Beim **Paarungsverhalten** neuweltlicher Arten der Gttg. *Utetheisa* spielen sowohl weibliche als auch männliche Sexualpheromone eine Rolle: das Pheromon der ♀♀ (langkettige, ungesättigte Kohlenwasserstoffe) ist ein Lockstoff für ♂♂; in ♀-Nähe stülpt das ♂ am Abdomenende 2 große, puderquastenförmige Schuppenbüschel (→Corema) aus und setzt (aus feinsten Poren in den lang gestielten Schuppen) Hydroxi-Danaidal (→Danaidal) frei, das beim ♀ Paarungsbereitschaft auslöst (kann von den Faltern nicht selbst synthetisiert werden; seine Vorstufen, für viele Tiere giftige Pyrrolizidin-Alkaloide, müssen mit der Nahrung in den Körper der Raupen gelangen); die abgegebene Menge Hydroxi-Danaidal ist abhängig vom Alkaloidgehalt des ♂; ♂♂ mit starkem Duft werden vom ♀ bevorzugt (biologischer Sinn: das ♂ übergibt bei der Begattung mit dem Sperma auch Pyrrolizidin-Alkaloide aus der Nahrungspflanze der Larven, die vom ♀ an die Eier weitergegeben werden und als Schutz vor Fressfeinden dienen; vgl. Danainae, →Nymphalidae ♀). Ähnlich bei den südostasiatischen *Creatonotos*-Arten; ♂♂ bei diesen Arten mit 4 schlauchförmigen, aus

stülpbaren Coremata (→Corema) [**E-41**], deren Größe (maximal mehr als körperlang) von der Menge der von der Raupe aufgenommenen Pyrrolizidin-Alkaloide abhängt. **Raupen** bei vielen Arten stark und büschelig, bei einigen spärlich behaart [**E-42**]; Hinterleib stets mit 5 gut ausgebildeten Beinpaaren; die meisten Raupen →polyphag, besonders an krautigen Pflanzen, Lithosiini (→a) an Flechten; i. d. R. nicht an Nutzpflanzen schädlich, mit Ausnahme des aus Nordamerika nach Europa eingeschleppten Webebären (*Hyphantria cunea* →K11). **Überwinterung** bei uns meist als Raupe, seltener als Puppe, ausnahmsweise als Ei; **Verpuppung** in einem oft mit Raupenhaaren durchsetzten Gespinst, an oder unter Rinde, am Boden, unter Moos oder Steinen; die meisten Arten mit 1, manche mit 2 Generationen im Jahr. Mit 3 Teilgruppen:

a. Lithosiini, Flechtenbärchen; früher auch als eigene Fam. aufgefasst; in Eur 40, M-Eur & Dt 23 Arten; Falter unscheinbar gelblich bis gelblich grau gefärbt; mit funktionstüchtigem Saugrüssel, daher gelegentlich auch tagsüber auf Blüten; die Larven nehmen ausschließlich oder bevorzugt Baum- oder Steinflechten, z. T. auch Lebermoose.

K1. *Lithosia quadra* L., Vierpunktmotte, Stahlmotte, Würfelmotte [**E-43**]; deutlicher Geschlechtsdimorphismus: Vorderflügel des ♂ gelbgrau, vorn an der Basis stahlblau, die des ♀ gelblich mit 2 stahlblauen, bräunlich umrandeten Flecken; Flugzeit VII–VIII; ruht tagsüber mit eng angelegten Flügeln auf Blättern im Unterholz; Eier in zu kleinen Haufen vereinigten Reihen; die in manchen Jahren sehr häufigen, oft mit denen der Nonne (→J5) verwechselten Raupen [**E-43**] graubraun oder dunkler, mit hellem

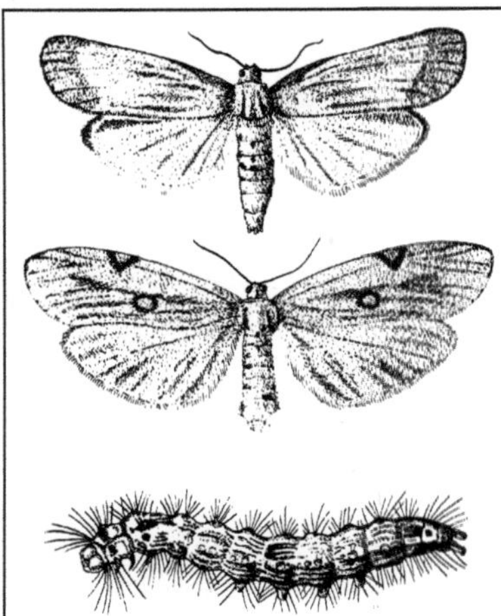

Abb. E-43: Erebidae: *Lithosia quadra*, Vierpunktmotte. Oben: ♂, Flspw. 43 mm; Mitte: ♀, Flspw. 48 mm; unten: Raupe, 40 mm. (Forster & Wohlfahrt 1954–81, Amann 1960)

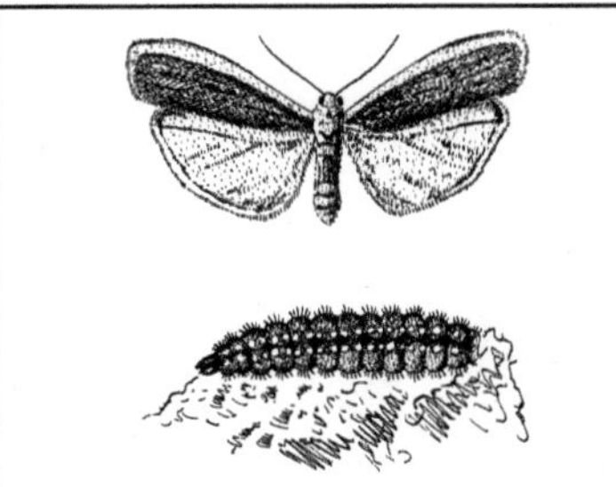

Abb. E-44: Erebidae: *Eilema complana*, Flechtenspinner. ♀, Flspw. 28–35 mm, und Raupe, 30 mm. (Forster & Wohlfahrt 1954–81)

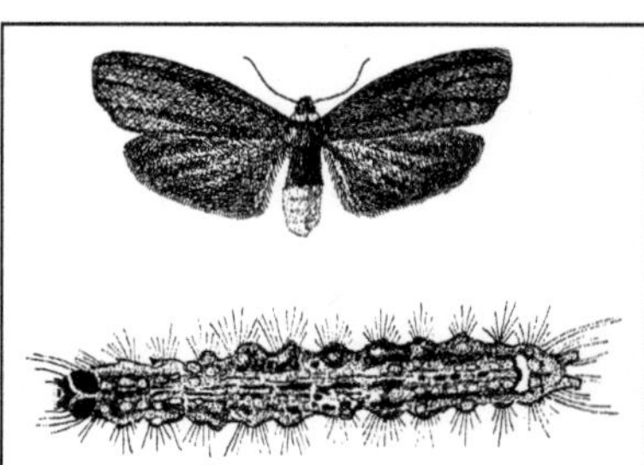

Abb. E-45: Erebidae: *Atolmis rubricollis*, Rothals. ♀, Flspw. 30 mm, und Raupe, 30 mm. (Forster & Wohlfahrt 1954–81)

Rückenstreifen, daneben rote Warzen, büschelige Behaarung; fressen ab IX an Rindenflechten verschiedener Bäume, überwintern dann im Boden, fressen weiter bis VI; dann Verpuppung in weißgrauem Gespinst, meist in Spalten der Rinde.

K2. *Eilema complana* L., Flechtenspinner [**E-44**]; häufig; Flspw. 28–35 mm; unscheinbar gelblich grau gefärbt; Falter fliegen VI–VIII; an warmen, trockenen Orten, in lichten Wäldern; fliegen nachts; ruhen tagsüber, die Flügel eng an den Körper gelegt; Raupen [**E-42**, **E-44**] verhältnismäßig kurz-büschelig behaart; fressen und überwintern wie bei →K1 an Baum- und Steinflechten, nehmen gelegentlich auch Blätter; Verpuppungsgespinst graubraun, zwischen den Flechten.

K3. *Atolmis rubricollis* L., Rothals [**E-45**]; Falter klein, fast einförmig düster schwarz-braunschwarzbraun gefärbt; mit gelbem Hinterleibsende und rotem Halskragen; Flugzeit V–VII; ruht tagsüber gern an Fichtenzweigen; die büschelig behaarten Raupen [**E-45**] fressen bevorzugt, wenn nicht ausschließlich, an deren Flechten; Verpuppung im Herbst am Boden am Fuße der Baumstämme; die Puppe überwintert.

K4. *Setina irrorella* Cl., Steinflechtenbärchen [**E-46**]; Flspw. 27–33 mm; Flügel auf Ober- und Unterseite einfarbig gelblich, Vorderflügel mit zerstreuten dunklen Punkten; Flugzeit V–VIII; auf Lichtungen, Vorgebirgswiesen, an Wald-

rändern; fliegen meist in der Dämmerung; die gedrungenen Raupen [**E-46**] sind büschelig behaart, fressen hauptsächlich an Baum- und Steinflechten; Überwinterung als Raupe; Puppen am Boden, in Rindenritzen, zwischen Blättern, in einem mit Haaren durchsetzten schwachen Gespinst; 1 Generation im Jahr.

b. Syntomini, Widderbären, Fleckenschwärmerchen; früher in eine eigene Fam. Syntomidae oder Ctenuchidae gestellt; v. a. in den Tropen verbreitet, in Eur 8, M-Eur 3, Dt 2 Arten; kaum mittelgroß; Rüssel gut entwickelt; ohne Trommelorgan; Falter ähneln im Habitus z. T. sehr den Widderchen (→Zygaenidae), so in der Schlankheit der oft auffallend gefleckten Vorderflügel, der Kleinheit der Hinterflügel, auch in der flach dachförmigen Ruhehaltung der Flügel und als Tagflieger (auch hinsichtlich Ekelgeschmack?); die behaarten Raupen unserer Arten sind →polyphag und überwintern; Verpuppung in einem Gespinst.

K5. *Amata phegea* L., Weißfleckenwidderchen, Ringelwidderchen [**E-47**]; große Ähnlichkeit

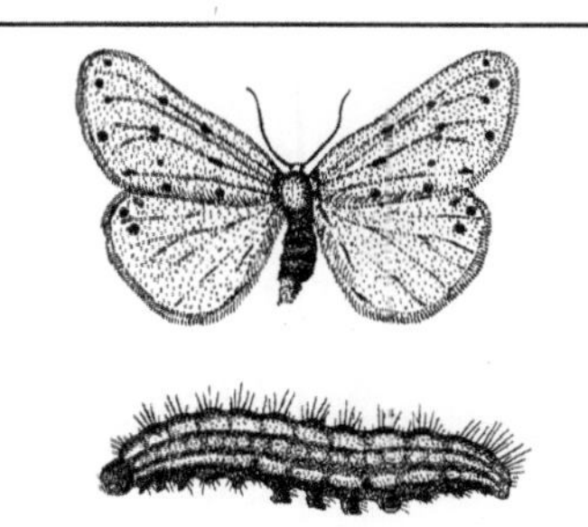

Abb. E-46: Erebidae: *Setina irrorella*, Steinflechtenbärchen. ♂, Flspw. 27–33 mm, und Raupe, 25 mm. (Forster & Wohlfahrt 1954–81; Koch 1958–63)

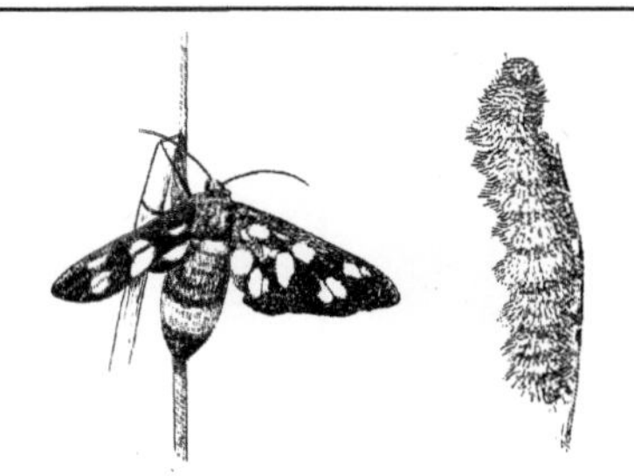

Abb. E-47: Erebidae: *Amata phegea*, Weißfleckenwidderchen. ♀ (Flspw. 35 mm) und Raupe (27 mm). (Eckstein 1913–33)

Abb. E-48: Erebidae: *Dysauxes ancilla*, Braunwidderchen. ♀, Flspw. 28 mm. (Forster & Wohlfahrt 1954–81)

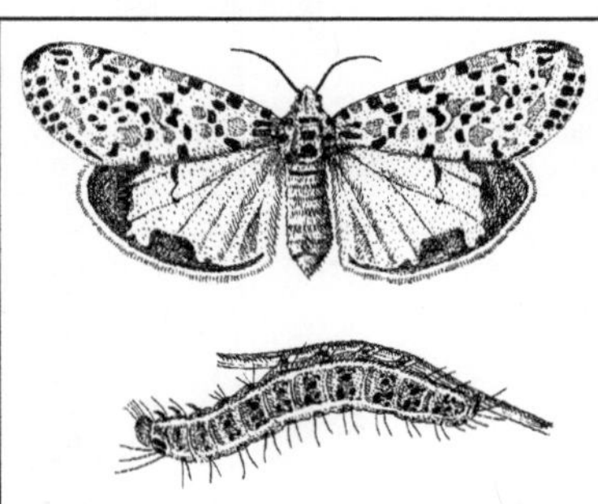

Abb. E-49: Erebidae: *Utetheisa pulchella*, Harlekinbär. ♀ (rote Flecken punktiert), Flspw. 45 mm, und Raupe, 30 mm. (Eckstein 1913–33)

mit dem echten Widderchen *Zygaena ephialtes* L. (→Zygaenidae A4), von dem es sich jedoch durch die Anordnung der Flecken auf den schwarzblauen Flügeln und durch die rein gelbe Zeichnung am 1. und 5. Abdominalsegment unterscheidet (Nachahmung des durch Ekelgeschmack geschützten echten Widderchens); Flugzeit VI–VII; die ♀♀ sitzen gern träge im Gras, hier auch Ablage der Eierhäufchen; die mittellang büschelig rostgrau behaarten Raupen [E-47] haben rötlichen Kopf und Beine, fressen gesellig an verschiedenen krautigen Pflanzen, überwintern auch gemeinsam (sollen im Winter Falllaub fressen); Verpuppung ebenfalls gemeinsam im Frühling in einem mit eingewirkten Haaren versehenen Gespinst dicht über oder am Boden.

K6. *Dysauxes ancilla* L., Braunwidderchen, Kammerjungfer [E-48]; mit durchscheinenden hellen Flecken auf den graubraunen Vorderflügeln, das ♀ mit einer gelblichen Binde auf den Hinterflügeln; fliegt VI–VIII; die Raupen außer an krautigen Pflanzen auch an Flechten und Moosen; Lebensweise sonst ähnlich der vorigen Art.

c. Arctiini, Echte Bärenspinner, mit in Eur 58, M-Eur 33, Dt 25 Arten; Falter mittelgroß; Flügel beim Großteil der Arten recht bunt und auffallend gezeichnet, was als Warntracht oder im Sinne einer Auflösung der Körperform (Somatolyse) beim tagsüber ruhenden Tier [E-55] gedeutet wird; Saugrüssel mehr der oder weniger stark verkümmert (Ausnahme: B8).

K7. *Utetheisa pulchella* L., Punktbär, Prunkbär, Harlekinbär [E-49]; Heimat die warmen Breiten der Alten Welt; fliegt, auch über das Mittelmeer hinweg, in manchen Jahren nach M-Eur ein (→Wanderfalter), u. U. bis Schweden und Finnland; auffallende Zeichnung der Vorderflügel: kleine schwarze und rote Flecken auf weißgelbem Grund; Hinterflügel hellblau mit dunklem Saum; Raupe [E-49] mit dunkler und rötlicher Zeichnung auf gelbgrauem Grunde; →polyphag, frisst v. a. an raublättrigen Pflanzen (Boraginaceae); im Süden (bei günstigen Bedingungen auch im Zuwanderungsgebiet) 2 oder mehr Generationen; übersteht den Winter bei uns aber

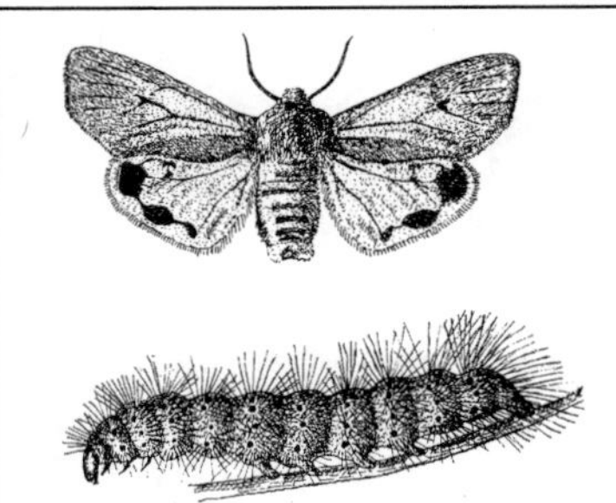

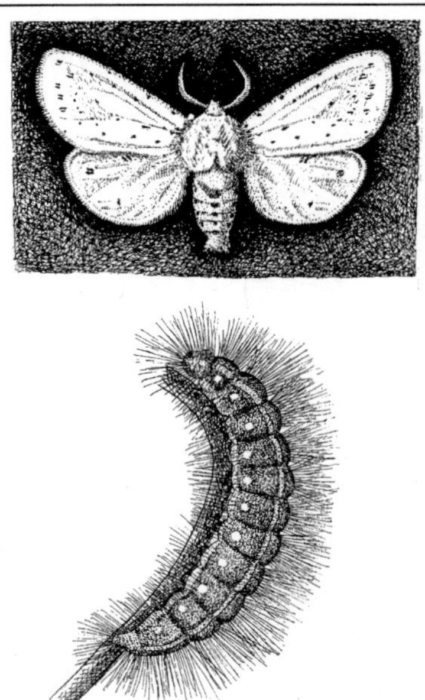

Abb. E-50: Erebidae: *Phragmatobia fuliginosa*, Zimtbär. ♀, Flspw. 30–35 mm, und Raupe, 35 mm. (Eckstein 1913–33)

Abb. E-51: Erebidae: *Spilosoma lutea*, Gelbe Tigermotte, Holunderbär. ♀, Flspw. 28–40 mm. (Forster & Wohlfahrt 1954–81)

Abb. E-52: Erebidae: *Spilosoma lubricipeda*, Weiße Tigermotte. ♂, Flspw. 38 mm, und Raupe, 40 mm. (Forster & Wohlfahrt 1954–81)

wohl kaum (Überwinterungsstadium: Raupe); Verpuppung in einem Gespinst zwischen den Blättern oder am Boden.

K8. *Phragmatobia fuliginosa* L., Rostbär, Zimtbär [**E-50**]; einer der häufigsten A.; Flspw. 30–35 mm; Vorderflügel oben etwa rost- oder zimtfarben, Hinterflügel mehr oder weniger ausgedehnt rötlich; Eier in Haufen an den Nahrungspflanzen; die lang und dicht hell- bis dunkelbraun behaarten Raupen [**E-50**] an den verschiedensten Kräutern; 2 Generationen (Flugzeit: IV–VI, VII–VIII); Überwinterung als erwachsene Raupe der 2. Generation; Verpuppung im Frühling bodennah in bräunlichem Gespinst.

K9. *Spilosoma lutea* Hufn., Gelbe Tigermotte, Holunderbär [**E-51**]; Flspw. 28–40 mm; Grundfarbe der Flügel gelblich, mit schrägem Punktstreifen (auf Helgoland und den benachbarten Küsten die stark verdunkelte Form *zatima* Gr.); Flugzeit V–VII; auf Steppen, Feldern und Ruderalgelände; Eier in Haufen an den Nah-

rungspflanzen; die stark behaarten Raupen an verschiedensten Pflanzen (keineswegs nur an Holunder); 1 Generation (im Süden auch eine 2.); Überwinterung als Puppe in grauem Gespinst zwischen Blättern oder am Boden. Mit ähnlicher Lebensweise *Spilosoma lubricipeda* L., Weiße Tigermotte [**E-52**]; jedoch mit weißlicher Grundfarbe der Flügel; 5 Hinterleibssegmente gelb mit schwarzen Punkten; Raupe [**E-52**] dunkelbraun mit scharfer, orangegelber Rückenlinie.

K10. *Diacrisia sannio* L., Rotrandbär, Löwenzahnbär [**E-53**]; beide Flügel rot gesäumt; ♂: Grundfarbe der Flügel gelblich, Hinterflügel mit meist schwach ausgeprägter dunkler Zeichnung; ♀: Flügel mehr orangefarben, Hinterflügel oft stark verdunkelt; Flugzeit VI–VII; die ♀♀ fliegen ungern, die ♂♂ auch bei Tage; Eier häufchenweise an Blättern; die rötlich behaarten Raupen [**E-53**] keineswegs nur an Löwenzahn; fressen nachts, verstecken sich tagsüber; 1 Generation; Überwinterung als Raupe, Verpuppung im Frühling am Boden in einem grauen Kokon.

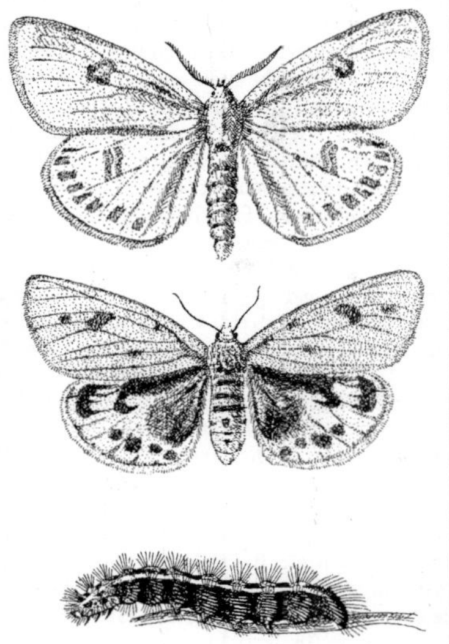

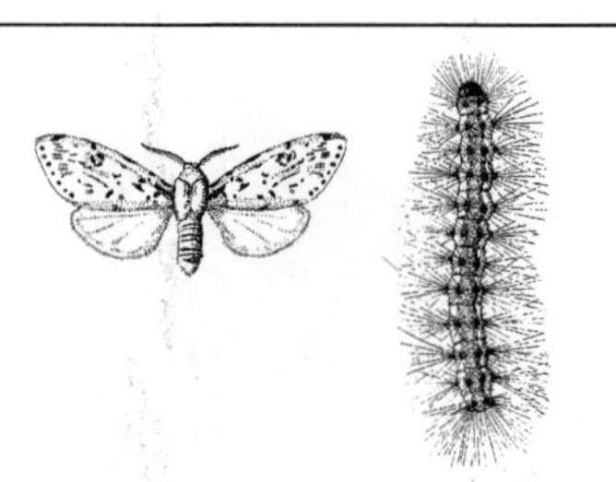

Abb. E-54: Erebidae: *Hyphantria cunea*, Weißer Bären-spinner. ♂ (Flspw. 25–40 mm) und Raupe (31 mm). (Forster & Wohlfahrt 1954–81)

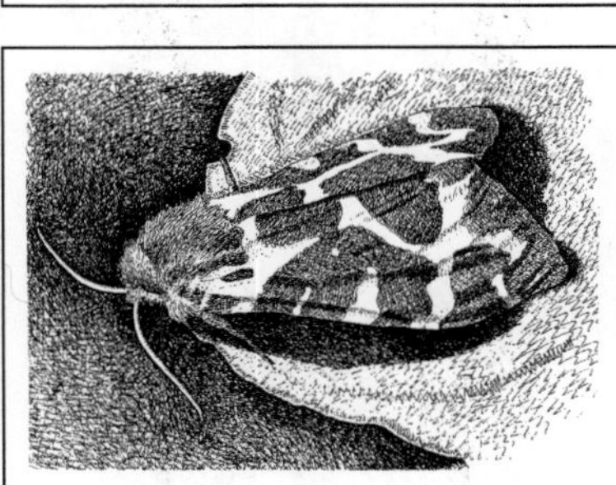

Abb. E-55: Erebidae: *Arctia caja*, Brauner Bär. Flspw. 60 mm

Abb. E-53: Erebidae: *Diacrisia sannio*, Rotrandbär. ♂ (oben, Flspw. 42 mm), ♀ und Raupe, 30 mm. (Eckstein 1913–33)

K11. *Hyphantria cunea* Dru., Amerikanischer Webebär, Weißer Bärenspinner [**E-54**]; Heimat Nordamerika, im 2. Weltkrieg nach S-Eur ein-geschleppt, von dort schnelle Ausbreitung; Flspw. 25–40 mm; 2 Falterformen: eine rein weiße Form (Tarsenspitzen dunkel) und eine mit dunkel gefleckten Vorderflügeln, beide Formen u. U. aus dem gleichen Gelege; Nachtflieger. Bis zu 1000 Eier (im Durchschnitt ca. 500) in einem mit Haaren bedeckten Gelege an den Blättern der Nahrungspflanze (verschiedenste Kräuter, Büsche, Bäume). Die lang behaarten Raupen [**E-56**] zunächst gelblich, später gelbgrün mit stark verdunkeltem Rücken; Haarkleid gemischtfar-big, weiß, rötlich, schwarz; Jugendstadien gesel-lig in Gespinsten, die zuweilen wie ein Gewebe größere Teile der Fraßpflanze überziehen kön-nen; bei Massenauftreten schädlich, u. U. Kahl-fraß. 2 Generationen, Flugzeit IV–V und VIII–IX; **Verpuppung** in verschiedensten Verstecken am oder über dem Boden; Kokon graubraun; Puppe der 2. Generation überwintert.

K12. *Arctia caja* L., Brauner Bär [**E-55**]; häufi-ger und bekannter Vertreter dieser Fam., obwohl man die Falter als Nachtflieger nicht oft zu Ge-sicht bekommt (eher abends, angelockt durch das Licht einer Lampe); auffallende somatoly-tische Zeichnung der flach dachförmig zurück-gelegten Vorderflügel, die in Ruhe die roten, mit stahlblau glänzenden Flecken besetzten Hinter-flügel zudecken; die Dornen der Hinterschienen mit Giftdrüsen in Verbindung; anscheinend sind auch die Nackendrüsen gifthaltig; Flugzeit VII–VIII; Eihäufchen an der Blattunterseite; die Raupen lang schwarz-braun, an den Flanken rostrot behaart; fressen an den verschiedensten Nahrungspflanzen; im Herbst oft auf der Suche nach einem Überwinterungsplatz zu sehen; fressen wieder im Frühling bis V; lassen sich bei Störung fallen und rollen sich ein; Verpuppung im Gespinst nahe dem Boden zwischen Stängeln oder direkt am Boden; 1 Generation. ***Callimorpha dominula*** L., Jungfernbär, Schönbär [**E-56**] und ***Euplagia quadripunctaria*** Pd., Spanische Flagge, Russischer Bär [**E-56**]; mit ähnlicher Färbung, Zeichnung und Ruhehaltung, jedoch mit funk-tionstüchtigem Saugrüssel und daher tagsüber oft auf Blüten.

K13. *Tyria jacobaeae* L., Blutbär, Karminbär, Jakobskreuzkrautbär; lokal, nirgends häufig; Flspw. 32–42 mm; Hinterflügel rot mit dunklem Saum, Vorderflügel graubraun mit roten Abzei-

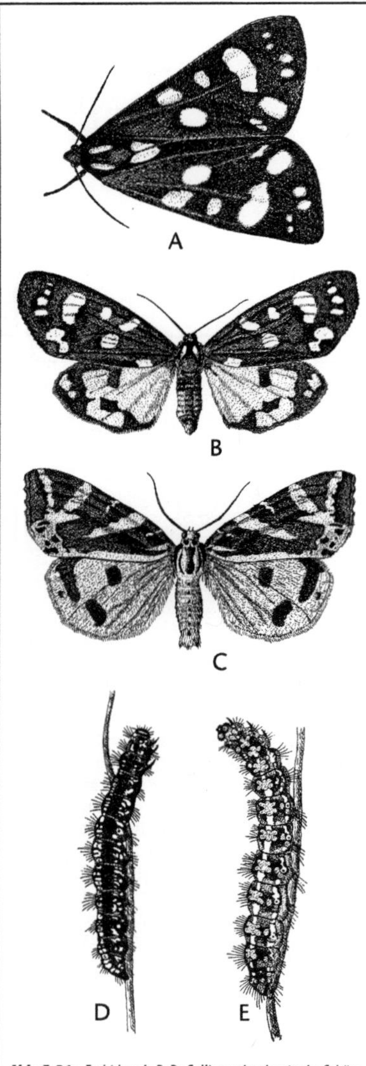

Abb. E-56: Erebidae: A, B, D: *Callimorpha dominula*, Schönbär. ♂ (Flspw. 52 mm) und Raupe (40 mm); ♀, C, E: *Euplagia quadripunctaria*, Russischer Bär. ♂ (Flspw. 50 mm) und Raupe (45 mm). (Forster & Wohlfahrt 1954–81; Eckstein 1913–33)

chen. Flugzeit V–VII; in Wiesen und Steppen; bis 1600 m. Der Falter vermag bei Störung aus einem Spalt jederseits zwischen Pro- und Mesothorax Hämolymphe mehrere Zentimeter weit auszuspritzen; Falter und alte Puppen durch widerlichen Geschmack der Hämolymphe gegenüber natürlichen Feinden bis zu einem gewissen Grade geschützt (geprüft an Säugern, Vögeln, Eidechsen, Fröschen und Kröten; die Ungenießbarkeit muss durch Probieren erlernt werden). Raupen [**E-42**] spärlich behaart, auffallend schwarz-gelb geringelt; VII–IX; zunächst gesellig, später zerstreut; v. a. an Kreuzkrautarten, auch an Huflattich und Pestwurz; am Kreuzkraut fressen die Jungraupen zunächst v. a. an den gelben Blütenständen, sind hier durch ihre Tracht optisch geschützt; später, auf grünen Pflanzenteilen, ist ihre Tracht eine auffallende Warntracht: auch die Raupen werden, oft schon nach einmaliger Erfahrung, von natürlichen Feinden weitgehend abgelehnt (Ausnahme: Spezialisten wie z. B. der Wespenbussard); ein vermutlich chemischer Widerlichkeitsfaktor liegt in der Haut, nicht in der Hämolymphe. 1 Generation (in den Südalpen 2); Verpuppung im Herbst in einem dünnen Kokon am oder im Boden; die Puppe überwintert.

Lit. →Lepidoptera; Boppré 1986a, b; Brauns 1991; Corcoran et al. 2010; Ebert 1994; Eisner 1988; Fibiger 1990–2010; Goater et al. 2003; Hirneisen 1994; Maier 1990; Maier & Bogenschütz 1990; Schneider 1983; Steiner et al. 2014; Wellenstein 1978; Ronkay et al. 2012; Top et al. 2023; Zahiri et al. 2012.

Eremocoris →Rhyparochromidae.

Ergates →Cerambycidae A2.

Ergatogyn; →ergatoide Königinnen.

Ergatoid, ergatomorph; Bezeichnungen für die bei manchen Ameisen (→Formicidae) auftretenden, flügellosen, Arbeiterinnen (☿☿) ähnelnden Königinnen und ♂♂.

Ericerus →Coccina.

Erinnidae; Synonym zu →Xylophagidae.

Eriocampa →Tenthredinidae 20.

Eriococcidae, Filzschildläuse; Fam. der Schildläuse (Coccina); in Eur ± 87, M-Eur 32, Dt 21 Arten; ♀ meist länglich oval (1,5–5 mm), oft gelblich, rötlich oder violett gefärbt; bewegen sich nur langsam, mit oft schlanken Beinen und 6- bis 7-gliedrigen Antennen; oft starke Wachsproduktion in Form von Pulver; Eiablage meist in einen ovalen filzigen Eisack, der das ♀ meist vollständig umhüllt (manchmal nur teilweise, z. B. bei *Gossyparia*); an Gräsern, Kräutern, Zwergsträuchern (Ericaceae) und Bäumen; Fortpflanzung 2-geschlechtlich, außer parthenogenetischer *Kaweckia glyceriae* Green (an Süßgräsern); ♀ mit 2, ♂ mit 4 Larvenstadien; meist 1 Generation im Jahr; Überwinterung als Zweitlarve oder Ei. Beispiel: ***Gossyparia spuria*** Mod., Ulmenschildlaus; ♀ 2,5 mm; ♂ teils stummelteils vollflügelig; ♀ heller oder dunkler rötlich bis dunkelbraun, nur am Rande mit Wachswolle; ♀ an Stamm und Ästen von Ulmen; die Larven schlüpfen wenige Stunden nach der Eiablage, saugen an Blättern und Zweigen; 1 Generation im Jahr; Überwinterung im 2. Larvenstadium. Die Gttg. *Eriococcus* wird auch in einer eigenen Fam. abgetrennt (**Eriococcidae** i.e. S., die Übrigen dann als **Acanthococcidae** bezeichnet); mit 2 Arten in Eur, heimisch nur *E. buxi* Fonsc.; unter Rindenschuppen und auf Blättern des Buchsbaums.

Lit. →Coccina; Kozár et al. 2013.

Eriococcus →Eriococcidae.

Eriocrania →Eriocraniidae.

Eriocraniidae, Trugmotten; Fam. der Schmetterlinge (Lepidoptera, Glossata) mit in Eur & Dt 9 Arten; kleine (9–16 mm Flspw.), köcherfliegenartige Falter mit abstehend behaartem Kopf; Flügel befranst, in Ruhe steil dachförmig gehalten, Vorderflügel metallisch glänzend; mit kurzem Saugrüssel, schwache Mandibeln noch vorhanden; Tagflieger im Frühling; Eiablage in Blattknospen (nach einem Einschnitt in das Pflanzengewebe mit der langen Legeröhre); das entstehende Narbengewebe umhüllt die Eier; die fußlosen Räupchen minieren (Platzminen mit charakteristischen Kotschnüren) in Blättern von Fagales, davon 6 heimische Arten auf Birken beschränkt; Verpuppung im Boden in einem festen Kokon mit eingesponnenen Sandkörnern und Erdkrumen; Puppe mit beweglichen Mandibeln (ermöglichen Befreiung der Puppe aus dem Kokon und Hervorarbeiten aus dem Boden), die Scheiden der Körperanhänge frei vom Rumpf (Pupa dectica, →Pupa 1); z. B. ***Eriocrania sparrmannella*** Bosc, Birkenminiermotte; 10 mm Flspw.; Falter mit goldgelben, blauviolett gegitterten Vorderflügeln; fliegt im Frühling; Eiablage an die Blattknospen; die Raupe miniert von der Mittelrippe weg, frisst dann das Blatt weitgehend aus, lässt sich im VI zur Verpuppung zum Boden herab; gelegentlich schädlich.

Lit. →Lepidoptera.

Eriogaster →Lasiocampidae 5.

Eriopeltis, →Coccidae, vgl. auch →Chamaemyiidae.

Eriosoma →Eriosomatidae 1, 7, 8; vgl. auch →Aphelinidae 1, →Anthocoridae.

Eriosomatidae (Pemphigidae), Blasenläuse; Fam. der Blattläuse (Aphidina) mit in Eur ± 85, M-

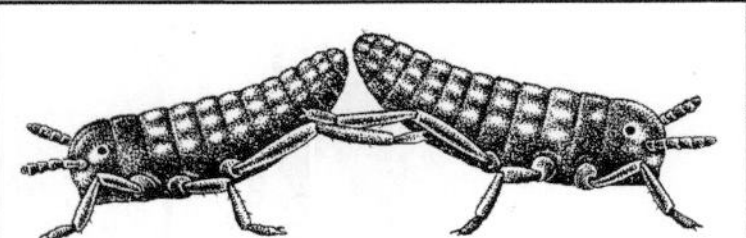

Abb. E-57: Eriosomatidae: *Pemphigus betae*. Kampf zweier Fundatrices um die günstigste Anstichstelle an einem jungen Blatt. (Whitham 1969)

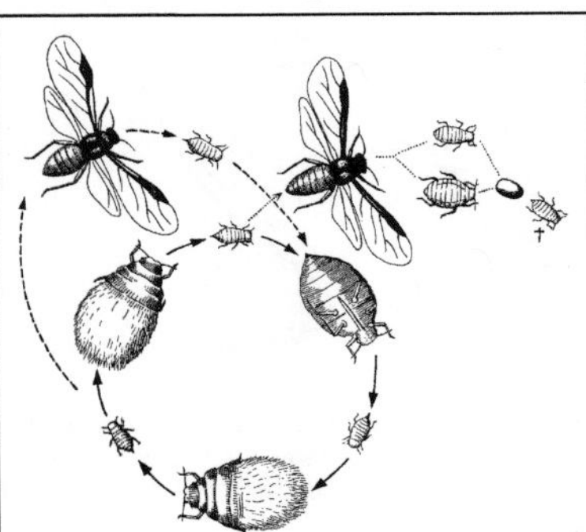

Abb. E-58: Eriosomatidae: *Eriosoma lanigerum*, Blutlaus. Entwicklungszyklus in Europa. (Weber 1930)

Eur ± 60, Dt ± 45 Arten; wegen der Fachbegriffe zu den Morphen und zum Generationswechsel →Aphidina; 2–4,5 mm; Rückenröhren fehlend oder stark verkümmert; Wachsdrüsen meist vorhanden, Wachswolle manchmal aus vielen Fäden. Pflanzensaftsauger (→Phloem- und Parenchymsauger), häufig gallbildend. Einige Arten anholozyklisch-monözisch (vgl. 1), manche holozyklisch-monözisch (vgl. 2), die meisten jedoch holozyklisch und diözisch; dann Primärwirt Holzgewächse (Fundatrix und Virgines hier meist in blasenförmigen Gallen), Sekundärwirt verschiedene Pflanzen (im Wurzelbereich). Bei *Pemphigus betae* Doane, einer amerikanischen Art, Konkurrenzkämpfe der Fundatrices – Hinterende gegen Hinterende, Stoßen mit den Hinterbeinen [**E-57**] – um für die Gallenbildung günstigste Anstichstelle auf den jungen Blättern.

1. *Eriosoma lanigerum* Hausm., Blutlaus; Heimat Nordamerika; mit viel weißer Wachswolle bedeckt, Körper und Blut rotbraun; an Kernobst, v. a. an Apfel ab und zu sehr schädlich; Rindenwucherungen als Stichfolge; bei uns anholozyklisch: i. d. R. keine Sexuales, Generationenfolge rein parthenogenetisch [**E-58**]; Ausbreitung im Sommer durch Geflügelte; Überwinterung an

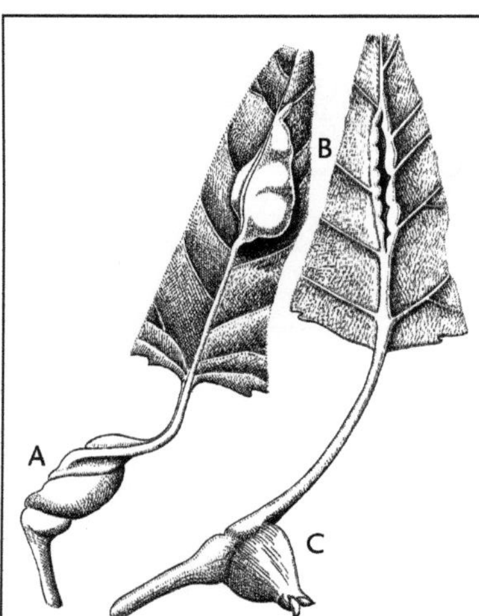

Abb. E-59: Eriosomatidae: Ausschnitte aus Pappelblättern. Links: Oberseite; rechts: Unterseite; Gallen: A: von *Pemphigus spirothecae*; B: von *P. filaginis*; C: von *P. bursarius*. (Ross, Hedicke 1927)

der Rinde des Apfelbaumes, auch an den oberen Wurzeln; gelegentlich auftretende Sexuales ohne Bedeutung, da sich die Wintereier bzw. Fundatrices nicht entwickeln.

2. *Pemphigus spyrothecae* Pass., Spiralgallenlaus; monözisch, v. a. an der Pyramidenform der Schwarzpappel; holozyklisch; Fundatrix in einer spiralig gedrehten Galle der Blattstiele [**E-59**], verursacht durch das Saugen der Fundatrix-Larve: der Stiel knickt durch stärkeres Wachstum der Gegenseite ein und richtet sich mit Spiraldrehung wieder auf, sodass die Larve in einer Höhle eingeschlossen ist; die Fundatrix im VI erwachsen, ihre Kinder ungeflügelt; deren Nachkommen, geflügelte oder ungeflügelte Sexuparae, verlassen die Galle durch einen Spalt (die Ränder klaffen) und setzen die kleinen Sexuales (♂♂ und ♀♀) auf der Pappelrinde ab; hier auch die Wintereier.

3. *Pemphigus bursarius* L., Salatwurzellaus; diözisch; Primärwirt Pappel, Sekundärwirt krautige Pflanzen (verschiedene Asteraceae, z. B. auch Salat); die Fundatrix (mit Wachswolle) in einer beutelförmigen Galle seitlich am Blattstiel von Pappeln, mit einem zunächst geschlossenen Spalt an der Spitze [**E-59**]; die gelblichen Migrantes wandern durch den nun klaffenden Spalt an den Sekundärwirt, setzen hier oberirdisch

Junge ab, die an die Wurzeln wandern; Überwinterung der Wurzelläuse möglich (2-jähriger Entwicklungszyklus?); im Herbst Rückflug der Sexuparae an den Primärwirt.

4. *Pemphigus populinigrae* Schrank; Fundatrix-Galle (1–2 cm; [**E-59**]) auf der Blattunterseite von Pappelblättern neben der Mittelrippe, mit seitlichem Spalt; Abwandern der Migrantes auf bestimmte Korbblütler (*Filago*, *Gnaphalium*), sitzen hier zwischen den Blütenköpfen unter Wachswolle; Rückwanderung der Sexuparae an die Pappel, Wintereier an der Rinde.

5. *Thecabius affinis* Kalt.; Fundatrix unter einem umgeschlagenen Stück des Randes von Pappelblättern; ihre Nachkommen wandern als Larven an die Triebspitzen auf die Unterseite von jungen Blättern, die sich mit blasigen Auftreibungen (rötliche Verfärbung) taschenartig einrollen; ergeben Migrantes, die an Hahnenfuß-Arten abwandern; ihre Nachkommen (z. T. geflügelt) am Stängelgrund und an Ausläufern; Rückflug der Sexuparae im Herbst an die Pappel.

6. *Prociphilus fraxini* Htg., Eschenblattnestlaus, Tannenwurzellaus; braune Fundatrix (mit Wachshülle) saugt an Jungtrieben der Esche; dadurch Verbiegen der Blattstiele, Bildung eines gut faustgroßen Blattnestes; hierin die Fundatrix-Nachkommen unter weißen Wachsflocken; ergeben Migrantes, die an Tannen (*Abies*-Arten) abwandern; ihre Nachkommen hier an den Wurzeln (Überwinterung möglich); Rückwanderung der Sexuparae im Herbst an die Esche.

7. *Eriosoma lanuginosum* Htg., Birnenblutlaus, Ulmenbeutelgallenlaus; holozyklisch-diözisch; Fundatrix (blauschwarz, weiß bepudert, 3,5 mm) an Feldulmen (Primärwirt) in bis faustgroßen, aus Blattknospen entstandenen blasigen

Abb. E-60: Eriosomatidae: *Eriosoma lanuginosum*, Ulmenbeutelgallenlaus. Blasengalle an Feldulme. (M. R.)

Gallen mit höckeriger Oberfläche [**E-60**]; anfangs grün bis rötlich, später braun und trocken; in den Gallen ungeflügelte und geflügelte Virgines, daneben mit Wachspuder umhüllter, erst tropfenförmiger, später die Blase z. T. füllender Honigtau (die Wachsumhüllung verhindert ein Benetzen der Tiere); im Spätsommer Abwandern der geflügelten Läuse durch in der Gallenwand entstandene Risse auf den Birnbaum (Sekundärwirt); ihre Nachkommen (gelborange, mit viel Wachswolle, blutlausähnlich) saugen an den Wurzeln; ein Teil kann hier überwintern (Hiemales); im Herbst Rückwandern der geflügelten Sexuparae an die Ulme; Wintereier an der Rinde; die vertrockneten Gallen bleiben im Winter an der Ulme.

8. *Eriosoma ulmi* L., Ulmenblattrollenlaus; holozyklisch-diözisch; Fundatrix an Ulme (Primärwirt), grün, mit Wachswolle; bisweilen zu mehreren in eingerollten, blasig aufgetriebenen Blattgallen; erzeugen Migrantes, die abwandern; deren Junge abgesetzt am Grunde von Johannis- und Stachelbeerbüschen (Sekundärwirt), saugen an den Wurzeln; hier Überwintern eines Teils ihrer Nachkommen als Hiemales möglich; Rückflug der Sexuparae im Herbst an die Ulme.

9. *Paracletus cimiciformis* v. Heyd.; lebt an Graswurzeln in enger Gemeinschaft v. a. mit der Rasenameise *Tetramorium caespitum* L., wird anscheinend zeitweilig sogar von den Ameisen gefüttert.
Lit. →Aphidina.

Erirhinidae, Erirhininae →Curculionidae A.
Eristalinae, *Eristalis* →Syrphidae D, →Syrphidae; vgl. auch →Diapriidae.
Erleneule, *Acronicta alni* L. →Noctuidae 5.
Erlenglasflügler, *Synanthedon spheciformis* Den. & Schiff.; →Sesiidae 3.
Erlenschaumzikade, *Aphrophora alni* Fall. →Aphrophoridae 1.
Erlenspanner, *Ennomos alniaria* L. →Geometridae C7.
Ernobius* →Anobiidae 4.
Ernodes* →Beraeidae.
Ernteameisen, *Messor* →Formicidae, D2.
Erntetermiten, Hodotermitidae →Isoptera.
Erotettix* →Cicadellidae A.
Erotylidae, Pilzkäfer; Fam. der Käfer (Coleoptera, Polyphaga, Cucujiformia) mit in Eur 38, M-Eur 24, Dt 17 Arten, häufiger: *Triplax russica* L. (5–6 mm); kleine (2–6 mm), gewölbte, längs- bis kurzovale Gestalt; die Käfer und Larven meist an und in Baumschwämmen oder unter Rinde mit Pilzbelag, *Combocerus glaber* Schall. an zerfallendem pflanzlichen pflanzlichem Material, z. B. Mist; Verpuppung in der Erde. – Die U-Fam.

Cryptophilinae und **Languriinae** mit 1 bzw. 2 in Dt mit Getreide eingeschleppten, oberseits dicht behaarten Arten werden gelegentlich als eigene Fam. aufgefasst.
Lit. →Coleoptera.
Erpelschwanz, *Clostera curtula* L. →Notodontidae A9.
Erromenus* →Ichneumonidae F.
Ersatzgeschlechtstiere →Isoptera.
Eruciform; Bezeichnung für die raupenförmigen, köchertragenden Larven von Köcherfliegen, bei denen die Mundteile nach unten zeigen; →Trichoptera.
Erycia* →Tachinidae.
Erycinidae →Riodinidae.
Erynnis* →Hesperiidae A.
Erythromma* →Coenagrionidae 2.
Erzglanzmotten →Heliozelidae.
Erzschwebfliegen, *Cheilosia* →Syrphidae E.
Erzwespen →Chalcidoidea.
Eschen-Scheckenfalter, *Euphydryas maturna* L. →Nymphalidae D.
Eschenblattnestlaus, *Prociphilus fraxini* Htg. →Eriosomatidae 6.
Eschenrosen →Curculionidae P6.
Eschenwolllaus, *Pseudochermes fraxini* Kalt. →Cryptococcidae.
Eschenzikade, *Cicada orni* L. →Cicadidae 2.
Eschenzwieselmotte, *Prays fraxinella* Bjerk. →Praydidae.
Esparsettenwidderchen, *Zygaena carniolica* Scop. →Zygaenidae A2.
Espenwinkerzikade, *Populicerus populi* L. →Cicadellidae G.
Essigfliegen →Drosophilidae.
Etainia* →Nepticulidae 1.
Ethmia* →Ethmiidae.
Ethmiidae; Fam. der Schmetterlinge (Lepidoptera, Glossata, Gelechioidea); häufig zu →Oecophoridae, →Depressariidae oder →Elachistidae gestellt; in Eur 25, M-Eur 12, Dt 5 Arten der Gttg. *Ethmia* (= *Psecadia*); Falter schlank (Flspw. 18–22 mm); schwarz-weiß gemusterte Vorderflügel, die den Körper in Ruhe umhüllen; Hinterflügel schmal lanzettlich, mit sehr langen Randborsten; fliegen in der Dämmerung; Raupen bunt gemustert, in lockerem Gespinst an Boraginaceae; werden von Ameisen besucht, die den beim Fressen ausfließenden Pflanzensaft auflecken; Verpuppung in einem weißen Kokon zwischen der Laubstreu.
Lit. →Lepidoptera.
Eublemma* →Erebidae H.
Eubria* →Psephenidae.
Eubriidae →Psephenidae.
Eubrychius* →Curculionidae N5.

Eucallipterus →Drepanosiphidae B4.
Eucera →Apidae C.
Euceraphis →Drepanosiphidae B2.
Euceros, **Eucerotinae** →Ichneumonidae J.
Eucharitidae; Fam. der Hautflügler (Hymenoptera, Apocrita, Chalcidoidea) mit in Eur 14, M-Eur 4 Arten, in Dt nur *Eucharis adscendens* F.; 3–6 mm; Imagines erzglänzend und oft mit einem Fortsatz am Schildchen oben auf der Brust; Hinterleib gestielt, keulenförmig, seitlich abgeplattet [**E-61**]. Ausschließlich Parasitoide bei verschiedenen Ameisenarten (*Euch. adscendens* F. bei *Formica* und *Messor*); das ♀ setzt die winzigen **Eier** (bei manchen Arten bis über 15 000) in arteigener Weise in Knospen oder in bzw. auf Blätter unterschiedlicher Pflanzen ab. Die **Erstlarve** ist ein bewegliches, gepanzertes →Planidium [**H-44**], das sich bei bietender Gelegenheit an einer Ameise festsetzt (letztes Segment als Saugnapf ausgebildet) und sich so ins Nest tragen lässt; befällt hier die Ameisenlarven, entwickelt sich i. d. R. aber erst ab dem Vorpuppenstadium der Ameise weiter, meist ekto-, seltener endoparasitoid; **Verpuppung** entweder im Kokon der Wirtspuppe oder frei; die Parasitoidenpuppe wird im letzteren Fall von den Ameisen beleckt (Verdacht auf Lockpheromone). Bei *Eucharis adscendens* F. schwärmen die ♂♂ in beträchtlicher Zahl über dem Wirtsnest (VI), Verpaarung gleich nach dem Erscheinen eines ♀; Eiablage in Gruppen zu 8–15 in geschlossene Blüten von Doldenblütlern.
Lit. →Hymenoptera; Clausen 1940.
Eucharis →Eucharitidae.

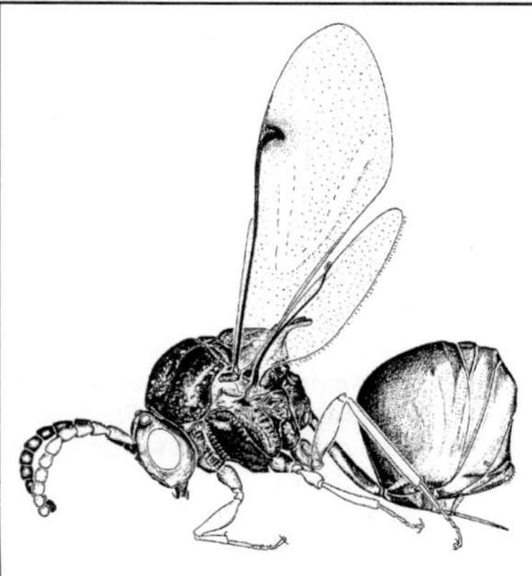

Abb. E-61: Eucharitidae: *Eucharis* spec. ♀, 4 mm. (Original Bürgis 1987)

Eucinetidae, Purzelkäfer; Fam. der Käfer (Coleoptera, Polyphaga) mit in Eur 7, in M-Eur 3, Dt 2 Arten, verbreitet nur *Eucinetus haemorrhoidalis* Germ.; (3–4 mm); schwarzbraun; Gestalt eiförmig, hochgewölbt, an →Mordellidae erinnernd; Hinterhüften mit plattenförmigen Schenkeldecken; Imagines und Larven in der Bodenstreu und zwischen Wurzeln von Sand- und Lössböden; Ernährung der Larven ungeklärt (verrottende Streu bzw. darauf wachsende Pilze und/oder Schleimpilze?).
Lit. →Coleoptera.
Eucinetus →Eucinetidae.
Euclidia →Erebidae.
Eucnemidae; Fam. der Käfer (Coleoptera, Polyphaga, Elateriformia) mit in Eur 35, M-Eur 22, Dt 18 Arten; die Imagines (meist 5–8 mm) mit ähnlicher Gestalt wie die verwandten Schnellkäfer (→Elateridae), gleich diesen mit Zapfen unten-hinten an der Vorderbrust, einige Arten auch mit schwachem Schnellvermögen; laufen in der Mittagshitze auf den befallenen Stämmen umher; Imagines kurzlebig, zumindest einige ohne Nahrungsaufnahme (z. B. *Hylis olexai* Palm mit rückgebildetem Darm). **Larven** schmal und lang, flach, beinlos; in obersten, anbrüchigen oder faulen Holzschichten alter Bäume; nicht an bestimmte Baumarten gebunden; vermutlich ohne feste Nahrung (äußere Verdauung von Pilzhyphen oder Schleimpilzen?); Larvenentwicklung 2- bis 3-jährig; Verpuppung im Spätsommer; die Imago überwintert in der Puppenwiege. Weit verbreitet, aber selten *Melasis buprestoides* L. (6–9 mm; schwarz), im Freien bis VI; die Larve vorn etwas verbreitert, bohrt horizontale gewundene Gänge (vorzugsweise in Buche, Hainbuche und Ulme); die am wenigsten seltene Art *Eucnemis capucina* Ahr. (4,3–6,5 mm; schwarz) außer in anbrüchigen Laubbäumen auch in Baumschwämmen.
Lit. →Coleoptera.
Eucnemis →Eucnemidae.
Eucoilidae, Eucoilinae →Figitidae.
Euconnus →Staphylinidae B.
Eucosma →Tortricidae 32.
Eudarcia; →Meessiidae.
Euholognatha →Plecoptera.
Euides →Delphacidae 1.
Eukinolabia; wohl →monophyletische Gruppe aus →Embioptera und →Phasmida; übergeordnete Gruppe: →Polyneoptera.
Eulachnini; Gattungsgruppe der →Lachnidae.
Eulaemobothrion →Amblycera 4.
Eulecanium →Coccidae 2.
Euleia →Tephritidae 5.
Eulen, Eulenfalter →Noctuidae.

Eulenspinner →Thyatiridae.
Eulithis →Geometridae E4.
Eulophidae; Fam. der Hautflügler (Hymenoptera, Apocrita, Chalcidoidea) mit in Eur > 1100, M-Eur > 630, Dt ± 440 Arten; kleine bis höchstens mittelgroße, z. T. glänzend metallisch gefärbte Schlupfwespen; ihre Larven ekto- oder endoparasitoid bei verschiedensten Insekten, besonders bei in Blättern minierenden oder gallbildenden; manche als Eiparasitoide, andere auch als Hyperparasitoide; auch in Spinnenkokons; der Wirt wird durch Anstechen mit dem Legebohrer oft mehr oder weniger stark paralysiert; *Euplectrus bicolor* verpuppt sich in einem Kokon aus Sekret der Malpighi-Gefäße (höchst ungewöhnlich: Kokonbildung ist selten bei Chalcidoidea; Kokonmaterial bei den meisten Hymenoptera aus den Labialdrüsen!); Überwinterung meist als erwachsene Larve oder Puppe, bei wenigen Arten als Imago; meist mehrere Generationen pro Jahr, manchmal mit unterschiedlicher Färbung; mehrere Arten bedeutsam für die biologische Schädlingsbekämpfung (z. B. 1). Beispiele:

1. *Dahlbominus fuscipennis* Zett.; die Larve ist wichtiger Kokonparasitoid von Buschhornblattwespen (→Diprionidae); das ♀ legt 20 und mehr Eier in die Kokons mit Altlarven, Vorpuppen oder Puppen.

2. *Melittobia acasta* Walk. (1–1,5 mm); geselliger, →polyphager Ektoparasitoid bei solitären Bienen und Wespen (v. a. →Apoidea); das ♀ dringt in ein Wirtsnest ein (dabei werden mit den Mandibeln auch feste Wände durchgenagt), lähmt die erwachsene Wirtslarve und ernährt sich von der austretenden Hämolymphe; aus den wenigen zunächst abgelegten Eiern entwickeln sich schnell blinde ♂♂ (ohne Nahrungsaufnahme) sowie ♀♀, beide mit stark verkürzten Flügeln (eine noch jungfräuliche Mutter wird zunächst von den aus unbefruchteten Eiern erzeugten Söhnen begattet); die Mutter kümmert sich mit Antennenstreichen um diese Nachkommenschaft; dann sehr hohe Eiproduktion (über 1000) durch Mutter und Töchter, die daraus hervorgehenden Larven verzehren den Wirt vollständig und bilden ausschließlich langflügelige ♀♀; nach teilweise tödlichen Kämpfen untereinander verpaaren sich die ♂♂ innerhalb des Nestes mit ihren Schwestern; die langflügeligen ♀♀ verlassen das Wirtsnest; bei kleinen Wirtslarven keine Erzeugung kurzflügeliger ♀♀.

3. *Aprostocetus hagenowii* Rtz.; parasitoid in Ootheken einiger Schabenarten.

4. *Eulophus*; Ektoparasitoide bei nicht-minierenden Schmetterlingsraupen; Arten mit Mumienpuppe; diese bisweilen in größerer Anzahl neben der Wirtsleiche.

5. *Chrysocharis gemma* Wlk.; die Larve ektoparasitoid an blattminierenden Larven der →Agromyzidae (u. a. *Chromatomyia aprilina* Gour. in *Lonicera*); baut vor der Verpuppung Säulchen aus dem Wirtskot zwischen der oberen und unteren Blattepidermis; gewinnt so Platz für die Puppenhäutung und zum Schlüpfen.

6. *Pediobius crassicornis* Thoms.; Tertiärparasitoid: bei *Dibrachys microgastri* Bche. (→Pteromalidae 4), diese u. a. bei *Apanteles* (→Braconidae A1), diese bei *Lymantria dispar*, Schwammspinner (→Erebidae J4).

7. *Ceranisus* und **Entedonomphale** Rtz.; endoparasitoid in Thripslarven (→Thysanoptera); Verpuppung im Wirt.

8. *Elasmus*; früher in eine eigene Fam. Elasmidae gestellt; in Dt 7 Arten; klein, mit vergrößerten und abgeflachten Hinterhüften; meist schwarz oder schwarz-gelb gezeichnet; Ektoparasitoide v. a. bei solchen Schmetterlingslarven, die in zusammengesponnenen Blättern und Netzen leben; manche als Hyperparasitoide in →Braconidae oder →Ichneumonidae, die ihrerseits solche Insekten befallen; Ablage mehrerer Eier nahe bei oder auf dem Wirt, Eizahl abhängig von der Wirtsgröße; Überwinterung wohl als Puppe.

Lit. →Hymenoptera; Askew 1968, Clausen 1940; Escherich 1914–42; Matthews et al. 2009; Triapitzyn 2005; Vidal et al. 2022.

Eulophus →Eulophidae 4.
Eumenes, Eumenidae, Eumeninae →Vespidae B.
Eumerinae, *Eumerus* →Syrphidae C2.
Eumetabola; wohl →monophyletische Gruppe aus →Psocodea, →Condylognatha und →Holometabola; Schwestergruppe der →Polyneoptera.
Eumolpinae →Chrysomelidae F.
Eunotidae →Pteromalidae.
Eupelix →Cicadellidae A4; vgl. auch Strepsiptera B3.
Eupelmidae; Fam. der Hautflügler (Hymenoptera, Apocrita, Chalcidoidea) mit in Eur ± 125, M-Eur ± 60, Dt 42 Arten; kleine bis mittelgroße Erzwespen (1,5–10 mm); ♀♀ der U-Fam. Eupelminae (mit 30 heimischen Arten) mit besonderer **Sprungvorrichtung** in der Mittelbrust (ähnlich bei →Encyrtidae): Vorspannung durch Muskeln, die über Polster aus →Resilin am Vorderrand des Mesonotums (Rückenschild der Mittelbrust) ansetzen; in Folge schlagartiges Hochklappen des Mesonotums (unter Knickung in der queren Scutellarnaht), wobei

die Mittelhüften über vom Mesonotum kommende, sehnenartig umgestaltete dorsoventrale Muskeln ruckartig nach innen gezogen werden, sodass die Mittelbeine den Körper nach oben schnellen lassen; zugleich wird der Körper vor und hinter der Mittelbrust jeweils nach oben gekrümmt (häufige Körperhaltung auch nach dem Tode); Flugfähigkeit beeinträchtigt, da die indirekten Flugmuskeln ihre Wirkung ebenfalls über die Krümmung des Mesonotums entfalten, Flügel bei ♀♀ daher häufig reduziert oder fehlend. Parasitoide (auch Hyperparasitoide) bei Larven aus verschiedensten Insekten-Ordgn. (meist außen), viele Arten →polyphag; einige Arten ernähren sich von Spinnen- oder Insekteneiern (z. B. der polyphage *Anastatus bifasciatus* Fonsc.); die elliptischen Eier meist mit einem Stiel am Wirt oder in seiner Nähe befestigt; Überwinterung meist als erwachsene Larve oder als Puppe. – 2 heimische Parasitoide holzbewohnender Käfer werden manchmal in eigenen Fam. abgetrennt: die seltene, wenig bekannte *Metapelma nobile* Foerst. in der Fam. **Metapelmatidae**, *Heydenia pretiosa* Foerst. (3,5 mm; mit verdickten Vorderschenkeln) in der Fam. **Heydeniidae**.
Lit. →Hymenoptera; Burks et al. 2022; Gibson 1986; Vidal et al. 2022.

Euphorinae →Braconidae A.

Euphranta →Tephritidae.

Euphydryas →Nymphalidae D.

Eupithecia →Geometridae, E9; →Lepidoptera.

Euplagia →Erebidae K12.

Euplectrus →Eulophidae.

Euplectus →Staphylinidae I.

Euplocaminae →Tineidae.

Eupoecilia →Tortricidae 27.

Euproctis →Erebidae J6, J7.

Eupsilia →Noctuidae, 8.

Eupteryx →Cicadellidae H.

Euroleon →Myrmeleontidae.

Europäische Kiefernwolllaus, *Pineus pini* L. →Adelgidae 4.

Europäische Wanderheuschrecke, *Locusta migratoria* L. →Acrididae A4.

Europäischer Laternenträger, *Dictyophara europaea* L. →Dictyopharidae.

Eurychaeta →Calliphoridae 7.

Eurydema →Pentatomidae.

Eurygaster →Scutelleridae.

Eurythyrea →Buprestidae.

Eurytoma →Eurytomidae 3–8; vgl. auch →Torymidae.

Eurytomidae; Fam. der Hautflügler (Hymenoptera, Apocrita, Chalcidoidea) mit in Eur ± 350, M-Eur ± 130, Dt ± 100 Arten; kleine (1–8 mm), meist schwarze, seltener gelbe Erzwespen; Larven i. d. R. im Innern von verschiedenen Pflanzenteilen (Ausnahme: 3), teils phytophag in Grastängeln (*Tetramesa*, 1) oder Samen v. a. von Doldenblütlern (*Systole*), Leguminosen (*Bruchophagus*; 2) und Rosengewächsen (*Eurytoma*-Arten, 6), teils parasitoid (auch hyperparasitoid) bei Insekten (*Eurytoma*-Arten, *Sycophila*), v. a. bei Gallenbewohnern (→Tephritidae, →Cynipidae), Schmetterlingsraupen und Käferlarven; die Larve der parasitoiden Arten oft außen am gelähmtem Wirt (Ausnahme: 8); Orientierung beim Suchen nach Gallenbewohnern zunächst nach der Gallenpflanze, erst dann nach dem Wirtstier; Überwinterung bei den meisten Arten als erwachsene Larve. Beispiele:

1. *Tetramesa*; 33 heimische Arten; ausschließlich phytophag, leben einzeln oder gesellig in Grastängeln, teils unauffällig, teils gallbildend und unter Schädigung des Blütenstandes.

2. *Bruchophagus gibbus* Boh., Kleesamenwespe; Eiablage in die jungen Samen von Klee und Verwandten, Samen von der Larve ausgefressen; Verpuppung im Samen; 1–3 Generationen.

3. *Eurytoma oophaga* Silv.; die Larve verzehrt das Ei der Grille *Oecanthus pellucens* Scop.

4. *Eurytoma appendigaster* Dalm.; Hyperparasitoid bei Schlupfwespen, die an Schmetterlingen parasitieren; auch bei Raupenfliegen (→Tachinidae).

5. *Eurytoma brunniventris* Rtz.; Larve zuerst ektoparasitoid an gallbildenden →Cynipidae, bei Gelegenheit auch an ihren Einmietern (*Synergus*) und Parasitoiden, frisst dann selbst vom Gallengewebe.

6. *Eurytoma schreineri* Schr., Steinobstsamenwespe; besiedelt von Osten kommend M-Eur; Larve frisst und überwintert im Kern von *Prunus*-Arten; zuweilen schädlich.

7. *Eurytoma aciculata*; Brutparasit: das ♀ sticht die in einer Blattgalle befindlichen Eier oder Junglarven von *Euura* (→Tenthredinidae 13) mit dem Legebohrer ab, bevor es selbst Eier legt; die Erzwespenlarve ernährt sich vom Gallengewebe.

8. *Eurytoma serratulae* F.; Larve endoparasitoid bei Fruchtfliegen (→Tephritidae) der Gttg. *Urophora* in Distelgallen; Wirtslarve wird nicht gelähmt, verpuppt sich jedoch bereits im Herbst (statt im Frühjahr wie bei unbefallenen Larven); die Erzwespenlarve überwintert im Fliegenpuparium.
Lit. →Hymenoptera; Askew 1961; Claridge 1961; Clausen 1940; Kopelke 1988; Vidal et al. 2022.

Euscelis →Auchenorrhyncha; →Cicadellidae A.

eusoziale Insekten →soziale Insekten; →Anthophila, →Formicidae, →Isoptera, →Vespidae.

Eusphalerum →Staphylinidae, F.

Eustrophinae →Tetratomidae.

Euthrix →Lasiocampidae 8.

Euthycera →Sciomyzidae.

Euthyneura →Hybotidae.

Euthystira →Acrididae B2, →Caelifera.

Eutolmus →Asilidae.

Euura →Tenthredinidae 13; vgl auch →Apionidae 8; →Curculionidae, H3; →Eurytomidae 7; →Ichneumonidae D5.

Euxoa →Noctuidae 24.

Evagetes →Pompilidae.

Evania →Evaniidae.

Evaniidae, Hungerwespen; Fam. der Hautflügler (Hymenoptera, Apocrita, Evanioidea) mit in Eur 5, M-Eur 4, Dt 3 Arten: *Evania appendigaster* L. (8–9 mm), *Brachygaster minuta* Olivier (3–4 mm) als häufigste Art, *Prosevania fuscipes* Ill.; gedrungene Wespen mit auffallend kleinem, knopfartigem Hinterleib (Name!), setzt – wie bei anderen Evanioidea – mit einem Stiel oben an der Brust (genauer: vorne am →Propodeum) an [**E-62**]; Legebohrer kurz, in Ruhe verborgen. Imagines von *Brachygaster* im VII–VIII an Spargelblüten, die anderen Arten an Doldengewächsen. **Larven** in den Ootheken von Schaben (→Blattodea), fressen die Eier, vermutlich immer nur 1 Parasitoidenlarve pro Oothek: *Brachygaster* bei *Ectobius* (→Ectobiidae) und *Blattella* (→Blattellidae), die anderen bei *Periplaneta* und *Blatta* (→Blattidae); **Überwinterung** als Larve und Verpuppung in der Oothek des Wirtes. Lit. →Hymenoptera; Bürgis 1989.

Evanioidea; Gruppe parasitoider Taillenwespen (Apocrita, →Hymenoptera); gekennzeichnet

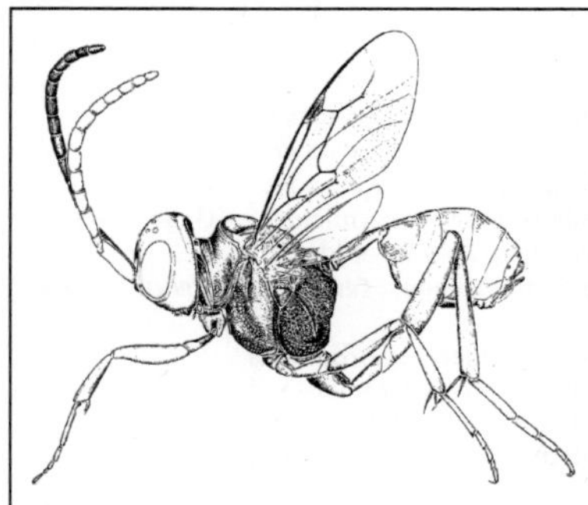

Abb. E-62: Evaniidae: *Evania dinarica*. Eine südeuropäische Hungerwespe, ♀; 5,5 mm. (Original Bürgis 1987)

durch einen gestielten Hinterleib (→Metasoma), der weit oben an der Brust (→Mesosoma) ansetzt (genauer: weit vorne am →Propodeum; [**E-62**]); mit den Fam. →Aulacidae, →Evaniidae, →Gasteruptiidae.

Everes →Lycaenidae.

Evergestis →Pyralidae 15, 16.

Excitatoren; Drüsenorgane bei Zipfelkäfern (→Melyridae A: Malachiinae).

Exeristes →Ichneumonidae.

Exoteleia →Gelechiidae 3.

Exsulis (Pl.: Exsules); bei Blattläusen (→Aphidina) mit Wirtswechsel (insbesondere →Aphididae) die parthenogenetisch erzeugte und sich ebenso fortpflanzende (geflügelte oder ungeflügelte) Morphe auf dem Sekundärwirt (Sommerwirt); weitere Bezeichnungen: Alienicola, Virginogenia.

F

Fabriciana →Nymphalidae E3.
Fächerflügler →Strepsiptera.
Fächerkäfer →Ripiphoridae.
Fadenwürmer →Formicidae, →Gallen, →Tenebrionidae 2, →Tabanidae.
Falkenlausfliege, ***Carnus hemapterus*** Nietzsch →Carnidae.
Falkenlibellen →Corduliidae.
Fallkäfer, ***Cryptocephalus*** →Chrysomelidae H2.
Falsche Drehkrankheit →Oestridae A.
Falscher Kohlerdfloh, ***Altica oleracea*** L. →Chrysomelidae L7.
Faltenmücken →Ptychopteridae.
Faltenschnaken →Ptychopteridae.
Faltenwespen →Vespidae.
Familie (Fam.); Rangstufe („Kategorie") der biologischen Systematik, die nur hinsichtlich ihrer relativen hierarchischen Einordnung (zwischen Ordnung und Gattung) definiert ist. Die traditionelle Zuordnung von Insektengruppen zu dieser Kategorie ist subjektiv und spiegelt oft niwcht das Entstehungsalter der jeweiligen Gruppen wider (vgl. z. B. die etwa gleich alten Bienen, →Anthophila, und Ameisen, →Formicidae). Die wissenschaftlichen Bezeichnungen von Gruppen dieser Kategorie enden (in der Zoologie) stets auf -idae.
Fanghafte →Mantispidae.
Fangschrecken →Mantodea.
Fannia →Fanniidae.
Fanniidae; Fam. der Zweiflügler (Diptera, Brachycera, Cyclorrhapha) mit in Eur 82, M-Eur 68, Dt 59 Arten; kleine bis mittelgroße (2–5 mm, selten bis 9 mm), überwiegend graue und schwarze Fliegen; die ♂♂ treten in größeren oder kleineren Schwarmflügen auf; bevorzugen Waldgebiete, wenige Arten auch im Innern von Häusern; die **Larven** mit faden- oder lappenförmigen Anhängen [**F-2**, **F-3**]; entwickeln sich fast stets in feuchter Umgebung in zerfallenden pflanzlichen oder tierischen Substanzen, wo sie Kleinstlebewesen verzehren; manche *Fannia*-Arten in Vogelnestern, auch in Nestern von Hymenoptera; folgende weltweit verschleppte Arten synanthrop:

1. ***Fannia canicularis*** L., Kleine Stubenfliege (3,5–6 mm; [**F-1**]); grau; bei den ♂♂ berühren sich die Augen auf der Stirn; fliegt dicht unter

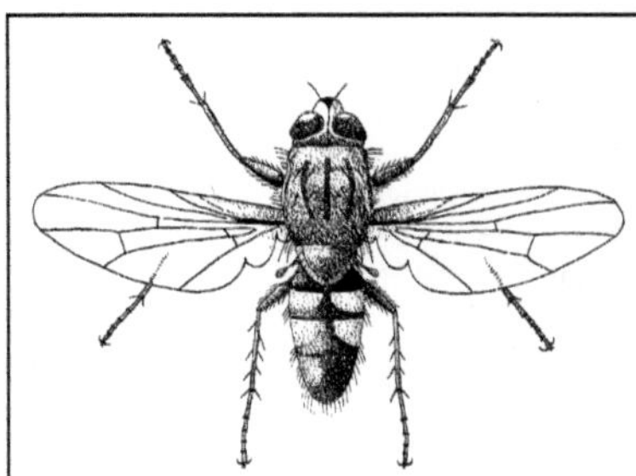

Abb. F-1: Fanniidae: *Fannia canicularis*, Kleine Stubenfliege. Abdomen mit gelblichen Flecken; 4–6 mm. (Séguy 1951a)

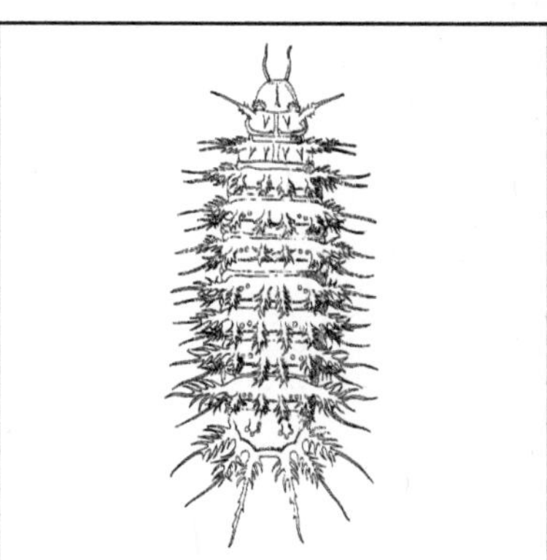

Abb. F-2: Fanniidae: *Fannia* spec. Larve, ca. 6 mm. (Séguy 1951a)

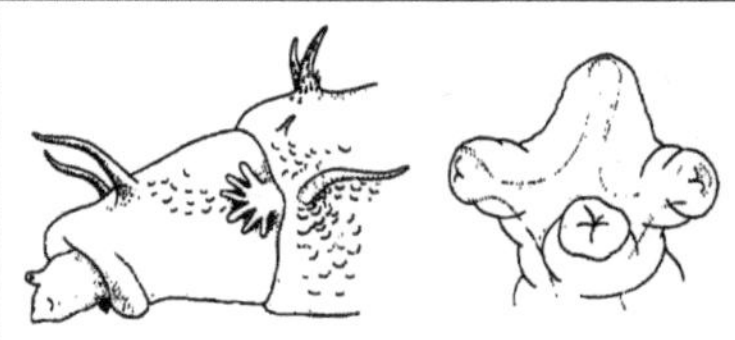

Abb. F-3: Fanniidae: *Fannia canicularis*, Kleine Stubenfliege. Links: Vorderende der Larve mit dem fingerförmigen Vorderstigma; rechts: hinterer Atemfortsatz

© Springer-Verlag GmbH Deutschland, ein Teil von Springer Nature 2026
E. Weber, H. Bellmann, *Jacobs|Renner – Biologie und Ökologie der Insekten*,
https://doi.org/10.1007/978-3-662-71153-8_6

der Zimmerdecke, oft in der Nähe von Lampenschirmen, ziemlich langsam horizontal; mit und ohne Zickzackflüge; bis zu 2000 Eier je ♀; Lebensdauer 2–4 Wochen, bei uns etwa 7 Generationen im Jahr.

2. *Fannia scalaris* F., Latrinenfliege (6–7 mm), schwarz; eher außerhalb von Häusern; Eierablage meist in Kot oder Kadavern; Larven gelegentlich im Enddarm oder in der Harnblase des Menschen.

Lit. →Diptera.

Färbung; bei Insekten von außerordentlicher Mannigfaltigkeit; hervorgerufen durch Pigmente oder Strukturfarben; die **Pigmente** in Teilen der Körperdecke (Kutikula, Epidermis), seltener (bei durchsichtiger Körperwand) in tiefer liegenden Geweben oder im Blut gelöst oder in Form von Granula vorhanden, sehr selten in Chromatophoren (→Culicidae); chemischer Aufbau sehr unterschiedlich (Melanine, Pterine, Ommatine, Ommine, Carotinoide u. a.); die **Strukturfarben** beruhen auf physikalischen Effekten, hervorgerufen durch Feinstrukturen von Kutikula oder kutikularen Bildungen (Schuppen, Haare); können auftreten als Interferenzfarben, dann ausgezeichnet durch metallischen Glanz und hohe Leuchtkraft, oder als (meist mattes) „Blau trüber Medien" durch diffuse Zerstreuung der kurzwelligen Anteile des Lichtes an feinkörnigem Trübkörper („Blaustruktur") und Absorption des langwelligen Teiles durch hinterlagerte dunkle Pigmente; **Samtfarben** hervorgerufen durch samtartige Oberflächenstruktur (senkrecht von der Kutikula abstehende, sehr feine und dichte Behaarung).

Farbwechsel; nur in wenigen Gruppen verbreitet, meist als a) morphologischer Farbwechsel: Veränderungen durch vermehrte Bildung und Ablagerung oder Abbau und Abtransport von Pigmenten (i. d. R. im Verlauf von Häutungen) oder – bei Insekten selten – als b) physiologischer Farbwechsel: Verlagerung von Pigmenten innerhalb von Epidermiszellen (→Phasmida) oder innerhalb von Chromatophoren (→Culicidae).

Farnesol; ein in manchen Pflanzen (z. B. in Lindenblüten) als Duftstoff auftretender ungesättigter Alkohol; nachgewiesen im Mandibeldrüsensekret von Hummel-♂♂, das zum Markieren der Flugbahnen an Pflanzen abgesetzt wird (→Apidae E1); kann auch wie Juvenilhormon wirken, z. B. bei Blattläusen das Auftreten von geflügelten Imagines verhindern (→Aphidina).

Farnkrautblattwespe, *Strongylogaster multifasciata* Geoffr. →Tenthredinidae 5.

Farnmotte →Tineidae 8.

Faulbaum-Gespinstmotte, *Yponomeuta plumbellus* Den. & Schiff.; auch für *Yponomeuta evonymella* L. verwendet, da deren Hauptwirt, die Traubenkirsche, auch als Faulbaum bezeichnet wurde; →Yponomeutidae 1d, c.

Faulholzkäfer →Corylophidae.

Faulholzmotten →Oecophoridae.

Faulholzrüssler →Curculionidae O.

Fauriellidae →Thysanoptera.

Favonius →Lycaenidae A2.

Federflügler →Ptiliidae.

Federgeistchen →Pterophoridae.

Federlibelle, *Platycnemis pennipes* Pall. →Platycnemidae.

Federlinge; Vogelläuse; →Phthiraptera, →Amblycera, →Ischnocera.

Federmotten →Alucitidae; →Pterophoridae.

Federwidderchen →Heterogynidae.

Feigenwespen →Agaonidae.

Feld-Sandlaufkäfer, *Cicindela campestris* L. →Cicindelidae 1.

Feldbock, *Arhopalus rusticus* L. →Cerambycidae B2.

Feldgrille, *Gryllus campestris* L. →Gryllidae 1.

Feldheuschrecken →Acrididae; →Caelifera.

Feldmaikäfer, *Melolontha melolontha* L. →Scarabaeidae C1.

Feldwespen, *Polistes* →Vespidae D1.

Felicola →Trichodectera 1.

Fellmotte, *Monopis rusticella* Hbn. →Tineidae 3.

Felsenspringer →Archaeognatha.

Felsspanner, Felsenspanner →Geometridae C.

Feltiella →Cecidomyiidae.

Fensterfliegen →Scenopinidae.

Fensterfraß; Fraßspur an Blättern, bei der die durchscheinende Oberhaut der einen Seite stehen bleibt (→Chrysomelidae, →Notodontidae).

Fenstermücken →Anisopodidae.

Fensterschwärmerchen →Thyrididae.

Fenusa →Tenthredinidae 19.

Ferdinandea →Syrphidae E.

Fersenspinner →Embioptera.

Fetischwespen →Bembicidae 2.

Fettzünsler, *Aglossa pinguinalis* L. →Pyralidae 11.

Feuerfalter, Lycaeninae →Lycaenidae B.

Feuerfliege, *Pyrochroa coccinea* L. →Pyrochroidae.

Feuergoldwespe, *Chrysis ignita* L. →Chrysididae B3.

Feuerkäfer →Pyrochroidae.

Feuerprachtkäfer, *Melanophila* →Buprestidae.

Feuervogel, *Lycaena virgaureae* L. →Lycaenidae B1.

Feuerwanze, *Pyrrhocoris apterus* L. →Pyrrhocoridae.

Feuerwanzen →Pyrrhocoridae.

Fichtenböcke, *Tetropium* →Cerambycidae, B3.

Fichtengallenläuse →Adelgidae.

Fichtengallenspanner, *Eupithecia analoga* Djak. →Geometridae, E9.

Fichtennapfschildlaus, *Physokermes piceae* Schrk. →Coccidae 5.

Fichtennestwickler, *Epinotia tedella* Cl. →Tortricidae 14.

Fichtenquirlschildläuse, *Physokermes* →Coccidae 5; vgl. auch →Anthribidae 4.

Fichtenrindenwickler, *Cydia pactolana* Zell. →Tortricidae 12.

Fichtenröhrenlaus, *Elatobium abietinum* Walk. →Aphididae 1.

Fichtensamengallmücke, *Plemeliella abietina* Seitn. →Cecidomyiidae D4.

Fichtentriebwickler, *Dichelia histrionana* Fröl. →Tortricidae 11.

Fichtentriebzünsler, *Dioryctria abietella* Den. & Schiff. →Pyralidae 6.

Fichtenzapfenklopfkäfer, *Ernobius abietis* F. →Anobiidae 4.

Fichtenzapfenschuppengallmücke, *Kaltenbachiola strobi* Winn. →Cecidomyiidae D4.

Fichtenzapfenspanner, *Eupithecia abietaria* Goeze →Geometridae, E9.

Fichtenzapfenwickler, *Cydia strobilella* L. →Tortricidae 13.

Fichtenzapfenzünsler, *Dioryctria abietella* Den. & Schiff. →Pyralidae 6.

Fidobia →Platygastridae.

Figitidae; Fam. der Hautflügler (Hymenoptera, Apocrita, Cynipoidea) mit in Eur ± 415, M-Eur ± 195, Dt ± 115 Arten; die U-Fam. Eucoilinae und Charipinae werden manchmal als eigene Fam. (**Eucoilidae, Charipidae**) abgetrennt; kleine Endoparasitoide (2–5 mm), teils (U-Fam. Figitinae, Eucoilinae) bei Fliegenmaden aus der Gruppe →Cyclorrhapha, teils (U-Fam. Charipinae) als Hyperparasitoide bei Schlupfwespen (→Aphelinidae, →Braconidae C; diese wiederum bei Blattläusen); wenige Arten (U-Fam. Aspicerinae) befallen Blattläuse jagende Fliegenmaden (→Syrphidae F, →Chamaemyiidae), andere (U-Fam. Anacharitinae) Blattlauslöwen (→Hemerobiidae, →Chrysopidae), wenige Arten der U-Fam. Charipinae hyperparasitoid bei →Encyrtidae, die in Blattflöhen (→Psyllina) leben. Beispiel: ***Trybliographa rapae*** Westw. (Eucoilinae), Parasitoid der Kleinen Kohlfliege (*Delia radicum* L.) und weiterer *Delia*-Arten (→Anthomyiidae 6–8); Eiablage v. a. in der Dämmerung in die jungen Wirtslarven, wobei offenbar deren Einbohrloch in die Nährpflanze anlockend wirkt; Junglarven: [**H-44**]; Entwicklungsdauer etwa 3 Monate; 2 Generationen im Jahr; Überwinterung als erwachsene Larve. Weitere Arten der Eucoilinae sind Parasitoide der Fritfliege (→Chloropidae 2). Lit. →Hymenoptera; Clausen 1940.

Filipalpia →Plecoptera.

Filterkammer; eine bei manchen Pflanzensaugern (→Auchenorrhyncha, →Coccina, manche →Aphidina) vorhandene Einrichtung zur Entlastung des Mitteldarms von zu großen Flüssigkeitsmengen; das Ende des Mittel- oder der Anfang des Enddarms legt sich rücklaufend eng an das Vorderende des Mitteldarms; an der Berührungsstelle kann Flüssigkeit aus dem vorderen Darmabschnitt sofort in den Enddarm übertreten, in den Mitteldarm gelangt angereicherte Nahrung.

Filzbienen, *Epeolus* →Apidae B2.

Filzlaus, *Phthirus pubis* L. →Pediculidae 1.

Filzschildläuse →Eriococcidae.

Fischchen →Zygentoma.

Fischer'sche Membran; verhindert das Herabfallen der →Stürzpuppe bei der Häutung zur Puppe bei manchen Tagfaltern.

Flachkäfer, Peltinae →Trogossitidae D.

Flachserdfloh, *Aphthona euphorbiae* Schrk., ***Longitarsus parvulus*** Payk. →Chrysomelidae L3.

Flatidae →Auchenorrhyncha.

Flechtenbärchen, Lithosiini →Erebidae Ka.

Flechteneulen →Noctuidae, 29.

Flechtenspinner, *Eilema complana* L. →Erebidae K2.

Flechtlinge →Psocodea.

Fleckenbienen, *Thyreus* →Apidae B5.

Fleckenschwärmerchen, Syntomini →Erebidae Kb.

Fleckenspanner, *Pseudopanthera macularia* L. →Geometridae C6.

Fleckige Brutwanze, *Elasmucha grisea* L. →Acanthosomatidae 2.

Fledermaus-Azurjungfer, *Coenagrion pulchellum* v. d. L.. →Coenagrionidae 1.

Fledermausfliegen →Nycteribiidae; →Streblidae.

Fledermausflöhe, Ischnopsyllidae →Siphonaptera F.

Fledermauswanze, *Cimex pipistrelli* Jen. →Cimicidae.

Fleischfliegen →Sarcophagidae.

Fliedermotte, *Gracillaria syringella* F. →Gracillariidae 2.

Fliegenhaft, *Cloeon dipterum* L. →Baetidae A.

Fliegenschimmel →*Entomophthora muscaedomesticae.*

Fliegenspießwespen →Crabronidae C2.

Flöhe →Siphonaptera.

Flohkrauteule, *Melanchra persicariae* L. →Noctuidae 32.

Florfliegen →Chrysopidae.
Florfliegenwespen →Heloridae.
Flormücken, *Penthetria* →Bibionidae.
Fluginsekten →Pterygota.
Flussfalke, *Oxygastra curtisii* Dale →Corduliidae 3.
Flussjungfern →Gomphidae.
Foersterella →Tetracampidae.
Folsomia →Isotomidae.
***Forcipomyia*, Forcipomyiinae** →Ceratopogonidae.
***Forficula*, Forficulidae** →Dermaptera C.
Forleule, *Panolis flammea* Den. & Schiff. →Noctuidae 1.
Formica →Formicidae, C8–11, D8; →Gefahrenalarm; vgl. auch →Agyrtidae, →Braconidae A, →Colydiidae, →Cryptophagidae, →Eucharitidae, →Histeridae, →Ptiliidae, →Scarabaeidae E2, →Scatopsidae, →Staphylinidae 11, 15, 16, →Syrphidae, →Tenebrionidae, 11.
Formicidae, Ameisen; Fam.-Gruppe der Hautflügler (Hymenoptera, Apocrita), mit in Eur ± 590, M-Eur ± 185, Dt ± 125 Arten, knapp 2 Dutzend eingeschleppte, nur in beheizten Gebäuden überlebende Arten nicht eingerechnet; klein bis mittelgroß; der Tergit des 1. Abdominalsegments (Propodeum) mit dem Metathorax verschmolzen (→Apocrita), das 2. (als Petiolus bezeichnete), bei den →Myrmicinae (→D) auch das 3. Abdominalsegment (der Postpetiolus) knoten- oder schuppenförmig verschmälert; daran anschließend ein aufgetriebener Teil des Hinterleibs (Gaster), der Kropf, Darm, Gonaden und Wehrdrüsen enthält [**F-13**]; charakteristisch außerdem der lange Schaft der geknieten Antennen; Stachelapparat nur in manchen Gruppen gut ausgebildet und wirksam benutzt (Myrmicinae →D, Ponerinae →A), in anderen Gruppen in verschiedenem Ausmaß zurückgebildet (besonders stark bei den Formicinae →C); die Wahrnehmung der Lage im Raum ist ermöglicht durch Schweresinnesorgane: Polster von Sinneshärchen in der Nähe von Gelenken (z. B. Nacken, Hüften, Hinterleibsstiel), die je nach Körperstellung auf verschiedene Weise abgebogen werden. Bezeichnend die Fähigkeit zur Bildung eusozialer und oft sehr individuenreicher Gemeinschaften, verbunden mit mehr oder weniger stark ausgeprägtem **Polymorphismus** [**F-4**]; außer den ♂♂ (fast stets geflügelt) meist 2 ♀♀-Morphen (Kasten): a) **Königinnen**; bisexuell reproduktiv, Keimdrüsen und →Receptaculum seminis gut entwickelt; meist als **Gynomorphe**: zunächst geflügelt, die Flügel werden jedoch nach Hochzeitsflug und Begattung an einer vorgebildeten Bruchstelle abgeworfen, die Flugmuskeln abgebaut; bei manchen Arten als **Mikrogyne**: auffallend kleine, geflügelte Zwerg-♀♀ (z. B. manche *Myrmica-*, *Leptothorax-* und *Formica*-Arten; einige inzwischen als sozialparasitische Arten identifiziert, z. B. *Myrmica hirsuta* Elmes bei *M. sabuleti* Mein. und *M. lonae* Finzi); bei anderen **ergatoid** (♀♀-ähnlich) oder intermorph (Gestalt zwischen Gynomorphen und ♀♀ vermittelnd): ohne Flügel, aber mit voll entwickelten Keimdrüsen (wie bei *Polyergus rufescens* Latr.); pro Nest oft nur 1 Königin (**Monogynie**), bei manchen Arten sind fakultativ (*Leptothorax acervorum* F.) oder obligat (z. B. *Formica polyctena* Först.) mehrere bis zahlreiche Königinnen vorhanden (**Polygynie**). b) **Arbeiterinnen** (♀♀): ♀♀ mit schwach

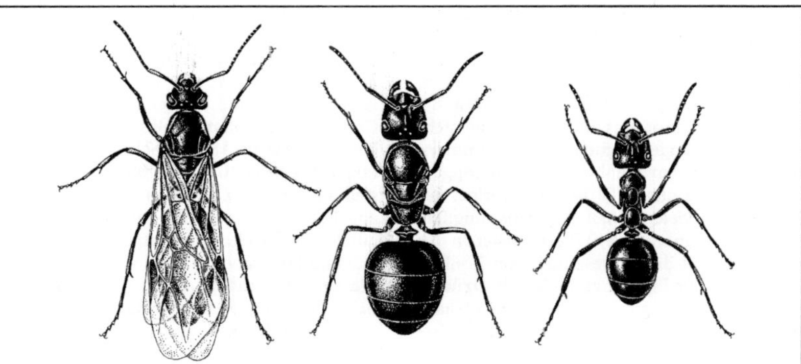

Abb. F-4: Formicidae: *Formica polyctena*, Kleine rote Waldameise. Links: ♂; Mitte: ♀ nach Abwurf der Flügel; rechts: Arbeiterin (8 mm). (von Frisch 1974)

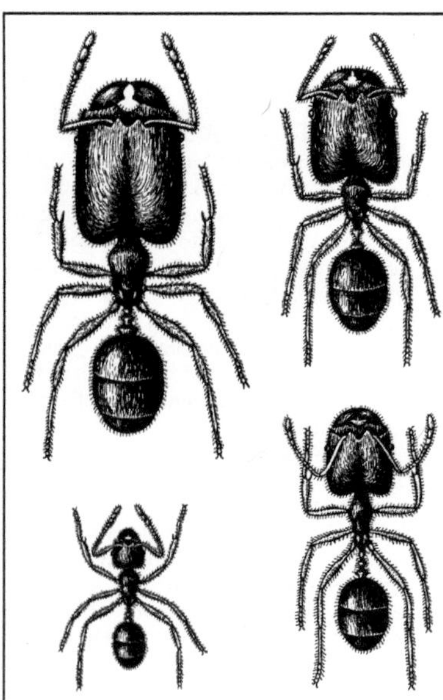

Abb. F-5: Formicidae: *Pheidole instabilis*. Mexiko. 3 Soldaten und (unten links) Arbeiterin. (Wheeler 1960)

Abb. F-6: Formicidae: *Lasius niger*, Wegameise. Alarmstellung („Giftsterzeln"). (Maschwitz 1964)

entwickelten Keimdrüsen und rückgebildetem →Receptaculum seminis; stets flügellos; i. d. R. bedeutend kleiner als die Königinnen [**F-4, F-15**]; bei manchen Arten zusätzlich Polymorphismus innerhalb der ♀♀-Kaste, z. B. in Bezug auf die Gesamtkörpergröße oder auf Größe und Gestalt des Kopfes und/oder der Mandibeln [**F-5**]; die großköpfigen Individuen als Soldaten bezeichnet; (Pseudogyne sind ♀♀, auch Gynomorphe oder ♂♂ mit vergrößerten Labialdrüsen und aufgeblähtem Thorax; z. B. bei *Formica sanguinea* Latr. als infektiöse Erkrankung erkannt, das Auftreten steht nicht – wie früher angenommen – im Zusammenhang mit der Anwesenheit von Ameisengästen); Eiablage durch ♀♀ ist nach Verlust der Königin bei vielen Arten durchaus möglich; aus solchen (unbesamten) Eiern entstehen ♂♂; i. d. R. hemmt die Anwesenheit von Königin und Larven die Eiproduktion der ♀♀. **Drüsen:** Giftdrüse bei Königinnen und ♀♀ stets vorhanden, fast immer auch die →Dufour-Drüse; daneben nach Lage, Zahl und Funktion unterschiedliche Wehr- und Pheromondrüsen; zur Abwehr wird Drüsensekret bei manchen Arten in bezeichnender Haltung nach vorn ausge-

spritzt [**F-16**]; das von den Drüsen des Stachelapparates gebildete, oft sehr wirksame Gift ist in verschiedenen Gruppen sehr verschieden unterschiedlich zusammengesetzt; enthält bei den stechenden Ameisen keine Ameisensäure, wohl aber bei den Formicinae (die große Giftblase von *Formica polyctena* Först. fasst ca. 6 mm^3, davon ca. 60 % Ameisensäure); Ameisensäuredampf wirkt als Atemgift auf Kleintiere tödlich; die südostasiatische *Pachycondyla tridentata* Smith (Ponerinae →A) schäumt das Sekret der Giftdrüse mit Atemluft auf und sprüht es auf Angreifer, die durch den klebrigen Schaum bewegungsunfähig werden; nicht selten zum Gift Beimischungen von Duftstoffen mit Pheromonwirkung; Giftdrüsensekret dient bei Myrmicinae oft auch als weibliches Sexualpheromon (*Harpagoxenus*); das Sekret von Gift- und anderen Drüsen kann bei Königinnen und ♀♀ auch dem Alarmieren bei Gefahr (bisweilen auch als Beutealarm) dienen: das Sekret der Giftdrüse durch dem Gift beigemischte flüchtige Stoffe (Myrmicinae), das Sekret der Mandibeldrüsen, ein in der →Dufour-Drüse gebildeter Stoff (bei Formicinae zusätzlich zum Mandibeldrüsensekret), bei *Formica* außerdem die im Gift enthaltene Ameisensäure und bei der südostasiatischen *Crematogaster inflata* Smith ein dem äußerst klebrigen Alarm-Abwehr-Sekret der Metathorakaldrüse beigemischter Stoff; bei der Alarmstellung von *Lasius* [**F-6**] tritt an der Spitze des angehobenen Hinterleibs auf einer Härchenbürste ein Sekrettropfen aus; bei Dolichoderinae und bei manchen Myrmicinae (*Pheidole, Messor* u. a.) wird der Alarmstoff von abdominalen Tergitdrüsen (Pygidialdrüsen) geliefert; Königinnen können zwar alarmieren, greifen aber nicht an; die ♂♂ von *Tapinoma* haben keine Alarmstoffe; bei vielen Arten wird in Metathorakaldrüsen der ♀♀ ein antiseptisches, das Wachstum von Bakterien und Pilzen hemmendes Sekret produziert; es enthält bei den tropischen bzw. subtropischen, Pilzgärten anlegenden Blattschneiderameisen (*Atta*) Phenylessigsäure, β-Indolessigsäure und β-Hydroxi-Hexan-, -Octan-, und -Decansäure; 2 der von *Atta* sezernierten Substanzen (Phenyl- und Indolessigsäure) fördern zudem das Wachstum des Speisepilzes. **Nahrung** der Imagines: bei den meisten Arten erbeutete Insekten und ähnliche Kleintiere (manche *Formica*-Arten von beachtlicher forstlicher Bedeutung als Vertilger von Waldschädlingen wie Schmetterlings- und Blattwespenraupen); groß ist die Vorliebe für süße Säfte, extrafloralem extrafloralen Nektar, v. a. aber für die zuckerhaltigen Ausscheidungen (→Honigtau) von Siebröhrensaft (Phloemsaft) saugenden Blatt- und Schildläusen, auch gewisser Zikaden, sowie einer minierenden Blattwespenart (→Blasticotomidae); zuckerhaltige Sekrete aus besonderen Drüsen bieten dagegen manche Bläulingsraupen (→Lycaenidae); lebhafter Ameisenverkehr an Baumstämmen und Büschen lässt Blattlausbesuch vermuten; viele Arten, v. a. die mit volkreichen Nestern (z. B. der Gttgn. *Lasius, Formica, Camponotus, Crematogaster, Myrmica*) weitgehend auf Honigtaunahrung (→Trophobiose) angewiesen: teils von unterirdischen Wurzelläusen, die in unmittelbarer Nähe der Nester von Ameisen ständig gepflegt (Schutz der Eier und Brut gegen Feinde) und besucht werden (*Lasius flavus* Deg. Zz. B. lebt mit Wurzelläusen fast ganz unterirdisch), teils von Läusen, die an Rinde oder an den Blättern saugen; die Ameisen schützen die Blattläuse bis zu einem gewissen Grade vor Raubfeinden; bei manchen Arten (z. B. *Messor, Tetramorium*) werden entspelzte Pflanzensamen eingesammelt, die in besonderen Nestkammern gespeichert, gepflegt (z. B. Transport zum Trockenplatz außerhalb des Nestes und zurück), zu einer Art Ameisenbrot zerkaut und schließlich verzehrt werden; begehrt sind oft die zucker-, öl- und eiweißhaltigen Anhängsel von manchen Pflanzensamen (Elaiosomen); Pilzzucht, wie bei den südamerikanischen Blattschneiderameisen, fehlt bei den mitteleuropäischen Arten. Gegenseitiger **Nahrungsaustausch** der zeitweilig im Kropf gespeicherten Nahrung zwischen den Nestinsassen (Trophallaxis i. w. S.) als wesentliches Kennzeichen sozialen Verhaltens; Anbieten mit nach vorn geöffneten Mundteilen, Antennen hinten seitlich, Betteln durch Betrillern des Partners mit den Antennen, u. U. auch Vorderbeinen; Trophal-

laxis im engen Sinne: Nahrungsaustausch zwischen ♀♀ und Larven; die Larven erhalten Nahrung von den ♀♀, geben ihrerseits nicht selten Flüssigkeitstropfen aus dem Mund ab, die von den ♀♀ aufgenommen werden; bekannt die „Honigtöpfe" mancher Arten aus Trockenregionen, als Dauerspeicher dienende ♀♀ mit aufgetriebenem Hinterleib (u. a. die südeuropäische *Proformica nasuta* Nyl.); große ♀♀ dienen auch bei einigen heimischen Arten als Speicher für Notzeiten; ♂♂ und Königinnen werden weitgehend von den ♀♀ gefüttert. **Erschließen einer Nahrungsquelle:** von den Nestern aus oft jahrelang begangene Ameisenstraßen zu den Jagd- bzw. Blattlausgründen (so bei *Formica, Lasius*; →C); die Orientierung auf dem Marsch vom und zum Nest bei verschiedenen Arten unterschiedlich; in neuer Umgebung, auch nach der Winterruhe, zunächst Orientierungsgänge, die allmählich in immer weitere Entfernungen führen und dem Einprägen der Nestumgebung dienen; dabei Führung durch verschiedene Sinnesorgane; wichtig ist z. B. der Tastsinn bei Straßen entlang einer Geländemarke, z. B. einer Bordsteinkante; viele Arten legen Duftspuren (→Formicinae); optische Orientierung nach auffallenden Geländemarken, aber auch nach der Sonne (→Apidae): Einhalten eines bestimmten Winkels zur Sonne bzw. nach dem Polarisationsmuster des Himmelslichtes, wobei die Änderung des Sonnenstandes verrechnet wird (z. B. bei den Roten Waldameisen →C11); Scouts (die ersten, einen Nahrungsbrocken findenden Ameisen) zeigen unterschiedliches, von der Koloniegröße abhängiges Verhalten: Scouts größerer Kolonien rekrutieren sofort möglichst viele Nestgenossinnen; Scouts kleiner Kolonien fressen sich satt, füttern dann Nestgenossinnen und rekrutieren nur schwach (*Pheidole* →D13; weniger risikoreich?); sehr mannigfaltige Rekrutierungsmodi; allgemein: zunächst Legen einer Duftspur von der Beute zum Nest; die Spurenstoffe entstammen verschiedenen Quellen, der →Dufour-Drüse (z. B. bei *Messor*), der Pygidialdrüse (Ponerinae; die Verteilung des Sekrets perfektioniert durch eine komplexe Oberflächenstruktur der Kutikula des →Pygidium), der Giftdrüse (*Myrmica*) oder der Rektalblase (Formicinae); im Nest dann Alarmierung durch Werbeverhalten unterschiedlicher Art: Anbieten von Nahrung (z. B. bei *Formica fusca* L.), meist kombiniert mit anderen Verhaltensweisen wie Antennentrillern (verbreitet), Zerren mit den Mandibeln (manche tropische Ponerinae →A), Wackellauf (*Formica* *fusca* L., *Messor*), Beklopfen der Unterlage mit Mandibeln und →Gaster (*Camponotus* →C2); die angeworbenen ♀♀ (Neulinge) werden von der Werberin im sog. Tandemlauf einzeln (z. B. *Harpagoxenus* →D11; viele Ponerinae) oder zu mehreren bis vielen (*Myrmoxenus* →D12; *Polyergus* →C7) geführt, wobei der Zusammenhalt taktil und olfaktorisch (durch Körperoberflächenpheromone wie bei der afro-asiatischen *Camponotus sericeus* F., oder durch Pygidialdrüsensekret wie bei manchen Ponerinae) aufrechterhalten wird, oder sie suchen nach der Alarmierung allein entlang der Duftspur laufend die Beute auf. **Lauterzeugung** durch Stridulieren (z. B. bei Störung) sehr häufig; Stridulationsorgane im Prinzip gleichartig; Beispiel Myrmicinae (→D): ein waschbrettartig gerieftes Rippenfeld auf dem 1. Gastersegment wird durch Auf- und-ab-Bewegen des angehobenen Hinterleibs an einer Kante des Postpetiolus gerieben; Laute mit hohem Ultraschall-Anteil; die niederen Frequenzen (8000–15000 Hz) bei großen Arten für den Menschen hörbar; Hören über die durch die Schallschnelle bewegten Sinneshaare auf den Antennen; Reaktionen auf die Stridulation bisher jedoch nur dann beobachtet, wenn die Schwingungen als Substratvibrationen mit den äußerst empfindlichen (tibialen bzw. trochanter-femuralen) Organen des Erschütterungssinnes wahrgenommen werden können; bei Blattschneiderameisen (*Atta*) wirken die Vibrationen anlockend auf andere ♀♀; verschüttete „schreiende" Genossinnen werden ausgegraben. Bei manchen *Camponotus*-Arten Klopfen mit Kopf und Hinterleib auf das Substrat als Alarmsignal. Die meist geflügelten **Geschlechtstiere** treten oft im Laufe des Sommers auf, verlassen bei starken Völkern oft in Schwärmen das Nest, sammeln sich gerne an hochragenden Geländepunkten; Schwärmen zu unterschiedlichen Stunden verhindert Hybridisierung unter verwandten Arten (z. B. bei *Camponotus*); gemeinsamer Ausflug der überwinterten ♂♂ und Königinnen von *Camponotus herculeanus* L. im Frühling dadurch koordiniert, dass die zuerst aus dem Flugloch kommenden ♂♂ das Duftsekret ihrer Mandibeldrüsen verspritzen und dadurch die Königinnen zum Ausfliegen animieren; ähnlich wirkendes Mandibeldrüsensekret (enthält Terpene und Terpenderivate) auch bei *Lasius*-Arten festgestellt; häufig wird das ♂ angelockt, erregt und schließlich zur Paarung stimuliert durch in der Gift- oder der →Dufour-Drüse der Königin produzierte Sexualpheromone; **Begattung** der Königin beim Hochzeitsflug oder auch am Boden; für die meisten Arten ist unbekannt, wie oft sich die Königinnen paaren (bei *Leptothorax acervorum* F. einmal), ebenso, ob in →polygynen Nestern alle Königinnen gleich viele Nachkommen erzeugen (bei *L. a.* scheint dies nicht der Fall zu sein). Die **Eier** werden von den ♀♀ eifrig beleckt, bisweilen in besonderen Kammern aufbewahrt. **Geschlechtsbestimmung:** ♂♂ aus unbesamten, Königinnen und ♀♀ aus besamten Eiern; die Bestimmung zu ♀♀ bzw. Königinnen ist v. a. umweltbedingt: Menge und Art der Ernährung scheinen die wichtigsten Faktoren zu sein; optimale Temperaturen und eine hohe Konzentration an Juvenilhormon begünstigen, Pheromone bereits vorhandener Königinnen hemmen die Entwicklung zur Königin (eine gewisse Vorbestimmung ist bei *Formica rufa* und anderen insofern gegeben, als aus den größeren, überwinternden Eiern Königinnen und ♀♀, aus den kleineren Sommereiern wohl ausschließlich ♀♀ entstehen); bei vielen Myrmicinae (→D) sind Larven besonders nach einer Überwinterung zur Königinnen-Entwicklung prädisponiert (z. B. *Myrmica*, *Leptothorax*; vgl. *Harpagoxenus*). **Nester** vielkammerig, bei den meisten einheimischen Arten unterirdisch, vielfach unter Steinen (höhere Nesttemperaturen bei Besonnung); bisweilen wird die aus der Tiefe herausgeschaffte Erde zu einem gekammerten oberirdischen Bau verwendet (*Lasius niger* L.); kombinierte unter- und oberirdische Nester bei den Roten Waldameisen der Gttg. *Formica*: über dem unterirdischen Teil ein oft beträchtlicher, aus gröberem und feinerem Pflanzenmaterial zusammengetragener oberirdischer Haufen zum Aufbau eines Wärmekerns; beachtliche Temperatur- und Feuchtigkeitsregulierung im Nestinnern durch Schließen und Öffnen der Eingänge, Veränderung der Kuppelhöhe, Veränderung von Wärmequellen im Innern durch Verlagern der ♀♀ und Puppen; in anbrüchigem Holz ausgenagt die Nester von *Camponotus*-Arten [**F-18**] und von *Colobopsis truncatus* Spin. [**F-17**]; *Lasius fuliginosus* Latr. Baut ein Kartonnest (→C3); Arten mit kleinen Völkern (z. B. *Temnothorax*) oft in vorgeformten Hohlräumen, Schneckenschalen, hohlen Eicheln, Bohrlöchern anderer Insekten in Totholz, Rinde usw. **Arbeitsteilung:** die vielfältigen, zur Erhaltung des Volkes nötigen Arbeiten innerhalb und außerhalb des Nestes sind fast ausschließlich Sache der ♀♀; die ♂♂ verlassen bei manchen Arten (z. B. *Formica*) bald nach dem Schlüpfen das Nest zum Hochzeitsflug; falls sie jedoch lange im Nest bleiben (*Camponotus*), sind sie ebenfalls am Futteraustausch beteiligt; die Königinnen sind fast ausschließlich Eierlegerinnen, die von den ♀♀ versorgt werden; zumindest bei manchen Arten gibt die Königin einen Stoff ab, der auf die Pflege-♀♀ anlockend wirkt; bei der unabhängigen Nestgründung (s. u.) ist jedoch die Königin zeitweilig Brutpflegerin; alle ♀♀ können alle notwendigen Arbeiten verrichten, jedoch sind i. A. die jungen mehr im Innen-, die älteren mehr im Außendienst tätig (*Formica*); Futtersaftdrüsen bei den jüngeren Innendiensttieren gut entwickelt, Ovarien bei den älteren Außendiensttieren stark rückgebildet; die Bedeutung des Alters jedoch für die Arbeitsteilung im Einzelnen nicht groß, Gleichaltrige tun durchaus nicht das Gleiche; bei Arten mit großköpfigen Soldaten diese meist mehr im Außendienst tätig (Nestverteidigung); einzelne Individuen können mehr oder weniger lange auf eine bestimmte Tätigkeit spezialisiert sein, z. B. lange dieselbe Straße benutzen, dieselbe Blattlauskolonie auf einem bestimmten Blatt besuchen; alle Tätigkeiten insgesamt in erstaunlicher Weise den Bedürfnissen des Volkes angepasst. **Nestgründung** durch die beim Schwärmen begattete Königin, die alsbald die Flügel abwirft; je nach Art verschieden; unter schwierigen klimatischen Bedingungen kehren im Spätsommer schwärmende Jungköniginnen in das Mutternest zurück und überwintern dort, Neugründung eines Nestes dann erst im nächsten Frühjahr (boreale und alpine *Temnothorax*-Arten). 1) **unabhängige Nestgründung** (häufigste Form): a) die einzelne Königin sucht einen Schlupfwinkel, schließt ihn gegen außen ab (claustrale Nestgründung), legt Eier, pflegt sie und die schlüpfenden Larven, füttert sie mit Speicheldrüsensekret, Nahrungsflüssigkeit aus der zu einem Kropf erweiterten Speiseröhre oder mit trophischen (entwicklungsunfähigen) Eiern; hierzu baut die Königin ihren Fettkörper und die Flugmuskulatur ab, frisst zur Not selbst einen Teil der Eier und Larven; so, bis die ersten ♀♀ schlüpfen; bei Ponerinae (→A) und manchen Myrmicinae (*Myrmica, Manica, Leptothorax*; →D) mit geringen Körpervorräten muss die Königin das Nest regelmäßig zur Nahrungssuche verlassen (semiclaustrale Nestgründung); b) mehrere Königinnen ziehen zusammen die ersten ♀♀ auf (Pleometrose; kann später durch Kämpfe zur →Monogynie reguliert werden). 2) **abhängige Nestgründung** bei Arten, deren Königin nicht mehr allein die erste 1. Brut aufziehen kann; mehrere Varianten, bisweilen bei der gleichen Art: a) die abhängige Königin schließt sich an eine unabhängige Königin einer

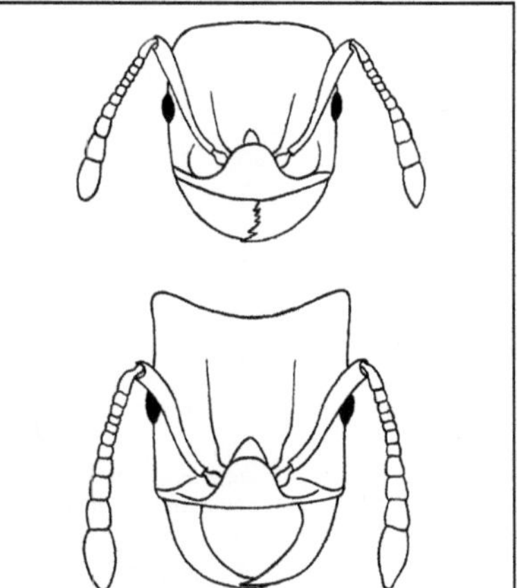

Abb. F-7: Formicidae: Kopf und Mandibeln von Ameisen-Arbeiterinnen. Oben: *Tetramorium caespitum* (Rasenameise); unten: *Strongylognathus testaceus* (Säbelameise). (Stitz 1939)

anderen Art an, Letztere zieht beide Bruten auf; Ergebnis: ein gemischtes Volk, entweder dauernd (z. B. *Strongylognathus testaceus* Schk. bei *Tetramorium caespitum* L. [**F-7**]) oder so lange, bis die abhängige Königin die unabhängige Königin tötet (z. B. *Formica sanguinea* Latr. Sowie →monogynen Nestern entstammende *F. rufa* L., jeweils bei *F. fusca* L.); b) die abhängige Königin lässt sich von einem Volk der gleichen Art adoptieren (→polygyne Formen von *Formica rufa* L.); c) die abhängige Königin dringt in ein weiselloses oder mit einer Königin versehenes Volk einer anderen Art ein, tötet gegebenenfalls die Nestkönigin; Ergebnis: zeitweilig gemischtes Volk (z. B. *Formica sanguinea* bei *F. fusca*; ähnlich in der Gttg. *Lasius*); d) die abhängige Königin raubt Puppen einer anderen Art, benutzt die daraus schlüpfenden ♀♀ als zeitweilige Helfer (z. B. *Formica sanguinea* bei *F. fusca*); e) die abhängige Königin tötet in einem Fremdnest alles außer Puppen und Larven, bedient sich der daraus schlüpfenden ♀♀ (*Harpagoxenus* →D11); f) die abhängige Königin dringt in Fremdnest ein, tötet dessen Königin, wird angenommen, seine Brut wird gepflegt; also gemischte Kolonie, die später durch Zuraub von Puppen aus überfallenen anderen Nestern erhalten bleibt (Amazonenameise *Polyergus rufescens* Latr. →C7); alle Kasten der Amazonenameise sind durchaus auf die Hilfs-

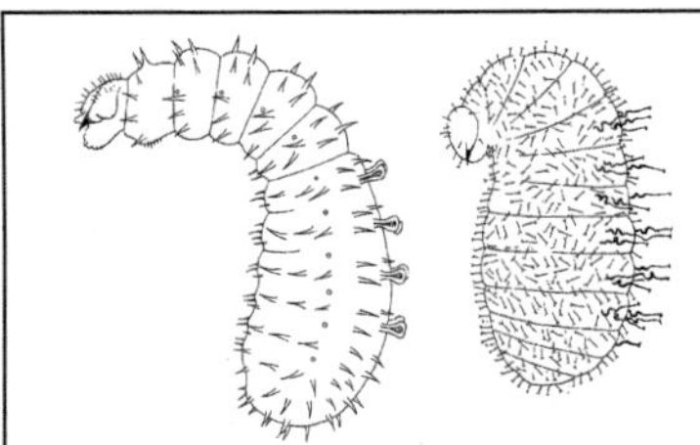

Abb. F-8: Formicidae: Ameisenlarven. Links: *Ponera coarctata*; rechts: *Solenopsis geminata*. (Escherich 1914–42)

ameisen angewiesen, haben dolchförmige Kiefer (Mandibeln), geeignet zum Töten bei den Raubüberfällen, nicht dagegen für die Nestbau- und Brutpflegearbeiten [**F-19**]; vgl. *Myrmoxenus ravouxi* André (→D12); g) ausgeprägter Brutparasitismus (Sozialparasitismus), unter Fortfall der ♀♀-Kaste beim Parasiten; so bei mehreren Arten, in Dt beim seltenen *Tetramorium (Anergates) atratulus* Schenk. (→D6). 3) **Bildung von Tochterkolonien** (Ablegern) bei volkreichen →polygynen Arten; ein Volksteil mit (manchmal auch ohne: *Temnothorax nylanderi* Först.) Königinnen sondert sich ab, kann mehr oder weniger lange durch eine Straße mit dem Muttervolk in Verbindung sein; beim Umzug wird nicht selten eine ♀ von einer anderen getragen, wobei die Getragene eine bestimmte eingekrümmte Haltung einnimmt; bei *Temnothorax nylanderi* können Jungköniginnen in die königinlosen Ableger eindringen (allein oder – meist – mit Gefolge), werden nach anfänglicher Aggression akzeptiert; bei *Formica polyctena* Först. (→C11) kommen Nestverbände mit manchmal bis zu 100 und mehr Ablegern vor; bei schlechter werdenden Bedingungen können Tochterkolonien (*Temnothorax nylanderi*) wieder zusammenziehen. **Larven** [**F-8**] madenförmig, ohne Beine und Augen; Mundteile stark verkürzt und meist weichhäutig, Mandibeln jedoch manchmal stärker sklerotisiert; Segmentierung undeutlich; Körperoberfläche oft mit Papillen oder sehr verschieden gestalteten haarartigen Anhängen, die der Anheftung an Nestwände oder (beim raschen Wegbringen) aneinander dienen; Ernährung ausschließlich durch die ♀♀ (bei der Nestgründung zeitweilig durch die Königin), meist mit flüssiger Nahrung aus dem Kropf, z. T. auch mit Speicheldrüsensekret (aus Schlund- und Labialdrüsen), bei Arten mit gut bekieferten Larven (Ponerinae →A, Myrmicinae →D) in wechselndem Ausmaß auch mit

fester Nahrung, z. B. zerkauten Insekten; Larven von *Aphaenogaster subterranea* Latr. (Myrmicinae) fressen sogar an ganzen Beutetieren, auf die sie von ♀♀ gesetzt werden; häufig geben Larven auch Futtersekrete an ♀♀ oder Königin ab (bei der japanischen *Leptanilla japonica* Emery wird larvale Hämolymphe über ein eigenes Organ, einen „larvalen Hämolymphzapfhahn", als alleinige Nahrung an die Königin verfüttert); die Larven von den ♀♀ bisweilen nach Größenklassen auf verschiedene Nestkammern verteilt, offenbar entsprechend den jeweiligen Anforderungen der Larven an Temperatur und Feuchtigkeit. 3–6, meist aber 4 Larvenstadien; **Entwicklungsdauer** je nach Art und Temperatur verschieden lang, zwischen 4 Wochen und 2–3 Jahren; **Verpuppung** bei den Ponerinae (→A) und den Formicinae (→C) in einem aus Labialspinndrüsensekret hergestellten Kokon („Ameiseneier"), bei anderen ohne Kokon; Ausschlüpfen teils ohne, teils (Formicinae) mit Hilfe der ♀♀. **Überwinterung** des Volkes in unseren Breiten in Kältestarre, bei Erd- oder kombinierten Nestern in den geschützten unteren Teilen, mit (manche Myrmicinae →D) oder ohne Larven; Stoffwechsel radikal herabgesetzt; Erwachen im Frühling: zuerst steigen einige weniger empfindliche Individuen auf, nehmen Wärme auf, gehen wieder in die Tiefe, ermuntern, falls sie oben günstige Bedingungen fanden, weitere zum Aufsteigen. **Ameisengäste** (Myrmekophile): harmlose bis schädliche Mitbewohner von Ameisennestern, in erster Linie (dann als myrmekophil bezeichnete) Insekten aus verschiedensten Gruppen, leben ständig oder nur in bestimmten Stadien bei den Ameisen; etwa 3000 Arten bekannt; manche nach Größe und Gestalt ameisenähnlich (→Mimikry); das Zusammenleben oft dadurch gefördert, dass die Gäste den Ameisen Drüsensekrete als offenbar höchst begehrte und gern aufgeleckte Leckerbissen bieten (z. B. Büschelkäfer; →Staphylinidae 15); nach der Art der Beziehungen zwischen Gast und Wirt (ohne scharfe Abgrenzung) unterscheidbar: a) **Synechthrie:** der Gast lebt jagend, frisst Brut und Imagines des Wirtes, wird von diesem feindlich behandelt (verschiedene →Staphylinidae, z. B. *Pella*-Arten bei *Lasius fuliginosus* Latr., können die Kolonie empfindlich schädigen); Larven der Gttg. *Microdon* (→Syrphidae A) bei *Formica*-Arten ernähren sich zwar von Ameisenbrut, werden aber wegen ihrer nacktschneckenartigen Gestalt und der zähen Kutikula wohl meist übersehen oder geduldet. b) **Synökie:** Beziehungen mehr oder weniger indifferent, Gäste nicht feindlich

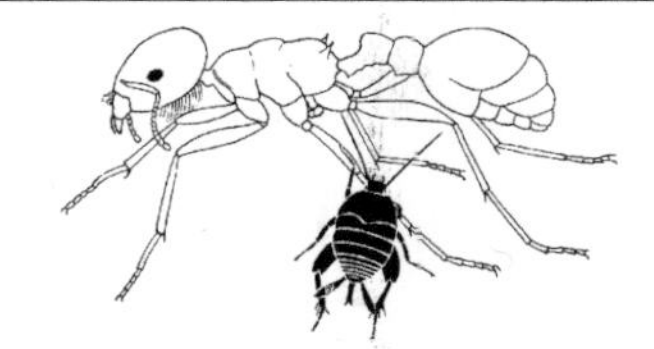

Abb. F-9: Formicidae: Die Ameisengrille *Myrmecophila acervorum* (schwarz) nagt am Bein einer Ameise. (Wheeler 1960)

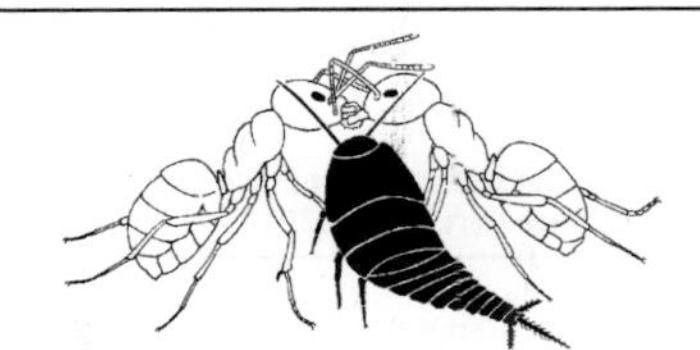

Abb. F-10: Formicidae: Ein Ameisenfischchen (*Atelura*, Zygentoma), schwarz, nascht bei gegenseitiger Fütterung zweier Ameisen (*Lasius*, Formicinae). (Denis 1949)

Abb. F-11: Formicidae: *Lomechusa* (Staphylinidae) verlangt Nahrung von *Myrmica* (Myrmicinae). (Wasmann 1898)

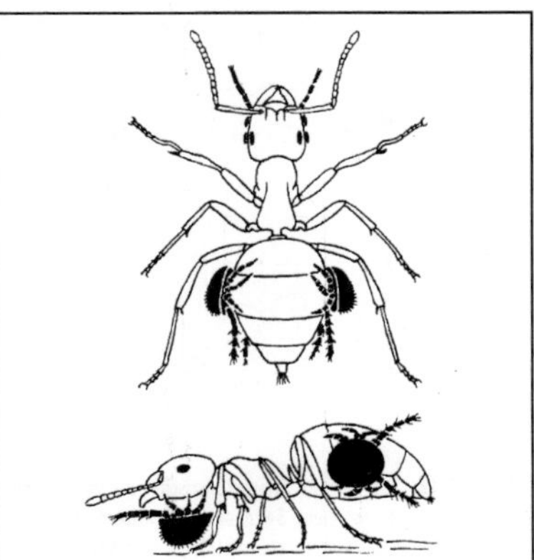

Abb. F-12: Formicidae: Milbe *Antennophorus pubescens*, schwarz, auf *Lasius mixtus*

behandelt, schädigen i. d. R. den Wirt kaum oder gar nicht, verzehren Abfälle verschiedenster Art oder fressen mit von der eingebrachten Insektennahrung oder während sich die Ameisen gegenseitig füttern, rauben nur selten Ameisenbrut (verschiedene →Collembola, wegen Kleinheit vom Wirt vielleicht nicht bemerkt; Larven von →Chrysomelidae der Gttg. *Clytra*, v. a. bei *Formica*-Arten, durch Eier- oder Brutfraß zuweilen schädlich; als Abfallfresser in den Randbezirken von *Formica*-Nestern oft die engerlingsartigen Larven von Rosenkäfern, →Scarabaeidae E2; kleine flügellose Grillen der Gttg. *Myrmecophila*, →Myrmecophilidae [**F-9**], vgl. auch [**M-54**]; Ameisenfischchen der Gttg. *Atelura* ([**F-10**]; →Zygentoma B); →Staphylinidae der Gttgn. *Dinarda* und *Thiasophila*). c) **Symphilie:** Gäste von den Ameisen nicht nur geduldet, sondern beschützt und manchmal auch ernährt, bieten dem Wirt begehrte, Pflegeverhalten auslösende Drüsensekrete (→Staphylinidae der Gttgn. *Claviger* [**S-92**], *Lomechusoides* und *Lomechusa* [**F-11**]; Raupen der Ameisenbläulinge →Lycaenidae C6, C7); vgl. hierzu auch die oben erwähnten Beziehungen zu Honigtaulieferanten. d) **Parasitismus:** Vorteil ausschließlich bei dem „Gast"; offenbar noch harmlose Kommensalen sind Milben der Gttg. *Antennophorus*, ausschließlich an *Lasius*-Arten [**F-12**]; fressen an ausgewürgten Futtertropfen

mit, einzeln oder zu mehreren an einer ♀; eine einzelne Milbe sitzt stets an der Kehle, benutzt u. U. das vordere Beinpaar antennenartig, um Auswürgen von Futter zu provozieren; mehrere Milben sind symmetrisch auf dem Ameisenkörper verteilt (gleichmäßige Gewichtsverteilung?), stets zum Hinterende des Trägers gewandt, fressen bei Nachbarameisen mit; die Milbe *Holostaspis oophilus* Wasm. auf Eiballen von *Formica*, wird von den eipflegenden ♀♀ mitgefüttert; zahlreiche weitere Milbenarten als Blutsauger; Larven verschiedener Wespen (→Eucharitidae, →Braconidae A) und Fliegen (→Phoridae 8; →Tachinidae 3) endoparasitoid bei ♀♀, diejenigen der Hybrizontinae (→Ichneumonidae D) in Ameisenbrut; Larven werden während des Transports außerhalb des Nestes mit einem Schlupfwespenei belegt; ferner parasitische Fadenwürmer der Fam. Mermithidae; vom Zwischenwirt (Landschnecken) ausgestoßene, als Nahrung aufgenommene Cercarien des Kleinen Leberegels gelangen durch die Kropfwand in die Leibeshöhle der Ameise

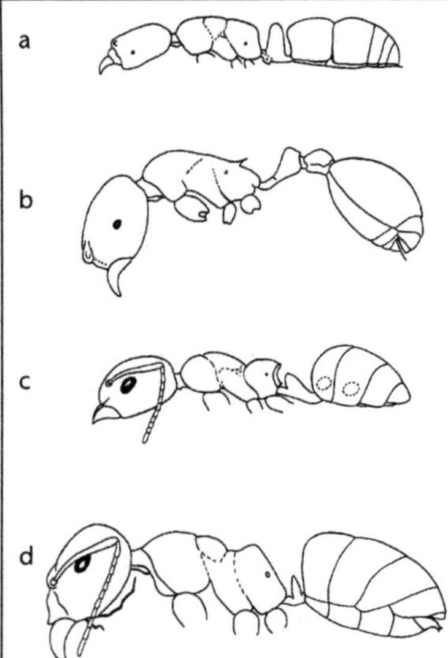

Abb. F-13: Formicidae: Charakteristische Merkmale der 4 Ameisen-Unterfamilien. Seitenansicht der Arbeiterinnen von a: Ponerinae (*Ponera coarctata*); b: Myrmicinae (*Stenamma westwoodi*); c: Dolichoderinae (*Dolichoderus quadripunctatus*); d: Formicinae (*Lasius niger*). (nach verschiedenen Autoren)

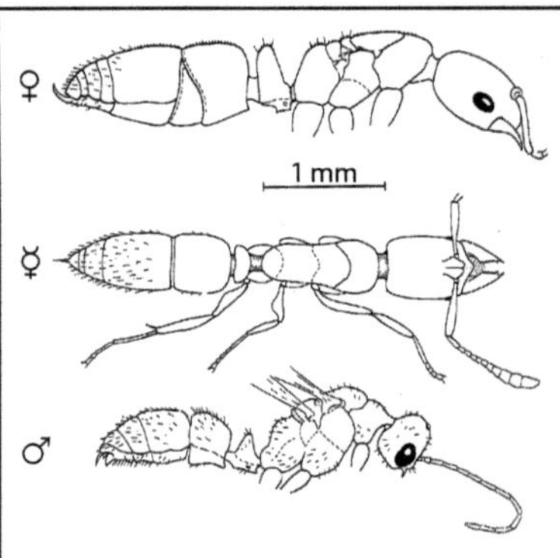

Abb. F-14: Formicidae: *Ponera coarctata*. Königin, Arbeiterin und ♂; Balken 1 mm. (Kutter 1977)

(besonders bei *Formica*-Arten →C); eine der Wurmlarven (der Hirnwurm) wandert in das Unterschlundganglion, bewirkt Verhaltensänderung des Trägers: die so infizierte Ameise klettert auf die Spitze einer Pflanze, beißt sich hier fest und verharrt eine gewisse Zeit, kann jetzt vom weidenden Rind oder Schaf gefressen werden, womit die Wurmlarven in den Endwirt gelangt sind; die ameisenähnlichen ♀♀ der Wanze *Systellonotus triguttatus* L. (→Miridae 9) saugen die Puppen von *Lasius flavus* L. aus. **Fressfeinde:** Ameisenlöwen (→Myrmeleontidae), einige Spinnenarten, Eidechsen, Kröten, unter den Vögeln insbesondere Wendehals, Schwarzspecht und Erdspechte (Grau- und Grünspecht) sowie Braunbär. Beachtlich ist die Bedeutung der fast überall vorkommenden Ameisen für den Haushalt der Natur, v. a. als Insektenvertilger (im Wald besonders die Roten Waldameisen der Gttg. *Formica* →C11), manche Arten auch als Verbreiter von Pflanzensamen; Grundlage für diese Bedeutung ist die ausgiebige Nutzung von →Honigtau; einige z. T.

weltweit verschleppte Arten für den Menschen lästig: z. B. *Monomorium pharaonis* L. (Pharaoameise →D4) in Gebäuden, *Camponotus* (→C2) und *Lasius brunneus* Latr. als Holzzerstörer (Letzterer auch im verbauten Holz), einzelne Arten im Garten durch Beschädigung an Pflanzen oder als Blattlauszüchter (*Lasius* →C3; *Tetramorium* →D5). Zahlreiche U-Fam. (früher auch als Fam. aufgefasst), davon 4 heimisch [**F-13**], in S-Eur 2 weitere (Dorylinae, Leptanillinae):

A. Ponerinae, Stechameisen; in Eur 21, M-Eur 6, Dt 3 Arten, darunter *Ponera coarctata* Latr. (☿: 2,7–3,5 mm) und *Hypoponera punctatissima* Roger (☿: 2,4–3 mm); ☿☿ gelb bis schwarzbraun; das Segment hinter dem Hinterleibsstielchen vom folgenden durch eine deutliche Einschnürung getrennt [**F-14**]; Stachelapparat gut ausgebildet, wird zur Abwehr größerer Ameisen eingesetzt; Bewohner warmer Bereiche; Nahrung fast ausschließlich tierisch, bevorzugt →Collembola; Kolonien unter Steinen, Moos, Baumrinde; individuenarm (unter 200 ☿☿), Lebensweise weitgehend unterirdisch; *P. c.*: Larven mit kräftigen Mandibeln, geflügelte Geschlechtstiere im Spätsommer, Nestgründung unabhängig, wobei die Königin das Nest zur Nahrungssuche verlassen muss; *H. p.* mit →ergatoiden ♂♂.

B. Dolichoderinae, Drüsenameisen; die meisten Arten in warmen Ländern, in Eur 30, M-Eur 11, Dt 5 Arten; klein (☿☿ 2,5–4 mm); Schuppe auf dem Hinterleibsstiel oft nur mäßig hoch; Stachel rückgebildet; in einem Paar gut entwickelter Analdrüsen wird ein Duftstoffe enthaltendes Sekret gebildet (bei *Linepithema* z. B.

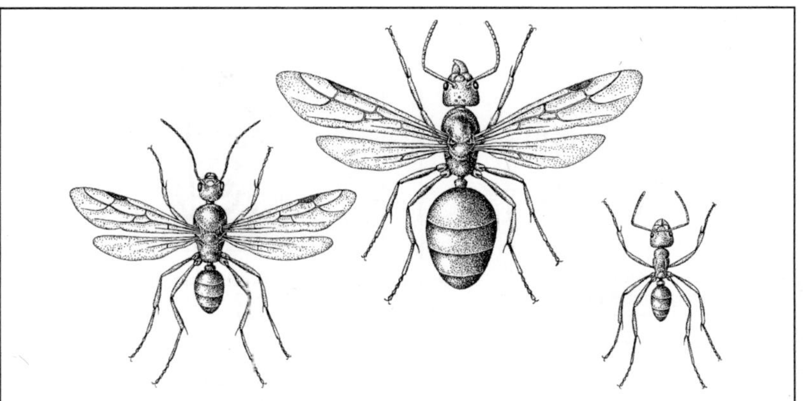

Abb. F-15: Formicidae: *Linepithema humilis*, Argentinische Ameise. Links: ♂, 2,1 mm; Mitte: ♀, 4,8 mm; rechts: Arbeiterin, 2,5 mm. (Bernard 1968)

mit Methyl-*n*-Amylketon), das bei Artgenossen Gefahrenalarm auslöst.

B1. *Dolichoderus quadripunctatus* L.; 1. und 2. Segment hinter dem Hinterleibsstiel oben mit je 2 gelben Flecken aus unpigmentierter Kutikula, durch die der weißliche Fettkörper zu sehen ist; wärmeliebender Baumbewohner; Nahrung: manchmal Nektar, →Honigtau und kleine, meist tote Insekten; →monogynes Nest (i. d. R. um 200–300 ♀♀) in Zweigen oder in der Rinde von Bäumen, in schon vorher vorhandenen Hohlräumen, die im morschen Holz auch erweitert werden, Nebennester als Ableger.

B2. *Tapinoma erraticum* Latr.; v. a. im Mittelmeergebiet häufig; in M-Eur hier und da in Trockenrasen; als Nahrung dienen (v. a. tote) Arthropoden und Nektar; Verteidigen ihre Nester (meist unter 2000 ♀♀) wirksam durch ein von den Analdrüsen aus nächster Nähe abgegebenes Sekret, das andere Ameisen sofort lähmt; Koloniegründung durch Aufnahme in arteigene Kolonien oder selbstständig, vielleicht durch mehrere ♀♀; bis zu 20 ♀♀ im Nest; Erdnest oft unter flachen Steinen, manchmal auch mit kleinen oberirdischen Hügeln aus Erde und Pflanzenteilen; nicht selten Umzug zu neuem Nestplatz, wobei sich am Bruttransport auch geflügelte Geschlechtstiere beteiligen können (dabei u. U. Kopulation); die sandigen bis kiesigen Untergrund bevorzugende Zwillingsart *T. subboreale* Seif. mit gleicher Lebensweise.

B3. *Tapinoma magnum* Mayr; mediterrane Art, seit etwa 2007 versehentlich mehrfach nach Dt und weitere mitteleuropäische Länder verschleppt (vermutlich mit Pflanzen) und aufgrund ihrer Kältetoleranz im Freiland etabliert; →polygyn und polydom, kann weitverzweigte unterirdische Superkolonien mit zahlreichen Nestern und Millionen von Individuen bilden, die alle anderen Ameisen in ihrer Umgebung dominieren bzw. ausrotten; wegen der großen Individuenzahl und der Betreuung pflanzensaugender →Hemiptera außerordentlich lästig in Haus und Garten.

B4. *Bothriomyrmex*; im Mittelmeerraum bis ins südl. M-Eur verbreitet; temporäre Sozialparasiten bei *Tapinoma*; köpfen vermutlich die Wirtskönigin nach dem Eindringen ins Wirtsnest.

B5. *Linepithema humilis* Mayr (= *Iridomyrmex m.*), Argentinische Ameise [**F-15**]; aus Südamerika stammend, heute durch Verschleppung weit verbreitet; klein (♀ ca. 2,5 mm); ziemlich schlank, braun; frostempfindlich, bei uns bisher v. a. in Gewächshäusern, dort u. U. an Pflanzen schädlich, nimmt tierische Nahrung, →Honigtau und Nektar; Nest in Baumhöhlen, Spalten oder in der Erde; bildet Superkolonien mit vielen Nestern (polydom) über große Flächen und Entfernungen; Koloniegründung in Europa nur durch Ableger; das ♀ (meist zahlreiche im Nest) soll sich an der Brutpflege beteiligen.

C. Formicinae, Schuppenameisen; in Eur 187, M-Eur 75, Dt 58 Arten; der eingliedrige 1-gliedrige Hinterleibsstiel schuppenartig nach oben verbreitert: [**F-13**, d]; Stachel weitgehend rückgebildet, jedoch Giftdrüsen vorhanden; deren Sekret (vornehmlich Ameisensäure) wird bei manchen Arten zusammen mit Sekreten der

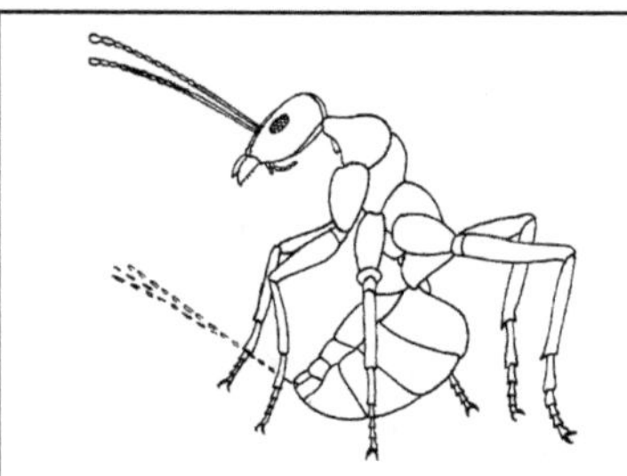

Abb. F-16: Formicidae: *Formica polyctena*. Alarmierungs- und Abwehrstellung, spritzt Giftsekret aus. (Maschwitz 1964)

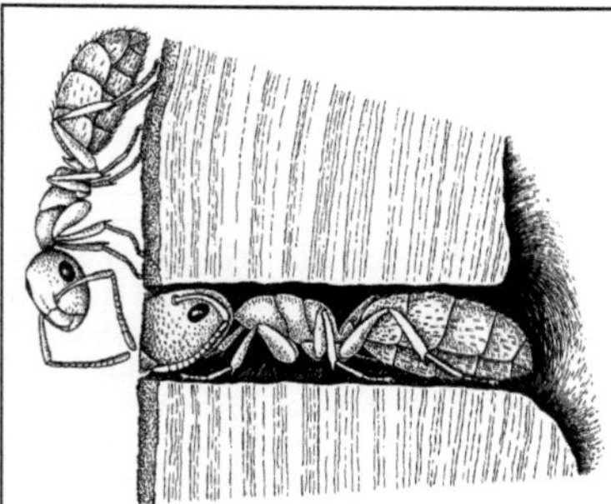

Abb. F-17: Formicidae: *Colobopsis truncatus*. Soldat versperrt mit dem dicken Kopf den Nesteingang. (Wilson 1971)

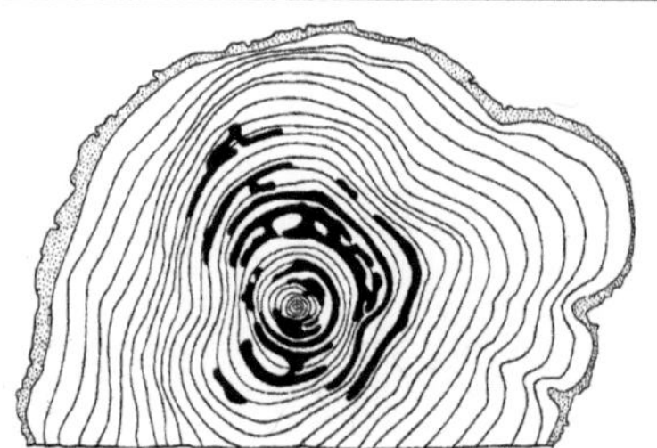

Abb. F-18: Formicidae: *Camponotus herculeanus*, Rossameise. Querschnitt durch einen Baum mit Nestgängen (schwarz). (Goetsch 1953)

→Dufour-Drüse ausgespritzt [**F-16**] und dient der Feindabwehr und als Alarmstoff (besteht bei *Formica rufa* L. aus mehr als 30 Substanzen, die wirksamsten sind aliphatische gesättigte Kohlenwasserstoffe).

C1. *Colobopsis truncatus* Spin., Stöpselkopfameise; Nahrung teils tierisch, teils pflanzlich; baumbewohnend, wärmeliebend, mit kleinen →monogynen Kolonien (i. d. R. unter 500 ♀♀); Nest in passend hergerichteten Hohlräumen in Ästen verschiedenen Kalibers, gern in Nussbäumen; Verschluss der wenigen Eingänge durch je eine (bei großen Eingängen mehrere) besonders große ♀ („Soldat", 5–6 mm) mit besonders klobigem Kopf [**F-17**], die übrigen „Soldaten" tun ♀♀-Dienst und dienen vermutlich auch als Futterspeicher; unabhängige Koloniegründung (anfänglich z. B. in Wespengallen oder hohlen Brombeerranken); bis zum Schlupf der ersten Soldaten übernimmt die ebenfalls stöpselköpfige Königin die Aufgabe als „Türsteher"; Puppen frei, ohne Kokon.

C2. *Camponotus*, Rossameisen; in Dt mit 7 Arten, am häufigsten *C. ligniperda* Latr. und *C. herculeanus* L. (Riesenholzameise), dabei *C. ligniperda* wärmeliebender; beide düster schwarz und braun gezeichnet, auffallend durch ihre Größe (♀ bis 14 mm, ♀ bis 18 mm, ♂ bis 12 mm); geflügelte Geschlechtstiere z. T. schon im IV; Nahrung v. a. →Honigtau, daneben auch tierisch; köpfen Baumschösslinge, um an den zuckerreichen Siebröhrensaft zu kommen; symbiotische, koevolvierte Bakterien im Darm und Ovarien (*Blochmannia*) liefern lebenswichtige Aminosäuren und Stickstoff; zur Erzeugung von Alarmbereitschaft (Beute- und Gefahrenalarm) **Vibrationssignale** durch Aufschlagen der Mandibeln oder der Mandibeln und des →Gaster auf den Untergrund (modifikatorische Wirkung auf die spezifischere, aber langsamere Pheromonkommunikation); wahrscheinlich entstanden als Ritualisierung eines Angriffs; Wahrnehmung der Substratvibration durch campaniforme Sensillen auf der Tibia; **Nest** bei *C. herculeanus* und *C. ligniperda* im Holz lebender Bäume oder in morschem Holz, z. B. von Baumstubben, im Wurzelbereich von Bäumen sich auch in die Erde erstreckend; Holznester häufiger in Nadel- als in Laubholz; Kammern den Jahresringen folgend, v. a. in Sommerholz ausgenagt [**F-18**], vertikale und horizontale Zwischenwände im Nestinnern oft papierdünn; ein Nestbereich z. B. von *C. herculeanus* kann sich sogar über mehrere Stämme erstrecken; gelegentlich Schaden an Nutzholz durch *C. herculeanus*, z. T. durch Spechteinschlag an den besiedelten Stämmen. **Staat:** unabhängige Koloniegründung, (meist) durch ein einzelnes begattetes ♀, das etwa 1 Jahr lang auf Kosten von Fettkörper und Flugmuskulatur ohne Nahrungsaufnahme auskommt; in größeren Nestern manchmal mehrere ♀♀, dann allerdings jedes mit eigenem Bereich; die Geschlechtstiere überwintern 2-mal (als Larve und als Imago) im Mutternest; ♂♂ sind am Futteraustausch zwischen den Nestinsassen und an der Brutpflege beteiligt; die ♀♀ werden durch das Mandibeldrüsensekret (Duftstoff) der ♂♂ zum Ausfliegen stimuliert; das Pheromon ist offenbar bei beiden Arten identisch, gleichwohl kaum Hybridisierungen trotz Überschneidung in den Schwärmzeiten. Wichtigste Nahrungsquelle für den Schwarzspecht.

C3. *Lasius (Dendrolasius) fuliginosus* Latr., Glänzendschwarze Holzameise (♀ ca. 5 mm). **Hauptnahrung** →Honigtau von Blatt- und Schildläusen, daneben tierisch (gelegentlich Überfall auf andere Ameisennester); durch Verzehr von ölhaltigen Samenanhängseln (Elaiosome) wichtige Samenverbreiter (→Myrmekochorie); enge Beziehung zu *Stomaphis quercus* L. (→Lachnidae 5): die Blattlauseier werden über Winter in unterirdischen Kammern gepflegt, Transport der geschlüpften Fundatrices (→Fundatrix) hoch in die Bäume, größere Blattlauskolonien durch tunnelförmige Unterstände mit kleinen Öffnungen geschützt; feste Straßen zu den Nahrungsquellen; Duftspuren werden durch Auftupfen des Hinterleibsendes gelegt (gilt allgemein für *Lasius*-Arten), wobei aus der Rektalblase (bei verschiedenen *Lasius*-Arten etwas verschieden zusammengesetzte) Sekrete abgesetzt werden; Hauptbestandteil: Fettsäuren; *L. ful.* Erkennt auch Spurstoffe anderer Arten, diese dagegen nicht die von *L. ful.*; Hochzeitsflug VI–VII; **Koloniegründung:** einziger Fall eines sozialem sozialen Hyperparasiten in M-Eur: das begattete ♀ dringt in das Nest der eigenen oder einer Art der Unter-Gttg. *Chthonolasius* (z. B. *L. umbratus* Nyl.) ein, tötet dann das Hilfsameisen-♀; die zeitweilig gemischte Kolonie wird allmählich reine *ful.*-Kolonie; **Nest** meist in Hohlräumen in altem Holz (z. B. Weiden, Pappeln, am Fuß anbrüchiger Bäume), die durch neu hergestellte Wände aufgeteilt werden; die kartonartigen Kammerwände bestehen aus Holzteilchen, vermischt mit Bodenteilchen, Sandkörnern und ausgewürgtem, zuckerhaltigem Material (v. a. →Honigtau); beim Bau Arbeitsteilung: verschiedene ♀♀ als Honigtausammler, beim Holztransport und Wandbau im Einsatz; der im Baumaterial vorhandene Zucker ermöglicht in den Wänden das Wachstum von Pilzen (2 nur in den Nestern dieser Art auftretende, nahe verwandte Arten von Ascomycetes), deren Hyphen die Festigkeit der Wände erhöhen; zum Hochzeitsflug nehmen ♀♀ Konidien dieser Pilze mit; eine verwandte Pilzart

wird von Arten der Unter-Gttg. *Chthonolasius* (→6) gepflegt; besonders große Nester mit über 1 Million ♀♀ können sich über mehrere Bäume erstrecken.

C4. *Lasius (Lasius) niger* L., Schwarzgraue Wegameise [**F-6**]; als Pionierart eine der häufigsten heimischen Ameisenarten in Ortschaften und Kulturland; ♀ ca. 4 mm; vielfältige Nahrungsquellen, insbesondere →Honigtau; offene oder überdeckte Straßen dorthin; Blattläuse werden gegen Feinde verteidigt und durch Unterstände geschützt; manchmal große Schwärme von Geschlechtstieren V–IX; Nest (mit bis zu 60.000 ♀♀) meist in der Erde, unter Steinen; auf grasigem Boden meist überdeckt von einem gekammerten Erdoberbau von zuweilen beachtlicher Höhe; auch unter Rinde oder in Baumstubben u. dgl.; unabhängige Koloniegründung; das ♀ überwintert in einer Höhle, legt im Frühling die ersten Eier, bei günstigen Umständen schon im Flugjahr; nur 1 ♀ im Nest.

C5. *Lasius (Cautolasius) flavus* Deg., Gelbe Wiesenameise; verschieden große ♀♀ (2–4,5 mm) in einem Nest, meist blassgelb; im Grasland mit gut entwickelter Wurzelschicht, meidet daher frühe Sukzessionstadien; erreicht auf größeren alten Weiden die höchsten für Ameisen bekannten Biomassen (165 kg je Hektar); Nahrung fast ausschließlich →Honigtau von Wurzelläusen (→Aphidina), ab Sommer ergänzt durch Verzehr einzelner Läuse; die Wintereier der Läuse werden im Nest aufbewahrt, die im Frühling geschlüpften Läuse an die Wurzeln gebracht; meist Erdnester mit durchschnittlich 23 000 Einzeltieren, die etwa 17 000 Wurzelläuse (oft nur 1 Art) hüten; Nest auch in feuchtem Boden, dann mit von Gras durchwachsener Erdkuppel von etwa Maulwurfshaufengröße oder darüber; in Mooren auch Moosnester; Nester mit einem Alter von bis zu 180 Jahren nachgewiesen; Hochzeitsflug im Sommer; Koloniegründung unabhängig, meist gemeinsam durch mehrere ♀♀.

C6. *Lasius (Chthonolasius) umbratus* Nyl.; bemerkenswert durch abhängige Koloniegründung: das *umbr.*-♀ nähert sich einer Kolonie von *L. niger*, tötet und zerlegt eine *niger*-♀ (wohl Übernahme ihres Körperduftes), dringt in das Wirtsnest ein, wird zunächst von den *niger*-♀♀ angegriffen, dann aber beleckt, streichelt diese mit den Antennen; nach und nach akzeptieren immer mehr der Wirts-♀♀ die fremde Königin, angezogen von der Hinterleibsspitze des *umbr.*-♀ (durch Sekrete der vergrößerten Dufour-Drüse?), betreuen sie auf Kosten der eigenen Königin, die vernachlässigt und schließlich

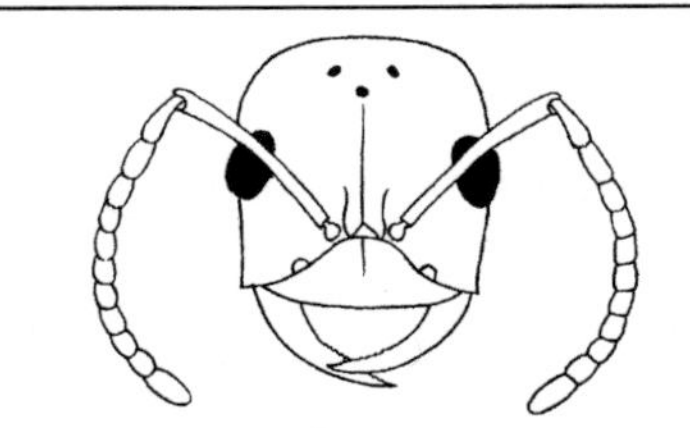

Abb. F-19: Formicidae: *Polyergus rufescens*, Amazonenameise. Arbeiterin, Kopf von vorn. (Stitz 1939)

von ihnen oder der *umbr.*-♀ getötet wird; die dann zunächst gemischte Kolonie wird nach Heranwachsen der eigenen ♀♀ (nach längstens 14 Monaten) durch Töten und Verfüttern der verbliebenen *niger*-♀♀ eine reine *umbr.*-Kolonie; Nestkern häufig mit kartonartigen Kammerwänden, die von den Pilzfäden eines nur bei *L. (Chthonolasius)* lebenden Ascomyceten verfestigt werden (vgl. 3).

C7. *Polyergus rufescens* Latr., Amazonenameise; auf Puppenraub spezialisiert; auffallend die sichelförmigen, bei ♀♀ und ♀♀ am Innenrand mit winzigen Zähnchen besetzten Mandibeln [**F-19**], die als gefährliche Waffen eingesetzt werden; Gift dagegen mit nur geringem Gehalt an Ameisensäure; Koloniegründung abhängig: das ♀ dringt in ein Nest einer Hilfsameise ein (meist *Formica cunicularia* Latr., *F. fusca* L. oder *F. rufibarbis* F.), tötet deren ♀♀, lässt seine Brut von den Hilfsameisen aufziehen; die ♀♀ der Amazonenameise sind ganz auf die Tätigkeit der Hilfsameisen angewiesen, werden von ihnen gefüttert, beteiligen sich nicht an Nestbau und Nahrungsbeschaffung; Kampf- und Raubtrieb jedoch stark ausgeprägt: mehrmals im Sommer Raubzüge (Beispiel: in 33 Tagen 41 Raubzüge) in bis zu 85 m Entfernung, mit üblicherweise 200–2000 ♀♀, dabei Eindringen in ein Nest der Hilfsameise (bisweilen von einer anderen als der bereits benutzten Art); die Überfallenen werden nur bei (seltenen) Abwehrversuchen durch Biss in Kopf oder Nacken getötet, sonst aber verschont, die Puppen geraubt und heimgebracht (wiederholte Nutzung eines Nestes möglich); so ständige Ergänzung der Sklaven; durch Raub also wenigstens zeitweise mehrfach gemischte Nester; bei notwendigem Nestwechsel werden meist die Amazonen von den Sklaven getragen.

C8. *Formica (Raptoformica) sanguinea* Latr., Blutrote Raubameise; an offenen Standorten, besiedelt zügig neue Lichtungen; Geschlechtstiere im Sommer (VI–VIII); Ernährung von →Honig-

tau und Jagd, Nahrungssuche vom Boden bis zu den Baumkronen; Nest in Erde oder, an Baumstubben angelehnt, als niedriges Hügelnest, bei großen Kolonien oft Bildung von Ablegern; Koloniegründung stets abhängig, im Einzelnen sehr verschiedenartig: durch Adoption bei der eigenen oder bei einer *Serviformica*-Art (meist *F. fusca* L. oder *F. rufibarbis* F.); oder durch Anschluss an das ♀ einer Hilfsameise, das dann beide Bruten aufzieht; oder durch Raub von Hilfsameisen-Puppen, aus denen dann die Helfer schlüpfen; vermutlich auch durch Erobern eines Hilfsameisennestes, dessen Insassen zum größeren Teil vertrieben und getötet werden; meist entsteht also eine gemischte Kolonie; im Spätsommer ab und zu Überfälle auf andere Hilfsameisennester, bei denen die Überfallenen ebenfalls massakriert werden (Nahrungsgewinn, Verdrängung von Nahrungskonkurrenten) und deren Puppen heimgetragen werden (Ergänzung der Hilfsameisen); dadurch können aus mehreren Arten gemischte Nester entstehen; in sehr großen *sang.*-Nestern (±10.000 ♀♀) fehlen zuweilen Hilfsameisen; die von den Sklavenhaltern (*F. sang.*; ebenso *Polyergus rufescens* 7) und ihren Hilfsameisen in Anhangsdrüsen des Stachelapparates (→Dufour-Drüse) gebildeten Duftstoffe sind z. T. identisch.

C9. *Formica (Serviformica) fusca* L., Grauschwarze Sklavenameise; besuchen gerne Blattläuse, aber auch zoophag; Nest meist in der Erde, oft unter Steinen, manchmal auch mit Erdkuppel; auch in Holz; Koloniegründung unabhängig durch ein ♀, vielleicht aber auch Adoption von ♀♀ in Nestern der gleichen Art; →polygyn; ist oft Hilfs- oder Sklavenameise für andere Arten.

C10. *Formica (Serviformica) picea* Nyl., Schwarze Moorameise; sehr selten, Eiszeitrelikt; nimmt außer Insektennahrung auch →Honigtau; hält sich oft in der Nähe von *Drosera rotundifolia* (Rundblättriger Sonnentau) auf und plündert die Fangblätter (gehört selbst aber auch zum Beutespektrum); bei uns Nester fast ausschließlich in Hoch- oder Flachmooren, meist als Kuppelbau aus zerbissenem Moos u. dgl.; Koloniegründung unabhängig; →polygyn.

C11. *Formica (Formica)*, Rote Waldameisen; mehrere, morphologisch schwer unterscheidbare Arten, verbreitet *Formica rufa* L., *F. polyctena* Först. [**F-4**] und *F. pratensis* Retz., in höheren Lagen weitere Arten; Hybride v. a. zwischen *F. rufa* und *F. polyctena* kommen vor, besonders häufig in zerstückelten Waldgebieten. **Hauptnahrung** →Honigtau von allen verfügbaren Produzenten (80 % und mehr des Energiebedarfs), ferner Insekten und ähnliche Kleintiere;

daneben Nektar, Pflanzensamen u. dgl.; Schutz der Honigtaulieferanten durch Verjagen von derer deren Raubfeinden, jedoch kaum Schutz gegen deren Parasitoide; **Nest** teils unter-, teils oberirdisch in Form der bekannten, aus verschiedenem pflanzlichen Material erbauten Ameisenhaufen (oft um einen Baumstubben herum), bisweilen mit beträchtlichen Ausmaßen; im Innern wird ein Wärmekern erzeugt, gute Temperaturregelung durch dauernden Umbau zur bestmöglichen Ausnutzung der Sonneneinstrahlung, Öffnen bzw. Schließen der Nestpforten und Verlagern der Brut (Stoffwechselwärme!); Nester von *F. polyctena* sind fast stets →polygyn, die von *F. rufa* meist →monogyn; Beginn der **Eiablage** meist schon im III; die ersten Eier sind größer als die späteren: aus ihnen entstehen, verbunden mit starker Ernährung durch das Sekret der Speicheldrüsen (im Thorax), hauptsächlich Geschlechtstiere (Bestimmbarkeit einer Larve in Richtung Königin durch Speicheldrüsensekret nur etwa während der 3 ersten Larventage möglich); aus Eiern von unbegatteten ♀♀ sowie (bei Weisellosigkeit) von ♀♀ entstehen ♂♂; Koloniegründung bei →Polygynie wohl ausschließlich durch Adoption der begatteten ♀♀ in ein Volk gleicher Art, dabei große Verluste durch das oft feindliche Verhalten der Nestinsassen; bei großen Nestern oft Bildung von Ablegern (Gruppe von einigen hundert bis einigen tausend ♀♀ und einigen Königinnen), die längere Zeit mit dem Mutternest in Verbindung bleiben können (polydome Kolonie); polygyne Völker sind praktisch unsterblich; die Königin kann ein Alter von 20 Jahren erreichen; ein mittelstarkes (polygynes) Volk enthält 500 000 und mehr Individuen, monogyne Nester bis zu 120 000; bei →Monogynie keine Ablegerbildung möglich; das ♀ dringt u. U. mit Gewalt in das Nest einer Hilfsameise (*Serviformica* →C9–10) ein und tötet das ♀ des Hilfsvolkes, die Kolonie ist also zunächst gemischt; Lebensdauer eines solchen Volkes etwa 15 Jahre; territoriale Ameisenarten mit ähnlicher Ressourcennutzung (*Formica, Lasius, Camponotus*) werden bekämpft. **Überwinterung** im Bodenteil des Nestes, bisweilen in beachtlicher Tiefe. Etwa 125 Arten von Ameisengästen nachgewiesen (darunter 52 Käfer-, 28 Milben-, 15 Hymenopteren- und 10 Dipterenarten); davon 24 Arten auf Rote Waldmeisen spezialisiert, während anderseits 32 Arten hinsichtlich der Ameisenart überhaupt nicht wählerisch sind. – Ein guter Waldameisenbestand kann durch Vertilgen mancher den Ameisen zugänglicher Forstschädlinge und durch Förderung der Waldhonigtracht

(*Apis*, →Apidae E3) von beträchtlichem Nutzen sein; eventueller Schaden an Baumzuwachs durch Förderung des Blattlausbestandes und der Saugtätigkeit der Blattläuse bleibt demgegenüber gering; Waldameisen sind gesetzlich geschützt.

D. Myrmicinae, Stachelameisen, Knotenameisen; in Eur 346, M-Eur 93, Dt 58 Arten; Königinnen und ♀♀ mit meist noch gut entwickeltem Stachelapparat (Ausnahmen: z. B. *Crematogaster*-Arten und Blattschneiderameisen →D14); der Stich ist bei manchen Arten auch für den Menschen unangenehm; das Stachelgift (*Myrmica ruginodis* Nyl.) enthält keine Ameisensäure, als hauptsächlich wirksame Bestandteile vielmehr mehrere Proteine; zwischen Brust und dickem Hinterleib (Gaster) ein Stielchen aus 2 knotenförmigen Gliedern [**F-13**]; Bau und Funktion des bei manchen Arten vorhandenen Lautorgans s. o.; Duftspuren werden mit dem Stachelgift (z. B. *Tetramorium* →D5), dem Sekret der →Dufour-Drüse (*Solenopsis* →D3) oder der Tibialdrüse (*Crematogaster*) gelegt, bei der afrikanischen *Myrmicaria natalensis* Smith mit der paarigen Pygidialdrüse (Mündung zwischen 6. und 7. abdominalen Tergiten; produziert bei anderen Myrmicinae ein Alarmpheromon); bei manchen Arten überwintern auch die Larven.

D1. *Myrmica rubra* L., Rotgelbe Knotenameise; sehr häufig; ♀ 4–5 mm, Königin bis 7 mm; die braunen bis schwarzen ♂ ca. 5 mm; Stich auch für den Menschen unangenehm; Pflanzenlauspflege mäßig ausgeprägt; Erdnest häufig unter Steinen oder frei mit niedriger Erdkuppel, zuweilen auch in Totholz; unabhängige Nestgründung. ***Manica rubida*** Latr. Mit ähnlicher Lebensweise, jedoch größer: ♀ 5–9 mm, gelb bis rotbraun; Königin bis 13 mm, Färbung wie ♀; ♂ bis 10 mm, meist glänzend schwarz; Stich sehr schmerzhaft.

D2. *Messor*, Ernteameisen, Getreideameisen; im Mittelmeergebiet artenreich und sehr häufig, nördlich der Alpen 2 Arten in besonders warmen Gebieten (in Dt nur *M. ibericus* Latr. am Ober- und Mittelrhein); beachtliche Unterschiede bei den ♀♀, namentlich in der Kopfgröße; sammeln als Nahrung v. a. Pflanzensamen ein; dabei gehen oft Samen verloren, die entlang der Straße keimen; bei ergiebigen Samenfunden Rekrutieren von Nestgenossen durch Zirpen mit dem Stridulationsorgan (s. o.); bauen Erdnester, Eingang dann oft kraterartig von einem Sandwall umgeben; Nestgründung unabhängig.

D3. *Solenopsis fugax* Latr., Diebsameise; ♀ gelb bis braun, winzig (1,4–3 mm); Königin schwarz bis schwarzbraun, bis 6,5 mm; ♂ schwarz, bis 5 mm; das volkreiche, →polygyne Nest (mehrere 100 000 ♀♀) i. d. R. den Bauten verschiedenster anderer größerer Ameisenarten benachbart, zwischen deren Gängen, in die die feinen Diebsameisengänge münden [**F-21**]; im Freien nur selten zu beobachten; Nestgründung unabhängig; Nahrung tierisch, in beachtlichem, zuweilen verheerendem Ausmaß auf Kosten des Wirtes (z. T. wird auch dessen Brut nachgestellt, hierbei Einsatz hochwirksamer Alkaloide zur Vertreibung der Wirtsameisen aus den überfallenen Brutkammern); außerdem →Honigtau von unterirdisch lebenden Blatt- und Schildläusen.

D4. *Monomorium pharaonis* L., Pharaoameise; aus Indien im 19. Jahrhundert eingeschleppt, heute weltweit verbreitet; sehr klein (♀ 2–2,5 mm); bei uns meist in Häusern (insbesondere solchen mit Fernwärmeheizungen) und dort dann außerordentlich lästig durch Zerstören von Nahrungsmitteln; Hygieneschädling: besiedelt in Krankenhäusern z. B. sterilisierte Wäsche und kann unter den Verbänden frischer Wunden auftreten; im Freien im Winter nur überlebensfähig, wenn Wärmequellen vorhanden (z. B. in Müllkippen); durch Kleinheit und oft verborgenen Neststand schwer auszurotten; stets viele (bis zu 2000), aber kurzlebige (3–12 Monate) Königinnen im Nest; Geflügelte im Spätsommer/Herbst; Kopulation schon im Nest; Koloniegründung durch Ableger eines größeren Nestes, meist durch begattete Königinnen zusammen mit ♀♀, gelegentlich durch einige ♀♀ mit Larven (dann werden sofort Geschlechtstiere aufgezogen).

D5. *Tetramorium caespitum* L., Rasenameise; Zwillingsart: *T. impurum* Foerst. (♀ ca. 3 mm); Färbung variabel gelbrot bis (meist) schwarz, manchmal in der gleichen Kolonie; ♂♂ und Königin geflügelt; Nahrung aus Pflanzensamen (Lagerung in Nestkammern), jedoch auch Pflege von Wurzelblattläusen; ebenfalls regelmäßig Aufnahme toter Kleintiere (bis zu kleinen Wirbeltieren), selten Jagd von Bodenarthropoden; zuweilen sehr volkreiche Erdnester, oft unter Steinen, aber auch mit oberirdischem Hügelbau aus Erde; nicht selten verlustreiche Kämpfe zwischen benachbarten Kolonien; Geschlechtstiere im Sommer (VI–VIII), Koloniegründung unabhängig; über die Beziehung zu Blattläusen vgl. →Eriosomatidae 9; Wirt der beiden folgenden, verwandten Arten.

D6. *Tetramorium (Anergates) atratulus* Schenk. [**F-20**]; seltener ♀♀-loser Brutparasit bei anderen *Tetramorium*-Arten; ♂ flügellos, ♀ zunächst

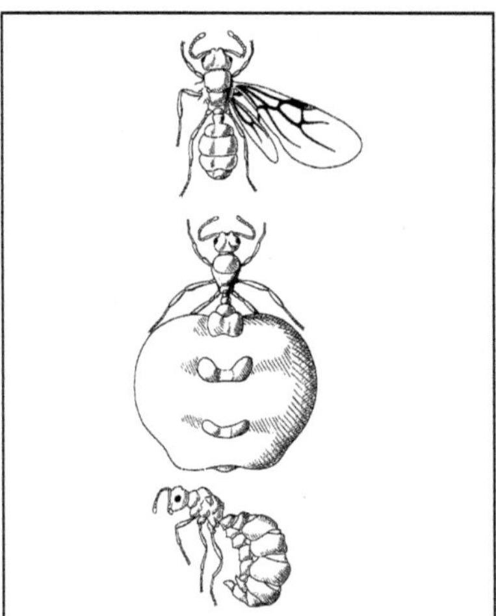

Abb. F-20: Formicidae: *Tetramorium (Anergates) atratulus.* Oben: jungfräuliches ♀; Mitte: Eier legendes ♀; unten: ♂. (Wheeler 1960)

geflügelt, später flügellos, Stachel rudimentär; Mundteile bei ♂ und ♀ nur mäßig ausgebildet; das *Anergates*-♀ wird im Wirtsnest von den Brüdern begattet, fliegt aus, dringt in ein anderes, weiselloses Wirtsnest ein; darauf starke Entwicklung der Ovarien mit Anschwellen des Hinterleibs beim Parasiten-♀ (Physogastrie); seine zahlreiche Brut (ausschließlich Geschlechtstiere) wird von den Wirts-♀♀ gepflegt; die Wirtskolonie und damit auch der Rest der Parasitenbrut geht nach 2–3 Jahren schließlich zugrunde.

D7. *Strongylognathus testaceus* Schenk., Säbelameise; mit schmalen, ungezähnten, säbelförmigen Mandibeln [**F-7**]; ♀ gelb- bis dunkelbraun, ca. 3 mm; auch Geschlechtstiere (beide geflügelt) nur wenig größer; lebt bei *Tetramorium* →D5, die die begattete Königin bei sich aufnehmen, pflegen und deren Nachkommenschaft aufziehen; in der dann gemischten Kolonie bleibt der *Str.*-Anteil wohl meist unter 20 %, die Wirtsart vernachlässigt jedoch die Aufzucht eigener Geschlechtstiere; *Str.*-♀♀ wenig kämpferisch, bei der Teilnahme an den Kämpfen des Wirtes die säbelförmigen Kiefer wenig wirkungsvoll (Gegensatz zur Amazonenameise *Polyergus* →C7).

D8. *Formicoxenus nitidulus* Nyl., Glänzende Gastameise; kleine Art (♀ ca. 3 mm); legt ihre wenig volkreichen Nester (normalerweise 20–150 Tiere) in Hohlräumen in hohlen Zweigen,

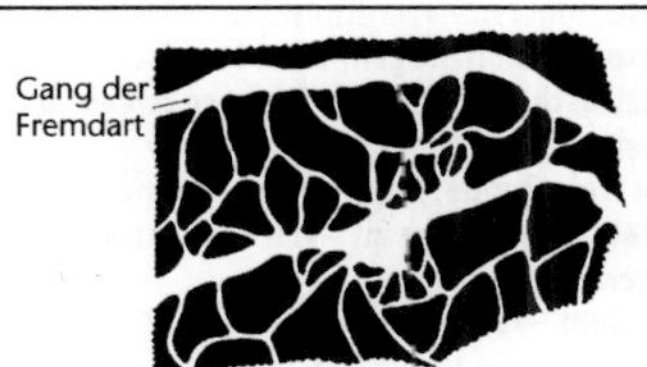

Abb. F-21: Formicidae: *Solenopsis fugax*. Teil eines Nestsystems im Bau einer anderen Art. (Wasmann 1898)

Grashalmen, Kiefernzapfen, Rinde an, die im Innern der oberirdischen Nestteile der Waldameisen (*Formica* →C11) liegen; leben, vergleichbar der Diebsameise, hauptsächlich auf Kosten des Wirtes, den sie durch Antennenbetrillern um Nahrung anbetteln; Geschlechtstiere im Sommer; Königinnen dimorph: geflügelt oder →ergatoid wie die ☿☿; ♂ ungeflügelt, ergatoid; Begattung auf dem Wirtsnest; Nestgründung selbstständig durch begattete Jungköniginnen, z. T. im ursprünglichen Wirtsnest; Ausbreitung mit Tochtervölkern der Wirtsarten bei Zweignestbildung und (vermutlich) durch abfliegende begattete Jungköniginnen.

D9. *Leptothorax acervorum* F.; häufigste Art der Gttg., von Mooren bis in trockene Lebensräume verbreitet; benötigt Steine, Holzstücke oder Moospolster für die Nestanlage; diese häufig in der Nähe von Nestern großer Ameisen (*Formica, Lasius, Tetramorium*); ☿☿ ca. 4 mm, Geschlechtstiere wenig größer; Nester i. d. R mit 80–280 ☿☿ und 1–15 Königinnen; Aufnahme fremder Königinnen kommt vor; Nahrung tierisch, im Hochgebirge auch Nektar; Larven an vorderen Segmenten mit bauchseitigen Haftpolstern (Mensarium), an denen beim Füttern Nahrungsbrocken anhaften; einziger Wirt für 3 sozialparasitische *Leptothorax*-Arten →C10 sowie Hauptwirt der Sklaven raubenden *Harpagoxenus sublaevis* Nyl. →D11.

D10. *Leptothorax (Doronomyrmex)*; *L. pacis* Kutter: ☿☿-loser Sozialparasit bei *Leptothorax acervorum* F., koexistiert mit den Wirtsköniginnen (ebenso *L. kutteri* Busch.); *L. goesswaldi* Kutter dringt im August in das Nest von *L. acervorum* ein, verhält sich unauffällig bis zum folgenden Frühjahr, beißt dann allmählich den oft mehreren Wirtsköniginnen die Antennen ab; nach deren Tod für 2–3 Jahre Aufzucht von *L. g.*-Geschlechtstieren bis zum Absterben der letzten Wirts-☿☿.

D11. *Harpagoxenus sublaevis* Nyl.; seltener Sozialparasit mit obligatem Sklavenraub; die Königin dringt in ein *Leptothorax*-Nest ein, tötet mit kneifzangenartigen Mandibeln alles außer den Puppen und größeren Larven, bedient sich der daraus schlüpfenden ☿☿; dauerndes Zurauben von Puppen erhält ein dauernd gemischtes Volk, in dem die (bis zu 60) ☿☿ und →ergatoiden ♀♀ von *Harpagoxenus* den Raub und die (bis zu 600) *Leptothorax*-☿☿ (aus bis zu 3 Arten) alle übrigen Aufgaben durchführen; die Rekrutierung zum Raubzug erfolgt durch Tandem-Laufen: der Kundschafter führt einen Nestgenossen zum ausgespähten *Leptothorax*-Nest (selten in mehr als 3 m Entfernung), bei Rückkehr wiederholen beide den Vorgang mit weiteren Nestgenossen, bis schließlich (nach bis zu 3 h Rekrutierung) etwa 1 h vor der Abenddämmerung der Überfall beginnt. Paarung abends (VII–VIII) nach Anlocken der geflügelten ♂♂ durch die i. d. R. ergatoiden Königinnen; aus einmal überwinternden Eiern entstehen ☿☿ und (ausnahmsweise) geflügelte Königinnen, aus 2-mal überwinternden ergatoide ♀♀; die Entwicklungsverzögerung bei Letzteren wird genetisch durch ein dominantes Allel bewirkt.

D12. *Temnothorax (Myrmoxenus) ravouxi* André (= *Epimyrma r.*); in M- und S-Eur verbreitete Sklavenhalterameise (Wirtsarten *Temnothorax unifasciatus* Latr., *T. nigriceps* Mayr u. a.); zum Raubzug wird eine Gruppe von 20–40 ☿☿ von einem Kundschafter auf einer Duftspur geführt (Giftdrüsensekret); Kampf mittels Wehrstachel; die Jungkönigin (Schwarmzeit meist VIII) tötet die Königin eines Wirtsnestes durch allmähliches „Würgen" mit den Mandibeln am Hals (kann bis zum folgenden Frühjahr dauern), wird von den adulten Wirts-☿☿ akzeptiert; danach Aufzucht von *M.*-☿☿, in späteren Jahren auch von *M.*-Geschlechtstieren; Lebensdauer der Königin ca. 10 Jahre. – In den Mittelmeerländern einschl. Nordafrika weitere Arten mit z. T. reduzierter oder fehlender ☿☿-Kaste, dann ohne Sklavenraub, Koloniegründung jedoch wie bei 12; bei diesen Arten auch Abwandlung des Sexualverhaltens: Kopula der jungen Geschlechtstiere (alle Abkömmlinge der jeweils einen Königin; Inzucht!) im Mutternest, Abwandern der entflügelten Jungköniginnen im Frühjahr, Gründung eigener Kolonien in benachbarten Wirtsnestern; Geschlechtstieraufzucht bereits im Jahr der Koloniegründung, Lebensdauer dann nur 2–3 Jahre, bis letzte Wirts-☿☿ gestorben sind.

D13. *Pheidole pallidula* Nyl.; einziger im südl. M-Eur heimischer Vertreter einer artenreichen, tropischen und subtropischen Gttg., inzwischen auch an einzelnen Orten im in

Südwest-Dt durch Einschleppung angesiedelt; weitere verschleppte Arten der Gttg. treten gelegentlich in beheizten Gebäuden auf; die winzigen ♀♀ (2,2 mm) mit kleinen, die „Soldaten" (ca. 4 mm) mit großen Köpfen (keine Zwischenformen); Geschlechtstiere wesentlich größer, Königin 7–8 mm, ♂ 4,5–5 mm; v. a. tierische Nahrung und Samen, daneben Nektar und →Honigtau; Nester sonnenexponiert unter Steinen, in Felsen- und Mauerritzen; Vorkommen auch noch in der Spritzwasserzone der Felsküsten und dort für Sonnenhungrige bisweilen lästig als Ausbeuter mitgebrachter Nahrungsmittel.

D14. *Atta*, Blattschneiderameisen; Mittel- und Südamerika; pilzzüchtend; von den ♀♀ mit den Mandibeln abgeschnittene Blätter und Blatteile werden eingetragen, zu einem Brei zerkaut, reichlich mit Speichel und Kot vermischt und in den unterirdischen, bisweilen 1 m langen und 30 cm breiten Pilzgärten ausgebreitet; der Blattbrei dient als Nährboden für das Mycel eines Schlauchpilzes; knollenartige, nährstoffreiche Anschwellungen der Pilzschläuche bilden die alleinige Nahrung der Ameisen; bei der Nestgründung bringt die junge Königin in besonderer Mundtasche Pilzmycel aus dem alten Nest mit, um damit zerkautes Blattmaterial zu beimpfen; jede Blattschneiderameisenart züchtet ihre eigene Pilzart; Absonderungen von im Metathorax der ♀♀ gelegenen Drüsen (Indolessigsäure, Phenylessigsäure und L-β-Hydroxidecensäure) regulieren das Wachstum des Zuchtpilzes und hemmen die Entwicklung von Bakterien (*Escherichia coli, Staphylococcus aureus*) und Fremdpilzen, z. B. *Penicillium glaucum*.
Lit. →Hymenoptera; Agosti & Collingwood 1987; AntWeb; Brian 1977; Buschinger 1989, 1990; Buschinger & Klump 1988; Dumpert 1994; Eisenbeis & Wichard 1985; Engels 1990; Francoeur et al. 1985; Gößwald 1989, 1990; Hölldobler & Kwapich 2023; Hölldobler & Wilson 1995; Kutter 1977; Lebas 2019; Masuko 1989; Menzel & Schlumberger 1991; Parmentier et al. 2014; Pasteels & Deneubourg 1987; Schlick-Steiner et al. 2008; Seifert 1996, 2018; Thum 1988; Zizka 1993.
Formicinae →Formicidae C.
Formicoidea; inhaltsgleich mit →Formicidae.
Formicoxenus →Formicidae D8.
Fossa spongiosa →Reduviidae.
Frankliniella →Thripidae 10, 11; →Thysanoptera.
Fransenflügler →Thysanoptera.

Fransenmotten →Momphidae.
Franzosen, *Blattella germanica* L. →Blattellidae 1.
Französische Kornmotte, *Sitotroga cerealella* Oliv. →Gelechiidae 1.
Freie freie Puppe, Pupa libera →Pupa 2a.
Frenatae; Synonym zu →Heteroneura (→Lepidoptera).
Frenulum →Lepidoptera.
Friesea →Collembola (Neanuridae).
Fritfliege, *Oscinella frit* L. →Chloropidae 2.
Frontaldrüse →Isoptera.
Frostspanner →Geometridae C12–14, E1.
Frostspinner, *Ptilophora plumigera* Den. & Schiff. →Notodontidae A10.
Fruchtfliegen →Tephritidae.
Fruchtstecher →Rhynchitidae.
Frühe Adonislibelle, *Pyrrhosoma nymphula* Sulz. →Coenagrionidae 3.
Frühe Fichtengallenlaus, *Adelges laricis* Vall. →Adelgidae 1.
Frühlingskreuzflügel, *Alsophila aescularia* Den. & Schiff. →Geometridae C12.
Frühlingsmistkäfer, *Trypocopris vernalis* L. →Geotrupidae A.
Frühlingsscheckenfalter, *Hamearis lucina* L. →Riodinidae.
Frühlingsspinner →Endromidae.
Fucellia →Anthomyiidae.
Fuchsia →Peleopodidae.
Fühlerkäfer, Paussinae →Carabidae E.
Fulgoromorpha; Gruppe der →Auchenorrhyncha.
Fundatrigenia (Pl.: Fundatrigeniae); bei Blattläusen (→Aphidina) mit Wirtswechsel (insbesondere Aphididae) der auf dem Primärwirt parthenogenetisch erzeugte und sich ebenso fortpflanzende Nachkomme der Stammmutter (Fundatrix).
Fundatrix; Stammmutter; Blattlaus (→Aphidina) der Ausgangsgeneration im Jahreszyklus, meist im Frühling aus einem besamten überwinternden Ei (Winterei) geschlüpft, pflanzt sich parthenogenetisch fort.
Fungivoridae →Mycetophilidae.
Fungomyza →Anthomyzidae.
Furchenbienen, *Halictus* →Halictidae 4; ***Lasioglossum*** →Halictidae 5; vgl. auch →Strepsiptera B4.
Furchenschwimmer, *Acilius sulcatus* L. →Dytiscidae 3.
Furcipes →Curculionidae H1.
Furcula →Notodontidae A3.
Fußspinner →Embioptera.
Futteralmotten →Coleophoridae.

G

Gabelschwanzraupe →Notodontidae A.
Galeruca →Chrysomelidae K1.
Galerucella →Chrysomelidae K3; vgl. auch →Carabidae M8.
Galerucinae →Chrysomelidae K, L.
Galläpfel; Gallen von *Cynips quercusfolii* L. →Cynipidae 3.
Gallblattwespen, *Euura* →Tenthredinidae 13; vgl. auch →Ichneumonidae D5.
Gallen, Cecidien; alle Produkte abnormen Wachstums, die an Pflanzen (selten Pilzen: →Platypezidae) unter der Einwirkung tierischer oder pflanzlicher Parasiten entstehen und den Nährboden für diese abgeben; nach der Art des Erregers unterschieden: **Phytocecidien,** erregt durch Pilze, Algen oder Bakterien; **Zoocecidien,** erregt durch Tiere, und zwar (außer durch wenige Protozoen, Rädertierchen, Fadenwürmer und Milben) v. a. durch Vertreter verschiedener Insektengruppen: keineswegs nur durch die Gallmücken (→Cecidomyiidae) und Gallwespen (→Cynipidae), von denen zudem nicht alle Gallbildner sind, sondern auch durch eine Reihe von Arten aus weiteren phytophagen Gruppen (s. Tabelle); Gallbildung manchmal nur fakultativ; nach dem Aufbau der Gallen oft unterschieden: **histoide Gallen,** wobei nur bestimmte Pflanzengewebe in die Wachstumsänderungen einbezogen sind, z. B. bei der verdickten Einrollung von Blatträndern unter dem Einfluss von Blattläusen; **organoide Gallen,** wobei ganze Pflanzenorgane in die Gallenbildung einbezogen sind, z. B. bei den ebenfalls durch Blattläuse bedingten Ananasgallen an Fichten (→Adelgidae); häufig Übergänge zwischen beiden Typen; nach den räumlichen Beziehungen zwischen Parasit und Wirt unterscheidbar: Umwachsungs- oder **Beutelgallen,** bei denen der Parasit stets außerhalb des Wirtsgewebes bleibt und nur von ihm umwachsen wird (→Eriosomatidae 7; →Cecidomyiidae C9); **Markgallen,** bei denen bereits das Ei vom Parasiten-♀ in das Pflanzengewebe versenkt wird, der Parasit in der Gallenkammer rings vom Pflanzengewebe umgeben ist und sich u. U. mit beachtlichen Anstrengungen herausarbeiten muss (→Cynipidae 3). – Spezialistentum der Gallenerreger oft sehr ausgeprägt: nur bestimmte (oder nur wenige) Wirtspflanzen werden befallen, meist auch nur bestimmte Organe auf diesen Pflanzen, z. B. Wurzeln, Knospen, Blattstiele, Blätter (Bestimmungsbücher für Gallen daher i. d. R. nach Wirtspflanzen und deren befallenen Teilen geordnet); in manchen Fällen bevorzugen ganze Gruppen von Gallenbildnern bestimmte Pflanzen; bekanntestes Beispiel: Gallwespen besonders häufig an Eichen; Arten mit Generationswechsel (Heterogonie) können in den einzelnen Generationen verschiedene Teile der gleichen Pflanze befallen (→Cynipidae; vgl. auch Reblaus, →Phylloxeridae 3); **Gallbildung** ist nur möglich an noch teilungsfähigem Gewebe der Pflanze; der Anstoß erfolgt vom Gallenerreger, evtl. bereits durch Einstich bei der Eiablage, durch das Ei selbst oder/und durch das Fressen bzw. Saugen des Parasiten, und zwar über vom Gallenerzeuger abgegebene Stoffe, oft pflanzliche Hormone (Auxine, Cytokinine) oder Stoffe, die die Wirksamkeit pflanzeneigener Hormone verändern oder deren Produktion erhöhen; außerdem spielen von den Gallenerzeugern abgegebene Enzyme und Aminosäuren eine Rolle; die Wechselwirkung zwischen Parasit und Wirt (Auftreten von oft polyploidem fett- und eiweißreichem Nährgewebe für den Parasiten) ist durch Zugabe von Pflanzenhormonen oder Extrakten aus den Parasiten nicht auszulösen; Gallen sind i. d. R. nicht die Ergebnisse einfacher Veränderungen von Wachstumsprozessen, sondern – zumindest zum Teil – komplizierte, pflanzenuntypische Bildungen; an manchen Gallen können Verletzungen regeneriert werden, solange der Gallenerreger vorhanden ist; ist er verlorengegangen, wird die Galle abgestoßen; meist treten frühzeitig Trennschichten auf, die auch bei normaler Entwicklung das Abfallen der Galle gewährleisten.

© Springer-Verlag GmbH Deutschland, ein Teil von Springer Nature 2026
E. Weber, H. Bellmann, *Jacobs|Renner – Biologie und Ökologie der Insekten,*
https://doi.org/10.1007/978-3-662-71153-8_7

Gruppen mit heimischen Gallenbildnern. <u>Unterstrichen</u> sind artenreiche Fam. mit vorwiegend gallenbildenden Arten.

Thysanoptera – Thripse
Hemiptera
→*Psyllina* – Blattflöhe
  Aphidina – Blattläuse
  →Adelgidae
  →Aphididae
  →Eriosomatidae
  →Phylloxeridae

Coccina – Schildläuse
→Asterolecaniidae
→Diaspididae
→Eriococcidae
→Xylococcidae
Heteroptera – Wanzen
→Tingidae 1: *Copium*
Hymenoptera – Wespen
→Agaonidae
→Cephidae: *Janus cynosbati* L.
→<u>Cynipidae</u> – Gallwespen
→Eurytomidae 1: *Tetramesa*
→Tenthredinidae 13: *Euura*

Coleoptera – Käfer
→Apionidae
→Buprestidae: *Lamprodila, Agrilus*
→Mordellidae
→Curculionidae I, J, P
→Cerambycidae E10, E11
Diptera – Mücken und Fliegen
→Agromyzidae
→<u>Cecidomyiidae</u> – Gallmücken
→Chloropidae
→Lonchaeidae: *Dasiops*
→Platypezidae: *Agathomyia*
→Tephritidae: *Urophora*

Lepidoptera – Schmetterlinge
→Alucitidae
→Argyresthiidae
→Coleophoridae
→Gelechiidae 2: *Stenolechia*
→Heliozelidae: *Heliozela*
→Momphidae
→Nepticulidae: *Ectoedemia*
→Prodoxidae: *Lampronia fuscatella*
→Pterophoridae
→Sesiidae 2: *Paranthrene*
→Tortricidae

Lit. Beiderbeck & Koevoet 1979; Bellmann 2017; Buhr 1964, 1965; Ellis o. J.; Hellrigl 2010; Mani 1964; Raman et al. 2005.

Gallenbohrer, *Archarius* →Curculionidae H3.
Gallenrüssler →Curculionidae I.
Galleria →Pyralidae 1.
Gallmücken →Cecidomyiidae.
Gallwespen →Cynipidae.
Gammaeule, *Autographa gamma* L. →Noctuidae 34.
Gampsochoris →Berytidae 2.
Gämsenlausfliege, *Melophagus rupicaprinus* Rond. →Hippoboscidae 3.
Gargara →Membracidae 2.
Gartenhaarmücke, *Bibio hortulanus* L. →Bibionidae.
Gartenhumusschnellkäfer, *Agriotes sputator* L. →Elateridae 4.
Gartenlaubkäfer, *Phyllopertha horticola* L. →Scarabaeidae C8.
Gaster; der an eine stielartige Wespentaille anschließende Teil des Hinterleibs bei einigen Apocrita (→Hymenoptera), insbesondere bei den Ameisen (→Formicidae).
Gasterophilidae, Gasterophilinae, *Gasterophilus* →Oestridae D.
Gasteruptiidae (Gasteruptionidae), Gichtwespen; Fam. der Hautflügler (Hymenoptera, Apocrita, Evanioidea) mit in Eur 34, M-Eur 23, Dt 17 Arten der Gttg. *Gasteruption* (5–15 mm; [**G-1**]); Name nach den keulenförmig verdickten Hinterschienen; sehr schlanker und seitlich zusammengedrückter Hinterleib, Hinterleibsstiel setzt – wie bei anderen Evanioidea – oben an der Brust (genauer: vorne am →Propodeum) an;

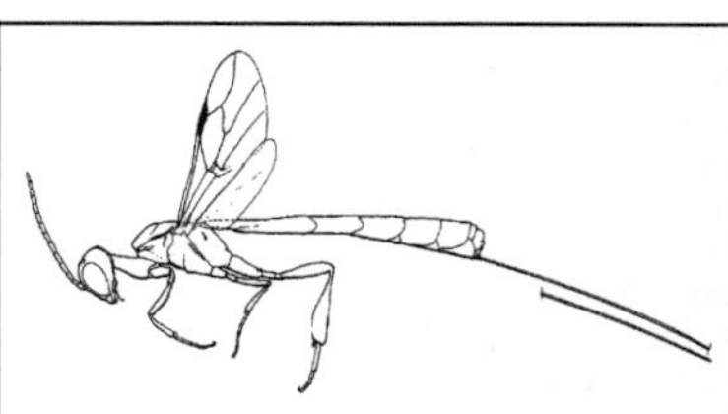

Abb. G-1: Gasteruptiidae: *Gasteruption* spec., Gichtwespe. (Goulet & Huber 1993)

Vorderbrust halsartig verlängert; bei ♀♀ recht weit vorstehender Legebohrer. Imagines sind Nektarfresser an Apiaceae, Lamiaceae und Asteraceae. Die Larven außereuropäischer Gttgn. Sind Ektoparasitoide bei larvalen →Vespidae und →Apoidea; bei *Gasteruption* Weiterentwicklung zu einem →Kleptoparasiten v. a. bei solitären Bienen (*G. assectator* F. z. B. bei Bienen der Gttg. *Hylaeus*, →Colletidae 2): fressen zunächst das Wirtsei oder die Wirtslarve, dann den Pollen-Nektar-Vorrat im Wirtsnest. Wohl 3 Larvenstadien; die erwachsene Larve überwintert im Wirtsnest in einem Kokon.
Lit. →Hymenoptera; Bürgis 1989; Malyshev 1965.
Gasteruption, Gasteruptionidae →Gasteruptiidae.
Gastrodes →Rhyparochromidae 6.
Gastropacha →Lasiocampidae 9.
Gattung (Genus; Gttg.); Rangstufe („Kategorie") der biologischen Systematik, die nur hinsichtlich ihrer relativen hierarchischen Einordnung

(zwischen Familie und Art) definiert ist. Die traditionelle Zuordnung von Insektengruppen zu dieser Kategorie ist subjektiv und spiegelt oft nicht das Entstehungsalter der jeweiligen Gruppen wider. Die wissenschaftliche Bezeichnung der Gttg. bildet zugleich das 1. Wort der zweiteiligen wissenschaftlichen Bezeichnung der zugehörigen Arten.

Gaukler, *Cybister lateralimarginalis* Deg. →Dytiscidae 2.

Gauropterus →Staphylinidae.

Gaurotes →Cerambycidae C2.

Geadephaga; fast ausschließlich landlebende Gruppe der Adephaga (→Coleoptera); in Dt mit den Fam. →Carabidae, →Cicindelidae.

Gebüschohrwurm, *Apterygida media* Hag. →Dermaptera C4.

Gefahrenalarm; ein bei sozialen Insekten verbreitetes Verhalten einzelner gestörter oder gefährdeter Individuen, durch das andere zum gleichen Verhalten oder zur Hilfeleistung alarmiert werden; Beispiele: mit Geräusch verbundenes Aufschlagen mit dem Kopf auf das Substrat bei den Soldaten mancher Termitenarten kann Verstecken der Nestgenossen auslösen (→Isoptera); Umherlaufen mit Flügelschwirren auf dem Nest bei der Feldwespe *Polistes* (→Vespidae D1); Absonderung von Alarmpheromonen (nur von weiblichen Tieren, nicht der Bienenkönigin; oft mit bestimmten Bewegungs- und Haltungsweisen) bei verschiedenen Hymenoptera, lösen je nach Art Angriff oder Flucht aus; Entstehungsort verschieden, manchmal auch 2 Drüsen beteiligt: bei *Vespa* Herstellung in der Giftdrüse, wird dem Stachelgift beigemischt (→Vespidae D2); bei *Formica* Bildung in der Mandibeldrüse und in der Giftdrüse (Ameisensäure), bei anderen Ameisen in der Giftdrüse und in anderen Drüsen des Hinterleibs (→Formicidae); bei *Apis* wird ein Alarmstoff dem Stachelgift beigemischt, ein anderer Alarmstoff wird in der Mandibeldrüse gebildet (→Apidae).

Gefiederfliegen →Carnidae.

Gefleckte Heidelibelle, *Sympetrum flaveolum* L. →Libellulidae 4.

Gefleckte Kleezierlaus, *Therioaphis trifolii* Monell →Drepanosiphidae B5.

Gefleckte Lärchenrindenlaus, *Cinara laricis* Walk. →Lachnidae 2.

Gefleckter Birnblattsauger, *Cacopsylla pyricola* Först. →Psyllina A2.

Gefleckter Pelzkäfer, *Attagenus pellio* L. →Dermestidae 2.

Gefurchter Lappenrüssler, *Otiorhynchus sulcatus* F. →Curculionidae F1.

Gegenschattierung; diejenige Form einer Schutztracht, bei der ein ruhender, etwa zylindrischer Körper durch eine zum einfallenden Licht gegensinnige Pigmentverteilung nicht körper-, sondern flächenhaft erscheint; Beispiel: stärkere Pigmentierung am Rücken, schwächere am Bauch (bzw. umgekehrt), wenn der Rücken (bzw. Bauch) dem Licht zugewandt ist [**L-24**]; nicht selten verwirklicht bei Raupen und Puppen mancher Schmetterlinge, stets gekoppelt mit der zur Pigmentverteilung passenden Einstellung zum Licht; doppelte Gegenschattierung: durch eine der Lichteinstellung entsprechende Pigmentverteilung jederseits einer Seitenlinie entsteht der Eindruck eines zweiflächigen Gebildes; Schutzwirkung gegenüber manchen natürlichen Feinden, z. B. Vögeln, ist in einzelnen Fällen nachgewiesen; Beispiele: →Pieridae 5, 6; →Notodontidae A1.

Geißblattfedermotte, *Alucita hexadactyla* L. →Alucitidae 3.

Geißelantenne; Form der Antenne bei →Ectognatha; aus 2 Grundgliedern (Scapus und Pedicellus) und einer meist mehrgliedrigen Geißel; Muskulatur meist nur im 1. Glied (Scapus), das 2. Glied (Pedicellus) enthält ein vielfältig arbeitendes Sinnesorgan (→Johnston-Organ), selten auch Muskulatur.

Geißkleebläuling, *Plebeius argus* L. →Lycaenidae C2.

Geistchen →Alucitidae; s. auch →Pterophoridae.

Gelbe (Weizen-)Halmfliege, *Chlorops pumilionis* Bjerk. →Chloropidae 3.

Gelbe Acht, *Colias hyale* L. →Pieridae 6.

Gelbe Berberitzenlaus, *Liosomaphis berberidis* Kalt. →Aphididae 10.

Gelbe Fichtengallenlaus, *Sacchiphantes abietis* L. →Adelgidae 2; vgl. auch →Geometridae E9, →Pyralidae 6.

Gelbe Fuchsschwanzgallmücke, *Contarinia merceri* Barn. →Cecidomyiidae B5.

Gelbe Getreidefliege, *Opomyza florum* F. →Opomyzidae 1.

Gelbe Luzernensprossgallmücke, *Dasineura lupulinae* Kieff. →Cecidomyiidae B8.

Gelbe Pflaumensägewespe, *Hoplocampa flava* L. →Tenthredinidae 9.

Gelbe Rosenbürstenhornwespe, *Arge ochropus* Gmel. →Argidae 1.

Gelbe Stachelbeerblattwespe, *Pteronidea ribesii* Scop. →Tenthredinidae 6.

Gelbe Tigermotte, *Spilosoma lutea* Hufn. →Erebidae K9.

Gelbe Weizengallmücke, *Contarinia tritici* Kirby →Cecidomyiidae B1.

Gelbe Weizenhalmfliege (Gelbe Halmfliege),
Chlorops pumilionis Bjerk. →Chloropidae 3.
Gelbe Wiesenameise, *Lasius flavus* Deg. →Formicidae C5.
Gelber Buchenspanner, *Cyclophora linearia* Hbn.
→Geometridae D.
Gelber Kiefernfallkäfer, *Cryptocephalus pini* L.
→Chrysomelidae H2.
Gelbes Ordensband, *Catocala fulminea* Scop. →Erebidae I2.
Gelbfußtermite, *Reticulitermes flavipes* Koll.
→Isoptera 3.
Gelbhafte →Potamanthidae.
Gelbhalstermite, *Kalotermes flavicollis* F. →Isoptera 1.
Gelbköpfiger Wurm, *Lobesia botrana* Den. &
Schiff. →Tortricidae 28.
Gelblinge →Pieridae.
Gelbrand(käfer), *Dytiscus marginalis* L. →Dytiscidae 1.
Gelbspanner, *Opisthograptis luteolata* L. →Geometridae C5.
Gelechiidae, Palpenmotten; Fam. der Schmetterlinge (Lepidoptera, Glossata, Gelechioidea)
mit in Eur ± 810, M-Eur ± 375, Dt 279 Arten;
Falter klein (selten über 20 mm Flspw.); meist
mit langen, nach vorn oder vorn-oben stehenden Labialpalpen; Hinterflügel verhältnismäßig
breit. Lebensweise der meist 16-beinigen **Raupen** (5 Afterfußpaare; Rückbildungen der Beine
kommen vor) sehr verschiedenartig: minierend
in Samen oder Früchten, an oder zwischen zusammengesponnenen Blättern, im Innern von
Trieben, in Blüten; viele Arten sehr schädlich
an Kulturpflanzen (z. B., außer den unten aufgeführten Arten, *Scrobipalpa aptatella* Walk. an
Tabak); **Verpuppung** meist in einem Kokon.

1. *Sitotroga cerealella* Oliv., Getreidemotte,
Weißer Kornwurm, Französische Kornmotte;
stammt aus Nordamerika, heute weltweit verbreitet. **Eiablage** einzeln in die gelagerten oder
(im Freien) milchreifen Körner. **Raupe** weiß,
gedrungen, mit gelbem Kopf; Beine an der sehr
beweglichen Eiraupe noch gut entwickelt, Afterfüße bei den kaum beweglichen älteren Stadien rückgebildet; bohrt sich in das Korn ein
und frisst es aus; Kot bleibt in der Fraßhöhle;
Verpuppung im ausgefressenen Korn; bisweilen sehr schädlich, v. a. an Mais und Weizen; in
Europa eine, in warmen Ländern oder auf warmen Speichern mehrere Generationen im Jahr.

2. *Stenolechia gemmella* L., Eichentriebmotte
(Flspw. ca. 10 mm; [**G-2**]); Vorderflügel weiß mit
dunkler Zeichnung; fliegen während des ganzen
Sommers, wohl in 2 Generationen; Eiablage an
junge Triebe; die Raupe bohrt sich ein, frisst den

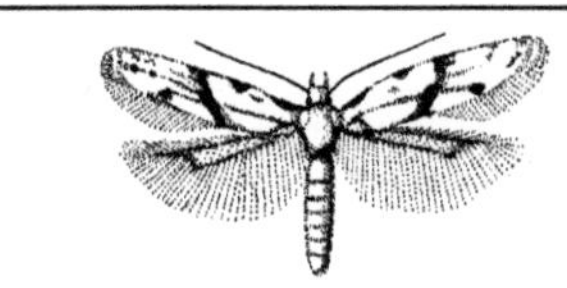

Abb. G-2: Gelechiidae: *Stenolechia gemmella*, Eichentriebmotte. Flspw. ca. 10 mm. (Escherich 1914–42)

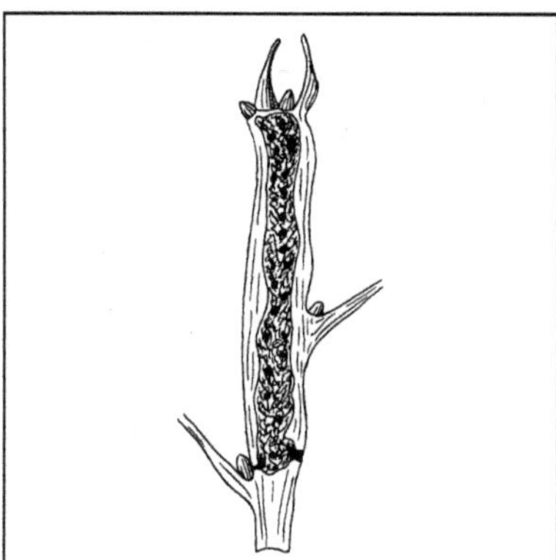

Abb. G-3: Gelechiidae: *Stenolechia gemmella*, Eichentriebmotte. Längsschnitt durch Fraßgang in einem Trieb, mit Kot; unten rechts: Ausflugloch. (Escherich 1914–42)

dann oft leicht angeschwollenen Trieb aus [**G-3**];
die Blätter fallen vergilbt ab; Verpuppung teils
im Trieb, teils am Stamm in einem schwachen
Gespinstkokon.

3. *Exoteleia dodecella* L., Kiefernknospentriebmotte; der Falter fliegt im Frühsommer bis VII;
Jungraupe dringt in die Spitze der Nadel ein,
die sie bis zum Herbst ausfrisst; das Innere der
Mine mit feinem Gespinst überzogen; Kot wird
aus einem unteren Loch ausgeworfen; Überwinterung in der Mine; im Frühling von einer
weißen Gespinströhre aus Eindringen in bis
zu 3 Knospen nacheinander, die ausgefressen
werden; Verpuppung am Fraßplatz; mitunter
beträchtlicher Schaden.

4. *Pexicopia malvella* Hbn.; die Raupen (oft
3 oder 4 zusammen) fressen im Spätsommer in
den Samenkapseln von Malven, überwintern in
besonderem Gehäuse; Verpuppung im Frühling
in einem Kokon im Boden.

5. *Scrobipalpa ocellatella* Boyd, Rübenmotte;
Raupe an Rüben; an Zuckerrüben nicht selten
sehr schädlich; miniert zuerst in den äußeren

Blättern, frisst dann an den Blättern (auch an den Herzblättern) und an der Rübe, die schließlich fault; Puppe meist im Boden; 2–3 Generationen jährlich.

6. *Phthorimaea operculella* Zell., Kartoffelmotte; Raupen an verschiedenen Solanaceae (außer an Kartoffel auch an Tabak und Tomate); Herkunft vermutlich feucht-subtropisches Südamerika, heute durch Verschleppung weltweit verbreitet; in wärmeren Ländern auch im Freiland, bei uns wohl nur in Kartoffelspeichern; wenn an Kartoffel, dann Eiablage an die Augen der Knollen, Raupenfraß meist unter der Schale, aber auch an der Oberfläche; Puppe in Gespinstkokon an den Knollen, an Kartoffelsäcken u. dgl.; dient z. B. in den USA als Wirt zur Zucht von parasitoiden Insekten zur Bekämpfung anderer Schädlinge.

7. *Anarsia lineatella* Zell., Pfirsichmotte; 2 Generationen im Jahr, die sich verschieden verhalten; Sommergeneration: Eiablage meist an die Rinde von Pfirsich, Aprikose und anderen Steinfrüchten; die Jungraupe überwintert unter einem mit Kot und Nagsel getarnten Gespinst, dringt im Frühling in eine Knospe oder einen Kurztrieb ein, zerstört so nacheinander mehrere Triebe; Verpuppung Ende IV an der Rinde in einem Gespinstkokon; Falter im V, Eiablage jetzt an Blätter oder Jungtriebe; die Jungraupe wandert umher, bohrt sich nacheinander in mehrere Längstriebe ein, die sie zerstört; geht schließlich meist vom Stiel aus in unreife Früchte, frisst in ihnen eine Höhle aus, verpuppt sich dann i. d. R. in der Stielgrube oder der Stielnaht; daraus dann die Falter der Sommergeneration.
Lit. →Lepidoptera.

Gelechioidea; Gruppe der Schmetterlinge (→Lepidoptera); Motten mit oft langen, nach vorn oder vorn-oben stehenden Labialpalpen; mit zahlreichen Fam., artenreich sind die →Coleophoridae, →Depressariidae, →Elachistidae und →Gelechiidae.

Gelée royale →Apidae E3.

Gelis →Ichneumonidae F.

Gemeine Baumzirpe, *Allygus mixtus* F. →Cicadellidae A.

Gemeine Binsenjungfer, *Lestes sponsa* Hans. →Lestidae.

Gemeine Birkenzierlaus, *Euceraphis punctipennis* Zett. →Drepanosiphidae B2.

Gemeine Eichengallwespe, *Cynips quercusfolii* L. →Cynipidae 3; vgl. →Curculionidae H3.

Gemeine Eichenschrecke, *Meconema thalassinum* Deg. →Meconematidae.

Gemeine Fichtengespinstblattwespe, *Cephalcia abietis* L. →Pamphiliidae B1.

Gemeine Graseule, *Agrotis exclamationis* L. →Noctuidae 19.

Gemeine Heidelibelle, *Sympetrum vulgatum* L. →Libellulidae 4.

Gemeine Holzwespe, *Sirex juvencus* L. →Siricidae.

Gemeine Keiljungfer, ***Gomphus vulgatissimus*** L. →Gomphidae 1.

Gemeine Kiefernbuschhornblattwespe, *Diprion pini* L. →Diprionidae A2.

Gemeine Kommaschildlaus, *Lepidosaphes ulmi* L. →Diaspididae 6.

Gemeine Mistschwebfliege, *Syritta pipiens* L. →Syrphidae E.

Gemeine Napfschildlaus, *Parthenolecanium corni* Bche. →Coccidae 1.

Gemeine Rosengallwespe, *Diplolepis rosae* L. →Cynipidae 1.

Gemeine Schmierlaus, *Phenacoccus aceris* Sign. →Pseudococcidae 1.

Gemeine Sichelschrecke, *Phaneroptera falcata* Poda →Phaneropteridae 1.

Gemeine Singzikade, *Tibicen plebejus* Scop. →Cicadidae 1.

Gemeine Smaragdlibelle, *Cordulia aenea* L. →Corduliidae 1.

Gemeine Waldschabe, *Ectobius lapponicus* L. →Ectobiidae 1.

Gemeine Wiesenwanze, *Lygus pratensis* L. →Miridae 3.

Gemeine Winterzirpe, *Balclutha punctata* F. →Cicadellidae A.

Gemeine Zwiebelmondfliege, *Eumerus strigatus* Fall. →Syrphidae C2.

Gemeine Zwiebelschwebfliege, *Merodon equestris* F. →Syrphidae C1.

Gemeiner Bläuling, *Polyommatus icarus* Rott. →Lycaenidae C3.

Gemeiner Frostspanner, *Operophtera brumata* L. →Geometridae E1.

Gemeiner Heufalter, *Colias hyale* L. →Pieridae 6.

Gemeiner Holzwurm, *Anobium punctatum* Deg. →Anobiidae 1.

Gemeiner Ohrwurm, *Forficula auricularia* L. →Dermaptera C1.

Gemeiner Scheckenfalter, *Melitaea athalia* Rott. →Nymphalidae D.

Gemeiner Speckkäfer, *Dermestes lardarius* L. →Dermestidae 1.

Gemeiner Staubkäfer, *Opatrum sabulosum* L. →Tenebrionidae 3.

Gemeines Blutströpfchen, *Zygaena filipendulae* L. →Zygaenidae A3.

Gemeines Moderholz, *Xylena exsoleta* L. →Noctuidae 15.

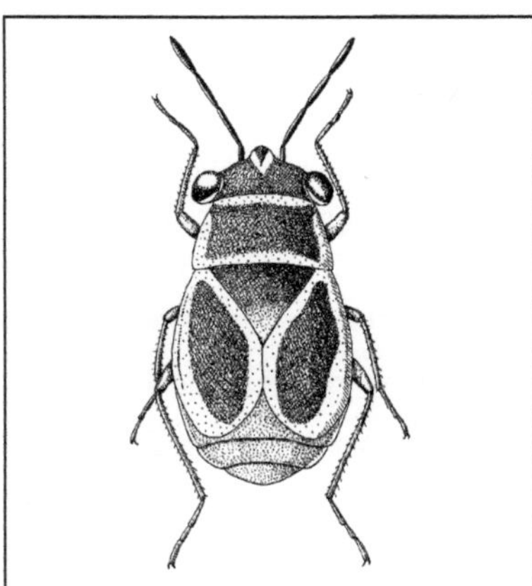

Abb. G-4: Geocoridae: *Geocoris grylloides*. 4 mm. (Jordan 1962)

Abb. G-5: Kriechbewegung von Raupen. Links: Raupe mit 5 Afterfußpaaren; rechts: Spannerraupe. (Weber 1954)

Gemsenlausfliege →Gämsenlausfliege.

Gemüseeule, *Lacanobia oleracea* L. →Noctuidae 33.

Geocoridae, Großaugenwanzen; Fam. der Wanzen (Heteroptera, Pentatomomorpha) mit in Eur 26, M-Eur 6, Dt 5 Arten; früher zu den →Lygaeidae; klein (3–6,5 mm), Bodenbewohner mit großen, halbkugeligen Augen. Saugen an Samen oder Beutetieren (*Geocoris*); Eiablage einzeln in die Blütenstände der Wirtspflanzen; 1-jährig, überwintern als Imago oder Ei.

1. *Henestaris halophilus* Burm.; 5 mm; auf Salzwiesen der Meeresküste, auch in salzhaltigen Biotopen des Binnenlandes; verträgt kurzzeitige Überflutungen; →polyphag, saugt an Samen von Halophyten; Eiablage an Salzpflanzen, Überwinterung als Imago.

2. *Geocoris grylloides* L., Grillenwanze (3–5 mm; [**G-4**]); schwarz, mit hellen Rändern um Halsschild und Deckflügel; Kopf breiter als lang (Name!); Augen sehr groß; Deckflügel der meisten Imagines verkürzt; an trockenen Orten, am Boden und an kleinwüchsigen Pflanzen; Ernährung wie bei anderen *G.*-Arten jagend, kann auf Samen ausweichen; schneller Läufer; Überwinterung als Ei.
Lit. →Heteroptera.

Geocoris →Geocoridae 2.

Geocorisae (Gymnocerata), Landwanzen; umfasst die Leptopodomorpha, Cimicomorpha und Pentatomomorpha (→Heteroptera).

Geometra →Geometridae B.

Geometridae, Spanner; Fam. der Schmetterlinge (Lepidoptera, Glossata) mit in Eur ± 970,

M-Eur ± 525, Dt 434 Arten, nächst den Eulenfaltern (→Noctuidae) und Wicklern (→Tortricidae) die artenreichste Schmetterlingsfamilie; beide Namen hergeleitet von der „spannenden" Bewegung der Raupen, bei denen außer den 3 Brustbeinpaaren meist nur die beiden hinteren Afterfußpaare (am 6. und 10. Hinterleibssegment) vorhanden sind [**G-5**]; meist mittelgroß, etwa zwischen 13 und 50 mm Flspw.; Körper meist schlank (Ausnahme: einige spinnerartig dickleibige Arten, z. B. der Gttg. *Biston* →C9); Rüssel nicht selten mehr oder weniger stark rückgebildet; alle 3 Beinpaare gut entwickelt und verhältnismäßig lang; →**Tympanalorgane** jederseits am 1. Hinterleibssegment, ermöglichen das Wahrnehmen der von Fledermäusen ausgestoßenen Ultraschall-Peillaute und dadurch ausgelöste Flucht; bei flugunfähigen ♀ nicht ausgebildet. **Flügel** verhältnismäßig breit [**G-14**], liegen in der Ruhe meist flach zur Seite, wobei die Hinterflügel mehr oder weniger frei bleiben [**G-9, G-23**], seltener nach Eulenart dachförmig (→A); bisweilen auch eng an den Leib geschmiegt oder fast nach Tagfalterart über den Rücken hochgeklappt (Kiefernspanner [**G-19**]); einige bezeichnende, bei manchen Arten sehr variable [**G-6**] Flügelmuster: z. B. eine mehr oder weniger feine dunkle Rieselung auf hellem Grunde [**G-12**]; verbreitet ein Querbindenmuster, das sich besonders auf der Vorderflügeloberseite zu einem primären oder gar sekundären Symmetriesystem jederseits der Flügelmitte ordnet [**G-7**]; zuweilen Fortsetzung des Bindensystems auf der Hinterflügeloberseite so, sodass sich bei der normalen Ruhehaltung ein einheitliches Gesamtsystem ergibt [**G-9, G-23**]; Hinterflügel sonst meist schwächer gezeichnet als Vorderflügel, selten bunter (*Archiearis* →A); das Muster hat auf dem gewöhnlich gewählten Ruheplatz (z. B. Baumrinde) nicht selten den Charakter einer Verbergetracht (Schutzwirkung im Einzelfall

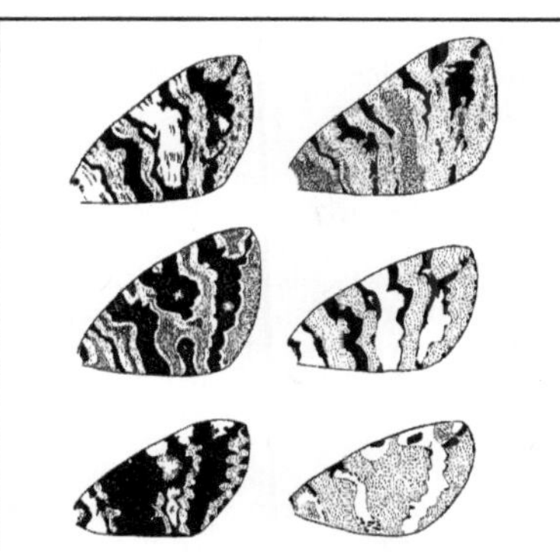

Abb. G-6: Geometridae: *Hydriomena furcata*. Einige Varianten des Vorderflügelmusters. (Henke 1928)

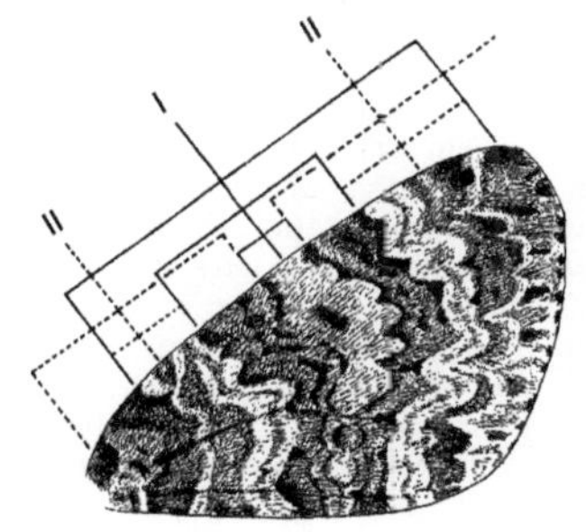

Abb. G-7: Geometridae: *Chloroclysta miata*. Primäres (I; ausgezogene Linien) und sekundäres (II; gestrichelte Linien) Symmetriesystem der Querbinden auf der Oberseite des Vorderflügels. (Süffert 1924)

Abb. G-8: Geometridae: Zweigähnliche Spannerraupe

nachgewiesen; vgl. Birkenspanner →20); bei den ♀♀ der Frostspanner sind die Flügel verkürzt oder völlig verschwunden (→C12–14, E1). Meist Dämmerungs- und Nachtflieger, einzelne Arten auch Tagflieger (♂ des Kiefernspanners); **Flug** meist weder schnell noch ausdauernd, aber immerhin treten 2 in S-Eur heimische Arten bei uns mehr oder weniger regelmäßig als Wanderfalter auf, ohne jedoch den Winter hier überdauern zu können: *Rhodometra sacraria* L. und *Orthonama obstipata* F.; Imagines vieler Arten V–VII. **Geschlechtsunterschied** bisweilen beträchtlich, z. B. in Gesamtmuster oder Färbung (Kiefernspanner →30) oder im Antennenbau: das ♂ oft mit gekämmten, das ♀ mit borstenförmigen Antennen (Abgabe von Sexuallockstoffen durch das ♀ erleichtern das Sichfinden

der Geschlechter); unabhängig voneinander bei verschiedenen Gttgn. Mehr oder weniger starke Verkürzung der Flügel, bei den ♀♀ bis zum vollkommenen Schwund [**G-22**, **G-24**]; Laufvermögen gut entwickelt. **Eier** meist ziemlich flach, einzeln, in Häufchen oder auch in Zeile [**G-20**] abgelegt. **Raupen** meist 10-füßig [**G-5**]; zuweilen jedoch auch stummelförmige vordere Afterfußpaare (*Archiearis* →A) oder zumindest das 3. Paar (*Campaea*, *Hylaea*) vorhanden; bei vielen Arten eine sehr bezeichnende Ruhehaltung: Körper nur von den 2 (hinten liegenden) Afterfußpaaren gehalten, schräg abgespreizt von der Unterlage, seltener knieförmig gekrümmt, häufiger gerade gestreckt, ohne oder mit Haltefaden von der Spinndrüsenöffnung (auf dem Labium, →Lepidoptera) zum Substrat; nach Färbung, Zeichnung und durch Bildung von Höckern oft erstaunlich ähnlich den tagsüber als Ruheplatz gewählten Pflanzenteilen (Fresszeit dann meist nachts), z. B. einer Kiefernnadel (Kiefernspanner [**G-21**]) oder einem abgebrochenen Zweiglein [**G-8**, **G-16**], daher auch für das geübte Auge oft schwer auszumachen; relativer Schutz der Verbergetracht, verbunden mit dem dazu passenden Verhalten, gegenüber manchen natürlichen Feinden (Vögel) experimentell erwiesen; Färbung und Tracht können auch bei der gleichen Art je nach Stadium, manchmal auch im gleichen Stadium verschieden sein. Als Nahrung bevorzugen die Raupen krautige Pflanzen gegenüber holzigen.; häufiger →polyphag als oligo- oder gar monophag; selten Fraß an

Nadelhölzern (z. B. *Thera*); zuweilen deutliche Spezialisierung, etwa auf Blüten (wie zahlreiche Arten der Gttg. *Eupithecia*, „Blütenspanner", z. B. *E. puchellata* Steph. in den Blüten des roten Fingerhutes) oder auf Samen und Samenanlagen (z. B. *Perizoma affiniata* Steph. in den Samenkapseln von Lichtnelken; vgl. das gleiche Verhalten gewisser Eulenraupen; →Noctuidae); manche *Eupithecia*-Arten im Innern von Fichtenzapfen (→E9); *Eupithecia immundata* Zell. in den Beeren des Christophskrautes, *Actaea spicata*; *E. tenuiata* Hbn. im Innern von (besonders männlichen) Salweidenkätzchen; mehrere *Idaea*-Arten (→D) bevorzugen dürre Pflanzenteile und Moose; *Cleorodes lichenaria* Hufn. an Flechten. Auswahl anscheinend monophager Arten: *Minoa murinata* Scop. an Zypressenwolfsmilch (→E3), *Carsia sororiata* Hbn. an Moosbeere, *Hydria cervinalis* Scop. und *Pareulype berberata* Den. & Schiff. an Berberitze (→E6), *Petrophora chlorosata* Scop. (Adlerfarnspanner) an Adler- und Wurmfarn; *Crocallis elinguaria* L. (Mordraupenspanner, Heller Schmuckspanner) frisst zusätzlich Raupen (angeblich bevorzugt die der Weißdorneule, *Allophyes oxyacanthae* L.), *Eupithecia analoga* Djak. Vertilgt Gallengewebe samt Blattläusen (→E9), auch weitere *Eupithecia*-Arten vergreifen sich gelegentlich (bei Nahrungsmangel?) an Blattläusen; trotz der großen Artenzahl ist die Zahl der Schädlinge an Kulturpflanzen oder Waldbäumen gering (vgl. Frostspanner →C13, E1; Kiefernspanner →C11). **Verpuppung** i. d. R. in einem leichten Gespinst, oberirdisch oder im Boden; bei der Gttg. *Cyclophora* als Gürtelpuppe (→D). **Überwinterung** meist als Puppe (ca. 54 % der deutschen Arten), nicht selten auch als Raupe (30 %) oder als Ei (15 %), sehr selten als Falter (z. B. *Triphosa dubitata* L., Höhlenspanner, Kellerspanner; in entsprechenden Räumen zu finden; Paarung nach dem Überwintern); bei manchen Arten ist Überwintern in verschiedenen Stadien möglich, beim Rotbandspanner, *Rhodostrophia vibicaria* Cl. (→D), z. B. als Ei, Raupe und Puppe, beim Wacholderspanner, *Thera juniperata* L., als Ei oder kleine Raupe; Überliegen der Puppe über 2 oder mehrere Winter kommt bei manchen Arten vor. Artspezifisch verschieden ist auch die Zahl der **Generationen** im Jahr: häufig nur 1, aber auch, z. T. klimatisch bedingt, 2 oder gar 3. Heimisch 5 durch ihr Flügelgeäder gekennzeichnete U-Fam.:

A. Archiearinae, Jungfernkinder, mit 3 heimischen Arten; früher auch als eigene Fam. Brephidae aufgefasst. Untypische eulenartige Spanner, mit flach dachförmig angelegten Flügeln;

Hinterflügel auffallend gezeichnet: orangegelbe Querbinde auf dunklem Grund; fliegen im Sonnenschein im zeitigen Frühjahr (III–IV), schlüpfen nach den ersten warmen Tagen aus der überwinterten Puppe; v. a. in den Wipfeln, besuchen Weidenkätzchen als Nektar-, Exkremente und feuchte Erde als Mineralienquelle. Eiablage an Knospen oder Zweiggabeln der Nahrungspflanzen; **Raupen** unbehaart, die 3 vorderen Afterfußpaare noch deutlich entwickelt; schlüpfen nach dem Aufbrechen der Blattknospen; 1 Generation im Jahr. Verbreitet: **Archiearis parthenias** L., Birken-Jungfernkind, Großes Jungfernkind, Jungfernsohn (Flspw. 28–38 mm), die grünen, zartgelb gestreiften Raupe an Birke; **Boudinotiana notha** Hbn. (= *Archiearis n.*), Auen-Jungfernkind, Mittleres Jungfernkind (Flspw. 28–32 mm), die grünen bis braunen, dunkel gebänderten Raupen an Zitterpappel.

B. Geometrinae, Grünspanner, mit 12 heimischen Arten; dämmerungs- und nachtaktive Falter mit bei den meisten Arten grüner Färbung (gruppenspezifisches Pigment Geoverdin: vermutlich ein Chlorophyll-Derivat); Raupen meist mit 2-spitziger Kopfkapsel; teils Kräuter und Stauden, teils Laubgehölze. Verbreitet: **Geometra papilionaria** L., Grünes Blatt, Grünling [**G-9**]; stattliche Art (Flspw. ca. 40 mm), Imagines im Sommer (VI–VIII); die grünen Flügel i. d. R. mit nur schwach angedeuteten dunklen Querbinden; Raupe überwinternd an Birke und anderen Laubbäumen; zunächst braun, ältere Stadien grün; die weitgehend grüne Puppe in einem durchscheinenden, weißlichen Gespinst.

C. Ennominae, Baumspanner, mit 129 heimischen Arten; viele größere wie auch einige zartere Falter; Mehrzahl der Raupen an Laubgehölzen, erinnern in Ruhehaltung vielfach an kleine Ästchen [**G-16**]. Hierher aber auch die Felsspanner (Steinspanner) mit zahlreichen Arten im Gebirge (in tieferen Lagen z. B. *Cha-*

Abb. G-9: Geometridae: *Geometra papilionaria*, Grünes Blatt. Grundfarbe grün. (Forster 1968)

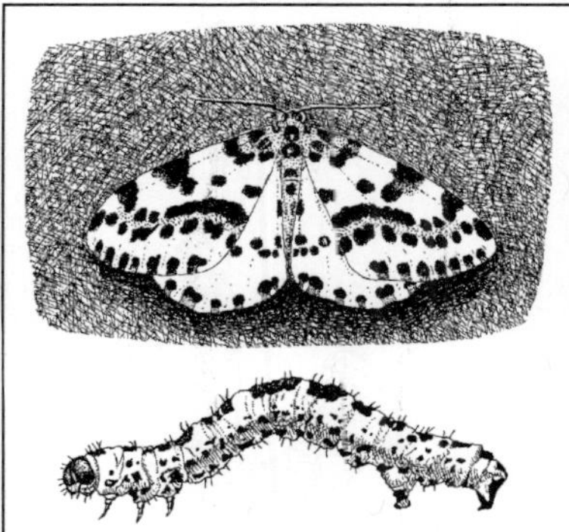

Abb. G-10: Geometridae: *Abraxas grossulariata*, Stachelbeerspanner

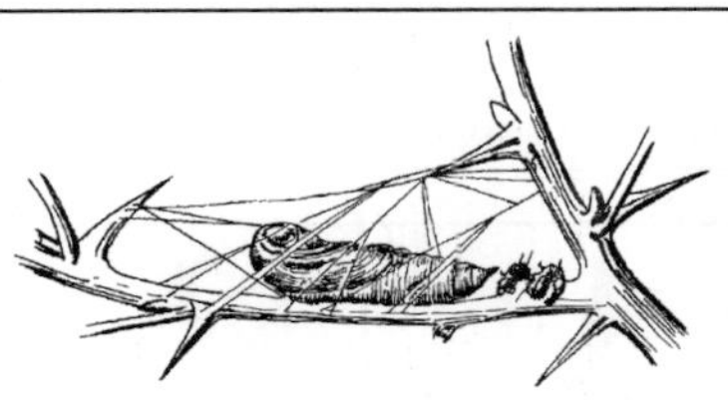

Abb. G-11: Geometridae: *Abraxas grossulariata*, Stachelbeerspanner. Puppe in lockerem Gespinst an der Fraßpflanze. (Lengerken 1954)

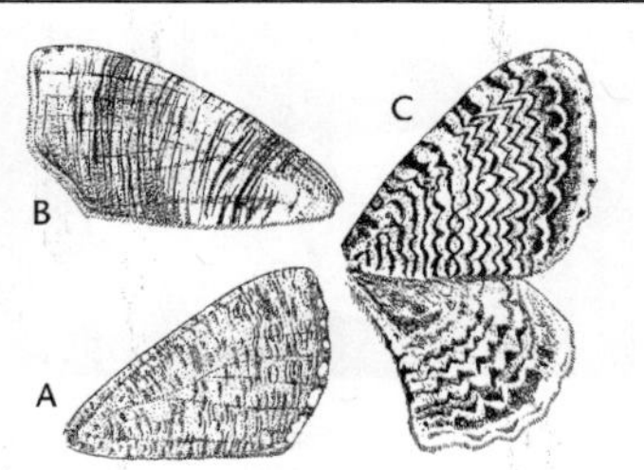

Abb. G-12: Geometridae: Rieselungsmuster auf den Flügeln einiger Spannerarten. A: *Angerona prunaria*, Schlehenspanner; B: *Plagodis dolabraria*; C: *Hydria undulata*, Wellenspanner. (Süffert 1929)

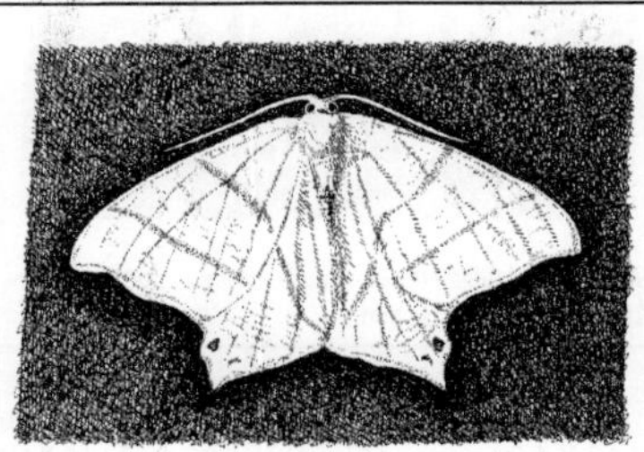

Abb. G-13: Geometridae: *Ourapteryx sambucaria*, Nachtschwalbenschwanz. Gelbweiß. (Forster 1968)

rissa obscurata Den. & Schiff.), die tagsüber mit ausgebreiteten Flügeln an Felsen oder offenen Bodenstellen ruhen; die überwinterten Larven fressen nachts an der Bodenvegetation und verbergen sich tagsüber in der Bodenstreu. Auswahl:

C1. *Abraxas grossulariata* L., Harlekin, Stachelbeerspanner (Flspw. ca. 40 mm); auffallend dunkle und gelbe Zeichnung bei Raupe und Falter [**G-10**] (Warnzeichnung?) Falter VI–VIII; Auwaldbewohner; früher durch Massenauftreten in Gärten manchmal schädlich, heute selten geworden; die Raupe frisst im Frühling an Stachel- und Johannisbeere, auch an Pflaume, Schlehe und anderen Bäumen und Sträuchern; Puppe zwischen wenigen Spinnfäden [**G-11**] an Blättern und Ästchen; Überwinterung als junge Raupe am Boden, Schutz durch Einspinnen in einem Blatt.

C2. *Angerona prunaria* L., Schlehenspanner, Pflaumenspanner (Flspw. 40–45 mm); die dunkel gerieselten Flügel [**G-12**] beim ♂ orangerot,

beim ♀ blassgelb; Antennendimorphismus deutlich: beim ♂ gekämmt, beim ♀ borstenförmig; die zweigähnliche, überwinternde Raupe keineswegs nur an Schlehen; auch an Besenginster und niederwüchsigen Pflanzen wie Heidelbeere; Puppe zwischen zusammengesponnenen Blättern.

C3. *Ourapteryx sambucaria* L., Nachtschwalbenschwanz, Holunderspanner; einer der stattlichsten heimischen Spanner (Flspw. ca. 45 mm); gelblich-weiß, Außenrand der Hinterflügel in der Mitte mit verzogenem Zipfel [**G-13**]; die schlanke, bräunliche, fein hell längs gestreifte Raupe mit einigen Höckern, verblüffend zweigähnlich, überwintert; Puppengespinst zwischen Blättern.

C4. *Plagodis dolabraria* L., Hobelspanner (Flspw. ca. 28 mm); dunkle, z. T. bindenartige Querriesel auf den weißgrauen Flügeln [**G-12**]; Falter auch tagaktiv, (IV)V–VII in 2 Generationen; Raupen bräunlich, zweigähnlich, →polyphag an verschiedenen Laubbäumen; die Puppe überwintert.

Abb. G-14: Geometridae: *Opisthograptis luteolata*, Gelbspanner. Schwefelgelb. (Forster 1968)

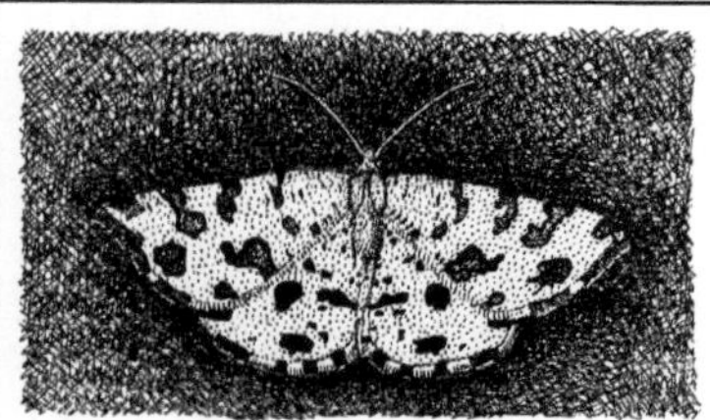

Abb. G-15: Geometridae: *Pseudopanthera macularia*, Fleckenspanner. Flspw. 33 mm

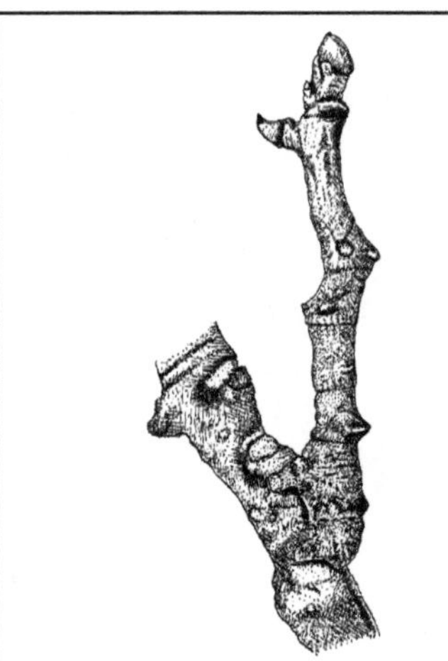

Abb. G-16: Geometridae: *Ennomos quercinaria*. Raupe in Ruhe an einem Eichenzweig

Abb. G-17: Geometridae: *Biston betularia*, Birkenspanner. Auf Birke; Flspw. 33 mm

C5. *Opisthograptis luteolata* L., Gelbspanner, Weißdornspanner (Flspw. ca. 30 mm; [**G-14**]); Flügel schwefelgelb, Vorderflügel vorn mit 2 braunen Makeln; Flugzeit V–VII; Raupe braun oder grün, in Ruhehaltung knieförmig geknickt; →polyphag, außer an Weißdorn auch an anderen Laubbäumen und Sträuchern; Überwinterung als Puppe in der Bodenstreu; unter günstigen Bedingungen eine 2. und sogar 3. Generation im Herbst.

C6. *Pseudopanthera macularia* L., Fleckenspanner, Pantherspanner (Flspw. ca. 33 mm; [**G-15**]); dunkle Flecken auf gelbem Grund; Flugzeit (IV) V–VII; die grünen Raupen an verschiedenen Lippenblütlern (Lamiaceae), z. B. Taubnessel, Ziest, Minze; die Puppe überwintert.

C7. *Ennomos*, Zackenspanner, Herbstlaubspanner; bei uns 5 Arten, u. a. *E. autumnaria* Wernb., Herbstspanner (Flspw. ca. 44 mm); *E. quercinaria* Hufn. (Flspw. ca. 40 mm); *E. alniaria* L., Erlenspanner (Flspw. ca. 36 mm); gelbliche Herbstfalter (VII–X), die mit ihren im Sitzen schräg nach hinten gehaltenen, mehr oder weniger deutlich gezackten Flügeln an welken Blättern erinnern; Raupen an verschiedenen Laubbäumen, mit besonders gut ausgebildeter Zweigähnlichkeit [**G-16**]; Überwinterung als Ei.

C8. *Chiasmia clathrata* L., Gitterspanner (Flspw. ca. 25 mm); der auffällige gescheckte Falter fliegt auch tagsüber; die grünen oder violettbraunen Raupen mit breitem, weißen Seitenstreif an Klee und Luzerne; aus der im Boden überwinternden Puppe der Falter der Frühjahrsgeneration (IV–VI); je nach den Bedingungen eine 2. Generation (VI–VIII).

C9. *Biston betularia* L., Birkenspanner, Astspanner (Flspw. 35–45 mm); sehr heller, in Ruhehaltung auf Birkenrinde oder Baumflechten gut getarnter Falter [**G-17**]; berühmt wegen der seltenen schwärzlichen Mutante, einem viel zitierten Beispiel für Industriemelanismus (Anpassung an

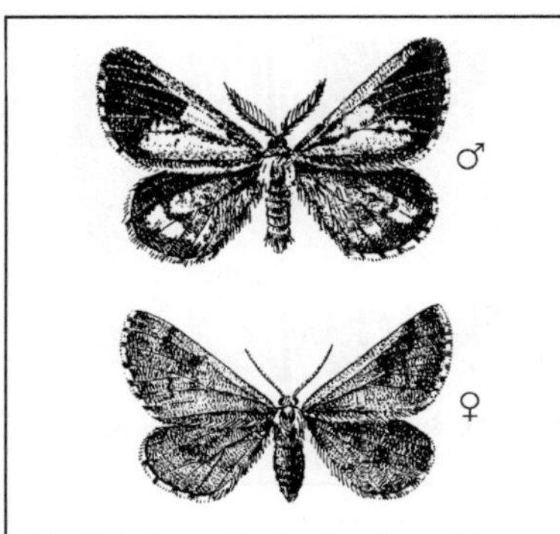

Abb. G-18: Geometridae: *Bupalus piniarius*, Kiefernspanner. (Brauns 1991)

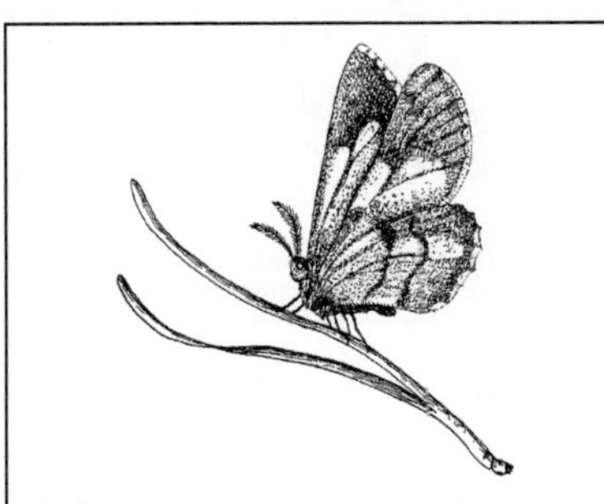

Abb. G-19: Geometridae: *Bupalus piniarius*, Kiefernspanner. ♂, Ruhehaltung. (Amann 1960)

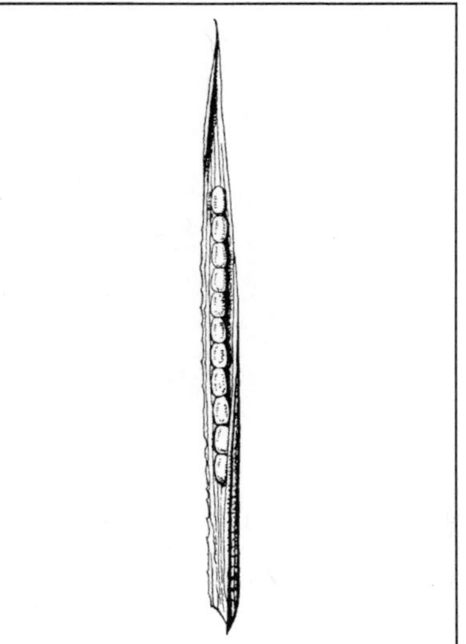

Abb. G-20: Geometridae: *Bupalus piniarius*, Kiefernspanner. Eierzeile (ca. 1 cm) auf einer Kiefernnadel. (Brauns 1991)

geschwärzte Umgebung in Industriegebieten); Auftauchen und Häufung der dunklen Form in Industriegebieten ab der 2. Hälfte des 19. Jahrhunderts, seit mehreren Jahrzehnten wieder Rückgang (jedoch auch an einigen kühl-feuchteren ländlichen Orten häufiger); Antennen des ♂ kammzähnig; Raupe sehr variabel, Grundfarbe bräunlich, grau oder gelbgrün; Zweigähnlichkeit sehr ausgeprägt; →polyphag, außer an Birke auch an anderen Laubbäumen (gelegentlich sogar an Lärche) und an Hochstauden (*Artemisia*); Überwinterung als Puppe in einem sehr schwachen Gespinst im Boden. Ähnlich *B. strataria* Hufn., Pappelspanner, jedoch Rüssel verkümmert; fliegt schon im zeitigen Frühjahr (III–V); Raupe ebenfalls polyphag, keineswegs nur an Pappel.

C10. ***Ectropis crepuscularia*** Den. & Schiff. (= *bistortata* Goeze), Lärchen-, Beerenkraut-, Heidelbeer-, Tannen-, Pflaumenspanner; bezeichnende Ruhehaltung des Falters: Körperlängsachse

senkrecht zur Längsachse des Baumstammes; Eier in Häufchen an die Nahrungspflanze abgelegt, mit fädigem Sekret bedeckt; die zahlreichen Vulgärnamen sind Hinweis auf die →polyphage Ernährung der Raupen, die zumindest regional Lärche und Heidelbeere bevorzugen und daran gelegentlich schädlich werden können; aus der in der oberen Bodenschicht überwinternden Puppe (der Falter ist in ihr bereits voll entwickelt) 2 Generationen (III–V; VI–VIII).

C11. ***Bupalus piniarius*** L., Kiefernspanner (Flspw. 30–40 mm); Geschlechtsdimorphismus sehr ausgeprägt, sowohl in Färbung und Zeichnung der Flügel (♂: schwarzbraun mit heller Zeichnung; ♀: heller braun mit verwaschener Zeichnung; [**G-18**]), als auch bei den Antennen (♂: gekämmt; ♀: borstenförmig); Ruhehaltung der Flügel tagfalterähnlich [**G-19**]; Flugzeit IV– VII; die ♂♂ fliegen im Sonnenschein um Kiefern, erscheinen etwas früher als die Träger fliegenden, nachtaktiven ♀♀, die sich v. a. im Baumkronenbereich aufhalten; neigt besonders nach warmen Frühsommern zur Massenvermehrung; die ökonomisch weitaus wichtigste Spannerart; gelegentlich große Schadensfälle in Kiefernbeständen; Eier in Zeile an der Unterseite alter Nadeln abgelegt [**G-20**]; die Raupen [**G-21**] grün mit hellen Längsstreifen, in der gestreckten Ruhehal-

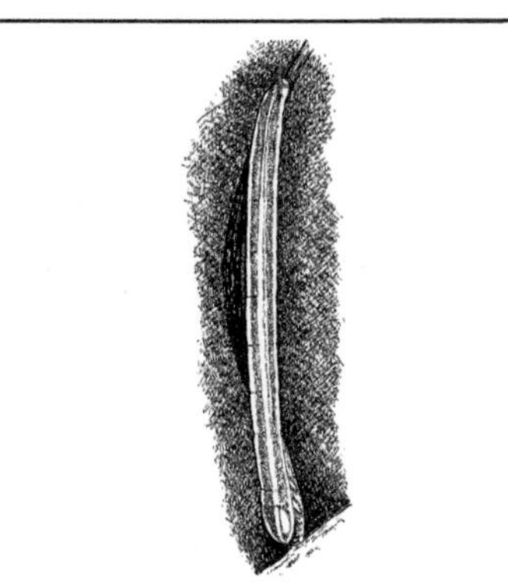

Abb. G-21: Geometridae: *Bupalus piniarius*, Kiefernspanner. Erwachsene Raupe; ca. 30 mm; auf Nadel; grün mit weißen Streifen. (Herrebout et al. 1963)

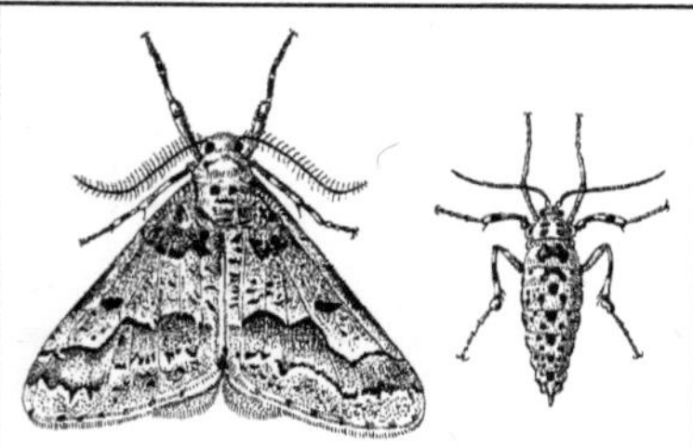

Abb. G-22: Geometridae: *Erannis defoliaria*, Großer Frostspanner. Links: ♂; rechts: ♀ (Körperlänge 14 mm). (Brauns 1991)

Abb. G-23: Geometridae: *Cyclophora linearia*. Auf Rinde; Flspw. 30 mm. (Brauns 1991)

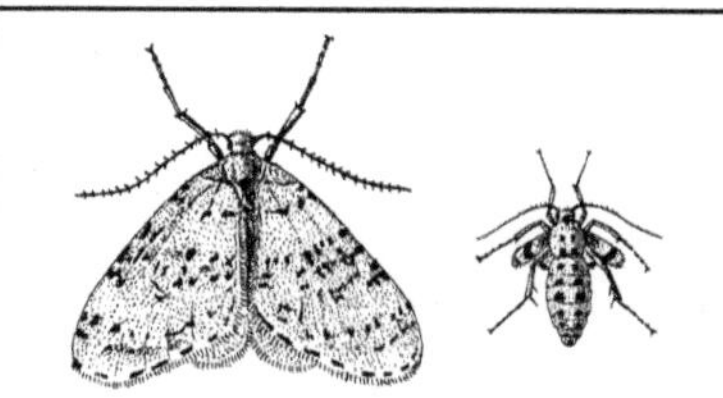

Abb. G-24: Geometridae: *Operophtera brumata*, Kleiner Frostspanner. Links: ♂; rechts: ♀ (Körperlänge 8 mm). (Brauns 1991)

tung im Nadelgewirr optisch gut getarnt; fressen fast ausschließlich an Kiefern, ausnahmsweise auch an anderen Nadelbäumen; Puppe zuerst grün, dann bräunlich; ohne Gespinst in Stammritzen oder im Boden, überwintert. Weitere häufige, jedoch →polyphage Arten an Nadelbäumen, deren Raupen außer Kiefer- auch Fichten- und Tannennadeln befressen: *Macaria liturata* Cl., Veilgrauer (Blaugrauer) Kiefernspanner, Violettgrauer Eckflügelspanner (Flspw. ca. 25 mm); Flugzeit IV–VII, häufig in Gemeinschaft mit *Bupalus* schädlich; überwintert als Puppe. *Peribatodes secundaria* Esp., Weißlicher Kiefernspanner (Flspw. ca. 30 mm); Flugzeit VI–IX; Überwinterung als Raupe.

– Frostspanner (C12–14, E1; keine →monophyletische Gruppe) fliegen in der kalten Jahreszeit, entweder Spätherbst-Winter (dann Überwinterung als Ei) oder Winterausgang-Frühling (Überwinterung als Puppe); Flug noch bei einer Thoraxtemperatur von fast 0 °C (z. B. bei *Operophtera brumata* möglich durch sehr geringe Schlagfrequenzen von 2–4 Schlägen pro Sekunde und extreme Gewichtseinsparung, z. B. durch Reduktion des Verdauungstraktes, vgl. Wintereulen, →Noctuidae); die ♀♀ haben mehr oder weniger stark verkürzte Flügel, bei einigen sind sie ganz verschwunden; das gilt auch für manche im Frühling fliegende Arten, die also kaum noch als Frostspanner zu bezeichnen sind (vgl. →C14); die Raupen fressen meist →polyphag an Blättern von Laubhölzern; Flugunfähigkeit bei polyphagen Arten (breites Nahrungsangebot) dann möglich, wenn nachlassende Verfolgung durch insektenfressende Vögel im Winterhalbjahr den ♀♀ ein höheres Gewicht und somit einen größeren Eivorrat erlaubt.

C12. *Alsophila aescularia* Den. & Schiff., Frühlingskreuzflügel (Flspw. beim ♂ ca. 23 mm, ♀ mit winzigen Flügelresten); in Ruhestellung beim ♂ die Flügel überkreuzt; fliegt II–IV; Raupen an Schlehe und verschiedenen Laubbäumen. Im Spätherbst fliegt die verwandte Art ***A. aceraria*** Den. & Schiff., Herbstkreuzflügel; Raupen ebenfalls an Laubbäumen, bevorzugen Feldahorn und Eichen.

C13. *Erannis defoliaria* Cl., Großer Frostspanner (Flspw. beim ♂ ca. 40 mm, ♀ flügellos; [**G-22**]); fliegt IX–XII; Raupen an verschiedenen Laub-, auch Obstbäumen; können durch Fressen an Knospen, Blüten, Blättern und Früchten beachtlichen Schaden anrichten.

C14. Weitere Frostspanner	Flugzeit	Überwinterung als	Flspw.: ♂	Flügel: ♀	Nahrungspflanzen
Agriopis leucophaearia Den. & Schiff	II–IV	Puppe	ca. 25 mm	Stummel	Laubgehölze
Agriopis aurantiaria Hbn.	X–XI	Ei	ca. 32 mm	Stummel	Laubgehölze
Agriopis marginaria Bkh.	II–V	Puppe	ca. 28 mm	ca. 5 mm, Hinterflügel länger als Vorderflügel	Laubgehölze
Agriopis bajaria Den. & Schiff.	X–XI	Ei	ca. 26 mm	Stummel	Laubgehölze
Theria primaria Hbn., Früher Schlehen-Winterspanner	XII–III	Puppe	ca. 26 mm	3–4 mm	Schlehe, Weißdorn
Theria rupicapraria Hbn., Später Schlehen-Winterspanner	II–IV	Puppe	ca. 28 mm	3–4 mm	Schlehe, Weißdorn
Phigalia pilosaria Den. & Schiff., Schneespanner	II–IV	Puppe	ca. 42 mm	Kurze Stummel	Laubgehölze
Apocheima hispidaria Den. & Schiff.	III–V	Puppe	ca. 32 mm	Sehr kurze Stummel	Laubgehölze
Lycia pomonaria Hbn.	III–V	Puppe	ca. 32 mm	Stummel	Laubgehölze
Lycia zonaria Den. & Schiff.	III–V	Puppe	ca. 27 mm	Sehr kurze Stummel	Kräuter, Stauden

D. Sterrhinae, Kleinspanner, mit 61 heimischen Arten; meist kleine (Flspw. 10–25, selten bis 35 mm), weißliche bis gelbbraune Falter mit dunklen Linien, deren Raupen an Bodenvegetation, mit Vorliebe für welke Pflanzenteile und sogar Falllaub (*Idaea, Scopula*); außerdem wenige auch größere Arten mit gelblichen oder grauen Flügeln mit roten Streifen, deren Raupen Polygonaceae (z. B. *Lythria*) bzw. Zwergsträucher (*Rhodostrophia*) bevorzugen; Raupen überwintern; Puppen am oder im Boden. Abweichend in der Lebensweise: Gürtelpuppenspanner der Gttg. *Cyclophora* mit 10 heimischen Arten; Falter mit rotbrauner Linie oder einem kleinen Augenfleck auf jedem Flügel; Raupen an Laubholz; bemerkenswert: Gürtelpuppe frei am Blatt (Rücken dem Blatt zugewandt), die Puppe überwintert; z. B. *Cyclophora linearia* Hbn., Gelber Buchenspanner (Flspw. ca. 30 mm); bezeichnende breit gefächerte Ruhehaltung auf Baumrinde [**G-23**]; die grüne oder braune Raupe an Buche und anderen Laubbäumen, auch an Heidelbeere; aus der überwinterten Puppe entwickeln sich 2 Generationen (IV–VI und VII–VIII); bemerkenswert: Gürtelpuppe frei am Blatt (Rücken dem Blatt zugewandt).

E. Larentiinae, mit 228 heimischen Arten; kleine bis mittelgroße Falter, Flügel oft mit wellenförmigen Querlinien; meist dämmerungs- und nachtaktiv. Auswahl:

E1. *Operophtera brumata* L., Kleiner Frostspanner, Gemeiner Frostspanner, Obstbaumfrostspanner [**G-24**]; fliegt X–XII; Flspw. bei ♂♂ ca. 26 mm; Saugrüssel verkümmert; das kurzflügelige ♀ klettert zur Eiablage bis in die Krone von Laubbäumen; die Eier werden einzeln oder zu mehreren angeklebt; die Raupen fressen im Frühjahr zunächst in Knospen, später an zusammengesponnenen Blättern (z. T. auch Blüten und Früchte, die ausgehöhlt werden); bei Massenauftreten durch Kahlfraß schädlich an Obstbäumen; sondern eifrig Spinnfäden ab, um sich mit dem Wind verfrachten zu lassen; Puppe in einem dichten Gespinst im Boden. Ähnlich *O. fagata* Scharf., Buchenfrostspanner,

Waldfrostspanner; fliegt X–XI; die Raupe v. a. an Buche, Birke, gelegentlich schädlich.

E2. *Odezia atrata* L., Schwarzspanner, Rußspanner, Kälberkropfspanner (Flspw. ca. 20 mm); schwarz, nur die Spitze der Vorderflügel weiß gerandet; Tagflieger V–VII; sowohl auf Feuchtwiesen als auch auf Trockenhängen (Vorkommen wohl rein vom Auftreten der Nahrungspflanzen und von genügender Sonneneinstrahlung abhängig); Flügel in Ruhe tagfalterähnlich hochgeklappt; die aus dem überwinternden Ei schlüpfende grüne oder braune Raupe frisst v. a. an Kälberkropf, auch an Kerbel und Bärwurz.

E3. *Minoa murinata* Scop., Mausspanner, Mäuschen, Wolfsmilchspanner (Flspw. ca. 16 mm); Flügel ohne Zeichnung, in verschiedenen Schattierungen etwa mausgrau gefärbt; fliegt auch am Tage; die grünliche oder bräunliche Raupe anscheinend ausschließlich an Zypressenwolfsmilch; aus der (gelegentlich 2-mal) überwinternden Puppe (in Gespinst am Boden) entwickeln sich 2 Generationen (Flugzeit: IV–VI und VII–IX).

E4. *Eulithis prunata* L.; gelegentlich als Schlehdornspanner bezeichnet; Flspw. ca. 28 mm; wie bei anderen Arten der Gttg. Mit eigenartiger Ruhehaltung: Hinterleib nach oben gekrümmt, Flügel leicht abgespreizt; Flugzeit VI–IX; die Raupe (braun oder grün) außer an Schlehe auch z. B. an Stachel- und Johannisbeere, an Weißdorn u. a., zwischen zusammengesponnenen Blättern; auch die Puppe zwischen Blättern; 1 Generation aus dem überwinterten Ei.

E5. *Hydria undulata* L., Wellenspanner (Flspw. ca. 24 mm); bemerkenswert durch das zierliche Wellenmuster auf beiden Flügelpaaren [**G-12**]; Flugzeit V–VII; die grünliche, fein hell gestreifte Raupe zwischen zusammengesponnenen Blättern v. a. an Salweiden, auch an Pappel und Heidelbeere; Überwinterung als Puppe im Boden.

E6. 2 ehemals häufige Arten, deren Raupen auf Berberitzen leben: **Hydria cervinalis* Scop.**, Großer Berberitzenspanner (Flspw. ca. 30 mm), und ***Pareulype berberata* Den. & Schiff.**, Kleiner Berberitzenspanner (Flspw. ca. 25 mm); aus der im (Erstere) oder am Boden (Letztere) überwinterten Puppe 1 (Erstere) oder 2 (Letztere) Generationen.

E7. *Mesoleuca albicillata* L., Himbeerspanner [**G-25**]; der schwarz-weiß gezeichnete Falter etwa V–VI; in lichten Wäldern, auch Ufergebieten u. dgl.; Raupe an Himbeere und Brombeere, frei auf dem Blatt; Überwinterung als Puppe im Boden.

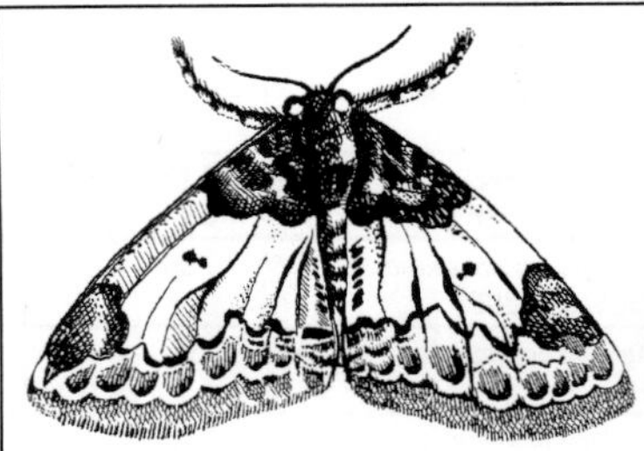

Abb. G-25: Geometridae: *Mesoleuca albicillata*, Himbeerspanner. (Brauns 1991)

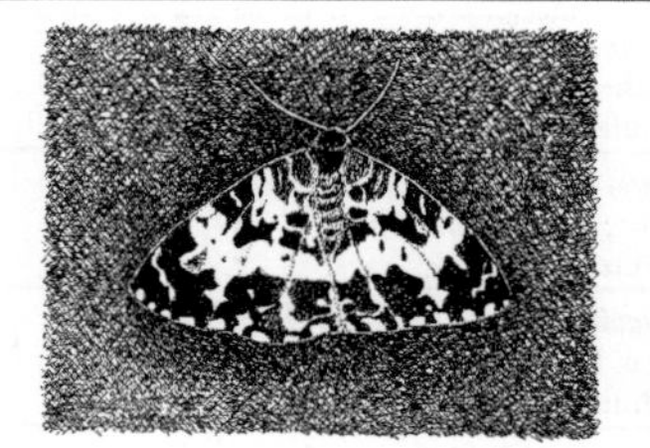

Abb. G-26: Geometridae: *Rheumaptera hastata*, Lanzenspanner. (Forster 1968)

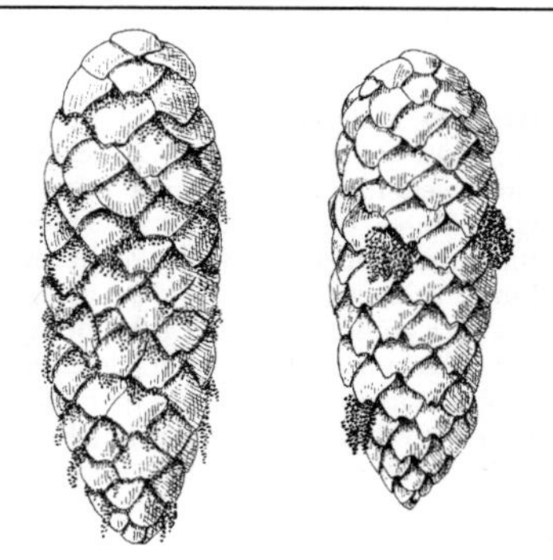

Abb. G-27: Geometridae: Befallskennzeichen an Fichtenzapfen; links: von *Eupithecia analoga* (zahlreiche Kothäufchen); rechts: von *Eupithecia abietaria* (wenige Kothäufchen). (Escherich 1914–42; Brauns 1991)

E8. *Rheumaptera hastata* L., Lanzenspanner, Großer Speerspanner [**G-26**]; Falter ebenfalls schwarz-weiß gezeichnet; im Gegensatz zu voriger Art leben die Raupen an tütenartig zusammengesponnenen Blättern v. a. der Birke, von innen oberflächlich benagt; Überwinterung als Puppe am Boden.

E9. *Eupithecia abietaria* Goeze, Fichtenzapfenspanner, Zapfenspanner (Flspw. 25–30 mm); die rötlich gelben, kurzen, dicken Raupen befressen an den Fichtenzapfen zuerst die Schuppen von außen, dringen dann ins Innere bis zu den Samen; Befall kenntlich am ausgestoßenen Kot [**G-27**]; die Zapfen fallen meist zeitig ab; aus der im Boden überwinterten Puppe kommen etwa V–VII die Falter. Zur gleichen Zeit im gleichen Lebensraum die ähnliche Art ***E. analoga*** Djak., Fichtengallenspanner; Unterscheidung des Befallsbildes: [**G-27**]; die Raupen in den Ananasgallen von *Sacchiphantes* (→Adelgidae 2), fressen sowohl die Galle von innen aus als auch die zahlreichen Gallenlauslarven in den Gallenkammern; benötigen zur Entwicklung bis zu 3 Gallen, in die sie nachts umziehen.

Lit. →Lepidoptera; Cook et al. 1994; Hausmann 2001–19; Heinrich 1987; Skou 1986; Steiner et al. 2014; Wahlberg et al. 2010; Wolf 1988.

Geometrinae →Geometridae B.

Georissidae, Schlammkäfer; Fam. der Käfer (Coleoptera, Polyphaga, Staphyliniformia); gelegentlich als U-Fam. **Georissinae** zu den →Hydrophilidae gestellt; in Eur 5, M-Eur 4, Dt 3 Arten der Gttg. *Georissus* (verbreitet: *G. crenulatus* Rossi); durchwegs klein (1–2 mm), rundlich, stark sklerotisiert, mit kapuzenartigem Halsschild; Flügel der heimischen Arten reduziert; Körperoberseite meist getarnt mit aufgeklebter, dicker Erdkruste; Klebesekret (saure Mucopolysaccharide) geliefert von Drüsen in längs verlaufenden Hohlräumen der →Elytren. Imagines leben – oft in Massen – an sandigen oder schlammigen Ufern von Gewässern; **fressen** wahllos in großen Mengen den an Algen oder anderen organischen Stoffen reichen Schlamm. Bewegen sich nur langsam, stellen sich bei Störung tot. Bei der **Paarung** wird das kleinere ♂ vom ♀ herumgetragen (die Erdkruste stört dabei nicht). Die **Larven** jagend, im gleichen Habitat wie die Imagines, aber in geringer Tiefe (1 cm) im Boden unter Algenbewuchs; 2 Larvenstadien (zumindest bei *G. crenulatus*); 1 Generation im Jahr.

Lit. →Coleoptera.

Georissus →Georissidae.

Geotrupes →Geotrupidae A.

Geotrupidae; Fam. der Käfer (Coleoptera, Polyphaga, Lamellicornia) mit in Eur 78, M-Eur 11, Dt 10 Arten; früher als U-Fam. der →Scarabaeidae geführt; kräftige (7–26 mm), oft schwarze Käfer; Antennen 11-gliedrig, die letzten Antennenglieder seitlich blattartig verbreitert, wie bei →Scarabaeidae und →Trogidae durch Hämolymphdruck spreizbar; mit verbreiterten, zum Graben und Beseitigen des Auswurfs geeigneten Schienen, v. a. die Vorderschienen abgeflacht und am Außenrand breit gezackt; legen unterirdische Brutkammern mit Nahrung für ihre engerlingsähnlichen Larven an. – In Eur 3 in ihrer Lebensweise abweichende U-Fam., von denen die Bolboceratinae inzwischen oft als eigene Fam. abgetrennt werden:

A. Geotrupinae, Mistkäfer, Rosskäfer [**G-28**]; in M-Eur 56 Arten, davon 8 in Dt; mittelgroß (15–26 mm); düster gefärbt, zuweilen metallisch blau oder grün glänzend; Fähigkeit zu **Lautäußerungen** (Stridulation) sowohl bei Imagines wie als auch bei Larven: bei der Larve ist das 3. Beinpaar stark verkürzt („Singbein") und streicht mit der Fußspitze über eine raue Stelle an der Hüfte des 2. Beinpaares; bei der Imago werden die Hinterhüften gegeneinander gerieben; Stridulation bei Störung oder während des Paarungsverhaltens; hören wohl mit Hörhaaren. Die Imagines **ernähren** sich vom Dung von Pflanzenfressern, der Waldmistkäfer (*Anoplotrupes stercorosus* Scr.) von Menschenkot, aber auch Insektenleichen und Pilzen. Legen zur Fortpflanzungszeit (♂ und ♀ dann in Einehe) je nach Art etwas verschieden gestaltete **Brutbaue** an, *Geotrupes stercorarius* L. im Spätsommer-Herbst, *Trypocopris vernalis* L., der Frühlingsmistkäfer, und *A. stercorosus* Scr., der Waldmistkäfer, im Frühling bis Frühsommer, der Waldmistkäfer ausschließlich im Wald; finden den Mist durch Flug gegen den mit Mist-

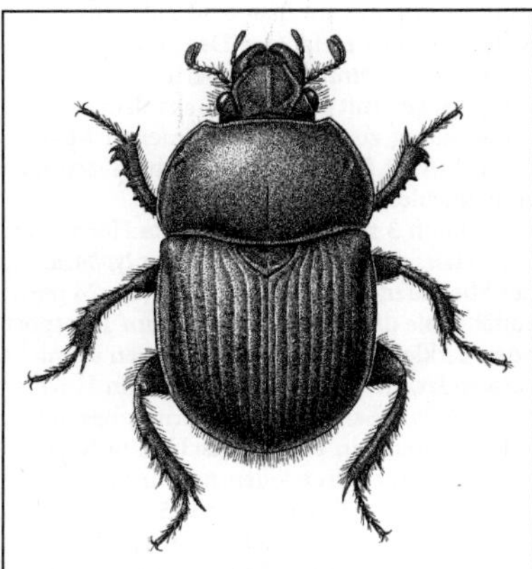

Abb. G-28: Geotrupidae: *Geotrupes stercorarius*, Mistkäfer. 16–25 mm. (Harde & Severa 1981)

duft beladenen Wind (Anemotaxis; positive Reaktion auf stark duftende Eiweißabbauprodukte wie Skatol und Indol); lassen sich bei schwächer werdendem Duft, also dicht hinter dem Fladen, fallen; das ♀ beginnt in der Nähe geeigneten Mistes (bei *G. stercorarius* oft Pferdemist) Stollen in die Erde zu graben; Herausstoßen der Erde Kopf voran; das ♂ verteilt die Erde am Eingang, schafft bei größerer Stollentiefe die vom ♀ unterwegs in einem mehr horizontalen Stollenteil abgelagerte Erde hinaus; Hauptstollen bis 40 cm tief, von ihm abgehend Nebenstollen; diese werden mit einer gut 10 cm langen Dungwurst gefüllt; Dungeinbringen mit den Vorderbeinen (im Rückwärtsgang) durch das ♀, das ♂ kann beim Heranschaffen helfen; niemals transportieren ♂♂ und ♀♀ ein Dungstück gemeinsam. Das ♀ wühlt sich dann in die Dungwurst ein und legt 1 **Ei** in eine Höhle im Endteil des Vorrats; (bei jederseits 6 Eiröhren werden immer nur 2 Eier gleichzeitig reif); anschließend wird der Seitenstolleneingang mit Sand verschlossen. **Larven**entwicklung 12–13 Monate, **Verpuppung** im Sommer des nächsten Jahres im Dungrest; der Jungkäfer gelangt durch den Hauptgang nach außen, wird aber erst nach einer weiteren **Überwinterung** geschlechtsreif. Bei manchen Arten (*T. vernalis, A. stercorosus*) werden für die eigene Ernährung der Imagines Futtervorräte in besonderen kurzen **Nahrungsröhren** angelegt; dabei keine Zusammenarbeit der Geschlechter; das Futter in diesen Nahrungsröhren reicht bei *Anoplotrupes* für 4–5 Tage. Tagesrhythmik bei manchen Arten sehr ausgeprägt: *A. stercorosus* ist bei Licht, *G. stercorarius* im Dunkeln aktiv. – Imagines am Bauch oft mit zahlreichen **Milbenlarven** besetzt, den Deutonymphen von *Parasitus coleoptratorum* (Käfermilbe); die Milben gelangen mit den Käfern aus dem für ihre Entwicklung zu trocken gewordenen Mist an frischen Mist (**Phoresie**) und häuten sich hier zum geschlechtsreifen Stadium.

– Durch 3 nach vorn gerichtete Hörner auf dem Halsschild des ♂ ist *Typhaeus typhoeus* L., der Stierkäfer, Dreihornmistkäfer (15–24 mm), auffällig; sie dienen dem Kampf; zum Transport oder Zerkleinern des Dunges werden sie nicht verwendet, sie helfen höchstens beim Hinausschieben von Sand; ♀ ohne Hörner; besonders auf Sandboden in Heidelandschaft, in Kiefernwäldern; Haupt-Brutstollen zuweilen bis in eine Tiefe von über 1,5 m, mit bis zu 15 Seitenstollen, die in jeweils einer Brutkammer enden; Eiablage an die Spitze der Brutkammer, die dann mit Sand aufgefüllt wird; erst anschließend Einbringen des Dungvorrats, sodass sich die Larve

zur Nahrung durchgraben muss; bevorzugt wird Kaninchen-, Schaf und Hirschdung; die Jungkäfer erscheinen im Herbst, bleiben in milden Winterperioden mobil.

B. Lethrinae; in Eur 12 Arten der Gttg. *Lethrus*, von denen nur *Lethrus apterus* Laxm., Rebschneider, in M-Eur im äußersten Südosten vorkommt; 10–20 mm; flugunfähig; Flügeldecken verwachsen, Flugflügel rückgebildet. Schneidet mit den sehr kräftigen Mandibeln lebende Pflanzenteile (nicht nur von Reben) ab; bringt sie in Erdröhren, teils als Eigennahrung (jedes Individuum mit eigener Röhre), teils für die Nachkommen; Orientierung bei der Rückkehr zum Bau nach der Sonne und nach dem Polarisationsmuster des blauen Himmels. Für die **Fortpflanzung** arbeiten ♂ und ♀ als Paar zusammen (das ♀ ist auf die Hilfe des ♂ angewiesen, eine Witwe allein ist hilflos; ein Witwer sucht sich ein neues ♀): das ♀ gräbt den Bau, das ♂ verteidigt ihn gegen andere ♂♂ (der Baubesitzer bleibt meist Sieger) und säubert den Platz vor dem Baueingang (Mandibeln des ♂ mit einem hierfür bestens geeigneten, ventralen Fortsatz); **Eiablage** in taubeneigroße Höhlen am Ende der Seitenstollen; das ♂ bringt die Larvennahrung rückwärtsgehend herbei, das ♀ nimmt sie ab und stampft sie ein; die Seitenstollen werden mit Erde aufgefüllt. **Verpuppung** in der Brutkammer, hier auch Überwintern der Jungkäfer. Lit. →Coleoptera; →Scarabaeidae.

C. Bolboceratinae; in Eur 9 Arten, davon in Dt 1 seltene Art: *Odontaeus armiger* Scop. (7–10 mm), von *Bolbelasmus unicornis* Schr. (12–15 mm) alte Funde; ♂ mit einem langen (*Odontaeus*) bzw. kurzen Horn (*Bolbelasmus*) auf dem Kopf; Lebensweise wenig bekannt: Imagines graben unter der Erde, wo man *B. unicornis* an Pilzen und *O. armiger* beim Eintragen von Kot gefunden hat; eine Ernährung von auf Kot oder unterirdisch wachsenden Pilzen wird vermutet.

Geradflügler; wenig glückliche, aber immer noch oft benutzte Bezeichnung für →Orthopteromorpha, im engeren Sinne auch für →Orthopteroidea (beides nicht →monophyletische Gruppen).

Gerberbock, *Prionus coriarius* L. →Cerambycidae A1.

Gerridae, Wasserläufer, Wasserschneider; Fam. der Wanzen (Heteroptera, Gerromorpha) mit in Eur 16, M-Eur & Dt 12 Arten, am häufigsten *Gerris lacustris* L.(8–10 mm); schlanker als Bachläufer (→Veliidae), mittelgroß (6–19 mm; [**G-29**]); meist gesellig, auf der Oberfläche von Gewässern, v. a. offene Bereiche von Teichen und Gräben, auch auf ruhigen Bereichen von Fließgewässern; nur *Aquarius najas* de Geer fast ausschließlich auf (v. a. beschatteten) Bächen. **Komplexaugen** gut ausgebildet, an das Leben auf der Wasseroberfläche angepasst: der zum Horizont gerichtete Bereich mit besonders eng stehenden Ommatidien (Öffnungswinkel 2–4° gegenüber 5–10° sonst) und dadurch hoher Auflösung; Erkennen einer Wasseroberfläche wie bei anderen Wasserinsekten an der Polarisation des reflektierten Lichtes. Vorder**beine** relativ kurz (fangen und halten die Beutetiere, jedoch ohne besondere Anpassungen); Mittel- und Hinterbeine sehr dünn und lang, Hüften insbesondere der Mittelbeine weit seitlich, dadurch größerer Bewegungsbereich. Körper (insbesondere ventral) und Beine sehr fein wasserabstoßend behaart, die Beine werden häufig geputzt und dabei vielleicht mit einem an der Rüsselspitze austretenden Sekret eingefettet (Unbenetzbarkeit wichtig für den Aufenthalt an der Wasseroberfläche); **Bewegung** auf der Wasseroberfläche sehr geschickt, ruckartig; Körper ruht auf den distalen Gliedern der Mittel- und Hinterbeine, getragen von der Oberflächenspannung (Klauen nicht am Fußende, sondern in einer Bucht davor; dadurch kein Durchstoßen der Wasseroberfläche!); Fortbewegung durch gleichsinnigen Ruderschlag v. a. der Mittelbeine; Hinterbeine in erster Linie Steuerorgane; können bis 10 cm von der Wasseroberfläche hochspringen, Flucht in flachen Sprüngen; halten sich bei starkem Wind oder Regen meist auf einem festen Gegenstand oder am Ufer auf; Bewegung an Land sehr ungeschickt, mehr oder weniger springend (keine für Landinsekten bezeichnende alternierende Beinbewegung). **Flügel** auch bei der gleichen Art sehr verschieden ausgebildet, manchmal (z. B. bei *G. lacustris*) alle Übergänge zwischen vollkommenem Fehlen der Flügel und Langflügeligkeit (flugunfähige ♀ größer und mit größerer Eizahl); verschiedene Flügellänge teils durch Umwelteinflüsse (Tageslänge, Temperatur), bei manchen Arten auch genetisch bedingt; Vorderflügel der Langflügeligen gleichmäßig sklerotisiert; nur die Langflügeligen mit zugleich gut ausgebildeten Hinterflügeln flugfähig und mit gut ausgebildeter Flugmuskulatur; während der Paarungszeit Rückbildung der Flugmuskulatur v. a. bei ♀♀. **Jagende Lebensweise**: erbeutet werden in erster Linie auf das Wasser gefallene kleine Insekten; Wahrnehmung der auf der Wasseroberfläche zappelnden Beute durch davon ausgehende Oberflächenwellen (Vibrationssinnesorgane in den Beinen distal der Tibiotarsalgelenke); orientiertes Wenden zur Beute in die Richtung des Beines, das dem Wellenzentrum am nächsten war; in Beutenähe

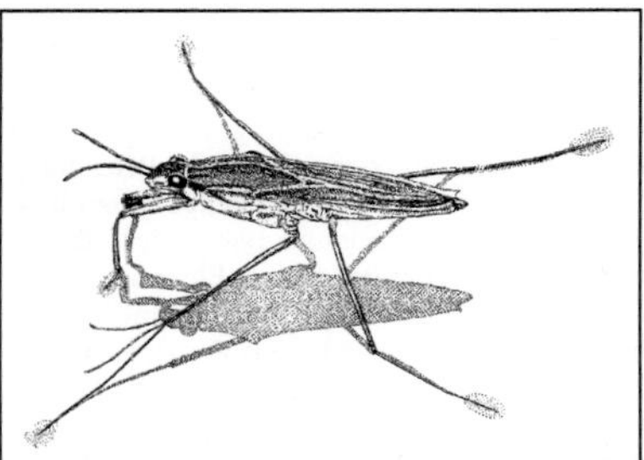

Abb. G-29: Gerridae: *Gerris* spec., Wasserläufer. Auf Wasseroberfläche mit Schattenbild; ca. 15 mm

Orientierung wohl auch optisch. **Paarung**szeit im Frühling und Frühsommer; das ♂ wird auf dem Rücken des ♀ oft tagelang herumgetragen (vor oder nach der Kopulation?, Dauer der Kopulation?); bei australischen und japanischen Arten ist Kommunikation der Geschlechtspartner und gegenseitiges Erkennen durch Oberflächenwellen, die mit den Beinen erzeugt werden, nachgewiesen, außerdem territoriales Verhalten der ♂♂. **Eier** über Monate hin teils einzeln, teils gereiht mit gallertigem Sekret an Wasserpflanzen oder einem anderen Substrat, zumeist dicht unter dem Wasserspiegel angeheftet. Die **Junglarve** sinkt zunächst ab, schwimmt dann an die Wasseroberfläche; 5 Larvenstadien; manche Arten mit 1, andere (z. B. *G. lacustris*) mit 2 Generationen im Jahr; **Überwinterung** als Imago an Land (in der Streuschicht, unter Steinen, Holz, Rinde), oft weit entfernt vom Wohngewässer. Lit. →Heteroptera; Andersen 1982; Jordan 1952; Wesenberg-Lund 1943.

Gerris →Gerridae.

Gerromorpha →Heteroptera.

Geschützte Insekten. Nach dem Bundesnaturschutzgesetzes (§ 39(1) der seit dem 01.03.2010 geltenden Fassung), ist es – ganz allgemein – „verboten, wildlebende Tiere mutwillig zu beunruhigen oder ohne vernünftigen Grund zu fangen, zu verletzen oder zu töten" sowie „Lebensstätten wild lebender Tiere und Pflanzen ohne vernünftigen Grund zu beeinträchtigen oder zu zerstören". Bestimmte Arten genießen besonderen Schutz; laut § 44 ist es verboten, ihnen nachzustellen, sie zu fangen, zu verletzen, zu töten, oder ihre Eier, Larven oder Puppen oder sonstige Entwicklungsformen wegzunehmen, zu zerstören, zu beschädigen oder zu stören. Ein Teil der besonders geschützten Arten ist darüber hinaus streng geschützt. Bei diesen Arten sind auch alle Störungen verboten, die den „Erhaltungszustand der lokalen Population einer Art" verschlechtern. Die am 01.01.1987 in Kraft getretene Bundesartenschutzverordnung listet im Anhang die besonders und streng geschützten Arten auf. Die gelisteten Arten spiegeln die Bedrohung unzulänglich wider, da unauffällige Arten bzw. Arten aus Gruppen mit unzureichendem Kenntnisstand (z. B. Diptera) fehlen. Einen zutreffenderen Einblick geben die für Bund und Länder herausgegebenen Roten Listen (Verzeichnisse der gefährdeten Arten ohne Rechtsverbindlichkeit). Lit. Caspari; WISIA.

Gesellige Birnblattwespe, *Neurotoma saltuum* L. →Pamphiliidae A3.

Gesichtsfliege, *Musca autumnalis* Deg. →Muscidae 2.

Gespenst(heu)schrecken →Phasmida.

Gespinstblattwespen →Pamphiliidae.

Gespinstmotten →Yponomeutidae.

Gestreifte Grasfliege, *Opomyza germinationis* L. →Opomyzidae 2.

Gestreifte Quelljungfer, *Cordulegaster bidentatus* Sél. →Cordulegastridae.

Gestreifte Walnusszierlaus, *Panaphis juglandis* Goeze →Drepanosiphidae B3.

Gestreifte Zartschrecke, *Leptophyes albovittata* Koll. →Phaneropteridae 2.

Getreideameisen, *Messor* →Formicidae D2.

Getreideblasenfuß, *Limothrips cerealium* Hal. →Thripidae 2.

Getreidebohrmotte, *Ochsenheimeria taurella* Den. & Schiff. →Ypsolophidae B.

Getreideerdfloh, *Phyllotreta vittula* Redt. →Chrysomelidae L1.

Getreidefliege →Opomyzidae 1.

Getreidehähnchen, *Oulema* →Chrysomelidae B3.

Getreidehalmeule, *Mesapamea secalis* L. →Noctuidae 21.

Getreidehalmwespe, *Cephus pygmaeus* L. →Cephidae 1.

Getreidekapuziner, *Rhizoperta dominica* F. →Bostrichidae 2.

Getreidelaubkäfer, *Anisoplia, Chaetopoteroplia* →Scarabaeidae C6.

Getreidelaufkäfer, *Zabrus tenebrioides* Goeze →Carabidae M3.

Getreidemotte, *Sitotroga cerealella* Oliv. →Gelechiidae 1.

Getreideplattkäfer, *Oryzaephilus surinamensis* L. →Silvanidae C.

Getreideschimmelkäfer, *Alphitobius* →Tenebrionidae 9.

Getreidespitzwanze, *Aelia acuminata* L. →Pentatomidae.

Getreidethrips, *Limothrips cerealium* Hal. →Thripidae 2.

Getreidewickler, *Cnephasia pumicana* →Tortricidae 35.

Gewächshausröhrenschildlaus, *Insignorthezia insignis* Browne →Ortheziidae 2.

Gewächshausschmierlaus, *Planococcus citri* Risso →Pseudococcidae 2.

Gewächshausschrecke, *Tachycines asynamorus* Adel. →Rhaphidophoridae.

Gewächshausthrips, *Heliothrips haemorrhoidalis* Bou. →Thripidae 1.

Gewitterfliege, *Haematopota pluvialis* L. →Tabanidae 1; *Limothrips cerealium* Hal. →Thripidae 2.

Gewöhnliche Gebirgsschrecke, *Podisma pedestris* L. →Acrididae D1.

Gewöhnliche Strauchschrecke, *Pholidoptera griseoaptera* de Geer →Tettigoniidae 3.

Gibbium →Ptinidae 1.

Gichtwespen →Gasteruptiidae.

Gilletteella →Adelgidae 6.

Gillmeria →Pterophoridae 3.

Gilpinia →Diprionidae A1.

Ginstersamenkäfer, *Bruchidius villosus* F. →Chrysomelidae C1.

Ginsterzikade, *Gargara genistae* L. →Membracidae 2.

Gitterfalter, *Araschnia levana* L. →Nymphalidae C6.

Gitterspanner, *Chiasmia clathrata* L. →Geometridae C8.

Gitterwanzen →Tingidae.

Gladiatoren →Notoptera B.

Glanzbienen, *Dufourea* →Halictidae 2.

Glänzende Gastameise, *Formicoxenus nitidulus* Nyl. →Formicidae D8.

Glänzende Smaragdlibelle, *Somatochlora metallica* v. d. Lind. →Corduliidae 1.

Glänzendschwarze Holzameise, *Lasius fuliginosus* Latr. →Formicidae C3.

Glanzkäfer →Nitidulidae.

Glasflügelwanzen →Rhopalidae.

Glasflügelzikaden →Cixiidae.

Glasflügler →Sesiidae.

Glashafte →Baetidae.

Glattkäfer →Phalacridae.

Gleichringler →Isotomidae.

Gletscherfloh, *Desoria saltans* Nic. →Isotomidae, →Collembola.

Gletschergast, *Boreus hyemalis* L. →Boreidae.

Gliederantenne; Form der Antenne bei →Entognatha, aber auch bei Krebsen und Tausendfüßern; alle Glieder außer dem letzten enthalten Muskulatur; vgl. →Geißelantenne.

Gliedwurm, *Ostrinia nubilalis* Hbn. →Pyralidae 17.

Gliricolidae, *Gliricola* →Amblycera 1.

Glockenwespen, *Eumenes* →Vespidae B1.

Glossata; Teilgruppe der →Lepidoptera; umfasst alle heimischen Fam. außer den →Micropterigidae; Galeae zu einem Rüssel ausgezogen, die Falter sind Saftsauger.

Glossina →Diptera.

Glossosoma →Glossosomatidae.

Glossosomatidae; Fam. der Köcherfliegen (Trichoptera) mit in Eur 57, M-Eur 15, Dt 12 Arten aus den Gttgn. *Glossosoma, Catagapetus, Synagapetus, Agapetus;* häufig z. B. *Agapetus fuscipes* Curt. (Flspw. bis 10 mm). **Paarung** begleitet von Klopfgeräuschen des ♂ und Schleifgeräuschen des ♀, erzeugt mit harten ventralen Fortsätzen am 6. Abdominalsegment (*Agapetus fuscipes*). Die kiemenlosen **Larven** bauen ein an Schildkrötenpanzer erinnerndes hochgewölbtes Larvengehäuse mit einer Kuppe aus größeren Steinchen und breitem, dem Substrat aufliegendem Saum aus kleineren, locker gefügten Steinchen; Vorder- und Hinterende nicht unterscheidbar (Larve kann sich im Köcher wenden); die beiden Hauptöffnungen zum Substrat gerichtet, durch Klappen an der Bodenplatte verschließbar (*Synagapetus*); Ventilationsöffnungen oberseits gelegen; Steinchen dicht miteinander versponnen, zusätzlich noch flächige Gespinstlagen auf Kuppel und (hier besonders dicht) Bodenplatte; der Köcher [**T-103**] ist transportabel, wird jedoch in strömendem Wasser durch Spinnfäden zwischen einer Bodenklappe und dem Substrat befestigt; Ernährung durch Abweiden von Algen am Untergrund aus dem befestigten Köcher heraus; jedes Larvenstadium konstruiert einen neuen, größeren Köcher (vgl. übrige →Trichoptera!); dabei wird zunächst ein vorderer Teil gebaut und vom alten Köcher abgetrennt, dann der hintere Rest. **Verpuppung** wie bei →Rhyacophilidae in einem geschlossenen Puppenkokon in einem eigens hergestellten Köcher aus Steinchen (Kuppelbau). Lit. →Trichoptera; Bohle & Fischer 1983; Ivanov & Rupprecht 1992.

Glucken →Lasiocampidae.

Glückskäfer →Coccinellidae.

Glühwürmchen →Lampyridae.

Glyphina →Thelaxidae 1.

Glyphipterigidae; Fam. der Schmetterlinge (Lepidoptera, Glossata, Yponomeutoidea) mit in Eur 42, M-Eur 23, Dt 17 Arten; klein (Flspw. 6–11 mm); Flügel in Ruhe steil dachförmig angelegt, nicht selten mit metallisch glänzenden Flecken auf dem Vorderflügel; Hinterflügel mit langen Fransen; Raupe in Blüten- und Samenständen oder minierend, bei manchen Arten minieren nur die frühen Stadien; Verpuppung in einem Gespinst in den Minen oder Samenständen, welches vor dem Schlupf nicht verlassen wird; mit 3 U-Fam.:

A. Orthoteliinae; in Eur & Dt nur *Orthotelia sparganella* Thunb., Schilfwickler; durch Größe (Flspw. 20–28 mm), bräunliche Vorderflügelfärbung, aufgebogene Labialpalpen und kurze Flügelfransen abweichender Vertreter der Fam.; fliegen im Sommer (VII–VIII); Larven (V–VI) minieren in Wasserpflanzen, v. a. Igelkolben (*Sparganium*), zunächst in jungen Blättern, später in Stängeln und Wurzeln.

B. Acrolepiinae; in Eur 24, M-Eur 12, Dt 9 Arten; Falter klein (10–15 mm Flspw.); die Raupen minieren in Korbblütlern, Lilien- und Nachtschattengewächsen; z. B. *Acrolepiopsis assectella* Zell., Lauchmotte, Zwiebelmotte [**G-30**]; an Lauch und Zwiebeln zuweilen sehr schädlich; das überwinterte ♀ legt im Frühling Eier an

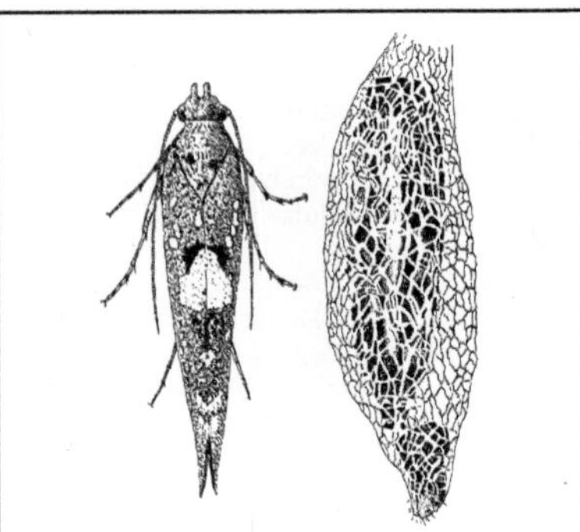

Abb. G-30: Glyphipterigidae: *Acrolepiopsis assectella,* Lauch- oder Zwiebelmotte. Links: sitzender Falter, ca. 6 mm; rechts: Puppengespinst, Länge 5 mm. (Sorauer 1949–57)

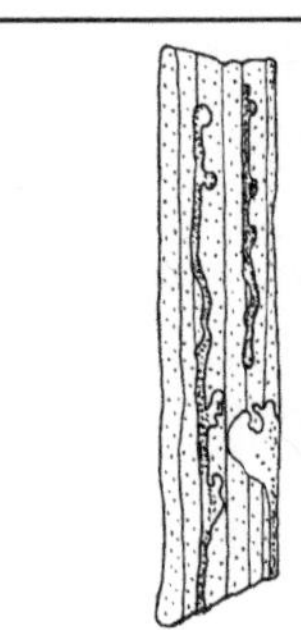

Abb. G-31: Glyphipterigidae: *Acrolepiopsis assectella,* Lauch- oder Zwiebelmotte. Minen in *Allium*-Blatt. (Hering 1957)

Blätter oder Zwiebelhals von *Allium*-Arten; die Jungraupen fressen zuerst von außen, minieren dann im Innern [**G-31**]; v. a. gern in den Herzblättern, auch in der Zwiebel; Raupen der 2. Generation im Sommer auch in den Blütenköpfen, zerstören Blüten und Samen; Verpuppung in einem lockeren, wabenartigen Gespinst [**G-30**].

C. Glyphipteriginae, Wippmotten, Rundstirnmotten; mit in Eur 17, M-Eur 10, Dt 7 Arten der Gttg. *Glyphipterix*; kleine tagaktive Falter, meist mit artspezifischem Bindenmuster auf den Vorderflügeln; wippen im Sitzen mit den Flügeln; Raupen der meisten Arten leben in Blüten- und Samenständen von Gräsern (Poaceae, Cyperaceae) und Binnengewächsen (Juncaceae); die Raupe von z. B. **Glyphipterix equitella** Scop. Miniert aber in Blättern und Stängeln des Mauerpfeffers (*Sedum*).

Lit. →Lepidoptera.

Glyphipterix →Glyphipterigidae C.

Glyphotaelius →Trichoptera.

Gnathocerus →Tenebrionidae 7.

Gnathoncus →Histeridae.

Gnitzen →Ceratopogonidae.

Gnoriste →Mycetophilidae.

Goera →Goeridae.

Goeridae; Fam. der Köcherfliegen (→Trichoptera) mit in Eur 15, M-Eur & Dt 6 Arten aus 5 Gttgn. in Eur, z. B. *Silo, Goera;* häufig z. B. *Silo pallipes* F. (Flspw. bis 20 mm); die Larven →eruciform, in Fließgewässern, weiden Algen auf großen Steinen ab; Köcher aus feinem Sand, meist mit seitlichen Stabilisierungssteinchen (*Silo:* [**T-103**]); *Silo piceus* schlüpft im VII/VIII aus dem Ei; 5 Larvenstadien, Überwinterung im letzten Larvenstadium; Verpuppung im III/IV; Imago von V bis VII; ektoparasitoid an der Puppe: *Agriotypus* (→Ichneumonidae G). Lit. →Trichoptera.

Goldafter, Euproctis chrysorrhoea L. →Erebidae J6.

Goldaugen →Chrysopidae.

Goldene Acht, Colias hyale L. →Pieridae 6.

Goldfliegen, Lucilia →Calliphoridae 4.

Goldkäfer, Cetonia aurata L. →Scarabaeidae E1.

Goldlaufkäfer, Carabus auratus L. →Carabidae A1.

Goldmotten →Roeslerstammiidae.

Goldschmied, Carabus auratus L. →Carabidae A1.

Goldschrecke →Acrididae B1, B2.

Goldwespen →Chrysididae.

Gomphidae, Flussjungfern; Fam. der Libellen (Odonata, Anisoptera) mit in Eur 12, M-Eur & Dt 7 Arten; schwarz-gelbe oder schwarzgrüne Großlibellen mit deutlich voneinander getrennten Komplexaugen (um 50 mm); fliegen sehr schnell, v. a. an klaren Flüssen und breiten Bächen, aber auch (v. a. während der

Abb. G-32: Gomphidae: *Gomphus pulchellus*. Eier mit Gallertbasis auf einem Stein; Eilänge 0,5 mm. (Robert 1959)

Reifezeit) abseits vom Wasser, oft auf Waldwegen; geschlechtsreife ♂♂ oft am sandigen oder steinigen Ufer, fliegen eher selten auf. Bei der **Eiablage** (ohne Begleitung des ♂) tupft das ♀ das Hinterleibsende, an dem ein Eiballen vorquillt, rhythmisch ins Wasser (z. B. →1; vgl. [**0-9**]), manche werfen Eiballen im Flug ab (→2); die Eier können durch Gallerte an einem Stein haften [**G-32**]; die gedrungenen, dicht behaarten **Larven** mit kurzer, flacher Fangmaske; Vorder- und Mittelbeine kürzer, ihre Schienen gekrümmt und meist mit einem Grabdorn; in Flüssen oder in der Brandungszone größerer Seen; tagsüber in Sand oder Schlamm eingegrabene Lauerjäger, kommen nachts auch hervor, fressen v. a. Mückenlarven und Oligochaeten; Entwicklungsdauer 3–4 Jahre; **Überwinterung** meist als Larve, bei 2 Arten können auch Eier übewintern überwintern (*Ophiogomphus cecilia* Fourcr., Grüne Flussjungfer; *Stylurus flavipes* Chartp., Keulenjungfer); Schlüpfen der Imago auch bei waagerechter waagrechter Lage der Larve möglich. Als gegen Gewässerverschmutzung und -regulierung empfindliche Fließwasserbewohner früher hochgradig gefährdet, Bestände inzwischen ein wenig erholt bei einigen Arten, z. B.:

1. Gomphus vulgatissimus L., Gemeine Keiljungfer; Hinterleib des ♂ keilförmig; fliegt V–VI; Larven eingegraben in sandigen Bächen und Flüssen.

2. Onychogomphus, Zangenlibellen; ♂ am Abdomenende mit besonders stark ausgebildeten Cerci zum Halten des ♀ (rasches Zugreifen vor den Konkurrenten entscheidend); bevorzugen kiesige Abschnitte großer Bäche und kleiner Flüsschen; die ♂♂ besetzen (in dauernd wechselnder Verteilung) Steine am Ufer, vertreiben Rivalen und erwarten dort die ♀♀; in Dt nur noch *Onychogomphus forcipatus* L., Kleine Zangenlibelle, fliegt VI–IX, Larven auch in pflanzenfreien, feinkiesigen bis sandigen Bereichen von Altarmen und Seeufern mit Brandung; die

♂♂ fliegen am frühen Abend oft mit dem ganzen Körper mehrfach hintereinander ins Wasser. Lit. →Odonata; Donath 1985; Heidemann 1988; Kaiser 1974a; Schmidt 1987.

Gomphocerinae →Acrididae B.

Gomphocerippus →Acrididae B5, B2, →Caelifera.

Gomphocerus →Acrididae B6.

Gomphus →Gomphidae 1; →Odonata.

Gonapophyse →Gonopoden.

Gonepteryx →Gürtelpuppe; →Pieridae 5.

Gonia →Tachinidae.

Gonioctena →Chrysomelidae J6.

Goniodes →Ischocera.

Goniodidae →Ischnocera.

Goniozus →Bethylidae.

Gonodera →Tenebrionidae 11.

Gonopoden; umgebildete paarige Gliedmaßen der Genitalsegmente, wie sie bei den ♂♂ aller und den ♀♀ vieler →Ectognatha vorkommen; ♂♂: Begattungs-Hilfsorgane (Harpagone u. a.) primär im 9. Abdominalen Segment (oft zusätzlich im 8. oder 10. Segment); ♀♀: 2 Paare von Gonopoden (jeweils am 8. und 9. Hinterleibssegment) bilden zusammen oft einen Legeapparat (**Ovipositor**), wobei jede Extremität aus einer (basalen) Gonocoxa (Valvifere) mit einem (distalen) Fortsatz, der →Gonapophyse (Valvula 1 bzw. 2), und einem (distalen) Gonostylus (Valvula 3) bestehen kann (Gonostylus nur an der hinteren Gonocoxa, nur bei den →Archaeognatha auch an der vorderen Gonocoxa); alle 4 **Gonapophysen** bilden zusammen bei den ♀♀ der Aculeata (→Hymenoptera) den nicht mehr zum Eiablage benutzten Giftstachel, sonst jedoch ein Legerohr (das oft als **Legebohrer** dient), welches die Eier durch den Hohlraum zwischen den Gonapophysen hindurchtreten lässt; oft sind hierzu die Gonapophysen einer Seite miteinander längs verfalzt und in der Längsrichtung gegeneinander verschiebbar; die **Gonostyli** dienen als Tastanhänge (z. B. →Archaeognatha, →Zygentoma), als Scheiden für das Legerohr (z. B. →Hymenoptera), oder sie ersetzen die →Gonapophysen des 9. Segments als oberer Teil der Legerohrs (→Saltatoria, →Raphidioptera, →Notoptera). Vielfach Rückbildungen und Vereinfachungen der ♀-Gonopoden (z. B. →Coleoptera) bis hin zu völligem Verlust (z. B. →Lepidoptera, →Diptera); bei Gruppen ohne Gonopoden kann eine sekundäre Legeröhre aus verjüngten hintersten Abdominalsegmenten ausgebildet sein.

Gortyna →Noctuidae.

Gorytes →Bembicidae 3.

Gossyparia →Eriococcidae.

Götterbaumspinner, *Samia cynthia* →Saturniidae.

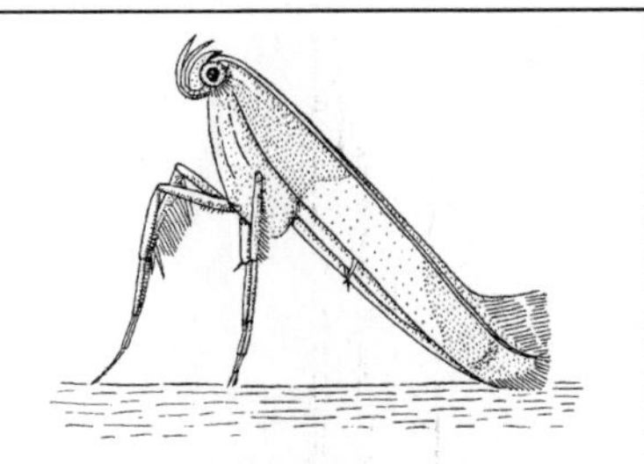

Abb. G-33: Gracillariidae: *Caloptilia alchimiella*. Ruhehaltung; 7 mm. (Bourgogne 1951)

Gottesanbeterin, *Mantis religiosa* L. →Mantodea; vgl. auch →Scelionidae.

Gräberfauna →Phoridae.

Gräberfliege, *Conicera tibialis* Schmitz →Phoridae 5.

Grabschildläuse →Margarodidae.

Grabwespen →Apoidea.

Gracilia →Cerambycidae D2.

Gracillaria →Gracillariidae 2.

Gracillariidae, Miniermotten, Blatttütenmotten; Fam. der Schmetterlinge (→Lepidoptera, Glossata, Gracillarioidea) mit in Eur ± 250, M-Eur ± 160, Dt 134 Arten; Falter klein bis sehr klein, oft recht farbig; Antennen lang, Flügel schmal mit langen Randhaaren, in Ruhe dachförmig angelegt; Saugrüssel gut ausgebildet. Dämmerungsflieger; Ruhestellung oft mit stark angehobenem Vorderkörper [**G-33**]. Die **Raupen** meist in Blättern, auch in junger Rinde; noch beinlose Junglarven abgeflacht, oft mit spezialisierten Mundteilen zum Anschneiden von Epidermiszellen und Aufsaugen des Zellsaftes; spätere Stadien zylindrisch, mit 3 Afterfußpaaren (4. Paar fehlt) und veränderten Mundteilen zum Zerkleinern des Zellgewebes (→Polymetabolie [**G-36**]), minieren im Parenchym (meist in flächigen Minen); die Altraupen mancher Arten in durch Einrollen vom Blattrand her entstandenen Tüten, deren Innenseite sie benagen; **Verpuppung** innerhalb der Mine, oft auch außerhalb in einer Blattrolle.

1. *Caloptilia rufipennella* Hbn., Ahornmotte; Flspw. ca. 12 mm; der Falter auffallend durch die zimtroten Vorderflügel; fliegt im Sommer; die Raupen v. a. an Bergahorn; minieren anfangs im Blatt, fressen dann in einer tütenförmigen Rolle, entstanden durch Einrollen eines Blattzipfels nach unten [**G-34**].

2. *Gracillaria syringella* F., Fliedermotte [**G-35**]; sehr häufig; Falterflug im V abends um die Nah-

Abb. G-34: Gracillariidae: *Caloptilia rufipennella*, Ahornmotte. Blattrolle an einem Ahornblatt. (Escherich 1914–42)

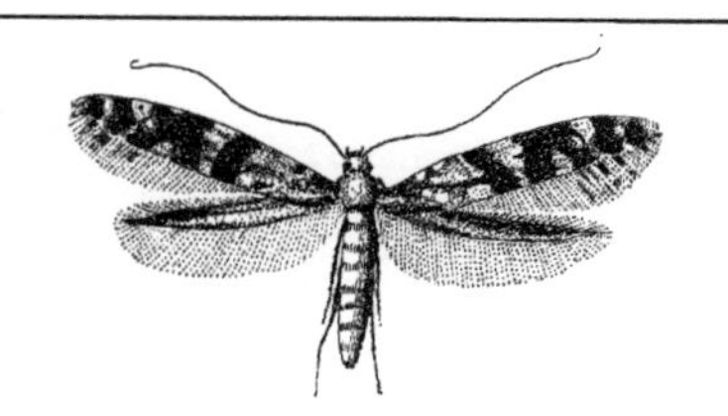

Abb. G-35: Gracillariidae: *Gracillaria syringella*, Fliedermotte. Flspw. 16 mm. (Escherich 1914–42)

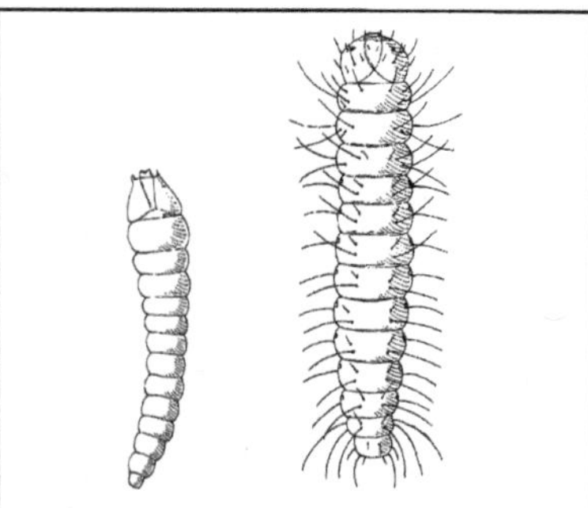

Abb. G-36: Gracillariidae: *Gracillaria syringella*, Fliedermotte. Junge, minierende (links) und erwachsene, freilebende Raupe. (Escherich 1914–42)

Abb. G-37: Gracillariidae: *Gracillaria syringella*, Fliedermotte. Blattrolle an Flieder. (Sorauer 1949–57)

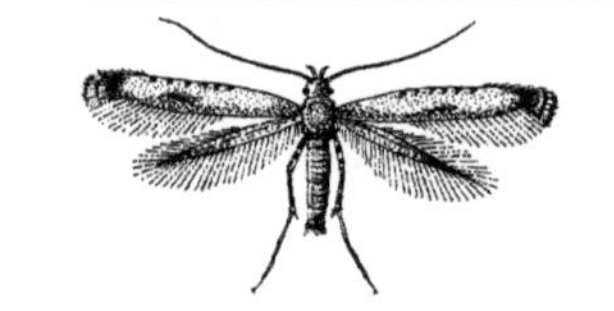

Abb. G-38: Gracillariidae: *Caloptilia azaleella*, Azaleenmotte. Flspw. 18 mm. (Bollow 1960)

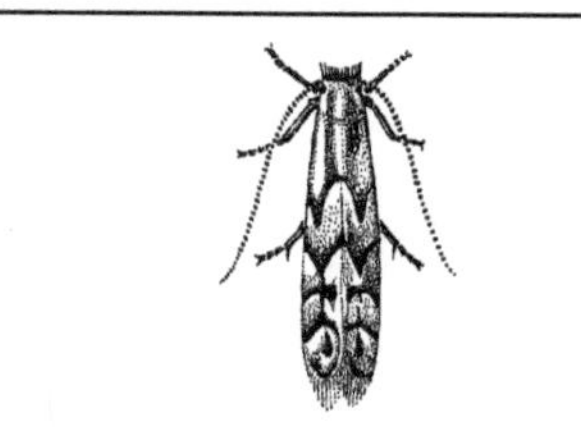

Abb. G-39: Gracillariidae: *Phyllonorycter maestingella*. Ruhehaltung; 6 mm. (Brauns 1991)

rungspflanze (Flieder, Esche, Liguster); Eiablage in Reihe auf der Blattunterseite entlang der Rippen; die Raupen [**G-36**] dringen durch den Eiboden in das Blatt, fressen meist in Gesellschaft eine große Mine aus, gehen dann (nachts oder frühmorgens) auf ein frisches Blatt und nagen die Mittelrippe an; rollen das Blatt gemeinsam ein, Unterseite innen; Befestigung mit Spinnfäden, die sich beim Eintrocknen verkürzen, wobei auch die Seitenöffnungen weitgehend verschlossen werden [**G-37**]; in dem Wickel gemeinsamer Fraß; mehrmals werden neue Wickel gemeinsam hergestellt; Verpuppung teils im Wickel, teils außerhalb, oft am Boden, in einem weißen Gespinst; 2(–3) Generationen im Jahr; Überwinterung als Puppe; bei Massenauftreten schädlich.

3. *Caloptilia azaleella* Brants., Azaleenmotte [**G-38**]; aus Japan stammend, heute weltweit verbreitet, besonders in Gewächshäusern; zuweilen schädlich; Eiablage einzeln oder in kleinen Gruppen an der Unterseite von Azaleen-blättern, meist an den Nerven; die Jungraupen minieren zuerst in einem Gang, dann in einem größeren blasigen Platz; die älteren Stadien im nach unten umgerollten und mit Spinnfäden befestigten Blattrand (auch Blattspitze); 1- oder 2-mal Blattwechsel; Verpuppung in der Rolle, Gespinstkokon mit Blatthaaren durchsetzt; in Gewächshäusern mehrere sich überschneidende Generationen.

4. *Phyllonorycter maestingella* Müll. [**G-39**]; sehr häufig; Mine an Buchenblättern (Unterholz, untere Zweige), zwischen 2 Seitenrippen [**G-40**], durch Fadenzug von innen gefaltet; in der Mitte dunkle Kotansammlung; Verpuppung in der Mine in einem weißen Gespinst; 2 Generationen im Jahr; die Puppe überwintert.

5. *Spulerina simploniella* F. R., Eichenrindenmi-niermotte [**G-41**]; Falter klein; fliegt VI–VII; die in der Rinde von Jungeichen minierenden Räup-chen sehr flach, die Brust- und Hinterleibsbeine zu winzigen Warzen und Wülsten rückgebildet [**G-42**], die Segmente dorsal und ventral mit rauen Kriechplatten; minieren in der Rinde zu-nächst in einem stark geschlängelten Gang, der sich schließlich zu einem größeren blasenartigen Platz erweitert; Überwinterung als Raupe; Ver-puppung an der Decke der Blase unter einem weißen Gespinst; die Decke der Blase platzt beim Eintrocknen auf (Weg für den Falter); bis-weilen beachtliche Schäden an Jungeichen.

6. *Phyllocnistis*, Saftschlürfermotten, mit 7 hei-mischen Arten; in der Lebensweise abweichend, daher früher in eine eigene Fam. **Phyllocnistidae** gestellt; Falter sehr klein; Raupen beinlos, ähn-lich kleinen Nacktschnecken; minieren in der Ober- oder Unterschicht (Epidermis) von Blät-tern, fressen den Saft der zerbissenen Epidermis-zellen; Verpuppung unter dem umgeschlagenen Blattrand; heimische Arten auf Weiden und Pap-peln (z. B. *Ph. unipunctella* Steph. [**G-43**]).
Lit. →Lepidoptera; Brauns 1991.

Grammostethus →Histeridae.

Grana; Farbstoff der Kermeslaus; →Coccina, →Kermesidae.

Granataugen, *Erythromma* →Coenagrionidae 2.

Graphopsocus →Stenopsocidae.

Graphosoma →Pentatomidae.

Grasböcke, *Dorcadion* →Cerambycidae E3.

Gräserblattwespe, *Selandria serva* F. →Tenthre-dinidae 1.

Grasfliegen →Opomyzidae.

Grasgespenst, *Chorosoma schillingi* Schill. →Rho-palidae.

Grasglucke, *Euthrix potatoria* L. →Lasiocampi-dae 8.

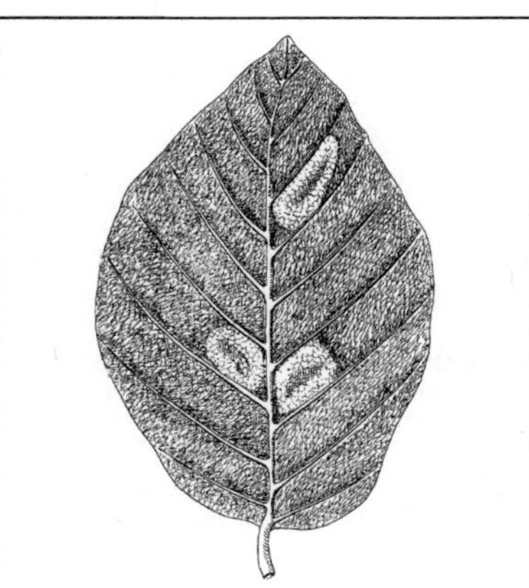

Abb. G-40: Gracillariidae: *Phyllonorycter maestingella*. 3 Faltenminen am Buchenblatt. (Escherich 1914–42)

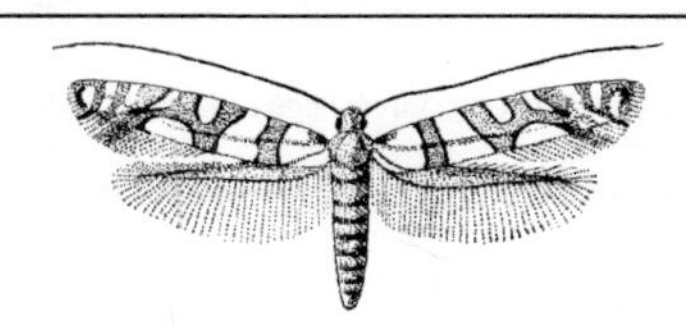

Abb. G-41: Gracillariidae: *Spulerina simploniella*, Eichenrin-denminiermotte. Flspw. 10 mm. (Escherich 1914–42)

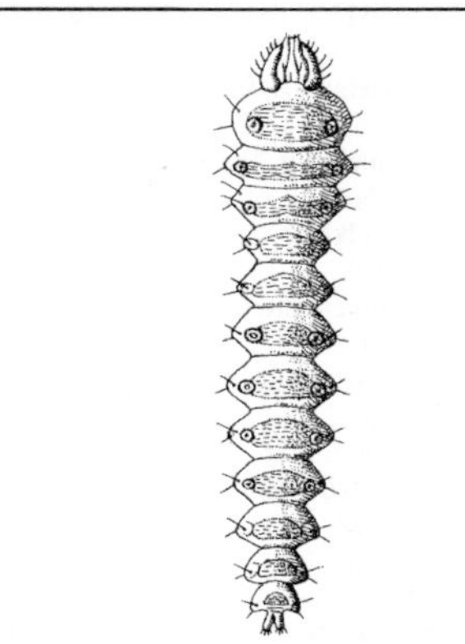

Abb. G-42: Gracillariidae: *Spulerina simploniella*, Eichen-rindenminiermotte. Erwachsene Raupe von ventral. (Escherich 1914–42)

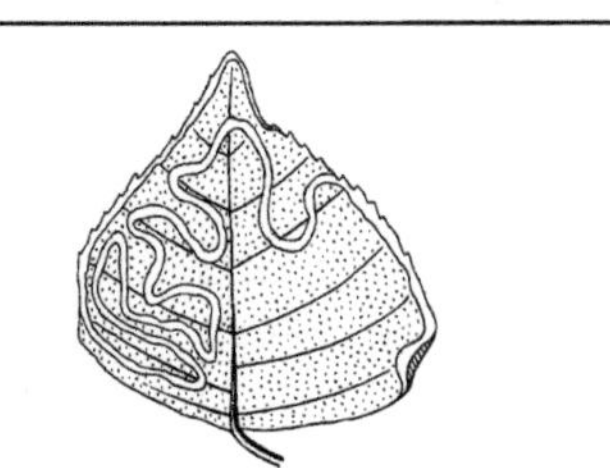

Abb. G-43: Gracillariidae: *Phyllocnistis unipunctella.* Mine in Pappelblatt. (Hering 1957)

Grashüpfer, Gomphocerinae →Acrididae B.
Graslaubkäfer, *Hoplia graminicola* F. →Scarabaeidae C5.
Grasminiermotten →Elachistidae.
Graswanze, *Leptopterna dolobrata* L. →Miridae 2.
Graswurzeleule, *Agrotis segetum* Den. & Schiff. →Noctuidae 25.
Graue Dörrobst-Motte, *Ephestia elutella* Hbn. →Pyralidae 9.
Graue Fleischfliege, *Sarcophaga carnaria* L. →Sarcophagidae A.
Graue Gerstenminierfliege, *Hydrellia griseola* Fall. →Ephydridae 1.
Graue Moderholzeule, *Xylena exsoleta* L. →Noctuidae 15.
Graue Mönche →Noctuidae 41.
Grauer Erdbock, *Dorcadion fuliginator* L. →Cerambycidae E3.
Grauer Knospenwickler, *Hedya nubiferana* Haw. →Tortricidae 23.
Grauer Lärchenwickler, *Zeiraphera griseana* Hbn. →Tortricidae 19.
Grauer Salatsamenwickler, *Eucosma conterminana* Guen.; →Tortricidae 32.
Grauer Tannenrüsselkäfer, *Brachyderes incanus* L. →Curculionidae F3.
Grauschwarze Sklavenameise, *Formica fusca* L. →Formicidae C9.
Gregärparasitoid →Parasitoid.
Grillen →Gryllidae.
Grillenschaben →Notoptera.
Grillenwanze, *Geocoris grylloides* L. →Geocoridae 2.
Griposia →Noctuidae 6.
Großaugenmotten →Blastobasidae.
Große Bienenschwebfliege, *Eristalis tenax* L. →Syrphidae D.
Große Essigfliege, *Drosophila funebris* F. →Drosophilidae.
Große Fichtenquirlschildlaus, *Physokermes piceae* Schrk. →Coccidae 5.

Große Goldschrecke, *Chrysochraon dispar* Germ. →Acrididae B1.
Große Grasbüscheleule, *Apamea monoglypha* Hufn. →Noctuidae 22.
Große Harzbiene, *Trachusa byssina* Pz. →Megachilidae 6.
Große Heidelibelle, *Sympetrum striolatum* Charp. →Libellulidae 4.
Große Kieferngespinstblattwespe, *Acantholyda posticalis* Mats. →Pamphiliidae B3.
Große Köcherfliege, *Phryganea grandis* L. →Phryganeidae; →Trichoptera.
Große Kohlfliege, *Delia floralis* Fall. →Anthomyiidae 8.
Große Königslibelle, *Anax imperator* Leach →Aeshnidae 3; s. auch →Corduliidae 1.
Große kugelige Napfschildlaus, *Eulecanium tiliae* L. →Coccidae 2.
Große Lärchenblattwespe, *Pristiphora erichsoni* Htg. →Tenthredinidae 26.
Große Moosjungfer, *Leucorrhinia pectoralis* Charp. →Libellulidae 3.
Große Narzissenfliege, *Merodon equestris* F. →Syrphidae C1.
Große Pechlibelle, *Ischnura elegans* Vand. →Coenagrionidae 5.
Große Pelzblattwespe, *Trichiosoma lucorum* →Cimbicidae 4.
Große Pflaumenlaus, *Brachycaudus cardui* L. →Aphididae 6.
Große Rosen(blatt)laus, *Macrosiphum rosae* L. →Aphididae 15.
Große Schildmotte, *Apoda limacodes* Hufn. →Limacodidae 1.
Große Stubenfliege, *Musca domestica* L. →Muscidae 1.
Große Wachsmotte, *Galleria mellonella* L. →Pyralidae 1.
Große Walnusszierlaus, *Panaphis juglandis* Goeze →Drepanosiphidae B3.
Großer achtzähniger Borkenkäfer, *Ips typographus* L. →Curculionidae P15.
Großer Blaupfeil, *Orthetrum cancellatum* L. →Libellulidae 2.
Großer brauner Rüsselkäfer, *Hylobius abietis* L. →Curculionidae L2.
Großer Eichenbock, *Cerambyx cerdo* L. →Cerambycidae, D1.
Großer Eichenkarmin, *Catocala sponsa* L. →Erebidae I2.
Großer Eisvogel, *Limenitis populi* L. →Nymphalidae B.
Großer Frostspanner, *Erannis defoliaria* Cl. →Geometridae C13.
Großer Fuchs, *Nymphalis polychloros* L. →Nymphalidae C4.

Großer Gabelschwanz, *Cerura vinula* L. →Notodontidae A1.

Großer Heufalter, *Coenonympha tullia* Müll. →Nymphalidae F11.

Großer Kiefernborkenkäfer, *Ips sexdentatus* Boern. →Curculionidae P12.

Großer Kletterlaufkäfer, *Calosoma sycophanta* L. →Carabidae A2.

Großer Kohltriebrüssler, *Ceutorhynchus napi* Gyll. →Curculionidae N2.

Großer Kohlweißling, *Pieris brassicae* L. →Pieridae 2.

Großer Kolbenwasserkäfer, *Hydrophilus piceus* L. →Hydrophilidae 1.

Großer Lärchenborkenkäfer, *Ips cembrae* Heer →Curculionidae P19.

Großer Obstbaumsplintkäfer, *Scolytus mali* Bechst. →Curculionidae P5.

Großer Pappelbock, *Saperda carcharias* L. →Cerambycidae E9.

Großer Pappelglasflügler, *Sesia apiformis* Cl. →Sesiidae 1.

Großer Perlmutterfalter, *Speyeria aglaja* L. →Nymphalidae E2.

Großer Rapsstängelrüssler, *Ceutorhynchus napi* Gyll. →Curculionidae N2.

Großer Schillerfalter, *Apatura iris* L. →Nymphalidae A.

Großer Schneckenspinner, *Apoda limacodes* Hufn. →Limacodidae 1.

Großer Schwamm; Gelege des Schwammspinners; →Erebidae J4.

Großer Kolbenwasserkäfer, *Hydrophilus piceus* L. →Hydrophilidae 1.

Großer Ulmensplintkäfer, *Scolytus scolytus* F. →Curculionidae P7.

Großer Waldgärtner, *Tomicus piniperda* L. →Curculionidae P10.

Großer Waldportier, *Hipparchia fagi* Scop. →Nymphalidae F3.

Großer Wanderbläuling, *Lampides boeticus* L. →Lycaenidae C5.

Großer Weinschwärmer, *Hippotion celerio* L. →Sphingidae 12.

Großer Wespenbock, *Necydalis major* L. →Cerambycidae, C4.

Großes Glühwürmchen, *Lampyris noctiluca* L. →Lampyridae 2; vgl. auch →Staphylinidae D.

Großes Granatauge, *Erythromma najas* Hans. →Coenagrionidae 2.

Großes Jungfernkind, *Archiearis parthenias* L. →Geometridae A.

Großes Ochsenauge, *Maniola jurtina* L. →Nymphalidae F10.

Großes Wiener Nachtpfauenauge, *Saturnia pyri* Den. & Schiff. →Saturniidae 2.

Großflügler →Megaloptera.

Großlibellen, →Odonata 2.

Großzikaden; oft gebrauchte Bezeichnung für die größeren Vertreter der Zikaden, insbesondere für die Singzikaden (→Cicadidae).

Grubenhalsbock, *Arhopalus rusticus* L. →Cerambycidae B2.

Grubenhalskäfer, *Patrobus* →Carabidae I.

Grünaderweißling, *Pieris napi* L. →Pieridae 2.

Grundkäfer, Grüngestreifter, *Omophron limbatum* F. →Carabidae B.

Grundschwimmer, *Laccophilus* →Dytiscidae 7.

Grundwanzen →Aphelocheiridae.

Grüne Apfellaus, *Aphis pomi* Deg. →Aphididae 2.

Grüne Apfelwanze, *Lygocoris rugicollis* Fall. →Miridae 5.

Grüne Blattwespe, *Rhogogaster viridis* L. →Tenthredinidae.

Grüne Eicheneule, *Griposia aprilina* L. →Noctuidae 6.

Grüne Erbsenlaus, *Acyrthosiphon pisum* Harr. →Aphididae 20.

Grüne Fichtengallenlaus, *Sacchiphantes viridis* Ratz. →Adelgidae 2; vgl. auch →Geometridae E9, →Pyralidae 6.

Grüne Flussjungfer, *Ophiogomphus cecilia* Fourcr. →Gomphidae.

Grüne Futterwanze, *Lygocoris pabulinus* L. →Miridae 4.

Grüne Graswurzellaus, *Anoecia corni* F. →Anoeciidae.

Grüne Mosaikjungfer, *Aeshna viridis* Eversm. →Aeshnidae.

Grüne Pfirsichlaus, *Myzus persicae* Sulz. →Aphididae 8.

Grüne Schenkelfliege, *Meromyza saltatrix* L. →Chloropidae 4.

Grüne Stinkwanze, *Palomena prasina* L. →Pentatomidae.

Grüner Eichenwickler, *Tortrix viridana* L. →Tortricidae 1; s. auch →Staphylinidae K3.

Grüner Prachtkäfer, *Agrilus viridis* L. →Buprestidae 6.

Grüner Schildkäfer, *Cassida viridis* L. →Chrysomelidae E.

Grüner Tannenwickler, *Choristoneura murinana* Hbn. →Tortricidae 17.

Grüner Zipfelfalter, *Callophrys rubi* L. →Lycaenidae A5.

Grünes Blatt, *Geometra papilionaria* L. →Geometridae B.

Grünes Heupferd, *Tettigonia viridissima* L. →Tettigoniidae 1.

Grünes Kleespitzmäuschen, *Ischnopterapion virens* Hbst. →Apionidae 4.

Grüngestreifter Grundkäfer, *Omophron limbatum* F. →Carabidae B.

Grünling, *Geometra papilionaria* L. →Geometridae B.

Grünrüssler, *Phyllobius* →Curculionidae F2.

Grünspanner, Geometrinae →Geometridae B.

Grünwidderchen →Zygaenidae B.

Gryllidae, Grillen; Fam. der Langfühlerschrecken (Ensifera, Grylloidea) mit in Eur 23, M-Eur 6 Arten; in Dt 2 stellenweise häufige Arten, 2 weitere nur lokal und selten; meist schwarzbraun oder gelblich, niemals grün; Trommelfell offen; Cerci lang, antennenartig; mit Tasthaaren, Hörhaaren und dem Wahrnehmen der Schwerkraft dienenden Kolbenhaaren besetzt; zumindest bei jüngeren Larven können verlorengegangene Cerci voll regeneriert werden; Überwinterung meist als Larven; Imagines ab Frühjahr; ziehen beim Singen den rechten Vorderflügel über den linken (→Ensifera).

1. *Gryllus campestris* L., Feldgrille (18–26 mm; [**G-44**]); im Süden von Dt massenhaftes Auftreten, in Nordwesten fast ausgestorben; walzenförmig; Kopf dick; die Hinterbeine selten zum Springen benutzt. In sonnigen Gebieten in niedriger Vegetation; ältere Larven und Imagines in selbst gegrabenen Erdröhren (30–40 cm); jedes Tier für sich. **Nahrung** kleine Insekten und Pflanzen (nicht selten werden Frischpflanzen zum Welken in den Gang gebracht und dann verzehrt); das Auftupfen flüssiger Nahrung ist möglich mit einem durch Hämolymphdruck ausstülpbaren Tupfrüssel (Teil des Hypopharynx; vgl. [**G-45**]), der an seiner Oberfläche mit Pseudotracheen versehen ist wie der Tupfrüssel der höheren Fliegen (→Diptera). **Gesang** des ♂ (gewöhnlicher Lockgesang) am Röhreneingang: einzelne Laute („zri"), in langer Reihe schnell hintereinander folgend; Beginn am Vormittag, häufig Pause in den warmen Mittagsstunden, dann mit Unterbrechungen bis nach Mitternacht (gegen Abend besonders regelmäßig); die Vorderflügel sind beim Singen angehoben [**G-44**]; lauthaft ist nur die Einwärtsbewegung der →Tegmina; bei der Flügelbewegung sind 28 Mittelbrustmuskeln beteiligt, das Muster ihres koordinierten Arbeitens ist im Mittelbrust-Ganglion vorgegeben; „Warngesang" (intensive, peitschende Laute) des Röhrenbesitzers bei Annäherung eines Artgenossen; ein ankommendes ♂ flieht oder nimmt (nach Antennenschlagen) den Kampf auf; dieser wird begleitet von einem dem Warngesang ähnlichen „Rivalengesang". Ein durch den ♂-Gesang angelocktes ♀ flieht entweder oder bleibt still sitzen und wird dann vom ♂ mit den Antennen betastet; darauf **Balz** des

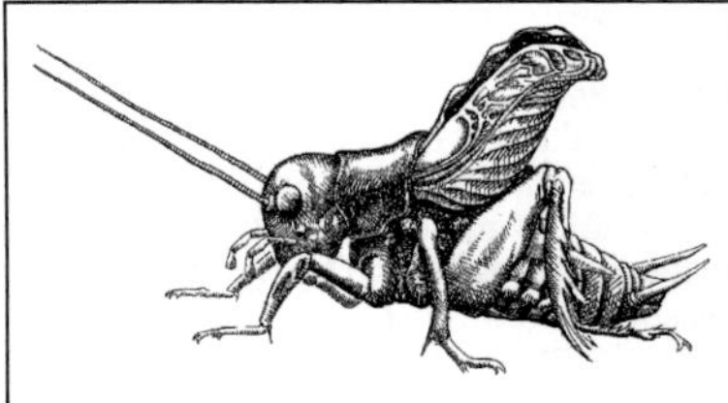

Abb. G-44: Gryllidae: *Gryllus campestris*, Feldgrille. ♂, singend. (Beier 1972)

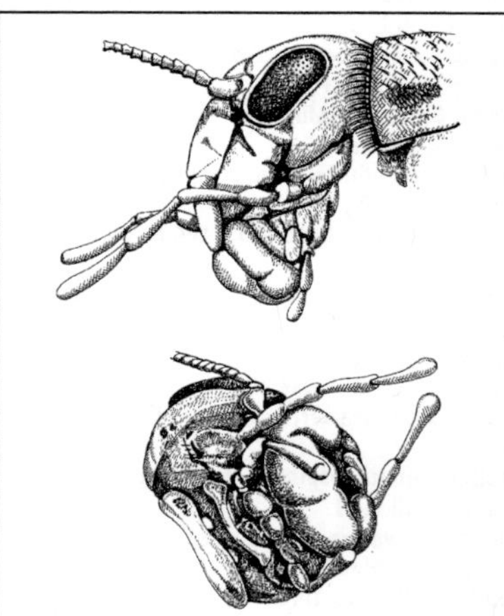

Abb. G-45: Gryllidae: *Acheta domesticus*, Heimchen. Oben: Kopf von links; Tupfrüssel ausgestülpt; unten: Ansicht von rechts unten. (Rietschel 1969)

♂ mit ganz leisem „Werbegesang"; das ♂ dreht schließlich sein Hinterleibsende zum Kopf des ♀; zur Kopulation steigt das ♀ auf das ♂, dieses schiebt sich zugleich rückwärts; anschließend „Nachbalz": das ♂ bleibt am ♀ und bildet eine neue Spermatophore; das ♀ entfernt die bei der Kopulation abgesetzte und entleerte Spermatophore 1/2 bis 2 h nach der Kopulation; mehrere Paarungen; (♀♀ der Mittelmeer-Feldgrille bevorzugen große ♂♂ vor kleinen und fremde vor nah verwandten; bei der australischen Feldgrille *Teleogryllus commodus* nachgewiesen: für das Erkennen der Geschlechter spielen Pheromone eine Rolle, die von den Antennen der ♀♀ und ♂♂ abgesondert werden); mehrere Eiablagen mit dem Legebohrer in den Boden. Die **Larven** schlüpfen nach 2–3 Wochen; ca. 10 Häutungen (bei ungünstigen Bedingungen mehr); die ersten Stadien frei vagabundierend, oft gesellig in natürlichen kleinen Höhlen. **Überwinterung** in einem selbst gegrabenen Gang im zweit- oder drittletzten Larvenstadium (echte Diapause; niedere Temperatur notwendig für die weitere Entwicklung); Imagines V–VII; selten treten schon im Herbst Imagines auf (fraglich, ob ihnen das Überwintern gelingt).

2. *Acheta domesticus* L., Heimchen, Hausgrille (13–20 mm); Färbung meist gelblich; Hinterflügel voll entwickelt, in Ruhe zusammengerollt, überragen das Hinterleibsende; wärmeliebend, bei uns dauerhaft nur in Häusern, stellenweise nicht selten; halten sich in natürlichen, dunklen, relativ feuchten Schlupfwinkeln auf, gerne in Ritzen und Spalten; v. a. nachts mobil, können sich dank der guten Flugfähigkeit gut ausbreiten; Allesfresser: Küchenabfälle, Vorräte; können bei Massenvermehrung lästig werden; ♂-Gesang kräftig; ähnlich, aber weicher und leiser als bei der Feldgrille, Balz ähnlich wie bei dieser; Fortpflanzung während des ganzen Jahres; 12–16 Larvenstadien;

Lit. →Ensifera; Beier 1954; Dambach & Igelmund 1982; Huber et al. 1989; Simmons 1986, 1991.

Grylloblatta, **Grylloblattidae**, **Grylloblattodea** →Notoptera A.

Grylloidea; Grillen, Grabschrecken; Fam.-Gruppe der Langfühlerschrecken; →Ensifera.

Gryllotalpa →Ensifera; →Gryllotalpidae.

Gryllotalpidae, Maulwurfsgrillen; Fam. der Langfühlerschrecken (Ensifera, Grylloidea); mit in Eur 13 Arten der Gttg. *Gryllotalpa*; in M-Eur & Dt nur *Gr. gryllotalpa* L., Maulwurfsgrille, Werre; stattlich (bis 50 mm), bräunlich und gelblich, fein behaart; Antennen nur halb so lang wie das der Brustschild (Pronotum); Vorderbeine zu sehr kräftigen, wirkungsvollen Grabbeinen umgebildet [**G-46**]: mit Fortsatz am Schenkelring, 4 kräftigen Spitzen an der Schiene, je 1 Fortsatz am 1. und 2. der der insgesamt 3 Fußglieder; Deckflügel (→Tegmina) kurz, nach hinten überragt von den in Ruhe der Länge nach eingerollten Hinterflügeln, die durchaus ein Fliegen ermöglichen; Lautapparat an den Deckflügeln ähnlich dem der Feldgrille; in beiden Geschlechtern, beim ♀ schwächer ausgebildet; häufig, jedoch nicht immer liegt der rechte Deckflügel über der linken; ♀ ohne Legerohr. Leben unterirdisch in selbst gegrabenen Gängen; können sich in ihnen, vorwärts und rückwärts laufend, geschickt bewegen; kein Springvermögen. **Nahrung** hauptsächlich tierisch; durch Wurzelfraß und Unterwühlen an Jungpflanzen manchmal schädlich. Der trillernde **Gesang** des ♂ aus dem

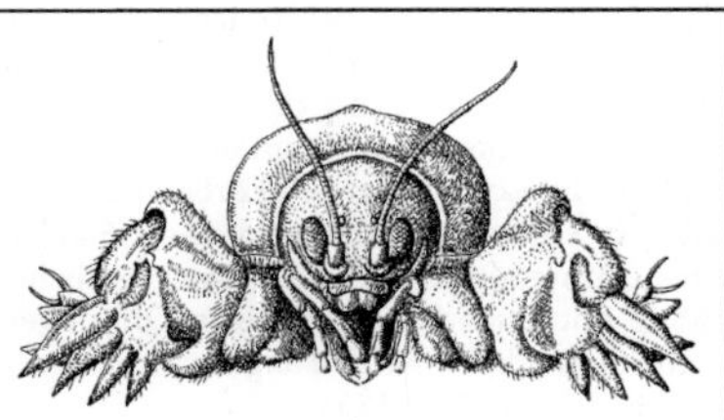

Abb. G-46: Gryllotalpidae: *Gryllotalpa*, Maulwurfsgrille, Werre. Ansicht von vorn; Grabbeine. (Schaller 1962)

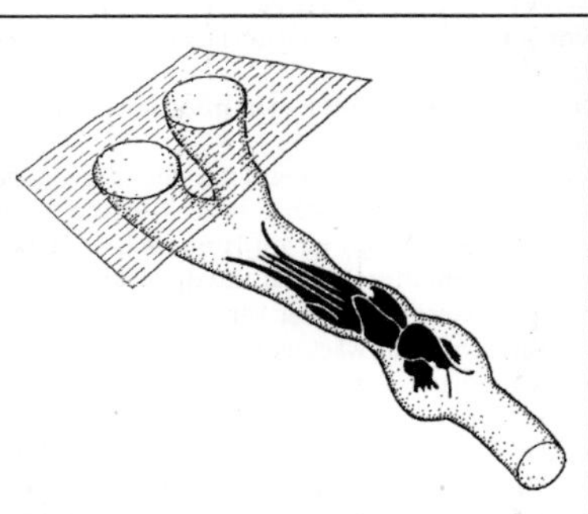

Abb. G-47: Gryllotalpidae: *Gryllotalpa vineae*, Maulwurfsgrille. In Stridulationshöhle. (Bennet-Clark 1970)

Boden heraus ist schwer lokalisierbar; auch die ♀♀ können, erschreckt, Laute von sich geben. **Fortpflanzung** im Sommer; nach einer Balz mit besonders leisem Balzgesang des ♂ steigt das ♀ zur Kopulation auf das ♂; Begattung i. d. R. unterirdisch; die Spermatophore wird vom ♀ etwa 30 min nach der Kopulation meist durch Hinterleibsbewegungen abgestoßen; **Ablage** der **Eier** in einer vom ♀ gegrabenen, etwa hühnereigroßen Höhle in 5–25 cm Tiefe, deren Wand mit erhärtendem Speichel verfestigt ist; im Laufe von 3–4 Monaten mehrere Nester, insgesamt über 500 Eier; Bauen und Ablegen offenbar gekoppelt: Eiablage nur, wenn das ♀ selbst gebaut hat; bei Beschädigung des Nestes vor dem Eierlegen wird ein neues Nest gebaut; Eier, vielleicht auch die Junglarven, vom ♀ bewacht und durch Belecken betreut. **Erstlarve** noch ohne Grabbeine, keine Nahrungsaufnahme; nach wenigen Stunden Häutung zum 2. Stadium, das alsbald das Nest verlässt; Kannibalismus dadurch weitgehend vermieden. Entwicklungsdauer regional verschieden, in M-Eur meist 2 Jahre; Zahl der Häutungen 5–10; die erste 1. **Überwinterung**

als 3. Larve, die 2. als Imago (oder auch als Alt-larve?). – In Frankreich *Gr. vineae* Be.-Cl. mit besonders lautem Gesang des ♂ ab ca. 30 min nach Sonnenuntergang (Hauptton ca. 3500 Hz); bei Windstille ca. 1/2 km weit hörbar; das ♂ sitzt dabei in einer bestimmten Position [**G-47**] in einer glattwandigen, von ihm selbst gegrabenen Höhle mit 2 schalltrichterartigen Öffnungen; vorbeifliegende ♀♀ werden angelockt.
Lit. →Ensifera; Beier 1954.

Gryllus →Ensifera; →Gryllidae 1.

Grynocharis →Trogossitidae C.

Gryon →Scelionidae.

Grypus →Curculionidae A.

Gummiwickler, *Enarmonia formosana* Scop. →Tortricidae 21.

Gurkenkernbandwurm →Ischnocera; →Siphonaptera.

Gürtelpuppe; Pupa cingulata; die für einige Gruppen von Tagfaltern bezeichnende Puppenform: die Puppe ist am Hinterleibsende mit dem →Cremaster in einem auf dem Substrat befestigten Gespinstpolster verankert, ihr Körper (meist) schräg aufwärts gerichtet, die Bauchseite der Unterlage zugewendet, in dieser Lage durch einen Gürtel aus Spinnfäden um die Grenze zwischen Thorax und Rumpf gehalten [**L-28**] (Gürtel bei *Zerynthia*, →Papilionidae 3, am Kopf durch Häkchen befestigt); bei →Papilionidae (z. T.), →Pieridae, →Lycaenidae (z. T.), →Riodinidae, *Cyclophora* (→Geometridae D); Vorbereitung zum Verpuppen bei Lycaeniden etwas anders als bei Papilioniden und Pieriden; **Herstellung** der G. beim Zitronenfalter (*Gonepteryx rhamni*, →Pieridae 5): die Raupe macht nach der Darmentleerung auf dem Substrat (z. B. Zweig), Kopf nach oben gerichtet, eine schwache Gespinstunterlage, ruht (gibt dann wohl die letzten Kotballen ab), wendet sich um, fertigt (kopfabwärts) ein Gespinstpolster aus kurzen Fadenschleifen an, wendet sich erneut (Kopf nach oben), macht Suchbewegungen mit dem Hinterleibsende, verankert sich mit den Nachschiebern in dem Polster (bei Verpassen des Polsters Wiederholung); danach kurze Ruhepause, dann Gürtelbau: Vorderkörper vom Substrat abgehoben (Brustfüße frei), seitwärts gewandt, Spinndüse etwa vor dem 1. Afterfußpaar an das Substrat gedrückt, Spinnfaden durch Aufrichten und Rückwärtsbeugen des Vorderkörpers ausgezogen, Wendung zur anderen Seite, Andrücken der Spinndüse am gleichen Punkt wie vorhin; von hier aus anschließend neuer Gürtelfaden zur Gegenseite, bis ein Fadenbündel von meist 6–8 Fäden entstanden ist, das vor dem 1. Brustbeinpaar liegt; anschließend schlüpft die Raupe

mit einer seitlichen Kopfbewegung durch die Gürtelschleife, biegt den Körper stark rückwärts, sodass der Gürtel am Rücken zwischen das 5. und 6. Segment rutscht; dann Ablösen der 4 vorderen Afterfußpaare vom Substrat und Häutung zur Puppe: die Raupenhaut platzt hinter dem Kopf in einem dorsalen Längsspalt, wird durch kräftige Bewegungen zurückgeschoben; zuletzt Verankerung des aus der Raupenhaut he-

Abb. G-48: Gyrinidae: *Gyrinus marinus*, Taumelkäfer. 5–7 mm. (Bechyně 1954)

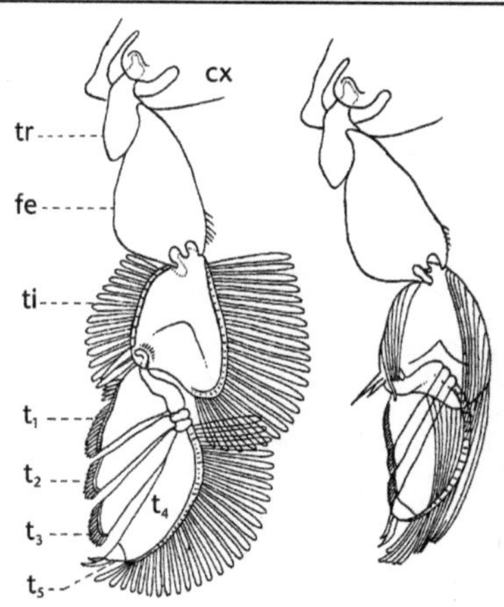

Abb. G-49: Gyrinidae: *Gyrinus natator*, Taumelkäfer. Schwimmbein; links mit abgespreizten, rechts mit angeklappten Ruderplättchen; cx: Coxa; tr: Trochanter; fe: Femur; ti: Tibia; t1–5: 1.–5. Tarsalglied. (Eidmann 1941)

rausgezogenen →Cremasters im Gespinstpolster und Abfallen der Raupenhaut; ein kurz nach Vollendung zerstörter Gürtel kann noch einmal hergestellt werden; Verpuppung und Schlüpfen des Falters auch ohne Gürtel möglich. – Zahl der Einzelfäden im Gürtel unterschiedlich (*Pieris brassicae*: 29–49; *P. rapae*: 14–40; Segelfalter: 7–16, manchmal bis fast 40); Lycaenidae (z. B. bei *Satyrium*, Zipfelfalter): durch sehr starkes Rückwärtsbiegen von Kopf und Vorderkörper liegt der Gürtel (8–17 Fäden) gleich anfangs dicht hinter dem Kopf, ein nachträgliches Durchschlüpfen erübrigt sich.

Gymnocerata →Geocorisae.

Gymnophora →Phoridae 2.

Gymnophytomyza →Agromyzidae.

Gymnopleurus →Scarabaeidae B4.

Gymnoptera →Phoridae 3.

Gymnusa →Staphylinidae D.

gynaekoid; bei sozialen Hymenoptera Bezeichnung für Eier legende ♀♀.

Gynaikothrips →Thysanoptera.

Gynopara (Pl.: Gynoparae); bei manchen Blattläusen (→Aphidina) und Gallwespen (→Cynipidae) die sich parthenogenetisch fortpflanzende Morphe, die ausschließlich (nicht parthenogenetische) ♀♀ erzeugt.

Gyrinidae, Taumelkäfer [**G-48**]; Fam. der Käfer (→Coleoptera) mit in Eur 18, M-Eur 13, Dt 12 Arten v. a. der Gttg. *Gyrinus*; die mittelgroßen (meist 5–7 mm) Imagines meist glänzend schwarz, lang-oval, bekannt für ihre Fähigkeit, untertags (besonders bei Sonnenschein) oft in Scharen auf der Wasseroberfläche sehr schnell zu kreisen (wohl Schutzverhalten vor Fressfeinden); häufig kreisen Imagines verschiedener Arten zusammen an den ortsbeständigen Versammlungsplätzen, zwischen denen Individuen auch wechseln können; **Schwimmen** nicht minder geschickt unter Wasser (bei Flucht, zur Eiablage, oder um Verstecke über Nacht aufzusuchen), sind dabei durch unter den Flügeldecken mitgenommene Luft zu leicht, müssen sich anklammern, um nicht hochzutreiben; gute Flieger, erklimmen aus dem Wasser ragende Startplätze, Bewegung an Land mühsam hangelnd mit den (laufbein-ähnlichen) Vorderbeinen. Körper hervorragend für das Schwimmen auf der Wasseroberfläche eingerichtet: unbenetzbar, mit geschlossenem Umriss (geringer Widerstand), mit extremer Abplattung der beiden hinteren Beinpaare (Ruderbeine [**G-49**]): die Schiene und das 4. Tarsenglied mit flachen Schwimmblättchen besetzt, die sich bei Beginn des Ruderschlags durch den Gegendruck des Wassers abspreizen; Beine eines Paares rudern gleichzeitig, die nur bei schnellem Schwimmen eingesetzten Hinterbeine (mit besonders vielen Schwimmblättchen) schlagen 50- bis 60-mal pro Sekunde, die Mittelbeine stets halb so oft; bei Verfolgungsjagden, meist ♂♂ hinter ♀♀, werden Geschwindigkeiten bis 50 cm/s erreicht; Wirkungsgrad besser als bei jedem anderen Ruderapparat eines Wasserinsekts. **Komplexaugen**

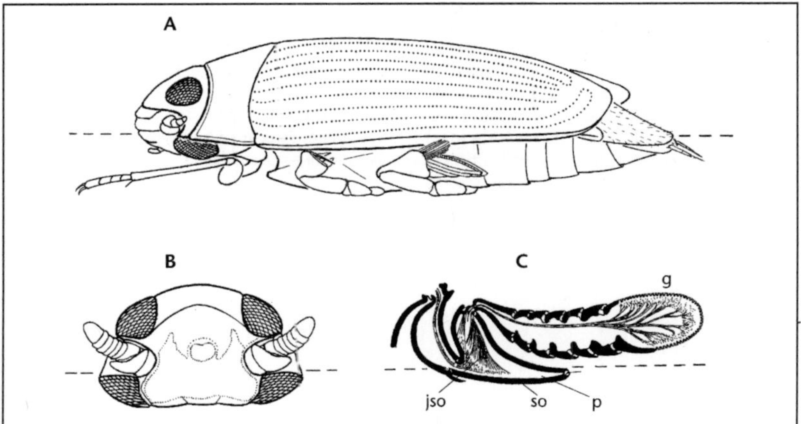

Abb. G-50: Gyrinidae: *Gyrinus* spec., Taumelkäfer. A: Schwimmlage auf dem Wasser, mit geteiltem Komplexauge zum Sehen über und unter Wasser; B: Kopf in Schwimmlage von vorne; C: Die Antennengeißel (g) schwingt frei, durch ihre Auslenkung gegen den Pedicellus werden Scolopidien des Johnston-Organs (jso) im Pedicellus gereizt; gestrichelte Linien: Wasseroberfläche. (Dettner & Peters 2003)

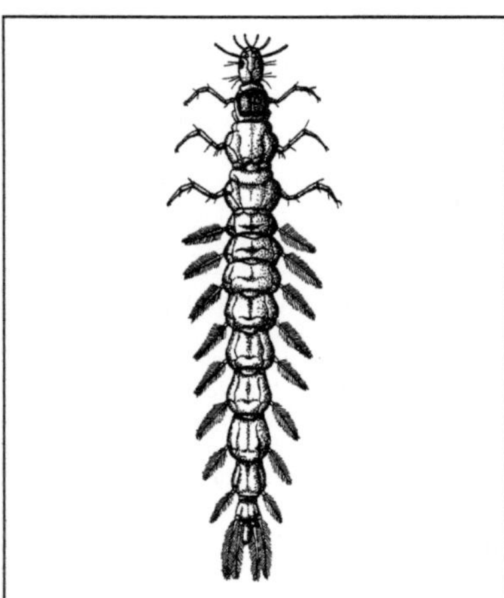

Abb. G-51: Gyrinidae: *Gyrinus* spec., Taumelkäfer. Larve, 18 mm. (Wesenberg-Lund 1943)

vollkommen in eine obere und untere Hälfte getrennt (beim Schwimmen an der Wasseroberfläche jeweils als Überwasser- bzw. Unterwasserauge eingesetzt [**G-50**]); das Dorsalauge geeignet zum Erkennen des Polarisationsmusters des Himmels; beim Schwimmen auf der Wasseroberfläche Wahrnehmen feinster Oberflächenwellen über die abgewandelten **Antennen**, wobei das schiffchenförmige 2. Glied (Pedicellus, mit dem →Johnston-Organ) auf dem Wasser liegt [**G-50**] und bei Wellengang gegen die kurze, klöppelförmige, als Ruhemasse dienende Geißel schwingt, dadurch Orten von Beute (auf dem Wasser zappelnde Insekten) und Erkennen von Hindernissen (durch reflektierte Wellen). Im Sekret der Pygidialdrüsen (vgl. →Dytiscidae) wirksame Substanzen gegen Mikroorganismen, dazu **Wehrstoffe** (giftige und lähmende Sesqui-

terpene); das Sekret wird außerhalb des Wassers mit den Hinterbeinen sorgfältig auf der trockenen Körperoberfläche verteilt; keine Wehrdrüsen in der Vorderbrust; trotz ihrer exponierten Lebensweise nur selten von Vögeln oder Fischen erbeutet (schnell kreisende Bewegung; Inhaltsstoffe; schlecht greifbare, abgerundete, glatte Gestalt). **Fressen** lebende und tote Tiere, meist Insekten, hauptsächlich an der Wasseroberfläche mit den langen dünnen Vorderbeinen ergriffen. **Begattung** im Frühling, bei *Gyrinus* auf oder unter Wasser, bei anderen Arten an Land; die Vorderfußglieder des ♂ unten mit zahlreichen winzigen Saugnäpfen (vgl. →Dytiscidae) zum Festhalten am ♀; **Eiablage** in Schnüren unter Wasser, an Wasserpflanzen; die **Larven** [**G-51**] lang gestreckt; jedes Abdominalsegment mit 1 Paar behaarter Tracheenkiemen als Atmungsorgane; jagen v. a. Würmer (Tubificidae), Zuckmücken- und Libellenlarven; Mandibeln von einem Kanal durchzogen (Saugkanal zum Aufsaugen der vor dem Mund verdauten Nahrung?, Mündungsgang einer Giftdrüse?). **Verpuppung** im Sommer an Land in einer Erdhöhle, in einem Kokon aus Erdteilchen (evtl. vermischt mit Pflanzenteilen); Schlüpfen des Jungkäfers im Frühherbst; **Überwinterung** als Imago, wohl v. a. an Land unter Ufersteinen, in Überwasserteilen von Wasserpflanzen, aber auch wohl unter Wasser (in Gasblasen an Wasserpflanzen?). Von anderen heimischen Gyrinidae (*Gyrinus*, *Aulonogyrus*) weicht *Orectochilus villosus* O. Müll. ab: mit deutlich behaarter Oberseite; im Fließwasser, auch in der Brandungszone von Seen; nachts aktiv.

Lit. →Coleoptera; Wesenberg-Lund 1943.

Gyrinophagus →Pteromalidae.

Gyrinus →Gyrinidae 1.

Gyrophaena →Staphylinidae.

Gyropidae, *Gyropus* →Amblycera 1.

Gyrostigma →Oestridae D.

H

Haarflügler →Trichoptera, →Ptiliidae.
Haarlinge; Säugerläuse, die kein Blut saugen;
→Phthiraptera, →Amblycera, →Trichodectera.
Haarmücken →Bibionidae.
Haarscheinrüssler, *Mycterus* →Mycteridae.
Haarwürmer; die sehr dünnen Junglarven des
Schiffswerftkäfers →Lymexylidae 1.
Habichtskrautspinner, *Lemonia dumi* L. →Brah-
maeidae.
Habroleptoides →Leptophlebiidae.
Habroloma →Buprestidae 8.
Habrophlebia →Leptophlebiidae.
Habrosyne →Thyatiridae.
Hadena →Noctuidae 26, →Noctuidae.
Hadrobregmus →Anobiidae 2.
Haematobia →Muscidae 6.
Haematopinidae; Fam. der Läuse (Psocodea,
Phthiraptera, Anoplura) mit in Eur 4–5, M-Eur
und Dt 3–4 Arten der Gttg. *Haematopinus*; blut-
saugende Ektoparasiten auf Huftieren; meistens
2–3 mm; alle Beine als kräftige Klammerbeine
ausgebildet. Größter Vertreter der Anoplura mit
4–5 mm ist *H. suis* L., Schweinelaus [**H-1**]: ausschließlich auf Haus- und Wildschwein (möglicherweise in unterschiedlichen Arten: *H. apri*
Gour. auf Wildschwein); ♂ etwas kleiner als ♀;
Ablage der Eier (Nissen) beim Hausschwein
an einzelnen Borsten zwischen und hinter den
Ohren und an den Flanken, beim Wildschwein
oft auch an mehreren, gebündelten Wollhaaren

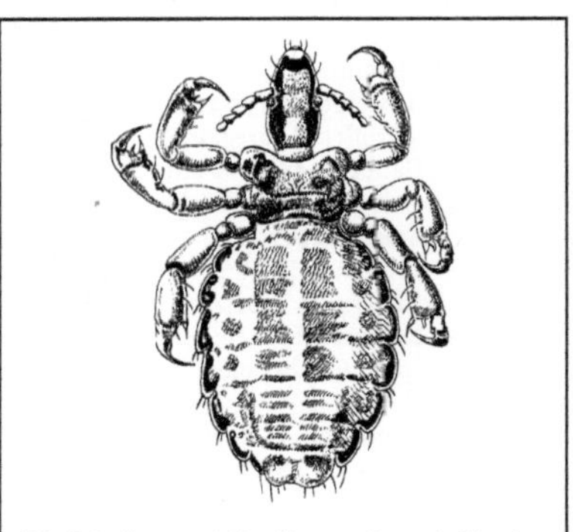

Abb. H-1: Haematopinidae: *Haematopinus suis*, Schweinelaus. 5 mm. (Rietschel 1969)

des Unterkleides (Kehlkopf, Schenkelfalten);
Entwicklung zur Imago in 30 Tagen, davon
13–15 Tage Eientwicklung; 3 Larvenstadien;
Eintritt der Geschlechtsreife 3 Tage nach der
letzten Häutung; mit Vorliebe auf älteren Wir-
ten; bewirken erhebliche Verluste (bis 10 % he-
rabgesetzte Nahrungsverwertung, Schäden an
den Häuten). Weitere Beispiele: *H. eurysternus*
Ni., auf Rindern; *H. asini* L., auf Pferd und Esel.
Lit. →Anoplura.
Haematopinus →Anoplura; →Haematopinidae.
Haematopota →Tabanidae 1.
Haemodipsus →Anoplura.
Hafte; bisweilen gebrauchte Bezeichnung für
Eintagsfliegen (→Ephemeroptera), Steinfliegen
(→Plecoptera), Netzflügler i.e. S. (→Planipen-
nia) und Schnabelfliegen (→Mecoptera).
Haftfußläuse →Amblycera.
Hagebuttenfliege, *Rhagoletis alternata* Fall. →Te-
phritidae 3.
Hähnchen, *Criocerinae* →Chrysomelidae B.
Hakenkäfer →Dryopidae.
**Hakenzähniger (Zweizähniger) Kiefernborkenkä-
fer, *Pityogenes bidentatus*** Hbst. →Curculionidae
P13.
Halictidae, Schmalbienen; Fam. der Hautflügler
(Hymenoptera, Apocrita, Apoidea) mit in Eur
± 305, M-Eur ± 170, Dt ± 130 Arten; auch (im
amerikanischen Sprachgebrauch) „Schweißbienen“ genannt, da sie in heißen Gegenden gern
Schweiß von menschlicher Haut lecken; graben
Nester in der Erde oder sind Brutparasiten bei
anderen Bienen (→6); meist solitär, bei *Halictus*
und *Lasioglossum* jedoch auch quasi-, semi- und
v. a. primitiv eusoziale Arten (→Anthophila);
durchweg klein bis mittelgroß; schlank; nestbau-
ende Arten mit großer →Dufour-Drüse, deren
Sekret (makrozyklische Lactone, Alkane, Alkene
in artspezifischer Zusammensetzung) für eine
wasserdichte Auskleidung der Brutzellen benutzt wird (Ausnahme: *Rophites*); Auftragen und
Glattstreichen des Sekrets mit den Mandibeln; ursprünglich →oligolektisch, Evolution zur →poly-
lektischen Ernährung z. B. bei den artenreichen
Gttgn. *Halictus* und *Lasioglossum* (hier auch sekundäre →Oligolektie); Pollentransport bevorzugt an Hinterbeinen (außer →3), mit Schienen-
bürste, manche (→4, 5) zusätzlich mit Körbchen
am Schenkel; meist mit 1 Generation im Jahr.

    1. *Rophites*, Schlürfbienen; bei uns 2 Arten;
nicht häufig; fliegen VI–VIII; schwach proterandrisch; auf Magerrasen und trockenwarmen

© Springer-Verlag GmbH Deutschland, ein Teil von Springer Nature 2026
E. Weber, H. Bellmann, *Jacobs|Renner – Biologie und Ökologie der Insekten*,
https://doi.org/10.1007/978-3-662-71153-8_8

Ruderalflächen; das ♀ sammelt mithilfe von **Stirnstacheln** Pollen von kleinen Lippenblüten (v. a. *Stachys* und *Betonica*), wobei hochfrequente Summtöne das Ablösen des Pollens unterstützen; der Pollen wird dann mit den Beinen von der Stirn auf die Transportbürsten der Hinterschienen umgelagert; Übernachtung im Blütenbereich der Nahrungspflanzen; Nester in kleinen Aggregationen (20–30) in sandig-lehmigem Boden; Eingang unverschlossen; Hauptgang bis 15 cm tief, seitlich davon 8–10 mit Erde verschlossene Eikammern; **Kuckucksbiene**: *Biastes* (→Apidae B4).

2. Dufourea, Glanzbienen; in M-Eur & Dt 6 Arten; 5–10 mm; glänzend blauschwarz; außer an Hinterschiene samt 1. Fußglied spärlich behaart (Schienensammler); fliegen im Hochsommer; an Waldrändern (*D. dentiventris* Nyl.), in Sandheiden (*D. minuta* Lep.), auch im Hochgebirge (*D. alpina* Mor.); →oligolektisch: *D. dentiventris* an *Campanula*, *D. vulgaris* Schenck an Asteraceae; schwach proterandrisch; nisten in sandigem oder lehmigem Boden, manchmal in kleineren Aggregationen; **Kuckucksbiene**: *Biastes* (→Apidae B4).

3. Systropha, Spiralhornbienen; in M-Eur & Dt 2 Arten; 8–11 mm; schwarze, kleinköpfige Bienen mit geringer grauer Behaarung, nur Tergite der ♀♀ seitlich lang und dicht behaart (Pollentransport am Hinterleib!); Antennen beim ♂ am Ende 3-eckig eingerollt (Name!). Fliegen VI–VIII; proterandrisch: ♂♂ erscheinen 2–3 Wochen vor den ♀♀; in offenen Landschaften: Feldfluren, Weinbergen, Ruderalflächen; →oligolektisch an *Convolvulus*; der Hinterleib wird fast gänzlich mit Pollen eingepudert (einzigartig bei europ. Bienen); beide Geschlechter schlafen in den Blüten der Nahrungspflanzen; **Nestbau** an sandigen oder lehmigen Stellen ohne Vegetation (Feldwege), manchmal in größeren Aggregationen; Nesteingang von Hügelchen umgeben, Hauptgang bis 50 cm tief; 5–8 Brutzellen pro Nest einzeln seitlich des Hauptgangs; Seitengänge nach Fertigstellung einer jeden Zelle mit Erde verfüllt, Hauptgang erst danach weiter in die Tiefe gegraben. Die **Larve** spinnt zum Verpuppen einen Kokon mit 2-schichtiger Wandung und kotet erst anschließend. **Überwinterung** als Ruhelarve im Kokon. **Kuckucksbiene**: *Biastes* (→Apidae B4).

4. Halictus, Furchenbienen mit 18 heimischen Arten; zahlenmäßig (nach der Honigbiene) wohl die häufigsten Bienen; meist 7–15 mm; braun bis schwarz; alle Beine, v. a. die Hinterbeine (in der ganzen Länge oder besonders an den Schienen) stark behaart; ♀ dorsal auf dem letzten Hinterleibssegment mit blanker **Furche**

(Name!, vielleicht hilfreich für das Hinausschieben von Sand beim Nestbau). Fliegen vom zeitigen Frühjahr bis in den Herbst; in offenen, auch trockenen Landschaften, an Waldrändern, auch im Siedlungsbereich (*H. tumulorum* L.); →polylektisch; **solitäre Arten** (nur *H. sexcinctus* F. und *H. quadricinctus* F.): die ♀♀ graben im V ein eigenes Nest; die nächste Generation fliegt bereits Ende VII/Anfang VIII; die Nestgründerin kann so langlebig sein (*H. quadricinctus*) so langlebig sein, dass sie einige Wochen mit ihren Nachkommen zusammen im Nest lebt, allerdings ohne gemeinsame Bruttätigkeit; **soziale Arten** (→Anthophila): mit einer Fülle von Formen 1-jähriger sozialer Gesellschaften (quasisozial bis primitiv eusozial); oft nur 2–4, maximal 12 Tiere; primitiv eusoziale Arten mit 2 ♀-Kasten (Königin, ♀♀) mit wenig deutlichen Größenunterschieden, Königin jedoch mit längerer Lebensdauer; Arbeitsteilung: sobald ♀♀ geschlüpft sind, übernehmen sie alle Brutfürsorgehandlungen (Sammeln, Nestausbau, Verteidigung); Determination der Kasten manchmal erst im Imaginalstadium und reversibel; manchmal mehrere Sommerbruten hintereinander: Königinnen treten erst im Spätsommer auf und überwintern nach der Begattung; bei manchen Arten (*H. maculatus* Smith, *H. scabiosae* Rossi) kehren sie nach der Begattung zur Überwinterung in das Geburtsnest zurück und gründen im nächsten Jahr →polygyne Gesellschaften mit nur 1 fertilen ♀ und sterilen Hilfsweibchen (halten bei *H. maculatus* bis zum Erscheinen der ♀♀ zusammen, bei *H. scabiosae* lösen sie sich schon vorher auf); ♂♂ entstehen aus unbefruchteten Eiern (im Frühsommer nur zu 5–10 %). **Nester** oft in sandig-lehmigem Grund ohne Vegetation; manchmal in großen Aggregationen; meist ein senkrechter Hauptgang (bis 30 cm tief) mit seitlich direkt ansitzenden Brutzellen [**H-2**] (Ausnahme: *H. quadricinctus* mit Grabwabe aus 4–19 Brutzellen in einem größeren Hohlraum [**H-3**]); Flugloch meist verengt; die Larven spinnen keinen Kokon; **Kuckucksbienen**: *Sphecodes* (→6).

5. Lasioglossum, Furchenbienen (von *Halictus* abgespaltene Gttg.); bei uns 73 Arten, viele Arten individuenreich; 3,5–11 mm; meist dunkel gefärbt; meist →polylektisch; **solitäre Arten:** die neue Generation überwintert im Nest, ohne es vorher zu verlassen (*L. pallens* Brullé), oder (häufiger) verlässt das Nest im Spätsommer zur Paarung; Überwinterung der ♀♀ dann im Boden oder im alten Nest; **soziale Arten:** Kastensystem wie bei →*Halictus*; meist 1-jährige Gesellschaften; in einer 1. Brutphase werden ♀♀ erzeugt, in einer 2. (oder – seltener – erst in einer 3.)

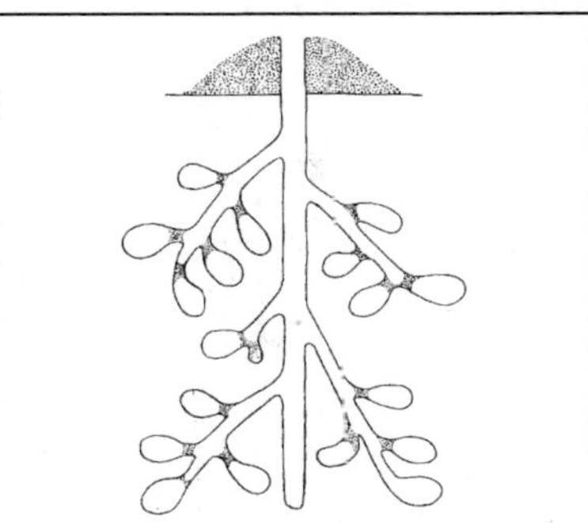

Abb. H-2: Halictidae: Nestanlage von *Halictus malachurus*. (Bernard 1951)

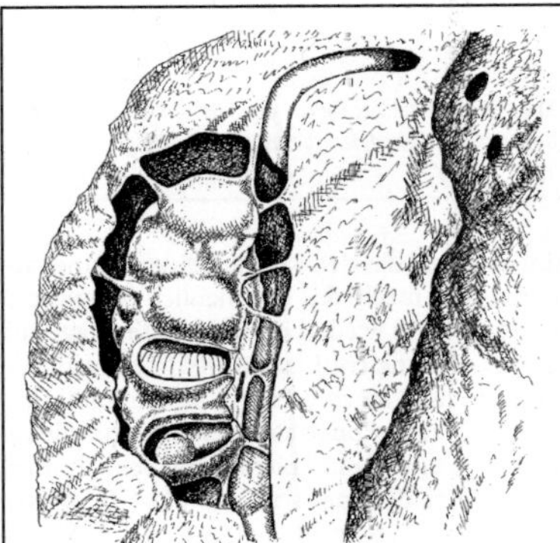

Abb. H-3: Halictidae: *Halictus quadricinctus*, Furchenbiene. Nestanlage in einer Lehmwand, teilweise freigelegt; 2 Zellen aufgebrochen; 1 Zelle mit Larve, in der Zelle darunter Futterballen mit Ei. (V. Frisch 1955)

Brutphase Geschlechtstiere; ♀♀ und ♂♂ sterben in den ersten Frostnächten, die begatteten ♀♀ überwintern; →monogyne Nestgründung im nächsten Frühjahr; gesamte Versorgung der Brut mit Nahrung am Anfang jeder Brutphase, dann Ruhephase; Brutzellen z. T. während der Larvenentwicklung offen, um Kot entfernen zu können (vgl. *Apis*, →Apidae E3!); nur *L. marginatum* mit mehrjährigem Zyklus: ein begattetes ♀ gründet ein zunächst einfaches Nest und bleibt für 5–6 Jahre dessen Königin (mit zuletzt bis zu 1500 ♀♀); in jedem Jahr eine ♀♀-Generation, die zusammen mit der Königin im Nest überwintert und dann stirbt; erst im letzten Jahr treten Geschlechtstiere auf; die ♂♂ dringen in fremde Nes-

ter ein und begatten die ♀♀, die das Nest erst im nächsten Frühjahr verlassen; Paarung 3–5 min; ♀♀ fremder Nester sind für die ♂♂ attraktiver, bereits begattete ♀♀ und ♀♀ sind unattraktiv; Erkennen am Duftmuster (→Dufour-Drüse, Kopfdrüsen); ♂-Duftstoffe wirken hemmend auf die Paarungsaktivität anderer ♂♂. **Nest** bis 90 cm tief (*L. marginatum* Brullé); meist ein Zweigbau (Hauptgang mit Seitengängen, die mit einzelnen Brutzellen enden); Wabenbauten (mehrere dicht beieinander liegende Brutzellen von Hohlraum umschlossen) z. B. bei *L. malachurum* Kirby; Nesteingang oft von Erdwall umgeben oder am Ende eines Kamins; Zahl der Brutzellen pro Nest bei *L. malachurum:* max. 11 in der 1., 20–25 in der 2. Brutphase: bei manchen Arten verschließt eine ♀ den Nesteingang mit dem Kopf; **Kuckucksbienen**: verschiedene *Sphecodes*-Arten.

6. *Sphecodes,* Blutbienen, Buckelbienen; in Dt 25 Arten; 4–14 mm; schwach behaart; leuchtend roter Hinterleib, Kopf und Thorax tiefschwarz. Fliegen von Frühjahr bis Herbst. Begattung meist im Herbst (dann überwintern nur die ♀♀), seltener (*S. rubicundus* Hag.) überwintern beide Geschlechter und paaren sich im Frühjahr. Blütenbesucher auf vielen Pflanzenarten, meist solchen mit leicht erreichbarem Nektar; **Brutparasiten** bei anderen Wildbienen (besonders *Lasioglossum*, *Halictus*); Flugzeit und Generationenfolge decken sich mit denen des Wirtes; das ♀ dringt vorwiegend im Frühjahr während der solitären Brutphase in das Wirtsnest ein, meist in Abwesenheit des Wirtes, tötet das Wirtsei oder die Wirtslarve und legt ein eigenes Ei an den Futtervorrat (Futterparasitismus); manchmal wird die Wirtszelle nach der Eiablage verschlossen (Rest von Bauverhalten); gewaltsames Eindringen bei *S. monilicornis* Kirby beobachtet; friedliches Zusammenleben mit dem Wirt (*Lasioglossum umbripenne*) bei *S. kathleenae* (Costa Rica): die Nachkommen von Wirt und Parasit entwickeln sich gleichzeitig (primitiver Sozialparasitismus). Lit. →Anthophila; Amiet et al. 2001, 2014; Engels 1990; Plateaux-Quénu 1972; Sakagami 1974; Westrich 2019.

Halictophagidae, Halictophagus →Strepsiptera B3.

Halictoxenos →Strepsiptera, B4.

Halictus →Halictidae 4; vgl. auch →Colletidae 2, →Halictidae 6, →Meloidae, →Philanthidae 1, →Strepsiptera B4.

Haliplidae, Wassertreter; Fam. der Käfer (Coleoptera, Adephaga) mit in Eur 29, M-Eur 21, Dt 20 Arten (meist der Gttg. *Haliplus* [**H-4**]); kleine (meist 2–3 mm, selten etwas größer), ± tropfenförmige Wasserkäfer von gelber bis rotbrauner

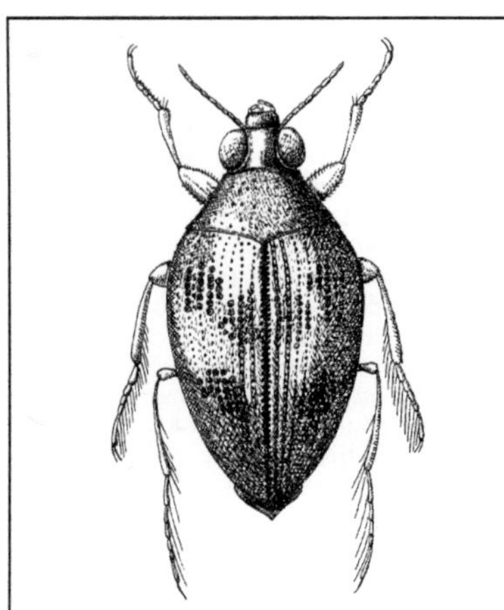

Abb. H-4: Haliplidae: *Haliplus ruficollis*, Wassertreter; ca. 2,5 mm. (Bechyně 1954)

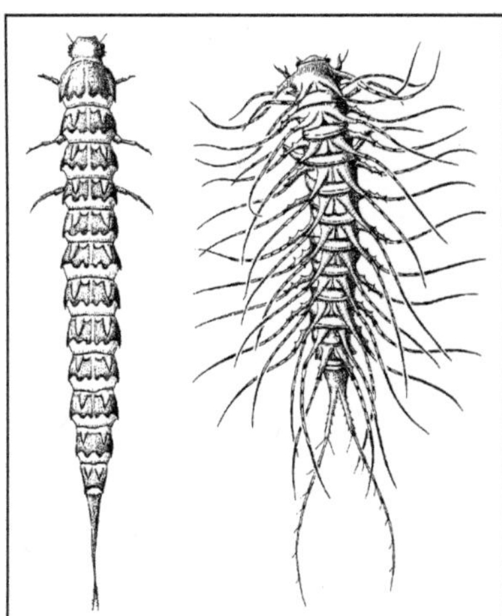

Abb. H-5: Haliplidae: Larven von: links *Haliplus ruficollis*, 8 mm; rechts *Peltodytes caesus*, 5 mm. (Wesenberg-Lund 1943)

Grundfarbe mit schwarzen Flecken. In kleinen stehenden oder schwach fließenden Süßgewässern und in der Uferregion von Seen, *Brychius elevatus* Pz. (ca. 4 mm) an flutenden Pflanzen in sauberen, O_2-reichen Fließgewässern. **Fressen** neben Algen (20–80 % der Gesamtnahrung) auch Kleinkrebse, Würmer u. a. (z. B. *H. ruficollis* Deg. Überwiegend algenfressend, andere eher jagend); flugunlustig; **schwimmen** mit alternierenden Bewegungen (also wie beim Laufen) v. a. der Hinterbeine; Beine nicht verbreitert, aber besonders an den Fußgliedern stärker behaart; kriechen oft durch den Pflanzenbewuchs; flugfähig; Erkennen einer Wasseroberfläche an der Polarisation des reflektierten Lichtes; **Atmung** über einen Luftvorrat unter den Flügeldecken und unter den plattenförmigen Hinterhüften (Schenkeldecken), beide Bereiche an den seitlichen Vorderecken der Schenkeldecken in Verbindung (→physikalische Kieme); Luftvorrat nur selten mit dem Hinterleibsende an der Wasseroberfläche erneuert, am ehesten bei höherer Temperatur und starker Aktivität (bei *Brychius* vermutlich nicht nötig); mit **Pygidialdrüsen**, deren Sekret außerhalb des Wassers mit den Beinen über den Körper gebürstet wird (verhindert die Ansiedlung von Mikroorganismen, Erhöht die Benetzbarkeit des Körpers; vgl. →Dytiscidae). Zur **Begattung** ergreift das ♂ ein zufällig getroffenes ♀ mit den Vorder- und Mittelbeinen, bringt dabei einen Zirp- oder Kratzlaut hervor; kräftiges Schlagen des ♂ mit den Mittel- und

Hinterbeinen, das den Körper beider Partner vibrieren lässt, macht das ♀ schließlich gefügig; die Begattung kann wiederholt werden. **Eiablage** auf oder in Algenfäden; **Larven** [**H-5**] sehr schlank (ausgewachsen bis ca. 10 mm), hinten mit Cerci; träge, im Wasser oder auch am Ufer unmittelbar am Wassersaum, nicht zum Schwimmen eingerichtet; die meisten (*Haliplus*, *Brychius*) mit zahlreichen sehr dünnen und nur 25–55 µm langen, schlauchförmigen, der Atmung dienenden Mikro-Tracheenkiemen oben und seitlich auf jedem Segment, *Peltodytes caesus* Duftschm. mit langen fädigen Tacheenkiemen; saugen mit den von einem Längskanal durchbohrten Mandibeln Algenzellen aus, teils von fädigen Grünalgen (z. B. *H. ruficollis* Deg.), teils von Characeen (z. B. *H. fulvus* F.). **Verpuppung** in einer Erdhöhle an Land; **Überwinterung** als Larve und Imago; Entwicklungsdauer bisweilen 2 Jahre. Lit. →Coleoptera; Wesenberg-Lund 1943.

Haliplus →Haliplidae.
Hallomeninae →Tetratomidae.
Halmerdfloh, *Chaetocnema aridula* Gyll. →Chrysomelidae L2.
Halmfliegen →Chloropidae.
Halmwespen →Cephidae.
Halobates →Gerridae.
Halsböcke, Lepturini →Cerambycidae C3.
Halsgrubenbock, *Arhopalus rusticus* L. →Cerambycidae B2.

Halteren; in Form und Funktion stark veränderte Flügel bei →Strepsiptera (Vorderflügel) und →Diptera (Hinterflügel); ähnlich einem Trommelschlegel, an beiden Enden verdickt; besonders an der Basis mit zahlreichen Sinnesorganen (v. a. campaniformen Sensillen) besetzt, die Verbiegungen der Kutikula wahrnehmen; werden mit hoher Frequenz auf- und abgeschlagen und messen, da sie bei Wendebewegungen (wohl besonders um die Dorsoventralachse) aus ihrer Schlagebene abgelenkt werden, Geschwindigkeit und Beschleunigung der Drehung („Kreiselstabilisatoren").

Halticoptera →Pteromalidae; →Tephritidae 2.

Halticus →Miridae 8.

Halyzia →Coccinellidae 5.

Halyziini; Gattungsgruppe der →Coccinellidae.

Hamearis →Riodinidae.

Hancock'sches Organ; Drüsengrube auf dem Rücken des ♂ beim Weinhähnchen, *Oecanthus pellucens* Scop. →Oecanthidae.

Haplodiplosis →Cecidomyiidae B6.

Haploembia →Embioptera.

Haplothrips →Phlaeothripidae.

Harlekin, *Abraxas grossulariata* L. →Geometridae C1.

Harlekinbär, *Utetheisa pulchella* L. →Erebidae K7.

Harmonia →Coccinellidae.

Harpactus →Bembicidae 3.

Harpagoxenus →Formicidae, D11.

Harpalinae →Carabidae M.

Harpalus →Carabidae M4.

Harpocera →Miridae.

Hartigia →Cephidae 3.

Hartigiola →Cecidomyiidae C10.

Hartriegel-Maskenlaus, *Anoecia corni* F. →Anoeciidae.

Harz-Erzschwebfliege, *Cheilosia morio* Zett. →Syrphidae E.

Harzbiene →Megachilidae 5, 6.

Harzgalle →Tortricidae 8.

Harzrüsselkäfer, *Pissodes harcynice* Hrbst. →Curculionidae L1.

Harzzünsler, *Dioryctria sylvestrella* Ratz. →Pyralidae 7.

Haselblattroller, *Apoderus coryli* L. →Attelabidae 1.

Haselbock, *Oberea linearis* L. →Cerambycidae E11.

Haseleule, *Colocasia coryli* L. →Noctuidae 4.

Haselnussbohrer, *Curculio nucum* L. →Curculionidae H2.

Haselnusslaus, *Corylobium avellanae* Schrk. →Aphididae 11.

Haselnussschildlaus, *Eulecanium tiliae* L. →Coccidae 2.

Haselnusswickler, *Epinotia tenerana* Den. & Schiff. →Tortricidae 26.

Hasendasselfliege →Oestridae C1.

Hasenlaus, *Haemodipsus lyriocephalus* Burm. →Anoplura.

Hauhechelbläuling, *Polyommatus icarus* Rott. →Lycaenidae C3.

Hauptwirt →Primärwirt.

Hausbock, *Hylotrupes bajulus* L. →Cerambycidae D7.

Hausbuntkäfer, *Opilo domesticus* Sturm →Cleridae 3; vgl. →Cerambycidae D7.

Hausfliege, *Muscina stabulans* Fall. →Muscidae 7.

Hausgrille, *Acheta domesticus* L. →Gryllidae 2.

Hausmutter, *Noctua pronuba* L. →Noctuidae 13.

Hausschaben →Blattidae.

Hautbremsen, Hypodermatinae →Oestridae C.

Hautdasseln, Hypodermatinae →Oestridae C.

Hautflügler →Hymenoptera.

Hautmaulwurf →Oestridae D.

Hebridae, Zwergwasserläufer; Fam. der Wanzen (Heteroptera, Gerromorpha) mit in Eur 7, M-Eur 3, Dt 2 Arten der Gttg. *Hebrus* [**H-6**]; sehr klein (kaum 2 mm), rotbraun. An den Rändern stehender Gewässer: die häufiger lang-, seltener kurzflügeligen Imagines von *H. pusillus* auf Wasserpflanzen, gehen auch auf die freie Wasserfläche, laufen hier wie Landinsekten mit alternierenden Beinbewegungen (Krallen beim Laufen auf dem Wasser angehoben); der fast stets sehr kurzflügelige *H. ruficeps* in Moospolstern (häufig in Torfmoos, *Sphagnum*), auch unter Wasser; beide durch feinste Behaarung unbenetzbar; zur **Ernährung** aussaugen kleiner (wohl auch toter) Tiere. Ablage der verhältnismäßig sehr großen **Eier** (jeweils nur 1 reifes Ei im ♀, zumindest bei *ruficeps*) vermutlich an oder zwischen Blättern von Moos oder Wasserlinsen; 5 Larvenstadien; **Überwinterung** als

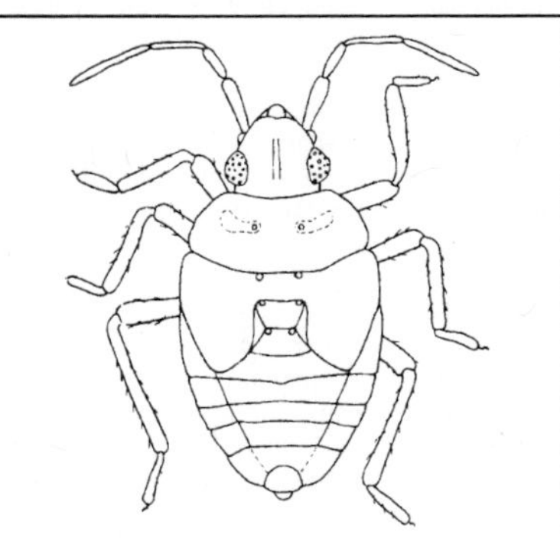

Abb. H-6: Hebridae: *Hebrus pusillus*, Zwergwasserläufer. (Tamanini 1979)

Imago (vermutlich eingefroren) im Pflanzengewirr; 1 Generation im Jahr.
Lit. →Heteroptera; Andersen 1982; Wesenberg-Lund 1943.

Hebrus →Hebridae.

Heckenweißling, *Pieris napi* L. →Pieridae 2.

Hedya →Tortricidae 23, 24.

Hedychrum →Chrysididae B2; →Philanthidae 1.

Heerwurm →Sciaridae.

Hefekäfer, *Dienerella filum* Aubé →Latridiidae 1.

Heideblattkäfer, *Lochmaea suturalis* Thoms. →Chrysomelidae K5.

Heidefalter, *Hipparchia semele* L. →Nymphalidae F4.

Heidefliegen, Trixoscelididae →Heteromyzidae.

Heidekrauteule, *Anarta myrtilli* L. →Noctuidae 27.

Heidekrautwurzelbohrer, *Phymatopus hecta* L. →Hepialidae 2.

Heidekrautzikade, *Ulopa reticulata* F. →Cicadellidae K; vgl. auch →Strepsiptera B3.

Heidelbeerspanner, *Ectropis crepuscularia* Goeze →Geometridae C10.

Heidelbeerwanze, *Elasmucha ferrugata* F. →Acanthosomatidae 2.

Heidelbeerwickler, *Rhopobota myrtillana* Humphr. & Westw. →Tortricidae 31.

Heidelibellen, Sympetrum →Libellulidae, 4.

Heideschabe, Ectobius panzeri Steph. →Ectobiidae 2.

Heiliger Pillendreher, *Scarabaeus sacer* L. →Scarabaeidae B3.

Heimchen, *Acheta domesticus* L. →Gryllidae 2.

Helcomyza →Helcomyzidae.

Helcomyzidae; Fam. der Zweiflügler (Diptera, Brachycera, Cyclorrhapha) mit in Eur 2 Arten, in M-Eur & Dt nur *Helcomyza ustulata* Curt.; mittelgroße (6–11 mm), gedrungene, dicht und grau behaarte Fliegen; am Meeresufer; Larven in angespülten, bereits ausgetrockneten Tangen.
Lit. →Diptera.

Helconinae →Braconidae A.

Heldbock, *Cerambyx cerdo* L. →Cerambycidae, D1.

Heleidae; Synonym zu →Ceratopogonidae.

***Heleomyza*,** **Heleomyzidae** →Heteromyzidae.

Helichus →Dryopidae.

Helicoconis →Coniopterygidae.

Heliconiinae →Nymphalidae E.

Helicoconis →Coniopterygidae.

Helicopsyche →Helicopsychidae.

Helicopsychidae; Fam. der Köcherfliegen (Trichoptera); in S-Eur 5 Arten der Gttg. *Helicopsyche* (*H. sperata* McLachlan bis in die Schweiz verbreitet); die Larven →eruciform, in Fließgewässern; mit spiralig gewundenem Köcher [**T-101**].
Lit. →Trichoptera.

Heliodines →Heliodinidae.

Heliodinidae, Sonnenmotten; Fam. der Schmetterlinge (Lepidoptera, Glossata, Yponomeutoidea); zumeist neuweltliche Arten, in Eur & Dt nur *Heliodines roesella* L., Spinatmotte; kleiner Falter (10 mm Flspw.) mit lang befransten Flügeln; Vorderflügel rötlich mit schwarzgrauer Zeichnung; fliegt am Tag; Raupen fressen in 2 Generationen (VI–VI, IX–X) gesellig im Gespinst auf den Blättern von Spinat und anderen Gänsefußgewächsen; der Falter überwintert.
Lit. →Lepidoptera.

Heliothrips →Thripidae 1.

Heliozela →Heliozelidae.

Heliozelidae, Erzglanzmotten; Fam. der Schmetterlinge (Lepidoptera, Glossata, Incurvarioidea) mit in Eur 12, M-Eur & Dt 7 Arten; Falter klein (5–9 mm Flspw.); Flügeln lang befranst, in Ruhe steil dachförmig; Zeichnung der Vorderflügel oft mit Metallglanz; fliegen im Sonnenschein. Die Raupen minieren in Blättern (z. B. *Heliozela hammoniella* Sorh. an Birke); Eiablage oft in die Rinde eines Zweiges der Wirtspflanze; die Raupe frisst sich von hier durch einen Blattstiel in ein Blatt durch; zur Verpuppung formt das letzte Larvenstadium einen Behälter aus 2 Stücken der Blattepidermis (hinterlässt ein charakteristisches ovales Loch [**H-7**]), der zu Boden fällt. Abweichend entwickeln sind sich die jungen Raupenstadien von *Heliozela sericiella* Haw. in Blattstielgallen an Eichen. Die Gallbildung wird vom ♀ durch mit dem Ei abgegebene Sekrete bewirkt. Das 4. Raupenstadium verlässt die Galle und miniert im Blatt.
Lit. →Lepidoptera.

Heller Schmuckspanner, *Crocallis elinguaria* L. →Geometridae.

Helm-Azurjungfer, *Coenagrion mercuriale* Charp. →Coenagrionidae 1.

Helochares →Hydrophilidae 5.

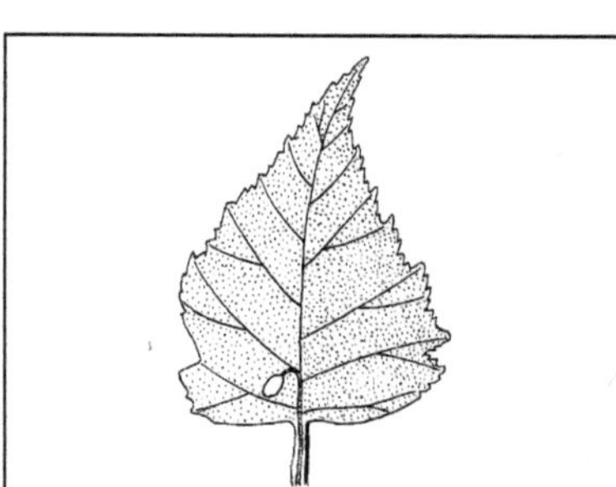

Abb. H-7: Heliozelidae: *Heliozela hammoniella.* Mine in Birkenblatt. (Hering 1953)

Helodidae →Scirtidae.

***Helomyza*, Helomyzidae** →Heteromyzidae.

Helophoridae; Fam. der Käfer (Coleoptera, Polyphaga, Staphyliniformia); früher als U-Fam. **Helophorinae** zu den →Hydraenidae, dann oft zu den →Hydrophilidae gestellt, aber wohl näher mit den →Georissidae verwandt; in Eur 68, M-Eur 38, Dt 31 Arten der Gttg. *Helophorus*; meist klein (2–6 mm, *H. grandis* Ill. 6–9 mm), längs-oval, mit 7 Längsfurchen auf dem Halsschild; Körperoberseite oft mit Erdkruste. Imagines der meisten Arten leben in Kleingewässern oder im Uferbereich größerer Gewässer (aber ohne Schwimmhaare an den Beinen und ohne Schwimmvermögen); wenige Arten landlebend: im Spülsaum, unter Steinen, zwischen Graswurzeln; **fressen** wahllos Algen, sich zersetzendes Gras u. Ä. Die ♀♀ stellen kleine Schutzhüllen (mit einem Mast) für ihre **Eier** her (vgl. →Hydrophilidae 1), die sie am Wasserrand im Schlamm, Feinsand oder zwischen Pflanzenresten vergraben. Alle **Larven** landlebend, meist jagend, bei wenigen Arten pflanzenfressend; manche in Ackerböden lebende Larven bisweilen an Getreide, andere (z. B. *H. porculus* Bed.) an Rüben schädlich; 2–3 Larvenstadien; Larvenentwicklung dauert 2–3 Wochen; graben zur **Verpuppung** eine kleine Zelle in der Erde. Lit. →Coleoptera.

Helophorus →Helophoridae.

Heloridae, Florfliegenwespen; Fam. der Hautflügler (Hymenoptera, Apocrita, Proctotrupoidea) mit in Eur & Dt 4–5 Arten der Gttg. *Helorus*, z. B. *H. anomalipes* Pz.; seltene kleine (5–7 mm), überwiegend schwarze Wespen (5–7 mm), gekennzeichnet durch den lang gestielten Hinterleib, seine Vorderhälfte mit einer großen Rückenplatte (Syntergit) bedeckt (ähnlich den verwandten →Proctotrupidae); endoparasitoid: Eiablage in Blattlauslöwen (Larven von →Chrysopidae), Schlupf der Erstlarve 2 Tage danach; weitere Entwicklung erst, nachdem der Wirt sich eingesponnen und verpuppt hat (nach wenigen Tagen im Sommer oder aber nach bis zu 8 Monaten bei Überwinterung der Wirtslarve), dann aber sehr schnell; 3 Larvenstadien; mehrere Generationen im Jahr; Verpuppung, nachdem das letzte Larvenstadium sich halb aus dem Wirtskokon herausgearbeitet hat; Puppendauer 8–12 Tage. Lit. →Hymenoptera; van Achterberg 2006; Prpic-Schäper 2010.

Helorus →Heloridae.

Hemaris →Sphingidae 11.

Hemerobiidae, Taghafte, Blattlauslöwen; Fam. der Netzflügler (Planipennia) mit in Eur 55,

M-Eur 42, Dt 38 Arten; klein (*Sympherobius elegans* Steph. ca. 7 mm Flspw.) bis mittelgroß (*Drepanopteryx phalaenoides* L., Flspw. bis ca. 30 mm, Vorderflügel mit etwas ausgezogener Spitze, dahinter eingebuchtet); Flügel glashell, grau oder braun, mit Bindevorrichtung: kräftige Borsten auf einem Fortsatz (Frenulum) am Vorderrand des Hinterflügels stützen sich auf einen ähnlichen Fortsatz (Jugallobus) am Hinterrand des Vorderflügels [**H-8**]; die recht trägen Imagines und die lebhaften Larven (Blattlauslöwen) nach in Aussehen und Lebensweise den Florfliegen (→Chrysopidae) recht ähnlich, jedoch Flügelgeäder einzigartig (Radialader scheinbar mit zahlreichen parallelen Seitenadern), Eier ohne oder höchstens mit sehr kurzem Sekretstiel und die Larven [**H-9**] etwas schlanker, weniger stark beborstet. Dämmerungs- und nachtaktiv,

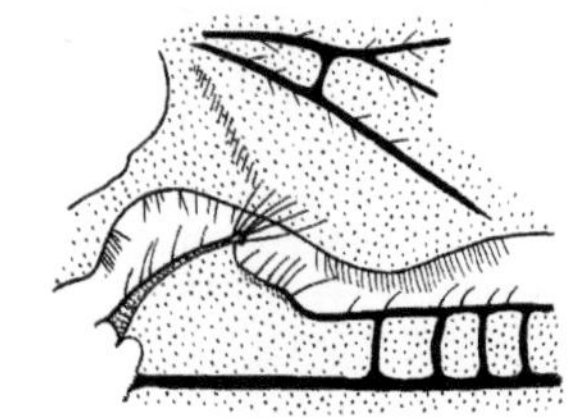

Abb. H-8: Hemerobiidae: *Hemerobius fenestratus*, Blattlauslöwe. Bindevorrichtung der Flügel; oben: Vorderflügel, hinten mit behaartem Jugallappen; unten: Hinterflügel, vorn mit Humerallappen, der das beborstete Frenulum trägt, das sich auf den Jugallappen stützt. (Aspöck & Aspöck 1964)

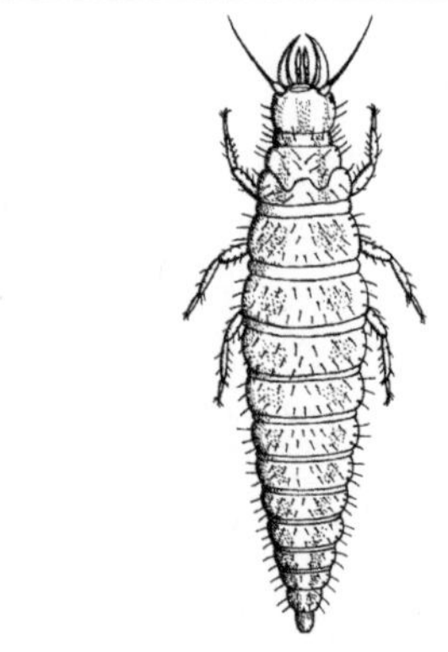

Abb. H-9: Hemerobiidae: Larve von *Hemerobius pini*, Blattlauslöwe; ca. 10 mm. (Stitz 1931)

Drepanopteryx bevorzugt Laubholz als Aufenthaltsort, andere Arten dagegen Nadelholz, manche (z. B. der häufige *Hemerobius humulinus* L.) sind diesbezüglich nicht festgelegt; **Eiablage** meist in kleinen Gruppen an Blätter oder Rinde. **Nahrung** der Larven hauptsächlich Blattläuse (→Aphidina), Imagines mit Neigung zur Omnivorie: neben Blattläusen auch eine Vielzahl anderer Beutetiere (Diptera, Lepidoptera, Acari) sowie →Honigtau, Pollen und Sporen von Rostpilzen; geflügelten Beutetieren werden zunächst die Flügel abgebissen; einige Arten (*Hemerobius humulinus*, *H. micans* u. a.) fähig zu Massenvermehrung und dadurch gerade in Sommermonaten, in denen andere Blattlausfeinde niedrige Bestände haben, wichtig für das Kurzhalten der Populationen. **Überwinterung** vermutlich meist als verpuppungsreife Larve im Kokon, jedoch auch in anderen Stadien möglich; bei manchen Arten 2 (und mehr) Generationen im Jahr. Lit. →Planipennia.

Hemerobius →Hemerobiidae.

Hemerodromiinae →Empididae.

Hemicephal; Bezeichnung von Larven, bei denen hintere Teile der Kopfkapsel rückgebildet und in den Prothorax einbezogen sind; z. B. bei Larven von Schnaken (→Tipulidae) und manchen Fliegen.

Hemichroa →Tenthredinidae 21.

Hemimetabolie; unvollkommene Verwandlung, gekennzeichnet durch: 1) kein Puppenstadium zwischen dem letzten Larvenstadium und der Imago; 2) im Laufe mehrerer Häutungen allmähliche Näherung an den imaginalen Zustand, besonders in der Ausbildung der Flügel. Die Larven nicht selten mit spezifischen larvalen Organen (→Metamorphose). Je nach dem Ablauf unterscheidbar: Epimetabolie (mit geringem Gestaltwandel), Prometabolie (letzte Larvenstadium häutet sich zu der flugfähigen Subimago, diese alsbald zur Imago), →Heterometabolie (allmähliche Entwicklung der Flügel und meist auch der Genitalanhänge), →Neometabolie (verzögertes Auftreten von äußeren Flügelanlagen und Genitalanhängen erst im letzten oder in den beiden letzten Larvenstadien); epimetabol sind die primär flugunfähigen Gruppen (→Diplura, →Protura, →Collembola, →Archaeognatha, →Zygentoma), prometabol die →Ephemeroptera, heterometabol die →Odonata, →Plecoptera, →Embioptera, →Dermaptera, →Dictyoptera, →Notoptera, →Phasmida, →Ensifera, →Caelifera, →Zoraptera, →Psocodea, →Auchenorrhyncha, →Heteroptera und die meisten →Sternorrhyncha, neometabol die →Thysanoptera und ein Teil der →Sternorrhyncha.

Hemineura, s. →Mesopsocidae.

Hemipenthes →Bombyliidae; vgl. auch →Tachinidae.

Hemipneustisch; Bezeichnung für ein Insekt, bei dem zwar ursprünglich alle 10 Stigmenpaare angelegt werden, eine wechselnde Zahl aber nachträglich durch eine Stigmennarbe verschlossen wird.

Hemiptera (Rhynchota); mit den Gruppen →Heteroptera, →Sternorrhyncha und →Auchenorrhyncha; bilden zusammen mit ihrer Schwestergruppe, den →Thysanoptera, die übergeordnete Gruppe →Condylognatha. Zeichnen sich durch besondere stechend-saugende Mundwerkzeuge aus, bei denen ein Bündel von 4 harten, dünnen Stechborsten (außen die beiden Mandibeln, innen die Lacinien der beiden Maxillen) von einer weichen, gegliederten Stechborstenscheide (vom Labium gebildet) umschlossen ist; die Lacinien sind miteinander verfalzt und bilden zusammen sowohl das Speichelrohr (für Speichelabfluss) wie als auch das Nahrungsrohr (für aufgesaugte flüssige Nahrung).

Henestaris →Geocoridae 1.

Henosepilachna →Coccinellidae 7.

Henoticus →Cryptophagidae.

Hepialidae, Wurzelbohrer; Fam. der Schmetterlinge (Lepidoptera, Glossata) mit in Eur 17, M-Eur & Dt 7 Arten; die Falter z. T. recht stattlich; Vorderflügel mit Jugum, Frenulum fehlt (→Lepidoptera); Imagines kurzlebig, ohne Nahrungsaufnahme, Mundteile (Galeae, Maxillarpalpen) rückgebildet; Antennen auffallend kurz; bei den ♂♂ mancher Arten die Hinterbeine zu Duftbeinen umgebildet: die Tarsen verkümmert, die Schienen keulenförmig verdickt, mit Drüsenzellen und Büscheln von langen haarförmigen Duftschuppen [**H-11**]; der Duft dient, vom ♂ im Flug verbreitet, zum Stimulieren der ♀♀. Fliegen in der Dämmerung oder nachts; **ungewöhnlich** für Schmetterlinge: die ♂♂ mancher Arten (→1, 2) bilden Schwärme, locken in der Dämmerung ♀♀ optisch (heller Schimmer der Flügel!) und olfaktorisch (durch Pheromone aus einem rosettenförmigen Organ an der Tibia der Hinterbeine) an; bei anderen Arten lockt das ♀; die ♀♀ lassen die **Eier** nach der Begattung im Flug auf den Boden fallen; Eiproduktion daher groß (bei manchen tropischen Arten gewaltig, bis zu 30 30 000 pro ♀). **Raupen** mit Kranzfüßen; →polyphag: Jungraupen dringen in den Boden, dann in die Wurzeln ein; manche fressen im Boden wohl Pilze (→3); überwintern hier z. T. mehrfach. Die **Puppen** auffallend lang gestreckt, bedornt, recht beweglich, im Boden in einem leichten Gespinst; ohne →Cremaster.

1. *Hepialus humuli* L., Hopfenwurzelbohrer [**H-10**]; ♂ mit weißlichen, ♀ mit gelbbraunen Flügeln

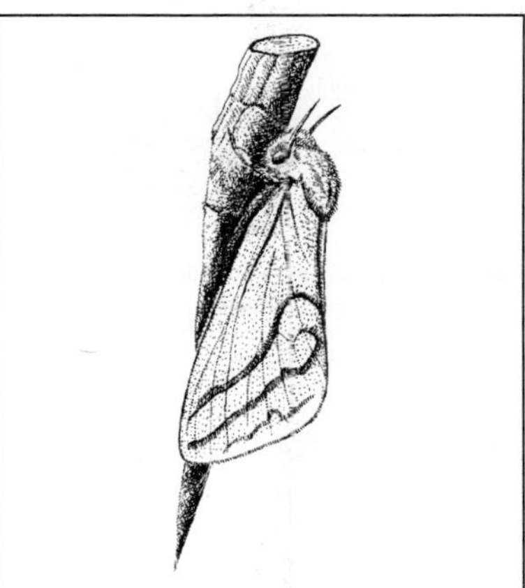

Abb. H-10: Hepialidae: *Hepialus humuli*, Hopfenwurzelbohrer. ♀, Flspw. 6 mm. (Brandt 1957)

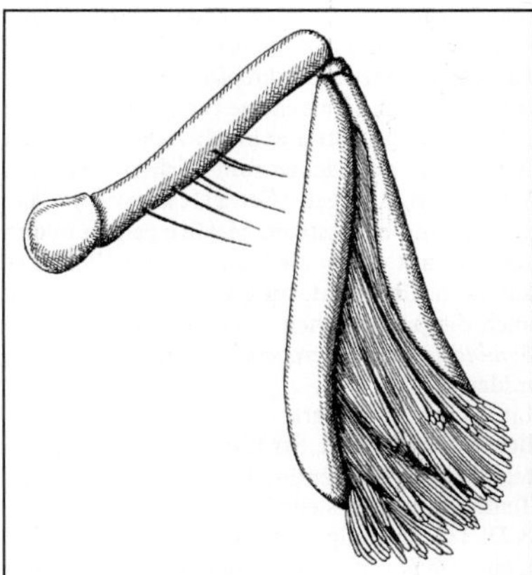

Abb. H-11: Hepialidae: *Phymatopus hecta*, Heidekrautwurzelbohrer. ♂, Duftbein. (Hering 1926)

(Flspw. bis 60 mm); fliegen V–VII; die Raupen
(erwachsen ca. 50 mm) in den Wurzeln verschiedener Pflanzen, z. B. von Ampfer, Löwenzahn,
Hopfen (hier bisweilen schädlich), mit 1- bis
3-jähriger Entwicklungsdauer; Puppe im Boden
in einer mit Gespinst ausgekleideten Erdröhre.

   2. *Phymatopus hecta* L., Heidekrautwurzelbohrer; kleinste heimische Art (Flspw. 24–38 mm);
im Schatten unterwuchsreicher Wälder; die ♂♂
fliegen pendelnd in der Abenddämmerung,
lassen dabei die sonst in seitlichen Nischen des
Hinterleibs geborgenen Duftbeine [**H-11**] hängen
und locken die ♀♀ dabei mit einem fruchtigen
Duft; die Raupen in den Wurzeln verschiedener
Pflanzen, z. B. Heidekraut (*Calluna*), Adlerfarn,
mit meist 1-jähriger Entwicklungsdauer.

   3. *Korscheltellus lupulinus* L., Kleiner Hopfenwurzelbohrer (Flspw. 22–35 mm); fliegt V–VI
auf Wiesen und Feldern, auch als Kulturfolger in
Parks und Gärten; Larven oft in Luzerne, Garten-
gemüse und Blumen. In Lebensweise und Aussehen ähnlich: ***Triodia sylvina*** L., Salatwurzelbohrer,
Ampferwurzelbohrer (Flspw. 25–45 mm), fliegt
jedoch im Hochsommer (VIII–IX).

Lit. →Lepidoptera; Eisenbeis & Wichard 1985;
Freina & Witt 1990; Grehan 1989; Mallet 1984;
Speidel 1994.

Hepialus →Hepialidae 1.

Heptagenia →Heptageniidae.

Heptageniidae (Ecdyonuridae), Aderhafte; Fam.
der Eintagsfliegen (Ephemeroptera) mit in Eur ±
145, M-Eur 63, Dt 45 Arten v. a. aus den Gttgn.
Ecdyonurus, *Heptagenia* und *Rhithrogena*; mit-

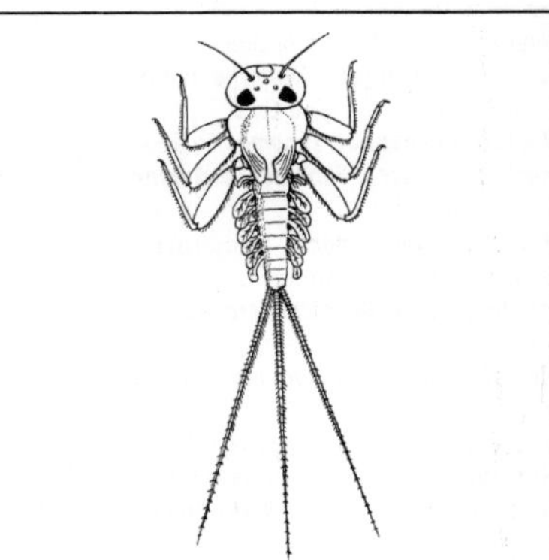

Abb. H-12: Heptageniidae: *Ecdyonurus* spec. Larve eines
Aderhaftes. (Engelhardt 1982)

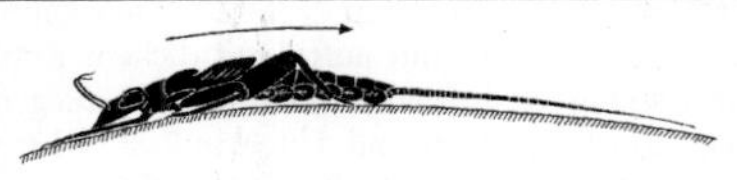

Abb. H-13: Heptageniidae: *Ecdyonurus venosus*. Larve, in
starker Strömung flach an einen Stein gedrückt

telgroß; an Fließgewässer gebunden; Eiablage
im Flug über Wasser oder sitzend durch Tupfen
auf die Wasseroberfläche; **Larven** als Anpassung
an das Leben auf Steinen (auch Holz) in Fließgewässern sehr flach [**H-12**; **H-13**]; fressen Detri-

tus (*Ecdyonurus*, *Heptagenia*) oder schaben Algen vom Untergrund (*Rhithrogena*); abweichend die Larven der seltenen *Arthroplea congener* Bengtsson (9–11 mm; oft als eigene Fam. **Arthropleidae** geführt): aktive Filtrierer in schwach strömenden Bereichen von Teichen und Bächen, zwischen Wurzeln von Seggen (*Carex*), die stark verlängerten, lang beborsteten Maxillarpalpen bilden Reusen, mit denen sie Detritus und Kleintiere käschern. **Überwinterung** als Ei oder Larve; vgl. auch die parasitischen Zuckmückenlarven von *Symbiocladius rhithrogenae* Zavr. (→Chironomidae [**C-111**]).
Lit. →Ephemeroptera.

Heptamelidae; Fam. der Hautflügler (Hymenoptera, „Symphyta", Tenthredinoidea); bisher zu den Tenthredinidae gestellt; in Eur 3 Arten, in M-Eur & Dt 2 nicht häufige Arten der Gttg. *Heptamelus*; kleine (4–6 mm), gedrungene Blattwespen mit kräftigen 7- bis 8-gliedrigen Antennen; fliegen im Sommer; die Larven (VII–IX) minieren in den Blattstielen verschiedener Farne; 1–2 Generationen im Jahr.

Heptamelus →Heptamelidae.

Herbstkreuzflügel, *Alsophila aceraria* Den. & Schiff. →Geometridae C12.

Herbstlaubspanner, *Ennomos* →Geometridae C7.

Herbstspanner, *Ennomos autumnaria* Wernb. →Geometridae C7.

Herbstspinner, *Lemonia* →Brahmaeidae.

Heriades →Megachilidae 3.

Herkuleskäfer, *Dynastes hercules* L. →Scarabaeidae D.

Hermelinspinner, *Cerura erminea* Esp. →Notodontidae A2.

Herminia, Herminiinae →Erebidae F.

Herzeule, *Mamestra brassicae* L. →Noctuidae 30.

Herzwurm; Larve von **_Mamestra brassicae_** L., →Noctuidae 30.

Hesperentomidae →Protura C.

Hesperia →Hesperiidae B.

Hesperiidae, Dickköpfe, Dickkopffalter; Fam. der Schmetterlinge (Lepidoptera, Glossata, Rhopalocera) mit in Eur 48, M-Eur 27, Dt 22 Arten; kaum mittelgroße Falter mit auffallend dickem Kopf und keulig verdicktem Antennenende; fliegen tagsüber, Flug schwirrend, Flügel in Ruhe schräg nach hinten und etwas klaffend (→B [**H-14**]) oder auch nach Nachtfalterart flach dachförmig (→A); die ♂♂ bei vielen Arten mit als **Duftorgan** gedeuteter Ansammlung von Duftschuppen, teils in einer etwa kommaförmigen Schrägfalte auf der Oberseite des Vorderflügels (→B), teils in dem nach oben taschenartig umgeschlagenen Vorderrand des Vorderflügels (Costalfalte, [**H-16**] oben; →A). Die oft spindelförmigen **Raupen** [**H-15**] aus-

Abb. H-14: Hesperiidae: *Carterocephalus palaemon*. Ein Dickkopffalter mit typischer Flügelhaltung

Abb. H-15: Hesperiidae: *Hesperia comma*, Kommafalter. Raupe, schwarzgrau. (Eckstein 1913–33)

gezeichnet durch das mehr oder weniger deutlich nackenschild- oder halsartig abgesetztes 1. Brustsegment; leben zwischen zusammengesponnenen Blättern der Nahrungspflanze, hier auch **Verpuppung**. Meist 1, seltener 2 Generationen im Jahr (z. B. *Erynnis tages* L.).

A. Pyrginae; Flügel graubraun bis schwärzlich mit weißem Fleckenmuster („Würfelfalter"), in Ruhe flach ausgebreitet; Duftorgan der ♂♂ in der Costalfalte; Raupen an zweikeimblättrigen, überwiegend krautigen Nahrungspflanzen (Rosaceae, Malvaceae, Lamiaceae); **Überwinterung** als (oft schon fast erwachsene) Raupe, bei einzelnen Arten als Ei (Spätsommerart *Pyrgus cirsii* Ramb.) oder Puppe (*Pyrgus malvae* L.); Letztere in einem oft mit Teilen der Nahrungspflanze besetzten lockeren Gespinstkokon, darin durch einen Gürtelfaden aufrecht gehalten. Verbreitet: *Erynnis tages* L., Dunkler Dickkopffalter [**H-16**], an Kronwicke, Horn- und Hufeisenklee; *Pyrgus malvae* L. [**H-16**] an Fingerkraut (wie die meisten anderen Arten der Gttg.), aber ebenso

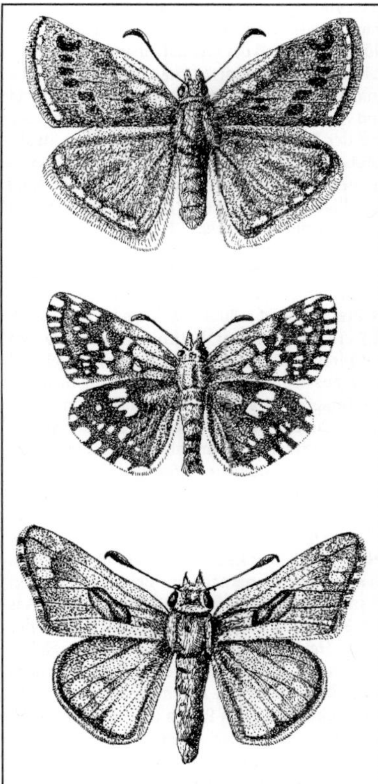

Abb. H-16: Hesperiidae. Oben: *Erynnis tages;* ♂; Mitte: *Pyrgus malvae;* ♂; unten: *Hesperia comma,* Kommafalter; ♂. (Forster & Wohlfahrt 1954–81)

an weiteren Rosaceae (*Rubus, Fragaria, Agrimonia*); *Carcharodus alceae* L. an Malven und Stockrosen.

B. Hesperiinae; Flügel orangebraun, in Ruhe über nach oben gerichtet; Duftorgan (in einer Schrägfalte) bei ♂♂ vieler Arten vorhanden; Raupen fressen an verschiedenen Gräsern. **Überwintern** als Junglarve (z. T. noch in der Eischale) an stehen gebliebenen Altgräsern (*Thymalicus,* ehemals häufig *T. silvestris* Poda) oder in Grashorsten beweideter Kurzrasen (*Hesperia comma* L., Kommafalter [**H-16**]), der noch häufige *Ochlodes sylvanus* Esp. als 3. oder 4. Larvenstadium in einer zusammengesponnen Blattröhre. Ebenfalls an Gräsern fressen die Raupen der verwandten U-Fam. **Heteropterinae** (z. B. *Carterocephalus*

palaemon Pall.); Falter mit gleicher Flügelhaltung [**H-14**], auf der Unterseite der Hinterflügel mit umringten hellen Flecken; die ausgewachsenen Raupen überwintern in zusammengesponnenen Blattröhren.
Lit. →Lepidoptera; Ebert & Rennwald 1991; Leraut 2016; Settele et al. 2015; Tolman & Lewington 2012.

Hessenfliege, Hessenmücke, *Mayetiola destructor* Say. →Cecidomyiidae B3.

Hetaerius →Histeridae.

Heterarthrus →Tenthredinidae 17, 24.

Heterhelus →Kateretidae.

Heterocera; →paraphyletische Teilgruppe der Schmetterlinge (Lepidoptera); umfasst alle Schmetterlinge außer den Tagfaltern (Rhopalocera).

Heteroceridae, Sägekäfer; Fam. der Käfer (Coleoptera, Polyphaga, Elateriformia) mit in Eur 25, M-Eur 17, Dt 16 Arten; 1,5–7,5 mm; behaart, selten einfarbig dunkelbraun, meist mit 3 Gruppen gelber Flecken auf den →Elytren. Käfer und Larven gesellig, graben an den Ufern fast aller Gewässer (auch an den Küsten) im nassen, feinkörnigen Sand und Schlamm oberflächennahe Gänge und Gangsysteme, deren Decken sich etwas über das Bodenniveau erheben. **Fressen** Kleinorganismen (Grün- und Kieselalgen, Protozoen, Detritus), die mitsamt dem Schlamm aufgenommen werden; Larven jagen auch Nematoden. **Eiablage** in unter den Fraßgängen angelegten Bruthöhlen, Eier werden vom ♀ bewacht. **Puppen**wiege in einer Kammer, die sich kuppelartig über das Bodenniveau wölbt; mit (durch ein Sekret von Hautdrüsen?) verfestigter Wand; Puppenruhe 2, höchstens 3 Tage. Manche Arten häufig, Auftreten nicht selten massenhaft. Beispiele:

1. *Heterocerus marginatus* F.; verbreitet, nicht selten; 3,5–4,3 mm.

2. *Heterocerus fenestratus* Thunb.; die häufigste heimische Art; verbreitet; 3–4,5 mm.

3. *Heterocerus obsoletus* Curt.; 4,5–5,8 mm; halophil, an der Küste, am Neusiedler See; vereinzelt im Binnenland an Salzstellen.

4. *Augyles maritimus* Guér. (= *Heterocerus m.*); vereinzelte Vorkommen (dann aber in großen Gesellschaften) an der Nordseeküste; halophil; 2,6–3,4 mm.
Lit. →Coleoptera.

Heterocerus →Heteroceridae 1, 2, 3, 4.

Heterocheila →Heterocheilidae.

Heterocheilidae; Fam. der Zweiflügler (Diptera, Brachycera, Cyclorrhapha); früher zu den Helcomyzidae gestellt, jedoch Schwestergruppe der Dryomyzidae; in Eur & Dt nur *Heterocheila buccata* Fall.; mittelgroße (6–9 mm), dicht fein be-

haarte, graubraune Fliege; an Küsten, Larven in angespültem Tang.
Lit. →Diptera.

Heterogaster →Heterogastridae.

Heterogastridae; Fam. der Wanzen (Heteroptera, Pentatomomorpha) mit in Eur 8, M-Eur & Dt 5 Arten; früher zu den →Lygaeidae; Imagines 4,5–7,5 mm groß, immer flugfähig, leben bodennah in meist offenen Habitaten. Samensauger an Lippenblütlern (Lamiaceae), *Heterogaster urticae* an Brennnesseln; Eiablage an den Wirtspflanzen, im Falle der diözischen Großen Brennnessel (*Urtica dioica*) nur an weiblichen Pflanzen; 1-jährig, überwintern als Imago in Streu, hohlen Stängeln, unter Borke oder Pflanzenpolstern.
Lit. →Heteroptera.

Heterogenea →Limacodidae 2.

Heterogynidae, Mottenspinner, Federwidderchen; Fam. der Schmetterlinge (Lepidoptera, Glossata, Zygaenoidea) mit 15 Arten der Gttg. *Heterogynis* in S-Eur in Gebirgen; *H. penella* Hbn. bis Elsass und Nordschweiz; starker Geschlechtsunterschied [**H-17**]: ♂ geflügelt, ♀ ungeflügelt, raupenförmig, Rüssel bei beiden rückgebildet; die Hämolymphe der Imagines enthält das Nervengift β-Cyanalanin. Zur **Fortpflanzung** setzt sich das ♀ auf sein Verpuppungsgespinst, wird hier vermutlich durch Duftstoff vom ♂ gefunden und begattet, geht in das Gespinst zurück, legt hier die Eier ab und stirbt; ein 2. Fortpflanzungsmodus bei einer nicht näher bestimmten Art (möglicherweise identisch mit *H. penella*): das ♀ verlässt die Puppe nicht, Entwicklung der Raupen parthenogenetisch im Innern der Puppenhülle. Die **Raupen** (gelblich, schwarz gepunktet und gestreift, mit langen schwarzen Haaren) verzehren zunächst die Reste der Mutter und die Eischalen, fressen dann an der Trägerpflanze des Puppenkokons (Ginster). **Überwinterung** im eigenen Gespinst; **Verpuppung** im Frühling in einem weißlichen Kokon an der Nahrungspflanze (♀-Kokon viel größer als ♂-Kokon); die kleinere ♂-Puppe schiebt sich vor dem Schlüpfen des Falters aus dem Kokon.
Lit. →Lepidoptera; Freina & Witt 1990.

Heterogynis →Heterogynidae.

Heterometabolie; typische unvollständige Verwandlung (→Hemimetabolie), Entwicklung der Flügel (stets) und der Genitalanhänge (meist) allmählich von Häutung zu Häutung; es lassen sich unterscheiden: **Archimetabolie** (der →Odonata und →Plecoptera), mit Auftreten larveneigener (bei der Imago nicht mehr auftretenden) Strukturen (z. B. Fangmaske der Libellen, Tracheenkiemen), und **Paurometabolie,** ohne Ausbildung auffälliger larveneigener Strukturen bei den imago-ähnlichen Larven.

Heteromyzidae (Heleomyzidae), Scheufliegen, Dunkelfliegen; Fam. der Zweiflügler (Diptera, Brachycera, Cyclorrhapha) mit in Eur ± 145, M-Eur ± 105, Dt ± 80 Arten; klein bis mittelgroß (1,5–12 mm); gelbrot, braun oder schwarz; am Mundrand mit starken Tastborsten; Flügelrand meist zusätzlich zur Beborstung kräftig bedornt. Die Imagines v. a. auf der Vegetation an schattigen Plätzen, an Exkrementen, an Aas, an frischen Baumwunden, an Pilzen, auch auf Blüten (v. a. Dolden); manche Arten auch in Wohnungen (z. B. im Winter am Fenster) und Ställen, andere bevorzugt in Höhlen und Säugerbauen; z. T. auch im Winter aktiv (bis −12 °C). Die sehr beweglichen **Larven** ventral mit bedornten Kriechwülsten; manche in sich zersetzenden pflanzlichen oder tierischen Stoffen, z. B. an Aas von Kleinsäugern, an Exkrementen (Arten der Gttgn. *Heleomyza*, *Scoliocentra*); manche *Heleomyza*-Arten als Höhlenbewohner in Kaninchen- oder Fledermauskot, *Heleomyza serrata* L. in Hühnerkot; einige in Pilzen (die meisten Arten der Gttg. *Suillia*, z. B. *Suillia similis* Meig. [**H-18**]); *Suillia tuberiperda* Rond. (Trüffelfliege) in Trüffeln (das Suchverhalten der ♀♀ gelegentlich von Trüffelsammlern ausgenutzt); einige schädigen Kulturpflanzen, z. B. *Suillia univittata* v. Ros. (Knoblauchfliege).
– 3 Gruppen sehr kleiner Fliegen mit kaum bekannter Lebensweise und unbekannten Larven werden oft zu den Heteromyzidae gestellt: Tri-

Abb. H-17: Heterogynidae: *Heterogynis penella*. Links: ♂, Flspw. 27 mm; rechts: ♀, 16 mm. (Forster & Wohlfahrt 1954–81)

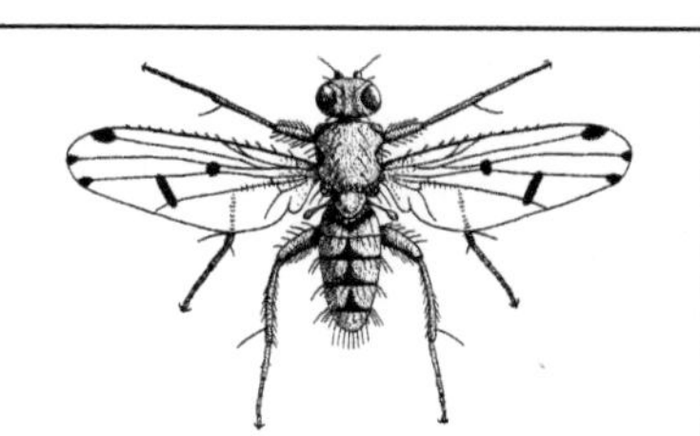

Abb. H-18: Heteromyzidae: *Suillia similis*. 5–6 mm. (Séguy 1951a)

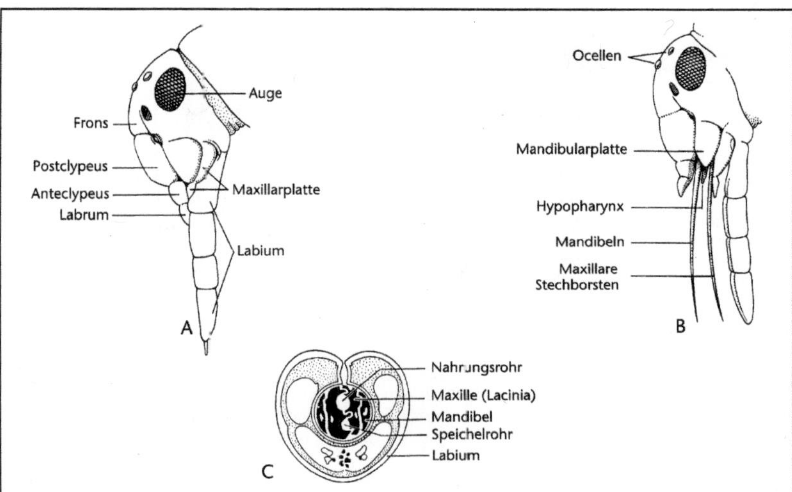

Abb. H-19: Heteroptera: Kopf und Mundwerkzeuge einer Wanze. A: Normallage; B: Mundwerkzeuge auseinandergespreizt, mandibulare und maxillare Stechborsten nur einmal gezeichnet; C: Querschnitt durch den Rüssel, Labium verhältnismäßig zu klein dargestellt. (Renner et al. 1991)

xoscelididae, Heidefliegen (in Eur 22, M-Eur 6, Dt 5 wärmeliebende Arten der Gttg. *Trixoscelis* in Dünen, Sandstränden, Heiden und Steppen); **Borboropsidae** (in Eur 2 Arten, in M-Eur & Dt nur *Borboropsis puberula* Zett.); **Chiropteromyzidae** (in Eur 2 Arten, 1 in M-Eur). Die Heteromyzidae blieben bei Eingliederung dieser Gruppen nur monophyletisch, wenn zugleich die üblicherweise als Fam. behandelten →Sphaeroceridae eingeschloßen würden. Lit. →Diptera; McAlpine 2007.

Heteroneura (Frenatae); Gruppe der →Lepidoptera; gekennzeichnet durch eine (abgeleitete) Bindevorrichtung der Flügel über ein Frenulum (Borste oder Borstenbüschel am Vorderrand des Hinterflügels). Hierher gehören die allermeisten Schmetterlingsfamilien.

***Heteropeza,* Heteropezidae, Heteropezinae** →Cecidomyiidae A.

Heteroptera, Wanzen; Ordg. der Insekten mit unvollkommener Verwandlung (→Hemimetabolie), bildet zusammen mit →Sternorrhyncha, →Auchenorrhyncha und →Coleorrhyncha die →Hemiptera; in Eur ± 2400, M-Eur >1120, Dt ± 900 Arten; teils Land-, teils Wasserinsekten mit sehr verschiedener Größe (1 mm bis 10 cm), Gestalt, Färbung und Lebensweise; Verhalten von Larven und Imagines weitgehend gleich; Färbung und Zeichnung teils gut in die Umgebung passend (Verbergetracht), teils sehr auffallend (z. B. schwarz-rot; Warntracht?); wenige Arten (zuweilen nur als Larven) ameisenähnlich nach Körperform, Färbung und Verhalten (z. B. *Myrmecoris,* →Miridae 10); manche so gestaltete Arten jagen in Ameisennestern, andere an Blatt- und Schildlauskolonien, wo sie die Läuse aussaugen. Kopf mit schnabelartigem **Rüssel [H-19]**, die stechendsaugenden Mundgliedmaßen gleichen denen der anderen →Hemiptera („Schnabelkerfe"), entspringen jedoch am Vorderende des Kopfes: das weiche, gegliederte, (meist) nicht mit eingestochene Labium dient als Stechborstenscheide, deren vordere Längsrinne enthält ein Bündel von 4 harten, dünnen Stechborsten (außen die beiden am Ende fein gezähnelten Mandibeln, innen die Lacinien der beiden Maxillen); die Lacinien sind miteinander verfalzt und bilden zusammen das Nahrungsrohr (für aufgesaugte flüssige Nahrung) und das Speichelrohr (für Speichelabfluss); die Ausführgänge der paarigen Speicheldrüsen münden in eine nach dem Prinzip der Kolbenpumpe arbeitende Speichelpumpe, die das Sekret ansaugt und dann in das Speichelrohr spritzt **[A-57]**; Heben des Pumpenkolbens (Pistill) durch Muskeln, Senken durch die Elastizität von proximalen Teilen des Pumpenzylinders (aus →Resilin); **Stechvorgang:** rhythmisches Vorstoßen der längs gegeneinander verschiebbaren Stechborsten in

Abb. H-20: Heteroptera. Bindevorrichtung in der Mitte des Vorderflügel-Hinterrandes im Schnitt; oben Vorderflügel; unten Hinterflügel, dessen wulstiger Vorderrand druckknopfartig beim Fliegen in die Halterung auf der Unterseite des Vorderflügels eingefügt ist. (Weber 1930)

festgelegter Reihenfolge; Stechborstenbündel bisweilen bedeutend länger als der Schnabel, dann als Schleife in einer besonderen Tasche (Crumena) im Vorderkörper oder im Kopf (→Aradidae [**A-57**]) gelegen; saugen tierische oder pflanzliche Säfte. **Komplexaugen** und 2 Ocellen meist vorhanden. **Beine** i. d. R. als Schreitbeine gut entwickelt; einige Gruppen mit Springvermögen (→Saldidae); bei einigen Jägern die Vorderbeine zum Ergreifen und Festhalten der Beute als Raubbeine ausgebildet (→Reduviidae F: Phymatinae; →Nepidae; →Naucoridae; →Nabidae A); bei gut schwimmenden Wasserwanzen die Hinterbeine als Schwimmbeine entwickelt (→Notonectidae; →Corixidae). Beide **Flügel**paare meist gut ausgebildet; Vorderflügel i. d. R. als Halbdecken (Hemielytren [**P-23**, **R-5**]): stark sklerotisiert mit Ausnahme des dünnhäutigen körperfernen Drittels (der „Membran"); bisweilen (z. B. Gerromorpha, Dipsocoromorpha) Vorderflügel einheitlich mäßig stark sklerotisiert; im Flug die Hinterflügel durch eine Bindevorrichtung mit den Vorderflügeln verbunden [**H-20**]; Flügelrückbildung verschiedenster Grade nicht selten, manchmal bei der gleichen Art kurz- und langflügelige Formen (Neigung zum Fliegen auch bei langflügeligen Formen sehr verschieden); in Ruhe Vorderflügel flach auf den Rücken gelegt, überdecken sich teilweise distal, darunter längs gefaltet die zarten Hinterflügel; 3-eckiges Schildchen zwischen den Basen der Vorderflügel meist sehr deutlich, bei einigen Pentatomoidea (→Plataspidae, →Scutelleridae, einige →Pentatomidae) den ganzen (oder fast den ganzen) Rücken bedeckend. **Lauterzeugung** durch Schrillorgane nicht selten; die Lautorgane bei Vertretern verschiedener Gruppen an verschiedenen unterschiedlichen Körperstellen, also mehrere Male unabhängig entstanden (→Corixidae [**C-181**], →Nepidae [**N-6**], →Pleidae [**P-60**], →Reduviidae [**R-2**], →Leptopodidae, →Pentatomidae, →Cydnidae, →Piesmatidae); bei manchen Arten in bei beiden Geschlechtern und z. T. schon bei den Larven; über die Bedeu-

tung der Laute ist Genaueres bisher nur bei den →Corixidae bekannt; typische, jederseits im Meso- und Metathorax gelegene **Hörorgane** (Tympanalorgane) nur bei einigen Wasserwanzen mit Zirpvermögen bekannt (→Corixidae); bei anderen Gruppen Hören vielleicht durch Hörhaare. Der bekannte Wanzengeruch ist bedingt durch die bei den meisten Gruppen vorhandenen „**Stinkdrüsen**": bei Larven 1–3 Drüsen dorsal im Hinterleib (4.–6. Segment); Mündungen intersegmental; fehlen den Wasserläufern; bei den Imagines die meist paarigen Drüsen ventral in der Hinterbrust, meist mit Reservoir; Mündungen mit Verschlusseinrichtung seitlich im Bereich der Hinterbein-Coxen; bei manchen Arten die larvalen Rückendrüsen auch bei den Imagines erhalten; Sekret der Stinkdrüsen immer eine Mischung aus mehreren kurzen bis mittellangen, unverzweigten aliphatischen Kohlenwasserstoffen (Säuren, Aldehyde, Ketoaldehyde, Ketone, Alkohole und Ester) in unterschiedlicher Kombination; Funktionen: a) Wehrsekret mit starker Wirkung (Sichtotstellen und Sichfallenlassen nach störenden Reizen ist in bei manchen Wanzen sehr ausgeprägt); schädigt als Kontaktgift andere Insekten (z. B. Käfer, Ameisen) bis zur Paralyse; bei manchen Arten (z. T. auch bei Larven) gezieltes Spritzen des Sekretes auf den Angreifer; häufiger Übertragen mit den Beinen oder Benetzen des eigenen Körpers; die Wanzen sind gegen das eigene Gift nicht immun, immer aber geschützt durch für das Gift undurchdringliche kutikulare Bildungen sowie durch besondere Strukturen an den Stigmen, die ein Eindringen des Giftes in die Tracheen verhindern; b) Freihalten der Körperoberfläche von Mikroorganismen bei Wasserwanzen; c) Alarmpheromon (→Cimicidae) bzw. Aggregationspheromon (→Cimicidae, →Pyrrhocoridae) bei zeitweilig oder dauernd in subsozialen Verbänden (Aggregationen) lebenden Arten; Sexuallockstoff sicher nachgewiesen bisher nur bei →Pyrrhocoridae. Symbiontenkrypten finden sich insbesondere bei Pflanzensäfte saugenden Formen als Blindsäcke in wechselnder Zahl am hinteren Teil des Mitteldarms; ihre Lumina, z. T. auch ihre Wandzellen, sind gefüllt mit symbiotischen Bakterien; bisweilen (*Acanthosoma*, →Acanthosomatidae) haben die Symbiontenkrypten keine Verbindung mehr mit dem Darm; Übertragung der **Symbionten** meist durch Beschmieren der Eier bei der Ablage; bei manchen Arten (*Coptosoma*, →Plataspidae) werden besondere Symbiontenpakete zwischen den Eiern abgelegt, die Junglarven saugen die Symbionten nach dem Schlüpfen auf; in manchen Fällen (→Cimicidae) frühzeitige Infektion der Eizellen im Mutterleib von besonderen symbiontenhaltigen Organen (Mycetomen, →Mycetocyten) aus. Für das Sichfinden der Geschlechter ist teils der Gesichtssinn, in der Nähe wohl auch der Geruchssinn, bei manchen zirpenden Arten auch der Gehörsinn wichtig. **Begattung**sstellung sehr verschieden: ♂ gerade oder schief auf dem Rücken des ♀ (→Cimicidae [**C-151**]), zuweilen auch schief unter dem ♀, oder End-gegen-End-Stellung mit abgewandten Köpfen; fast stets werden Eier abgelegt (Viviparie bei den Polyctenidae, Ektoparasiten bei Fledermäusen in den Tropen); bei Cimicoidea und einigen →Nabidae (A) traumatische Insemination (Anstechen des Hinterleibs durch das ♂-Kopulationsorgan; vgl. →Strepsiptera A). Ein Legeapparat aus →Gonopoden ist oft vorhanden (**Eier** dann nicht selten in ein Substrat eingeschoben), manchmal stark rückgebildet oder ganz fehlend. **Brutpflege** in einigen Gruppen sehr ausgeprägt. I. d. R. 5 Larvenstadien; **Überwinterung** häufig als Imago oder Ei, seltener als Larve; meist 1 Generation im Jahr. **Gliederung** in mehrere Teilgruppen und zahlreiche Fam. (darunter die →Miridae mit mehr als 1/3 der Arten): **Dipsocoromorpha:** winzige (2–3 mm), austrocknungsempfindliche, versteckt in feuchten Lebensräumen (Streu, Moos, Uferkies) lebende unspezialisierte Jäger. **Gerromorpha,** Wasserläufer: winzige (2 mm) bis sehr große (5 cm) Arten; auf der Wasseroberfläche; Körperunterseite und Extremitäten durch dichten Haarbesatz unbenetzbar; erbeuten i. d. R. ins Wasser gefallene Insekten. **Nepomorpha** (Hydrocorisae, Cryptocerata), Wasserwanzen: mit kurzen Antennen (1–4 Glieder); in Atmung und Bewegung an das Leben im Wasser angepasst, Luftholen jedoch meist an der Wasseroberfläche; Imagines i. d. R. flugfähig, können das Wasser verlassen; Erkennen einer Wasseroberfläche an der Polarisation des reflektierten Lichtes; unspezialisierte Jäger. Die 3 nachfolgenden Gruppen bilden die Landwanzen (Geocorisae): **Leptopodomorpha:** kleine, bodenbewohnende Jäger. **Cimicomorpha:** →Monophylie der Gruppe umstritten, nach Körperbau und Lebensweise sehr unterschiedlich; oft hochgradig an spezielle Nahrungspflanzen (Miroidea) oder Beutetiere (übrige Gruppen) angepasst; die →Cimicidae parasitisch. **Pentatomomorpha:** klein bis groß (2–15 mm); oft Bewohner der Kraut- und Baumschicht, daneben grabende und bodenlebende Formen; mit wenigen Ausnahmen (z. B. *Geocoris*) Samen- und Pflanzensauger. In Eur mit folgenden Fam. (diejenigen mit mehr als 100 Arten in Dt sind <u>unterstrichen</u>):

Enicocephalomorpha	→Aphelocheiridae	*Cimicoidea*	*Coreoidea*
Enicocephalidae	→Naucoridae	→Lyctocoridae	→Rhopalidae
Dipsocoromorpha	→Pleidae	→Anthocoridae	→Stenocephalidae
→Ceratocombidae	→Notonectidae	→Cimicidae	→Alydidae
→Dipsocoridae	**Leptopodomorpha**	**Pentatomomorpha**	→Coreidae
Gerromorpha	→Leptopodidae	→Aradidae	*Lygaeoidea*
→Mesoveliidae	→Saldidae	*Pentatomoidea*	→Heterogastridae
→Hebridae	(& Aepophilidae)	→Acanthosomatidae	→Piesmatidae
→Hydrometridae	**Cimicomorpha**	→Corimelaenidae	→Artheneidae
→Veliidae	→Reduviidae	→Cydnidae	→Oxycarenidae
→Gerridae	→Microphysidae	→Scutelleridae	→Geocoridae
Nepomorpha	→Nabidae	→Plataspidae	→Blissidae
→Corixidae	*Miroidea*	→Pentatomidae	→Cymidae
Belostomatidae	→Tingidae	→Pyrrhocoridae	→Berytidae
→Nepidae	→<u>Miridae</u>		→Lygaeidae
Ochteridae			→Rhyparochromidae

Lit. Dolling 1991; Eisenbeis & Wichard 1985; Günther 1992; Günther & Schuster 1990; Jordan 1972; Melber & Schmidt 1984; Schuh & Slater 1995; Schwind 1992; Strauss & Niedringhaus 2014; Stys & Jannson 1988; Stys & Kerzhner 1975; Wachmann et al. 2004–2008.
Heteropterinae →Hesperiidae B.
Heterotoma →Miridae.

Heteroxen; Bezeichnung für einen Parasiten oder Parasitoiden, der für die Vollendung seines Entwicklungszyklus mehr als einer Wirtstierart bedarf (→Parasitoid 4).
Heufalter, *Colias* →Pieridae 6; *Coenonympha* →Nymphalidae F11.
Heumotte, *Ephestia elutella* Hbn. →Pyralidae 9.

Heuschrecken; vielfach übliche Sammelbezeichnung für →Ensifera und →Caelifera, manchmal unter Einschluss der →Phasmida und →Mantodea.

Heuschreckensandwespe, *Sphex rufocinctus* Brullé →Sphecidae B.

Heuwurm, *Eupoecilia ambiguella* Hbn. →Tortricidae 27; *Lobesia botrana* Den. & Schiff. →Tortricidae 28.

Heuzünsler, *Hypsopygia costalis* F. →Pyralidae 13.

Hexapoda →Insecta.

Hexomyza →Agromyzidae B2.

Heydenia, **Heydeniidae** →Eupelmidae.

Hiemalis (Pl.: Hiemales), **Hiemosistens** (Pl.: Hiemosistentes); Blattlaus einer auf dem Sekundärwirt (als Larve) überwinternden (parthenogenetischen) Generation (vgl. →Sistens).

Hieroxestinae →Tineidae.

Hilara →Diptera →Empididae.

Hilarimorpha →Hilarimorphidae.

Hilarimorphidae; Fam. der Zweiflügler (Diptera, Brachycera, Asiliformia) mit in Eur & Dt 2 Arten der Gttg. *Hilarimorpha;* früher zu den →Rhagionidae gestellt, aber wohl Schwestergruppe der →Bombyliidae; kleine (2–7 mm), gedrungene, dunkle Fliegen mit unbekannter Lebensweise, zumeist an kleinen Gewässern (Pfützen, Bäche) gefunden; Larven unbekannt. Lit. →Diptera.

Himacerus →Nabidae B.

Himbeerblütenstecher, *Anthonomus rubi* Hbst. →Curculionidae H1.

Himbeergallmücke, *Lasioptera rubi* Heeg. →Cecidomyiidae C1.

Himbeerglasflügler, *Pennisetia hylaeiformis* Lasp. →Sesiidae 6.

Himbeerkäfer →Byturidae.

Himbeermotte, *Lampronia corticella* L. →Prodoxidae 1.

Himbeerrutengallmücke, *Resseliella theobaldi* Barn. →Cecidomyiidae C3.

Himbeerschabe, *Lampronia corticella* L. →Prodoxidae 1.

Himbeerspanner, *Mesoleuca albicillata* L. →Geometridae E7.

Hipparchia →Nymphalidae F3, F4.

Hippobosca →Hippoboscidae 1.

Hippoboscidae, Lausfliegen; Fam. der Zweiflügler (Diptera, Brachycera, Cyclorrhapha) mit in Eur 27, M-Eur 21, Dt 12 Arten; blutsaugende Ektoparasiten bei Säugetieren und Vögeln; gehören mit den →Streblidae und →Nycteribiidae zu einer als Pupipara bezeichneten Gruppe, bei denen die ♀♀ verpuppungsreife Larven zur Welt bringen; klein bis höchstens mittelgroß (2,5–10 mm, gehören damit aber zu den größten

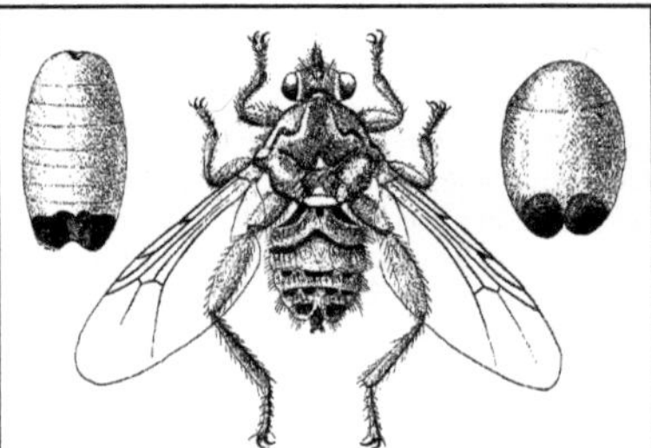

Abb. H-21: Hippoboscidae: *Hippobosca equina*, Pferdelausfliege. ♀, 7–8 mm; links oben: Larve, 5 mm; rechts oben: Puparium, 4,5 mm

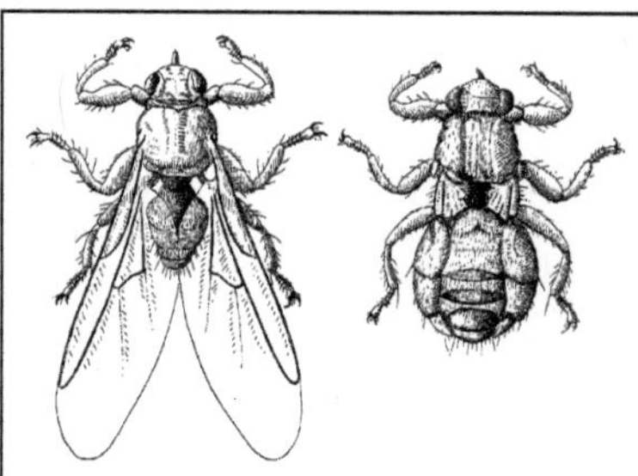

Abb. H-22: Hippoboscidae: *Lipoptena cervi*, Hirschlausfliege. 4–6 mm; links: mit Flügeln; rechts: nach Abwerfen der Flügel. (Escherich 1914–42)

Ektoparasiten); bräunlich gefärbt; mit kräftigen Krallen und starker, artspezifisch verschiedener Beborstung des flachen Körpers (erleichtert das Haften im Haar- bzw. Federkleid des Wirtes); zäh-lederartige Kutikula; Ausbildung der Flügel und Flugfähigkeit sehr verschieden: alle Übergänge von Normalflügeligkeit (Pferdelausfliege [**H-21**]) über Reduzierungen im hinteren Bereich (Mauerseglerlausfliege [**H-24**]) bis zu fast vollkommenem Flügelverlust (Schaflausfliege [**H-23**]); bei der Hirschlausfliege [**H-22**] Abwerfen der Flügel nach Erreichen des Wirtes; Halteren meist vorhanden, Reduktion z. B. bei der von vornherein flügellosen Schaflausfliege; Augen gut ausgebildet bei den voll flugfähigen Arten, Tendenz zur Rückbildung etwa parallel zu der der Flugfähigkeit. **Wirtsspezifität** sehr verschieden ausgeprägt, bei Säugerparasiten stärker als bei Vogelparasiten, bei flugunfähigen stärker als bei flugfähigen; Saugen am Menschen und gegenseitiges Anzapfen kommt gelegentlich vor; der Wirt wird bei den flugunfähigen Arten zu Fuß

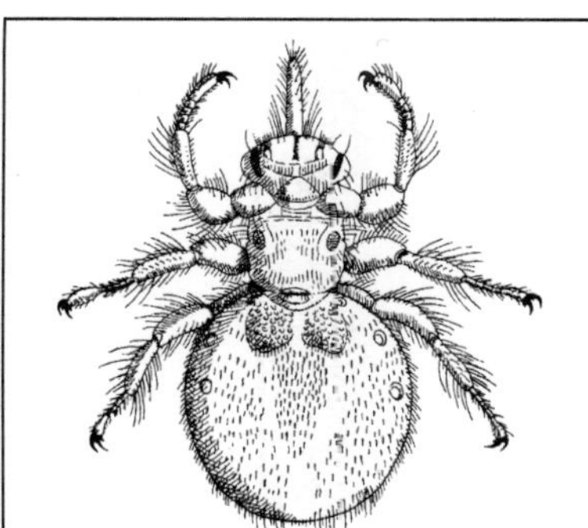

Abb. H-23: Hippoboscidae: *Melophagus ovinus*, Schaflausfliege. ♂; 5–6 mm. (Séguy 1951a)

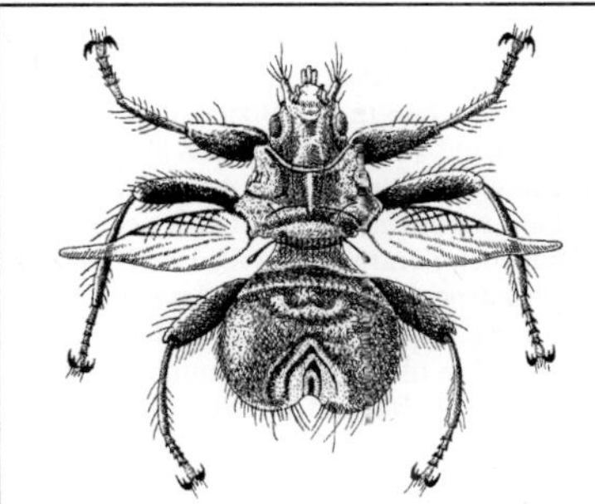

Abb. H-24: Hippoboscidae: *Crataerina pallida*, Mauersegllerlausfliege. ♂, 6–9 mm; bei Mauersegler, auch bei Schwalben. (Séguy 1951a)

erreicht, oft durch unmittelbaren Kontakt (z. B. Übergang vom Beutevogel auf den Greifvogel); Darm als Blutspeicher nicht geeignet, daher häufige Blutmahlzeiten notwendig; symbiotische Mikroorganismen in →Mycetocyten des Mitteldarmes liefern lebenswichtige Stoffe (die Bedeutung weiterer, extrazellulärer Symbionten ist unbekannt); die Beeinträchtigung der von Lausfliegen befallenen Säuger und Vögel ist bisweilen beträchtlich; flugfähige Lausfliegen fungieren nicht selten als Transporteure für ungeflügelte Ektoparasiten (→Phoresie). **Kopula** zumindest bei manchen Arten auf dem Wirt (Pferdelausfliege; hier anscheinend verbunden mit Flugspielen der Partner); von den beiden Ovarien wird jeweils nur 1 reifes Ei in den als Uterus funktionierenden Eileiter befördert; dort Entwicklung der **Larve**; die Zahl der Larvenge-

burten ist artspezifisch verschieden, die Fruchtbarkeit ist jedoch relativ gering (Pferdelausfliege ca. 5, Schaflausfliege ca. 12 Larven); 2 Häutungen im Mutterleib; **Verpuppung** unmittelbar nach dem Verlassen der Mutter; Ernährung der Larven durch das Sekret von Milchdrüsen (57 % Wasser, 18 % Proteine, 25 % Lipide), dabei Infektion mit den Symbionten; Darm der Larve nicht durchgängig; Larven nach der Geburt [**H-21**] und Puparien meist am Boden, seltener (z. B. Schaflausfliege) im Haarkleid des Wirtes. Im Nordteil des Verbreitungsgebiets der Gruppe meist nur 1 Generation; **Überwinterung** als Puparium.

1. *Hippobosca equina* L., Pferdelausfliege (9 mm; [**H-21**]); außer auf Einhufern v. a. auch auf Rindern, gelegentlich auch auf Hunden.

2. *Lipoptena cervi* L., Hirschlausfliege (5 mm; [**H-22**]); auf Reh, Rothirsch, Damhirsch, Elch, aber auch auf anderen Wiederkäuern, gelegentlich auf Wildschwein, Fuchs, Dachs; fliegt auch zuweilen den Menschen an; nach Erreichen des Wirtes werden die Flügel nahe der Basis abgeworfen; die Puparien zunächst oft im Fell, fallen leicht ab; gilt in Schweden neuerdings als Überträger einer tödlichen Viruskrankheit von Elchen (das Virus wurde auch schon aus dem Menschen isoliert).

3. *Melophagus ovinus* L., Schaflausfliege (6 mm; [**H-23**]); ohne Flugflügel und Halteren; auf Schafen, mit diesen weltweit verbreitet; läuft auf ihnen lebhaft umher, wechselt die Wirte beim Zusammendrängen der Schafe; Gesamtzyklus auf dem Schaf, da die Puparien an den Haaren angeklebt sind (gelegentlich fälschlich als „Schafzecke" bezeichnet); Lebensdauer der ♀♀ 4–6 Monate. Ähnlich ***M. rupicaprinus*** Rond., Gämsenlausfliege; außer auf Gämse auch auf Steinbock.

4. *Crataerina pallida* Latr., Mauerseglerlausfliege (6 mm; [**H-24**]); auf Mauerseglern und Schwalben; kann auf den verschmälerten Flügeln nur kurze Strecken fliegend zurücklegen (z. B. zwischen benachbarten Nestern); für den Wirt ein vergleichsweise großer Parasit; schädigt besonders die Bruttiere und die Jungvögel.

5. *Stenepteryx hirundinis* L., Schwalbenlausfliege; Flügel noch etwas schmäler als bei der vorigen Art, nicht mehr flugfähig; dringt aus den Schwalbennestern gelegentlich in Wohnungen ein und sticht den Menschen.

6. *Ornithomyia avicularia* L. (ca. 6 mm); Flügel gut entwickelt; auf Vögeln (aber breites Wirtsspektrum); v. a. auf Sperlingsvögeln und deren Konsumenten, den Greifvögeln.

7. *Pseudolynchia canariensis* Macq., Taubenlausfliege (5–6 mm); Flügel gut ausgebildet; auf Tauben, Greifen u. a.; besonders in den wärmeren

Teilen Europas Überträger von *Haemoproteus columbae*, einem malariaähnlichen Blutparasiten der Tauben.
Lit. →Diptera; Theodor & Oldroyd 1964.
Hippodamia →Coccinellidae.
Hippotion →Sphingidae 12.
Hirmoneura →Nemestrinidae.
Hirschdasselfliege, *Hypoderma actaeon* Br. →Oestridae C2.
Hirschkäfer, *Lucanus cervus* L. →Lucanidae 1.
Hirschlausfliege, *Lipoptena cervi* L. →Hippoboscidae 2.
Hirschrachenbremse, *Cephenomyia auribarbis* Meig. →Oestridae B.
Hirsezünsler, *Ostrinia nubilalis* Hbn. →Pyralidae 17.
***Hispa*, Hispini** →Chrysomelidae D.
Hister →Histeridae.
Histeridae, Stutzkäfer; Fam. der Käfer (Coleoptera, Polyphaga, Staphyliniformia) mit in Eur ± 240, M-Eur 118, Dt 87 Arten; die einheimischen Arten meist mittelgroß; flach gewölbt, mit sehr harter Kutikula; Kopf in einen Ausschnitt der Vorderbrust zurückziehbar, Beine beim Sichtotstellen dicht an den Körper gepresst; die Flügeldecken lassen das Hinterleibsende frei [**H-25**]. Larven [**H-26**] und Imagines meist **jagend**, stellen an zerfallenden tierischen oder pflanzlichen Stoffen (auch verrotenden Pilzen) anderen Insekten nach, häufig Dipterenlarven; z. T. auch Aasfresser; im südl. Europa einige Pilzsporen vertilgende Arten; unter den Dungbewohnern eher Frühjahrsarten, unter den von Aas angezogenen mehr Sommerarten. Manche vermögen aus der Rückenlage bis 2 cm hoch zu **springen** (meist landen sie dann auf den Beinen), indem sie die Flügeldecken erst leicht seitwärts anhe-

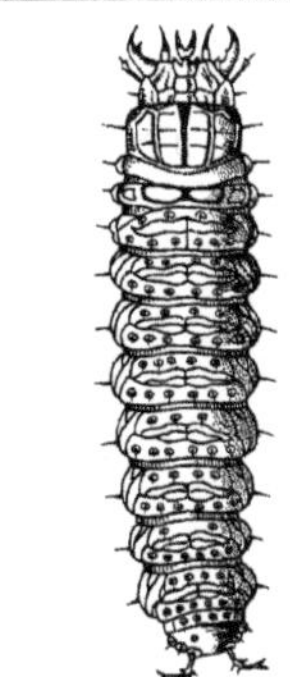
Abb. H-26: Histeridae: *Hister unicolor*. Larve. (Reitter 1908–1916)

ben und dann mit einem Klick schließen. Nach Balz und Kopula verhältnismäßig wenige und oft große **Eier** einzeln in den Boden abgelegt. Larven jagend, mit Verdauung vor dem Mund; Beine verkümmert, bei einigen Arten mit Afterfüßen; Bewegung regenwurmartig mit über den Hinterleib laufenden Kontraktionswellen; an Dung und Aas gebundene Arten mit eher kürzerer Larvenentwicklung; ausnahmslos 2 Larvenstadien, dazu eine Vorpuppe ohne Nahrungsaufnahme; diese gräbt eine Erdhöhle und verfestigt deren Wand durch ein Sekret aus dem After; darin **Verpuppung**, bei ein einem Teil der Arten in einem Kokon; **Überwinterung** als Imago, oft in Kleinsäugerbauen; die Imago kann 2–3 Jahre leben, sich auch mehrere Male fortpflanzen; 1, seltener 2 Generationen im Jahr.
Auswahl: Häufiger der glänzend schwarze ***Margarinotus*** brunneus F. (= *Hister cadaverinus* Hoffm.) (6–9 mm), von Aas angezogen; Spezialisten: **Hister** helluo Tru. (4–6 mm) vernichtet auf Erlen die Eier und Larven des Blauen Erlenblattkäfers, *Agelastica alni* (→Chrysomelidae K4); *Hister quadrimaculatus* L. jagt Dungkäferlarven (→Scarabaeidae A); ***Onthophilus*** verzehren Fliegeneier und bürsten Nahrungsteilchen aus dem Flüssigkeitsfilm auf frischem Dung mit dicht stehenden rechenartigen Borsten auf der Galea der Maxille (auch europäische Arten?); einige unter der Rinde lebende auffallend flache Arten fressen Borkenkäfer- und Fliegenlarven, z. B. ***Eblisia*** minor Rossi (= *Platysoma frontale* Payk.) (3–4 mm) und die papierdünne *Hololepta plana* Sulz. (8–9 mm); einige in Vogelnestern und Bauen von Kleinsäugern, wo sie sich von Fliegen- und Flohlarven ernähren, z. B. ***Grammostethus*** marginatus

Abb. H-25: Histeridae: *Hister quadrimaculatus*, Stutzkäfer. Bis 11 mm. (Bechyně 1954)

Er. (4–5 mm) beim Maulwurf, **Saprinus** *rufiger* Payk. (4–5 mm) in den Nestern der Uferschwalbe (gelegentlich auch an Aas), mehrere **Gnathoncus**-Arten (2–3 mm) in Nisthöhlen. Nicht wenige fremdländische Arten in Nestern von Ameisen und Termiten; der heimische Ameisenstutzkäfer, **Hetaerius** *ferrugineus* Oliv. (1,5–2 mm), frisst in Ameisennestern (*Lasius*, *Formica*) tote und verletzte Ameisen.
Lit. →Coleoptera; Mazur 1981, 1984.
Hobelspanner, Plagodis dolabraria L. →Geometridae C4.
Hochgebirgs-Perlmutterfalter, Boloria pales Den. & Schiff. →Nymphalidae E.
Hochmoorgelbling, Colias palaeno L. →Pieridae 6.
Hochzeitsflug →Apidae E3; →Chironomidae; →Formicidae; →Isoptera.
Höcker-Zwiebelmondfliege, Eumerus tuberculatus Rond. →Syrphidae C2.
Hodotermitidae →Isoptera.
Hofmannophila →Oecophoridae B1.
Höhlenschildläuse →Margarodidae.
Höhlenschrecken, Troglophilus →Rhaphidophoridae.
Höhlenspanner, Triphosa dubitata L. →Geometridae.
Hohlnadelwickler, Epinotia tedella Cl. →Tortricidae 14.
Holobus →Staphylinidae.
Holocentropus →Polycentropodidae.
Holocera →Oecophoridae.
Hololepta →Histeridae.
Holometabola (Endopterygota); →monophyletische Gruppe, deren auffallendstes Kennzeichen die →Holometabolie ist und zu der die Mehrzahl der Insekten zählt; umfasst die →Hymenoptera, →Neuroptera, →Strepsiptera, →Coleoptera und →Mecopteroidea; bilden zusammen mit den →Polyneoptera, →Psocodea und →Condylognatha die →Neoptera.
Holometabolie; vollkommene Verwandlung (→Metamorphose), bei der zwischen dem letzten Larvenstadium und der Imago das Puppenstadium (→Pupa) eingeschaltet ist (kennzeichnend für die →Holometabola); Sonderformen werden bezeichnet als →**Polymetabolie** (Larvenstadien verschiedengestaltig), →**Hypermetabolie** (mit zusätzlichen Ruhestadium: Scheinpuppe), **Eoholometabolie** (Larven verhältnismäßig imago-ähnlich, abgesehen von abdominalen Tracheenkiemen und dem Fehlen der Flügel) und →**Cryptometabolie** (sofortige Verpuppung der schlüpfenden Larve).
Holoparamecus →Endomychidae.
Holoplagia →Scatopsidae.
Holopleura →Haematopinidae 7.

Holopneustisch; Bezeichnung für Insekten mit 10 Stigmenpaaren, je 1 im Meso- und Metathorax und in den ersten 8 Hinterleibssegmenten.
Holopogon →Asilidae.
Holopyga →Chrysididae B6.
Holotrichapion →Apionidae 3.
Holozyklie, holozyklisch; bei Blattläusen (→Aphidina) Bezeichnung dafür, dass in dem Generationszyklus außer →Parthenogenese auch 2-geschlechtliche Fortpflanzung auftritt.
Holunderbär, Spilosoma lutea Hufn. →Erebidae K9.
Holunderspanner, Ourapteryx sambucaria L. →Geometridae C3.
Holzbienen, Xylocopa →Apidae D1.
Holzbohrer →Cossidae.
Holzbohrkäfer →Bostrichidae.
Holzbohrwespe, Trypoxylon figulus L. →Crabronidae B.
Holzfliegen →Xylophagidae.
Holzschlupfwespe, Rhyssa persuasoria L. →Ichneumonidae, A.
Holzwespen i. e. S. →Siricidae; i. w. S. →Siricoidea, also auch →Xiphydriidae.
Holzwürmer →Anobiidae.
Homalotylus →Encyrtidae.
Homometabolie →Neometabolie.
Homoptera; Bezeichnung für eine →paraphyletische Gruppe aus →Auchenorrhyncha, →Coleorrhyncha und →Sternorrhyncha.
Homotoma, **Homotomidae** →Psyllina.
Honigbiene, Apis mellifera L. →Apidae E3.
Honigdrüse →Lycaenidae.
Honigkäfer, Nemognatha →Meloidae.
Honigtau; die zuckerhaltigen Ausscheidungen von Siebröhrensaft saugenden →Hemiptera (→Aphidina, →Coccina, →Psyllina, →Aleyrodina, →Auchenorrhyncha); gerne (oft als Beikost) verzehrt von einer Vielzahl von Insektenarten (besonders von Imagines parasitoider Insekten), auch eingesammelt von Ameisen und Honigbienen; von den Ameisen häufig direkt von Honigtau liefernden Blattläusen erbettelt; von den übrigen Insekten meist von den Nadeln, Blättern und Zweigen aufgeleckt, die bei starkem Blattlausbefall in klebriger Schicht („Tau") überzogen sind; in frischem Zustand wasserklar; reich an Zuckern (Frucht-, Trauben- und Rohrzucker, daneben, meist in viel geringerer Menge, Maltose, Fructomaltose und Melezitose und unbedeutende Mengen weiterer Oligosaccharide); enthält außerdem Fermente, organische Säuren, Vitamine und Adenosinphosphate; das Rohprodukt der Blatt-, Tannen- oder Waldhonige besteht zum größten Teil aus Honigtau; Farbe und Aroma dieser Honige variieren je nach Her-

kunft (besonders aromatisch die von Tannen und Fichten stammenden Waldhonige, meist von →Lachnidae gesammelt); ein hoher Gehalt an Melezitose (aus Honigtau z. B. der Gefleckten Lärchenrindenlaus, *Cinara laricis* Walk.) lässt den Honig rasch (noch in den Waben) kandieren, sodass er nicht mehr geschleudert werden kann; der wirtschaftliche Nutzen der Honigtauproduzenten überwiegt bei Weitem ihren Schaden.

Honigtöpfe →Formicidae.

Honigwespen →Vespidae A.

Hopfeneule, *Hypena rostralis* L. →Noctuidae 42.

Hopfenlaus, *Phorodon humuli* Schrk. →Aphididae 18.

Hopfenminiermotte, *Cosmopterix ziegleriella* Hbn. →Cosmopterigidae.

Hopfenwanze, *Closterotomus fulvomaculatus* de Geer →Miridae 6.

Hopfenwurzelbohrer, *Hepialus humuli* L. →Hepialidae 1.

Hoplia, **Hopliidae, Hopliinae** →Scarabaeidae C, C5.

Hoplitis →Megachilidae 1; vgl. auch →7.

Hoplocampa →Tenthredinidae 9–11.

Hoplopleura, **Hoplopleuridae** →Anoplura.

Hormaphididae; Fam. der Blattläuse (Aphidina) mit in Eur & Dt 2 Arten (weitere 2 in Gewächshäusern); wegen der Fachbegriffe zu den Morphen und zum Generationswechsel →Aphidina; ohne Siphonen; Antennen und Füße kurz, unter dem Körper verborgen; z. B. *Hormaphis betulae* Mordv., ca. 1 mm; bemerkenswert die gelblichen, wachsbepuderten, wenig beweglichen, schildlausähnlichen Ungeflügelten; Randsaum umgeben von einem Kranz von Wachsfäden; monözisch an Birke; sitzen auf der Blattunterseite; anholozyklisch; Überwinterung durch junge Larven (Hiemales); Ausbreitung durch geflügelte Virgines. Lit. →Aphidina.

Hormaphis →Hormaphididae.

Hornfliege, *Haematobia irritans* L. →Muscidae 6.

Hornfliegen →Sciomyzidae.

Hornisse, *Vespa crabro* L. →Vespidae D2.

Hornissenglasflügler, *Sesia apiformis* Cl. →Sesiidae 1.

Hornissenkurzflügler, *Velleius dilatatus* F. →Staphylinidae A4.

Hornissenraubfliege, *Asilus crabroniformis* L. →Asilidae.

Höseln →Apidae E.

Hosenbienen, *Dasypoda* →Melittidae 2.

Hufeisen-Azurjungfer, *Coenagrion puella* L. →Coenagrionidae 1.

Hufeisenklee-Gelbling, *Colias alfacariensis* Ribbe →Pieridae 6.

Hüftwasserläufer →Mesoveliidae.

Hühnerfloh, *Ceratophyllus gallinae* Schr. →Siphonaptera.

Hühnerkammfloh, *Echidnophaga gallinacea* Westw. →Siphonaptera A.

Hummelfliegen →Bombyliidae.

Hummeln, *Bombus* →Apidae E1.

Hummelnestmotte, *Aphomia sociella* L. →Pyralidae 3; vgl. auch →Apidae E1, →Vespidae D.

Hummelschwärmer, *Hemaris fuciformis* L. →Sphingidae 11.

Hummelsterben →Apidae E1.

Humusschnellkäfer, *Agriotes* →Elateridae 4.

Hundefloh, *Ctenocephalides canis* Curt. →Siphonaptera, A.

Hungerwespen →Evaniidae.

Hüpfkäfer →Throscidae.

Hyalesthes →Cixiidae.

Hyalopterus →Aphididae 7.

Hybos →Hybotidae.

Hybothorax →Chalcididae 3.

Hybotidae, Buckeltanzfliegen; Fam. der Zweiflügler (Diptera, Brachycera, Empidiformia) mit in Eur ± 440, M-Eur ± 300, Dt ± 250 Arten; früher zu den →Empididae gerechnet; klein (0,7–5,5 mm); die namensgebende Aufwölbung des Thorax fehlt bei manchen Arten (der Gttgn. *Platypalpus, Tachydromia, Tachypeza*); Komplexaugen groß; Imagines (IV–X; die meisten Arten schlüpfen V–VII) bevorzugt im Blattwerk von Gehölzen und Strauchschicht, weniger in der Krautschicht oder in Gras. Überwiegend **jagend**: Beute wird entweder in raschem Lauf (z. B. *Tachydromia, Tachypeza*) oder im Flug (z. B. Hybotinae, Ocydromiinae) mit den Beinen gegriffen, die nicht selten zu Raubbeinen (verdickter, unterseits mit Dornen besetzter Schenkel, dazu passend gekrümmte Schiene) umgestaltet sind: betrifft nicht nur die Vorderbeine (*Tachydromia, Tachypeza*), sondern manchmal auch die Mittelbeine (meist zusätzlich zu den Vorderbeinen; *Platypalpus* [**H-27**]) oder die Hinterbeine (z. B. *Hybos* [**H-28**]); einige Arten nehmen zusätzlich Nektar, wenige saugen wohl ausschließlich an Blütenpollen (wie die langrüsselige *Euthyneura*). **Paarung** meist am Boden; bei einigen Arten fakultative →Parthenogenese; **Viviparie** bei *Ocydromia glabricula*: die ♀♀ legen die Larven im Flug über Dung ab, in dem sie sich entwickeln. **Larven** bis 30 cm tief im Boden, unter Rinde, im Falllaub und Dung, wo sie kleine Wirbellose jagen; Verpuppung manchmal in Kokons; überwiegend 1 Generation im Jahr. Lit. →Diptera; Chvála 1983.

Hybrizontinae →Ichneumonidae D.

Hydradephaga; bisweilen gebrauchte Sammelbezeichnung für die adephagen Wasserkäfer

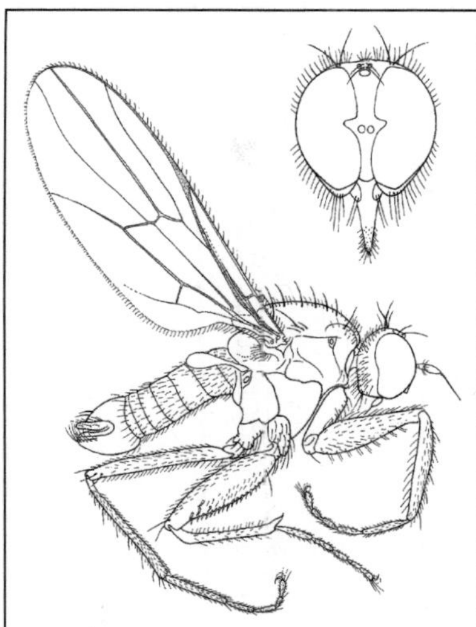

Abb. H-27: Hybotidae: *Platypalpus agilis*. ♂; oben: Kopf von vorn. (Collin 1961)

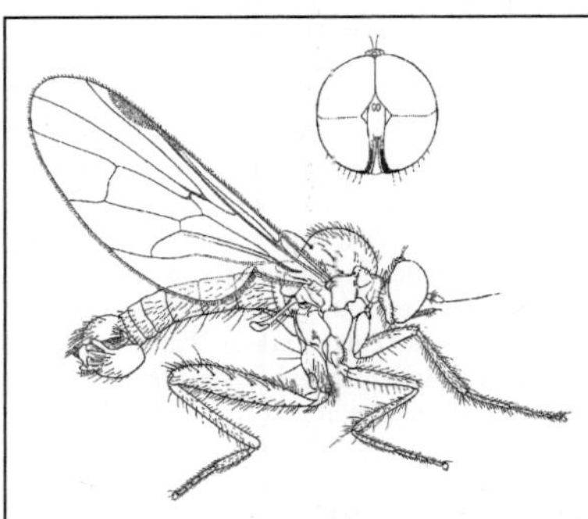

Abb. H-28: Hybotidae: *Hybos culiciformis*. ♂; oben: Kopf von vorn. (Collin 1961)

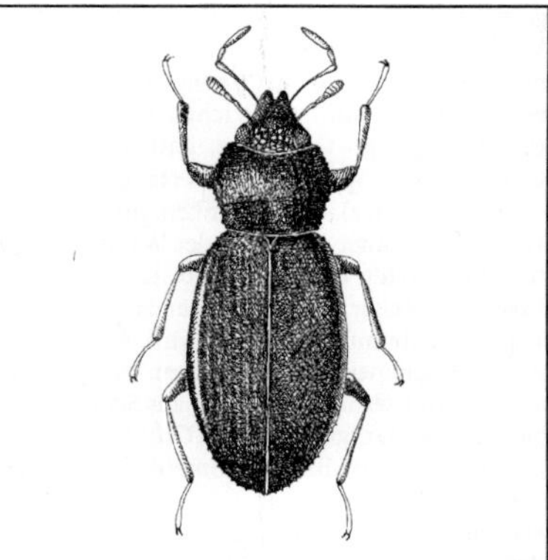

Abb. H-29: Hydraenidae: *Hydraena riparia*. 2–4 mm. (Bechyně 1954)

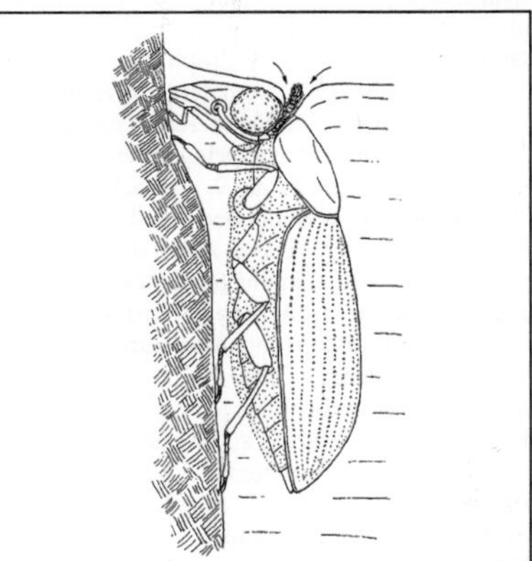

Abb. H-30: Hydraenidae: *Ochthebius (exsculptus) colveranus*. Imago in Ruhe unter dem Wasserspiegel, Fühler in Atemstellung; ca. 2 mm. (Beier & Pomeisl 1959)

(→Coleoptera); monophyletisch wohl nur bei Ausschluss der →Gyrinidae; weitere Fam.: →Hygrobiidae, →Haliplidae, →Dytiscidae.
Hydraecia →Noctuidae 29.
Hydraena →Hydraenidae.
Hydraenidae; Fam. der Käfer (Coleoptera, Polyphaga, Staphyliniformia) mit in Eur ± 400, M-Eur 72, Dt 53 Arten v. a. der Gttgn. *Hydraena* [**H-29**], *Ochthebius* und *Limnebius*; meist kleine (etwa 1–3 mm), düstere Käfer; meist an oder in stehenden und fließenden Gewässern, zuweilen auch im Ufersand eingegraben; wenige *Ochthe-* *bius*-Arten in und an Salzwasserlachen an Meeresküsten (z. B. *O. marinus* Payk.) oder wasserfern; mit ausgedehnter Luftschicht (→Plastron) auf der Ventralseite und unter den →Elytren, zusätzliche Luftzufuhr über die Antennen ([**H-30**], ähnlich den →Hydrophilidae; in O_2-reichen Bächen unnötig); bewegen sich stets nur kriechend (auch am Wasserspiegel hängend), nicht schwimmend; **Stridulation** (bei der Balz) durch Reiben eines Höckerfeldes auf den Seiten der vorderen Hinterleibssegmente an einem Höckerfeld auf der Unterseite der Flügeldecken (vgl. →Hydrophilidae); **Nahrung**: Algen und Detritus; verstreichen

gegen Mikroorganismen wirksame Sekrete aus Vorderbrust- und Kopfdrüsen über den Körper; manche Arten dennoch häufig mit Aufwuchs von Suktorien und peritrichen Ciliaten. **Eier** einzeln abgelegt, teils ohne, teils mit lockerer Gespinsthülle (Spinnapparat vermutlich wie bei →Hydrophilidae). Die schlanken, düsteren **Larven** am Ufer unter oder über der Wasserlinie, bei manchen Arten mehr an Land, auch wenn die Imago im Wasser lebt; mit offenen Stigmen, unter Wasser Hautatmung; ernähren sich ebenfalls von Algen; 3, seltener 4 Larvenstadien; **Verpuppung** an Land in Ufernähe, in einem aus Schlamm gebauten kokonartigen Gebilde (*Ochthebius*). Lit. →Coleoptera; Beier & Pomeisl 1959; Wesenberg-Lund 1943.

Hydrellia →Ephydridae 1, 2.

Hydria →Geometridae E5, E6.

Hydrobaenus →Chironomidae.

Hydrochara →Hydrophilidae 2.

Hydrochidae; Fam. der Käfer (Coleoptera, Polyphaga, Staphyliniformia); gelegentlich als U-Fam. **Hydrochinae** zu den →Hydrophilidae gestellt; in Eur 18, M-Eur 8, Dt 7 Arten der Gttg. *Hydrochus*; kleine (2–4 mm), längliche Käfer mit großen Klauengliedern und vorspringenden Augen; ♂ kleiner und schlanker als ♀. Ufernah zwischen Wasserpflanzen in stehenden und langsam fließenden Gewässern; **fressen** Algen und Pflanzenreste. Die ♀♀ stellen kleine Seidenhüllen für ihre **Eier** her. **Larven** im gleichen Lebensraum wie die Imagines, ihre Ernährung unbekannt. Lit. →Coleoptera.

Hydrochus →Hydrochidae.

Hydrocorisae; Synonym zu Nepomorpha, Wasserwanzen (→Heteroptera).

Hydrocyphon →Scirtidae.

Hydrometra →Hydrometridae.

Hydrometridae, Teichwasserläufer, Wasserstelzwanzen; Fam. der Wanzen (Heteroptera, Gerromorpha) mit in Eur & Dt 2 Arten an stehenden und langsam fließenden Gewässern: die seltenere *Hydrometra gracilenta* Horv. (8–9 mm; an vegetationsreichen Ufern) und die häufigere *H. stagnorum* (L.) (9–12 mm; auch an verbauten, vegetationslosen Ufern); außerordentlich schlank, stabförmig, Beine lang und dünn [**H-31**]; Unterseiten von Körper und Beinen fein wasserabstoßend behaart; i. d. R. kurzflügelig, selten langflügelig; Kurzflügeligkeit soll erblich dominant über Langflügeligkeit sein. Laufen langsam nach Art von Landinsekten (alternierende Beinbewegung) am Ufer, auf Wasserpflanzen und auf der Wasserfläche; Aktivität zu Beginn der Abenddämmerung besonders groß; Ausruhen meist auf fester Unterlage; bei Störung häufig Starrezustand (Sich-

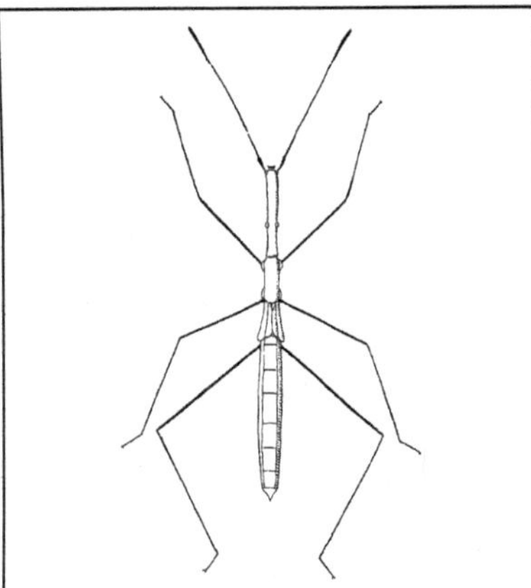

Abb. H-31: Hydrometridae: *Hydrometra stagnorum*, Teichwasserläufer. 9–12 mm. (Hedicke 1935)

totstellen): die beiden vorderen Beinpaare nach vorn, die Hinterbeine nach hinten gestreckt. **Nahrung** verschiedenste, oft bereits geschwächte Insekten, aber auch z. B. Mückenlarven, die zum Atmen aus der Tiefe aufsteigen; Vorderbeine nicht zum Beutefang benutzt; für das Finden der Beute anscheinend der Geruchssinn (und Lichtsinn?) von großer, der Erschütterungssinn von geringer Bedeutung; die Beute wird meist auf fester Unterlage ausgesogen. **Paarung** im Frühling; die ziemlich langen spindelförmigen **Eier** (ca. 1,7 mm bei *H. stagnorum*) einzeln mit Haftscheibe und kurzem Stielchen am einen Ende an Pflanzen geklebt, meist an Landpflanzen nahe dem Ufer; 5 Larvenstadien; **Überwinterung** an Land als Imago; oft nur 1 Generation im Jahr, in günstigen Lagen 2. Lit. →Heteroptera; Andersen 1982; Jordan 1952; Wesenberg-Lund 1943.

Hydromyza →Scathophagidae 2.

Hydronomus →Curculionidae D.

Hydrophilidae, Wasserkäfer; Fam. der Käfer (Coleoptera, Polyphaga, Staphyliniformia) mit in Eur ± 155, M-Eur 103, Dt 88 Arten; Körper meist verhältnismäßig hoch gewölbt, nur selten (*Hydrophilus*) mit ähnlich geschlossener Schwimmform wie bei den echten Schwimmkäfern (→Dytiscidae); Schwimmhaare an Mittel- und Hinterbeinen meist nur mäßig ausgebildet, Hinterbeine beim Schwimmen alternierend bewegt (wie beim Laufen auf dem Lande); die wenigsten Arten können schwimmen (v. a. Hydrophilinae: →1–3), die meisten laufen auf dem Gewässerboden oder klettern in Wasserpflanzen; die Antennen sind in den Dienst der Atmung getreten (s. u.); sie sind als Träger v. a. von Riech- und Schmeckorganen ersetzt durch die meist viel längeren Maxillartaster; flugfähig; Erkennen einer Wasseroberfläche an der Polarisation des reflektierten Lichtes; die ♀♀ vieler (aller?) Arten mit **Spinnapparat** am Hinterleibsende (zum Herstellen artspezifisch gestalteter Schutzhüllen für jeweils 2 bis mehrere Hundert Eier): Anhangsdrüsen der Geschlechtsorgane bilden ein Spinnsekret, das aus der Vagina austritt (die hintersten Körpersegmente beim Spinnen etwas vorgestülpt); das Sekret gleitet an 2 in feinste Spitzen auslaufenden Spinnstäben entlang [**H-36**], die sich mit den Spitzen aneinanderlegen und den Spinnfaden durch ihre Bewegung führen können; Spinnapparat in Ruhe zurückgezogen; alle heimischen Arten in beiden Geschlechtern mit **Stridulationsorganen** (zur Abwehr und bei der Balz); Laute bisher nur bei einem Teil der Gttgn. wahrgenommen; erzeugt durch Reiben eines Riefen- oder auch Höckerfeldes auf den Seiten des 3. Abdominalsegments an einem Höckerfeld auf der Unterseite der Flügeldecken. Keineswegs alle wirklich im **Wasser** lebend; etwa 1/3 mehr oder weniger am Gewässerrand, in Genist; manche (*Sphaeridium* [**H-32**], *Cercyon*) häufig in **Dung**; die Imagines, insbesondere die im Wasser lebenden Arten, meist Algen- oder Detritus**fresser**; gelegentliche Aufnahme von tierischem Protein für die Fortpflanzung wichtig; **Atmung** an der Wasseroberfläche ganz anders als bei den →Dytiscidae: der Käfer berührt die Wasseroberfläche mit der linken oder rechten Kopfseite [**H-33**], zuweilen kurz hintereinander die Seite wechselnd; die kurze, etwa kolbenförmige Antenne (die letzten 3–5 Glieder löffelartig verbreitert und sehr fein behaart) der betreffenden. Seite wird an die Wasseroberfläche gelegt,

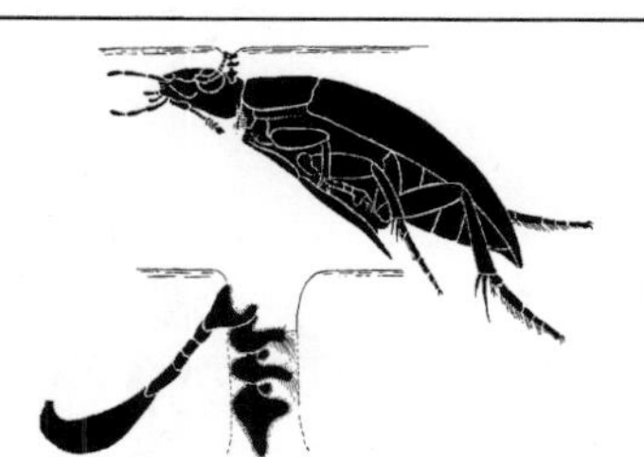

Abb. H-33: Hydrophilidae: *Hydrophilus piceus*, Großer Kolbenwasserkäfer. Oben: an der Wasseroberfläche mit dem linken Fühler Luft schöpfend; unten: Fühlerstellung beim Luftschöpfen. (Wesenberg-Lund 1943)

an ihm ihr entlang wird die Luft mit Antennenvibrieren über eine von den herabgeklappten letzten Antennengliedern bedeckte, feine Haarrinne an der Kopfseite zur Vorderbrust geleitet; Luftspeicher ferner unter den Flügeldecken und v. a. in der feinen, wasserabstoßenden Behaarung der Bauchseite (→Plastron), Bewegung daher oft in Rückenlage. Die **Larven** ernähren sich jagend v. a. von Diptera-Larven, mit extraintestinaler Verdauung (vor dem Mund); Mandibeln jedoch nicht mit einem Kanal durchbohrt, höchstens mit offener Längsrinne (außer *Berosus* →3; vgl. →Dytiscidae); Verzehr der Beute bei über die Wasseroberfläche hinausgehaltenem Kopf, sodass der ausgespuckte Verdauungssaft nicht verdünnt wird (Ausnahme: *Berosus*); bei vielen kleinen, im Wasser lebenden Larven wohl Hautatmung; selten mit Tracheenkiemen als paarigen Anhängen der Abdominalsegmente (*Berosus* [**H-40**]); größere Larven (außer *Berosus*) schöpfen Luft an der Wasseroberfläche mit dem hintersten Stigmenpaar, das sich am letzten Hinterleibssegment in eine verschließbare Atemkammer öffnet (daneben wohl Hautatmung); Bewegung der Larven meist kriechend; Beine relativ kurz, bei den meisten landlebenden Larven stummelförmig; nicht selten Stemmzapfen unten an den Abdominalsegmenten; nur die Larven von *Hydrophilus* und *Hydrochara* gute Schwimmer, mit Schlängelbewegungen des ganzen Körpers; 3 Larvenstadien (bei *Sphaeridium* →2). **Verpuppung** i. d. R. an Land.

1. *Hydrophilus piceus* L. (früher *Hydrous p.*); Großer Kolbenwasserkäfer; (35 bis fast 50 mm; sehr ähnlich der kleinere *Hydrophilus aterrimus* Esch., 32–42 mm); oben glänzend schwarz. Jedes ♀ baut mehrere **Kokons** aus schwammigem Gespinst (ca. 2 cm lang, 1 cm hoch und breit; vgl. [**H-34**]); die Kokons schwimmen meist unter einem Wasserpflanzenblatt an der Oberfläche; mit einem

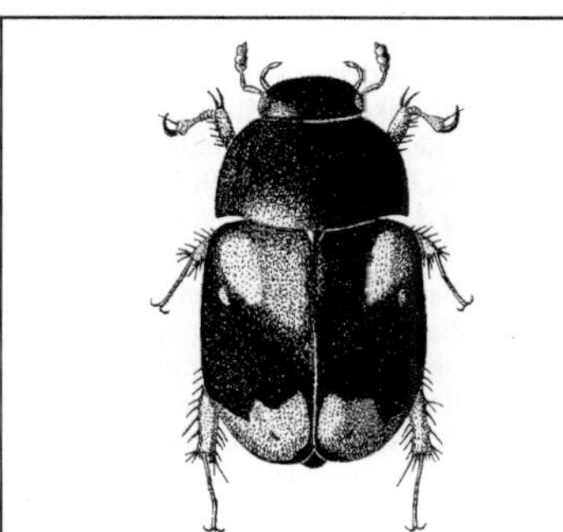

Abb. H-32: Hydrophilidae: *Sphaeridium scarabaeoides*. 5–7 mm. (Bechyně 1954)

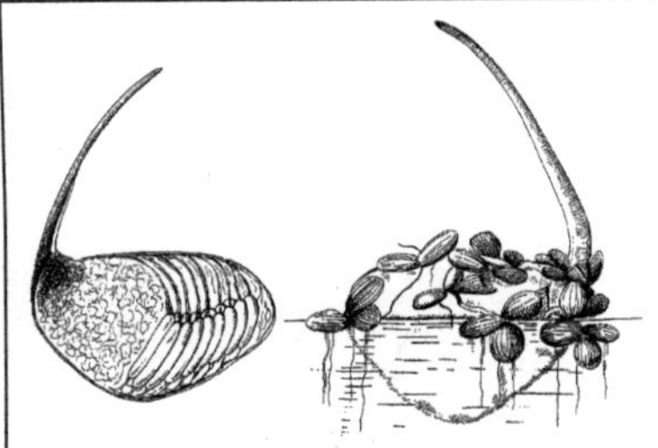

Abb. H-34: Hydrophilidae: *Hydrophilus aterrimus*. Eikokon; links: im Schnitt; rechts: total, mit Wasserlinsen, schwimmend. (v. Lengerken 1954)

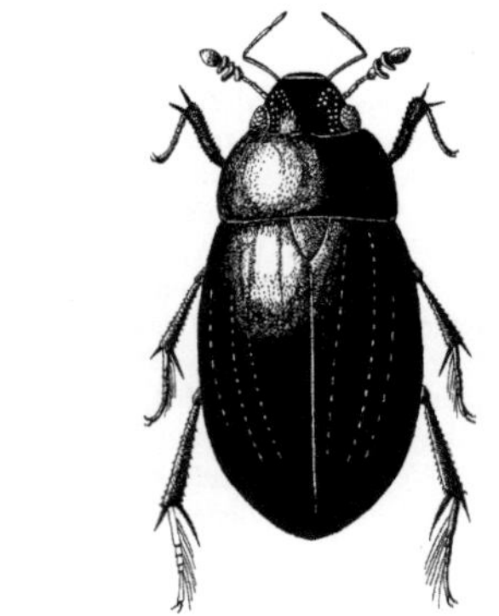

Abb. H-35: Hydrophilidae: *Hydrochara caraboides*, Stachelwasserkäfer. Bis 18 mm. (Bechyně 1954)

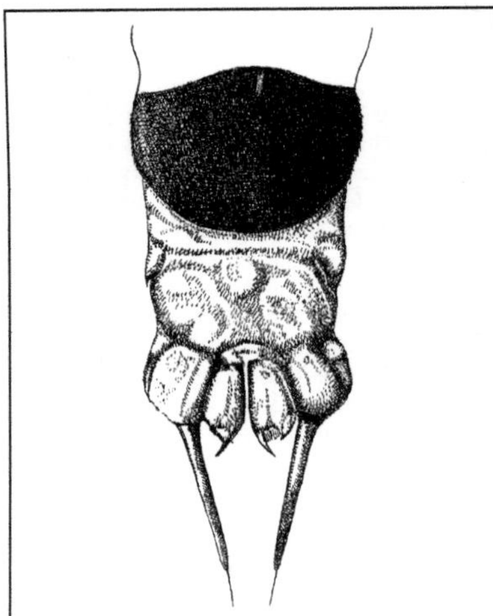

Abb. H-36: Hydrophilidae: *Hydrochara caraboides*, Stachelwasserkäfer. ♀; Spinnapparat, Ventralansicht. (v. Lengerken 1954)

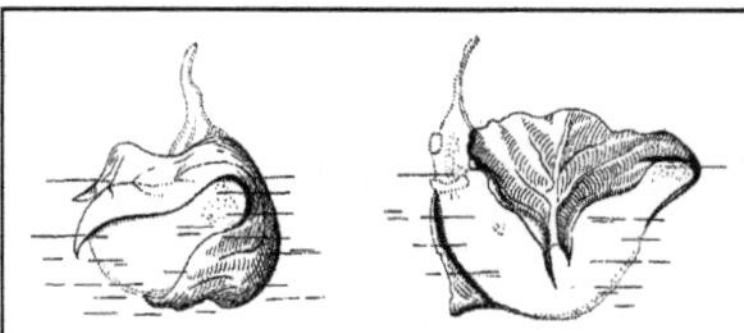

Abb. H-37: Hydrophilidae: *Hydrochara caraboides*, Stachelwasserkäfer. Eierschiff in *Lysimachia*-Blatt. (v. Lengerken 1954)

bis zu 3 cm langen, in die Luft ragenden, mit einer luftgefüllten Längsrinne versehenen Mast („Schornstein", wichtig für die Luftzufuhr zum Gelege); das ♀ fertigt zuerst (Bauch nach oben) die Deckplatte, streift dann Luft darunter ab, stellt schließlich (Rücken nach oben) Boden und Seiten her; **Eiablage** (ca. 50 Stück, senkrecht nebeneinander) in die untere Kokonhälfte; obere Hälfte mit lockerem Gespinst gefüllt (stabile Schwimmlage!). Die **Larven** fressen v. a. Wasserschnecken, brechen hierbei die Schale mit den Mandibeln auf, können sich aber auch Kaulquappen und kleine Fische greifen; sind im Spätsommer erwachsen. **Verpuppung** in einer mit dem Kopf und den Mandibeln ausgeschaufelten Erdhöhle an Land; die Imago schlüpft im Herbst, überwintert vermutlich im Wasser.

2. *Hydrochara caraboides* L. (früher *Hydrophilus c.*); Stachelwasserkäfer, Kleiner Kolbenwasserkäfer [**H-35**]; 14–19 mm; schwarz, ziemlich hoch gewölbt, Vorderbrust unten-hinten mit spitzem Stachel; Eikokon ähnlich dem von *Hydrophilus*, Decke durch das tütenförmig gebogene Stück eines Blattes gebildet [**H-37**]; die Larve fast ständig an der Wasseroberfläche im Pflanzenbewuchs, Kopf beim Fressen (z. B. kleine Krebschen) über Wasser; schwimmt selten frei, dabei jedoch die Beine jedes Paares synchron bewegt, beim Ruderschlag Paar 3, 2 und 1 nacheinander, dann alle 3 Paare gemeinsam vorgezogen.

3. *Berosus*; 8 Arten in M-Eur, z. B. *B. luridus* (3,5–5 mm; gelbbraun mit dunklen Flecken); v. a. in Stillgewässern; gute und schnelle Schwimmer, Hinterschienen mit langen Schwimmhaaren, aber Hinterbeine alternierend bewegt; Gelege

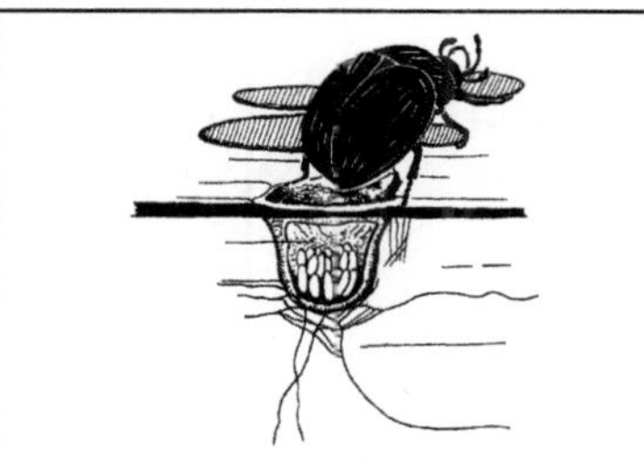

Abb. H-38: Hydrophilidae: *Enochrus quadripunctatus.* ♀, Bau des Einapfes. (v. Lengerken 1954)

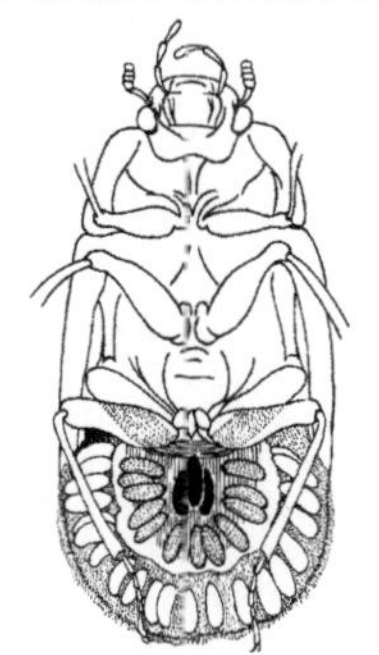

Abb. H-39: Hydrophilidae: *Helochares obscurus.* ♀ mit Eiern; schwarz: Zentraleier; punktiert: mittlere Eier; weiß: Hauptreihe, wird später übersponnen. (v. Lengerken 1954)

mit 2–3 Eiern an Steine, Holz u. dgl. geklebt, mit etwas Gespinst bedeckt; Larven trägen, mit Algen und Detritus getarnt; 7 Paare fädiger Tracheenkiemen am Hinterleib [**H-40**], dafür fehlt die Atemkammer mit den Stigmen, müssen daher nicht zum Atmen auftauchen; verzehren auch die Beute unter Wasser, ermöglicht durch einen Kanal in der linken Mandibel zum Durchfluss der vorverdauten Nahrungsflüssigkeit; angeblich Verzehr von Algen bei einigen Arten.

4. *Enochrus*; 11 Arten in M-Eur, z. B. *E. quadripunctatus* Hbst.; 4–7 mm; oben weitgehend gelbbraun; in stehenden Gewässern häufig; Eikokon napfförmig (2–4 mm breit und tief), mit etwa 30 Eiern, hängt an der Wasseroberfläche an einem Teppich versponnener Wasserpflanzen (z. B. Wasserlinsen [**H-38**]).

5. *Helochares*; 3 Arten in Dt, häufig *H. obscurus* Müll. (4,5–6,5 mm; gelbbraun); in stehenden Gewässern, Wasserlachen; das ♀ spinnt einen Eisack

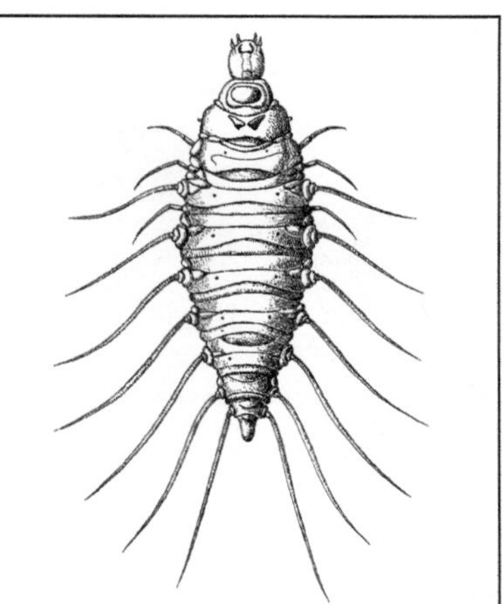

Abb. H-40: Hydrophilidae: *Berosus spinosus.* Larve, 8 mm. (Wesenberg-Lund 1943)

für meist 60–70 in strenger Ordnung liegende Eier, den es, ähnlich wie *Spercheus* (→Spercheidae), unter dem Hinterleib, festgesponnen an einem Teil der Hinterschenkel und an den Hinterhüften, ständig mit sich trägt, bis die Larven schlüpfen [**H-39**].

6. *Sphaeridium*; in M-Eur 5 Arten; 3,5–7,5 mm; sehr breit oval [**H-32**]; fliegen in großen Individuenzahlen frischen Kuhmist an und durchziehen ihn mit zunehmender Austrocknung mit einem Tunnelsystem; Ablage der Eikokons in den Tunneln; die Imagines ernähren sich vom Mist, die Larven jagen die ebenfalls zahlreich vorhandenen, koprophagen Larven von Dipteren, meist *Musca autumnalis* (→Muscidae 2); adulte Käfer werden von verschiedenen Nematoden-Larven bestiegen, die sich dann zu frischen Kuhfladen transportieren lassen (steigen während der Bildung des Eikokon durch *Sph.* wieder ab, wohl erleichtert durch das Ausfahren des Spinngriffels). Lit. →Coleoptera; Schulte 1985; Wesenberg-Lund 1943.

Hydrophilus →Hydrophilidae 1, 2.
Hydroporinae →Dytiscidae.
Hydroporus →Dytiscidae 8.
Hydropsyche →Hydropsychidae; →Trichoptera.
Hydropsychidae; Fam. der Köcherfliegen (Trichoptera) mit in Eur ± 70, M-Eur 24, Dt 19 Arten, v. a. vertreten durch die in Fließgewässern sich entwickelnden *Hydropsyche*-Arten (17 heimisch, häufig z. B. *H. pellucidula* Curt.; Flspw.

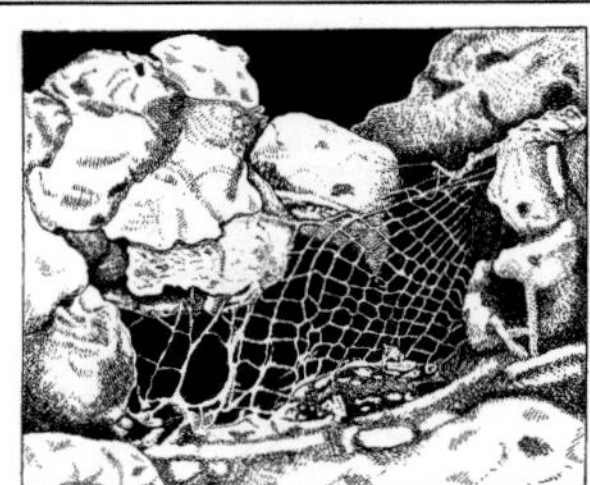

Abb. H-41: Hydropsychidae: *Hydropsyche* spec. Fangnetz einer Larve, an Steinchen befestigt; Netzgröße 1–2 cm^2; Larve (erwachsen ca. 20 mm) nicht sichtbar. (Farb 1966)

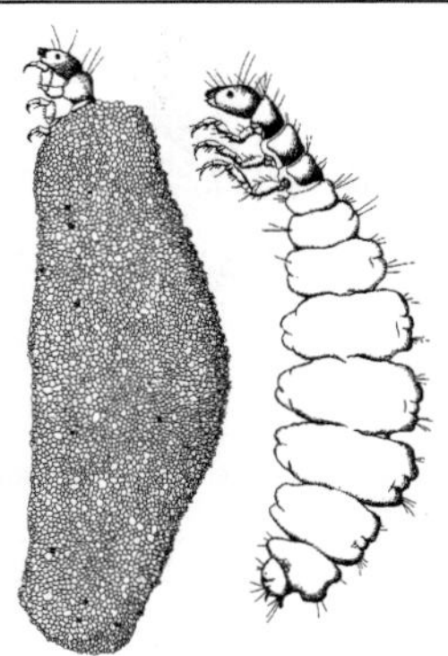

Abb. H-42: Hydroptilidae: *Hydroptila* spec. Larve mit und ohne Köcher; beide seitlich zusammengedrückt. Köcher 5 mm, Larve 3–4 mm. (Engelhardt 1982)

bis 37 mm). **Larven** →campodeid, mit kräftigen, 2-gliedrigen Nachschiebern und büscheligen Tracheenkiemen; bauen sich zwischen Steinchen eine **Wohnröhre** mit winkelig anschließendem Vorhof, in den das Wasser hineinwirbelt; in der Vorhofwand (nur im Sommer gebaut) ein Fenster mit aus kräftigen Gespinstfäden sehr regelmäßig gebildetem, schief zum Wasserstrom stehendem Netz [**H-41**], das die **Nahrung** (v. a. kleine Insektenlarven) abfängt und das mithilfe büscheliger Bürsten (der Vorderbeine und Mundteile) gereinigt und nach Bedarf ausgebessert wird; Larvenwohnung oft mit Pflanzenteilen kaschiert; oft sehr hohe Bestandsdichte, dann häufig inner- und zwischenartliche Auseinandersetzungen um geeignete, meist schon besetzte Wohnröhren; dabei wird – insbesondere vom Verteidiger – heftig strilduliert, was dessen Siegeschancen erhöht; die hochfrequenten **Stridulationslaute** (64–100 kHz) erzeugt durch Reiben spezieller Erhebungen am Femur des Vorderbeines gegen ein gerieftes Feld an der Kopfseite; Wahrnehmung nur über Substratvibrationen; Sinnesorgane an den (Vorder-)Beinen; die Puppe in einem geschlossenen, aber perforierten Kokon, der in einem Steinköcher befestigt ist.
Lit. →Trichoptera; Fey 1992.

Hydroptila →Hydroptilidae; →Trichoptera.
Hydroptilidae; Fam. der Köcherfliegen (Trichoptera) mit in Eur 113, M-Eur 45, Dt 36 Arten einschl. der Gttg. *Ptilocolepis*, die auch als eigene Fam. Ptilocolepidae abgetrennt wird; häufig: *Hydroptila sparsa* Curt. (Flspw. bis 7 mm), *Oxyethira flavicornis* Pict. (Flspw. bis 8 mm); klein bis sehr klein (*Microptila minutissima* Ris., Flspw. 3–4 mm); schmale, lanzettliche Flügel mit langen Hinterrandborsten. Imagines fliegen und laufen schnell, manchmal in Sprüngen. **Larven** →cam-

podeid, kiemenlos, meist jagend; teils in stehenden, teils in fließenden Gewässern; beginnen erst im 5. Stadium mit dem Köcherbau; dieses mit vergrößertem Hinterleib im Gegensatz zu den kleinen, schlanken Larven früherer Stadien; Köcher überwiegend seitlich abgeflacht, auf der Kante getragen; zuweilen aus reinem Gespinst (*Oxyethira*, *Ithytrichia*), bei manchen Arten mit (wenig) eingebautem pflanzlichen Material (z. B. Algenfäden bei *Agraylea*; Moosblättchen bei *Ptilocolepus granulatus* Pict. [**T-98**]; in Gebirgsbächen, Köcher dorsoventral abgeflacht) oder Sandkörnchen (*Hydroptila* [**H-42**]); *Agraylea* beißt Algen auf und saugt sie aus; Köcher vor der **Verpuppung** am Substrat befestigt und hinten und vorn geschlossen.
Lit. →Trichoptera.

Hydrosmittia →Chironomidae.
Hydrotaea →Muscidae.
Hydrous →Hydrophilidae 1, 2.
Hygrobia →Hygrobiidae.
Hygrobiidae, Schlammschwimmer; Fam. der Käfer (Coleoptera, Adephaga); in Eur & Dt nur 1 sehr seltene Art: *Hygrobia hermanni* F. (ca. 9 mm); ähnlich →Hydrophilidae; gelbbraun, Flügeldecken über die Naht weg mit großem dunklen Fleck [**H-43**]; Schienen und Füße insbesondere der Hinterbeine (Schwimmbeine) mit Härchenzeilen besetzt; bewegt sich v. a. kriechend in Tümpeln und Teichen, schwimmt mit links-rechts alternierenden Bewegungen der Hinterbeine (wie beim Laufen, ähnlich →Hydrophilidae); bei Beunruhigung Flucht in den

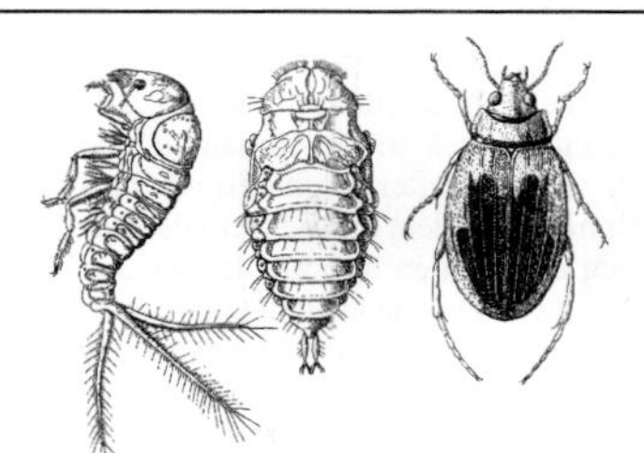

Abb. H-43: Hygrobiidae: *Hygrobia hermanni*, Schlamm-schwimmer. Larve, Puppe und Imago; Imago 9 mm. (Reitter 1908–16)

heftig aufgewühlten Schlamm; mit Luftvorrat unter den Flügeldecken, der an der Oberfläche erneuert wird; prothorakale Wehr- und Pygi-dialdrüsen (wie bei →Dytiscidae) vorhanden; **jagt** v. a. in Schlamm hausende Würmer (Tubificidae) und Mückenlarven; beide Geschlechter **stridulieren** eifrig durch Reiben des letzten Abdominalsegments gegen den hinteren Flügel-deckenrand (Bedeutung?). **Eiablage** an Wasser-pflanzen, Eier mit Gallerte bedeckt; **Larve [H-43]** im Wasser, mit Schwimmhaaren an den Beinen; mit auffallend dickem Vorderkörper, hinten mit 3 Anhängen (Analfaden und 2 Cerci); atmet mit schlauchförmigen Tracheenkiemen (ventral an den Brust- und den 3 ersten Abdominalsegmenten), im 3. Larvenstadium auch Stigmen ausge-bildet; auf den Verzehr von Tubificidae speziali-siert; gräbt sich zur **Verpuppung [H-43]** an Land eine Höhle im Boden; Entwicklung 1-jährig. Lit. →Coleoptera.

Hylaea →Geometridae.

Hylaeus →Anthophila; →Colletidae 2; vgl. auch →Gasteruptiidae, →Strepsiptera.

Hylastes →Curculionidae P.

Hylastinus →Curculionidae P20.

Hylecoetus →Lymexylidae 2.

Hylecthridae, *Hylecthrus* →Strepsiptera.

Hyles →Sphingidae 8, 12.

Hylesinus →Curculionidae P6.

Hylis →Eucnemidae.

Hylobittacus →Bittacidae.

Hylobius →Curculionidae L4.

Hylotrupes →Cerambycidae D7.

Hymenoptera, Hautflügler, Wespen (mit Bienen und Ameisen); Ordg. der Insekten mit vollkommener Verwandlung (→Holometabolie); übergeordnete Gruppe: →Holometabola; in Eur bisher >23 000 Arten bekannt, mit ±

10 000 Arten neben den Diptera artenreichste Insekten-Ordg. in Dt, wobei besonders unter den parasitoid lebenden Gruppen sicherlich bei Weitem noch nicht alle Arten erfasst sind; Imagines winzig bis stattlich (→Mymaridae als kleinste bisher bekannte Insekten etwas über 0,2 mm; größte Arten etwa 50 mm); Körper bei manchen Schlupfwespen (→Ichneumonidae), v. a. bei den Goldwespen (→Chrysididae) lebhaft metallisch glänzend (→Schillerfarben), bei den Bienen (→Anthophila) im Zusammen-hang mit dem Pollensammeln oft stark behaart; Mandibeln stets kräftig, gezähnt oder zangen-förmig; die übrigen Mundteile teils kurz und leckend, teils (Anthophila) verlängert und le-ckend-saugend (geeignet zum Aufsaugen von Nektar); Antennen mit sehr verschiedener Gliederzahl. Meist 2 häutige **Flügel**paare, Vor-derflügel i. d. R. größer, beide Paare im Flug durch Bindevorrichtung gekoppelt (Häkchen am Vorderrand des Hinterflügels greifen hinter den nach unten umgeschlagenen Hinterrand des Vorderflügels); Flügelrückbildung bis zu vollkommenem Schwund, manchmal nur bei einem Geschlecht, kommt vor. Mittel- und v. a. Hinter**beine** der Bienen-♀♀ bzw. ♀♀ mit oft hoch differenzierten Pollensammelappara-ten; Vorderbeine mit Antennenputzscharte am 1. Fußglied; bei den ♀♀ der →Dryinidae die distalen Vorderfußglieder zu einer Greifzange umgebildet. **Hinterleib** teils breit an die Brust angeschlossen [**C-64**, **P-4**, **S-58**], teils (Apocrita) unter Bildung einer (manchmal zu einem Stiel verlängerten) Wespentaille zwischen dem 1. und 2. Abdominalsegment (Bauchplatte des 1. Abdominalsegments rückgebildet, Rücken-platte der Brust angegliedert: →Propodeum); Körperabschnitt zwischen Kopf und Taille (also Thorax mit 1. Abdominalsegment) als **Mesosoma**, der Körper hinter der Taille als **Metasoma** (statt fälschlich als „Abdomen") bezeichnet; bildet das 2. (und manchmal auch das 3.) Abdominalsegment ein abgesetztes Stielglied, wird der anschließende Teil des Hinterleibs oft (besonders bei den Ameisen) als **Gaster** bezeichnet; ♀ (mit Ausnahme der meisten Aculeata) mit bisweilen sehr langem **Legeapparat** (Ovipositor) aus →Gonopoden (mit Gonapophysen und Gonostyli) des 8. und 9. Abdominalsegments gebaut; Gonapophysen 8 wirken als Stechborsten (alternierend vor und zurück bewegt, oft an der Spitze gezähnt); Gonapophysen 9 miteinander verwachsen zur Stachelrinne (führt die Stechborsten, die mit ihr längs verfalzt sind); Gonostyli (nur am

9. Segment) liegen als Stachelscheide außen an (werden nicht eingestochen); am Grunde des Legeapparates stets Ausmündung von Anhangsdrüsen des Geschlechtsapparates, deren Sekret häufig Giftwirkung hat; bei den Aculeata Umbildung des Legeapparates zum kurzen **Giftstachel,** dient nicht mehr unmittelbar der Eiablage, sondern zum Paralysieren von Beutetieren (Spinnen, Insekten) für die Ernährung der Larven oder als Wehrstachel zur Verteidigung gegen Feinde (Giftwirkung des Stiches aber auch bei vielen anderen Apocrita, bei denen der Stachel noch wirklich Eilegeapparat ist); Giftstachel bei vielen Ameisen (→Formicidae) verkümmert. **Nahrung** der Imagines: oft süße Pflanzensäfte, auch →Honigtau, bei jagenden Arten erbeutete Arthropoden, bei Parasitoiden gelegentlich Körpersäfte der angestochenen oder angebissenen Wirtstiere. **Fortpflanzung** stets durch Ablegen von **Eiern,** entweder in der Nähe des Wirtes oder (häufiger) mit dem Legebohrer direkt an oder in den Wirtskörper (bzw. die Wirtspflanze) oder auch in ein Nest bzw. eine Nestzelle mit Futtervorrat für die Larve; das bei manchen →parasitoiden Arten beobachtete Nichtbelegen eines bereits befallenen Wirtes ist in manchen Fällen durch Wahrnehmen der Duftspuren der Vorgängerin bedingt, in anderen Fällen auch durch Erkennen eines anderen Parasiten mit Sinnesorganen am Ende des Legestachels; Wirtsfindung in erster Linie durch das ♀, selten befällt eine bewegliche Parasitoidenlarve den vorbeikommenden Wirt (*Perilampus tristis* Mayr, →Perilampidae), oder der Wirt infiziert sich, indem er die zufällig getroffenen Eier frisst (→Trigonalidae); meist 2-geschlechtlich, wobei die diploiden ♀♀ (und ♀♀) aus befruchteten, die i. d. R. haploiden ♂♂ aus unbefruchteten Eiern schlüpfen (arrhenotoke →Parthenogenese); diploide ♂♂ selten (bei Homozygotie im geschlechtsbestimmenden Gen); in manchen Gruppen jedoch auch thelytoke →Parthenogenese (nur ♀♀ vorhanden); bei manchen Gallwespen (→Cynipidae) regelmäßiger Wechsel zwischen 2-geschlechtlicher und parthenogenetischer Fortpflanzung (Generationswechsel als Heterogonie); in einigen Fällen Entwicklung mehrerer Individuen aus 1 Ei (→Polyembryonie); **Brutfürsorge** in manchen Gruppen sehr ausgeprägt (→Pompilidae; →Apoidea, soweit nicht brutpflegend); hoch entwickelte **Brutpflege** bei den sozialen Hymenopteren mit Familienstaaten, bei den Ameisen (→Formicidae), bei einem Teil der Bienen (→Halictidae, →Apidae) und Faltenwespen

(→Vespidae). **Larven** teils raupenförmig, mit gut ausgebildeter Kopfkapsel, gut ausgebildeten beißenden Mundteilen, meist je 1 Punktauge jederseits, mit 3 Brustbeinpaaren und meist auch mit 6–8 Afterfußpaaren am Hinterleib, beginnend mit dem 2. Abdominalsegment (Afterraupen); bei den Apocrita jedoch madenförmig, mit schwach ausgebildeten Mundteilen an mehr oder weniger stark rückgebildeter Kopfkapsel, ohne Augen und i. d. R. ohne Beine; bei einer Reihe parasitoid sich entwickelnder Arten →Polymetabolie: erstes (nicht selten recht bewegliches) Larvenstadium von anderer Gestalt als die madenförmigen späteren Stadien ([**H-44**]; z. B. →Planidium-Larve der →Perilampidae und →Eucharitidae; Cyclopoidlarven der →Platygastridae); parasitoide Larven oft ohne durchgehenden Darm (z. B. →Ichneumonidae, →Braconidae); **Ernährung** der Larven außerordentlich verschieden, bei den meisten taillen-

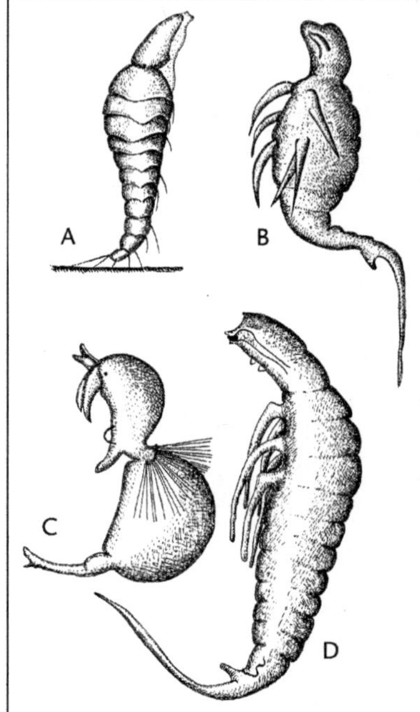

Abb. H-44: Hymenoptera: Junglarven von: A: *Schizaspidia* (Eucharitidae); Planidiumlarve, wartet „stehend" auf dem Blatt; B: *Eucoila* (Eucoilidae); C: *Scelio* (Scelionidae); D: *Cothonaspis* (Eucoilidae)

losen Wespen („Symphyta") pflanzlich (für die Ernährung wichtige symbiotische Pilze sind bei →Siricidae und →Xiphydriidae nachgewiesen; →Orussidae sind parasitoid); bei den Apocrita selten pflanzlich (Gallengewebe bei →Cynipidae, →Torymidae; Pollen-Nektar-Nahrung bei Bienen, →Anthophila), meist tierisch: durch von der Mutter beigebrachte und paralysierte Insekten oder Spinnen bei Wegwespen (→Pompilidae), Grabwespen (s. →Apoidea) und Faltenwespen (→Vespidae), bei der Mehrzahl als →Parasitoide an oder in anderen Insekten (v. a. deren Larven) und Spinnen; **Atmung** der endoparasitoiden Larven: teils Hautatmung bei geschlossenem oder gar fehlendem Tracheensystem; teils (besonders ältere Stadien) in Verbindung mit dem Tracheensystem des Wirtes oder, durch eine Öffnung in der Wirtskutikula,

direkt mit der atmosphärischen Luft; meist 5, zuweilen nur 4 Larvenstadien. **Verpuppung** als freie Puppe (Pupa libera), meist in einem Kokon aus Spinnsekret (von den umgewandelten labialen Speicheldrüsen); keine Kokonbildung bei →Pamphiliidae, →Cynipidae und Chalcidoidea. Früher in 2 Gruppen geteilt: die nicht →monophyletischen „**Symphyta**", Pflanzenwespen (Imago ohne Wespentaille; i. d. R. mit pflanzenfressenden Afterraupen; Legeapparat der ♀♀ zum Ablegen der Eier in pflanzliches Gewebe geeignet), und die **Apocrita,** Taillenwespen (mit Wespentaille; die ♀♀ teils noch mit funktionierendem Legeapparat, bei den meisten Aculeata mit verkürztem Giftstachel); Larven madenartig, häufig parasitoid; in Eur mit zahlreichen Fam. (diejenigen mit mehr als 100 Arten in Dt sind <u>unterstrichen</u>):

<table>
<tr><td>

Xyeloidea: →Xyelidae
Pamphilioidea
  →Megalodonte-
    sidae
  →Pamphiliidae
Tenthredinoidea
  →Blasticotomidae
  →Argidae
  →Heptamelidae
  →Cimbicidae
  →Diprionidae
  →<u>Tenthredinidae</u>
Cephoidea: →Cephidae
Siricoidea
  →Siricidae
  →Xiphydriidae
Orussoidea: →Orussidae

Apocrita (alle folgenden
Gruppen)
  Stephanoidea:
  →Stephanidae
  Trigonaloidea:
  →Trigonalidae
  Evanioidea
    →Aulacidae
    →Evaniidae
    →Gasteruptiidae
  Ceraphronoidea
    →Ceraphronidae
    →Megaspilidae
  Ichneumonoidea
    →<u>Braconidae</u>
    →<u>Ichneumonidae</u>

</td><td>

Proctotrupomorpha
Cynipoidea
  →Ibaliidae
  →<u>Figitidae</u>
  →<u>Cynipidae</u>
Platygastroidea
  →Platygastridae
  →Scelionidae
    & Sparasionidae
Proctotrupoidea
  →Heloridae
  →Vanhorniidae
  →Proctotrupidae
Diaprioidea:
  →<u>Diapriidae</u>
Mymar.:
  →Mymarommatidae
Chalcidoidea
  →Mymaridae
  →Trichogramma-
    tidae
  →<u>Eulophidae</u>
  →Signiphoridae
  →Azotidae
  →Aphelinidae
  →<u>Encyrtidae</u>
  →Tetracampidae
  →Ormyridae
  →Torymidae
  →Perilampidae
    & Chrysolam-
    pidae
  →Eucharitidae
  →Megastigmidae

</td><td>

  →<u>Pteromalidae</u>
    & Ceidae
    & Cerocephalidae
    & Cleonymidae
    & Eunotidae
    & Macromesidae
    & Ooderidae
    & Pirenidae
    & Spalangiidae
    & Systasidae
  →Eupelmidae
    & Heydeniidae
    & Metapelma-
    tidae
  →Leucospidae
  →Agaonidae
  →<u>Eurytomidae</u>
  →Chalcididae
Aculeata
Chrysidoidea
  →<u>Chrysididae</u>
  →Bethylidae
Dryinoidea
    Sclerogibbidae
  →Embolemidae
  →Dryinidae
Vespiformes
Vespoidea:
  →Vespidae
Tiphioidea
  →Thynnidae
  →Tiphiidae

</td><td>

Pompiloidea
  →<u>Pompilidae</u>
  →Sapygidae
  →Myrmosidae
  →Mutillidae
Scolioidea
    Bradynobae-
    nidae
  →Scoliidae
Formicoidea:
  →<u>Formicidae</u>
Apoidea
  →Ampulicidae
    Heterogynai-
    dae
  →Mellinidae
  →Sphecidae
  →<u>Crabronidae</u>
  →Astatidae
  →Bembicidae
  →Pemphredo-
    nidae
  →Philanthidae
  →Psenidae
  →Ammoplanidae
  →Anthophila
  →Melittidae
  →<u>Andrenidae</u>
  →Colletidae
  →<u>Halictidae</u>
  →<u>Megachilidae</u>
  →<u>Apidae</u>

</td></tr>
</table>

Lit. Bellmann 1995; Betts & Laffoley 1986; Branstetter et al. 2017; Cruaud et al. 2022; Gupta 1988; Goulet & Huber 1993; Lacourt 2020; La-Salle & Gauld 1993; Lacourt 2020; Peters et al. 2017; Raman et al. 2005; Universal Chalcidoidea Database.

Hypena, **Hypeninae** →Erebidae C.

Hypenodinae →Erebidae D.

Hypera →Curculionidae E1.

Hyperinae →Curculionidae E.

Hypermetabolie; besondere Form der Holometabolie (→Metamorphose) mit Larvenformen von sehr verschiedener Gestalt und Lebensweise, wobei ein Larvenstadium (i. d. R. das vorletzte) eine Ruhelarve („Scheinpuppe") ist (→Meloidae; *Drilus,* →Elateridae B5).

Hyperoscelis →Canthyloscelidae.

Hyperparasitoid →Parasitoid.

Hyperpneustisch; Bezeichnung für Insekten, bei denen (gegenüber →holopneustischen Insekten) überzählige Stigmenpaare vorhanden sind (z. B. bei *Japyx,* →Diplura).

Hyphantria →Erebidae K11.

Hyphydrus →Dytiscidae 9.

Hypoderma, **Hypodermatidae, Hypodermatinae** →Oestridae C2.

Hypogastrura →Hypogastruridae.

Hypogastruridae, Kurzspringer; Fam. der Springschwänze (Collembola, Poduromorpha) mit in Eur ± 195, M-Eur 85, Dt 51 Arten; mit kurzer, bisweilen rückgebildeter Sprunggabel; Körper meist einfarbig pigmentiert, seltener unpigmentiert (z. B. *Schaefferia*); Mandibel mit höckeriger Kauplatte; häufig in humosen Böden, Streu oder Kompost; z. B. *Hypogastrura assimilis* Krausb. (etwa 1,2 mm; [**C-169**]), häufig in Stallmist; *H. viatica* Tullb. (2 mm; blaugrau), oft in rasch zersetzendem Substrat wie im Angespül der Küsten und in Kläranlagen.

Lit. →Collembola, Thibaud et al. 2004.

Hypolimnas →Nymphalidae G.

Hyponephele →Nymphalidae F10.

Hyponomeuta; **Hyponomeutidae** →Yponomeutidae.

Hyponomien; Blattminen; →Minen.

Hypopneustisch; Bezeichnung für Insekten, bei denen (gegenüber dem →holopneustischen Zustand) bestimmte Stigmenpaare nicht angelegt werden.

Hypoponera →Formicidae A.

Hypsopygia →Pyralidae 13.

Hystrichopsylla, **Hystrichopsyllidae** →Siphonaptera, C.

Iassinae, *Iassus* →Cicadellidae B.

Ibalia →Ibaliidae; vgl. auch →Siricidae.

Ibaliidae; Fam. der Hautflügler (Hymenoptera, Apocrita, Cynipoidea) mit in Eur & Dt 3 Arten der Gttg. *Ibalia*, z. B. *I. leucospoides* Hochenw. [I-1]; mittelgroße (7–11 mm) Parasitoide von Holzwespenlarven (→Siricidae); Hinterleib seitlich sehr stark zusammengedrückt; Legebohrer sehr dünn, kaum den Hinterleib überragend. Das ♀ sucht den Einstichkanal des Holzwespen-♀ (durch Geruchssinn?), führt hier den Legebohrer ein, legt 1 **Ei** in die ganz junge Holzwespenlarve (kurz vor oder kurz nach deren Ausschlüpfen aus dem Ei [I-2]). **Erstlarve** polypod: mit 12 Paaren beinstummelartiger Anhänge [I-3], die ersten beiden Larvenstadien endo-, das 3. und 4. Ektoparasitoid. Entwicklungsdauer 2–3 Jahre; **Verpuppung** im Holz

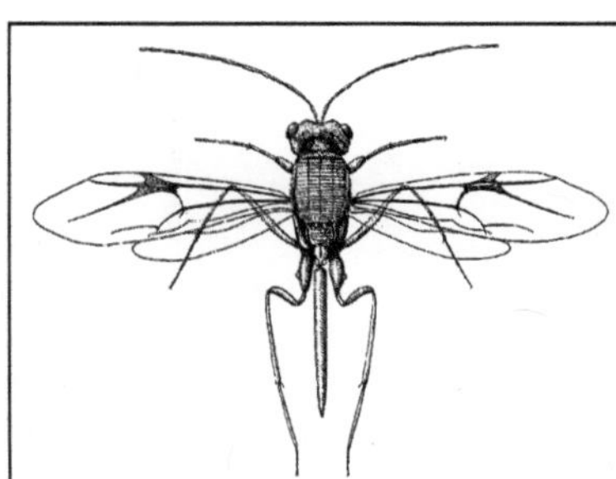

Abb. I-1: Ibaliidae: *Ibalia leucospoides*. Bis 16 mm. (Escherich 1914–42)

in Nähe der Stammoberfläche (befallene Holzwespenlarven bleiben in den äußeren Stammschichten); Imago frisst sich nach außen durch.

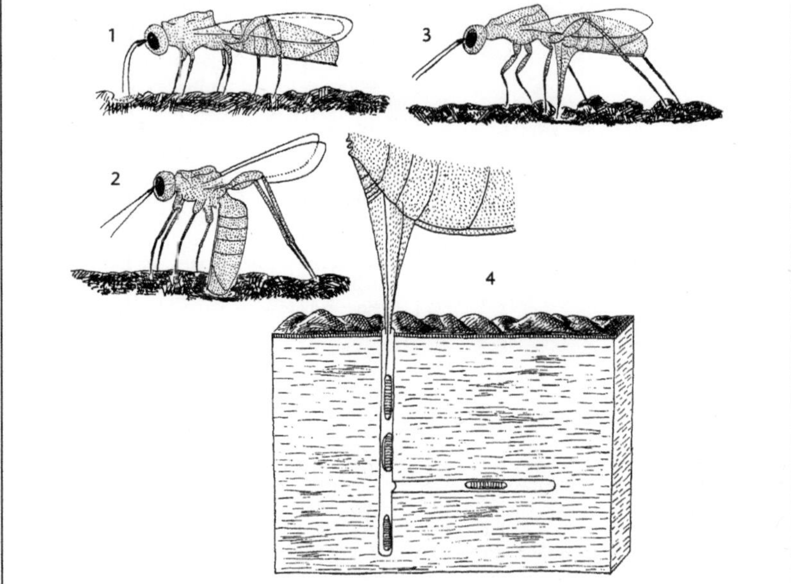

Abb. I-2: Ibaliidae: *Ibalia leucospoides*. Eiablage mit dem sehr dünnen, zum Bohren im Holz nicht geeigneten Legebohrer. 1: Aufsuchen und Prüfen der Einstichstelle des Wirtslegebohrers mit den Antennen; 2: Prüfen der Einstichstelle mit dem Hinterleibsende; 3: Einsetzen des Legebohrers; 4: stärker vergrößert: Eiablage in die Eilarven des Wirtes kurz vor oder kurz nach dem Schlüpfen. (Escherich 1914–42)

© Springer-Verlag GmbH Deutschland, ein Teil von Springer Nature 2026
E. Weber, H. Bellmann, *Jacobs|Renner – Biologie und Ökologie der Insekten*,
https://doi.org/10.1007/978-3-662-71153-8_9

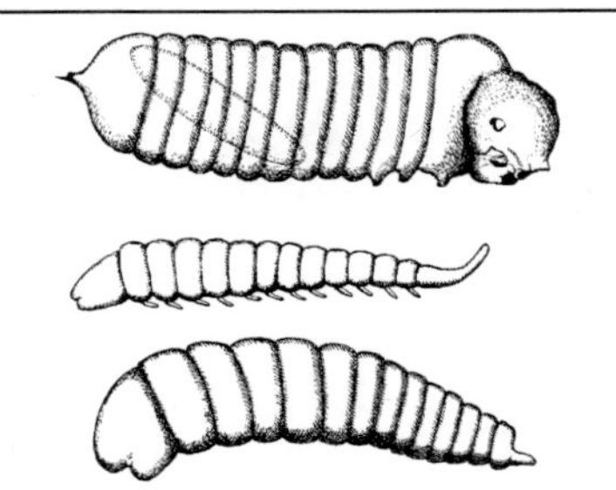

Abb. I-3: Ibaliidae: *Ibalia leucospoides*. Oben: *Ibalia*-Ei in Junglarve einer Holzwespe; Mitte: polypode Larve, 1. Stadium; unten: Larve, 2. Stadium. (Escherich 1914–42)

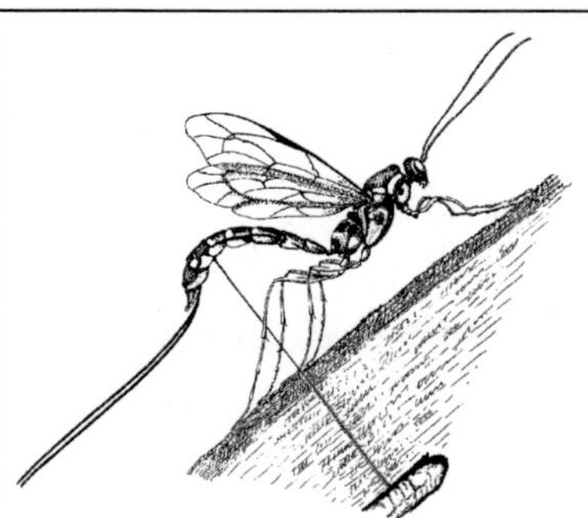

Abb. I-4: Ichneumonidae: *Rhyssa persuasoria*, Holzschlupfwespe. Körper ohne Legebohrer ca. 30 mm; ♀ lähmt Holzwespenlarve durch Giftstich und legt Ei ab. (Bachmaier 1969)

Lit. →Hymenoptera.

Iberodorcadion →Cerambycidae E3.

Ibisfliegen →Athericidae.

Icerya →Coccina; →Monophlebidae; vgl. auch →Coccinellidae.

Ichneumon →Ichneumonidae.

Ichneumonidae, (Echte) Schlupfwespen; Fam. der Hautflügler (Hymenoptera, Apocrita, Ichneumonoidea); mit in Eur >5800, M-Eur >4440, Dt ± 3650 Arten; außerordentlich artenreiche Fam. parasitoider Insekten gleich ihrer Schwestergruppe, den →Braconidae; klein bis recht stattlich, meist schlank [**I-4**], nicht selten ♂ und ♀ nach Färbung und Gestalt verschieden (z. B. *Ichneumon sarcitorius* L.); Legebohrer teils sehr kurz, teils die Körperlänge (bis zum 4-Fachen) übertreffend, zuweilen (z. B. *Ophion* →D3) als Wehrstachel ausgebildet (Stiche bei allen größeren Arten auch für den Menschen schmerz-

haft); Flügellosigkeit in einem oder in beiden Geschlechtern kommt vor, ist aber selten (z. B. bei den einer Ameise ähnelnden ♀♀ von *Gelis*, →F). Imagines als **Nektarlecker** und vermutlich auch Bestäuber oft auf Blüten, besonders von Doldengewächsen, Wolfsmilcharten, Steinbrech, auch Orchideen; auch →Honigtau von Blattläusen wird gern genommen; die ♀♀ mancher Arten lecken Körpersäfte der angestochenen Larvenwirte oder verzehren einen Teil der Larven (→C). Höhenflug zum **Geschlechterfinden** bei zahlreichen Arten: die ♂♂ fliegen kontrastreiche Zonen ab (Waldränder, Bergkanten) und markieren hervorragende Stellen, die ♀♀ folgen geruchlich angelockt; die für Hymenoptera übliche arrhenotoke →Parthenogenese vermutlich bei fast allen Arten, thelytoke Parthenogenese bei einigen Arten bekannt. Beim **Aufspüren** eines Larvenwirtes durch das ♀ ist der Geruchssinn führend, insbesondere bei allen Arten, deren Wirte im Holz leben (u. a. *Rhyssa, Pseudorhyssa, Dolichomitus;* →A, B); die Beteiligung des Vibrationssinns wird vermutet: die früh schlüpfenden ♂♂ von *Megarhyssa*-Arten (ihre Larven sind Parasiten bei Holzwespen der Gttg. *Tremex*) sammeln sich auf der Rinde dort, wo sich ein ♀ aus dem Holz herausarbeitet, registrieren möglicherweise die Nagevibrationen des ♀ und erkennen das „richtige" ♀ dann offenbar geruchlich (Kopula sofort nach dem Erscheinen des ♀); bei einer Reihe von Arten vermutlich **Echoortung** von verborgenen, inaktiven Wirten (z. B. Puppen im Holz): Abklopfen von Holz mit einer abgewandelten Fühlerspitze („Antennenhammer"; z. B. *Pimpla* →B, manche Cryptinae →F) oder einer subapikalen Stiftreihe (Xoridinae, →K), Wahrnehmen der reflektierten Vibrationen mit dem Subgenualorgan an der beim ♀ vergrößerten Vorderschiene (vgl. →Orussidae); Bedeutung von Pflanzendüften: der Kieferntriebwickler (→Tortricidae 5) und sein Parasitoid *Exeristes ruficollis* Grav. werden durch den Duft des ätherischen Öles von Kiefern angelockt, der Parasitoid erst dann, wenn die geeigneten Wirtsstadien vorhanden sind, hält sich bis dahin auf Blüten auf; *Apechthis rufata* Gm. (→B), ein Parasitoid u. a. des Eichenwicklers, belegt auch Puppen des Tannentriebwicklers, wenn diese in Eichenblätter eingewickelt sind. **Eiablage** offenbar durch Sinnesorgane an der Spitze des Legebohrers gesteuert; Ablage der nicht selten gestielten Eier an oder in den Wirt oder in Wirtsnähe, wobei je nach Art bestimmte Wirtsstadien bevorzugt werden; Eier beim Durchgleiten des u. U. sehr langen Legebohrers stark deformierbar, erreichen bei *Rhyssa* (→A) mit Stiel die Länge von 20 mm,

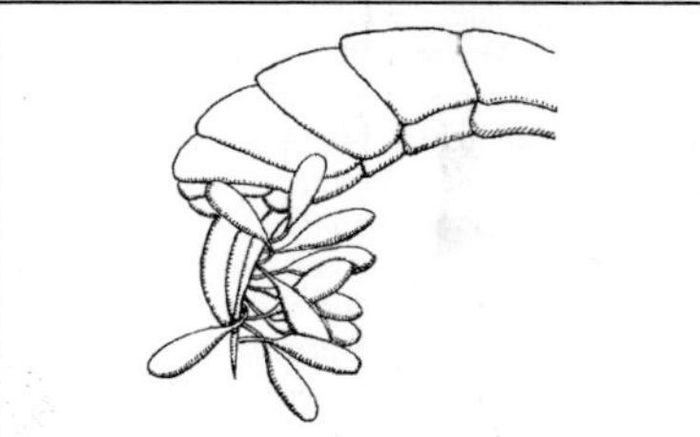

Abb. I-5: Ichneumonidae: *Polyblastus* spec. Abdomenende des ♀ mit Eiern, die mit dem Stiel am Legebohrer hängen. (Clausen 1940)

sind bei den Tryphoninae (→E) vor der Eiablage nur noch mit dem Stielende in den Legebohrers eingefädelt [I-5]; das Parasitoidenei erhält beim Gleiten durch den Legebohrer einen Überzug, der verhindert, dass es im Wirt wie ein Fremdkörper von Hämolymphzellen abgekapselt wird; während der Eiablage mancher Arten (→A, B, F, G, K) Unterbinden der Wirtsentwicklung durch Injektion von Gift (**idiobionte** →Parasitoide); insbesondere häufig bei Arten, die Puppen befallen, oft verbunden mit einer recht schnellen Entwicklung des Parasitoiden; bei den übrigen Schlupfwespenarten kein andauerndes Paralysieren des sich weiter entwickelnden Wirtes (**koinobionte** →Parasitoide). Die **Larven** leben als Parasitoide in oder an Larven und Puppen verschiedener holometaboler Insekten, überwiegend Lepidoptera und Hymenoptera, daneben Coleoptera und Diptera, wenige bei Planipennia, Raphidioptera oder Trichoptera (→G), dazu bei Spinnen (→B) oder in Eikokons von Spinnen (→B, F) und Pseudoskorpionen (→F); i. d. R. nur 1 Larve in oder an einem Wirt (Ausnahme z. B. *Olesicampe clandestina* Holmgr.); ektoparasitoide Larven überwiegend an versteckt lebenden, paralysierten Wirten (Ausnahmen: →E, B); die Erstlarven nicht selten von anderer Gestalt als die späteren, etwa madenförmigen Stadien (→Polymetabolie), beweglicher, oft mit kräftigen Mandibeln und stark sklerotisierter Kopfkapsel zur Abwehr von konkurrierenden Partasitoiden; Arten der Mesochorinae (→D) und Eucerotinae (→J) hyperparasitoid (d. h →Parasitoide befallend). **Wirtsspezifität** sehr verschieden stark ausgeprägt, die meisten Arten an einigen Wirtsarten derselben Gttg. Oder an biologisch äquivalenten Arten nahe verwandter Gttgn., ausgesprochen →monophage Arten sind selten; idiobionte Arten sind in der Wirtswahl eher Generalisten, koinobionte eher Spezialisten; ein breites Wirtsspektrum hat z. B. *Itoplectis alternans* Grav.

(→B): mindestens 6 Hautflügler-, 11 Schmetterlings- und 2 Käferarten; manche Schlupfwespen-Gruppen leben bei Wirten aus einer Verwandtschaftsgruppe (Koevolution von Wirten und Parasitoiden; z. B. →C); i. d. R. mehrere Arten bei einer Wirtsart, z. B. beim Schwammspinner (→Erebidae J4) über 2 Dutzend, teils als Primär-, teils als Hyperparasitoide. In manchen Fällen wird bereits das Wirtsei belegt, die Entwicklung jedoch erst in einem älteren Wirtsstadium beendet; Entwicklungsstillstand der Junglarve des Parasitoiden (Diapause) bei manchen Arten; Entwicklungsdauer sehr unterschiedlich: das ♀ von *Diplazon laetatorius* F. (→C) belegt Eier oder Junglarven von Schwebfliegen, der Parasitoid schlüpft erst aus dem Wirtspuparium; anderseits belegt die häufige *Pimpla rufipes* Miller (= *instigator* F.) (→B). die Puppen verschiedener Schmetterlinge und beendet noch in der Puppe die Entwicklung; sehr merkwürdig das „Messvermögen" vieler idiobionter Arten (z. B. *Pimpla, Itoplectis*; →B), bei denen das ♀ in große Wirtspuppen (z. B. der Mehlmotte) besamte, in kleine Puppen unbesamte, also ♂♂ liefernde Eier ablegt. Bei vielen Arten nur 1 Generation im Jahr, bei anderen 2 oder mehr; **Überwinterung** häufig als alte Larve (kann 1 Jahr überliegen) oder als begattetes ♀ (*Ichneumon* und viele andere Gttgn.; unter loser Rinde, in Moos, am Grund von Grasbüscheln); **Verpuppung** mit oder ohne Kokon, teils außerhalb des Wirtes, teils in ihm; bei der Sichelwespe *Therion circumflexum* L. (Anomaloninae, →D) steckt das Hinterende der Puppe im Innern der Wirtspuppe (z. B. Kiefernspinner, Forleule) in einem Kottopf [I-6], das Vorderende geschützt durch ein weitmaschiges Gespinst. Auswahl artenreicher oder auffälliger U-Fam.:

A. Rhyssinae (in Dt 9 Arten); große Schlupfwespen mit über körperlangem Legebohrer; die Larven sind Ektoparasitoide bei in Holz bohrenden Larven von Holzwespen (*Rhyssa* und *Megarhyssa* bei →Siricidae, *Rhyssella* bei →Xiphydriidae), gelegentlich auch bei deren Parasitoiden (→Ibaliidae); Wirte werden bei der Eiablage gelähmt; Entwicklungsdauer ein Jahr, Überwinterung als Altlarve, Verpuppung im Frühjahr; die geschlüpfte Imago nagt sich mit kräftigen, meißelförmigen Mandibeln aus dem Holz, als Widerlager dienen kräftige Querleisten auf dem Mesonotum (Rückenschild der Mittelbrust); Kleptoparasit: *Pseudorhyssa* (→B). Bekannteste Art: ***Rhyssa persuasoria*** L., Holzschlupfwespe: Körper bis über 30 mm, Legebohrer über körperlang; das ♀ bohrt in ca. 30 min den langen Legebohrer (ohne die Stachelscheide, die anfangs den Legestachel zwar noch umhüllt, später nur noch mit

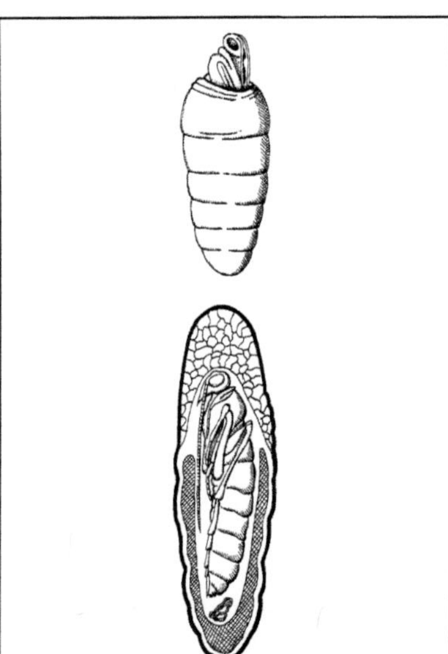

Abb. I-6: Ichneumonidae: *Therion circumflexum*, Sichelwespe. Puppe in Kottopf; unten: Puppe noch in der Wirtspuppe; oben: Puppe und Kottopf herausgenommen. (Bachmaier 1969)

ihrem Ende umschließt und schließlich nach hinten weggestreckt wird) zielsicher durch das Holz bis zu der mit dem Geruchssinn entdeckten Larve [I-4]; Orientierung und Anlockung durch Duftstoffe, die von einem Pilz (*Amylostereum*) ausgehen, der das Fraßmehl der Larve besiedelt; die Wirkung des Lockstoffes nimmt mit steigender Feuchte zu und ist am stärksten bei einem Feuchtigkeitsgehalt, wie er in unmittelbarer Nähe der Larve herrscht; zunächst wird die Larve durch eine Giftinjektion gelähmt und dann auf ihr oder in ihrer Nähe 1 Ei abgelegt; der Bohrapparat wird nach dem Herausziehen mithilfe der Hinterbeine wieder in der Stachelscheide untergebracht.

B. Pimplinae (±145 heimische Arten); gekennzeichnet durch Giftdrüsen an den Krallen der Hinterbeine beim ♂ fast aller Arten (bei einigen auch beim ♀); die meisten sind den Wirt lähmende (idiobionte) Endo- (z. B. *Apechthis*, *Itoplectis*, *Pimpla*) oder Ektoparasitoide (z. B. *Liotryphon*, *Scambus*), an Larven und v. a. Puppen von Lepidoptera, auch Hymenoptera und Coleoptera; große, auffallende Arten enthalten die ektoparasitoiden Gttgn. *Dolichomitus* (häufiger *D. mesocentrus* Grav.) an holzbewohnenden Käferlarven (v. a. →Cerambycidae, →Curculionidae P: Scoly-

tinae) und *Ephialtes* (häufiger *E. manifestator* L.), die versteckt lebende, oft holzbewohnende Larven der Stechimmen (→Aculeata) befallen. Larven von ca. 20 heimischen Arten ektoparasitoid an (vorher nicht gelähmten) Spinnen (*Polysphincta* und verwandte Gttgn.), die von 12 weiteren heimischen Arten fressen Spinneneier in den Eikokons (*Tromatobia* und Verwandte). Die Larve von **Pseudorhyssa nigricornis** Ratzeb. Lebt als →Kleptoparasit bei *Rhyssa persuasoria* (→A); beobachtet das Wirts-♀ bei der Eiablage, benützt benutzt dann deren Bohrkanal, um dieselbe Siricidenlarve mit 1 Ei zu belegen; die *Pseudorhyssa*-Larve tötet sofort nach dem Schlüpfen die Larve der Holzschlupfwespe und parasitiert dann in der Siricidenlarve; die 2. heimische Art der Gttg. (*P. alpestris* Holmgr.) mit ähnlicher Lebensweise: hier zerstört der rascher schlüpfende Kleptoparasit das Ei des Primärparasitoiden *Rhyssella* (→A) und verzehrt danach die gelähmte Schwertwespenlarve (→Xiphydriidae).

C. Diplazontinae (69 heimische Arten); während der Paarung wickelt das ♂ seinen Fühler je nach Art 1- oder 2-mal um den Fühler des ♀; an den artspezifischen Kontaktstellen befinden sich Austrittsöffnungen von Drüsen; die spezifische Krümmung der muskellosen Antennengeißel durch die Ausdehnung der Gelenkmembranen zwischen den Antennengliedern festgelegt (lässt sich auch bei einem toten Tier durch Bewegen der Fühlerbasis bewirken); Larven endoparasitoid in Eiern und Larven von (fast ausschließlich blattlausfressenden) Schwebfliegen (→Syrphidae); ohne Wirtslähmung (koinobiont); Wirtsspezifität wenig ausgeprägt, jedoch Unterschiede in der Nutzung verschiedener Wirtsstadien; zumindest das letzte Larvenstadium der Schlupfwespe ohne oder mit rückgebildeten Mandibeln, Zerteilen von Wirtsgeweben offenbar durch Kopfbewegungen. Hierher eine der häufigsten Schlupfwespen: **Diplazon laetatorius** F.: inzwischen weltweit verbreitet, mit meist parthenogenetischer Fortpflanzung; Eiablage in die Erst- oder Zweitlarve, seltener ins Ei eines Wirtes; ♀♀ fressen auch Eier und Erstlarven ihrer Wirte, wohl um ihre Protein- und Lipidvorräte für die Eiablage aufzustocken; kann gelegentlich ein Problem für biologische Schädlingsbekämpfung von Blattläusen darstellen. Verwandte U-Fam. mit gleichfalls endoparasitischer und koinobionter Lebensweise sind die **Acaenitinae** (in Dt 15 große Arten mit langen langem Legebohrer; in holz- und stängelbewohnenden Käferlarven), **Orthocentrinae** (heimisch ± 140 eher kleine Arten; in Larven von Trauer- und Pilzmücken, →Sciaridae, →Mycetophilidae) und **Cylloce-**

riinae (4 heimische Arten in Schnakenlarven; →Tipulidae).

D. Verwandtschaftsgruppe aus 1 Dutzend U-Fam., mit >1500 heimischen Arten; Larven endoparasitoid, Anstich ohne Lähmung (koinobiont); Eier (bei allen?) winzig und fast ohne Dotter, können unter Aufnahme von Körperflüssigkeit des Wirtes bis zum 1000-Fachen des Ursprungsvolumens anwachsen (vgl. →Braconidae); der größte Teil in Raupen von Schmetterlingen (meiste U-Fam.) oder Pflanzenwespen (meiste der ± 420 Arten der **Ctenopelmatinae**, einige **Campopleginae**), die Übrigen in Käferlarven (v. a. **Tersilochinae** mit ± 115 Arten in Dt), wenige in Larven von Kamelhalsfliegen (→Raphidioptera); 2 U-Fam. in der Wirtswahl abweichend: **Hybrizontinae** (in Dt 4 Arten) in Ameisenlarven; **Mesochorinae** (±175 heimische Arten), hyperparasitoid in anderen Schlupfwespen (Ichneumonidae, →Braconidae), wenige in Fliegen (→Tachinidae). Beispiele aus den U-Fam. **Banchinae** (±190 Arten in Dt; →D1–2), **Ophioninae** (42 Arten in Dt; →D3) und **Campopleginae** (±500 Arten in Dt; →D4–5):

D1. *Banchus crefeldensis* Ulbr. (ca. 14 mm), wespenartig gelb-schwarz, u. a. in der Kieferneule (→Noctuidae 1), verpuppt sich außerhalb der absterbenden Larven in einem glänzend schwarzen Kokon.

D2. *Lissonota histrio* F. (9–11 mm), schwarz mit roten Hüften und Schenkeln, in verborgen (als Minierer, Gallenbewohner u. Ä.) lebenden Schmetterlingsraupen (→Sesiidae).

D3. *Ophion* mit zahlreichen großen, orangefarbenen Arten, Legebohrer dient auch als Wehrstachel; u. a. *O. luteus* L. (15–20 mm), in Raupen zahlreicher Nachtfalterarten (v. a. →Noctuidae).

D4. *Diadegma semiclausum* Hell. (5–7 mm), schwärzlich, Larve v. a. in Kohlschaben (→Plutellidae 1), zu deren Bekämpfung in vielen außereuropäischen Ländern ausgesetzt; ♀ finden ihren Wirt durch Geruchsstoffe, die angefressene Kohlpflanzen freisetzen; erkennen bereits mit einem Ei belegte Raupen (daher i. d. R. keine Mehrfachbelegungen); Verpuppung des Parasitoiden erst, nachdem sich der Wirt eingesponnen hat, in einem eigenen Kokon im Innern des Wirtskokons.

D5. *Lathrostizus lugens* Grav.; Junglarven-Parasitoid von *Euura*-Arten (→Tenthredinidae 13); Eiablage durch Einstich in die Blattgalle: der gekrümmte Legebohrer wird vorgeklappt (Scheide bleibt nach hinten gerichtet) und mit dem waagrecht gehaltenen Abdomen eingedrückt; danach Drehen des Körpers auf der Galle, wodurch die Krümmung des Legeapparates bei der Suche nach der kleinen Wirtslarve ausgenutzt wird. – Auch Arten aus anderen U-Fam. parasitieren herangewachsene *Euura*-Larven und stechen dazu mit langem, geradem Legebohrer durch die Gallenwand (*Scambus*, →B) oder nagen sich, wenn sie nur einen kurzen Legebohrer besitzen, durch die Gallenwand hindurch (**Adelognathinae**, mit 18 heimischen Arten der Gttg. *Adelognathus*).

E. Tryphoninae (±210 heimische Arten); bei der Eiablage wird bei allen untersuchten Arten (z. B. *Tryphon*, *Polyblastus* [I-5]) nur noch der Anker am Stielende des Eies – eingebettet in einen Schleimpfropf – durch den Legebohrer geschleust; Verankern der Eier außen an der Kutikula des nicht gelähmten Wirtes, meist einer Raupe der Blattwespen (→Tenthredinidae, →Argidae, →Diprionidae, →Xyelidae); Anker meist T-förmig (jedoch korkenzieherartig bei den Schmetterlingsparasitoiden *Netelia* und *Phytodietus*); Eier oft – für die Kiefer unerreichbar – hinter dem Kopf verankert, bei wenigen Arten auch an schwer erreichbaren Stellen hinter den Afterfüßen; *Erromenus calcator* Müller bringt sie im (mit einer Kutikula ausgekleideten) Enddarm kurz vor dem After unter; Schlupf bei vielen Arten erst nach Bildung des Wirtskokons (zumindest bei einigen Fällen durch erhöhte Luftfeuchtigkeit ausgelöst); auch nach dem Schlupf bleibt die Larve über Stacheln an dem verankerten Eischalenrest haften.

F. Ichneumoninae (±640 heimische Arten); Endoparasitoide bei Schmetterlingen (→Lepidoptera); ♀ sucht den Wirt zu Fuß auf Gehölzen oder in der Blattstreu; Eiablage mit einem kurzen Legebohrer je nach Art entweder ohne Lähmung in eine Larve oder in eine Puppe, die gelähmt wird; Schlupf immer aus der Wirtspuppe. Verwandt die U-Fam. **Cryptinae** und **Phygadeuontinae** (in Dt zusammen ± 700 Arten), jedoch meist ektoparasitoid (Ausnahme z. B. *Stilpnus* in Dipteren); entwickeln sich i. d. R. an meist gelähmten Puppen verschiedener Ordgn. (Eiablage teils vor, teils nach der Verpuppung); Larven von ca. 30 heimischen Arten verzehren jedoch Eier in den Eisäcken von Spinnen (z. B. *Trychosis*, einige *Gelis*-Arten) oder Pseudoskorpionen (*Obisiphaga stenoptera* Marsh.).

G. Agriotypinae; in Eur & Dt nur *Agriotypus armatus* Walk., Wasserschlupfwespe, Köcherfliegen-Schlupfwespe (3–9 mm; [I-7]); das ♀ kriecht im Frühling an Wasserpflanzen oder Steinen in das Wasser, sucht ein Köcherfliegenhaus (bevorzugt Köcher von Goeridae und Odontoceridae), in dem sich eine Vorpuppe oder Puppe befindet (ein Köcher mit jüngeren Larven wird nach

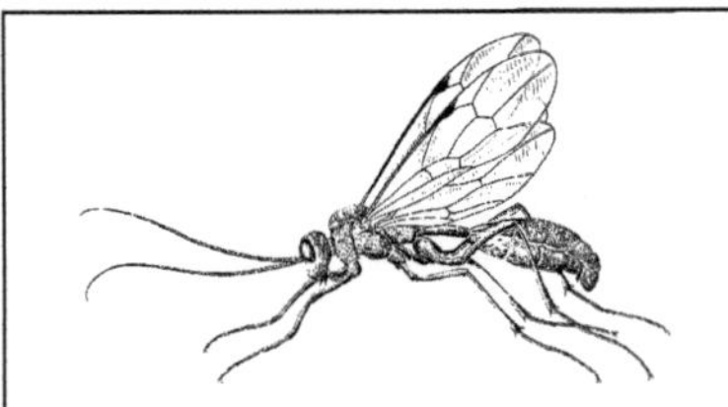

Abb. I-7: Ichneumonidae: *Agriotypus armatus*. Flspw. 10 mm. (Engelhardt 1982)

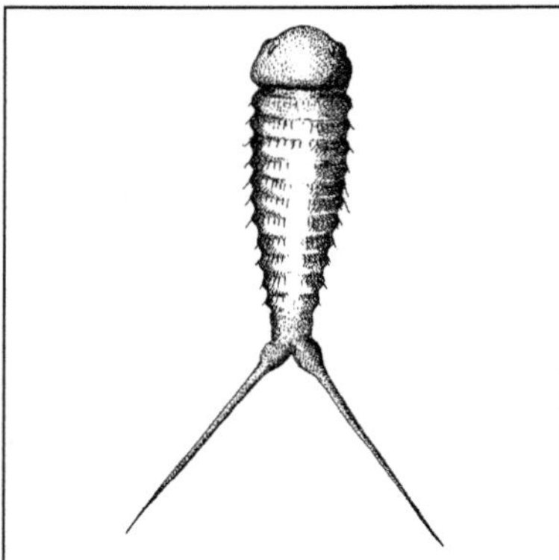

Abb. I-8: Ichneumonidae: *Agriotypus armatus*. Junglarve. (Sedlag 1959)

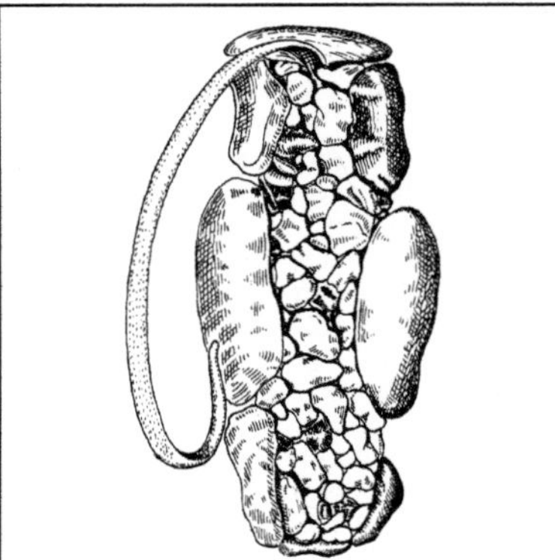

Abb. I-9: Ichneumonidae: *Agriotypus armatus*. Puppengehäuse von *Silo*, ca. 12 mm, mit *Agriotypus*-Puppe. (Engelhardt 1982)

Tasten mit dem Legebohrer wieder verlassen), legt 1 **Ei** meist an den Hinterleib des paralysierten Wirtes; lässt sich dann passiv wieder an die Oberfläche treiben. Die **Larve** [I-8] lebt als Parasitoid, frisst zunächst außen am Wirt, im 5. Stadium innen; spinnt vor der Verpuppung (im Gehäuse der Köcherfliege) einen Kokon mit einem frei im Wasser flottierenden, vakuolisierten Gespinstband von gut 1 mm Breite und bis zu 3 cm Länge (Köcher mit diesem Band heißen „agriotypisiert" [I-9]); Band und Kokon füllen sich nach der Fertigstellung mit Luft und dienen so dem Gasaustausch: die leicht gewölbte Oberseite des Bandes besteht aus glattem, fest verkittetem Seidengespinst, die Unterseite – mit medianer, seitlich von gerippten Wülsten begrenzter Furche – aus lockerem, porenreichem, gleichwohl stabilem Gespinst; im fließenden Wasser bilden sich an der Unterseite und den Rändern des Bandes Luftblasen (durch Ansammeln von winzigen, im Wasser mitgeführten Luftblasen?, als Folge von Wirbelbildung am Band?); Entfernung

des Bandes führt zum Absterben der Puppe. Die Imago **überwintert** im Kokon.

J. Eucerotinae (bei uns 5 kleine Arten der Gttg. *Euceros*); polyphage Hyperparasitoide mit eigenartiger Entwicklung: ♀ befestigt mit dem kleinen Legebohrer unzählige winzige lang gestielte Eier randnah an Blattoberflächen; die geschlüpfte gepanzerte Erstlarve (Planidium, einem Triungulinus ähnlich) heftet sich an eine vorbeikriechende Schmetterlings- oder Blattwespenraupe; ernährt sich durch einen kleine Öffnung von der Hämolymphe der Raupe, über alle Häutungen hinweg, oft bis zur Bildung des Raupenkokons; Weiterentwicklung erst, wenn eine andere ekto- oder endoparasitoide Ichneumonidenlarve (Endwirt) die Raupe (Erstwirt) befällt; ein endoparasitoider Endwirt wird bei Verlassen der Raupenreste befallen.

K. Xoridinae (in Dt 29 kleine bis mittelgroße Arten, mehrheitlich aus der Gttg. *Xorides*); Schwestergruppe der übrigen Ichneumonidae; nicht häufig, wenig untersucht; ♀ bei vielen Arten mit weißem Antennenabschnitt (zwischen der Antennenmitte und dem Endabschnitt), immer mit etwa körperlangem Legebohrer; ausschließlich Ektoparasitoide bei holzbewohnenden Käfern (v. a. Cerambycidae) und Holzwespen (→Siricidae), die ihren Wirt durch eine kräftige Giftinjektion wohl rasch lähmen; meist an Larven, aber auch Puppen und sogar in der Puppenhaut noch eingeschlossene Imagines werden befallen; zur Eiablage dringen ♀♀ auch in Bohrgänge ihrer Wirte ein; für die Wirtsfindung wohl das Abklopfen des Brutholzes wichtig: ♀ mit einer einzigartigen Reihe von kräftigen, stiftarti-

gen Kutikula-Dornen im äußersten Antennenviertel, gerade jenseits der weißen Markierung, Echoortung vermutlich über die Erschütterungsorgane in den beim ♀ vergrößerten Vorderschienen; Verpuppung im Holz neben den Wirtsresten in einem papierartigen Kokon; die geschlüpfte Imago gelang mithilfe der meißelförmigen Mandibeln und Querleisten auf der Mittelbrust (Widerlager) nach außen (ähnlich Rhyssinae →A).
Lit. →Hymenoptera; Broad et al. 2018; Bürgis 1993; Gauld 1984; Kasparyan 1981; Kopelke 1988; Quicke 2015; Wesenberg-Lund 1943; Wichard 1988.

Ichneumoninae →Ichneumonidae, F.

Ichneumonoidea; Gruppe parasitoider Taillenwespen (Apocrita, →Hymenoptera); mit den Fam. →Braconidae, →Ichneumonidae.

Ichneutinae →Braconidae A.

Idaea →Geometridae, D.

idiobiont; Bezeichnung für einen →Parasitoid, der seinen Wirt lähmt und so an der Weiterentwicklung hindert (ausschließlich →Hymenoptera).

Idiocerinae, *Idiocerus* →Cicadellidae G.

Idolothripinae →Phlaeothripidae.

Idris →Scelionidae.

Igelfliege, *Tachina fera* L. →Tachinidae 2.

Igelkäfer, Hispini, *Hispa atra* L. →Chrysomelidae D.

Ilione →Sciomyzidae.

Ilybius →Dytiscidae 5.

Ilyocoris →Naucoridae.

Imaginalparasitoid; der Parasit frisst an oder in der Imago des Wirtes; →Parasitoid.

Imago (Plural: **Imagines**); das (nach der letzten Häutung) geschlechtsreife Insekt; nur bei wenigen primär flügellosen Insekten (z. B. →Collembola) häutet sich auch noch das geschlechtsreife Tier.

Immenkäfer, *Trichodes* →Cleridae 4.

Inachis →Nymphalidae C3.

Incurvaria →Incurvariidae 1.

Incurvariidae, Miniersackmotten; Fam. der Schmetterlinge (Lepidoptera, Glossata, Incurvarioidea) mit in Eur 15, M-Eur 11, Dt 8 Arten; Falter klein; Flügel lang gestreckt, in Ruhe dachförmig; mit kurzem Saugrüssel; fliegen tagsüber im Sonnenschein; Eier werden einzeln ins Blattgewebe gelegt; das erste 1. Larvenstadium miniert in Blättern von Laubbäumen, Rosaceae oder Saxifragaceae (Afterfüße mehr oder weniger rückgebildet); schneidet dann ein rundliches Stück aus dem ausgehöhlten Blattstück, das sie weiterhin als schützenden Sack benutzt; fällt zu Boden, frisst hier an abgefallenen Blättern (*Incurvaria,* *Phylloporia*) oder bleibt auf ihrem Blatt (*Allocle-*

Abb. I-10: Incurvariidae: *Incurvaria koerneriella*, Schildkrötenmotte. Birkenblatt, Löcher von Raupen ausgeschnitten. (Escherich 1914–42)

mensia); Verpuppung im Blattsack; Überwinterung am Boden als Raupe oder Puppe.

1. *Incurvaria koerneriella* Zell., Schildkrötenmotte (Flspw. 16–18 mm); die Raupe miniert zunächst (IV–V) in den Blättern von Buche, Eiche, Linde, Birke [**I-10**]; frisst nach Ausschneiden des Sackes am Boden Falllaub; Vergrößerung des Sackes durch Anfügen weiterer Blattstückchen; überwintert als Larve in der Laubstreu; Verpuppung im Sack (IV).

2. *Alloclemensia mesospilella* Herr.-Schäff. (Flspw. 10 mm); die Raupe miniert in den Blättern des Steinbrechs (*Saxifraga*); nach dem Ausschneiden wird der Blattsack auf der Blattunterseite mit Gespinst befestigt; danach bohrt sie um die Anheftungsstelle im Blatt, worauf auch das neu ausgehöhlte Blattstück ausgeschnitten wird, sodass ein weiterer Sack entsteht, der unter dem alten liegt; durch die Wiederholung dieses Verhaltens entsteht allmählich ein Turm aus aneinander gesponnen Blattsäcken, der mitgeschleppt wird, wobei die Raupe im jeweils untersten Sack steckt; die Altlarve ersetzt den Turm durch ein auf die Unter- oder Oberseite des Blattes gesponnenes rundliches, etwa 10 mm breites Blattstück, unter dem sie lebt; schließlich stellt sie die Nahrungsaufnahme ein, schneidet ein ovales Stücks aus dem Blattdeckel und formt daraus einen vorne und hinten offenen Köcher, mit dem sie sich tief in ein Moospolster verkriecht; hier heftet sie ihren Köcher an Moosästchen, spinnt das Innere des Köchers dicht mit Seide aus und überwintert; hier erfolgt auch die Verpuppung.
Lit. →Lepidoptera; Bryner *fide* Lepiforum.

Indirekte Samenübertragung; Bezeichnung dafür, dass der Samen während der Begattung nicht direkt in die Geschlechtsgänge des ♀ eingeführt, sondern in Form von (oft gestielten) Samenträgern (Spermatophoren) in der Umgebung des ♀ abgesetzt wird, wo er zufällig oder im Verlauf eines bisweilen sehr verwickelten Liebesspiels zwischen ♂ und ♀ vom ♀ aufgenommen wird (→Diplura; →Collembola; →Archaeognatha; →Zygentoma).

Innenparasit, Endoparasit; ein Parasit, der im Innern des Wirtes lebt; →Parasit.

Inocellia, **Inocelliidae** →Raphidioptera A.

Inostemma →Platygastridae.

Inquilinen, Einmieter; Bezeichnung für Tiere, die in den (bereits verlassenen oder noch bewohnten) Behausungen anderer Tiere (Wohnröhren, Minen, Gallen, Nestern) leben; Schädigung des ursprünglichen Wohnungs-Inhabers durch Raum- bzw. Nahrungsparasitismus kommt vor (Abgrenzung gegen Parasitismus also schwierig).

Insecta (Hexapoda), Insekten, Kerbtiere, Kerfe; monophyletische Gruppe der Arthropoda (Gliederfüßer) mit den Untergruppen der →Ellipura, →Diplura und →Ectognatha; die Bezeichnung Insecta (nicht jedoch Hexapoda) gelegentlich für die Ectognatha allein oder auch für eine Gruppe aus Diplura und Ectognatha verwendet; überwiegend terrestrische Teilgruppe der ansonsten nicht monophyletischen Krebse (Pancrustacea oder Tetraconata als Überbegriff für Krebse und Insekten); mit mehr als 1 Million beschriebener Arten (Schätzungen der Zahl tatsächlich existierender Arten gehen bis zum 20-Fachen) machen Insekten den weitaus größten Teil der Tierwelt aus; in Eur ± 94 000 beschriebene Arten, ±35 000 in Dt, dazu v. a. bei →Diptera und →Hymenoptera noch zahlreiche unbeschriebene Arten. Aufbau des **Körpers** aus Kopf, Thorax (Brust) und Abdomen (Hinterleib) bei allen Gruppen weitgehend beibehalten: Thorax immer aus 3 Segmenten (mit je 1 Laufbeinpaar, mittleres und hinteres Segment bei den →Pterygota mit je 1 Flügelpaar), Abdomen ursprünglich aus 12 Segmenten (→Protura), sonst höchstens 11 Segmente, in unterschiedlichem Ausmaß auf eine geringere Zahl reduziert (Extremitäten nie als Laufbeine ausgebildet); äußeres Erscheinungsbild mit großen Unterschieden zwischen den Großgruppen; Unterscheidung einzelner Arten dagegen oft schwierig, in manchen Gruppen nur molekulargenetisch oder durch die äußeren Geschlechtsanhänge der ♂♂ möglich (arttypische Ausprägung im Zusammenhang mit einer optimalen Stimulierung der artgleichen ♀♀). Ursprünglich Oberflächenbewohner des Landes (Tracheenatmer, primär flügellos; → „Apterygota"); durch die Entwicklung eines leistungsfähigen Flugapparates (→Pterygota) und durch (mehrfach entstandene) Anpassungen an das Leben im Wasser (Tracheenkiemen, →Plastron) Ausbreitung auch in diese **Lebensräume**; im Einzelnen mit einer außerordentlichen Mannigfaltigkeit der Gestalten und Lebensweisen, im Zusammenhang damit Vorkommen in fast jedem Lebensraum in großer Artenzahl (Ausnahme: Meer, hier nur mit wenigen Arten im Watt und auf der Wasseroberfläche). **Individualentwicklung** über mehrere Stadien, durch Häutungen getrennt; Flügel erst bei der geschlechtsreifen Imago funktionstüchtig (Ausnahme: →Ephemeroptera), dann keine Häutungen mehr; ursprünglich mit direkter Entwicklung („unvollkommene Verwandlung", →Hemimetabolie; →Metamorphose): die Larven weitgehend imago-ähnlich, mit äußeren Imaginalanlagen (Flügel, Geschlechtsanhänge); „vollkommene Verwandlung" (→Holometabolie, →Metamorphose) bei den außerordentlich artenreichen →Holometabola: Larvenstadien ohne äußere Imaginalanlagen, meist mit anderer Lebensweise als die Imagines, zwischen letztem Larvenstadium und Imago die Puppe (→Pupa) mit tief greifendem Umbau zur geflügelten und Geschlechtsanhänge tragenden Imago. Außerordentlich ist ihre **Bedeutung** für den Menschen im negativen (Vernichter von Vorräten und Nutzpflanzen; Krankheitsüberträger auf Pflanzen, Tiere, Menschen; Blutsauger an Mensch und Nutztieren) wie positivem Sinne (Blütenbestäuber bei Nutzpflanzen; Jäger bzw. Parasitoide von Schadinsekten; Abbau von Pflanzenresten und Dung; wesentlicher Bestandteil zahlreicher Nahrungsketten an Land und im Süßwasser). Lit. Bailey 1990; Bailey & Ridsdill-Smith 1991; Birket-Smith 1984; Dathe 2003; Dettner & Peters 2003; Eisner et al. 1986; Ewing 1989; Gilbert 1990; Grassé 1949–79; Grimaldi & Engel 2005; Handbuch der Zoologie 1923 ff; Hennig 1981; Jolivet 1991; Kettle 1990; Klausnitzer 2007, 2011; Lehane 1991; Lewis 1984; Naumann 1991; Price 1984; Schaefer & Scheu 2025; Sellenschlo 2021; Speight & Wainhouse 1989; Stary 1990; Thornhill & Alcock 1983; Weber & Weidner 1974; Wesenberg-Lund 1943; Williams & Feltmate 1992.

Insekten →Insecta.

Insignorthezia →Ortheziidae 2.

Integripalpia →Trichoptera.

intermorph; Bezeichnung für diejenigen bei einzelnen Ameisenarten (→Formicidae) vorkommenden Königinnen, die sich zwar von Arbeiterinnen

(♀♀) durch Gestalt und Größe unterscheiden, aber wie ♀♀ flügellos sind.

Involvulus →Rhynchitidae 5.

Ionescuellum →Protura C.

Iphiclides →Papilionidae 2.

Ipidae →Curculionidae P.

Ips →Curculionidae P2, P5, P9, P.

Iridomyrmex →Formicidae B3.

Irisblattwespe, *Rhadinoceraea micans* Kl. →Tenthredinidae.

Ironoquia →Trichoptera.

Ischnocera, Kletterfederlinge; Gruppe der Läuse (Psocodea, Phthiraptera); oft mit den →Amblycera und →Trichodectera zur paraphyletischen Gruppe der „Mallophaga" zusammengefasst; in Eur ± 460, M-Eur ± 355, Dt = 270 Arten, ausschließlich auf Vögeln (früher hierher gestellte Säugerparasiten: →Trichodectera). Körper mit langen, abstehenden Borsten [**P-35**]; Mundgliedmaßen beißend, auf Kopfunterseite, ohne Maxillartaster; die 5-gliedrigen Antennen abstehend [**P-35**], länger als bei den Amblycera, bei ♂♂ zuweilen zu Klammerorganen spezialisiert (Packen des ♀ bei der Begattung); deutliche Anpassungen an Leben in Federkleid: Kletterbeine mit 2 kräftigeren Krallen (aber ohne Haftballen), Anklammern mit den Mandibeln, hierzu Längsrinne an Kopfunterseite (zum Anlegen an Feder- und Haarschäfte) mit unpaarer oder paarigen Ansaugblasen. Ernährung vom Horn der Federn [**M-3**], daher wohl intrazelluläre **Symbionten** in Zellen des Fettkörpers; meist verschiedene Arten auf dem gleichen Wirt, allerdings in verschiedenen Körperregionen: a) auf dem Kopf eher plumpe Federlinge mir mit großen Köpfen (Festbeißen im Gefieder), b) auf den Flügeln schlanke (Einklemmen zwischen Federstrahlen), c) am Körper mit rundlicher (Verbergen zwischen den Dunen) oder intermediärer Gestalt (rasches Ausweichen); auf diesen Gestaltunterschieden beruhende Gliederung in mehrere Fam. (u. a. Lipeuridae, Goniodidae) gibt die Verwandtschaftsverhältnisse nicht wieder, daher vorläufig als 1 Fam. **Philopteridae** aufgefasst; Auswahl: am Körper *Philopterus atratus* Ni. auf der Saatkrähe und *Ph. turdi* De. auf Drosseln; *Goniodes colchici* De. auf dem Kopf des Fasans; an Flügeln *Columbicola columbae* L. [**M-5**] auf Haustauben und *Anaticola anseris* L. auf Grau- und Hausgans. Lit. →Phthiraptera; Eichler 2003.

Ischnodes →Elateridae.

Ischnopsyllidae →Siphonaptera, F.

Ischnopterapion →Apionidae 4.

Ischnura →Coenagrionidae 5.

Ismaridae, *Ismarus* →Diapriidae; s. auch →Dryinidae.

Isodontia →Sphecidae B.

Isometopidae, Isometopinae, *Isometopus* →Miridae, 11.

Isonychia →Ephemeroptera; →Isonychiidae; vgl. auch →Oligoneuriidae.

Isonychiidae; Fam. der Eintagsfliegen (Ephemeroptera); in Eur & Dt nur *Isonychia ignota* Walk.; mit 2 Schwanzfäden; Eiablage im Flug; Häutung zur Subimago in der frühsommerlichen Abenddämmerung auf Felsen und Holz an der Wasseroberfläche. **Larven** in Flüssen bevorzugt an Stellen mit Wasserpflanzen und starker Strömung; Vorderbeine mit nach vorn gerichteten, langen, fein behaarten Borsten als wirksamer Filterapparat zum Abfangen von Kleinlebewesen (bis unter 1 μm); in Arbeitsstellung wird die Mikroreuse bei ausgestreckten Vorderbeinen gegen den Wasserstrom gehalten [**I-11**]; die abgefangenen Nahrungspartikel werden von den ebenfalls behaarten Maxillen ausgekämmt und dem Mund zugeführt; 7 Paar Tracheenkiemen am Hinterleib; an der Basis von Vorderbeinen und Maxillen zusätzliche Kiemenbüschel; 1 Generation im Jahr. Lit. →Ephemeroptera.

Isoperla →Perlodidae; →Plecoptera.

Isophya →Phaneropteridae, 3.

Isoptera, Termiten; Gruppe der →Blattodea; eusoziale Insekten (neben Ameisen, manchen Faltenwespen und Bienen); die häufige Bezeichnung „Weiße Ameisen" irreführend: sie sind keine Ameisen, und manche Formen sind dunkel pigmentiert; fast sämtlich im tropischen und subtropischen Bereich; nur 8 Arten der Gttgn. *Kalotermes* und *Reticulotermes* in S-Eur heimisch, 1 weitere Art (*Cryptotermes brevis* Walk.) in Italien eingebürgert; bei uns nur *Reticulitermes flavipes* (→3), in Hafenstädten eingeschleppt; weitere tropische Arten, z. B. der Gttgn. *Cryptotermes*

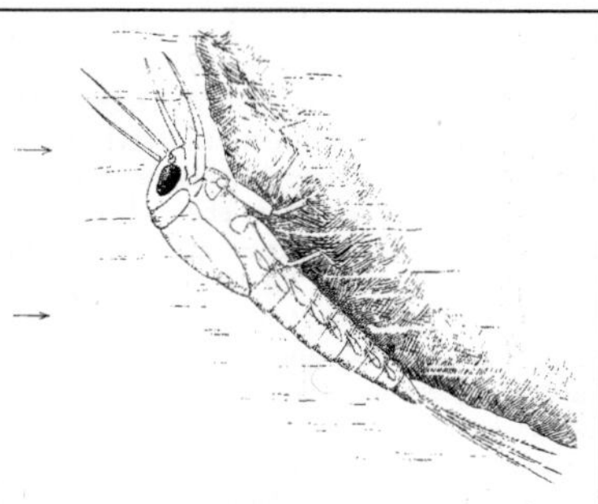

Abb. I-11: Isonychiidae: *Isonychia* spec. Larve stellt den Haarreusenapparat gegen den Wasserstrom (Pfeile). (Merritt, Wallace 1981)

und *Nasutitermes*, gelegentlich mit Pflanzen verschleppt, aber offenbar niemals eingebürgert; Komplexaugen, evtl. zusammen mit 2 Ocellen, bei den geflügelten Geschlechtstieren gut entwickelt, sonst bei diesen meist lichtscheuen Tieren rudimentär oder fehlend. **Polymorphismus** oft sehr ausgeprägt, unterscheidbar sind folgende Kasten: **1) fortpflanzungsfähige Individuen**, und zwar a) primäre Geschlechtstiere (♂♂ und ♀♀); zeitweilig geflügelt, Flügel nach dem kurzen Hochzeitsflug abgeworfen; anschließend „Liebesspaziergang", meist das ♂ hinter dem ♀, vermutlich geleitet durch einen Lockstoff des ♀; Aufsuchen eines Verstecks, Begattung; König und Königin bleiben nach der Nestgründung ständig beisammen, Hinterleib des ♀ durch starke Entwicklung der Ovarien bei manchen Arten riesig angeschwollen; b) Ersatzgeschlechtstiere (♂♂ und ♀♀); treten nach Bedarf auf, Flügel fehlend oder höchstens stummelförmig; **2) nicht fortpflanzungsfähige Tiere beiderlei Geschlechts:** c) Arbeiter (♀♀); fehlen bei manchen Arten, dann ersetzt durch niemals das Imaginalstadium erreichende Altlarven (Scheinarbeiter, Pseudergaten); d) Soldaten, meist großköpfig und mit stark sklerotisierter Kutikula; fehlen selten; treten je nach Art (seltener bei der gleichen Art) in 2 verschiedenen Formen auf: als Kiefersoldaten mit mächtigen, zuweilen asymmetrisch ausgebildeten Mandibeln und als Drüsensoldaten mit zuweilen riesiger, an der Stirn ausmündender Wehr- und Alarmdrüse (Stirndrüse, Frontaldrüse); Mündung bei manchen Arten an der Spitze eines Stirnzapfens (Nasuti); Wirkung des Sekrets: Alarmierung und – bei größeren Drüsen – Behindern z. B. von angreifenden Ameisen v. a. durch Verschmieren; **Determination zu einer Kaste** vermutlich nicht genetisch, sondern durch Einwirkung von außen bestimmt, u. a. vermutlich durch Pheromone (bei der im Mittelmeergebiet verbreiteten *Kalotermes flavicollis* F. z. B. geben ♂♂ und ♀♀ einen durch Weitergeben von Kot im ganzen Volk verbreiteten Stoff ab, der das Auftreten von Ersatzgeschlechtstieren verhindert); die Larven verrichten ebenfalls Arbeiten im Stock. Bei manchen Arten spielen Duftstoffe zum **Spurenlegen** oder für die gegenseitige Anlockung eine Rolle, bei *K. flavicollis* z. B. der vermutlich aus der Nahrung stammende, von den Larven abgegebene Alkohol Hexen-3-ol; auch das bei den großköpfigen Soldaten einiger Arten bekannte trommelnde Aufstoßen mit dem Kopf auf die Unterlage dürfte Signalfunktion haben. **Hauptnahrung** pflanzlich (i. d. R. Zellulose), bei meisten Fam. (mit ca. 1/4 der Termitenarten, darunter allen eingeschleppten) v. a. Holz, dessen

Aufarbeitung wesentlich unterstützt wird durch in einer Erweiterung des Enddarmes untergebrachte symbiotische Flagellaten (aus den Gruppen der Parabasalia und Oxymonadea; gehen bei den Häutungen meist verloren, ersetzt durch Verfüttern von Kot); die artenarmen Erntetermiten (Hodotermitidae) sammeln abgestorbene Grasteile; bei der Fam. Termitidae (mit ca. 3/4 der Arten; ohne symbiotische Flagellaten) Ernährung durch abgestorbene Pflanzenreste (wie Humus, Blattstreu, Gras) oder auch (U-Fam. Macrotermitinae) durch Pilze der Gttg. *Termitomyces*, die auf besonderen Pilzgärten (zerkautes pflanzliches Material) gezüchtet werden; außerordentliche Bedeutung hat Trophallaxis (Weitergabe von ausgewürgter Nahrung und von noch verwertbarem Kot an Stockgenossen); bei allen Termiten eine Vielzahl symbiotischer Bakterien (u. a. Zelluloseabbau, Stickstoffbindung). **Nester** teils unterirdisch, teils in Holz, teils (nicht in Europa) als oberirdisch auffallende Hügelbauten aus Erde, Speichel und Kot.

1. *Kalotermes flavicollis* F., Gelbhalstermite (Fam. Kalotermitidae; Geflügelte 6–8 mm); Mittelmeergebiet; Hinterleib der Königin nicht vergrößert; mit Kiefersoldaten; ♀♀ fehlen, ersetzt durch Scheinarbeiter (Pseudergaten); die wenig volkreichen Kolonien im Holz erkrankter, aber noch nicht abgestorbener Bäume; die Geflügelten schwärmen in kleinen Gruppen während des ganzen Sommers bis in den Spätherbst.

2. *Reticulitermes lucifugus* Rossi, Erdholztermite (Fam. Rhinotermitidae; Geflügelte 9 mm); Mittelmeergebiet; Eier legende Königin mit etwas vergrößertem Hinterleib; ♀♀ vorhanden, ebenso Kiefersoldaten [I-12] und nicht selten auch Ersatzgeschlechtstiere; recht volkreiche Kolonien,

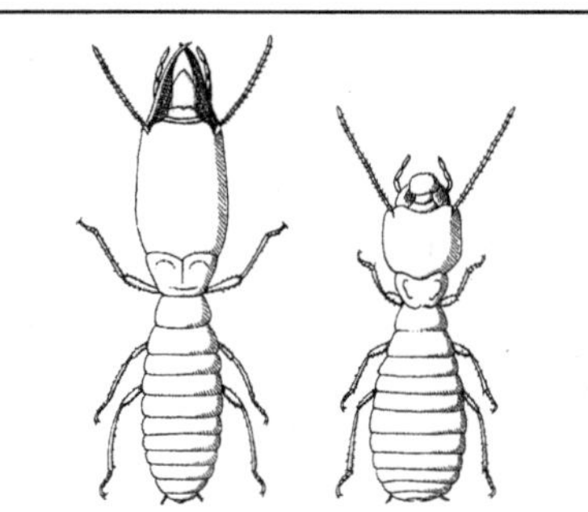

Abb. I-12: Isoptera: *Reticulitermes lucifugus*, Erdholztermite. Links: Soldat, bis 6 mm; rechts: Arbeiter, bis 5,5 mm. (Chopard 1951)

v. a. in Kiefernstümpfen und -stämmen; schwärmen im Frühling und Frühsommer; Adoption des Pärchens durch eine verwaiste Kolonie möglich.

3. *Reticulitermes flavipes* Koll., Gelbfußtermite (Fam. Rhinotermitidae); mehrere Male aus Nordamerika nach Europa eingeschleppt, jahrelang z. B. in Hamburg angesiedelt und durch Zerfressen von Balken in Gebäuden schädlich; Vermehrung bei uns offenbar nur durch Ersatzgeschlechtstiere.
Lit. Engels 1990; Ohkuma 2008; Weidner 1970a.
Isostasius →Scelionidae.
Isotoma →Isotomidae.
Isotomidae, Gleichringler; Fam. der Springschwänze (Collembola, Entomobryomorpha) mit in Eur ± 375, M-Eur ± 170, Dt 106 Arten; der lang gestreckte Körper nur spärlich beborstet, Hinterleib gleichmäßig segmentiert (bei *Folsomia* Hinterleibssegmente 4–6 verschmolzen); Sprunggabel oft rückgebildet; meist in Bodenstreu oder im Boden. Oft ungemein häufig in humosem Boden die kaum pigmentierten und blinden *Isotomiella minor* Schäff. und *Folsomia candida* Will. (bis 3 mm); beide parthenogenetisch, Letztere weltweit verschleppt; die grün bis violette, dunkel gezeichnete *Isotoma viridis* Bourl. (bis 5 mm) auf feuchten Wiesen. Hierher auch der hochalpine ***Desoria saltans*** Nic., Gletscherfloh (2,5 mm): mit dunkler Pigmentierung, die vor UV-Strahlung schützt und Wärmegewinn aus der Absorption langwelliger Strahlung bringt; ganzjährig und in allen Lebensstadien auf alpinen Gletschern im Lückensystem der Schneeauflage; nur bei Wassereinbrüchen (Schneeschmelze bei Sonneneinstrahlung) massenhaftes Auswandern an die Oberfläche; Hauptnahrung: vom Wind verfrachteter Blütenstaub; angepasst an Temperaturen um 1–2 °C; hoher Sauerstoffbedarf, der oberhalb 8 °C nicht mehr gedeckt werden kann; ohne erkennbares Sozialverhalten; Fortpflanzungsperiode im Herbst; Eier einzeln abgelegt, Eientwicklung (120 Tage) während des Winters im Schutz der Schneedecke; Geschlechtsreife nach 12–14 Häutungen und 12–14 Monaten; ähnlich, aber mehr Moosbewohner: *D. nivalis* Carl, Schneefloh.
Lit. →Collembola; Potapow 2001.
Isotomiella →Isotomidae.
Isotomurus →Collembola (Isotomidae).
Issidae, Käferzikaden; Fam. der Zikaden (Auchenorrhyncha, Fulgoromorpha) mit in Eur ± 130, M-Eur 10, Dt 2 Arten; bezeichnend eine Verbreiterung der relativ kurzen und derben Vorderflügel im vorderen oder mittleren Drittel; Gestalt daher gedrungen, fast käferartig; →mono- und polyphag; die Eier werden bei manchen einfach auf den Boden fallen gelassen; häufig nur ***Issus coleoptratus*** F., Käferzikade (6–7 mm); auffallend breit, graugelb; Imagines VI–IX; extrem →polyphag, z. B. auf verschiedenen Waldbäumen, aber auch Sträuchern und selbst Kräutern und Efeu; offenbar flugunfähig; 1 Generation im Jahr; die Junglarven überwintern in Bodenstreu.
Lit. →Auchenorrhyncha.
Issoria →Nymphalidae E1.
Issus →Issidae.
Italienische Schönschrecke, *Calliptamus italicus* L. →Acrididae E.
Ithytrichia →Hydroptilidae.
Itonididae, alte Bezeichnung für die →Cecidomyiidae.
Itoplectis →Ichneumonidae, B.
Ixodiphagus →Encyrtidae.

J

Jagdfliegen →Asilidae.

Jagdkäfer →Trogossitidae E.

Jägerhütchen, *Pseudoips prasinanus* L. →Nolidae 1.

Jakobskreuzkrautbär, *Tyria jacobaeae* L. →Erebidae K13.

Janus →Cephidae 2.

Japanischer Eichenseidenspinner, *Antheraea yamamai* →Saturniidae.

Japygidae; Fam. der Doppelschwänze; →Diplura.

Japyx →Diplura.

Jassidae →Cicadellidae.

Javesella →Delphacidae, 2.

Jochkäfer →Scirtidae.

Johannisbeerblasenlaus, *Cryptomyzus ribis* L. →Aphididae 13.

Johannisbeerglasflügler, *Synanthedon tipuliformis* Cl. →Sesiidae 5.

Johannisbeermotte, *Lampronia capitella* Cl. →Prodoxidae 2.

Johanniswürmchen →Lampyridae.

Johnston-Organ, Johnston'sches Organ; ein im 2. Antennenglied (Pedicellus) liegendes, mit stiftführenden Sensillen (Skolopidien) ausgestattetes Sinnesorgan; erregt durch Stellungsänderung und Schwingung der Antennengeißel; verschiedene Funktionen: Messen der Fluggeschwindigkeit, Erkennen von Hindernissen beim Schwimmen der Taumelkäfer (→Gyrinidae), Erkennen der Körperhaltung beim Schwimmen bei Wasserwanzen (→Notonectidae), Hörorgan bei den ♂♂ von Stechmücken (→Culicidae).

Jugatae; →paraphyletische Teilgruppe der →Lepidoptera; enthält Fam. mit ursprünglicher Bindevorrichtung der Flügel (→Micropterigidae, →Eriocraniidae, →Hepialidae).

Jugum →Lepidoptera.

Jungfern, Virgines; bei Blattläusen ganz allgemein die parthenogenetisch erzeugten und sich ebenso fortpflanzenden Nachkommen der Stammmutter (Fundatrix); Bezeichnung v. a. üblich bei Arten ohne Wirtswechsel; →Aphidina.

Jungfernzeugung →Parthenogenese.

Julikäfer, *Anomala dubia* Scop. →Scarabaeidae C7.

Jungfernbär, *Callimorpha dominula* L. →Erebidae K12.

Jungfernkinder, Archiearinae →Geometridae A.

Jungfernsohn, *Archiearis parthenias* L. →Geometridae A.

Junikäfer, *Amphimallon solstitiale* L. →Scarabaeidae C3.

Juvenilhormon, Neotenin; in den Corpora allata gebildetes Hormon, das, als Gegenspieler des Metamorphosehormons, bei den Häutungen die Fortdauer des larvalen Zustandes bedingt; mit maßgeblicher Bedeutung für die Steuerung von Polymorphismen (s. Kastenbildung bei →Apidae); →Metamorphose.

Lit: Nijhout & Wheeler 1982.

© Springer-Verlag GmbH Deutschland, ein Teil von Springer Nature 2026
E. Weber, H. Bellmann, *Jacobs|Renner – Biologie und Ökologie der Insekten*
https://doi.org/10.1007/978-3-662-71153-8_10

K

Kabinettkäfer, *Anthrenus* →Dermestidae 4.
Käfer →Coleoptera.
Käfergrillen →Trigonidiidae B.
Käfermilbe, *Parasitus coleoptratorum* L. →Geotrupidae A.
Käferzikaden →Issidae, auch für Tettigometridae verwendet.
Kaffeebohnenkäfer, *Araecerus fasciculatus* de Geer →Anthribidae 3.
Kahlfraß; Fraß aller Nadeln oder Blätter (mit Ausnahme höchstens der dicken Mittelrippe) durch Imagines oder Larven von Insekten.
Kahnkäfer →Staphylinidae J.
Kairomone; Sammelbezeichnung für alle von Lebewesen ausgehenden flüchtigen oder wasserlöslichen Substanzen, die auf Nicht-Artgenossen wirken und diesen Vorteile bringen (vgl. →Allomone); meist ermöglichen die K. es den Zielorganismen, die Sender aufzufinden: Jäger finden durch sie ihre Beute, Pflanzennutzer die von ihnen oder ihren Larven genutzten Pflanzen, Parasiten ihre Wirte; bei manchen Kairomonen handelt es sich chemisch um →Pheromone, also um Substanzen, die primär der innerartlichen Kommunikation dienen.
Kaisermantel, *Argynnis paphia* L. →Nymphalidae E4.
Kaiserzikade, *Pomponia imperatoria* Westw. →Auchenorrhyncha.
Kaiwurm →Curculionidae H1.
Kakao-Motte, *Ephestia elutella* Hbn. →Pyralidae 9.
Kakerlak, *Blatta orientalis* L. →Blattidae 1.
Kakothrips →Thripidae 4.
Kala-Azar →Psychodidae.
Kälberauge, *Coenonympha pamphilus* L. →Nymphalidae F11.
Kälberkropfspanner, *Odezia atrata* L. →Geometridae E2.
Kalifornische Schildlaus, *Comstockaspis perniciosus* Comst. →Diaspididae 4.
Kalotermes, Kalotermitidae →Isoptera 1.
Kaltenbachiola →Cecidomyiidae D4.
Kamelhalsfliegen →Raphidioptera.
Kamelspinner, *Ptilodon capucina* L. →Notodontidae A7.
Kammerjungfer, *Dysauxes ancilla* L. →→Erebidae K6.

Kammschnaken, *Ctenophora* →Tipulidae 4.
Kaninchenfloh, *Spilopsyllus cuniculi* Dale →Siphonaptera, A.
Kaninchenlaus, *Haemodipsus ventricosus* Den. →Anoplura.
Kappenzikaden, Megophthalminae →Cicadellidae J.
Kapuzenbärchen, *Nola cucullatella* L. →Nolidae 3.
Kapuzinerkäfer, *Bostrichus capucinus* L. →Bostrichidae 1.
Kardinäle →Pyrochroidae.
Karminbär, *Tyria jacobaeae* L. →Erebidae K13.
Karnyothrips →Thysanoptera.
Kartoffelbohrer, *Hydraecia micacea* Esp. →Noctuidae 29.
Kartoffelerdfloh, *Psylliodes affinis* Payk. →Chrysomelidae L4.
Kartoffelgalle; Galle von *Biorhiza pallida* Ol. →Cynipidae 2.
Kartoffelkäfer, *Leptinotarsa decemlineata* Say →Chrysomelidae J1.
Kartoffelmotte, *Phthorimaea operculella* Zell. →Gelechiidae 6.
Kartoffelschorfmücke, *Pnyxia scabiei* →Sciaridae.
Käsefliege, *Piophila casei* L. →Piophilidae.
Kastanienwickler, *Cydia splendana* Hbn. →Tortricidae 2.
Kasten; die nach Körperbau und Verhalten verschiedenen ♀♀-Formen bei Staaten bildenden Insekten; →Anthophila; →Formicidae; →Isoptera; →Vespidae D.
***Kateretes* →**Kateretidae.
Kateretidae; Fam. der Käfer (Coleoptera, Polyphaga, Cucujiformia) mit in Eur 23, M-Eur 15, Dt 13 Arten; früher zu den →Nitidulidae gestellt; wie diese klein (1,5–3 mm), oval, ohne Bedeckung des Hinterleibsendes durch die Flügeldecken; Imagines und Larven Pollenfresser in Blüten; Käfer →polyphag, Larven mono- bis oligophag (an Brennnesseln: *Brachypterus*, z. B. der häufige *B. urticae* F.; Leinkraut und Löwenmaul: *Brachypterolus*, Holunder: *Heterhelus*, Seggen und Binsen: *Kateretes*); Verpuppung in der Erde. Lit. →Coleoptera.
Katiannidae →Arrhopalitidae.
Katzenfloh, *Ctenocephalides felis* Bche. →Siphonaptera, A.
***Kaweckia* →**Eriococcidae.
Kegelbienen, *Coelioxys* →Megachilidae 8.
Kegelköpfe →Conocephalidae.
Keilflecklibelle, *Aeshna isoceles* Müll. →Aeshnidae.

© Springer-Verlag GmbH Deutschland, ein Teil von Springer Nature 2026
E. Weber, H. Bellmann, *Jacobs|Renner – Biologie und Ökologie der Insekten*,
https://doi.org/10.1007/978-3-662-71153-8_11

Kellerlaus, *Rhopalosiphoninus latysiphon* Dav. →Aphididae 17.

Kellerspanner, *Triphosa dubitata* L. →Geometridae.

Kerbtiere →Insecta.

Kerfe →Insecta.

Kermes, Kermeslaus, *Kermes vermilio* Planch →Coccina; →Kermesidae.

Kermesidae; Fam. der Schildläuse (Coccina) mit in Eur 12, M-Eur 6, Dt 3 Arten; Körper ohne sichtbare Segmentgrenzen; nieren- bis kugelförmig; die ca. 3–5 mm langen ♀♀ mit stark sklerotisiertem braunem Chitinpanzer mit dunklen Querbinden und Flecken; Antennen und Beine stark reduziert; ♀ mit 2, ♂ mit 4 Larvenstadien; fast ausschließlich an Eichen. ***Kermes quercus*** L., Eichenschildlaus; an Stämmen und Ästen von Eichen; das ♀ bildet bei der Eiablage unter der harten Rückenhaut einen 2-kammerigen Brutraum; die beiden ersten Larvenstadien leben unter einer fädigen, mit Kot beschmierten Sekrethülle, die ♂-Nymphen in einem ähnlichen Puparium; 1 Generation im Jahr, die Larve überwintert; bisweilen schädlich; wegen Honigtaubildung von Ameisen besucht. ***Kermes vermilio*** Planch., Kermeslaus, im Mittelmeergebiet, wurde früher als Lieferant eines roten Farbstoffes (Kermes) verwertet (→Coccina).
Lit. →Coccina.

Kernholzkäfer, Platypodinae →Curculionidae C.

Keroplatidae; Fam. der Zweiflügler (Diptera, Bibionomorpha) mit in Eur 65, M-Eur 45, Dt 30 Arten (ohne die trotz abweichender Gestalt und Lebensweise inzwischen meist dazu gestellten →Macroceridae); meist schlanke (4–15 mm), dunkle Mücken mit gedrungenen Antennen [**K-1**], einzelne Arten auffällig rotschwarz rot-schwarz (*Platyura marginata* Meig.) oder wespenartig (*Keroplatus, Urytalpa*) gefärbt; überwiegend dämmerungs- und nachtaktiv, tagsüber versteckt an dunklen, feuchten Orten (wie Höhlungen oder unter überhängenden Böschungen); einzelne Arten besuchen Blüten. Die schlanken, wurmförmigen, →eucephalen **Larven** mit gut ausgebildetem Tracheensystem, jedoch geschlossenen Stigmen (Hautatmung); bevorzugen dunkle und feuchte Stellen in Waldungen; oft an der Unterseite verschiedener Baumschwämme in einem schleimigen Gespinst; Nahrung Pilzsporen (Keroplatini) oder kleine Wirbellose (Orfeliini), die sich im Gespinst verfangen; bei den jagenden Arten oxalsäurehaltige Speicheltröpfchen auf dem Gespinst, deren Berührung auf Kleininsekten tödlich wirkt. **Verpuppung** in einem Kokon (z. B. verpuppt sich *Keroplatus* im Gespinst in einem

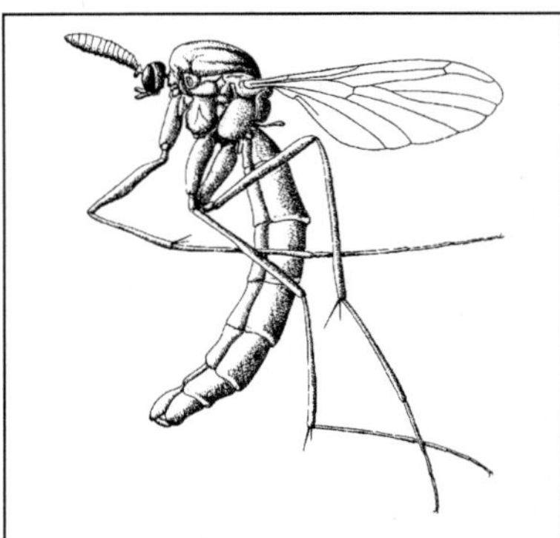

Abb. K-1: Keroplatidae: *Keroplatus sesioides*, Pilzmücke. ♂; Körper 16 mm. (Séguy 1951a)

mit Deckel versehenen trockenen Kokon). Bemerkenswert das schwache **Leuchtvermögen** der Larven (und Puppen, evtl. auch der frisch geschlüpften Imagines) bei mehreren Arten, unter den mitteleuropäischen z. B. bei *Keroplatus testaceus* Dalm. (anscheinend nicht bakteriell, an den Fettkörper gebunden); Bedeutung unbekannt.
Lit. →Diptera.

Keroplatini; Gattungsgruppe der →Keroplatidae.

Keroplatus →Keroplatidae, A.

Keulenhornblattwespen →Cimbicidae.

Keulenjungfer, *Stylurus flavipes* Charp. →Gomphidae.

Keulenwanzen →Berytidae.

Keulenwespen →Sapygidae.

Keulhornbienen, *Ceratina* →Apidae D2.

Khaprakäfer, *Trogoderma granarium* Ev. →Dermestidae 3.

Kickbeere →Cecidomyiidae D2.

Kiefernblütenrüssler →Cimberididae.

Kiefernblütenstecher, *Anthonomus phyllocola* Hbst. →Curculionidae H1.

Kiefernborkenschildläuse →Matsucoccidae.

Kieferneule, *Panolis flammea* Den. & Schiff. →Noctuidae 1.

Kieferngallmücke →Cecidomyiidae D6, D7.

Kiefernharzbeulenzünsler, *Dioryctria sylvestrella* Ratz. →Pyralidae 7.

Kiefernharzgallenwickler, *Retinia resinella* L. →Tortricidae 8.

Kiefernharzgallmücke, *Cecidomyia pini* Deg. →Cecidomyiidae D5.

Kiefernknospentriebmotte, *Exoteleia dodecella* L. →Gelechiidae 3.

Kiefernknospentriebwickler, *Rhyacionia buoliana* Den. & Schiff. →Tortricidae 5.

Kiefernknospenwickler, *Blastesthia turionella* L. →Tortricidae 7.

Kiefernkulturrüssler, *Pissodes castaneus* Deg. →Curculionidae L1.

Kiefernnadelmotte, *Ocnerostoma piniariella* Zell. →Yponomeutidae 2.

Kiefernnadelrüsselkäfer, *Brachyderes incanus* L. →Curculionidae F3.

Kiefernnadelscheidengallmücke, *Thecodiplosis brachyntera* →Cecidomyiidae D7.

Kiefernnadelwickler, *Archips oporana* L. →Tortricidae 9.

Kiefernprachtkäfer, *Chalcophora mariana* L. →Buprestidae 1.

Kiefernprozessionsspinner, *Thaumetopoea pinivora* Tr. →Notodontidae B1.

Kiefernquirlwickler, *Rhyacionia duplana* Hbn. →Tortricidae 6.

Kiefernrindenwanze, *Aradus cinnamomeus* Pz. →Aradidae.

Kiefernsaateule, *Agrotis vestigialis* Hufn. →Noctuidae 3.

Kiefernschwärmer, *Sphinx pinastri* L. →Sphingidae 7.

Kiefernspanner, *Bupalus piniarius* L. →Geometridae C11.

Kiefernspinner, *Dendrolimus pini* L. →Lasiocampidae 10.

Kieferntriebwickler; *Rhyacionia buoliana* Den. & Schiff. →Tortricidae 5, s. auch →Ichneumonidae; *Rhyacionia duplana* Hbn. →Tortricidae 6.

Kiefernzapfenrüssler, *Pissodes validirostris* Sahlb. →Curculionidae L1.

Kiefernzapfenwanze, *Gastrodes grossipes* de Geer →Rhyparochromidae 6.

Kiefernzweigbock, *Pogonocherus fasciculatus* Deg. →Cerambycidae E5.

Kiefersoldaten →Isoptera.

Killer Bee, Killerbienen →„Mörderbienen".

Kirschblütenmotte, *Argyresthia pruniella* Clerck →Argyresthiidae 2.

Kirschfliege, *Rhagoletis cerasi* L. →Tephritidae 2.

Kirschfruchtstecher, *Epirhynchites auratus* L. →Rhynchitidae 6.

Kirschkernstecher, *Anthonomus rectirostris* L. →Curculionidae H1.

Kittharz →Propolis.

Klammerfüße →Lepidoptera.

Klauenkäfer →Dryopidae.

Klee(wurzel)borkenkäfer, *Hylastinus obscurus* Marsh. →Curculionidae P20.

Kleeblattgallmücke, *Dasineura trifolii* Loew →Cecidomyiidae B7.

Kleeborkenkäfer (Kleewurzelborkenkäfer), *Hylastinus obscurus* Marsh. →Curculionidae P20.

Kleeluzernerüssler, *Otiorhynchus ligustici* L. →Curculionidae F1.

Kleesamenwespe, *Bruchophagus gibbus* Boh. →Eurytomidae 2.

Kleespinner, *Lasiocampa trifolii* Den. & Schiff. →Lasiocampidae 6.

Kleezierlaus, Gefleckte, *Therioaphis trifolii* Monell →Drepanosiphidae B5.

Kleiderlaus, *Pediculus humanus* L. →Pediculidae 2.

Kleidermotte, *Tineola bisselliella* Hum. →Tineidae 1.

Kleidocerys →Lygaeidae 2.

Kleinbock, *Gracilia minuta* F. →Cerambycidae D2.

Kleine Essigfliege, *Sophophora melanogaster* Meig. (= *Drosophila m.*) →Drosophilidae.

Kleine Fichtenblattwespe, *Pristiphora abietina* Christ. →Tenthredinidae 28.

Kleine Fichtenquirlschildlaus, *Physokermes hemicryphus* Schrk. →Coccidae 5.

Kleine Flechteneule, *Bryophila domestica* Hufn. →Noctuidae 16.

Kleine Goldschrecke, *Euthystira brachyptera* Ocsk. →Acrididae B2, →Caelifera.

Kleine Harzbiene, *Anthidium strigatum* Pz. →Megachilidae 5.

Kleine Himbeerlaus, *Aphis idaei* v. d. G. →Aphididae 14.

Kleine Johannisbeerlaus, *Aphis schneideri* CB. →Aphididae 12.

Kleine Kohlfliege, *Delia radicum* L. →Anthomyiidae 7.

Kleine Königslibelle, *Anax parthenope* Selys →Aeshnidae.

Kleine Mistbiene, *Syritta pipiens* L. →Syrphidae E.

Kleine Moosjungfer, *Leucorrhinia dubia* v. d. Lind. →Libellulidae 3.

Kleine Narzissenfliege, *Eumerus strigatus* Fall. →Syrphidae C2.

Kleine Pappelglucke, *Poecilocampa populi* L. →Lasiocampidae 4.

Kleine Pechlibelle, *Ischnura pumilio* Charp. →Coenagrionidae 5.

Kleine Rinderdasselfliege, *Hypoderma lineatum* De Vill. →Oestridae C2.

Kleine Rosenschildlaus, *Aulacaspis rosae* Bche. →Diaspididae 8.

Kleine Schildmotte, *Heterogenea asella* Den. & Schiff. →Limacodidae 2.

Kleine schwarze Lärchenblattwespe, *Pristiphora laricis* Htg. →Tenthredinidae 27.

Kleine Spargelfliege, *Ophiomyia simplex* Loew. →Agromyzidae B.

Kleine Stubenfliege, *Fannia canicularis* L. →Fanniidae.

Kleine Wachsmotte, *Achroia grisella* F. →Pyralidae 2.

Kleine Walnusszierlaus, *Chromaphis juglandicola* Kaltb. →Drepanosiphidae 10.

Kleine Zangenlibelle, *Onychogomphus forcipatus* L. →Gomphidae 2.

Kleiner Blaupfeil, *Orthetrum coerulescens* F. →Libellulidae 2.

Kleiner brauner Rüsselkäfer, *Hylobius pinastri* Gyll. →Curculionidae L3.

Kleiner bunter Eschenbastkäfer, *Hylesinus varius* F. →Curculionidae P6.

Kleiner Eichenkarmin, *Catocala promissa* Esp. →Erebidae I2.

Kleiner Eisvogel, *Limenitis camilla* L. →Nymphalidae B.

Kleiner Espenbock, *Saperda populnea* L. →Cerambycidae E10.

Kleiner Feuerfalter, *Lycaena phlaeas* L. →Lycaenidae B2.

Kleiner Frostspanner, *Operophtera brumata* L. →Geometridae E1.

Kleiner Fuchs, *Aglais urticae* L. →Nymphalidae C2.

Kleiner Gabelschwanz, *Furcula bifida* Brahm →Notodontidae A3.

Kleiner Heufalter, *Coenonympha pamphilus* L. →Nymphalidae F11.

Kleiner Holzbohrer, *Xyleborus saxeseni* Ratz. →Curculionidae P9.

Kleiner Hopfenwurzelbohrer, *Korscheltellus lupulinus* L. →Hepialidae 3.

Kleiner Kahnspinner, *Pseudoips prasinanus* L. →Nolidae 1.

Kleiner Kletterlaufkäfer, *Calosoma inquisitor* L. →Carabidae A3.

Kleiner Kohlweißling, *Pieris rapae* L. →Pieridae 2.

Kleiner Kolbenwasserkäfer, *Hydrochara caraboides* L. →Hydrophilidae 2.

Kleiner Maivogel, *Euphydryas maturna* L. →Nymphalidae D.

Kleiner Monarch, *Danaus chrysippus* L. →Nymphalidae G.

Kleiner Ohrwurm, *Labia minor* L. →Dermaptera B.

Kleiner Pappelbock, *Saperda populnea* L. →Cerambycidae E10.

Kleiner Pappelglasflügler, *Paranthrene tabaniformis* Rott. →Sesiidae 2.

Kleiner Perlmutterfalter, *Issoria lathonia* L. →Nymphalidae E1.

Kleiner Sandwicht, *Stichopogon elegantulus* Wied. →Asilidae.

Kleiner Schillerfalter, *Apatura ilia* Den. & Schiff. →Nymphalidae A.

Kleiner Schneckenspinner, *Heterogenea asella* Den. & Schiff. →Limacodidae 2.

Kleiner Schwamm →Erebidae J6.

Kleiner schwarzer Wurm, *Xyleborus monographus* F. →Curculionidae P1.

Kleiner Stinkkäfer, *Pedinus femoralis* L. →Tenebrionidae 4.

Kleiner Tannenborkenkäfer, *Cryphalus piceae* Ratz. →Curculionidae P18.

Kleiner Waldgärtner (Rotbrauner Waldgärtner), *Tomicus minor* Htg. →Curculionidae P11.

Kleiner Weidenblattkäfer, *Phratora vitellinae* L. →Chrysomelidae J5.

Kleiner Weinschwärmer, *Deilephila porcellus* L. →Sphingidae 9.

Kleiner Wespenbock, *Molorchus minor* L. →Cerambycidae D3.

Kleines Glühwürmchen, *Lamprohiza splendidula* L. →Lampyridae 3.

Kleines Granatauge, *Erythromma viridulum* Charp. →Coenagrionidae 2.

Kleines Nachtpfauenauge, *Saturnia pavonia* L. →Saturniidae 1.

Kleines Ochsenauge, *Hyponephele lycaon* Kühn. →Nymphalidae F10.

Kleines Raupennest →Pieridae 1.

Kleines Wiesenvögelchen, *Coenonympha pamphilus* L. →Nymphalidae F11.

Kleines Winternest →Pieridae 1.

Kleinlibellen →Zygoptera.

Kleinschaben →Ectobiidae.

Kleinspanner →Geometridae D.

Kleinste Rosenblattwespe, *Blennocampa phyllocolpa* Klg. →Tenthredinidae 7.

Kleinzikaden; Sammelbezeichnung für alle Fam. der →Auchenorrhyncha mit Ausnahme der Singzikaden (→Cicadidae); →paraphyletische Gruppe.

Kleistermotte, *Endrosis sarcitrella* L. →Oecophoridae B2.

Kleptoparasit; ein Tier, dass sich durch Verzehr von Sammelgut oder Beute anderer Tiere ernährt (→Panorpidae; →Apoidea; →Ichneumonidae B; →Chrysididae).

Kletterfederlinge →Ischnocera.

Kletterhaarlinge →Trichodectera.

Klopfkäfer →Anobiidae.

Klosterfrau, *Panthea coenobita* Esp. →Noctuidae 2.

Knalldrüsen →Carabidae L.

Knarrschrecken →Acrididae D, E.

Knoblauchfliege, *Suillia univittata* v. Ros. →Heteromyzidae.

Knopfhornblattwespen →Cimbicidae.

Knospenmotten →Argyresthiidae.

Knotenameisen →Formicidae D.

Knotenwespen, *Cerceris* →Philanthidae 2.

L

Labia →Dermaptera B.
Labidura, **Labiduridae** →23e.
Labiidae →Dermaptera B.
Labkrautblattkäfer, *Timarcha* →Chrysomelidae I.
Lacanobia →Noctuidae 33.
Laccophilus →Dytiscidae 7.
Lachesilla →Lachesillidae; →Psocodea.
Lachesillidae; Fam. der Läuse (Psocodea, Psocomorpha) mit in Eur 10, M-Eur 8, Dt 4 Arten der Gttg. *Lachesilla;* 1–2 mm; geflügelt; freilebend; oft an dürrem, verpilztem Laub; *L. quercus* Kolbe insbesondere an Eichen; *L. pedicularia* L. (sehr häufig, flugfreudig), auch an Gräsern (Vogelnester, Strohballen, alte Heuhaufen), gelegentlich in Wohnräumen (besonders im Herbst, da dann Neigung zur Schwarmbildung). **Ernährung** von Pilzmycelien. **Eiablage** einzeln meist an Blätter; Eier nicht übersponnen; ein *L. pedicularia*-♀ kann 80 Eier legen. *L. pedicularia* mit bis zu 5 Generationen im Jahr, **Überwinterung** wohl manchmal auch als Imago.
Verwandte Fam.: **Peripsocidae** mit in Eur 8, M-Eur 6, Dt 5 Arten; eher kleine (um 2 mm), träge Läuse, an Blättern und Rinde toter oder kränkelnder Teile von Gehölzen und Stauden. **Ectopsocidae** mit in Eur 13, M-Eur 10, Dt 4 Arten, davon viele eingeschleppt in Gebäuden und Gewächshäusern; in Dt nur 2 Arten der Gttg. *Ectopsocus* auch im Freiland an Gehölzen gefunden; kleine (1 bis knapp 3 mm), bräunliche Läuse mit hell geringeltem Hinterleib. Lit. →Psocodea.
Lachesilla →Lachesillidae; →Psocodea.
Lachnidae, Baumläuse, Rindenläuse; Fam. der Blattläuse (Aphidina) mit in Eur 94, M-Eur 63, Dt 45 Arten; wegen der Fachbegriffe zu den Morphen und zum Generationswechsel →Aphidina; z. T. recht große Tiere (bis 7 mm); mit auffallend langem Rüssel, ohne lange Rückenröhren auf dem Hinterleib, höchstens mit knopfförmigen Höckern [**L-1**]; Wachsausscheidung, falls vorhanden, schwach, meist puderartig. Hauptsächlich auf Holzgewächsen, an Stamm, Ästen, Zweigen, Nadeln (Eulachnini, →1–3, an Nadelbäumen; Lachnini, →4, an Laubbäumen); auch an den Wurzeln von Korbblütlern., 1 Art auch an Hahnenfuß (Tramini, →6–7). **Pflanzensaftsauger**; Wirtsspezifität bisweilen sehr ausgeprägt; manche Arten bei Massenauftreten unmittel-

Abb. L-1: Lachnidae: *Schizodryobius pallipes*, Buchenrindenlaus; ca. 4 mm; daneben 4 Wintereier. (Rietschel 1969)

bar durch Saftsaugen schädlich, z. B. *Cinara pini* an Jungkiefern; einige Arten (besonders solche an Nadelholz) starke Honigtauerzeuger; werden von Ameisen und Honigbienen besucht (Gewinnung von Waldhonig); Vermehrung mancher Arten durch starken Besuch honigtausammelnder Ameisen angeregt, u. U. zum Schaden der Bäume; manche zwingend auf Ameisen angewiesen (z. B. →1, 4, 5); ohne Wirtswechsel (monözisch); meist holozyklisch. Auswahl:

1. **Cinara pilicornis** Hrtg. und **C. piceae** Pz.; hauptsächliche Honigtauerzeuger an Fichte.

2. **Cinara laricis** Walk., Gefleckte Lärchenrindenlaus; Honigtau reich an Melezitose; →Honigtau.

3. **Cinara pectinatae** Nördl.; grün-weiß gezeichnet; zwischen den Nadeln an der Weißtanne; Waldhoniglieferant.

4. **Lachnus roboris** L.; dunkelbraun; an Eichenzweigen (*Quercus robur* und *sessilis*); Honigtauerzeuger.

5. **Stomaphis quercus** L.; bis über 7 mm (größte heimische Blattlaus); Rüssel der Virgines von fast doppelter Körperlänge, ♂ ohne Rüssel; in Rindenritzen von Eichenstämmen.

6. **Protrama ranunculi** d. Gu.; an den Wurzeln von *Artemisia* und *Ranunculus*; anscheinend rein anholozyklisch.

7. **Trama** (4 Arten heimisch); unterirdisch an zahlreichen Korbblütlern.
Lit. →Aphidina.

© Springer-Verlag GmbH Deutschland, ein Teil von Springer Nature 2026
E. Weber, H. Bellmann, *Jacobs|Renner – Biologie und Ökologie der Insekten*,
https://doi.org/10.1007/978-3-662-71153-8_12

Lachnini; Gattungsgruppe der →Lachnidae.

Lachnus →Lachnidae 4.

Lacon →Elateridae.

Laelius →Bethylidae.

Laemobothriidae, *Laemobothrion* →Amblycera 4.

Laemophloeidae; Fam. der Käfer (Coleoptera, Polyphaga, Cucujiformia); früher zu den →Cucujidae gestellt; in Eur 24, M-Eur 20, Dt 19 Arten v. a. der Gttg. *Cryptolestes*; klein (meist um 2 mm); schlank; leben unter loser Rinde, meist von Laubbäumen; manche Arten synanthrop, z. B. *C. spartii* Curt. (= *ater* Ol.) in Mühlen, Lagern; *C. pusillus* Schönh. (= *minutus* Ol.) mit Reis und Getreide eingebürgert, *C. turcicus* Grouv. mit getrockneten Früchten; häufigste synanthrope Art: *C. ferrugineus* Steph., an Getreide, Mehl, Gries, auch getrockneten Früchten; stellen wahrscheinlich anderen Insekten, z. B. Borkenkäfern, nach. Lit. →Coleoptera.

Lagria, **Lagriidae**, **Lagriinae** →Tenebrionidae 12.

Lagynodes →Megaspilidae.

Lamellicornia (Scarabaeoidea), Blatthornkäfer; Gruppe der Käfer (→Coleoptera); die letzten 3–7 Antennenglieder seitlich verbreitert, außer bei Lucanidae blattartig und abspreizbar; mit den Fam. →Geotrupidae, →Lucanidae, →Scarabaeidae, →Trogidae.

Lamia, **Lamiinae** →Cerambycidae, E1, E.

Lampides →Lycaenidae C5.

Lamprinodes →Staphylinidae E.

Lamprinus →Staphylinidae E.

Lamprodila →Buprestidae 3.

Lamprohiza →Lampyridae 3.

Lampronia →Prodoxidae.

Lamprosomatinae →Chrysomelidae G.

Lampyridae, Leuchtkäfer, Glühwürmchen, Johanniswürmchen; Fam. der Käfer (Coleoptera, Polyphaga, Elateriformia) mit in Eur 48, M-Eur & Dt 3 Arten; alle Stadien (auch Puppen) durch Leuchtvermögen ausgezeichnet; düster bräunlich gefärbt; Halsschild breit, der Kopf fast ganz darunter verborgen; ausgeprägter Sexualdimorphismus: Flügeldecken und Flügel bei den ♂♂ gut oder doch deutlich ausgebildet, bei den larvenähnlichen ♀♀ bis auf geringe Reste oder vollkommen verschwunden. An Waldrändern und ähnlichen offenen, nicht zu trockenen Lebensräumen; die Imagines **fressen** nicht; bei den einheimischen Arten gleichmäßiges, nicht rhythmisch unterbrochenes **Leuchten** an warmen späten Abenden und Nächten (VI–VII) für etwa 2–3 h, mit abnehmender Leuchtintensität (dagegen eine Abfolge von Leuchtblitzen z. B. bei der südeuropäischen Art *Luciola lusitanica* Charp.); die Leuchtaktivität gehorcht einem endogenen 24-Stunden-Rhythmus, der Leuchtbeginn wird ausgelöst durch die Helligkeitsabnahme; die ♂♂ suchen die ♀♀ aktiv im Flug auf, geleitet durch die deutlich vorgezeigten Leuchtorgane des ♀; die Leuchtmuster der beiden nachts aktiven Arten (→2, 3) sind verschieden, das ♂ spricht auf das artspezifische ♀-Leuchtmuster an; ältere, noch nicht begattete ♀♀ winken beim Leuchten mit dem Hinterleib, wirken so besonders anziehend auf die ♂♂; Leuchten nicht bakteriell verursacht; beim Leuchtvorgang beteiligte Stoffe: D-Luciferin, das Enzym Luciferase, ATP und O_2; L-Luciferin ergibt kein Leuchten; das Ein- und Abschalten wird über die (durch NO-Produktion geregelte) Zufuhr von O_2 bewirkt. **Eiablage** im Sommer am Boden (die Eier leuchten bereits im Ovar); die **Larven** fressen Nackt- und Gehäuseschnecken (→2, 3) bzw. Regenwürmer (→1); folgen der Schleimspur (darf nicht älter als 2 Tage sein), können das Vorderende der Schnecke geruchlich erkennen; Töten der Beute durch Giftbiss (Mandibeln mit an der Spitze mündendem Längskanal), keine Verdauung vor dem Mund; mit paarigem Leuchtorgan ventral am 8. Hinterleibssegment (außer bei →*Lamprohiza* 3), das schwache Leuchten wird als Warnsignal gedeutet (Larven sondern Steroidpyrone als Fraßschutz ab); mit ausstülpbarem, häkchenbesetztem, röhrenförmigem Organ am reduzierten letzten (10.) Hinterleibssegment (Festhalten und Fortbewegung, Reinigen des Kopfes). 5 Larvenhäutungen; **Überwinterung** als halberwachsene Larve im Boden (zumindest bei *Lampyris* und *Lamprohiza* mehrfach); **Verpuppung** im Frühling in einer Höhlung im Boden, nach 8–11 Tagen Schlüpfen die Imagines.

1. *Phosphaenus hemipterus* Geoffr.; recht selten; ♂ 6–8 mm, ♀ 10 mm; Flügeldecken beim ♂ klaffend und nur bis zum Hinterrand des 2. Hinterleibstergits reichend, Flügel stark reduziert; ♀ ganz flügellos; Imagines kurzlebig, ähnlich den Larven mit 1 Paar von kleinen Leuchtorganen ventral am 8. Hinterleibssegment; dämmerungsaktiv.

2. *Lampyris noctiluca* L., Großes Glühwürmchen; verbreitet, aber nicht häufig; ♂ 10–12 mm, ♀ 15–20 mm; ♂ geflügelt, flugfähig; mit 2 kleinen, schwer erkennbaren Leuchtflecken am 7. Sternit; ♀ ganz flügellos, Leuchtorgane ventral auf dem 6., 7. (je 1 Leuchtplatte) und 8. (2 Leuchtpunkte) Hinterleibssegment; ausstülpbare Schläuche am Hinterleibsende ermöglichen Festhaften am Substrat.

3. *Lamprohiza splendidula* L., Kleines Glühwürmchen [**L-2**]; ♂ 8–10 mm, ♀ um 10 mm; ♂ geflügelt und flugfähig, mit 2 quer liegenden Leuchtorganen ventral am 6. und 7. Hinterleibssegment; Halsschild über den Augen glas-

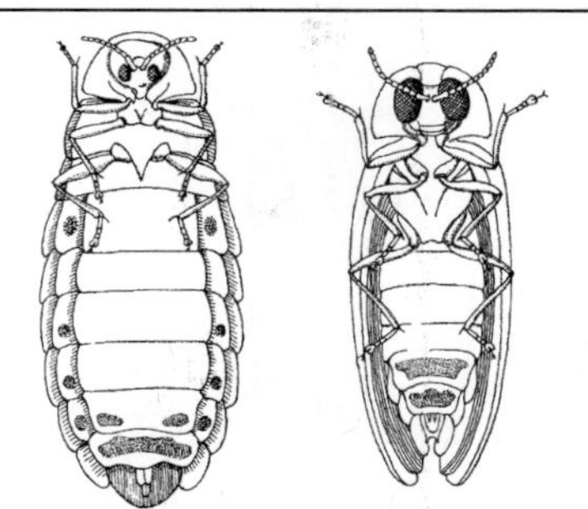

Abb. L-2: Lampyridae: *Lamprohiza splendidula*, Kleines Glühwürmchen. Links: ♀; rechts: ♂ Unterseite, Leuchtorgane punktiert. (Eidmann 1941)

artig durchscheinend; ♀ mit Resten klaffender, höchstens die Mitte des 1. Hinterleibstergits erreichender Flügeldecken, Leuchtorgane ähnlich wie bei *Lampyris*, jedoch andere Anordnung der Leuchtflecken (häufig 3 Paare) auf einer individuell wechselnden Zahl von Hinterleibssegmenten; Larven mit 3–12 Leuchtflecken am 2.–6. Hinterleibssegment.
Lit. →Coleoptera; Lewis & Cratsley 2008.
Lampyris →Lampyridae 2; vgl. auch →Staphylinidae D.
Landkärtchen, *Araschnia levana* L. →Nymphalidae C6.
Langbeinfliegen →Dolichopodidae.
Langelandia →Colydiidae.
Langflügelige Schwertschrecke, *Conocephalus fuscus* F. →Conocephalidae 1.
Langfühler-Dornschrecke, *Tetrix tenuicornis* Sahlb. →Tetrigidae 2.
Langfühlerschrecken →Ensifera.
Langhornbienen, *Eucera* →Apidae C.
Langhornblattminiermotten →Lyonetiidae.
Langhornböcke, *Monochamus* →Cerambycidae E2.
Langhornmotten →Adelidae.
Langhornmücken →Macroceridae.
Langkopfwespen, *Dolichovespula* →Vespidae D3.
Languriidae, Languriinae →Erotylidae.
Langwanzen →Lygaeidae.
Lanzenfliegen →Lonchaeidae.
Lanzenspanner, *Rheumaptera hastata* L. →Geometridae E8.
Laodelphax →Delphacidae.
Laothoe →Sphingidae 2.
Laphria, **Laphriinae** →Asilidae.
Lappenrüssler, *Otiorhynchus* →Curculionidae F1.
Lapplandschabe, *Ectobius lapponicus* L. →Ectobiidae 1.

Lärchenbock, *Tetropium gabrieli* Weise →Cerambycidae B3.
Lärchengallenwickler, *Cydia zebeana* Ratz. →Tortricidae 18.
Lärchengespinstblattwespe, *Cephalcia lariciphila* Wachtl →Pamphiliidae B2.
Lärchenkäfer, *Laricobius erichsoni* Ros. →Derodontidae 2.
Lärchenknospengallmücke, *Dasineura kellneri* Hensch.; →Cecidomyiidae D3.
Lärchenminiermotte, *Coleophora laricella* Hbn. →Coleophoridae 1.
Lärchenrindenwickler, *Cydia zebeana* Ratz. →Tortricidae 18.
Lärchensamenfliege, *Strobilomyia* →Anthomyiidae 4.
Lärchenspanner, *Ectropis crepuscularia* Goeze →Geometridae C10.
Lärchenthrips, *Thrips pini* Uzel; →Thripidae 5.
Lärchentriebmotte, *Argyresthia laevigatella* Herr.-Schäff.; →Argyresthiidae 4.
Lärchenzapfenfliege, *Strobilomyia* →Anthomyiidae 4.
Larentiinae →Geometridae E.
Laricobius →Derodontidae 2.
Larinus →Curculionidae J2.
Lariophagus →Pteromalidae 3.
Larra, **Larrinae** →Crabronidae B.
Larvaevoridae; Synonym zu →Tachinidae.
Larvalhormon; Synonym zu →Juvenilhormon.
Larvenparasitoid →Parasitoid.
Larven-Puppen-Parasitoid →Parasitoid.
Lasiambia →Chloropidae.
Lasiocampa →Lasiocampidae 6.
Lasiocampidae, Glucken, Wollraupenspinner; Fam. der Schmetterlinge (Lepidoptera, Glossata, Bombycoidea) mit in Eur 42, M-Eur & Dt 22 Arten; deutsche Namen wohl nach dem gluckenartigen Sitzen des ♀ auf dem oft mit Wollhaaren des Hinterleibsendes (Afterwolle) bedeckten Eigelege (→Schwamm), wobei der Vorderrand der Hinterflügel nicht selten vorgezogen ist [**L-9**]; Körper relativ dick, Flügel breit; die trägen ♀♀ meist etwas größer als die ♂♂, bei einigen Arten auch anders gefärbt; bei manchen Arten Färbung und Zeichnung recht variabel; Antennen beim ♂ stark, beim ♀ schwach gefiedert; bei mehreren Arten Anlockung der ♂♂ durch einen Sexuallockstoff der ♀♀ bekannt; Rüssel mehr oder weniger rückgebildet, die Falter sterben kurz nach Paarung bzw. Eiablage ab. **Raupen** mehr oder weniger stark behaart, mit 5 Afterfußpaaren; **Verpuppung** in einem oft mit Haaren durchsetzten Gespinstkokon („Spinner“); die Raupen einiger Arten bei Massenvermehrung an Obst- und Waldbäumen, auch Bü-

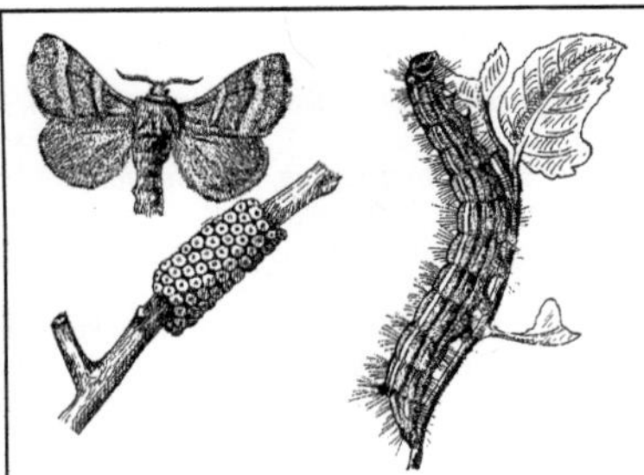

Abb. L-3: Lasiocampidae: *Malacosoma neustria*, Ringelspinner. ♂ (Flspw. 30 mm), Raupe (45 mm) und Gelege. (Forster & Wohlfahrt 1954–81; Amann 1960)

schen und krautigen Pflanzen schädlich; meist 1 Generation im Jahr.

1. ***Malacosoma neustria*** L., Ringelspinner [**L-3**]; kleinere (Flspw. 25–35 mm), unscheinbar gezeichnete Art; Flugzeit VI–VIII, in lichten Laubwäldern, an Obstbäumen. Zusammen mit anderen Arten der Gttg. ausgezeichnet durch die Form des überwinternden Geleges: Eizeile in engen Spiralen um einen dünnen Zweig der Nahrungspflanze (Name!), **Eier** mit lackartigem Kitt überzogen und befestigt; die **Raupen** mit weißem Rückenstreif, seitlich mit rotbraunem, blauem oder schwarzem Längsstreif; Kopf bläulich mit dunkler Zeichnung [**L-3**]; →polyphag an verschiedenen Laubbäumen, bei uns v. a. an Obstbäumen, Schlehen und Eichen; fressen zunächst gesellig von Gespinstnestern aus, hier auch gemeinsame Häutung; sitzen gern als sog. „Raupenspiegel" dicht beieinander ruhend auf der Nahrungspflanze; im letzten Stadium einzeln; bemerkenswert das Auftreten von 2 Raupentypen, sogar aus dem gleichen Gelege: einem lichtstrebigen aktiveren und einem mehr passiven Typ (könnte als Auslesefaktor u. U. wichtig sein); **Verpuppung** im VI in weißlichem Kokon zwischen Blättern in der Krone oder an der Rinde; bisweilen an Obstbäumen schädlich.

2. ***Malacosoma castrensis*** L., Wolfsmilchspinner [**L-4**]; ♀ vorigem ähnlich; Vorderflügel des ♂ hell mit dunklen Querbinden; an sonnigen, grasbewachsenen Stellen. Gelege ähnlich wie beim Ringelspinner (→1), jedoch mit zahlreicheren Spiralen; die Raupen [**L-4**] →polyphag in der Krautschicht, bevorzugt an Zypressenwolfsmilch; weißliches Verpuppungsgespinst im Gras.

3. ***Trichiura crataegi*** L., Weißdornspinner (Flspw. 25–30 mm); der unscheinbar graue Falter fliegt im Herbst (Ende VIII–X); in Vorgebirgslagen

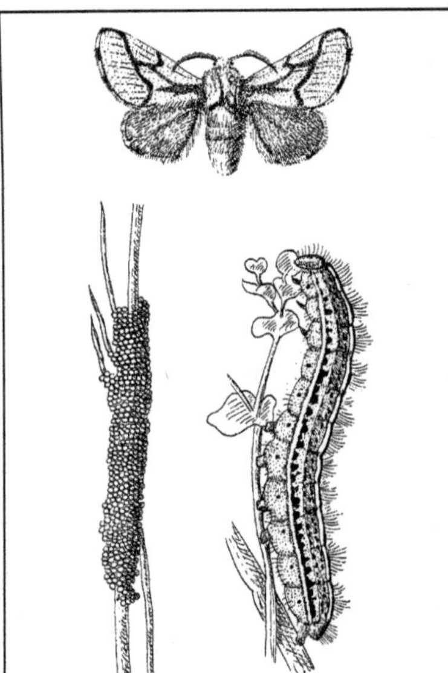

Abb. L-4: Lasiocampidae: *Malacosoma castrensis*, Wolfsmilchspinner. ♂ (Flspw. 28 mm), Raupe (45 mm) und Gelege. Raupe: weißer Rückenstreif, daneben rötlich mit schwarzen Punkten, darunter blau und schwarz-gelblicher Flankenstreif; Bauch grau, Afterfüße rötlich. (Forster & Wohlfahrt 1954–81)

an Waldrändern, auf Moorwiesen, Heideland. Das lang gestreckte spindelförmige, mit Haaren bedeckte Gelege überwintert an der Nahrungspflanze; Raupen in der Färbung extrem variabel, sehr bunt (z. B. blauschwarz, mit roten Warzen und weißgelber Querbinde pro Segment, gelblich behaart); fressen einzeln v. a. an Weißdorn und Schlehen, aber auch an vielen anderen Laubhölzern; Puppengespinst blaugrau, zäh-pergamentartig; die Puppe überliegt oft mehrere Jahre.

4. ***Poecilocampa populi*** L., Kleine Pappelglucke (Flspw. 30–45 mm); der stellenweise häufige, schwärzliche Falter fliegt spät (im Herbst bis XII), oft erst nach den ersten Frösten; gehört zu den letzten Faltern des Jahres; in Vorgebirgslagen. Eier einzeln oder in Gruppen an der Rinde, überwintern; die Raupen fressen einzeln an *Populus tremula*, aber auch anderen Laubhölzern an Waldrändern, in Hecken (deutscher Name irreführend); Verpuppung VII–VIII in einem mit Erdteilchen besetzen Gespinstkokon am Boden.

5. ***Eriogaster lanestris*** L., Wollafter, Birkenwollafter (Flspw. 30–40 mm; [**L-5**]); fliegen fliegt im

Abb. L-6: Lasiocampidae: *Lasiocampa quercus*, Eichenspinner. ♂ (Flspw. 56 mm) und Raupe (70 mm). (Forster & Wohlfahrt 1954–81; Eckstein 1913–33)

6. *Lasiocampa quercus* L., Eichenspinner, Quittenvogel; Färbung sehr variabel, basale Flügelhälfte beim ♂ [**L-6**] bedeutend dunkler braun als bei dem größeren gelblich-braunen ♀ (Flspw. ♂ 45–60 mm, ♀ 55–75 mm); Falter VI–VIII, das ♂ sucht tagsüber fliegend das im Gras sitzende ♀, dieses fliegt im Dunkeln, um die Eier einzeln abzulegen. Raupen an verschiedensten Nahrungspflanzen: Laubbäume (keineswegs nur Eiche) und Sträucher, auch niederwüchsige Pflanzen wie Heidekraut, Heidelbeere; die Raupe [**L-6**] überwintert (in höheren Lagen oft 2-mal), frisst dann bis etwa V; ist erwachsen stattlich (7 cm), gelbbraun, behaart, mit dunklen Einschnitten; Puppe in der Erde in einem braunen Gespinstkokon, überliegt z. B. im Hochgebirge nicht selten 1 oder 2 Winter. Ähnlich in Aussehen und Lebensweise ***L. trifolii*** Den. & Schiff., Kleespinner; das ♀ verstreut die – überwinternden – Eier wohl im Fluge über der Krautschicht warmer, sonniger Standorte, in der die Raupen →polyphag leben; diese wie bei *L. quercus* mit Brennhaaren besetzt, die Entzündungen in der Haut hervorrufen können.

7. *Macrothylacia rubi* L., Brombeerspinner; die stattlichen Falter (Flspw. 40–65 mm) fliegen V–VII auf grasreichen Stellen, Steppen, trockenen Wiesen, Waldlichtungen; die ♂♂ [**L-7**] fallen durch vorabendlichen, hastigen Flug auf, ♀♀ fliegen nur nachts. Gelege an Steinen oder bodennah zylindrisch um den Stiel einer Pflanze; die Raupen in der Jugend schwarz mit gelben Einschnitten; erwachsen unten schwarz, oben rotbraun, dicht behaart [**L-7**], zusätzlich mit kurzen Brennhaaren; fressen an verschiedensten krautigen und strauchartigen Pflanzen; lassen sich bei Störung fallen und rollen sich fest zusammen; überwintern in dieser Haltung in einem Versteck; Verpuppung im Frühling ohne erneutes Fressen in einem länglichen Gespinst.

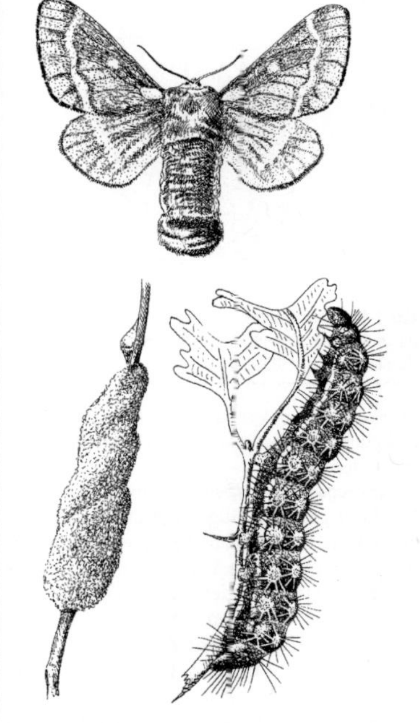

Abb. L-5: Lasiocampidae: *Eriogaster lanestris*, Wollfalter. ♀ (Flspw. 36 mm), Gelege und Raupe (48 mm). (Forster & Wohlfahrt 1954–81; Amann 1960)

zeitigen Frühling; das mit grauer Afterwolle bedeckte Gelege wird mehr oder weniger deutlich spiralig um einen Zweig herum befestigt. Raupen behaart, schwarz mit gelbroten Flecken [**L-5**]; bauen vom Gelege aus gemeinsam ein weißes, außen glattes, später beutelartiges Gespinst mit einigen Ausgängen; hier Häutungen und Aufenthalt tagsüber, nachts Wandern zum Fressplatz; beim Hin- und Rückweg Spinnen und Befestigen eines ununterbrochenen Seidenfadens auf der Unterlage; die Seidenfäden und gleichzeitig abgesonderte Pheromone dienen der Orientierung; alte Wege können von neugesponnenen neu gesponnenen unterschieden werden; an verschiedenen Laubhölzern: Schlehen, Weißdorn, Birken, Obstbäumen u. a., gelegentlich schädlich; die überwinternde Puppe ab etwa VIII einzeln am Boden in einem festen, tönnchenförmigem Kokon (ähnlich bei den übrigen 3 heimischen Arten der Gttg.), überliegt nicht selten mehrere Jahre.

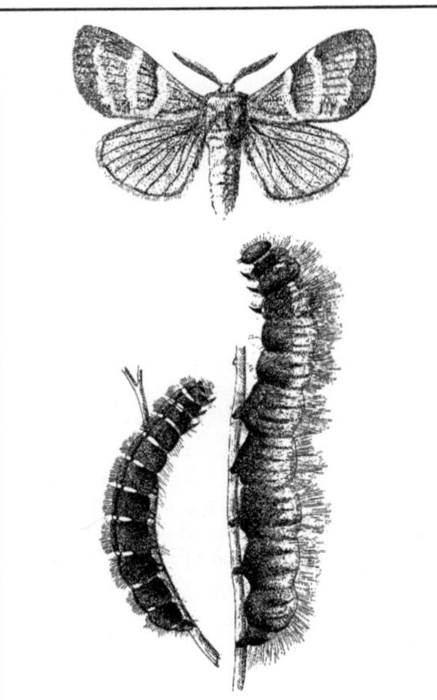

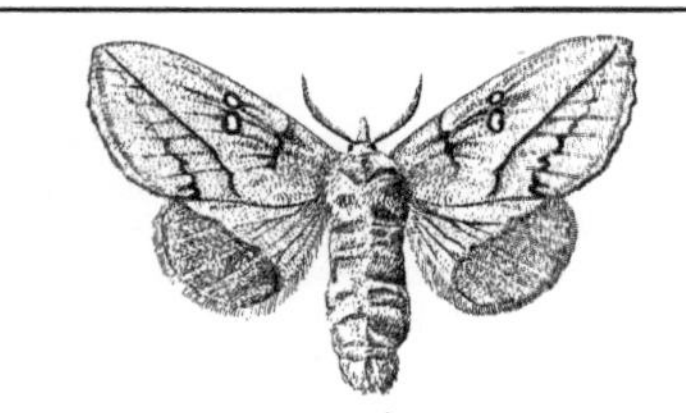

Abb. L-7: Lasiocampidae: *Macrothylacia rubi*, Brombeerspinner. ♂ (Flspw. 48 mm) und Raupe; links: junge Raupe mit gelben Segmenteinschnitten; rechts: erwachsene Raupe (72 mm), schwarz bis braun. (Forster & Wohlfahrt 1954–81, Eckstein 1913–33)

Abb. L-8: Lasiocampidae: *Euthrix potatoria*, Grasglucke. ♀, Flspw. 54 mm. (Forster & Wohlfahrt 1954–81)

8. *Euthrix potatoria* L., Grasglucke, Trinkerin (Flspw. 45–65 mm); Falter [**L-8**] im Sommer (VI–VIII), das ♂ fliegt auch am Tage. Eier einzeln oder in kleinen Gruppen abgelegt, v. a. an Pflanzen auf Sumpf- oder feuchten Waldwiesen; die bunten Raupen (auf dem Rücken und seitlich blau; lange braune Behaarung, ferner schwarze und weiße Haarbüschel) fressen, nach der 3. Häutung überwinternd, an harten Gräsern (z. B. *Phragmites*, *Phalaris*, *Dactylis*, *Carex*, *Luzula*), trinken gern

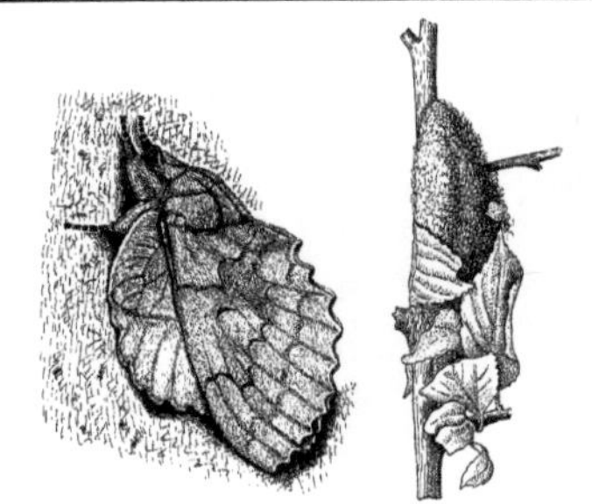

Abb. L-9: Lasiocampidae: *Gastropacha quercifolia*, Kupferglucke. ♀ (Flspw. 90 mm), Ruhestellung; rechts: Puppenkokon (50 mm). (Eckstein 1913–33)

an Wassertropfen; Verpuppung etwa VI in einem weißlichen Gespinstkokon, an Gräsern dicht über dem Boden.

9. *Gastropacha quercifolia* L., Kupferglucke; auffallend der gezackte Flügelrand und die kupferrote Färbung, oft mit bläulichem Metallschimmer, die im Sitzen vorstehenden Hinterflügel und die schnabelartig vorragenden Palpen; dadurch Vortäuschen eines trockenen Blattes [**L-9**]; die stattlichen Falter (Flspw. 45–90 mm) fliegen abends und nachts, bei uns nur in 1 Generation im Sommer (weiter südlich 2 Generationen). Eier einzeln oder in kleinen Gruppen an der Blattunterseite der Nahrungspflanze; die Raupe etwas abgeflacht, düster-grau oder braun, vorn-dorsal (2. und 3. Ring) mit 2 blauen Querflecken, Kegelhöcker auf dem 11. Ring; dorsal lang schwarz, seitlich braun bis weiß behaart, an verschiedensten Laubhölzern (z. B. Schlehen, Obstbäume); die Raupe überwintert frei sitzend auf der Rinde, verpuppt sich im VI in einem grauen Gespinst (durchsetzt mit Haaren [**L-9**]) an Zweigen der Nahrungspflanze. Sehr ähnlich ***Gastropacha populifolia*** Esp., Pappelglucke; Raupe an alten Schwarzpappeln.

10. *Dendrolimus pini* L., Kiefernspinner (Flspw. 45–70 mm); Färbung und Zeichnung relativ bunt [**L-10**], variiert stark; Falter im Sommer, in warmen Jahren V–IX. Eier in Gruppen an die Rinde v. a. dünnerer Zweige, selten auch an Nadeln abgelegt, insgesamt bis über 300; die Raupe (5 mm) schlüpft nach etwa 14 Tagen, frisst zunächst die Eischale, dann an den Nadeln; Fraßpflanze in erster Linie Kiefer, seltener (wohl bei Nahrungsmangel) Fichte; die Raupe [**L-10**] überwintert nach der 2. oder 3. Häutung eingerollt in der Bodenstreu, frisst dann wieder bis Anfang VI; erreicht eine Länge von 80 mm; etwa im VI Verpuppung in einem mit Haaren durchsetzten bräunlichen Ge-

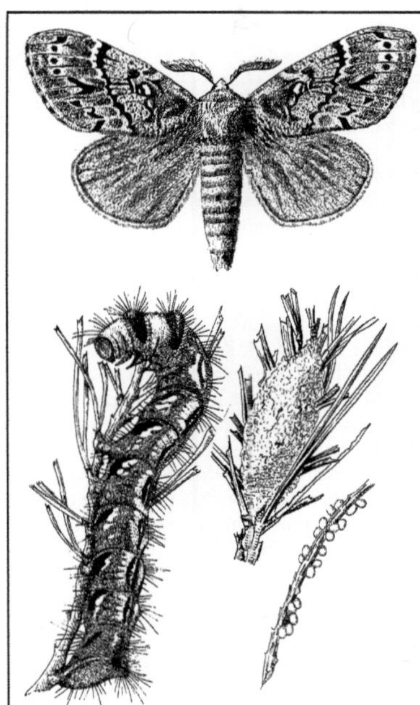

Abb. L-10: Lasiocampidae: *Dendrolimus pini*, Kiefernspinner. ♂ (Flspw. 63 mm), Raupe (75 mm), Puppengespinst (45 mm) und Gelege an dünnem Zweig. (Forster & Wohlfahrt 1954–81; Brauns 1991; Amann 1960)

spinst im Gezweig der Krone [**L-10**], am Stamm oder im Unterwuchs; die Art neigt allerdings (besonders im Mittelmeerraum, bei uns nur in extrem warmen Jahren) zu azyklischer Entwicklung mit nicht definierter Diapause, manche Raupen überwintern 2-mal; bei Massenvermehrung zuweilen erheblicher Schaden (Kahlfraß), v. a. durch den Frühjahrsfraß; Nahrungsbedarf einer Raupe insgesamt etwa 900 Nadeln.
Lit. →Lepidoptera; Freina & Witt 1987; Brauns 1991; Ebert 1994; Steiner et al. 2014.
Lasiocephala →Lepidostomatidae.
Lasiochalcidia →Chalcididae 3; vgl. auch →Myrmeleontidae.
Lasioderma →Anobiidae 5.
Lasioglossum →Halictidae 5; vgl. auch →Colletidae 2, →Halictidae 6, →Strepsiptera B4.
Lasiomma →Anthomyiidae 4.
Lasiommata →Nymphalidae F8.
Lasiopa →Stratiomyidae.
Lasioptera →Cecidomyiidae C1.
Lasiorhynchites →Rhynchitidae 11, 12, 13.

Lasius →Formicidae, C3, C4–6; vgl. auch →Endomychidae, →Histeridae, →Lycaenidae C2, →Myrmecophilidae, →Nitidulidae D, →Staphylinidae D3, H, →Syrphidae, →Tachinidae 3.
Laspeyria →Erebidae F.
Laternenträger →Dictyopharidae.
Lathrostizus →Ichneumonidae D5.
Latridiidae, Moderkäfer; Fam. der Käfer (Coleoptera, Polyphaga, Cucujiformia) mit in Eur ± 170, M-Eur 93, Dt 84 Arten; weitere Arten werden immer wieder mit dem Handel eingeschleppt, meist ohne sich einzubürgern; durchweg sehr klein (1–3 mm); bräunlich; Imagines und Larven fressen Pilze oder Schleimpilze (einschl. der Sporen); daher häufig unter moderner alter Baumrinde, im Baummulm, an schimmelndem Getreide, im Falllaub und in alten Vogelnestern; einige weltweit verbreitete Arten in Gebäuden, immer da, wo Lebensmittel oder Drogen (auch Herbarien, Insektensammlungen) verschimmeln; manchmal in Massenansammlungen, die Käfer sind jedoch völlig harmlos. Beispiele:
   1. *Dienerella* mit 8 heimischen Arten, z. B. *D. filiformis* Gyll. (1,2–1,3 mm) und *D. filum* Aubé (Hefekäfer); überall häufig: *D. elongata* Curt.; oft synanthrop an schimmelnden Tapeten, in Hühnerställen.
   2. *Corticaria pubescens* Gyll. (2,5–3 mm) durch massenhaftes Auftreten zuweilen in Häusern lästig, ebenso ***Latridius minutus*** L. (1,2–2,4 mm) und ***Thes bergrothi*** Reitt. (2–2,2 mm; im Norden und Osten sowie in den Alpenländern häufig).
   3. *Stephostethus angusticollis* Gyll. [**L-11**] unter schimmelnden Nadelholzzweigen überall verbreitet.
Lit. →Coleoptera; Rucker 1991.

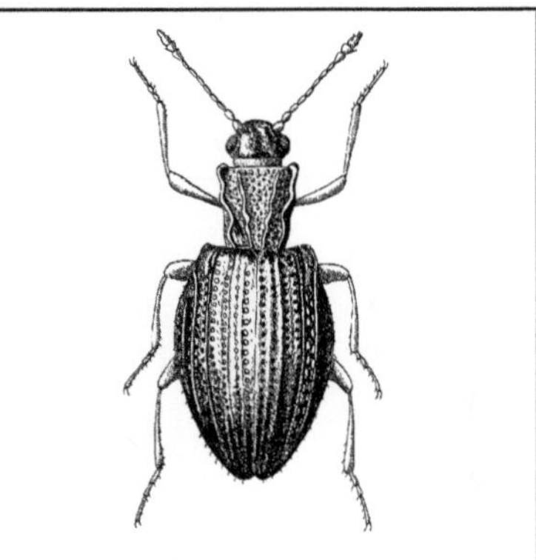

Abb. L-11: Latridiidae: *Stephostethus angusticollis*. 2 mm. (Bechyně 1954)

Latridius →Latridiidae 2.

Lattichfliege, *Botanophila gnava* Meig. →Anthomyiidae 2.

Laubfalter, *Pararge aegeria* L. →Nymphalidae F9.

Laubheuschrecken →Tettigoniidae.

Laubheuschrecken i. w. S. →Tettigonioidea.

Laubkäfer →Chrysomelidae.

Laubnutzholzborkenkäfer, *Trypodendron domesticum* L. →Curculionidae P3.

Laubwurm, *Sparganothis pilleriana* Den. & Schiff.; →Tortricidae 29.

Lauchmotte, *Acrolepiopsis assectella* Zell. →Glyphipterigidae B.

Lauer, *Tibicina haematodes* Scop. →Cicadidae 3.

Laufkäfer →Carabidae.

Laufspringer →Entomobryidae.

Läuse →Anoplura.

Lausfliegen →Hippoboscidae; →Pupipara.

Lauxaniidae; Fam. der Zweiflügler (Diptera, Brachycera, Cyclorrhapha) mit in Eur ± 145, M-Eur 96, Dt 72 Arten; die kleinen bis mittelgroßen (2–7 mm), gelblich, grau oder düster gefärbten Fliegen gern an feuchten, schattigen Stellen; träge Flieger, verstecken sich bei Störung eher laufend (z. B. auf der Blattunterseite); die Larven an zerfallenden pflanzlichen Stoffen, auch unter Rinde, z. T. auch minierend in abgefallenen Blättern; verzehren wohl Mikroorganismen; z. B. ***Calliopum aeneum*** Fall. [**L-12**]; 3–5 mm; Larven in faulenden Blättern minierend, am Wurzelhals von ausgewintertem Klee, in dem dann gallenartig anschwellenden Fruchtknoten von Veilchen und Stiefmütterchen. Lit. →Diptera; Miller 1977.

Leberegel; Ameisen als Zwischenwirt: →Formicidae.

Lebia →Carabidae M8.

Lecaniidae →Coccidae.

Lecanopsis →Coccina.

Lecithoceridae; Fam. der Schmetterlinge (Lepidoptera, Glossata, Gelechioidea); früher zu →Oeco-

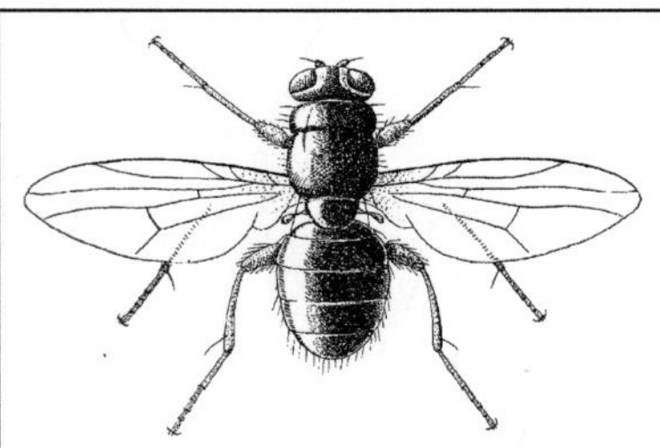

Abb. L-12: Lauxaniidae: *Calliopum aeneum*. ♂, 3–5 mm. (Séguy 1951a)

phoridae; in Eur 8 Arten, in M-Eur & Dt nur einzelne Nachweise von 2 überwiegend mediterranen Arten dieser in den Tropen und Subtropen artenreichen Gruppe; Falter klein (Flspw. 10–17 mm), mit deutlich befransten, flach zusammengelegten Flügeln; Raupen fressen Detritus. Lit. →Lepidoptera.

Lederwanze, *Coreus marginatus* L. →Coreidae A.

Lederwanzen →Coreidae.

Ledra, **Ledrinae** →Cicadellidae D.

Lehmwespen, *Odynerus* →Vespidae B2; vgl. auch →Chrysididae B, B3.

Leiodes →Leiodidae A1.

Leiodidae (Liodidae); Fam. der Käfer (Coleoptera, Polyphaga, Staphyliniformia) mit in Eur ± 1150, M-Eur ± 200, Dt 154 Arten; meist kleine, ovale, unscheinbar bräunlich bis schwarz gefärbte Käfer; viele Arten boden- und höhlenbewohnend, manche flugunfähig; haben die einzigen Parasiten unter den Käfern hervorgebracht (→C1–2); Imagines und Larven mit ähnlicher Nahrung, fressen teils Pilzmycelien, teils Tier- und Pflanzenreste; Larven i. d. R. mit 3 Stadien, im Vergleich zur Imago meist kurzlebig (wenige Tage). – Mit 3 U-Fam. in Eur, die oft als Fam. aufgefasst werden:

A. Leiodinae; in Eur 156, M-Eur ± 100, Dt 86 Arten; klein bis höchstens mittelgroß (1,5–7 mm); bräunlich; die Käfer schwärmen abends in geringer Höhe; Imagines und **Larven** fressen Mycelien von Pilzen und deren Fruchtkörper.

A1. Unterirdisch (und mit Grabbeinen ausgestattet) z. B. *Leiodes* mit 42 heimischen Arten (3–5 mm), darunter der Trüffelkäfer *L. cinnamomea* Pz. [**L-13**] an Trüffeln; erscheinen nur kurz an der Erdoberfläche zur Paarung und Pilzsuche; fliegen gegen Sonnenuntergang an Waldlichtungen und an den Ufern von Fließgewässern; manche tagsüber unter Steinen an Bachufern.

A2. Oberirdisch z. B. die winzigen (2–4 mm) Schwammkugelkäfer (*Agathidium* [**L-14**]) mit 21 heimischen Arten; rollen sich beunruhigt nach Art einer Rollassel ein und sind dann schwer zu entdecken; an Baumschwämmen, verpilzten Ästen, hinter Rinde, in verpilztem Falllaub, seltener in Hutpilzen.

B. Coloninae; in Eur 42, M-Eur 21, Dt 19 Arten der Gttg. *Colon*; klein (1,3–3,5 mm), oval; in Gruppen in humusreichen, mit Grasbüscheln bestandenen Böden; Schwärmen in der Abenddämmerung auf beschatteten Grasflächen; Imagines und Larven fressen vermutlich Mycelien von Pilzen.

C. Cholevinae (Catopinae), Nestkäfer [**L-15**]; in Eur 942, M-Eur 78, Dt 49 Arten; klein bis mittel-

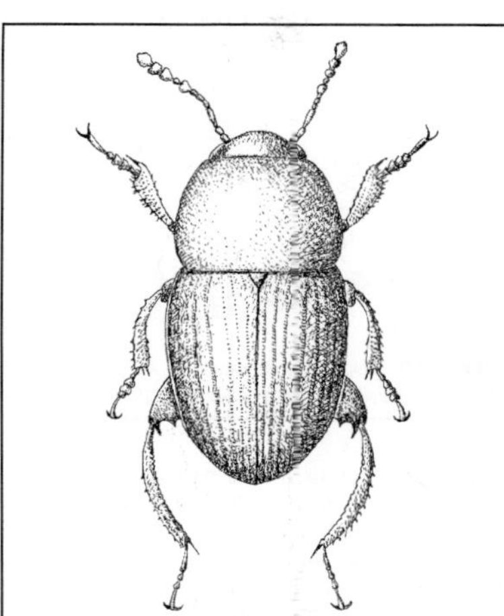

Abb. L-13: Leiodidae: *Leiodes cinnamomea*, Trüffelkäfer. 5 mm. (Bechyně 1954)

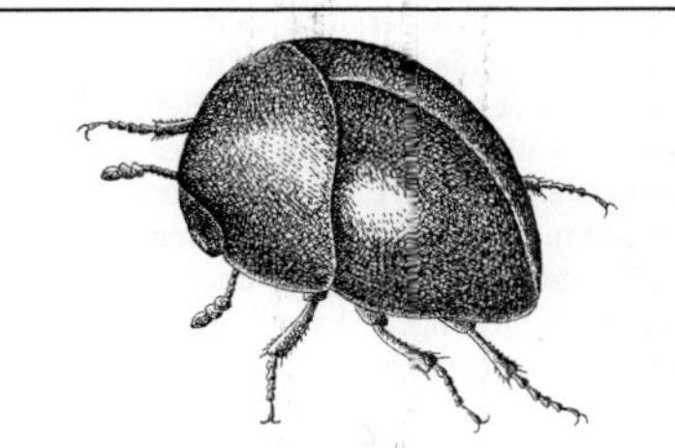

Abb. L-14: Leiodidae: *Agathidium seminulum*, Kugelkäfer. Dunkelbraun; ca. 2,5 mm. (Reitter 1908–16)

groß (1–6,5 mm); mit versteckter Lebensweise, zahlreiche Arten flugunfähig, viele südeuropäische Höhlenformen blind; unter abgefallenem Laub, in Höhlen; manche Arten der Gttgn. *Choleva* und *Catops* sowie *Nemadus colonoides* Kr. gebunden an Nester von Vögeln und Säugern (Mäuse, Hamster, Kaninchen; *Catops joffrei* Dev. in Murmeltierbauten), andere in Nestern von Wespen, Hummeln, Ameisen; fressen Aas, tote Schnecken und Insekten, Pflanzenreste, Kot, Felle, Knochen. 1 Generation pro Jahr; meist 3 Larvenstadien; bei manchen Arten treten die Imagines in 2 Phasen auf (im Frühjahr und – nach Sommerpause – zur Fortpflanzung im Herbst; seltener ist Überwinterung der Imagines und Auftreten im Herbst davor und zur Fortpflanzung im Frühjahr danach). – Hierher gehören auch die stets in Gesellschaft von Säugetieren lebenden, augenlosen,

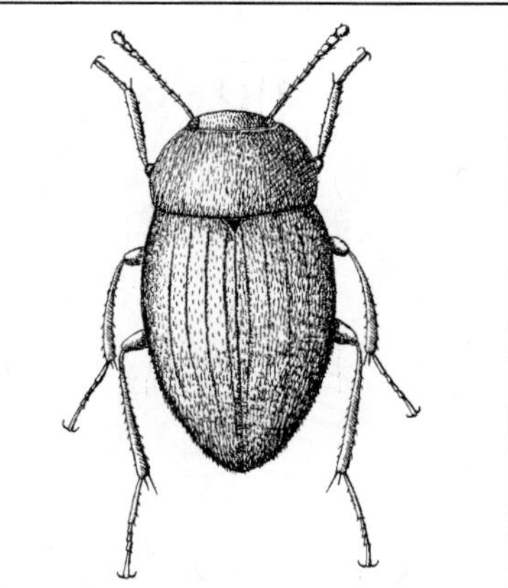

Abb. L-15: Leiodidae: *Catops fuscus*, Nestkäfer; ca. 5 mm. (Bechyně 1954)

schwach pigmentierten und ungeflügelten Pelzflohkäfer (früher eigene Fam. **Leptinidae**) mit 6 Arten in Eur (davon 2 in Dt):

C1. ***Leptinus testaceus*** Müll., Mäusefloh (2 mm); blassgelb; mit langen Antennen und Beinen; Höhlenkäfer in Nestern von Mäusen, Maulwurf, zuweilen von Hamster und Kaninchen; auch in Hummelnestern, die in alten Mäusegängen angelegt wurden, und in Höhlen an Fledermauskot; Imagines gelegentlich im Fell der Mäuse, auf diese Weise verschleppt; Ernährung kaum bekannt, auch nicht die der Larven; kein Parasit, frisst wahrscheinlich verschiedenste organische Stoffe.

C2. ***Platypsyllus castoris*** Rits., Biberlaus, Biberkäfer (2,2–3 mm; [**L-16**]); abgeflacht und schwach pigmentiert; 2. Antennenglied (Pedicellus) distal ausgehöhlt, die zapfenartig kurze, 7-gliedrige Antennengeißel in die Höhlung eingelegt (erinnert entfernt an →Gyrinidae); Kopf, Halsschild (Pronotum) und Abdominalsegmente mit flach anliegenden Stachelborsten; Flügeldecken erreichen gerade das 2. Hinterleibssegment; Tarsen der Vorder- und Mittelbeine halbkreisförmig gebogen, ventral mit spatelförmigen Hafthaaren; Larve und Imago stets im Fell des europäischen und amerikanischen Bibers (auch beim Tauchen ist genügend Atemluft im Fell des Bibers vorhanden); keine Parasiten; jagen auf dem Biber parasitierende Milben; Eiablage und Verpuppung nicht am Wirt selbst, sondern in dessen Behausung. Lit. →Coleoptera.

Leiomyza →Asteiidae.
Leistotrophus →Staphylinidae.

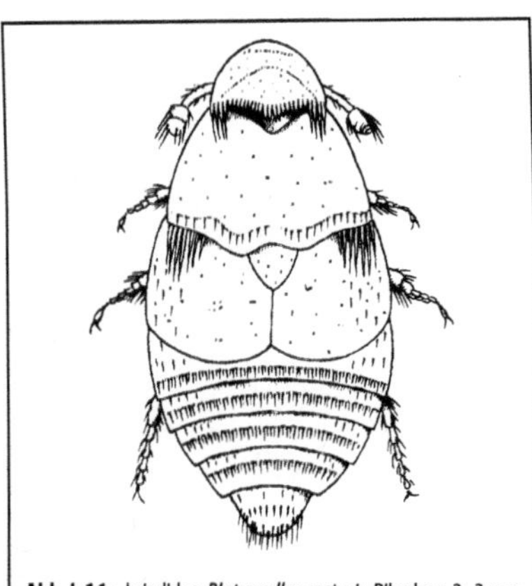

Abb. L-16: Leiodidae: *Platypsyllus castoris*, Biberlaus. 2–3 mm

Leistus →Carabidae C1.
Lema →Chrysomelidae B.
Lemonia, **Lemoniidae** →Brahmaeidae.
Lenisa →Noctuidae.
Leperisinus →Curculionidae P6.
Lepidopsocidae →Psocodea.
Lepidoptera, Schmetterlinge; Ordg. der Insekten mit vollkommener Verwandlung (→Holometabolie); Schwestergruppe der →Trichoptera; übergeordnete Gruppe: →Amphiesmenoptera; in Eur ± 9200 Arten, ±3700 in Dt. **Mundgliedmaßen** bei den →Micropterigidae (Zeugloptera) noch kauend-beißend mit funktionierenden Mandibeln; bei allen anderen (Glossata) saugend, der kennzeichnende, bisweilen außerordentlich lange Saugrüssel gebildet aus den Außenladen (Galeae) der Maxillen; Rüssel zur Ruhelage spiralig einrollbar, zunächst locker durch die Elastizität der Kutikulastrukturen, dann eng durch Muskelgruppen im Rüssel; Strecken zur Sauglage durch Erhöhung des Hämolymphdrucks; Rüssel in manchen Fam. stark verkürzt oder ganz reduziert, dann keine Nahrungsaufnahme (Bombycoidea außer den Sphingidae; →Hepialidae, →Cossidae, →Nepticuloidea, →Tineidae, einige →Geometridae und *Aglaope*, →Zygaenidae C). **Flügel** meist gut ausgebildet; Ruhehaltung gruppenspezifisch verschieden: über dem Rücken hochgeklappt (Tagfalter und einige Spanner, dann die nicht selten tarnfarbige Flügelunterseite sichtbar [**L-17**]), sehr häufig dachförmig auf den Rücken gelegt, zuweilen geradezu um den Leib gewickelt (manche Motten), etwas nach hinten gezogen flach liegend bei den Spannern (→Geometridae [**G-23**], wobei sich dann sich die Oberseitenmuster der Vorder- und

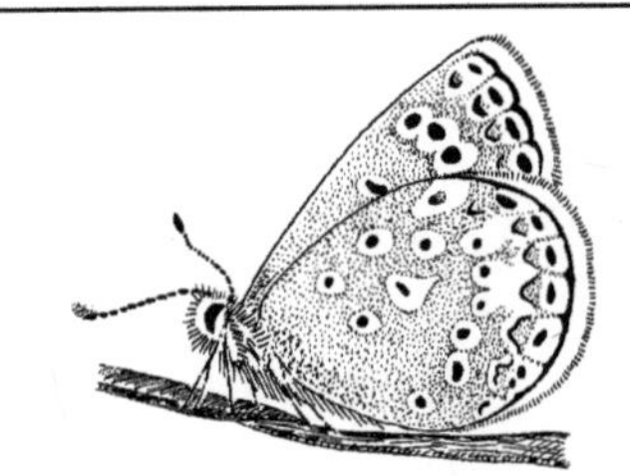

Abb. L-17: Lepidoptera: *Polyommatus icarus*, Gemeiner Bläuling. Ruhehaltung. (Forster & Wohlfahrt 1954–81)

Hinterflügel zu einem Gesamtmuster ergänzen), selten die Vorderflügel seitlich abgestreckt und die Hinterflügel darunter geborgen (→Pterophoridae [**P-91**]); mit **Bindevorrichtungen** zwischen Vorder- und Hinterflügeln für den Flug (fehlen bei →Saturniidae; →Lasiocampidae; →Brahmaeidae; Tagfaltern); 2 Haupttypen, die der: 1) „**Jugatae**" (→paraphyletische Gruppe): Hinterrand der Vorderflügel mit lappenartigem Fortsatz (Jugum, [**L-18**] oben), wird in der Ruhe nach vorn unter den Flügelrand geschlagen, legt sich im Flug auf den Vorderrand des Hinterflügels (→Hepialidae), in manchen Fällen (→Micropterigidae; →Eriocraniidae) hier verankert an einem Borstenbündel (Frenulum, [**L-18**] oben links). 2) **Frenatae** (s. u.): eine Borste oder ein Borstenbündel am Vorderrand des Hinterflügels (Frenulum), greift hinter einen hakenartigen Lappen (♂) oder ein Haarbüschel (♀) auf der Unterseite des Vorderflügels (Retinaculum, [**L-18**] unten). Flügelrückbildung bei den ♀♀ in mehreren Fam. (→Psychidae; →Geometridae; →Erebidae J). Flügel auf der gesamten Fläche von Ober- und Unterseite mit gelenkig eingesetzten **Schuppen** (stark umgebildete, abgeplattete Haare) besetzt; oft größere Deckschuppen

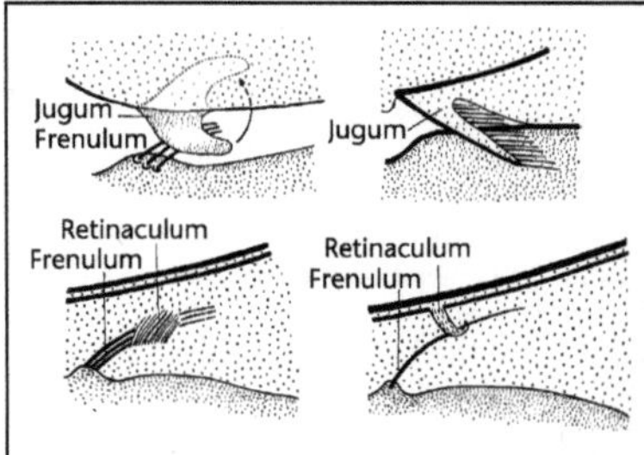

Abb. L-18: Lepidoptera: Bindevorrichtungen zwischen Vorder- und Hinterflügel. Vorderflügel jeweils oben. (Hennig 1968)

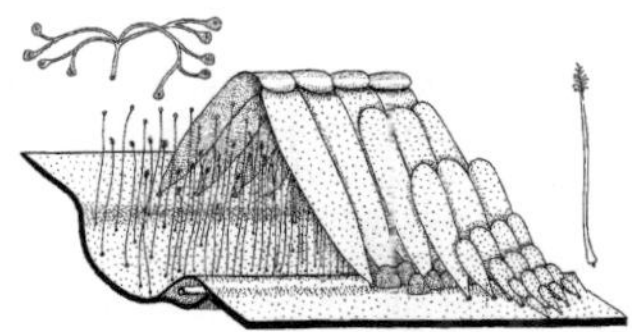

Abb. L-19: Lepidoptera: *Argynnis paphia*, Kaisermantel. ♂, Vorderflügel; schematischer Schnitt durch den mit Duftschuppen besetzten Teil, überdacht von Deckschuppen; Teilansicht; rechts: einzelne Duftschuppe; links oben: stark vergrößertes verzweigtes Ende einer Duftschuppe mit offenen Poren. (Bourgogne 1951)

über einer Lage von Tiefenschuppen; →Duftschuppen [**L-19**] weit verbreitet (besonders auf den Flügeln der ♂♂ mancher Tagfalter), einzeln zerstreut oder in Gruppen vereinigt; Kutikula der Schuppenoberfläche (v. a. der Oberseite) oft durchbrochen und mit kompliziert lamellenförmigem Bau [**L-20**]; Beschuppung zumindest in manchen Fällen für das Fliegen von Bedeutung, verbessert die aerodynamischen Eigenschaften der Flügel; **Färbung** der Flügel bedingt durch die Farbeigenschaften der Schuppen: a) Pigmentfarben entstehen durch Einlagerung von Farbpigmenten, z. B. von Melaninen (gelbbraun bis schwarz), Ommatinen (rot bis braun), Pterinen (bei Pieridae), Papiliochromen (bei Papilionidae; gelb bis rot), gelegentlich Flavonen und Anthocyanen (wohl aus der Pflanzennahrung der Larven); Carotinoide kommen in Schuppen nicht vor; die Pigmente werden aus Vorstufen in den Schuppen synthetisiert; bleichen meist (oft sehr schnell) aus; b) metallisch schillernde Strukturfarben entstehen durch Interferenz an feinster Schichtung der Kutikula von →Schillerschuppen (vgl. auch →Schillerfarben); die verbreitete Reflexion von UV gebunden an Pigmente oder hervorgerufen durch Interferenz an Strukturen der Schuppenoberfläche [**L-19**]; die Farbmuster der Flügel entstehen durch die Verteilung der verschieden gefärbten und gestalteten Schuppen auf der Flügelfläche; Zeichnungsmuster bei den Vertretern mancher Fam. auf ein Familiengrundmuster zurückführbar (→Nymphalidae, →Noctuidae, manche →Geometridae); zuweilen bleiben Teile der Flügelfläche unbeschuppt und glasartig durchsichtig (→Sesiidae, einige →Sphingidae); ♂ und ♀ nicht selten verschieden gefärbt, oder auch die Frühjahrsgeneration anders als die Sommergeneration (→Saisondimorphismus); zuweilen erstaunliches Passen des Gesamtmusters zu dem der Umgebung (Schutzfärbung [**L-21**]); im Gegensatz

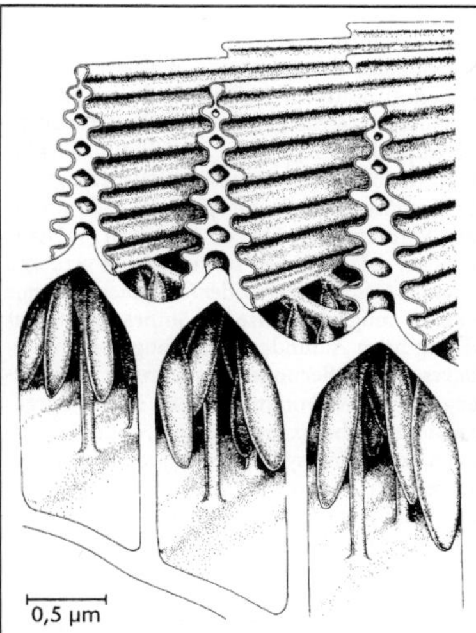

0,5 μm

Abb. L-20: Lepidoptera: Teil einer Ultraviolett reflektierenden Schuppe von *Eurema lisa*. Die gerillten Leisten wirken wie ein Interferenzfilter und sind für die UV-Reflexion verantwortlich. Die flaschenförmigen Gebilde im lufterfüllten basalen Hohlraum der Schuppe sind Pigmentkörner, die die Gelbfärbung des Falters bedingen. (Ghiradella et al. 1972)

Abb. L-21: Lepidoptera: *Cidaria albicillata*. Ruhehaltung auf Rinde. (Brauns 1991)

dazu steht die auffallende Warnfärbung bei Arten, die durch schlechten Geschmack vor manchen (durch Erfahrung klugen) Feinden geschützt sind (→Zygaenidae; vgl. auch →Mimese, Mimikry); Augenfleckmuster können, bei Störung plötzlich vorgezeigt, auf manche natürliche Feinde (Vögel) abschreckend wirken (→Nymphalidae C3; →Sphingidae 3); manchmal (i. d. R. wohl erblich bedingtes) Auftreten stark verdunkelter Exemplare einer Art (Melanismus; ♀♀ des Kaisermantels, →Nymphalidae E4); selten Ausfall dunkler Pigmente (Albinismus; domestikationsbedingt bei der Zuchtform des Seidenspinners, →Bombycidae). Vorderbeine bei vielen Tagfaltern (→Nymphalidae; →Lycaenidae) zu **Putzpfoten** verkürzt, in beiden Geschlechtern oder (→Lycaenidae) nur beim ♂; möglicherweise als Sinnesorganträger wichtig beim Auffinden des richtigen Eiablageplatzes. **Lautäußerungen** in mehreren Fam., erzeugt: a) mit →Trommelorganen (Tymbalorganen) am Metathorax (bei Arctiinae, →Erebidae K, stören das Ortungssystem der sie jagenden Fledermäuse), am Abdomen (Lymantriinae, →Erebidae J; Chloephorinae, →Nolidae) oder in den →Tegulae (♂♂ einiger →Pyralidae locken – und stimulieren? – die ♀♀); b) durch Stridulieren, und zwar Reiben von Genitalanhängen (als Schrillleisten) gegen eine vorstehende Spitze am Abdomenende (♂♂ von →Sphingidae) oder Kratzen mit Beinteilen über die Unterseite der Hinterflügel, wie beim ♂ von *Rileyiana fovea* (→Noctuidae) mit einer Schrillleiste auf dem 1. Tarsalglied der Hinterbeine (zum Anlocken der ♀♀), beim begatteten *Parnassius*-♀ (→Papilionidae 5) – ohne besondere Schrillleisten – vermutlich als Ausdruck des Gestörtseins [**P-17**]; c) schließlich durch Ausstoßen und Einsaugen von Luft aus dem bzw. in den Schlund (das Fiepen beider Geschlechter des Totenkopfschwärmers, →Sphingidae 4 [**S-72**]). **Hörorgane** (meist als →Tympanalorgane) v. a. bei Gruppen, die vorwiegend in der Dämmerung oder nachts fliegen; teils im hinteren Brustsegment (Noctuoidea), teils im 1. Hinterleibssegment (→Pyralidae; →Geometridae; →Drepanidae und →Thyatiridae), bei den Augenfaltern (Satyrinae: →Nymphalidae F) in der Basis der Vorderflügel, bei →Sphingidae (keine Tympanalorgane) in Auswüchsen der Rüsselbasis; ermöglichen das Ausweichen vor den Ultraschall-Peillauten der Fledermäuse. Viele Arten nehmen **Nektar** auf (Geschmacksorgane im Bereich der Mundteile und – bei manchen Tagfaltern – an den Fußgliedern); nicht selten auch Aufnahme von Flüssigkeit an feuchtem Sand und an flachen, oft jauchigen Pfützen (Aufnahme von Natrium; z. B. bei Weißlingen, Ritterfaltern, Bläulingen); in den Tropen einige Arten (der Geometridae, Nolidae, Notodontidae, Pyralidae, Sphingidae und Thyatiridae), die regelmäßig Tränenflüssigkeit von Säugern aufnehmen (auch vom Menschen; können dabei Infektionskrankheiten übertragen; die Produktion

von Tränenflüssigkeit z. T. durch eine besonders raue Oberfläche der Rüsselspitze angeregt); Rüssel manchmal stichelförmig zum Einstechen in fleischige Früchte; einige tropische Arten können zum Blutsaugen in die Wirbeltierhaut einstechen. Fähigkeit und Neigung zum **Fliegen** außerordentlich verschieden, manchmal auch bei ♂♂ und ♀♀ einer Art; es gibt alle Übergänge zwischen dem rasanten Flug z. B. der Schwärmer (→Sphingidae; schlanke, am Vorderrand versteifte Vorderflügel), dem mehr flatternden Flug der Tagfalter (breite Flügel) und dem rudernden Flug der Kleinformen (Flügel am Rande oft lang behaart, zuweilen wie bei den →Pterophoridae zerschlissen); der Wind hemmt die Neigung zum Fliegen; bei vielen Arten Aufheizen vor dem Start durch Muskelzittern, bei Tagfaltern durch Adsorptionssonnen (in Seitenstellung mit zusammengeklappten oder in Rückenstellung mit seitlich ausgebreiteten Flügeln) oder durch Reflexionssonnen (Flügel bilden ein in Sonnenrichtung offenes V, die Wärmestrahlen werden 1 Mal oder einige Male reflektiert, bis sie zum Körper gelangen). Nach der Tagesaktivität sind 2 Hauptgruppen unterscheidbar: a) **Tagflieger:** hierher die Tagfalter (→Rhopalocera), Widderchen (→Zygaenidae), Glasflügler (→Sesiidae), Fensterschwärmerchen (→Thyrididae), basale Fam. (→Micropterigidae, Eriocraniidae) sowie manche Vertreter verschiedener anderer Fam.; führende Sinnesorgane sind die Augen; oft UV- und rottüchtig; auffallend die Vorliebe für rote (!) und purpurfarbene Blüten (→Pieridae) oder für gelbe und blaue Blüten (→Nymphalidae); Imaginalhäutung meist morgens; b) **Dämmerungs- und Nachtflieger:** Nahrungssuche (wenn Rüssel vorhanden) und Eiablage oft in der ersten 1. Hälfte der Nacht, Kopulation in der 2. Hälfte (zeitliche Aktivitätsmuster jedoch im Einzelnen höchst unterschiedlich); führende Sinnesorgane sind meist die Chemorezeptoren („Riechorgane") auf den Fühlern, manchmal aber auch (u. U. nur bei älteren Tieren) die Augen; Farbtüchtigkeit in Gelb-Orange und Blau-Violett sowie hohe Empfindlichkeit gegenüber UV ist sind nachgewiesen; Nachtfalterblumen haben oft Blüten, die stark duften und hohe Farbintensität aufweisen (Reflexion in einem großen Spektralbereich einschl. UV, ohne Farbmuster); einige Arten können bei zu niedrigen Nachttemperaturen zur Tagesaktivität übergehen; Imaginalhäutung am frühen Abend; manche Arten (aus verschiedensten Gruppen) überwinden als →**Wanderfalter** bedeutende Entfernungen, z. B. aus dem Mittelmeerbereich über die Alpen nach Norden; Fortpflanzung auf Dauer hier jedoch meist nicht möglich. **Fortpflanzung** i. d. R. 2-geschlechtlich; →Parthenogenese bei einzelnen Gruppen, gelegentlich oder regelmäßig (→Psychidae); finden der Geschlechter insbesondere bei den Tagfaltern v. a. durch das Auge; wichtig dabei die Hauptflügelfarbe (→Nymphalidae, →Pieridae), auch z. B. das Muster oder die Größe von Ultraviolett reflektierenden Flügelteilen (→Pieridae); bei Dämmerungs- und Nachtfliegern sehr häufig Anlockung der ♂♂ durch **Pheromone** aus Drüsen zwischen dem 8. und 9. Abdominalsegment der ♀♀; Antennen der ♂♂ dann oft stärker gefiedert und mit mehr Chemorezeptoren besetzt (z. B. →Lasiocampidae, →Noctuidae, →Geometridae [**G-18**]); ♀ in Lockstellung häufig mit angehobenem Hinterleibsende, nicht selten auch mit ausgestülpten Drüsen (Seidenspinner); Lockstoffabgabe manchmal unterstützt durch Haarbüschel an der Drüsenmündung (größere Verdunstungsoberfläche); abgegeben wird ein Bukett aus mehreren Komponenten, fast durchweg mono- oder polyolefinische Alkohole (mit 7–21 Kohlenstoffatomen) und deren Ester oder Aldehyde; die Pheromone schon in außerordentlicher Verdünnung wirksam, wirken u. U. noch in einer Entfernung von einigen Kilometern auf die artgleichen (manchmal auch auf nah verwandte) ♂♂ stark erregend; die ♂♂ fliegen gegen den Wind (nicht entlang eines Duftgefälles) zum ♀ und begatten es; nach der Verpaarung häufig Abstoßen der ♂♂ durch qualitative oder geringfügige quantitative Veränderungen in der Zusammensetzung des Pheromonbuketts; bei verwandten Arten wirken die Sexuallockstoffe auf die ♂♂ der jeweils anderen Art nicht selten abschreckend; seltener Bildung von Lockstoffen durch ♂♂: Duftorgane auf den Flügeln (Duftschuppen), an Antennen, Beinen, Thorax und Abdomen; nicht selten große, komplex gebaute, am Abdomenende ausstülpbare Pinsel oder haarbesetzte Schläuche (Coremata; Arctiinae: →Erebidae K; Danainae: →Nymphalidae G); die männlichen Sexualpheromone wirken anlockend oder (als Aphrodisiaka) erregend auf die ♀♀ (Arctiinae: →Erebidae K; →Hepialidae; →Nymphalidae; →Pieridae; →Pyralidae); bei einigen Arten vielleicht Anlockung der ♂♂ durch Infrarotstrahlung, erzeugt durch die Wärme der Flugmuskulatur des ♀. Bei manchen Tagfaltern ausgedehnte Balz und Paarungsvorspiel beider Partner (→Nymphalidae); das ♀ bei vielen Arten nur einmal 1-mal begattet, mehrfache **Paarungen** jedoch bei einer Reihe von (längerlebigen?) Arten die Regel; Kopulationsöffnung bei vielen (den Ditrysia, s. u.) von der Eiaustrittsöffnung verschieden: Erstere im 7. oder 8. Abdominalsegment, Letztere terminal; Begattungsstellung fast immer mit abgewandten Köpfen; ungewöhnlich für Insekten: eine fertige Spermatophore wird erst wäh-

Abb. L-22: Lepidoptera: Ei des Distelfalters, *Vanessa cardui*. 0,8 mm hoch. (Danesch & Dierl 1965)

rend der Kopulation in der Bursa copulatrix des ♀ gebildet. **Eiablage** einzeln oder in arteigen geformten Gelegen an oder in die Nähe der Nahrungspflanze der Larven; die Eischale (Chorion), gebildet von den Zellen der Ovariolenwand, oft mit feiner, regelmäßiger Oberflächenskulptur [**L-22**], am einen Ende mit feinen Kanälchen zum Durchtreten der Samenfäden versehen (Mikropylenapparat). **Raupe** (Larve mit Afterfüßen) meist walzenförmig (z. B. [**L-7**]); fast stets mit kräftigen Kaumandibeln, die übrigen Mundteile, auch die Antennen, nur kurz und schwach (vgl. jedoch →Micropterigidae); an jedem der 3 Brustsegmente mit einem kurzen Beinpaar; Hinterleib mit einer wechselnden Zahl von meist ungegliederten **Afterfüßen** (also eine Raupe), meist am 3.–6. und als Nachschieber am 10. Segment; Zahl der Afterfüße jedoch oft geringer (z. B. →Geometridae: Afterfüße nur am 6. und 10. Segment); gänzlich fußlos z. B. manche im Inneren von Pflanzen minierende Larven; Afterfüße am Ende mit Häkchen als Klammerapparat, bei einigen darin ursprünglichen Gruppen kranzförmig (Kranzfüße, Pedes coronati [**L-23**]), bei den meisten etwa als Halbkranz (Klammerfüße, Pedes semicoronati [**L-23**]); 9 Paar gegliederte und bekrallte Afterfüße bei den →Micropterigidae. **Färbung** der Raupen außerordentlich unterschiedlich, aber für die Art bezeichnend; nicht selten sehr bunt (chemisch sehr verschiedenartige Pigmente, teils in der Kutikula, teils in der Epidermis, teils auch in der Hämolymphe); nicht selten verschiedene Raupenstadien der gleichen Art verschieden unterschiedlich gefärbt; vielfach reiche Ausstattung mit Höckern, Warzen und Haaren; Verbergetrachten in manchen Gruppen sehr ausgeprägt (z. B. Zweigähnlichkeit vieler →Geometridae; →Gegenschattierung [**L-24**], lässt bei richtiger Einstellung Positionierung der Raupe zum Licht deren Körper flächenhaft erscheinen); nicht selten auffällige Warntrachten in Verbin-

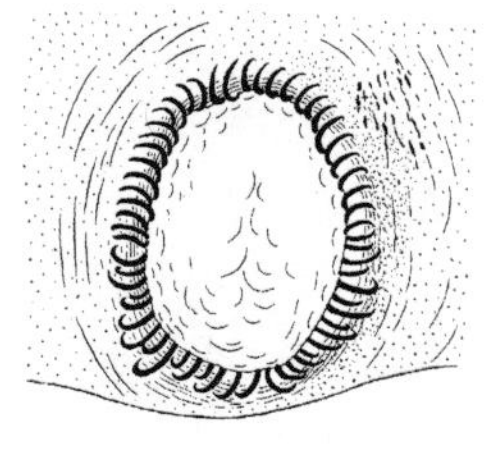

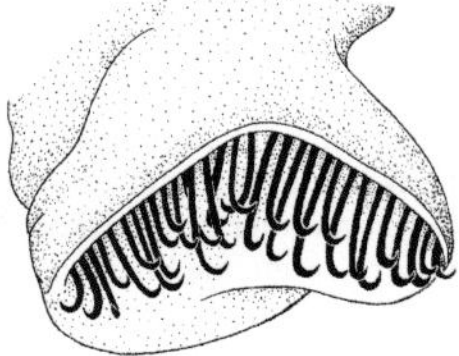

Abb. L-23: Lepidoptera: Afterfüße von Schmetterlingsraupen. Oben: Kranzfuß (*Cossus cossus*); unten: Klammerfuß (*Eudia pavonia*). (Hennig 1968)

Abb. L-24: Lepidoptera: Raupe des Großen Gabelschwanzes, *Cerura vinula*. Oben: in natürlicher Stellung und Beleuchtung; unten: in falscher Stellung zum Licht. (De Ruiter 1956)

dung mit schlechtem Geschmack (z. B. *Tyria jacobaeae*, →Erebidae K13; →Zygaenidae). Raupen vielfach mit **Hautdrüsen** unterschiedlicher Lage

Abb. L-25: Lepidoptera: *Papilio machaon*, Schwalbenschwanz. Vorderende der Raupe mit ausgestülpter Nackengabel

und Funktion: Rückendrüsen als Nahrungsspender für Ameisen bei manchen →Lycaenidae, Wehrdrüsen ventral im Prothorax der →Notodontidae oder in der bei Störung ausgestülpten Nackengabel (Osmaterium [**L-25**]) der →Papilionidae, Giftdrüsen in Verbindung mit leicht abbrechenden, oft mit Widerhaken versehenen Brennhaaren (am bekanntesten bei den Raupen der Prozessionsspinner, →Notodontidae B, und der Schwammspinner, →Erebidae J4); die Hämolymphe von Raupen der →Zygaenidae enthält cyanhaltige Verbindungen. Bei Raupen allgemein verbreitet sind als **Spinndrüsen** tätige Labialdrüsen (Speicheldrüsen), die als 2 gewundene Schläuche den Körper durchziehen und auf einem Zapfen der Unterlippe unpaar münden, rudimentär oder fehlend außer bei vielen →Minen bewohnenden Larven auch bei →Sphingidae, manchen →Noctuidae und Arctiinae (→Erebidae K); Raupen mit Spinndrüsen ziehen in vielen Fällen (immer?) beim Laufen einen Spinnfaden; Herstellen von Gespinstnestern bei zeitweilig oder ständig gesellig lebenden Raupen; in einigen Gruppen werden körperfremde Stoffe zu einem köcherartigen Gebilde zusammengesponnen, in dem die Raupe haust (z. B. →Psychidae, →Coleophoridae, →Incurvariidae); hormonaler Einfluss auf das Spinnverhalten z. B. bei der Großen Wachsmotte (→Pyralidae 1): die Raupe baut unter dem Einfluss von Juvenilhormon (aus den Corpora allata) larvale Wohnröhren, unter dem Einfluss des Verpuppungshormons (Ecdyson; aus den Prothorakaldrüsen) den Puppenkokon. **Ernährung** fast ausschließlich pflanzlich; bisweilen sehr ausgeprägt →monophag, bedingt (immer?) durch die Vorliebe für bestimmte Inhaltsstoffe der Nahrungspflanze (vgl. z. B. →Pieridae); es kommt vor, dass die Raupen einer Art in verschiedenen Teilen des Verbreitungsgebiets verschiedene unterschiedliche Nahrungspflanzen bevorzugen; das Finden der richtigen Nahrungspflanze ist den Raupen oft weitgehend abgenommen durch die Wahl des ♀, das die Eier an oder in Nähe der Nahrungspflanze ablegt; als Futter dienen i. d. R. nur bestimmte Teile der Nahrungspflanze, die meist von außen, bei manchen Gruppen im Innern befressen werden, z. B. minierend in Blättern (u. a. →Nepticulidae), bohrend in Rinde (manche →Gracillariidae), Knospen (manche →Argyresthiidae und →Coleophoridae) oder Wurzeln (u. a. →Hepialidae); einige Raupen der →Pyralidae leben an untergetauchten Wasserpflanzen; verschiedene Generationen der gleichen Art fressen manchmal in verschiedenen Teilen der Nahrungspflanze; Ernährung von tierischen Stoffen manchmal mehr gelegentlich („Mordraupen" mancher →Noctuidae und →Geometridae), manchmal regelmäßig, wie bei den Raupen von Kleidermotte (→Tineidae), Wachsmotten (→Pyralidae), Ameisenbläulingen (→Lycaenidae C6, 7) und *Eublemma scitula* Ramb. (→Erebidae H). Die Raupe ist ausgesprochenes Fressstadium mit meist raschem Wachstum zwischen den **Häutungen**; Zahl der Häutungen artspezifisch verschieden (2–10, häufig 4–5); wechselt zuweilen auch individuell durch Einschieben von Diapausestadien, ♀-Raupen manchmal mit mehr Häutungen als ♂-Raupen; vor der Häutung wird das Fressen eingestellt, in manchen Fällen ein eigenes Häutungsgespinst hergestellt. **Überwinterung** nicht selten im Raupenstadium, aber in allen Stadien möglich (auch bei nahe verwandten Arten zuweilen in verschiedenen Stadien). Zur **Verpuppung** wird oft ein vom Fressplatz der Raupen u. U. weit entfernter Platz aufgesucht (oft in der Erde) und mit Spinnfäden, zuweilen zusammen mit Fremdmaterial, hergerichtet; bei Tagfaltern (gelegentlich auch in anderen Gruppen, z. B. →Geometridae) exponierte Puppe mit Spinnfäden als Gürtel um die Körpermitte (→Gürtelpuppe [**L-28**) oder als Polster zum Befestigen des Hinterleibsendes (→Stürzpuppe [**L-29**]); bei Nachtfaltern nicht selten ein sehr kunstvoller **Gespinstkokon;** die Gespinstseide, hergestellt von den zu Spinndrüsen differenzierten Labialdrüsen der Raupe, besteht aus dem Protein Serofibroin; 5 Grundtypen des Gespinstaufbaus: a) reine Serofibroingespinste (Seidenspinner), b) Serofibroingespinste mit Einschlüssen von Fremdkörpern (Steinchen, Pflanzenteilen, Haaren; z. B. *Calliteara*, →Erebidae J). c) Kokons mit kristallinen Einlagerungen (→Zygaenidae, →Limacodidae), d) Kokons mit amorphen Einlagerungen und e) Gespinste mit einer nachträglichen Auflagerung von kristallinen Substanzen auf die einzelnen Fäden (bei *Malacosoma*, →Lasiocampidae 1); bei manchen Raupen mit schwachem oder fehlendem Spinnvermögen ist die Wand der in

einer Erdhöhle liegenden Puppe durch eine sekretartige Flüssigkeit (Herkunft?) verhärtet; vor der Häutung zur Puppe tritt zuweilen eine Farb- und Gestaltveränderung auf (durch Hormone gesteuert; →Pieridae, →Nymphalidae), auch ein Kleinerwerden durch Abgabe von Kot. **Puppe** meist eine typische Mumienpuppe (Pupa obtecta, →Pupa 2b) mit mäßiger Beweglichkeit des Abdomens; die Pupa semilibera (→Pupa 2c) einiger Gruppen (z. B. →Hepialidae, →Cossidae, →Sesiidae, →Zygaenidae) kann sich durch die etwas stärkere Beweglichkeit des oft mit Dornen besetzten Hinterleibs aus dem Puppenlager herausschieben; Pupa dectica (→Pupa 1) bei den basalsten Gruppen (→Micropterigidae, →Eriocraniidae); auffallend der Silber- oder Goldglanz mancher Nymphalidenpuppen, insbesondere der tropischen *Euploea* (Danainae, →Nymphalidae G); der Metalleffekt kommt ausschließlich durch Interferenz an der fein geschichteten Kutikula zustande (bis zu 250, jeweils nur 0,15 μm dicke Doppellagen aus Chitinarthropodin bzw. Wasser; nach der Häutung oder dem Tod der Puppe verschwindet mit dem Verdunsten des Wassers der Farbeffekt); Puppen oft mit Cremaster am Hinterleibsende [**L-26, L-27**], ein i. d. R. artspezifisch gestaltetes System von Borsten, Stacheln oder Widerhaken, dient häufig der Verankerung im Verpuppungsgespinst. Geschlechtsunterschiede schon bei der Puppe

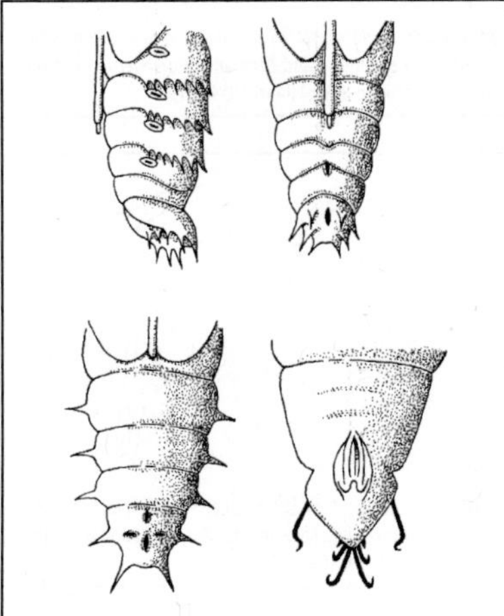

Abb. L-26: Lepidoptera: Cremaster von *Zygaena filipendulae* (Zygaenidae, oben), *Polia dentina* (Noctuidae, unten links) und *Selenia bilunaria* (Geometridae, unten rechts). (Forster & Wohlfahrt 1954–81)

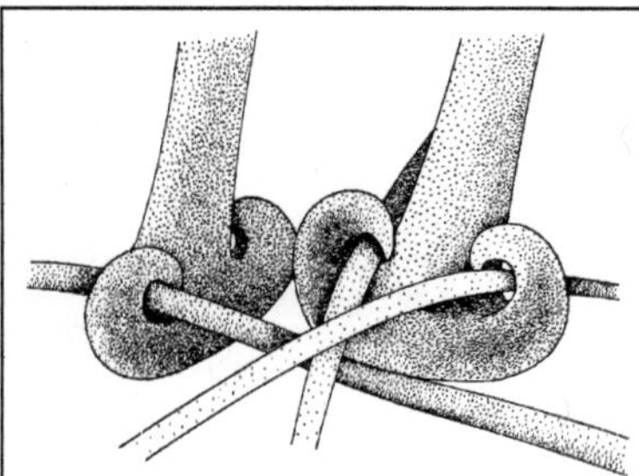

Abb. L-27: Lepidoptera: Anker vom Cremaster der Puppe eines neotropischen Falters mit in die Ösen eingefädelten Gespinstfäden; Dicke der Gespinstfäden: ca. 1 μm. (Schremmer 1978)

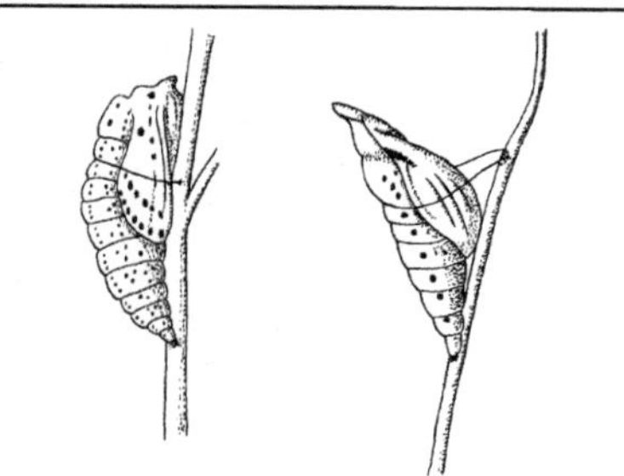

Abb. L-28: Lepidoptera: Gürtelpuppen vom Baumweißling, *Aporia crataegi* (links), und Zitronenfalter, *Gonepteryx rhamni* (rechts). (Forster & Wohlfahrt 1954–81)

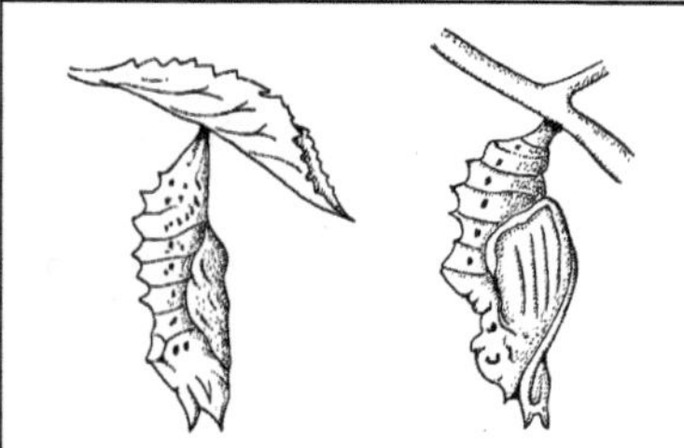

Abb. L-29: Lepidoptera: Stürzpuppen vom Kleinen Fuchs, *Aglais urticae* (links), und Kaisermantel, *Argynnis paphia* (rechts). (Forster & Wohlfahrt 1954–81)

an der Lage der als Furchen angedeuteten Geschlechtsöffnungen erkennbar, zuweilen auch an der Größe und an der Gestalt der Antennen- und Flügelanlagen. Dauer des Puppenlebens artspezi-

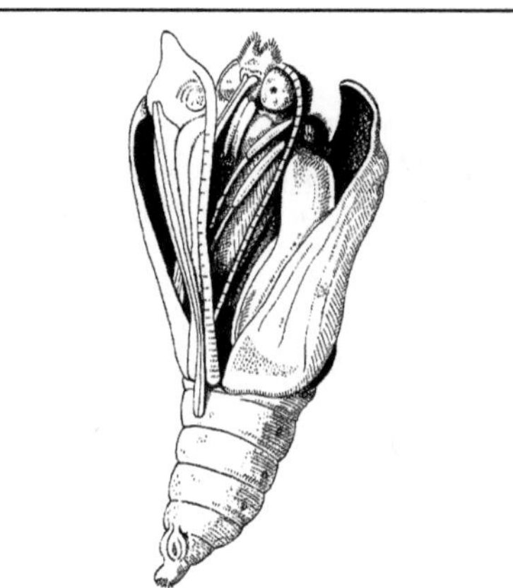

Abb. L-30: Lepidoptera: *Pieris brassicae*, Kohlweißling. Schlüpfender Falter. (Forster & Wohlfahrt 1954–81)

fisch (z. T. auch bei der gleichen Art) verschieden, wenige Tage bis mehrere Jahre; kann mehrere Winter überliegen (Diapause, →Dormanz 2; →Überliegen); zuweilen deutlicher Einfluss von Kurz- bzw. Langtagsbedingungen auf die Entwicklung (→Nymphalidae C6). Bei der **Häutung zum Falter** wird die Puppenhaut an vorgebildeten Nähten an Kopf und Vorderkörper gesprengt [**L-30**]; ein Kokon wird manchmal kurz vor der letzten Häutung von der beweglichen Puppe verlassen (z. B. →Zygaenidae), meist aber durch den frisch geschlüpften Falter, entweder durch vorgebildete Öffnungen (reusenförmig bei →Saturniidae, sonst auch schlitz- oder spaltförmig) bzw. Bruchstellen (→Limacodidae) oder nachdem das Gespinst mit Vorderdarmflüssigkeit aufgeweicht und mit jederseits einem Dorn in der Nähe der Flügelbasis aufgerissen wurde (Bombycoidea). Kurz nach dem Schlüpfen Abgabe eines bisweilen durch Ommochrome lebhaft rot gefärbten „Puppenharns" (→Meconium); das Strecken der zunächst noch gefalteten Flügel dauert meist weniger als eine 1/2 h, das anschließende Erhärten meist einige Stunden. Viele Arten durch Raupenfraß schädlich an Kulturpflanzen im Garten, Feld und Wald, an Vorräten, z. T. auch an Stoffen tierischer Herkunft. **Parasitoide** sind insbesondere →Ichneumonidae, →Tachinidae. Die traditionelle **Gliederung** in Kleinschmetterlinge („Motten") und Großschmetterlinge (Hepialidae, Cossoidea, Zygaenoidea, Rhopalocera bis Noctuoidea) gibt die Verwandtschaftsbeziehungen nicht wieder, ebenso wenig wie die Unterteilung der Großschmetterlinge in Tag- und Nachtfalter. Jedoch bildet neben den Tagfaltern (Rhopalocera) wohl auch ein großer Teil der Nachtfalter eine →monophyletische Gruppe (Macroheterocera).

Phylogenetisches System der europäischen Gruppen (Fam. mit mehr als 100 heimischen Arten unterstrichen):

Zeugloptera	*Yponomeutoidea*	*Zygaenoidea*	*Rhopalocera*
→Micropterigidae	→Praydidae	→Heterogynidae	(*Papilionoidea*)
Glossata	→Scythropiidae	→Limacodidae	→Papilionidae
→Eriocraniidae	→Bedelliidae	→Zygaenidae	→Hesperiidae
→Hepialidae	→Heliodinidae	*Thyridoidea:*	→Pieridae
Heteroneura	→Argyresthiidae	→Thyrididae	→Riodinidae
(Frenatae)	→Lyonetiidae	*Gelechioidea*	→Lycaenidae
Nepticuloidea	→Yponomeutidae	→Momphidae	→Nymphalidae
→Opostegidae	→Plutellidae	→Blastobasidae	*Macroheterocera*
→<u>Nepticulidae</u>	→Ypsolophidae	→Stathmopodidae	*Bombycoidea*
Incurvarioidea	→Glyphipteri-	→Scythrididae	→Bombycidae
→Heliozelidae	gidae	→Batrachedridae	→Brahmaeidae
→Adelidae	*Douglasioidea:*	→<u>Coleophoridae</u>	→Endromidae
→Incurvariidae	→Douglasiidae	→<u>Elachistidae</u>	→Lasiocampidae
→Prodoxidae	*Millerioidea:*	→Agonoxenidae	→Saturniidae
Tischerioidea:	→Millieriidae	→Peleopodidae	→Sphingidae
→Tischeriidae	*Choreutoidea:*	→Depressariidae	*Drepanoidea*
Ditrysia	→Choreutidae	→Ethmiidae	→Drepanidae
→Meessiidae	*Epermenioidea:*	→Chimabachidae	→Thyatiridae
→Psychidae	→Epermeniidae	→Lypusidae	*Geometroidea:*
Tineoidea	*Urodoidea:*	→Autostichidae	→<u>Geometridae</u>
Eriocottidae	→Urodidae	→Lecithoceridae	*Noctuoidea*
→Dryadaulidae	*Carposinoidea:*	→Oecophoridae	→Notodontidae
→Tineidae	→Carposinidae	→Cosmopterigidae	Eutelidae
Gracillarioidea	*Alucitoidea:*	→<u>Gelechiidae</u>	→Nolidae
→Roeslerstam-	→Alucitidae	*Pyraloidea*	→<u>Noctuidae</u>
miidae	*Pterophoroidea:*	→<u>Pyralidae</u>	→<u>Erebidae</u>
→Bucculatricidae	→Pterophoridae	(& Crambidae)	
→<u>Gracillariidae</u>	*Schreckensteinioidea:*		
	→Schreckenstei-		
	niidae		
	Tortricoidea:		
	→<u>Tortricidae</u>		
	Cossoidea		
	→Cossidae		
	Brachodidae		
	→Sesiidae		

Lit. Arn et al. 1992; Ebert 1991–2005; Escherich 1914–42; Forster & Wohlfahrt 1954–81; Friedrich 1983; Holloway et al. 1987; Huemer et al. 1996 ff; Huemer & Tarmann 1993; Kaltenbach & Küppers 1987; Karsholt & Mutanen 1996–2019; Karsholt & Razowski 1996; Krenn 2010; Kristensen 1984, 1986, 1998; Kudrna 1986; Lepiforum; Leraut 2016; Leraut 2006–2019; Minet 1986, 1991, 1994; Mitter et al. 2017; Nijhout 1991; PN-SBN 1997; Raman et al. 2005; Schmid 2019; Schweiz. Bund f. Naturschutz 1987; Schwenke 1972–86; Scoble 1995; Steiner et al. 2014; Surlykke & Gogala 1986; Tolman & Lewington 2012; Vane-Wright & Ackery 1984; Weidemann 1995; Weidemann & Köhler 1996.

Lepidosaphes →Coccina; →Diaspididae 6.
Lepidostoma →Lepidostomatidae; →Trichoptera.
Lepidostomatidae; Fam. der Köcherfliegen (Trichoptera) mit in Eur 8, M-Eur & Dt 4 Arten aus den Gttgn. *Crunoecia, Lasiocephala, Lepidostoma;*

die Larven →eruciform, in kühlen Fließgewässern, fressen Pflanzenreste und Algen; Köcher zylindrisch aus feinem Sand oder vierseitig aus Pflanzenmaterial [**T-100**].
Lit. →Trichoptera.
Lepisma, **Lepismatidae** →Zygentoma A.
Leptarthrus →Asilidae.
Leptidae, *Leptis* →Rhagionidae.
Leptidea →Pieridae 7.
Leptinidae →Leiodidae C.
Leptinotarsa →Chrysomelidae J1.
Leptinus →Leiodidae C1.
Leptoceridae; Fam. der Köcherfliegen (Trichoptera) mit in Eur ± 78, M-Eur 42, Dt 40 Arten, häufig z. B. *Athripsodes aterrimus* Steph. (Flspw. bis 22 mm, Larve [**T-99**]), *Mystacides niger* L. (Flspw. bis 20 mm), *Triaenodes bicolor* Curt. (Flspw. bis 20 mm); die Imagines zart, mit langen Antennen (von mindestens doppelter Flügellänge); häufiger an stehenden als an Fließgewässern; die ♂♂ vieler Arten schwärmen in der Dämmerung über dem Wasser oder um Bäume und Büsche, warten auf die dann bald nach dem Schlüpfen begatteten ♀♀; die **Larven** →eruciform; teils mit, teils ohne Kiemen; meist wohl Allesfresser, *Ceraclea* jedoch auf Süßwasserschwämme spezialisiert; i. d. R. in leicht gebogenen Köchern aus Sand, seltener aus Pflanzenteilen; manche Arten (*Triaenodes* [**T-100**]) mit den langen, behaarten Hinterbeinen zu hüpfendem Schwimmen fähig.
Lit. →Trichoptera.
Leptochilus →Vespidae B.
Leptoconops →Ceratopogonidae.
Leptogaster →Asilidae.
Leptoglossus →Coreidae, A.
Leptophlebia →Leptophlebiidae.
Leptophlebiidae; Fam. der Eintagsfliegen (Ephemeroptera) mit in Eur 36, M-Eur & Dt 11 Arten; Imago und Larve mit 3 Schwanzfäden; oberer Teil der Komplexaugen beim ♂ oft abgesetzt; bei der Mehrzahl der Arten schwärmen die ♂♂ in der Dämmerung, bei *Habrophlebia* und *Habroleptoides* am helllichten Tage; Eiablage von Steinen oder Pflanzen aus; **Larven** mit 7 Paar blatt- bis fiederförmigen Kiemen; in stehenden und langsam fließenden Gewässern der Ebene (z. B. *Leptophlebia marginata* L.) wie auch in Mittelgebirgsbächen (z. B. *Habroleptoides confusa* Sart. & Jacob); meist am Boden zwischen Kies, Wurzeln oder Falllaub kriechend, einige (z. B. *Leptophlebia*) zusätzlich im Bewuchs (Ausnahme: *Habrophlebia fusca* Curt. auf Sand); nicht selten mit Sand oder Schlamm getarnt, nicht selten auch schwimmend; gelten als omnivor; Häutung zur Subimago an aus dem Wasser ragenden Steinen oder Pflanzen; 1 Generation im Jahr; **Überwinterung** als Larve.

Lit. →Ephemeroptera.
Leptophyes →Phaneropteridae, 2.
Leptopodidae; Fam. der Wanzen (Heteroptera, Leptopodomorpha) mit in Eur 4 Arten, in M-Eur & Dt nur *Leptopus marmoratus* Goeze, Stachelwanze; 4–4,7 mm; agiler Jäger mit auffällig großen Augen und stark gebogenem Rüssel; die abstehenden Stacheln, besonders an Vorderbeinen und Kopf, verhindern vermutlich ein Ausbrechen der Beute; fliegt lebhaft und geschickt in trockenwarmen Steinbrüchen und steinigem Gelände; Stridulieren, wobei der Hinterrand des Hinteflügels Hinterflügels über die Rückenplatte des 1. Hinterleibssegments reibt; überwintern als Imago.
Lit. →Heteroptera; Péricart 1990; Péricart & Polhemus 1990.
Leptopodomorpha →Heteroptera.
Leptopsylla, **Leptopsyllidae** →Siphonaptera E.
Leptopterna →Miridae 2.
Leptopus →Leptopodidae.
Leptothorax →Formicidae, D 9–11.
Leptura, **Lepturinae, Lepturini** →Cerambycidae, C3, C.
Leskia →Sesiidae.
Lestes →Lestidae; →Odonata.
Lestica →Sphecidae.
Lestidae, Teichjungfern; Fam. der Libellen (Odonata, Zygoptera) mit in Eur & M-Eur 9, Dt 8 Arten; Körper der Imagines braun (*Sympecma*) oder metallisch grün (*Lestes, Chalcolestes*); Flügel in Ruhe schräg nach hinten abgespreizt, nur bei beiden Winterlibellen (*Sympecma*) wie bei anderen Kleinlibellen über dem Rücken zusammengelegt; Imagines und Larven an bzw. in kleinen stehenden, sich rasch erwärmenden Gewässern mit Verlandungszone, jedoch verbringen die Imagines nach dem Schlupf eine mehrwöchige Reifezeit (*Sympecma* gar das ganze Winterhalbjahr) jagend abseits der Gewässer an Waldrändern, Lichtungen und anderen (halb-)offenem offenen Lebensräumen. Die ♂♂ besetzen im Frühjahr und Frühsommer (*Sympecma*) bzw. Hochsommer (*Lestes, Chalcolestes*) in Erwartung der ♀♀ Sitzwarten am Brutgewässer (*Sympecma*), bei *Lestes* oft auch landeinwärts. Mehrere *Lestes*-Arten können zugleich am gleichen Platz fliegen; trotzdem keine Fehlkopulationen (obwohl paarungswillige ♂♂ auch falsche Partner anfliegen und zu packen suchen, →Odonata): Greifzangen am Hinterleibsende der ♂♂ (insbesondere das untere Paar) artspezifisch verschieden gestaltet; das untere Zangenpaar liegt beim Griff auf dem Nacken des ♀, artfremde ♂♂ werden wegen falscher taktiler Reize abgelehnt. **Eiablage** meist in Begleitung des ♂, das den Zangengriff beibehält, in über das Wasser ragende krautige Pflanzen

(Ausnahme: *Chalcolestes*: s. u.), oft in abgestorbene Teile, seltener auch unter Wasser (*Lestes sponsa* Hans., Gemeine Binsenjungfer); Eier mit Legebohrer in das Substrat eingeschoben [**L-31**]. Die schlanken, lebhaften **Larven** am Gewässerboden oder an Wasserpflanzen; Dauer des Larvenlebens ca. 2 Monate; Zahl der Larvenstadien auch bei gleicher Art u. U. verschieden (bei der *Lestes sponsa* Hans. z. B. 9, 10 oder 11; geringere Zahl bei günstigen Bedingungen); Entwicklungsdauer der Larven 2–3 Monate, 1 Generation im Jahr; **Überwinterung** als Ei (*Lestes*, *Chalcolestes*) bzw. Imago (*Sympecma*, Winterlibellen, als einzige europäische Libellen; Paarung im nächsten Frühjahr). Häufiger *Chalcolestes viridis* v. d. Lind., Weidenjungfer; die ♂♂ dieser Hochsommerart (VIII–X) besetzen um die Mittagszeit halbkugelförmige **Reviere** von ca. 0,5–1,5 m Durchmesser um Zweigspitzen von ufernahen Büschen und Bäumen, wobei die Ranghöhe der Revierinhaber (in kurzen Kommentkämpfen festgelegt) von unten nach oben zunimmt; die ♀♀ erscheinen nach der Stabilisierung der Reviere einzeln in 10–15 m Höhe fliegend; mehrere ♂♂ der höchsten Reviere starten gleichzeitig, verfolgen das ♀, bis es von einem gefasst werden kann; Eiablage fast stets in über Wasser hängende Zweige von Holzgewächsen, v. a. Weiden; je 2 Eier werden in etwa 1 cm übereinander liegende, schlitzförmige, später buckelförmig anschwellende Einstichstellen gelegt [**L-31**]; nach dem Schlupf windet sich die unbenetzbare Eilarve (Prolarva) aus dem Zweig und lässt sich auf das Wasser fallen, wo das 1. Larvenstadium schlüpft und untertaucht; bei einer Landung am Ufer schnellt sich die Eilarve mithilfe u-förmiger Körperkrümmungen zum Wasser.

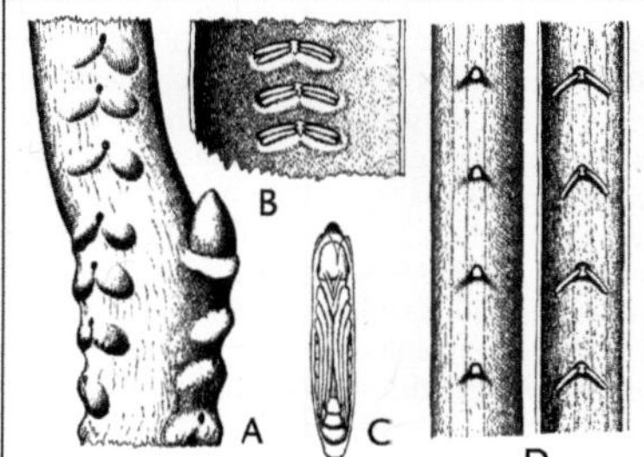

Abb. L-31: Gelege von Lestidae. A–C: *Chalcolestes viridis*; A: mehrere Gelege in einem Weidenzweig; B: 3 Gelege auf der Innenseite der Rinde; Ei ca. 1,5 mm; C: Prolarve noch im Ei; D: *Lestes sponsa*; Gelege in einem Schachtelhalm; links: von außen; rechts: von innen

Lit. →Odonata; Dreyer 1978; Jödicke 1997; Loibl 1958.

Lestodiplosis →Cecidomyiidae; vgl. auch →Cecidomyiidae C2, →Psyllina C.

Lestremiinae →Cecidomyiidae A.

Lethrus →Geotrupidae B.

Leucaspis →Diaspididae.

Leuchtkäfer →Lampyridae.

Leuchtzirpen →Dictyopharidae.

Leucoma →Erebidae J3.

Leucophora →Anthomyiidae.

Leucopomyia →Chamaemyiidae.

Leucoptera →Lyonetiidae.

Leucorrhinia →Libellulidae 3.

Leucospis →Leucospidae; vgl. auch →Megachilidae 2.

Leucospidae; Fam. der Hautflügler (Hymenoptera, Apocrita, Chalcidoidea) mit in Eur 7, M-Eur 4, Dt 3 bei uns seltenen Arten der Gttg. *Leucospis*; ungewöhnlich große Erzwespen (5–15 mm), schwarz-gelb gezeichnet; ausgezeichnet durch stark verdickte, bedornte Hinterschenkel und durch einen über den Rücken des Abdomens nach vorn gebogenen Legebohrer; Vorderflügel wie bei den Faltenwespen (→Vespidae) in Ruhe längs gefaltet; Imagines nehmen Nektar von Blüten auf; Parasitoide bei verschiedenen →Megachilidae. Beispiel: *L. gigas*: Parasitoid der inzwischen seltenen Mörtelbiene, *Megachile parietina* (→Megachilidae 2), gilt in Dt als ausgestorben; ♂♂ in ganz Europa äußerst selten, bisher nur einige aus S-Eur bekannt; Entwicklung somit (fast) ausschließlich parthenogenetisch; die ♀♀ erscheinen ab VI/Juni, nachdem der Wirt sein Nest fertiggestellt hat; die Oberfläche der sehr harten *Megachile*-Bauten wird genauestens mit den Antennen betrillert und dabei (geruchlich geleitet) nach feinsten Spalten abgesucht; fündig geworden, fahren die *L.*-♀♀ den langen, äußerst kompliziert gebauten Legestachel aus und führen ihn im Verlauf von 20–60 min bis zu seiner Basis ein [**L-32**]; die Eiablage in den *Megachile*-Bau dauert weitere 10–20 min; vor der Ablage oft Raufereien zwischen ♀♀, wobei die Konkurrentinnen versuchen, sich gegenseitig mit den bewehrten Hinterbeinen zu fassen; während der Eiablage greifen andere ♀♀ nicht an; die anfangs sehr bewegliche Larve verspeist im Verlauf von 17 Tagen die Wirtslarve (gegebenenfalls auch Eier und Larven der eigenen Art); 1- oder 2-malige Überwinterung als Larve im Bienennest; die *L.*-Imagines durchbeißen beim Verlassen des *Megachile*-Baues die harte Außenhülle mit ihren Mandibeln. Die kleinere, in Dt noch vorkommende *L. dorsigera* F. (mit 2-geschlechtlicher Fortpflanzung) entwickelt sich bei Mauerbienen

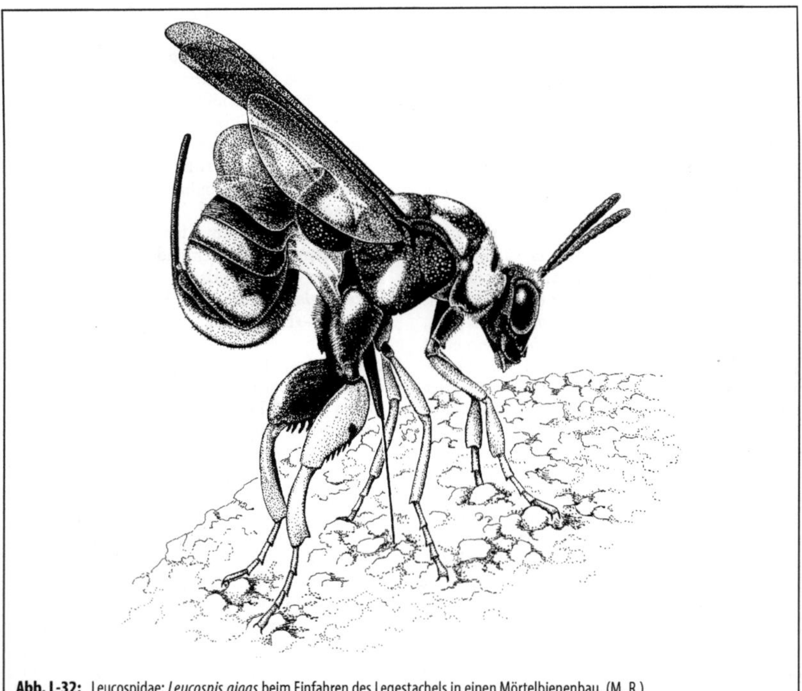

Abb. L-32: Leucospidae: *Leucospis gigas* beim Einfahren des Legestachels in einen Mörtelbienenbau. (M. R.)

und verwandten Gttgn. (v. a. *Osmia, Anthidium;* →Megachilidae 1, 5).
Lit. →Hymenoptera; Baur & Amiet 2000; Bouček 1974.
Leuctra →Leuctridae; →Plecoptera.
Leuctridae; Fam. der Steinfliegen (Plecoptera) mit in Eur ± 135, M-Eur 48, Dt 29 kleinen bis mittelgroßen (3–15 mm), braunen Arten; in beiden Geschlechtern mit gut ausgebildeten Flügeln, die in Ruhe halbzylindrisch um den Hinterleib gelegt sind; Flugzeit artspezifisch verschieden, ebenso die von den Larven bevorzugten Gewässer; mehrere Arten alpin, Larven dann sogar in Gletscherbächen. Entwicklung 1-jährig; Larven überwiegend Detritusfresser; die fast wurmförmig schlanken Larven von *Leuctra major* Brinck in bis zu 90 cm Tiefe im kiesigen Bodengrund von Bächen. Häufig: *Leuctra inermis* Kemp. (4–7 mm), stellenweise massenhaft.
Lit. →Plecoptera.
Libellen →Odonata.
Libelloides →Ascalaphidae; vgl. auch →Chalcididae 5.

Libellula →Libellulidae 1; →Odonata; s. auch →Corduliidae 3.
Libellulidae, Segellibellen, Kurzlibellen; Fam. der Libellen (Odonata, Anisoptera) mit in Eur 37, M-Eur & Dt 22 Arten; Abdomen teils gedrungen, breit, teils schlank (Körperlänge 30–50 mm, Flspw. meist um 8 cm); ohne metallische Farben, oft gelb mit brauner oder schwarzer Zeichnung, manche (*Libellula, Orthetrum*) mit blauer wachsartiger Bereifung (→1, 2); Legeapparat reduziert. Meiste Arten fliegen ruckartig und scheinbar ziellos, nicht so ausdauernd wie →Corduliidae oder →Aeshnidae; lauernde und fliegende Imagines der. Gttgn. *Libellula* und *Orthetrum* legen die Vorderbeine zwischen Kopf und Brust an (vierbeinig 4-beinig schnellerer Start möglich); ♂♂ während der Paarungszeit i. d. R. auf Sitzwarten, oft territorial; Paarung beginnt in der Luft und wird fast immer im Sitzen beendet (Ausnahme: sekundenschnelle Paarung in der Luft bei *Libellula quadrimaculata* L. und *L. depressa* L., →1). **Eiablage** unter (zumindest anfänglicher) Bewachung durch das

♂ (bei *Sympetrum*, →4, sogar im Tandem), meist mit wippenden Bewegungen des Abdomens aus dem Flug heraus ins Wasser (bei manchen *Sympetrum* auf trockenen Boden am Ufer; Beginn der Entwicklung im nächsten Frühjahr nach Überflutung). Die gedrungenen **Larven** zwischen Wasserpflanzen oder am Gewässergrund, Entwicklung meist 2-jährig (1-jährig bei *Sympetrum*, →4), **Überwinterungen** als frühes und letztes Larvenstadium (*Sympetrum* als Ei).

1. Libellula, 3 stellenweise häufige und recht stattliche Arten (39–48 mm; Flspw. bis 8,5 cm) mit relativ breitem, flachem Hinterleib (besonders bei *L. depressa* L.) und dunkler Basis der Hinterflügel; Eier in einer im Wasser aufquellenden Gallerthülle; Larven überstehen zeitweiliges Austrocknen eingegraben im Schlamm oder unter Pflanzenresten; 12–13 Larvenstadien (bei *L. fulva* Müll. auch mehr). Z. B. **L. quadrimaculata** L., Vierfleck; an jedem Flügel in der Mitte vorn ein dunkler Fleck; Ansitzjäger, fliegt Mitte V–VIII; an pflanzenreichen Weihern, besonders an Moorgewässern; manchmal kommt es gebietsweise zur Massenentwicklung, in früheren Jahrhunderten sogar zur Bildung von Wanderschwärmen (bis 40 km lang, 6 km breit und geschätzt über 2 Milliarden Libellen); Larve am Boden stehender Gewässer (z. B. von Torfstichen); Überträger der Larve eines Saugwurms (*Prosthogonimus*) auf Hühner, lebt hier im Eileiter; Folge: Legen von Windeiern; Infektion durch Fressen von frisch geschlüpften oder kältestarren Imagines. Ähnlich **L. depressa** L., Plattbauch; ausgereifte ♂♂ mit sehr auffallender blauer Wachsbereifung (ähnlich *L. fulva* Müll.); fliegt etwas früher (V–VII); bei der Eiablage Auftupfen des Hinterleibs auf die Wasseroberfläche im Sekundentakt, wodurch das scheibenförmige Gelege [0-11] mit 100–1600 Eiern auf oberflächennahen Wasserpflanzen entsteht; die Larven schlammüberkrustet in vegetationsarmen Lehmtümpeln, Pionierart in frisch angelegten Teichen.

2. Orthetrum, Blaupfeile, mit 4 heimischen Arten; der verhältnismäßig schmale Hinterleib bei ausgereiften ♂♂ oben stark blau bereift, schwach zuweilen auch bei reiferen ♀♀; fliegen im Sommer; Larven in bewachsenen, langsam fließenden kleinen Bächen, Gräben und Rinnsalen (*O. coerulescens* F.; Kleiner Blaupfeil) oder in vegetationsarmen Gewässern (*O. cancellatum* L., Großer Blaupfeil, in Baggerseen u. Ä.; *O. brunneum* Fonsc., Südlicher Blaupfeil, in kleineren Still- und Fließgewässern).

3. Leucorrhinia, Moosjungfern; in E & Dt 5 Arten (bei uns alle gefährdet), manche noch nördlich des Polarkreises; die Imagines ausgezeichnet durch weißes Gesicht und dunklen Fleck an der Hinterflügelbasis; fliegen bereits im Frühling oder Frühsommer (V–VII), in moorigem Gelände (z. B. *L. dubia* v. d. Lind., *L. pectoralis* Charp., Kleine bzw. Große Moosjungfer) oder an Altwassern mit reicher Vegetation (*L. caudalis* Charp., Zierliche Moosjungfer); die ♂♂ von *L. caudalis* präsentieren häufig, auf Schwimmblättern sitzend, mit angehobenen Flügeln und steil aufgerichtetem Abdomen ihre leuchtend weißen Flügelmale und Hinterleibsanhänge.

4. Sympetrum, Heidelibellen; in Dt 9 z. T. häufige Arten; ♂ ausgefärbt orange- bis dunkelrot (außer *S. danae* Sulz., Schwarze Heidelibelle), die Übrigen gelblich gefärbt (Rotfäbung durch Reduktion der in oxidierter Form gelben Ommatine); Ansitzjäger mit Sitzwarten in niedriger Vegetation, fliegen im Spätsommer bis Herbst; an stehenden Gewässern aller Art, bevorzugt solchen mit Röhricht (*S. vulgatum* L., Gemeine H.) oder regelmäßig trockenfallenden Verlandungszonen (*S. sanguineum* Müll., Blutrote H.; *S. flaveolum* L., Gefleckte H.), auch an Moortümpeln (*S. danae* Sulz.) oder pflanzenarmen Stillgewässern (*S. striolatum* Charp., Große H.); das ♂ behält das ♀ auch bei Eiablage (Auftupfen des Hinterleibs auf die Wasseroberfläche [0-4]) mehr oder weniger lange im Zangengriff; Eier überstehen ein Trockenfallen (*danae, striolatum, vulgatum*) oder werden gar erst nach ihrer Ablage in feuchten Schlamm überschwemmt (*flaveolum, sanguineum*); die relativ langbeinigen und lebhaften Larven v. a. zwischen Wasserpflanzen, können bei manchen Arten kurzes Trockenfallen im Schlamm überstehen; bei Störung fliehen die Larven mit schnellen Schwimmstößen (zumindest bei *striolatum, vulgatum*); mit schneller Entwicklung, 1–3 Generationen im Jahr; Eier überwintern (bei *S. striolatum* nur die spät abgelegten Eier, sonst als Larve).

Lit. →Odonata; Wildermuth 1986b.

Licinus →Carabidae M7.

Lidmücken →Blephariceridae.

Lieschgrasfliege, *Nanna flavipes* Fall. →Scathophagidae 3.

Ligusterschwärmer, *Sphinx ligustri* L. →Sphingidae 6.

Lilienhähnchen, *Lioceris* →Chrysomelidae B1.

Lioceris →Chrysomelidae B1.

Limacodidae, Schneckenspinner, Asselspinner, Schildmotten; Fam. der Schmetterlinge (Lepidoptera, Glossata, Zygaenoidea); v. a. in den Tropen, in Eur 4, M-Eur & Dt 2 Arten; kleine bis mittelgroße, meist nachts fliegende Falter; Lebensdauer kurz (max. 2 Wochen), Saugrüssel stark rückgebildet; Flügel in Ruhe dachförmig

Abb. L-33: Limacodidae: *Apoda limacodes*, Große Schildmotte. ♂, Flspw. 23 mm. (Forster & Wohlfahrt 1954–81)

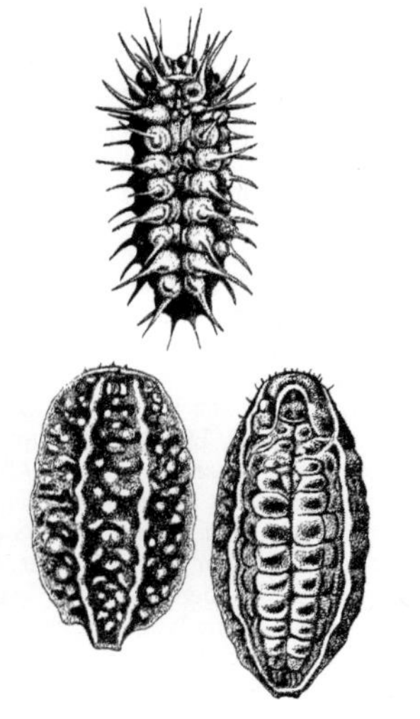

Abb. L-34: Limacodidae: *Apoda limacodes*, Große Schildmotte. Oben: „Igelraupen", frisch aus dem Ei, stark vergrößert; unten: erwachsene Raupe, links von oben, rechts von unten; 18 mm. (Sorauer 1949–57)

zurückgelegt. **Eier** äußerst flach, durchsichtig, Embryonalentwicklung von außen beobachtbar; **Raupen** bemerkenswert durch assel- oder nacktschneckenförmige Gestalt [**L-34**]; Kopf sehr klein, eingezogen; Brustbeine kurz-stummelförmig, die fehlenden Afterfüße ersetzt durch nackte Wülste, die ein Ansaugen an die Unterlage ermöglichen, dabei nach Schneckenart Absondern eines zähen, am Blatt haftenden Schleimes; bevorzugen daher glatte, unbehaarte Blätter; →polyphag an Blättern von Laubbäumen; 1. Larvenstadium frisst nur die Epidermis, spätere Stadien das ganze Blatt samt dem abgesonderten Schleim. **Verpuppung** in einem mit Speichel und Kristallen verfestigten Kokon (vgl. →Zygaenidae); Schlupf des Falters durch einen von der Larve vorgebildeten Deckel.

1. *Apoda limacodes* Hufn., Großer Schneckenspinner, Große Schildmotte (Flspw. 20–30 mm; [**L-33**]); fliegt V–VIII, das ♂ manchmal auch tagsüber bei Sonnenschein. **Raupe** gelbgrün, mit 4 gelben Längslinien und glänzenden Warzen dazwischen; 1. und 2. Stadium mit Fortsätzen, igelartig [**L-34**]; an Laubbäumen, v. a. Eichen und Buchen; die erwachsene Raupe überwintert im Kokon unter Blättern am Boden; **Verpuppung** im Frühling.

2. *Heterogenea asella* Den. & Schiff., Kleiner Schneckenspinner, Kleine Schildmotte (Flspw. nur 15–20 mm); in warmen Hainbuchen- und Eichenwäldern. **Raupe** grün bis gelblich, mit bräunlich-gelbem Rückenfleck; v. a. an Hainbuchen und Buchen; im Herbst wird ein bräunlicher Kokon an Blättern oder in einer Astgabel hergestellt, in ihm findet die **Verpuppung** entweder schon im Herbst oder erst im Frühling statt. Lit. →Lepidoptera; Cock et al. 1987; Freina & Witt 1990; Lussi 1994; Steiner et al. 2014.

Limenitidinae, *Limenitis* →Nymphalidae B, G.

Limnebius →Hydraenidae.

Limnephilidae; Fam. der Köcherfliegen (Trichoptera) mit in Eur >400, M-Eur ± 142, Dt 95 Arten; die Gttg. *Limnephilus* allein mit 33 z. T. häufigen heimischen Arten; Gonaden nach der Imaginalhäutung oft noch unentwickelt, Reifung erst im Herbst; Imagines im Sommer nicht in Gewässernähe, manche (z. B. Stenophylacini) in Höhlen. **Eiablage** über oder in der Nähe von Wasser, in das die Larven dann eingespült werden bzw. einwandern. **Larven** →eruciform, stets köchertragend und mit Tracheenkiemen; →Chloridepithel ventral auf dem 2.–7. Abdominalsegment; für den Köcher wird sehr verschiedenes Baumaterial verwendet, manchmal auch bei der gleichen Art [**T-102**]; bei manchen Arten im Laufe des Larvenlebens regelmäßiger Wechsel des Baumaterials (*Potamophylax latipennis* Curt.: zuerst Pflanzenmaterial, dann Steinchen); Weidegänger, z. T. Driftfänger (besonders von Ephemeroptera- und Chironomidae-Larven) mithilfe eines Fangkorbs aus den lang beborsteten Mittel- und Hinterbeinen (*Cryptothrix nebulicola* McLach., in sehr rasch strömenden Bereichen). 5 Larvenstadien; einige Fließwasserformen mit sommerlicher Larval-Diapause; einige Stillwasserformen mit sommerlicher Imaginal-Diapause zur Anpassung an sommertrockene periodische Gewässer. Zur **Verpuppung** wird der Larvenköcher vorn und hinten mit membranösen Siebplatten verschlossen (Pumpbewegungen der Puppe zum Erzeugen eines Wasserdurchflusses). Häufig u. a.: *Limnephilus flavicornis* F. (Flspw. bis 37 mm; [**T-102**]); *Anabolia nervosa* Leach. (Flspw. bis 34 mm), Köcher

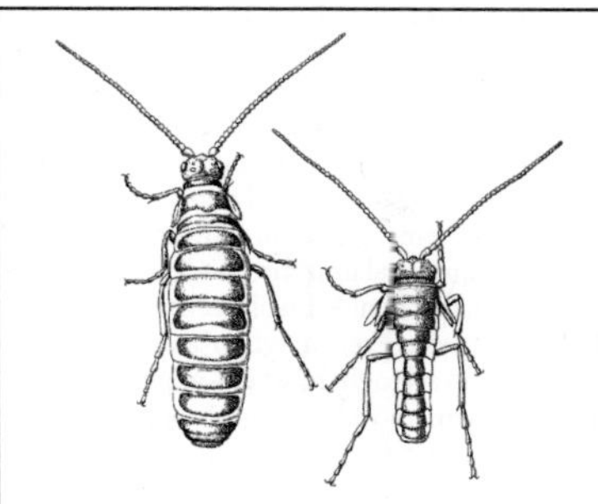

Abb. L-35: Limnephilidae: *Enoicyla pusilla*. ♀, links vor (8 mm), rechts nach (5 mm) der Eiablage. (Brauns 1991)

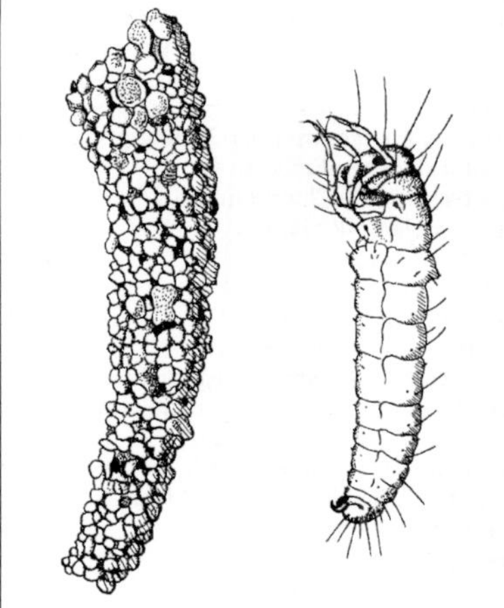

Abb. L-36: Limnephilidae: *Enoicyla pusilla*. Köcher (8 mm) und Larve (6 mm). (Brauns 1991)

mit Belastungsstäbchen [**T-101**]. Hierher auch *Enoicyla* (mit 3 Arten in Europa), bei uns am häufigsten *E. pusilla* Burm.; bemerkenswert einerseits durch den starkem starken Geschlechtsunterschied (♂ normal geflügelt, Flspw. ca. 12 mm; ♀ mit Flügelstummeln [**-35**]), anderseits durch das Leben der Larven außerhalb des Wassers, in der Bodenschicht von Laubwäldern, wo sie (evtl. auch die Eier?) in der unteren Grasschicht überwintern; die Köcher [**L-36**] aus Sandkörnchen mit eingebauten Pflanzen- und Kotteilchen; fressen v. a. Falllaub, auch Baumflechten und Moos; mit Hautatmung, keine Kiemen, Tracheensystem geschlossen; larvale Sommerruhe im hinten ver-

schlossenen Köcher. Verpuppung VII–IX in einer Höhle in ca. 5 cm Tiefe, Köcher zuvor auch vorne verschlossen (wie bei den im Wasser lebenden Verwandten); Häutung zur Imago IX–X, nachdem sich die Puppe an die Oberfläche vorgearbeitet hat; das flugfähige ♂ sucht (wie angelockt?) das ♀ auf; Eiballen (30–90 Eier in Gallerte) in der oberen Humusschicht.
Lit. →Trichoptera.
Limnephilus →Limnephilidae.
Limnia →Sciomyzidae.
Limnichidae, Uferpillenkäfer; Fam. der Käfer (Coleoptera, Polyphaga, Elateriformia) mit in Eur 10, M-Eur 5, Dt 3 Arten; früher zu den konvergent ähnlichen →Byrrhidae gestellt; sehr klein (0,6–2 mm), oval; Imagines am schlammigen oder sandigen Rand von Gewässern auf Algen, von denen sie sich auch ernähren; bei heißem Wetter gute Flieger. **Larven** graben ähnlich den verwandten →Heteroceridae feine Gänge im Uferbereich von Gewässern, ernähren sich von Algen (und Moos?).
Lit. →Coleoptera.
Limnius →Elmidae.
Limnobiidae; Synonym zu Limoniidae →Tipulidae.
Limnoecetis →Trichoptera.
Limnophila →Tipulidae.
Limnophora →Muscidae 11.
Limonia, **Limoniidae** →Tipulidae.
Limoniscus →Elateridae.
Limothrips →Thripidae 2; →Thysanoptera.
Lindenius →Sphecidae.
Lindenprachtkäfer, *Lamprodila rutilans* F. →Buprestidae 3.
Lindenschwärmer, *Mimas tiliae* L. →Sphingidae 1.
Lindenzierlaus, *Eucallipterus tiliae* L. →Drepanosiphidae B4.
Lindneromyia →Platypezidae.
Linepithema →Formicidae B5.
Linienböcke, *Oberea* →Cerambycidae E11.
Linienschwärmer, *Hyles livornica* Esp. →Sphingidae 12.
Linognathidae; Fam. der Läuse (Psocodea, Phthiraptera, Anoplura) mit in Eur 10, M-Eur und Dt 6 Arten; blutsaugende Ektoparasiten auf Wiederkäuern (*Linognathus setosus* Olf.; auf Hund); um 2–3 mm; nur die Mittel- und Hinterbeine als (schwache) Klammerbeine ausgebildet. Weitere Beispiele: *Linognathus stenopsis* Burm. auf Ziegen und Gämsen; *L. vituli* L. auf Rindern; *Solenopotes burmeisteri* Fahr. auf Rothirsch.
Lit. →Anoplura.
Linognathus →Linognathidae.
Linsenkäfer, *Bruchus lentis* Fröl. →Chrysomelidae C3.

Liodidae; Synonym zu →Leiodidae.
Liometopum s. →Crabronidae C.
Liosomaphis →Aphididae 10.
Liotryphon →Sesiidae.
Lipara →Chloropidae 1.
Liparus →Curculionidae L4.
Lipeuridae →Ischnocera.
Liphyra →Lycaenidae.
Liponeura →Blephariceridae.
Lipoptena →Hippoboscidae 2.
Liposcelidae (Troctidae); Fam. der Läuse (Pso-codea) mit in Eur 35, M-Eur 18 Arten; in Dt 13 Arten der Gttg. *Liposcelis*; 0,6–1,5 mm; mit verdickten Hinterschenkeln und gutem Sprung-vermögen; Imagines von *Embidopsocus* (S-, W-Eur) teils flügellos, teils geflügelt; *Liposcelis* un-geflügelt, mit Komplexaugen aus wenigen (3–8) Ommatidien und ohne Ocellen; ♂ von *Liposcelis* mit sklerotisierter Platte aus den miteinander ver-schmolzenen Rückenschildern des 8.–10. Hinter-leibssegments; in Häusern, z. T. in Nestern oder auch freilebend in der Bodenspreu und unter Borkenschuppen, einige Arten (z. B. *L. liparus* Broadh.) als „Bücherläuse" in alten Büchern, an Papier in Kellern, in Herbarien [**L-37**]; Ernährung von Pilzmycelien, Pilzsporen und Pollen.
Lit. →Psocodea.
Liposcelis →Liposcelidae; →Psocodea.
Lipsothrix →Tipulidae.
Liriomyza →Agromyzidae A4.
Liriopidae, Liriopeidae; Synonym zu →Ptychop-teridae.
Lispe →Muscidae 10.
Lissodema →Salpingidae.

Abb. L-37: Liposcelidae: *Liposcelis* spec., Bücherlaus. 1 mm. (Rietschel 1969)

Lissomidae; Fam. der Käfer (Coleoptera, Poly-phaga, Elateriformia); früher als U-Fam. **Lisso-minae** in die →Throscidae oder →Eucnemidae gestellt, oft auch als Schnellkäfer (→Elateridae) angesehen, deren Schwestergruppe sie wohl sind; in Eur & Dt nur der seltene *Drapetes mordelloi-des* Latr. (4–5 mm); glänzend schwarz, meist mit gelbroter (manchmal unterbrochener) Querbinde auf den Flügeldecken; Schnellmechanismus ähn-lich den →Elateridae; Imagines an alten Laub-bäumen; **Larve** länglich, etwas abgeflacht, mit kurzen Beinen und Urogomphi, bohrt parallel zur Holzfaserung bis zu 20 cm lange Gänge im feuchten, morschen Bast alter Laubbäume; **Ver-puppung** zwischen Bast und Borke in einer aus-gehöhlten, länglichen Puppenwiege (V–VI); Pup-penruhe etwa 10 Tage; Entwicklung 2–3 jährig, die Larve überwintert 2-mal.
Lit. →Coleoptera; Burakowski 1973.
Lissonota →Ichneumonidae D2; vgl. auch →Se-siidae.
Lithosia →Erebidae K1.
Lithosiidae, Lithosiinae, als Gattungsgruppe **Lit-hosiini** zu den →Erebidae Ka.
Lithotanytarsus →Chironomidae.
Livia, **Liviidae** →Psyllina C.
Livilla →Psyllina A.
Lixinae →Curculionidae J.
Lixus →Curculionidae J3.
Lobesia →Tortricidae 28.
Löcherbienen, *Heriades* →Megachilidae 3.
Lochfraß; Fraßspur an Blättern in Form von Lö-chern; z. B. →Chrysomelidae.
Lochmaea →Chrysomelidae K5.
Locusta →Acrididae A4; →Caelifera.
Locustinae →Acrididae A.
Loensia →Psocidae.
Löffelfliegen, *Lispe* →Muscidae 10.
Löffelzikade, *Eupelix cuspidata* F. →Cicadellidae A4; vgl. auch →Strepsiptera B3.
Lomechusa →Staphylinidae D5, D4; vgl. auch →Formicidae.
Lomechusini →Staphylinidae D3–5.
Lomechusoides →Staphylinidae D4; vgl. auch →Formicidae.
Lonchaea →Lonchaeidae, 3.
Lonchaeidae, Lanzenfliegen; Fam. der Zweiflüg-ler (Diptera, Brachycera, Cyclorrhapha) mit in Eur ± 110, M-Eur ± 80, Dt 49 Arten; Imagines durchwegs klein (3–6 mm), metallisch blau bis grün, mit ungefleckten Flügeln; Stirn beim ♂ schmaler als beim ♀, Letzteres mit lanzettlicher Legeröhre; auf Blättern und Blüten, gerne aber auch auf sich zersetzendem Pflanzenmaterial; ♂♂ bilden Schwärme auf Waldlichtungen. Lebens-

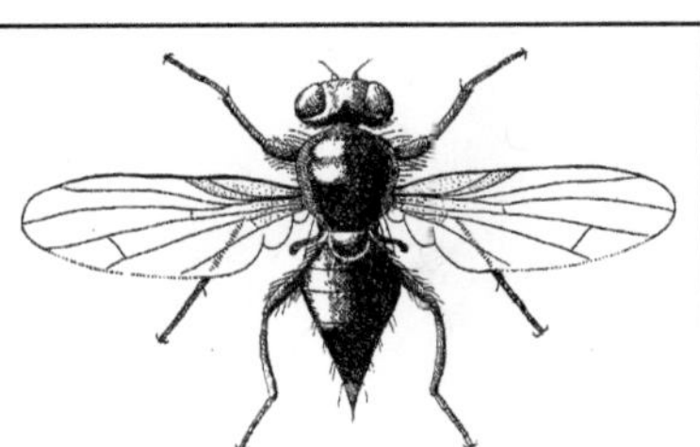

Abb. L-38: Lonchaeidae: *Lonchaea chorea*. ♀, 3–5 mm. (Séguy 1951a)

weise der **Larven** (erwachsen meist 6–8 mm) sehr verschiedenartig: fressen teils pflanzliches, teils tierisches Material, frisches und sich zersetzendes; viele Arten im Faulholz und unter Rinde, manche im Inneren von Pflanzen, einige sind Gallbildner (*Dasiops latifrons* Meig. an Gräsern); im Mittelmeergebiet richtet die Larve von *Silba virescens* Marq. (Schwarze Feigenfliege) durch Fraß in Feigen Schaden an; andere gelegentlich als sekundäre Schädlinge an faulenden Feldfrüchten (*Lonchaea chorea* F. [**L-38**] und *L. fumosa* Egg. an angegangenen Rüben oder Spargeln); für die Forstwirtschaft von gewisser Bedeutung sind folgende Arten:

    1. *Earomyia impossibile* Morge; Eiablage im V nahe der Spitze an die aufrechtstehenden Zapfen der Weißtanne (*Abies alba*); die Larven dringen ein, wandern abwärts und fressen dabei die Samenanlagen aus; Verpuppung meist im Boden, seltener im Zapfen; Schaden u. U. beträchtlich, da oft viele Larven im gleichen Zapfen fressen.

    2. *Earomyia viridana* Meig.; die Larven fressen in den reifenden Zapfen der Lärche (*Larix decidua*) und zerstören dabei die Samenanlagen.

    3. *Lonchaea seitneri* Herd.; Larven unter Baumrinde; stellen hier den Larven, Puppen und Imagines von Borkenkäfern nach (gilt wohl auch für die unter Rinde lebenden Larven anderer Arten). Lit. →Diptera; Brauns 1991; Escherich 1914–42; Hennig 1953; Kühlhorn 1982, MacGowan & Rotheray 2008.

Lonchoptera →Lonchopteridae.

Lonchopteridae; Fam. der Zweiflügler (Diptera, Brachycera, Cyclorrhapha) mit in Eur 13, M-Eur 10, Dt 9 Arten der Gttg. *Lonchoptera*, z. B. *L. lutea* Pz., häufig; kleine Fliegen (2–4 mm); recht langbeinig, Flügel zugespitzt; v. a. auf feuchtem Waldboden, an Rändern von Gewässern; halten sich gern auf den Blattunterseiten auf; gute Läufer (Haftlappen an den Beinen rückgebildet: paarige

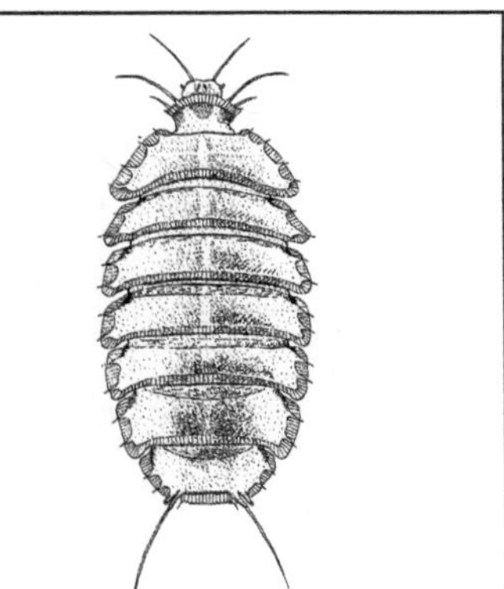

Abb. L-39: Lonchopteridae: *Lonchoptera* spec. Larve, 4 mm. (Brauns 1954a)

Pulvillen klein, unpaares Empodium fehlt); die Imagines nehmen Nektar zu sich; die flachen, asselförmigen Larven (erwachsen ca. 2–4 mm; [**L-39**]) träge; am Boden, in der Schicht abgefallener Blätter; schaben Pilzhyphen und -sporen, Algenzellen, Pollen und Humuspartikel von der Oberfläche; auch im Kot von Pflanzenfressern; Puparium im Boden; parasitiert durch →Ichneumonidae, →Braconidae und →Pteromalidae. Lit. →Diptera.

Longitarsus →Chrysomelidae L3.

Lophocateridae, Lophocaterinae, *Lophocateres* →Trogossitidae C.

Lorbeerschildlaus, *Aonidia lauri* Bche. →Diaspididae 5.

Lordithon →Staphylinidae, E.

***Loricera*, Loricerinae** →Carabidae G.

***Loricula*, Loriculidae** →Microphysidae.

Löwenzahnbär, *Diacrisia sannio* L. →Erebidae K10.

Löwenzahnspinner, *Lemonia taraxaci* Esp. →Brahmaeidae.

Loxostege →Pyralidae 18.

Lucanidae, Schröter; Fam. der Käfer (Coleoptera, Polyphaga, Lamellicornia) mit in Eur 15, M-Eur & Dt 7 Arten; die ♂♂ i. d. R. größer als die ♀♀; ♂ zuweilen mit starken, monströs vergrößerten Mandibeln; 3–7 Antennenendglieder seitlich verbreitert, kaum gegeneinander beweglich. Die Imagines lecken mit den unteren pinselförmigen Mundteilen v. a. an Baumsäften, die aus Rindenwunden fließen. **Larven** engerlingsähnlich, c-förmig gekrümmt [**L-41**], mit **Lauterzeugung**:

eine Höckerreihe (Schrillleiste) am Schenkelring des Hinterbeines streicht über ein Höckerfeld auf der Mittelhüfte (Funktion?); in vermoderndem Holz von Laubbäumen (*Lucanus* und *Ceruchus* auch in Nadelbäumen), das sie fressen und so in Mulm umwandeln (Helfer beim Aufarbeiten von Stubben); die Zellulose wird von symbiotischen Bakterien aufgespalten. **Verpuppung** in einer aus Nagsel und Mulm bereiteten Puppenwiege im morschen Holz (Ausnahme Hirschkäfer: im Boden); der Käfer schlüpft nach wenigen Wochen im Spätsommer oder Herbst, verbleibt aber bis zum Frühjahr in der Puppenwiege; Entwicklungsdauer meist 3 Jahre (5–8 beim Hirschkäfer).

1. *Lucanus cervus* L., Hirschkäfer; 25–75 mm; mit starken individuellen Größenunterschieden, die offenbar v. a. von den Nahrungsbedingungen der Larve abhängen (Riesen-♂♂ bis fast 9 cm lang); Mandibeln beim ♂ zu riesigen, hirschgeweihähnlichen Gebilden vergrößert; die Mandibeln des ♀ viel kürzer, aber kräftig und z. B. zum Bearbeiten von Rinde (besonders an Eichen) geeignet, um Saftfluss zum Ablecken zu erzeugen; Pilze im Saftfluss sind für die Reifung der Keimzellen nötig. Zur **Fortpflanzung** treffen sich ♂♂ und ♀♀ am Saftfluss, der zuerst vom ♀ aufgesucht (evtl. selbst) wird; das ♂ wird dadurch aktiviert und wohl auch angelockt, dass das ♀ Kot wegspritzt (Duftstoffe?); Anflug der ♂♂ v. a. in der Abenddämmerung; u. U. mehrere ♂♂ bei 1 ♀, dann Kampf der ♂♂ gegeneinander: suchen sich mit den großen Mandibeln zu packen und vom Baumstamm zu stoßen; der Sieger stellt sich über das ♀, Köpfe sind gleich gerichtet [**L-40**]; das ♂ bleibt so u. U. mehrere Tage, verteidigt die Leckstelle und das ♀ gegen andere ♂♂ und ♀♀; leckt selbst, indem es den Hypopharynx (die Leckzunge) zwischen den bogenförmigen ♀-Mandibeln hindurchsteckt; nach der Begattung legt das ♀ im Laufe von 2 Wochen 50–100 **Eier** in der Erde (bis 75 cm tief) an Wurzelstöcke v. a. von anbrüchigen Eichen, aber auch von Buchen und anderen Laubbäumen; nach der Eiablage stirbt

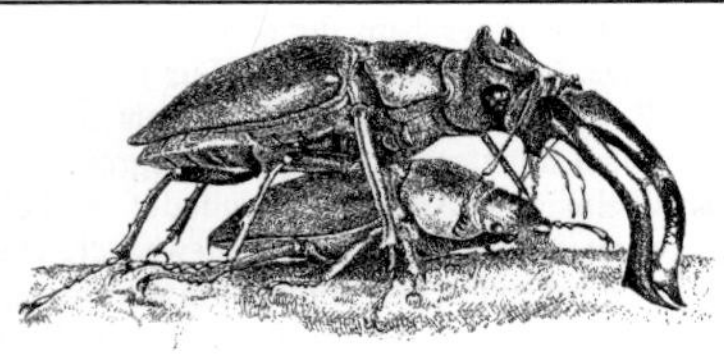

Abb. L-40: Lucanidae: *Lucanus cervus*, Hirschkäferpärchen. ♀ an einer Leckstelle, ♂ steht darüber. (Brüll 1952)

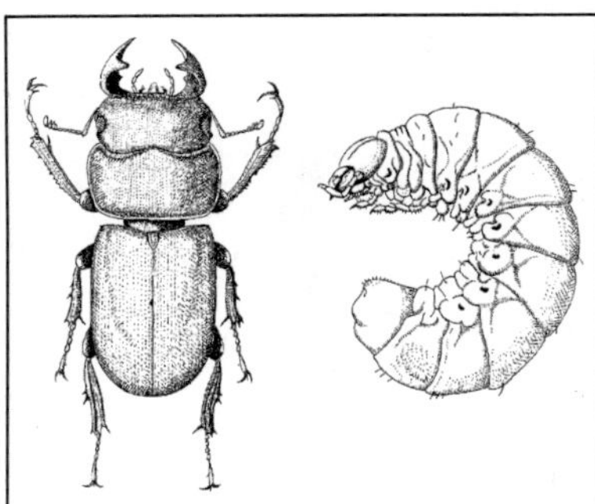

Abb. L-41: Lucanidae: *Dorcus parallelipipedus*, Balkenschröter. 19–32 mm; Larve ca. 35 mm. (Brauns 1991; Bechyně 1954)

das ♀, das ♂ kurz nach der Paarung. Die **Larve** schlüpft nach 2 Wochen und frisst 5–8 Jahre in morschen Wurzelstöcken oder alten Baumstümpfen (bis zu 1500 Larven), kann eine Länge von über 10 cm erreichen; 3 Larvenstadien; **Verpuppung** in einer bis faustgroßen, in 2–3 Wochen angefertigten Puppenwiege in der Erde, von der ♂-Larve größer angelegt als von der ♀-Larve; Mandibel-Anlagen der Puppe ventralwärts eingeschlagen. – In M-Eur in der Vergangenheit stark zurückgegangen, weil die Lebensbedingungen (anbrüchige alte Laubbäume) mehr und mehr fehlten; inzwischen Trendumkehr, anscheinend auch durch zunehmende Nutzung neuer Larvenhabitate (Obstbäume, morsche Pfähle).

2. *Dorcus parallelipipedus* L., Balkenschröter, Zwerghirschkäfer [**L-41**]; stellenweise häufig; 15–35 mm; mattschwarz; Mandibeln des ♂ nur wenig länger als die des ♀; Imago tag- und nachtaktiv; Eiablage tief im Holz; Lebensweise der Larve ähnlich 1 (oft zusammen im gleichen Lebensraum), wurde auch in eichenem Grubenholz beobachtet; die Fraßgänge ziehen sich kreuz und quer durch das Holz; Entwicklungsdauer 2–3 Jahre.

3. *Platycerus*, Rehschröter; oben metallisch blau oder grün; ähnlich einem Laufkäfer; Unterschied zwischen ♂ und ♀ gering; die Imago leckt nicht nur an Baumsaft, sondern frisst auch an Baumknospen; fliegt an warmen Vorsommertagen (V–VI); Larve in anbrüchigem, bevorzugt feuchtem Holz von Laubbäumen, aber auch von Kiefern; nagen Gänge in der Rinde und Bast; der Jungkäfer überwintert in der Puppenwiege, frisst im Frühling an Knospen, v. a. an Eichen; der kleinere *P. caraboides* L. (9–13 mm) bei uns mehr in tieferen Lagen bevorzugt an Eiche, der größere *P. caprea* de Geer eher in Gebirgslagen, v. a. an Buche.

4. *Ceruchus chrysomelinus* Hochenw., Rindenschröter; im Süden, gefährdet; 12–18 mm; schwarz; Mandibeln des ♂ deutlich länger als die des ♀; fliegt im Sonnenschein (VI–VII); Larve in feuchtem, rotfaulem Holz von Laub- und Nadelbäumen; nagt lange, gewundene Gänge bevorzugt im feuchtesten Bereich am Rand der faulenden Schicht; Entwicklungsdauer mindestens 2 Jahre.

5. *Sinodendron cylindricum* L., Baumschröter, Kopfhornschröter; 12–16 mm; schwarz, Körper zylindrisch; ♂ mit langem, ♀ mit kurzem Horn auf dem Kopf (Bedeutung?); fliegt in der Dämmerung (VI–VII); Larve in anbrüchigem Holz verschiedener Laubbäume (besonders Buche).

6. *Aesalus scarabaeoides* Pz., Kurzschröter; 5–7 mm; dunkelbraun; auffallend breit, einem kleinen Mistkäfer ähnlich; die Larve lebt in rotfaulen Eichen, seltener in Buche; ortstreu, ein Baumstumpf wird über Generationen genutzt; neue Brutplätze werden nachts gesucht (IV–VI). Lit. →Coleoptera; Brechtel & Kostenbader 2002; Klausnitzer & Sprecher-Uebersax 2008.

Lucanus →Lucanidae 1.

Luchsfliegen →Therevidae.

Lucilia →Calliphoridae 4.

Luciola →Lampyridae.

Ludovix →Curculionidae.

Luperomorpha →Chrysomelidae K8.

Luperus →Chrysomelidae K6.

Luzerne-Knospenrüssler, *Holotrichapion pisi* F. →Apionidae 3.

Luzernefloh, *Sminthurus viridis* L. →Sminthuridae 2.

Luzernenblütengallmücke, *Contarinia medicaginis* Kieff. →Cecidomyiidae B9.

Luzernenmarienkäfer, *Subcoccinella vigintiquatuorpunctata* L. →Coccinellidae 6.

Luzulaspis, →Coccidae.

Lycaena →Lycaenidae B.

Lycaenidae, Bläulinge und Verwandte; Fam. der Schmetterlinge (Lepidoptera, Glossata, Rhopalocera) mit in Eur ± 130, M-Eur 57, Dt 47 Arten; höchstens mittelgroße Tagfalter (Flspw. 5–40 mm); die Vorderbeine werden für die Fortbewegung und beim Sitzen benützt (im Gegensatz zu ihrer Schwestergruppe →Nymphalidae), nur beim ♂ Tarsenglieder fast stets verschmolzen und mit reduzierten Klauen; ♂ und ♀ oft verschieden gefärbt oder gezeichnet; die ♂♂ (manchmal auch die ♀♀) vieler, aber keineswegs aller Arten ausgezeichnet durch blauen Metallglanz der Flügeloberseite, bedingt durch →Schillerschuppen (zuweilen gehäuft auf einem mittleren Flügelfeld); Einlagerung von UV-absorbierenden Flavonoiden (aus den Nahrungspflanzen der Raupen) als Flügelpigmente nachgewiesen (Rolle bei der

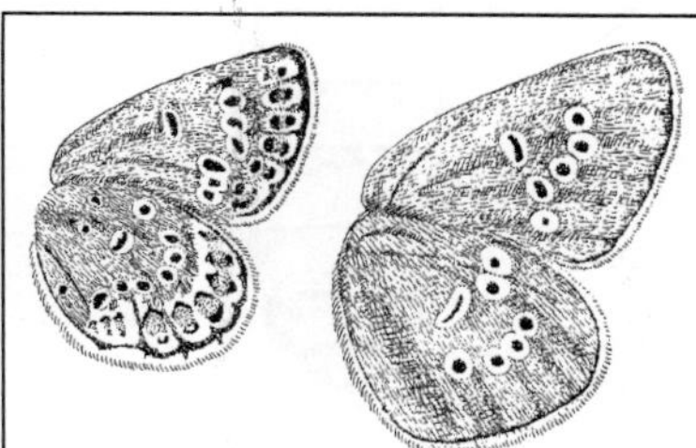

Abb. L-42: Lycaenidae: Flügelunterseiten. Links: *Plebejus argus,* ♂; rechts: *Cyaniris semiargus,* ♂. (Forster & Wohlfahrt 1954–81)

Wahl der Geschlechtspartner?); ♂ oft mit Androconien (→Duftschuppen, deren Basis mit einer Drüsenzelle verbunden ist), entweder über die Flügelfläche verteilt (*Polyommatus, Plebeius*) oder in Feldern oder Taschen konzentriert (viele tropische Arten); über die Androconien Abgabe eines Pheromons, das Paarungsbereitschaft der ♀♀ auslöst (Sexualpheromone auch von manchen ♀♀ produziert); Flügeloberseite i. d. R. ganz anders gefärbt und gezeichnet als die meist hellere, ein zierliches Fleckenmuster zeigende Unterseite [**L-42**]; Muster der Flügelunterseite können von einem Grundmuster abgeleitet werden, das dem der →Nymphalidae ähnelt. Die ♂♂ vieler Arten saugen (bisweilen in Massen) an Pfützen, Urin, Jauche, Schweiß, Kot usw. (→Lepidoptera); dabei Aufnahme von Ionen und Mineralen, die mit der Spermatophore an das ♀ übergeben werden; ansonsten beide Geschlechter meist **Blütenbesucher,** manche saugen Honigtau von →Aphidina. Die Falter ruhen stets mit zusammengelegten Flügeln, die auffällige Oberseite wird nur im Flug und bei Interaktionen mit Artgenossen exponiert; manche Arten (*Plebeius, Polyommatus*) übernachten oft dicht beisammen in großen Gruppen kopfabwärts in der Vegetation. **Eiablage** einzeln oder in kleinen Gruppen an die Nahrungspflanze der Larven; bei einigen obligat myrmekophilen Arten große Eigelege (> 100). **Raupen** meist asselförmig, gedrungen, vorn und hinten verjüngt; Kopf auffallend klein, in das 1. Brustsegment zurückziehbar; mit kurzen Füßen; meist mit dichter, aber feiner und kurzer Behaarung; Wirtspflanzenspektrum sehr vielfältig (> 140 Pflanzenfamilien, mit unterschiedlichen Schwerpunkten bei den U-Fam.); Fraß bevorzugt an Jungtrieben oder Blüten, altes Laub wird meist gemieden; meist überwiegend mit verborgener Lebensweise; die Raupen einiger Arten fressen in den ersten Stadien oder überhaupt im Inneren

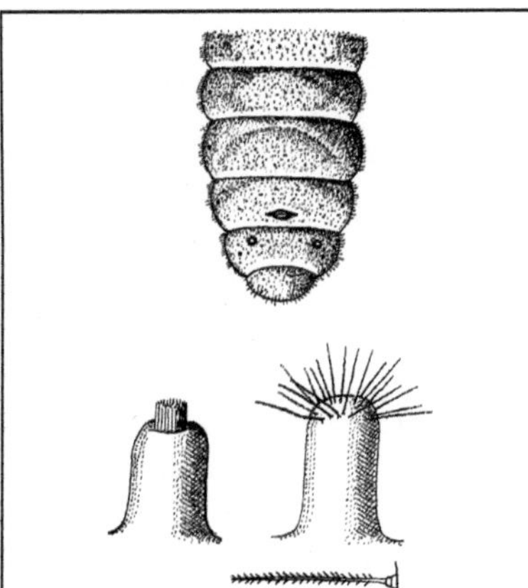

Abb. L-43: Lycaenidae: Hinterende einer Raupe mit Nektarorgan mitten auf dem 7. Segment; die beiden vorstülpbaren Duftorgane auf dem 8. Segment; unten: halb und ganz ausgestülptes Duftorgan von *Celastrina pseudargiolus*. (Wheeler 1960)

der Nahrungspflanze. Auffallend bei vielen Arten die meist fakultativen, öfter aber auch obligaten Beziehungen zu Ameisen (**Myrmekophilie;** in Europa bei 3/4 aller Arten, obligat bei 1/10, in den Tropen etwa 1/3; sonst bei Schmetterlingen ungewöhnlich); dabei bei Ameisenbläulingen (→C6, 7) Übergang zu einer anderen Ernährung: Fütterung durch die Ameisen, Verzehren von Ameisenbrut; Myrmekophilie ist echte Symbiose (Vorteil für die Raupen: Schutz vor anderen Ameisen, auch vor Parasiten und →Prädatoren; Vorteil für Ameisen: zusätzliche Nahrung aus Sekreten, s. u.); passive Schutzeinrichtungen der Larven vor Ameisenangriffen: asselförmige Gestalt, verdickte Kutikula, träge Bewegungen (sodass auf Bewegung reagierende Ameisen nicht gereizt werden); zusätzlich besondere **Hautdrüsen** (myrmekophile Organe), deren Sekrete für die Ameisen attraktiv sind: a) über den Rücken der Raupe verstreute Porenkuppelorgane (reduzierte Haare) bei fast allen Raupen und Puppen; werden von den Ameisen intensiv betrillert und mit den Mandibeln bearbeitet; Sekretzusammensetzung nicht sicher bekannt (Aminosäuren?); b) dorsales Nektarorgan („Honigdrüse", Newcomer-Drüse [**L-43**]) am 7. Abdominalsegment; aus 4 mit Sekretreservoiren versehenen Drüsenzellen, umgeben von Mechanorezeptoren; das Sekret aus Zuckern und Aminosäuren wird nach Betrillern der Mechanorezeptoren abgegeben und von den Ameisen begierig aufgenommen;

das Sekret kann auch durch lokales Erhöhen des Hämolymphdrucks ausgepresst werden, die spaltenförmige Drüsenmündung wird dabei vorgestülpt; ist durch Muskeln rückziehbar; die Drüse ist, je nach Art, meist ab dem 3., seltener schon im 2. oder erst im 4. Larvenstadium voll ausgebildet (dementsprechend der Beginn des Ameisenbesuches); c) paarige Tentakelorgane („Duftorgane") auf dem 8. Abdominalsegment [**L-43**], oft neben dem Nektarorgan vorhanden; durch Hämolymphdruck auf 1–2 mm Länge ausstülpbare, mit verzweigten Dufthaaren besetzte Zapfen; werden, u. U. links und rechts unabhängig voneinander, v. a. in Gegenwart von Ameisen, ausgestülpt (Alarmpheromonkopien; Ameisen werden bei Berührung in Erregung versetzt – effizientere Verteidigung?). Die **Entwicklung** der Raupen mit unterschiedlicher Beziehung zu Ameisen; Raupen mit funktionsfähigem Nektarorgan sind i. d. R. myrmekophil; 4 Strategien: a) Raupen ohne Nektarorgan; leben einzeln versteckt an den Wirtspflanzen, kein Ameisenbesuch (Lycaeninae, meiste Theclinae, *Agriades*); b) die Raupen bleiben auf der Nahrungspflanze, gelangen höchstens zur Verpuppung in ein Ameisennest; werden mehr oder weniger regelmäßig von verschiedenen Ameisen besucht; Entwicklung auch ohne Ameisen möglich (einzelne Theclinae, die meisten Polyommatinae, z. B. *Polyommatus*); c) ♀♀ suchen schon zur Eiablage spezifische Wirtsameisen auf; Eiablage dann oft in großen Gruppen auf einer breiten Palette von Wirtspflanzen, Raupen (oft auch Puppen) auf den Wirtspflanzen regelmäßig von den Ameisen besucht; Überleben der Raupen ohne Ameisen fast unmöglich (z. B. *Plebeius argus* →C2); d) die Raupen leben anfangs auf der Nahrungspflanze, im letzten Stadium in den Nestern spezifischer Wirtsameisen; ernähren sich hier von der Brut des Wirtes oder erbetteln Futter (*Phengaris* →C6–7); die Raupen suchen entweder das Nest aktiv durch Verfolgen der Pheromonspuren der Ameisen auf oder lassen sich durch die Ameisen verschleppen. Viele Raupen und Puppen geben, besonders bei Störung, substratgetragene **Vibrationssignale** von sich (bei manchen Puppen mit auch für uns hörbaren Luftschallkomponenten); Erzeugung bei Larven unbekannt, bei Puppen durch ein Stridulationsorgan im Abdomen; mögliche Funktion: Kommunikation mit den Wirtsameisen (viele nicht myrmekophile Arten stridulieren jedoch ebenfalls). **Überwinterung** meist als junge Raupe (z. T. noch in der Eihülle); die überwinterte erwachsene Raupe frisst im Frühling nicht mehr, trinkt höchstens Wasser (*Everes argiades* Pall.); Überwinterung als unentwickeltes Ei bei manchen Zipfelfaltern (*Thecla betulae* L.), als Puppe bei manchen Frühjahrs- und Frühsommerfliegern (z. B. *Callophrys rubi* L.); **Verpuppung** als →Gürtelpuppe (Gürtel bei manchen Arten allerdings rudimentär), teils an der Nahrungspflanze, teils am oder im Boden bzw. Ameisennest; zuweilen werden Blätter vor der Verpuppung mit Seidenfäden zusammengeheftet. Dies Falter fliegen meist in einer, bei manchen Arten in 2–3 Generationen (→B2, C1, C3). In Eur sind 3 U-Fam. vertreten:

A. Theclinae, Zipfelfalter; 8 heimische Arten; mit schwanzartigen Auswüchsen am Hinterrand der Hinterflügel, die ein Augenmuster zeigen (Falschkopf-Attrappe; Schutzfunktion: der Blick von →Prädatoren wird, oft unterstützt durch entsprechende Bänderzeichnungen, zum unwichtigen Hinterrand abgelenkt); Larven auf Bäumen und Sträuchern; nur einzelne Arten myrmekophil (→A1–2); die Eier, meist mit bereits fertig entwickelten Räupchen, überwintern (Ausnahme: A5); 1 Generation pro Jahr.

A1. *Thecla betulae* L., Nierenfleck; größter europäischer Zipfelfalter (30–35 mm); oberseits braun, Vorderflügel des ♀ mit großem Fleck, orangefarbenem wie die Flügelunterseite; Falter im Spätsommer und Herbst; Raupe frisst an Schlehe (auch anderen *Prunus*-Arten); die Puppen werden von *Lasius niger* gepflegt.

A2. *Quercusia quercus* L. (= *Neozephyrus quercus*, *Favonius quercus*), Blauer Eichenzipfelfalter; zusammen mit verwandten Arten ausgezeichnet durch einen zipfelförmigen Anhang der Hinterflügel; Falter im Kronenbereich der Eichen; die Eier überwintern mit bereits fertig entwickelten Räupchen; die Raupe frisst zunächst (IV–V) im Inneren von Blütenknospen und Eichentrieben, dann an den Jungblättern; ist gelblich bis rötlich braun mit dunkleren Schrägstreifen, ohne Ameisenbesuch; Puppe am Boden, myrmekophil.

A3. *Satyrium pruni* L., Schlehenzipfelfalter; Falter VI–VII; Falter eng an Schlehen und Pflaumen gebunden; Eiablage einzeln; die Eier überwintern; die Raupen verpuppen sich im V an der Nahrungspflanze als →Gürtelpuppe; die Raupen fressen im IV–V zunächst an Blüten, später an Laub; kein Nektarorgan, nicht myrmekophil.

A4. *Satyrium w-album* Knoch., Ulmenzipfelfalter, Weißes W (27–30 mm); Oberseite einfarbig braun, mit weißem W-Abzeichen auf der Unterseite der Hinterflügel; Imagines VI–VIII an den Rändern von Laubwäldern, an einzeln stehenden Baumgruppen; sitzen gern an Zwergholunder, Wasserdost u. a.; die Raupen fressen an Ulmen und anderen Laubbäumen; myrmekophil.

A5. *Callophrys rubi* L., Brombeerzipfelfalter, Grüner Zipfelfalter (24–28 mm); das Zipfelchen an den Hinterflügeln nur schwach ausgeprägt; auffallend die leuchtend grüne Flügelunterseite, Oberseite düster braun; die Falter fliegen meist nur in 1 Generation (IV–VI); überwintert Überwinterung als Puppe am Boden unter Laub; kann Zirplaute von sich geben (Bedeutung unklar); die Raupen →polyphag, v. a. an Ginster, Goldregen, *Vaccinium* (Brombeere nur gelegentlich); fressen an Blüten und Früchten; nicht myrmekophil.

B. Lycaeninae, Feuerfalter; 7 heimische Arten; Raupen fressen an Ampfer und Knöterich (Polygonaceae), nicht myrmekophil; die Jungraupen überwintern (bei *Lycaena helle* Den. & Schiff. die Puppe; s. auch →B1).

B1. *Lycaena virgaureae* L., Dukatenfalter, Feuervogel (27–32 mm; [**L-44**]); die dunkel gesäumten Flügel des ♂ oben leuchtend goldrot, beim ♀ auf goldrotem Grund dunkel gefleckt; Flugzeit VI–VIII; 1 Generation; auf blumenreichen Wiesen und Waldlichtungen; Eiablage einzeln an die Nahrungspflanze; die Raupe schlüpft vor oder nach Überwinterung, frisst an Ampfer.

B2. *Lycaena phlaeas* L., Kleiner Feuerfalter (22–27 mm); Grundfarbe des Vorderflügels und Saumbinde des Hinterflügels gelbrot; Hinterflügel sonst dunkelbraun; Fleckenzeichnung in beiden Geschlechtern; fliegt in 2 (IV–VI, VII–VIII),

Abb. L-44: Lycaenidae: *Lycaena virgaureae*, Dukatenfalter. ♂ (oben; Flspw. 30 mm) und ♀; Raupe 21 mm. (Amann 1960)

unter günstigen Bedingungen sogar in 3 sich überschneidenden Generationen; in mageren Wiesen; Eiablage und Raupe an Ampfer.

C. Polyommatinae, Bläulinge; in Dt 32 Arten; meist mit blauen ♂♂ und braunen ♀♀; meiste Arten →mono- bis oligophage Nahrungsspezialisten (polyphage Ausnahmen: C1–C3, C5), besonders viele an Leguminosen; Raupen myrmekophil (Ausnahmen: die Hochgebirge und Hochmoore bewohnende Gttg. *Agriades*; anscheinend auch *Everes argiades* Pall., Kurzschwanzbläuling, trotz Nektarorgan bei der Raupe).

C1. *Cupido minimus* Fuessly, Zwergbläuling (18–23 mm); kleinste der bei uns heimischen Arten, auch ♂ oberseits braun; meist 1 , im Süden auch 2 Generationen (V–VI, VII–VIII); in Magerrasen; Eiablage und Raupen an verschiedenen Schmetterlingsblütlern, oft an Wundklee; Überwinterung als erwachsene Raupe; Verpuppung ohne weitere Nahrungsaufnahme im Frühling; Raupe frisst Samenanlagen; nur gelegentlich mit Ameisenbesuch.

C2. *Plebeius argus* L., Geißkleebläuling, Silberfleckbläuling (20–23 mm); zählt zu den häufigsten Arten; Imagines V–VIII in 1 Generation; auf feuchten Wiesen, auf Heideland in offener Landschaft; Raupe an verschiedenen Schmetterlingsblütlern, auch Heidekraut; Eiablage bei Ameisen der Gttg. *Lasius*; Raupen stets mit *Lasius*-Arten assoziiert; auch der frisch geschlüpfte Falter wird noch von Ameisen begleitet; Überwinterung als Larve im Ei; Verpuppung oft im Ameisennest.

C3. *Polyommatus icarus* Rott., Gemeiner Bläuling, Hauhechelbläuling (25–30 mm); häufigster heimischer Bläuling; 2–3 sich überlappende Generationen; die Jungraupe überwintert; Raupe fakultativ myrmekophil; an Blüten verschiedener Schmetterlingsblütler (u. a. an Luzerne).

C4. *Polyommatus coridon* Poda, Silbergrüner Bläuling (30–35 mm); in 1 Generation im Hochsommer; auf Magerrasen zuweilen in Massen; Überwinterung als Junglarve, z. T. im Ei; Raupe an Hufeisenklee und Kronwicke; ausgeprägt myrmekophil.

C5. *Lampides boeticus* L., Großer Wanderbläuling; Heimat altweltliche Tropen und Subtropen, als Wanderfalter jedoch gelegentlich weit nach Norden vorstoßend; ca. 30 mm; mit dünnem, aber auffälligem Zipfel am Hinterflügel; Raupen bohren in den Samenanlagen von Schmetterlingsblütlern; nur gelegentlich von Ameisen besucht; in Südasien z. T. schädlich im Erbsen- und Bohnenanbau.

C6. *Phengaris arion* L. (= *Maculinea a.*), Thymian-Ameisenbläuling, Schwarzfleckiger Bläuling (28–38 mm); gehört zu den größten und auffallendsten Bläulingen; Imagines V–VIII, kurzlebig (wenige Tage); Eiablage im VII an Blütenstände von Thymian oder Dost (*Ph. teleius* Bergstr. und *Ph. nausithous* Bergstr. im VIII an *Sanguisorba*), anscheinend bevorzugt an Pflanzen in der Nähe des Nestes von *Myrmica*-Arten; die Raupe frisst zunächst an den Blütenständen, neigt zu Kannibalismus, verlässt nach der letzten Häutung – immer noch auffallend klein (3–4 mm) – die Pflanze und wartet am Erdboden, bis sie (nach kompliziertem Adoptionsritual mit Sekretabgaben aus dem Nektarorgan) von Ameisen der Gttg. *Myrmica* ins Nest eingetragen wird; hier Überwinterung, Hauptwachstum erst im nächsten Frühling; frisst Ameisenbrut; Verpuppung im Wirtsnest; die Imago verlässt das Wirtsnest sofort nach dem Schlüpfen und breitet erst im Freien die Flügel voll aus; Adoption durch alle *Myrmica*-Arten, erfolgreiche Entwicklung aber nur bei wenigen möglich (Hauptwirte: *M. sabuleti* und *M. scabrinodis*); fast stets nur 1 Falter pro Ameisennest; ökologische Formen, die sich in Größe und Färbung, Flugzeit und bevorzugter Wirtspflanze unterscheiden (sympatrische Artspaltung?).

C7. *Phengaris alcon* Den. & Schiff. (= *Maculinea a.*), Enzian-Ameisenbläuling; ähnelt in der Lebensweise anderen Ameisenbläulingen, Larve lebt aber an Enzian, wird ohne Ritual von Ameisen der Gttg. *Myrmica* aufgenommen (chemische →Mimese?) und im Nest gefüttert (frisst Ameisenbrut nur ausnahmsweise bei Nahrungsknappheit), mehr als 1 Falter je Wirtsnest möglich.

Lit. →Lepidoptera; Bereczki et al. 2020; Cottrell 1984; Devries 1991; Ebert & Rennwald 1991; Eliot 1973; Fiedler 1991; Leraut 2016; Maschwitz & Fiedler 1988; Pierce 1989; Schroth & Maschwitz 1984; Settele et al. 2015; Tolman & Lewington 2012;.

Lycaeninae →Lycaenidae B.

Lycia →Geometridae C14.

Lycidae, Rotdeckenkäfer; Fam. der Käfer (Coleoptera, Polyphaga, Elateriformia) mit in Eur 11, M-Eur 9, Dt 7 Arten; z. B. *Dictyoptera aurora* Hbst. (7–13 mm), *Lygistopterus sanguineus* L. [**L-45**], *Pyropterus nigroruber* Deg. (7–10 mm); flach, oben oft ganz oder größtenteils blutrot (Warnfärbung), sondern bei Störung Hämolymphe am Kniegelenk, Antenne und Deckflügelrand ab; Imago wohl kurzlebig, teils ohne Nahrungsaufnahme, teils im Sonnenschein nicht selten auf Blüten (Nektar); Larven flach [**L-46**], oft in Gruppen, an Totholz unter Baumrinden oder in morschen Baumstümpfen (ohne Gänge zu bohren), bevorzugt an feuchten, schattigen Standorten;

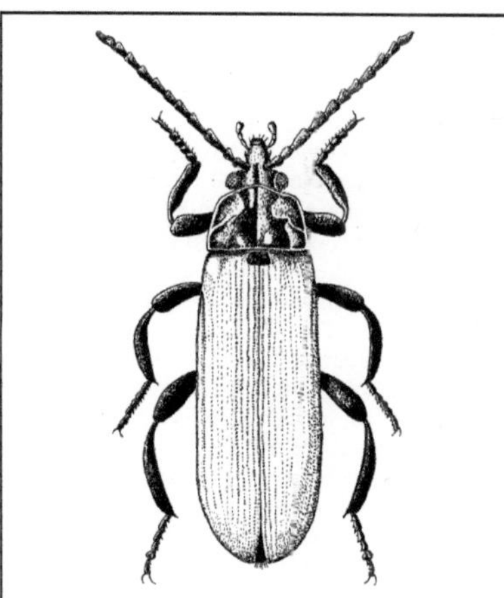

Abb. L-45: Lycidae: *Lygistopterus sanguineus*, ein Rotdeckenkäfer; 6–12 mm. (Bechyně 1954)

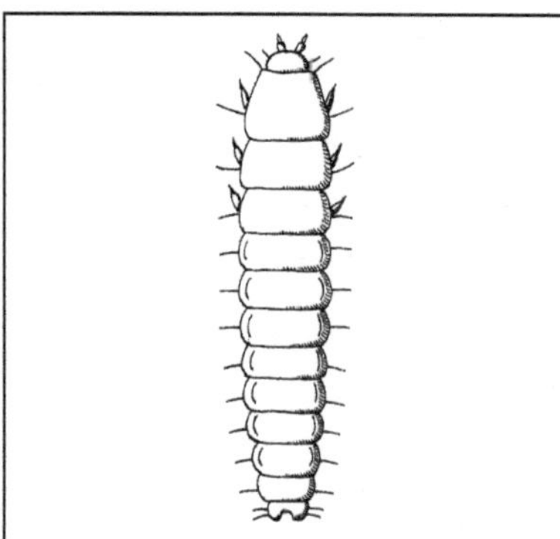

Abb. L-46: Lycidae: *Dictyoptera* spec. Larve eines Rotdeckenkäfers. 13 mm. (Reitter 1908–16)

Aufnahme von aus morschem Holz austretenden Flüssigkeiten (bzw. der darin enthaltenen Mikroorganismen); jagende Ernährung bei heimischen Arten nicht nachgewiesen; kurze Puppenruhe (1–2 Wochen).
Lit. →Coleoptera; Bocak & Matsuda 2003.
Lycoperdina →Endomychidae.
Lycoriella →Sciaridae.
Lycoriidae; Synonym zu →Sciaridae.
Lyctidae, Splintholzkäfer; Fam. der Käfer (Coleoptera, Polyphaga, Bostrichiformia), oft als U-Fam. **Lyctinae** zu den →Bostrichidae gestellt;

in Eur 7, M-Eur & Dt 6 Arten, weitere gelegentlich eingeschleppt (z. T. auch eingebürgert), manche durch Handel Verschleppung weltweit verschleppt; 2–5 mm; ♀ mit langer, dünner Legeröhre; Eiablage und Larven ähnlich wie bei den →Bostrichidae und →Anobiidae; die engerlingsartigen **Larven** bohren Gänge, v. a. in trockenem Holz von Laubbäumen (manche auch in Drogen); können sehr schädlich werden; leben nicht vom Holz selbst, sondern von Zucker und Stärke im Splint; 2 verschiedene Formen von symbiotischen Mikroorganismen bei Larve und Imago in 2 in der Leibeshöhle gelegenen Mycetomen (→Mycetocyten); Übertragung auf die Nachkommen durch Einwandern der Symbionten in die Eizellen im Ovar, Bildung der Mycetome im Laufe der Embryonalentwicklung; **Verpuppung** im erweitertem Gangende. In verschiedenen Hölzern, v. a. in Eichenholz, nicht selten *Lyctus linearis* Goeze, Parkettkäfer, greift auch auf Tropenhölzer über; der durch Holzimporte eingebürgerte, kosmopolitische *Lyctus brunneus* Steph., Brauner Splintholzkäfer, ist einer der bedeutendsten Trockenholzzerstörer, besonders an Tropenholz.
Lit. →Coleoptera; Buchner 1953; Cymorek 1974.
Lyctocoridae; Fam. der Wanzen (Heteroptera, Cimicomorpha) mit in Eur 3, M-Eur & Dt 2 Arten der Gttg. *Lyctocoris* (ca. 4 mm); früher zu den →Anthocoridae, gleichen diesen in der ovalen Gestalt, ebenso in der traumatischen Insemination: die Körperwand des ♀ wird jedoch mit dem spitzen Kopulationsorgan des ♂ (statt dem Paramer) durchbohrt. Jagend unter loser Borke, in Laubstreu, Vogelnestern und Säugerbauen; *L. campestris* F. auch in Gebäuden, weltweit verschleppt, gelegentliches Saugen (Überbrücken von Hungerzeiten?) an Pflanzen, Jungvögeln, Haustieren oder Menschen („geflügelte Bettwanze"); im Freiland vermutlich 2 Generationen im Jahr und Überwinterung als Imago, in Gebäuden ununterbrochene Entwicklung.
Lit. →Heteroptera; Péricart 1972.
Lyctocoris →Lyctocoridae.
Lyctus →Lyctidae.
Lydidae; Synonym zu →Pamphiliidae.
Lygaeidae, Langwanzen; Fam. der Wanzen (Heteroptera, Pentatomomorpha); mit in Eur 52, M-Eur 28, Dt 22 Arten; im früheren weiten Umfang (einschl. →Artheneidae, →Blissidae, →Cymidae, →Geocoridae, →Heterogastridae, →Oxycarenidae, →Rhyparochromidae) keine →monophyletische Gruppe; klein bis mittelgroß (3–14,5 mm); Kurzflügeligkeit kommt nur vereinzelt vor; einige Arten (viele Lygaeinae) mit rotschwarzer rot-schwarzer Warnfärbung, vor Fressfeinden durch die Aufnahme von Steroid-

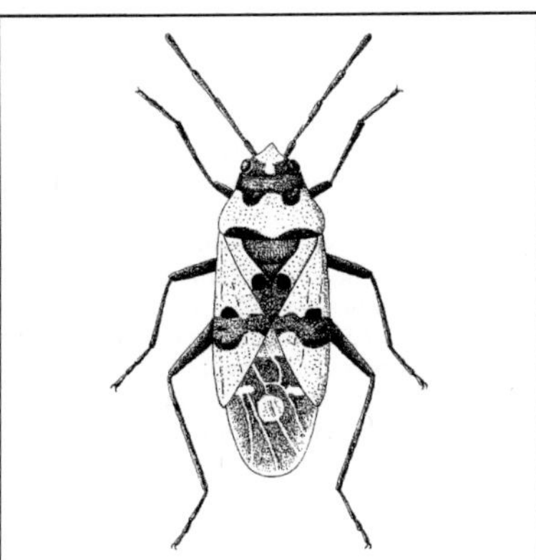

Abb. L-47: Lygaeidae: *Lygaeus equestris*. 10–12 mm. (Hedicke 1935)

glykosiden aus der Schwalbenwurz geschützt. Viele Arten bevorzugen trockene Böden; überwiegend Samensauger, seltener an vegetativen Pflanzenteilen. Überwinterung meist als Imago, bei manchen Arten als Ei oder gelegentlich als Larve.

1. *Lygaeus equestris* L., Ritterwanze (8–14 mm; [**L-47**]); lebhaft schwarz, rot und weiß gezeichnet; junge Larven saugen an Schwalbenwurz, seltener an Löwenzahn und Adonisröschen, mit zunehmendem Alter werden die Tiere weniger wählerisch; Kopulation dauert bis zu 24 h; überwintern (z. T. in Aggregationen) im Detritus oder unter loser Borke.

2. *Kleidocerys resedae* Pz., Birkenwanze (5–6 mm); stellenweise sehr häufig; rötlich braun mit zahlreichen schwarzen Punktgruben; Flügel sehr zart und durchsichtig; an Birken, aber auch Erle (saugt an den Kätzchen, die dann abfallen); manchmal so gehäuft, dass man sie aus größerer Entfernung riechen kann; zirpen während der Paarung und bei Störung, indem eine geriefte Ader auf der Unterseite der Hinterflügel über eine scharfe Kante oben auf der Hinterbrust streicht (Hörorgane nicht mit Sicherheit bekannt, vermutlich Sinneshaare); der Gesang der ♂♂ unterscheidet sich von demjenigen der nahe verwandten, an Heidekraut lebenden *Kl. ericae* Horv. durch die Zahl der Einzelstöße pro Sekunde.

Lit. →Heteroptera.

Lygaeus →Lygaeidae 1.
Lygephila →Erebidae D.
Lygistopterus →Lycidae.
Lygocoris →Miridae 4, 5.
Lygus →Miridae 3.

Lymantria →Erebidae J4, J5; vgl. auch →Eulophidae 6, →Tachinidae.
Lymantriidae, Lymantriinae →Erebidae J.
Lymexylidae (Lymexylonidae), Werftkäfer; Fam. der Käfer (Coleoptera, Polyphaga, Cucujiformia) mit in Eur 3 und Dt 3 Arten; mittelgroß; schlank, gelbbraun; mit verhältnismäßig weichen, hinten etwas klaffenden Flügeldecken; ♂ mit buschig gegliederten Maxillartastern, dicht besetzt mit Riechsensillen [**L-48**]; die **Larven** in Holz.

1. *Lymexylon navale* L., Schiffswerftkäfer [**L-49**]; 7–13 mm; Eiablage im Frühsommer v. a. an rindenlose Stellen von Eichen (geschlagene oder noch stehende anbrüchige alte Bäume); die Larven [**L-49**] fressen schnurgerade, horizontale, ganz mit Bohrmehl erfüllte Gänge in das Holz; Junglarven sehr dünn (Haarwürmer), ihre Gänge haarfein; Ernährung der Larven (im Gegensatz zu 2) anscheinend von Holz bzw. von dessen Inhaltsstof-

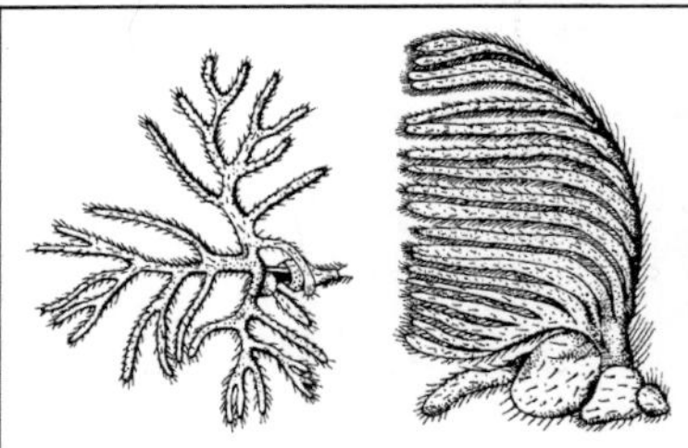

Abb. L-48: Lymexylidae: Taster von *Lymexylon navale* (links) und *Hylecoetus dermestoides*. (Escherich 1914–42)

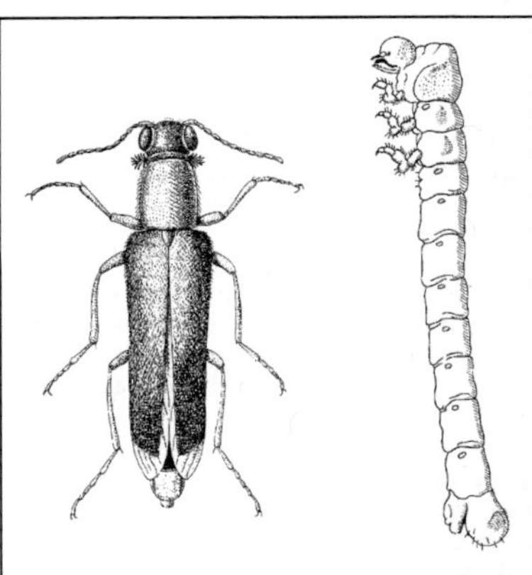

Abb. L-49: Lymexylidae: *Lymexylon navale*, Schiffswerftkäfer. ♂, 7–12 mm; Larve (seitlich), 15 mm. (Brauns 1991)

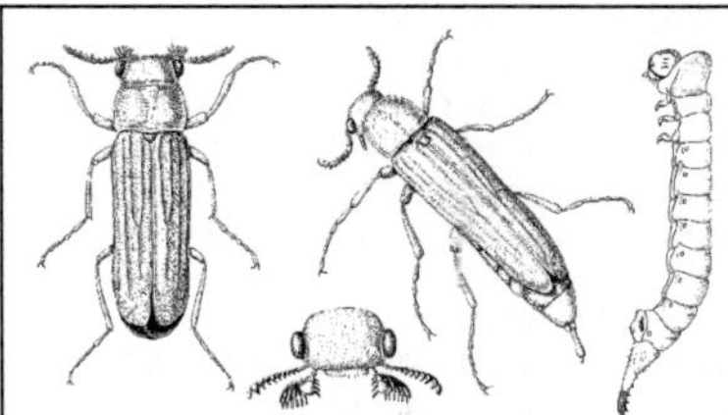

Abb. L-50: Lymexylidae: *Hylecoetus dermestoides*, Bohrkäfer. Links: ♂; Mitte: ♀, 8–18 mm; Kopf vor. vorn mit den lamellösen Kiefertastern; rechts: Larve, 20 mm. (Reitter 1908–16; Brauns 1991)

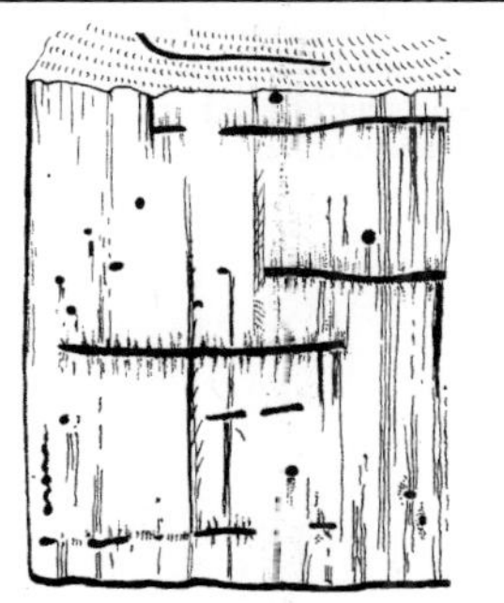

Abb. L-51: Lymexylidae: *Hyleccetus dermestoides*, Bohrkäfer. Larvenfraßgänge in Weißtanre. (Brauns 1991)

fen; früher recht schädlich in dem auf Werftplätzen lagernden Eichenholz; Verpuppung in einem erweiterten Gangstück ähnlich 2.

2. *Hylecoetus dermestoides* L., Bohrkäfer, Sägehörniger Werftkäfer; die Käfer [**L-50**] fliegen fliegt im Frühling; Lebensdauer nur 2–4 Tage. **Eiablage** in Rindenritzen v. a. von Eichen und Buchen, aber auch von anderen Laubbäumen, auch Nadelholz; an sterbenden oder gefällten Bäumen. Die **Larven** (Vorderbrust oben mit Buckel, Hinterleibsende bei jungen Larven stumpf, bei älteren lang zugespitzt [**L-50**]) bohren horizontale, unregelmäßig gewundene Gänge in das Holz [**L-51**]; Bohrmehl mit Extremitäten und Hinterleibsende aus dem Gang gestoßen; Ernährung durch Abweiden eines sehr glykogenreichen Pilzrasens an der Gangwand; das ♀ bringt Pilzsporen in 2 Taschen neben dem Eilegeapparat mit und beschmiert die Eier beim Ablegen oberflächlich mit den Sporen und mit einer schleimigen Masse; die Junglarven wälzen sich u. U. tagelang in diesem Sporenschleim, bohren

sich dann ein und infizieren die Gangwand mit dem Pilz; Wand der Bohrgänge durch den Pilz geschwärzt; im Wald und an Lagerholz bisweilen schädlich; die Larve überwintert (Gangöffnung mit Bohrmehl verschlossen). Im nächsten Frühling erneuter Fraß, dann **Verpuppung** in einer Erweiterung des Anfangsganges dicht unter der Oberfläche, Puppenkopf zeigt nach außen (Mundteile des Käfers zu schwach, um sich über längere Strecken herauszuarbeiten); die Pilzsporen kommen über den Larvenafter in die Puppe und damit in die Infektionstaschen des ♀; Puppenzeit 7 Tage.

Lit. →Coleoptera; Brauns 1991; Buchner 1953.

***Lymexylon*, Lymexylonidae** →Lymexylidae.

Lyonetia →Lyonetiidae.

Lyonetiidae, Langhornblattminiermotten; Fam. der Schmetterlinge (Lepidoptera, Glossata, Yponomeutoidea) mit in Eur 33, M-Eur 16, Dt 15 Arten; Falter klein (4–14 mm); Flügel in Ruhe steil dachförmig, mit langen Randhaaren; Antennen fast so lang (Cemiostominae) wie die Vorderflügel oder länger (Lyonetiinae) als die Vorderflügel; Schuppen an der Antennenbasis bilden eine Augenkappe; Saugrüssel kurz; Eier werden auf einem Blatt abgelegt (Cemiostominae) oder in ein Blatt eingebracht (Lyonetiinae); Raupen minieren in Blättern, seltener in Zweigen; Puppen in weißem, spindelförmigem Gespinst, welches außerhalb der Mine an Fäden aufgehängt (*Lyonetia*) oder befestigt wird; nur *Leucoptera lustratella* Herr.-Schäff. (= *Cemiostoma l.*) verpuppt sich in der Mine; z. B.: ***Lyonetia clerkella*** L., Schlangenminiermotte; 7 mm Flspw.; Eiablage im Frühling an die Blätter von holzigen Rosaceae und Birke, häufig an Apfel und Kirsche; die Mine ist ein langer, schmaler, sich schlängelnder Gang [**L-52**]; oft mehrere Minen in einem Blatt; beim späteren Vergilben des Blat-

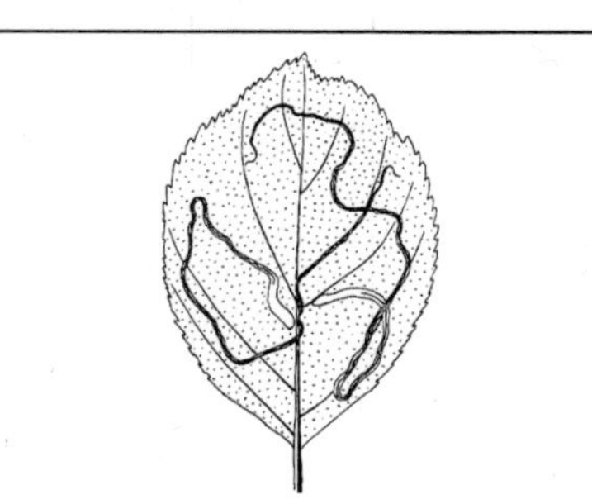

Abb. L-52: Lyonetiidae: *Lyonetia clerkella*, Schlangenminiermotte. Mine in Birnenblatt. (Hering 1953)

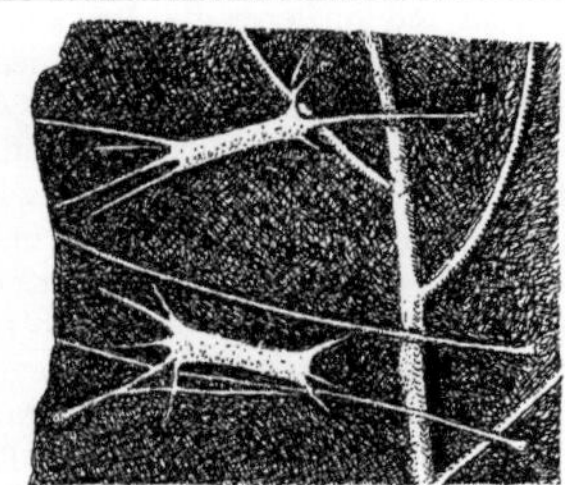

Abb. L-53: Lyonetiidae: *Lyonetia clerkella*, Schlangenmi-niermotte. 2 Puppenwiegen an der Unterseite eines Kirsch-blattes. (Sorauer 1949–1957)

tes bleiben oft von der Mine umgebene grüne Stellen stehen; Verpuppung außerhalb der Mine, oft auf der Blattunterseite (auch am Stamm und am Boden); Raupe spinnt hierzu ein lockeres, halbkugeliges Schutzgewebe, darunter einen zierlichen, weißen, röhrenartigen Gespinstko-kon, der hängemattenartig an einigen Spann-fäden aufgehängt ist [**L-53**]; nach Entfernen des Schutzgewebes kriecht sie zur Verpuppung in den Kokon; i. d. R. überwintert der Falter der 2. Generation; u. U. 3–4 Generationen.

Lit. →Lepidoptera.

Lypusidae, Bodensackmotten; Fam. der Schmet-terlinge (Lepidoptera, Glossata, Gelechioidea) mit in Eur 24, M-Eur 12, Dt 9 Arten (einschl. **Amphisbatidae**); kleine Falter (Flspw. 13–20 mm) mit lang befransten Flügeln, in Ruhe leicht dachförmig gehalten; fliegen v. a. nachts in Wäldern und Heiden; Raupen in Blatttüten am Boden, fressen an dürren Blättern.

Lit. →Lepidoptera, Tokár et al. 2005.

Lyristes →Cicadidae 1.

Lythria →Geometridae D.

Lytta →Meloidae A2.

M

Macaria →Geometridae C11.
Machilidae, *Machilis* →Archaeognatha.
Machiloides →Archaeognatha.
Mackenziella, **Mackenziellidae** →Sminthurididae.
Macrocera →Macroceridae.
Macroceridae, Langhornmücken; in Eur 43, M-Eur & Dt 26 Arten der Gttg. Macrocera; klein, mit auffallend langen Antennen [**M-1**]. Larven mit reicher sekundärer, die eigentlichen Segmentgrenzen verwischender Gliederung [**M-1**]; in Stubben, unter Rinde; rollen sich bei Störung zusammen; jagen, fressen auch kleine Tierleichen.
Macrodiplosis →Cecidomyiidae C11.
Macroglossum →Sphingidae 10.
Macroheterocera; Gruppe der Schmetterlinge (→Lepidoptera), zu der die meisten Nachtfalter gehören (mit Ausnahme einiger meist artenarmer Fam.: →Cossidae, →Hepialidae, →Heterogynidae, →Limacodidae, →Sesiidae, →Zygaenidae).
Macromesidae, *Macromesus* →Pteromalidae.
Macropis →Melittidae 3; vgl. auch →Apidae B3.
Macroplea →Chrysomelidae A.
Macropsinae, *Macropsis* →Cicadellidae F.
Macrosiagon →Ripiphoridae 2.
Macrosiphum →Aphididae 15.
Macrosteles →Cicadellidae A1; vgl. auch →Dryinidae.
Macrothylacia →Lasiocampidae 7.
Maculinea →Lycaenidae C6.
Maden →Diptera.
Magdalis →Curculionidae K.
Magenbremsen →Oestridae D.
Magendasseln →Oestridae D.
Magenfliegen →Oestridae D.
Magicicada →Auchenorrhyncha; →Cicadidae.
Maigalle; die von der Fundatrix der Reblaus bewohnte Blattgalle der Rebe; →Phylloxeridae 3.
Maigallenlaus; die in der Maigalle lebende Fundatrix der Reblaus; →Phylloxeridae 3.
Maikäfer, *Melolontha* →Scarabaeidae C1.
Maiskäfer, *Sitophilus zeamais* Motsch. →Curculionidae B3.
Maiswurzelbohrer, *Diabrotica virgifera* LeConte →Chrysomelidae K7.
Maiszünsler, *Ostrinia nubilalis* Hbn. →Pyralidae 17.
Maivogel, *Euphydryas* →Nymphalidae D.

Maiwürmer; die flugunfähigen, oft über 30 mm langen ♀♀ von *Meloe*-Arten, mit langem Hinterleib und kurzen Flügeldecken; kriechen im Frühling im Gras umher; →Meloidae.
Malachiidae, Malachiinae →Melyridae A.
Malachiteule, *Staurophora celsia* L. →Noctuidae 11.
Malachius →Melyridae A1.
Malacosoma →Lasiocampidae 1, 2; →Lepidoptera.
Malaria →Culicidae.
Malaxieren; Durchkneten des Beutetiers bei vielen jagenden.
Malayaxenos →Strepsiptera B1.
Mallophaga →Phthiraptera.
Mallota →Syrphidae D.
Malthodes →Cantharidae 4.
Mamestra →Noctuidae 30.
Manica →Formicidae D1.
Maniola →Nymphalidae F10.
Manna; eingedickter zuckerhaltiger Saft: 1) aus Einschnitten in der Rinde verschiedener Bäume, insbesondere der Mannaesche; Mittelmeergebiet; 2) eingedickte Exkremente besonders an Tamarisken saugender Schildläuse, wohl v. a. der Gttg. *Trabutina* (→Pseudococcidae 4, →Coccina) in Vorderasien.
Mannazikade, *Cicada orni* L. →Cicadidae 2.
Mansonia →Culicidae; →Diptera.
Mantibaria →Scelionidae.
Mantis →Mantodea; vgl. auch →Scelionidae, →Torymidae.

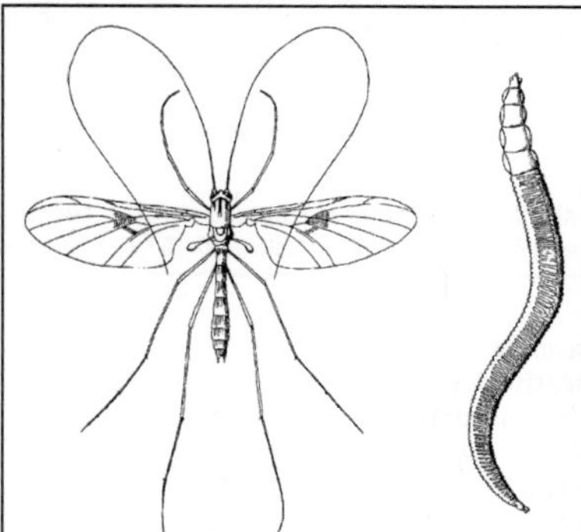

Abb. M-1: Macroceridae: *Macrocera centralis*, Langhornmücke. ♀, Körper 6 mm. Rechts *Macrocera* spec. Larve, schematisiert; 20 mm. (Brauns 1954a, Séguy 1951a)

© Springer-Verlag GmbH Deutschland, ein Teil von Springer Nature 2026
E. Weber, H. Bellmann, *Jacobs|Renner – Biologie und Ökologie der Insekten*,
https://doi.org/10.1007/978-3-662-71153-8_13

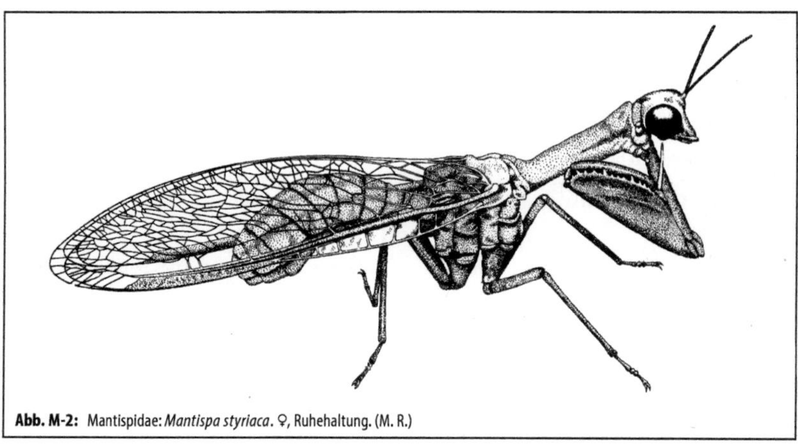

Abb. M-2: Mantispidae: *Mantispa styriaca*. ♀, Ruhehaltung. (M. R.)

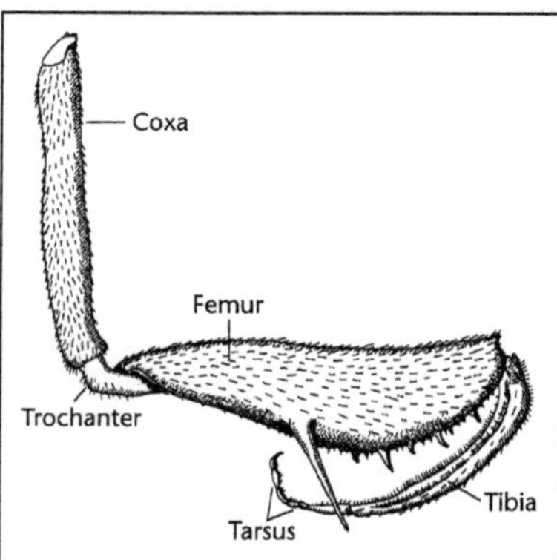

Abb. M-3: Mantispidae: *Mantispa styriaca*. Linkes Vorderbein; Praetarsus mit nur einer Kralle. (Aspöck & Aspöck 1964)

Mantispa →Mantispidae.

Mantispidae, Fanghafte; Fam. der Netzflügler (Planipennia); von den 6 europäischen Arten in M-Eur & Dt *Mantispa styriaca* Scop. und *M. aphavexelte* Asp. & Asp. (beide etwa 17 mm, Flspw. etwa 33 mm; [**M-2**]); Kopf mit großen Augen und sehr beweglich; Vorderbrust verlängert, schmal; Vorderbeine zu Fangbeinen spezialisiert [**M-3**], ähnlich denen der Gottesanbeterin (→Mantodea): Hüften sehr stark verlängert, Schiene und schmaler Fuß klappmesserartig gegen den dicken, bedornten Schenkel einklappbar; die 4 reich geäderten Flügel in Ruhe dachförmig auf dem Rücken. Imagines (VI–VII) auf Büschen in sonnen-warmen **Lebensräumen**, wo sie kleinere Insekten, wohl v. a. Fliegen, mit blitzschnellem Zugriff der Fangbeine erbeuten. **Begattung**: paarungsbereites ♀ hebt Abdomen und Flügel steil an und stülpt dorsal am Abdomen zwischen 6. und 7. Segment eine Blase weit aus (vermutlich Absondern eines Sexuallockstoffes); beide Partner schlagen ein paarmal mit den Fangbeinen, ohne zu greifen; dann abwechselndes Senken und Heben der Flügel und Wippen mit dem Abdomen (1- bis 2-mal pro Sekunde); das ♀ dreht sich schließlich abrupt um 180°, steht dann seitlich neben dem ♂, hebt die Flügel und streckt das Abdomen teleskopartig lang aus, sucht und findet Kontakt mit dem Genitalapparat des ♂; bei der Kopulation (Dauer 30 min) Rückdrehen des ♀, Endstellung mit voneinander abgewandten Köpfen [**M-4**]. **Eiablage** im Sommer an vor Regen und Sonnenbestrahlung geschützten Stellen an alten anbrüchigen Bäumen; insgesamt mehrere Tausend winzige (0,4 mm lange) Eier auf kurzem Stiel aus erhärtetem Sekret von Anhangsdrüsen des Geschlechtsapparates; Stielchen wenig tragfähig, Eier hängen herab. Das 1. **Larven**stadium [**M-5**] mit Augen und gut ausgebildeten Beinen, sehr beweglich, mit Saugzangen (→Planipennia), überwintert, sucht im kommenden Frühling den Eikokon von Wolfsspinnen (*Lycosa inquilina* Koch u. a.) auf und dringt ein (zuweilen zu mehreren in ein Spinnengelege, doch entwickelt sich nur 1 Larve); frisst wohl erst, wenn die Spinneneier ein bestimmtes Entwicklungsstadium erreicht haben; nach einiger Zeit Häutung zum ganz anders gestalteten 2. Stadium (→Polymetabolie): madenartig, Kopf klein, mit 2 kleinen 6-teiligen Augen, kurzen Saugzangen, sehr kurzen Beinen

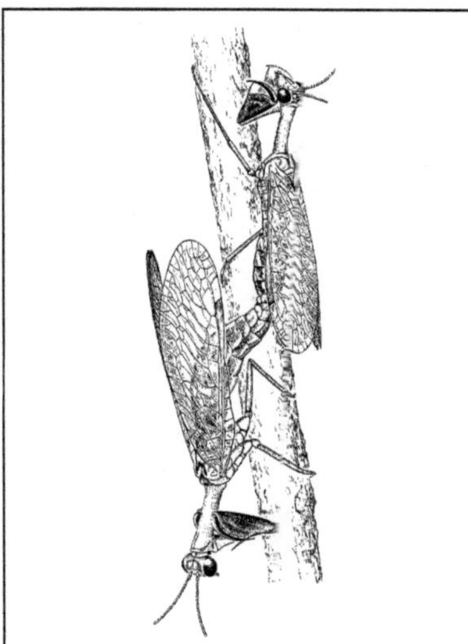

Abb. M-4: Mantispidae: *Mantispa styriaca*. Paarung; ♀ unten. (M. R.)

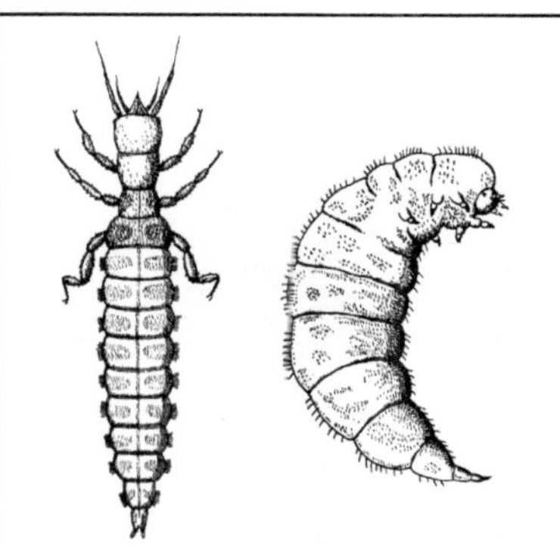

Abb. M-5: Mantispidae: *Mantispa styriaca*. Larvenstadien; links 1., rechts 2. (letztes) Larvenstadium; 2. Larvenstadium 9 mm. (Aspöck & Aspöck 1964)

[**M-5**]; frisst den Spinnenkokon weitgehend leer (3. Larvenstadium gleicht dem 2.). **Verpuppung** innerhalb des Spinnenkokons in einem von der Larve gesponnenen Kokon aus Sekret der Malpighi-Gefäße, innerhalb der Larvenhaut (Puppe also von 3 Hüllen umgeben); Schlüpfen der Imago schließlich im Sommer.
Lit. →Planipennia.

Mantodea, Fangschrecken; Ordg. der Insekten mit unvollkommener Verwandlung (→Hemimetabolie); bilden mit den →Blattodea die übergeordnete Gruppe →Dictyoptera; in warmen Gebieten, in Eur 26, M-Eur 2 Arten, Dt nur von *Mantis religiosa* L., Gottesanbeterin, erreicht, besiedelt hier warme und trockene Lebensräume in Südwesten, in Ausbreitung begriffen; stattlich (bis 75 mm), ♀ größer als ♂; Vorderbrust schlank, stark verlängert, gegen die Mittelbrust beweglich; gelbbraun oder grünlich, beide Farbformen nebeneinander am gleichen Platz; beide Flügelpaare gut ausgebildet, jedoch selten und nur zur Flucht benutzt. Hoch spezialisierte tagaktive Jäger; Vorderbeine zu **Fangbeinen** umgestaltet: die Hüfte stark verlängert, die bedornte Schiene klappmesserartig gegen den ebenfalls bedornten Schenkel einklappbar (die 5 dünnen Fußglieder gehören nicht zum Fangapparat); in Lauerstellung sind die Vorderbeine „wie zum Gebet" gehalten; die Beute (hauptsächlich Insekten) wird optisch wahrgenommen (Kopf und Hals gut beweglich); sie wird, evtl. nach vorsichtigem Anschleichen auf die richtige Distanz, mit einem blitzschnellen Zugriff (1- oder beidseitig) geschlagen; das Zuschlagen (Dauer: kaum 0,1 s) wird v. a. durch Bewegung der Beute ausgelöst; Zerkleinern der Beute mit den kräftigen kauenden Mundteilen. Bei Störung Droh- bzw. **Schreckreaktion:** Vorderflügel zur Seite, Hinterflügel senkrecht gehalten, der Hinterleib angehoben und plötzlich gesenkt; dabei gleiten die steif zur Seite gehaltenen Cerci mit zischendem Geräusch (wie Schlangenzischen) über das Hinterflügelgeäder. Einzigartig ein unpaares **Gehörorgan** am Thorax, ventral mitten zwischen den Hüften der Hinterbeine; es registriert Ultraschall (25–45 kHz) und ermöglicht fliegenden Fangschrecken, mit abrupten Änderungen der Flugrichtung auf die Ortungslaute jagender Fledermäuse zu reagieren. **Paarung:** das ♂ schleicht äußerst vorsichtig, bei Bewegung des (zunächst auf Beutefang eingestellten) ♀ erstarrend, das ♀ an, nähert sich von hinten, springt auf, umklammert die ♀-Flügel, streichelt mit den Fühlern; Kopulation [**M-6**]: das ♂-Abdomen wird rechts an dem ♀ vorbeigeschoben und nach links gedreht (Kopulationszangen des ♂ asymmetrisch); Dauer ca. 2 h; dabei Einschieben einer Spermatophore in die Geschlechtsöffnung des ♀, die nach der Kopulation ausgestoßen wird; bisweilen, aber keineswegs immer, wird das ♂ bei oder nach der Kopulation vom ♀ gefressen; Fressbeginn beim Kopf; der ♂-Torso kann noch kopulieren, da durch das Wegfressen des Kopfes das im Abdomenende gelegene nervöse Zentrum für die Kopulationsbewegungen enthemmt wird (Beobach-

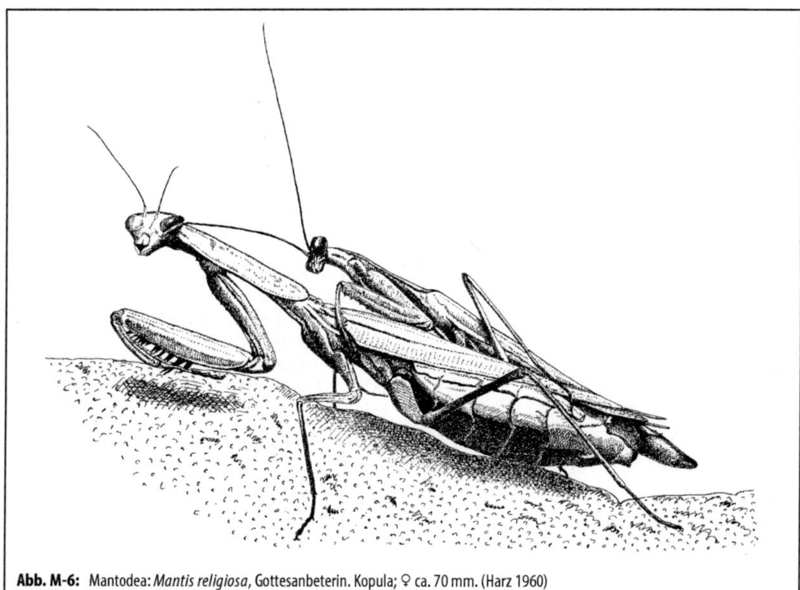

Abb. M-6: Mantodea: *Mantis religiosa*, Gottesanbeterin. Kopula; ♀ ca. 70 mm. (Harz 1960)

tungen an gekäfigten Tieren). **Eiablage** (100–300) mehrere Tage nach der Begattung in einem Kokon (→Dictyoptera), der aus erhärtendem schaumigen Drüsensekret gebildet und auf einer Unterlage (z. B. Pflanzen) befestigt wird (bis 4 × 2 cm [**M-7**]). 5 oder mehr Larvenhäutungen, beim ♀ mehr als beim ♂; **Larven** gelblich bzw. grünlich, färben sich nach der ersten 1 Häutung auf grünliche bzw. gelbliche Umgebungsfarbe um. Die Eier **überwintern**. – Weitere Arten im Mittelmeergebiet, z. B. *Empusa pennata* Thunb. (50–70 mm; Fam. Empusidae), ausgezeichnet durch einen langen Stirnzapfen; ♂ recht flugfreudig, fliegt abends ans Licht, wird nach der Begattung niemals vom ♀ verzehrt; die braunen, dornigen Larven überwintern, bleiben aber auch im Winter aktiv, bezeichnend ist der ständig angehobene Hinterleib.

Lit. Beier 1968a; Harz & Kaltenbach 1976.

Mantophasmatodea →Notoptera B.

Margarinotus →Histeridae.

Margarodidae, Grabschildläuse, Höhlenschildläuse; Fam. der Schildläuse (Coccina); nach Abspaltung der →Matsucoccidae, →Monophlebidae und →Xylococcidae in Eur 11, M-Eur & Dt 2 Arten, darunter *Porphyrophora polonica* L. (♀ 4–7 mm); unterirdische lebende Schildläuse, die breit-ovalen, dunkelroten bis violetten ♀ mit kurzen Antennen und gedrungenen, kräftigen

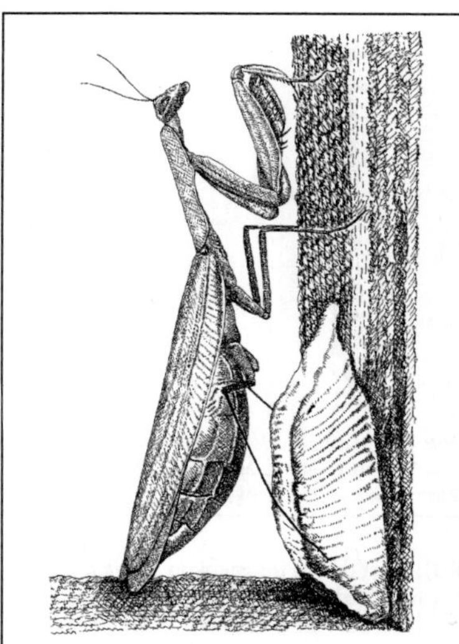

Abb. M-7: Mantodea: *Mantis religiosa*, Gottesanbeterin. ♀ neben Eigelege. (Weber 1958)

Beinen, das vordere Paar zu Grabbeinen vergrößert (Coxa breit, Tarsus und Grabklaue verschmolzen); ♀-Imago ohne Mundwerkzeuge; Körper mit in Bändern dicht stehenden Haaren, dazwischen Drüsenporen; Eier mit Wachswolle bedeckt [**C-160**]; **Larven** (III–VII) am Wurzelhals von Kräutern sandiger Böden an warmen, trockenen Standorten; ♀ mit 2, ♂ mit 4 Larvenstadien; das 2. Larvenstadium als Ruhestadium beinlos und von einer Sekrethülle umgeben (als Zyste bezeichnet), kann so lange Trockenperioden überdauern. *Porphyrophora* überwintert als Erstlarve. Lit. →Coccina; Foldi 2005.

Marienkäfer →Coccinellidae.

Marienprachtkäfer, *Chalcophora mariana* L. →Buprestidae 1.

Markeulen →Noctuidae 43.

Markusfliege, *Bibio marci* L. →Bibionidae.

Marokkanische Wanderheuschrecke, *Dociostaurus maroccanus* →Acrididae B7.

Märzfliege, *Bibio marci* L. →Bibionidae.

Masaridae, Masarinae →Vespidae A.

Maskenbienen, *Hylaeus* →Colletidae 2.

Maskenläuse →Thelaxidae.

Maskierter Strolch, *Reduvius personatus* L. →Reduviidae A.

Matsucoccidae, Kiefernborkenschildläuse; Fam. der Schildläuse (Coccina), früher zu den Margarodidae gestellt; in Eur 4–5, M-Eur & Dt 2 Arten, verbreitet nur *Matsucoccus pini* Green (auch als Synonym zum ostasiatischen *M. matsumurae* Kuwana aufgefasst); ♀ 2–4 mm, hellbraun, beweglich, mit Beinen und 9-gliedrigen Antennen, aber ohne Mundwerkzeuge und Analöffnung; Entwicklung unter der Borke von Kiefern. In M-Eur 2-geschlechtlich, in England parthenogenetisch, in Spanien mit parthenogenetischer Frühjahrs- und 2-geschlechtiger Herbstgeneration (Artenkomplex?); das ♀ legt im V wollige Eisäcke mit ca. 150 **Eiern** in Risse im Bast ab, um kurz darauf zu sterben; ♀ mit 2, ♂ mit 4 Larvenstadien; die beintragende **Erstlarve** (Wanderlarve) schlüpft nach etwa 2 Wochen, die ovale, bein- und antennenlose Zweitlarve (Zyste) folgt im Juli VII und ist im Gegensatz zu allen übrigen Stadien stark sklerotisiert (ähnlich →Margarodidae); die ♀-Zyste entwickelt sich unmittelbar zur beintragenden ♀-Imago, ♂-Zysten häuten sich zur ♀-ähnlichen Vorpuppe, die eine Wachshülle abscheidet, in der die Häutung zur unbeweglichen Pupa und dann zur geflügelten, kurzlebigen ♂-Imago erfolgt; ab Mitte August VIII bis Ende IX September **Eiablage** durch ♀♀ der 2. Generation; die geschlüpften Erstlarven der 2. Generation unterbrechen ihre Entwicklung und **überwintern**; in Hochlagen (über 1000 m) nur 1 Generation im Jahr.

Lit. →Coccina; Foldi 2004.

Matsucoccus →Matsucoccidae.

Mauerbienen, *Osmia, Hoplitis* →Megachilidae 1.

Mauerfuchs, *Lasiommata megera* L. →Nymphalidae F8.

Mauerseglerlausfliege, *Crataerina pallida* Latr. →Hippoboscidae 4.

Maulbeerseidenspinner, *Bombyx mori* L. →Bombycidae.

Maulik'sches Organ →Chrysomelidae L.

Maulwurfsfloh, *Hystrichopsylla talpae* Curt. →Siphonaptera, C.

Maulwurfsgrille, *Gryllotalpa gryllotalpa* L. →Gryllotalpidae.

Mäuschen, *Minoa murinata* Scop. →Geometridae E3.

Mäusefloh, *Leptinus testaceus* Müll. →Leiodidae C1.

Mausgrauer Sandschnellkäfer, *Agrypnus murinus* L. →Elateridae 1.

Mausspanner, *Minoa murinata* Scop. →Geometridae E3.

Mauszahnrüssler →Curculionidae G.

Mayetiola →Cecidomyiidae B3, B4; vgl. auch →Platygastridae.

Mecininae →Curculionidae I.

Meconema →Meconematidae.

Meconematidae, Eichenschrecken; Fam. der Langfühlerschrecken (Ensifera, Tettigonioidea), auch als U-Fam. **Meconematinae** der Tettigoniidae angesehen; in Eur 6, M-Eur & Dt 2 Arten, 2 weitere Arten in Gewächshäusern eingeschleppt; kleine, baumbewohnende Heuschrecken mit von außen gut sichtbarem, ovalem Trommelfell in den Vorderschienen, aber ohne Stridulationsapparate.

Meconema thalassinum Deg., Gemeine Eichenschrecke (11–15 mm; [**M-8**]); hellgrün bis gelblich; Halsschild mit gelbem Streifen und (hinten) 2 braunen Flecken; Cerci der ♂♂ dünn, leicht nach innen gebogen; Nahrung kleine Insekten; nachtaktiv; nur auf Laubbäumen, v. a. auf Eichen; fliegt selten; ♂ bringt nachts, wohl zum Anlocken des ♀, durch abwechselndes Aufstoßen der beiden

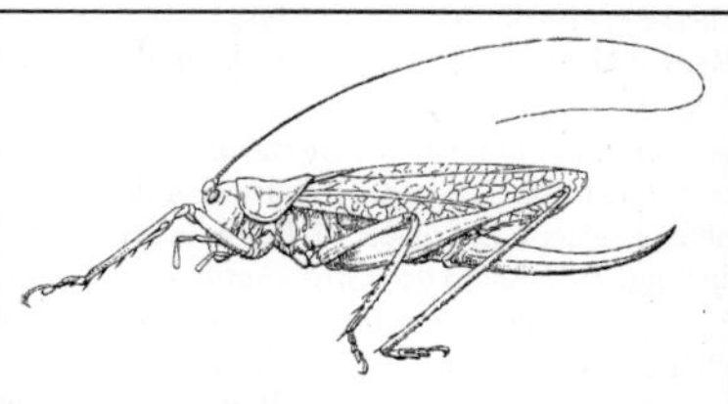

Abb. M-8: Meconematidae: *Meconema thalassinum*, Eichenschrecke. ♀; bis 15 mm (ohne Legestachel). (Chopard 1951)

Hintertarsen auf die Unterlage (z. B. Blätter) einige Sekunden dauernde, etwa 1 m weit hörbare Serien von Trommelgeräuschen hervor; Kopula: das ♂ hebt die Flügel an, das ♀ beleckt den Rücken des ♂, das ♂ fasst von unten das Abdomen des ♀ mit den Cerci, macht einen Purzelbaum, fasst das Ende der des Legerohrs des ♀ mit den Mandibeln; Dauer ca. 15 min; Eiablage in Rindenritzen, Überwinterung als Ei. Ähnlich, jedoch stummelflügelig *M. meridionale* Costa, Südliche Eichenschrecke; mit hervorragendem Sprungvermögen und einzelnen oder doppelten Trommelschlägen; ursprünglich mediterran; in Dt eingewandert, in Ausbreitung begriffen; v. a. in Siedlungen. Lit. →Ensifera.

Meconium; der kurz nach der Imaginalhäutung aus dem After abgegebene, insbesondere bei Schmetterlingen oft auffallend gefärbte Darminhalt; Abfallprodukt des Stoffwechsels während der Puppenreife.

Mecoptera, Schnabelfliegen, Schnabelhafte; Ordg. der Insekten mit vollkommener Verwandlung (→Holometabolie); bilden mit den →Diptera und →Siphonaptera die übergeordnete Gruppe →Antliophora; in Eur 23, M-Eur 11, Dt 9 Arten; die meist mittelgroßen Imagines ausgezeichnet durch den rüsselartig verlängerten Vorderteil des Kopfes [B-27], Basalteile von Maxille und Labium als Verschluss der Kopfhinterseite ebenfalls verlängert; Mandibeln relativ kurz (Ausnahme: →Bittacidae), zum Kauen oder (dolchförmig) mehr zum Stechen geeignet; **Larven** mehr oder weniger raupenähnlich; Verpuppung im Boden als Pupa dectica (→Pupa). – In Eur mit den Fam. →Panorpidae, →Bittacidae und →Boreidae. Lit. Grassé 1951; Kaltenbach 1978.

Mecopteroidea; Gruppe der →Holometabola; umfasst die Schwestergruppen →Amphiesmenoptera und →Antliophora.

Medetera →Dolichopodidae; vgl. auch →Curculionidae P.

Mediansegment →Propodeum.

Medina →Tachinidae.

Meenoplidae →Auchenorrhyncha.

Meereswasserläufer →Gerridae.

Meerrettichzünsler, *Evergestis forficalis* L. →Pyralidae 15.

Meessiidae; Fam. der Schmetterlinge (Lepidoptera, Glossata, Tineoidea); früher zu den →Tineidae gestellt; in Eur 45, M-Eur 4, in Dt von ursprünglich 2 Arten der Gttg. *Eudarcia* nur noch *E. pagenstecherella* Hbn. nachgewiesen; sehr kleine Motten (Flspw. 7 mm); braunschwarz mit weißen Querbändern und gelbem Kopf; Flügel schmal, lang befranst, in Ruhe dachförmig; Raupen mit versteckter Lebensweise, im Frühjahr

in flachen, dicht mit Sandkörnern belegten Säcken an Felsen, Mauern und Baumstämmen; als Nahrung werden entweder Flechten oder Algenüberzüge angegeben. Lit. →Lepidoptera.

Megachile →Megachilidae 2; vgl. auch →Bombyliidae, →Cleridae 4, →Leucospidae, →Meloidae.

Megachilidae; Fam. der Hautflügler (Hymenoptera, Apocrita, Apoidea) mit in Eur ± 440, M-Eur ± 155, Dt ± 105 Arten; solitäre oder (selten) in kommunalen Verbänden lebende, Nester bauende Bienen (→Anthophila) mit verhältnismäßig langer Zunge; *Dioxys, Coelioxys* und *Stelis* (→7–9) sind Brutparasiten bei anderen Bienen, meist anderen Megachilidae; bei nicht brutparasitischen Arten mit einer Bauchbürste (Ventralscopa) am Hinterleib für Pollenernte und -transport (→Bauchsammler); Zellen oft in Reihe hintereinander angelegt; bezeichnend die Verwendung von herbeigetragenem Material zum Bau der Zellwände, der Auskleidung oder wenigstens der Trennwände zwischen den Zellen (mit den Mandibeln herausgeschnittene Blattstückchen oder zerkaute Blätter, Pflanzenfasern, Harz, Schlamm, Sand, Steinchen); Puppenkokon mit einem mit Zapfen versehenen Deckel.

1. Osmia und **Hoplitis,** Mauerbienen; 39 Arten in Dt; 6–16 mm; viele mit gedrungenem Körper und starker Behaarung; ♂ oft mit verschiedenartigen Dornen und Zähnen an Bauch und Hinterleibsende. **Flugzeit** vom zeitigen Frühjahr bis zum Herbst: im III IV bei *O. bicolor* Schr. und *O. cornuta* Latr., im V Mai bei *O. bicornis* L. (= *rufa* L.), im VI Juni bei *O. claviventris* Thoms., im Hochsommer bei *O. spinulosa* Kirby; die ♂♂ erscheinen 1–2 Wochen vor den ♀♀. Einige Arten nur in ganz bestimmten **Lebensräumen:** *O. pilicornis* Smith in lichten Wäldern, *O. andrenoides* Spin. auf Abwitterungshalden, *O. cornuta* Latr. im Siedlungsbereich (sogar im Zentrum von Großstädten); andere Arten eurytop, z. B. *O. bicornis* an Waldrändern und Waldlichtungen, in Wiesen, Kahlschlägen und im Siedlungsbereich. Einige Arten **sammeln** Pollen und Nektar bei sehr unterschiedlichen Blüten, andere sind spezialisiert (→oligolektisch), z. B. *H. mitis* Nyl. auf *Campanula, O. brevicornis* F. auf Brassicaceae, *O. spinulosa* Kirby auf Asteraceae; Pollentransport mit einer Haarbürste am Bauch. Meist **solitär,** *O. inermis* Zett. und (manchmal) *O. mustelina* Gerst. in kommunalen Gemeinschaften, s. u.; deutscher Name nach der Gewohnheit mancher Arten, ihre Nester in oder an Mauern zu bauen; insgesamt zeigt die Gttg. jedoch ein außergewöhnlich großes Spektrum an Nistbauweisen; **Nestbau** wohl am flexibelsten bei *O. bicornis* **in fertigen Hohlräumen** mit einem Innendurchmesser von 6–7 mm (Käferfraßgänge, verlassene Pelzbienenbauten, hohle Pflanzenstängel, Ritzen im Verputz, Halme von Reetdächern); Nistperiode V–VI; Baumaterial feuchter Sand oder Lehm; die Nester sind Linienbauten mit durch Mörtelquerwände getrennten, hintereinander liegenden Brutzellen oder Haufenbauten mit unregelmäßig zueinander orientierten und als Ganzes gemörtelten Zellen; *O. cornuta* (hummelähnlich, mit rot behaartem Hinterleib) sucht im IV–V großflächige Strukturen (Häuserwände, Steilwände) nach Hohlräumen von 7–9 mm Durchmesser ab; einzigartig unter den europäischen Wildbienen ist der Nestbau von *O. brevicornis*: in die benutzten röhrenförmigen Hohlräume (Käferfraßgänge u. a.&) wird Pollen (von Brassicaceae) durchgehend – also ohne Zwischenwände – eingefüllt; die Eier (bis 23 bei 19 cm Nestlänge) werden in den mittleren Bereich des Pollenvorrats abgelegt, die Larven verzehren ihn gemeinsam; *O. mustelina* füllt mit ihren Bauten aus Pflanzenmaterial (mit jeweils vielen Brutzellen) größere Lücken **zwischen Steinen;** die Zellen werden mit Blütenblättern dünn ausgekleidet; manchmal bauen mehrere ♀♀ in Gemeinschaft, jedes versorgt jedoch seine eigenen Zellen (kommunaler Verband, →Anthophila); bei *O. inermis* legen mehrere (bis 12) ♀♀ große Nester (mit bis zu 200 Zellen aus zerkauten Blattstückchen) unter Steinen an; jede Brutzelle wird jeweils von nur 1 ♀ angelegt und versorgt, die gesamte Anlage jedoch wird von allen ♀♀ gemeinsam mit Sand bis auf ein kleines Schlupfloch abgedichtet; einige Arten mit Nestern, die ausschließlich **in Schneckenhäusern** gebaut werden, z. B. bei *O. bicolor* in *Cepaea*-Schalen: die Schalen werden so gedreht, dass die Mündung schräg nach unten weist, und anschließend mit eingespicheltem und zerkautem Pflanzenmaterial beklebt (Relikt des „normalen" Zellenbauverhaltens?); meist wird nur 1 Brutzelle eingebaut; danach wird die Schneckenschale mit der Mündung ganz nach unten gedreht (u. U. durch Unterhöhlen des Bodens) und schließlich mit Halmen und Nadeln bis zu einem faustgroßen Haufen bedeckt; *O. aurulenta* Pz. bevorzugt *Helix*-Schalen, baut bis zu 12 Brutzellen hinein [**M-9**]; *O. rufohirta* Latr. nimmt vorzugsweise *Helicella*-Schalen und baut 1 einzelne Zelle hinein; die Schalen werden zu einem geeigneten Ort (Hohlräume unter Steinen oder Grasbüscheln) transportiert, indem die Biene sich mit den Mandibeln an Pflanzen festbeißt und die Schale mit den Beinen dreht; Nester, die **in markhaltigen Stängeln** selbst gegraben werden, zeigt z. B. *H. leucomelana* Kirby; Nester z. B. in Brombeerstängeln, deren Mark offen zugänglich ist (die Biene kann die verholzte Stängelwand

Abb. M-9: Megachilidae: *Osmia aurulenta*, Mauerbiene. Nestanlage in Schneckenhaus. (V. Frisch 1969)

nicht öffnen); Nestgang bis 28 cm lang, 2 mm im Durchmesser; bis zu 17 Zellen hintereinander, mit Zwischenwänden aus zerkauten Blattstückchen; ganz ähnlich, aber größer und daher mit größeren Bauten, *O. tridentata* D.& P.; Eingangslöcher und Schlupflöcher hier auch seitlich am Stängel; die ♂♂ patrouillieren – jedes auf eigenen, genau eingehaltenen Flugbahnen – an den möglichen Schlupforten der ♀♀ und begatten diese gleich nach dem Schlüpfen. *O. mitis* (stark gefährdet) baut ihre Brutzellen **frei liegend in vorhandenen Hohlräumen,** indem abgebissene Blattstückchen (z. B. von *Helianthemum* oder *Potentilla*) mit zerkautem Pflanzenmaterial so verbunden werden, dass das entstehende Gebilde wie ein winziger Koniferenzapfen aussieht; **frei an Steine gemörtelt** werden die Brutzellen bei *H. anthocopoides* Schenck; Baumaterial sind kleine Steinchen und Mörtel aus eingespicheltem Lehm; die Zellen sind außergewöhnlich fest und werden – nach Ausbesserung – mehrfach benutzt; sie bestehen aus einer gemauerten Wand von Steinchen und einer inneren und einer äußeren Verkleidung mit Mörtel; mehrere ♀♀ können dicht nebeneinander bauen, jedes baut und versorgt nur seine eigenen Zellen, jedoch kann die äußere Verputzschicht gemeinsam aufgebracht werden, indem eigene und fremde Zellen bearbeitet werden. Meist nur 1 Generation im Jahr (Ausnahmen mit einer 2. Generation bei *O. caerulescens* L., *O. niveata* F.); die geschlüpften Imagines **überwintern** im Kokon innerhalb der Brutzelle; bei *O. adunca* Pz. bis zu 60 % Überlieger im Stadium der Ruhelarve (diese Tiere überwintern also 2-mal, wodurch die streng auf *Echium* spezialisierte Art Verluste in schlechten Jahren ausgleichen kann); **Brutparasit:** *Chrysura dichroa* Dahlb. (→Chrysididae B1).

2. *Megachile,* Blattschneider- und Mörtelbienen; bei uns 23 Arten; 7–17 mm (die aus Ostasien stammende *M. sculpturalis* Smith bis 25 mm); ♂♂

häufig mit auffallend weit verbreiterten, behaarten Tibien der Vorderbeine (Bedeutung?); von VI bis Herbst; auf Waldlichtungen, an Waldrändern und in verschiedenen Lebensräumen des Offenlandes, z. B. Sandgebieten (*M. maritima* Kirby, *M. cirumcincta* Kirby, *M. analis* Nyl.), Steinhalden (*M. parietina* Geoffr.), Trockenhängen (*M. pilidens* Alfk., *M. rotundata* F.); einige Arten auch im Siedlungsbereich (*M. centuncularis* L.); *M. rotundata* F. (Alfalfa-Biene) ist einer der wichtigsten Bestäuber der Luzerne und wird in großen Mengen (besonders in den USA) gezüchtet; **Blattschneiderbienen** bauen Nester in meist recht unterschiedlichen Substraten: *M. centuncularis* z. B. im Boden, unter Steinen, in Mauerfugen, in morschem Holz oder in hohlen Pflanzenstängeln; Baumaterial sind mit den Mandibeln abgeschnittene Stückchen von meist härteren Laubblättern (*M. rotundata* verwendet weichere Blätter, z. T. auch Blütenblätter); die Nester [**M-10**] sind meist Linienbauten mit hintereinander liegenden Brutzellen (bis 15); jede wie ein Fingerhut aus mehreren Lagen ausgeschnittener Stückchen grüner Blätter geformt, nach Eintragen der Larvennahrung und Belegen mit 1 Ei durch zahlreiche (bis 75) Lagen rundlicher Blattstücke verschlossen; Entfernung zwischen Schneideplatz und Nest bis 100 m (*M. centuncularis*); Blattstücke beim Transport mit Mandibeln und allen Beinen festgehalten; Larvenproviant sehr nektarreich (die Wandung der Brutzelle aus Blattstücken verhindert das Eintrocknen); **Mörtelbienen** (*M. parietina*, *M. ericetorum* Lep.) verwenden Sand, Lehm oder Steinchen, manchmal zusätzlich Harz zum Bau der Zellwände; *M. parietina* sammelt das trockene Baumaterial meist in unmittelbarer Nähe und vermischt es gleich mit Speichel zu einem kugeligen Klümpchen;

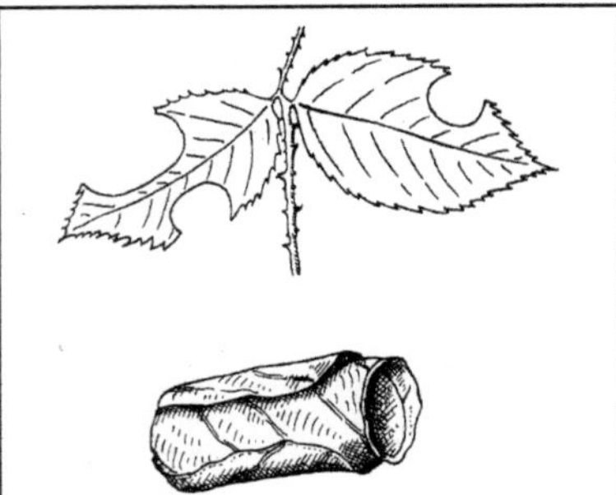

Abb. M-10: Megachilidae: *Megachile* spec., Blattschneiderbiene. Oben: Ausschnitte an Blättern; unten: Blatt-Tapete der Zelle. (V. Frisch 1969)

Nistplatz ist meist die Sonnenseite von Steinen; die sehr harten Zellen sind senkrecht orientiert mit oben liegender Öffnung; i. d. R. wird Pollen (an einer Bauchbürste) und Nektar gleichzeitig gesammelt (meist von Fabaceae oder Lamiaceae) und in festgelegter Reihenfolge in die Zelle eingebracht: zunächst wird (Kopf voran) der Nektar erbrochen, dann dreht sich die Biene um und bürstet den Pollen ab; das Material für den Deckel wird noch vor der Eiablage gesammelt und gleich nach der Ablage verbaut; meist stehen die Zellen zu mehreren (bis 16) dicht aneinander und werden gemeinsam mit einer dicken Schicht Außenputz überdeckt und so zu einem halbkugeligen Gebilde geformt; die Imagines der nächsten Generation nagen sich durch die harte Wand nach außen (Flugloch 8 mm Durchmesser); manchmal werden alte Nester wiederverwendet, allerdings auch von manchen *Osmia*-Arten benutzt; *M. ericetorum* baut zylindrische, meist linear angeordnete Zellen aus Sand und Lehm in Fugen von Fachwerk, in den Boden oder in alte Bienenbauten (*Anthophora*, →Apidae A) und kleidet sie etwa 0,5 mm dick mit Harz aus; meist 1 Generation im Jahr; Überwinterung als Imago in der Brutzelle; **Brutparasiten:** *Dioxys*- und *Coelioxys*-Arten (→7, 8) sowie die Düsterbiene *Stelis nasuta* Latr. (→9), ferner *Leucospis gigas* (→Leucospidae) und *Spogostylum tripunctatum* (→Bombyliidae).

3. Heriades, Löcherbienen; 2 Arten; eher klein (6–7 mm); Hochsommerformen, Hauptbrutzeit VII–VIII; schwach proterandrisch; auf Asteraceae spezialisiert; jedes ♀ legt durchschnittlich 8 (2–16) Eier; solitär; Nester in vorgefundenen Hohlräumen, z. B. Käferfraßgängen, in altem Holz (Waldränder, Kahlschläge; *H. truncorum* L. auch im Siedlungsbereich), auch in dürren, hohlen Stängeln von Brombeeren u. a.; bevorzugter Durchmesser 3–3,5 mm; 4 (max. 10) Brutzellen hintereinander, durch dünne Harzwände getrennt; die zuerst gebauten Zellen enthalten i. d. R. weibliche, die zuletzt gebauten männliche Nachkommen; Nestverschluss durch einen dicken (bis 11 mm) Harzpfropf mit Sandkörnern u. Ä. in der äußeren Lage; alte Nester werden nach sorgfältiger Reinigung wiederverwendet; die Larven spinnen sich nach etwa 45 Tagen in einen Kokon ein und überwintern als Ruhelarve; 1 Generation im Jahr; **Brutparasiten:** *Stelis breviuscula* Nyl. (→9); *Sapygina decempunctata* Jur. (→Sapygidae).

4. Chelostoma, Scherenbienen; bei uns 4 Arten; 4–12 mm; schwarz, schwach behaart, mit lang gestrecktem Körper; Name nach den mächtigen, scherenartigen Mandibeln der ♀♀; Flugzeit V–VIII; leicht proterandrisch, die ♂♂ erscheinen 3–7 Tage vor den ♀♀; sammeln an *Ranunculus-*

und *Campanula*-Arten; die ♂♂ patrouillieren an den Nahrungspflanzen; beide Geschlechter schlafen in deren Blüten; solitär; Nester ähnlich angelegt wie bei *Heriades*, Baumaterial für die Zwischenwände ist Sand oder Lehm; oft auch zu Hunderten in den Halmen von Reetdächern; Überwinterung bei *C. florisomne* L. als helles oder auch ausgefärbtes Puppenstadium; 1 Generation im Jahr; als **Brutparasiten** treten regelmäßig *Stelis minima* Schenck →9 und *Monosapyga clavicornis* L. (→Sapygidae) auf.

5. Anthidium, Wollbienen (wegen des Nestbaumaterials, s. u.); in M-Eur 16 Arten; oft stattlich, bis etwa Honigbienengröße; ♂ oft größer als ♀; wespenartig schwarz-gelb gezeichnet; fliegen im Sommer; in offenen Landschaften; auf trockenwarmen Magerrasen; *A. manicatum* L. regelmäßig in Gärten; ♀♀ sammeln Pollen und Nektar auf nur wenigen Nahrungspflanzen (besonders *Stachys*, aber auch andere Lamiaceae, Fabaceae, Scrophulariaceae, Asteraceae); fliegen schnell, oft im Schwebeflug über dem Nest oder der Blüte; ♂♂ mancher Arten (*A. manicatum* L., *A. oblongatum* Ill., *A. punctatum* Latr.) verteidigen 1–3 m² große Territorien um die Nahrungspflanzen gegen artgleiche ♂♂ und artfremde Nahrungskonkurrenten (Bienen, Hummeln; dadurch vermehrtes Nahrungsangebot für die ♀♀); Angriffe (manchmal tödlich) mithilfe von 5 kräftigen Dornen an den letzten Abdominalsegmenten; i. d. R. besetzt nur 1 ♂ ein Revier; wenn mehrere ♂♂ auftreten, entstehen Rangordnungen: dominante ♂♂ fliegen in der Blütenregion, untergeordnete (meist kleinere) tiefer; ♀♀ werden kurze Zeit in 5–20 cm Entfernung verfolgt, die Kopulation (um 10 s) erfolgt kurz nach der Landung des ♀ auf einer Blüte; ♂♂ und ♀♀ kopulieren mehrmals, z. T. in kurzen Abständen, mit verschiedenen Partnern; Nestanlage meist in vorgefundenen Höhlen (Erdgänge, Ritzen in Stein oder Holz, alte Eichengallen von Gallwespen, leere Schneckenhäuser); die Nester sehen aus wie große Wattebäusche, bestehend aus einem Haufen von Pflanzenhaaren (von Ziest, Flugsamen von Pappeln u. a.), die mit den Mandibeln abgeschabt, zwischen den Beinen zu einer Kugel zusammengerollt und dann in den Mandibeln zum Bau transportiert werden; Nest mit 3–16 Brutzellen; die Larve verfestigt die Wand der Brutzelle mit einem Sekret, spinnt dann einen Außenkokon (unter Einarbeitung von Kot und Haaren) und schließlich einen seidigen Innenkokon. Abweichend *A. strigatum* Pz., Kleine Harzbiene (auch als eigene Gttg. *Anthidiellum* abgetrennt): formt meist frei liegende Brutzellen aus eingesammeltem Pflanzenharz von Nadelbäumen; Zellen 10 mm lang [**M-11**], einzeln oder

dicht gedrängt in kleinen Gruppen (max. 13) frei nach unten hängend an Steinen od. Baumstämmen, in Bodennähe; während des Verpro-

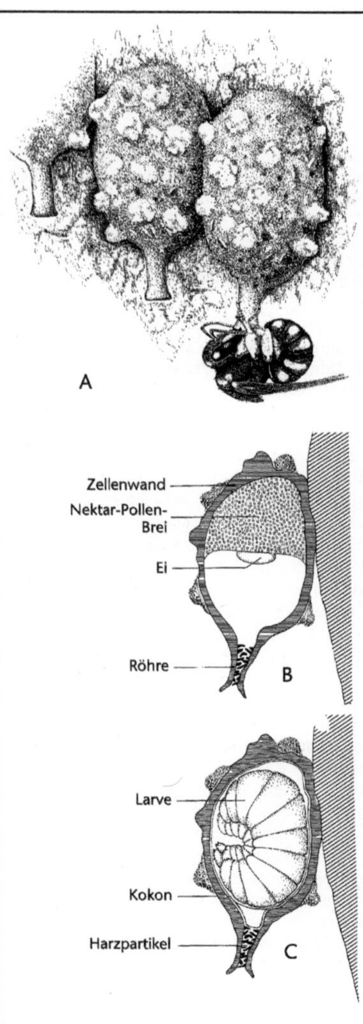

Abb. M-11: Megachilidae: *Anthidium strigatum*, Kleine Harzbiene. A: 2 Brutzellen (Länge 10 mm) und Biene beim Formen der Verschlussröhre; B und C: Zellen im Längsschnitt, B nach der Eiablage, ♀ mit Kokon und letztem Larvenstadium. (A nach einem Dia von H. Bellmann; B, ♀ Bellmann 1977)

Abb. M-12: Megachilidae: *Anthidium caturigense*. Schnitt durch eine Zelle; Wand aus Harz (schwarz) und Pflanzenfasern; Made auf Futtervorrat. (Bernard 1951)

viantierens ist die Zelle nach unten weit geöffnet, danach wird die Öffnung zu einer langen, engen Röhre ausgezogen und locker mit Harzstückchen (Luftzutritt!) verschlossen; beim Schlüpfen nagt die Harzbiene ein Loch in die seitliche Wandung. Pflanzenhaare und Harz zusammen verbaut die südeuropäische *A. caturigense* Gir. (manchmal in eine Gttg. **Rhodanthidium** gestellt); Einzelzellen im sandigen Boden, außen eine Woll-, innen eine Harzschicht [**M-12**]. 1 Generation im Jahr (Ausnahme: *A. manicatum* mit einer 2. Generation in langen Sommern); Überwinterung (*A. strigatum*) als letztes Larvenstadium in einem Kokon innerhalb der Brutzelle; **Kuckucksbienen**: *Stelis punctulatissima* Kirby bei Wollbienen, *St. signata* Latr. bei der Kleinen Harzbiene (→9).

6. Trachusa, Bastardbienen; bei uns nur *T. byssina* Pz. (= *Anthidium b.*), Große Harzbiene (11–12 mm); Sommerform, 1 Generation im Jahr; an Waldrändern und auf Magerrasen; →oligolektisch, auf Fabaceae spezialisiert (besonders Hornklee); in der Umgebung der Nester findet man ♂♂ und ♀♀ in Schlafgesellschaften an Grashalmen festgebissen; solitär, nistet in der Erde in kleineren Aggregationen; Nestbau: Hauptgang etwa 10 cm lang, fast horizontal im Boden an leicht geneigten, südexponierten Flächen, mit 2–3 mm breiten, zusammengerollten Blattstreifen ausgekleidet und mit Harz (wahrscheinlich von den Knospenschuppen von Nadelbäumen) verklebt.

7. Dioxys, Zweizahnbienen; in Dt nur *D. tridentata* Nyl. (= *Aglaoapis tr.*) (7–10 mm); sehr seltene Nachweise, obwohl die Wirte (s. u.) wesentlich häufiger sind; ganz schwarz, das eiförmige Abdomen mit breiten weißen Binden am Hinterrand der Tergite, breites und stumpfes Analsegment; lateinischer und deutscher Name weisen auf 2 Zähnchen am Scutellum hin; Flugzeit VI–VII; Brutparasit bei *Hoplitis*-Arten und *Megachile parietina* Geoffr. →2; die Larve hat in den ersten

3 Stadien scharfe Mandibeln, mit denen sie die Wirtslarve durchbohrt; 1 Generation im Jahr.

8. Coelioxys, Kegelbienen; bei uns 12 Arten; Gattungsname nach dem zugespitzten Hinterleibsende der ♀♀; ♂ mit zahlreichen Enddornen am Abdomen; fliegen im Hochsommer; Blütenbesuch dient nur der Eigenversorgung; Brutparasiten bei anderen →Megachilidae und *Anthophora* (→Apidae A); die ♀♀ legen ihre Eier in unfertige Wirtszellen (auch mehrere ♀♀ in dieselbe Wirtszelle), und zwar nahe dem Boden, indem sie die schon eingebrachte Pollenschicht mit dem spitzen Hinterleibsende durchstoßen; die Larve schlüpft nach 3 Tagen; das 3. Larvenstadium besitzt außerordentlich kräftige Mandibeln und bewegt sich zur Oberfläche des Futtervorrats, wo es die Wirtslarve (oder die anderen *Coelioxys*-Larven) tötet; 1 Generation im Jahr (Arten, deren Wirte 2 Generationen im Jahr aufweisen, möglicherweise ebenfalls mit 2 Generationen).

9. Stelis, Düsterbienen; bei uns 10 Arten; oft düster gefärbt, die gelb gezeichneten Arten von *Anthidium* (→5) schwer zu unterscheiden; Früh- und Hochsommerarten; Blütenbesuch nur zur Eigenversorgung; Brutparasiten (Kuckucksbienen) in den Nestern pollensammelnder Bienen (anderer Megachilidae); manche Arten mit breitem Wirtsspektrum, enges Wirtsspektrum z. B. bei *S. franconica* Blüthg. (Wirt: *Osmia mustelina* Gerst.), *S. nasuta* Latr. (Wirt: *Megachile parietina* Geoffr.) oder *S. signata* Latr. (Wirt: *Anthidium strigatum* Pz.); Ablage des Eies, noch bevor die Wirtszelle voll verproviantiert ist, das Ei findet sich daher oft inmitten des Nahrungsbreis (Wirtseier immer oben auf dem Futtervorrat); die Larve schlüpft vor der Wirtslarve und saugt diese aus, bevor sie den Futtervorrat verzehrt; am Ende der Fressphase spinnt sie einen rotbraunen Kokon und überwintert darin als Ruhelarve; *S. signata* schlüpft aus der Wirtszelle, indem sie die Röhre der Harzzelle wie einen Deckel abhebt (nicht seitlich wie der Wirt); *S. nasuta* legt mehrere (3–6) Eier in eine Wirtszelle, die sich alle entwickeln können (Ausnahme unter den Kuckucksbienen; führt wegen des begrenzten Nahrungsangebots zu deutlichen Größenunterschieden der Imagines: 4–10 mm). Lit. →Anthophila; Amiet et al. 2004; Westrich 2019; Wirtz 1992.

Megalodontes →Megalodontesidae.

Megalodontesidae (Megalodontidae); Fam. der Hautflügler (Hymenoptera, „Symphyta", Pamphilioidea) mit in Eur 21, M-Eur & Dt 6 Arten der Gttg. *Megalodontes* (z. B. *M. cephalotes* F.); mittelgroße (10–13 mm), schwarz-gelb gezeichnete Blattwespen; den →Tenthredinidae ähnlich, aber mit gesägter Antenne und im Verhalten trä-

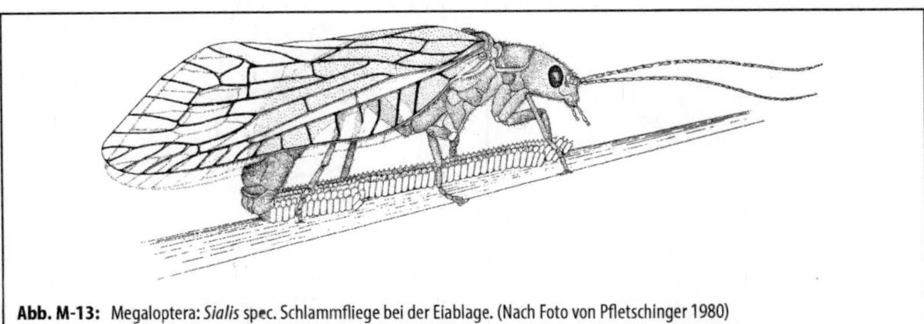

Abb. M-13: Megaloptera: *Sialis* spec. Schlammfliege bei der Eiablage. (Nach Foto von Pfletschinger 1980)

ger; selten, bevorzugen trockene Magerrasen in warmen Lagen, oft auf Blüten von Apiaceae, aber auch von Ranunculaceae. **Larven** ohne Afterfüße; nach Gestalt und Lebensweise ähnlich denen der Gespinstblattwespen (→Pamphiliidae); fressen im gemeinsamen Gespinst an Apiaceae (*M. fabricii* Leach an Salbei); **Verpuppung** im Boden. Lit. →Hymenoptera; Lacourt 2020; Schedl 1991.
Megalodontidae; Name wegen gleichlautender, aber älterer Bezeichnung einer fossilen Muschelfamilie zu →Megalodontesidae abgeändert.
Megalophanes →Psychidae.
Megalopodidae; Fam. der Käfer (Coleoptera, Polyphaga, Cucujiformia); oft als U-Fam. **Megalopodinae** zu den →Chrysomelidae gestellt, jedoch näher mit den →Cerambycidae verwandt; in Eur & Dt 5 Arten der Gttg. *Zeugophora*; kleine Käfer (2,5–4 mm) mit verschmälertem Vorderkörper; Zirpvorrichtung am Rücken der Mittelbrust (Mesoscutum); gute Flieger; fressen an Pappeln (*Z. flavicollis* Marsh gelegentlich auch an Weiden); **Eiablage** in vom ♀ ausgefressene Gruben auf der Blattunterseite der Fraßpflanze, danach Verschluss der Gruben mit Sekret; die beinlosen, abgeflachten **Larven** fressen meist gesellig Platzminen in die Pappelblätter; anschließend lassen sich die Larven zu Boden fallen, um sich in einer Erdhöhle zu verpuppen; **Überwinterung** als i. d. R. als Imago, gelegentlich als Larve; bei uns 1 Generation im Jahr. Lit. →Coleoptera; Rheinheimer & Hassler 2018.
Megaloptera, Schlammfliegen, Großflügler; Ordg. der Insekten mit vollkommener Verwandlung (→Holometabolie); bildet zusammen mit den →Raphidioptera und →Planipennia die übergeordnete Gruppe der →Neuroptera; in Eur nur Fam. **Sialidae** mit 6 Arten der Gttg. *Sialis* [**M-13**], davon 4 in M-Eur & Dt (häufig *S. lutaria* L.; 10–15 mm); mit 2 großen, reich geäderten, bräunlichen, in der Ruhe dachförmig zusammengelegten, den Körper nach hinten überragenden Flügelpaaren. Die Imagines im Frühling und Frühsommer

häufig auf Pflanzen in Wassernähe; fliegen selten und nicht weit, sind nur in der Sonne recht lebhaft; lecken gelegentlich auf Blüten frei liegenden Nektar; Nahrungsaufnahme meist jedoch gering. **Partnerfindung** und -verständigung durch für uns nicht hörbare, artspezifische Vibrationssignale (100–200 Hz), die durch Auf-und-ab-Schwingen des Abdomens hervorgebracht und über die Beine auf die Unterlage übertragen werden; Wahrnehmung mit in den Beinen liegenden Sinneshaaren; dazu hörbare Klopfsignale (ca. 30 Hz), die durch Aufschlagen des Abdomens und der Flügel auf die Unterlage erzeugt werden, als Antwort des ♂ auf die ♀-Signale; das ♂ läuft schließlich hinter dem ♀ her, wahrscheinlich nun durch den Geruchssinn geleitet (Duftorgane auf den Flügeln des ♀) und drängt den Kopf unter die Flügel des ♀; ein begattungswilliges ♀ hält still, das nicht begattungswillige ♀ fliegt weg; zur Kopulation (Dauer 15–30 min) schiebt das ♂ den Kopf unter den Hinterleib des ♀, hält es mit den Vorderbeinen fest und krümmt den Hinterleib seitlich hoch [**M-14**]; Samenübertragung als Spermatophore; als Maß, wie weit das ♂ unter das ♀ kriechen muss, ist offenbar die Bedeckung des ♂-Kopfes durch die ♀-Flügel wichtig (nach

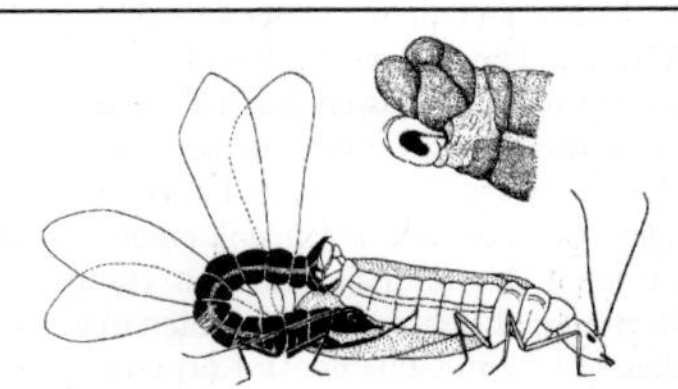

Abb. M-14: Megaloptera: *Sialis lutaria*, Schlammfliege. Unten: Kopula; ♂ schwarz, ♀ hell; linker ♀-Flügel punktiert, rechter weggelassen; ♂ hat den Kopf unter den ♀-Flügeln; rechts oben: Hinterleibsende des ♀ nach Kopula, mit der hell gezeichneten Spermatophore. (Du Bois, Geigy 1935)

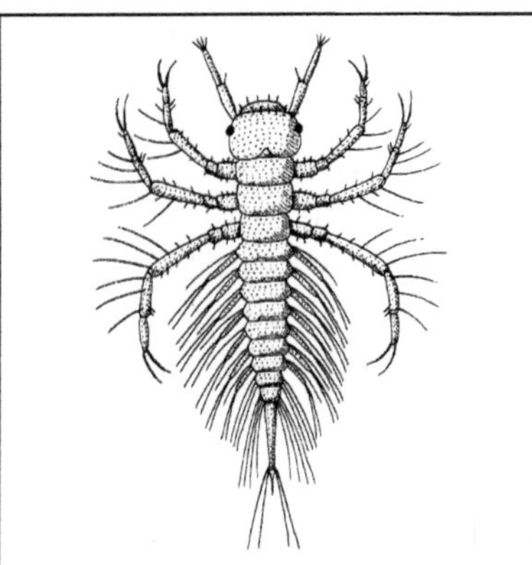

Abb. M-15: Megaloptera: *Sialis lutaria*, Schlammfliege. Junglarve, ca. 1 mm

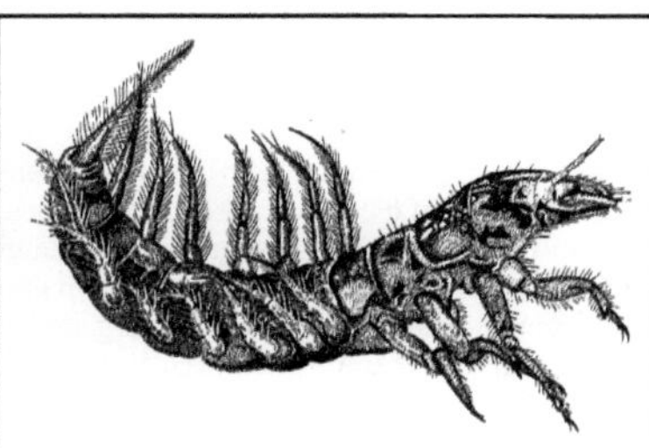

Abb. M-16: Megaloptera: *Sialis* spec., Schlammfliege. Larve erwachsen ca. 40 mm. (Günther 1969)

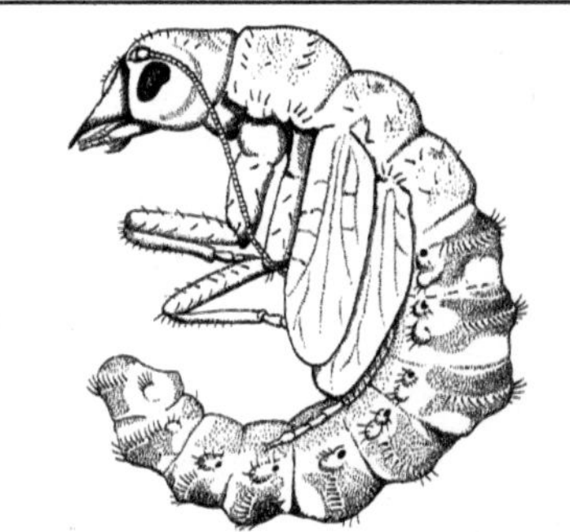

Abb. M-17: Megaloptera: *Sialis lutaria*, Schlammfliege. Puppe, ♂; 16 mm. (Du Bois, Geigy 1935)

Stutzen der ♀-Flügel kriecht das ♂ zu weit vor, die Begattung mißlingt); **Eiablage** [**M-13**] (mehrere Hundert bis 2000 Eier in einer dicht gepackten Schicht nebeneinander) auf Pflanzen, häufig auf Schilf, stets über dem Wasserspiegel; zuweilen 2 Ablagen. Die Eilarven (etwa 1 mm; [**M-15**]) schlüpfen sehr bald, lassen sich ins Wasser fallen; Larvenentwicklung am Grunde auch schlammiger Gewässer (Schlammfliege); **Larve** [**M-16**] mit fädigen gegliederten Tracheenkiemen an den 7 vorderen Abdominalsegmenten (umgewandelte Hinterleibsextremitäten), hinten mit einem Endfaden (Terminalfilament); Körperoberfläche stark wasserundurchlässig (ionenabsorbierende Organe fehlen); Mundgliedmaßen kräftig; Ernährung von Insektenlarven, Würmern, kleinen Muscheln. 10 Larvenstadien; erste **Überwinterung** als 7., zweite als 10. Stadium; die Junglarven können mit Beinhilfe und Schlängeln recht gut

schwimmen; die erwachsene Larve (etwa 2 cm) geht im Frühling an Land zur **Verpuppung**; die Puppe (Pupa dectica; →Pupa 1) liegt wenige Zentimeter tief an Land in lockerer Erde [**M-17**]; Puppenruhe etwa 1 Woche, dann Häutung zur Imago, die sich aus der Erde herausarbeitet.
Lit. Aspöck et al. 1980; Elliott 1996; Wachmann & Saure 1997; Wichard et al. 2013.
Megamerina →Megamerinidae.
Megamerinidae; Fam. der Zweiflügler (Diptera, Brachycera, Cyclorrhapha); in Eur & Dt nur *Megamerina dolium* F.; mittelgroße (6–9 mm), schlanke, an eine Schlupfwespe erinnernde glänzend-schwarze Fliege mit rot gezeichneten Beinen; Imagines in Laubwälder auf Totholz und Blättern (v. a. VI–VIII); Larven unter Totholzrinde, fressen träge und tote Insekten.
Lit. →Diptera; Roháček 2016.
Megapenthes →Elateridae.
Megaphragma, Trichogrammatidae, vgl. →Thysanoptera.
Megarhyssa →Ichneumonidae, A; vgl. auch →Siricidae.
Megascolia →Scoliidae.
Megaselia →Phoridae 4.
Megaspilidae; Fam. der Hautflügler (Hymenoptera, Apocrita, Ceraphronoidea) mit in Eur ± 135, M-Eur ± 45, Dt 28 Arten (weitere zu erwarten), v. a. der Gttgn. *Dendrocerus* und *Conostigmus*; ähnlich den verwandten →Ceraphronidae kleine (0,5–4 mm), meist schwarze Wespen mit geknieten Fühlern, nur 1 Ader im Vorderflügel, kurzem Legebohrer beim ♀ (in Ruhestellung kaum sichtbar) und einem großen 2. Abdominalsegment (viel größer als der restliche Hinterleib), dass jedoch (im Gegensatz zu den →Ceraphronidae) mit einem halsartigen Hinterleibsstiel am Vorder-

körper ansetzt; Pterostigma groß (Ausnahme: *Lagynodes*). **Larven** ektoparasitoid an Altlarven und Puppen (häufig als Hyperparasitoide), die meisten befallen Blattläuse fressende Parasitoide (v. a. →Braconidae C) oder Jäger (v. a. →Syrphidae F, →Chamaemyiidae, →Coniopterygidae), manche auch an anderen →Diptera oder an Parasitoiden von Schildläusen oder Marienkäfern (v. a. →Encyrtidae). Häufig *Dendrocerus carpenteri* Curt., der viele Arten der Aphidiinae (→Braconidae C) befällt; Imago kurzlebig (ca. 10 Tage); Eiablage an die verpuppungsreife Larve einer Blattlauswespe, durch die leergefressene Blattlaushülle hindurch; die geschlüpfte *Dendrocerus*-Larve frisst die Puppe aus (und vertilgt gegebenenfalls auch andere Hyperparasitoide), verpuppt sich schließlich nach etwa 1 Woche im von der Blattlaushülle umgebenen Wirtskokon; 2–6 Generationen im Jahr. Abweichend *Lagynodes* (heimisch *L. pallidus* Boh.) mit ungeflügelten, ameisenähnlichen ♀♀; ♂♂ meist geflügelt, aber ohne großes Pterostigma; Hyperparasitoid bei *Apanteles* (→Braconidae A). Lit. →Hymenoptera; Fergusson 1980.

Megastigmidae; Fam. der Hautflügler (Hymenoptera, Apocrita, Chalcidoidea); oft als U-Fam. **Megastigminae** zu den →Torymidae gestellt, aber nicht ihre nächsten Verwandten; ursprünglich in Eur 16, M-Eur 10, Dt 9 Arten, weitere Arten eingebürgert (in M-Eur 5, Dt 3), wegen Verschleppung durch den Samenhandel Etablierung von mehr Arten zu erwarten; klein (2–5 mm ohne den langen Legenbohrer), gelblich mit oder ohne dunkle Zeichnung (*Megastigmus*) oder metallisch glänzend (*Bootanomyia*); ♀ mit langem Legebohrer [**M-18**]; Larven phytophag in Samen von Gehölzen (*Megastigmus*) oder ektoparasitoid in Gallen an →Cynipidae (*Bootanomyia*); die Samenfresser mit ausgeprägter Wirtsbindung, in M-Eur ausschließlich an Nadelbäumen oder holzigen Rosaceae (z. B. *M. pictus* Först. an Lärche, *M. strobilobius* Ratz. an Fichte, *M. suspectus* an

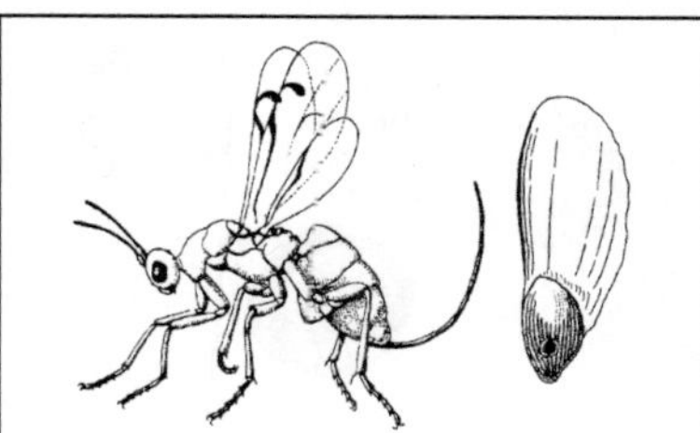

Abb. M-18: Megastigmidae: *Megastigmus spermotrophus*. ♀, ca. 5 mm; Douglasiensamen mit Ausschlupfloch; Samen ohne Flügel 5 mm. (Brauns 1991)

Tanne, *M. aculeatus* Swed. und *M. rosae* Bouček an Rosen); das ♀ belegt im Frühling bis Sommer ältere (♀-)Blüten oder junge Zapfen mit dem langen Legebohrer; in jedem Samen lebt 1 Larve, die hier überwintert (mehrjähriges Überliegen möglich); Verpuppung im nächsten oder übernächsten Frühling im Samen; die Imago verlässt den Samen durch ein rundes Loch. Lit. →Hymenoptera; Burks et al. 2022; Janšta et al. 2017; Roques & Skrzypczyńska 2003.

Megastigmus →Megastigmidae.

Megophthalminae, *Megophthalmus* →Cicadellidae J.

Megopis →Cerambycidae.

Mehlige Kohlblattlaus, *Brevicoryne brassicae* L. →Aphididae 16.

Mehlige Möhrenlaus, *Semiaphis dauci* F. →Aphididae 19.

Mehlige Pflaumen(blatt)laus, *Hyalopterus pruni* Geoffr. →Aphididae 7.

Mehlkäfer, *Tenebrio molitor* L. →Tenebrionidae 2.

Mehlmotte, *Ephestia kuehniella* Zell. →Pyralidae 9.

Mehlwurm, *Tenebrio molitor* L. →Tenebrionidae 2.

Mehlzünsler, *Pyralis farinalis* L. →Pyralidae 12.

Meinertellidae →Archaeognatha.

Meißelkiefler →Psocodea.

Melanagromyza →Agromyzidae B.

Melanapion →Apionidae 8.

Melanargia →Nymphalidae F2.

Melanchra →Noctuidae 32.

Melandryidae, Düsterkäfer; Fam. der Käfer (Coleoptera, Polyphaga, Cucujiformia), nach Abspaltung der →Tetratomidae mit in Eur 53, M-Eur 38, Dt 29 meist seltenen Arten; klein bis mittelgroß; braun oder düster, gestaltlich oft Schnell- oder Prachtkäfern ähnlich; starten bei Gefahr schnell und purzelnd zum Flug; Käfer und Larven der meisten Arten in verpilztem Holz, unter loser Rinde oder in Baumschwämmen; die seltene *Osphya bipunctata* F. (5–11 mm) auf blühenden Sträuchern am Waldrand. Etwas verbreiteter *Serropalpus barbatus* Schall. (8–18 mm); braun; auffallend das verbreiterte Endglied der Kiefertaster; Imago bei Tage versteckt, in der Nacht sehr mobil; in Nadelwäldern; auch in verarbeitetem Bauholz, besonders von *Picea* und *Abies*; Eiablage wohl in Rindenritzen von frisch gefällten oder auch leicht anbrüchigen stehenden Stämmen; Larven mehlwurmähnlich, aber weicher; fressen gewundene, mit Bohrmehl gefüllte Gänge in das Holz (Holzentwertung durch die Larvengänge); Verpuppung im Holz in Nähe der Oberfläche, der ausgeschlüpfte Käfer frisst sich nach außen durch; fraglich, ob 1- oder 2-malige Überwinterung während der Entwicklung. Lit. →Coleoptera; Brauns 1991.

Melanomyinae →Calliphoridae 5.
Melanophila →Buprestidae.
Melanophora →Rhinophoridae.
Melanoplinae →Acrididae D.
Melanthripinae, *Melanthrips* →Aeolothripidae B.
Melasis →Eucnemidae.
Melasoma →Chrysomelidae J3; vgl. auch →Syrphidae.
Meldenwanzen →Piesmatidae.
Melecta →Apidae B5.
Melectinae →Apidae B.
Meligethes, **Meligethinae** →Nitidulidae E.
Melinda →Calliphoridae 5.
Meliscaeva →Syrphidae.
Melitaea, **Melitaeinae** →Nymphalidae D.
Melitta →Melittidae 1.
Melittidae; Fam. der Hautflügler (Hymenoptera, Apocrita, Apoidea) mit in Eur 34, M-Eur 16, Dt 11 Arten; Schwestergruppe zu den übrigen Bienen (→Anthophila); mittelgroße, solitäre Beinsammler, mit z. T. auffallender Spezialbehaarung für den Pollentransport an den Hinterschienen samt anschließendem Fußglied; die zugespitzte Zunge geeignet auch zum Gewinnen von verborgenem Nektar; →oligolektische Blütenbesucher; *Macropis* (→3) sammelt Öl statt Nektar; Nestbau im Boden; 1 Generation im Jahr; Überwinterung als Ruhelarve.

1. *Melitta,* Sägehornbienen; bei uns 6 Arten; 10–14 mm; die Fühler der lang zottig behaarten ♂♂ sehen durch 1-seitige Verdickung oft wie gesägt aus; Flugzeit VI–IX; stark proterandrisch (♂♂ erscheinen 3 Wochen vor den ♀♀); *M. haemorrhoidalis* F. (häufigste Art) auf *Campanula*; Pollen wird feucht auf der Außenseite der Schienen und Fersen der Hinterbeine transportiert; ♂♂ schwärmen mit hoher Geschwindigkeit zwischen den Blütenständen der Nahrungspflanzen (Futterplatzbahnen); nisten in sandigem oder lehmigem Boden; Brutzellen mit einer weißlich-grauen Masse austapeziert (aus der – besonders großen – →Dufour-Drüse); **Kuckucksbienen:** *Nomada* (→Apidae B1).

2. *Dasypoda,* Hosenbienen; bei uns 3 Arten; ♀ mit sehr langer, fuchsroter Behaarung an Schiene und Fersenglied der Hinterbeine (Name!), die etwa doppelt so viel Pollen fasst wie der Sammelapparat der Honigbiene; Sommerformen (VII–VIII); sammeln auf Asteraceae und Dipsacaceae; die Staubblätter werden umkreist und dabei abgestreift, gleichzeitig wird von den umliegenden Blüten Nektar gesogen; die ♀♀ fallen durch außerordentlich schnelles Sammeln auf, die ♂♂ durch stürmischen Flug; die ♀♀ während der Verproviantierungsphase nachts und mittags im Nest, die ♂♂ klammern sich zum Schlafen oft an Blütenköpfe; ♂♂ fliegen auf der Suche nach ♀♀ an Nestern und Nahrungspflanzen umher, senden möglicherweise einen Lockstoff aus; nisten in sandiger Erde an kahlen Stellen; der ausgegrabene Sand wird rückwärts schreitend mit den Vorderbeinen unter dem Körper hindurch nach hinten geschleudert und dann zur Seite gekehrt; Gang ca. 50 cm tief; am Gangende traubenartig mehrere Zellen, jede mit einem auf 3 Füßchen stehenden Pollen-Nektar-Klumpen, darauf das Ei [**M-19**]; Nester oft mit Schornstein; an günstigen Stellen in großer Zahl nebeneinander; Brutzellen nicht ausgekleidet (Ausnahme bei erdbewohnenden Bienen!); Larven ohne Kokon.

3. *Macropis,* Schenkelbienen; bei uns 2 Arten; ♂♂ mit stark verdickten Schenkeln; 9–10 mm; Sommerformen; *M. europaea* Warncke Charakterart von Feuchtgebieten, *M. fulvipes* F. an Wälder gebunden; ♀♀ sammeln ausschließlich an *Lysimachia*-Arten (Gilbweiderich), deren Blüten keinen Nektar bereitstellen, deren Staubfäden jedoch dicht mit Öl absondernden Drüsenhaaren (→Elaiophor) besetzt sind; beim Blütenbesuch werden zur Ölaufnahme die mit einem Saugpolster aus gezähnten Spatelhaaren ausgestatteten Innenflanken der Vorder- und Mittelbeine alternierend den Drüsen angedrückt; gleichzeitig wird mit der behaarten Unterseite des Abdomens Pollen geerntet (und zudem die Blüte bestäubt); im Flug höselt die Biene dann Pollen und Öl in den Sammelapparat der Hinterbeine; allein dieses Pollen-Öl-Gemisch dient der Brut als Nahrung; zur Eigenernährung saugen ♀♀ und ♂♂ Nektar an anderen Blumen; die ♂♂ besetzen Territorien in *Lysimachia*-Beständen

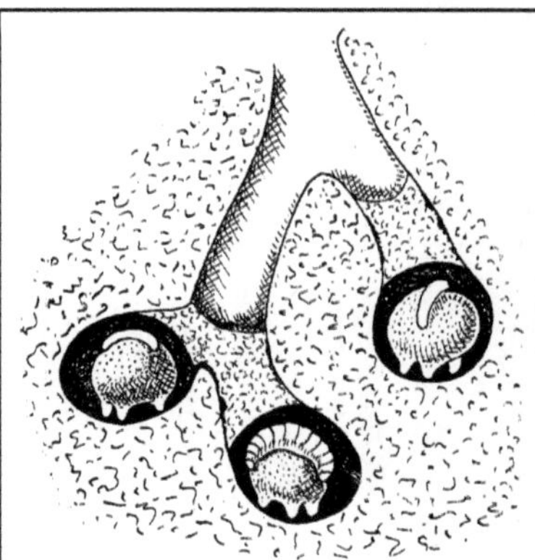

Abb. M-19: Melittidae: *Dasypoda argentata,* Hosenbiene. Teil der Nestanlage im Boden, Eier und Larven auf den mit Füßchen versehenen Futterballen. (V. Frisch 1955)

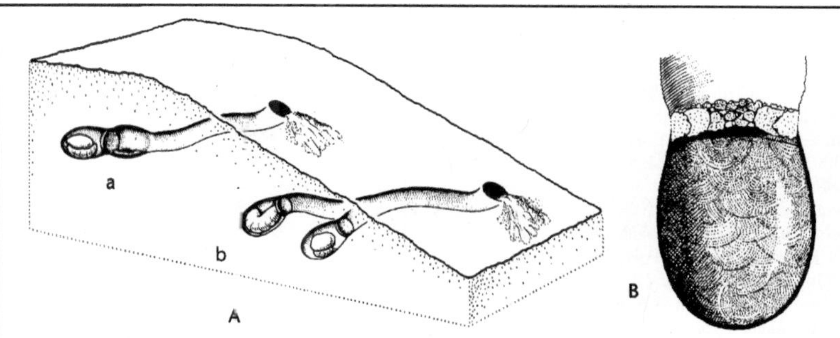

Abb. M-20: Melittidae: *Macropis fulvipes*, Schenkelbiene. A: 2 Nester in Hanglage mit Auswurf; B: verdeckelte Brutzelle, Inhalt entfernt; man erkennt die Streichspuren der Wandimprägnierung. (Vogel 1986)

und befliegen sie regelmäßig: auf den Blüten sammelnde ♀♀ werden angeflogen, die anderen ♂♂ oft abgewehrt; beide Geschlechter produzieren in Kopfdrüsen (Mandibeldrüsen?) Pheromone, die in der Nähe auf ♂♂ und ♀♀ anlockend wirken (u. a. Undecalacton) und zur Markierung besuchter Blüten dienen; enthalten (vermutlich) auch eine Alarmstoff-Komponente; die ♀♀ produzieren zudem noch ein farnesolähnliches, die ♂♂ stark stimulierendes Sexualpheromon in abdominalen Drüsen; Paarung meist auf den Blüten; Nester im Boden [**M-20**], Nestwand verfestigt mit einem unlöslichen, wasserabweisenden, spröden Material unbekannter Herkunft (Blumenöl?); **Brutparasit:** *Epeoloides coecutiens* F. (→Apidae B3).
Lit. →Anthophila; Amiet et al. 2007; Vogel 1986; Westrich 2019.
Melittobia →Eulophidae 2.
Melitturga →Andrenidae 3.
Mellinidae; Fam. der Hautflügler (Hymenoptera, Apocrita, Apoidea); früher zu den →Sphecidae gestellt; in Eur & Dt 2 Arten der Gttg. *Mellinus* [**M-21**]; häufig *M. arvensis* L., Kotwespe; mittelgroßer (♂ 8–11 mm, ♀ 11–15 mm), schwarz-gelber Jäger von mittelgroßen Fliegen verschiedener Arten; Imagines VI–X; findet sich oft, wohl geruchlich angelockt, zum Fliegenfangen auf menschlichem Kot; die ♂♂ erscheinen einige Tage früher als die ♀♀, finden diese zur Begattung rein optisch (oftmals Versuche am falschen Objekt); **Nest** eine bis 70 cm lange Röhre, mit Mandibeln und Vorderbeinen in die Erde gegraben; das Material wird rückwärts hinausgeschafft, um den Eingang angehäuft bzw. (an steil abfallender Wand) ausgeworfen; vom Hauptstollen gehen mehrere Seitenstollen aus, jeder mit einer Brutkammer, die mit 1–8 Fliegen versorgt und dann gegen den Hauptstollen verschlossen wird; während der Verpro-

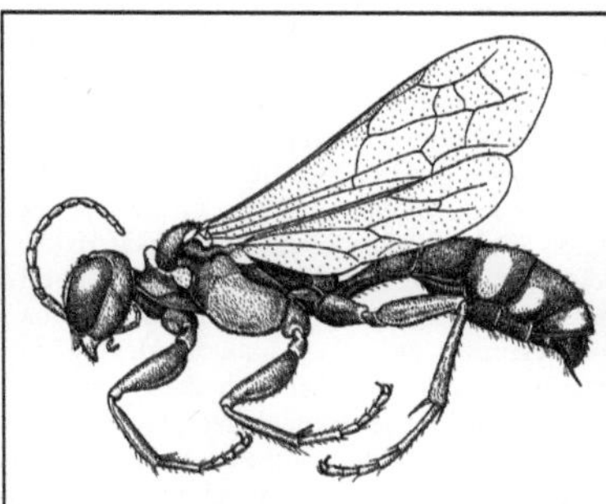

Abb. M-21: Mellinidae: *Mellinus bimaculatus.* ♀, 13 mm. (Bohart & Menke 1976)

viantierung bleiben Haupt- und Nebenstollen offen; **Jagd** auf Fliegen an Baumstämmen (oder auf Kot); das ♀ sucht herum, visiert die Beute an, dann langsames Anpirschen auf 1 bis 3 cm, Ansprung (oft vergeblich), Packen der Fliege mit Beinen und Mandibeln, danach sofort Stich in die Bauchdecke (wohl des Thorax nahe dem Hinterleib); die Beute ist meist nach 5 s bewegungslos; Angriff zuweilen auch auf fliegenähnliche andere Insekten, wird jedoch bald eingestellt (geruchliches oder taktiles Erkennen?); bald nach dem Stich oder später wird die Fliege manchmal so heftig mit den Mandibeln geknetet, dass sie verletzt wird (Hypermalaxieren; Bedeutung unklar: Übersprunghandlung? Ernährung durch Saftlecken?); die Fliege wird dann verworfen; beim **Transport** zum Nest (fliegend) wird die Beute stets mit den Mandibeln am Rüssel gehalten (oft zugleich mit Vorder- und Mittelbeinen); Landung in Nestnähe, das letzte Stück wird zu Fuß zurückgelegt; dicht am Nest dreht sich das ♀ um, ohne den Rüsselgriff zu lockern, und zieht die Beute rückwärts ein; besonders gegen Ende der Brutsaison kann für kürzere oder längere Zeit ein fremdes Nest übernommen und versorgt werden. Lit. →Hymenoptera; Bitsch et al. 2021; Blösch 2000, 2012; Bohart & Menke 1976.

Mellinus →Mellinidae.

Meloe →Meloidae A1.

Meloidae, Ölkäfer, Blasenkäfer, Pflasterkäfer; Fam. der Käfer (Coleoptera, Polyphaga, Cucujiformia) mit in Eur ± 160, M-Eur 44, Dt 17 Arten; Imagines meist mittelgroß, schwach sklerotisiert, z. T. stattlich; die *Meloe*-Arten mit (beim ♀ verkürzten) Flügeldecken, jedoch ohne Flugflügel; andere Arten flugfähig; meist wärmeliebend; auf Steppenwiesen, in trockenen Auwäldern, an warmen Waldrändern; nicht selten auf Blüten. Die Imagines vieler Arten **fressen** Blätter verschiedener Pflanzen (selten schädlich, →A5), Pollen oder Nektar; die Nektar saugenden Arten mit zugespitzten Mandibeln zum Öffnen der Blütenkelche und zungenförmig verlängerten Teilen der Maxillen (Palpen oder Galeae; *Cerocoma* →A3), besonders stark bei den bis SO-Eur vorkommenden Honigkäfern (*Nemognatha*): Rüssel (fast körperlang bei südamerikanischen Arten) weder verfalzt noch einrollbar (im Gegensatz zu →Lepidoptera), der Nektar steigt im Haarkleid kapillar nach oben. Verbreitet die Fähigkeit (wie bei Marienkäfern), bei **Störung** Hämolymphe austreten zu lassen, v. a. aus Poren in den Beingelenken; in der Hämolymphe das hochgiftige, von den Käfern selbst synthetisierte →Cantharidin; schützt nur gegen einen Teil der Fressfeinde (Ameisen, Laufkäfer; →A2); andere, wie z. B. der Blumenkäfer *Notoxus monocerus* (→Anthicidae), fressen mit Vorliebe cantharidinhaltige Ölkäfer; manche Gnitzen saugen die Hämolymphe auf (*Atrichopogon*, →Ceratopogonidae). Die hohe Eizahl (2000–10 10 000 pro ♀) hängt zusammen mit der hoch spezialisierten Lebensweise der **Larven** als Parasitoide bei solitären Bienen, insbesondere der Gttgn. *Colletes* (→Colletidae 1), *Halictus* (→Halictidae 4) und *Megachile* (→Megachilidae 2); seltener bei Grabwespen (→A3) oder an Eigelegen von Feldheuschrecken (→A4–5). Postembryonale Entwicklung als Hypermetamorphose (→Hypermetabolie): die Larvenstadien von verschiedener Gestalt (bei verschiedenen Arten auch von verschiedener Zahl); das 1. Stadium ist der Triungulinus (Dreiklauer [**M-22**]), klein, sehr beweglich, am letzten Fußglied 3 klauenartige Gebilde (1 Klaue und 2 klauenartige Borsten); gelangt aktiv oder passiv (durch Phoresie, d. h. festgeklammert an ein Trägerinsekt) in das Nest des Wirts; die weiteren Stadien [**M-22**]

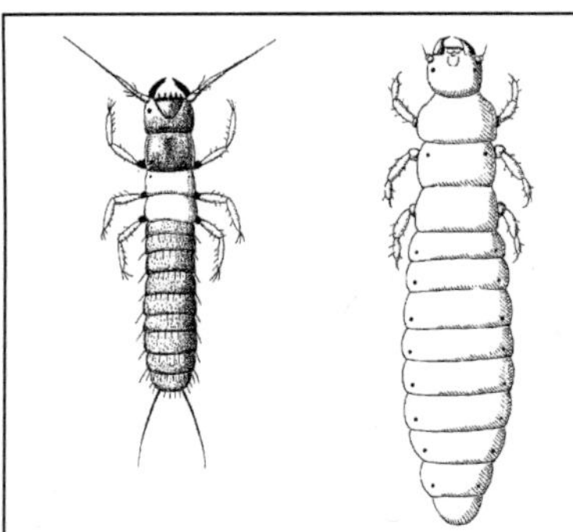

Abb. M-22: Meloidae: *Lytta vesicatoria*, Spanische Fliege. Links: Triungulinus (7 mm), die 2 hinteren Brustsegmente weißlich; rechts: 2. Larve (12 mm). (Brauns 1991)

mehr madenartig, ihre Beine mehr oder weniger rückgebildet, kaum beweglich; eingeschaltet ist ein larvales Ruhestadium (Scheinpuppe); schließlich folgt ein echtes Puppenstadium, oft eingeschlossen in der letzten Larvenhaut. Beispiele:

A. Meloinae; Balz des ♂ mit Einsatz der Fühler und/oder Kiefertaster, i. d. R. auf dem ♀; Kopulation minuten- bis studenlang, beginnt in gleicher Stellung, nach Abstieg des ♂ Fortsetzung mit angewandten Köpfen; **Eiablage** mit einem verkürzten Legeapparat in den Boden.

A1. *Meloe*; heimisch 11 Arten, die meisten gefährdet oder bereits ausgestorben, am häufigsten noch *M. violaceus* Marsh.; ♂♂ mittelgroß (8–12 mm), Flügeldecken der ♂♂ etwa so lang wie der Hinterleib; ♀♀ [**M-23**] bis über 30 mm, mit langem, dickem, nur z. T. durch die kurzen Flügeldecken bedecktem Hinterleib (der von den zahlreichen Eiern stark anschwillt). Im Frühling an grasigen Hängen (Maiwürmer); **fressen** an Pflanzen. **Eier** werden zu mehreren in mit den Beinen gegrabene und später auch wieder zugescharrte Erdhöhlen abgelegt; Schlupf der Jung**larven** vermutlich erst im nächsten Frühjahr (*M. violaceus* Marsh.); der

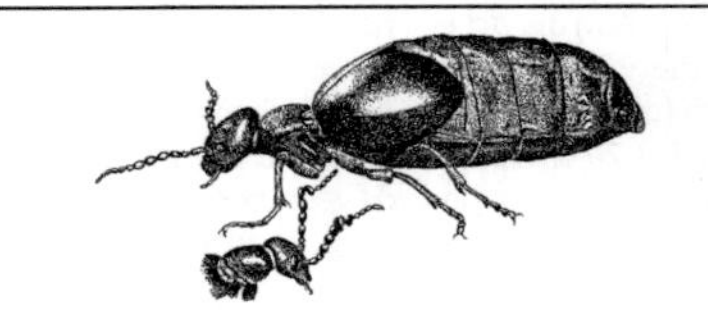

Abb. M-23: Meloidae: *Meloe proscarabaeus*, Ölkäfer, Maiwurm. ♀, bis 32 mm; darunter ♂-Kopf mit geknieten Fühlern. (Hieke 1969)

Dreiklauer (ca. 2 mm) klettert im Frühjahr auf Blüten; frisst hier vermutlich nicht, sondern wartet auf anfliegende Insekten, klammert sich an diese (bei manchen Arten werden Stacheln vorn am Kopf des Dreiklauers in die Häute zwischen den Gelenken des Traginsekts eingebohrt); Weiterentwicklung nur im Nest solitärer Bienen möglich (z. B. bei *Anthophora*, →Apidae A; *Andrena*, →Andrenidae 1); starke Verluste durch Festklammern an falschen Trägerinsekten; die gelb bis rötlich gefärbten Dreiklauer können gelegentlich durch Zusammenballung an Gras- oder Triebspitzen Scheinblüten bilden und Bienen anlocken; im richtigen Wirtsnest frisst der Dreiklauer das Wirtsei, häutet sich zu einer kurzbeinigen, augenlosen, madenartigen Larve, die den Pollen-Nektar-Brei im Wirtsnest frisst, dazwischen weitere Häutungen; dann Abwandern in das umgebende Erdreich, Häutung zum Ruhestadium (**Scheinpuppe**, bleibt in der Larvenhaut liegen); jetzt wohl i. d. R. **Überwinterung** (*M. violaceus* überwintert als Imago); schließlich Häutung zu einer madenartigen, nicht fressenden Larve, die sich alsbald verpuppt; bei manchen *Meloe*-Arten kann das Scheinpuppenstadium wegfallen, bei anderen 2-mal auftreten; die Dreiklauer einiger *Meloe*-Arten dringen aktiv in die Nester der Wirtstiere ein.

A2. *Lytta vesicatoria* L., Spanische Fliege (9–21 mm; [**M-24**]); metallisch grün, flugfähig. Früher in getrocknetem Zustand (insbesondere die Flügeldecken) benutzt zum Herstellen cantharidinhaltiger Extrakte für medizinische Zwecke (z. B. blasenziehende Pflaster), nicht zu selten auch für Giftmorde, im Altertum auch als Exekutionsmittel; etwa 0,03 g des Giftes sind für den Menschen tödlich; Igeln, Fledermäusen, Hüh-

nern, Schwalben und Fröschen, die alle Spanische Fliegen fressen, schadet es nicht; nur die ♂♂ können das Hämolymphgift synthetisieren; die ♀♀ erhalten Cantharidin von den ♂♂ während der Paarung aus →Ektadenien und geben es an die Eier weiter (Schutz vor Fressfeinden). Die Imagines können bei gelegentlichem Massenauftreten durch Blattfraß schädlich werden, z. B. an Eschen, Robinien, Flieder, Ölbäumen; bei uns meist selten. Bei der eigenartigen **Balz** besteigt das ♂ das ♀, erfasst mit bogenförmigen Aussparungen der 1. Tarsalglieder der Vorderbeine die Antennen des ♀, streckt seinen Hinterleib und schlägt damit das ♀ rechts und links in die Flanken; das ♀, dadurch schließlich stimuliert, hebt das Abdomenende zur Kopulation; das ♂ steigt dann ab, die Partner bleiben aber noch, voneinander abgewendet, bis zu 20 h vereint; Ablage der **Eier** in Portionen von 50 bis 200 Stück in Erdlöcher wie bei *Meloe*; der Dreiklauer sucht anscheinend aktiv das Nest der Wirtsbiene (z. B. *Colletes*, *Megachile*, *Halictus*) auf.

A3. *Cerocoma*; bei uns ehemals *Cerocoma schaefferi* L. (7–10 mm); Fühler und Kiefertaster des ♂ [**M-25**] anders gestaltet als beim ♀, mit zahlreichen einzelligen 1-zelligen Drüsen im 3. Antennen- bzw. 2. Tasterglied; die Fußglieder und Schienen der Vorderbeine stark behaart. Gern an Korb- und Doldenblütlern, saugt mit einem entsprechend gebauten Rüssel (verlängerte und mit Borstenfeldern versehene Teile der Maxillen) Nektar, frisst wohl auch Pollen. Fächelbalz: ein ♀ wird bei Begegnung

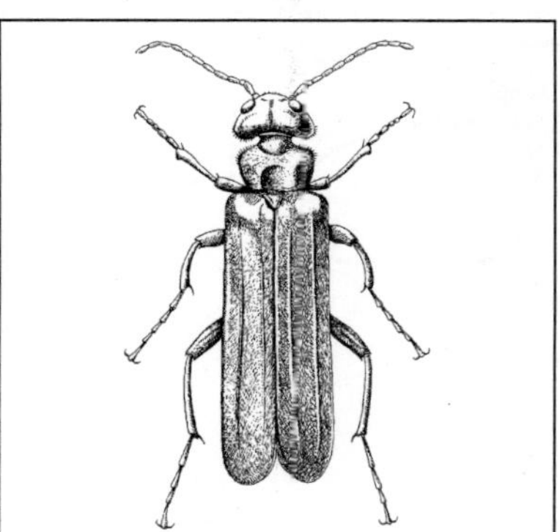

Abb. M-24: Meloidae: *Lytta vesicatoria*, Spanische Fliege. 12–21 mm. (Brauns 1991)

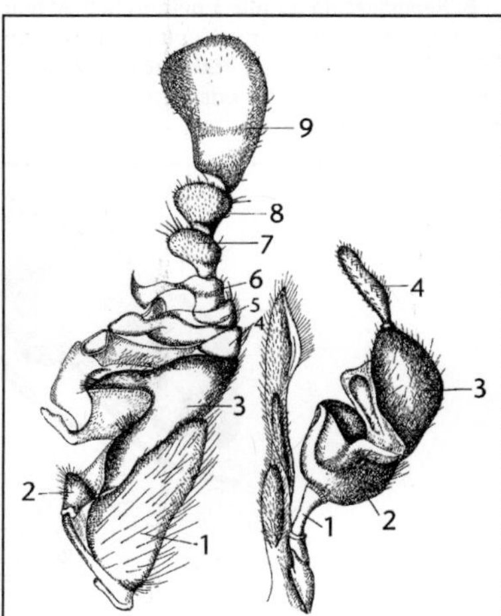

Abb. M-25: Meloidae: *Cerocoma schaefferi.* ♂; links: rechter Fühler; rechts: rechter Kiefertaster; 1–9 bzw. 1–4 die einzelnen Fühler- und Tasterglieder. (Matthes 1988)

von vorn richtig als solches erkannt; das ♂ steigt auf das ♀ (betrillert es hierbei mit den Tastern), die Köpfe gleich gerichtet (versehentliche Falschstellung wird schnell vom ♂ korrigiert), bewegt die Vorderbeine (zuweilen synchron) sehr schnell fächelnd auf und -ab; in Fächelpausen streift ein Vorderbein an dem drüsigen Antennen- oder Tasterglied vorbei und wird vermutlich mit Duftstoff zur olfaktorischen Einstimmung des ♀ beladen, das gleichwohl nicht selten flieht oder aber seine Kopulationsbereitschaft durch Andrücken des Kopfes an das Substrat anzeigt; vor der Kopulation steigt das ♂ ab, posiert mit zitternden Vorderbeinen vor dem ♀ (Köpfe zugewandt), schließlich berühren sich die Fühler. Bei manchen Arten der Gttg. lässt sich der Dreiklauer von Grabwespen der Gttgn. *Tachytes* und *Tachysphex* (→Crabronidae B) in deren Nest tragen; die Larve verzehrt die von den Grabwespen eingetragenen paralysierten Heu- und Fangschrecken.

A4. *Mylabris variabilis* Pall. (7–16 mm; [**M-26**]); Flügeldecken variabel gelbrot und schwarz gefleckt; im Süden häufig auf Blüten; Larven (auch die der anderen Arten der Gttg.), ernähren sich von den in die Erde abgelegten Eigelegen von Feldheuschrecken (→Acrididae), die sie aktiv aufsuchen. Mit gleicher Larvennahrung ***Epicauta rufidorsum*** Goeze (10–19 mm), Körper schwarz, Kopf rot; bei Massenauftreten Imagines bisweilen (v. a. in O-Eur) schädlich an Klee, Kartoffeln und Zuckerrüben.

B. Nemognathinae; mit 3 heimischen Arten; Paarung ohne Balz; kurze Kopulation (wenige Sekunden, ♂ auf dem ♀); **Eiablage** entweder an Grashalme und Kräuter oder am Nesteingang des Wirtes (→B1).

B1. *Sitaris muralis* Forst. (8–10 mm); schwarz, Flügeldecken mit gelber Binde; verbreitet, aber selten; Eiablage im VIII am Eingang von *Anthophora*-Nestern (→Apidae B4); die Larven (Dreiklauer) überwintern in der Eihülle; klammern sich im nächsten Frühling an die Thoraxhaare von *Anthophora*-♂♂, wechseln bei der Paarung auf das ♀ und lassen sich ins Nest tragen; lassen sich fallen, sobald die Biene ein Ei legt; fressen zunächst das Ei, dann den Futtervorrat; Häutung zur Imago erst im VI des nächsten Jahres.

B2. *Stenoria analis* Schaum (7–8 mm); ehemals sehr selten, hat sich zusammen mit seinem Hauptwirt, der Seidenbiene *Colletes hederae* Schmidt & Westr. (→Colletidae), im südl. Dt ausgebreitet; Flügeldecken gelbbraun mit schwarzen Spitzen; Eipakete mit hunderten von Eiern an Grashalme und Kräuter oft in Wirtsnähe abgelegt; nach 15–16 Tagen schlüpfen der Dreiklauer, bleiben ein paar Tage als Knäuel hängen (Vortäuschen von Seidenbienen-♀?). Die gleichfalls bei Seidenbienen lebende Art ***Apalus bimaculatus*** L. (9–11 mm) mit schwarzem Fleck hinten auf den strohgelben Flügeldecken; Imagines zeitig im Frühjahr, nach der Schneeschmelze, äußerst selten und lokal (in Dt verschollen).

Lit. →Coleoptera; Havelka 1984; Klausnitzer 2004; Matthes 1982b; Westrich 2019.

Melolontha →Scarabaeidae C1.

Melolonthidae, Melolonthinae →Scarabaeidae C.

Melophagus →Hippoboscidae 3.

Melusinidae; Synonym zu →Simuliidae.

Melyridae; Fam. der Käfer (Coleoptera, Polyphaga, Cucujiformia); in Eur 587, M-Eur 97, Dt 55 Arten; die einheimischen Arten klein bis

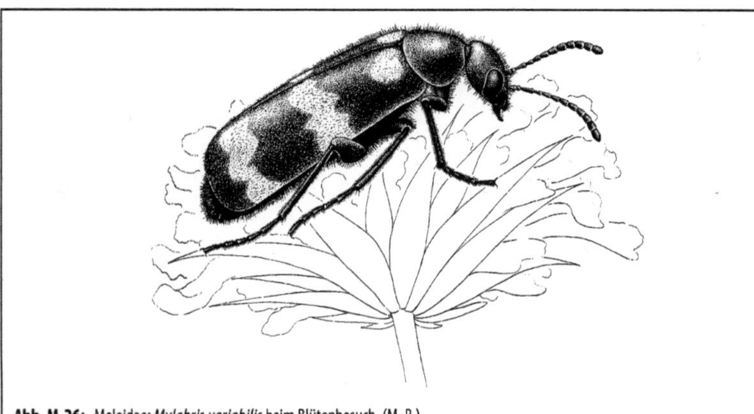

Abb. M-26: Meloidae: *Mylabris variabilis* beim Blütenbesuch. (M. R.)

höchstens mittelgroß (3–10 mm); mit weichen Flügeldecken; Ernährung der Imagines häufig als Pollenfresser, z. T. auch jagend; Larven meist jagend, seltener saprophag oder phytophag. – In Eur 5 U-Fam. (davon 3 heimisch), die auch als eigene Fam. aufgefasst werden (die alleinige Abtrennung der Malachiidae ergibt eine →paraphyletische Restgruppe):

A. Malachiinae, Zipfelkäfer, Warzenkäfer; in Eur 223, M-Eur 55, Dt 33 Arten; klein (höchstens 7 mm), nicht selten sehr bunt; ohne auffällige Behaarung; mit ausstülpbaren Hautblasen unbekannter Funktion am Prothorax oder Abdomen; ♂♂ vieler Arten mit Excitatoren: Drüsen, die bei der Balz dem ♀ dargeboten werden; von außen kenntlich an Chitinleisten, Haarbüscheln usw., in art- oder gruppenspezifisch verschiedener unterschiedlicher Weise an verschiedensten Körperstellen (an der Stirn, am Ende der →Elytren, an Antennen oder Tastern). Imagines im Sommer gern auf Blüten; **Ernährung:** teils Pollenfresser (manche Arten besonders an Gräsern) mit speziell eingerichteten Mundgliedmaßen (löffelartige Borsten zur Förderung des Pollens), teils Jäger, oft wohl beides zugleich; fressen z. T. auch tote Insekten. Finden der Geschlechter durch Zufall; Erkennen des Artgenossen (soweit bekannt) optisch, des Geschlechtspartners durch den chemischen Sinn; bei der **Balz** beißt das ♀ i. d. R. in die vom ♂ dargebotenen Excitatoren oder knabbert daran [**M-27**], bis bei beiden die Erregung so groß ist, dass die Begattung erfolgt; die äußere Form der Excitatoren so, dass sämtliche Geschmackssinnesorgane der Mundteile des ♀ beim Knabbern mit dem austretenden Sekret Kontakt bekommen; Bewegungen bei der oft recht langen Balz weitgehend durch die Lage der Excitatoren bestimmt; Eiablage wohl allgemein in Spalträumen. Ernäh-

rung der in Rindenritzen, Brombeerstängeln und Fraßgängen anderer Insekten lebenden **Larven** v. a. jagend, fressen auch Kot; einige parasitoid bei solitären Bienen und Wespen (z. B. *Ebaeus*). Zumindest manche Arten **überwintern** 2-mal.

A1. *Malachius bipustulatus* L.; sehr häufig; 5,5–6 mm; grün, mit roten Spitzen der →Elytren; Excitatoren der ♂♂ als Grube in der Stirnregion; Paarungsvorspiel ein Wechsel zwischen Kopfgrubenbiss und Kontakt mit der Abdomenspitze des ♀ durch das ♂; Kopulation 30 s, wird durch das ♀ beendet; im Sommer auf Blüten.

A2. *Troglops albicans* L.; mehr südliche Art, auch im Rheinland; stellenweise nicht selten; 3 mm; Oberseite glänzend, Kopf sehr breit; Excitatoren an der Stirn; bei der Balz bietet das ♂ zunächst die Stirnorgane dem ♀ zum Hineinbeißen, läuft dann zum Hinterende des ♀ und prüft dessen Paarungsbereitschaft, geht bei Ablehnung wieder vor das ♀ usw., bis schließlich die Begattung erfolgt.

A3. *Axinotarsus pulicarius* F.; sehr häufig; 3–3,5 mm; Excitatoren an den Spitzen der Flügeldecken, mit kräftigen Anhängen; bei der Balz wendet sich das ♂ um 180°, das ♀ beißt in den Excitator am Ende der Flügeldecken, das ♂ wendet sich wieder zum ♀; nach langen Wiederholungen dann Begattung, die Köpfe abgewandt.

B. Dasytinae; in Eur 273, M-Eur 30, Dt 15 Arten; oft metallisch grün oder blau; mit dichten, abstehenden Haarborsten oder anliegenden Schuppenhaaren; die Käfer v. a. auf Blüten, manche auf Baumrinde; Pollenfresser, möglicherweise auch jagend; die meisten Larven vermutlich Jäger, die sich unter der Rinde oder in morschem Holz aufhalten; einige (z. B. *Psilothrix viridicoerulea* Geoffr.) fressen als Junglarven tote Insekten, als Altlarven das Mark von Kräutern.

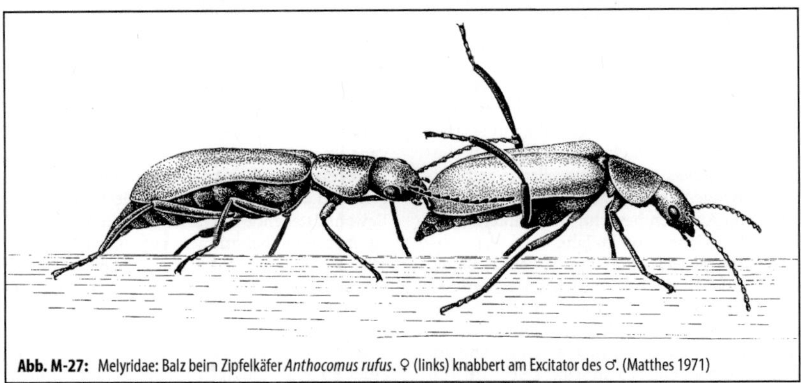

Abb. M-27: Melyridae: Balz beim Zipfelkäfer *Anthocomus rufus*. ♀ (links) knabbert am Excitator des ♂. (Matthes 1971)

C. Rhadalinae; in Eur 82, M-Eur 10, Dt 7 Arten; kleine (3–6 mm), teils schwarze (*Trichoceble*), teils metallisch glänzende (*Aplocnemus*), rau und abstehend behaarte Käfer, ähneln den Dasytinae; an älteren Gehölzen; die Larven nur mit 2 Stemmata (larvalen Punktaugen), im Holz. Lit. →Coleoptera.

Membracidae, Buckelzirpen; Fam. der Zikaden (Auchenorrhyncha, Cicadomorpha) mit in Eur 5, M-Eur & Dt 3 Arten; Vorderbrust oft hochgewölbt, oben mit mehr oder weniger bizarren Fortsätzen (oft nach hinten über das Scutellum verlängert); Auswüchse bei Larven mit großvolumigem Körperinnenraum, bei Imagines hohl: eine gebogene, dünne Integumentduplikatur umschließt Luft (nachgewiesen bei *Stictocephala*); Funktion umstritten, wahrscheinlich unterschiedlicher Natur (Täuschen eines →Prädators über die Lage des Kopfes und damit über die zu erwartende Fluchtrichtung bei *Membracis*?, Fluchthilfe durch Abwerfen des von einem Prädator ergriffenen Pronotums bei *Oeda*?); Hinterleibsende bei der Larve differenziert: Segmente 9–10 röhrenförmig, werden bei der Kotabgabe teleskopartig ausgefahren, entweder zur Fütterung von Ameisen (→2) oder als „Kotschleuder" (→1): das letzte Segment wird wirbelnd um die basale, manschettenartige Intersegmentalmembran bewegt und schleudert den zuckerhaltigen, klebrigen Kot weit weg.

1. *Centrotus cornutus* L., Dornzikade (7–10 mm); dunkelbraun; Vorderbrust mit einem großen, wellenartig geschwungenen Fortsatz nach hinten und 2 Dornen vorn-seitlich; →polyphag an Stauden (*Cirsium*, *Urtica*, oft auf *Vincetoxicum*) und Gebüschen (u. a. *Rubus*, *Salix*); Ablage mehrerer **Eier** in einen mit dem Legebohrer hergestellten Schlitz in Pflanzengewebe. **Larven** in Bodennähe am Stängel der Wirtspflanzen; bei uns eine von wenigen Zikaden mit 2-jährigem Entwicklungszyklus, **Überwinterung** beides mal Male als Larve.

2. *Gargara genistae* F., Ginsterzikade (3–4 mm); verbreitet an warm-trockenen Standorten; dunkelbraun, Vorderbrust hochgewölbt, mit Fortsatz nach hinten; an Schmetterlingsblütlern (besonders *Sarothamnus*, *Genista*), zuweilen in beträchtlichen Mengen; wird wegen des zuckerhaltigen Kotes von Ameisen besucht; Überwinterung als Ei; i. d. R. 1 Generation im Jahr.

3. *Stictocephala bisonia* Kopp & Yonke, Büffelzirpe, Büffelzikade (6–8 mm); grün, mit großen seitlichen Dornen und langem hinteren Fortsatz am Halsschild; →polyphag an Schmetterlingsblütlern (z. B. Luzerne), auch an Obst- und anderen Bäumen; Eiablage in selbst gefertigte Rin-

denschlitze an junge Zweige; bisweilen schädlich an Obstbäumen durch die Eiablage: verursacht Wucherungen, manchmal sekundäre Schädigungen durch das Eindringen pathogener Keime; Anfang des Jahrhunderts aus Nordamerika eingeschleppt, heute in S- und M-Eur verbreitet. Lit. →Auchenorrhyncha.

Membracis →Membracidae.

Menacanthus →Phthiraptera.

Mengenillidae, *Mengenillidia* →Strepsiptera, A.

Menoponidae, *Menopon* →Amblycera 2.

Menschenfloh, *Pulex irritans* L. →Siphonaptera, A.

Menschenläuse →Pediculidae.

Meoneura →Carnidae.

Merodon →Syrphidae C1; →Syrphidae.

Meromyza →Chloropidae 4.

Mesapamea →Noctuidae 21.

Mesembrina →Muscidae 3.

Mesoacidalia →Nymphalidae E2.

Mesochorinae →Ichneumonidae D.

Mesoleuca →Geometridae E7.

Mesopsocidae; Fam. der Läuse (Psocodea, Psocomorpha) mit in Eur 16, M-Eur 6, Dt 4 Arten; größere Rindenbewohner (3–5 mm); bei einigen *Mesopsocus*-Arten ♀♀ kurzflügelig, der parthenogenetische *Psoculus neglectus* Roesl. mit flügellosen ♀♀; Eigelege mit Kruste und Spinnfäden bedeckt.
Verwandt sind die eher kleineren (ca. 2–3,5 mm) **Elipsocidae** mit in Eur 17, M-Eur & Dt 12 Arten; zumeist ebenfalls an Rinde; z. T. ♀♀ flügellos (*Hemineura*, *Pseudopsocus*, *Reuterella*). Lit. →Psocodea.

Mesopsocus →Mesopsocidae.

Mesoptilinae →Curculionidae K.

Mesosa →Cerambycidae E7.

Mesosoma; bei den Apocrita (→Hymenoptera) Bezeichnung für den Körperabschnitt zwischen Kopf und Taille (also Thorax mit 1. Abdominalsegment).

Mesovelia →Mesoveliidae.

Mesoveliidae, Hüftwasserläufer, Zwergteichläufer; Fam. der Wanzen (Heteroptera, Gerromorpha) mit in Eur 3 Arten, in M-Eur & Dt nur *Mesovelia furcata* Muls. & Rey (ca. 3 mm); olivgrün, meist ganz ungeflügelt, selten mit Flügeln; geflügelte Tiere brechen sich mit den Hinterbeinen die Flügelenden ab (Erleichterung für die Begattung?). Bewohnt stehende Gewässer in Ufernähe, häufig zu mehreren beisammen auf Schwimmblattpflanzen oder Wasserlinsenteppichen; auch auf der freien Wasserfläche, auf der sie bei Störung sehr schnell davonlaufen. **Nahrung** aus Kleintieren aller Art, v. a. geschwächte, auch tote; kein Ergreifen der Beute mit den Beinen. **Fortpflanzung** im Spätfrühling; ♂ bei Begattung auf dem

Rücken des ♀; **Eier** knapp ober- oder unterhalb des Wasserspiegels in (lebende oder abgestorbene) Pflanzen eingeschoben; beim Schlüpfen unter Wasser schwimmen die **Larven** mit alternierenden Beinbewegungen an die Oberfläche; 4 Larvenstadien; **Überwinterung** als Ei; bis zu 3 Generationen im Jahr.
Lit. →Heteroptera; Andersen 1982; Wesenberg-Lund 1943.

Messingeule, *Diachrysia chrysitis* L. →Noctuidae 12.

Messingkäfer, *Niptus hololeucus* Fald. →Ptinidae 2.

Messor →Formicidae, D2; vgl. auch →Eucharitidae.

Metajapyx →Diplura.

Metalimnobia →Tipulidae.

Metamorphose, Metabolie; Verwandlung; hormonal gesteuerter postembryonaler Entwicklungsgang; beginnt mit der aus dem Ei schlüpfenden Junglarve und führt über eine (bisweilen sogar bei der gleichen Art) wechselnde Zahl von Häutungen und eine entsprechend wechselnde Zahl von Larvenstadien schließlich nach einer letzten Häutung zur geschlechtsreifen Imago; 2 Haupttypen: 1) →**Hemimetabolie;** sog. Unvollkommene Verwandlung, bei der von Häutung zu Häutung gewisse imaginale Merkmale (am deutlichsten meist die Flügelanlagen) mehr und mehr in Erscheinung treten. 2) →**Holometabolie;** Larvenstadien meist gleich gestaltet; zwischen das letzte Larvenstadium und die Imago ist als „Ruhestadium" (mit freilich tief greifendem innerem Umbau zur Imago) die Puppe (→Pupa) eingeschaltet. Steuerungsprinzip: Neurosekrete, abgesondert von Zellen der Pars intercerebralis des Vorderhirns, nehmen über die Corpora cardiaca Einfluss auf 2 Hormondrüsenkomplexe: a) auf die paarigen Corpora allata (als unpaariger dorsaler Komplex eingebaut in die Ringdrüse der cyclorrhaphen Fliegen); sondern das Juvenilhormon (Neotenin) ab, das eine Häutung zur Larve hervorruft; b) auf die zumeist ebenfalls paarigen Prothorakaldrüsen; sondern Ecdyson (ein Steroidhormon) ab, das die Häutung zur Puppe bzw. Imago hervorruft; bei unvollkommener Verwandlung allmählich, bei vollkommener Verwandlung plötzlich sich steigernde Gegenwirkung des Ecdysons gegen das Juvenilhormon.

Metamorphosehormon, Ecdyson →Metamorphose.

Metapelma, **Metapelmatidae** →Eupelmidae.

metapneustisch nennt man ein Insekt, bei dem nur das hinterste Stigmenpaar offen ist; alle anderen Stigmen sind durch eine Stigmennarbe verschlossen.

Metapterygota; Bezeichnung für eine in ihrer Monophylie umstrittene Gruppe aus →Odonata und →Neoptera (d. h. allen Fluginsekten mit Ausnahme der Eintagsfliegen); die Gruppe zeichnet sich durch ein festes vorderes Mandibelgelenk aus, während die übrigen Insekten mit 2 Mandibelgelenken (→Ephemeroptera, →Zygentoma) ihr vorderes Mandibelgelenk entkoppeln können (vgl. →Palaeoptera).
Lit. Misof et al. 2014; Song et al. 2016; Staniczek 2000.

Metasoma; bei den Apocrita (→Hymenoptera) Bezeichnung für den Körperabschnitt hinter der Taille (also Hinterleib ab dem 2. Abdominalsegment).

Meteorus →Braconidae A1; vgl. auch →Erebidae J6.

Methocha, **Methochidae** →Thynnidae; vgl. auch →Cicindelidae.

Metoecus →Ripiphoridae 1; vgl. auch →Vespidae D.

Metopia →Sarcophagidae C.

Metopina →Phoridae 1.

Metopolophium →Aphidina.

Metrioptera →Tettigoniidae 4.

Miastor →Cecidomyiidae A.

Micradelus →Pteromalidae.

Micralymma →Staphylinidae F.

Micrambe →Cryptophagidae.

Micranurida →Collembola (Neanuridae).

Micrasema →Brachycentridae; →Trichoptera.

Microcara →Scirtidae.

Microdon, **Microdontidae, Microdontinae** →Syrphidae A; vgl. auch →Formicidae.

Microgastrinae →Braconidae A.

Micromyiinae →Cecidomyiidae A.

Micronecta, **Micronectidae** →Corixidae.

Micropeplidae, Micropeplinae →Staphylinidae G.

Micropeza →Micropezidae.

Micropezidae, Stelzfliegen; Fam. der Zweiflügler (Diptera, Brachycera, Cyclorrhapha) mit in Eur 20, M-Eur 15, Dt 13 Arten; auffällig schlanke, langbeinige, etwa mittelgroße (3–16 mm) Fliegen [**M-28**]; v. a. auf Büschen und Stauden an feuchten, schattigen Stellen; mäßige Flieger; auffallend durch das gravitätische Stelzen beim Gehen; ma-

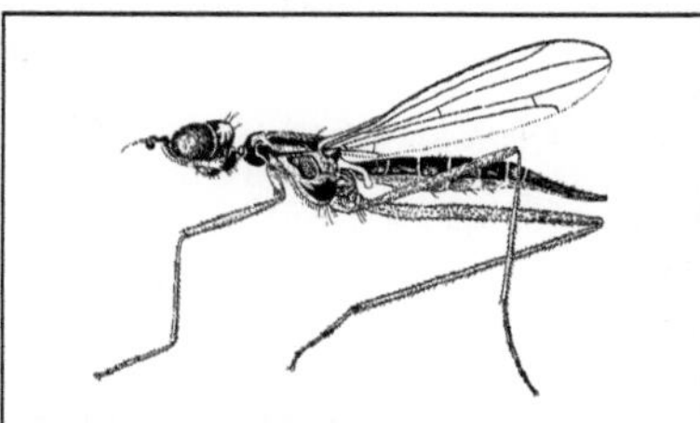

Abb. M-28: Micropezidae: *Micropeza corrigiolata,* Stelzfliege. ♀, Länge 6 mm. (Lindner 1923 ff)

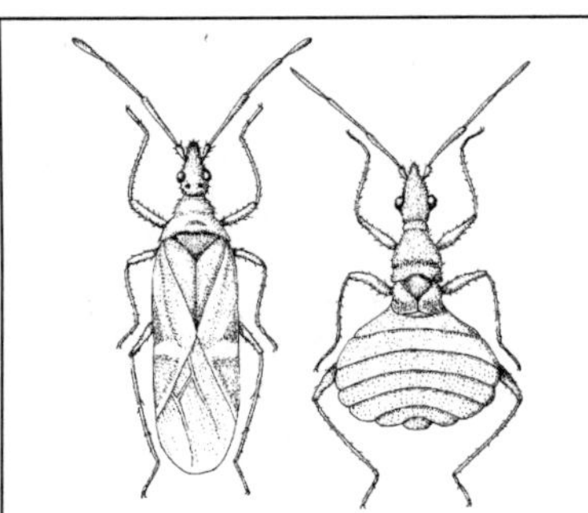

Abb. M-29: Microphysidae: *Loricula elegantula*. Links: ♂, 2 mm; rechts: ♀, 1,5 mm. (Jordan 1962)

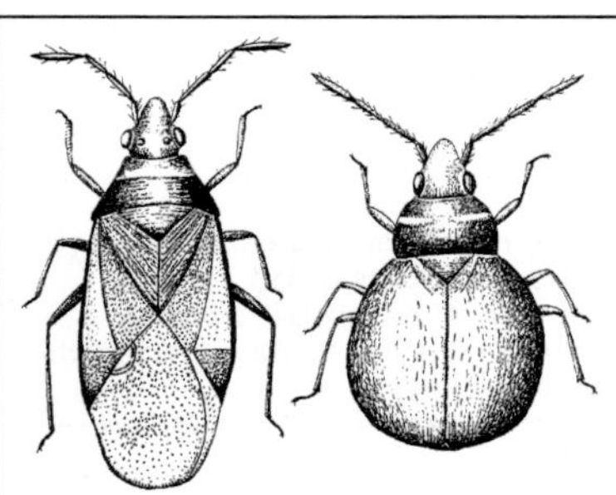

Abb. M-30: Microphysidae: *Myrmedobia coleoptrata*. Links: ♂, 1,8 mm; rechts: ♀, 1,4 mm. (Jordan 1962)

chen Jagd auf kleine, weichhäutige Insekten; 3 in ihrer Lebensweise unterschiedliche U-Fam.:

A. Micropezinae, mit 4 heimischen Arten der Gttg. *Micropeza* (z. B. *M. corrigiolata* Meig. [**M-28**]); Imagines mit 3-eckig-länglichem Kopf; in offeneren Lebensräumen; Larven – so soweit bekannt – phytophag an Wurzelknöllchen von Schmetterlingsblütlern.

B. Taeniapterinae, in M-Eur 2 Arten der Gttg. *Rainieria*; Imagines in alten Wäldern; Larven in verrottendem Laubholz.

C. Calobatinae, mit 9 Arten in M-Eur; Imagines bevorzugt in Wäldern an Bach- und Flussufern; Larven saprophag in verfaulenden Pflanzenresten und Pilzen.
Lit. →Diptera.

Microphor, **Microphoridae** →Dolichopodidae.

Microphysidae (Loriculidae); Fam. der Wanzen (Heteroptera, Cimicomorpha) mit in Eur 15, M-Eur 9, Dt 8 Arten; sehr klein (1–2,5 mm); ♂ stets mit voll entwickelten Flügeln, verhältnis-

Abb. M-31: Micropterigidae: *Micropterix thunbergella*. Flspw. 9 mm. (Eckstein 1913–33)

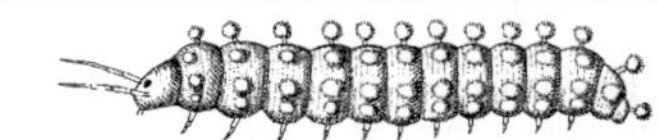

Abb. M-32: Micropterigidae: *Micropterix calthella*. Raupe

mäßig schlank; ♀ mit breiterem, etwa ovalem Körper, verkümmerten Ocellen, meist mit verkürzten Flügeln (z. B. *Loricula elegantula* Baer [**M-29**]); bei ♀♀ von *Myrmedobia coleoptrata* Fall. (ca. 1,5 mm) bedecken die Vorderflügel als Deckflügel den ganzen Hinterleib [**M-30**]; Lebensweise wenig bekannt; hauptsächlich an der von Moosen und Flechten bedeckten Rinde alter Bäume; *Myrmedobia*-Arten auch am Boden in Streu und Moosen, manche häufig in der Nähe von Ameisen; während der Paarungszeit sind die dann flugaktiven ♂♂ auch außerhalb dieser Habitate (z. B. auf krautigen Pflanzen) anzutreffen; saugen Eier, Larven und Imagines kleiner Arthropoden aus; Überwinterung als Ei.
Lit. →Heteroptera; Péricart 1972.

Micropterigidae, Urmotten; Fam. der Schmetterlinge (Lepidoptera, Zeugloptera) mit in Eur 50, M-Eur 15, Dt 11 Arten der Gttg. *Micropterix* [**M-31**], z. B. *M. calthella* L.; kleine Motten (5–12 mm Flspw.) mit gewichtigen Unterschieden gegenüber den übrigen Schmetterlingen; die in Ruhe steil dachförmig angelegten Flügel glänzend, lang befranst, mit Bindevorrichtung aus Frenulum und kleinem Jugum; mit kauenden Mundgliedmaßen: Mandibeln gut entwickelt, kein Saugrüssel (Maxillen mit kurzer Innen- und Außenlade). Die Imagines (Tagflieger) im Frühling auf Blüten (z. B. Sumpfdotterblume, Hahnenfuß); **Pollenfresser**: der Pollen wird durch schnell alternierende Bewegungen der beiden fingerförmigen Maxillarpalpen aus den Staubbeuteln heraus zum Mund hin gekratzt, gekaut und verschluckt. **Eiablage** (klebrige kugelige Gelege) in Bodenritzen; Eier mit gelatinösem Material bedeckt, das bei Benetzung aufquillt (ähnlich bei →Trichoptera). Auch die **Larven** [**M-32**] weichen stark von anderen Schmetterlingsraupen ab: mit verhältnismä-

ßig langen Antennen und gegliederten, mit einer Kralle endenden Beinpaaren an den Brustsegmenten und an den Hinterleibssegmenten 1–8; fressen teils Detritus, teils auch an krautigen Pflanzen, z. B. Moosen. Die Raupe **überwintert** in einem mit Gespinst ausgekleideten Erdkokon, hier auch **Verpuppung** im Frühling; Puppe mit beweglichen Mandibeln, Scheiden für die Körperanhänge frei vom Rumpf (Pupa dectica, →Pupa 1).
Lit. →Lepidoptera; Kristensen 1984.
Micropterix →Micropterigidae.
Microptila →Hydroptilidae; →Trichoptera.
Microsania, Microsaniinae →Platypezidae.
Microsporidae →Sphaeriusidae.
Microsporus →Sphaeriusidae.
Microtendipes →Chironomidae.
Microvelia, Microveliinae →Veliidae, 2.
Migrans (Pl.: Migrantes); bei Blattläusen (→Aphidina) diejenige parthenogenetisch erzeugte, geflügelte Morphe, die vom Primärwirt auf den Sekundärwirt überwechselt.
Mikiola →Cecidomyiidae C9.
Mikrogynen; bei manchen Ameisen (→Formicidae) auftretende auffallend kleine ♀♀.
Milesiinae →Syrphidae F.
Milichiidae, Nistfliegen; Fam. der Zweiflügler (Diptera, Brachycera, Cyclorrhapha) mit in Eur 37, M-Eur 27, Dt 13 Arten; kleine (1–5 mm), meist schwarze Fliegen; die Imagines auf Blüten, Aas und Dung, manche saugen als Kommensalen mit an den Beutetieren von Spinnen, Raubfliegen und Raubwanzen (z. B. *Desmometopa*; ca. 1 mm). Die Larven in zerfallendem Pflanzengewebe, Kot (z. B. *Leptometopa latipes* Meig., ca. 2 mm), Aas u. Ä., auch in Nestern von Ameisen (*Phyllomyza, Neophyllomyza*), Bienen und Vögeln.
Lit. →Diptera.
Millieria →Millieriidae.
Millieriidae; Fam. der Schmetterlinge (Lepidoptera, Glossata); artenarme, früher als U-Fam. **Millieriinae** den Choreutidae zugerechnet, in Eur & Dt nur *Millieria dolosalis* Heyd. (= *M. dolosana* Herr.-Schäff.); Flspw. etwa 9 mm; mottenartiger, brauner Falter mit weiß geringelten Antennen und 3 weißen Binden und weißem Randsaum auf den Vorderflügeln. Tagaktiv, fliegt von IV–XI, im Süden auch früher; (nur?) die ♂♂ heben im Sitzen oft abwechselnd den rechten und linken Flügel an, wobei Teile des bei ♂♂ weiß aufgehellten Hinterflügels sichtbar werden (Hinterflügel bei ♀♀ unscheinbar braun). Die gedrungenen, gelblichen **Raupen** mit brauner Kopfkapsel und verkümmerten Afterfüßen minieren zu mehreren in Blättern der Osterluzei (*Aristolochia*); **Verpuppung** in den Blattminen innerhalb eines linsenförmigen Kokons.

Lit. →Lepidoptera; Heppner 1982; Lepiforum; Scoble 1995.
Miltogramma, Miltogrammatinae →Sarcophagidae C.
Mimas →Sphingidae 1.
Mimesa →Psenidae.
Mimese, Mimikry; beiden Erscheinungen gemeinsam ist die täuschende Nachahmung lebender (seltener auch unbelebter) Objekte bzw. bestimmter Merkmale von ihnen, die bei einem Signalempfänger (z. B. Fressfeind, Beute, Geschlechtspartner) ein bezeichnendes Verhalten auslöst und dem Signalsender einen gewissen Vorteil bietet; die Signale können den Gesichts-, Hör-, Geruchsoder auch Tastsinn des Empfängers ansprechen; Beispiele: Aasgeruch mancher Pflanzen lockt Fliegen an; manche bunten Fangschrecken täuschen optisch Blüten vor, was den Beutefang erleichtert; manche Orchideen der Gttg. *Ophrys* täuschen den Sexuallockstoff von Bienen- oder Wespen-♀♀ vor und locken so die betreffenden ♂♂ an, die dann die Bestäubung vornehmen; täuschende Nachahmung der Umgebung oder des Hintergrundes (Tarnung im üblichen Sinne); **Mimikry** als Sonderfall der Mimese: ein Nachahmer, der selbst ohne Nachteil verzehrbar wäre, ahmt ein optisch auffallendes (Warnfärbung) Vorbild nach, das i. d. R. für den Fressfeind schlecht schmeckt oder wehrhaft ist; der Nachahmer zieht aus der schlechten Erfahrung des Fressfeindes mit dem Vorbild einen gewissen Nutzen; Beispiel: Vögel meiden nach negativen Erfahrungen mit dem schlecht schmeckenden Monarchfalter (*Danaus*) auch dessen (sonst durchaus angenommene) Nachahmer (→Nymphalidae G).
Lit: Wickler 1968.
Mimumesa →Psenidae.
Mindaridae; Fam. der Blattläuse (Aphidina) mit in Eur & M-Eur 2 Arten; wegen der Fachbegriffe zu den Morphen und zum Generationswechsel →Aphidina; 2 mm; Kopfkapsel und Pronotum bei Geflügelten verschmolzen; Siphonen poren- oder knopfförmig; Pflanzensaftsauger, monözisch; holozyklisch; in Dt nur *Mindarus abietinus* Koch, Weißtannentrieblaus; grün, Körper mit Wachspuder bedeckt; auf Weißtanne (*Abies alba*; auch an verwandten Arten); saugen an den Nadeln junger Zweige, die sich dadurch nach oben biegen [**M-33**]; nur 3 Generationen: Fundatrix, Sexuparae (ungeflügelt oder geflügelt), sehr kleine Sexuales; Wintereier am Grunde der Knospen und an jungen Zweigen; die ähnliche *Mindarus obliquus* Chol. stammt wohl aus Nordamerika; an nicht heimischen Fichtenarten.
Lit. →Aphidina.
Mindarus →Mindaridae.

Abb. M-33: Mindaridae: *Mindarus abietinus*, Weißtannentrieblaus. Befallsbild. (Brauns 1991)

Minen (Nomien, Hyponomien); durch **Fraßtätigkeit** i. d. R. von Larven entstandene kleine Fraßgänge im Innern verschiedener Pflanzenteile; die M. erzeugenden Insekten (Minierer) sind bei →Coleoptera, →Hymenoptera, →Lepidoptera und →Diptera zu finden, v. a. bei kleinen Arten; selten treten Imagines als Minierer auf (→Bostrichidae; →Curculionidae P: Scolytinae); am auffallendsten sind die **Blattminen;** meist bleiben die beiden Blatt-Epidermen unverletzt und bilden Boden und Decke der Mine, gefressen werden allein Palisaden- und Schwammparenchym; besonders diese M. zeichnen sich hell von der grünen Blattspreite ab; für den betreffenden. Minierer bezeichnend (und daher für das Bestimmen wichtig) sind: die Art des befallenen Gewebes, Gestalt des Fraßganges und sein Verlauf im Blatt, Anordnung des Kotes im Minengang und die befallene Pflanzenart; **Gangminen** beginnen schmal und verbreitern sich zunehmend, wobei sie oft mäandrisch gewunden sind; **Platzminen** sind flächige Ausnagungen; Übergänge zwischen beiden werden als Gangplatzminen bezeichnet. – Nicht wenige Minierer sind Nahrungsspezialisten hinsichtlich der befallenen Pflanzenart oder des befallenen Pflanzenteils (Bestimmungsbücher daher häufig nach den befallenen Pflanzen geordnet); bezeichnend für die minierenden Larven sind die oft weitgehende oder völlige Rückbildung der Beine und die nach vorn gerichteten Mundteile (Prognathie); Verpuppung in der Mine oder, nachdem sich die Larve ins Freie gebohrt hat, außerhalb der Mine; nicht selten verlässt die Larve nach Erreichen einer bestimmten Größe den Minenraum und frisst außen weiter.

Familien, die heimische Arten mit minierenden Stadien enthalten. Artenreiche Fam. mit überwiegend oder ausschließlich minierenden Larven sind unterstrichen.

Hymenoptera – Wespen
→Blasticotomidae
→Cephidae
→Heptamelidae
→Tenthredinidae

Coleoptera – Käfer
→Buprestidae
→Chrysomelidae D, L
→Curculionidae
→Mordellidae
→Rhynchitidae

Diptera – Mücken und Fliegen
→Agromyzidae – Minierfliegen
→Anthomyiidae
→Cecidomyiidae
→Chironomidae
→Chloropidae
→Dolichopodidae: *Thrypticus*
→Drosophilidae
→Ephydridae
→Lauxaniidae (im Falllaub)
→Muscidae: *Atherigona*
→Opomyzidae
→Scathophagidae
→Sciaridae
→Stratiomyidae: *Lasiopa*
→Syrphidae
→Tephritidae

Lepidoptera – Schmetterlinge
→Adelidae
→Agonoxenidae
→Alucitidae
→Argyresthiidae
→Batrachedridae
→Bucculatricidae
→Coleophoridae
→Cosmopterigidae
→Depressariidae
→Douglasiidae
→Elachistidae – Grasminiermotten
→Epermeniidae
→Eriocraniidae
→Gelechiidae
→Glyphipterigidae
→Gracillariidae – Miniermotten
→Heliozelidae
→Incurvariidae – Miniersackmotten

→Lyonetiidae
→Millieriidae
→Momphidae
→Nepticulidae – Zwergmotten
→Noctuidae
→Opostegidae
→Plutellidae
→Praydidae
→Prodoxidae
→Psychidae
→Pyralidae
→Roeslerstammiidae
→Scythrididae
→Tineidae: *Psychoides*
→Tischeriidae
→Tortricidae
→Yponomeutidae
→Ypsolophidae B
→Zygaenidae

Lit. Hering 1953, 1957.
Minierfliegen →Agromyzidae.
Miniermotten →Gracillariidae.
Miniersackmotten →Incurvariidae.
Minilimosina →Sphaeroceridae.
Minoa →Geometridae E3.
Minois →Nymphalidae F7.
Minota →Chrysomelidae L.
Minucia →Erebidae I1.
Mira →Encyrtidae.
Miramella →Acrididae D2.
Miridae, Weichwanzen, Blindwanzen; arten-
reichste Fam. der Wanzen (Heteroptera, Cimico-
morpha) mit in Eur ± 990, ± M-Eur 420, Dt ± 335
Arten; klein bis mittelgroß (2–12 mm); schwach
sklerotisiert, ohne Ocellen (Namen!; s. aber →11);
oft schmal und lang (z. B. →2), aber auch breiter
oval (z. B. *Capsus* [**M-34**]); das 2. Fühlerglied bei
manchen Arten enorm vergrößert (besonders
groß bei *Heterotoma*); das Färbung sehr unterschiedlich: schwarz bis hellgelb-weißlich, oft
lebhaft bunt (Mirinae oft gelblich-grünlich mit
hellen und dunklen Flecken oder Streifen, z. B.
Mirus striatus L.; die Arten der Deraeocorinae,
meist rot-schwarz oder gelb-schwarz, →1); die
Flügel bisweilen in einem oder in beiden Geschlechtern verkürzt; bei einigen springenden
Arten die Hinterbeine mit verdickten Schenkeln
(z. B. *Halticus* →8). Die meisten Arten **saugen** an
Pflanzen, einige an Tieren, v. a. Blattläusen (z. B.
Deraeocorinae →1, Isometopinae →11), viele
tun beides (z. B. viele Orthotylinae wie *Cyllecoris
histrionicus* L. und *Dryophilocoris flavoquadrima-
culatus* de Geer auf Eichen, *Heterotoma planicor-
nis* Pall. auf Laubhölzern und Ruderalpflanzen);
manche phytophage und zoophytophage Arten
mit enger Wirtspflanzenbindung (*Dicyphus hya-*

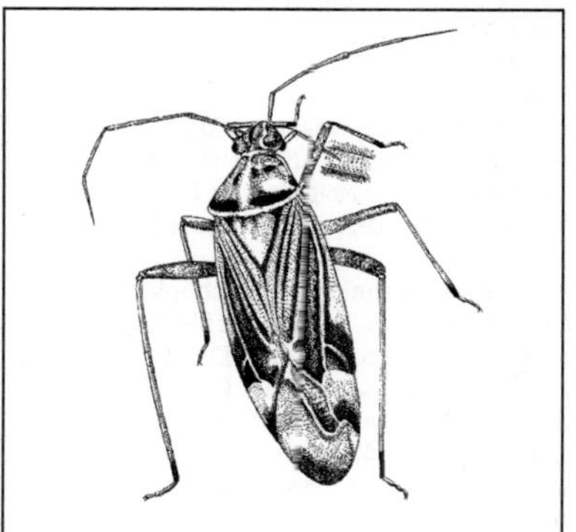

Abb. M-34: Miridae: *Rhabdomiris striatellus* (= *Calocoris s.*) saugt an einer Blattrippe

linipennis Burm. auf Tollkirsche, *D. pallicornis*
Fieb. an Fingerhut), manche Arten saugen an
Pflanzen einer Verwandtschaftsgruppe (z. B. nur
an Nadelbäumen), andere →polyphag; vereinzelt
wechseln aufeinanderfolgende Generationen die
Nährpflanzen, wobei die aus den überwinterten
Eiern stammende Frühlingsgeneration krautige,
die dann folgende Sommergeneration holzige
Pflanzen bevorzugt; manche können an Kulturpflanzen schädlich werden, durch Saugen (*Camptozygum aequale* Villers an Kiefern und anderen
Nadelbäumen, *Stenodema* und *Notostira* an Ge-
treidesamen) oder als Überträger von Bakterien-
und Viruskrankheiten; zoophage Arten weisen oft
über die Beutetiere eine sekundäre Wirtspflanzenbindung auf (Deraeocorinae, →1). **Eiablage** an
oder in die Pflanzen (♀ mit Legebohrer), auch
bei den jagenden Arten; *Campyloneura virgula*
Herr.-Schäff. vermehrt sich parthenogenetisch
(in M-Eur kommen nur ♀♀ vor). Fast alle Arten
mit sehr **kurzer Imaginalperiode** von wenigen
Wochen (z. B. *Harpocera thoracica* Fall. Im V Mai
auf Eichen, *Pantilius tunicatus* Fbr. im IX September auf Erlen und Birken); **Überwinterung** bei
den meisten Arten als Ei, bei einigen als Imago;
1 oder mehrere Generationen im Jahr. Auswahl:

1. *Deraeocoris trifasciatus* L. (♀ 9–10 mm, ♂
10–12 mm); ähnlich anderen Arten der U-Fam.
Deraeocorinae (14 in Dt) kräftig, mit kleinem
Kopf; Färbung der Art recht variabel, reicht von
Individuen mit überwiegend roter Oberseite
über schwarz-rot gemusterte bis zu ganz schwarzen; Imagines (VI–VIII) jagend, auf Laubbäumen, v. a. auf Rosaceae.

2. *Leptopterna dolobrata* L., Graswanze (7–
10 mm); häufig in Grasvegetation, in Anpassung daran schmal, länglich, Färbung hellgrün
bis gelblich, beim ♂ später orangebraun mit ausgedehnter schwarzer Zeichnung; kurz- und langflügelige Formen bei den ♀♀; saugt bevorzugt an
Grasähren (auch an Getreide); Überwinterung
als in einen Grashalm eingestochenes Ei. Ähnlich
lang gestreckt und an Gras lebend weitere 20 z. T.
häufige heimische Arten, darunter 7 Arten der
Gttg. *Stenodema*: hier überwintert die Imago,
meist in Grashorsten u. Ä. (bei *S. virens* L. aber
auf Nadelbäumen, insbesondere Kiefern, deren
Nadeln sie im Frühjahr besaugen sollen); Eiablage in Grasähren, Saugen an den unreifen Grassamen; bei manchen Arten (z. B. *S. laevigata* L.)
wechseln die Imagines im Frühjahr von brauner
zu grüner Färbung. Bei den beiden *Notostira*-
Arten 2 Generationen im Jahr: die grüne Frühjahrsgeneration saugt am Halm und Blättern,
die bräunliche Sommergeneration vorwiegend
an der Ähre; nur die ♀♀ überwintern.

3. *Lygus pratensis* L., Gemeine Wiesenwanze (6–7 mm; ♀ etwas kleiner als ♂); breit-oval, graugelb oder bräunlich; saugt an verschiedensten Kräutern und Laubhölzern (an Obstbäumen u. U. sehr schädlich), auch auf Pflanzen von Salzwiesen; erste Eiablage V–VI in geschlossene Blüten, junge Früchte u. dgl.; bis 3 Generationen; Überwinterung als Imago unter Rinde oder am Boden.

4. *Lygocoris pabulinus* L., Grüne Futterwanze (5–7 mm, ♀ größer als ♂); länglich, hellgrün glänzend; Larven ab V, saugen an verschiedensten Krautgewächsen, in die die Imagines (VI–VII) Eier ablegen; die Imagines der 2. Generation fliegen zur Eiablage (IX) auf Holzgewächse; überwinterndes Ei in der Rinde von Holzgewächsen; die Blätter (z. B. von Johannisbeeren) werden durch die Saugstiche fleckig, dann löcherig.

5. *Lygocoris rugicollis* Fall., Grüne Apfelwanze (5–6 mm); ursprünglich auf Weiden und Erlen, seit einigen Jahrzehnten v. a. in N-Eur auf Apfel übergegangen, hier bisweilen sehr schädlich; die im Bast von Ästen überwinternden Eier liefern im Frühling die Larven, die an den jungen Blättern saugen; Imagines ab Ende V, legen dann die überwinternden Eier in holzige Teile der Wirtspflanze.

6. *Closterotomus fulvomaculatus* de Geer (= *Calocoris f.*), Hopfenwanze (6 mm); polyphag v. a. an Laubbäumen und Sträuchern, saugt insbesondere an Fruchtknoten und unreifen Früchten, daneben an Blattläusen; Saugflecken an Hopfenblättern; Eier zum Überwintern auch in hölzerne Hopfenstangen abgelegt.

7. *Closterotomus norvegicus* Gmel. (= *Calocoris n.*), Zweipunktige Grünwanze (6–7 mm); Halsschild oben oft mit 2 dunklen Flecken; die →polyphage Art kann ebenfalls an Hopfen, v. a. auch an Kohlgewächsen und einigen Zierpflanzen schädlich werden.

8. *Halticus*, Springwanzen; heimisch 6 kleine Arten (2,5–3,5 mm); Körper oval, überwiegend schwarz, zuweilen kurz- und langflügelige Exemplare bei der gleichen Art; springen bei Störung wie Kohlflöhe weg (Hinterschenkel verdickt); →polyphag an Kräutern; z. B. *H. saltator* Geoffr., wohl aus dem Mittelmeergebiet, hin und wieder in Mistbeeten schädlich.

9. *Systellonotus triguttatus* L. (♂ 4–5 mm, ♀ etwas kleiner); ♀ kurzflügelig, ameisenähnlich (Imitation der Ameisen-Taille durch weiße Flecken auf den Deckflügeln), ♂ langflügelig; Imagines ab VI; auf sandigen Böden mit wenig Bewuchs; oft in Gesellschaft mit Ameisen (*Lasius*), saugen an deren Entwicklungsstadien, aber ebenso an Pflanzen, Honigtau und Blattläusen.

10. *Myrmecoris gracilis* Sahlb., Ameisenwanze (4–6 mm); die meist sehr kurzflügeligen Imagines ähneln einer roten Waldameise, die Larven einer dunklen *Lasius* (vgl. →Nabidae B); jagen im freien, grasreichen Gelände, auch an Blattlauskolonien; durch Gestalt, Duft, Bewegungsweise vor Angriffen der Ameisen geschützt?

11. *Isometopus,* mit 2 heimischen Arten, früher in eine eigene Fam. **Isometopidae** gestellt, da im Gegensatz zu anderen Miridae Ocellen vorhanden sind; Imagines klein (2,5–4 mm), auf der Rinde von Laubbäumen, durch die Hell-dunkel-Zeichnung gut getarnt; jagen ebenso wie die abgeplatteten, hellen, an Schildläuse erinnernden Larven kleine Insekten und andere Arthropoden, fressen auch Insekteneier.
Lit. →Heteroptera.

Mirus →Miridae.

Miscophus →Crabronidae B.

Mistbiene, *Eristalis tenax* L. →Syrphidae D, vgl. auch →Syrphidae E.

Mistelblattfloh, *Cacopsylla visci* Curt. →Psyllina A4, →Anthocoridae.

Mistkäfer →Geotrupidae A.

Mistschwebfliege, *Syritta pipiens* L. →Syrphidae E.

Mittelmeerfruchtfliege, *Ceratitis capitata* Wied. →Tephritidae 1.

Mittelmeerstabschrecke, *Bacillus rossius* Rossi →Phasmida.

Mittelsegment →Propodeum.

Mittlerer Perlmutterfalter, *Fabriciana niobe* L. →Nymphalidae E3.

Mittlerer Weinschwärmer, *Deilephila elpenor* L. →Sphingidae 9.

Mittleres Jungfernkind, *Boudinotiana notha* Hbn. →Geometridae A.

Mniophila →Chrysomelidae L.

Mochlonyx →Chaoboridae.

Moderkäfer →Latridiidae.

Modermotten →Autostichidae.

Mogoplistidae →Ensifera.

Möhrenblattfloh, *Trioza apicalis* Först. →Psyllina B.

Mohrenfalter, *Erebia* →Nymphalidae F1.

Möhrenfliege, *Chamaepsila rosae* F. →Psilidae.

Möhrenschabe, *Depressaria nervosa* Haw. →Depressariidae.

Molanna →Molannidae; →Trichoptera.

Molannidae; Fam. der Köcherfliegen (Trichoptera) mit in Eur 5, M-Eur & Dt 4 Arten; häufig z. B. *Molanna angustata* Curt. (Flspw. bis 31 mm); die Larven →suberuciform, in flach-schildförmigen Köchern [**T-101**] aus Sand, in stehenden oder langsam fließenden Gewässern, oft in feinsandigen Bereichen.
Lit. →Trichoptera.

Molobratia →Asilidae.

Molops →Carabidae M.

Molorchus →Cerambycidae D3.

Molytinae →Curculionidae L.

Mompha →Momphidae.

Momphidae, Fransenmotten; Fam. der Schmetterlinge (Lepidoptera, Glossata, Gelechioidea) mit in Eur 19, M-Eur 17, Dt 15 Arten; in M-Eur nur Arten der Gttg. *Mompha;* Falter klein (10–20 mm Flspw.); mit gut entwickeltem Saugrüssel; die schmalen Hinterflügel mit langen Fransen, Vorderflügel mit häufig lebhafter, z. T. metallisch glänzender Zeichnung sowie mit Fleckchen aufgerichteter Schuppen, ähnlich den Parametriotinae (→Elachistidae); die Raupen minieren in Blütenköpfen und Stängeln von Nachtkerzengewächsen (v. a. Weidenröschen), *M. miscella* in Sonnenröschen (*Helianthemum*); Larven mehrerer Arten (z. B. *M. sturnipennella* Treitschke) verursachen gallenartige Anschwellungen der Stängel; häufig 2 Generationen im Jahr. Lit. →Lepidoptera.

Monarch, *Danaus plexippus* L. →Nymphalidae G.

Mönch, *Panthea coenobita* Esp. →Noctuidae 2; vgl. →Noctuidae 41.

Mondeule, *Minucia lunaris* Den. & Schiff. →Erebidae I1.

Mondfleck, *Phalera bucephala* L. →Notodontidae 8.

Mondfleckiger Erbsenwickler, *Dichrorampha petiverella* L. →Tortricidae 34.

Mondhornkäfer, *Copris lunaris* L. →Scarabaeidae B2.

Mondvogel, *Phalera bucephala* L. →Notodontidae 8.

Monilia-Fäule →Rhynchitidae 7.

Monochamus →Cerambycidae E2.

Monocondylia; Sammelbezeichnung für die Insekten, deren Mandibeln mit nur 1 Gelenkhöcker am Kopf gelenken (→Diplura; →Protura; →Collembola; →Archaeognatha); →paraphyletische Gruppe.

Monocteninae, *Monoctenus* →Diprionidae A.

Monodontomerus →Torymidae.

Monogynie (Adj.: monogyn); bei Staaten bildenden Insekten Bezeichnung für das Auftreten nur eines fruchtbaren ♀ (Königin) in einem Nest (→Anthophila, →Formicidae); vgl. →Oligogynie, →Polygynie.

Monomorium →Formicidae, D4.

Monophadnoides →Tenthredinidae 3.

monophag; Ernährung von nur 1 bestimmten Tier- oder Pflanzenart; kommt verhältnismäßig selten vor; vgl. auch →Parasitoid.

Monophlebidae, Riesenschildläuse; Fam. der Schildläuse (Coccina), früher zu den Margarodidae gestellt; in Eur 4, M-Eur & Dt 2 Arten (davon 1 in Gewächshäusern); ♀ ca. 8 mm, mit Wachs bedeckt; beweglich, Beine und 10- bis 11-gliedrige Antenne dunkelbraun, kräftig sklerotisiert; der seltene *Palaeococcus tabaybae* Lind. in Rindenrissen von Nadelbäumen, Eichen und Ahornen. Bei uns gelegentlich in Gewächshäusern *Icerya purchasi* Mask., Australische Wollschildlaus, Orangenschildlaus; aus Australien stammend, heute weltweit verbreitet; ohne Eisack 8–10 mm; an verschiedensten Pflanzen, an manchen (z. B. *Citrus*-Arten) schädlich; die überwiegend zwittrigen Individuen bilden Samen und Eier, Selbstbefruchtung; die seltenen ♂♂ sind haploid, entstehen aus unbesamten Eiern; das ♀ trägt die Eier hinten in einem mit Wachsplatten bedeckten Eisack; Hauptfeind der australische Marienkäfer *Rodolia cardinalis* Muls.; wurde in einigen Ländern mit Erfolg zur Bekämpfung eingesetzt. Lit. →Coccina.

monophyletisch, Monophylie; Eigenschaft bzw. Zustand derjenigen Artengruppen, von denen man annimmt, dass sie ihre Stammart (d. h. den letzten gemeinsamen Vorfahren dieser Gruppe) samt **allen** Nachkommen enthalten.

Monopis →Tineidae 3.

Monosapyga →Sapygidae; vgl. →Megachilidae 4.

Monotoma →Monotomidae A.

Monotomidae; Fam. der Käfer (Coleoptera, Polyphaga, Cucujiformia) mit in Eur 35, M-Eur 27, Dt 24 Arten; ♂ mit zusätzlichem Aftersegment; 2 in der Lebensweise deutlich verschiedene U-Fam.:

    A. Rhizophaginae, Rindenglanzkäfer [M-35]; auch als eigene Fam. **Rhizophagidae** aufgefasst;

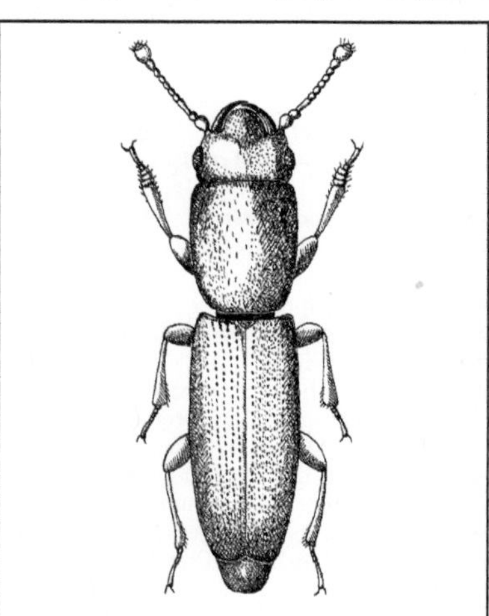

Abb. M-35: Monotomidae: *Rhizophagus dispar*. 3–4 mm. (Bechyně 1954)

in Eur 18, M-Eur 15, Dt 13 Arten der Gttg. *Rhizophagus*; kleine (2,5–5,5 mm), schlanke, braune Käfer, deren ♂♂ am Hinterbein nur 4 statt 5 Fußgliedern haben; i. d. R. unter Baumrinde, wo sie samt ihren Larven allen Stadien (einschl. Eiern) von Borkenkäfern (→Curculionidae P) nachstellen; manche Arten sind auf bestimmte Borkenkäferarten spezialisiert: z. B. *Rh. grandis* Gyll. (4,5–5,5 mm) bei *Dendroctonus micans*, bei dem das ♀ durch spezifische, von den Borkenkäferlarven beim Fressen freigesetzten Monoterpenoide angelockt und zur Eiablage angeregt wird; die häufigste heimische Art, *Rh. bipustulatus* F. (um 3 mm), soll tote statt lebende Borkenkäferlarven fressen, und die Larven können ausschließlich von Pilzfäden leben; nicht an Rinde gebunden ist *Rh. parallelocollis* Gyll. (3–4 mm): schwärmt im Frühjahr, oft auf Friedhöfen, als Nahrung werden Schimmel und in Leichen lebende Buckelfliegenlarven (→Phoridae 5) vermutet.

B. Monotominae; früher zu den →Cucujidae gestellt; in Eur 17, M-Eur 12, Dt 11 Arten der Gttg. *Monotoma*; Imagines in faulenden Pflanzenhaufen, oft massenhaft im Kompost, abends schwärmend; Imagines und Larven leben von Pilzfäden- und -sporen (nur Ascomyceten?); *M. conicollis* Guér. und *M. angusticollis* Gyll. als Kommensalen in Ameisennestern.
Lit. →Coleoptera; Brauns 1991; Grégoire et al. 1992.

monoxen; Bezeichnung für einen Parasiten oder Parasitoiden, der für die Vollendung seines Entwicklungszyklus nur 1 Wirtstierart bedarf (→Parasitoid 4).

Moorerdzikade, *Stroggylocephalus livens* Zett. →Cicadellidae E.

Moorgelbling, *Colias palaeno* L. →Pieridae 6.

Moorweichkäfer, *Dascillus cervinus* L. →Dascillidae.

Moosjungfern, *Leucorrhinia* →Libellulidae 3.

Moosknopfkäfer, *Atomaria linearis* Steph. →Cryptophagidae.

Moosmücken →Tipulidae 3.

Mooswanzen, Peloridiidae →Coleorrhyncha.

Mordella →Mordellidae.

Mordellidae, Stachelkäfer; Fam. der Käfer (Coleoptera, Polyphaga, Cucujiformia) mit in Eur ± 245, M-Eur ± 105, Dt 79 Arten; seitlich etwas zusammengedrückte, oft düster gefärbte Käfer, am Hinterleibsende (→Pygidium) mit mehr oder weniger langem, stachelartigem Fortsatz [**M-36**]; meist 2–5 mm, selten bis 9 mm (z. B. *Mordella brachyura* Muls., um 6 mm, auf Doldenblütlern und Labkraut auf sonnigen Wiesen); wärmeliebend, erscheinen meist erst spät im Jahr, manche erst im VIII, wenige bereits im Frühjahr (z. B. *Mordella*

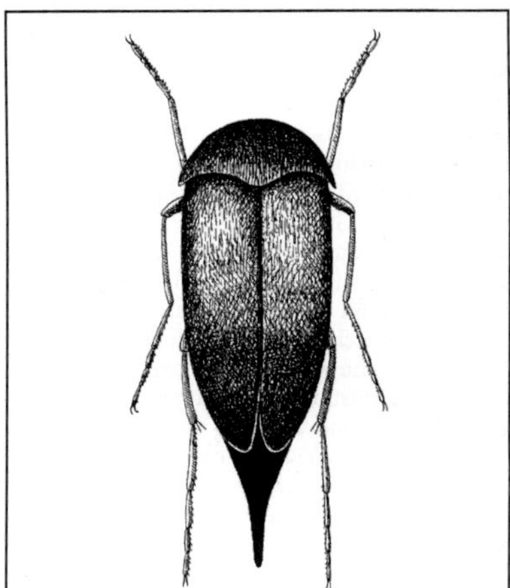

Abb. M-36: Mordellidae: *Mordella aculeata*, Stachelkäfer. 6 mm. (Bechyně 1954)

huetheri Erm., *Mordellochroa abdominalis* F.); häufig auf Blüten, fressen (soweit bekannt) Pollen; fliehen bei Berührung mit purzelnden Bewegungen; fliegen gern. Die **Larven** bohren in anbrüchigem, verpilztem Holz oder in Baumschwämmen, manche auch in den Stängeln krautiger Pflanzen (z. B. *Mordellistena*), einige gallbildend (z. B. in Wolfsmilch); manche Arten gelegentlich schädlich durch Larvenfraß, z. B. an Pflaumenbäumen *Variimorda fasciata* F. (6–9 mm), häufig in Flussauen (Larven in morschen Pappeln und Weiden); an Sonnenblumen (und Hanf?) *Mordellistena parvula* Gyll. (2–3 mm), gewöhnlich an Trockenhängen (die überwinternden Larven in Stängeln von *Artemisia*, *Chrysanthemum* u. a. Korbblütlern); in Gewächshäusern die aus Südamerika stammende *Mordellistena cattleyana* Champ., Orchideenstachelkäfer (3 mm), die Larven minieren zu mehreren in den grünen Blättern von *Cattleya*, hier auch Verpuppung.
Lit. →Coleoptera.

Mordellistena →Mordellidae.

Mordellochroa →Mordellidae.

„Mörderbienen", „Killerbienen"; vom Sensationsjournalismus geprägte, überzogene Bezeichnung für eine in Afrika heimische Unterart der Honigbienen (*Apis mellifera scutellata*, früher *adansonii*) und deren Kreuzungen mit ursprünglich europäischen Unterarten (*A. m. mellifera* und *A. m. ligustica* →Apidae E3) in Brasilien; *A. m. scutellata* bringt, zumindest in tropischen und subtropischen Klimaten, sehr viel reichere Honigerträge als die europäischen Unterarten, ist jedoch aggressiver und reagiert auf Störungen mit hoher und anhaltender Stechaktivität; es gibt allerdings auch relativ friedsame Völker; die Toxizität ihres Giftes ist nicht höher als bei den anderen Unterarten; trotzdem soll es nach Massenattacken zu Todesfällen gekommen sein (durch anaphylaktischen Schock, ♂ →Apidae E3); wurde 1956 nach Brasilien (Sao Paulo) gebracht, um sie mit den weniger aggressiven, aber auch weniger ertragreichen europäischen. Unterarten zu kreuzen; entkommene Schwärme breiten sich seither rasch aus (im Süden bis nach Argentinien und Uruguay, im Norden bis nach Mexiko und in den Süden der USA); die genetisch uneinheitlichen Kreuzungsprodukte werden als „Afrikanisierte Bienen" bezeichnet; bringen in Brasilien weit höhere Erträge an Honig und Wachs als die europäischen Unterarten und werden, trotz der v. a. in den nördlichen Provinzen immer noch größeren Aggressivität, von den meisten Imkern bevorzugt, die mit ihnen umzugehen lernten.

Mordfliegen, *Laphria* →Asilidae.

Mordraupen; Bezeichnung für Schmetterlingsraupen, die (gelegentlich) Insekten (Larven, Blattläuse) verzehren; →Noctuidae 7, 8; →Geometridae; →Lepidoptera.

Mordraupeneule, *Eupsilia transversa* Hufn. →Noctuidae 8.

Mordraupenspanner, *Crocallis elinguaria* L. →Geometridae.

Mormo →Noctuidae 10.

Morophaga →Tineidae 7.

Morphen; Bezeichnung für die Gestalten einer Art, wenn →Polymorphismus vorliegt.

Mörtelbienen, *Megachile* →Megachilidae 2.

Mörtelgrabwespen →Sphecidae A.

Moschusbock, *Aromia moschata* L. →Cerambycidae D4.

Motten →Lepidoptera; vgl. →Tineidae.

Motteneulen →Erebidae E.

Mottenläuse →Aleyrodina.

Mottenschildläuse →Aleyrodina.

Mottenspinner →Heterogynidae.

Mücken →Diptera.

Mückenhafte →Bittacidae.

Mückenwanze, *Empicoris vagabunda* L. →Reduviidae E.

Müller, *Polyphylla fullo* L. →Scarabaeidae C2.

Mulmbock, *Ergates faber* L. →Cerambycidae A2.

Multiparasitoid, Coparasitoid →Parasitoid.

Mumienpuppe, Pupa obtecta; →Pupa 2b.

Murmidiidae, *Murmidius* →Colydiidae.

Musca →Muscidae 1, 2.

Muscidae, Echte Fliegen; Fam. der Zweiflügler (Diptera, Brachycera, Cyclorrhapha) mit in Eur

>550, M-Eur ± 400, Dt ± 340 Arten; kleine bis mittelgroße (2–12 mm, selten bis 18 mm große), meist graue bis schwarze, unscheinbare Fliegen; bekannt für seine ihre synanthropen Arten, die Mehrzahl jedoch in Waldgebieten; einige Arten sind vivipar oder →ovovivipar; viele Imagines an Nektar oder Kot, andere jagend (Coenosiinae: →10–11) oder blutsaugend (Stomoxyini: →5–6); ♀♀ einiger *Hydrotaea*-Arten lecken an Wundsekreten. **Larven** mehrheitlich jagend in Dung, verrottenden Pflanzen und Pilzen, Moos, Böden oder Gewässern (v. a. Phaoniinae: →9 und Coenosiinae: →10–11); andere (v. a. Muscinae: →1–6) saprophag in zersetzenden Pflanzenresten (v. a. Dung), wobei das letzte Larvenstadium zu einer gelegentlichen oder überwiegenden tierischen Ernährung wechseln kann (z. B. *Mesembrina, Polietes, Muscina*); *Atherigona*-Larven an Gräsern (v. a. an abgestorbenen Teilen), *Eginia ocypterata* Meig. parasitoid in Diplopoden; bei Arten mit ausschließlich jagenden Larven 1 oder 2 Stadien, bei den übrigen 3 Larvenstadien.

1. *Musca domestica* L., Große Stubenfliege (6–8 mm; [**M-37, M-46**]); bekanntester, weltweit verbreiteter Vertreter; Geschlechtsunterschied: Hinterleibsbasis beim ♀ gelb und Abstand der Augen auf der Stirn doppelt so groß wie beim ♂; Labellen des Labiums polsterförmig, mit Pseudotracheen versehen; kann (wie viele andere Dipteren) auf glatten Flächen laufen (Glas!), selbst mit dem Rücken nach unten; ermöglicht durch ein lipophiles Sekret und je 5000, nur 10 μm lange und 1 μm dicke, an ihrem Ende sohlenartig verbreiterte Hafthaare auf den Pulvilli (→Diptera). Durch die Entwicklung der Larven v. a. in den Exkrementen von Haustieren stark an den Menschen gebunden. Nimmt ausschließlich flüssige, evtl. durch Speichel verflüssigte **Nahrung** auf, v. a. zuckerhaltige Stoffe, ist dabei aber nicht wählerisch; zur Reifung der Ovarien werden zusätzlich Proteine benötigt; Finden der Nahrung

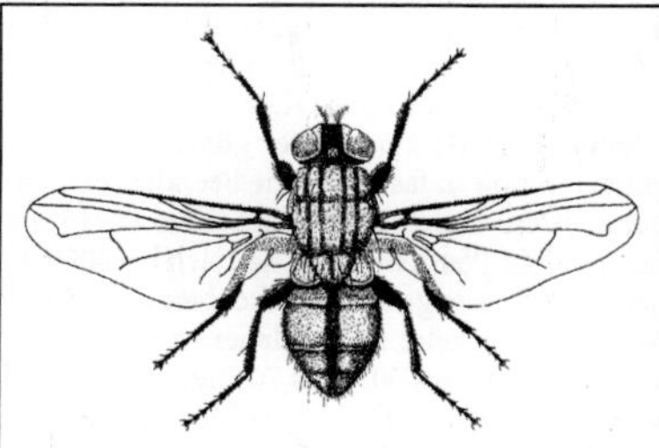

Abb. M-37: Muscidae: *Musca domestica*, Stubenfliege. ♀. (Hewitt 1914)

mit dem Geruchssinn (keine Spezialisierung auf bestimmte Nahrungsduftstoffe; schwächer als bei →2 und →7), dem Wärme- und Feuchtigkeitssinn (Sitz auf den Antennen) und dem Geschmackssinn (auf den Tarsen); das Feststellen geeigneter Nahrung ist erleichtert durch Fermente im Speichel, die Polysaccharide zerlegen, und durch ein von den Tarsen abgegebenes, Stärke abbauendes Ferment; auf Nahrungsquellen, die keine Fernwirkung haben (z. B. Zucker), werden attraktiv wirkende Stoffe deponiert („*fly factor*"). Herdentrieb („wo Fliegen sind, kommen Fliegen hin"), Fliegenfängereffekt; fliegt gezielt als neu erkannte Objekte an (z. B. einen Menschen, der ein Zimmer betritt) und prüft diese u. a. mit Tarsalrezeptoren (Neugier**verhalten**); das Interesse erlischt meist nach ca. 20 min; für das Mißglücken Missglücken des Fliegenfangens mit der hohlen Hand sind ausschließlich optische Eindrücke wichtig, was die Bedeutung des Lichtsinnes unterstreicht; häufiges Putzen (auch im Dunkeln); Hauptinstrumente sind die Vorderbeine (putzen sich gegenseitig und den Kopf) und die Hinterbeine (putzen die Flügel, den Hinterleib und sich gegenseitig); die Mittelbeine werden nicht gegeneinander abgeputzt, meist wird ein Mittelbein (selten beide zugleich) zwischen den Vorder- oder Hinterbeinen abgerieben. Das Sichfinden der Geschlechtspartner teils olfaktorisch, teils optisch gesteuert; bei der Nahorientierung spielen Sexuallockstoffe (Sexualpheromone) eine wesentliche Rolle: das Pheromon der ♂♂ wirkt anlockend auf jungfräuliche ♀♀ und erhöht deren **Paarung**sbereitschaft, die 4 Lockstoffe reifer ♀♀ wirken anlockend auf die ♂♂; ein ♀-Pheromon wirkt abweisend auf andere ♀♀; in ♀-Nähe werden Zuwendung und Aufsprung des ♂ v. a. optisch gelenkt, wobei Abhebung vom Hintergrund, Gliederung (am Rand, nicht auf dem Rumpf), in biologisch sinnvollen Grenzen auch Größe und Form eine Rolle spielen; Eiablage, indem das ♀ die Legeröhre weit ausfährt [**M-38**]; pro ♀ insgesamt bis 2000 Eier [**M-39, M-40**], v. a. an zersetzendem pflanzlichen Material (Mist, bevorzugt Kälbermist). Die **Entwicklung** [**M-41**] kann unter günstigen Bedingungen schon in fast 1 Woche beendet sein; daher mehrere Generationen (in Ställen 10–15) im Jahr; in 1 kg Pferdemist können sich bis 8000, in der gleichen Menge Schweinekot bis zu 15 15 000 Maden entwickeln; Lebensdauer in Ställen und Wohnungen: ♂ bis 60, ♀ bis 70 Tage, im Freiland sehr viel kürzer. – Obwohl die Mehrzahl der für den Menschen krankheitserregenden Keime im Darm der Larve zugrunde geht und die Imago praktisch keimfrei aus der Puppe schlüpft, spie-

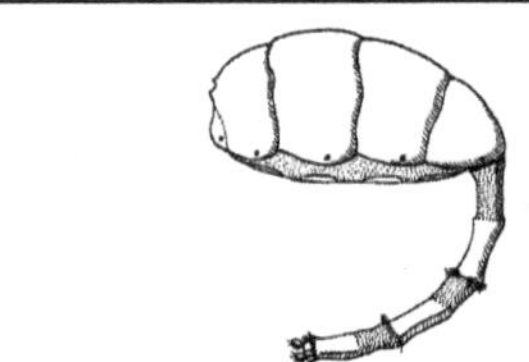

Abb. M-38: Muscidae: *Musca domestica*, Stubenfliege. ♀, Hinterleib mit ausgestülpter Legeröhre. (Martini 1952)

Abb. M-39: Muscidae: *Musca domestica*, Stubenfliege. Gelege, Eilänge 1 mm. (Hewitt 1914)

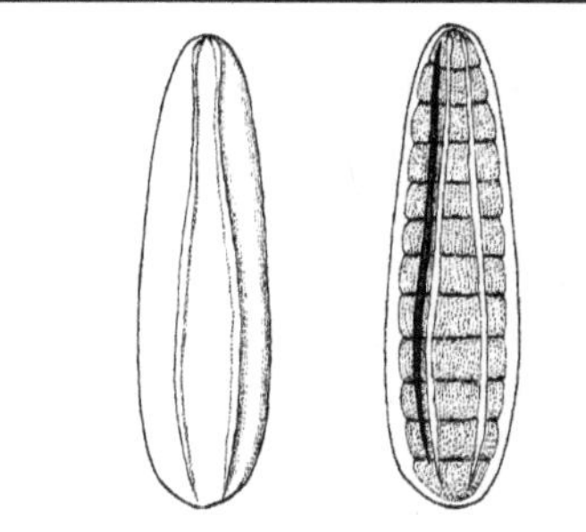

Abb. M-40: Muscidae: *Musca domestica*, Stubenfliege. Ei (1 mm): links: von dorsal mit 2 Längsrippen; rechts: kurz vor dem Schlüpfen der Larve durch den dunklen Längsspalt. (Hewitt 1914)

len die Imagines durch das Hin- und Herfliegen zwischen Infektionsquellen und Menschennähe, insbesondere durch das Verlieren ausgewürgter Nahrungströpfchen, als **Keimüberträger** eine beachtliche Rolle; hohe Resistenz gegen Insektizide bei vielen Stämmen; auf der Stubenfliege häufig Raubmilben der Art *Macrocheles muscaedomesticae*; Fliegen scheiden Substanz aus, die für die Milben hochattraktiv ist; Imagines werden nicht geschädigt, Eier und 1. Larvenstadium von der Milbe getötet; die Larven werden

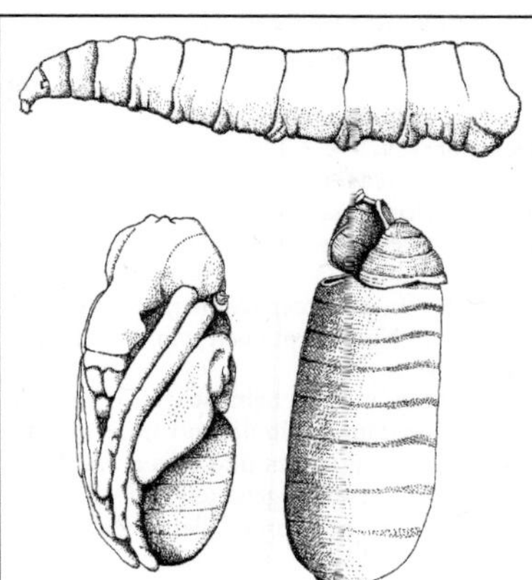

Abb. M-41: Muscidae: *Musca domestica*, Stubenfliege. Oben: Larve (12 mm); links: Puppe, ca. 30 h nach der Verpuppung; rechts: Puparium nach dem Schlüpfen der Imago (6 mm). (Hewitt 1914)

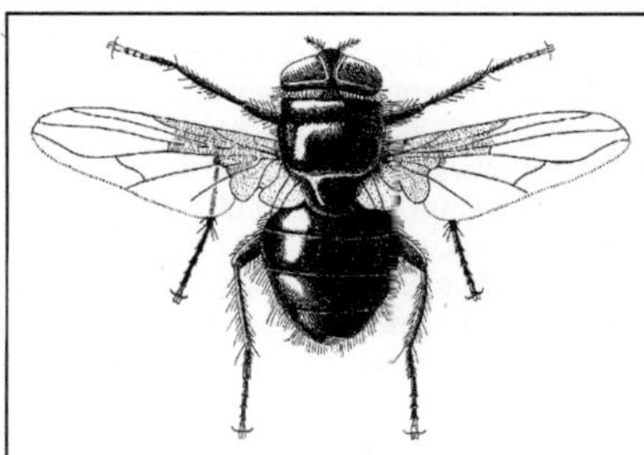

Abb. M-42: Muscidae: *Mesembrina meridiana*. ♂, 9–12 mm. (Séguy 1951a)

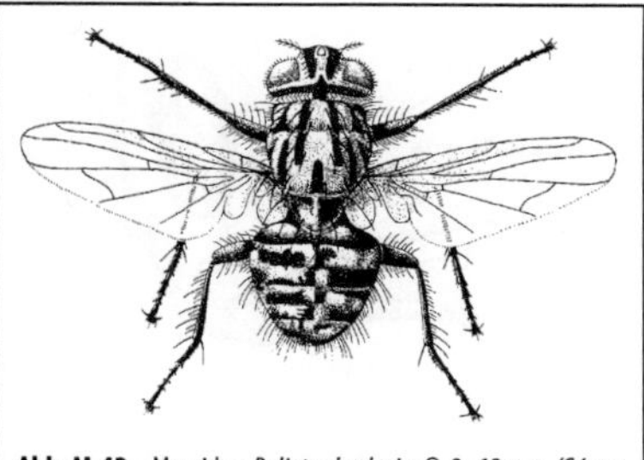

Abb. M-43: Muscidae: *Polietes lardaria*. ♀, 9–12 mm. (Séguy 1951a)

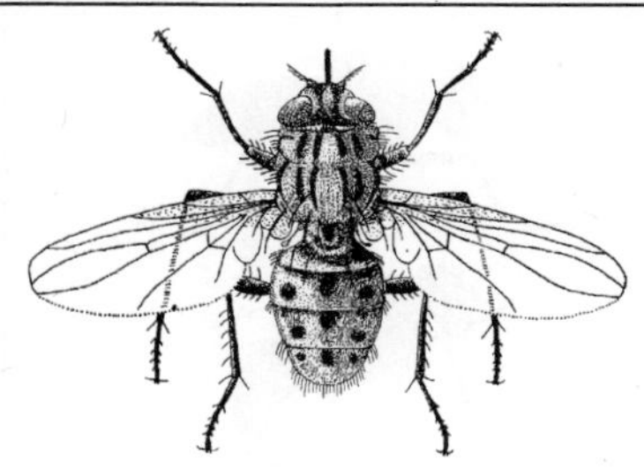

Abb. M-44: Muscidae: *Stomoxys calcitrans*, Wadenstecher. ♀, 5–8 mm. (Séguy 1951a)

von zahlreichen jagenden Muscidae-Larven und Käfern sowie parasitoiden Wespenlarven gefressen, die Imagines fallen unzähligen Fressfeinden wie auch dem Pilz *Entomophthora muscae* zum Opfer.

2. *Musca autumnalis* Deg., Gesichtsfliege, Augenfliege (5–7 mm); häufig am Kopf von Rindern, v. a. in Augennähe, aber auch auf Blüten, Aas und Dung; kann im Herbst auf der Suche nach Überwinterungsplätzen massenhaft in Gebäude eindringen; tupft Wundsekret auf; Entwicklung in Kuhfladen, die meist im frischen Zustand mit Eiern belegt werden.

3. *Mesembrina meridiana* L. [M-42]; eine stattlichere (10–18 mm), nicht so sehr an das Haus gebundene Art; schwarz mit goldgelbem Ge-

sicht und ebensolcher Flügelwurzel; ovovivipar; Larven im Rinder- und Pferdedung, machen im 3. Larvenstadium Jagd auf andere Fliegenmaden; im Gegensatz zu verwandten Arten mehrere Generationen im Jahr; überwintern als Larve.

4. *Polietes* [M-43] mit 4 heimischen Arten; 9–12 mm; schneller Flug; auf Blüten, Gebüsch, Exkrementen; nicht in Häusern; Larven an Exkrementen von Pflanzenfressern, ernähren sich im 3. Stadium i. d. R. jagend; überwintern als Larve.

– Bei den Stomoxyini (5–6) Übergang zum Blutsaugen durch stärkere Sklerotisierung des Rüssels und raspelnde Bewegung der mit feinen Zähnchen besetzten, zugespitzten Labellen:

5. *Stomoxys calcitrans* L., Wadenstecher (6–7 mm; [M-44]); Stechrüssel und Stechverhalten voll entwickelt; im Habitus der Stubenfliege sehr ähnlich; Unterscheidung: in Ruhe nach vorn gestreckter dünner Stechrüssel [M-45], Vorderkörper im Sitzen meist etwas angehoben [M-46]. Beide Geschlechter **stechen**; werden dem Menschen besonders im Spätsommer und Herbst lästig, bevorzugen jedoch Pflanzenfresser; Stechregionen bei Pferd und Rind sind Rücken, Flanken und Mit-

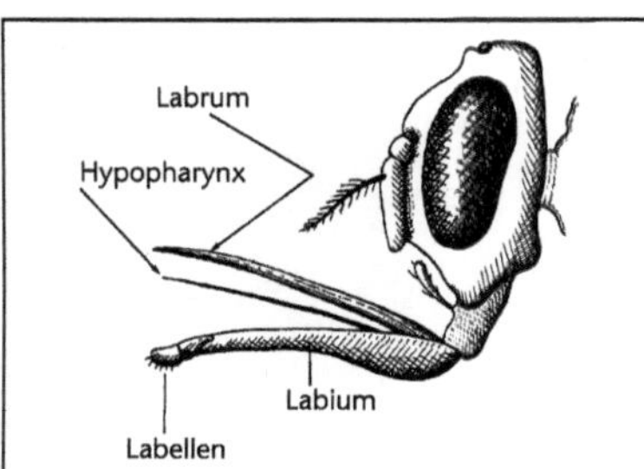

Abb. M-45: Muscidae: *Stomoxys calcitrans*, Wadenstecher. Kopfprofil von links. (Weber 1954)

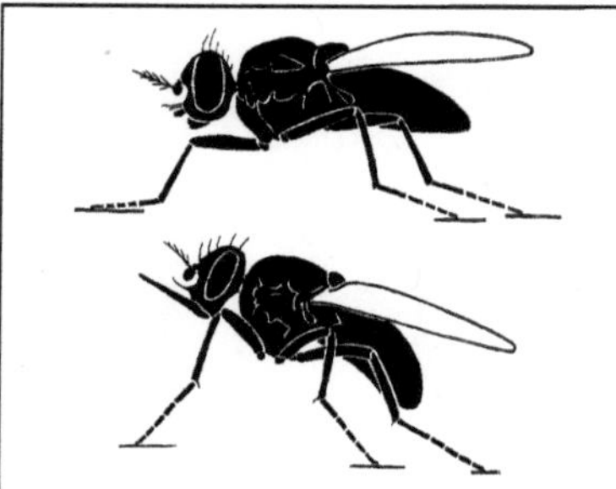

Abb. M-46: Muscidae. Oben: *Musca domestica*, Stubenfliege; unten: *Stomoxys calcitrans*, Wadenstecher; Sitzstellung auf ebener Fläche. (Séguy 1951a)

telfuß, beim Menschen die Beine (Orientierung optisch?); Anlockung durch Hautduft, Anregung zum Stechen am Tier auch durch Wärme- und Geschmacksreize; die Aggressivität ist beträchtlich, kann z. B. bei Pferden und Rindern zu beachtlicher Leistungsminderung führen. **Kopulation** meist 4–5 Tage nach dem Schlüpfen; **Eiablage** nach mehreren Blutmahlzeiten v. a. in Stallmist mit Gelegen von 20–100 Eiern, insgesamt bis ca. 600 Eier pro ♀; Anwesenheit des ♂ stimuliert die Eiablage; **Larven** im Pferde- und Rinderdung; Verpuppung in der Erde. – Überträger verschiedener pathogener Bakterien und Protozoen.

6. *Haematobia irritans* L., Hornfliege (5 mm); ebenfalls mit Stechrüssel; auf oder in der Nähe von Weidevieh, zuweilen in Massen; auch nachts; saugt am Rücken, an den Flanken und an der Hornbasis (Name!) der Rinder; sticht (selten) in deren Nähe auch den Menschen; Larven in Rindermist; Verpuppung in der Erde unter dem Kuhfladen; Entwicklungsdauer 2–3 Wochen, mehrere Generationen im Jahr.

7. *Muscina stabulans* Fall., Hausfliege, Stallfliege (7–9 mm); Larve ebenfalls in zerfallenden organischen Stoffen, zunächst saprophag, im 3. Larvenstadium überwiegend Jagd auf andere Insektenlarven; überwintert als Imago.

8. *Achanthiptera rohrelliformis* Rob.-Desv. (6–9 mm); Imago kurzlebig; Larven in Wespennestern (→Vespidae D), schlüpfen unmittelbar nach der Eiablage (VI–VII), verzehren organische Reste (einschl. toter Wespen); überwintern als Larve im Nest; verpuppen sich im Frühjahr in der Erde.

9. *Phaonia*; mit 59 heimischen Arten; die Larven jagend in Faulholz und unter Rinde, in verrottenden Pflanzen und Pilzen, in Moospolstern, auch in wassergefüllten Astlöchern, an Baumausflüssen oder unter Blattscheiden von Rohrkolben und Schilf (*Ph. atriceps* Loew); die Larven von *Ph. gobertii* Mik. verzehren Borkenkäferbrut; soweit bekannt nur 1 Larvenstadium.

10. *Lispe*, Löffelfliegen; 1 dutzend Arten heimisch; die nach vorn gestreckten Kiefertaster am Ende löffelartig verbreitert; die Imagines machen Jagd auf kleine weichhäutige Insekten, v. a. Stechmücken und ihre Larven (→Culicidae); gleiten dabei gern über die Oberfläche von Kleingewässern hin; ♂♂ mit artspezifischen Balztänzen; z. T. auffällig geschlechtsdimorph; die Larven entwickeln sich am Gewässerrand im feuchten Schlamm und Ufersand; ernähren sich ebenfalls jagend.

11. *Limnophora*; in Dt 12 Arten; Imagines und Larven jagen; als einzige der heimischen Musciden leben die Larven in fließendem Wasser, wo sie v. a. kleine Mückenlarven und Oligochaeten fressen; Hinterende (auch der Puparien) mit 4 hakenförmigen Fortsätzen [**M-47**]: 2 ventralen zur Verankerung im Moos und 2 dorsalen mit je 1 Stigma an ihrer Spitze; die Stigmen sind von winzigen Dornen umstanden (Luftbläschenfänger?) und werden ins stark strömende Wasser gehalten; 1–2 Generationen im Jahr.

Lit. →Diptera; Frantsevich & Gorb 2006; Gregor et al. 2016; Hiepe 1982; Karl 1928; Skidmore 1985.

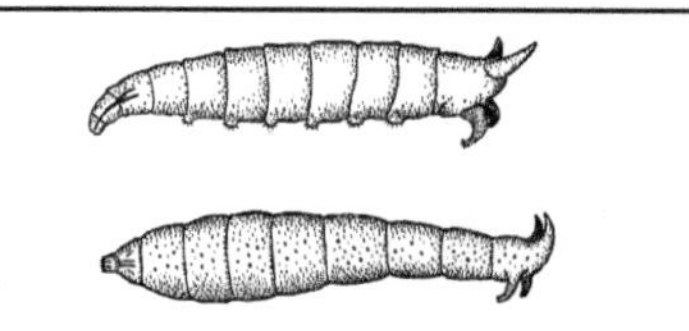

Abb. M-47: Muscidae. *Limnophora* spec. Larve (oben) und Puppe. (Hynes 1970)

Muscina →Muscidae 7.

Muscomorpha; Gruppe der Brachycera (→Diptera), enthält den Großteil der Fliegenarten; der unpaare Haftlappen (Empodium) zwischen den Krallen ist zu einer Borste reduziert bei den Teilgruppen der Asiliformia, Empidiformia und Cyclorrhapha, nicht jedoch bei den →Acroceridae und →Nemestrinidae.

Museumskäfer, *Anthrenus museorum* L. →Dermestidae 4.

Musidoridae; Synonym zu →Lonchopteridae.

Mutilla →Mutillidae; vgl. auch →Apidae E1.

Mutillidae, Spinnenameisen, Bienenameisen, Ameisenwespen; Fam. der Hautflügler (Hymenoptera, Apocrita, Vespiformes) mit in Eur ± 130, M-Eur 22, Dt 9 Arten; klein bis mittelgroß; bemerkenswert der Geschlechtsunterschied: die ♂♂ fast stets geflügelt, mit großen Komplexaugen und Ocellen, die ♀♀ stets ungeflügelt, mit kleinen Komplexaugen und ohne Ocellen; die ♂♂ oft größer und anders gefärbt als die ♀♀; beide Geschlechter mit **Zirporgan** gleichen Aufbaus: ein Schrillfeld mit etwa 180 Rillen auf dem 4. Hinterleibs-Rückenschild wird gegen eine Kante am Hinterrand des 3. Schildes bewegt; Zirpen bei Beunruhigung und beim Sexualverhalten; adulte ♀♀ können andere aculeate Hymenopteren mit ihrem Stachel überwältigen und auffressen; ihr Stich ist für Menschen schmerzhaft. **Begattung** bei vielen Arten im Flug, wobei das ♀ vom ♂ getragen wird; zur **Eiablage** dringt das ♀ (auch grabend) in das vermutlich mit dem Geruchssinn aufgespürte Nest solitärer oder sozialer Bienen oder Wespen (→Vespidae, →Pompilidae, →Apoidea) ein; die **Larven** nähren sich als Parasitoide von den (nicht paralysierten) Larven oder Puppen oder auch von den vom Wirt für seine Brut eingesammelten; 4 oder 5 Larvenstadien; **Verpuppung** stets in einem selbst gesponnenen Kokon in den Zellen oder Kokons des Wirtes. Die Larve von *Mutilla europaea* L. (10–17 mm; [**M-48**]) ist, ebenso wie die der selteneren *M. marginata* Baer, Parasitoid in Nestern verschiedener Hummelarten; *Smicromyrme rufipes* F. befällt als Larve Grabwespen der Gttgn. *Astata* (→Astatidae), *Oxybelus* und *Tachysphex* (→Crabronidae); Parasitoide von →Coleoptera, →Cyclorrhapha, →Lepidoptera und →Blattodea sind nicht heimische Arten, mit Ausnahme von *Physetopoda halensis* F. (♂ 4–10 mm, ♀ 3–7 mm), der sich in der Larve von *Clytra quadripunctata* (→Chrysomelidae H1) in Ameisennestern entwickelt.

Lit. →Hymenoptera; Bürgis 1992a; Oehlke 1974; Schmid-Egger & Petersen 1993; Tschuch 1993.

Mycetaea →Mycetaeidae.

Abb. M-48: Mutillidae: ♀ der Spinnenameise *Mutilla europaea*. (Yeo, Corbet 1983)

Mycetaeidae; Fam. der Käfer (Coleoptera, Polyphaga, Cucujiformia), früher zu den →Endomychidae gestellt; außer einer lediglich von der Originalbeschreibung bekannten Art aus den Nordkarpaten in Eur und Dt nur *Mycetaea hirta* Marsh., Pilzkäfer; klein (1,5–1,8 mm); abstehend behaart; die längliche weißliche Larve (ausgewachsen 2–2,5 mm) mit schuppenartigen Haaren; Käfer und Larven Pilzfresser, ursprünglich im Freiland an Mycelien im Innern hohler Bäume und unter Rinde (Käfer auch an faulenden Pflanzenresten), jetzt häufiger in Häusern, Scheunen und Magazinen an Hausschwamm und schimmelnden Stoffen; weltweit verschleppt. Lit. →Coleoptera; Jałoszyński & Tomaszewska 2017.

Mycetangien; an verschiedenen Körperstellen bei Imagines oder Larven mancher pilzfressender Insekten (→Curculionidae P: Scolytinae; →Siricidae) ausgebildete Taschen, in denen – in Drüsensekret eingebettet – Sporen oder Hyphen des Nahrungspilzes befördert werden.

Mycetaulus →Piophilidae.

Mycetobia, **Mycetobiidae, Mycetobiinae** →Anisopodidae.

Mycetochara →Tenebrionidae 11.

Mycetocyten; Zellen, die intrazelluläre Symbionten beherbergen (z. B. im Fettkörper von Schaben, →Blattodea); häufig mehrere solcher Zellen zu einem besonderen Organ, einem **Mycetom,** vereinigt; bisweilen (z. B. bei Zikaden, →Auchenorrhyncha) im gleichen Tier mehrere Mycetome für verschiedene Symbionten; sehr unterschiedliche Mechanismen sichern die Weitergabe der Symbionten an die Folgegeneration. Insbesondere bei Insekten mit einseitiger Ernährung von Blut (→Anoplura, →Cimicidae, verschiedene →Diptera), Pflanzensaft (→Auchenorrhyncha, →Heteroptera, →Sternorrhyncha),

Abb. M-49: Mycetophagidae: *Mycetophagus quadripustulatus*. 5–6 mm. (Bechyně 1954)

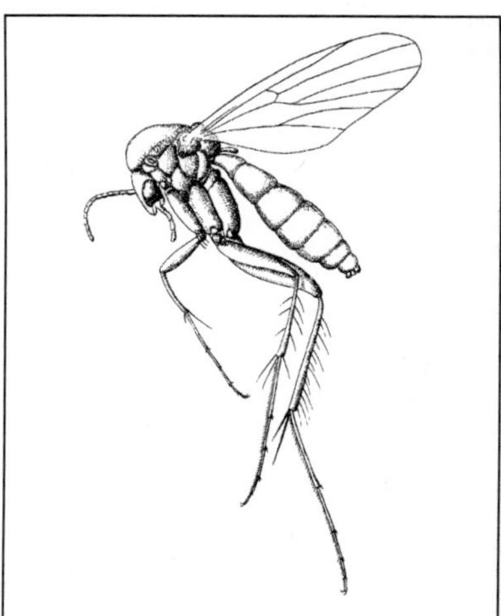

Abb. M-50: Mycetophilidae: *Mycetophila* spec. ♂; Körper 4,5 mm. (Séguy 1951a)

Horn (→Ischnocera) oder Zellulose (Käfer wie →Anobiidae, →Bostrichidae, →Cerambycidae, →Curculionidae, →Lyctidae; einige →Diptera). Lit. Buchner 1953.

Mycetom →Mycetocyten.

Mycetoma →Tetratomidae.

Mycetophagidae, Baumschwammkäfer; Fam. der Käfer (Coleoptera, Polyphaga, Cucujiformia) mit in Eur 29, M-Eur 17, Dt 15 Arten; meist kleine (1,5–6 mm), etwas abgeflachte, lang-ovale Käfer mit dichter Behaarung [**M-49**]; Imagines und Larven der meisten Arten in Baumschwämmen, von denen sie sich ernähren, auch als Schimmelfresser unter Rinde; einige unter verschimmelndem Stroh, *Typhaea stercorea* L. (Schimmelkäfer; 2,5–3 mm) weltweit verbreitet an schimmeligen Pflanzenresten verschiedenster Art, überwintert als Puppe. Lit. →Coleoptera.

Mycetophila →Mycetophilidae.

Mycetophilidae (Fungivoridae), Pilzmücken [**M-50**]; Fam. der Zweiflügler (Diptera, Bibionomorpha) mit in Eur ± 890, M-Eur ± 720, Dt ± 575 Arten; früher auch die ähnlichen →Bolitophilidae, →Diadocidiidae, →Ditomyiidae, →Keroplatidae, und →Mycetobiidae einschließend, in dieser weiten Fassung jedoch →paraphyletisch; durchweg kleine (4–8 mm), zarte, Schatten und Feuchtigkeit liebende, häufig dämmerungsaktive, an passenden Stellen oft (besonders im Frühling und Herbst) massenhaft auftretende Mücken; stechen nicht; Mundwerkzeuge meist reduziert. Ihr Auftreten besonders in Wäldern bedingt durch den **Lebensraum** der **Larven**: bei vielen, aber keineswegs allen Arten

in Pilzen (meist →polyphag, seltener oligophag oder monophag), auch in solchen, die für den Menschen giftig sind; *Mycetophila blanda* Winn. erzeugt gallenartige Anschwellungen am Edelreizker (*Lactarius deliciosus*); ferner oft in Faulholz und in der Falllaubschicht des Waldbodens, wo sie Pilzmycelien, Schleimpilze und Hefen fressen; *Gnoriste* und einzelne *Boletina*-Arten in Moosen, die extrem polyphage *Docosia gilvipes* Hal. auch in Säugetier- und Vogelnestern (von zerfallenden Pflanzenresten lebend?); *Speolepta leptogaster* Winn. in Höhlen an Algen und Pilzen. Vermutlich keine **Nahrungsaufnahme** der Imagines, außer (vielleicht) Nektar. Treffen der Geschlechter auf oder (in Balzflügen) über dem Nahrungssubstrat der Larven; Kopula im Flug oder sitzend; danach **Eiablage** an Pilzen und modrig riechenden Objekten, auch an den ähnlich duftenden und in Teilen dem Fruchtkörpergewebe von Pilzen ähnlichen Blüten von →Pilzmückenblumen, wobei deren Bestäubung zustande kommt (ohne dass die Larven sich jedoch an ihnen entwickeln können). Die →eucephalen **Larven** [**M-51**] mit 8 offenen Stigmenpaaren, teils schlank, teils gedrungen, oft mit Kriechwülsten (Sciophilinae ohne solche); die gedrungenen Formen (*Phronia* [**M-52**]) ähneln winzigen Nacktschnecken, sind mit einer „Maske“ aus Schleim und Kot bedeckt; hinterlassen beim Kriechen eine Schleimspur; Larven der Sciophilinae in Schleimröhren; andere bauen

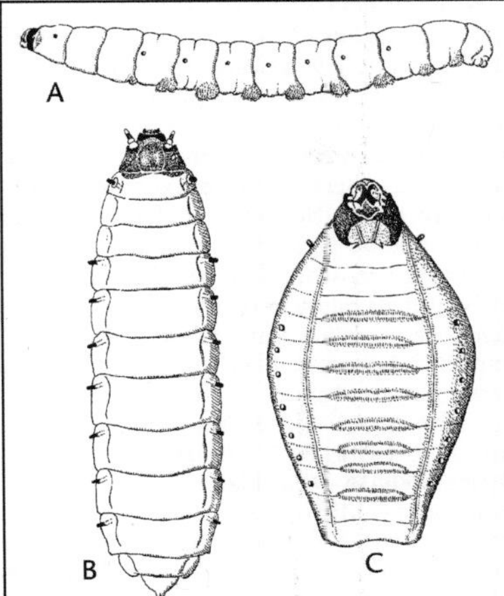

Abb. M-51: Mycetophilidae und Bolitophilidae, Larven. A: *Genus* sp., 8 mm, von links; B: *Bolitophila* spec. (Bolitophilidae), 3,5 mm, von dorsal; in Pilzen; schwarze Punkte: Stigmen; C: *Phronia strenua*; 5 mm; von ventral; mit Kriechwülsten. (Brauns 1991)

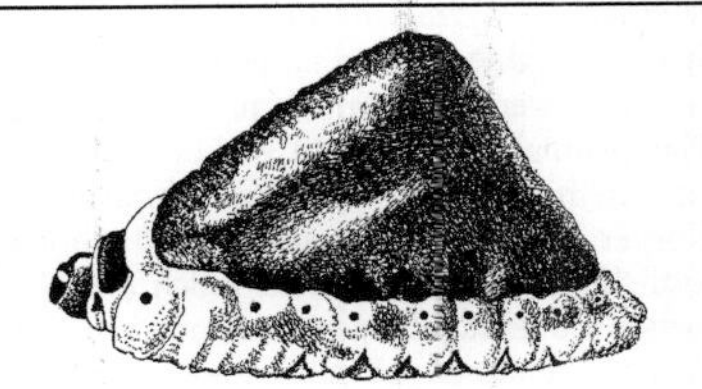

Abb. M-52: Mycetophilidae: *Phronia* spec. Larve, 5 mm, trägt Schild aus Kot und Schleim. (Brauns 1991)

sich aus Kotteilchen einen Köcher, in dem auch die Verpuppung stattfindet; **Puppe** allgemein am oder in der Nähe vom Fraßort der Larve, in einen dichten Kokon eingesponnen; **Entwicklungsdauer** der Larven ca. 15 Tage, Lebensdauer der Imagines 10–20 Tage. Beispiel: *Epicypta aterrima* Zett.; Larven leben in modrigem Holz und in Pilzen in einem aus Exkrementen gefertigten, klebrigen grauen Sack; vor der Verpuppung wird er zu einem schwarzen, hartschaligen und mit einem Deckel versehenen Kokon umgebaut. Lit. →Diptera; Binns 1981; Brauns 1954a, b, 1991.
Mycetoporinae →Staphylinidae E.
Mycophila →Cecidomyiidae A.
Mycteridae, Haarscheinrüssler; Fam. der Käfer (Coleoptera, Polyphaga, Cucujiformia), früher U-

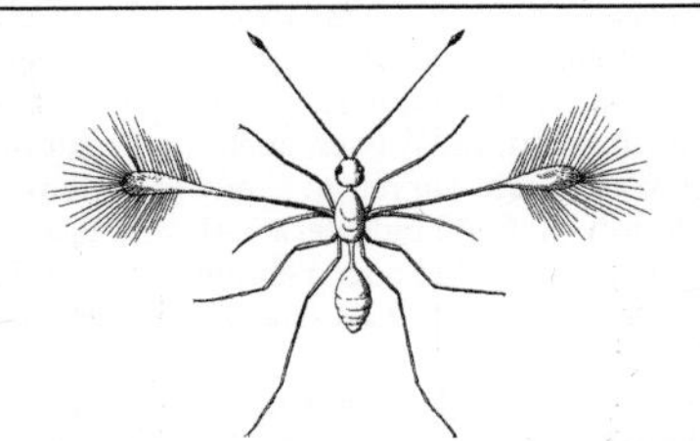

Abb. M-53: Mymaridae: *Mymar regalis*. ♀, Körperlänge 1,2 mm. (Bischoff 1922)

Fam. Mycterinae der →Pythidae; in Eur 3 Arten, in M-Eur & Dt 2 seltene Arten der Gttg. *Mycterus*, darunter *M. curculioides* F. (5–10 mm); Körper breit, behaart; Kopf vor den Augen rüsselförmig verlängert; wärmeliebend; Imagines auf Blüten (Apiaceae, Asteraceae u. a.); Entwicklung in Stängeln und Wurzeln krautartiger Pflanzen vermutet, der bisher einzige Larvenfund jedoch unter der Rinde toter Kiefern.
Lit. →Coleoptera.
Mycterus →Mycteridae.
Mydas, **Mydidae** →Diptera.
Myiocephalus →Braconidae A.
Mylabris →Meloidae A4.
Mymaridae, Zwergwespen; Fam. der Hautflügler (Hymenoptera, Apocrita, Chalcidoidea) mit in Eur ± 300, M-Eur ± 220, Dt ± 90 Arten; winzige (0,2–1,2 mm), geflügelte Formen, die schmalen Flügel mit langen Wimperhaaren [**M-53**]; hierher die kleinsten geflügelten Insekten (in Dt: *Alaptus*). Die **Larven** leben als Eiparasitoide, v. a. in noch nicht in Entwicklung begriffenen Eiern anderer Insekten; einige auch in den Eiern von Wasserinsekten, z. B. einige Arten der Gttg. *Anagrus* in Libelleneiern; kaum wirtsspezifisch, eher werden Eier – auch aus unterschiedlichen Fam. – danach ausgesucht, dass sie in bestimmten Habitaten liegen (in Pflanzengewebe, unter Wasser); häufige Wirte: →Hemiptera, aber auch in →Coleoptera, freilebenden →Psocodea, →Saltatoria und →Diptera; einige Arten sehr nützlich als Parasitoide von Schadinsekten; manche Arten mit →Parthenogenese; das ♀ legt direkt in das wohl mit dem Geruchssinn aufgespürte Wirtsei ab; i. d. R. entwickelt sich nur 1 Larve pro Wirtsei. Entsprechend dem Entwicklungszyklus des Wirtes oft nur 1 Generation im Jahr, bei manchen Arten 4–5; **Überwinterung** als frühe oder erwachsene Larve im Wirtsei (Eintritt der Larve in die Winterruhe bei manchen Arten ausgelöst durch Kurztagbedin-

gungen). Durch die Lebensweise bemerkenswert: ***Caraphractus cinctus*** Walk. (kaum 1 mm); ♂♂ und ♀♀ bewegen sich, mit den Flügeln schwimmend, im Wasser; auch die Begattung im Wasser; die Larven in Eiern von Wasserkäfern (z. B. Gelbrandkäfern, →Dytiscidae); je nach Wirtseigröße 1 oder mehrere Larven im Ei. Lit. →Hymenoptera; Clausen 1940; Huber 1986; Vidal et al. 2022.

Mymaromma →Mymarommatidae.

Mymarommatidae; Fam. der Hautflügler (Hymenoptera, Apocrita); Schwestergruppe der Erzwespen (Chalcidoidea); in Eur & Dt nur *Mymaromma anomalum* Blood & Kryger; winzige Wespen (0,6 mm) mit stielartiger, 2-gliedriger Wespentaille und langen Wimperhaaren an den gestielten, aderlosen Flügeln; Hinterhaupt durch faltigen membranösen Abschnitt vom Vorderkopf getrennt; der dehnbare Kopf wohl für das Sprengen der Eikapsel beim Schlupf nötig; Lebensweise unbekannt, Larven möglicherweise Eiparasitoide bei Rindenläusen (→Psocodea). Lit. →Hymenoptera; Huber 1986, Huber et al. 2008.

Myoleja →Tephritidae.

Myrmechixenus →Colydiidae.

Myrmecophila →Myrmecophilidae; →Formicidae.

Myrmecophilidae, Ameisengrillen; Fam. der Langfühlerschrecken (Ensifera, Grylloidea) mit in Eur 11, M-Eur 3 Arten der Gttg. *Myrmecophila*; in Dt nur die seltene ***Myrmecophila acervorum*** Pz. (2–4 mm; [**M-54**]); kleinste Heuschreckenart bei uns; dunkelbraun, Hinterrand der Mittel- und Vorderbrust gelbbraun; relativ lange, kräftige Cerci; Komplexaugen klein; ohne Flügel, ohne Laut- und Hörorgane. Larven wie Imagi-

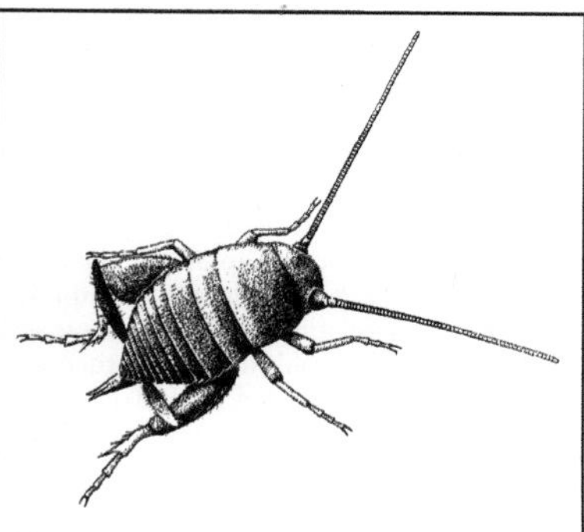

Abb. M-54: Myrmecophilidae: *Myrmecophila acervorum*, Ameisengrille. ♀, ca. 3 mm. (Bellmann 1985)

nes ganzjährig in Nestern verschiedener Ameisen (insbesondere *Myrmica* und *Lasius*), **fressen** bei diesen mit [**F-9**], gelegentlich auch Eier und Larven des Wirtes; schützen sich durch genaues Nachahmen des Verhaltens der Wirtsameisen und vermeiden genaue Kontrollen durch den Wirt durch äußerst flinke Beweglichkeit; Überwandern in das Nest einer anderen Wirtsart kommt vor. ♂♂ äußerst selten, **Fortpflanzung** bei uns fast ausschließlich parthenogenetisch; **Eiablage** teils mit dem (kurzen) Legebohrer in den Boden, teils frei. Entwicklung 2-jährig; vermutlich 5 **Larven**stadien; **Überwinterung** als Larve oder als Imago. Lit. →Ensifera; Möller & Prasse 1991.

Myrmecoris →Miridae 10; →Heteroptera.

Myrmecozelinae →Tineidae.

Myrmedobia →Microphysidae.

Myrmekochorie; Verschleppen und Verbreiten von Samen durch Ameisen; besonders von Samen mit ölhaltigen Anhängseln (Elaiosomen), die von den Ameisen verzehrt werden; z. B. Veilchen, Schöllkraut, Lerchensporn, Wolfsmilcharten.

Myrmekophilie; Bezeichnung für das sehr verschiedenartige Zusammenleben zwischen Ameisen und Ameisengästen; →Formicidae. Lit. Hölldobler & Kwapich 2023.

Myrmeleon →Myrmeleontidae.

Myrmeleontidae, Ameisenjungfern (Imagines), Ameisenlöwen (Larven); Fam. der Netzflügler (Planipennia) mit in Eur 48, M-Eur 16, Dt 6 Arten, am häufigsten *Myrmeleon formicarius* L. (Körper etwa 35 mm, Flspw. 60–80 mm); die stattlichen Imagines libellenähnlich [**M-55**], jedoch mit über kopflangen, am Ende keulig verdickten Antennen (ähnlich →Ascalaphidae); Flügel in Ruhe dachförmig auf dem Rücken, bei manchen Arten mit dunklen Flecken; fliegen im Sommer v. a. in der Dämmerung und nachts („Nachtlibelle"), ruhen bei Tage (ihre Lebensweise wohl daher recht wenig bekannt). **Ernährung** jagend (kräftige, beißende Kiefer), fressen in Gefangenschaft kleine Raupen und Blattläuse. **Eier** einzeln in Sand abgelegt. Die **Larven** der meisten Arten lauern frei am Boden, laufen vorwärts (z. B. *Acanthaclisis occitanica* Vill.; *Distoleon tetragrammaticus* F.; *Dendroleon pantherinus* F., Letztere v. a. auf und im Mulm vermodernden Holzes); *Myrmeleon formicarius* L. und *Euroleon nostras* Fourc. bauen Sandtrichter zum Beutefang [**M-55**], laufen stets rückwärts (manche, z. B. der südeuropäische *Myrmecaelurus trigrammus* Pall., verwenden nur gelegentlich Trichter zum Beutefang); **Trichterbau** in lockerem Sand, oft an etwas geschützten Stellen, z. B. unter etwas leicht überhängenden Wegböschungen oder Felsen, zuwei-

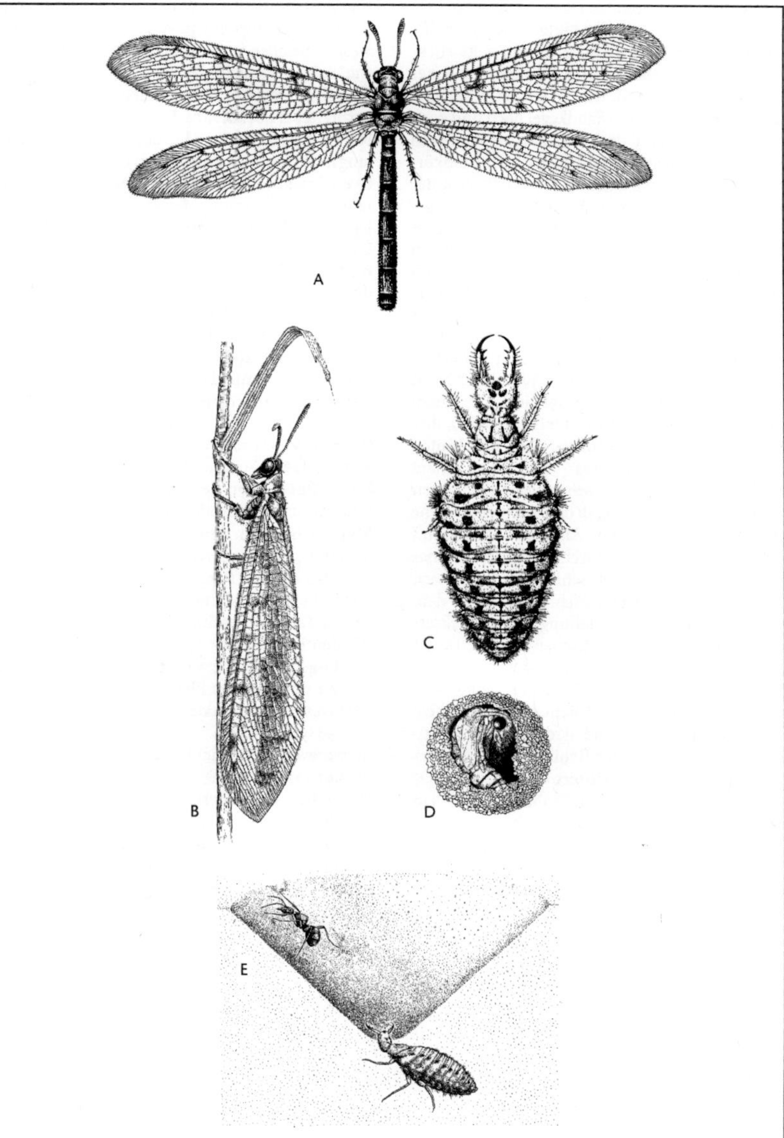

Abb. M-55: Myrmeleontidae: A, B: *Euroleon nostras*, Imago (Ameisenjungfer); A: mit ausgebreiteten Flügeln; B: in normaler Sitzhaltung, Flspw. 60–70 mm; C: Larve (Ameisenlöwe) von *Myrmeleon inconspicuus*, 3. Stadium; 10–13 mm; D: *Myrmeleon* spec., Puppenkokon geöffnet mit Puppe; Durchmesser ca. 15 mm; E: Sandtrichter eines Ameisenlöwen im Schnitt (Tiere und Trichter nicht maßstabsgerecht). (C aus Matthes 1982a; A, B, D, E: Original von M. Renner)

len auch vollkommen frei; die reich beborstete Larve (Borsten v. a. in der hinteren Körperhälfte schräg nach vorn gerichtet) dringt, stets rückwärtsgehend, meist in zunächst oberflächlicher Kreisbahn in den Sand, zieht so einen Graben und schleudert den inneren Sandkegel nach und nach durch Schnicken mit dem oben flachen Kopf nach außen (das Schleudern ausgelöst durch Sandkörner auf dem Kopf); Bauzeit des Trichters unter günstigen Verhältnissen 15–30 min, Böschungswinkel durch die Art des rollenden Sandmaterials bedingt; die Larve (Lauerjäger) sitzt schließlich schräg aufwärts im Trichtergrund, der Körper im Sand, durch Borsten leidlich fixiert; der Vorderteil des Kopfes mit den großen, oft zugriffbereit gespreitzten Saugzangen ist frei, der Kopf meist vom Licht abgewandt (d. h. die Larve ändert an sonnigen Tagen ihren Sitz von West über Nord nach Ost); jederseits am Kopf liegt auf einem kurzen Stiel eine Gruppe von 6 Einzelaugen, ihre Achsen nach vorne, seitwärts, oben und hinten gerichtet; ein rudimentäres 7. Einzelauge schaut nach unten; die Larve ist sehr empfindlich gegen Erschütterungen; zufällig in den Trichter geratene Insekten (keineswegs nur Ameisen) werden mit den Zangen gepackt, durch Einspritzen eines giftigen Sekretes betäubt, schließlich (u. U. nach Griffwechsel der Zangen) nach Verdauen vor dem Mund ausgesaugt (Herstellung des Giftsekrets unter Beteiligung symbiotischer Bakterien); der leere Rest wird durch Kopfschleudern entfernt; die Flucht nicht sofort ergriffener Beute wird häufig verhindert durch (nicht genau gezieltes) Hochschleudern von Sand, dadurch u. U. erneutes Herunterpurzeln der Beute an der Trichterwand. Die Larve **überwintert** i. d. R. 2-mal; das 3. Stadium verpuppt sich im Frühling im Sand, in einem außen mit Sand beklebten, kugeligen Gespinstkokon [**M-55**] (Sekret aus den Malpighi-Gefäßen); die **Puppe** öffnet mit ihren beweglichen Mandibeln den Kokon, schiebt sich z. T. heraus

und entlässt die Imago. Die Larven werden trotz ihrer Wehrhaftigkeit von verschiedenen Schlupfwespen befallen (z. B. von *Hybothorax* und *Lasiochalcidia*, →Chalcididae 3).

Die Gttg. ***Palpares*** mit 2 Arten in S-Eur (weit verbreitet *P. libelluloides* L.), enthält die größten Netzflügler Europas (Vorderflügel 50–60 mm lang); die am Tag und in der Dämmerung aktiven Imagines mit sehr breiten und unregelmäßig dunkelbraun gefleckten Flügeln; Larven jagen am Boden, ohne Fangtrichter zu bauen. Üblicherweise zu den →Myrmeleontidae gerechnet, jedoch mit ihnen nicht näher als mit den →Ascalaphidae verwandt und demnach in eine eigene Fam. **Palparidae** zu stellen. Lit. →Planipennia; Eisenbeis & Wichard 1985; Dunn & Stabb 2005; Gepp 2010; Jones 2019.

Myrmica →Formicidae, D1; vgl. auch →Lycaenidae C6, →Myrmecophilidae, →Staphylinidae 16.

Myrmicaria →Formicidae D.

Myrmicidae →Formicidae D.

Myrmosidae; Fam. der Hautflügler (Hymenoptera, Apocrita, Vespiformes); auch als U-Fam. **Myrmosinae** zu den →→Mutillidae gestellt; in Eur 14, M-Eur 3 Arten, in Dt nur *Myrmosa atra* Panzer und *Paramyrmosa brunnipes* Lep.; wärmeliebende, kleine, wie bei den →Mutillidae auffallend geschlechtsdimorphe Wespen, ♀♀ deutlich kleiner (3–9 mm, ♂♂ 7–11 mm) und flügellos; die Larven leben als Parasitoide an Larven und Puppen kleiner sandbewohnender Grabwespen und Bienen (→Apoidea). Lit. →Hymenoptera.

Myrmoxenus →Formicidae, D12.

Myrmus →Rhopalidae.

Mystacides →Leptoceridae, →Trichoptera.

Mythicomyiidae →Diptera.

Myxophaga; Gruppe der Käfer (→Coleoptera); heimisch nur die Fam. →Sphaeriusidae.

Myzus →Aphididae 5, 8.

N

Nabidae, Sichelwanzen; Fam. der Wanzen (Heteroptera, Cimicomorpha) mit in Eur 37, M-Eur 18, Dt 16 Arten; mittelgroße (6–10, selten bis 12 mm), schlanke, fast ausschließlich **jagend** von anderen Insekten, Spinnen und Milben lebende Arten (Rüssel daher sichelartig gekrümmt, viergliedrig, vorstreckbar); manche *Nabis*-Arten bevorzugen Larven von Zikaden, auch von Schaumzikaden, als Beute; gelegentlich Kannibalismus; die Beute wird eifrig gesucht oder aus Lauerstellung angesprungen, beim Saugen oft mit den Vorderbeinen gehalten (Vorder- und Mittelschienen am Ende mit einer „Schwammsohle" aus dicht stehenden Hafthaaren); selten auch Saugen von Pflanzensäften; bei manchen Arten neben langflügeligen auch kurzflügelige Formen (z. B. *Prostemma guttula* F.); das Anreiben mit einem Borstenkamm der Hinterschiene an eine Borstenreihe oder -feld an einer paarigen Grube am Hinterleibsende bei den ♂♂ dient dem Versprühen von Pheromonen aus der Rektaldrüse. **Eiablage** mit dem Legebohrer in pflanzliches Gewebe; **Überwinterung** meist als Imago, seltener als Ei; 1 Generation im Jahr. Mit 2 leicht unterscheidbaren U-Fam.:

A. Prostemmatinae, mit 3 heimischen Arten, nur *Prostemma guttula* F. (im Süden) weiter verbreitet; kräftige, rot-schwarz gefärbte, auf Wanzen spezialisierte Bodenjäger; Vorderbeine mit verdickten und bedornten Schenkeln, als Raubbeine zum Festhalten auch deutlich größeren Beute ausgebildet; traumatische Insemination (Durchstechen der Vaginawand); überwintern als Imago.

B. Nabinae, mit 13 Arten in Dt; schlankere, als Imagines unauffällig graubraun bis schwärzlich gefärbte Wanzen (Seitenränder manchmal rötlich); jagen in (meist) niedriger Vegetation und am Boden. Regional häufig mehrere ähnliche Arten der Gttg. *Nabis* [**N-1**], z. B. *N. limbatus* Dahlb. (Flügel meist verkürzt; Überwinterung als Ei) und die Zwillingsarten *N. ferus* L. und *N. pseudoferus* Remane (Flügel lang; überwintert als Imago). Bemerkenswert ***Himacerus mirmicoides*** Costa (= *Aptus m.*): die 3 ersten Larvenstadien sehr ameisenähnlich [**N-2**], v. a. in Seitenansicht; Hinterleibsvorderende jederseits weißlich, dadurch Vortäuschen der Ameisentaille; die Imagines sind meist kurzflügelig, Ameisen unähnlich.

© Springer-Verlag GmbH Deutschland, ein Teil von Springer Nature 2026
E. Weber, H. Bellmann, *Jacobs|Renner – Biologie und Ökologie der Insekten*,
https://doi.org/10.1007/978-3-662-71153-8_14

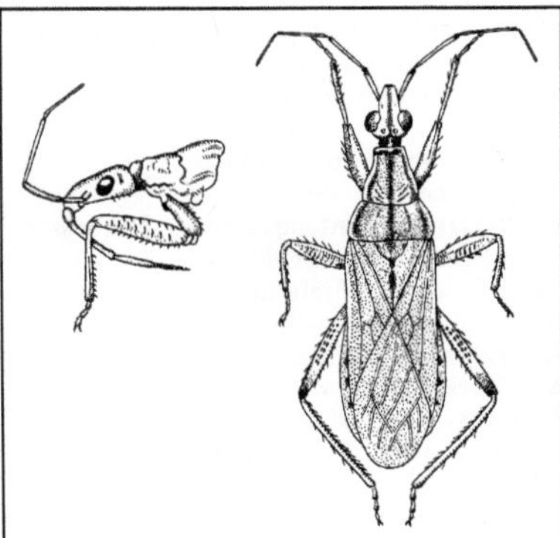

Abb. N-1: Nabidae: *Nabis ferus*, Sichelwanze. Links: Kopf in Seitenansicht

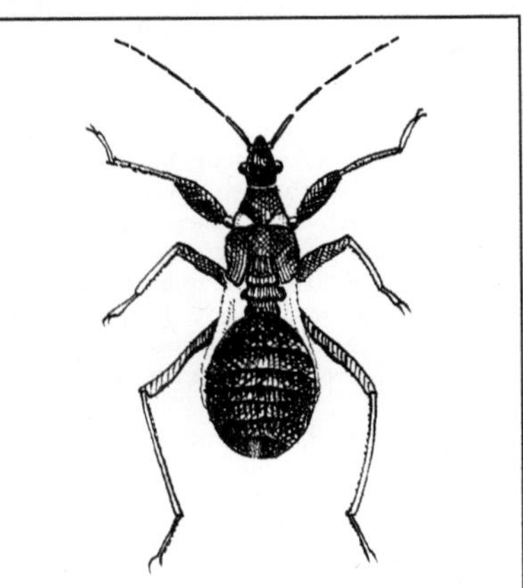

Abb. N-2: Nabidae: *Himacerus mirmicoides*. Larve. (Weber 1930)

Lit. →Heteroptera; Jordan 1962, 1972, Péricart 1987.

Nabis →Nabidae B.

Nacerda →Oedemeridae.

Nachmieter; Insekten, die vom ursprünglichen Besitzer verlassene Bauten oder Gallen als Wohnsitz annehmen; →Inquilinen.

Nachtigall-Grashüpfer, *Chorthippus biguttulus* L. →Acrididae B4.

Nachtlibelle →Myrmeleontidae.

Nachtschwalbenschwanz, *Ourapteryx sambucaria* L. →Geometridae C3.

Nachtviolenmotte, *Plutella porrectella* L. →Plutellidae 2.

Nackenstecher →Curculionidae H1.

Nacktfliegen →Psilidae.

Nadelkürzende Kieferngallmücke, *Thecodiplosis brachyntera* →Cecidomyiidae D7.

Nadelnknickende Kieferngallmücke, *Contarinia baeri* Prell →Cecidomyiidae D6.

Nagekäfer →Anobiidae.

Nagelfleck, *Aglia tau* L. →Saturniidae 3.

Nähfliege →Argidae 1.

Naiococcus →Pseudococcidae 4.

Nanna →Scathophagidae 3.

Nanophyes →Nanophyidae.

Nanophyidae, Zwergrüssler; Fam. der Käfer (Coleoptera, Polyphaga, Cucujiformia); zusammen mit den →Apionidae häufig zu den in Europa nur im Mittelmeergebiet vorkommenden **Brentidae** gestellt; in Eur 33, M-Eur 13, Dt 11 Arten; winzig (1,5–2,6 mm); wie →Curculionidae mit rüsselartig vorgezogenem Kopf und geknieten Antennen; Körper kugelig; gelb, oft mit ausgedehnter schwarzer Zeichnung; Käfer fressen an Lythraceae und Fetthenne; Larvenentwicklung (VII–VIII) je nach Art in Blüten, Früchten oder in selbsterzeugten selbst erzeugten Gallen am Stängel der Fraßpflanzen; Verpuppung ab Spätsommer am Fraßort der Larve; die Imago überwintert; häufiger nur *Nanophyes marmoratus* Gze., dessen Larve in Blüten des Blutweiderichs lebt.
Lit. →Coleoptera; Rheinheimer & Hassler 2010.

Napfschildläuse →Coccidae.

Napomyza →Agromyzidae.

Narbenzikaden, Ulopinae →Cicadellidae K.

Narzissenfliegen →Syrphidae 2, 3.

Nasenbremsen, Oestrinae →Oestridae A.

Nasendasseln, Oestrinae →Oestridae A.

Nasenschrecke, *Acrida ungarica* Herbst →Acrididae C.

Nashornkäfer, *Oryctes nasicornis* L. →Scarabaeidae D.

Nasonia →Pteromalidae 2.

Nasonov-Drüse →Apidae E3.

Nasuti →Isoptera.

Nasutitermes →Isoptera.

Naucoridae, Schwimmwanzen; Fam. der Wanzen (Heteroptera, Nepomorpha) mit in Eur 2 Arten, in M-Eur & Dt nur: *Ilyocoris cimicoides* L.; mittelgroß (12–15 mm), ähnlich einem Schwimmkäfer (jedoch mit wanzentypischen Merkmalen wie Saugrüssel und Hemielytren, →Heteroptera); Hinterbeine, in geringerem Ausmaß auch Mittelbeine, mit Schwimmhaaren besetzt; Vorderbeine sind Raubbeine: Schenkel verdickt, Schiene und Fuß können zusammengeklappt werden; Stigmen offen; Luftvorrat unter den Flügeln und am Körper; Luftschöpfen durch Berühren der Wasseroberfläche mit dem Hinterrücken; Flügel voll entwickelt, jedoch wegen der reduzierten Flugmuskulatur meist flugunfähig; v. a. in stehenden, vegetationsreichen Gewässern; Ausbreitung durch nächtliche Wanderungen. **Ernährung** jagend: als Larven von Mückenlarven, Wasserflöhen u. Ä., als Imagines auch von Amphibienlarven und Jungfischen; Schnabelstiche für den Menschen schmerzhaft. Geschickte Schwimmer (Rücken oben); die ♂♂ **zirpen** in der Fortpflanzungsperiode; Zirporgane anscheinend dorsal zwischen 6. und 7. Abdominalsegment. **Fortpflanzung** im Frühling; Eiablage mit Legebohrer in Pflanzen. **Überwinterung** als Imago an Land oder im Wasser; 5 Larvenstadien; vermutlich 1 Generation im Jahr.
Lit. →Heteroptera; Wesenberg-Lund 1943.

Nausibius →Silvanidae C.

Neanura →Neanuridae.

Neanuridae; Fam. der Springschwänze (Collembola, Poduromorpha) mit in Eur ± 325, M-Eur ± 95, Dt 36 Arten; eher größere, pummelige Springschwänze mit kurzer oder rückgebildeter Sprunggabel; Körper oft pigmentiert, manche (*Neanura*) mit beborsteten Höckern; oft in Böden; Mandibeln ohne Kauplatten (bei den manchmal als eigene Fam. **Brachystomellidae** abgetrennten winzigen Springschwänzen der Gttg. *Brachystomella* mit 3 Arten in Eur und M-Eur fehlt die Mandibel); häufig im Holzmoder u. Ä. die graublaue *Neanura muscorum* Templ. (2–3 mm); im Eulitoral *Anurida maritima* Guér. (2–3 mm; schwarz): sucht bei Niedrigwasser Aas auf der freien Wattfläche, während der Überflutungszeiten zu mehreren Dutzenden dicht gedrängt auf der Unterseite flacher Steine, jedes Kollektiv wegen der Unbenetzbarkeit der Kutikula von einer gemeinsamen Luftblase umgeben. Ähnlich die bei uns seltenen **Odontellidae** mit in Eur ± 45, M-Eur 12, Dt 6 Arten; Fühler jedoch konisch, Körperhinterende mit 2 kleinen Dornen.
Lit. →Collembola.

Nebenwirt →Sekundärwirt.

Nebliger Schildkäfer, *Cassida nebulosa* L. →Chrysomelidae E.

Nebria →Carabidae.

Nebriinae →Carabidae C.

Necrobia →Cleridae 6.

Necrophilus →Agyrtidae 1.

Necrophorus →Staphylinidae K.

Necydalis →Cerambycidae, C4.

Neelidae, Zwergspringer; Fam. der Springschwänze (Collembola, Neelipleona) mit in Eur ± 25, M-Eur 13, Dt 4 Arten; winzige, meist nur etwa 0,5 mm lange, kugelige, blinde Arten; Antennen kurz; unter moderndem Holz und in humosem Boden.
Lit. →Collembola.

Neelipleona →Collembola 2.

Nehalennia →Coenagrionidae 1.

Neides →Berytidae 1.

Neididae; Synonym zu →Berytidae.

Nektarraub; Bezeichnung für das seitliche Aufbeißen von Blüten mit tief liegendem Nektar (aufgrund von Erfahrung an günstiger Stelle), um Nektar entnehmen zu können; bei (Vogel-)Blumen, die ursprünglich bei uns nicht heimisch sind; die Pflanze wird beim N. nicht bestäubt; z. B. bei kurzrüsseligen Hummeln; →Apidae D1, E1.

Nelkeneulen, *Hadena* →Noctuidae 26.

Nemadus →Leiodidae C.

Nemapogon →Tineidae 5, 6.

Nemapogoninae →Tineidae.

Nematocera, Mücken; →Diptera.

Nematus →Tenthredinidae 22.

Nemeobiidae, Nemeobiinae →Riodinidae.

Nemestrinidae, Netzfliegen; Fam. der Zweiflügler (Diptera, Brachycera) mit in Eur 13 Arten, 2 Arten erreichen das südl. M-Eur: *Hirmoneura obscura* Wied. (13–15 mm) und *Fallenia fasciata* F. (9 mm; [**N-3**]); recht stattliche (9–24 mm), robuste, hummelartig behaarte Fliegen, z. T. mit Netzgeäder nahe der Flügelspitze (deutscher Name). Verbreitet v. a. in warmen Trockengebieten; Imagines kurzlebig; fliegen mit hohem Summton; können nach Art der Wollschweber (→Bombyliidae) rüttelnd aus den Blüten Nektar saugen; der Rüssel erreicht bei manchen Arten das 4-fache Fache der Körperlänge. Im Sommer **Eiablage** in Spalten an Holz oder am Boden (4000–5000 Eier je ♀). Die **Larve** von *Hirmoneura* parasitoid bei der Larve des Junikäfers (*Amphimallon solstitialis*, →Scarabaeidae C3) in Wiesenböden (Wirtsfindung?), vielleicht auch bei anderen Scarabaeiden-Larven; die Larven mancher mediterraner Arten parasitieren in Heuschrecken; 4 Larvenstadien, von verschiedener Gestalt [**N-4**]: die winzigen, frei beweglichen Junglarven können offenbar vom Wind weggeblasen werden und müssen dann einen geeigneten Wirt finden, in den sie eindringen; das 2. und 3. Stadium walzenförmig, mit glatter, dünner Kutikula; das gedrungene 4. Stadium verlässt den Wirt im Herbst und überwintert in der Erde. **Verpuppung** im Frühjahr.
Lit. →Diptera.

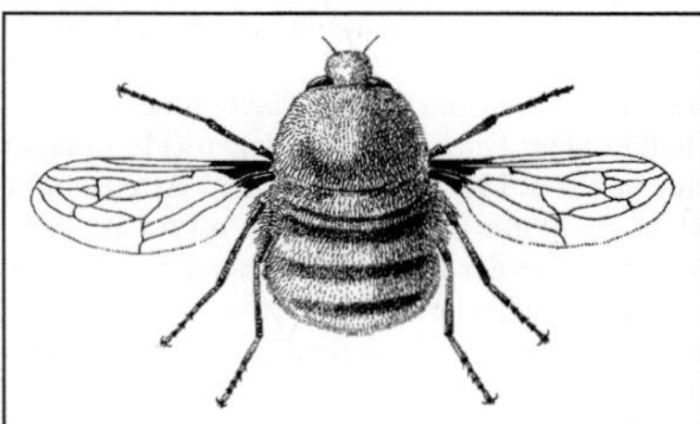

Abb. N-3: Nemestrinidae: *Fallenia fasciata.* ♂, 9 mm. (Séguy 1951a)

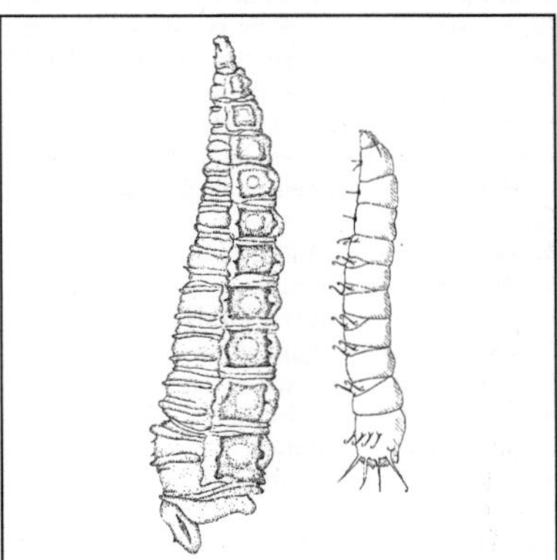

Abb. N-4: Nemestrinidae: *Hirmoneura obscura.* Rechts: junge Larve (ca. 1,5 mm), ventral-seitlich; links: erwachsene Larve. (Brauns 1954a, 1991)

Nemobiidae, Nemobiinae, *Nemobius* →Trigoniidae A.

Nemognatha →Meloidae.

Nemonyx →Nemonychidae.

Nemonychidae; Fam. der Käfer (Coleoptera, Polyphaga, Cucujiformia); früher zu den →Curculionidae gestellt; in Eur & Dt nur *Nemonyx lepturoides* F. (4,3–6 mm); ähnlich den Curculionidae, Kopf zu dickem Rüssel ausgezogen; Körper dicht behaart; Antennen nicht gekniet; Klauen gezähnt; am Acker-Rittersporn (*Consolida*): Imagines (VI–VII) fressen Pollen und Nektar; Eiablage in die Samenkapseln; Larven fressen die Samen; nach 2–3 Wochen öffnen sich die Samenkapseln, die ausgewachsenen Larven fallen zu Boden und graben sich eine Puppenkammer, um in einem Kokon (Vorpuppe) zu überwintern; Verpuppung im Frühjahr;
Lit. →Coleoptera; Rheinheimer & Hassler 2010.

Nemophora →Adelidae.

Nemosoma →Trogossitidae E; vgl. auch →Curculionidae P.

Nemoura →Nemouridae; →Plecoptera.

Nemouridae; Fam. der Steinfliegen (Plecoptera) mit in Eur ± 135, M-Eur 45, Dt 32 Arten; meist klein (4–10 mm); düster gefärbt, oft rot am Hinterleib; Reste der larvalen Tracheenkiemen sind bei den Imagines mancher Arten noch erhalten, z. B. ventral an der Vorderbrust von *Protonemura;* die *Protonemura*-Larven v. a. in Gebirgs- und Quellbächen, die der artenreichen Gttg. *Nemoura* in verschiedensten, z. T. sogar in stehenden Gewässern. Die Larven der meisten Arten zerkleinern groben Detritus, andere sammeln feinere Reste; Algen können wichtiger Bestandteil der Nahrung sein (*Amphinemura sulcicollis* Steph.); Generation 1-jährig. Beispiele: *Protonemura lateralis* Pict. (5–7 mm), an Gebirgsbäche oberhalb von etwa 700 m gebunden; *Nemoura cinerea* Retz. (6–9 mm), häufigste heimische Steinfliege. Lit. →Plecoptera.

Nemozoma →Trogossitidae E.

Neocnemodon →Syrphidae.

Neocoenorhinidius →Rhynchitidae 3.

Neocoenorrhinus →Rhynchitidae 2.

Neocrepidodera →Chrysomelidae L2.

Neodiprion →Diprionidae A3.

Neogonatopus →Dryinidae.

Neohybothorax →Chalcididae 4.

Neoitamus →Asilidae.

Neoleucopis →Chamaemyiidae.

Neometabolie; unvollständige Verwandlung (→Hemimetabolie) mit verzögertem Auftreten von äußeren Flügelanlagen und Genitalanhängen erst im letzten oder in den beiden letzten Larvenstadien (Pronymphe und Nymphe); manchmal puppenähnliche larvale Ruhestadien; i. d. R. werden unterschieden: 1) **Homometabolie;** nur 1 Nymphenstadium; geflügelte ♀♀ der →Adelgidae und →Phylloxeridae. 2) **Remetabolie;** 1 Pronymphen- und 1 oder 2 halb ruhende Nymphenstadien; →Thysanoptera. 3) **Parametabolie;** mit 2 abgeplatteten Larvenstadien ohne Flügelanlagen und je 1 beweglichen oder unbeweglichen Pronymphen- und Nymphenstadium, die keine Nahrung aufnehmen; ♂♂ der →Coccina. 4) **Allometabolie;** alle Larven ohne äußere Flügelanlagen, aus dem letzten (4.) Stadium schlüpft die geflügelte Imago; →Aleyrodina; hier ist die Flügelentwicklung unter allen Insekten am weitesten hinausgezögert.

Neoneurini; Gattungsgruppe der →Braconidae A.

Neophilaenus →Aphrophoridae 3; vgl. auch →Pipunculidae.

Neopsylla →Siphonaptera.

Neoptera; →monophyletische Gruppe aller Insekten-Ordgn., bei denen (wenigstens ursprünglich) die Flügel durch entsprechende Umbildungen des Flügelgelenks in der Ruhe flach zurückgelegt werden können; Schwestergruppe entweder der →Palaeoptera oder der →Odonata (s. →Metapterygota); mit den Teilgruppen →Polyneoptera, →Psocodea, →Condylognatha und →Holometabola; übergeordnete Gruppe: →Pterygota.

Neopyrochroa →Pyrochroidae.

Neotenie; verfrühtes Auftreten der Geschlechtsreife in Stadien mit noch mehr oder weniger deutlichen larvalen (bisweilen auch pupalen) Merkmalen; v. a. bei ♀♀; kann sich nicht nur in larvenähnlichen ♀-Formen, sondern auch in einer geringeren Häutungszahl bei der ♀-Entwicklung äußern (→Coccina; →Strepsiptera); Sonderfall: **Pädogenese,** parthenogenetische Fortpflanzung in einem Larvenstadium (→Cecidomyiidae).

Neotenin →Juvenilhormon; →Metamorphose.

Neottiophilidae, Nestfliegen; Fam. der Zweiflügler (Diptera, Brachycera, Cyclorrhapha), auch als U-Fam. **Neottiophilinae** zu den →Piophilidae gestellt; weltweit nur 2 Arten, beide auch in M-Eur: *Neottiophilum praeustum* Meig. und *Actenoptera hilarella* Zett.; ziemlich selten; mittelgroß (8–10 mm); gelblich gefärbt; beide Arten bemerkenswert durch die Lebensweise ihrer fast nackten Larven: leben in Nestern v. a. von Singvögeln, saugen als Ektoparasiten an den Nestlingen Blut; bei starkem Befall (zuweilen über 100 Larven in einem Nest) können die Jungvögel zugrunde gehen. Lit. →Diptera.

Neottiophilum →Neottiophilidae.

Neozephyrus →Lycaenidae A2.

Nepa →Nepidae.

Nephrocerus →Pipunculidae.

Nephrotoma →Tipulidae 4.

Nepidae, Skorpionswanzen [N-5]; Fam. der Wanzen (Heteroptera, Nepomorpha); von den 5 europäischen Arten 2 in M-Eur & Dt: *Nepa cinerea* L., Wasserskorpion (ca. 20 mm ohne Atemrohr): flach, verhältnismäßig verhältnismäßig breit; gelblich oder bräunlich, Hinterleibsrücken rötlich; *Ranatra linearis* L., Stabwanze, Wassernadel (ca. 35 mm ohne Atemrohr): sehr schlank, ähnlich einer Stabheuschrecke; graubraun, Hinterleibsrücken ebenfalls rötlich. *Nepa* mehr in flachem Wasser, am Boden, oft etwas von Schlamm bedeckt; *Ranatra* mehr zwischen Wasserpflanzen, hier durch ihre Gestalt optisch gut getarnt; beim Laufen im Wasser werden i. d. R. nur die Mittel- und Hinterbeine benutzt (bei *Nepa* am Land oder am Boden von tieferem Wasser auch

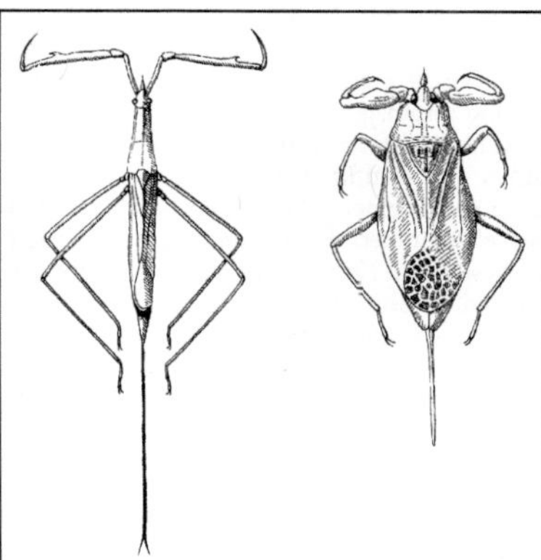

Abb. N-5: Nepidae. Links: *Ranatra linearis*, Stabwanze; ca. 40 mm; rechts: *Nepa rubra*, Wasserskorpion; ca. 23 mm. (Eidmann 1941)

die Vorderbeine, dabei alternierendes Bewegen der Beine eines Segments). Beide Arten sind fähig zum **Schwimmen**; Schienen der Mittel- und Hinterbeine bei *Nepa* mit schwachem, bei *Ranatra* mit kräftigerem Besatz von Schwimmhaaren, entsprechend schwimmt *Nepa* selten und schlecht, *Ranatra* häufiger und besser; i. d. R. werden die Beine des gleichen Körperabschnittes gleichzeitig und gleichsinnig bewegt, jedoch die Mittel- und Hinterbeine nacheinander (Vorderbeine meist nicht benutzt). **Luftschöpfen** an der Wasseroberfläche: bei der Larve hinten mit einem kurzen, unpaaren, schaufelförmigen Atemrohr am Hinterende, die Luft wird in 2 von Haarzeilen überdeckte Rinnen geführt, die ventral am Hinterleib nach vorn ziehen und in die die offenen Hinterleibs- und Bruststigmen münden; die Imago hinten mit einer langen Atemröhre, die aus 2 Halbröhren (Fortsätzen des 8. Abdominalsegments) gebildet werden; das an die Wasseroberfläche gebrachte Ende mit wasserabstoßenden Härchen besetzt; nur das vorderste und hinterste Hinterleibsstigma und die beiden Bruststigmen sind für den Gasaustausch offen; Luftvorrat unter den Deckflügeln; wird von *Nepa* beim Abtauchen zum Vermindern des Auftriebs durch Auspressen verringert. Beide **Flügel**paare gut ausgebildet; der Vorderflügel (Deckflügel) in Ruhelage durch eine besondere Vorrichtung an der Brust fixiert; *Ranatra* fliegt oft, *Nepa* sehr selten (Flugmuskeln meist stark rückgebildet). **Lauerjäger** mit zu Raubbeinen umgebildeten Vorderbeinen: Hüfte verlängert (v. a. bei *Ranatra*),

Schiene und kurzer Fußteil klappmesserartig in eine Längsrinne am Schenkel einschlagbar; fangen in passendem Abstand vorüberkommende andere Tiere; Beutefang bei *Ranatra* optisch ausgelöst durch Größe, Bewegungsform und Geschwindigkeit des sich nähernden Beutetiers, bei *Nepa* auch durch Erschütterungen; für den Fang wird der Körper am Platz langsam auf die Beute gerichtet, dann blitzschneller Fangschlag [**N-7**] (ca. 3/1000 s), meist mit einem Bein; mit dem anderen Fangbein kann geholfen oder u. U. eine andere Beute gefangen werden; Einstechen des Rüssels nach Abtasten; Stich für die Beute tödlich, für Menschen schmerzhaft. Beide Arten mit eigenartigen **Schweresinnesorganen**, die das Wahrnehmen von Lageveränderungen im Raum gestatten, bei Larven und Imagines verschiedenen; Larve: in der äußeren Haarzeile am Rande der Luftrinnen unten am Hinterleib sind Abschnitte mit Sinnesborsten verteilt; bei Veränderung der Körperneigung verschiebt sich die Luftsäule in den Rinnen, wodurch jeweils andere Sinnesborsten gereizt werden; Imago: ventral stehen am 4.–6. Abdominalsegment jeweils 1 Sinnesorgan aus schildförmigen Sinnesborsten neben den fast ganz geschlossenen Stigmen; die Sinnesborsten sind unterlagert von einem Luftpolster, das durch einen Stigmenschlitz mit den Haupttracheenästen im Körperinneren in Verbindung steht; bei einer Veränderung der Körperneigung verschiebt sich die Luftsäule in den Tracheen, wodurch der Druck auf die Sinnesborsten der 3 Segmente verändert wird. *Ranatra* mit **Zirporgan** [**N-6**]. Begattung meist

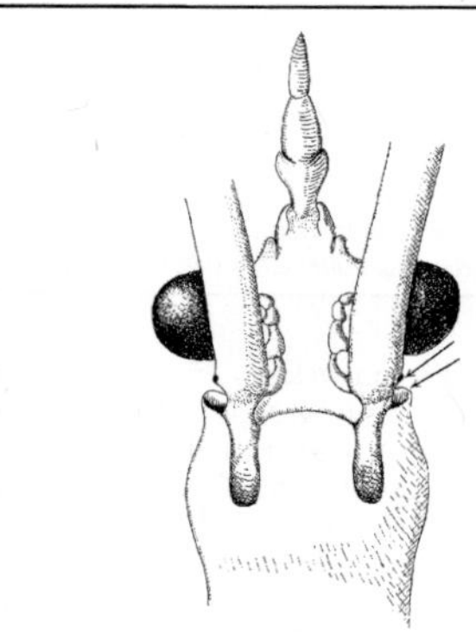

Abb. N-6: Nepidae: *Ranatra* spec., Stabwanze. Kopf und Prothorax von unten; Zirporgan: Der Zapfen auf der Hüfte des Vorderbeines (oberer Pfeil) wird gegen die geriefte Innenseite des Prothorax-Vorderrandes (unterer Pfeil) gerieben. (Weber 1930)

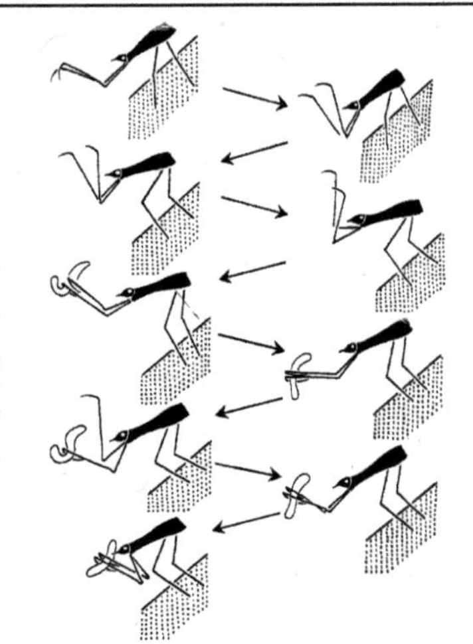

Abb. N-7: Nepidae: *Ranatra linearis*, Stabwanze. Schema der Fanghandlung der Imago. (Cloarec 1969)

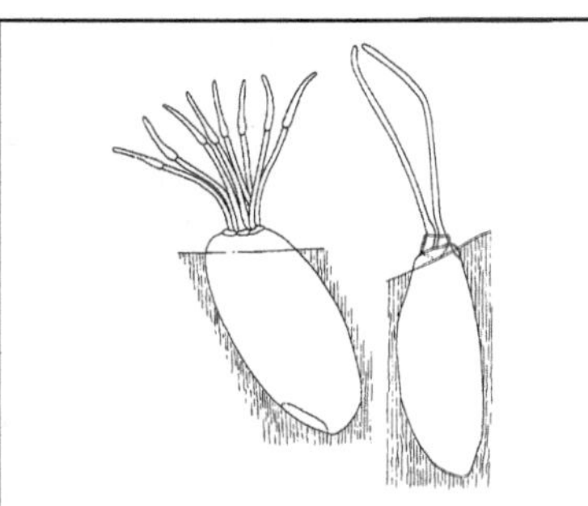

Abb. N-8: Nepidae: Ei von *Nepa cinerea*, Wasserskorpion (links), und *Ranatra linearis*, Stabwanze (rechts). (Tamanini 1979)

im Frühling; **Eier** in weiches Pflanzenmaterial eingedrückt; sie tragen bei *Nepa* 6–9, bei *Ranatra* 2 frei ins Wasser ragende fadenförmige Atemanhänge; deren distales Drittel mit →Plastron, steht mit einer Luftschicht der Eischale in Verbindung [**N-8**]; 5 Larvenstadien; 1 Generation im Jahr; **Überwinterung** als Imago, wohl häufiger im Wasser als an Landauf dem Lande.
Lit. →Heteroptera.
Nepomorpha →Heteroptera.
Nepticulidae, Zwergmotten; Fam. der Schmetterlinge (Lepidoptera, Glossata, Nepticuloidea)

mit in Eur ± 265, M-Eur ± 160, Dt 121 Arten, davon in M-Eur mehr als die Hälfte zur Gttg. *Stigmella*; die kleinsten Falter (3–7 mm Flspw.); die lang befransten Flügel oft sehr schön gefärbt, in Ruhe dachförmig angelegt; Rüssel rückgebildet; das Grundglied (Scapus) der kurzen Antenne zu einem die Augen beschattenden Deckel verbreitert. **Räupchen** meist spezialisiert auf bestimmte Nahrungspflanzen; minieren in Blättern, Samen, Rinde; bei manchen Arten der Gttg. *Ectoedemia* gallenbildend; Beine fast oder ganz rückgebildet; Larvenzeit bei manchen Arten nur wenige Tage; **Überwinterung** meist als Larve im Kokon; **Verpuppung** außerhalb der Mine, meist in einem Kokon zwischen Falllaub oder im Boden, auch an Rinde;
   1. *Etainia sericopeza* Zell. (= *Ectoedemia ser.*), Ahornminiermotte; 2–3 Generationen im Jahr; Lebensweise der Raupen der 1. Generation unbekannt; 2. und 3. Generation: Eiablage an die Samenflügel des Spitzahorns (*Acer platanoides*); Räupchen miniert in den Flügeln in Richtung Samenkammer [**N-9**], in die es eindringt; vernichtet den Samen, Frucht fällt vorzeitig ab; Überwinterung am Baum im linsenförmigen Gespinstkokon, der dann durch einen Puppenkokon ersetzt wird; dieser mit Spalt, in den sich die bewegliche Puppe vor dem Schlüpfen des Falters hineinzwängt.
   2. *Stigmella anomalella* Goeze, Rosenminiermotte; Raupe rötlich gelb, miniert in den grünen Blättern; Mine sehr lang [**N-10**], beginnt am Eiplatz auf der Blattunterseite.
   3. *Stigmella centifoliella* Zell., Rosenminiermotte; Eiablage ebenfalls an der Blattunterseite von Rosen; Mine [**N-11**] kürzer.
Lit. →Lepidoptera; Brauns 1991; Emmet 1976; Hering 1953, 1957; Nieukerken 1986.
Nesselfalter, *Aglais urticae* L. →Nymphalidae C2.
Nestfliegen →Neottiophilidae.
Nestkäfer →Leiodidae C.
Netzfalter, *Araschnia levana* L. →Nymphalidae C6.
Netzfliegen →Nemestrinidae.
Netzflügler; i.e. S. →Planipennia; i. w. S. →Neuroptera.
Netzmücken →Blephariceridae.

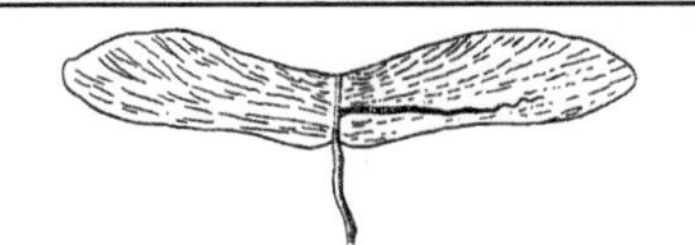

Abb. N-9: Nepticulidae: *Etainia sericopeza*, Ahornminiermotte. Mine in Ahorn-Samenflügel. (Hering 1953)

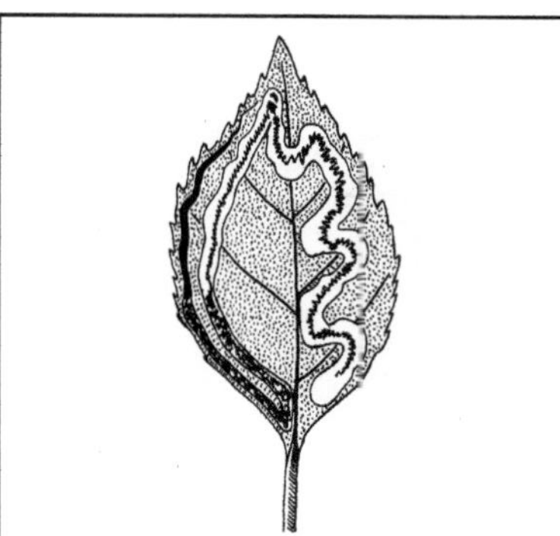

Abb. N-10: Nepticulidae: *Stigmella anomalella*, Rosenminiermotte. Mine in Rosenblatt. (Hering 1953)

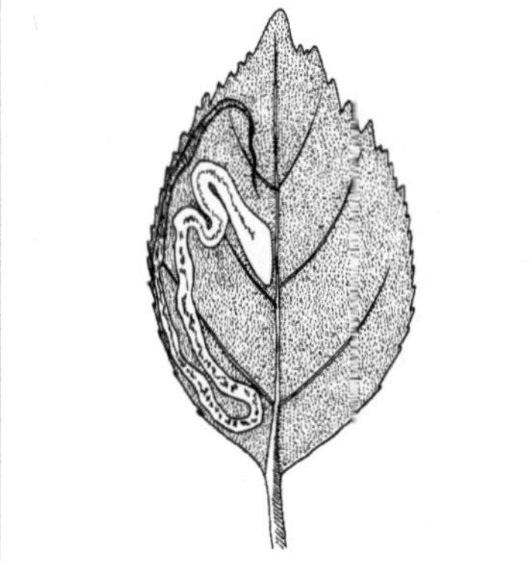

Abb. N-11: Nepticulidae: *Stigmella centifoliella*. Mine in Rosenblatt. (Hering 1953)

Netzwanzen →Tingidae.
Neureclipsis →Polycentropodidae; →Trichoptera.
Neuroptera, Neuropterida, Neuropteroida, Neuropteroidea; Netzflügler; Bezeichnungen für eine monophyletische Teilgruppe der →Holometabola mit den Ordgn →Megaloptera, →Raphidioptera und →Planipennia; die Bezeichnung Neuroptera wird stattdessen oft für die Planipennia verwendet.
Neuroterus →Cynipidae 5.
Neurotoma →Pamphiliidae A3.
Newsteadia →Ortheziidae, →Coccina.
Nicoletiidae →Zygentoma B.
Nicrophorus →Staphylinidae K1.
Nierenfleck, *Thecla betule* L. →Lycaenidae A1.

Niptus →Ptinidae 2.
Nissen →Anoplura.
Nistfliegen →Milichiidae.
Nitela →Crabronidae B.
Nitidula →Nitidulidae D.
Nitidulidae, Glanzkäfer; Fam. der Käfer (Coleoptera, Polyphaga, Cucujiformia) mit in Eur ± 230, M-Eur ± 150, Dt 127 Arten; durchweg klein (2–7 mm); i. d. R. oval, mäßig gewölbt; oft glänzend dunkelbraun oder schwarz; Spitze des Hinterleibs bei den meisten nicht von den Flügeldecken bedeckt, bei den Carpophilinae sogar mehr als 1/3 des Hinterleibs unbedeckt; im Gegensatz zu den nächstverwandten →Kateretidae und →Cybocephalidae mit meist kugeliger Fühlerkeule; Lebensweise recht verschieden (s. U-Fam.), Käfer und Larven jedoch meist im gleichen Lebensraum. In Dt 5 U-Fam.:
A. Cryptarchinae; bei uns 9 Arten; unter Rinde, in Käfergängen oder an Baumsaft.
B. Carpophilinae; heimisch *Carpophilus sexpustulatus* F.; unter feuchter Laubholzrinde; frisst Exkremente von Borkenkäfern (→Curculionidae P). Weitere Arten der Gattung *Carpophilus* in Dt mit getrockneten Früchten und anderen pflanzlichen Produkten immer wieder eingeschleppt, 3–5 Arten inzwischen eingebürgert, darunter der weltweit verbreitete *C. hemipterus* L. (2–4 mm): Flügeldecken lassen Hinterleibsende frei; an faulendem Obst, auch an Baumsäften und in *Cossus*-Bohrlöchern (→Cossidae).
C. Epuraeinae, mit 34 heimischen Arten v. a. der Gttg. *Epuraea*; wohl überwiegend Pilzfresser, oft in Borkenkäfergängen oder an Baumsaft, auch an toten verpilzten Borkenkäferlarven (eine jagende Lebensweise vermutet, jedoch bisher nicht nachgewiesen); Imagines auch auf Blüten.
D. Nitidulinae, mit 19 Arten in Dt; teils an Knochen und Aas (*Nitidula, Omosita*), teils mykophag, z. B. *Pocadius* und *Physoronia* in Staubpilzen (Lycoperdaceae), *Thalycra fervida* Oliv. in Wurzeltrüffeln (Rhizopogonaceae), *Soronia grisea* L. an Hefen in ausfließenden Baumsäften oder gärenden Pflanzenresten; Imagines von *Cychramus luteus* F. auch an Blüten; *Amphotis*-Arten suchen die Nähe von Ameisen, z. B. auch unter Rinde; die Imagines der heimischen Art *A. marginata* F. treiben sich nachts, vielleicht durch den Duft angelockt, an Ameisenstraßen herum, betteln mit Antennentrillern oft mit Erfolg die Ameisen (*Lasius,* →Formicidae C3) um Nahrung (→Honigtau) an; zuweilen an geräucherten Fleischwaren schädlich: *Nitidula bipunctata* L., Zweigepunkteter Glanzkäfer (3–5 mm); schwarzbraun, auf jeder Flügeldecke ein rötlicher Punkt; an Knochen, Häuten, trockenem Aas; die Larve überwintert.

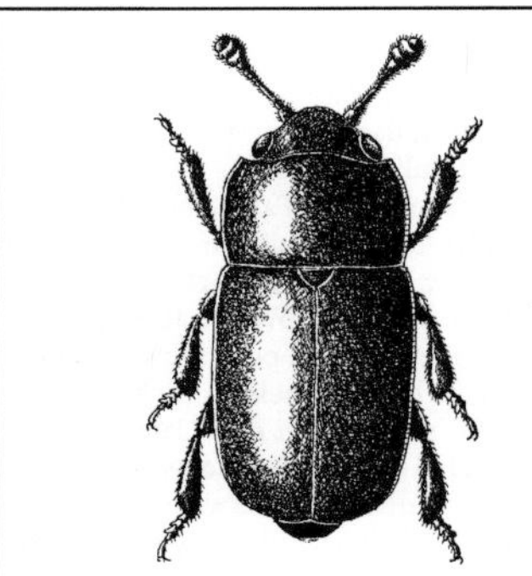

Abb. N-12: Nitidulidae: *Brassicogethes aeneus*, Rapsglanzkäfer. 1,5–2,7 mm. (Bechyně 1954)

E. Meligethinae, mit 61 heimischen Arten; Imagines und Larven Pollenfresser in Blüten (möglicherweise Bestäuber, Transport des Pollens in dorsalen Mandibelgruben?); einige Arten an Kulturpflanzen schädlich, v. a. ***Brassicogethes aeneus*** F. (= *Meligethes ae.*), Rapsglanzkäfer [**N-12**]: schwarz, oben mehr oder weniger metallisch-grün glänzend; Knospenschädling an Raps; frisst zunächst an Knospen (die dann abfallen), später v. a. Pollen und Nektar in den Blüten; auch an anderen Brassicaceae, blühenden Sträuchern und Bäumen; Eiablage einzeln in Knospen (pro ♀ bis 400 Eier); die Larve →oligophag in Brassicaceae; frisst v. a. Pollen, seltener auch an jungen Schoten; 3 Larvenstadien [**N-13**], die Altlarven lassen sich zu Boden fallen, verpuppen sich in wenigen Zentimetern Tiefe im Boden in einer kleinen Höhle; Schlüpfen der Jungkäfer nach 11–12 Tagen im Sommer; der Käfer überwintert am Boden (ab IX), oft in Wäldern unter Laub; im Frühling (bei Temp. von 9 °C und mehr) Abwanderung auf verschiedene Blüten, in ihnen Reifefraß insbesondere der ♀♀ zur Entwicklung der Keimdrüsen; schließlich Abflug zu den Brutpflanzen.
Lit. →Coleoptera; Sorauer 1949–57.
Noctua →Noctuidae 13, 14.
Noctuidae, Eulenfalter; Fam. der Schmetterlinge (Lepidoptera, Glossata, Noctuoidea) mit in Eur ± 1070, M-Eur ± 570, Dt ± 460 Arten; einige der früher hierher gestellten U-Fam. sind näher mit Bären- und Trägspinnern verwandt (→Erebidae); klein bis sehr stattlich, die meisten mittelgroß mit einer Flspw. von 30–50 mm; Saugrüssel von sehr verschiedener Länge, i. d. R. jedoch sehr gut ausgebildet und zum Nektarsaugen geeignet; Rückbildungen verschiedensten Grades bis zum vollkommenen Fehlen (*Tholera, Diloba*) kom-

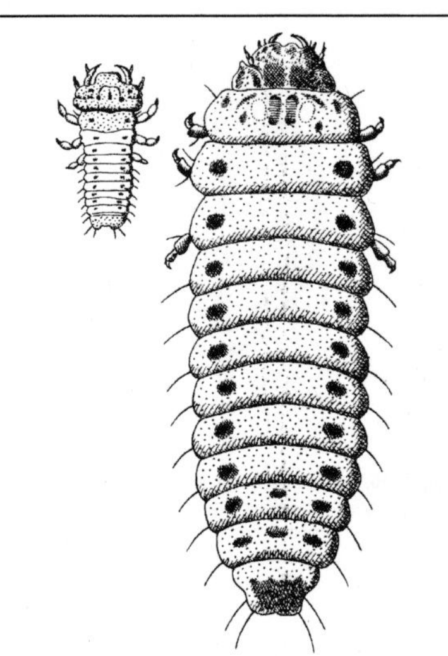

Abb. N-13: Nitidulidae: *Brassicogethes aeneus*, Rapsglanzkäfer. Links: Junglarve, ca. 1 mm; rechts: Altlarve, 4 mm. (Nolte 1954)

men vor; das Flugvermögen ist i. d. R. gut (bei der hochalpinen Art *Agrotis fatidica* Hbn. ist das ♀ flugunfähig); Vorderflügel meist recht schmal, schmaler als die i. d. R. deutlich kürzeren Hinterflügel [**N-23**]; Bindevorrichtung zwischen Vorder- und Hinterflügel (Frenulum und Retinaculum, →Lepidoptera) gut ausgebildet; Zeichnung der Vorderflügel fast durchweg lebhafter als die der Hinterflügel (Ausnahme: bei *Noctua* Hinterflügel schwarz und gelb; vielleicht ein Warnmuster, das in Ruhe von den Vorderflügeln verdeckt und einem Störenfried plötzlich vorgezeigt wird); Zeichnungsmuster der Vorderflügeloberseite sehr variabel, aber auf ein einheitliches „Eulenschema" [**N-14**] zurückführbar; i. d. R. handelt es sich um ein Tarnkleid, das den ruhenden Falter in natürlicher Umgebung fast verschwinden lässt; in manchen Gruppen gleichwohl lebhafte Färbung oder Zeichnung der Vorderflügel (Malachiteule, *Staurophora celsia* L., mit großen malachitgrünen Flecken; Goldeulen, z. B. *Diachrysia chrysitis* L. [Messingeule] und Verwandte, mit messingglänzenden Flecken); Flügel in Ruhelage mehr oder weniger steil dachförmig auf den Rücken zurückgelegt, Hinterflügel von den Vorderflügeln bedeckt; bei den Moderholzeulen (z. B. *Xylena exsoleta* L.) Flügel dicht am Körper, sodass das entsprechend gezeichnete Tier einem

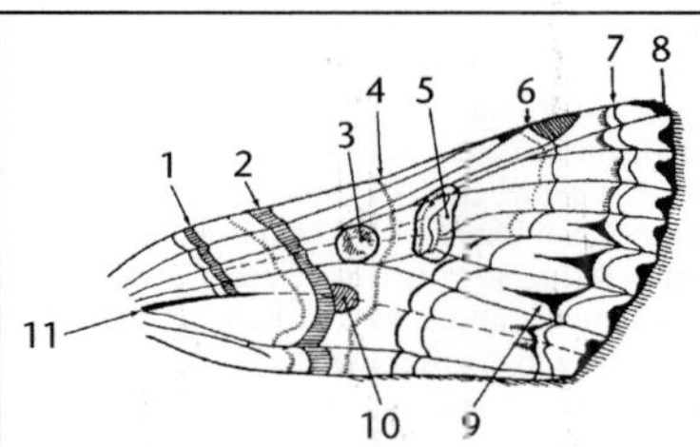

Abb. N-14: Noctuidae: „Eulenzeichnung" des Vorderflügels (Schema). 1: basale Querlinie; 2: innere Querlinie; 3: Ringmakel; 4: Mittelschatten; 5: Nierenmakel 6: äußere Querlinie; 7: Wellenlinie; 8: Saumfleck; 9: Pfeilflecke; 10: Zapfenmakel; 11: Wurzelstriemen. (Forster & Wohlfahrt 1954–81)

modernden Holzstückchen gleicht; ein mit Trommelfell versehenes Hörorgan (**Tympanalorgan**) liegt jederseits am Ende der Brust; spricht bereits aus ca. 30 m Abstand auf die Ultraschall-Laute von Fledermäusen an; Reaktion: Flucht, Kursänderung, Sichfallenlassen; ermöglicht wenigstens einem Teil der Falter das Entkommen. Fast durchweg Dämmerungs- und Nachtflieger, manche Arten aber auch regelmäßig tags unterwegs; einige Arten der U-Fam. Xyleninae („Wintereulen", z. B. *Eupsilia*) fliegen im Winter noch bei Temperaturen nahe 0 °C (die Imagines sterben im folgenden Frühjahr; Raupen fressen schon im zeitigen Frühjahr an Knospen von Bäumen); vor dem Fliegen erzeugen die Imagines durch Muskelzittern (gleichzeitiges Kontrahieren der Heber- und Senkermuskeln der Flügel) im Thorax eine Körpertemperatur von 30 °C; Isolation des Thorax gegen Wärmeverlust nach außen durch besonders dichten Besatz mit Flaum aus haarförmig abgeänderten Schuppen, nach dem Abdomen hin durch abtrennende Luftsäcke an der Abdomenbasis und durch 2 Wärmetauscher: in der Abdomenbasis und entlang einer Schleife der Aorta im Thorax erwärmt die im Thorax aufgewärmte Hämolymphe die aus dem Abdomen kommende, kältere Hämolymphe in der Aorta. Die meisten Arten **saugen** Nektar. Manche Arten, z. B. *Autographa gamma* L. (Gammaeule) und *Peridroma saucia* Hbn., legen als aus dem Süden zufliegende **Wanderfalter** beachtliche Strecken zurück; bei einigen Arten **stridulieren** die ♂♂: entweder durch Anstreichen der Beine oder Antennen an speziell strukturierten Teilen der Vorderflügel oder (*Rileyiana fovea* Tr., SO-Eur, eine erst im Oktober fliegende Art) durch Reiben einer Schrillleiste auf dem 1. Tarsalglied der Hinterbeine an einer nach ventral vorragenden, blasigen Vorwölbung des Hinterflügels (5 × 2 mm); die Laute dienen

(vermutlich) der Anlockung oder Stimulation der ♀♀; sie werden produziert, während die Paare 10–20 min lang fliegend Bäume umtanzen; bei den ♀♀ Drüsen am Hinterleibsende, die einen **Sexuallockstoff** für das ♂ absondern (bei einigen Arten nachgewiesen, vermutlich allgemein vorhanden). **Eier** meist einzeln an den oder in der Nähe der Nährpflanzen abgesetzt, zuweilen aber auch als Gelege in bestimmter Ordg. [**N-17**]; **Raupen** häufig scheinbar nackt [**N-15**], da nur schwach beborstet; zuweilen mit Höckern oder Warzen, auch mehr oder weniger stark behaart (z. B. die Haareulenraupen der Gttg. *Acronicta* [**N-16**]); bei manchen Arten sind in den frühen Stadien oder ständig die Afterfußpaare der Abdominalsegmente 3 und 4 nicht ausgebildet; Lebensweise nicht selten verborgen, im Boden oder im Innern von Pflanzen, zuweilen nur tagsüber im Boden ruhend; die Raupen mancher Arten leben, zu-

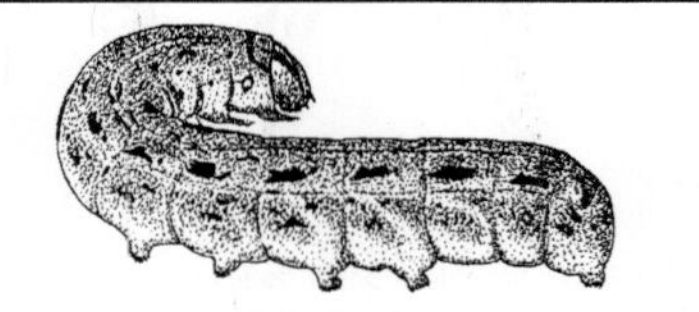

Abb. N-15: Noctuidae: *Noctua pronuba*, Hausmutter. Raupe, 45 mm

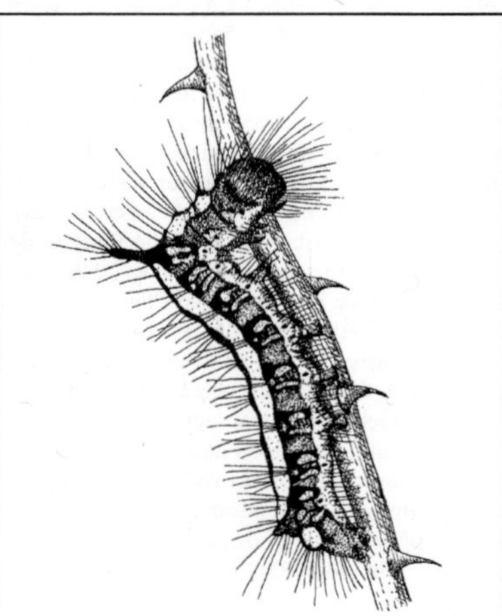

Abb. N-16: Noctuidae: Beispiel einer warzig behaarten Eulenraupe. *Acronicta psi*, Pfeileule; polyphag auf Rosen und vielen anderen Sträuchern; breiter gelber Rückenstreif, Flanken schwarz mit roten Flecken; 30–40 mm

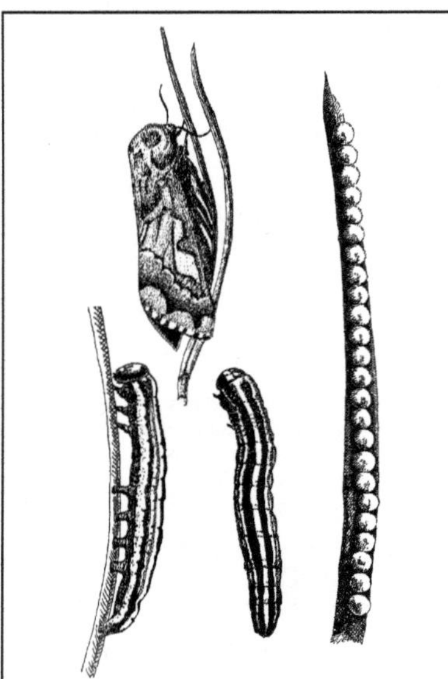

Abb. N-17: Noctuidae: *Panolis flammea*, Forleule. Imago, Raupe (38 mm) und Gelege in Zeilenform an Kiefernnadel. (Amann 1960; Escherich 1914–42)

weilen nur in der Jugend, verborgen zwischen zusammengesponnenen Blättern (z. B. *Tiliacea citrago* L. an Linde); Fresstätigkeit i. d. R. nachts; die Ruhe am Tage zuweilen unterstützt durch ein dem Substrat angepasstes Tarnkleid oder durch bunte, aber somatolytisch wirkende Farbmuster [**N-27**]; bei starker Störung lassen sich viele Eulenraupen, nach dem Bauch zu eingerollt, fallen und stellen sich tot. **Nahrung:** die Raupen der meisten einheimischen Arten (ca. 70 %) fressen an Laubholz und krautigen Pflanzen (wobei manche auf bestimmte Pflanzen bzw. Pflanzenteile spezialisiert sind), eine weitere beachtliche Gruppe (ca. 20 %) an Gräsern; auffallend selten werden Nadelhölzer bevorzugt (*Panolis flammea* Den. & Schiff.; tritt gelegentlich als Großschädling auf); Spezialistentum wohl nicht sehr ausgeprägt; immerhin: an Baum- und Steinflechten: Flechteneulen (Bryophilinae →16); an oder in den Wurzeln und Stängeln von Gräsern: z. B. *Euxoa tritici* L. (Weizeneule), *Agrotis segetum* Den. & Schiff. (Saateule), *Agrotis exclamationis* L. (Gemeine Graseule), *Mesapamea secalis* L. (Getreidestängeleule); im Stängel von Schilfrohr: Schilfeulen, z. B. *Lenisa geminipunctata* Haw.; an Blüten, an oder in Samenkapseln: z. B. mehrere

Hadena-Arten an Nelkengewächsen (Eiablage an die Fruchtknoten, dabei Bestäubung der Blüten; erwachsene Raupen meist an den grünen Blättern); nicht selten Nahrungswechsel im Laufe des Raupenlebens; Wechsel des Fraßortes an der gleichen Pflanze: z. B. *Sedina buettneri* Herg. (miniert zuerst in Sprossen von *Carex*, nähert sich dann der Sprossbasis); Übergang auf andere Pflanzen: z. B. *Cirrhia icteritia* Hufn., *Sunira circellaris* Hufn. (Jungraupe zuerst in Weiden- bzw. Pappelkätzchen, nach deren Abwurf an niederen Pflanzen), *Conistra vaccinii* L. (Jungraupe an verschiedenen Laubhölzern, auch an Heidelbeere, später an krautigen Gewächsen); **Verpuppung** je nach Art an den verschiedensten Stellen über, an oder im Boden, an oder in Pflanzen; nackt oder in einem Gespinst sehr verschiedener Festigkeit; bei Verpuppung im Boden kann die Wand der Erdhöhle (durch Sekret?) verfestigt sein; zuweilen ist die Lage der Puppe auch bei verwandten Arten verschieden (*Lenisa geminipunctata* Haw. und *Archanara neurica* Hbn. in Schilfrohr, Erstere meist mit Kopf nach oben, Letztere mit Kopf nach unten); bei manchen Arten trifft die Raupe Vorbereitungen für den Falterschlupf (die Puppe von *Gortyna flavago* Den. & Schiff. ruht Kopf nach oben in den Stängeln von Klette, Disteln u. a.; dicht darüber liegt das von der Raupe ausgefressene Schlupfloch). Bei den meisten Arten unseres Gebiets nur 1 Generation im Jahr, sonst 2, bei günstigen Bedingungen vielleicht noch eine 3.; **Überwinterung** als Ei (ca. 17 % der heimischen Arten), als Puppe (ca. 32 %), selten als Imago (ca. 5 %; Wintereulen); bei manchen Arten ist Überwintern in verschiedenen Stadien möglich, z. B. bei *Ochropleura plecta* L. als Raupe und als Puppe, bei *Spudaea ruticilla* Esp. (= *Agrochola r.*) als Puppe oder Imago; Überliegen (2- oder mehrmaliges Überwintern) als Raupe oder als Puppe kommt bei mehreren Arten vor (Puppen von *Hadena irregularis* Hufn. und von *Calophasia lunula* Hufn. überliegen nicht selten mehrere Jahre). Einige Arten gefürchtet wegen des Schadens durch Raupenfraß.

a) Raupen an Nadelholz:

1. *Panolis flammea* Den. & Schiff., Kieferneule, Forleule [**N-17**]; die in der Färbung sehr variablen Imagines ruhen am Tage, fliegen (v. a. im IV) von einem bestimmten Helligkeitsgrad ab in der Dämmerung um die Kronen der Kiefern; das ♀ nimmt meist keine Nahrung auf; Ablage der Eier in einer Zeile [**N-17**] an vorjährige Nadeln; die Eiräupchen verzehren zuerst die Eischale, gehen dann mit spannerartiger Bewegung (1. Afterfußpaar noch nicht voll entwickelt) an die jungen Nadeln der Maitriebe; erst die nächsten

Stadien [**N-17**] fressen auch die Altnadeln, von denen kaum etwas übrig bleibt; große Schäden bei inzwischen seltenen selterer Massenvermehrung; als Notnahrung werden auch andere Nadel-, sogar Laubhölzer angenommen; Puppe in der oberen Bodenschicht, in mit Kot und Pflanzenteilchen besetztem Gespinst; die Puppe

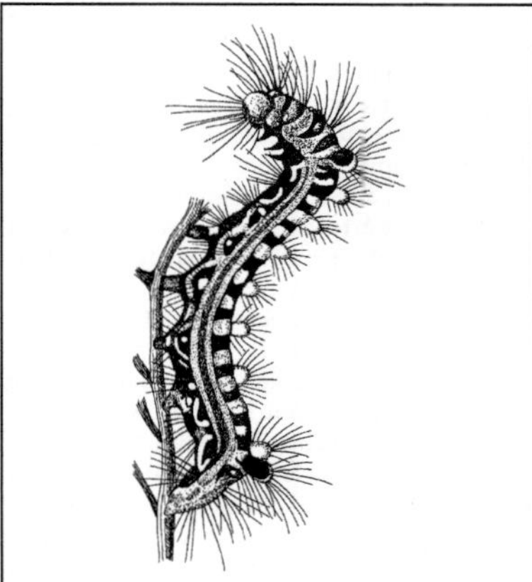

Abb. N-18: Noctuidae: *Panthea coenobita*, Klosterfrau. Raupe. (Koch 1958–63)

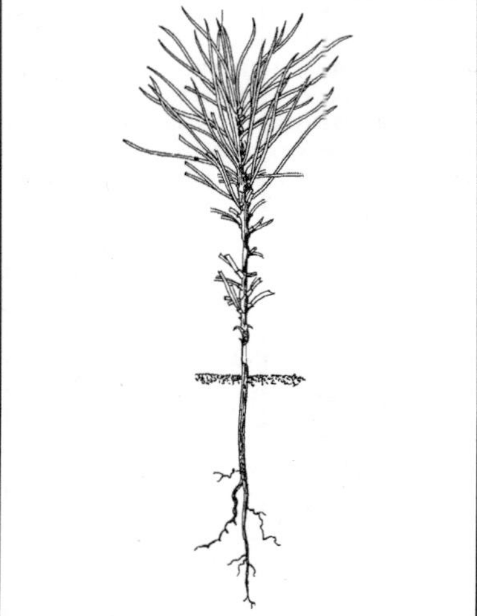

Abb. N-19: Noctuidae: *Agrotis* spec., Kiefernsaateule. Raupenfraß an Nadelholz-Jungpflanze. (Schimitschek 1955)

überwintert; die Falter schlüpfen ab Ende III; Hauptfeinde (außer verschiedenen Jägern) mehrere **Parasitoide**, z. B. *Banchus femoralis* Thoms. (→Ichneumonidae D1) und *Panzeria rudis* Fall. (→Tachinidae), entwickeln sich beide in der Raupe; als Eiparasitoid *Trichogramma evanescens* Westw. (→Trichogrammatidae).

2. *Panthea coenobita* Esp., Klosterfrau, Mönch; der nonnenähnlich gezeichnete Falter fliegt V–VII; Eiablage an Nadelbäume (Tanne, Fichte, Kiefer, Lärche), an deren Nadeln die stark und büschelig behaarte Raupe [**N-18**] frisst; kein größerer Schaden, da i. A. selten; die überwinternde Puppe am (im) Boden in einem Gespinst.

3. *Agrotis vestigialis* Hufn., Kiefernsaateule; der recht unscheinbare Falter fliegt auch tags; Imagines VI–IX; in Gegenden mit Sandboden; Eier einzeln am Boden abgelegt; die fast nackte, überwinternde Raupe frisst an den Wurzeln verschiedenster Pflanzen, keineswegs nur an Nadelholz; nachts auch an oberirdischen Pflanzenteilen; kann in Kiefernpflanzgärten empfindlich schaden [**N-19**].

b) Raupen an Laubbäumen:

4. *Colocasia coryli* L., Haseleule, Spinnereule; der Falter fliegt V–VI; ruht kopfaufwärts an den Stämmen, Flügel flach dachförmig; Eiablage an die Nahrungspflanzen; die etwa fleischfarbenen Raupen mit dunkler Zeichnung, behaart; mit teils rötlichen, teils dunklen Haarbüscheln; fressen außer an Hasel an verschiedenen anderen Laubhölzern zwischen zusammengesponnenen Blättern; die Puppe überwintert in einem grauen Gespinst zwischen Blättern oder am Boden.

5. *Acronicta aceris* L., Ahorneule, Rosskastanieneule; Falterflug V–VI; Eiablage in Rindenritzen; auffallende Raupe mit langen gelben Haarbüscheln; auf dem Rücken mit leuchtend weißen, schwarz eingesäumten Rautenflecken [**N-20**]; frisst außer an Ahorn und Rosskastanie auch an anderen Laubhölzern; die Puppe überwintert am Fuß des Fraßbaumes in einem mit Pflanzenteilchen vermischten Gespinst, überliegt zuweilen. Mit ähnlicher Lebensweise *Acronicta alni* L., Erleneule, mit noch auffälligeren Raupen [**N-21**]: erwachsen schwarz-gelb gezeichnet, mit am Ende verbreiterten, segmental angeordneten langen Haaren [**N-21**]; Junglarven erinnern an Vogelkot; frisst an verschiedensten Laubgehölzen, nicht nur an Erlen.

6. *Griposia aprilina* L., Aprileule, Grüne Eicheneule; Vorderflügel und Brust oben auf grünlichem Grunde reich dunkel gezeichnet; Imagines fliegen VIII–X; Eier einzeln v. a. an Eichenrinde abgelegt, überwintern; ab Frühling fressen die tagsüber sich in Rindenritzen verbergenden, fast

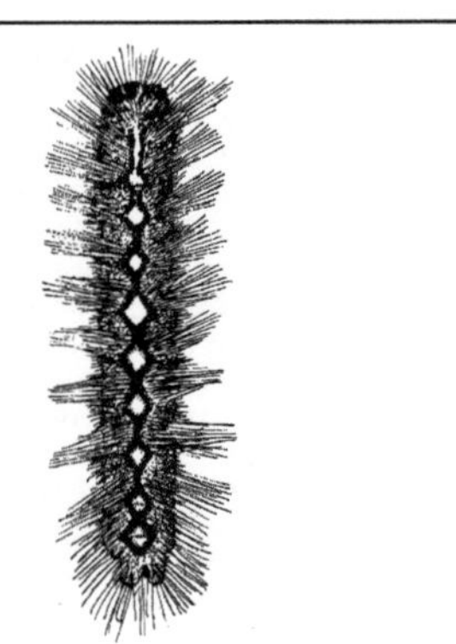

Abb. N-20: Noctuidae: *Acronicta aceris*, Ahorneule. Raupe (40 mm)

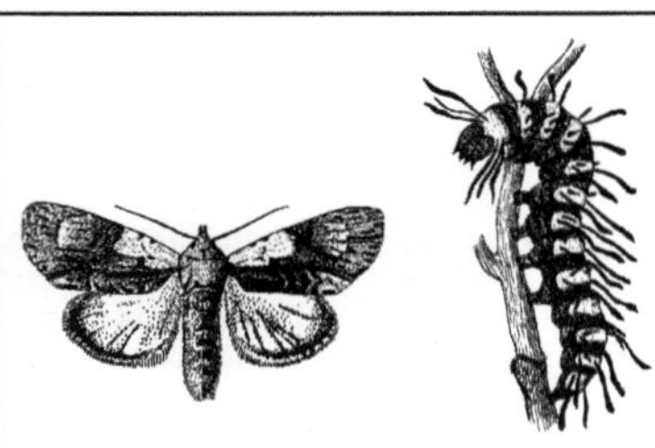

Abb. N-21: Noctuidae: *Acronicta alni*, Erleneule. ♂, Flspw. 37 mm, Körper 18 mm; Raupe schwarzbraun und gelb

nackten Raupen außer an Eiche selten auch an anderen Laubbäumen; Verpuppung im Sommer in einem lockeren Gespinst im Boden.

7. *Cosmia trapezina* L., Trapezeule; häufig; auf dem gelblichen bis rötlichen Vorderflügel ein trapezförmiges, dunkleres Mittelfeld; Imagines VI–IX; die Eier überwintern; die an verschiedenen Laubbäumen fressende Raupe schlüpft im Frühling; grün mit gelblichen Längsstreifen, schwach beborstet; lebt zwischen zusammengesponnenen Blättern; frisst – wie alle heimischen *Cosmia*-Arten – zusätzlich andere Raupen („Mordraupe"); Puppe im Boden in einem dünnen Gespinst.

8. *Eupsilia transversa* Hufn., Satelliteneule, Mordraupeneule; mit weißem bis gelblichen gelblichem mondförmigen mondförmigem Fleck („Satellit") auf dem Vorderflügel; Imagines IX–V, sind in frostfreien Winternächten aktiv; die dunkle Raupe lebt im IV–VI an verschiedenen Laubgehölzen

zwischen zusammengesponnenen Blättern; frisst zusätzlich andere Insektenlarven und Blattläuse.

9. *Diloba caeruleocephala* L., Blaukopf; deutscher Name nach der auf verschiedenen Laubbäumen fressenden, recht bunten Raupe: Kopf bläulich mit 2 schwarzen Flecken; Körper ebenfalls bläulich bis grünlich, breiter Rücken- und schmaler Seitenstreif gelb; viele kleine schwarze Borstenwarzen; Falter VII bis Anfang XI; Gelege an den Nahrungspflanzen, mit Haaren bedeckt; die Raupe schlüpft im Frühling aus den überwinterten Eiern; frisst an Knospen, Blüten und Blättern; gelegentlich Kahlfraß; Puppe in einem recht festen, mit Pflanzenteilchen besetzten Kokon an Rinde, an Steinen oder am Boden.

c) Auffällige Arten von besonderer Größe und Färbung, mit **Raupen v. a. an niederem Pflanzenwuchs:**.

10. *Mormo maura* L., Schwarzes Ordensband [**N-22**]; stattlich (Flspw. ca. 70 mm); Hinterflügel dunkel, besonders die äußere, hell gesäumte Hälfte (Name); Flugzeit VII–VIII; die nackte, gelbgrau mit weißlicher Rückenlinie und dunklen Flecken gezeichnete Raupe in Gewässernähe, an verschiedensten krautigen Pflanzen, auch an jungen Erlen und Weiden, überwintert; Puppe im Frühling in einem dichten Kokon am Boden.

11. *Staurophora celsia* L., Malachiteule; nur stellenweise häufig; der Falter ausgezeichnet durch 2 große, malachitgrüne Flecken auf den Vorderflügeln; Imagines VII–X; aus den überwinterten Eiern schlüpft im Frühling die gelblich-weiße, kurz beborstete Raupe, frisst an den untersten Teilen der Halme verschiedener Gräser, verpuppt sich auch im Boden in einem weichen Gespinst.

12. *Diachrysia chrysitis* L., Messingeule; gehört zu einer Gruppe verwandter Arten (Plusiinae), von denen viele durch messing- oder silberglänzende Abzeichen auffallen (z. B. auch die Gammaeule

Abb. N-22: Noctuidae: *Mormo maura*, Schwarzes Ordensband. Flspw. 70 mm. (Forster & Wohlfahrt 1954–81)

Abb. N-23: Noctuidae: *Noctua pronuba*, Hausmutter. ♂, Flspw. 54 mm. (Forster & Wohlfahrt 1954–81)

Abb. N-24: Noctuidae: *Noctua fimbriata*, Bunte Bandeule. ♂, Flspw. 50 mm. (Forster & Wohlfahrt 1954–81)

→34); viele von ihnen sind auch tagsüber unterwegs; Mittelfeld der Vorderflügel eingesäumt von messingglänzenden Bändern; fliegt, teilweise mit einer 2. Generation, V–VI und VII–IX; die grünliche, hell gestreifte Raupe an den verschiedensten krautigen Pflanzen; verpuppt sich nach Überwinterung in einem lockeren Gespinst.

13. *Noctua pronuba* L., Hausmutter [**N-23**]; die Vorderflügel unscheinbar, die Hinterflügel dagegen gelb mit schwarzem Saum (Saumeulen); stellen- oder zeitweise Wanderfalter; sehr fruchtbar, hat bis über 1000 Eier im Gelege; verbirgt sich gern am Boden unter Blättern, wobei nur der Kopf herausschaut.

14. *Noctua fimbriata* Schreb., Bunte Bandeule [**N-24**]; Flügelzeichnung wie bei der Hausmutter (13; Saumeulen); die fast nackten Raupen beider Arten überwintern; fressen nachts an verschiedenen krautigen Pflanzen, die von *N. fimbriata* auch an Brombeeren, Himbeeren und anderen Gehölzen; Puppe im Boden in einer Höhle mit schwach verhärteter Wand.

15. *Xylena exsoleta* L., Gemeines Moderholz, Graue Moderholzeule; ähnelt in der Zeichnung und durch die in Ruhe eng an den Körper gelegten Flügel einem modernden Holzstückchen; Flugzeit VIII–V (nach Überwinterung); Raupe in der Grundfarbe grün; rote Seitenstreifen, auf dem Rücken weiße, tiefschwarz umrandete Fle-

ckenpaare; an den verschiedensten krautigen Pflanzen.

d) Raupen an Flechten und Farnen:

16. Bryophilinae, Flechteneulen; mit 8 heimischen Arten; kleine, eher schmalflügelige Eulen mit rinden- und flechtenfarbiger Zeichnung; Raupen fressen auf Rinde, Felsen und Mauern wachsende, vom Tau oder Regen aufgeweichte Krustenflechten; sonst halten sich die Raupen in mit Flechtenstückchen getarnten Gespinsten auf, hier auch Verpuppung; Raupen überwintern; häufiger *Bryophila domestica* Hufn., Kleine Flechteneule.

17. *Callopistria juventina* Cr., Adlerfarneule; der Falter (VI–VIII) zeichnet sich durch purpurne bis lila Grundfarbe der am Außenrand gezackten Flügel aus; die Raupen mehrerer Eulen fressen gelegentlich an Farn; diese Art ist auf den Adlerfarn spezialisiert, dessen Blätter sie benagt; die grüne oder braune Raupe überwintert in einem Gespinst.

e) Raupen v. a. **an einkeimblättrigen Pflanzen** (besonders Gräsern); einige werden gelegentlich schädlich an Getreide und anderen Kulturpflanzen:

18. *Nonagria typhae* Thunb., Rohrkolbeneule; das Ei überwintert; Raupen fressen im Innern von Rohrkolben (*Typha*) und Simsen (*Scirpus*); Verpuppung kopfabwärts in der Nahrungspflanze.

– Die nächsten 7 Arten (19–25) meist an **Gräsern**, teils ausschließlich, teils zeitweilig an den Wurzeln; halten sich meist tags im Boden verborgen (Erdraupen); einzelne bevorzugen oberirdische Teile oder gehen auch an krautige Pflanzen; Überwinterung meist als Raupe im Boden, dort auch Verpuppung; teils mit, teils ohne Gespinst; manche bei Massenauftreten schädlich:

19. *Agrotis exclamationis* L., Ausrufezeichen, Gemeine Graseule [**N-25**]; Name nach dunkler Zeichnung nahe der Vorderflügelwurzel; Falter V–VII.

20. *Cerapteryx graminis* L., Dreizack-Graseule; Falter VII–IX; Raupe an Grasblättern.

21. *Mesapamea secalis* L., Roggeneule, Getreidehalmeule; Falter VI–VIII; Raupe in den Sprossen verschiedener Getreidearten.

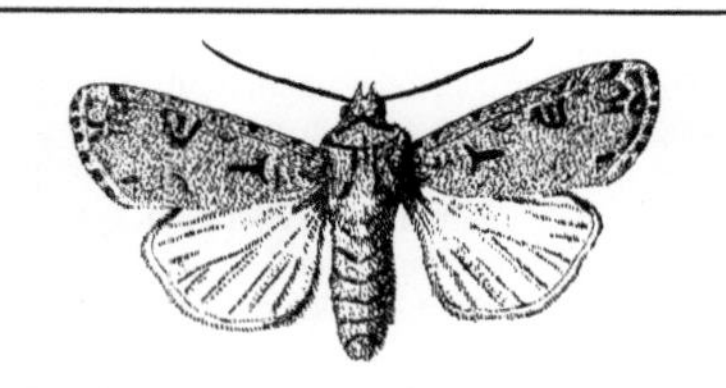

Abb. N-25: Noctuidae: *Agrotis exclamationis*, Ausrufezeichen. ♂, Flspw. 40 mm. (Forster & Wohlfahrt 1954–81)

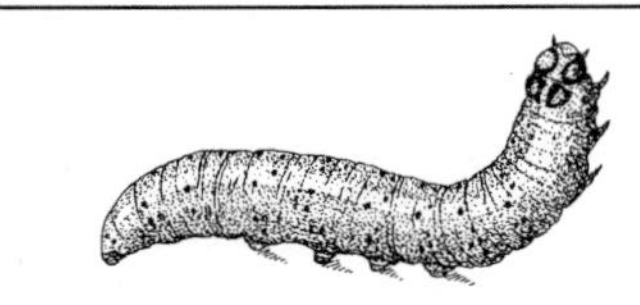

Abb. N-26: Noctuidae: *Euxoa tritici*, Weizeneule. Raupe. (Eckstein 1913–33)

22. Apamea monoglypha Hufn., Wurzeleule, Wurzelfresser, Große Grasbüscheleule; häufig; Falter VI–IX; Raupen in einem locker gesponnenen Kessel an der Basis der Halme verschiedener Gräser, auch an Futtergräsern, überwintern.

23. Apamea sordens Hufn., Queckeneule; Falter V–VII; Eiablage an Getreideähren; die Raupe frisst an den milchreifen Körnern, nach Überwintern an Jungpflanzen; bei der Ernte eingebracht, auch an den Körnern des ungedroschenen Getreides.

24. Euxoa tritici L. und verwandte Arten, Weizeneulen; Komplex aus mehreren äußerlich nicht unterscheidbaren Arten; Falter VI–IX; Überwinterung zunächst als Ei, die Räupchen schlüpfen erst II–III nach Frosteinwirkung; die Raupen [**N-26**] fressen keineswegs nur an Weizen oder Gräsern; Hauptschaden im Frühling durch die überwinterten Raupen.

25. Agrotis segetum Den. & Schiff., Erdeule, Saateule, Wintersaateule, Graswurzeleule; Falter in 2 Generationen V–VIII und VII–X; die Eier werden einzeln an verschiedenen Pflanzen abgelegt; die Raupen fressen zuerst oberirdisch, dann im Boden (Erdraupe); außer an Gräsern auch an den verschiedensten krautigen Wild- und Kulturpflanzen, z. B. an Rüben, Kartoffeln, ferner an Keimlingen von Waldbäumen in Pflanzgärten; Raupe untertags meist im Boden, an den Wurzeln, nachts an den oberirdischen Pflanzenteilen; besonders in trockenen Jahren zuweilen sehr schädlich.

Ee) Raupen bevorzugen krautige zweikeimblättrige Pflanzen:

26. Hadena, Nelkeneulen, mit 11 heimischen Arten (z. B. in Gärten *H. compta* Den. & Schiff.); Falter in 1 oder 2 Generationen; Raupen fressen, zumal in den frühen Stadien, an den Blüten und in den Samenkapseln von Nelkengewächsen, später auch an den Blättern; tagsüber verborgen; die Puppe überwintert im Boden.

27. Anarta myrtilli L., Heidekrauteule; Vorderflügel kontrastreich bunt gezeichnet, Hinterflügel gelb mit breitem dunklen dunklem Saum; Falter in 2 Generationen, die erste 1. Generation V–VIII; fliegt am Tage; Raupe grün mit heller Strichzeich-

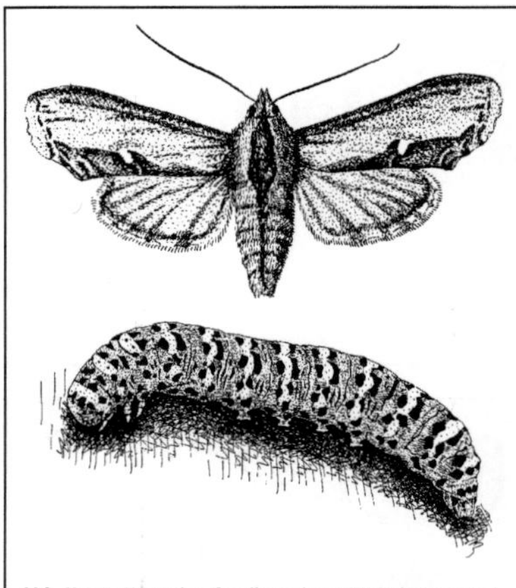

Abb. N-27: Noctuidae: *Cucullia verbasci*, Königskerzenmönch. ♂, Flspw. 43 mm, und Raupe. (Forster & Wohlfahrt 1954–81)

nung, an Heidekraut (*Erica*, *Calluna*), auch an den Blüten.

28. Cucullia, Mönche [**N-27**], mit 20 heimischen Arten; die Falter ausgezeichnet durch schmale, schnittige Vorder- und kurze Hinterflügel (für den Schwirrflug beim abendlichen Nektarsaugen); mit kapuzenartigem, aus Haaren bestehendem Halskragen, der bei auf Ästchen ruhenden Faltern eine Zweigabbruchstelle vortäuscht; mit bunten Raupen; die Raupen der Grauen Mönche fressen an Korbblütlern (*C. campanulae* Freyer an Glockenblumen), die der Braunen Mönche an Königskerze (*Verbascum*) und Braunwurz (*Scrophularia*); häufigster der Braunen Mönche ist *C. verbasci* L. (Königskerzenmönch, Wollkrauteule): Falter IV–VI; Raupe [**N-27**] wie bei mehreren anderen Arten auffallend bunt, auf bläulich-weißem Grund mit orange-gelben Flecken; bleibt auch tagsüber auf der Pflanze; geht zur Verpuppung in die Erde; die Puppe überwintert in einem mit Erde verfestigten Kokon, überliegt zuweilen.

29. Hydraecia micacea Esp., Kartoffelbohrer, Rübenbohrer; Falter VII–X; ein Vertreter der Markeulen, deren Raupen im Innern von Stängeln und Wurzelstöcken fressen; Raupen dieser Art in verschiedenen Ufer- und Sumpfpflanzen, aber auch in Kartoffeln, Rüben, Erdbeeren und anderen; die Raupe schlüpft im Frühling aus dem überwinterten Ei, verpuppt sich im Boden in einer Erdhöhle (Wand durch Sekret verstärkt) dicht neben der Nahrungspflanze.

– Die nächsten 4 Arten (30–33) mit meist →polyphagen Raupen, die gelegentlich in

Gärtnereien oder auf dem Felde an Gemüse und Blumen erheblichen Schaden anrichten können; Überwinterung fast stets als Puppe im Boden:

30. *Mamestra brassicae* L., Kohleule, Herzeule; häufig; Falter in 2–3 sich überschneidenden Generationen V–IX; Eiablage an die Nahrungspflanze, Kreuzblütler bevorzugt; die Raupen befressen die Blätter verschiedenster Pflanzen (v. a. Kreuzblütler), besonders die der 2. Generation dringen bis ins Innere der Kohlköpfe vor (Herzwurm [**N-28**]).

31. *Ceramica pisi* L., Erbseneule; Falter V–VII; das ♀ legt die Eier einzeln v. a. an Schmetterlingsblütler; Raupe [**N-29**] mit auffallender Zeichnung, oben grün bis schwarz, mit 4 gelben Längsstreifen; befrisst, auch tagsüber dort bleibend, die Blätter von Kräutern und Zwergsträuchern (selten an Erbsen).

32. *Melanchra persicariae* L., Schwarze Garteneule, Knötericheule, Flohkrauteule, Blumeneule; Vorderflügel sehr düster mit hellen Nierenflecken; Falter V–VIII (in guten Jahren unvollständige 2. Generation); Eiablage an die Nahrungspflanzen; die Raupe [**N-30**] sehr →polyphag an verschiedensten Pflanzen (keineswegs nur an Flohkraut oder Knöterich), richtet zuweilen an Zierpflanzen Schaden an; Überwinterung auch als erwachsene Raupe möglich.

33. *Lacanobia oleracea* L., Gemüseeule; der Falter fliegt in 2 Generationen, V–VII und VIII–IX; die unscheinbar grün oder bräunlich gefärbten Raupen [**N-31**] an den verschiedensten Pflanzen,

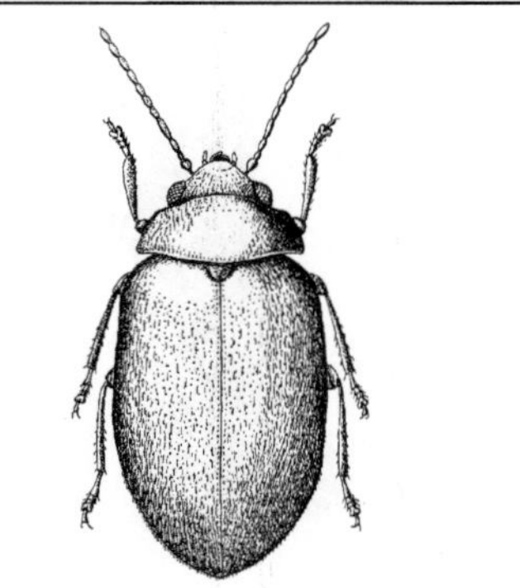

Abb. N-29: Noctuidae: *Ceramica pisi*, Erbseneule. Raupe; um 50 mm

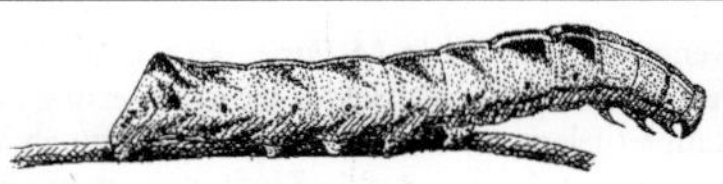

Abb. N-30: Noctuidae: *Melanchra persicariae*, Schwarze Garteneule. Raupe; 38 mm. (Eckstein 1913–33)

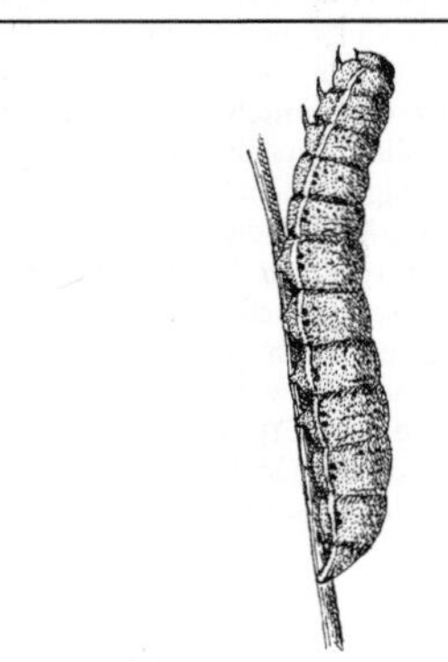

Abb. N-31: Noctuidae: *Lacanobia oleracea*, Gemüseeule. Raupe; 52 mm. (Eckstein 1913–33)

auch Gemüsepflanzen; befrisst die Blätter u. U. bis zum Kahlfraß.

Ff) Mehrere Eulenarten bekannt als →**Wanderfalter**, fliegen regelmäßig aus südlichen Breiten zu:

34. *Autographa gamma* L., Gammaeule [**N-32**]; benannt nach dem gammaähnlichen Abzeichen auf den Vorderflügeln; Tag- und Nachtflieger;

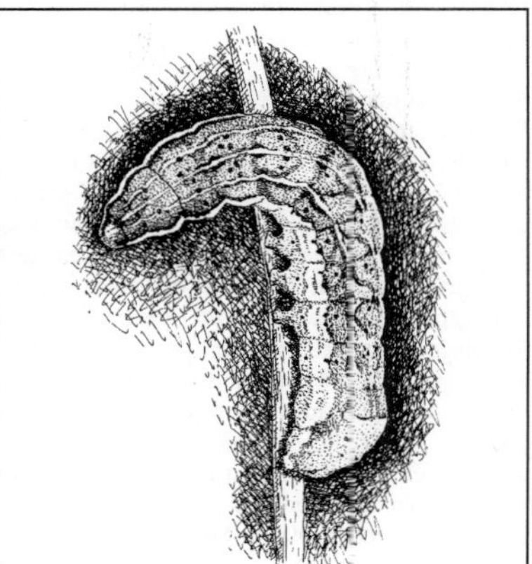

Abb. N-28: Noctuidae: *Mamestra brassicae*, Kohleule. Raupe (Herzwurm); 48 mm

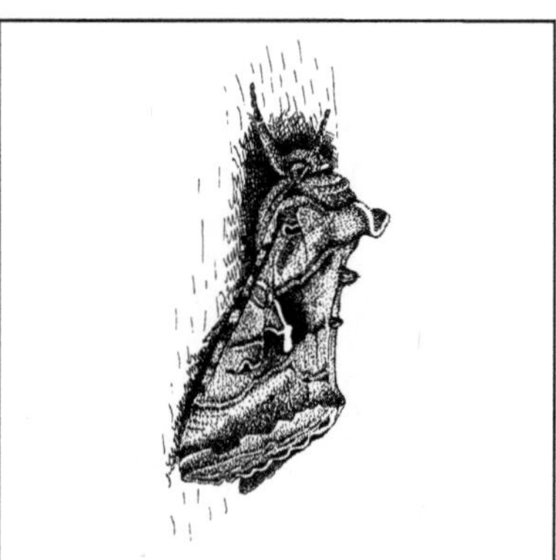

Abb. N-32: Noctuidae: *Autographa gamma*, Gammaeule. Flspw. 40 mm

Generationenfolge in M-Eur nicht voll geklärt, vermutlich lokal wechselnd; Überwinterung als Raupe (gelegentlich auch wohl als Falter); ab V in manchen Jahren starker Einflug aus dem Süden, in manchen Jahren bis Skandinavien und England; Rückflug (einer neuen Generation?) nach Süden im Herbst ist beobachtet; in günstigen Bereichen auch bei uns heimisch; Anflug an Blüten zunächst rein vom Geruchssinn gesteuert, später werden optische Signale erlernt; Raupe [N-33] grünlich, mit hellen warzenartigen Pünktchen und Längsstreifen; Körper nach vorn verjüngt; Bewegung ähnlich der der Spannerraupen, da die beiden vorderen Afterfußpaare fehlen; fressen an verschiedensten kleinwüchsigen Pflanzen, sind gelegentlich an Kulturpflanzen (z. B. an Klee) schädlich geworden.

35. _Agrotis ipsilon_ Hufn., Ypsiloneule; fast über die ganze Erde verbreitet; in M-Eur muss wohl unterschieden werden zwischen einer hier stellen-weise heimischen Population, deren Raupen (gelegentlich vielleicht auch Puppen) überwintern, und einer ab IV aus dem Süden einfliegenden Population, deren Nachkommen(?) anscheinend nach Süden zurückwandern; benannt nach einem y-ähnlichen, dunklen Abzeichen auf der äußeren Hälfte der Vorderflügel; Eier in Gelegen abgesetzt; die braunen, dunkel gepunkteten Raupen fressen tagsüber an den Wurzeln und nachts an Blättern von Gräsern und verschiedenen krautigen Pflanzen; an Kulturpflanzen (z. B. Zuckerrüben) bisweilen sehr schädlich; Puppe im Boden.

36. _Phlogophora meticulosa_ L., Achateule; deutscher Name nach der achatähnlichen Zeichnung der hellbraunen bis grünlichen Vorderflügel; Einflug der Falter aus dem Süden ab IV; deren Nachkommen fliegen Ende VII–XI, wandern vermutlich nach Süden zurück; erfolgreiche Überwinterung (als Falter, Raupe oder Puppe) ist i. d. R. nur südlich der Alpen möglich; Jungraupen meist hellgrün, Altraupen graugrün bis braun, mit dunklem Schrägstreif an den Segmenten; frisst an den verschiedensten krautigen Pflanzen, gelegentlich auch an Kulturpflanzen; Puppe im Boden in einem dünnen Gespinst.

Lit. →Lepidoptera; Abbasipour 1996; Beck 1960, 1998; Brauns 1991; Eisenbeis & Wichard 1985; Fibiger 1990–2009; Heinicke 1993; Heinrich 1987; Poole 1989; Schwenke 1972–86; Steiner et al. 2014; Surlykke & Gogala 1986; Top et al. 2023; Zahiri et al. 2013b.

Noctuoidea; Gruppe der Schmetterlinge (→Lepidoptera); mit einem Tympanalorgan (Hörorgan mit Trommelfell) jederseits am Hinterrand der Brust; mit den Fam. →Erebidae (einschl. Arctiinae und Lymantriinae), →Noctuidae, →Nolidae, →Notodontidae.

Nola →Nolidae 3.

Nolidae, Kahneulen; Fam. der Schmetterlinge (Lepidoptera, Glossata, Noctuoidea) mit in Eur 42, M-Eur 24, Dt 18 Arten; oft zu den →Noctuidae gestellt; klein bis mittelgroß (Flspw. von 14–45 mm); Vorderflügel bräunlich gemustert oder grün, deutlich länger als die meist blasseren, kaum gemusterten Hinterflügel; Flügel in Ruhelage meist flach dachförmig auf den Rücken zurückgelegt, bei _Nycteola_ ähnlich den →Tortricidae um den Hinterkörper gewickelt, Hinterflügel von den Vorderflügeln bedeckt; Saugrüssel gut ausgebildet; manche Arten mit schnauzenartig vorragenden Labialpalpen; Dämmerungs- und Nachtflieger; jederseits am Metathorax ein **Tympanalorgan** zum Hören von Ultraschall-Lauten der Fledermäuse; ♂♂ einiger Arten (z. B. _Pseudoips_) mit →Trommelorganen ventral am vordersten Hinterleibssegment; **Lauterzeugung** bei

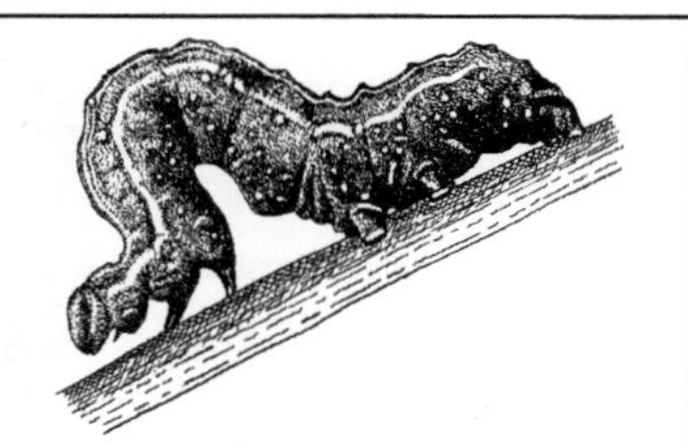

Abb. N-33: Noctuidae: *Autographa gamma*, Gammaeule. Raupe; 3 Afterfußpaare, spannerartige Bewegung. (Harz 1965)

der U-Fam. Chloephorinae (→1–2) mit einem →Trommelorgan (Tymbalorgan) am vordersten Hinterleibssternit. **Eier** einzeln oder in Gruppen an den Nahrungspflanzen abgesetzt; **Raupen** teils dicht behaart (Nolinae, →3), teils scheinbar nackt, da nur spärlich beborstet (Chloephorinae, →1–2), das vorderste Afterfußpaar rückgebildet; fressen an Blättern von Laubbäumen, wenige Arten an Lippenblütlern; **Verpuppung** auf der Nahrungspflanze im kennzeichnendem kahnförmigen Gespinst: die Raupen spinnen unter Verwendung abgebissener Pflanzenteilchen 2 Seitenwände, welche sie oben zum gekielten Kokon zusammenfügen; **Überwinterung** je nach Art als Puppe, Raupe oder Falter.

1. _Pseudoips prasinanus_ L. (= _fagana_ F.), Buchenkahneule, Kleiner Kahnspinner, Jägerhütchen; Vorderflügel grün mit helleren verwaschenen Schrägstreifen, Hinterflügel beim ♂ gelblich, beim ♀ weißlich; Flügel in Ruhe dachförmig zurückgelegt („Jägerhütchen"-Form); fliegt V–VI; ♂ mit Trommelorgan, erzeugt während des Fluges ein knisterndes Geräusch (Paarung?); Eiablage an verschiedene Laubhölzer, nicht nur an Buchen; die grünen, gelblich gezeichneten Raupen fressen frei an den Blättern (bei Massenauftreten besonders an Buchen schädlich); Verpuppung auf den Blättern in einem festen, braungelben Gespinst; die Puppe überwintert auf den abgefallenen Blättern.

2. _Earias clorana_ L., Weidenkahneule; nahe verwandt mit der vorigen Art, jedoch kleiner (Flspw. ca. 19 mm); Vorderflügel einfarbig grün, Hinterflügel weißlich; fliegt IV–VI; eine 2. (bisweilen unvollständige) Generation fliegt VII–VIII; die Eier werden einzeln an die Spitze junger Weidentriebe abgelegt; die gelbgrüne, bräunlich gezeichnete Raupe lebt einzeln, verspinnt die Blätter der Triebspitze zu einem schützenden Wickel; kann bei Massenauftreten durch Vernichten der Triebspitzen zumal in Korbweidenkulturen erheblichen Schaden anrichten; die Puppe überwintert in einem weißen Kokon an Zweigen und Blättern.

3. _Nola cucullatella_ L., Kapuzenbärchen [**N-34**]; verbreitet und stellenweise häufig; Flspw. 16–18 mm; fliegt VI–VII; v. a. an Obstbäumen, Schlehen, Weißdorn; Raupen klein, borstig [**N-34**]; Puppe in einem etwa kahnförmigen Gespinst, häufig in einer Zweiggabel; Überwinterung als Raupe; 1 Generation pro Jahr.

Lit. →Lepidoptera; Fibiger et al. 2009; Holloway 1998; Steiner 1994; Steiner et al. 2014; Zahiri et al. 2013a.

Nomada →Apidae B1; vgl. auch →Andrenidae 1, 2.

Nomadinae →Apidae B.

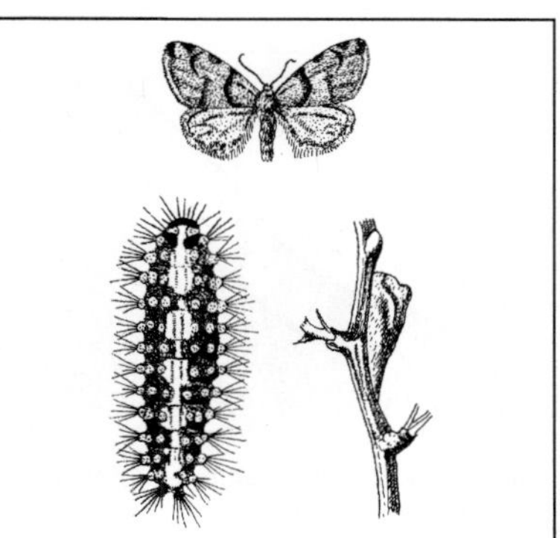

Abb. N-34: Nolidae: _Nola cucullatella_, Kapuzenbärchen. Falter (Flspw. 19 mm), Raupe (10 mm) und Puppe. (Forster & Wohlfahrt 1954–81, Eckstein 1913–33)

Nomien →Minen.

Nonagria →Noctuidae 18.

Nonne, _Lymantria monacha_ L. →Erebidae J5; s. auch →Staphylinidae K3.

Nördliche gelbe Obstbaumschildlaus, _Diaspidiotus pyri_ Licht. →Diaspididae 3.

Nordmanntannen-Trieblaus, _Dreyfusia nordmannianae_ Eckst. →Adelgidae 7.

Nordus →Staphylinidae.

Nosodendridae; Fam. der Käfer (Coleoptera, Polyphaga); in Eur & Dt lediglich _Nosodendron fasciculare_ Ol., Saftkäfer (4–5 mm); schwarzbraun; lang-oval, hochgewölbt; im Habitus ähnlich den →Byrrhidae; die Imagines und die asselförmigen Larven an Baumsäften und hinter Rinde von alten Laub- (auch Obst-)bäumen; Ernährung der Larven ungeklärt (Dipteren-Larven?, Mikroorganismen und Gärungsprodukte?).

Lit. →Coleoptera.

Nosodendron →Nosodendridae.

Nosopsyllus →Siphonaptera, G.

Notanatolica →Trichoptera.

Notaris →Curculionidae A.

Noteridae; Fam. der Käfer (Coleoptera, Adephaga) mit in Eur 4 Arten, in M-Eur & Dt 2 Arten der Gttg. _Noterus_; Imagines (3,5–4,5 mm) in Gestalt, Fortbewegung und jagender Ernährung ähnlich kleinen →Dytiscidae; in stehenden (und langsam fließenden) Gewässern an seichten, schlammigen Stellen zwischen Schilf, Binsen u. Ä., auch im Brackwasser; mit am Hinterende mündenden Pygidialdrüsen (sondern ein gegen Mikroorganismen wirksames und die Benetzbarkeit des Körpers erhöhendes Sekret ab, enthalten Phenylessigsäure, _p_-Hydroxibenzoesäure, 4-Hy-

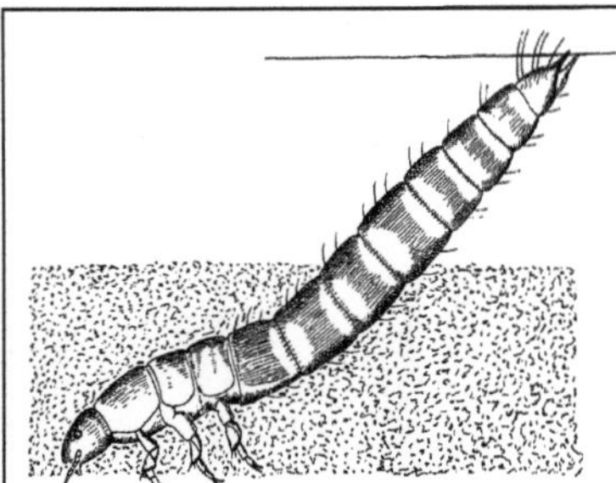

Abb. N-35: Noteridae: *Noterus* spec. Larve, z. T. im Schlamm; 6 mm. (Wesenberg-Lund 1943)

droxiphenylessigsäure, 3-Indolylessigsäure), jedoch ohne prothorakale Wehrdrüsen (vgl. →Dytiscidae). **Larven** in Körperbau und Lebensweise von denen der Dytiscidae abweichend: Mandibeln kurz, ohne Längskanal, offenbar zum Zerkleinern von Beute geeignet; kein Haarbesatz am Körperende; graben im Uferschlamm [**N-35**], zapfen (ohne aufzutauchen) mit ihrem Körperende Luft aus Wasserpflanzen; **Verpuppung** unter Wasser (in bis zu 0,5 m Tiefe) in einem von der Larve vorbereiteten, luftgefüllten und mit dem Luftkanalsystem der Wurzeln verbundenen Kokon, der außen durch eine Schicht aus Schlamm und Pflanzenresten abgedichtet ist (vgl. →Chrysomelidae A); Überwinterung als Jungkäfer, angeblich in Schneckenschalen am Uferrand oder im Wasser. Lit. →Coleoptera.

Noterus →Noteridae.

Nothochrysa →Chrysopidae.

Notidobia →Sericostomatidae.

Notiophilus →Carabidae C2.

Notodonta →Notodontidae 6.

Notodontidae, Zahnspinner und Prozessionsspinner; Fam. der Schmetterlinge (Lepidoptera, Glossata, Noctuoidea) mit in Eur 56, M-Eur 39, Dt 35 Arten; meist mittelgroße, ziemlich dickleibige Falter; Rüssel zuweilen stark verkürzt, bei Thaumetopoeinae ganz rückgebildet; Antennen beim ♂ oft etwas stärker gekämmt als beim ♀; ♀ oft mit abdominalen Duftdrüsen, deren Sekret die ♂♂ anlockt; →Tympanalorgan jederseits am Metathorax; ruhende Falter sind durch Tarnfärbung in natürlicher Umgebung kaum auszumachen (Flügel in Ruhe dachförmig auf dem Rücken). **Verpuppung** in einem mehr oder weniger festen, bei manchen Arten mit Holzteilchen oder Haaren (Thaumetopoeinae) verstärkten Kokon, an Rinde, zwischen Blättern, an oder im Boden.

A. Notodontinae, Zahnspinner; in Eur 47, M-Eur 36, Dt 33 Arten; Vorderflügel schlank; bei vielen Arten am Hinterrand mit langbeschupptem Fortsatz, der in Ruhehaltung als aufrechter dorsaler „Zahn" erscheint (deutscher Name! [**N-42**]); ruhende Falter strecken die behaarten Vorderbeine nach vorn. Die meist nackten, selten schwach behaarten **Raupen** leben an Laubbäumen, meist einzeln (Ausnahme: *Phalera* →A8); z. T. von bizarrer Gestalt; meist mit 5 Afterfußpaaren, das 5. bei Gabelschwanzraupen (→A1–3) in Form einer stark sklerotisierten Gabel. **Überwinterung** i. d. R. als Puppe, selten als Ei (*Ptilophora plumigera* Den. & Schiff. →A10) oder als Raupe (*Clostera anastomosis* L., überwintert z. T. auch als Puppe). Auswahl:

A1. *Cerura vinula* L., Großer Gabelschwanz [**N-36**]; der stattliche Falter (Flspw. 45–70 mm) fliegt Ende IV bis Ende VII; Eier einzeln oder in Zweiergruppen auf der Oberfläche v. a. von Pappelblättern abgelegt, auch an Weiden. **Raupe** typische Gabelschwanzraupe [**N-37**]; Jungraupe

Abb. N-36: Notodontidae: *Cerura vinula*, Großer Gabelschwanz. ♀, Flspw. 62 mm. (Forster & Wohlfahrt 1954–81)

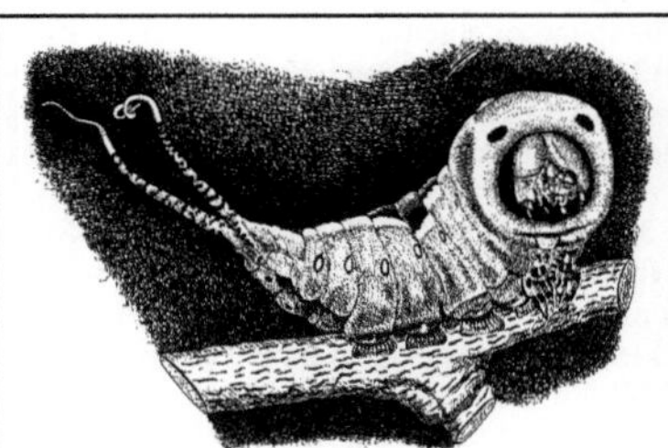

Abb. N-37: Notodontidae: *Cerura vinula*, Großer Gabelschwanz. Drohgesicht der gestörten Raupe. Körper grün mit hell abgesetztem, dunklem Sattelfleck auf dem Rücken; Vorderkörper angehoben, Kopf eingezogen, umgeben von schwarzem, weiter außen rotem Ring, in diesem oben 2 schwarze Augenflecke; züngelnde Schwanzfäden. (Pfletschinger 1969)

schwärzlich, erwachsene Raupe grün (wegen der durchschimmernden Hämolymphe), mit rötlich braunem Kopf, schwarzen Scheinaugen und seitlich weiß abgesetztem, braunviolettem Sattelfleck; zunächst recht ortsfest, meist am gleichen Zweig, mit Gespinstteppich zum Anklammern bei Wind; die Eiräupchen machen →Fensterfraß, spätere Stadien Randfraß; Larvenstadien 1–4 zeigen Warntracht, sitzen auf Blättern; das 5. Stadium mit Tarnfärbung [**L-24**] (doppelte →Gegenschattierung, ergänzt durch kryptische Trachtmerkmale), hängt mit dem Rücken nach unten: flächenhafter, verschwimmender Eindruck des Raupenkörpers. **Verhalten der Raupe bei Störung** (schon bei leichtesten Vibrationen des Untergrundes, auch Schallwellen hoher Tonlagen): Ausspritzen eines scharf riechenden Stoffes (20 % Essigsäure) aus einer ventral mündenden prothorakalen Drüse (auf mehrere Zentimeter Distanz; kann einige Male wiederholt werden), Zeigen von Schreckfarben durch Hinwendung zum Störenfried und Anheben des Vorderkörpers bei eingezogenem Kopf; dazu schnellt aus jedem Ende der über den Rücken erhobenen Schwanzgabel je ein züngelnd bewegter, feiner rötlicher Schlauch (bei Larven des 4. und 5. Stadiums schwarz-gelb gebändert); Ausstülpen der Schläuche durch Erhöhen des Hämolymphdrucks, Zurückziehen durch Muskelfasern (sehr starke Kontraktionsfähigkeit!). **Verpuppung** im IX in einem mit Holzteilchen verfestigten Kokon; wenige Stunden vorher Beginn einer Umfärbung der Raupe nach Rot (Ommochrom-Bildung in der Epidermis); die eben fertig eingesponnene Raupe ist dunkelrot, verblasst aber vor der Puppenhäutung wieder; die Puppe überwintert.

A2. *Cerura erminea* Esp., Hermelinspinner; der vorigen Art nach Aussehen und Lebensweise sehr ähnlich; Schwanzgabel der Raupe kürzer, Farbe des Falters heller weiß.

A3. *Furcula bifida* Brahm, Kleiner Gabelschwanz [**N-38**]; kleinere Art (Flspw. 35–45 mm); Flügel mit dunkler Querbinde; fliegt IV–VI in feuchten

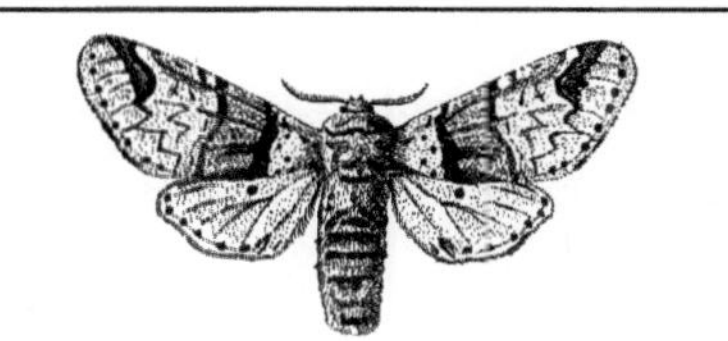

Abb. N-38: Notodontidae: *Furcula bifida*, Kleiner Gabelschwanz. ♀, Flspw. 44 mm. (Forster & Wohlfahrt 1954–81)

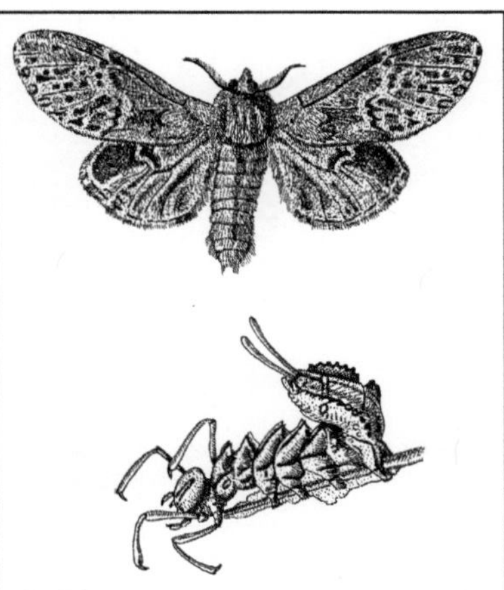

Abb. N-39: Notodontidae: *Stauropus fagi*, Buchenspinner. ♂ (Flspw. 56 mm) und Raupe (40 mm). (Forster & Wohlfahrt 1954–81)

Laub- und Mischwäldern; Nahrungspflanze der Raupe ebenfalls Pappel und Weide; in günstigen Bereichen 2 Generationen.

A4. *Stauropus fagi* L., Buchenspinner [**N-39**]; bemerkenswert v. a. die VI–IX außer an Buche auch an anderen Laubbäumen fressende braune, kurz und fein behaarte **Raupe**: die mittleren und hinteren Brustbeine stark verlängert (einzigartig unter einheimischen Faltern); Rücken mit 6 Höckerpaaren, Nachschieber umgestaltet zu antennenartigen Gebilden am verdickten letzten Segment; beim Laufen werden die langen Brustbeine ganz normal gebraucht; Ruhehaltung: Vorder- und Hinterende angehoben, die verlängerten Beine, sich überkreuzend, etwas angezogen nach vorn gestreckt [**N-39**]; Verhalten bei Störung (z. B. Erschütterung) täuscht eine Ameise vor: Hinwendung zur Störquelle, starkes Anheben von Vorder- und Hinterende, Abspreizen der langen Brustbeine, Entfalten eines (drüsigen?) Organs an den Flanken des 1. und 2. Abdominalsegments, besonders an der gereizten Seite. **Verpuppung** im Herbst in einem feinen Gespinst zwischen zusammengesponnenen, dann zu Boden fallenden Blättern; die Puppe überwintert.

A5. *Pheosia tremula* Cl., Pappelzahnspinner, Porzellanspinner (Flspw. 45–55 mm; [**N-40**]); der Falter fliegt durchweg in 2 Generationen, Ende IV–VI und VII–VIII; in feuchten Wäldern, an Bächen. Eier in kleinen Gruppen an der Unterseite der Blätter (v. a. an Pappeln, auch Weiden);

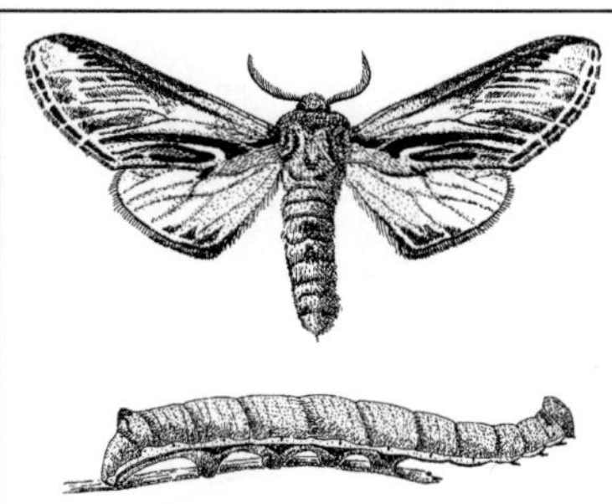

Abb. N-40: Notodontidae: *Pheosia tremula*, Pappelzahnspinner. ♂ (Flspw. 52 mm) und Raupe (43 mm). (Forster & Wohlfahrt 1954–81; Eckstein 1913–33)

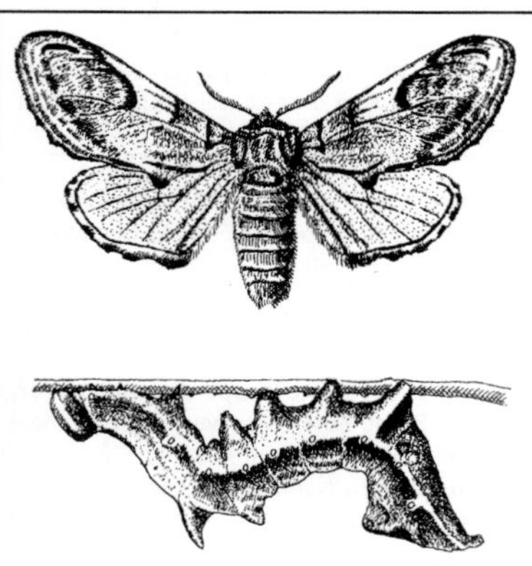

Abb. N-41: Notodontidae: *Notodonta ziczac*, Zickzackspinner. ♂ (Flspw. 43 mm) und Raupe (45 mm). (Forster & Wohlfahrt 1954–81; Süffert 1932)

Abb. N-42: Notodontidae: *Ptilodon capucina*, Kamelspinner (Flspw. 40 mm). Oben: sitzend; unten: Raupe. (Forster & Wohlfahrt 1954–81)

Puppen im Gespinst am oder im Boden, die der 2. Generation überwintern.

A6. *Notodonta ziczac* L., Zickzackspinner (Flspw. 40–45 mm; [**N-41**]); der Falter fliegt wie die vorangehende Art, häufig in 2 Generationen; auch in Parkanlagen; Eiablage an die Blätter von Pappeln und Weiden. Raupe [**N-41**] gelbgrau bis rötlich braun, mit Rückenhöckern, im letzten Stadium mit auf Bauchlicht zugeschnittener doppelter →Gegenschattierung; bezeichnende gebuckelte Ruhe- und Fresshaltung; beim Wandern Körper gestreckt; bei Störung Abgabe eines säurehaltigen Tropfens ähnlich wie bei der Gabelschwanzraupe; Verpuppung im Gespinst im

oder am Boden; die Puppe (meist die der 2. Generation) überwintert.

A7. *Ptilodon capucina* L., Kamelspinner (Flspw. 35–40 mm); deutscher Name: ruhender Falter mit Buckel [**N-42**], bedingt durch den „Zahn" am Hinterrand der Vorderflügel; Flugzeit wie A5; in Misch- und Laubwäldern, auch in Buschwerk. Eier in kleinen Gruppen unterseits an die Blätter der Nahrungspflanzen (verschiedene Laubbäume) abgelegt; Raupe [**N-42**] grün bis rötlich, sehr variabel; die Jugendstadien fressen gesellig; Vorderkörper in der Ruhehaltung angehoben; meist 2 Generationen (in höheren Lagen und im Norden des Verbreitungsgebietes nur 1); Verpuppung in einem leichten Kokon am oder im Boden.

A8. *Phalera bucephala* L., Mondfleck, Mondvogel (Flspw. 42–55 mm); am Ende der sonst hellgrau in grau gezeichneten Vorderflügel auffallender, großer, gelbweißer Fleck [**N-43**] (deutscher Name!); wickelt in der Ruhe die Flügel eng um den Leib, täuscht dann ein frischabgeschnittenes frisch abgeschnittenes Zweigende vor; Flugzeit V–VI; häufig, auch in Kulturland-

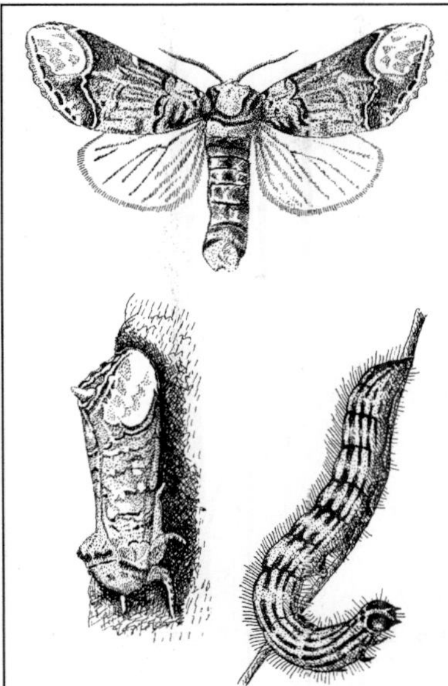

Abb. N-43: Notodontidae: *Phalera bucephala*, Mondfleck. ♂ (Flspw. 51 mm); links unten: Ruhestellung; rechts: Raupe. (Forster & Wohlfahrt 1954–81; Amann 1960)

schaft (Alleen, Stadtparks). Eier in Gruppen an die Blattunterseite verschiedener Laubbäume abgelegt (oft an Linde); die auffallend schwarzgelb gezeichneten Raupen [**N-43**] in der Jugend gesellig, können bei Massenauftreten schädlich werden; bei Störung heben die Jungraupen das Vorder- und Hinterende an; meist nur 1 Generation, manchmal 2; die Puppe überwintert fast ohne Kokonbildung im Boden, zuweilen 2-mal.

A9. _Clostera curtula_ L., Erpelschwanz (Name kommt vom hochgereckten, schwach 2-teiligen Haarbusch am Hinterleibsende [**N-44**]); kleinerer, durchaus häufiger Zahnspinner (Flspw.

Abb. N-44: Notodontidae: *Clostera curtula*, Erpelschwanz. ♂, Flspw. 30 mm. (Forster & Wohlfahrt 1954–81)

27–35 mm), fliegt in 2 Generationen Ende IV–VI bzw. VII–VIII; an feuchteren Stellen, waldigen Hängen mit üppiger Vegetation; Ruhehaltung: Vorderbeine vorgestreckt, Flügel dicht an den Körper gelegt, Hinterleibsspitze angehoben; Nahrungspflanzen der Raupen (grau, fein rot-braun gefleckt, kurz behaart) Pappel und Weide, fressen zwischen zusammengesponnenen Blättern; die in einem Kokon überwinternde Puppe ebenfalls zwischen Blättern.

A10. _Ptilophora plumigera_ Den. & Schiff., Frostspinner (Flspw. 32–40 mm); ♂ mit auffällig breit gefiederten Antennen; an vielen Stellen, besonders im Vorgebirge zahlreich; fliegt erst nach den ersten Frösten X–XI, manchmal in winterlichen Wärmeperioden bis III; gehört zu den spätesten Schmetterlingen im Jahr; die Raupen im Frühling auf Ahorn.

B. Thaumetopoeinae, Prozessionsspinner; oft auch als eigene Fam. **Thaumetopoeidae** angesehen; in Eur 5, M-Eur 3, Dt 2 Arten; Falter ohne Saugrüssel, kurzlebig, beim ♀ 2–3 Tage: Verpaarung in der 1., Eiablage in der 2. Nacht; bei beiden an Nadelbäumen fressenden Arten mit Hahnenkammfortsatz auf der Stirn [**N-45**], dient zum Aufreißen des bei diesen Arten besonders festen Puppenkokons. Die ♀♀ beginnen 2–4 h nach dem Schlüpfen Sexuallockstoff abzusondern; **Eier** bald nach der Kopulation in für die Art bezeichnenden Gelegen an der Nahrungspflanze abgelegt [**N-46**]. **Raupen** [**N-47**] mit zweierlei Behaarung [**N-48**]: längeren borstenartigen Haaren in Büscheln auf Warzen (ohne Wirkung auf die menschliche Haut) und winzigen **Brennhaaren** dorsal auf den Abdominalsegmenten 1–8; Letztere vom 3. Stadium an in außerordentlich großer Zahl (bei einer erwachsenen Raupe über 600 600 000) als samtartiger Überzug auf paarigen Feldern („Spie-

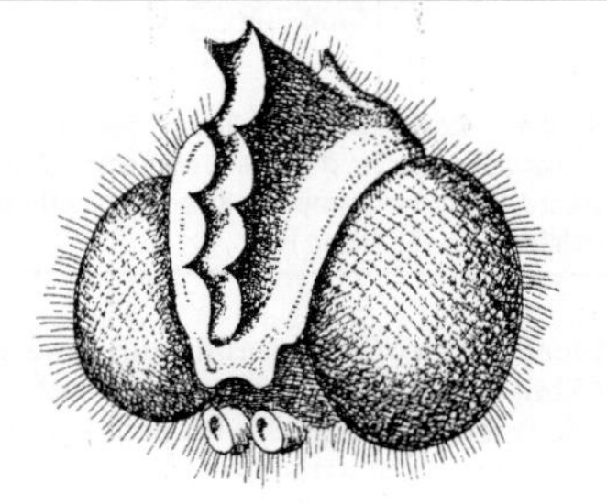

Abb. N-45: Notodontidae: *Thaumetopoea pityocampa*, Pinienprozessionsspinner. Kopf mit sägezahnartiger Stirnleiste. (Forster & Wohlfahrt 1954–81)

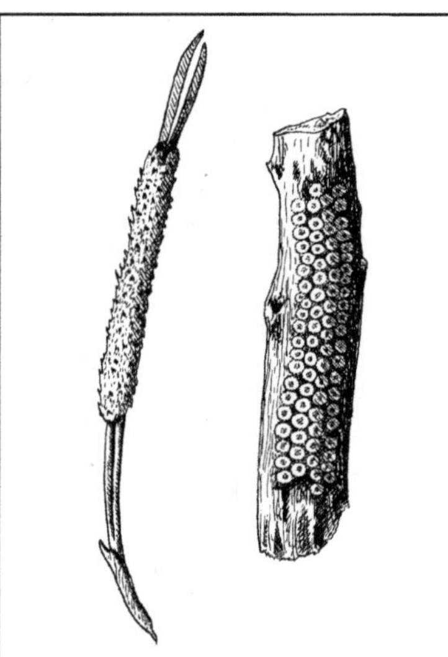

Abb. N-46: Notodontidae: Gelege von *Thaumetopoea pinivora*, Kiefernprozessionsspinner (links), und *Th. processionea*, Eichenprozessionsspinner (rechts). (Amann 1960)

Abb. N-48: Notodontidae: *Thaumetopoea pityocampa*, Pinienprozessionsspinner. Raupenhaare; rechts: Teil eines langen Borstenhaares; links: 2 Brennhaare. (Gäbler 1954)

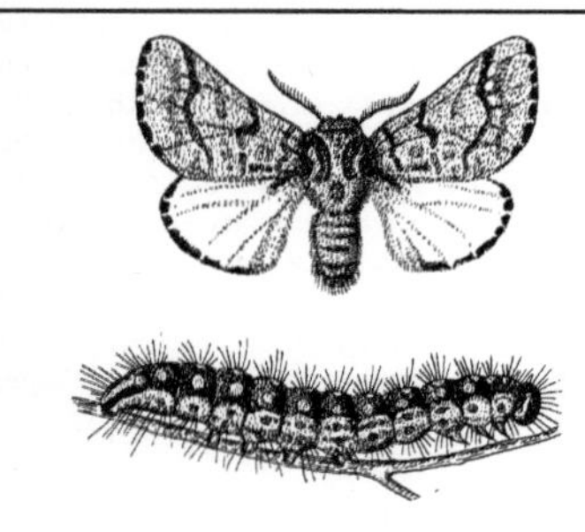

Abb. N-47: Notodontidae. Oben: *Thaumetopoea pinivora*, Kiefernprozessionsspinner, ♂ (Flspw. 30 mm); unten: *Th. processionea*, Eichenprozessionsspinner, Raupe (34 mm). (Forster & Wohlfahrt 1954–81; Amann 1960)

gelfelder", werden bei Beunruhigung etwas vorgewölbt); lösen sich leicht ab, werden auch vom Winde verbreitet; Länge 0,1–0,2 mm, z. T. noch kürzer; verursachen starke allergische Reaktionen wie brennende Entzündungen auf der Haut des Menschen und (bei Massenauftreten) des Weideviehs, Augenentzündungen und Atembeschwerden; auch Haare aus alten Nestern und ebenso mit Alkohol oder Äther gewaschene Haare sind wirk-

sam; Berührung der Raupen mit ungeschützten Händen ist unbedingt zu vermeiden! Die Raupen leben gesellig, fressen auch gesellig; bei manchen Arten in bis über kindskopfgroßen **Gespinstnestern**; die höhere Temperatur im gemeinsamen Nest ist fördernd für die Entwicklung; marschieren in **Prozessionen** (bis 10 m lang, mehrere Hundert Raupen) vom Nest zum Fraßplatz und zurück (Kiefern- und Eichenprozessionsspinner) bzw. vom Nest zum Verpuppungsplatz im Boden (Pinien- und Kiefernprozessionsspinner); Prozession einreihig oder (Eichenprozessionsspinner) auch mehrreihig (20–30 Tiere nebeneinander), entlang dem von jeder Raupe gezogenen Spinnfaden; für den Zusammenhalt wichtig ist Berührung zwischen Vorder- und Hintermann; das Leittier geht aus einer erst knäuelförmigen, dann tellerartig flachen, rotierenden Ansammlung der Raupen hervor; Wandergeschwindigkeit tagsüber 9 cm/min; i. d. R. besteht ein Wanderzug aus Geschwistern, aber auch Individuen aus verschiedenen Nestern können ohne Weiteres miteinander eine Reihe bilden. **Überwinterung** je nach Art als Ei, Larve oder Puppe. Alle 3 Arten werden bei Massenauftreten schädlich. **Raupenvertilger** trotz der Brennhaare sind verschiedene Vogelarten (besonders Kuckuck) und Puppenräuber (→Carabidae M2). Wichtigste →**Parasitoide** der

Larven und Puppen sind Raupenfliegen (→Tachinidae, z. B. *Carcelia iliaca* Ratz. und *Pales processionae* Ratz. beim Eichenprozessionsspinner), Eiparasitoide sind verschiedene Erzwespen wie *Ooencyrtus* (→Encyrtidae), *Trichogramma* (→Trichogrammatidae 1), *Anastatus bifasciatus* Fonsc. (→Eupelmidae).

B1. *Thaumetopoea pinivora* Tr., Kiefernprozessionsspinner (Flspw. 35–45 mm; [**N-47**]); Falterflug V–VI; Gelege (ca. 150 Eier) meist rohrkolbenartig um ein Nadelpaar [**N-46**], mit Drüsensekret und Haaren vom Hinterleib des ♀ bedeckt; das ♀ macht produziert meist wohl nur 1 Gelege; Spiegelfelder der Raupen schwarz, gelbrot umrandet; kein dauerhaftes Gespinstnest, aber gemeinsames Ruhen und Häutungsgemeinschaften der Raupen; Wanderzug meist einreihig, selten mehrreihig; Nahrungspflanze i. d. R. Kiefer, selten andere Nadel- oder sogar Laubbäume; die Raupen fressen VII–VIII i. d. R. zu mehreren, etwa auf gleicher Höhe sitzend, an einer Nadel, im letzten Stadium häufig auch einzeln; 5 Raupenstadien; Verpuppung IX im Boden (mehrere mit Haaren durchsetzte Gespinstkokons aufrecht nebeneinander); die Puppe überwintert, bei manchen Populationen einmal, bei anderen öfter.

B2. *Thaumetopoea processionea* L., Eichenprozessionsspinner (Flspw. 25–35 mm); Falterflug VIII–IX; plattenförmiges, von Drüsensekret überzogenes Gelege an Rinde [■-46], mit 100–200 Eiern; Raupen [**N-47**] V–VII fressen nachts an den verschiedenen Eichenarten; Spiegelflecken rotbraun; Prozession i. d. R. mehrreihig; die Reihen in engem seitlichen seitlichem Kontakt; Überwinterung als Eier; 6 Raupenstadien; Verpuppung VII–VIII in braunen Kokons im Nest.

B3. *Thaumetopoea pityocampa* Den. & Schiff., Pinienprozessionsspinner (Flspw. 30–40 mm); im Mittelmeerbereich, nördlich bis südl. M-Eur; Falterflug V–VIII; ♂♂ erscheinen früher als ♀♀; weibliche Tiere sind im Vergleich zu den ♂♂ schlechte Flieger; 2–4 h nach dem Schlüpfen beginnen die ♀♀, Sexualduftstoff abzugeben; die ♂♂ erscheinen recht schnell; Kopulationsdauer 1 h; jedes ♀ fertigt nur 1 Gelege an: die **Eier** werden von der Basis der Nadeln aus spiralig zur Spitze hin abgelegt und mit Schuppen vom Abdomenende, aber auch von den Flügeln bedeckt; daraus ergibt sich eine manschettenartige Umhüllung der Nadeln (Schutz gegen Eiparasitoide); die **Raupen** (5 Stadien) fressen (ab VIII und dann wieder im Frühjahr bis V) v. a. an verschiedenen Kiefernarten, manchmal an Fichten, im Mittelmeergebiet meist an Aleppokiefer (*Pinus halepensis*); Raupenfraß zunächst am Tage, ab dem

2. Stadium hauptsächlich nachts; 1.–3. Raupenstadium baut (bei genügendem Nahrungsangebot) jeweils nur 1 neues Gespinstnest in neuer, noch nicht befressener Umgebung; 3.–5. Stadium im „Winternest" (oft faustgroß und sehr dicht, daher auffallend); die Nester bieten wohl Schutz vor Fressfeinden (besonders Meisen); sehr dauerhaft, hängen noch lange nach dem Verlassen der Raupen an den Bäumen; zuweilen leben verschiedene Geschwistergruppen im gleichen Nest; **Überwinterung** als Raupen in kegelförmigen Gespinsten (Spitze nach unten) in der Baumkrone; Puppenkokon Ende Frühling im Boden; Falter schlüpfen nach mehrmonatiger Puppendiapause im VI–IX, gewöhnlich 1–2 h vor und nach Sonnenuntergang.

Lit. →Lepidoptera; Brauns 1991; Ebert 1994; Freina & Witt 1987; Hintze-Podufal 1990; Rougeot & Viette 1983; Schmidt GH 1988, 1990a; Steiner et al. 2014; Tschorsnig 1996.

Notonecta →Notonectidae.

Notonectidae, Rückenschwimmer; Fam. der Wanzen (Heteroptera, Nepomorpha) mit in Eur 12, M-Eur 7, Dt 6 Arten, in M-Eur ausschließlich aus der Gttg. *Notonecta* (am häufigsten *N. glauca* L.); mittelgroß (14–18 mm), Rücken dachförmig; in Stillgewässern, **schwimmen** sehr geschickt mit dem Rücken nach unten (Name!) mithilfe der langen, an Schiene und Fuß mit Schwimmhaaren besetzten Hinterbeine; ca. 3700 Haare an jedem Hinterbein, spreizen sich beim Ruderschlag automatisch ab; Schwimmlage optisch beeinflusst (Bauch wird dem stärksten Lichteinfall zugewendet), durch die Verteilung des Luftvorrats unterstützt; der Hauptteil der beim **Luftschöpfen** an der Wasseroberfläche aufgenommenen Luft wird vom Hinterleibsende aus in 2 von Haarzeilen überdachte Luftrinnen ventral am Hinterleib geleitet, in die sich die Stigmen öffnen und die auch als physikalische Kieme funktionieren; Luftvorrat außerdem am Thorax unter den Flügeln; die Tiere sind wegen des Luftvorrates leichter als Wasser; die mitgenommene Gasmenge wird während des Tauchens durch O_2-Verbrauch kleiner, ein bestimmtes Ausmaß der Auftriebabnahme löst erneutes Aufsteigen und Luftschöpfen aus (bei zusätzlicher Belastung des Körpers wird mehr Luft mit in die Tiefe genommen). Schweben in einer bestimmten Wassertiefe ist bei *Notonecta* wegen des Auftriebs nicht möglich, wohl aber bei den Arten der U-Fam. **Anisopinae** (in S-Eur mit 3 Arten der Gttg. *Anisops* vertreten), bei denen der Luftmantel speziell zur Einstellung eines neutralen Auftriebs dient; O_2 für die Atmung wird intrazellulär in hämoglobinhaltigen Zellen des Fettkörpers gespeichert; von hier wird er zur Auftriebsregulation bei längerem Tauchen auch an die außen am Körper haftende Luftblase abgegeben; die ♂♂ dieser Gruppe mit **Schrillapparat**: ein aus abgeflachten Borsten bestehender Kamm am Vorderbein unterhalb des Knies (an der Innenseite der Schiene) wird über ein Dornenfeld außen auf der (vom Labium gebildeten) Stechborstenscheide gerieben. **Osmoregulation** durch Chloridzellen (→Chloridepithel) am Kopf und Pronotum. Flügel gut ausgebildet, **Flugvermögen** gut; rasche Besiedler neuer Gewässer; Start nach schnellem Ruderschlag von der Wasseroberfläche oder vom Land weg. Landen im Wasser, Erkennen einer Wasserfläche an der linearen Polarisation des abgestrahlten UV-Lichtes (gesehen in bestimmten ventralen Bereichen der Komplexaugen). Der Körper stützt sich in **Ruhe-** und **Lauerstellung** und beim Luftschöpfen mit Vorder- und Mittelbeinen sowie mit der Hinterleibsspitze von unten am Wasserspiegel; Körperlängsachse bildet dabei mit der Wasseroberfläche einen Winkel von 30°; das **Wahrnehmen von Lageveränderungen** des Körpers ist (vermutlich) über die kurzen, 4-gliedrigen Antennen möglich: sie liegen auf einem Luftpolster, das sich (und damit zugleich die Antennen) bei Lageänderung bewegt (wahrnehmendes Sinnesorgan: →Johnston-Organ im 2. Antennenglied). **Nahrungserwerb** jagend, erbeutet werden hauptsächlich auf die Wasseroberfläche gefallene und sich bewegende, aber auch am Boden aufgejagte Insekten, Kaulquappen, kleine Fische; Artgenossen, auch Larven (mit Ausnahme des 1. Stadiums) werden als solche erkannt und nicht angegriffen; die Beute wird mit den beiden vorderen Beinpaaren (v. a. dem ersten) ergriffen und gehalten, mit dem Rüssel angestochen (Injektion eines giftig wirkenden Speichels) und ausgesaugt; dabei offenbar auch Prüfung mit dem chemischen Sinn; der Stich ist auch für den Menschen sehr schmerzhaft („Wasserbiene"); der Kot wird an der Wasseroberfläche in die Luft gespritzt. **Wahrnehmung** und genaue Ortung **der Beute** aus der Ruhelage unter der Wasseroberfläche durch die von den Beutetieren hervorgerufenen Oberflächenwellen (Vibrationssinnesorgane an den Gelenken der Vorder- und Mittelbeine und – in Form von Sensillen – an der Hinterleibsspitze), aber auch über den Gesichtssinn; Komplexaugen groß, differenziert in mehrere Abschnitte, die den optischen Verhältnissen unter der Wasseroberfläche jeweils unterschiedlich angepasst sind (u. a. hinsichtlich Farbsehen, Empfindlichkeit, Sehwinkel); die Bildauflösung ist (durch dichter stehende Ommatidien) in den 2 Abschnitten besonders hoch,

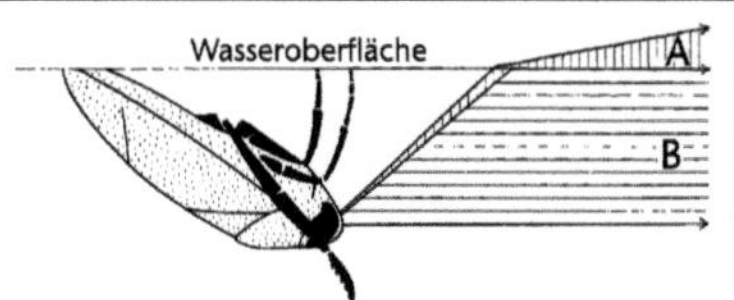

Abb. N-49: Notonectidae: Die beiden Zonen höchster Sehschärfe eines unter der Wasseroberfläche hängenden Rückenschwimmers; A: über, B: unter dem Wasserspiegel. (Schwind 1985)

die in Ruhelage des Tieres die Zonen dicht oberhalb bzw. dicht unterhalb der Wasseroberfläche überblicken (gerade hier halten sich die meisten Beutetiere auf): A: Zone des „durchsichtigen Fensters", B: Zone unterhalb des hier total reflektierenden Wasserspiegels [**N-49**]. Die **Begattung** dauert mehrere Stunden, ♂♂ und ♀♀ hängen dabei schief nebeneinander am Wasserspiegel; die **Eier** (bis 200) werden meistens mit dem kurzen Legebohrer einzeln in Pflanzengewebe eingestochen, bei manchen Arten (*N. maculata* F.) an Steine geklebt; die Imagines sterben nach der Fortpflanzung. 5 Larvenstadien; **Larven** nehmen weniger Luft mit in die Tiefe, da die Flügel noch fehlen und die Haarzeilen am Bauch noch schwächer sind; Rückenlage beim Schwimmen durch Licht-Bauchreflex Bauch-Reflex gesichert; Häutung in Atemstellung; dabei Zuwachs von Ommatidien am Vorderrand der Komplexaugen und gleichzeitig Funktionswechsel der Einzelaugen entsprechend den verschiedenen Aufgaben bestimmter Teile der Komplexaugen. **Überwinterung** bei den einzelnen Arten unterschiedlich (entsprechend auch die Hauptfortpflanzungszeiten); als Imago: *N. glauca* L., *N. viridis* Delc., *N. obliqua* Gall.; als Ei: *N. lutea* Müll., *N. reuteri* Hung.; als Imago oder Ei: *N. maculata* F.
Lit. →Heteroptera; Wesenberg-Lund 1943.
Notoptera (Xenonomia), Grillenschaben; Ordg. der Insekten mit unvollkommener Verwandlung (→Hemimetabolie); nächste Verwandte: →Phasmida und →Embioptera, übergeordnete Gruppe: →Polyneoptera; außereuropäisch; kleine (9–30 mm), längliche, flügellose Tiere mit fadenförmigen, vielgliedrigen Antennen; ohne Ocellen; ♀ mit Legeapparat, an dessen Legerohr wie bei Heuschrecken neben den Gonapophysen auch die Gonostyli beteiligt sind (→Gonopoden); v. a. nachtaktiv. 2 Teilgruppen mit unterschiedlicher Lebensweise:

A. Grylloblattodea (= Notoptera i.e. S.), Grillenschaben i.e. S., mit nur 1 Fam. **Grylloblattidae**; 33 Arten in Ostasien und dem westl. Nordamerika; 20–30 mm groß; Komplexaugen klein, fehlen bei ausschließlich höhlenbewohnenden Arten; Cerci fadenförmig; leben zumeist in kühlen und feuchten Bergwäldern unter Steinen, in der Bodenstreu und im Moos, in wärmeren Gegenden nur wenige Arten in Höhlen oder im Boden; aktiv schon bei wenig über 0 °C; fressen tote Arthropoden, auch herangewehte Pflanzenreste, die viele Arten auch auf Schneefeldern suchen; das ♂ wird nach der Begattung vom ♀ gefressen; Lebensdauer bis zu 10 Jahren (*Grylloblatta campodeiformes* Walk.: Larve schlüpft erst 1 Jahr nach der Eiablage, 8 Häutungen im Verlauf von 5 Jahren, Lebensdauer der Imago 2 Jahre).

B. Mantophasmatodea, „Gladiatoren", erst 2002 beschriebene Gruppe der Insekten, mit unvollkommener Verwandlung (→Hemimetabolie); meist als eigene Ordg. angesehen, dies aber wegen ihres relativ jungen Entstehungsalters kaum gerechtfertigt; zunächst fossil in baltischem Bernstein, danach aber auch lebend im südl. und östl. Afrika in trockenen, felsigen Lebensräumen gefunden (bereits über 20 Arten beschrieben); Komplexaugen groß; Cerci kurz, ungegliedert, ernähren sich jagend von anderen Insekten, ergreifen die Beute mit Vorder- und Mittelbeinen. Lit. →Insecta; Adis 2002; Klass et al. 2002; Wipfler 2014.

Notorhina →Cerambycidae, B.

Notostira →Miridae 2.

Notoxus →Anthicidae; vgl. auch →Meloidae.

Nussbohrer, *Curculio* →Curculionidae H2.

Nycteola →Nolidae.

Nycteribia →Nycteribiidae.

Nycteribiidae, Fledermausfliegen, Spinnenfliegen; Fam. der Zweiflügler (Diptera, Brachycera, Cyclorrhapha) mit in Eur 14, M-Eur 13, Dt 8 Arten; gehören mit den →Streblidae und →Hippoboscidae zu der oft als Lausfliegen (i. w. S.; →Pupipara) bezeichneten Gruppe, bei der die ♀♀ verpuppungsreife Larven zur Welt bringen; klein (1,5–5 mm); stets flügellos (aber →Halteren vorhanden); Beine lang; Hüften weit dorsal angesetzt, spinnenähnliche Haltung (Name!); Kopf in Ruhehaltung in eine Rinne des Thorax nach hinten zurückgeklappt; Augen weitgehend oder ganz rückgebildet; am Körper zahlreiche Borsten, auch Borstenkämme in artspezifischer Anordnung; begünstigen das Haften im Haarkleid des Wirtes; Haut relativ weich, aber außerordentlich zäh (Zerdrücken der Tiere mit den Fingern kaum möglich). Ausschließlich **Ektoparasiten** im Fell von Fledermäusen; Wirtsspezifität wenigstens bei manchen Arten stark, bei anderen weniger ausgeprägt; nicht selten mehrere Arten auf dem gleichen Wirt; **Blutsaugen** oft wiederholt. Die **Larven**

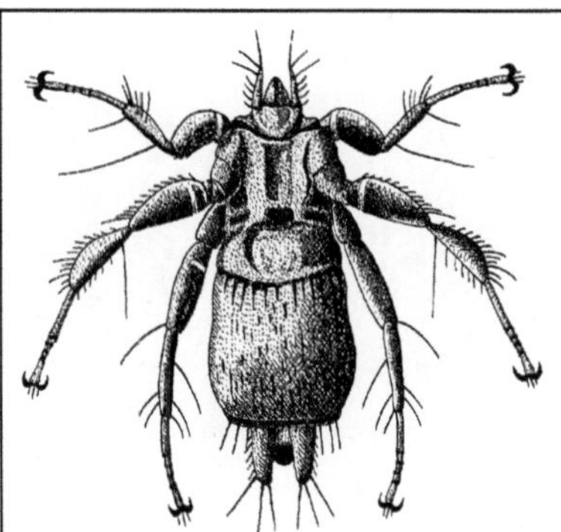

Abb. N-50: Nycteribiidae: *Nycteribia pedicularia*. ♀, 3 mm; auf Fledermäusen. (Séguy 1951a)

werden stets in den Aufenthaltsräumen des Wirtes in dessen Nähe abgesetzt, wodurch das aktive Aufsuchen des Wirtes durch die Imagines erleichtert wird; z. B.: ***Nycteribia pedicularia*** Latr. [**N-50**]; bevorzugt, aber nicht ausschließlich, auf *Myotis*-Arten (Mausohr). Nach **Überwinterung** eifriges Bemühen des wenig wählerischen ♂ um das ♀ (Versuche an falschen Objekten nicht selten); die **Kopulation** dauert zuweilen mehrere Stunden, das Paar läuft dabei meist umher und kann Purzelbäume nach rückwärts schlagen; ♂ dabei durch Mittelbeine und Borsten auf dem Rücken des ♀ fixiert; unterstützt mit den Hinterbeinen das Laufen; 1 Begattung reicht aus für mehrere Larvengeburten. Lit. →Diptera.

Nyctia →Sarcophagidae B.

Nymphalidae, Edelfalter; Fam. der Schmetterlinge (Lepidoptera, Glossata, Rhopalocera) mit in Eur ± 220, M-Eur 116, Dt 88 Arten artenreichste Fam. der Tagfalter, darunter bekannte und häufige Arten; kleine bis stattliche Tagfalter; Flügelzeichnung (insbesondere der Argynninae und Melitaeinae) auf ein Grundmuster („Nymphalidenschema" [**N-51**]) zurückführbar, aufgebaut aus mehreren unabhängig voneinander variierenden Teilsystemen; die Bildung der Augenflecke geht aus und wird gesteuert jeweils von einem Zentrum (Focus) aus etwa 300 Zellen; die im Flügelmuster verbreitet auftretenden rotbraunen Farbstoffe gehören zur Gruppe der Ommatine; die bei Ruhehaltung sichtbaren Flügelunterseiten zeigen (zumal bei Eckenfaltern) oft ein unscheinbares Tarnmuster; der Saugrüssel ist gut ausgebildet; die Vorderbeine sind zu „Putzpfoten" verkürzt, beim ♂ (1–2 Fußglieder) stärker als beim ♀ (4–5 Fußglieder); berühren beim Sitzen die Unterlage

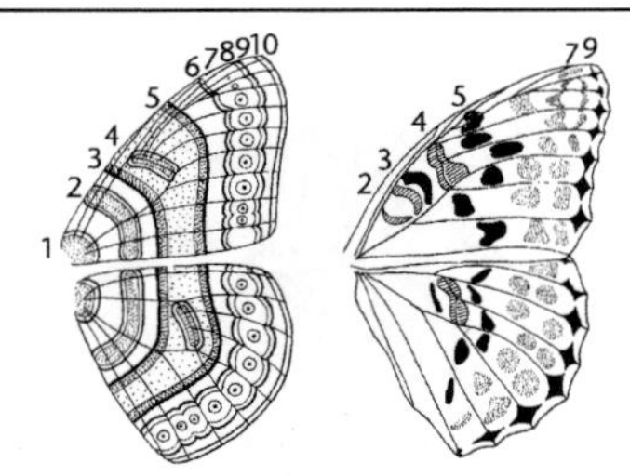

Abb. N-51: Nymphalidae: Grundschema der Flügelzeichnung. 1: Wurzelbinde; 2: Hohlbinde; 3: Proximalbinde; 4: Discoidalfleck; 5: Distalbinde; zwischen 3 und 5 das Zentralfeld; 6: proximale Symmetriebinde; 7: Ocellenreihe; 8: distale Symmetriebinde; 6–8 ocellares Symmetriesystem; 9 und 10: Randbinden. Rechts *Argynnis paphia*; Zuordnung der verschiedenen gekennzeichneten Musterteile zum Grundschema. (Henke 1928)

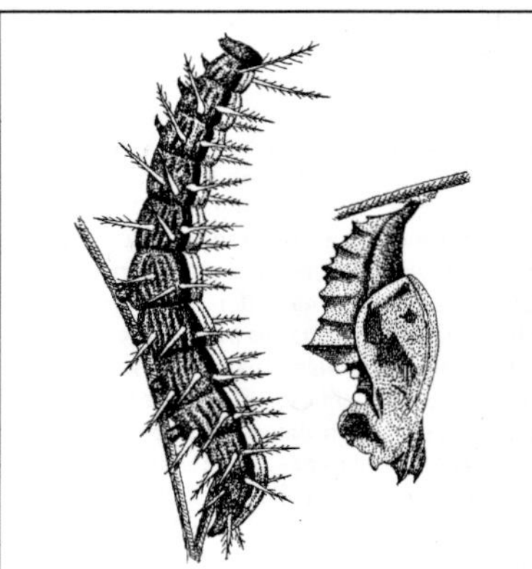

Abb. N-52: Nymphalidae: Raupe (48 mm) und Puppe (27 mm) des Kaisermantels, *Argynnis paphia*. (Hofmann 1894)

nicht, spielen als Sinnesorganträger beim ♀ für das Überprüfen des Eiablagesubstrates (meist die Nahrungspflanze der Raupe) offenbar eine Rolle (trommelndes Aufschlagen der „Putzpfoten"). **Balz** [**N-61**] weitgehend optisch, z. T. auch geruchlich gesteuert (Ansammlung von Duftschuppen auf der Oberseite der Vorderflügel bei den ♂♂ mancher Arten); möglicherweise spielt UV-Reflexion bei der Partnererkennung eine Rolle (UV-reflektierende Muster variieren innerhalb der Gttgn.). **Eier** auf die Nahrungspflanze der Raupen oder in deren Nähe abgelegt, in Gruppen (*Inachis io*, manche *Melitaea*-Arten) oder einzeln; dabei werden je nach Art Ober- oder Unterseite der Blätter oder bezeichnende andere Ablagestellen bevorzugt. Die **Raupen** teils (→A, F) unbestachelt und zumindest nach hinten verjüngt, teils (→B–E) walzenförmig, mit – in Zahl und Anordnung artspezifisch – behaarten warzenartigen Vorsprüngen oder behaarten bzw. verzweigten Dornen („Dornraupen" [**N-52**]); bei manchen Arten leben die frühen Stadien gesellig in Gespinsten (Kleiner Fuchs, Tagpfauenauge, manche Scheckenfalter); die Raupen der meisten Arten sind →oligo- oder polyphag, mit Gruppenspezialitäten: Salicaeae (→A), Brennnesseln (→C), Plantaginaceae (→D), Veilchen (→E) und Gräser (→F); offenbar nur selten →monophag. Meist 1, bei einigen Arten 2 oder 3 Generationen im Jahr; **Überwinterung** bei den meisten Arten als Raupe (meist klein oder halb erwachsen), bei einigen als Imago (→C, E1) oder als Ei mit weitgehend entwickeltem Räupchen (→E, F), ausnahmsweise (auch) als Puppe (→C6, E1, F10). **Verpuppung** meist – nach Herstellen eines Verankerungsgespinstes für die Nachschieber – als

→Stürzpuppe (einige Satyrinae jedoch im Boden, →F); diese mit mehr oder weniger ausgeprägten vorspringenden Ecken und Kanten [**N-52**], bei manchen Arten mit metallisch (oft gold-)glänzenden Flecken (→Lepidoptera: Puppe). Einige Arten sind **Wanderfalter**, die regelmäßig aus dem Süden einfliegen, z. B. *Vanessa atalanta* (Admiral), *Vanessa cardui* (Distelfalter), *Issoria lathonia* (Kleiner Perlmutterfalter).

A. Apaturinae, Schillerfalter; in Eur 3 Arten in Eur der Gttg. *Apatura*, davon heimisch: *A. iris* L., Großer, und *A. ilia* Den. & Schiff., Kleiner Schillerfalter; beide stattlich (Flspw. 60–65 mm), in der Größe kaum unterschiedlich; Grundfarbe der Flügel oberseits schwarzbraun, Vorderflügel mit weißlichen Flecken, Hinterflügel mit weißer Mittelbinde; eine hellere, gelblich gefleckte Form (*clytie* Den. & Schiff., Rotschiller) von *A. ilia* ist stellenweise; häufig, besonders im Süden des Verbreitungsgebietes; beiden gemeinsam ist die blau schillernde Flügeloberfläche der ♂♂, sichtbar nur bei bestimmter Neigung der Flügelfläche zum Lichteinfall (bedingt durch den Bau der Schillerschuppen: die senkrecht auf der Schuppenfläche stehenden Längsleisten mit schräg geneigter Feinstschichtung, an der Interferenz stattfindet). **Hauptflugzeit** Ende VI bis Anfang VIII, zumal auf Waldlichtungen, sofern nur die Nahrungspflanzen der Raupen in der Nähe sind, vormittags oft in Bodennähe (durch Duft von Exkrementen, auch Aas, angelockt), später mehr im Kronenbereich der Bäume. **Eier** einzeln an Weiden und Pappeln an kühl-feuchten, halbschattigen Standorten abgelegt, *A. iris* fast ausschließlich an

Abb. N-53: Nymphalidae: *Apatura ilia*, Kleiner Schillerfalter. Raupe in natürlicher Stellung auf Pappelblatt

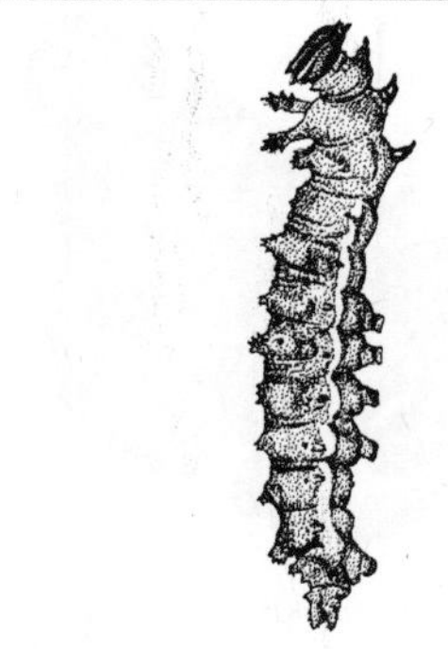

Abb. N-54: Nymphalidae: *Limenitis populi*, Großer Eisvogel. Raupe, 45 mm

Abb. N-55: Nymphalidae: Oben Vorderflügel von *Vanessa atalanta*, Admiral; ♂; unten: *V. cardui*, Distelfalter; ♂; die rotbraunen Teile punktiert. (Forster & Wohlfahrt 1954–81)

Salweiden, *A. ilia* v. a. an Zitterpappel, selten anderen Pappelarten (an Salweide fressende *A. ilia*-Raupen erreichen nicht die normale Größe). Die **Raupen** beider Arten sind einander sehr ähnlich, ohne Dornen, vorn und hinten verjüngt, am Kopf mit 2 hornartigen Fortsätzen [**N-53**] (noch nicht bei Eiräupchen); in der Jugend hellgrün mit braunem Kopf, erwachsen grün; leben einzeln, sitzen in Ruhe in Längsrichtung auf der Lichtseite eines Blattes (Kopf nach oben), Vorderkörper von der Unterlage abgehoben; Körper nach hinten aufgehellt (→Gegenschattierung in Längsrichtung des Körpers, angepasst der senkrechten Sitzweise mit Licht von vorn-oben; lässt den Körper flächenhaft erscheinen); die Raupen **überwintern** nach der 2. Häutung, festgesponnen an einer Knospe oder einem Astwinkel. Die grünliche →**Stürzpuppe** (VI, VII) hängt kopfunter an der Mittelrippe auf der Blattunterseite, Bauchseite zur Blattfläche gewendet; dazu passend, im Gegensatz zur Raupe, Gegenschattierung hier mit Aufhellung zum Kopf hin. In M-Eur nur 1 Generation im Jahr.

B. Limenitidinae; in Eur & M-Eur 5, Dt 3 Arten; Falter nach Größe, Färbung, Zeichnung, Vorkommen und Lebensweise den Schillerfaltern (→A) ähnlich, schillern jedoch nicht; die Dornraupen (Dornenpaar des 2. Segments besonders lang [**N-54**]) fressen an Zitterpappel, auch an anderen Pappelarten (*Limenitis populi* L., Großer Eisvogel) bzw. an *Lonicera*-Arten (*L. reducta* Staud., Blauschwarzer Eisvogel; *L. camilla* L., Kleiner Eisvogel, dieser auch an Schneebere); Überwinterung im 2. oder 3. Larvenstadium in einem gerollten, versponnenen und mit Seidenfäden am Zweig befestigten Blatttel; →Stürzpuppe auf der Blattoberfläche.

C. Nymphalinae, Eckenfalter; in Eur 13, M-Eur 11, Dt 9 Arten; Außenrand der Flügel mit 1 oder mehreren vorstehenden Ecken [**N-56**]; Raupen einiger Arten (→C1–3, 5–6) auch oder ausschließlich an Brennnessel; **Überwinterung** als Imago, nur beim Landkärtchen als Puppe.

C1. *Vanessa atalanta* L., Admiral, und *Vanessa cardui* L., Distelfalter; in Vielem ähnlich: in der Flügelzeichnung, besonders an der Spitze der Vorderflügel [**N-55**]; bei beiden werden die **Eier** einzeln an die Nahrungspflanze abgelegt; beide mit typischen **Dornraupen**, diese einzeln zwischen zusammengesponnenen Blättern, beide an Brennnessel und Distel, wobei der Admiral Nessel (anscheinend nur gelegentlich an Distel),

Abb. N-56: Nymphalidae: *Inachis io*, Tagpfauenauge. Flspw. bis 60 mm

der Distelfalter Distel bevorzugt (daneben einige andere krautige Pflanzen); Unterschiede: Grundfarbe der erwachsenen Raupen des Admirals schwarz bis düster-olivgrün, die des Distelfalters stets olivgrün; Blattgespinst der Admiralsraupe geschlossen, das der Distelfalterraupe teilweise offen; →**Stürzpuppe** an den verschiedensten Stellen, zuweilen zwischen zusammengesponnenen Blättern; das Admirals-♂ bezieht zur Fortpflanzungszeit (am späten Nachmittag und frühen Abend), u. U. für mehrere Tage, ein gegen Eindringlinge verteidigtes Revier. Beide sind **Wanderfalter**, die jedes Jahr ab Ende IV oder V (2. Distelfalterwelle im VI) aus dem Mittelmeergebiet einwandern (möglicher Grund: Übervölkerung bei günstigen Entwicklungsbedingungen), der Admiral meist als Einzelflieger, der Distelfalter zuweilen in Massen, jedoch nicht in eng gedrängter Schar; bei uns Entwicklung von 2 (beim Distelfalter bis 3) Generationen; viele Falter der letzten Generation zeigen im Herbst die Neigung, in Richtung Süden zurückzuwandern, wobei vermutlich die meisten umkommen; der Admiral saugt im Spätsommer-Herbst gerne an Fallobstsäften (Geschmacksorgane an den Fußgliedern); **Überwintern** des Admirals nördlich der Alpen in Ausnahmefällen an klimatisch günstigen Orten (Rheintal); beim Distelfalter anscheinend nicht möglich, nicht zurückgewanderte Falter sterben ab (regelmäßiges Vorkommen im Winter nur in Südspanien, Nordafrika und auf den Kanaren).

C2. *Aglais urticae* L., Kleiner Fuchs, Nesselfalter (aber auch die Raupen verwandter Arten fressen an Nessel); einer der häufigsten und bekanntesten Tagfalter mit 2–3 sich z. T. überschneidenden Generationen im Jahr; Ausbreitung der Art gewähr-

leistet durch den Wandertrieb eines Teils der Falter der 2. (oder 3.) Generation; er kann sie, durch Luftströmungen unterstützt, über Entfernungen von über 100 km vom Schlüpfort wegführen. Paarung erst im späteren Frühling; die **Eier** werden in Gruppen an den Spitzentrieben v. a. der Großen Brennnessel abgelegt (sehr selten auch an Kleiner Brennnessel und Hopfen), an sonnenexponierten, trocken-warmen Standorten, häufig an Wegrändern; Auswahl der richtigen Nahrungspflanze für die **Raupen** vermutlich v. a. durch den Geruchssinn, der auch den (vor die Wahl gestellten) Raupen das Finden der Nahrung erleichtert; daneben wohl auch Orientierung mit Auge und Tastsinn; die Dornraupen (mit gelblichen Längsstreifen auf dunklem Grunde) fressen bis zur letzten Häutung vom gemeinsamen Gespinst aus (meist bis 10 Tiere), erst im letzten Stadium einzeln. Zur **Verpuppung** sucht die erwachsene Raupe (Stadium 5) umherwandernd einen geeigneten Platz und hakelt sich mit den Nachschiebern in ein zuvor gefertigtes Gespinstpolster ein; Puppenfärbung durch unterschiedliche Ausbildung dunklen Pigments der Färbung der Umgebung recht gut angepasst (durch ein Hormon gesteuert; Wirkung der Umgebung über die Augen der Raupe während einer sensiblen Periode nach Verlassen der Nahrung und vor der eigentlichen Puppenhäutung); die meisten Falter der letzten (2. oder auch 3.) Generation **überwintern** in geeigneten Schlupfwinkeln, häufig in Gebäuden (Kulturfolger), und zwar in echter Diapause (starke Reservestoffspeicherung, Entwicklung der Keimdrüsen gehemmt); fliegen danach bereits in den ersten warmen Frühlingstagen.

C3. *Inachis io* L., Tagpfauenauge [**N-56**]; ähnlich häufig und bekannt wie der Kleine Fuchs, auch in der Lebensweise ähnlich; bei unscheinbar gefärbter Flügel-Unterseite (in Ruhestellung sichtbar) fällt das Augenmuster der Oberseite umso so mehr auf. Bei schwacher Beunruhigung werden die Flügel schnell auseinandergeklappt, dabei die Vorderflügel mit leise zischendem Geräusch vorgezogen und so auch die Hinterflügelaugen freigelegt (erschrecken von unerfahrenen Vögeln durch Vortäuschen eines großen Tieres); das Geräusch mit hohem Anteil an Ultraschall (20–80 kHz); **Schallerzeugung** an der Basis der Vorderflügel, beteiligt sind Costalader und ein Membranfeld zwischen Costa und Subcosta; das Geräusch beeinflusst Vögel nicht, wohl aber Fledermäuse (vgl. Abendpfauenauge; →Sphingidae 3). Die **Dornraupen** gesellig an der Großen Brennnessel (selten an Hopfen), wie A7 an sonnenexponierten, aber feucht-warmen Orten, oft an Bachrändern; schwarz mit weißen Pünktchen; sehr ausgeprägter Geselligkeitstrieb (regelmäßig große Gruppen von manchmal über 100 Tieren); regelmäßiges gemeinsames Ruhen zwischen den Fressperioden (diese auch nachts) im Gespinst, gemeinsames Sichhäuten in besonders dichten Häutungsgespinsten; vermutliche Bedeutung des Gespinstes: Schutz vor Fressfeinden, vielleicht auch etwas schnellere Entwicklung durch eine um 1,5–2 °C höhere Temperatur im Innern des Gespinstes; die →Stürzpuppe sucht sich durch heftige, schlagende Bewegungen gegen kleine Raubfeinde zu wehren. In M-Eur i. d. R. nur eine 1, manchmal eine 2. **Generation**; bei uns kein Wanderfalter, in Finnland dagegen jährliche Zuwanderung aus dem Süden.

C4. *Nymphalis polychloros* L., Großer Fuchs (Flügel oben auf rotbraunem Grund schwarz gefleckt, ähnlich wie Kleiner Fuchs), und ***Nymphalis antiopa*** L., Trauermantel (Flügel oben und unten weitgehend schwarzbraun, Randsaum hell); beide stattlich (Flspw. 60–70 mm), beide in M-Eur mit nur 1 Generation im Jahr, bei beiden Überwinterung als Falter (heller Flügelsaum des Trauermantels vor der Winterruhe gelblich, danach weißlich); die Dornraupen (die verästelten Dornen beim Großen. Fuchs rostbraun, beim Trauermantel schwarz) bis zur letzten Häutung gesellig an verschiedenen Laubbäumen, Spinnfähigkeit nicht sehr stark.

C5. *Polygonia c-album* L., C-Falter, C-Fuchs, Weißes C; auffallendes helles C-Zeichen auf der düsteren Unterseite der Hinterflügel (Name!); Außenrand der Flügel auffallend stark gezackt; 1 oder (bei günstigen Bedingungen) 2 Generationen im Jahr, überwintert als Falter; Dornraupen (hintere Rückenhälfte weiß, Dornen gelbrot) einzeln lebend, außer an Hopfen und Brennnessel an verschiedenen Bäumen und Sträuchern.

C6. *Araschnia levana* L., Landkärtchen, Gitterfalter, Netzfalter; Name nach der hellen Strichzeichnung auf der rostbraunen Flügelunterseite. Das ♀ legt **Eistäbe** an die Blattunterseiten; die schwärzlichen **Dornraupen** (ein Dornenpaar auch auf dem Kopf) leben gesellig auf Brennnessel, im Gegensatz zu A7 und A8 jedoch fast stets im Halbschatten unter Bäumen oder Büschen am Waldrand, an Waldwegen usw.; berühmtes Beispiel für **Saisondimorphismus:** aus den (in Diapause) überwinterten Puppen schlüpft im Frühling eine helle Form („*levana*"; Flügel oben auf rotbraunem Grunde schwarz gefleckt); deren im Sommer fliegende, früher als eigene Art angesprochene Nachkommen (ohne Puppendiapause) stark verdunkelt („*prorsa*"; Flügel oben auf

schwarzbraunem Grunde hell gefleckt); Hauptbedingung für das hormongesteuerte Auftreten der einen bzw. anderen Form ist die Tageslänge während der Raupenentwicklung (daneben auch die Temperatur); Raupen bei Kurztag ergeben *levana*, Raupen bei Langtag *prorsa* [**N-57**]; aus den Eiern jeder der beiden Formen sind im Belichtungsversuch *levana*- und *prorsa*-Falter erzielbar; Zwischenformen („*porima*") kommen vor; gelegentlich tritt eine 3. Generation (= „*prorsa*") im Herbst auf.

D. Melitaeinae, Scheckenfalter; in Eur 25, M-Eur 17, Dt 12 einander sehr ähnliche Arten der Gttgn. *Euphydryas* und *Melitaea*; Flügel oberseits feingliedrig schwarzbraun gescheckt (z. B. *M. cinxia* L., Wegerich-Scheckenfalter [**N-58**]; *M. athalia* Rott., Gemeiner Scheckenfalter); Flügelzeichnung bei manchen Arten sehr variabel; fliegen meist in 1 Generation VI–VII; einige nur in den Hochlagen der Alpen; die Dornraupen fressen i. d. R. an niedrig wachsenden Pflanzen, viele Arten an Plantaginaceae (z. B. *M. cinxia* und einige weitere Arten gern an Spitzwegerich); die Raupen überwintern (einzelne Individuen bei manchen Arten 2-mal; z. B. bei *E. maturna* L., Eschen-Scheckenfalter, Kleiner Maivogel), bei vielen Arten gesellig in gemeinsamem Gespinst, bei *E. maturna* in kleinen Grüppchen unter abgefallenem Laub; →Stürzpuppe.

E. Argynninae, Perlmutterfalter (inzwischen oft zu den sonst tropischen Heliconiinae gestellt); in Eur 26, M-Eur 19, Dt 17 Arten; einige Arten sind weit verbreitet und häufig, andere nur lokal (z. B. *Boloria pales* Den. & Schiff., Hochgebirgs-Perlmutterfalter, in den Hochalpen); ausgezeichnet durch Flecken auf der Unterseite der Hinter-, z. T. auch der Vorderflügel, die mit perlmutterglänzenden Schuppen besetzt sind [**N-59**]; die Oberseitenzeichnung ist reich schwarz und gelbbraun, ähnlich der der Scheckenfalter; der Perlmutterglanz ist bedingt durch pigmentlose Schuppen, an deren längs geriefter Oberfläche (Gitter) und glatter Innenseite zugleich Reflektion und Interferenz des Lichtes stattfindet; bei ♂♂ und ♀♀ sind **Duftdrüsen** für Sexuallockstoffe bekannt, beim ♀ als Säckchen zwischen dem 7. und 8. Abdominalsegment, beim ♂ als Reihen von Duftschuppen auf mehrere Längsadern der Vorderflügel-Oberseite [**L-19**], teils freistehend, teils in einer Rinne der wulstig verdickten Adern. **Eiablage** teils an, teils in der Nähe der Nahrungspflanzen der Dornraupen (vgl. Kaisermantel, →E4); viele Arten fressen auch oder ausschließlich an Veilchen. **Überwinterung** meist als Raupe (bei manchen Arten 2-mal), bei *Fabriciana* und *Brenthis* als Ei;

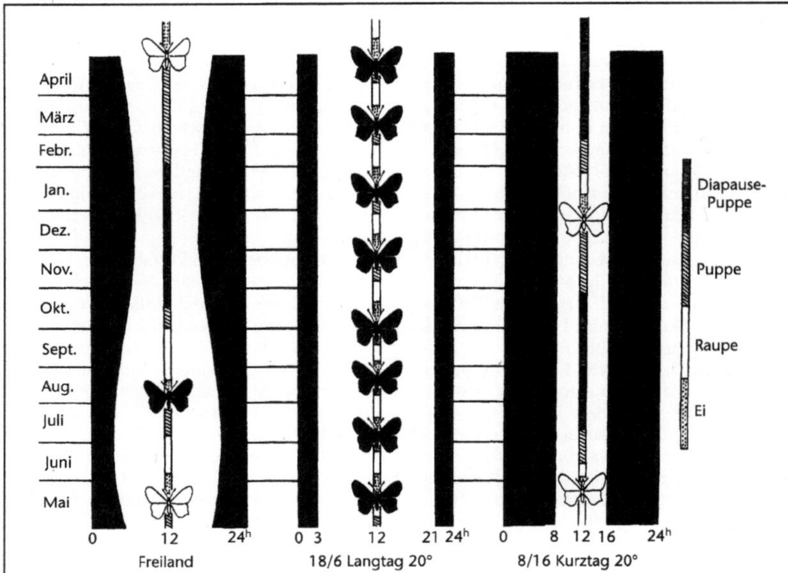

Abb. N-57: Nymphalidae: *Araschnia levana*, Landkärtchen. Wirkung der Tageslänge auf die Entwicklung, im Freiland und im Laborversuch; *levana* hell, *prorsa* dunkel; s. Text. (Müller 1959)

Abb. N-58: Nymphalidae: *Melitaea cinxia*. ♂, Flspw. 35 mm. (Forster & Wohlfahrt 1954–81)

Abb. N-59: Nymphalidae: *Speyeria aglaja*, Großer Perlmutterfalter. Flspw. bis 55 mm. (Amann 1960)

→**Stürzpuppe**; meist eine 1, bei einigen Arten 2 oder 2–3 Generationen im Jahr.

E1. *Issoria lathonia* L., Kleiner Perlmutterfalter (Flspw. ca. 40 mm); Perlmutterflecken, auch an der Spitze der Vorderflügel, sehr deutlich ausgeprägt; v. a. in Trockengebieten, auf Ödland; Raupe hauptsächlich an Ackerstiefmütterchen; 1–3 sich überschneidende Generationen; Überwinterung als Raupe, Puppe oder Falter möglich; Zuzug von Einzelwanderern aus dem Süden wird allgemein angenommen.

E2. *Speyeria aglaja* L. (= *Mesoacidalia a.*, *Argynnis a.*), Großer Perlmutterfalter (Flspw. ca. 55 mm; [**N-59**]); bewohnt v. a. blumenreiche Magerrasen (und daher starker Rückgang); Flugzeit (VI)VII–VIII; Raupe, tags verborgen, an verschiedenen Veilchenarten; überwintern als Raupe in der Streuschicht.

E3. *Fabriciana niobe* L. (= *Argynnis n.*) Mittlerer Perlmutterfalter (Flspw. ca. 50 mm); Aussehen und Lebensweise ähnlich der vorigen Art, überwintert jedoch als Ei in der Krautschicht; stel-

Abb. N-60: Nymphalidae: *Argynnis paphia*, Kaisermantel. ♂, Flspw. 62 mm

lenweise häufig die Form *eris* Meig., bei der die Perlmutterflecken fast oder ganz fehlen.

E4. *Argynnis paphia* L., Kaisermantel, Silberstrich [**N-60**]; früher häufige, sehr stattliche Art (Flspw. 60–65 mm); Grundfarbe der Flügel leuchtend goldbraun, Perlmutterzeichnung auf der Unterseite der Hinterflügel etwa strichförmig; meist selten, nur lokal häufiger die stark verdunkelte ♀-Form *valesina* Esp., eine dominante Mutante, die sich u. a. wahrscheinlich deshalb schwer durchsetzt, weil sie vom balzenden ♂ stark vernachlässigt wird (Reinzucht im Labor möglich). **Flugzeit** VI–IX; v. a. auf Waldwiesen und Schneisen, wo sich die Falter als recht standorttreu erweisen. **Saugen** gern an Disteln. **Körpertemperatur** bei Flugaktivität etwa konstant 34 °C, beim abflugbereiten Tier erreicht durch Ausbreiten (Bestrahlung) bzw. Zusammenklappen (Beschattung) der Flügel; ausgeprägte **Balz**

des ♂ in mehreren Phasen: 1) das ♂ findet das ♀ optisch; dabei sind Form und Größe sowie das natürliche Farbmuster des weiblichen Flügels nicht ausschlaggebend, sondern der durch den Flügelschlag gegebene rhythmische Wechsel zwischen Auftauchen und Verschwinden der goldgelben Grundfarbe auf der Flügeloberseite; ein nicht paarungsbereites ♀ flieht schnell; 2) Flugbalz: ein paarungsbereites ♀ fliegt schwirrend geradeaus; das ♂ folgt, unterfliegt und überholt das ♀ [**N-61**] und wedelt ihm (wahrscheinlich) den sexuell stimulierenden Duft des Flügel-Duftorgans zu (mehrere Male); das ♀ setzt sich schließlich; 3) Bodenbalz [**N-62**]: von dem flügelschwirrenden, ab und an den Hinterleib hebenden ♀ wird vermutlich Sexuallockstoff abgegeben; das ♂ umfliegt das ♀ in Halbkreisen; setzt sich, den Kopf zum ♀, das nun die Flügel langsam ein wenig auf und -ab bewegt; ein hochgradig erregtes ♀ kann dabei bereits den Hinterleib mit ausgestülpten Duftorgansäckchen gezielt dem ♂ zuwenden; das ♂ geht mit Verbeugung zum ♀, dabei jedesmal Flügelöffnen und -zuklappen (dabei vermutlich Abgabe einer Duftwolke); die hochgeschlagenen Hinterflügel des ♀ werden mit Antennen und Mittelbeinen betrommelt, eine Antenne bestreicht den Kopf des ♀ oben; das ♂ biegt dann unter Flügelschwirren den Hinterleib zum ♀, das dem ♂ entgegenkommt; Kopulation mit abgewandten Köpfen; Teile der Balz, z. B. die ganze Flugbalz, können ausfallen. **Eiablage** 1 oder mehrere Tage nach der Begattung; das ♀ hält sich zumeist im Wipfelbereich der Bäume

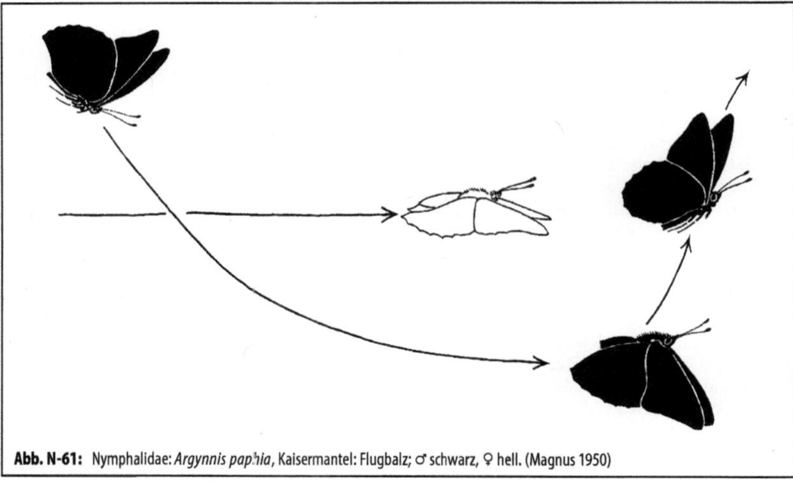

Abb. N-61: Nymphalidae: *Argynnis paphia*, Kaisermantel: Flugbalz; ♂ schwarz, ♀ hell. (Magnus 1950)

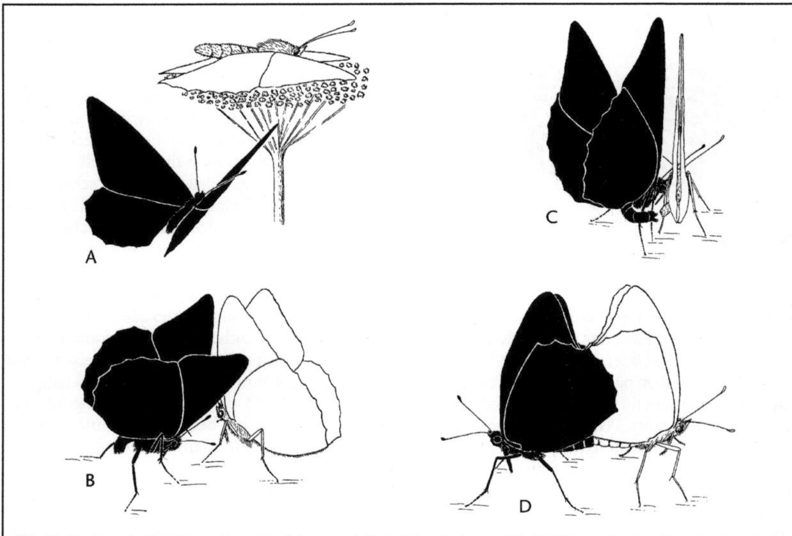

Abb. N-62: Nymphalidae: *Argynnis paphia*, Kaisermantel. Bodenbalz; ♂ schwarz, ♀ hell; 4 Phasen: A: ♂ umfliegt das sitzende ♀; B: Verneigung des ♂; C: ♂ bringt den Kopulationsapparat zum ♀; D: Kopula. (Magnus 1950)

auf, macht Suchflüge nach einem geeigneten Ablegeplatz: Lichtung mit Sonne, ohne Unterholz, Veilchen im Bodenbewuchs; Prüfen des Bewuchses beim Umhergehen, verbunden mit Trommeln der Putzpfoten (vermutlich Sinnesorganträger) auf die Pflanzen; anschließend Flug zum nächsten Baumstamm, an dem, von unten bis in die Wipfelregion, Eier einzeln hinter Rindenschuppen geschoben werden. **Raupe** mit Dornen, **Puppe** mit stark vorspringenden Ecken und Kanten [**N-52**]; im Frühling Wanderung der überwinterten Jungraupen zum Boden an die Veilchen; 1 Generation im Jahr.

F. Satyrinae, Augenfalter; früher als eigene Fam. **Satyridae** aufgefasst; in Eur 143, M-Eur 61, Dt 45 Arten; in den äußeren Hälften der oft düster gefärbten Flügel ober- und/oder unterseits meist 1 oder mehrere kleine Augenflecke; ein bei manchen Arten recht auffallender Augenfleck unterseits auf der Vorderflügelspitze, bei Ruhehaltung unter dem Hinterflügel verborgen, wird bei Störung durch leichtes Vorziehen der Vorderflügel plötzlich sichtbar, vermag wohl einen Feind zu irritieren; Flügelmuster der ♀♀ oft etwas kontrastreicher als das der ♂♂; Unterseite häufig mit unscheinbarer Tarn-Musterung; die ♂♂ mit einem Fleck aus Duftschuppen oben auf den Vorderflügeln; 1–3 Adern an der Basis

der Vorderflügel mehr oder weniger deutlich blasig verdickt, vielleicht in Beziehung zu einem an der Flügelbasis gelegenen →Tympanalorgan [**N-63**]; Bedeutung eines evtl. Hörvermögens hier unklar. Über die bisweilen recht verwickelte **Balz** vgl. →F4. **Raupen** nach hinten verjüngt [**N-64**], ihr Hinterleibsende durch Umbildung der Nachschieber 2-spitzig; fressen meist an Gräsern; **Verpuppung** teils als →Stürzpuppe, teils nackt oder in einem schwachen Gespinst am Boden. **Überwinterung** i. d. R. als Raupe im Boden (manchmal 2-mal), bei einzelnen Arten als Puppe (*Pa-*

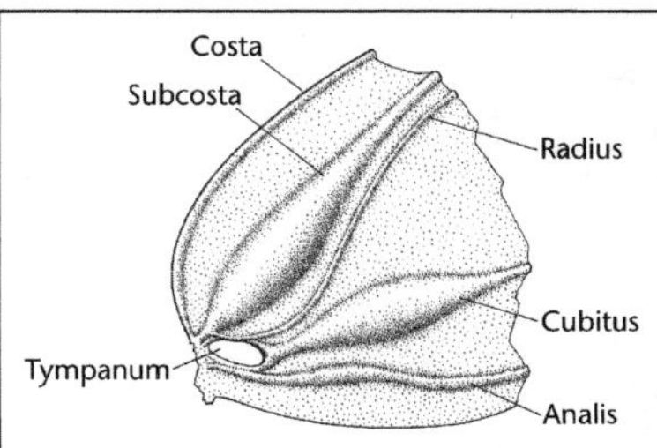

Abb. N-63: Nymphalidae: *Maniola jurtina*, Großes Ochsenauge. Basis des linken Vorderflügels von unten mit 2 stark und 1 schwach verdickten Ader. (Bourgogne 1951, verändert)

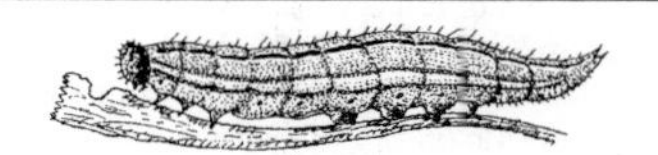

Abb. N-64: Nymphalidae: *Melanargia galathea*, Damenbrett. Raupe; ca. 30 mm, sandfarben oder grün. (Amann 1960)

Abb. N-65: Nymphalidae. Oben: *Erebia* spec., Mohrenfalter; unten: *Hipparchia semele*, Ockerbindiger Samtfalter; hebt, beunruhigt, die Vorderflügel an und zeigt das Augenmuster der Unterseite. (Tinbergen et al. 1943)

rarge aegeria L. →F9) oder als E mit weitgehend entwickeltem Räupchen (*Erebia ligea* L., *E. euryale* Esp.; →F1); meist eine 1, selten 2–3 Generationen im Jahr oder (manche Gebirgsformen) nur alle 2 Jahre 1 Generation.

F1 *Erebia*, Mohrenfalter [**N-65**]; in Eur 50 und in M-Eur 31 Arten, viele mit begrenzter Verbreitung in Hochgebirgen; nur eine Vorderflügelader blasenartig verdickt; die Flügel oben meist düster schwarzbraun, eine hellere Randbinde mit kleinen Augenflecken mehr oder weniger deutlich ausgeprägt. Hauptverbreitung in den Alpen, wo verschiedene Arten verschiedene Höhenstufen besetzen, z. B. *E. aethiops* Esp. (Waldteufel) in der Ebene und im Gebirge bis 1700 m, *E. pronoe* Esp. ab etwa 500 m, *E. euryale* Esp. über 1100 m, *E. melampus* Fuessly über 1800 m, *E. pluto* Prun. über 2000 m. Die **Raupen** fressen meist nachts, manche Arten sind wohl auf bestimmte Gräser spezialisiert. In der alpinen und subnivalen Stufe der europäischen Alpen haben 12 von 22 Arten

einen 2-jährigen Entwicklungszyklus (1. Überwinterung im Ei, 1. oder 2. Raupenstadium, die nächste meist als letztes (4.) Raupenstadium); 1-jährige Arten überwintern nur einmal 1-mal in einem dieser Stadien; die 2-jährigen Arten zeigen regelmäßige Populationsdichteschwankungen mit Hauptflugphasen in ungeraden Jahren, die wahrscheinlich auf parallel schwankende Häufigkeiten ihrer Parasitoide (→Braconidae, →Ichneumonidae) zurückzuführen sind (beobachtet seit 1918).

F2 *Melanargia galathea* L., Damenbrett, Schachbrett; sehr häufige Art; breitete sich erst im Laufe der letzten 100 Jahre von Süden her über das nördl. M-Eur aus; ausgezeichnet durch das auffallende, fast weißlingsartige Hell-dunkel-Muster der Flügel, an denen eine Ader aufgeblasen ist; Falter VI–VIII. Suchflüge der ♂♂ dicht über dem Gras schon ab dem frühen Morgen; vorher Aufheizen der Körpertemperatur auf 30 °C; Anflug des ♀ optisch gesteuert, Erkennen durch olfaktorische Reize; die **Eier** werden im Flug verstreut. **Raupe** [**N-64**] grün oder braun, frisst nachts; überwintert (bis V) an verschiedenen Gräsern; **Puppe** frei im Boden; die ♀♀ schlüpfen nach den ♂♂.

F3 *Hipparchia fagi* Scop., Großer Waldportier; im südl. M-Eur heimisch (bei uns nur noch am Kaiserstuhl); stattliche Art (Flspw. ca. 70 mm); 2 Adern der Vorderflügelbasis stark, eine 3. schwach aufgeblasen; Falter VI–VIII; an Waldrändern, auf Lichtungen; setzt sich häufig mit zusammengeschlagenen Flügeln an Baumstämme (Flügelunterseite farblich gut angepasst); 1 Generation; die Raupe überwintert, frisst v. a. an Trespen (*Bromus erectus*). Zum Verwechseln ähnlich: ***H. hermione*** L. (= *alcyone* Den. & Schiff.), Kleiner Waldportier; Unterschiede: revierbewachende ♂♂ sitzen in der Krautschicht; Raupe gebändert, frisst an Schafschwingel (*Festuca ovina*) und Zwenken (*Brachypodium*).

F4 *Hipparchia semele* L., Rostbinde, Ockerbindiger Samtfalter, Heidefalter (Flspw. 48–55 mm); früher stellenweise häufig (Heidegebiete Norddeutschlands, Trockenrasen Thüringens); ♀ auf der Flügeloberseite deutlich kontrastreicher gezeichnet als ♂; die Tarnzeichnung der Hinterflügelunterseite kommt zum Zuge, wenn sich der Falter nach hastigem Flug sehr plötzlich setzt, dann anscheinend verschwunden ist; bei schwacher Störung werden die Flügel schnell auf- und zugeklappt, bei etwas stärkerer Störung Freilegen einer auffallenden Augenzeichnung durch blitzschnelles Vorziehen der Vorderflügel [**N-65**]. Falter fliegt VI–IX; bewohnt Baumsteppen mit

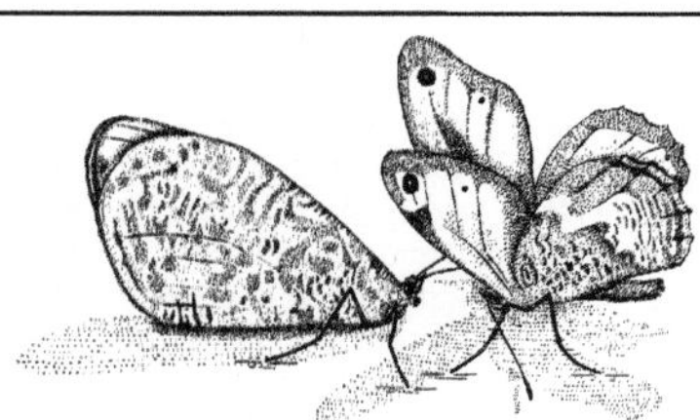

Abb. N-66: Nymphalidae: *Hipparchia semele*, Ockerbindiger Samtfalter. Balz: „Verbeugung" des ♂ (rechts) vor dem ♀. (Tinbergen et al. 1943)

sandigen Unterlagen und lehmige oder steinige Hänge; sitzt gern auf dem erwärmten Boden; bei der **Nahrungssuche** ist zunächst der Blütenduft aktivierend; die Blüten werden dann optisch geleitet angeflogen, Gelb und Blau spontan bevorzugt. **Balz:** das ♂ fliegt pfeilschnell ein Objekt (♀ oder auch andere Falter) an, wobei dessen Bewegungsart und Größe ausschlaggebend, Farbmuster und Form jedoch ohne Bedeutung sind; das ♀ wird verfolgt, setzt sich schließlich zusammen mit dem ♂; dieses stellt sich vor dem ♀ auf, öffnet und schließt in schnellem Wechsel ein wenig die Vorderränder der Vorderflügel (dabei bezeichnende Drehbewegung der Antennen) und spreizt unter „Verbeugung" [N-66] die Flügel auseinander; dann zieht es die Vorderflügel weit vor und klappt sie langsam wieder zu und fängt dabei meist die Antennen des ♀ ein, die dadurch mit dem Duftschuppenfleck des ♂ in Berührung kommen; das ♂ geht schließlich um das ♀ herum, krümmt das Abdomen zum ♀, hakt den Begattungsapparat ein und steht schließlich – Kopf abgewandt – hinter dem ♀; Dauer der Kopula 45 min bis 2 h. **Eier** einzeln an Gräser abgelegt; die **Raupe** frisst an Gräsern, häufig an *Aira*, überwintert; **Verpuppung** VI.

F5 *Brintesia circe* F., Weißer Waldportier; stattlich (Flspw. bis 65 mm); mit auffallender heller Flügelbinde; Flügelunterseite den Baumstämmen angepasst, an denen er oft mit geschlossenen Flügeln ruht; Falter VI–VII; fliegt nur bei Sonnenschein; an warmen Stellen, v. a. in locker bestandenen Eichenwäldern; Überwintern als Raupe; Raupe an Gräsern.

F6 *Chazara briseis* L., Berghexe; bei uns nach dramatischem Rückgang vom Aussterben bedroht; an steinigen, heißen, südexponierten Halbtrockenrasen, auf Beweidung angewiesen; die Raupe überwintert; Verpuppung im Boden.

F7 *Minois dryas* Scop., Blaukernauge, Blauäugiger Waldportier; stattlich (Flspw. bis 70 mm),

ausgezeichnet durch 2 Vorderflügel-Augenflecke mit blauem Kern; fliegt VI–IX; das ♀ lässt die Eier einfach fallen; die (überwinternde) Raupe v. a. an Pfeifengras (*Molinia*); Puppe frei am Boden.

F8 *Lasiommata megera* L., Mauerfuchs (Flspw. 35–45 mm); 2 Adern der Vorderflügelbasis aufgeblasen; der Falter fliegt meist in 2 Generationen (V–VI; VII–IX); setzt sich im Sonnenschein gerne an Mauern und Felsen; ist hier durch die Tarnzeichnung der Hinterflügelunterseite schwer zu sehen; die Raupe frisst an verschiedenen Gräsern, überwintert. Ähnliche Lebensweise bei der etwas größeren Art *Lasiommata maera* L., Braunauge, Rispenfalter (Flspw. 37–50 mm).

F9. *Pararge aegeria* L., Waldbrettspiel, Laubfalter (Flspw. 35–40 mm); fliegt in 2 Generationen (III–V; VII–IX); in lichten Laubwäldern (eine der wenigen echten Waldarten); Überwinterung i. d. R. als Puppe, z. B. unter Steinen angeheftet; Raupe im Sommer und Herbst an Quecke und anderen Gräsern.

F10. *Maniola jurtina* L., Kuhauge, Großes Ochsenauge; noch häufig; 2 stark aufgeblasene Adern an der Vorderflügelbasis; Vorderflügel im Bereich der Spitze mit einem deutlichen Augenfleck, ober- und unterseits, beim ♀ in einer der Ausdehnung nach stark variierenden rostgelben Binde; fliegt VI–VIII in 1 Generation; früher typisch für Auen und Feldraine, heute eher in lichten Wäldern; Eier einzeln an Gräsern, oft an *Poa*; die Raupe an Gräsern, überwintert. Ähnlich: *Hyponephele lycaon* Kühn., Kleines Ochsenauge; das ♀ jedoch meist mit 2 Augenflecken auf den Vorderflügeln; an trockenen, grasigen Orten; Raupe v. a. an Schwingeln.

F11. *Coenonympha pamphilus* L., Kleiner Heufalter, Kälberauge, Kleines Wiesenvögelchen; der kleine Falter (Flspw. knapp 30 mm) gehört bisher zu den häufigsten Schmetterlingen; 3 aufgeblasene Adern an der Vorderflügelbasis; Augenfleck an der Spitze der Vorderflügel unterseits deutlich, oberseits schwach ausgeprägt; fliegt auf Wiesen in 2–3 sich überschneidenden Generationen (V–IX); Raupe an verschiedenen Gräsern, überwintert. Ähnlich, jedoch mit nur 1 Generation im Jahr: *C. tullia* Müll., Großer Heufalter (Flspw. 30–35 mm); fliegt VI–VIII in und an Nieder- und Zwischenmooren; Raupe an verschiedenen Sumpfgräsern. *C. arcania* L., Perlgrasfalter, Weißbindiges Wiesenvögelchen (Flspw. 30–35 mm); fliegt VI–VII; sitzt gern an Blättern von Büschen und niedrigen Bäumen; Raupe nicht nur an Perlgras. Alle *Coenonypha*-Puppen als →Stürzpuppe an Gräsern.

G. Danainae; auch als eigene Fam. **Danaidae** aufgefasst; tropisch und subtropisch verbreitet, erreichen jedoch als Wanderfalter mit *Danaus chrysippus* L., Kleiner Monarch, Afrikanischer Monarch, auch S-Eur; jüngst in Andalusien angesiedelt und gelegentlich als Wanderfalter in SW-Eur zu finden ist *D. plexippus* L., Monarch; →Wanderfalter Nordamerikas, der oft in sehr individuenreichen Ansammlungen im zentralen Hochland von Mexiko überwintert. Falter der Gttg. *Danaus* mittelgroß bis sehr groß; Imagines, Raupen und Puppen (→Lepidoptera) oft von auffallender Färbung (Warnfärbung). **Raupennahrung** sind v. a. Asclepiadaceae (Schwalbenwurzgewächse) oder Apocynaceae (Hundsgiftgewächse), die oft Herzgifte (denen von *Digitalis*-ähnliche Glykoside) enthalten; die Gifte werden nicht abgebaut, sondern gespeichert und machen – wenn in genügender Menge aufgenommen – Raupen, Puppen und Falter für Fressfeinde ungenießbar (erzeugen auf der menschlichen Zunge ein widriges, brennendes Gefühl). ♂♂ besitzen große, durch Hämolymphdruck ausstülpbare und aufzufächernde Haarpinsel am Abdomenende (zwischen dem 8. und 9. Segment) und mit Drüsenzellen ausgestattete Bezirke an den Hinterflügeln; bei der **Balz** (das ♀ wird vermutlich rein optisch angeflogen) gelangen von den Haarpinseln der ♂♂ Pheromone auf die Antennen des ♀ und machen es paarungsbereit (jedoch sind bei *D. plexippus* Haarpinsel und Drüsenfelder verkleinert, das ♂ stürzt sich im Flug auf das ♀ und zwingt es zu Boden); sexualbiologisch besonders wichtige Bestandteile sind Dihydropyrrolizine (Danaidon, Danaidal und Hydroxi-Danaidal); sie werden vom Falter aus Pyrrolizidin-Alkaloiden synthetisiert (für Wirbeltiere hochgiftig; werden auch als Giftstoffe zum Schutz gegen Fressfeinde gespeichert; →Pharmakophagie); Aufnahme der Alkaloide entweder durch die Falter aus welkenden oder trockenen Pflanzen (Boraginaceae, Asteraceae, Fabaceae) oder durch die Larven beim Befraß der Nahrungspflanzen; bestimmte, vom ♂ synthetisierte Alkaloide können bei der Kopulation auf das ♀ übertragen und von diesem an die Eier weitergegeben werden (*D. gilippus* Bates; vgl. Arctiinae: →Erebidae K); →**Mimikry**: verschiedene ungiftige Nymphaliden-Arten ahmen *Danaus*-Arten in der Flügelzeichnung nach (z. B. ♂ und ♀ von *Limenitis archippus* Cram., Nordamerika; ♀ von *Hypolimnas misippus* L., Afrika).

Lit. →Lepidoptera; Boppré 1993; Ebert & Rennwald 1991; Eisner 1988; Koch & Bückmann 1984; Koch et al. 1990; Kolb & Scholz 1985; Kudrna 1986; Leraut 2016; Mengelkoch et al. 1993; Schweiz. Bund f. Naturschutz (Hrsg.) 1987; Settele et al. 2015; Tolman & Lewington 2012; Weidemann 1995.

Nymphalinae →Nymphalidae C.

Nymphalis →Nymphalidae C4.

Nymphe; Larve, die der Imago ähnelt.

Nymphula →Pyralidae 20.

Nysson →Bembicidae 3.

O

Oberea →Cerambycidae E11.

Obisiphaga →Ichneumonidae F.

Obstbaumfrostspanner, *Operophtera brumata* L. →Geometridae E1.

Obstbaumkommaschildlaus, *Lepidosaphes ulmi* L. →Diaspididae 6.

Obstbaumzweigabstecher, *Teretriorhynchites caeruleus* Deg. →Rhynchitidae 4.

Obstfliegen →Drosophilidae.

Obstmade, *Cydia pomonella* L. →Tortricidae 20.

Ochlodes →Hesperiidae B.

Ochodaeidae, Ochodaeinae, *Ochodaeus* →Scarabaeidae F.

Ochropleura →Noctuidae.

Ochsenauge →Nymphalidae F10.

Ochsenheimeria, Ochsenheimeriidae, Ochsenheimeriinae →Ypsolophidae B.

Ochthebius →Hydraenidae.

Ochthera →Diptera; →Ephydridae.

Ochthiphilidae; Synonym zu →Chamaemyiidae.

Ockerbindiger Samtfalter, *Hipparchia semele* L. →Nymphalidae F4.

Ocnerostoma →Yponomeutidae 2.

Ocydromia →Hybotidae.

Ocypus →Staphylinidae A1.

Odacantha →Carabidae.

Odezia →Geometridae E2.

Odiniidae; Fam. der Zweiflügler (Diptera, Brachycera, Cyclorrhapha) mit in Eur 14, M-Eur 9, Dt 8 Arten; kleine (2–5 mm), gedrungene, kräftig behaarte Fliegen, meist grau mit dunkler Zeichnung [**0-1**]. Imagines insbesondere an geschwächten Laub- und Nadelbäumen mit harzenden Wunden und Insektenbefall. Die **Larven** leben in Bohrgängen und unter Rinde; Junglarven ernähren sich von Fraßresten (auch Baumharz und Pilzfäden werden vermutet), ältere Larven befallen holzbewohnende Insektenlarven. Lit. →Diptera.

Odites →Peleopodidae.

Ödlandschrecken, *Oedipoda* →Acrididae A1.

Odonata, Libellen; Ordg. der Insekten mit unvollkommener Verwandlung (→Hemimetabolie); bilden zusammen mit den →Ephemeroptera und →Neoptera die übergeordnete Gruppe →Pterygota; in Eur 129, M-Eur 84, Dt 80 Arten, aufgeteilt auf Zygoptera, Kleinlibellen, und Anisoptera, Großlibellen. Meist sehr schlank mit auffallend langem, oft sehr bunt gefärbtem Hinterleib (Körperlänge 35–80 mm); Kopf mit kräftigen kauenden Mundteilen; Antennen sehr kurz, borstenförmig; Komplexaugen groß, bei manchen Arten riesig (jedes kann aus bis zu 30 30.000 Einzelaugen bestehen); bei Großlibellen ist der dorsale Bereich der Komplexaugen insbesondere für das Sehen in die Ferne geeignet; Ocellen groß, eng zusammenstehend; Kopf sehr beweglich mit einer halsartigen Vorderbrust verbunden; Sinnesborstenfelder in diesem Bereich ermöglichen das Registrieren der relativen Lage des Kopfes zur Brust (Gleichgewichtsorgane!). **Färbung** meist mithilfe von Pigmenten: oft dunkle Melanine in der Kutikula, nicht selten rotbraune Ommatine in den tieferen Gewebeschichten (*Sympetrum*, →Libellulidae 4); nicht selten auch Strukturfarben: a) metallische Farben (→Calopterygidae, →Lestidae, →Corduliidae) durch Interferenz in der sehr fein geschichteten Kutikula; b) Blau trüber Medien; teils bedingt durch feinste, das kurzwellige Licht zerstreuende farblose Granula in der Epidermis und Unterlagerung mit dunklen Ommatinen (Blau bei →Aeshnidae und →Coenagrionidae), teils durch abwischbare, durch Lichtzerstreuung ebenfalls bläulich erscheinende Wachsbereifung (bei den ♂♂ von *Libellula* und *Orthetrum*, →Libellulidae); Kombinationen der verschiedenen Färbungsfaktoren kommen vor; nicht selten Farbunterschiede zwischen ♂ und ♀; manche Arten mit 2 verschieden gefärbten ♀-Formen, die eine (homochrome) mehr ♂-ähnlich, die andere (heterochrome) davon abweichend. Die beiden **Flügel**paare reich geädert, bei den Vertretern der beiden Teilgruppen verschieden [**0-2**]: bei Anisoptera ungleich große Vorder- und Hinterflügel, Ruhehaltung nach der Seite, mehr oder weniger vorgezogen, bei Zygoptera die ähnlich großen Flügel nach Tagfalterart über den Rücken hochgeklappt (Ausnahme s. →Lestidae); Flügelquerschnitt

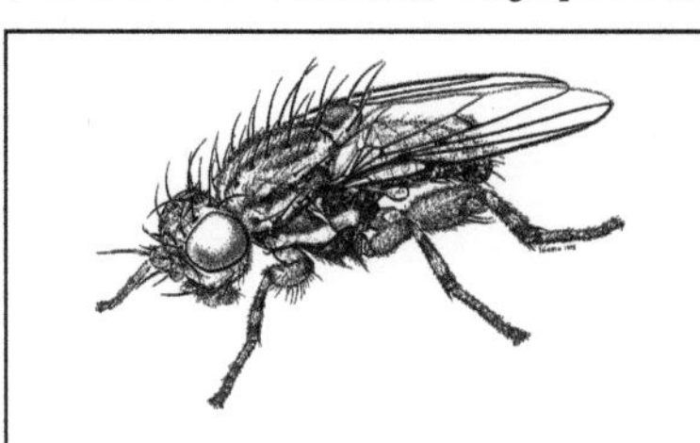

Abb. 0-1: Odiniidae: *Odinia betulae*. ♂, 3–4 mm. (McAlpine et al. 1987)

© Springer-Verlag GmbH Deutschland, ein Teil von Springer Nature 2026
E. Weber, H. Bellmann, *Jacobs|Renner – Biologie und Ökologie der Insekten*
https://doi.org/10.1007/978-3-662-71153-8_15

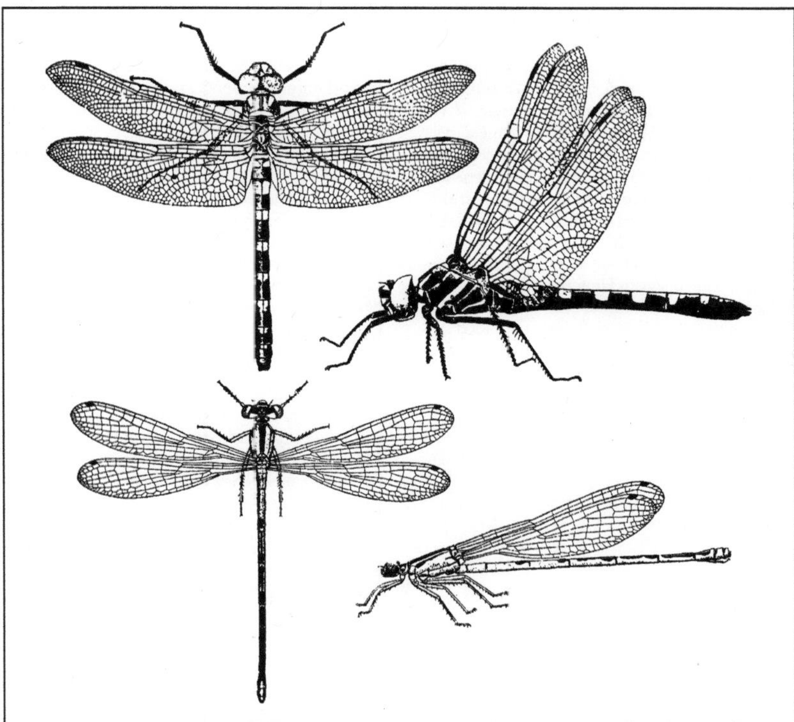

Abb. O-2: Odonata: Habitusbilder von Großlibellen (Anisoptera, oben) und Kleinlibellen (Zygoptera, unten). (Wesenberg-Lund 1943)

(ähnlich den →Ephemeroptera) zickzackförmig (die Längsadern liegen teils über, teils unter einer virtuellen Flügelebene), dadurch Versteifung der Flügelfläche; Flug besonders bei Anisoptera äußerst geschickt und rasant (bis zu 40 km/h); im Gegensatz zu allen anderen Insekten werden Vorder- und Hinterflügel im Flug oft gegensinnig bewegt (Ausnahme: z. B. Imponierflug von *Calopteryx*, →Calopterygidae), was die Wendigkeit und Stabilität der Fluglage erhöht, und auch Rückwärtsflug ermöglicht; der lange Hinterleib verhindert als Balancierstange ein Kippen um die Querachse. **Flugzeiten** meist im Sommer; bei *Sympecma* (→Lestidae; einzige als Imagines überwinternde Arten): Sommer bis Herbst und wieder Frühling. **Ernährung** ausschließlich jagend; die Beute (verschiedenste Insekten) wird optisch erkannt und meist mithilfe der Beine im schnellen Flug gefangen (man beachte die stark gekippte Lage der Thoraxsegmente und die dadurch bedingte Ausrichtung des von den Beinen gebildeten

Fangkorbes), zuweilen auch von der Unterlage abgefressen (z. B. Blattläuse); Verzehren schon im Flug oder sitzend; die Jagdplätze sind während einer Reifephase vor der Paarungszeit (oft weit) entfernt vom Wasser, z. B. auf Waldschneisen (bei manchen Anisoptera auch gelegentlich während der Paarungszeit); manchmal (→Aeshnidae) stundenweise Bildung von Jagdrevieren mit Verjagen von Konkurrenten. Die ♂♂ mancher Anisoptera (z. B. →Aeshnidae; *Onychogomphus forcipatus* L., →Gomphidae 2) und einiger Zygoptera (→Calopterygidae, →Lestidae) bilden zur Fortpflanzungszeit **Reviere** am Ufer der Brutgewässer, die gegen Rivalen verteidigt werden und in denen der Anflug auf ♀♀ und Kopulationen stattfinden; Reviergröße artspezifisch verschieden (auch von Populationsdichte abhängig), oft einige Quadratmeter. Eigenartig das sekundäre, in kutikularen Strukturen und Muskulatur sehr komplexe **Kopulationsorgan** ventral am 2. und 3. Hinterleibssegment, also weit vor der Mündung der Geschlechtsorgane am 9. Hinterleibssegment (♂ der Großlibellen mit Ausnahme von *Anax* (→Aeshnidae) und der →Libellulidae zudem mit für die Kopulation nötigen „Öhrchen" am 2. Hinterleibssegment); zur Kopulation füllt das ♂ sein Kopulationsorgan durch Herumbiegen des Abdomens mit Spermien; meist vorher, bei manchen Arten erst danach, ergreift es aus dem Anflug heraus entweder ein fliegendes (Anisoptera) oder ein sitzendes (Zygoptera) ♀, manchmal nach einem artspezifisch verschiedenen Vorspiel (Balz; z. B. →Calopterygidae); Zugriff zuerst mit den Beinen, dann mit den zangenförmigen Anhängen am Hinterleibsende des ♂: bei Anisoptera von oben hinter dem Kopf des ♀ mit 3 Zangen (paarige Cerci, ein unpaarer unterer Anhang), bei Zygoptera in Vertiefungen oben auf der Vorderbrust oder zwischen Vorder- und Mittelbrust des ♀ mit 2 kurzen Zangenpaaren (kräftige Cerci und schwächere untere Anhänge); Festigkeit des Griffes erhöht durch ein vom ♀ am Grunde der Vertiefung abgesondertes klebriges Sekret; auf diese Weise Bildung eines Tandems [**0-3**], die Partner können so zusammen fliegen; zur eigentlichen Kopulation löst das ♂ durch ziehende Bewegungen

beim ♀ Herumschlagen des Abdomens aus; dadurch Bildung des Kopulationsrades: das ♀ bringt seine Geschlechtsöffnung (ventral zwischen 8. und 9. Abdominalsegment) an das Begattungsorgan des ♂ [**0-3**]; die Begattung endet, u. U. nach längerem Tandemflug, i. d. R. im Sitzen, selten (*Libellula*) im Rüttelflug; Dauer artspezifisch verschieden, wenige Sekunden (*Libellula*) bis ca. 2 h; mehrfache Paarung mit verschiedenen Partnern üblich (Ausnahme: *Ischnura*, →Coenagrionidae 5); Kopulationen zwischen falschen Partnern werden u. a. vermieden durch artspezifische Gestaltung der zangenförmigen Anhänge des ♂ und der Griffstellen beim ♀ (♀♀ lehnen ♂♂ mit nicht passenden Anhängen ab, s. →Lestidae). **Eiablage** bald nach der Kopulation, bei *Sympetrum* (→Libellulidae 4 [**0-4**]), einzelnen *Anax*-Arten (→Aeshnidae) und manchen Zygoptera [**0-5**, **0-6**] in Tandemstellung, bei weiteren, indem das ♂ das ablegende ♀ sitzend (andere Zygoptera) oder im Flug (übrige Libellulidae) bewacht; bei restlichen Anisoptera meist ohne Begleitung des ♂; bei Gruppen mit ausgebildetem Legebohrer (Zygoptera, Aeshnidae) werden die vorwiegend länglichen Eier in artspezifischer Anordnung in meist lebendes pflanzliches Gewebe eingestochen [**P-52**, **0-7**, **0-8**] (bei manchen Zygoptera sogar untergetaucht

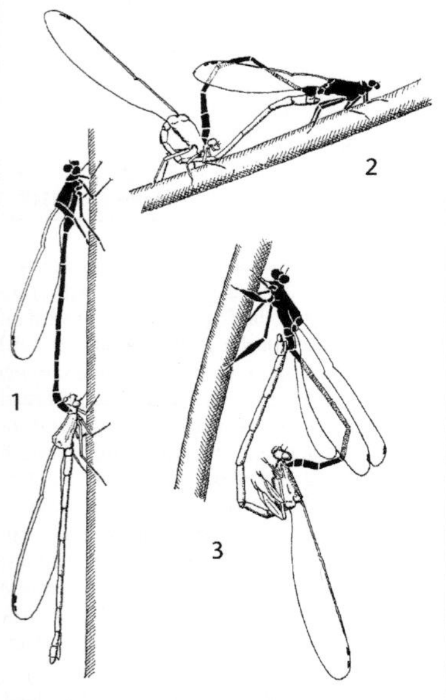

Abb. 0-3: Odonata: 1: *Coenagrion puella* (Coenagrionidae); Haltung zwischen Kopula und Eiablage; 2: *Ischnura elegans* (Coenagrionidae); Kopula; 3: *Platycnemis pennipes* (Platycnemidae), Kopula; ♂ schwarz. (Robert 1959)

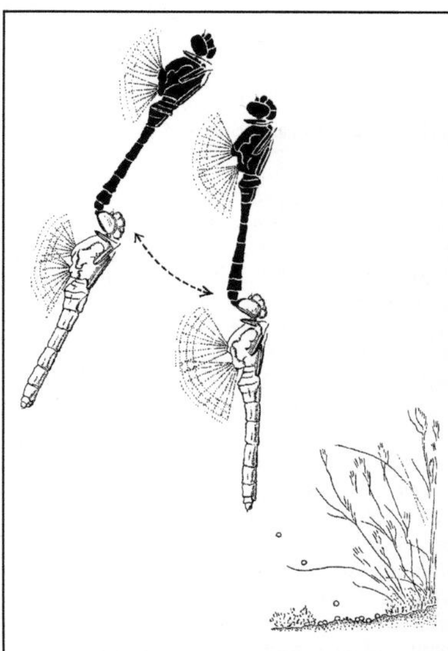

Abb. 0-4: Odonata: *Sympetrum sanguineum*. Eiablage. Auf- und-ab-Bewegungen etwa 2-mal pro Sekunde; Eier fallen etwa jeden 2.–3. Schlag; ♂ schwarz. (Robert 1959)

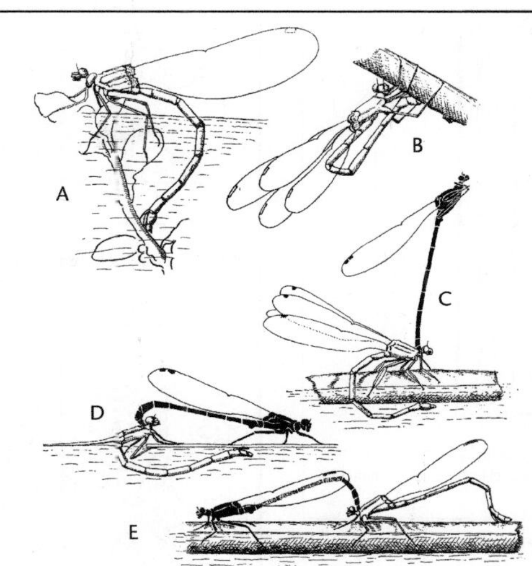

Abb. O-5: Odonata: Eiablage der Zygoptera an oder über der Wasseroberfläche; ♂ schwarz. A: *Calopteryx virgo* (Calopterygidae); Ablage an Stängel von Bachehrenpreis; B: *Chalcolestes viridis* (Lestidae); Ablage an Weidenzweig; C: *Platycnemis pennipes* (Platycnemidae); D: *Erythromma najas* (Coenagrionidae); Ablage in Blatt von Pfeilkraut von unten; Hinterflügel des ♀ liegen auf der Wasseroberfläche; E: *Sympecma fusca* (Lestidae). (Robert 1959)

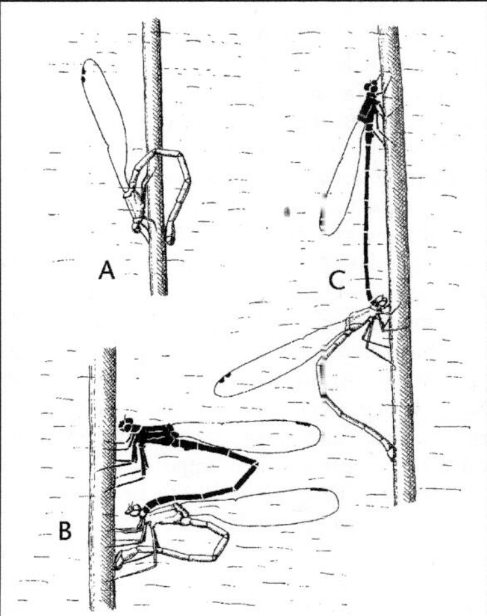

Abb. O-6: Odonata: Eiablage unter Wasser; ♂ schwarz; A: *Enallagma cyathigerum* (Coenagrionidae); B: *Lestes sponsa* (Lestidae); C: *Coenagrion pulchellum* (Coenagrionidae). (Robert 1959)

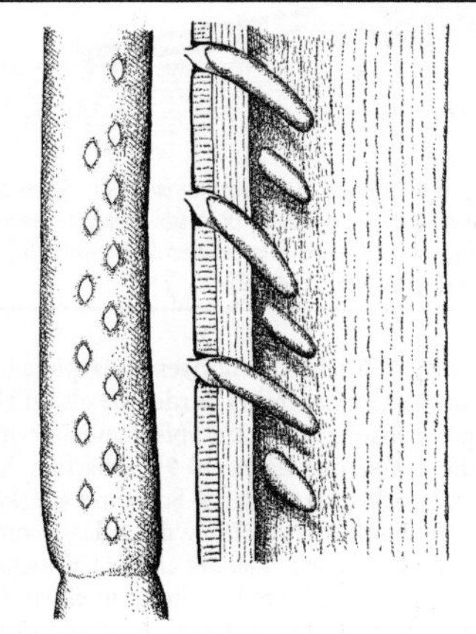

Abb. O-7: Odonata: *Anax imperator*, Große Königslibelle. Links: Gelege in Laichkrautstängel; rechts: Gelege in aufgeschnittenem Schilfhalm; Eilänge 1,8 mm. (Robert 1959)

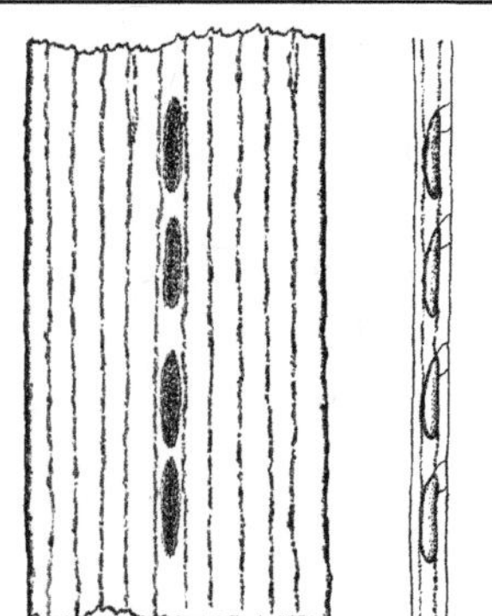

Abb. 0-8: Odonata: *Aeshna juncea*. Eier in *Carex*-Blatt. Links: Flächenansicht; rechts: Blatt im Schnitt; Eilänge 1,6 mm. (Robert 1959)

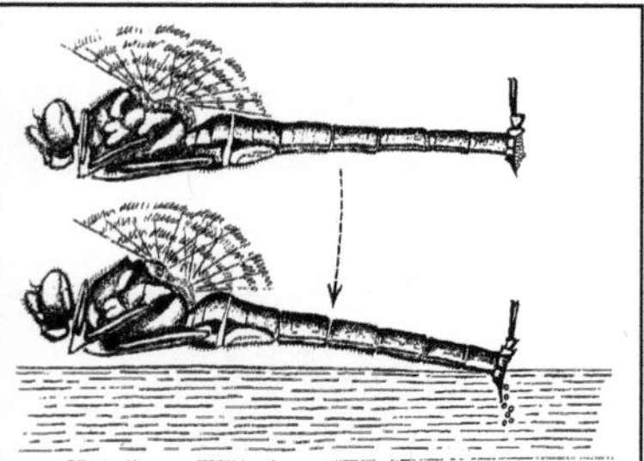

Abb. 0-9: Odonata: *Somatochlora metallica*, Glänzende Smaragdlibelle. ♀ bei Eiablage. Oben: schwebend, die Eier treten aus; unten: Eier sinken beim Berühren der Wasseroberfläche einzeln im Wasser ab. (Robert 1959)

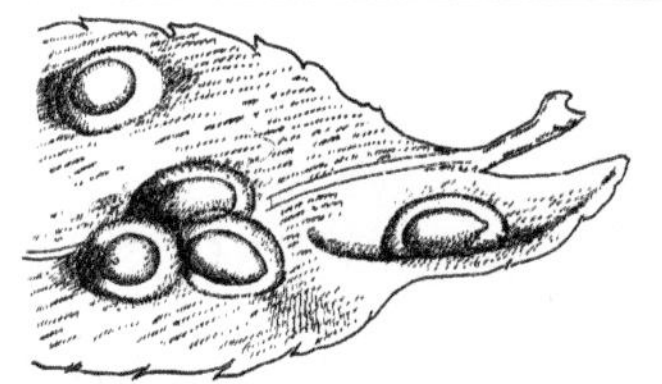

Abb. 0-10: Odonata: *Cordulia aenea*, Gemeine Smaragdlibelle. Eier (0,7 mm) in Gallerthüllen auf untergetauchtem Blatt. (Robert 1959)

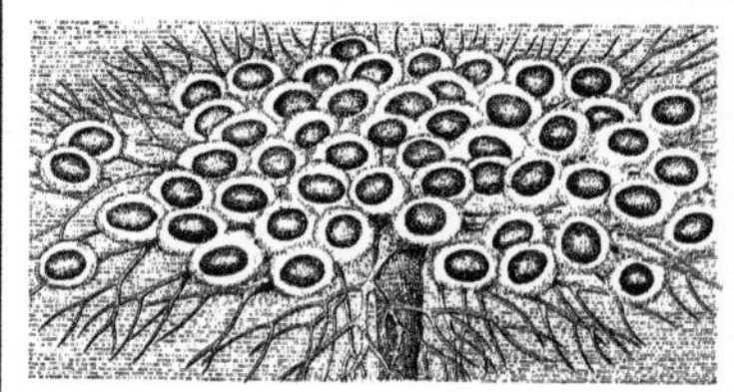

Abb. 0-11: Odonata: *Libellula depressa*, Plattbauch. Eigelege an der Wasseroberfläche auf Wasserhahnenfuß; Ei 0,7 mm x × 0,4 mm in Gallerthülle von 1 mm Durchmesser. (Robert 1959)

im Wasser [**0-6**]), bei den übrigen Anisoptera (mit verkümmertem Legerohr) werden sie oft im Flug abgegeben, häufig durch Auftupfen des Hinterleibs auf die Wasseroberfläche [**0-9**], zwischen Kies (→Cordulegastridae) oder in Schlamm eingestochen (*Somatochlora metallica* v. d. Lind., →Corduliidae 1) oder abgelegt; Eier der „Freileger" kugelig, bei manchen Arten durch Gallerte zu einem Gelege vereinigt (*Epitheca* [**C-179**], *Cordulia* [**0-10**], →Corduliidae; *Libellula* [**0-11**], →Libellulidae 1); nicht selten unterschiedliche Eiablage auch bei verschiedenen Populationen derselben Art; pro ♀ und Sommer einige hundert bis einige tausend Eier. Nach 2–6 Wochen Entwicklung (6 Monaten bei überwinternden Eiern) schlüpft die sehr bewegliche, sich nach Befreiung aus Eischale (und

gegebenenfalls Pflanzenstängel) alsbald häutende Eilarve (Prolarva); **Larven** meist im stehenden Süßwasser, in kleinen Wasserlachen (manche *Lestes*-Arten, →Lestidae), in größeren stehenden Gewässern mehr in Pflanzenwuchs (*Sympetrum vulgatum* L., →Libellulidae) oder mehr im Schlamm (*Libellula quadrimaculata* L., →Libellulidae 1, sogar im Brackwasser), im Sand der Brandungszone von Seen (*Gomphus vulgatissimus* L., →Gomphidae 1), manche ausschließlich in Fließgewässern (→Calopterygidae, →Cordulegastridae, meiste →Gomphidae), einige recht anspruchslos in einer Vielzahl von Gewässertypen (die häufigen Arten *Aeshna cyanea*, →Aeshnidae; *Coenagrion puella* L., →Coenagrionidae). **Ernährung** jagend; Fang mit einem bezeichnenden larvalen Organ, der aus dem umgebildeten Labium entstandenen **Fangmaske** [**0-12**]; sie besteht aus 2 langen, unpaaren Gliedern, die gegen den Kopf bzw. gegeneinander beweglich sind, und dem zu einer endständigen Zange umgebildeten Palpus (SL); bei vielen Anisoptera (→Libellulidae, →Corduliidae, →Cordulegastridae) ist das distale Glied löffelartig ausgehöhlt und bedeckt dann in Ruhestellung maskenartig das Gesicht; der Mechanismus des Vorschnellens ist komplex: das Basisglied wird durch eine plötzliche, beträchtliche Erhö-

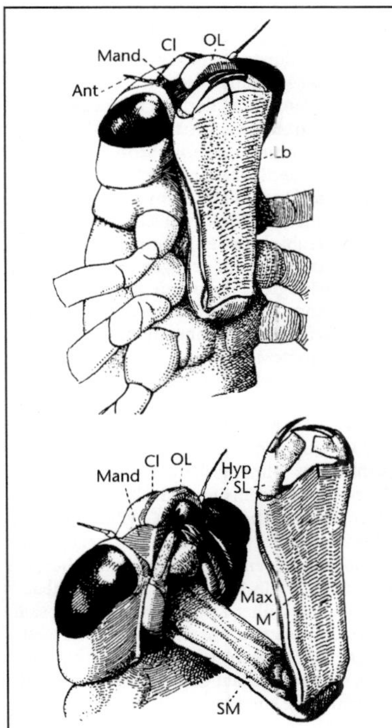

Abb. 0-12: Odonata. Libellenlarve: Kopf mit Fangmaske von seitlich unten. Oben: Fangmaske in Ruhelage; unten: halb ausgeklappt. Ant: Antennen; Cl: Clypeus; Lb: Labium; Hyp: Hypopharynx; Max: Maxillen; Mand: Mandibeln; M: Mentum; OL: Labrum; SL: Zange; SM: Submentum. (Weber 1933)

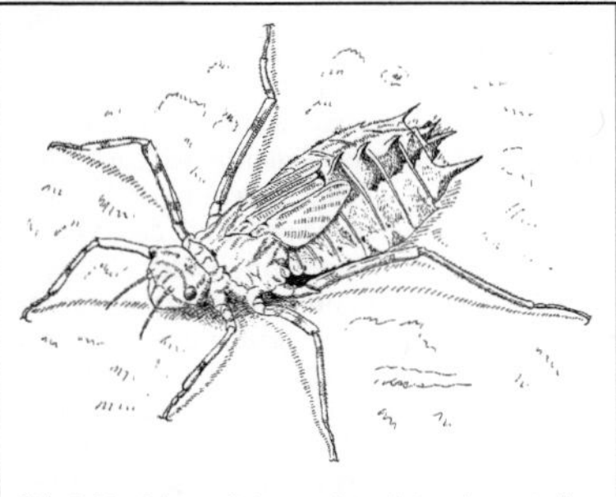

Abb. 0-13: Odonata: Anisoptera-Larve. Letztes Larvenstadium von *Epitheca bimaculata*, Zweifleck. 27 mm. (Robert 1959)

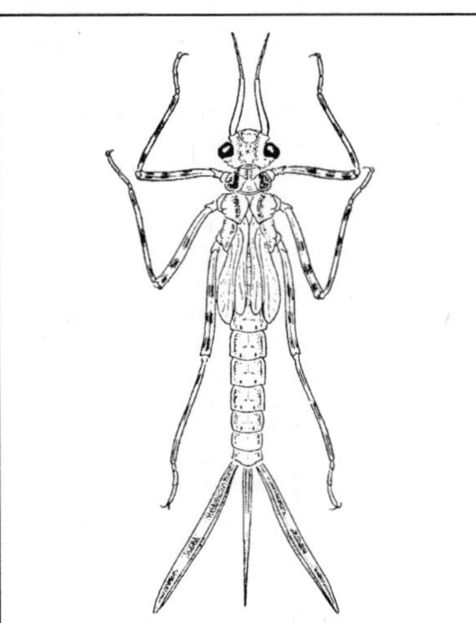

Abb. 0-14: Odonata: Zygoptera-Larve mit 3 blattförmigen Tracheenkiemen am Abdomenende. (Engelhardt 1982)

hung des Hämolymphdrucks (als Folge einer Kontraktion abdominaler Muskeln), das distale Glied durch die Kontraktion von labialen Muskeln gestreckt; die Schnelligkeit der Bewegung (Fangmaske in 20 ms vorschnellbar) wird gewährleistet durch eine Arretierung der beiden Glieder in Ruhestellung, bestehend aus 2 Knöpfen, die in eine Vertiefung einrasten und plötzlich, nach dem Aufbau eines relativ hohen Hämolymphdrucks und hoher Muskelspannung, plötzlich freigegeben werden (Klickmechanismus); nur sich bewegende Beute löst den Fangschlag aus; Beutefang bei Anisoptera überwiegend optisch gelenkt, bei Zygoptera v. a. mechanisch, und zwar mit antennalen und tarsalen Mechanorezeptoren wahrgenommene Schwingungen, die durch Bewegungen der Beute entstehen; Fang entweder aus einer Lauerstellung heraus (wobei die Larven mancher Ar-

ten sich mit Bodensubstrat tarnen) oder durch Anschleichen auf Fangmaskenlänge; die Beute (Kleintiere verschiedenster Art, z. B. Mückenlarven) wird mit den kräftigen Mandibeln und Maxillen zerkaut. **Atmung** über Tracheenkiemen (Oberflächenvergrößerungen mit dünner Kutikula, von blind endenden Tracheenästen reich unterlagert): a) bei Anisoptera [**0-13**] über die gefältelte Wand des Enddarms (Darmkiemen; regelmäßiger Wasseraustausch mithilfe der Abdominal- und Enddarmmuskulatur durch den After); b) bei Zygoptera [**0-14**] über 3 blattförmige Anhänge am Hinterleibsende (Caudallamellen: umgebildete Cerci und Terminalfaden); fallen leicht

ab, meist ohne sichtbare Beeinträchtigung (Gasaustausch über die Caudallamellen wohl nur zusätzlich zur Hautatmung), können regeneriert werden; unter schlechten Bedingungen bei älteren Larven beider Gruppen Gasaustausch auch durch die offenen Brust-, insbesondere Mesothorakalstigmen; die Larven steigen dazu mit dem Vorderkörper aus dem Wasser; in beiden Gruppen →Chloridepithel im Enddarm (Rectum) zur **Osmoregulation** (aktive Ionenaufnahme; bei Zygoptera dient die Ventilation des Enddarms mit Wasser ausschließlich diesem Zweck). **Bewegung** meist bedächtig (Lauerjäger), schnelle Flucht ist jedoch möglich: bei Anisoptera durch kräftiges Ausstoßen von Wasser aus dem After (Ausnutzen der Atembewegung!), bei Zygoptera durch Seitwärtsschlängeln des Abdomens, wobei die blattförmigen Anhänge am Hinterleibsende als Ruderblätter dienen (bei manchen Arten ihre Hauptfunktion?). Anisoptera am Hinterleibsende mit 3 zu einer Spitzpyramide zusammenlegbaren Stacheln, können damit durch schlagende Bewegungen eine sich wehrende Beute oder auch Artgenossen im Kampf um Nahrung empfindlich verletzen; verfügen ferner über die Fähigkeit zum Farbwechsel (bei Aufenthalt auf dunklem Untergrund ist die Kutikula nach der nächsten Häutung dunkler als zuvor, auf hellem Untergrund heller); im Enddarm nordamerikanischer Zygoptera-Larven (auch europäischer?) findet man im Winter regelmäßig große Mengen üblicherweise freilebend, einzelliger, grüner (somit zur Fotosynthese befähigter) Algen (das unbegeißelte Palmella-Stadium der Euglenida; Symbionten?). **Dauer des Larvenlebens** art- oder gruppenspezifisch verschieden: 2–3 Monate (*Lestes*, →Lestidae) bis 2–3 Jahre (→Aeshnidae); meist 10 oder mehr Häutungen (*Libellula depressa* L.: 13), Zahl zuweilen auch bei der gleichen Art, je nach Entwicklungsbedingungen, verschieden; letzte Häutung außerhalb des Wassers meist an einem senkrecht bis waagerecht waagrecht stehenden Pflanzenstängel. **Überwinterung** je nach Art in verschiedenen Stadien, meist als Larve, zuweilen als Ei (z. B. die meisten →Lestidae; *Sympetrum*, →Libellulidae 4), nur *Sympecma* (→Lestidae) als Imago. Von einzelnen Arten sind Wanderzüge bekannt (→Libellulidae 1). – In Eur mehrere Fam. in 2 Gruppen: 1) **Zygoptera,** Kleinlibellen, Wasserjungfern; mit den →Calopterygidae, →Lestidae, →Platycnemidae, →Coenagrionidae. 2) **Anisoptera,** Großlibellen, Drachenfliegen, Teufelsnadeln; mit den →Aeshnidae, →Gomphidae, →Cordulegastridae, Synthemistidae (s. →Corduliidae), Macromiidae, →Corduliidae, →Libellulidae.
Lit. Aguilar et al. 1985; Arnold 1990; Askew 2004; Bellmann & Helb 2022; Buchwald 1989; Dijkstra & Schröter 2021; Dreyer 1986; Kikillus & Weitzel 1981; Sternberg & Buchwald 1999, 2000; Wichard et al. 2013; Wildermuth & Martens 2019.

Odontellidae →Neanuridae.

Odontoceridae; Fam. der Köcherfliegen (Trichoptera) mit in Eur 3 Arten, in M-Eur & Dt nur *Odontocerum albicorne* Scop. (Flspw. bis 39 mm); Vorderflügeln braun (♂) bzw. grau (♀), dunkel gemustert; Fühler beim ♂ gesägt; Imagines im Sonnenschein aktiv; die Larve bevorzugt steinige Bergbäche, →eruciform, mit büscheligen Kiemen; in einem gebogenen Sandköcher, dessen verjüngtes Hinterende mit einem großen Sandkorn versperrt; ektoparasitoid an der Puppe: *Agriotypus* (→Ichneumonidae G).
Lit. →Trichoptera.

Odontocerum →Odontoceridae.

Odontotarsus →Scutelleridae.

Odynerus →Vespidae B2; vgl. auch →Chrysididae B3, →Ripiphoridae 2.

Oecanthidae, Blütengrillen; Fam. der Langfühlerschrecken (Ensifera, Grylloidea), oft als U-Fam. **Oecanthinae** zu den Gryllidae gestellt; in Eur 2 Arten der Gttg. *Oecanthus*, bei uns nur *Oecanthus pellucens* Scop., Weinhähnchen (♀ 14–20 mm, ♂ 10–13 mm); v. a. in Weinbaugebieten; galt früher als gefährdet, breitet sich aber in den letzten Jahrzehnten v. a. in westdeutschen Wärmegebieten aus; gelblich bis gelbbraun, sehr zart gebaut und wie transparent; in der Form mehr einer Laubheuschrecke als einer Grille ähnlich; Cerci des ♀ fast so lang wie der Legeapparat. Imagines VII–X, halten sich gern auf Gebüsch und Blüten auf; Nahrung sowohl pflanzlich (Blütenteile) wie als auch tierisch (kleine Arthropoden). ♂ mit lautem, wohlklingendem **Gesang** („zrüüüü"); →Elytren dabei senkrecht angehoben; Gesang beginnt abends, singt reicht bis nach Mitternacht; ♀♀, aber auch ♂♂ werden angelockt. Bei der **Balz** singt das ♂ vor dem ♀, dreht sich um, stellt die Vorderflügel senkrecht hoch, versucht sich unter das ♀ zu schieben; das ♀ steigt schließlich auf und beknabbert dabei den Rücken des ♂; nach der Kopulation (zur Spermatophore →Ensifera) steigt das ♀ nicht sofort ab, sondern leckt Sekret aus einer Drüsengrube (Hancock'sches Organ) oben auf der Hinterbrust des ♂ (ca. 15 min) [0-15]; dabei Übertreten des Samens in den Samenbehälter des ♀; das ♂ wird unruhig, wenn das ♀ das Lecken unterbricht oder verfrüht absteigt, und versucht das ♀ wieder zum Aufsteigen zu bringen; die Eier werden einzeln oder in kleinen Gruppen mit dem Legebohrer in Pflanzenstängel eingeschoben, das Bohrloch wird anschließend mit Sekret verschlossen. Die

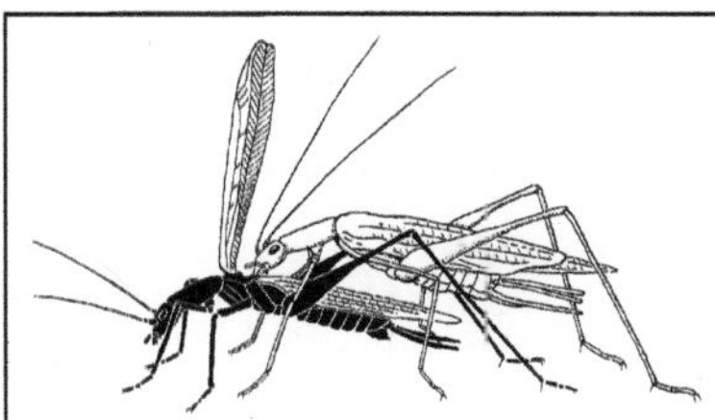

Abb. 0-15: Oecanthidae: *Oecanthus angustipennis.* ♀ (weiß) leckt nach der Begattung Sekret aus der Rückendrüse des ♂ (schwarz). (Eidmann 1941)

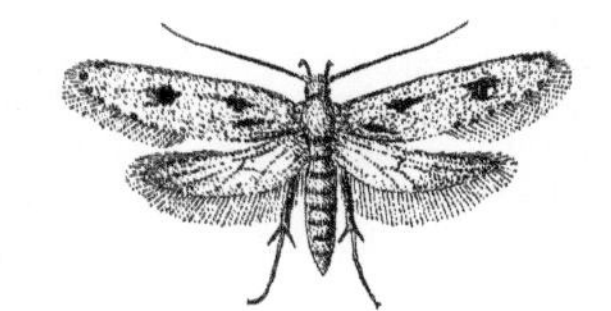

Abb. 0-16: Oecophoridae: *Hofmannophila pseudospretella,* Samenmotte. Flspw. 20 mm. (Bollow 1958)

Abb. 0-17: Oecophoridae: *Endrosis sarcitrella,* Kleistermotte. ♂, ca. 10 mm. (Bechyně 1954)

Eier **überwintern**; Schlüpfen der Larven im Spätfrühling des nächsten Jahres.
Lit. →Ensifera; Huber et al. 1989.

Oecanthus →Ensifera; →Oecanthidae vgl. auch →Eurytomidae 2.

Oeceoptoma →Staphylinidae K7

Oeciacus →Cimicidae.

Oecismus →Sericostomatidae.

Oecophora →Oecophoridae B.

Oecophoridae; Fam. der Schmetterlinge (Lepidoptera, Glossata, Gelechioidea) mit in Eur ± 120, M-Eur 55, Dt 39 Arten; klein bis mittelgroß (Flspw. 9–25 mm); Flügel meist zugespitzt, mit Randborsten, in Ruhe meist dachförmig, seltener flach angelegt; viele Arten Dämmerungs- oder Nachtflieger; mit 2 U-Fam., die sich in Aussehen und Lebensweise deutlich unterscheiden:

A. Pleurotinae; Labialpalpen auffällig groß, nach vorne gerichtet und sehr lang, buschig behaart, mit dünnem stiftartigem Endglied, ähnlich den Hypercalliinae (→Depressariidae); Flügel unauffällig gefärbt; Hinterflügel bei ♀♀ von *Pleurota*-Arten verkümmert; Raupen im in Gespinsten an niedrigen Kräutern (*Pleurota*), Gräsern (*Holoscolia*, *Pleurota*) oder zwischen Moosen an Baumstämmen, Mauern und Felsen (*Aplota*).

B. Oecophorinae, Faulholzmotten; Labialpalpen aufgebogen, z. T. den Kopf weit überragend mit nach hinten gerichteten Endglied (z. B. *Oecophora*); Vorderflügel nicht selten auffällig gezeichnet; i. d. R. in morschem Holz oder unter Rinde; die beiden folgenden Arten hingegen kommensal, durch den Menschen weltweit verbreitet und zuweilen schädlich:

B1. *Hofmannophila pseudospretella* Stt., Samenmotte [**0-16**]; Flspw. 20 mm; braun; fliegen fliegt IV–IX; die bis zu 20 mm langen Raupen in einem Sack an zusammengesponnenen Getreidekörnern und anderen Sämereien, auch an Früchten, Drogen, Häuten, Wolle, Büchern, gelegentlich an toten Insekten oder Detritus; auch in Vogelnes-

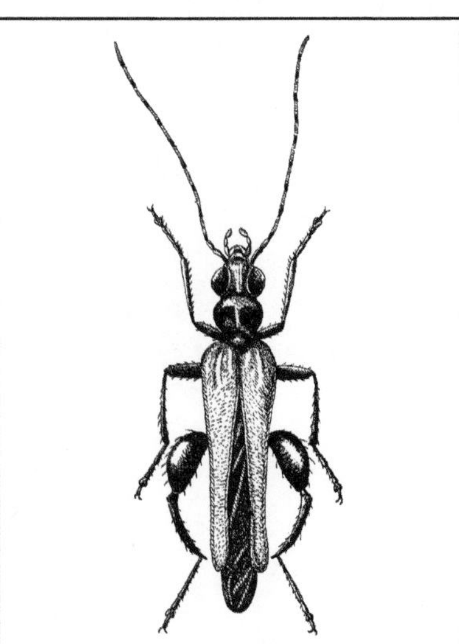

Abb. 0-18: Oedemeridae: *Oedemera femorata.* Flspw. 15–19 mm. (Bollow 1958)

tern; die Raupe überwintert; die Puppe ruht in einem Gespinst.

B2. *Endrosis sarcitrella* L., Kleistermotte [**0-17**]; Flspw. 18 mm; braun gescheckt, Kopf und Brust weiß; Imagines während des ganzen Jahres; Raupe in etwas feuchter Umgebung mit Gespinst an Getreide, Getreideprodukten, Früchten, Pilzen, Wolle, toten Insekten; Puppe in einem Gespinstkokon.

Lit. →Lepidoptera; Palm 1989; Tokár et al. 2005.

Oecophylla →Lycaenidae.

Oeda →Membracidae.

Oedemagena →Oestridae C2.

Oedemera →Oedemeridae.

Oedemeridae, Engdeckenflügler, Scheinböcke; Fam. der Käfer (Coleoptera, Polyphaga, Cucujiformia) mit in Eur 83, M-Eur 33, Dt 27 Arten; die Imagines mittelgroß (meist 5–15 mm), schlank; mit weichen, oft hinten klaffenden Flügeldecken; manche Arten metallisch grün oder blau, nicht unähnlich einem sehr schlanken Bockkäfer; die ♂♂ der Gttg. *Oedemera* zuweilen mit stark verdickten Hinterschenkeln [**0-18**]; häufig auf Blüten von krautigen Pflanzen, Bäumen und Sträuchern (wo sie Pollen fressen), aber auch an alten Hölzern, unter loser Rinde u. dgl.; **Larven** länglich, mit kurzen Beinen, die von *Oedemera* im Stängelmark krautiger Pflanzen, die Übrigen unter Rinde und in moderndem, feuchtem Holz, das auch im Wasser stehen kann (z. B. bei *Nacerda melanura* L., Pfahlkäfer, dessen Larven im von Gezeiten periodisch befeuchtetem Holz leben); Ernährung vermutlich vegetarisch. **Überwinterung** als Imago in der Puppenwiege. Stattlichste, jedoch seltene heimische Art: *Calopus serraticornis* L. (18–20 mm), Balkenbohrer; verbreitet, aber nicht häufig; braun; Körper lang gestreckt, Flügeldecken nicht klaffend; nachtaktiv; fliegen fliegt im Frühling gern ans Licht; Larven in altem, morschem Holz.

Lit. →Coleoptera.

Oedipoda →Acrididae A1; →Caelifera.

Oedipodinae →Acrididae A.

Oegoconia →Autostichidae.

Oestridae, Dasselfliegen, Biesfliegen [**0-19**]; Fam. der Zweiflügler (Diptera, Brachycera, Cyclorrhapha) mit in Eur 22, M-Eur 17, Dt 15 Arten; Imagines mittelgroß bis stattlich (9–18 mm), oft mit Haarpelz; Mundteile rückgebildet, gleichwohl Aufnahme von Wasser und Blütenbesuch bei manchen Vertretern beobachtet; Flügel und Flugvermögen gut entwickelt. Verbreitet die Neigung, erhöhte Punkte (Bergspitzen, hohe Baumkronen, Turmspitzen) anzufliegen, wo sich dann ♂♂ und ♀♀ in reißendem **Paarungsflug** treffen; die ♀♀ legen **Eier** oder setzen Larven auf dem

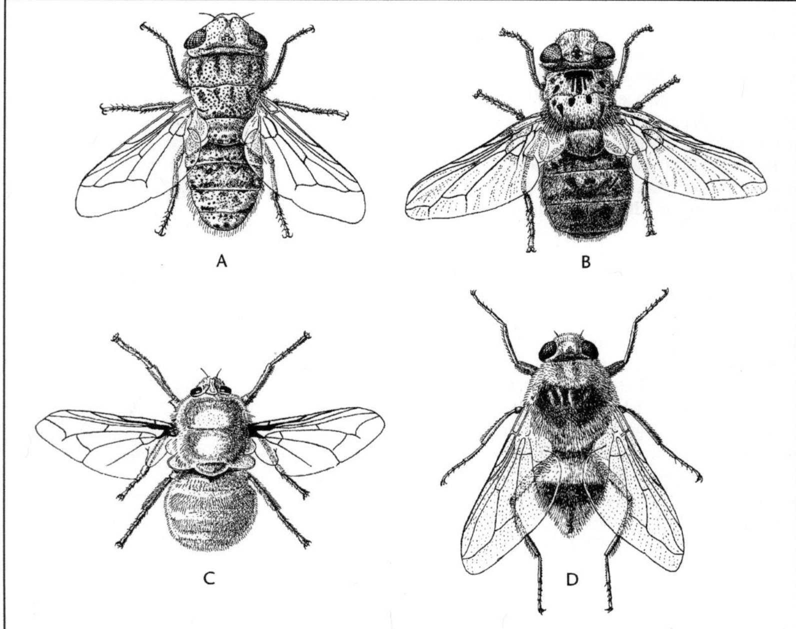

Abb. 0-19: Oestridae. A: *Oestrus ovis*, Schafbiesfliege; ♀; Länge 10–12 mm; B: *Pharyngomyia picta*; ♀; 13–14 mm; C: *Cephenomyia auribarbis*, Hirschrachenbremse; ♀; ca. 17 mm; D: *Hypoderma bovis*, Rinderdasselfliege; ♀; ca. 14 mm. (Lindner 1923 ff)

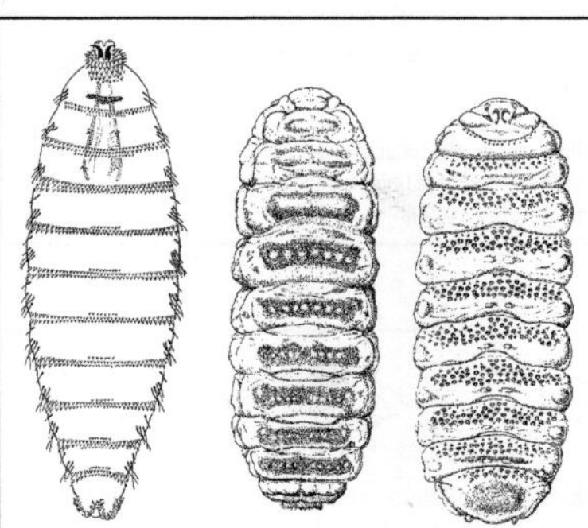

Abb. 0-20: Oestridae: *Oestrus ovis*, Schafbiesfliege. Larve: links: 1. Stadium von ventral, 13 mm Länge beim Schlüpfen; Mitte und rechts: 3. Stadium; Mitte: dorsal (ohne Dornen); rechts: ventral (mit Dornen). (Lindner 1923 ff)

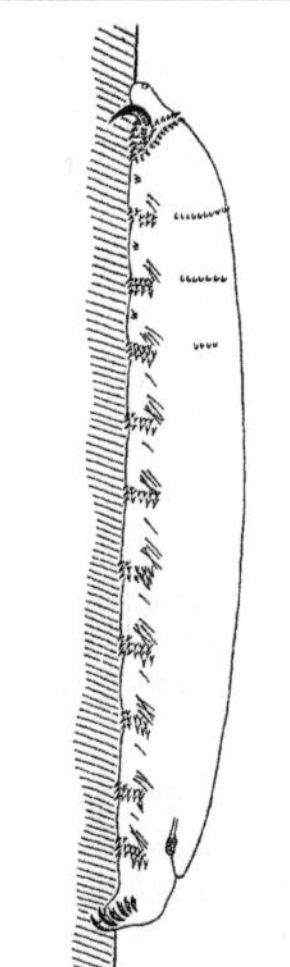

Abb. 0-21: Oestridae: *Oestrus ovis*, Schafbiesfliege. Larve, 1. Stadium; Anheftung an Schleimhaut. (Lindner 1923 ff)

Wirtstier der Larven (meist einem Huftier) ab; der Anflug des ♀ löst beim Wirtstier häufig starke Erregung und panikartige Flucht aus (vermutlich angeborenes Verhalten). **Larven** stets Parasiten bei Säugetieren, v. a. bei Huftieren, an gruppenspezifisch verschiedenen Körperteilen des Wirstieres; Wirtsspezifität mitunter sehr ausgeprägt; Larven mit einer für die Art und für das Stadium bezeichnenden Bedornung [**0-20**]. 4 U-Fam., z. T. auch als Fam. geführt:

A. Oestrinae, Nasenbremsen, Nasendasseln; in Eur & M-Eur 3, Dt 2 Arten: *Oestrus ovis* L., Schafbremse, Schafbiesfliege (10–12 mm; [**0-19**]), mit dem Wirt heute weltweit verbreitet. Begattung im Sommer; während der Larvenentwicklung im Ovar bzw. Uterus sitzt das ♀ bis 20 Tage still; schießt danach die **Larven** (in kälteren Zonen die Eier?) mit einem Tröpfchen Flüssigkeit aus dem Flug heraus in die Nüstern (zuweilen auch in die Augen) des Wirtes (Schaf, Ziege; gelegentlich Einspritzen von Larven in die Augen des Menschen; rufen Entzündung hervor, entwickeln sich hier nicht); bis zu 500 Larven pro ♀; müssen schnell abgesetzt werden, da sie sonst die Mutter zerstören. Die Junglarve [**0-20**] wandert, stets an der Schleimhautoberfläche bleibend, in die Nasenhöhle ein, verankert sich [**0-21**] und überwintert; Hinterstigma in einer Tasche, die sich mit dem Größerwerden der Larve öffnet; Vorderstigma erst im 2. Stadium offen; endgültige Ansiedlung der Larven v. a. im Siebbeinlabyrinth; Dorsalseite der älteren Larven ohne Dornen; im Durchschnitt 50, gelegentlich über 300 Larven pro Wirt, der dann beträchtlich abmagert und unruhig ist („falsche Drehkrankheit“); Nahrung: zerfallendes Gewebe

und Gewebsflüssigkeit; die ausgewachsenen Larven lassen sich durch Niesen auswerfen; das **Puparium** ruht in senkrechter Stellung 2–6 Wochen im Boden; in südlichen Breiten 2 Generationen im Jahr. Mit ähnlicher Lebensweise *Rhinoestrus purpureus* Br., Pferdebiesfliege (auch am Esel); 700–800 Larven pro ♀; oft über 100 Larven pro Pferd, von denen freilich viele zugrunde gehen; der Befall kann für den Wirt tödlich sein; Infektion der Augen des Menschen kommt vor.

B. Cephenomyiinae, Rachenbremsen, Rachendasseln; in Eur 5, M-Eur & Dt 4 Arten; das ♀ schießt die bereits geschlüpften Larven (oder Eier mit schlüpfreifen Larven) in die Nüstern des schon bei seinem Anflug beunruhigten Wirtes (in Europa verschiedene Hirscharten); orientiert sich dabei vermutlich optisch, folgt den Kopfbewegungen des Wirtes aus wenigen Zentimetern Abstand oft genau; der Wirt versucht sich anschließend durch Niesen der Parasiten zu entledigen. **Larven** im Nasen-, schließlich im Rachenraum; dringen nicht in das Gewebe ein. **Überwinterung** als Junglarve, dabei erstaunlich intensives Wachstum [**0-22**]; 1. Häutung im Frühling; Verlassen des Wirtes i. d. R. durch die Nüstern, selten durch den After. Starker Befall kann den Tod des Wirtes zur Folge haben; Wirtsspezifität manchmal sehr ausgeprägt, so bei der Rehrachenbremse, *Ce-*

Abb. O-22: Oestridae: *Pharyngomyia picta*. Larve, 1. Stadium; links: beim Schlüpfen (1,7–1,9 mm); rechts: vor der 1. Häutung (ca. 6 mm). (Lindner 1923 ff)

Abb. O-23: Oestridae: *Hypoderma bovis*, Rinderdasselfliege. Drehung der Larve unter der Wirtshaut; Bildung einer Hautfistel. (Lindner 1923 ff)

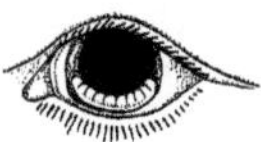

Abb. O-24: Oestridae: *Hypoderma bovis*, Rinderdasselfliege. Larve, 1. Stadium, in der Vorderkammer des Auges beim Menschen. (Lindner 1923 ff)

phenomyia stimulator Cl. (14–16 mm), Hirschrachenbremse, *C. auribarbis* Meig. (beim Rothirsch [**0-19**]) oder Elchrachenbremse, *C. ulrichi* Br. (17–18 mm). Die zirkumpolare Rentierrachenbremse, *C. trompe* Mod. (14–16 mm) gelegentlich auch bei Rind, Pferd, Hund, Mensch; *Pharyngomyia picta* Meig. [**0-19, 0-22**] bei verschiedenen Hirscharten, auch beim Reh.

C. Hypodermatinae, Hautbremsen, Hautdasseln; oft als eigene Fam. **Hypodermatidae** abgetrennt; in Eur 8, M-Eur & Dt 5 Arten; ♀ mit teleskopartig ausschiebbarer Legeröhre. Zur **Partnerfindung** sammeln sich die ♂♂ im Sommer immer wieder am gleichen Platz, an dem sich dann die ♀♀ nur für kurze Zeit einfinden; das ♀ sitzt danach mit aufgerichtetem Vorderkörper in Wirtsnähe und wartet auf Anfluggelegenheit; panische Flucht der vom ♀ angeflogenen Wirtstiere, oft ins Wasser; die **Eier** werden mit einem Haftapparat an die Haare der Wirtstiere (Nage- und Huftiere) geklebt, bei manchen Arten einzeln (*Hypoderma bovis*, Rinderdasselfliege), bei anderen in Gruppen (*H. tarandi* [**0-26**]); dabei werden oft bestimmte Teile des Wirtskörpers bevorzugt (Orientierung?). Die nach einigen Tagen schlüpfenden **Larven** bohren sich am Ablegeplatz in die Haut ein, bei manchen Arten nach Ablecken auch in die Mundschleimhaut; führen im Bindegewebe des Wirtes, besonders unter der Rückenhaut oder im Wirbelkanal, oft lange Wanderungen aus, zuweilen bis in tiefer liegende Organe und sogar bis in den Fötus; dabei starke Größenzunahme (*H. lineatum*: von 0,55 mm auf 17 mm); während der Wanderung extraintestinale Verdauung und wohl Hautatmung; bei der Erstlarve von *H. bovis* ist ein Kollagen auflösendes Ferment nachgewiesen; die Erstlarve erreicht nach wechselnd langer Wanderung wiederum die Haut, meist am Rücken (Orientierung?), häutet sich; Larve 2 dringt, eine Fistel hervorrufend, in die Haut; eine Öffnung nach außen ermöglicht Luftaufnahme durch das hintere Stigmenpaar [**0-23**]; die Mundhaken sind bei Larve 2 und 3 [**0-25**] stark rückgebildet; Nahrung: zerfallendes Gewebe, auch Blut; bei starkem Befall Wertminderung des Wirtsfleischs und v. a. der Haut wegen der Durchlöcherung; Antikörperbildung bei Erstbefall und dadurch erworbene Immunität gegen die Parasiten kommt vor; bei manchen Arten gelegentlich auch Befall falscher Wirte, sogar des Menschen (im Auge [**0-24**]; auch unter der Haut, aber keine volle Entwicklung, da die Larve vorzeitig auswandert); Larve 3 verlässt die Dasselbeule im Frühling durch die Atemöffnung; **Puparium** im Boden; in Europa stets nur 1 Generation im Jahr. In M-Eur 2 in der Lebensweise verschiedene Gattungen:

C1. *Oestromyia*; bei Nagetieren und Hasenartigen: die Erstlarve bohrt sich in die Haut, bleibt dort; Einbohrloch gleich Ausschlüpfloch; *O. leporina* Fall., Hasendasselfliege (11–13 mm) im Westen an Wühlmäusen, im Osten an Pfeifhasen; *O. marmotae* Ged. beim Alpenmurmeltier.

C2. *Hypoderma*; bei Paarhufern: die Erstlarve wandert im Wirtskörper, findet erst sekundär wieder in die Haut; Einbohrloch nicht mit Ausschlüpfloch identisch: *H. bovis* Deg., Rinderdasselfliege (12–15 mm; [**0-19**]), gelegentlich auch bei Zebu, Wasserbüffel, Schaf, Pferd (bei diesen volle Entwicklung möglich) und Mensch (Entwicklung nicht vollendet); Kopula bald nach dem Schlüpfen; das ♀ ist bereits 1 h danach reif zum Eierlegen; die Eier werden einzeln v. a. an der hinteren Körperhälfte des Wirtes abgelegt; panische Flucht des Wirtes vor dem ♀ (auch von unerfahrenen Jungtieren, also wohl angeborenes Verhalten); Erstlarve beim Schlüpfen 0,6 mm,

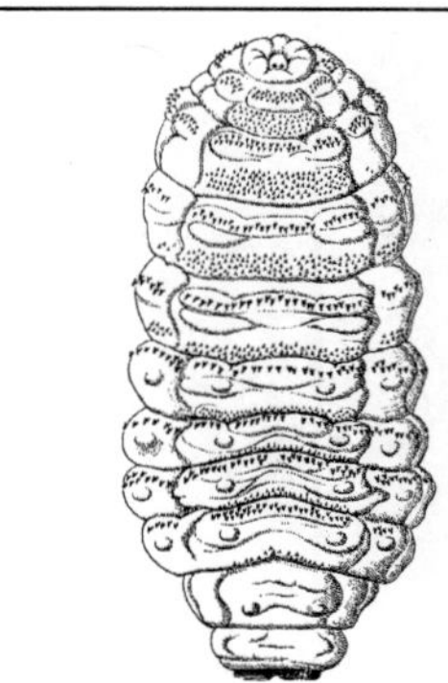

Abb. O-25: Oestridae: *Hypoderma actaeon*, Hirschdasselfliege. 3. Larvenstadium, ventral; Länge 20 mm; braun. (Lindner 1923 ff)

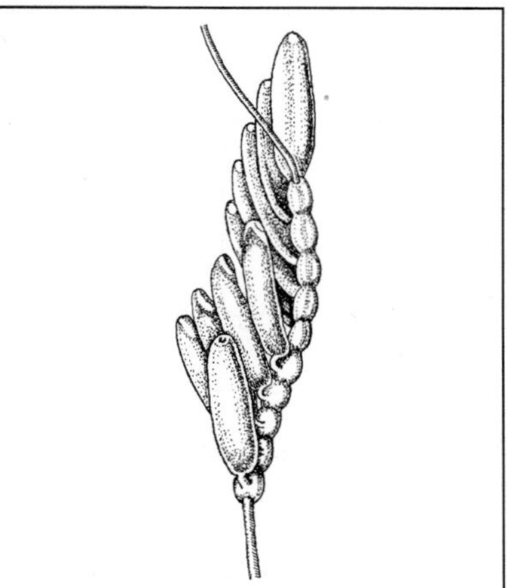

Abb. O-26: Oestridae: *Hypoderma tarandi*, Rentierdasselfliege. Eigelege an Haar; Ei mit Fortsatz 0,9 mm. (Lindner 1923 ff)

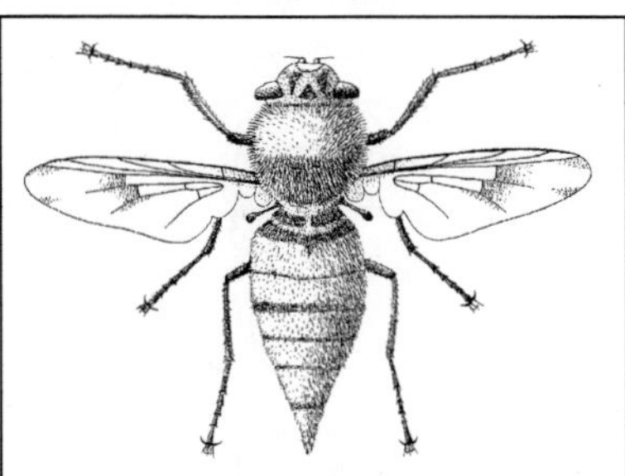

Abb. O-27: Oestridae: *Gasterophilus intestinalis*, Pferdemagenbremse. ♀, 15 mm. (Séguy 1951a)

vor der 1. Häutung 17 mm; Larve 3 fast 30 mm; durch das Wandern im Wirt sehr verschieden unterschiedlich lange Larvenzeit, u. U. Larven verschiedener Generationen im gleichen Wirtstier. *H. lineatum* De Vill., Kleine Rinderdasselfliege (11–13 mm) ebenfalls beim Rind; das ♀ sucht den Wirt zu Fuß auf, löst keine Panikflucht aus; Eiablage (Eigruppe an einem Haar) bevorzugt am Vorderkörper; die Junglarven häufig in der Wand der Speiseröhre, dringen also vielleicht nach Ablecken in die Mundschleimhaut ein. *H. actaeon* Br., Hirschdasselfliege, beim Rothirsch (alte Larve: [**O-25**]); *H. diana* Br., Rehdasselfliege, außer beim Reh auch bei verschiedenen anderen Hirscharten. *H. tarandi* L. (= *Oedemagena t.*), Rentierdasselfliege (ca. 16 mm) beim zahmen und wilden Rentier (Gelege: [**O-26**]); das ♀ erreicht den Wirt teils im Flug, teils (bei liegendem Wirt) auch zu Fuß; folgt wandernden Wirtsherden, durch den Harngeruch angelockt.

D. Gasterophilinae, Magendasseln, Magenfliegen, Magenbremsen; oft als eigene Fam. **Gasterophilidae** abgetrennt; in Eur 6, M-Eur 5, Dt 4 Arten; Imagines mittelgroß (um 12 mm); ohne Nahrungsaufnahme und kurzlebig (1–7 Tage), gleich nach dem Schlüpfen geschlechtsreif; fliegen meist im Sommer; mit bezeichnendem brummendem Flugton, der bei Pferden und anderen Einhufern, den Larven-Wirtstieren der meisten Arten, wilde Flucht auslösen kann (angeborenes Verhalten?). Die ♀♀ der meisten in Europa heimischen Arten legen mit der langen, recht harten Legeröhre die **Eier** im Flug an das Haarkleid des optisch oder geruchlich gefundenen Larvenwirtes ab: bei dem häufigen *Gasterophilus intestinalis* Deg. (Pferdemagenbremse [**O-27**]) v. a. im Brust- und Bauchbereich und an den Beinen, bei anderen Arten im Bereich des Mundes oder auch (*G. pecorum* F.) an Gegenständen in Wirtsnähe; Eizahl meist hoch (bis zu 5000 je ♀ C), manchmal bedeutend kleiner (v. a. bei Arten, die den Mundbereich des Wirtes zum Ablegen bevorzugen); Anheftungsweise der Eier artspezifisch verschieden [**O-28**]. Die **Larve** schlüpft nach etwa 1 Woche, entweder spontan oder (*G. intestinalis* Deg.) erst nach Berührung mit dem Speichel des Wirtstieres oder durch mechanische Reize beim Lecken und Knabbern mit den Zähnen; die Junglarve dringt mithilfe kräftiger Mundhaken in die Schleimhaut von Zunge oder Wange ein und wandert zum

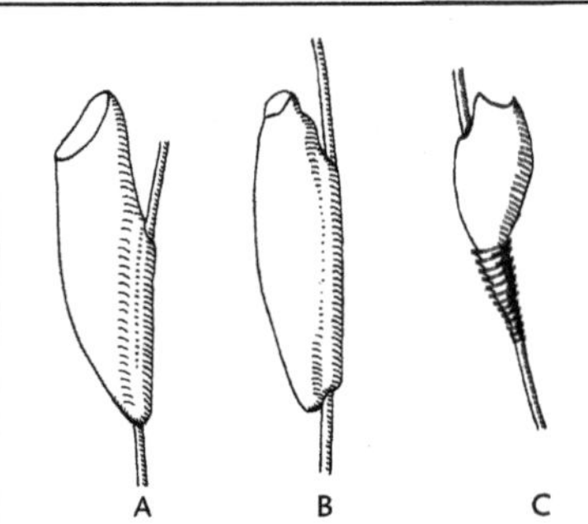

Abb. O-28: Oestridae: Eier von A: *Gasterophilus intestinalis*, Pferdemagenbremse; 0,4 mm; B: *G. pecorum*; 0,4 mm; C: *G. haemorrhoidalis*; 0,3 mm. (Séguy 1951a)

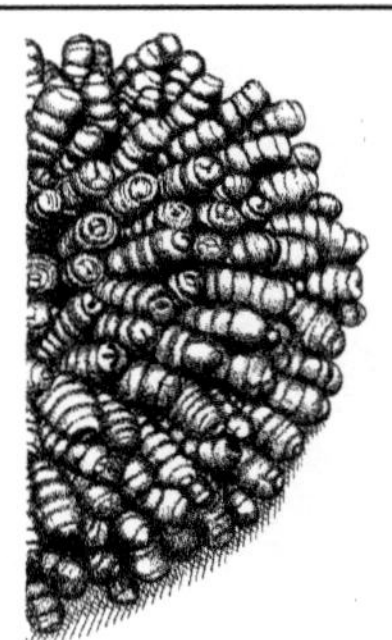

Abb. O-30: Oestridae: *Gasterophilus intestinalis*, Pferdemagenbremse. Teil einer Gruppe von Larven aus dem Magen eines Pferdes

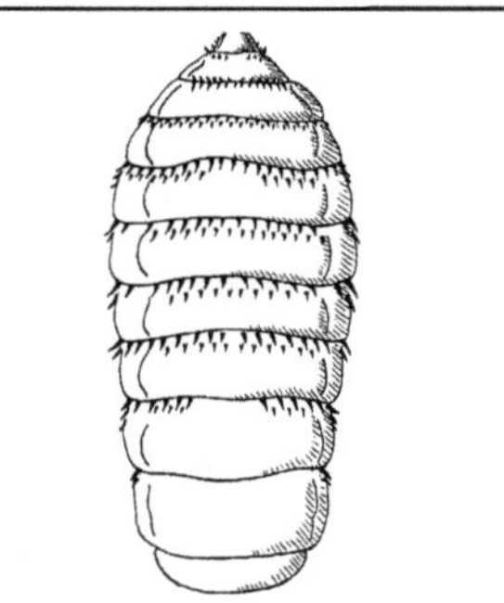

Abb. O-29: Oestridae: *Gasterophilus intestinalis*, Pferdemagenbremse. Erwachsene Larve, 10 mm. (Séguy 1951a)

Schlund; setzt sich hier besonders unter dem Kehldeckel tief in der Haut fest, geht über zur Blutnahrung (2. Larvenstadium); wandert dann in den Darmkanal und siedelt sich mitunter in beträchtlichen Mengen als 3. Stadium [**O-29**], ausgerüstet mit Dornenkränzen, v. a. im Magen (*G. intestinalis* [**O-30**]) oder in hinteren Darmabschnitten an; bezeichnend die beiden „roten Körper": Gruppen von spezialisierten, hämoglobinhaltigen Zellen des Fettkörpers, die von zahlreichen Verzweigungen der hinteren Tracheen versorgt sind (die Larve ist →amphipneustisch); Funktion: bei Anwesenheit von Luftblasen im Darm Speicherung von O_2 über den augenblicklichen Bedarf hinaus; die Larve ist zudem fähig, O_2 durch Umwandeln von Glykogen in Fett zu gewinnen; die erwachsene Larve verlässt den Darm durch den After, Verpuppung

am Boden. **Überwinterung** als Larve im Wirt. **Wirte:** parasitisch fast ausschließlich an Einhufern (Pferd, Esel, Maultier); können bei starkem Befall krankhafte Erscheinungen auslösen; gelegentliches Auftreten auch bei anderen Tieren, z. B. bei verschiedenen Raubtieren, auch beim Hund; „Hautmaulwurf" beim Menschen (tritt gelegentlich bei intensivem Umgehen Umgang mit Pferden auf): die Junglarven bohren sich in die Haut, fressen darunter einen Gang; Entwicklung jedoch nur bis zum 2. Larvenstadium; *Gyrostigma*-Arten bei Nashörnern. Lit. →Diptera; Hiepe 1982.

Oestromyia →Oestridae C1.

Oestrus →Oestridae A.

Ofenfischchen, *Thermobia domestica* Pack. →Zygentoma B.

Ohrwürmer →Dermaptera.

Ohrzikade, *Ledra aurita* L. →Cicadellidae D.

Okuliermade, *Resseliella oculiperda* Rübs. →Cecidomyiidae C4.

Oleanderschildlaus, *Aspidiotus nerii* Bche. →Diaspididae 1.

Oleanderschwärmer, *Daphnis nerii* L. →Sphingidae 12.

Olesicampe →Ichneumonidae.

Olibrus →Phalacridae.

Oligogynie (Adj.: oligogyn); bei Staaten bildenden Insekten Bezeichnung für das Zusammenleben einiger weniger fruchtbarer ♀♀ (Königinnen) in einem Nest (→Anthophila, →Formicidae); →Monogynie, →Polygynie.

Oligolektie, oligolektisch; Bezeichnung für das spezialisierte Sammeln von Pollen an miteinander verwandten Pflanzenarten einer Gttg. oder Fam. oder nur an 1 Pflanzenart (→Anthophila).

Oligoneuriella →Ephemeroptera; →Oligoneuriidae.

Oligoneuriidae, Büschelhafte; Fam. der Eintagsfliegen (Ephemeroptera) mit in Eur 8, M-Eur 5 Arten, in Dt nur *Oligoneuriella rhenana* Imh.; Körper ca. 14 mm, Schwanzborsten beim ♂ ca. 12 mm; Flügel milchig, Anzahl der Queradern stark verringert, die der Längsadern durch paarweises Zusammenlegen scheinbar reduziert; gute Flieger (schneller Horizontalflug mit plötzlichen Wendungen), Beine rückgebildet und funktionslos; Massenflüge (VII–VIII) am Abend, z. B. an Rhein und Nebenflüssen („Ködermücke" der Angler, auch „Augustmücke" oder „Rheinmücke"). Eiablage ins Wasser; **Larven** in stark strömenden, sauerstoffreichen Flussabschnitten; flach, dicht an den (bevorzugt felsigen) Untergrund gedrückt; mit Kopfschild, bedeckt die Mundwerkzeuge; Vorderbeine und Taster mit Filterapparat ähnlich *Isonychia* (→Isonychiidae); 7 Paar verzwergter blattförmiger Tracheenkiemen am Hinterleib, jedoch mit 1 Paar großer büscheliger Tracheenkiemen an den Maxillen auf der Unterseite des Kopfes; 1 Generation im Jahr, Überwinterung als Ei.
Lit. →Ephemeroptera.

oligophag; Ernährung von einigen wenigen, nahe miteinander verwandter Pflanzen- bzw. Tierarten; vgl. auch →Parasitoid.

Oligoplectrum →Trichoptera.

Oligostomis →Phryganeidae.

Oligota →Staphylinidae.

Oligotricha →Phryganeidae.

Oligotrophus →Cecidomyiidae D2.

Olivenbrauner Erbsenwickler, *Cydia nigricana* F. →Tortricidae 33.

Olivenfliege, *Bactrocera oleae* Gmel. →Tephritidae 6.

Ölkäfer →Meloidae.

Olophrum →Staphylinidae.

Omaliinae →Staphylinidae F.

Omalisidae, Omalisinae, *Omalisus* →Elateridae B6, B.

Omalus →Chrysididae B6.

Ommatidiotus →Caliscelidae.

Omocestus →Acrididae B, B3.

Omonadus →Anthicidae.

Omophlus →Tenebrionidae 11.

Omophron, Omophroninae →Carabidae B.

Omosita →Nitidulidae D.

Omphralidae; Synonym zu →Scenopinidae.

Onchozerkose →Simuliidae.

Oncodidae; Synonym zu →Acroceridae.

Oncopodura; s. →Tomoceridae.

Oncopoduridae; s. →Tomoceridae; →Collembola.

Oncopsis →Cicadellidae F.

Onthophagus →Scarabaeidae B1.

Onthophilus →Histeridae.

Onychiuridae, Blindspringer; Fam. der Springschwänze (Collembola, Poduromorpha) mit in Eur ± 325, M-Eur ± 130, Dt 43 Arten; augenlos; ohne dunkles Pigment (mit Ausnahme der blaugrauen Art *Tetrodontophora bielanensis* Waga, mit bis zu 9 mm größter Springschwanz Europas); Bodenbewohner, manche Arten in tieferen Bodenschichten; springen nicht, da die Sprunggabel weitgehend rückgebildet ist oder ganz fehlt (deutsche Bezeichnung Blind-„Springer" insofern irreführend); über den ganzen Körper verstreut liegende Drüsen mit kreisrunder, dünner Oberfläche (Pseudocellen), die ein klebriges Wehrsekret absondern können; reagieren positiv auf CO_2, werden so zu zerfallenden Pflanzenstoffen geführt; z. B. *Onychiurus* und die artenreiche Gttg. *Protaphorura* (häufig *P. armatus* Tullb., 2–3 mm); Körper plump, walzenförmig. Zunehmend als eigene Fam. abgetrennt werden die ähnlichen, jedoch winzigen **Tullbergiidae** (unter 1 mm; [C-169]) mit in Eur ± 90, M-Eur ± 50, Dt ± 30 weiteren Arten.
Lit. →Collembola; Dunger & Schlitt 2011.

Onychiurus →Onychiuridae.

Onychogomphus →Gomphidae 2; →Odonata.

Oodera, Ooderidae →Pteromalidae.

Ooencyrtus →Encyrtidae, s. auch Notodontidae B.

Oomorphus →Chrysomelidae G.

Opatrum →Tenebrionidae 3.

Operophtera →Geometridae E1; vgl. auch →Tachinidae.

Opetia →Opetiidae.

Opetiidae; Fam. der Zweiflügler (Diptera, Brachycera, Cyclorrhapha) mit nur 1 Art in Eur & Dt: *Opetia nigra* Meig.; früher zu den →Platypezidae gestellt; ähnlich diesen kleine, dunkle Fliegen (2–5 mm), aber ohne verbreiterte Hintertarsen; ♂♂ mit vergrößerten Komplexaugen, sitzen auf Blättern von Büschen und Bäumen, können Schwärme bilden; ♀♀ in niedrigerer Vegetation; Larve unbekannt, Fliegen aus Faulholz (Birke) gezüchtet.
Lit. →Diptera.

Ophiogomphus →Gomphidae.

Ophiomyia →Agromyzidae B.

Ophion, Ophioninae →Ichneumonidae, D, D3; vgl. auch →Bombyliidae, →Trigonalidae.

Ophonus →Carabidae M5.

Ophrys; Ragwurzarten; besonders in S-Eur verbreitete Orchideen-Gttg.; Blüten nach Form, Behaarung und Färbung insektenähnlich; sondern Duftstoffe ab, die den Sexuallockstoffen mancher Hautflügler (→Andrenidae; →Apidae C1; →Sphecidae) täuschend ähnlich sind; deren von dem Duftstoff angelockte und an den Blüten landende ♂♂ versuchen mit dem ♀-Trugbild zu kopulieren, führen dabei die Bestäubung durch; keine Nektarabsonderung.

Opiinae →Braconidae B.

Opilo →Cleridae 3; vgl. auch →Cerambycidae D7.

Opisthograptis →Geometridae C5.

Opius →Braconidae B; →Tephritidae 2.

Opomyza →Opomyzidae 1, 2.

Opomyzidae, Grasfliegen, Wiesenfliegen; Fam. der Zweiflügler (Diptera, Brachycera, Cyclorrhapha) mit in Eur 31, M-Eur 25, Dt 21 Arten; kleine Fliegen (2–5 mm) mit länglichen, dunkel gefleckten Flügeln; die Imagines v. a. in grasigem Gelände und Röhricht; die Larven minieren in Grashalmen; 3 Larvenstadien; Überwinterung meist als Larve im Halm (Ausnahme: 1). – Folgende Arten auch in Getreide, hier zuweilen schädlich:

1. *Opomyza florum* F., Gelbe Getreidefliege (3–4 mm); Larven (Ende III–V) minieren in Getreidehalmen; Verpuppung (V) im befressenen Halm; Imagines (ab VI) auf Wiesen, Eiablage (X bis -Anfang XI) in Wintergetreidefeldern; Überwinterung als Ei im Boden.

2. *Opomyza germinationis* L., Gestreifte Grasfliege [**O-31**]; ca. 3 mm; ähnliche Lebensweise wie vorige Art, überwintert aber im 3. Larvenstadium; nur ausnahmsweise im Getreide. Lit. →Diptera.

Opostegidae; Fam. der Schmetterlinge (Lepidoptera, Glossata, Nepticuloidea) mit in Eur 7, M-Eur 4, Dt 3 Arten; den →Nepticulidae ähnelnde kleine Falter (um 8 mm Flspw.); Flügel befranst, in Ruhe dachförmig, bei heimischen Arten weißlich mit gelben bis bräunlichen Streifen oder Flecken; Rüssel rückgebildet; Grundglied (Scapus) der kurzen Antenne zu einem die Augen

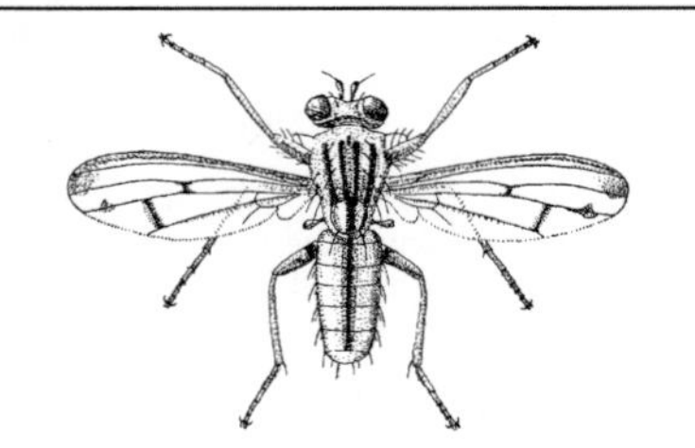

Abb. O-31: Opomyzidae: *Opomyza germinationis*, Gestreifte Grasfliege. ♂, 3 mm; Larven zuweilen an Getreide schädlich, sonst an anderen Gräsern. (Séguy 1951a)

beschattenden Deckel erweitert. **Larven** beinlos, minierend, die Nahrungspflanzen heimischer Arten kaum bekannt (ufernahe Lippenblütler, sonst?); **Verpuppung** in einem Kokon außerhalb der Mine; Lit. →Lepidoptera.

Orangenschildlaus, *Icerya purchasi* Mask. →Monophlebidae; vgl. auch →Coccinellidae.

Orchesella →Collembola; →Entomobryidae.

Orchesellidae →Entomobryidae.

Orchestes →Curculionidae H5.

Orchideenstachelkäfer, *Mordellistena cattleyana* Champ. →Mordellidae.

Ordensbänder →Erebidae H, Noctuidae 23.

Ordnung (Ordg.); Rangstufe („Kategorie") der biologischen Systematik, die nur hinsichtlich ihrer relativen hierarchischen Einordnung (zwischen Klasse und Familie) definiert ist. Bei den Insekten sind die traditionellen Ordgn. i. d. R. die rangniedrigsten Gruppen, die bereits im Erdaltertum (Paläozoikum) entstanden sind; Ausnahmen von dieser Regel bilden einige zu junge Ordgn. (wie →Trichoptera und →Lepidoptera, →Mecoptera und →Siphonaptera) und einzelne Ordgn. mit möglicherweise bereits im Erdaltertum entstandenen Teilgruppen (→Auchenorrhyncha, →Diplura). Lit. →Misof et al. 2014, Rasnitsyn & Quicke 2002.

Orectochilus →Gyrinidae 2.

Oreina →Chrysomelidae J3.

Oreogetonidae, *Oreogeton* →Empididae.

Orfeliini; Gattungsgruppe der →Keroplatidae.

Organothrips →Thysanoptera.

Orgyia →Erebidae J2.

Orientalische Schabe, *Blatta orientalis* L. →Blattidae 1.

Orientbeule →Psychodidae.

Orius →Anthocoridae.

Ormiini; Gattungsgruppe der →Tachinidae.

Ormyridae; Fam. der Hautflügler (Hymenoptera, Apocrita, Chalcidoidea) mit in Eur ± 16, M-Eur 10, Dt 9 Arten der Gttg. *Ormyrus*; kleine Erzwespen mit gedrungener Körperform, nach unten gerichtetem Kopf und grob punktierten Gastertergiten; die Larven parasitoid bei gallbildenden Insekten (→Cynipidae, →Cecidomyiidae, →Tephritidae). Lit. →Hymenoptera.

Orneodidae, *Orneodes*; Synonyme zu →Alucitidae bzw. *Alucites*.

Ornithomyia →Hippoboscidae 6.

Orophia, **Orophiinae** →Depressariidae 2.

Orphnephilidae; Synonym zu →Thaumaleidae.

Orsodacne →Orsodacnidae.

Orsodacnidae; Fam. der Käfer (Coleoptera, Polyphaga, Cucujiformia); oft als U-Fam. **Orsodac-**

ninae zu den →Chrysomelidae gestellt, jedoch näher mit den →Cerambycidae verwandt; in Eur 3, M-Eur & Dt 2 Arten der Gttg. *Orsodacne* (4–8 mm); längliche Käfer mit verschmälertem Vorderkörper; gute Flieger; →polyphage Blüten- und Pollenfresser, oft an Rosaceae; Eiablage in die Blütenstände; Lebensweise der Larven kaum bekannt: das 1. Larvenstadium überwintert wohl irgendwo in der Baumschicht (Knospen?, unter Rinde?), da von I–IV in Blattreisenmägen gefunden; danach vermutlich Wechsel zum Bodenleben.

Lit. →Coleoptera; Rheinheimer & Hassler 2018.

Ortalididae, *Ortalis* →Ulidiidae.

Orthetrum →Libellulidae 2, →Odonata.

Orthezia →Ortheziidae 1.

Ortheziidae, Röhrenschildläuse; Fam. der Schildläuse (Coccina) mit in Eur 15, M-Eur 5, Dt 4 Arten (2 weitere in Gewächshäusern); Larven und ♀♀ in allen Stadien beweglich, mit gut ausgebildeten Beinen und Antennen; Fortbewegung langsam; ♂♂ geflügelt, Komplex- und Punktaugen vorhanden; mit starker Wachserzeugung, Körper ober-, z. T. auch unterseits mit Wachsschüppchen bedeckt [**0-32**]; meist →polyphag, an Kräutern und Sträuchern (*Newsteadia floccosa* de Geer saugt auch an Pilzhyphen im vermodernden Falllaub); →Parthenogenese bei unterirdisch an Wurzeln saugenden Arten (*Arctorthezia cataphracta* Shaw, *Ortheziola vejdovskyi* Šulc); das ♀ trägt die Eier und die Junglarven am Hinterende in einem aus Wachsplatten gebildeten röhrenförmigen Eisack [**C-160**]; ♀ mit 3, ♂ mit 4 Larvenstadien.

1. *Orthezia urticae* L., Brennnesselröhrenschildlaus (bis 10 mm); Rücken des ♀ ganz mit Wachs-

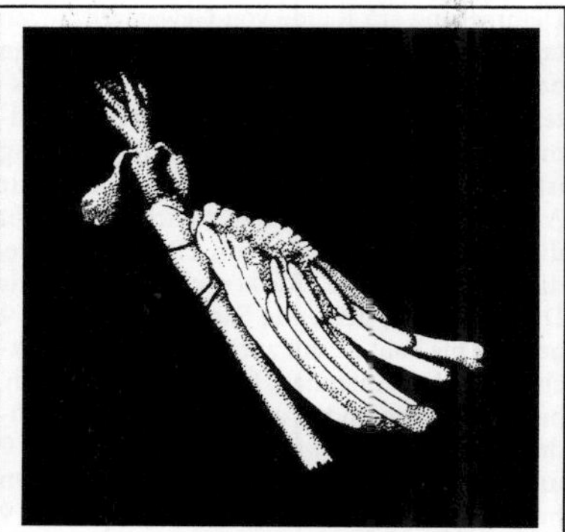

Abb. 0-32: Ortheziidae: *Orthezia* spec., Röhrenschildlaus. ♀ mit Eisack; einige Wachsfäden des Eisackes nach oben abgehoben. (M. R.)

platten besetzt; auf verschiedenen krautigen Pflanzen, Gräsern, kleinen Sträuchern; zumindest stellenweise mit rein parthenogenetischer Fortpflanzung; Überwinterung in allen Stadien möglich außer im Larvenstadium.

2. *Insignorthezia insignis* Browne, Gewächshausröhrenschildlaus; verbreitet in warmen Ländern; bei uns in Gewächshäusern an verschiedenen (v. a. krautigen) Pflanzen; ♀ ohne Eisack ca. 1,6 mm, mit Eisack ca. 4,5 mm; Rücken von Larven und ♀♀ zwischen Reihen von weißen Wachsplatten mit 3 nackten, schwarzgrünen Streifen; in M-Eur wohl ausschließlich parthenogenetische Vermehrung; mehrere Generationen im Jahr.

Lit. →Coccina.

Ortheziola →Ortheziidae.

Orthocentrinae →Ichneumonidae C.

Orthocladiinae →Chironomidae.

Orthogenya; Synonym zu →Empidiformia.

Orthonama →Geometridae.

Orthoperidae; Synonym zu →Corylophidae.

Orthoptera →Saltatoria.

Orthopteroidea; Geradflügler i.e. S.; Bezeichnung für eine nicht monophyletische Gruppe aus →Saltatoria und →Phasmida.

Orthopteromorpha, Geradflügler i. w. S.; Bezeichnung für eine nicht monophyletische Gruppe aus →Saltatoria, →Dictyoptera, →Phasmida und →Dermaptera.

Orthorrhapha, Spaltschlüpfer; →paraphyletische Gruppe der Brachycera (→Diptera), umfasst alle nicht zu den Cyclorrhapha gehörenden Fliegen; die Puppe wie bei den meisten Insekten nicht in einem Tönnchen (aus der letzten Larvenhaut), die Imago schlüpft durch einen häufig T-förmigen Spalt.

Orthotelia →Glyphipterigidae A.

Orthotylinae →Miridae.

Ortochile →Dolichopodidae.

Orussidae; Fam. der Hautflügler (Hymenoptera, „Symphyta“, Orussoidea) mit in Eur 6, M-Eur & Dt 3 selten gefundenen Arten [**0-33**], am häufigsten *Orussus abietinus* Scop. (9–15 mm); mit für taillenlose Wespen ungewöhnlicher parasitoider Lebensweise; ♀ mit vergrößertem vorletztem Antennenglied („Klopfglied“) und abgewandeltem Vorderbein (breite Schiene; durch Verwachsen von 3 Fußgliedern entstandenes langes Grundlied mit Endfortsatz); vor der Eiablage Abklopfen von Bruthölzern mit der Antenne, Echoortung mit dem Vorderbein (Subgenualorgan in der Schienenspitze, Übertragung der Schwingungen über das aufgesetzte Grundlied des Tarsus; vgl. →Ichneumonidae). Legebohrer des ♀ sehr lang und dünn, kann bis zu doppelter Körperlänge vorgestreckt werden; in Ruhe kaum

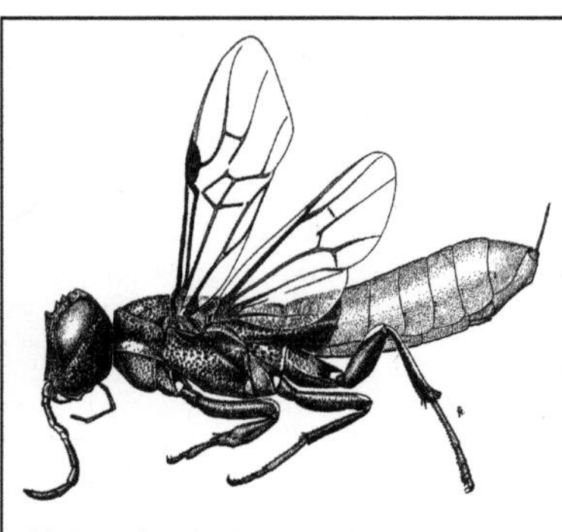

Abb. O-33: Orussidae: *Orussus* spec. ♀ (Goulet & Huber 1993)

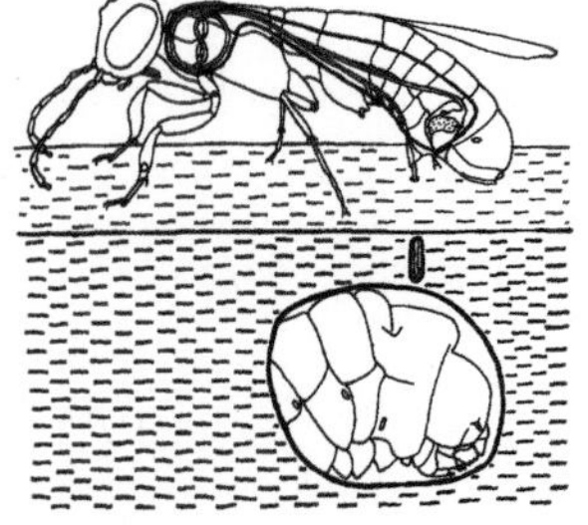

Abb. O-34: Orussidae: *Orussus* spec. ♀ (9–15 mm) vor der Eiablage an einer Holzwespenlarve (Siricidae); eingezeichnet ist der in einem eingestülpten Sack im Körper verborgene, lang aufgewundene Legebohrer, weggelassen der linke Flügel und das linke Hinterbein (außer der Coxa); Abklopfen des Brutholzes mit der Antenne (vergrößertes vorletztes „Klopfglied"), Echoortung der Schwingungen über das aufgesetzte Grundlied des Vorderfußes, mit Sinnesorgan in der Schienenspitze. (Vilhelmsen et al. 2001)

sichtbar in einem gebogenen, muskulösen Sack geborgen (zieht vom Hinterleibsende dorsal nach vorn bis in die Brust und ventral wieder nach hinten [**O-34**]). **Eier** mehr als körperlang, strecken sich erst bei der Eiablage. Die augen- und beinlosen **Larven** leben wohl an holzbewohnenden Larven von Käfern (→Buprestidae, →Cerambycidae) und Holzwespen (→Siricidae). Lit. →Hymenoptera; Lacourt 2020; Quinlan & Gauld 1981; Schedl 1991; Vilhelmsen et al. 2001. **Orussoidea**; Gruppe der Pflanzenwespen („Symphyta", →Hymenoptera); mit nur 1 Fam. →Orussidae.
Orussus →Orussidae.
Oryctes →Scarabaeidae D.

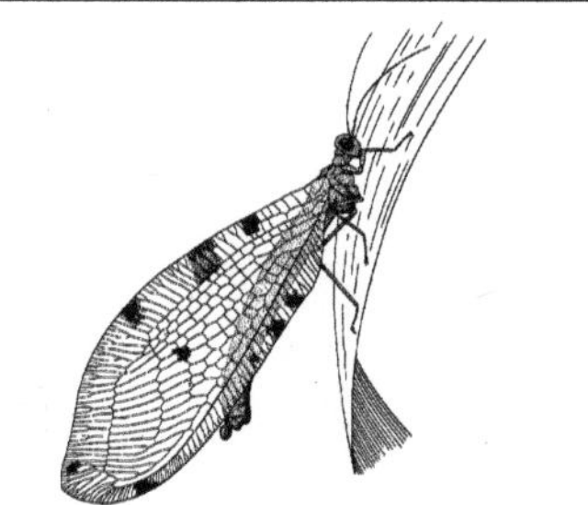

Abb. O-35: Osmylidae: *Osmylus fulvicephalus*, Bachhaft. ♂; Lockstellung mit ausgestülpten Duftdrüsen; nur rechter Vorderflügel gezeichnet. Flügellänge 30 mm. (M. R.)

Orygma →Sepsidae.
Oryzaephilus →Silvanidae C; vgl. auch →Bethylidae, →Curculionidae B1.
Oscinella →Chloropidae 2.
Osmaterium; die ausstülpbare Nackengabel der Raupen von Ritterfaltern; →Papilionidae; →Lepidoptera.
Osmia →Megachilidae 1; vgl. auch →Chrysididae B1, →Cleridae 4, →Drosophilidae, →Leucospidae, →Ptinidae, →Sapygidae.
Osmylidae, Bachhafte; Fam. der Netzflügler (Planipennia); nur 3 europäische Arten der Gttg. *Osmylus*, davon nur 1 über die Ukraine hinaus weit verbreitet: *O. fulvicephalus* Scop. (12–17 mm; [**O-35**]); Flügel groß (Flspw. 40–50 mm), reich geädert, mit einigen dunklen Flecken, in Ruhe steil dachförmig auf dem Rücken. Fliegen in der warmen Jahreszeit (etwa V–VIII) in der Dämmerung am Rande von Gewässern, sitzen tagsüber im Schatten an Büschen und Bäumen oder unter Brücken. **Ernähren** sich von Insekten, fressen daneben auch Pollen (Mundgliedmaßen kauend-beißend). Bei der **Fortpflanzung** ist die starke Aktivität des ♀ bezeichnend; zur Anlockung der ♀♀ sitzt das ♂ nachts still, hebt die Flügel an und stülpt am Hinterleibsende, dicht hinter dem 8. Rückenschild, 1 Paar als Duftdrüsen zu deutende Säckchen aus; das ♀ betastet die bald darauf zurückgezogenen Säckchen mit den Antennen, beide umkreisen sich, betasten sich besonders am Hals (auch hier Duftdrüsen?); schließlich steht das ♂ neben dem ♀ und fasst es an dem nur beim ♀ vorhandenen hakenartigen Fortsatz der Vorderhüften; das ♀ schiebt sein Hinterleibsende unter das ♂ und ergreift mit zapfenförmigen Anhängen seines Geschlechtsapparates die nun austretende, etwa 4 mm lange Spermatophore; später, manchmal

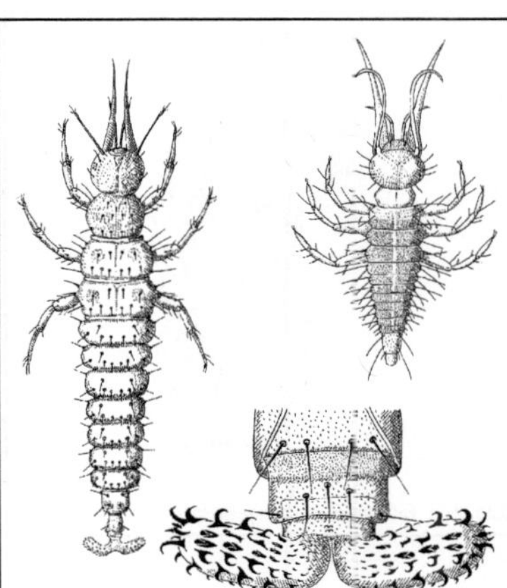

Abb. O-36: Osmylidae: *Osmylus fulvicephalus*, Bachhaft; Links: erwachsene Larve, ca. 20 mm; Saugzangen (2-teilig) an der Basis verdickt, daneben Fühler, darunter Lippentaster (5-fünfgliedrig); rechts oben: Junglarve, ca. 4 mm; unten ausgestülptes Haftorgan am Hinterleibsende. (Stitz 1931)

erst nach einer Wiederholung der Samenübertragung, frisst es zunächst einen Fressanhang (vgl. Spermatophylax der →Ensifera), dann die Spermatophore auf oder streift sie ab; inzwischen ist offenbar das Einwandern des Samens in den paarigen Samenbehälter des ♀ erfolgt. **Eiablage** im Laufe einiger Tage v. a. an Blättern, einzeln oder (häufiger) in Gruppen. Die **Larve** [**O-36**] schlüpft nach 2–3 Wochen, lebt am Rande von Gewässern; mit langen, etwas nach außen gebogenen Saugzangen; saugt andere Insekten, v. a. Mückenlarven aus; geht zuweilen ins Wasser, ist aber eigentlich ein Landtier; Luftblasen im Vorderdarm verhindern ein Ertrinken; kann sich mit einem am 10. Abdominalsegment vorstülpbaren Haftorgan (2 mit Häkchen besetzte Schläuche) festhalten; sie **überwintert** an Land, meist im 2. oder 3. Stadium; **Verpuppung** im Frühling am Land in Ufernähe in einem Gespinstkokon, Spinnsekret aus den Malpighi-Gefäßen; biswei-

len (immer?) bricht die Larve vor dem Verpuppen den größten Teil der Saugzangen ab; nach knapp 2 Wochen beißt sich die Puppe durch die Kokonwand, die Imago schlüpft aus. Lit. →Planipennia.
Osmylus →Osmylidae; →Planipennia.
Osphya →Melandryidae.
Osterluzeifalter, *Zerynthia polyxena* Den. & Schiff.; →Papilionidae 3.
Ostomidae →Trogossitidae.
Ostrinia →Pyralidae 17.
Otiorhynchus →Curculionidae F1.
Otitidae; als U-Fam. Otitinae zu den →Ulidiidae gestellt.
Otternköpfchen, *Raphidia major* Burm. →Raphidioptera.
Oulema →Chrysomelidae B3.
Ourapteryx →Geometridae C3.
Ovipositor →Gonopoden.
ovovivipar; Bezeichnung für ein Insekt, bei dem die Larven kurz vor, während oder kurz nach dem Ablegen der Eier ausschlüpfen.
Oxybelus →Crabronidae C, C2; vgl. auch →Mutillidae.
Oxycarenidae; Fam. der Wanzen (Heteroptera, Pentatomomorpha) mit in Eur 31, M-Eur 13, Dt 10 Arten; früher zu den →Lygaeidae; klein (2–6 mm), teils bodenbewohnend, teils an Fruchtständen sitzend; neben flugfähigen Arten auch solche mit überwiegend kurzflügeligen Individuen; verbreitet nur *Oxycarenus modestus* Fall., an den Fruchtkätzchen von Erlen. **Saugen** an Samen; die vereinzelt eingeschleppte *O. hyalinipennis* Costa wird in Afrika in Baumwollkulturen schädlich. 1-jährig, **überwintern** i. d. R. als Imago. Lit. →Heteroptera.
Oxycarenus →Oxycarenidae.
Oxycera →Stratiomyidae.
Oxyethira →Hydroptilidae; →Trichoptera.
Oxygastra →Corduliidae 3.
Oxymirus →Cerambycidae.
Oxyna →Tephritidae 7.
Oxyporinae, *Oxyporus* →Staphylinidae C.
Oxystoma →Apionidae 5.
Oxytelinae →Staphylinidae H, K.
Oylaenus →Teredidae.

P

Pachycoleus →Dipsocoridae 1.
Pachycondyla →Formicidae.
Pachygaster →Stratiomyidae.
Pädogenese (Paedogenese); thelytoke Fortpflanzung (→Parthenogenese ohne ♂♂) von Larven oder Puppen (→Neotenie); bei →Cecidomyiidae.
Paederinae, Paederus →Staphylinidae A, A7.
Palaeocimbex →Cimbicidae 3.
Palaeococcus →Monophlebidae.
Palaeopsylla →Siphonaptera B.
Palaeoptera; Bezeichnung für eine in ihrer Monophylie umstrittene Gruppe aus →Ephemeroptera und →Odonata; können die Flügel in Ruhe nicht flach zurücklegen (vgl. →Metapterygota). Lit. Misof et al. 2014; Song et al. 2016; Staniczek 2000.
Pales →Tachinidae; vgl. auch →Notodontidae B.
Palingenia →Ephemeroptera; →Palingeniidae.
Palingeniidae; Fam. der Eintagsfliegen (Ephemeroptera) mit in Eur 2–3, M-Eur 2 Arten; Restvorkommen der ehemals auch in Dt verbreiteten *Palingenia longicauda* Oliv. nur noch in Ungarn, im Donaudelta und bis zur Westukraine, dort aber oft massenhaft (bis zu 4000 Wohnröhren pro Quadratmeter); größte europäische Eintagsfliege (Körper ca. 35 mm, Schwanzborsten beim ♂ bis 80 mm); ♀ bleibt im Subimaginalstadium; in der Dämmerung beeindruckendes synchronisiertes Massenschwärmen (VI), wobei sich die Larven nach dem Aufstieg zur Wasseroberfläche zur Subimago häuten: zunächst die ♂♂ (kurz danach auf Ufergehölzen erneute Häutung zu Imagines), 20–30 min später die ♀♀, die unverzüglich jeweils von mehreren (bis zu 30) ♂♂ zu Begattungsversuchen bedeckt werden („Theißblüte"); danach Kompensationsflug des ♀ stromaufwärts und Eiablage ins Wasser (7000–9000 Eiern in Paketen); **Larven** mit großen Mandibeln und zu Grabbeinen umgebildeten Vorderbeinen [**P-1**]; in unverschmutzten Flüssen an Stellen mit stärkerer Strömung, in selbst gegrabenen U-förmigen Gängen im tonigen Gewässergrund; filtrieren mit den Mundwerkzeugen (und Borsten an Beinen?) feine Detritusteilchen aus dem Wasserstrom, den sie durch Fächeln der nach oben umgeschlagenen Tracheenkiemen erzeugen; Dauer des Larvenlebens 3 Jahre.
Lit. →Ephemeroptera; Dénes et al. 2022; Tittizer et al. 2008.

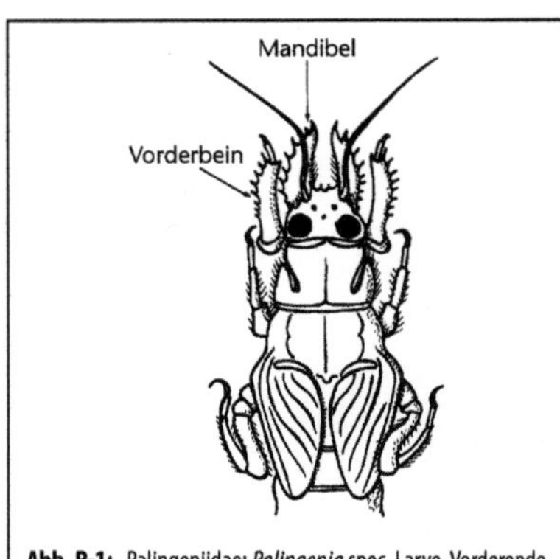

Abb. P-1: Palingeniidae: *Palingenia* spec. Larve, Vorderende

Palloptera →Pallopteridae.
Pallopteridae, Zitterfliegen; Fam. der Zweiflügler (Diptera, Brachycera, Cyclorrhapha) mit in Eur 23, M-Eur 18, Dt 15 Arten; z. B. *Palloptera usta* Meig. [**P-2**]; nicht häufig; 3–7 mm; grau, rötlich gelb oder gelblich; Flügel bei den meisten Arten gefleckt, vibrieren sie oft auch im Sitzen; ♀ mit stilettförmiger, bohrerartiger Legeröhre; im Wald, auf Wiesen; die Larven unter Baumrinde, in Pflanzenstängeln und Blütenköpfen; einige nehmen sich zersetzende Stoffe, manche sind phytophag, andere jagen; *Palloptera*-Arten unter Baumrinde; stellen hier Borkenkäfern nach.
Lit. →Diptera.
Palomena →Pentatomidae.
Palpares, **Palparidae** →Myrmeleontidae.
Palpenmotten →Gelechiidae.
Pamphagidae, Elefantenschrecken, Krötenschrecken; Fam. der Kurzfühlerschrecken (Caelifera); im mediterranen Eur 47 Arten; große, dicke und plumpe, in der Bewegung krötenhafte Bewohner trockener bis sehr trockener Biotope; Sprungvermögen reduziert; flügellos oder kurzflügelig; Kutikula mit starker Körnelung und/oder Warzen; weiß, gelblich oder hell bräunlich, oft dem Untergrund in Farbe und Musterung sehr ähnlich; Lauterzeugung durch Reiben einer rauen Platte der Hinterschenkelinnenseite am Abdomen; z. B. *Prionotropis hystrix* Germ. (♂ 40 mm, ♀ bis 54 mm; [**P-3**]); im östl. S-Eur; auf trockenem Boden, oft auf (fast) kahlen Steinhalden.
Lit. →Caelifera.

© Springer-Verlag GmbH Deutschland, ein Teil von Springer Nature 2026
E. Weber, H. Bellmann, *Jacobs|Renner – Biologie und Ökologie der Insekten*,
https://doi.org/10.1007/978-3-662-71153-8_16

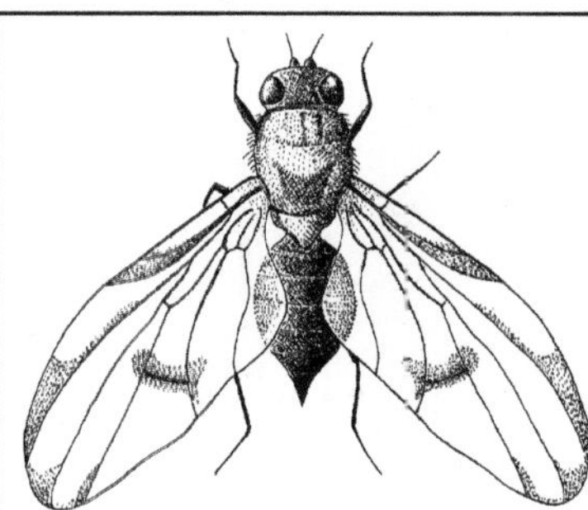

Abb. P-2: Pallopteridae: *Palloptera usta*. 5 mm. (Escherich 1914–42)

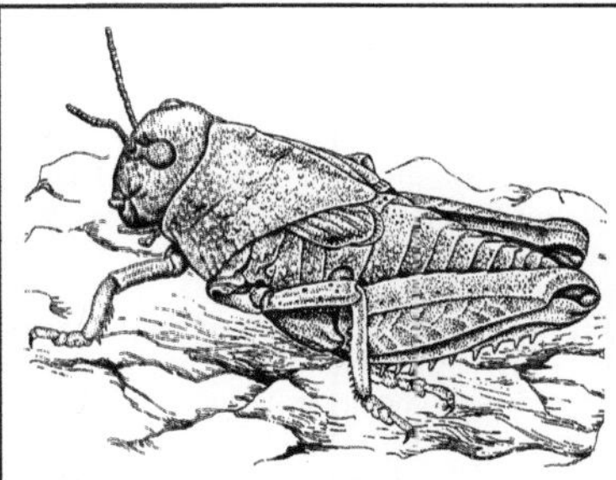

Abb. P-3: Pamphagidae: *Prionotropis hystrix*, Elefantenschrecke. (M. R.)

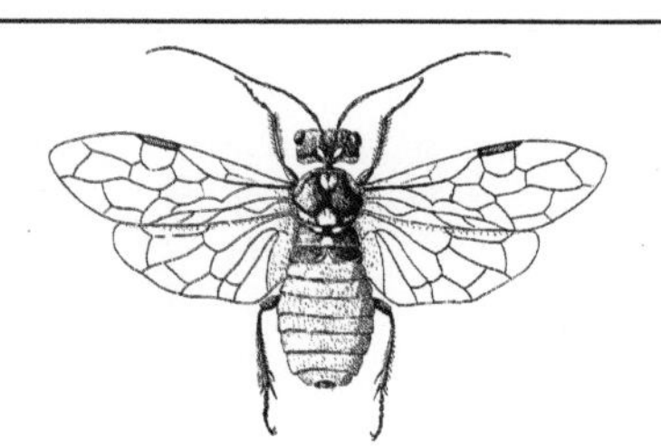

Abb. P-4: Pamphiliidae: *Cephalcia abietis*, Gemeine Fichtengespinstblattwespe. ♀, 11–14 mm. (Escherich 1914–42)

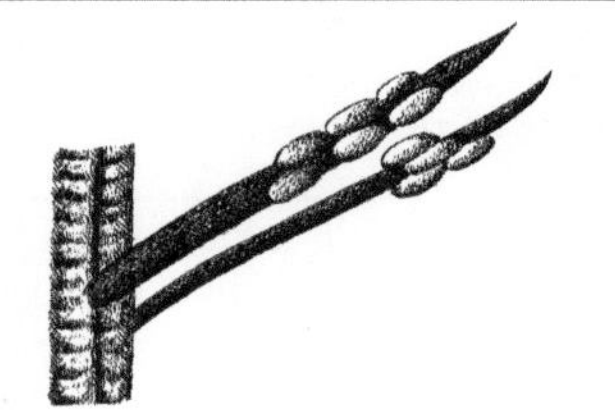

Abb. P-5: Pamphiliidae: *Cephalcia abietis*, Gemeine Fichtengespinstblattwespe. Eigelege an Fichtennadeln; Ei knapp 2 mm. (Escherich 1914–42)

Pamphiliidae, Gespinstblattwespen, Kotsackgespinstblattwespen; Fam. der Hautflügler (Hymenoptera, „Symphyta", Pamphilioidea) mit in Eur 58, M-Eur & Dt 49 Arten; nicht wenige bei Massenvermehrung durch Larvenfraß an Wald- und Obstbäumen, an Zier- und Beerensträuchern schädlich; Imagines (7–16 mm) der meisten Arten selten (oder selten zu finden); schnelle, rastlose Flieger. **Eiablage** äußerlich an die Nahrungspflanze (Cephalciinae an Nadeln von Pinaceae, Pamphiliinae an Blätter von Angiospermen), einzeln oder als Gelege [**P-5**]; **Eier** mit einem kleinen Fortsatz in einem Schlitz befestigt, der mit dem (schwachen) Legebohrer hergestellt wird. **Larven** mit relativ langen Antennen und gegliederten, antennenartigen Cerci, mit schwachen Brustbeinen, ohne Bauch-

beine am Hinterleib [**P-6**]; ausgezeichnet durch starkes Spinnvermögen; fertigen aus Spinnseide röhrige Gehäuse, in denen sie teils einzeln, teils gemeinsam als Geschwister eines Geleges leben (dann Gespinst ausgedehnt; bisweilen keine individuellen Wohnröhren); sowohl Fressen als auch Häutungen im Gespinst; bei manchen Arten werden Blatteile zu einer Wohnröhre eingerollt und mit Gespinst verfestigt (→A1–2); auffallend die starke Ansammlung von Kot in den Gemeinschaftsgespinsten mancher Arten. Generation 1- oder mehrjährig, auch bei der gleichen Art zuweilen verschieden; **Überwinterung** (u. U. mehrmalig) als Larve ohne Gespinst im Boden; hier auch (ohne Gespinstkokon) **Verpuppung**, häufig erst nach mehrjährigem Überliegen der Larve im Boden; eigentliche Puppenzeit nur wenige Wochen; **Parasitoide** sind Schlupfwespen (→Ichneumonidae) und Raupenfliegen (→Tachinidae).

A. Pamphiliinae; an Laubholz, teils einzeln in Blattrollen (z. B. *Pamphilius*), teils gesellig in Gespinsten (*Neurotoma*):

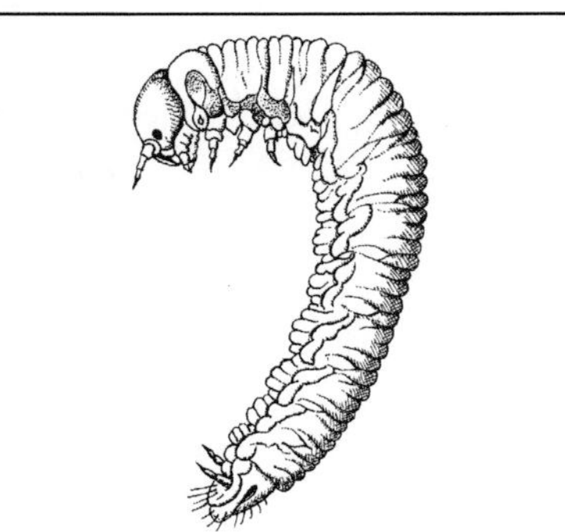

Abb. P-6: Pamphiliidae: *Cephalcia abietis*, Gemeine Fichtengespinstblattwespe. Erwachsene Larve, 17 mm. (Schimitschek 1955)

Abb. P-7: Pamphiliidae: *Cephalcia lariciphila*, Lärchengespinstblattwespe. Puppe mit Larvenhaut; 12 mm. (Brauns 1991)

A1. *Pamphilius sylvaticus* L. (8–11 mm); Larven einzeln in Rollen aus zusammengesponnenen Blättern von Weißdorn, Vogelbeere, Schlehe.

A2. *Pamphilius inanitus* Vill., Rosengespinstblattwespe (9–11 mm); Larven an Rosen, einzeln in einer Rolle aus zusammengesponnenen, schuppenartig sich deckenden Blattstücken, die sie ständig mit sich tragen.

A3. *Neurotoma saltuum* L., Gesellige Birnblattwespe (11–14 mm); v. a. an Birnen, auch an Weißdorn und Pflaumen; Eier im V–VI in Gruppen von 30–60 auf die Blätter abgelegt; Larven gemeinsam im Gespinst; bauen nach Verzehren der Blätter im Gespinstbereich in der Nachbarschaft ein größeres Gespinst, so mehrere Male nacheinander; Überwinterung als Larve im Boden; Verpuppung im Frühling oder, nach Überliegen, im Frühling darauf im Boden. Ähnlich ***Neurotoma nemoralis*** L., Steinobstgespinstblattwespe (7–8 mm), jedoch v. a. an Steinobst, an Pfirsich, Aprikosen, Kirschen, Pflaumen; hin und wieder schädlich.

B. Cephalciinae; an Nadelholz teils einzeln in Gespinströhren, teils gesellig (mit oder ohne individuelle Röhren) in Gespinsten:

B1. *Cephalcia abietis* L., Gemeine Fichtengespinstblattwespe [**P-4**]; Eier im IV–VI in Gruppen von 4–12 mit kurzem Fortsatz in einem Schlitz an vorjährigen Nadeln von Fichten befestigt [**P-5**], bis ca. 120 Eier pro ♀; Larven [**P-6**] gesellig in kotreichem Gespinst, in diesem jede Larve in einer eigenen Gespinströhre; fressen Nadeln; Überwinterung in einer Höhle bis 30 cm tief im Boden; Verpuppung im Frühling nach 2–3 Jahren; gelegentlich Massenvermehrung, Schaden durch geringen Zuwachs und verstärkte Anfälligkeit der Bäume z. B. für Borkenkäfer.

B2. *Cephalcia lariciphila* Wachtl, Lärchengespinstblattwespe (9–11 mm); Entwicklung ausschließlich an Lärche; Eiablage einzeln an Nadeln, ähnlich wie bei B1; jede Larve für sich in einer Gespinströhre, beißt die Nadeln an der Basis ab, zieht sie in die Röhre, verzehrt sie ganz; Überwinterung als erwachsene Larve im Boden; manche Larven überliegen den nächsten Winter; Verpuppung im Frühling im Boden [**P-7**].

B3. *Acantholyda posticalis* Mats., Große Kieferngespinstblattwespe (11–15 mm); v. a. an älteren Kiefern zuweilen sehr schädlich; Eiablage einzeln der Länge nach (runder Eipol zur Nadelspitze) an eingeritzte Nadel [**P-8**]; Larven einzeln lebend, in einer kotarmen Gespinströhre [**P-9**]; Überwinterung als erwachsene Larve im Boden, überliegt meist 2 weitere Winter, ehe die Verpuppung erfolgt; Generation also häufig 3-jährig.

B4. *Acantholyda erythrocephala* Chr., Stahlblaue Kiefernschonungsgespinstblattwespe (10–12 mm); mehr in Schonungen; Eiablage IV–VI zu mehreren in Zeile hintereinander auf die Oberseite der Nadeln; Larven gesellig in kotarmen Gespinsten, jede Larve in eigener Gespinströhre; Verpuppung meist im Frühjahr des folgenden Jahres im Boden, die Puppen können 1–3 Winter überliegen; gelegentlich schädlich.

Lit. →Hymenoptera; Brauns 1991; Escherich 1914–42; Quinlan & Gauld 1981; Schedl 1991.

Pamphilius →Pamphiliidae A1, A2.

Pamphilioidea; Gruppe der Pflanzenwespen („Symphyta", →Hymenoptera); mit den Fam. →Pamphiliidae und →Megalodontesidae.

Panaphis →Drepanosiphidae B3.

Pangonius →Tabanidae.

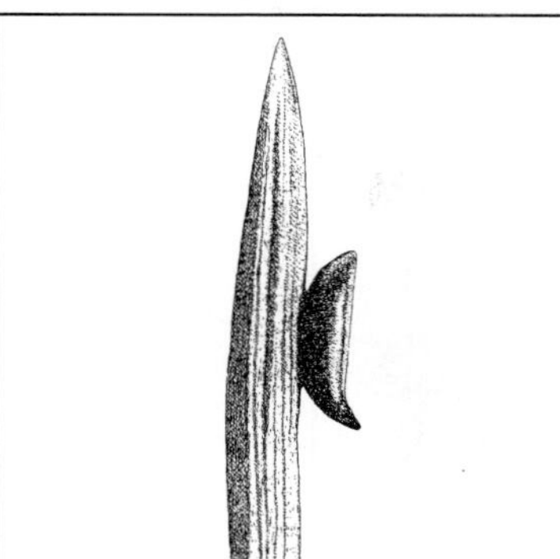

Abb. P-8: Pamphiliidae: *Acantholyda posticalis*, Große Kieferngespinstblattwespe. Ei (3 mm) auf Kiefernnadel. (Escherich 1914–42)

Abb. P-9: Pamphiliidae: *Acantholyda posticalis*, Große Kieferngespinstblattwespe. Larve im fast kotfreien Gespinst. (Escherich 1914–42)

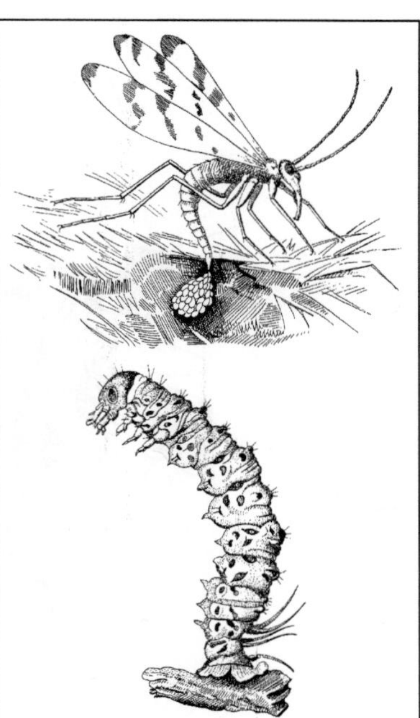

Abb. P-10: Panorpidae: *Panorpa communis*, Skorpionsfliege. Oben: ♀ bei der Eiablage; unten: Larve. (Grassé 1951)

Pannota; Gruppe der →Ephemeroptera; hierher die Fam. →Caenidae, →Ephemerellidae und →Prosopistomatidae.

Panolis →Noctuidae 1.

Panorpa →Panorpidae.

Panorpidae, Skorpionsfliegen; Fam. der Schnabelfliegen (Mecoptera) mit in Eur 16, M-Eur &

Dt 6 Arten der Gttg. *Panorpa* und *Aulops* (etwa 18 mm; [**P-10**]); gleich anderen →Mecoptera mit rüsselartig verlängertem Kopf, der die kurzen, gezähnten Beißmandibeln trägt, neben den in ihren basalen Teilen verlängerten Maxillen und dem Labium; die 4 gleich großen, reich geäderten, dunkel gefleckten Flügel in der Ruhe flach und etwas gespreizt nach hinten gelegt; Flug mäßig fördernd; Hinterleibsende beim ♀ zugespitzt, als Legeröhre verwendet; ♂ mit 1 Paar starker, an großen Coxopoditen sitzenden Zangen am verdickten 9. und mit charakteristischen dorsalen Fortsätzen (Notal- und Postnotalorgan) am 3. und 4. Hinterleibssegment; im verdickten Genitalsegment außerdem eine ausstülpbare Drüse, die ein artspezifisches Sexualpheromon liefert; Hinterleibsende vom ♂ meist nach oben gekrümmt getragen (deutscher Name). Imagines im Sommer auf Büschen, mehr im Schatten; **fressen** v. a. tote, verletzte oder sonst wie geschwächte, selten gesunde Insekten (und Insektenreste), daneben auch Nektar und den →Honigtau der Blattläuse, seltener

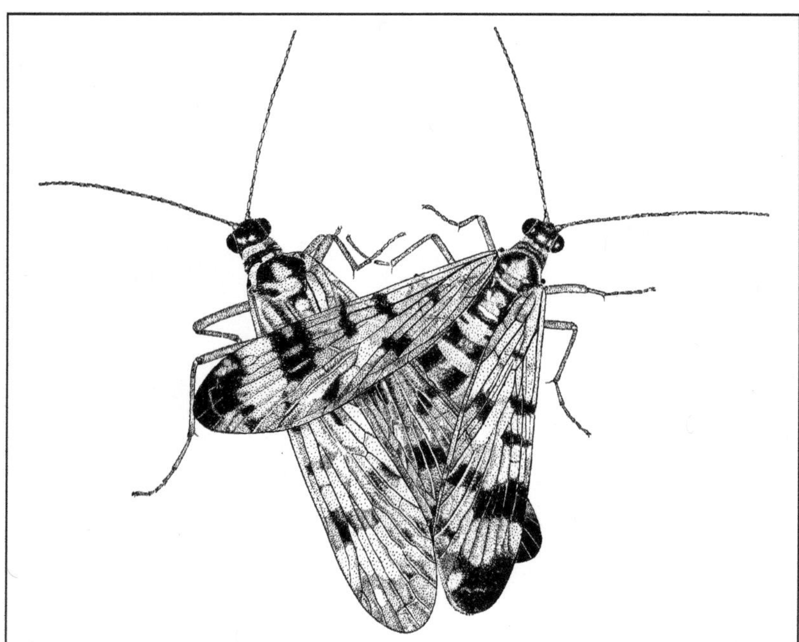

Abb. P-11: Panorpidae: *Panorpa communis*, Skorpionsfliege. Kopula; ♂, rechts, umklammert mit dem Notalorgan den Vorderrand des rechten ♀-Flügels. (Mickoleit 1971)

an Kot von Vögeln und Schnecken; verspeisen häufig in Spinnennetzen gefangene Insekten (→Kleptoparasit), vermögen geschickt auf den Netzfäden zu laufen; nach Verfangen lösen sie sich mit hervorgewürgtem Mitteldarmsaft. **Paarung** teils in der Dämmerung und nachts (z. B. *P. germanica* L., *A. alpina* Ramb.), teils überwiegend tagsüber (*P. vulgaris* L., *P. communis* Imh. & Labr.); im ersten Fall Anlockung des ♀ aus bis zu 8 m durch das Sexualpheromon des ♂, im zweiten Fall optisch; das ♂ nähert sich dann mit auffallendem Flügelwinken (optisches Signal) und heftigen Auf-und-ab-Bewegungen des Hinterleibs (Erzeugen von Substratschall; Wahrnehmen mit Sinneshaaren in den Beinen); paarungswillige ♀♀ reagieren mit gleichen Bewegungen; nicht selten fliegt das zunächst ruhig sitzende ♀ ein kurzes Stück weg, läuft winkend und mit dem Hinterleib vibrierend umher, das ♂ nähert sich erneut (so u. U. mehrere Male abwechselnd); schließlich packt das ♂, neben dem ♀ sitzend, mit den Hinterleibszangen meist von oben das Abdomen des ♀ und lässt dann die

Zangen nach hinten gleiten; Begattung (Dauer meist 15–20 min) in V-Stellung nebeneinander [**P-11**], Vorderflügel des ♂ über den Flügeln des ♀; der dem Rücken des ♂ nähere Vorderflügel des ♀ wird – zur weiteren Fixation des ♀ – an seinem Vorderrand zwischen Notal- und Postnotalorgan festgeklemmt; ♂♂ und ♀♀ können mehrere Male kopulieren. Kopulationsverhalten des ♂ jeweils verschieden: 1) Aneignen von Arthropoden-Aas, das aggressiv gegen andere ♂♂ verteidigt und dem ♀ angeboten wird (angewandt, wenn die ♀♀ mit hoher Wahrscheinlichkeit legebereit sind); 2) Übergabe von Balzgeschenken (angewandt, wenn die ♀♀ noch nicht legebereit sind) in Form von eiweißhaltigen, gelierten Speichelkügelchen (bis 7 nacheinander, abhängig von der Nahrungsmenge) aus den zu dieser Zeit stark entwickelten Speicheldrüsen (jederseits 3 Drüsenschläuche; jedes der Sekretkügelchen wird vermutlich von einem anderen Speicheldrüsenschlauch geliefert); die Sekretkügelchen werden vom ♀ während der Kopulation gefressen; Zahl und Größe der Bonbons beeinflussen die Dauer der Kopulation und damit den relativen Anteil ihrer Spermien im Samenbehälter (→Receptaculum seminis) des ♀ (d. h. die Wahrscheinlichkeit einer Befruchtung der Eier); 3) ohne Futterübergabe; bei der Kopulation nach den Mustern 1 und 2 erhalten die ♀♀ nachweislich Ressourcen vom ♂, die sie zu vermehrter Eiproduktion anregen Wenige Tage darauf **Eiablage** mit dem gestreckten Hinterleibsende in die Erde, die Eier (12–20) werden zu Ballen verklebt, die Eiablage wird des Öfteren wiederholt [**P-10**]. **Larven** raupenähnlich, düster gefärbt, an den Abdominalsegmenten mit 8 Paaren kurzer fingerförmiger Füßchen; auf dem Rücken warzige Erhebungen mit Borsten; leben in der Bodenstreu v. a. von toten Insekten und anderen Kleintieren, fressen auch Fleisch und pflanzliche Stoffe; können sich mit 4 lappenartigen, aus dem After ausstülpbaren Gebilden festheften und sich senkrecht aufrichten; bei *P. communis* 4 Larvenhäutungen; **Verpuppung** in einer Erdhöhle; 1–2 Generationen im Jahr; **Überwinterung** als verpuppungsreife alte Larve. Häufig die Zwillingsarten *P. communis* L. (v. a. an kühl-feuchten Standorten; oft nur mit 1 Generation im Jahr) und *P. vulgaris* Imh. & Labr. (bevorzugt trockenere und wärmere Lebensräume, meist mit 2 Generationen im Jahr). Lit. →Mecoptera; Bockwinkel & Sauer 1988, 1993; Sauer et al. 1998.

Panthea →Noctuidae 2.

Pantherspanner, *Pseudopanthera macularia* L. →Geometridae C6.

Pantilius →Miridae.

pantophag; Bezeichnung für Tiere, die sich von einem außergewöhnlich breiten Spektrum an Pflanzen- oder Tierarten ernähren; vgl. →polyphag.

Panurgus →Andrenidae 2; vgl. auch →Bombyliidae.

Panzerfederlinge, Ricinidae →Amblycera 3.

Panzeria →Tachinidae 1; vgl. auch →Bombyliidae, →Noctuidae 1.

Papataci-Fieber →Psychodidae.

Papatacimücke, *Phlebotomus papatasi* Scop.; →Psychodidae.

Papilio →Papilionidae 1.

Papilionidae, Ritterfalter, Ritter; Fam. der Schmetterlinge (Lepidoptera, Glossata, Rhopalocera) mit in Eur 15, M-Eur 6, Dt 5 Arten; stattliche, oft sehr bunt gefärbte Tagfalter; Imagines oft mit Sexualdimorphismus. Erwachsene saugen oft an Blüten. ♀ bei *Parnassius* und *Zerynthia* nach Begattung mit „**Begattungstasche**" (Sphragis [**P-16**]) am Eingang des Ostium bursae (sekundäre Geschlechtsöffnung im 8. Segment vieler Lepidoptera, durch die die Begattung statt-

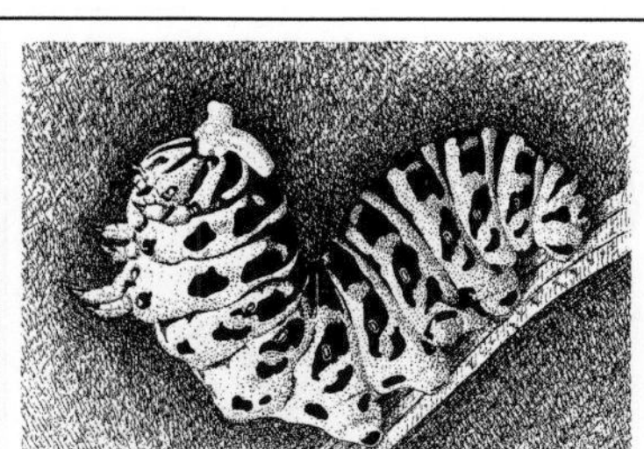

Abb. P-12: Papilionidae: *Papilio machaon*, Schwalbenschwanz. Raupe in Drohstellung mit teilweise ausgestülpter Nackengabel (Osmaterium)

findet), gebildet aus dem erhärteten Sekret von Anhangsdrüsen des männlichen Geschlechtsapparates (auch bei manchen →Nymphalidae); ihre Gestalt ist als Ausguss der männlichen Genitalien artspezifisch verschieden; sie dient zum Verhindern einer weiteren Begattung des ♀; Eiablage durch die primäre Geschlechtsöffnung im 9. Segment, meist einzeln, manchmal in kleinen Haufen, unmittelbar auf die Nahrungspflanze der Raupen oder (seltener) in die Nähe. Die **Raupen** ausgezeichnet durch eine Nackengabel (Osmaterium [**P-12**]) in der weichen Haut zwischen Kopf und erstem 1. Thoraxsegment, die durch Hämolymphdruck ausstülpbar ist; bei Reizung wird plötzlich der Vorderkörper angehoben, zugleich der Kopf gesenkt; das oft lebhaft gefärbte (Warnfärbung?), gabelförmige, mit Drüsenzellen besetzte Organ tritt aus und gibt ein Sekret ab (enthält 2-Methyl- und Isobuttersäure, beim amerikanischen *Battus polydamas* Sesquiterpene); Einstülpung durch Rückziehmuskel; die Reaktion ist mehrere Male auslösbar, erlischt dann (statt dessen Flucht); Funktion: Abwehr gegen gewisse natürliche Feinde (von der Raupe mit dem Nackengabel-Sekret beschmierte Ameisen fliehen sofort); Verpuppung teils in einem schwachen Gespinst am Boden (Apollo), teils als →Gürtelpuppe; Herstellung des Gürtels ähnlich wie bei Weißlingen (→Pieridae).

1. *Papilio machaon* L., Schwalbenschwanz; die namengebende zipfelartige Verlängerung der Hinterflügel kommt auch bei anderen Vertretern dieser Gruppe vor; 50–75 mm. Die Falter **fliegen** IV–VI (1. Generation) und VII–VIII (2. Generation; satteres Gelb, tieferes Schwarz); unter günstigen Bedingungen im Herbst eine 3. Generation; umherwandern der Falter im heimischen Verbreitungsgebiet wird gelegentlich beobachtet; die ♂♂ versammeln sich an op-

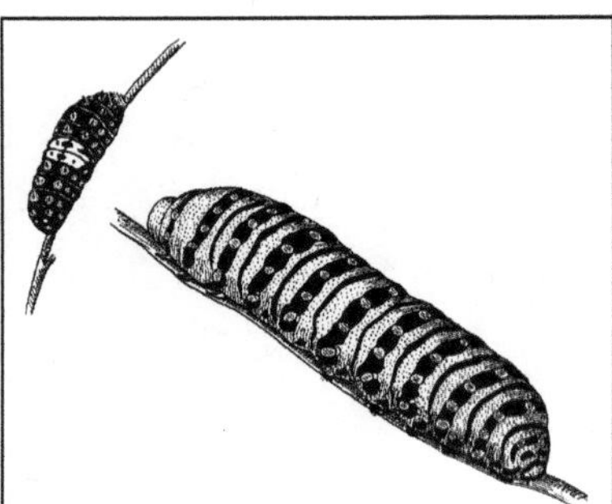

Abb. P-13: Papilionidae: *Papilio machaon*, Schwalbenschwanz. Jungraupe (schwarz mit roten Warzen auf weißem Rückenfleck) und erwachsene Raupe (grün und schwarz, mit gelbroten Flecken)

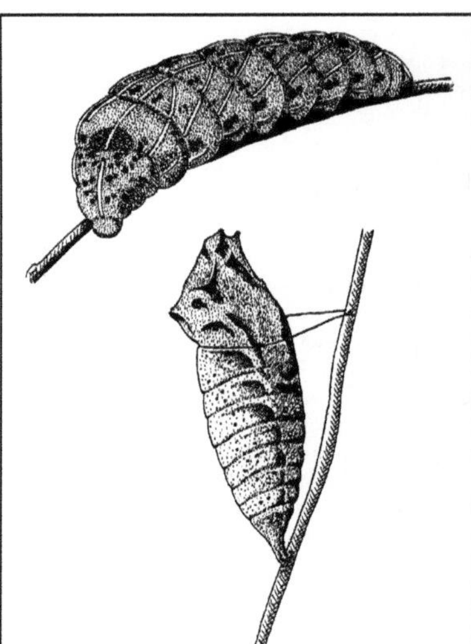

Abb. P-14: Papilionidae: *Iphiclides podalirius*, Segelfalter. Raupe und Puppe. (Eckstein 1913–33)

tisch markanten Geländestellen (Bergkuppen, Burgtürme), die von den ♀♀ nach dem Schlüpfen gezielt (und nur!) zur **Begattung** aufgesucht werden; Ablage der kugeligen **Eier** in anderen (oft weit entfernten) Gebieten einzeln auf die Blätter der Nahrungspflanzen (verschiedene Doldengewächse, nicht selten an Möhre). Die Jungraupe [**P-13**] schwarz mit hellem Rückenfleck; spätere Stadien sehr auffallend gezeichnet: grün mit gelbrot gepunkteten schwarzen Ringeln. Die **Puppe** (gelb-grün bis bräunlich, vorn 2-zipfelig) der 2. Generation überwintert; sie ist an Stängeln grün, auf Steinen oder Rinde mehr weiß-grau (die Färbung bedingt durch die Art der Belichtung während einer sensiblen Periode der Raupe kurz vor der Verpuppung); sie liefert im Frühling die Falter der 1. Generation.

2. *Iphiclides podalirius* L., Segelfalter (50– 70 mm); in den Flatterflug eingeschaltete Segelphasen sind auch bei anderen Vertretern dieser Fam. häufig. In den heutigen, warmen Verbreitungsgebieten (Rhein-, Nahe-, Mosel-, Maintalsteilhänge) fast immer in 2 **Generationen** (V–VII und VII–VIII); Bedingungen für das Auftreten einer 2. Generation: relativ hohe Temperatur und Langtagbedingungen für die hierfür sensiblen älteren Raupenstadien (vgl. auch *Araschnia levana* L., →Nymphalidae C6); Falter der 1. Generation mit oben schwarzem Hinterleib, an den Seiten mit schwarzen Längsstreifen, überhaupt intensiverer Schwarzfärbung; Schwänze der Hinterflügel relativ kurz; 2. Generation fast ohne Schwarz im Hinterleib, mit längeren Schwänzen. Treffen der Partner zur Begattung wie bei 1; **Eier** kugelig, einzeln oder zu zweit an die Blattunterseite v. a. von Weichselkirschen

(auch Weißdorn und Traubenkirsche) abgelegt. Die **Raupen** [**P-14**] sind zunächst düster mit grünen Flecken, später grün mit gelblichen Rücken-, Seiten- und Schrägstreifen, mehr oder weniger ausgedehnt dunkel gefleckt; Dunkelfleckung (besonders ausgeprägt im letzten Stadium) nahrungsbedingt, fehlt ganz oder weitgehend bei frischem Futter, wird stärker bei Fraß von trockenen und welken Blättern; die Raupen sind sehr lichthungrig, sitzen tagsüber auf einem Gespinst am Zweigende; Körper dabei so ausgerichtet, dass das Licht den Rücken schräg von vorn trifft; sind in dieser Stellung sehr schwer sichtbar (Farbstoffverteilung in der Haut im Sinne einer einfachen →Gegenschattierung); fressen v. a. nachts. **Puppe** je nach Umgebung braun oder grün; die Puppe [**P-14**] – meist der 2. Generation (meist braun, da weiter unten an Baumstämmen sitzend) – überwintert; kein Wanderfalter, streicht höchstens im Verbreitungsgebiet umher.

3. *Zerynthia polyxena* Den. & Schiff., Osterluzeifalter (45–55 mm); Hinterflügel ohne Schwänzchen; fliegt IV–V; nur südlich der Alpen, Verbreitungsschwerpunkt östl. Mittelmeerraum; die Raupe frisst an *Aristolochia*; die Puppe überwintert.

4. *Parnassius apollo* L., Apollo (65–75 mm); Falter (VII–X) ähnlich einem großen Weißling, jedoch die Flügel durch spärliche Beschuppung

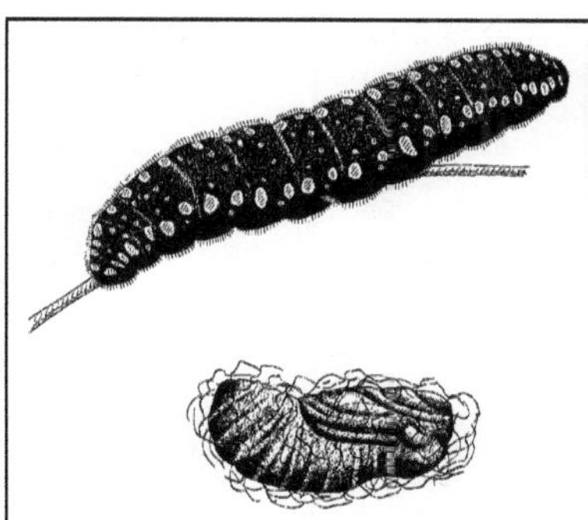

Abb. P-15: Papilionidae: *Parnassius apollo*, Apollo. Erwachsene Raupe und Puppe. (Eckstein 1913–33)

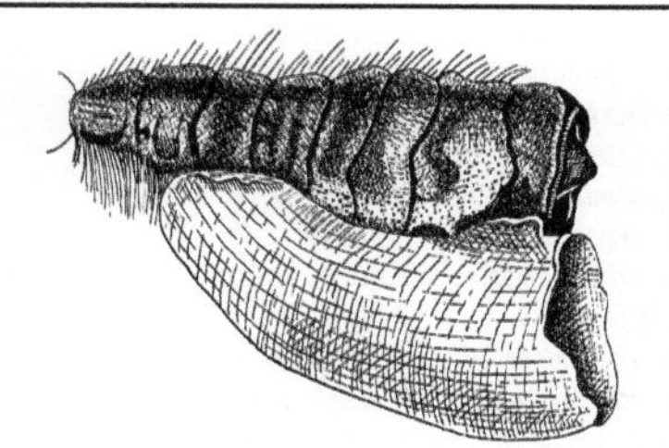

Abb. P-16: Papilionidae: *Parnassius mnemosyne*, Schwarzer Apollo. ♀ mit Sphragis; nur Abdomen gezeichnet. (Forster & Wohlfahrt 1954–81)

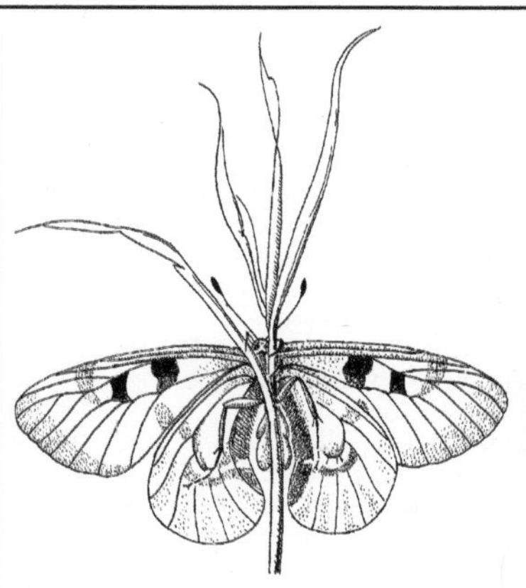

Abb. P-17: Papilionidae: *Parnassius mnemosyne*, Schwarzer Apollo. ♀ beim Stridulieren. (Bourgogne 1951)

durchscheinend; mit roten, schwarz umrandeten Ringmakeln auf den Hinterflügeln. **Vorkommen** der Art verstreut in allen europäischen Gebirgen; Fels-Steppenart, gebunden an offene, felsige Böden mit *Sedum album*, der Hauptnahrungspflanze der Raupen; wärmeliebend, toleriert aber kältere Winter; **Flug** stürmisch, mit eingeschobenen Segelphasen. **Raupen** kurz behaart, samtschwarz, jederseits mit Reihen orangener Flecken, blaue Wärzchen auf dem Rücken [**P-15**]; fressen stets nur am Tage, in den jungen Stadien gesellig. Überwinterung meist als fertig entwickeltes Räupchen im Ei; Schlupf im Frühling (selten schon im Herbst); die rotbraune, durch Wachsüberzug blau bereifte **Puppe** [**P-15**] in einem dünnen Gespinst am Boden; Dauer der Puppenruhe verschieden, bedingt so das Auftreten des Falters während des ganzen Sommers. Sehr ähnlich: ***Parnassius sacerdos*** Stichel, Alpenapollo, nur in den Hochalpen; Raupen (mit zitronengelben Flecken) an *Saxifraga aizoides*.

5. *Parnassius mnemosyne* L., Schwarzer Apollo (45–60 mm); Flügel ohne Rot; auf montanen und submontanen Hochstaudenfluren, benötigt Wald mit dichten *Corydalis*-Beständen (Raupennahrung) in unmittelbarer Nähe; Sphragis (s. o.): [**P-16**]; trächtige ♀♀ kratzen bei Störung (auch für uns auf einige Meter hörbar) mit den Hinterbeinen quer über das Geäder auf der Unterseite der ausgebreiteten Hinterflügel [**P-17**] (dieses Verhalten zeigen auch die anderen Arten der Gttg. *Parnassius*); Eier sehr groß; **Raupen** gelb gefleckt, machen (entsprechend der kurzen Verfügbarkeit der Nahrungspflanze) sehr schnelle Entwicklung durch.
Lit. →Lepidoptera; Ebert & Rennwald 1991; Häuser 1993; Häuser et al. 1993; Kudrna 1986; Leraut 2016; Schweiz. Bund f. Naturschutz (Hrsg.) 1987; Settele et al. 2015; Tolman & Lewington 2012.

Papilionoidea →Rhopalocera.

Pappelblattkäfer, *Chrysomela populi* L. →Chrysomelidae J4.

Pappelblattroller, *Byctiscus populi* L. →Rhynchitidae 9.

Pappelglucke, *Gastropacha populifolia* Esp. →Lasiocampidae 9, vgl. auch →Lasiocampidae 4.

Pappelkarmin, *Catocala elocata* Esp. →Erebidae I2.

Pappelschwärmer, *Laothoe populi* L. →Sphingidae 2.

Pappelspanner, *Biston strataria* Hufn. →Geometridae C9.

Pappelspinner, *Leucoma salicis* L. →Erebidae J3.

Pappelzahnspinner, *Pheosia tremula* Cl. →Notodontidae A5.

Paracaeciliidae →Caeciliusidae.
Parachiona →Trichoptera.
Parachironomus →Chironomidae.
Paracletus →Aphidina; →Eriosomatidae 9.
Paracodrus →Proctotrupidae.
Paracoenia →Ephydridae.
Parallelodiplosis, Cecidomyiidae; s. →Cynipidae 5.
Parallelomma →Scathophagidae 2.
Paramecosoma →Cryptophagidae.
Paramacronychiinae →Sarcophagidae B.
Paramecosoma →Cryptophagidae.
Parametabolie →Neometabolie.
Parametriotinae →Elachistidae; vgl. auch →Momphidae.
Paraneoptera; eine inzwischen als →polyphyletisch angesehene Gruppe aus →Zoraptera und →Acercaria.
Paranthrene →Sesiidae 2.
Paraphaenocladius →Chironomidae.
paraphyletisch; Bezeichnung für eine Gruppe von Arten, von der angenommen wird, dass sie ihre Stammart (d. h. den letzten gemeinsamen Vorfahren dieser Gruppe) und **nur einen Teil** ihrer Nachkommen enthält; der ausgeschlossene Teil ist willkürlich ausgewählt (oft aufgrund von ins Auge springenden Abweichungen).
Paraponyx →Pyralidae 22.
Pararge →Nymphalidae F9.
Parascotia →Noctuidae.
Parasetigena →Tachinidae; vgl. auch →Erebidae J4.
Parasit (Adj.: parasitisch), Schmarotzer; Lebewesen, dass sich von meist einem Wirtsindividuum ernährt, welches es zwar mehr oder weniger schädigt (im Gegensatz zu einem Symbionten), es aber i. d. R. nicht tötet (im Gegensatz zum →Parasitoid); die Ernährungsweise wird als **Parasitismus** bezeichnet; der Parasit ist gekennzeichnet durch die Kleinheit gegenüber dem Wirt und die oft schwache oder fehlende Beweglichkeit (vgl. Jäger, →Prädatoren); der Parasit kann außen am Wirt (**Ektoparasit,** der Wirt bleibt dabei durchaus beweglich) oder als **Endoparasit** im Innern des Wirtes leben. Oft mit großer Vermehrungsrate im Zusammenhang mit Schwierigkeiten bei der Wirtsfindung. Lit: →Insecta.
Parasitoid (Adj.: parasitoid); Bezeichnung für ein (holometaboles) Insekt (meist →Hymenoptera oder →Diptera), das seine Entwicklung parasitisch (mit den Kennzeichen eines →Parasiten) beginnt, jedoch den Wirt durch die Parasitierung schließlich abtötet; Übergänge zu Brutparasiten (vgl. z. B. →Pompilidae, →Sapygidae, →Bembicidae 3) und Parasiten (vgl. z. B. →Strepsiptera) fließend. Die Larven des Parasitoiden fressen am

Wirt teils außen (ektoparasitoid), teils innen (endoparasitoid), bei manchen Arten zunächst innen, dann außen, seltener anders herum (z. B. *Agriotypus*, →Ichneumonidae G); Ernährung teils von der Körperflüssigkeit, teils auch von Wirtsgewebe, zunächst unter Schonung der lebenswichtigen Organe, sodass der Wirt längere Zeit am Leben bleibt; bei einigen Hymenoptera wird der i. d. R. versteckt lebende Wirt (oft eine Puppe) paralysiert und so an der Weiterentwicklung gehindert (**idiobionte** P.), ansonsten kann der befallene Wirt weiter fressen, wachsen und sich häuten (**koinobionte** P.); i. d. R. stirbt der Wirt, wenn die Parasitoidenlarve sich (innerhalb oder außerhalb des Wirtes) verpuppt; zuweilen wehrt sich der Wirt erfolgreich gegen frühe Entwicklungsstadien des Parasitoiden, z. B. durch Isolierung in einer von Hämolymphzellen gebildeten Kapsel. Imagines frei als Nektarsauger, Pollenfresser oder Jäger. Parasitoide oft mit großer Vermehrungsrate (besonders bei Sekundär- und Tertiärparasitoiden) im Zusammenhang mit Schwierigkeiten bei der Wirtsfindung. Von großer Bedeutung bei der Regulierung von Pflanzenschädlingen (biologische Schädlingsbekämpfung: Aussetzen von im Labor in Massen gezüchteten Parasitoiden); nachträglich eingeführte Parasitoide werden nicht selten mit Erfolg gegen eingeschleppte Schädlinge eingesetzt. Unterscheidung der Parasitoiden nach:
1) dem befallenen Entwicklungsstadium des Wirtsinsekts: **Ei-, Larven-, Puppen-, Imaginal-Parasitoid;**
2) der Zahl der möglichen Wirtsarten: a) **monophag:** Entwicklung nur über 1 Wirtstierart möglich (sehr selten); b) **oligophag:** der Parasit kann einige, oft miteinander verwandte Arten befallen; c) **pleophag:** Wirte sind mehrere Arten aus verwandten Fam.; d) **polyphag:** mit reichem Wirtstierspektrum, das Vertreter aus verschiedenen Ordgn. umfassen kann (die bevorzugte Wirtsart dann als Haupt-, die anderen als Nebenwirte bezeichnet);
3) der Zahl der zur Entwicklung benötigten Wirtstierarten: der Parasit braucht für seine Entwicklung entweder nur 1 Wirtstierart (**monoxen**) oder 2 bzw. mehr Wirtsarten (**heteroxen**);
4) der Zahl der an oder in einem Wirtsindividuum sich entwickelnden Parasiten: a) **Solitärparasitoid:** nur 1 Parasiten-Individuum entwickelt sich am oder im Wirt; entweder wurde der Wirt nur mit 1 Ei belegt, oder 1 einzige Parasitenlarve bleibt bei entstehender Konkurrenz siegreich; b) **Gregärparasitoid:** mehrere Larven der gleichen Art entwickeln sich in oder an einem Wirtstier (z. B. *Cotesia glomerata* L., →Braconidae A1, in Weißlingsraupen);

manchmal nur in großen Wirtsindividuen gregär, in kleinen solitär (z. B. *Diversinervus smithi* Comp., →Encyrtidae; bei der Schildlaus *Coccus hesperidum* L., →Coccidae 4); c) **Polyembryonalparasitoid:** in einem Wirtsindividuum leben zahlreiche, durch →Polyembryonie aus 1 Ei entstandene Larven (bis über 2000; →Braconidae, →Encyrtidae, →Platygastridae, →Dryinidae); Eiablage meist in das Wirtsei. Schlüpfen der Imagines erst aus der alten Larve oder Puppe des Wirtes; d) **Superparasitoid:** durch Zufall (z. B. Mehrfachbelegung) leben mehr Larven der gleichen Parasitenart als sonst üblich in einem Wirtstier, dann als Konkurrenten; e) **Multiparasitoid:** durch Zufall (wohl i. d. R. Fehlleistung bei der Eiablage) leben 2 oder mehr Parasitenarten in einem Wirtstier, dann als Konkurrenten; meist kann nur 1 Art die Entwicklung beenden;
5) der Lebensweise des Wirtes a) **Primärparasitoid:** lebt in oder an einem nicht-parasitischen Wirt; b) **Hyperparasitoid:** der Wirt des Parasitoiden ist selbst Parasitoid (z. B. Larven bzw. Puppen von parasitoiden →Hymenoptera oder →Diptera); Lebensweise zahlreicher Arten; als **Pseudohyperparasitoid** wird ein Hyperparasitoid bezeichnet, der einen Primärparasitoiden erst nach Abschluss von dessen Wachstumsphase (d. h. kurz vor oder nach der Verpuppung) anfällt; b1) **Sekundärparasitoid:** lebt von einem (Sekundär-)Wirt, der seinerseits (Primär-)Parasitoid eines – nicht parasitoiden – (Primär-)Wirtes ist; der Sekundärparasitoid kann seinen Wirt direkt aufsuchen oder über den Primärwirt finden (*Perilampus*, →Perilampidae: das ♀ legt Eier auf die Nahrungspflanze des Primärwirtes, eine Raupe; die ausschlüpfenden →Planidium-Larven dringen in die Raupe ein und erwarten hier ihren Wirt, den Primärparasiten der Raupe); b2) **Tertiärparasitoid:** der Sekundärparasitoid ist selbst Wirt für einen Tertiärparasitoiden; sehr selten und schwer erkennbar (z. B.: Tertiärparasitoid *Pediobius crassicornis* Thoms., →Eulophidae; Sekundärparasitoid *Dibrachys microgastri* Bche., →Pteromalidae 4; Primärparasitoid u. a. *Apanteles*-Arten, →Braconidae A; Primärwirt *Lymantria dispar* L., →Erebidae J4).

Familien, die heimische Parasitoide enthalten. Fam. mit mehr als 100 Arten heimischer Parasitoide sind <u>unterstrichen</u>.

Diptera, Brachycera
  →Acroceridae
  →Anthomyiidae
  →Calliphoridae
  →Cecidomyiidae
  →Conopidae
  →Cryptochetidae
  →Muscidae: *Eginia*
  →Nemestrinidae
  →Phaeomyiidae
  →Phoridae
  →Pipunculidae
  →Polleniidae
  →Rhinophoridae
  →Sarcophagidae
  →Syrphidae:
    Volucella
  →<u>Tachinidae</u>

Strepsiptera
Coleoptera
  →Bothrideridae
  →Carabidae L, M8

→Meloidae
→Ripiphoridae
→Staphylinidae:
Aleochara

Hymenoptera
  Orussoidea:
  →Orussidae
  Stephanoidea:
  →Stephanidae
  Trigonaloidea:
  →Trigonalidae
  Evanioidea
    →Aulacidae
    →Evaniidae
    →Gasteruptiidae
  Ceraphronoidea
    →Ceraphronidae
    →Megaspilidae
  Ichneumonoidea
    →<u>Braconidae</u>
    →<u>Ichneumonidae</u>
  Cynipoidea
    →<u>Figitidae</u>
    →Ibaliidae
  Platygastroidea
    →Platygastridae
    →Scelionidae

Proctotrupoidea
  →Heloridae
  →Proctotrupidae
  →Vanhorniidae
Diaprioidea:
→<u>Diapriidae</u>
Chalcidoidea
  →Aphelinidae
  →Azotidae
  →Chalcididae
  →<u>Encyrtidae</u>
  →Eucharitidae
  →<u>Eulophidae</u>
  →Eupelmidae
  & Heydeniidae
  & Metapelmatidae
  →<u>Eurytomidae</u>
  →Leucospidae
  →Megastigmidae
  →Mymarommatidae
  →Mymaridae
  →Signiphoridae
  →Ormyridae
  →Perilampidae
  & Chrysolampidae
  →<u>Pteromalidae</u>
  & Ceidae
  & Cerocephalidae
  & Cleonymidae

  & Eunotidae
  & Macromesidae
  & Ooderidae
  & Pirenidae
  & Spalangiidae
  & Systasidae
  →Tetracampidae
  →Torymidae
  →Trichogrammatidae
Aculeata
  →Bethylidae
  →<u>Chrysididae</u>
  →Crabronidae: *Larra*
  →Dryinidae
  →Embolemidae
  →Mutillidae
  →Myrmosidae
  →Scoliidae
  →Thynnidae
  →Tiphiidae

6) nach der befallenen Art: ein **Autoparasitoid** lebt von Larven der gleichen Art (die ♂-Larven mancher →Aphelinidae nähren sich von den primär-parasitisch in Schildläusen lebenden ♀-Larven).

Lit: →Insecta; Vinson 1985; Waage & Greathead 1986.

Parasitus coleoptratorum L., Käfermilbe; →Geotrupidae A.

Parasmittia →Chironomidae.

parasoziale Insekten →soziale Insekten; →Anthophila.

Parasyrphus →Syrphidae F.

Paraxeninae, *Paraxenos* →Strepsiptera B4.

Parenchymsauger; diejenigen Insekten, die mit dem Stechborstenbündel einzelne Parenchymzellen der Wirtspflanze nacheinander anstechen und aussaugen; keine oder schwache Honigtaubildner; viele →Heteroptera und →Thysanoptera, manche →Coccina (→Diaspididae, →Asterolecaniidae, →Cryptococcidae), →Aphidina (v. a. →Adelgidae, →Phylloxeridae, →Eriosomatidae) und →Auchenorrhyncha (→Cicadellidae H).

Pareulype →Geometridae E6.

Parkettkäfer, *Lyctus linearis* Goeze →Lyctidae; *Plagionotus arcuatus* L. →Cerambycidae D8.

Parnassius →Lepidoptera; →Papilionidae 4, 5.

Parnopes →Chrysididae B, B5.

Paronellidae →Entomobryidae.

Pars stridens →Stridulationsorgane.

Parthenogenese, Jungfernzeugung, 1-geschlechtliche Fortpflanzung; Entwicklung von Eiern ohne Befruchtung; **thelytoke P.** (Thelytokie): aus unbesamten Eiern entstehen (fast immer) ♀♀; weit verbreitet, bei →Psocodea, →Phasmida, →Thysanoptera, →Psychidae, →Curculionidae (F: Entiminae, P: Scolytinae) →Cynipidae, →Cecidomyiidae; nur unter besonderen Bedingungen entstehen bei ansonsten parthenogenetischen Arten auch ♂♂, regelmäßig bei →Aphidina und →Cynipidae (führt zu einem Wechsel von parthenogenetisch und 2-geschlechtlich fortpflanzenden Generationen: Heterogonie); Chromosomenverhältnisse bei →Aphidina: bei parthenogenetisch erzeugten ♀-Eiern (außer bei den befruchtungsbedürftigen ♀-Eiern der Sexuales-Generation) unterbleibt die Reduktion (diploide P.); ♂-Eier entstehen dadurch, dass die Geschlechtschromosomen eine Reduktionsteilung durchmachen, die Autosomen jedoch nicht (Geschlechtsbestimmung des ♂ durch X-0); bei der Spermienbildung (durch normale Reduktionsteilung) gehen diejenigen Spermien, die kein X mitbekommen, zugrunde, sodass aus dem befruchteten Ei stets wieder ein

Abb. P-18: Pediciidae: *Dicranota bimaculata*. Larve, ca. 20 mm. (Wesenberg-Lund 1943)

♀ hervorgeht; **arrhenotoke P.** (Arrhenotokie): aus unbesamten Eiern entstehen (haploide) ♂♂; bei den meisten →Hymenoptera (Honigbiene!) und →Thysanoptera, einzelnen →Coccina und →Aleyrodina; selten ist **amphitoke P.** (Amphitokie): aus unbesamten Eiern können sowohl ♂♂ als auch ♀♀ hervorgehen.

Parthenolecanium →Coccidae 1.

Passaloecus →Pemphredonidae; vgl. auch →Chrysididae B6.

Patrobinae, *Patrobus* →Carabidae I.

Paurometabola; entweder synonyme Bezeichnung für die →Polyneoptera oder Bezeichnung für einen nicht monophyletischen Teil der Polyneoptera (dann meist unter Ausschluss der →Plecoptera und →Zoraptera).

Paurometabolie →Heterometabolie.

Paussidae, Paussinae, *Paussus* →Carabidae E.

Pediaspis →Cynipidae.

Pedicia →Pediciidae.

Pediciidae; Fam. der Zweiflügler (Diptera, Tipulomorpha) mit in Eur ± 70, M-Eur 52, Dt 37 Arten; kleine bis stattliche (*Pedicia rivosa* L. bis 25 mm) schnakenähnliche Mücken feuchter Lebensräume. Die **Larven** recht verschiedenartig nach Gestalt und Lebensweise [**P-18, P-19**]; Abdominalsegmente ventral mit behaarten Kriechwülsten (*Ula, Tricyphona*), paarigen walzenförmigen Ausstülpungen (*Pedicia*) oder mit einem Häkchenkranz besetzten Scheinfüßchen (*Dicranota*); mit offenem hintersten Stigmenpaar, dieses von 2 Lappen oder fühlerartigen Fortsätzen (*Dicranota*) flankiert [**P-18**]; die Larven von *Ula* in Wäldern an Baumschwämmen fressend, die Übrigen agile Jäger in oder an Gewässern, z. B. die mit kräftigen Mandibeln versehene Larve von *Dicranota bimaculata* Schumm. [**P-18**], die im Schlamm von klaren Bächen, sich mit 5 Füßchenpaaren geschickt bewegend, v. a. auf Würmer (Tubificidae) Jagd macht; jederseits am Endsegment ein bläschenförmiges, eingestülptes Organ (Statozyste?); die bis 40 mm langen Lar-

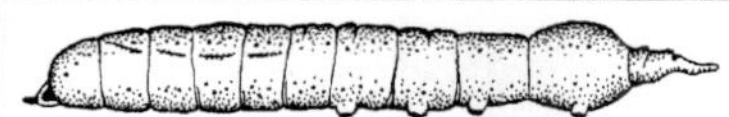

Abb. P-19: Pediciidae: *Pedicia rivosa*. Larve, 22 mm. (Hynes 1970)

ven von *Pedicia rivosa* [**P-19**] im Sand von Quellen und Bächen, mit blasenartig schwellbarem Hinterende zum Verankern. Meist 1, seltener 2 Generationen im Jahr, **Verpuppung** in einer Seidenröhre.
Lit. →Diptera; Krivosheina 2011; Wesenberg-Lund 1943.

Pediculidae, Menschenläuse; Fam. der Läuse (Psocodea, Phthiraptera, Anoplura) mit in Eur und & Dt 2–3 Arten; blutsaugende Ektoparasiten auf Affen und Menschen; lästig durch die Stiche (erzeugen juckende Quaddeln), besonders bei starker Vermehrung; Entwicklungszeit vom Ei bis zur Geschlechtsreife etwa 25 Tage, Lebensdauer der Imagines etwa 30 Tage.
  1. *Phthirus pubis* L., Filzlaus, Schamlaus (ca.1,5 mm; [**P-20**]); hauptsächlich, aber keineswegs ausschließlich in der Schambehaarung; bei Kindern oft an Augenbrauen und Wimpern; Übertragung besonders beim Geschlechtsverkehr; das ♀ legt 25–30 Eier (Nissen), werden an Haare geklebt [**A-30**]. Nächstverwandt mit der Gorillalaus (*Ph. gorillae* Ewing).
  2. *Pediculus humanus* L., mit 2 als Unterarten gewerteten Formen, die sich v. a. im Verhalten unterscheiden und fruchtbar kreuzen lassen: *P. h. humanus* L., Kleiderlaus (♂: 3,0–3,2 mm, ♀: 3,5–4,2 mm; [**A-27**]) und *P. h. capitis* De Geer, Kopflaus (♂ 2,4–2,6 mm, ♀ 2,6–3,1 mm); Erstere hauptsächlich an der Körperbehaarung und in der Kleidung, Eier bevorzugt an der Kleidung abgelegt (auch lose); die Kopflaus dagegen i. d. R. am Kopfhaar, Eier (Nissen) v. a. an Haare geklebt, z. T. auch lose abgelegt. Beide Formen recht fruchtbar (bis ca. 300 Eier pro ♀); die Vorzugstemperatur entspricht genau der menschlichen Körpertemperatur (Fieberkranke werden verlassen); besonders die Kleiderlaus ist gefährlich als Überträger von Krankheiten: Fleckfieber, Flecktyphus (Erreger: *Rickettsia prowazekii*); Rückfallfieber (Erreger: *Borrelia recurrentis*); Fünftagefieber, Wolhynisches Fieber (Erreger: *Bartonella quintana*); Übertragung wohl durch Einschmieren zerquetschter Läuse oder von Läusekot in kleine Hautwunden. Nächste Verwandte ist die Schimpansenlaus (*P. shaeffi* Fahr.).
Lit. →Anoplura; Boutellis et al. 2014.

Pedicellus; Bezeichnung für das 2. Fühlerglied einer →Geißelantenne.

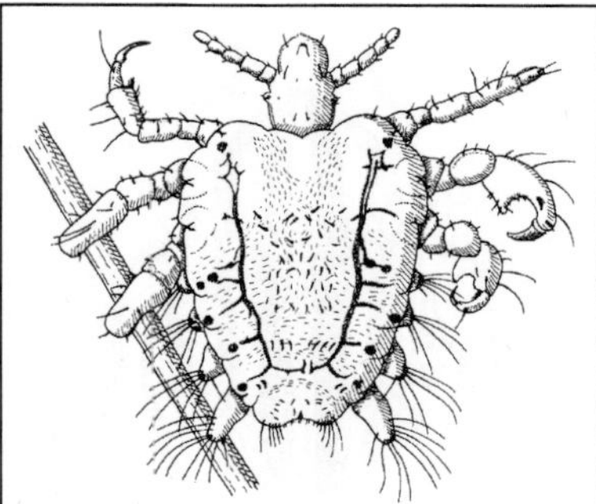

Abb. P-20: Pediculidae: *Phthirus pubis*, Schamlaus. 1–1,7 mm. (Eidmann 1941)

Pediculus →Anoplura; →Pediculidae 2.
Pedinus →Tenebrionidae 4.
Pediobius →Eulophidae 6.
Pegomya →Anthomyiidae 3.
***Peirates*, Peiratinae** →Reduviidae C.
Peleopodidae; Fam. der Schmetterlinge (Lepidoptera, Glossata, Gelechioidea); auch zu →Depressariidae oder →Elachistidae gestellt; hierher in Eur 5, M-Eur 3 Arten der Gttgn. *Carcina, Odites* und *Fuchsia*; in Dt nur *Carcina quercana* F., Eichen-Faulholzmotte; Falter klein (Flspw. 16–22 mm), mit breiten, bunten, flach zusammengelegten Flügeln; Fühler mehr als körperlang, in Ruhe unter den Flügeln verborgen; fliegen (VI–IX) nachts ans Licht; Raupe (V–VI) einzeln auf der Blattunterseite von Eichen und anderen Laubbäumen unter einem Gespinstschlauch aus quer verlaufenden Fäden; hier erfolgt auch die Verpuppung.
Lit. →Lepidoptera; Lvovsky 2012; Wang & Li 2020.

Pelidnoptera →Phaeomyiidae.
Pella →Staphylinidae D3, →Formicidae.
Pelomyiinae →Canacidae.
Peloridiidae →Coleorrhyncha.
Peltidae, *Peltis* →Trogossitidae D.
Peltodytes →Haliplidae.
Pelzbienen, *Anthophora* →Apidae A.
Pelzflohkäfer →Leiodidae C.
Pelzige Hummelschwebfliege, *Volucella bombylans* L. →Syrphidae B.
Pelzkäfer, *Attagenus pellio* L. →Dermestidae 2.
Pelzmotte, *Tinea pellionella* L.; →Tineidae 2.
Pemphigidae →Eriosomatidae.
Pemphigus →Eriosomatidae 2, 3, 4.
Pemphredonidae, Blattlaus-Grabwespen; Fam. der Hautflügler (Hymenoptera, Apocrita, Apoi-

Abb. P-21: Pentatomidae: *Graphosoma lineatum*, Streifenwanze; ca. 10 mm. (Rietschel 1969)

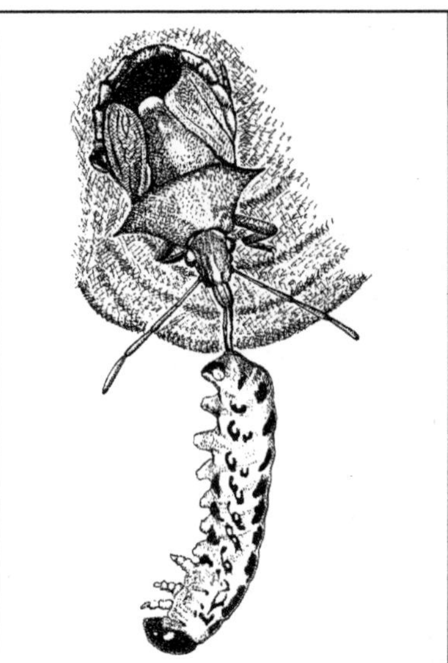

Abb. P-22: Pentatomidae: *Picromerus bidens*. 10–12 mm, saugt eine am Rüssel hängende Blattwespenlarve aus. (Günther 1969)

dea); früher zu den →Sphecidae gestellt; in Eur 51, M-Eur 41, Dt 39 Arten, z. B. der Gttgn. *Pemphredon* und *Passaloecus*; überwiegend kleine, schwarze Grabwespen (2,5–12 mm), ♂ etwas kleiner als ♀; Nester mit jeweils mehreren hintereinander angelegten Zellen werden von den ♀♀ in Pflanzenstängeln, Käferfraßgängen, Schilfgallen (→Chloropidae 1) u. Ä. angelegt; die ♀♀ der Gttg. *Diodontus* nisten gesellig im Boden oder Mauerfugen; jede Zelle wird mit zahlreichen Blattläusen (→Aphidina) für eine **Larve** gefüllt; nur bei der Gttg. *Spilomena* dienen Thripse (→Thysanoptera) als Larvennahrung. **Brutparasitismus** durch Goldwespen (→Chrysididae B6).
Lit. →Hymenoptera; Bitsch et al. 2020; Blösch 2000, 2012; Bohart & Menke 1976; Sann et al. 2018.
Pemphredon →Pemphredonidae; vgl. auch →Chloropidae 2.
Pennisetia →Sesiidae 6.
Pentastiridius →Cixiidae.
Pentatoma →Pentatomidae.
Pentatomidae, Baumwanzen; Fam. der Wanzen (Heteroptera, Pentatomomorpha) mit in Eur 163, M-Eur 73, Dt 52 meist mittelgroße Arten; einige sehr bunt; bei manchen Imagines regelmäßig Farbänderung im Laufe des Lebens (*Eurydema ornata* L.: im Sommer mit roten Flecken, nach der Überwinterung mehr schwarz; *Palomena*-Arten im Sommer grün, im Herbst Umfärbung nach Braun, im nächsten Frühling Rückfärbung nach Grün); manche Arten mit lebhaft metallisch glänzenden Strukturfarben (*Zicrona caerulea* L. metallisch blau bis violett); Antennen meist 5-gliedrig; Flügel fast stets gut

entwickelt, ebenso die Stinkdrüsen, deren Sekret der Feindabwehr dient (zuweilen gezielt verspritzt; →Heteroptera); bezeichnend das große, meist 3-eckige Schildchen (Scutellum), das bei Baumwanzen der U-Fam. **Podopinae** (ähnlich den →Scutelleridae) den ganzen Hinterkörper bedeckt (z. B. bei den schwarz-roten Streifenwanzen, *Graphosoma* [**P-21**], 8–11 mm; häufig auf Doldenblütlern). **Schrillorgane** unterschiedlicher Ausbildung sind in manchen Gruppen bei beiden Geschlechtern vorhanden; z. B. streifen die bedornten Hinterschienen über ein gerieftes Feld auf dorsalen oder ventralen Teilen von Hinterleibssegmenten; bei *Aelia acuminata* L. (♂), *Carpocoris pudicus* Poda und *Palomena prasina* L. (jeweils ♂ und ♀) werden die ersten beiden Hinterleibstergite vor- und zurückbewegt, insbesondere zur Paarungszeit Laute von auffallend niederer Frequenz (55–198 Hz) in artspezifisch verschiedenem Rhythmus, Lautbildung jedoch nicht restlos geklärt; bisweilen tritt vor der Begattung ein Wechselgesang zwischen ♂ und ♀ auf. **Ernährung** bei Arten der U-Fam. **Asopinae** jagend (Raupen, Käferlarven u. a.), z. B. *Picromerus bidens* L. [**P-22**], *Troilus luridus* F. (12 mm), *Zicrona caerulea* L. (6 mm),

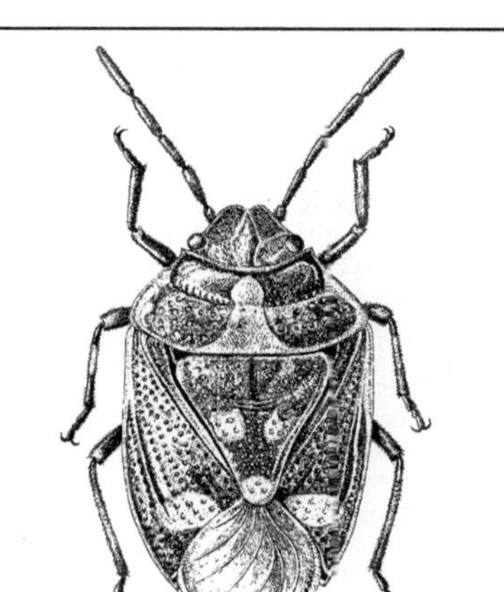

Abb. P-23: Pentatomidae: *Eurydema oleracea*, Kohlwanze. Etwa 6 mm, metallisch schwarzgrün mit gelblicher oder rötlicher Zeichnung. (Rietschel 1969)

nützlich als Vertilger von Schadinsekten in Feld und Wald; manche dieser Jäger sind gelegentlich auch Pflanzensaftsauger, wie überhaupt die übrigen Arten der Fam., die reifende Früchte und Samen bevorzugen; nicht wenige Arten sind durch Saftsaugen schädlich an Kulturpflanzen; z. B. *Aelia acuminata* L., Getreidespitzwanze (8 mm; an Getreide u. a. Gräsern, wo sie v. a. an den noch milchigen Körnern saugen; auch an Kohl); *Dolycoris baccarum* L., Beerenwanze (11 mm; an vielen Pflanzen); *Palomena prasina* L., Grüne Stinkwanze (11–14 mm; an verschiedensten Pflanzen, auch an Getreide; zuweilen jagend); *Eurydema oleracea* L., Kohlwanze [**P-23**], und *E. ornata* L., Schmuckwanze (7 mm; v. a. an Kohl und Verwandten; aber auch jagend); *Pentatoma rufipes* L. (12–16 mm; an Obstbäumen; aber auch jagend). **Eier** mit dem mäßig ausgebildeten, plattenartigen Legebohrer frei auf Blättern oder ähnlichem Substrat als pflasterartiges Gelege abgesetzt. Bei vielen Arten wurden **symbiotische Bakterien** in Mitteldarmkrypten festgestellt; Übertragung auf die nächste Generation durch Beschmieren der Eioberfläche bei der Ablage; die geschlüpften **Larven** saugen die Symbionten auf, bleiben daher zunächst in Geschwistergemeinschaften im Bereich des Geleges beisammen; Zusammenhalt durch Aggregationspheromone; bei Feindbedrohung ausgeschüttetes Alarmpheromon führt zur raschen Auflösung des Verbandes; Nahrungsaufnahme

erst ab dem 2. Larvenstadium nach Auflösung der Gemeinschaft; 5 Larvenstadien. **Überwinterung** i. d. R. als Imago, bei einzelnen Arten als Larve (*Pentatoma rufipes* L.) oder Ei (*Picromerus bidens* L.).
Lit. →Heteroptera; Buchner 1953; Jordan 1962.
Pentatomomorpha →Heteroptera.
Penthetria →Bibionidae.
Peribatodes →Geometridae C11.
Periclista →Tenthredinidae 14.
Peridroma →Noctuidae.
Perilampidae; Fam. der Hautflügler (Hymenoptera, Apocrita, Chalcidoidea) mit in Eur ± 25, M-Eur ± 20, Dt 14 Arten fast ausschließlich der Gttg. *Perilampus*; meist klein, gedrungen; fakultative Hyperparasitoide: an Larven der →Tachinidae, →Braconidae oder →Ichneumonidae, die als Primärparasitoide in Raupen von →Lepidoptera und →Hymenoptera („Symphyta") leben, gelegentlich auch selbst Primärparasitoide in den Raupen; Imagines oft auf Blüten zur Nahrungsaufnahme; manche nehmen →Honigtau von →Aphidina; Schlürfen des aus angestochener Blattepidermis austretenden Zellsaftes beobachtet; in der Nähe von Wirtsraupen Ablage von bis zu 500 **Eiern** auf Blätter (in Einschitte oder an die Oberfläche geheftet); 3–4 jeweils deutlich verschiedene Larvenstadien; **Erstlarve** ein →Planidium (wie bei den nahverwandten →Encyrtidae), mit Saugnapf am Hinterende und teils scharfen Zähnchen am Hinterrand der Segmente zum Festhalten am Blatt; **Verpuppung** im Kokon bzw. Puparium des Primärparasitoiden. Beispiele:

1. *Perilampus aeneus* Rossi; primärer Ektoparasitoid bei der bereits eingesponnenen Altlarve der Rübenblattwespe *Athalia rosae* (→Tenthredinidae 2).

2. *Perilampus tristis* Mayr.; Hyperparasitoid bei Parasitoiden des Kiefernblattwicklers, *Rhyacionia buoliana* (→Tortricidae); das ♀ legt zahlreiche Eier, vermutlich frei auf Kiefernnadeln; das Planidium wartet auf eine zufällig vorbeikommende *Rh.*-Raupe, klammert sich an und bohrt sich ein; wird die *Rh.*-Raupe von einer Raupenfliege oder Schlupfwespe als Primärparasitoid befallen, überwintert die *P.*-Larve in der Raupe neben der Larve des Primärparasitoiden, ohne sich zu verändern; im Frühling dringt sie in den Primärparasitoiden ein, beginnt jedoch mit Fressen und Wachstum (dann als Ektoparasitoid) erst, wenn der Primärparasitoid sich verpuppt hat; ohne Auftreten eines Primärparasitoiden stirbt die *P.*-Larve nach dem Schlüpfen der *Rh.*-Imago (Notwendigkeit hoher Vermehrungsrate für den Hyperparasitoiden).

Die oft hierher oder auch zu den Pteromalidae gestellte Fam. **Chrysolampidae** ist die Schwestergruppe zu diesen beiden Fam.; in Eur 14, M-Eur 7, Dt 5 Arten v. a. der Gttg. *Chrysolampus*; soweit bekannt, ektoparasitoid bei Käferlarven, Ernährung von ausgewachsenen Käferlarven in deren Puppenkammer.
Lit. →Hymenoptera; Askew 1980; Clausen 1940.
Perilampus →Perilampidae.
Periphyllus →Drepanosiphidae D3.
Periplaneta →Blattidae 2; →Blattodea; vgl. auch →Evaniidae.
Peripsocidae →Lachesillidae.
Periscelis →Periscelididae.
Periscelididae; Fam. der Zweiflügler (Diptera, Brachycera, Cyclorrhapha) mit in Eur 6, M-Eur 5, Dt 4 Arten der Gttg. *Periscelis*; kleine bis winzige Fliegen (1–5 mm); grau oder dunkel gefärbt [**P-24**]. Lebensweise kaum bekannt; in der Kronenschicht von Wäldern, wo sich Imagines und Larven an Laubbäumen von Baumausflüssen ernähren.
Lit. →Diptera.
Perizoma →Geometridae.
Perla →Perlidae; →Plecoptera.
Perlariae →Plecoptera.
Perlbinde, *Hamearis lucina* L. →Riodinidae.
Perlgrasfalter, *Coenonympha arcania* L. →Nymphalidae F11.
Perlidae; Fam. der Steinfliegen (Plecoptera) mit in Eur 17, M-Eur 11, Dt 9 Arten (davon 3 bei uns ausgestorben); hierher die größten heimischen Steinfliegen (12–30 mm); bräunlich, meist gelb gefleckt; Larven mit Kiemenbüscheln an der Brust; die Junglarven verzehren organische Reste und Algen, Altlarven jagen wasserlebende Insektenlarven (v. a. Mücken und Eintagsfliegen); zumindest einige Larven (*Dinocras cephalotes* Curt., *Perla bipunctata* Pict.) betätigen sich in der Dämmerung als Lauerjäger, während sie nachts Beute aktiv suchen. Die an Bergbächen häufige *Perla marginata* Pz. (Körper 15–25 mm) fliegt V–VII; Larven erwachsen ca. 30 mm [**P-25**]; ♂-Larve mit zwittrigen Keimdrüsen,

♀-Anteil jedoch funktionslos; Entwicklungsdauer 3 Jahre.
Lit. →Plecoptera.
Perlmutterfalter →Nymphalidae E.
Perlodes →Perlodidae; →Plecoptera.
Perlodidae; Fam. der Steinfliegen (Plecoptera) mit in Eur 73, M-Eur 26, Dt 21 Arten, davon mehr als die Hälfte zur Gttg. *Isoperla*; bräunlich, oft mit gelber Fleckenzeichnung; *Isoperla* durchweg mittelgroß, die übrigen Gttgn. dagegen stattlich (z. B. *Perlodes dispar* Ramb.: Körper bis 20 mm; ♀ lang-, ♂ kurzflügelig; Imagines fliegen III–V an den Ufern großer Flüsse); die älteren Larvenstadien jagend, nur bei *Isoperla* (und wenigen anderen) omnivor; die hell-dunkel gezeichneten *Perlodes*-Larven (bis 30 mm ohne Schwanzfäden) ohne Tracheenkiemen.
Lit. →Plecoptera.
Peromitra →Phoridae 6.
Peromyscopsylla →Siphonaptera E.
Pestfloh, *Xenopsylla cheopis* Rothsch. →Siphonaptera, A.
Petauristidae; Synonym zu →Trichoceridae.
Petiolus; bei Apocrita (→Hymenoptera) ein zum Hinterleibsstiel verengtes 2. Abdominalsegment; →Propodeum.
Petrobius →Archaeognatha.
Petroleumfliege, *Psilopa petrolei* Coq. →Ephydridae 4.
Petrophora →Geometridae.
Pexicopia →Gelechiidae 4.
Pfahlkäfer, *Nacerda melanura* L. →Oedemeridae.

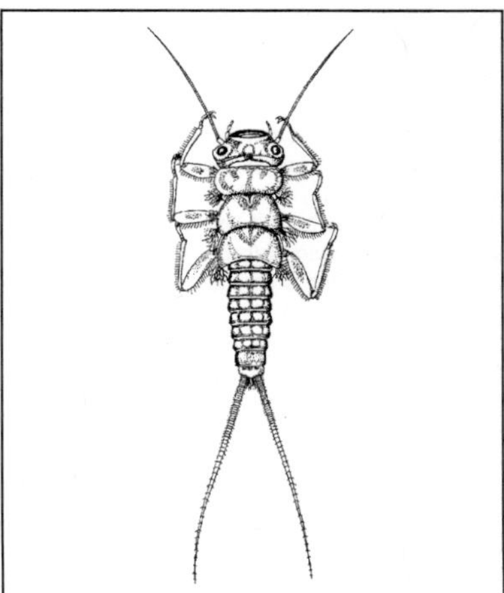

Abb. P-25: Perlidae: *Perla* spec., Steinfliegenlarve; ca. 20 mm. (Engelhardt 1982)

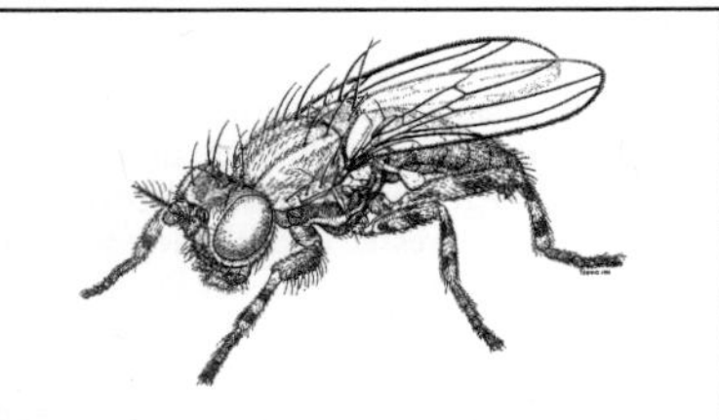

Abb. P-24: Periscelididae: *Periscelis annulata*. ♂, 3–4 mm. (McAlpine et al. 1987)

Pfauenspinner →Saturniidae.
Pferdebiesfliege, Rhinoestrus purpureus Br. →Oestridae A.
Pferdelausfliege, Hippobosca equina L. →Hippoboscidae 1.
Pferdemagenbremse, Gasterophilus intestinalis Deg. →Oestridae D.
Pfirsichmotte, Anarsia lineatella Zell. →Gelechiidae 7.
Pflanzenkäfer →Tenebrionidae 11.
Pflanzenläuse →Sternorrhyncha.
Pflanzenwespen →Symphyta.
Pflasterkäfer →Meloidae.
Pflaumenbock, Tetrops praeusta L. →Cerambycidae E8.
Pflaumengespinstmotte, Yponomeuta padella L. →Yponomeutidae 1a.
Pflaumenknospenwickler, Hedya pruniana Hbn. →Tortricidae 24.
Pflaumenmade, Cydia funebrana Tr. →Tortricidae 25.
Pflaumensägewespen, Hoplocampa →Tenthredinidae 9.
Pflaumenspanner, Angerona prunaria L., →Geometridae C2; **Ectropis crepuscularia** Goeze, →Geometridae C10.
Pflaumenstecher, Involvulus cupreus L. →Rhynchitidae 5.
Pflaumenwickler, Cydia funebrana Tr. →Tortricidae 25.
Pfriemenmücken →Anisopodidae.
Phaenoserphus →Proctotrupidae.
Phaeomyiidae, Tausendfüßerfliegen; Fam. der Zweiflügler (Diptera, Brachycera, Cyclorrhapha) mit in Eur & Dt 3 Arten der Gttg, Pelidnoptera; kleine bis mittelgroße (3–11 mm) gelbbraune bis braune Fliegen mit bräunlichen Flügeln, ähnlich den nächstverwandten →Sciomyzidae, zu denen sie manchmal gestellt werden. An schattigen Waldstellen, gerne an Totholz; Larven endoparasitoid in Diplopoda, meist einzeln; Eiablage auf dem Wirt; Verpuppung im Wirt. Lit. →Diptera; Knutson & Vala 2011; Rozkošný 1998.
Phaeostigma →Raphidioptera B.
Phalacridae, Glattkäfer; Fam. der Käfer (Coleoptera, Polyphaga, Cucujiformia) mit in Eur 48, M-Eur 29, Dt 23 Arten; klein (unter 4 mm), rundlich-oval, mit gewölbter, glatter Oberseite; meist glänzend schwarz [**P-26**]; Käfer v. a. an Blüten: Phalacrus an den von Rost- oder Brandpilzen infizierten Ährchen von Gräsern und Seggen, die Larve frisst die Pilzsporen; Olibrus v. a. auf Blüten von Korbblütlern, z. B. O. bicolor F. (2,2–3,2 mm) hauptsächlich an Huflattich (Tussilago) und Kuhblume (Taraxacum), O. millefolii Payk.

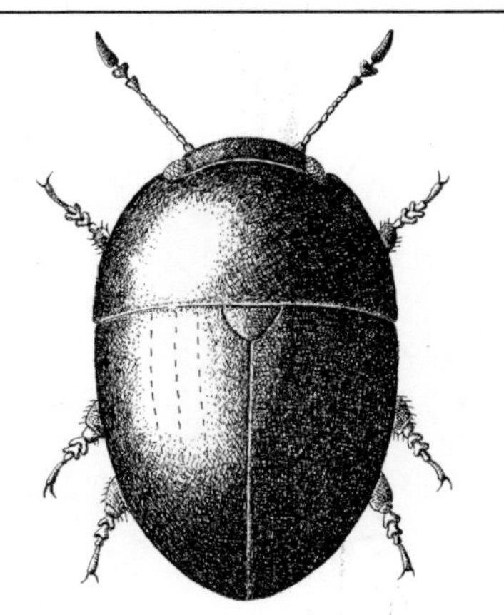

Abb. P-26: Phalacridae: Phalacrus coruscus. 3 mm. (Bechyně 1954)

(1,5–1,8 mm) auf Schafgarbe; hier Eiablage und Entwicklung der Larven im Blütenboden; Verpuppung bei beiden Gattungen. je nach Art teils in der Erde, teils im Blütenstand, wobei Phalacrus einen Kokon bildet; Phalacrus angeblich mit 1 , Olibrus mit mehreren Generationen im Jahr; Ph. coruscus Pz. [**P-26**] überwintert als Imago unter Rinde.
Lit. →Coleoptera, Thompson 1958.
Phalacrocera →Tipulidae 3.
Phalacrotophora →Phoridae 7.
Phalacrus →Phalacridae.
Phalangopsidae →Ensifera.
Phalera →Notodontidae A8.
Phaneroptera →Phaneropteridae, 1.
Phaneropteridae, Sichelschrecken; Fam. der Langfühlerschrecken (Ensifera, Tettigonioidea) mit in Eur ± 160, M-Eur 26, Dt 8 Arten; Legebohrer der ♀♀ meist kurz und hoch und sichelförmig gebogen [**P-28**], am Ende oft deutlich gezähnt; Flügel der meisten Arten verkürzt, schuppenförmig, beide Geschlechter mit – bemerkenswerterweise verschiedenem – Singapparat; Trommelfelle in den Vorderschienen meist freiliegend. Hauptsächlich **Pflanzenfresser;** die artspezifischen **Gesänge** größtenteils im Ultraschall (deshalb für unser Ohr oft sehr leise), aus einzeln hörbaren Lauten (Ausnahme: →5), im Abstand von Sekunden (Leptophyes →2,), paarweise (Isophya →3) oder in Gruppen (Phaneroptera →1, Barbitistes→4) erzeugt; die ♀♀ antworten in sehr kurzem Abstand (oft weniger als 50 ms) auf den Gesang

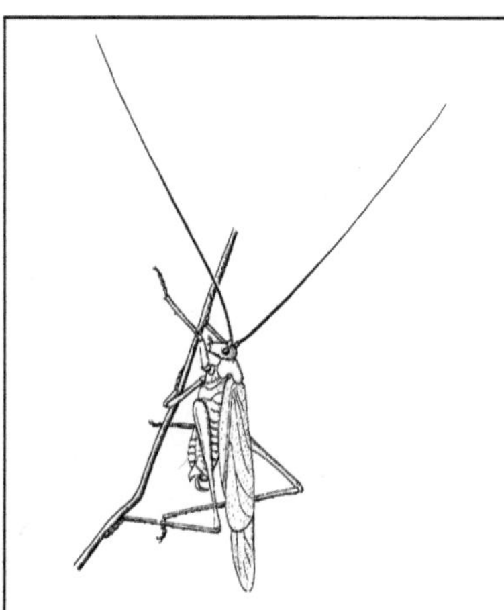

Abb. P-27: Phaneropteridae: *Phaneroptera falcata*, Gemeine Sichelschrecke. ♂; bis 18 mm. (Harz 1960)

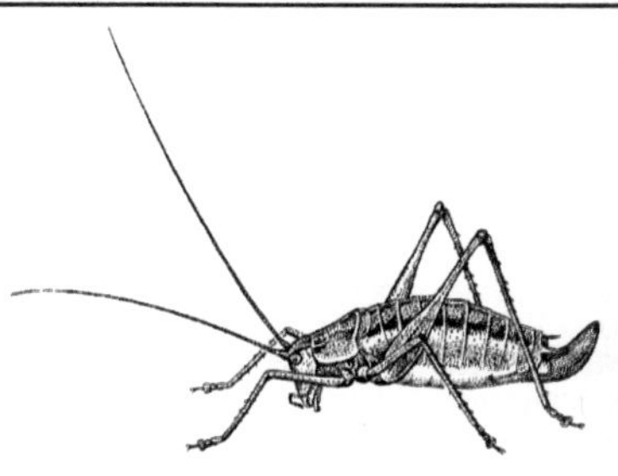

Abb. P-28: Phaneropteridae: *Leptophyes albovittata*, Gestreifte Zartschrecke. ♀, ca. 15 mm. (Bellmann 1985)

der ♂♂; diese nähern sich den ♀♀ an, oder beide Geschlechter laufen duettierend aufeinander zu. **Eiablage** teils an oder in Pflanzen, teils in den Boden; das Legerohr wird dabei mit den Mandibeln geführt.

1. *Phaneroptera falcata* Poda, Gemeine Sichelschrecke; (♂ 12–17, ♀ 15–18 mm; [**P-27**]); gegenüber allen anderen bei uns heimischen Arten durch sehr gut ausgebildete Flügel (Hinterflügel länger als Vorderflügel) und ein für Laubheuschrecken bemerkenswert gutes Flugvermögen ausgezeichnet; hält sich in trockenem, heideartigen heideartigem Gelände gerne auf Büschen auf; Imagines VIII–X; Kopula im Spätsommer; das ♀ schiebt die flachen Eier in den Rand von Blättern zwischen die beiden Epidermen ein.

Alle nachfolgenden, zur Gruppe der **Barbitistini** gestellten Arten sind flugunfähig und haben schuppenförmige Flügel:

2. *Leptophyes punctatissima* Bosc., Punktierte Zartschrecke (♂ bis 14 mm, ♀ bis 17 mm); Hauptverbreitung im Südwesten Deutschlands; häufig mit Gartenpflanzen verschleppt; Kulturfolger; Imagines (Ende VI bis Anfang XI) mehr in der Dämmerung, Larven auch tagsüber aktiv; an sonnigen Waldsäumen, gerne auf Büschen; Kopula 5 min, bis 8-mal wiederholt; Spermatophore klein (→Ensifera); Eiablage in Rindenritzen und trockene Stängel; 1- bis 2-jährig. In Größe und Verhalten ähnlich *L. albovittata* Koll., Gestreifte Zartschrecke [**P-28**]; eher im Osten

und der Mitte Deutschlands; auf niederen, oft aromatisch duftenden Pflanzen in staudenreichen Rasen und Fluren sowie anschließenden Säumen; Imagines Ende VI bis Anfang X; Gesang kaum 20 cm weit hörbar.

3. *Isophya kraussi* Serv., Plumpschrecke (16–26 mm); in der südlichen Hälfte Deutschlands in hochwüchsigen, staudenreichen Wiesen, Säumen und Brachen (Imagines Ende V–IX); Vorderflügel winzig, Hinterflügel fehlen vollständig; besonders das ♀ mit plumpem Körper; das ♂ singt v. a. abends, bis in die Nacht, Gesang aus charakteristischen Doppellauten (erst Zirp-, gefolgt von Klopflaut), nur 1–2 m weit hörbar; Spermatophore sehr groß, weiß; das ♀ ist viele Stunden mit dem Auffressen beschäftigt (→Ensifera); die Eier werden in kleinen Gruppen in den Boden abgelegt.

4. *Barbitistes,* Säbelschrecken, Sägeschwanzschrecken; das Ende des Legebohrers stark gezähnt; auffallend die S-förmigen Cerci des ♂; Larven halten sich vorwiegend in der Kraut- und Strauchschicht, die Imagines dagegen auf Bäumen auf; der in der Dämmerung und nachts vorgetragene Gesang wegen seiner hohen Frequenzen kaum wahrzunehmen; vegetarische Ernährung (Blätter bei *B. serricauda* F., Nadeln und Laubblätter bei *B. constrictus* Br. v. W.; Letztere wurde gelegentlich schädlich); Eiablage in Rindenritzen und in morsches Holz; 1- bis 2-jährige Entwicklung.

5. *Polysarcus denticauda* Charp., Wanstschrecke; in M-Eur nur im Süden (bis Thüringen); größte heimische Sichelschrecke (27–47 mm); grün; auf langgrasigen Wiesen; Imagines Ende V–X; ♂ mit bis zu 50 m weit hörbarem, abwechslungsreichem (5-teiligem) Gesang, bei dem das paarungswillige ♀ auf bestimmte Gesangselemente mit sehr kurzer Reaktionszeit antwortet; Eiablage in den Boden; eher selten, früher gelegentlich Massenvermehrung und dann Entste-

hen einer braun gefärbten Wanderphase, die an Kulturpflanzen schädlich werden konnte.
Lit. →Ensifera; Schmidt 1990b.
Phaonia →Muscidae 9.
Pharaoameise, *Monomorium pharaonis* L. →Formicidae D4.
Pharmakophagie; gezieltes Suchen nach und Aufnahme von bestimmten pflanzlichen Substanzen, die nicht der Ernährung dienen, sondern für andere Zwecke verwendet werden (z. B. zum Schutz vor Fressfeinden: s. Danainae, →Nymphalidae ♀); vermutlich weit verbreitet; die Nutzung aufgenommener pflanzlicher Stoffe zu einem anderen Zweck als dem der Ernährung fällt dann nicht unter den Begriff der P., wenn die Aufnahme passiv mit der Nahrung erfolgt (häufig z. B. passive Aufnahme von Alkaloiden als Schutz vor Fressfeinden oder zur Biosynthese von Pheromonen; *Utetheisa*, →Erebidae K7).
Pharyngomyia →Oestridae B.
Phasmida (Phasmatodea), Stab-, Gespenstschrecken; Ordg. der Insekten mit unvollkommener Verwandlung (→Hemimetabolie); bilden zusammen mit den →Embioptera die übergeordnete Gruppe der →Eukinolabia; überwiegend tropische Gruppe, mit 17 Arten in S-Eur, weitere 5 überseeische Arten v. a. in Großbritannien eingebürgert; meist groß (6–10 cm); extrem gestreckt und dünn, oft flügellos, außereuropäische Arten auch gedrungen, oft mit langen Hinterflügeln oder flach, mit großen breiten Deckflügeln (→Tegmina) und breiten Duplikaturen an den Seitenrändern des Abdomens und der Schenkel („Wandelnde Blätter" Südostasiens: Phylliidae); sehr oft, besonders bei den ♀♀, ohne Flügel.
Pflanzenfresser; meist polyphag; nachts aktiv, sitzen tagsüber fast unbeweglich auf Zweigen; manche Arten (z. B. *Anisomorpha*, Amerika) können aus 2 thorakalen Drüsen einen gegen Störenfriede wirksamen **Wehrstoff** gezielt bis auf 30 cm Distanz spritzen. Einige Arten mit fakultativer (*Bacillus*) oder konstanter (*Carausius*) →Parthenogenese; auch bei Letzteren können ♂♂ auftreten (bei *Carausius* z. B. 3–4 pro 1000 Eier). Mediterran weit verbreitet ist ***Bacillus rossius*** Rossi, Mittelmeerstabschrecke (bis 10 cm): grüner bis brauner, flügelloser Gebüschbewohner; Fortpflanzung in N-Afrika 2-geschlechtlich, nördlich des Mittelmeeres parthenogenetisch. Bei uns als Labortier gezüchtet, in Großbritannien eingebürgert ist ***Carausius morosus*** Br., Stabheuschrecke (5,5–8,5 cm); aus Indien stammend; frisst Flieder- und Efeublätter; vermag kurzfristig, in Abhängigkeit von Helligkeit, Temperatur und Feuchte die Farbe zu ändern (physiologischer Farbwechsel), indem Pterin-,

Ommochrom- und Carotinoidgranula in den Epidermiszellen bewegt werden; Vermehrung parthenogenetisch; die Eier reifen ohne Meiose.
Lit. Beier 1968b; Harz & Kaltenbach 1976.
Pheidole →Formicidae, D13; vgl. auch →Carabidae E.
Pheidolomyia →Phoridae.
Phenacoccus →Pseudococcidae 1.
Phengaris →Lycaenidae C6, C7.
Pheosia →Notodontidae A5.
Pherbellia →Sciomyzidae.
Pheromone; chemisch wirksame Substanzen, die der innerartlichen Informationsübertragung dienen (Botenstoffe, Signalstoffe) und beim Empfänger entweder unmittelbar ein bestimmtes Verhalten auslösen (Releaser-Effekt) oder über innersekretorische Vorgänge eine physiologische Umstimmung bewirken (Primer-Effekt); werden als Geruchs- oder Geschmacksstoffe nach außen abgegeben, wirken in außerordentlich kleinen Mengen (in beiden Duftdrüsen des Seidenspinner-♀ sind nur etwa 1,5 µg Bombycol enthalten); nach ihren biologischen Funktionen unterscheidbar z. B.: Aggregations-Ph. bewirken eine lokale Ansammlung von Individuen derselben Art; Alarm-Ph. und Dispersions-Ph. lösen Fluchtreaktion und schnelles Zerstreuen von Tieransammlungen aus (→Aphidina; Giftsterzeln der Honigbiene, →Apidae); Sexual-Ph. dienen der Anlockung des Partners (oft vom ♀ produziert, →Lepidoptera, seltener vom ♂, →Curculionidae P: Scolytinae); Aphrodisiaka-Ph. (meist vom ♂ produziert, →Melyridae A: Malachiinae) stimulieren den Partner zur Kopulation; Spur-Ph. werden v. a. als Wegweiser zu Nahrungsquellen auf dem Boden aufgetragen (→Formicidae). – Manche Ph. mit – je nach Kontext – mehrfacher Wirkung (*Queen substance*, →Apidae E3); →Allomone, →Kairomone.
Phigalia →Geometridae C14.
Philaenus →Aphrophoridae 2; vgl. auch →Pipunculidae.
Philanthidae; Fam. der Hautflügler (Hymenoptera, Apocrita, Apoidea); früher zu den →Sphecidae gestellt; in Eur 54, M-Eur 27, Dt 14 Arten v. a. der Gttgn. *Philanthus* und *Cerceris*; 6–19 mm, ♂ etwas kleiner als ♀; wespenartig schwarz-gelb gebändert; Nest im Sandboden; Bienen und Käfer dienen als Larvennahrung.

   1. *Philanthus triangulum* F., Bienenwolf [**P-29**]; stattlich (♀ 13–17 mm), etwas größer als die Honigbiene, die in M-Eur anscheinend das alleinige Beutetier ist (der seltene, nahe verwandte *P. coronatus* Thunb. trägt solitäre Bienen der Gttgn. *Andrena* und *Halictus* ein); Imagines etwa ab

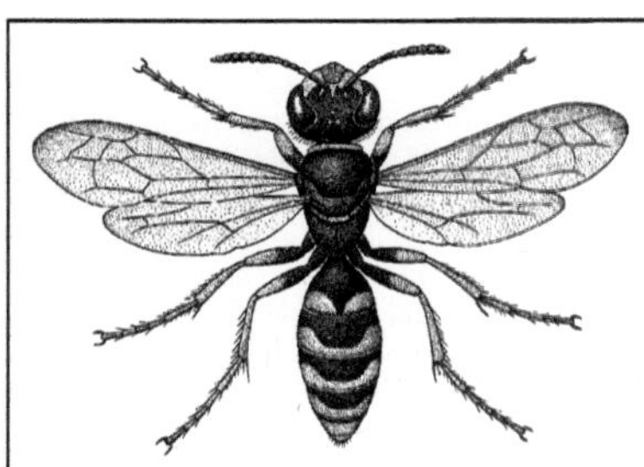

Abb. P-29: Philanthidae: *Philanthus triangulum*, Bienenwolf. 13–17 mm. (Zahradnik 1985)

Mitte VI bis IX; die **Beute** wird zunächst optisch ausgemacht, dann durch Rütteln in Lee im Abstand von wenigen Dezimetern geruchlich geprüft; der rasante Angriff erfolgt nur auf ein Objekt mit „Bienenduft" (z. B. auch auf ein mit Bienenduft beschmiertes Holzklötzchen passender Größe); dann Packen des Opfers mit den Beinen und Stich wohl fast stets in die weiche Haut hinter dem 1. Beinpaar; die Biene ist nach wenigen Sekunden bewegungslos (Giftwirkung zunächst peripher auf die Beinmuskeln); bei gleich gerichteten Köpfen (Bauch an Bauch) wird dann durch Abwärtskrümmen des Hinterleibsendes der Hinterleib der Biene so zusammengestaucht, dass Honigmageninhalt ausfließt und aufgeleckt werden kann; anschließend Malaxieren: Betrommeln der Membran nahe der Einstichstelle mit der unteren Kopfspitze; Transport zum anscheinend ausschließlich optisch wiedergefundenen Nest in der gleichen Haltung; **Nest** in Sandboden, häufig an einem abfallenden Hang, aber auch auf ebenem Gelände; Graben mit Mandibeln und Vorderbeinen, Hinausschieben und Verteilen des Sandes mit dem Hinterleibsende; der Hauptgang verläuft waagrecht oder schräg, wird u. U. bis fast 1 m lang; die 1., etwa taubeneigroße Zelle liegt am Ende eines leicht absteigenden Seitenganges nahe dem Hauptgang, wird mit 2 oder mehr Bienen verproviantiert; danach Anlegen weiterer Seitengänge mit je 1 Zelle, insgesamt bis über 30 Zellen mit über 100 Bienen in einem Nest; Zellen mit männlichen **Larven** erhalten meist 2 (1–6), solche mit weiblichen Larven meist 4 (3–6) Bienen als Futtervorrat; zu kleine adulte ♀♀ (weniger als 3 Futterbienen als Larvennahrung) sind zu schwach, um Bienen zu tragen; Eientwicklung 3–4 Tage, Larvenentwicklung (die Larve dringt in den Bienenkörper ein) ca. 4–5 Tage; Verpuppung in einem flaschenförmigen Ko-

kon, der an der senkrechten Zellwand befestigt wird; Verpuppung erst im nächsten Frühling; die ♂♂ erscheinen 14 Tage früher als die ♀♀; wie bei anderen Grabwespen zahlreiche **Brutschmarotzer**: die Larven der Rötlichen Goldwespe (*Hedychrum rufilans* Dahlb.) saugen die Bienenwolflarven aus (→Chrysididae B2); die Fleischfliegen *Senotainia albifrons* Rond., *S. conica* Fall. und *Metopia argyrocephala* Meig. warten im Nestbereich, folgen („Trabantenfliegen"; →Sarcophagidae C) dem mit Beute heimkehrenden Bienenwolf im Abstand von mehreren Zentimetern in allen seinen Bewegungen, wie mit einem Stäbchen daran befestigt, um im geeigneten Moment blitzschnell ihr Ei an die Biene zu heften; die Fliegenlarve frisst an den Bienen, schädigt die Wirtslarve durch Verdrängung; der Bienenwolf ist in Dt überall zu selten, um für die Imkerei schädlich zu sein.

2. *Cerceris*, Knotenwespen; 10 Arten in M-Eur; ♀ 11–15 mm; Hinterleibssegmente durch Einschnürungen knotenartig gegeneinander abgesetzt (Name!); *C. arenaria* L. fliegt V–IX, eher langsam; sitzt gern auf Blüten; wärmeliebend; Beutetiere teils solitäre Bienen (z. B. *C. rybyensis* L.), teils Käfer (z. B. *C. arenaria* L.; heimische Arten fangen nur Rüsselkäfer); Nester in Sand, dieser wird mit dem Hinterleibsende (Pygidialfeld) hinausgeschoben, zuweilen als Häufchen um den Nesteingang belassen.

Lit. →Hymenoptera; Bitsch et al. 2020; Blösch 2000, 2012; Bohart & Menke 1976; Evans & ONeill 1991; Sann et al. 2018; Strohm & Linsenmair 1991.

Philanthus →Philanthidae 1.

Philonicus →Asilidae.

Philonthus →Staphylinidae A6.

Philopotamidae; Fam. der Köcherfliegen (Trichoptera) mit in Eur >50, M-Eur ± 15, Dt 11 Arten, z. B. *Philopotamus ludificatus* Mcl. (Flspw. bis 28 mm); *Chimarra marginata* L. (Flspw. bis 13 mm); die Larven →campodeid, kiemenlos; ausschließlich in rasch fließenden Bächen, hauptsächlich also im Hoch- und Mittelgebirge, oft gesellig; wohnen in Gespinströhren oder netzreusenähnlichen Gespinsten, deren Öffnung gegen den Wasserstrom gerichtet ist; die Nahrung (Plankton verschiedener Größenordnung, v. a. Kieselalgen) wird mit den feinmaschigen Gespinsten abgefangen und mit der verbreiterten Oberlippe abgekämmt; Puppen in einem ringsum geschlossenen Gespinstkokon.

Lit. →Trichoptera.

Philopotamus →Philopotamidae; →Trichoptera.

Philopterus →Ischnocera.

Philotarsidae, *Philotarsus* →Psocidae.

Philotrypesis →Pteromalidae 5.

Phlaeothripidae; Fam. der Fransenflügler (Thysanoptera, Tubulifera) mit in Eur ± 190, M-Eur ± 100, Dt ± 70 Arten; oft von robuster Gestalt; in Eur meist dunkel; im Gegensatz zu anderen Thysanoptera ist der Legeapparat in den Hinterleib (9. und 10. Segment) eingezogen, dient als Rutsche für die oberflächlich abgelegten Eier, 10. Hinterleibssegment bei ♂ und ♀ röhrenförmig verengt und unterschiedlich stark verlängert; teils an Pilzsporen (Idolothripinae) oder Pilzhyphen saugend, teils an Blättern, viele Arten gallenbildend (fast ausschließlich auf Gehölzen); einige Arten auch jagend (Milben, Schildläuse); bewegen sich meist nur träge vorwärts. Häufig und zuweilen an Getreide schädlich: *Haplothrips aculeatus* F., Roggenthrips (2 mm); Larve vorn gelblich, hinten rot; Imago schwarzbraun, geflügelt; →polyphag, bevorzugt Grasblüten; im Luftplankton bis 2000 m Höhe nachgewiesen; die Imago überwintert unter Rinde und in Baumpilzen; ähnlich *H. tritici* Kurdj., Weizenthrips, ebenfalls an Grasblüten. Lit. →Thysanoptera.

Phlebotomus →Psychodidae.

Phloemsauger; Bezeichnung für diejenigen Insekten, die mit ihrem Stechborstenbündel die Siebröhren erreichen; die zuckerreiche, an sonstigen Nährstoffen aber arme Nahrung wird durch den Druck in den Siebröhren zugeführt; der überschüssige Zucker (bei →Aphidina bis zu 90 %) wird in Form von →Honigtau abgeschieden; zumindest einige Phloemsauger nehmen gelegentlich auch Xylemflüssigkeit auf (Wasseraufnahme, Osmoregulation; →Xylemsauger); Ernärungsart der Mehrzahl der →Sternorrhyncha und →Auchenorrhyncha. Lit. →Dettner & Peters 2003; Pompon et al. 2011.

Phloeostichidae; Fam. der Käfer (Coleoptera, Polyphaga, Cucujiformia); früher zu den →Cucujidae gestellt; in Eur & Dt nur *Phloeostichus denticollis* Redt., Ahornplattkäfer; gefährdeter Gebirgsbewohner, in Dt aus dem Bayrischen Wald bekannt; um 4 mm; schwarz mit gezackten rostgelben Querbinden; an der Rinde alter Bergahorne unter Borkenschuppen; Lebensweise weitgehend unbekannt, eine Ernährung von dem auf Bergahorne spezialisierten Krustenpilz *Hymenochaete carpatica* wird vermutet. Lit. →Coleoptera; Procházka & Schlaghamersky 2018.

Phloeostichus →Phloeostichidae.

Phlogophora →Noctuidae 36.

Phloiophilidae, *Phloiophilus* →Trogossitidae A.

Pholeomyia →Milichiidae.

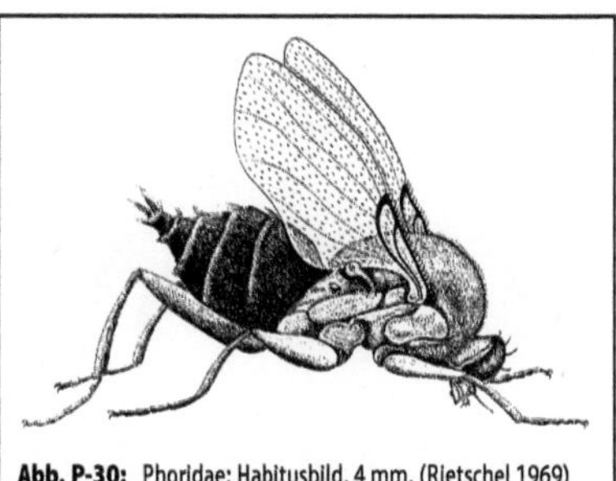

Abb. P-30: Phoridae: Habitusbild, 4 mm. (Rietschel 1969)

Pholidoptera →Ensifera; →Tettigoniidae 3.

Phoresie; Bezeichnung für die zeitweilige Benutzung eines anderen Tieres zu Transportzwecken; weit verbreitet; Insekten können sowohl Transportwirt (→Hippoboscidae; →Sepsidae; →Sphaeroceridae; →Geotrupidae; →Scarabaeidae A) als auch Fluggast (→Phthiraptera; →Meloidae; →Staphylinidae I) sein (s. auch →Scelionidae).

Phoridae, Buckelfliegen, Rennfliegen; Fam. der Zweiflügler (Diptera, Brachycera, Cyclorrhapha) mit in Eur >700, M-Eur ± 500, Dt ± 370 Arten; kleine bis mittelgroße (0,5–6 mm), schwarze, braune oder gelbliche Fliegen mit verhältnismäßig hohem Thorax, daher in Seitenansicht „buckelig" [**P-30**]; Schenkel verbreitert und seitlich zusammengedrückt; meist düster gefärbt; sehr oft stark an die Lebensweise in und auf der Streuschicht oder im Boden (bis in 2 m Tiefe; z. B. *Conicera* →5) angepasst: lange →Arista, kurze Körperbehaarung, starke Bedornung an den Beinen, Tendenz zur Verkürzung der Flügel bis zur vollkommenen Flügellosigkeit (v. a. bei den ♀♀, seltener bei den ♂♂); Flügel manchmal zunächst noch vorhanden, brechen dann, vermutlich an vorgebildeten Bruchstellen, ab (♀♀ der außereuropäischen *Pheidolomyia* und *Echidnophora*); manchmal von vornherein verkleinert bis fast oder ganz fehlend; in letzterem Fall fehlen auch die Schwingkölbchen (besonders bei den in dieser Fam. recht häufigen Ameisen- und Termitengästen, z. B. *Aenigmatias dorni* Don., vgl. [**P-31**]). Bezeichnende **Bewegungsweise:** zwischen kurzen Flügen immer wieder unterbrochene, ruckartige Zickzackläufe auf Blättern, Blüten (besonders Dolden); die Pausen dienen vermutlich der Orientierung. Die Imagines vieler Arten besuchen Blüten, **saugen** auch gern an →Honigtau oder Säften von faulenden Pflanzen und Tieren; manche **jagen** kleine Insekten oder nehmen Körper-

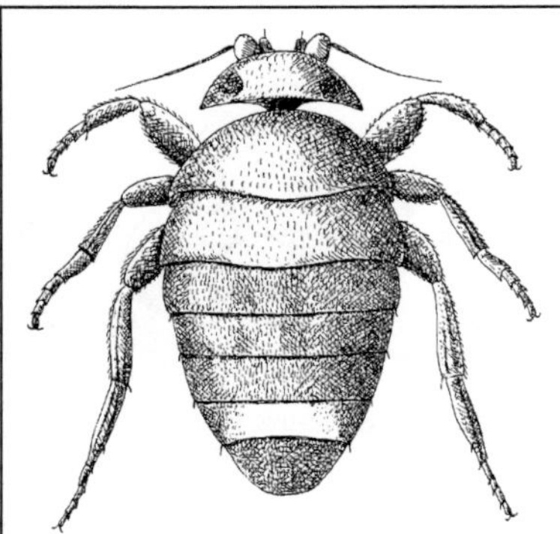

Abb. P-31: Phoridae: *Aenigmatias brevifrons*. ♀; 1,7 mm; Ameisengast; winzige Flügelreste; Kopf liegt bei lebenden Tieren dicht an. (Lindner 1923 ff)

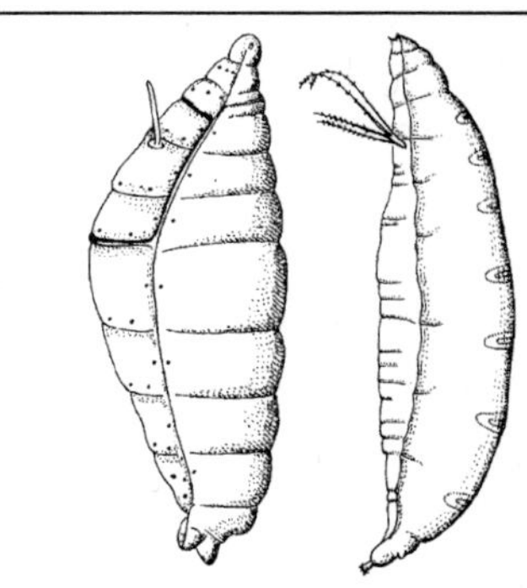

Abb. P-33: Phoridae, Puparien. Links: *Megaselia ruficornis*; nur rechtes Prothorakalhorn gezeichnet; rechts: *Chonocephalus punctifascia*; beide von rechts (Dorsalseite links). (Lindner 1923 ff)

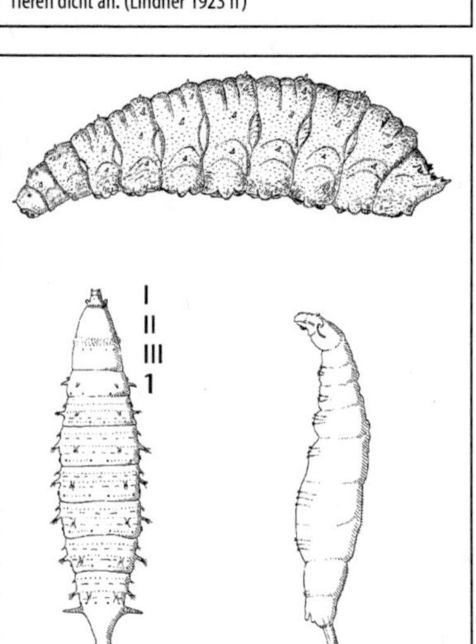

Abb. P-32: Phoridae, Larven. Oben: *Aneurina urbana*, 3. Larvenstadium; ca. 7 mm; Aasfresser an kleinen Wirbeltierleichen; unten links: *Spiniphora bergenstammi*, 6–7 mm; I, II, III: Thoraxsegmente; 1 : erstes 1. Abdominalsegment; rechts: 3. Larvenstadium von *Chonocephalus punctifascia*; 3 mm; Segmentgrenzen problematisch. (Lindner 1923 ff)

am oder in das Ernährungssubstrat der Larven. Die meist schlanken, vorn verjüngten **Larven** [**P-32**] im 3. (letzten) Stadium (höchstens 10 mm, meist kürzer) stets →amphipneustisch, im 1. und manchmal auch 2. Stadium →metapneustisch; Hinterleibsende bei manchen Arten zu einem Atemrohr ausgezogen, meist von Papillen umstellt; meist fein bedornt und auch auf den übrigen Segmenten mit papillenartigen Fortsätzen; Lebensweise der Larven äußerst verschiedenartig: viele ernähren sich von zerfallenden pflanzlichen und tierischen Stoffen am oder im Boden, andere als Parasitoide oder Jäger von Arthropoden, seltener von Schnecken oder Regenwürmern (die ♀♀ von Arten, deren Larven endoparasitoid in Insekten leben, oft mit einer harten Legeröhre, die das Einschieben des Eies in den Wirt gestattet); manche sind als Kommensalen, Prädatoren oder Parasitoide mit Staaten bildenden Hymenoptera assoziiert; weitere fressen Pilzfäden oder lebendes Pflanzengewebe. Oft 2 oder 3 Generationen im Jahr. **Puparien** im Boden oder an ein Substrat geheftet, häufig von bezeichnender kahn- oder pantoffelförmiger Gestalt [**P-33**], mit Prothorakalhörnern als Atmungsorgane, die jedoch erst im Laufe einiger Tage im Bereich des 2. Hinterleibssegments durchbrechen; Schlüpfen der Imago durch Kopfschub (nicht Stirnblase, →Cyclorrhapha), dabei Abheben von 1–3 Platten entlang vorgebildeter Trennlinien; **Überwintern** oft als Puppe, auch als Imago im Boden und unter Moospolstern, bei manchen Arten vermutlich auch als Larve. Beispiele:

flüssigkeit von Käferlarven- und -puppen auf. Manche Arten bilden zur **Fortpflanzung**szeit nur aus ♂♂ oder aus ♂♂ und ♀♀ bestehende, auf und ab tanzende Flugschwärme; **Eiablage** direkt

1. *Metopina oligoneura* Mik.; Larven saprophag in verrottenden Zuckerrübenblättern und Aas; alle Entwicklungsstadien frei im Boden; Entwicklungsdauer 6–8 Wochen; 2–3 Generationen im Jahr.

2. *Spiniphora*; Larven an toten Schnecken; Verpuppung im Schneckengehäuse. In Nacktschnecken entwickeln sich vermutlich ***Gymnophora*-**Larven.

3. *Gymnoptera*; manche Arten Abfallfresser in Nestern von Hummeln und Wespen.

4. *Megaselia*; ca. 250 heimische Arten mit sehr unterschiedlichen Entwicklungsweisen: mehrere Arten (z. B. *M. nigra* Meig.) in Pilzen, gefürchtete Schädlinge von Gewächshauspilzen; andere in Eiern von Schnecken (*M. aequalis* Wood), Regenwürmern (*M. ciliata* Zett.) und Spinnen (*M. melanocephala* v. Rosn.); *M. brevicostalis* Wood in toten Gehäuseschnecken (*Helix, Cepaea*); andere sind Parasitoide in Insektenlarven (z. B. *M. flavicoxa* Zett. in →Sciaridae-Larven, *M. paludosa* Wood in →Tipulidae-Larven, *M. plurispinulosa* Zett. in Larven von *Hylobius abietis*, →Curculionidae L2, *M. rufa* Wood an Eigelegen von *Parthenolecanium*, →Coccidae 1) oder Tausendfüßern (*M. elongata* Wood), Eiablage vermutlich in den Boden, die Larven müssen den Wirt finden; *M. rufipes* Meig. äußerst →polyphag, frisst als Larve an toten, z. T. auch lebenden Insektenlarven und an toten und lebenden Pflanzen; gelegentlich schädlich an verschiedenen Kulturpflanzen, auch an Schwarzkiefersamen; Larven von *M. scalaris* Loew gelegentlich im Darmkanal des Menschen; die Larven der südafrikanischen *M. vorata* in den Früchten von *Ficus*, wo sie in den Gallen tote →Agaonidae fressen, die das Schlüpfen aus den Früchten nicht überlebt haben; die Imagines jagen die Imagines derselben Agaoniden.

5. *Conicera tibialis* Schmitz, Gräberfliege; z. B. an Leichen von Klein- und Großsäugern; oft auch als Imago massenhaft in Särgen, in die die im Boden geschlüpften Erstlarven durch feine Ritzen eindringen; im gleichen Sarg offenbar mehrere Generationen möglich; Teil der typischen „Gräberfauna".

6. *Peromitra incrassata* Meig. (= *Borophaga i.*); in Larven von Haarmücken (→Bibionidae).

7. *Phalacrotophora*; in Larven und Puppen von Marienkäfern.

8. Vertreter mehrerer Gttgn. Parasitoide in Ameisen: das ♀ von ***Pseudacteon formicarum*** Verr. verharrt für 1–3 s auf dem Hinterleib der Ameise *Lasius niger* L., spritzt dabei vermutlich 1–3 Eier durch die Intersegmentalhaut in den Wirt; etwa 2 Wochen nach dem Schlupf bewirkt die im Kopf lebende Larve (zumindest bei nordamerikanischen Arten der Gttg.), dass die befallene Ameise sich in der Streu oder im Erdboden verkriecht, stirbt und ihr Kopf sich ablöst; Verpuppung in der Kopfkapsel; ♂♂ von ***Aenigmatias*** stets mit, die schabenartigen ♀♀ immer ohne Flügel [**P-31**].

Lit. →Diptera; Baumann 1977, 1979; Brauns 1954a, b, 1991; Disney & Cumming 1992; Escherich 1914–42; Froese 1993.

Phormia →Calliphoridae 2.

Phorodon →Aphididae 18.

Phosphaenus →Lampyridae 1.

Phosphuga →Staphylinidae K5.

Phragmataecia →Cossidae.

Phragmatobia →Erebidae K8.

Phronia →Mycetophilidae.

Phrosia →Scathophagidae 2.

Phryganea →Phryganeidae; →Trichoptera.

Phryganeidae; Fam. der Köcherfliegen (Trichoptera) [**T-90**] mit in Eur 19, M-Eur 12, Dt 10 Arten, darunter die größte und durchaus häufige heimische Art *Phryganea grandis* L., Große Köcherfliege (Flspw. bis 60 mm; [**T-91**]); selten dagegen z. B. *Oligostomis reticulata* L. (Flspw. bis 35 mm). Flügel oft gemustert; Endglied der Labialpalpen löffelförmig; das ♀ geht zur **Eiablage** ins Wasser, bleibt wegen Behaarung unbenetzt. Die **Larven** →suberuciform, kiementragend; in stehenden Gewässern; an beiden Enden offener Köcher aus Pflanzenteilchen, z. B. Schilfstängeln; diese mitunter zierlich spiralig geordnet [**T-100**]; benutzen u. U. auch die Höhlung eines abgeschnittenen Schilfstängels als Wohnraum; neben pflanzlicher auch tierische Nahrung; Puppe von *Oligotricha striata* L.: [**T-106**].

Lit. →Trichoptera; Wiggins 1997.

Phryneidae →Anisopodidae.

Phryxe →Tachinidae.

Phthiraptera, Tierläuse; Gruppe der Läuse (Psocodea) mit in Eur ± 740, M-Eur ± 575, Dt ± 445 Arten; Verwandlung unvollkommen (Hemimetabolie); Lebensweise bei Larven und Imagines gleich; kleine (selten über 6 mm), stets flügellose Ektoparasiten v. a. an Vögeln (Federlinge), seltener an Säugetieren (Haarlinge und blutsaugende Läuse, zusammen 55 heimische Arten); Körper teils gedrungen [**P-34**], teils schlank, insbesondere bei den flinken Federlingen, die vom Schnabel gut erreichbare Körperregionen besiedeln [**P-35**]; Imagines meist bräunlich (Larven jedoch stets weißlich), Federlinge nicht selten entsprechend dem Federkleid des Wirtes gefärbt (weiß bei einem Schwan-Federling, gelb bei einem Pirol-Federling, schwarz bei Bläßhuhn-Federlingen). Antennen kurz, 3- bis

Abb. P-34: Phthiraptera: *Trichodectes canis*, Hundehaarling. 1,5 mm. (Rietschel 1969)

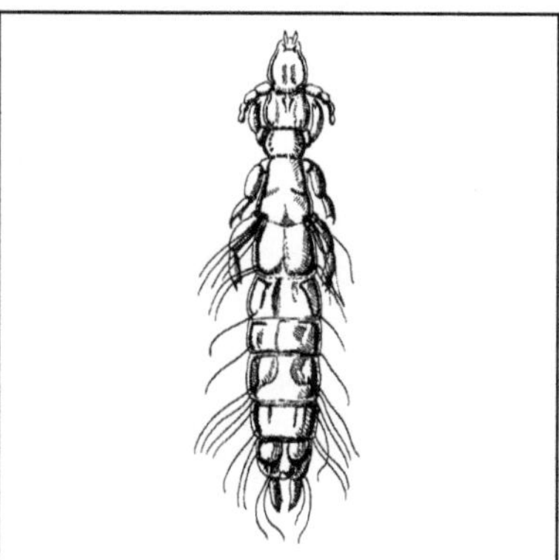

Abb. P-35: Phthiraptera: *Columbicola columbae*, Taubenfederling. 2 mm. (Rietschel 1969)

Abb. P-36: Phthiraptera: Fraßspur des Taubenfederlings *Columbicola columbae*. (Eichler 1956)

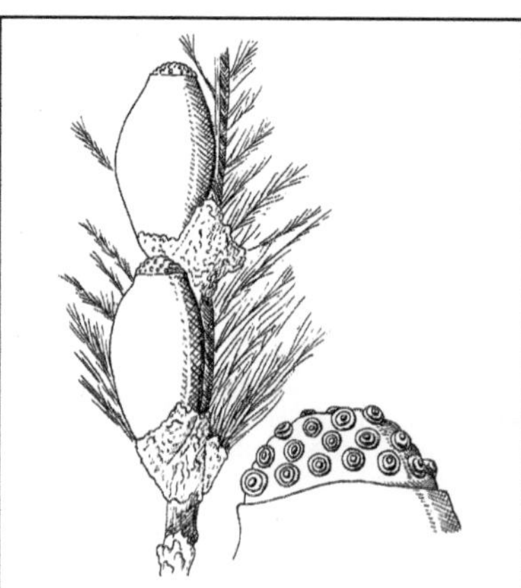

Abb. P-37: Phthiraptera: *Incidifrons pertusus*. Eier an Federn des Blässhuhns; rechts unten: Eideckel. (Eichler 1956)

5-gliedrig; Beine als Klammerbeine zum Festhalten im Haar- bzw. Federkleid; bei Säugerläusen meist 1 (einklappbare) Kralle, bei Vogelläusen 2 (die größere einklappbar); Komplexaugen stark rückgebildet (1–2 Linsen) oder fehlend, keine Ocellen. Entsprechend der Nahrung (Horn bzw. Blut) Mundteile verschieden gebaut: kauend mit kräftigen, oft asymmetrischen Mandibeln und einfachen Maxillen (→Amblycera, →Ischnocera) bzw. hoch spezialisiert stechend-saugend (→Anoplura); Anhänge des Labium rückgebildet. Aktive Absorption von Wasserdampf aus der Luft mit dem Hypopharynx ab einer relativen Feuchte von 43–52 % (Bau und Funktion der beteiligten Organe s. →Psocodea). Als **Nahrung** dient mit Ausnahme der blutsaugenden →Anoplura Horn von Haaren oder Federn [**P-36**] und von der Körperoberfläche, dazu anhaftende Stoffe; zuweilen auch Aufnahme von Blut aus kleinen Wunden (insbesondere →Amblycera), die manche Arten mit mehr stilettförmigen Mundteilen selbst setzen; Federn können durch Benagen beschädigt werden; manche Arten dringen in den Federschaft und fressen die Federseele (z. B. *Menacanthus* beim Haushuhn); ohne Wirt nur wenige Tage lebensfähig; bei Massenbefall zumal schwächliche Wirtstiere (z. B. Jungvögel) stark beeinträchtigt, mit geringerer Lebenserwartung und geringerem Fortpflanzungserfolg. Das meist kleinere ♂ bei der **Begattung** teils gerade oder schief auf dem ♀ (Amblycera), teils unter dem ♀ (Ischnocera: ♀ mit den Klammerantennen festgehalten; →Anoplura); →Parthenogese kommt in wenigen Fällen bei den Bovicolidae vor (z. B. *Bovicola bovis* L.). **Eier** an Federn bzw. Haaren des Wirtes festgekittet [**P-37**], nicht selten bevorzugt an bestimmten Hautbezirken; Eizahl verhältnismäßig gering, meist unter 100. Embryonal- und Postembryonalentwicklung wegen der Warmblütigkeit der Wirte in wenigen Wochen abgeschlossen; meist wohl 3 Larvenstadien; mehrere Generationen im Jahr, bei einer Lebensdauer von bis zu 100 Tagen. Intrazelluläre **Symbionten** bei ausschließlicher Ernährung von Horn (→Ischnocera) oder Blut (→Anoplura); Übertragung auf die Nachkommen durch Einwandern der Symbionten in die Eier. **Wirtsspezifität** meist sehr ausgeprägt, jede Art i. d. R. nur auf 1 oder wenigen verwandten Wirtsarten: so leben auf →Prädatoren und ihren Beutetieren nicht dieselben Arten; Tauben, Hühner, Fasanen, Enten eines Hühnerhofs beherbergen trotz enger Artengemeinschaft nur die Federlinge ihrer jeweiligen Wildformen; Jungkuckucke übernehmen nicht die Federlinge ihrer Zieheltern, sondern erwerben kuckuckseigene Federlinge (*Cuculicola, Cuculoecus, Cuculiphilus*) bei der Begattung; z. T. spiegelt die Verwandtschaft der Läuse die ihrer Wirte wieder; insbesondere bei Federlingen oft verschiedene Arten auf dem gleichen Wirt, allerdings in verschiedenen Körperregionen (Körper, Flügel, Kopf); nur Wiederkäuer, Pferde und Hunde (Canidae) beherbergen sowohl Haarlinge als auch von blutsaugende →Anoplura; **Übertragung** innerhalb der Wirtsart i. d. R. durch Berührung (im Nest, bei der Begattung), seltener durch Phoresie (Festklammern z. B. an →Culicidae oder →Hippoboscidae, die von Wirt zu Wirt fliegen). 4 →monophyletische Teilgruppen: →Amblycera, →Ischnocera, →Trichodectera, →Anoplura; die ersten 3 enthalten die kiefertragenden, nicht blutsaugenden Haarlinge und Federlinge und werden oft zur →paraphyletischen Gruppe „**Mallophaga**" zusammengefasst. Lit. Frank 1976; Hiepe 1982; Moya et al. 2021; Smith et al.

Phthirus →Pediculidae 1.
Phthorimaea →Gelechiidae 6.
Phycita →Pyralidae 5.
Phygadeuontinae →Ichneumonidae F.
Phyllaphidinae, ***Phyllaphis*** →Drepanosiphidae A.
Phylliidae, ***Phyllium*** →Phasmida.
Phyllobius →Curculionidae F2.
Phyllocnistidae, ***Phyllocnistis*** →Gracillariidae 6.
Phyllocolpa →Tenthredinidae 13.
Phyllodromica →Ectobiidae 3.
Phylloecus →Cephidae 3.
Phyllomyza →Milichiidae.

Phyllonorycter →Gracillariidae 4.
Phyllopertha →Scarabaeidae C8.
Phyllotreta →Chrysomelidae L1.
Phylloxera →Phylloxeridae 2.
Phylloxeridae, Zwergläuse; Fam. der Blattläuse (Aphidina) mit in Eur 17, M-Eur 11, Dt 10 Arten; wegen der Fachbegriffe zu den Morphen und zum Generationswechsel →Aphidina; klein; ohne Rückenröhren, meist ohne Wachsdrüsen; Sexuales flügel- und rüssellos; Flügel in Ruhe flach auf dem Rücken; kein After, keine Honigtaubildung; →Parenchymsauger; alle ♀-Formen Eier legend; das begattete Sexualis-♀ legt nur 1 Ei (Winterei); hauptsächlich holozyklisch-monözisch, einige heterözisch, selten anholozyklisch; Generationszyklus immer 1-jährig.

1. *Acanthochermes quercus* Koll., Sternwarzenzwerglaus; aktiv in IV–V; 1-jährig-monözischer Holozyklus an Stiel- und Traubeneiche, der aus 2 Generationen (Sexuales und Fundatrix) besteht; Junglarve der Fundatrix-Generation entwickelt sich auf der Blattunterseite in einem Ringwulst aus Blattgewebe (Faltengalle); nach Verlassen der Galle wandert sie auf die Rinde der Äste oder des Stammes, wo sie Eier in Rindenrissen ablegt, aus denen die Sexuales hervorgehen; das begattete ♀ legt 1 Winterei ab.

2. *Phylloxera coccinea* v. Heyd., Eichenzwerglaus; 1-jährig-monözischer Holozyklus an verschiedenen sommergrünen Eichenarten, aus 4 Generationen (wie auch bei den anderen *Ph.*-Arten); durch das Saugen der Fundatrix in der Nähe des Randes junger Eichenblätter entstehen Faltengallen, in die sie ihre Eier ablegt; aus diesen schlüpfen die Virgo-aptera-Junglarven, durch deren Saugen weißlich-gelbe Flecken auf den Blättern entstehen; auf die erste Virgo-Generation folgen noch 1–2 weitere sowie geflügelte Sexuparae (Ausbreitungsform); Letztere erzeugen die Sexuales; das begattete Sexualis-♀ legt 1 Winterei an die Zweig- oder Stammrinde ab.

3. *Daktulosphaira vitifoliae* Fitsch (= *Viteus vitifoliae*), Reblaus; Mitte des 19. Jahrhunderts aus Amerika nach Europa verschleppt; in Amerika und südlichen Gebieten Europas monözisch-holozyklisch mit Wechsel zwischen ober- und unterirdischen Teilen der Rebe; an den Wurzeln lebende Läuse erzeugen im Spätherbst geflügelte Sexuparae, die in die Höhe wandern (Ausbreitungsformen) und an die Rinde der oberirdischen Rebenteile kleine ♂-Eier und größere ♀-Eier ablegen; durch die Sexuales-♀♀ nach der Begattung Ablage von je 1 Wintereies in Rindenritzen; die im Frühling schlüpfende Fundatrix (Maigallenlaus) erzeugt an Blättern bestimmter Rebsorten

(Amerikaner-Reben) eine erbsengroße Galle (Maigalle; auf der Blattunterseite vorgewölbt, Öffnung auf der Blattoberseite durch Haarreuse geschlossen); 2 Formen von Fundatrix-Nachkommen (von etwas verschiedener Gestalt, ausschließlich durch die Umwelt bestimmt): die einen bilden erneut Blattgallen (auch auf Europäer-Reben), die anderen wandern an die Wurzel, verursachen gallenartige Wucherungen; mit jeder Generation steigt der Anteil der Wurzelläuse, bis diese schließlich die Gesamtpopulation ausmachen; Hauptschaden durch das Absterben der Wurzeln nach Zerfall des Gallengewebes; in M-Eur fast ausschließlich anholozyklische Wurzelgenerationen (möglich durch überwinternde Larven: Hiemales), geflügelte Sexuparae kommen kaum je zur Fortpflanzung; sehr schädlich für den Weinbau; die Schädlichkeit verschiedener Reblausformen auf verschiedenen Rebsorten durchaus verschieden, auch abhängig von der Bodenbeschaffenheit; manche Amerikaner-Reben wenig anfällig gegen Wurzelläuse, daher häufige Verwendung von Pfropfreben: Europäerreis auf Amerikanerwurzel.
Lit. →Aphidina; Forneck & Huber 2009.
Phymata, Phymatidae, Phymatinae →Reduviidae F.
Phymatodes →Cerambycidae D6.
Phymatopus →Hepialidae 2.
Physetopoda →Mutillidae.
physikalische Kieme; Lufthülle, die bei manchen Wasserinsekten den Körper teilweise oder ganz umgibt und deren Inhalt (im Gegensatz zum →Plastron) in gewissen Abständen an der Wasseroberfläche erneuert werden muss; steht mit den (offenen) Stigmen in Verbindung; der im Wasser gelöste Sauerstoff diffundiert in die Lufthülle und wird zum Atmen genutzt; die Erneuerung wird nötig, weil Stickstoff laufend aus der Lufthülle in das umgebende Wasser diffundiert und dabei das Volumen der Lufthülle abnimmt, sodass ihre respiratorische Oberfläche schließlich zu klein wird, um das Insekt genügend mit Sauerstoff aus dem Wasser zu versorgen („kompressible Gaskieme").
Lit. Hinton 1968; Mill 1974; Rahn & Paginelli 1968; Wichard et al. 2013.
Physogastrie; Bezeichnung für starke Aufblähung des Hinterleibs, bedingt durch Nahrungsspeicherung im Kropf oder durch starke Entwicklung von Ovarien oder Drüsen; →Formicidae, →Isoptera.
Physokermes →Coccidae 5; vgl. auch →Anthribidae 4.
Physoronia →Nitidulidae D.
Phytobia →Agromyzidae A1.

Phytobius →Curculionidae N5.
Phytocecidien; durch pflanzliche Erreger hervorgerufene →Gallen.
Phytoecia →Cerambycidae E12.
Phytometra →Erebidae F.
Phytomyza, Phytomyzinae →Agromyzidae A2; vgl. auch →Eulophidae 5.
Phytophaga; Bezeichnung für die artenreichste (monophyletische) Gruppe pflanzenfressender Käfer, bestehend aus Curculionoidea und Chrysomeloidea; auch als Synonym für Letztere verwendet.
Phytosciara →Sciaridae.
Piagetiella →Amblycera.
Picromerus →Pentatomidae.
Pieridae, Weißlinge, Gelblinge; Fam. der Schmetterlinge (Lepidoptera, Glossata, Rhopalocera) mit in Eur 48, M-Eur 23, Dt 19 Arten, darunter eine Reihe der bekanntesten Tagfalter; benannt nach der verbreiteten weißlichen oder gelblichen Grundfarbe der Flügel, bedingt v. a. durch verschiedene, in den Schuppen abgelagerte Pterine, u. a. Leucopterin (weiß), Xanthopterin (gelb), Erythropterin (rot); alle Beine normal entwickelt. Anflug der ♂♂ beim Sichfinden der **Geschlechter** optisch ausgelöst (durch Versuche mit Atrappen nachgewiesen); bemerkenswert die Fähigkeit, Rot als Farbe zu sehen (für Insekten ungewöhnlich); bei der Partnererkennung spielt UV-Reflexion eine Rolle (UV-reflektierende Muster auf den Flügeln variieren innerhalb der Gttgn.); Nahrungspflanzenwahl für die Raupen primär durch das ♀; der Duft nach Senföl und der unmittelbare Kontakt mit der Pflanze und damit z. B. mit dem Senfölglykosid Sinigrin (durch alternierendes Trommeln mit den Vorderbeinen auf dem Substrat) lösen die Eiablage aus; Trommelbereitschaft und Neigung zur Eiablage außerdem außerdem abhängig von der Farbe des Substrates; bevorzugt wird der Spektralbereich zwischen grün (Eiablage) und gelbgrün (Trommeln); **Eiablage** meist auf der Blattunterseite, oft einzeln. Die kurz behaarten, meist grün gefärbten **Raupen** stets mit 8 Beinpaaren; meist mehr oder weniger →polyphag, v. a. an Kreuz- bzw. Schmetterlingsblütlern, einige Arten bisweilen schädlich an Kulturpflanzen; die Bevorzugung von Kreuzblütlern ist bedingt durch den Gehalt an Senfölen (lösen über den Nahgeruchssinn Anbeißen aus) bzw. Senfölglykosiden (lösen über den Geschmackssinn Weiterfressen aus); senfölhaltige, nicht zu den Kreuzblütlern gehörige Pflanzen werden ebenfalls angenommen (*Tropaeolum*); Senföle und ihre Abkömmlinge sind für die Ernährung offenbar bedeutungslos. **Verpuppung** stets als →Gürtelpuppe [**L-28**]; Gürtel bei manchen Arten schwach entwickelt.

Abb. P-38: Pieridae: *Aporia crataegi*, Baumweißling

Abb. P-39: Pieridae: *Aporia crataegi*, Baumweißling. Rechts: Raupe; links: Überwinterungsplätze der Raupe; jedes Blatt ist an 1 oder an 2 Gespinstfäden aufgehängt, in der Gespinsthöhle 1 oder seltener mehrere Raupen. (Bourgogne 1951)

1. *Aporia crataegi* L., Baumweißling [**P-38**]; am gleichen Platz in manchen Jahren äußerst selten, in anderen massenhaft und dann zum Abwandern neigend; der Falter auffallend durch die dünn beschuppten, etwas durchscheinenden Flügel und durch die an das Geäder gebundene, aparte dunkle Zeichnung. Flugzeit VI–VII; eher in trockenen Gegenden. **Eihaufen** auf der Blattoberseite der Nahrungspflanzen (Weißdorn, Schlehe, Apfel, Birne). **Überwinterung** als wenige Millimeter lange Jungraupe, einzeln oder zu mehreren in einem zusammengerollten, meist an einem Spinnfaden aufgehängten, im Winde pendelnden Blatt („kleines Raupennest"; „kleines Winternest" [**P-39**]); ein Überwinterungsnest beherbergt alle Raupen eines Geleges. Die **Raupen** (lang und dicht behaart, düster mit orangefarbigen Längsstreifen); fressen im Frühling zunächst gesellig vom Winternest aus, dann von größeren Gespinstnestern aus an Knospen, Blüten und

Abb. P-40: Pieridae: Links ♂, rechts ♀. Von oben nach unten: *Pieris brassicae*, Großer Kohlweißling (Flspw. des ♂: 57 mm); *P. rapae*, Kleiner Kohlweißling; *P. napi*, Rapsweißling, und *P. bryoniae*, Bergweißling; alle Tiere im gleichen Maßstab. (Forster & Wohlfahrt 1954–81)

Blättern; bei Massenauftreten kann es zu Kahlfraß kommen; die an Zweigen befestigte Gürtelpuppe (gelblich mit schwarzen Flecken) ab VI.

2. *Pieris* mit folgenden in Dt häufigeren Arten [**P-40**]: *P. brassicae* L., Großer Kohlweißling; *P. rapae* L., Kleiner Kohlweißling, Rübenweißling; *P. napi* L., Grünaderweißling, Heckenweißling, „Raps"weißling, Rübsaatweißling; allen Arten gemeinsam ist ein – für das menschliche Auge

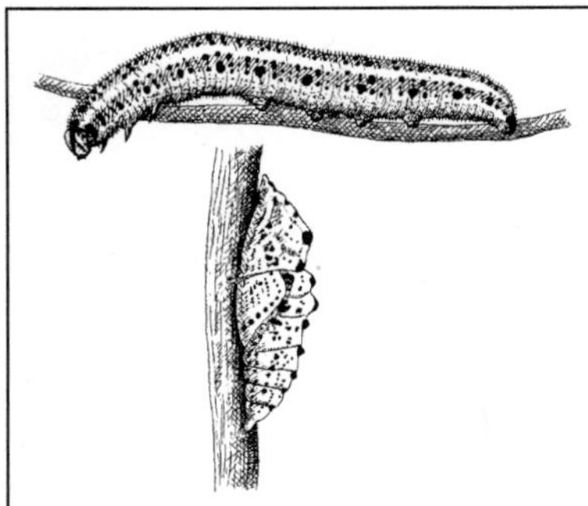

Abb. P-41: Pieridae: *Pieris brassicae*, Großer Kohlweißling. Raupe und Puppe. (Eckstein 1913–33)

nicht sehr auffallender – Geschlechtsunterschied nach Färbung und Zeichnung, der sich durch unterschiedliche UV-Reflexion der Flügelflächen ergibt (→Lepidoptera) und allgemein für die Arterkennung und beim Sexualverhalten der Weißlinge eine wichtige Rolle spielt; der Geruchssinn ist von untergeordneter, bei *P. rapae* (und bei *Colias*-Arten) ohne Bedeutung. Eiablage beim Großen Kohlweißling in Gelegen (bis ca. 150 Stück), sonst einzeln; die Raupen sind grün mit gelblicher Rücken- und Seitenlinie, bei *P. brassicae* mit schwarzer Fleckenzeichnung [**P-41**]; die Letzteren sind zumal in den jüngeren Stadien und bei Häutungen zu Gesellschaften vereinigt. **Überwinterung** als Gürtelpuppe (vgl. [**P-41**]), Puppenruhe bei *P. brassicae* induziert durch Kurztagbedingungen; **Puppenfärbung** bei manchen offenbar abhängig von der Luftfeuchtigkeit (grün bei hoher, braun bei niedriger Luftfeuchte: jeweils die zur Umgebung passende Tarnfärbung); die Puppe von *P. brassicae* ist oft der jeweiligen Umgebung sehr gut angepasst durch wechselnde Verteilung von hellem (in den Hautzellen) und dunklem (in der Kutikula) Pigment, vermittelt über die Lichteinwirkung auf die Augen in einer sensiblen Periode des letzten (5.) Raupenstadiums kurz vor der Verpuppung. Ab und an Massenauftreten (v. a. des Großen Kohlweißlings) in der 2. (Sommer-)Generation, mit mehr oder weniger ausgedehnten Wanderungen, z. T. über mehrere Hundert Kilometer (z. B. 1955 von Österreich nach Bayern und Thüringen); die Raupen dieser Generation sind zuweilen sehr schädlich (Kahlfraß), ergeben wegen der sehr starken (z. T. regional durch verschiedene Arten bedingten) Parasitierung jedoch nur wenige Falter im nächsten

Frühling; **Hauptparasitoide**: *Cotesia glomerata* L. (→Braconidae A1); mehrere Larven in einer Raupe, verlassen diese, verpuppen sich in einem gelblichen Kokon auf der abgestorbenen Raupe; *Pteromalus puparum* L., Puppenparasitoid (→Pteromalidae 1). Ein Beispiel für eine noch nicht abgeschlossene **Artspaltung** ist das heimische Artenpaar aus *P. napi* L. und dem alpinen ***P. bryoniae*** Hbn., Bergweißling [**P-40**]; die ♂♂ beider Arten sind einander sehr ähnlich, offenbar auch die Sexuallockstoffe; die ♀♀ duften (aus abdominalen Duftdrüsen) nach modrigem Heu, die von *P. bryoniae* besonders stark; die ♂♂ duften am Körper „pflanzenartig", an den Flügeln (Duftschuppen) nach Zitronenschale (Citral?); keine Unterschiede in den Genitalien; Paarungen zwischen *bryoniae* und *napi* im Freien kommen vor; im Versuch ergibt die Kreuzung fruchtbare Bastarde. Hauptunterschiede: a) Grundfarbe der *napi*-♀♀ ist weiß, der *bryoniae*-♀♀ gelblich; auffallend mehr dunkles Pigment in den Schuppen der Vorder- und Hinterflügel bei *bryoniae*, besonders bei den ♀♀; b) Standort: *napi* fliegt mehr in niederen Lagen, *bryoniae* nur im Gebirge, in den Nordalpen von 1000 m Höhe an aufwärts (es gibt Ausnahmen); c) typische *napi* haben meist 2–3 sich überlappende Generationen im Jahr (Falter daher vom Frühjahr bis in den Herbst; die Frühjahrsgeneration mit intensiverer Färbung), *bryoniae* meist nur 1 (Sommer-)Generation im Jahr; d) Eiablage: bei *napi* auf verschiedenen Kreuzblütlern, bei *bryoniae* fast ausschließlich auf *Biscutella* (im Labor auch auf anderen Kreuzblütlern). Die Balz ist bei beiden Arten ähnlich: der Anflug der ♂♂ v. a. durch Weiß ausgelöst (Fernwirkung), nur schwach durch Gelb; das *bryoniae*-♀ also fernoptisch für das eigene ♂ wenig anziehend; dementsprechend sind Suchflüge des ♂ bei *bryoniae* häufiger, da sie das Finden der ♀♀ durch den (für die Nahorientierung wichtigen) Geruchssinn fördern; Flugbalz: das ♀ fliegt 20–40 m hoch, das ♂ folgt; das ♀ geht dann zu Boden, das ♂ setzt sich daneben, biegt den Hinterleib zum ♀, berührt es, das ♀ öffnet den Genitalapparat; darauf Kopula, wobei das ♂ eine Wendung macht, sodass die Köpfe entgegengesetzt gerichtet sind; Kopulationsdauer temperaturabhängig, oft 1–3 h, zuweilen viel länger. Die Isolierung im Freien werden durch verschiedene Standorte und hohe Sterblichkeit der Bastard-♀♀ nach der Winterdiapause gefördert.

3. *Pontia edusa* F., Resedafalter, Resedaweißling; früher zur mediterranen, morphologisch nicht unterscheidbaren Art *P. daplidice* L. gestellt; ähnlich *Pieris*; ♀ auf der Flügeloberseite stärker dunkel gefleckt als ♂; Hinterflügel unterseits mit grünlichen Flecken; Raupe außer an *Reseda* (senfölhaltig) auch an Kreuzblütlern; 2–3 Generationen; 1. Generation aus der (in M-Eur nur bei günstigen Bedingungen) überwinterten Puppe; bei uns wohl jedes Jahr Zuzug von Faltern aus den südlichen Teilen des Verbreitungsgebietes (Frankreich?).

4. Anthocharis cardamines L., Aurorafalter; auffallender Geschlechtsunterschied: nur beim ♂ ist die äußere Hälfte der Flügeloberseite orangefarben; Hinterflügel bei ♂ und ♀ unten mit gitterartiger grünlicher Zeichnung, Farbeindruck Grün entstanden durch ein Mosaik von gelben und fast schwarzen Schuppen; die sofort nach dem Schlüpfen kopulationsbereiten ♀♀ erwarten mit mäßig aufgeklappten Flügeln die ♂♂ am Boden, werden offenbar optisch entdeckt; die grünliche, fein dunkel gepunktete Raupe [**P-42**] auf Kreuzblütlern; die Gürtelpuppe kann 2-mal überwintern; stets nur 1 Generation im Jahr.

5. Gonepteryx rhamni L., Zitronenfalter; allgemein bekannt durch die beim ♂ intensive (nach der Überwinterung etwas abgeblasste), beim ♀ blassere Gelbfärbung der in eine Spitze ausgezogenen Flügel; rötlicher kleiner Fleck auf der Flügelmitte. Besonders lang dauerndes Imaginalstadium: der Falter schlüpft im VII aus der Gürtelpuppe, fliegt einige Tage, geht in Sommerruhe, fliegt wieder, geht bereits ab VIII ohne besonderes Versteck am Boden in Winterruhe, fliegt wieder im Frühling, erst jetzt Fortpflanzung. **Balz:** das ♂ wird angelockt durch das fliegende ♀, beide gehen in die Höhe (bis 200 m beobachtet), dann tiefer, u. U. erneut in die Höhe; dann geht das ♀ zu Boden, das ♂ setzt sich daneben; es kommt schnell zur Kopula, wenn das ♀ begattungswillig ist; zuweilen auch Anflug auf ein am Boden sitzendes ♀, das dann schnell die Flügel flachlegt und den Hinterleib unter Ausstülpen von Dufthaarbüscheln anhebt; das ♂ kriecht unter und auf den Flügeln des ♀ umher, es kommt schließlich zur Kopula; Kopulationsdauer 1–3 h; gelegentlich Flug während der Kopula, wobei meist das ♀ führend ist; **Eiablage** einzeln an Knospen oder Blätter v. a. von *Rhamnus*-Arten. Die gelblichen Eiräupchen sitzen meist auf der Blattunterseite, die späteren grünlichen Stadien auf der Blattoberseite, älteste **Raupen** auch auf den Zweigen, stets in strenger Einstellung mit Rücken zum Licht; eine doppelte →Gegenschattierung für diese Stellung ist sehr gut ausgeprägt; bei Seitenlicht Hinwenden zum Licht (Hautlichtsinn) durch Neigen um die Längsachse; grünes Pigment in den Zellen der Haut; auch die an schrägen Zweigen fast hori-

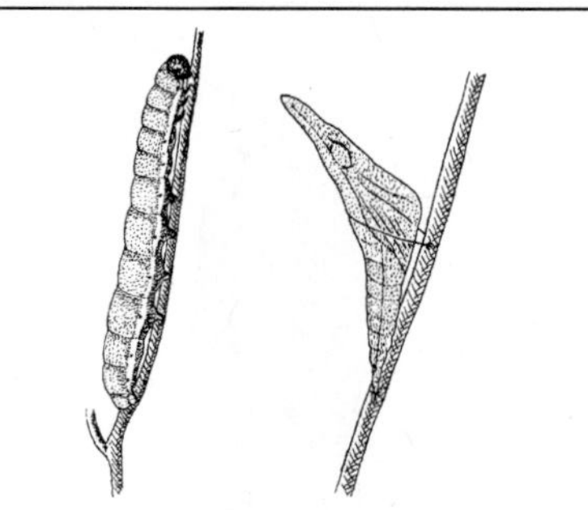

Abb. P-42: Pieridae: *Anthocaris cardamines*, Aurorafalter. Raupe (30 mm) und Puppe. (Eckstein 1913–33)

zontal aufgehängte →**Gürtelpuppe** zeigt doppelte Gegenschattierung, eingestellt jedoch auf Licht von der Bauchseite.

6. Colias, Gelblinge, Heufalter, Kleefalter; ausgezeichnet durch z. T. leuchtend gelbe oder orangene Pterine in den Flügelschuppen, die zusammen mit einer dunklen Randzeichnung diese Falter zu schönen und auffallenden Gestalten machen. **Flugzeit** der Falter später als bei den als Falter oder Puppe überwinternden anderen Vertretern der Fam., etwa ab Ende V–VI (Heuernte). Die **Raupen** der meisten Arten mehr oder weniger →polyphag an Schmetterlingsblütlern. **Überwinterung** i. d. R. als Raupe des 3. Stadiums (6–9 mm), frei an der Fraßpflanze oder am Boden. In Dt 7 Arten, darunter: a) **C. palaeno** L., Moorgelbling, Hochmoorgelbling, Zitronengelber Heufalter; ♂ zitronengelb, ♀ gelblich weiß; bezeichnend für Moore, hier die Nahrungspflanze der Raupe (*Vaccinium uliginosum*, Rauschbeere), an die das ♀ auf der Blattoberseite einzeln Eier ablegt; nimmt bei uns stark ab (im Fichtelgebirge bereits ausgestorben); die Raupen überwintern frei an den Zweigen der Nahrungspflanze, werden bei Erwärmung im Januar oder Februar aktiv, ohne Nahrung zu finden, und überstehen dann einen erneuten Kälteeinbruch nicht mehr. b) **C. hyale** L., Goldene Acht, Gelbe Acht, Gemeiner Heufalter; auch hier ist das ♂ leuchtender gelb als das ♀; auf den Hinterflügeln eine einer 8 ähnliche gelbe Doppelringzeichnung; Raupe grün (wie bei den meisten *Colias*-Arten); an verschiedenen krautigen Schmetterlingsblütlern; 2(–3) Generationen. Als Falter kaum unterscheidbar der nächstverwandte **C. alfacariensis** Ribbe, Hufeisenklee-Gelbling, Südlicher Heufalter; eine mehr südliche Form, auf trockenem Gelände;

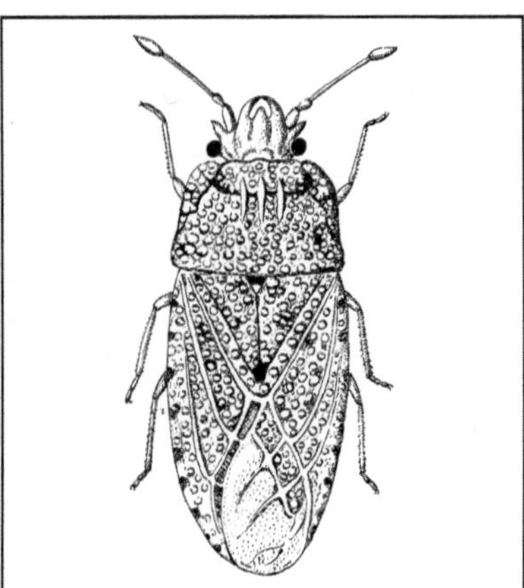

Abb. P-43: Piesmatidae: *Piesma quadratum*, Rübenwanze.
3 mm. (Jordan 1962)

Raupe jederseits mit 2 gelben Seitenstreifen
und schwarzen Punkten (*hyale* nur mit 1 Paar
weiß-gelber Seitenstreifen); auf Hufeisenklee
und Kronwicke; 2–3 Generationen. c) *C. cro-
ceus* Geoffr., Posthörnchen, Postillon (gelbrote
Grundfarbe!), Wandergelbling; das ♀ tritt in
2 Formen auf: einer orangenen (wie das ♂) und
einer weißlichen. Die grünliche Raupe an Luzerne und anderen Schmetterlingsblütlern, vom
3. Stadium ab mit gut ausgeprägter doppelter
→Gegenschattierung (weißliche Seitenlinien)
eingestellt auf Licht vom Rücken her; dazu passend die Sitzgewohnheiten der ruhenden Raupe:
1.–4. Stadium längs der Mittelrippe auf der
Blattoberseite, 5. Stadium am Stängel; doppelte
Gegenschattierung auch bei der schräg aufwärts
am Stängel hängenden Gürtelpuppe, hier jedoch
eingestellt auf Licht vom Bauch her. Bei uns 2(–
3) Generationen; die spärliche 1. Generation
Ende V wohl ausschließlich Einwanderer aus
den Mittelmeerländern; 2. Generation (VII–IX)
in oft zahlreichen Exemplaren, teils Nachkommen der 1. Generation, teils erneute Zuwanderer
(besonders stark in heißen Jahren, Zug bis Finnland); nur unter günstigen Bedingungen Ansatz
zu einer im Land entstandenen 3. Generation;
Überwinterung gelingt bei uns wohl nur selten.
7. Leptidea, Senfweißlinge, Tintenflecke; in
Dt 2 kleine weiße, äußerlich gleiche Arten mit
unterschiedlicher Genitalmorphologie (*L. sina-
pis* L., *L. juvernica* Williams); nur das ♂ oberseits an der Flügelspitze mit dunklem Fleck;
weicht im Flügelgeäder durch die Kleinheit der

Mittelzelle von den übrigen bei uns heimischen
Weißlingen ab; deutscher Name irreführend, die
Raupe frisst an verschiedenen Schmetterlings-
blütlern (*Lathyrus, Lotus, Trifolium*); die Gürtel-
puppe überwintert; 2(–3) Generationen.
Lit. →Lepidoptera; Ebert & Rennwald 1991;
Geiger et al. 1988; Kudrna 1986; Leraut 2016;
Schweiz. Bund f. Naturschutz (Hrsg.) 1987;
Settele et al. 2015; Tolman & Lewington 2012;
Wagener 1988.
Pieris →Pieridae 2; →Gürtelpuppe.
Piesma →Piesmatidae.
Piesmatidae, Meldenwanzen; Fam. der Wanzen
(Heteroptera, Pentatomomorpha) mit in Eur 11,
M-Eur 7, Dt 6 Arten, am wichtigsten *Piesma
quadratum* Fieb., Rübenwanze (3 mm; [**P-43**]);
Imagines klein (ca. 2–3 mm), Färbung sehr ver-
schieden: grau, braun, dunkel gefleckt; Oberseite
mit gitterartiger Struktur ähnlich den →Tingi-
dae; Vorderflügel von wechselnder Länge,
Hinterflügel voll entwickelt. **Saugen** i. d. R.
Siebröhrensaft (Kot zuckerhaltig: →Honigtau);
Nahrungspflanzen sind insbesondere Chenopodiaceae (Melde, Spinat, Mangold, Zucker- und
Runkelrüben); schädlich durch Saftsaugen und
Übertragen des Virus der Kräuselkrankheit. Die
♂♂ **singen** (gerippte Ader der Hinterflügel angestrichen an vorstehender Kante am Rücken des
1. Hinterleibssegments); locken dadurch die ♀♀
an, mit einem rhythmisch etwas anderen Gesang offenbar auch andere ♂♂ (Hörorgane nicht
eindeutig festgestellt). **Eiablage** nur an frisch-
grüne Pflanzen, v. a. an die Blattunterseite längs
der Adern. Die Imago **überwintert**; im Frühling
Flug zu den Nahrungspflanzen; 5 Larvenstadien
(gelbgrün bis grün); in warmen Sommern kann
eine 2. Generation hochkommen.
Lit. →Heteroptera; Heiss & Péricart 1983, 2007.
Pilemostoma →Chrysomelidae E.
Pillendreher, Scarabaeus →Scarabaeidae B3.
Pillenkäfer →Byrrhidae.
Pillenwespen, Eumenes →Vespidae B1.
Pilzeule, Parascotia fuliginaria L. →Noctuidae.
Pilzfliegen →Platypezidae.
Pilzkäfer →Mycetaeidae, →Erotylidae.
Pilzmücken →Mycetophilidae.
Pilzmückenblumen; Pflanzen feucht-schattiger
Bodenschichten mit bodennahen, urnen- oder
kesselförmigen, auf dunkelbraunem Grund
meist hell gemusterten, scheinbar duftlosen oder
pilz- oder moschusartig riechenden Blüten; an
Blütenblättern, Achsen oder Hochblättern oft
(nässende) Auswüchse, die auffallende Ähn-
lichkeit mit Fruchtkörpern von Pilzen (oder
Teilen davon) haben; durch Duft und Aussehen
der Pilzmückenblumen fehlgeleitete Pilz- und

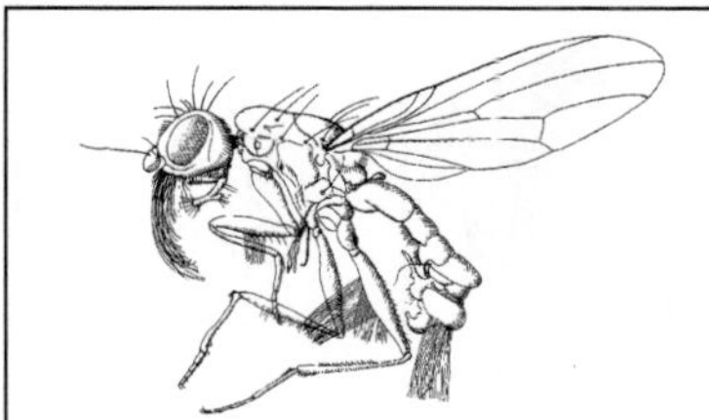

Abb. P-44: Piophilidae: *Amphipogon flavum*. ♂; Körper 4–5 mm. (Séguy 1951a)

Trauermücken (→Mycetophilidae; →Sciaridae) führen bei der Eiablage am falschen Ort die Bestäubung der Blüten durch; Eier und Larven gehen noch vor dem Abblühen zugrunde; Beispiele: *Asarum europaeum* (Haselwurz) und *Arum maculatum* (Aronstab).
Lit. Vogel 1978.

Pilzplattkäfer →Biphyllidae.

Pilzspritze →Siricidae.

***Pimpla*, Pimplinae** →Ichneumonidae, B.

Pineus →Adelgidae 3–5.

Pinienprozessionsspinner, *Thaumetopoea pityocampa* Den. & Schiff. →Notodontidae B3.

Pinselkäfer, *Trichius* →Scarabaeidae E4.

Piophila →Piophilidae.

Piophilidae; Fam. der Zweiflügler (Diptera, Brachycera, Cyclorrhapha) mit in Eur 24, M-Eur 16, Dt 11 Arten; kleine (1,5–7 mm), meist düster gefärbte Fliegen; *Amphipogon flavum* Zett. (4–5 mm) durch auffallende Behaarung bemerkenswert [**P-44**]. Imagines fliegen selten; Larven in Faulholz, Pilzen (*Mycetaulus*) oder Aas (z. B. im Winter in größeren Kadavern *Thyreophora cynophila* Pz., in M-Eur wohl ausgestorben). Hierher auch die häufige, weltweit verbreitete, glänzend bronzebraune oder schwarze Käsefliege, *Piophila casei* L. (ca. 4 mm; [**P-45**]); das ♀ legt, sicherlich geruchlich angelockt, Eihäufchen an das Nährsubstrat der Larven: Käse, aber auch die verschiedensten anderen (manchmal sich zersetzenden) proteinreichen Stoffe; die **Larven** schlank, weißlich; ausgewachsen ca. 10 mm lang; hinten mit 2 kurzen bräunlichen Atemstutzen; werden bei Massenauftreten an Lebensmitteln lästig; können sich, gelegentlich vom Menschen mit der Nahrung aufgenommen, im Darm weiterentwickeln (auch Larven verwandter Arten?); bemerkenswert das Springvermögen älterer Larven (auch bei *Thyreophora*): der Körper kann stark eingekrümmt [**P-46**] und plötzlich gestreckt werden; **Verpuppung** außerhalb des Nährsubstrates; in Häusern alle Stadien

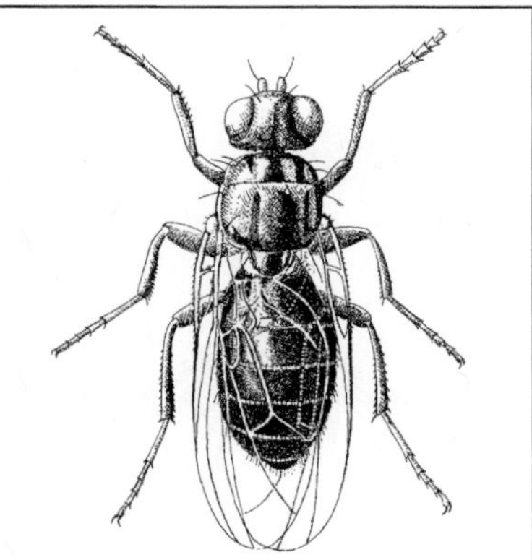

Abb. P-45: Piophilidae: *Piophila casei*, Käsefliege. 5 mm. (Bollow 1958)

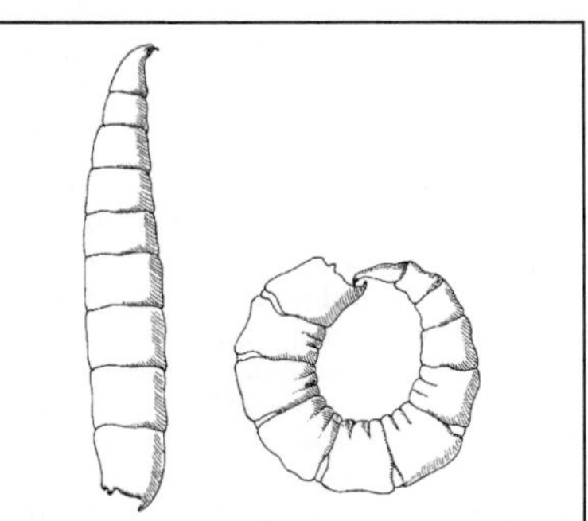

Abb. P-46: Piophilidae: *Piophila casei*, Käsefliege. Larve, 8 mm; links: gestreckt; rechts: vor dem Springen. (Séguy 1951a)

zu jeder Jahreszeit, im Freien **Überwinterung** als Larve oder als Puppe.
Lit. →Diptera.

Pipiza →Syrphidae.

Pipunculidae, Augenfliegen; Fam. der Zweiflügler (Diptera, Brachycera, Cyclorrhapha) mit in Eur ± 200, M-Eur ± 140, Dt ± 115 Arten; sehr häufig: *Pipunculus campestris* Latr.; klein, heimische Arten selten über 5 mm; fast unbehaart, meist düster gefärbt; mit riesigen Komplexaugen [**P-47**], vermutlich die führenden Organe beim Finden der Wirtstiere für die Larven (fast ausschließlich Zikaden, meist deren Larven, →Auchenorrhyncha; nur *Nephrocerus* an Schnaken der Gttg. *Tipula*, →Tipulidae); ♀ mit kräftiger,

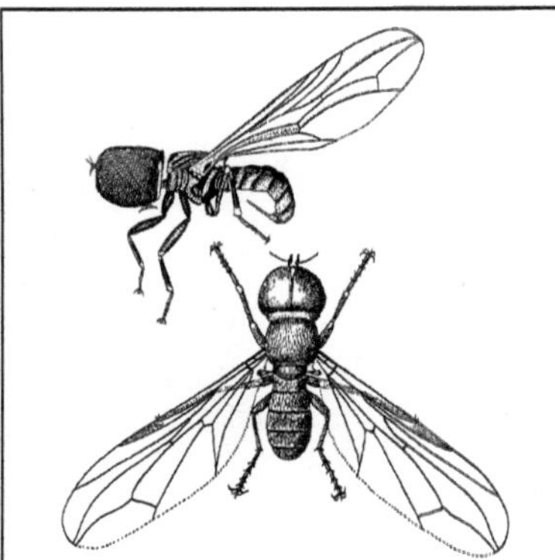

Abb. P-47: Pipunculidae: Oben *Eudorylas roseri*, Dickkopf-fliege; 3 mm; unten: *Pipunculus campestris*, 3–4 mm. (Aus Lindner 1923 ff)

fast säbelförmiger Legeröhre. **Ernährung** vorwiegend vom →Honigtau ihres Wirtes. Die **Kopulation** beginnt im Flug; das ♂ ergreift das ♀, hält es mit den Beinen und hindert es dadurch am Fliegen; das ♀ biegt das Hinterleibsende hoch; das Paar setzt sich auf Pflanzen, wobei nur das ♀ auf dem Substrat steht; die Kopula (ca. 40 min) wird fliegend beendet; zur Eiablage fliegen die ♀♀ recht langsam v. a. in der Nähe von Bächen und suchen nach einer Wirtslarve, meist →Cicadellidae, auch →Aphrophoridae, →Delphacidae und Cixiidae; einige Arten →monophag, die meisten mit mehreren Wirten (selten aus mehr als 1 U-Fam. der Zikaden); der Wirt wird ergriffen und blitzschnell im Schwebeflug mit einem **Ei** belegt, indem mit der spitzen Legeröhre eingestochen wird [**P-48**]; die Wirte erreichen meist das Imaginalstadium, bevor die erwachsene P.-Larve herauskriecht; *Verrallia aucta* befällt Imagines von *Philaenus spumarius* und *Neophilaenus lineatus* (→Aphrophoridae; die Larven sind durch ihren Schaummantel geschützt). **Larve** amphipneustisch (vorderstes und hinterstes Stigmenpaar offen; Anschluss an das Tracheensystem des Wirtes?); **Entwicklung** als Parasitoide im Abdomen des Wirtes; nur 2 Larvenstadien; **Verpuppung** i. d. R. außerhalb in der Bodenstreu [**P-48**] (nicht selten am Spülsaum von Bächen); beim Schlüpfen wird am Puparium i. d. R. ein dorsaler und ein ventraler Deckel abgesprengt; **Überwinterung** als Puppe oder Vorpuppe oder als Larve im überwinternden Wirt; die Zahl der Generationen entspricht meist der der Hauptwirte (manche Arten mit

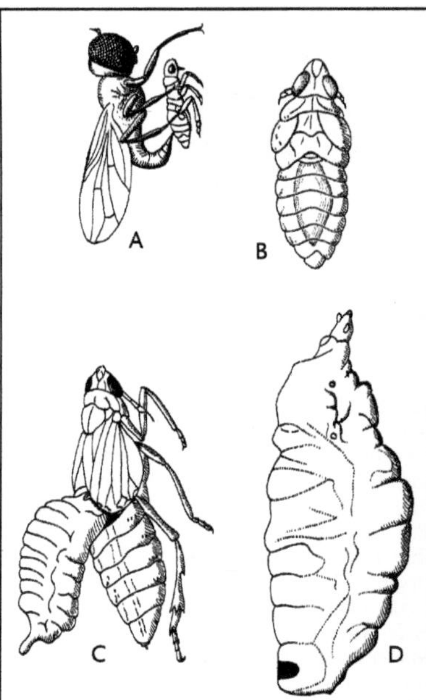

Abb. P-48: Pipunculidae. A–C: Entwicklung von *Cephalops chlorionae*. A: Eiablage; B: Larve, 2. Stadium im Wirt; C: Larve, 3. Stadium, verlässt den Wirt; D: 3. Stadium einer Pipunculi-den-Larve

2 Generationen im Jahr, z. B. *Cephalops semifumosus* Kow.).
Lit. →Diptera; Coe 1966; Waloff & Jervins 1987.
Pipunculus →Pipunculidae.
Pirenidae →Pteromalidae.
Pirus-Austernschildlaus, *Diaspidiotus pyri* Licht. →Diaspididae 3.
Pissodes →Curculionidae L1.
Pitrufquenia →Amblycera 1.
Pityogenes →Curculionidae P13, P16.
Pityokteines →Curculionidae P17.
Placusa →Staphylinidae.
Plagiodera →Chrysomelidae J5.
Plagionotus →Cerambycidae D8.
Plagodis →Geometridae C4.
Planaphrodes →Cicadellidae E.
Planchonia →Asterolecaniidae.
Planidium; bezeichnende Junglarvenform der Erzwespen aus den Fam. → Eucharitidae und → Perilampidae; der oft bedornte, etwa spindelförmige Körper segmentiert [**H-44**], hinten mit Saugscheibe; erwartet frei beweglich den Wirt.

Manchmal werden auch Erstlarven anderer parasitoider Insekten, die einen Wirt (oder ein Eigelege) aufsuchen, in dem sie sich zu einem abweichenden, weichhäutigen, wenig beweglichen 2. Larvenstadium häuten, als Planidien bezeichnet (→Mantispidae [M-5], →Strepsiptera [S-106], →Meloidae [M-22], →Ripiphoridae, →Acroceridae [A-3], →Bombyliidae [B-25], →Nemestrinidae [N-4], →Tachinidae [T-14]).

Planipennia, Hafte, Netzflügler i.e. S.; Ordg. der Insekten mit vollkommener Verwandlung (→Holometabolie); bildet zusammen mit den →Raphidioptera und →Megaloptera die übergeordnete Gruppe der →Neuroptera; in Eur ± 280, M-Eur 130, Dt 101 Arten; Imagines klein bis sehr stattlich, mit 2 Paaren reich geäderter Flügel, die in Ruhe dachförmig auf dem Rücken liegen; Flug i. d. R. träge (Ausnahme: →Ascalaphidae) und wenig ausgedehnt; mit beißend-kauenden Mundgliedmaßen, ernähren sich jagend. Die **Larven** meist an Land (→Sisyridae jedoch im Wasser, →Osmylidae amphibisch); gleichfalls jagend, mit kennzeichnenden Saugzangen, bestehend aus den zangenförmigen Mandibeln und den an ihrer Unterseite mit ihnen verzahnten, ähnlich verlängerten Galeae der Maxillen; zwischen beiden das Nahrungsrohr, durch das – nach Einschlagen der Zange in die Beute – die vor dem Mund verflüssigte Nahrung aufgesaugt wird; Larvendarm nicht durchgängig, kurz vor der Mündung der Ausscheidungsorgane (Malpighi-Gefäße) verschlossen, Unverdautes wird am Ende des Mitteldarms gespeichert oder nach vorn ausgewürgt. 3 Larvenstadien; **Verpuppung** stets an Land als Pupa dectica (→Pupa; Mandibeln auch bei der alten Puppe beweglich und zum Beißen geeignet), meist im Boden in einem Kokon aus Spinnseide, die aus den Malpighi-Gefäßen stammt; Austreten der Seide aus dem oft tubenartig verengten Hinterleibsende der alten Larve – Heimisch die Fam. →Ascalaphidae, →Chrysopidae, →Coniopterygidae, →Hemerobiidae, →Mantispidae, →Myrmeleontidae, →Osmylidae, →Sisyridae, in S-Eur weitere Fam. (Berothidae, Dilaridae, Nemopteridae, Nevrorthidae).
Lit. Aspöck & Aspöck 1964, 1969; Aspöck et al. 1980; Berland & Grassé 1951; Elliott 1996; Engel et al. 2018; New 1989; Wachmann & Saure 1997; Winterton et al. 2018.

Planococcus →Pseudococcidae 2.

Plastron; ein Luftfilm auf der Körperoberfläche mancher Wasserinsekten, der von Feinstrukturen der Kutikula oder von feinen hydrophoben Haaren durch Oberflächenspannung so gehalten wird, dass er im Gegensatz zur →physikalischen Kieme vom umgebenden Wasser nicht verdrängt wird („inkompressible Gaskieme"; →Aphelocheiridae, →Ichneumonidae G, →Curculionidae D, P5, →Dryopidae, →Elmidae, →Hydrophilidae, →Scirtidae, →Pyralidae 23); hierher auch die Spirakulumkiemen (von einem Plastron überzogene Prothorakalhörnchen) einiger aquatischer →Diptera-Puppen (z. B. →Tipulidae, →Blephariceridae, →Simuliidae); Plastron-Träger müssen zum Luftholen nicht notwendigerweise an die Wasseroberfläche kommen, sondern bleiben oft zeitlebens unter Wasser.
Lit. Hinton 1968; Messner & Adis 1994; Mill 1974; Rahn & Paginelli 1968; Wichard et al. 2013.

Platanen-Netzwanze, *Corythucha ciliata* Say →Tingidae 5.

Plataspidae, Kugelwanzen; Fam. der Wanzen (Heteroptera, Pentatomomorpha) mit in Eur 3, M-Eur 2 Arten, bei uns nur *Coptosoma scutellatum* Geoffr. (4 mm; [P-49]); wärmeliebend; schwarz, schwach blau oder grün schimmernd; das hinten an den Halsschild anschließende Schildchen bedeckt den ganzen Hinterkörper, darunter die Flügel; Vorderflügel sehr lang, hinterer Teil quer unter das Schildchen geklappt. **Pflanzensaftsauger,** hauptsächlich an Schmetterlingsblütlern, insbesondere an Kronwicke (*Coronilla*). **Eiablage** 2-zeilig auf Blätter der Nahrungspflanze [P-50]; am Grunde zwischen beiden Zeilen kleine dunkle Kapseln, gefüllt mit symbiotischen Bakterien; die Junglarven saugen nach dem Schlüpfen den Inhalt der Kapseln auf [P-51] und infizieren sich so mit den **Symbionten;** Bildung der Kapseln (Symbiontenballen, von Drüsensekret umhüllt) im hinteren Teil des Mitteldarms. Weitere Besonderheiten im

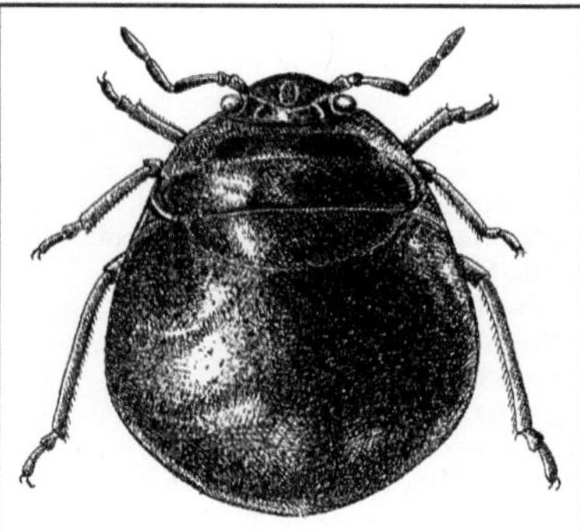

Abb. P-49: Plataspidae: *Coptosoma scutellatum*, Kugelwanze; ca. 4 mm. (Rietschel 1969)

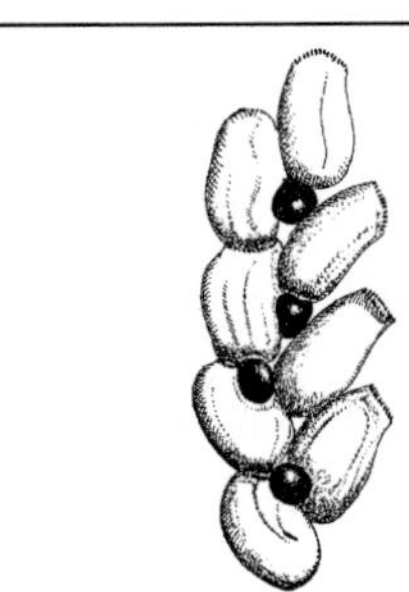

Abb. P-50: Plataspidae: *Coptosoma scutellatum*, Kugelwanze. Gelege; schwarz: die Kapseln mit Symbionten. (Koch 1962)

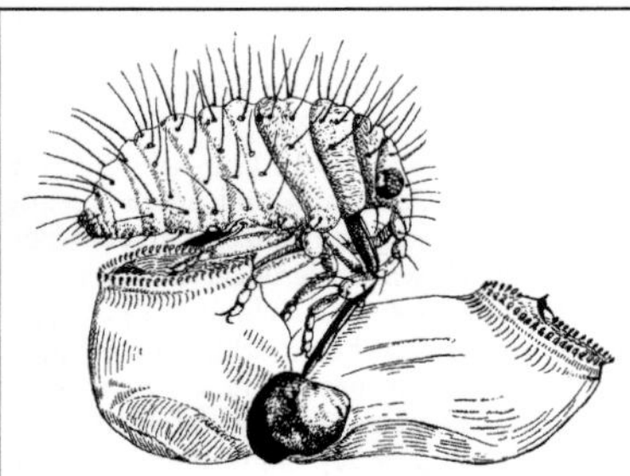

Abb. P-51: Plataspidae: *Coptosoma scutellatum*. Eilarve saugt Symbionten aus der Kapsel. (Koch 1962)

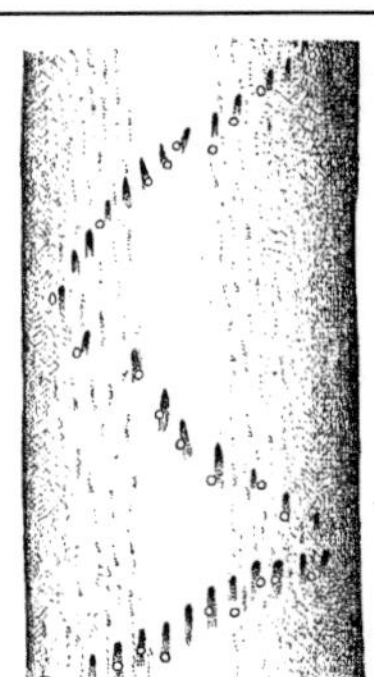

Abb. P-52: Platycnemidae: *Platycnemis pennipes*, Federlibelle. Gelege im Stängel der Teichrose (Ei 0,9 mm); die meisten Eier von Schlupfwespen befallen; Kreise: Schlupflöcher des Parasitoiden. (Robert 1959)

Darmbau: Mitteldarm nicht durchgängig, sondern kurz hinter dem blasenförmig erweiterten vorderen Teil unterbrochen, der anschließende längere Teil mit Symbiontenkrypten besetzt; mündet beim ♀ im After aus (Abgabe von Symbiontenkapseln), endet beim ♂ blind, nur durch Tracheen mit dem kurzen Enddarm verbunden. **Überwinterung** als Larve; Imagines ab VI.
Lit. →Heteroptera; Buchner 1953; Jordan 1962.
Plateumaris →Chrysomelidae A.
Plattbauch, *Libellula depressa* L. →Libellulidae 1.
Plattkäfer →Cucujidae.
Plattwanzen →Cimicidae.
Plattwespen →Bethylidae.
Platycampus →Tenthredinidae 23.
Platycerus →Lucanidae 3.
Platycleis →Tettigoniidae 5.
Platycnemidae, Federlibellen; Fam. der Libellen (Odonata, Zygoptera) mit in Eur 3 Arten; zarte Kleinlibellen, ähnlich den →Coenagrionidae, bei ♂ und ♀ Mittel- und Hinterschienen jedoch flach (für Drohgebärden im Flug genutzt); in

M-Eur & Dt nur *Platycnemis pennipes* Pall., Federlibelle; Abdomen beim ♂ blau mit schwarzer Zeichnung, beim ♀ blasser mit wenig Schwarz; an fischreichen, langsam fließenden, auch stehenden Gewässern mit viel Pflanzenbewuchs (meist VII–VIII); nach dem Schlupf 1- bis 3-wöchige Reifezeit abseits eines Gewässers in Wiesen, Hecken und Waldlichtungen; auch die geschlechtsreifen Federlibellen entfernen sich regelmäßig zum Beutefang und zur Partnersuche vom Gewässer. **Eiablage** unmittelbar nach der Begattung, in Tandemstellung [0-5] mit aufgerichtetem ♂ („Wachtturm", wie bei vielen →Coenagrionidae), oft in Gruppen mit anderen Paaren; die Eier werden in Zickzackbändern unter der Wasseroberfläche in flutende Wasserpflanzen und Pflanzenreste (selbst Totholz) eingestochen, bevorzugt in Blütenstängel der Teichrose [**P-52**], wobei das ♀ höchstens den Hinterleib eintaucht; die Eiablage eines Paares kann bis zu 2 h dauern, wobei viel Zeit bei der Suche nach noch unbelegten Eiablageplätzen vergeht. Nach 2–3 Wochen schlüpfen relativ gedrungene **Larven** mit fadenförmig ausgezogenen Tracheenkiemen; sehr träge, halten sich zwischen Wurzeln, Steinen, Detritus u. Ä. versteckt (und werden daher seltener von Fischen erbeutet); 10–12 Larvenstadien; **Überwinterung** als letztes Larvenstadium; Entwicklung meist 1-jährig.
Lit. →Odonata.
Platycnemis →Platycnemidae.
Platygaster →Platygastridae.
Platygastridae (Platygasteridae); Fam. der Hautflügler (Hymenoptera, Apocrita, Platygas-

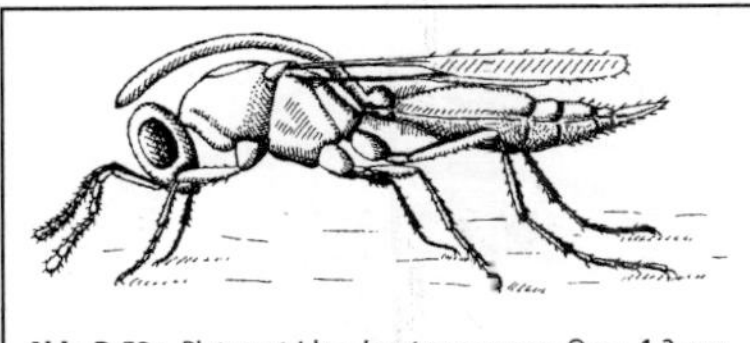

Abb. P-53: Platygastridae: *Inostemma* spec. ♀; ca. 1,3 mm. (Bachmaier 1969)

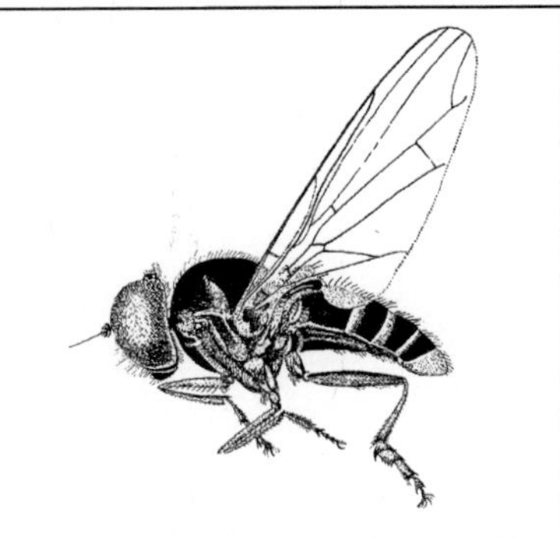

Abb. P-54: Platypezidae: *Platypeza fasciata*. ♂, Länge 4 mm. (Lindner 1923 ff)

troidea) mit in Eur >560, M-Eur >190, Dt >100 Arten; kleine (1–2 mm, selten bis 4 mm), meist schwarze Schlupfwespen mit einem mächtig vergrößerten 3. Abdominaltergiten und (fast) vollständig rückgebildeten Flügeladern; wie bei den →Scelionidae ist der dünne, wenig verhärtete **Legeapparat** (Ovipositor) von den Tergiten losgelöst und der Hinterleib rundum kräftig sklerotisiert (Hinterleibsstigmen rückgebildet): ermöglicht mit Muskelunterstützung das Aus- und Eingefahren Einfahren des Ovipositors durch Änderung des Innendrucks; ♀ mit sehr langem Legebohrer bringen diesen unter: 1) durch Aufrollen im Hinterkörper (z. B. *Isostasius*), 2) in Aussackungen am Hinterleib (ein dorsal am Stielglied entspringender, gekrümmter, kopfwärts gerichteter hornartiger Fortsatz wie bei *Inostemma* [**P-53**] oder eine sackartige Erweiterung des 1. bzw. 2. →Metasoma-Sternits wie bei *Synopeas*-Arten, 3) in einem langen Hinterleib bzw. einem schwanzartig verlängertem Hinterleibsende; bei manchen Arten die (dann bodenbewohnenden) ♀ mit verkümmerten Flügeln; **Fühler** gekniet und beim ♀ gekeult, Aufspüren der Wirte mit Geruchssinnesorganen an der Unterseite der Keulenglieder (wie bei →Scelionidae). **Larven** endoparasitoid, die der U-Fam. Platygastrinae ausschließlich bei den Larven von Gallmücken (→Cecidomyiidae), die der U-Fam. Sceliotrachelinae (bisher 5 Arten aus Dt nachgewiesen) bei →Pseudococcidae (*Allotropa*), Pseudopuparien der →Aleyrodina (*Amitus*) und in Eiern phytophager Käfer der Fam. →Chrysomelidae und →Curculionidae (z. B. *Fidiobia*); bei manchen *Platygaster*-Arten Entwicklung mehrerer Individuen aus 1 Ei (Polyembryonie). **Eiablage** meist schon in das Ei des Wirtes, Entwicklung jedoch i. d. R. erst in der erwachsenen Wirtslarve beendet; **Verpuppung** in der Larvenhaut des Wirtes. Wichtige Helfer bei der Bekämpfung von an Kulturpflanzen schädlichen Gallmücken (z. B. sind einige Arten Parasitoide der Hessenfliege, *Mayetiola destructor*, →Cecidomyiidae B3).
Lit. →Hymenoptera; Austin et al. 2005.

Platygastroidea; Gruppe parasitoider Taillenwespen (Apocrita, →Hymenoptera); mit den Fam. →Platygastridae, →Scelionidae.
Platynaspis →Coccinellidae.
Platypalpus →Hybotidae.
Platyparea →Tephritidae 4.
Platypezidae, Tummelfliegen, Pilzfliegen, Sohlenfliegen; Fam. der Zweiflügler (Diptera, Brachycera, Cyclorrhapha) mit in Eur 43, M-Eur 38, Dt 29 Arten; die Imagines klein (meist 2–4 mm); die ♂♂ oft düsterer gefärbt als die ♀♀ und mit größeren Komplexaugen; die Tarsen des 3. Beinpaares insbesondere beim ♀ verbreitert [**P-54**], erleichtern das Festhalten an glatten Pilzoberflächen währen der Eiablage. Tummeln sich gern lebhaft auf beschatteten Blättern, um →Honigtau u. Ä. von der Blattoberfläche aufzunehmen; die ♂♂ fliegen in Schwärmen auf und ab, lassen dabei die Beine hängen, vielleicht ein Signal für die anfliegenden ♀♀ (bei den ♂♂ der nordamerikanischen Gttg. *Calotarsa* Hintertarsen mit besonderen Anhangsgebilden); die Paarung wird oft im Flug eingeleitet und auf einem Blatt fortgesetzt. **Eiablage** in die Poren bzw. zwischen die Lamellen der Wirtspilze. Die **Larven** erwachsen 4–5 mm [**P-55, P-56**]; meist asselförmig, abgeplattet, gelblich weiß bis lederfarben, mit artspezifisch verschieden geformten Anhängen, seltener zylindrisch und ohne Anhänge (z. B. *Agathomyia*); →amphipneustisch; meist →oligophag bis monophag, fressen an oder in Baumpilzen (Ausnahme: *Lindnertomyia* an Lamellenpilzen am Boden); Larven der U-Fam. **Platypezinae** [**P-55**] an weicheren Pilzkörpern (Lamellenpilze, auch Porlinge), die der U-Fam. **Callomyiinae** (z. B. *Callomyia amoena*

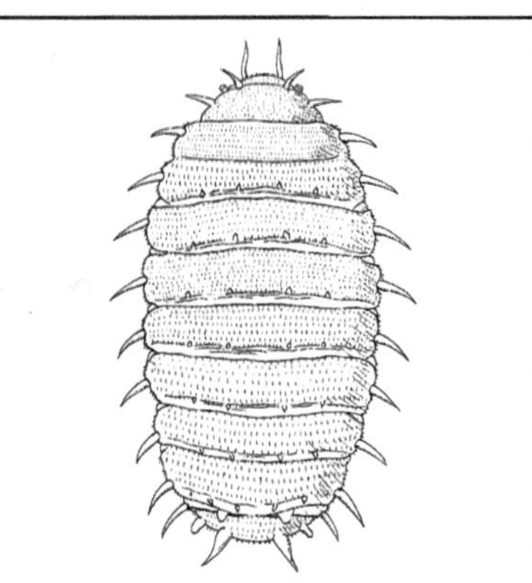

Abb. P-55: Platypezidae: *Platypeza* spec. Larve, ca. 3,5 mm. (Brauns 1991)

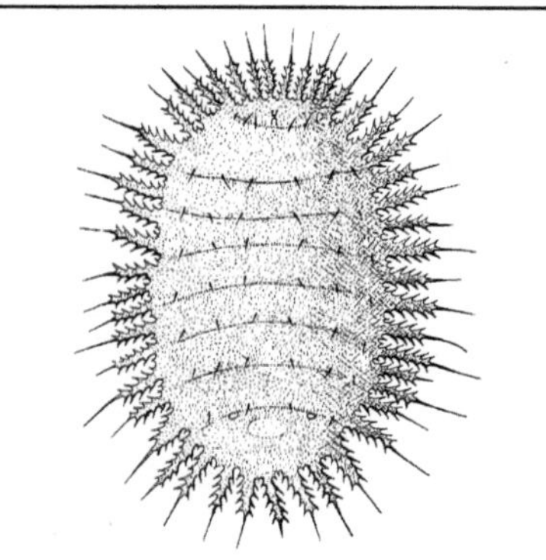

Abb. P-56: Platypezidae: *Callomyia amoena*. Larve, 5 mm. (Lindner 1923 ff)

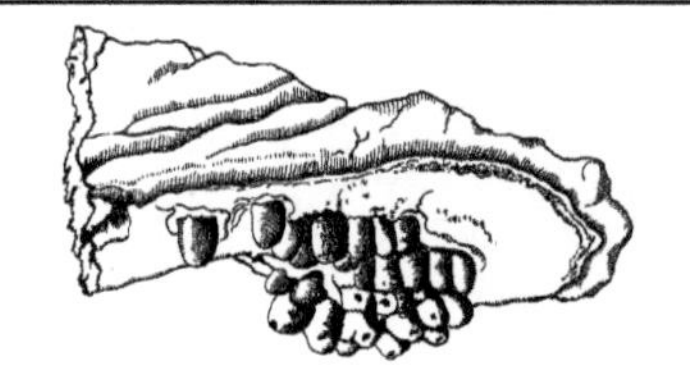

Abb. P-57: Platypezidae: *Agathomyia wankowiczii*. Zapfengallen; Zapfenlänge ca. 6 mm. (Brauns 1991)

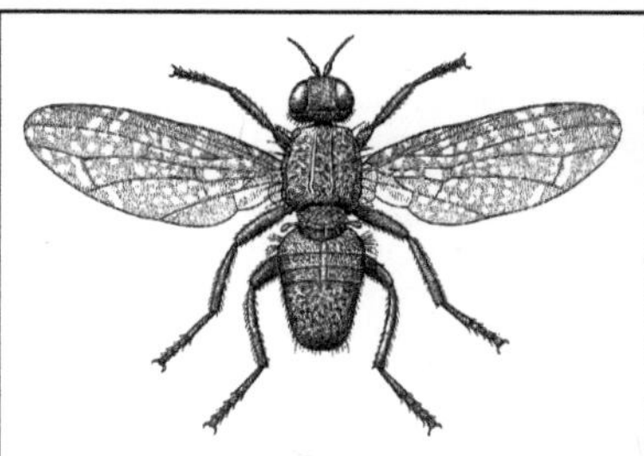

Abb. P-58: Platystomatidae: *Platystoma seminationis*. 6 mm. (Chinery 1979)

Meig. [**P-55**]) meist an härteren Porlingen und unter Rinde an Pilzfäden; abweichend leben die Larven von *Agathomyia wankowiczii* Schnabl. in zapfenförmigen Zitzengallen an der Unterseite anscheinend ausschließlich des Baumschwammes *Ganoderma applanatum* Patouil.; die Larve verlässt die Galle durch ein Loch an der Spitze [**P-57**]. **Puparien** im Boden, oft in einem „Kokon" aus Pilzresten; vermutlich 2 Generationen im Jahr, die Larven der 2. Generation überwintern. – Die **Microsaniinae,** Rauchfliegen, mit in Eur 6, M-Eur 5, Dt 2 Arten der Gttg. *Microsania* ohne die abgewandelten Tarsen der übrigen Platypezidae; Zugehörigkeit zur Fam. fraglich; die

kleinen Fliegen werden von Feuern angezogen, in deren Rauchsäule die ♂♂ schwärmen; sonstige Lebensweise und Larven unbekannt.
Lit. →Diptera; Brauns 1954a, b, 1991; Tkoč et al. 2016.
Platypodinae →Curculionidae C.
Platypsyllus →Leiodidae C2.
Platypus →Curculionidae C.
Platyrhinus →Anthribidae 1.
Platysoma →Histeridae.
Platystethus →Staphylinidae.
Platystoma →Platystomatidae.
Platystomatidae, Breitmundfliegen; Fam. der Zweiflügler (Diptera, Brachycera, Cyclorrhapha) mit in Eur 18, M-Eur 7, Dt 2 Arten der Gttgn. *Platystoma* und *Rivellia*; klein bis mittelgroß (3–11 mm); die Flügel bräunlich mit hellen Fensterflecken [**P-58**]; bei manchen tropischen Arten ist der Kopf durch seitliche Zapfen, die die Komplexaugen tragen, stark verbreitert. v. a. auf Gebüsch, *Rivellia* gerne auf Wiesen. Imagines nehmen Flüssigkeiten, die aus Dung, Aas oder Früchten austreten, an Harzflüssen, Nektar und →Honigtau (die amerikanische *Rivellia viridulans* R.-D. melkt Blattläuse durch Bestreichen mit den Vorderbeinen). Die heimische *Platystoma seminationis* F. mit einem Balztanz, während dem die Rüsselenden aneinander ge-

presst werden. Über die **Larven** wenig bekannt, wohl hauptsächlich im Boden als Fresser von Pilzfäden und sich zersetzenden pflanzlichen Stoffen; die Larven der heimischen *Platystoma seminationis* F. gelegentlich in von Pilzen befallenen Spargelwurzeln; Larven nicht heimischer *Rivellia*-Arten an Wurzelknöllchen von Schmetterlingsblütlern oder unter Rinde.
Lit. →Diptera.

Platystomos →Anthribidae 2.

Platyura →Keroplatidae.

Plea →Pleidae.

Plebeius →Lycaenidae C2.

Pleciidae →Bibionidae.

Plecoptera, Steinfliegen, Uferfliegen, Uferbolde [**P-59**]; Ordg. der Insekten mit unvollkommener Verwandlung (→Hemimetabolie); übergeordnete Gruppe: Polyneoptera; Körperbau gegenüber ursprünglichen →Neoptera wenig abgewandelt; in Eur mehr als 440 Arten, davon etwa 125 in Dt; die ♂♂ häufig kleiner als die ♀♀; Mundteile bei den Imagines der Euholognatha ausgebildet (**Nahrung**: v. a. Algen, Flechten, Pilzsporen, Pollen, Falllaub); die kurzlebigen Imagines der Systellognatha (z. T. nur wenige Tage) dagegen mit ± reduzierten Mundteilen, ermöglichen wohl nur bei Arten mit noch leidlich ausgebildeten Mandibeln eine Nahrungsaufnahme (insbesondere kleineren Arten: →Chloroperlidae; *Isoperla*); Reste der larvalen Tracheenkiemen bisweilen noch vorhanden; 2 Paar **Flügel**, in der Ruhe flach auf den Rücken gelegt; die beiden Flügelpaare an der Basis weit voneinander getrennt, kein Koppelungsmechanismus zwischen Vorder- und Hinterflügel; Flügel bei manchen Arten (manchmal individuell verschieden) verkürzt, zumal bei den ♂♂; zuweilen auch kurz- bzw. langflügelige ♂♂ in verschiedenen Teilen des Artbereiches. **Flugzeit** je nach Art III–XI, wird sehr konstant eingehalten; meist fliegen die ♂♂ schon etwas früher als die ♀♀; meist vielfach mit nur geringer Neigung zum Fliegen; Flucht häufiger durch Fortlaufen. **Kopulation** bald nach dem Schlüpfen, meist am Boden, selten im Flug; manchmal (*Nemoura*) sind die sonst gegliederten, antennenartigen Cerci der ♂♂ zu kurzen, zum Festhalten des ♀ bei der Begattung geeigneten Klammerorganen umgebildet; das ♂ sitzt auf oder neben dem ♀; **Trommeln:** bei den Arctoperlaria (hierher alle europäischen Arten) schlagen ♂♂ und ♀♀ in einem artspezifischen Rhythmus mit dem Hinterleib trommelnd auf die Unterlage, wobei stets die ♂♂ beginnen und nur unbegattete ♀♀ antworten; das über Sinnesorgane in den Beinen (Subgenualorgan) wahrgenommene Trommeln wirkt aktivierend und

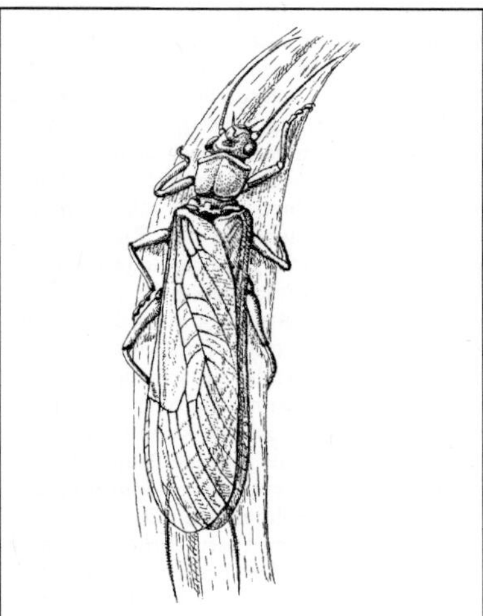

Abb. P-59: Plecoptera: *Perla marginata*, Steinfliege. Etwa 20 mm. (Rietschel 1969)

dient dem Sichfinden der Geschlechtspartner; bei den ♂♂ vieler Arctoperlaria ventral im Bereich des Abdomenendes Anhangsorgane, mehr rundlich („Bauchblase") oder mehr spitz („Hammer", manchmal in Zwei- oder Dreizahl vorhanden), die der Kontrolle der Körperhaltung beim Trommeln dienen; wo sie fehlen, übernimmt die sog. Bauchbürste diese Funktion. **Eiablage:** wenige Tage nach der Kopulation Austreten des Eiballens beim ♀, der einige Zeit getragen wird (je nach Art 100–400 Eier); dann Ablage meist durch Eintauchen des Hinterleibs ins Wasser; selten Eiablage im Flug mit eingetauchtem Hinterleib (*Isoperla*); bei manchen Arten (*Nemoura*) verteilt sich die Hüllsubstanz der Eier bei Berührung mit Wasser plötzlich auf der Oberfläche, die Eier sinken einzeln ab. **Larven** im Süßwasser, fast nur in kälteren, sauerstoffreichen, schnell fließenden Bächen und Flüssen, auch in Gletscherbächen (→Leuctridae); Indikatoren für hohe Wassergüte; wenige nur in der Uferregion von Seen; kleine Formen und Junglarven oft zwischen Wasserpflanzen, sonst v. a. an und unter Steinen; *Leuctra major* Brinck bis 90 cm Tiefe im grobkörnigen Bodengrund von Bächen; einige Arten im Bodenwasser auch seitlich der Fließgewässer; meist recht träge, entschließen sich selten zum Schwimmen, dann mit alternierenden Bewegungen der Beine (bei großen Larven mitunter mit Schwimmhaaren), nicht selten unterstützt durch seitliches Schlängeln des Hinterleibs; Körper flach (Fließwasserform); am Hinterleibsende stets nur 2 gegliederte Anhänge (Cerci); Mundteile kauend; Atmung teils als Hautatmung, teils (größere Formen) über schlauchförmige Tracheenkiemen an verschiedenen Körperstellen: ventral an Kopf oder Brust, am Aftergebiet, seltener seitlich an den Hinterleibssegmenten; auf den Kiemen oder der Körperoberfläche osmoregulatorisch tätige Chloridzellen (→Chloridepithel); viele Arten empfindlich gegen Sauerstoffmangel; Nahrung bei kleinen Arten (viele Euholognatha) und Junglarven zerfallende organische Teilchen (Detritus), Algen; bei mittelgroßen Arten dazu noch Kleintiere; bei großen Arten (→Perlidae, manche →Perlodidae) lebende Beute verschiedenster Art (v. a. Larven der →Chironomidae, →Baetidae und →Simuliidae); Dauer des Larvenlebens bei großen Arten (*Perla*) ca. 3 Jahre (zahlreiche, z. T. über 20 Häutungen), bei mittelgroßen Arten (*Perlodes*) ca. 2, bei kleinen Arten ca. 1 Jahr; vielleicht bei einigen kleinen Arten 2 Generationen im Jahr; bei Bewohnern niemals zufrierender Bäche Wachstum auch im Winter; die Altlarven kriechen zur letzten Häutung an Land; Lebensdauer der Imagines ca. 2–5 Wochen. – Mit 2 Teilgruppen: **Antarctoperlaria** (nur in der Südhemisphäre) und **Arctoperlaria**, Letztere mit 2 Fam.-Gruppen: **Euholognatha** (kleine bis mittelgroße Arten, 4 bis ca. 12 mm) mit den →Capniidae, →Leuctridae, →Nemouridae, →Taeniopterygidae; **Systellognatha** (kleine bis sehr große Arten) mit den →Chloroperlidae, →Perlidae, →Perlodidae.

Lit. Engelhardt 1982; Enting 2006–2022, Ruprecht 1976, 1982; Tierno de Figueroa & López-Rodríguez 2019; Wesenberg-Lund 1943; Wichard et al. 2013; Zwick 1980, 2004.

Plectrocnemia →Polycentropodidae.

Plectrum →Stridulationsorgane.

Pleganophorus →Endomychidae.

Pleidae, Zwergrückenschwimmer; Fam. der Wanzen (Heteroptera, Nepomorpha); einzige Art in Eur & Dt: *Plea minutissima* Leach. (Wasserzwerg); klein (2–3 mm), sehr hochrückig (jüngste Larven abgeflacht); in stehenden oder langsam fließenden Gewässern, meist gesellig zwischen Wasserpflanzen und an der Unterseite von Schwimmblättern kletternd; schwimmen mit dem Rücken nach unten (ähnlich den verwandten →Notonectidae), recht flink, obwohl die nur schwach behaarten Hinterbeine keine typischen Ruderbeine sind; **Luftschöpfen** an der Wasseroberfläche; Hinterflügel mehr oder weniger stark verkürzt (die meisten Imagines daher

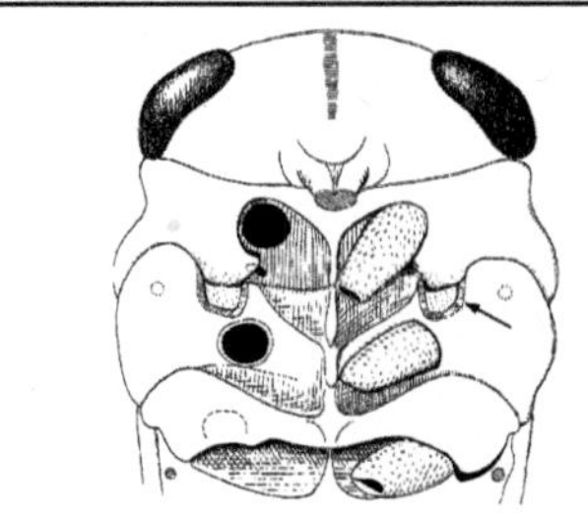

Abb. P-60: Pleidae: *Plea minutissima*, Zwergrückenschwimmer. Vorderkörper, ventral; Zirpapparat: jederseits Zapfen des Prothorax in Grube mit geriefter Wand (Pfeil). (Weber 1930)

flugunfähig); die stark sklerotisierten Deckflügel durch besondere Verzahnungsvorrichtungen miteinander und mit Brust und Hinterleib verbunden, bilden so einen Vorratsraum für die Atemluft; weiterer Luftvorrat am Bauch im Haarfilz; offene Stigmen. Metathorakale **Drüsen** mit duftlosem Sekret (enthält zu 10–15 % Wasserstoffperoxid), das nicht der Feindabwehr dient (→Heteroptera), sondern dem Schutz vor Mikroorganismen: die Imagines verlassen von Zeit zu Zeit (besonders häufig bei Wärme und hoher Lichtintensität) das Wasser und bestreichen die Körperunterseite mit dem Sekret (Unterlassen führt zum Verlust der Luftblase). **Ernähren** sich jagend von kleinen Wassertieren, u. a. Wasserflöhen und Stechmückenlarven. ♂ und ♀ mit **Zirporganen** ventral an der Brust: scharfe Kanten der Vorderbrust werden durch nickende Bewegungen an einem gerieften Bereich der Mittelbrust gerieben [**P-60**]; ein „Trommelfell" jederseits an der Mittelbrust wird als Teil eines →Tympanalorgans (Hörorgans) gedeutet; das Zirpen dient vielleicht der Schwarmbildung zur Fortpflanzungszeit, jedenfalls werden die Tiere dadurch in Kopulationsstimmung versetzt. Die Imagines **überwintern** 2-mal unter Wasser; Fortpflanzung Ende Frühling schon nach der ersten 1. Überwinterung; das ♀ legt **Eier** mit dem Legebohrer in Wasserpflanzen; vermutlich 6 Larvenstadien.

Lit. →Heteroptera; Kovacs 1993; Wesenberg-Lund 1943.

Plemeliella →Cecidomyiidae D4.

Pleometrose →Polygynie.

pleophag; Bezeichnung für einen →Parasiten, der verschiedene Wirte, Vertreter mehrerer Familien der gleichen Ordg., befällt; gilt analog für Pflanzenfresser.

Pleroneura →Xyelidae.

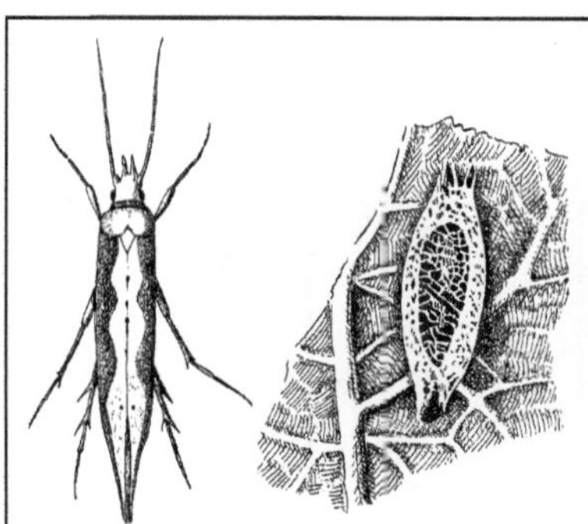

Abb. P-61: Plutellidae: *Plutella xylostella*, Kohlschabe, Schleiermotte. Links: Imago in Ruhehaltung von oben; rechts: Puppengespinst an Blatt. (Sorauer 1949–57; Lengerken 1932)

Pleurota →Oecophoridae A.
Plioreocepta →Tephritidae 4.
Plodia →Pyralidae 10.
Ploiaria →Reduviidae E.
**Plumpschrecke, *Isophya kraussi* Serv. →Phaneropteridae 3.
Plusiinae →Noctuidae 12.
Plusiocampa →Diplura.
Plutella →Plutellidae 1, 2.
Plutellidae, Schleiermotten, Schabenmotten; Fam. der Schmetterlinge (Lepidoptera, Glossata, Yponomeutoidea) mit in Eur 25, M-Eur 11, Dt 9 Arten; 25 Arten aus 5 Gttgn.; kleine bis mittelgroße mottenartige Falter (Flspw. 12–20 mm); Flügel in Ruhe steil dachförmig gelegt; nach vorne gestreckter Haarbusch am Mittelglied der Labialpalpen; die Raupen mit relativ langen Kranzfüßen, an Kreuzblütlern (Brassicaceae), teils minierend, teils frei in einem schwachen Gespinst; einige Arten sehr schädlich an Kulturpflanzen; die Puppen in einem lockeren, zuweilen sehr kunstvollen Kokon.
1. *Plutella xylostella* L., Kohlschabe, Schleiermotte [P-61**]; vermutlich aus dem Mittelmeerraum stammende, heute weltweit verbreitete Art; Flspw. 15–17 mm; auffällige gezackte Linie auf den Vorderflügeln; die Falter der 1. Generation im V; →polyphag an Kreuzblütlern (Brassicaceae); verursacht nicht selten große Schäden an Kohl; **Eiablage** (bis zu 200 am Tag) einzeln oder in kleinen Gruppen an den Blattstiel oder die Blattunterseite; das erste 1. **Rau**penstadium miniert im Blatt, die späteren leben frei auf der Blattunterseite, fressen die unteren Blattschichten (das Oberhäutchen bleibt wie ein weißlicher Schleier stehen); alte Raupen

Abb. P-62: Plutellidae: *Plutella xylostella*, Kohlschabe. Kohlblatt mit Raupenfraß. (Braun, Riehm 1957)

fressen Löcher [**P-62**]; Entwicklungszeit bis zur Imago bei 25 °C: 18 Tage; **Verpuppung** meist auf der Blattunterseite [**P-61**]; 2. Generation im Sommer, bisweilen noch eine 3. Generation im Herbst; Überwinterung als Puppe in einem zierlich durchbrochenen Kokon, oft an der Blattunterseite der Nahrungspflanze (wilde oder angebaute Kreuzblütler, senfölhaltige Pflanzen wirken anlockend). Wird parasitiert durch *Diadegma semiclausum* Hell. (→Ichneumonidae D4); Anstich ohne Lähmung, meist im hinteren Körperdrittel; Befall bis zu 85 %.
   **2. *Plutella porrectella* L., Nachtviolenmotte; die überwinterten Raupen fressen im Frühling an zusammengesponnenen Blütenknospen der Nachtviole und anderer Kreuzblütler, die der 2. Generation im Sommer an den Blättern.
Lit. →Lepidoptera; Happe et al. 1988.
Pnyxia →Sciaridae.
Pocadius →Nitidulidae D.
Pochkäfer →Anobiidae.
Pockenläuse →Asterolecaniidae.
Podagrion →Torymidae.
Podalonia →Sphecidae C2.
**Podas Waldschabe, *Ectobius silvestris* Poda →Ectobiidae 1.
Podisma →Acrididae D1.
Podopinae →Pentatomidae; vgl. →Scutelleridae.
Podura →Collembola; →Poduridae.
Poduridae; Fam. der Springschwänze (Collembola, Poduromorpha); in Eur & Dt nur

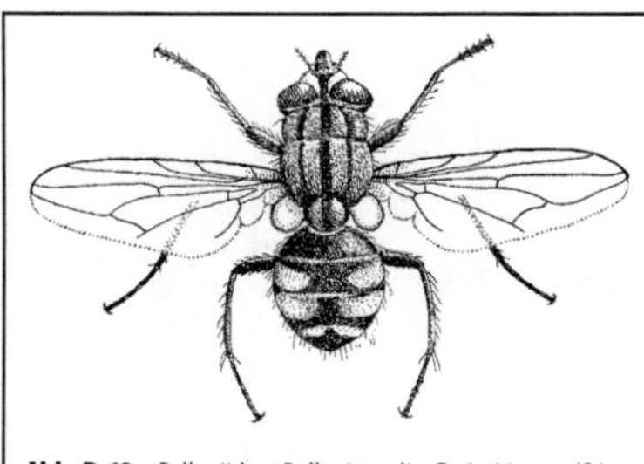

Abb. P-63: Polleniidae: *Pollenia rudis*. ♀, 6–10 mm. (Séguy 1951a)

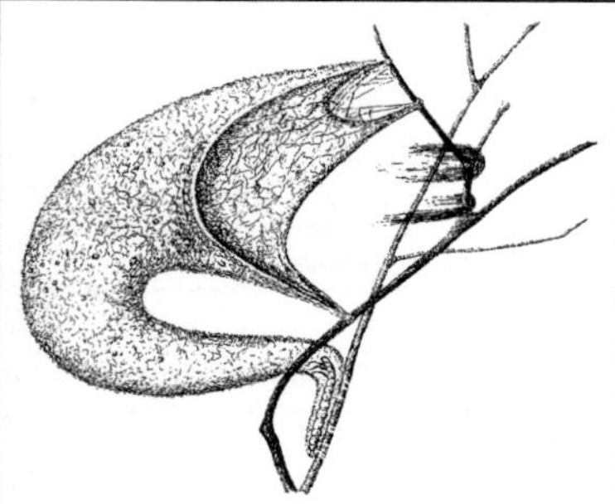

Abb. P-64: Polycentropodidae: *Neureclipsis bimaculata*. Fangnetz mit Larve; Öffnungsdurchmesser bis ca. 9 mm. (v. Frisch 1974)

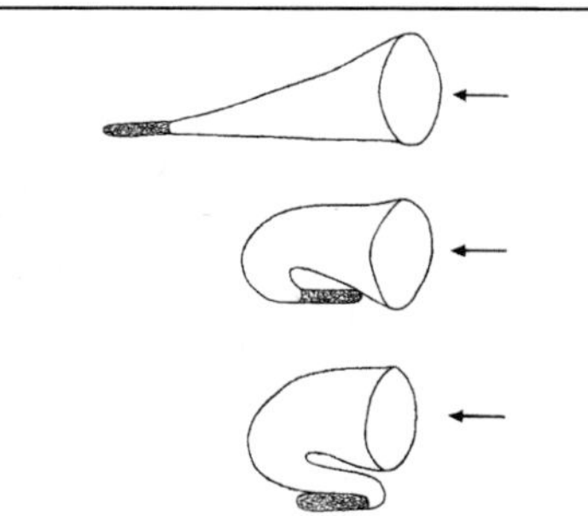

Abb. P-65: Polycentropodidae: *Neureclipsis bimaculata*. Verschiedene Formen des Fangnetzes; Pfeil: Richtung des Wasserstromes; dunkel: Wohnröhre. (Brickenstein 1955)

Podura aquatica L., Schwarzer Wasserspringer (1–1,2 mm); häufig; dunkel pigmentiert, mit langer Sprunggabel; auf der Oberfläche mit Wasserpflanzen besetzter Gewässer; beim Liebesspiel umkreist das ♂ das ♀, drängt es so zu den ringsum abgesetzten, gestielten Samentröpfchen.

Lit. →Collembola.

Poduromorpha →Collembola 1.

Poecilocampa →Lasiocampidae 4.

Pogonocherus →Cerambycidae E5.

Pogonognathellus →Tomoceridae.

Pogonus →Carabidae J.

Polietes →Muscidae 4.

Polistes, Polistini →Vespidae D1; →Gefahrenalarm; vgl. auch →Strepsiptera.

Pollendieb →Anthophila.

Pollenia →Polleniidae.

Polleniidae; Fam. der Zweiflügler (Diptera, Brachycera, Cyclorrhapha); meist zu den →Calliphoridae gestellt, jedoch Schwestergruppe der Tachinidae; in Eur 37, M-Eur 23,

Dt 15 Arten; bis auf 1 weitere heimische Art zur Gttg. *Pollenia*: stämmige Fliegen; Rumpf außer den Borsten mit gelblichen, leicht ausfallenden Haaren besetzt; oft auf Blüten; auf der Suche nach einem Winterquartier kann *Pollenia rudis* F. [**P-63**] in großer Anzahl in Häuser eindringen. **Larven**, soweit bekannt, parasitoid in Regenwürmern; die Junglarve bohrt sich i. d. R. dorsal in der Nähe des Clitellums in den Wirt; im 3. Larvenstadium frisst die Larve oft außen am Wurm.

Lit. →Diptera; Cerretti et al. 2019.

Polyblastus →Ichneumonidae.

Polycentropodidae; Fam. der Köcherfliegen (Trichoptera) mit in Eur ± 55, M-Eur 23, Dt 17 Arten; Imagines meist klein (5–11 mm, bis 15 mm nur bei nur *Polycentropus*), Vorderflügel meist fleckig goldgelb und dunkel gemustert; die **Larven** →campodeid, teils in fließenden, teils in stehenden Gewässern; ohne Köcher, ohne Kiemen [**T-95**, **T-97**, **T-98**]; in Gespinstwohnröhren, an die sich aus Spinnfäden gefertigte Fangnetze anschließen, deren Öffnung bei Fließwasserformen gegen den Strom gewendet ist und auf deren Wand sich Partikel verschiedenster Art, auch Planktonorganismen verfangen, die dann abgeweidet werden. Beispiel: *Neureclipsis bimaculata* L.; die Larve vermag nur im Fließwasser richtige Netze zu bauen [**P-64**], diese aber, in bestimmten aufeinanderfolgenden Bauphasen, in geschickter Weise den gegebenen Baubedingungen anzupassen (Verankerung, Strömungsrichtung [**P-65**]); ähnliche Fangnetze, ebenfalls in Fließwasser, bei *Plectrocnemia*- und *Polycentropus*-Arten, immer passend gegen die Strömung gerichtet, die Wohnröhre der Larve möglichst verborgen am Boden oder im Pflan-

zengewirr; der Wohnröhre vorgebaute, mit „Stolperfäden" besetzte Fangtrichter zwischen Pflanzen oder auf Blättern auch bei Bewohnern stehender Gewässer, z. B. der Gtgn. *Cyrnus* und *Holocentropus* [**P-66**]; die Larven stürzen beim Erschüttern der Trichterfäden aus der Wohnröhre vor, bei Gefahr ziehen sie sich blitzschnell zurück; *Plectrocnemia conspersa* fängt in ihrem Netz hauptsächlich Zuckmückenlarven und Oligochaeten; die Orientierung und Bewegung zur Beute geschieht umso schneller, je mehr die durch die Beute ausgelösten Vibrationen 0,3 Hz überschreiten.
Lit. →Trichoptera.

Polycentropus →Polycentropodidae; →Trichoptera.

Polyctenidae →Heteroptera.

Polyembryonalparasitoid →Parasitoid.

Polyembryonie; Entstehen zahlreicher Larven aus 1 Embryo durch ungeschlechtliche Vermehrung auf frühem Entwicklungsstadium; →Ichneumonidae; →Encyrtidae.

Polyergus →Formicidae, C7.

Polygonia →Nymphalidae C5.

Polygynie (Adj.: polygyn); bei Staaten bildenden Insekten Bezeichnung für das Zusammenleben mehrerer bis vieler fruchtbarer ♀♀ (Königinnen) in einem Nest (→Formicidae); →Monogynie, →Oligogynie.

Polylektie, polylektisch; Bezeichnung für das (unspezialisierte) Sammeln von Pollen an vielen verschiedenen Pflanzenarten aus unterschiedlichen Fam. (→Anthophila).

Polymetabolie; vollkommene Verwandlung (→Holometabolie) mit Larvenstadien von sehr verschiedener Gestalt und Lebensweise (oft unterscheidet sich insbesondere die Junglarve stark von den älteren Stadien); bei zahlreichen Schlupfwespen (z. B. →Perilampidae, →Ichneumonidae, →Braconidae), manchen Käfern (*Lebia*, →Carabidae M8; *Aleochara*, →Staphylinidae D1; →Bothrideridae), Fächerflüglern (→Strepsiptera), manchen Dipteren (→Acroceridae; →Bombyliidae) und bei *Mantispa* (→Mantispidae).

Polymitarcyidae; Fam. der Eintagsfliegen (Ephemeroptera) mit 2 europäischen Arten, in M-Eur & Dt nur *Ephoron virgo* Oliv.; Körper 12–20 mm, Schwanzborsten beim ♂ bis über 30 mm; Flügel weißlich; ♀ bleibt im Subimaginalstadium; Beine beim ♀ funktionslos; an größeren, sonnenwarmen Flüssen; die Imagines (VIII–IX) schwärmen abends, inzwischen lokal auch wieder in ungeheuren Massen; kommen ans Licht; tote Tiere bekannt als „Uferaas", „Weißwurm", beliebt als Angelköder oder Fischfutter. **Eiablage**

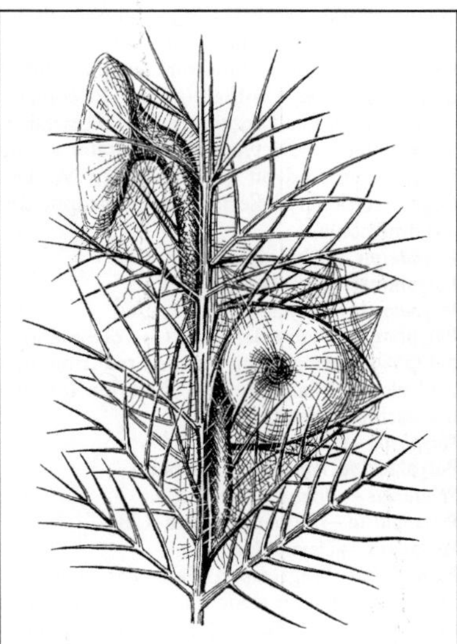

Abb. P-66: Polycentropodidae: *Holocentropus dubius*. 2 Fangtrichter (Durchmesser etwa 2,5 cm) mit anschließendem Larvengang. (Despax 1951)

auf die Wasseroberfläche; **Larven** mit nach oben geschlagenen Kiemen, ihre Mandibeln lang, an der Spitze nach innen gebogen; in U-förmigen, selbst gegrabenen Gängen oder unter großen Steinen; filtrieren passiv feine Detritusteilchen mit den Mundwerkzeugen und wohl auch mit den Beinborsten; **überwintert Überwinterung** als Ei und wächst Heranwachsen in nur 3 Monaten heran.
Lit. →Ephemeroptera.

Polymitarcys; Synonym zu *Ephoron* (→Polymitarcyidae).

Polymorphismus; Vielgestaltigkeit (in erster Linie im Körperbau, aber auch im Verhalten) der Individuen einer Art; tritt bei Insekten auf als Geschlechtsunterschied, als Kasten-Unterschied bei sozialen Arten (→Anthophila, →Formicidae, →Isoptera), als Unterschiede in der Gestalt verschieden entstandener Generationen (→Aphidina), als Unterschiede zwischen der Winter- und der Sommergeneration einer Art (Saisondimorphismus; →Auchenorrhyncha; →Nymphalidae C6), als Unterschiede zwischen einer solitär lebenden und einer im Schwarm wandernden Phase bei Heuschrecken (Phasen- P.; →Wanderheuschrecken); →Morphen.
Lit. Nijhout & Wheeler 1982.

Polyneoptera; anscheinend monophyletische Gruppe, die alle hemimetabolen →Neoptera mit kauend-beißenden Mundwerkzeugen – außer den →Psocodea – enthält (d. h. →Plecoptera, →Dermaptera, →Zoraptera, →Eukinolabia, →Notoptera, →Dictyoptera, →Saltatoria); die Hinterflügel sind oft gegenüber den Vorderflügeln stark vergrößert; Schwestergruppe der →Eumetabola.

Polyodaspis →Chloropidae.

Polyommatinae →Lycaenidae C.

Polyommatus →Lycaenidae C3, C4.

Polyphaga; Gruppe der Käfer (→Coleoptera).

polyphag; Bezeichnung für die Ernährung von zahlreichen Pflanzen- bzw. Tierarten (oft aus unterschiedlichen Ordgn.).

Polyphylla →Scarabaeidae C2.

Polyplacidae, *Polyplax* →Anoplura.

Polysarcus →Phaneropteridae, 5.

Polysphincta →Ichneumonidae A, B.

Pomatinus →Dryopidae.

Pompilidae, Wegwespen; Fam. der Hautflügler (Hymenoptera, Apocrita, Vespiformes) mit in Eur ± 260, M-Eur 137, Dt 97 Arten, häufig z. B. *Anoplius viaticus* L. (4–16 mm); schwarz oder schwarz mit rotbraunem Vorderende des Hinterleibs; Beine verhältnismäßig lang; →Polymorphismus bei ♂♂ von *Cryptocheilus*-Arten (lang gestreckt mit schwacher Skulptur, gedrungen mit kräftiger Skulptur). Leben ausschließlich solitär; laufen geschickt und rastlos umher, fliegen dazwischen kurze Strecken; die ♂♂ mancher Arten besetzen in Baumkronen **Reviere,** die sie verteidigen und in deren Bereich sie sich mit zufliegenden ♀♀ verpaaren. **Hauptnahrung** der Imagines süße Pflanzensäfte; die ♀♀ suchen (unter Führung des Geruchssinnes?) nach Nahrung für die Larven: ausschließlich Spinnen, die durch Stich mit dem Giftstachel paralysiert werden; eine Beutespezifität ist i. A. wenig ausgeprägt, jedoch werden von manchen Arten gewisse Spinnengruppen bevorzugt (*Batozonellus lacerticida* Pall. jagt Radnetzspinnen; *Episyron rufipes* L. v. a. Kreuzspinnen; *Agenioideus nubecula* hauptsächlich Springspinnen, die sie in Mauerritzen unterbringt); häufig vorhandene und daher oft erbeutete Spinnen können Spezifität vortäuschen; stets dient nur 1 mit einem Ei belegte Spinne als Nahrung für eine Larve; die Beute wird meist am 3. oder 4. Bein gepackt und mehr oder weniger weit im Rückwärtsgang (seltener im Vorwärtsgang) zu einem geeigneten **Nestplatz** geschleppt, oft wird einfach im Sand vergraben (hauptsächlich mit den Mandibeln, jedoch haben ♀♀ grabender Arten oft auch einen Tarsenkamm); manche Arten

Gttgn. (*Priocnemis, Dipogon*) benutzen bereits vorhandene Höhlen (etwa die Wohnhöhle der Spinne) oder auch hohle Pflanzenstängel, wobei an einem günstigen Platz u. U. mehrere, dann durch Wände voneinander getrennte Spinnen eingetragen werden; die ♀♀ von *Auplopus* bauen an geschützter Stelle eine zylindrische Zelle aus Lehm (die Beine der Spinne werden meist ganz oder z. T. abgebissen); Nestbau manchmal vor, meist nach der Spinnenjagd; die Spinne wird während des Nestbaues in der Nähe versteckt niedergelegt, ab und an inspiziert, u. U. (besonders bei Anwesenheit von Ameisen) umgebettet, auch erneut gestochen, schließlich wird sie an den Spinnwarzen gepackt und ins Nest gezogen; dann Eiablage und Nestverschluss; manche grabenden Arten stampfen den Sand mit dem Hinterleib fest. **Überwinterung** meist als erwachsene, schon eingesponnene Larve, bisweilen als begattetes ♀. **Brutparasitismus** kommt vor: fakultativ z. B. bei *Anoplius infuscatus* Lind., deren ♀♀ gelegentlich die Beutespinnen aus anderen Nestern (von arteigenen oder artfremden ♀♀) entnehmen oder sie den ♀♀ beim Transport abjagen (→Kleptoparasit); obligat z. B. bei *Evagetes* und *Ceropales*: *Evagetes* gräbt bereits verschlossene Nester anderer Arten auf, zerstört deren Ei, legt ein eigenes Ei an die Beutespinne und verschließt anschließend das Nest wieder; *Ceropales* verfolgt ♀♀ anderer Wegwespenarten beim Transport der Spinne zum Nest und legt dabei ein Ei in die Tracheenlunge der Spinne ab, um ein Abstreifen durch die Besitzerin zu vermeiden; die früher schlüpfende *Ceropales*-Larve tötet das Wirtsei; spezifische Wirt-Parasitoiden-Beziehungen liegen wahrscheinlich in den meisten Fällen nicht vor. Zu **Brutparasiten** s. →Chrysididae B4, **Parasitoide** u. a. →Mutillidae, →Sarcophagidae C.

Lit. →Hymenoptera; Schmid-Egger & Wolf 1992; Wahis 1986; Ward & Henschel 1992; Wolf 1972, 1992.

Pompiloidea; Gruppe der Stechimmen (Aculeata, →Hymenoptera); mit den Fam. →Myrmosidae, →Mutillidae, →Pompilidae, →Sapygidae.

Pomponia →Auchenorrhyncha.

Ponera →Formicidae A.

Poneridae, Ponerinae →Formicidae A.

Pontania →Tenthredinidae 13.

Pontia →Pieridae 3.

Populicerus →Cicadellidae G.

Porphyrophora →Margarodidae 2.

Portevinia →Syrphidae E.

Porzellanspinner, *Pheosia tremula* Cl. →Notodontidae A5.

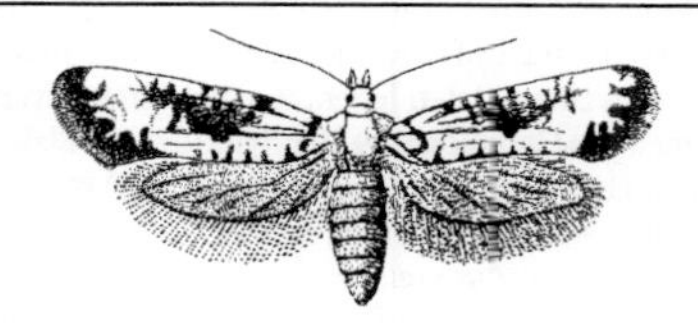

Abb. P-67: Praydidae: *Prays fraxinella*, Eschenzwieselmotte. (Escherich 1914–42)

Posthörnchen, Postillon, *Colias crocea* Geoffr. →Pieridae 6.

Potamanthidae, Gelbhafte; Fam. der Eintagsfliegen (Ephemeroptera); in Eur & Dt nur *Potamanthus luteus* L.; ca. 12 mm, Schwanzborsten beim ♂ bis 19 mm; Körper gelblich; an größeren Flüssen, zuweilen massenhaft. Die Imagines schlüpfen im Sommer (VII-VIII) i. d. R. abends an der Wasseroberfläche, schwärmen abends und nachts. **Larven** mit gespaltenen und gefiederten Tracheenkiemen, an und unter Steinen oder im Kies; filtrieren feine Detritusteilchen aus dem Wasser; Körper oft mit Detritusteilchen bedeckt; 1 Generation im Jahr; **Überwinterung** als Larve.
Lit. →Ephemeroptera.

Potamanthus →Potamanthidae.

Potamophylax →Limnephilidae; →Trichoptera.

Potosia →Scarabaeidae E2.

Prachteulchen →Erebidae F.

Prachtkäfer →Buprestidae.

Prachtlibellen →Calopterygidae.

Prachtmotten →Cosmopterigidae.

Prädatoren; Jäger; Bezeichnung für Tiere, die andere Tiere jagen und sich von ihnen ernähren; benötigen meist mehr als 1 Beutetier, sind gut beweglich und meist größer als die Beute; die Beute wird i. d. R. getötet (vgl. →Parasit, →Parasitoid).

Praecopula; Festhalten des Geschlechtspartners vor der eigentlichen (direkten oder indirekten) Samenübertragung (→Odonata; →Sminthurididae, Collembola).

Praon →Braconidae C.

präsoziale Insekten →soziale Insekten.

Praydidae, Zwieselmotten; Fam. der Schmetterlinge (Lepidoptera, Glossata Yponomeutoidea); früher zu →Yponomeutidae; in Eur 7, M-Eur 4, Dt 3 Arten; Falter klein (10–16 mm Flspw.); Flügel in Ruhe steil dachförmig angelegt; Raupe in Dt an Esche (*Prays*), Birke und Ulme (*Atemelia torquatella* Lien. & Zell.); in S-Eur Befall von Zitruspflanzen (*Prays citri* Mill.) und Olivenbäumen (*Prays oleae* Bern.); Überwinterung als Larve in Knospen (*Prays*)

Abb. P-68: Praydidae: *Prays fraxinella*, Eschenzwieselmotte. Befallsbild der Raupen der 2. Generation. (Brauns 1991)

oder Blattminen (*Atemelia*); z. B. ***Prays fraxinella*** Bjerk., Eschenzwieselmotte [**P-67**]; 15–16 mm Flspw.; erste 1. Flugzeit im VI, 2. Faltergeneration im VIII; Eiablage an die Blätter von Eschen; Raupe der 1. Generation zunächst minierend [**P-68**], dann frei auf der Blattoberseite; lässt anfangs die Blattunterhaut stehen; spinnt sich dann zwischen Blättern ein, frisst Löcher (darin Spinnfäden mit Kot); Verpuppung meist am Boden in lockerem Gespinst zwischen Blättern; die Räupchen der 2. Generation minieren, dringen im Oktober in die Endknospe der Triebe ein, überwintern; im Frühling Fraß der Endknospe, dann frei an den Blättern; können auch in den Trieb eindringen und ihn ausfressen; werfen Kot durch seitliche Löcher aus; Verpuppung an Zweigen in einem sehr lockerem Gespinst; „Zwieselbildung": durch Zerstören der Endknospe treiben 2 Seitenknospen aus zu einer Gabel am Triebende, diese stirbt durch Ausfressen des Triebes ab;
Lit. →Lepidoptera; Brauns 1991; Brauner 1991.

Prays →Praydidae.

Predatoren →Prädatoren.

Prestwichia →Trichogrammatidae 2; s. auch →Dytiscidae.

Primärparasitoid →Parasitoid.

Primärwirt, Hauptwirt, Winterwirt; bei wirtswechselnden Blattläusen die Pflanze, auf der die aus dem besamten, meist überwinterten Ei entstandene Stammmutter (→Fundatrix) und ihre parthenogenetisch erzeugten Nachkommen saugen; →Aphidina; →Parasitoid.

Priocnemis →Pompilidae.

Prioninae →Cerambycidae A.

Prionocyphon →Scirtidae.

Prionoglarididae; Fam. der Läuse (Psocodea, Trogiomorpha) mit in Eur 2 Arten, wovon nur *Prionoglaris stygia* End. in M-Eur (bis SW-Dt) vorkommt; große (4–5,5 mm), geflügelte, gelbbraun gemusterte Tiere; in feuchten Höhlen und Spalten, orientieren sich darin mithilfe der mehr als körperlangen Antennen; Komplexaugen und Ocellen vorhanden; Wasseraufnahmeapparat rückgebildet (einzigartig unter nichtparasitischen →Psocodea); Ernährung von Algen; während der Häutung zur Imago eine (für Läuse einmalige) Umgestaltung der Klauen und Mundwerkzeuge: Mandibel dolchförmig, unter Verlust ihrer Kaufläche (Mola), Maxillartaster verlängert, die meißelförmige Lacinia der Maxille und die Bürste am Hypopharynx rückgebildet (Bedeutung?).
Lit. →Psocodea; Lienhard 1988.
Prionoglaris →Prionoglarididae.
Prionotropis →Pamphagidae.
Prionus →Cerambycidae A1.
Prionychus →Tenebrionidae 11.
Pristaulacus →Aulacidae.
Pristiphora →Tenthredinidae 6, 11, 12, 26–28; vgl. auch →Chrysididae A.
Probezzia →Ceratopogonidae.
Prociphilus →Eriosomatidae 6.
Procloeon →Baetidae.
Procraerus →Elateridae.
Procridinae; Grünwidderchen →Zygaenidae B.
Proctotrupidae, Zehrwespen; Fam. der Hautflügler (Hymenoptera, Apocrita, Proctotrupoidea) mit in Eur 63, M-Eur 46, Dt 43 Arten; besonders artenreich die Gttg. *Exallonyx* [**P-69**]; kleine (3–10 mm), meist schwarz glänzende Schlupfwespen; Hinterleib kurz gestielt, in seiner Vorderhälfte mit großer Rückenplatte (Syntergit: 2.–4. abdominaler Tergit miteinander verschmolzen; [**P-69**]); am Körperende des ♀ am Körperende ragen auffällig breite, stark sklerotisierte Scheiden für das Legerohr vor;

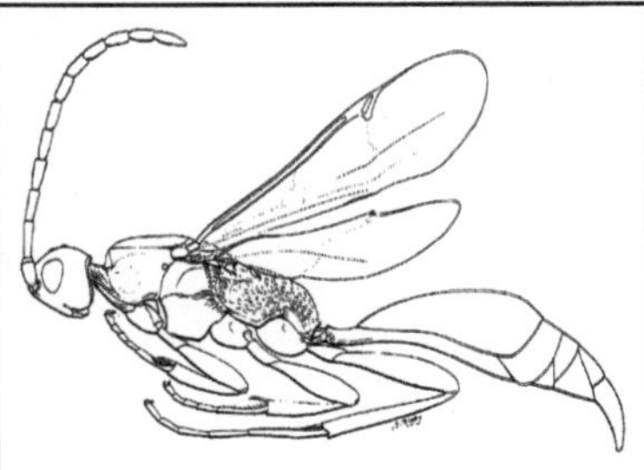

Abb. P-69: Proctotrupidae: *Exallonyx* spec., Zehrwespe. (Goulet & Huber 1993)

die **Larven** Endoparasitoide in Insektenlarven, die in Bodenstreu, unter Rinde, in Pilzen und anderen versteckten Orten leben, v. a. bei Käferlarven (zumeist →Carabidae, →Staphylinidae, →Elateridae), aber auch bei Mückenlarven (→Mycetophilidae, →Sciaridae); z. B. 30 oder mehr Larven von *Phaenoserphus viator* Hal. im Innern der Larven verschiedener Laufkäfer (→Carabidae); die Erstlarve verbleibt unverändert im Wirt, bis dieser sich verpuppt; weitere Entwicklung sehr schnell; Verpuppung ohne Kokon so, dass der größte Teil der Puppe außerhalb, nur noch das Hinterleibsende innerhalb der Wirtslarve ist; manche Arten wichtig für biologische Schädlingsbekämpfung, z. B. *Paracodrus apterogynus* Hal. als Parasitoid von Drahtwürmern (→Elateridae).
Lit. →Hymenoptera.
Proctotrupoidea; Gruppe parasitoider Taillenwespen (Apocrita, →Hymenoptera); mit den Fam. →Heloridae, →Proctotrupidae, →Vanhorniidae.
Proctotrupomorpha; Gruppe der Taillenwespen (Apocrita, →Hymenoptera), enthält die Mehrzahl der kleinen bis sehr kleinen (und nur wenige mittelgroße) Parasitoide, dazu zahlreiche Phytophage (v. a. Gallbildner); außergewöhnlich für Insekten mit Beißmandibeln: hinteres Mandibelgelenk fehlt (→Chalcidoidea, →Diapriidae, →Proctotrupoidea) oder zumindest reduziert (→Cynipoidea, →Platygastroidea), Mandibel daher in mehr als 1 Ebene beweglich (Schlupf der Larve aus beengten Verhältnissen?).
Lit. van de Kamp et al. 2022.
Prodoxidae; Fam. der Schmetterlinge (Lepidoptera, Glossata, Incurvarioidea) mit in Eur 16, M-Eur 14, Dt 11 Arten der Gttg. *Lampronia*; früher zu den →Incurvariidae; wie diese eher kleine Falter (Flspw. 1–18 mm) mit kurzem Rüssel und in Ruhe dachförmig gehaltenen Flügeln; fliegen oft tagsüber, aber auch in der Dämmerung; Eier werden einzeln an Blütenständen abgelegt; Larven (Afterfüße rückgebildet) bohren im Blütenboden oder fressen Samen von Rosaceae und Saxifragaceae, überwintern anschließend in einem am Fuß der Fraßpflanze oder in Bodenlücken gebildeten Gespinst, um sich im Frühjahr in Knospen zu bohren; seltener in Zweigen und Stängeln minierend; einzig *Lampronia fuscatella* Tengstr. erzeugt Gallen an Birkenzweigen, in denen sie auch überwintert und sich im Frühjahr verpuppt; Verpuppung bei den anderen Arten in der Mine oder außerhalb der Fraßpflanze; beim Ausschlüpfen des Falters schiebt sich die Puppe aus ihrem Kokon.
  1. *Lampronia corticella* L. (= *L. rubiella* Bjk.), Himbeerschabe, Himbeermotte; der Falter legt

v. a. im VI 1 oder mehrere Eier an offene Him-
beerblüten; Raupen im Fruchtboden; bohren
sich später aus, überwintern meist in einem Gespinst am Boden; fressen im Frühling in Blatt-
und Blütenknospen, dann in der Triebspitze;
Puppe (V–VI) in einem Gespinst im Trieb,
außen an der Pflanze oder am Boden.

   2. *Lampronia capitella* Cl., Johannisbeermotte;
die Eier werden im Frühsommer in die jungen
Früchte von Johannisbeeren, manchmal auch
von Stachelbeeren gelegt; die Jungraupe frisst
an den Samen (Früchte fallen ab), spinnt sich
im Sommer, meist am Boden, ein, überwintert,
frisst im Frühling nachts an Knospen, später an
Blütenanlagen; Verpuppung IV–V zwischen zusammengesponnenen Blättern an den Trieben
oder am Boden.
Lit. →Lepidoptera.

Proformica →Formicidae.

Progrediens (Pl.: Progredientes); eine besonders bei Blattläusen der Fam. →Adelgidae übliche Bezeichnung für auf dem Sekundärwirt
parthenogenetisch erzeugte und sich ebenso
fortpflanzende Morphen, die keine Ruhephase
durchmachen (einschl. der →Sexupara).

Prometabolie →Hemimetabolie.

propneustisch; Insekt, bei dem nur das vorderste,
auf den Prothorax verschobene Stigmenpaar
offen ist; alle anderen Stigmen durch eine Stigmennarbe verschlossen.

Propodeum, Mittelsegment, Mediansegment;
der bei den Apocrita (→Hymenoptera) mit dem
Metathorax verschmolzene Rückenschild (Tergit) des 1. Abdominalsegments (das zugehörige
Sternum ist reduziert); nach hinten schließt sich
das zumindest vorne verengte 2. Abdominalsegment an (hierdurch Bildung einer Wespentaille).

Propolis; Kittharz; pflanzliches, wohl meist von
klebrigen Knospenüberzügen stammendes,
grünlich-braunes, angenehm riechendes und in
Petroläther lösliches Harzgemisch, das von Honigbienen gesammelt, wie Pollen eingetragen
wird und, zur Verarbeitung mit Drüsensekreten
vermischt, als rasch erhärtender Bau- und Ab-
dichtungsstoff dient (→Apidae E3).

Prosevania →Evaniidae.

Prosimulium →Simuliidae.

Prosopistoma →Ephemeroptera; →Prosopisto-
matidae.

Prosopistomatidae, Schildhafte; Fam. der Eintagsfliegen (Ephemeroptera); in Eur nur die Art
Prosopistoma pennigerum Müll. (= *foliaceum*
Fourc.), in M-Eur ausgestorben; klein (Vorderflügel 5 mm lang); Beine reduziert, funktionslos,
außer den für die Häutung benötigten Vorderbeinen des Subimago-♂ (das ♀ bleibt im Subimagi-

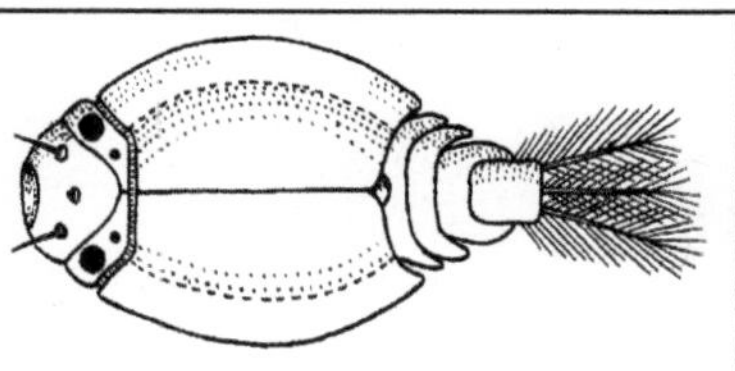

Abb. P-70: Prosopistomatidae: *Prosopistoma* spec., Schild-
haft. Larve. (Despax 1949)

nalstadium); Imago kurzlebig, im Sommer (Ende
VII–VIII); **Larve** (4–5 mm) schildförmig [**P-70**],
der einheitliche Rückenschild des Pro- und
Mesothorax nach hinten bis zum 6. Hinterleibs-
segment verlängert, darunter 6 Tracheenkiemen
im Kiemenraum verdeckt; in schnell fließenden
Bereichen von Flüssen auf Steinen, bei Störung
Ansaugen durch Erzeugung von Unterdruck im
Kiemenraum; fressen vermutlich Detritus; **über-
wintert Überwinterung** wohl als Ei.
Lit. →Ephemeroptera.

***Prostemma*, Prostemmatinae** →Nabidae, A.

Prostomidae; Fam. der Käfer (Coleoptera, Polyphaga, Cucujiformia); in Eur & Dt nur *Prostomis
mandibularis* (F.); Urwaldrelikt, nur von isolier-
ten Fundorten bekannt; kleiner (5–6 mm), länglicher, oben abgeflachter, gelbbrauner Käfer mit
großem, breitem Kopf, der vorragende, innen
gezähnelte Mandibeln trägt; die stark abgeflachten Larven mit einem kurzen, breiten Kopf und
kurzen, kräftigen Beinen mit starken Klauen;
wie die Imago in modrigem, rotfaulem Laubholz, besonders Eiche (Ernährung?).
Lit. →Coleoptera.

Prostomis →Prostomidae.

Protaetia →Scarabaeidae E2.

Protaphorura →Onychiuridae.

Protapion →Apionidae 1, 2.

Protentomidae, *Protentomon* →Protura C.

Protocalliphora →Calliphoridae 3; vgl. auch
→Pteromalidae 2.

Protonemura →Nemouridae.

Protophormia →Calliphoridae.

Protopirapion →Apionidae 7.

Protrama →Lachnidae 6.

Protura, Beintastler; Ordg. primär flügelloser
Insekten; bilden mit den →Collembola die übergeordnete Gruppe →Ellipura; in Eur ± 175, M-
Eur ± 120, Dt 53 Arten; primär flügellose, zarte
und winzige (0,5–2 mm) Insekten; hell, ohne
Hautfarbstoffe; ohne Antennen und ohne Augen
[**P-71**]; Antennen funktionell ersetzt durch das
verlängerte, angehoben getragene vordere Beinpaar; die sog. Pseudoculi am Kopf sind (Chemo-,

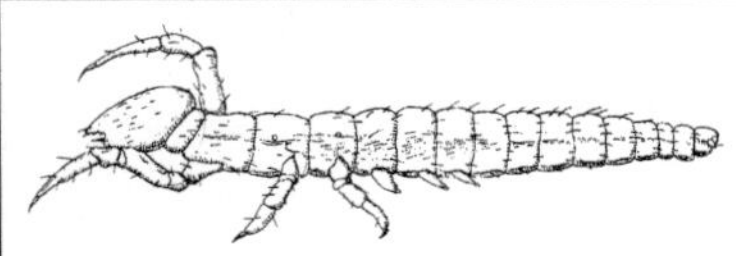

Abb. P-71: Protura: *Eosentomon* spec. 1,5 mm. (Sedlag 1953)

Hygro- und/oder Thermo-)Sinnesorgane; Mundteile stechend-saugend, in eine Tasche versenkt; Extremitätenreste in Gestalt von Hüftgriffeln und Coxalbläschen am 1.–3. Abdominalsegment (vgl. →Diplura, →Archaeognatha, →Zygentoma); Tracheensystem nur bei den Eosentomidae (→A) vorhanden, mit Stigmen am 2. und 3. Thoraxsegment; laufen nur mit den beiden hinteren Beinpaaren, also mit einer bei Insekten sonst selten vorkommenden Bewegungskoordination (→Mantodea; →Mantispidae; →Nepidae); nur 1 Kralle am Bein. Über die **Lebensweise** wenig bekannt; sehr feuchtigkeitsliebend; unter Steinen, Rinde, Moos; in der oberen Bodenschicht bis ca. 10 cm Tiefe, bevorzugt in humusreichen Waldböden (hier durchschnittlich 5000–6000 Tiere pro Quadratmeter, manchmal erheblich mehr); Tiefenformen kurzbeiniger als Oberflächenformen; vertragen eine mehrtägige Flutung des Bodens. **Ernährung** durch Aussaugen des Pilzmycels ektotropher Mykorrhizen, wahrscheinlich auch von freien Pilzhyphen (nicht bekannt, ob auch Bodenalgen und Bakterien als Nahrung dienen; eine jagende Lebensweise ist nahezu auszuschließen). Über das **Fortpflanzungsverhalten** nichts bekannt; wahrscheinlich ist die Bildung einer Spermatophore. Erst**larven** mit 8 Hinterleibssegmenten; volle Segmentzahl des Hinterleibs (12!) erst danach im Laufe einiger Häutungen erreicht (einzigartig bei Insekten). **Überwinterung** in verschiedensten Entwicklungsstadien. In Eur 4 Fam.:

A. Eosentomidae, mit in Eur ± 60, M-Eur 48, Dt 24 Arten v. a. der Gttg. *Eosentomon* (häufig *E. transitorium* Berl.); Körper gestreckt, mit Tracheen und thorakalen Stigmen.

B. Acerentomidae, mit in Eur >90, M-Eur 52, Dt 21 Arten (z. B. *Acerentomon giganteum* Condé, mit über 2 mm größte heimische Art); Körper schlank, mit schlanken, länglichen Mundteilen, Lacinia Lacinien der Maxillen lang und zugespitzt.

C. Protentomidae, mit in Eur 14, M-Eur 11, Dt 7 Arten (z. B. *Protentomon thienemanni* Strzk.); Körper gedrungen, Mundteile kräftig. Ähnlich und früher dazugestellt die Fam. **Hesperentomidae,** mit 8 Arten der Gttg. *Ionescuellum* in E & M-Eur (in Dt nur *Ionescuellum ulmiacum* Rusek & Stumpp).
Lit. Denis 1949; Eisenbeis & Wichard 1985; Janetschek 1970; Nosek 1973; Paclt 1956; Palissa 1964; Pass & Szuczich 2011; Stumpp 1990.

Prozessionsspinner, Thaumetopoeinae; →Notodontidae B; s. auch →Staphylinidae K3.

Prunkbär, *Utetheisa pulchella* L. →Erebidae K7.

Psammoecus →Silvanidae B.

Psecadia →Ethmiiidae.

Psectrocladius →Chironomidae.

Pselactus →Curculionidae O.

Pselaphidae, Pselaphinae, *Pselaphus* →Staphylinidae I.

Psenidae; Fam. der Hautflügler (Hymenoptera, Apocrita, Apoidea); früher zu den →Sphecidae gestellt; in Eur 31, M-Eur 26, Dt 22 Arten; klein (6–13 mm), ♀ meist etwas größer als ♂; Hinterleib gestielt; Nisten teils im Boden (z. B. *Mimesa equestris* F.), teils in hohlen Halmen oder Fraßgängen im Holz (*Psenulus*, *Mimumesa dahlbohmi* Wesm.); Bodennester oft in kleinen Kolonien, die bei *Psen ater* Oliv. einen gemeinsamen Eingang in einem großen Auswurfhügel haben; die Nester enthalten oft mehrere Zellen, die in Halmen und Bohrlöchern hintereinander liegen; als Larvennahrung dienen jeweils mehrere Kleinzikaden (→Auchenorrhyncha), außer bei *Psenulus* (hier, je nach Art, Blattläuse oder Blattflöhe); einige Arten jeweils auf Nymphen oder Imagines spezialisiert. **Brutparasitismus** durch Goldwespen (→Chrysididae B6).
Lit. →Hymenoptera; Bitsch et al. 2020; Blösch 2000, 2012; Bohart & Menke 1976; Sann et al. 2018.

Psenulus →Psenidae.

Psephenidae (Eubriidae), Bachkäfer; Fam. der Käfer (Coleoptera, Polyphaga, Elateriformia) mit in Eur & Dt 1 Art: *Eubria palustris* Germ.; verbreitet, aber selten; 2–2,6 mm; Körper kurzoval, stark gewölbt; Kopf auf die Unterseite gebogen; schwarz oder dunkel rotbraun, glänzend; Imagines (VI–VII) an Gewässerrändern auf Gebüsch, in nassem Moos, an überrieseltem Kalkgestein; kurzlebig, mit reduzierten Mundwerkzeugen, nehmen keine Nahrung zu sich. Die ovalen, abgeplatteten **Larven** [P-72] in Bächen an überrieselten Steinen, bewegen sich mittels kräftiger Krallen in der Strömung und weiden Kieselalgen ab. Atmung durch rückziehbare, paarige Analkiemen, die sich in einer durch einen Deckel abgegrenzten Atemkammer an der Unterseite des Abdomens befinden. **Verpuppung** außerhalb des Wassers.
Lit. →Coleoptera.

Pseudacteon →Phoridae 8.

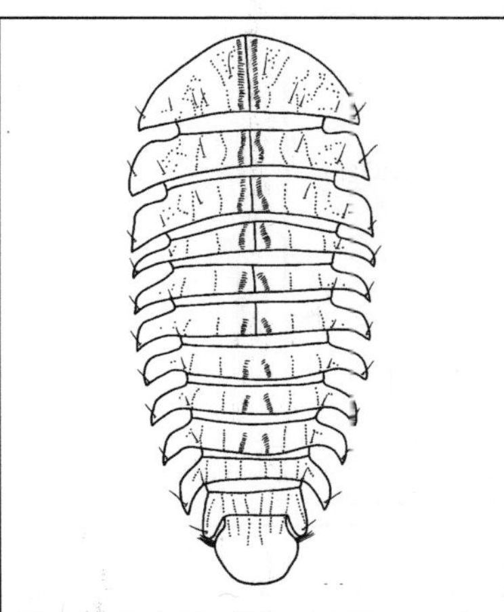

Abb. P-72: Psephenidae: *Eubria palustris*. Larve, von oben, 4–5,5 mm. (Lee et al. 2007)

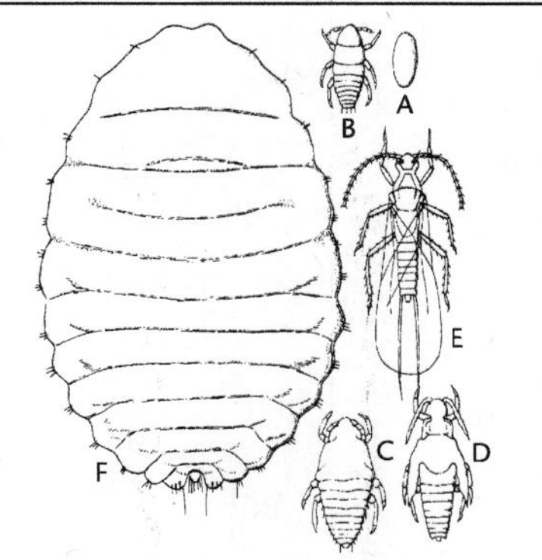

Abb. P-73: Pseudococcidae: *Planococcus citri*, Zitronen- schmierlaus. Entwicklung: A: Ei; B: Larve; C: ♀-Nymphe; und D: ♂-Nymphen; E: ♂. F: ♀ (etwa 5 mm). (Weber 1930)

Pseudergaten →Isoptera.

Pseudo-San-José-Schildlaus, *Diaspidiotus pyri* Licht. →Diaspididae 3.

Pseudocellen →Collembola.

Pseudochermes →Cryptococcidae.

Pseudochrysis →Chrysididae B3.

Pseudoclanis →Sphingidae.

Pseudoclavellaria →Cimbicidae 3.

Pseudococcidae, Wollläuse, Schmierläuse; Fam. der Schildläuse (Coccina) mit in Eur ± 270, M-Eur ± 80, Dt ± 45 Arten, darunter zahlreiche Schädlinge; ♀ oval (2–8 mm), mit meist gut ausgebildeten Beinen und also beweglich (Ausnahme: *Chaetococcus*); auf dem Rücken meist ein vorderes und ein hinteres Paar von spaltförmigen Öffnungen (Ostiolen), aus denen eine schmierige, zellhaltige Körperflüssigkeit austritt, geeignet, einem kleinen Raubfeind die Mundteile zu verschmieren; oft starke Wachs- produktion in Form von wollig gekräuselten oder von dickeren steifen Fäden oder von Pul- ver; Parthenogenese selten (z. B. *Coccura comari* Kunow an Rosaceae); ♂ mit 4, ♀ mit 3 Larvensta- dien; 3. und 4. Larvenstadium (Pronymphe und Nymphe) der ♂♂ wenig beweglich unter einer Wachsdecke, ohne Mundteile, aber mit deut- lichen Flügelanlagen; Eiablage i. d. R. in einen Eisack aus Wachswolle am Hinterleib [**C-160**]; das an Graswurzeln saugende ♀ von *Antoninella parkeri* Balach. bildet unter dem nach vorn ge- krümmten Hinterleib einen mit Puderwachs ausgepolsterten Brutraum.

1. *Phenacoccus aceris* Sign., Ahornschmierlaus, Gemeine Schmierlaus; ♀ 3–5 mm; an der Rinde von Apfel, Birne, Ahorn und anderen Laubhöl- zern; mit Wachspuder; weißer Eisack 5–10 mm; junge Larven an Blättern verschiedener Laub- bäume und Büsche; das 3. Larvenstadium über- wintert in Rindenritzen oder am Boden. Ähn- lich *Phenacoccus hystrix* Bär., Rebenschmierlaus, aber mit längeren Wachsfäden; an Reben (auch z. B. an Platanen, Robinien); manchmal schäd- lich.

2. *Planococcus citri* Risso, Zitronenschmierlaus, Gewächshausschmierlaus [**P-73**]; ♂ ca. 1,5 mm; ♀ 3–5 mm; mit nur kurzen Wachsstäben seitlich und hinten; in warmen Ländern an verschie- densten Pflanzen, auch an *Citrus*-Früchten, bei uns an Gewächshauspflanzen.

3. *Pseudococcus longispinus* Targ-Tozz.; ♀ ähn- lich voriger, jedoch Wachsstäbe seitlich und v. a. hinten länger, hinterstes Paar fast körper- lang [**P-74**].

4. *Trabutina serpentinus* Green (= *Naiococ- cus s.*); Vorderasien; vermutlich einer der Er- zeuger des biblischen Manna.

5. *Ripersiella* und *Rhizoecus*; 4 heimische Frei- landarten (weitere in Gewächshäusern), Anten- nen gekniet, saugen unterirdisch an Wurzeln von Gräsern und Kräutern; werden inzwischen auch als eigene Fam. c abgetrennt.

Lit. →Coccina.

Pseudococcus →Coccina; →Pseudococcidae 3.

Pseudofundatrix; Fundatrix-ähnliche Form ge- wisser Blattläuse, nicht aus einem Winterei, son- dern parthenogenetisch erzeugt; →Adelgidae 2.

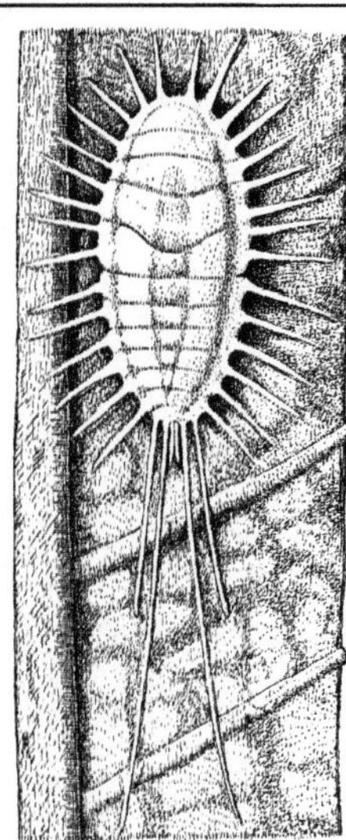

Abb. P-74: Pseudococcidae: *Pseudococcus longispinus*. ♀ auf *Citrus* mit Wachsfortsätzen und mit Wachspuder. (Weber 1930)

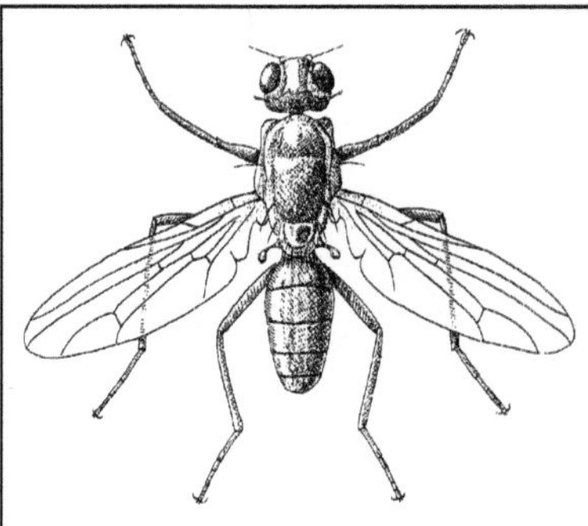

Abb. P-75: Psilidae: *Psila fimetaria*, eine Nacktfliege. ♂, 8–9 mm. (Séguy 1951a)

Pseudogonalos →Trigonalidae.
Pseudogynen →Formicidae.
Pseudoips →Nolidae 1.
Pseudolynchia →Hippoboscidae 7.
Pseudomalus →Chrysididae B6.
Pseudopanthera →Geometridae C6.
Pseudophloeinae →Coreidae B.
Pseudophyllodromiidae →Blatellidae.
Pseudopomyza →Pseudopomyzidae.
Pseudopomyzidae; Fam. der Zweiflügler (Diptera, Brachycera, Cyclorrhapha); in Eur & Dt nur *Pseudopomyza atrimana* Meig.; kleine (2 mm), glänzend schwarze Fliege; auf Wiesen; Biologie unbekannt (Entwicklung im Faulholz?).
Lit. →Diptera.
Pseudopsocus, s. →Mesopsocidae.
Pseudorhyssa →Ichneumonidae, B.
Pseudosmittia →Chironomidae.
Pseudospinolia →Chrysididae B3.
Pseudovadonia →Cerambycidae C.
Psila →Psilidae.
Psilidae, Nacktfliegen; Fam. der Zweiflügler (Diptera, Brachycera, Cyclorrhapha) mit in Eur ± 55, M-Eur 47, Dt 32 Arten; meist kaum mittelgroße (3–10 mm), schlanke, träge, fast nackte Fliegen (z. B. *Psila fimetaria* L.,

8–9 mm, gelbrot [**P-75**]); meist an schattigen Stellen; die Larven fressen im Innern von Pflanzen, hier ab und an auch als →Inquilinen in Zweiggallen (*Chyliza leptogaster* Pz.); *Chyliza annulipes* Maq. in Fraßgängen der Larve eines Wicklers (→Tortricidae); wirtschaftlich bedeutsam: **Chamaepsila rosae** F., Möhrenfliege; häufiger Schädling; ca. 5 mm; Imago glänzend schwarz mit gelblichen Beinen; zur Eiablage fliegt das ♀ die Nahrungspflanze der Larven an (außer Möhren auch Pastinak, Sellerie, Petersilie, Kümmel, Dill, auch Raps und Rüben; Pflanzen geruchlich erkannt?) und läuft am Stängel herab; Eiablage in Bodenritzen dicht an der Pflanze; die Larven gehen in den Boden, dringen nahe der Spitze in die Wurzel ein; oft zahlreiche, bräunliche Fraßgänge ("Eisenmadigkeit" [**P-76**]); erwachsene Larve ca. 8 mm; die Wurzel fault, die Blätter welken; Verpuppung im Boden; bei uns früher 2 Generationen, wobei Imagines der 1. Generation V–VI schlüpften, die der 2. Generation. Ende VIII; inzwischen häufig 3 Generationen, mit vorverschobenen Schlüpfzeiten; Überwinterung meist als Puppe oder (selten?) als Larve.
Lit. →Diptera.
Psilopa →Ephydridae 4.
Psilothrix →Melyridae B.
Psithyrus →Apidae E2; vgl. auch →Apidae E1.
Psocidae; Fam. der Läuse (Psocodea, Psocomorpha) mit in Eur 30, M-Eur 21, Dt 20 Arten; große Rindenläuse (3–5 mm), darunter größte heimische Art: *Psococerastis gibbosa* Sulz. (♂: 5 mm; ♀: 6–7 mm; Flspw. 11–15 mm); Flügel meist dunkel gemustert; auf Holzgewächsen, auch an Felsen; einige im Hochsommer und Herbst regelmäßig an Baumstämmen (*Loensia*

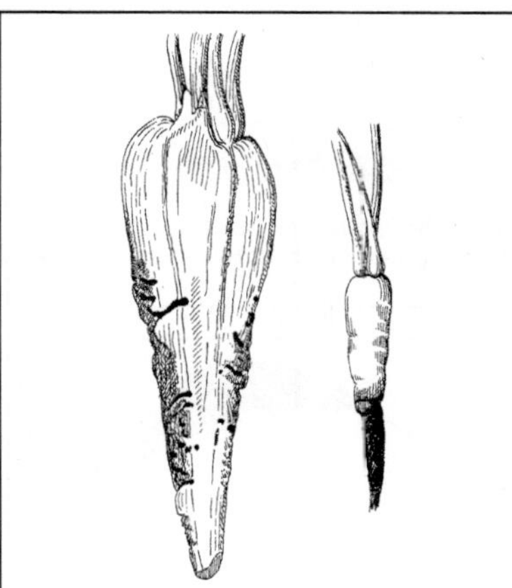

Abb. P-76: Psilidae: *Chamaepsila rosae*, Möhrenfliege. Fraß- und Schadbild an älterer und junger Möhre. (Lengerken 1932)

an Buche, Linde u. a.); Ernährung vielfach von Algen und Flechten; Eiablage in Gruppen oder einzeln (*Loensia*); Eier oftmals mit Algen, Rindentrümmern u. a. überklebt; 1 oder 2 Generationen im Jahr; Überwinterung als Ei.
Verwandt weitere, bei uns artenarme Fam.: **Philotarsidae**; in M-Eur & Dt 2 Arten der Gttg. *Philotarsus*; Flügel (>3 mm lang) ebenfalls gemustert, am Rand kräftig behaart; auf Gehölzen. **Trichopsocidae**; in Dt 2 Arten der Gttg. *Trichopsocus* (1 weitere in SW-Eur); zarte (2–3 mm), gelbliche Läuse, geflügelt; v. a. in Gewächshäusern und angrenzenden Gärten. **Epipsocidae**; in E & Dt nur *Bertkauia lucifuga* Ramb.; dunkelbraune, ungeflügelte ♀ (2,5–3 mm), oft mit weißer Zeichnung auf den vorderen Rückenschildern; die kleineren, geflügelten ♂ rar, Fortpflanzung vorwiegend →parthenogenetisch; Imagines erst im Spätsommer (VII–IX); feuchtigkeitsliebend, unter Steinen, in Mauerfugen. Lit. →Psocodea.

Psococerastis →Psocidae.

Psocodea, Läuse; Ordg. der Insekten mit unvollkommener Verwandlung (→Hemimetabolie); nächste Verwandte der →Condylognatha und →Holometabola; überwiegend wärmeliebend: ein geringerer Teil (in Eur ± 190, in M-Eur ± 114, in Dt ± 95 Arten) freilebend, meist an Pflanzen, an der Stammrinde von Bäumen (besonders viele Arten an Eiche), andere mehr auf frischen oder abgestorbenen Zweigen und

Blättern, auch Reisig, nicht wenige Arten in Häusern und Höhlen; die Mehrzahl der Arten jedoch parasitisch auf Vögeln oder Säugetieren (→Phthiraptera); wärmeliebend, Imagines meist erst im Sommer (nur wenige Arten schon ab V, z. B. bei *Graphopsocus cruciatus* L., →Stenopsocidae); Lebensweise von Larven und Imagines gleich. Körper klein (kaum je über 5 mm), heller oder dunkler bräunlich, bei Bücher- und Tierläusen (→Liposcelidae, →Phthiraptera) oft weißlich; Komplexaugen manchmal stark rückgebildet (v. a. →Liposcelidae, →Phthiraptera); **Mundgliedmaßen** kauend-beißend (Ausnahme: →Anoplura), Lacinien der Maxillen bei freilebenden Arten jedoch spezialisiert: stilettartig, vorstoßbar, dienen der Ablösung von Nahrungsteilen („Meißelkiefler"). Läuse sind fähig, aktiv Wasserdampf der Luft zu absorbieren, sobald eine (für jede Art charakteristische, zwischen 58 % und 85 % liegende) bestimmte relative Feuchte überschritten ist (mit Ausnahme der blutsaugenden →Anoplura, der feuchte Höhlen bewohnenden →Prionoglarididae sowie wenigen →Amblycera und →Ischnocera); zur **Wasseraufnahme** werden 2 glattwandige paarige Sklerite der Hypopharynxunterseite bei weit geöffnetem Mund zwischen Labrum und Labium aufgestellt und so exponiert; die Außenfläche dieser Sklerite ist von einem feinen Film einer hygroskopischen Flüssigkeit überzogen (vermutlich aus den dorsalen Labialdrüsen); die mit Wasser angereicherte Flüssigkeit sammelt sich in flachen Vertiefungen der Sklerite und wird von da in sklerotisierten, feinsten Röhren durch die Tätigkeit einer vor dem Pharynxeingang liegenden (Cibarial-)Pumpe abgesaugt und dem Darm zugeführt (die Pumpe wurde zunächst als ein der Nahrungszerkleinerung dienender Mörser gedeutet). **Flügel** fehlen allen parasitischen Arten und wenigen anderen (→Liposcelidae; ♀♀ einiger Gttgn. aus den Fam. →Mesopsocidae und Elipsocidae), reduziert zu Schuppen oder winzigen Stummeln bei weiteren freilebenden Arten (→Trogiidae, ♀♀ einiger Psocomorpha); falls gut ausgebildet, **Vorderflügel** größer als Hinterflügel, im Flug durch Bindevorrichtung verbunden [**P-77**]; die verdickte Vorderwand der Hinterflügel greift unter den an einer Stelle umgeschlagenen Hinterrand der Vorderflügel; in Ruhelage dachförmig über dem Rücken; Flügel bisweilen mehr oder weniger rückgebildet (besonders bei den ♀♀); Neigung zum Fliegen auch bei Vollgeflügelten gering, fliegen meist nur zur Fortpflanzung (Flugzeit der meisten Imagines bei uns VII–IX); bei einzelnen Arten wurden jedoch Flugwanderungen

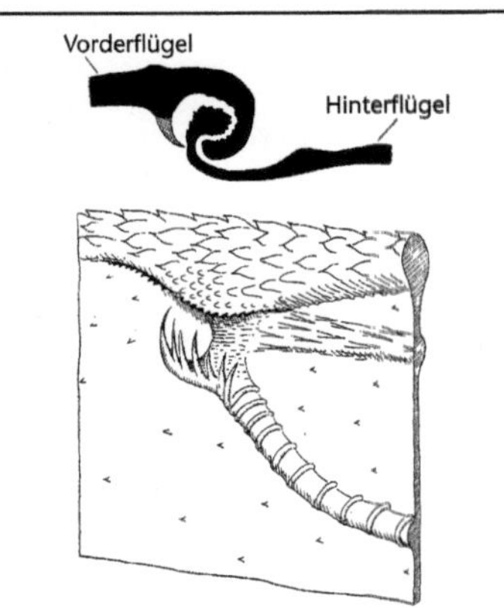

Abb. P-77: Psocodea: *Lachesilla pedicularia*. Bindevorrichtung; unten: Mitte des Hinterrandes des Vorderflügels von unten; oben: Schnitt durch die Verbindung des Vorder- und Hinterflügels beim Flug

Abb. P-79: Psocodea: *Ectopsocus briggsi*. 3 Phasen des Schlüpfens; Eizahn in den beiden ersten Phasen dunkel. (Weber 1930)

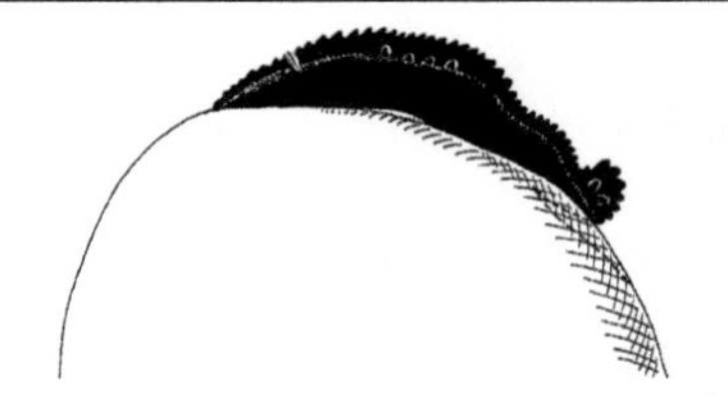

Abb. P-80: Psocodea: *Ectopsocus briggsi*. Eizahn (schwarz). (Weber 1930)

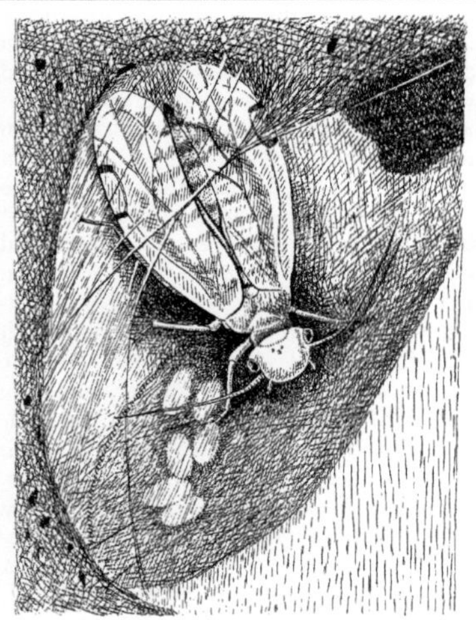

Abb. P-78: Psocodea: *Ectopsocus briggsi*. ♀ überspinnt Gelege von 6 Eiern; über dem Tier ein weiteres, lockeres Gespinst, das Kotballen enthält. (Weber 1930)

von skulpturierten Warzen an der Innenseite der Hinterhüften, erzeugter Laut möglicherweise durch gegenüberliegendes Membranfeld („Spiegel") verstärkt; manche →Trogiidae mit Klopflauten. **Nahrung** bei freilebenden Arten hauptsächlich Pilze, einzellige Algen, Flechten; in Häusern an Schimmelpilzrasen, aber auch an verschiedenstem organischem Material; bei Massenauftreten lästig, aber kaum wirklich schädlich, nur *Liposcelis* (→Liposcelidae) und *Trogium pulsatorium* L. (→Trogiidae) zuweilen in Insektensammlungen und Herbarien; Bevorzugung bestimmter Nahrung selten. Bei freilebenden Arten Neigung zum Herstellen von Gespinsten, besonders durch die ♀♀ zum Zudecken der Eier [**P-78**] (Spinndrüsen sind Teile der Labialdrüsen, Ausmündung am Grunde des Labiums); manche Arten leben dauernd unter einem Gespinst, z. T. Larven und Imagines gesellig. Das ♂ scheint das ♀ am Geruch zu erkennen (Larven bleiben ungestört); bei freilebenden Arten mit **Balztanz** vor dem ♀, Kopf ihm zugewandt, Körper hinten hoch, Flügel halbhoch und zuweilen schwirrend; das begattungswillige ♀ bleibt stehen; das ♂ baut sich vor ihm auf, dreht sich dann um, drängt sich rückwärts unter das ♀ und kopuliert; bei *Lachesilla* (→Lachesillidae) besteigt das ♂ zunächst das ♀, bevor es sich zur Paarung rückwärts unter das ♀ schiebt; nach Einleitung der Kopulation (♂ mit Ausnahme der →Amblycera unter dem ♀) kann

beobachtet; flügellose Arten oft flink, →Liposcelidae mit verdickten Hinterschenkeln und gutem Sprungvermögen. **Stridulation** bei manchen freilebenden Arten durch gegenseitiges Reiben

sich die Stellung ändern: so verlagert sich bei *Lachesilla* das ♂ schließlich auf den Hinterleib des ♀, bei den Trogiomorpha (z. B. *Trogium, Prionoglaris*) wenden sich die Geschlechtspartner in eine antagonistische Stellung (Hinterleib zu-, Kopf abgewandt), wobei das Genitalorgan des ♂ um 180° verdreht wird; Kopulationsdauer bei den Psocomorpha durch Übertragung einer festen Spermatophore kurz, z. T. wenige Sekunden, bei den Übrigen (mehr oder weniger flüssiges Sperma) meist länger (bei *Trogium* ca. 4 h, bei den →Ischnocera bis zu 2 Tagen). **Eiablage** entweder einzeln (z. B. *Lachesilla, Trogium,* →Liposcelidae, viele →Phthiraptera) oder in Gelegen (meist zu 6–8); Eier mit Kittsubstanz aus dem After auf der Unterlage festgeklebt, bei manchen Arten auch mit Spinnfäden bedeckt (z. B. →Mesopsocidae); Ovoviviparie (Schlüpfen der Larven gleich nach Eiablage) kommt vor (einige Populationen von *Cerobasis guestfalica* Ko.); ♀♀ legen bis zu 100 Eier; bei manchen Arten sind ♂♂ selten oder unbekannt; →thelytoke Parthenogenese (unbesamte Eier ergeben ♀♀) tritt bisweilen neben 2-geschlechtlicher Fortpflanzung auf. **Larve** schlüpft nach 1–3 Wochen; die Junglarve öffnet die Eihülle mit einem sägeförmigen Eizahn am Vorderkopf [**P-79, P-80**] bzw. (bei den →Phthiraptera) einem Chitinzähnchen am Kopfoberseite; Zahl der Larvenstadien [**P-81**] 3 (→Phthiraptera), 5 (z. B. *Cerobasis guestfalica* Ko.), 6 (z. B. *Lachesilla pedicularia* L., →Lachesillidae), vielleicht bei manchen Arten mehr; oft nur 1 Generation im Jahr, bei anderen 2 oder mehr (z. B. *Lachesilla*, parasitische Arten); fast alle Larven der Psocinae mit Drüsenhaaren, an denen Schmutz kleben bleibt (Verbergetracht?). **Überwinterung** (bei freilebenden Arten) meist als Ei, selten als Larve oder Imago; die Larven-

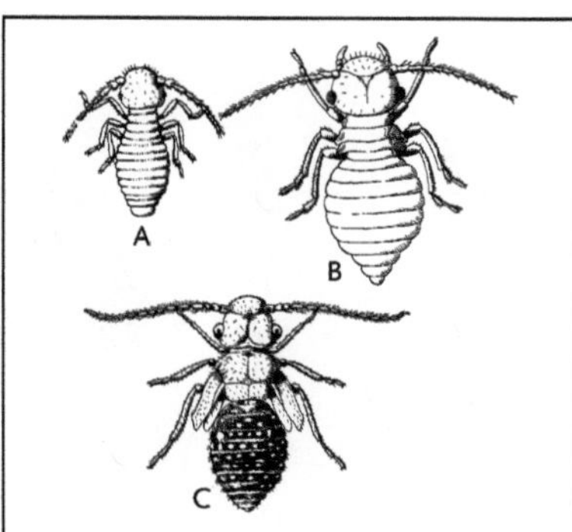

Abb. P-81: Psocodea: *Ectopsocus briggsi.* A: Stadium 1 (0,6 mm); B: Stadium 3 (1 mm); C: Stadium 6 (1,7 mm). (V. Kéler 1953)

stadien werden meist in 16–18 Tagen durchlaufen. – Mit zahlreichen heimischen Fam. (die nur durch einzelne eingeschleppte Arten vertretenen Lepidopsocidae, Psoquillidae und Sphaeropsocidae hier unberücksichtigt), auf 4 Gruppen verteilt: 1) **Trogiomorpha** (lange Antennen aus über 20 Gliedern; Vorderbrust sichtbar); 2) **Psocomorpha** (±mittellange Antennen aus 13 Gliedern; Vorderbrust schmal, von oben nicht sichtbar); 3) **Liposcelidetae** (lange Antennen aus 15 Gliedern; Sprungbeine; heimische Arten ungeflügelt); 4) **Phthiraptera** (flügellose Parasiten; kurze Antennen aus 3–5 Gliedern); die freilebenden, als Rindenläuse, Staubläuse oder Flechtlinge bezeichneten Arten, werden traditionell zu einer →paraphyletischen Gruppe **„Psocoptera" (Corrodentia)** zusammengefasst. In Eur mit folgenden Fam.:

Trogiomorpha	→Stenopsocidae	**Liposcelidetae**	→*Trichodectera*
→Prionoglarididae	& Amphipsocidae	→Liposcelidae	Bovicolidae
→Psyllipsocidae	→Caeciliusidae		Trichodectidae
Psoquillidae	& Paracaeciliidae	→**Phthiraptera**	→*Anoplura*
→Trogiidae	→Psocidae	→*Amblycera*	→Haematopinidae
Lepidopsocidae	& Philotarsidae	Gyropidae	→Pediculidae
Psocomorpha	& Trichopsocidae	Ricinidae	→Echinophthi-
→Mesopsocidae	& Epipsocidae	Laemobothrii-	riidae
& Elipsocidae	**Sphaeropsocidetae**	dae	→Linognathidae
→Lachesillidae	Sphaeropsocidae	Menoponidae	Enderleiniel-
& Ectopsocidae		→*Ischnocera*	lidae
& Peripsocidae		Philopteridae	Hoplopleuridae
			Polyplacidae

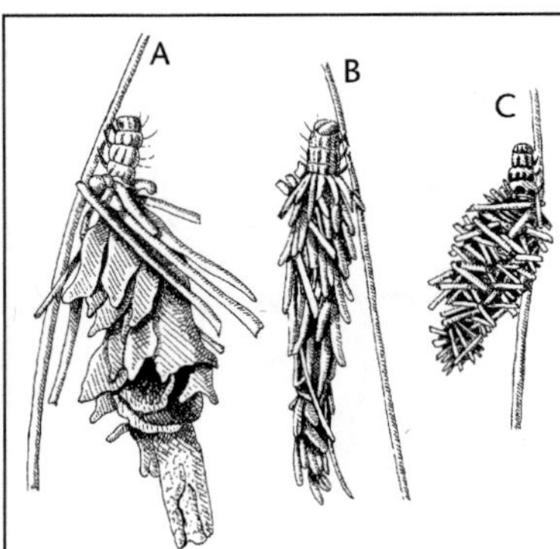

Abb. P-82: Psychidae: Raupen mit Sack. A: *Canephora unicolor*, ♂; B: *Canephora unicolor*, ♀; C: *Psyche viciella*. (Eckstein 1913–33)

Abb. P-83: Psychidae: *Apterona helicoidella*, Raupensack. Durchmesser etwa 5 mm. (Hofmann 1894)

Lit. Günther 1974; Günther & Lienhard 2011; Lienhard 1998; Moya et al. 2021; Rudolph 1983; Weidner 1972.

Psocomorpha →Psocodea.

Psoculus →Mesopsocidae.

Psophus →Acrididae A2.

Psoquillidae →Psocodea.

Psyche →Psychidae 4.

Psychidae, Sackträger; Fam. der Schmetterlinge (Lepidoptera, Glossata, Tineoidea) mit in Eur ± 245, M-Eur ± 100, Dt 48 Arten; klein bis mittelgroß; ♂ geflügelt, ♀ meist flügellos; Mundteile rückgebildet, kein Rüssel; ♂ mit düster beschuppten, mehr oder weniger durchscheinenden, in Ruhe dachförmig angelegten Flügeln, Zeichnung nicht oder nur schwach ausgeprägt, Antennen oft einfach oder doppelt kamm- oder sägeförmig, Körper pelzig behaart; ♀♀ mancher Arten noch mit Antennen, Augen und Beinen (*Taleporia*), bei ♀♀ anderer Arten auch diese Organe fast oder ganz rückgebildet; Hinterleib mit (zuweilen bis zu doppelter Körperlänge) vorstülpbarer Legeröhre. ♂♂ oft sehr kurzlebig, fliegen je nach Art am Tage oder in der Dämmerung; suchen die ♀♀ auf, die einen die ♂♂ erregenden und anlockenden Duftstoff absondern; Anflug der ♂♂ unter der Wirkung des Sexualpheromons zunächst geradlinig gegen den Wind (aus Entfernungen von mindestens 400 m nachgewiesen), die letzten Meter im Pendelflug; in ♀-Nähe Schwirrlauf und schließlich Kopulation; bei Arten mit madenförmigen beinlosen ♀♀ bleibt das ♀ im Larvensack (s. u.), der am Kopfende eröffnet wurde; **Begattung** des ♀ im Sack,

Hinterleib der ♂♂ wird dazu teleskopartig verlängert; ♀♀ mit noch gut ausgebildeten Beinen (*Taleporia*, *Dahlica*) erwarten das ♂ auf dem Sack sitzend; Eiablage stets in den Sack oder in die im Sack bleibende Puppenhülle; →Parthenogenese kommt bei manchen Arten bzw. Teilen davon vor. Die **Raupen** mit gut ausgebildeten Mundteilen und Brustbeinen, Afterfüße (Kranzfüße) jedoch verkümmert; leben ständig (schon vom ersten 1. Stadium ab) in einem aus pflanzlichem Material oder Sand zusammengesponnenen (bei manchen südländischen Arten äußerst kunstvollen) Gehäuse (ähnlich dem der ähnlich dem der Köcherfliegenlarven [**P-82**]); Säcke nach Baumaterial, Form, Größe artspezifisch verschieden; vorn und hinten offen, hintere Öffnung zum Ausstoßen von Raupenhäuten und Kot; z. B. bei *Megalophanes viciella* Den. & Schiff. aus einer körperlangen Röhre aus kleinen Pflanzenteilchen, innen mit Spinnfäden tapeziert, außen mit quer zur Köcherlängsachse angesponnenen Stäbchen pflanzlichen Materials; Köchererneuerung und Ausbessern in allen Stadien möglich, u. U. auch Annahme von Fremdköchern; ♂-Sack bei manchen Arten mit Gespinströhre am Hinterende; die Raupen befressen, den Sack mitschleppend, die Nahrungspflanze; minieren selten anfangs vom Sack aus in der Pflanze (*Apterona helicoidella* Vall.); viele Arten polyphag an verschiedensten Pflanzen, andere auf bestimmte Pflanzengruppen spezialisiert oder auf Flechten (z. B. *Taleporia*, *Dahlica*). Vor der **Verpuppung** dreht sich die Raupe im Sack um; Verpuppung stets im Sack, mit der vorderen Öffnung festgesponnen, oft entfernt von der Nahrungspflanze; die ♂♂ zuweilen etwas tiefer als die ♀♀ (später vom höheren Platz aus bessere Verbreitung des Sexuallockstoffes?); die sehr beweglichen Puppen der ♂♂ drängen sich zum Schlüpfen des Falters weit aus dem Hinterende des Sackes hervor, die der ♀♀ nicht immer [**P-85**]; **Überwinterung** als Raupe im Sack, bei manchen Arten einmal, bei manchen 2-mal (bei *Megalophanes viciella* Den. & Schiff. beides möglich).

1. *Apterona helicoidella* Vall. (= *crenulella* Brd.); kleine Art, ♂ ca. 12 mm Flspw.; pflanzt sich südlich der Alpen auch 2-geschlechtlich fort,

Abb. P-84: Psychidae: *Dahlica triquetrella*. ♀. (Forster & Wohlfahrt 1954–81)

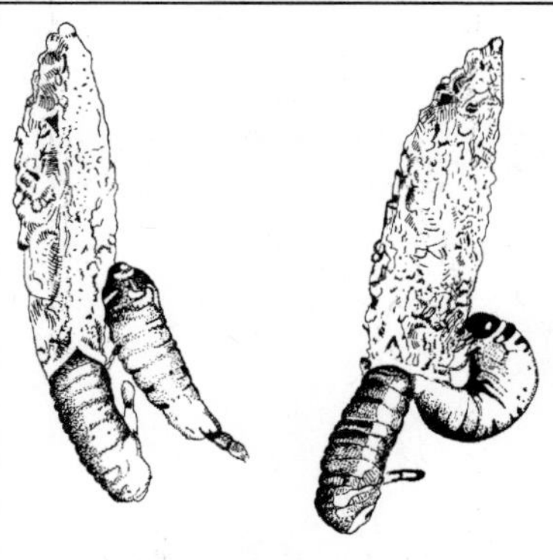

Abb. P-85: Psychidae: *Dahlica triguetrella*. Links: bisexuelle, rechts: parthenogenetische Form; Puppenhaut aus dem Sack vorgeschoben. (Bourgogne 1951)

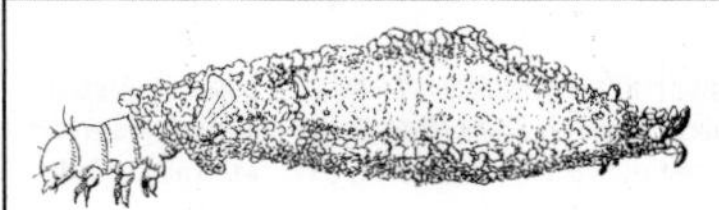

Abb. P-86: Psychidae: *Dahlica triquetrella*. Raupe mit Sack von der Seite

nördlich der Alpen rein parthenogenetisch; die Raupen in einem schneckenförmigen, mit Sandkörnchen besetzten, braunen bis grauen Sack von ca. 5 mm Durchmesser [**P-83**]; fressen an verschiedensten Pflanzen, zunächst vom Sack aus minierend, später von außen; Verpuppung der ♀♀ an Steinen oder Stämmen in höchstens Manneshöhe, der ♂♂ höher an Baum- oder Buschwipfeln.

 2. *Taleporia tubulosa* Retz.; das ♀ wartet (vgl. *Dahlica* →3) auf dem Larvensack mit ausgestreckter Legeröhre auf das ♂; sofortige Begattung, wenn ein ♂ in die Nähe kommt, unmittelbar anschließend Eiablage; die Raupe in einem schlanken, mit sehr feinem Sand und Pflanzenmaterial besetzten Sack (2 mm Durchmesser, bis 17 mm lang); hinterer Teil zuweilen in der ganzen Länge 3-kantig, Hinterende mit 3 Klappen; frisst Flechten an Baumstämmen oder Felsen; zum Schlüpfen schlängelt sich die Puppe auch des ♀ weit zur hinteren Sacköffnung hinaus; die ♂♂ schlüpfen nachmittags bis abends, die ♀♀ morgens vor Sonnenaufgang; überwintert Überwinterung am Boden im Moos; Verpuppung im Frühling an Baumstämmen; Entwicklung manchmal mehrjährig.

 3. *Dahlica triquetrella* Hbn. (= *Solenobia t.*); 3 Formen mit bemerkenswert verschiedener Art der Fortpflanzung: a) **bisexuelle Form;** ♂♂ schlüpfen nachmittags bis nachts, sind am nächsten Tag begattungsbereit; ♀♀ [**P-84**] schlüpfen frühmorgens (ausgelöst durch Licht), sitzen mit ausgefahrener Legeröhre auf dem Sack (Duftabgabe [**P-85**]); nach der Begattung (einige Minuten) sofort Eiablage zwischen Puppenhülle und Sackwand; Eier mit Haaren

des Hinterleibsendes bedeckt; ♀♀ sterben nach 2–3 h, ohne Begattung nach 3–6 Tagen; b) **diploid-parthenogenetische Form;** das ♀ biegt nach dem Schlüpfen i. d. R. sofort den Hinterleib zur Eiablage; bisweilen streckt es nach dem Schlüpfen – wie zum Anlocken eines ♂ – für einige Zeit die Legeröhre aus; Nachkommenschaft fast ausschließlich ♀♀, ganz selten ♂♂ (die dann den bisexuellen ♂♂ gleichen); bewohnt in der Schweiz die Jura-Züge, z. T. zugleich mit der bisexuellen Form; c) **tetraploid-parthenogenetische Form,** weit verbreitet innerhalb und außerhalb der Alpen; Verhalten wie bei b); offenbar sind die parthenogenetischen Formen aus der bisexuellen entstanden, wobei sich die tetraploid-parthenogenetische mit ihrer weiten Verbreitung als besonders lebenskräftig erweist; bisexuelle und parthenogenetische Formen auch bei verwandten Arten nebeneinander. Die **Raupe** frisst an Flechten; Larvensack [**P-86**] 3-kantig, Bauch- und Rückenseite deutlich unterschieden; vorn und hinten verjüngt, hinten mit 3 zipfelförmigen Klappen; mit feinem Sand besetzt, an den Längskanten mit raueren Teilen (z. B. auch mit Stückchen von Insektenpanzern).

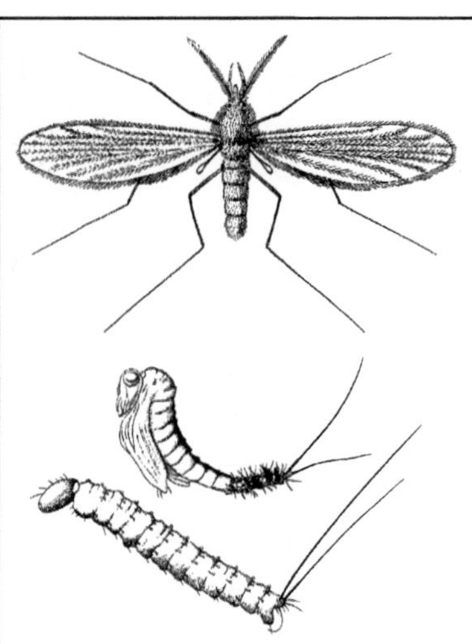

Abb. P-87: Psychodidae: *Phlebotomus papatasi*, Papatacimücke. Oben: ♀, 2 mm; Mitte: Puppe, hinten mit Resten der Larvenhaut; unten: erwachsene Larve, ca. 5 mm. (Martini 1952)

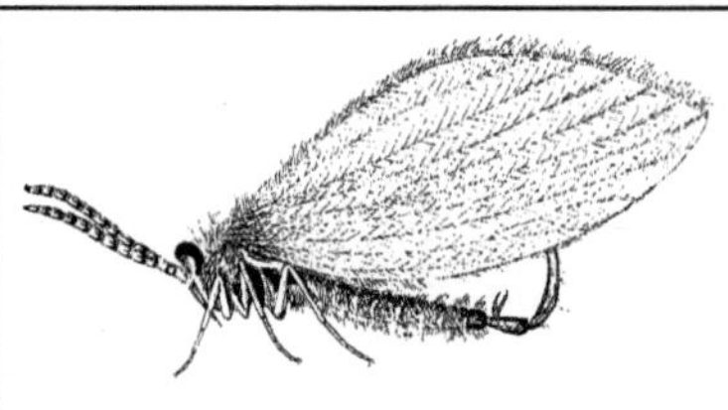

Abb. P-88: Psychodidae: *Psychoda phalaenoides*. ♂, Länge 2 mm. (Lindner 1923 ff)

Abb. P-89: Psychodidae: *Clytocerus ocellaris*. Larve (4 mm), bedeckt mit Erdteilchen. (Brauns 1954a)

4. *Psyche casta* Pall.; eine überall häufige Art; ♂ Flspw. ca. 13 mm; fliegen V–VI; ♂♂ schlüpfen gegen Abend, ♀♀ in der Frühe; Begattung auf dem ♀-Sack, in den das ♀ dann sofort die Eier ablegt; die Raupen besonders an Gräsern, ihr Sack der Länge nach mit Grasstückchen besetzt; insgesamt. 6–7 Häutungen; Raupen überwintern im Sack nach der 3. oder 4. Häutung, fressen im Frühling weiter; Verpuppung mäßig hoch an Baumstämmen, bei ♂-Raupen etwas früher als bei ♀-Raupen, dafür Puppenzeit bei ♂♂ 4, bei ♀♀ 2 Wochen; zuweilen 2-malige Überwinterung. Lit. →Lepidoptera; Eisenbeis & Wichard 1985; Herrmann 1994.

Psychoda →Psychodidae.

Psychodidae, Schmetterlingsmücken; Fam. der Zweiflügler (Diptera, Psychodomorpha) mit in Eur ± 490, M-Eur ± 210, Dt ± 155 Arten; Imagines sehr klein (1–5 mm); Körper und Flügel meist stark behaart; die verhältnismäßig großen Flügel in Ruhe leicht angehoben dachförmig über dem Rücken, was den Tierchen das Aussehen winziger Schmetterlinge gibt; die ♂♂ gegenüber den ♀♀ oft ausgezeichnet durch kontrastreiche Haarfärbung. Die meisten Arten stechen nicht; saugen, insofern sie überhaupt **Nahrung** aufnehmen, Nektar und andere Pflanzensäfte; Ausnahmen: *Sycorax*-♀♀ saugen an Fröschen;

Phlebotomus (Sandmücken; gelblich gefärbt) in den Tropen und Subtropen berüchtigt als Überträger von Orientbeule und Kala-Azar (erregt durch *Leishmania*-Arten); *Phl. papatasi* Scop. (Papatacimücke [**P-87**]) bereits in S-Eur lästig auch für den Menschen, Überträger des Papataci-Fieber-(Dreitagefieber-)Virus; Blutspender der *Phl.*-Arten können alle landlebenden Wirbeltiere sein; bei der Nahrungsaufnahme entlassen die *Phl.*-♀♀ ein (von Zellen der Palpen produziertes) Aggregationspheromon. Oft durch den Wind verfrachtet; vermögen jedoch sehr wohl, auch über längere Strecken, zielsicher z. B. dunkle Schlupfwinkel anzusteuern und plötzlich auftretenden Hindernissen auszuweichen. ♂ mit kompliziert gebauten, auffallenden Anhängen z. B. der Mittelbrust, die als Pheromonlieferanten bei der **Balz** eine Rolle spielen; vielleicht auch Lockstoffabgabe durch die ♀♀: das ♂ wirkt unmittelbar nach der Kopula anlockend auf andere ♂♂; die winzigen Eier teils einzeln, teils in Gelegen abgesetzt, meist in Wassernähe; die ♀♀ der häufigen *Psychoda phalaenoides* L. [**P-88**] (und verwandter Arten) werden durch kot- und harnähnliche Düfte angelockt („Abortfliegen"), finden sich nicht selten zu Tausenden in den ähnlich duftenden Blüten des Aronstabs (vgl. auch *Culicoides*; →Ceratopogonidae), besorgen hier die Bestäubung. Die **Larven** klein, bis ca. 4 mm; meist schlank, seltener (*Sycorax*) asselförmig; mit deutlich abgesetztem Kopf; manchmal mit zahlreichen Fortsätzen, zwischen denen sich tarnende Detritusteilchen festsetzen können [**P-89**]; Arten, die in kalkreichem Wasser leben, auch mit Kalkkrusten; manche abgeplat-

Abb. P-90: Psychodidae: *Telmatoscopus* spec. Larve (4 mm) mit vorderem Stigma, Atemröhre (hinten) und dorsalen Chitinplättchen. (Brauns 1954a)

tet mit verstärkten Rückenteilen (*Telmatoscopus* [**P-90**]); vorderstes und hinterstes Stigmenpaar offen, Letzteres oft auf einem Atemröhrchen; bei manchen Wasserformen sind „Analkiemen" beschrieben (vermutlich der Osmoregulation dienende Organe); am Rande stehender Gewässer, auf überrieselten Felsen, in Bächen, oft in kleinsten (auch organisch verunreinigten) Wasseransammlungen, in Jauchegruben, in Siphonen von Ausgüssen und Waschbecken; die Larven der „Abortfliegen" (z. B. *Psychoda alternata* Say.) in Fäkaliengruben, Kläranlagen und Toiletten (die Imagines dann am Fenster); andere im Waldboden, in Pilzen, in feuchtem Moos; Nahrung: zerfallende organische Stoffe (wichtige Destruenten!). 4 Larvenstadien; **Puppen** meist frei, seltener ganz oder nur mit dem Hinterende in der letzten Larvenhaut; Atemhörnchen können fehlen; manche Arten mit mehreren Generationen im Jahr; **Überwinterung** als Larve oder Imago. Lit. →Diptera; Brauns 1954a, b; Wesenberg-Lund 1943.

Psychodomorpha; Gruppe der „Nematocera" (→Diptera); mit den Fam. →Blephariceridae, →Psychodidae.

Psychoides →Tineidae 8.

Psychomyia →Psychomyiidae.

Psychomyiidae; Fam. der Köcherfliegen (Trichoptera) mit in Eur ± 70, M-Eur ± 20, Dt 14 Arten; häufig z. B. *Tinodes waeneri* L. (Flspw. bis 18 mm; rötlich braun), *Psychomyia pusilla* F. (Flspw. bis 12 mm); **Larven** kiemenlos, →campodeid; im Fließwasser, aber auch besonders im Brandungsbereich stehender Gewässer; bauen mit Sandkörnchen bedeckte, etwas gewundene galerieartige Gespinströhren z. B. auf Steinen, deren Aufwuchs sie abschaben; sehr sesshaft, bei Erschöpfen der Nahrung Verlagerung der Gespinströhre durch Anbau vorne und Abbau hinten; **Verpuppung** in mit Sand bedecktem Gespinst, darin befestigt ein Kokon mit einer durchlöcherten Wand für die Puppe. Lit. →Trichoptera.

Psylla →Psyllina A3.

Psyllidae →Psyllina A.

Psyllina, Blattflöhe; Gruppe der Pflanzenläuse (→Sternorrhyncha); mit in Eur ± 320, M-Eur ± 185, Dt 117 Arten; klein, meist 2–4 mm;

Imagines mit gutem Springvermögen (springen mit den Hinterbeinen, Hauptsprungmuskeln vom Körperinnern zum Schenkelring, die vergrößerten Hinterhüften mit der Brust verwachsen); Augen groß, kugelig ausgewölbt (Ausnahme: Liviidae →C); beide Flügelpaare gut ausgebildet, die kleineren Hinterflügel beim Fliegen durch wenige, am Vorderrand stehende Häkchen mit dem umgeschlagenen Rand der Vorderflügel verbunden; Flugstrecken meist nur kurz, z. B. von den Nährpflanzen zu Überwinterungspflanzen (bei unseren Arten nicht selten Nadelbäume) oder zur Flucht; Flügel in Ruhe dachförmig auf dem Rücken. Wachsdrüsen insbesondere bei Larven und ♀♀ verbreitet, v. a. um den After herum, die Wachsfäden verhindern Beschmieren des Körpers mit Kot; bei manchen Arten (z. B. *Trioza*) ist der Larvenkörper ringsum mit einem Saum von Wachsfäden umgeben. **Saugen** mit dem Stechrüssel Pflanzensäfte aus den Siebröhren (→Phloemsauger), bei den Imagines in geringerem Ausmaß als bei den Larven; Nahrungsspezialistentum besonders bei den Larven vieler Arten ausgeprägt, strenge Monophagie (Saugen auf einer einzigen Pflanzenart) jedoch wohl seltener als meist angenommen (zumal bei Imagines); zur Eiablage findet das ♀ die richtige Nahrungspflanze für die Larven offenbar durch den Geruchssinn; der Kot ist zumindest bei manchen Arten zuckerhaltig (→Honigtau, wie bei →Aphidina); nicht wenige Arten bei Massenauftreten an Kulturpflanzen schädlich; durch das Saugen entstehen nicht selten **gallen**artige Veränderungen an der Pflanze, z. B. Umrollungen und Verdickungen am Blattrand oder Dellen im Blatt. Mit intrazellulären **symbiotischen Mikroorganismen** in besonderen, oft gelblich gefärbten Mycetomen (unpaar oder paarig im Hinterleib, ventral vom Darm; mit 2 verschieden gestalteten Symbiontenformen; →Mycetocyten); Übertragung auf die Nachkommen durch Einwandern in die Eizellen im Ovar. Bei mehreren Arten wurden bei beiden Geschlechtern **Lautäußerungen** beschrieben; Mechanismus und Bedeutung noch unklar. Bei der **Begattung** (öfters wiederholt) stehen die Partner schief nebeneinander; **Eier** mit fadenförmigem Anhang, nur dieser wird mit dem Legebohrer in das Pflanzengewebe versenkt, und zwar i. d. R. an der Nährpflanze. 5 **Larven**stadien, das 1. beweglich, die anderen weitgehend festsitzend; Flügelanlagen vom 3. Stadium ab deutlich; **Überwinterung** häufig als Imago, bei manchen Arten als Ei oder auch als junge Larve; bei uns meist 1 Generation im Jahr, bei manchen Arten oder bei günstigen

Außenbedingungen 2 oder mehr. – Mit 4 heimischen Fam., 2 weitere Fam. mit jeweils 1 Art im südl. Europa (Calophyidae; Homotomidae, mit *Homotoma ficus* L an Feigen).

A. Psyllidae, mit ± 45 heimischen Arten; mit kegelförmigen Fortsätzen unter den Fühlern; in Dt ausschließlich an Gehölzen, v. a. an Rosaceen Rosaceae, Weiden, Ginstern (z. B. *Livilla*) und Betulaceen (*Psylla*). Auswahl:

A1. *Cacopsylla mali* Schmidb., Apfelblattsauger, Apfelsauger, Apfelfloh (ca. 4 mm); die Larven v. a. an Apfelbäumen, an Stielen von Jungblättern, dann an Blüten und an der Unterseite von Blättern; zuweilen sehr schädlich; die Imagines auch an anderen Pflanzen; Eiablage im Herbst v. a. an die Rinde dünner Apfelbaumzweige; nur 1 Generation, die Eier überwintern.

A2. An Birnen 3 Arten: ***Cacopsylla pyri*** L., Birnblattsauger (ca. 4 mm); mehrere Generationen pro Jahr, Überwinterung als Imago. ***C. pyricola*** Först., Gefleckter Birnblattsauger (ca. 3 mm); meist 2–3 Generationen, mit Saisondimorphismus: Sommergeneration mit kürzeren Flügeln als die Wintergeneration; die Imago überwintert. ***C. pyrisuga*** Först. (ca. 4 mm); 1 Generation; die Imago fliegt im Sommer auf Nadelhölzer, wird dunkler, überwintert hier; im Frühling Rückkehr auf Birnbäume, hier Eiablage; wohl schädlichste Art: Blätter durch Saugen verkrüppelt und deformiert.

A3. *Spanioneura buxi* Geoffr. (= *Psylla b.*) (3–5 mm); am Buchsbaum, v. a. an dann schalen- oder löffelförmig nach oben gebogenen, etwas verdickten Blättern der Triebspitzen; 1 Generation im Jahr, überwintert als Junglarve im geöffneten Ei.

A4. *Cacopsylla visci* Curt. (ca. 4 mm); Larven in flachen Vertiefungen an Mistelbättern, erzeugen Honigtau; 2 oder 3 Generationen im Jahr, Überwinterung als Ei; Fressfeind: *Anthocoris visci* Dgl. (→Anthocoridae).

B. Triozidae, mit 43 heimischen Arten, größtenteils an Kräutern (wenige an Salicaceae oder Kreuzdorn); darunter ***Trioza apicalis*** Först., Möhrenblattfloh (kaum 2 mm): an Apiaceae; Larven und Imagines im Frühling und Sommer u. U. sehr schädlich an Möhren, bewirken grün bleibende Blattkräuselungen, die Jungpflanzen sterben; die Imago überwintert v. a. an Nadelbäumen; 1 Generation.

C. Liviidae, heimisch 9 Arten; mit mächtig vergrößertem 2. Fühlerglied; teils an Gehölzen (*Camarotoscena* an Pappel, *Psyllopsis* an Esche, *Strophingia* an Heidekraut), teils an Binsen und Seggen (*Livia*: überwintern Überwinterung als Imago). Beispiel: ***Livia junci*** Schrank (ca.

2,5 mm): Larven und Imagines in den dann gestauchten, fast nur aus den schmalen Blattscheiden bestehenden rötlichen Blütenschöpfen von Binsen; in diesen Gallen von Gallmücken (*Lestodiplosis liviae* Rubs., →Cecidomyiidae) gejagt.

D. Aphalaridae, bei uns 20 Arten, an Kräutern, v. a. Asteraceae und Polygonaceae; z. B. ***Aphalara polygoni*** Först. (ca. 3 mm): Larve an Sauerampfern in erzeugten Dellen an der Blattunterseite; 2 Generationen im Jahr, überwintert als Imago an Nadelbäumen. An Gehölzen nur die Arten der U-Fam. **Rhinocolinae,** in Dt mir mit nur 1 Art, *Rhinocola aceris* L. (2,5 mm): grün, mit bräunlichen Flügelenden; saugt an Ahorn; 1 Generation im Jahr; Ruhestadium im Sommer, überwintert als Junglarve in einer Blattknospe.

Lit. →Sternorrhyncha; Burckhardt et al. 2021; Müller 1956.

Psylliodes →Chrysomelidae L3, L4.

Psyllipsocidae; Fam. der Läuse (Psocodea, Trogiomorpha) mit in Eur 5, M-Eur 4, Dt 3 Arten; mit schmalen Flügeln; in Häusern und Höhlen, Ernährung von Pilzmycelien; z. B. die verbreitete *Psyllipsocus ramburi* S.-L. (2,3 mm), mit Flügelpolymorphismus: Übergänge zwischen lang- und sehr kurzflügeligen Exemplaren; bemerkenswert durch die offenbar rein parthenogenetische Vermehrung.

Lit. →Psocodea.

Psyllipsocus →Psyllipsocidae.

Psyllobora →Coccinellidae 5.

Psylloidea; Synonym zu →Psyllina.

Psyllomorpha; Bezeichnung für eine wohl nicht monophyletische Gruppe der Pflanzenläuse (→Sternorrhyncha) aus →Aleyrodina und →Psyllina.

Psyllopsis →Psyllina C.

Psyttalia →Braconidae B; →Tephritidae 2.

Pteromalidae; Fam. der Hautflügler (Hymenoptera, Apocrita, Chalcidoidea); in enger Fassung als →monophyletische Gruppe (s. u.) mit in Eur >900, M-Eur ± 575, Dt ± 425 Arten; kleine bis mittelgroße Erzwespen; Larven als Parasitoide (Primär- oder Hyperparasitoide) bei den verschiedensten Insekten (*Pteromalus platyphilus* Walk. jedoch in Spinnen-Eisäcken); bevorzugt werden Puppen und minierende oder Gallen bewohnende Larven, nur wenige Arten in Eiern oder Imagines (z. B. *Tomicobia seitneri* Ruschka im Hinterleib des Buchdruckers, →Curculionidae P15); manche Arten sehr →polyphag bei Vertretern verschiedener Ordgn.; *Gyrinophagus* befällt Kokons aquatischer Insektenlaren (→Gyrinidae; →Sisyridae); teils Endo-, teils Ektoparasitoide; nicht selten viele Schmarotzerlarven an oder in einem Wirt; bei manchen Arten (allen Puppen-, einigen Ei- und Larvenparasitoiden) wird der Wirt durch den Stich mit dem Legebohrer paralysiert, die austretende Körperflüssigkeit dann vom ♀ auf- geleckt (zusätzliche Eiweißnahrung); bei nicht unmittelbar zugänglichem Wirt wird ein Rohr aus erhärtendem Sekret von Anhangsdrüsen des Legebohrers gebildet, in dem der Körpersaft des angestochenen Wirtes aufsteigt und so genutzt werden kann; die ♀♀ einiger Arten saugen auf diese Weise als Eijäger Insekteneier aus. Manche sind Gegenspieler von Schadinsekten, so meh- rere Arten der Gttgn. *Dinotiscus* und *Rhopalicus* als Parasitoide bei Borkenkäferlarven (→Curcu- lionidae P) oder *Halticoptera laevigata* Thoms. bei Bohrfliegen (→Tephritidae 2).

1. *Pteromalus puparum* L.; Larven oftmals zahlreich in der Puppe von Großschmetter- lingen, z. B. von Weißlingen; Überwinterung in der Puppe; Imagines schlüpfen im Frühling, die Puppenhaut des Wirtes erscheint dann wie durchsiebt.

2. *Nasonia vitripennis* Walk.; ♂ balzt, indem es, auf dem ♀ sitzend, in rhythmischen Ab- ständen Nickbewegungen ausführt und dabei Pheromone abgibt, die das ♀ zur Paarungsbe- reitschaft stimulieren; Larven sind Parasitoide in *Protocalliphora*-Puppen (→Calliphoridae 3) im Nest höhlenbrütender Vögel, auch in Pupa- rien anderer Aas- und Dungfliegen außerhalb von Nisthöhlen (→Calliphoridae; →Sarcopha- gidae; →Muscidae, auch bei Stubenfliegen); die Fliegentönnchen (Puparien) werden durch den Geruchssinn gefunden, wobei auch der Duft von am Puparium haftender Fliegerlarvennahrung wichtig sein kann; nur Puparien mit lebendem Inhalt (offenbar Prüfung durch den Legebohrer) werden mit einer Anzahl Eier belegt; an hohe Nest-Temperaturen angepasst (beste Schlupf- rate bei 30 °C); die meisten Larven machen nach dem Wegfliegen der Nestjungen eine Diapause durch; überwintern im Nest (auch außerhalb?). Wichtigster Modellorganismus unter den para- sitoiden Hymenoptera.

3. *Lariophagus distinguendus* Först.; ektoparasi- toid bei verschiedenen Käfern, z. B. bei der im Kokon bereits eingesponnenen Altlarve, Vor- puppe oder Puppe des Brotkäfers (*Stegobium paniceum* L., →Anobiidae 6); das ♀ vermag (offenbar mit dem Geruchssinn) aus Tausenden von gesunden Getreidekörnern die herauszufin- den, in denen sich der geeignete Wirt befindet; eine aus dem Kokon herausgenommene Wirts- larve bzw. -puppe wird nicht angestochen; der Wirt wird durch den Stich mit dem Legebohrer

paralysiert, das Ei jedoch außen an den Wirt ge- heftet; meist 1 Ei pro Wirt.

4. *Dibrachys microgastri* Bche. (= *cavus* Walk.); →polyphager Ektoparasitoid in Puppen, auch hyperparasitoid (z. B. Braconidae); s. auch →Eulophidae 6.

5. *Philotrypesis caricae* L.; mit abweichender Lebensweise als Nahrungsparasit bei Feigen- wespen; ♀ legt ihre die Eier ausschließlich in bereits von *Blastophaga psenes* L. (→Agaoni- dae 2) belegte Feigenblüten; die Larve frisst das unter dem Einfluss der Feigenwespe gebildete Pflanzengewebe, deren Larve getötet wird oder verhungert.

– Etwa 2 Dutzend bisher zu den Pteromal- idae gestellte Gruppen sind nicht näher mit dem →monophyletischen Kern dieser Fam. verwandt. Von diesen jüngst abgetrennten Gruppen (mit zusammen ± 180 Arten in Eur, davon ± 70 in Dt) sind nur die **Pirenidae** bei uns artenreicher (±30 Arten); ihre Larven entwi- ckeln sich als Parasitoide (oder →Inquilinen?) in Gallen der →Cecidomyiidae. Weitere heimische Gruppen parasitoid bei cyclorrhaphen Fliegen (**Spalangiidae** mit 10, **Ceidae** mit 3 Arten in Dt) oder xylophagen Käfern (**Cerocephalidae** mit 4, **Cleonymidae** mit 5 heimischen Arten, dazu die jüngst auch in Dt gefundenen Arten *Oodera formosa* Gir., **Ooderidae**, mit enorm verdickten und bestachelten Vorderschenkeln, und *Macromesus amphiretus* Walk., **Macrome- sidae**, mit nur 4(!) Fußgliedern am Mittelbein des ♀). Larven der **Eunotidae** (in Dt 7 Arten) fressen Schildlauseier (Eiablage unter ein ster- bendes Schildlaus-♀), Larven der **Systasidae** (in Dt 6 Arten) bewohnen Gallen der →Cecido- myiidae (als →Prädatoren kleiner Gallmücken- larven oder als →Inquilinen?). Eine weitere Gruppe bildet die Gttg. ***Asaphes*** (in Dt: 2 Arten): (Hyper-)Parasitoide v. a. bei Blattläusen und Blattflöhen; werden selbst von möglicherweise verwandten Erzwespen der Gttg. ***Micradelus*** (in Dt 2 Arten) befallen.

Lit. →Hymenoptera; Abraham 1985; Boček & Rasplus 1991; Burks et al. 2022; Clausen 1940; Cruaud et al. 2022; Graham 1969; Heraty et al. 2013; Vidal et al. 2022.

Pteromalus →Pteromalidae, 1; vgl. auch →Pieri- dae 2, →Tephritidae 7.

Pteronemobius →Trigonidiidae A.

Pteronidea →Tenthredinidae 6, 12; vgl. auch →Chrysididae A.

Pterophoridae, Federgeistchen, Federmotten; Fam. der Schmetterlinge (Lepidoptera, Glos- sata) mit in Eur ± 175, M-Eur 82, Dt 67 Arten; die Falter kaum mittelgroß; mit schlankem

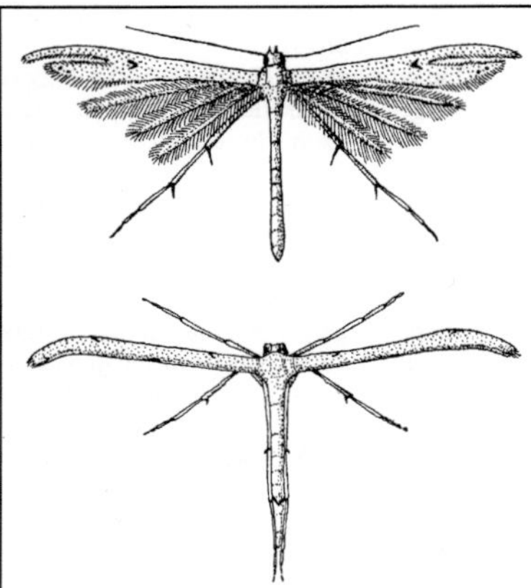

Abb. P-91: Pterophoridae: *Emmelina monodactyla*, Federmotte. Flspw. ca. 25 mm; unten: Flügel in Ruhehaltung. (Bourgogne 1951)

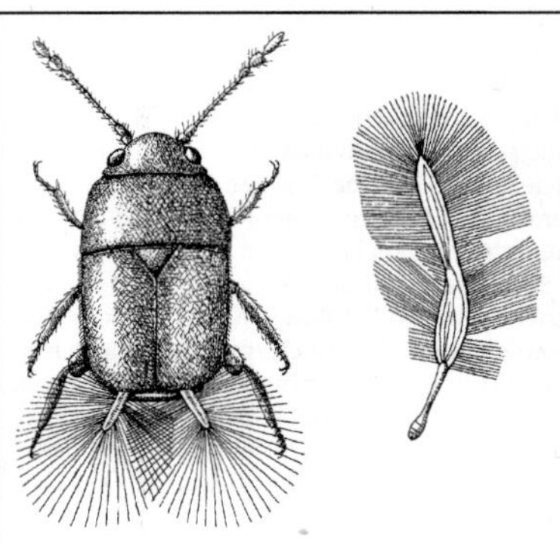

Abb. P-92: Ptiliidae. Links: *Acrotrichis sericans*. 0,7 mm; Flügel ragen über die Flügeldecken hinaus; rechts: einzelner Flügel. (zur Strassen 1969)

Körper und relativ sehr langen Vorderflügeln; die Flügel i. d. R. vom Außenrand her ungleichmäßig tief geschlitzt (Ausnahme: *Agdistis*), und zwar die Vorderflügel in 2(–4), die Hinterflügel in 3 Lappen; die Flügel werden in der Ruhe seitwärts gehalten, die Hinterflügel unter den der Länge nach eingeklappten Vorderflügeln geborgen; die Tiere im Habitus dann schnakenähnlich [**P-91**]; mit keulenförmigen Duftschuppen auf den Adern der Hinterflügelunterseite (Bedeutung?); Saugrüssel gut entwickelt. Die trägen, plumpen **Raupen** mit langen Haaren und schlanken Kranzfüßen; fressen meist außen an Blättern, Blüten und Samenkapseln, z. T. aber auch im Innern der Nahrungspflanze; Puppen teils in Gespinst, teils frei, in waagrechter oder senkrechter Lage mit dem →Cremaster in einem Gespinstpolster befestigt. **Überwinterung** teils als Ei, teils als Raupe oder auch als Falter.

1. *Pterophorus pentadactylus* L.; Falter schneeweiß; Vorderflügel mit 2 Lappen; die überwinternde Raupe an Winden.

2. *Emmelina monodactyla* L. [**P-91**]; Falter braun, überwintert; die Raupe an Ackerwinde.

3. *Gillmeria ochrodactyla* Den. & Schiff.; die Raupe frisst im Herztrieb von Rainfarn (*Tanacetum*).

4. *Cnemidophorus rhododactylus* Den. & Schiff.; die Raupe frisst Rosenknospen aus, die sie mit Spinnfäden am grünen Blatt befestigt; Verpuppung frei an den Blättern.

Lit. →Lepidoptera; Arenberger 1995; Gielis 1993, 1996; Hannemann 1977.

Pterophorus →Pterophoridae 1.

Pterostichus →Carabidae M.

Pterotopteryx →Alucitidae 3.

Pterygota; →monophyletische Gruppe der Insekten; umfasst alle Insekten mit Flügeln sowie diejenigen flügellosen Insekten, die aufgrund ihrer sonstigen Merkmale zu Teilgruppen geflügelter Insekten gehören (z. B. →Siphonaptera, →Phthiraptera), sodass eine Flügelreduktion anzunehmen ist; darauf weist auch die im Gegensatz zu primär flügellosen Insekten (→„Apterygota") sklerotisierte Brustseite (Pleura) hin, die für die Wirkung der indirekten Flugmuskeln wesentlich ist; bilden mit ihrer Schwestergruppe der →Zygentoma die übergeordnete Gruppe: →Dicondylia; mit den Teilgruppen →Ephemeroptera, →Odonata und →Neoptera (vgl. →Palaeoptera, →Metapterygota).

Ptiliidae, Federflügler, Haarflügler; Fam. der Käfer (Coleoptera, Polyphaga, Staphyliniformia) mit in Eur ± 125, M-Eur ± 100, Dt 84 Arten; sehr klein, meist unter 1 mm (hierher die kleinsten bekannten Käfer, 0,25 mm); →Elytren bedecken oft nicht den ganzen Hinterleib; Hinterflügel mit schmaler Achse, besetzt mit langen Härchen [**P-92**], in Ruhelage an 2 Stellen geknickt; bei manchen Arten der Gttg. *Ptinella* gibt es neben einer sehenden geflügelten auch eine (oft häufigere) blinde ungeflügelte Form. Bezeichnend für einige Arten ist ruckartiges **Laufen**; Verbreitung der durchaus fluglustigen Käfer v. a. durch die bewegte Luft. Imagines und die länglichen,

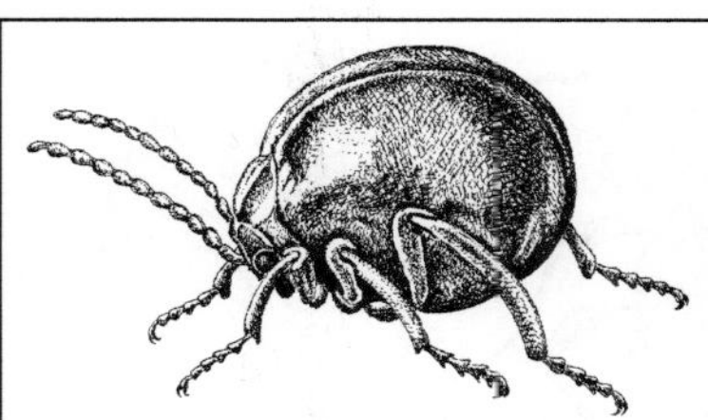

Abb. P-93: Ptinidae: *Gibbium psylloides*, Kugelkäfer. 3 mm. (zur Strassen 1969)

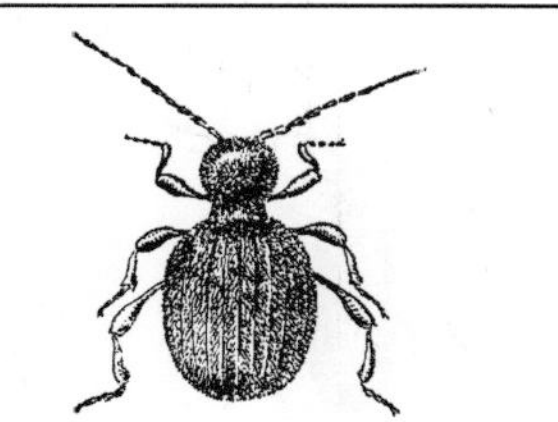

Abb. P-94: Ptinidae: *Niptus hololeucus*, Messingkäfer. 3–4,5 mm. (Weidner 1994)

beintragenden **Larven** in feuchten zerfallenden pflanzlichen Stoffen; einige Arten bekannt als Ameisengäste, z. B. *Ptilium myrmecophilum* Allib. (0,6 mm), in Nestern von *Formica*-Arten; andere in Nestern von Kleinsäugern und Vögeln; **fressen** Pilzsporen und -fäden (u. a. von Schimmelpilzen, Porlingen).
Lit. →Coleoptera; Hölldobler & Kwapich 2023.
Ptilium →Ptiliidae.
**Ptilocolepidae, *Ptilocolepus* →Hydroptilidae.
Ptilodon →Notodontidae A7.
Ptilophora →Notodontidae A10.
Ptinella →Ptiliidae.
Ptinidae, Diebskäfer; Fam. der Käfer (Coleoptera, Polyphaga, Bostrichiformia) mit in Eur ± 135, M-Eur 42, Dt 34 Arten, manche von ihnen lästig oder schädlich an pflanzlichen oder tierischen Vorräten, manche heute weltweit verbreitet; Käfer durchweg klein (oft 2–4 mm), bisweilen hochgewölbt. Imagines und Larven mit geringem Feuchtigkeitsbedürfnis; leben meist in sehr trockenem Material, manche (*Gibbium*, *Niptus*) z. B. auch in Strohfüllungen alter Fachwerkhäuser (treten dann insbesondere nach Renovierungsmaßnahmen massenweise auf). **Larven** meist gelblich weiß, höchstens kurz behaart; fressen überwiegend trockene Pflanzenreste; einige Arten parasitoid (z. B. *Ptinus vaulogeri* Pic., Nordafrika, an den Larven von solitären Bienen der Gttg. *Osmia*). **Verpuppung** oft in weichem, schon etwas morschem Holz in einem Kokon aus einigen Spinnfäden oder aus zusammengesponnenem Material der Umgebung. **Überwinterung** i. d. R. als Larve (Rhythmus bei Hausbewohnern oft verwischt, Entwicklung das ganze Jahr über).
1. *Gibbium psylloides* Czenp., Kugelkäfer, Buckelkäfer (2–3 mm); auffallend hochgewölbt, milbenähnlich [**P-93**], die glasig braunen Flügeldecken reichen bis auf die Unterseite und lassen nur wenig von den Bauchplatten frei; besonders in Zwischenböden alter Häuser (lebt

dort von der Spreufüllung), auch in Lagern, Bäckereien, trockenen Komposthaufen; bohren sich zur Verpuppung gern in Holz (ohne Holzfresser zu sein); mehr sporadisch, gelegentlich aber Massenvermehrungen, dann eher lästig als schädlich.
2. *Niptus hololeucus* Fald., Messingkäfer (3–4,5 mm); durch feine gelbe Behaarung messing-glänzend [**P-94**]; Heimat Vorderasien, seit längerer Zeit auch in M-Eur in Wohnungen und Speichern weit verbreitet, meist häufig; frisst stärkehaltige Substanzen (z. B. auch die Strohfüllungen von Zwischenböden), auch durch Benagen von Textilien lästig; Puppen in Höhlungen von morschem Holz u. dgl.; Entwicklung 4 Monate, meist 2 Generationen pro Jahr.
3. *Ptinus*; mit 22 Arten in Dt, darunter mehrere, z. T. eingeschleppte Arten gelegentlich schädlich an Vorräten, z. B. der einheimische *P. fur* L., Kräuterdieb (2–4,3 mm; [**P-95**]; früher in Apotheken: Name!; auch an Käse, Hundekuchen); manche mit ausgeprägtem Geschlechtsdimorphismus (♂ mit, ♀ manchmal ohne Schultern); viele Arten im Freiland, in trockenem Laub, alten Bäumen, Nestern u. dgl.; Parthenogenese bei *P. latro* F. (nur ♀♀), jedoch Kopulation mit dem ♂ einer anderen Art nötig zum Auslösen der Eientwicklung (ohne dass es zur Befruchtung kommt).
Lit. →Coleoptera; Weidner 1994.
Ptinus →Ptinidae 3.
Ptiolina →Rhagionidae.
Ptychoptera →Ptychopteridae.
Ptychopteridae, Faltenmücken, Faltenschnaken; Fam. der Zweiflügler (Diptera, Ptychopteromorpha) mit in Eur 14, M-Eur 10, Dt 8 Arten; z. B. *Ptychoptera contaminata* L. [**P-96**]; mittelgroß (ca. 10 mm); Imagines oft mit recht bunten Körpern und gefleckten Flügeln; langbeinig; mit kurzem, dickem Rüssel; stechen nicht, **Blütenbesucher;** Flügel in Ruhe ausgebreitet und entlang einer rückgebildeten Ader längs gefal-

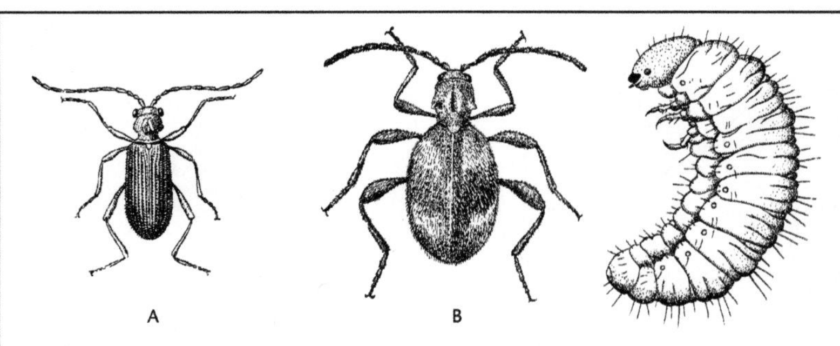

Abb. P-95: Ptinidae: *Ptinus fur*, Kräuterdieb. A: ♂, B: ♀ (beide zwischen 2 und 4 mm) und Larve (3–4,5 mm). (Bollow 1958)

tet. **Eier** einzeln in stehendes Wasser abgelegt; die sehr schlanken →eucephalen **Larven** mit Kriechwülsten am Hinterrand der Segmente [**P-97**]; mit hinterem Atemrohr, an dessen Spitze dicht nebeneinander die allein offenen Hinterstigmen liegen; außerdem mit 2 Analpapillen, die der osmoregulatorischen Ionenaufnahme dienen; in flachem Wasser in senkrechter Haltung, Kopf in Sand oder Schlamm (Nahrung v. a. wohl Kieselalgen), Spitze des Atemrohres an der Wasseroberfläche, durch Ein- und Ausfahren des Rohres der Wassertiefe anpassbar; Kalkteilchen in der Haut (→Stratiomyidae); **Puppe** ebenfalls im Wasser im Bodenschlamm; meist aufrecht, sodass ein stark verlängertes, als geschlossene Röhrenkieme ausgebildetes Prothorakalhorn die Wasseroberfläche erreichen kann (das 2. ist von normaler Länge); Spitze der Röhrenkieme schwach aufgetrieben, geschlossen; Tracheen im Inneren von zahlreichen bläschenförmigen Erweiterungen, von denen immer einige den Wasserspiegel berühren und an deren dünnhäutiger Oberfläche vermutlich der Gasaustausch stattfindet [**P-98, P-99**].
Lit. →Diptera; Wesenberg-Lund 1943.
***Pulex*, Pulicidae** →Siphonaptera, A.
Pullimosina →Sphaeroceridae.
Pulvinaria →Coccidae 3.
Punktbär, *Utetheisa pulchella* L. →Erebidae K7.
Punktierte Zartschrecke, *Leptophyes punctatissima* Bosc. →Phaneropteridae 2.
Punktkäfer →Clambidae.
Pupa, Puppe; das für die Insekten mit vollkommener Verwandlung (→Holometabola) bezeichnende vorimaginale Stadium, in dem der Umbau der larvalen in die imaginalen Organe stattfindet; bisweilen mit puppeneigenen Organen (z. B. →Cremaster bei Schmetterlingen; Dornenarmierung bei →Bombyliidae); schon vor der Häutung zur Puppe werden die Anlagen für die Körperanhänge (z. B. Antennen, Flügel, Beine) vorgebildet; nicht selten in einem von der Altlarve hergestellten Gespinst (Kokon); letztes Larvenstadium kurz vor der Verpuppung bisweilen bereits puppenähnlich (Vorpuppe, Praepupa); Puppenformen: 1) **Pupa dectica;** Mandibeln kräftig, funktionsfähig, geeignet, den Puppenkokon zu durchbrechen; Scheiden für Flügel und Beine nicht mit dem Körper verklebt (→Megaloptera; →Mecoptera; →Planipennia; →Trichoptera; →Micropterigidae; →Eriocraniidae); 2) **Pupa adectica;** ohne funktionsfähige Mandibeln. 2a) **Pupa exarata;** Anhänge unbeweglich, nicht mit dem Körper verklebt; häufigste Form: **Pupa libera**, freie Puppe (die meiste →Coleoptera; fast alle →Hymenoptera; →Siphonaptera; →Strepsiptera); **Pupa coarctata, Tönnchenpuppe:** die freie Puppe liegt in den nicht abgeworfenen, sklerotisierten und dunkel pigmentierten vorletzten und letzten Larvenhäuten (Puparium); 2b) **Pupa obtecta, Mumienpuppe;** die Scheiden der Körperanhänge sind durch erhärtete Häutungsflüssigkeit an den Körper geklebt (→Coccinellidae; →Diptera: Mücken und viele Fliegen; fast alle →Lepidoptera); bei Lepidoptera die Sonderformen Pupa cingulata (→Gürtelpuppe) und Pupa suspensa (→Stürzpuppe); 2c) **Pupa semilibera;** Mumienpuppe, bei der ein Teil der Scheiden der Körperanhänge nicht mit dem Körper verklebt ist (bei einigen Fam. der Schmetterlinge).
Puparium →Pupa 2a.
Pupipara; Lausfliegen; gemeinsame Bezeichnung für die Fam. →Hippoboscidae, →Nycteribiidae und →Streblidae (Blutsauger an Vögeln und Säugetieren); allen gemeinsam die Entwicklung der Larven bis zur Verpuppungsreife in dem als Uterus funktionierenden Eileiter des ♀, Ernäh-

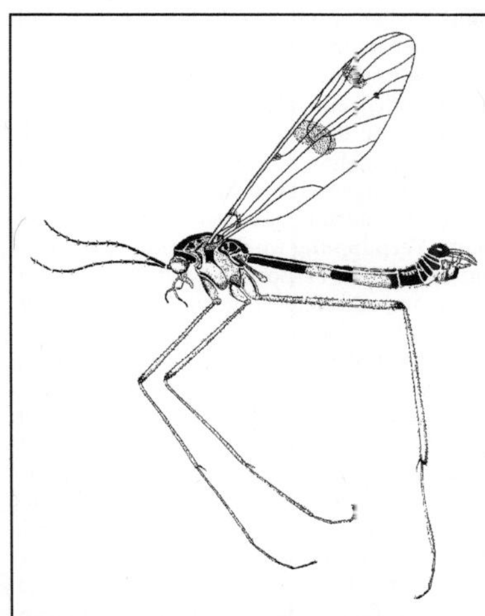

Abb. P-96: Ptychopteridae: *Ptychoptera contaminata*, Faltenschnake. ♂, Länge ca. 10 mm. (Lindner 1923 ff)

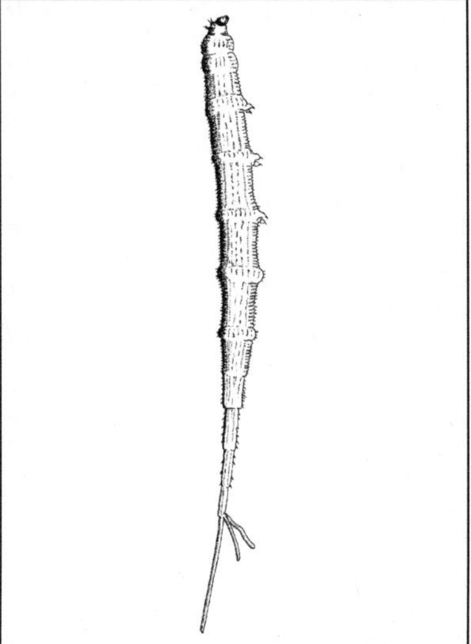

Abb. P-97: Ptychopteridae: *Ptychoptera* spec. Larve einer Faltenschnake; 70 mm. (Engelhardt 1982)

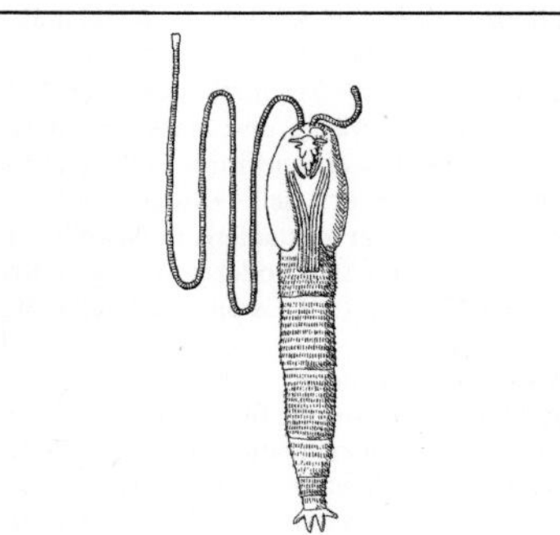

Abb. P-98: Ptychopteridae: *Ptychoptera* spec. Puppe einer Faltenschnake. (Lindner 1923 ff)

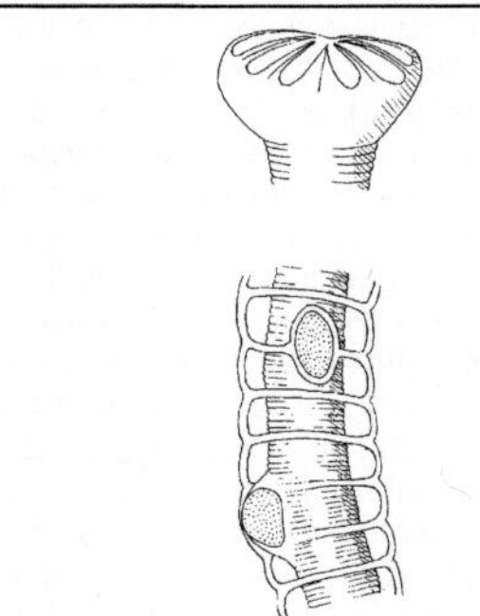

Abb. P-99: Ptychopteridae: *Ptychoptera contaminata*. Unten: Stück aus der langen Röhrenkieme der Puppe; oben: Ende der Röhrenkieme. (Séguy 1951a)

rung der Larven durch das Sekret von „Milchdrüsen"; Verpuppung unmittelbar nach der Geburt der Larve; gleiche Entwicklung bei der Schwestergruppe der Lausfliegen, den (afrikanischen) Tsetsefliegen (*Glossina*); daher wird von manchen Autoren die Gruppe aus Laus- und Tsetsefliegen als Pupipara bezeichnet.

Puppe →Pupa.

Puppenparasitoid →Parasitoid.

Puppenräuber, *Calosoma sycophanta* L. →Carabidae A2.

Purpurbock, *Purpuricenus kaehleri* L. →Cerambycidae D9.

Purpuricenus →Cerambycidae D9.

Purpurroter Apfelfruchtstecher, *Rhynchites bacchus* L. →Rhynchitidae 7.

Purpurwidderchen, *Zygaena purpuralis* Brünn. →Zygaenidae A1.

Purzelkäfer →Eucinetidae.

Putoidae; Fam. der Schildläuse (Coccina), oft zu den →Pseudococcidae gestellt; in Eur 7, M-Eur 4, Dt 3 Arten; ♀ 5–6 mm, mit weißer Wachsschicht; Beine kräftig und stark sklerotisiert, legen einige m während ihres Lebens zurück; mit Ostiolen ähnlich den →Pseudococcidae; ♀ mit 3, ♂ mit 4 Larvenstadien; an Nadelbäumen (*Puto antennatus* Sign.) oder polyphag an Kräutern und Gräsern (z B. *Ceroputo pilosellae* Šulc). Lit. →Coccina.

Pycnopogon →Asilidae.

Pygidium; Bezeichnung für die hinterste äußerlich sichtbare Rückenplatte (Tergit); i. d. R. handelt es sich bei Käfern (→Coleoptera) um das 8., bei Hymenopteren um das 7. abdominale Tergit; auf oder in der Nähe des Pygidium mündende Pygidialdrüsen dienen oft als Wehrdrüsen.

Pygolampis →Reduviidae D.

Pyralidae, Zünsler; Fam. der Schmetterlinge (Lepidoptera, Glossata, Pyraloidea) mit in Eur ± 840, M-Eur ± 370, Dt 271 Arten; mit 2 →monophyletischen Teilgruppen, die zunehmend als eigenständige Fam. aufgefasst werden: **Crambidae** (Nr. 14–23) und **Pyralidae** (Nr. 1–13). Die meist nachts oder in der Dämmerung fliegenden Falter klein bis höchstens mittelgroß, mit schmal-dreieckigen Vorder- und breit-dreieckigen Hinterflügeln [**P-104**]; Rückbildung der Flügel kommt bei den ♀♀ einiger Arten vor [**P-115**]; Flügelhaltung in Ruhe flach oder steil dachförmig, bisweilen geradezu um den Leib gewickelt, oder auch sich überdeckend flach nach der Seite gestreckt; Saugrüssel manchmal rückgebildet; Lippentaster (Labialpalpen) bei vielen Arten lang, rüsselartig vorstehend („Schnauzenfalter" [**P-106**]); am 1. Hinterleibssegment jederseits (unten seitlich) ein →Tympanalorgan; **Lauterzeugung** nur von wenigen Arten bekannt (*Achroia grisella, Galleria mellonella*), in einem höchst merkwürdigen →Trommelorgan (Tymbalorgan) in der →Tegula: die mit dem Flügel über Hilfsstrukturen verbundene Tegula wird beim Flügelschlag verformt und springt darauf durch Eigenelastizität wieder zurück; die ♂♂ von *Achroia grisella* locken die ♀♀ durch (bisweilen sehr intensive) Tymballaute an; jeweils das andere Geschlecht erregende **Sexuallockstoffe** bei einer Anzahl von Arten bekannt; die Drüsen bei den ♀♀ am Abdomenende, bei den ♂♂ auf den Flügeln. Die **Raupen** mit 3 Brust- und 5 als Kranzfüße ausgebildeten Bauchbeinpaaren; Ernährung meist spezifisch vegetarisch (einige sind z. B. Moosfresser); fressen häufig in Gespinsten (z. B. zwischen zusammengesponnenen Blättern oder von Gespinströhren aus); manche Arten bohren im Innern der Nahrungs-

pflanze; leben in einer erstaunlichen Vielzahl von Lebensräumen; nicht wenige Arten bei Massenvermehrung schädlich an pflanzlichen Vorratsstoffen, einige auch an Stoffen tierischer Herkunft und dann gelegentlich sogar jagend; die Raupen mehrerer Arten sind an das Leben im Wasser angepasst (Wasserzünsler, s. Nr. 19–23). **Überwinterung** nicht selten als erwachsene Raupe; **Verpuppung** wohl immer in einem Gespinstkokon, am Fraßort, in Laubstreu oder im Boden. Auswahl einiger durch Lebensweise oder als Schädlinge bekannter Arten:

1. *Galleria mellonella* L., Große Wachsmotte, Bienenwolf, Rankmade (Raupe); heute weltweit verbreitet; Flspw. 25–30 mm; Saugrüssel nur schwach entwickelt; ♂ mit Duftdrüsen an den Flügeln, deren für die menschliche Nase stark aromatisch duftendes Pheromon (ein Gemisch aus *n*-Nonanal und *n*-Undecanal) die ♀♀ anlockt. Der Falter fliegt V–IX in 2 oder mehr Generationen. Das ♀ sucht abends Bienenstöcke auf, legt die **Eier** in Haufen v. a. im Stockinnern in Ritzen u. dgl. ab. Die **Raupen** (Rankmaden) schlüpfen nach 2–4 Tagen, befressen von Gespinströhren aus zunächst den Bodenmull, dann von mit Gespinst ausgekleideten Gängen aus die alten, später auch die belegten Waben; Hauptnahrung: Pollenreste, aber auch Wachs, für das sie ein Verdauungsferment haben und das sie für das Heranwachsen benötigen; Schaden nicht nur am Wachs, auch z. B. durch Festspinnen von Bienenpuppen in den Zellen. **Verpuppung** in einem spindelförmigen Gespinstkokon, v. a. an den Wabenrähmchen; dort meist gesellig, sich gegenseitig berührend, Nachbarkokons mit gemeinsamer Wand; Herbsteier bzw. -raupen **überwintern.**

2. *Achroia grisella* F., Kleine Wachsmotte; Flspw. ca. 20 mm; Vorderflügel einfarbig gelblich grau; Lebensweise ähnlich wie bei 1, jedoch ist die Entwicklung auch ohne Wachsnahrung möglich; die stationären ♂♂ locken nachts durch Flügelschwirren über mehrere Stunden ♀♀ an (ungewöhnlich für Lepidoptera!); dabei Erzeugen von Ultraschall-Lauten mit den Tegulae, s. o.; Puppenkokons einzeln, nicht gesellig beieinander.

3. *Aphomia sociella* L.; die Falter fliegen VI–IX; bemerkenswert durch die Lebensweise der →polyphagen Raupen, die v. a. in Hummel- und Wespennestern zu finden sind (Hummelnestmotte), wo sie sich von selbst gesponnenen Gespinströhren aus von Abfall, aber auch jagend von der Brut ernähren; auch in Nistkästen von Vögeln; Puppenkokons oft zu vielen in gemeinsamem Gespinst.

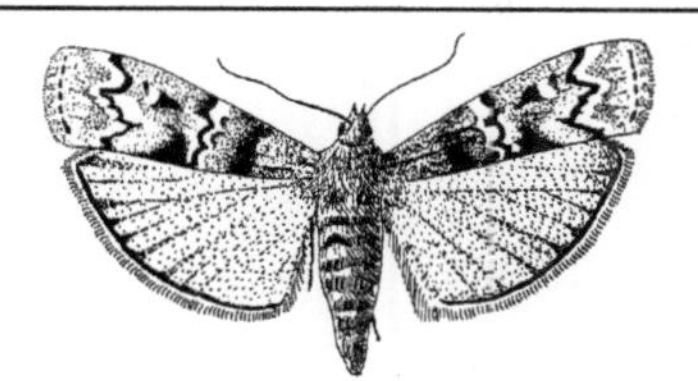

Abb. P-100: Pyralidae: *Dioryctria abietella*, Fichtenzapfenzünsler. Flspw. 28 mm. (Dahl 1935 ff)

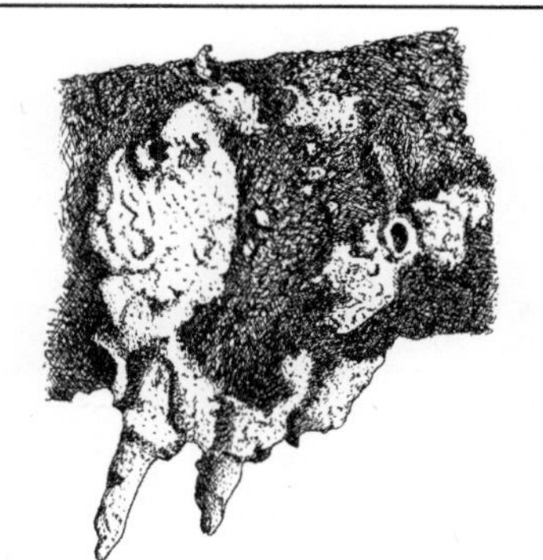

Abb. P-102: Pyralidae: „Stalaktiten" aus Harz (teilweise
überzogen vom *Peridermium*-Pilz) nach Raupenfraß von
Dioryctria sylvestrella, Harzzünsler, an einem Zweig der Weymouthskiefer. (Escherich 1914–42)

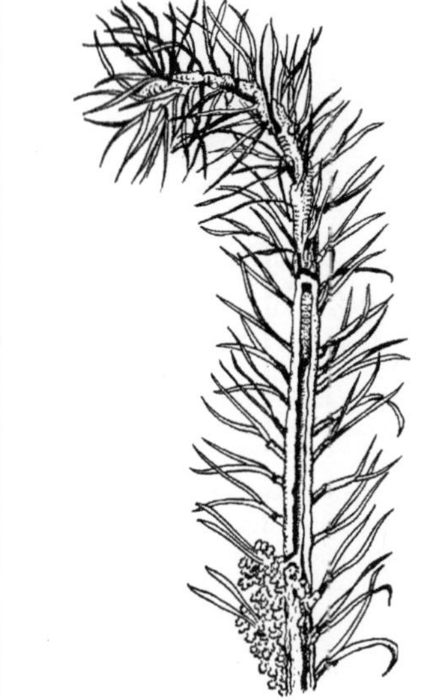

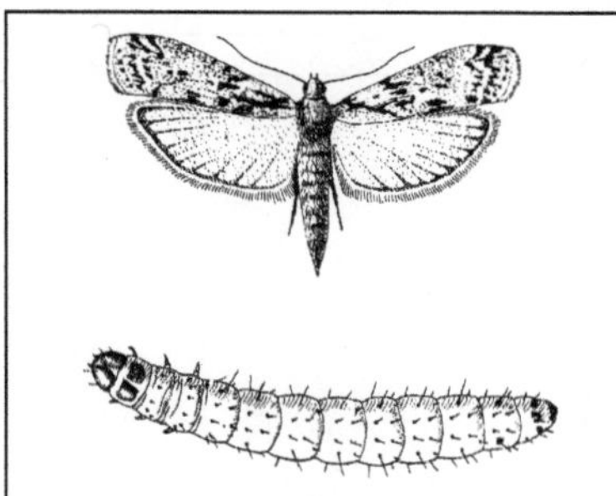

Abb. P-103: Pyralidae: *Ephestia kuehniella*, Mehlmotte.
Falter (Flspw. 22 mm) und Raupe (erwachsen ca. 20 mm).
(Dahl 1935 ff)

Abb. P-101: Pyralidae: Vom Fichtenzapfenzünsler, *Dioryc-
tria abietella*, befallener Wipfeltrieb; z. T. aufgeschnitten, im
Inneren die Raupe; unten Ausstoßloch für den Kot; Länge des
Triebes 25 cm. (Brauns 1991)

4. Acrobasis (= *Conobathra*), Eichentriebzünsler; mit 11 heimischen Arten; Raupen teils
einzeln, teils gesellig (zwischen zusammengesponnenen Blättern, z. B. *A. repandana* F.,
A. consociella Hbn.) im Spätsommer und, nach
Überwinterung, wiederum im Frühling an
den Gipfelblättern von Eichen; Puppenkokon
im Fressgespinst oder auch am Boden oder an
Rinde; vielleicht auch Überwinterung der Eier.
5. Phycita roborella Den. & Schiff., Apfelbaumzünsler; der Falter fliegt VI–VII; die Raupen
fressen v. a. im Frühling skelettierend an röhrenartig durch Gespinst zusammengezogenen Blättern, bevorzugt an Eichen, aber auch an Apfel
und Birne; der mit Sandkörnchen bedeckte Puppenkokon am Boden; Überwinterung als Raupe.
6. Dioryctria abietella Den. & Schiff., Fichtenzapfenzünsler, Fichtentriebzünsler [**P-100**]; Falter
VI–VII, die Raupen ab VIII; an verschiedenen
Nadelhölzern, nicht nur an Fichte; Raupen an
oder in grünen, dann vorzeitig sich bräunenden
Zapfen, oft zu mehreren; außen Gespinst und
Kotballen; manchmal im Innern von den dann
dürr werdenden und sich krümmenden Wip-
feltrieben [**P-101**]; zuweilen mit beachtlicher
Schadwirkung; teils auch in Gallen (z. B. von
Sacchiphantes, →Adelgidae 2) oder an verharz-
ten oder verpilzten Stammteilen; die erwachsene

Abb. P-104: Pyralidae: *Pyralis farinalis*, Mehlzünsler. ♂, Flspw. ca. 24 mm. (Dahl 1935 ff)

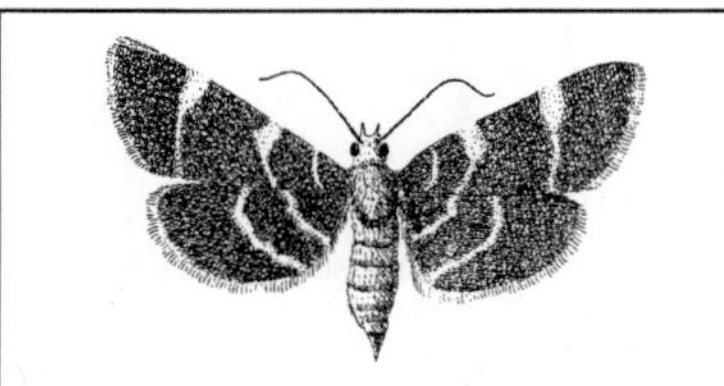

Abb. P-105: Pyralidae: *Hypsopygia costalis*, Heuzünsler. ♂, Flspw. 18 mm. (Dahl 1935 ff)

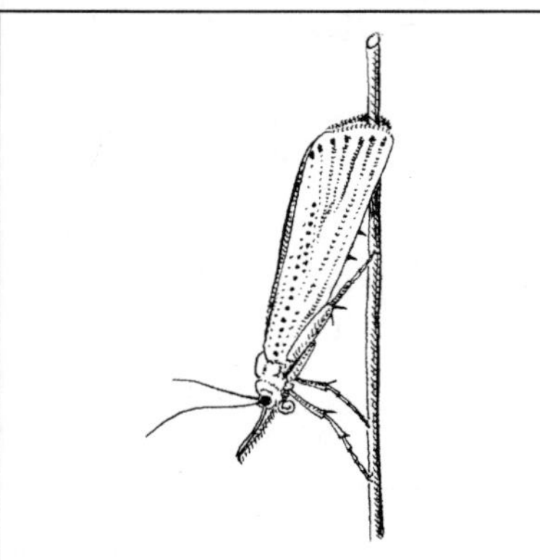

Abb. P-106: Pyralidae: *Crambus pascuellus*. Ruhehaltung; 12 mm. (Brauns 1991)

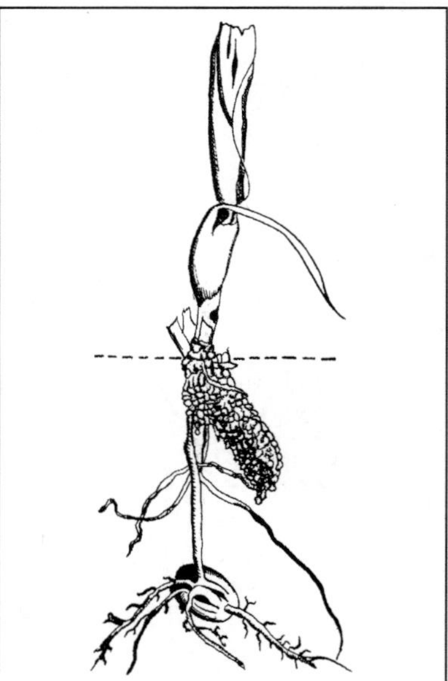

Abb. P-107: Pyralidae: *Crambus* spec. Raupengespinst an einer jungen Maispflanze. (Sorauer 1949–57)

Raupe überwintert in einem Gespinst am Boden, Verpuppung im Frühling.

7. *Dioryctria sylvestrella* Ratz., Harzzünsler, Kiefernharzbeulenzünsler; die Raupen ab VIII, überwinternd, unter der Rinde v. a. von Kiefer, seltener von Fichte; v. a. an von dem Pilz *Peridermium* befallenen Stellen, hier dann starker Harzausfluss [**P-102**], mit Kot durchsetzt; die erwachsene Raupe frisst vor der Verpuppung ein Ausflugloch für den Falter, verschließt es mit einem leichten Gespinst; Verpuppung am Fraßplatz.

8. *Zophodia grossulariella* Hbn., Stachelbeerzünsler; die Eier werden einzeln an die Zweige von Stachel- und Johannisbeere abgelegt; die Raupen befressen die mit Blättern und untereinander versponnenen unreifen Beeren; Überwinterung in einem braunen papierartigen Puppenkokon im Boden; der Falter schlüpft im Frühling.

9. *Ephestia* und ***Cadra***; heute z. T. weltweit verbreitet; mit zusammen 8 heimischen, einander nach in Aussehen und Lebensweise ähnlichen Arten; z. B. *E. elutella* Hbn., Heumotte, Kakao-Motte, Graue Dörrobst-Motte; am bekanntesten (auch als Objekt für genetische Untersuchungen): *E. kuehniella* Zell., Mehlmotte [**P-103**]; die Raupen hausen in Gespinstgängen in Mehl und anderen Vorräten; *C. cautella* Walk., Dattelmotte; die Raupen an pflanzlichen Vorräten verschiedener Art, werden durch Fraß und durch Gespinst nicht selten sehr schädlich; Puppenkokons in Ritzen und ähnlichen Verstecken; je nach den Temperaturbedingungen 2 oder mehr Generationen.

10. *Plodia interpunctella* Hbn., Dörrobstmotte; Lebensweise ähnlich wie die der Mehlmotte (→9); die Raupen gehen auch an tote Insekten; Puppenkokon am Fraßort.

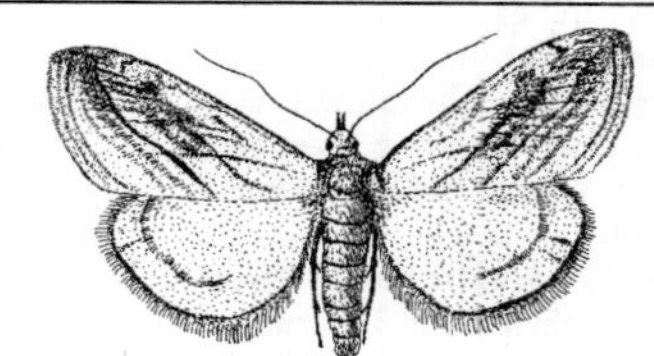

Abb. P-108: Pyralidae: *Evergestis forficalis*, Kohlzünsler. Flspw. ca. 26 mm. (Dahl 1935 ff)

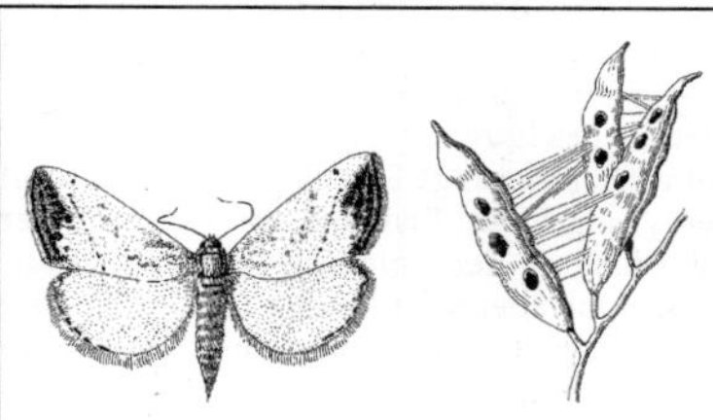

Abb. P-109: Pyralidae: *Evergestis extimalis*, Rübsaatpfeifer. Falter (Flspw. 24 mm) und Raupenfraßlöcher an Kohlschoten. (Dahl 1935 ff; v. Lengerken 1932)

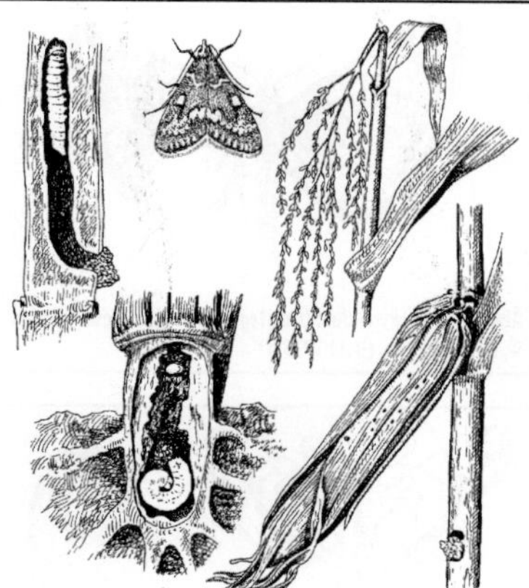

Abb. P-110: Pyralidae: *Ostrinia nubilalis*, Maiszünsler. Falter in Ruhestellung (Länge ca. 14 mm); links oben: Raupe in Bohrgang in Mais, Kot am Bohrloch; links unten: Raupe im Winterquartier in Maisstumpf; rechts oben: ♂-Blütenstand geknickt; rechts unten: Kolben mit Bohrlöchern junger Raupen, am Stiel Bohrloch mit Kot. (Sorauer 1949–57)

11. *Aglossa pinguinalis* L., Fettzünsler; Saugrüssel des Falters rückgebildet; Eiablage z. B. an fetthaltige Aasreste; die Raupe frisst von Gespinströhren aus ab VII, überwintert, frisst dann bis V an verschiedensten pflanzlichen, z. T. auch tierischen Stoffen (z. B. Leder, tote Insekten, jedoch wohl kaum an Fettvorräten).

12. *Pyralis farinalis* L., Mehlzünsler [**P-104**]; Lebensweise wie bei Dörrobst- und Mehlmotte; die Raupen an verschiedensten pflanzlichen Vorratsstoffen; Puppenkokon mit Nahrungsresten besetzt.

13. *Hypsopygia costalis* F., Heuzünsler [**P-105**]; Falter V–VII, zur Zeit der Heuernte; die Eier gelangen mit in die Scheunen; die Raupen fressen, überwinternd, an den Heuvorräten, aber auch in Nestern von Vögeln und Kleinsäugern; Verpuppung im Frühling in einem Kokon am Fraßplatz.

14. *Crambus*; bei uns mit 10 z. T. häufigen Arten (z. B. *C. pascuellus* L.); sitzen gern mit etwas um den Körper gerollten Flügeln kopfabwärts im Grasbewuchs [**P-106**]; die Raupen zumeist Grasfresser (bei einigen Arten Moosfresser); leben in mit Erde und Pflanzenresten besetzten Gespinströhren [**P-107**] in der Grasnarbe; befressen von hier aus nachts Blätter und Stängel, können bei Massenauftreten Schaden anrichten.

15. *Evergestis forficalis* L., Kohlzünsler, Meerrettichzünsler [**P-108**]; der Falter fliegt in 2 Genera-

tionen V–IX; bis 25 Eier werden in Haufen an Kohl, Meerrettich, Sellerie und anderen Gartenpflanzen, auch an Gräsern abgelegt; die Raupen fressen von einem Gespinst aus an der Blattunterseite, besonders in der 2. Generation, werden zuweilen schädlich (fressen das Herz des Kohles); die verpuppungsreife Raupe überwintert in einem Kokon im Boden, verpuppt sich im Frühling.

16. *Evergestis extimalis* Scop., Rübsaatpfeifer [**P-109**]; Falter ab VI, Raupen ab VII; Raupen oft zu mehreren in einem Gespinst an verschiedenen Kreuzblütlern, fressen nachts durch Löcher in den Schoten die unreifen Samen, werden dadurch an Kulturpflanzen (Raps, Rettich) schädlich; die im Boden überwinternde Raupe verpuppt sich im Frühling.

17. *Ostrinia nubilalis* Hbn., Maiszünsler, Hirsezünsler [**P-110**]; Raupe: Gliedwurm; Falter (in M-Eur in 1 Generation) VI–VII; Vorkommen in 2 optisch nicht unterscheidbaren Formen (Z, E), deren ♀♀ beide Isomere eines Sexuallockstoffs (11-Tetradecenylacetat), jedoch in reziproken Mischungsverhältnissen produzieren. ♀♀ trinken regelmäßig; legen Haufen von dachziegelartig sich deckenden **Eiern** (etwa 15–35) meist an die Blattunterseite verschiedenster Pflanzen; pro ♀ bis über 1000 Eier; Hauptwirtspflanze der **Larven** Mais (v. a. in S-Dt; Z-Form) und früher Hopfen (heute unbedeutend, da die Larven beim

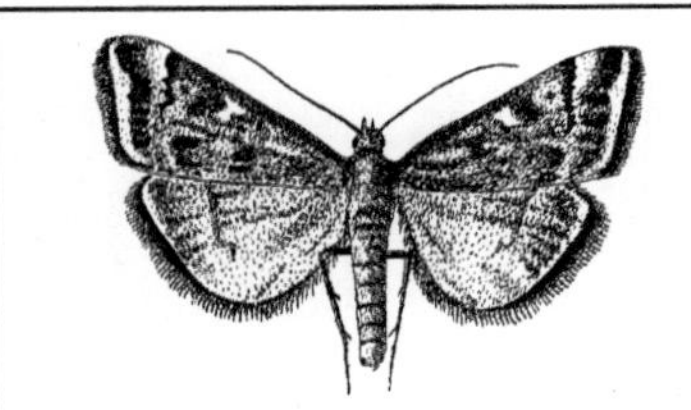

Abb. P-111: Pyralidae: *Loxostege sticticalis*, Wiesenzünsler. ♀, Flspw. 24 mm. (Dahl 1935 ff)

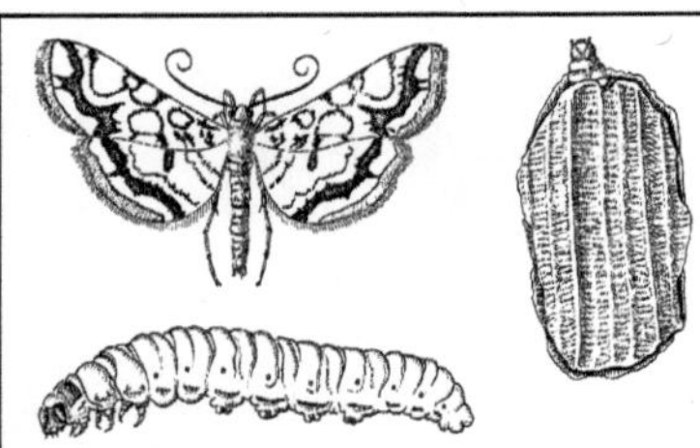

Abb. P-112: Pyralidae: *Elophila nymphaeata*. Falter (Flspw. 21–26 mm), Raupe (bis 25 mm) ohne Köcher und Raupe mit Köcher (ca. 32 mm). (Engelhardt 1982)

mechanisierten Erntevorgang getötet werden), auch *Artemisia vulgaris* (in N-Dt ausschließlich; E-Form); ferner in Hanf, Hirse und einer Vielzahl von Wildgräsern und -kräutern; Jungraupen fressen zuerst äußerlich, bohren sich dann ein (z. B. in die Hüllblätter der Maiskolben; bei Hopfen meist in die Blattachseln), fressen im Innern (Folge: z. B. Abknicken der Blütenstände); Austritt von Bohrmehl aus dem Bohrloch; Schadwirkung trotz hoher Sterblichkeit der Jungraupen bisweilen groß. **Überwinterung** als erwachsene Raupe, meist in den durch Gespinst und Nagsel geschützten unteren Teilen der Fraß- oder einer anderen Pflanze, auch in Ritzen oder unter der Rinde der Hopfenstangen; hier **Verpuppung** im Frühling so, dass das Vorderende der Puppe einem vorbereiteten Schlupfloch für den Falter zugewandt ist.

18. *Loxostege sticticalis* L., Wiesenzünsler, Rübenzünsler [**P-111**]; die Falter fliegen, zuweilen in 2 sich z. T. überschneidenden Generationen, im Sommer, machen in wärmeren Steppenbereichen u. U. längere Wanderungen; Eiablage an den verschiedensten Kultur- und Wildpflanzen; die bis ca. 20 mm langen Raupen befressen die Blätter, entwickeln sich aber nicht auf allen Nahrungspflanzen gleich gut; durch Raupenfraß

ab und an beachtliche Schäden, u. a. an Rüben, Luzerne, Klee, Tabak, Hanf, Sonnenblumen (seit Mitte vorigen Jahrhunderts auch in Nordamerika); Überwinterung als erwachsene Larve im Kokon, 4–8 cm tief im Boden; Verpuppung im Frühling.

19–23: Acentropini, Wasserzünsler; eine →monophyletische Teilgruppe, deren Raupen meist im Wasser leben (in M-Eur 8 Arten); bei *Acentria ephemerella* (→23) gibt es sogar eine ♀-Form, die zeitlebens unter Wasser bleibt.

19. *Elophila nymphaeata* L. [**P-112**]; die Falter fliegen i. d. R. in 2 Generationen VI–VIII abends an stehenden oder ruhig fließenden Gewässern; starke Bindung an das schwimmende Leichkraut (*Potamogeton natans*); ♂ beim Dämmerungs-Suchflug durch Duftstoff des ♀ angelockt. **Eiablage** am Tag nach der Begattung an der Unterseite von Laichkraut-Schwimmblättern bestimmter Größe. Die vom Wasser benetzbaren Jung**raupen** fressen an der Blattunterseite, manche zeitweilig minierend; decken sich gerne mit Pflanzenstückchen (z. B. Wasserlinsen) zu; bauen später einen flachen Köcher aus 2 ausgeschnittenen und zusammengesponnenen Blattstücken [**P-112**]; Köcher mit Wasser gefüllt; Tracheensystem geschlossen, Atmung durch die benetzbare Haut; **Überwinterung** der noch benetzbaren Raupen der 2. Generation im Innern von Laichkrautstängeln; im Frühling erneutes Fressen an der Wasseroberfläche, dann Bau neuer, größerer Köcher entsprechend dem Wachstum (größter Köcher etwa 4 × 2 cm); vom 3. oder 4. Stadium ab ist die Kutikula der Raupe durch einen feinen Wachsüberzug (aus der Nahrung stammend?) unbenetzbar, der Köcher mit Luft gefüllt; Stigmen jetzt offen, Luftatmung; Lufterneuerung durch öfteres Vorstrecken des Körpers über die Wasseroberfläche; im Sommer **Verpuppung** 5–10 cm unter Wasser; der luftgefüllte Puppenköcher ist festgesponnen an Wasserpflanzen; dann tritt auch Luft unter der Puppenhaut auf; mit dieser Luft unter den Flügeln steigt der geschlüpfte Falter, durch ein Kleid von haarförmigen Schuppen gegen Benetzung geschützt, sehr schnell an die Wasseroberfläche, läuft auf ein Blatt oder ans Ufer.

20. *Nymphula nitidulata* Hufn. (= *stagnata* Don.); ähnlich der vorigen Art; die Raupe frisst v. a. an Igelkolben (Sparganium); miniert zuerst in Blättern und Stängel, überwintert hier, im nächsten Frühling Bau eines Köchers aus Blattstücken; flottiert jetzt an der Wasseroberfläche, frisst von hier aus; Puppe in einem Gespinstkokon, festgesponnen an einem Schwimmblatt.

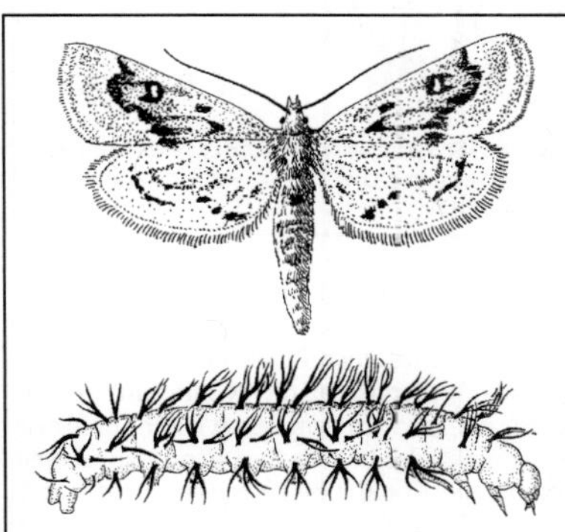

Abb. P-113: Pyralidae: *Cataclysta lemnata.* ♀, Flspw. 22 mm. (Dahl 1935 ff)

Abb. P-114: Pyralidae: *Paraponyx stratiotata.* Falter (Flspw. 20 mm) und Raupe (15 mm), Tracheenkiemen schwarz. (Dahl 1935 ff; Bourgogne 1951)

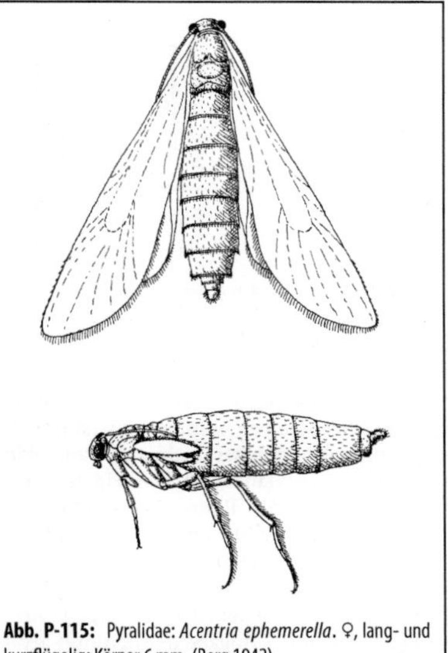

Abb. P-115: Pyralidae: *Acentria ephemerella.* ♀, lang- und kurzflügelig; Körper 6 mm. (Berg 1942)

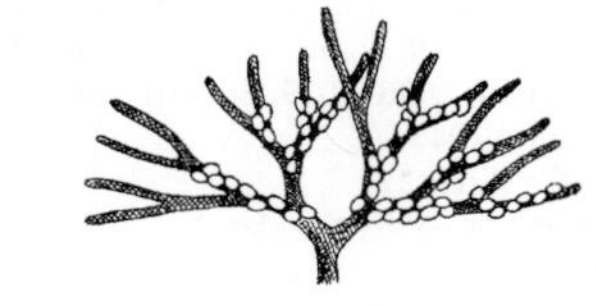

Abb. P-116: Pyralidae: *Acentria ephemerella.* Eier an Wasserhahnenfuß; Ei etwa 0,7 mm lang

21. *Cataclysta lemnata* L. [**P-113**]; Falter im Sommer; Eiablage an Wasserpflanzen, v. a. Wasserlinsen (*Lemna*), meist an deren Unterseite; die Raupen zunächst frei (Hautatmung), dann in einem Köcher (meist aus Wasserlinsen) an der Wasseroberfläche; Überwinterung als Larve in dem dann stets mit Luft gefüllten Köcher, ohne Schaden auch im Eis eingefroren; Verpuppung im Sommer; Kokon oft in einem Schilfhalm oder in dem luftgefüllten, mit *Lemna* besetzten flottierenden Köcher (anscheinend minieren manche Raupen auch in Wasserpflanzen).

22. *Paraponyx stratiotata* L. [**P-114**]; die Raupen fressen hauptsächlich an Krebsschere (*Stratiotes*); leben, mit zahlreichen Tracheenkiemen atmend, in einem aus Pflanzenteilen zusammengesponnenen Köcher, sind also stark an das Leben im Wasser angepasst; Wassererneuerung im Köcher durch wedelnde Körperbewegungen; Überwinterung als Raupe im Köcher; Verpuppung im Sommer in einem eigenen, auch mit Pflanzenteilen besetzten Puppenköcher; das Gespinst im Innern mit Luft gefüllt (stammt vielleicht aus angebissenem Pflanzengewebe).

23. *Acentria ephemerella* Den. & Schiff. (= *Acentropus niveus* Ol.); die fast ganz weißen Falter fliegen V–IX; die ♂♂ stets geflügelt; 2 ♀-Formen [**P-115**], geflügelte und solche mit kurzen Flügelstummeln; die langflügeligen sind in weiten Teilen des Verbreitungsgebietes sehr selten, sollen aber z. B. in England ausschließlich vorkommen (Generationswechsel zwischen beiden Formen?); die geflügelten ♀♀ sind Lufttiere, sie kopulieren vermutlich normal; die ungeflügelten bleiben ständig im Wasser, schwimmen mit syndromen Bewegungen der mit Schwimmhaaren besetzten Mittel- und Hinterbeine, meist Rücken nach oben; strecken zur Kopulation das Hinterleibsende über den Wasserspiegel (♂♂ vermutlich durch Duft angelockt). **Eiablage** bei den kurzflügeligen ♀♀ unter Wasser an Wasserpflanzen [**P-116**]. Stigmen aller Raupenstadien (mit Aus-

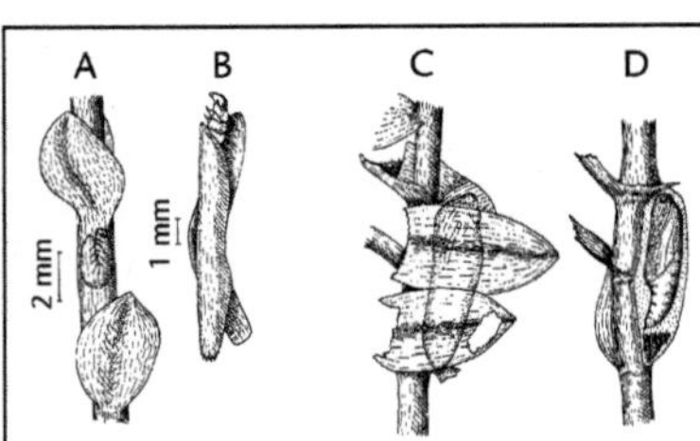

Abb. P-117: Pyralidae: *Acentria ephemerella*. A: Jungraupe im Inneren von *Elodea*; B: Raupe mit Köcher; C: Puppenkokon; D: Puppenkokon geöffnet

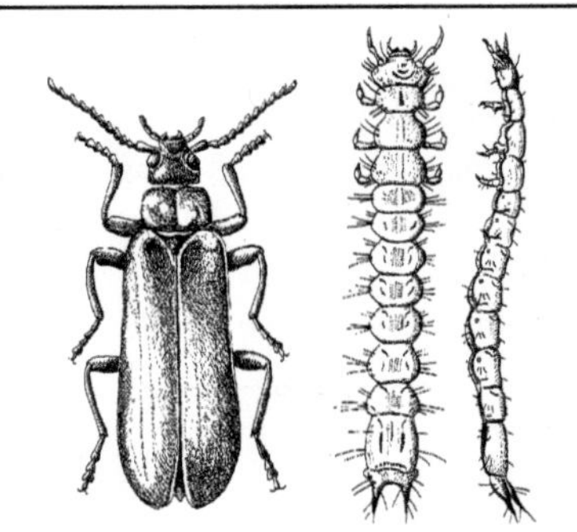

Abb. P-118: Pyrochroidae: *Pyrochroa coccinea*, Feuerfliege. Käfer (15 mm) und Larve (35 mm) von dorsal und seitlich. (Brauns 1991)

nahme des letzten) geschlossen, **Raupen** [**P-117**] ohne Tracheenkiemen; minieren zuerst in Wasserpflanzen, leben später in einem wassergefüllten Köcher aus Pflanzenstücken; Hautatmung. **Überwinterung** als Raupe; **Verpuppung** in einem mit Luft gefüllten und mit einigen Pflanzenstücken kaschierten Kokon [**P-117**]; Luftfüllung möglicherweise durch Anstechen des Pflanzengewebes, an dem der Kokon gesponnen wurde (oder durch Abgabe aus den nun geöffneten Stigmen?); Letztlarve, Puppe und submers lebende ♀♀ sind →Plastron-Atmer.

Lit. →Lepidoptera; Bürgis 1992b; Lorenz & Langenbruch 1989; Palm 1986; Passoa 1988; Slamka F 2010, 2006–2019; Speidel 1984; Wesenberg-Lund 1943.

Pyralis →Pyralidae 12.

Pyrginae, ***Pyrgus*** →Hesperiidae A.

Pyrgomorphidae →Caelifera.

Pyrgotidae →Diptera.

Pyrochroa →Pyrochroidae.

Pyrochroidae, Feuerkäfer, Feuerfliegen, Kardinäle; Fam. der Käfer (Coleoptera, Polyphaga, Cucujiformia) mit in Eur 6, M-Eur & Dt 3 Arten; Imagines an blühenden Sträuchern am Waldrand, auf dürrem Holz; Larven unter der Rinde trockener Laubbäume; ernähren sich von anderen Insekten, gelegentlich kannibalisch. Häufig ***Pyrochroa coccinea*** L., Feuerfliege (14–18 mm; [**P-118**]); unten schwarz, Halsschild und Flügeldecken rot; mit paarigen abdominalen Wehrdrüsen zwischen 5. und 6. Sternit; Imagines ab V; die Larven hell gelbbraun, lang gestreckt, sehr flach; Mundteile nach vorn gerichtet; hinten mit 2 dornenartigen Gebilden nebeneinander [**P-118**]; leben jagend unter der Rinde von Stubben oder anbrüchigen Bäumen, jagen v. a. auf Larven von Bock- und Prachtkäfern; Entwicklungsdauer 2–3 Jahre. Lebensweise der beiden anderen, weniger häufigen Arten ähnlich. – Bei *Neopyrochroa flabellata* (Nordamerika) nehmen die

♂♂ →Cantharidin auf (durch den Fraß von Ölkäfer-Eiern, →Meloidae) und speichern es v. a. in den akzessorischen Drüsen des Geschlechtsapparats (Weitergabe an die ♀♀ mit dem Spermapaket); ein Teil wird dem Sekret einer Kopfdrüse beigemischt, das bei der Balz dem ♀ angeboten und bei der Kopulation übergeben wird; das ♀ gibt das Cantharidin an die Eier weiter (Schutz vor Fressfeinden; ähnliche Beobachtungen bei *Schizotus pectinicornis*; Arctiinae, →Erebidae K; Danainae, →Nymphalidae ♀).

Hierher gehört möglicherweise auch der seltene, Borkenkäfer (→Curculionidae P) jagende ***Agnathus decoratus*** Germ. (4–5 mm); Imagines unter loser Rinde alter Bäume in Gewässernähe; die Larven in den Gängen von *Xyleborus pfeili* (→ Scolytidae), der auf im Wasser befindliche Erlenstämme spezialisiert ist; Überwinterung als Imago außerhalb des Flutbereichs.

Lit. →Coleoptera; Brauns 1991; Eisner 1988; Jelínek & Kubáň 2009.

Pyropterus →Lycidae.

Pyrrhalta →Chrysomelidae K2.

Pyrrhocoridae, Feuerwanzen; Fam. der Wanzen (Heteroptera, Pentatomomorpha) mit in Eur 5, M-Eur & Dt 2 Arten; bodenbewohnend, ohne Ocellen; sehr häufig ***Pyrrhocoris apterus*** L., Feuerwanze (9–12 mm), auffallend schwarzrot [**P-119**]; Färbung und Zeichnung variieren stark, abhängig von verschiedenen Außenbedingungen (u. a. Temperatur), die v. a. auf die Bildung des dunklen, in der Kutikula gelegenen Pigments einwirken (sehr wenig auf das in den Hautzellen gelegene gelbrote Pigment); meist kurzflügelig, aber nicht flügellos; seltener langflügelig (dazwischen Übergänge); ♀ mit

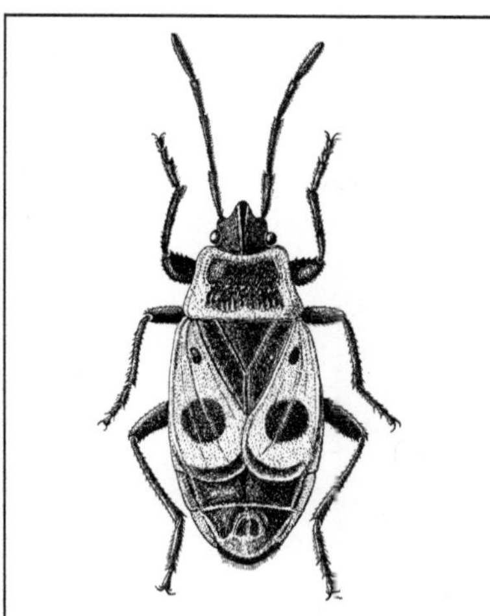

Abb. P-119: Pyrrhocoridae: *Pyrrhocoris apterus*, Feuerwanze. 10 mm. (Rietschel 1969)

Bakterien im Lumen des vorderen Mitteldarmabschnittes; sonst keine spezifischen symbiotischen Einrichtungen. Larven und Imagines oft in Massen am Fuß von Linden (subsoziale Assoziationen), auch von Malven und Robinien. **Saugen** an Lindensamen, aber auch an Samen anderer Pflanzen (im Mittelmeergebiet z. B. an Malvensamen), gelegentlich wohl auch an anderen Insekten bzw. Insekteneiern, auch an toten Insekten; *Dysdercus*-Arten in warmen Ländern durch Saftsaugen an Baumwolle und anderen Kulturpflanzen schädlich. Die Gesellschaften aus ♂♂, ♀♀ und Larven werden durch abiotische Faktoren (Temperatur, Luft- und Substratfeuchtigkeit) beeinflusst und durch **Pheromone** stabilisiert; Bildung der Pheromone in dorsalen Drüsen in den beiden vorderen Abdominalsegmenten (Inhaltsstoffe: kurzkettige *n*-Alkane); die Temperatur im Zentrum der Gesellschaften liegt über jener der Umgebung; das Sekret der 3. dorsoabdominalen Drüse der Larven und das der metathorakalen Drüsen der Imagines löst Alarm- und Fluchtverhalten aus. Im Langtag aufgewachsene Tiere verpaaren sich etwa 5 Tage nach der Imaginalhäutung (ab VIII), die ♂♂ bleiben paarungsbereit, die Willigkeit der ♀♀ schwankt mit der periodischen Eiablage; im Kurztag aufgewachsene Feuerwanzen werden erst nach einer Diapause geschlechtsreif; **Kopulation** im Frühling und Frühsommer: ♂ erkennt ♀ an einem auf kurze Distanz (1–2 cm) wirksamen Sexualpheromon; nähert sich, reitet auf, betrillert mit den Antennen rasch und intensiv die weibliche Kopf- und Antennenregion, rutscht seitlich etwas ab und berührt mit der Spitze seines ausgestülpten Begattungsorganes, weiterhin antennentrillernd und am ganzen Körper vibrierend, die weibliche Valvula; begattungsbereite ♀♀ gestatten dann die Vereinigung, die (mit voneinander abgewandten Köpfen) 10–30 h andauert; **Eiablage** (ca. 100) meist in selbst gegrabene Erdhöhlen, zuweilen auch zwischen abgefallenes Laub. **Überwinterung** als Imago unter Moos, Laub oder loser Rinde. Lebenszyklus – soweit bekannt – ähnlich bei der in Dt seltenen, unscheinbar bräunlichen Art *P. marginatus* Ko. (6–8 mm), die jedoch keine Gesellschaften bildet.

Lit. →Heteroptera; Jordan 1962; Schmuck 1987.

Pyrrhocoris →Pyrrhocoridae.

Pyrrhosoma →Coenagrionidae 3.

Pythidae, Drachenkäfer; Fam. der Käfer (Coleoptera, Polyphaga, Cucujiformia) mit in Eur 6 Arten, in M-Eur & Dt 2 seltenen Arten der Gttg. *Pytho* (7–16 mm); laufkäferähnlich, Körper abgeflacht; unter loser Rinde von abgestorbenen Nadelholzstämmen (*P. depressus* L. bevorzugt in Kiefern, *P. abieticola* Sahlb. im Gebirgswald), gelegentlich auch an Laubhölzern; die abgeflachten **Larven** fressen am verrottenden Bast und Kambium von Nadelhölzern (die angebliche Ernährung von Borkenkäfern und ihren Larven unbewiesen); stellen aus losen Bastteilchen eine ellipische Puppenwiege her.

Lit. →Coleoptera; Escherich 1914–42; Pollock 1991.

Pytho →Pythidae.

Q

quasisoziale Verbände →soziale Insekten; →An-
thophila.
Queckeneule, *Apamea sordens* Hufn. →Noctui-
dae 23.
Quedius →Staphylinidae A4, A5.
Queen-substance →Apidae E3.
Quelljungfern →Cordulegastridae.
Quercusia →Lycaenidae A2.
Quieszenz →Dormanz 1.
Quittenvogel, *Lasiocampa quercus* L. →Lasiocam-
pidae 6.

© Springer-Verlag GmbH Deutschland, ein Teil von Springer Nature 2026
E. Weber, H. Bellmann, *Jacobs | Renner – Biologie und Ökologie der Insekten,*
https://doi.org/10.1007/978-3-662-71153-8_17

R

Rabdophaga →Cecidomyiidae C5.
Rachenbremsen, Cephenomyiinae; →Oestridae B.
Rachendasseln, Cephenomyiinae; →Oestridae B.
Ragadidae →Empididae.
Ragwurz →*Ophrys*.
Raife →Cerci.
Rainfarnblattkäfer, *Galeruca tanaceti* L. →Chrysomelidae K1.
Rainieria →Micropezidae B.
Rammelkammer; bei polygamen Borkenkäfern die vom ♂ hergestellte Höhle, in der i. d. R. die Begattungen stattfinden; →Curculionidae P.
Ranatra →Nepidae.
Randwanzen →Coreidae.
Rankmade, *Galleria mellonella* L. →Pyralidae 1.
Raphidia, **Raphidiidae** →Raphidioptera B.
Raphidioptera, Kamelhalsfliegen; Ordg. der Insekten mit vollkommener Verwandlung (→Holometabolie); bildet zusammen mit den →Megaloptera und →Planipennia die übergeordnete Gruppe der →Neuroptera; auf die nördliche Hemisphäre beschränkt, in Eur 81, M-Eur 16, Dt 10 Arten; meist um 15 mm; deutscher Name nach dem bezeichnenden Körperprofil der Imago: der sehr bewegliche Kopf abgewinkelt in der verlängerten schmalen, ebenfalls beweglichen, oft schräg aufwärts getragenen Vorderbrust, an der die Vorderbeine weit hinten angesetzt sind [**R-1**]; die 4 durchsichtigen, reich geäderten großen Flügel liegen in Ruhe dachförmig auf dem Rücken; langsame Flieger. Die tagaktiven, kurzlebigen Imagines an schattigen Orten, in Wäldern; **ernähren** sich v. a. von Insekten (auch toten und verletzten), gelegentlich auch von Artgenossen, sehr häufig von Blattläusen, zusätzlich auch wenig Pollen; beim Fang wird der Kopf durch Senken der Vorderbrust blitzschnell vorgeschnellt. **Begattung** im Frühsommer; Partnerfindung vermutlich geruchlich und optisch; nach einem Vorspiel, wobei sich die Partner unter Betasten mit den Antennen zeitweilig gegenüberstehen, schiebt sich das ♂ von hinten unter das davonlaufende ♀, das seine Paarungswilligkeit in der Haltung der Flügel (etwas abgespreizt) und des Hinterleibs (etwas angehoben) anzeigt; das ♂ hängt bei der Begattung, Rücken nach unten, frei am

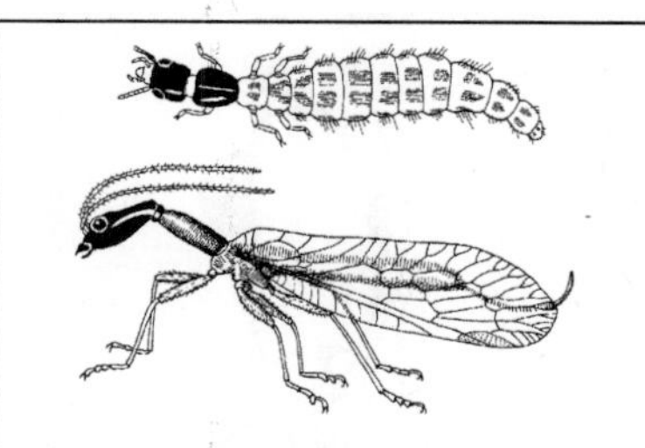

Abb. R-1: Raphidioptera: *Raphidia oblita*, Kamelhalsfliege. Oben: erwachsene Larve; unten: ♀. (Eidmann 1941)

Geschlechtsapparat des ♀, verankert am ♀ mit zahnartigen Klammerorganen ventral am 9. Abdominalsegment; kann sich dabei mit den Beinen an dem langen Legebohrer des ♀ festhalten; dieser **Legeapparat** (Ovipositor) des ♀ fast so lang wie Hinterleib, sehr beweglich, abbiegbar, aus gegenüber anderen Insekten abgewandelten →Gonopoden gebildet: 2 paarige, dorsal miteinander verbundene, mit Muskeln ausgestattete Legescheiden des 9. Segments (wohl aus miteinander verschmolzenen Gonocoxen und Gonapophysen) umscheiden die zu einem unpaaren Fortsatz verschmolzenen Gonapophysen des 8. Segments; am Ende der Legescheide sitzt ein als Gonostylus gedeutetes Glied mit Sinnesorganen. **Eiablage** in Haufen in Rindenritzen, der Ovipositor dabei bis zur Basis eingesenkt. Die schlanken **Larven** [**R-1**] unter Rinde oder im Boden zwischen Wurzeln; laufen flink, auch rückwärts, heften sich dabei mit einem ausgestülpten Stück Enddarm fest; Ernährung jagend; von Forstleuten geschätzt als Vertilger der Eier und Larven von Forstschädlingen, z. B. Nonneneiern, Borken- und Bockkäferlarven; Zahl der Häutungen 9–13, auch innerhalb der Arten unterschiedlich; **Überwinterung** als Larve in einer selbst angelegten, außen mit Rindenspänen bedeckten Rindenhöhle; hier im Frühling Verpuppung; **Puppe** mit freien Scheiden für Flügel und Körperanhänge; liegt zunächst fast bewegungslos in der Höhle, wird kurz vor der Häutung zur Imago jedoch sehr beweglich, kann die Mandibeln gebrauchen, klettern und laufen, klammert sich fest (Pupa dectica); bei manchen Arten 2-jährige Entwicklung. – Mit 2 Fam.:
A. Inocelliidae, mit in Eur 7, M-Eur 3 Arten, in Dt nur *Inocellia crassicornis* Schumm. (Vor-

© Springer-Verlag GmbH Deutschland, ein Teil von Springer Nature 2026
E. Weber, H. Bellmann, *Jacobs|Renner – Biologie und Ökologie der Insekten,*
https://doi.org/10.1007/978-3-662-71153-8_18

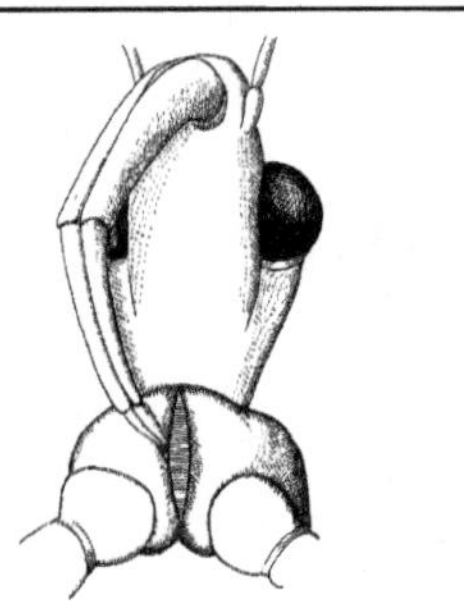

Abb. R-2: Reduviidae: *Coranus subapterus.* Kopf und Prothorax von unten; Rüsselspitze streicht über das quer geriefte Plectrum. (Weber 1930)

derflügel 8–15 mm); Kopf hinten nicht verjüngt, ohne Ocellen; an Nadelhölzer (v. a. Kiefern) gebunden, Larven unter Rinde; Imagines bevorzugen möglicherweise pflanzliche Kost; Entwicklung 3–4 Jahre (manchmal länger).

    B. Raphidiidae, früher alle in die Gttg. *Raphidia* gestellt, jetzt auf mehrere Gttgn. aufgeteilt; Kopf hinter den Augen verjüngt, mit Ocellen; Larven teils unter Rinde wie die häufigen Arten *Phaeostigma notata* F., Otternköpfchen, Schlangenäugige Kamelhalsfliege (bevorzugt an Nadelbäumen) und *Xanthostigma* Schumm (v. a. an Laubbäumen), teils zwischen Wurzeln von Gehölzen (z. B. *Dichrostigma flavipes* Stein, v. a. in Kiefernwäldern).

Lit. Aspöck & Aspöck 1964, 1969, 1971; Aspöck et al. 1980; Mickoleit 1973; Wachmann & Saure 1997.

Rapserdfloh, *Psylliodes chrysocephala* L. →Chrysomelidae L5.

Rapsglanzkäfer, *Brassicogethes aeneus* F. →Nitidulidae E.

Rapsschotenrüssler, *Ceutorhynchus obstrictus* Marsh. →Curculionidae N3.

Rapsweißling, *Pieris napi* L. →Pieridae 2.

Raptobaetopus →Baetidae.

Raptoformica →Formicidae C8.

Raschkäfer, *Elaphrus* →Carabidae F.

Rasenameise, *Tetramorium caespitum* L. →Formicidae D5; s. auch →Eriosomatidae 9, →Aphidina.

Rasenerdzikade, *Anoscopus serratulae* F. →Cicadellidae E.

Rattenfloh, *Nosopsyllus fasciatus* Bosc. →Siphonaptera, G.

Rattenschwanzlarven →Syrphidae; →Syrphidae 4.

Raubfliegen →Asilidae.

Raubwanzen →Reduviidae.

Rauchfliegen, *Microsania* →Platygastridae.

Raupeneier →Braconidae 2.

Raupenfliegen →Tachinidae.

Raupenspiegel →Lasiocampidae 1; →Erebidae J1, J5.

Rautenwanze, *Syromastes rhombeus* L. →Coreidae A.

Ravinia →Sarcophagidae A.

Rebenfallkäfer, *Bromius obscurus* L. →Chrysomelidae F.

Rebenschmierlaus, *Phenacoccus hystrix* Bär. →Pseudococcidae 1.

Rebenstecher, *Byctiscus betulae* L. →Rhynchitidae 8.

Reblaus, *Daktulosphaira vitifoliae* Fitsch →Phylloxeridae 3.

Rebschneider, *Lethrus apterus* Laxm. →Geotrupidae B.

Receptaculum seminis, Spermatheca, Samenkapsel; bei den ♀♀ häufig vorhandener unpaarer Behälter für das Sperma; mündet mit engem Gang in die Vagina; fehlt z. B. parthenogenetisch sich fortpflanzenden Blattläusen.

Reduviidae, Raubwanzen; Fam. der Wanzen (Heteroptera, Cimicomorpha) mit in Eur ± 100, M-Eur 24, Dt 14 Arten; klein, mückenartig (5 mm; Emesinae →E) bis groß, wehrhaft (20 mm); die größeren Arten oft mit lebhafter schwarz-roter Zeichnung, andere einheimische Arten grau bis schwarz; Flügel meist gut entwickelt (*Coranus subapterus* de Geer mit allen Stadien der Reduktion); Rüssel in Ruhe sichelförmig gebogen unter dem Kopf, kann vorgestreckt werden; viele Arten mit einer Vertiefung (Fossa spongiosa, „Schwammfurche") an der Innenseite der Schienen der Vorder- und bisweilen auch der Mittelbeine, die mit einem Flaum feinster Haare besetzt ist und beim Festhalten der Beutetiere hilft; bei einigen Vorderbeine als Fangbeine ausgebildet (Emesinae →E [**R-4**], Phymatinae →F [**R-5**]); häufig findet sich bei älteren Larvenstadien und Imagines (♂♂ und ♀♀) ein **Lautapparat** [**R-2**]: eine quer geriefte Längsfurche ventral an der Vorderbrust wird angestrichen mit der Schnabelspitze, wohl aber nur nach Störung durch Berühren; Bedeutung unklar, Hörorgane nicht sicher bekannt (Hörhaare?). **Saugen** andere Insekten aus; die Beute wird durch Giftwirkung des Speichels schnell gelähmt; stechen bei unvorsichtigem Anfassen auch den Menschen schmerzhaft; manche südamerikanischen *Triatoma*-Arten sind Blutsauger auch beim Menschen, übertragen *Trypanosoma cruzi* (Erreger der Chagas-

Krankheit) im Kot. **Überwinterung** als ältere Larve oder Imago.

A. Reduviinae, heimisch nur *Reduvius personatus* L., Staubwanze, Maskierter Strolch, Kotwanze (15–18 mm); häufig; schwarzbraun bis schwarz; die Larven stets, die Imagines seltener mit einer Staub- oder Schmutzschicht im Haarkleid der Körperoberseite (Tarnung, Fraßschutz); das Material wird mit den Beinen zusammengekratzt und an den Körper geworfen; oft auch in Häusern, für den Menschen harmlos; saugt verschiedenste Insekten aus (auch Bettwanzen); sticht bisweilen (bei Belästigung) auch den Menschen, Stich schmerzhaft; v. a. im Dunkeln aktiv; Eiablage hauptsächlich im Spätsommer; Überwinterung als ältere Larve (wohl 4. Stadium; bei aufgrund längerer Hungerzeiten verzögerter Entwicklung auch 2-malige Überwinterung als jüngere und ältere Larve möglich).

B. Harpactorinae, in Dt 7 Arten der Gttgn. *Coranus* und *Rhynocoris*; kräftige Raubwanzen mit langem 1. Fühlerglied; auffällig *Rhynocoris annulatus* L. (bis ca. 16 mm); Körper, auch die Beine rot und schwarz; Flügel rein schwarz; stellt auf Gebüsch und Blüten anderen Insekten nach. Nach In Aussehen und Lebensweise sehr ähnlich *Rh. iracundus* Poda, Zornige Raubwanze, Rote Mordwanze (14–17 mm; [**F-3**]), bevorzugt jedoch wärmere, trockene Biotope.

C. Peiratinae, mit *Peirates hybridus* Scop. (12,5–14,5 mm) als einziger heimischer Art; wärmeliebend, selten im Südwesten; auffällig schwarz-rot gezeichnet; agiler, nachtaktiver Bodenjäger in Kalkmagerrasen u. Ä.; ergreifen ergreift die Beute (v. a. Wanzen) mit den verdickten Oberschenkeln; überwintern Überwinterung als Imago.

D. Stenopodainae, in Dt nur *Pygolampis bidentata* Goeze (12–16 mm); selten, schwärzlich,

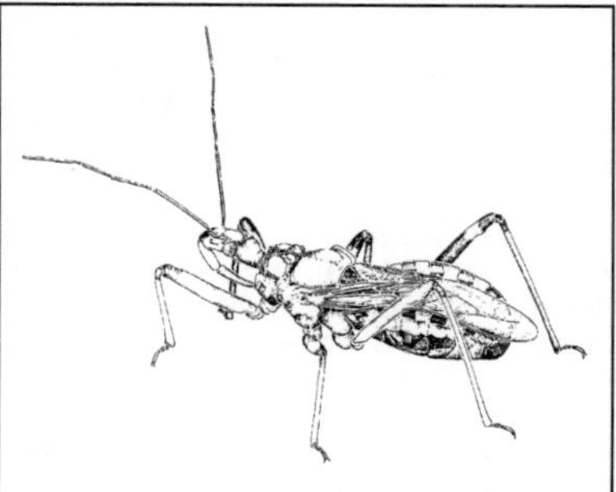

Abb. R-3: Reduviidae: *Rhynocoris iracundus*. ♀, 14–17 mm. (Orig. Bürgis 1987)

lang gestreckt; jagt am Boden sowohl in trockenen wie feuchten Habitaten; wohl nachtaktiv, nachts von Lichtquellen angelockt; 2-jährig, überwintert erst als Larve, dann als Imago.

E. Emesinae, heimisch 3 Arten der Gttg. *Empicoris*; auffallend schlanke, im Habitus mückenähnliche, kleine bis mittelgroße Wanzen mit dünnen, langen Antennen; Vorderbeine typische, hoch differenzierte Raubbeine mit langen Coxen; Mittel- und Hinterbeine lang und dünn; tag- und nachtaktiv, mit Vorliebe an dunklen und feuchten Stellen. *Empicoris vagabunda* L., Mückenwanze (6–7 mm); bräunlich, Mittel- und Hinterbeine hell-dunkel geringelt, Flügel ± membranös, die wanzentypische Unterteilung des der Flügel undeutlich; jagt v. a. auf Gebüsch und Bäumen, aber auch in Wohnungen kleine Insekten; Überwinterung als Imago. Ähnlich die südeuropäische, gelegentlich ins südl. M-Eur verschleppte *Ploiaria domestica* Scop. [**R-4**], aber die Beine nicht geringelt; flügellos; nicht selten – insbesondere die Larven – in Gewölben und (alten) Wohnungen; erbeutet Mücken und Fliegen.

F. Phymatinae (auch als eigene Fam. Phymatidae angesehen), heimisch nur *Phymata crassipes* F. (8–9 mm; [**R-5**]); rotbraun, ♀ heller als ♂; Vorderbeine als kräftige Raubbeine ausgebildet: Schiene und winziger Tarsus in eine Rinne des verdickten Schenkels einklappbar; die niederfrequenten Laute (s. o.) für uns nicht hörbar; in offenen, sonnenwarmen Lebensräumen; Lauerjäger auf niederer Vegetation; verfallen bei Störung in eine Schreckstarre, hierbei Anlegen des Fühlers in eine Rinne unter dem Halsschild. Lit. →Heteroptera; Eisner 1988; Jordan 1962, 1972.

Reduvius →Reduviidae A; vgl. auch →Cerambycidae 19.

Regenbremse, *Haematopota pluvialis* L. →Tabanidae 1.

Rehdasselfliege, *Hypoderma diana* Br. →Oestridae C2.

Rehrachenbremse, *Cephenomyia stimulator* Cl. →Oestridae B.

Rehschröter, *Platycerus caraboides* L. →Lucanidae 3.

Reifungsfraß; Fressen der Imago vor der bzw. bis zur Vollausbildung der Keimdrüsen.

Reiskäfer, *Sitophilus oryzae* L. →Curculionidae B2.

Reismehlkäfer, *Tribolium* →Tenebrionidae 8.

Remetabolie →Neometabolie, →Thysanoptera.

Remigrans (Pl.: Remigrantes); bei Blattläusen (→Aphidina) mit Wirtswechsel bisweilen gebrauchte Bezeichnung für eine geflügeltes Mor

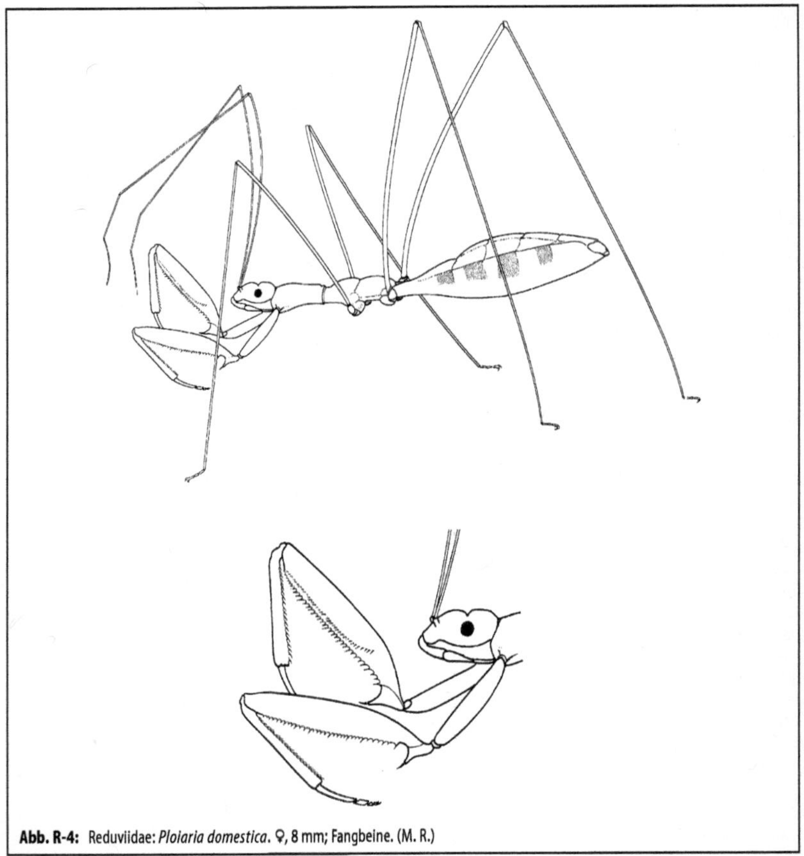

Abb. R-4: Reduviidae: *Ploiaria domestica*. ♀, 8 mm; Fangbeine. (M. R.)

phe, die vom Sekundärwirt auf den Primärwirt wechselt; dies ist meist die →Sexupara.

Rennfliegen →Phoridae.

Renocera →Sciomyzidae.

Rentierdasselfliege, *Hypoderma tarandi* L. →Oestridae C2.

Rentierrachenbremse, *Cephenomyia trompe* Mod. →Oestridae B.

Resedafalter, Resedaweißling, *Pontia edusa* F. →Pieridae 3.

Resilin; ein hoch elastisches Protein aus 13 Aminosäuren; die unregelmäßig gewundenen Proteinketten durch stabile Querverbindungen 3-dimensional vernetzt; übertrifft an Elastizität alle bisher bekannten Stoffe: gibt nach Deformation bei Rückkehr zum Ausgangszustand 96 % der gespeicherten Energie wieder frei; als Hauptbestandteil der Kutikula an den Stellen, die hoher elastischer Beanspruchung ausgesetzt sind, z. B. an den Flügelgelenken, in den Sehnen von Flugmuskeln, im Pumpenkolben der Speichelspritze von Wanzen (→Heteroptera [**A-57**]), als Basis der Zapfen von Schrillleisten (→Stridulationsorgane, →Acrididae B), im Sprungapparat der Flöhe (→Siphonaptera), in abdominalen Intersegmentalhäuten (Atembewegung!).

Resseliella →Cecidomyiidae C3, C4.

Reticulitermes →Isoptera 2, 3.

Retinaculum →Lepidoptera.

Retinia →Tortricidae 8.

Reuterella, s. →Mesopsocidae.

Rhabdophaga, s. *Rabdophaga* →Cecidomyiidae C5.

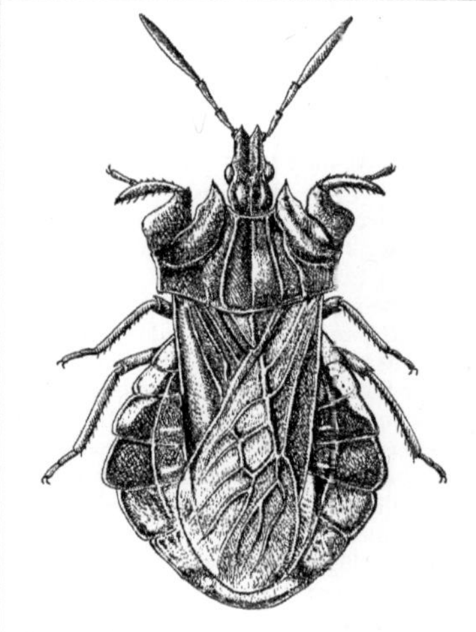

Abb. R-5: Reduviidae: *Phymata crassipes*. 8 mm. (Rietschel 1969)

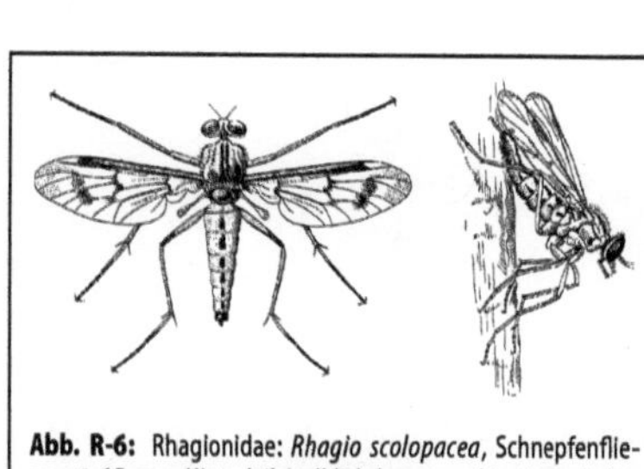

Abb. R-6: Rhagionidae: *Rhagio scolopacea*, Schnepfenfliege. ♂, 15 mm; Hinterleib gelblich braun; rechts: in typischer Haltung an Baumstamm. (Séguy 1951a; Brauns 1991)

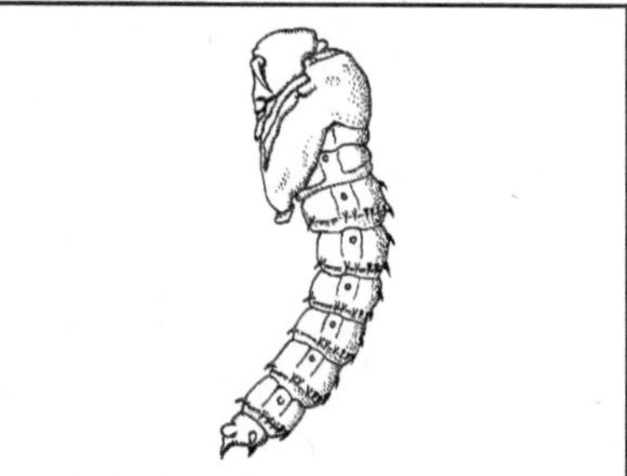

Abb. R-7: Rhagionidae: *Rhagio* spec. Puppe, 8 mm. (Brauns 1991)

Rhadalidae, Rhadalinae →Melyridae C.
Rhadinoceraea →Tenthredinidae.
Rhagio →Rhagionidae.
Rhagionidae, Schnepfenfliegen; Fam. der Zweiflügler (Diptera, Brachycera, Tabanomorpha) mit in Eur ± 85, M-Eur 46, Dt 36 Arten; klein bis (meist) mittelgroß (2–20 mm); schlank, langbeinig; Hinterleib bei einigen häufigen Arten auf gelblichem Grund dunkel gezeichnet; auch die Flügel oft dunkel gefleckt; der mittellange Rüssel kräftig, Mundgliedmaßen wie bei Bremsen (→Tabanidae). In Wäldern, an Waldrändern; **ernähren** sich von kleinen Insekten (*Rhagio scolopacea* L. saugt tote Tiere aus, die sie beim Laufen auf Blattoberflächen mit Suchbewegungen der Vorderbeine findet); nehmen wohl auch →Honigtau und Pflanzensäfte auf; *Symphoromyia*-Arten saugen Blut bei Wirbeltieren, auch beim Menschen; die ♀♀ einiger ausländischer Arten sind Nektarsauger. ♂♂ von *Rhagio scolopacea* L. sitzen oft gegen Sonnenuntergang in geringer Höhe (0–2 m) kopfabwärts auf Baumstämmen [**R-6**], Beine gespreizt und Vorderkörper abgehoben, wo sie von ♀♀ zur (sofort nach der Landung der ♀♀ einsetzenden) **Paarung** angeflogen werden; **Eier** i. d. R. einzeln an den Boden, in Mist oder morsches Holz abgelegt. Die **Larven** lang gestreckt; mit unvollständiger Kopfkapsel und Mundhaken aus Mandibeln und Maxillen; mit schwachen Kriechwülsten; am und im Boden,

zwischen Moos, Laubstreu, in Mist, unter Rinde; ernähren sich meist von kleinen Insekten, *Rhagio scolopacea* L. geht gerne an Regenwürmer; fressen wohl auch zerfallende pflanzliche und tierische Stoffe; *Ptiolina* frisst an Laubmoosen, *Spania* soll in Lebermoosen minieren; Puppe im Boden [**R-7**]; **Überwinterungsstadium** ist wohl i. d. R. die Larve.
Lit. →Diptera.
Rhagium →Cerambycidae, C1.
Rhagoletis →Tephritidae 2, 3.
Rhagonycha →Cantharidae 3.
Rhamphini →Curculionidae H5.
Rhamphomyia →Empididae.
Rhantus →Dytiscidae.
Rhaphidophoridae, Buckelschrecken; Fam. der Langfühlerschrecken (Ensifera) mit in Eur ± 60, M-Eur 3, Dt 2 Arten; bräunlich; Körper seitlich etwas zusammengedrückt und bucklig gekrümmt; flügellos und ohne Gehörorgane; Antennen, Beine, Taster und Cerci stark verlängert. *Tachycines asynamorus* Adel., Gewächshausschrecke (13–19 mm; [**R-8**]), stammt wohl aus Zentralchina; wärmeliebend, heute weltweit verbreitet; bei uns nur in Gewächshäusern. In der

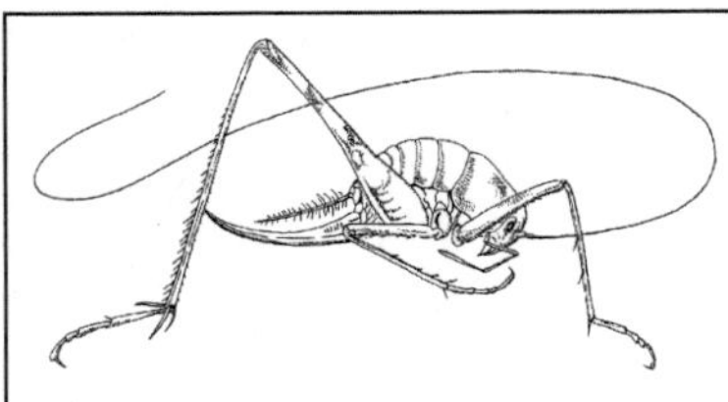

Abb. R-8: Rhaphidophoridae: *Tachycines asynamorus*, Gewächshausschrecke. ♀. (Chopard 1951)

Dämmerung und nachts mobil, untertags versteckt und schwer zu finden; bei Störung rasche Flucht, kann über 1 m weit springen. **Nahrung** kleine Insekten, junge Pflanzen und Früchte; früher gelegentlich schädlich, heute wegen intensiver Bekämpfung eher selten. Das ♂ **balzt** lautlos vor dem ♀ mit Vor- und Rückwärtsschwingen des Körpers, dreht sich dann um 180° und schiebt sich (ähnlich wie die Feldgrille) rückwärts unter das ♀, das bei der Begattung v. a. den Hinterleibsrücken des ♂ beleckt (Drüsen?); die vom ♂ abgesetzte Spermatophore wird nach der Kopulation vom ♀ gefressen (→Ensifera); Ablage der Eier (einige hundert) in den Boden, v. a. in Blumentöpfe; ca. 11 Häutungen. Ähnlich die in S-Eur zahlreichen Arten der Gttg. *Troglophilus*, Höhlenschrecken; finden sich bis ins südl. M-Eur (*T. cavicola* Koll.), vereinzelt bis M-Dt (*T. neglectus* Kr.); Augen verkleinert; ♂ mit 2 Paar ausstülpbaren Rückendrüsen zwischen 5. und 6. sowie 6. und 7. Abdominalsegment; ihr Sekret wird vom ♀ bei der Begattung aufgeleckt; in Höhlen, Blockhalden, ausgefaulten Baumstubben u. dgl. Lit. →Ensifera.

Rheinmücke; im Rheingebiet gebrauchte Bezeichnung für die nicht selten in Massen auftretende Eintagsfliege *Oligoneuriella rhenana* Imh. →Oligoneuriidae.

Rheumaptera →Geometridae E8.

Rhingia →Syrphidae E.

Rhiniidae, Rhiniinae →Calliphoridae 6.

***Rhinocola*, Rhinocolinae** →Psyllina D.

***Rhinocoris*,** s. *Rhynocoris* →Reduviidae B.

Rhinoestrus →Oestridae A.

Rhinotermitidae →Isoptera 2, 3.

Rhinophoridae, Asselfliegen; Fam. der Zweiflügler (Diptera, Brachycera, Cyclorrhapha); auch zu →Calliphoridae gestellt; in Eur 43, M-Eur 18, Dt 10 Arten (z. B. *Melanophora roralis* L.; 2–11 mm); Larven und Puppen endoparasitoid in Landasseln (einzigartig unter Insekten), ohne Wirtsspezifität; Ablage der Eier in der Nähe der Wirte an Bäumen, Mauern, unter Steinen und ähnlichen Orten, die geschlüpfte Larve sucht den Wirt aktiv auf; Larven im Wirt in einem dünnhäutigen Sack, der an der Kutikula des Wirtes ansetzt (Öffnung für hintere Stigmen); 3 Larvenstadien, Überwinterung im 2. Stadium (oder als Puppe); Wirte werden infertil und bilden keinen Brutsack aus, sterben schließlich im nächsten Frühjahr; als (Hyper-)Parasitoid ist eine Ameisenwespe (→Mutillidae) bekannt. Lit. →Diptera; Cerretti et al. 2020.

***Ripidius* (*Rhipidius*)** →Ripiphoridae 3.

Ripiphoridae (Rhipiphoridae), Fächerkäfer; Fam. der Käfer (Coleoptera, Polyphaga, Cucujiformia) mit in Eur 15, M-Eur & Dt 4 meist sehr seltenen Arten; mittelgroß; Antennen besonders beim ♂ lang, einseitig 1-seitig gefiedert durch seitliche Verlängerung der Glieder; Flügeldecken mehr oder weniger verkürzt und klaffend, Hinterflügel in Ruhelage nicht unter den Flügeldecken verborgen, ♀ von *Ripidius* (→3) madenartig [**R-16**]; manche Imagines gern auf Blüten; nehmen vermutlich teils Nektar zu sich (→2), teils ohne Nahrungsaufnahme (→1, 3); die **Larven** verschiedener Stadien von verschiedener unterschiedlicher Gestalt (Hypermetamorphose, ähnlich wie bei →Meloidae); Parasitoide bei Larven von holzbewohnenden Käfern (→Anobiidae, →Cerambycidae), Stechimmen (→Aculeata; →1, 2) und Schaben (→Blattodea, →3). Auswahl:

1. *Metoecus paradoxus* L., Wespenkäfer (8–12 mm); die häufigste Art; Eiablage an verrottendes Holz; Larven in Erdnestern von *Vespula vulgaris* (→Vespidae D4); Junglarve sehr beweglich (→Triungulinus-ähnlich), Endglied der Füße mit großen Haftlappen; lässt sich von einer holzsammelnden Wespe zu deren Nest tragen, dringt in eine Larve ein; häutet sich zur madenartigen 2. Larve mit stark rückgebildeten Beinen, die dann aus der Wespenlarve herauskommt (nachdem diese ihre Zelle verdeckelt hat; Schutz vor Entdeckung!) und sie von außen her verzehrt; nach einer weiteren Häutung schließlich Verpuppung in der Wespenzelle; gelegentlich über 100 Käfer in einem Wirtsnest.

2. *Macrosiagon*, mit 4 Arten in S-Eur; die Larven parasitieren bei solitären Faltenwespen (*Odynerus*, →Vespidae B2), auch bei solitären Bienen; Eiablage an oder in die Nähe von Pflanzen, die vom Wirt besucht werden; die Junglarve klettert auf die Pflanze, lässt sich vom Wirt ins Nest tragen; wartet hier, bis die Wirtslarve erwachsen ist, dringt ein; häutet sich zur Fresslarve, die dann außen an der Vorpuppe des Wirtes frisst und sich im Wirtskokon verpuppt.

3. *Ripidius*, Schabenfächerkäfer; Imagines im V–VI; ♀ larvenähnlich ohne Flügel [R-16], legt über 2000 Eier ab; die Larven parasitieren bei Schaben (*R. pectinicornis* Thunb. bei *Blattella germanica* L., →Blattellidae 1; *R. quadriceps* Ab. Perr. bei *Ectobius*, →Ectobiidae); die Junglarve beißt sich an einer Gelenkhaut der (geruchlich gefundenen?) Schaben-Junglarve fest, dringt zuerst nur mit dem Kopf, dann ganz in den Wirt ein; häutet sich zu einer madenähnlichen Larve, macht Winterruhe im Wirt; häutet sich im Frühling noch 2-mal zu einer nun wieder mit Beinen versehenen Larvenform; wächst stark heran, verlässt den Wirt an dessen Hinterleibsende; Verpuppung am Boden oder an Baumrinde. Lit. →Coleoptera.

Rhithrogena →Heptageniidae.

Rhizoecidae, *Rhizoecus* →Pseudococcidae 5.

Rhizomyrma →Coccina.

Rhizoperta →Bostrichidae 2.

Rhizophagidae, Rhizophaginae, *Rhizophagus* →Monotomidae A.

Rhizotrogus →Scarabaeidae C3.

Rhodanthidium →Megachilidae 5.

Rhododendronwanze, *Stephanitis rhododendri* Horv. →Tingidae 4.

Rhodometra →Geometridae.

Rhodostrophia →Geometridae, D.

Rhogogaster →Tenthredinidae.

Rhombenwanze, *Syromastes rhombeus* L. →Coreidae A.

Rhopalicus →Pteromalidae.

Rhopalidae, Glasflügelwanzen; Fam. der Wanzen (Heteroptera, Pentatomomorpha) mit in Eur 29, M-Eur 20, Dt 15 Arten; in der Mehrzahl um 10 mm; gelb bis braun, Vorderflügel auch im sklerotisierten Teil (Corium) zwischen den Adern oft glasartig durchsichtig (Ausnahme: *Corizus*); auf niederer Vegetation, saugen v. a. an den Samen ihrer Wirtspflanzen; Überwinterung meist als Imago, nur wenige (*Chorosoma*, *Myrmus*) als Ei. Häufig ***Stictopleurus punctatonervosus*** Goeze (7–8 mm) auf Wiesen an Korbblütlern (Asteraceae) und ***Corizus hyoscyami*** L. (9–10 mm), auffällig rot mit schwarzen Flecken, ähnlich *Lygaeus equestris* (→Lygaeidae 1) oder *Pyrrhocoris apterus* (→Pyrrhocoridae), aber dichter behaart; an sonnigen Stellen auf verschiedenen Pflanzen. Schmal und lang gestreckt sind die beiden folgenden Grasbewohner: ***Chorosoma schillingi*** Schill., Grasgespenst (13–16 mm); gelb bis grünlich; stabförmig, mit drehrundem Körper; an sandigen Stellen, in Dünen, auf Heiden; saugt an Halmen, Blättern und unreifen Samen von Gräsern, nach der Reifung der Grassamen wohl auch an anderen Pflanzen. ***Myrmus miriformis*** Fall.

(7–9 mm), bräunlich (v. a. ♂) bis grünlich (v. a. ♀), meiste Individuen kurzflügelig; in trockenen wie feuchten Lebensräumen. Lit. →Heteroptera; Moulet 1995.

Rhopalocera (Papilionoidea), Tagfalter; →monophyletische, durch knopfförmig endende Fühler gekennzeichnete Gruppe der →Lepidoptera; mit den Fam. →Hesperiidae, →Lycaenidae, →Nymphalidae, →Papilionidae, →Pieridae, →Riodinidae.

Rhopalomyia →Cecidomyiidae B14.

Rhopalosiphoninus →Aphididae 17.

Rhopalosiphum →Aphidina.

Rhopalum →Sphecidae.

Rhopobota →Tortricidae 31.

Rhyacionia →Tortricidae 5, 6; vgl. auch →Perilampidae 2.

Rhyacophila →Rhyacophilidae; →Trichoptera.

Rhyacophilidae; Fam. der Köcherfliegen (Trichoptera) mit in Eur ± 105, M-Eur 31, Dt 24 Arten der Gttg. *Rhyacophila;* häufig z. B. *Rhyacophila nubila* Zett. (Flspw. bis 29 mm); ausschließlich an schnell fließenden Gewässern, viele Arten in kalten Gebirgsbächen. Die **Larven** →campodeid, mit Tracheenkiemen ausgestattet; ohne Wohnröhre und Köcher, die Beine und Nachschieber mit kräftigen Klauen; mit geschickten Bewegungen, bei denen ständig antennenartig die Taster spielen, gesichert durch Spinnfäden am Substrat; vagabundieren als Jäger frei umher; Verpuppung in einem dann eigens hergestellten Köcher aus Steinchen, in dem die Puppe in einem ringsum geschlossenen Gespinstkokon ruht (daher die Bindung an Fließwasser: für die Diffusion durch die semipermeable Kokonwand muss genügend Sauerstoff zur Verfügung stehen). Lit. →Trichoptera; Bohle & Fischer 1983; Wichard et al. 1993.

Rhyncha →Ichneumonidae.

Rhynchaenus →Curculionidae H5.

Rhynchites →Rhynchitidae 4–7.

Rhynchitidae, Fruchtstecher; Fam. der Käfer (Coleoptera, Polyphaga, Cucujiformia) mit in Eur 47, M-Eur 30, Dt 26 Arten; 2–9 mm; ähnlich den →Curculionidae, jedoch Antennen nicht gekniet; mit ausgeprägten Schultern; meist metallisch glänzend oder schwarz; Oberseite fast immer behaart (Ausnahme: *Byctiscus*). An verschiedensten Laubgehölzen, wenige Arten an krautigen Pflanzen (Rosaceae, Wiesenraute, Sonnenröschen). **Eiablage** teils in Knospen und Triebspitzen, teils in Früchten (die anschließend durch Einschneiden zum Welken bzw. Eintrocknen gebracht werden), bei manchen (*Byctiscus*, *Chonostropheus*, *Deporaus*) an Blättern, z. T. in eigens hergestellten Blattwickeln; manche sind an verschiedenen Kulturpflanzen als Triebstecher schädlich (*Neocoenorrhinus germanicus* Hbst. an Erdbeeren), andere an Obstbäumen als Fruchtstecher (z. B. *Tatianaerhynchites aequatus* L.). Larvenentwicklung an den entsprechenden Eiablageorten; manche **Larven** (*Stenorhynchites*) minieren in toten Zweigen; **Verpuppung** und **Überwinterung** (i. d. R. als Imago) im Boden.

1. *Schoenitemnus minutus* Hbst. (= *Caenorhinus aeneovirens* Marsh.), Eichenknospenstecher; 2–3,8 mm; dunkel blaugrün; Rüssel beim ♀ anderthalb 1,5-mal so lang wie beim ♂; das überwinterte ♀ nagt im Frühling Eichenknospen an der Basis an (Unterbrechen des Saftflusses), nagt dann ein Loch in die Knospe und legt 1, manchmal 2 Eier pro Loch ab, die mit dem Rüssel tiefer in das Loch geschoben werden; die Larve frisst in der Knospe; Verpuppung in der Erde; soll ausnahmsweise auch an Erdbeeren und andere krautige Rosaceae gehen.

2. *Neocoenorrhinus germanicus* Obst. (= *Caenorhinus g.*), Erdbeerstängelstecher; 2–3 mm; an krautigen Rosaceae und Weiden (*Salix*); die überwinterten Imagines fressen an Trieben und jungen Blättern; Eiablage (ab IV) in Triebe oder Stängel; die geschlüpften Larven (und nicht die Imagines) schneiden diese an und leben dann in den verwelkenden und später abfallenden Trieben; Verpuppung im Spätsommer im Boden, wo auch die geschlüpften Imagines überwintern.

3. *Neocoenorhinidius pauxillus* Germ. (= *Caenorhinus p.*), Blattrippenstecher; 2–3 mm; an holzigen Rosaceae, auch an Obstbäumen; Imagines fressen an Knospen, später auch →Lochfraß an den Blättern; Eiablage in Stiele oder Mittelnerven der Blätter, die daraufhin abfallen; die Larve in Platzminen in den vertrocknenden Blättern; Verpuppung im Boden unterhalb des Blattes; Imagines schlüpfen im Herbst und überwintern.

4. *Teretriorhynchites caeruleus* Deg. (= *Rhynchites c.*), Triebstecher, Obstbaumzweigabstecher, Pinzierkäfer; 2,5–3,5 mm; blaugrün; an holzigen Rosaceae; das ♀ nagt nach der Überwinterung im Frühling mehrere Löcher für je 1 Ei in sehr junge Triebe, schneidet dann den Trieb darunter fast ganz durch; die Larven im Mark des welkenden Triebes; Verpuppung im Boden.

5. *Involvulus cupreus* L. (= *Rhynchites c.*), Pflaumenstecher; 3,5–4,5 mm; an holzigen Rosaceae, bei uns v. a. an Pflaumen; der Käfer frisst im Herbst an Blättern (kann in höheren Lagen unterbleiben), nach dem Überwintern an Knospen, Blüten, jungen Früchten; das ♀ klappt ein Stück Fruchthaut um, nagt ein Loch in die junge Frucht, schiebt 1 Ei hinein (1–4 Eier in einer Frucht; wohl von verschiedenen ♀♀), klappt die Fruchthaut wieder zurück, nagt den Fruchtstiel weitgehend durch; die Frucht fällt bald ab, in ihr erfolgt dann die Entwicklung der Larven; im Gebirge auch Entwicklung in angeschnitten, verwelkenden Trieben der Vogelbeere beobachtet; Verpuppung in einer Erdhöhle; Entwicklung 1-jährig.

6. *Epirhynchites auratus* L. (= *Rhynchites a.*), Kirschfruchtstecher; ähnlich 5; an *Prunus*-Arten; kann durch Knospenfraß an Kirschkulturen schädlich werden; Larvenentwicklung in den Früchten am Baum (Fruchtstiel wird nicht angenagt), wo im Gegensatz zu 5 nur die Samen gefressen werden; Verpuppung im Boden, z. T. erst im folgenden Herbst nach 1-jährigen Diapause der Larven; die geschlüpften Käfer verbleiben bis zum Frühjahr im Puppenlager.

7. *Rhynchites bacchus* L., Purpurroter Apfelfruchtstecher; i. d. R. 2-jährige Entwicklung; Eiablage in Früchten holziger Rosaceae (besonders Apfel und Birne); Fruchtstiele werden angenagt; Larve im eintrocknenden Fruchtfleisch und Kerngehäuse; Verpuppung meist nach 1-jähriger Diapause im Boden; 2. Überwinterung als Imago; v. a. in südl. Obstbaugebieten gefürchteter Schädling (auch wegen der von ihm übertragenen *Monilia*-Fäule).

8. *Byctiscus betulae* L., Rebenstecher, Zigarrenwickler; 5,5–9,5 mm; metallisch grün bis blau oder rot; die Imago befrisst im Frühling Knospen und Blätter (Reifungsfraß) verschiedener Laubbäume; an Reben ab und zu schädlich. Das ♀ bohrt mehrere Blattstiele an und höhlt sie aus, rollt dann inzwischen welkende Blätter als Ganzes zu einer etwa zigarrenförmigen Längsrolle zusammen, Blattunterseite nach außen; Ablegen der **Eier** (meist 4–6) i. d. R. während des Wickelns lose zwischen die Umgänge; Zusammenleimen des Wickels mit Analdrüsensekret; pro Tag werden etwa 2, im ganzen 20–30 Wickel hergestellt; nicht selten mehrere Blätter (anscheinend v. a. härtere) in einem Wickel, dann jeder Blattstiel einzeln oder die ganze Triebspitze angenagt; Wickel u. U. von einem ♀ begonnen, von einem anderen vollendet; bisweilen über 1 Dutzend Eier im Wickel (wohl von mehreren ♀♀). **Larvenentwicklung** in der abgefallenen, sich zersetzenden Rolle. **Verpuppung** im Boden; der im Herbst schlüpfende Jungkäfer überwintert.

9. *Byctiscus populi* L., Pappelblattroller; 4,5–6 mm; metallisch grün; Wickel ähnlich dem des Rebenstechers, aber an Pappeln; immer nur 1 Ei pro Wickel [**R-9**].

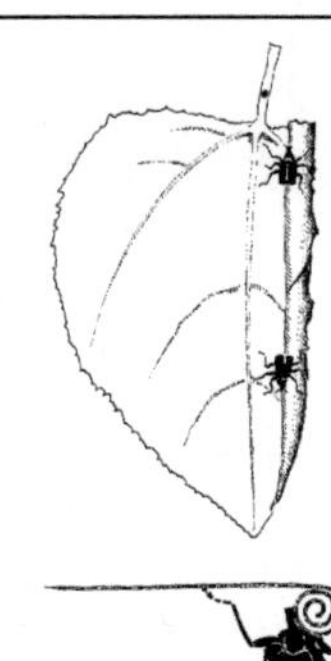

Abb. R-9: Rhynchitidae: *Byctiscus populi*, Pappelblattroller. Oben: ♀ und ♂ rollen gemeinsam an Zitterpappelblatt (mal Ober-, mal Unterseite); unten: ♀ beim Einrollen mit den Vorderbeinen. (Daanje 1964)

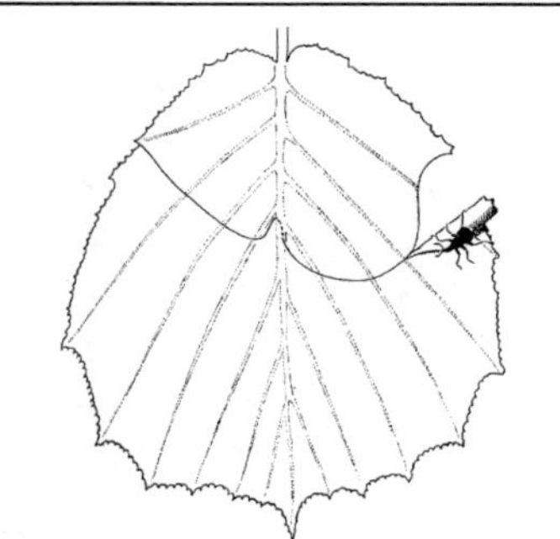

Abb. R-10: Rhynchitidae: *Deporaus betulae*, Birkenblattroller. ♀ beginnt zu rollen; die Unterseite des Blattes gelangt nach innen. (Daanje 1964)

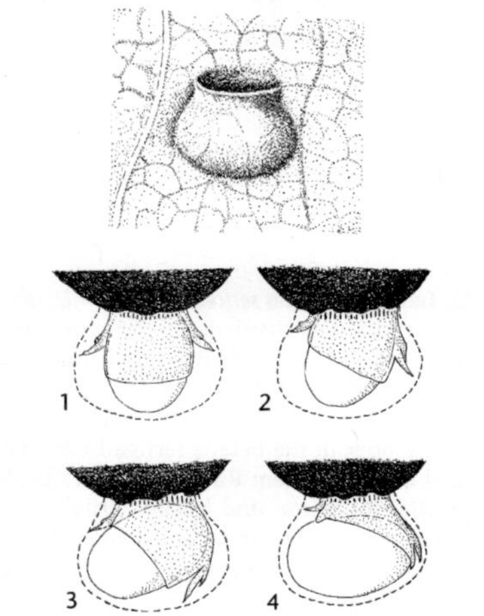

Abb. R-11: Rhynchitidae: *Deporaus betulae*, Birkenblattroller. Oben: Eitasche; unten: Ablage und Wenden des Eies mit der vorgestülpten Scheide; schematisiert. (Daanje 1964)

10. *Chonostropheus tristis* F., Ahornblattroller; 3,5–4 mm; schwarz mit bläulichen Flügeldecken; bei uns Gebirgstier; Blattrolle (seitenständige Längsrolle) ausschließlich an Bergahorn; nur ein Teil des Blattes wird verwendet; das ♀ macht mit dem Rüssel einen Schnitt, am stielnahen Rand beginnend, bis über die Mittelrippe weg; dann Einrollen des distalen Blattteils vom Schnittanfang her, Unterseite nach innen; Eiablage (1–4) beim Einrollen nacheinander lose zwischen die Windungen; Wickel mit Analdrüsensekret verfestigt; eine mit dem Rüssel hergestellte Lochreihe quer über der nicht durchschnittenen Blattfläche dient wohl zur Unterbrechung des Saftstromes.

11. *Deporaus betulae* L., Birkenblattroller, Trichterwickler; 2,5–4 mm; schwarz; an verschiedenen Laubbäumen, häufig an Birke. Das ♀ macht (mit Doppelschnitt) eine mittelständige Längsrolle aus dem distalen Teil des Blattes; Beginn am Rand auf der Blattoberseite, Schnitt in S-Kurve bis zur Mittelrippe; dann Kerbung der Mittelrippe ein kurzes Stück stielwärts und Weiterführung des Schnitts in flacher S-Kurve bis zum anderen Rand; Einrollen (Blattunterseite nach innen [**R-10**]) auf der Unterseite vom Schnittbeginn aus im Seitwärtsgang bis zur Mittelrippe; es entsteht ein Innentrichter, um den die andere Blatthälfte als Außentrichter gewickelt wird; Verfestigung der Rolle nach Hineinkriechen durch Arbeit von innen, dabei Eiablage (1–6 Eier) in mit dem Rüssel hergestellte Taschen unter der Blattepidermis [**R-11**]; schließlich Umklappen der Blattspitze und Be-

festigen der äußeren Umgänge und der Spitzenklappe durch Nähen mit Rüsseleinstichen (kein Klebesekret verwendet); verschiedene Abwandlungen möglich [**R-12**]; die Trichter fallen meist ab; niemals Zusammenarbeit der ♀♀ (falls sich einmal mehrere am Trichter finden); niemals Mithilfe der ♂♂; oft aber Kämpfe der ♂♂ gegeneinander [**R-13**] (i. d. R. nur in Gegenwart eines ♀). **Verpuppung** im Boden; die Puppe überwintert.

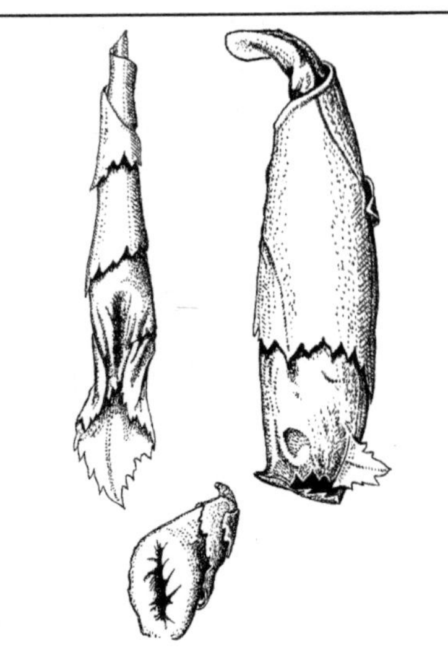

Abb. R-12: Rhynchitidae: *Deporaus betulae*, Birkenblattroller. 3 unten auf verschiedene Weise zugedrückte Blattrollen; links: Hainbuche; rechts: Hasel; unten: Erle (von unten). (Daanje 1964)

12. *Coccygorhynchites sericeus* Hrbst. (= *Lasiorhynchites s.*), Kuckucksrüssler; 6–7,5 mm; oben blau; bemerkenswerter **Brutparasitismus**: das ♀ legt 1 Ei in die Rolle von *Attelabus nitens* (→Attelabidae 2), entweder beim Herstellen der Rolle oder in die bereits fertige Rolle; das Ei wird in ein mit dem Rüssel gebohrtes Loch eingeschoben; Wirts- und Kuckucksrüsslerlarven wachsen nebeneinander auf (von amerikanischen Kuckucksrüsslern ist bekannt, dass sie die Wirtseier verzehren).

13. *Stenorhynchites coeruleocephalus* Schall. (= *Lasiorhynchites c.*), Bunter Triebstecher; 4–5,5 mm; schwärzlich mit rötlichem Halsschild und Flügeldecken; bemerkenswert der obligate Wechsel der Nahrungspflanze: Imagines (V–IX) fressen an Zweigspitzen von Birken; Eiablage (ab VI) aber in jungen, frisch abgestorbenen Kiefernzweigen; die Öffnung der selbst gebohrten Eikammer wird mit Nagespänen verschlossen; in diesem Zweig miniert und überwintert die Larve, lässt sich im Frühjahr zu Boden fallen, wo sie sich in geringer Tiefe in einem Gehäuse verpuppt. Lit. →Coleoptera; Rheinheimer & Hassler 2010.

Rhynchophora →Curculionoidea.

Rhynchota; Synonym zu →Hemiptera.

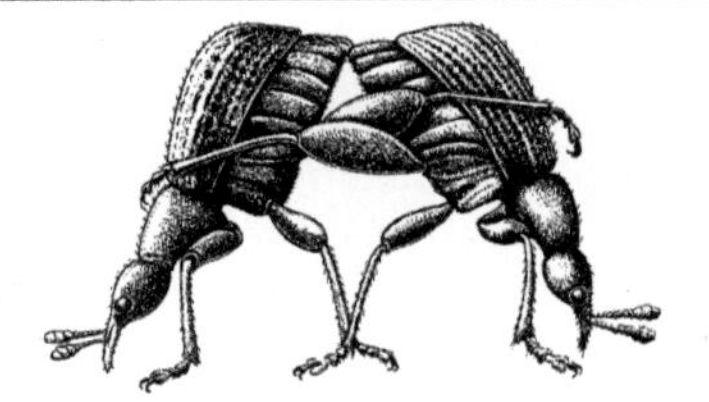

Abb. R-13: Rhynchitidae: *Deporaus betulae*, Birkenblattroller. Kampf der ♂♂; Umarmung mit den Hinterbeinen (nur die Beine der einen Seite gezeichnet). (Daanje 1964)

Rhyncolus →Curculionidae O.

Rhynocoris →Reduviidae B.

Rhyparochromidae, Bodenwanzen; Fam. der Wanzen (Heteroptera, Pentatomomorpha); mit in Eur ± 210, M-Eur 106, Dt 81 Arten; früher zu den →Lygaeidae; eher klein (2–9 mm); die meisten düster schwarz bis braun; Kurz- und Langflügeligkeit, auch bei der gleichen Art, häufig; viele Arten bevorzugen trockene Böden (z. B. *Rhyparochromus*, *Trapezonotus*); überwiegend Samensauger; meist →polyphag, manche bevorzugen bestimmte Pflanzen: *Scoloposthethus affinis* Schill. und *Sc. thomsoni* Reuter an Brennnesseln; die meisten Arten sind gute Läufer, viele sind flugunlustig (oder durch Flügelreduktion flugunfähig); Überwinterung meist als Imago, vereinzelt als Larve.

1. *Gastrodes grossipes* de Geer, Kiefernzapfenwanze (6–7 mm); ähnlich *G. abietum* Bergroth: [**R-14**]; Körper extrem abgeflacht; an Nadelbäumen, besonders Kiefern; Larven und Imagines saugen tags an Samen in den Zapfen, nachts an den Nadeln; kaum schädlich; Eiablage im Frühling unter den Schuppen von Fichten- und Kiefernzapfen oder auch an den Nadeln; Überwinterung der Imagines unter den Schuppen alter Zapfen, auch unter Rindenschuppen; Hauptfeinde sind die Larven von Kamelhalsfliegen (→Raphidioptera).

2. *Eremocoris abietis* Herr.-Schäff. (6–8 mm); bevorzugt Böden mit trockenen Nadelbaumgehölzen, häufig in Gesellschaft von Ameisen (→*Formica*, selten auch →*Camponotus*); Larven und Imagines finden sich in herabgefallenen Zapfen, wo sie Samen besaugen, aber auch in Ameisennestern, wo sie sich wahrscheinlich zoophag ernähren; Überwinterung der Imagines in trockener Nadelstreu und unter loser Borke, aber auch in *Formica*-Nestern. In Ameisennestern können auch Larven überwintern und wohl mehr als 1 Generation pro Jahr auftreten.

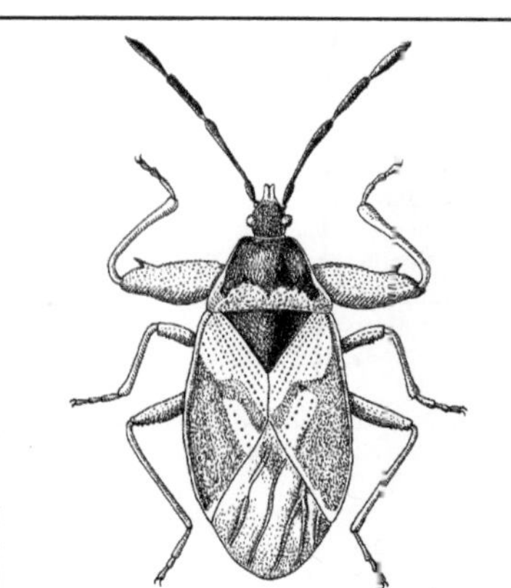

Abb. R-14: Rhyparochromidae: *Gastrodes abietum*, „Tannenwanze". 7 mm. (Brauns 1991)

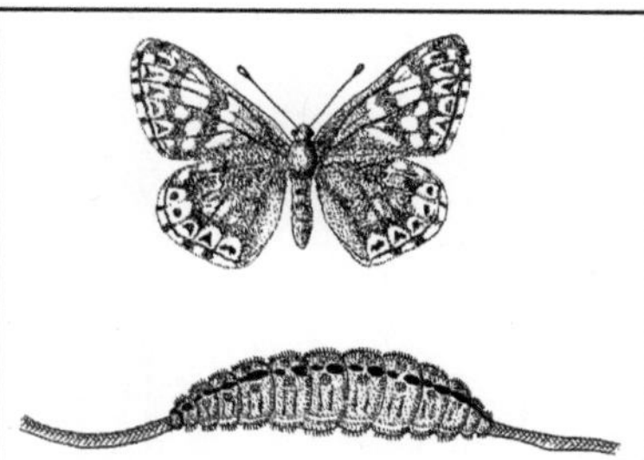

Abb. R-15: Riodinidae: *Hamearis lucina*, Frühlingsscheckenfalter. Falter und Raupe. (Forster & Wohlfahrt 1954–1981; Eckstein 1913–33)

Lit. →Heteroptera; Hoberlandt 1972.

Rhyparochromus →Rhyparochromidae.

Rhyphidae →Anisopodidae.

***Rhysodes*, Rhysodidae, Rhysodinae** →Carabidae D.

Rhyssa →Ichneumonidae, A; vgl. auch →Cerambycidae 25, →Siricidae.

Rhyssella →Ichneumonidae A, B.

Rhyssinae →Ichneumonidae A.

Rhyzobius →Coccinellidae.

Ribaga-Organ, Ribaga'sches Organ →Cimicidae.

Ricaniidae →Auchenorrhyncha.

Ricinidae, *Ricinus* →Amblycera 3.

Riesenfederlinge, Laemobothriidae →Amblycera 4.

Riesenbastkäfer, *Dendroctonus micans* Kug. →Curculionidae P14.

Riesenbock, *Cerambyx cerdo* L. →Cerambycidae, D1.

Riesenholzameise, *Camponotus herculeanus* L. →Formicidae C2.

Riesenholzwespe, *Urocerus gigas* L. →Siricidae.

Riesenhonigbiene, *Apis dorsata* →Apidae E3.

Riesenschildläuse →Monophlebidae.

Riesenschnake, *Tipula maxima* Poda →Tipulidae 4.

Rileyiana →Lepidoptera; →Noctuidae.

Rindenglanzkäfer →Monotomidae A.

Rindenkäfer →Colydiidae.

Rindenläuse →Lachnidae; →Psocodea.

Rindenschröter, *Ceruchus chrysomelinus* Hochenw. →Lucanidae 4.

Rindenwanzen →Aradidae.

Rindenwickler, *Enarmonia formosana* Scop. →Tortricidae 21.

Rinderbremse, *Tabanus bovinus* L. →Tabanidae 3.

Rinderdasselfliege, *Hypoderma bovis* Deg. →Oestridae C2.

Ringelfuß, *Leucoma salicis* L. →Erebidae J3.

Ringelhörnler →Tomoceridae.

Ringelspinner, *Malacosoma neustria* L. →Lasiocampidae 1.

Ringelwidderchen, *Amata phegea* L. →Erebidae K5.

Riodinidae (Nemeobiidae, Erycinidae), Würfelfalter; Fam. der Schmetterlinge (Lepidoptera, Glossata, Rhopalocera); auch als Teilgruppe der →Lycaenidae angesehen; besonders artenreich in neotropischen Regenwäldern, in Eur & Dt nur 1 Art der altweltlichen U-Fam. Nemeobiinae: *Hamearis lucina* L., Perlbinde, Schlüsselblumen-Würfelfalter, Frühlingsscheckenfalter [**R-15**]; 25–28 mm; im Habitus sehr ähnlich den *Melitaea*-Arten (→Nymphalidae D); Vorderbeine (wie bei den →Nymphalidae) beim ♂ verkürzt, berühren nicht die Unterlage; fliegt IV–VI; bei uns mehr im Süden; in lichten Laubwäldern, auf Wiesen; nicht über 1300 m; zuweilen 2 Generationen im Jahr; Überwinterung i. d. R. als Puppe; die bräunlichen, vorn und hinten verjüngten Raupen [**R-15**] auf Schlüsselblumen; Puppe fein behaart, frei schief aufwärts am Substrat befestigt; Gürtelfaden mehr am Hinterende.

Lit. →Lepidoptera; Devries 1991; Settele et al. 2015.

Ripersiella →Pseudococcidae 5.

Rispenfalter, *Lasiommata maera* L. →Nymphalidae F8.

Ritter, Ritterfalter →Papilionidae.

Ritterwanze, *Lygaeus equestris* L. →Lygaeidae 1.

Rivellia →Platystomatidae.

***Rivula*, Rivulinae** →Erebidae B.

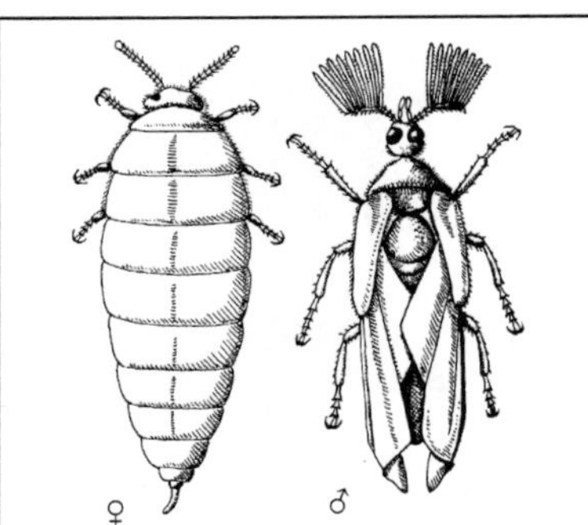

Abb. R-16: Ripiphoridae: *Ripidius quadriceps*, Schabenfächerkäfer. 5 mm. (zur Strassen 1969)

Robbenlaus, *Echinophthirius horridus* Olf. →Echinophthiriidae 1.
Robbenläuse →Echinophthiriidae.
Rodolia →Coccinellidae; vgl. auch →Margarodidae 3.
Roesels Beißschrecke, *Metrioptera roeseli* Hgb. →Tettigoniidae 4.
Roeslerstammia →Roeslerstammiidae.
Roeslerstammiidae, Goldmotten; Fam. der Schmetterlinge (Lepidoptera, Glossata, Gracillarioidea) mit in Eur & Dt 2 ähnlichen Arten der Gttg. *Roeslerstammia*; kleine Falter (Flspw. 11–14 mm); Flügel glänzend bronzefarben, in Ruhe steil dachförmig zurückgelegt; Antennen beinahe körperlang, auch die aufgebogenen Labialpalpen recht lang; Eier werden an die Spitze von Linden- (*R. erxlebella* F.) bzw. Hainbuchenblätter (*R. pronubella* Den. & Schiff.) abgelegt; die ersten beiden Raupenstadien minieren in den Blattspitzen, die älteren Raupen leben frei auf der Blattunterseite (→Lochfraß); Verpuppung in einem Kokon unter einem gefalteten Blattrand; hierzu wird oft ein noch unbefressenes Blatt aufgesucht. Lit. →Lepidoptera; Melzer o. J..
Rogadinae →Braconidae B.
Roggeneule, *Mesapamea secalis* L. →Noctuidae 21.
Roggenthrips, *Haplothrips aculeatus* F. →Phlaeothripidae.
Röhrenläuse →Aphididae.
Röhrenschildläuse →Ortheziidae.
Röhrenwurm →Tenthredinidae 8, 9.
Rohrkäfer, Donaciinae →Chrysomelidae A.
Rohrkolbeneule, *Nonagria typhae* Thunb. →Noctuidae 18.
Rollenschröter, *Spondylis buprestoides* L. →Cerambycidae, B1.

Roller →Rhynchitidae 9, 10, 11.
Rollwespen →Tiphiidae.
Rondania →Tachinidae.
Rophites →Halictidae 1.
Rosalia →Cerambycidae D5.
Roseneule, *Thyatira batis* L. →Thyatiridae.
Rosengallwespen, *Diplolepis* →Cynipidae, 1.
Rosengespinstblattwespe, *Pamphilius inanitus* Vill. →Pamphiliidae A2.
Rosenkäfer, *Cetonia aurata* L. →Scarabaeidae E1.
Rosenlaubzikade, *Edwardsiana rosae* L. →Cicadellidae H1.
Rosenminiermotte; *Stigmella anomalella* Goeze →Nepticulidae 2; ***Stigmella centifoliella*** Zell. →Nepticulidae 3.
Rosenschabe, *Coleophora gryphipennella* Hbn. →Coleophoridae 13.
Rosenthrips, *Thrips fuscipennis* Hal. →Thripidae 6.
Rosenzikade, *Edwardsiana rosae* L. →Cicadellidae H1. **Rossameisen, *Camponotus*** →Formicidae C2.
Rosskäfer, *Geotrupes* →Geotrupidae A.
Rosskastanienbohrer, *Zeuzera pyrina* L. →Cossidae 2.
Rosskastanieneule, *Acronicta aceris* L. →Noctuidae 5.
Rosskastanienmaikäfer, *Melolontha hippocastani* F. →Scarabaeidae C1.
Rostbär, *Phragmatobia fuliginosa* L. →Erebidae K8.
Rostbinde, *Hipparchia semele* L. →Nymphalidae F4.
Rotbandspanner, *Rhodostrophia vibicaria* Cl. →Geometridae.
Rotbrauner Getreideerdfloh, *Neocrepidodera ferruginea* Scop. →Chrysomelidae L2.
Rotbrauner Laubkäfer, *Serica brunnea* L. →Scarabaeidae C4.
Rotdeckenkäfer →Lycidae.
Rote Fichtengallenlaus, *Adelges laricis* Vall. →Adelgidae 1.
Rote Fuchsschwanzgallmücke, *Dasineura alopecuri* Reut. →Cecidomyiidae B5.
Rote Keulenschrecke, *Gomphocerippus rufus* L. →Acrididae B5, B2, →Caelifera.
Rote Kiefernbuschhornblattwespe, *Neodiprion sertifer* Geoffr. →Diprionidae A3.
rote Larven →Chironomidae.
Rote Luzernensprossgallmücke, *Dasineura medicaginis* Bremi →Cecidomyiidae B8.
Rote Mordwanze, *Rhynocoris iracundus* Poda →Reduviidae B.
Rote Waldameise, *Formica rufa* L. →Formicidae C11.
Rote Weizengallmücke, *Sitodiplosis mosellana* Geh. →Cecidomyiidae B2.
Roter Blasenfuß, *Aptinothrips rufus* Gmel. →Thripidae 3.

Roter Knospenwickler, *Spilonota ocellana* Den. & Schiff.; →Tortricidae 22.

Roter Weidenblattkäfer, *Chrysomela saliceti* Weise →Chrysomelidae J4.

Rotes Ordensband, *Catocala nupta* L. →Erebidae I2.

Rotfleckige Erlenblattwespe, *Eriocampa ovata* L. →Tenthredinidae 20.

Rotflügelige Schnarrschrecke, *Psopaus stridulus* L. →Acrididae A2.

Rotgelbe Knotenameise, *Myrmica rubra* L. →Formicidae D1.

Rothaarbock, *Anisarthron barbipes* Schr. →Cerambycidae B.

Rothals, *Atolmis rubricollis* L. →Erebidae K3.

Rothalsiger Weidenbock, *Oberea oculata* L. →Cerambycidae E11.

Rötliche Goldwespe, *Hedychrum rutilans* Dahlb. →Chrysididae B2; vgl. auch →Philanthidae 1.

Rotrandbär, *Diacrisia sannio* L. →Erebidae K10.

Rotschwanz, *Calliteara pudibunda* L. →Erebidae J1.

Rübenaaskäfer, *Aclypea* →Staphylinidae K8.

Rübenblattwespe, *Athalia rosae* L. →Tenthredinidae 2.

Rübenbohrer, *Hydraecia micacea* Esp. →Noctuidae 29.

Rübenderbrüssler, *Asproparthenis punctiventris* Germ. →Curculionidae J1.

Rübenfliege, *Pegomya hyoscyami* Pz. →Anthomyiidae 3.

Rübenlaus, *Aphis fabae* Scop. →Aphididae 21.

Rübenmotte, *Scrobipalpa ocellatella* Boyd →Gelechiidae 5.

Rübenwanze, *Piesma quadratum* Fieb. →Piesmatidae.

Rübenweißling, *Pieris rapae* L. →Pieridae 2.

Rübenzünsler, *Loxostege sticticalis* L. →Pyralidae 18.

Rübsaatpfeifer, *Evergestis extimalis* Scop. →Pyralidae 16.

Rübsaatweißling, *Pieris napi* L. →Pieridae 2.

Rückenröhren →Siphunculi.

Rückenschwimmer →Notonectidae.

Ruderwanzen →Corixidae.

Rundkopfzikaden, Cicadomorpha; Gruppe der →Auchenorrhyncha.

Rundstirnmotten →Glyphipterigidae C.

Rundtanz →Apidae E3.

Runkelfliege, *Pegomya hyoscyami* Pz. →Anthomyiidae 3.

Runzelbock, *Cerambyx scopolii* Füssl. →Cerambycidae, D1.

Rüsselkäfer →Curculionidae.

Russen, *Blattella germanica* L. →Blattellidae 1.

Russischer Bär, *Euplagia quadripunctaria* Pd. →Erebidae K12.

Rußspanner, *Odezia atrata* L. →Geometridae E2.

Rutelidae, Rutelinae →Scarabaeidae C.

Rutpela →Cerambycidae, C3.

S

Saateule, *Agrotis segetum* Den. & Schiff.; →Noctuidae 25.

Saatschnellkäfer, *Agriotes* →Elateridae 4.

Säbelameise, *Strongylognathus testaceus* Schenk. →Formicidae D7.

Säbeldornschrecke, *Tetrix subulata* L. →Tetrigidae 1.

Säbelschrecken, *Barbitistes* →Phaneropteridae 4.

Sacchiphantes →Adelgidae 2; vgl. auch →Geometridae E9, →Pyralidae 6.

Sackkäfer, Cryptocephalinae →Chrysomelidae H.

Sackkiefler →Entognatha.

Sackmotten →Coleophoridae.

Sackträger →Psychidae.

Sackträgermotten →Coleophoridae.

Sacodes →Scirtidae.

Saftkäfer, *Nosodendron fasciculare* Ol. →Nosodendridae.

Saftschlürfermotten →Gracillariidae.

Saga →Sagidae.

Sagidae, Sägeschrecken; Fam. der Langfühlerschrecken (Ensifera, Tettigonioidea) mit in Eur 6 Arten der Gttg. *Saga*, bis auf 1 Art auf den östl. Mittelmeerraum beschränkt; große Insektenjäger (♀♀ von *S. natoliae* Serv. mit bis zu 90 mm größte europäische Insekten); Flügel verkürzt; Vorder- und Mittelbeine stark bedornt, werden beim Beutefang als Fangkorb benutzt; bis ins südl. M-Eur (auf Wärmeinseln) verbreitet ist die mediterrane *Saga pedo* Pall., Sägeschrecke (bis 115 mm); ♀ flügellos, mit langem Legebohrer [**S-1**]; ♂ sehr selten, erst 1 Mal in der Schweiz gefunden; Dämmerungs- und nachtaktiver Pirschjäger; jagt bevorzugt Heuschrecken bis zur eigenen Körpergröße; tagsüber meist unbeweglich im niederen Bewuchs trockenwarmer Biotope; durch morphologischen Farbwechsel getarnt; Fortpflanzung parthenogenetisch; Eier werden im IX–X, bis zu 7 Stück auf einmal, in den Boden versenkt. Lit. →Ensifera; Baur et al. 2006; Kaltenbach 1970, 1986.

Sägebock, *Prionus coriarius* L. →Cerambycidae A1.

Sägehornbienen, *Melitta* →Melittidae 1.

Sägehörniger Werftkäfer, *Hylecoetus dermestoides* L. →Lymexylidae 2.

Sägekäfer →Heteroceridae.

Sägeschrecke, *Saga pedo* Pall. →Sagidae.

Sägeschrecken →Sagidae.

Sägeschwanzschrecken, *Barbitistes* →Phaneropteridae 4.

Saisondimorphismus; Bezeichnung für das an bestimmte Jahreszeiten gebundene Auftreten von 2 oder mehr Generationen einer Art, die sich nach Form oder Farbe charakteristisch unterscheiden.

Salatfliege, *Botanophila gnava* Meig. →Anthomyiidae 2.

Salatschnellkäfer, *Agriotes sputator* L. →Elateridae 4.

Salatwurzelbohrer, *Triodia sylvina* L. →Hepialidae 3.

Salatwurzellaus, *Pemphigus bursarius* L. →Eriosomatidae 3.

Salda →Saldidae.

Saldidae, Springwanzen, Uferwanzen; Fam. der Wanzen (Heteroptera, Leptopodomorpha) mit in Eur 44, M-Eur 28, Dt 27 Arten; höchstens mittelgroß (2–7 mm), meist dunkel gefärbt; Körperumriss mehr oder weniger oval, Komplexaugen stark hervortretend; bei manchen Arten Hinterflügel mehr oder weniger stark verkürzt (*Salda littoralis* L.); ♀ mit Legeapparat. **Ernähren** sich jagend, gelegentlich kannibalisch; schnelle Läufer; die Imagines (nicht immer die Larven) springen gut (Beute wird z. T. angesprungen); fliegen über kurze Strecken; gerne an Ufern von Gewässern, auch an moorigen Stellen; Erkennen einer Wasseroberfläche an der Polarisation des reflektierten Lichtes. **Überwinterung** teils als Ei, teils als Imago; auch bei nahe verwandten Arten verschieden. Häufig an Gewässern: *Saldula saltatoria* L. und *S. pallipes* F. [**S-2**]; vergesellschaftet in sumpfigem Gelände, an offenen Ufern von Seen; Beutetiere der Imagines oft Dipterenlarven; gefunden olfaktorisch (mit Rezeptoren an der Labiumspitze) durch Stochern im Boden oder optisch (dann Anschleichen ohne Anspringen); auch Kleptoparasiten: Beute wird anderen Jägern (nach Anspringen und z. T. heftigen Kämpfen) abgenommen. *Salda littoralis* L. an Meeres- oder Salzseeufern, aber auch an feuchten Standorten im Binnenland; zur Begattung folgt das ♂ dem optisch ausgemachten ♀, springt blitzschnell zur Kopula auf; Eiablage in den Sand.

Aepophilus bonnairei Sign.; meist als einziger Vertreter einer eigenen Fam. **Aepophilidae** abgetrennt; an der atlantischen Küste in Spalten im Felswatt; Atmung während der Überflu-

© Springer-Verlag GmbH Deutschland, ein Teil von Springer Nature 2026
E. Weber, H. Bellmann, *Jacobs|Renner – Biologie und Ökologie der Insekten*,
https://doi.org/10.1007/978-3-662-71153-8_19

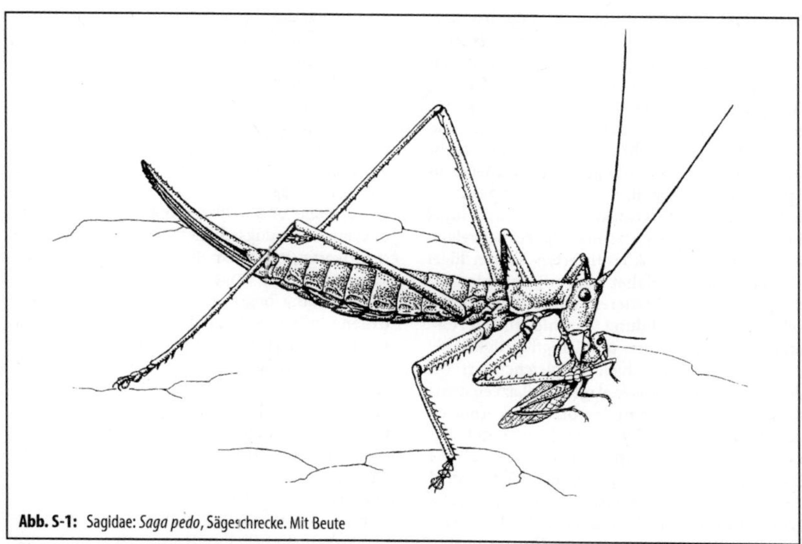

Abb. S-1: Sagidae: *Saga pedo*, Sägeschrecke. Mit Beute

tung wohl durch →Plastron: Luftfilm auf dem Rücken (Halsschild, Schildchen, Deckflügel) durch feine, unbenetzbare Behaarung; saugt kleine Tiere aus.
Lit. →Heteroptera; Bahr 1979; Jordan 1962, 1972; Péricart 1990; Schwind 1992.
Saldula →Saldidae.
Salpingidae, Scheinrüssler; Fam. der Käfer (Coleoptera, Polyphaga, Cucujiformia), früher U-Fam. Salpinginae der →Pythidae; in Eur 18, M-Eur & Dt 15 Arten; kleine Käfer (um 3 mm), Kopf bei manchen ähnlich den →Curculionidae vorne rüsselartig vorgezogen (z. B. *Salpingus*); unter loser Rinde, in morschem Holz (z. B. *Salpingus ruficollis* L.) oder in trockenen Ästen von Laubhölzern (z. B. *Lissodema*), *Sphaeriestes castaneus* Pz. unter Nadelholzrinde; Imagines und die länglichen **Larven** ernähren sich wohl von Pilzsporen und -fäden (v. a. Ascomyceten?); *Colposis mutilatus* Beck verzehrt beiläufig auch Blattläuse (*Dreyfusia*, →Adelgidae 7), ernährt sich aber v. a. von Pilzfäden eines Ascomyceten (*Cucurbitaria pithyophila*); die angebliche Jagd auf Borkenkäfer und ihre Larven unbewiesen.
Lit. →Coleoptera.
Salpingus →Salpingidae.

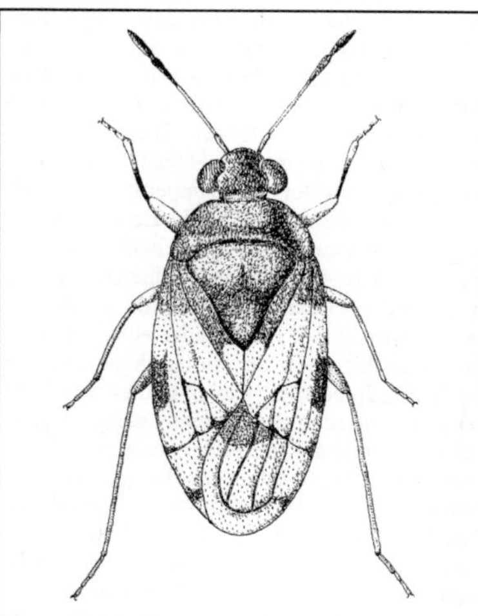

Abb. S-2: Saldidae: *Saldula pallipes*. 4–5 mm. (Brohmer et al. 1935 ff)

Saltatoria (Orthoptera), Springschrecken; →monophyletische Gruppe der Insekten, mit unvollkommener Verwandlung (→Hemimetabolie); enthält die Heuschrecken und Grillen; übergeordnete Gruppe: →Polyneoptera; aufgeteilt in →Ensifera (Langfühlerschrecken) und →Caelifera (Kurzfühlerschrecken). Die mehr oder weniger stark verlängerten Hinterbeine als Sprungbeine ausgebildet, Hauptsprungmuskulatur in den stark verdickten Schenkeln; **Flügel** in Ruhe flach oder dachförmig zurückgelegt, wobei die stärker sklerotisierten Vorderflügel (→Tegmina) ungefaltet bleiben, darunter die längs gefalteten, breiteren Hinterflügel; nicht selten Flügelrückbildung verschiedensten Ausmaßes, bisweilen Kurz- und Langflügeligkeit bei verschiedenen Individuen der gleichen Art; bei den noch kurzen Flügelanlagen der Larven überdecken die fächerförmig verbreiterten Anlagen der Hinterflügel die der Vorderflügel. ♀ mit charakteristischem **Legeapparat** (Ovipositor): die Gonostyli bilden die obere Legerohrhälfte anstatt der reduzierten (Laubheuschrecken, Maulwurfsgrillen, Buckelschrecken) oder fehlenden (Feldheuschrecken, meisten Grillen) Gonapophysen des 9. Hinterleibssegments (vgl. →Gonopoden); die Legerohrhälften sind bei den Langfühlerschrecken lang gestreckt, säbelartig, und miteinander verfalzt, bei den Kurzfühlerschrecken bilden sie kurze, unverbundene, zangen- oder pinzettenartige Legeklappen (Legescheiden). Die meisten Arten mit der Fähigkeit zur **Lauterzeugung**; Schrillorgane gruppenspezifisch gebaut, bei den →Ensifera (Laubheuschrecken und Grillen) meist an der Basis der beiden Vorderflügel, bei den →Acrididae (Feldheuschrecken) meist an den Hinterschenkeln und Vorderflügeln; werden durch Aneinanderreiben der beiden Vorderflügel bzw. der Hinterschenkel an den Vorderflügeln betätigt (jedoch gibt es eine Fülle weiterer Methoden der Lauterzeugung; →Acrididae, →Pamphagidae, →Trigonidiidae B); die so erzeugten Laute haben durchweg Geräuschcharakter, d. h. es wird ein breites Frequenzband abgestrahlt, zuweilen bis in den Ultraschallbereich hinein; **Gesänge** stets artspezifisch, ausschließlich oder hauptsächlich von den ♂♂ vorgetragen; werden von den zugehörigen ♀♀ angeborenermaßen richtig verstanden, dienen hauptsächlich dem Sichfinden der Geschlechtspartner; wichtiger Isolierfaktor für im gleichen Biotop lebende, nahe Verwandte, u. U. noch miteinander kreuzbare Arten; Struktur der Gesänge nicht unerheblich von der Temperatur abhängig: bei den Feldheuschrecken (→Acrididae) wird der Gesang der ♂♂ von den arteigenen ♀♀ meist auch dann verstanden, wenn diese sich in anderer Umgebungstemperatur befinden (d. h., das Lautschema der ♀♀ ist weitgehend temperaturunabhängig); bei den Ensifera dagegen ändert sich das Lautschema der ♀♀ mit der Temperatur ebenso wie der Gesang der ♂♂; die Paarungsbereitschaft der ♀♀ hängt von dem hormonal gesteuerten Entwicklungszustand der Gonaden ab; Förderung der Partnerfindung – v. a. bei →Acrididae und →Phaneropteridae – dadurch, dass ein begattungswilliges ♀ auf den Gesang des ♂ antwortet; vor einem nicht paarungswilligen ♀ kann es zu einer langen, von einem besonderen Werbegesang begleiteten Balz kommen. **Hörorgane** in beiden Geschlechtern korrespondierend zum Singvermögen vorhanden (→Tympanalorgane; können bei stummen Arten fehlen); stets paarig (wichtig für das Orten der Schallquelle), bei den Ensifera in den Vorderschienen, bei den Caelifera jederseits im 1. Abdominalsegment; bei Ensifera Eingang der Schallwellen in das Gehörsystem auch über die prothorakalen Stigmen, von denen Tracheen in die Tibien der Vorderbeine und damit zu den Tympanalorganen ziehen; die Schallwellen erreichen auf beiden Wegen ungleichzeitig das Tympanalorgan, die Interferenz wird für das Richtungshören ausgewertet; Hörvermögen bei fast allen Arten weit in den Ultraschallbereich hinein (auch wichtig für die Feindvermeidung); Unterscheidungsvermögen für Frequenzen meist schlecht ausgebildet, spielt für das Erkennen des Partnergesanges nur selten eine wichtige Rolle; entscheidend ist die artspezifische rhythmische Gliederung, insbesondere die Tonpuls- und Versfolge des Gesangs. Bei der **Begattung** wird ein nicht selten kompliziert gebautes Samenpaket (Spermatophore) in die Geschlechtsöffnung (genauer: in den Gang des →Receptaculum seminis) des ♀ geschoben; **Eiablage** mit dem Legeapparat meist in den Boden, seltener in pflanzliches Substrat; je nach Art 4–12 Larvenstadien.
Lit. Baur et al. 2006; Beier 1972; Bellmann 2004, 2006; Chapman & Joern 1990; Fischer et al. 2016; Harz 1957; Huber et al. 1989.

Salticella →Sciomyzidae.

Saltusaphidinae →Drepanosiphidae B.

Salzfliegen →Ephydridae.

Samenkäfer →Chrysomelidae C.

Samenmotte, *Hofmannophila pseudospretella* Stt. →Oecophoridae B1.

Samia →Saturniidae.

San-José-Schildlaus, *Comstockaspis perniciosus* Comst. →Diaspididae 4.

Sandbienen, *Andrena*; →Andrenidae 1; vgl. auch →Strepsiptera B4.

Sanddornschwärmer, *Hyles hippophaes* Esp →Sphingidae.

Sandfloh, *Tunga penetrans* L. →Siphonaptera.

Sandlaufkäfer →Cicindelidae.

Sandmücken, *Phlebotomus* →Psychodidae.

Sandohrwurm, *Labidura riparia* Pal. →Dermaptera A.

Sandwespe, Ammophilinae →Sphecidae C.

Sandwicht, *Stichopogon* →Asilidae.

Sängerin, *Diurnea fagella* Den. & Schiff. →Chimabachidae.

Saperda →Cerambycidae E9, E10.

Saphanus →Cerambycidae B.

Saprinus →Histeridae.

Sapromyzidae; Synonym zu →Lauxaniidae.

Sapyga →Sapygidae; vgl. →Megachilidae 1.

Sapygidae, Keulenwespen; Fam. der Hautflügler (Hymenoptera, Apocrita, Vespiformes) mit in Eur 9, M-Eur 5, Dt 4 Arten; kleine bis mittelgroße (6,5–13 mm), an Halmwespen (→Cephidae) erinnernde Brutparasiten bei solitären Bienen: *Sapyga* (häufiger *S. quinquepunctata* F.) bei *Osmia* (→Megachilidae 1), *Monosapyga clavicornis* L. v. a. bei *Chelostoma florisomne* (→Megachilidae 4), *Sapygina decempunctata* Jur. bei *Heriades* (→Megachilidae 3); fein behaart, düster, Hinterleib wespenartig gelb-schwarz gestreift oder rot-schwarz gezeichnet; Antennen v. a. beim ♂ am Ende keulig verdickt. ♂♂ leben nur wenige Tage; die ♀♀ halten sich, bisweilen in größerer Zahl, in der Nähe des Wirtsnestes auf; schlüpfen rückwärts hinein und durchbrechen zur Ablage der spindelförmigen **Eier** die Wand einer frisch verproviantierten Brutzelle mit dem Giftstachel innerhalb von 5–10 s; das Wirts-♀ verhält sich gegenüber einem ertappten Eindringling aggressiv: er wird mit den Mandibeln gepackt und aus dem Nest gezerrt, seine Eier vernichtet. Die **Larven** schlüpfen bereits nach 2–3 Tagen, suchen zunächst die Brutzelle nach arteigenen Eiern und Larven ab; gegebenenfalls überlebt nach einem Kampf nur 1 Larve (das 1. Stadium besitzt dolchförmige Mandibeln); saugen dann das Bienenei aus, fressen nach der 1. Häutung von dem Pollen-Nektar-Brei in den der Wirtszelle; **Verpuppung** in einem Kokon in der Brutzelle; **Überwinterung** als Imago (*Sapyga, Monosapyga*) oder Ruhelarve (*Sapygina*). Lit. →Hymenoptera; West-ich 2019.

Sapygina →Sapygidae; vgl. →Megachilidae 3.

Sarcophaga →Sarcophagidae A; vgl. →Chalcididae 2.

Sarcophagidae, Fleischfliegen; Fam. der Zweiflügler (Diptera, Brachycera, Cyclorrhapha) mit in Eur ± 310, M-Eur ± 190, Dt 129 Arten; kleine bis große (3–22 mm), gedrungene, graue Fliegen

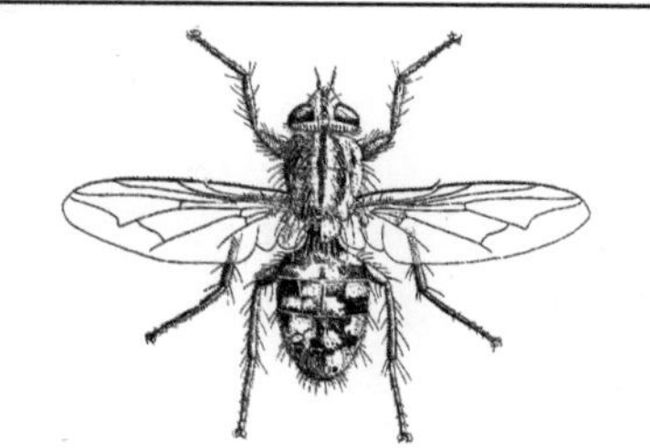

Abb. S-3: Sarcophagidae: *Sarcophaga carnaria*, Graue Fleischfliege. ♀, 7–20 mm; typisch das Schachbrettmuster auf dem Hinterleib. (Séguy 1951a)

mit dunkler Zeichnung. Imagines lecken Nektar und →Honigtau, auch Baumsäfte und Säfte beschädigter Früchte; ♀♀ vivipar oder ovovivipar (Schlüpfen der Larven bei bzw. kurz nach der Ablage Eiablage). **Larven** →amphipneustisch, madenartig; Nahrung sehr unterschiedlich: an Aas, jagend im Kot, zahlreiche Arten als Ekto- oder Endoparasitoide an Wirbellosen; bei manchen vermutlich extraintestinale Verdauung (vor dem Mund).

A. Sarcophaginae mit 73 heimischen Arten; meist große, kräftige Fliegen mit 3 dunklen Längsstreifen auf dem grauen Thorax und schachbrettartiger Zeichnung auf dem Abdomen; Larven an meist kleinem Aas (*Sarcophaga*), aber auch endoparasitoid in →Saltatoria, →Coleoptera und →Mantodea (*Blaesoxipha*; z. B. *B. laticornis* Meig. bei Feldheuschrecken) oder in Regenwürmern und Schnecken (*Sarcophaga*); die Larven einzelner Arten (als Jäger?) im Dung (*Ravinia pernix* Harr.) oder in verfaulenden Pflanzenresten (die ostmediterranen *Sarcophaga destructor* Mall.), die nichteuropäischer Arten auch in den Kannen fleischfressender Pflanzen. Ungemein häufig: *Sarcophaga carnaria* L., Graue Fleischfliege (13–15 mm; [**S-3**]); das ♀ legt Eier mit reifen, schnell ausschlüpfenden Larven ab, und zwar (in allen Bereichen des Vorkommens?) in den Eingängen von Regenwurmlöchern oder auch in Kothaufen von Regenwürmern [**S-4**]; die geschlüpften Junglarven suchen dann, vermutlich geruchlich geleitet, aktiv die Regenwürmer auf und dringen (häufig am Clitellum [**S-5**]) ein; sie sind in wenigen Tagen erwachsen, der Wirt geht zugrunde; mehrere Generationen im Jahr; Überwinterung als Imago oder Puppe.

B. Paramacronychiinae mit 12 heimischen Arten; meist mittelgroße Fliegen mit charakteristischer Hinterleibszeichnung: schwarzer Mittelstreifen und Seitenflecke auf graubehaartem

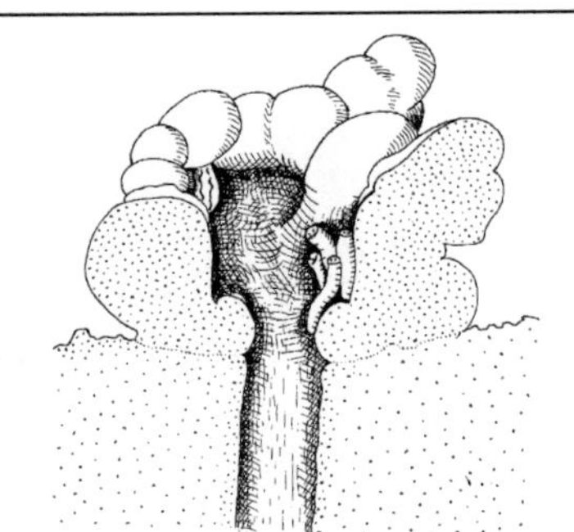

Abb. S-4: Sarcophagidae: *Sarcophaga carnaria*, Graue Fleischfliege. Längsschnitt durch eine Regenwurmröhrenmündung mit Kothäufchen und mit einer Gruppe frisch abgesetzter Larven; links oben am Eingang die leeren Eihüllen. (Eberhardt 1955)

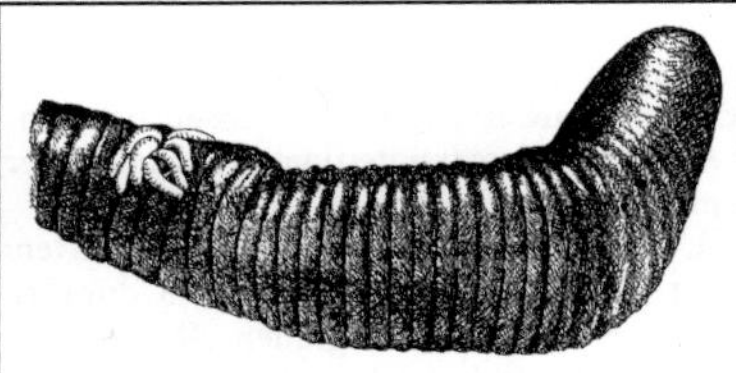

Abb. S-5: Sarcophagidae: *Sarcophaga carnaria*, Graue Fleischfliege. Gruppe von Junglarven auf dem Clitellum eines Regenwurmes. (Eberhardt, Steiner 1952)

grau behaartem Grund; Larven fressen an Insekten (z. B. *Agria* an Lepidoptera [**S-6**]), Schnecken (*Nyctia*) und Aas, *Wohlfahrtia*-Arten auch in Wunden oder unter der Haut größerer Säugetiere (Myiasis). *Brachicoma*-♀♀ setzen Larven direkt in Brutzellen von Hummelnestern neben Hummellarven; sie wachsen und fressen ihre Wirte erst, nachdem diese sich eingesponnen haben.

   C. Miltogrammatinae mit 44 heimischen Arten (z. B. *Miltogramma*); meist kleinere Fliegen mit großen Augen; Larven meist in Nestern solitärer Bienen und Wespen (→Apoidea, selten →Pompilidae); verzehren den eingetragenen Vorrat an paralysierten Insekten bzw. von Pollen und Nektar (→Kleptoparasit); die Larve wird im Wirtsnest nah der Nahrung oder am Nesteingang abgesetzt (und sucht dann aktiv nach Nahrung); bei einigen Arten (z. B. *Senotainia. albifrons* Rond., *S. conica* Fall., *Metopia argyrocephala* Meig.) lauert das ♀ Grabwespen (z. B. →Philanthidae 1) am Nest auf, folgt ihnen

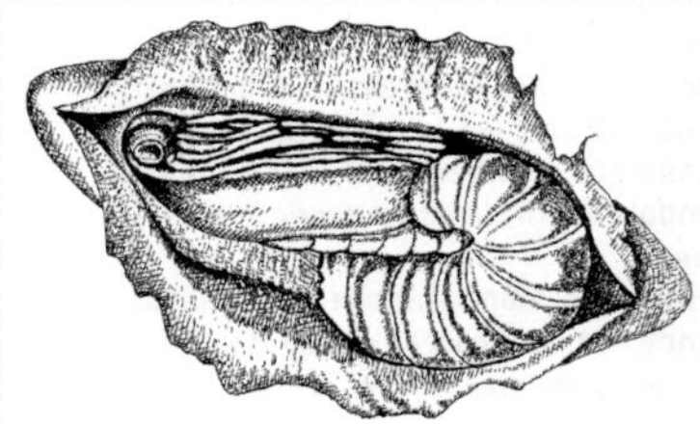

Abb. S-6: Sarcophagidae: *Agria mamillata*. Larve beim Angriff auf die Puppe von *Yponomeuta padellus* (Yponomeutidae); Puppenkokon (18 mm) aufgeschnitten. (Séguy 1951b)

dann beharrlich und versucht, noch während des Transportes oder dann im Nest eine Larve an der Grabwespenbeute anzubringen („Trabantenfliegen"); vereinzelt in lebenden Grillen gefunden (*Taxigramma hilarella* Zett.).

Lit. →Diptera; Pape 1996.

Sargus →Stratiomyidae.

Satelliteneule, *Eupsilia transversa* Hufn. →Noctuidae 8.

Sattelmücke, *Haplodiplosis marginata* Roser →Cecidomyiidae B6.

Sattelschrecken →Tettigoniidae 6.

Saturnia →Saturniidae 1, 2.

Saturniidae, Augenspinner, Pfauenspinner; Fam. der Schmetterlinge (Lepidoptera, Glossata, Bombycoidea) mit in Eur 8, M-Eur 6, Dt 2 Arten; dazu 3 weitere, große Arten (Flspw. bis 14 cm) zur Seidenproduktion aus Ostasien eingeführt und im südl. Eur lokal verwildert, darunter der Götterbaumspinner, *Samia cynthia* Drury, und der inzwischen weit im Südosten SO von M-Eur bis Passau verbreitete Japanische Eichenseidenspinner, *Antheraea yamamai* Guér.; der deutsche Name der Fam. weist auf die meist sehr ausgeprägten Augenflecke auf den Flügeln hin, deren Bedeutung wohl in abschreckender Wirkung (bei plötzlichem Vorzeigen, z. B. gegenüber Vögeln) liegt; Flügel in Ruhe flach seitwärts gehalten, zuweilen auch nach Art der Tagfalter über den Rücken hochgeklappt (*Aglia tau*); Rüssel stark rückgebildet, funktionslos (von manchen Arten lediglich beim Schlüpfen zum Aufweichen des Kokons eingesetzt); Antennen der meisten ♂♂ und vieler ♀♀ 4-fach (sonst doppelt) gekämmt; beim ♂ mit langen, beim ♀ mit kurzen Seitenästen; die (oft voluminösen) ♀♀ sind flugträge, die ♂♂ leicht und schnell fliegend, suchen aktiv die mit abdominalen Duftdrüsen ausgestatteten ♀♀ auf, wobei sich viele ♂♂ um ein duftaktives unbegattetes ♀ sammeln können. Die z. T. sehr stattlichen **Raupen** oft mit Wehrorganen [**S-7**]:

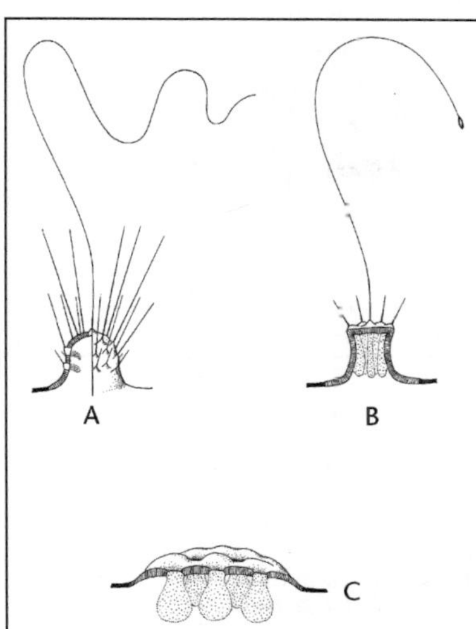

Abb. S-7: Saturniidae: Wehrorgane von Raupen. a: Stech-borstenscoli (*Loepa*); b: Sekret(stech)borstenscoli (*Saturnia pyri*); c: Spritzkuppelscoli (*Attacus*). (Näsig 1989)

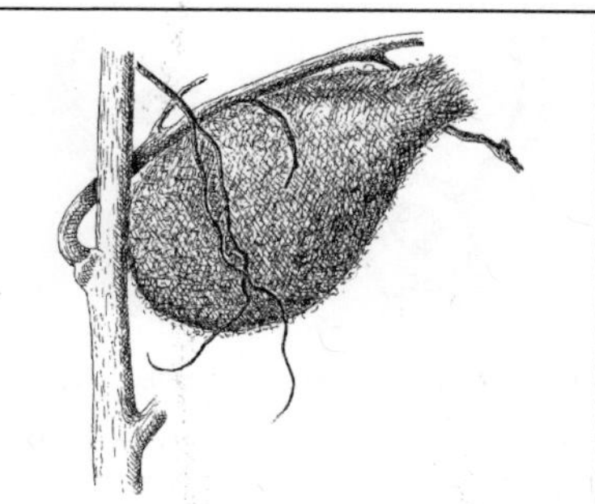

Abb. S-8: Saturniidae: *Saturnia pavonia*, Kleines Nachtpfau-enauge. Kokon. (Eckstein 1913–33)

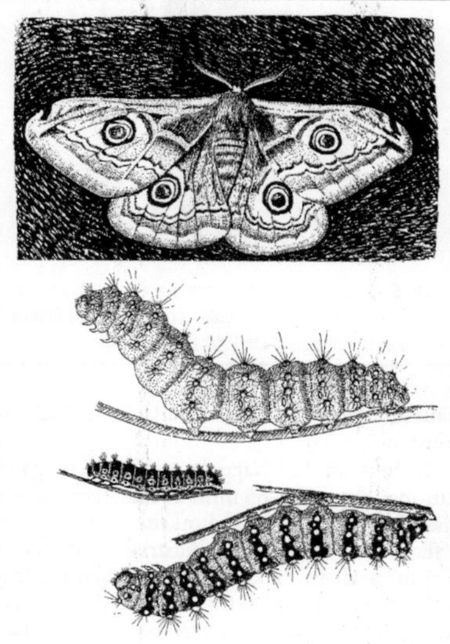

Abb. S-9: Saturniidae: *Saturnia pavonia*, Kleines Nachtpfau-enauge. Falter (Flspw. 28–40 mm) und Raupe; Mitte: Jugend-stadium; oben und unten: erwachsen; grün mit bzw. ohne schwarz; Warzen rotgelb. (Eckstein 1913–33)

Auswüchse der Körperoberfläche (Scoli), z. T. verzweigt und mit verdickter Kutikula, meist auffällig gefärbt, mit Haaren besetzt; neben rein mechanischer Wehrfunktion (Stechen) auch Abgabe flüssiger Sekrete mit Giftwirkung (beim Menschen allergen); aus den „Spritzkuppelscoli" (glasige Kuppeln, Haare reduziert) der außereuropäischen Gttg. *Attacus* können große Mengen Sekret bis 20 cm weit gespritzt werden; der Kokonspinnfaden einiger Arten als Naturseide verwertbar (Tussahseide von *Antheraea*). **Überwinterung** als Puppe, entweder ohne Kokon im Boden oder (bei 2/3 der Arten) in einem meist an Rinde, aber auch am Boden oder unter Steinen befestigten, etwa birnenförmigen Kokon mit Ausschlüpföffnung, die mit einem feinen, reusenartigen Gespinst verschlossen ist [**S-8**]; die **Puppe** kann mehrere Winter überliegen.

1. *Saturnia pavonia* L., Kleines Nachtpfauenauge [**S-9**]; in ganz Europa; Geschlechtsdimorphismus im Verhalten: das ♀ fliegt nur nachts, das ♂ am Tage etwa zwischen 10 und 17 Uhr auf der Suche nach dem jetzt still sitzenden ♀; Raupe [**S-9**] grün mit rötlich-gelben, schwarz beborsteten Knopfwarzen und wechselnd stark ausgebildeten Querbinden; frisst V–VII an verschiedenen Pflanzen in der Kraut- und Strauchschicht.

2. *Saturnia pyri* Den. & Schiff., Großes Wiener Nachtpfauenauge; südliche Art, nördlich bis Niederösterreich und Elsass; gelegentlich auch in der Dt gefunden (ausgesetzte Zuchttiere), kann sich hier aber nicht dauernd halten; größter in M-Eur heimischer Falter (Flspw. 12–14 cm); klassisches Versuchstier des französischen Entomologen J. H. Fabre über die Anlockung der ♂♂ durch den Sexuallockstoff des ♀; die **Raupe** frisst an verschiedenen Obst-

Abb. S-10: Saturniidae: *Aglia tau*, Nagelfleck. ♂ (Flspw. 60 mm). (Forster & Wohlfahrt 1954–81)

Abb. S-12: Scarabaeidae: *Oryctes nasicornis*, Nashornkäfer. ♂, 20–40 mm. (Original Rehbinder)

Abb. S-11: Saturniidae: *Aglia tau*, Nagelfleck. Raupenstadien 1, 3 und 5; Grundfarbe grün; rote Flecken und Dornen schwarz gezeichnet. (Amann 1960; Brauns 1991)

bäumen, kann bei Massenauftreten schädlich werden.

3. *Aglia tau* L., Nagelfleck [**S-10**]; in ganz Europa; Flspw. 50–65 mm; in manchen Bereichen fliegt eine stark verdunkelte Mutante. Das ♂ fliegt IV–V (zur Zeit des Austreibens der Blätter) in raschem Zickzackflug ziemlich niedrig in Buchenhochwald oder Mischwald; das ♀ ist wenig flugtüchtig, es erwartet das ♂ in typischer Hängehaltung, lockt es mit dem Lockstoff seiner am 8. Hinterleibssegment liegenden Duftdrüsen an; **Kopula** tagsüber, bei Sonnenschein; Eiablage oft in der Kronenregion an Ästchen (braune Tarnfarbe!) oder an die Blattunterseite v. a. von Buchen, der Hauptnahrungspflanze der Raupen (daneben auch an verschiedene andere Laubbäume). Grundfarbe der **Raupen** [**S-11**] grün; Raupen der frühen Stadien mit rot gezeichneten, gegabelten dornigen Fortsätzen (zur Auflösung des Körperumrisses?). **Verpuppung** im Spätsommer; der Falter schlüpft im nächsten Frühling aus der am Boden in einem lockeren Gespinst überwinternden Puppe.

Lit. →Lepidoptera; Ebert 1994; Lamy & Lemaire 1983; Lamy et al. 1982; Lemaire 1978, 1980, 1988; Michener 1952; Nässig 1989, 1991; Steiner et al. 2014.

Satyridae; als U-Fam. **Satyrinae** der →Nymphalidae (F) geführt.

Satyrium →Lycaenidae A3, A4.

Saubohnenkäfer, *Bruchus rufimanus* Boh. →Chrysomelidae C5.

Sauerkirschenlaus, *Myzus cerasi* F. →Aphididae 5.

Sauerwurm, *Eupoecilia ambiguella* Hbn. →Tortricidae 27; *Lobesia botrana* Den. & Schiff. →Tortricidae 28.

Saumwanze, *Coreus marginatus* L. →Coreidae A.

Saxesens Holzbohrer, *Xyleborus saxeseni* Ratz. →Curculionidae P9.

Scaeva →Syrphidae.

Scambus →Ichneumonidae B, D5.

Scaphidiidae, Scaphidiinae, *Scaphidium* →Staphylinidae J, K.

Scaphisoma →Staphylinidae J.

Scaptomyza →Drosophilidae.

Scapus; Bezeichnung für das Grundglied einer →Geißelantenne.

Scarabaeidae, Echte Blatthornkäfer; Fam. der Käfer (Coleoptera, Polyphaga, Lamellicornia); in Eur 824, M-Eur 227, Dt 164 Arten (ohne die inzwischen meist abgetrennten Ochodaeidae →F, sowie die nicht heimischen Glaphyridae und Hybosoridae); kräftige Gestalten [**S-12**]; die letzten Antennenglieder (3–7, Zahl art- oder geschlechtsspezifisch verschieden) seitlich blattartig verbreitert, durch Hämolymphdruck spreizbar (wie bei →Geotrupidae, →Trogidae); Flügeldecken in einzelnen Gruppen beim Fliegen nicht abgespreizt, dann mit mehr oder weniger deutlicher Aussparung am Seitenrand für die freie Bewegung der Flugflügel (*Sisyphus* und *Gymnopleurus* →B4; Cetoniinae →E); Grabvermögen im Zusammenhang mit Nahrungserwerb und Brutpflege oft sehr ausgeprägt, v. a. die Vorderschienen mehr oder weniger verbreitert, am Außenrand gezackt; die Vordertarsen zuweilen stark verkümmert; Geschlechtsunterschiede nicht selten beträchtlich; die ♂♂ mancher Arten mit mehr Antennenblättern oder mit hornartigen Fortsätzen am Kopf oder Halsschild. Die Fähigkeit zu **Lautäußerungen** (Stridulation) bei Störung oder während des Paarungsverhaltens ist bei einer Reihe von Arten vorhanden; Lage der Zirporgane verschieden; Hörvermögen mithilfe paariger →Tympanalorgane in der Cervicalmembran hinter dem Kopf bei einigen nicht heimischen Dynastinae nachgewiesen. **Brutfürsorge Ernährung** von Imagines und Larven teils von frischen, teils von vermodernden Pflanzenteilen, nicht selten von Mist (bisweilen Spezialistentum, damit in Zusammenhang Aufenthalt mancher Arten in den Nestern der Mistspender); manche Frischpflanzenfresser werden zuweilen schädlich in Wald, Feld und Garten.; ist bei einer Reihe von Arten, insbesondere bei Mistfressern, sehr ausgeprägt. Die **Larven** engerlingsähnlich, häufig unterirdisch; bei den zellulosereiche Nahrung aufnehmenden Larven vieler Arten sind Erweiterungen von Mittel- oder Enddarm vorhanden (Gärkammern), die gefüllt sind mit Zellulose vergärenden Bakterien; Hauptgewinn für die Larven: Eiweiß durch Verdauen überschüssiger Bakterien; meist 3 Larvenstadien; Dauer des Larvenlebens artspezifisch verschieden, knapp 3 Wochen bis 5 Jahre. Außer den nachfolgend aufgeführten heimischen U-Fam. gibt es in S-Eur weitere (Chironinae, Orphninae, Pachypodinae, Euchirinae, Chasmatopterinae); gelegentlich werden die U-Fam. als Fam. geführt.

A. Aphodiinae; Dungkäfer; in Eur 242, M-Eur 103, Dt 86 Arten; meist 4–6 mm, eine der größten Arten ist mit 10–15 mm *Coprimorphus scrutator* Hrbst. (= *Aphodius s.*); fliegen im Frühling Dung an; bemerkenswert ist die Vorliebe mancher Arten für Dung bestimmter Tiere; allerdings nur selten rein →monophag; Kot von Pflanzenfressern wird bevorzugt; im Sommer sind manche Arten häufig in Kuhfladen; der Käferreichtum eines Fladens ist stark abhängig von verschiedensten Faktoren, z. B. von Belichtung, Feuchtigkeit, Fladenalter; lecken wohl in erster Linie Dungsaft auf. Keine besondere Brutfürsorge; die **Eier** werden einzeln oder in Gruppen an Dung abgelegt. Die **Larven** fressen im Dung, verpuppen sich im Dung oder in der Erde darunter; die Larven mancher hochalpiner hochalpinen Arten sind auch Humus- und Wurzelfresser. Bei den meisten Arten **überwintern** die Imagines. Einzelne Arten werden gelegentlich in Mistbeeten oder

auf Feldern durch Wühlen und durch Fraß der Larven an Kulturpflanzen schädlich. – Manche *Rhabditis*-Arten (Nematoda) lassen sich von Dungkäfern zu einem neuen Kuhfladen transportieren (Phoresie): das 3. Larvenstadium des Fadenwurms (Dauerlarve) erhält durch „Winken" Kontakt mit einem Dungkäfer, sucht auf ihm verdunstungsgeschützte Stellen auf und verlässt ihn an einem geeigneten Fladen wieder. – Die verwandten **Aegialiinae** (Eur 6, M-Eur & Dt 5 Arten) in Küstendünen, sehr selten auch im Binnenland an sandigen Flussufern.

B. Scarabaeinae; in Eur 90, M-Eur 33, Dt 23 Arten; Imagines und Larven fressen Dung; **Brutfürsorge**: legen unterirdischen Dungvorrat für die Larven, oft auch zur Eigenversorgung, an (verzögert das Austrocknen der Nahrung); Eingraben des Vorrats in der Nähe des Dungfladens (B1–2) oder mit den Beinen Zurechtkneten, Wegwälzen und Vergraben von rundlichen Dungpillen geeigneter Größe (B3–4); erstaunlich die **geringe Fruchtbarkeit** des ♀: nur 1 Ovar mit einer Eiröhre vorhanden.

B1. *Onthophagus*, Kotfresser; 21 Arten in M-Eur; z. B. *O. nuchicornis* L. (6–9 mm; Flügeldecken gelbbraun, schwarz gefleckt); die ♂♂ oft mit Kopfhorn; Flügeldecken beim Flug nicht ausgebreitet. **Begattung** wahrscheinlich im Frühling; das ♀ gräbt dicht neben einem Dungfladen (von Rind oder Schaf) mit den Vorderbeinen einen **Erdbau:** ein 5–11 cm tiefer Hauptgang mit mehreren Nebenstollen und jeweils einer Brutzelle (etwa 2,4 × 1,3 cm) am Ende; die Brutzellen werden ballenweise mit feuchtem, von Halmen befreitem Dung gefüllt, der dann festgestampft wird; in eine besondere Höhlung im oberen Teil der Brutpille wird jeweils 1 Ei abgelegt, die Wand der Eihöhle mit Sekret unbekannter Herkunft ausgeschmiert, ihre Öffnung zum Gang hin mit etwas Dung und darüber mit Sand (meist aus der nächsten Höhle) gefüllt; Herausschaffen des Aushubs Kopf voran; Einbringen des Dunges rückwärts schreitend, mit dem Dung in den Vorderbeinen; das wohl stets anwesende ♂ verteilt den vom ♀ herausgeschafften Aushub, löst den Dung und übergibt ihn im Stollen an das ♀. Beschädigungen der Höhlenwand werden von der **Larve** mit eigenem Kot und mit Dung ausgebessert. **Verpuppung** kopfunter im unteren Teil der Dungpille in einer mit Kot (und Mundsekret?) ausgeschmierten Höhle; der Jungkäfer gräbt sich nach außen, überwintert im Boden.

B2. *Copris lunaris* L., Mondhornkäfer; 15–24 mm; ♂ auf der Stirn mit langem Horn; bevorzugt Pferde-, Rinder- oder Schafdung; legt im Spätfrühling einen Dungvorrat für die Selbst-

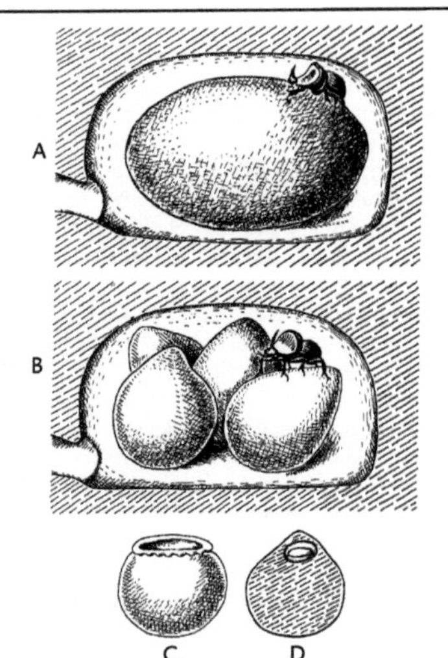

Abb. S-13: Scarabaeidae: *Copris hispanus*. A: ♀ in Höhle mit Mistkuchen, aus dem es (B) 4 Brutpillen formt; C: Brutpille, mit oberer Öffnung für das Ei; D: Längsschnitt durch fertige Brutpille mit Eihöhle und Ei. (Eidmann 1941)

verpflegung an, z. B. in einer Höhle unter einem Kuhfladen; das ♂ dringt später in eine ♀-Höhle ein; beide fressen gemeinsam, andere ♂♂ werden vertrieben; beim nun folgenden Ausbau der Bruthöhle transportiert das ♂ die Erde hinaus und bringt dann Dungportionen herbei, die vom ♀ zusammengebracht und schließlich von beiden zu einem Dungbrot geformt werden (50–180 g); nach etwa 8 Tagen werden allein vom ♀ mehrere Brutbirnen geformt (höchstens 5) und mit je 1 Ei versehen [**S-13**]; das ♀ pflegt die Brutbirnen etwa 4 Monate lang (Verhindern von Verpilzung) und hungert derweilen, bis die Jungkäfer schlüpfen; das ♀ stellt nur 1 Bruthöhle her; das ♂ kann anwesend bleiben oder wird vertrieben; eifriges Zirpen beider Geschlechter bei Störung.

B3. *Scarabaeus,* Pillendreher; mehrere Arten im Mittelmeergebiet, darunter *S. sacer* L., der Heilige Pillendreher der alten Ägypter, für die der Käfer mit der Vorstellung der Urentstehung schlechthin verbunden war, da er aus Kotpillen zu entstehen schien; daher häufig als Amulett oder Schmuck getragen und an Mumien befestigt; *S. typhon* Fischer erreicht das südöstl. M-Eur, *S. laticollis* L. die Südschweiz; 13–40 mm; schwarz; sehr breiter, flacher Körper; Wangen

nach vorn zahnartig verbreitert; Vorderbeine tarsenlos; Hinterbeine verlängert. Knetet aus dem Dung verschiedener Tiere **Futterpillen** (Durchmesser im Mittel 2 cm) für die eigene Ernährung und Brutpillen für die Ernährung der Larven her; wälzt sie nach rückwärts weg (Vorderbeine auf dem Boden im Rückwärtsgang, Hinterbeine auf der Pille im Vorwärtsgang); Futterpillen werden von ♂♂ und ♀♀ getrennt hergestellt, fast stets weggerollt, eingegraben und erst dann verzehrt; gleichgeschlechtliche Tiere kämpfen um eine Futterpille, getrenntgeschlechtliche können sie gemeinsam eingraben und verzehren (hierbei schiebt das ♂ im Rückwärtsgang, das ♀ zieht im Vorwärtsgang oder läuft nebenher; Verzehr größtenteils durch das ♀); danach Begattung; **Brutpillen** (Größe etwa 4,5 × 3 cm) werden bei *S. sacer* allein vom ♀ geknetet, weggerollt und in eine geräumige Höhle vergraben; anschließend Umformung zu einer aufrechtstehenden, oben verjüngten Brutbirne, in deren oberen Teil wird 1 Ei in eine kleine Höhlung gelegt; das ♀ verlässt die Pille anschließend, um weitere Brutpillen herzustellen, so etwa 6 Stück. Bei *S. semipunctatus* F. beteiligt sich das ♂ an der Herstellung, dem Rollen und Vergraben der Brutpille, bei *S. laticollis* L. formt das ♀ 2 Brutbirnen aus der Dungkugel und bleibt beim Nachwuchs. Eifriges Sich**putzen**: stark beschmutzte Beine werden im Sand abgewischt; gründliches Putzen in Rückenlage, dabei werden immer wieder die Vorderbeine durch die Mundteile gezogen, Flüssigkeitstropfen aus dem Mund durch Weitergeben von Bein zu Bein verschmiert. **Verpuppung** in der von der Larve ausgefressenen Höhle in der Brutbirne; die Puppe ist vollkommen starr; der Jungkäfer schlüpft im Spätsommer, kommt heraus und frisst, überwintert im Boden.

B4. *Sisyphus schaefferi* L. (7–12 mm; stark gewölbt) und *Gymnopleurus* (10–15 mm; flach, sehr breit); beide südeuropäisch, nur in sehr warmen Teilen von Dt; Hinterbeine bei beiden Geschlechtern recht lang und nach innen gekrümmt. Nur *Sisyphus* macht Futterpillen für sich (bevorzugt Schafkot) und frisst daran unterirdisch, *Gymnopleurus* dagegen oberirdisch (bevorzugt Kuhmist); Brutpillen als Nahrungsvorrat für die Larven können von ♂♂ und ♀♀ getrennt oder gemeinsam hergestellt werden; Wegwälzen oft durch ♂♂ und ♀♀ zusammen; dabei steht ein Tier (oft das ♂) mit den Vorderbeinen auf der Pille und zieht nach rückwärts, der Partner schiebt von der anderen Seite, Hinterbeine auf der Pille, Vorderbeine am Boden; Transport durch ein Einzeltier: *Sisyphus* (♂ oder ♀) teils

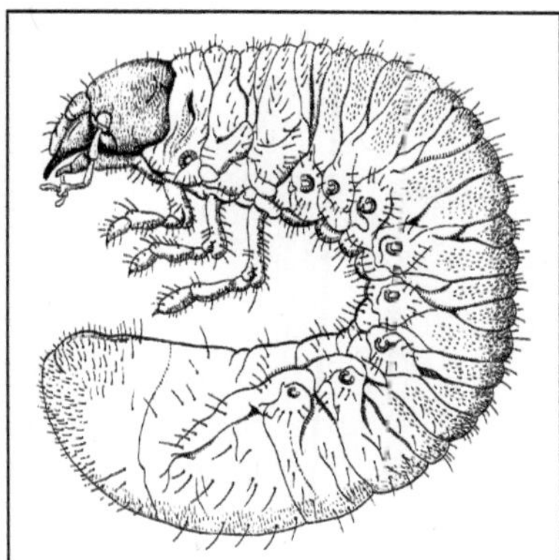

Abb. S-14: Scarabaeidae: *Melolontha melolontha*, Feldmaikäfer. Engerling, etwa 45 mm. (Schimitschek 1955)

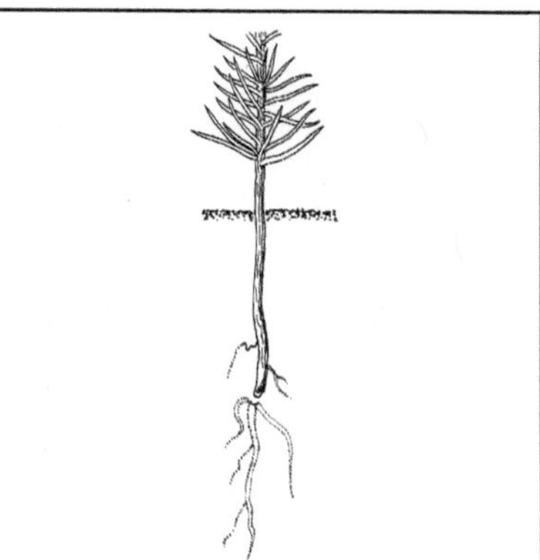

Abb. S-15: Scarabaeidae: *Melolontha melolontha*, Feldmaikäfer. Engerlingsfraß an der Wurzel einer Nadelholz-Jungpflanze. (Schimitschek 1955)

ziehend, teils stoßend, *Gymnopleurus*-♀ nur stoßend, ♂ meist ziehend, zuweilen stoßend; bei *Gymnopleurus* beginnt stets das ♀ mit dem Eingraben, bei *Sisyphus* meist das ♂, durch Unterwühlen der Erde an der Brutpille, später hilft der Partner durch Weitertransport der Erde über die Pille mit; die Brutbirne wird in der Brutkammer allein vom ♀ geformt, die fertige Brutbirne nach der Eiablage für immer verlassen; im Darmtrakt von Imagines (und Larven) finden sich Zellulose abbauende Bakterien (auch Pilze?).

C. Die **Melolonthinae** (Eur 160, M-Eur 29, Dt 17 Arten; z. B. →C1–C3), **Sericinae** (Eur 78, M-Eur 8, Dt 4 Arten; z. B. →C4), **Hoplinae** (Eur 33, M-Eur 8, Dt 5 Arten; →C5) und **Rutelinae** (Eur 59, M-Eur 18, Dt 7 Arten; →C6–C8) enthalten Blätter und Blüten verzehrende Käfer, deren Larven meist an Wurzeln fressen; mit den beiden nachfolgenden U-Fam. (D, E) bilden sie eine Verwandtschaftsgruppe.

C1. *Melolontha*, Maikäfer; in M-Eur 3 Arten: *M. melolontha* L., Feldmaikäfer; *M. hippocastani* F., Wald- oder Rosskastanienmaikäfer; *M. pectoralis* Meg. (selten und ohne wirtschaftliche Bedeutung); alle 20–25 mm; ♂ mit 7 längeren, ♀ mit 6 kürzeren Antennenblättern; Halsschild bei *M. mel.* meist schwarz, selten bräunlich; bei *M. hipp.* umgekehrt; Hinterleibsspitze bei *M. mel.* gleichmäßig verjüngend, bei *M. hipp.* kürzer und abrupt verjüngt. Wald- und (v. a.) Feldmaikäfer sind (bzw. waren) wichtige Kulturschädlinge durch Laubfraß der Imagines (bevorzugt Eichen, sehr selten Nadelbäume), v. a. aber durch Wurzelfraß der Larven (Engerlinge) an den verschiedensten Pflanzen, auch an

Waldbäumen; bei Flügen zum Nahrungsplatz manchmal Schwarmbildung; fliegen zunächst in Bögen und Spiralen, dann alsbald gerichtet auf eine hohe Horizontsilhouette (z. B. Hügel, Baumgruppe); diese dient nur zu Beginn als Peilpunkt und ist während des Fluges nicht mehr wichtig; **Orientierung** beim Flug durch einen „Himmelskompass" (polarisiertes Himmelslicht?), der das Einhalten einer konstanten Richtung gestattet; Orientierung nach elektrischen und magnetischen Feldern scheint eine Rolle zu spielen; Nahorientierung vermutlich mithilfe des Geruchssinnes. **Begattung** meist schon innerhalb 24 h nach dem Ausfliegen am Nahrungsplatz; dann gerichteter Rückflug der ♀♀ (aber auch vieler ♂♂) zum Eiablageplatz; Stellen mit Löwenzahnbewuchs werden – im Experiment – bevorzugt; das ♀ wühlt sich bis ca. 60 cm tief in lockeren, feuchten Boden; Eiablage in Gruppen von 10–30; danach sterben etwa 2/3 der ♀♀, der Rest fliegt gerichtet zurück zum Fraßplatz und kann 1- bis 2-mal weitere Eier ablegen; neben den Eiern wird viel Kot abgesetzt, der von den Larven aufgenommen wird (dabei Infektion mit den symbiotischen Mikroorganismen). Die **Engerlinge** [S-14] schlüpfen nach 4–6 Wochen; fressen zunächst Mulm und feinste Würzelchen [S-15], dann größere Wurzeln (Anlockung durch von den Wurzeln ausgeschiedenes CO_2); halten sich in einer bestimmten Feuchtigkeitszone: gehen bei Trockenheit tiefer, steigen nach Regen höher; **Überwinterung** dicht unter der Frostschicht; in

M-Eur meist **Verpuppung** im 4. Fresssommer der Engerlinge einzeln in einer Höhle im Boden (bis in 1 m Tiefe); die nach 4–6 Wochen schlüpfenden Jungkäfer bleiben darin bis zum nächsten Frühling, kommen bei sich erwärmendem Boden in die oberen Schichten, bis dicht unter die Oberfläche; Ausfliegen im Frühling in der Dämmerung, wenn Luft- und Bodentemperatur wenigstens 5 Tage lang nicht unter 11 °C abgesunken ist und wenn es nicht regnet; bei einer durch günstige Entwicklungsbedingungen in Gang gekommenen Massenvermehrung (dann u. U. weit über 100 Engerlinge pro Quadratmeter) gibt es also alle 4 Jahre ein **Maikäferjahr**, in wärmeren Gebieten auch alle 3, in kühleren alle 5 Jahre; der Waldmaikäfer tritt im Frühling etwas früher auf und kommt abends etwas früher aus dem Boden als der Feldmaikäfer, frisst etwas häufiger auch an Nadelbäumen. Natürliche **Feinde:** Vögel (Saatkrähe, Möwen), Maulwurf, parasitoide Fliegen, gewisse Pilze; Bekämpfung, insbesondere der Engerlinge, schwierig. Den Maikäfern ähnlich, etwas größer, aber schlanker: **Anoxia villosa** F.; in manchen Gegenden des südl. Dt in Sandgebieten, Weinbergen und Obstgärten zuweilen nicht selten;; wie diese schwärmen sie in der Dämmerung; Paarung auf Bäumen; Generation 3-jährig, überwintern als Puppe.

C2. *Polyphylla fullo* L., Walker, Müller; 24–38 mm; sehr stattlich, mit weißlichen Flecken auf dunkelbraunem Grund; das ♂ mit 7 stark verbreiterten, das ♀ mit 5 auffallend kurzen Antennenblättern; nur in sandigen Gebieten, v. a. im Dünengebiet von Küsten; Imagines fressen Kiefernnadeln; Engerlinge an Gräsern, in manchen Gegenden auch an Rebstöcken; früher bisweilen schädlich; Lebensweise ähnlich wie beim Maikäfer; Entwicklung 3-jährig.

C3. Mehrere z. T. häufige Arten, die durch Fraß der Käfer und zumal der Engerlinge schädlich werden können: **Rhizotrogus** (4 heimische Arten, z. B. *R. aestivus* Oliv., Brachkäfer; 12–18 mm) und **Amphimallon** (7 Arten in Dt, z. B. *A. solstitiale* L., Junikäfer, Sonnenwendkäfer; 14–18 mm); fliegen im Frühsommer (VI–VII) gegen Abend, aber auch frühmorgens; wärmeliebend; Engerlinge mehr an den Wurzeln von Wiesen- und Feldpflanzen, auch an jüngeren Waldbäumen (Aufforstungen); Entwicklungsdauer: 2–3 Jahre, Verpuppung im Frühling.

C4. *Serica brunnea* L., Rotbrauner Laubkäfer (8–10 mm); Körper überall hell rotbraun; fliegt im Sommer (VI–VII), v. a. nachts; der Engerling (erwachsen etwa 17 mm) an den Wurzeln verschiedener Pflanzen, v. a. an jungen Fichten

Abb. S-16: Scarabaeidae: *Phyllopertha horticola*, Gartenlaubkäfer. 8,5–11 mm. (Harde & Severa 1981)

zuweilen schädlich; Verpuppung im Frühling; Entwicklung wohl 2-jährig.

C5. *Hoplia*; die Imagines fressen an Blättern von Gehölzen und Gräsern. Beispiele: die lokal häufige Art *H. argentea* Poda (= *farinosa* L.); 9–11 mm; oben und unten dicht besetzt mit silbrig-grünlich-gelblich schillernden Schuppen, oft auf niederer Vegetation; Engerlinge klein, kaum 2 cm. Ähnlich *H. graminicola* F. , Graslaubkäfer (6–7 mm); der Käfer oben nur locker mit metallisch glänzenden Schuppen besetzt; die Engerlinge außer an niederer Vegetation u. U. im Wald schädlich, z. B. an Saatbeeten von Kiefern.

C6. *Anisoplia* und **Chaetopteroplia,** Getreidelaubkäfer; 10 Arten in M-Eur, 5 in warmen Gegenden von Dt; z. B. *Ch. segetum* Hbst. (10–12 mm); die Käfer fressen an Blüten und unreifen Körnern von Gräsern, auch an Getreide; Entwicklung 2-jährig.

C7. *Anomala dubia* Scop., Julikäfer; überall häufig; 12–15 mm; mit blauem oder grünem Metallglanz; der Käfer im Sommer an Getreide und verschiedenen Bäumen, auch an Kiefern; Larve an Wurzeln; Entwicklungsdauer in M-Eur 2 Jahre.

C8. *Phyllopertha horticola* L., Gartenlaubkäfer (9–12 mm; [**S-16**]); meist ungemein häufig auf Büschen und Bäumen, in Blüten; die ♂♂ schwärmen auf der Suche nach den ♀♀ dicht über dem Boden; das ♀ geht sofort zur Eiablage in den Boden, kommt öfters zu erneuter Begattung und wiederum Eiablage hervor; später gemeinsamer Flug und Fressperiode von ♂♂ und ♀♀, u. U. erneute Eiablage; die Engerlinge (bis 3 cm) an den Wurzeln v. a. von Gräsern, auch von Getreide und Klee; Verpuppung der überwinterten Larve im Frühling; Entwicklung 1- bis 2-jährig.

D. Dynastinae; in Eur 10, M-Eur 3 Arten in Dt 1 nur *Oryctes nasicornis* L., Nashornkäfer [S-12]; stellenweise nicht selten; das ♂ mit stattlichem, das ♀ mit kleinem Horn auf der Stirn; Größe (20–43 mm) individuell recht verschieden; fliegen in den Sommermonaten in der Dämmerung und nachts. **Ernährung** der Imago unbekannt, lecken vielleicht an ausfließenden Baumsäften (fressen in Gefangenschaft Früchte). **Begattung** im Sommer (VI–VII); die Eier werden einzeln in eine kleine Höhle in sich zersetzende, holzfaserreiche Pflanzenstoffe, das Fraßsubstrat der engerlingsähnlichen Larven, abgelegt: ursprünglich wohl im Holzmulm morscher Eichen, überlebte er durch Annahme anthropogener Substrate: früher oft faulende Gerberlohe, heute große Sägemehlhaufen, Mistbeeten, Komposthaufen u. dgl.; die hier herrschende, etwas erhöhte Temperatur ist günstig für die Entwicklung der Larve. **Larve** mit reicher Bakterienflora im Darm, darunter auch Zellulose abbauende Formen; die verdauten Bakterien sind wichtig als Larvennahrung; das letzte (3.) Larvenstadium wird bis über 10 cm lang. **Entwicklungsdauer** je nach Temperatur 1–5 Jahre; **Verpuppung** in einer Höhle mit fester Wand (zusammengedrücktes Substrat und von der Larve abgegebenes erhärtendes Sekret), anscheinend sowohl im Herbst wie im Frühling möglich; **Lebensdauer** der Imagines höchstens wenige Monate. – Hierher auch einige der größten Insekten, z. B. der neotropische *Dynastes herculzs* L., Herkuleskäfer (bis zu 22 cm).

E. Cetoniinae; in Eur 53, M-Eur 20, Dt 16 Arten; Flügeldecken beim Flug geschlossen, mit seitlichem Randausschnitt für die Bewegung der Flugflügel; fliegen am Tag; Käfer an Pollen, Nektar oder Baumausflüssen, Larven v. a. im Baummulm, Faulholz oder an abgestorbenen Baumwurzeln; Verpuppung in der Erde in einer aus Holzteilchen und Erdklumpen gefertigten Höhle.

E1. *Cetonia aurata* L., Rosenkäfer, Goldkäfer (14–20 mm); metallisch grün mit hellen Querflecken auf den Flügeldecken; Imagines fliegen IV–X; die Käfer ab und zu an ausfließenden Baumsäften, v. a. aber auf Blüten; im Süden v. a. an Rosen durch Fressen der Staubgefäße schädlich; Larven im Mulm alter Bäume (Eiche, Pappel, Weide, Obstbäume) und in Humus; Verpuppung wohl meist im Spätsommer oder im Herbst in einer kokonartigen Höhle (Wand mit Kot und Sekret aus den Malpighi-Gefäßen verfestigt), hier Überwinterung des Jungkäfers.

E2. *Protaetia*, mit 8 Arten in M-Eur; manche nicht selten, z. B. *P. cuprea* F. (= *Potosia c.*); 14–25 mm; wenig gewölbt, vielfach mit Metallglanz; Käfer V–VII an Blüten, auch an ausfließenden Baumsäften (von Eichen) und reifen Früchten; Larven leben von moderndem Holz; nicht selten in den Randbezirken der Nester von Roten Waldameisen (*Formica*-Arten), wo sie auch vom Nestmaterial und Kolonieabfall fressen; hier auch die Eiablage; Entwicklung 2-jährig.

E3. *Tropinota hirta* Poda, Zottiger Blütenkäfer (8–12 mm); düster, zottig weißlich behaart; Flug wie bei 18; fliegen V–VI; Imagines in Blüten, auch an jungen Getreideähren; nehmen Pollen; die Engerlinge fressen v. a. zerfallende pflanzliche Stoffe (z. B. Holzmulm, Humus u. dgl.), auch Wurzeln lebender Pflanzen.

E4. *Trichius*, Pinselkäfer; 3 heimische Arten (z. B. *T. fasciatus* L.); 10–13 mm; lebhaft schwarz-gelb gefärbt; fliegen VI–VII; die Käfer v. a. auf Blüten (Pollenfresser), auch an Baumsäften; die Larven in vermoderndem Holz verschiedener Laubbäume.

F. Ochodaeinae; inzwischen meist als eigene Fam. **Ochodaeidae** abgetrennt; in Eur 10, M-Eur 3 Arten; in Dt nur der seltene, an einen Julikäfer erinnernde *Ochodaeus chrysomeloides* Schr. (4–6 mm): die Käfer schwärmen gegen Sonnenuntergang, eine Ernährung von unterirdischen Pilzen wird angenommen; Larve unbekannt.

Lit. →Coleoptera; Baraud 1992; Halffter & Matthews 1971; Halffter et al. 2011; Hanski & Cambefort 1991; Henschel 1962; Scheerpeltz 1959; Scholtz 1990; Schwenke 1972–86.

Scarabaeinae →Scarabaeidae B.

Scarabaeoidea; Synonym zu →Lamellicornia (→Coleoptera).

Scarabaeus →Scarabaeidae B3; vgl. auch →Sphaeroceridae.

Scardiinae →Tineidae.

Scarites, Scaritinae →Carabidae H.

Scatella →Ephydridae 4.

Scathophaga →Scathophagidae 1.

Scathophagidae, Dungfliegen; Fam. der Zweiflügler (Diptera, Brachycera, Cyclorrhapha) mit in Eur ± 160, M-Eur ± 115, Dt 64 Arten; kleine bis mittelgroße (3–12 mm), meist schlanke, oft dicht behaarte Fliegen; manche Arten ungemein häufig, insbesondere auf Exkrementen; einige in der Nähe von Gewässern oder am Meeresstrand auf Tang (*Scathophaga litorea* Fall., 6 mm); die Imagines (alle?) jagen kleine weichhäutige Insekten, nehmen auch Blütenpollen. **Larven** hinten oft mit zapfenartigen Fortsätzen [S-17]; sehr verschiedenartig in der Lebensweise: viele

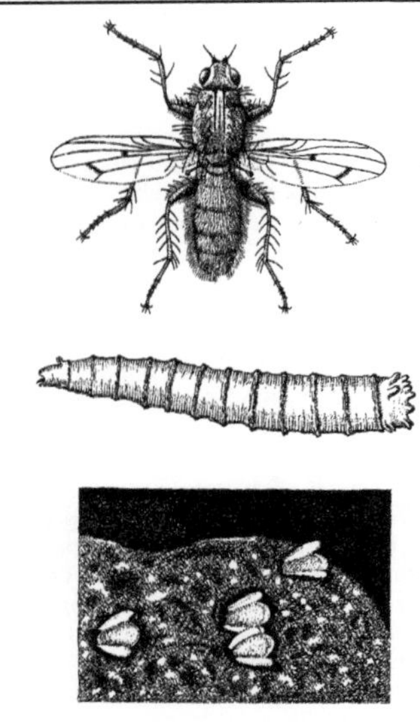

Abb. S-17: Scathophagidae: *Scathophaga stercoraria*, Dung-fliege. Gelb behaart; ♂, 5–12 mm; Larve ca. 10 mm; 4 Eier an der Dungoberfläche, Vorderende ragt heraus, mit flügelartigen (der Atmung dienenden) Fortsätzen. (Schumann 1969)

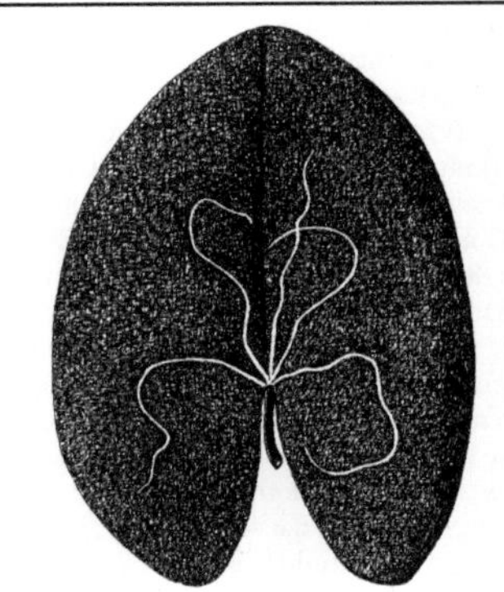

Abb. S-18: Scathophagidae: *Hydromyza livens*. Minen im Blatt von *Nuphar*, Gelbe Teichrose. (Wesenberg-Lund 1943)

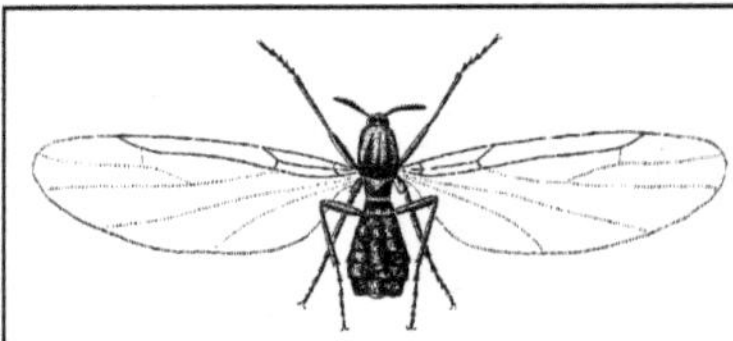

Abb. S-19: Scatopsidae: *Scatopse notata*, Dungmücke. ♀, Länge 2,5 mm. (Lindner 1923 ff)

phytophag in Stängeln, Blättern, Blüten z. B. von Orchidaceae und Liliaceae; einige in Exkrementen (*Scathophaga*); selten jagend im Wasser; *Cleigastra apicalis* Meig. im Schilfrohr in den Fraßgängen von Eulen-Raupen (→Noctuidae), frisst deren Kot; die Biologie vieler Arten unbekannt; Puparien wohl der meisten Arten im Boden.

1. *Scathophaga stercoraria* L. [**S-17**]; ungemein häufig; ♂ pelzig gelb behaart, ♀ grünlich; erscheint, geruchlich angelockt, sehr schnell auf frischem Kot (z. B. von Rindern); leckt Saft, jagt Kleininsekten; Paarungseinleitung auf frischem Kuhfladen, Begattung im Gras nahebei; das ♂ bleibt auch nach dem Lösen der Kopula auf dem ♀; wehrt andere ♂♂ meist erfolgreich ab, während das ♀ Eier auf dem Kot ablegt [**S-17**]; Lebensraum der Larven im Kot.

2. *Hydromyza livens* Fall.; zur Eiablage kriecht das durch dichte Behaarung unbenetzbare ♀ unter den Blattrand von schwimmenden *Nuphar*-Blättern; die Eier werden oft nahe der Blattmitte in das Gewebe versenkt; die walzenförmige Larve (erwachsen ca. 13 mm) miniert im Blattgewebe [**S-18**]: meist zunächst zum Blattrand hin, dann im Bogen zurück zum Ansatz des Stieles; hier, in einem Quergang bis dicht unter die Stielepidermis, Verpuppung; i. d. R. 2–3 Generationen; Puppe der letzten Generation überwintert; schwimmt oft, aus dem faulenden Stängel frei geworden, Bauch nach unten auf der Wasseroberfläche; Wand des Wintertönnchens etwa 8-mal so dick wie die des Sommertönnchens; weitere Minierer: Vertreter z. B. der Gttgn. *Phrosia, Delina, Parallelomma*.

3. *Nanna flavipes* Fall., Lieschgrasfliege; 4–5 mm; das ♀ legt im Frühling (V–VI) Eier einzeln auf die Blattoberseite des Lieschgrases (*Phleum pratense*), aber auch an andere Wildgräser und Getreide(?); die Larven schlüpfen nach 4–6 Tagen, wandern in die Jungähren, zerstören die Blüten [**S-20**]; dadurch u. U. empfindlicher Samenverlust bei kommerziellem Anbau; Verpuppung nach 3–4 Wochen im Boden, wo die Puppe überwintert; ähnlich in Gestalt und Lebensweise: *Nanna armillata* Zett.

Lit. →Diptera; Brock & Velde 1983.

Scatopse →Scatopsidae.

Scatopsidae, Dungmücken; Fam. der Zweiflügler (Diptera, Bibionomorpha) mit in Eur >100,

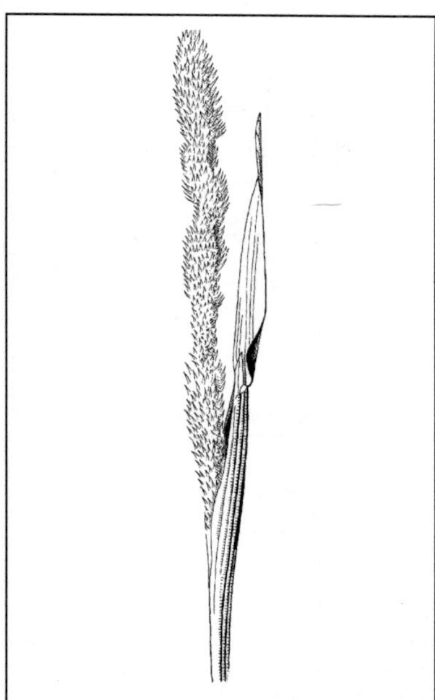

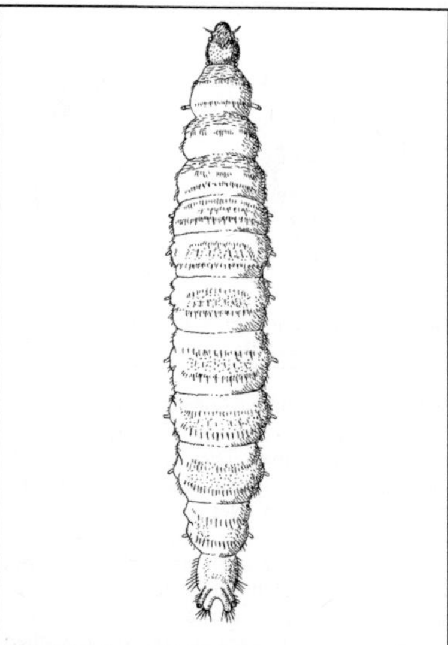

Abb. S-21: Scatopsidae: *Scatopse* spec. Larve, 5 mm, Stigmen vorragend. (Brauns 1954 a)

Abb. S-20: Scathophagidae: *Nanna* spec. Fraßbild der Larven an der Ähre des Lieschgrases. (Brandt 1957)

M-Eur >80, Dt 53 Arten; kleine (0,5–4 mm), kräftig gebaute, meist dunkle Mücken mit kurz behaartem Körper und gedrungenem gedrungenen Fühlern; Augen stoßen auf der Stirn zusammen (Ausnahme: wenige ♀♀, z. B. von *Colobostema*); stechen nicht; in der Nähe von Dungstätten und Aborten nicht selten; z. B. *Scatopse notata* L. (kosmopolitisch, nicht selten in Wohnungen an den Fensterscheiben [**S-19**]); manche Arten häufig auf Doldenblüten. Die oft geselligen, trägen, abgeflachten **Larven** [**S-21**] ausgezeichnet durch die auf längeren Röhren stehenden Hinterstigmen (fehlen bei *Ectaetia*), Vorderstigmen auf kurzen Röhren; in verschiedensten verrottenden Stoffen, außer in Dung auch unter Rinde, in Baumstubben, Pilzen, unter Falllaub, an Aas; einige auch in Ameisennestern, z. B. *Holoplagia transversalis* Loew bei *Formica*-Arten; die Larven von *Scatopse notata* gelegentlich schädlich in Pilzzuchten, die auf der Grundlage von Pferdemist gehalten werden; der größte Teil der Puppe von der letzten Larvenhaut umgeben, die prothorakalen Atemröhrchen verzweigt [**S-22**].

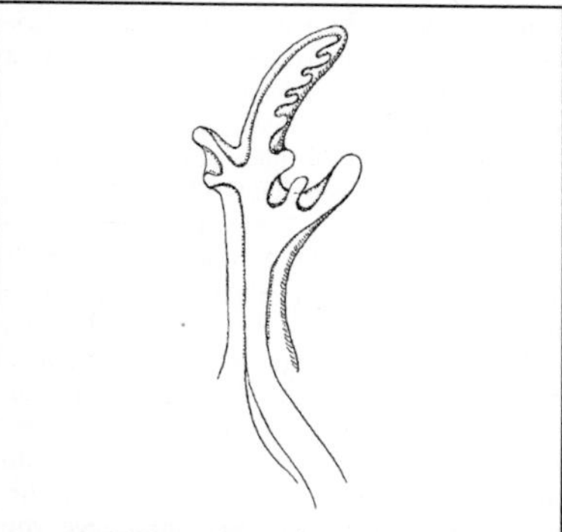

Abb. S-22: Scatopsidae: *Scatopse notata*. Verzweigtes Atemröhrchen der Puppe. (Séguy 1951b)

Lit. →Diptera; Brauns 1954a, b; Freeman & Lane 1985.

Scelio →Scelionidae.

Scelionidae; Fam. der Hautflügler (Hymenoptera, Apocrita, Platygastroidea) mit in Eur ± 500, M-Eur ± 100, Dt >55 Arten; kleine bis winzige (0,3–4,5 mm), oft schwarze Schlupfwespen; Hinterleib rundum kräftig sklerotisiert, dient als Druckpumpe zum Ausfahren und Einziehen des

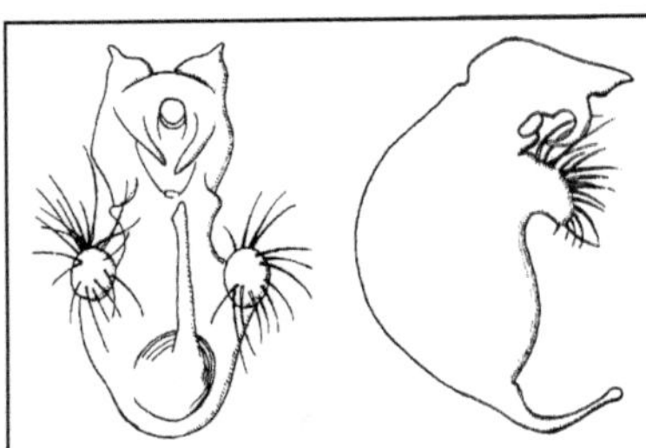

Abb. S-23: Scelionidae: *Teleas* spec. Junglarve, Ventral- und Seitenansicht. (Bernard 1951)

zarten, losgelösten **Legebohrers** (ähnlich →Platygastridae), teils zur Unterstützung von Muskeln (z. B. Teleasinae, *Telenomus*, *Gryon*), teils als einziger Mechanismus (wobei die hintersten Segmente dann teleskopartig ausgefahren werden; z. B. *Scelio*); bei manchen (*Baryconus*, *Ceratobaeus*) ♀ mit sehr langem Legebohrer, der in Ruhe in einen am Stielglied dorsal entspringenden Fortsatz zurückgezogen ist (ähnlich manchen →Platygastridae); bei manchen Arten die (dann bodenbewohnenden) ♀ mit verkümmerten Flügeln; **Fühler** beim ♀ gekniet und mit Endkeule, an deren Unterseite Geruchssinnesorganen zum Aufspüren der Wirte (wie bei →Platygastridae) Die **Larven** sind recht wirtsspezifische Eiparasitoide verschiedener Arthropoden: U-Fam. Teleasinae bei Laufkäfern (→Carabidae), die übrigen heimischen Arten v. a. bei Heuschrecken und Grillen (z. B. *Scelio*), Wanzen (z. B. *Gryon*, *Trissolcus*) oder Spinnen (z. B. *Idris*), seltener bei Schmetterlingen (viele *Telenomus*-Arten) und Zikaden, wenige Arten bei Bremsen (→Tabanidae) oder Florfliegen (→Chrysopidae); *Tiphodytes gerriphagus* March. entwickelt sich auch unter Wasser in Eiern von Wasserläufern (Gerridae); parasitierte **Eier** werden vom ♀ markiert: manchmal anscheinend physikalisch durch Ankratzen der Oberfläche, bei anderen Arten chemisch; **Erstlarve** von besonderer Gestalt [**H-44, S-23**]: äußerlich unsegmentiert, mit großen, hakenförmigen Mandibeln, seitlichen Borstenhöckern und spitz ausgezogenem Hinterende; wohl 3 Larvenstadien; Verpuppung im Wirtsei. Vereinzelt **Phoresie**: das ♀ bei manchen *Telenomus*-Arten sucht die Puppen von →Lasiocampidae, besteigt einen schlüpfenden Falter und verbleibt 5–6 Monate in der Thoraxbehaarung, bis der Wirt Eier legt, um diese dann zu belegen; ähnlich in S-Eur ein Parasitoid in *Mantis*-Eiern (→Mantodea), *Mantibaria seefelderiana* de Stef. (= *manticida* Kief.)

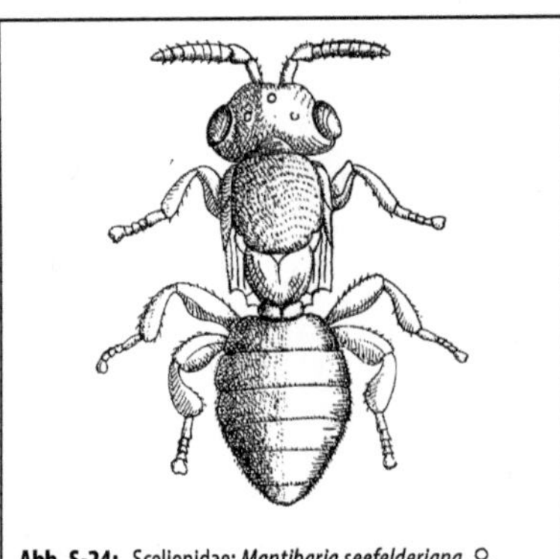

Abb. S-24: Scelionidae: *Mantibaria seefelderiana*. ♀.

[**S-24**]: Schlupf der Imagines aus den Wirtseiern im Spätsommer, gleichzeitig mit den *Mantis*-Larven; einige ♂♂ bleiben auf dem *Mantis*-Kokon und kopulieren sofort mit schlüpfenden ♀♀; nur die ♀♀ (auch unbefruchtete) suchen Gottesanbeterinnen auf und klammern sich mit auffällig großen Haftlappen an verschiedenen Körperstellen fest (Intersegmentalhäute, Bereich des Kopulationsapparats, Flügelbasis, Mandibeln); kurz darauf Abwerfen der Flügel; Ernährung u. U. monatelang ektoparasitoid von den Körpersäften des Wirtes; sollen während der Kopulation des Wirtes vom ♂ auf ein ♀ überwechseln können; bei der Eiablage des Wirtes Aufsuchen der Subgenitalplatte und Belegen der vorbeigleitenden Wirtseier mit einem eigenen Ei; Mehrfachbelegung möglich, wenn mehrere Wespen auf demselben Wirt; dann jedoch überlebt nur 1 einzige Wespenlarve; 3 (vielleicht auch nur 2) Larvenstadien, gesamte Larvenentwicklung im Wirtsei; dessen Wand und (wenn noch keine andere *Mantis*-Larve geschlüpft ist) auch die Kokonwand des *Mantis*-Geleges wird beim Schlupf aufgenagt.

– Seit Jüngstem wird von den (sonst nicht →monophyletischen) Scelionidae die Fam. **Sparasionidae** abgetrennt; einzige europäische Gttg. *Sparasion*, in Dt mit 3 Arten; Biologie kaum bekannt, bei wenigen (außereuropäischen) Arten Entwicklung in Eiern von →Ensifera nachgewiesen.

Lit. →Hymenoptera; Austin et al. 2005; Bürgis 1991; Chen et al. 2021.

Sceliotrachelinae →Platygastridae.

Sceliphrinae, *Sceliphron* →Sphecidae A.

Scenopinidae, Fensterfliegen; Fam. der Zweiflügler (Diptera, Brachycera, Asiliformia) mit in

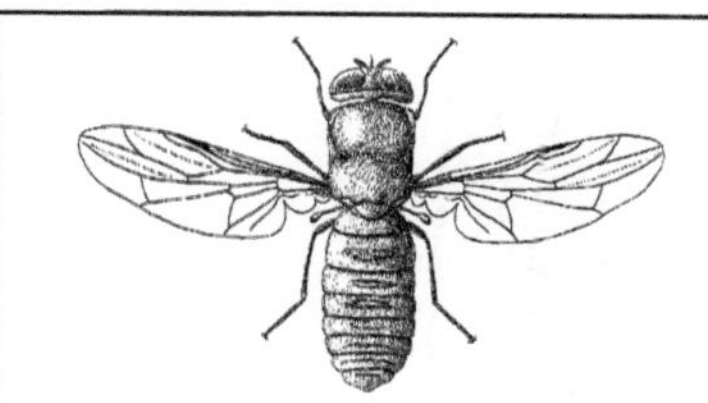

Abb. S-25: Scenopinidae: *Scenopinus fenestralis*, Fenster-
fliege. 5 mm. (Séguy 1951b)

Eur 14, M-Eur 6, Dt 3 Arten; Körper eher klein
(2–7 mm), gedrungen, höchstens kurz behaart;
der kurze, mit breiten Labellen versehene Rüssel
zum Auftupfen von Flüssigkeit geeignet; stechen
also nicht. Blütenbesucher (Nektar); manche
Arten halten sich v. a. in Wohnungen an den
Fenstern auf, z. B. die häufige *Scenopinus fenestralis* L. (6 mm; schwarz; [**S-25**]). Die **Larven**
in Gestalt und Lebensweise ähnlich denen der
Luchsfliegen (→Therevidae), ihrer Schwestergruppe; fressen lebende Beute; machen, soweit
sie in Häusern leben, auch Jagd auf Speckkäfer-
larven und Raupen von Kleidermotten; andere
in Böden, Streu, unter Rinde, in Nestern von
Vögeln und Säugetieren oder Bohrgängen von
Käfern; Puppen recht beweglich.
Lit. →Diptera.
Scenopinus →Scenopinidae.
Schabefraß; Blattfläche wird von außen so be-
fressen, dass die Epidermis und ein Teil des Pa-
renchyms schabend entfernt wird.
Schaben →Blattodea.
Schabenfächerkäfer, *Ripidius* →Ripiphoridae 3.
Schabenmotten →Plutellidae.
Schabenwespen →Ampulicidae.
Schachbrett, *Melanargia galathea* L. →Nympha-
lidae F2.
Schadspinner →Erebidae J
Schaefferia →Hypogastruridae.
Schafbiesfliege, Schafbremse, *Oestrus ovis* L.
→Oestridae A.
Schaflausfliege, *Melophagus ovinus* L. →Hippo-
boscidae 3.
Schafzecke, *Melophagus ovinus* L. →Hippobosci-
dae 3.
Schamlaus, *Phthirus pubis* L. →Pediculidae 1.
Scharlachkäfer, *Cucujus* →Cucujidae.
Schaufelläufer, *Cychrus* →Carabidae A4.
Schaumzikaden →Aphrophoridae, auch für die
ebenfalls Schaumnester bauenden →Cercopidae
verwendet.
Scheckenfalter →Nymphalidae D; →Riodini-
dae; vgl. →Tachinidae.

Scheckhornböcke, *Agapanthia* →Cerambycidae
E6.
Scheibenböcke, **Callidiini** →Cerambycidae D6.
Scheinböcke →Oedemeridae.
Scheinpuppe; zusätzliches puppenähnliches lar-
vales Ruhestadium; →Hypermetabolie.
Scheinrüssler →Salpingidae; vgl. →Mycteridae,
→Pythidae.
Scheinstachelkäfer, Anaspidinae →Scraptiidae 2.
Schenkelbienen, *Macropis* →Melittidae 3.
Schenkelfliege, *Meromyza saltatrix* L. →Chloro-
pidae 4.
Schenkelsammler →Anthophila.
Scherenbienen, *Chelostoma* →Megachilidae 4.
Scheufliegen →Heteromyzidae.
Schienensammler →Anthophila.
Schiffswerftkäfer, *Lymexylon navale* L. →Lyme-
xylidae 1.
Schildhafte →Prosopistomatidae.
Schildkrötenmotte, *Incurvaria koerneriella* Zell.
→Incurvariidae 1.
Schildkrötenwanze, *Eurygaster testudinaria* Geoffr.
→Scutelleridae.
Schildläuse →Coccina.
Schildlausrüssler, *Anthribus* →Anthribidae 4; vgl.
→Coccidae.
Schildmotten →Aleyrodina; →Limacodidae.
Schildwanzen →Scutelleridae.
Schilfgallenfliege, *Lipara lucens* Meig. →Chloro-
pidae 1.
Schilfkäfer, Donaciinae; →Chrysomelidae A.
Schilfrohrbohrer, *Phragmataecia castaneae* Hbn.
→Cossidae.
Schilfwickler, *Orthotelia*; →Glyphipterigidae A.
Schillerfalter, *Apatura* →Nymphalidae A.
Schillerfarben; die bei Vertretern verschiedens-
ter Ordgn. verbreiteten metallisch glänzenden
Farben sehr variabler Tönung; sie entstehen
durch **Interferenz** an einer Folge von Feinst-
schichtungen mit verschiedener Lichtbrechung
in der Kutikula („Farben dünner Blättchen");
i. d. R. Einlagerung von feinsten Luftschichten
zwischen mehrere Kutikulaschichten; gebunden teils an ausgedehnte Kutikulabereiche (z. B.
auf den Flügeldecken vieler Rosen- und Blattkäfer), teils an Differenzierungen der Kutikula
(→Schillerschuppen). Schillerfarben sind Strukturfarben, im Gegensatz zu den an die Einlagerung von Farbstoffen gebundenen Pigmentfarben (vgl. auch →„Blau trüber Medien").
Lit: →Insecta.
Schillerschuppen; bei manchen Käfern, v. a. auf
den Flügeln vieler Schmetterlinge; Schuppen,
die durch Feinstschichtung in der Kutikula
Interferenzfarben entstehen lassen (→Schil-
lerfarben); Schuppen sind gleichsam flachge-

drückte, von Kutikula umkleidete Hohlgebilde mit einer Oberseiten- und einer Unterseiten-Kutikula; nach der Lage der Feinstschichtung Unterscheidung von 2 Haupttypen: 1) Schichtung in der Unterseiten-Kutikula (**Urania-Typ;** nach Vertretern der Gttg. *Urania*); zu diesem Typ gehören die Schillerschuppen der Bläulinge (→Lycaenidae); 2) Schichtung in Längsleisten der Oberseiten-Kutikula (**Morpho-Typ**); die Schillerschuppen bei den ♂♂ der heimischen Schillerfalter (→Nymphalidae A) sind nach dem Morpho-Typ gebaut.
Lit. →Insecta, →Lepidoptera.
Schimmelkäfer →Cryptophagidae; →Corylophidae.
Schimmelkäfer, *Typhaea stercorea* L. →Mycetophagidae.
Schinkenkäfer, *Necrobia violacea* L →Cleridae 6.
Schistocerca →Acrididae A4.
Schizophora; Bezeichnung für eine →monophyletische Gruppe der cyclorrhaphen Fliegen (→Diptera), bei denen das Aufsprengen des Puppentönnchens (Puparium) durch die Stirnblase geschieht, bei denen auf der Stirn also auch eine Bogennaht (entstanden durch Einstülpen der Stirnblase) vorhanden ist.
Schlafapfel; Galle von *Diplolepis rosae* L., Gemeine Rosengallwespe; →Cynipidae 1.
Schlammbiene, Schlammfliege, *Eristalis tenax* L. →Syrphidae D.
Schlammfliegen →Megaloptera.
Schlammkäfer →Georissidae.
Schlammschwimmer →Hygrobiidae; →Dytiscidae 5.
Schlangenäugige Kamelhalsfliege, *Raphidia major* Burm. →Raphidioptera.
Schlangenminiermotte, *Lyonetia clerkella* L. →Lyonetiidae.
Schlanklibellen →Coenagrionidae.
Schlehdornspanner, *Eulithis prunata* L. →Geometridae E4.
Schlehen-Winterspanner, Früher, *Theria primaria* Hbn; Später, *Theria rupicapraria* Hbn. →Geometridae C.
Schlehenspanner, *Angerona prunaria* L. →Geometridae C2.
Schlehenspinner, *Orgyia antiqua* L. →Erebidae J2.
Schlehen-Winterspanner, Früher, *Theria primaria* Hbn; Später, *Theria rupicapraria* Hbn. →Geometridae C.
Schlehenzipfelfalter, *Satyrium pruni* L. →Lycaenidae A3.
Schleiermotte, *Plutella xylostella* L. →Plutellidae 1.
Schleusenmotte, *Nemapogon cloacella* Haw. →Tineidae 6.

Schlupfwespen; uneinheitlich benutzte Bezeichnung, heutzutage meist für die Fam. →Ichneumonidae oder die Ichneumonoidea (mit →Braconidae, →Ichneumonidae), im weiteren Sinne für alle Fam. der Taillenwespen (Apocrita, →Hymenoptera), deren Larven als Parasitoide in oder an anderen Tieren (meist Insekten) leben, einschließlich einiger phytophager Fam. (→Cynipidae, →Agaonidae) und parasitoider Fam. mit gelegentlich phytophagen Arten (→Torymidae).
Schlürfbienen, *Rophites* →Halictidae 1.
Schlüsselblumen-Würfelfalter, *Hamearis lucina* L. →Riodinidae.
Schmalbienen →Halictidae.
Schmalböcke, Lepturinae →Cerambycidae, C.
Schmalflügelmotten →Batrachedridae.
Schmarotzer →Parasit.
Schmeißfliegen →Calliphoridae.
Schmetterlinge →Lepidoptera.
Schmetterlingshafte →Ascalaphidae.
Schmetterlingsläuse →Aleyrodina.
Schmetterlingsmücken →Psychodidae.
Schmiede →Elateridae.
Schmierläuse →Pseudococcidae.
Schmuckbienen, *Epeoloides* →Apidae B3.
Schmuckfliegen →Ulidiidae.
Schmuckschildläuse →Cerococcidae.
Schmuckwanze, *Eurydema ornata* L. →Pentatomidae.
Schmuckzikaden, Cicadellinae →Cicadellidae C.
Schnabeleulen →Erebidae C.
Schnabelfliegen →Mecoptera.
Schnabelgrille, *Boreus hyemalis* L. →Boreidae.
Schnabelhafte →Mecoptera.
Schnabelkerfe →Heteroptera.
Schnaken →Tipulidae.
Schnakerich, *Neides tipularius* L. →Berytidae 1.
Schnauzeneulen →Erebidae C.
Schnauzenfalter →Pyralidae.
Schneckenfliegen →Sciomyzidae.
Schneckenräuber →Elateridae B5.
Schneckenspinner →Limacodidae.
Schneeballblattkäfer, *Pyrrhalta viburni* Payk. →Chrysomelidae K2.
Schneefliegen, *Chionea* →Tipulidae 1.
Schneefloh, *Boreus hyemalis* L. →Boreidae; *Desoria nivalis* Carl →Isotomidae, →Collembola.
Schneeinsekten; Bezeichnung für Insekten, die im Winter (manchmal sogar auf Schnee) aktiv sind; →Boreidae; →Collembola; →Cynipidae; →Geometridae; →Tipulidae 1; →Trichoceridae.
Lit: Strübing 1958.
Schneemücken, *Chionea* →Tipulidae 1.

Schneespanner, *Phigalia pilosaria* Den. & Schiff. →Geometridae C14.

Schneewürmer →Cantharidae.

Schneider →Tipulidae.

Schneiderbock, *Monochamus sartor* F. →Cerambycidae E2.

Schnellkäfer →Elateridae.

Schnellschwimmer, *Agabus* →Dytiscidae 6.

Schnepfenfliegen →Rhagionidae.

Schönbär, *Callimorpha dominula* L. →Erebidae K12.

Schoenitemnus →Rhynchitidae 1.

Schopfstirnmotten →Tischeriidae.

Schreckensteinia →Schreckensteiniidae.

Schreckensteiniidae, Sonnenmotten; Fam. der Schmetterlinge (Lepidoptera, Glossata); in Eur & Dt nur *Schreckensteinia festaliella* Hbn. (Flspw. 12 mm); die schlanken, lang befransten Flügel werden in Ruhe flach und leicht abgespreizt gehalten; Raupen auf Brombeer- und Himbeerblättern, schaben offene Gänge erst auf der Unter- dann der Oberseite; Verpuppung in einem weiten, offenen, netzreusenartigen Gespinst; vor dem Schlupf schiebt sich die Puppe mit ihrem beweglichen Unterleib aus dem Gespinst.
Lit. →Lepidoptera.

Schreiber, *Bromius obscurus* L. →Chrysomelidae F.

Schrillorgane →Stridulationsorgane.

Schröter →Lucanidae.

Schuppenameisen →Formicidae C.

Schusterbock, *Monochamus sutor* L. →Cerambycidae E2.

Schüttelkrankheit; das zuweilen massenhafte Abfallen von Pflaumen, bedingt durch die Larven der Pflaumensägewespen (*Hoplocampa*) →Tenthredinidae 9.

Schwaben →Blattidae.

Schwalbenflöhe →Siphonaptera, G.

Schwalbenlausfliege, *Stenepteryx hirundinis* L. →Hippoboscidae 5.

Schwalbenschwanz, *Papilio machaon* L. →Papilionidae 1.

Schwalbenwanze, *Oeciacus hirundinis* Jen. →Cimicidae.

Schwamm; bisweilen gebrauchte Bezeichnung für das mit Haaren bedeckte Gelege mancher Schmetterlinge; →Erebidae J: Lymantriinae; →Lasiocampidae.

Schwammbreitrüssler, *Platyrhinus resinosus* Scop. →Anthribidae 1.

Schwammfliegen →Sisyridae.

Schwammgallwespe, *Biorhiza pallida* Ol. →Cynipidae 2.

Schwammkäfer →Ciidae.

Schwammkugelkäfer; *Agathidium* →Leiodidae.

Schwammspinner, *Lymantria dispar* L. →Erebidae J4.

Schwan, *Euproctis similis* Fuessly →Erebidae J7.

Schwänzeltanz, schwänzeln Schwänzeln →Apidae E3.

Schwärmer →Sphingidae.

Schwarmmücken →Chironomidae.

Schwarze Birnenblattwespe, *Pristiphora abbreviata* Htg. →Tenthredinidae 11.

Schwarze Bohnenlaus, *Aphis fabae* Scop. →Aphididae 21.

Schwarze Feigenfliege, *Silba virescens* Marq. →Lonchaeidae.

Schwarze Fliege, *Heliothrips haemorrhoidalis* Bou. →Thripidae 1.

Schwarze Garteneule, *Melanchra persicariae* L. →Noctuidae 32.

Schwarze Heidelibelle, *Sympetrum danae* Sulz. →Libellulidae 4.

Schwarze Holunder(blatt)laus, *Aphis sambuci* L. →Aphididae 9; vgl. auch →Coccinellidae 2.

Schwarze Kiefernholzwespe, *Xeris spectrum* L. →Siricidae.

Schwarze Kirschenblattwespe, *Caliroa cerasi* L. →Tenthredinidae 8.

Schwarze Kirschenlaus, *Myzus cerasi* F. →Aphididae 5.

Schwarze Moorameise, *Formica picea* Nyl. (früher als *transkaucasica* Nass. bezeichnet) →Formicidae C10.

Schwarze Pflaumensägewespe, *Hoplocampa minuta* Chr. →Tenthredinidae 9.

Schwarze Stachelbeerblattwespe, *Pristiphora appendiculata* Htg. →Tenthredinidae 6.

Schwarzer Apollo, *Parnassius mnemosyne* L. →Papilionidae 5.

Schwarzer Getreidenager, *Tenebroides mauritanicus* L. →Trogossitidae E.

Schwarzer Kohlerdfloh, *Phyllotreta atra* F. →Chrysomelidae L1.

Schwarzer Kornwurm, *Sitophilus granarius* L. →Curculionidae B1.

Schwarzer Moderkäfer, *Ocypus olens* Müll. →Staphylinidae A1.

Schwarzer Wasserspringer, *Podura aquatica* L. →Poduridae.

Schwarzer Wurm, *Xyleborus monographus* F. →Curculionidae P1.

Schwarzes Ordensband, *Mormo maura* L. →Noctuidae 10.

Schwarzfleckiger Bläuling, *Phengaris arion* L. →Lycaenidae C6.

Schwarzgraue Wegameise, *Lasius niger* L. →Formicidae C4.

Schwarzkäfer →Tenebrionidae.

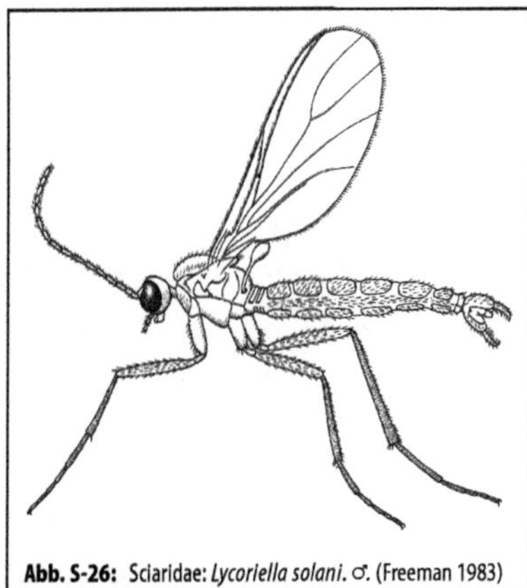

Abb. S-26: Sciaridae: *Lycoriella solani.* ♂. (Freeman 1983)

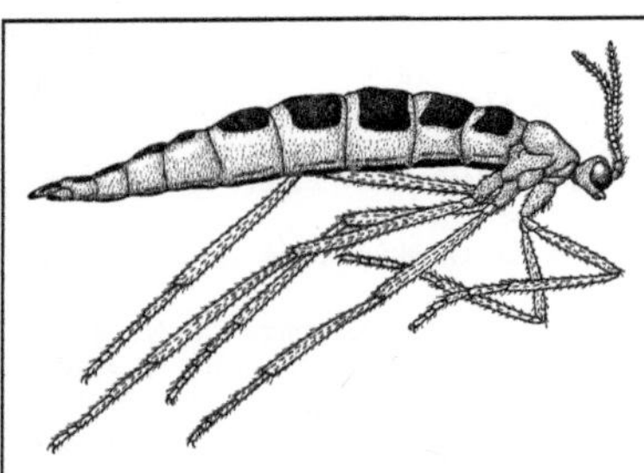

Abb. S-27: Sciaridae: *Epidapus gracilis.* ♀, 1–2 mm; das ♂ ist geflügelt. (nach Original Rudzinski 1989)

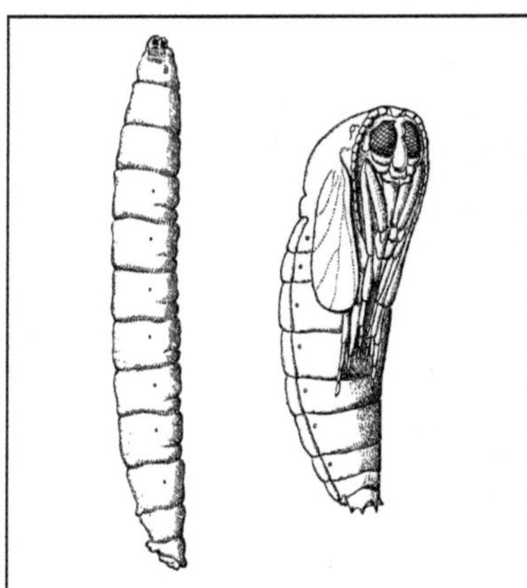

Abb. S-28: Sciaridae. Links: Larve unbekannter Art, 7 mm; rechts: *Lycoriella auripila*, Puppe, 4 mm. (Brauns 1954a)

Schwarzköpfiger Wurm, *Eupoecilia ambiguella* Hbn. →Tortricidae 27.

Schwarzspanner, *Odezia atrata* L. →Geometridae E2.

Schwarz-weiße Erdwanze, *Tritomegas bicolor* L. →Cydnidae B.

Schwebebienen, *Melitturga* →Andrenidae 3.

Schwebfliegen →Syrphidae.

Schweinelaus, *Haematopinus suis* L. →Haematopinidae.

Schweißbienen, *Halictus* →Halictidae 4; vgl. auch →Strepsiptera B3.

Schwertschrecken →Conocephalidae.

Schwertwespen →Xiphydriidae.

Schwimmkäfer →Dytiscidae.

Schwimmwanzen →Naucoridae.

Schwingfliegen →Sepsidae.

Sciara →Sciaridae.

Sciaridae, Trauermücken; Fam. der Zweiflügler (Diptera, Bibionomorpha) mit in Eur ± 700, M-

Eur ± 500, Dt ± 415 Arten; mit gleichförmigem Aussehen: Imagines klein (1–6 mm, selten bis 10 mm), meist düster gefärbt [**S-26**]; Komplexaugen häufig über den Antennen durch eine Brücke verbunden; Flügelrückbildung verschiedenen Ausmaßes kommt vor (bei *Epidapus* [**S-27**], *Pnyxia* fehlen auch die Halteren!); zuweilen unterschiedlicher Grad der Rückbildung bei Vertretern der gleichen Art. Bevorzugt an feuchten, schattigen, windstillen Stellen; häufig auch in Wohnungen (kommen vermutlich aus Zimmerpflanzen); manche Arten in Höhlen. Stechen nicht, nehmen nur Flüssigkeit zu sich; eher gute Läufer, schwache Flieger, keine Schwarmbildung, **Kopulation** auf dem Boden; die ♂♂ nähern sich einem ♀ mit halb geöffneten und schnell vibrierenden Flügeln; zur Begattung rotieren die ♂♂ das letzte Hinterleibssegment (Hypopygium) um 180°; Eiablage in Spalten, meist in Schnüren oder Ballen von bis zu 30 Stück, maximal 170 pro ♀; nach 4–30 Tagen schlüpfen die Junglarven. **Larven** eucephal, der glänzend schwarze Kopf in starkem Kontrast zum weißen Körper [**S-28**]; Kriechwülste kaum angedeutet, das Endsegment mit einem lappenförmigen Fortsatz wird zur Fortbewegung eingesetzt; 4 Larvenstadien: im 1. Larvenstadium →metapneustisch, dann →propneustisch (am Hinterleib mit winzigen, nicht funktionierenden Stigmen), schließlich im letzten Stadium →hemipneustisch; viele verzehren zerfallendes pflanzliches und tierisches Material (wichtige Streuzersetzer in Waldböden, bis zu 2600 Lar-

ven pro Quadratmeter), wohl um an das darin wachsende Pilzmycel zu gelangen; man findet sie im Boden, unter Rinde und in Baumstubben (z. B. *Xylosciara*, *Trichosia*-Arten) bisweilen unter dem Schutz einer schleimigen Gespinstschicht (*Cratyna*, *Xylosciara*); andere bohren in Pilzen (→Pilzmückenblumen), minieren in Blättern und Stängeln (z. B. *Phytosciara*), fressen an Wurzeln, finden sich in tierischen Exkrementen, einige in Vogelnestern und Säugerbaue: *Sciara hebes* Loew, verschiedene *Trichosia*, *Bradysia* (regelmäßig?); manche Arten können in Gewächshäusern schädlich werden (*Cosmosciara perniciosa* Edw. an Gurken, *Lycoriella ingenua* Duf. an Pilzen), möglicherweise dann, wenn sich zu Anfang eine große Anzahl Fliegen in einer bereits erkrankten Pflanze entwickeln konnte; *Bradysia ocellaris* Comst. (= *tritici* Coq.) ist bei Orchideenzüchtern als „Torffliege" bekannt; *Pnyxia scabiei* Hopk. (Kartoffelschorfmücke) tritt bei Kartoffeln als Schädling auf, i. d. R. zusammen mit dem Kartoffelschorf; besonders durch Wurzelfraß begünstigen die Larven Krankheitserreger; Trauermückenlarven nicht selten in Massen zusammen; bei einer Reihe von Arten neigen sie im Sommer (VII–VIII) bei feuchtem Wetter und v. a. nachts dazu, sich in riesiger Zahl zu **Wandergesellschaften** zu vereinigen, am bekanntesten bei *Sciara hemerobioides* Scop. und *S. militaris* Now.; („Heerwurm"; bis 10 m Gesamtlänge und 15 cm Breite, Wandergeschwindigkeit 1 m/h); die Bedeutung liegt wohl im Aufsuchen eines geeigneten Verpuppungsplatzes. **Verpuppung** nach 2–3 Wochen am Fraßplatz der Larven in einer Puppenwiege, die mit Sekreten der Mandibeldrüse ausgekleidet wird; Imagines schlüpfen nach 1 Woche, ihre Lebensdauer 2–10 Tage mehrere (bis zu 9) Generationen im Jahr, **Überwinterung** wohl als 4. Larvenstadium.
Lit. →Diptera; Binns 1981; Freeman 1983; Menzel 1999.
Sciomyzidae, Hornfliegen Schneckenfliegen; Fam. der Zweiflügler (Diptera, Brachycera, Cyclorrhapha) mit in Eur ± 135, M-Eur 96, Dt 83 Arten; meist kaum mittelgroßen (3–9 mm) Imagines mit auffallend vorgestreckten Antennen (Name!); häufig mit hellen, dunkel gefleckten oder mit bräunlichen, hell gefleckten Flügeln [**S-29**]. Meist in der Nähe von Gewässern, aber auch in mittelfeuchten Wäldern (z. B. *Pherbellia*-Arten auf Totholz); ruhen kopfunter an Pflanzen. **Ernährung** mit Pollen, Nektar, toten Insekten, Insekteneiern und Schleim von lebenden Schnecken. **Eiablage** auf Schnecken oder – oft in deren Nähe – auf Pflanzen. **Larven** ventral

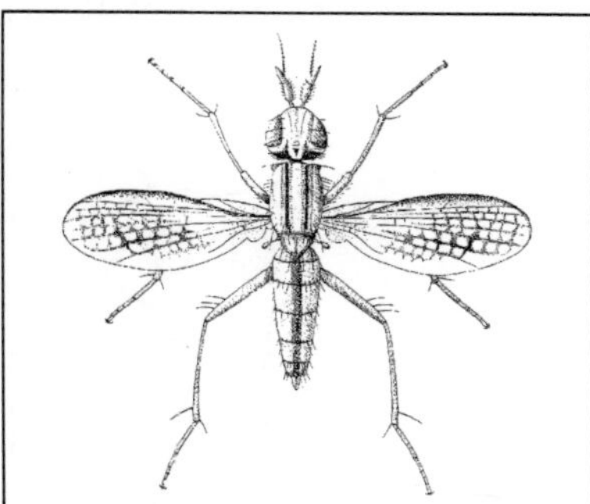

Abb. S-29: Sciomyzidae: *Limnia unguicornis*, Hornfliege. ♀, 5–7 mm. (Séguy 1951a)

etwas abgeflacht; leben hauptsächlich von Wasser- und Landschnecken, wenige von Muscheln: a) als Jäger (z. B. *Elgiva solicita* Harr.), die selbst mehrfach größere Wasserschnecken angreifen und töten; b) als →Parasitoide von Landschnecken (z. B. *Limnia unguicornis* Scop. [**S-29**] an der Bernsteinschnecke *Succinea putris*, einige *Tetanocera*- und *Euthycera*-Arten an Nacktschnecken) und von Muscheln der Fam. Sphaeriidae (*Renocera*, *Ilione lineata* Fall.); fressen von außen (z. B. von der Mantelhöhle her) oder von innen an ihrem Wirt und töten ihn schließlich – mitunter durch Gift; fallen nach Verzehr der Leiche als Jäger weitere Schnecken an oder verpuppen sich schon im Haus der ersten; c) als Verzehrer von Schneckeneiern und Embryonen (*Anticheta*); Larvenstadien einer Art können sich in ihrer Ernährungweise unterscheiden; Wirtsspezifität unterschiedlich ausgeprägt; einige Arten sind streng →monophag, z. B. *Colobaea bifasciella* Fall. [**S-32**] bei *Galba truncatula* (Kleine Schlammschnecke), *Colobaea pectoralis* Zett. [**S-31**] bei *Planorbis planorbis* (Tellerschnecke); die Mehrzahl wohl weniger spezialisiert: *Colobaea punctata* Lundb. z. B. befällt Lymnaeidae und Planorbidae; manche aquatischen Larven halten sich an der Wasseroberfläche auf, erleichtert durch 4 (*Sepedon*), bzw. 8 (*Tetanocera*) unbenetzbare, die offenen Hinterstigmen umgebende Papillen, die beim Luftschöpfen weit gespreizt dem Oberflächenhäutchen aufliegen [**S-30**]; bemerkenswert die jagenden *Sepedon*-Arten, deren aquatische Larven Luft in den Vorderdarm schlucken und so genügend Auftrieb haben, um selbst mit erbeuteten Schnecken sich unmittelbar unter der Wasseroberfläche aufhalten zu können; aktive Fortbewegung

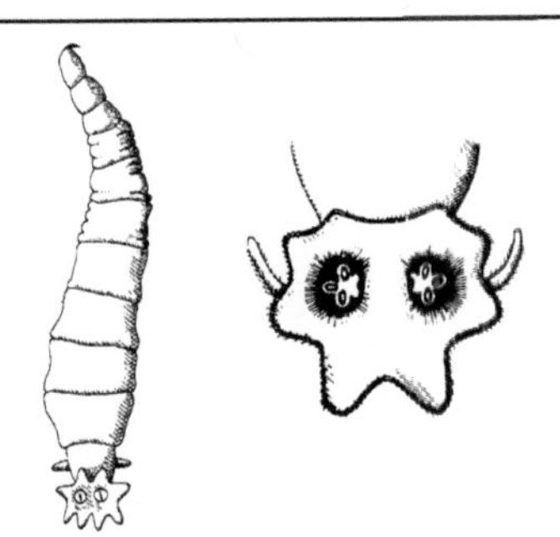

Abb. S-30: Sciomyzidae. Links: *Tetanocera* spec., Larve, 10 mm; rechts: *Sepedon* spec., Larvenhinterende mit Stigmen. (Karny 1934)

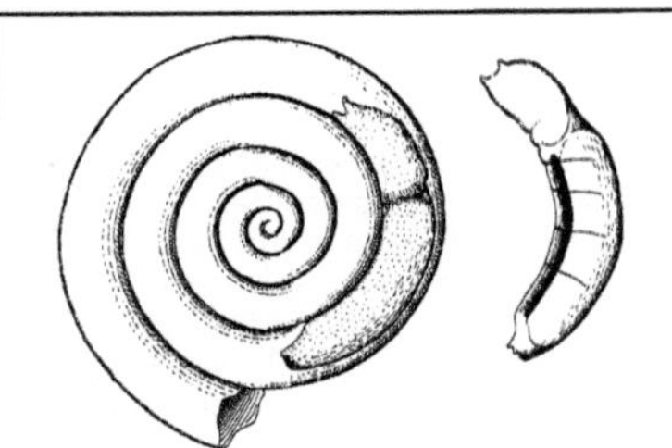

Abb. S-31: Sciomyzidae: *Colobaea pectoralis*. Puparium in *Planorbis vortex* und (rechts daneben) herausgenommen. (Wesenberg-Lund 1943)

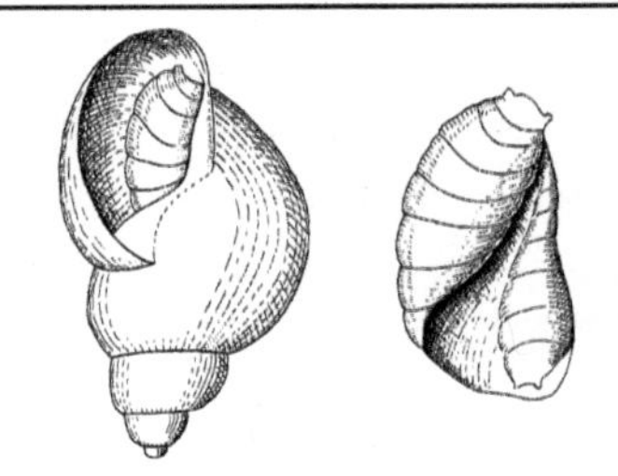

Abb. S-32: Sciomyzidae: *Colobaea bifasciella*. Puparium in *Lymnaea truncatula* und (rechts daneben) herausgenommen. (Wesenberg-Lund 1943)

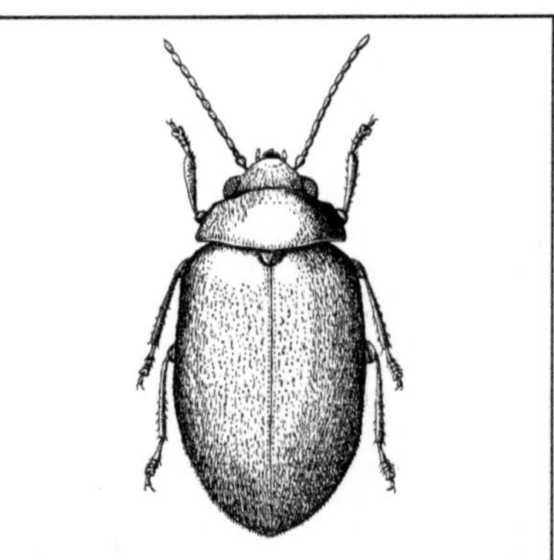

Abb. S-33: Scirtidae: *Contacyphon variabilis*, Jochkäfer. 3 mm. (Bechyně 1954)

dabei durch 2 völlig verschiedene Schwimmbewegungen; nur *Renocera*-Larven können unter Wasser atmen. Die dickliche *Sepedon*-Puppe (ca. 7 mm) hinten mit 2 Atemröhren, die mit kurzen Härchen besetzt sind; berührt damit im Spülicht des Ufersaums die Wasseroberfläche; überwintert hier; **Verpuppung** der *Tetanocera*-Larven an Land (z. B. in Moos), der Larven von *Colobaea* [**S-31**] und *Salticella* im Haus der zuletzt verzehrten Schnecke, in der Körperform bisweilen der Windung angepasst [**S-32**]. – Sciomyzidae erlangen zunehmend Bedeutung bei der biologischen Bekämpfung von Schnecken, die, v. a. in den Tropen und Subtropen, Zwischenwirte von z. T. sehr gefährlichen Parasiten von Mensch und Nutztieren sind.
Lit. →Diptera; Berg & Knutson 1978; Knutson & Vala 2011; Wesenberg-Lund 1943.
Sciophilidae; als U-Fam. **Sciophilinae** der →Mycetophilidae geführt.
Scirtes →Scirtidae.

Scirtidae (Helodidae), Jochkäfer, Sumpfkäfer; Fam. der Käfer (Coleoptera, Polyphaga) mit in Eur ± 105, M-Eur 29, Dt 26 Arten; kleine (2–6 mm), ovale, dicht und fein behaarte Käfer [**S-33**], manche Arten in individuenreichen Populationen (z. B. *Contacyphon padi* L., *Scirtes haemisphaericus* L.). Die fluglustigen Imagines (fast immer) an Land, meist in Wassernähe; *Scirtes* mit kräftigen Sprungbeinen (Sprünge bis 30 cm); Ernährung kaum bekannt: manche vermutlich ohne Nahrungsaufnahme (z. B. *Scirtes*), andere nehmen Pollen, Pilzsporen- und fäden zu sich (*Contacyphon*), auch die Aufnahme von →Honigtau möglich; die vermutete jagende Ernährung bisher bei keiner Art beobachtet; *Contacyphon*-Arten schwärmen v. a. nachmittags und abends (kommen auch ans Licht); bei einigen *Contacyphon*-Arten führt das ♀ bei der **Paarung** einen Teil ihres seines Geschlechts-

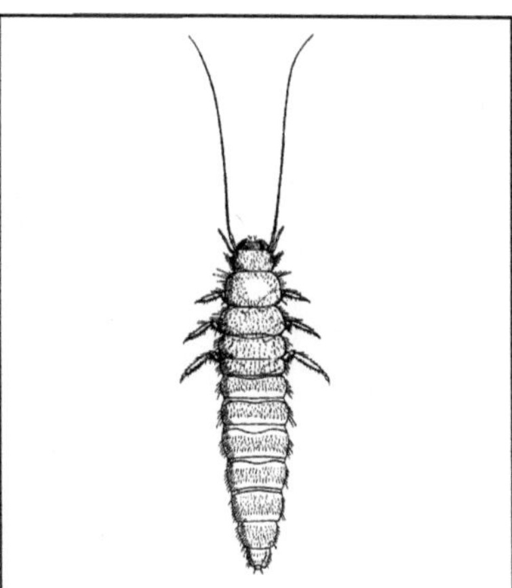

Abb. S-34: Scirtidae: *Contacyphon* spec. Larve eines Jochkäfers. 5,5 mm. (Wesenberg-Lund 1943)

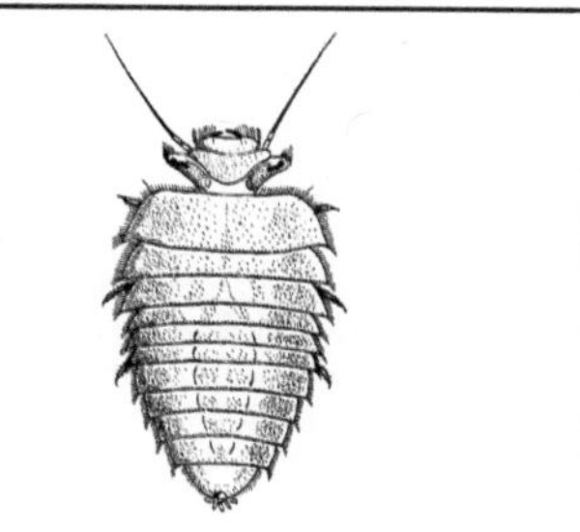

Abb. S-35: Scirtidae: Larve von *Elodes minuta*, Jochkäfer. 6 mm. (Wesenberg-Lund 1943)

apparats (den Prehensor) in die Geschlechtsöffnung des ♂ ein, um die Spermatophore zu übernehmen! Die aquatischen, lichtscheuen **Larven** leben v. a. im Falllaub, teils in Bächen (z. B. *Elodes*: auch in Gräben; *Hydrocyphon*), teils in stehenden Gewässern (*Contacyphon, Microcara, Scirtes*), selbst in kleinsten Wasseransammlungen in ausgefaulten Baumstubben, Astlöchern u. Ä. (*Prionocyphon, Sacodes*), die von *Contacyphon palustris* Thoms. auch im Grundwasser gefunden; in Fließgewässer eher schlank [**S-34**], in Stillgewässern mehr gedrungen, asselartig [**S-35**], mit auffallend langen, geringelten Antennen; schwimmen nicht, sondern kriechen oder klettern, vermögen in Rückenlage auch unter dem Oberflächenhäutchen zu kriechen; Luftaufnahme an der Wasseroberfläche oder aus Luftblasen im Wasser durch das offene Stigmenpaar am 8. Hinterleibssegment, die aufgenommene Luft wird in zu Säcken erweiterten Längstracheen gespeichert; mit einer an den Stigmen durch Haare festgehaltenen, mit dem Luftvorrat in den Tracheen verbundenen Luftblase wird weiterer Sauerstoff durch Diffusion aus dem Wasser aufgenommen; 5 (bei *Scirtes* 7) aus dem After ausstülpbare Analpapillen dienen der osmoregulatorischen Ionenaufnahme; fressen lockere Sinkstoffe, die mit den Kammborsten auf der Maxille zusammengefegt, durch einen Filterapparat aus verschiedenen Zähnchen und Borstenreihen auf Epi- und Hypopharynx sortiert, mit Borstenfeldern auf der Innenseite der Mandibel aufgenommen und dann mit der

Mandibel bearbeitet werden; wegen des geringen Nährstoffgehalts rasche Aufnahme großer Mengen; etwa 9–11 Larvenstadien. **Verpuppung** meist an Land: frei in der Uferstreu, Torfmoospolstern u. Ä. (*Contacyphon, Microcara*), in einer mit den Mandibeln ins Ufer gegrabenen Erdhöhle (z. B. *Elodes*), oder in der von der Larve bewohnten Baumhöhle oberhalb des Wasserspiegels (*Prionocyphon*); vor der Verpuppung unter Wasser bohren Larven von *Scirtes* mit ihren Mandibeln das Luftkanalsystem einer Wasserpflanze an, die von einem Luftfilm umgebene Puppe steckt dann mit ihrem Vorderkörper in der Öffnung; die weiteste Anpassung aller Käferpuppen ans Wasserleben bei *Hydrocyphon deflexicollis* Müll.: Puppe im Wasser unter Steinen, umgeben von einer Luftblase, →Plastron; nach dem Schlupf schreitet der durch die Behaarung unbenetzbare Käfer aus dem Wasser. **Überwinterung** meist als Larve, bei einigen *Contacyphon*-Arten als Imago unter Steinen, Rinde oder im abgestorbenen Schilf.
Lit. →Coleoptera; Klausnitzer 2009; Wesenberg-Lund 1943; Wichard et al. 2013.
Sclerodermus →Bethylidae.
Scolia →Scoliidae.
Scoliidae, Dolchwespen; Fam. der Hautflügler (Hymenoptera, Apocrita, Vespiformes) mit in Eur 19, M-Eur 6 Arten, in Dt 2 mittelgroße bis stattliche Arten: *Scolia hirta* Schr. (12–25 mm) und *Scolia sexmaculata* Müll. (9–15 mm); beide haben im Bestand ebenso abgenommen wie die größte europäische Wespe, *Megascolia maculata* Dr. (♀ bis 40 mm), deren Larve an den Engerlingen des Nashornkäfers lebt, und die bis ins südl. M-Eur vorkommt; Hauptverbreitung in den Tropen und Subtropen; Imagines häufig auf Blüten Nektar leckend. Das ♀ sucht zur **Eiablage** im Boden lebende Engerlinge von →Scarabaeidae (unter den heimischen Gttgn.

v. a. *Anomala, Anisoplia, Cetonia*), die es bis zu 1 m Tiefe mit Chemorezeptoren der Antennen von der Erdoberfläche aus oder im Flug orten kann; es gräbt sich zu ihnen vor, paralysiert sie durch einen gezielten Stich mit dem Giftstachel in ein bestimmtes Bauchganglion und legt 1 Ei an die Bauchseite. Die geschlüpfte Wespen**larve** frisst als **Ektoparasitoid** an der noch lebenden, aber bewegungsunfähigen Wirtslarve; eine Wirtsspezifität ist nicht festzustellen, es besteht aber eine Relation zwischen der Größe des Parasitoiden und der seines Wirtes. **Verpuppung** nach 2–3 Wochen in einem Kokon in der Erdhöhle der Wirtslarve; in M-Eur nur 1 Generation im Jahr.

Lit. →Hymenoptera; Betrem 1935; Betrem & Bradley 1964a, b; Day et al. 1981; Hamon 1993; Oehlke 1974; Osten 1988, 1991.

Scolioidea; Gruppe parasitoider Stechimmen (Aculeata, →Hymenoptera); heimisch nur die Fam. →Scoliidae.

Scoliocentra →Heteromyzidae.

Scolioneura →Tenthredinidae 18.

Scoliopteryginae, *Scoliopteryx* →Erebidae A.

Scoloposcelis →Anthocoridae.

Scoloposthethus →Rhyparochromidae.

Scolothrips →Thripidae, →Thysanoptera.

Scolytidae, Scolytinae →Curculionidae P.

Scolytus →Curculionidae P2, P5, P7.

Scopa →Anthophila.

Scopula →Geometridae D.

Scraptia →Scraptiidae 1.

Scraptiidae; Fam. der Käfer (Coleoptera, Polyphaga, Cucujiformia) mit in Eur 86, M-Eur 33, Dt 25 Arten; kurzlebige kleine (meist um 3 mm), weiche, kurzbehaarte kurz behaarte Käfer; die schlanken Larven entwickeln sich in morschem, verpilztem Holz. 2 im Aussehen deutlich verschiedene U-Fam.:

1. Scraptiinae, Seidenkäfer, mit 15 Arten in Eur; in Dt nur die verbreitete, aber seltene *Scraptia fuscula* Müll. (um 2,5 mm): zarter, seidig behaarter, düsterbrauner Käfer; Kopf hinten halsartig verschmälert; auf Gebüsch und auf Bäumen am Waldrand. Larven unter Rinde von Laubbäumen (Weiden, Pappeln, Kirschen) gefunden, sollen sich Ameisen anschließen; fressen (auch?) an toten Insekten; ihr Hinterleib mit lappigem Endabschnitt, der bei Bedrohung abgeworfen und während der nächsten Häutung erneuert wird.

2. Anaspidinae, Scheinstachelkäfer; in M-Eur mit 30 Arten v. a. der Gttg. *Anaspis*; früher zu den →Mordellidae gezählt, Kopf schließt ähnlich diesen mit einer Kante eng an den Halsschild an; kleine (1,5–4 mm), bräunliche bis

schwarze (auch 2-farbige) Käfer mit kurzer, anliegender Behaarung und langen Hintertarsen; meist wärmeliebende Sommerarten (als Ausnahme bereits im Frühjahr u. a. *A. frontalis* L.), halten sich vorwiegend auf Blüten auf (manchmal in großer Anzahl); anscheinend Pollenfresser. Häufig: z. B. *A. fasciata* Forster (schwarz, mit gelb-rotem Schulterfleck) in lichten Laub- und Mischwäldern, auf blühenden Sträuchern und Bäumen; *A. varians* Muls. (sehr variabel von schwarz bis rot gefärbt) auf blühenden Apiaceae, auch *Sorbus*, Larven in *Crataegus*.

Lit. →Coleoptera; Svácha 1995.

Scrobipalpa →Gelechiidae, 5.

Scutelleridae, Schildwanzen; Fam. der Wanzen (Heteroptera, Pentatomomorpha) mit in Eur 38, M-Eur 15, Dt 10 Arten; mittelgroße (6–12 mm), meist unscheinbar bräunliche Arten; bemerkenswert durch das riesige Schildchen (Scutellum), das den gesamten Hinterkörper und damit die Flügel bedeckt (ähnlich die Podopinae, →Pentatomidae); Schildchen nach hinten breit gerundet, bei *Odontotarsus* 3-eckig verschmälert; viele Arten mit gewölbtem Körper; Pflanzensaftsauger. An trockenen Stellen weit verbreitet: *Eurygaster maura* L. (8–11 mm); saugt an Gräsern, kann an Getreide schädlich werden; ähnlich *E. testudinaria* Geoffr., Schildkrötenwanze, jedoch an feuchteren Standorten vor (feuchte Wiesen, Moore); eine südöstl. vorkommende Art (*E. integriceps* Puton) ist als Getreideschädling gefürchtet. Durch die braun-violette Längszeichnung auffällig: *Odontotarsus purpureolineatus* Rossi (9–11 mm); selten, in sonnenwarmen Magerrasen; Ablage der Eier in Gruben an den Wurzeln der wichtigsten Wirtspflanze, des Wiesenknopfes (*Sanguisorba*).

Lit. →Heteroptera.

Scydmaenidae, Scydmaeninae, *Scydmaenus* →Staphylinidae B.

Scymnus →Coccinellidae.

Scythrididae, Ziermotten; Fam. der Schmetterlinge (Lepidoptera, Glossata, Gelechioidea) mit in Eur ± 190, M-Eur 58, Dt 32 Arten, meist aus der Gttg. *Scythris;* Falter klein (Flspw. meist 7–15 mm, erreicht selten 20 mm); Vorderflügel oft mit metallisch glänzenden Flecken; meiste Arten Tag-, wenige Dämmerungsflieger, fliegen selten, springen bei Störungen zum Boden und bleiben regungslos liegen; die Raupen fressen an Blättern, Knospen und Blüten, manche Arten Samenfresser an Doldengewächsen, einige an Moosen; Raupen i. d. R. verborgen, entweder frei an Blättern oder in lockerem Gespinst (manche Arten gesellig, z. B. *Scythris limbella* F.,

an Gänsefuß und Melde) oder nach Wicklerart in umgeklappten und zusammengesponnenen Blättern; manche fressen von Gespinstgängen aus, selten minierend; Verpuppung in einem dünnen Kokon.
Lit. →Lepidoptera; Bengtsson 1984.
Scythris →Scythrididae.
Scythropia →Scythropiidae.
Scythropiidae; Fam. der Schmetterlinge (Lepidoptera, Glossata, Yponomeutoidea); früher zu →Yponomeutidae; die einzige Art der Fam. kommt auch in Dt vor: *Scythropia crataegella* L., Weißdornmotte (Flspw. 15 mm); Falter weißlich mit 2 braunen Querbinden auf dem Vorderflügel. Raupen glänzend behaart, ähnlich *Yponomeuta*-Arten gesellig in einem Gespinst, das ganze Büsche (Weißdorn, aber auch Schlehe, Zwergmispel u. a.) überziehen kann; Puppen schwarz, hängen an einem Faden in kugeligen Höhlen in dem Gespinst.
Lit. →Lepidoptera.
Sechszähniger Fichtenborkenkäfer, *Pityogenes chalcographus* L. →Curculionidae P16.
Sechzehnpunkt, *Tytthaspis sedecimpunctata* L. →Coccinellidae.
Sedina →Noctuidae.
Seerosenzirpe, *Erotettix cyane* Boh. →Cicadellidae A3.
Segelfalter, *Iphiclides podalirius* L. →Papilionidae 2.
Segellibellen →Libellulidae.
Sehirus →Cydnidae B.
Seidelbastprachtkäfer, *Agrilus integerrimus* Ratz. →Buprestidae 7.
Seidenbienen, *Colletes* →Colletidae 1; vgl. auch →Apidae B2, →Bombyliidae, →Meloidae.
Seideneulchen →Erebidae B.
Seidenkäfer, *Scraptiinae* →Scraptiidae 1.
Seidenspinner →Bombycidae; →Saturniidae.
Sekundärparasitoid →Parasitoid.
Sekundärwirt, Nebenwirt, Sommerwirt; bei wirtswechselnden Blattläusen (→Aphidina) die Pflanze, auf der die vom Primärwirt übergewanderten Formen leben.
Selandria →Tenthredinidae 1.
Selatosomus →Elateridae 3.
Selleriefliege, *Euleia heraclei* L. →Tephritidae 5.
Semiaphis →Aphididae 19.
Semidalis →Coniopterygidae.
semisoziale Insekten →soziale Insekten; →Anthophila.
Senfweißlinge, *Leptidea* →Pieridae 7.
Senotainia →Sarcophagidae C; vgl. auch →Philanthidae 1.
Sepedon →Sciomyzidae.
Sepedophilus →Staphylinidae E.

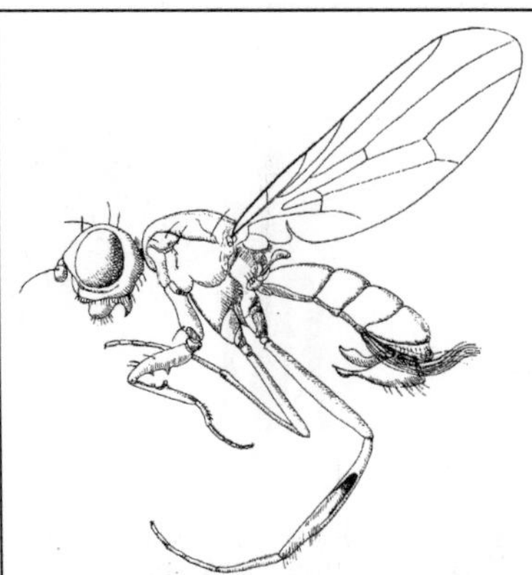

Abb. S-36: Sepsidae: *Themira putris*. ♂, 4,5–6 mm, mit einem Haarbüschel am Abdomen; beim ♂ auf den Hinterschienen ein als Duftorgan gedeutetes Organ. (Séguy 1951a)

Sepsidae, Schwingfliegen; Fam. der Zweiflügler (Diptera, Brachycera, Cyclorrhapha) mit in Eur 43, M-Eur 34, Dt 31 Arten; Imagines meist klein (2–6 mm) und düster, etwa ameisenähnlich; die Vorderbeine der ♂♂ oft mit stark verlängerten Hüften und auffälligen Borsten und Höckern an Femur und Tibia zum Festhalten der ♀♀ bei der Kopula (z. B. *Themira putris* L. [S-36]); Flügel bei *Sepsis* mit schwarzem Punkt im Spitzenbereich; der Duft nach Melisse bei beiden Geschlechtern mancher Arten stammt vom Sekret zweier Duftdrüsen, die in den Enddarm münden; die ♂♂ vieler Arten außerdem mit Duftdrüsen an den Hinterschienen, die offenbar einen Sexuallockstoff absondern. Oft in Mengen auf Kot, Aas, Jauche; häufig auf Doldenblüten; Massenansammlungen (> 10 10.000 Exemplare) von *Sepsis fulgens* Meig. bekannt. ♂♂ und ♀♀ führen beim Laufen oft mit halb angehobenen Flügeln rhythmisch-schwingende Bewegungen aus (ähnlich z. B. →Lonchaeidae; Bedeutung?); bei manchen Arten gibt es Schwarmflüge im Schatten dicht über dem Boden. Die **Eier** werden, oft mit dem ♂ auf dem Rücken, in das Nährmaterial der Larven gedrückt; ein fadenförmiger Anhang der Eihülle, der durch Vorziehen und Anheben der Legeröhre hochgezogen wird, dient der O_2-Versorgung bei der Embryonalentwicklung. Die mit feinen Dörnchen besetzten **Larven** leben in Exkrementen, jauchigen Flüssigkeiten, selten auch in Aas, verfaulenden Pflanzen und Pilzen; die Larven von *Orygma luctuosum* Meig. (an der

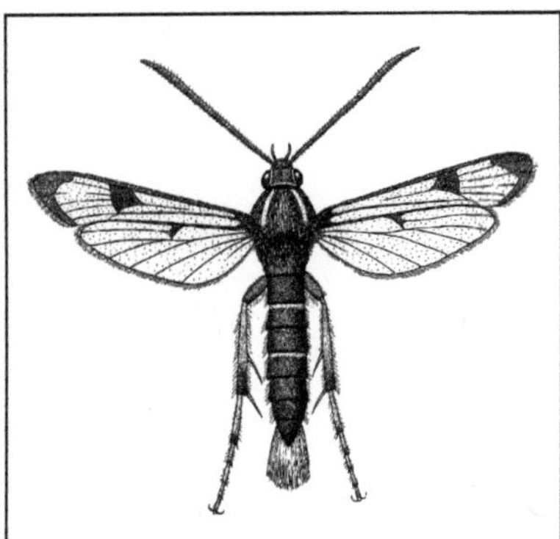

Abb. S-37: Sesiidae: *Synanthedon scoliaeformis*, Birken-glasflügler. Flspw. 24–32 mm. (Novak & Severa 1983)

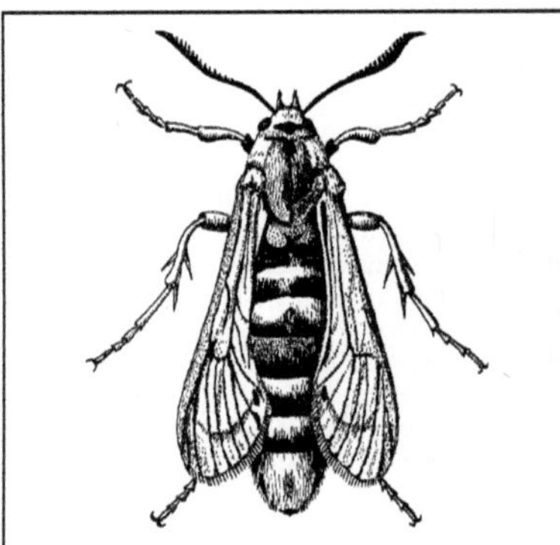

Abb. S-38: Sesiidae: *Sesia apiformis*, Hornissenglasflügler. Flspw. ca. 31 mm. (Brauns 1991)

Meeresküste) in verrottendem Tang. Ausfliegende Imagines werden von Nematoden-Larven (z. B. *Diplogaster*) als Transportmittel zu einem frischen Dunghaufen benutzt (**Phoresie**; Umsteigen auf ♀♀ während der Kopula; Transport oft im Uterus, Absteigen während der Eiablage). Lit. →Diptera.

Sepsis →Sepsidae.

Serica →Scarabaeidae C4.

Sericidae, Sericinae →Scarabaeidae C.

Sericoderus →Corylophidae.

Sericostoma →Sericostomatidae; →Trichoptera.

Sericostomatidae; Fam. der Köcherfliegen (Trichoptera) mit in Eur 29, M-Eur 5, Dt 4 Arten aus 4 Gttgn., heimisch *Sericostoma, Oecismus, Notidobia*; ♂♂ mit stark verdicktem Endglied der Maxillarpalpen, wird wie eine Maske vor dem Gesicht getragen [**T-93**]; die Imagines meist an, die Larven in rasch fließenden Gewässern (selten an Seeufern), fressen pflanzlichen Detritus; die Larven →eruciform; Köcher [**T-100**] glatt, gebogen und konisch, meist aus feinen Sandkörnchen (bei *Notidobia* aus Steinchen), hinten durch eine Membran mit zentralen Loch geschlossen. Lit. →Trichoptera.

Serratella; →Ephemerellidae.

Serromyia →Ceratopogonidae.

Serropalpidae; Synonym zu →Melandryidae.

Serropalpus →Melandryidae.

Serviformica →Formicidae C8–11.

Sesia →Sesiidae 1.

Sesiidae, Glasflügler; Fam. der Schmetterlinge (Lepidoptera, Glossata, Sesioidea) mit in Eur 113, M-Eur 53, Dt 36 Arten; Hauptkennzeichen der kleinen bis mittelgroßen, schmalflügeligen, schnell fliegenden Falter ist das großflächige Fehlen der Beschuppung auf Vorder- und zumal Hinterflügeln; Hinterleibsende bei ♀♀ oft mit buschiger Beschuppung [**S-37**], bei ♂♂ schlank und unauffällig beschuppt; Saugrüssel meist gut entwickelt, manche saugen nach Art der Schwärmer im Flug; Habitus wespen- oder schnakenartig, auch durch die oft lebhafte schwarz-gelbe oder schwarz-rote Zeichnung (→Mimikry, Mimese); fliegen tagsüber, manche auch noch in der späten Dämmerung. Weiße, schwach beborstete **Raupen** mit sklerotisierter brauner Kopfkapsel; nur die 4 vorderen Afterfußpaare mit charakteristisch unterbrochenem Häkchenkranz, die Nachschiebern am hintersten Abdominalsegment mit Halbkranz; einige fressen in Wurzeln (auch von Kräutern), die meisten aber im Innern der Stämme und Zweige von Holzgewächsen, manchmal in Gallbildungen [**S-40**]; Hauptnahrung: Pflanzensäfte. In krautigen Pflanzen meist 1 Generation im Jahr, in Gehölzen mit 2- oder mehrjähriger Entwicklung (z. B. *Sesia apiformis*); **Verpuppung** in der Fraßpflanze oder im Boden, meist in einem Gespinstkokon; die am Hinterleib mit Dornenkränzen versehene Puppe recht beweglich, windet sich vor dem Schlüpfen des Falters etwa zur Hälfte aus dem Kokon, nachdem sie mit ihrem Stirnfortsatz eine Öffnung aufgerissen bzw. erweitert hat; einige Arten durch Raupenfraß zuweilen schädlich. **Parasitoide**: →Ichneumonidae (*Liotryphon, Lissonota*-Arten) und →Braconidae (*Bracon*); bei holzbewohnenden Larven verbreitet *Leskia aurea* (→Tachinidae).

1. *Sesia apiformis* Cl., Hornissenglasflügler, Großer Pappelglasflügler [**S-38**]; stattlichste

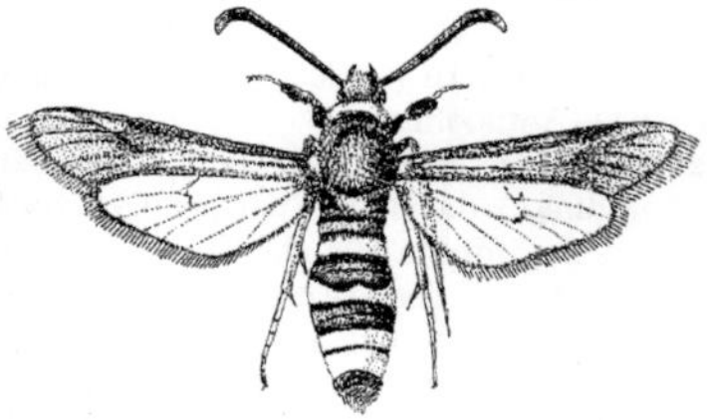

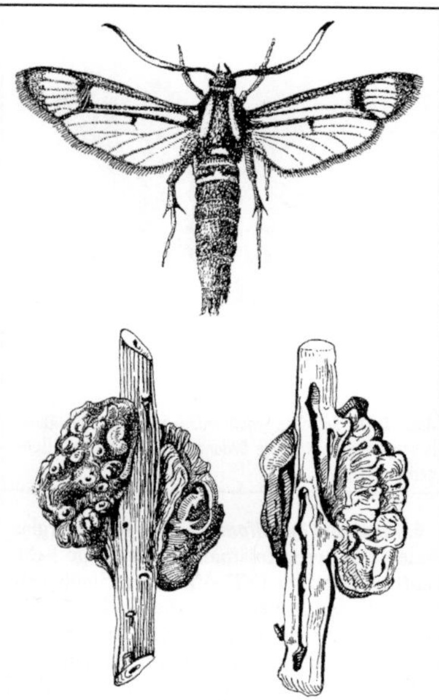

Abb. S-39: Sesiidae: *Paranthrene tabaniformis*, Kleiner Pappelglasflügler. Flspw. ca. 35 mm. (Forster & Wohlfahrt 1954–81)

heimische Art (Flspw. 30–45 mm), nach Größe und Zeichnung und z. T. auch im Verhalten hornissenähnlich (träge, verlässt sich auf ihre seine „Warntracht", Summen summt beim Flug); fliegt V–VIII in wärmeren, feuchteren Gebieten. **Eiablage** an den unteren Teilen der Fraßbäume (v. a. Pappel, daneben Weide); nicht selten freies Fallenlassen der zahlreichen kleinen Eier; Eizeit etwa 4 Wochen. **Raupe** in unteren Stammteilen und größeren Wurzeln, zunächst in der Rinde und nach Überwinterung im Holz; Kot ähnlich Sägespänen, aus einem Loch ausgestoßen; der die Raupe bergende Stammteil zuweilen etwas verdickt; nach nochmaliger Überwinterung im Frühling Nagen eines Schlupflochs für den Falter und **Verpuppung** dicht dahinter in einem aus grobem Nagsel zusammengesponnenen, etwa 2 cm langen Kokon (zuweilen auch Verpuppung im Boden, mit Erdteilchen im Kokon); Kokonbau manchmal schon im Herbst des 2. Jahres. – Schaden zuweilen beträchtlich, v. a. in Baumschulen.

2. *Paranthrene tabaniformis* Rott., Kleiner Pappelglasflügler, Bremsenglasflügler [**S-39**]; kleiner als vorige Art (Flspw. 25–35 mm), Vorderflügel stärker beschuppt; Eiablage an die unteren Teile junger Stämme oder Zweige von Pappeln (auch Weiden); Raupen zunächst außen an der Rinde unter einem mit Kot durchsetzten Gespinst, dann im Innern; können gallenartige Auftreibungen verursachen; 2-malige Überwinterung (zuweilen in von Pappelbocklarven stammenden Gängen; →Cerambycidae 30, 31); Verpuppung im Frühling des 3. Jahres ohne Gespinst in einem bis dicht unter die obere Rindenschicht führenden Gang; zuweilen schädlich.

3. *Synanthedon spheciformis* Den. & Schiff., Erlenglasflügler [**S-40**]; kleine Art (Flspw. 12–15 mm), fliegt V–VI; Lebensweise ähnlich voriger Art, Eiablage jedoch an dünne Erlenstämme (auch Birken), meist einzeln; Raupen zunächst

Abb. S-40: Sesiidae: *Synanthedon spheciformis*, Erlenglasflügler. Falter (Flspw. ca. 30 mm); unten: die von der Raupe von *S. formicaeformis* erzeugte Galle auf Weide (*Salix viminalis*); links: total; rechts: Längsschnitt. (Bourgogne 1951)

unter der Rinde, dann im Holz, Gang ca. 10 cm aufwärts; überwintert 2-mal.

4. *Synanthedon myopaeformis* Bkh., Apfelbaumglasflügler; fliegt im Sommer (VI–VII); Eiablage hauptsächlich an Rindenwunden kränkelnder oder junger Apfelbäume (auch Birne, Pflaume, Quitte, Aprikose, Weißdorn); die Raupen meist zu mehreren unter der Rinde, auch im Holz; verursachen krebsige Rindenwucherungen [**S-41**]; meist 1-jährig, zuweilen 2-jährig; Puppen dicht unter der Rindenoberfläche in einem schwachen, mit Rindenstückchen besetzten Kokon; schieben sich vor dem Schlüpfen des Falters halb aus der Schlüpföffnung vor; zuweilen schädlich.

5. *Synanthedon tipuliformis* Cl., Johannisbeerglasflügler (Flspw. 16–18 mm); legt im Sommer (Flugzeit VI–VIII) die Eier einzeln meist dicht an die Knospen der Ruten von Johannisbeere (auch von Stachelbeere); die Raupen fressen abwärts im Mark der Ruten, in jungen einzeln, in älteren zu mehreren (Schaden durch Absterben der Ruten); einmalige Überwinterung; Verpuppung im Fraßgang dicht unter der Rindenoberfläche.

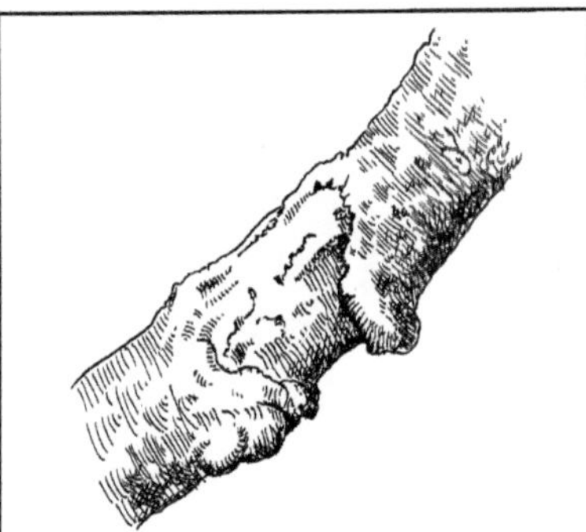

Abb. S-41: Sesiidae: *Synanthedon myopaeformis*, Apfelbaumglasflügler. Krebsige Bildung durch Raupenfraß. (Lengerken 1932)

6. *Pennisetia hylaeiformis* Lasp., Himbeerglasflügler; der verhältnismäßig dickleibige Falter fliegt im Sommer (VII–VIII); als Eiablageort wird teils der Boden, teils die Unterseite der Blätter angegeben; die Raupen fressen im Wurzelstock und im unteren Teil der Ruten, überwintern einmal; Puppe meist unten in den (dann häufig etwas angeschwollenen) vorjährigen Ruten, schiebt sich vor dem Falterschlupf halb aus dem Fraßloch heraus; zuweilen beträchtlicher Schaden.
Lit. →Lepidoptera; Freina & Witt 1997; Laštuvka 1989, 1990; Laštuvka & Laštuvka 1995, 2001; Söntgen & Sengonca 1988; Špatenka et al. 1996; Steffny 1990.
Setina →Erebidae K4.
Setodes →Trichoptera.
Sexualis (Pl.: Sexuales), bei Blattläusen (→Aphidina) die Bezeichnung für die sich geschlechtlich fortpflanzenden Morphen, also das ♂ und das der Begattung bedürftige, stets Eier legende ♀.
Sexuallockstoffe; Sekrete von Duftdrüsen der ♂♂ und ♀♀ einer Art, die dem Anlocken oder Stimulieren des Geschlechtspartners dienen, u. U. auch über eine beträchtliche Distanz; verbreitet bei den Vertretern verschiedener Ordgn.; die Lage der Drüsen ist nicht in jedem Fall genau geklärt; Beispiel: Bombycol (→Bombycidae); weit verbreitet und gut untersucht sind Sexuallockstoffe bei Schmetterlingen; hier liegen die Lockdrüsen der ♀♀ wohl stets am Hinterleibsende, die der ♂♂ dagegen an verschiedenen Stellen, häufig als Duftschuppen auf den Flügeln (vgl. z. B. →Bombycidae; →Erebidae J, K; →Hepialidae; →Lycaenidae; →Nymphalidae; →Pyra-

lidae; →Saturniidae); Lockstoffe spielen ferner eine beachtliche Rolle bei Schaben (→Blattodea), Borkenkäfern (→Curculionidae P) und Bienen (→Anthophila).
Sexupara (Pl.: Sexuparae); bei Blattläusen (→Aphidina) diejenige parthenogenetisch entstandene Morphe, die ebenfalls parthenogenetisch ♂♂ und der Begattung bedürftige ♀♀ (Sexuales) hervorbringt; bei manchen Arten Trennung in 2 Morphe, jeweils ausschließlich ♂-erzeugende Andropara bzw. ♀-erzeugende Gynopara.
Siagonium →Staphylinidae.
Sialidae, *Sialis* →Megaloptera.
Sibirische Keulenschrecke, *Gomphocerus sibiricus* L. →Acrididae B6.
Sichelflügler →Drepanidae.
Sichelschrecken →Phaneropteridae.
Sichelspinner, *Drepana falcataria* L. →Drepanidae 1.
Sichelwanzen →Nabidae.
Sichelwespe, *Therion circumflexum* L. →Ichneumonidae.
Siebenpunkt, *Coccinella septempunctata* L. →Coccinellidae 2.
Siebzehnjahreszikade, *Magicicada septendecim* →Auchenorrhyncha.
Sigara →Corixidae.
Signiphoridae; Fam. der Hautflügler (Hymenoptera, Apocrita, Chalcidoidea) mit in Eur 9, M-Eur 3, Dt 2 Arten; sehr kleine Erzwespen (unter 2 mm) ohne Wespentaille; Antennengeißel aus einem großen keulenförmigen Endglied und einem Stiel aus 1–4 ringartigen Gliedern; überwiegend Hyperparasitoide von anderen Erzwespen, die ihrerseits an →Coccina, →Aleyrodina und Puppen von →Diptera parasitieren; Verpuppung im Wirt oder unter dessen Schild (Coccina); Überwinterung meist als erwachsene Larve oder Puppe im Wirtskörper.
Lit. →Hymenoptera.
Silba →Lonchaeidae.
Silberfischchen, *Lepisma saccharina* L. →Zygentoma A.
Silberfleckbläuling, *Plebeius argus* L. →Lycaenidae C2.
Silbergrüner Bläuling, *Polyommatus coridon* Poda →Lycaenidae C4.
Silbermundwespen →Crabronidae C.
Silberspinnerchen, *Cilix glaucata* Scop.. →Drepanidae 3.
Silberstrich, *Argynnis paphia* L. →Nymphalidae E4.
Silo →Goeridae.
Silpha →Staphylinidae K2.
Silphinae →Staphylinidae K.

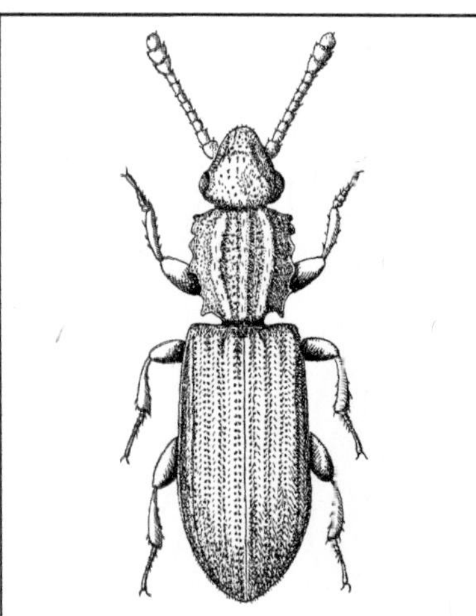

Abb. S-42: Silvanidae: *Oryzaephilus surinamensis*, Getreideplattkäfer. 2,5–3,5 mm. (Bechyně 1954)

Abb. S-43: Simuliidae: *Prosimulium hirtipes*, Kriebelmücke. ♀, Körper ca. 3 mm. (Lindner 1923 ff)

Silvanidae; Fam. der Käfer (Coleoptera, Polyphaga, Cucujiformia); früher zu den →Cucujidae gestellt; in Eur 33, M-Eur 12, Dt 11 Arten; leben – soweit bekannt – primär von Pilzfäden und -sporen, bei einigen Arten zusätzlich auch jagende Lebensweise (*Oryzaephilus, Uleiota*); einige Arten sind weltweit verschleppte Vorratsschädlinge.

A. Brontinae; in Eur & Dt 2 Arten: *Dendrophagus crenatus* Payk. (6–7 mm) und *Uleiota planata* L. (um 5 mm); beinahe körperlange Fühler mit schaftartig vergrößertem Grundglied; unter abgestorbener Rinde: *Uleiota* überwiegend in Laubholz, *Dendrophagus* in Nadelholz; Mandibeln der *Uleiota*-♂ mit sichelförmig nach oben gebogenem Horn; Imagines von *Uleiota* fressen auch Insekten.

B. Telephaninae; in Eur & Dt nur *Psammoecus bipunctatus* F. (2,3–2,8 mm); Flügeldecken gewölbt, gelblich, mit je 1 dunklen runden Fleck; in Sumpfgebieten unter Schilfabfall.

C. Silvaninae mit 7 heimischen Arten; klein (2–4 mm); flacher, gestreckter Körper; manche auf Gräsern in Moorwiesen (*Airaphilus*), andere unter trockener Rinde von Laubbäumen (*Silvanus*) oder an trockenem Reisig von Nadelhölzern (*Silvanoprus fagi* Guér. an alten Kränzen auf Friedhöfen); einige in Vorräten, dann weltweit verbreitet (*Nausibius clavicornis* Kug. in Zucker, getrockneten Früchten; *Oryzaephilus surinamensis* L., Getreideplattkäfer [**S-42**], in Mehl,

Getreide); z. T. Schimmelfresser (*Ahasverus advena* Waltl), andere vorzugsweise jagend (z. B. *Oryzaephilus;* kann auch Getreidekörner angreifen, die bereits vom Kornkäfer *Sitophilus granarius,* →Curculionidae B1, zerstört wurden); bei *Oryzaephilus* ist bemerkenswert die für Pflanzenfresser bezeichnende Ausstattung mit **symbiotischen Mikroorganismen;** diese liegen bei Larve und Imago in 2 Paaren von Mycetomen (→Mycetocyten) in der Leibeshöhle, das eine dorsal, das zweite ventral vom Darm; Mycetome des ♀ vor der Eiablage stark vergrößert, Übertragung der Symbionten auf die Nachkommen durch Infektion der Eier im Ovar zwischen den Follikelzellen hindurch; während der Embryonalentwicklung Aufnahme der Symbionten zunächst in ein provisorisches Mycetom, später in die dann auftretenden endgültigen Mycetome; verwandte Formen ohne Symbionten.

Lit. →Coleoptera; Buchner 1953.

Silvanoprus →Silvanidae C.

Silvanus →Silvanidae C.

Simuliidae, Kriebelmücken; Fam. der Zweiflügler (Diptera, Culicomorpha) mit in Eur ± 190, M-Eur 72, Dt 54 Arten; Imagines klein (2–6 mm); ähnlich kleinen Fliegen; gedrungen, in Seitenansicht buckelig [**S-43**]; ♂ schwärzlich, ♀ aber auch gelborange, orangerot, rotbraun; Komplexaugen der ♂♂ größer als die der ♀♀, oben mit größeren Facetten (Funktion: Orientierung im Schwarmflug und Erkennen der ♀♀; die Schirmpigmente des Augenoberteils absorbieren nur kurzwelliges Licht, daher durchscheinend); Mundteile bei manchen Arten rückgebildet,

i. d. R. aber stechend-saugend („Poolsauger":
Mandibeln erzeugen eine flächige Wunde, aus
der gesaugt wird). Beide Geschlechter fliegen,
vermutlich olfaktorisch geleitet, Pflanzen mit
offenen Nektarien an (Weide, Efeu, Pastinak);
nehmen Pflanzensäfte auf; zusätzlich sind die ♀♀
i. d. R. **Blutsauger** (viele bevorzugen entweder
Vögel oder Säugetiere, manche nehmen beide
an); die Blutmahlzeit bei vielen (nicht allen!)
Arten notwendig zur Entwicklung der Eier;
Orientierung zum Blutwirt olfaktorisch (CO_2)
und optisch (Anlockung durch dunkle Gegenstände und bestimmte Farben), auch durch
Wärme; nach Kontakt mit dem Wirt erfolgt Pro-
bestich; v. a. ATP und ADP aus dem Blut lösen
Vollsaugen aus; *Simulium equinum* L. bevorzugt
die Ohrmuscheln, *S. erythrocephalum* Deg. die
Bauchhaut der Großsäuger; Angriff auch auf
den Menschen. **Stich** meist schmerzhaft; hat
Hämolyse und (durch die Verhinderung der
Blutgerinnung) Blutergüsse zur Folge; führt zu
teilweise heftigen, allergischen Reaktionen der
Wirte (beim Stich wird Histamin abgegeben);
kann bei Massenbefall zum Tod von Weide-
tieren führen (früher berüchtigt: *Simulium
colombaschense* F., die Kolumbatscher Mücke
der balkanischen Donauländer); Überträger
von *Leucocytozoon* (einzellige Blutzellparasiten
aus der Gruppe der Apicomplexa) auf Vögel
und von Filarien (parasitische Nematoden) auf
Säugetiere (in Afrika und Amerika durch mehrere Arten Übertragung der Filarie *Onchocerca
volvulus*, dem Verursacher der Onchozerkose,
Flussblindheit, auf den Menschen; Bekämpfung
der Mückenlarven durch *Bacillus thuringiensis
israelensis*). Die ♂♂ bilden **Schwärme** an größeren dunklen Gegenständen (Bäume); Flug mit
Kopf gegen den Wind in einem Bereich von
wenigen Zentimetern so, dass eine optische
Marke (z. B. ein Zweig) einige Dezimeter über
dem Schwarm vom dorsalen Komplexaugenteil
festgehalten wird; der Individualabstand bleibt
etwa konstant; Bedingungen für die Schwarmbildung: wenigstens 5000 Lux, Wind nicht stärker als 10 m/s (*Simulium equinum*, *S. erythrocephalum*); keine Mischschwärme, auch wenn
mehrere Arten im selben Bereich vorkommen;
unbekannt, wie sich die Artgenossen erkennen;
♀♀ werden beim Überfliegen des Schwarmes
von einem ♂ angeflogen; Beginn der **Kopula**
in der Luft, Ende nach wenigen Sekunden am
Boden, wobei das ♂ zuletzt in Rückenlage hinten am ♀ hängt; die Begattung ist auch beim
und am Blutwirt möglich; das ♂ setzt in der
Geschlechtsöffnung des ♀ eine Spermatophore
ab (→Diptera); →Parthenogenese kommt bei

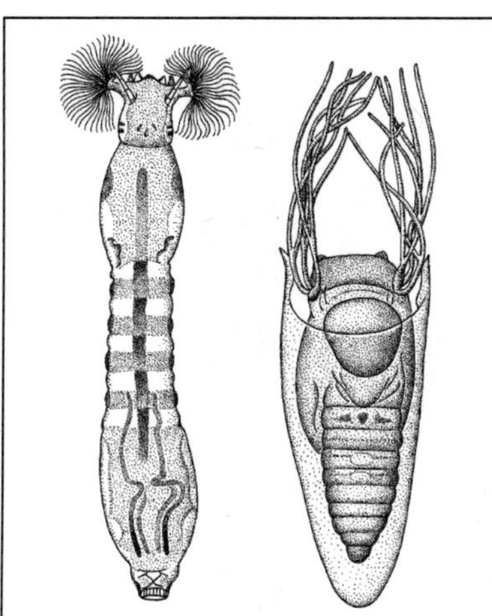

Abb. S-44: Simuliidae: *Simulium* spec., Kriebelmücke. Larve (links, 12 mm), Puppe (8 mm). (Lindner 1923 ff)

einigen Arten vor; 50 (*Prosimulium ursinum*
Edw.) bis 1000 (*Simulium reptans* L.) **Eier** pro
♀; Ablage stets an oder in fließendes Wasser: im
Flug durch Auftupfen des Hinterleibs auf die
Wasseroberfläche, häufig auf Wasserpflanzen
in Höhe des Wasserspiegels (*Simulium erythrocephalum* Deg.), selten tauchend auf Substrat
unter Wasser (bei *Simulium equinum* L. auf die
Unterseite von schwimmenden Blättern), bei
manchen weit oberhalb der Wasserlinie in Erd-
spalten oder auf Blätter, die aus dem Wasser he-
rausragen (*Simulium morsitans* Edw.); zuweilen
viele mit einer gallertigen Substanz bedeckte Gelege beisammen; Eier nehmen zu Beginn ihrer
Entwicklung Wasser auf (28–68 %); die danach
gebildeten Embryonalhüllen wirken einem Wasserverlust bei Trockenfallen entgegen. Die **Larven** [**S-44**] bis 15 mm; an Fließwasser gebunden
(bei manchen Arten wird eine bestimmte Fließgeschwindigkeit bevorzugt); dicht hinter dem
Kopf mit einem unpaaren, kontraktilen Thorakalfuß, am Hinterende mit einem abdominalen
Hakenkranz [**S-45**]; beide sind mit mehreren
hundert radiär angeordneten Reihen feinster,
10–20 µm langer Häkchen bewehrt; sitzen oft in
Massen beisammen; die erstaunlich wirksame
Befestigung an Pflanzen oder Steinen (auch
tote Tiere haften noch) erfolgt mit dem abdominalen Hakenkranz an flächig aufgetragener,
elastischer Seide, die mit dem Thorakalfuß von
der labialen Drüsenmündung abgenommen und

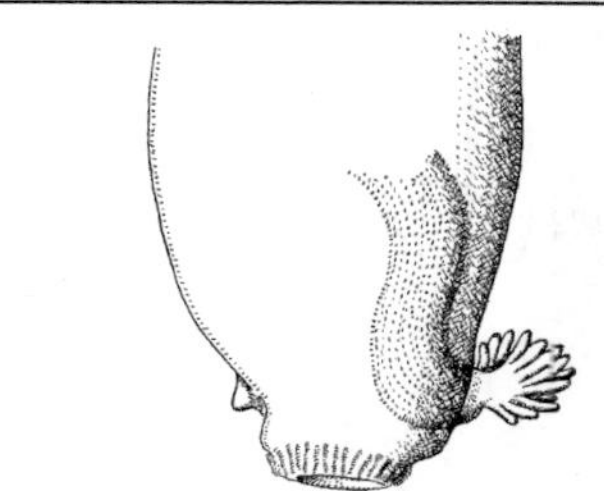

Abb. S-45: Simuliidae: *Simulium* spec. Hinterende der Larve; Darm (punktiert angedeutet) mit ausgestülpten Rektalanhängen; Häkchenreihe um das saugnapfartige Hinterende. (Wesenberg-Lund 1943)

der Unterlage angeklebt wird; der Körper wird frei in die Strömung gehalten; Ortsveränderung geschieht nach Art der Spannerraupen [**G-5**], auch durch Baumeln und Klettern mit einem seidenen Faden (ebenfalls ein Sekret der Labialdrüsen) oder durch Verdriften; die Haut ist mit feinen Tracheenästen unterlegt (Hautatmung); ausstülpbare Analpapillen [**S-45**] (→Chloridepithel) zur Ionenaufnahme. **Nahrungserwerb:** auf der Oberlippe stehen 2 einen Haarfächer tragende, ein- und ausklappbare, von einem zähen Schleim überzogene Fortsätze; sie filtrieren, gegen den Strom gestellt, treibende Detritusteilchen oder Kleinstorganismen aus dem Wasser; zum Abstreifen der Beute werden die Fächer eingeklappt, mundwärts geführt und von Haarbürsten an den Mandibeln abgekämmt; auch Abweiden von Substraten, bei der fächerlosen *Twinnia hydroides* Nov. ausschließlich (hier ist das Labrum zu einem rückziehbaren Rüssel mit Endbürste vergrößert). **Puppen** [**S-44**] in einem vom letzten Larvenstadium gesponnenen, am Substrat befestigten pantoffelförmigen Kokon aus Labialdrüsensekret; das strömungsabwärts gerichtete offene Ende (vor der Puppenhäutung noch geschlossen) gibt die an der Vorderbrust der Puppe entspringenden hohlen, mit einem →Plastron umkleideten Spirakulumkiemen frei; Zahl der Kiemenfäden und Feinstruktur des Plastrons artspezifisch verschieden, ebenso die Form des Gehäuses, in dem die Puppe mit Spinnfäden und darin sich verfangenden Häkchen am Hinterleib befestigt ist; das Innere der Kiemenfäden ist (über eine basale Öffnung) wassererfüllt; ihre äußere Wand [**S-46**] besteht aus zahlreichen senkrecht abstehenden, peripher reich verzweigten Stützen (50 µm lang, 2–3 µm dick); das Hohlraumsystem dazwischen ist luft-

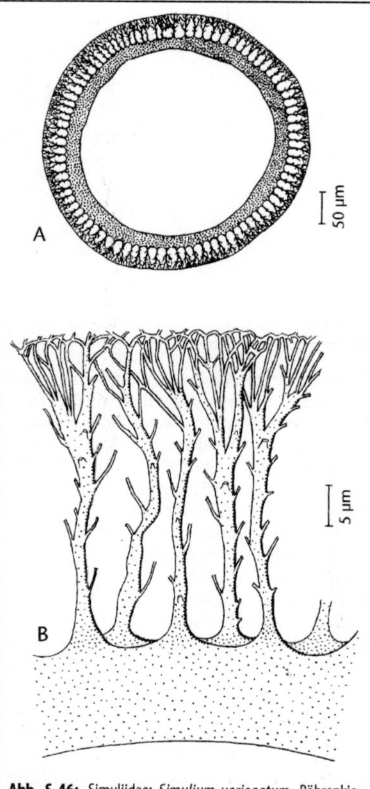

Abb. S-46: Simuliidae: *Simulium variegatum*. Röhrenkieme. A: Querschnitt; B: Plastronhaare der Röhrenkiemenwand in stärkerer Vergrößerung. (B nach Hinton 1976b)

gefüllt und entnimmt dem umgebenden Wasser O_2 durch Diffusion und in Form winziger Bläschen; es kommuniziert über eine Kammer mit Verschlussmechanismus (Funktion?) mit dem Tracheensystem. 6–9, i. d. R. 7 Larvenstadien, z. T. innerartlich variabel; bei uns **überwintert** ein Großteil der Arten im Larvenstadium, in kälteren Klimaten als Ei (frostresistent, kann im Eis eingeschlossen überleben); **Verpuppung** bei Erreichen bestimmter, artspezifischer Schwellentemperaturen (*Simulium* ab 4 °C), dadurch Synchronisation der Imaginalhäutung; die Imago ist beim Schlüpfen von einer Luftschicht umhüllt, steigt wie ein Ballon hoch und fliegt sofort ab; bei uns 1–6, in tropischen Tieflandflüssen bis 16 Generationen im Jahr; bei manchen

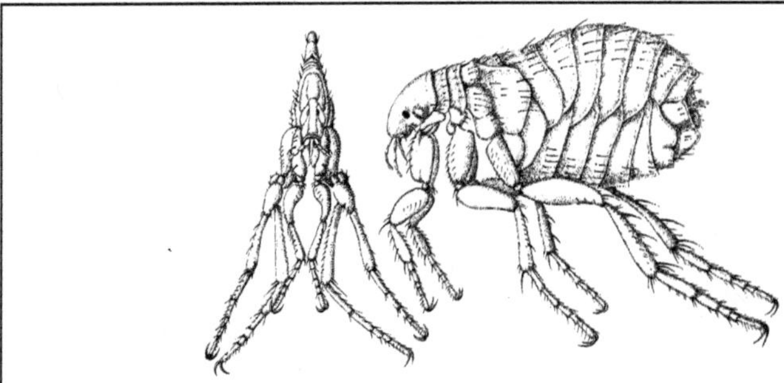

Abb. S-47: Siphonaptera: *Pulex irritans*, Menschenfloh (Pulicidae). ♀, 3 mm; von vorn und von der Seite. (Zumpt 1969, verändert)

(*Simulium erythrocephalum*) unterscheidet sich die Frühjahrsgeneration deutlich von den Tieren der Sommergeneration (Saisondimorphismus). Lit. →Diptera; Crosskey 1990; Kim & Merritt 1987; Laird 1981; Seitz 1992; Timm 1987, 1988; Timm & Rühm 1993; Wesenberg-Lund 1943; Wichard et al. 2013; Wirtz 1988.

Simulium →Simuliidae.

Singschrecken →Tettigoniidae.

Singzikaden →Cicadidae.

Sinodendron →Lucanidae 5.

Siobla →Tenthredinidae 4.

Siphlonuridae, Stachelhafte; Fam. der Eintagsfliegen (Ephemeroptera) mit in Eur 13 Arten, in M-Eur & Dt 5 Arten, heimisch nur die Gttg. *Siphlonurus*; mittelgroß; nur 2 Schwanzborsten bei der Imago, Mittelborste sehr klein; Ablage eines kugeligen Eipakets im Flug, die Eier trennen sich erst im Wasser; die **Larven** in gemächlichen Fließ- und auch Stillgewässern, gern im Pflanzenwuchs, die letzten Abdominalsegmente hinten mit Stacheln (nur *Siphlonurus*); *S. armatus* Eaton überlebt auch in austrocknenden Bächen, da die Larven nur 2 Monate für die Entwicklung benötigen; gute Schwimmer, paddeln mit den Schwanzanhängen, meistens aber auf dem Schlamm ruhend; Allesfresser; 1–2 Generationen im Jahr; Überwinterung als Ei oder Larve. Lit. →Ephemeroptera.

Siphlonurus →Siphlonuridae.

Siphona →Tachinidae.

Siphonaptera (Aphaniptera), Flöhe [**S-47**]; Ordg. der Insekten mit vollkommener Verwandlung (→Holometabolie); Schwestergruppe der →Mecoptera (oder eines Teiles davon); in Eur ± 175, M-Eur 102, Dt 75 Arten; als Imagines **Blutsauger** an Warmblütlern; in M-Eur durch die vermehrte Haustierhaltung auch heute noch von Bedeutung; meist 2–3 mm, die ♂♂ meist kleiner als die ♀♀;

größte Art in M-Eur *Hystrichopsylla talpae* Curt (♀ bis 5,5 mm; [**S-52**], →C), an Maulwurf und Kleinsäugern; stets flügellos; mit reicher Behaarung; durch starke seitliche Abflachung des Körpers [**S-47**], schiffsbugartig gekielten Kopf, glatte Überlappung der Segmente und stets nach hinten gerichtete Behaarung bestens geeignet, durch das Haar- bzw. Federkleid des Wirtes zu schlüpfen; die kräftigen Krallen mit Nebenkrallen und kammartige, starre Stachelreihen (Ctenidien [**S-48**]) aus Kutikulafortsätzen an Wangen, Pronotum und Hinterleib ermöglichen sehr gutes Haften in der Körperbedeckung des Wirtes; die artspezifische Gestaltung der Stachelkämme für das Bestimmen wichtig, jedoch hinsichtlich einer Bedeutung für die jeweilige Art bisher nicht zu deuten; bei *Chaetopsylla* (→D), *Pulex* [**S-47**] und *Xenopsylla* (→A) fehlen sie völlig; Antennen in Gruben einklappbar, manchmal bei ♂ und ♀ verschieden gestaltet [**S-49**] (Haltefunktion der ♂-Antenne bei der Begattung); bei manchen Arten sind die Antennengruben über die Stirn hinweg durch eine Furche verbunden, Kopfkapsel dadurch unterteilt (Caput fractum; [**S-48**]: 3, 4); viele Arten ohne Augen, bei anderen 1 Einzelauge jederseits vor den Antennen (gestattet vermutlich Wahrnehmen von Lichtrichtung und Beleuchtungsschwankungen); das **Stechborstenbündel** [**S-50**] i. d. R. nach hinten-unten gerichtet, gebildet aus dem Epipharynx (mit dem Nahrungsrohr an der Rückseite) und den beiden an der Spitze gezähnten Lacinien der Maxillen, jede Lacinia mit Längsrinne für den Speichel; die Labialtaster (mit je nach Art wechselnder Gliederzahl) umschließen das Stechborstenbündel in Ruhe, sind beim Stich [**S-51**] jedoch zurückgeklappt; bei manchen Arten wurden **Stridulationsorgane** an den Hinterhüften beschrieben (Funktion?). **Sprungmechanismus** ausgeklügelt: außer den

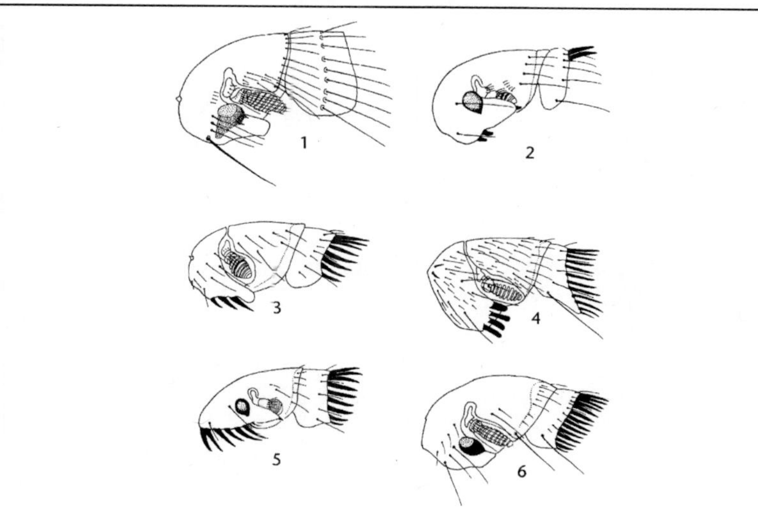

Abb. S-48: Siphonaptera: Köpfe der ♀♀ verschiedener Floharten; Ansichten von links, zeigen die verschiedene Ausbildung der Augen, Haare und Ctenidien. 1: *Chaetopsylla trichosa* (Vermipsyllidae); u. a. bei Dachs, Fuchs; 2: *Archaeopsylla erinacei* (Pulicidae); u. a. bei Igel, Iltis Fuchs 3: *Ctenophthalmus agyrtes* (Ctenophthalmidae); an verschiedenen Kleinsäugern; 4: *Leptopsylla segnis* (Leptopsyllidae); an Hausmaus und anderen Nagern, Spitzmäusen; 5: *Ctenocephalides felis* (Pulicidae); an Katze, Mensch, Hund u. a.; 6: *Ceratophyllus gallinae* (Ceratophyllidae); an verschiedenen Vögeln. (Peus 1953)

Hinterbeinen mit ihrer kräftigen Muskulatur sind dabei Muskeln beteiligt, die bei geflügelten Insekten der Flügelbewegung dienen, außerdem ein paariges, metathorakales Skelettelement (Pleuralbogen) aus →Resilin, das mechanisch sehr beanspruchten Teilen des Flügelgelenks homolog ist; Sprungvorbereitung: Kontraktion mehrerer Muskeln führt zur elastischen Verspannung kutikularer Teile des Metathorax und zum Zusammenpressen des →Resilinpolsters; darauf Arretierung dieses Zustandes durch Einrasten eines Zapfens des mesothorakalen Sternum in eine Vertiefung der Pleura des Metathorax; Sprung: Lösen der Arretierung führt zur plötzlichen Entspannung der verformten Skelettelemente; die Abstoßkraft wirkt über stabförmige skeletale Versteifungen über den Trochanter auf die Unterlage, gleichzeitiges Strecken von Femur und Tibia verstärkt die Wirkung; Absprungbeschleunigung liegt beim dem 140-Fachen der Erdbeschleunigung, maximale Sprungweite 30 cm; Neigung und Fähigkeit zum Springen jedoch sehr verschieden: gut ausgeprägt bei Arten, deren Wirte große Bauten bewohnen (z. B. Fuchs) oder hochbeinig und schnell sind (Hunde-, Katzen-, Menschenfloh), gering entwickelt bei Bewohnern von

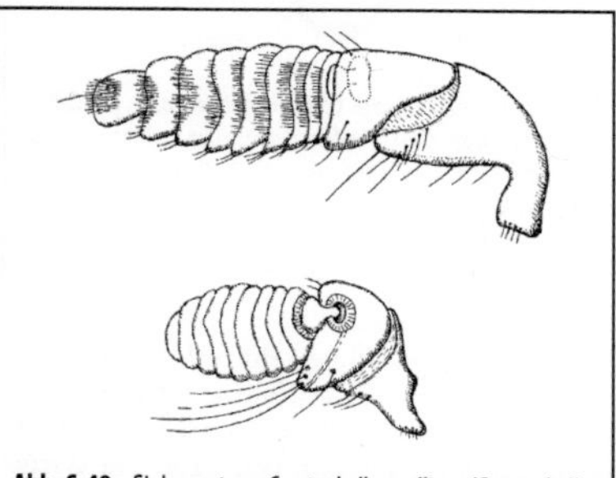

Abb. S-49: Siphonaptera: *Ceratophyllus gallinae* (Ceratophyllidae). Antenne; oben: ♂; unten: ♀. (Séguy 1951c)

Kleinsäugerbauen oder Vogelnestern; Fledermausflöhe springen kaum; die schlechten Springer ohne Resilinpolster. Führend bei der **Wirtsfindung** ist wohl der Erschütterungssinn (Sinneshaare am Hinterleibsende); können lange hungern; bei dem meist nur zeitweiligen Aufenthalt auf dem Blutspender (Ausnahme z. B. Fledermausflöhe →F) wird jedoch oft und ausgiebig getrunken (ungestört zuweilen einige Stunden lang), sodass nach dem Kot alsbald auch Blut ab-

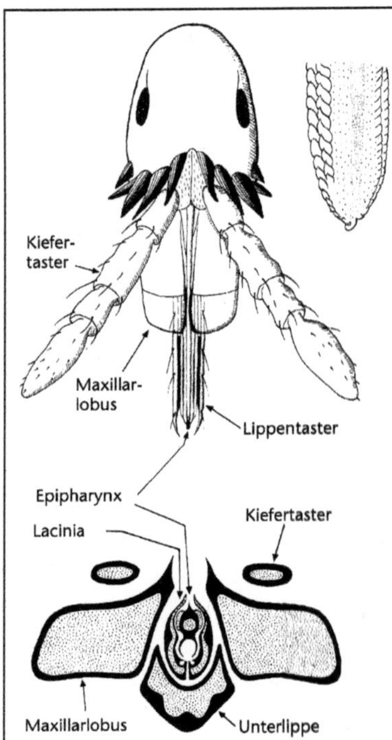

Abb. S-50: Siphonaptera: *Ctenocephalides canis*, Hundefloh (Pulicidae). Oben links: Kopf von vorn; oben rechts: gezähnte Spitze der Lacinia; unten: Schnitt durch die Mundwerkzeuge nahe der Kopfkapsel; Epipharynx mit Nahrungsrohr, Lacinien mit Speichelkanal. (Wenk 1953)

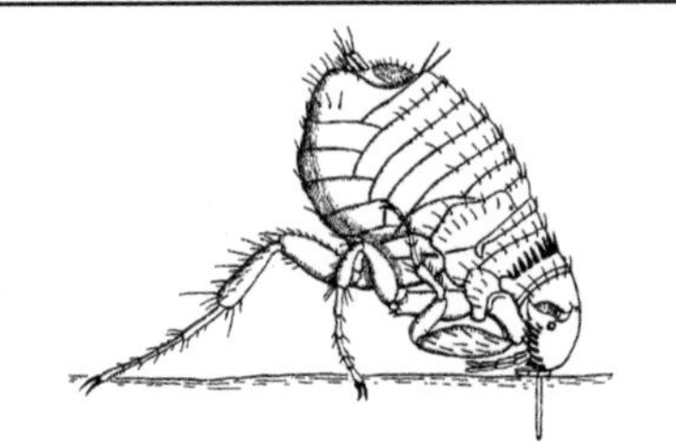

Abb. S-51: Siphonaptera: *Ctenocephalides felis*, Katzenfloh (Pulicidae) in Saugstellung. (Wenk 1953)

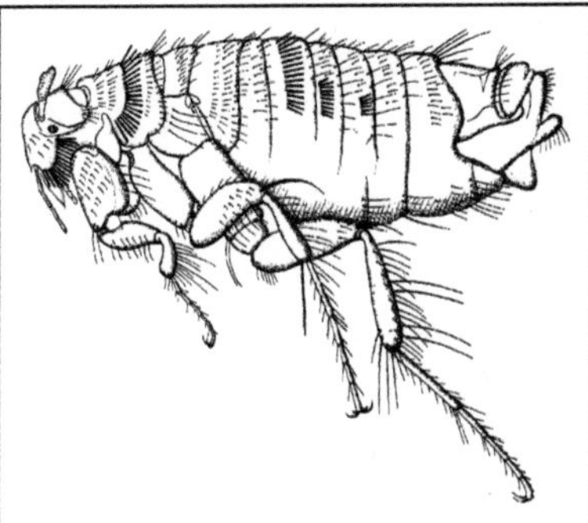

Abb. S-52: Siphonaptera: *Hystrichopsylla talpae* (Hystrichopsyllidae). ♂, 5 mm; am Maulwurf. (Séguy 1951c)

gegeben wird, das schnell eintrocknet und wohl bei vielen Arten wichtige Nahrungsquelle für die Larven ist; die **Blutmahlzeit** ist bei den ♀♀ wichtig für die Eiproduktion; beim Tod des Wirtes schnelles Abwandern der Flöhe. Durch die Namensgebung (Menschenfloh, Hundefloh, Katzenfloh usw.) wird eine oft nicht so ausgeprägte **Wirtsspezifität** vorgetäuscht: so saugt der kosmopolitische, ursprünglich vielleicht auf dem Dachs heimische Menschenfloh (*Pulex irritans* L. [S-47] →A) auch an vielen anderen Säugetieren; der Mensch wird bei uns jedoch v. a. vom inzwischen ebenfalls kosmopolitischen Katzenfloh befallen (*Ctenocephalides felis* Bche. →A), der den Hundefloh, (*Ctenocephalides canis* Curt. →A) in Europa und Nordamerika weitgehend verdrängt hat; ferner gelegentlicher Befall des Menschen durch den Hühnerfloh (*Ceratophyllus gallinae* Schr. →G), der sonst bei vielen Singvögeln saugt und erst sekundär auf die aus Südasien eingeführten Haushühner übergegangen ist, in den Tropen auch durch den Sandfloh (*Tunga penetrans* L.; Heimat Südamerika, nach Afrika verschleppt; befällt viele Säuger); gleichwohl gibt es oft einen Hauptwirt: die (relative) Wirtsspezifität ergibt sich jedoch eher über eine enge Beziehung zum Wirtsnest (dem Entwicklungsort der Larven) als zum Blutspender (z. B. Schwalbenflöhe →G); die gleiche Flohart nicht selten bei verschiedenen Wirten mit ähnlichem Nest (z. B. der Maulwurfsfloh, *Hystrichopsylla talpae* Curt. [S-52] →C: außer beim Maulwurf auch bei Spitzmäusen und Kurz- und Langschwanzmäusen); nicht selten Übergang vom Beutetier (z. B. Kleinsäuger, Kleinvogel) auf den Jäger (z. B. Marder, Greifvogel) oder auf fremde Nestbewohner (z. B. Kaninchenfloh, *Spilopsyllus cuniculi* Dale →A, auch bei in Kaninchenbauen nistenden Sturmvögeln); im gleichen Nest aber auch oft mehrere Floharten

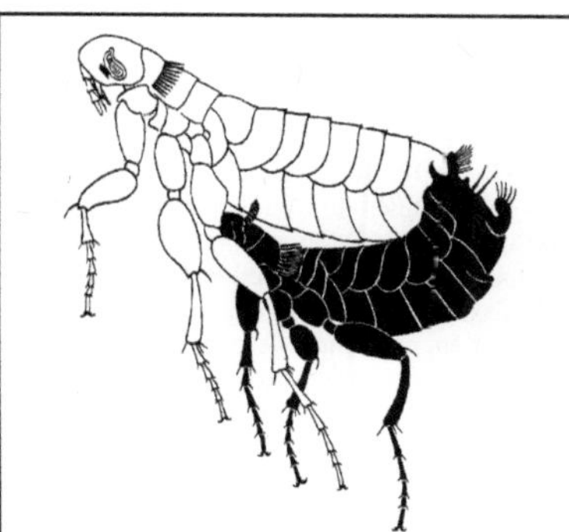

Abb. S-53: Siphonaptera: *Ceratophyllus* spec (Ceratophyllidae). Kopulationsstellung, vereinfacht; ♂ schwarz, ♀ hell; Bedornung nur angedeutet. (Séguy 1951c)

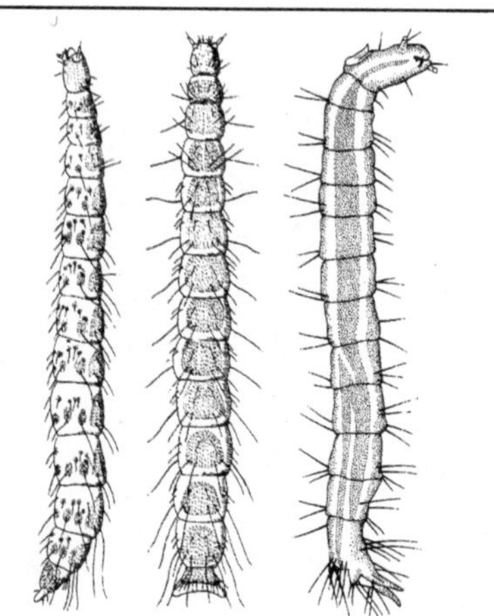

Abb. S-54: Siphonaptera: Larven von *Ctenophthalmus bisoctodentatus* (Ctenophthalmidae; links: von lateral, Mitte: von oben), in Maulwurfnestern, und (rechts) von *Pulex irritans* (Pulicidae), Menschenfloh

(besonders viele beim Maulwurf).; bei nestlosen Säugern (z. B. Huftieren oder Affen) fehlen Flöhe (Ausnahme: →F). Auffallend ist die Empfindlichkeit von Flöhen für bestimmte **Hormone** im Wirtsblut; Menschenflöhe saugen bevorzugt an Frauen, sie reagieren positiv auf deren Ovarialhormone; Ergreifen des Wirtes durch einen →Prädator veranlasst einen Floh innerhalb von Sekundenbruchteilen wegzuspringen (bewirkt durch den Adrenalinanstieg im Wirtsblut, den nachfolgenden schlagartigen Temperaturabfall der Haut und das Aufstellen der Haare); die Bedeutung von Blutfaktoren besonders deutlich beim Kaninchenfloh, *Spilopsyllus cuniculi* Dale (s. →A). **Begattung [S-53]** bei manchen Arten (z. B. *Ceratophyllus gallinae* Schr., Hühnerfloh →G) gleich nach dem Schlüpfen bei anderen (z. B. *Xenopsylla cheopis* Rothsch. →A, Pestfloh; *Nosopsyllus fasciatus* Bosc., Rattenfloh →G) erst nach einer Blutmahlzeit, wobei die Art des Blutspenders nicht ganz gleichgültig ist; dabei meist das ♂ unter dem ♀, das ♀ wird vom ♂ mit den Antennen und den zangenartigen Anhängen am Hinterleibsende gehalten (Ausnahme z. B. *Tunga penetrans* L., der Sandfloh der Tropen und Subtropen: Begattung des ♀ erst, nachdem es sich in die Haut des Wirtes eingebohrt hat und nur noch mit dem Hinterleibsende herausragt). Ablage der großen **Eier** (ca. 0,5 mm) in Schüben von jeweils 8–10, unterbrochen von Blutmahlzeiten; insgesamt im Laufe einiger Monate mehrere Hundert (Menschenfloh: bis über 400); die weißen Eier kleben bei manchen Arten einige Zeit am Haar- bzw. Federkleid des Wirtes, bei anderen fallen sie sofort zu Boden (d. h. häufig in das Wirtsnest);

Embryonalentwicklung 1–2 Wochen (4–12 Tage beim Menschenfloh, 8–14 Tage beim Hundefloh). **Larven** gelblich, schlank [S-54], ausgewachsen meist ca. 5 mm; augenlos, aber lichtempfindlich; fußlos, bewegen sich ähnlich Spannerraupen mit Mundteilen und Nachschiebern; ernähren sich mit den kauenden Mundteilen von organischen Stoffen am Boden bzw. im Nest des Wirtes (heutige Seltenheit des Menschenflohs, *Pulex irritans* L., in M-Eur bedingt durch fehlende Lebensbedingungen der Larven: fugenlose Fußböden, Staubsauger); Kotteilchen der Eltern mit darin enthaltenen Blutresten der Wirte können für die Ernährung wichtig sein (z. B. ausschließliche Nahrung bei Katzenflohlarven, *Ctenocephalides felis* Bche. →A). 3 Larvenstadien innerhalb von etwa 2 Wochen (13–15 Tage beim Menschenfloh, 10–12 Tage beim Hühnerfloh); die Larve ruht wenige Tage als Vorpuppe im Kokon, dann **Verpuppung** in einem mit dem Sekret der Speicheldrüsen hergestellten und mit Fremdteilchen besetzten, daher nur schwer erkennbaren Gespinstkokon; Puppe [S-55] mancher Arten mit Hautfalten an Mittel- und Hinterbrust (keine reduzierten Flügelanlagen); Puppenruhe ca. 4 Tage; die Imago kann u. U. monatelang im Kokon bleiben, hier auch **überwintern**; zuweilen ist auch ohne Beziehung zum Überwintern langes Überliegen der Imagines im Kokon möglich (z. B.

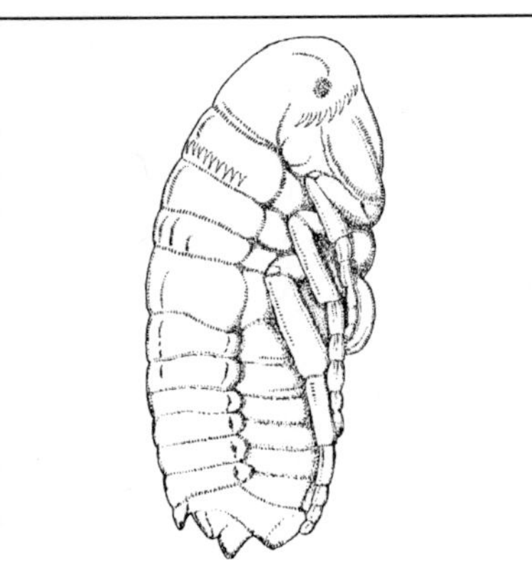

Abb. S-55: Siphonaptera: *Ctenocephalides canis*, Hundefloh (Pulicidae). Puppe. (Séguy 1951c)

Menschenfloh); das Verlassen des Kokons beim Auftauchen eines Wirtes wird durch – i. d. R. vom Wirt verursachte – Erschütterungen ausgelöst. Entwicklung von Ei, Larve und Puppe also nicht am Blutspender (Ausnahme: beim Eisfuchs gesamte Entwicklung im Fell des Wirtes); die Generationenzahl im Jahr ist v. a. abhängig von den Entwicklungsbedingungen der Larven; bei manchen Arten nur 1 Generation, bei anderen mehrere, bei Kulturfolgern (z. B. Menschenfloh) u. U. ununterbrochene Generationenfolge; individuelle Lebensdauer sehr unterschiedlich, bei Nagerflöhen 3–5 Monate, beim Menschenfloh (im Versuch) fast eineinhalb 1,5 Jahre, bei *Neopsylla setosa* Wagn. (an Zieseln) fast 6 Jahre; die Bedeutung mancher Flöhe als **Krankheitsüberträger** ist beachtlich; *Xenopsylla cheopis* Rothsch. (Pest- oder Rattenfloh →A), aber auch andere Arten übertragen die ursprünglich bei Nagetieren (Ratten) heimische Pest (Erreger das Bakterium *Yersinia pestis*) auch auf den Menschen und haben dessen Geschichte stark beeinflusst; Hundefloh (*Ctenocephalides canis* Curt. →A) und Katzenfloh (*Ct. felis* Bche. [**S-51**]) sind Überträger des Bandwurms *Dipylidium caninum* auf den Hund (und auch den Menschen): die Flohlarve nimmt (mit der Nahrung) Bandwurmeier auf; die im Floh sich entwickelnde Finne wird vom Hund nach Bearbeiten des Flohes mit den Zähnen verschluckt. Heimische Fam.:

A. Pulicidae; in Eur 14, M-Eur 7, Dt 6 Arten; bevorzugt an Raubtieren (Hund, Katze, Dachs) und Mensch (*Ctenocephalides* [**S-48**]: 5; *Pulex*, s. o.), Kaninchen (*Spilopsyllus*), Ratten (*Xenop-*

sylla) sowie Igel (*Archaeopsylla erinacei* Bouché [**S-48**]: 2, oft massenhaft auf dem Wirt); *Echidnophaga gallinacea* Westw., Hühnerkammfloh, an Hühnern, Enten, Schwein und anderen Haustieren. Beim Kaninchenfloh, ***Spilopsyllus cuniculi*** Dale (→A; außer an Wildkaninchen auch an verschiedenen Raubtieren und Eulen), komplexer Zusammenhang zwischen Fortpflanzung und physiologischem Zustand des Wirtes: die frisch geschlüpften, noch nicht geschlechtsreifen Flöhe leben zunächst (im Herbst und über den Winter) an erwachsenen Kaninchen, werden erst auf trächtigen ♀♀ geschlechtsreif und wandern etwa 24 h nach dem Werfen auf die (im Bau bleibenden) Nestjungen; hier erst Kopulation und Eiablage; darauf heftige Saugtätigkeit, wobei etwa jede Minute (beim ♂ alle 4 min) bluthaltiger Kot abgesetzt wird, der den am Nestboden lebenden Larven als wichtige Nahrung dient; Rückwandern der überlebenden Flöhe (v. a. ♀♀) auf die Kaninchenmutter etwa vom 10. Tage nach dem Werfen an; die Ovariolen der Floh-♀♀ beginnen sich rückzubilden, aber erneute Reifung auf trächtigen Kaninchen möglich; Entwicklungsdauer der neuen Flohgeneration 30–35 Tage; Kaninchen-♂♂ scharren gern an diesen alten, von den ♀♀ und Jungtieren bereits verlassenen Nestern und nehmen dabei vermutlich die Flöhe der neuen Generation auf; die erhöhte Saugtätigkeit und die Reifung der Flöhe werden v. a. durch erhöhten Gehalt an Corticosteroiden im Kaninchenblut herbeigeführt (bei der Mutter während der letzten 10 Tage vor der Niederkunft und bei den Nestjungen in den ersten Lebenstagen); das Rückwandern zum adulten Wirt wird ausgelöst durch die Abnahme des Corticosteroidspiegels im Blut der Kaninchenjungen; der dann erhöhte Gehalt an Luteinisierungshormon und Progesteron im Blut der Mutter bewirkt Rückbildung der Ovarien bei den Flöhen.

B. Ctenophthalmidae; in Eur ± 46, M-Eur 17, Dt 13 Arten der Gttgn. *Ctenophthalmus* ([**S-48**]: 3), und *Palaeopsylla*; Erstere meist an Mäusen, *Palaeopsylla* an Maulwürfen und Spitzmäusen; *Ct. orientalis* Wagn. jedoch v. a. am Ziesel, saugt auch am winterschlafenden Wirt. Die bisher hierher gestellte U-Fam. **Doratopsyllinae** (mit 2 Arten in Eur) näher mit den Ceratophyllidae verwandt; in M-Eur & Dt nur *Doratopsylla dasycnema* Rothsch., an Spitzmäusen.

C. Hystrichopsyllidae; einschließlich einiger früher zu den Ctenophthalmidae gezählten Gruppen in Eur mit mindestens. 20, M-Eur 11, Dt 7 Arten; an Mäusen (überwiegend Wühlmäusen), *Hystrichopsylla talpae* Curt. auch an Maulwürfen und Spitzmäusen.

D. Vermipsyllidae; in Eur & M-Eur 7, Dt 2 Arten der Gttg. *Chaetopsylla* ([**S-48**]: 1); die heimischen Arten an Dachs und Fuchs.

E. Leptopsyllidae; in Eur 8, M-Eur 5, Dt 4 Arten der Gttgn. *Leptopsylla* und *Peromyscopsylla*, bevorzugt an Mäusen (z. B. *L. segnis* Schönh. an Hausmaus und anderen Kleinsäugern [**S-48**]: 4).

F. Ischnopsyllidae; in Eur 17, M-Eur 15, Dt 14 Arten; ausschließlich an Fledermäusen, ständiger Aufenthalt an den nestlosen Wirten, in deren Kothäufungen die Flohlarven gute Entwicklungsbedingungen finden.

G. Ceratophyllidae; in Eur ± 60, M-Eur 39, Dt 29 Arten; ohne Wangenkamm; teils (z. B. *Nosopsyllus*) an Nagetieren, teils (*Dasypsyllus*, meiste *Ceratophyllus*-Arten [**S-48**]: 6) an Vögeln (überwiegend Singvögeln), z. B. *C. styx* Rothsch. bei Uferschwalben, *C. rusticus* Wagn. bei Rauchschwalben (gelegentlich auch bei Mehlschwalben), *C. hirundinis* Curt. bei Mehlschwalben (oft in Massen in einem Nest, in dem die geschlüpften Flöhe überwintern).
Lit. Frank 1976; Hiepe 1982; Peus 1938; Zhu et al. 2015.

Siphonella →Chloropidae.

Siphonen →Siphunculi.

Siphoninus →Aleyrodina 5.

Siphunculata; Synonym zu →Anoplura.

Siphunculi, Rückenröhren, Siphonen; 2 bei vielen Blattläusen dorsal auf dem 5. oder 6. Hinterleibssegment stehende Röhren, je nach Art von verschiedener Länge; am Ende mit einer Öffnung, aus der bei Störung Hämolymphzellen mit wachsartigem Inhalt austreten, wohl zum Verschmieren der Mundteile kleiner Feinde; →Aphidina.

Sirex →Siricidae.

Siricidae, Holzwespen i. e. S.; Fam. der Hautflügler (Hymenoptera, „Symphyta", Siricoidea) mit in Eur 15, M-Eur 12, Dt 10 Arten, weitere gelegentlich eingeschleppt; mittelgroß bis sehr stattlich; individuelle Größenunterschiede zuweilen beträchtlich; düster oder auffallend schwarzgelb gefärbt, zuweilen Färbungsunterschiede zwischen ♂ und ♀; Körper walzenförmig; beim ♀ das letzte Rückensegment, beim ♂ das letzte Bauchsegment mit dornartigem, seitlich gezähntem Fortsatz (Funktion?); das ♀ mit kräftigem, das Hinterleibsende überragenden Legebohrer. **Nahrung** der ♂♂ Baumsäfte; adulte ♀♀ ohne Nahrungsaufnahme, Lebensdauer entsprechend nur wenige Tage. **Begattung** in den Baumkronen; **Eiablage** je nach Art in Laub- oder Nadelholz, in stehende, gefällte oder geschädigte Stämme, auch Stubben; eingestochen wird nur der senkrecht auf das Substrat gesetzte 3-teilige

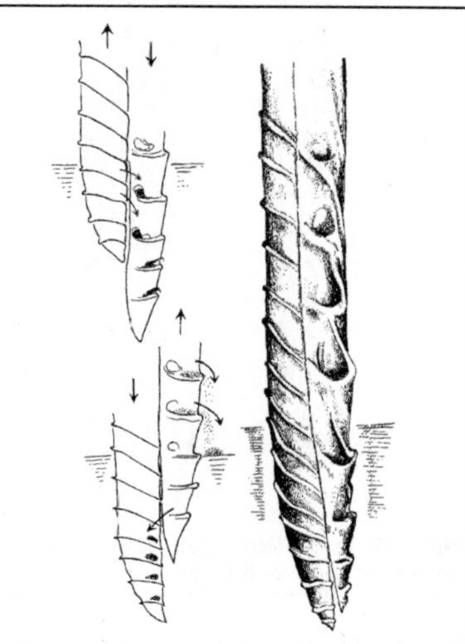

Abb. S-56: Siricidae: *Sirex juvencus*, Gemeine Holzwespe. Rechts: Ende des Legebohrers beim Eindringen in das Holz; links ist dorsal; links: Phasen des Einbohrens; die Ventral-Stechborsten dienen zugleich als Schaufeln zum Herausschaffen des Bohrmehls. (Escherich 1914–42)

eigentliche Legebohrer (unpaare Stechborstenrinne, ventral an ihr mit Nut und Falz geführt die beiden Stechborsten mit gesägten Enden), nicht die umgebende paarige Stachelscheide; die Stechborsten werden abwechselnd vorgestoßen (insgesamt etwa 6–10 mm tief), bis die Stachelbasis das Substrat berührt [**S-56**]; in jeden Stichkanal werden meist mehrere Eier abgelegt; Gesamtdauer von Einstechen, Ablegen und Herausziehen 10–15 min, gelegentlich bis zu 2 h; vergebliche Probestiche kommen vor; Ablegen oft wiederholt; pro ♀ mehrere Hundert Eier. Die **Larven** [**S-57**] gelblich-weiß, walzenförmig, augenlos, mit kurzen Brustbeinen, ohne Afterfüße am Hinterleib; hinten mit Borstenspitze; die Mehrzahl der Arten in Nadelhölzern, nur *Tremex* (2 heimische Arten) in Laubhölzern (besonders in Stümpfen); nagen mit kräftigen Kiefern Gänge in das Holz, zunächst mehr peripher, dann auch in den Kern; das Bohrmehl wird mit dem Hinterleibsende fest gedrückt; der Gang wendet sich schließlich zur Oberfläche. **Verpuppung** dicht unter der Rinde, Puppe [**S-57**] nicht von Nagsel umgeben; die Imago nagt sich nach dem Schlüpfen nach außen durch, bisweilen aus bereits verbautem Nutzholz (Linoleum- oder sogar dünner Bleibelag wird ohne

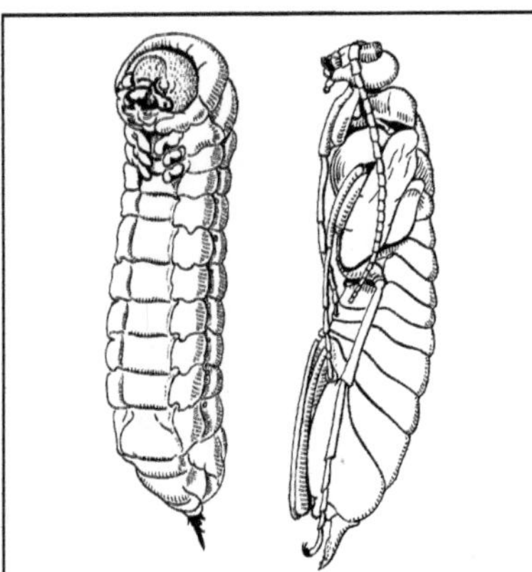

Abb. S-57: Siricidae: *Urocerus gigas*, Riesenholzwespe. Larve, ca. 30 mm, und Puppe. (Schimitschek 1955; Brauns 1991)

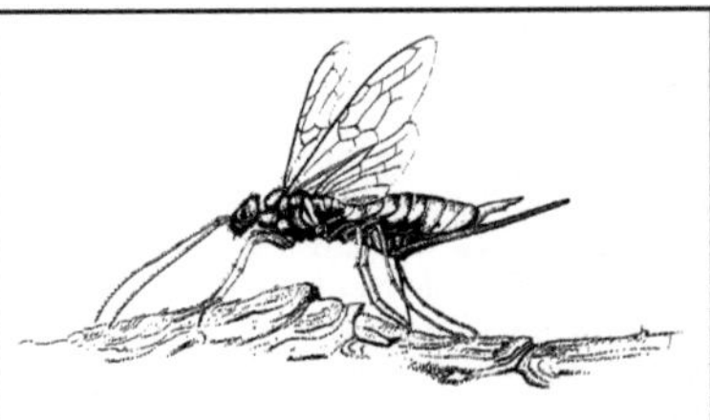

Abb. S-58: Siricidae: *Urocerus gigas*, Riesenholzwespe. ♀ bei der Eiablage; 35 mm. (Bachmaier 1969)

Weiteres durchnagt); Entwicklungsdauer (auch bei der gleichen Art) sehr verschieden, meistens wohl 3 Jahre, selten nur 1 Jahr, zuweilen (v. a. nach Fällen des Fraßbaums) bis zu 6 Jahren; **Überwinterung** als Larve. **Symbiose mit Pilzen** (Basidiomycetes der Gttg. *Amylostereum*, bei verschiedenen Holzwespen verschiedene Pilzarten): ♀ mit paarigen Pilzbehältern (Mycetangien, auch „Pilzspritzen" genannt) an der Basis des Legebohrers; die darin enthaltenen Oidien (als Dauerkeime fungierende Hyphenstücke) werden bei der **Eiablage** auf die Eioberfläche geschmiert oder (*Urocerus*) in kleinen Portionen zwischen den in eine Röhre eingeschobenen Eiern platziert (jeweils zusammen mit Sekret aus Drüsen, die in die Mycetangien münden); der Pilz wächst in das später von der Larve gefressene Holz, Pilze und Holz dienen als Larvennahrung; Lignin und Zellulose abbauende Enzyme stammen (zumindest überwiegend) aus den Pilzzellen (nachgewiesen beim nordamerikanischen *Sirex cyaneus* F.); die älteren weiblichen (nicht die männlichen!) Larven mit tiefen, paarigen Taschen zwischen dem 1. und 2. Abdominalsegment, in die auf ungeklärte Weise Oidien gelangen und mit Wachsplättchen umhüllt werden (Wachs aus benachbarten Drüsen, mithilfe komplexer Strukturen der Taschenwand zu winzigen plättchenartigen Etuis geformt); Wachsplättchen mit eingeschlossenen Oidien während der Puppenruhe frei in der Puppenkammer (die Wachsumhüllung schützt die Pilzkeime vor dem Austrocknen; unbekannt, wie die Oidien in die Mycetangien der frisch geschlüpften weiblichen

Imagines gelangen); die Mycetangien fehlen bei *Xeris*: Eiablage hier offenbar nur in Bäume, die schon von anderen Siriciden-♀ mit Pilzen infiziert wurden. **Feinde:** außer Spechten eine Reihe von Schlupfwespen, die mit langem Legebohrer durch das Holz hindurchstechen und ihr Ei an die Holzwespenlarve legen (*Rhyssa*-, *Megarhyssa*-, *Ibalia*-Arten; →Ichneumonidae A, →Ibaliidae). Beispiele von in Nadelhölzern bohrenden Arten: ***Urocerus gigas*** L., Riesenholzwespe (12–40 mm, schwarz und gelb [**S-58**]); ***Sirex juvencus*** L., Gemeine Holzwespe (15–30 mm, blau-schwarz); ***Xeris spectrum*** L., Schwarze Kiefernholzwespe (15–30 mm, Legebohrer fast körperlang).
Lit. →Hymenoptera; Quinlan & Gauld 1981; Schedl 1991.
Siricoidea; Holzwespen i. w. S.; Gruppe der Pflanzenwespen („Symphyta", →Hymenoptera); mit den Fam. →Siricidae und →Xiphydriidae.
Sistens (Pl.: Sistentes); bei Blattläusen der Fam. →Adelgidae übliche Bezeichnung für aus eine auf dem Sekundärwirt lebende parthenogenetische Morphe mit Ruhephase im Sommer und/oder im Winter, im letzteren Fall als Hiemosistens bezeichnet (überwinternde Blattläuse aus anderen Fam.: →Hiemalis).
Sisyphus →Scarabaeidae B4.
Sisyra →Planipennia; →Sisyridae.
Sisyridae, Schwammfliegen; Fam. der Netzflügler (Planipennia) mit in Eur 7, M-Eur & Dt 5 Arten der Gttg. *Sisyra*, am häufigsten *S. nigra* Retz.; Imago (Körper gut 7 mm, Flspw. 11–13 mm) mit dunklem Körper und bräunlichen Flügeln, mit kräftigen Kaumandibeln (Ernährung omnivor); auf Gebüsch am Ufer von Gewässern. Das ♂ setzt bei der **Begattung** (3–5 min) eine Spermatophore an der Geschlechtsöffnung des ♀ ab. Die wenigen **Eier** (etwa 50) werden in mit Gespinstfäden überzogenen Grüppchen nachts an Gegenständen, die aus dem Wasser ragen, abgelegt, sodass die schlüpfenden **Larven** ins Wasser fallen; mit

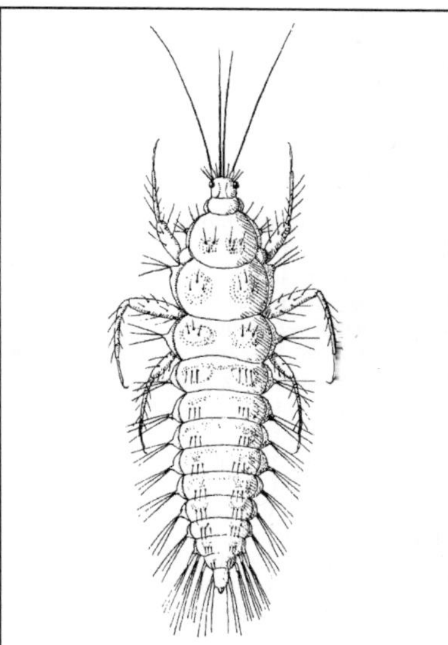

Abb. S-59: Sisyridae: *Sisyra* spec., Schwammfliege. Larve; ca. 5 mm; zwischen den Fühlern die beiden Saugröhren, aus Labrum und Teilen der Maxillen

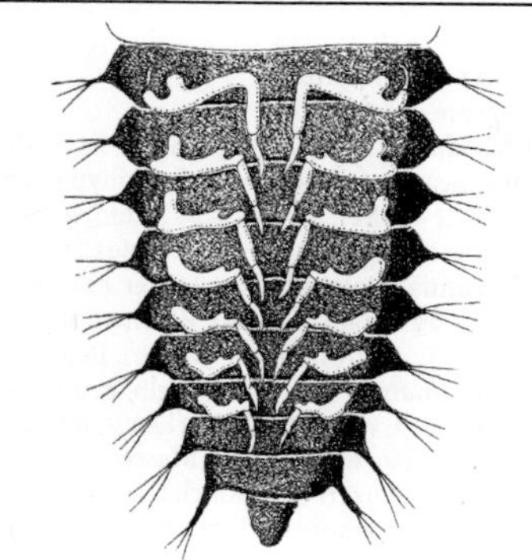

Abb. S-60: Sisyridae: *Sisyra* spec., Schwammfliege. Abdomen einer Larve, ventral; mit Tracheenkiemen (hell), werden vibrierend bewegt. (Stitz 1931)

Abb. S-61: Sisyridae: Larve einer Schwammfliege beim Spinnen des Außenkokons. (Wundt 1969)

Beinen und Hinterleib rudernd, streben sie dann schwachen Strömungen zu, wie sie für den Wasserausstoß aus den Oscula von Schwämmen typisch sind (Suche bis zu 1 Woche, auch olfaktorisch?). Höchst eigenartig die Ernährung der im Wasser lebenden Larven [**S-59**]: saugen mit den langen, dünnen, röhrenförmigen Saugzangen (jede für sich beweglich) Säfte aus den Geweben von Süßwasserschwämmen und (seltener) Moostierchen (s.→Planipennia); an den ersten 7 Hinterleibssegmenten unten mit gegliederten Tracheenkiemen (umgebildete Extremitäten [**S-60**]), werden zum Erzeugen eines Atemwasserstromes vibrierend bewegt; Mandibeln und Maxillen zu Saugröhren [Saugzangen] umgeformt; das letzte der 3 Larvenstadien geht im Herbst ans Ufer, **überwintert** (z. B. in Rindenritzen) in einem aus dem Sekret der Malpighi-Gefäße gesponnenen doppelwandigen Kokon [**S-61**]; **Verpuppung** im Frühling; die Imago (oder die Puppe und anschließend die Imago) beißt sich durch die Kokonwand durch; 1–2 Generationen im Jahr. Lit. →Planipennia.

Sitaris →Meloidae B1.

Sitkafichten-Gallenlaus, *Gilletteella cooleyi* Gill. →Adelgidae 6.

Sitkalaus, *Elatobium abietinum* Walk. →Aphididae 1.

Sitobion →Aphidina.

Sitodiplosis →Cecidomyiidae B2.

Sitona →Curculionidae F4.

Sitophilus →Curculionidae B.

Sitotroga →Gelechiidae 1.

Skabiosenschwärmer, *Hemaris tityus* L. →Sphingidae 11.

Skatoconche; die oft kunstvoll aus Kot aufgebaute Hülle um die Eier mancher Blattkäfer; →Chrysomelidae H.

Skelettierfraß; Fraßspur an Blättern: Gewebe mit Ausnahme der Rippen entfernt.

Skorpionsfliegen →Panorpidae.

Skorpionswanzen →Nepidae.

Smaragdlibellen, *Cordulia* und *Somatochlora*; →Corduliidae, 1.

Smerinthus →Sphingidae 3.

Smicromyrme →Mutillidae.

Sminthuridae, Echte Kugelspringer; Fam. der Springschwänze (Collembola, Symphypleona) mit in Eur ± 85, M-Eur 40, Dt 24 Arten; Körper mehr oder weniger kugelig; äußerstes Fühlerglied sekundär untergliedert; in der krautigen Vegetation, auf Sträuchern und Bäumen; zumindest einige Arten fressen an Pflanzen. Beispiele: *Sminthurus viridis* L. (bis 3 mm); gelb, grün oder bläulich gefärbt; v. a. auf Wiesen; lebt von Pollen und zarten Pflanzenteilen; bei Massenauftreten gelegentlich an Luzerne schädlich (Luzernefloh); ♂ kann Spermatophore auch ohne Anwesenheit eines ♀ absetzen, ♀ nimmt Sperma jedoch nur nach einer einfachen Werbezeremonie auf; Eier von Analsekret umhüllt, werden meist zu Eipaketen anderer ♀♀ gelegt. *Allacma fusca* L., mit bis zu 4 mm größte heimischer Kugelspringer; glänzend braun, z. T. leopardartig gefleckt; bevorzugt in Wäldern, häufig an feuchten Baumstubben. Die kleinwüchsigeren Arten (unter 2 mm) werden inzwischen oft in eine eigene Fam. **Bourletiellidae** (mit 15 heimischen Arten) abgetrennt; auf Gras und Büschen; z. B. die Trockenheit vertragende *Bourletiella hortensis* Fitch, kann bei Massenauftreten in Gärten durch Fraß Keimlinge schädigen. Lit. →Collembola; Bretfeld 1999; Burkhardt et al. 2016.

Sminthurides →Sminthurididae; →Collembola.

Sminthurididae; Fam. der Springschwänze (Collembola, Symphypleona) mit in Eur 23, M-Eur 15, Dt 13 Arten; kleinere Kugelspringer (unter 2 mm; [**C-169**]); zeitweilige Paarbildung: das kleinere ♂ packt mit seinen Greifantennen die Antennen des ♀, wird längere Zeit vom ♀ bis zum Absetzen einer Spermatophore getragen [**C-172**]; z. B. *Sminthurides aquaticus* Bourl., Wasserkugelspringer (0,5–1,0 mm); Bewohner des Bodens und der Waldstreu, z. T. auch der Krautschicht, springt auch auf Wasseroberflächen (möglich durch breite Lamellen an den Gabelspitzen); ernährt sich hier v. a. von Wasserlinsen. Die winzige *Mackenziella psocoides* Hammer (unter 0,3 mm) ebenfalls mit Greifantennen beim ♂, jedoch wegen länglicherem Körper mit angedeuteter Segmentierung (abweichend von anderen Symphypleona) in eine eigene Fam. **Mackenziellidae** gestellt; wenige Male im Boden trockener Standorten (Dünen, Weinberge) gefunden. Lit. →Collembola; Bretfeld 1999; Burkhardt et al. 2016.

Sminthurus →Sminthuridae.

Sohlenfliegen →Platypezidae.

Soldaten; oft gebrauchte Bezeichnung für besonders große und großköpfige ♀♀ bei Termiten (→Isoptera; hier beiderlei Geschlechts) und Ameisen (→Formicidae).

Soldatenkäfer →Cantharidae.

Solenobia →Psychidae 3.

Solenopotes → Linognathidae.

Solenopsia →Diapriidae.

Solenopsis →Formicidae, D3; vgl. →Diapriidae.

Solierella →Crabronidae B.

solitäre Bienen →Anthophila.

solitäre Insekten; Insekten, bei denen der innerartliche Kontakt auf kurzzeitige sexuelle Beziehungen zwischen ♂♂ und ♀♀ beschränkt ist (→soziale Insekten).

Solitärparasitoid →Parasitoid.

Solva →Xylomyidae.

Somatochlora →Corduliidae 1; →Odonata.

Sommerwirt →Sekundärwirt.

Sonnenkälbchen →Coccinellidae.

Sonnenmotten →Heliodinidae.

Sonnenwendkäfer, *Amphimallon solstitiale* L. →Scarabaeidae C3.

Sophophora →Drosophilidae.

Soronia →Nitidulidae D.

soziale Bienen →Apidae; →Halictidae.

soziale Faltenwespen →Vespidae D.

soziale Insekten; i. w. S. alle Insekten, bei denen Kontakte mit Artgenossen sich nicht nur auf das Sexualverhalten beschränken; i.e. S. (und im allgemeinen Sprachgebrauch) nur die Staaten bildenden (eusozialen) Insekten; mit unterschiedlichen Komplexitätsstufen in der Ausprägung des Zusammenlebens; nach den zusammenlebenden Generationen in 2 Gruppen unterteilbar: **A) parasoziale (präsoziale) Verbände,** bei denen nur eine (gleichaltrige) Generation von Imagines auftritt; in 4 Ausprägungen: **A1) subsozial;** 1 ♀ und 1 ♂ oder 1 ♀ allein versorgen und pflegen die Brut (z. B. →Staphylinidae K: Silphinae; manche →Embioptera; →Staphylinidae 8; →Spercheidae; →Scarabaeidae B2; →Sphecidae C1); **A2) kommunal:** mehrere ♀♀ derselben Generation bewohnen gemeinsam ein Nest, versorgen jedoch jeweils nur die eigene Brut (z. B. bei *Andrena*, →Andrenidae 1; *Osmia*, →Megachilidae 1); **A3) quasisozial:** wenige, derselben Generation angehörende ♀♀ bauen und versorgen gemeinsam ihre Brutzellen (→Halictidae); **A4) semisozial:** mit Kastenbildung und Arbeitsteilung; unfruchtbare ♀♀ (Hilfs-♀♀ mit unterentwickelten Ovarien) versorgen die Brut eines oder einiger gleichaltriger fruchtbarer ♀♀; Kastendetermination oft erst im imaginalen Stadium und reversibel (→Halictidae); als präsozial eingestuft werden auch die Gemeinschaften der Prozessionsspinner- (→Notodontidae B) und Gespinstmottenraupen (→Yponomeutidae), die der Larven der Gespinstblattwespen (→Pamphiliidae) und mancher Borkenkäfer (→Curculionidae P) und schließlich die Aggregationen der Feuerwanzen (→Pyrrhocoridae). **B) eusoziale Verbände (Staaten),** bei denen mehrere Generationen von Imagines in einem Nest (Bau) zusammenleben; mit Kastenbildung: fruchtbare ♀♀ (Königinnen) und meist nicht oder nur eingeschränkt fortpflanzungsfähige ♀♀ („Arbeiterinnen", ♀♀); die Kaste der ♀♀ übernimmt Brutpflege, Nestbau, Nahrungsbeschaffung, Verteidigung usw.; mehrmals unabhängig entstanden: bei Termiten (→Isoptera), Ameisen (→Formicidae), manchen Faltenwespen (→Vespidae D) und Bienen (→Apidae, →Halictidae); nach dem Vorhandensein oder Fehlen von Futteraustausch zwischen den Imagines 2 Strategien unterscheidbar: **B1) primitiv eusozial:** Futteraustausch selten oder fehlend; Kasten morphologisch ähnlich; Staat meist 1-jährig (Ausnahme: *Lasioglossum marginatum,* 5- bis 6-jährig), z. B. bei *Lasioglossum*-Arten (→Halictidae 5), Hummeln (→Apidae E1); **B2) hoch eusozial:** mit regem Futteraustausch zwischen Imagines; Kasten deutlich unterschieden; Staaten 1-jährig (→Vespidae D) oder mehrjährig (*Apis,* →Apidae; →Formicidae).

Lit. Crozier & Pamilo 1996; Wilson 1971.

Sozialer Magen →Anthophila.

Sozialsekrete; Stoffe, die für die Beziehungen zwischen Artgenossen, zuweilen auch (z. B. bei dem Ameisengast *Lomechusa,* →Staphylinidae D5) zwischen Wirt und Schmarotzer von Bedeutung sind; →Pheromone; Excitatoren der →Melyridae A: Malachiinae.

Spalangiidae →Pteromalidae.

Spaltschlüpfer →Orthorrhapha.

Spania →Rhagionidae.

Spanische Flagge, *Euplagia quadripunctaria* Pd. →Erebidae K12.

Spanische Fliege, *Lytta vesicatoria* L. →Meloidae A2.

Spanner →Geometridae.

Spannereulen →Erebidae H.

Sparasion, **Sparasionidae** →Scelionidae.

Sparganothis →Tortricidae 29.

Spargelfliege, *Plioreocepta poeciloptera* Schrk. →Tephritidae 4.

Spargelhähnchen, *Crioceris* →Chrysomelidae B2.

Spargelkäfer, *Crioceris* →Chrysomelidae B2.

Spathius →Braconidae B2.

Spavius →Cryptophagidae.

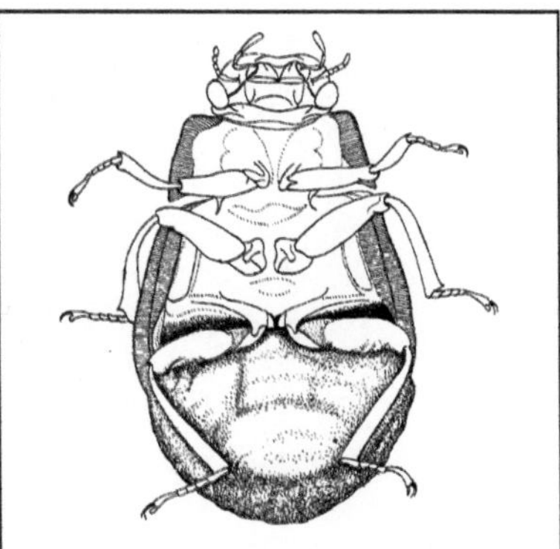

Abb. S-62: Spercheidae: *Spercheus emarginatus.* ♀ mit Eikokon am Bauch. (v. Lengerken 1954)

Speckkäfer, *Dermestes* →Dermestidae 1.

Speerspanner, Großer, *Rheumaptera hastata* L. →Geometridae E8.

Speichelscheide; die von erhärtetem Speichel gebildete Auskleidung des Stichkanals der Mundteile, insbesondere bei Blattläusen (→Aphidina) und Schildläusen (→Coccina).

Speisebohnenkäfer, *Acanthoscelides obtectus* Say →Chrysomelidae C6.

Spelobia →Sphaeroceridae.

Speolepta →Mycetophilidae.

Spercheidae, Buckelwasserkäfer; Fam. der Käfer (Coleoptera, Polyphaga, Staphyliniformia); gelegentlich als U-Fam. **Spercheinae** zu den →Hydrophilidae gestellt; in Eur & Dt nur *Spercheus emarginatus* Schall.; mittelgroßer (5–7 mm) gedrungener hochgewölbter bräunlicher Wasserkäfer, im schlammigen Uferbereich nährstoffreicher, stehender Gewässer mit viel Pflanzenwuchs, kriecht träge im Pflanzenwuchs dicht unter der Oberfläche umher, meist Bauch nach oben (Luftschicht auf der Bauchseite, wie bei den verwandten →Hydrophilidae mithilfe der Antennen erneuert; der Käfer ist stets leichter als Wasser); seiht Algen von der Wasseroberfläche ab; schwimmt selten und ungeschickt (Hinterbeine nicht als Schwimmbeine ausgebildet); **Zirporgan** (bei ♂ und ♀) ähnlich den →Hydrophilidae: Höcker jederseits am 3. Hinterleibssegment, gestrichen über ein Höckerfeld an der Unterseite der Flügeldecken, bei Beunruhigung und zur Fortpflanzungszeit; kräftige Flieger. **Brutpflege:** das ♀ trägt im Frühsommer unter dem Hinterleib einen Gespinstsack mit ca. 60 Eiern [**S-62**] bis die Larven schlüpfen (Spinnapparat wie bei den →Hydrophilidae); Gespinst

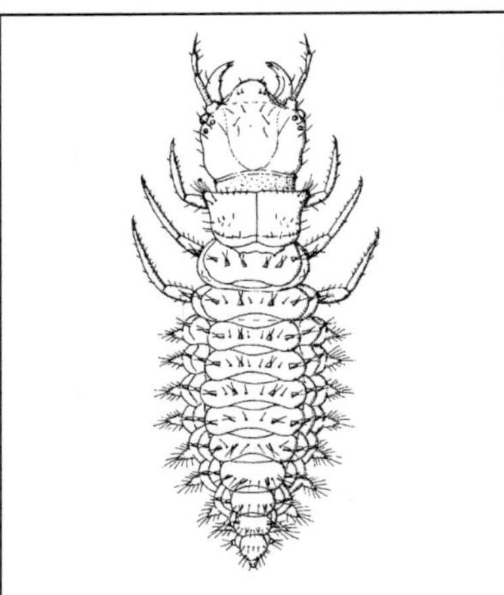

Abb. S-63: Spercheidae: *Spercheus emarginatus*. Larve, 9 mm. (Horion 1949)

körbchenartig, am Hinterrand der Hinterschenkel befestigt, mit festem ventralem Boden, auf dem, in lockeres Gespinst eingebettet, die **Eier** liegen; der Eisack wird bei Beunruhigung durch Druck der Hinterschienen gegen die Bauchseite hochgedrückt; das ♀ macht mehrere Eisäcke hintereinander. **Larve [S-63]** düster, gedrungen, mit sehr großem Kopf, gewölbtem Rücken und flachem Bauch; kriecht, Bauch nach oben (Tracheenlängsstämme mehr ventral gelegen) unter dem Wasserspiegel; vermutlich Hautatmung durch die Seitenlappen der Hinterleibssegmente (letztes Stigmenpaar offen?); Nahrung: alles, was an der Wasseroberfläche zu finden ist, auch kleine Fliegen und Krebschen. **Verpuppung** in einem selbst gesponnenen, mit Fremdkörpern durchsetzten Kokon an Land; der Käfer schlüpft alsbald und überwintert.

Lit. →Coleoptera; Rothmeier & Jäch 1986; Wesenberg-Lund 1943; Rothmeier & Jäch 1986.

Spercheus →Spercheidae.

Spermatophylax; Gebilde aus Drüsensekret am hinteren Rand der Spermatophoren von Laubheuschrecken-♂♂, ragt nach der Kopulation aus der Geschlechtsöffnung des ♀, wird von diesem gefressen; während der Fresszeit Übertreten der Spermatozoen in den Samenbehälter (→Receptaculum seminis) des ♀; →Ensifera.

Spermophagus →Chrysomelidae C8.

Speyeria →Nymphalidae E2.

Sphaeridium →Hydrophilidae 6.

Sphaeriestes →Salpingidae.

Sphaeriidae →Sphaeriusidae.

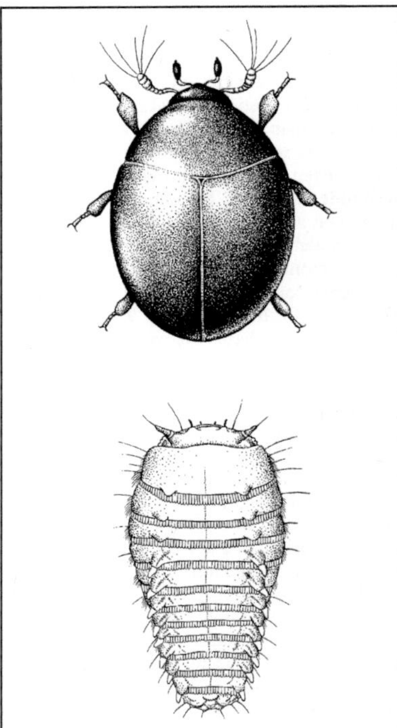

Abb. S-64: Sphaeriusidae: *Sphaerius acaroides*. Imago und Larve. (Klausnitzer 1984)

Sphaerites →Sphaeritidae.

Sphaeritidae; Fam. der Käfer (Coleoptera, Polyphaga, Staphyliniformia); gelegentlich als U-Fam. **Sphaeritinae** zu den ähnlichen und nächstverwandten →Histeridae gestellt; in Eur & Dt nur *Sphaerites glabratus* F.; seltener Käfer (5–7 mm) mit wenig bekannter Lebensweise; v. a. an ausfließendem Birkensaft, hier auch Paarung; ♀ legt die Eier unter Laub und Moos in vom Baumsaft getränkte Erde; Entwicklungsdauer etwa 1 Monat.

Lit. →Coleoptera.

Sphaerius →Sphaeriusidae.

Sphaeriusidae (Sphaeriidae, Microsporidae), Kugelkäfer; Fam. der Käfer (Coleoptera, Myxophaga) mit in Eur 3 Arten; in M-Eur & Dt nur *Sphaerius acaroides* Waltl. (= *Microsporus obsidianus* Kol.) [**S-64**, zeigt eine ähnliche australische Art]; wohl weit verbreitet und nicht selten, aber häufig übersehen; winzig (0,7 mm), halbkugelig, glänzend schwarz oder bräunlich; mit

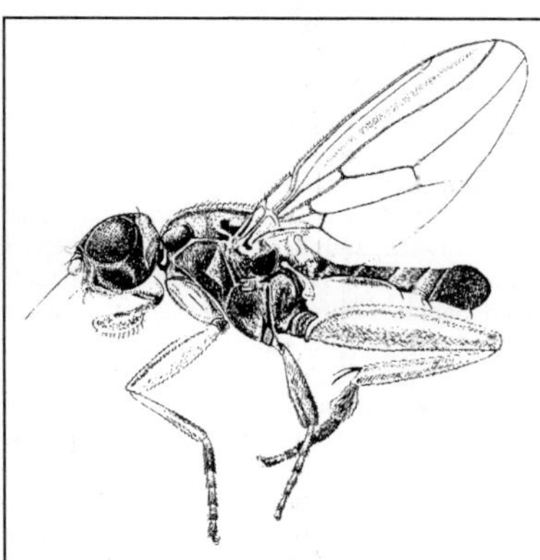

Abb. S-65: Sphaeroceridae: *Sphaerocera curvipes*, eine Dungfliege. Larven in Mist; 3 mm. (Lindner 1923 ff)

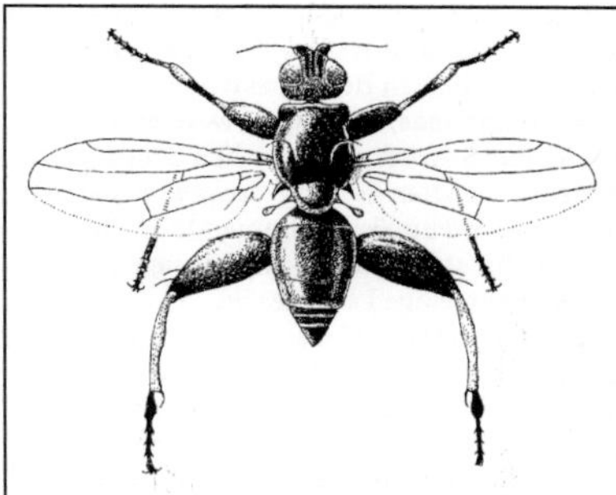

Abb. S-66: Sphaeroceridae: *Sphaerocera curvipes*. ♀, 3 mm. (Séguy 1951a)

kurzen, kräftigen Beinen; Hinterflügel ähnlich den →Ptiliidae schmal und lang bewimpert; am Rande von Gewässern in feuchtem Sand oder unter Genist, zwischen Algenbelag; auch in Torfböden und Torfmoos (*Sphagnum*).
Lit. →Coleoptera.
Sphaerocera →Sphaeroceridae.
Sphaeroceridae, Dungfliegen; Fam. der Zweiflügler (Diptera, Brachycera, Cyclorrhapha) mit in Eur ± 240, M-Eur 181, Dt 133 Arten; häufige, winzige bis kleine (0,7–5,5 mm), dunkle Fliegen; Grundglied der Hintertarsen verdickt [**S-65, S-66**]; im Zusammenhang mit dem Leben am und im Boden: Tendenz zur Reduktion der Flügel (z. B. bei *Crumomyia pedestris* Meig., in feuchten Grasbüscheln; vollständig bei *Aptilotus paradoxus* Mik) und der Augen, dafür Verlängerung der →Arista; bei *Pullimosina pullula* Zett. Flügelpolymorphie: in Biotopen mit lockerer niederer Vegetation Individuen mit gut ausgebildeten Flügeln, in Waldgebieten mit größerer Streuschicht kurzflügelige Exemplare. Viele Arten schnelle Flieger, andere geschickte Läufer mit eingeschalteten Sprüngen; die meisten negativ fototaktisch. Feuchtigkeitsliebend; häufig in Nestern und Bauten von Kleinsäugern; die Imagines mancher Arten oft an Dung, in dem sich (wie überhaupt in zerfallenden pflanzlichen oder tierischen Stoffen) als Partikelfresser (Mikroorganismen?) auch die **Larven** entwickeln; verschiedene Arten lassen eine Präferenz für bestimmten Dung erkennen; *Ceroptera* oft in der Nähe von Pillendrehern (*Scarabaeus*, Mittelmeerländer; →Scarabaeidae B3), passen die Möglichkeit der Eiablage auf der Brutpille des

Käfers ab; die Larven von *Sphaerocera curvipes* Latr. entwickeln sich in Mistbeeten, andere in Nestern von Kleinsäugern, Vögeln und Insekten, *Minilimosina fungicola* Hal. in Nestern von *Lasius* (→Formicidae C); einige auch in (insbesondere verrottenden) Pilzen (z. B. *Spelobia parapusio* Dahl). Larvalentwicklung vieler Arten schon bei 0 °C; Entwicklungsdauer 2–3 Wochen, daher viele Arten mit mehreren Generationen im Jahr. Geschlechtsöffnung des ♀ wird nach der **Kopulation** durch einen Begattungspfropf verschlossen, der eine weitere Kopulation vor der nächsten Eiablage verhindert (*Coproica vagans* Hal.); bei bodenbewohnenden Arten oftmals →Parthenogenese. **Phoresie:** schlüpfende und ausfliegende Imagines dienen Nematoden-Larven (z. B. von *Diplogaster*) als Transportmittel zu einem frischen Dunghaufen; Transport v. a. im Genitalsegment, was das Absteigen bei der Eiablage der Fliege erleichtert.
Lit. →Diptera; Froese 1993; Rehfeld 1988.
Sphaeropsocidae →Psocodea.
***Sphaerosoma*, Sphaerosomatidae** →Alexiidae.
Sphecidae; Fam. der Hautflügler (Hymenoptera, Apocrita, Apoidea); hierher wurden früher alle Apoidea gestellt, die gelähmte Arthropoden als Larvennahrung in die Nester eintragen (d. h. alle Apoidea außer Bienen); die so gefasste →paraphyletische Fam. wurde mit der wenig glücklichen Bezeichnung Grabwespen belegt, obwohl nicht alle Arten graben und dieses Verhalten auch außerhalb der Gruppe (z. B. bei →Pompilidae) verbreitet ist; in der engen Fassung als →monophyletische Gruppe mit in Eur 59, M-Eur 22, Dt 11 Arten; mittelgroße bis große Grabwespen (12–30 mm) mit gestieltem Hinterleib, ♂ oft kleiner als ♀; Färbung schwarz mit rotbrauner vorderer Hinterleibshälfte, selte-

ner ganz schwarz (*Isodontia*) oder schwarz mit gelben Fleckmustern (*Sceliphron*). 3 U-Fam. mit unterschiedlichem Beutespektrum:

A. Sceliphrinae, Mörtelgrabwespen; in Eur ± 14, M-Eur 5 Arten; Dt erreichen 2 auch Städte besiedelnde Arten der Gttg. *Sceliphron*, darunter die aus dem Himalaja stammende *S. curvatum* Smith; die stattlichen, Spinnen jagenden ♀♀ bauen mehrzellige Lehmnester.

B. Sphecinae, Heuschreckensandwespen; in Eur 20, M-Eur 7 Arten; in Dt ursprünglich nur ***Sphex funerarius*** Gussak.; sehr stattliche Art (18–25 mm); Nest in Sandboden; bei kolonieartiger Häufung von Nestern in günstigem Gelände durchaus Verträglichkeit der Individuen, ein ♀ kann in mehrere Nester schlüpfen, ohne dass es zu Kämpfen kommt; als Larvennahrung werden wie bei anderen Arten der U-Fam. mittelgroße Larven, aber auch Imagines von Laubheuschrecken oder Grillen gejagt, dicht an der offen gebliebenen Nestöffnung abgelegt, an einer Antenne gepackt und blitzschnell im Rückwärtsgang eingezogen; gleich nach Fertigstellen einer Zelle Vollverproviantierung mit etwa 5 Beutetieren; dann nur Andeutung von Verschließen durch Sandscharren und Anlage einer neuen Nestkammer vom alten Gang weg; *Isodontia*-Arten (wie die bei uns eingewanderte, ursprünglich mittelamerikanische *I. mexicana* Sauss.) bauen oberirdisch, z. B. in hohlen Stängeln oder eingerollten Blättern; *I. paludosus* Rossi (Mittelmeergebiet) macht ein mit Pflanzenhaaren gepolstertes Nest aus Grasähren.

C. Ammophilinae, Sandwespen; in Eur 25, M-Eur 10, Dt 7 Arten; mittelgroß bis stattlich; jagen Blattwespen- oder Schmetterlingsraupen; Nester in (häufig sandigen) Böden.

1. *Ammophila* [**S-67, S-68**]; 3 Arten in Dt; auffallend schlank, die ersten beiden Hinterleibssegmente stielartig; düster, Hinterleib z. T. rotbraun; bemerkenswerte Verhaltensunterschiede bei den Arten; a) *A. pubescens* Curt.; ♀ 14–18 mm; das ♀ gräbt mit Mandibeln und Vorderbeinen ein einzelliges 1-zelliges Nest in sandigem Bo

den; der Aushub wird im Flug zwischen Kopfunterseite und Vorderbeinen weggetragen und verstreut; Verschluss des Nestes mit einem gut passenden Hauptverschlusssteinchen und kleinerem Material darüber, danach Flug zum Beutefang; Beute: nackte Schmetterlingsraupen verschiedener Arten, die durch viele Stiche in die Bauchseite paralysiert, dann mit den Kiefern geknetet werden; Transport zum Nest Bauch gegen Bauch, Köpfe gleich gerichtet, je nach Raupengröße im Flug oder zu Fuß; dabei offenbar rein optische Orientierung nach der vorher erworbenen Kenntnis des Geländes, die Wespe verschafft sich zuweilen einen Überblick durch Erklettern eines hohen Geländepunktes (z. B. Bäumchen); die Raupe wird in Nestnähe abgelegt, das Nest geöffnet (dabei wird das Hauptverschlusssteinchen neben den Nesteingang gelegt und später wieder benutzt), inspiziert und dann die Raupe (Hinterleibsspitze am Nesteingang) rückwärts ins Nest gezogen; nach Eiablage und Nestverschluss wird ein neues Nest gegraben, zwischendurch mehrmals das 1. Nest ohne Raupe besucht; dabei jedesmal nach dem Öffnen und Inspizieren erneuter Verschluss; Beibringen einiger Raupen (Zwischenverproviantierung), wenn die Larve geschlüpft ist, später Schlussverproviantierung mit mehreren Raupen schnell hintereinander und endgültiger Ver

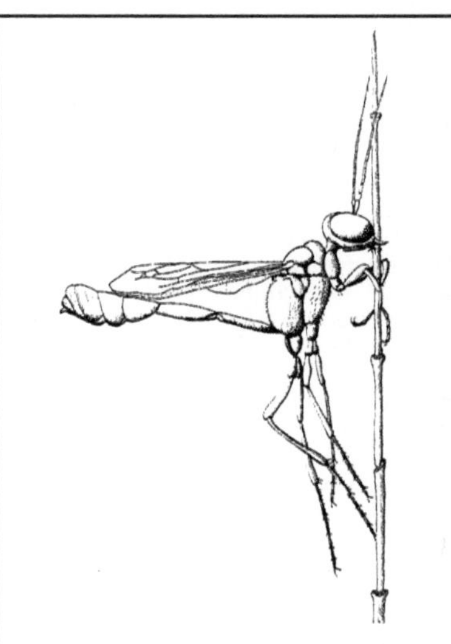

Abb. S-68: Sphecidae: *Ammophilla* spec., Sandwespe. Schlafstellung des ♂. (Rathmayer 1969)

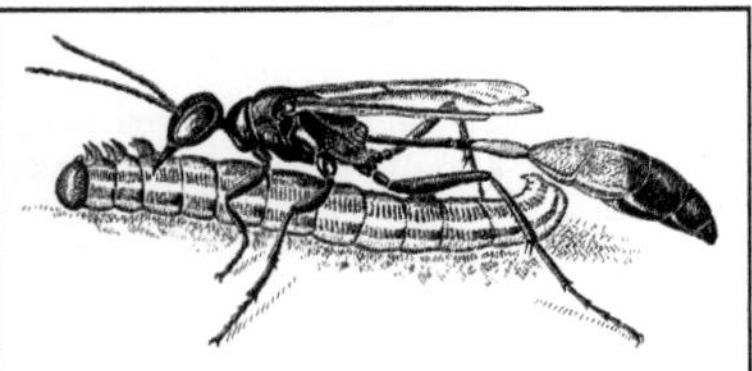

Abb. S-67: Sphecidae: *Ammophila* spec., eine Sandwespe. ♀ (ca. 20 mm) bringt Spannerraupe zum Nest. (Rathmayer 1969)

schluss, wobei der Sand im Kopfstand mit dem Kopf festgestampft wird; zwischendurch wird Nest 2 weiterversorgt, u. U. ein 3. Nest begonnen; das bei jedem Nest situationsgemäß richtige Handeln wird ausgelöst durch den Befund beim raupenlosen Besuch (nachgewiesen durch Ändern des Nestinhalts an vom ♀ angenommenen Kunstnestern); Gesamtnahrungsbedarf einer Larve etwa 7 mittelgroße Raupen; das letzte Larvenstadium spinnt einen Kokon, und zwar stets so, dass das Vorderende der Larve dem Nesteingang zugewandt ist; Überwinterung als Larve; Verpuppung im Frühling; zuerst schlüpfen die ♂♂, dann die ♀♀; nach der Begattung Beginn des Nestbaues durch das ♀; b) *A. campestris* Latr.; kleinste Art (12–17 mm); Unterschiede gegenüber *A. pubescens*: zum provisorischen Nestverschluss wird Sand aus einer Grube neben dem Nesteingang auf das Hauptverschlusssteinchen gescharrt; beim Öffnen wird der Sand wieder in diese Grube gescharrt, in die auch das Hauptverschlusssteinchen gelegt wird; Beutetiere hauptsächlich Blattwespenlarven; Verproviantierung des Nestes in einem Zuge bis zum endgültigen Verschluss; es werden also nicht mehrere Nester gleichzeitig betreut.

2. ***Podalonia,*** Kurzstielsandwespen; heimisch 4 Arten, z. B. *P. affinis* Kirby; ♀ 16–23 mm; Hinterleibsstiel kurz; Kopf und Mandibeln bemerkenswert groß; Imagines V–X; wärmeliebend; Nest in trockenem Sandboden; Verhalten ähnlich wie bei *Ammophila*, jedoch vor dem Nestbau Jagd auf eine große Raupe (vorzugsweise werden Raupen von →Noctuidae ausgegraben); diese wird durch Stiche paralysiert, malaxiert, über den Boden weggeschleppt und versteckt; erst dann Nestbau (Sand im Flug oder zu Fuß verstreut) und schließlich Aufsuchen und Einziehen der Raupe in das offen gebliebene Nest; darauf Eiablage und endgültiger Verschluss des einzelligen Nestes, in das wohl i. d. R. nur eine große Raupe eingebracht wird; ♀♀ haben die Tendenz, sich zu mehreren (bis mehrere Hundert) zusammenzuscharen und so an geschützten Plätzen zu überwintern, manchmal werden eigene Höhlen zur gemeinsamen Übernachtung oder zum Aufenthalt bei schlechtem Wetter gegraben.

Lit. →Hymenoptera; Bitsch et al. 2020; Blösch 2000, 2012; Bohart & Menke 1976; Sann et al. 2018.

Spheciformes →Apoidea.

Sphecinae →Sphecidae B.

Sphecodes →Halictidae 6; vgl. auch →Andrenidae 1, →Halictidae 4, 5.

Sphegidae; Synonym zu →Sphecidae.

Sphenophorus →Curculionidae B.

Sphex →Sphecidae B.

Sphindidae, Staubpilzkäfer; Fam. der Käfer (Coleoptera, Polyphaga, Cucujiformia) mit in Eur & M-Eur 4, Dt 2 Arten; winzige (1,2–2 mm), walzenförmige (*Sphindus dubius* Gyll.) bzw. fast halbkugelige (*Aspidiphorus orbiculatus* Gyll.), fein behaarte Käfer; Mandibel oben mit einer Höhlung, vermutlich zum Transport vom Schleimpilzsporen; die Käfer schwärmen abends; Imagines und Larven auf alten Baumstämmen, an Schleimpilze gebunden, *Sphindus* v. a. am Stäublings-Schleimpilz (*Enteridium*); Eiablage (zumindest *Aspidophorus*) am Fruchtkörper der Schleimpilze; 4 Larvenstadien; die Larve befestigt sich vor der Verpuppung mit einem Analsekret am Untergrund; Entwicklungsdauer 20–30 Tage.

Lit. →Coleoptera.

Sphindus →Sphindidae.

Sphingidae, Schwärmer; Fam. der Schmetterlinge (Lepidoptera, Glossata, Bombycoidea) mit in Eur 34, M-Eur 21, Dt 20 Arten; die z. T. sehr stattlichen Imagines (Flspw. 40–135 mm) mit hervorragendem **Flugvermögen**, das auch Flüge über weite Distanzen gestattet (mehrere →Wanderfalter in dieser Gruppe: →4, 5, 8, 10, 13); Vorderflügel schmal und schnittig, hart, mit verstärkten Adern am Vorderrand; Seitenrand bei einigen Arten mäßig gezackt; Hinterflügel stets bedeutend kleiner als Vorderflügel, mit diesem durch Haftborsten (Frenulum) verbunden; die starke Flugmuskulatur gestattet einen rasanten Flug über längere Strecken oder von Blüte zu Blüte; vorher Aufheizen der Thoraxtemperatur durch Vibrieren der Flugmuskeln (und Flügel) auf ca. 38 °C (die des Abdomens bleibt auf Umgebungstemperatur); Flügel in der Ruhe dachförmig, bei manchen Arten flach seitwärts gehalten; die oft auffallend gefärbten Hinterflügel und Körperflanken dann von den oberseits meist unscheinbar, etwa rindenartig gezeichneten Vorderflügeln verdeckt. **Stridulation** mit den Genitalanhängen bei ♂♂ weit verbreitet (z. T. sehr laut, besonders bei tropischen Arten; vermutlich mit Funktion bei der Fortpflanzung); Totenkopfschwärmer (→4) erzeugen Piepslaute durch Ansaugen und Ausstoßen der Luft (→4). **Hörvermögen** bei einigen Arten (Choerocampini: →8–10) über einzigartige Organe: Ultraschallrezeptoren in den Piliferen (Auswüchsen seitlich der Rüsselbasis), die durch Vibrationen der eng anliegenden, verdickten 2. Glieder der Labialpalpen erregt werden; keine →Tympanalorgane. **Nahrungsaufnahme** (♂♂ und ♀♀ sind langlebig!) über lange Zeit, meist in der Dämme-

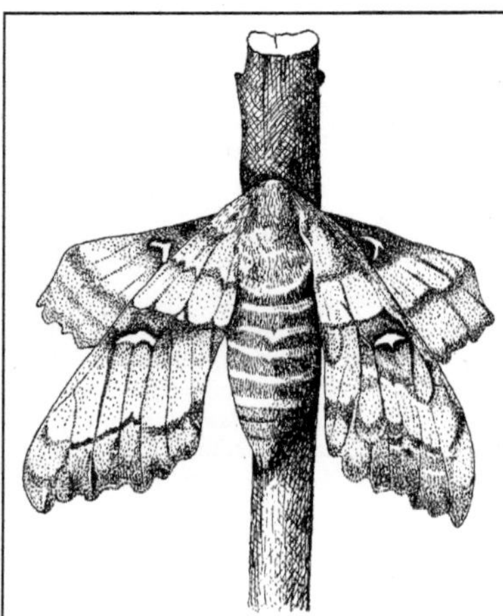

Abb. S-69: Sphingidae: *Laothoe populi*, Pappelschwärmer. Ruhehaltung; Körperlänge 31 mm. (Forster & Wohlfahrt 1954–1981)

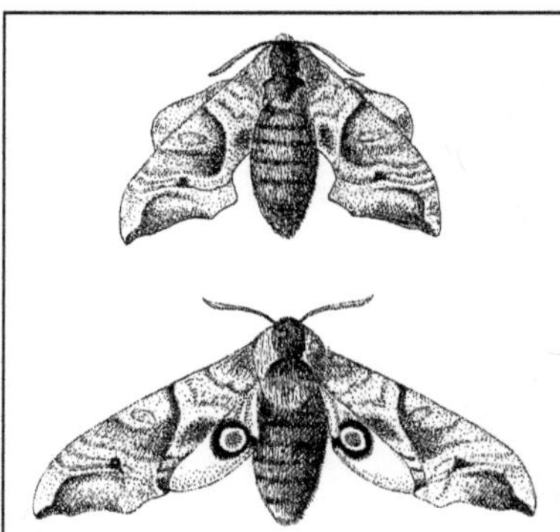

Abb. S-70: Sphingidae: *Smerinthus ocellata*, Abendpfauenauge. Oben: in Ruhe; unten: Abwehr bei Störung; Flspw. bis 80 mm

rung oder nachts (Ausnahme: →9–10); oft wirken weiße Blüten mit UV-Reflexion (hohe Farbintensität ist in der Dämmerung von Vorteil!) besonders anlockend; der oft tief verborgene Nektar der „Schwärmerblumen" wird mit dem meist sehr langen Saugrüssel im Schwirrflug vor der Blüte gewonnen; dabei schneller Wechsel der Blüten oder pendelnde Bewegungen, um anspringenden Feinden (Spinnen) zu entgehen; einige (Smerinthini: →1–3) mit verkümmertem Rüssel und ohne Nahrungsaufnahme der Imagines. **Duftdrüsen** kommen bei den meisten (allen?) Arten in beiden Geschlechtern vor, beim ♂ jederseits an der Hinterleibsbasis, beim ♀ am Hinterleibsende; das Sekret dient der Stimulation und Anlockung des Geschlechtspartners. Die **Eier** werden einzeln oder auch in kleinen Gruppen meist an die Blattunterseite der Nahrungspflanze der Raupen abgelegt. Die z. T. stattlichen **Raupen** sind ausgezeichnet durch einen meist hornförmigen Fortsatz dorsal auf dem 11. Segment (fehlt bei wenigen Arten; Bedeutung unbekannt); stets 8 Fußpaare; Färbung und Zeichnung meist unauffällig, zuweilen jedoch recht bunt, bei manchen Arten als einfache oder doppelte →Gegenschattierung ausgeprägt, abgestimmt auf Beleuchtung vom Bauch her, dazu passend die Ruhehaltung; einige mit auffallenden Schreckmustern auf dem vorderen Abdomen (→9); dazu passend „Sphinxstellung"

mancher Arten bei Störung: Vorderkörper angehoben, Kopf eingezogen [S-73]; die Raupen der meisten Arten mehr oder weniger →polyphag; Spezialistentum kommt vor (*Hyles hippophaes* Esp., Sanddornschwärmer, auf Sanddorn); manche Arten fressen nachts, verstecken sich tagsüber. Häutungen auf der Nahrungspflanze; **Verpuppung** am oder im Boden, ohne oder mit schwachem Gespinst; die Rüsselscheide steht bei manchen Arten frei vom Puppenkörper ab; **Überwinterung** i. d. R. als Puppe; Überliegen der Puppe kommt vor. Auswahl:

1. *Mimas tiliae* L., Lindenschwärmer (Flspw. 55–70 mm); Falter nach in Zeichnung und Färbung der Vorderflügel sehr variabel; Flügel in Ruhe ähnlich gehalten wie beim Pappelschwärmer; bei starker Störung leichtes Flügelwippen oder Fortlaufen; Flugzeit V–VI. Die Raupen grün, mit 7 gelblichen, vorn rötlichen Schrägstreifen an den Seiten, mit schwach ausgebildeter Gegenschattierung (Bauch dunkler als Rücken); außer an Linde auch an Ulmen und anderen Laubbäumen; sitzen in Ruhe stets auf der beschatteten Blattunterseite; Verpuppung im Herbst, in lockerem Gespinst, am oder im Boden, oft am Fuße des Baumstammes.

2. *Laothoe populi* L., Pappelschwärmer (Flspw. 65–90 mm); Nachtflieger, V–VI (in günstigen Bereichen eine 2. Generation VII–IX); in feuchten Laubwäldern, im Buschwerk an Bächen; durch charakteristische Ruhehaltung nachahmen vertrockneter Blätter [S-69]; bei starker Störung rhythmisches Hochklappen der Flügel, dabei Entblößen eines rötlichen Fleckes auf dem Hinterflügel (Erschrecken von →Präda-

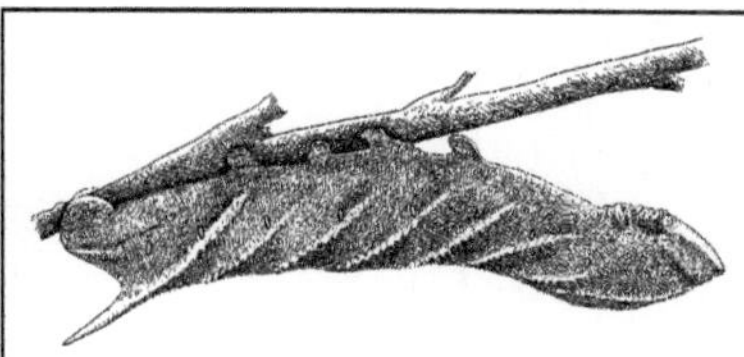

Abb. S-71: Sphingidae: *Smerinthus ocellata,* Abendpfauenauge. Erwachsene Raupe in Ruhehaltung. (De Ruiter 1956)

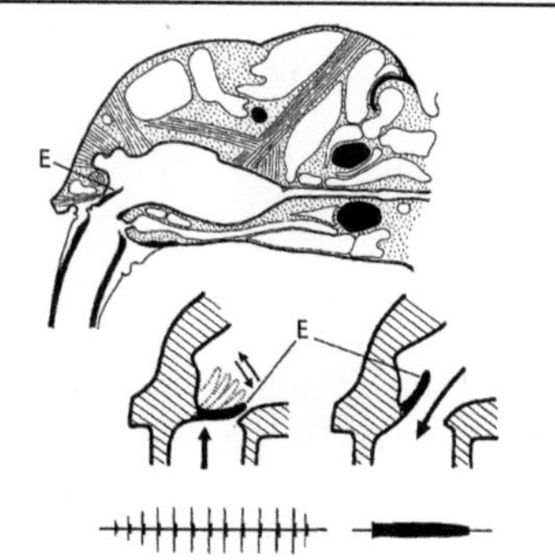

Abb. S-72: Sphingidae: *Acherontia atropos,* Totenkopf. Oben: Längsschnitt durch den Kopf des Falters; an der Rüsselbasis der in die Schlundhöhle ragende Epipharynx; zwischen zahlreichen Tracheenblasen die Hauptmuskelstränge, die an der Schlundwand ansetzen; Teile des ZNS schwarz; unten: Schema der Wirkungsweise des Epipharynx, darunter, nach Oszillogramm, der Charakter der Laute, links beim Einsaugen, rechts beim Ausstoßen der Luft; E: Epipharynx. (Dumortier 1963)

toren). Raupen grün, mit gelben Schrägstreifen und roten Seitenflecken in 2 Reihen; an Pappeln, auch an Weiden; ohne Gegenschattierung; sitzen auf der Unterseite der Blätter; Verpuppung im Herbst in der oberen Bodenschicht.

3. *Smerinthus ocellata* L., Abendpfauenauge (Flspw. 70–80 mm); Flugzeit V–VII, nachts; ausgezeichnet durch das (in der Ruhehaltung verborgene) Augenmuster auf der Oberseite der Hinterflügel; dies wird bei mäßiger Störung durch Vorziehen der Vorderflügel plötzlich freigelegt [**S-70**], wodurch z. B. Kleinvögel so erschrecken, dass sie die Falter meiden (obwohl sie nicht durch schlechten Geschmack geschützt sind); bei starker Störung besonders eindringliches Vorzeigen des Augenpaares durch rhythmisches Schaukeln (vgl. die schwächeren Abwehrbewegungen beim verwandten Pappelschwärmer, mit dem er unfruchtbare Nachkommen erzeugen kann). Raupe (VII–IX) auf verschiedenen Laubbäumen (auch Obstbäumen), v. a. auf Weiden und Pappeln (z. B. Trauerweiden in Stadtparks); Grundfarbe grün (Grünton weitgehend übereinstimmend mit dem der Nahrungspflanze), mit hellen seitlichen, die Körperform auflösenden Schrägstreifen; die Färbung ist an die Epidermis und die Kutikula gebunden; inverse Gegenschattierung (Bauch dunkler als Rücken) vom 3. Stadium an deutlich (normale Sitzweise dann an Zweigen mit Bauch nach oben [**S-71**]); Verpuppung im Herbst am oder im Boden; selten eine 2. Generation.

4. *Acherontia atropos* L., Totenkopfschwärmer; stattlichster in Eur auftretender Schwärmer (Flspw. bis 13 cm); deutscher Name nach der totenkopfähnlichen Zeichnung dorsal auf der Brust; Hinterflügel und Körperflanken auffallend schwarz-gelb gezeichnet, Vorderflügeloberseite unscheinbar rindenähnlich; dringt als Honigräuber in Bienenstöcken ein, kann Zelldeckel mit dem kurzen und kräftigen Rüssel durchstoßen (mit dichter Behaarung und bienenähnlicher Oberfläche der Kutikula als Schutzanpassungen); wird, falls er hier verunglückt, von den Bienen mit einer Wachsschicht bedeckt; für Insekten einzigartige **Lauterzeugung:** bei Störung piepsender, auffallend kräftiger Laut durch rhythmisches Erweitern und Verengen des Pharynx, wobei durch den Rüssel Luft eingesaugt und ausgestoßen wird und eine Klappe am Epipharynx in Schwingungen bringt [**S-72**]; so entsteht ein rhythmisch wiederholter Doppellaut mit langsamer Stoßfolge beim Einziehen (40–50 Stöße in ca. 16 s), sehr schneller Stoßfolge (pfeifend, Dauer 1/16 s) beim Ausstoßen der Luft (Frequenzen: 5–15 bzw. 3,5–20 kHz); die Laute klingen ähnlich denen der Bienenkönigin, könnten daher Schutz beim Räubern von Honig bieten. Heimat tropisches Afrika; fliegt jedes Jahr (IV–VIII) über die Wüste und das Mittelmeer hinweg nach Europa (bis Schweden, Finnland) ein, in manchen Jahren in beträchtlicher Zahl; **Eiablage** an verschiedenen Nachtschattengewächsen, v. a. an Kartoffeln (auch im Einwanderungsgebiet); die **Raupe** [**S-73**] grünlich mit 7 blauen bis dunkel violettbraunen Schrägstreifen an den Flanken; Schwanzhorn mit körnigen Warzen; erwachsen 12–13 cm lang; bei Störung Knirschen mit den Mundteilen; nur die letzten Stadien fressen auch tagsüber. **Verpuppung** bis 20 cm tief im Boden; die Puppe (ca. 7,5 cm lang; Scheide des Rüssels nicht frei) liegt in einer etwa hühnereigroßen Erdhöhle, deren Wand mit einer aus dem Mund

Abb. S-73: Sphingidae: *Acherontia atropos*, Totenkopf. Raupe, Abwehrstellung

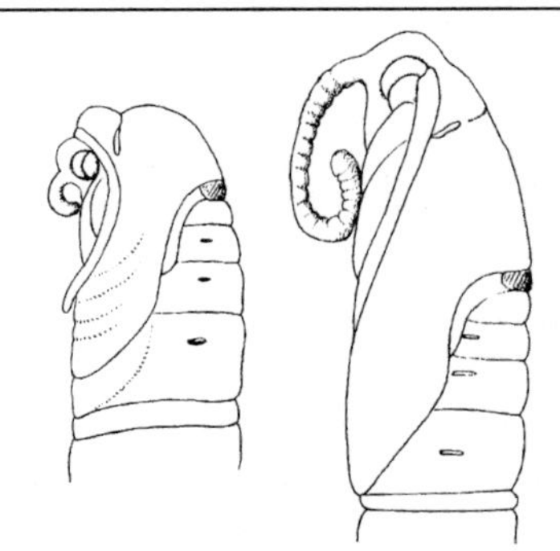

Abb. S-74: Sphingidae: *Agrius convolvuli*, Windenschwärmer. Entwicklung der Rüsselscheide; links: unmittelbar nach Verpuppung; rechts: fertig, 2,5 Stunden danach

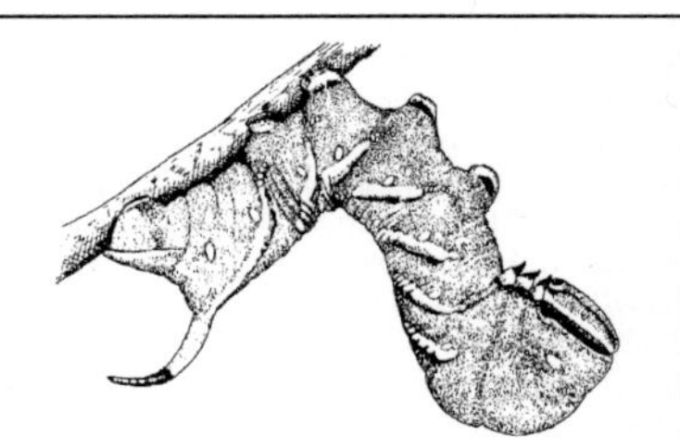

Abb. S-75: Sphingidae: *Sphinx ligustri*, Ligusterschwärmer. Raupe in typischer Sitzhaltung

der Raupe stammenden Flüssigkeit durchtränkt ist; der Falter kann auch in M-Eur bereits im Herbst schlüpfen; der Winter wird bei uns jedoch nicht überlebt; die ♀♀ der Herbstgeneration mit unterentwickelten Ovarien; Rückkehr der Herbstfalter nach Süden fraglich.

5. *Agrius convolvuli* L., Windenschwärmer, Windig; wie der Totenkopf ein Zuwanderer aus dem Süden; sehr stattlich (Flspw. ca. 12 cm); rasanter Flieger, der mit seinem mehr als körperlangen Rüssel in der Dämmerung an Winden, auch an Phlox und Stechapfel saugt. Die Raupen der in M-Eur entstehenden Generation an Winden, v. a. an Ackerwinde; treten in einer grünen und einer braunen bis schwarzbraunen Variante auf; fressen nachts, sind tagsüber im Versteck. Puppe mit frei abstehender Rüsselscheide [**S-74**], liegt in einer Erdhöhle; die in M-Eur heranwachsende Generation übersteht den Winter höchstens unter besonders günstigen Bedingungen, die dann schlüpfenden ♀♀ sind vermutlich steril; Rückflug nach Süden noch fraglich, aber vermutet.

6. *Sphinx ligustri* L., Ligusterschwärmer (Flspw. 90–120 mm); Dämmerungs- und Nachtflieger, V–VIII; Raupe grün, seitlich mit 7 weißen und violetten Schrägstreifen [**S-75**]; frisst v. a. an Liguster und Flieder, aber auch z. B. an Esche und Schneebeere; Verpuppung im IX im Boden.

7. *Sphinx pinastri* L., Kiefernschwärmer, Tannenpfeil (Flspw. bis knapp 90 mm); der auf beiden Flügeln und am Körper unscheinbar grau in grau gemusterte Falter fliegt V–VII abends und nachts, saugt z. B. an Geißblatt und Linde; setzt sich gern an Nadelholzstämmen zur Ruhe, ist dann schwer auszumachen; Eiablage einzeln oder in Gruppen an die Nadeln der Nahrungspflanze, v. a. an Kiefer, auch an Fichte, Tanne und Lärche [**S-76**]. Raupe [**S-77**] ist in verschiedenen Stadien verschieden unterschiedlich gefärbt; junge Raupen grün mit hellen Längsstreifen, sitzen auf Nadeln; späte Stadien (bis 8 cm) rotbraun mit hell gesäumtem Rücken und gelben Seitenstreifen, sitzen auf der braunen Rinde der Triebe; alle Stadien demnach durch Färbung und dazu passende Sitzweise optisch gut geschützt; durch Nadelfraß nur bei (seltener) Massenvermehrung schädlich. Verpuppung meist in der Moosschicht am Fuße der Stämme; die Puppe kann 2 Winter überliegen.

8. *Hyles euphorbiae* L., Wolfsmilchschwärmer (Flspw. 55–75 mm); in nördlicheren Teilen von M-Eur wohl nur als einfliegender Wanderfalter aus dem Süden; in wärmeren Teilen überwintert

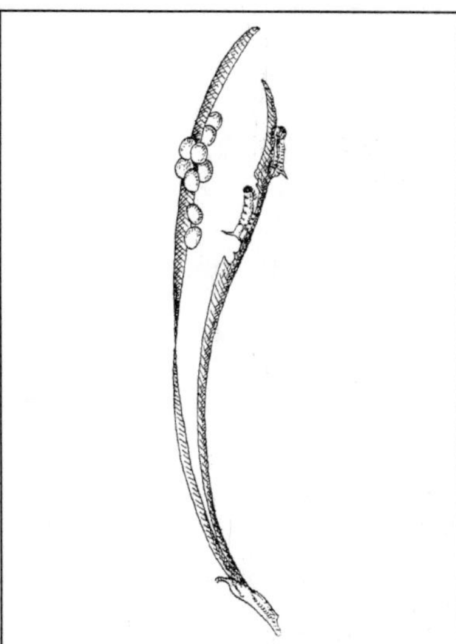

Abb. S-76: Sphingidae: *Sphinx pinastri*, Kiefernschwärmer. Gelege und Jungraupen. (Amann 1960)

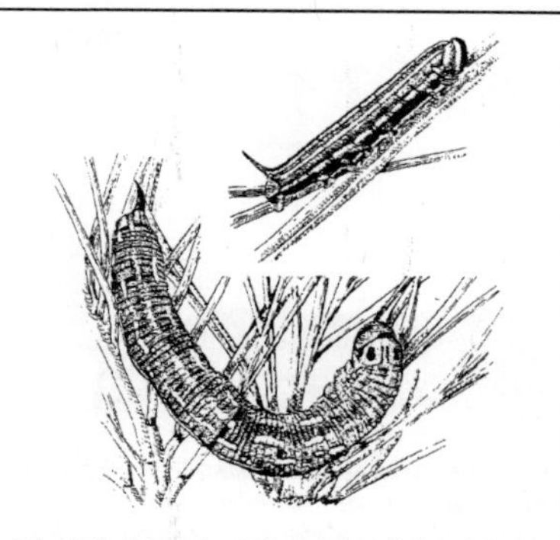

Abb. S-77: Sphingidae: *Sphinx pinastri*, Kiefernschwärmer. Raupe: 4. und 5. (letztes) Stadium

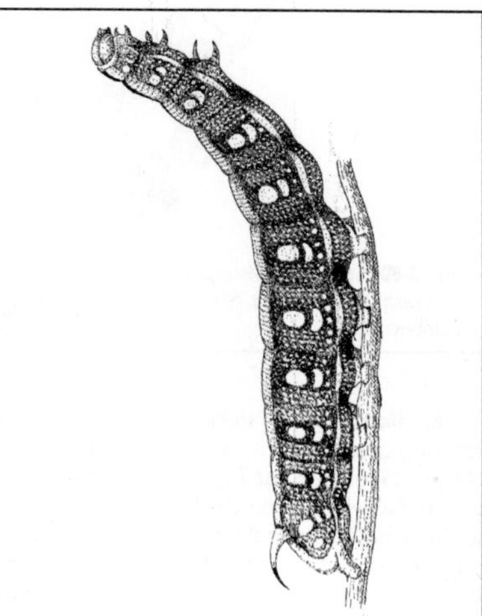

Abb. S-78: Sphingidae: *Hyles euphorbiae*, Wolfsmilchschwärmer. Erwachsene Raupe; 6 cm

er oft, erhält aber wohl regelmäßig Zuzug aus dem Süden; fliegen fliegt V–VII in der Dämmerung. Raupen an Wolfsmilcharten, bevorzugt Zypressenwolfsmilch; schlüpfen schwarz aus dem Ei, werden schon nach der ersten 1. Häutung bunt, sind erwachsen ausgezeichnet durch rote Rückenstreifen und zahlreiche kleine gelblich weiße Pünktchen auf düstergrünem Grund und größere gelbliche Seitenflecke [**S-78**]; der Milchsaft der Nahrungspflanze ist offenbar wichtig für die Futterannahme (Ablehnung der Pflanze nach Saftentzug), Raupe durch die Aufnahme der Inhaltsstoffe ungenießbar. Puppe an oder dicht unter der Bodenoberfläche in einem leichten Gespinst, kann mehrere Winter überliegen; unter günstigen Bedingungen im Sommer eine 2. Generation.

9. *Deilephila elpenor* L., Mittlerer Weinschwärmer (Flspw. 55–65 mm); der auf Körper und Flügeln ausgedehnt karmesinrote Falter ist V–VII ein durchaus nicht seltener Dämmerungsflieger. Die Raupe versteckt sich tagsüber, frisst abends und nachts v. a. an Weidenröschen, auch an echtem und wildem Wein und anderen niederwüchsigen Pflanzen; sie ist grün bis braun, am 3., deutlicher am 4. und 5. Segment mit auffallenden Augenfleckpaaren [**S-79**], die bei Störung durch Anschwellen der Brustseg-

mente nach den Einziehen des Kopfes vorgezeigt werden; diese Drohhaltung verleiht dem Vorderkörper ein schlangenförmiges Aussehen. Puppe in einem lockeren Gespinst zwischen Blättern am Boden; einzelne Falter schlüpfen unter günstigen Bedingungen schon im Herbst. Nach In Vorkommen, Aussehen und Lebensweise (auch der Raupe) ähnlich der häufige ***D. porcellus*** L., Kleiner Weinschwärmer (Flspw. 40–55 mm); die Raupe trägt an Stelle des Hornes nur einen kleinen Höcker [**S-79**] und frisst an Labkraut.

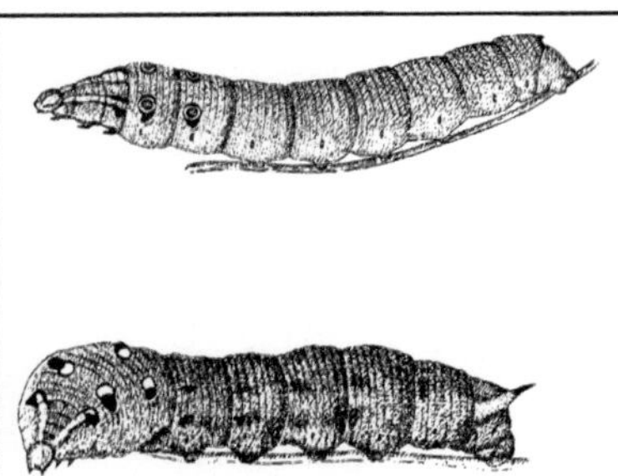

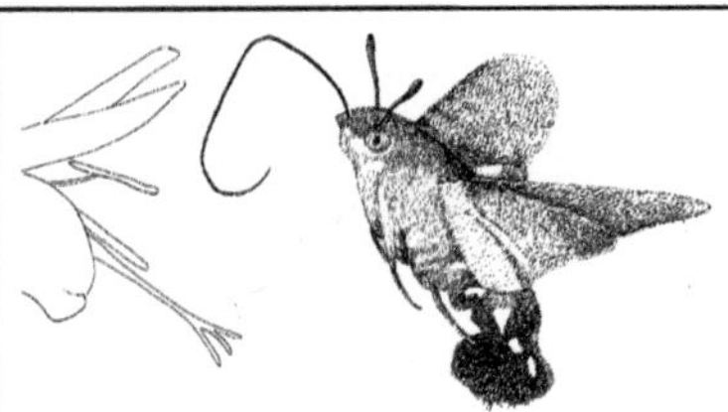

Abb. S-79: Sphingidae. Oben: *Deilephila porcellus*, Kleiner Weinschwärmer; Raupe; Horn reduziert; unten: *Deilephila elpenor*, Mittlerer Weinschwärmer; Raupe. (Eckstein 1913–33)

Abb. S-81: Sphingidae: *Hemaris fuciformis*, Hummelschwärmer. Körperlänge 27 mm

Abb. S-80: Sphingidae: *Macroglossum stellatarum*, Taubenschwänzchen. Vor einer Blüte, Rüssel halb gestreckt. (Eisenbeiss 1965)

10. *Macroglossum stellatarum* L., Taubenschwänzchen [**S-80**]; der mittelgroße Falter (Flspw. 35–55 mm) ist Tagflieger und beim Saugen im Schwirrflug vor den Blüten (z. B. Phlox) leicht zu beobachten; fliegt mit einer Geschwindigkeit von 60 cm/s an, bremst vor den Blüten in 1–3 Schritten scharf ab; Hinterleibsende mit breiten dunklen Haarbüscheln (deutscher Name!); bevorzugt (wie Hummeln) Blüten mit spektraler Reinheit der Farben. Überall häufig, jedoch in M-Eur nicht heimisch, wandert ab Ende V bis Herbst aus dem Süden zu; die Raupen der Ersteinwanderer (grün oder bräunlich, mit feinen hellen Pünktchen und heller Seitenlinie) fressen auch am Tage, z. B. an Labkraut, Sternmiere, verpuppen sich in einem dünnen Gespinst am Boden; die im VIII–IX schlüpfenden Falter überstehen höchstens in sehr geschützten Verstecken den Winter, die meisten gehen (ebenso evtl. überwinternde Puppen) zugrunde; vermutlich wandert im Herbst ein Teil nach Süden zurück; im Winter sind zahlreiche Falter im Mittelmeerbereich zu finden.

11. *Hemaris tityus* L., Skabiosenschwärmer, und ***H. fuciformis*** L., Hummelschwärmer [**S-81**]; gemeinsam ist diesen mittelgroßen Arten (Flspw. 30–46 mm) der glasige, unbeschuppte Mittelteil der beiden Flügelpaare (Schuppen in der Puppe noch angelegt, fallen frühzeitig ab); beide besuchen V–VII in der prallen Mittagssonne die Blüten. Die Raupen des Skabiosenschwärmers fressen v. a. an Skabiosen und Knautien, die des Hummelschwärmers an Geißblatt und Schneebeere; Verpuppung bei beiden Arten in einem dünnen Gespinst am Boden; die Puppe überwintert, unter günstigen Bedingungen fliegen im Spätsommer geschlüpfte Falter einer 2. Generation.

12. Außer den bereits erwähnten Wanderfaltern fliegen folgende Arten aus dem Süden ein: Der sehr bunte, lebhaft grün, braun und weiß gezeichnete ***Daphnis nerii*** L., Oleanderschwärmer (Flspw. 80–120 mm), aus Afrika und dem Mittelmeerbereich taucht bei uns selten auf; Raupen im Mittelmeergebiet (gelegentlich auch in M-Eur) an Oleander und Immergrün; die Puppen überstehen im nördlichen Bereich den Winter nicht. ***Hippotion celerio*** L., Großer Weinschwärmer (Flspw. 70–80 mm), fliegt (meist VIII–IX) aus dem Mittelmeergebiet (hier mit 2 Generationen) oft weit nach Norden ein; die Raupen v. a. an Wein, daneben an Labkraut. Der in Afrika und im Mittelmeergebiet heimische ***Hyles livornica*** Esp., Linienschwärmer (Flspw. 60–85 mm), mit hellem, an die Adern gebundenen Linienmuster im Vorderflügel kommt in manchen Jahren in beträchtlicher Zahl über die Alpen, bis nach Schweden; im Heimatgebiet durch Raupenfraß zuweilen Schaden an verschiedensten Kulturpflanzen; im Zuwanderungsgebiet gehen meist schon die v. a. an Lab- und Leinkraut

fressenden, gegen zu große Feuchtigkeit empfindlichen Raupen ein, ergeben selten Puppen (am Boden zwischen zusammengesponnenen Blättern) oder gar Falter.
Lit. →Lepidoptera; Freina & Witt 1987; Nässig et al. 1992; Pittaway 1993; Rougeot & Viette 1983; Steiner et al. 2014; Traub 1994.
Sphingonotus →Conopidae.
Sphinx →Sphingidae 6, 7.
Sphragis; Begattungszeichen beim ♀ der Apollo- und Osterluzeifalter; →Papilionidae 4.
Spicipalpia →Trichoptera.
Spießbock, *Cerambyx cerdo* L. →Cerambycidae, D1.
Spilomena →Pemphredonidae.
Spilomyia →Syrphidae E.
Spilonota →Tortricidae 22.
Spilopsyllus →Siphonaptera, A.
Spilosoma →Erebidae K9.
Spinatmotte, *Heliodines roesella* L →Heliodinidae.
Spiniphora →Phoridae 2.
Spinnenameisen →Mutillidae.
Spinnenfliegen →Acroceridae; →Nycteribiidae.
Spinnenspringer →Dicyrtomidae.
Spinnereule, *Colocasia coryli* L. →Noctuidae 4.
Spinnfüßer →Embioptera.
Spirakulumkiemen →Plastron.
Spiralgallenlaus, *Pemphigus spirothecae* Pass. →Eriosomatidae 2.
Spiralhornbienen, *Systropha* →Halictidae 3.
Spitzkopfzikaden, Fulgoromorpha; →Auchenorrhyncha.
Spitzmäuschen →Apionidae.
Splintholzkäfer →Lyctidae.
Spogostylum (= *Spongostylum*) →Bombyliidae; vgl. auch →Megachilidae 2.
Spondylidinae, *Spondylis* →Cerambycidae, B, B1.
Spornzikaden →Delphacidae
Spreizflügelfalter →Choreutidae.
Springkraut-Blattwespe, *S. obla fuscula* Klg. →Tenthredinidae 4.
Springrüssler, Rhamphini →Curculionidae H5.
Springschrecken →Saltatoria.
Springschwänze →Collembola.
Springwanzen →Saldidae; *Halticus* →Miridae 8.
Springwurm →Tortricidae 29.
Springwurmwickler, *Sparganothis pilleriana* Den. & Schiff.; →Tortricidae 29.
Spudaea →Noctuidae.
Spulerina →Gracillariidae 5.
Spurbienen →Apidae E3.
Stabheuschrecke, *Carausius morosus* Br. →Phasmida.
Stab(heu)schrecken →Phasmida.
Stabwanze, *Ranatra linearis* L. →Nepidae.

Stachelameisen →Formicidae D.
Stachelbeerspanner, *Abraxas grossulariata* L. →Geometridae C1.
Stachelbeerzünsler, *Zophodia grossulariella* Hbn. →Pyralidae 8.
Stachelhafte →Siphlonuridae.
Stachelkäfer →Mordellidae; **Hispini, *Hispa atra*** L. →Chrysomelidae D.
Stachelwanze, *Acanthosoma haemorrhoidale* L. →Acanthosomatidae 1; ***Leptopus marmoratus*** Goeze →Leptopodidae.
Stachelwanzen →Acanthosomatidae.
Stachelwasserkäfer, *Hydrochara caraboides* L. →Hydrophilidae 2.
Stahlblaue Kiefernschonungsgespinstblattwespe; *Acantholyda erythrocephala* Chr. →Pamphiliidae B4.
Stahlmotte, *Lithosia quadra* L. →Erebidae K1.
Stallfliege, *Muscina stabulans* Fall. →Muscidae 7.
Stammmutter →Fundatrix.
Stängelrüssler, *Lixus* →Curculionidae J3.
Staphylinidae, Kurzflügler; Fam. der Käfer (Coleoptera, Polyphaga, Staphyliniformia) mit in Eur ± 6300, M-Eur ± 2210, Dt ± 1665 Arten; viele Arten sehr klein (1–4 mm), aber bis 32 mm; Körper meist sehr schlank; bei den meisten U-Fam. mit stark verkürzten, kennzeichnenden Flügeldecken, die den größeren Teil des hierdurch sehr beweglichen Hinterleibs freilassen (Ausnahmen s. B, F–H, J, K); Flugflügel in Ruhe unter ihnen nach bestimmtem Muster zusammengefaltet, meist normal lang, bei manchen Arten rückgebildet (wobei dies je nach Art alle, fast alle oder auch nur einen Teil der Individuen betrifft); Entfalten der Flügel zum Flug (zumindest bei manchen Arten) nach Anheben der Flügeldecken unter Mithilfe der Mittel- oder Hinterbeine oder auch des Hinterleibs; dabei werden kammartige Gebilde am vorletzten Hinterleibssegment über die Flügelunterseite gezogen; Einfalten nach dem Flug unterstützt durch Stöße des angehobenen Hinterleibs, oft unterstützt durch Tomentflecken aus feinen und dicht stehenden Borsten auf den vorderen Hinterleibssegmenten (z. B. bei *Tachinus* →E und zahlreichen Omaliinae →F); die meisten Arten mit 1 Paar (seltener 2 Paaren) oft sehr großer abdominaler Wehrdrüsen in Afternähe; Mündungsort dorsal (Tergaldrüsen: meiste Aleocharinae →D), ventral (Sternaldrüsen: Omaliinae →F, einige Paederinae →A) oder terminal hinter dem →Pygidium (Pygidialdrüsen: Staphylininae →A, Oxytelinae →H) bzw. in den Enddarm (Analdrüsen: Steninae, Xantholininae →A); mit großer Mannigfaltigkeit der synthetisierten Wehrstoffe (viele

verschiedene Chinone, Acetate, Carbonsäuren und ihre Ester u. a. m.). **Lebensweise** recht unterschiedlich: oft an feuchten Orten, meist Bewohner des Lückensystems im Boden und der Bodenstreu; wenige sind Blütenbesucher (z. B. *Eusphalerum* und *Amphichroum*, Omaliinae →F), manche unter Rinde (*Siagonium quadricorne* Kirby, *Placusa*, *Dinaraea*) oder in morschem Holz, andere in Komposthaufen (*Edaphus*, *Gauropterus*); manche nur in Nestern von Vögeln oder Säugetieren; die (südeuropäischen) Leptotyphlinae in tieferen Bodenschichten, ohne Augen und flugunfähig (ohne Hinterflügel, →Elytren unbeweglich); insgesamt über 300 myrmekophile Arten (v. a. der Aleocharinae →C, Pselaphinae →H), die häufig in den Nestern der Ameisen leben. **Ernährung** von Larven und Imagines – soweit überhaupt bekannt – meist jagend (Mandibeln kräftig, oft gezähnt), oft ohne, z. T. jedoch mit Bevorzugung bestimmter Beutetiere wie Spinnmilben (*Oligota*-, *Holobus*-Arten), Dipteren und ihre Larven (z. B. *Lordithon*), Springschwänzen (z. B. *Olophrum*-, *Anthobium*-Arten), Asseln (*Tasgius ater* Grav.); die Beute wird bei jagenden Arten (→A, B) vor dem Mund verdaut und ausgesogen; viele Arten an verrotteten pflanzlichen oder verfaulenden tierischen Stoffen, stellen hier v. a. anderen Insekten nach; einige verzehren gelegentlich oder hauptsächlich Blütenteile (*Eusphalerum* →F), Pilze (z. B. *Gyrophaena*, *Oxyporus* →C) oder Algen (*Bledius* →I1); *Aleochara* parasitoid an Fliegenpuppen. **Verhalten:** meist flinke, wendige, behende Läufer; bei Störung werden (oft bei gleichzeitigem Heben des Hinterleibs) Wehrstoffe aus den abdominalen, bei Teilgruppen unterschiedlich gebauten Wehrdrüsen abgegeben: in einem Strahl, tropfenweise oder durch Umstülpen der Drüsenreservoire (Staphylininae →A); Oberfläche der umgestülpten Säckchen manchmal für ein besonders rasches Verdunsten des Wehrsekretes spezifisch strukturiert (*Philonthus*); Ausstülpen der Säckchen durch Hämolymphdruck, Zurückziehen durch spezielle Muskeln; Wehrsekrete oft farbig (hellgelb über rot bis dunkelbraun), bisweilen von uns riechbar; Abwehreffekt deutlich: *Deleaster* (→I2) z. B. mit 2 Paar Tergaldrüsen, deren entleerte Sekrete sofort polymerisieren, den Angreifer verkleben und durch die Giftwirkung der Chinone auch schädigen; Wehrdrüsen bei myrmekophilen Arten teilweise bis völlig zurückgebildet; wo noch vorhanden, produzieren sie Polysaccharide (Funktion?); *Paederus*-Arten (→A7) speichern in der Hämolymphe mehrere giftige Amide (Polyketide), die nach Verletzung

der Käfer frei werden. Viviparie bzw. Ovoviviparie (Schlüpfen der Larven bei bzw. kurz nach der Ablage) kommt vor; besondere Fürsorge des ♀ für Eier oder Larven vergleichsweise selten (*Bledius* →I1, *Oxyporus* →C, *Platystethus*); *Tachyporus* und *Tachinus* (Tachyporinae →E), die ihre Eier in den Boden ablegen, beschmieren das noch frei am Hinterleib hängende Ei mit Erde. **Larven** schlank, mit Laufbeinen; fast stets 3 Larvenstadien; Verpuppung meist in einer einfachen Erdhöhle, deren Wand zuweilen wie poliert aussieht; selten liegt die **Puppe** in einem Kokon aus sandigem Material; Überwinterung als Larve oder Imago. – In Dt beinahe 2 Dutzend heimische, als U-Fam. geführte Teilgruppen, früher z. T. auch als Fam. aufgefasst. Einige artenarme U-Fam. (Phloeocharinae, Trichophyinae, Habrocerinae, Olisthaerinae) hier nicht weiter berücksichtigt.

A. Staphylininae (A1–A6), Xantholininae, **Paederinae** (A7), **Steninae** (A8), die artenarmen Pseudopsinae und Euaesthetinae (sowie die nicht heimischen Leptotyphlinae) mit zusammen 451 heimischen Arten bilden eine Verwandtschaftsgruppe; enthalten (mit Ausnahme der Silphinae →K) alle über 12 mm großen Staphylinidae; durchgehend kurze →Elytren; Antennen an der Vorderkante des Kopfes; Imagines und Larven jagend, die Beute wird vor dem Mund verdaut und ausgesogen (auch von anderen jagenden Kurzflüglern nachgewiesen). Die im in Aussehen und Lebensweise abweichenden U-Fam. Scydmaeninae (→B) und Oxyporinae (→C) gehören wohl ebenfalls zu dieser →monophyletischen Gruppe.

A1. *Ocypus olens* Müll., Schwarzer Moderkäfer [**S-82**]; größte heimische Art (bis über 30 mm); schwarz; Käfer nicht selten auch tagsüber unterwegs; Drohgebärde der Imagines bei Störung unter Abgabe von insektizidem Wehrsekret (auch bei anderen Kurzflüglern): Kopf mäßig angehoben, Mandibeln gespreizt, Hinterleib mit windenden Bewegungen über den Vorderkörper hochgeklappt; die Larven überfallen ihre Beutetiere aus kurzen Erdröhren heraus.

A2. *Staphylinus caesareus* Ced.; stattliche Art (17–22 mm) mit braunen Flügeldecken und schönen messinggelben Haarflecken oben auf den Hinterleibssegmenten.

A3. *Emus hirtus* L., Zottiger Raubkäfer; stattliche (bis 28 mm) bunte, zottig behaarte Art; Kopf, Vorderbrust und Hinterleibsende gelb, sonst düster, Flügeldecken weitgehend grau; gerne an Mist, besonders Kuhmist; stellt hier anderen Insekten nach; mehr im Mittelmeergebiet beheimatet; die nördlich der Alpen heimi-

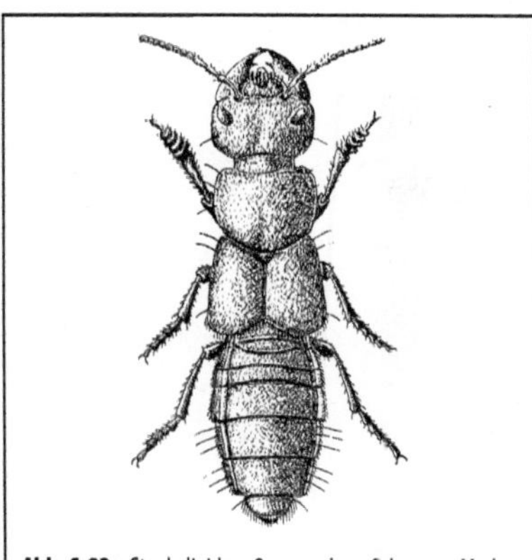

Abb. S-82: Staphylinidae: *Ocypus olens*, Schwarzer Moderkäfer. 25 mm. (Horion 1949)

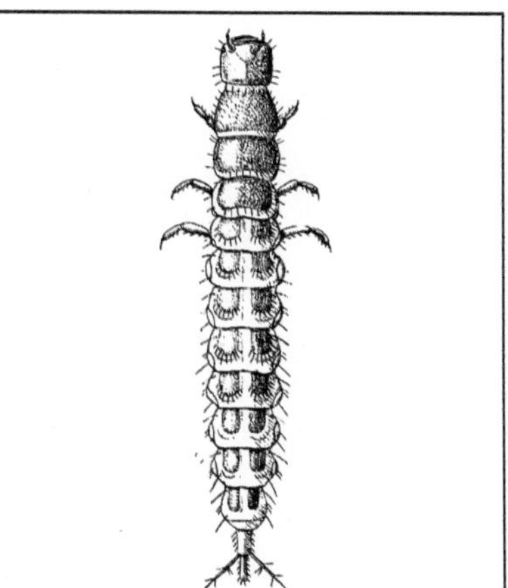

Abb. S-83: Staphylinidae: *Velleius dilatatus*, Hornissenkurzflügler. Larve, ca. 35 mm. (Reitter 1908–16)

Abb. S-84: Staphylinidae: *Stenus comma* beim Beutefang. (Weinreich 1968)

sche Population erhält womöglich immer wieder Nachschub aus dem Süden.

A4. *Velleius dilatatus* F. (= *Quedius d.*), Hornissenkurzflügler (bis 24 mm); schwarz; in oder in nächster Nähe von Hornissennestern; offenbar ohne Wehrdrüsen; leckt gern an ausfließenden Baumsäften, frisst Abfälle im Hornissennest; überfällt aber auch lebende Insekten, Fliegenmaden, Tausendfüßer u. dgl.; die Larven blassgelb, vorn und hinten rosenrot [**S-83**]; ebenfalls bei Hornissen, soll Futterabfälle und tote Tiere fressen, dagegen keine lebenden Hornissenlarven; 3. Larvenstadium überwintert in einer provisorischen Höhle; baut diese im Frühling in eine kokonartige Puppenwiege um, in der sie sich nach einigen Wochen verpuppt.

A5. *Quedius ochripennis* Mén.; Imagines und alle 3 Larvenstadien in Bauen von Kleinsäugern, besonders des Maulwurfs.

A6. *Philonthus*; verbreitete Gttg. mit 60 heimischen Arten (z. B. *Ph. decorus* Grav., *Ph. intermedius* Boisd. Lac.); 4–16 mm; meist glattglänzend; vorzugsweise an Aas, Dünger, Pilzen, Kompost, wo sie nach Fliegenlarven suchen; einige an Moos oder Bachufern, manche spezialisiert auf unterirdische Tierbauten; bei einigen Arten (z. B. *Ph. marginatus* Müll.) werden die Vorderbeine zum Beutefang verwendet.

A7. *Paederus*; bei uns mit 8 mittelgroßen (6–10 mm), auffallend gefärbten Arten (Halsschild und Hinterleib hellrot, Kopf und Hinterleibsspitze schwarz, Flügeldecken metallisch blau); meist in Gewässernähe, oft an sandigen Ufern; bei Sonnenschein aktiv; Giftwirkung s. o., Gifte auch wirksam gegen Tumore; nur

2 Larvenstadien; Überwinterung i. d. R. als Imago.

A8. *Stenus*; mit 107 Arten in Dt; durchweg klein (2–7 mm); v. a. in der Nähe von Gewässern; Hauptnahrung →Collembola; werden z. T. mit dem verlängerten, schlauchförmigen Labium gefangen [**S-84**, **S-85**], das durch Erhö-

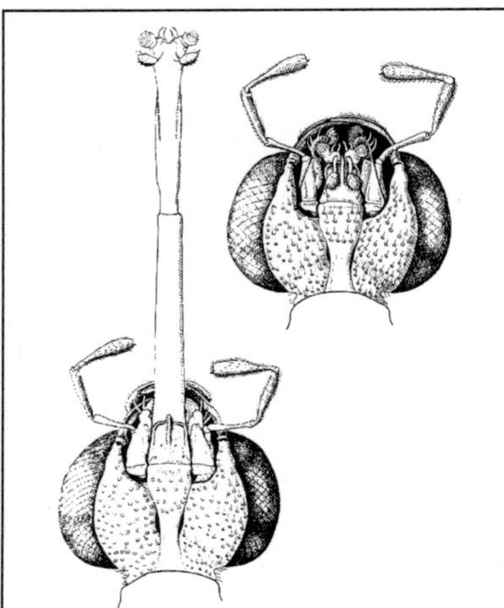

Abb. S-85: Staphylinidae: *Stenus comma*. Kopf von unten; links: Fangapparat ausgestreckt, rechts: eingezogen. (Weinreich 1968)

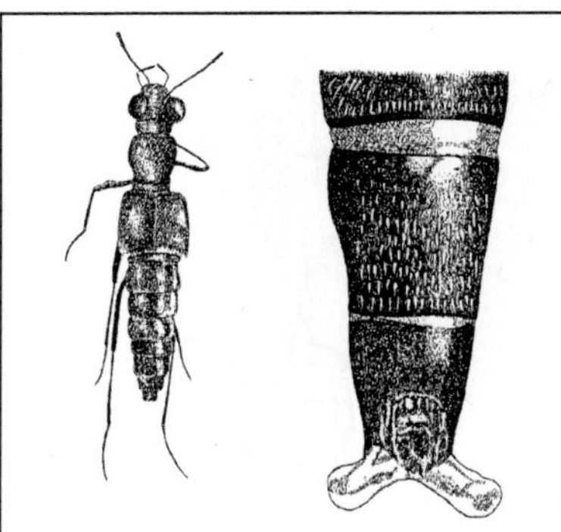

Abb. S-86: Staphylinidae: *Stenus* spec. Links: Haltung beim Entspannungsschwimmen; rechts: ausgestülpte Hinterleibsdrüsen

hung des Hämolymphdrucks vorgeschleudert und durch Muskeln wieder zurückgezogen wird (der allmählich erhöhte Hämolymphdruck kommt erst mit dem Erschlaffen der Rückziehmuskeln plötzlich zur Wirkung); jederseits im Kopf liegende Klebstoffdrüsen münden auf der Labiumspitze auf beborsteten Klebepolstern, an denen die Beute festgeklebt wird (Klebfangapparat); der Fangschlauch ist in Ruhe bis in die Vorderbrust zurückgezogen; die optisch wahrgenommene Beute wird durch Annähern auf Fangapparatlänge erreicht und durch dessen blitzschnelles Ausschleudern in der Mehrzahl der Fälle auch fixiert; der Fangapparat wird nach der Mahlzeit geputzt; bei *S. (Dianous) coerulescens* Gyll. ist der Fangapparat rückgebildet; im Wasser manchmal, v. a. bei Flucht, →Entspannungsschwimmen [**S-86**]: aus paarigen Analdrüsen Abgabe des komplexen, terpen-haltigen Wehrsekrets, das sich auf der Wasseroberfläche ausbreitet; erzeugt dank seiner niedrigeren Oberflächenspannung eine Strömung, die den Käfer (viel schneller als bei Laufbewegungen) vor sich herschiebt; Überwinterung als Imago.

B. Scydmaeninae, Ameisenkäfer; früher als eigene Fam. Scydmaenidae aufgefasst; in M-Eur 102, in Dt 49 Arten; die meist entfernt ameisenähnlichen [**S-87**] Käfer mit langen Flügeldecken werden wurden früher oft als eigene Fam. aufgefasst, sind jedoch die nächsten Verwandten oder

gar Teil der unter A geführten Gruppe; winzig (1–2 mm), düster braun gefärbt, mit hochgewölbtem, ovalem Körper; Larven und Imagines in Moos, Rasen, unter Laub und Rinde, auch in Mist und faulendem Holz, einige Arten nur in Ameisennestern oder in Nestern kleiner Säugetiere; Larven und Imagines machen Jagd v. a. auf Milben, darunter auch die von anderen Insekten kaum verfolgten gepanzerten Hornmilben (Oribatei) und Schilkrötenmilben (Uropodina); Spezialisierung auf unterschiedliche Beute (z. B. *Scydmaenus tarsatus* Müll. & Kze. auf weichhäutige Milben und Springschwänze; der ähnliche *S. rufus* Müll. & Kze. auf gepanzerte Milben; *Euconnus pubicollis* Müll. & Kze. bevorzugt Phthiracaridae); Imagines und Larven der Gttg. *Cephennium* mit Saugnäpfen auf der Labium-Oberseite, heben Hornmilben an und bohren mit der Mandibel ein Loch in den Rückenpanzer; andere erbeuten Hornmilben durch Einstechen der Mandibel in Mund- oder Afteröffnung (wie *Scydmaenus rufus* Müll. & Kze.), oder durch stundenlanges Einspeicheln mit allmählicher Lähmung der Milbe (wie *Euconnus pubicollis* Müll. & Kze.); die Beute wird jeweils nach Abgabe von Verdauungssaft durch die geschaffene Öffnung ausgesaugt; Larven teils asselförmig, teils länglich, Erstere (z. B. *Cephennium*) rollen sich asselartig um die Milben.

C. Oxyporinae; mit 2 auffälligen heimischen Arten der Gttg. *Oxyporus*; mittelgroße (7–12 mm), bunte Käfer mit großem Kopf und langen Mandibeln; Imagines fressen an Hutpilzen, wo auch die Paarung stattfindet; das ♀ legt im Pilz 1 oder mehrere Brutkammern mit je

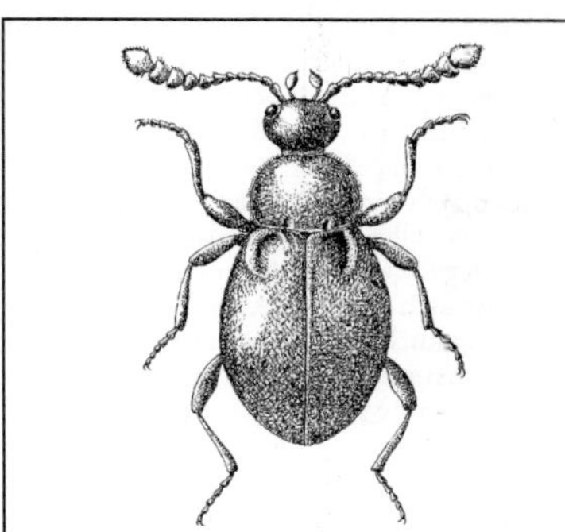

Abb. S-87: Staphylinidae: *Euconnus wetterhali.* 1,3 mm. (Reitter 1908–16)

Abb. S-88: Staphylinidae: *Aleochara curtula.* 8 mm; Paarungsverhalten: ♂ (links) greift mit zangenartigen Parameren nach dem ♀

1 Eipaket an, die sie mit Pilzgewebe verschließt und bis zum Schlüpfen der Larven (auch gegen arteigene ♀♀) bewacht; die Larven fressen das Mycel im Pilz; Verpuppung in einer Kammer im Boden; die Entwicklungsdauer mit 2–3 Wochen sehr kurz.

D. Aleocharinae; heimisch ca. 630 meist kleine Arten (0,5–9 mm) mit kurzen Flügeldecken und auf der Stirn sitzenden Antennen; Lebensweise vieler Arten kaum bekannt: wohl häufig jagend, auch an toten Arthropoden, Aas, verrottenden Pilzen, einzelne an Nektar und Pollen; die Larven von *Atheta scapularis* Sahlb. (= *Alaobia sc.*) anscheinend parasitoid an Leuchtkäferpuppen (*Lampyris noctiluca* L.); mit wenigen Ausnahmen (z. B. *Gymnusa*) mit unpaarer tergaler Wehrdrüse, die bei den Käfern zwischen den 6. und 7. Hinterleibstergiten ausmündet.

D1. *Aleochara*; in M-Eur etwa 50 Arten; klein bis höchstens mittelgroß (1 5–9 mm); größte heimische Art: *A. curtula* Goeze (5–8 mm); die Imagines fressen Fliegenmaden in Kadavern; Treffpunkt der Geschlechter und **Paarung** an den Kadavern; ♀♀ werden im engsten Nahbereich am Sexualpheromon erkannt, zur Kopulation mit zangenartigen Parameren ergriffen [**S-88**]; Kopulationsdauer extrem kurz (1 min) bei *A. bilineata* Gyll., bis 27 h bei *A. lata* Grav. (verlängerte Kopulationen dienen der direkten Bewachung der ♀♀ durch die ♂♂); bei *A. curtula* lehnen begattete ♀♀ Kopulationsversuche der ♂♂ durch Schlagen mit dem Hinterleib ab; die ♀♀ sind in den ersten Stunden nach der Kopulation durch Anti-Aphrodisiaka sowie eine pfropfenartige Spermatophore vor weiteren Kopulationen geschützt (bei *A. curtula* trotzdem mehrere Begattungen; die Nachkommen stam-

men größtenteils vom zuletzt kopulierenden ♂ ab: Verdrängung der Spermien aus früheren Kopulationen durch einen auswachsenden Spermatophorenschlauch); junge, hungernde oder nach mehrfachen Kopulationen nicht paarungsbereite ♂♂ produzieren ebenfalls das weibliche Sexualpheromon und sind so vor Aggressionen anderer ♂♂ geschützt (chemische ♀-Mimikry); **Eiablage** in der näheren Umgebung der Kadaver am Verpuppungsort der Fliegenmaden; die **Larven** befallen Puparien von cyclorrhaphen Fliegen aus verschiedensten Lebensräumen (Aas, Dung, faulende Pflanzenmaterialien); 3 Larvenstadien von verschiedener Gestalt (→Polymetabolie); 1. Larvenstadium sehr beweglich, mit gut ausgebildeten Beinen, mit Augen; dringt in das Hinterende des Pupariums von Fliegen (z. B. von *Calliphora*) ein, angelockt durch einen aus den Wirtsstigmen austretenden Stoff, frisst außen an der Wirtspuppe; 2. Stadium madenartig, Beine kurz, ohne Augen; frisst weiter an der Fliegenpuppe; 3. Larvenstadium teils ähnlich dem 2. Stadium, mit Verpuppung im Tönnchen (*A. bilineata*), teils wieder besser beweglich, mit Augen und gut ausgebildeten Beinen; Letztere verlassen das Tönnchen, verpuppen sich in der Erde (z. B. *A. curtula*). Imagines der Gttg. dienen in einem standardisierten Test zur Untersuchung von Nebenwirkungen z. B. von Pflanzenschutzmitteln.

D2. *Dinarda dentata* Grav. (3,8–4,5 mm); lebt in Nestern von *Formica sanguinea* (→Formicidae C8); Käfer durch Kleinheit, harten Panzer, schnelle Bewegungen für die Ameisen kaum greifbar; der Käfer frisst Abfall, tote Ameisen, auf Ameisen lebende Milben, gelegentlich Ameisenlarven und vom Wirt ausgewürgtes Futter; ähnlich wohl die Larve; bei verschiedenen *Formica*-Arten haben sich verschiedene *Dinarda*-Arten entwickelt.

D3–5. Lomechusini, in Dt 18 Arten kleiner bis mittelgroßer Ameisengäste (3–7 mm), darunter:

D3. *Pella*; leben, ohne selbst verfolgt zu werden, in und bei Nestern v. a. von *Lasius fuliginosus* (→Formicidae C3); die größeren Arten

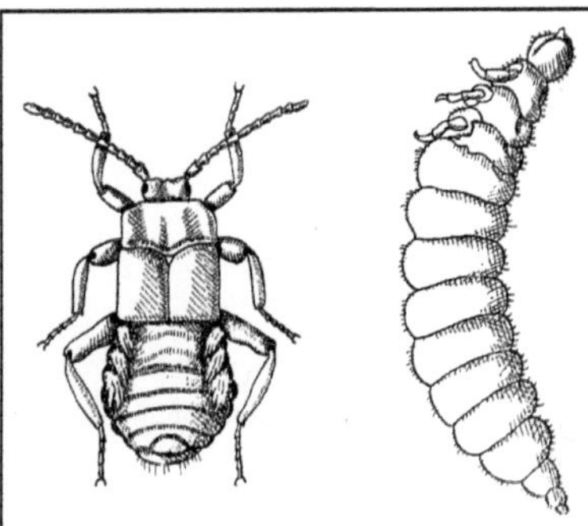

Abb. S-89: Staphylinidae: *Lomechusoides strumosa*, Büschelkäfer. Imago (6 mm) und Larve. (Wheeler 1960)

(5–6 mm) sind ausgesprochene Ameisentöter, betäuben die Ameisen durch Anspritzen mit Analdrüsensekret und fressen sie (mit Ausnahme des Kopfes) auf; die kleineren Arten (3–4 mm) sind mehr Abfallfresser.

D4. *Lomechusoides strumosus* F. (= *Lomechusa s.*), Büschelkäfer [**S-89**]; lebt bei *Formica*-Arten, Hauptwirt ist *F. sanguinea* (→Formicidae C8); Imagines und Larven mit besonders engen Beziehungen zu ihren Wirtstieren: die Imagines tragen an den vorderen Hinterleibssegmenten oben-seitlich von Drüsen unterlagerte gelbliche Haarbüschel; das austretende Sekret wird von den Wirtsameisen begierig aufgeleckt; die Käfer fressen teils von angebettelten Ameisen ausgewürgtes Futter, teils Eier und Brut der Ameisen, ohne von diesen verfolgt zu werden; die Käferlarven werden von den Wirtsameisen noch intensiver gepflegt und gefüttert als deren eigene Larven; täuschen den Wirt durch intensives Imitieren der Bettelbewegungen und durch einen in dorsalen Hautdrüsen an Kopf und den 11 Körpersegmenten gebildeten, Brutpflegeverhalten auslösenden Stoff (zwischenartlich wirkendes Pheromon); die Käferlarven sind somit starke Nahrungskonkurrenten für die Ameisenbrut.

D5. *Lomechusa* (früher *Atemeles*); 3 Arten in M-Eur, z. B. *L. pubicollis* Bris; 4–5 mm; mit Wirtswechsel: Fortpflanzung in einem *Formica*-Nest (besonders *F. polyctena*; →Formicidae C11); die ♀♀ sind vivi- bzw. ovovivipar; 6–9 Tage nach dem Schlüpfen verlässt der Käfer das Wirtsnest und sucht, vom Geruchsinn geleitet, ein *Myrmica*-Nest für den Winter (→Formicidae D1; *Myrmica* überwintert mit Brut, daher durch Betteln und Verzehren von Wirtslarven bis zur Winterruhe beste Nahrungsbedingun-

gen); bleibt vor dem *Myrmica*-Nest sitzen, wird adoptiert und ins Nest getragen (ausgelöst durch das Sekret der an den abdominalen Haarbüscheln mündenden „Adoptionsdrüsen", auf das nur *Myrmica* anspricht); das Sekret von dicht über dem After mündenden Pygidialdrüsen wirkt offenbar allgemein besänftigend auf Ameisen; mit dem Sekret der tergalen Wehrdrüsen (s. o.) kann sich *L.* gegen Angriffe verteidigen; im Frühling Rückwanderung zum ebenfalls mit dem Geruchssinn gefundenen *Formica*-Nest, in das der Käfer aktiv eindringt.

E. Tachyporinae; in Dt 50 Arten; meist kleine Käfer (2–9 mm) mit oft kahnförmigem Umriss (in der Mitte breiter, an den Körperenden schmaler); jagend; sehr häufig Arten der Gttgn. *Tachyporus* (Bodenstreu, Moos; wichtige Blattlausjäger) und *Tachinus* (insbesondere im Kompost, trockenem Dung, Aas), andere an verpilzter Rinde und Faulholz (*Sepedophilus*-Arten), 3 seltene Arten in Ameisennestern (*Lamprinodes, Lamprinus*).

Jüngst abgetrennt die ähnlichen, aber wohl nicht nächstverwandten **Mycetoporinae** mit 45 heimischen Arten; manche auffällig gefärbt (z. B. *Lordithon*); v. a. in Moos und Bodenstreu zu finden, einige Arten nur an frischen und verrottenden Baum- und Hutpilzen (*Lordithon, Carphacis*); vermutlich ebenfalls jagend, doch ist über ihre Lebensweise und Ernährung wenig Sicheres bekannt.

F–H. Verwandtschaftsgruppe aus kleinen, häufig gedrungenen Staphylinidae mit meist über halblangen Flügeldecken; hierher auch die artenarmen **Proteininae** (mit 14 Arten in Dt) und **Dasycerinae** (mit 1 heimischen Art).

F. Omaliinae; heimisch 136 kleine Arten (1,5–8 mm); viele jagend, wenige fressen lebende und abgestorbene Pilzfäden, Hefen und Pilzsporen; *Eusphalerum* (mit 27 Arten in Dt, meist 2–3 mm) zuweilen in Massen in den Blüten verschiedener Pflanzen: fressen dort anscheinend (immer?) Pollen und andere Blütenteile; *Eu. minutum* L. gelegentlich an Erdbeeren und Obstbäumen schädlich; *Micralymma marinum* Stroem. lebt im Felswatt unterhalb der Flutgrenze; bei vielen Arten der U-Fam. überwintert die Imago, die dann auch im Winter aktiv sein kann; i. d. R. mit sternalen Wehrdrüsen, die eine komplexe Mischung aus Aldehyden und Säuren enthalten.

G. Micropeplinae, mit 8 heimischen Arten; wegen der abweichenden Gestalt früher als Fam. Micropeplidae angesehen; kleine (1,5–3 mm), gedrungene Käfer mit gekeulten Antennen und kräftigen Rippen auf Flügeldecken und Hinter-

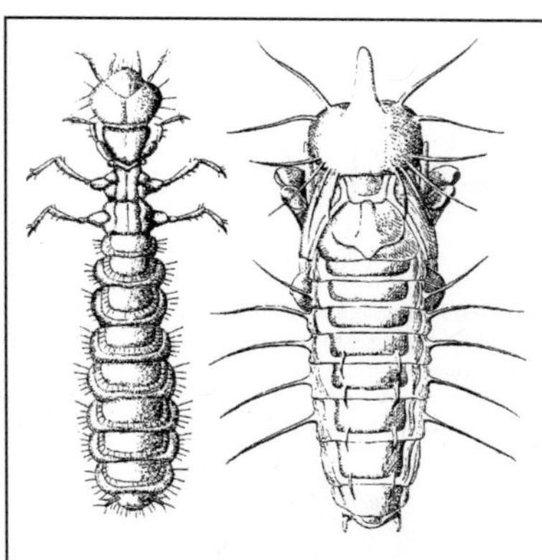

Abb. S-90: Staphylinidae: *Bledius tricornis*. Larve 8 mm; Puppe 7 mm. (Reitter 1908–16)

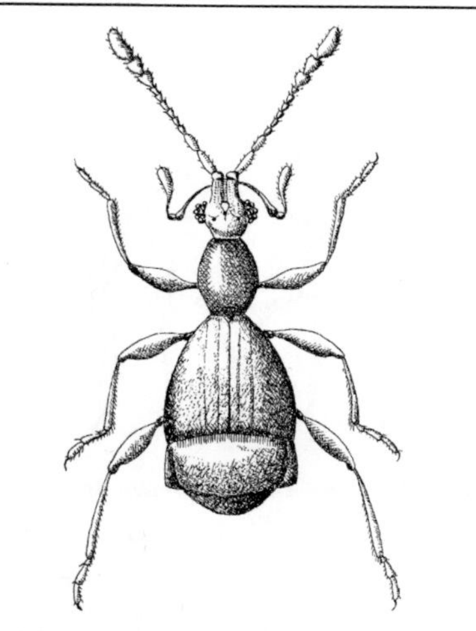

Abb. S-91: Staphylinidae: *Pselaphus heisei*, Palpenkäfer; ca. 1,8 mm. (Bechyně 1954)

leibssegmenten; in der Bodenstreu an schimmelnden Pflanzenresten, seltener Aas und Kot; fliegen im Sommer regelmäßig und wurden angeblich auch schon abends am Licht gefunden.

H. Oxytelinae; in Dt 142 Arten; klein (0,5–8 mm), länglich bis gedrungen; mit zahlreichen ufernahen Arten, ansonsten v. a. an verrottenden Pflanzen (oft im Kompost und Dung); (v. a.?) mit vegetarischer Nahrung wie Pflanzenresten oder Algen (da Enddarm lang und gewunden; Larve mit mehrspitziger Mandibel); mit paarigen Wehrdrüsen, die am Vorderrand des 9. Tergiten ausmünden und chinonhaltige Sekrete abgeben. Verwandt sind die **Piestinae** mit 2 Arten in Dt und die **Osoriinae** mit 1 heimischen Art.

H1. _Bledius_; in Dt 42 Arten; meist etwa 3–6 mm; leben in (mit den Kiefern) selbst gegrabenen Gängen im Ufersand am Meer, an (v. a. salzigen) Binnenseen und an Flüssen; fressen Algen; manche Arten legen einen Futtervorrat für die eigene Ernährung an; bemerkenswerte Brutfürsorge, z. B. bei *Bl. tricornis* Hbst.: das ♀ gräbt einen einige Dezimeter langen Gang senkrecht in den Sand, deponiert in einer oberen Erweiterung Algen als Futtervorrat für die Junglarven, baut darunter radiär angeordnet die Eikammern mit je 1 Ei; am Röhrengrund Lagerplatz für den Kot des Käfers; ähnlich bei anderen Arten, Gangsystem jedoch artspezifisch verschieden angelegt; bei *Bl. fergussoni* Joy fehlt der Algenvorrat als Larvennahrung, die Eier sind in den Eikammern ohne Wandberührung auf einem Träger aus Kot oder Sekret befestigt; die Junglarven [**S-90**] leben zunächst zusammen mit der Mutter im Muttergang, später in eige-

nen Gängen; Verpuppung in einer besonderen Kammer im Sand; Hauptfeinde: *Dyschirius* (→Carabidae H).

H2. _Deleaster dichrous_ Grav. (ca. 8 mm); schwarz, Halsschild und Flügeldecken ziegelrot; an sandigen Ufern; fliegt nachts häufig ans Licht; zusätzliches Wehrdrüsenpaar mit Ausmündung am 10. Tergiten; Wehrsekret s. oben.

I. Pselaphinae, Zwergkäfer; früher als Fam. **Pselaphidae** aufgefasst; in M-Eur ± 160, in Dt 91 Arten; winzige (meist 1–2 mm), gelbbraune bis düsterbraune Käfer, Hinterleib i. d. R. breiter als Kopf und Brust (bei einigen schwach ausgeprägt, z. B. *Euplectus*); Kiefertaster 4-gliedrig, bisweilen so lang wie die keulenförmig verdickten Antennen, Endglieder oft auffallend gestaltet, verdickt oder verbreitert; **ernähren** sich v. a. von Milben. Entwicklung der meisten Arten in Moos, faulenden Pflanzenstoffen, unter Laub und Rinde; immer an Feuchtigkeit gebunden; manche im Schotter und Sand am Ufer von Fließgewässern, manche in Höhlen; einige gelegentlich (*Bryaxis*), regelmäßig (*Batrisodes*) oder ausschließlich (*Claviger*) in Ameisennestern (meist bei *Lasius*). Beispiele: *_Pselaphus heisei_* Hbst. (1,8 mm; [**S-91**]), häufig in Moos, Laub und verrottenden Pflanzen; in ähnlichen Lebensräumen, aber auch in Kompost und Mist und unter morschem Holz und unter Rinde häufig: *_Euplectus karsteni_* Reichb. (1,1–1,4 mm);

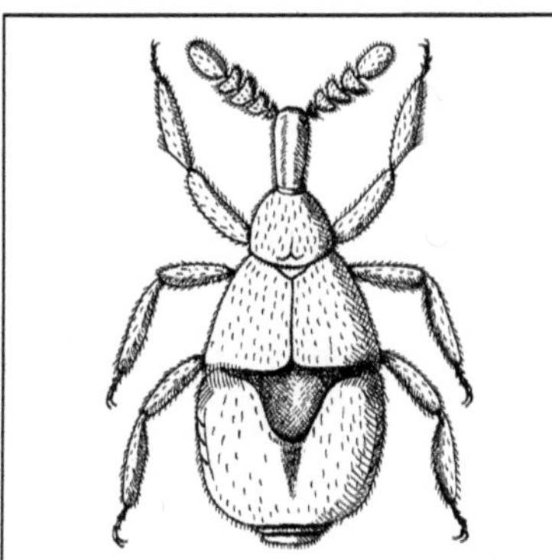

Abb. S-92: Staphylinidae: *Claviger testaceus*, Keulenkäfer. 2–2,5 mm. (zur Strassen 1969)

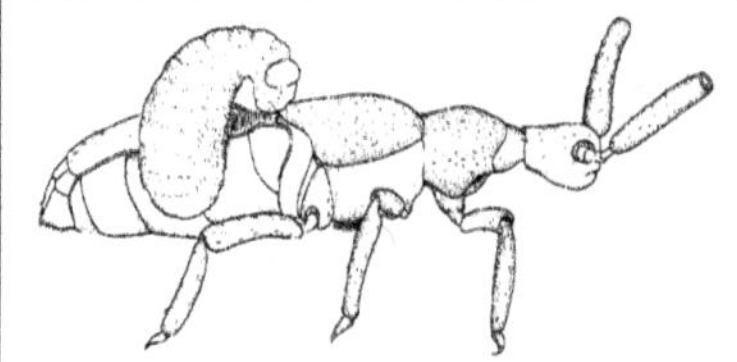

Abb. S-93: Staphylinidae: *Adranes taylori*. Ein parasitischer Palpenkäfer mit Ameisenlarve, die am Trichom Drüsensaft leckt. (Kistner 1982, verändert)

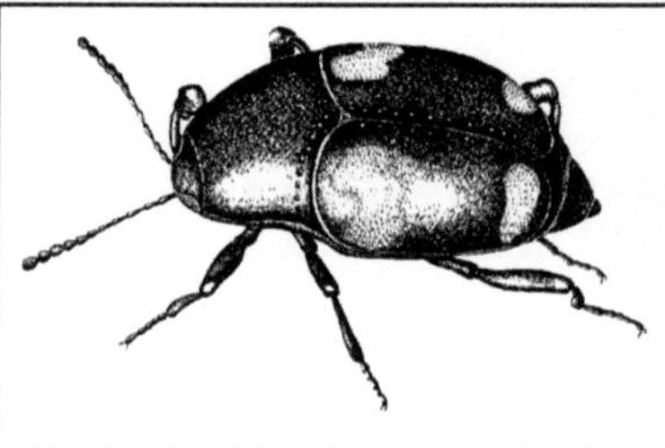

Abb. S-94: Staphylinidae: *Scaphidium quadrimaculatum*, Kahnkäfer. 5 mm. (Hieke 1969)

Trichonyx sulcicollis Reichb. (2,5–3 mm) in morschem und vermoderndem Holz, manchmal bei *Lasius brunneus*; die 5 heimischen Arten der Gttg. ***Bythinus*** in Laub, Moos und unter Steinen in Gewässernähe; bei den ♂♂ mancher Arten 2, 3 oder 4 Formen, die sich durch die unterschiedliche Größe und Gestalt des 2. Antenngliedes unterscheiden. Abweichend in Aussehen und Lebensweise und daher ehemals als eigene Fam. Clavigeridae angesehen: ***Claviger,*** mit dem der häufigen Art *C. testaceus* Prey. (2,1–2,3 mm; [**S-92**]) und dem der selteneren *C. longicornis* Müll. (2,4–2,7 mm); Deckflügel kurz, Hinterflügel fehlen; Hinterleib mit nur 3 deutlichen Segmenten; ausschließlich in Ameisennestern (*C. testaceus* v. a. bei *Lasius flavus, C. longicornis* bei *Lasius umbratus*); die Imagines betteln durch Antennentrillern die Ameisen an, werden dann gefüttert; fressen aber zuweilen auch tote Ameisenlarven; jederseits vorn am Hinterleib, dicht hinter den Flügeldecken, münden Drüsen unter einem gelben Haarbüschel, deren Sekret sich in einer Grube auf dem Hinterleibsrücken sammelt und von den Ameisen begierig aufgeleckt wird, offenbar nicht als Nahrungs-, sondern als Genussmittel (vgl. [**S-93**]); die Käfer werden bei Beunruhigung von den Ameisen an den Antennen gepackt und weggeschleppt; Verbreitung der Käfer wahrscheinlich durch Phoresie: Anklammern an die geflügelten Geschlechtstiere der Ameisen.

J. Scaphidiinae, Kahnkäfer; ehemals als Fam. **Scaphidiidae** aufgefasst; in M-Eur 12, in Dt 10 Arten, häufig: *Scaphisoma agaricinum* L. (1,5–2 mm); Flügeldecken lang, nur die Hinterleibsspitze freilassend; düster gefärbt (Ausnahme:

Scaphidium quadrimaculatum Ol.; ca. 5 mm; [**S-94**]), mit kahnförmigem Körper; Larven und Imagines v. a. an Pilzen, in von Baumschwämmen durchsetztem Holz; laufen sehr flink.

K. Silphinae, Aaskäfer; früher als Fam. **Silphidae** geführt, jedoch trotz langer Flügeldecken anscheinend näher mit den Oxytelinae →H und Scaphidiinae →J verwandt; mit in Eur 35, M-Eur 26, Dt 22 Arten; meist mittelgroße, abgeflachte, häufig düster gefärbte Käfer; Spitze des Hinterleibs bei manchen frei, nicht von den Flügeldecken bedeckt; viele fressen als Imago und als Larve an Aas, manche ernähren sich (auch) von lebenden Insekten (→K3, K2) oder Schnecken und Würmern (→K5, K6, K2), einige mit vegetarischer Ernährung (→K8, vgl. →K7); manche Arten (z. B. *Nicrophorus* →K1) mit Milben besetzt, die sich an der Mahlzeit des Käfers beteiligen; bei Störung geben manche Arten ammoniakhaltigen Kot ab, andere spritzen – bisweilen gezielt – von Rektaldrüsen (an einem Blindsack des Enddarms) produzierte Wehrstoffe (Terpene, organische Säuren) aus dem After auf Angreifer. **Larven** häufig breit und flach, asselförmig, die der Totengräber von etwa raupenähnlicher Gestalt.

K1. *Nicrophorus* (= *Necrophorus*), Totengräber, mit 10 Arten in M-Eur; 10–30 mm; die meisten

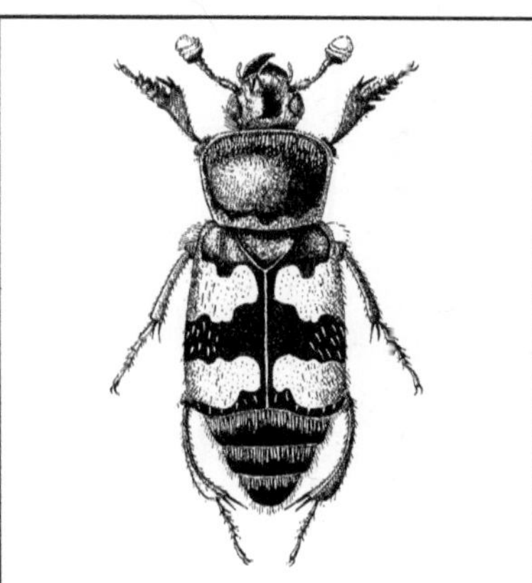

Abb. S-95: Staphylinidae: *Nicrophorus vespillo*, Aaskäfer, Totengräber. Bis 22 mm. (Bechyně 1954)

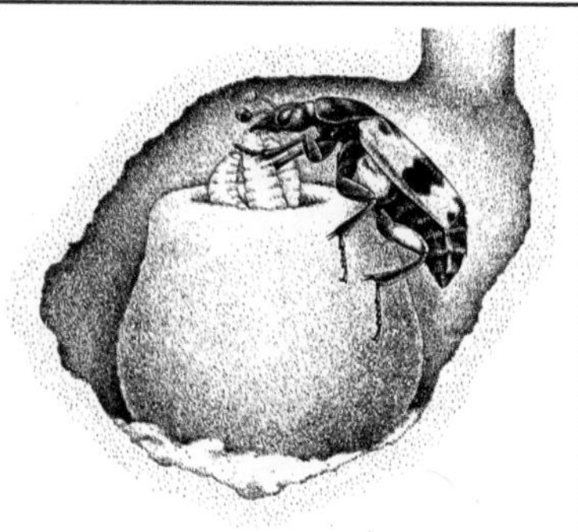

Abb. S-96: Staphylinidae: *Nicrophorus vespillo*, Totengräber: Füttert Larven. (Milne & Milne 1976)

mit 2 rostbraunen Querbinden auf den Flügeldecken; leben an Aas und faulenden Pilzen, *N. germanicus* L. teilweise jagend; Verhalten der Arten weitgehend gleich, jedoch bevorzugen sie unterschiedliche Biotope (*N. vespilloides* Hrbst. mehr im Wald, *N. vespillo* L. [**S-95**] mehr außerhalb des Waldes); beide Geschlechter können **zirpen** (Laute als Luftschall oder Bodenerschütterungen wahrgenommen?): 2 mit Querriefen versehene Felder oben auf dem 5. Abdominalsegment werden gegen eine scharfe Kante hinten unten an den Flügeldecken gerieben; die Laute sind artspezifisch und auch innerhalb der Arten je nach Funktionszusammenhang unterschiedlich (Fütterungslaute der ♀♀ während der Larvenfütterung, prä- und postkopulatorische Laute beider Geschlechter, Abwehrlaute gegen Fressfeinde); den Junglarven dienen die Laute der Imagines zur Orientierung. Hoch entwickelte **Brutpflege** (eines der wenigen Beispiele für Insekten, bei denen beide Eltern Brutpflege betreiben); Fortpflanzung im Frühling und Sommer; die Partner treffen sich auf (geruchlich aufgespürtem) Aas von kleinen Säugern oder Vögeln, unterstützt durch Pheromone, die das ♂ mit hochgehobenem Hinterleib abgibt („sterzeln", u. U. mehrere Stunden pro Tag; *N. defodiens*: das zuerst anwesende ♀ duldet das Sterzeln nur an größerem Aas, an kleinerem Aas wird das ♂ durch Stöße und sogar Bisse gestört); meist finden sich mehrere ♂♂ und ♀♀ ein; mitunter zunächst Sattfressen am Aas; danach gegenseitiges Betrillern mit den Antennen zur Feststellung des Geschlechts und Kopulation,

mehrmals und mit verschiedenen Partnern; danach heftige Kämpfe (Verletzungen kommen bisweilen vor), bis 1 Pärchen übrig bleibt, das gemeinsam in mehrstündiger Arbeit das Aas eingräbt, zunächst durch Unterwühlen, dann durch Hineinpressen in einen schief in die Erde führenden Gang (große Aasstücke können auch noch einem weiteren ♀ als Legesubstrat dienen, alle Larven dann in einer gemeinsamen Brutkammer; die ♀♀ machen keinen Unterschied zwischen eigenen und fremden Jungen); etwa 1/3 der ♀♀ von *N. vespilloides* vergräbt die Larvennahrung ohne Hilfe des ♂; bei den Kämpfen um geeignetes Aas gewinnen meist die größeren Tiere; kleine ♂♂ bleiben aber in der Nähe und kommen so zu Kopulationschancen; kleine ♀♀ legen unbeachtet Eier in die Nähe des Aases, die schlüpfenden Larven werden von dem brutpflegenden ♀ mitbetreut (zu 9 % bei *N. vespilloides*); Tiefe des Ganges je nach Art kaum eine bis mehrere Handbreit, Dauer der Grabung mehrere Stunden; das Aas liegt schließlich in einer Erdhöhle (Krypta) und wird abgerundet; danach Eiablage (bis etwa 24 Stück) in die Wand eines von der Höhle ausgehenden Ganges; während der Embryonalentwicklung (5 Tage) Pflege der Aaskugel durch die Eltern und Herstellen einer trichterförmigen Öffnung auf der Kugel, die mehrere Male verschlossen und wieder geöffnet wird (dabei wahrscheinlich Abgabe von Verdauungssaft in den Trichter). Die Jung**larven** wandern zum Aas (olfaktorisch und durch Stridulationslaute der Eltern geleitet), sammeln sich im Trichter und werden von beiden Eltern zunächst mit vorher aus dem Trichter aufgeschlürftem Aassaft gefüttert [**S-96**] (etwa

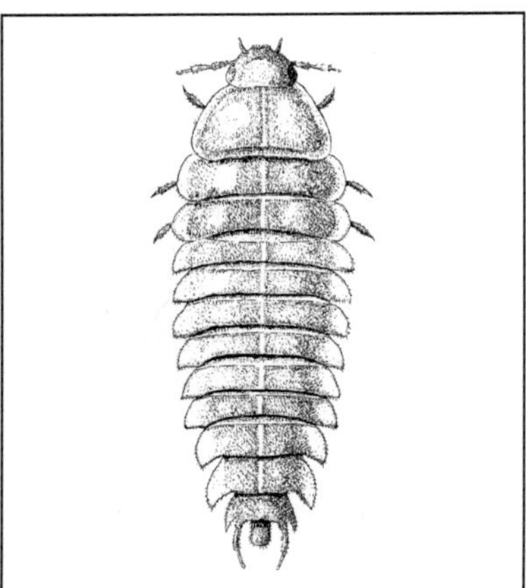

Abb. S-97: Staphylinidae: *Silpha carinata*, Aaskäfer. Larve, bis 20 mm. (Horion 1949)

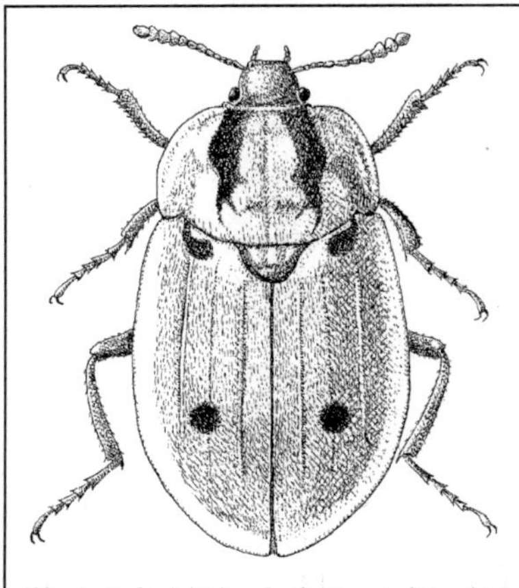

Abb. S-98: Staphylinidae: *Dendroxena quadrimaculata*, Vierpunktaaskäfer. Etwa 12 mm. (Horion 1949)

5–6 h), beginnen dann selbst vom Aas zu fressen; erneute Fütterung in den ersten Stunden nach der 1. und 2. Häutung; ohne Fütterung ist zwar die Verpuppung möglich, jedoch nur selten ein Schlüpfen des Käfers; Nachlegen von Eiern nach Entfernen oder Tod aller Larven oder nach Verlassen des Aases durch die Larven möglich; Larvenzeit 7 Tage, das 3. (letzte) Larvenstadium frisst in der Tiefe der Aaskugel. **Verpuppung** in der Erde in der Umgebung der Krypta; Schlüpfen des Käfers bei manchen Arten noch im gleichen Jahr; **Überwinterung** als Jungkäfer (*N. vespillo* L., *N. germanicus* L., *N. vespilloides* Hrbst.), bei anderen Arten als Larve; Verpuppung und Schlüpfen des Käfers dann im nächsten Frühjahr (*N. fossor* Erichs.); Lebensdauer der Erwachsenen etwa 3 Monate (*N. vespilloides*).

K2. *Silpha*; 5 mittelgroße (11–20 mm), meist schwarze Arten in M-Eur; oval, flach gewölbt, mit breitem Halsschild; die asselförmigen Larven [**S-97**] und die düsteren Imagines v. a. an Aas, jagen aber auch gelegentlich Insekten, Würmer und Schnecken.

K3. *Dendroxena quadrimaculata* Scop. (= *Xylodrepa qu.*), Vierpunktaaskäfer (12–14 mm; [**S-98**]); Flügeldecken gelblich, vorn und hinten mit je 1 dunklen Punkt; Imagines auf Gebüsch und Bäumen; stellen anderen Insekten, v. a. Raupen nach (z. B. von Nonne, Prozessionsspinner, Eichenwickler); das ♂ hält, wie auch andere Aaskäfer der Gattungsgruppe Silphini, während des Paarungsverhaltens das ♀ mit den Mandibeln

für längere Zeit an einer Antenne fest; die Larven jagen am Boden.

K4. *Thanatophilus sinuatus* F. (9–12 mm); Käfer und Larven an Aas; Paarungsverhalten wie K3; durch Antennenbiss und Koppelung der Genitalorgane wird die Chance einer Übernahme des ♀ durch konkurrierende ♂♂ vor der Eiablage vermindert; die Spermatophore eines evtl. Vorgängers kann mit dem Aedeagus zu großen Teilen aus der Samentasche entfernt werden.

K5. *Phosphuga atrata* L. (10–15 mm); mit schmalem Kopf (Cychrisierung); stark glänzend; Larven und Imagines sind Vertilger von Würmern und v. a. von Schnecken; Finden der Schnecke durch den Geruchssinn (Schleimspur?); der Käfer zwingt die Schnecke durch Beißen, sich in das Haus zurückzuziehen, und rückt trotz starker Schleimabsonderung (Giftwirkung?) nach; frisst auch den Schleim.

K6. *Ablattaria laevigata* F. (12–18 mm); mit schmalem Kopf; unter modernder Rinde und Moos; Ernährung und Lebensweise ähnlich K5; wohl Verdauung vor dem Mund.

K7. *Oeceoptoma thoracica* L. (11–16 mm); düster, Halsschild und Kopf rötlich; außer an Aas auch an Kot und Pilzen, besonders an Fruchtkörpern der Stinkmorchel; Ernährung also teilweise vegetarisch.

K8. *Aclypea* (= *Blitophaga*), Rübenaaskäfer; mit den beiden Arten *A. undata* Müll. (11–15 mm, Schwarzer R.) und *A. opaca* L. (9–12 mm, Brauner R.); Grundfarbe schwarz; Käfer und Larven Pflanzenfresser an verschiedensten Pflanzen,

v. a. an Chenopodiaceae; zuweilen durch Blattfraß an Rüben schädlich; 1 Generation im Jahr; der Jungkäfer überwintert.
Lit. →Coleoptera; Bauer & Pfeiffer 1991; Betz et al. 2018; Betz & Mumm 2001; Brauns 1991; Day 2011; Dettner 1991; Eggert & Müller 1992; Forsyth & Alcock 1990; Hölldobler & Kwapich 2023; Müller & Eggert 1988; Peschke & Hubert 1988; Pukowski 1933; Schawaller 1991; Tokareva et al. 2020; Topp & Tasch 1988.
Staphyliniformia; Gruppe der Käfer (→Coleoptera).
Staphylininae →Staphylinidae A.
Staphylinus →Staphylinidae A2.
Stathmopoda →Stathmopodidae.
Stathmopodidae; Fam. der Schmetterlinge (Lepidoptera, Glossata, Gelechioidea); früher zu →Oecophoridae; in Eur: 5 Arten, in M-Eur & Dt nur *Stathmopoda pedella* L.; Falter klein (Flspw. 12–15 mm); Flügelrandborsten viel länger als die Breite der schmal bandförmigen Hinterflügel; Vorderflügel braun und gelb gemustert; die ebenso gestreiften Hinterbeine verlängert und büschelig behaart, in Ruhe schräg nach oben abgespreizt; Antenne beim ♂ am Außenrand lang ♂ bewimpert; fliegen nachts ans Licht, tagsüber an Erlen sitzend (VI–VII); Raupen hellbraun, gedrungen, in noch grünen Erlenkätzchen (VIII–IX); Überwinterung als Puppe in einem Kokon in der Laubstreu.
Lit. →Lepidoptera.
Staubhafte →Coniopterygidae.
Staubläuse →Psocodea.
Stäublingskäfer →Endomychidae.
Staubpilzkäfer →Sphindidae.
Staubwanze, *Reduvius personatus* L. →Reduviidae A.
Staurophora →Noctuidae 11.
Stauropus →Notodontidae A4.
Stechameisen →Formicidae A.
Stechimmen →Hymenoptera; →Aculeata.
Stechmücken →Culicidae.
Stegobium →Anobiidae 6; vgl. auch →Bethylidae, →Pteromalidae 3.
Steinflechtenbärchen, *Setina irrorella* Cl. →Erebidae K4.
Steinfliegen →Plecoptera.
Steingelia →Steingeliidae.
Steingeliidae; Fam. der Schildläuse (Coccina), früher zu den Margarodidae gestellt; die einzige rezente Art auch in Dt: *Steingelia gorodetskia* Nas.; ♀ schmal und lang gestreckt (4–5 mm), beweglich, mit kräftigen Beinen, aber ohne Mundwerkzeuge; Eier mit Wachswolle bedeckt [**C-160**]; ♀ mit 3, ♂ mit 4 Larvenstadien; auf die beintragende Erstlarve folgt eine bein- und

antennenlose Ruhelarve (Zyste); die Larven saugen an Wurzeln von Laubbäumen, v. a. an Birken in Mooren.
Lit. →Coccina.
Steinobstgespinstblattwespe, *Neurotoma nemoralis* L. →Pamphiliidae A3.
Steinobstsamenwespe, *Eurytoma schreineri* Schr. →Eurytomidae 6.
Steinspanner →Geometridae C.
Stelis →Megachilidae 9; vgl. auch →Megachilidae, 2–5.
Stelzenwanzen →Berytidae.
Stelzfliegen →Micropezidae.
Stelzmücken →Tipulidae.
Stenagostus →Elateridae.
Stenepteryx →Hippoboscidae 5.
Steninae →Staphylinidae A.
Stenobothrus →Caelifera.
Stenocephalidae (Dicranocephalidae), Wolfsmilchwanzen; Fam. der Wanzen (Heteroptera, Pentatomomorpha) mit in Eur 5, M-Eur & Dt 3 Arten der Gttg. *Dicranocephalus*; mittelgroße (9–14 mm), schlanke, braune Wanzen mit gelb-schwarz geringelten Antennen und Beinen; saugen ausschließlich an *Euphorbia*, bevorzugt an Blüten und Samen; Eier werden an die Nahrungspflanzen geklebt; überwintern als Imagines.
Lit. →Heteroptera; Moulet 1995.
Stenocranus →Delphacidae.
Stenodema →Miridae 2.
Stenodynerus →Vespidae B.
Stenolechia →Gelechiidae 2.
Stenomax →Tenebrionidae 6.
Stenomicra →Stenomicridae.
Stenomicridae; Fam. der Zweiflügler (Diptera, Brachycera, Cyclorrhapha) mit in Eur & Dt 3 Arten der Gttg. *Stenomicra*; winzige, zarte Fliegen (1–2 mm); gelb bis grau. Lebensweise kaum bekannt; laufen seitwärts und rückwärts so schnell wir wie vorwärts; Larven vermutlich in wassergefüllten Blattachseln großer Sauergräser (Seggen, Zyperngräser) und Doldenblütler (Engelwurz).
Lit. →Diptera; Merz & Roháček 2005.
Stenophylax →Trichoptera.
Stenopodainae →Reduviidae D.
Stenopsocidae; Fam. der Läuse (Psocodea, Psocomorpha) mit in Eur & Dt 4 Arten; langflügelig (bis knapp 4 mm); Vorderflügel bei *Graphopsocus cruciatus* L. auffällig gemustert (basal mit heller Kreuzzeichnung auf dunklem Grund), bei *Stenopsocus* ungemustert; an Blättern von Laub- und Nadelgehölzen (Imagines V–IX). Verwandt sind die **Amphipsocidae** mit 2 Arten in Eur, in Dt nur *Kolbia quisquiliarum* Bert. (ca. 3 mm): ♂

lang-, ♀ meist kurzflügelig; zwischen am Boden liegenden Pflanzenteilen (Stroh, Gras).
Lit. →Psocodea.
Stenopsocus →Stenopsocidae.
Stenoria →Meloidae B2.
Stenus →Staphylinidae A8.
Stephanidae; Fam. der Hautflügler (Hymenoptera, Apocrita, Stephanoidea); in Eur & M-Eur 2 Arten, in Dt nur der seltene ***Stephanus serrator*** F.; mittelgroße (8–17 mm), schlanke Wespe mit langem Hinterleibsstiel, verdickten, gezähnten Hinterschenkeln und einem halsartigem Prothorax, auf dem der von Dörnchen bekrönte Kopf klobig wirkt; ♀ mit körperlangem Legebohrer. Parasitoid bei holzbewohnenden →Bockkäferlarven (Cerambycidae); Biologie sonst kaum bekannt.
Lit. →Hymenoptera; van Achterberg 2002.
Stephanitis →Tingidae 3, 4.
Stephanoidea; Gruppe parasitoider Taillenwespen (Apocrita, →Hymenoptera); mit nur 1 Fam. →Stephanidae.
Stephostethus →Latridiidae 3.
Sternorrhyncha, Pflanzenläuse; Ordg. der Insekten mit unvollkommener Verwandlung (→Hemimetabolie); gehört zusammen mit den →Heteroptera, →Coleorrhyncha und →Auchenorrhyncha zu den →Hemiptera; in Eur ± 2625, M-Eur ± 1560, Dt ± 1110 meist kleine Arten; Bau und Funktion des Saugrüssels ähnlich den übrigen →Hemiptera, sein Ursprung jedoch weit nach hinten, bis zwischen die Vorderhüften verschoben; Mundteile zuweilen rückgebildet (z. B. ♂♂ der Schildläuse); Komplexaugen meist vorhanden, selten ganz rückgebildet (z. B. ♀♀ vieler Schildläuse); Beine (mit 1–2 Fußgliedern) meist vorhanden, in manchen Gruppen die Hinterbeine als Sprungbeine; Flügel, wenn vorhanden, dünnhäutig, in Ruhe flach oder dachförmig auf den Rücken gelegt; Hinterflügel bei den ♂♂ der Schildläuse zu Schwingkölbchen verkleinert; Flügellosigkeit als Kennzeichen eines Geschlechts oder (besonders bei Blattläusen mit Generationswechsel) als Kennzeichen bestimmter Generationen nicht selten; Hautdrüsen weit verbreitet, z. B. als Wachsdrüsen, bei einigen tropischen Schildläusen als Lackdrüsen; Darm häufig mit →Filterkammer für die schnellere Wasserabgabe (fehlt den meisten Blattläusen); ausschließlich Landtiere; Lebensweise der Larven und Imagines weitgehend gleich. **Pflanzensaftsauger,** wobei teils Siebröhren (ursprüngliches Verhalten), teils die Parenchymzellen (abgeleitetes Verhalten) angezapft werden (→Phloem- bzw. Parenchymsauger); beide Typen konvergent in verschiedenen Gruppen entwickelt; Wirtsspezifität (Saugen an einer bestimmten Pflanze) nicht selten sehr ausgeprägt; viele Arten an Kulturpflanzen schädlich, unmittelbar durch Saftsaugen, oder als Überträger (Vektoren) von pflanzlichen Viruskrankheiten. **Fortpflanzung** 2-geschlechtlich, häufig auch parthenogenetisch; beide Formen z. B. bei vielen Blattläusen in einem Generationswechsel (Heterogonie) miteinander gekoppelt, zuweilen zugleich mit einem Wirtswechsel verbunden. **Symbionten:** sehr regelmäßig sind symbiotische Mikroorganismen vorhanden, meist als Vitaminspender, bei manchen Schildläusen (→Pseudococcidae) auch als Stickstoffbinder; teils frei in der Hämolymphe oder im Fettkörper oder in Mycetomen (→Mycetocyten). 4 Teilgruppen: →Psyllina (Blattflöhe), →Aleyrodina (Mottenschildläuse), →Aphidina (Blattläuse), →Coccina (Schildläuse), wobei die beiden letzten als Schwestergruppen zur übergeordneten Gruppe **Aphidomorpha** zusammengefasst werden.
Lit. Beier 1938; Bellmann 2017; Buchner 1953; Dolling 1991; Ellis o. J.; Müller 1956; Pesson 1951a; Strümpel 1983.
Sternwarzenzwerglaus, ***Acanthochermes quercus*** Koll. →Phylloxeridae 1.
Sterrhinae →Geometridae D.
Sterzeln →Apidae E3; →Staphylinidae K1.
Stethophyma →Acrididae A3; →Caelifera.
Stethorini; Gattungsgruppe der →Coccinellidae.
Stethorus →Coccinellidae 8.
Stichopogon →Asilidae.
Stictocephala →Membracidae 3.
Stictochironomus →Chironomidae.
Stictoleptura →Cerambycidae C3.
Stictopleurus →Rhopalidae.
Stierkäfer, ***Typhaeus typhoeus*** L. →Geotrupidae A.
Stigmella →Nepticulidae 2, 3.
Stigmus →Sphecidae.
Stilettfliegen →Therevidae.
Stilpnus →Ichneumonidae F.
Stinkdrüsen →Heteroptera.
Stinkfliegen →Chrysopidae; →Coenomyiidae.
Stiphrosoma →Anthomyzidae.
Stirndrüse →Isoptera.
Stizus →Sphecidae.
Stöpselkopfameise, ***Colobopsis truncatus*** Spin. →Formicidae, C1.
Stomaphis →Lachnidae 5.
Stomorhina →Calliphoridae 6.
Stomoxys →Muscidae 5, →Diptera.
Stomoxyini; Gattungsgruppe der →Muscidae.
Stoßwasserläufer →Veliidae.
Strahlenmücke, ***Dilophus febrilis*** L. →Bibionidae.
Strangalia →Cerambycidae C3.

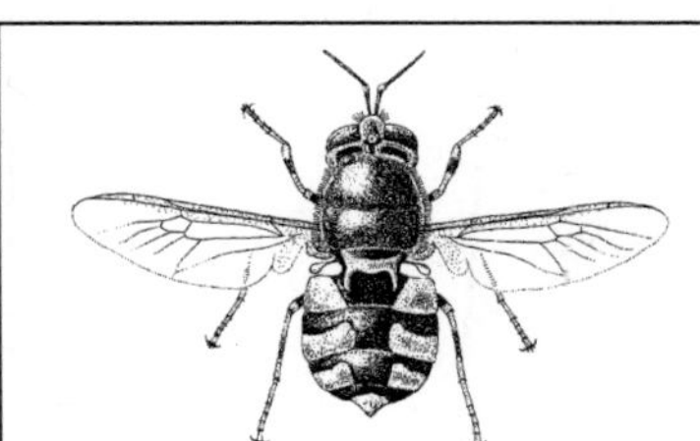

Abb. S-99: Stratiomyidae: *Stratiomys chamaeleon*, Chamäleonfliege. ♀, 14–16 mm. (Séguy 1951a)

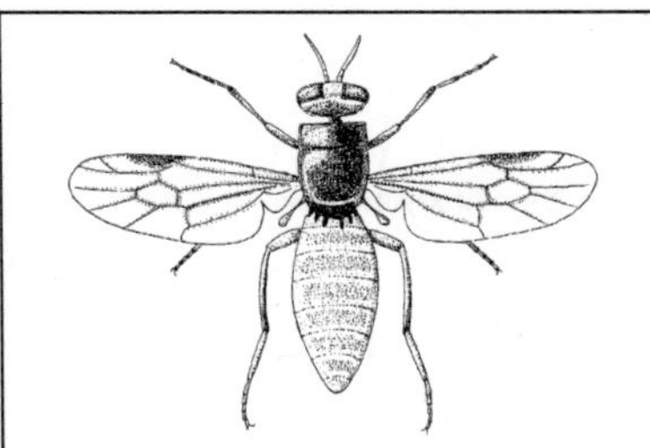

Abb. S-100: Stratiomyidae: *Beris vallata*. ♀, ca. 6 mm; Hinterleib schmutzig-gelbrot. (Séguy 1951a)

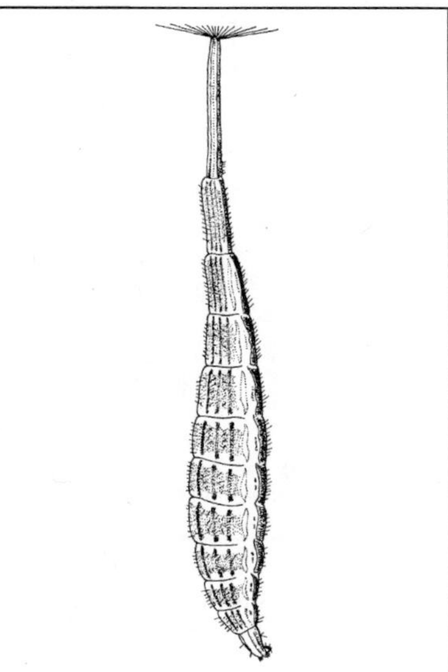

Abb. S-101: Stratiomyidae: *Stratiomys* spec., Larve einer Waffenfliege; hängt kopfunter am Wasserspiegel; ca. 50 mm. (Engelhardt 1982)

Stratiomyidae, Waffenfliegen; Fam. der Zweiflügler (Diptera, Brachycera, Stratiomyomorpha) mit in Eur ± 135, M-Eur ± 80, Dt 67 Arten; deutscher Name von der bunten, an alte Uniformen erinnernden Zeichnung der größeren Arten; die Imagines mittelgroß, z. T. deutlich über Stubenfliegengröße (3–20 mm); nicht selten auffallend schwarz-gelb oder metallisch gefärbt; der abgeflachte Hinterleib oft relativ breit, ragt über die in der Ruhe flach aufeinandergelegten Flügel seitlich hinaus, so bei der häufigen schwarz-gelben Chamäleonfliege *Stratiomys chamaeleon* L. [**S-99**]); viele Arten dorsal am Ende des Brustabschnitts mit 2 oder mehr spitzen Dornen [**S-99**, **S-100**]. Vorwiegend in Waldungen, häufig auf Blüten, nehmen Nektar und →Honigtau auf; Arten, deren Larven sich in Wasser oder doch in feuchtem Boden entwickeln, besonders gern in Nähe von Wasser; nehmen Pollen und Nektar, gelegentlich auch Mist. Sehr verschiedene Art der **Eiablage**; oft einzeln auf den Boden, auf sich zersetzenden Pflanzen, auf der Wasseroberfläche; bei manchen Arten mit in Wasser lebenden Larven (z. B. *Stratiomys*) auch 2- bis 3-schichtige Gelege auf Pflanzen, ganz ähnlich denen mancher Bremsen (→Tabanidae). Die eucephalen

Larven sind mehr oder weniger ausgeprägt spindelförmig, an deutlichsten bei den **im Wasser** lebenden U-Fam. Stratiomyinae (z. B. von *Stratiomys; Oxycera*-Larven auch in Salzwasser), deren Hinterende zu einer Atemröhre verlängert ist [**S-101**]; an deren Ende die beiden einzigen offenen Stigmen, umgeben von einem unbenetzbaren zierlichen Härchenkranz [**S-102**]; ungestört hängen die Larven kopfunter an dem auf dem Wasserspiegel ausgebreiteten Härchenkranz, die Luft einlassend in die beiden starken Tracheenlängsstämme, deren jeder sich hinten zu einer „Respirationskammer" erweitert; oft schlängelnde Bewegungen; bei Störung Absinken: der Härchenkranz wird zusammengeklappt und umschließt (manchmal nach Ablassen von Luft aus den Stigmen) ein Luftbläschen, das bei der Rückkehr zur Oberfläche platzt, wobei sich der Härchenkranzes wieder ausbreitet; am Boden wie auch in der Hängelage kann die Larve den Aufwuchs auf Steinen und Wasserpflanzen mit den Kiefern abweiden; die Larven mancher Arten auch in kleinen Wasseransammlungen (z. B. in ausgefaulten Stubben) oder auf von Wasser überspülten, bewachsenen Felsen, in Quellen (*Oxycera*), dann oft mit kürzerem Atemrohr;

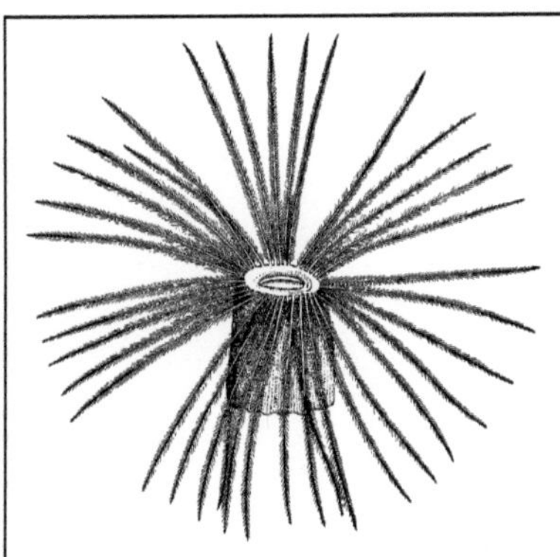

Abb. S-102: Stratiomyidae: *Stratiomys* spec. Stigmen mit umgebendem Härchenkranz am Hinterende der Larve. (Séguy 1951a)

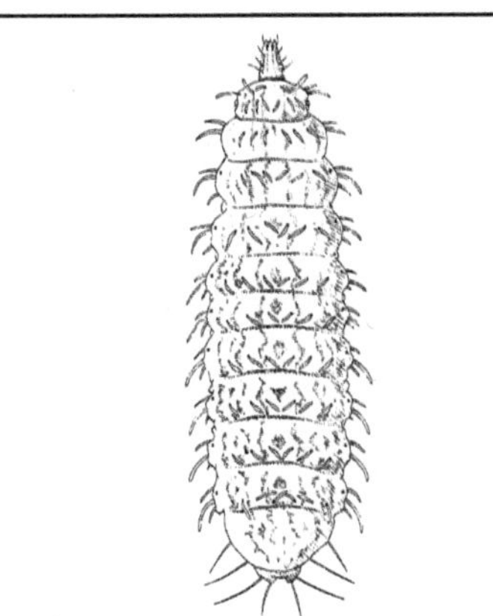

Abb. S-103: Stratiomyidae: Terrestrische Waffenfliegenlarve. (Brauns 1954a)

übrige U-Fam. **terrestrisch:** im Boden, in Mulm, unter Rinde oder Mist (*Sargus*), mit kaum angedeutetem Atemrohr; oft mit Besatz aus Härchen, Borsten, Klammerhaken oder stäbchenartigen Gebilden; alle Stigmen der terrestrischen Larven [**S-103**] sind offen, die am Prothorax besonders groß; die Larven von *Clitellaria ephippium* F. in Ameisennestern, *Lasiopa villosa* F. miniert in Königskerzen; Nahrung wohl v. a. zerfallende pflanzliche und tierische Stoffe; die Larven der Gttg. *Pachygaster* leben in den Fraßgängen der Larven von Scolytinae (parasitoid?, als Jäger der Borkenkäferlarven?); allen Larven gemeinsam ist die derbe Haut, die mit – oft in bezeichnender Weise angeordneten – Kalkkörnchen (aus den Malpighi-Gefäßen?) inkrustiert und dadurch sehr widerstandsfähig ist. **Verpuppung** in der harten, zu einem Puparium erstarrten letzten Larvenhaut, die bei *Stratiomys* horizontal auf der Wasseroberfläche oder im Ufergenist zu finden ist; in ihr, sie bei Weitem nicht ausfüllend, liegt die freie Puppe; die Imago verlässt das Puparium durch einen vorderen, T-förmigen Spalt; **Überwinterung** i. d. R. als Larve.
Lit. →Diptera.
Stratiomyomorpha; Gruppe der Brachycera (→Diptera); mit den Fam. →Stratiomyidae, →Xylomyidae.
Stratiomys →Stratiomyidae; vgl. auch →Chalcididae 1.
Streblidae, Fledermausfliegen; Fam. der Zweiflügler (Diptera, Brachycera, Cyclorrhapha) mit nur 1 Art in Eur; gehören wie die Hippoboscidae und Nycteribiidae zu der oft als Lausfliegen

(i. w. S.; →Pupipara) bezeichneten Gruppe, bei der die ♀♀ verpuppungsreife Larven zur Welt bringen; die meisten Arten in den Tropen und Subtropen, v. a. in Amerika; klein, 1–5 mm lang; Kopf normal gestellt (im Gegensatz zu den Nycteribiidae); Komplexaugen stark rückgebildet oder fehlend, keine Ocellen; Flügel gut entwickelt oder rückgebildet; Halteren meist vorhanden; leben als Ektoparasiten blutsaugend ausschließlich auf Fledermäusen, recht wirtsspezifisch; *Brachytarsina flavipennis* Macq. (3 mm) auch in S-Eur, auf Hufeisennasen; *Ascodipteron* (in Australien, Indien, Afrika) bemerkenswert durch die extreme Anpassung der ♀♀ an die parasitische Lebensweise: zunächst voll geflügelt; wirft auf dem Wirt Flügel und Beine ab, bohrt sich mithilfe der mit starken Zähnen besetzten Labellen in die Haut ein; verwandelt sich in ein sackartiges Gebilde, das nur noch am Einbohrloch mit dem Hinterende die Außenluft erreicht und hier die Larven abgibt.
Lit. →Diptera.
Streckfuß, *Calliteara pudibunda* L. →Erebidae J1.
Streifenwanze, *Graphosoma* →Pentatomidae.
Strepsiptera, Fächerflügler, Kolbenflügler; Ordg. der Insekten; übergeordnete Gruppe: →Holometabola; wohl Schwestergruppe der Coleoptera; in Eur ca. 30–78, M-Eur 14–37, Dt 12–25 Arten; höchst bemerkenswert durch den starken Geschlechtsunterschied [**S-104**] und durch die endoparasitoide Lebensweise des 2–4. Larvenstadiums; mit Ausnahme der nicht heimischen Fam. Mengenillidae (s. u.) auch Puppen und

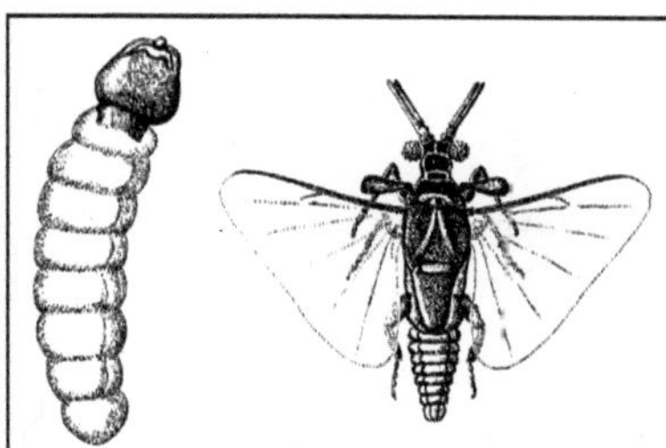

Abb. S-104: Strepsiptera: *Xenos vesparum*. Wirt: *Polistes gallicus* (Vespidae). Links: aus dem Wirt herauspräpariertes ♀ (ca. 10 mm); rechts: ♂ (ca. 2 mm)

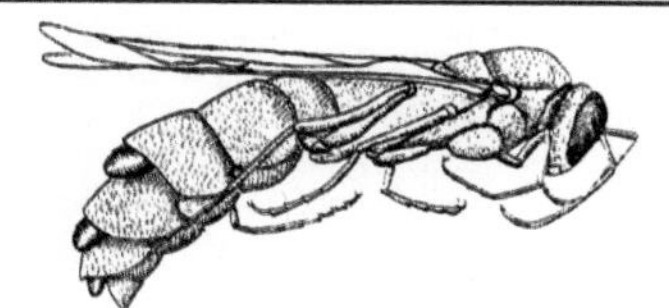

Abb. S-105: Strepsiptera: Stylopisierte Feldwespe, *Polistes gallicus*. (Ulrich 1927)

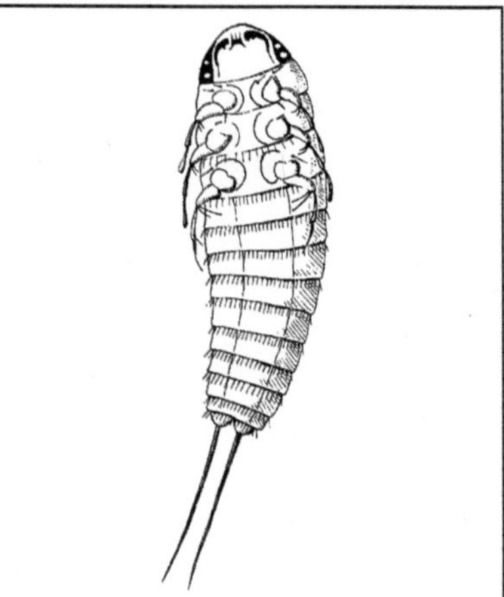

Abb. S-106: Strepsiptera: *Stylops melittae*. Primärlarve; ca. 0,3 mm. (Ulrich 1927)

♀♀ endoparasitoid; **Wirte** sind ausschließlich andere Insekten verschiedenster Gruppen: Zikaden, Wanzen und v. a. Wespen und Bienen (bei fremdländischen Arten auch →Zygentoma, →Blattodea, →Mantodea, →Ensifera, →Psyllina, →Formicidae, →Tephritidae); Wirtsspezifität wohl nicht sehr streng ausgeprägt, beide Geschlechter werden befallen; ein von einem Fächerflügler befallenes Insekt heißt „stylopisiert" (nach der relativ häufigen Gttg. *Stylops*). Die freilebenden und geflügelten ♂ klein (bis etwa 5 mm), mit großen Komplexaugen und gekämmten Antennen; Mundteile schwach entwickelt, Darm unterbrochen, Mitteldarm meist luftgefüllt, keine Nahrungsaufnahme; Lebensdauer der ♂♂ nur wenige Stunden, ausreichend für ♀-Suche und Begattung; Vorderflügel zu Schwingkölbchen (Halteren) umgeformt (mit ähnlicher Funktion wie die ebenfalls zu Halteren umgeformten Hinterflügel der →Diptera); Hinterflügel groß und breit, vor dem Schlüpfen aus dem Puparium und oft beim toten Tier wie ein Fächer zusammengefaltet, gestatten schnellen Flug zum Aufsuchen des ♀ (manche Arten fliegen abends nicht selten ans Licht). ♀ (außer bei den Mengenillidae, s. u.) mit sackförmigem, dünnhäutigem, weißlichem Hinterleib und schmalem, stark sklerotisiertem dunkelbraunem Kopfbruststück (Cephalothorax), umgeben von der letzten Larven- und der Puppenhaut; Mundteile bis auf die Mandibeln rückgebildet; Mund vorhanden, aber Darm hinten blind geschlossen; selten mit Anlagen von Fühlern, Maxillen und Augen; am Kopfbruststück, dass aus dem Körper des Wirtes zwischen den Hinterleibssegmenten herausragt [**S-105**], 1 Paar Stigmen, ferner vorn ventral die Mündung des Brutkanals (Brutspalte), der sich ventral zwischen Körperoberfläche und Larven-Puppenhaut hinzieht; in ihn münden

1–5 Kanäle aus der Leibeshöhle, darin die zu frei flottierenden Eizellen aufgelösten Ovarien. Das ♂ sucht aktiv das ♀ auf, angelockt durch den vom Kopfbruststück des ♀ abgegebenen Duft; zur **Begattung** wird der Penis meist in die Brutspalte eingeführt (Ausnahme: Mengenillidae, s. u.), durchsticht deren Wand und injiziert Samenfäden in die Leibeshöhle; Embryonalentwicklung in der Leibeshöhle; führt zu zahlreichen (100–10 10.000) winzigen (ca. 0,25 mm), beweglichen, Triungulinus-ähnlichen **Primärlarven** (Planidien) mit Punktaugen und Beinen; bei *Halictoxenos* wurde →Polyembryonie beobachtet; die Primärlarven [**S-106**] verlassen das (lebend gebärende) ♀ durch die Brutspalte (bei Mengenillidae durch Geburtskanal). Auffinden neuer Wirte bei Parasitoiden von Hymenoptera z. T. sehr kompliziert: auf Blüten, zu denen sie vom Wirt der Mutter gebracht werden, heften sie sich an Imagines einer möglichen Wirtsart oder werden zusammen mit Pollen aufgenommen, werden in die Wirtsnester getragen und bohren sich in eine junge Wirtslarve ein; Parasitoide von Kleinzikaden (z. B. *Elenchus*) suchen aktiv Zikadenlarven auf; manche Larven sind springfähig mithilfe von Borsten am Hinterleibsende. **Larvenstadien** gestaltlich verschieden (→Polymetabolie); Entwicklung im Wirt: die eingedrungene Primärlarve häutet sich zum madenartigen 2. Stadium (Beine, Augen, Mundteile weitgehend rückgebildet); „2. Larvenstadium" ist Sammelbezeichnung für gestaltlich verschiedene „Phasen", bei *Elenchus* z. B. 3 Phasen (Häutung erfolgt ohne Abstreifen der Kutikula); bei ♂-Larven bilden sich in der letzten Phase des 2. Larvenstadiums bereits After und Anlagen von Mundteilen, Beinen und Flügeln; das Kopfbruststück durchbricht die Haut zwischen den Hinterleibssegmenten des inzwischen zur Imago gewordenen Wirtes; darauf Häutung zur Puppe, die innerhalb des Wirtes in der Larvenhaut (Puparium) liegen bleibt, schließlich weitere Häutung zur Imago; beim Schlüpfen wird der Kopfteil des Pupariums abgesprengt; bei ♀-Larven wird in der letzten Phase des 2. Stadiums das Kopfbruststück ausgebildet, das sich dann zwischen den Hinterleibssegmenten der Wirtsimago nach außen bohrt; innerhalb der Larvenhaut Häutung zu einer gestaltlich nicht veränderten „Puppe"; die „Puppenhaut" (samt darüber liegender Larvenhaut) wird jedoch nur ventral abgehoben (Rest einer Häutung zur Imago), dadurch entsteht der Brutkanal zwischen der Haut der Imago und der „Puppe"; bei der ♀-Entwicklung 1 Stadium weniger als bei der ♂-Entwicklung (Neotenie); Lage der ♀-Imago im Wirt stets so, dass ihre Ventralseite der Außenseite des Wirtskörpers zugewandt ist. Der Parasitoid schont die Hauptorgane des Wirtes, der ja das Imaginalstadium erreichen muss; bisweilen mehrere Parasitoide in einem Wirtstier, zumal in Zikaden; wechselnd starker **Einfluss auf den Wirt:** bei Kleinzikaden z. B. durch *Elenchus* Rückbildung der Wirtskeimdrüsen in sehr verschiedenen Graden, Verkürzung der äußeren Geschlechtsorgane; bei stylopisierten Hautflüglern (z. B. bei *Andrena*): die Hoden bleiben unbeeinflusst; Rückbildungen am Eierstock (zuweilen vollkommene, parasitäre Kastration) und am Pollensammelapparat, Änderungen an der Körperbehaarung, an der Färbung, auch im Verhalten (geringere Aktivität des Wirtes). **Überwinterung** des Parasitoiden in dem hierfür geeigneten Wirtsstadium: als Larve in einer Wirtslarve (z. B. *Hylecthrus*, Stylopidae, bei der solitären Biene *Hylaeus*, →Colletidae 2), oder als bereits im Herbst begattetes ♀ in der

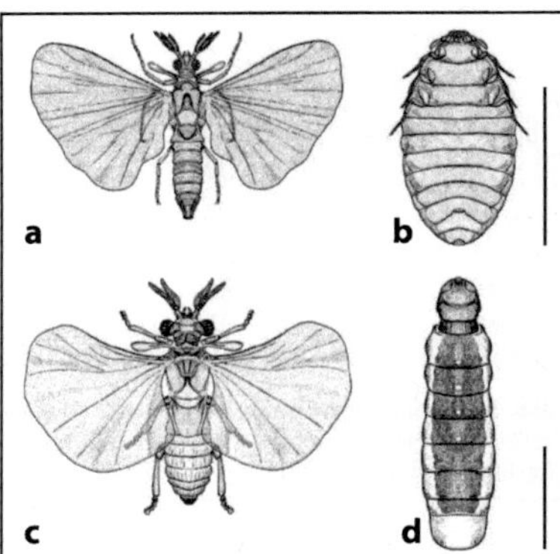

Abb. S-107: Strepsiptera: ♂♂ (a, c) und larvenähnliche ♀♀ (b, d). a: *Eoxenos laboulbenei* (Mengenillidae), ♂ (von oben); b: *E. l.,* ♀ (von unten), freilebend, mit Beinen; c: *Xenos vesparum* (Stylopidae), ♂ (von oben); d: *X. v.,* ♀ (von oben), parasitisch; Maßstab 3 mm. (Kathirithambi 2018)

Wirtsimago (z. B. *Xenos* [**S-104**] bei *Polistes*, →Vespidae D1); manchmal 2 (oder gar mehr?) Parasitoidengenerationen im Jahr (z. B. *Elenchus* bei Kleinzikaden, die ebenfalls 2 Generationen haben). 2 Teilgruppen:

A. Mengenillidia, mit 1 rezenten Fam. Mengenillidae (3 Arten in S-Eur, z. B. *Eoxenos laboulbenei* Payer.); nur wenige ursprüngliche Arten; ♂ geflügelt; ♀ blattlausähnlich, ungeflügelt [**S-107**]; mehrere Stadien außerhalb des Wirtes: 1. Larvenstadium, Puppe, Imagines, außerdem das 3. Larvenstadium bei den ♀♀; traumatischen Insemination: die Körperwand des ♀ wird vom Kopulationsorgan des ♂ durchbohrt; ♀ ohne Brutkanal (Primärlarve gelangt aus der Geburtsöffnung am 7. Hinterleibssegment unmittelbar nach draußen); →Parthenogenese kommt vor; Parasitoide von Fischchen (→Zygentoma).

B. Stylopidia; nur 1. Larvenstadium und geflügeltes ♂ freilebend [**S-107**]. Heimische Fam.:

B1. Corioxenidae; in Eur & Dt nur *Malayaxenos trapezonoti* Pohl & Melber; in Wanzen der Gttg. *Trapezonotus* (→Rhyparochromidae).

B2. Elenchidae; in Eur & Dt nur *Elenchus tenuicornis* Kirby; in Spornzikaden (→Delphacidae).

B3. Halictophagidae; in Eur 9 beschriebene Arten in Kleinzikaden (→Cicadellidae, →Delphacidae, →Dictyopharidae, →Tettigometridae) und Dreizehenschrecken (→Tridactylidae), in M-Eur 3 Arten der Gttg. *Halictophagus*, jeweils parasitoid in Dickkopfzikaden (Agalliinae,

→Cicadellidae J), der Heidekrautzikade (*Ulopa reticulata* F., →Cicadellidae K) bzw. der Löffelzikade (*Eupelix cuspidata* F., →Cicadellidae A4).

B4. Stylopidae, mit der Mehrzahl der Arten: die der U-Fam. Xeninae in Faltenwespen (→Vespidae, z. B. *Xenos* v. a. bei *Polistes* [**S-107**]), die Paraxeninae (mit der Gttg. *Paraxenos*) in Grabwespen (→Sphecidae, in S-Eur auch →Bembicidae), die Stylopinae parasitoid in solitären Bienen (→Anthophila; z. B. *Stylops* bei *Andrena*, →Andrenidae 1; *Halictoxenos* bei *Halictus* und *Lasioglossum*, →Halictidae 4, 5). die Xeninae und Paraxeninae auch als Fam. **Xenidae** abgetrennt.
Lit. Kathirithambi 1989, 2018; Kinzelbach 1971, 1978; Pix et al. 1993.

Stricticomus →Anthicidae.

Stridulationsorgane, Zirporgane, Schrillorgane; Oberflächenbildungen zur Lauterzeugung; i. d. R. aus einer scharfen Kante eines Sklerits (Schrillkante, Plectrum), die auf einer Reihe von Rippen, Zähnchen oder kurzen Borsten (Schrillfläche, Schrillleiste) hin und her bewegt wird (arbeiten also wie ein Kamm, über den der Daumennagel gestrichen wird; selten werden beide Teile gegeneinander bewegt, →Ensifera); weit verbreitet und oftmals unabhängig voneinander entstanden; Lage zuweilen schon bei verwandten Gruppen an den unterschiedlichsten Stellen des Körpers (→Caelifera, →Ensifera, →Heteroptera, →Coleoptera); vgl. →Trommelorgane der →Auchenorrhyncha.

Stroben-Rindenlaus, *Pineus strobi* Htg. →Adelgidae 4.

Strobilomyia →Anthomyiidae 4.

Stroggylocephalus →Cicadellidae E.

Strongygaster →Tachinidae 5.

Strongylogaster →Tenthredinidae 5.

Strongylognathus →Formicidae, D7.

Strongylophthalmyia →Strongylophthalmyiidae.

Strongylophthalmyiidae; Fam. der Zweiflügler (Diptera, Brachycera, Cyclorrhapha) mit in Eur & M-Eur 2 Arten, in Dt nur *Strongylophthalmyia ustulata* Zett.; kleine (3,5–5,5 mm), schlanke, schwarze Fliegen mit langen, gelb gezeichneten Beinen; Imagines in der Krautschicht von feuchter Laubwälder; Larven unter Totholzrinde.
Lit. →Diptera; Roháček 2016.

Strophingia →Psyllina C.

Stubenfliege →Muscidae 1, Fanniidae 1.

Stürzpuppe; Pupa suspensa; für einige Gruppen von Tagfaltern (z. B. →Nymphalidae) bezeichnende Puppenform; die Puppe hängt kopfunter mit dem →Cremaster befestigt in einem Gespinstpolster; Vorbereitung zur Verpuppung: Einstellen des Fressens, Aufsuchen eines geeigneten Verpuppungsplatzes, Entleerung des Darmes, Herstellen eines in der Mitte polsterartig verdickten Gespinstes, in das die Nachschieber eingehakt werden; die Raupe hängt dann kopfunter 1–3 Tage allein an den Nachschiebern, Vorderkörper krückstockartig eingekrümmt; die Häutung beginnt durch einen dorsalen Längsspalt dicht hinter dem Kopf, die Raupenhaut wird durch windende Bewegungen nach hinten (oben) geschoben; ein Herausfallen der Puppe aus der Nachschieberhaut ist verhindert durch die Fischer'sche Membran, die, Teil der Raupenhaut, den Ansatz der Nachschieber mit dem proximalen Teil des Cremaster verbindet; der Cremaster wird über die bauchseits vor dem Hinterende der Puppe zusammengeschobene Raupenhaut vorgeschoben, zum Gespinstpolster hin gestreckt und mit heftigen Bewegungen in das Polster eingehakt; dabei reißt die Fischer'sche Membran, die Raupenhaut fällt ab; die Puppe hängt fest im Gespinstpolster [**L-29**]; Entwicklung auch nach Mißglücken Missglücken des Aufhängens möglich.

Stutzkäfer →Histeridae.

Stylopidae →Strepsiptera B4.

Stylopidia →Strepsiptera B.

Stylopinae, *Stylops* →Strepsiptera B4.

stylopisiert; Bezeichnung für ein von Fächerflüglern befallenes Insekt; →Strepsiptera.

Stylurus →Gomphidae.

Subcoccinella →Coccinellidae 6.

suberuciform; Bezeichnung für raupenförmige, köchertragende Larven der →Trichoptera, bei denen die Mundteile nach vorn-unten zeigen (zwischen →eruciform und →campodeid).

Subimago; ein aus dem letzten Larvenstadium schlüpfendes geflügeltes und flugfähiges, aber noch nicht geschlechtsreifes Stadium; häutet sich alsbald noch einmal zur geschlechtsreifen Imago; nur bei Eintagsfliegen (→Ephemeroptera) vorkommend.

Südliche Eichenschrecke, *Meconema meridionale* Costa →Meconematidae.

Südliche (Groß-)Schabe, Südliche Schabe, *Periplaneta australasiae* F. →Blattidae 2.

Südliche Eichenschrecke, *Meconema meridionale* Costa →Meconematidae.

Südliche Mosaikjungfer, *Aeshna affinis* v. d. Lind. →Aeshnidae.

Südlicher Blaupfeil, *Orthetrum brunneum* Fonsc. →Libellulidae 2.

Südlicher Heufalter, *Colias alfacariensis* Ribbe →Pieridae 6.

Suillia →Heteromyzidae.

Sumpffliegen →Ephydridae.

Sumpfgrille, *Pteronemobius heydenii* Fischer →Trigonidiidae A.

Sumpfkäfer →Scirtidae.

Sumpfschrecke, *Stethophyma grossum* L. →Acrididae A3.

Sunira →Noctuidae.

Supella →Blattellidae 2, →Dictyoptera.

Superparasitoid →Parasitoid.

Sycophila →Eurytomidae.

Sycorax →Psychodidae.

Sylvicola →Anisopodidae.

Symbiocladius →Chironomidae.

Symbiotes →Anamorphidae.

Symmorphus →Vespidae B.

Sympecma →Lestidae; →Odonata.

Sympetrum →Libellulidae, 4; →Odonata.

Sympherobius →Hemerobiidae.

Symphilie; symbiotisches Zusammenleben mehrere Arten mit gegenseitigem Nutzen, z. B. zwischen Ameisen und manchen Ameisengästen; →Formicidae.

Symphoromyia →Rhagionidae.

Symphypleona; Kugelspringer; →Collembola 2.

Symphyta, Pflanzenwespen; →Hymenoptera.

Symydobius →Drepanosiphidae B1.

Synagapetus →Glossosomatidae.

Synanthedon →Sesiidae 3, 4, 5.

Synechthrie; Bezeichnung für durchaus feindliche Beziehungen zwischen insbesondere (Termiten und) Ameisen und ihren Gästen; →Formicidae.

Synergus →Cynipidae; s. auch Eurytomidae 4.

Synökie; indifferentes Zusammenwohnen mehrerer Arten, z. B. von Ameisen und Ameisengästen; →Formicidae; →Staphylinidae.

Synopeas →Scelionidae.

Synthemistidae →Corduliidae 3.

Syntomidae, Syntomini →Erebidae Kb.

Syntretus →Braconidae A2.

Syritta →Syrphidae, →Syrphidae E.

Syromastes →Coreidae A.

Syrphidae, Schwebfliegen; Fam. der Zweiflügler (Diptera, Brachycera, Cyclorrhapha) mit in Eur ± 850, M-Eur ± 530, Dt ± 465 Arten; Name nach der bekannten Eigenart insbesondere der ♂♂ vieler Arten, im Schwirrflug (Schlagfrequenz ca. 300 Hz) am Ort zu verweilen; blitzschneller Ortswechsel möglich, Beschleunigung dabei (z. B. bei *Episyrphus balteatus* Deg.) das 1- bis 3-fache der Erdbeschleunigung; mittelgroße bis stattliche Fliegen von sehr verschiedenem Habitus, meist unbehaart, gedrungen oder sehr schlank; viele Arten auffallend gezeichnet, nicht selten wespenartig gelb-schwarz, manche unscheinbar bienenartig (*Eristalis*) oder hummelartig (*Volucella bombylans* L., *Criorhina*, *Mero-*

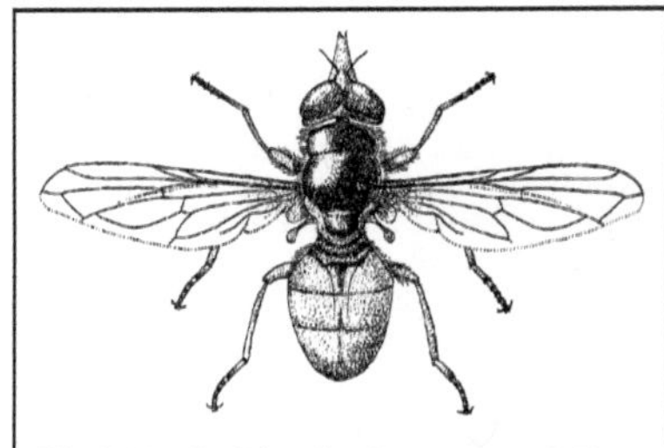

Abb. S-108: Syrphidae: *Rhingia rostrata.* ♂, 8–10 mm; Larven sind Kotfresser

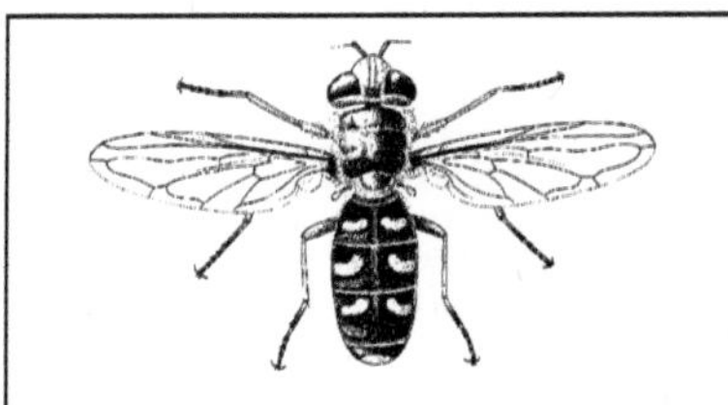

Abb. S-109: Syrphidae: *Scaeva pyrastri.* ♀, 10–15 mm; Larven sind Blattlausfresser

don); die Wespen- oder Bienenähnlichkeit bietet gegenüber manchen natürlichen Feinden (z. B. Kleinvögeln, Kröten) einen gewissen Schutz, wenn diese mit den wehrhaften und schlecht schmeckenden Vorbildern ihre Erfahrung gemacht haben (→Mimikry). Augen der ♂♂ größer als die der ♀♀, stoßen bei den meisten Arten oben zusammen, der Lichtsinn ist also wohl führend beim Finden der ♀♀ (trichromatisches Farbsehen); die Komplexaugen der ♂♂ von *Syritta pipiens* L. mit einer nach vorn gerichteten Region vergrößerter Facetten; das Auflösungsvermögen ist hier auf das 2- bis 3-fache erhöht; Vordergesicht bei manchen Arten zapfenartig vorgezogen, extrem bei *Rhingia* [**S-108**], weniger stark bei *Scaeva* [**S-109**]; Mundteile gut entwickelt, gestatten die Aufnahme von Nektar und von ganzen (unzerriebenen), in Flüssigkeit suspendierten Pollenkörnern; manche Arten mit recht langem (*Rhingia*: 12 mm), zum Aufsaugen auch verborgenen Nektars geeignetem Rüssel; Labellen mit ungezähnten Pseudotracheen und dazwischen verlaufenden weichhäutigen Leisten. Pollen und Nektar fressende **Blütenbesucher** mit wichtiger Funktion beim Bestäuben; Anlockung v. a. optisch: Farbensinn für manche Arten nachgewiesen, angeborene Bevorzugung meist von Gelb (Ausnahmen:

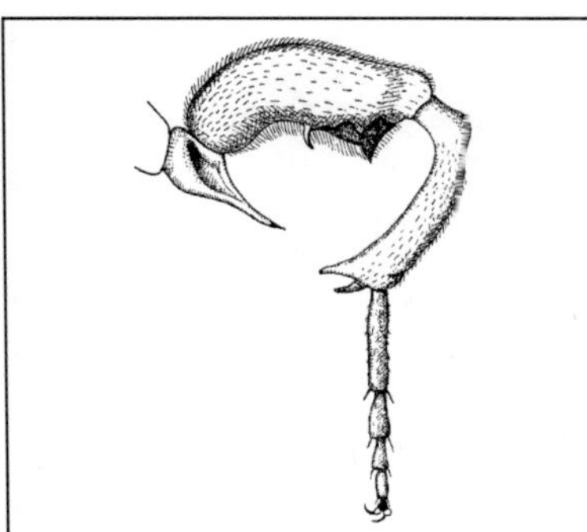

Abb. S-110: Syrphidae: *Merodon armipes.* ♂; Hinterbein (Klammerbein). (Keilbach 1954)

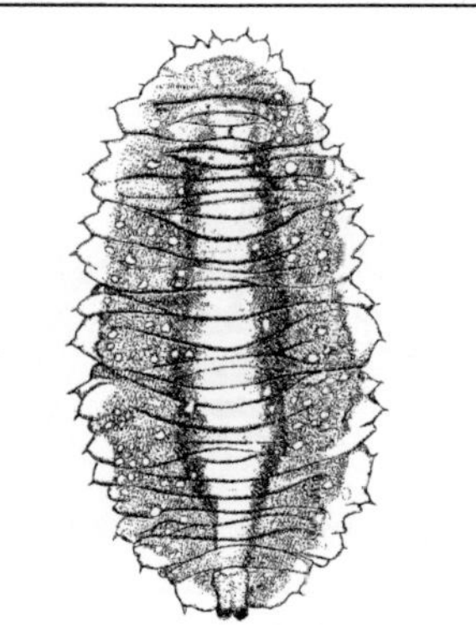

Abb. S-111: Syrphidae: *Epistrophe nitidicollis.* Alte Larve, ca. 10 mm, grün mit hellerem Mittelstreif; die reife Larve überwintert; Blattlausfresser

z. B. *Rhingia rostrata* auf blauen, *Volucella pellucens* L. auf weißen Blüten); nach der Landung betupfen die Tiere alle sattgelben Farbflecken; Schwebfliegenblumen weisen dementsprechend meist gelbe Staubgefäße und Pollen und gelb markierte Nektarien auf, oft auch Blütenmale, die Imitationen von Staubgefäßen darstellen (dadurch Sicherstellen des Blütenbesuchs auch in der weiblichen Blühphase, wenn die Staubgefäße schon verblüht sind); Geschmacksrezeptoren auf den Vordertarsen ermöglichen das Lokalisieren von freiliegendem Nektar; Pollenaufnahme für die Gonadenentwicklung der ♀♀ wichtig. Bei manchen Arten stürzen sich die ♂♂ aus dem Rüttelflug auf das optisch erkannte ♀, stehen rüttelnd darüber, dann evtl. **Begattung** (bei *Syritta pipiens* nur 3–5 s); gelegentlich Luftkämpfe der ♂♂; bei anderen Arten fliegen die ♂♂ das ♀ vom Sitzplatz aus an; die ♂♂ manchmal mit besonderen Vorrichtungen zum Festhalten des ♀, z. B. Klammerbeine (Hinterbeine) bei *Merodon* [**S-110**]; Eiablage in der Nähe des sehr verschiedenartigen Nährsubstrates der Larven, wobei vielleicht der Geruchssinn führend ist; das ablegewillige ♀ von *Eristalis tenax* L. spricht auf Jauchegeruch an, bringt die Eier in Gruppen am Rand jauchiger Pfützen unter; Arten mit blattlausfressenden Larven legen die Eier in die Nähe von Blattläusen, v. a. also an die Blattunterseite; auch legebereite ♀♀ tun das im Versuch jedoch nur bei Anwesenheit von (sehr wahrscheinlich geruchlich und taktil wahrgenommenen) Blattläusen; eine Spezialisierung bestimmter Arten auf bestimmte Blattläuse ist wenig ausgeprägt, höchstens so, dass einige Schwebfliegen (z. B. *Pipiza, Neocnemodon*) wachsabscheidende Läuse bevorzugen, andere (z. B. *Syrphus*) diese

meiden; dabei ist unbekannt, woran die ♀♀ die passende Blattlausgruppe erkennen. Die **Larven** sind außerordentlich verschiedenartig nach Körperform und Lebensweise, teils gedrungen, teils schlank, mit oder ohne Scheinfüßchen, Bedornung oder Atemrohr. Ernährung: a) phytophag im Inneren von Pflanzen (meiste Eumerinae →C, *Cheilosia* →E): Minieren in verschiedenen Pflanzenteilen, reißen mit den Mundhaken das Gewebe an, nehmen wohl in erster Linie den austretenden Saft auf („Saftschlürfer"); b) phyto- oder zoosaprophag: Fresser von zerfallenden pflanzlichen und tierischen Stoffen, v. a. in Mulm, Kompost, Dung, nasser Erde und Baumflüssen (Milesiinae →E, *Psilota* →C), in Wasseransammlungen und Schlamm (Eristalinae →D) oder in Nestern sozialer Insekten (Microdontinae →A, Volucellinae→B); bezeichnend für viele in Baumsäften (*Brachyopa*), sehr feuchter Erde (*Chrysogaster*) und im Wasser lebende Arten (Eristalinae) ist die Ausbildung eines (unterschiedlich langen) abdominalen Atemrohres, das am Ende die beiden Stigmen trägt [**S-120**]); c) zoophag als Parasitoide (*Volucella inanis* in Hummelnestern, →B) und Jäger, v. a. von Blattläusen (Syrphinae →F). Larvenzeit kurz, 8–14 Tage; bei Arten mit nur 1 Generation im Jahr (z. B. *Epistrophe eligans* Harr., *E. nitidicollis* Meig. [**S-111**]) folgt im Anschluss an die Fresszeit eine lange Sommer- und Winterdiapause der Larve im Versteck, **Verpuppung** im Frühling; andere Arten (z. B. *Episyrphus balteatus* Deg., *Meliscaeva auricollis* Meig., *Scaeva pyrastri* L. [**S-109**], *S. selenitica* Meig.) mit meh-

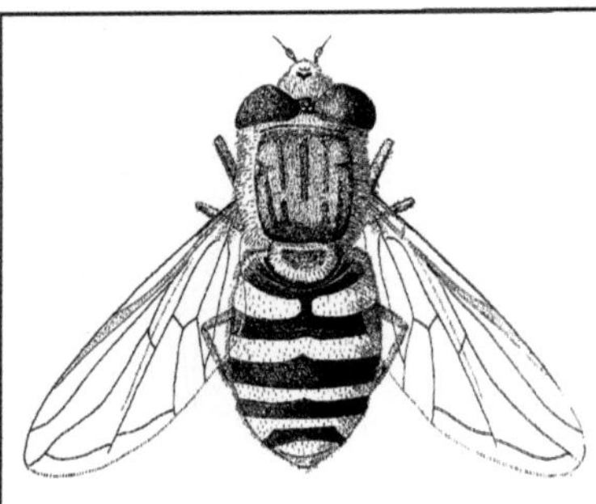

Abb. S-112: Syrphidae: *Syrphus ribesii*. ♀, 9–13 mm. (Lindner 1923 ff)

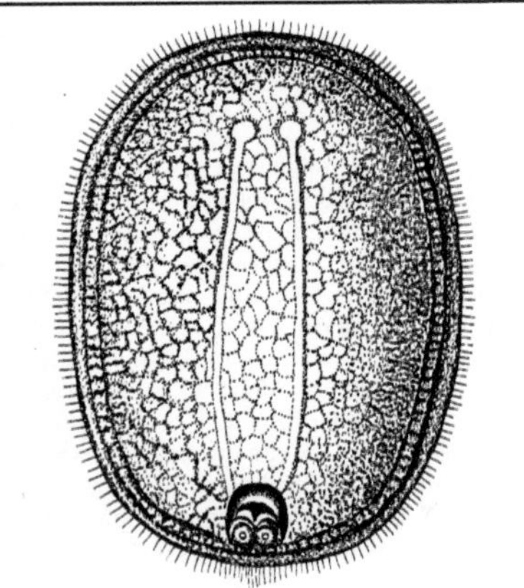

Abb. S-113: Syrphidae: *Microdon mutabilis*. Larve, 6 mm. (Brauns 1954a)

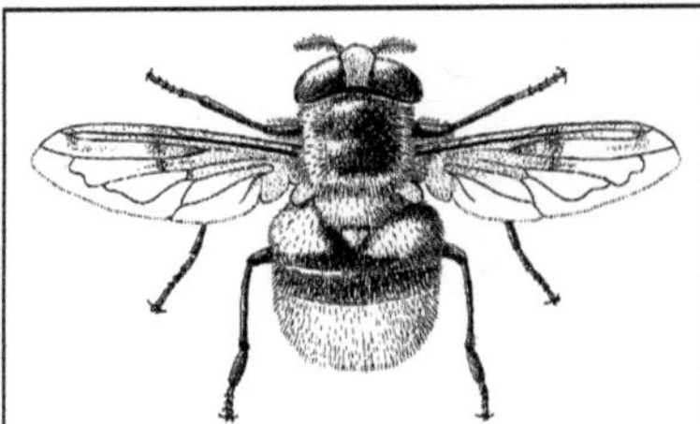

Abb. S-114: Syrphidae: *Volucella bombylans*. ♀, 11–15 mm; Larven in Hummel- und Wespennestern

Abb. S-115: Syrphidae: *Volucella pellucens*. ♂; 12–18 mm; Larve in Hummel- und Wespennestern

reren (bis 5) Generationen im Jahr haben keine Larvendiapause, es überwintern die begatteten ♀♀; bei *Syrphus ribesii* L. [**S-112**] kommt es, in Abhängigkeit von Außenbedingungen, zu 2 oder 3 Generationen, teils ohne, teils mit Diapause; Verpuppung in der sich zu einer tropfenartigen Form verkürzenden und verhärtenden letzten Larvenhaut im Boden oder in anderen passenden Verstecken (z. B. Stubben). 6 U-Fam., hinsichtlich der Lebensweise der Larven sehr verschieden:

A. Microdontinae; Schwestergruppe zu den restlichen Schwebfliegen, auch als Fam. **Microdontidae** aufgefasst; in Eur & Dt 6 Arten der Gttg. *Microdon*, die z. T. nur anhand der Larven unterscheidbar sind; gedrungene, bräunliche bis grünliche Schwebfliegen mit langen Fühlern; Eiablage an Eingängen von Ameisennestern (*Formica*, *Lasius*); Larven nacktschneckenartig [**S-113**], werden in den Ameisennestern geduldet oder einfach „übersehen"; sollen sich von Abfällen bzw. Ameisenbrut ernähren (Artunterschiede?), die sie mit ihren ausstülpbaren Kiefern langsam unter ihren Körper ziehen.

B. Volucellinae; mit 5 großen, plump wirkenden heimischen Arten der Gttg. *Volucella* (*V. bombylans* L. [**S-114**]; *V. pellucens* L. [**S-115**]; *V. zonaria* L.; *V. inanis* L.; *V. inflata* F.); Gesicht höckerartig vorgezogen, Fühlerborste der ♀♀ reich gefiedert; *V. bombylans* L. (Pelzige Hummelschwebfliege) hummelähnlich, pelzig behaart; tritt in mehreren Farbvarianten auf, die verschiedenen Hummelarten ähneln; *V. inanis* und *V. zonaria* wespenähnlich; Larvenentwicklung jeweils in den Nestern der mimetischen Vorbilder (wohl aber ohne den Effekt der Wirtstäuschung; bei *V. bombylans* wird die von den Farbvarianten jeweils nachgeahmte Hummelart nicht bevorzugt; besiedelt werden alle Erdnester von Hummeln). Imagines sind Blütenbesucher (**Nahrung**: Pollen und Nektar, mit dem langen Rüssel auch aus tiefen Blüten gewonnen). **Larvenentwicklung** in den Nestern von Hummeln

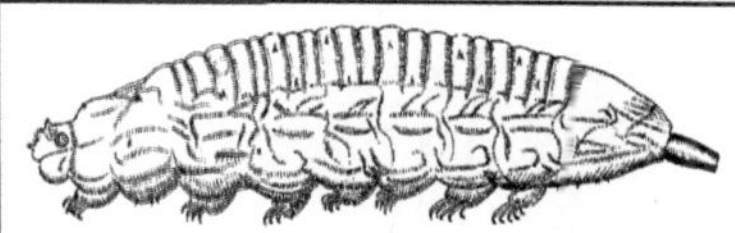

Abb. S-116: Syrphidae: *Merodon equestris.* Große Narzissenfliege. Erwachsene Larve, 17 mm. (Aus Lindner 1923 ff)

oder sozialen Wespen (*V. inflata* in Bohrlöchern an Baumsaft): bei *V. bombylans* ausschließlich in den Bodennestern verschiedener Hummelarten (nicht in weit über dem Boden angebrachten Nestern; →Apidae E1), bei *V. pellucens* und *V. inanis* in Nestern von *Vespula vulgaris* und *Vesp. germanica* (→Vespidae D4); *V. inanis* ektoparasitoid: die ersten beiden Stadien ernähren sich ohne merkliche Schädigung von der Hämolymphe einer Wirtslarve; erst das 3. Stadium saugt die Praepupa vollständig aus, nachdem die Wirtslarve ihre Zelle verdeckelt und sich eingesponnen hat (daher von den Wespen-♀♀ nicht mehr als deformiert erkannt und entfernt werden kann – häufige Strategie bei Brutparasiten von Wespen); die Larven von *V. bombylans* und *V. pellucens* fressen Detritus: *V. bombylans* am Boden der *Bombus*-Nester, *V. pellucens* unterhalb der *Vespula*-Nester (Zugang hier ventral!); tote oder lebende Wirtslarven werden nur im Herbst bei zusammenbrechender Sozialstruktur der Wirtsstaaten angenommen. Wirtsfindung olfaktorisch gesteuert; ♀♀ von *V. bombylans* dringen unbemerkt in Hummelnester ein (keine Wächter bei kleinen Staaten!) und vergraben sich zur **Eiablage** im Randbereich; werden sie dennoch angegriffen, setzt ein Eiablegereflex ein; ♀♀ von *V. inanis* werden von Wespen im Nestbereich heftig angegriffen (schnelle Ablage von vergleichsweise vielen Eiern in der Umgebung des Flugloches), ♀♀ von *V. pellucens* nicht (Eiablage auf der äußeren Nesthülle; chemischer Schutz?). **Überwinterung** als Vorpuppe außerhalb des Nestes im Boden; 1 Generation pro Jahr.

C. Eumerinae; in Eur ± 180, in Dt 30 Arten; pelzig behaart; die Larven der meisten Arten (*Eumerus, Merodon*) minieren in Zwiebeln von Monocotyledonen, seltener auch in anderen Wurzelknollen. Hierher auch *Psilota*: deren Larven unter Rinde an austretendem Baumsaft. Bisweilen an Kulturpflanzen recht schädlich:

C1. *Merodon equestris* F., Große Narzissenfliege, Gemeine Zwiebelschwebfliege; ca. 14 mm; die Eier werden einzeln in den Boden in der Nähe der Nahrungspflanze abgelegt; die Larven

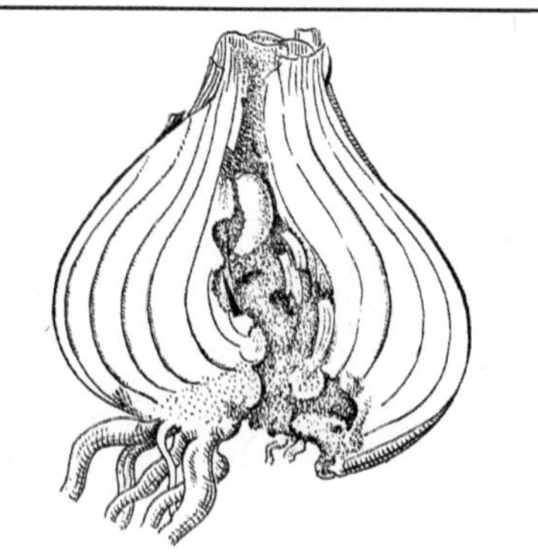

Abb. S-117: Syrphidae: *Merodon equestris*, Große Narzissenfliege. Larve in Zwiebel. (Bollow 1960)

[S-116] vorwiegend in Zwiebeln von Lilien- und Narzissengewächsen [S-117], fressen lange, Überwinterung wohl stets als Larve, Verpuppung im Frühling; durch Larvenfraß bisweilen an Kulturpflanzen recht schädlich.

C2. *Eumerus strigatus* Fall., Kleine Narzissenfliege, Gemeine Zwiebelmondfliege, und **E. tuberculatus** Rond., Höcker-Zwiebelmondfliege; ca. 7 mm; die Larven außer in verschiedenen Zwiebelpflanzen auch z. B. in Kartoffeln, Möhren; in unseren Breiten 2 Generationen, die Puppe der 1. Generation in der Nahrungspflanze, die der 2. Generation im Boden; Überwinterung als erwachsene Larve, seltener als Puppe.

D. Eristalinae; in Eur 60, heimisch 41 Arten; kennzeichnend die im Wasser oder feuchtem Schlamm lebenden „Rattenschwanzlarven" mit einem endständigen Atemrohr, das am Ende die beiden Stigmen trägt und stark verlängert und verkürzt werden kann (s. u., [S-118, S-119, S-120]); bevorzugt in nährstoffreichen Tümpeln und Pfützen, auch in wassergefüllten Baumhöhlen (*Mallota*); viele von ihnen sind typische Schlammfresser, mit Filterapparat im Schlund zum Abseihen des Wassers von dem dann ballenweise verschluckten Schlamm, wie die häufige, bienenähnliche **Eristalis tenax** L., Mistbiene, Große Bienenschwebfliege, Schlammfliege [S-121]: Larven erwachsen ca. 20 mm lang; in Jauchegruben häufig, aber auch ab und an in Salzwasser und vereinzelt sogar im menschlichen Darm gefunden; halten sich meistens im Schlamm auf, können sich aber auch, durch den starken Luftgehalt der Tracheenlängsstämme hochgetrieben, kümmerlich schwimmend an

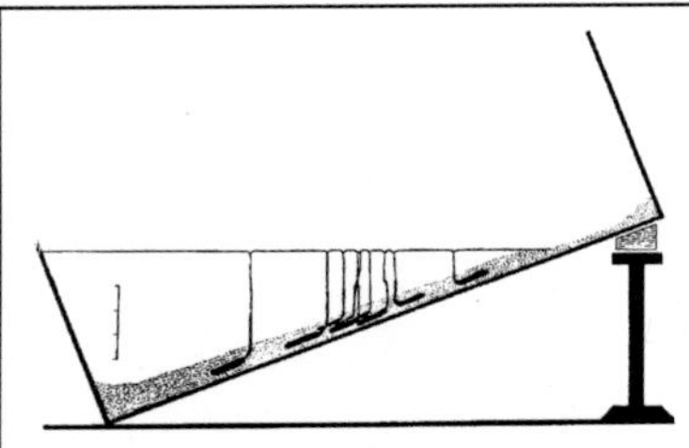

Abb. S-118: Syrphidae: *Eristalis*-Larven in verschiedener Wassertiefe; links: Maximum; rechts: Minimum; Mitte: Optimum; Maßstab 3 cm. (Wesenberg-Lund 1943)

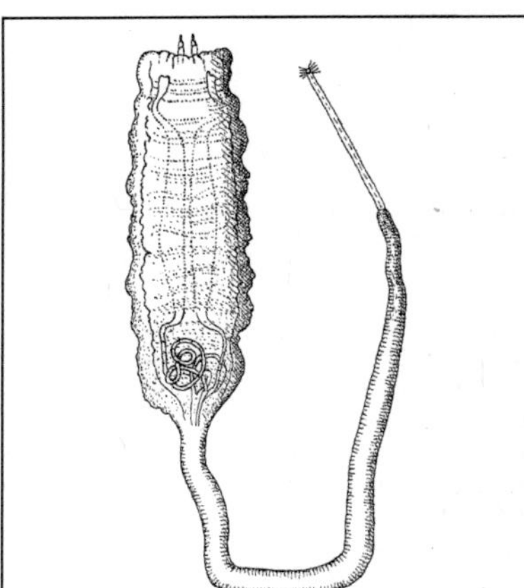

Abb. S-119: Syrphidae: *Eristalis tenax*. Larve; Teile des Tracheensystems sichtbar, vorne die Fühler; Länge ohne Atemrohr 20 mm. (Brauns 1954a)

der Wasseroberfläche bewegen; das 3-teilige terminale Atemrohr ist durch Muskeln (Ansatz zwischen Teil 2 und 3) weit in den Körper hinein einziehbar, wobei sich die dünnen Tracheenäste im Innern in Schlingen legen, und kann bei Altlarven durch Hämolymphdruck bis auf 4 cm Länge ausgefahren werden; Hautatmung dürfte, v. a. bei den jungen Stadien, eine Rolle spielen; ventral mit 7 Paar bedornten Kriechhöckern ausgestattet, vgl. [**S-120**]; Hinterstigmen von 8 unbenetzbaren Fiederborsten umstellt [**S-122**], die unter Wasser, ein Luftbläschen umschließend, zusammenklappen (→Stratiomyidae); bei den Larven des 3. Stadiums sind 2 kleine Stigmenhörnchen als Notatmungsorgane vorhanden; ausstülpbare, dünnwandige und verzweigte Analpapillen (bei verschiedenen Arten in wechselnder Zahl und Anordnung) dienen der Osmoregulation, fehlen dem letzten Stadium, bei dem dann in 2 stark verdickten Malpighi-Gefäßen kohlensaurer Kalk abgelagert wird; ein Teil davon wird bei der Verpuppung in die Pupariumhaut (letzte Larvenhaut) eingelagert, die vorn für den Durchtritt der 2 pupalen Prothorakalhörner (Atmungsorgane [**S-123**]) durchbrochen ist; die Larve überwintert etwa in Höhe des Wasserspiegels im Schlamm oder Boden; Verpuppung außerhalb des Wassers.

E. Milesiinae; in Eur ± 300, bei uns ± 200 Arten; die Larven der meisten Gttgn. ernähren sich von zerfallenden pflanzlichen und tieri-

schen Stoffen, nur *Cheilosia* (mit 81 heimischen Arten) und *Portevinia maculata* Fall. minieren →mono- bis polyphag in lebenden Pflanzen, meist in Stängeln und Wurzeln von Kräutern; in der Pestwurz 3 Arten, die in Trieben (*Ch. canicularis* Panzer), Blattstängeln (*Ch. himantopus* Panzer) bzw. Blütenstängeln (*Ch. orthotricha* Vujic & Clauss.) fressen; die Larve von *Cheilosia morio* Zett., Harz-Erzschwebfliege, bohrt, Harzfluss verursachend, im Kambium von Nadelhölzern, v. a. am Rande von Rindenwunden; Larven weniger *Cheilosia*-Arten (z. B. *Ch. scutellata* Fall.) leben in Pilzen. Saprophag sind z. B. die Larven von *Chrysogaster* (in feuchter Erde), *Rhingia* (im Dung), *Syritta pipiens* L., Gemeine Mistschwebfliege, Kleine Mistbiene [**S-124**] (in Kompost und Dung), *Brachyopa* und *Ferdinandea* (in Baumsäften), *Ceriana*, *Xylota*, *Chalcosyrphus* [**S-125**] und *Spilomyia* (in feuchtem Holzmulm, z. T. auch unter Rinde an Baumsäften); die gedrungene, walzenförmige Larve von *Temnostoma* [**S-126**] bohrt mithilfe zweier raspelartiger Gebilde am Vorderende,

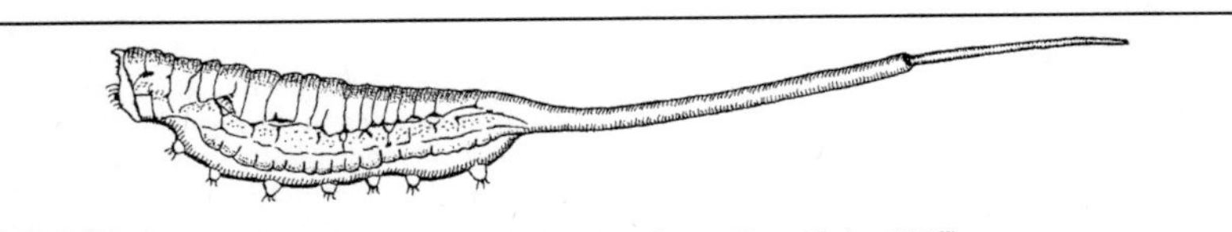

Abb. S-120: Syrphidae: *Myathropa florea*. Larve; Länge ohne Atemrohr etwa 17 mm. (Lindner 1923 ff)

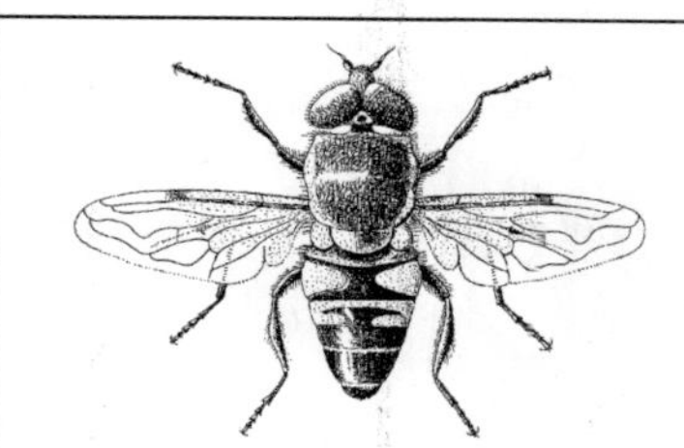

Abb. S-121: Syrphidae: *Eristalis tenax*. ♂; 11–15 mm; Hinterleib schwarz und gelbrot

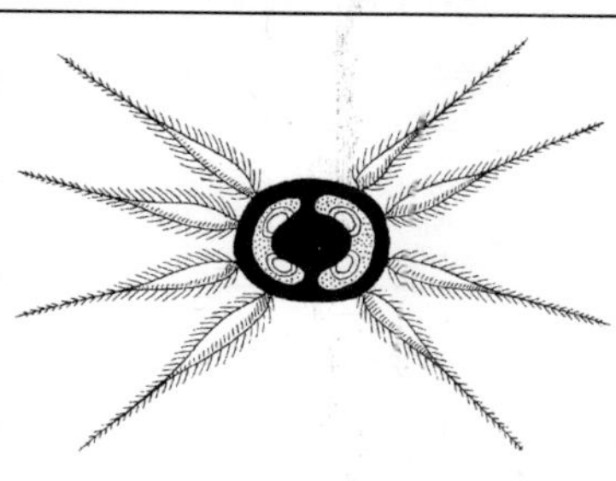

Abb. S-122: Syrphidae: *Eristalis tenax*. Larve, Ende des Atemrohres. (Keilbach 1954)

Abb. S-123: Syrphidae: *Eristalis tenax*. Puppe, Körper 13 mm. (Keilbach 1954)

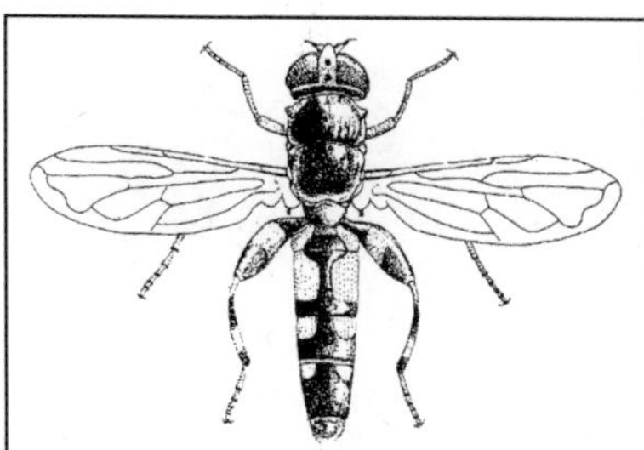

Abb. S-124: Syrphidae: *Syritta pipiens*. ♀, 7–9 mm; Hinterleib schwarz, gelbrot und weiß

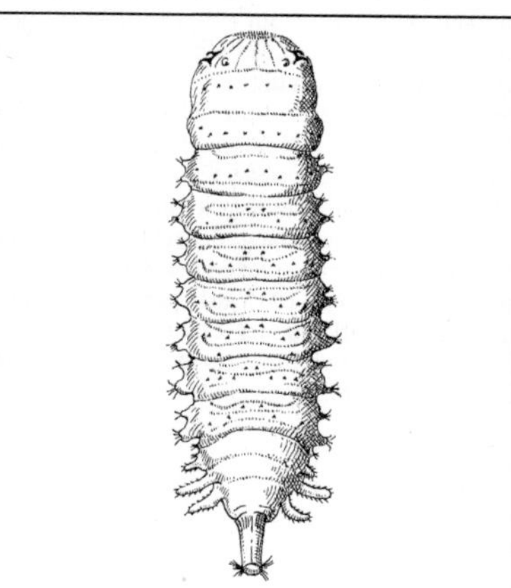

Abb. S-125: Syrphidae: *Chalcosyrphus nemorum*. Larve, 15 mm, mit Haken am Prothoraxende

dicht neben den Vorderstigmen, Gänge in anbrüchige Birken, frisst den so erzeugten Holzmulm.

F. Syrphinae; in Eur ± 300, heimisch 183 Arten; Larven ernähren sich jagend, v. a. von Blattläusen; mehrere Arten nehmen vergleichsweise große Beute an (nicht selten auch Kannibalismus); die Larven von *Xanthandrus comtus* Harr. saugen z. B. Raupen des Kiefernprozessionsspinners aus, daneben auch andere Raupen und Blattkäferlarven (*Chrysomela*), die von *Dasysyrphus tricinctus* Fall. außer Blattläusen auch Kiefernspannerraupen; ausgeprägtes Nahrungsspezialistentum bei *Parasyrphus nigritarsis* Zett.: das ♀ legt einige Eier in das Gelege des Blattkäfers *Chrysomela vigintipuncctata* Scop. [**S-127**]; die alsbald schlüpfenden Junglarven nähren sich zunächst von den Käfereiern, das 2. und 3. Stadium von den stets von der Ventralseite her angefallenen Käferlarven, ausnahmsweise auch noch von Eiern; die meisten Jäger sind Blattlausvertilger (allein in Europa etwa 250 Arten), meist →polyphag; Erstlarven saugen, wo es sich bietet, v. a. Eier aus; die durch Höcker oft unregelmäßig konturierten Larven meist grünlich oder gelblich gefärbt, bedingt teils durch die aufgenommene Nahrung, teils durch

den pigmentierten Fettkörper; sie sind so i. d. R. der Umgebung gut angepasst; das letzte Stadium ist nicht selten anders gefärbt als die früheren; Hauptfresszeit der nach Art von Egeln mithilfe von Kriechsohlen sehr beweglichen Larven in der Dämmerung (und nachts?), tagsüber sitzen sie auf der Blattunterseite oder in schattigen, gegen Austrocknung schützenden Verstecken; beim suchenden Kriechen (auf einer selbst produzierten

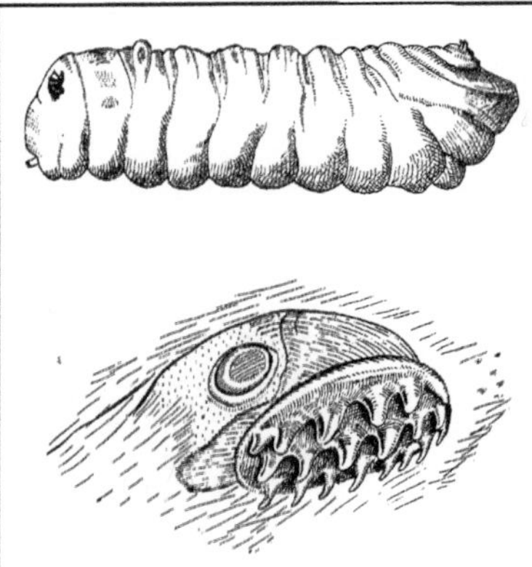

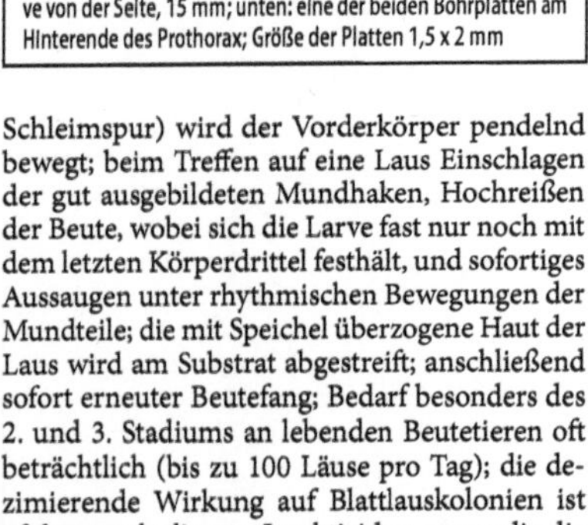

Abb. S-126: Syrphidae: *Temnostoma vespiforme*. Oben: Larve von der Seite, 15 mm; unten: eine der beiden Bohrplatten am Hinterende des Prothorax; Größe der Platten 1,5 x 2 mm

Abb. S-127: Syrphidae: *Parasyrphus nigritarsis*. 2 Eier (die kleineren in der Mitte) in dem Teil eines Geleges von *Chrysomela vigintipunctata* (Chrysomelidae)

Schleimspur) wird der Vorderkörper pendelnd bewegt; beim Treffen auf eine Laus Einschlagen der gut ausgebildeten Mundhaken, Hochreißen der Beute, wobei sich die Larve fast nur noch mit dem letzten Körperdrittel festhält, und sofortiges Aussaugen unter rhythmischen Bewegungen der Mundteile; die mit Speichel überzogene Haut der Laus wird am Substrat abgestreift; anschließend sofort erneuter Beutefang; Bedarf besonders des 2. und 3. Stadiums an lebenden Beutetieren oft beträchtlich (bis zu 100 Läuse pro Tag); die dezimierende Wirkung auf Blattlauskolonien ist oft besser als die von Insektiziden, gegen die die Larven sehr empfindlich sind.

Lit. →Diptera; Barkemeyer 1994; Bastian 1986; Beling 1982; Kormann 1988; Lunau 1987; Röder 1990; Rupp 1989; van Veen 2010; Wichard et al. 2013.

Syrphinae, *Syrphus* →Syrphidae F.

Systasidae →Pteromalidae.

Systellognatha →Plecoptera.

Systellonotus →Miridae 9; vgl. auch →Formicidae.

Systenus →Dolichopodidae.

Systoechus →Bombyliidae.

Systole →Eurytomidae.

Systropha →Halictidae 3.

T

Tabakkäfer, *Lasioderma serricorne* F. →Anobiidae 5.

Tabanidae, Bremsen; Fam. der Zweiflügler (Diptera, Brachycera, Tabanomorpha) mit in Eur ± 200, M-Eur 76, Dt 58 Arten; hierher einige der bekanntesten und durch das Blutsaugen der ♀♀ für Mensch und Tier lästigsten Fliegen: *Tabanus* mit 14 heimischen Arten (z. B. *T bovinus* L., Rinderbremse [**T-3**]), *Haematopota pluvialis* L., Regenbremse, Gewitterfliege, Blinde Fliege [**T-1**] als häufigste von 7 heimischen Arten der Gttg. (Namen, weil sich das ♀ bei schwülem Gewitterwetter auch durch leichten Regen nicht am Stechen hindern lässt, bzw. wegen der getrübten, „blinden" Flügel), sowie *Chrysops* mit in Dt 7 an den Flügeln auffällig gemusterten Arten (z. B. *C. caecutiens* L. [**T-2**]; mitunter ebenfalls als Blindfliegen oder Blindbremsen bezeichnet in der falschen Annahme, der Stich mache blind). Mittelgroß bis sehr stattlich, darunter die größte mitteleuropäische Fliegenart: *Tabanus sudeticus* Zell. (bis 25 mm); Typische Bremsengestalt: Kopf bei Ansicht von oben bedeutend breiter als lang [**T-1**, **T-2**, **T-3**]; Haltung der in der Ruhe nach hinten gelegten Flügel bei *Tabanus* schwach, bei *Haematopota* stärker dachförmig; Augen bei *Chrysops* leuchtend goldgrün, bei *Tabanus* oft mit den schönsten farbigen Streifenmustern durch Interferenz an der feingeschichteten fein geschichteten Epikutikula der Cornea (vermutlich wichtig für die Balz: Herausfiltern der Hintergrundfarbe der Umgebung und damit verbesserte Wahrnehmungsfähigkeit der bei vielen Arten vorhandenen schwarz-weißen Muster). Die Imagines beider Geschlechter trinken während der Aktivitätszeit sehr viel Wasser; viele Arten nehmen als **Nahrung** →Honigtau, z. B. von Zikaden und Schildläusen (nicht von Blattläusen, da diese offenbar erst gereizt werden müssen, um den Zuckersaft abzugeben), einige saugen Nektar von Blüten auf, die hauptsächlich mediterrane, langrüsselige Gttg. *Pangonius* (mit *P. micans* Meig. bis Dt vorkommend) wohl ausschließlich; bei anderen zusätzlich Blutaufnahme durch die ♀♀ an Säugetieren, besonders Huftieren; der Stich ist schnell und wirksam, ermöglicht durch messerartig ausgebildete Mandibeln [**T-4**], die sich scherenartig ins Fleisch schneiden (unter allen Brachycera sind nur hier

Mandibeln ausgebildet, auch den Bremsen-♂♂ fehlen sie); Stichwunde verhältnismäßig groß, blutet oft nach, da beim Stich ein die Blutgerinnung hemmender Stoff eingespritzt wird (das nachfließende Blut ist oft Nahrung für nicht stechende Fliegen, →Muscidae). Legen bei längerer Trockenheit oft tage- oder wochenlange **Ruhepausen** ein; besonders die *Tabanus*-Arten sind geschickte und schnelle Flieger; Anflug bei *Haematopota* fast lautlos; Auffinden der Blutspender zunächst optisch: stark anlockend wirken auf die meisten Arten dunkle oder rötliche, unten konvexe größere Gegenstände, in der Nähe ist offenbar auch Wärme wichtig; sicher gibt es noch weitere Orientierungsmöglichkeiten, da z. B. *Chrysops* beim Menschen mehr die Kopfregion, *Haematopota* mehr die Gliedmaßen bevorzugt. Die ♂♂ vieler Arten führen in der **Balz** einen Schwebeflug aus, sowohl einzeln als auch im Schwarm bis hin zu komplexen Schwarmsäulen (*Haematopota pluvialis* L.); die Örtlichkeiten der Balz sind verschieden: Waldlichtungen, im Windschatten von Gebüsch oder einzeln stehenden Bäumen, im Wald in der Wipfelregion, über Wegen oder Tümpeln, in der Wiese usw.; die Balz kann zeitlich auf den Morgen oder den Vormittag begrenzt sein oder den ganzen Tag dauern; ein am Balzplatz erscheinendes ♀ wird von mehreren ♂♂ verfolgt, in Kürze von einem ♂ auf dem Rücken ergriffen, beide gehen zu Boden; Kopula ca. 5 min (nach Beobachtungen an der amerikanischen *Tabanus bishoppi* Stone); viele Arten ohne Schwebebalz, finden sich wohl im gestreckten Flug. **Eiablage** meist in geschichteten Gelegen [**T-5**], häufig auf Pflanzen, auch am Boden, meist in Wassernähe, da die Larven sich in feuchtem Boden oder im Wasser entwickeln (keine Bremsen in wüstenartigem Gelände); die **Larven** [**T-3**] lang gestreckt, weiß bis gelbbraun, mit beweglichen Kriechwarzen; mit offenen Vorder- und Hinterstigmen; Hautatmung dürfte jedoch überwiegen, da wasserbewohnende Larven wochenlang die Oberfläche meiden können; Hauptnahrung sich zersetzende organische Stoffe und lebende Kleintiere verschiedenster Art bis zu erwachsenen Kaulquappen und frisch metamorphosierten Fröschen, auch Artgenossen; die Beute wird durch eingespritztes Gift (Giftkanal in den kräftigen Mandibeln [**T-6**]) schnell abgetötet; vielleicht wird Verdauungssaft eingespritzt. **Verpuppung** im Boden, bisweilen in einem kokonartigen Gebilde; die Imago

© Springer-Verlag GmbH Deutschland, ein Teil von Springer Nature 2026
E. Weber, H. Bellmann, *Jacobs|Renner – Biologie und Ökologie der Insekten*,
https://doi.org/10.1007/978-3-662-71153-8_20

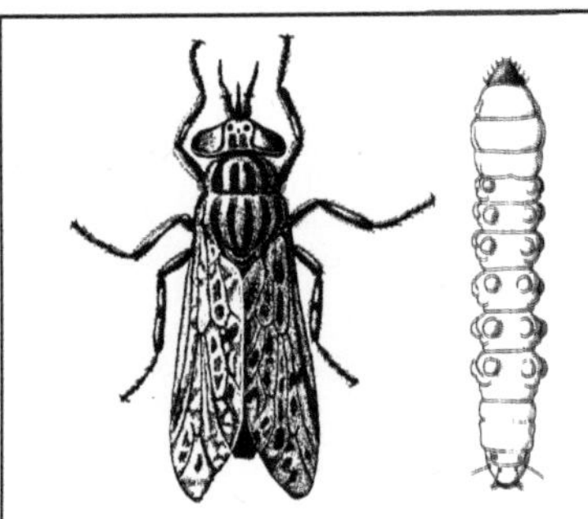

Abb. T-1: Tabanidae: *Haematopota pluvialis*, Regenbremse. Imago bis 12 mm, Larve ca. 14 mm. (Rietschel 1969)

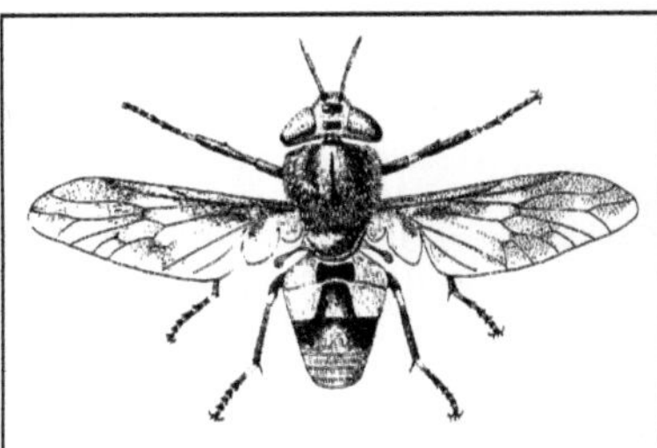

Abb. T-2: Tabanidae: *Chrysops caecutiens*, Blindbremse. ♀, 6–10 mm. (Séguy 1951a)

schlüpft aus der Mumienpuppe [**T-3**] durch einen Querspalt am Kopf; meist 1 Generation im Jahr, bei *Haematopota italica* Meig. oder *H. grandis* Meig. vielleicht 2 (mehrere Generationen auch in wärmeren Gegenden selten, wohl nur bei einigen Küstenbewohnern oder Arten in Gebirgsregenwäldern mit dauerndem Regenangebot). **Schadwirkung** bei starkem Auftreten an Wild und Weidevieh durch Beunruhigung und Blutverlust; in warmen Ländern ferner durch Übertragung von krankheitserregenden Bakterien, Trypanosomen und Fadenwürmern.

Lit. →Diptera; Beling 1982; Brauns 1954a, b; Chvála et al. 1972; Oldroyd 1969; Wesenberg-Lund 1943.

Tabanomorpha; Gruppe der Brachycera (→Diptera); mit den Fam. →Athericidae, →Rhagionidae, →Tabanidae, →Vermileonidae.

Tabanus →Tabanidae 3.

Tachina →Tachinidae, 2.

Tachinidae, Raupenfliegen; Fam. der Zweiflügler (Diptera, Brachycera, Cyclorrhapha) mit in Eur ± 850, M-Eur ± 650, Dt ± 500 Arten; für das

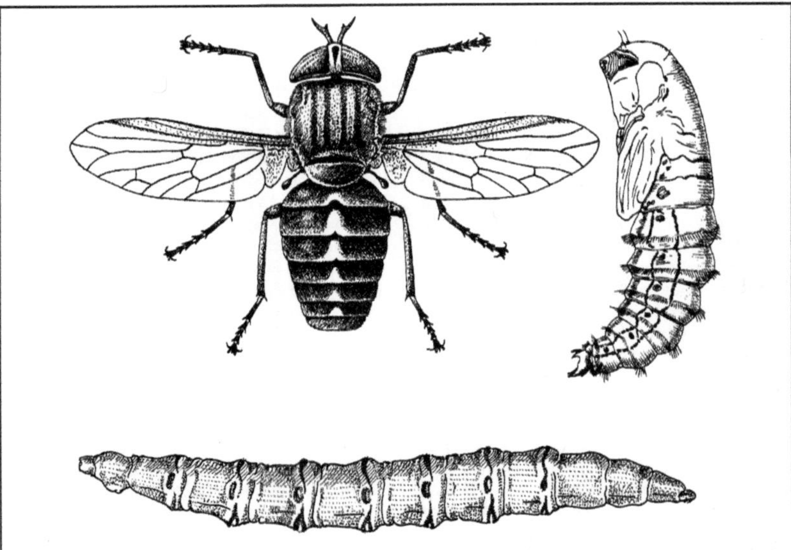

Abb. T-3: Tabanidae: *Tabanus bovinus*, Rinderbremse, ♀ (18–25 mm); *T. tropicus*, Puppe (16 mm); *T. spec.*, Larve (30–40 mm). (Lindner 1923 ff; Séguy 1951a; Engelhardt 1982)

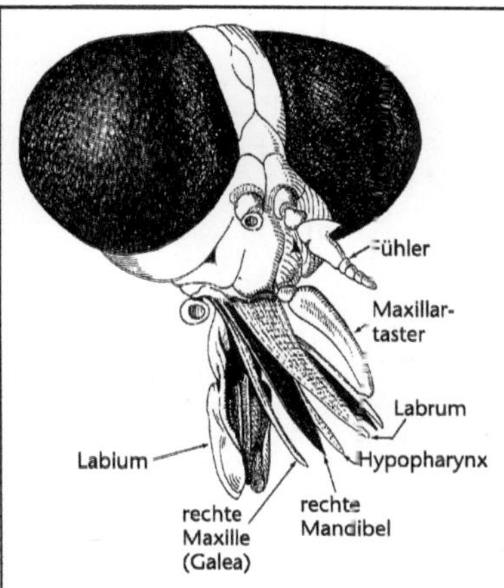

Abb. T-4: Tabanidae: Kopf einer weiblichen Bremse mit auseinandergelegten Mundteilen; rechte Fühler und Taster entfernt. (Weber 1933)

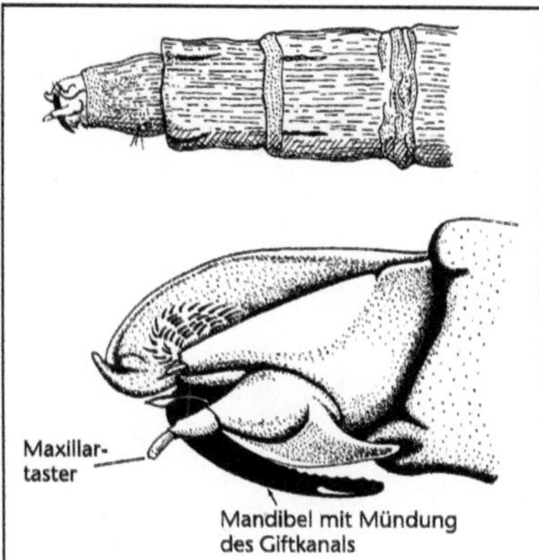

Abb. T-6: Tabanidae: *Tabanus* spec. Oben: Vorderende der Larve mit der sichelförmig gebogenen Mandibel; unten: Kopf allein. (Brauns 1954a)

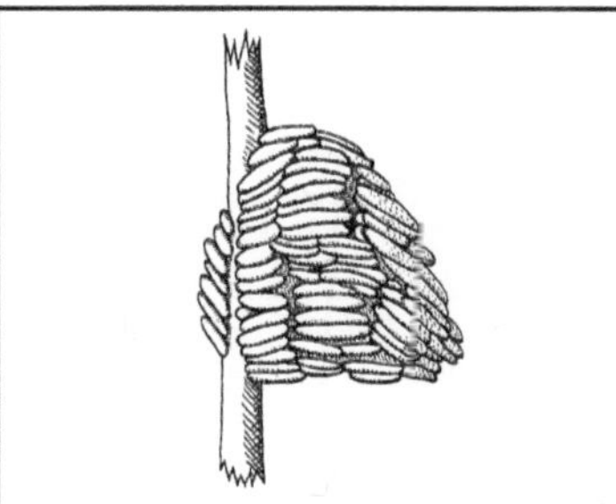

Abb. T-5: Tabanidae: *Tabanus quatuornotatus*. Gelege. (Séguy 1951a)

Abb. T-7: Tachinidae: *Phasia hemiptera*. ♂; 8–12 mm; Parasitoid bei Wanzen; Eiablage in den Wirt. (Séguy 1951a)

ökologische Gleichgewicht wie für Land- und Forstwirtschaft bedeutsam (biologische Schädlingskontrolle) durch die durchweg endoparasitoiden Larven, die mit wenigen Ausnahmen (Ameisen →5; Laufkäfer; Steinläufer, *Lithobius*) phytophage Insekten befallen: mehrheitlich Schmetterlingsraupen, daneben phytophage Wanzen, Käfer, Käferlarven, Blattwespenraupen, nur einzelne bei Schnakenmaden (→Tipulidae), Dornschrecken (→Tetrigidae), Grashüpfern (→Acrididae) und Ohrwürmern (→Dermaptera); meist mittelgroße Fliegen (2–20 mm, meist 5–10 mm) von recht verschiedener Gestalt [**T-7,T-8,T-9**]; viele Arten mit starker Beborstung (z. B. *Tachina* [**T-10**]); die leckend-saugenden

Mundteile der Imagines gut ausgebildet, gestatten Aufnahme von →Honigtau oder Nektar aus Blüten (namentlich Doldenblüten); manche Arten morphologisch kaum, wohl aber in ihrer Lebensweise verschieden (z. B. *Phryxe vulgaris* Fall. in mehreren Generationen als Parasitoid bei zahlreichen Schmetterlingen, *Ph. erythrostoma* Htg. in vermutlich nur 1 Generation fast ausschließlich beim Kiefernschwärmer). **Kopula** i. d. R. bald nach dem häufig in den frühen Morgenstunden stattfindenden Schlüpfen, dauert bei manchen Arten einige Stunden; für die zuweilen in kleinen Schwärmen auftretenden ♂♂ (der kleinwüchsigen *Siphona* und verwandter Gttgn.) dürften außer optischen Reizen (Augen der ♂♂ meist größer als die der ♀♀) auch Sexuallockstoffe von Bedeutung sein (begattete ♀♀ werden seltener angeflogen als unbegattete, z. B. bei *Pa-*

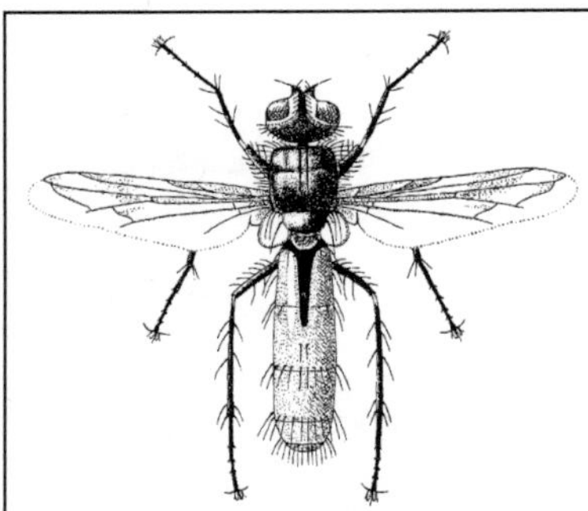

Abb. T-8: Tachinidae: *Cylindromyia brassicaria.* ♂; 8–12 mm; Larve parasitoid bei Wanzen; Hinterleib orange. (Séguy 1951a)

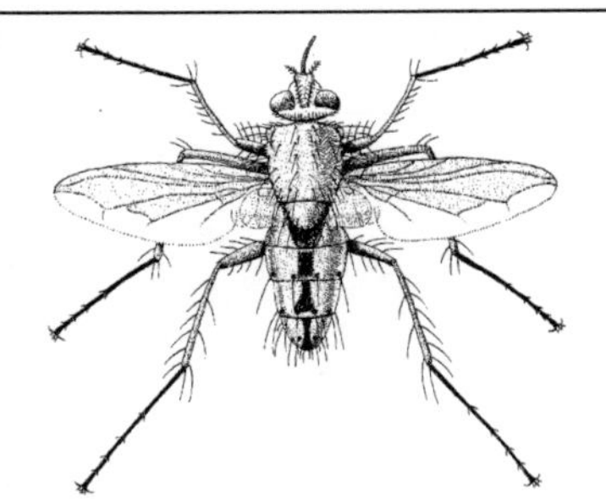

Abb. T-9: Tachinidae: *Prosena siberita.* ♀; 8–12 mm; Blütenbesucher mit besonders langem Rüssel, parasitoid bei Engerlingen von *Anomala* (Scarabaeidae C7). (Séguy 1951a)

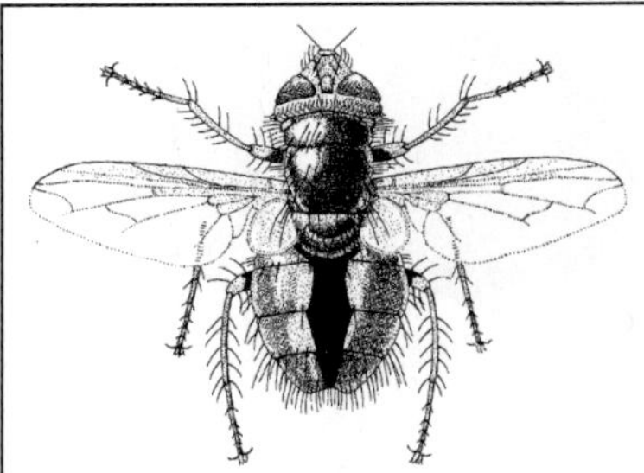

Abb. T-10: Tachinidae: *Tachina fera.* ♂; 8–16 mm; Larve parasitoid bei Raupen, z. B. *Griposia, Lymantria.* (Séguy 1951a)

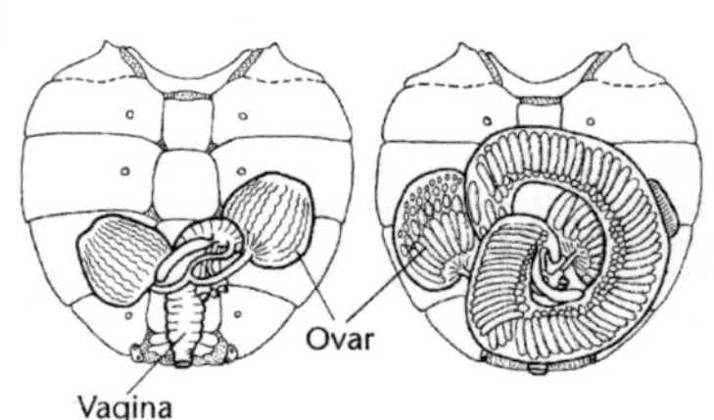

Abb. T-11: Tachinidae: *Panzeria rudis.* ♀♀; links: frisch geschlüpft, Vagina leer; rechts: altes, trächtiges ♀ mit vielen Eiern in der Vagina; Geschlechtsorgane stark umrandet. (Eidmann 1941)

rasetigena silvestris R.-D.); nach der Begattung (z. T. wohl erst dadurch ausgelöst) Entwicklung der bei manchen Arten sehr zahlreichen Eier [**T-11**]; abgesetzt werden Eier teils ohne Larve (Oviparie), teils mit schlüpfbereiter Larve (Ovoviviparie, z. B. *Panzeria*; manchmal schlüpft die Larve bereits im Mutterleib: z. B. bei manchen *Dexia*-Arten). Hinsichtlich der Art der Ei- bzw. Larvenablage und Wirtsfindung 2 Hauptstrategien: A) **Eiablage** direkt **an oder** (seltener) **in den Wirt,** im letzten Fall meist mit einer harten, perforierenden Legeröhre (z. B. alle heimischen Parasitoide von Wanzen; *Compsilura* →3); Eizahl in dieser Gruppe meist relativ gering (30–600); Wirtsfindung meist optisch und olfaktorisch; akustische Wirtsfindung nachgewiesen bei den Ormiini (darunter der einzigen europäischen Art *Therobia leonidei* Mesn.), die zur Ablage ihrer Junglarven singende →Ensi-

fera anfliegen (→Tympanalorgan der Fliegen im Prothorax zwischen den Vorderhüften); Ablage außen am Wirt kann Verluste durch die Häutung des Wirtes bringen (z. B. *Parasetigena silvestris* bei *Lymantria dispar*, →Erebidae J4, bis 25 %), außerdem durch Abbeißen der Eier; viele begegnen dem durch Schlupf unmittelbar nach der Eiablage (z. B. *Erycia* in Scheckenfaltern; *Carcelia* in Nachtfaltern); manche Arten bevorzugen bestimmte Körperteile des Wirtes beim Ablegen; Beispiele: *Cistogaster globosa* F. schiebt die Eier von der Seite unter die Flügel von *Aelia* (→Pentatomidae); das ♀ von *Medina luctuosa* Meig. setzt sich auf den Rücken des Wirtes (Erdfloh, →Chrysomelidae L), der beunruhigt die Flügeldecken anhebt, und klebt das Ei dann unter deren Endsaum; das ♀ von *Rondania dimidiata* Meig. nähert sich dem Wirt (diverse. Rüsselkäfer [**T-12**]) von vorn und schiebt mit der langen Legeröhre das kleine hartschalige Ei zwischen die Kiefer des fressenden Käfers, der es dann verschluckt. B) **Ablage** schlupfreifer Eier **in Wirtsnähe** am Boden oder an der Nahrungs-

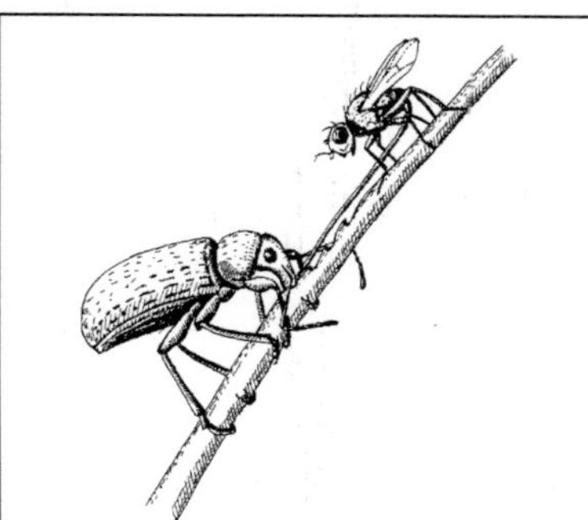

Abb. T-12: Tachinidae: *Rondania dimidiata*. ♀ bringt mit langer Legeröhre das Ei zwischen die Mundteile eines fressenden *Brachyderes incanus* (Curculionidae). (Escherich 1914–42)

Abb. T-13: Tachinidae: *Panzeria rudis*. Larven auf Kiefernnadel. (Escherich 1914–42)

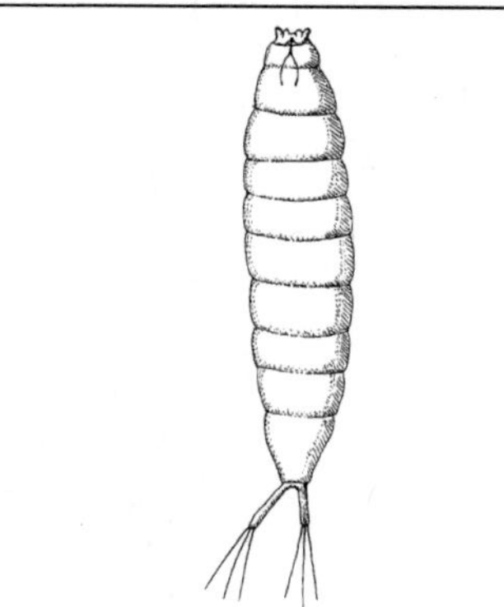

Abb. T-14: Tachinidae: *Billaea pectinata*. Junglarve, am Abdomenende mit 2 langen Stigmenträgern und Dornen zum Fortschnellen; sucht aktiv Käferlarven als Wirt auf. (Escherich 1914–42)

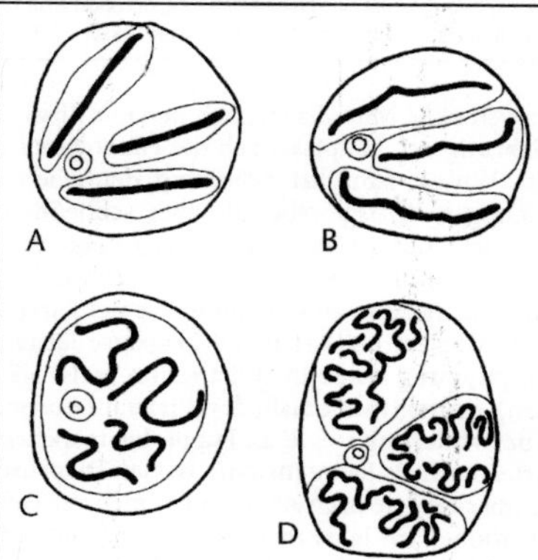

Abb. T-15: Tachinidae: Verschiedene Ausgestaltung der Hinterstigmen des 3. Larvenstadiums; Atemschlitze schwarz; kleiner Kreis: Stigmennarbe; A: *Huebneria affinis*; B: *Panzeria laevigata*; C: *Phryxe magnicornis*; D: *Carcelia laxifrons*. (Herting 1960)

pflanze des Wirtes; Eizahl bei Vertretern dieser Gruppe hoch (500–8000); teils (*Gonia*, *Pales* und verwandte Gttgn.) werden kleine, hartschalige Eier vom Wirt mit der Nahrung aufgenommen, teils erwarten die rasch schlüpfenden Fliegenlarven (z. B. *Panzeria* →1, *Tachina* →2) einen vorbeikommenden Wirt [**T-13**], oft eine offen lebende Raupe (Wartezeit begrenzt, Tod nach einigen Tagen) oder sie suchen, →Planidiumähnlich von Gestalt und zu Ortsbewegung fähig [**T-14**], aktiv einen Wirt auf (überwiegend Parasitoide von Käferlarven, z. B. *Dexia rustica* F.: Larven finden, vielleicht olfaktorisch geleitet, Maikäferengerlinge im Boden); Wirtsfindung u. U. dadurch erleichtert, dass das ♀, optisch oder olfaktorisch geleitet, zur Ablage die Nahrungspflanze des Wirtes aufsucht (z. B. *Actia maksymovi* Mesn. die Lärche oder *A. resinellae* Schr. die Kiefer); manche durch von befallenen Pflanzen abgegebene Stoffe angelockt (wie die polyphage *Pales pavida* Meig.). Die Junglarve dringt entweder von außen ein (z. B. durch die Basis des angeklebten Eies, →1) oder – sofern die Eier mit den schlüpfbereiten **Larven** vom Wirt verschluckt werden – durch die Darmwand; zunächst Hautatmung; später fast stets durch die bei verschiedenen Arten verschieden unterschiedlich ausgebildeten Hinterstigmen

[**T-15**] Anschluss an die Luft, entweder am Einbohrloch oder an einem Stigma [**T-16**] oder einem großen Tracheenast des Wirtes, wobei das Hinterende in einem von Hämocyten des Wirtes gebildeten, geschwulstartigen Trichter oder Sack sitzt [**T-17**]; bei *Blepharipa* Einwandern der Erstlarven in das Zentralnervensystem des Wirts (*Lymantria dispar*, →Erebidae J4), wo eine Verkapselung unterbleibt (Wachstum der Larve hier erst während des Puppenstadiums des Wirts);

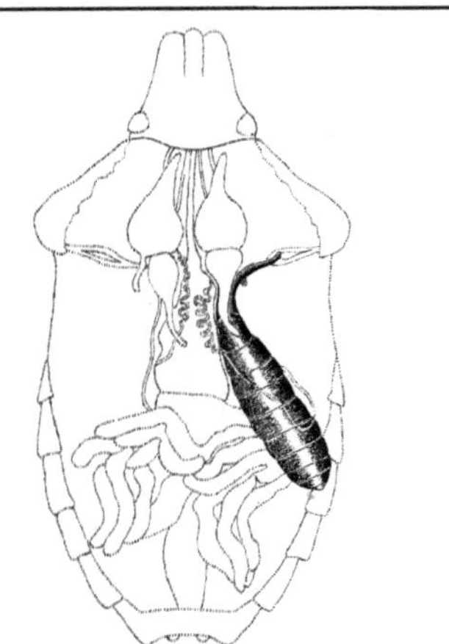

Abb. T-16: Tachinidae: Die Larve von *Gymnosoma rotundata* (dunkel gezeichnet) parasitoid in der Schildwanze *Rhaphigaster nebulosa*; sie hat, mit ihrer Atemöffnung, Anschluss an das rechte Metathorakalstigma des Wirtes. (Séguy 1951a)

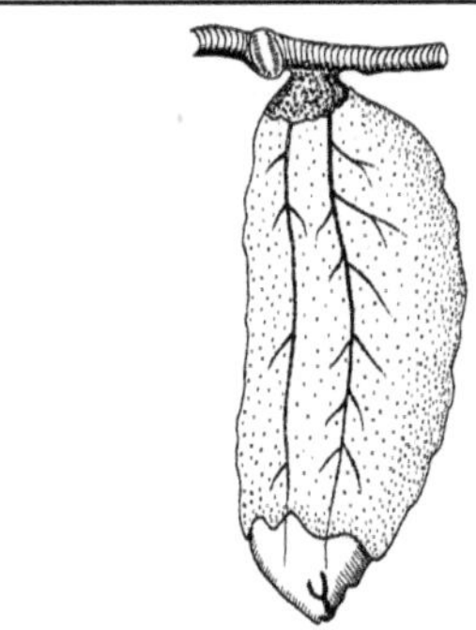

Abb. T-17: Tachinidae: Die Larve von *Pelatachina tibialis* hat Anschluss an eine Trachee des Wirtes (*Vanessa*-Raupe) gefunden und ist z. T. eingehüllt in einen vom Wirt stammenden Chitinmantel und Trichter. (Séguy 1951a)

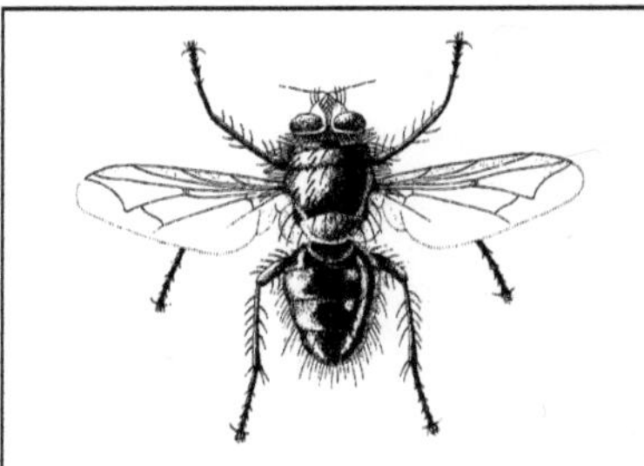

Abb. T-18: Tachinidae: *Panzeria rudis*. ♂; 11–12 mm; parasitoid in Forleule. (Séguy 1951a)

Larven ohne Mundhaken, nehmen nur flüssige Nahrung auf, hauptsächlich die Hämolymphe des Wirtes; zunächst Schonung der lebenswichtigen Wirtsgewebe, die aber schließlich, vielleicht unterstützt durch abgegebene Verdauungsfermente, ebenfalls angegriffen werden; 3 Larvenstadien; Entwicklungsdauer der Larven 1–3 Wochen, bei Arten mit Diapause länger. **Verpuppung** selten im Wirt (dann meist Käfern), meistens außerhalb des Wirtes im Boden; **Überwinterung** i. d. R. als Puppe, bei manchen Arten auch als Larve im Wirt, dessen Diapause mitmachend; je nach Art 1, 2 oder mehrere Generationen im Jahr; manche weit verbreiteten Arten haben im Süden 2 oder mehr Generationen, im Norden nur 1; wichtig ist sind das physiologische und das zeitlich-generationsmäßige Zusammenpassen von Wirt und Parasitoid; der **Wirt** stirbt i. d. R., entweder bereits als Larve oder erst als Puppe oder gar Imago; Mehrfachbelegen des gleichen Wirtstieres kommt vor, durch die gleiche oder gar durch mehrere Parasitoidenarten, da manche Wirtsarten von zahlreichen Raupenfliegen heimgesucht werden (z. B. Schwammspinner von ca. 30, Nonne von ca. 20 Arten; →Erebidae J); u. U. Konkurrenzkampf der Parasitoiden im Wirt, oft für einige mit tödlichem Ausgang; Wirtsspezifität: viele Arten sind →polyphag (bisweilen in extremem Ausmaß →3), nur selten →monophag (z. B. *Cyzenis albicans* Fall.; Wirt: Frostspanner der Gttg. *Operophtera*, insbesondere *O. brumata* L.). **Hyperparasitoide:** Tachinidenlarven werden u. U. im Wirt von Schlupfwespenlarven (→Perilampidae) oder von Wollschweberlarven der Gttg. *Hemipenthes* (→Bombyliidae) befallen. Kleine Auswahl:

1. *Panzeria rudis* Fall. [**T-18**]; Larve in verschiedenen Eulenraupen, v. a. in der Forleule (→Noctuidae 1); Eiablage auf den Fraßpflanzen der Wirte; Larven führen bei Nahen eines Wirtes, noch in den Eischalenresten sitzend, winkende Suchbewegungen aus [**T-13**]; kleben sich vor dem Eindringen durch ein aus dem Mund abgegebenes Flüssigkeitströpfchen an die Raupenhaut.

2. *Tachina fera* L., Igelfliege [**T-10**]; groß (9–14 mm); Hinterleib gelb mit schwarzem Längsband, kräftige Borsten auf das Hinterende beschränkt (Name!); Imagines oft auf Blüten;

Larven parasitoid in Eulenfaltern (→Noctuidae) und Trägspinnern (→Erebidae J: Lymantriinae); Eiablage auf Blättern; die geschlüpfte, stark sklerotisierte Larve verharrt reglos, bis sie sich durch die Körperwand einer vorüber kriechenden Eulenraupe (→Noctuidae; seltener Lymantriinae) in deren Leibeshöhle bohrt; Verpuppung in der Bodenstreu; 2 Generationen. Mit ähnlicher Lebensweise die größte heimische cyclorrhaphe Fliege, *Tachina grossa* L. (15–18 mm), schwarz mit kontrastierender gelber Hinterkopfbehaarung und gelben Flügelwurzeln; parasitoid v. a. bei Glucken (→Lasiocampidae), in Dt selten geworden.

3. *Compsilura concinnata* Meig.; extrem →polyphag, mehr als 100 Wirtsarten bekannt; Wirtsfindung optisch; ♀ mit sichelförmiger Legeröhre, legt Eier (mit schlupfreifen Larven) in Raupen von Schmetterlingen und Blattwespen, sogar in Käferlarven; Larve im Darm (in die Leibeshöhle abgelegte Larven bohren sich in den Darm), mit ihren Hinterstigmen an eine Wirtstracheole angeschlossen, in den ersten beiden Larvenstadien mit Endhaken an der Darmwand verankert; Entwicklungsdauer 10–13 Tage. – Aussetzung in Nordamerika zur Schädlingskontrolle bewirkte drastischen Rückgang nicht schädlicher Schmetterlingsarten (aus der Fam. →Saturniidae).

4. *Blondelia inclusa* Htg.; Parasitoid in Raupen von Buschhornblattwespen (→Diprionidae); Puppe in dem noch von der Wirtslarve hergestellten Kokon, der von der Stirnblase der Fliege an dem nur locker gesponnenen oberen Ende gesprengt wird.

5. *Strongygaster globula* Meig.; ungewöhnlicher Wirt: Königin der Ameise *Lasius niger* L.; frisst im Abdomen den Fettkörper und bewirkt Rückbildung der Eierstöcke; der Wirt bleibt noch wochenlang am Leben, baut eine Nestmulde und betreut das im Frühling außerhalb des Wirtes gebildete Puparium des Parasitoiden wie die eigene Brut.

Lit. →Diptera; Belshaw 1993; Dupuis 1963; van Emden 1968; Grenier 1988; Herting 1960, 1984; Maier 1990; Mellini 1990; Stireman et al. 2006; Wood 1987.

Tachinus →Staphylinidae, E.
Tachycines →Rhaphidophoricae.
Tachycixius →Cixiidae.
Tachydromia →Hybotidae.
Tachypeza →Hybotidae.
Tachyporinae, *Tachyporus* →Staphylinidae, E.
Tachysphex →Crabronidae B; vgl. auch →Meloidae 5, →Mutillidae.
Tachytes →Crabronidae B; vgl. auch →Meloidae 5.

Taeniapterinae →Micropezidae B.
Taeniopterygidae; Fam. der Steinfliegen (Plecoptera) mit in Eur 42, M-Eur 17, Dt 16 Arten v. a. der Gttgn. *Brachyptera*, *Taeniopteryx*; mittelgroß (5–14 mm); meist düster gefärbt; Flügel oft mit dunklen Bändern; zuweilen ♂ mit verkürzten Flügeln; an Fließgewässern; die Larven fressen Kieselagen, Pilze, Pollen, Moose, daneben Detritus. *Brachyptera trifasciata* Pict. (♂ bis 8, ♀ bis 12 mm; Vorderflügel beim ♂ stärker verkürzt als die Hinterflügel) fliegt I–V an größeren Flüssen; *Brachyptera*-Larven mit behaarten Maxillen (Bürsten zum Abschaben von Algen?); Generationsdauer 1 Jahr.
Lit. →Plecoptera.

Taeniopteryx →Taeniopterygidae.
Taghafte →Hemerobiidae.
Tagpfauenauge, *Inachis io* L. →Nymphalidae C3.
Takacallis →Drepanosiphidae B.
Taleporia →Psychidae, 2.
Tangfliegen →Coelopidae, →Anthomyiidae.
Tannenhonig →Honigtau.
Tannenknospenwickler, *Epinotia nigricana* Herr.-Schäff.; →Tortricidae 15.
Tannenläuse →Adelgidae.
Tannennadelmotte, *Argyresthia fundella* F. R.; →Argyresthiidae 3.
Tannennadelnestwickler, *Choristoneura murinana* Hbn. →Tortricidae 17.
Tannennadelwickler, *Epinotia subsequana* Haw. →Tortricidae 16.
Tannenpfeil, *Sphinx pinastri* L. →Sphingidae 7.
Tannenspanner, *Ectropis crepuscularia* Goeze →Geometridae C10.
Tannenstammlaus, *Dreyfusia piceae* Ratz. →Adelgidae 8.
Tannentriebwickler, *Choristoneura murinana* Hbn. →Tortricidae 17.
Tannenwurzellaus, *Prociphilus fraxini* Htg. →Eriosomatidae 6.
Tanypeza →Tanypezidae.
Tanypezidae; Fam. der Zweiflügler (Diptera, Brachycera, Cyclorrhapha); in Eur & Dt nur *Tanypeza longimana* Fall.; mittelgroße (5–8 mm), langbeinige, schwarz glänzende Fliege mit silbergrauer Zeichnung; Imagines in der Krautschicht von Auwäldern (V bis Anfang VIII); Larven vermutlich in verrottendem Holz.
Lit. →Diptera; Roháček 2016.
Tanypodinae →Chironomidae.
Tanypus →Chironomidae.
Tanysphyrus →Curculionidae A.
Tanzfliegen →Empididae.
Tanzmücken →Chironomidae.
Tapetenmotte, *Trichophaga tapetzella* L. →Tineidae 4.

Taphrorychus →Curculionidae P4.

Tapinoma →Formicidae, B2.

Taschengallen-Birnenlaus, *Anuraphis farfarae* Koch →Aphididae 4.

Tasgius →Staphylinidae.

Tastermücken →Dixidae.

Tatianaerhynchites →Rhynchitidae.

Tatzenkäfer, *Timarcha* →Chrysomelidae I.

Taubenlausfliege, *Pseudolynchia canariensis* Macq. →Hippoboscidae 7.

Taubenschwänzchen, *Macroglossum stellatarum* L. →Sphingidae 10.

Taubenwanze, *Cimex columbarius* Jen. →Cimicidae.

Taufliegen →Drosophilidae.

Taumelkäfer →Gyrinidae.

Täuschende Kiefernblattwespe, *Strongylogaster multifasciata* Geoffr. →Tenthredinidae 5.

Tausendfüßerfliegen →Phaeomyiidae.

Taxigramma →Sarcophagidae C.

Taxomyia →Cecidomyiidae D1.

Tegmen (Pl.: Tegmina); steife, sklerotisierte Vorderflügel, im Gegensatz zu →→Elytren mit echten Flügeladern; bedecken bei den →→Saltatoria, →→Dictyoptera, und →→Phasmida in Ruhelage die meist fächerförmig gefalteten hinteren Flügel.

Tegula; an der Basis der Costa gelegenes Polster, das bei Hymenoptera, Lepidoptera und Diptera zu einer das Flügelgelenk überragenden Deckschuppe wird; mit zahlreichen Haarsensillen besetzt, durch einen eigenen Muskel beweglich; mit wichtiger Funktion bei der Flugkoordination.

Teichjungfern →Lestidae.

Teichobiinae →Tineidae.

Teichschwimmer, *Colymbetes* →Dytiscidae 4.

Teichwasserläufer →Hydrometridae.

Tekomyia →Cecidomyiidae A.

Teleasinae →Scelionidae.

Telenomus →Scelionidae.

Teleogryllus →Gryllidae 1.

Telephaninae →Silvanidae B.

Telmatophilus →Cryptophagidae.

Telmatoscopus →Psychodidae.

Temnostoma →Syrphidae E.

Temnothorax →Formicidae D.

Tenebrio →Tenebrionidae 2.

Tenebrionidae, Schwarzkäfer, Dunkelkäfer; Fam. der Käfer (Coleoptera, Polyphaga, Cucujiformia) mit in Eur ± 1330, M-Eur ± 135, Dt 90 Arten; die heimischen Arten in der Größe zwischen von 1,5–31 mm, die meisten mittelgroß; sehr formenreiche Fam., viele sehen Vertretern aus den unterschiedlichsten Käferfamilien täuschend ähnlich; die Imagines häufig schwarz bzw. düs-

ter gefärbt; das Flugvermögen kann (bei gleichzeitigem Verwachsen der Flügeldecken) fehlen; weit verbreitet sind abdominale Wehrdrüsen zwischen den Sterniten 7 und 8 bzw. 8 und 9; einzelne Arten auch mit thorakalen Wehrdrüsen; die auch für die Nase des Menschen unangenehm stinkenden Sekrete enthalten v. a. Toluchinon, Ethylchinon und Benzochinone; die stattliche, flugunfähige nordamerikanische Art *Eleodes longicollis* Lec. verspritzt bei Gefahr ihr Wehrsekret aus einer Kopfstandhaltung heraus; bei *Tribolium*-Arten Aggregations- und Sexualpheromone nachgewiesen; meist wärmeliebend; manche in Baumschwämmen, in verpilztem Holz, unter loser Rinde, in Mulm, unter Stroh, in Nestern von Vögeln und Säugern; viele Arten sind nachts aktiv, bei Tage versteckt; auffallend viele (langbeinige) Arten in den Wüsten der Subtropen, wo sie tagsüber in Sand eingegraben sind; Wassergewinnung durch artspezifisch verschiedene Methoden aus feuchter, auch aus wasserdampfungesättigter Luft, oder indem sie Nebel am Körper zum Niederschlag bringen. Käfer und Larven **fressen** vorwiegend vertrocknete oder faulende Pflanzenteile, einige jagen (*Corticeus*-Arten in Gängen von Borkenkäfern, →Curculionidae P); der früher zu den Colydiidae gestellte *Myrmechixenus subterraneus* Chevr. (1,3–1,6 mm) in Ameisennestern (*Formica*); Arten, die im Freien in Mulm leben, oft auch synanthrop an Vorräten schädlich.

1. *Blaps mortisaga* L., Totenkäfer; 20–31 mm (größte heimische Art); ganz schwarz; die Flügeldecken verwachsen, hinten nahe der Naht in einem Zipfel ausgezogenen; Käfer und Larven leben verborgen v. a. in menschlichen Behausungen; fressen zuweilen an Vorräten, z. B. Obst; beide Geschlechter erzeugen (ungestört) einen Versammlungsduftstoff, der aggregierend wirkt; bei Erregung wird Pygidialdrüseninhalt ausgespritzt, was Flucht auslöst; ♂♂ von *B. lethifera* Marsh. beschmieren bei der Paarung das ♀ mit dem Sekret der abdominalen Sternaldrüse [T-19], wodurch das ♀ für weitere ♂♂ an Attraktivität verliert; ♂♂ von Arten ohne diese Drüse (z. B. *B. mucronata* Latr.) bewachen das ♀.

2. *Tenebrio molitor* L., Mehlkäfer; fast weltweit verschleppt; 14–23 mm; synanthrop als Schädling an Getreide, Mehl, Mehlprodukten; auch im Freien im Mulm alter Laubbäume, in Vogelnestern; bei Massenvermehrung alle Stadien zu allen Jahreszeiten; Populationsregulation durch einen mit dem Kot der Käfer abgegebenen Duftstoff, der bei einer Massierung des Auftretens eine Verlangsamung der Entwicklung bewirkt, schließlich sogar, dass die ♀♀ die eben gelegten

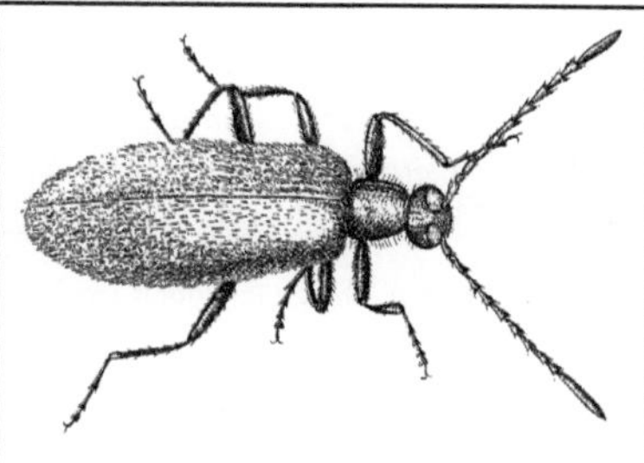

Abb. T-19: Tenebrionidae: *Blaps lethifera*. ♂; 24 mm; links von ventral mit abdominaler Sternaldrüse. (Mauser, Peschke 1986)

Eier auffressen; Imagines und Larven vermögen sich im Dunkeln nach dem Erdmagnetfeld zu orientieren; ♂♂ produzieren ein leicht flüchtiges Sexualpheromon, das ♀♀ anlockt; Ausschüttung des Pheromons ist (juvenil-)hormongesteuert; die Larve bisweilen an Getreidevorräten schädlich („Mehlwurm", beliebtes Futter für gekäfigte Reptilien, Vögel und andere Tiere); die Bakterienflora im Darm des Mehlwurms ist wichtig für den Aufbau von das Wachstum fördernden Stoffen; wie 1 Zwischenwirt von Bandwürmern (z. B. *Hymenolepis*-Arten bei Mensch und Nagetieren), von verschiedenen Fadenwürmern und Kratzern der Haustiere und des Menschen.

3. *Opatrum sabulosum* L., Gemeiner Staubkäfer; 7–10 mm; Larven und Käfer auf sandigen Böden, Trockenhängen; durch unter- bzw. oberirdischen Fraß an verschiedenen Kulturpflanzen (u. a. an *Pinus*) nicht selten sehr schädlich; Entwicklung 2-jährig.

4. *Pedinus femoralis* L., Kleiner Stinkkäfer; 7–9 mm; v. a. unter Steinen, auch unter Graswurzeln und Kot; Larvenfraß zuweilen ähnlich schädlich wie bei 3.

5. *Bolitophagus* (T 178); 4–7 mm; an Baumschwämmen, v. a. von *Fagus* (seltener *Quercus* u. a.).

6. *Stenomax aeneus* Scop. (T 179); 12–16 mm; Käfer an verpilzten, morschen Ästen von Laubbäumen, unter alten Brettern; bisweilen durch Knospenfraß an Weinstöcken schädlich; nachtaktiv.

7. *Gnathocerus cornutus* F., Vierhornkäfer; weltweit verbreitet; 3,5–4,5 mm; rotbraun, das ♂ mit 4 Fortsätzen am Kopf; Käfer und Larven in Speichern an mehlhaltigen Vorräten.

8. *Tribolium*, Reismehlkäfer; 3–5 mm; bei uns 4 Arten weltweit verschleppter Vorratsschäd-

linge (z. B. *destructor* Uyttenb., *confusum* Jacq.-Duv.), *T. madens* Charp. auch im Mulm und faulenden Holz alter Laubbäume; ♂♂ und ♀♀ entlassen ein Sexualpheromon, das (nur) bei den ♂♂ die Kopulationsbereitschaft erhöht.

9. *Alphitobius*, Getreideschimmelkäfer; ca. 5 mm; Larven und Käfer an schimmelnden Pflanzenstoffen, auch an Getreide; *A. diaperinus* Pz. frisst an lebenden und toten Wirbeltieren.

10. *Corticeus*; z. B. *C. pini* Pz., 3–3,5 mm; Larven und Käfer unter Rinde in den Gängen von Borkenkäfern, fressen Borkenkäfer (evtl. auch deren Bohrmehl).

2 frühere Fam. mit abweichend aussehenden Käfern werden jetzt als U-Fam. zu den (sonst nicht monophyletischen) Tenebrionidae gestellt:

11. Alleculinae, Pflanzenkäfer; mit in Eur ± 170, M-Eur 44, Dt 23 Arten; Imagines klein bis mittelgroß; viele Arten wärmeliebend, auf Blüten (*Cteniopus* an Apiaceae und Asteraceae), an blühendem Gesträuch am Waldrand (*Omophlus, Gonodera*); andere nachtaktiv unter loser Rinde (*Prionychus*), in verpilzten Bäumen (*Allecula*); *Mycetochara pygmaea* in den Nestern verschiedener *Formica*-Arten (→Formicidae C). Die **Larven** oft ähnlich einem Mehlwurm; Lebensweise ähnlich verschieden wie bei den Erwachsenen: unter Rinde, in Baumschwämmen, in morschem, verpilztem Holz, in der Erde an Wurzeln verschiedener Pflanzen (*Cteniopus*); *Omophlus*-Arten gelegentlich durch oberirdischen Fraß der Käfer und durch unterirdischen Fraß der Larven an Kulturpflanzen schädlich.

12. Lagriinae, Wollkäfer; mit in Eur 44, M-Eur 5, in Dt 2 Arten der Gttg. *Lagria*, verbreitet und häufig nur **L. hirta** L. (7–10 mm): schwarz, mit gelbbraunen, ziemlich lang gelblich behaarten Flügeldecken [**T-20**]; v. a. auf Gebüsch, **frisst** an verschiedensten Pflanzen, bei Massenauftreten gelegentlich schädlich (z. B. an Trieben

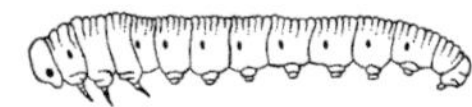

Abb. T-21: Tenthredinidae: Larve. Im Anschluss an den Thorax nur 1 beinfreies Segment

von Jungfichten). **Eiablage** in Bodenstreu; die behaarten **Larven** fressen verrottendes Pflanzenmaterial; symbiotische **Mikroorganismen** vorhanden: bei der Larve in 3 unpaaren geschlossenen Bläschen dorsal in Mittel- und Hinterbrust sowie im 1. Hinterleibssegment, beim ♀ in Taschen am Legeapparat; beim Eierlegen wird die Eioberfläche mit Symbionten beschmiert, diese dringen durch die Mikropyle unter die Eihaut; Einwandern der Symbionten in die als Außenhauteinstülpungen entstehenden 3 Bläschen während der Embryonalentwicklung. **Überwinterung** als Larve; **Verpuppung** ohne Kokon im Frühling im Boden, Schlüpfen der Imago kurz darauf.

Lit. →Coleoptera; Buchner 1953; Sokoloff 1974.

Tenebroides →Trogossitidae E.

Tentegia →Curculionidae.

Tenthredinidae, Echte Blattwespen; Fam. der Hautflügler (Hymenoptera, „Symphyta", Tenthredinoidea) mit in Eur ± 1000, M-Eur ± 680, Dt ± 585 Arten; darunter nicht wenige durch Larvenfraß an Kulturpflanzen und Waldbäumen schädlich; klein bis recht stattlich (3–15 mm); Legebohrer der ♀♀ kurz, nicht oder kaum über das Hinterleibsende hinausragend. Die Imagines treiben sich nicht selten an Blüten (zumal Doldenblüten) und an Buschwerk herum, wo einige, z. B. die häufige Grüne Blattwespe, *Rhogogaster viridis* L., Jagd auf andere Insekten machen. Jungfräuliche ♀♀ produzieren einen wirksamen Sexuallockstoff (nachgewiesen bei *Pteronidea ribesii* Scop.); **Paarung** mit voneinander abgewandten Köpfen, dauert Minuten bis Stunden; meist wie andere →Hymenoptera arrhenotok parthenogenetisch, thelytoke →Parthenogenese (ohne ♂♂) jedoch nicht selten (→21, 26). Die **Larven** (Afterraupen) raupenähnlich, mit 7 oder 8 Afterfußpaaren am Hinterleib [**T-21**]; jederseits am Kopf nur ein gut sichtbares Punktauge, das jedoch sehr leistungsfähig ist (die an Irisblättern fressende Larve der Irisblattwespe *Rhadinoceraea micans* Kl. z. B. schwimmt bevorzugt auf größere Irisblätter zu); fressen meist frei an der Nahrungspflanze (gesellig lebende Arten sitzen dabei oft in Reihe hintereinander am Blattrand [**T-28**]), z. T. jedoch auch minierend (→17–19, 24) oder in Gallen (→13), auch in Stängeln, Knospen oder Früchten; Nahrungsspezifität

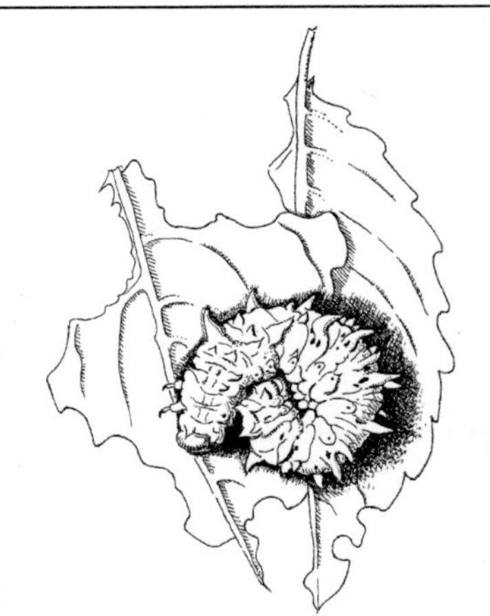

Abb. T-22: Tenthredinidae: *Siobla fuscula*, Springkrautblattwespe. Vorletztes Larvenstadium in Ruhe auf Blatt vom Springkraut; dem letzten Stadium fehlen die Fleischzapfen. (Brauns 1991)

nicht selten sehr ausgeprägt (bemerkenswert viele Arten z. B. an Weiden); bezeichnend für die frei fressenden Larven vieler Arten ist die Schreckstellung bei leichter Störung: Aufrichten des Vorder- oder Hinterkörpers, nicht selten verbunden mit schlagenden Bewegungen und mit dem Austreten eines (für die menschliche Nase zuweilen charakteristisch duftenden) Sekrets aus vorstülpbaren Drüsen zwischen den Afterfüßen; die Larven vieler Arten rollen sich bei starker Störung zusammen und lassen sich fallen; die Zahl der Larvenstadien kann auch bei der gleichen Art verschieden sein; **Verpuppung** teils mit, teils ohne Gespinstkokon (Letzteres z. B. bei *Allantus*-Arten), ober- oder unterirdisch; **Überwinterung** je nach Art in verschiedenen Stadien. Auswahl:

a) **An krautigen Pflanzen:**

1. ***Selandria serva*** F., Gräserblattwespe (7–8 mm); die grünlichen Larven in 2 Generationen an verschiedenen Gräsern, auch an *Carex, Juncus, Scirpus.*

2. ***Athalia rosae*** L., Rübenblattwespe (6–8 mm); die Larve frisst in 2–3 Generationen an den Blättern verschiedener Kreuzblütler, v. a. an Senf, Rübsen, Raps, auch an Rüben; die Larve überwintert.

3. ***Monophadnoides geniculatus*** Steph., Erdbeerblattwespe (6 mm); nach Eiablage im V in den

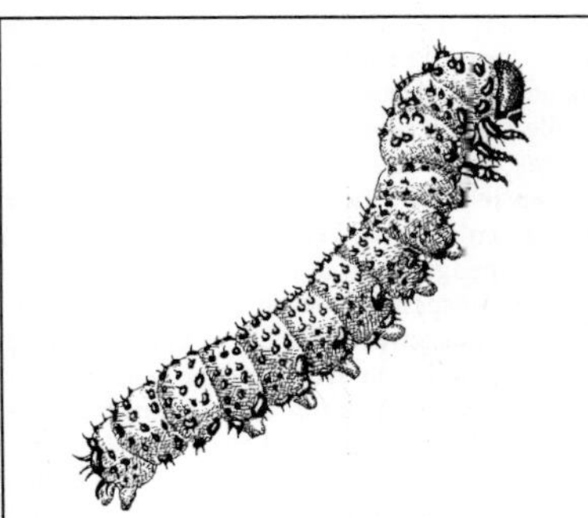

Abb. T-23: Tenthredinidae: *Pteronidea ribesii*, Gelbe Stachelbeerblattwespe. Larve, 16 mm. (Bachmaier 1969)

Blattrand von Erdbeeren fressen die Larven an den Blättern, überwintern im Boden; 1 Generation.

4. *Siobla fuscula* Klg., Springkraut-Blattwespe (9–11 mm); die Larven [**T-22**] (junge Larven grün mit gelblichen Zapfen; Altlarven schwarzgrün) an Springkraut, Rührmichnichtan (*Impatiens noli-tangere*); verursachen oft Kahlfraß, spritzen bei Störung aus seitlichen Poren Hämolymphe.

5. *Strongylogaster multifasciata* Geoffr., Farnkrautblattwespe, Täuschende Kiefernblattwespe (8–11 mm); die dunkelgrünen Larven auf der Blattunterseite von Farnen (zuweilen Kahlfraß); die erwachsenen Larven wandern auf Kiefernrinde, fressen dort Bohrgänge; überwintern (bisweilen nach 1- bis 2-maligem Überliegen) am Ende des Bohrganges; danach Verpuppung ohne Kokon (Puppe grün); kein Schaden für die Kiefern.

b) An Gartensträuchern:

6. *Pteronidea ribesii* Scop., Gelbe Stachelbeerblattwespe (6–7 mm); an Stachel- und Johannisbeeren; die Eier werden auf die Blattunterseite an den Rippen in schwache Vertiefungen abgelegt; →Parthenogenese kommt vor; die Larven [**T-23**] grünlich, gelb gezeichnet, machen Farbänderungen durch, fressen gesellig, zuerst schabend auf der Blattunterseite, dann die ganzen Blätter; nicht selten Kahlfraß; 2–4 Generationen im Jahr, die Larven der letzten (oder auch schon einer früheren) Generation überwintern im Kokon im Boden; Verpuppung im Gespinstkokon am oder im Boden. Mit ähnlicher Lebensweise *Pristiphora appendiculata* Htg., Schwarze Stachelbeerblattwespe (4,5–5,5 mm); jedoch liegen die Kokons oberirdisch.

7. mehrere Arten an Rosen, zuweilen schädlich: z. B. *Ardis pallipes* Aud.-Serv., Absteigender Rosentriebbohrer (5–6 mm); Larve: Röhrenwurm; das ♀ belegt im Frühling bis Frühsommer die Triebspitzen, die Larve frisst im Innern der später sich neigenden und schließlich absterbenden Triebe 3–4 cm abwärts, geht dann in den Boden, überwintert im Kokon; Verpuppung im Frühling. *Cladardis elongatula* Klg., Aufsteigender Rosentriebbohrer (6–8 mm); Larve: Röhrenwurm; Eiablage im Frühling bis Frühsommer an jungen Trieben im Blattstielgrund; die Larve frisst im Trieb bis etwa 10 cm aufwärts (der Trieb stirbt meistens nicht); Verpuppung im Boden. *Blennocampa phyllocolpa* Klg., Kleinste Rosenblattwespe (4–5 mm); Eiablage im Frühling in den Blattrand, die Blätter rollen sich nach unten ein; die Larven fressen in der Rolle, überwintern im Boden und verpuppen sich dann. Die Larven mehrerer anderer Arten (z. B. *Allantus cinctus* L., *Endelomyia aethiops* F., *Cladius pectinicornis* Fourc.) fressen an den Blättern.

c) An Obstbäumen:

8. *Caliroa cerasi* L., Schwarze Kirschenblattwespe (5 mm); außer an Steinobst noch an verschiedenen anderen Bäumen und Sträuchern; das ♀ sticht bei der Eiablage von der Blattunterseite bis dicht unter die Oberhaut der Oberseite; die Larven ähneln kleinen Nacktschnecken, sie sind mit einem nach Tinte riechenden schwarzen Schleim bedeckt, fressen meist skelettierend auf der Blattoberseite; 2 Generationen.

9. *Hoplocampa flava* L., Gelbe Pflaumensägewespe, und *H. minuta* Chr., Schwarze Pflaumensägewespe (beide 4–5 mm); Lebensweise weitgehend gleich; v. a. an Pflaumen verschiedener Sorten (sehr schädlich), auch an Kirschen und Aprikosen (*minuta*) und an Schlehen; das Ei wird in Kelchzipfel der Blüten abgelegt, die Larve (riecht nach Wanze) frisst im Fruchtknoten, bohrt 3–5 weitere Früchte an (die Früchte fallen mit dem Stiel ab; Schüttelkrankheit), überwintert im Kokon im Boden; Verpuppung im Frühling (evtl. nach Überliegen).

10. *Hoplocampa testudinea* Klg., Apfelsägewespe (6–7 mm); an Äpfeln; Lebensweise ähnlich wie 9; 1 oder mehrere Larven im Innern oder in einem Minengang dicht unter der Oberfläche der nicht reif werdenden Früchte.

11. An Birnbäumen: *Hoplocampa brevis* Klg., Birnensägewespe (4–5 mm); lebt ähnlich wie 10; Fortpflanzung anscheinend rein parthenogenetisch. *Pristiphora abbreviata* Htg., Schwarze Birnenblattwespe (4–5 mm); nach Eiablage an die Blattmittelrippe befressen die gelb- bis graugrünen Larven im Frühsommer die Blätter, gehen schon im VII zur Überwinterung in den Boden.

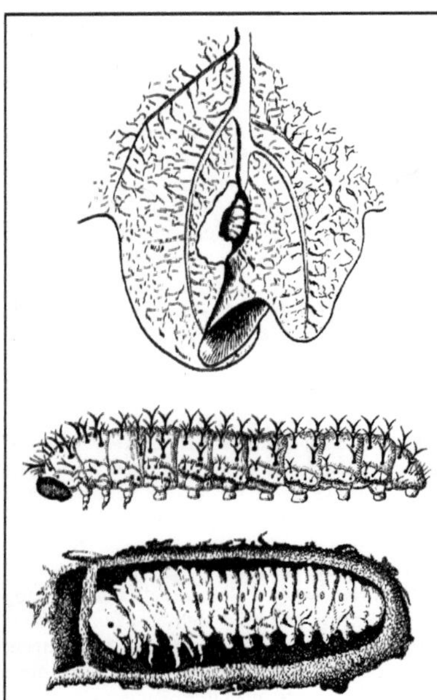

Abb. T-24: Tenthredinidae: *Periclista lineolata*. Oben: Eichenblatt mit Eigalle, entstanden durch Absterben eines Teiles des Blattgewebes in Nähe der Einische; Blattfläche verkrümmt; Mitte: Larve des vorletzten Stadiums, 15 mm; letztes Stadium ohne Dornen; unten: letzte Larve in Kokon, dessen Deckel vor dem Kokonende angebracht ist. (Schimitschek 1955; Escherich 1914–42)

d) **An Weiden und Pappeln:** Besonders an den Ersteren eine Reihe von Arten, deren Larven teils frei an den Blättern, teils in Gallen fressen.

12. Frei an den Blättern z. B. die Larven mehrerer Arten der Gttgn. *Pristiphora* und *Pteronidea*; bemerkenswert die zwischenartlichen Unterschiede in der Eiablage: frei an die Unterseite der Blätter geklebt (*Pt. pavida* Lep., *Pt. papillosa* Retz.), in Eitaschen auf der Blattunterseite (*Pt. salicis* L., *Pt. ferruginea* Först.); in Eitaschen am Blattrand (*Pr. conjugata* Dahlb.); Eitaschen in Doppelreihe an den Trieben (*Pt. miliaris* Pz.).

13. *Euura* (einschl. *Pontania* und *Phyllocolpa*); Gallblattwespen; Larven in artspezifisch geformten, oft auffallend gefärbten **Gallen**; ausschließlich auf Weiden (*Salix*), alle Arten zeigen eine ausgeprägte Wirtsspezifität; Gallen können auftreten als: a) Zweiganschwellungen, z. B. bei *E. atra* Jur. (Anschwellung länglich, in ihr Über-

winterung und Verpuppung der Larve; diese hat vorher ein Schlupfloch für die Imago in die Gallenwand gefressen) und bei *E. amerinae* L. (Galle ähnlich einer Dörrbirne, in ihr – als Ausnahme unter den Gallblattwespen – mehrere Larven je Galle, die Larven überwintern hier in dünnen Kokons, Verpuppung im Frühling); b) Knospengallen z. B. bei *E. mucronata* Htg., Weidenknospenblattwespe (Knospen vergrößert; die ausgewachsene Larve überwintert je nach Art im Kokon in der Knospe oder am Erdboden; hier im Frühling Verpuppung); c) Anschwellung des Blattstiels bei *E. venusta* Zadd. bzw. des Blattmittelnervs bei *E. testaceipes* Zadd.; d) Blattgallen, z. B. *E. viminalis* L. (kugelige, oft rotbackige runde Galle auf der Blattunterseite der Purpurweide; 1–2 Generationen), *E. virilis* Zirng. (wurstförmig lang gestreckte, oftmals paarig und nur blattoberseits angelegte Galle bei Purpurweide; nur 1 Generation), *E. vesicator* Bremi (blasig aufgetriebene, beidseitig am Blatt angelegte, dünnwandige Galle auf Purpurweide; 1–2 Generationen), *E. proxima* Lep. (fleischige, beidseitig am Blatt angelegte, oberseits oftmals rot gefärbte Galle auf Bruchweide; 2–3 Generationen; meist mehrere Gallen auf einem Blatt, ältere Larven erzeugen ein Loch zum Ausstoßen des Kotes, fressen gelegentlich auch außerhalb der Galle am Blattrand); e) durch Wachstum umgerollter Blattrand (bei einigen Arten Blatt stark verdrillt), z. B. *E. purpureae* Cam. (auf Purpurweide); Arten der beiden letzten Gruppen (d, e) überwintern im Kokon im Erdboden; →Inquilinen: Rüsselkäferlarven der Gttg. *Archarius* (→Curculionidae H3).

e) **An Eiche** 18 heimische Arten, z. B.:

14. *Periclista lineolata* Kl. (6–7 mm; [**T-24**]); Eiablage auf der Blattunterseite in einer Eitasche meist neben einer Rippe, bewirkt Krümmung und Zerreißen der Blattfläche; die Larven mit verzweigten Dornen besetzt, fressen an den Blättern; die erwachsene Larve überwintert im Boden in einem Kokon, der Kokondeckel sitzt nicht in der Kokonoberfläche, sondern ist nach innen versetzt; Verpuppung im Frühling.

15. *Apethymus serotinus* Müll. (8–10 mm); die Eier werden im Herbst einzeln in die Zweigrinde abgelegt, wo sie überwintern; die Larven fressen an den Blättern; Verpuppung ohne Kokon im Boden.

16. *Caliroa*; die nacktschneckenartigen, mit Schleim überzogenen Larven fressen, zuweilen gesellig, auf den Blättern.

f) **An Birke** zahlreiche Arten; am auffallendsten sind diejenigen, deren Larven im Innern der Blätter minieren und bei denen damit im

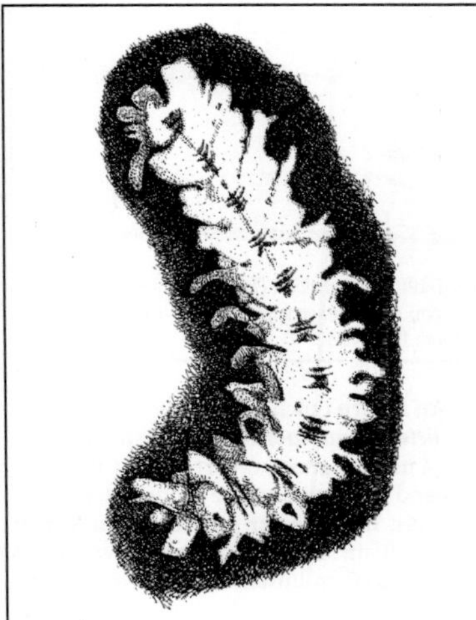

Abb. T-25: Tenthredinidae: *Eriocampa ovata*, Rotfleckige Erlenblattwespe. Larve mit Wachsflocken, 15 mm. (Sedlag 1951)

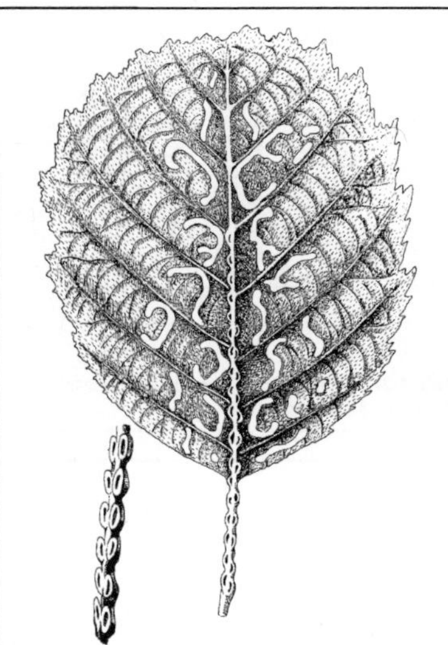

Abb. T-26: Tenthredinidae: Erlenblatt mit Eitaschen von *Hemichroa crocea* in Blattstiel und Mittelrippe und mit Fraßspuren („Runenfraß") der Larven; links: Eitaschen am Stiel, vergrößert (Escherich 1914–42)

Zusammenhang (Platzmangel) thorakale Beine und Afterfüße verkürzt sind und die Mundteile mehr nach vorn zeigen, z. B.:

17. *Heterarthrus nemoratus* Fall. (5 mm); Eitasche am Blattrand, die Larve frisst einen größeren Platz aus (Platzmine), schiebt den Kot durch die Öffnung am Blattrand nach außen; spinnt im Herbst in der Mine einen scheibenförmigen Kokon, überwintert im abgefallenen Blatt; Verpuppung im Frühling.

18. *Scolioneura betuleti* Klug (4–5 mm); Platzmine ähnlich wie bei der vorigen Art, der Kot bleibt jedoch in der Mine; die erwachsene Larve bohrt sich aus der Mine, lässt sich zu Boden fallen, überwintert in einem Kokon aus zusammengesponnenen Erdteilchen, verpuppt sich im Frühling.

19. *Fenusa pumila* Leach; besonders kleine Art (2,5–3 mm); Eiablage in der Achsel von Blattnerven; Minen, oft mehrere in einem Blatt, meist zwischen 2 Blattnerven, der Kot bleibt in der Mine; Verpuppung im Boden.

g) **An Erle** eine Reihe von Arten, die Larven teils minierend, teils frei an den Blättern und dann bei Massenauftreten zuweilen schädlich; Beispiele für freie Larven:

20. *Eriocampa ovata* L., Rotfleckige Erlenblattwespe (5–7 mm); schwarz, ♀ oben auf der Mittelbrust rot; die Eier werden in Reihe hintereinander auf der Blattoberseite von der Seite

her in die Mittelrippe eingeschoben; die Larven fressen so, dass die Haupt- und Seitenrippen sowie große Teile des Blattrandes stehen bleiben, Fraß stets nur auf der Blattunterseite; die Larven sind durch Wachsflocken weißlich [**T-25**]; u. U. 2 Generationen; vermutlich auch →Parthenogenese, da ♂♂ sehr selten auftreten. Mit ähnlicher Lebensweise *E. umbratica* Klg. (5–7 mm; auch ♀ ganz schwarz).

21. *Hemichroa crocea* Geoffr. (5–7 mm); gelbrot; auch an Birke; Eiablage 1- oder 2-zeilig in Blattstiel und Mittelrippe [**T-26**]; die Junglarven fressen schriftzeichenartige Löcher zwischen den Seitenrippen („Runenfraß" [**T-26**]), die Altlarven fressen dagegen vom Blattrand her, sitzen hier gerne hintereinander mit S-förmig angehobenem Hinterende; Verpuppung im Boden im Kokon; v. a. thelytok parthenogenetische Vermehrung (ohne ♂♂); bei der verwandten *H. alni* sind die Larven nicht gesellig, es wird immer nur 1 Ei in den Blattstiel abgelegt.

22. *Nematus (Craesus) septentrionalis* L. (8–10 mm; [**T-27**]); auch an Birke und anderen Holzgewächsen; die Larven fressen ebenfalls gesellig vom Blattrand her [**T-28**], oft in der bezeichnenden S-Haltung (schlagende Bewe-

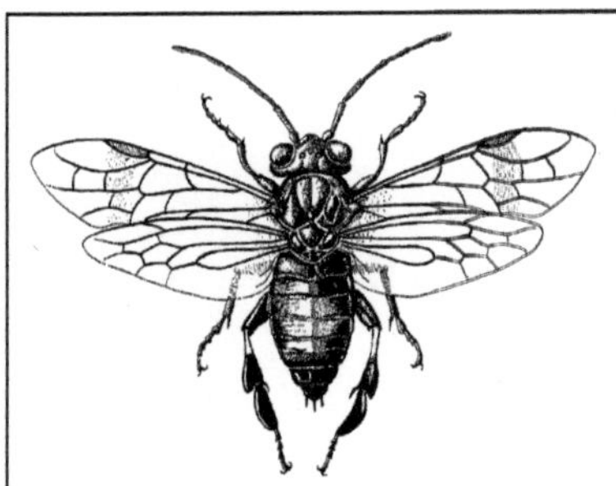

Abb. T-27: Tenthredinidae: *Nematus septentrionalis.* ♀, 8–11 mm. (Bachmaier 1969)

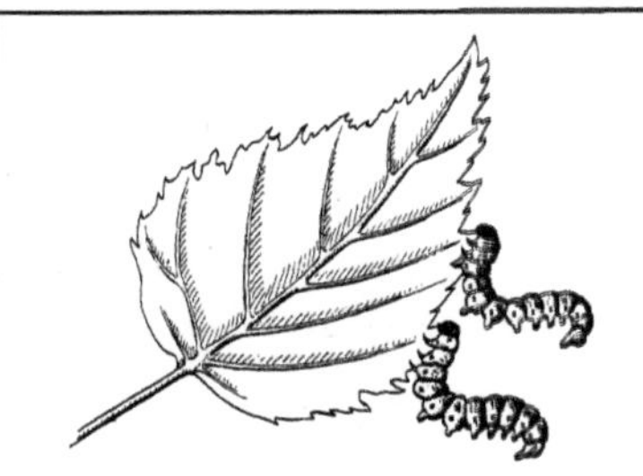

Abb. T-28: Tenthredinidae: *Nematus septentrionalis.* Schreckstellung der Larven (ca. 20 mm) am Blattrand. (Bachmaier 1969)

gungen mit dem Hinterleib); die Eier werden oft häufig in großer Zahl in die Rippen auf der Blattunterseite eingeschoben.

23. *Platycampus luridiventris* Fall. (5–7 mm); Imagines schlüpfen V/VI; Eientwicklung 2–3 Wochen; ♀ mit 5, ♂ mit 6 Larvenstadien; letzte Larvenstadien bis in den Oktober an der Nahrungspflanze, lassen sich auf den Boden fallen und verspinnen sich in einem doppelwandigen Kokon, Verpuppung erst im darauffolgenden Frühjahr; verglichen mit anderen Tenthredinidae also sehr lange Entwicklung (Fraßzeit sonst oft nur 2–4 Wochen); monophag an den 3 mitteleuropäischen Erlenarten (wahrscheinlich in getrennten Populationen); Larven höchst sonderbar: asselförmig, sitzen sehr fest und durch grünliche Färbung geschützt auf der Blattunterseite in der Nähe der Mittelrippe; Fraßzeit nur 2–3 h pro Tag; der nach oben helmförmig verlängerte Kopf ist beim Fressen senkrecht gestellt, in Ruhe nach unten eingeschlagen, sodass der Helm in der Körperlängsachse liegt [**T-29**].

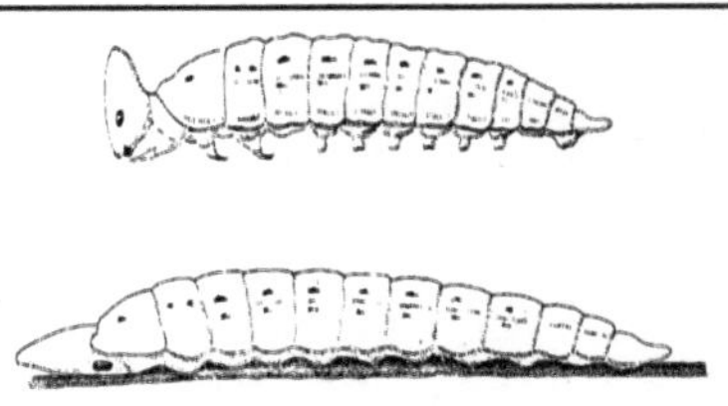

Abb. T-29: Tenthredinidae: *Platycampus luridiventris.* Larve, 7 mm; oben: Bewegungshaltung; unten: Ruhehaltung. (Escherich 1914–42)

h) **An Ahorn** (auch anderen):

24. *Heterarthrus leucomela* Klg. (= *aceris* Kaltenb.) (4 mm); Larve miniert in den Blättern, ausgehend von der Eitasche an der Blattunterseite; meist mehrere der platzförmigen Minen in einem Blatt; die erwachsene Larve spinnt in der Mine einen linsenförmigen Kokon, der, wohl durch Bewegungen der Larve, aus der sich öffnenden Mine zu Boden fällt und hier zum Hochschnellen (bis 10 mm) gebracht werden kann; die Larve überwintert im Kokon, Verpuppung im Frühling; weitgehend parthenogenetische Vermehrung.

j) **An Linde** (aber auch manchen anderen Laubgehölzen, z. B. an Weide, Birke, Eiche):

25. *Caliroa annulipes* Klg. (5–6 mm); Larven nacktschneckenähnlich, mit hellem Schleim überzogen, schlüpfen aus den Eitaschen (in jeder nur 1 Ei) auf der Blattunterseite; skelettieren die Blätter von der Unterseite her (Adern bleiben stehen); Verpuppung im Kokon, meist im Boden; 2 Generationen.

k) **An Lärche** 11 heimische Arten, können durch Larvenfraß verhängnisvoll werden, insbesondere in künstlichen Anbaugebieten der Lärchen; die Hauptschädlinge:

26. *Pristiphora erichsonii* Htg., Große Lärchenblattwespe (8,5–9,5 mm); die Eier werden in Reihe hintereinander in die Rinde der jungen Längstriebe eingeschoben; die Larven graugrün mit schwarzem Kopf, fressen gesellig v. a. an den Nadeln der Kurztriebe; 3–5 Häutungen, anscheinend regional verschieden; die Larven sind nach etwa 4 Wochen erwachsen, lassen sich fallen, spinnen einen Kokon in der Bodenstreu, überwintern darin, Verpuppung im Frühling; Überliegen der Altlarve über mehrere Winter kommt vor, ebenso (im Gegensatz zu den beiden nachfolgenden *Pristiphora*-Arten) thelytoke →Parthenogenese (stets starker ♀♀-Überschuss).

27. *Pristiphora laricis* Htg., Kleine schwarze Lärchenblattwespe (5–6 mm); Eiablage in die

Schmalkante einer jungen Nadel des Kurztriebes (♀ dabei mit dem Kopf zur Nadelbasis), meist nur 1 Ei pro Nadel; die Larven grün mit weißlichen Seitenstreifen, fressen an den Nadeln der Kurz- und dann der Langtriebe; die Altlarven spinnen einen Kokon, meist in der Bodenstreu, benötigen sehr hohe (fast 100 %) relative Feuchte; nicht selten liegen die Kokons in Klumpen beieinander; Verpuppung bei einem Teil der Larven sofort (alsbald schlüpfende Imagines der 2. Generation), bei anderen erst nach Überwintern.

1) **An Fichte** 18 heimische Arten bekannt, Hauptschädling:

28. Pristiphora abietina Christ., Kleine Fichtenblattwespe (5–6 mm); Eiablage an jungen, bereits knospenschuppenfreien Jungtrieben (♀♀ werden geruchlich angelockt), bei denen die Nadeln noch nicht auseinandergespreizt sind; das Ei wird im Mittelteil einer Jungnadel an deren Schmalkante mit dem Legebohrer eingeschoben, dabei etwa zur Hälfte versenkt; die Larven hellgrün, mit etwas hellerem Kopf; befressen nur junge Nadeln bis auf einen Reststumpf; stets 1 Generation im Jahr; die erwachsenen Larven gehen schon im Frühsommer in den Boden, überwintern hier im Kokon; Verpuppung im Frühling; mehrjähriges Überliegen der Altlarven ist möglich. Als Schädling gefürchtet, bedeutender Parasitoid: *Cleptes semiauratus* L. (→Chrysididae A).

Lit. →Hymenoptera; Bellmann 2017; Brauns 1991; Escherich 1914–42; Heitland & Pschorn-Walcher 1992; Kopelke 1990; Lacourt 2020; Pschorn-Walcher 1982; Schedl 1991.

Tenthredinoidea; Blattwespen i. w. S.; umfangreichste Gruppe der Pflanzenwespen („Symphyta", →Hymenoptera); ♀ mit kurzem Legebohrer, Gonapophysen (→Gonopoden) gesägt zum Anschneiden des Pflanzengewebes und Versenken des Eies; Larven meist raupenähnlich; im Gegensatz zu den Raupen der Schmetterlinge mit mindestens 5 Afterfußpaaren (beginnend am 2. Abdominalsegment) und mit nur 1, meist sehr deutlichen Stemma (Einzelauge) jederseits am Kopf [**T-21**]; mit den Fam. →Argidae, →Blasticotomidae, →Cimbicidae, →Diprionidae, →Heptamelidae, →Tenthredinidae.

Tephritidae, Bohrfliegen, Fruchtfliegen; Fam. der Zweiflügler (Diptera, Brachycera, Cyclorrhapha) mit in Eur ± 230, M-Eur ± 150, Dt 114 Arten; meist höchstens mittelgroße (2,5–10 mm), nicht selten sehr schön gefärbte Fliegen; die Flügel oft auffallend – und artspezifisch verschieden – helldunkel gemustert [**T-30, T-32**]; das Flügelmuster

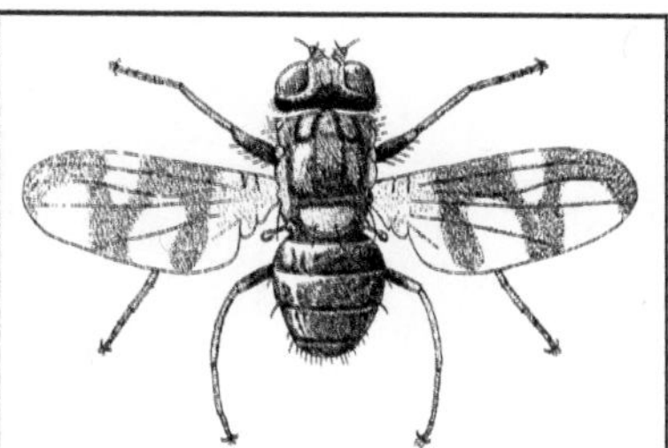

Abb. T-30: Tephritidae: *Urophora cardui.* 4 mm; Larve verursacht Galle an den Stängeln der Ackerkratzdistel, *Cirsium arvense* L. (Séguy 1951a)

ist bei manchen Arten (wie *Urophora jaceana* Her.) für die **Balz** bedeutungslos, bei anderen (z. B. anderen *Urophora*-Arten) spielt es eine Rolle, indem es durch Spreizen und Rotieren der Flügel, verbunden mit schaukelnden Körperbewegungen, dem Partner vorgezeigt wird; wirkt aber nicht spezifisch, da Kopulationen zwischen verschiedenen Arten der gleichen Gttg. durchaus möglich sind; in manchen Fällen scheinen bei balzenden ♂♂ auch akustische (rhythmische Flügeltöne, z. B. bei *Bactrocera*- und *Ceratitis*-Arten) oder olfaktorische (flüchtiger Stoff, abgegeben aus ausstülpbaren Abdominalblasen, z. B. aus Analblasen bei *Ceratitis;* wirkt erregend auf begattungsreife ♀♀) Reize eine Rolle zu spielen. ♀ mit vorstreckbarer, stark chitinisierter, unten gezähnter Legeröhre; dieser ermöglicht Anstechen der Wirtspflanzen für die Eiablage und ist in seinem ihrem Bau, v. a. der Länge, in manchen Gruppen (z. B. *Urophora*) der spezifischen Wirtspflanze angepasst. Entwicklung der **Larven** ausschließlich im Innern von lebenden Pflanzen, in verschiedensten Teilen (Samen, Blätter, Stängel, Wurzeln), bei vielen Arten hauptsächlich in den Blütenköpfen von Korbblütlern (hier zuweilen gallbildend), bei anderen in fleischigen Früchten (z. B. Kirschfliege, Mittelmeerfruchtfliege, Olivenfliege), wo sie dann sehr schädlich werden können; *Euphranta toxoneura* Loew und *Chetostoma stackelbergi* Rohd. in Blattwespen-Gallen (→Tenthredinidae 13); Wirtsspezifität sehr verschieden ausgeprägt; manche Arten sind ausgesprochen →polyphag, z. B. Mittelmeerfruchtfliege, andere fast monophag; für die **Wirtsfindung** und Eiablage z. B. in Früchten sind wichtig teils recht differenzierte optische Reize (z. B. Farbe, Abhebung von der Umgebung, Größe [Mittelmeerfruchtfliege], Bündelung von Früchten), teils Beschaffenheit

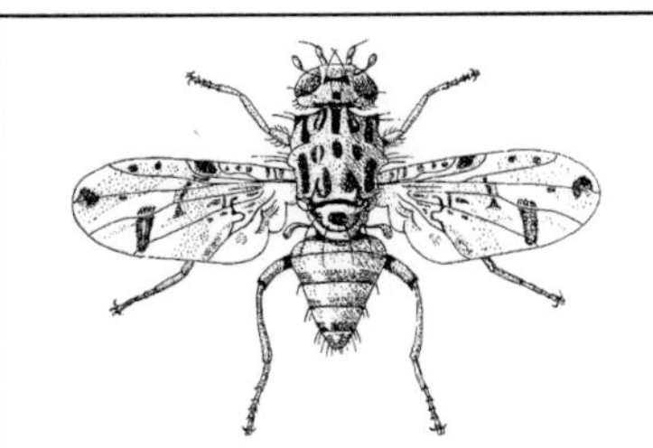

Abb. T-31: Tephritidae: *Ceratitis capitata*, Mittelmeerfruchtfliege. ♂, 4–5 mm, mit 2 palettenartig verbreiterten und abgeflachten Haaren auf der Stirn. (Séguy 1951a)

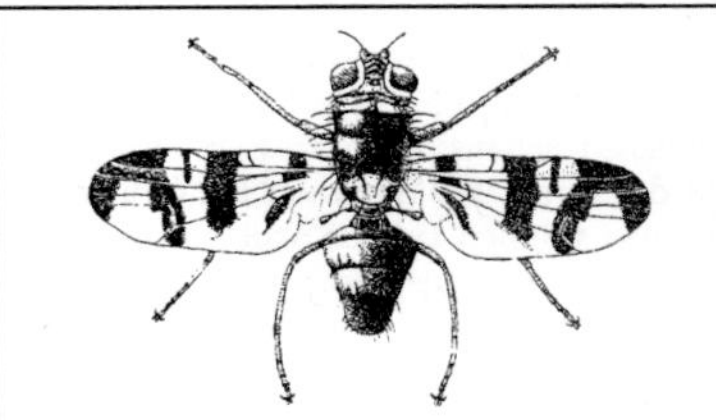

Abb. T-32: Tephritidae: *Rhagoletis cerasi*, Kirschfliege. ♂, 3–5 mm. (Séguy 1951a)

der Oberfläche des Substrats, seine Krümmung, seine Härte, in geringerem Ausmaß auch wohl seine olfaktorischen Reize (Kirschfliege). Bei den z. T. streng wirtsspezifischen *Urophora*-Arten (auf Flockenblumen und Disteln [**T-30**]) und vielen *Rhagoletis*-Arten treffen sich ♂ und ♀ auf ihrer v. a. optisch erkannten Wirtspflanze; diese wird vom ♂ verteidigt; hier findet finden **Balz**, Begattung und Eiablage statt; andere Arten mit einer Arena-Balz, bei dem der mehrere ♂♂ dicht beieinander kleine Territorien auf oder nahe bei der Nahrungspflanze der Larven besetzen und dort ♀♀ meist olfaktorisch anlocken (z. B. bei *Myoleja lucida* Fall.); Isolierung gegen nahe verwandte Arten (i. d. R.?) durch die Wahl des für die Art relevanten Balzplatzes; bei frugivoren Arten sind Sexualpheromone nachgewiesen (*Rhagoletis cerasi* L., *Bactrocera oleae* Gmel.), bei der gallbildenden Distelbohrfliege, *Urophora cardui* [**T-30**], wird möglicherweise ein Arrestant-Pheromon (aus dem männlichen Enddarm) auf die Wirtspflanze (*Cirsium arvense*) gebracht und bewirkt längeres Verweilen der ♀♀. **Symbiotische Bakterien** sind bei einigen Arten nachgewiesen (*Bactrocera*), im Darmlumen oder in je nach Art verschieden angeordneten Darmausstülpungen: so bei der Larve der Olivenfliege (*Bactrocera oleae* Gmel.) 4 Säckchen rings um das Vorderende des Mitteldarms, bei der Imago mit einer unpaaren dorsalen Ausstülpung des Oesophagus im Kopf. **Puppe** teils am Fressort der Larve, teils im Boden, ist i. d. R. Überwinterungsstadium. Nicht selten, v. a. in wärmeren Landstrichen, mehrere Generationen im Jahr.

1. *Ceratitis capitata* Wied., Mittelmeerfruchtfliege [**T-31**]; stammt aus dem tropischen Afrika, von hier aus heute weltweit in warmen Gebieten verbreitet, gelegentlich auch mit Obsttransporten in kühlere Bereiche verschleppt, ohne sich hier auf die Dauer halten zu können; ♂ mit

paarigen Analdrüsen, deren Sekret als Sexualpheromon anlockend auf die ♀♀ wirkt; außerordentlich polyphag, mehr als 260 Befallspflanzen bekannt; an verschiedenen weichfleischigen Früchten bisweilen sehr schädlich; ♀♀ verpaaren sich nur einmal, daher biologische Bekämpfung durch Aussetzen von Millionen gezüchteter und durch Gammastrahlen steril gemachter ♂♂ v. a. im Mittelmeerraum seit Jahren recht erfolgreich (die fertilen ♂♂ der natürlichen Population kommen wegen der Überzahl der zwar begattungs-, aber nicht besamungsfähigen Zuchttiere nur mehr selten zur Verpaarung; die nach der Kopula mit sterilen ♂♂ abgesetzten Eier entwickeln sich nicht); Eiablage nach Einstich als Gelege, daher i. d. R. mehrere Larven in einer Frucht; Gesamtentwicklungsdauer bei 20–22 °C ca. 32 Tage, jedoch auch bei gleicher Temperatur nach Fruchtart variabel; Puppe im Boden.

2. *Rhagoletis cerasi* L., Kirschfliege [**T-32**]; auf 2 wenig verwandten Arten (Kirsche und Heckenkirsche); bereits stark gereifte Kirschen werden nicht belegt; meist nur 1 Ei pro Frucht; nach der Eiablage – wie bei vielen (allen?) anderen Arten auch – Markieren der Frucht mit einem ablagehemmenden Pheromon (Taurin-Derivat; bei hoher Fliegendichte und geringem Fruchtangebot jedoch trotzdem Mehrfachbelegung); die Larve frisst in der Kirsche in Kernnähe; Entwicklungsdauer der Larven 4–8 Wochen, danach Verpuppung im Boden und Überwinterung als Puppe (kann bis zu 3 Winter überliegen); in Larven auf Kirschen *Psyttalia carinata* Thoms. (= *Opius rhagoleticola* Sachtl., →Braconidae B) als einziger Endoparasitoid, in Larven auf Heckenkirschen außerdem *Utetes ferrugator* Goureau (= *Opius magnus* Fischer, →Braconidae B) und *Halticoptera laevigata* Thoms. (→Pteromalidae); Puparien von einer Reihe ektoparasitoider →Ichneumonidae befallen.

3. *Rhagoletis alternata* Fall., Hagebuttenfliege; Eiablage VI–VIII; mehrere Larven pro Frucht oft

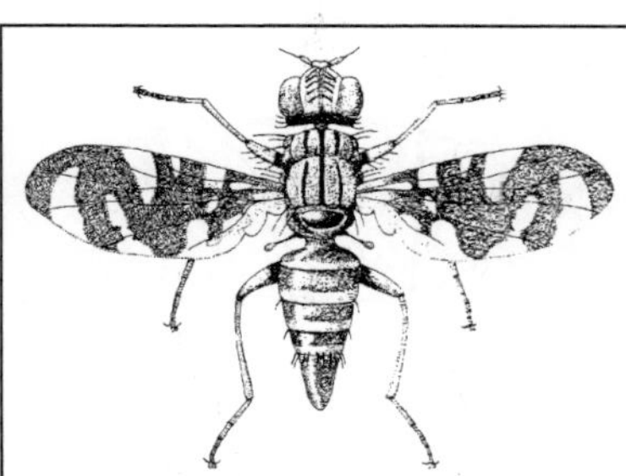

Abb. T-33: Tephritidae: *Plioreocepta poeciloptera*, Spargel-fliege. ♀, 7 mm. (Séguy 1951a)

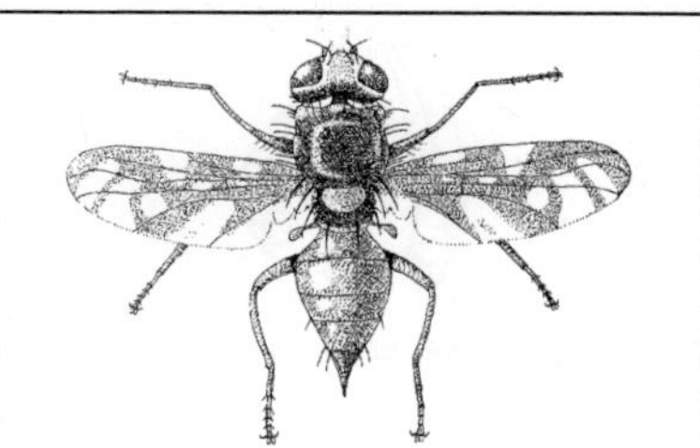

Abb. T-34: Tephritidae: *Euleia heraclei*, Selleriefliege. 4–6 mm. (Séguy 1951a)

zu beobachten (wohl bedingt durch hohe Flie-gendichte); die bis etwa 6 mm langen Larven fres-sen im Fleisch der Hagebutten, Gänge der Altlar-ven von außen sichtbar; die Früchte vertrocknen, nachdem die Larven sie verlassen haben.

4. *Plioreocepta poeciloptera* Schrk. (= *Platypa-rea p.*), Spargelfliege [**T-33**]; Eiablage im Früh-ling einzeln hinter die Schuppen des Triebkop-fes, mehrere Eier pro Trieb; die Larven fressen zunächst an der Peripherie, dann im Mark des Triebes nach unten; nach ca. 3 Wochen im Wur-zelbereich Verpuppung, die Puppe überwintert.

5. *Euleia heraclei* L., Selleriefliege [**T-34**]; das ♀ schiebt das Ei in eine mit der Legeröhre herge-stellte Tasche an der Unterseite des Blattes ver-schiedener Doldenblütler (nicht nur von Selle-rie); die Larve miniert im dadurch zum Welken gebrachten Blatt, befällt dann ein weiteres Blatt; 2 Generationen im Jahr; Verpuppung i. d. R. im Boden (hier auch Überwinterung), im Sommer bisweilen auch in der Mine.

6. *Bactrocera oleae* Gmel., Olivenfliege; das ♀ sticht die jungen Früchte an, in denen sich die Larven entwickeln; Puppe im Boden; Überwin-terung teils als Puppe, teils als Imago; wichtiger Schädling im ganzen Anbaugebiet der Oliven.

7. *Oxyna parietina* L.; häufige Art in Beifuß-Stängeln (*Artemisia vulgaris*); Larven meist zu mehreren in den Nodien (je dicker, desto mehr Larven); parasitiert durch →Pteromalidae (*Pte-romalus parietina* Grah. und *Chlorocytus*).
Lit. →Diptera; Buchner 1953; Denys 1990; Hoffmeister 1990; Marquardt 1988; Robinson & Hooper 1989; Struller 1988; White 1988; White & Elson-Harris 1992.

Teppichkäfer, *Anthrenus scrophulariae* L. →Der-mestidae 4.

Terebrantes, „Schlupfwespen i. w. S."; früher übliche Bezeichnung für eine →paraphyletische Gruppe, die alle Apocrita (→Hymenoptera) mit Ausnahme der Aculeata umfasst, und deren Larven meist Arthropoden, seltener Pflanzen befallen.

Terebrantia →Thysanoptera A.

Teredidae; Fam. der Käfer (Coleoptera, Po-lyphaga, Cucujiformia) mit in Eur ± 100, M-Eur 17, Dt 5 Arten; oft zu den →Bothrideridae gestellt, klein (1–4,5 mm); Imagines und Larven teils in Fraßgängen anderer Holzbewohner (*Te-redus, Oylaenus*), teils unterirdisch und augenlos (*Anommatus*), fressen vermutlich Pilzfäden.
Lit. →Coleoptera.

Teredus →Teredidae.

Teretriorhynchites →Rhynchitidae 4.

Termiten →Isoptera.

Termitidae →Isoptera.

Termitoxeniinae →Cryptometabolie.

Tersilochinae →Ichneumonidae D.

Tertiärparasitoid →Parasitoid.

Tetanocera →Sciomyzidae.

Tetanoceridae →Sciomyzidae.

Tethinidae →Canacidae.

Tetrabrachys →Coccinellidae.

Tetracampidae; Fam. der Hautflügler (Hymenop-tera, Apocrita, Chalcidoidea) mit in Eur 12, M-Eur 11, Dt 9 Arten; kleine (1–5 mm), grün-metal-lisch glänzende Erzwespen; Biologie der meisten Arten unbekannt; Larven von *Foersterella* parasi-toid in Eiern von Schildkäfern (*Cassida*, →Chry-somelidae E), die von *Dipriocampe diprioni* Ferr. in Eiern von →Diprionidae; afrikanische Arten auch in minierenden Larven der →Agromyzidae.
Lit. →Hymenoptera; Hansson 2016.

Tetradontophora →Onychiuridae.

Tetramesa →Eurytomidae 1.

Tetramorium →Formicidae, D5–9; vgl. auch →Aphidina, →Eriosomatidae 9.

Tetratoma →Tetratomidae.

Tetratomidae; Fam. der Käfer (Coleoptera, Po-lyphaga, Cucujiformia); von den sonst nicht

Abb. T-35: Tetrigidae: *Tetrix tenuicornis*. Gelege; Ei ca. 2 mm. (Dahl 1935 ff)

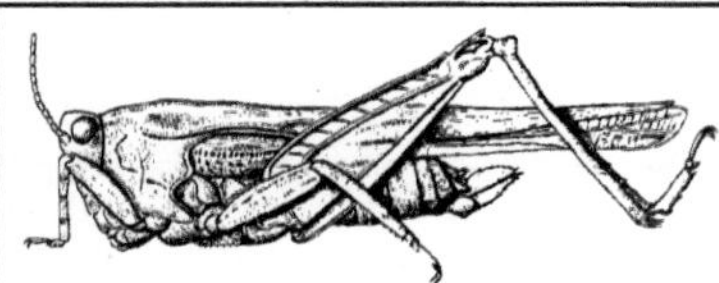

Abb. T-36: Tetrigidae: *Tetrix subulata*. ♀, 15 mm. (Dahl 1935 ff)

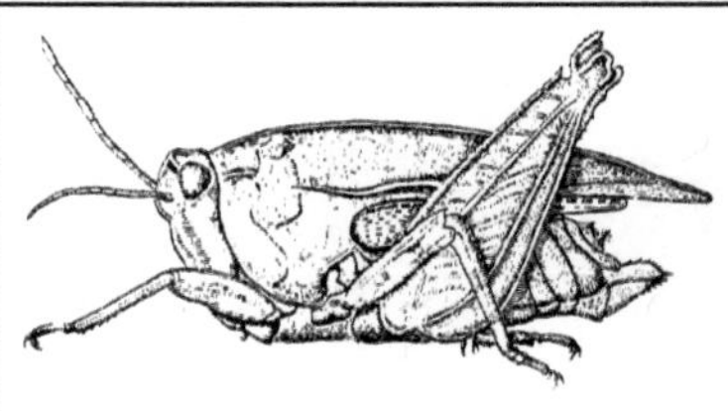

Abb. T-37: Tetrigidae: *Tetrix tenuicornis*. ♀, 11 mm. (Dahl 1935 ff)

monophyletischen →Melandryidae abgetrennt; in Eur 5, M-Eur & Dt 3 Arten der Gttg. *Tetratoma*; kleine (3–4,5 mm), lang-ovale Käfer, Kopf bis zu den Augen vom Halsschild verdeckt; wie die Melandryidae an verpilzten Laubbäumen, die Larven in Baumschwämmen. Am häufigsten *T. fungorum* F., Entwicklung in frischen Fruchtkörper des Birkenporlings (*Fomitopsis betulina*); Eiablage im Herbst in Rindenritzen der Birke; die Larven wandern in den gegen Winterende abfallenden Schwamm, verpuppen sich im Frühling im Boden.

Fraglich ist (trotz ähnlicher Lebensweise) die Zugehörigkeit einer Verwandtschaftsgruppe aus den U-Fam. **Eustrophinae** und **Hallomeninae** mit zusammen 4 weiteren Arten in Eur & Dt; darunter *Mycetoma suturale* Pz., deren Larven ebenfalls im Winter heranwachsen, sich jedoch erst im Sommer am Boden verpuppen; Imagines und Larven fressen an Fruchtkörpern von Harzporlingen (*Ischnoderma*).

Lit. →Coleoptera.

Tetrigidae, Dornschrecken; Fam. der Kurzfühlerschrecken (Caelifera) mit in Eur 12, M-Eur 9, Dt 6 Arten; klein (bis 13 mm); Vorderbrust oben-hinten zu einem Dorn ausgezogen, ragt zuweilen über das Hinterleibsende hinaus; Vorderflügel zu kleinen Schuppen rückgebildet; Hinterflügel bei flugfähigen Arten lang, bei anderen mehr oder weniger stark verkürzt (unterschiedliche Länge kommt auch innerhalb einer Art vor); keine Stridulations- und Hörorgane bekannt. **Verzehren** Gräser, Moos, Flechten.

Die Geschlechtspartner finden sich offenbar hauptsächlich mit dem Gesichtssinn; v. a. die ♂♂ mehrerer (auch kurzflügeliger) Arten zeigen kurzes, mehrmaliges Flügelanheben, vermutlich eine auf den Partner gemünzte Ausdrucksbewegung; **Eiablage** in lockeren Gruppen in den Boden [**T-35**]; beim ♂ 5, beim ♀ 6 Häutungen; **Überwinterung** in unseren Breiten als alte Larve oder Imago.

1. *Tetrix subulata* L., Säbeldornschrecke (7–10 mm; [**T-36**]); Imagines ab VIII, leben bis VI/VII des nächsten Jahres; häufig in Gewässernähe auf ausgetrockneten Schlammflächen; kann können bei Gefahr schwimmend und tauchend entfliehen; Balz geräuschlos, das ♂ verbeugt sich vor dem ♀ und schwirrt mit den Flügeln.

2. *Tetrix tenuicornis* Sahlb., Langfühler-Dornschrecke (8–10 mm; [**T-37**]); überwintert meist als Larve, kann aber während des ganzen Jahres als Imago angetroffen werden; in Sandgruben, Steinbrüchen, auf Trockenrasen.

Lit. →Caelifera.

Tetrix →Tetrigidae 1, 2.

Tetropium →Cerambycidae B3.

Tetrops →Cerambycidae E8.

Tettigometra →Tettigometridae.

Tettigometridae, Ameisenzikaden; Fam. der Zikaden (Auchenorrhyncha, Fulgoromorpha) mit in Eur 43, M-Eur 14, Dt 8 Arten der Gttg. *Tettigometra* [**T-38**]; kleine Tiere (3–6 mm) mit harten, sklerotisierten Vorderflügeln; bevorzugt an wärmeren Stellen; auf niederer Vegetation, als Imagines manchmal auch auf Bäumen; einige Arten unterirdisch oder unter Steinen, saugen an Pflanzenwurzeln. Manche Arten leben in Gesellschaft von Ameisen, die den offenbar zuckerhaltigen Kot v. a. der Larven schätzen (bei europäischen. Arten nicht sicher erwiesen); manche (alle?) Arten sollen in Ameisennestern aufwachsen. Eier werden frei abgelegt; Larven sprungunfähig; 1 Generation im Jahr, Überwinterung als Imagines; früher gelegentlich schäd-

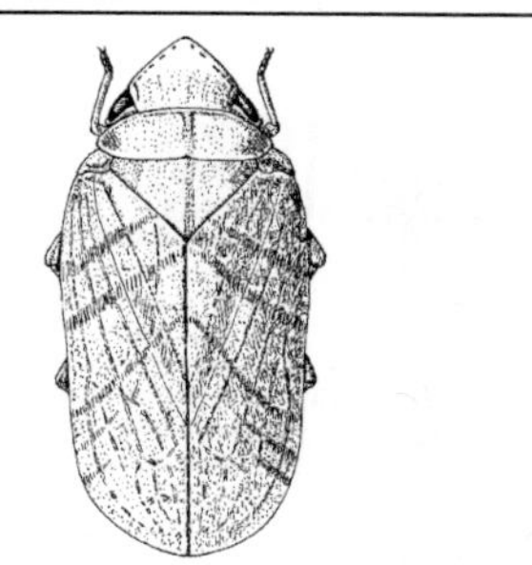

Abb. T-38: Tettigometridae: *Tettigometra obliqua*, Flachzikade. 4 mm. (Brohmer et al. 1935 ff)

lich an Getreide, heute sind alle Arten bei uns gefährdet oder bereits ausgestorben.

Lit. →Auchenorrhyncha.

Tettigonia →Tettigoniidae 1.

Tettigoniidae, Laubheuschrecken, Singschrecken; Fam. der Langfühlerschrecken (Ensifera, Tettigonioidea) mit in Eur ± 315, M-Eur 35, Dt 14 Arten (einschl. der ehemals anerkannten Fam. **Ephippigeridae** und **Bradyporidae**); Tympanalorgan versenkt, mit spaltförmiger Öffnung; Körperoberfläche der Larven und Imagines dicht mit feinsten Tröpfchen besetzt (vermutlich Verdunstungs- und Überhitzungsschutz); Ernährung teils von kleinen Insekten, teils vegetarisch; Überwinterung als Ei; Embryonalentwicklung bei manchen Arten mehrjährig.

1. *Tettigonia viridissima* L., Grünes Heupferd (♂ 28–36 mm, ♀ 32–42 mm); die Flügel überragen die Hinterschenkel weit; häufig, auf Wiesen, Getreidefeldern, in Gebüsch, auf Bäumen; weicht nachts den sich abkühlenden Bodenschichten aus und sucht höhere Schichten (z. B. Baumkronen) auf; Imagines VII–X. **Nahrung** überwiegend Insekten (Fliegen, Raupen, Kartoffelkäferlarven), die mit den bedornten Vorderbeinen gefangen werden, gelegentlich auch Blätter; sehr nützlicher Gartenbewohner; recht flugtüchtig, aber geringe Neigung zum Fliegen; die ♂♂ singen, ziemlich standortfest, laut und ausdauernd von Mittag bis in die Nacht hinein (noch im X); Gesang laut schwirrend, erscheint zerhackt, da die Laute in schnell folgenden Zweiergruppen ausgestoßen werden; die Stoßfolge wird mit abnehmender Temperatur langsamer (→Saltatoria). Das ♀ legt (mit einem langen Legerohr) bis etwa 100 Eier in den Boden [**T-39**]; Embryonalentwicklung mindestens 1 ½, manchmal bis 5 Jahre. Nahe verwandt ist ***T. cantans*** Fuessly, Zwitscherschrecke (♂ 20–30 mm, ♀ 25–33 mm); Flügel kürzer, etwa bis Hinterschenkelende; Gesang aus kürzeren Versen als bei 1, laut zwitschernd und gleichmäßig schwirren; scheint pflanzliche Nahrung zu bevorzugen; kommt nur selten gemeinsam mit dem Grünen Heupferd vor, am häufigsten im höheren Bergland, wo dieses meist fehlt; entscheidend für das Vorkommen ist anscheinend eine höhere Bodenfeuchtigkeit, die von den Eiern der Zwitscherschrecke besser toleriert wird.

2. *Decticus verrucivorus* L., Warzenbeißer (♂ 24–38 mm, ♀ 26–44 mm; [**T-40**]); Name nach einem alten Volksglauben: von der Heuschrecke abgebissene Warzen sollen dauerhaft verschwinden (wirksam vielleicht die Verätzung durch das austretende Verdauungssekret?); Bodenbewohner; auf Wiesen und Äckern; Imagines VII–X; Nahrung v. a. Insekten, auch Pflanzen; singt nur tagsüber bei Sonnenschein, hauptsächlich

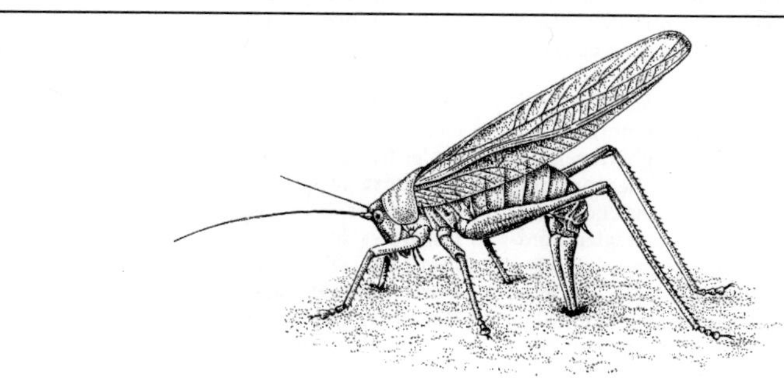

Abb. T-39: Tettigoniidae: *Tettigonia viridissima*, Grünes Heupferd. Beim Einstechen der Legescheide zur Eiablage. (Nach Foto von H. Pfletschinger 1980)

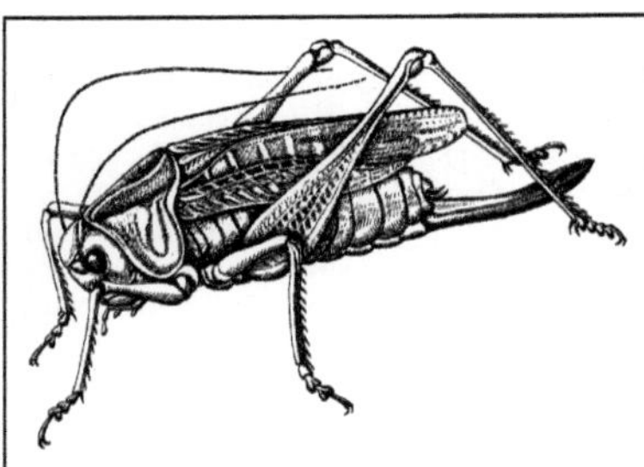

Abb. T-40: Tettigoniidae: *Decticus verrucivorus*, Warzenbeißer. ♀. (Rietschel 1969)

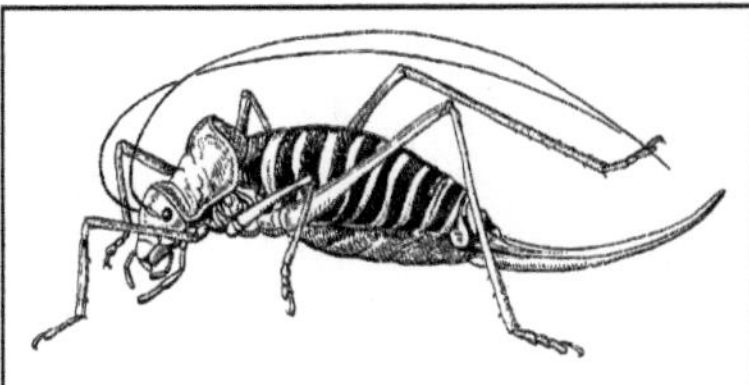

Abb. T-41: Tettigoniidae: *Ephippiger diurnus*, Westliche Sattelschrecke. ♀, 30 mm. (Chopard 1951)

vormittags, mit scharfen „zri"-Lauten, zunächst einzeln, dann immer dichter gereiht vorgetragen; Eiablage einzeln im Erdboden; Embryonalentwicklung mindestens 1½ Jahre.

3. *Pholidoptera griseoaptera* de Geer, Gewöhnliche Strauchschrecke (♂ 13–15 mm, ♀ 15–18 mm); Flügel reduziert; Legerohr stark gebogen, 10 mm; überall in niedrigem Gebüsch; auf Waldlichtungen, Trockenrasen, Ödland; Imagines VII–X; Nahrung Insekten, auch Pflanzen; ♂ mit einer Folge schriller Rufe, die aus jeweils 3 Einzellauten bestehen; häufig präziser Wechselgesang zweier ♂♂; Eier in Stängel und Rinde, sogar in morsches Holz abgelegt; überwintern 2-mal.

4. *Metrioptera roeseli* Hgb., Roesels Beißschrecke (♂ 15–18 mm, ♀ 16–20 mm); eine der häufigsten Laubheuschrecken; Flügel normal, kaum mittellang, das Hinterleibsende bei Weitem nicht erreichend, jedoch treten manchmal langflügelige Exemplare auf; auf feuchtem, aber auch trockenem Grasland; Imagines VII–X; Gesang der ♂♂ ein hohes, feines, lang gezogenes Sirren; zur Eiablage beißt das ♀ oft ein Loch in den Stängel verschiedener Pflanzen und führt dann den Legebohrer ein; Eier überwintern 1- bis 2-mal.

5. *Platycleis albopunctata* L., Westliche Beißschrecke (♂ 16–23 mm, ♀ 20–24 mm); Körper graubraun marmoriert, Flügel überragen das Hinterleibsende; sonnenwarme Lebensräume mit spärlichen spärlichem Bewuchs und Einzelbüschen, meidet den atlantisch geprägten Nordwesten, breitet sich aus; frisst gerne auf dem Boden liegende Samen; Imagines VI–X; der leise, hohe, ultraschallreiche Gesang aus mehrsilbigem Zirpen ist nur wenige Meter hörbar; Eiablage in Pflanzenstängel, auch in morsches Holz.

6. *Ephippiger diurnus* Duf., Westliche Sattelschrecke; früher als Unterart von *E. ephippiger* Fieb. angesehen und als einzige heimische Art

einer Fam. Ephippigeridae bzw. Bradyporidae betrachtet; besiedelt Wärmeinseln im Westen von Dt; Vorderbrust, wie bei allen Sattelschrecken, oben sattelförmig [**T-41**]; stattlich (♂ 22–25 mm, ♀ 24–30 mm); Flügel stark verkürzt; die Vorderflügel bei ♂♂ und ♀♀ mit Lautapparat, beim ♂ liegt die mit dem besseren Lautapparat ausgestattete rechte, beim ♀ der linke Deckflügel (→Tegmen) oben. In waldfreiem, steppenartigem Gelände, hier auf höherwüchsigen krautigen Pflanzen (v. a. Larven) und auf Büschen (Imagines: VI–X). **Ernährung** teils jagend, teils pflanzlich; wird gelegentlich an Rebkulturen schädlich; **Gesang** von beiden Geschlechtern, das ♂ zum Anlocken des ♀, das ♀ bei starker Störung, aber auch während der Balz; beide Geschlechter können auch durch starkes Körperzittern vibratorische Signale hervorbringen, die ebenfalls zur Partnerfindung benutzt werden; singen tags und nachts; Dialekte in den Gesängen unterschiedlicher Lokalformen bekannt; die ♀♀ sprechen im Laborversuch bis zu einem gewissen Grade auch auf den Gesang artfremder ♂♂ an, doch wird i. d. R. der des – im Freien praktisch stets gegenwärtigen – arteigenen ♂ bevorzugt. **Eiablage** wohl v. a. im Boden; mehrjährige Embryonalentwicklung.

Lit. →Ensifera; Dujim 1990; Ingrisch 1986; Jones 1966; Stiedl & Kalmring 1989.

Tettigonioidea; Laubheuschrecken i. w. S.; Fam.-Gruppe der Langfühlerschrecken; →Ensifera.

Teufelsfratze →Tipulidae.

Teufelsnadeln →Odonata 2.

Thalpochares →Lepidoptera.

Thalycra →Nitidulidae D.

Thamastes →Trichoptera.

Thamnotettix →Cicadellidae A.

Thanasimus →Cleridae 1.

Thanatophilus →Staphylinidae K4.

Thanerocleridae, *Thaneroclerus* →Cleridae 7.

Thaumalea →Thaumaleidae.

Thaumaleidae, Dunkelmücken; Fam. der Zweiflügler (Diptera, Culicomorpha) mit in Eur ±

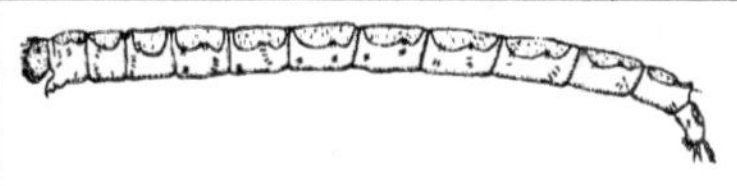

Abb. T-42: Thaumaleidae: *Thaumalea testacea*. Larve, 15 mm. (Brauns 1954a)

75, M-Eur 29, Dt 15 Arten; häufig: *Thaumalea testacea* Ruthe; kleine (3–5 mm), plumpe Fliegen mit kurzen Antennen und langen Tastern, Augen stoßen auf der Stirn zusammen; Bewohner alpiner Regionen; stechen nicht; die schlanken, oben graugrünen **Larven** [T-42] in Quellwasser, v. a. auf dünn überrieselten Felsen, sodass der Rücken oft aus dem Wasser ragt; halten sich im Bewuchs fest mit einem unpaaren Scheinfüßchen ventral am 1. Thoraxsegment, mit Nachschiebern am Körperende und mit den am Körper verteilten Borsten; vorderstes und hinterstes Stigmenpaar offen; am After 4 „Blutkiemen", dienen vermutlich der Osmoregulation; langsame Bewegung durch U-förmiges Einkrümmen und Festkrallen des Vorderkörpers, Vorziehen des Hinterkörpers, dann Vorschnellen des Vorderkörpers usw.; Partikelfresser (Pflanzenreste und Kieselalgen), weiden den Bewuchs ab; Puppe im Trockenen neben dem Larvenwohnraum, unter Felsen und Blättern.
Lit. →Diptera; Wesenberg-Lund 1943.
Thaumastoptera →Tipulidae 2.
Thaumatomyia →Chloropidae.
Thaumetopoea →Notodontidae B.
Thaumetopoeidae; als U-Fam. **Thaumetopoeinae** der →Notodontidae (B) geführt.
Thecabius →Eriosomatidae 5.
Thecla →Lycaenidae A1.
Theclinae →Lycaenidae A.
Thecodiplosis →Cecidomyiidae D7.
Theißblüte; Bezeichnung für die Massenschwärme der Eintagsfliege *Palingenia longicauda* Ol.; →Palingeniidae.
Thelaxes →Thelaxidae 2.
Thelaxidae, Maskenläuse; Fam. der Blattläuse (Aphidina) mit in Eur 6, M-Eur 4, Dt 3 Arten; wegen der Fachbegriffe zu den Morphen und zum Generationswechsel →Aphidina; 1–2 mm; Rückenröhren poren- oder knopfförmig; Kopf bei Ungeflügelten und Larven mit der Brust verwachsen; Seitenaugen der Ungeflügelten meist nur mit 3 Linsen; Wachsdrüsen vorhanden oder fehlend, die Wintereier oft mit Wachsstäbchen bedeckt; Pflanzensaftsauger; monözisch.
1. *Glyphina betulae* L.; klein (ca. 2 mm); grün; Kolonien an den Enden junger Birkenzweige; holozyklisch.

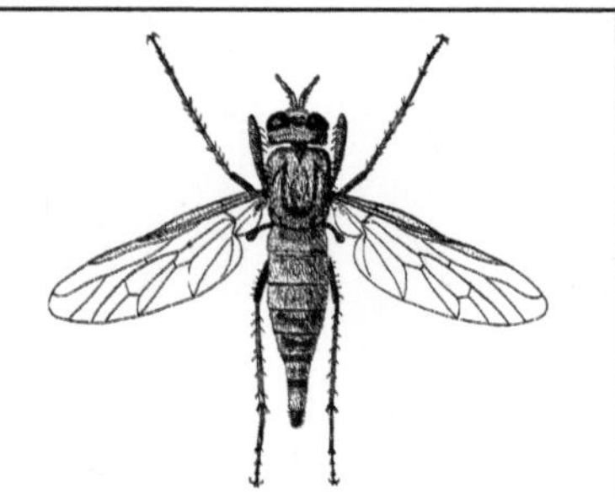

Abb. T-43: Therevidae: *Thereva nobilitata*. ♀; Länge 11 mm. (Lindner 1923 ff)

2. *Thelaxes dryophila* Schrk., Eichenmaskenlaus; olivgrün bis braunrot; an Eichen; Kolonien v. a. an den Triebspitzen junger Zweige; holozyklisch.
Lit. →Aphidina.
Thelytokie; gewöhnliche Form der parthenogenetischen Fortpflanzung, bei der aus den unbefruchteten Eiern ♀♀ entstehen, während ♂♂ fehlen.
Themira →Sepsidae.
Thera →Geometridae.
Theria →Geometridae C14.
Therevidae, Luchsfliegen, Stilettfliegen („Stilett": Thorax = Griff, Hinterleib = Klinge); Fam. der Zweiflügler (Diptera, Brachycera, Asiliformia) mit in Eur ± 85, M-Eur 39, Dt 29 Arten; Imagines klein bis mittelgroß (2,5–15 mm), borstig, oft pelzig behaart; ähnlich den verwandten Raubfliegen (→Asilidae), aber ohne eingesenkte Stirn und vorquellende Augen [T-43]; mit langen Beinen; ♀ mit Dornenkranz um den Ovipositor. Gewandte, schnelle Flieger, Flug meist nur kurz; besuchen zur **Nahrungsaufnahme** Blüten und Dung, sollen gelegentlich zarthäutige Insekten fangen; auf Wiesen und Weiden, sonnen sich gerne auf Sandboden; hier auch die **Eiablage,** wenigstens bei der auf Dünen- oder Heideboden heimischen Art *Acrosanthe annulata* F. Die wurmförmigen **Larven** mit scheinbar mit 19 Segmenten durch sekundäre Vermehrung der vorderen Hinterleibssegmente [T-44]; im Boden, auch in vermodertem Holz; mit schlängelnder Bewegung; Allesfresser; gelegentlich schädlich z. B. an Kiefernpflanzungen („weißer Drahtwurm"); verzehren wohl v. a. Insektenlarven und -puppen (Elateridae, Scarabaeidae, Tenebrionidae; Kiefernspinner-Raupen →Lasiocampidae 10), auch Nematoden und

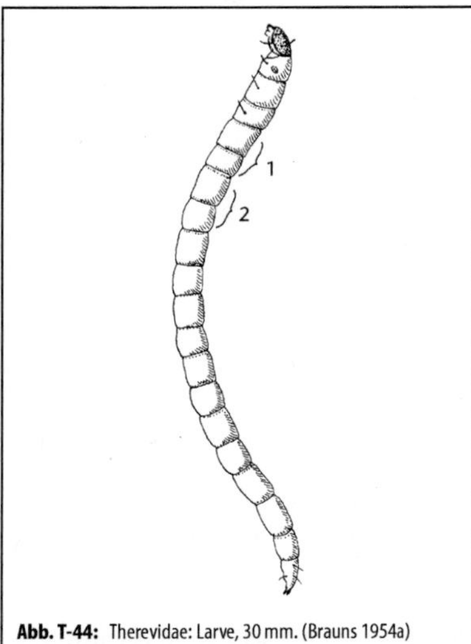

Abb. T-44: Therevidae: Larve, 30 mm. (Brauns 1954a)

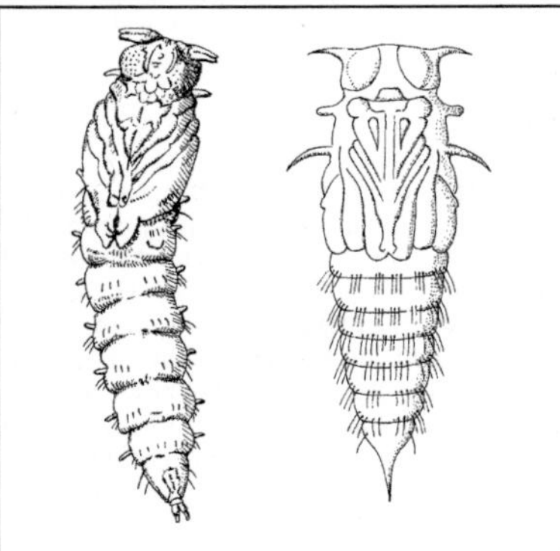

Abb. T-45: Therevidae: Puppen von *Thereva cinifera* (rechts) und *Thereva* spec., 12 mm. (Séguy 1951a; Escherich 1914–42)

Regenwürmer (Lumbricidae). 5 Larvenstadien; **Überwinterung** als Larve beobachtet; **Puppen** [**T-45**] im Boden.
Lit. →Diptera. gelegentlich an den Blüten von Sträuchern oder auf Laub, häufiger in sandiger, trockener Umgebung.
Therioaphis →Drepanosiphidae B5.
Therion →Ichneumonidae.
Thermobia →Zygentoma A.
Therobia →Tachinidae.
Thes →Latridiidae 2.

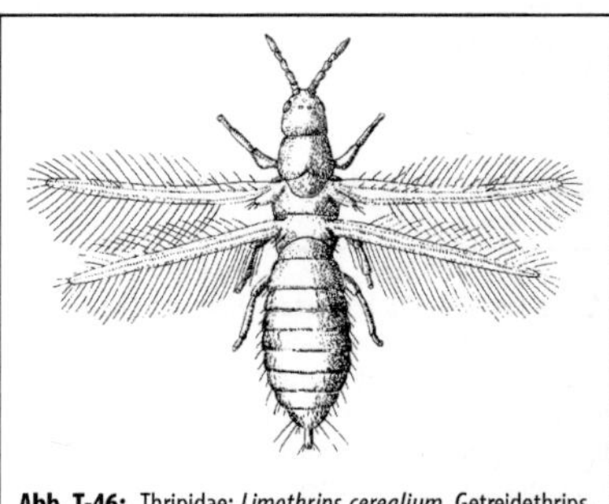

Abb. T-46: Thripidae: *Limothrips cerealium*, Getreidethrips. ♀, 1,4 mm. (Brandt 1957)

Thiasophila, Staphylinidae; →Formicidae.
Thinophilus →Dolichopodidae.
Tholera →Noctuidae.
Thomasiniana →Cecidomyiidae C3, C4.
Thremma →Thremmatidae.
Thremmatidae; Fam. der Köcherfliegen (Trichoptera) mit 4 Arten der Gttg. *Thremma* in Eur, in M-Eur nur *Th. gallicum* McLachlan (5–6 mm; in Dt im Schwarzwald); oft zu den ansonsten außereuropäischen **Uenoidae** gestellt; Imagines (VI–VII) schwärzlich, Vorderflügel rauchgrau; Larven →eruciform, in Gebirgsbächen; mit mützenförmigen Steingehäusen.
Lit. →Trichoptera.
Thripidae; Fam. der Fransenflügler (Thysanoptera, Terebrantia) mit in Eur ± 265, M-Eur ± 175, Dt 138 Arten; Vorderflügel schmal, apikal zugespitzt; einige Arten flügellos (z. T. nur die stets kleineren ♂♂); Legebohrer nach unten gebogen und gezähnt, Eiablage in Pflanzengewebe; saugen meist an Blättern und Blüten (*Scolothrips longicornis* Priesner bevorzugt an Spinnmilben). Mit einer Anzahl an Kulturpflanzen schädlicher Arten (durch Saftsaugen und Übertragung von Viren), u. a.:
1. *Heliothrips haemorrhoidalis* Bou., Gewächshausthrips, Schwarze Fliege; mit Flügeln, schwarzbraun; belästigte Larven biegen den Hinterleib nach vorne über den Kopf und geben ein schwarzes Sekret ab; aus Australien stammend, bei uns an verschiedensten Gewächshauspflanzen; Eiablage in die Pflanze; bis zu 12 Generationen im Jahr.
2. *Limothrips cerealium* Hal., Getreidethrips, Getreideblasenfuß, Gewitterfliege (1,2–1,4 mm; [**T-46**]); ♂ ohne Flügel, ♀ geflügelt, schwarzbraun; nicht selten an Getreide schädlich; im Spätsommer (entgegen der Bezeichnung „Gewitterfliege") meist nicht bei schwülem, sondern bei

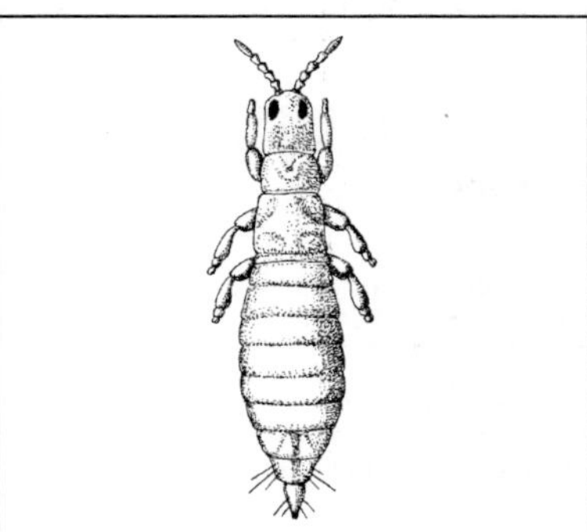

Abb. T-47: Thripidae: *Aptinothrips rufus*, Roter Blasenfuß. 1 mm. (Brandt 1957)

sonnigem Hochdruckwetter zuweilen durch Massenauftreten für den Menschen lästig, angelockt durch Duftstoffe im Schweiß; Eiablage unter die Oberhaut der Pflanze; in M-Eur vermutlich 2 Generationen.

3. *Aptinothrips rufus* Gmel., Roter Blasenfuß (1 mm; [**T-47**]); ♂ und ♀ flügellos, rotbraun; bisweilen schädlich an Wiesengräsern; ♂♂ sehr selten; →Parthenogenese; Überwinterung als Larve und ♀-Imago.

4. *Kakothrips pisivorus* Westw., Erbsenthrips (ca. 1,4 mm); nicht selten schädlich; saugt an Erbsen und anderen Leguminosen; Eiablage im VIII in die Staubfäden der Wirtspflanze; die Larven überwintern.

5. *Thrips pini* Uzel (= *laricivorus* Krat. & Far.), Lärchenthrips (1–1,2 mm); geflügelte Art; Larven und Imagines saugen an Trieben und Nadeln der Lärchen (seltener der Fichten und anderer Nadelbäume); Schaden: geringeres Wachstum der Lärchen, insbesondere wegen des Befalls der Wipfel; Eiablage im Frühling in Lärchennadeln; Pronymphen und Nymphen tief am Stamm unter Rindenschuppen; 2 Generationen, junge ♀♀ der 2. Generation überwintern an Fichtentriebspitzen (in Lärchennähe).

6. *Thrips fuscipennis* Hal., Rosenthrips (0,8–1 mm); →polyphag in Blüten, schädlich an Rosen und anderen Gartenpflanzen.

7. *Thrips angusticeps* Uzzu., Ackerthrips (0,7–1,2 mm); Imagines dunkelbraun bis schwarz, Larven gelb oder orange; →polyphag, befällt auch Leguminosen, Getreide, Kohl; stark befallene Pflanzen sterben (teilweise) ab oder zeigen verkrüppelte Blätter.

8. *Thrips tabaci* Lind., Tabakthrips (ca. 1 mm); zuweilen sehr schädlich an Tabak, Zwiebeln und vielen anderen Pflanzen; Überwinterung als Larve und Imago; 2–3 Generationen.

9. *Thrips palmi* Karny; Ursprung in Südostasien; weltweit wohl der wichtigste Schadthrips; →polyphag, vielfach auf Gemüsepflanzen.

10. *Frankliniella intonsa* Tryb.; häufigster Blütenthrips bei uns (Freiland und Gewächshaus); →polyphag, manchmal schädlich.

11. *Frankliniella occidentalis* Perg.; Heimat Nordamerika; in M-Eur bevorzugt in Gewächshäusern und Wohnungen, in milden Wintern auch im Freien; →polyphag, saugt an Pflanzen aus über 60 Fam., darunter an Gemüse (gelegentlich auch an kleinen Insekten und Milben); wichtiger Überträger des *tomato spotted wilt virus* (Tomatenbronzeflecken-Virus), bedeutendster Schädling im Zierpflanzenanbau in Europa, mit Resistenzen gegen zahlreiche Insektizide.
Lit. →Thysanoptera; Mantel 1989; Strassen 1989.
Thrips →Thripidae 5, 6, 7, 8, 9.
Thripse →Thysanoptera.
Thorictus →Dermestidae.
Throscidae, Hüpfkäfer; Fam. der Käfer (Coleoptera, Polyphaga, Elateriformia) mit in Eur 16, M-Eur 12, Dt 10 Arten v. a. der Gttg. *Trixagus* (früher *Throscus*), häufig z. B. *T. dermestoides* L.; kleine (höchstens 4 mm), ovale Käfer mit einseitig gekeulten Fühlern; gute Flieger; meist nachtaktiv, in der Bodenstreu, an Baumstämmen, im Mulm von Stubben, auch auf Gebüsch und Blüten; ähnlich den verwandten Schnellkäfern (→Elateridae) mit (selten genutztem) Schnellvermögen, stellen sich eher tot (dabei an trockene Samen erinnernd); Ernährung der kurzlebigen Imagines unklar, mit symbiotischen Mikroorganismen in 4 Mycetomen (→Mycetocyten; Übertragung auf die Nachkommen noch unklar); ♂ klopft bei der Balz der mit den Fühlern und vibriert mit Deck- und Hinterflügeln; die Larven mit sehr kurzen Beinen, in sich zersetzendem Pflanzenmaterial, in Genist am Ufer von Gewässern, in ausfaulenden Baumhöhlen, Larven von *T. dermestoides* saugen im Boden an Mykorrhiza-Pilzfäden.
Lit. →Coleoptera; Buchner 1953.
Throscus →Throscidae.
Thryogenes →Curculionidae A.
Thrypticus →Dolichopodidae.
Thyatira →Thyatiridae.
Thyatiridae, Eulenspinner, Wollrückenspinner; Fam. der Schmetterlinge (Lepidoptera, Glossata, Drepanoidea) mit in Eur 11, M-Eur 10, Dt 9 Arten; Schwestergruppe der →Drepanidae und oft als U-Fam. **Thyatirinae** dazugestellt; die nachts fliegenden, mittelgroßen Falter ähneln sehr den Eulen (→Noctuidae), von denen sie sich jedoch

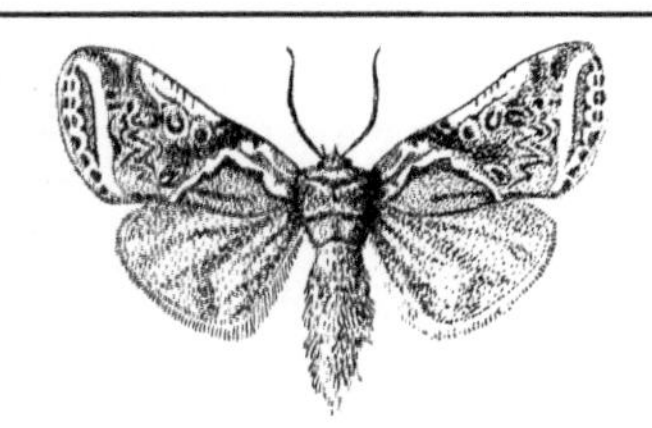

Abb. T-48: Thyatiridae: *Habrosyne pyritoides*, Achatspinner. ♂, Flspw. 36 mm. (Forster & Wohlfahrt 1954–81)

Abb. T-49: Thyatiridae: *Thyatira batis*, Roseneule. ♂, Flspw. 33 mm. (Forster & Wohlfahrt 1954–81)

Abb. T-50: Thyrididae: *Thyris fenestrella*. ♂, Flspw. 14 mm. (Forster & Wohlfahrt 1954–81)

in den Antennen unterscheiden: zweifarbig (oben weißlich, unten rötlich oder braun), breiter und abgeflacht und immer kürzer (gegenüber 1-farbigen, drehrunden und längeren Antennen bei Noctuidae); Flügel in Ruhe dachförmig; Rüssel gut ausgebildet; v. a. in Wäldern und an Waldsäumen. Mit komplexem Tympanalorgan am Vorderende des Hinterleibs (ähnlich den →Drepanidae). **Raupen** unbehaart, an Blättern von Laubbäumen (außer 1–2: an *Rubus*); spinnen meist einige Blätter zu einem Gehäuse zusammen, das sie nachts zum Fressen verlassen; Verpuppung im Gespinst zwischen Blättern; Überwinterung als Puppe (nur die Herbstart *Cymatophorina diluta* Den. & Schiff. als Ei). Häufig und durch die Flügelzeichnung auffallend: **Habrosyne pyritoides** Hufn., Achatspinner (Flspw. 35–40 mm; [**T-48**]) und **Thyatira batis** L., Roseneule, Brombeereule (Flspw. 32–38 mm; mit rosa-Zeichnung in den hellen Vorderflügelflecken [**T-49**]); beiden Arten gemeinsam: Raupen an Himbeere und Brombeere; Jungraupen frei auf der Blattfläche (die von *Thyatira* ähnelt Vogelkot); ältere Raupen zwischen zusammengesponnenen Blättern, heben in der Ruhehaltung Vorder- und Hinterende hoch [**T-49**]; fliegen V–VIII in 1–2 Generationen im Jahr.
Lit. →Lepidoptera; Freina & Witt 1987; Mörtter 1994; Steiner et al. 2014.

Thymalidae, *Thymalus* →Trogossitidae B.
Thymelicus →Hesperiidae B.
Thymian-Ameisenbläuling, *Phengaris arion* L. →Lycaenidae C6.
Thynnidae; Fam. Der Hautflügler (Hymenoptera, Apocrita, Vespiformes), wird inzwischen von den verwandten →Tiphiidae abgetrennt; in Eur ± 18, M-Eur 4, Dt 2 Arten, bei uns in Dt nur noch die seltene, auffällig geschlechtsdimorphe ***Methocha articulata*** Latr.: ♀ 4–8 mm, flügellos, ameisenähnlich, sehr schlank, ♂ kräftiger (6–12 mm) und geflügelt; Larve ist Parasitoid bei Sandlaufkäferlarven (→Cicindelidae); das ♀ sucht zur Eiablage *Cicindela*-Larven auf; wird von ihnen zwar mit den Kiefern gepackt und hochgehoben, aber wegen seiner Schlankheit nicht verletzt; Paralyse des Wirtes zunächst durch Stich in die Kehle, dann durch weitere Stiche in den Körper; Eiablage außen an die Larve; die ausgeschlüpfte Wespenlarve saugt den Wirt von außen her aus, verpuppt sich nach etwa 4 Wochen in einem Kokon daneben.
Lit. →Hymenoptera; Oehlke 1974.
Thyreocoridae →Synonym für Corimelaenidae.
Thyreocoris →Corimelaenidae.
Thyreophora →Piophilidae.
Thyreus →Apidae B5.
Tyria →Erebidae K13; →Lepidoptera.
Thyrididae, Fensterschwärmerchen; Fam. der Schmetterlinge (Lepidoptera, Glossata); überwiegend tropisch, in Eur & Dt nur *Thyris fenestrella* Scop. [**T-50**]; kleiner Falter (Flspw. etwa 14 mm) mit unbeschuppten, fensterartig durchsichtigen Flecken auf den gezackten Flügeln; Rüssel gut entwickelt; fliegt V–VII, v. a. tagsüber gern an die Blüten von Holunder und von Doldengewächsen, hebt die Flügel in Ruhe mäßig an. Die bräunliche oder grünliche, mit schwarzen Punktwarzen besetzte, nach Wanze riechende **Raupe** an Waldrebe (*Clematis*), ähnlich Wicklern in einer Blattrolle (Blatt von der Spitze her neben der Mittelrippe durchbissen und aufgerollt [**T-51**]); **Verpuppung** im IX in lockerem Gespinst, an der Nahrungspflanze oder in der Erde, auch in hohlen Holunderstecken

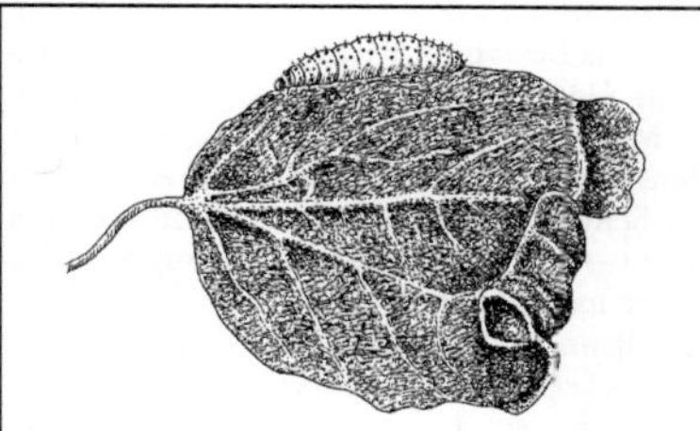

Abb. T-51: Thyrididae: *Thyris fenestrella*. Raupe und Blattrolle. (Eckstein 1913–33)

und ähnlichen Verstecken; die Puppe überwintert; 1–2 Generationen im Jahr.

Lit. →Lepidoptera; Thiele 1994.

Thyris →Thyrididae.

Thysania →Noctuidae.

Thysanoptera, Thripse, Fransenflügler, Blasenfüße; Ordg. der Insekten; bilden mit den →Hemiptera die übergeordnete Gruppe →Condylognatha; ± 515 Arten in Eur, ± 230 in Dt, davon einige nur in Gewächshäusern; kleine (meist 1–2 mm, die kleinsten 0,5 mm), etwas abgeflachte, schlanke, mehr oder weniger dunkel gefärbte Landinsekten [**T-52**]; Ausnahme: *Organothrips*, in Blattscheiden unter Wasser, gelegentlich mit Aquarienpflanzen eingeschleppt); Färbung innerhalb einer Art oft variabel (mit regionalen und saisonalen Unterschieden), kurz vor der Überwinterung oft gelblich (wegen des durchscheinenden Fettkörpers); häufig Sexualdimorphismus (♂ oft kleiner und anders gefärbt, mit verkürzten Flügeln und Antennen); Komplexaugen und oft (bei geflügelten Formen immer) auch Ocellen vorhanden. **Mundteile** stechend-saugend, in Ruhe hypognath (nach unten-hinten weisend); Labrum und Labium bilden kurzen Kegel, der 3 Stechborsten umhüllt (linke Mandibel zum Durchstoßen der Zellwand bzw. des Chitinpanzers; 2 Lacinien, die zusammen ein Saugrohr bilden); beim Stich werden die Spitzen der Stechborsten durch das Heben des Mundkegels vorgeschoben und können ins Substrat eindringen; **Nahrung** vieler Arten Pflanzensäfte, die durch das Anstechen einzelner Zellen (an Blättern, Stängeln, Pollenkörnern, auf und unter der Rinde) frei werden, auch an Nektar (viele Arten auf Blüten); oft saugt die gleiche Art an verschiedenen Pflanzen; einige sind auf bestimmte Pflanzen oder Pflanzengruppen eingestellt; zahlreiche andere (überwiegend →Phlaeothripidae) auf Pilzsporen oder Pilzfäden spezialisiert; die wenigen jagenden Ar-

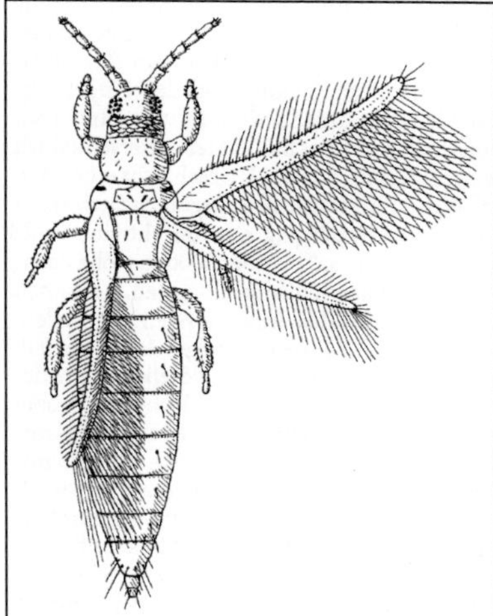

Abb. T-52: Thysanoptera: *Anaphothrips obscurus*. ♂. (Eidmann 1941)

ten (*Aeolothrips*, →Aeolothripidae; *Scolothrips longicornis* Priesner, →Thripidae) nehmen tierische Säfte (von Milben, Blattläusen, Schildläusen, anderen Thripsen und weiteren kleinen Insekten), andere werden nur bei Nahrungsmangel zu Jägern (z. B. *Thrips tabaci* Lind., *Frankliniella occidentalis* Perg.); Gallenbildung durch eine Reihe (tropischer und subtropischer) Arten (z. B. *Gynaikothrips ficorum* an Feigenarten; wird oft mit Zierpflanzen eingeschleppt, recht groß). Mäßig lange **Beine**, letztes Fußglied mit einem als faltbares Haftorgan ausgebildeten Arolium („Blasenfuß"): ersetzt die bei den Imagines rudimentären oder fehlenden Klauen (nur bei Larven gut entwickelt) und verhindert ungewollte Windverfrachtung der leichten Tiere; meist 2 Flügelpaare vorhanden; **Flügel** schmal, mit schwachem (Terebrantia) oder ohne (Tubulifera) Geäder, an den Hinterrändern lange, borstenförmige Haare; bei Terebrantia in längs gestreckte, achter-förmige Pfannen eingelenkt, sodass sie in 2 Stellungen arretiert werden können: in Ruheposition (Flügel parallel zur Körperlängsachse flach auf dem Rücken) bilden sie mit der Flügelachse einen Winkel von ca. 15°, in Flugposition (Vorder- und Hinterflügel miteinander gekoppelt) stehen sie von den Flügeln rechtwinkelig ab und vergrößern dabei die wirksame Flügelfläche um mehr als das Doppelte; vor dem Abflug werden die Haare mithilfe abdominaler Borstenkämme in Flugposition, nach Flugende mithilfe tibialer Borstenkämme der Hinterbeine in Ruheposition gekämmt; Rückbildung der Flügel verschiedenen Ausmaßes kommt vor (kann auch innerhalb einer Art individuell unterschiedlich sein), zuweilen nur bei 1 Geschlecht einer Art; die aktive **Flugleistung** ist gering, jedoch spielt die Windverfrachtung eine beachtliche Rolle (im „Luftplankton" bis über 3000 m Höhe nachgewiesen); putzen häufig Antennen, Abdomen und Flügel mit den Innenborsten der Tibien; manche Arten können springen: der Hinterleib wird ventral eingerollt und plötzlich gestreckt. **Fortpflanzung** z. T. 2-geschlechtlich, wobei sich die ♀♀ aus besamten, die ♂♂ aus unbesamten Eiern entwickeln (arrhenotoke →Parthenogenese ähnlich den Hymenoptera); ♂♂ treten jedoch selten auf, nur bei ca. 30 % der europäischen. Arten sind ♂♂ überhaupt bekannt, Fortpflanzung demnach oft durch thelytoke →Parthenogenese; zuweilen treten bei der gleichen Art 2 Formen mit 1- bzw. 2-geschlechtlicher Fortpflanzung auf; Sternaldrüsen am Hinterleib der adulten ♂♂ von →Thripidae produzieren (vermutlich) ein Sexualpheromon; bei der **Paarung** sitzt das ♂ auf dem ♀; die **Eier** werden entweder in Pflanzengewebe eingestochen (Terebrantia; ♀ mit 4-teiligem Legebohrer) oder frei abgelegt, meist einzeln an die Unterlage geklebt (Tubulifera; ♀ ohne Legebohrer, Hinterleibsende röhrenartig verlängert); Anzahl der abgelegten Eier zwischen 15 und 250; selten werden lebende Larven (oder Eier, aus denen sofort die Larven schlüpfen: Ovoviviparie) abgesetzt. Postembryonale **Entwicklung** als Remetabolie (→Neometabolie): zunächst 2 Larvenstadien ohne äußere Flügelanlagen und mit Einzel- statt Komplexaugen auf, jedoch gleicher Lebensweise wie Imago; dann 2 oder 3 Ruhestadien, meist im Boden (in der Galle bei Gallenbildnern): eine Pronymphe mit (Terebrantia) oder ohne (Tubulifera) äußere Flügelanlagen und 1 (Terebrantia) oder 2 (Tubulifera) Nymphenstadien mit deutlichen äußeren Flügelanlagen; Pronymphe und Nymphe wenig aktiv, ohne Nahrungsaufnahme, jedoch mit teilweisem Umbau der Organe (daher auch als Vorpuppe und Puppe bezeichnet, vgl. →Holometabolie); Flügel und Antennen der Nymphe in einer häutigen Scheide, die Antennen über den Kopf zurückgelegt; Häutung und Verpuppung bei manchen Arten in einem selbst gesponnenen Kokon. **Überwinterung** i. d. R. am oder im Boden, meist als Imago, selten auch oder nur als Larve; manche Arten mit 1, andere

mit mehreren Generationen im Jahr. Einige Arten als **Bestäuber** wichtig, z. B. *Ceratothrips ericae* Hal. bei Heidekraut (*Calluna, Erica*); bei Massenauftreten sind manche Arten dem Menschen zuweilen **lästig** durch Aufsaugen von Schweiß (Juckreiz), durch Einfliegen ins Auge (→Thripidae) oder durch Saugversuche an der menschlichen Haut (*Limothrips cerealium*; kann zu allergischen Reaktionen führen); *Karnyothrips flavipes* ist als gelegentlicher Blutsauger am Menschen bekannt; nicht wenige Arten bei Massenvermehrung an Kulturpflanzen **schädlich**: Saftentzug kann zu Verkorkung und Verkrüppelung der Blätter und Absterben der Sprossspitzen führen; „Silberglanz" durch Luftfüllung der leergesogenen Zellen (Gladiolen); Verkrüppelung von Früchten durch Saugen am Fruchtknoten (in Mittelmeerländern schwere Schäden an Aprikosen-, Zwetschgen- und Pfirsichkulturen; bei uns durch *Frankliniella occidentalis* Perg. verkrüppelte Gurken, besonders in Gewächshauskulturen); manche Arten bedeutsam als **Überträger** von Virus- oder Bakterienkrankheiten von Pflanzen (der Tomatenbronzeflecken-Virus mit ca. 250 Wirtspflanzen wird nur durch Th. übertragen; die Th. müssen das Virus als Larve aufnehmen, da es die Darmwand der Imago nicht durchdringen kann, sind dann aber persistente Überträger). Als **Parasiten** sind Nematoden nachgewiesen; als **Parasitoide** wenige Erzwespenarten bekannt: in Eiern *Megaphragma* (→Trichogrammatidae; nur in S-Eur), in Larven mehrere Arten der →Eulophidae (z. B. *Ceranisus menes* Walk. bei Arten der Thripidae, *Entedonomphale bicolorata* Ishii bei Phlaeothripidae-Arten); Grabwespen der Gttgn. *Ammoplanus* (→Ammoplanidae) und *Spilomena* (→Pemphredonidae) sind auf Thripse spezialisiert; zahlreiche weitere Arthropoden jagen Thripse: Wanzen (→Heteroptera), Gallmücken (→Cecidomyiidae), Fliegen (→Asilidae, →Dolichopodidae, →Syrphidae, →Chloropidae, →Hybotidae), Faltenwespen (→Vespidae), Ameisen (→Formicidae), Käfer (→Carabidae, →Coccinellidae, →Melyridae A, →Staphylinidae), Grillen (→Gryllidae), Netzflügler (→Chrysopidae, →Hemerobiidae), Milben, Bücherskorpione (Pseudoscorpiones). - 2 Gruppen: **A) Terebrantia:** ♀ mit Legebohrer zum Einstechen der Eier in Pflanzengewebe; Hinterleibsende des ♂ abgerundet; →Aeolothripidae; Fauriellidae (mit in Eur 2, Dt 1 seltenen, wenig bekannten Art); →Thripidae; **B) Tubulifera:** ♀ ohne äußerlich sichtbaren Legeapparat, Hinterleibsende bei ♂ und ♀ röhrenförmig verengt; nur →Phlaeothripidae.

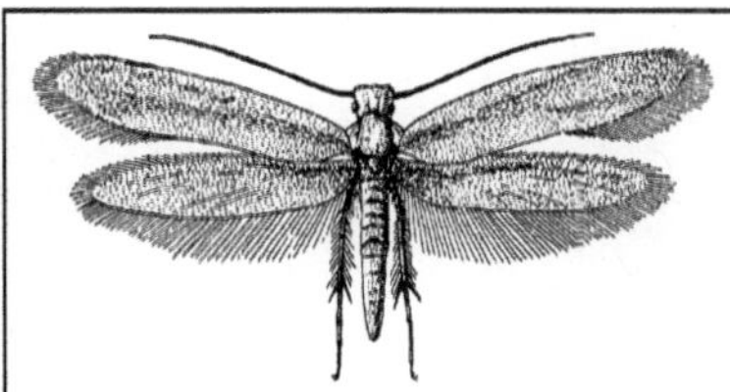

Abb. T-53: Tineidae: *Tineola bisselliella*, Kleidermotte. Flspw. ca. 14 mm. (Bourgogne 1951)

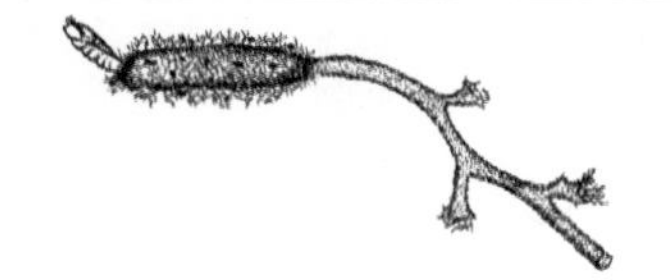

Abb. T-54: Tineidae: *Tineola bisselliella*, Kleidermotte. Gespinströhre mit Puppenkokon und Puppenhülle. (Escherich 1914–42)

Lit. Ananthakrishnan & Raman 1989; Bournier 1993; Lewis 1973; Moritz 2006; Mound 2005; Palmer et al. 1989; Pesson 1951b; Strassen 1986; ThripsWiki; Triapitzyn 2005.

Thysanura, Borstenschwänze; →paraphyletische Gruppe aus →Archaeognatha und →Zygentoma.

Tibicen →Cicadidae 1.

Tibicina →Cicadidae 3.

Tierläuse →Phthiraptera.

Tigerlaufkäfer →Cicindelidae.

Tiliacea →Noctuidae.

Timarcha, Timarchinae →Chrysomelidae I.

Tinagma →Douglasiidae.

Tinea →Tineidae 2.

Tineidae, Echte Motten; Fam. der Schmetterlinge (Lepidoptera, Glossata, Tineoidea) mit in Eur ± 215, M-Eur 83, Dt 68 Arten; unter ihnen nicht wenige, die durch Raupenfraß an tierischen und pflanzlichen Materialien schädlich werden und durch Verkehr und Handel weltweit verbreitet sind; Falter klein bis mittelgroß; Flügel schmal, befranst, dachförmig angelegt; Saugrüssel verkümmert; Raupen meist weißlich mit bräunlichem Kopf, mit Kranzfüßen; die **Larven** von 3 U-Fam. (Nemapogoninae →5–6, Scardiinae →7, Euplocaminae) ausschließlich an Pilzen und pilzfädenreichem Faulholz; andere an trockenem pflanzlichen pflanzlichem Material (Myrmecozelinae, Hieroxestinae) oder an keratin- und chitinhaltigen Substraten (Tineinae →1–4), aber auch diese nehmen wohl in der Nahrung enthaltenen Pilzfäden zu sich; Raupen weniger Arten leben von Farnen (Teichobiinae →8) oder Flechten, in Höhlen (von Fledermauskot?) oder in Ameisennestern (fressen Detritus); Raupen finden sich häufig in mit Kot versetzten, zuweilen transportablen Gespinströhren, die sie zur **Verpuppung** mit Seide verschließen, Verpuppung sonst in Gespinst; die beweglichen Puppen schieben sich vor dem Schlüpfen des Falters heraus.

1. Tineola bisselliella Hum., Kleidermotte [**T-53**]; Flspw. ca. 16 mm; Falter mit gelblichen ungefleckten Vorderflügeln. Die ♂♂ fluglustig, die ♀♀ nicht, aber gute Läufer. Zur Anlockung von ♂♂ bewegt das jungfräuliche ♀ windend das Hinterleibsende (Duftdrüsen!); herbeikommende, erregte ♂♂ scheinen noch selbst einen auf das ♀ wirkenden Lockstoff abzugeben; die **Eier** werden lose am Fresssubstrat abgelegt. Die weißen **Raupen** in beiderseits offenen Gespinströhren [**T-54**]; fressen v. a. an Stoffen tierischer (Wolle, Federn, auch Insekten), seltener pflanzlicher Herkunft (Baumwolle, Seide); jede Raupe frisst einzeln weniger als im Verband, ♂-Raupen weniger als ♀-Raupen; zahlreiche Häutungen (bis 11); die Puppe in einem spindelförmigen, ringsum verschlossenen Kokon [**T-54**], häufig über dem Fressplatz der Raupe, mit Material aus der unmittelbaren Umgebung verkleidet und daher gut getarnt. **Entwicklungsdauer** und demnach auch Zahl der Generationen im Jahr wechselnd je nach Temperatur und Nahrungsangebot (lange Hungerfähigkeit).

2. Tinea pellionella L., Pelzmotte; Lebensweise ähnlich wie bei der Kleidermotte; die Raupe trägt die Gespinströhre mit sich herum, frisst v. a. an Pelzen (Wolle) und Federn; Verpuppung in einem oft an Wänden festgesponnenen Kokon [**T-55**].

3. Monopis laevigella Den. & Schiff. (= *rusticella* Hbn.), Fellmotte; Raupe in Nestern, Eulengewöllen oder ausgetrocknetem Aas (Federn, Haare), auch an weggeworfenen Textilien.

4. Trichophaga tapetzella L., Tapetenmotte [**T-59**]; Lebensweise ähnlich wie bei Kleidermotte; die Raupen in einem festgesponnenen oder frei getragenen Gespinströhrchen, nicht selten auch an Eulengewöllen.

5. Nemapogon granella L., Kornmotte, Weißer Kornwurm [**T-56**]; die Falter fliegen nachts; Eiablage einzeln oder in Häufchen; die Raupe frisst außer an vermoderndem Holz und an Baumschwämmen häufig an trocken gelagertem Getreide (verspinnt die Körner) und an anderen pflanzlichen Vorräten; Puppenkokon in Ritzen, in ausgehöhlten Körnern; (meist) mehrere Ge-

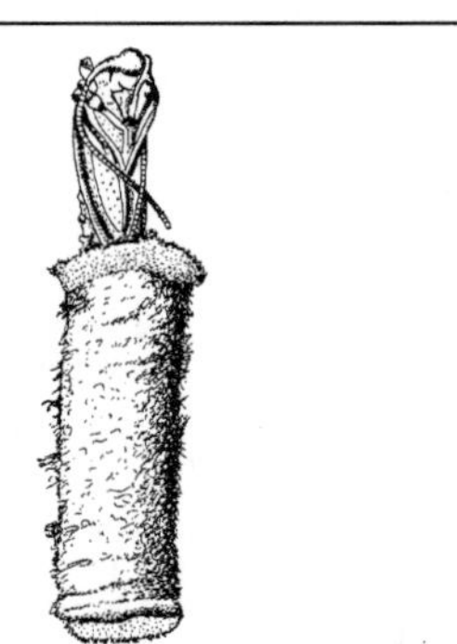

Abb. T-55: Tineidae: *Tinea pellionella*, Pelzmotte. Puppengespinst mit vorgeschobener Puppenhülle; ca. 1,3 mm. (Bourgogne 1951)

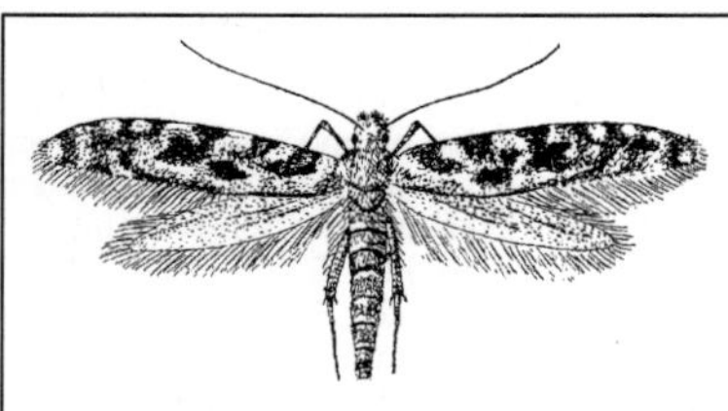

Abb. T-56: Tineidae: *Nemapogon granella*, Kornmotte. Flspw. ca. 13 mm. (Sorauer 1949–57)

Abb. T-57: Tineidae: *Nemapogon cloacella*, Korkmotte. (Escherich 1914–42)

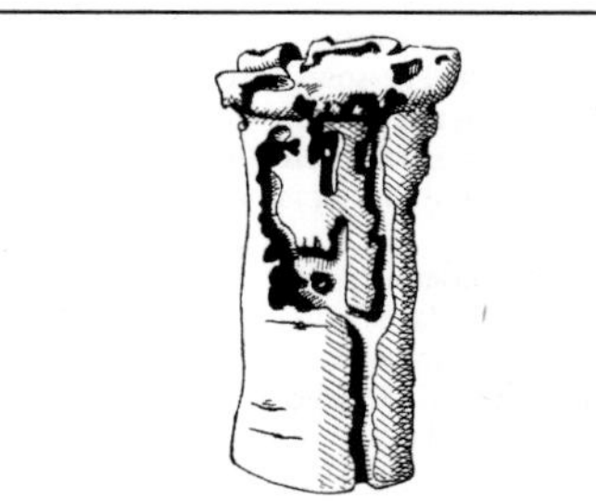

Abb. T-58: Tineidae: *Nemapogon cloacella*, Korkmotte. Fraß der Raupe am Kork einer Weinflasche. (Escherich 1914–42)

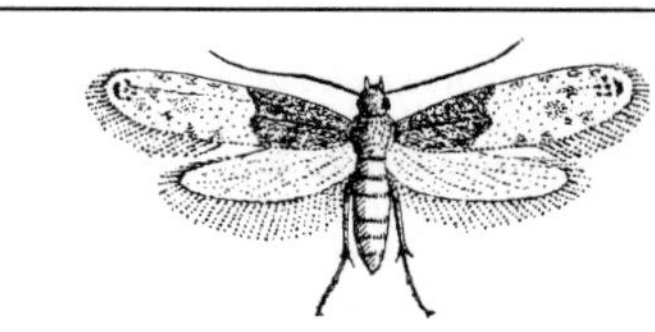

Abb. T-59: Tineidae: *Trichophaga tapetzella*, Tapetenmotte. (Bollow 1958)

nerationen; Überwinterung in allen Stadien möglich; gefürchteter Vorratsschädling.

6. *Nemapogon cloacella* Haw., Korkmotte, Schleusenmotte [**T-57**]; nahe verwandt mit der Kornmotte; die Raupe frisst an Faulholz und an Baumschwämmen, aber auch verschiedenen, nicht zu trockenen Vorräten, wird in Weinkellern zuweilen durch Korkfraß [**T-58**] sehr schädlich; meist wohl nur 1 Generation; Überwinterung als Raupe; Verpuppung in einem Gespinst im Frühling.

7. *Morophaga choragella* Den. & Schiff.; die Raupen häufig in Baumschwämmen und faulendem Holz; an der Unterseite der Pilzkörper Raupenkot in Gespinströhren.

8. *Psychoides verhuella* Bruand, Farnmotte; schokoladenbrauner Falter (Flspw. 10 mm); Raupen im Gegensatz zu anderen Gttgn. an lebenden Pflanzen; Jungraupen minieren in Farnblättern, spätere Stadien außen an den Sporangien, legen mit Farnsporen getarnte Gespinstsäcke auf der Blattunterseite an.
Lit. →Lepidoptera.
Tineinae →Tineidae.

Tineola →Tineidae 1.
Tingidae, Netzwanzen, Gitterwanzen [**T-60**]; Fam. der Wanzen (Heteroptera, Cimicomorpha) mit in Eur ± 160, M-Eur 78, Dt 65 Arten; klein (bis 5 mm); flach, Vorderbrust und Vorderflügel oben mit gitter- oder netzartiger Struktur; Vorderflügel zuweilen glasklar durchsichtig; ohne Ocellen; Kurz- und Langflügeligkeit auch bei der gleichen Art nicht selten; träge Pflanzensaftsauger, sitzen dabei auf den Blattunterseiten; meiste Arten wirtsspezifisch; wenige Arten bei Massenauftreten schädlich; Eier werden meist mittels Legebohrer ins Wirtsgewebe gelegt; Überwinterung teils als Ei, teils als Imago, selten als Larve.

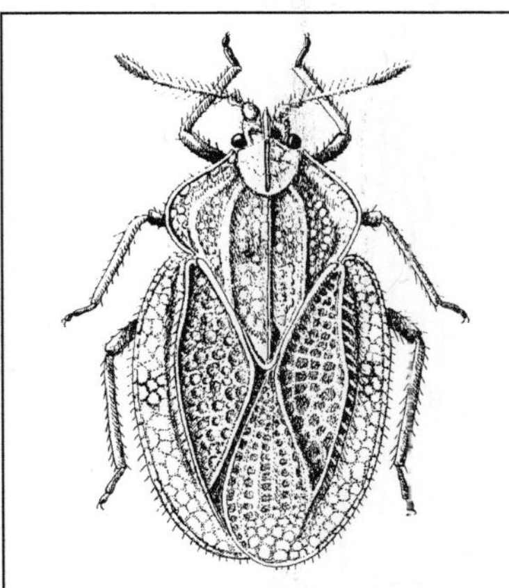

Abb. T-60: Tingidae: *Tingis reticulata*, Gitterwanze. Etwa 4,5 mm. (Rietschel 1969)

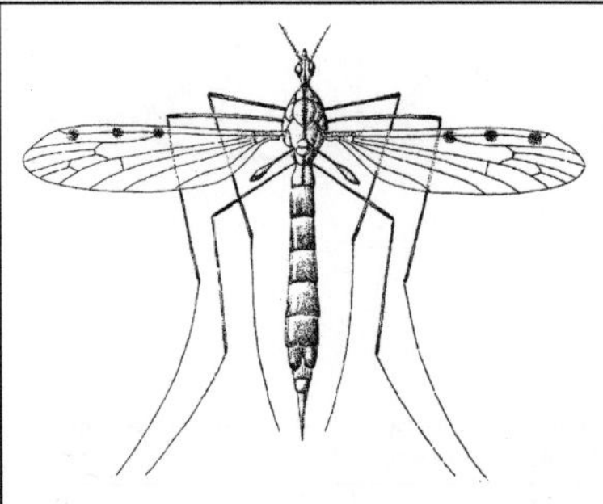

Abb. T-61: Tipulidae: *Limonia* spec., eine Stelzmücke. ♀, ca. 11 mm. (Séguy 1951a)

1. *Copium clavicorne* Thunb. und **C. *teucrii*** Host. (3–4 mm); mit extrem verdickten Antennen; saugen an Gamander (*Teucrium*); bewirken gallenartige Aufblähung des Blütenstandes der Wirtspflanze, in denen sich jeweils 1 Larve entwickelt; Gallen öffnen sich selbstständig, wenn das Imaginalstadium erreicht wird; überwintern als Imago in der Bodenstreu.

2. *Derephysia foliacea* Fall. (3–4 mm); mit durchsichtigen Maschenfeldern auf Vorderflügel und Halsschild; an verschiedenen kleinwüchsigen Pflanzen.

3. *Stephanitis pyri* F., Birnblattwanze (3 mm); außer an Birnbäumen auch an anderen holzigen Rosengewächsen (*Malus*, *Prunus*, *Crataegus*, *Sorbus*), an der Blattunterseite; im Mittelmeerraum bisweilen schädlich, bei uns selten; Ei auf der Blattunterseite mit Legestachel in ein Loch geschoben, das mit dem Rüssel ausgestochen wurde; Überwinterung meist als Imago, selten als Larve; in warmen Gebieten bis zu 4 Generationen im Jahr; überwintern meist als Imago im Falllaub oder am Stamm unter Borkenschuppen und zwischen Flechten.

4. *Stephanitis rhododendri* Horv., Rhododendronwanze; aus Japan stammend, Anfang des 20. Jahrhunderts aus Amerika in Europa eingeschleppt; 3–4 mm; an *Rhododendron*-Arten, bisweilen schädlich; Eiablage an der Blattunterseite dicht neben der Mittelrippe, in Gruppen oder Reihen; nur 4 Larvenstadien.

5. *Corythucha ciliata* Say, Platanen-Netzwanze; aus Nordamerika eingeschleppt; vor S-Eur aus schon bis zum Rhein-Main-Gebiet vorgedrungen; sehr häufig; befällt massenhaft Platanen; bei uns eine 1, im Mittelmeergebiet 2–3 Generationen pro Jahr; Eier werden an der Blattunterseite der Wirtsbäume angeklebt; überwintern als Imago häufig unter Borkenschuppen.
Lit. →Heteroptera; Péricart 1983.

Tinodes →Psychomyiidae.

Tintenfleck, *Leptidea* →Pieridae 7.

Tiphia →Tiphiidae.

Tiphiidae, Rollwespen; Fam. der Hautflügler (Hymenoptera, Apocrita, Vespiformes) mit in Eur 25, M-Eur 7, Dt 4 Arten; die Imagines (4–16 mm, ♀ größer als ♂) im Sommer häufig auf Blüten; Nektar- oder Honigtaunahrung notwendig für die Eiproduktion; die Larven ernähren sich, ähnlich wie die der →Scoliidae, von paralysierten Engerlingen der Blatthornkäfer, zu deren Erdhöhlen sich das ♀ vorgräbt (z. B. *Tiphia femorata* F. bevorzugt bei *Amphimallon*, →Scarabaeidae C3).

Tiphioidea, Gruppe der Stechimmen (Aculeata, →Hymenoptera); mit den Fam. →Thynnidae, →Tiphiidae.

Tiphodytes →Scelionidae.

Tipula →Tipulidae 4.

Tipulidae, Schnaken, Stelzmücken, Schneider; Fam. der Zweiflügler (Diptera, Tipulomorpha) mit in Eur ± 1050, M-Eur ± 590, Dt 437 Arten; kleine bis große Mücken (2–38 mm) mit schlankem Körper, schmalen Flügeln und lagen Beinen [**T-61**]; Körperfärbung meist in Grau- oder Gelbtönen; Untergesicht schnauzenartig vorgezogen, mit weichen Mundteilen [**T-68**]; **stechen nicht**, können lediglich offene Säfte (Wasser, freiliegenden Nektar) aufnehmen mit ähnlichen Rinnen (Pseudotracheen) auf den Labellen (umgewandelte Lippentaster) wie z. B.

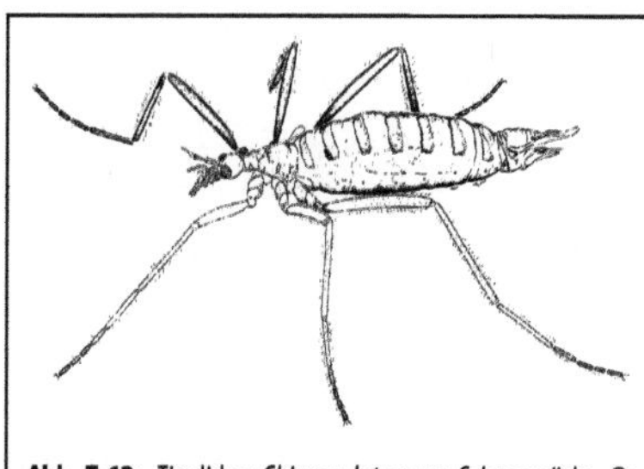

Abb. T-62: Tipulidae: *Chionea lutescens*, Schneemücke. ♀; 7,5 mm. (Original Bürgis 1987)

bei der Stubenfliege (→Muscidae); keine Ocellen; Zahl der Antennenglieder sehr verschieden. Auffallend die langen dünnen, an vorgebildeten Stellen leicht abbrechenden Beine; stelzender **Gang**, Stelzhaltung auch bei der Eiablage; die langen Beine ermöglichen ein leichtes Fußfassen im Gräserwald; ab und zu sieht man beim Schwanken der Gräser Kompensationsbewegungen in den Beingelenken, sodass der Körper in Ruhe bleibt; Bedeutung der Beine bei der Begattung s. u.; Abdomenende beim ♂ verdickt, mit Zangen zum Halten des ♀ bei der Begattung [**T-70**]; ♀ mit spitz ausgezogener Legeröhre, an deren Aufbau die Cerci beteiligt sind [**T-69**]. Flügel in Ruhe wie die Messer einer geschlossenen Schere übereinander auf dem Rücken, bei den Tipulinae meist schräg und nach hinten gehalten; manche Arten (*Dicranomyia*) zeigen ständiges Flügelzittern; der **Flug** ist wenig fördernd und träge; bei einigen Arten sind die Flügel verkümmert (z. B. *Chionea* →1 [**T-62**]). Manche Arten tanzen besonders gegen Abend in **Schwärmen** (Geschlechterfindung?), einige Arten auch an warmen Wintertagen („Wintermücken"; vgl. auch →Trichoceridae). **Eiablage** teils im Wasser, teils in feuchten Boden (Tipulinae auch in trockenere Wiesenböden), auch in faulendes Holz sowie an oder in Pflanzen (manche Cylindrotominae →3). **Larven** recht verschiedenartig nach in Gestalt und Lebensweise [**T-73**]; teils mit behaarten Kriechwülsten [**T-63**], teils ohne füßchenartige Bewegungsorgane (Cylindrotominae →3, Tipulinae →4); bei den im in strömendem Wasser in einer Seidenröhre lebenden Larven der Gttg. *Antocha* reine Hautatmung, meist aber mit offenem hintersten Stigmenpaar, umgeben von einem Stigmenfeld mit 4–6 Fortsätzen [**T-63, T-75**]; neben dem After ausstülpbare Analpapillen in wechselnder Zahl (Osmoregulation, →Chloridepithel); hemicephal (Kopfkapsel hinten unvoll-

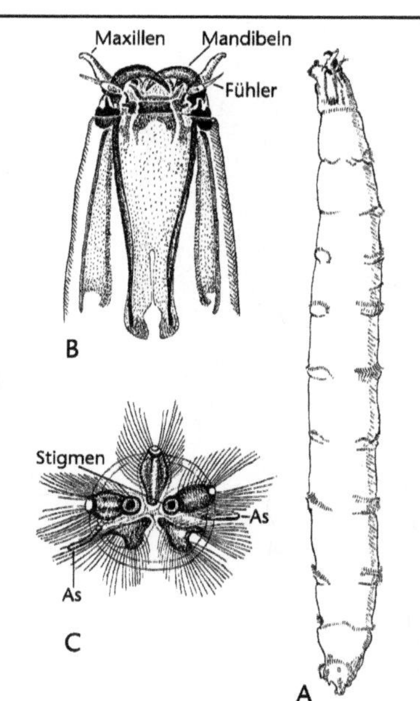

Abb. T-63: Tipulidae: Larven. A: terrestrische Form, 8 mm; B: Kopf einer Larve, hemicephal; C: Hinterende mit behaarten Lappen um die beiden Stigmen herum (metapneustisch); As: 2 Analschläuche. (Brauns 1954a)

ständig [**T-75**]); Mandibeln kräftig, zerkleinern zerfallendes und frisches pflanzliches (selten tierisches) Material; die wasserlebenden Larven vieler Arten im Wasser (*Dicranomyia* sogar im Watt), oft in der Schlammschicht, teils Detritus- oder Algenfresser (z. B. *Limonia* **T-61**), teils jagend (z. B. *Limnophila*); terrestrische Larven befressen sich zersetzende Pflanzenstoffe in der Laubstreu, unter Rinde, in Stubben (zuweilen bevorzugt in bestimmten Hölzern), Cylindrotominae (→3) und Tipulinae (→4) auch an Frischpflanzen, andere in Baumschwämmen (*Metalimnobia quadrimaculata* L.); die Larven einiger Arten gesellig in gemeinsamem Gespinst. Die nicht selten recht beweglichen Puppen i. d. R. am Fraßplatz der Larven, manche wasserlebenden Larven verpuppen sich aber am Ufer; Puppen oft mit Prothorakalhörnchen als Atemorganen (Spirakulumkiemen, →Plastron, z. B. *Lipsothrix*). Meist wohl 1 Generation im Jahr. Beispiele:

1. *Chionea*, Schneefliegen (besser Schneemücken) [**T-62**]; klein; in beiden Geschlechtern flü-

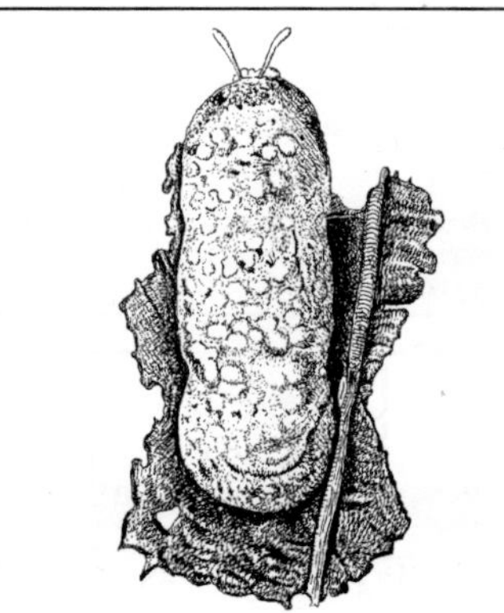

Abb. T-64: Tipulidae: *Thaumastoptera calceata*. Puppengehäuse einer Stelzmücke auf Buchenblatt; 2 Atemhörnchen; 5–6 mm. (Brauns 1991)

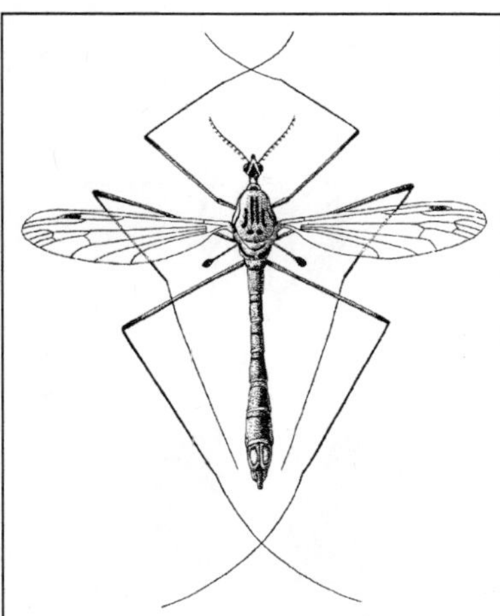

Abb. T-65: Tipulidae: *Cylindrotoma distinctissima*. ♂; Körperlänge 13 mm. (Séguy 1951a)

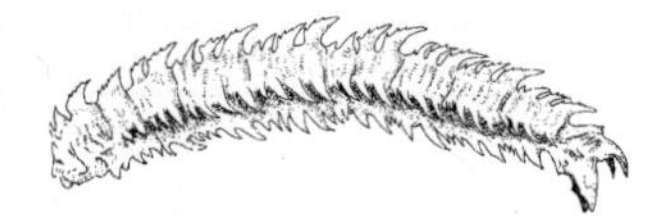

Abb. T-66: Tipulidae: *Trioga* spec. Larve, ca. 12 mm. (Brauns 1954a)

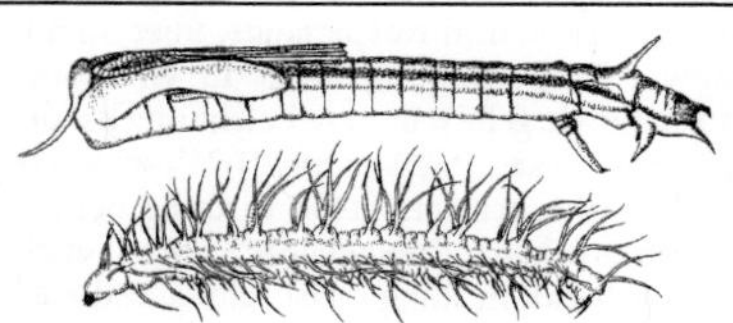

Abb. T-67: Tipulidae: *Phalacrocera replicata*. Larve (unten, 30 mm) und Puppe (25 mm). (Engelhardt 1982; Wesenberg-Lund 1943)

gellos, aber mit Schwingkölbchen; Flugmuskeln zurückgebildet. Imagines IX–IV; gelegentlich auf Schnee, Temperaturoptimum nahe 0 °C; Larve im Detritus z. B. von Mäusebauen.

2. *Thaumastoptera calceata* Mik.; in rieselndem Quellwasser, weidet den Algenbelag ab; in einem aus Pflanzenteilchen zusammengesponnenen Köcher ähnlich einem Brillenfutteral; Verpuppung im Köcher [**T-64**].

Die beiden folgenden (→monophyletischen) U-Fam. wurden oft als eigene Fam. aufgefasst, währen der Rest eine 3. (→paraphyletische) Fam. „Limoniidae" bildete.

3. Cylindrotominae, Moosmücken; in Eur 6, M-Eur & Dt 4 Arten; kleine (11–16 mm), gelbliche Schnaken [**T-65**]. Fliegen gern gegen Abend in Gewässernähe. **Eier** teils einzeln am Boden oder an Pflanzen abgelegt (*Phalacrocera* klebt sie in die Blattachseln von Moospflänzchen, die aus dem Wasser ragen), teils mit sägeförmigen Hinterleibsanhängen zu mehreren in Pflanzengewebe eingeschoben (*Cylindrotoma*). Die **Larven** raupenähnlich, grünlich oder bräunlich, bei vielen Arten mit blatt- oder fadenförmigen, tarnenden, sicher der Hautatmung dienenden Anhängen (*Triogma* [**T-66**], *Phalacrocera* [**T-67**], *Cylindrotoma*); Kopf einziehbar; fressen träge an Land- und Wassermoosen, denen sie nach Gestalt und Färbung außerordentlich ähneln; *Phalacrocera* v. a. an *Fontinalis*; im Sitzen oft um ein Mooszweiglein gewunden und dadurch auch gegen Abgespültwerden geschützt; die Larven mancher Arten am Boden an Falllaub; Haut-

atmung, an der Wasseroberfläche oder an Land Atmung auch durch die beiden offenen Hinterstigmen. **Verpuppung** am Fressplatz der Larve; die *Phalacrocera*-Puppe [**T-67**] liegt horizontal an der Oberfläche des Quellmoosrasens, vorn mit den beiden Atemhörnern, hinten mit 3 Fortsatzpaaren verankert; die *Cylindrotoma*-Puppe ist wie eine →Stürzpuppe am Hinterende aufgehängt; *Phalacrocera* **überwintert** unter Wasser an Quellmoos (*Fontinalis*).

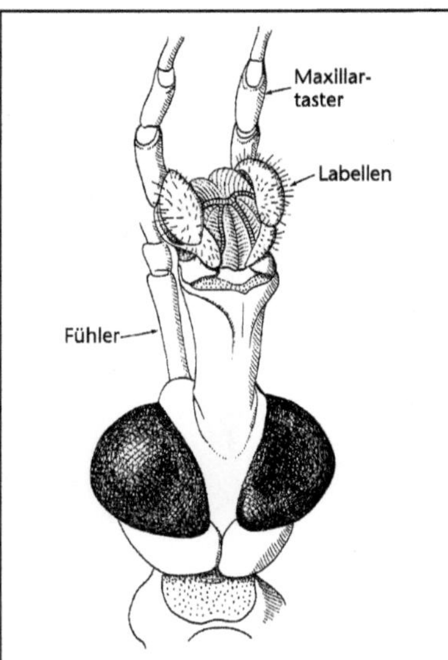

Abb. T-68: Tipulidae: Kopf einer Tipulide von schräg unten; Labellen median mit Pseudotracheen. (Weber 1933)

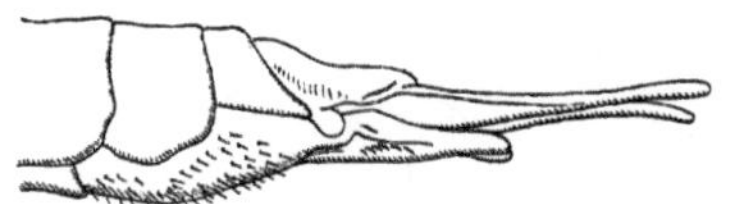

Abb. T-69: Tipulidae: *Tipula lateralis*. ♀, Hinterleibsende mit Legeröhre, von links; die beiden langen Fortsätze sind Cerci. (Séguy 1951b)

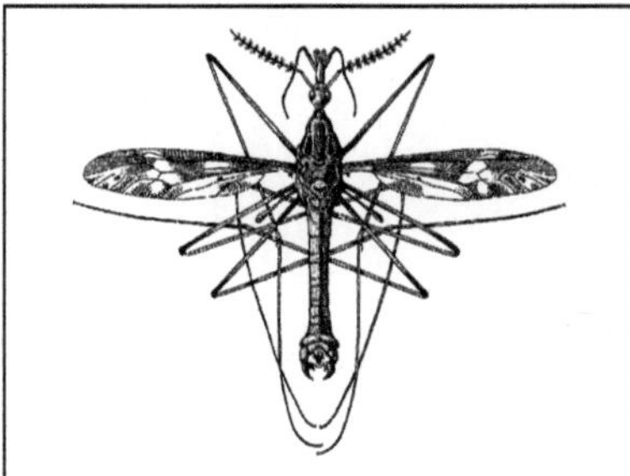

Abb. T-70: Tipulidae: *Tipula maxima*. ♂; 27–40 mm. (Séguy 1951a)

4. Tipulinae; in Eur 421, M-Eur 188, Dt 124 Arten; meist mittelgroße Schnaken (über >7 mm); hierher gehören aber auch die größten mückenartigen Zweiflügler, z. B. *Tipula maxima* Poda, Riesenschnake [T-70]; größte europäische Art (♀: fast 40 mm Körperlänge, über 50 mm Flspw.); Körperfärbung meist in Grautönen (Ausnahmen: gelb-schwarze Zeichnung bei den Krähenschnaken, *Nephrotoma* [T-71]; schwarze, schwarz-rote, schwarz-gelbe Färbung bei den Kammschnaken, *Ctenophora*); Flügel nicht selten gefleckt, in Ruhe meist schräg und nach hinten gehalten; Antennen bei den ♂♂ mancher Arten kammförmig (*Ctenophora*). **Flugzeit** artspezifisch verschieden: *Tipula oleracea* L. (Kohlschnake) IV–VI und (in der 2. Generation) wieder VIII–X; *T. paludosa* Meig. (Wiesenschnake) VIII–IX; *T. czizeki* de Jong X–XI; die Unterschiede in der Flugzeit sind u. U. wichtig als isolierender Faktor, z. B. bei *T. paludosa* und *T. czizeki*, die im Labor ohne Weiteres miteinander kreuzbar sind. **Kopula** bald nach dem Schlüpfen; bei manchen Arten wird das aus der Puppe schlüpfende ♀ bereits vom ♂ erwartet und sofort begattet; Paarung bei *T. oleracea* L.: nach zufälliger Berührung mit den Beinen ergreift das ♂ das berührte Bein; ein paarungswilliges ♀

löst darauf durch Heben der Beine (das tut ein zufällig ergriffenes ♂ nicht) das Aufsteigen des ♂ aus; das ♂ drückt nun die angehobenen ♀-Beine zu Boden, sucht den Kopf des ♀, beleckt ihn, rutscht nach hinten und kopuliert; ein bereits begattetes ♀ widersetzt sich dem Herabdrücken der Beine, das ♂ steigt dann ab; Gesamtdauer 1½ min; kopulierende Pärchen können, aufgestört, ein Stück weit fliegen (Köpfe abgewandt). **Eiablage** bald nach der Kopulation durch Einschieben der Legeröhre meist in feuchten Boden, in Gewässernähe, bisweilen direkt in den Gewässerschlamm, auch in moderndes Holz (*Ctenophora* und Verwandte), im Gegensatz zu anderen Tipulidae auch auf Wiesen; typischer Ablauf: das ♀ fliegt tanzend dicht über dem Boden, lässt sich auf die Tarsenspitzen nieder [T-72] und sticht an einer geeigneten Stelle meist nur wenige Millimeter tief ein; seltener (*Tipula scripta* Meig. und *T. hortorum* L.) wird in größerer Tiefe durch Drehbewegungen des Hinterleibs und Öffnen und Schließen der hier schaufelförmigen Cerci eine Kammer für den Eihaufen hergestellt; der Stichkanal wird durch Bewegungen der Cerci zugeschüttet, schließlich die Mündung des Kanals noch durch Stiche in die Umgebung getarnt; das Ablegen wird öfter wiederholt; die ♀♀ mancher Arten produzieren mehrere Hundert Eier. **Larven** [T-73] grau;

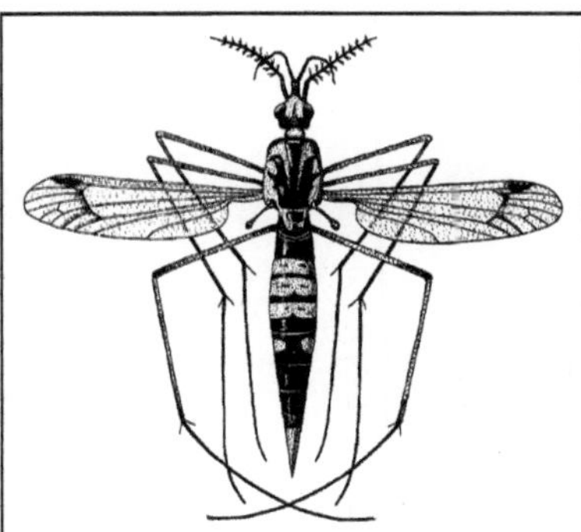

Abb. T-71: Tipulidae: *Nephrotoma crocata.* ♀, schwarz-gelb, 12–18 mm; Larven in zerfallendem Holz. (Séguy 1951a)

Abb. T-72: Tipulidae: *Tipula selene*, Erdschnake. Haltung des ♀ unmittelbar vor der Eiablage. (Séguy 1951b)

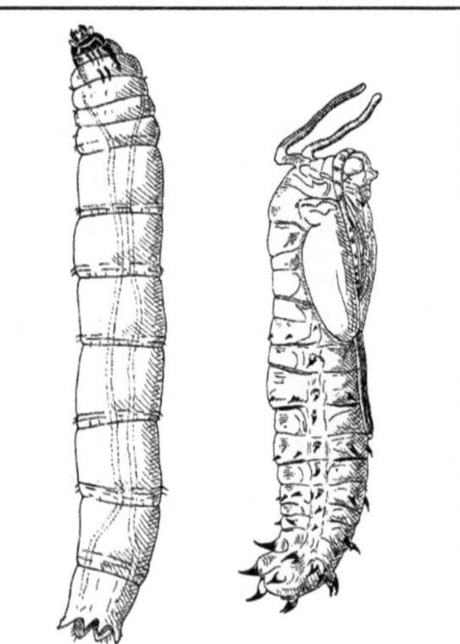

Abb. T-73: Tipulidae: *Tipula flaveolineata.* Links: Larve (25 mm); rechts: Puppe. (Lindner 1923 ff)

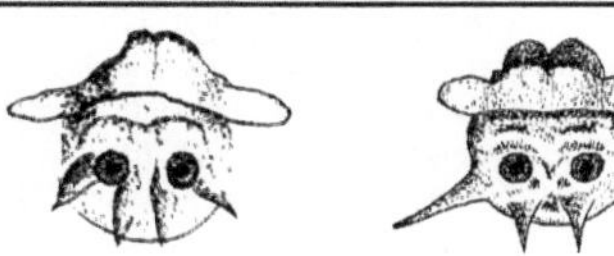

Abb. T-74: Tipulidae, Hinterende der Larven. Links: *Tipula oleracea*; rechts: *Nephrotoma appendiculata.* (Escherich 1914–42)

walzenförmig; ohne füßchenartige Bewegungs-organe; die beiden hintersten Stigmen allein offen, umgeben von einem Stigmenfeld mit 6 (manchmal lang behaarten) Fortsätzen in art-spezifischer Gestaltung („Teufelsfratze" [T-74]); Fortsätze manchmal verwachsen oder rückge-bildet; werden bei wasserlebenden Formen unter Wasser zusammengeklappt und umschließen dann ein Luftbläschen; Mandibeln kräftig, zer-kleinern zerfallendes und frisches pflanzliches (selten tierisches) Material; die Larven daher wichtig für das Aufarbeiten von Laub und Na-deln, von morschem Holz in feuchten bis nassen

Böden oder in Süßwasser; die ausgewachsenen, 5 cm langen Larven von *Tipula maxima* Poda verzehren Falllaub in Waldbächen; Hilfe beim Aufarbeiten der zellulosereichen Nahrung bie-ten als Gärkammern funktionierende, mit Bak-terien gefüllte Darmanhänge; bei Massenauftre-ten von Larven, die an Frischpflanzen gehen (im Extrem über 400 pro Quadratmeter beobachtet), kann u. U. beträchtlicher Schaden in Garten und Feld, auch an Pflanzgärten im Wald entstehen (durch Wurzelfraß, mehr noch durch Fraß an oberirdischen Pflanzenteilen durch Altlarven, die nachts den Vorderkörper aus den Erdgängen strecken); in Europa schädlichste Arten: *Tipula paludosa* Meig. (Wiesenschnake), *T. oleracea* L. (Kohlschnake), *T. czizeki* de Jong.; *Nephrotoma*-Arten [T-71] mehr im Wald an Jungpflanzen; 4 Larvenstadien. **Puppe** mit zahlreichen Dor-nen besetzt, die Bewegung im Verpuppungsgang

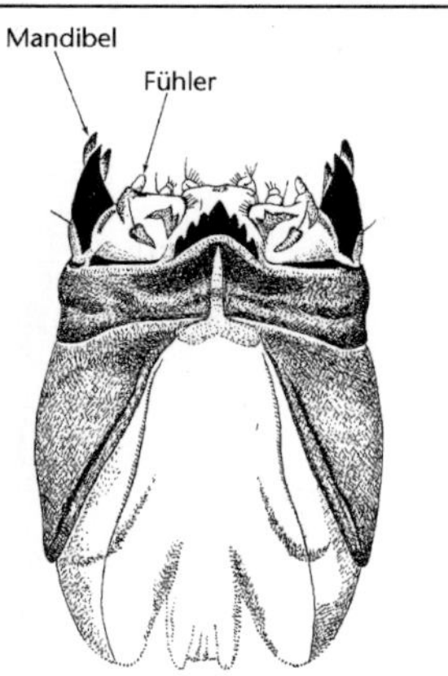

Abb. T-75: Tipulidae: *Tanyptera* spec. Kopf der Larve von unten; hemicephal; hinten mit tiefem Einschnitt, z. T. membranös. (Brauns 1954a)

Abb. T-76: Tischeriidae: *Tischeria ekebladella*. Eichenblatt mit Minen. (Brauns 1991)

ermöglichen, insbesondere vor dem Schlüpfen der Imago [**T-73**]; Verpuppung zumeist im Boden, auch in anbrüchigen Stubben; **Überwinterung** je nach dem Zeitpunkt der Eiablage in verschiedenen Stadien: *Tipula czizeki* de Jong als Ei, *T. paludosa* Meig. im 2. oder 3., *T. oleracea* L. im 3. oder 4. Larvenstadium; meist nur 1 Generation im Jahr, seltener 2 Generationen (z. B. *T. oleracea* L., *T. maxima* Poda).
Lit. →Diptera; Brauns 1954a, b, 1991; Strübing 1958; Wesenberg-Lund 1943.
Tipulinae →Tipulidae 4.
Tipulomorpha; Gruppe der „Nematocera" (→Diptera); mit den Fam. →Pediciidae, →Tipulidae, →Trichoceridae.
Tischeria →Tischeriidae.
Tischeriidae, Schopfstirnmotten; Fam. der Schmetterlinge (Lepidoptera, Glossata) mit in Eur 10, M-Eur & Dt 8 Arten; sehr kleine Falter (6–11 mm Flspw.), mit abstehenden, länglichen Haarschuppen an der Stirn; Saugrüssel kurz, gut entwickelt; Flügel mit langen Randhaaren, in Ruhe dachförmig angelegt; Ruhestellung mit stark angehobenem Vorderkörper; Eiablage meist auf die Unterseite von Blättern; **Raupen** (Beine weitgehend rückgebildet, Afterfüße höchstens angedeutet) minieren in Rosaceae (*Coptotriche*) und Fagaceae (*Tischeria*), erzeugen eine schnell erweiterte Mine (mit Seide austapeziert); manchmal mit Gehäuse aus Seide, in das die Larve sich bei Beunruhigung zurückzieht; Kot wird durch einen Spalt am Anfang der Mine hinausgeschoben; Verpuppung in der Mine; vor dem Schlupf schiebt sich die Puppe mit ihren Vorderkörper aus der Mine. Beispiel: *Tischeria ekebladella* Bjerk., Eichenminiermotte; Falter mit dottergelb glänzenden Vorderflügeln; fliegen v. a. im VI, bisweilen in Massen; Eiablage (mit Legeapparat!) in die Blätter v. a. von Jungeichen; Raupe miniert im Blatt, verursacht blasige Minen durch Abheben der weißlichen Blattoberhaut [**T-76**]; Überwinterung und danach Verpuppung im abgefallenen Blatt.
Lit. →Lepidoptera.
Titanus →Cerambycidae; →Coleoptera.
Tolmerus →Asilidae.
Tomicobia →Pteromalidae.
Tomicus →Curculionidae P10–11.
Tomoceridae, Ringelhörnler; Fam. der Springschwänze (Collembola, Tomoceromorpha) mit in Eur 20, M-Eur 10, Dt 7 Arten; eher größere (2–7 mm) und ungemustert pigmentierte Springschwänze, Körper beschuppt; die über körperlangen Antennen mit einem stark verlängerten, geißelartigen 3. Glied, an den Endgliedern geringelt. Hierher *Tomocerus* mit 4 heimischen Arten (darunter *T. minor* Lubb. an feuchten Stellen); sehr häufig (v. a. in der Laubstreuschicht der Wälder) die Gttg. *Pogonognathellus* (mit *P. flavescens* Tullb. und *P. longicornis* Müll.); v. a. in der Laubstreuschicht der Wälder. Verwandt sind die seltenen und wenig bekannten, boden- und höhlenbewohnenden **Oncopoduridae** mit in Eur 19, M-Eur 6, Dt 2 Arten der Gttg. *Oncopodura*, die sich durch den hellen Körper, kurze Antennen mit gleich langen Gliedern, das Postantennalorgan und fehlende Ocellen unterscheiden.
Lit. →Collembola.

Tomoceromorpha →Collembola 1.
Tomocerus →Tomoceridae.
Tönnchenpuppe, Pupa coarctata; →Pupa 2a.
Torffliege, *Bradysia ocellaris* →Sciaridae.
Tortricidae, Wickler; Fam. der Schmetterlinge (Lepidoptera, Glossata) mit in Eur ± 960, M-Eur ± 630, Dt 525 Arten, darunter zahlreiche Schädlinge in Wald, Feld und Garten; Falter klein bis mittelgroß; die fast viereckigen 4-eckigen Vorderflügel ziemlich breit, in der Ruhe meist flach dachförmig gehalten; oft mit Querbindenzeichnung, hin und wieder recht bunt; auch die in der Ruhehaltung von den Vorderflügeln bedeckten Hinterflügel recht breit, ohne auffallende Zeichnung; ♂ und ♀ zuweilen mit verschiedener Flügelzeichnung; Saugrüssel meist gut ausgebildet. Meist Dämmerungs- und Nachtflieger; sitzen am Tag ruhig und oft versteckt; die ♀♀ mancher Arten sehr wenig fluglustig. Die ♂♂ erregt und angelockt durch Sexuallockstoffe, abgegeben von Duftdrüsen am Hinterleibsende der ♀♀; **Eiablage** meist einzeln an der Nahrungspflanze. Die **Raupen** mit 5 Afterfußpaaren (Kranzfüße); häufig in eingerollten und zusammengesponnenen Blättern („Wickler"), aber auch im Innern von Pflanzen, auch von Früchten bohrend; im Einzelnen deutliche Unterschiede zwischen den Arten in Bezug auf die Art des Befalls („Einnischung"); manchmal in Gallen; sehr beweglich; ihre Färbung hauptsächlich durch Darminhalt und Körperflüssigkeit bedingt; laufen bei Störung geschwind sowohl vorwärts als auch rückwärts. **Verpuppung** nicht selten am Fressort der Raupen oder in Rindenritzen oder am Boden oder auch in den Fraßgängen im Innern von Pflanzen; meist in einem Gespinstkokon, aus dem sie sich vor dem Schlüpfen des Falters häufig durch Bewegungen mit dem bedornten Hinterleib herausschieben; **Überwinterung** je nach Art in den verschiedensten Stadien.

a) An Laubhölzern des Waldes:

1. *Tortrix viridana* L., Eichenwickler, Grüner Eichenwickler (18–23 mm Flspw.); mit grünen Vorderflügeln, Hinterflügel grau; leicht zu verwechseln mit *Earias clorana* (→Nolidae 2), jedoch meist viel häufiger. Fast ausschließlich an Eichen (besonders Raupenstadium 1 und 2), nur bei Nahrungsmangel auch an anderen Laub- und sogar Nadelbäumen. **Fliegt** im Frühjahr; fliegt ab VI tags und in der Dämmerung im Baumkronenbereich. Stets werden 2 flache, sich etwas überdeckende **Eier** zusammen abgelegt (meist an Zweigen) und mit kittartiger Masse überzogen. Die **Raupen** (graugrün) ab IV–V, kriechen unter die abgespreizten Schuppen der gerade schwellenden Knospen; fressen zunächst in diesen, dann an den mithilfe von Gespinstfäden zusammengerollten Blättern. 5 Raupenstadien; **Überwinterung** als Ei; **Verpuppung** V–VI unter dem umgeschlagenen und mit Gespinst ausgekleideten Blattrand oder -zipfel, bei Massenauftreten auch an der Rinde oder am Boden; die Puppe schiebt sich vor dem Schlüpfen des Falters aus dem Wickel hervor; nur 1 Generation im Jahr. – Dauerschädling in Eichenbeständen, kann Kahlfraß verursachen (allerdings vor dem Johannistrieb, sodass die Bäume regenerieren können; vgl. dagegen Schwammspinner, →Erebidae J4); natürliche Feinde außer Schlupfwespen und Raupenfliegen z. B. der Puppenräuber (→Carabidae M2) und der Vierpunktaaskäfer (→Staphylinidae K3), ferner Vögel (Nistkästen!) und die Roten Waldameisen (→Formicidae C11).

2. *Cydia splendana* Hbn., Eichelwickler, Kastanienwickler; der Falter fliegt VI–VII; Eiablage einzeln an junge Eicheln (auch Kastanien, Walnüsse); die weißliche Raupe bohrt sich ein, frisst das dann mit Kot angefüllte Innere weitgehend aus, verlässt erwachsen die gewöhnlich vorzeitig abfallenden Samen im Herbst; Überwinterung in einem glasigen braunen Kokon an der Rinde oder am Boden; Verpuppung im Frühling; zuweilen an Edelkastanien schädlich.

3. *Cydia fagiglandana* Zell., Buchenwickler; Lebensweise ähnlich der des Eichelwicklers; die Raupe frisst in Bucheckern (auch in Haselnüssen), überwintert ohne Gespinst in morschem Holz oder am Boden.

4. *Epinotia tetraquetrana* Haw., Birkengallenwickler; außer an Birke auch an Erle; die Raupe haust zuerst im Zweiginnern; erzeugt beim Ausfressen des Markkanals eine kugel- oder eiförmige Anschwellung (Galle), meist dicht unter dem Seitenzweig; verlässt den Zweig in einer Nebenzweigachsel, frisst im Herbst in einem Blattwickel oder unter dem umgeschlagenen Blattrand; Überwinterung und Verpuppung wohl am Boden.

b) An Nadelholz:

5. *Rhyacionia buoliana* Den. & Schiff., Kieferntriebwickler, Kiefernknospentriebwickler; anscheinend ausschließlich an verschiedenen Kiefernarten, bevorzugt an jungen Bäumen; Dämmerungsflieger, die ♂♂ angelockt vom Sexualpheromon der erst nach der Begattung flugaktiven ♀♀; Eiablage im Sommer (VI–VII) einzeln oder in kleinen Gruppen an die Nadelscheiden nahe der Triebspitze, auch an die End- oder Quirlknospen; die Raupe frisst an der Basis von 4–6 Spitzennadeln, dringt von dem schwachen Gespinst aus in eine Quirlknospe ein (zu-

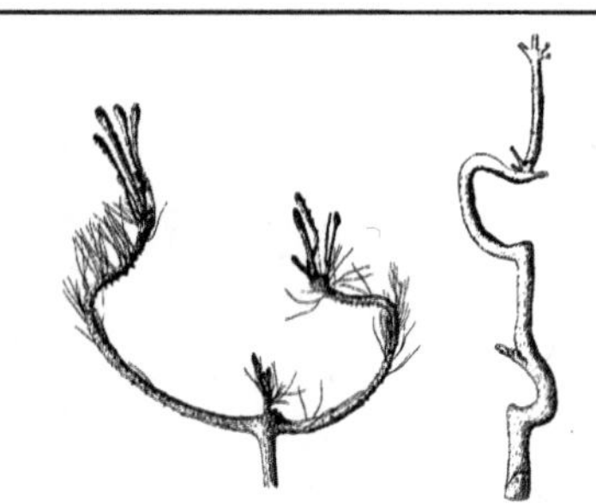

Abb. T-77: Tortricidae: *Rhyacionia buoliana*, Kieferntriebwickler. „Posthorn"-Bildungen durch Raupenfraß. (Escherich
1914–42)

Abb. T-78: Tortricidae: *Rhyacionia duplana*, Kiefernquirlwickler. Befallener Kiefernmaitrieb. (Schimitschek 1955)

weilen schwacher Herbstfraß in der Knospe;
Harzfluss in das Gespinst hinein, das so zum
Gehäuse wird), überwintert; frisst im Frühling
mehrere Knospen aus (wobei der Harzüberzug
der Knospen einen gewissen Schutz gewährt),
ferner in einer Rinne am Trieb, seltener auch im
Trieb; dadurch u. U. Zerstörung aller Knospen
oder Triebe, i. d. R. Bildung von „Besen" (aus
Kurztrieben mit langen Nadeln) oder von „Post-
hörnern" (der noch nicht ganz zerstörte Trieb
knickt um, richtet sich wieder auf und wächst
weiter [**T-77**]); bei Auswachsen von 2 Trieben
lyra-ähnliche Bildungen; Verpuppung im Frühsommer meist in einem Fraßgang an der Trieb-
basis; die Puppe schiebt sich vor dem Schlüpfen
des Falters etwas vor; Schaden oft beachtlich.

6. *Rhyacionia duplana* Hbn., Kieferntriebwickler, Kiefernquirlwickler; Falter fliegt bereits im
Frühling; ähnliche Lebensweise wie 5; Eiablage
zwischen die Deckschuppen der Knospen; Raupenfraß im Innern der Triebe abwärts (mehrere
Triebe je Raupe), die Triebspitze hängt verdorrt
herab [**T-78**]; Puppe im Kokon in den toten Trieben oder in Astwinkeln, überwintert dort.

7. *Blastesthia turionella* L., Kiefernknospenwickler; Flugzeit zwischen der von 5 und 6;
Lebensweise ähnlich wie bei 5; Eiablage einzeln
meist in die Mittelknospen der oberen Triebe;
die Raupe frisst, an der Spitze eindringend, die
Knospe und oft noch einen Teil des Triebes
aus, überwintert, frisst im Frühling in neuen
Knospen und Trieben weiter; bezeichnend der
im Herbst beginnende, im Frühling verstärkte
Harzfluss; Verpuppung im Frühling in der
mit Gespinst ausgekleideten, gerade befressenen Knospe; die Puppe arbeitet sich vor dem
Schlüpfen des Falters neben den Harztropfen
am Knospengrund hervor; Schadwirkung be-

achtlich; u. a. „Besen"-Bildung am verkürzten
Teil ähnlich wie bei 5.

8. *Retinia resinella* L., Kiefernharzgallenwickler; Eiablage V–VI einzeln an die Maitriebe; die
Raupe fertigt ein Gespinst dicht unter den End-
knospen, befrisst die Rinde; verstärkt das Gespinst durch Arbeit mit den Kiefern mit Harz-
tröpfchen, ferner mit von Harz durchtränktem
Kot sowie mit weiteren Gespinstfäden; frisst
sich dann in das Triebinnere; bis zum Herbst
entsteht eine erbsengroße, 1-kammerige „Harzgalle" (die „Galle" besteht also nicht aus Pflanzengewebe, die Pflanze liefert nur das von der
Raupe verbaute Material); Überwinterung in
der „Galle", im Frühling weiterer Fraß auf der
Rinde und im Inneren des Triebes; Ausbau der
„Galle" zu einem 2-kammerigen, bis zum Herbst
etwa kirschengroßen Gebilde [**T-79**]; in der einen
Kammer wird v. a. Kot abgelagert; nach nochmaliger Überwinterung Verpuppung in der
anderen Kammer; die Puppe arbeitet sich V–VI
zur Hälfte aus der von der Sonne aufgeweichten
„Galle" heraus, bleibt unbenetzt von Harz.

9. *Archips oporana* L., Kiefernnadelwickler;
außer an Kiefer auch an Fichte, Tanne, Lärche,
Wacholder; Eiablage VI–VII an die Nadeln; die
Raupe beißt ein Loch in die Nadel, frisst von
hier aus minierend im Nadelinnern, spinnt
dann mehrere Nadeln zu einer Röhre zusammen, befrisst in ihr die Nadeln von außen; hier
Überwinterung; im Frühling Fraß an den jungen
Nadeln von einem Gespinstrohr aus, zuweilen

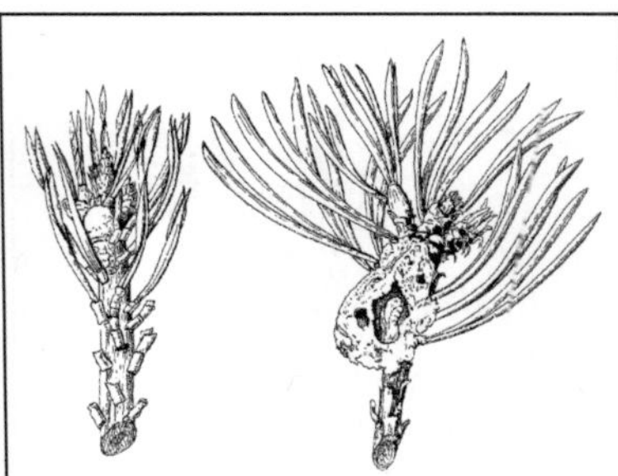

Abb. T-79: Tortricidae: *Retinia resinella*, Kiefernharzgallen-wickler. Links: 1-jährige Galle; rechts: 2-jährige Galle, aufge-schnitten. (Escherich 1914–42)

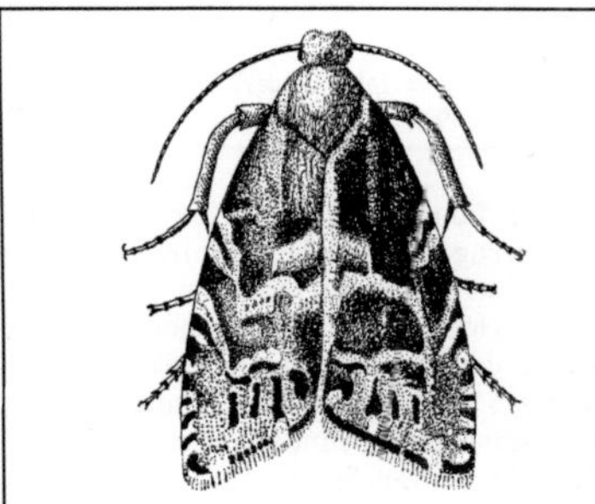

Abb. T-80: Tortricidae: *Cydia pactolana*, Fichtenrindenwick-ler. Länge ca. 10 mm. (Brauns 1991)

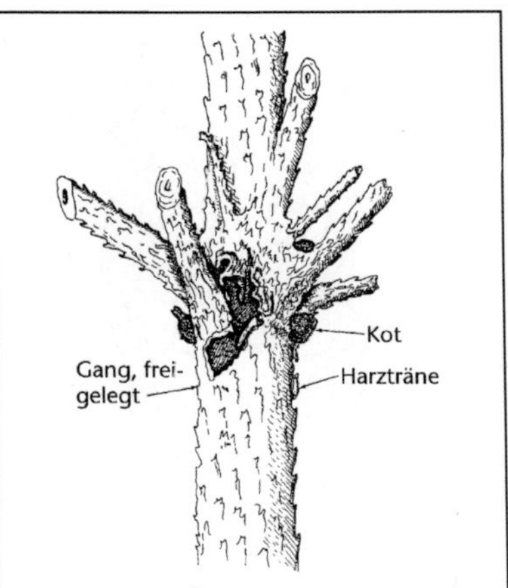

Abb. T-81: Tortricidae: *Cydia pactolana*, Fichtenrindenwick-ler. Raupenfraß an Fichte. (Escherich 1914–42)

auch im Innern des Triebes; Verpuppung am letzten Fraßplatz; die befressenen Triebe hängen verdorrt herab.

10. *Archips podana* Scop.; →polyphag an Laub- und Nadelbäumen; schädlich nur an Obstbäu-men; Raupen fressen zwischen versponnenen Blättern.

11. *Dichelia histrionana* Fröl., Fichtentriebwick-ler; meist an Fichte, gelegentlich auch an ande-ren Nadelhölzern (z. B. Tanne); Eiablage im VII in Doppelreihe oder Häufchen an die Nadel; die Eier überwintern vielleicht; Raupenfraß erst im folgenden Frühling in einem Gespinst an vor-jährigen Nadeln, später auch im Gespinst an den Jungtrieben, die sich durch einseitiges Befressen krümmen; Verpuppung in einem Gespinst.

12. *Cydia pactolana* Zell., Fichtenrindenwickler [**T-80**]; an der gemeinen Fichte und an Blaufichte; Eiablage V–VI an die Stämme zwischen oder dicht unter die den Quirl bildenden Zweige, v. a. an 10- bis 20-jährigen Bäumen, deren Rinde of-

fenbar für den Fraß besonders gut geeignet ist (die passende Rinde älterer Bäume liegt für die übliche Flughöhe der Falter zu hoch); die Raupe frisst unter der Rinde in einem mit Ge-spinst ausgekleideten Gang oder größeren Platz [**T-81**], verursacht Harzaustritt in Form von am Stamm herabfließenden Harztränen; Harz und Kot mischen sich zu einem Schnupftabak-ähn-lichen Häufchen auf der Rinde; Fraß bis zum Frost, Überwinterung der Raupen (fressen auch an milden Wintertagen), erneuter Fraß im Frühling; krebsartige Anschwellung der Rinde im Fressbereich; Verpuppung im V im Fraßgang nahe der Öffnung; die Puppe schiebt sich vor dem Schlüpfen des Falters weit aus dem Gang heraus; Schaden bei starkem Befall beträchtlich, u. U. Absterben des Baumes.

13. *Cydia strobilella* L., Fichtenzapfenwickler; Eiablage am Tage v. a. im V außen an die jungen Zapfen; die Raupen fressen zu mehreren zuerst im Mark der Zapfenspindel [**T-82**], zuletzt auch an den Schuppen und Samen, überwintern; im Frühling Verpuppung im Zapfen; die Puppen schieben sich vor dem Schlüpfen des Falters unter den Schuppen hervor; Befall zunächst äu-ßerlich kaum sichtbar (zuweilen Verkrümmung der Zapfen und Harzfluss), später an den Pup-penhüllen kenntlich.

14. *Epinotia tedella* Cl., Fichtennestwickler, Hohlnadelwickler; Eiablage (V)VI–VII meist einzeln auf der Nadeloberseite; die Raupe mi-niert in einem begrenzten Zweigbereich nachei-nander in 12–16 Nadeln, die verblassen und spä-

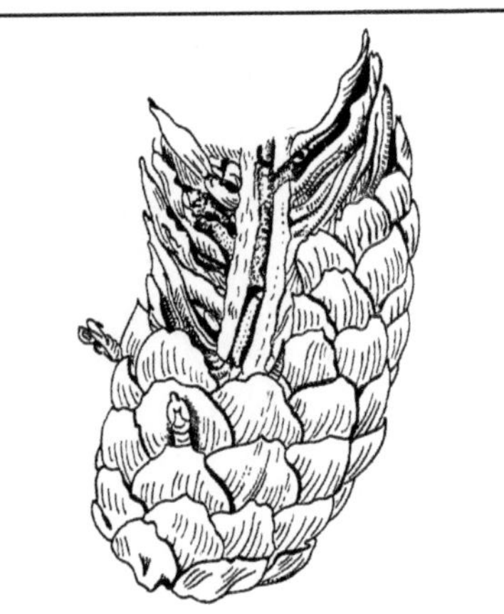

Abb. T-82: Tortricidae: *Cydia strobilella*, Fichtenzapfenwickler. Mehrere Raupen in der Zapfenspindel und 2 Puppenhäute. (Brauns 1991)

Abb. T-83: Tortricidae: *Epinotia tedella*, Fichtennestwickler. Fraßbild. (Brauns 1991)

ter braun werden; Eindringen meist am Grunde, Fraß bis zur Spitze, Verlassen der Nadel zumeist durch das Einbohrloch; ausgefressene Nadeln, Nadelstückchen und Kot sind dann in einem Gespinst vereinigt [**T-83**]; im Herbst Abspinnen der erwachsenen Raupen zum Boden, Überwinterung in der Bodenstreu; hier Verpuppung im IV–V ohne Gespinst.

15. *Epinotia nigricana* Herr.-Schäff., Tannenknospenwickler; ausnahmsweise auch an Fichte; Eiablage einzeln VI–VII an Knospen, besonders im Gipfelbereich; die Raupe frisst 4–5 Knospen aus; die nächste Fraßstelle erreicht sie unter dem Schutz eines Gespinstes (mit Harz durchsetzt, außen mit Rindenteilchen); Überwinterung in einer Knospe; weiterer Fraß im Frühling; Verpuppung selten in der Knospe, meist nach Abspinnen im Boden; Schaden beachtlich.

16. *Epinotia subsequana* Haw., Tannennadelwickler; Eiablage im V zu mehreren oberseitig an die Nadeln des Vorjahres; die Raupe miniert zunächst in den jungen Nadeln der Maitriebe, später auch in den älteren Nadeln; frisst, etwa in der Mitte beginnend, zuerst zur Spitze, dann zur Basis hin; Verlassen der Nadel meist durch das Einbohrloch; spinnt Nachbarnadeln an die ausgefressene, geht dann an eine neue Nadel; im VII Abseilen zum Boden; Verpuppung hier in einem weißen, mit einigen Bodenteilchen getarnten Kokon; die Puppe überwintert.

17. *Choristoneura murinana* Hbn., Weißtannentriebwickler, Tannentriebwickler, Grüner Tannenwickler, Tannennadelnestwickler; Eier flach, dachziegelartig sich überdeckend, teils in Häufchen an Zweigen, teils 2-zeilig an Nadeln im VI–VII abgelegt, zumal im Kronenbereich älterer Bäume; die Räupchen fressen zunächst nicht, überwintern nach der ersten Häutung unter einem Gespinst auf der Rinde; kommen im Frühling durch Pendeln am Spinnfaden auf die Zweige; können am Faden hängend vom Winde verfrachtet werden; Fressbeginn im Frühling aus einem röhrenförmigen Gespinst heraus an den Nadeln der Maitriebe; die oberen Teile der Nadeln hängen unverzehrt im Gespinst; pro Raupe etwa 120 Nadeln; die zerstörten Triebe sehen rostrot aus (wie bei Frostschaden); Verpuppung im VI teils im Raupengespinst, teils am Stamm, teils nach dem Abspinnen am Boden; Schaden zuweilen beachtlich, hauptsächlich an Weißtannen.

18. *Cydia zebeana* Ratz., Lärchengallenwickler, Lärchenrindenwickler; Eiablage im V–VI einzeln v. a. in Astwinkeln der Triebe; die Raupe bohrt sich in die Rinde ein und frisst hier ähnlich wie 8; die Pflanze reagiert mit einer gallenartigen Anschwellung im Bereich der befressenen Stelle (hier also echte Gallenbildung) und mit reichlich Harzfluss; der Kot wird durch ein Loch ausgestoßen; die Raupe überwintert 2-mal, das erste 1. Mal in der etwa erbsengroßen, das 2. Mal in der etwa kirschgroß gewordenen Galle; das Kotloch wird jedesmal vorher zugesponnen; im 2. Frühling wiederum Lochverschluss und Verpuppung in der Galle, aus der sich die Puppe vor dem Schlüpfen des Falters herausschiebt.

Abb. T-84: Tortricidae: *Zeiraphera griseana*, Grauer Lärchenwickler. Fraßbild der Raupen

19. *Zeiraphera griseana* Hbn. (= *diniana* Guen.), Grauer Lärchenwickler; außer an Lärche nur ausnahmsweise an anderen Nadelhölzern; Eiablage mit der langen Legeröhre einzeln oder in kleinen Gruppen im Spätsommer bis Herbst an dünnen Zweigen in Rindenrisse oder unter Flechten; die Eier überwintern; die Raupen fressen im Frühling (an Lärche) an jungen Nadeln von einer Gespinströhre aus, spinnen später an einem neuen Kurztrieb die inneren Nadeln trichterartig zusammen [**T-84**], fressen schließlich fast die gesamten Nadeln auf; an anderen Nadelhölzern z. T. andere Fraßform, an Fichte z. B. auch in Knospen und in Zapfen; Verpuppung im Spätsommer meist am Boden in einem mit Pflanzenresten belegten Kokon, besonders in den Alpen an Lärchen u. U. recht schädlich.

c) An Obstbäumen, Sträuchern, Reben:

20. *Cydia pomonella* L., Apfelwickler; Raupe: Obstmade; heute weltweit verbreitet; die Falter fliegen ab Frühling mehrere Wochen in der Dämmerung, die ♂♂ angelockt durch den Sexuallockstoff der ♀♀; an verschiedenen Kernfrüchten, seltener an Steinfrüchten. **Eiablage** von dem mindestens 1 Woche alten ♀ einzeln an die jungen, offenbar mit dem Geruchssinn entdeckten Äpfel (zuweilen auch an Blätter und Zweige), pro ♀ ca. 100 Eier. Die **Raupe** schlüpft

nach 1–2½ Wochen, wandert auf der Frucht umher, benagt sie ein wenig, dringt dann bis zum Kerngehäuse in die Frucht ein, oft von der Kelchgrube her; frisst Kerne und Fruchtfleisch; der Kot wird aus dem Einbohrloch oder aus einem neuen seitlichen Loch ausgestoßen, hängt, durch Gespinstfäden gehalten, an der Öffnung, an die oft ein Blatt oder die Nachbarfrucht angesponnen ist; oft Überwandern auf eine neue Frucht, meist von der Seite her; die erwachsene Raupe spinnt sich ab oder wandert aus dem Fallobst aus, nagt unter Rindenschuppen eine Grube aus; überzieht sie mit einem festen, durch Holzteilchen verstärkten Gespinst; **überwintert** hier, falls es nur 1 Generation im Jahr gibt (2-maliges Überwintern einzelner Raupen kommt vor); **Verpuppung** erst im Frühling; in wärmeren Gegenden 2 (oder mehr) Generationen im Jahr (oder wenigstens ein Teil der 1. Generation ergibt Falter schon im Sommer); die Falter der 2. Generation sind weniger fruchtbar; ihre Raupen befallen die nun schon größeren Früchte meist seitlich, gelangen mit in die Lagerhäuser, überwintern hier in Wandritzen; Schaden groß, wurmstichige Früchte fallen meist frühzeitig ab.

21. *Enarmonia formosana* Scop., Gummiwickler, Rindenwickler; Eiablage Frühling bis -Sommer in Rindenritzen (bevorzugt von Kirsche, seltener von anderen Steinobstarten), oft an den bereits von der Art befressenen Stellen; die Raupen fressen in Bast und Splint, gelegentlich zu Dutzenden in großen krebsigen Auswüchsen (Verursacher?); die Gänge sind mit Gespinst ausgekleidet, der Kot hängt am Ausstoßloch heraus; Fraß verbunden mit stärkerem Gummifluss; krebsiges Absterben der Rinde, danach eines Astes und bei verstärktem Befall u. U. des ganzen Baumes; ständig sind verschiedene Entwicklungsstadien vorhanden; Verpuppung im Fraßgang.

22. *Spilonota ocellana* Den. & Schiff., Roter Knospenwickler; Falter (V)VI–VIII; an verschiedenen Laub-, auch Obstbäumen; die flachen Eier werden einzeln an Knospen und Blätter abgelegt; die Raupe lebt zunächst in einem Gespinst auf der Blattunterseite, macht von hier aus →Skelettierfraß; haust dann zwischen zusammengesponnenen Blättern; überwintert in einem Gespinst auf der Rinde in der Nähe junger Knospen, frisst im Frühling zunächst in den Knospen, später in büschelig zusammengesponnenen Blättern oder in Blattrollen; hier liegt auch die Puppe in einem weißen Gespinst; kann besonders in Baumschulen durch den Knospenfraß sehr schädlich werden.

23. *Hedya nubiferana* Haw., Grauer Knospenwickler; an verschiedenen Laubbäumen, v. a. auch an Apfel und Birne; Lebensweise ähnlich wie 22; Schaden v. a. durch Fraß in Knospen, zwischen versponnenen Blüten, auch an Fruchtanlagen.

24. *Hedya pruniana* Hbn., Pflaumenknospenwickler; an verschiedenen Laubbäumen, besonders an Kernobst; Lebensweise ähnlich wie 23.

25. *Cydia funebrana* Tr., Pflaumenwickler; Larve: Pflaumenmade; Falter fliegen V–VI, dann wieder (in 2. Generation) VII; abends und nachts aktiv; ♀♀ der 1. Generation legen 40–60 Eier einzeln an junge Früchte nahe dem Stiel; die Jungraupe kriecht einige Stunden umher, bohrt sich dann ein, frisst zuerst nahe dem Stiel, dann im Kern; erzeugt viel Kot; die Früchte fallen meist früh ab; Verpuppung in einem weißen Gespinst meist am Boden, seltener an der Rinde (ein Teil der Raupen überwintert, verpuppt sich erst im Frühling); Eiablage der 2. Generation an die Früchte; das Räupchen dringt sofort ein, Gummifluss am Bohrloch und im Bohrgang; die erwachsene Raupe spinnt sich zum Boden ab, überwintert (meist) im Boden in einem Kokon; Verpuppung im Frühling; Schaden zuweilen beträchtlich.

26. *Epinotia tenerana* Den. & Schiff., Haselnusswickler; der Falter fliegt von Frühling bis Herbstanfang; auch an Erle, Ulme, Birke; Eiablage IX einzeln oder in kleinen Gruppen an Knospen; die Raupe frisst in den Knospen, überwintert (auch in ♀-Knospen), frisst im Frühling in Kätzchen und Knospen; Verpuppung in der Erde.

27. *Eupoecilia ambiguella* Hbn., Einbindiger Traubenwickler [**T-85**]; Raupe: Heuwurm, Sauerwurm, Schwarzköpfiger Wurm; die Raupen u. U. sehr schädlich am Weinstock, befressen aber

auch verschiedene andere Pflanzen (z. B. Traubenholunder, Waldrebe, Hartriegel); aus den überwinterten Puppen schlüpfen im Frühling (ab Mitte V) die Falter der 1. Generation (zuerst die ♂♂); fliegen abends, zunächst auf Nahrung; Begattung der 3–4 Tage alten ♀♀ vorwiegend ab Mitternacht; die ♂♂ werden durch das von unbegatteten ♀♀ abgesonderte Sexualpheromon noch aus etwa 25 m Entfernung erregt und angelockt; die Lockwirkung junger ♀♀ ist besonders stark; Eiablage (30–100 pro ♀) mittags bis abends einzeln v. a. an Knospen und Knospenstiele; die Raupen (Kopf und Nacken schwarz) schlüpfen nach 6–10 Tagen; hausen in einer Wohnröhre zwischen versponnenen Blüten, fressen nachts Blüten und Knospen aus („Heuwurm"; Fraß zur Zeit der Heuernte); 4 Häutungen, dann Verpuppung in einem mit verschiedenen Stoffen getarnten Gespinst, meist zwischen Blüten und Blättern; die Falter der 2. Generation schlüpfen nach 2–3 Wochen (im VII), legen Eier an die Weinbeeren; die Raupen, in einer Gespinströhre zwischen zusammengesponnenen Beeren, fressen diese ganz oder z. T. aus (die beschädigten Beeren werden durch Bakterien und Pilze sauer; „Sauerwurm"); das Verpuppungsgespinst wird mit Fremdkörpern getarnt; Anlage v. a. in engen Spalten an Rinde oder Holz; Verpuppung nach einigen Wochen; die Puppe überwintert.

28. *Lobesia botrana* Den. & Schiff., Bekreuzter Traubenwickler, Bunter Traubenwickler [**T-86**]; Raupe: Heuwurm, Sauerwurm, Gelbköpfiger Wurm; bevorzugt in trockenen warmen Lagen; Lebensweise ähnlich 27; Falter mehr zum Fliegen geneigt; Kopulation v. a. in den Abendstunden; Kopf und Nacken der Raupe gelb; in S-Dt oft auch 3 Generationen.

29. *Sparganothis pilleriana* Den. & Schiff., Springwurmwickler; Raupe: Laubwurm; außer an Weinrebe auch an vielen anderen Pflanzen; der Falter (VII–IX) ruht am Tag auf der Blattunterseite, fliegt in der Dämmerung. **Eigelege** (bis über 100 gelbe, dachziegelartig sich deckende Eier) auf der Blatt-

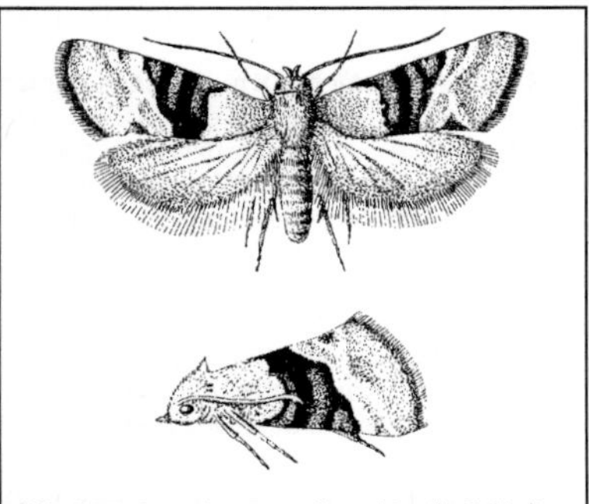

Abb. T-85: Tortricidae: *Eupoecilia ambiguella*, Einbindiger Traubenwickler. Unten: Ruhehaltung. (v. Lengerken 1932)

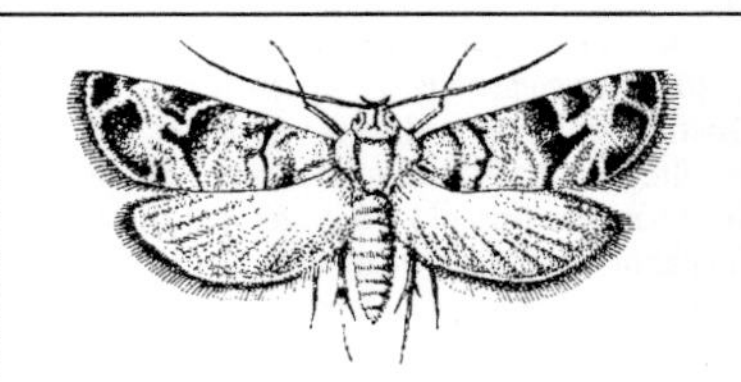

Abb. T-86: Tortricidae: *Lobesia botrana*, Bekreuzter Traubenwickler. (Sorauer 1949–57)

oberseite, mit etwas weißlichem Sekret überzogen. Die **Raupen** schlüpfen nach 2–3 Wochen, spinnen sich ab (keine Nahrungsaufnahme); überwintern unter weißlichem Gespinst in Rindenritzen, auch unter der obersten Rindenschicht; befressen im Frühling Knospen, in die sie eindringen, später v. a. an miteinander versponnenen Blättern (befressene Teile werden braun), zuweilen auch an Beeren; bei Störung ruckartiges Zurückschnellen („Springwurm"), Laufen auf der Stelle und schließlich Klopfen mit den Vorderbeinen auf der Unterlage (2–13 Hz), dazwischen Angehen des Kontrahenten mit geöffneten Mandibeln; dieses Verhalten auch bei Auseinandersetzungen mit Artgenossen um den Fraßplatz; einer der Kontrahenten, meist der Eindringling, flieht schließlich; nach etwa 2 Monaten **Verpuppung** zwischen zusammengesponnenen Blättern bzw. Blattresten; die Puppe (zuerst grün, dann rotbraun) schiebt sich nach 12–18 Tagen vor dem Schlüpfen des Falters aus dem Gespinst hervor.

d) An niederwüchsigen Pflanzen:

30. Ancylis comptana Fröl., Erdbeerwickler; der Falter fliegt in 2(–3) Generationen IV–V und VII–VIII; Eiablage an die Blattunterseite, an Erdbeere und an verschiedene andere krautige Pflanzen, auch an Him- und Brombeere; die Raupe frisst zunächst an der Blattoberseite, kurze Zeit auch minierend, dann unter dem breit umgeschlagenen Blattrand; Überwinterung teils als Raupe, teils als Puppe; an Erd-, Him- und Brombeeren ab und zu schädlich.

31. Rhopobota myrtillana Humphr. & Westw., Heidelbeerwickler; außer an Heidelbeere (*Vaccinium*; hier zuweilen sehr schädlich) an einer Reihe anderer Pflanzen; aus der im Boden überwinternden Puppe schlüpft der Falter im V–VI; die Raupe spinnt mehrere Blätter zusammen, befrisst sie vom Innern des Gespinstes her.

32. Eucosma conterminana Guen., Grauer Salatsamenwickler; fliegt VI–VII; Ablage der rötlichen Eier in kleinen Gruppen an die Blütenköpfe von Salat (*Lactuca sativa*); Raupe dicklich, befrisst die sich schließlich braun bis schwarz verfärbenden Blüten- und Samenköpfe zuerst innen, später auch außen; Überwinterung als erwachsene Raupe im Kokon in der Erde, Verpuppung im Frühling; kann in Salatkulturen sehr schädlich werden.

33. Cydia nigricana F., Olivenbrauner Erbsenwickler; Falter ab VI; **Eier** flach, weißlich; Ablage meist einzeln (seltener 2 oder 3) an die Blätter (meist Unterseite), Kelchblätter oder junge Hülsen, v. a. bei Erbse, seltener bei Wicke, Platterbse u. a.; die **Raupe** bohrt sich ein, befrisst bis zu 4 Samen (meist nur 1 Raupe in einer Hülse,

eventuelle Konkurrentin wird getötet); Kot und Gespinst an Samen- und Hülsenwand; die erwachsene Raupe frisst ein Loch in die Hülsenwand, überwintert in einem außen mit Erde getarnten Gespinst im Boden; **Verpuppung** im Frühling; Schaden zuweilen beträchtlich.

34. Dichrorampha petiverella L., Wickenwickler, Mondfleckiger Erbsenwickler; Lebensweise ähnlich dem vorigen, jedoch bevorzugt an Wicke, seltener an Erbse, Platterbse, auch Klee.

35. Cnephasia, Getreidewickler (*C. pumicana* Zell.) und Ährenwickler (*C. longana* Haw.); in den südlichen Teilen Deutschlands, wo beide als Schädlinge von Getreidefeldern auftreten können.

Lit. →Lepidoptera; Bradley et al. 1973, 1979; van der Geest & Evenhuis 1991; Hannemann 1961, 1964; Nässig & Thomas 1991; Razowski 1989, 2001, 2008–2009; Roelofs & Brown 1982.

Tortrix →Tortricidae 1.

Torymidae; Fam. der Hautflügler (Hymenoptera, Apocrita, Chalcidoidea) mit in Eur ± 275, M-Eur ± 160, Dt 93 Arten; kleine, meist metallisch gefärbte Erzwespen (ohne Legebohrer 1,5–6 mm); die ♀♀ mit sichtbarem, oft langem Legebohrer (Eiablage in Gallen oder Samen, seltener Puppen). Die Imagines ernähren sich hauptsächlich von Nektar; **Begattung** bald nach dem Schlüpfen (wenn nicht obligate →Parthenogenese vorliegt); Suche nach einem Brutplatz zunächst optisch geleitet (gerichteter Suchflug; wesentlich sind Umriss und Farbe von Pflanzen und Bäumen), nach der Landung sind Düfte und taktile Reize ausschlaggebend. **Larven** beim größten Teil der Arten parasitoid an Insekten (i. d. R. außen, nach Lähmung der erwachsenen Wirtslarve), zumeist in den Gallen von →Cynipidae oder →Cecidomyiidae (z. B. *Torymus bedeguaris* L. bei der Rosengallwespe *Diplolepis rosae*, →Cynipidae 1); zuweilen kann die gleiche Art als Primär- und als Hyperparasitoid auftreten (z. B. *Monodontomerus aereus* Wlk. an Puppen der Lymantriinae und ihren Parasitoiden); bei einem kleinen Teil leben die Larven zeitweilig oder ständig als Pflanzenfresser; zeitweilig z. B. der südeuropäische *Torymus eurytomae* Puz.: das ♀ legt 1 Ei an die Larve von *Eurytoma amygdali* (→Eurytomidae 6) im Kern einer unreifen Mandel, die *Torymus*-Larve verzehrt zunächst die *Eurytoma*-Larve, dann das Kerngewebe (Endosperm); reine Pflanzenfresser sind z. B. die Larven von *Torymus druparum* Boh., die sich in den Samen von Apfel und Birne entwickeln; *Podagrion pachymerum* Walk. [**T-87**] parasitoid in Eigelegen von *Mantis* (→Mantodea); Larven der parasitoiden Arten zerreißen die Wirtshaut mit den Mandibeln, lösen das

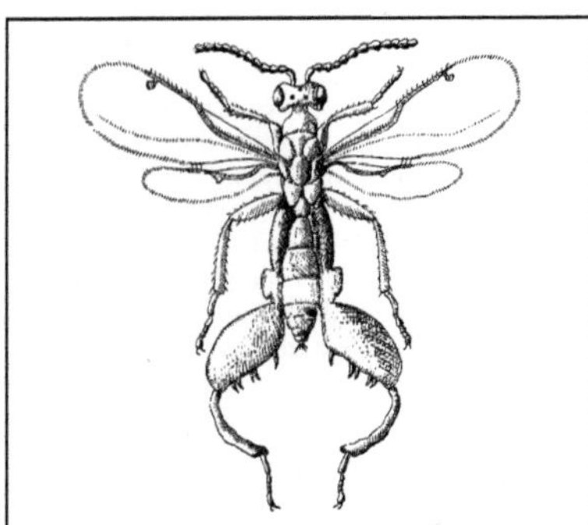

Abb. T-87: Torymidae: *Podagrion pachymerum.* ♂; Parasitoid in Eigelegen von *Mantis.* (Bachmaier 1969)

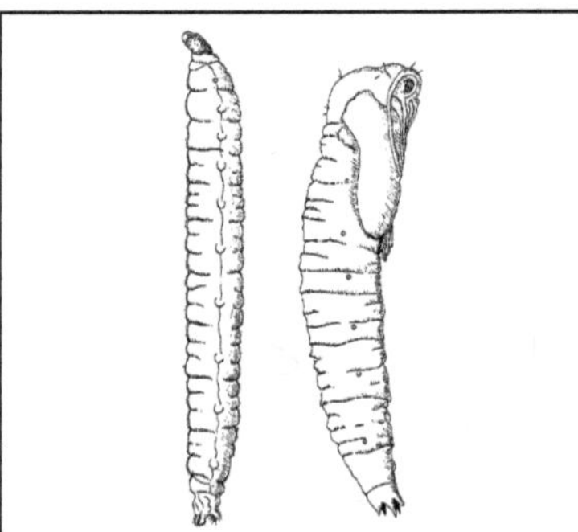

Abb. T-88: Trichoceridae. Links: *Trichocera* spec. Larve, 8 mm; rechts: *T. hiemalis*, Puppe, 7 mm. (Brauns 1991; Lindner 1923 ff)

Wirtsgewebe enzymatisch auf und schlürfen den Saft; Kotabgabe erst im letzten Larvenstadium; hier ist auch eine Ruhepause möglich (bei Samenschädlingen bis 2½-jährig); Puppenzeit maximal 4 Wochen; manche Larven mit grubenartigen Drüsenfeldern zwischen den Augen, in denen bakterizide saure Mucopolysaccharide abgesondert werden. 5 Larvenstadien; **Überwinterung** meist als erwachsene Larve.
Lit. →Hymenoptera; Janšta et al. 2017; Sellenschlo 1983a, b, 1989; Vidal et al. 2022.
Torymus →Torymidae; vgl. auch →Cynipidae 1.
Totenfliege, *Cynomya mortuorum* →Calliphoridae.
Totengräber, *Nicrophorus* →Staphylinidae K1.
Totenkäfer, *Blaps mortisaga* L. →Tenebrionidae 1.
Totenkopfschwärmer, *Acherontia atropos* L. →Sphingidae 4.
Totenuhr, *Hadrobregmus pertinax* L. →Anobiidae 2; ***Trogium pulsatorium*** L. →Trogiidae 1.
Toxocampinae →Erebidae G.
Trabantenfliegen; *Senotainia* →Sarcophagidae C; vgl. auch →Philanthidae 1.
Trabutina →Coccina →Pseudococcidae 4; vgl. auch →Manna.
Tracheliodes →Crabronidae C.
Trachusa →Megachilidae 6.
Trachys →Buprestidae, 8.
Tragosoma →Cerambycidae.
Trägspinner, Lymantriinae →Erebidae J.
Trama →Lachnidae 7.
Tramini; Gattungsgruppe der →Lachnidae.
Trapezeule, *Cosmia trapezina* L. →Noctuidae 7.
Trapezonotus →Rhyparochromidae; vgl. auch →Strepsiptera B1.
Traubenkirschen-Gespinstmotte, *Yponomeuta evonymella* L.; auch für *Yponomeuta padella* L. verwendet; →Yponomeutidae 1c, a.

Trauerbienen, *Melecta* →Apidae B5.
Trauermantel, *Nymphalis antiopa* L. →Nymphalidae C4.
Trauermücken →Sciaridae.
Trauerschweber →Bombyliidae.
Trauerwidderchen, *Aglaope infausta* L. →Zygaenidae C.
Trechinae, *Trechus* →Carabidae J.
Treibholzrüssler, *Pselactus* →Curculionidae O.
Tremex →Siricidae; vgl. auch →Ichneumonidae.
Treptoplatypus →Curculionidae C.
Triaenodes →Leptoceridae; →Trichoptera.
Trialeurodes →Aleyrodina 1; vgl. auch →Aphelinidae 2.
Triatoma →Reduviidae.
Tribolium →Tenebrionidae 8.
Trichiosoma →Cimbicidae 4.
Trichiura →Lasiocampidae 3.
Trichius →Scarabaeidae E4.
Trichoceble →Melyridae C.
Trichocera →Trichoceridae.
Trichoceridae, Wintermücken; Fam. der Zweiflügler (Diptera, Tipulomorpha) mit in Eur 49, M-Eur 45, Dt 19 Arten; häufig *Trichocera annulata*; 4–7 mm; Mundteile stark rückgebildet (Nahrungsaufnahme?); mit Ocellen; in ihrer Langbeinigkeit kleinen Schnaken ähnlich; ziemlich kälteunempfindlich: die Tanzschwärme der ♂♂ auch an sonnigen Wintertagen und im zeitigen Frühling, noch über 3000 m hoch im Gebirge; Larven [**T-88**] mit Kopf (eucephal), vorderstes und hinterstes Stigmenpaar offen (amphipneustisch); im Boden unter Blattstreu, manche auch in Exkrementen, höhlenbewohnende Arten z. B. in Fledermauskot; fressen, auch im Winter, zerfallende organische Stoffe;

auch die mit kurzen Thorakalhörnchen versehenen Puppen [**T-88**] im Boden, arbeiten sich vor dem Schlüpfen der Imago an die Oberfläche. Lit. →Diptera; Alexander 1981.

Trichodectera (Trichodectocera), Kletterhaarlinge; Gruppe der Läuse (Psocodea, Phthiraptera); bisher zu den vogelparasitischen →Ischnocera gestellt, jedoch näher mit den gleichfalls auf Säugern lebenden →Anoplura verwandt; in Eur ± 30, M-Eur 26, Dt 23 Arten auf Raub- und Huftieren. Ähneln den Ischnocera, jedoch mit kurzen, anliegenden Körperborsten, unpaarer Beinkralle und 3-gliedrigen Antennen. Mundgliedmaßen beißend, auf Kopfunterseite, ohne Maxillartaster; klammern sich mit den Mandibeln an Haarschäfte, das Haar wird hierbei in einer Längsrinne der Kopfunterseite festgeklemmt; Ernährung von der Hautoberfläche und daran anhaftenden Stoffen. In Eur 2 Fam.:

1. Trichodectidae, auf Raubtieren, z. B. *Trichodectes canis* Deg. [**P-34**] an Wolf und Hund, Überträger des Hundebandwurms, *Dipylidium caninum* (neben den →Siphonaptera), *Felicola subrostratus* Burm. auf der Hauskatze, *Fel. hercynianus* Kél. auf der Wildkatze.

2. Bovicolidae, auf Huftieren, z. B. *Werneckiella equi* De. (= *Bovicola e.*) auf Pferd, *Bovicola bovis* L. auf dem Hausrind, *B. alpinus* Kél. auf der Gämse, *Cervicola meyeri* Tschbg. auf dem Reh.
Lit. →Phthiraptera; Moya et al. 2021.

Trichodectes, Trichodectidae →Trichodectera 1.
Trichodes →Cleridae 4.
Trichogramma →Trichogrammatidae 1; vgl. auch →Noctuidae 1, →Notodontidae B.

Trichogrammatidae; Fam. der Hautflügler (Hymenoptera, Apocrita, Chalcidoidea) mit in Eur ± 145, M-Eur 66, Dt 26 Arten; sehr kleine Erzwespen (±0,5 mm) mit nur 3 Fußgliedern, kurzen Fühlern und einer Fühlerkeule aus 1–5 Gliedern; Larven als Parasitoide in den Eiern von Insekten (nur →Neoptera); Arten eher an Lebensräume als an Wirtsarten gebunden; die ♀♀ mancher Arten phoretisch: klammern sich an Imagines der Wirtsart und gelangen so an deren frisch abgelegte Eier; viele Arten von wirtschaftlicher Bedeutung, da sie sich in Massen züchten und im Freiland zur Bekämpfung von Schadinsekten (z. B. von Schmetterlingen) einsetzen lassen.

1. *Trichogramma*; 11 heimische Arten, z. B. *T. evanescens* Westw. (0,3–0,9 mm), bekannt als Parasitoid von über 150 Wirten aus verschiedensten Insektengruppen (u. a. von Prozessionsspinnern, →Notodontidae B); manchmal zeitweilige Bevorzugung eines bestimmten Wirtes;

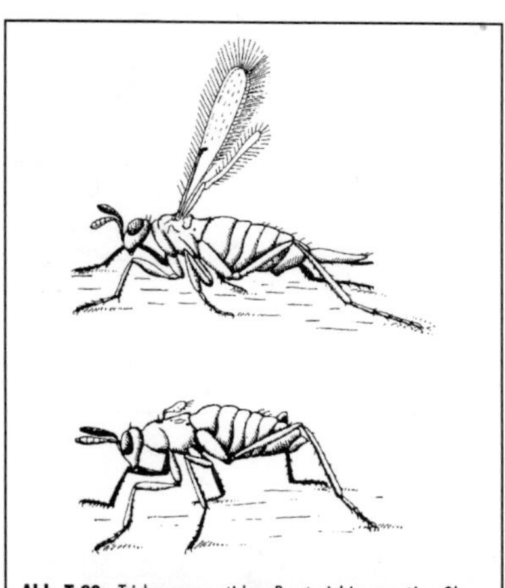

Abb. T-89: Trichogrammatidae: *Prestwichia aquatica*. Oben: geflügeltes ♀; unten: ♂, Flügel verkümmert. (Bachmaier 1969)

das ♀ meidet bereits belegte Eier: wird anscheinend durch den Fußspurduft der Vorgängerin abgeschreckt (nimmt abgewaschene Eier wieder an) und vermag beim Anstechen mit dem Legebohrer festzustellen, ob das Ei bereits parasitiert ist; verschiedene morphologisch kaum unterscheidbare *T.*-Arten sind deutlich verschieden in ihren Ansprüchen an bestimmte Wirtstiere; →Polyembryonie, daher meist wechselnde Anzahl von Larven in einem Wirtsei; Entwicklungsdauer kurz, bis zum Schlüpfen der Imago etwa 1 Woche, daher u. U. viele Generationen im Jahr; Verpuppung im Wirtsei; Einfluss des Wirtes auf die Entwicklung: bei *T. semblidis* Aur. entwickeln sich nur aus Schmetterlingseiern geflügelte, sonst stets ungeflügelte ♂♂ (♀♀ stets geflügelt); mehrere Arten bedeutsam bei der biologischen. Schädlingsbekämpfung, da leicht züchtbar, z. B. in Eiern der Getreidemotte (→Gelechiidae 1).

2. *Prestwichia aquatica* Lubb. [**T-89**]; mit ausgeprägtem Polymorphismus: im typischen Fall ist das ♀ voll geflügelt (manchmal mit rückgebildeten Flügeln), das ♂ nur mit Flügelstummeln; Eiparasitoid bei verschiedensten Wasserinsekten (z. B. Schwimmkäfern, →Dytiscidae); Eiablage unter Wasser; beide Geschlechter bedienen sich zum Schwimmen der Beine (5 Tage Daueraufenthalt unter Wasser beobachtet).
Lit. →Hymenoptera; Clausen 1940; Vidal et al. 2022; Wesenberg-Lund 1943.

Trichomalopsis →Erebidae J6.
Trichonyx →Staphylinidae I.

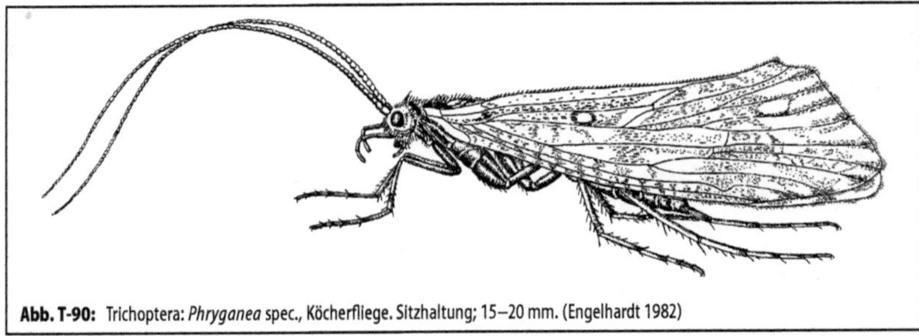

Abb. T-90: Trichoptera: *Phryganea* spec., Köcherfliege. Sitzhaltung; 15–20 mm. (Engelhardt 1982)

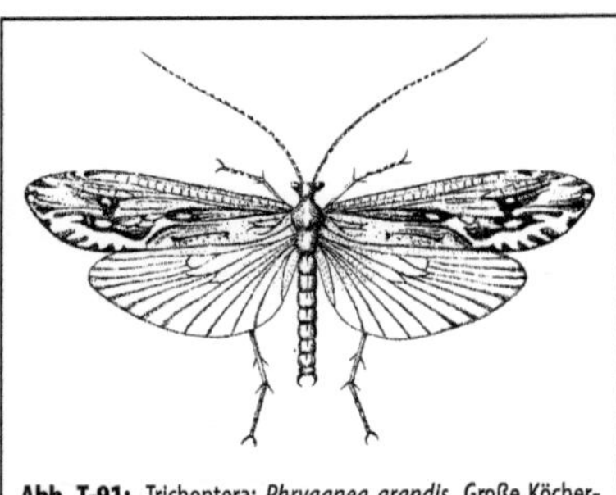

Abb. T-91: Trichoptera: *Phryganea grandis*, Große Köcherfliege. Flspw. bis 60 mm. (Brohmer et al. 1935 ff)

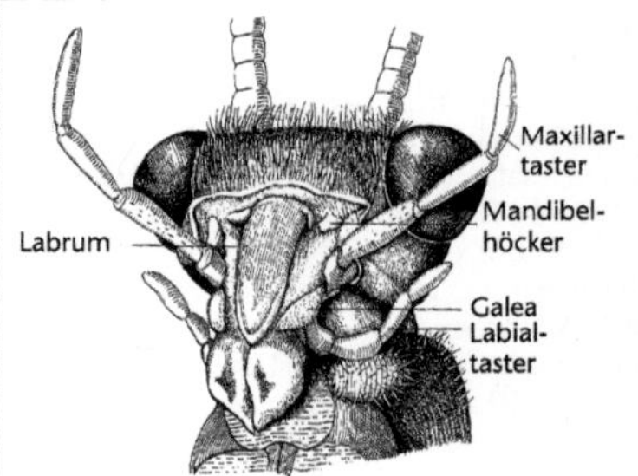

Abb. T-92: Trichoptera: *Phryganea* spec. Kopf von vorn; die Haustellumrinne wird proximal vom Labrum zugedeckt. (Handlirsch 1936)

Trichophaga →Tineidae 4.

Trichopsocidae, *Trichopsocus* →Psocidae.

Trichoptera, Köcherfliegen, Haarflügler [**T-90**]; Ordg. der Insekten mit vollkommener Verwandlung (→Holometabolie); bilden mit den Schmetterlingen (→Lepidoptera) die übergeordnete Gruppe →Amphiesmenoptera; in Eur >1070, M-Eur ± 410, Dt 317 Arten; die Larven vieler Arten bauen einen den Körper schützend umhüllenden Köcher, der (nach Umbau) auch der Puppe noch als Schutz dient; Imagines klein bis stattlich (*Microptila minutissima* Ris. 3–4 mm Flspw.; *Phryganea grandis* L., Große Köcherfliege, Flspw. bis 60 mm [**T-91**]), meist jedoch mittelgroß, die ♀♀ nicht selten deutlich größer als die ♂♂; durchweg unscheinbar gefärbt in gelblichen bis düsteren Tönen, die Vorderflügel zuweilen mit markantem Muster; Flügel behaart, in Ruhe dachförmig, seltener flach auf dem Rücken, die meist über körperlangen, vielgliedrigen Antennen dabei nach vorn gestreckt. **Mundgliedmaßen** mäßig entwickelt [**T-92**], dienen nur zum Auflecken von Flüssigkeiten (Wasser, Nektar), sofern überhaupt Nahrung aufgenommen wird; die Mandibeln (bei Larven und Puppen gut entwickelt) meist zu kurzen Höckern rückgebildet,

die Maxillen jederseits mit einer Außenlade (Galea) und meist 5-gliedrigen Palpen, diese bei den ♂♂ mancher Arten (→Sericostomatidae) mit stark verdicktem Endglied, das wie eine Maske vor dem Gesicht getragen wird [**T-93**]; kennzeichnend das Haustellum, ein weichhäutiges Leckorgan aus dem Hypopharynx und dem Praementum des Labiums, vorne mit einer vom Labrum zugedeckten Rinne, jederseits mit dem den meist 3-gliedrigen Labialpalpen. **Komplexaugen** als gut ausgebildete Superpositionsaugen, selten beim ♂ grösser größer als beim ♀ (*Hydropsyche exocellata* Duf.); Ocellen fehlen in einigen Gruppen; häufig unmittelbar neben den Komplexaugen einige aus dem Larvenstadium übernommene Stemmata (larvale Punktaugen) unbekannter Funktion. Eine paarige Drüse im 5. Hinterleibssegment beider Geschlechter dient wohl als **Wehrdrüse** (Austritt des Sekrets gasförmig; deutlicher Geruch beim Anfassen der Tiere!), manchmal (als Weiterentwicklung) auch als Pheromondrüse (*Rhyacophila nubila* Zett. und *Polycentropus flavomaculatus* Pict., mit unterschiedlicher Sekretzusammensetzung bei ♂ und ♀!); homologe

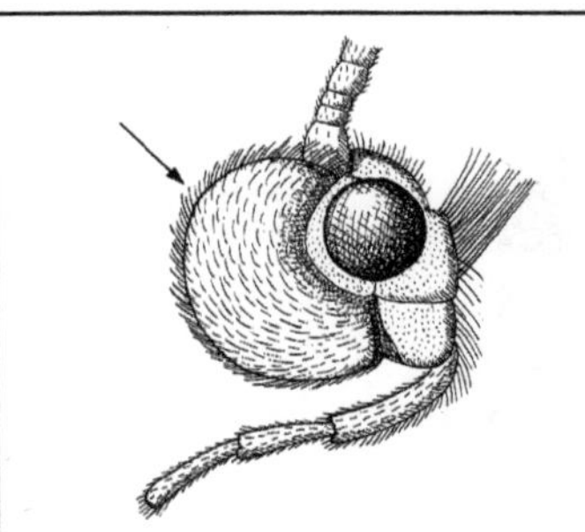

Abb. T-93: Trichoptera: *Sericostoma personatum*. ♂; Kopf einer Köcherfliege von links. Pfeil weist auf das nach Art einer Maske vor das Gesicht gehaltene 3. Glied des Kiefertasters; 1. und 2. Glied sehr kurz. (Brohmer et al. 1935 ff)

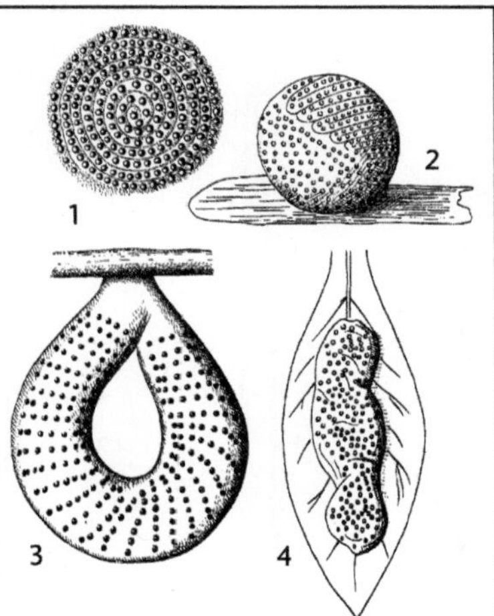

Abb. T-94: Trichoptera. Laichformen von Köcherfliegen: 1: *Triaenodes bicolor* (Leptoceridae); 2: *Molanna angustata* (Molannidae); 3: *Phryganea grandis* (Phryganeidae); 4: *Nemotaulius punctatolineatus* (Limnephilidae). (Handlirsch 1936)

Drüse bei ursprünglichen Lepidoptera. **Beine** lang, mäßig kräftig; ermöglichen bei optimaler Temperatur ein schnelles Laufen; bei den ♀♀ mancher Arten (aus verschiedenen Fam., z. B. bei den Gttgn. *Hydropsyche, Phryganea, Oxyethira,* also mehrmals unabhängig entstanden) sind die Mittel-, seltener auch die Hinterbeine in verschiedenen Graden abgeflacht und zuweilen mit Haarsäumen besetzt, d. h. zu Schwimmbeinen umgestaltet (Hilfe bei der Eiablage unter Wasser). Behaarung der **Flügel** meist fein und anliegend, seltener (→Hydroptilidae) abstehend (den Schuppen der Schmetterlinge ähnliche Gebilde z. B. auf den Vorderflügeln von *Setodes,* →Leptoceridae); Flügel i. d. R. gut ausgebildet, kurzflügelige Arten oder Formen einer Art (z. B. *Acrophylax zerberus* Brau., in der Schweiz) kommen vor; weitgehende Rückbildung der Hinterflügel (bei der sibirischen Art *Thamastes dipterus* Hag.) oder beider Flügelpaare (bei den ♀♀ von *Enoicyla,* →Limnephilidae) ist sehr selten; die ausgebreiteten Vorder- und Hinterflügel durch Falten oder Borsten an der Basis zu einer funktionellen Einheit verbunden (→Lepidoptera); aber auch bei guter Ausbildung der Flügel sind Flugfähigkeit und Neigung zum Fliegen stark temperaturabhängig und je nach Art verschieden; viele sind kaum oder nur für kurze Zeit zum Fliegen bereit, andere dagegen flinke und ausdauernde Flieger; das Temperaturoptimum der Aktivität ist ebenfalls artspezifisch verschieden; die meisten Arten sind im Sommer aktiv, wenige (besonders solche mit 2 Generationen im Jahr) im Frühling bzw. im Herbst, einige sogar zuweilen auf Schnee (*Drusus-, Parachiona-* und *Philopotamus*-Arten); die meisten fliegen in der Dämmerung oder nachts,

ruhen tagsüber auf der Vegetation, nur verhältnismäßig wenige sind Tagflieger. Bei manchen Arten kommt es zur Bildung von bisweilen außerordentlich individuenreichen **Schwärmen,** die dem Finden der Geschlechtspartner alsbald nach dem Schlüpfen aus der Puppe dienen; die Schwärme bestehen bei einigen Arten nur aus ♂♂, von anderen Arten sind gemischte Schwärme bekannt; bei *Hydropsyche ornatula* McLach. bilden sich abends ♂♂-Schwärme, die ♀♀ sitzen am Boden, werden von den ♂♂ angeflogen und zunächst von der Seite mit Vorder- und Mittelbeinen ergriffen; **Paarung** (nachgewiesen bei →Glossosomatidae) begleitet von Klopf- und Schleifgeräuschen beider Partner; typische Begattungsstellung dann mit abgewandten Köpfen, wobei die Flügel des ♂ die des ♀ von außen decken; *Mystacides niger* L. bildet ebenfalls ♂♂-Schwärme; die ♀♀ fliegen tiefer, dicht über dem Wasser; die ♂♂ greifen die ♀♀ im Flug mit den vergrößerten Kiefertastern, beide fliegen dann an Land zur eigentlichen Kopula; mehrmalige Begattung ist möglich. **Eiablage** Stunden oder Tage nach der Begattung etwas weiter bachaufwärts, wodurch die Abdrift der Larven ausgeglichen wird; Ablage meist als Gelege [**T-94**] (einzeln z. B. bei →Rhyacophilidae), das nach Größe, Eizahl, Form und Ablageort für die Art bezeichnend ist, die Eier eingehüllt in eine kitt-

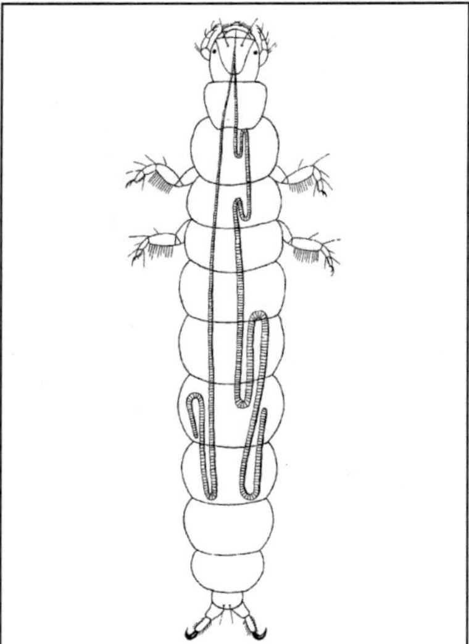

Abb. T-95: Trichoptera: *Neureclipsis bimaculata*. Köcherfliegenlarve mit Spinndrüsen (Labialdrüsen); halbschematisch. (Brickenstein 1955)

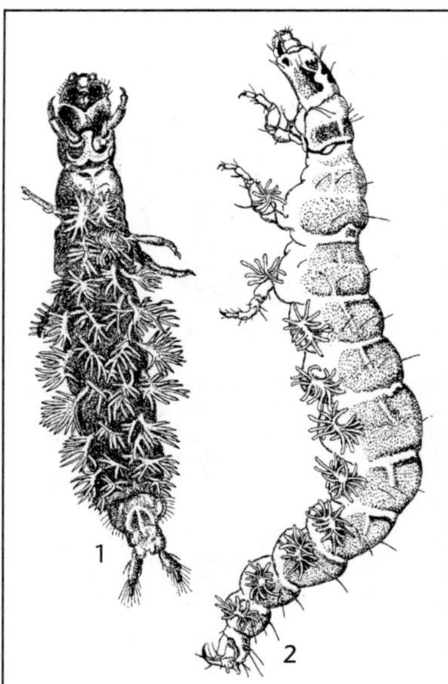

Abb. T-96: Trichoptera: Campodeide Köcherfliegenlarven. Links: *Hydropsyche* spec. (Hydropsychidae), 20 mm, Ventralansicht; rechts: *Rhyacophila* spec. (Rhyacophilidae), bis 25 mm. (Engelhardt 1982)

oder gallertartige, oft im Wasser aufquellende Substanz; Ablage entweder an Land, aber in Wassernähe, oder an über das Wasser hinausragenden Pflanzen (z. B. →Limnephilidae; die Junglarven kriechen oder fallen dann ins Wasser), oder im Wasser durch Abwerfen des Laichballens aus dem Flug (manche →Leptoceridae, →Molannidae), oder, indem das ♀ den Laich im Wasser am Substrat befestigt (Spicipalpia- und Annulipalpia-Arten; das ♀ erreicht den Ablegeplatz kriechend oder schwimmend); mehrmalige Laichablage wurde bei manchen Arten beobachtet. Die **Larven [T-95]** leben im Wasser (Ausnahme: *Enoicyla* →Limnephilidae), sehr verschieden nach in Gestalt und Lebensweise; in größeren Fließgewässern ist die Verteilung der Arten nach der Strömungsgeschwindigkeit bezeichnend, wobei manche (*Stenophylax*) die langsamere, andere (→Rhyacophilidae) die schnellere Strömung bevorzugen; die Larven mancher Netzbauer stridulieren bei Auseinandersetzungen um den Besitz von Wohnröhren (→Hydropsychidae). Gemeinsame Merkmale aller Larven: a) ein geschlossenes Tracheensystem; b) beißende Mundteile; Mandibeln kräftig, zum Packen bzw. Zerkleinern pflanzlicher oder tierischer Nahrung geeignet [T-97]; c) 1 Paar Nachschieber am letzten (10.)

Hinterleibssegment, jeder mit einer Kralle bewehrt, einfach oder gegliedert; dient bei Larven ohne Köcher der Ortsbewegung, sonst zum Festhalten und zu Bewegungen (Umdrehen) im Köcher [T-98]; d) jederseits maximal 6 Punktaugen, bei den jagenden Formen (z. B. →Rhyacophilidae) weit nach vorne gerückt; e) sehr große, schlauchförmige, paarige Spinndrüsen [T-95] mit unpaarem Ausführgang (umgewandelte Speicheldrüsen); zuweilen ist die eine stärker ausgebildet; Spinnseide aus einem Doppelstrang flacher, 1–4 µm breiter Bänder aus Bündeln von ca. 2 nm dicken Filamenten; abweichend von den anderen Seiden ergibt die Analyse neben Glycin und Serin die Aminosäure Arginin; bei den Larven mehrer Arten liegen Drüsen in den Schenkeln aller oder einzelner Beinpaare, Ausmündung an der Basis der Beinkralle; bei *Neureclipsis* (→Polycentropodidae) dient das Sekret dem Befestigen des Hauptspinnfadens am Substrat; für den Köcherbau ist vielleicht auch wichtig das ölige, alkohol- (nicht wasser-)lösliche Sekret der ventral am vordersten oder an allen 3 Thoraxsegmenten mündenden Gilson-Drüsen. Nach der Stellung

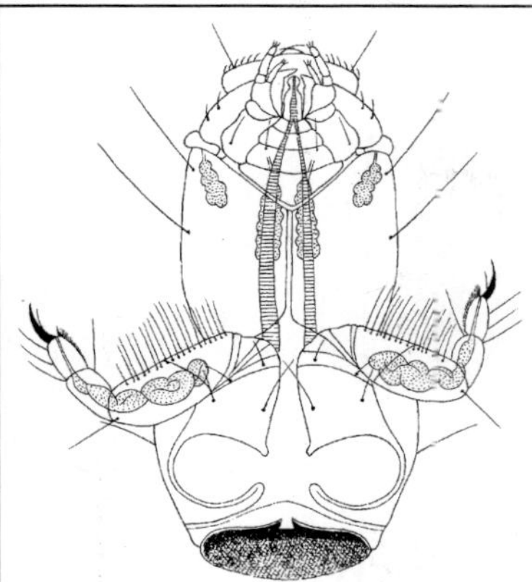

Abb. T-97: Trichoptera: *Neureclipsis bimaculata* Larve, Kopf und Vorderbrust mit Vorderbeinen von unten; punktiert: Drüsen im Kopf, seitlich Mandibeldrüsen, median Maxillendrüsen, in den Vorderbeinen Spinndrüsen; schraffiert: Labialdrüsen (Spinndrüsen). (Brickenstein 1955)

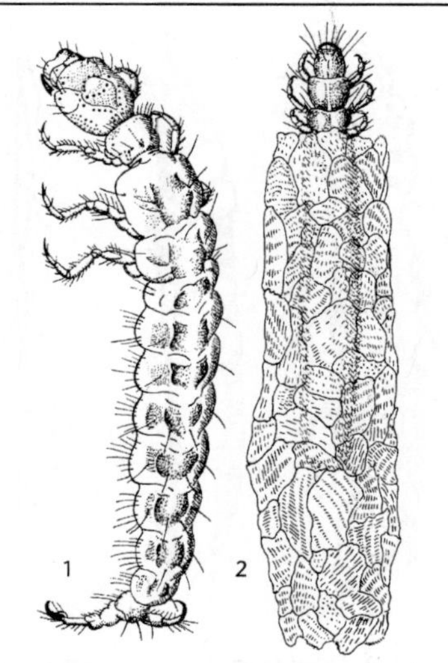

Abb. T-98: Trichoptera. Links: *Plectrocnemia* spec. (Polycentropodidae), bis 22 mm; rechts: *Ptilocolepus granulatus* (Hydroptilidae); Köcher 8 mm. (Engelhardt 1982)

des Kopfes 2 Typen: **1) campodeide Larven** der Spicipalpia und Annulipalpia; Körper häufig etwas dorsoventral abgeflacht, keine mit Haaren besetzte Seitenlinie; der Kopf ist so angesetzt, dass die Mundteile nach vorn zeigen; meist ohne Köcher: teils als Jäger freilebend (→Rhyacophilidae [**T-96**]), teils in mit Sandkörnchen oder Algenfäden besetzten Gespinströhren, an die sich zierlich gebaute Netze zum Fang der dann vom Netz abgeweideten Nahrung anschließen können; bei einigen Arten auch Bau richtiger Köcher, teils aus reinem Spinnsekret, teils unter Verwendung von Fremdmaterial (→Glossosomatidae); **2) eruciforme Larven** der Integripalpia; Körper meist nach Art von Raupen walzenförmig; am Hinterleib eine mit Haaren besetzte Seitenlinie, fördert bei den Atembewegungen den Wassertransport; der Kopf ist so angesetzt, dass die Mundteile nach unten gerichtet sind; durchweg Köcherbauer; Nahrung v. a. aus frischen oder zerfallenden Pflanzenteilen, aber zuweilen (z. B. *Phryganea grandis* L. und andere →Phryganeidae) auch lebende Beute, gelegentlich an Aas (z. B. die Phryganeiden-Art *Agrypnia varia* F.); die →Phryganeidae und →Molannidae stehen hinsichtlich der Kopfstellung zwischen den beiden Gruppen (suberuciforme Larven). Die **Beine** dienen, außer zum Schreiten, auch dem Erfassen der Nahrung und des Baumaterials für den Köcher oft auch als Hilfsorgan beim Führen des Spinnfadens; Mittel-

und Hinterbeine können lang beborstet sein (Fangkorb für tierische Beute bei Driftfängern: *Brachycentrus*, →Brachycentridae; *Drusus, Cryptothrix*, →Limnephilidae); bei Köcher bauenden Larven ist i. d. R. das 3. Beinpaar am längsten; hüpfendes Schwimmen durch den Schlag der behaarten langen Hinterbeine bei →Leptoceridae wie *Setodes* oder *Triaenodes*. **Atmung** häufig durch meist fingerförmige (den Junglarven noch fehlende) Tracheenkiemen (bei meisten Integripalpia, →Hydropsychidae, →Rhyacophilidae; [**T-99**]) oder Hautatmung (hauptsächlich bei Arten, die keinen Köcher bauen); der Wasserfluss wird durch Auf-und-ab-Schwingen des Hinterleibs gefördert, selten auch durch schlagende Bewegungen der Kiemen selbst; Limnephilidae vermögen bei einer Häutung die Anzahl der Tracheenkiemen in Abhängigkeit vom O_2-Gehalt des Wassers zu ändern; zur osmoregulatorischen **Ionenaufnahme** besitzen die Larven aus dem Anus ausstülpbare Analpapillen (meiste Spicipalpia und Annulipalpia) oder →Chloridepithel ventral auf den Hinterleibssegmenten (Integripalpia, v. a. Limnephilidae). Bei **Köcher** tragenden Arten i. d. R. 2 oder 3 ausstülpbare Höcker am 1. Hinterleibssegment zum Verankern des Körpers (insbesondere bei den Atembewegungen des Hinterleibs); der Köcher stets mit Spinnsekret als

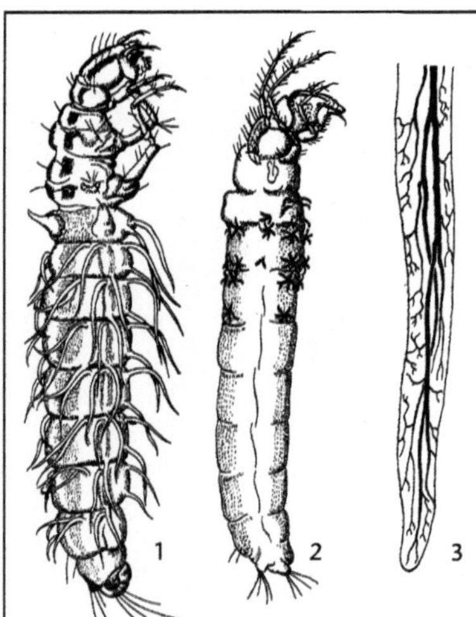

Abb. T-99: Köcherfliegenlarven: 1: *Oligotricha* sp. (Phryganeidae), 20–45 mm, suberuciform; 2.: *Leptocerus* sp. (Leptoceridae), 11 mm, eruciform; beide dem Köcher entnommen; 3.: *Agrypnia varia* (Phryganeidae), einzelne Tracheenkieme mit Tracheen. (Engelhardt 1955; Handlirsch 1936)

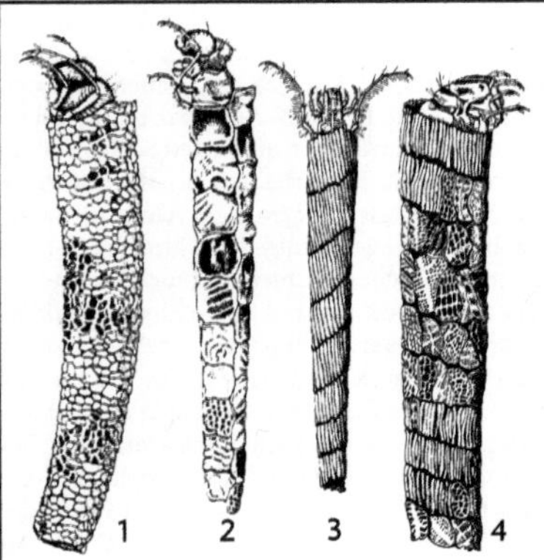

Abb. T-100: Trichoptera: Köchertypen. 1: *Sericostoma* spec. (Sericostomatidae), Köcher bis 15 mm; 2: *Lepidostoma hirtum* (Lepidostomatidae), Köcher bis 18 mm; 3: *Triaenodes* spec. (Leptoceridae), Köcher 20–30 mm; 4: *Phryganea* spec. (Phryganeidae), Köcher bis 50 mm. (Engelhardt 1982)

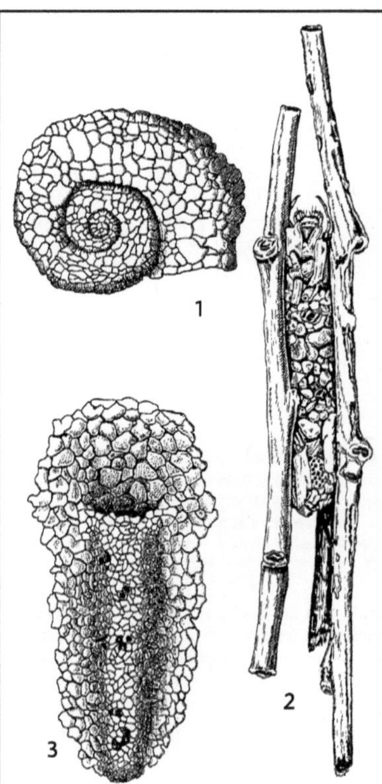

Abb. T-101: Trichoptera: 1: *Helicopsyche borealis* (Helicopsychidae); Köcher, Durchmesser 5 mm; 2: *Anabolia* spec. (Limnephilidae); Köcher, 20–30 mm; 3: *Molanna* spec. (Molannidae); Köcher 15–25 mm. (Engelhardt 1982)

Grundbaumaterial; reine Sekretköcher sind jedoch selten (einige →Leptoceridae und →Hydroptilidae), i. d. R. wird Fremdmaterial pflanzlicher und tierischer Herkunft verwendet, häufig auch Sand oder Steinchen; erstaunlich ist die Mannigfaltigkeit in den verschiedenen Gruppen nach Art und (zuweilen sehr regelmäßiger) Anordnung des Baumaterials [**T-100**]; im Querschnitt meist rund, seltener auch flach (z. B. *Molanna*; [**T-101**]; der flache Köcher von *Hydroptila* wird auf der Kante getragen), auch 3- bzw. 4-kantig (*Lepidostoma hirtum* F.); meist gestreckt [**T-100**], seltener schwach gebogen [**T-100**] oder gar spiralig aufgerollt [**T-101**], bei →Glossosomatidae hochgewölbt [**T-103**]; art- und gruppenspezifisch sehr verschieden ist die Präzision der Materialauswahl; manche →Limnephilidae nehmen nach Form und Größe sehr verschiedenes Material an [**T-102**]; das Gleiche gilt für Junglarven mancher

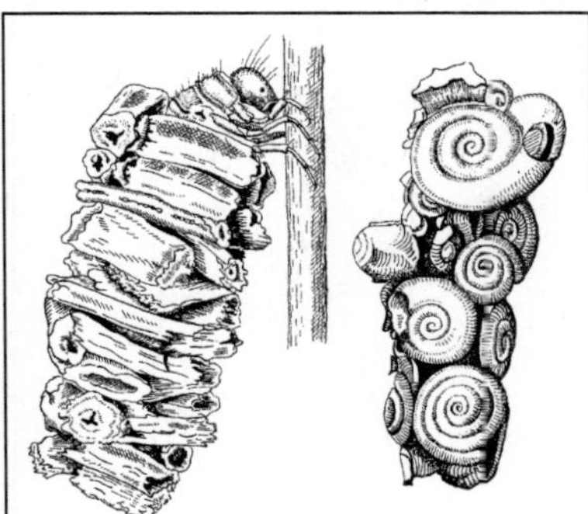

Abb. T-102: Trichoptera. Links: *Limnephilus flavicornis*. Köcher 30–35 mm; rechts: gleiche Art mit anderem Köcher. (Engelhardt 1982; Despax 1951).

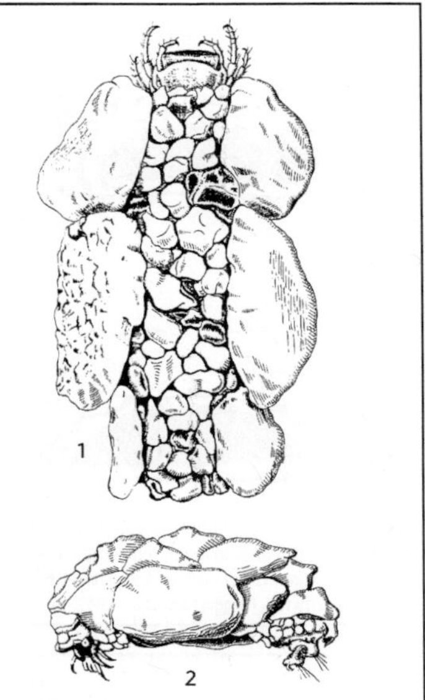

Abb. T-103: Köcher von Trichoptera. 1: *Silo* spec. (Goeridae); Köcher 10–12 mm; 2: *Agapetus* spec. (Glossosomatidae); Köcher (ca. 8 mm) von links. (Engelhardt 1982)

Arten, während die Altlarven streng wählen; zuweilen wird auch je nach Jahreszeit verschiedenes Material verwendet (manche *Glyphotaelius*- und *Phryganea*-Arten); andere Arten sind auf bestimmte, nach Art und Größe ausgewählte oder (bei pflanzlichem Material) mit den Mundteilen zurechtgeschnittene Bauelemente offenbar angeborenermaßen festgelegt; bei einigen Arten (v. a. Limnephilidae, z. B. *Potamophylax latipennis* Curt.) gibt es einen Baustilwechsel: die Junglarven bauen den Köcher aus ausgeschnittenen Blattstückchen, die Altlarven aus Steinchen; im Notfall (z. B. bei Köcherverlust) wird zunächst ein Provisorium aus gerade zur Verfügung stehendem Material hergestellt, evtl. werden auch fremde Gehäuse benutzt, um nur schnell den Körper zu schützen; provisorisch ist meist auch der erste 1. Köcher der Kleinstlarven, diese bleiben zunächst oft noch in der Gelegegallerte; *Brachycentrus montanus* Klap. und *Micrasema minimum* McL. bauen den Erstlingsköcher unmittelbar über der Ausschlüpföffnung auf der Gallerte aus Material, das sie der Umgebung entnehmen; deutlich umweltbedingt ist das Belasten des Köchers mit großen Steinchen bei Bewohnern rascher Fließgewässer, konvergent bei Vertretern verschiedener Fam. (*Silo*, →Goeridae; *Agapetus*, →Glossosomatidae; [**T-103**]); ähnlich belastet sind die Köcher von *Anabolia* (→Limnephilidae, in Fließgewässern, auch in Teichen und Seen); die Junglarven einiger Fließwasserformen befestigen den Köcher mit Spinnfäden am Substrat (*Oligoplectrum*, *Brachycentrus*); der tragbare Larvenköcher ist wahrscheinlich vom Puppenköcher (s. u.) abzuleiten und 3 Mal unabhängig entstanden (Integripalpia, →Glossosomatidae,

→Hydroptilidae). **Puppe** stets in einem Puppenköcher, der am Substrat festgesponnen ist; Köcher teils neu hergestellt (bei campodeiden Larven der Spicipalpia und Annulipalpia), teils aus dem Larvenköcher umgebildet (bei Integripalpia); bei den Spicipalpia (→Rhyacophilidae, →Glossosomatidae) liegen die kiemenlosen Puppen in einem rundum geschlossenen Gespinstkokon und nehmen den Sauerstoff durch die semipermeable Kokonwand auf [**T-104**]; bei den Annulipalpia ist der Kokon leicht perforiert oder vorn und hinten durchlöchert [**T-104**]; die stets mit Larvenköcher versehenen Integripalpia mit eruciformen Larven bauen keinen Gespinstkokon, stellen aber einen Verschluss an beiden Enden des Larvenköchers her, der aus dem gleichen Material wie am Köcher besteht und als wasserdurchlässiges Sieb gebaut ist; vor diesen perforierten Membranen liegt zuweilen noch ein reusenartig wirkender Pfropf aus Pflanzenmaterial (manche →Limnephilidae und →Phryganeidae); somit ist in den meisten Fällen ein Wasseraustausch zwischen Puppenlager und Umgebung möglich, gefördert durch die außerordentliche Beweglichkeit der auf Atemwasser angewiesenen

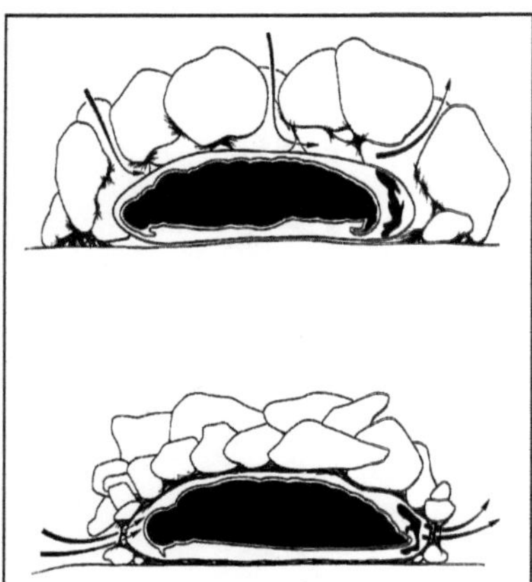

Abb. T-104: Kokons von Trichoptera-Puppen. a: *Rhyacophila* (Spicipalpia); rundum geschlossen mit semipermeabler Kokonwand; b: Kokontyp der meisten Annulipalpia; Wand vorn und hinten perforiert. (Wiggins & Wichard 1989)

Abb. T-106: Trichoptera: *Oligotricha striata*. Puppe mit abdominalen Tracheenkiemen. (Ulmer 1927)

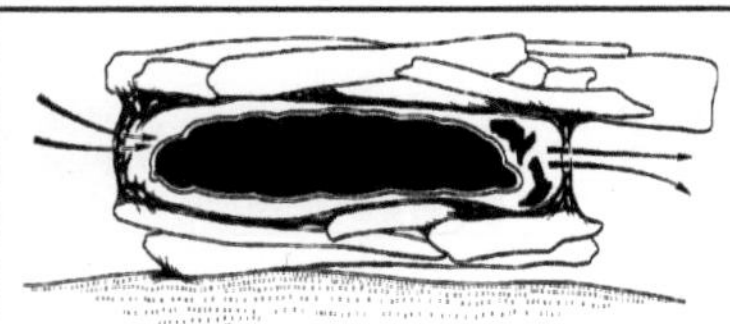

Abb. T-105: Trichoptera: Kokontyp der Integripalpia-Puppen. Larvenköcher zu Puppenköcher umgebildet durch Bau von vorderen und hinteren Siebplatten. (Wiggins & Wichard 1989)

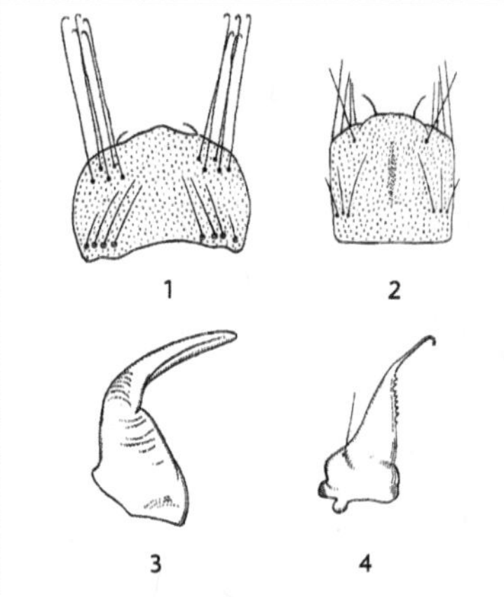

Abb. T-107: Puppen von Trichoptera. 1 und 2 : Oberlippen; 1: von *Grammotaulius nigropunctatus* (Limnephilidae); 2: von *Phryganea bipunctata* (Phryganeidae); 3 und 4 : Mandibeln; 3: von *Phryganea bipunctata*; 4: von *Odontocerum albicorni* (Odontoceridae). (Ulmer 1927)

Puppe [**T-105**]; Tracheenkiemen sind bei den meisten Puppen der Integripalpia und einigen anderen vorhanden [**T-106**]; der Wasserdurchfluss wird gefördert durch Auf-und-ab-Schwingen des Hinterleibs; bei vielen Arten sind (wie bei manchen Larven) eine behaarte Seitenlinie und ein Fixierpunkt durch einen Fortsatz dorsal auf dem 1. Hinterleibssegment vorhanden; die Versorgung mit Atemwasser ist gesichert durch ständiges Putzen der Löcher in den vorderen und hinteren Verschlussmembranen des Köchers, vorne durch die meist gut ausgebildeten und beweglichen Mandibeln sowie durch Haargruppen auf dem Labrum [**T-107**], hinten durch sehr verschieden gestaltete Borstengruppen bzw. Fortsätze am Hinterleibsende [**T-108**]; zuweilen liegen die Puppen einer Art in Massen dicht beieinander (günstiges Substrat?, Herdentrieb?). **Imaginalhäutung:** Dauer der Puppenzeit je nach Art wenige Tage bis

einige Wochen; dann wird der vordere Verschluss mit den Mandibeln geöffnet (etwa vorhandene Putzfortsätze an ihnen brechen dabei ab); die Puppe zwängt sich durch die Öffnung und gelangt an die Oberfläche, indem sie entweder mit-

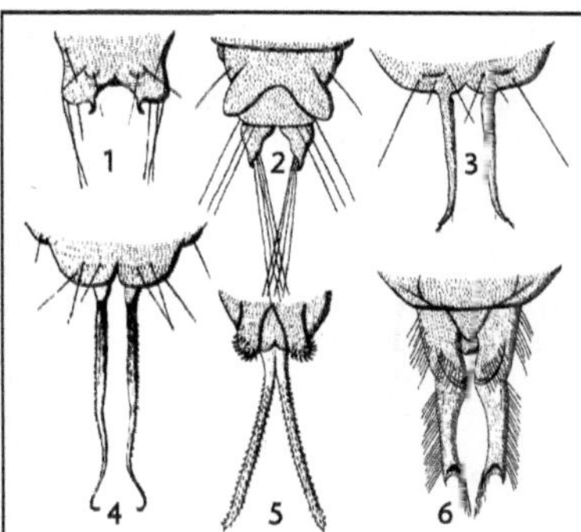

Abb. T-108: Hinterende von Trichopteren-Puppen mit Putzanhängen. 1: *Trichostegia minor* (Phryganeidae); 2: *Crunoecia irrorata* (Lepidostomatidae); 3: *Anabolia nervosa* (Limnephilidae); 4: *Silo pallipes* (Goeridae); 5: *Micrasema minimum* (Brachycentridae); 6: *Hydropsyche pellucidula* (Hydropsychidae). (Ulmer 1927)

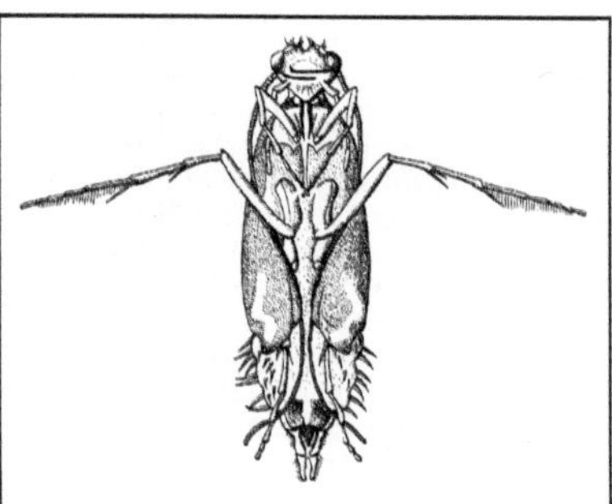

Abb. T-109: Trichoptera: *Rhyacophila* spec. Puppe. (Despax 1951)

hilfe der bekrallten Beine an Wasserpflanzen hochkriecht oder (bei anderen Arten, mitunter stundenlang) schwimmt; pupale Schwimmorgane sind die in wechselndem Ausmaß mit Haarzeilen besetzten Mittelbeine; manche Arten können klettern und schwimmen [T-109]; letzte Häutung unmittelbar an der Wasseroberfläche oder auf festem Substrat; die Flugfähigkeit wird meist erst nach einiger Zeit erreicht, in manchen Fällen (z. B. bei *Potamophylax*) jedoch bereits nach wenigen Minuten; *Phryganea* gleitet, bei unbenetzbarer Unterseite, alsbald nach dem Schlüpfen fluglaufend über die Wasseroberfläche, wobei die Vorderbeine über Wasser bleiben, die Hinter-

beine nachschleifend eintauchen, die Mittelbeine aber im Wasser Ruderbewegungen machen; die Schlüpfzeiten liegen v. a. abends, nachts und morgens. Meist eine 1, bei manchen Arten 2 Generationen im Jahr. **Überwinterung** meist als Larve, seltener im Eistadium (fraglich, ob bei manchen Arten auch als Puppe). Durch **Feinde** verschiedenster Art gefährdet sind v. a. die Imagines; die Larven werden durch Fressfeinde (z. B. Fische) und Parasitoide (→Tachinidae; →Ichneumonidae G) dezimiert. – Mit mehreren Fam., auf 3 **Gruppen** verteilt: 1) Annulipalpia, Larven in unbeweglichen Röhren; 2) Integripalpia mit tragbaren Köchern; 3) die wohl nicht monophyletischen „Spicipalpia" ohne Köcher (Rhyacophilidae), mit Gespinstköcher nur im letzten Larvenstadium (Hydroptilidae) oder mit von jedem Larvenstadium neu gebildeten Gehäusen (Glossosomatidae). In Eur mit folgenden Fam.:

Annulipalpia	„Spicipalpia"	→Beraeidae	*Limnephiloidea*
→Philopotamidae	→Rhyacophilidae	→Helicopsychidae	→Brachycentridae
→Psychomyiidae	→Glossosomatidae	→Sericostomatidae	→Lepidostomatidae
→Ecnomidae	→Hydroptilidae	Calamoceratidae	→Goeridae
→Polycentropodidae	**Integripalpia**	→Molannidae	→Thremmatidae
→Hydropsychidae	→Odontoceridae	→Leptoceridae	→Apataniidae
		→Phryganeidae	→Limnephilidae

Lit. Barnard 2011; Eisenbeis & Wichard 1985; Engelhardt 1982; Malicky 1974, 2004; Neu et al. 2018; Pitsch 1993; Wartenberg et al. 2017; Wesenberg-Lund 1943; Wichard 1988; Wichard et al. 2013; Wiggins & Wichard 1989.
Trichoscella →Mantispidae.
Trichosia →Sciaridae.
Trichrysis →Chrysididae B4.

Trichterwickler, *Deporaus betulae* L. →Rhynchitidae 11.
Tridactylidae, Dreizehenschrecken; Fam. der Kurzfühlerschrecken (Caelifera); von den 6 im S-Eur lebenden Arten erreichen 2 (z. B. *Xya variegata* Latr.; ♂ 5 mm, ♀ 6,3 mm) den Südrand von M-Eur; Vorderschienen vorn verbreitert und mit Dornen besetzt (Grabbeine); Schienen

der Mittelbeine dorsal bis über die Körpermitte schwenkbar, spindelförmig und oft aufgeblasen; enthalten im Innern eine große Trachee und eine Drüse mit schleimigem Sekret (Befestigung der Sandwände der Bruthöhlen?); die Hinterbeine sind Sprungbeine, am Ende ihrer Schiene 2 lange Fortsätze und der kurze, eingliedrige 1-gliedrige Fuß (Name!), außerdem einige kurze Dornen; Flügel verkürzt, kein Flugvermögen; ♀ ohne Legebohrer; gerät das Tier aufs Wasser, so werden Mittel- und Hinterbeine zum Rudern benutzt; keine Hörorgane; über **Lautäußerungen** nichts bekannt. **Leben** oft in großer Individuenzahl in der feuchten Uferzone von stehenden und fließenden Gewässern; untertags meist eingegraben in feuchten Sandschichten, nachts im höher gelegenen, trockenen Sand. Nagt als **Nahrung** den Algenbelag von Sandkörnern, die, nach hinten gelegt, zu einer Art Tunnel verbunden werden; flieht bei Störung springend weg vom Tunnel; bei Sonne oft massenhaft springend im Sand. **Eiablage** in Häufchen in selbst gegrabenen Bruthöhlen. **Überwinterung** als alte Larve oder Imago.
Lit. →Caelifera.
Triebstecher, *Teretriorhynchites caeruleus* Deg. →Rhynchitidae 4.
Trigonalidae (Trigonalyidae); Fam. der Hautflügler (Hymenoptera, Apocrita, Trigonaloidea); in Eur & Dt nur *Pseudogonalos hahni* Spin. (9–12 mm): ziemlich seltener Hyperparasitoid koinobionter (d. h. ihre Opfer nicht lähmender) Schlupfwespen (→Ichneumonidae, z. B. *Ophion*); schwarz, mit dunklem Fleck auf Vorderflügel; Legebohrer des ♀ rückgebildet, nicht geeignet zum Einstechen; während der kurzen Lebens als Imago (max. 8 Tage) Ablage zahlreicher (bis 10 10.000) winziger (0,1 mm), aber dickschaliger Eier an die Unterseite von Blatträndern (auch an Kiefernnadeln), werden von einem Erstwirt (einer Schmetterlingsraupe) mit der Nahrung aufgenommen, wonach die Erstlarve schlüpft und sich durch die Darmwand in die Leibeshöhle der Raupe bohrt; weitere Entwicklung als Hyperparasitoid erst, wenn der Erstwirt von einem passenden Endoparasitoiden befallen ist oder wird; Larve dann zunächst endo-, im 4. und 5. Larvenstadium ektoparasitoid in bzw. an der Schlupfwespenlarve; verpuppt sich im Kokon der Schlupfwespenlarve, den diese nach Verlassen des Erstwirtes noch herstellt, bevor sie vollständig verzehrt wird; ab dem 3. Larvenstadium mit fester Kopfkapsel und kräftigen Mandibeln, um konkurrierende Parasitoide bekämpfen und sich aus dem Wirtskokon herausarbeiten zu können; wahrscheinlich 1 Generation im Jahr.

Lit. →Hymenoptera; Oehlke 1984; Väänänen et al. 2018.
Trigonaloidea; Gruppe parasitoider Taillenwespen (Apocrita, →Hymenoptera); mit nur 1 Fam. →Trigonalidae.
Trigonidiidae; Fam. der Langfühlerschrecken (Ensifera, Grylloidea) mit in Eur 9, M-Eur 3, Dt 2 Arten aus 2 U-Fam.:

A. Nemobiinae, Bodengrillen; mit 6 europäischen Arten; früher zu den →Gryllidae gestellt; in Dt außer der im äußersten Süden vorkommenden, kleinen (5–6 mm), feuchtigkeitsliebenden *Pteronemobius heydenii* Fischer, Sumpfgrille, nur *Nemobius silvestris* Bosc., Waldgrille (7–10 mm); dunkelbraun; Vorderflügel verkürzt, Hinterflügel fehlen; Imagines VI–XI; an besonnten Waldrändern und in lichten Laubwäldern, gerne unter Falllaub; ortstreu; orientieren sich beim wenig ausgedehnten Umherwandern nach Baumstämmen und nach dem Himmel. **Gesang** leise, schwer zu lokalisieren, besteht aus schnurrenden Silben wechselnder Länge. **Balz** (mit lautem Lock- und leisem Werbegesang vor dem ♀) und Begattung ähnlich wie bei der Feldgrille (→Gryllidae); ♂ mit drüsigem Haarfeld auf dem rechten Vorderflügel (liefert verschiedene Monosaccharide und langkettige aliphatische Verbindungen), das vom ♀ vor und – seltener – nach der Kopulation berührt wird ("Flügelkontakt": entweder nur mit Berührung durch die Palpen oder mit Aufnahme des Sekrets); das Sekret erhöht die Paarungsbereitschaft der ♀♀. 2-jähriger Zyklus: 1. **Überwinterung** als Ei, 2. als subadulte Larve in lichten Wäldern.

B. Trigonidiinae, Käfergrillen; in S-Eur mit 3 Arten, verbreitet nur *Trigonidium cincindeloides* Ramb. (4–6 mm); Deckflügel hornig, parallelnervig (käferähnlich), bei ♂ und ♀ gleichartig und ohne Stridulationsorgan; es gibt lang- und kurzflügelige Formen; nur die langflügeligen mit →Tympanalorganen an den Vorderschienen; besonders merkwürdige Form der **Lauterzeugung** mit den Maxillartastern: Dornen des vorletzten Gliedes der in Vibration versetzten Maxillartaster werden an Dornen des letzten Gliedes gerieben; das Endglied dient zugleich als Resonator; vor der **Kopulation** wechselseitiges, dem Zusammenfinden dienendes Stridulieren von ♂ und ♀; **Eiablage** in Binsen und Grashalme; 7 Larvenstadien.
Lit. →Ensifera; Beier 1954; Dambach & Igelmund 1982; Huber et al. 1989.
Trigonidiinae, Trigonidium →Trigonidiidae B.
Trigonocranus →Cixiidae.
***Trimenopon*, Trimenoponidae** →Amblycera 1.
Trimerina →Ephydridae 4.
Trinkerin, *Euthrix potatoria* L. →Lasiocampidae 8.

Trinoton →Amblycera 2.

Triodia →Hepialidae 3.

Triogma →Tipulidae 3.

Trioza, **Triozidae** →Psyllina B.

Triphosa →Geometridae.

Triplax →Erotylidae.

Trisateles →Noctuidae.

Trisopsis →Cecidomyiidae.

Trissolcus →Scelionidae.

Tritomegas →Cydnidae B.

Triungulinus; Dreiklauer; die insbesondere für die Ölkäfer bezeichnende 1. Larvenform; →Meloidae; →Ripiphoridae 1; →Strepsiptera.

Trixagidae, *Trixagus* →Throscidae.

Trixoscelididae, *Trixoscelis* →Heteromyzidae.

Troctidae →Liposcelidae.

Trogidae; Fam. der Käfer (Coleoptera, Polyphaga, Lamellicornia); früher als U-Fam. **Troginae** der →Scarabaeidae geführt, aber näher mit den →Lucanidae verwandt; in Eur 24, M-Eur 10, Dt 8 Arten, heimisch nur die Gttg. *Trox*; meist nicht häufig; Körper kurz (6–13 mm), stark gewölbt; meist dunkel gefärbt, schwarzbraun bis schwarz; Antenne mit 3-gliedrigem Fächer, seine Glieder wie bei →Scarabaeidae und →Geotrupidae durch Hämolymphdruck spreizbar; oft wärmeliebend; an trockenen, sandigen Stellen; Käfer erzeugen durch Reiben des Hinterleibs gegen die Flügeldecken ein zirpendes Geräusch; Imagines und Larven fressen v. a. Keratin: daher an Fellen, Federn, auch an Resten von Hufen und Vogelgewöllen; manche Arten an Aas (z. B. *T. cadaverinus* Ill.; *T. eversmanni* Kryn. am Eingang von Fuchs- und Kaninchenbauten), andere in Vogelnestern (z. B. *T. scaber* L.) oder im Mulm von Baumhöhlen, die als Nester gedient hatten. Lit. →Coleoptera; →Scarabaeidae.

Trogiidae; Fam. der Läuse (Psocodea, Trogiomorpha) mit in Eur & Dt 6 Arten, eine weitere Art in Dt eingeschleppt; 1,5 mm; breit- oval, gewölbt; dunkel, behaart; Flügel rückgebildet; die Mehrzahl in Häusern oder Nestern (außer →2); Ernährung von Pilzmycelien.

1. *Trogium pulsatorium* L., Totenuhr (0,5–2 mm; [**T-110**]); gelblich-weiß, Vorderflügel zu Schüppchen rückgebildet; häufig in Häusern, in Bienenstöcken, Wespen- und Vogelnestern; in Herbarien und Insektensammlungen manchmal schädlich; durch den Handel und häusliches Umzugsgut weltweit verbreitet; das ♀ macht Klopflaute durch Aufschlagen des Hinterleibs (knopfartige Verdickung am Bauch) auf eine mitschwingende Unterlage, vielleicht zum Anlocken des ♂ (Hörorgane nicht bekannt; Wahrnehmen der Erschütterungen?); ähnliche

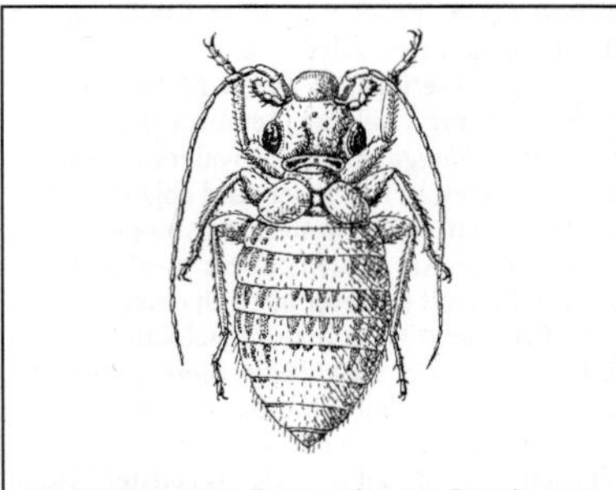

Abb. T-110: Trogiidae: *Trogium pulsatorium*, Totenuhr. 2 mm. (Rietschel 1969)

Klopfgeräusche auch bei *Lepinotus* (mit 3 Arten in Eur & Dt).

2. *Cerobasis guestfalica* Kolbe (2 mm); graubraun gesprenkelt; Flügel stark rückgebildet; in Häusern, aber v. a. im Freien auf Rinde; ♂♂ selten, ganze Populationen oft parthenogenetisch; →ovovivipar: die Larven schlüpfen sofort nach dem Ablegen der Eier.
Lit. →Psocodea.

Trogiomorpha →Psocodea.

Trogium →Psocodea; →Trogiidae 1.

Troglophilus →Rhaphidophoridae.

Troglops →Melyridae A2.

Trogoderma →Dermestidae 3.

Trogossitidae (Ostomidae); Fam. der Käfer (Coleoptera, Polyphaga, Cucujiformia) mit in Eur 17, M-Eur 13, Dt 11 Arten; Imago klein bis mittelgroß (4–19 mm); von sehr verschiedener Gestalt: extrem lang gestreckt bis breit abgeflacht; viele Arten an alte Wälder gebunden und daher gefährdet; Ernährung der Imagines und Larven teils von Pilzen, teils jagend, wenige synanthrop an Vorräten. In M-Eur 5 U-Fam., die wegen fraglicher →Monophylie der Gesamtgruppe oft als eigene Fam. aufgefasst werden:

A. Phloiophilinae; Fam. der Käfer (Coleoptera, Polyphaga, Cucujiformia); in Eur & Dt nur *Phloiophilus edwardsii* Steph.; klein (um 3 mm), mit dunkler Flügelzeichnung, oberseits beborstet; Imago im Winter (X–IV), in dürrem Holz, fliegt an sonnigen Tagen an frisch geschlagenes Holz; frisst ebenso wie die Larve an Baumpilzen (von *Phlebia radiata* nachgewiesen); Larve ganzjährig unter Pilzfruchtkörpern und Rinde.

B. Thymalinae; in Eur & Dt nur 1 seltene, gefährdete Art: *Thymalus limbatus* F. (5–7 mm), Gestalt schildkrötenartig, bronzefarbig glänzend, oberseits abstehend behaart; v. a. in Gebirgswäldern, unter verpilzter Rinde und in Baumschwämmen; Pilzfresser.

C. Lophocaterinae; in Eur & M-Eur 3, in Dt freilebend nur 1 seltene, gefährdete Art: *Grynocharis oblonga* L; lang-ovaler (5–8 mm), dunkler Käfer; in morschen und abgestorbenen Laubbäumen; eine weitere kosmopolitische, synanthrope Art (*Lophocateres pusillus* Klug) gelegentlich mit Getreide nach Dt eingeschleppt.

D. Peltinae (Ostominae), Flachkäfer; in Eur & Dt 2 Arten der Gttg. *Peltis*; hierher vielleicht auch *Calitys scabra* Thunb.; alle mittelgroße (7–19 mm), breit abgeflachte Käfer; seltene, gefährdete Urwaldrelikte, unter verpilzter Nadelholzrinde; Larven auch in Faulholz; Pilzfresser.

E. Trogossitinae, Jagdkäfer; in Eur 8, M-Eur 5, Dt 4 Arten; Imago klein bis mittelgroß (4–18 mm), länglich; Imagines am Holz, Larven unter Rinde, im Baummulm und in Fraßgängen; beide Stadien jagen v. a. holzbewohnende Käferlarven (Ausnahme: →E2). Seltene Arten außer: *Nemosoma elongatum* L. (= *Nemozoma e.*); Käfer auffallend lang gestreckt (4–6 mm), zylindrisch; Imagines und Larven unter loser Rinde, auf Klafterholz (v. a. von *Fagus*); verzehren in den Fraßgängen Larven von Borkenkäfern (→Curculionidae P) und deren Exkremente. *Tenebroides mauritanicus* L., Schwarzer Getreidenager (6–11 mm); gestreckt; in Getreidespeichern, Bäckereien, auch in Taubenschlägen; Schädling an Getreide, Reis, Mehl, Zucker; gelegentlich Vertilger anderer Schädlinge.
Lit. →Coleoptera; Kolibáč 2013.

Troilus →Pentatomidae.

Tromatobia →Ichneumonidae B.

Trommelorgan (Tymbalorgan); Lautorgan, bei dem Töne dadurch erzeugt werden, dass eine Kutikulaplatte (→Auchenorrhyncha) oder eine Reihe winziger Kutikulaplatten (einige →Lepidoptera) in schneller Folge durch (direkt ansetzende oder indirekte) Muskeln verbogen wird und jeweils durch Eigenelastizität wieder zurückspringt; besonders bei Zikaden gut bekannt (→Auchenorrhyncha, in der Abdomenbasis), auch bei einigen →Pyralidae (in den Tegulae), den meisten Arctiinae (→Erebidae K; im Metathorax), vielen Lymantriinae (→Erebidae J; im Abdomen) und den Chloephorinae (→Nolidae; im basalen Abdominalsternit).

Trophallaxis; Nahrungsaustausch zwischen Nestgenossen, auch zwischen Larven und Imagines; z. B. bei Termiten (→Isoptera) und sozialen Hautflüglern (→Formicidae; →Vespidae D; →Apidae).

Trophamnion; eine bei verschiedenen Schlupfwespen auftretende zellige Hülle um die v. a. durch →Polyembryonie entstandenen Embryonen, gebildet durch Furchungszellen oder Richtungskörperchen; dient wohl dem Nahrungsaustausch; selten auch ohne Zusammenhang mit Polyembryonie; z. B. →Encyrtidae.

Trophobiose; Beziehung zwischen 2 Insektenarten in der Form, dass die eine Art der anderen Absonderungen (Sekrete, Exkrete) zum Fressen bietet und dann von dieser u. U. einen gewissen Schutz genießt; →Formicidae; →Aphidina; →Coccina; →Auchenorrhyncha; →Lycaenidae; →Blasticotomidae.

Tropiduchidae →Auchenorrhyncha.

Tropinota →Scarabaeidae E3.

Trotzkopf, *Hadrobregmus pertinax* L. →Anobiidae 2.

Trox →Trogidae.

Trüffelfliege, *Suillia tuberiperda* Rond.; →Heteromyzidae.

Trüffelkäfer →Leiodidae A1.

Trugbienen, *Panurgus;* →Andrenidae 2.

Trugmotten →Eriocraniidae.

Trybliographa →Eucoilidae.

Trychosis →Ichneumonidae F.

Trypetidae; Synonym zu →Tephritidae.

Tryphon, **Tryphoninae** →Ichneumonidae, E.

Trypocalliphora →Calliphoridae 3.

Trypocopris →Geotrupidae A.

Trypodendron →Curculionidae P3.

Trypoxylon →Crabronidae B.

Tubulifera →Thysanoptera B.

Tullbergiidae →Onychiuridae; →Collembola.

Tummelfliegen →Platypezidae.

Tunga →Siphonaptera.

Turmschrecke, *Acrida ungarica* Herbst →Acrididae C.

Tussahseide →Saturniidae.

Twinnia →Simuliidae.

Tylidae; Synonym zu →Micropezidae.

Tymbalorgane →Trommelorgan.

Tympanalorgane; bei mehreren Ordgn. auftretende Gehörorgane mit einem oberflächlich angeordneten oder in eine Grube versenkten Trommelfell (Tympanum), das gegen eine dahinterliegende Trachee schwingt; Reizaufnahme über Skolopidien (Dehnungsrezeptoren) an der Tracheenwand; bei zirpenden Insekten (dann oft wichtig bei der Paarung; →Acrididae, →Ensifera, →Corixidae; →Cicadidae; s. auch →Scarabaeidae, →Cicindelidae), aber auch bei stummen Tieren zur Wahrnehmung der Peillaute von Fledermäusen (viele nachts fliegende →Lepidoptera, →Chrysopidae, →Mantodea; Funktion bei tagfliegenden Arten der Erebidae und →Noctuidae?), schließlich bei nichtheimischen parasitoiden Diptera zur Ortung von singenden Wirten: den Cicadidae (→Sarcophagidae) bzw. Ensifera (→Tachinidae); Tympanalorgane mehrfach unabhängig voneinander entstanden, entsprechend mit unterschiedlichem Bau und an unterschiedlichen Körperstellen: an der Seite der Brust (→Corixidae am 2., Noctuoidea am 3. Segment) oder des Hinterleibs (→Acrididae, →Pyralidae und →Geometridae am 1., →Cicadidae am 2. Segment), unpaar zwischen den Vorderhüften (wenige Tachinidae) oder Hinterhüften (→Mantodea), an Basis der Vordertibia (→Ensifera) oder des Flügels (→Chrysopidae).

Typhaea →Mycetophagidae.

Typhaeus →Geotrupidae A.

Typhlocyba →Cicadellidae H2.

Typhlocybinae →Cicadellidae H.

Tyria →Erebidae K13; →Lepidoptera.

Tytthaspis →Coccinellidae.

U

Überliegen; über die Norm hinausgehendes mehrmaliges Überwintern.

Überparasitoid, Hyperparasitoid →Parasitoid.

Uenoidae →Thremmatidae.

Uferaas; in manchen Gegenden übliche Bezeichnung für die zuweilen massenhaft am Ufer von Süßgewässern liegenden Leichen von Eintagsfliegen, insbesondere der Art *Ephoron virgo* Ol.; (→Polymitarcyidae).

Uferbolde →Plecoptera.

Uferfliegen →Ephydridae; →Plecoptera.

Uferrüssler, Bagoinae, *Bagous* →Curculionidae D.

Uferwanzen →Saldidae.

Ula →Pediciidae.

Uleiota →Silvanidae A.

Ulidiidae (einschl. Otitidae), Schmuckfliegen; Fam. der Zweiflügler (Diptera, Brachycera, Cyclorrhapha) mit in Eur ± 100, M-Eur 51, Dt 39 Arten; klein bis mittelgroß (2,5–11 mm); oft ausgezeichnet durch metallische Färbung des Körpers, auch durch die beim Gehen häufig vibrierend bewegten, oft lebhaft gezeichneten Flügel [**U-1**, **U-2**]; die Imagines mancher Arten machen Jagd auf lebende Insekten; die Larven fressen vermutlich im Inneren von Pflanzen, auch in Baumrinden, Dung, Früchten oder in der Streu gefunden.
Lit. →Diptera.

Ulmenbeutelgallenlaus, *Eriosoma lanuginosum* Htg. →Eriosomatidae 7.

Ulmenblattkäfer, *Xanthogaleruca luteola* (Chrysomelidae, Galerucinae); vgl. →Carabidae M8.

Ulmenblattrollenlaus, *Eriosoma ulmi* L. →Eriosomatidae 8.

Ulmenschildlaus, *Gossyparia spuria* Mod. →Eriococcidae.

Ulmensterben; gefährliche Erkrankung der Ulmen, hervorgerufen durch den Pilz *Ophiostoma ulmi*, u. a. übertragen durch den Ulmensplintkäfer; →Curculionidae P7.

Ulmenzipfelfalter, *Satyrium w-album* Knoch. →Lycaenidae A4.

Ulopa, **Ulopidae, Ulopinae** →Cicadellidae K; vgl. auch →Strepsiptera B3.

Ungleicher Holzbohrer, *Anisandrus dispar* F. →Curculionidae P8, P.

Urinsekten →Apterygota.

Urmotten →Micropterigidae.

Abb. U-1: Ulidiidae: *Otites formosa*, eine Schmuckfliege. ♂, 7–11 mm. (Séguy 1951a)

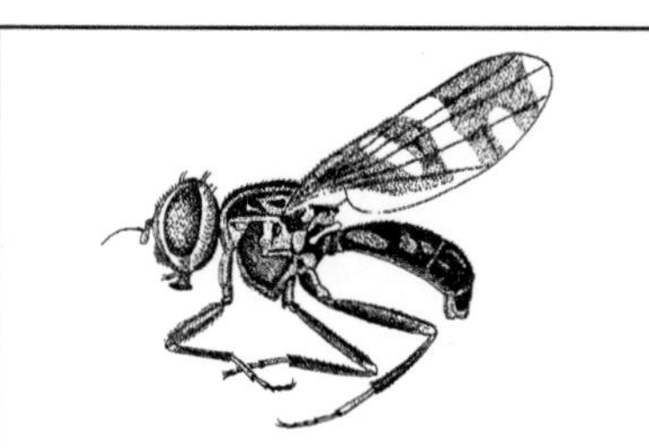

Abb. U-2: Ulidiidae: *Herina frondescentiae.* ♀, Länge 3 mm. (Lindner 1923 ff)

Urocerus →Siricidae.

Urodidae; Fam. der Schmetterlinge (Lepidoptera, Glossata) mit in Eur & Dt nur 1 Art: *Wockia asperipunctella* Bruand; klein (Flspw. 16 mm), grau; Vorderflügel mit schwarzen Schuppenhöckern und geknicktem Vorderrand, Hinterflügel zugespitzt, beide kurz befranst; Grundglied des der Antenne 3-eckig verbreitert; nachts am Licht wie tagsüber zu beobachten (V–VI); Raupen skelettieren Blätter der Zitterpappel (selten an anderen Salicaceae); Verpuppung in einem lockeren, vorne und hinten offenen Gespinst.
Lit. →Lepidoptera; Schütze (1931).

Urodon →Urodontidae.

Urodontidae; Fam. der Käfer (Coleoptera, Polyphaga, Cucujiformia); meist zu den →Anthribidae gestellt, aber in Aussehen und Lebensweise stark abweichend; in Eur 23 Arten; in M-Eur 7, Dt 3 Arten der Gttg. *Bruchela* (= *Urodon*); unter 3 mm; ähneln den Bruchinae (→Chrysomeli-

© Springer-Verlag GmbH Deutschland, ein Teil von Springer Nature 2026
E. Weber, H. Bellmann, *Jacobs|Renner – Biologie und Ökologie der Insekten*,
https://doi.org/10.1007/978-3-662-71153-8_21

dae C), zu denen sie früher gestellt wurden: so ist der Kopf schnauzenförmig verlängert, aber ohne Rüssel; Antennen nicht gekniet; Käfer dicht und anliegend behaart; mitteleuropäische Arten an Reseden; Eiablage in die Samenkapseln; Larven fressen die Samen; Verpuppung im Boden.

Lit. →Coleoptera; Rheinheimer & Hassler 2010.

Urophora →Tephritidae; s. auch Eurytomidae 8.

Urytalpa →Keroplatidae.

Utetes →Braconidae B; →Tephritidae 2.

Utetheisa →Erebidae, K7.

V

Valenzuela →Caeciliusidae.
Valve, Valvifere →Gonopoden.
Vanessa →Nymphalidae C1.
Vanhornia →Vanhorniidae.
Vanhorniidae; Fam. der Hautflügler (Hymenoptera, Apocrita, Proctotrupoidea) mit Eur & Dt nur *Vanhornia leileri* Hedqv. [**V-1**]: seltene kleine, gedrungene Wespe (6–7 mm), deren Hinterleib hinter der ungestielten Taille in einzigartiger Weise von einer alle Segmente übergreifenden Platte (Syntergit) bedeckt ist; das lange, sehr biegsame Legerohr klappt in Ruhestellung in eine Rinne auf der Unterseite der Hinterleibs ein und ragt bis unter die Brust, mit ihm tastet das ♀ in Holzspalten und -rissen nach Larven der →Eucnemidae; nach einer parasitoiden Entwicklung schlüpft die Wespe wohl in der Puppenwiege der Käferlarve und arbeitet sich mit den überaus kräftigen, abstehenden Mandibeln aus dem Holz heraus.
Lit. →Hymenoptera; Timokhov & Belokobylskij 2020.
Variimorda →Mordellidae.
Veilchenblattrollgallmücke, *Dasineura affinis* Kieff. →Cecidomyiidae B11.
Veilgrauer (Blaugrauer) Kiefernspanner, *Macaria liturata* Cl. →Geometridae C11.
Vektor; Krankheitsüberträger; Bezeichnung für Insekten, die auf Mensch, Tier oder Pflanze pathogene Viren, Bakterien oder Protozoen übertragen.
Velia →Veliidae 1.
Veliidae, Bachläufer, Stoßwasserläufer; Fam. der Wanzen (Heteroptera, Gerromorpha) mit in Eur 19, M-Eur 6, Dt 5 Arten; auf stehenden (→2) und fließenden (→1) Gewässern; erinnern auf dem Wasser an →Gerridae, Mittel- und Hinterbeine jedoch mittellang, mit den bei Landinsekten üblichen alternierenden Beinbewegungen (oft am Ufer oder auf Wasserpflanzen); →Entspannungsschwimmen (Abgabe von Speichelsekret ins Wasser) nachgewiesen; Ernährung jagend; die meisten Tiere überwintern als Imagines (z. T. mit unreifen, z. T. mit reifen Gonaden) an Land, einige als letztes (5.) Larvenstadium. Mit 2 heimischen, in verschiedene U-Fam. (Veliinae, Microveliinae) gestellten Gttgn.:
1 000 000 000

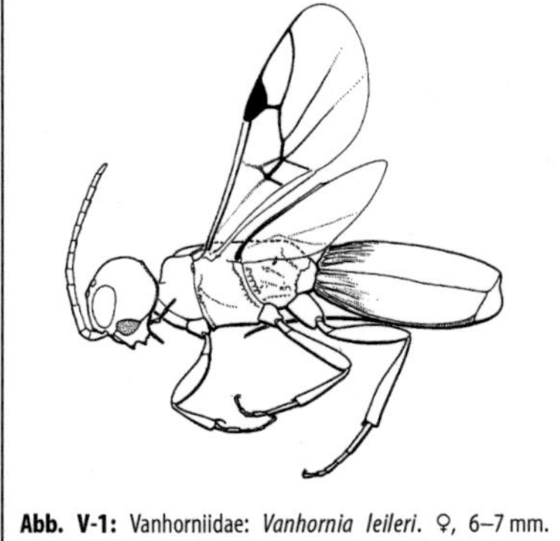

Abb. V-1: Vanhorniidae: *Vanhornia leileri.* ♀, 6–7 mm. (Goulet & Huber 1993)

1. *Velia*; 2 heimische Arten, häufig: *V. caprai* Tam.; mittelgroß (6–9 mm); meist flügellos, geflügelte Tiere selten. Gesellig in Ufernähe insbesondere von fließenden Gewässern, gerne in kleinen Buchten mit geringer Strömung; hält sich zum Ruhen mit den Beinen der einen Seite an einem Gegenstand fest oder geht an Land; bewegen sich auf dem Wasser durch ± gleichsinnige Bewegung der Mittelbeine fort; bemerkenswert ist das Tauchvermögen: kriechen dann meist, Bauch nach oben, dicht unter der Wasseroberfläche entlang; nach Abtreiben durch die Strömung Rückkehr entlang dem Ufer zum alten Platz; Aktivität in der Dunkelheit stärker als tagsüber; bei der Orientierung zum Wasser hin scheint das Wahrnehmen von Luftströmung (und mit ihnen verfrachteten Duftstoffen?) eine Rolle zu spielen, möglicherweise auch die Wahrnehmung linear polarisierten Lichtes (vgl. →Notonectidae). Die **Beute** wird in erster Linie durch den Erschütterungssinn, oder, vom Wasserstrom herangetrieben, durch Berühren der Beine wahrgenommen (fraglich, ob durch Sinneshaare oder Streckrezeptoren); sie wird meist mit den Vorderbeinen festgehalten, mit dem Rüssel angestochen, durch Speichel betäubt, i. d. R. auf festen Untergrund gebracht und ausgesogen. **Begattung** im Frühling, das ♂ sitzt dabei auf dem Rücken des ♀; **Eiablage** an Pflanzen der Ufervegetation; 5 Larvenstadien; die Imagines **überwintern** in der Ufervegeta-

© Springer-Verlag GmbH Deutschland, ein Teil von Springer Nature 2026
E. Weber, H. Bellmann, *Jacobs|Renner – Biologie und Ökologie der Insekten*,
https://doi.org/10.1007/978-3-662-71153-8_22

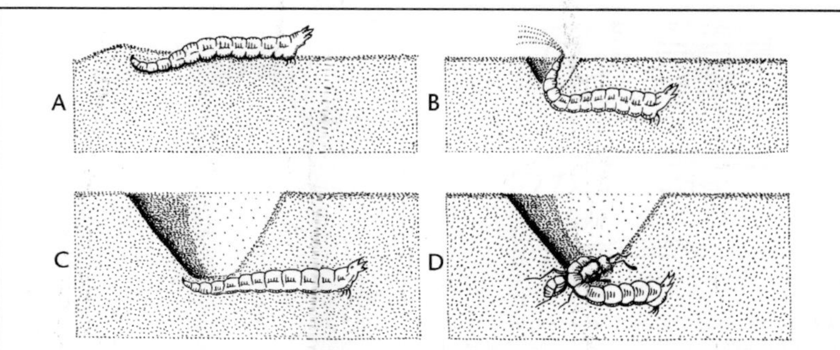

Abb. V-2: Vermileonidae: *Vermileo comstocki*, Wurmlöwe. Larve; A: im Begriff, sich einzugraben; B: beim Bau des Fangtrichters; C: auf Lauer im Trichtergrund; D: beim Ergreifen einer Ameise, die dann in den Sand gezogen, paralysiert und ausgesogen wird. (Séguy 1951b)

tion; sehr kältehart, daher zuweilen an milden Wintertagen aktiv; 1–2 Generationen im Jahr.

2. *Microvelia*, Zwergbachläufer; 3 heimische Arten, z. B. *M. reticulata* Burm.; klein, unter 2 mm; beide Geschlechter flügellos oder geflügelt; mehr auf stehenden Gewässern, laufen auf Wasserpflanzen und der freien Wasserfläche; vor der Paarung hüpft das ♀ auf dem Wasser auf begrenzter Fläche hin und her, scheint dadurch das ♂ zu der alsbald folgenden Begattung zu erregen; die Eier werden an im Wasser flottierende Gegenstände geklebt; Überwinterung als Imago in der Streu, im Moos oder unter Steinen; wohl 2 (oder mehr?) Generationen im Jahr.

Lit. →Heteroptera; Andersen 1982; Jordan 1952; Murray & Giller 1991; Wesenberg-Lund 1943.

Veliinae →Veliidae, 1.

Velleius →Staphylinidae A4.

Vermileo →Vermileonidae.

Vermileonidae; Fam. der Zweiflügler (Diptera, Brachycera, Tabanomorpha); in S-Eur mit 15 Arten, von denen nur *Vermileo vermileo* L. Dt (im äußersten SW) erreicht; mittelgroße (5–18 mm), schlanke, schnakenartige Fliegen, besuchen Blüten; Eiablage in Sand. Sehr bemerkenswert durch die Lebensweise des Wurmlöwen, der **Larve** von *Vermileo* (vgl. [**V-2**]): baut einen ganz ähnlichen **Sandtrichter** wie der Ameisenlöwe (→Myrmeleontidae); die Trichter beider Arten in geeignetem Gelände nebeneinander, die von *V.* jedoch kleiner und mehr an regengeschützten Stellen; Trichterbau schon bei der jüngsten Larve, nur nachts; dabei wird das Vorderende zum Sandaufnehmen ösenförmig gebogen und dann mit dem Sand hochgeschleudert, bis die für die Larvengröße passende Trichtertiefe und -weite erreicht ist;

die im Trichtergrund regungslos lauernde Larve liegt auf dem Rücken (die schwach entwickelten Augen liegen ventral, ebenso ein vorstreckbarer Fußstummel am 1. Hinterleibssegment), nur das vordere Körperende ist sichtbar; Verankerung im Sand durch das dickere, beborstete Hinterende. **Beutetiere** sind bei der Junglarve winzige Insekten, bei älteren Larven v. a. Ameisen; die Beute wird mit dem gekrümmten Vorderende umfasst, einer fliehenden Beute wird kein Sand nachgeschleudert; Beute mit den Mundhaken angebohrt, durch Gift (Speichel?) gelähmt, vor dem Mund verdaut und ausgesogen; keine Kotabgabe, da keine Verbindung zwischen Mittel- und Enddarm; der Beuterest wird meist nachts beim Überholen des Trichters entfernt. **Puppe** mit Sand beklebt im Boden, beweglich; arbeitet sich mithilfe von Dornenkränzen vor dem Schlüpfen der Imago bis an die Oberfläche hoch; **Überwinterungsstadium** ist wohl i. d. R. die Larve; ihre Entwicklung dauert etwa 1 Jahr, soll sich bei schlechter Ernährung bis zu 3 Jahre hinziehen.

Lit. →Diptera; Kehlmaier 2021.

Vermipsyllidae →Siphonaptera D.

Verrallia →Pipunculidae.

Vespa →Vespidae D2; →Gefahrenalarm; →Ripiphoridae 1.

Vespidae, Faltenwespen; Fam. der Hautflügler (Hymenoptera, Apocrita, Vespoidea) mit in Eur ± 250, M-Eur 110, Dt 85 Arten; Vorderflügel in Ruhe längs gefaltet, erscheinen daher schmal [**V-3**]; Hinterflügel durch Häkchen am Vorderrand mit dem Hinterrand der Vorderflügel dauernd verbunden; mit schwarz-gelber Wespenzeichnung, die wahrscheinlich nur für Wirbeltiere (nicht für Insekten) eine Warnfär-

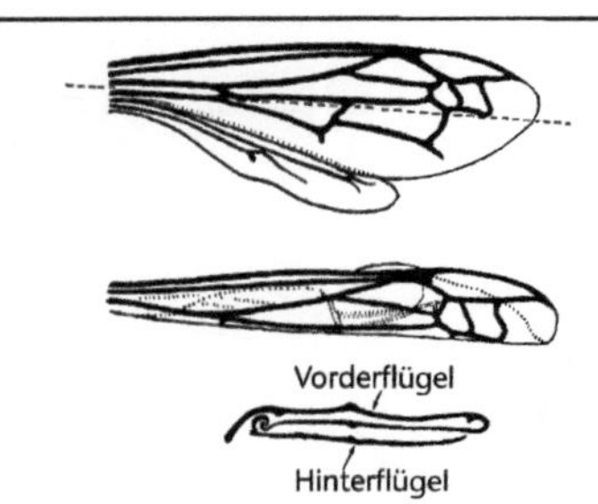

Abb. V-3: Vespidae: Flügel der Faltenwespen. Oben: Vorder- und Hinterflügel ausgebreitet; Mitte: Flügel längs gefaltet; unten: Schnitt durch die in Ruhelage gefalteten Flügel. (Schremmer 1962)

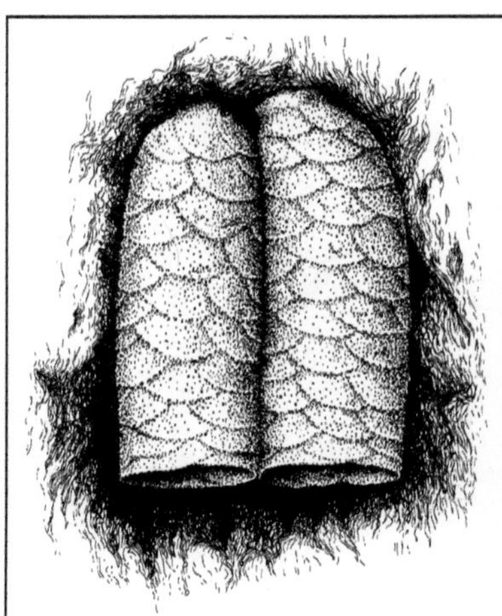

Abb. V-4: Vespidae: *Celonites abbreviatus*. 2-zelliges Nest vor der Maskierung mit Erde. (Bellmann 1984)

bung darstellt; bauen Nester; teils einzeln lebend (solitär, →A–C), teils Staaten bildend (eusozial, →D; vgl. →Anthophila). **Brutparasiten** solitärer Faltenwespen: →Chrysididae B, die sozialer Arten →D. Folgende U-Fam. in M-Eur:

A. Masarinae, Honigwespen; in Eur 17, M-Eur 2 Arten, im südl. Dt nur die trockenheits- und wärmeliebende *Celonites abbreviatus* Vill. (6–7 mm); von anderen Vespidae durch kurze, am Ende keulig verdickte Antennen unterschieden; Zunge verhältnismäßig lang, auf ihr ein langes, in Ruhelage als Schleife in die Kopfkapsel zurückgelegtes feines Rohr (zum Gewinnen von schwer zugänglichem Nektar?; Funktion beim Zellenbau?). Trägt Pollen und Nektar als **Nahrung** für die Larven ein; der Pollen wird in den Blüten mit der reichen Stirnbehaarung aufgenommen, mit den Beinen abgestreift, verschluckt und wie der Nektar im Kropf heimgebracht. **Nest** aus röhrenförmigen, sehr dünnwandigen, etwa 10 mm langen Brutzellen von 4 mm Durchmesser aus feinsten Erd- oder Lehmpartikeln in einer Reihe nebeneinander an Steinen und Felsen, seltener an Pflanzenstängeln; Anordnung meist senkrecht, mit nach unten weisender Versorgungsöffnung [**V-4**]; nach Fertigstellen einer Zelle (ca. 50 min) Eiablage, dann Eintragen des Pollen-Nektar-Breies, der rundum an dünnen Noppen der Zellwand aufgehängt wird, endlich Verschließen der Zelle; zuletzt werden die nebeneinander angeordneten Zellen mit einer gemeinsamen Hülle versehen.

B. Eumeninae; in Eur 204, M-Eur 84, Dt 65 Arten; solitäre Faltenwespen mit einer Lebensweise ähnlich der der Grabwespen (→Apoidea): ein einzelnes ♀ baut das Nest, legt 1 Ei ab (meist an einem Faden an der Decke der Zelle aufgehängt), geht dann auf Jagd, trägt die durch Stich paralysierte Beute (Schmetterlingsraupen oder ähnlich geformte Insektenlarven) fliegend zum Nest; Vollverproviantierung mit (meist) mehreren Beutetieren in einem Zuge, dann Zellverschluss. **Nester** häufig in oberirdischen Hohlräumen wie hohlen Pflanzenstängeln und Käferfraßgängen im Holz (z. B. *Ancistrocerus, Stenodynerus, Symmorphus*), Verschluss der hintereinander liegenden Zellen mit Lehm und kleinen Steinchen; andere Arten graben Nester im Boden und Steilwände (→B2) oder nisten in Schneckenhäusern (*Leptochilus alpestris* Sauss.); Arten mit gestieltem Hinterleib (Eumenini) bauen an Steinen, Holz oder Mauern befestigte Lehmnester (→B1); **Überwinterung** als Puppe, nur die bereits im zeitigen Frühling fliegende *Ancistrocerus nigricornis* Curt. überwintert als erwachsenes ♀.

B1. Eumenes, Pillenwespen; 8 heimische Arten; Hinterleib gestielt; Baumaterial für das Nest ist feuchter Lehm (u. U. am Fundort durch ausgespucktes Wasser aufgeweicht); wird als Kügelchen zum Nistplatz gebracht und hier zu einer zunächst napfförmigen, dann mit Mandibeln und Vordertarsen fast geschlossenen Zelle verbaut; der Eingang wird trichterförmig vorgezogen [**V-5**]; oft mehrere der urnenförmigen Zellen zu einer Gruppe vereinigt; Zellen bei den einzelnen Arten etwas verschieden gestaltet; Eiablage nach Fertigstellung des Nestes, danach einma-

Abb. V-5: Vespidae: *Eumenes* spec., Pillenwespe. Zelle; links: im Schnitt; rechts: total. (Berland & Bernard 1951; Bischoff 1922)

lige Verproviantierung mit paralysierten Raupen (oft von →Geometridae) und Verschluss; dabei wird der Eingangstrichter wieder abgebaut, sodass das fertige Nest unauffällig rundlich wird.

B2. Odynerus, Lehmwespen; bei uns 6 Arten; Nester meist in Lehm- und Lösswände gegraben (seltener in ebenem Boden, Trockenmauern oder Pflanzenmark), gelegentlich in Aggregationen; Eingang besonders an Steilwänden mit dem Erdaushub zu einem abwärts gebogenen Röhrchen nach außen verlängert (bis 5 cm Länge, bei 1 cm Durchmesser) [V-6], gelegentlich auch an waagrechten Standorten; Bedeutung unklar (Abwehr von Parasitoiden?; vgl. das ganz ähnliche Gebaren der Pelzbiene *Anthophora plagiata*, →Apidae A). *O. spinipes* L. und *O. reniformis* Gmel. erbeuten Rüsselkäferlarven der Gttg. *Hypera* (→Curculionidae E).

C. Zethinae; mit 2 südeuropäischen Arten der Gttg. *Discoelius*, beide bis S-Dt; früher zu den Eumeninae gestellt, jedoch näher mit den Vespinae verwandt; überwiegend schwarz gefärbte, solitäre Faltenwespen mit gestieltem Hinterleib und 2 Spornen auf der Mittelschiene; Biologie kaum bekannt, Nest im abgestorbenen Holz in lichten, warmen Wäldern (*D. dufourii* Lep.) und Auwäldern (*D. zonalis* Panzer); gefährdet.

D. Vespinae, Echte Wespen, Soziale Faltenwespen; in Eur 26, M-Eur 21, Dt 16 Arten; umfasst die Gruppen der **Polistini** (Feldwespen; in Eur nur *Polistes*) und **Vespini** (in Eur *Vespa*, *Dolichovespula* und *Vespula*); der Stachel dient der Verteidigung, wird gelegentlich wohl auch zum Töten größerer Beuteinsekten benutzt; er bleibt, im Gegensatz zum Stachel der Honigbiene, nach dem Stich nicht in der Haut des Menschen stecken; dies ist u. a. bedingt durch die Form der Widerhaken an den Stechborsten: durch die Bewegung der Borsten beim Stich werden die Bindegewebsfasern, die sich an den Widerhaken verfangen, durch Scherwirkung zerschnitten (bei der Honigbiene nicht); außerdem ist der Stachelapparat bei den Faltenwespen stärker als bei der Biene durch Muskeln im Abdomen befestigt. Die Zusammensetzung des beim **Stich**

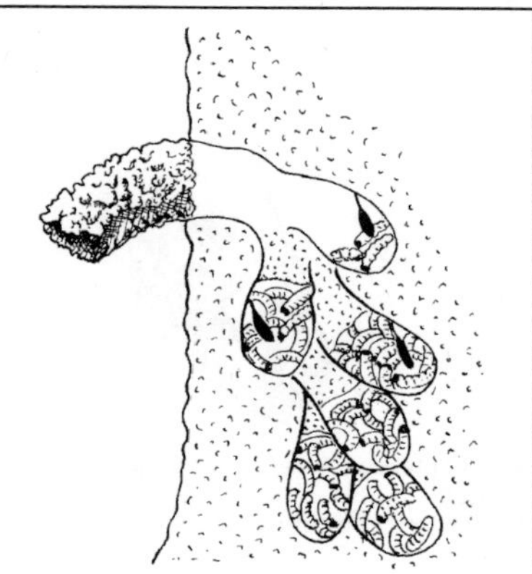

Abb. V-6: Vespidae: *Odynerus spinipes*, Lehmwespe. Nest. (Berland & Bernard 1951)

übertragenen Giftes ist von Art zu Art etwas verschieden (enthalten sind das Peptid Kinin, die Enzyme Phospholipase A und B und Hyaluronidase sowie die für die Schmerzhaftigkeit verantwortlichen Amine Histamin, 5-Hydroxitryptamin und – bei den Hornissen – Acetylcholin); der Stich einer Hornisse ist schmerzhafter, aber nicht giftiger als der anderer Wespenarten; Stichwirkung je nach Zustand und Alter des Tieres und nach Stichort verschieden; bei normaler Reaktion des Körpers besteht selbst durch viele Stiche keine Gefährdung für den Menschen (die LD 50 für Ratten: 154 Stiche pro Kilogramm Körpergewicht!); allerdings kann es bei einer allergischen Reaktion schon nach 1 Stich zu einem lebensbedrohlichen Kreislaufkollaps kommen (→Apidae); Vespini bilden in der Giftdrüse ein Alarmpheromon, das bei Gefahr durch Ausspritzen kleiner Giftmengen in Richtung des Störenfrieds abgegeben wird und die Nestgenossen zum sofortigen Angriff animiert (fehlt bei *Polistes*). Alle europäischen Arten bilden **Staaten**; im Herbst schlüpfen aus größer angelegten Brutzellen die Geschlechtstiere; Paarung teils noch im Nest, teils außerhalb mit Angehörigen fremder Völker; die kurzlebigen ♂♂ sterben kurz danach; in gemäßigten und arktischen Regionen überwintern nur die begatteten ♀♀ (an geschützten Orten in typischer Haltung: Antennen eingeschlagen, Beine angezogen, Flügel unter dem Hinterleib); der neue Staat wird im Frühjahr neu gegründet (von 1 einzelnen ♀ bei den Vespini, von mehreren bei *Polistes*) und geht im Herbst zugrunde (Mutter-

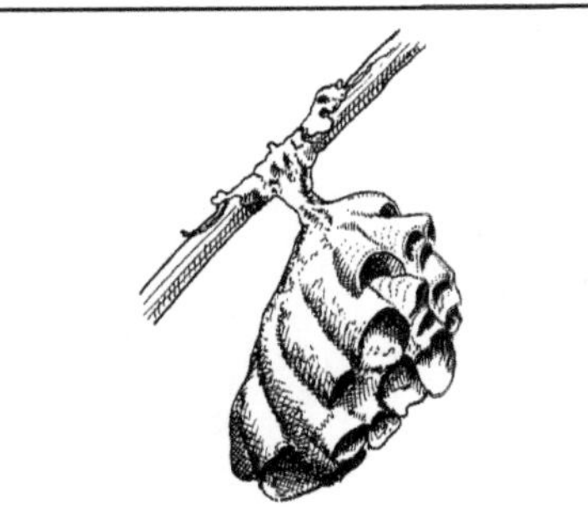

Abb. V-7: Vespidae: *Polistes nimpha*. Nestwabe. (Schremmer 1962)

familie); am Ende der Flugsaison noch vorhandene Larven gehen wohl aus Nahrungsmangel (wegen der geringer werdenden Zahl von ♀♀) ein, werden oft auch von den ♀♀ aus den Zellen gerissen und aus dem Nest geworfen. Bei Vespini 2 ♀-**Kasten**: 1) Königin: fertiles (Voll-) ♀; macht als Nestgründerin zunächst alle Arbeiten (Nestbau, Eierlegen, Brutfürsorge); beschränkt sich später, wenn ♀♀ da sind, v. a. auf Eierlegen; 2) Arbeiterinnen (♀♀): sterile, unbegattete ♀♀; führen alle Brutpflege-, Nestbau- und Nestwartungsarbeiten aus; erscheinen als erste nach der Nestgründung; werden während des Sommers immer zahlreicher (Nester dann u. U. mit mehreren hundert bis mehreren tausend Insassen), wobei sich unter ihnen eine gewisse Arbeitsteilung entwickeln kann; bei *Polistes* 3 ♀-Kasten: 1) Gründerinnen: begattete, überwinterte (Voll-)♀♀; gründen zu mehreren einen Staat; 2) Königin: dominantes Voll-♀, dem sich die anderen Gründerinnen nach dem Nestbau (ohne Kampf) unterordnen und das die alleinige Mutter der Nachkommen wird; 3) ♀♀: wie bei Vespini. Den sozialparasitischen **Kuckuckswespen** (→D1, D3, D4) fehlt die ♀-Kaste; das ♀ dringt nach der Überwinterung im Frühsommer in ein junges Nest der (nah verwandten) Wirtsart ein, vertreibt, tötet oder unterwirft die Königin und legt Eier in die Wirtszellen; die Brut wird von den Wirts-♀♀ aufgezogen. Geschlechtstiere erscheinen bei allen Arten später im Jahr; die ♂♂ entwickeln sich (wie bei der Honigbiene) aus unbesamten Eiern, begatten die inzwischen herangewachsenen neuen Voll-♀♀ zuweilen schon im Nest; bei Verlust der Königin entwickeln sich die Eierstöcke bei einem Teil der ♀♀; sie legen unbesamte Eier, aus denen ♂♂ entstehen (vgl. Drohnenbrütigkeit des Bienenvolkes). **Papier-**

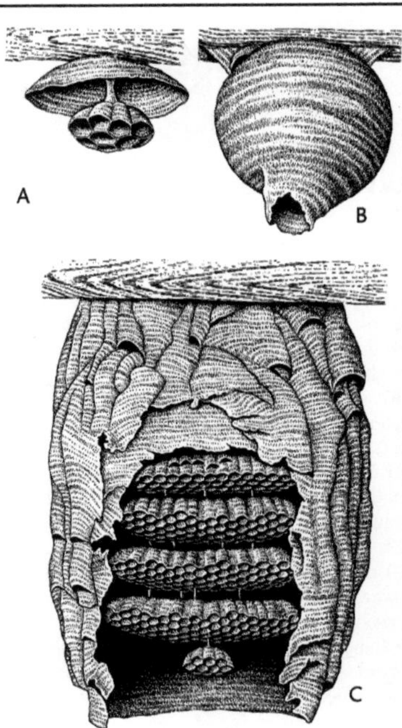

Abb. V-8: Vespidae: *Vespa crabro*, Hornisse. Nest; A: kurz nach der Gründung (Höhe 3 cm); B: etwas später mit erster Schutzhülle (Höhe 5 cm); C: ein sehr großes Nest im Spätsommer, ein Teil der Hülle entfernt, Höhe ca. 40 cm. (Nach Kulike 1986)

nest aus Pflanzenfasern (*Polistes*) oder verwittertem (seltener frischem), fein zerkautem Holz (Vespini); als Bindemittel fungiert der Wespenspeichel, ein chitinhaltiges Sekret (vermutlich) der Labialdrüsen; das Abbinden erfolgt rasch zu einem wasserunlöslichen, hornartigen Stoff; Nestform und Neststandort artspezifisch verschieden; Baumaterial eintragende ♀♀ verbauen dies auch selbst; Nest bei *Polistes* eine einzige, hüllenlose Wabe [**V-7**], die durch einen 1, später auch durch mehrere Stiele am Substrat (Felsen, Hauswände, Zweige) befestigt ist; bei Vespini mit mehrschichtiger, unten offener Umhüllung (Wärmedämmung) und mehreren horizontalen, etagenförmig untereinander angeordneten, durch Säulchen miteinander und mit der Hülle verbundenen Waben [**V-8**]; die Zellen bei den einheimischen Arten nach unten geöffnet, sechskantig 6-kantig nur im Zellverband, am Außenrand der Wabe abgerundet; Vergrößern des Nestes durch Materialabbau innen und Anbau außen; Nest entweder frei hängend (→D3) oder in ober- und unterirdischen Hohlräumen (→D2–4). Bei allen Arten **Temperaturregulation** im Bereich der Brut: gegen Überhitzung wird Wasser eingetragen, das in kleinen Tropfen an den Zellenrändern verteilt und durch Flügelfächeln zum Verdunsten gebracht wird, bei kühlem Wetter wird durch Flügelmuskelzittern gewärmt; dadurch genaue Einhaltung einer gleichmäßigen Temperatur: bei Hornissen z. B. sorgen die Larven in ihrem Bereich selbst für weitgehend 29,6 °C, während für die Puppen konstante 30 °C für die Entwicklung der Flügel unumgänglich sind; bei Bedarf wärmen der Puppen durch ♀♀ und – im Spätsommer – auch durch junge Königinnen, indem sie in engem Kontakt mit dem Zellendeckel durch Muskelkontraktionen Wärme erzeugen; ausgelöst wird das Wärmeverhalten durch ein von den Puppen abgesondertes (Temperaturregulierungs-)Pheromon (*cis*-9-Pentacosen), dabei Erhöhen der abdominalen Atembewegungen um 100 % auf ca. 200 pro Minute. Imagines nehmen tierische **Nahrung** auf (insbesondere beim Zerkauen der Beutetiere für die Larven), überwiegend jedoch Blütennektar, süße Obst- und Baumflusssäfte, Fruchtfleisch und →Honigtau; ausgedehnter Nahrungsaustausch auch zwischen den Imagines, wobei sich zwischen Bettler und Spender im Laufe des individuellen Lebens ein die Rangordnung bestimmendes Ritual entwickelt; Nahrungsquellen werden olfaktorisch gefunden; Alarmierung von Stockgenossen nach Fund einer ergiebigen zuckerhaltigen Nahrungsquelle bei *Vespula germanica* und *V. vulgaris* nachgewiesen. Ernährung der **Larven** hauptsächlich mit bereits zerkauten Insekten und Spinnen, der Junglarven auch mit Speicheldrüsensekret; die Larven ihrerseits geben nach Betasten durch die Imagines das Sekret der Labialdrüsen (Speicheldrüsen) ab, das aufgeleckt wird (Trophallaxis); es enthält außer Aminosäuren und Eiweiß ca. 9 % Zucker (Trehalose und Glucose), wird von den ♀♀ an andere Stockgenossen, auch wiederum an Larven weitergegeben und ist einzige Nahrungsreserve bei ungünstigem Wetter (da keine Vorratswirtschaft wie bei Ameisen und sozialen Bienen); 3 Larvenhäutungen; **Verpuppung** in der Zelle in einem Gespinstkokon. **Mitbewohner** in Staaten sozialer Wespen (und Bienen) sind (mit einer bekannten Ausnahme) Abfallfresser oder **Parasitoide**, ohne dass es (anders als bei Ameisen und Termiten) zu sozialen Beziehungen kommt; Hauptfeinde unter den Insekten: Wespenkäfer, *Metoecus paradoxus* L. (→Ripi-

phoridae 1); Fächerflügler (→Strepsiptera); Dickkopffliegen (→Conopidae); Schwebfliegen der Gttg. *Volucella* (→Syrphidae B); Raupen des Zünslers *Aphomia sociella* (→Pyralidae 3).

D1. *Polistes*, Feldwespen; 10 Arten in M-Eur, bei uns am häufigsten *P. dominulus* Christ.; *P. biglumis* L. (verbreitet bis Südschweden), *P. nimpha* Christ. und *P. bischoffi* Blüthg. (nur im Süden); Nestgründung nicht selten →polygyn durch mehrere überwinterte ♀♀, unter denen sich dann eine lineare Dominanzhierarchie einstellt, für die vom Kopf oder vom Ovar ausgehende Geruchssignale von Bedeutung sind; das ranghöchste ♀ ist die Haupteierlegerin; die Hilfs-♀♀, deren Eier vom Haupt-♀ gefressen werden, sind untergeordnet, hören mit dem Eierlegen auf, machen Nest- und Außendienst; bei Verlust des Haupt-♀ rückt ein anderes ♀ auf; Erkennen der Nestgenossinnen am Nestgeruch, der in den ersten Stunden nach der Imaginalhäutung erlernt wird; bei außereuropäischen (auch einheimischen?) Arten mit unabhängiger (nur durch ein ♀ vollzogener) Nestgründung beschmiert die Königin den Neststiel zur wirksamen Abwehr von Ameisen mit einem Sekret aus abdominalen Sternitdrüsen; manchmal wird ein kleiner Nektarvorrat in den Zellen angelegt, v. a. als Nahrung für die Imagines, vielleicht gelegentlich auch für die Larven; vor der Übergabe hervorgewürgter flüssiger Nahrung an die Larven trommeln die ♀♀ mit den Antennen (1 s lang mit 29 Hz) an den Zellenrand; die Larve vermehrt daraufhin die Speichelsekretion; Partnerfindung im Bereich auffälliger Landmarken in Nestnähe (hohe Bäume, Zäune, Felsen), die mit Sexualpheromonen aus abdominalen Hautdrüsen markiert werden; die ♂♂ besetzen hier entweder kleine, aneinandergrenzende Territorien, die gegen artgleiche ♂♂ und andere Insekten verteidigt werden (*P. biglumis, P. nimpha, P. dominulus*) oder patrouillieren bestimmte Routen ab (*P. dominulus*); die südliche *P. atrimandibularis* Zimm. lebt sozialparasitisch; das überwinterte ♀ dringt in ein Nest von *P. biglumis* ein, „unterwirft" die Wirtskönigin durch ein ritualisiertes Überlegenheitsverhalten (Fühlerkauen, Aufreiten, Stachelzücken), lässt seine Brut durch die Wirts-♀♀ (unter Beteiligung der keine eigenen Eier mehr legenden Wirtskönigin) aufziehen.

D2. *Vespa*; in M-Eur nur *V. crabro* L., Hornisse; größte einheimische Faltenwespe (19–35 mm); Zeichnung an der Brust rotbraun; das zuweilen sehr umfangreiche Nest meist in hohlen Bäumen, bisweilen auch in Nistkästen, Schuppen und Dachböden (bei der im Mittelmeerraum

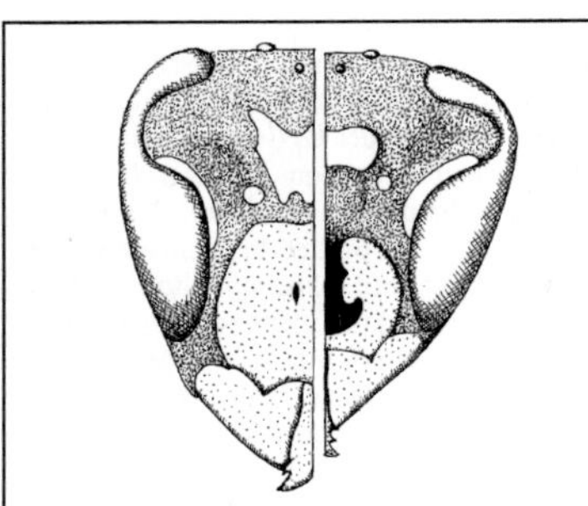

Abb. V-9: Vespidae: Vorderansicht des Kopfes von Langkopfwespe (links), Kurzkopfwespe (rechts). (Schremmer 1962)

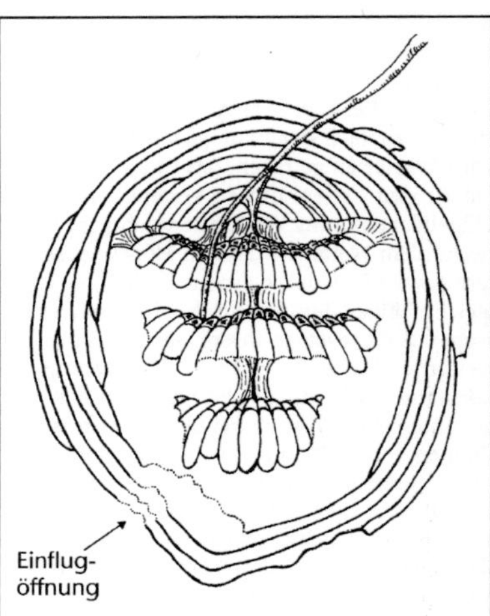

Abb. V-10: Vespidae: Medianschnitt durch ein Nest von *Dolichovespula media*, Mittlere Wespe. (Berland & Bernard 1951)

verbreiteten *Vespa orientalis* L. bevorzugt im Boden); aus zerkautem morschem Holz von (meist) gelblicher bis rotbrauner Farbe [**V-8**]; Nestgründung durch eine überwinterte Königin, in M-Eur nicht vor Mitte IV; größte Entfaltung des Hornissenvolkes VII–IX; meist nur mehrere Hundert Tiere im Nest, selten mehr als tausend; Beute: verschiedenste Insekten, auch Honigbienen, deren Kropfinhalt sie nach Abbeißen des Hinterleibs gerne auflecken; jagen z. T. auch nachts; Paarung der jungen Geschlechtstiere IX–X im Bereich auffälliger Geländemarken, an denen es zu Aggregationen bahnfliegender ♂♂ kommt; in Hornissennestern nicht selten die Imagines und Larven des Hornissenkurzflüglers (*Velleius dilatatus* F.; →Staphylinidae A4), vermutlich als harmlose Abfallfresser.

D3. *Dolichovespula*, Langkopfwespen [**V-9**]; Flugzeit nur bis VIII/IX; ♂♂ ab Mitte VII häufig auf Doldenblüten; Nester länglich oval, mit kräftiger Umhüllung [**V-10**]; bis mehrere Hundert ♀♀; *D. media* Retz (Nest gelblich weiß bis hellgrau, stets freihängend an Bäumen, Hecken, Felsen, Gebäuden); *D. saxonica* F. (Nest überwiegend grau, i. d. R. an Holz befestigt, in Bäumen, Schuppen, Speichern); *D. norwegica* F. (das hell holzfarbene Nest im Gebüsch, auf Bäumen, seltener in Gebäuden, sehr selten im Boden); *D. sylvestris* Scop. (das graugelbe Nest über dem Boden im Gebüsch, oft auch am oder im Boden). Sozialparasitisch leben *D. omissa* Bisch. (Wirt: *D. sylvestris*) und *D. adulterina* Buys. (Wirte: *D. saxonia, D. norwegica*).

D4. *Vespula*, Kurzkopfwespen [**V-9**]; Nester von *V. germanica* F. und *V. vulgaris* L. mit bis zu 4000 ♀♀; Staaten existieren etwa 1,5 Monate länger und werden individuenreicher als die von 3; sammeln im Gegensatz zu anderen Wespenarten von anthropogenen Nahrungsquellen (Süßwaren, zuckerhaltige Getränke, Frischfleisch) und wirken insofern störend; die grauen bzw. gelbbraunen Nester unterirdisch (Entfernen frei hängender Nester, um am Kaffeetisch störende Wespen zu beseitigen, trifft daher meist die ganz unschuldige *Dolichovespula* →D3), aber auch an oder in Gebäuden, dann jedoch in Hohlräumen; Flugzeit bis X/XI; *V. rufa* L. [**V-11**] mit kleineren Staaten (wenige hundert ♀♀), Flugzeit bis VIII/IX. *V. austriaca* Pz. lebt sozialparasitisch (Wirt: *V. rufa*); die Wirtskönigin wird kurz nach den dem Eindringen getötet.

Lit. →Hymenoptera; Beani et al. 1992; Cervo et al. 1990; Engels 1990; Fischer & Külzer 1993; Ito 1993; Haeseler 1978; Matsuura & Yamane 1990; Mauss et al. 2004; Ross & Matthews 1991; Schmid-Egger 2004; Schmidt & Schmid-Egger 1991, Schneider & Schubert 1987; Turillazzi & West-Eberhard 1996; Wolf 1986.

Vespiformes; Gruppe der Stechimmen (Aculeata, →Hymenoptera), umfassen neben einigen parasitoiden auch sämtliche nicht-parasitoiden Stechimmen; mit den Gruppen →Apoidea, Formicoidea (→Formicidae), →Pompiloidea, Scolioidea (→Scoliidae), Tiphioidea (→Thynnidae, →Tiphiidae), Vespoidea (→Vespidae).

Vespinae, Vespini →Vespidae D.

Vespoidea; Gruppe der Taillenwespen (Apocrita, →Hymenoptera); mit nur 1 Fam. →Vespidae.

Vespula →Vespidae D4.

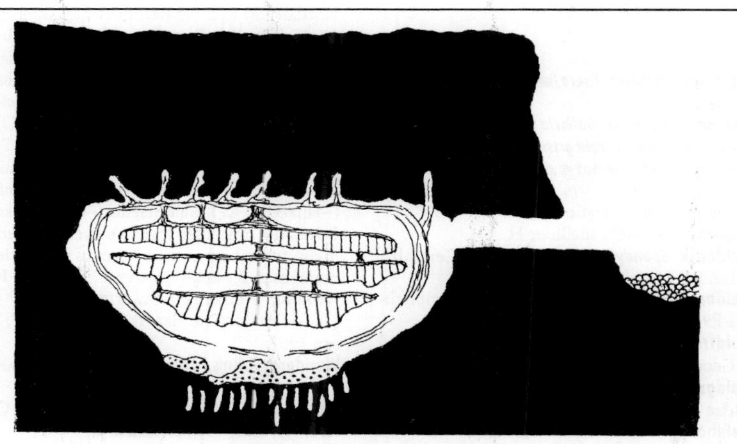

Abb. V-11: Vespidae: *Vespula rufa*, Rote Wespe. Schematisierter Schnitt durch unterirdisches Nest; unter der Hülle Abfall, darunter Fliegenmaden. (Rathmayer 1969)

Vierfleck, *Libellula quadrimaculata* L. →Libellulidae 1.

Vierhornkäfer, *Gnathocerus cornutus* F. →Tenebrionidae 7.

Vierpunktaaskäfer, *Dendroxena quadrimaculata* Scop. →Staphylinidae K3.

Vierpunktmotte, *Lithosia quadra* L. →Erebidae K1.

Vierpunktprachtkäfer, *Anthaxia quadripunctata* L. →Buprestidae 4.

Villa →Bombyliidae.

Virgo (Pl.: Virgines), Jungfern; bei Blattläusen (→Aphidina) ganz allgemein ein parthenogenetisch (virginogen) erzeugtes und sich parthenogenetisch (virginopar) fortpflanzendes ♀,
nicht jedoch →Sexuparae, d. h. ♀♀, welche die bisexuelle Generation hervorbringen; Bezeichnung v. a. üblich bei Arten ohne Wirtswechsel; weitere Bezeichnung: Virginopara.

Virginogenia (Pl.: Virginogeniae) →Exsulis, →Aphidina.

Virginopara (Pl.: Virginoparae) →Virgo.

Viteus →Phylloxeridae 3.

Vogel-Azurjungfer, *Coenagrion ornatum* Selys →Coenagrionidae 1.

Vogelblutfliegen, *Protocalliphora* →Calliphoridae 3; vgl. auch →Pteromalidae 2.

Volucella, **Volucellinae** →Syrphidae B, →Syrphinae; vgl. auch →Vespidae.

W

Wacholderspanner, *Thera juniperata* L. →Geometridae.

Wachsmotte, Große, *Galleria mellonella* L. →Pyralidae 1; **Kleine,** *Achroia grisella* F. →Pyralidae 2.

Wadenstecher, *Stomoxys calcitrans* L. →Muscidae 5.

Waffenfliegen →Stratiomyidae.

Wagneripteryx →Cicadellidae H.

Waldbock, *Spondylis buprestoides* L. →Cerambycidae, B1.

Waldbrettspiel, *Pararge aegeria* L. →Nymphalidae F9.

Waldfrostspanner, *Operophtera fagata* Scharf. →Geometridae E1.

Waldgrille, *Nemobius silvestris* Bosc. →Trigonidiidae A.

Waldhonig, Tannenhonig →Honigtau.

Waldmaikäfer, *Melolontha hippocastani* F. →Scarabaeidae C1.

Waldmistkäfer, *Anoplotrupes stercorosus* Scr. →Geotrupidae A.

Waldmücken →Culicidae.

Waldohrwurm, *Chelidurella acanthopygia* Gené →Dermaptera C3.

Waldschaben →Ectobiidae.

Waldteufel, *Erebia aethiops* Esp. →Nymphalidae F1.

Walker, *Polyphylla fullo* L. →Scarabaeidae C2.

Walnusszierlaus →Drepanosiphidae 10.

Walzenbock, *Saperda carcharias* L. →Cerambycidae E9.

Walzenhalsböcke, *Phytoecia* →Cerambycidae E12.

Wandelnde Blätter →Phasmida.

Wanderfalter; Schmetterlinge, die in großer Zahl regelmäßige jährliche Wanderungen über bisweilen beträchtliche Entfernungen durchführen, ausgehend von ihrem Hauptvermehrungsgebiet; kehren manchmal nach dort zurück oder machen Ansätze zum Rückflug; bekanntes Beispiel: *Danaus plexippus* (Monarch →Nymphalidae G) fliegt jährlich im Herbst vom südl. Kanada bis in den Süden Nordamerikas und nach Mexiko (Massenüberwinterung oft an bestimmten Stellen, sogar an bestimmten Bäumen; im Frühling Beginn des Rückflugs, bis sie (oder die Nachkommen) die nördliche Heimat wieder erreichen); in M-Eur fliegen Vertreter verschiedener Fam. aus dem Mittelmeerbereich (auch aus Nordafrika) z. T. bis weit über die Alpen nordwärts; ständige Fortpflanzung ist hier i. d. R. nicht möglich; Tendenz zum Rückwandern nach Süden wurde in einigen Fällen festgestellt; einige sehr regelmäßig in M-Eur auftretende Wanderfalter: Postillon (→Pieridae 6), Distelfalter und Admiral (→Nymphalidae C1), Totenkopfschwärmer, Windenschwärmer, Taubenschwänzchen (→Sphingidae 4, 5, 10), Punktbär (→Erebidae K7), Gammaeule (→Noctuidae 34); Falter, die innerhalb ihres Verbreitungsgebietes meist nur in begrenztem Ausmaß umherziehen, nennt man Binnenwanderer (z. B. Großer Kohlweißling, Wolfsmilchschwärmer).
Lit. →Lepidoptera; Harz & Wittstadt 1957; Nielsen 1967.

Wandergelbling, *Colias crocea* Geoffr. →Pieridae 6.

Wanderheuschrecken, →Acrididae A4; →Caelifera; vgl. auch →Chalcididae 2.

Wanstschrecke, *Polysarcus denticauda* Charp. →Phaneropteridae, 5.

Wanzen →Heteroptera.

Warzenbeißer, *Decticus verrucivorus* L. →Tettigoniidae 2.

Warzenkäfer →Melyridae A.

Wasserbiene →Notonectidae.

Wasserjungfern →Zygoptera.

Wasserkäfer; speziell: deutscher Name für →Hydrophilidae; allgemein: Bezeichnung für ständig oder zeitweilig (als Imago oder als Larve) im Wasser lebende Käfer; →Dryopidae; →Dytiscidae; →Gyrinidae; →Haliplidae; →Scirtidae; →Hydraenidae; →Hydrophilidae; →Hygrobiidae; →Spercheidae; →Curculionidae D, P5; →Chrysomelidae A.

Wasserkugelspringer, *Sminthurides aquaticus* Bourl. →Sminthurididae.

Wasserläufer; i. e. S.: deutscher Name für →Gerridae; i. w. S.: Gerromorpha, d. h. alle auf der Wasseroberfläche lebenden Wanzen (→Heteroptera): Gerridae, Hebridae, Hydrometridae, Mesoveliidae und Veliidae.

Wassernadel, *Ranatra linearis* L. →Nepidae.

Wasserschlupfwespe, *Agriotypus armatus* Walk. →Ichneumonidae G.

Wasserschneider →Gerridae.

Wasserskorpion, *Nepa cinerea* L. →Nepidae.

Wasserstelzwanzen →Hydrometridae.

Wassertreter →Haliplidae.

Wasserwanzen, *Nepomorpha* (Hydrocorisae, Cryptocerata) →Heteroptera.

© Springer-Verlag GmbH Deutschland, ein Teil von Springer Nature 2026
E. Weber, H. Bellmann, *Jacobs|Renner – Biologie und Ökologie der Insekten*,
https://doi.org/10.1007/978-3-662-71153-8_23

Wasserzikaden →Corixidae.
Wasserzünsler →Pyralidae 19–23.
Wasserzwerg, *Plea minutissima* Leach →Pleidae.
Watsonalla →Drepanidae 2.
Weberbock, *Lamia textor* L. →Cerambycidae E1.
Wegerich-Scheckenfalter, *Melitaea cinxia* L. →Nymphalidae D.
Wegwespen →Pompilidae.
Wehrstachel; Stechapparat bei vielen ♀♀ der Stechimmen (Aculeata, →Hymenoptera); stets von Giftdrüsen begleitet; entstanden aus dem Legeapparat; dient nicht mehr unmittelbar der Eiablage, sondern zum Paralysieren von Beutetieren für die Ernährung der Larven oder als Wehrstachel zur Verteidigung.
Wehrstoffe; bei Vertretern verschiedener Gruppen verbreitete, i. d. R. in besonderen Wehrdrüsen abgesonderte Stoffe unterschiedlicher Zusammensetzung; dienen der Abwehr, werden zuweilen gezielt auf einen Angreifer gespritzt; kommen sowohl bei Larven wie bei Imagines vor; vgl. u. a. →Carabidae; →Cerambycidae (*Aromia*); →Chrysomelidae (Chrysomelinae); →Dermaptera; →Dytiscidae; →Hemiptera; →Notodontidae A1 (*Cerura*); →Staphylinidae; →Tenebrionidae; W. sind auch die aus den Rückenröhren von Blattläusen (→Aphididae) austretende Flüssigkeit sowie in Hämolymphe gelöste, schlecht schmeckende Stoffe (schützen allerdings weniger das Einzelindividuum als die anderen Individuen der gleichen Art, nachdem der Feind schlechte Erfahrungen machte; →Meloidae, →Zygaenidae); durch Mimikry (→Mimese) dann auch Schutz anderer Arten; vgl. ferner: →Allomone; →Wehrstachel; →Gefahrenalarm.
Lit. →Insecta.
Weichkäfer →Cantharidae.
Weichwanzen →Miridae.
Weidenböckchen, *Gracilia minuta* F. →Cerambycidae D2.
Weidenbohrer, *Cossus cossus* L. →Cossidae 1.
Weidenholzgallmücke, *Rabdophaga saliciperda* Duf. →Cecidomyiidae C5.
Weidenjungfer, *Chalcolestes viridis* v. d. Lind. →Lestidae.
Weidenkahneule, *Earias clorana* L. →Nolidae 2.
Weidenkarmin, *Catocala electa* Bkh. →Noctuidae 19.
Weidenknospenblattwespe, *Euura mucronata* Htg. →Tenthredinidae 13.
Weidenrose →Cecidomyiidae C5.
Weidenrosengallmücke, *Rabdophaga rosaria* Loew; →Cecidomyiidae C5.
Weidenrutengallmücke, *Rabdophaga salicis* Schrk. →Cecidomyiidae C5.

Weidenschaumzikade, *Aphrophora salicina* Goeze →Aphrophoridae 1.
Weidenschildlaus, *Chionaspis salicis* L. →Diaspididae 9.
Weidenspinner, *Leucoma salicis* L. →Erebidae J3.
Weinhähnchen, *Oecanthus pellucens* Scop. →Oecanthidae.
Weinzwirner, *Tibicina haematodes* Scop. →Cicadidae 3.
Weißbindiges Wiesenvögelchen, *Coenonympha arcania* L. →Nymphalidae F11.
Weißdorneule, *Allophyes oxyacanthae* L.; s.→Geometridae.
Weißdornmotte, *Scythropia crataegella* L. →Scythropiidae.
Weißdornspanner, *Opisthograptis luteolata* L. →Geometridae C5.
Weißdornspinner, *Trichiura crataegi* L. →Lasiocampidae 3.
Weiße Ameisen →Isoptera.
Weiße Fliegen →Aleyrodina.
Weiße Tigermotte, *Spilosoma lubricipeda* L. →Erebidae K9.
Weißer Bärenspinner, *Hyphantria cunea* Dru. →Erebidae K11.
Weißer Drahtwurm →Anisopodidae; →Therevidae.
Weißer Kornwurm, *Nemapogon granella* L. →Tineidae 5; *Sitotroga cerealella* Oliv. →Gelechiidae 1.
Weißer Schwamm; Gelege des Pappelspinners; →Erebidae J3.
Weißer Waldportier, *Brintesia circe* F. →Nymphalidae F5.
Weißes C, *Polygonia c-album* L. →Nymphalidae C5.
Weißes W, *Satyrium w-album* Knoch. →Lycaenidae A4.
Weißfleckenwidderchen, *Amata phegea* L. →Erebidae K5.
Weißlicher Kiefernspanner, *Peribatodes secundaria* Esp. →Geometridae C11.
Weißlinge →Pieridae.
Weißtannen-Trieblaus, *Dreyfusia nordmannianae* Eckst. →Adelgidae 7.
Weißtannenrüssler, *Pissodes piceae* Ill. →Curculionidae L1.
Weißtannentrieblaus, *Mindarus abietinus* Koch →Mindaridae.
Weißtannentriebwickler, *Choristoneura murinana* Hbn. →Tortricidae 17.
Weißwollige Fichtenstammlaus, *Pineus pineoides* Chol. →Adelgidae 5.
Weißwurm; in manchen Gegenden übliche Bezeichnung für tote Eintagsfliegen der Art *Ephoron virgo* Ol. →Polymitarcyidae.
Weitmaulfliegen →Ephydridae.

Weizengallmücke →Cecidomyiidae B1, B2.
Weizenthrips, *Haplothrips tritici* Kurdj. →Phlaeothripidae.
Weizeneule, *Euxoa tritici* L. →Noctuidae 24.
Wellenspanner, *Hydria undulata* L. →Geometridae E5.
Werftkäfer →Lymexylidae.
Werneckiella →Trichodectera 2.
Werre, *Gryllotalpa gryllotalpa* L. →Gryllotalpidae.
Wespen →Vespidae.
Wespenbienen, *Nomada* →Apidae B1.
Wespenbock, *Necydalis* →Cerambycidae C4, *Molorchus* →Cerambycidae D3, **Clytini** →Cerambycidae D8.
Wespenkäfer, *Metoecus paradoxus* L. →Ripiphoridae 1.
Wespentaille →Hymenoptera.
Westliche Beißschrecke, *Platycleis albopunctata* L. →Tettigoniidae 5.
Westliche Sattelschrecke, *Ephippiger diurnus* Duf. →Tettigoniidae 6.
Wickeneulen →Erebidae D.
Wickensamenkäfer, *Bruchus atomarius* L. →Chrysomelidae C2.
Wickenwickler, *Dichrorampha petiverella* L. →Tortricidae 34.
Wickenwidderchen, *Zygaena ephialtes* L. →Zygaenidae A4.
Wickler →Tortricidae.
Wicklereulchen, *Nycteola* →Nolidae.
Widderbären →Erebidae Kb.
Widderbock, *Clytus arietis* L. →Cerambycidae D8.
Widderchen →Zygaenidae.
Wiesenerdzikade, *Aphrodes makarovi* Zachv. →Cicadellidae E.
Wiesenfliegen →Opomyzidae.
Wiesenflohzirpe, *Deltocephalus pulicarius* Fall. →Cicadellidae A.
Wiesenkleezirpe, *Euscelis incisus* Kirschb. →Cicadellidae A.
Wiesenschaumzikade, *Philaenus spumarius* L. →Aphrophoridae 2.
Wiesenschnake, *Tipula paludosa* Meig. →Tipulidae 4.
Wiesenschnellkäfer, *Ctenicera* →Elateridae 2.
Wiesenspinner, *Lemonia* →Brahmaeidae.
Wiesenspornzikade, *Javesella pellucida* F. →Delphacidae, 2.
Wiesenvögelchen, *Coenonympha* →Nymphalidae F11.
Wiesenzünsler, *Loxostege sticticalis* L. →Pyralidae 18.
Wimperbock, *Pogonocherus fasciculatus* Deg. →Cerambycidae E5.
Wimperhafte →Caenidae.

Windenmotte, *Bedellia somnulentella* Zell. →Bedelliidae.
Windenschwärmer, *Agrius convolvuli* L. →Sphingidae 5.
Windig, *Agrius convolvuli* L. →Sphingidae 5.
Winkerzikaden, Idiocerinae →Cicadellidae G.
Winterei; bei Blattläusen (→Aphidina) das besamte und i. d. R. überwinternde Ei; aus ihm schlüpft die Stammmutter (→Fundatrix).
Wintereulen →Noctuidae.
Winterhafte →Boreidae.
Winterinsekten →Schneeinsekten.
Winterlibellen, *Sympecma* →Lestidae.
Wintermücken →Tipulidae; →Trichoceridae.
Wintersaateule, *Agrotis segetum* Den. & Schiff. →Noctuidae 25.
Winterwirt →Primärwirt.
Winterzirpen, *Balclutha* →Cicadellidae, A.
Wipfelwanze, *Acanthosoma haemorrhoidale* L. →Acanthosomatidae 1.
Wippmotten →Glyphipterigidae C.
Wockia →Urodidae.
Wohlfahrtia →Sarcophagidae B.
Wolfsfliegen, *Dasypogon, Molobratia* →Asilidae.
Wolfsmilchschwärmer, *Hyles euphorbiae* L. →Sphingidae 8.
Wolfsmilchspanner, *Minoa murinata* Scop. →Geometridae E3.
Wolfsmilchspinner, *Malacosoma castrensis* L. →Lasiocampidae 2.
Wolfsmilchwanzen →Stenocephalidae.
Wollafter, *Eriogaster lanestris* L. →Lasiocampidae 5.
Wollläuse →Pseudococcidae.
Wollbienen, *Anthidium* →Megachilidae 5.
Wollige Buchenlaus, *Phyllaphis fagi* L. →Drepanosiphidae A.
Wollige Napfschildlaus, *Pulvinaria vitis* L. →Coccidae 3.
Wollige Rebenschildlaus, *Pulvinaria vitis* L. →Coccidae 3.
Wollkäfer →Tenebrionidae 12.
Wollkrautblütenkäfer, *Anthrenus verbasci* L. →Dermestidae 4.
Wollkrauteule, *Cucullia verbasci* L. →Noctuidae 28.
Wollläuse →Pseudococcidae.
Wollraupenspinner →Lasiocampidae.
Wollrückenspinner →Thyatiridae.
Wollschweber →Bombyliidae.
Wollspinner →Erebidae J.
Würfelfalter →Riodinidae, →Hesperiidae A.
Würfelmotte, *Lithosia quadra* L. →Erebidae K1.
Wurm, Gelbköpfiger, *Lobesia botrana* Den. & Schiff. →Tortricidae 28.
Wurm, Kleiner Schwarzer, *Xyleborus monographus* F. →Curculionidae P1.

Wurm, Schwarzköpfiger, *Eupoecilia ambiguella*
Hbn. →Tortricidae 27.
Wurmlöwe →Vermileonidae.
Wurzelbohrer →Hepialidae.
Wurzeleule, Wurzelfresser, *Apamea monoglypha*
Hufn. →Noctuidae 22.

Wurzelläuse; allgemein: die an den Wurzeln
von Pflanzen lebenden Blattläuse (→Aphidina);
speziell: Wurzelform der Reblaus (→Phylloxe-
ridae 3).

X

Xanthandrus →Syrphidae F.

Xanthocanace →Canacidae.

Xanthogaleruca (Chrysomelidae, Galerucinae); s. →Carabidae M8.

Xanthostigma →Raphidioptera B.

Xenidae, Xeninae →Strepsiptera B4.

Xenochironomus →Chironomidae.

Xenodiplosis, (Cecidomyiidae); s. →Cynipidae 5.

Xenonomia →Notoptera.

Xenopsylla →Siphonaptera, A.

Xenos →Strepsiptera.

Xeris →Siricidae.

Xestobium →Anobiidae 3.

Xiphydria →Xiphydriidae.

Xiphydriidae, Schwertwespen; Fam. der Hautflügler (Hymenoptera, „Symphyta", Siricoidea) mit in Eur 7, M-Eur 6, Dt 5 Arten der Gttg. *Xiphydria*, am häufigsten noch *X. camelus* L (7–22 mm); Vorderbrust halsartig verlängert und verschmälert; Lebensweise ähnlich wie die der übrigen Holzwespen (→Siricidae); **Eiablage** jedoch ausschließlich in Laubholz, mehrere Eier pro Bohrloch; Schlupf der Larven nach 2–3 Wochen, Entwicklung innerhalb eines Jahres. **Larven** ähnlich den →Siricidae mit stummelförmigen Brustbeinen und ohne Afterfüße am Hinterleib; →polyphag, bohren in toten oder absterbenden, nicht allzu dicken Ästen, selten tiefer als 5 cm; **Verpuppung** dicht unter der Oberfläche; Anwesenheit eines symbiotischen Pilzes in den Bohrgängen erforderlich (→Siricidae). Lit. →Hymenoptera; Eichhorn 1982; Quinlan & Gauld 1981; Schedl 1991.

Xorides, **Xoridinae** →Ichneumonidae, K.

Xya →Tridactylidae.

Xyela →Xyelidae.

Xyelidae; Fam. der Hautflügler (Hymenoptera, „Symphyta", Xyeloidea) mit in Eur 15, M-Eur 11, Dt 8 Arten; kleine Pflanzenwespen (2,5–7 mm) mit einem mächtigen 1. Geißelglied und einer dünnen Restgeißel aus 9–10 kurzen Gliedern [**X-1**]; Legebohrer des ♀ etwa von der Länge des Hinterleibs; Imagines der Gttg. *Xyela* (2,5–4,5 mm) befliegen gern die Blütenkätzchen von Birken. **Larven** den Afterraupen der echten Blattwespen (→Tenthredinidae) ähnlich, mit 1 Afterfußpaar an jedem Abdominalsegment; leben 3–4 Wochen in den männlichen Blüten

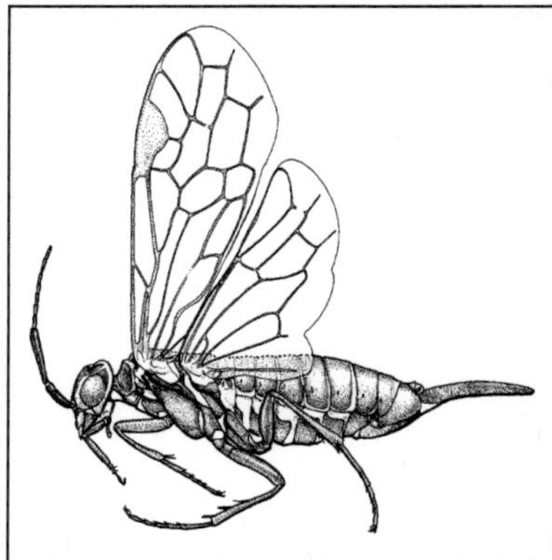

Abb. X-1: Xyelidae: *Xyela* spec. ♀, ca. 3–4 mm. (Goulet & Huber 1993)

der Kiefer (z. B. *Xyela julii* Breb. an Waldkiefer), dann Bildung einer Höhle mehrere Zentimeter tief im Boden, ohne Kokon; Verpuppung oft erst im Frühling des 2. Jahres; Larven der seltenen *Pleroneura*-Arten (5–7 mm) in Knospen und jungen Trieben der Weißtanne.

Lit. →Hymenoptera; Lacourt 2020; Pschorn-Walcher 1982; Quinlan & Gauld 1981; Schedl 1991.

Xyeloidea; Gruppe der Pflanzenwespen („Symphyta", →Hymenoptera); nur mit der Fam. →Xyelidae.

Xyleborini; Gattungsgruppe der Scolytinae (→Curculionidae P).

Xyleborus →Curculionidae P1, P8–9; vgl. auch →Pyrochroidae.

Xylemsauger; Bezeichnung für Insekten, die mit ihrem Stechrüssel Nahrung aus den ionenreichen, an Aminosäuren und Kohlenhydraten aber äußerst armen Wasserleitungsbahnen des Xylems gewinnen; hierfür wird eine gewaltige Flüssigkeitsmenge gegen den Unterdruck im Xylem in das Tier gepumpt und durch den →Filtermagen geleitet; keine Honigtaubildung; eher →polyphag; spezialisierte Xylemsauger finden sich unter eher größeren Zikaden (→Auchenorrhyncha: →Aphrophoridae, →Cercopidae, →Cicadidae, →Cicadellidae C); ansonsten haben nur wenige parasitische Pflanzen (Mistel, Sommerwurz) die extreme Nahrungsquelle angezapft.

© Springer-Verlag GmbH Deutschland, ein Teil von Springer Nature 2026
E. Weber, H. Bellmann, *Jacobs|Renner – Biologie und Ökologie der Insekten,*
https://doi.org/10.1007/978-3-662-71153-8_24

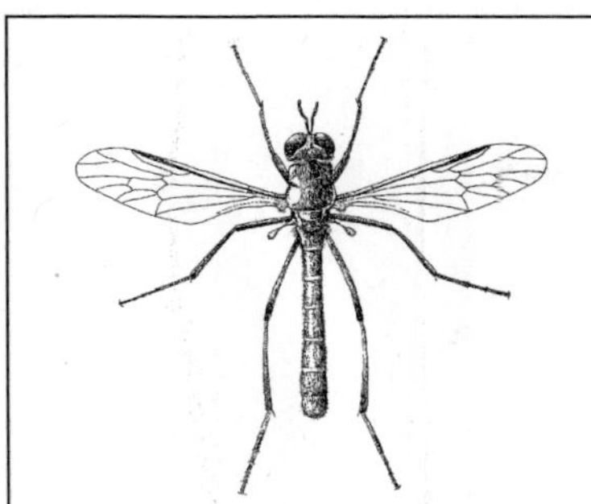

Abb. X-2: Xylophagidae: *Xylophagus ater*, Holzfliege. ♂, 6 mm. (Hendel & Beier 1936–38)

Lit. →Dettner & Peters 2003; Novotný & Wilson 1997.

Xylena →Noctuidae 15.

Xyleninae →Noctuidae.

Xyletinus →Anobiidae.

Xylococcidae; Fam. der Schildläuse (Coccina), früher zu den Margarodidae gestellt; in Eur & Dt nur *Xylococcus filiferus* Löw; ♀ oval (ca. 2 mm), rötlich, Beine und Antennen stummelförmig; am Hinterende langes Wachsröhrchen mit endständigem Honigtautropfen; eingeschlossen in verholzter, zystenförmiger Galle in Lindenzweigen; Fortpflanzung durch →Parthenogenese. Lit. →Coccina.

Xyloccoccus →Xylococcidae.

Xylocopa →Apidae D1; →Anthophila.

Xylocopinae →Apidae D.

Xylocoris →Anthocoridae.

Xylodrepa →Staphylinidae K3.

Xylomya →Xylomyidae.

Xylomyidae; Fam. der Zweiflügler (Diptera, Brachycera, Stratiomyomorpha) mit in Eur 5, M-Eur & Dt 3 Arten der Gttgn. *Xylomya* und *Solva*; längliche (6–20 mm), gelb-schwarze wespenähnliche Fliegen; in Wäldern, oft an abgestorbenen Laubbäumen; Larven unter Rinde, fressen verletzte oder tote Insektenlarven und andere Wirbellose. Lit. →Diptera.

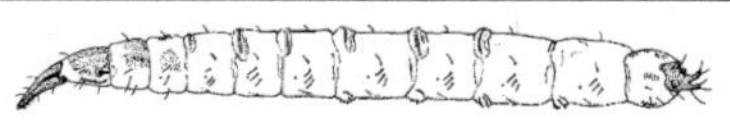

Abb. X-3: Xylophagidae: *Xylophagus* spec. Holzfliege. Larve; 3 mm; Stigmen vorn (Prothorax) und hinten. (Brauns 1954 a)

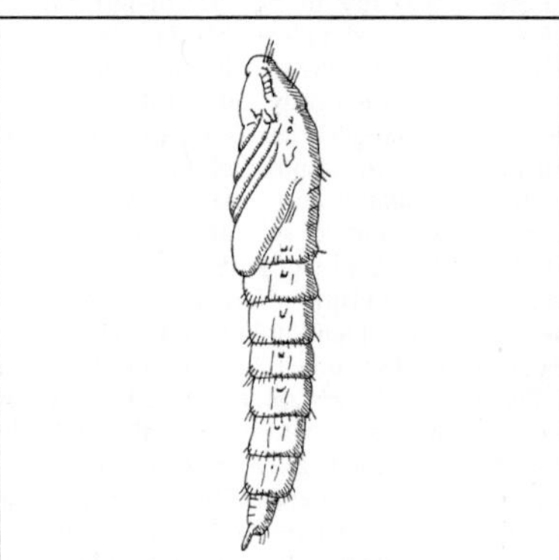

Abb. X-4: Xylophagidae: *Xylophagus lugens*. Puppe. (Hendel & Beier 1936–38)

Xylophagidae, Holzfliegen; Fam. der Zweiflügler (Diptera, Brachycera, Xylophagomorpha) mit in Eur & Dt 4 Arten der Gttg. *Xylophagus*; schlank (5–11 mm), einer Schlupfwespe ähnlich [**X-2**]; fliegen in lichten Laubwäldern wie tanzend an den Stämmen auf und ab (Balz?); lecken wohl Säfte an Baumwunden; die schlanken Larven [**X-3**] unter Rinde und in vermoderndem Holz von Stubben, wo sie verschiedenen Insektenlarven, auch Würmern, nachjagen; Puppe [**X-4**]; Überwinterung als Larve (immer?). Lit. →Diptera.

Xylophagomorpha; Gruppe der Brachycera (→Diptera); mit den Fam. →Coenomyiidae, →Xylophagidae.

Xylophagus →Xylophagidae.

Xylota →Syrphidae E.

Xyloterus →Curculionidae P3.

Xylotrechus →Cerambycidae D8.

Y

Yponomeuta →Yponomeutidae 1.

Yponomeutidae, Gespinstmotten; Fam. der Schmetterlinge (Lepidoptera, Glossata, Yponomeutoidea) mit in Eur 67, M-Eur 39, Dt 28 Arten; Falter klein bis mittelgroß (8–25 mm Flspw.); Flügel in Ruhe steil dachförmig; Raupen meist in zusammengesponnenen Blättern oder sozial in umfangreichen Gespinsten (*Yponomeuta*); Puppe in Gespinstkokon.

1. *Yponomeuta*; in Eur 9 nach Aussehen und Lebensweise einander sehr ähnliche Arten mit ähnlicher Entwicklung; größere Gespinstmotten (15–25 mm Flspw.); Vorderflügel weiß oder hellgrau mit dunklen Punkten [**Y-1**]; Schlupf der Falter im Frühsommer; Paarung und Eiablage 3 Tage nach dem Schlupf; ortstreu. **Eiablage** in Gelegen (mit bis zu 100 Eiern) an glatter Rinde von Pfaffenhütchen (*Euonymus*), holzigen Rosaceae, Weiden, Fetthenne; **Eier** dachziegelartig angeordnet und mit einem erhärtenden, durchsichtigen Sekret wie mit einem Schild bedeckt. Nach etwa 3 Wochen (Ausnahme: *Y. plumbella* 1c) schlüpfen Jungräupchen; sie überwintern unter dem Schild und verlassen ihn im nächsten Frühling; die **Raupen** bleiben in Gruppen (bis 50 Tiere) zusammen und befressen (immer innerhalb eines selbst gefertigten Gespinstes) zunächst Knospen und minieren im Innern junger Blätter (mehrere Räupchen in einer Mine); befressen später auch junge Blätter von außen, wobei sie immer weiter an die Zweigspitze wandern; bei Kahlfraß eines Zweiges Überwandern auf neue Zweige; das oft sehr zähe Gespinst wird dabei immer weiter ausgedehnt, sodass bei starkem Befall (heiße, trockene Sommer) ganze Büsche und Bäume damit überzogen sind; nach der 2. Häutung hellgraue Grundfärbung mit dunklem Kopf und einem schwarzen Punkt seitlich an jedem Segment; verpuppungsbereite Raupen 3 cm. **Verpuppung** im Frühsommer in kleinen Gruppen (maximal 8 Tiere) in einem Gespinst an einer niedrigen Pflanze unterhalb des Fraßstrauchs, bei manchen Arten zu mehreren parallel nebeneinander; Puppenruhe 2 Wochen; i. d. R. 1 Generation im Jahr (Ausnahme: *Y. sedella* Tr. an Fetthenne).

1a. *Yponomeuta padella* L., Zwetschgen-, Pflaumengespinstmotte; mit 2 Farbschlägen (weiß und hellgrau); ursprüngliche Nahrungspflanze

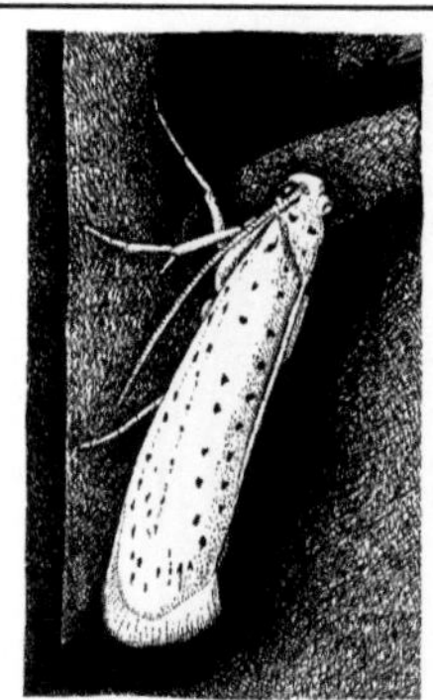

Abb. Y-1: Yponomeutidae: *Yponomeuta evonymella*, Faulbaumgespinstmotte

wohl Weißdorn, v. a. aber an Schlehe, auch an Pflaumen und Vogelbeere; Jungräupchen minieren nicht; Puppenkokon durchscheinend;.

1b. *Yponomeuta malinellus* Zell., Apfelgespinstmotte; der Falter gleicht dem weißen Farbschlag der vorigen Art, auch genetische Unterschiede gering; v erschienen verschieden sind Sexualpheromone, Verhalten und Entwicklung: frisst an Apfel und Birne; bei Massenvermehrung an Obstbäumen schädlich; Jungräupchen minieren in Blättern; Puppenkokon weiß.

1c. *Yponomeuta evonymella* L., Traubenkirschen-Gespinstmotte [**Y-1**]; frisst v. a., manchmal in Massen, an Traubenkirsche; Kopulation ab etwa dem 3. Tag nach dem Schlüpfen, dauert mehrere Stunden, dabei Köpfe abgewandt. **Raupen** verschieden gefärbt, von hellgelb bis graubraun (kein Geschlechtsunterschied); nach Ausflügen in die Umgebung Rückkehr zum Nest, geleitet v. a. durch Spuren von Körpergeruch auf dem Substrat; Verhalten bei Störung (bei anderen Arten wohl ähnlich): bei leichter Störung Flucht aus der Gespinstperipherie, wo gefressen wird, ins Innere; bei starker Störung Fallenlassen am Faden, dann Hochangeln mithilfe der ersten beiden Vorderbeinpaare, während das 3. Beinpaar das Fadenknäuel hält und nach Fußfassen fallen lässt. Häutung im Inneren des Gespinstes bei fast allen Insassen gleichzeitig, sitzen dabei horizontal etwas zerstreut nebeneinander; hier auch **Verpuppung**, senkrecht dicht nebeneinander, Kopf aufwärts, in einem Gespinstkokon (in

© Springer-Verlag GmbH Deutschland, ein Teil von Springer Nature 2026
E. Weber, H. Bellmann, *Jacobs|Renner – Biologie und Ökologie der Insekten*,
https://doi.org/10.1007/978-3-662-71153-8_25

15–20 h hergestellt); dabei werden benachbarte Kokons miteinander verbunden; oft verpuppt sich ein Teil der Raupen nicht (vermutlich wegen Störungen im Hormonhaushalt); sie wurden gelegentlich, irreführend, als Wächter bezeichnet, können noch wochenlang leben und das Gespinst verfestigen; die Falter schlüpfen nach etwa 14 Tagen aus dem oberen Kokonende.

1d. *Yponomeuta plumbella* Den. & Schiff., Faulbaum-Gespinstmotte; kräftiger gefleckt als vorige Arten; frisst am Pfaffenhütchen (*Euonymus*); weicht von anderen Arten der Gttg. in seiner der Entwicklung ab: Eier werden einzeln an der Fraßpflanze abgelegt und überwintern.

2. *Ocnerostoma piniariella* Zell., Kiefernnadelmotte; die Eier werden im Sommer einzeln an die Spitze von Kiefernnadeln gelegt; die Raupe miniert in der Nadel; unterer Teil der Mine ohne Kot [**Y-2**]; hier Überwinterung; das vorletzte Stadium verlässt die Mine, häutet sich auf einer benachbarten Nadel, frisst nicht mehr, spinnt mehrere Nadeln der Länge nach zu einer Röhre zusammen; hier Verpuppung.

Lit. →Lepidoptera; Brauner 1991; Menken et al. 1992.

Ypsiloneule, *Agrotis ipsilon* Hufn. →Noctuidae 35.

Ypsolopha →Ypsolophidae A.

Ypsolophidae; Fam. der Schmetterlinge (Lepidoptera, Glossata, Yponomeutoidea) mit 2 in Bau und Lebensweise deutlich verschiedenen U-Fam.:

A. Ypsolophinae mit in Eur 35, M-Eur 20 Arten; in Dt 16 Arten der Gttg. *Ypsolopha* (= *Cerostoma*); früher zu den →Plutellidae; Falter mittelgroß (Flspw. 16–32 mm); Rüssel gut entwickelt; Fühler werden in Ruhe nach vorne gestreckt, die Flügel dachförmig angelegt; sitzen tagsüber auf Gehölzen, kommen abends ans Licht; Raupen leben in lockeren Gespinsten auf Blättern von Laubbäumen und -sträuchern; Verpuppung in einem kahnförmigen Kokon, der an Laubstreu, Moos oder der Nahrungspflanze befestigt wird; überwintern z. T. als Falter.

1. *Ypsolopha parenthesella* L.; Falter (VI–VII) mit etwa 17 mm Flspw., in der Färbung recht variabel; die grünliche Raupe frisst auf der Unterseite von Buchenblättern, auch an Keimlingen, seltener an anderen Laubbäumen; hängt oft an einem Faden vom Blatt herab; überwintert als Raupe zwischen zusammengesponnenen Blättern.

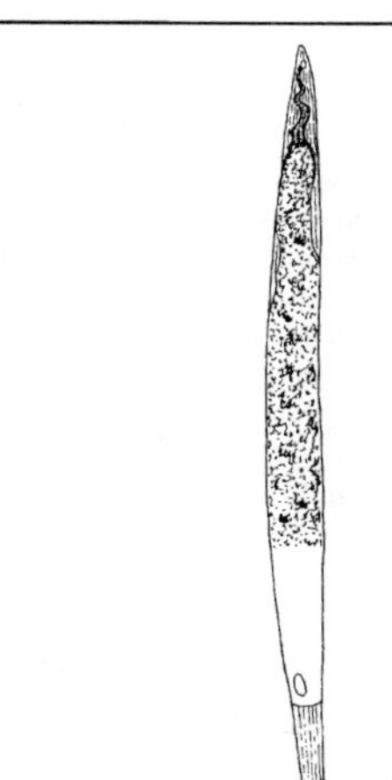

Abb. Y-2: Yponomeutidae: *Ocnerostoma piniariella*, Kiefernnadelmotte. Minenfraß in einer Nadel; Einbohrloch oben; Mine verbreitert sich, mit Kot gefüllt; im kotfreien Teil das Ausbohrloch. (Escherich 1914–42)

2. *Ypsolopha nemorella* L.; Falter (VI–IX) mit 21–24 mm Flspw.; die bräunliche Raupe (V–VI) an *Lonicera*-Blättern fressend, schmiegt sich tagsüber oft gut getarnt an Zweige; Verpuppung auf Fraßpflanze oder in der Laubstreu.

B. Ochsenheimeriinae, Bohrmotten, mit in Eur 6, M-Eur & Dt 4 Arten; früher als Fam. **Ochsenheimeriidae** angesehen; Falter klein (Körper 5–7 mm, Flspw. 11–14 mm); mit stark rückgebildetem Rüssel und einer Bürste am Labialtaster; tagaktiv; Raupen minieren in Gräsern, aber auch anderen Monocotyledonen wie Cyperaceae und Juncaceae, junge Stadien in Blättern, spätere im Halm, wobei ein Wechseln des Halmes vorkommt; z. B. ***Ochsenheimeria taurella*** Den. & Schiff., Getreidebohrmotte; Falter im Frühsommer; Eiablage einzeln an verschiedene Gräser; die Raupe frisst zunächst im Herz der Nahrungspflanze, dann (nach Überwinterung) im Frühling im Halm; hier oder zwischen Blättern alsbald Verpuppung; zuweilen z. B. an Roggen und Weizen schädlich (Ähren werden welk, weiß und taub).

Lit. →Lepidoptera.

Z

Zabrus →Carabidae M3.

Zackeneule, *Scoliopteryx libatrix* L. →Erebidae A.

Zackenspanner, *Ennomos* →Geometridae C7.

Zahnspinner, Notodontinae →Notodontidae A.

Zanclognatha →Noctuidae.

Zangenböcke, *Rhagium* →Cerambycidae, C1.

Zangenlibellen, *Onychogomphus* →Gomphidae 2.

Zangenschwänze →Japygidae.

Zapfengallen →Ananasgallen.

Zapfenspanner, *Eupithecia abietaria* Goeze →Geometridae E9.

Zehrwespen →Proctotrupidae.

Zeiraphera →Tortricidae 19.

Zerynthia →Papilionidae 3.

Zethinae →Vespidae C.

Zeugloptera; Schwestergruppe der restlichen →Lepidoptera; mit nur 1 Fam. →Micropterigidae.

Zeugophora →Megalopodidae.

Zeuzera →Cossidae 2.

Zickzackspinner, *Notodonta ziczac* L. →Notodontidae A6.

Zickzackwurm →Buprestidae 5.

Zicrona →Pentatomidae.

Zierläuse →Drepanosiphidae.

Zierliche Moosjungfer, *Leucorrhinia caudalis* Charp. →Libellulidae 3.

Ziermotten →Scythrididae.

Zigarrenfliege, *Lipara lucens* Meig. →Chloropidae 1.

Zigarrenwickler, *Byctiscus betulae* L. →Rhynchitidae 8.

Zikaden →Auchenorrhyncha.

Zikadenwespen →Dryinidae.

Zimmermannsbock, *Acanthocinus aedilis* L. →Cerambycidae E4.

Zimtbär, *Phragmatobia fuliginosa* L. →Erebidae K8.

Zimteule, *Scoliopteryx libatrix* L. →Erebidae A.

Zipfelfalter, Theclinae →Lycaenidae A.

Zipfelkäfer →Melyridae A.

Zirbelkieferwolllaus, *Pineus cembrae* Chol. →Adelgidae 3.

Zirpen →Cicadellidae A, →Auchenorrhyncha.

Zirpkäfer, Criocerinae →Chrysomelidae B.

Zirporgane →Stridulationsorgane.

Zitronenfalter, *Gonepteryx rhamni* L. →Pieridae 5.

Zitronenfarbene Austernschildlaus, *Diaspidiotus ostreaeformis* Curt. →Diaspididae 3.

Zitronengelber Heufalter, *Colias palaeno* L. →Pieridae 6.

Zitronenschmierlaus, *Planococcus citri* Risso →Pseudococcidae 2.

Zitterfliegen →Pallopteridae.

Zoocecidien; durch tierische Erreger hervorgerufene →Gallen.

Zopheridae →Colydiidae.

Zophodia →Pyralidae 8.

Zoraptera, Bodenläuse; Ordg. der Insekten mit unvollkommener Verwandlung (→Hemimetabolie); übergeordnete Gruppe: →Polyneoptera; Schwestergruppe unsicher (→Dermaptera oder →Embioptera); mit ± 50 beschriebenen Arten, in den Tropen (dazu einzelne Arten im südl. Nordamerika und Tibet); kleine (1,5–4 mm), äußerst flinke, an Termiten erinnernde soziale Insekten von gleichförmigem Körperbau; Mundwerkzeuge kauend, Cerci 1-gliedrig, Fuß (Tarsus) im Gegensatz zu verwechselbaren Insekten nur mit 2 Gliedern; gewöhnlich weichhäutig, flügel-, augen- und ocellenlos; gelegentlich treten auch geflügelte, stärker sklerotisierte Tiere (meist ♀♀) mit Ocellen und Komplexaugen auf (zur Neugründung von Kolonien bei schlechten Lebensbedingungen?); Kolonien unter vermoderndem Holz, Tiere auch in der Laubstreu; omnivor: **Hauptnahrung** Pilzmycel, Pilzsporen und tote Arthropoden, jagen gelegentlich kleine Milben, Springschwänze und Nematoden; Arten in ihrem Paarungsverhalten sehr unterschiedlich (sogar äußere Begattung über abgesetzte Spermatophoren nachgewiesen); mit ausgeprägtem, manchmal auch gegenseitigem, Putzverhalten (zur Vermeidung von Pilzinfektionen?).
Lit: Choe 2018; Kočárek et al. 2020.

Zornige Raubwanze, *Rhynocoris iracundus* Poda →Reduviidae B.

Zottelbienen, *Panurgus;* →Andrenidae 2.

Zottenbock, *Tragosoma depsarium* L. →Cerambycidae.

Zottiger Blütenkäfer, *Tropinota hirta* Poda →Scarabaeidae E3.

Zottiger Raubkäfer, *Emus hirtus* L. →Staphylinidae A3.

Zuckergast, *Lepisma saccharina* L. →Zygentoma A.

Zuckmücken →Chironomidae.

Zünsler →Pyralidae.

Zünslereulen →Erebidae H.

Zweifleck, *Epitheca bimaculata* Charp. →Corduliidae 2.

© Springer-Verlag GmbH Deutschland, ein Teil von Springer Nature 2026
E. Weber, H. Bellmann, *Jacobs|Renner – Biologie und Ökologie der Insekten*,
https://doi.org/10.1007/978-3-662-71153-8_26

Zweiflügler →Diptera.
Zweigepunkteter Glanzkäfer, *Nitidula bipunctata* L. →Nitidulidae D.
Zweigestreifte Quelljungfer, *Cordulegaster boltoni* Don. →Cordulegastridae.
Zweigrüssler →Curculionidae K.
Zweipunkt, *Adalia bipunctata* L. →Coccinellidae 3.
Zweipunktige Grünwanze, *Closterotomus norvegicus* Gmel. →Miridae 7.
Zweipunktohrwurm, *Anechura bipunctata* F. →Dermaptera C2.
Zweizahnbienen, *Dioxys* →Megachilidae 7.
Zweizähniger (Hakenzähniger) Kiefernborkenkäfer, *Pityogenes bidentatus* Hbst. →Curculionidae P13.
Zwergbachläufer, *Microvelia* →Veliidae 2.
Zwergbläuling, *Cupido minimus* Fuessly →Lycaenidae C1.
Zwerghirschkäfer, *Dorcus parallelipipedus* L. →Lucanidae 2.
Zwerghonigbiene, *Apis florea* →Apidae E3.
Zwergkäfer; 1) deutscher Name für Pselaphinae (→Staphylinidae I); 2) Sammelbezeichnung für alle Käfer bis ca. 1 mm (kein systematischer Begriff); z. B. →Ptiliidae; Scydmaeninae (→Staphylinidae B); →Sphaeriusidae.
Zwergläuse →Phylloxeridae.
Zwerglibelle, *Nehalennia speciosa* Charp. →Coenagrionidae 4.
Zwergmotten →Nepticulidae.
Zwergrückenschwimmer →Pleidae.
Zwergruderwanzen, *Micronecta,* **Micronectidae** →Corixidae.
Zwergrüssler →Nanophyidae.
Zwergschwimmer, *Hydroporus* →Dytiscidae 8.
Zwergspringer →Neelidae, →Collembola 2.
Zwergteichläufer →Mesoveliidae.
Zwergwasserläufer →Hebridae.
Zwergwespen →Mymaridae.
Zwergzikaden →Cicadellidae.
Zwetschgengespinstmotte, *Yponomeuta padella* L. →Yponomeutidae 1a.
Zwetschgennapfschildlaus, *Parthenolecanium corni* Bche. →Coccidae 1.
Zwicknia →Capniidae; →Plecoptera.
Zwiebelbohrer, *Dyspessa ulula* Borkh. →Cossidae.
Zwiebelfliege, *Delia antiqua* Meig. →Anthomyiidae 6.
Zwiebelmondfliege, *Eumerus strigatus* Fall., *Eumerus tuberculatus* Rond →Syrphidae C2.
Zwiebelmotte, *Acrolepiopsis assectella* Zell. →Glyphipterigidae B.
Zwiebelschwebfliegen →Syrphidae C.
Zwieselbildung →Praydidae.
Zwieselmotten →Praydidae.

Zwitscherschrecke, *Tettigonia cantans* Fuessly →Tettigoniidae 1.
Zygaena →Zygaenidae A.
Zygaenidae, Widderchen, Blutströpfchen; Fam. der Schmetterlinge (Lepidoptera, Glossata, Zygaenoidea) mit in Eur 66, M-Eur 35, Dt 25 Arten; die knapp mittelgroßen Falter mit langen schmalen Vorder- und verhältnismäßig kleinen Hinterflügeln (insbesondere Blutströpfchen →A) und recht langen Fühlern; Saugrüssel gut ausgebildet (Ausnahme: C); keine →Tympanalorgane. **Tagflieger** mit schwirrendem Flug, halten sich häufig auf Blüten auf, die Flügel dachförmig zurückgelegt; träge, nicht sehr empfindlich gegen Störungen, lassen sich bei starker Störung wie tot zu Boden fallen; **Schutz** gegen natürliche Feinde (z. B. manche Vögel) durch Ekelgeschmack, der auf Cyanverbindungen (schwach giftige Cyanglucoside Linamarin und Lotaustralin und das stark wirksame Nervengift β-Cyanalanin) in der Hämolymphe auch der Raupen und Puppen beruht; Giftstoffe offenbar nicht von Pflanzen übernommen, sondern im Körper synthetisiert; die Annahme der Schmetterlinge als Nahrung wird zumindest von manchen Vögeln oft schon nach der ersten schlechten Erfahrung weiterhin verweigert, die auffallende (aposematische) Zeichnung ist dann also Warnsignal (die Giftstoffe jedoch auch in der Hämolymphe nicht-aposematisch gezeichneter Zygaeniden). 2 Strategien zur **Partnerfindung** (*Zygaena trifolii* Esp.): vormittags ausschließlich optisch gesteuerte Suche der ♂♂ nach frisch geschlüpften ♀♀; nicht begattete ♀♀ locken nachmittags mit Sexualpheromonen (aus Drüsen am Hinterleibsende), die ♂♂ folgen dem Duft und orientieren sich erst im Nahbereich der ♀♀ optisch; eine wichtige Rolle beim Paarungsverhalten spielen auch abdominale Duftorgane des ♂ (Androconien; →Coremata) mit ähnlichen Inhaltsstoffen wie die besuchten Nahrungspflanzen (z. B. enthalten die Coremata von *Zygaena trifolii* das Keton 6,10,14-Trimethylpentadecan-2-on, die als Nektarquelle besuchte Dipsacacee *Knautia* den korrespondierenden Alkohol). **Raupen** kleinköpfig, gedrungen, mit kurz behaarten Warzen; viele Blutströpfchen (→A) auf gelblichem oder grünlichem Grunde dunkel gepunktet oder gefleckt, die Vertreter der anderen U-Fam. oft farbkräftiger; mit den für Schmetterlinge üblichen insgesamt 8 Beinpaaren; enthalten Wehrsekrete in kutikularen Hohlräumen der Rumpfsegmente, die über komplex strukturierte, verschließbare Öffnungen nach außen münden; die Sekrete werden nach mechanischer Reizung ausgepresst; abschreckende

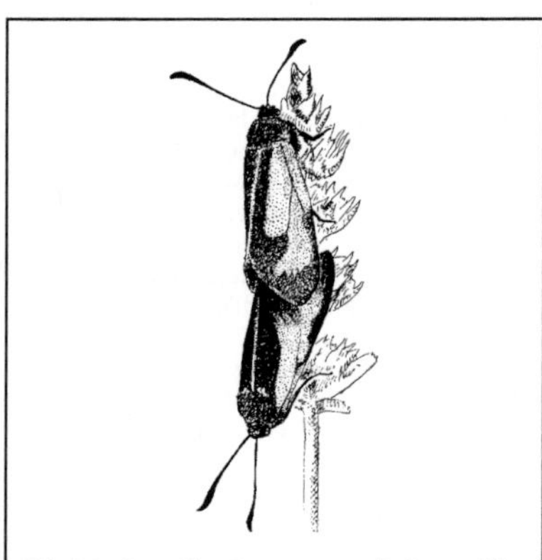

Abb. Z-1: Zygaenidae: *Zygaena purpuralis*, Purpurwidderchen in Kopula

Abb. Z-2: Zygaenidae. Oben: *Zygaena carniolica*, Esparsettenwidderchen, ♀ (Flspw. 37 mm); unten: *Zygaena ephialtes*, Wickenwidderchen, ♂ (Flspw. 35 mm). (Forster & Wohlfahrt 1954–81)

Wirkung des Sekrets auf Spitzmäuse, Kröten und Laufkäfer ist nachgewiesen; die Raupen fressen zumeist an niederwüchsigen Pflanzen, bei manchen Grünwidderchen zunächst als Blattminierer (erst die älteren Stadien frei); viele Blutströpfchenraupen spezialisiert auf Schmetterlingsblütler, manche →monophag. **Überwinterung** bei den mitteleuropäischen Arten als Raupe, die dann (bei allen Arten?) vor der Winterruhe eine besondere Überwinterungshäutung durchmacht zu einem Stadium mit kleinerer Kopfkapsel und bräunlicher Haut (Diapausemorphe); erneute Häutung nach der Winterruhe; die Raupen mancher Arten überwintern, aufrecht in einer Gespinstunterlage ruhend, nach kurzen Fressphasen 2-, 3- oder gar 4-mal; auch die Geschwister aus einem Gelege können sich in dieser Hinsicht verschieden verhalten; die daraus resultierenden überlappenden Generationenfolgen verbessern die Überlebenschancen für die wärmebedürftigen Tiere in variablen und ungünstigen Klimabedingungen (insbesondere im alpinen und nördlichen Verbreitungsgebiet); die Raupen der hochalpinen Art *Zygaena exulans* Hochenw. verbringen 2 Winter zu 80 bis 100 in einem gemeinsamen Gespinst. **Verpuppung** meist in einem gelblichen spindelförmigen, pergamentartigen oder – seltener (z. B. Esparsettenwidderchen) – in einem weißlichen, eiförmigen und eischalenharten Kokon [**Z-3**]; Kokons häufig an Gräsern befestigt; die Konsistenz der Kokonwand bedingt durch Einlagerung von Calcium-Oxalat-Monohydrat (in der Modifikation Whewellit), das bei den hartschaligen Kokons in Form regelmäßig

geschichteter Kristalle zwischen 2 wenigfädigen Seidenfibroingespinsten eingelagert ist; Oxalsäure und Calciumionen werden im Überfluss mit der Nahrung aufgenommen, in den Malpighi-Gefäßen gespeichert und zum Mineral verbunden, das über den After ausgeschieden wird. In Eur 3 U-Fam.:

A. Zygaeninae, Blutströpfchen, Rotwidderchen; in Eur 37, M-Eur 21, Dt 16 Arten; Fühler am Ende keulenförmig verdickt, ähnlich Widderhörnern getragen; Vorderflügel auf dunklem Grunde mit roten Flecken, Hinterflügel rot mit dunklem Saum; oft starkes Variieren des Fleckenmusters auch bei der gleichen Art, was zur Unterscheidung zahlreicher Unterarten geführt hat; Raupen meist gelblich bis grünlich mit schwarzen Fleckenreihen.

A1. *Zygaena purpuralis* Brünn., Purpurwidderchen [**Z-1**]; Flügel mit lang gestreckten roten Makeln; Flugzeit VI–VIII; die 2-mal überwinternde gelbliche, dunkel gefleckte Raupe frisst ausschließlich an Thymian, verpuppt sich im Frühling an Stängeln nahe am Boden.

A2. *Zygaena carniolica* Scop., Esparsettenwidderchen [**Z-2**]; fehlt in weiten Teilen Norddeutschlands und im nördl. Alpenvorland; fliegt wie vorige Art im Sommer, ist ausgezeichnet durch die schmalgelbe Umrandung der roten Vorderflügelflecken (fehlt bei einer norddeutschen Unterart); die Raupen an Esparsette und Hornklee.

A3. *Zygaena filipendulae* L., Gemeines Blutströpfchen [**Z-3**]; häufiger Sommerflieger; die Raupen an Hornklee; überwintern Überwinterung 1- oder 2-mal; Kokon an Stängeln, unten weißlich, oben gelblich.

A4. _Zygaena ephialtes_ L., Wickenwidderchen [**Z-2**]; eine nach in Färbung und Zeichnung sehr variable Art, bei uns jedoch fast immer mit rotem Gürtel dicht hinter der Hinterleibsmitte und 6 roten Flecken auf den metallisch blauen oder grünen Vorderflügeln; Hinterflügel rot mit schwarzem Saum; Tiere mit weißen oder gelben Flecken (Böhmen, Mähren, Niederösterreich) ähneln auffallend _Amata phegea_ L., einem Vertreter einer ganz anderen Fam. (→Erebidae K5); die 1- oder 2-mal überwinternde Raupe frisst (überwiegend) an der Kronwicke (_Coronilla varia_).

B. Procridinae, Grünwidderchen; in Eur 27, M-Eur 13, Dt 8 Arten; Fühler gesägt (♀♀) oder gekämmt (♂♂); mit einfarbig metallisch-grünen oder -blaugrünen Vorderflügeln; Raupen mit Längsbändern; in freiem Gelände auf Magerrasen oder extensiv bewirtschafteten Wiesen, noch verbreitet **_Adscita statices_** L., Ampfer-Grünwidderchen: Flugzeit Ende V–VIII; Eiablage in kleinen Gruppen; die Raupen an Sauerampferarten, in deren Blättern sie zunächst minieren, fressen dann frei; Überwinterung als Raupe; Verpuppung Ende IV in dünnem Kokon am Boden.

C. Chalcosiinae; in Eur & Dt einzig _Aglaope infausta_ L., Trauerwidderchen; dunkel mit rot getönten Hinterflügeln und rotem Nackenband;

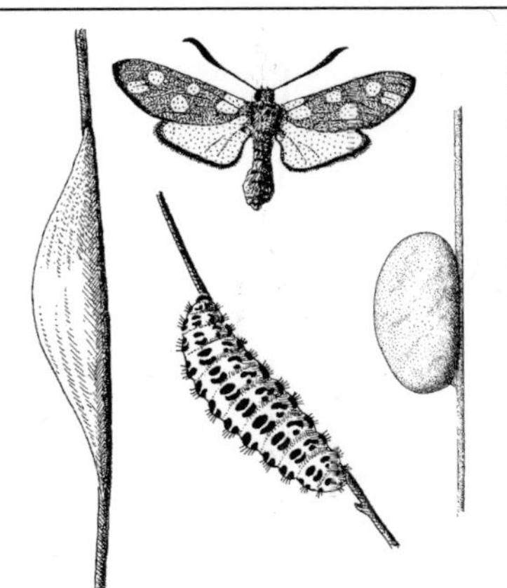

Abb. Z-3: Zygaenidae. Links und Mitte: _Zygaena filipendulae_, Gemeines Blutströpfchen; Puppenkokon, Falter und Raupe. Rechts: _Zygaena carniolica_, Esparsettenwidderchen; Puppenkokon

Rüssel verkümmert; lokal an warmen Stellen in SW-Dt; bunte, gelb, schwarz und purpurn längs gebänderte Raupe, an Weißdorn, Schlehe, _Cotoneaster_.

Lit. →Lepidoptera; Ebert et al. 1994; Freina & Witt 2001; Naumann 1988; Naumann et al. 1999; Ockenfels et al. 1993; Prinz & Naumann 1988; Wipking 1993; Wipking & Naumann 1992; Zub 1996.

Zygentoma, Fischchen; Ordg. primär flügelloser Insekten; früher mit den ähnlichen Felsenspringern (→Archaeognatha) zur →paraphyletischen Gruppe der Thysanura (Borstenschwänze) vereinigt, jedoch Schwestergruppe der →Pterygota; in Eur 64, M-Eur 6, Dt 5 Arten; 3 Schwanzfäden, im Gegensatz zu den Archaeognatha jedoch mit etwas abgeflachtem Körper und 2 Mandibelgelenken (→Dicondylia); Komplexaugen nur bei 1 nordamerikanischen Art noch gut ausgebildet, sonst fehlend (Nicoletiidae) oder klein, mit wenigen (bei _Lepisma_ 12) locker stehenden Ommatidien (Lepismatidae); heimische Arten ohne Coxalbläschen und mit Hüftgriffeln (Styli) höchstens an den hinteren Abdominalsegmenten; Körper meist (bei heimischen Arten immer) beschuppt: die Schuppen sind mechanorezeptorische Sinnesorgane, treten erst nach der 3. Häutung auf; Länge bei _Lepisma_: 100–250 m; elektroosmotische Wasseraufnahme aus der Luft mit spezialisiertem Enddarmabschnitt (Analsack); können nicht springen, aber schnell und geschickt laufen. Bei uns meist nur in beheizten Gebäuden (Lepismatidae) oder Ameisenbauten (_Atelura_), in S-Eur auch im Freiland unter Steinen, Rinde u. Ä. Europäische Arten auf 2 Fam. aufgeteilt:

A. Lepismatidae mit Eur 32, M-Eur & Dt 4 Arten. Weltweit verbreitet ist **_Lepisma saccharina_** L., Silberfischchen, Zuckergast (bis 11 mm; [**Z-4**]) silbrig beschuppt; wärmeliebend, in unseren Breiten daher häufig in Häusern. Ernährt sich als Allesfresser von den verschiedensten organischen Stoffen; kann Zellulose mit eigenen Enzymen (ohne Symbionten) abbauen (wie auch _Thermobia_); harmlos, bei nur bei viel Feuchte Massenauftreten möglich und dann gelegentlich

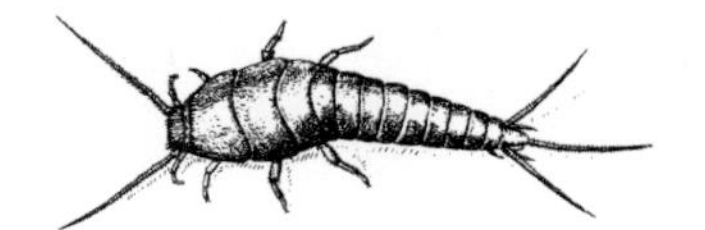

Abb. Z-4: Zygentoma: _Lepisma saccharina_, Zuckergast. 10 mm. (Schaller 1969)

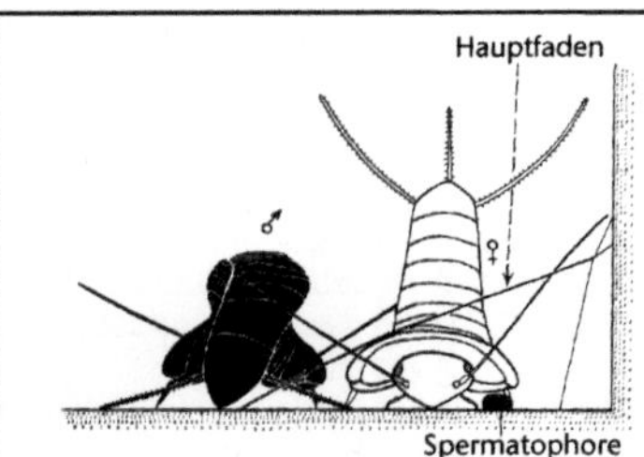

Abb. Z-5: Zygentoma: Samenübertragung bei *Lepisma*. ♀ läuft unter dem Hauptfaden durch am ♂ vorbei; s. Text. (Sturm 1955)

an Vorräten lästig. Sehr eigenartig die auch bei anderen „Urinsekten" (→Apterygota) auftretende indirekte **Samenübertragung**: mit Erfolg nur möglich, wo 2 Wände senkrecht aufeinandertreffen; nach gegenseitigem Betasten mit den Antennen läuft das ♂ am ♀ vorbei, wendet sich um, zieht einige Spinnfäden (aus Anhangsdrüsen des Geschlechtsapparates) schief von der senkrechten Wand zum Boden und befestigt am Boden ein Samenpaket (Spermatophore); das nachfolgende ♀ schlüpft unter den Schrägfaden, bleibt stehen, sobald es ihn mit dem ange-

hobenen Hinterleib berührt, und tastet nach der Spermatophore, die es dann in die Geschlechtsöffnung aufnimmt [**Z-5**]; **Eiablage** mit dem mäßig langen Legebohrer (aus →Gonopoden) einzeln in Ritzen; zahlreiche **Häutungen**, auch nach dem Eintreten der Geschlechtsreife (etwa ab 10. Häutung); Lebensdauer einige Jahre. Mit ähnlicher Lebensweise ***Thermobia domestica*** Pack., Ofenfischchen (bis 10 mm; Schuppenkleid schwarz-gelb), jedoch wärmeliebender (Optimum: ca. 38 °C), daher in M-Eur z. B. in Bäckereien und ähnlichen warmen Örtlichkeiten.

B. Nicoletiidae mit Eur 32, M-Eur 2 Arten, in Dt nur 1 Art in Ameisenbauten (→3): ***Atelura formicaria*** Heyd.; Ameisenfischchen (bis 6 mm); gedrungen, mit kurzen Fühlern und Schwanzfäden; blasser, metallisch glänzender Mitbewohner in Ameisenhaufen, von den Ameisen offenbar geduldet oder wegen der Körperform und Bewegungsweise kaum fassbar; lebt wohl v. a. von Abfällen lebender Mitbewohner; nascht gelegentlich bei der gegenseitigen Fütterung der Wirtsameisen mit [**F-10**]; oft als Fam. **Ateluridae** von den übrigen, freilebenden Nicoletiidae abgetrennt.
Lit. Eisenbeis & Wichard 1985; Laibach 1952; Paclt 1956; Palissa 1964; Schaller 1962.
Zygoptera; Kleinlibellen, Wasserjungfern; →Odonata.

Literatur

Abbasipour H (1996): Biology of grass-feeding noctuidae (Lepidoptera) and their parasitoids in North East England. Newcastle upon Tyne

Abraham R (1985): *Nasonia vitripennis*, an insect from birds nests (Hymenoptera: Chalcidoidea: Pteromalidae). Entomol Gener 10: 121–124

van Achterberg C (2002): A revision of the old world species of *Megischius* Brullé, *Stephanus* urine and *Peusomegischius* gen. nov., with a key to the genera of the family Stephanidae (Hymenoptera: Stephanoidea). Zool Verh Leiden 339: 3–206

van Achterberg C (2006): European species of the genus *Helorus* Latreille (Hymenoptera: Heloridae), with description of a new species from Sulawesi (Indonesia). Zool Med Leiden 80: 1–12

Adis J (2002): Mantophasmatodea – die Entdeckung einer neuen Insektenordnung. Biologie in unserer Zeit 32: 204–205

Agassiz DJL (1985): Douglasiidae. In: Heath J, Emmet AM (Hrsg.): The moths and butterflies of Great Britain and Ireland, 2: 408–409. Colchester

Agosti D, Collingwood CA (1987): A provisional list of the Balkan ants with a key to the worker caste. Mitt Schweiz Entomol Ges 60: 262

Agrell I (1941): Zur Ökologie der Collembolen. Opusc Entomol, Suppl 3: 1–236

Aguilar J, Dommanget J-L, Préchac R (1985): Guide des Libelles d'Europe et d'Afrique du nord. Neuchâtel

Alexander CP (1981): Trichoceridae. In: McAlpine et al. (Hrsg.): Manual of the Nearctic Diptera Vol 1. Res Branch Agric Can Mon 27: 325–328

Almeida EAB (2008): Colletidae nesting biology (Hymenoptera, Apoidea). Apidologie 39: 16–29

Aly C, Schnetter W (1985): Trophische Orientierung von *Aedes vexans*-Viertlarven Meig. (Diptera: Culicidae). Mitt Dtsch Ges Allg Angew Entomol 4: 419–422

Amann G (1960): Kerfe des Waldes. Melsungen

Amiet F (1996): Hymenoptera, Apidae. 1. Teil. Allgemeiner Teil, Gattungsschlüssel, die Gattungen *Apis*, *Bombus* und *Psithyrus*. Insecta Helvetica 12. Neuchâtel

Amiet F, Krebs A (2019): Bienen Mitteleuropas – Gattungen, Lebensweise, Beobachtung (3. Aufl.). Bern

Amiet F, Hermann M, Müller A, Neumeyer R (2001, 2004, 2007, 2010): Apidae 3, 4, 5, 6. Insecta Helvetica 6, 9, 20, 26. Neuchâtel

Amiet F, Müller A, Neumeyer R (2014): Apidae 2. *Colletes*, *Dufourea*, *Hylaeus*, *Nomia*, *Nomioides*, *Rhophitoides*, *Rophites*, *Sphecodes*, *Systropha*. Insecta Helvetica 4 (2 Aufl.). Neuchâtel

Ananthakrishnan TN, Raman A (1989): Thrips and gall dynamics. Leiden

Andersen J (1985): Ecomorphological adaptations of riparian Bembidiini species (Coleoptera: Carabidae). Entomol Gener 11: 41–46

Andersen NM (1982): The semiaquatic bugs (Hemiptera, Gerromorpha): Phylogeny, adaptations, biogeography and classification. Entomonograph 13, Klampenborg

Ansteeg O, Dettner K (1991): Chemistry and possible biological significance of secretions from a gland discharging at the 5th abdominal sternit of adult caddisflies (Trichoptera). Entomol Gener 15: 303–312

AntWeb. California Academy of Science. [https://www.antweb.org] (abgerufen 2022)

Arenberger E (1995): Pterophoridae I. In: Amsel, Reisser, Gregor (Hrsg.): Microlepidoptera Palaearctica, Vol. 9. Karlsruhe

Arens W (1989): Comparative functional morphology of the mouthparts of stream animals feeding on epilithic algae. Arch Hydrobiol, Suppl 83: 253–354

Arens W (1993): Die Spirakulumkiemen einheimischer und exotischer Blephariceriden-Puppen (Diptera, Nematocera) – ein Modellfall der Evolution kutikulärer Organe. Verh Westd Entomol Tag, Düsseldorf 1992

Arn H, Toth M, Priesner E (1992): List of sex pheromones of Lepidoptera and related attractants. Wädenswil

Arnold A (1990): Wir beobachten Libellen. Leipzig

Asche M (1985): Zur Phylogenie der Delphacidae Leach, 1815 (Homoptera Cicadina Fulgoromorpha). Marburger Entomol Publ 2, Heft 1: 1–398, Heft 2: 399–910.

Askew RR (1961): On the biology of the inhabitants of oak galls of Cynipidae (Hymenoptera) in Britain. Trans Soc Brit Entomol 114: 237–268

Askew RR (1968): Hymenoptera 2. Chalcidoidea. Section (b). Handb Ident British Insects 8(2b): 1–39. London

Askew RR (1971): Parasitic Insects. London

Askew RR (1980): The biology and larval morphology of *Chrysolampusthenae* (Walker) (Hymenoptera, Pteromalidae). Entomol's Monthly Magazin 115: 155–159

Askew RR (2004): The dragonflies of Europe (2. Aufl.). Leiden

Aspöck H, Aspöck U (1964): Synopsis der Systematik, Ökologie und Biogeographie der Neuropteren Mitteleuropas im Spiegel der Neuropteren-Fauna von Linz und Oberösterreich, sowie Bestimmungsschlüssel für die mitteleuropäischen Neuropteren. Naturk Jahrb d Stadt Linz 1964: 127–282

Aspöck H, Aspöck U (1969): Die Neuropteren Mitteleuropas. Nachtrag. Naturk Jahrb d Stadt Linz 1969: 17–68

Aspöck H, Aspöck U (1971): Raphidioptera (Kamelhalsfliegen). In: Handbuch der Zoologie IV(2), 2/ 25. Berlin

Aspöck H, Aspöck U, Hölzel H (1980): Die Neuropteren Europas. Krefeld

Austin AD, Johnson NF, Dowton M (2005): Systematics, evolution, and biology of scelionid and platygastrid wasps. Ann Rev Entomol 50: 553–582

Bachmaier F (1969): Pflanzen- und Legwespen. In: Grzimek B (Hrsg.): Grzimeks Tierleben, Bd 2. Zürich

Bahr A (1979): Uferwanzen im Gezeitenbereich der Meere. Ökologie und Physiologie der Besiedlung mariner Litorale durch luftlebende, nicht-aquatische Insekten (Saldidae, Heteroptera). Dissertation Kiel

Bailey W (1990): Acoustic behaviour of insects. An evolutionary perspective. London

Bailey W, Ridsdill-Smith J (1991): Reproductive behaviour of insects. Individuals and populations. London

Bailey WJ, Rentz DCF (Hrsg.) (1990): The Tettigoniidae. Biology, systematics and evolution. Berlin

© Springer-Verlag GmbH Deutschland, ein Teil von Springer Nature 2026
E. Weber, H. Bellmann, *Jacobs|Renner – Biologie und Ökologie der Insekten*,
https://doi.org/10.1007/978-3-662-71153-8

Bänziger H (1988): Lachryphagous Lepidoptera recorded for the first time in Indonesia (Sumatra) and Papua New Guinea. Heteroc Sumatr 2: 133–144

Baraud J (1992): Coléoptères Scarabaeoidea d'Europe. Faune de France 78. Paris

Barkemeyer W (1994): Untersuchung zum Vorkommen der Schwebfliegen in Niedersachsen und Bremen (Diptera: Syrphidae). Naturschutz Landschaftspfl Niedersachs 31: 1–514

Barnard PC (2011): The Royal Entomological Society book of British insects. Chichester

Bartsch K (1991): Visual field size of photoreceptors in waterstriders (Gerridae, Heteroptera). Verh Dtsch Zool Ges 84: 452

Bastian O (1986): Schwebfliegen. Neue Brehm Bücherei Bd 576. Wittenberg

Bauchhenß E, Renner M (1977): Pulvillus of *Calliphora erythrocephala* Meig. (Diptera: Calliphoridae). Int J Insect Morphol & Embryol 6: 225–227

Bauer T (1985): Beetles which use a setal trap to hunt springtails: The hunting strategy and apparatus of *Leistus* (Coleoptera, Carabidae). Pedobiol 28: 275–287

Bauer T, Kredler M (1988): Adhesive mouthparts in a ground beetle larva (Coleoptera, Carabidae, *Loricera pilicornis* F.) and their function during predation. Zool Anz 221: 145–156

Bauer T, Pfeiffer M (1991): ‚Shooting' springtails with a sticky rod: the flexible hunting behaviour of *Stenus comma* (Coleoptera: Staphylinidae) and their counterstrategies of its prey. Anim Behav 41: 819–828

Bauernfeind E, Humpesch UH (2001): Die Eintagsfliegen Zentraleuropas (Insecta: Ephemeroptera): Bestimmung und Ökologie. Verlag Naturhist Mus. Wien

Bauernfeind E, Soldán T (2012): The mayflies of Europe (Ephemeroptera). Ollerup

Baufeld P, Motte G (1992): Zur Biologie und wirtschaftlichen Bedeutung von *Liriomyza trifolii* (Burgess). Nachrichtenbl Deut Pflanzensch 44: 225–229

Baumann E (1977): Untersuchungen über die Dipterenfauna subterraner Gangsysteme und Nester von Wühlmäusen (*Microtus, Clethrionomys*) auf Wiesen der montanen Region im Naturpark Hoher Vogelsberg. Zool Jb Syst 104: 368–414

Baumann E (1979): Rennfliegen aus den Auenwäldern des Naturschutzgebietes „Hördter Rheinaue". II. Die Gattung *Gymnophora* mit Anmerkungen zur Systematik und Biologie. Mitt Pollichia 67: 184–193

Baur H, Amiet F (2000): Die Leucospidae (Hymenoptera: Chalcidoidea) der Schweiz, mit einem Bestimmungsschlüssel und Daten zu den europäischen Arten. Rev Suisse Zool 107: 359–388

Baur B, Baur H, Roesti C, Roesti D (2006): Die Heuschrecken der Schweiz. Bern Stuttgart Wien

Beani L, Cervo R, Lorenzi CM, Turillazzi S (1992): Landmark-based mating systems in four *Polistes* species (Hymenoptera: Vespidae). J Kansas Entomol Soc 65: 211–217

Bechyně J (1954): Welcher Käfer ist das? Stuttgart

Beck H (1960): Die Larvalsystematik der Eulen (Noctuidae). Abh Larvalsyst Insekten 4: 1–406

Beck H (1998): Die Larven der europäischen Noctuidae, Vol I–III. Marktleuthen

Becker G (1991): Ernährungsstrategien aufwuchsweidender Trichopteren eines kleinen Mittelgebirgsbachs. Verh Dtsch Zool Ges 84: 298–299

Becker G (1992): Methoden zur Erfassung der lokomotorischen Aktivität und Verteilung aquatischer Weidegänger (Trichoptera). Verh Dtsch Zool Ges 85.1: 4

Beder G (1988): Untersuchungen zur Biologie von Läusen (*Haematopinus suis*) bei Haus- und Wildschweinen. Mitt Dtsch Ges Allg Angew Entomol 6: 391–395

Beder G (1990): Rasterelektronenmikroskopische Studie der Robbenlaus *Echinophthirius horridus* (Olfers 1816). Mitt Dtsch Ges Allg Angew Entomol 7: 512–516

Bei-Bienko GY (Hrsg.) (1988, 1989): Key to the insects of the European part of the USSR. Vol V. Diptera and Siphonaptera. Part 1 & 2. Leiden

Beiderbeck R, Koevoet I (1979): Pflanzengallen am Wegesrand. Stuttgart

Beier M (1938): Homoptera. In: Handbuch der Zoologie 4(2), Insecta 3. Berlin

Beier M (1954): Grillen und Maulwurfsgrillen. Neue Brehm Bücherei 119. Wittenberg

Beier M (1959): Ohrwürmer und Tarsenspinner. Neue Brehm Bücherei 251. Leipzig

Beier M (1967): Schaben. Neue Brehm Bücherei 379. Wittenberg

Beier M (1968a): Mantodea (Fangheuschrecken). In: Handbuch der Zoologie 4(2) 2/ 12. Berlin

Beier M (1968b): Phasmida. In: Handbuch der Zoologie 4(2) 2/ 10. Berlin

Beier M (1972): Saltatoria (Grillen und Heuschrecken). In: Handbuch der Zoologie 4(2) 2/ 9. Berlin

Beier M (1974): Blattariae (Schaben). In: Handbuch der Zoologie 4(2) 2/ 13. Berlin

Beier M, Pomeisl E (1959): Einige über Körperbau und Lebensweise von *Ochthebius exsculptus* Germ. und seiner Larve (Col. Hydroph. Hydraen.). Z Morph Ökol Tiere 48: 72–88

Beling T (1982): Beitrag zur Metamorphose zweiflügliger Insecten aus den Familien Tabanidae, Leptidae, Asilidae, Empididae, Dolichopodidae und Syrphidae. Arch Naturg 48, Bd. 1: 187–240

Bellinger PF, Christiansen KA, Janssens F (1996–2024). Checklist of the Collembola of the World. [http://www.collembola.org]

Bellmann H (1977): Beobachtungen zum Brutverhalten der Harzbiene *Anthidiellum strigatum* (Hymenoptera: Megachilidae). Entomol Germ 3: 356–361

Bellmann H (1984): Beobachtungen zum Brutverhalten von *Celonites abbreviatus* Villers (Hymenoptera: Masaridae). Zool Anz 212: 321–328

Bellmann H (1985): Heuschrecken beobachten - bestimmen. Melsungen

Bellmann H (1993): Morphologische Anpassungen alpiner Heuschrecken (Saltatoria). Verh Dtsch Zool Ges 86.1: 3

Bellmann H (1995): Bienen, Wespen, Ameisen: die Hautflügler Europas. Stuttgart

Bellmann H (2004): Heuschrecken - Die Stimmen von 61 heimischen Arten. Ample, Rosenheim (Audio CD)

Bellmann H (2006): Der Kosmos Heuschreckenführer, Stuttgart

Bellmann H (2017): Geheimnisvolle Pflanzengallen – Ein Bestimmungsbuch für Pflanzen- und Insektenfreunde. Wiebelsheim

Bellmann H, Helb M (2022): Der Kosmos Libellenführer: Alle Arten Mitteleuropas mit Bestimmungsschlüssel für Larven und Libellen. Stuttgart

Belshaw R (1993): Tachinid flies. Diptera: Tachinidae. Handb Ident British Insects 10(4a): 1–170. London

Bengtsson BA (1984): The Scythrididae (Lepidoptera) of Northern Europe. Fauna Entomol Scand 47: 1–137

Bennet-Clark HC (1970): The mechanism and efficiency of sound production in mole crickets. J Exp Biol 52: 619–652

Bense U (1991): Longhorn beetles. An illustrated key to the Cerambycidae of Europe. Margraf

Bereczki J, Póliska S, Váradi A, Tóth JP (2020): Incipient sympatric speciation via host race formation in *Phengaris arion* (Lepidoptera, Lycaenidae). Org Divers Evol 20: 63–76

Berg K (1937): Biol Medd Dansk Vidensk Selsk 13: 11

Berg K (1942): Contributions to the biology of the aquatic moth *Acentropus niveus* (Oliv.). Vidensk Medd Dansk Naturh For 105: 49–139

Berg CO, Knutson L (1978): Biology and systematics of the Sciomyzidae. Ann Rev Entomol 23: 239–253

Berland L (1951): In Grassé PP (Hrsg.): Traité de Zoologie X/ 1 et 2. Paris

Berland L, Bernard F (1951): Ordre des Hyménoptères. In: Grassé P-P (Hrsg.): Traité de Zoologie X/ 1, 2. Paris

Berland L, Grassé PP (1951): Super-ordre des Neuroptéroides. In: Grassé PP (Hrsg.): Traité de Zoologie X/ 1. Paris

Bernard F (1951): Apoidea. In: Grassé PP (Hrsg.): Traité de Zoologie X/ 2. Paris

Bernard F (1968): Faune de l'Europe et du Bassin Méditerranéen. 3. Les fourmis (Hymenoptera Formicidae) d'Europe occidentale et septentrionale. Paris

Betrem JG (1935): Beiträge zur Kenntnis der paläarktischen Arten des Genus *Scolia*. Tijdschr Entomol 78: 1–781

Betrem JG, Bradley JC (1964a): Annotations on the genera *Triscolia*, *Megascolia* and *Scolia* (Hym. Scoliidae). Zool Meded 39: 433–444

Betrem JG, Bradley JC (1964b): Annotations on the genera *Triscolia*, *Megascolia* and *Scolia* (Hym. Scoliidae), 2nd part. Zool Meded 40: 80–96

Betts C, Laffoley D (Hrsg.) (1986): The hymenopterist's handbook. Amateur Entomologist's Society. Hanworth

Betz O, Mumm R (2001): The predatory legs of *Philonthus marginatus* (Coleoptera, Staphylinidae): Functional morphology and tarsal ultrastructure. Arthr Struct Development 30: 77–97

Betz O, Irmler U, Klimaszewski J (Hrsg.) (2018): Biology of rove beetles (Staphylinidae) – Live history, evolution, ecology and distribution. Cham

Beutel R, Kraus O (1997): Phylogenese und Evolution der Coleoptera (Insecta), insbesondere der Adephaga. Keltern-Weiler

Beutel R, Leschen AB (2016): Coleoptera. Vol. 1 (2. Aufl.). In: Handbuch der Zoologie 4(2), Insecta 3. Berlin

Beutel RG, Yavorskaya MI, Mashimo Y, Fukui M, Meusemann K (2017): The phylogeny of Hexapoda (Arthropoda) and the evolution of megadiversity. Proc Arthropod Embryol Soc Jpn 51: 1–15

Biedermann R, Niedringhaus R (2004): Die Zikaden Deutschlands. Bestimmungstafeln für alle Arten. Scheeßel

Binns ES (1981): Fungus gnats (Diptera: Mycetophilidae / Sciaridae) and the role of mycophagy in soil: a review. Rev Ecol Biol Sol 18: 77–90

Birket-Smith SJR (1984): Prolegs, legs and wings of insects. Kopenhagen

Bischoff H (1922): In: Schulze P (Hrsg.): Biologie der Tiere Deutschlands. Berlin

Bitsch J, Barbier AV, Gayubo SF, Jacobs HJ, Leclercq J, Schmidt K (2020): Hyménoptères sphéciformes d'Europe. Vol. 1: Généralités – Heterogynaidae, Ampulicidae, Sphecidae, Crabronidae (1ère partie). Faune de France 101. Paris

Bitsch J, Antropov AV, Gayubo SF, Leclercq J, Schmid-Egger C, Schmidt K, Straka J (2021): Hyménoptères sphéciformes d'Europe. Vol. 2: Systématique (2ème partie): Crabroninae, Dinetinae, Eremiaspheciinae, et Melininae. Faune de France 102. Paris

Blackman RL (o. J.): Aphids on the world's plants. An online identification and information guide. [http://www.aphidsonworldsplants.info] (abgerufen 2022, 2023)

Blackman RL, Eastop VF (1994): Aphids on the world's trees. An identification and information guide. Wallingford

Blackman RL, Eastop VF (2006): Aphids on the world's herbaceous plants and shrubs. 2 Bd. Wallingford

Blösch M (2000): Die Grabwespen Deutschlands – Sphecidae s. str., Crabronidae. Lebensweise, Verhalten, Verbreitung. In: Blank SM, Taeger A (Hrsg.): Die Tierwelt Deutschlands 79. Keltern

Blösch M (2012): Grabwespen. Illustrierter Katalog der einheimischen Arten. Hohenwarsleben

Blume D (1957): Wie der Eichenblattroller seine Nachkommen versorgt. Kosmos 53: 205–207

Bocak L, Matsuda K (2003): Review of the immature stages of the family Lycidae (Insecta: Coleoptera). J Nat Hist 37: 1463–1507

Bockwinkel G, Sauer KP (1988): Zeitlich variierende Randbedingungen und alternative Paarungstaktiken bei Männchen von *Panorpa vulgaris* (Mecoptera, Panorpidae). Verh Dtsch Zool Ges 81: 248

Bockwinkel G, Sauer KP (1993): *Panorpa* scorpionflies foraging in spider webs – kleptoparasitism at low risk. Bull Br Arachnol Soc 9: 110–112

Bohart RM, Menke AS (1976): Sphecid wasps of the world. A generic revision. Berkeley

Bohle HW (1987): Drift-fangende Köcherfliegen-Larven unter den Drusinae (Trichoptera: Limnephilidae). Entomol Gener 12: 119–132

Bohle HW, Fischer M (1983): Struktur und Entstehung der Larven- und Puppengehäuse einiger Glossosomatidae und Rhyacophilidae, insbesondere bei *Synagapetus iridipennis* (Trichoptera: Rhyacophilidae). Entomol Gener 9: 17–34

Bohman B, Weinstein AM, Mozuraitis R, Flematti GR, Borg-Karlson AK (2020): Identification of (Z)-8-heptadecene and *n*-pentadecane as electrophysiologically active compounds in *Ophrys insectifera* and its *Argogorytes* pollinator. Int J Mol Sci 21, 620.

Boller EF, Prokopy RJ (1976): Bionomics and management of *Rhagoletis*. Ann Rev Entomol 21: 223–246

Bollow H (1958): Welcher Schädling ist das? Vorrats-, Material-, Haus- und Gesundheitsschädlinge. Stuttgart

Bollow H (1960): Welcher Schädling ist das? Schädlinge und Krankheiten an Zierpflanzen. Stuttgart

Boppré M (1986a): Insects pharmacophagously utilizing defensive plant chemicals (pyrrholozidine alkaloids). Naturwissenschaften 73: 17–26

Boppré M (1986b): Pharmakophage Insekten. Jahrbuch der Akademie der Wissenschaften in Göttingen. Göttingen

Boppré M (1993): The American Monarch: courtship and chemical communication of a peculiar danaine butterfly. In: Malcolm SB, Zalucki MP (Hrsg.): Biology and conservation of the Monarch butterfly. Nat Hist Mus Los Angeles Cy

Bouček Z (1951): The first revision of the european species of the family Chalcididae (Hymenoptera). Acta Entomol Mus Nat Prag 27, Suppl 1: 1–108, Pl. I–XVII

Bouček Z (1974): A revision of the Leucospidae (Hymenoptera: Chalcidoidea) of the world. Bull Brit Mus (Nat Hist) Ent Suppl 23: 1–241

Bouček Z, Rasplus JY (1991): Illustrated key to West-Palearctic genera of Pteromalidae (Hymenoptera: Chalcidoidea). INRA, Paris

Bourgogne J (1951): Ordre des Lépidoptères. In: Grassé PP (Hrsg.): Traité de Zoologie, X/ 1. Paris

Bournier A (1993): Les Thrips. Biologie, importance, agronomique. Paris

Boutellis A, Abi-Rached L, Raoult D (2014): The origin and distribution of human lice in the world. Inf Gen Evol 23: 209–217

Bradley JD, Tremewan WG, Smith A (1973): British Tortricoid moths, Cochylidae and Tortricidae: Tortricinae. London

Bradley JD, Tremewan WG, Smith A (1979): British Tortricoid moths, Tortricidae: Olethreutinae. London

Brandt H (1953): Schmetterlinge. Heidelberg

Brandt H (1957): Welcher Schädling ist das? Stuttgart

Branstetter MG, Danforth BN, Pitts JP, Faircloth BC, Ward PS, Buffington ML, Gates MW, Kula RR, Brady SG (2017): Phylogenetic insights into the evolution of stinging wasps and the origins of ants and bees. Curr Biol 27: 1019–1025

Braun H, Riehm E (1957): Krankheiten und Schädlinge der Kulturpflanzen und ihre Bekämpfung. Berlin u. Hamburg

Brauner K (1991): Entwicklung unterm Tarnzelt: Gespinstmotten. Mikrokosmos 80: 257–259

Brauns A (1954a): Terricole Dipterenlarven. Untersuchungen zur angewandten Bodenbiologie, Bd 1. Göttingen

Brauns A (1954b): Puppen terricoler Dipterenlarven. Untersuchungen zur angewandten Bodenbiologie, Bd. 2. Göttingen

Brauns A (1991): Taschenbuch der Waldinsekten. Stuttgart

Brechtel F, Kostenbader H (2002): Die Pracht- und Hirschkäfer Baden-Württembergs. Stuttgart

Bredohl R (1984): Zur Bioakustik mitteleuropäischer Totengräber (Coleoptera: Silphidae: *Necrophorus*). Entomol Gener 10: 11–25

Bretfeld M (1999): Synopses on Palaearctic Collembola. Vol. 2: Symphypleona. Abh Ber Naturkundemuseum Görlitz 71. Görlitz

Brian MV (1977): The synchronization of colony and climatic cycles. Proc Congr IUSSI, Wageningen, 8: 202

Brickenstein C (1955): Über den Netzbau der Larve von *Neureclipsis bimaculata* L. Abh Bayer Ak Wiss math. naturwiss Kl N.F. 69

Broad GR, Shaw MR, Fitton MG (2018): Ichneumonid wasps (Hymenoptera: Ichneumonidae): Their clöassification classification and biology. R Entomol Soc Lond Handbook 7 (12)

Brock TCM, van der Velde G (1983): An autecological study on *Hydromyza livens* (Fabricius) (Diptera, Scatomyzidae), a fly associated with nymphaeid vegetation dominated by Nuphar. Tijdschr Entomol 126: 59–90

Brohmer P, Ehrmann P, Ulmer G (Hrsg.) (1935ff): Die Tierwelt Mitteleuropas. Leipzig

Brothers DJ (1975): Phylogeny and classification of the aculeate Hymenoptera, with special reference to Mutillidae. Univ Kansas Sci Bull 50: 483–648

Brüll H (1952): Über die Bedeutung der Mundwerkzeuge des männlichen und des weiblichen Hirschkäfers. Natur u Volk 82: 289–294

Bryner R (o. J.): Alloclemensia_mesospilella. [https://www.lepiforum.org/wiki/page/Alloclemensia_mesospilella] (zuletzt abgerufen am 13.05.2023)

Buchholz C (1951): Untersuchungen an der Libellen-Gattung *Calopteryx* Leach unter besonderer Berücksichtigung ethologischer Fragen. Z Tierpsychol 8: 273–293

Buchner P (1953): Indosymbiose der Tiere mit pflanzlichen Mikroorganismen. Basel, Stuttgart

Buchwald R (1988): Die gestreifte Quelljungfer *Cordulegaster bidentatus* (Odonata) in Südwestdeutschland. Carolinea 46: 49–64

Buchwald R (1989): Die Bedeutung der Vegetation für die Habitatbindung einiger Libellenarten der Quellmoore und Fließgewässer. Phytocoenologica 17: 307–448

Buhr H (1964): Bestimmungstabellen der Gallen (Zoo- und Phytocecidien) an Pflanzen Mittel- und Nordeuropas. Jena

Buhr H (1965): Bestimmungstabellen der Gallen (Phyto- und Zoocecidien) an Pflanzen Mittel- und Nordeuropas. Jena

Burakowski B (1973): Immature stages and biology of *Drapetes biguttatus* (Piller) (Coleoptera, Lissomidae). Ann Zool 30 (10): 1–13

Burckhardt D (2010): Mooswanzen – Peloridiidae (Hemiptera, Coleorrhyncha), eine enigmatische Insektengruppe. Entomol Austriaca 17: 9–22

Burckhardt D, Ouvrard D, Percy DM (2021): An updated classification of the jumping plant-lice (Hemiptera: Psylloidea) integrating molecular and morphological evidence. Eur J Taxon 736: 137–182

Bürgis H (1985): Morphologie und Biologie der Zikadenwespen sowie eines Spinnfüßlerparasiten. Natur u. Museum 115: 250–260

Bürgis H (1989): Hungerwespen: Wespen ohne Hinterleib?. Mikrokosmos 78: 241–244

Bürgis H (1991): *Mantibaria*, ein Schmarotzer der Gottesanbeterin. Mikrokosmos 80: 38–44

Bürgis H (1992a): Parasitische Hautflügler aus Puparien der in Asseln schmarotzenden Asselfliegen. Teil 3. Mikrokosmos 81: 50–52

Bürgis H (1992b): Die Wassermotte *Acentropus niveus*, ein Unterwasserschmetterling. Mikrokosmos 81: 362–367

Bürgis H (1993): Die Wasserschlupfwespe *Agriotypus armatus*, ein Köcherfliegenparasit. Natur u. Museum 123: 140–148

Burkhardt U, Schulz HJ, Stark A (2016): Wissenswertes über Kugelspringer (Collembola, Symphypleona) – aus Anlass der Wahl von *Allacma fusca* (Linnaeus, 1758) zum Insekt des Jahres 2016. Entomol Nachr Berichte 60: 9–14

Burks R, Mitroiu MD, Fusu L, Heraty JM, Janšta P, Heydon S, Dale-Skey Papilloud N, Peters RS, Tselikh EV, Woolley JB, van Noort S, Baur H, Cruaud A, Darling C, Haas M, Hanson P, Krogmann L, Rasplus JY (2022): From hell's heart I stab at thee! A determined approach towards a monophyletic Pteromalidae and reclassification of Chalcidoidea. J Hymenoptera Res 94: 13–88

Burnett T, Eisner T (1966): Anpassung im Tierreich. München

Buschinger A (1989): Evolution, speciation, and inbreeding in the parasitic ant genus *Epimyrma* (Hymenoptera, Formicidae). J Evol Biol 2: 265–283

Buschinger A (1990): Regulation of worker and queen formation in ants with special reference to reproduction and colony development. In: Engels W (ED.): Social insects, pp 37–58. Berlin

Buschinger A, Klump B (1988): Novel strategy of host-colony exploitation in a permanently parasitic ant, *Doronomyrmex goesswaldi*. Naturwissenschaften 75: 577–578

Bush JWM, Hu DL (2006): Walking on water: Biolocomotion at the interface. Ann Rev Fluid Mech 38: 339–369

CABI: Compendium invasive species. CABI digital library. [https://www.cabidigitallibrary.org/product/qi] (zuletzt abgerufen 2023)

Canard M, Séméria Y, New TR (1984): Biology of the Chrysopidae. The Hague

Caspari S: Rote Liste Zentrum. DLR Projektträger Umwelt und Nachhaltigkeit. [https://www.rote-liste-zentrum.de] (zuletzt abgerufen 2022)

Cerretti P, Stireman III JO, Badano D, Gisondi S, Rognes K, Giudice GL, Pape T (2019): Reclustering the cluster flies (Diptera: Oestroideas: Polleniidae). Syst Entomol 44: 957–972

Cerretti P, Badano D, Gisondi S, Giudice GL, Pape T (2020): The world woodlouse flies flies (Diptera: Rhinophoridae). ZooKeys 903: 1–130

Cervo R, Lorenzi MC, Turillazzi S (1990): Nonaggressive usurpation of the nest of Polistes biglumis by the social parasite Sulcopolistes atrimandibularis (Hym., Vespidae). Ins Soc 37: 333–347

Chapman RF, Joern A (Hrsg.) (1990): Biology of grasshoppers. New York

Chen H, Lahey Z, Talamas EJ, Valerio AA, Popovici OA, Musetti L, Klompen H, Polaszek A, Masner L, Austin AD, Johnson NF (2021): An integrated phylogenetic reassessment of the parasitoid superfamily Platygastroidea (Hymenoptera: Proctotrupomorpha) results in a revised familial classification. Syst Entomol 46: 1088–1113

Cheng L (1985): Biology of Halobates (Heteroptera: Gerridae). Ann Rev Entomol 30: 111–135

Chinery M (1979): Insekten Mitteleuropas. Hamburg

Choe JC (2018): Biodiversity of Zoraptera and their little-known biology. In: Foottit RG, Adler PH (Hrsg.): Insect Biodiversity: Science and Society, Vol. 2: 199–217

Chopard L (1951): Orthoptéroides. Faune de France Bd. 56. Paris

Chvála M (1976): Swarming, mating and feeding habits in Empididae (Diptera), and their significance in evolution of the family. Acta Entomol Bohem 73: 353–366

Chvála M (1983): The Empidoidea (Diptera) of Fennoscandia and Denmark, II. Faun Entomol Scand 12: 1–275

Chvála M, Lyneborg L, Moucha J (1972): The horse flies of Europe (Diptera, Tabanidae). Kopenhagen

Claridge MF (1961): Biological observations on some eurytomid (Hymenoptera: Chalcidoidea) parasites associated with Compositae, and some taxonomic implications. Proc R Entomol Soc London A 36: 153–158

Clausen CP (1940): Entomophagous insects. New York

Clements AN (1992): The biology of mosquitoes. Vol. 1: Development, nutrition and reproduction (Vol 2 in Vorbereitung). London

Cloarec A (1969): Étude déscriptive et expérimentale du comportement de capture de Ranatra linearis au cours de son ontogenèse. Behaviour 35: 84–113

Cock MJW, Godfray HCJ, Holloway JD (1987): Slug and nettle caterpillars (Limacodidae). Wallingford

Coe RL (1966): Diptera family Pipunculidae. Handb Ident British Insects 10(2c). London

Collin JE (1961): British flies, Vol. VI: Empididae. Cambridge

Cook MA, Harwood LM, Scoble MJ, McGavin GC (1994): The chemistry and systematic importance of the green wing pigment in emerald moths (Lepidoptera: Geometridae, Geometrinae). Biochem Syst Ecol 22: 43–51

Cooter J (1991): A coleopterists handbook. Amateur Entomologist's Society. Hanworth

Corcoran AJ, Conner WE, Barber JR (2010): Anti-bat tiger moth sounds: Form and function. Curr Zool 56: 358–369

Costa C, Vanin SA, Lawrence JF, Ide S (2003): Systematics and cladistic analysis of Cerophytidae (Elateroidea: Coleoptera). Syst Entomol 28: 375–407

Cottrell CB (1984): Aphytophagy in butterflies: its relationship to myrmecophily. Zool J Linn Soc 79: 1–57

Crailsheim K, Stolberg E (1988): Eiweißverdauung und Brutpflege bei der Honigbiene (Apis mellifera L.). Verh Dtsch Zool Ges 81: 226–227

Crosskey RW (1990): The natural history of blackflies. New York

Crowson RA (1981): The biology of the Coleoptera. London

Crowson RA (1989): Meligethinae as possible pollinators (Coleoptera: Nitidulidae). Entomol Gener 14: 61–62

Crozier RH, Pamilo P (1996): Evolution of social insect colonies. Oxford

Cruaud A, Rasplus JY, Zhang J, Burks R, Delvare G, Fusu L, Gumovsky A, Huber JT, Janšta P, Mitroiu MD, Noyes JS, van Noort S, Baker A, Böhmová J, Baur H, Blaimer BB, Brady SG, Bubeníková K, Chartois M, Copeland RS, Dale-Skey Papilloud N, Molin AD, Dominguez C, Gebiola M, Guerrieri E, Kresslein RL, Krogmann L, Lemmon EM, Murray EA, Nidelet S, Nieves-Aldrey JL, Perry RK, Peters RS, Polaszek A, Saené L, Torréns J, Triapitsyn S, Tselikh EV, Yoder M, Lemmon AR, Woolley JB, Heraty JM (2022; in prep.): The Chalcidoidea bush of life – a massive radiation blurred by mutational saturation. bioRxiv preprint 2022

Csóka G, Stone GN, Melika G (2005): Biology, ecology, and evolution of gall-inducing Cynipidae. In: Raman A, Schaefer CW, Withers TW (Hrsg.): Biology, ecology, and evolution of gall-inducing arthropods. Enfield.

Cucini C, Fanciulli PP, Frati F, Convey P, Nardi F, Carapelli A (2020):Re-evaluating the internal phylogenetic relationships of Collembola by means of mitogenomic data. Genes 12,44: 1–19

Cymorek S (1974): Teredilia. In: Die Forstschädlinge Mitteleuropas, Bd. 2. Hamburg

Czihak G, Langer H, Ziegler H (1981): Biologie. Berlin

Daanje A (1964): Verh kon ned Akad Wetensch, Afd Natkd Reihe 2, Teil 56, Nr. 1

Dahl MJ (Hrsg.) (1935ff): Die Tierwelt Deutschlands (und der angrenzenden Meeresteile nach ihren Merkmalen und nach ihrer Lebensweise). Jena

Dambach M, Igelmund H (1982): Das Ei-Ablageverhalten von Grillen (Saltatoria: Grylloidea). Entomol Gener 8: 267–281

Dambach M, Erdélyi A, Heidelbach J, Stadler A (1991): Die Ontogenese des Aggregationsverhaltens der Deutschen Schabe (Blattella germanica). Verh Dtsch Zool Ges 84: 469–470

Danesch O, Dierl W (1965): Schmetterlinge. Stuttgart

Danforth B, Cardinal S, Praz C, Almeida E (2013): The impact of molecular data on our understanding of bee phylogeny and evolution. Ann Rev Entomol 58: 57–78

Dathe H (Hrsg.) (2003): Kaestner: Lehrbuch der Speziellen Zoologie. Bd. 1, 5. Teil: Insecta. Heidelberg Berlin

Day JC (2011): Parasites, predators and defence of fireflies and glow-worms. Lampyrid 1: 70–102

Day MC, Else GR, Morgan S (1981): The most primitive Scoliidae (Hymenoptera). J Nat Hist 15: 671–684

Dénes AL, Vaida R, Szabó E, Martynov AV, Váncza E, Ujvárosi B, Keresztes L (2022): Cryptic survival and an unexpected recovery of the long-tailed mayfly *Palingenia longicauda* (Oliver, 1791) (Ephemeroptera, Palingeniidae) in Southeastern Europe. J Ins Conserv 26: 823–838

Denis R (1949): Sous-Classe des Aptérygotes. In: Grassé PP (Hrsg.): Traité de Zoologie IX. Paris

Denys C (1990): Besiedlungmuster und Parasitierungsrate von *Oxyna parietina* L. (Diptera: Tephritidae) an *Artemisia vulgaris* L. (Asteraceae) in Abhängigkeit unterschiedlicher Wuchs- und Standortfaktoren. Mitt Dtsch Ges Allg Angew Entomol 7: 570–576

Despax R (1949): Super-ordre des Éphéméroptères. In: Grassé PP (Hrsg.): Traité de Zoologie, IX. Paris

Despax R (1951): Ordre des Trichoptères. In: Grassé PP (Hrsg.): Traité de Zoologie X/ 1. Paris

Dettner K (1991): Chemische Abwehrmechanismen bei Kurzflüglern (Coleoptera: Staphylinidae). Jahrb Naturwiss Ver Wuppertal 44: 50–58

Dettner K, Peters W (Hrsg.) (2003): Lehrbuch der Entomologie (2 Aufl.). Heidelberg Berlin

Devries PJ (1991): Call production by myrmecophilous riodinid and lycaenid butterfly caterpillars (Lepidoptera): morphological, acoustical, functional, and evolutionary patterns. Am Mus Nov 3025: 1–23

Dietrich CH, Allen JM, Lemmon AR, Lemmon EM, Takiya DM, Evangelista O, Walden KKO, Grady PGS, Johnson KP (2017): Anchored hybrid enrichment-based phylogenomics of leafhoppers and treehoppers (Hemiptera: Cicadomorpha: Membracoidea). Ins Syst Diversity 1: 57–72

Dijkstra KDB, Schröter A (2021): Libellen Europas. Bern

Disney RHL, Cumming MS (1992): Abolition of Alamirinae and ultimate rejection of Wasmann's theory of hermaphroditism in Termitoxeniidae (Diptera, Phoridae). Bonn Zool Beitr 43: 145–154

Dixon AFG (1976): Biologie der Blattläuse. Stuttgart

Dolling WR (1991): The Hemiptera. Oxford

Donath H (1985): Zum Vorkommen der Flußjungfern (Odonata, Gomphidae) am Mittellauf der Spree. Entomol Nachr Ber 29: 155–160

Donath H (1989): Verbreitung und Ökologie der Zweigestreiften Quelljungfer, *Cordulegaster boltoni* (Donovan, 1807), in der DDR. Faun Abh Staatl Mus Tierk Dresd 16: 97–106

Dreisig H (1987): Timing of daily activities in adult Lepidoptera. Entomol Gener 12: 25–43

Dressel J, Müller JK (1988): Möglichkeiten der Fitneßsteigerung von kleinen und in Kämpfen unterlegenen Individuen beim Totengräber (Silphidae, Coleoptera). Verh Dtsch Zool Ges 81: 342

Dreyer W (1978): Etho-ökologische Untersuchungen an *Lestes viridis* (van der Linden) (Zygoptera: Lestidae). Odonatologica 7: 309–322

Dreyer W (1986): Die Libellen. Hildesheim

Drukewitz SH, Fuhrmann N, Undheim EAB, Blanke A, Giribaldi J, Mary R, Laconde G, Dutertre S, Reumont BM von (2018): A dipteran's novel sucker punch: Evolution of arthropod atypical venom with a neurotoxic component in robber flies (Asilidae, Diptera). Ins Syst Diversity 1: 57–72

Du Bois AM, Geigy R (1935): Rev Suisse Zool 42: 169

Duffels JP, van der Laan PA (1985): Catalogue of the Cicadoidea (Homoptera, Auchenorrhyncha) 1956–1980. Dordrecht

Duhr B (1955): Über Bewegung, Orientierung und Beutefang der *Corethra*-Larve (*Chaoborus crystallinus* de Geer). Zool. Jahrb. Physiol. 65: 387–429

Dujim M (1990): On some song characteristics in *Ephippiger* (Orthoptera: Tettigonioidea) and their geographic variation. Neth J Zool 40: 428–453

Dujim M, Oudman L (1983): Interspecific mating in *Ephippiger* (Orthoptera, Tettigonioidea). Tijdsch Voor Entomol 126: 97–108

Dumortier B (1963): Morphology of sound emission in arthropoda. In: Busnel RG (Hrsg.): Acoustic behaviour of Animals. Amsterdam

Dumpert K (1994): Das Sozialleben der Ameisen. Berlin

Dunger W, Schlitt B (2011): Synopses on Palaearctic Collembola. Vol. 6/1: Tullbergiidae. Görlitz

Dunn AK, Stabb EV (2005): Culture-independent characterization of the microbiota of the ant lion *Myrmeleon nobilis* (Neuroptera: Myrmeleontidae). Appl Environ Microbiol 71: 8784–8794

Dupuis C (1963): Essai monographique sur les Phasiinae (Diptères Tachinaires parasites d'Hétéroptères). Mem Mus Hist Nat Paris (A) 26: 1–461

Dziock F, Kaschek N, Meyer EI (2001): Betreibt die Ibisfliege Brutfürsorge?. Dt Ges Limnologie, Tagungsbericht 2000 (Magdeburg): 74–77

Eberhardt AJ (1955): Untersuchungen über das Schmarotzen von *Sarcophaga carnaria* an Regenwürmern und Vergleich der Biologie einiger *Sarcophaga*-Arten. Z Morph Ökol Tiere 43: 616–647

Eberhardt AJ, Steiner G (1952): Untersuchungen über das Schmarotzen von *Sarcophaga* spp. in Regenwürmern. Z Morph Ökol Tiere 41: 147–160

Ebert G (1994): Bombycidae, Endromidae, Lasiocampidae, Lemoniidae, Lymantriidae, Notodontidae, Saturniidae. In: Ebert G (Hrsg.): Die Schmetterlinge Baden-Württembergs. Bd. 4: Nachtfalter II. Stuttgart

Ebert G (Hrsg.) (1991–2005): Die Schmetterlinge Baden-Württembergs. Bd. 1–10. Stuttgart

Ebert G, Rennwald E (1991): In: Ebert G (Hrsg.): Die Schmetterlinge Baden-Württembergs. Bd. 1 u. 2: Tagfalter. Stuttgart

Ebert G, Lussi HG, Hofmann A (1994): Zygaenidae. In: Ebert G (Hrsg.): Die Schmetterlinge Baden-Württembergs. Bd. 3: Nachtfalter I. Stuttgart

Eckstein K (1913–33): Die Schmetterlinge Deutschlands. Stuttgart

Edrich W (1991): Ein erstaunliches Reaktionsvermögen von Drohnen auf visuelle Bewegungsreize. Verh Dtsch Zool Ges 84: 341

Eggert AK, Müller JK (1988): Beobachtungen an sterzelnden *Necrophorus*-Männchen (Coleoptera, Silphidae): Ontogenese, inter- und intraindividuelle Variabilität. Verh Dtsch Zool Ges 81: 343

Eggert AK, Müller JK (1989): Uni- und biparenterale Brutpflege bei *Necrophorus vespilloides*. Verh Dtsch Zool Ges 82: 318

Eggert AK, Müller JK (1991): Mate-finding tactics of male burying beetles (*Necrophorus vespilloides*: Coleoptera, Silphidae). Verh Dtsch Zool Ges 84: 387–388

Eggert AK, Müller JK (1992): Joint breeding in female burying beetles. Beh Ecol Sociobiol 31: 237–242

Eichhorn O (1978): Coleophoridae, Sackträgermotten. In: Die Forstschädlinge Mitteleuropas, Bd. 3. Hamburg

Eichhorn O (1982): Siricoidea. In: Die Forstschädlinge Mitteleuropas, Bd. 4. Hamburg

Eichler WD (1955): Rübenfeind Derbrüssler, Neue Brehm Bücherei 25. Wittenberg

Eichler WD (1956, 2003): Federlinge (1, 2 Aufl.). Neue Brehm Bücherei 186. Wittenberg

Eidmann H (1924): Die Eiablage von *Trioxys* Hal. (Hym., Braconidae) nebst Bemerkungen über die wirtschaftliche Bedeutung dieses Blattlausparasiten. Z Angew Entomol 10: 353–363

Eidmann H (1941): Lehrbuch der Entomologie. Berlin

Eisenbeis G, Wichard W (1985): Atlas zur Biologie der Bodenarthropoden. Stuttgart

Eisenbeiss H (1965): Schwärmer und Schwärmerblumen. Kosmos 61: 269–271

Eisner T (1988): Insekten als fürsorgliche Eltern. Verh Dtsch Zool Ges 81: 9–17

Eisner T, Hölldobler B, Lindauer M (1986): Chemische Ökologie, Territorialität, gegenseitige Verständigung. Stuttgart

Eliot JN (1973): The higher classification of the Lycaenidae (Lepidoptera). Bull Brit Mus (Nat Hist) Entomol 28: 371–505

Elliott JM (1996): British freshwater Megaloptera and Neuroptera: a key with ecological notes. Far Sawrey, Ambleside

Elliott JM, Humpesch UH (2010): Mayfly larvae (Ephemeroptera) of Britain and Ireland: Keys and a review of their ecology. Freshwater Biol Ass Sci Publ 66. Ambleside

Ellis WN (o. J.): Plant Parasites of Europe. [www.bladmineerders.nl]

van Emden FI (1968): Diptera: Cyclorrhapha Calyptrata (Tachinidae, Calliphoridae). Handb Ident British Insects 10(4a). London

Emmet AM (1976): Nepticulidae; Heliozelidae. In: Heath J (Hrsg.): The moths and butterflies of Great Britain and Ireland 1. Oxford

Engel MS, Winterton SL, Breitkreuz LCV (2018): Phylogeny and evolution of Neuropterida: where have wings of lace taken us? Ann Rev Entomol 63: 531–551

Engelhardt W (1982): Was lebt in Tümpel, Bach und Weiher. Stuttgart

Engels W (1988): Fortpflanzungsstrategien bei Bienen. Verh Dtsch Zool Ges 81: 155–167

Engels W (Hrsg.) (1990): Social insects. An evolutionary approach to castes and reproduction. Berlin

Enting K (2006–2022): Plecoptera, die Steinfliegenseite. [www.plecoptera.de]

Erber D (1968): Bau, Funktion und Bildung der Kotpresse mitteleuropäischer Clytrinen und Cryptocephalinen (Coleoptera, Chrysomelidae). Z Morph Tiere 62: 245–306

Escherich K (Hrsg.) (1914–42): Die Forstinsekten Mitteleuropas, Bde. 1–3, 5. Berlin

Evans MEG (1975): The life of beetles. London

Evans HE, O'Neill KM (1991): Forpflanzungs- und Schutzstrategien der Bienenwölfe. Spektrum 10: 122–129

Ewing AP (1989): Arthropods bioacoustics. Neurobiology and behaviour. Edinburgh

Faasch H (1968): Beobachtungen zur Biologie und zum Verhalten von Cicindela hybrida L. und Cicindela campestris L. und experimentelle Analyse ihres Beutefangverhaltens. Zool Jb Syst 95: 477–522

Falkenhan HH (1932): Biologische Beobachtungen an Sminthurides aquaticus (Collembola). Z Wiss Zool 141: 525–580

Fänger H, Naumann CM (1988): Aufbau des männlichen Genitaltraktes und Spermatophorenbildung bei Zygaena trifolii (Esper, 1783) (Insecta Lepidoptera). Verh Dtsch Zool Ges 81: 249

Farb P, Redaktion von Life (1966): Die Insekten

Faulde M, Fuchs M, Nagl W (1989): Dispersionsauslösende Proteine im Speichel mehrerer Schaben-Arten (Blattodea: Blattellidae, Blattidae, Blaberidae). Entomol Gener 14: 203–210

Fergusson NDM (1980): A revision of the British species of Dendrocerus Ratzeburg (Hymenoptera: Ceraphronoidea) with a review of their biology as aphid hyperparasites. Bull Brit Mus (Nat Hist), Entomol 41: 255–314

Ferrar P (1987): A guide to the breeding habitats and immature stages of Diptera Brachycera. Leiden

Ferris GF (1951): The sucking lice. Mem Pacif Coast Ent Soc 1: 1–320

Fey JM (1992): Das Experiment: Fangnetzbau bei Köcherfliegen. BIUZ, Weinheim 22: 163–167

Fibiger M (Hrsg.) (1990–2012): Noctuidae Europaeae. Vol 1–3: Noctuinae. Hacker H, Ronkay L., Hreblay M (2002): Vol 4: Hadeninae 1. Ronkay L., Hreblay M, Yela JL (2001): Vol 5: Hadeninae 2. Ronkay G, Ronkay L. (1994, 1995): Vol 6–7: Cuculliinae. Zilli A, Ronkay L., Fibiger M (2006): Vol 8: Apameini. Fibiger M, Hacker H (2007): Vol 9: Amphipyrinae – Xyleninae. Goater B, Ronkay L., Fibiger M (2003): Vol 10: Catocalinae and Plusiinae. Fibiger M, Ronkay L, Steiner A, Zilli A (2009): Vol 11: Pantheinae – Bryophilinae. Fibiger M, Ronkay L, Yela JL, Zilli A (2010): Vol 12: Rivulinae – Euteliinae, and Micronoctuinae. Ronkay G, Ronkay L, Speidel W, Witt T (2012): Vol 13: Lymantriinae and Arctiinae. Sorö

Fiedler K (1991): Systematic, evolutionary and ecological implications of myrmecophily within the Lycaenidae (Insecta: Lepidoptera: Papilionoidea). Bonn Zool Monogr 31: 1–210

Fischer P, Külzer R (1993): Zur Prävalenz der Insektengift-Allergie in Deutschland. Allerg J 2 (Suppl. 2): 53–56

Fischer J, Steinlechner D, Zehn A, Poniatowski D, Fartmann T, Beckmann A, Stettmer C (2016): Die Heuschrecken Deutschlands und Nordtirols. Wiebelsheim

Foldi, I (2004): The Matsucoccidae in the Mediterranean basin with world list of species (Hemiptera: Sternorrhyncha: Coccoidea). Ann Soc entomol Fr (n. s.) 40: 145–168

Foldi, I (2005): Ground pearls: a generic revision of the Margarodidae sensu stricto (Hemiptera: Sternorrhyncha: Coccoidea). Ann Soc entomol Fr (n. s.) 41: 81–125

Assis Fonseca ECM (1978): Diptera Orthorrhapha Brachycera Dolichopodidae. Handb Ident British Insects 9(5). London

Forneck A, Huber L (2009): (A)sexual reproduction – a review of life cycles of grape phylloxera, Daktulosphaira vitifoliae. Entomol Exp Appl 131: 1–10

Forster W (1968): Knaurs Insekten-Buch. München

Forster W, Wohlfahrt TA (1954–81): Die Schmetterlinge Mitteleuropas. Stuttgart

Forsyth A, Alcock J (1990): Ambushing and prey-luring as alternative foraging tactics of the fly-catching rove beetle Leistotrophus versicolor (Coleoptera: Staphylinidae). J Insect Behav 3: 703–718

Forsythe TG (1988): Common ground beetles. Naturalist's handbooks 8. Richmond

Francoeur A, Loiselle R, Buschinger A (1985): Biosystématique de la tribu Leptothoracini (Formicidae, Hymenoptera). 1. Le genre Formicoxenus dans la région holarctique. Naturaliste Can 112: 343–403

Frank W (1976): Parasitologie. Stuttgart

Frantsevich L, Gorb S (2006): Courtship dances in the flies of the genus Lispe (Diptera: Muscidae): from the fly's viewpoint. Arch Ins Biochem Physiol 62: 26–42

Franz E (1940): Gallen der Rispengras-Gallmücke. Natur u. Volk 70: 564–569s

Franz J (1961): In: Sorauer P (Hrsg.): Handb. d. Pflanzenkrankheiten Bd. 6. Berlin

Free BJ (1993): Insect pollination of crops. London etc.

Freeman P (1983): Sciarid flies (Diptra, Sciaridae). Handb Ident British Insects 9(6). London

Freeman P, Lane RP (1985): Bibionid and Scatopsid flies. Diptera: Bibionidae and Scatopsidae. Handb Ident British Insects 9(7). London

Freina JJ de, Witt TJ (1987–2001): Die Bombyces und Sphinges der Westpalaearktis. Bd 1 (1987), Bd 2 (1990), Bd 3 (2001): Zygaenidae, Bd 4 (1997): Sesiidae. München

Frenzel M, Dettner K (1989): Biologie und Struktur eines Männchen-spezifischen Duftstoffes bei der gallbildenden Bohrfliege *Urophora cardui* L. Mitt Dtsch Ges Allg Angew Entomol 7: 132–135

Freude H, Harde KW, Lohse GA (Hrsg.) (1965–94): Die Käfer Mitteleuropas. Bd 1–11. Lohse GA, Lucht WH (Hrsg.) (1989–94): Bd 12–15 (Suppl. 1–4). Lucht WH (1987): Katalog. Koch K (Hrsg.) (1989–95): Ökologie, Bd. 1–8 (E1–E8). Klausnitzer B (Hrsg.) (1991–2001): Die Larven der Käfer Mitteleuropas. Bd. 1–6 (L1–L6). Krefeld

Friedrich E (1983): Handbuch der Schmetterlingszucht. Stuttgart

Friend WG, Salkeld EH, Stevenson IL (1959): Acceleration of development of larvae of the onion maggot, *Hylemya antiqua* (Meig.) by microorganisms. Can J Zool 37: 721–727

Friese H (1923): Die europäischen Bienen. Das Leben und Wirken unserer Blumenwespen. Berlin

Frisch K v (1955): Bienenfibel. München

Frisch K v (1969): Aus dem Leben der Bienen, Verständl. Wiss. Bd. 1 (8. Aufl.). Berlin

Frisch K v (1974): Tiere als Baumeister. Frankfurt/ Main

Froese A (1993): Integrierter Pflanzenschutz im Ackerbau – Untersuchungen zur Dipterenfauna auf Ackerflächen. Ber Ldw 71: 39–90

Fröhlich G (1960): Gallmücken. Neue Brehm Bücherei 253. Wittenberg

Fründ E, Kothe HW (1989): Collembolen – immer auf dem Sprung. Mikrokosmos 78: 257–264

Führer E, Wiener L, Hausmann B (1992): Dynamik von Terpen-Mustern und Borkenkäfer-Befall an Fangbaum-Fichten unterschiedlichen Kronen-Zustandes (Coleoptera: Scolytidae). Entomol Gener 17: 207–218

Gäbler H (1954): Prozessionsspinner. Neue Brehm Bücherei 137. Wittenberg

Gagné RJ (1989): The plant-feeding gall midges of North America. Ithaca

Gagné RJ, Jaschhof M (2017): A catalogue of Cecidomyiidae (Diptera) of the world (4th ed., digital). Washington

Gaim W, Seelinger G (1984): Zu Ökologie und Verhalten der mitteleuropäischen Schabe *Phyllodromica maculata* (Dictyoptera Blattellidae). Entomol Gener 9: 135–142

Galil J (1977): Fig biology. Endeavour N.S. 1: 52–56

Gauld ID (1984): An introduction to the Ichneumonidae of Australia. London

Gauld ID, Bolton B (1996): The Hymenoptera. Oxford

van der Geest LPS, Evenhuis HH (Hrsg.) (1991): Tortricid pests. Their biology, natural enemies and control. Amsterdam

Geiger H et al. (1988): Evidence for speciation within nominal *Pontia daplidice* (Linnaeus, 1758) in southern Europe. Nota Lepid 11: 7–20

Gepp J (2010): Ameisenlöwen und Ameisenjungfern – Myrmeleontidae. Neue Brehm Bücherei Bd 589. Hohenwarsleben

Geraci JR, Fortin JF, Aubin DJ, Hicks BD (1981): The seal louse, *Echinophthirius horridus*: an intermediate host of the seal heartworm, *Dipetalonema spirocauda* (Nematoda). Can J Zool 59: 1457–1459

Gerstmeier R (1987): Biologie und Verbreitung der Buntkäfer in Bayern (Coleoptera, Cleridae). Schriftenr Bayer Landesamt Umweltschutz 77: 7–16

Gerstmeier R (1998): Buntkäfer. Illustrierter Schlüssel zu den Cleriden der West-Paläarktis. Weikersheim

Ghiradella H, Aneshansley D, Eisner T, Silberglied RE, Hinton HE (1972): Ultraviolet reflection of a male butterfly: interference color caused by thin-layer elaboration of wing scales. Science 178: 1214–1216

Gibson GAP (1986): Mesothoracic skeletomusculature and mechanics of flight and jumping in Eupelminae (Hymenoptera, Chalcidoidea: Eupelmidae). Can Entomologist 118: 691–728

Gielis C (1993): Generic revision of the superfamily Pterophoroidea (Lepidoptera). Zool Verh Leiden 290: 1–139

Gielis C (1996): Pterophoridae. Microlepidoptera of Europe, vol. 1. Stenstrup

Gilbert F (Hrsg.) (1990): Insect life cycles. Genetic, evolution and coordination. Berlin

Gilbert FS (1986): Hoverflies. Naturalists handbools 5. Richmond

Gisin H (1960): Collembolenfauna Europas. Mus Hist Nat, Genf

Gnatzy W (2014): Grabwespe gegen Grille: (Neuro-)Biologie einer Räuber-Beute-Beziehung. Entomologie heute 26: 19–52

Goater B, Ronkay L., Fibiger M (2003): Noctuidae Europaeae. Vol 10: Catocalinae and Plusiinae. Sorö

Goetsch W (1953): Die Staaten der Ameisen. Berlin

Gogala M (2007–2009): Songs of European singing cicadas. [https://www.cicadasong.eu]

Gößwald K (1989–1990): Die Waldameise. Bd. 1: 1989, Bd. 2: 1990. Wiesbaden

Gotsmy K, Schopf A (1992): Bionomie der Eichen-Zwergzikade *Iassus lanio* (Homoptera: Cicadellidae). Entomol Gener 17: 53–62

Goulet H, Huber JT (1993): Hymenoptera of the world: an identification guide to families. Ottawa

Graham MWR (1969): The Pteromalidae of northwestern Europe (Hymenoptera: Chalcidoidea). Bull Brit Mus (Nat Hist) Entomol Suppl 16: 1–908

Graham MWR (1991): A reclassification of the European Tetrastichinae (Hymenoptera: Chalcidoidea): a revision of the remaining genera. Gainsville, Fla

Grassé PP (1951): Ordre des Mécoptères. In: Grassé PP (Hrsg.) Traité de Zoologie X/ 1. Paris

Grassé PP (Hrsg.) (1949–79): Traité de Zoologie, T. VIII–X. Paris

Grégoire JC, Couillien D, Kreier R, König WA, Meyer H, Francke W (1992): Orientation in *Rhizophagus grands* (Coleoptera: Rhizophagidae) to oxygenated monoterpenes in a species-specific predator-prey relationship. Chemoecol 3: 14–18

Gregor F, Rozkošný R, Barták M, Vaňhara J (2016): Manual of Central European Muscidae (Diptera). Zoologica 162: 1–219

Grehan JR (1989): Larval feeding habits of the Hepialidae (Lepidoptera). J Nat Hist 23: 803–824

Grenier S (1988): Applied biological control with Tachinid flies (Diptera, Tachinidae): a review. Anz Schädlingsk 61: 49–56

Griffiths GCD (1972): The phylogenetic classification of Diptera Cyclorrhapha, with special reference to the structure of the male postabdomen. Series entomologica 8. The Hague

Grimaldi D, Engel MS (2005): Evolution of the insects. New York

Grimm R (1990): Flugverhalten und Wirtsfindung des Buchenspringrüßlers *Rhynchaenus fagi* L. (Col.: Curculionidae) beim Einflug in den Buchenwald nach der Überwinterung. Mitt Dtsch Ges Allg Angew Entomol 7: 395–404

Günther H (1992): Atmungsbiologie von Wasserinsekten. Mitt Int Entomol Ver 17: 169–189

Günther K (1969): In: Urania Tierreich, Insekten; Frankfurt/ M., Zürich. Neue Aufl. 1994; Jena

Günther K (1974): Staubläuse, Psocoptera. In: Die Tierwelt Deutschlands 61. Jena

Günther H, Schuster G (1990): Verzeichnis der Wanzen Mitteleuropas. Dtsch Entomol Z NF 37: 361–396

Günther K, Herter K (1974): Dermaptera (Ohrwürmer). In: Handbuch der Zoologie 4(2) 2/ 11. Berlin

Günther K, Lienhard C (2011): Psocoptera – Staubläuse. In: Exkursionsfauna von Deutschland, Bd. 2. Jena

Gupta V (1988): Advances in parasitic Hymenoptera. Leiden

Gurjeva Y (1969): Some trends in the evolution of click beetles (Coleoptera, Elateridae). Entomol Rev Wash 48: 154–159

Hadrys H (1991): Postkopulatorische Männchenkonkurrenz und RAPD-Fingerprintanalysen bei Großlibellen. Verh Dtsch Zool Ges 84: 306–307

Haeseler V (1978): Flugzeit, Blütenbesuch, Verbreitung und Häufigkeit der solitären Faltenwespen im Norddeutschen Tiefland (BRD) (Vespoidea, Eumenidae). Schr Naturw Ver Schlesw-Holst 48: 63–131

Halffter G, Halffter V, Favila ME (2011): Food relocation and the nesting behavior in *Scarabaeus* and *Kheper* (Coleoptera: Scarabaeinae). Acta Zool Mex (n s) 27: 305–324

Hamon J (1993): Observations sur *Scolia (Scolia) galbula* (Pallas, 1771), *Scolia (Scolia) fallax* Evers-mann, 1849 et *Scolia (Discolia) hirta* (Schrank, 1781) (Hymenoptera, Scoliidae). Nouv Revue Entomol (NS) 10: 87–96

Hamon Halffter G, Matthews EG (1971): The natural history of dung beetles. A supplement on associated biota. Revta Latinoam Microbiol 13: 147–163

Handbuch der Pflanzenkrankheiten (1949ff): s. Sorauer P

Handbuch der Zoologie (ab 1923). Begründet von W. Kükenthal, später herausgegeben von JG Helmcke, D Starck, H Wermuth. Bd. IV (in vielen Lieferungen). Berlin

Handlirsch A (1936): Trichoptera. In: Handbuch der Zoologie IV(2) 1. Teil, Insecta 2. Berlin

Hannemann HJ (1961): Kleinschmetterlinge oder Microlepidoptera, I. Die Wickler (s. str.) (Tortricidae). In: Die Tierwelt Deutschlands 48. Jena

Hannemann HJ (1964): Kleinschmetterlinge oder Microlepidoptera, II. Die Wickler (s. l.) (Cochylidae und Carposinidae). Die Zünslerartigen (Pyraloidea). In: Die Tierwelt Deutschlands 50. Jena

Hannemann HJ (1977): Kleinschmetterlinge oder Microlepidoptera. III. Federmotten (Pterophoridae), Gespinstmotten (Yponomeutidae), Echte Motten (Tineidae). In: Die Tierwelt Deutschlands 63. Keltern

Hanski I, Cambefort Y (Hrsg.) (1991): Dung beetle ecology. New York

Hansson C (2016): The European species of *Foersterella* Dalla Torre (Hymenoptera: Tetracampidae), including the description of two new species. Zootaxa 4137: 561–568

Happe M, Kirchhoff K, Wassenegger-Wittlich G, Madel G. (1988): Die Biologie der Schlupfwespe *Diadegma semiclausum* Hellen (Hymenoptera, Ichneumonidae) und ihres Wirtes *Plutella xylostella* Curtis (Lepidoptera, Yponomeutidae). Mitt Dtsch Ges Allg Angew Entomol 6: 146–149

Harde KW, Severa F (1981): Der Kosmos Käferführer. Stuttgart

Harker J (1989): Mayflies. Naturalists' Handbooks 13. Slough

Harz K (1957): Die Geradflügler Mitteleuropas. Jena

Harz K (1960): Geradflügler oder Orthopteren (Blattodea, Mantodea, Saltatoria, Dermaptera). In: \$Dahl F (Hrsg.): Die Tierwelt Deutschlands 46. Jena

Harz K (1965): Jahresbericht 1964. Atalanta 1: 89–114

Harz K (1969): Die Orthopteren Europas. Vol. I. The Hague

Harz K (1975): Die Orthopteren Europas. Vol. II. The Hague

Harz K, Kaltenbach A (1976): Die Orthopteren Europas. Vol. III. The Hague

Harz K, Wittstadt H (1957): Wanderfalter. Neue Brehm Bücherei 191. Wittenberg

Hase A (1952): Über die Eiablage und Fruchtbarkeit der Hausglucke. Natur u Volk 82: 160–161

Hashem MY (1989): Untersuchungen zur Biologie des großen Kornbohrers *Prostephanus truncatus* (Horn) und des Getreidekapuziners *Rhizopertha dominica* (Fab.) (Coleoptera: Bostrychidae). Mitt Dtsch Ges Allg Angew Entomol 7: 205–209

Hashimoto H (1957): Sci Rep Tokyo Kyoiku Daigaku, Sect B, 8: 177

Haupt H (1935): Zikaden. In: Die Tierwelt Mitteleuropas Bd. IV(3). Leipzig

Haupt H (1956): Die unechten und echten Goldwespen Mitteleuropas (Cleptes et Chrysididae). Abh Ber Mus Tierk Dresden 23: 15–139

Häuser CL (1993): Critical comments on the phylogenetic relationships within the family Papilionidae (Lepidoptera). Nota Lepid 16: 34–43

Häuser CL, Naumann CM, Kreuzberg AV (1993): Zur taxonomischen und phylogenetischen Bedeutung der Feinstruktur der Eischale der Parnassiinae (Lepidoptera: Papilionidae). Zool Med 67: 239–264

Hausmann A (Hrsg.) (2001–2019): The geometrid moths of Europe. Bd. 1–6. Amsterdam

Havelka P (1984): Ölkäfer (*Meloe* spp.), ihre Bedeutung und ihr Schutz. Veröff Naturschutz Landschaftspflege Bad.-Württ. 57/ 58: 181–202

Hayashi K (1985): Alternative mating strategies in the water strider *Gerris elongatus* (Heteroptera, Gerridae). Behav Ecol Sociobiol 16: 301–306

Hedicke H (1935): Wanzen. In: Die Tierwelt Mitteleuropas, Bd. IV(3). Leipzig

Heidemann H (1988): Die *Gomphus*-Arten Deutschlands und Frankreichs. Bestimmungsschlüssel der Larven und Felddiagnose der Imagines (Anisoptera: Gomphidae). Libellula 7: 27–40

Heinicke W (1993): Vorläufige Synopsis der in Deutschland beobachteten Eulenfalter mit Vorschlag für eine aktualisierte Eingruppierung in die Kategorien der „Roten Liste" (Lepidoptera, Noctuidae). Entomol Nachr Ber 37: 73–121

Heinrich B (1987): Der Kälteschutz der Eulenfalter. Spektrum 5: 106–113

Heintz W (1988): Bedeutung von Zikaden (Auchenorrhyncha, Cicadellidae) für die Verbreitung von mykoplasmaähnlichen Organismen (MLO) innerhalb einer Obstanlage. Mitt Dtsch Ges Allg Angew Entomol 6: 311–316

Heinze J (1991): Koloniegründung in der Kälte: Strategien von Ameisenweibchen in borealen Habitaten. Verh Dtsch Zool Ges 84: 308

Heinze J (1993): Untersuchungen zur Kolonie- und Populationsstruktur von Ameisen der Gattung *Leptothorax*. Verh Dtsch Zool Ges 86.1: 50

Heiss E, Péricart J (1983): Revision of palaearctic Piesmatidae (Heteroptera). Mitt Münchener Entomol Ges 73: 61–171

Heiss E, Péricart J (2007): Hémiptères Aradidae, Piesmatidae et Dipsocoromorphes euro-mediterránéens. Faune de France 91. Paris

Heitland W, Pschorn-Walcher H (1992): Biological differences between populations of *Platycampus luridiventris* feeding on different species of alder (Hymenoptera: Tenthredinidae). Entomol Gener 17: 185–194

Heller K-G (1988): Bioakustik der europäischen Laubheuschrecken. Weikersheim

Hellrigl K (1974): Cerambycidae. In: Die Forstschädlinge Mitteleuropas, Bd. 2. Hamburg

Hellrigl K (2010): Pflanzengallen und Gallenkunde. Forest Observer 5: 207–328

Hendel F, Beier M (1936–38): Diptera-Fliegen. In: Handbuch der Zoologie IV/ 2. Berlin

Henke K (1928): Über die Variabilität des Flügelmusters bei *Larentia sordidata* F. und einigen anderen Schmetterlingen. Z Morph Ökol Tiere 12: 240–282

Hennig W (1948–52): Die Larvenformen der Dipteren I–III. Berlin

Hennig W (1953): Diptera, Zweiflügler. In: Handbuch der Pflanzenkrankheiten, V(2), 1. Lfg. (5. Aufl.). Hamburg, Berlin

Hennig W (1968): Taschenbuch der Zoologie, Bd. 3: Wirbellose II. Leipzig; (5. Aufl.): Taschenbuch der Speziellen Zoologie, Teil 2: Wirbellose II (Gliedertiere). Stuttgart 1994

Hennig W (1973): Diptera (Zweiflügler). In: Handbuch der Zoologie 4(2) 2/ 31. Berlin

Hennig W (1966): Anthomyiidae. In: Lindner E (Hrsg.): Die Fliegen der palaearktischen Region 7: 1–974 (1966–1976)

Hennig W (1981): Insect phylogeny. Chichester

Henschel H (1962): Der Nashornkäfer. Neue Brehm Bücherei 301. Wittenberg

Heppner JB (1982): Millieriinae, a new subfamily of Choreutidae, with new taxa from Chile and the United States (Lepidoptera: Sesioidea). Smithsonian Contr Zool 370: 1–27

Heraty JM, Burks RA, Cruaud A, Gibson GAP, Liljeblad J, Munro J, Rasplus JY, Delvare G, Jaňsta P, Gumovsky A, Huber J, Woolley JB, Krogmann L, Heydon S, Polaszek A, Schmidt S, Darling DC, Gates MW, Mottern J, Murray E, Molin AD, Triapitsyn S, Baur H, Pinto JD, van Noort S, George J, Yoder M (2013): A phylogenetic analysis of the megadiverse Chalcidoidea (Hymenoptera). Cladistics 29: 466–542

Hering M (1926): Biologie der Schmetterlinge. Berlin

Hering M (1953): Blattminen. Neue Brehm Bücherei 91. Wittenberg

Hering M (1957): Bestimmungstabellen der Blattminen von Europa. Berlin

Herrebout WM, Kuyten PI, de Ruiter L (1963): Observations on colour patterns and behaviour of caterpillars feeding on scots pine. Arch Néerl Zool 15: 315–357

Herrmann R (1994): Psychidae. In: Ebert G, Rennwald E (Hrsg.): Die Schmetterlinge Baden-Württembergs. Bd. 3: Nachtfalter I. Stuttgart

Herting B (1960): Biologie der westpaläarktischen Raupenfliegen (Diptera, Tachinidae). Monogrn Angew Entomol 16: 1–188

Herting B (1984): Catalogue of palearctic Tachinidae (Diptera). Stuttg Beitr Naturk (A) 369: 1–228

Hewitt GG (1914): The house-fly. Cambridge

Heymer A (1973): Verhaltensstudien an Prachtlibellen. Beiträge zur Ethologie und Evolution der Calopterygidae. Z Tierpsychol, Beiheft 11: 1–100

Heynen C (1989): Morphologie und Ökologie terrestrischer Cecidomyiiden-Larven. Mitt Dtsch Ges Allg Angew Entomol 7: 76–83

Hieke H (1969): Coleoptera, Strepsiptera. In: Urania Tierreich, Insekten; Frankfurt/ M., Zürich. Neue Aufl. 1994; Leipzig

Hiepe T (Hrsg.) (1982): Lehrbuch der Parasitologie, Bd 4. Stuttgart

Hildebrandt J (1990): Phytophage Insekten als Indikatoren für die Bewertung von Landschaftseinheiten am Beispiel von Zikaden. Nat Landsch 65: 362

Hilker M (1989): Larvensekrete der Chrysomelinen mit intraspezifischer Repellentwirkung. Mitt Dtsch Ges Allg Angew Entomol 7: 136–139

Hilker M (1991): Toxische und fraßhemmende Substanzen in Eiern der Chrysomelidae (Coleoptera). Verh Dtsch Zool Ges 84: 388–389

Hilker M, Weitzel C (1991): Oviposition deterrence by chemical signals of conspecific larvae in *Diprion pini* (Hymenoptera: Diprionidae) and *Phyllodecta vulgatissima* (Coleoptera: Chrysomelidae). Entomol Gener 15: 293–301

Hinnekint B, Dumont HJ (1989): Multi-annual cycles in populations of *Ischnura e. elegans* induced by crowding and mediated by sexual aggression (Odonata: Coenagrionidae). Entomol Gener 14: 161–166

Hinton HE (1968): Spiracular gills. Adv Ins Physiol 5: 65–161

Hinton HE (1976a): Plastron respiration in bugs and beetles. J Ins Physiol 22: 1529–1550

Hinton HE (1976b): The fine structure of the pupal plastron of Simuliid flies. J Ins Physiol 22: 1061–1070

Hintze-Podufal C (1990): Zur Embryonalentwicklung und Funktionsmorphologie der Schwanzgabel von *Cerura vinula* L. (Lepidoptera). Mitt Dtsch Ges Allg Angew Entomol 7: 470–474

Hintzpeter U, Bauer T (1986): The antennal setal trap of the ground beetle *Loricera pilicornis*: a specialization for feeding on Collembola. J Zool Lond (A) 208: 615–630

Hirneisen N (1994): Ctenuchidae. In: Ebert G, Rennwald E (Hrsg.): Die Schmetterlinge Baden-Württembergs. Bd. 4: Nachtfalter II. Stuttgart

Hirsch F (1986): Die Mundwerkzeuge von *Phthirus pubis* L. (Anoplura). Zool Jb Anat 114: 167–204

Hoberlandt L (1972): Heteroptera, Wanzen. In: Die Forstschädlinge Mitteleuropas, Bd. 1. Hamburg

Hoch H (2009): Die Gemeine Blutzikade (*Cercopis vulnerata* Rossi, 1807) – das Insekt des Jahres 2009 in Deutschland, Österreich und der Schweiz (Auchenorrhyncha, Cicadomorpha, Cercopidae). Entomol Nachr Berichte 53: 1–4

Hodek J (1973): Biology of Coccinellidae. Prag

Hodgson CJ (1994): The scale insect family Coccidae: an identification manual to genera. Wallingford

Hoffmann GM, Schmutterer H (1983): Parasitäre Krankheiten und Schädlinge an landwirtschaftlichen Kulturpflanzen. Stuttgart

Hoffmeister T (1990): Zur Struktur und Dynamik des Parasitoidenkomplexes der Kirschfruchtfliege *Rhagoletis cerasi* L. (Diptera: Tephritidae) auf Kirschen und Heckenkirschen. Mitt Dtsch Ges Allg Angew Entomol 7: 546–551

Hofmann E (1894): Die Großschmetterlinge Europas. Stuttgart

Hölldobler B, Kwapich C (2023): Die Gäste der Ameisen. Heidelberg

Hölldobler B, Wilson EO (1995): Ameisen. Die Entdeckung einer faszinierenden Welt. Basel

Holloway JD (1998): The classification of the Sarrothripinae, Chloephorinae, Camptolomonae and Nolinae as the Nolidae (Lepidoptera: Noctuoidea). Quadrifina 1: 247–276

Holloway JD, Bradley JD, Cater DJ (1987): CIE guides to insects of importance to man. 1. Lepidoptera. London

Holzinger WE, Kammerlander I, Nickel H (2003): The Auchenorrhyncha of Central Europe - Die Zikaden Mitteleuropas. Vol. 1: Fulgoromorpha, Cicadomorpha excl. Cicadellidae. Leiden

Hopkin SP (1997): Biology of the springtails (Insecta: Collembola). Oxford

Horion A (1949): Käferkunde für Naturfreunde. Frankfurt

Horstmann K, Schmid H (1986): Temperature regulation in nests of the wood ant, *Formica polyctena* (Hymenoptera: Formicidae). Entomol Gener 11: 229–236

Huber JT (1986): Systematics, biology, and hosts of the Mymaridae and Mymarommatidae (Insecta: Hymenoptera): 1758–1984. Entomography 4: 185–243

Huber F, Moore TE, Loher W (Hrsg.) (1989): Cricket behavior and neurobiology. Ithaka

Huber JT, Gibson GAP, Bauer LS, Liu H, Gates M (2008): The genus *Mymaromella* (Hymenoptera: Mymarommatidae) in North America, with a key to described extant species. J Hym Res 17: 175–194

Huemer P, Tarmann G (1993): Die Schmetterlinge Österreichs (Lepidoptera). Innsbruck

Huemer P, Karsholt O, Lyneborg L. (Hrsg.) (1996ff): Microlepidoptera of Europe. Stenstrup

Hundertmark A (1938): Verbreitungsmöglichkeiten der Nonne *Lymantria monacha* L. durch die Eiraupen. Z Angew Entomol 24: 118–128

Huxley CR, Cutler DF (Hrsg.) (1991): Ant-plant interactions. Oxford

Hynes HBN (1970): The Ecology of Running Waters. Liverpool

Illies J (1968): Ephemeroptera. In: Handbuch der Zoologie IV(2), 2/ 6. Berlin

Ingrisch S (1977): Das Stridulationsorgan der Käfergrille *Trigonidium cicindeloides* (Orthoptera: Gryllidae: Trigoniinae) und Beobachtungen zur Eidonomie und Ethologie. Entomol Germ 3: 324–332

Ingrisch S (1986): The plurennial life cycles of the European Tettigoniidae I–III. Oecologia 70: 600–630

Ito Y (1993): Behaviour and social evolution of wasps. Oxford

Ivanov VD, Rupprecht R (1992): Substrate vibration for communication in adult *Agapetus fuscipes* (Trichoptera: Glossosomatidae). Proc 7th Int Symp Trichoptera, 273–278

Jacques RL (1988): The potatoe beetles. Leiden

Jałoszyński P, Tomaszewska W (2017): Redescription of mature larva of *Mycetaea subterranea* (Fabricius) with notes on the phylogenetic placement of the family Mycetaeidae (Coleoptera). Ann Zoologici 67: 333–344

Janetschek H (1970): Protura (Beintastler). In: Hanbuch der Zoologie 4(2) 2/ 3. Berlin

Jansson A (1986): The Corixidae (Heteroptera) of Europe and some adjacent regions. Acta Entomol Fenn 47: 194

Janšta P, Cruaud A, Delvare G, Genson G, Heraty J, Križková B, Rasplus JY (2017): Torymidae (Hymenoptera, Chalcidoidea) revised: molecular phylogeny, circumscription and reclassification of the family with discussion of its biogeography and evolution of life-history traits. Cladistics 34: 627–651

Jelínek J, Kubáň V (2009): A review of the genus *Agnathus* (Coleoptera: Pyrochroidae: Agnathinae), with description of *Agnathus secundus* sp. nov. from China. Acta Entomol Mus Nat Pragae 49: 253–281

Jödicke R (1997): Die Binsenjungfern und Winterlibellen Europas. Neue Brehm Bücherei Bd 631. Magdeburg

Johansson R (1990): The Nepticulidae and Opostegidae of North West Europe. 2 Vols. Leiden

Jolivet P (1991): Insects and plants: parallel evolution and adaptations. Leiden

Jolivet P, Petitpierre E, Hsiao TH (Hrsg.) (1991): Biology of Chrysomelidae. Dordrecht

Jones JR (2019): Total-evidence phylogeny of the owlflies (Neuroptera, Ascalaphidae) supports a new higher-level classification. Zool Scripta 48: 761–782

Jones MDR (1966): The acoustic behaviour of the bushcricket *Pholidoptera griseoaptera*. J Exp Biol 45: 15–44

Jordan KHC (1952): Wasserläufer. Neue Brehm Bücherei 52. Wittenberg

Jordan KHC (1962): Landwanzen. Neue Brehm Bücherei 294. Wittenberg

Jordan KHC (1972): Heteroptera (Wanzen). In: Handb Zool 4(2) 2/ 20. Berlin

Jordana R (2012): Synopses on Palaearctic Collembola. Vol. 7/1: Capbrynae & Entomobryini. Görlitz

Kaiser H (1974a): Intraspezifische Aggression und räumliche Verteilung bei der Libelle *Onychogomphus forcipatus* (Odonata). Oecologia 15: 223–234

Kaiser H (1974b): Die Regelung der Individuendichte bei Libellenmännchen (*Aeshna cyanea*, Odonata). Eine Analyse mit systemtheoretischem Ansatz. Oecologia 14: 53–79

Kaiser W (1990): Wie solitäre Bienen die Nacht verbringen. Verh Dtsch Zool Ges 83: 616–617

Kaltenbach A (1968): Embiodea (Spinnfüßer). In: Handbuch der Zoologie IV(2), 2/ 8. Berlin

Kaltenbach A (1970): Unterlagen für eine Monographie der Saginae. Zool Beitr N.F. 16: 155–245

Kaltenbach A (1978): Mecoptera (Schnabelhafte, Schnabelfliegen). In: Handbuch der Zoologie 4(2) 2/ 28. Berlin

Kaltenbach A (1986): Saginae. In: Das Tierreich, 103. Berlin

Kaltenbach T, Küppers PV (1987): Kleinschmetterlinge beobachten - bestimmen. Melsungen

van de Kamp T, Mikó I, Staniczek A, Eggs B, Bajerlein D, Faragó T, Hagelstein L, Hamann E, Spiecker R, Baumbach T, Janšta P, Krogmann L (2022): Evolution of flexible biting in hyperdiverse parasitoid wasps. Proc R Soc B 289: 1967

Karl O (1928): Zweiflügler oder Diptera III: Muscidae. In: Die Tierwelt Deutschlands 13. Jena

Karny H (1934): Biologie der Wasserinsekten. Wien

Karsholt O, Mutanen E (Hrsg.) (1996–2019): Microlepidoptera of Europe. Vol.1–9. Stenstrup

Karsholt O, Razowski J (Hrsg.) (1996): The Lepidoptera of Europe. A distributional checklist. Stenstrup

Kasparyan DR (1981): Fauna SSSR, Hautflügler, Vol. III, part 1, Schlupfwesepen-Ichneumonidae. New Delhi

Kathirithambi J (1989): Review of the order Strepsiptera. Syst Entomol 14: 41–92

Kathirithambi J (2018): Biodiversity of Strepsiptera. In: Foottit RG, Adler PH (Hrsg.): Insect Biodiversity: Science and Society, Vol. 2: 673–703

Kehlmaier C (2021): DNA barcoding reveals an unexpected diversity in Old World Vermileonidae (Insecta: Diptera). Bonn zool Bull 70: 339–349

Keilbach R (1954): Goldaugen, Schwebefliegen und Marienkäfer. Neue Brehm Bücherei 132. Wittenberg

Kéler S v (1953): Staubläuse. Neue Brehm Bücherei 110. Wittenberg

Kemper H (1950): Die Haus- und Gesundheitsschädlinge und ihre Bekämpfung. Berlin

Kettle DS (1990): Medical and veterinary entomology. Wallingford

Kikillus R, Weitzel M (1981): Grundlagen zur Ökologie und Faunistik der Libellen des Rheinlandes. Pollichia-Buch Nr. 2. Bad Dürkheim

Kim KC, Merritt RW (Hrsg.) (1987): Black flies: ecology, population management, and annotated world list. University Park, London

Kinzelbach RK (1971): Strepsiptera (Fächerflügler). In: Handbuch der Zoologie IV(2), 2/ 24. Berlin

Kinzelbach RK (1978): Fächerflügler (Strepsiptera). In: Die Tierwelt Deutschlands 65. Jena

Kirchner WH, Lindauer M (1988): Akustische Richtungsweisung im Rundtanz der Honigbienen. Verh Dtsch Zool Ges 81: 347

Kistner DH (1982): The Social Insects Bestiary. In: Hermann HR (Hrsg.): Social Insects. New York

Klass KD, Meyer R (2005): A phylogenetic analysis of Dictyoptera (Insecta) based on morphological charactzers. Entomol Abh 63: 3–50

Klass KD, Zompro O, Kristensen NP, Adis J (2002): Mantophasmatodea: A new Insect order whith extant members in the Afrotropics. Sience 296: 1456–1459

Klausnitzer B (1984): Käfer im und am Wasser. Wittenberg-Lutherstadt

Klausnitzer B (Hrsg.) (1991ff): Die Larven der Käfer Mitteleuropas. Bd. 1–6. Krefeld

Klausnitzer B (2004): Beobachtungen zur Biologie und Verbreitung einiger Meloidae (Col.) in Mitteleuropa. Entomol Nachr Berichte 48: 261–268

Klausnitzer B (2005): Beobachtungen zur Biologie von *Bothrideres bipunctatus* (Gmelin, 1790) (Col., Bothrideridae). Entomol Nachr Berichte 49: 71–72

Klausnitzer B (2007): Insecta (Hexapoda), Insekten. In: Westheide W, Rieger R (Hrsg.): Spezielle Zoologie, Teil 1: Einzeller und Wirbellose Tiere. München

Klausnitzer B (2009): Insecta: Coleoptera: Scirtidae. Süßwasserfauna von Mitteleuropa 20/17. Heidelberg

Klausnitzer B (Hrsg.) (2011): Stresemann – Exkursionsfauna von Deutschland. Bd. 2.: Wirbellose: Insekten (11. Aufl.). Jena

Klausnitzer B (2019): Wunderwelt der Käfer (3. Aufl.). Berlin

Klausnitzer B, Sprecher-Uebersax E (2008): Die Hirschkäfer. Neue Brehm Bücherei 551. Hohenwarsleben

Klausnitzer B, Klausnitzer U, Wachmann E, Hromádko Z (2018): Die Bockkäfer Mitteleuropas. 2 Bd. (4. Aufl.). Neue Brehm Bücherei 499. Magdeburg

Klausnitzer B, Klausnitzer H, Wachmann E (2022): Marienkäfer: Coccinellidae. Neue Brehm Bücherei 451 (5. Aufl.). Magdeburg

Kleinow W (1966): Untersuchungen zum Flügelmechanismus der Dermaptera. Z Morph Ökol Tiere 56: 363–416

Klinksik C, Schönitzer K (1988): Lebensweise und Verhalten der solitären Sandbiene *Andrena nycthemera* (Hymenoptera, Andrenidae). Verh Dtsch Zool Ges 81: 347–348

Klots AB, Klots EB (1959): Knaurs Tierreich in Farben, Insekten. München

Kluge N (2004): The phylogenetic system of Ephemeroptera. Dordrecht, Boston, London

Knutson LV, Vala JC (2011): Biology of snail-killing Sciomyzidae flies. Cambridge

Kočárek P, Holuša J, Vidlička Ľ (2005): Blattaria, Mantodea, Orthoptera and Dermaptera of the Czech and Slovak Republics. Zlin

Kočárek P, Horká I, Kundrata R (2020): Molecular phylogeny and infraordinal classification of Zoraptera. Insects 11, 51: 28 S.

Koch A (1962): Grundlagen und Probleme der Symbioseforschung. Mediz. Grundlagenforschung 4: 63–156

Koch K (Hrsg.) (1989–95): Die Käfer Mitteleuropas. Ökologie, Bd. 1–8 (E1–E8). Krefeld

Koch M (1958–63): Wir bestimmen Schmetterlinge. Radebeul, Berlin

Koch PB, Bückmann D (1984): Vergleichende Untersuchung der Farbmuster und der Farbanpassung von Nymphalidenpuppen (Lepidoptera). Zool Beitr NF 28: 269–401

Koch PB, Starnecker G, Bückmann D (1990): Interspecific effects of the pupal melanization reducing factor on pupal colouration in different Lepidopteran families. J Ins Physiol 36: 159–164

Koeniger G, Koeniger N (1990): Unterschiedliche Genese der Polyandrie bei *Apis*-Arten. Verh Dtsch Zool Ges 83: 618

Kolb G, Scholz W (1985): Ultraviolett-Reflexionen und Sexualdimorphismus bei Tagfaltern. Mitt Dtsch Ges Allg Angew Entomol 4: 184–187

Kolibáč J (2013): Trogossitidae: A review of the beetle family, with a catalogue and keys. ZooKeys 366: 1–194

Komnick H, Wichard W (1975a): Histochemischer Nachweis von Chloridzellen bei Wasserwanzen (Hemiptera: Hydrocorisae) und ihre Feinstruktur bei *Hesperocorixa salbergi* Fieb. (Hemiptera: Corixidae). Int J Insect Morphol & Embryol 4: 89–105

Komnick H, Wichard W (1975b): Vergleichende Cytologie der Analpapillen, Abdominalschläuche und Tracheenkiemen aquatischer Mückenlarven (Diptera, Nematocera). Z Morph Tiere 81: 323–341

Kopelke JP (1988): Zur Biologie und Ökologie der Arten des Brutparasiten-Parasitoiden-Komplexes von gallenbildenden Blattwespen der Gattung *Pontania* (Hymenoptera: Tenthredinidae: Nematinae). Mitt Dtsch Ges Allg Angew Entomol 6: 150–155

Kopelke JP (1990): Wirtsspezifität als Differenzierungskriterium bei gallbildenden Blattwespenarten der Gattung *Pontania* O. Costa. Mitt Dtsch Ges Allg Angew Entomol 7: 527–534

Korall H, Martin H (1988): Geo- und astrophysikalische Parameter im Orientierungssystem der Honigbiene. Mitt Dtsch Ges Allg Angew Entomol 6: 51–56

Kormann K (1988): Schwebfliegen Mitteleuropas. Landsberg, München

Koster S, Sinev S (2003): Momphidae, Batracnedridae, Stathmopodidae, Agonoxenidae, CosmpterigidaeCosmopterigidae, Chrysopeleiidae. Microlepidoptera of Europe. Vol. 5. Stenstrup

Kotrba M (1990): Sperm transfer by spermatopnore in an acalyptrate fly (Diptera: Diopsidae). Entomol Gener 15: 181–183

Kovacs D (1993): A quantitative analysis of secretion-grooming behaviour in the water bug *Plea minutissima* Leach (Heteroptera, Pleidae): control by abiotic factors. Ethology 93: 41–61

Kovacs D, Maschwitz U (1990): Sekretputzen bei *Ilyocoris cimicoides* (Heteroptera, Naucoridae). Nacnr Entomol Ver Apollo NF 11: 155–164

Kovacs D, Maschwitz U (1991): The function of the metathoracic scent gland in Corixid bugs (Hemiptera, Corixidae): secretion grooming on the water surface. J Nat Hist 25: 331–340

Kozár F, Kaydan MB, Konczné Benedicty Z, Szita É (2013): Trogossitidae: Acanthococcidae and related families of the Palaearctic region. Budapest

Kozlowsky MW (1989): Oviposition and host object marking by the females of *Ceutorhynchus floralis* (Coleoptera: Curculionidae). Entomol Gener 14: 197–201

Krause G (1950): Z f Pflanzenbau u Pflanzenschutz 1, Sonderheft 1

Krenn HW (2010): Feeding mechanism of adult Lepidoptera: structure, function and evolution of the mouthparts. Ann Rev Entomol 55: 307–327

Kriegbaum H (1991): Selektive Partnerwahl bei Weibchen von *Chorthippus biguttulus* (Orthoptera: Gomphocerinae): Ist der Männchengesang mit Männchenqualität korreliert?. Verh Dtsch Zool Ges 84: 316–317

Kristensen NP (1984): Studies on the morphology and systematics of primitive Lepidoptera. Steenstrupia 10: 141–191

Kristensen NP (1986): The higher classification of Lepidoptera. In: Schnack et al. (Hrsg.): Katalog over de danske sommerfugle. Entomol Meddr (Kopenh) 52: 6–20

Kristensen NP (Hrsg.) (1998): Lepidoptera, Moths and Butterflies. Vol. 1: Evolution, Systematics, and Biogeography. In: Handbuch der Zoologie 4(35). Berlin

Krivosheina NP (2011): New data on the larval morphology of limoniid flies of the genus *Ulla* (Diptera, Pediciidae). Entomol Rev 91: 432–443

Krool S, Bauer T (1987): Reproduction, development, pheromone secretion in *Heteromurus nitidus* Templeton, 1835. Rev Ecol Biol Sol 24: 187–195

Kudrna O (Hrsg.) (1986): Butterflies of Europe. Vol. 1–8. Wiesbaden

Kühlhorn F (1982): Brachycera, Fliegen. In: Die Forstschädlinge Mitteleuropas, Bd. 4. Hamburg

Kulike H (1986): Hornissen sind ja gar nicht so! Kosmos 8 (1986): 62–69

Kunz P (1989): Die Goldwespen Baden-Württembergs. Diss Univ Karlsruhe

Kunz G, Nickel H, Niedringhaus R (2011): Fotoatlas der Zikaden Deutschlands. Scheeßel

Kutter H (1977): Formicidae. In: Insecta Helvetica. Fauna 6 und 6a. Zürich

Lacourt J (2020): Sawflies of Europe. Vèrriers le Buisson

Laibach E (1952): *Lepisma saccharina* L., das Silberfischchen. Z Hyg Zool 40: 1–50

Laird M (Hrsg.) (1981): Blackflies. London

Lampel G (1968): Die Biologie des Blattlaus-Generationswechsels. VEB Fischer, Jena

Lamy M, Lemaire C (1983): Contribution à la systématique des *Hylesia:* étude au microscope électronique à balayage des „fléchettes" urticants (Lep. Saturniidae). Bull Soc Entomol France 88: 176–192

Lamy M, Michel M, Pradinaud R, Ducombs G, Maleville J (1982): Lappareil urticant des papillons *Hylesia urticans* Floch et Ab. et H. umbrata Schaus (Lépidoptères: Saturniidae) responsable de la papillonité en Guayane Française. Int J Insect Morphol Embryol 11: 129–135

LaSalle J, Gauld ID (Hrsg.) (1993): Hymenoptera and biodiversity. Wallingford

Lastuvka Z (1989): Eine Übersicht der Futterpflanzen der europäischen Glasflügler (Lepidoptera, Sesiidae). Acta Univ Agric 37: 153–162

Lastuvka Z (1990): Der Katalog der europäischen Glasflügler (Lepidoptera, Sesiidae). Scripta 20: 461–476

Laštuvka Z, Laštuvka A (1995): An illustrated key to European Sesiidae (Lepidoptera). Brno

Laštuvka Z, Laštuvka A (2001): The Sesiidae of Europe. Vester Skerninge

Lawrence JF (1982): Coleoptera. In: Parker SP (Hrsg.): Synopsis and classification of living organisms 2, pp 482–553. New York

Lebas C (2019): Die Ameisen Europas: Der Bestimmungsführer. Bern

Lee CF, Satô M, Shepard WD, Jäch MA (2007): Phylogeny of Psephenidae (Coleoptera, Byrrhoidea) based on larval, pupal an adult characters. Syst Entomol 32: 502–538

Lehane M (1991): Biology of blood-sucking insects. London

Lehmann G (1985): Beitrag zur Kenntnis von *Aeshna coerulea* Ström 1783 und *A. subarctica* Walk. 1908 in Nordtirol (Austria). Libellula 4: 117–137

Lemaire C (1978): Les Attacidae Americains – The Attacidae of America (= Saturniidae), Attacinae. Neuilly-sur-Seine (Selbstverlag)

Lemaire C (1980): Les Attacidae Americains – The Attacidae of America (= Saturniidae), Arsenurinae. Neuilly-sur-Seine (Selbstverlag)

Lemaire C (1988): Les Saturniidae Americains – The Saturniidae of America, Ceratocampinae. San José (Costa Rica)

Lengerken H v (1932): Das Schädlingsbuch. Leipzig

Lengerken H v (1954): Die Brutfürsorge- und Brutpflegeeinstinkte der Käfer. Leipzig

Lepiforum e. V. Bestimmung von Schmetterlingen und ihren Präimaginalstadien. [https://www.lepiforum.org] (zuletzt abgerufen 2023)

Leraut P (2016): Butterflies of Europe and neighbouring regions. Vèrriers le Buisson

Leraut P (2006–19): Moths of Europe. Bd. 1–6. Vèrriers le Buisson

Leschen AB, Beutel R (2014): Coleoptera. Vol.3. In: Handbuch der Zoologie 4(2), Insecta 3. Berlin

Leschen AB, Beutel R, Lawrence JF (2010): Coleoptera. Vol.2. In: Handbuch der Zoologie 4(2), Insecta 3. Berlin

Leuchs H, Neumann D (1985): Das Verhalten von *Chironomus*-Larven (Pumpen, Fressen, Ruhen) und dessen Konsequenzen für den Wasseraustausch zwischen Sediment und Freiwasser. Verh Dtsch Zool Ges 78: 323

Lewis T (1973): *Thrips*. Their biology, ecology and economic importance. New York

Lewis T (Hrsg.) (1984): Insect communication. London

Lewis SM, Cratsley CK (2008): Flash signal evolution, mate choice, and predation in fireflies. Ann Rev Entomol 53: 293–321

Lienhard C (1988): Vorarbeiten zu einer Psocopteren-Fauna der Westpaläarktis: IV. die Gattung *Prionoglaris* Enderlein (Psocoptera: Prionoglarididae). Mitt Schweiz Entomol Ges 61: 89–108

Lienhard C (1998): Psocoptères euro-méditerranéens. Faune de France 83. Paris

Lindner E (1923ff): Die Fliegen der paläarktischen Region. Stuttgart

Lindner E (1957): Tanzfliegen. Kosmos 53: 261–264

Linsenmair K, Jander R (1976): Das ‚Entspannungsschwimmen' von *Velia* und *Stenus*. Naturwiss 50: 231

Liston AD (2007): Zur Biologie und Vorkommen von *Blasticotoma filiceti* Klug, 1834 (Hymenoptera, Blasticotomidae) in Brandenburg und Berlin. Entomol Nachrichten Berichte 51: 95–99

Lohse GA, Lucht WH (Hrsg.) (1989–94): Die Käfer Mitteleuropas. Bd 12–15 (Suppl. 1–4). Krefeld

Loibl E (1958): Zur Ethologie und Biologie der deutschen Lestiden (Odonata). Z Tierpsychol 15: 54–81

Lorenz N, Langenbruch G (1989): Untersuchungen zur Verbreitung des Maiszünslers (*Ostrinia nubilalis* Hbn.; Lepidoptera: Pyralidae) in der Bundesrepublik Deutschland. Mitt Dtsch Ges Allg Angew Entomol 7: 289–293

Lucht WH (1987): Die Käfer Mitteleuropas. Katalog. Krefeld

Lunau K (1987): Zur Bedeutung optische Signale beim Blütenbesuch von Schwebfliegen – Experimente mit *Eristalis pertinax* Scopoli (Diptera, Syrphidae). Mitt Dtsch Ges Allg Angew Entomol 5: 31–35

Lunau K (1993): Angeborene und erlernte Blütenerkennung bei Insekten. Biol Uns Zeit 23: 48–54

Lussi HG (1994): Limacodidae. In: Ebert G, Rennwald E (Hrsg.): Die Schmetterlinge Baden-Württembergs. Bd. 3: Nachtfalter I. Stuttgart

Lvovsky AL (2012): Comments on the classification and phylogeny of broad-winged moths (Lepidoptera, Oecophoridae sensu lato). Entomol Rev 92: 188–205

Macadam C, Bennett C (2010): A pictorial guide to the British Ephemeroptera. Field Studies CouncilAIDGAP Guides OP139. Shrewsbury

MacGowan I, Rotheray G (2008): British Lonchaeidae (Diptera, Cyclorrhapha, Acalyptratae). R Entomol Soc London Handbook (10th ed)

Magnus D (1950): Beobachtungen zur Balz und Eiablage des Kaisermantels *Argynnis paphia* L. (Lep., Nymphalidae). Z Tierpsychol 7: 435–449

Maier K (1990): Beitrag zur Biologie primärer und sekundärer Parasitoide von *Lymantria dispar* L. (Lep., Lymantriidae). J Appl Entomol 110: 167–182

Maier K, Bogenschütz H (1988): Die Bedeutung der Raupenfliegen (Dipt., Tachinidae) beim Zusammenbruch einer Massenvermehrung von *Lymantria dispar* L. (Lep., Lymantriidae). Mitt Dtsch Ges Allg Angew Entomol 6: 164–168

Maier K, Bogenschütz H (1990): Massenwechsel von *Lymantria dispar* L. (Lep., Lymantriidae) und die Regulation durch Parasitoide während einer Gradation in Südwestdeutschland 1984–1986. Z PflKrankh PflSchutz 97: 381–393

Mainx F (1949): Das kleine *Drosophila*-Praktikum. Wien

Maisner N (1974): Chrysomelidae, Blattkäfer. In: Die Forstschädlinge Mitteleuropas, Bd. 2. Hamburg

Malicky H (1974): Trichoptera (Köcherfliegen). In: Handbuch der Zoologie IV(2), 2/ 29. Berlin

Malicky H (2004): Atlas der europäischen Köcherfliegen (Trichoptera). Heidelberg

Mallet J (1984): Sex roles in the ghost moth *Hepialus humuli* (L.) and a review of mating in the Hepialidae (Lepidoptera). Zool J Linnean Soc 79: 67–82

Malyshev SI (1935): EOS Rev Espanola Entomol 11: 201

Malyshev SI (1965): Lebensweise und Instinkte der primitiven Schlupfwespen Gasteruptiidae. Zool Jb Syst 92: 239–288

Mani MS (1964): The ecology of plantgalls. Monogr Biol 12. Den Haag

Manning A (1965): *Drosophila* and the evolution of behaviour. In: Viewpoints in Biology 4: 125

Mantel WP (1989): Bibliography of the western flower thrips, *Frankliniella occidentalis*. Bull SROP 12: 29–66

Mantovani R, Galanti G, Nocentini A (1993): Biological observations on *Bagous rufimanus* Hoffmann (Coleoptera, Curculionidae) with description of its immature stages. Aquatic Ins 14: 117–127

Marquardt K (1988): *Terellia virens* (Loew) und *Chaetorellia* spec. nov. (Dipt., Tephritidae), zwei neue Kandidaten für die biologische Bekämpfung von Centaurea maculosa Lam. und C. diffusa Lam. (Compositae) in Nordamerika. Mitt Dtsch Ges Allg Angew Entomol 6: 306–310

Martini E (1952): Lehrbuch der medizinischen Entomologie. Jena

Maschwitz U (1964): Gefahrenalarmstoffe und Gefahrenalarmierung bei sozialen Hymenopteren. Z vergl Physiol 47: 596–655

Maschwitz U, Fiedler K (1988): Koexistenz, Symbiose, Parasitismus: Erfolgsstrategien der Bläulinge. Spektrum 5: 56–66

Masuko K (1989): Larval hemolymph feeding in the ant *Leptanilla japonica* by use of a specialized duct organ, the „larval hemolymph tap". Behav Ecol Sociobiol 24: 127

Matile L (1995): Les Diptères d'Europe occidentale. Paris

Matsuura M, Yamane S (1990): Biology of the vespine wasps. Berlin

Matthes D (1971): Das Sexualverhalten des Malachiiden *Anthocomus(Anthocomus)coccineus* Schall. (Coleoptera, Malacodermata). Z. Tierpsychol. 29: 113–120

Matthes D (1982a): Ameisenlöwe und Ameisenjungfer, 1. und 2. Teil. Mikrokosmos 71: 1–8 und 44–47

Matthes D (1982b): Kleiner Teufel im grünen Gewand. Kosmos 78(11): 56–60

Matthes D (1988): Der merkwürdigste Insektenfühler. Mikrokosmos 77: 298–300

Matthews RW, González JM, Matthews JR, Deyrup LD (2009): Biology of the parasitoid *Melittobia* (Hymenoptera: Eulophidae). Ann Rev Entomol 54: 251–266

Mauser J, Peschke K (1986): Vergleich männlicher „mate-guarding"-Strategien bei *Blaps*-Arten (Coleoptera: Tenebrionidae). Verh Dtsch Zool Ges 79: 179

Mauss V, Treiber R, Schmid-Egger C (2004): Bestimmungsschlüssel für die Faltenwespen (Hymenoptera: Masarinae, Polistinae, Vespinae) der Bundesrepublik Deutschland. DJN (Deutscher Jugendbund für Naturbeobachtung), Hamburg

Mazur S (1981): Histeridae: Fauna Polski, Gnilikowate (Insecta: Histeridae). Polska Akad Nauk, Warschau

Mazur S (1984): A world catalogue of Histeridae. Polsk Pismo Entomol 54: 1–379

McAlpine (2007): Review of the Borboroidini or wombat flies (Diptera: Heteromyzidae), with reconsideration of the status of families Heleomyzidae and Sphaeroceridae, and descripütions of femoral gland-baskets. Rec Austral Mus 59: 143–219

McAlpine JF, Peterson BV, Shewell GE, Teskey HJ, Vockeroth DM, Wood DM (Hrsg.) (1981): Manual of nearctic Diptera, Vol 1. Res Branch, Agric Canada, Monogr. 27

McAlpine JF, Peterson BV, Shewell GE, Teskey HJ, Vokkeroth DM, Wood DM (Hrsg.) (1987): Manual of nearctic Diptera, Vol 2. Res Branch, Agric Canada, Monogr 28

McKenna DD, Wild AL, Kanda K, Bellamy CL, Beutel RG, Caterino MS, Farnum CW, Hawks DC, Ivie MA, Jameson ML, Leschen RAB, Marvaldi AE, McHugh JV, Newton AF, Robertson JA, Thayer MK, Whiting MF, Lawrence JF, Ślipiński A, Maddison DR, Farrell BD (2015): The beetle tree of life reveals that Coleoptera survived end-Permian mass extinction to diversify during the Cretaceous terrestrial revolution. Syst Entomol 40: 835–880

Melber A (1983): Calluna-Samen als Nahrungsquelle für Laufkäfer in einer nordwestdeutschen Sandheide (Col: Carabidae). Zool Jb Syst 110: 87–95

Melber A, Schmidt G (1984): Das Sozialleben der Wanzen. Spektrum d Wiss 2: 110–121

Mellini E (1990): Sinossi di biologia dei Ditteri Larvevoridi. Boll Ist Entomol Univ Bologna 45: 1–38

Melzer H (o. J.): online auf https://lepiforum.org/wiki/page/Roeslerstammia_erxlebella (zuletzt abgerufen 2023)

Mengelkoch C, Wipking W, Neumann D (1993): Mögliche Ursachen für die zweijährigen Populationsdichteschwankungen bei alpinen Mohrenfaltern der Gattung *Erebia* (Lepidoptera, Satyridae). Verh Dtsch Zool Ges 86.1: 8

Menken SBJ, Herrebout WM, Wiebes JT (1992): Small ermine moths (*Yponomeuta*): their host relations and evolution. Ann Rev Entomol 37: 41–66

Menzel F (1999): Revision der paläaarktischen Trauermücken (Diptera, Sciaridae) unter besonderer Berücksichtigung der deutschen Fauna. Dissertation Lüneburg

Menzel JG, Schlumberger A (1991): Vibrationssignale bei *Camponotus floridanus*. Verh Dtsch Zool Ges 84: 475–476

Merritt RW, Wallace JB (1981): Fischende Insektenlarven. Spektrum d Wiss Juni: 60–69

Merz B, Roháček J (2005): The Western Palaearctic species of *Stenomicra* Coquillett (Diptera, Periscelididae, Stenomicrinae), with desciption of a new species of the subgenus *Podocera* Czerny. Rev. Suisse Zool. 112: 519–539

Messner B, Adis J (1994): Funktionsmorphologische Untersuchungen an den Plastronstrukturen der Arthropoden (im Druck). Verh Westd Entomol Tag 1993, Düsseldorf

Michener CD (1952): The Saturniidae (Lepidoptera) of the western hemisphere. Morphology, phylogeny, and classification. Bull Amer Mus Nat Hist 98: 335–502

Michener CD (2007): The Bees of the World. Baltimore

Mickoleit G (1971): Zur phylogenetischen und funktionellen Bedeutung der sogenannten Notalorgane der Mecoptera (Insecta, Mecoptera). Z Morph Tiere 69: 1–8

Mickoleit G (1973): Über den Ovipositor der Neuropteroidea und Coleoptera und seine phylogenetische Bedeutung (Insecta, Holometabola). Z Morph Tiere 74: 37–64

Mickoleit G, Mickoleit E (1976): Über die funktionelle Bedeutung der Tergalapophysen von *Boreus westwoodi* (Hagen) (Insecta, Mecoptera). Zoomorph 85: 157–164

Mickoleit G, Mickoleit E (1978): Zum Kopulationsverhalten des Mückenhaftes *Bittacus italicus* (Mecoptera: Bittacidae). Entomol Gen 5: 1–15

Mill PJ (1974): Respiration: aquatic insects. In: Rockstein M (Hrsg.): The Physiology of Insecta, Vol VI: 403–467. New York, London

Miller RM (1977): Ecology of Lauxaniidae (Diptera: Acalyptratae). Ann Natal Mus 23: 215–238

Miller KB, Bergsten J (2016): Diving beetles of the world – Systematics and Biology of the Dytiscidae. Baltimore

Milne LJ, Milne M (1976): The social behavior of burying beetles. Scientific Am. 235: 84–89

Minet J (1986): Ébauche dune classification moderne de l'ordre des Lépidoptères. Alexanor 14: 291–313

Minet J (1991): Tentative reconstruction of the ditrysian phylogeny. Entomol Scand 22: 69–95

Minet J (1994): The Bombycoidea: phylogeny and higher classification (Lepidoptera: Glossata). Entomol Scand 25: 63–88

Minks AK, Harrewijn P (Hrsg.) (1987): Aphids: their biology, natural enemies and control. Vol A. Amsterdam

Minks AK, Harrewijn P (Hrsg.) (1988): Aphids: their biology, natural enemies and control. Vol B. Amsterdam

Minks AK, Harrewijn P (Hrsg.) (1989): Aphids: their biology, natural enemies and control. Vol C. Amsterdam

Misof B et al. (2014): Phylogenomics resolves the timing and pattern of insect evolution. Science 346: 763–767

Mitis H v (1936): Zur Biologie der Corixiden. Stridulation. Z Morph Ökol Tiere 30: 479–495

Mitra A (2013): Function of the Dufour's gland in solitary and social Hymenoptera. J Hymenoptera Res 35: 33–58

Mitter C, Dacis DR, Cummings MP (2017): Phylogeny and evolution of Lepidoptera. Ann Rev Entomol 62: 265–283

Möller G, Prasse R (1991): Faunistische Mitteilungen zum Vorkommen der Ameisengrille (*Myrmecophilus acervorum* Panzer 1799) im Berliner Raum. Articulata 6: 49–51

Moritz G (2006): Thripse. Neue Brehm Bücherei 663. Hohenwarsleben

Moritz RFA, Southwick EE (Hrsg.) (1992): Bees as superorganisms. An evolutionary reality. Berlin

Mörtter R (1994): Thyatirinae (Eulenspinner). In: Ebert G, Rennwald E (Hrsg.): Die Schmetterlinge Baden-Württembergs. Bd. 4: Nachtfalter II. Stuttgart

Moulet J (1995): Hémiptères Coreoidea euro-meditérranéens. Faune de France 81. Paris

Mound A (2005): Thysanoptera: diversity and interactions. Ann Rev Entomol 50: 247–269

Moya RS de, Yoshizawa K, Walden KKO, Sweet AD, Dietrich CH, Johnson KP (2021): Phylogenomics of parasitic and nonparasitic lice (Insecta: Psocodea): Combining sequence data and exploring compositional bias solutions in next generation data sets. Syst Biol 70: 719–738

Mühlethaler R, Holziger WE, Nickel H, Wachmann E (2019): Die Zikaden Deutschlands, Österreichs und der Schweiz. Wiebelsheim

Müller FP (1956): Homoptera. In: Handbuch der Pflanzenkrankheiten, V(2), 3. Lfg. (5. Aufl.). Berlin, Hamburg

Müller FP (1972): Unterordnung Cicadina, Zikaden. In: Die Forstschädlinge Mitteleuropas, Bd. 1. Hamburg

Müller HJ (1955): Über Bau und Funktion des Legeapparates der Zikaden (Homoptera Cicadina). Z Morph Ökol Tiere 38: 534–629

Müller HJ (1959): Tageslänge als Regulator des Gestaltwandels bei Insekten. Umschau 59: 36–39

Müller JK (1986): Anpassungen zur otimalen Ressourcennutzung bei *Necrophorus vespilloides* (Col.: Silphidae). Verh Dtsch Zool Ges 79: 180

Müller JK, Eggert AK (1988): Biologie und Fortpflanzungsverhalten des Totengräbers *Necrophorus vespilloides*. Sitzber Ges Natf Fr Berl NF 28: 31–43

Müller JK, Eggert AK, Dressel J (1988): Intraspezifischer Brutparasitismus bei *Necrophorus vespilloides* (Coleoptera). Verh Dtsch Zool Ges 81: 351

Murray AM, Giller PS (1991): Life history and overwintering tactics of *Velia caprai* Tam. (Hemiptera, Veliidae) in Southern Ireland. Aquatic Insects 13: 229–243

Musso JJ (1983): Nutritive and ecological requirements of robber flies (Diptera: Brachycera: Asilidae). Entomol Gener 9: 35–50

Nachtigall W (1962): Zur Lokomotionsmechanik schwimmender Dipterenpuppen. Z Vergl Physiol 45: 463–474

Nässig W (1989): Wehrorgane und Wehrmechanismen bei Saturniidenraupen (Lepidoptera, Saturniidae). Verh Westd Entomol Tag 1988, 253–264

Nässig WA (1991): Biological observations and taxonomic notes on *Actias isabellae* (Graells) (Lepidoptera, Saturniidae). Nota Lepidopt 14: 131–143

Nässig WA, Thomas W (1991): Pheromonbiologische und faunistische Beobachtungen an vier *Grapholita*-Arten in Hessen (Lepidoptera, Tortricidae). Nachr Entomol Ver Apollo NF 12: 69–83

Nässig WA, Oberprieler RG, Duke NJ (1992): Preliminary observations on sound production in South African hawk moths. J Entomol Soc Sth Africa 55: 277–279

Nault LR, Rodriguez JG (Hrsg.) (1985): The leafhoppers and planthoppers. New York

Naumann CM (1988): Zur Evolution und adaptiven Bedeutung zweier unterschiedlicher Partnerfindungsstrategien bei *Zygaena trifolii* (Esper, 1783) (Insecta, Lepidoptera). Verh Dtsch Zool Ges 81: 257

Naumann H (1955): Der Gelbrandkäfer. Neue Brehm Bücherei 162. Wittenberg

Naumann ID (1991): The insects of Australia (2 ed.), Vol. 1–2. Melbourne

Naumann CM, Tarmann GM, Tremewan GW (1999): The western Palaearctic Zygenidae. Stenstrup

Neu PJ, Malicky H, Graf W, Schmidt-Kloiber A (2018): Distribution atlas of European Trichoptera. Harxheim

Neumann V (1985): Der Heldbock. Wittenberg

New T (1989): Planipennia. In: Handbuch der Zoologie IV(2), 2/ 30. Berlin

Nickel H (2003): The leafhoppers and planthoppers of Germany (Hemiptera, Auchenorrhyncha): Patterns and strategies in a highly diverse group of phytophagous insects. Sofia, Keltern

Niehuis M (2004): Die Prachtkäfer (Coleoptera: Buprestidae) in Rheinland-Pfalz und im Saarland. Fauna Flora Rheinland-Pfalz 31: 1–712.

Niehuis M (2013): Die Buntkäfer in Rheinland-Pfalz und im Saarland. Fauna Flora Rheinland-Pfalz 44: 1–684.

Nielsen ET (1967): Insekten auf Reisen. Berlin

Nieukerken EJ (1986): Systematics and phylogeny of holarctic genera of Nepticulidae (Lepidoptera, Heteroneura: Monotrysia). Zool Verh 236: 1–93

Nijhout HF (1991): The development and evolution of butterfly wing patterns. Washington, London

Nijhout HF, Wheeler DE (1982): Juvenile hormone and the physiological basis of insect polymorphism. Quart Rev Biol 57: 109–133

Nolte HW (1954): Käfer bedrohen den Raps. Neue Brehm Bücherei 124. Wittenberg

Normark BB (2003): The evolution of alternative genetic systems in insects. Ann Rev Entomol 48: 397–423

Nosek J (1973): The European Protura. Mus Hist Nat Genf, Genf

Novak I, Severa F (1983): Der Kosmos-Schmetterlingsführer. Stuttgart

Novotný V, Wilson MR (1997): Why are there no small species among xylem-sucking insects? Evol Ecol 11: 419–437

Ockenfels P, Naumann CM, Francke W (1993): Die Rolle von Blüteninhaltsstoffen und ihren Derivaten im Paarungsverhalten von *Zygaena trifolii* (Lepidoptera: Zygaenidae). Verh Dtsch Zool Ges 86.1: 266

Oehlke J (1974): Beiträge zur Insektenfauna der DDR: Hymenoptera – Scolioidea. Beitr Entomol, Berlin 24: 279–300

Oehlke J (1984): Beiträge zur Insektenfauna der DDR: Hymenoptera – Evanioidea, Stephanoidea, Trigonalidea (Insecta). Faun Abh Mus Naturk Dresden 11: 161–190

Ogden TH, Gattolliat JL, Sartori M, Staniczek AH, Soldán T, Whiting MF (2009): Towards a new paradigm in mayfly phylogeny (Ephemeroptera): combined analysis of morphological and molecular data. Syst Entomol 34: 616–634

Ohkuma M (2008): Symbioses of flagellates and prokaryotes in the gut of lower termites. In: Trends in Microbiology 16: 345–362.

Olbrich S, Liebisch A (1988): Untersuchungen zum Vorkommen und zum Befall mit Gnitzen (Diptera: Ceratopogonidae) bei Weiderindern in Norddeutschland. Mitt Dtsch Ges Allg Angew Entomol 6: 415–420

Oldroyd H (1964): The natural history of flies. London

Oldroyd H (1969): Tabanoidea and Asiloidea. Handb Ident British Insects 9(4). London

Oliver DR (1971): Life history of Chironomidae. Ann Rev Entomol 16: 211–230

Oman PW, Knight WJ, Nielson MW (1990): Leafhoppers (Cicadellidae): A bibliography, generic checklist and index to the world literature 1956–1985. Wallingford

Oosterbroek P (2006): The European families of the Diptera. Utrecht

Osten T (1988): Die Mundwerkzeuge von *Proscolia spectator* Day (Hymenoptera, Aculeata). Ein Beitrag zur Phylogenie der „Scolioidea". Stuttgarter Beitr Naturk, A, 414: 1–30

Osten T (1991): Dagger wasps. An illustrated key to the Scoliidae of Europe. Margraf

Paclt J (1956): Biologie der primär flügellosen Insekten. Jena

Palissa A (1964): Apterygota – Urinsekten. In: Die Tierwelt Mitteleuropas IV, 1–407. Leipzig

Palm E (1986): Nordeuropas Pyralider. Kopenhagen

Palm E (1989): Nordens Prydvinger (Lepidoptera: Oecophoridae). Kopenhagen

Palmer JM, Mound LA, Heaume GJ du (1989): Thysanoptera. In: Betts CR (Hrsg.): IIE Guides to insects of importance to man, Vol 2. Wallingford

Pape T (1996): Catalogue of the Scatophagidae of the world. Memoirs on Entomology 8, 1–557

Papp L, Darvas B (Hrsg.) (1997–2000): Contributions to a Manual of Palaearctic Diptera. 3 Bd. Budapest

Papp L, Ozerov A (1998): Family Acartophthalmidae. In: Papp L, Darvas B (Hrsg.): Contributions to a manual of Palaearctic Diptera, Bd. 3: 227–232.

Parent O (1938): Diptères Dolichopodidae. Faune de France 35. Paris

Parmentier T, Dekoninck W, Wenseleers T (2014): A highly diverse microcosm in a hostile world: a review of the associates of red wood ants (*Formica rufa* group). Ins Soc 61: 229–237.

Pass G, Szuczich NU (2011): 100 years of research on the Protura: many secrets still retained. Soil Organisms 83, 309–334

Passoa S (1988): Systematic positions of *Acentaria ephemerella* (Denis & Schiffermüller), Nymphulinae, and Schoeniobiinae based on morphology of immature stages (Pyralidae). J Lepid Soc 42: 247–262

Pasteels JM, Deneubourg JL (Hrsg.) (1987): From individual to collective behavior in social insects. Experientia Suppl Vol 54. Basel, Stuttgart

Paulian R (1988): Biologie des Coléoptères. Paris

Péricart J (1972): Hémiptères Anthocoridae, Cimicidae et Microphysidae. Faune de l'Europe et du Bassin Méditerranéen 7. Paris

Péricart J (1983): Hémiptères Tingidae Euro-Méditerranéens. Faune de France 69. Paris

Péricart J (1984): Hémiptères Berytidae Euro-Mediterranéens. Faune de France 70. Paris

Péricart J (1987): Hémiptères Nabidae d'Europe occidental et du Maghreb. Faune de France 71. Paris

Péricart J (1990): Hémiptères Saldidae et Leptopodidae d'Europe occidental et du Maghreb. Faune de France 77. Paris

Péricart J, Polhemus JT (1990): Un appareil stridulatoire chez les Leptopodidae de l'Ancien Monde (Heteroptera). Ann Soc Entomol Fr 26: 9–17

Peschke K, Hubert M (1988): Weibchenbewachung zur Sicherung des männlichen Fortpflanzungserfolges bei aasbewohnenden Aleochara-Arten (Coleoptera: Staphylinidae). Mitt Dtsch Ges Allg Angew Entomol 6: 62–69

Pesson P (1951a): Ordre des Homoptères. In: Grassé PP (Hrsg.): Traité de Zoologie Bd X/ 2. Paris

Pesson P (1951b): Ordre des Thysanoptères. In: Grassé PP (Hrsg.): Traité de Zoologie Bd X/ 2. Paris

Peters G (1987): Die Edellibellen Europas. Neue Brehm Bücherei Bd. 585. Wittenberg

Peters RS, Krogmann L, Mayer C, Donath A, Gunkel S, Meusemann K, Kozlov A, Podsiadlowski L, Petersen M, Lanfear R, Diez PA, Heraty J, Kjer KM, Klopfstein S, Meier R, Polidori C, Schmitt T, Liu S, Zhou X, Wappler T, Rust J, Misof B, Niehuis O (2017): Evolutionary history of the Hymenoptera. Curr Biol 27: 1013–1018

Peus F (1938): Die Flöhe. Bau, Kennzeichen und Lebensweise. Leipzig

Peus F (1951): Neue Brehm Bücherei 22. Wittenberg

Peus F (1953): Flöhe. Neue Brehm Bücherei 98. Wittenberg

Pfletschinger H (1969): Die Kamera allein machts nicht. Kosmos 65: 16–21

Pierce MP (2019): The ecological and evolutionary importance of nectar-secreting galls. Ecosphere 10: 1–19

Pierce NE (1989): Butterfly-ant-mutualisms. In: Grubb PJ, Whittaker J (Hrsg.): Towards a more exact ecology. pp 299–324. Oxford

Pinder LCV (1986): Biology of freshwater Chironomidae. Ann Rev Entomol 31: 1–23

Piotrowski F (1992): Anoplura (echte Läuse). In: Handbuch der Zoologie IV(2), 2/ 32. Berlin

Pitsch T (1993): Zur Larvaltaxonomie, Faunistik und Ökologie mitteleuropäischer Fließwasser-Köcherfliegen (Insecta: Trichoptera). Berlin

Pittaway AR (1993): The hawkmoths of the western Palearctic. Colchester/London

Pix W, Nalbach G, Zeil J (1993): Strepsipteran forewings are haltere-like organs of equilibrium. Naturwiss 80: 371–374

Plateaux-Quénu C (1972): La biologie des abeilles primitives. – Les grandes problèmes de la Biologie, Monographie 11. Paris

PN-SBN (Pro Natura – Schweizerischer Bund für Naturschutz, Hrsg.) (1997): Schmetterlinge und ihre Lebensräume. Arten, Gefährdung, Schutz. Bd. 2 Egg

Pollet M, Grootaert P (1987): Ecological data on Dolichopodidae (Diptera) from a woodland ecosystem. Bull Kon Belg Inst Nat Entomol 57: 173–186

Pollock DA (1991): Natural history, classification, reconstructed phylogeny, and geographic history of *Pytho* Latreille (Coleoptera: Heteromera: Pythidae). Mem Entomol Soc Canada 154: 1–104

Pompon J, Quiring D, Goyer C, Giordanengo P, Pelletier Y (2011): A phloem-sap feeder mixes phloem and xylem sap to regulate osmotic potential. J Ins Physiol 57: 1317–1322.

Poole RW (1989): Noctuidae. In: Heppner JB (Hrsg.): Lepidopterorum catalogus (new series) 118

Postner M (1974): Platypodidae, Kernkäfer. In: Die Forstschädlinge Mitteleuropas, Bd. 2. Hamburg

Postner M (1982): Nematocera, Mücken. In: Die Forstschädlinge Mitteleuropas, Bd. 4. Hamburg

Potapow M (2001): Synopses on Palaearctic Collembola. Vol. 3: Isotomidae. Abh Ber Naturkundemuseum Görlitz 73. Görlitz

Price PW (1984): Insect ecology. New York

Prinz J, Naumann CM (1988): Optische Parameter bei der Partnerfindung von *Zygaena trifolii* (Esper, 1783) (Insecta, Lepidoptera). Verh Dtsch Zool Ges 81: 258

Procházka J, Schlaghamersky J (2018): The first record of the rare beetle *Phloeostichus denticollis* W. Redtenbacher, 1842 (Coleoptera, Phloeostichidae) from the Bohemian Forest with a note on the biology of the species. Silva Gabreta 24: 251–256

Prpic-Schäper NM (2010): Die Florfliegenwespen Deutschlands (Insecta: Hymenoptera: Heloridae). Hefte Tierwelt Deutschlands 1

Prys-Jones OE, Corbet SA (1987): Cambridge University Press. Bumblebees, Cambridge

Pschorn-Walcher H (1982): Symphyta, Pflanzenwespen. In: Die Forstschädlinge Mitteleuropas, Bd. 4. Hamburg

Pukowski E (1933): Ökologische Untersuchungen an *Necrophorus* F. Z Morph Ökol Tiere 27: 518–586

Pütz A (1991): Beiträge zur Insektenfauna der DDR: Coleoptera-Limnichidae. Beitr Entomol Berlin 41: 375–381

Quicke DLJ (2015): The braconid and ichneumonid parasitic wasps: biology, systematics, evolution and ecology. Oxford

Quinlan J, Gauld ID (1981): Symphyta (except Tenthredinidae) Hymenoptera. Handb Ident British Insects 6(2a): 1–67. London

Rahn H, Paginelli CV (1968): Gas exchange in gas gills of diving insects. Resp Physiol 5: 145–164

Raman A, Schaefer CW, Withers TM (2005): Biology, ecology, and evolution of gall-inducing arthropods. 2 Bd. Enfield

Rasnitsyn AP, Quicke DLJ (Hrsg.) (2002): History of insects. Dordrecht

Rathmayer W. (1969): Wespen. In: Grzimek B (Hrsg.): Grzimeks Tierleben, Bd 2. Zürich

Ratzel U (1994): Drepaninae (Sichelflügler). In: Ebert G, Rennwald E (Hrsg.): Die Schmetterlinge Baden-Württembergs. Bd. 4: Nachtfalter II. Stuttgart

Razowski J (1989): The genera of Tortricidae (Lepidoptera), part II: Palaearctic Olethreutinae. Acta Zool Cracov 32: 107–328

Razowski J (2001): Die Tortriciden Mitteleuropas (Lepidoptera, Tortricidae). Bratislava

Razowski J (2008–2009): Tortricidae of the Palaearctic Region. Bd. 1: General Part and Tortricini. Bd. 2: Cochylini. Bratislava

Rehfeld K (1988): Nematoden des Kuhfladens: die Bedeutung phoretischer Beziehungen zu Insekten. Verh Dtsch Zool Ges 81: 188–189

Reichwald H (1989): Das Verhalten der Getreideblattläuse gegenüber Farben. Mitt Dtsch Ges Allg Angew Entomol 7: 171–174

Reitter E (1908–1916): Fauna germanica. Stuttgart

Remane R (1987): Zum Artenbestand der Zikaden (Homoptera: Auchenorrhyncha) auf dem Mainzer Sand. Mainzer Naturw Arch 25: 273–349

Remane R, Reimer H (1989): Im NSG „Rotes Moor" durch Wanzen (Heteroptera) und Zikaden (Homoptera, Auchenorrhyncha) genutzte und ungenutzte „ökologische Lizenzen". Telma Beih 2: 149–172

Remane R, Wachmann E (1993): Zikaden kennenlernen – beobachten. Augsburg

Renner M, Storch V, Welsch U (1991): Kükenthals Leitfaden für das Zoologische Praktikum. Stuttgart

Rheinheimer J, Hassler M (2010): Die Rüsselkäfer Baden-Württembergs. Karlsruhe

Rheinheimer J, Hassler M (2018): Die Blattkäfer Baden-Württembergs. Karlsruhe

Ries E (1931): Die Symbiose der Läuse und Federlinge. Z Morph Ökol Tiere 20: 233–367

Rietschel P (1961): Bau, Funktion und Entwicklung der Haftorgane der Blepharoceridenlarven. Z Morph Ökol Tiere 50: 239–265

Rietschel P (1969): Eintagsfliegen und Steinfliegen; Libellen; Geradflügler; Schaben und Fangschrecken; Läuseverwandte; Schnabelkerfe; Mücken und Fliegen. In: Grzimek B (Hrsg.): Grzimeks Tierleben, Bd 2. Zürich

Rietschel S (1987): Autotomie des Pronotum bei Buckelzirpen (Homoptera: Membracidae). Entomol Gener 12: 209–220

Ritchie MG (1991): Female preferences for ‚song races' of *Ephippiger ephippiger* (Orthoptera: Tettigoniidae). Anim Behav 42: 518–520

Robert PA (1959): Die Libellen. Naturkundl. K + F-Taschenbücher, Bd. IV. Bern

Robinson AS, Hooper G (Hrsg.) (1989): Fruit flies. Their biology, natural enemies and control. World crop pests, 3(A), 3(B). Amsterdam

Röder G (1990): Biologie der Schwebfliegen Deutschlands (Diptera: Syrphidae). Keltern-Weiler

Roelofs WL, Brown RL (1982): Pheromones and evolutionary relationships of Tortricidae. Ann Rev Ecol Syst 13: 395–422

Roer H (1988): Zum Freilandauftreten und Flugverhalten des Hausbocks *Hylotrupes bajulus* L. (Col.: Cerambycidae) in einem rheinischen Kiefernbestand. Mitt Dtsch Ges Allg Angew Entomol 6: 343–346

Roháček J (2006): A monograph of Palaearctic Anthomyzidae (Diptera). Part 1. Čas. Slez. Muz. Opava (A) 55, suppl. 1: 1–328

Roháček J (2009): A monograph of Palaearctic Anthomyzidae (Diptera). Part 2. Čas. Slez. Muz. Opava (A) 58, suppl. 1: 1–180

Roháček J (2016): Strongylophthalmidae, Tanypezidae and Megamerinidae (Diptera) in the Czech Republic and Slovakia: current state of knowledge. Acta Mus Siles Sci Natur 65: 1–13

Ronkay G, Ronkay L, Speidel W, Witt T (2012): Noctuidae Europaeae. Vol 13: Lymantriinae and Arctiinae. Sorö

Roques A, Skrzypczyńska M (2003): Seed-infesting chalcids of the genus *Megastigmus* Dalman, 1820 (Hymenoptera, Torymidae) native and introduced to the West Palearctic region: taxonomy, host specifity and distribution. J Nat Hist 37: 127–238

Roques A, Raimbault JP, Delplanque A (1984): Les Diptères Anthomyiidae du genre *Lasiomma* Stein. ravageurs des cônes et graines de Mélèze d'Europe (*Larix decidua* Mill.) en France. II. Cycles biologiques et dégâts. Z angew Entomol 98: 350–267

Rosen D, Bach P de (1979): Species of *Aphytis* of the world (Hymenoptera, Aphelinidae). Series Entomologica Vol. 17. The Hague

Ross H, Hedicke H (1927): Die Pflanzengallen Mittel- und Nordeuropas. Jena

Ross KG, Matthews RW (1991): The social biology of wasps. Ithaca

Rotheray GE (1989): Aphid-predators. Naturalist's handbooks 11. Richmond

Rotheray GE, Horsfield D (2013): Development sites and early stages of eleven species of Clusiidae (Diptera) occuring in Europe. Zootaxa 3619: 401–427

Rothmeier G, Jäch MA (1986): Spercheidae, the only filter-feeders among Coleoptera. Proc 3. Eur Congr Entomol 58, suppl. 1: 1–180

Rougeot PC, Viette P (1983): Die Nachtfalter Europas und Nordafrikas. I. Schwärmer und Spinner (1. Teil). Keltern

Rozkošný, R (1998): Family Phaeomyiidae. In: Papp Darvas B (Hrsg.): Contributions to a Manual of Palaearctic Diptera. Bd. 3: 377–382.

Rucker W (1991): Scavenger beetles. An illustrated key to the Latridiidae of Europe. Margraf

Rudolf K (1982): Beiträge zur Insektenfauna der DDR. Coleoptera – Elateridae. Faun Abh Staatl Mus Tierkde Dresden 10,1. Dresden

Rudolph D (1983): The water vapour uptake system of the Phthiraptera. J Ins Physiol 29: 15–25

de Ruiter L de (1956): Countershading in caterpillars. Arch Néerl Zool 11: 285–341

Rupp L (1989): Die mitteleuropäischen Arten der Gattung *Volucella* (Diptera, Syrphidae) als Kommensalen und Parasitoide in den Nestern von Hummeln und sozialen Wespen. Dissertation Freiburg

Rupprecht R (1976): Struktur und Funktion der Bauchblase und des Hammers v on Plecopteren. Zool Jb Anat 95: 9–80

Rupprecht R (1982): Drumming signals of Danish Plecoptera. Aquatic Insects 4: 93–103

Rusek J (1998): Biodiversity of Collembola and their functional role in the ecosystem. Biodiv Conserv 7: 1207–1219

Sakagami SF (1974): Sozialstruktur und Polymorphismus bei Furchen- und Schmalbienen. In: Schmidt GH (Hrsg.): Sozialpolymorphismus bei Insekten, pp 257–297. Stuttgart

Sann M, Niehuis O, Peters RS, Mayer C, Kozlov A, Podsiadlowski L, Bank S, Meusemann K, Misof B, Bleidorn C, Ohl M (2018): Phylogenetic analysis of Apoidea sheds new light on the sister group of bees. BMC Evol Biol 18: 71–85

Sato M (1991): Comparative morphology of the mouthparts of the family Dolichopodidae (Diptera). Insecta Matsum (NS) 45: 49–75

Sattler K, Tremewan WG (1978): A supplemetary catalogue of the family-group and genus-group names of the Coleophoridae (Lepidoptera). Bull Brit Mus (Nat Hist) 37: 73–96

Sauer CP (1966): Ein Eskimo unter den Insekten: Der Winterhaft *Boreus westwoodi*. Mikrokosmos 55: 117–120

Sauer KP, Lubjuhn T, Sindern J, Kullmann H, Kurtz J, Epplen C, Epplen JT (1998): Mating system and sexual selection in *Panorpa*-scorpionflies. Naturwiss 85: 2019–228

Saunders LG (1928): Some marine insects of the Pacific coast of Canada. Ann entomol Soc Amer 21: 521–545

Schaefer M, Scheu S (Hrsg.) (2025): Brohmer – Die Fauna Deutschlands und angrenzender Länder: Ein Bestimmungsbuch unser heimischen Tierwelt (26. Aufl.). Wiebelsheim

Schaller F (1954): Forsch. u. Fortschr. 28: 321

Schaller F (1958): Forsch. u. Fortschr. 32: 200

Schaller F (1962): Die Unterwelt des Tierreiches. Berlin

Schaller F (1964): Das Paarungsverhalten der Bodentiere. Naturw Rdsch 17: 384–391

Schaller F (1969): Urinsekten. In: Grzimek B (Hrsg.): Grzimeks Tierleben, Bd. 2. Zürich

Schaller F (1970): Collembola. In: Handbuch der Zoologie IV(2), 2/1. Berlin

Schaller F (1992): *Isotoma saltans* und *Cryptopygus antarcticus*, Lebenskünstler unter Extrembedingungen (Collembola: Isotomidae). Entomol Gener 17: 161–167

Schawaller W (1991): Carrion beetles. An Illustrated key to the Silphidae of Europe. Margraf

Schedl W (1991): Hymenoptera: Unterordnung Symphyta. In: Handbuch der Zoologie, IV(2), 2/31. Berlin

Scheerpeltz O (1959): Der Maikäfer. Neue Brehm Bücherei 16. Wittenberg

Schelvis J, Siepel H (1988): Larval food spectra of *Pterostichus oblongopunctatus* and *P. rhaeticus* in the field (Coleoptera: Carabidae). Entomol Gener 13: 61–66

Scherney F (1959): Unsere Laufkäfer. Neue Brehm Bücherei 245. Wittenberg

Scheuchl E, Willner W (2016): Taschenlexikon der Wildbienen Mitteleuropas der Alpen. Alle Arten im Porträt. Wiebelsheim

Schildknecht H (1970): Die Wehrchemie von Land- und Wasserkäfern. Angew. Chemie 82: 17–25

Schimitschek E (1955): Die Bestimmung von Insektenschäden im Walde. Hamburg

Schimitschek E (1968): Insekten als Nahrung, in Brauchtum, Kult und Kultur. In: Handbuch der Zoologie IV(2) 1/10. Berlin

Schlick-Steiner BC, Steiner FM, Konrad H, Seifert B, Christian E, Moder K, Stauffer C, Crozier RH (2008): Specificity and transmission mosaic of ant nest-wall fungi. PNAS 105: 940–943

Schmid J (2019): Kleinschmetterlinge der Alpen. Verbreitung, Lebensraum, Biologie. Bern

Schmid-Egger C (2004): Bestimmungsschlüssel für die deutschen Arten der solitären Faltenwespen (Hymenoptera: Eumeninae) (überarb. Aufl.). DJN (Deutscher Jugendbund für Naturbeobachtung), Hamburg

Schmid-Egger C, Petersen B (1993): Taxonomie, Verbreitung, Bestandessituation und Bestimmungsschlüssel für die deutschen Arten der Gattung *Smicromyrme* (Hymenoptera, Mutillidae). NachrBl Bayer Entomol 42: 46–56

Schmid-Egger C, Wolf H (1992): Die Wegwespen Baden-Württembergs (Hymenoptera, Pompilidae). Veröff Natursch Landsch.pfl Bad-Württ 67: 267–370

Schmidt E (1987): Generic reclassification of some west-palaearctic Odonata taxa in view of their nearctic affinities (Anisoptera: Gomphidae). Adv Odonatol 3: 135–145

Schmidt GH (1988): Das Eigelege des Kiefernprozessionsspinners *Thaumetopoea pityocampa* Schiff. – Struktur, Larvenschlupf und Parasitierung in Südgriechenland. Mitt Dtsch Ges Allg Angew Entomol 6: 323–337

Schmidt GH (1990a): Wirtspflanzen, Fraßverhalten und Raupenentwicklung des Kiefernprozessionsspinners *Thaumetopoea pityocampa* (Den. & Schiff.) (Lepidoptera: Thaumetopoeidae) aus Südgriechenland. Mitt Dtsch Ges Allg Angew Entomol 7: 353–363

Schmidt GH (1990b): Verbreitung der *Leptophyes*-Arten (Saltatoria; Tettigoniidae) in Mittel- und Nordwesteuropa. Braunschw Naturw Schr 3: 841–852

Schmidt K (1979): Zur Kenntnis der Gasteruptionidae Badens (Hymenoptera, Evanioidea). Beitr Naturk Forsch Südw Ds 38: 117–123

Schmidt K, Schmid-Egger C (1991): Faunistik und Ökologie der solitären Faltenwespen (Eumenidae) Baden-Württembergs. Veröff Natursch Landsch.pfl. Bad-Württ 66: 495–541.

Schmidt GH, Krempien W, Johannes B (1987): Zur Struktur und Funktion der prothorakalen Hautdrüse von *Acrotylus patruelis* (H.-S.) (Saltatoria: Acrididae). Mitt Dtsch Ges Allg Angew Entomol 5: 53–57

Schmuck R (1987): Aggregation behavior of the fire bug, *Pyrrhocoris apterus*, with special reference to its assembling scent (Heteroptera: Pyrrhocoridae). Entomol Gener 12: 155–169

Schmutterer H (1972): Coccidae (Lecaniidae), Napfschildläuse. In: Die Forstschädlinge Mitteleuropas, Bd. 1. Hamburg

Schmutterer H (2008): Die Schildläuse und ihre natürlichen Antagonisten. Neue Brehm Bücherei 666. Hohenwarsleben

Schneider D (1983): Kommunikation durch chemische Signale bei Insekten: alte und neue Beispiele von Lepidopteren. Verh Dtsch Zool Ges 1983, 5–16

Schneider G (1953): Die Halteren der Schmeißfliege (*Calliphora*) als Sinnesorgane und als mechanische Flugstabilisatoren. Z vergl Physiol 35: 416–458

Schneider I (1987): Verbreitung, Pilzübertragung und Brutsystem des Ambrosiakäfers *Xyleborus affinis* im Vergleich mit *X. mascarensis* (Coleoptera: Scolytidae). Entomol Gener 12: 267–275

Schneider P, Schubert M (1987): Verhalten von Insekten auf Blüten. Mitt Dtsch Ges Allg Angew Entomol 5: 27–30

Schneider-Orelli O (1947): Entomologisches Praktikum. Aarau

Scholtz CH (1990): Phylogenetic trends in the Scarabaeoidea (Coleoptera). J Nat Hist 24: 1027–1066

Schoorl JW (1990): A phylogenetic study on Cossidae (Lepidoptera: Ditrysia) based on external morphology. Zool Verhandel Leiden 263: 1–295

Schorr H (1957): Zur Verhaltensbiologie und Symbiose von *Brachypelta aterrima* Först. (Cydnidae, Heteroptera). Z Morph Ökol Tiere 45: 561–602

Schremmer F (1957): Singzikaden. Neue Brehm Bücherei 193. Wittenberg

Schremmer F (1962): Wespen und Hornissen. Neue Brehm Bücherei 298. Wittenberg

Schremmer F (1978): Zur Bionomie und Morphologie der myrmekophilen Raupe und Puppe der neotropischen Tagfalter-Art *Hameariserostratus* (Lepidoptera: Riodinidae). Entomol Germ 4: 113–121

Schroth M, Maschwitz U (1984): Zur Larvalbiologie und Wirtsfindung von *Maculina teleius* (Lepidoptera: Lycaenidae), eines Parasiten von *Myrmica laevinodis* (Hymenoptera: Formicidae). Entomol Gener 9: 225–230

Schuh RT, Slater JA (1995): Thrue bugs of the world (Hemiptera, Heteroptera) – classification and natural history. Ithaca, London

Schulte F (1985): Eidonomie, Ethökologie und Larvalsystematik dungbewohnender *Cercyon*-Species (Coleoptera: Hydrophilidae). Entomol Gener 11: 47–55

Schulze P (1922ff): Biologie der Tiere Deutschlands. Berlin

Schumann H (1969): Phthiraptera, Siphonaptera, Diptera. In: Urania Tierreich, Insekten; Frankfurt/ M., Zürich. Neue Aufl. 1994; Jena

Schumann H (1992): Systematische Gliederung der Ordnung Diptera mit besonderer Berücksichtigung der in Deutschland vorkommenden Familien. Dtsch Entomol Z, NF 39: 103–116

Schütze KT (1931): Die Biologie der Kleinschmetterlinge unter besonderer Berücksichtigung ihrer Nährpflanzen und Erscheinungszeiten. Frankfurt/ M.

Schweizerischer Bund f. Naturschutz (Hrsg.) (1987): Tagfalter und ihre Lebensräume. Egg, Zürich

Schwenke W (Hrsg.) (1972–1986): Die Forstschädlinge Mitteleuropas, Bde. 1–5. Hamburg

Schwenke W (1982): Bibionidae. In: Die Forstschädlinge Mitteleuropas, Bd. 4. Hamburg

Schwenke W (Hrsg.) (1972–1986b): Die Forstschädlinge Mitteleuropas, Bde. 1–5. Hamburg

Schwind R (1985): Sehen unter und über Wasser, Sehen von Wasser. Das Sehsystem eines Wasserinsekts. Naturwissenschaften 72: 343–352

Schwind R (1992): Reflexions-Polarisation: Ein Signal zur Erkennung des Habitats für hydrophile Insekten. Verh Dtsch Zool Ges 85.1: 42

Scoble MJ (1995): The Lepidoptera. Form, function and diversity. Natural History Museum Publications. Oxford

Sedlag U (1951): Hautflügler I. Neue Brehm Bücherei 47. Wittenberg

Sedlag U (1953): Urinsekten. Neue Brehm Bücherei 17. Wittenberg

Sedlag U (1959): Ichneumonidae. Neue Brehm Bücherei 242. Wittenberg

Séguy E (1950): La biologie des Diptères. Paris

Séguy E (1951a): Atlas des Diptères de France, Belgique, Suisse. 2 Bde. Boubée, Paris

Séguy E (1951b): Ordre des Diptères. In: Grassé PP (Hrsg.): Traité de Zoologie, X/ 1. Paris

Séguy E (1951c): Ordre des Siphonaptères. In: Grassé PP (Hrsg.): Traité de Zoologie, X/ 1. Paris

Seifert B (1996): Ameisen. Beobachten, bestimmen. Augsburg

Seifert B (2018): The Ants of Central and North Europe. Tauer

Seifert P, Wunderer H, Weber G (1988): Können die Ocellen bei Bibioiden-Männchen zur Flugstabilisierung beitragen? Eine Bewertung ihrer speziellen Morphologie. Verh Dtsch Zool Ges 81: 302

Seitz G (1992): Verbreitung und Ökologie der Kriebelmücken (Diptera: Simuliidae) in Niederbayern. Lauterbornia 11: 1–230

Sellenschlo U (1983a): Morphologie der Torymidae Imagines (Chalcidoidea, Hymenoptera). Neue Entomol Nachr 4: 19–23

Sellenschlo U (1983b): Die Larven der Torymidae – einer nicht ganz seltenen Gruppe der Erzwespen (Chalcidoidea, Hymenoptera). Neue Entomol Nachr 4: 24–28

Sellenschlo U (1989): Kopfdrüsen bei Erzwespenlarven – Schutzeinrichtungen gegen Mikroorganismen. Mikrokosmos 78: 146–148

Sellenschlo U (2021): Vorratsschädlinge und Hausungeziefer: Bestimmungstabellen für Mitteleuropa für eine natur- und umweltbewusste Bekämpfung. Heidelberg Berlin

Sellenschlo U, Tröger EJ (1993): Nachweise von Erzwespen der Unterfamilie Hybothoracinae (Hymenoptera: Chalcididae) in Deutschland als Parasitoide bei Netzflüglern (Neuroptera). Entomol Z 103: 207–210

Sendra A, Jiménez-Valverde A, Selfa J, Reboleira ASPS (2021): Diversity, ecology, distribution and biogeography of Diplura. Ins Conserv Diversity 14: 415–425

Service MW (1976): Mosquito ecology – field sampling methods. Applied Science Publ., Barking

Settele J, Steiner R, Reinhardt R, Feldmann R, Hermann G (2015): Schmetterlinge. Die Tagfalter Deutschlands (3. Aufl.). Stuttgart

Simmons LW (1986): Female choice in the field criket *Gryllus bimaculatus* (de Geer). Anim Behav 34: 1463–1470

Simmons LW (1991): Female choice and relatedness of mates in the field cricket, *Gryllus bimaculatus*. Anim Behav 41: 493–501

Skidmore P (1985): The biology of the Muscidae of the world. Dordrecht

Skou P (1986): The geometrid moths of North Europe. Entomograph Vol. 6, Leiden, Copenhagen

Skuhravá M, Skuhravý V (1963): Gallmücken und ihre Gallen auf Wildpflanzen. Neue Brehm Bücherei 314. Wittenberg

Skuhravá M, Skuhravý V (2021): The gall midges of Europe. Zeist

Slamka F (2010): Pyraloidea Mitteleuropas (Lepidoptera). Bratislava

Slamka F (2006–2019): Pyraloidea of Europe (Lepidoptera). Bd. 1–4. Bratislava

Smith KGV (1989): An introduction to the immature stages of British flies. Handb Ident British Insects 10: 1(14). London

Smith VS, Broom Y, Dalgleish L: Phthiraptera.info. [https://www.phthiraptera.myspecies.info] (zuletzt abgerufen 2022)

Sokoloff I (1974): The biology of *Tribolium*. Oxford

Sol R (1968): Leitz Mitteilg. 4, 129

Soluk DA, Craig DA (1988): Vortex feeding from pits in the sand: A unique method of suspension feeding used by a stream invertebrate. Limnol Oceanogr 33: 638–645

Song N, Li H, Song F, Cai W (2016): Molecular phylogeny of Polyneoptera (Insecta) inferred from expanded mitogenomic data. Sci Reports 6: 36175

Söntgen JM, Sengonca Ç (1988): Beobachtungen zum Auftreten von Parasitoiden des Apfelbaumglasflüglers, *Synanthedon myopaeformis* (Borkh.), in Nordrhein. Mitt Dtsch Ges Allg Angew Entomol 6: 262–266

Soós A, Papp L (Hrsg.) (1984–92): Catalogue of Palaearctic Diptera, Vol 1–12 (1984–1991). Hungarian Natural History Museum, Budapest (Vol 1, 1992); Amsterdam (Vol 2–12)

Sorauer P (Hrsg.) (1949–1957): Handbuch der Pflanzenkrankheiten (5. Aufl.). V(1), 2. Lfg. (1953): Trichoptera, Lepidoptera; V(2), 1. Lfg. (1953): Diptera, Hymenoptera; V(2), 2. Lfg. (1954): Coleoptera; V(2), 3. Lfg. (1956):

Heteroptera, Homoptera (1. Teil); V(2), 4. Lfg. (1957): Homoptera (2. Teil: Aphidoidea, Coccoidea). Berlin

Špatenka K, Gorbunov O, Laštuvka Z, Toševski I, Arita Y (1996): Die Futterpflanzen der paläarktischen Glasflügler (Lepidoptera: Sesiidae). Nachr. entomol. Ver. Apollo, Frankf./ M, N/ F, 17: 1–20

Speidel W (1984): Revision der Acentropinae des palaearctischen Faunengebietes (Lepidoptera, Crambidae). Neue Entomol Nachr 12: 1–157

Speidel W (1994): Hepialidae und Cossidae In: Ebert G, Rennwald E (Hrsg.): Die Schmetterlinge Baden-Württembergs. Bd. 3: Nachtfalter I. Stuttgart

Speight M, Wainhouse D (1989): Ecology and management of forest insects. Oxford

Spencer KA (1973): Agromyzidae (Diptera) of economic importance. Series Entomologica, Vol 9. The Hague

Spencer KA (1990): Host specialization in the world Agromyzidae (Diptera). Series Entomologica, Vol 45. Dordrecht

Staniczek A (2000): The mandible of silverfish (Insecta: Zygentoma) and mayflies (Ephemeroptera): Its morphology and phylogenetic significance. Zool Anz 239: 147–178

Stark RE (1989): Beobachtungen zur Nestgründung und Brutbiologie der Holzbiene *Xylocopa sulcatipes* Maa (Apoidea, Anthophoridae). Mitt Dtsch Ges Allg Angew Entomol 7: 252–256

Stary B (1990): Atlas der nützlichen Forstinsekten. Stuttgart

Steffan AW (1961): Die Stammes- und Siedlungsgeschichte des Artenkreises *Sacchiphantes viridis* Ratz. (Adelgidae, Aphidoidea). Zoologica 109: 1–113

Steffan AW (1972): Aphidina, Blattläuse. In: Die Forstschädlinge Mitteleuropas, Bd. 1. Hamburg

Steffan AW (1990): Courtship behaviour and possible pheromone spread by hindleg raising in sexual females of Aphids (Homoptera: Aphidinea). Entomol Gener 15: 33–49

Steffan J-R (1961): Comportement de *Lasiochalcidia igiliensis* Ms., chalcidide parasite de fourmilions. *Comptes-Rendus Acad Sci D* 253: 2401–2403.

Steffny H (1990): Ein Beitrag zur Faunistik und Ökologie der Glasflügler Südbadens (Lep., Sesiidae). Melanargia 2: 32–57

Steiner A (1994): Nolidae. In: Ebert G, Rennwald E (Hrsg.): Die Schmetterlinge Baden-Württembergs. Bd. 4: Nachtfalter II. Stuttgart

Steiner A, Ratzel U, Morten TJ, Fibiger M (2014): Die Nachtfalter Deutschlands. Ein Feldführer. Østermarie

Stelzl M (1990): Nahrungsanalytische Untersuchungen an Hemerobiiden-Imagines (Insecta, Planipennia). Mitt Dtsch Ges Allg Angew Entomol 7: 670–676

Sternberg K, Buchwald R (1999, 2000): Die Libellen Baden-Württembergs. 2 Bd. Stuttgart

Stiedl O, Kalmring K (1989): The importance of song and vibratory signals in the behaviour of the bushcriket *Ephippiger ephippiger* Fiebig (Orthoptera: Tettigoniidae): taxis by females. Oecologia 80: 142–144

Stireman JO, O'Hara JE, Wood DM (2006): Tachinidae: Evolution, Behavior, and Ecology. Ann Rev Entomol 51: 525–555

Stitz H (1931): In: Schulze P (Hrsg.): Biologie d. Tiere Deutschlands. Berlin

Stitz H (1939): Ameisen. In: Die Tierwelt Deutschlands, Bd 37. Jena

Stöckmann M, Biedermann R, Nickel H, Niedringhaus R (2012): The nymphs of the planthoppers and leafhoppers of Germany. Scheeßel

Strassen R zur (1969): Käfer. In: Grzimek B (Hrsg.): Grzimeks Tierleben, Bd. 2. Zürich

Strassen R zur (1986): Fremdländische Fransenflügler (Thysanoptera) in Gewächshäusern Mitteleuropas. Gesunde Pflanze 38: 91–98

Strassen R zur (1989): Was ist *Thrips palmi*? Ein neuer Quarantäneschädling in Europa. Gesunde Pflanze 41: 63–67

Strauss G, Niedrighaus R (2014): Die Wasserwanzen Deutschlands. Bestimmungsschlüssel für alle Nepo- und Gerromorpha Deutschlands. Scheeßel

Straw NA (1989): Taxonomy, attack strategies and host relations in flowerhead Tephritidae: a review. Ecol Entomol 14: 455–462

Strickberger MW (1962): Experiments in genetics with Drosophila. New York

Strohm EE, Linsenmair KE (1991): Allokation elterlicher Investition beim Bienenwolf *Philanthus triangulum* (Hymenoptera: Sphecidae). Verh Dtsch Zool Ges 84: 330–331

Stroot P, Tachet H, Dolédec S (1988): Les larves d'*Ecnomus tenellus* et d'*E. deceptor* (Trichoptera, Ecnomidae): identification, distribution, biologie et écologie. Bijd Dierkunde 58: 259–269

Strübing H (1956): *Neogonatopus ombrodes* Perkins (Hymenoptera-Dryinidae) als Parasit an *Macrosteles laevis* Rib. (Homoptera-Auchenorrhyncha). Zool. Beitr. N.F. 2: 145–158

Strübing H (1958): Schneeinsekten. Neue Brehm Bücherei 220. Wittenberg

Struller I (1988): Flügelsignale als Kommunikationssystem? Verhaltensuntersuchungen an *Urophora jaceana* (Diptera: Tephritidae). Mitt Dtsch Ges Allg Angew Entomol 6: 83–85

Strümpel H (1983): Homoptera (Pflanzensauger). In: Handbuch der Zoologie IV(2), 2/ 28. Berlin

Strümpel H (2010): Die Zikaden. Neue Brehm Bücherei 668. Hohenwarsleben

Struppe T, Iglisch I (1988): Das Vorkommen von *Culex torrentium* Martini 1924 im Stadtgebiet und seine Wirte. Mitt Dtsch Ges Allg Angew Entomol 6: 421–424

Stubbs AE, Chandler P (Hrsg.) (1978): A Dipterist's handbook. Amateur Entomologist 15. Hanworth

Stuckenberg BR (1973): The Athericidae, a new familiy in the lower Brachycera (Diptera). Ann Natal Mus 21: 649–673

Stumpp J (1990): Zur Ökologie einheimischer Proturen (Arthropoda: Insecta) in Fichtenforsten. Zool Beitr N.F. 33: 345–432

Sturm H (1955): Beiträge zur Ethologie einiger mitteldeutscher Machiliden. Z Tierpsychol 12: 337–363

Sturm H (1987): Zur Evolution des Paarungsverhaltens bei den Machiloidea (Archaeognatha, Insecta). Mitt Dtsch Ges Allg Angew Entomol 5: 104–107

Stys P, Jannson A (1988): Checklist of recent family-group and genus-group names of Nepomorpha (Heteroptera) of the world. Acta Entomol Fenn 50: 1–44

Stys P, Kerzhner I (1975): The rank and nomenclature of higher taxa in recent Heteroptera. Acta Entomol Bohemoslov 72: 65–79

Süffert F (1924): Morphologie und Optik der Schmetterlingsschuppen, insbesondere die Schillerfarben der Schmetterlinge. Z Morph Ökol Tiere 1: 171–308

Süffert F (1929): Morphologische Erscheinungsgruppen in der Flügelzeichnung der Schmetterlinge, insbesondere die Querbindenzeichnung. Arch Entw 120: 299–383

Süffert F (1932): Phänomene visueller Anpassung. Z Morph Ökol Tiere 26: 147–316

Sun X, Yu D, Xie Z, Dong J, Ding Y, Yao H, Greenslade P (2020): Phylomitogenomic analysis on collembolan higher taxa with enhanced taxon sampling and discussion on method selection. Plos One 15,4: 1–21

Sundermann A, Lohse S (2006): Bestimmungsschlüssel für die aquatischen Zweiflügler (Diptera) in Anlehnung an die Operationelle Taxaliste für Fließgewässer in Deutschland. Biebergemünd: Forschungsinstitut Senckenberg

Surlykke A, Gogala M (1986): Stridulation and hearing in the noctuid moth *Thecophora fovea* (Tr.). J Comp Physiol A 159: 267–273

Svácha P (1995): The larva of *Scraptia fuscula* (P. W. J. Müller) (Coleoptera: Scraptiidae): autotomy and regeneration of the caudal apendage. In: Pakaluk J, Ślipiński SA (Hrsg.): Biology, phylogeny, and classification of Coleoptera: Papers celebrating the 80th birthday of Roy A. Crowson. Muzeum i Instytut Zoologii PAN, Warschau: 473–489

Szwedo J (2002): Ulopidae of the Palaearctic – the state of the art (Hemiptera, Clypaeorrhyncha: Membracoidea). Denisia 04, N.F. 176: 249–262

Tamanini L (1979): Eterotteri acquatici. Cons. Naz. Ric. AQ/ 1/ 45

Theiss J, Streng R (1991): Mechanismus der Schallokalisierung bei Wasserzikaden. Verh Dtsch Zool Ges 84: 365–366

Theodor O, Oldroyd H (1964): Hippoboscidae. In: Lindner E (Hrsg.): Flieg palaearkt Reg 12: 1–70

Thibaud JM, Schulz HJ, da Gama Assalino MM (2004): Synopses on Palaearctic Collembola. Vol. 4: Hypogastruridae. Abh Ber Naturkundemuseum Görlitz 75. Görlitz

Thiele J (1994): Thyrididae. In: Ebert G, Rennwald E (Hrsg.): Die Schmetterlinge Baden-Württembergs. Bd. 3: Nachtfalter I. Stuttgart

Thieme T (2024): Blattläuse – Aphidoidea. Neue Brehm Bücherei 667. Magdeburg

Thienemann A (1954): *Chironomus*. In: Die Binnengewässer, Bd. 20. Stuttgart

Thompson RT (1958): Coleoptera – Phalacridae. Handbooks for the identification of British insects V, 5

Thornhill R (1976): Scorpioflies as kleptoparasites of web-building spiders. Nature 258: 709–711

Thornhill R (1980): Partnerwahl bei den Mückenhaften. Spektrum 8: 34–39

Thornhill R, Alcock J (1983): The evolution of insect mating systems. Cambridge, Mass

Thorpe WH (1936): On a new type of respiratory interrelation between an insect (chalcid parasite) and its host (Coccidae). Parasitology 28: 517–540

ThripsWiki (2022): Providing information on the World's thrips. [https://thrips.info/wiki/Main_Page] (zuletzt abgerufen 2022

Thum M (1988): Moorbewohnende Ameisen und eine Zwergzikadenart als Nutznießer beim europäischen Sonnentau. Verh Dtsch Zool Ges 81: 192

Tierno de Figueroa JM, López-Rodríguez MJ (2019): Trophic ecology of Plecoptera (Insecta): a review. Eur Zool J 86: 79–102

Timm T (1987): Dormanzformen bei Kriebelmücken unter besonderer Berücksichtigung des Ei-Stadiums (Diptera: Simuliidae). Entomol Gener 12: 133–142

Timm T (1988): Unterschiede in Habitatselektion und Eibiologie bei sympatrischen Kriebelmückenarten (Diptera, Simuliidae). Mitt Dtsch Ges Allg Angew Entomol 6: 156–158

Timm T, Rühm W (Hrsg.) (1993): Beiträge zur Taxonomie, Faunistik und Ökologie der Kriebelmücken in Mitteleuropa. Essener Ökologische Schriften, Bd. 2. Essen

Timokhov AV, Belokobylskij SA (2020): Review of the rare genus *Vanhornia* Crawford, 1909 (Hymenoptera, Proctotrupoidea, Vanhorniidae) with description of a new species from the Russian Far East. J Hymenoptera 79: 57–76

Tinbergen N, Meeuse BJD, Boerema LK, Varossieau WW (1943): Die Balz des Samtfalters, *Eumenis* (= *Satyrus*) *semele* (L.). Z. Tierpsychol. 5: 182–226.

Tittizer T, Frey D, Sommerhäuser M, Málnás K, Andrikovics S (2008): Versuche zur Wiederansiedlung der Eintagsfliegenart *Palingenia longicauda* (Olivier) in der Lippe. Lauterbornia 63: 57–75

Tkoč M, Tóthová A, Ståhls G, Chandler PJ, Vaňhara J (2016): Molecular phylogeny of flat-footed flies (Diptera: Platypezidae): main clades supported by new morphological evidence. Zool Scripta 46: 429–444

Tokár Z, Lvovsky A, Huemer P (2005): Die Oecophoridae s. l. (Lepidoptera) Mitteleuropas. Bratislava

Tokareva A, Solodovnikov A, Konstantinov F (2020): Immature stages and biology of the enigmatic oxyporine rove beetles, with new data on *Oxyporus* larvae from the Russian Far East (Coleoptera: Staphylinidae). Acta Entomol 60: 245–268

Tolman T, Lewington R (2012): Schmetterlinge Europas und Nordwestafrikas: Alle Tagfalter. Stuttgart

Top M, Fritsch D, Kononenko V (2023): Noctuidae Europea Essential. Østermarie

Topp W, Tasch P (1988): Anpassungserscheinungen von *Quedius ochripennis* Men. (Coleoptera Staphylinidae) an eine Entwicklung in Kleinsäugernestern. Verh Dtsch Zool Ges 81: 277

Traub B (1994): Sphingidae. In: Ebert G, Rennwald E (Hrsg.): Die Schmetterlinge Baden-Württembergs. Bd. 4: Nachtfalter II. Stuttgart

Trautner J (Hrsg.) (2017): Die Laufkäfer Baden-Württembergs. 2 Bd. Stuttgart

Trautner J, Geigenmüller K (1987): Tiger beetles and ground beetles. Illustrated key to the Cicindelidae and Carabidae of Europe. Aichtal

Triapitsyn SV (2005): Revision of *Ceranisus* and the related thrips-attacking entedonine genera (Hymenoptera: Eulophidae) of the world. Afr Invertebrates 46: 261–315

Triltsch H, Freier B, Möwes M (1996): Marienkäfer (Coleoptera, Coccinellidae) als Nützlinge in agrarischen Ökosystemen. Berlin

Tröger EJ (1986): Die Südliche Eichenschrecke, *Meconema meridionale* (Saltatoria: Ensifera: Meconematidae), erobert die Städte des Oberrhein. Entomol Zeitschr 96: 229–232

Tröster G (1990): Die Mandibel von *Hybophthirus notophallus* (Neumann) (Psocodea, Phthirpatera, Anoplura) und ihr Beitrag zum Verständnis der Evolution der Stechborsten der Anoplura. Mitt Dtsch Ges Allg Angew Ent 7: 479–486

Tschorsnig HP (1996): Parasitoide aus dem Eichenprozessionsspinner *Thaumetopoea processionea* (Linnaeus) (Lepidoptera: Thaumetopoeidae). Mitt Entomol Ver Stuttgart 31: 105–107

Tschuch G (1993): Sound production in mutillid wasps (Mutillidae, Hymenoptera). Bioacoustics 5: 123–129

Turillazzi S, West-Eberhard MJ (1996): Natural history and evolution of paper-wasps. Oxford

Ulmer G (1927): Trichoptera. In: Die Tierwelt Mitteleuropas VI/ 1. Leipzig

Ulmer JM, Mikó I, Deans AR, Krogmann L (2021): The Waterston's evaporatorium of Ceraphronidae (Ceraphronoidea, Hymenoptera): A morphological barcode to a cryptic taxon. J Hymenoptera Res 85:29–56

Ulrich H (1962): Generationswechsel und Geschlechtsbestimmung einer Gallmücke mit viviparen Larven. Zool Anz Suppl Bd 26: 139–152

Ulrich W (1927): Strepsiptera. In: Schulze P (Hrsg.): Biologie der Tiere Deutschlands. Berlin

Universal Chalcidoidea Database. Natural History Museum, London. [https://www.nhm.ac.uk/our-science/data/chalcidoids/database/indexValidName.dsml] (zuletzt abgerufen 2023)

Usinger RL (1966): Monograph of Cimicidae (Hemiptera – Heteroptera). Maryland: The Thomas Say Foundation

Väänänen S, Paukkunen J, Soon V, Budrys E (2018): Occurence and biology of *Pseudogonalcs hahnii* (Spinola, 1840) (Hymenoptera: Trigonalidae) in Fennoscandia and the Baltic states. Entomol Fennica 29: 86–96

Vane-Wright RI, Ackery PR (Hrsg.) (1984): The biology of butterflies. London

van Veen MP (2010): Hoverflies of Nortwest Europe (2. Aufl.). Zeist

Vidal S, Müller J, Schmidt S (2022): Critical checklist of the Chalcidoidea and Mymarommatoidea (Insecta, Hymenoptera). Biodiversity Data J 10: 1–134

Vilhelmsen L, Isidoro N, Romani R, Basibuyuk HH, Quicke DLJ (2001): Host location and oviposition in a basal group of parasitic wasps: the subgenual organ, ovipositor apparatus and associated structures in the Orussidae (Hymenoptera, Insecta). Zoomorph 121: 63–84

Villiers A (1978): Faune des Coléoptères de France I. Cerambycidae. Encyclopédie Entomologique XLII, I–XVII. Paris

Vinson SB (1985): The behavior of parasitoids. In: Kerkut GA, Gilbert LI (Hrsg.): Comprehensive insect physiology, biochemistry and pharmacology, Vol 9. Oxford

Vogel S (1978): Pilzmückenblumen als Pilzmimeten. Flora 167: 329–366 und 367–398

Vogel S (1986): Ölblumen und ölsammelnde Bienen. Stuttgart

Völkl W (1990): Fortpflanzungsstrategien bei Blattlausparasitoiden (Hymeoptera, Aphidiinae): Konsequenzen ihrer Interaktion mit Wirten und Ameisen. Dissertation Bayreuth

Waage J, Greathead D (1986): Insect parasitoids. London

Wachmann E, Saure C (1997): Netzflügler, Schlamm- und Kamelhalsfliegen – Beobachtung und Lebensweise. Augsburg

Wachmann E, Platen R, Barndt D (1995): Laufkäfer – Beobachtung, Lebensweise. Augsburg

Wachmann E, Selber A, Deckers J (2004–2008): Wanzen, Bd. 1–4. In: Die Tierwelt Deutschlands 78. Keltern

Wagener S (1988): What are the valid names for the two genetically different taxa currently included within *Pontia daplidice* (Linnaeus, 1758)?. Nota Lepid 11: 21–38

Wahis R (1986): Catalogue systématique et codagé des Hyménoptères Pompilides de la région ouest-européenne. Not Faun Gembloux 12: 1–91

Wahlberg E (2019): Revision and morphological analysis of the Ragadidae (Insecta, Diptera). Eur J Tax 521: 1–19

Wahlberg N, Snäll N, Viidalepp J, Ruohomäki K, Tamaaru T (2010): The evolution of female flightlessness among Ennominae of the Holarctic forest zone (Lepidoptera, Geometridae). Mol Phyl Evol 55: 929–938

Walker KA (1997): Aggregation, courtship, and behavioral interactions in European earwigs, *Forficula auricularia* L. (Dermaptera: Forficulidae). Thesis, Virginia

Waloff N, Jervins MA (1987): Communities of parasitoids associated with leafhoppers and planthoppers in Europe. Adv Ecol Res 17: 282–403

Walter G, Hudde H (1987): Die Gefiederfliege *Carnus hemapterus* (Milichiidae, Diptera), ein Ektoparasit der Nestlinge. J Ornith 128: 251–255

Wang QY, Li HH (2020): Phylogeny of the superfamily Gelechioidea (Lepidoptera, Obtectomera), with an explanatory application on geometric morphometrics. Zool Scripta 49: 307–328

Wang ZH, Huang J, Polaszek A (2016): The species of genus *Ablerus* Howard (Hymenoptera: Chalcidoidea: Azotidae) from China, with description of a new species. Florida Entomologist 99: 395–405

Ward D, Henschel JR (1992): Experimental evidence that a desert parasitoid keeps its host cool. Ethology 92: 135–142

Wartenberg N, Reinhard S, Nöllert A, Staniczek AH, Kupfer A (2017): Caddisfly larvae (Trichoptera: Phryganeidae) as scavengers of carcasses of the common frog *Rana temporaria* (Amphibia, Ranidae). Salamandra 53: 458–460

Wasmann E (1897): Zur Biologie der Lomechusa-Gruppe, Dt ent Z 39(2): 275–277

Wcislo WT (1993): Nest localisation and recognition in a solitary bee, *Lasioglossum(Dialictus)figueresi* Wcislo (Hymenoptera: Halictidae), in relation to sociality. Ethology 92: 108–123

Weber H (1930): Biologie der Hemipteren. Berlin

Weber H (1933): Lehrbuch der Entomologie. Jena

Weber H (1929–35): Hemiptera I–III. In: Schulze P (Hrsg.): Biologie der Tiere Deutschlands 31. Berlin

Weber H (1954): Grundriß der Insektenkunde. Stuttgart

Weber H (1958): Die Gottesanbeterin. Kosmos 54: 313–317

Wéber M (1975): Empididae – Táncoslegyek. Magyarország Allatvilága XIV (= Diptera I), 13 (= Fauna Hungariae 121). Akadémiai Kiadó, Budapest

Wéber M (1989): Dolichopodidae – Szúnyoglábú Legyek. – Magyarország Allatvilága XIV (= Diptera I), 14 (= Fauna Hungariae 164). Akadémiai Kiadó, Budapest

Weber H, Weidner H (1974): Grundriß der Insektenkunde. Stuttgart

Wedell N (1993): Mating effort or paternal investment? Incorporation rate and cost of male donations in the wartbiter. Behav Ecol Sociobiol 32: 239–246

Weidemann HJ (1995): Tagfalter beobachten, bestimmen. Augsburg

Weidemann HJ, Köhler J (1996): Nachtfalter. Spinner und Schwärmer. Augsburg

Weidner H (1970a): Isoptera (Termiten). In: Handbuch der Zoologie IV/ 2, 2/ 14. Berlin

Weidner H (1970b): Zoraptera (Bodenläuse). In: Handbuch der Zoologie IV/ 2, 2/ 15. Berlin

Weidner H (1972): Copeognatha (Psocodea). In: Handbuch der Zoologie IV/ 2, 2/ 16. Berlin

Weidner H (1994): Bestimmungstabellen der Vorratsschädlinge und des Hausungeziefers Mitteleuropas. Stuttgart

Weinberg M, Bächli G (1995): Diptera Asilidae. Genève

Weinreich W (1968): Über den Klebfangapparat der Imagines von *Stenus* Latr. (Coleoptera, Staphylinidae) mit einem Beitrag zur Kenntnis der Jugendstadien dieser Gattung. Z Morph Ökol Tiere 62: 162–210

Wellenstein G (1978): Lymantriidae, Trägspinner. In: Die Forstschädlinge Mitteleuropas, Bd. 1. Hamburg

Wenk P (1953): Der Kopf von *Ctenocephalus canis* (Curt.) (Aphaniptera). Zool. Jb. Anat. 73: 103–164

Wesenberg-Lund C (1943): Biologie der Süßwasserinsekten. Berlin

Westrich P (2019): Die Wildbienen Deutschlands (2. Aufl.). Stuttgart

Weyer F (1942): Bestimmungsschlüssel für die *Anopheles*-Weibchen und Larven in Europa, Nordafrika und Westasien. Leipzig

Wheeler WM (1960): Ants. New York

White IM (1988): Tephritid flies. Diptera: Tephritidae. Handb Ident British Insects 10(5a). London

White IM, Elson-Harris MM (1992): Fruit flies of economic significance: their identification and bionomics. Wallingford

Whitham TG (1969): Territorial behaviour of *Pemphigus* gall aphids. Nature (Lond.) 279: 324–325

Wichard W (1988): Die Köcherfliegen. Neue Brehm-Bücherei 512. Wittenberg

Wichard W, Komnick H (1973): Fine structure and function of the abdominal chloride epithelia in caddisfly larva. Z Zellforsch 136: 579–590

Wichard W, Komnick H, Abel JH (1972): Typology of Ephemerid chloride cells. Z Zellforsch 132: 533–551

Wichard W, Schmidt HH, Wagner R (1993): The semipermeability of pupal cocoon of *Rhyacophila* (Trichoptera: Spicipalpia). Proc 7th Int Symp Trichoptera, Umea 1992

Wichard W, Arens W, Eisenbeis G (2013): Atlas zur Biologie der Wasserinsekten. Stuttgart

Wickler W (1968): Mimikry. München

Wiebes JT (1979): Co-evolution of figs and their insect pollinators. Ann Rev Ecol Syst 10: 1–12

Wiesbauer H, Rosa P, Zettel H (2020): Die Goldwespen Mitteleuropas. Biologie, Lebensräume, Artenporträs-Artenporträts. Stuttgart

Wiggins GB (1997): The caddisfly family Phryganeidae (Trichoptera). Toronto

Wiggins GB, Wichard W (1989): Phylogeny of pupation in Trichoptera, with proposals on the origin and higher classification of the order. J N Am Benthol Soc 8: 260–276

Wildermuth H (1986a): Zur Habitatwahl und zur Verbreitung von *Somatochlora arctica* (Zetterstedt) in der Schweiz (Anisoptera: Corduliidae). Odonatologica 15: 185–202

Wildermuth H (1986b): Zur Verbreitung und Ökologie von *Orthetrum albistylum* Selys 1848 in der Schweiz (Odonata, Libellulidae). Mitt Entomol Ges Basel nF 36: 1–12

Wildermuth H, Martens A (2019): Die Libellen Europas. Wiebelsheim

Williams DD, Feltmate BW (1992): Aquatic insects. Wallingford

Wilson EO (1971): The insect societies. Cambridge, Mass

Winston M (1991): The biology of the honey bee. Cambridge, Mass

Winterton SL, Lemmon AR, Gillung JP, Garzon IJ, Badano D, Bakkes DK, Breitkreuz LCV, Engel MS, Lemmon EM, Liu X, Machado RJP, Skevington JH, Oswald JD (2018): Evolution of lacewings and allied orders using anchored phylogenomics (Neuroptera, Megaloptera, Raphidioptera). Syst Entomol 43: 330–354

Wipfler B, Bai M, Schoville SD, Dallai R, Uchifune T, Machida R, Cui Y, Beutel RG (2014): Ice crawlers Gryl-loblattidae (Grylloblattodea) – the history of a highly unusual group of insects. J Ins Biodiversity 2: 1–25

Wipking W (1993): Die larvale Diapause bei alpinen und nördlichen Blutströpfchenschmetterlingen. Verh Dtsch Zool Ges 86.1: 14

Wipking W, Naumann CM (1992): Diapause and related phenomena in zygaenid moths. In: Dutreix C et al. (Hrsg.): Recent advances in burnet moth research (Lepidoptera, Zygaenidae). Proc 4th Symposium Zygaenidae, Nantes 1987. Königstein (Költz)

Wirth WW, Grogan WL (1988): The predacious midges of the world (Diptera: Ceratopogonidae; tride Ceratopogonini). Leiden

Wirtz HP (1988): Analyse der Histaminanteile im Speichel verschiedener Kriebelmückenarten (Diptera: Simuliidae). Mitt Dtsch Ges Allg Angew Entomol 6: 441–442

Wirtz P (1992): Territorialverhalten der Wollbiene. Spektrum 8: 70–76

WISIA. Wissenschaftliches Informationssystem zum Internationalen Artenschutz. Bundesamt für Naturschutz. [https://www.visia.de]. (zuletzt abgerufen 2022)

Wolf H (1972): Hymenoptera Pompilidae. Ins Helv Fauna 5: 3–176

Wolf H (1986): Die sozialen Faltenwespen (Hymenoptera: Vespidae) von Nordrhein-Westfalen. Dortmunder Beiträge zur Landeskunde. Nat Mitt 20: 65–118

Wolf H (1992): Bestimmungsschlüssel für die Gattungen und Untergattungen der westpaläarktischen Wegwespen (Hymenoptera: Pompilidae). Mitt Int Entomol Ver 17: 45–119

Wolf TJ (1990): Die Integration individueller Sammelstrategien in die Volksergonomie sozialer Insekten: das Nektarsammeln der Honigbiene. Verh Dtsch Zool Ges 83: 625

Wolf W (1988): Systematische und synonymische Liste der Spanner Deutschlands. Neue Entomol Nachr 22: 1–78

Wolff D, Geben M, Geller-Grimm F (2018): Die Raubfliegen Deutschlands. Wiebelsheim

Wood DM (1987): Tachinidae. In: McAlpine JF et al. (Hrsg.): Manual of nearctic Diptera 2 (110): 1193–1269. Ottawa

Wundt H (1969): Netzflügler. In: Grzimek B (Hrsg.): Grzimeks Tierleben, Bd 2. Zürich

Yee DA (Hrsg.) (2014): Ecology, systematics, and natural history of predaceous diving beetles (Coleoptera, Dytiscidae). New York

Yeo PF, Corbet SA (1983): Solitary Wasps. Cambridge.

Yoshizawa K, Ogawa N, Dietrich CH (2017): Wing base structure supports Coleorrhyncha + Auchenorrhyncha (Insecta: Hemiptera). J Zool Syst Evol Res 55: 199–207

Yukawa J, Tokuda M (2021): Biology of gall midges – evolution, ecology, and biological interactions. Singapur

Zahiri R, Holloway JD, Kitching IJ, Lafontaine JD, Mutanen M, Wahlberg N (2012): Molecular phylogenetics of Erebidae (Lepidoptera, Noctuoidea). Syst Entomol 37: 102–124

Zahiri R, Lafontaine JD, Holloway JD, Kitching IJ, Schmidt BC, Kaila L, Wahlberg N (2013a): Major lineages of Nolidae (Lepidoptera, Noctuoidea) elucidated by molecular phylogenetics. Cladistics 29: 337–359

Zahiri R, Lafontaine JD, Schmidt C, Holloway JD, Kitching IJ, Mutanen M, Wahlberg N (2013b): Relationships among the basal lineages of Noctuidae (Lepidoptera, Noctuoidea) based on eight gene regions. Zool Scripta 42: 488–507

Zahradnik J (1968): Schildläuse unserer Gewächshäuser. Neue Brehm Bücherei 399. Wittenberg

Zahradnik J (1972): Pseudococcidae (Schmierläuse), Eriococcidae, Diaspididae (Deckelschildläuse). In: Die Forstschädlinge Mitteleuropas, Bd. 1. Hamburg

Zahradnik J (1985): Bienen, Wespen, Ameisen. Stuttgart

Zhang SQ, Che LH, Li Y, Liang D, Pang H, Ślipiński A, Zhang P (2018): Evolutionary history of Coleoptera revealed by extensive sampling of genes and species. Nature Comm 9: 205–215

Zhu Q, Hastriter M, Whiting M, Dittmar K (2015): Fleas (Siphonaptera) are Cretaceous, and evolved with Theria. Mol Phylogenet Evol 90: 129–139

Zimmermann U, Rheinlaender J, Robinson D (1989): Cues for male phonotaxis in the duetting bushcricket *Leptophyes punctatissima*. J Comp Physiol A 164: 621–628

Zizka G (1993): Pflanzen und Ameisen. Sonderheft 15 des Palmengartens. Frankfurt/ M.

Zub P (1996): Die Widderchen Hessens. Ökologie, Faunistik und Bestandsentwicklung (Insecta: Lepidoptera: Zygaenidae). Mitt. int. entomol. Ver., Frankf./ M, Suppl. IV

Zumpt F (1969): Flöhe. In: Grzimek B (Hrsg.): Grzimeks Tierleben, Bd 2. Zürich

Zwick P (1980): Plecoptera (Steinfliegen). In: Handbuch der Zoologie IV(2), 2/ 7. Berlin

Zwick P (2004): Key to the West Palearctic genera of stoneflies (Plecoptera) in the larval stage. Limnologica 34: 315–348

Verwandtschaftsbeziehungen der älteren Insektengruppen („Ordnungen")

Gestrichelte Linien weisen auf begründete alternative Verwandtschaftshypothesen hin (s. Haupttext).
Die Länge einer Linie spiegelt das relative Entstehungsalter der jeweiligen Gruppe ungefähr wider.
Lit: Beutel et al. 2017, Misof et al. 2014, Rasnitsyn & Quicke 2002, Song et al. 2016.

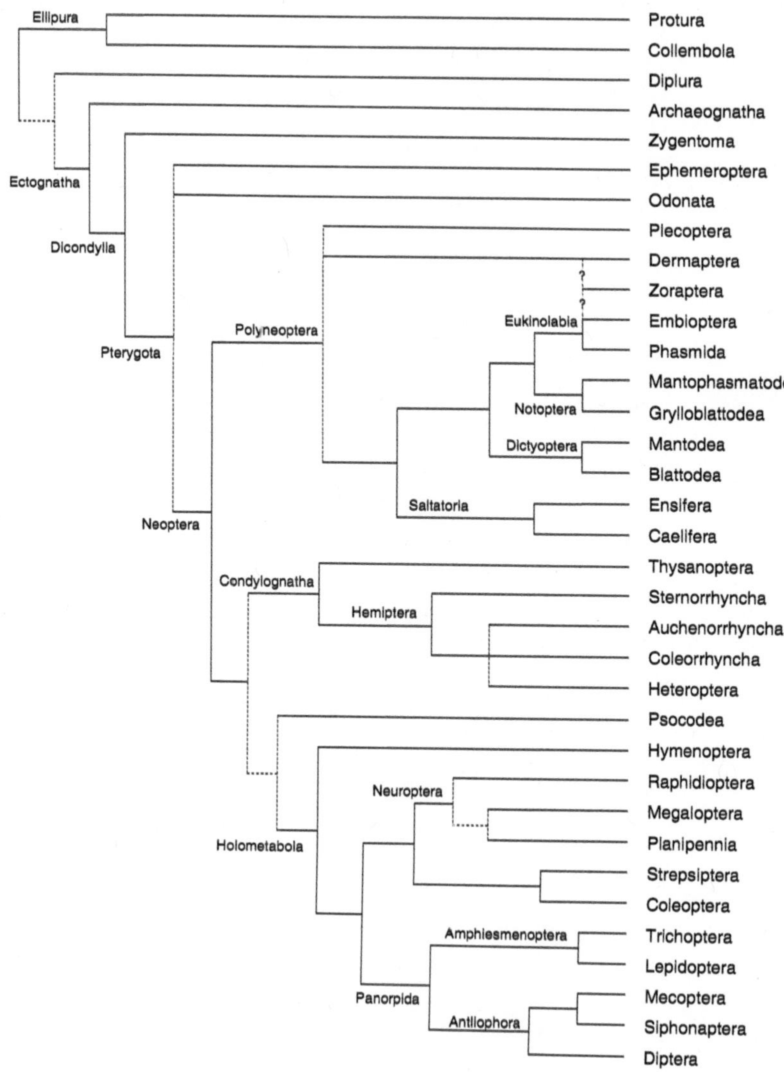

MIX
Papier aus verantwortungsvollen Quellen
Paper from responsible sources
FSC® C105338

If you have any concerns about our products,
you can contact us on
ProductSafety@springernature.com

In case Publisher is established outside the EU,
the EU authorized representative is:
**Springer Nature Customer Service Center GmbH
Europaplatz 3, 69115 Heidelberg, Germany**

Printed by Libri Plureos GmbH
in Hamburg, Germany